ダイオード規格表

[2013/2014最新版+復刻版CD-ROM]

◆規格表ご利用の際のお願い◆

　本規格表のデータはメーカが公開している資料に基づいて作成していますが，メーカは改良などのために予告なく仕様を変更することがあります．また，データ量が多いため編集の都合で一部のデータを省略している場合もあります．したがって，実際に本規格表に掲載されている素子を使用して製品を生産される場合には，当該メーカにお問い合わせのうえ，必ず仕様をご確認ください．

　本書に記載されたデータによって生じた不具合などについては，小社ならびに著作権者は責任を負いかねますのでご了承ください．

■ はじめに

　ダイオードは，電子情報技術産業協会（JEITA）に登録されている1S型名だけでもすでに3,000品種を越えています．この登録は義務ではないため，各社独自の型名で販売されているものは，この4倍くらいあります．このため，ダイオードの規格一覧表を手元に置いておかないと不便を感じるようになりました．

　しかも，似たような規格や特性のダイオードが各社から競って発売され，古いものは保守，廃品種となって，新しい製品がどんどん発売されています．汎用ICのように，メーカがセカンド・ソースであることを率直に認めて，型名からそれがわかるようにしているのと，ダイオードの世界はどうも違うようです．

　このため，ある時はアルファベットと数字の品名順で，ある時は用途で，またある時は定格や特性で検索ができるような規格一覧表が必要になります．本規格表は，現在売りたい自社製品だけを載せているメーカの規格表とは別の視点で幅広く検索できるように工夫してあります．

　ダイオードというと，ひろい意味では2極真空管やセレン整流器などを含む2端子素子全部を指しますが，ここではもう少しせまい意味にとり，シリコンなどの半導体ダイオードをとりあげています．

　しかし，それでもまだ「これはダイオードの仲間なのか？」と疑問に思うようなものが次から次へと出てくるので，本規格表ではさらに限定して，ダイオードというものを**接合部の主材料がシリコンまたはガリウムひ素（GaAs）で作られ，PN接合あるいはそれに類する整流性接触が一つ以上ある2端子素子**ということにしました．

　したがって，サーミスタやフォトセル，セレン整流器，金属酸化物バリスタは除きましたが，ガリウムひ素を使ったバラクタやガン・ダイオードなどは収録してあります．

　上記の定義にあてはまるのですが，太陽電池，フォト・トランジスタ，発光ダイオード，PNPNダイオード，SSSなどは用途が特殊なので，割愛しました．

　このほか，いくつかの整流素子を放熱板とスタックに組んだものも発表されていますが，これを含めると組み合わせ方によって数がぼう大になり，しかも特注品的な傾向も強いので省略しました．

　ただし，ブリッジ整流ブロック，両波整流ブロック，高圧ブロックなどで，一般に市販されているものは，できるだけとりあげています．

　なお，メーカ側がすでに**廃品種**または**保守品種**としているもの，あるいは試作品や特殊な得意先にしか販売していないため入手しにくいものなども，できるだけ載せています．これらは**規格一覧表の左欄外および総合索引のところで＊印で表示**してあります．

　しかし，すでに保守としての期間を過ぎ，注文がきても供給不能で，メーカ側から削除希望のあるもの，および現存しないか生産していないメーカ（例：芝電，ユニゾン）の製品は削除しています．

目次

- ■ はじめに …………………………………………………………………… 2
- ■ ダイオードを活用するための規格表の見方 ………………………………… 4
- ■ 規格一覧表
  - (1) 一般整流用ダイオード ………………………………………………… 23
  - (2) 整流用アバランシェ・ダイオード …………………………………… 102
  - (3) 整流用ショットキー・バリア・ダイオード ………………………… 105
  - (4) 整流用ダイオード・モジュール／スタック ………………………… 132
  - (5) 小信号用シリコン・ダイオード ……………………………………… 215
  - (6) 小信号用ショットキー・バリア・シリコン・ダイオード ………… 239
  - (7) 小信号用ショットキー・バリアGaAsダイオード ………………… 253
  - (8) ダイオード・アレイ …………………………………………………… 255
  - (9) PINダイオード ………………………………………………………… 258
  - (10) ステップ・リカバリ・ダイオード(スナップオフ・ダイオード) …… 264
  - (11) 可変容量ダイオード(バリキャップ・ダイオード) ………………… 265
  - (12) 定電圧ダイオード(ツェナ・ダイオード) …………………………… 310
  - (13) 温度補償型定電圧ダイオード ………………………………………… 404
  - (14) 定電流ダイオード ……………………………………………………… 405
  - (15) 双方向トリガ・ダイオード …………………………………………… 407
  - (16) ガン・ダイオード ……………………………………………………… 408
  - (17) インパット・ダイオード ……………………………………………… 409
  - (18) シリコン・バリスタ・ダイオード …………………………………… 410
  - (19) ESD保護ダイオード …………………………………………………… 418
- ■ 外形寸法図 ………………………………………………………………… 433
- ■ 索引 ………………………………………………………………………… 527

■ ダイオードを活用するための規格表の見方

1 ダイオードの一般的知識

(1) ダイオードの構造

半導体ダイオードは、その主な動作原理はPN接合によるものなのですが、その他に点接触型やショットキー・バリア型も一般にダイオードとして扱います。本規格表では、ダイオードの構造と用途の両面から勘案して製品群を分け、それぞれに適した

		点接触型	ショットキー・バリア型	合金型	拡散型	メサ型	プレーナ型
チップ(断面)構造		 探針	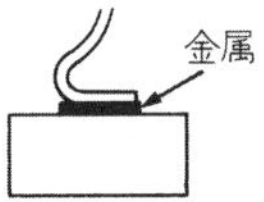 金属	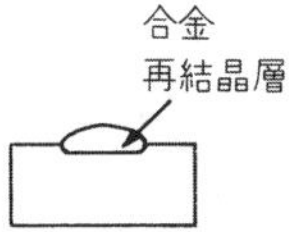 合金再結晶層	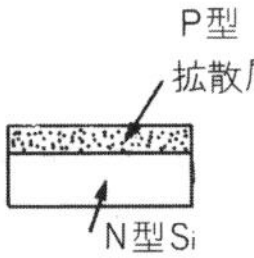 P型拡散層 / N型Si	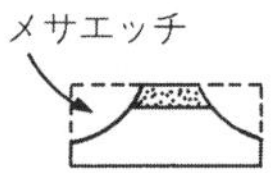 メサエッチ	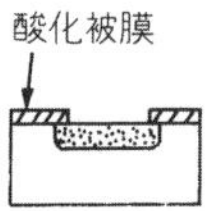 酸化被膜
特徴		Cが小さい．構造が簡単．日本ではすべて廃品種．	順方向電圧が小さい．trrが小さい．量産に適する．	高圧，大電流．ステップ状接合 日本ではすべて廃品種．	高圧，大電流．量産に適する．	小さな電極面積が容易．(高周波用に適する)	電極面積の精度が良い．(Cのバラツキが小)量産に適する．
用途	ゲルマニウム	一般の検波・整流 スイッチング	———	電源整流 バリスタ・ダイオード エサキ・ダイオード	———	———	———
	シリコン	UHF マイクロ波帯の検波，ミキサ	高速スイッチングUHF，マイクロ波帯の検波，ミキサ 低電圧の電源整流	電源整流 バリスタ・ダイオード ツェナ・ダイオード バリキャップ・ダイオード	電源整流 バリスタ・ダイオード ツェナ・ダイオード バリキャップ・ダイオード	スイッチング 小電流の検波，整流	スイッチング 小電流の検波，整流 ツェナ・ダイオード ESD保護ダイオード
整流原理		金属と半導体との整流性接触		P N 接 合			

図1 いろいろなダイオードの構造と用途

定格と特性の項目を記載しました．こうすることで，ダイオードの構造が少しぐらい違っても，用途上で同じように使えるものをまとめることで，一つ一つの品種に構造名を記載することを避けています．

現在使われていないものも含めて，一般知識としてダイオードの構造と，それぞれの特徴を簡単に解説します．

ⓐ 点接触（ポイント・コンタクト）型

ゲルマニウムまたはシリコンの単結晶片（チップと呼ぶ）に金属針を立てたものです．静電容量が小さく高周波用に適していますが，順方向特性も逆方向特性も接合型にくらべるとかなり劣るので，大電流整流用には使えません．構造が簡単なため半導体材料の主流がゲルマニウムであった時代には量産され，検波，整流，変調，混合，リミッタなどの，小電流一般用として広く使われていました．現在では，国内には生産しているメーカはありません．

ⓑ ボンド型

ゲルマニウム・チップに，金あるいは銀の細い線を，シリコン・チップの場合にはアルミニウムの細い線を電気パルスで溶接したもので，点接触型と合金型の中間の特性をもっています．静電容量はやや増えますが，順方向特性は点接触型にくらべて，格段に良くなります．現在は生産しているメーカはありません．

ⓒ 合金（アロイ）型

N型ゲルマニウム・チップにインジウムを，シリコン・チップの場合にはアルミニウムを合金してPN接合を作ったもので，順方向電圧降下が小さく大電流の整流に適します．ただし，現在ではすべて拡散型になっており，合金型で生産しているメーカはありません．

ⓓ 拡散型

N型シリコンの単結晶ウエハを高温のP型不純物ガス中で加熱して，ウエハの表面をP型に変えてPN接合を作ったもので，大電流の整流用に適します．しかも，チップを一つ一つ合金処理する合金型とちがって，シリコンのウエハ単位で拡散処理したものをあとでチップに切り離すという方式なので極めて量産的です．このため，ほとんどの整流用ダイオードはシリコン拡散型で作られています．

ⓔ メサ型

PN接合の作り方は拡散型と同じですが，PN接合の必要な部分だけ残して，あとの部分をエッチング（薬品による腐触）で削ったものです．エッチングされたあとの形がメサ形（台地状）をしているので，この名があります．

最初に使う半導体材料としてエピタキシャルのウエハを使ったものをエピタキシャル・メサ型といいます．大電流の整流用に使われることはまれで，小電流の検波，整流，スイッチング用の品種が多いようです．

なお，PN接合の作り方が後述するエピタキシャルやイオン注入でも，メサエッチングの処理をしたものをメーカによってはメサ型と表現している場合があります．

ⓕ プレーナ型

半導体ウエハ（主にN型シリコン）にP型不純物を拡散する時にシリコン酸化被膜のマスク作用を使って一部分にだけ選択的に拡散したもので，接合面積を調整するためにエッチングをする必要がありません．したがって，表面が平らに作られているので，この名があります．また，PN接合表面が酸化被膜で覆われているので特性が安定しています．

最初に使う半導体としてエピタキシャルのウエハを使ったものをエピタキシャル・プレーナ型といいます．大電流の整流用に使われることはあまりなく，小電流の検波，

整流，スイッチング用などの品種がほとんどです．

ⓖ エピタキシャル型

エピタキシャル成長の過程で，PN接合を作ったものです．PN接合の深さや不純物濃度の分布をある程度自由に作れるので高感度バリキャップ，ガン・ダイオード，PINダイオードなどに適用されます．

なお，PN接合の作り方がエピタキシャルでなくても，エピタキシャルのウエハを使ったエピタキシャル・メサやエピタキシャル・プレーナを，メーカによってはエピタキシャル型と表現している場合があります．

ⓗ ショットキー・バリア型（SBD）

金属と半導体との接触面にできるショットキー・バリアで逆方向電圧を阻止しようとするもので，PN接合による整流作用とは動作原理が異なります．耐圧は40V程度のものが一般的ですが，スイッチング速度が非常に速く，特に逆回復時間t_{rr}が短いことと，順方向の立ち上がり電圧が低いことが特長です．小さいものではスイッチング用のダイオード，UHF帯やマイクロ波帯のミキサ・ダイオード，大きいものではインバータ用などの高周波整流器が，この構造で作られています．

ⓘ イオン注入型

N型シリコンのウエハにイオン注入の技術でP型不純物を導入，あるいは反対にP型シリコン・ウエハにN形不純物を導入してPN接合を作ったものです．PN接合の深さや不純物濃度分布をある程度自由に作ることができます．しかもエピタキシャル型よりも精度良くコントロールできるので，同調用の高感度バリキャップ・ダイオードはこの構造になっています．

(2) ダイオードの用途

ⓐ 検波用，整流用

原理的には，入力信号の中の変調成分をとり出すのが検波で，入力交流から得た直流出力を利用するのが整流なのですが，習慣的にはこれらを混同して整流電流の大きさで300mA程度を境にして小電流のものを検波，大電流のものを整流といっていることが多いようです．

検波用は，検波のほかにリミッタ，クリッパ，変調，混合，スイッチングなど広い用途に使うことができます．

ⓑ リミッタ用

たいていのダイオードはリミッタとして使えますが，メータ保護用ダイオードや，高周波ツェナ・ダイオードのようなリミッタ専用のダイオードもあります．これらは特にシャープな振幅制限作用をもたせるため，シリコン・ダイオードです．この用途のものはメーカによって小信号ダイオードの分類に入れる場合と，サージ吸収用として定電圧ダイオード（ツェナ・ダイオード）やバリスタ・ダイオードの分類に入れる場合があります．

ⓒ 変調用

リング変調用では，順方向特性が揃った

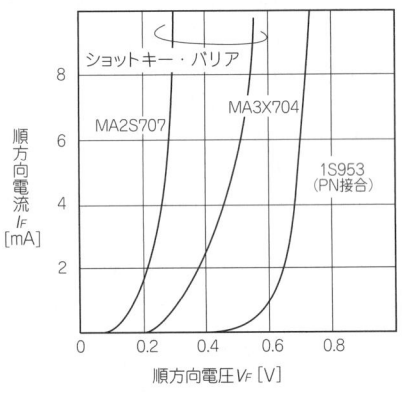

図2 ダイオードの順方向特性の比較

4個のダイオードを組み合わせた構造になっています。

このほか、可変容量ダイオード（バリキャップ・ダイオード）でも変調としての用途があり、これは通常はFMあるいはPM用です。

ⓓ ミキサ用

ミキサ用ダイオードには、ダイオード・ミキサ方式が使われるGHz帯で、シリコンのショットキー・バリア型が使われます。これらのダイオードは微小電圧での立ち上がりが速く、微小入力での感度が良いものです。このほか、可変容量ダイオードにもミキサとしての用途がありますが、バリキャップまたはバラクタで考えられるのはUHF帯以上でのアップコンバータです。

ⓔ 増幅用

増幅はトランジスタやFETによるのがふつうですが、特殊なダイオードの特殊な使い方があります。大別してエサキ・ダイオードやガン・ダイオードのような負性抵抗素子による増幅と、可変容量ダイオードによるパラメトリック増幅とがあります。

ⓕ スイッチング用

スイッチング用としては、10mA程度の小電流で使うディジタル回路用です。

小電流のものは、主流はシリコンの拡散型、プレーナ型のダイオードです。これらはスイッチング時間を表す逆回復時間t_{rr}が短かいことが必要で、ショットキー・バリア型ではこのt_{rr}が著しく短かいことが特徴です。

テレビなどのチャネル切替用ダイオードもスイッチング用です。この用途ではスイッチング・スピードは遅くてもよい代わりに、オン時の抵抗r_{ds}が小さく、オフ時の端子間容量C_tが小さいことが要求され、このためPIN構造のものが一般的です。

ⓖ 可変容量ダイオード

加える逆方向電圧によって静電容量が変わるので、バリキャップ・ダイオードまた

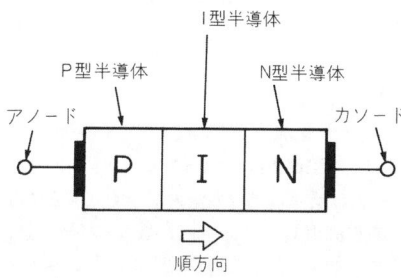

図3　PINダイオード

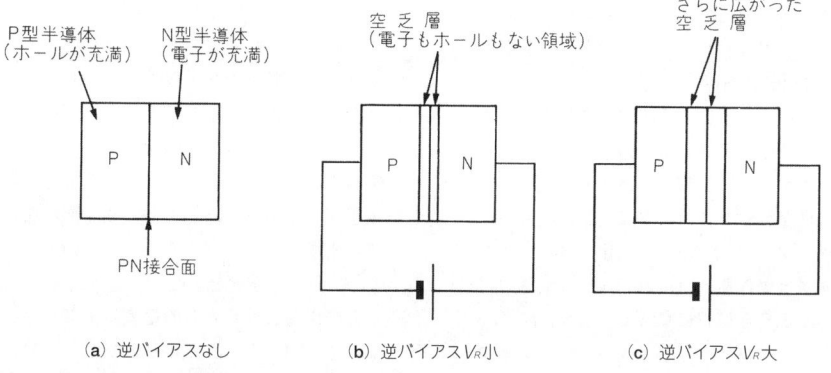

図4　逆バイアスしたPN接合

は，バラクタ・ダイオードともいいます．電圧で制御できる可変コンデンサとなりうるわけで，AFCやスイープ発振，FM，同調などに使われます．シリコンの拡散型，メサ型，プレーナ型をはじめ，電圧対静電容量の変化率が特に大きい，いわゆる高感度バリキャップであるエピタキシャル型，二重拡散型，イオン注入型として作ったものがあります．同調用では2点または3点の電圧での容量偏差を3%や5%にそろえた何本かのダイオードを組み合わせてペアとしているものが多くなりました．

パラメトリック増幅用ダイオードも可変容量ダイオードの一種で，シリコンあるいはGaAsの拡散型，エピタキシャル型，ショットキー・バリア型などがあります．

ⓗ 周波数逓倍用

ダイオードによる周波数逓倍には可変容量ダイオードによるものとスナップオフ・ダイオードによるものとがあります．

可変容量ダイオードで逓倍用のものはバラクタと呼ばれ，AFC用などのバリキャップと動作原理は同じですが，大電力に耐えるような構造になっています．

スナップオフ・ダイオードはステップ・リカバリ・ダイオードとも呼ばれるもので，可変容量ダイオードではありませんが，やはり周波数逓倍用として使われるものです．トランジスタやFETの性能が向上した結果もあって，逓倍用ダイオードの需要は少なくなっており，ほとんどが保守品種または廃品種になっています．

ⓘ 定電圧ダイオード

定電圧ダイオードはシリコンの拡散型として作られ，逆方向降伏特性が急峻です．

電圧制御用，電圧標準用として使われます．端子電圧（ツェナ電圧と呼ぶ）は数Vから150Vくらいまで10%おきにたくさんの品種に分けられており，パワーも200mWから1Wぐらいのものまであります．電圧標準としてだけでなく，サージ吸収用としても使用されます．かつてはパワー・トランジスタ並みの数十Wのものがありましたが，小型の低電圧ダイオードとパワー・トランジスタの組み合わせによって回路を実現できるようになったため，大電力の低電圧ダイオードはほとんどが廃品種となっています．

ⓙ マイクロ波発振

この用途に使われるのはガン・ダイオードとインパット・ダイオードです．

いずれも極めて特殊なダイオードであり，定格や特性の項目も一般のダイオードとはかなり違っています．

2 ダイオードの規格の見方

(1) 分類のしかた

ダイオードは，用途に着目した分類，たとえば整流用，発振用，変調用といった分類と，構造に着目して，たとえば拡散型，ショットキー・バリア型，エピタキシャル型といった分類，特性に着目して，たとえば定電圧ダイオード，可変容量ダイオード，スナップオフ・ダイオードといった分類が入り混じっています．学術的な定義にしたがって，どれか一つの方法で分類するとかえって現実に通用しているものとは違ってしまうので，本規格表では一般に通用している分類を優先し，用途，構造，特性のどれにも片寄らない方式として次のように分類しました．

ⓐ 一般整流用シリコン・ダイオード

平均整流電流I_oが0.3A以上のものとしました．構造は拡散型が大部分で，用途は電源整流用です．ショットキー・バリア型，アバランシェ型および整流用モジュール／スタックは別に独立した分類に入れました．

ⓑ 整流用アバランシェ・ダイオード

I_Oには関係なく，アバランシェ型として発表されているものを集めました．構造は拡散型で，アバランシェ・ブレークダウン領域の電圧V_zをコントロールしているものです．アバランシェ型として作られていても，メーカがアバランシェ型と表現していないものはアバランシェ特性の保証がないので，一般整流用シリコン・ダイオードのほうに入れてあります．

ⓒ 整流用ショットキー・バリア・ダイオード

逆方向耐圧を高くすることは難しく，30～40Vがふつうですが，120Vや150Vといった品種も少しはあります．低電圧大電流の電源整流用です．逆回復時間t_{rr}が小さいことから，高周波を整流するDC-DCコンバータやスイッチング電源用として適しています．

ⓓ 整流用モジュール／スタック

2素子センター・タップ型，2素子直列接続型，ブリッジ接続型が大部分です．I_Oが0.3A以上のものを収録してあり，0.3Aよりも小さいものは小信号用シリコン・ダイオードやダイオード・アレイに入れました．構造は，拡散型のほかに，アバランシェ型，ショットキー・バリア型のものがありま

す．したがって，この分類はPN接合の構造というよりもモジュール／スタックという構造に着目したものです．

ⓔ 小信号用シリコン・ダイオード

一般的なシリコン・ダイオードですが，I_Oが0.3Aより小さいものを収録してあります．したがって，小電流の検波，整流，スイッチング用ですが，小電流の電源整流に使えるものも入っています．構造は拡散型，メサ型，プレーナ型，エピタキシャル型などです．

ⓕ 小信号用ショットキー・バリア・シリコン・ダイオード

UHF帯やマイクロ波帯の検波，ミキサ用と，高速スイッチング用の品種が一般的です．

ⓖ 小信号用ショットキー・バリアGaAsダイオード

ガリウムひ素(GaAs)のショットキー・バリア・ダイオードで，シリコンのショットキー・バリア・ダイオードよりもさらに高い周波数での検波，ミキサ用と，高速スイッチング用に使用されます．

ⓗ ダイオード・アレイ

3素子以上のダイオード・アレイで，I_Oが0.3Aより小さいものを収録しました．構

造は拡散型，プレーナ型，エピタキシャル型などがあります．同じ規格のものを複数使う場合に便利です．

ⓘ PINダイオード

PN接合の中間に真性半導体の層(I層)をはさんだPIN構造のダイオードです．接合部の静電容量が小さいため高周波でのスイッチングに適し，チャネル切り替え用としてのスイッチング・ダイオードの品種が多くあります．特性として，端子間容量のC_tのほかに，数mAの順電流を流した状態

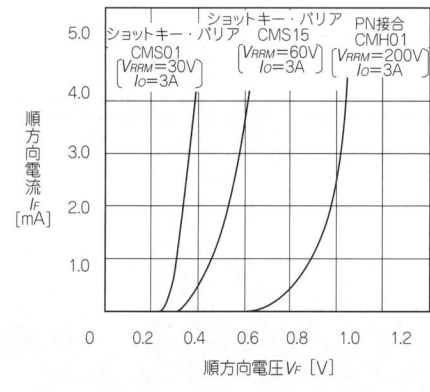

図5 ショットキー・バリア型と拡散型の順方向特性の比較

でのオン抵抗のr_{ds}と，10μA程度の順電流を流した状態でのオフ抵抗r_{dp}を規定しています．

ⓙ ステップ・リカバリ・ダイオード

スナップオフ・ダイオードとも呼ばれます．順方向電流が流れている状態から急に電圧極性を切り替えて逆方向電圧を加えると，電流はt_{rr}の期間流れ続けますが，そのあと急速にオフになるものです．この時の転移時間t_tを規定しているのがふつうです．

ⓚ 可変容量ダイオード

バリキャップとも呼びます．PN接合に逆方向電圧を加えたときの静電容量が電圧によって変わるという特性を利用しているもので，ほとんどの半導体ダイオードはこの特性をもっています．この中でも，メーカがAFCや同調用として，端子間容量C_tの幅や電圧に対する変化率，Qなどを規定して，可変容量ダイオードとして販売しているものです．マイクロ波帯で使われる素子にはGaAsのものもあります．用途はAFC，コンバータ(Conv)，同調(Tun)，パラメトリック増幅(PA)，混合(Mix)，変調(Mod)，周波数逓倍(Mul)，VCO(電圧制御発振)などがあり，用途によって定格の考え方や特性の重要さが違うので，ここの分類にはメーカが推奨する用途の欄を設けました．

ⓛ 定電圧ダイオード

ツェナ・ダイオードともいいます．シリコンのPN接合ダイオードは，一般に逆方向ブレークダウンが急激に起こり，広い電流範囲で電圧が一定となるので定電圧素子として使われます．最大定格として許容電力を規定しています．ツェナ電圧は品種により，あるいはメーカによってさらに細区分したものを購入できる場合があるので，メーカの詳しいカタログを入手することをおすすめします．

細区分されていることがメーカのカタログなどでわかっているものは，備考欄に細区分の数を記載しました．サージ吸収用と

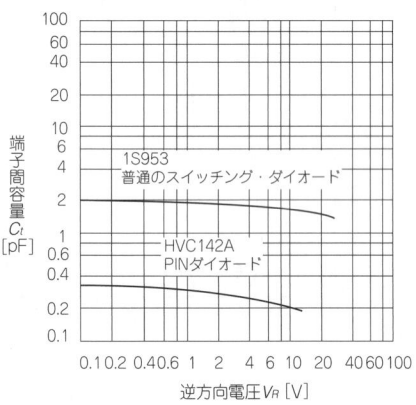

図6 PINダイオードと普通のスイッチング・ダイオードとの端子間容量の比較

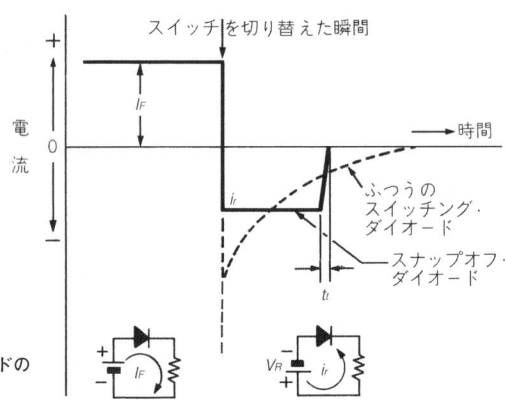

図7 スナップオフ・ダイオードの逆回復特性

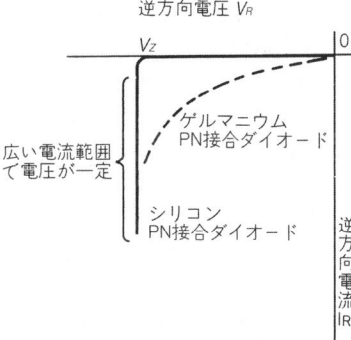

図8 シリコンとゲルマニウムの逆方向ブレーク・ダウン特性の比較

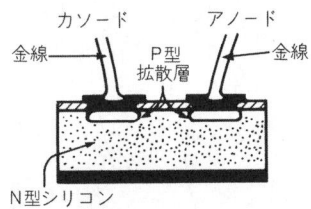

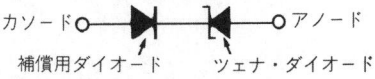

図9 電圧標準ダイオードのチップ
（補償用ダイオードが1個の場合）

しても使えるものには、サージ電力の定格が表示される場合があります。

ⓜ 温度補償型定電圧ダイオード

ツェナ電圧の温度係数aを極めて小さく作られた定電圧ダイオードです。ツェナ電圧の温度係数aはツェナ電圧が6Vの付近でもっとも小さくなるので、これにPN接合の順方向のダイオード（約$-2mV/℃$の温度係数をもっている）を補償素子として組み合わせて、全体としてaを0に近づけたものです。

ⓝ 定電流ダイオード

定電圧ダイオードとは反対に、広い電圧範囲にわたって電流が一定となるようなダイオードです。シリコン接合型のFETのチャネル電流が定電流特性をもつことを利用しています。

ⓞ 双方向トリガ・ダイオード

NPNの3層構造で、両側のN部分から端子を引き出した形のダイオードです。電圧,電流特性はどちらの方向にもPN接合で逆阻止されるのですが、あるブレークオーバ電圧V_{BO}を超えると急に電流が流れはじめ、オン領域になるという特性をもち、それがどちら向きの電圧に対しても同じという双方向型の負性抵抗ダイオードです。メーカによってはダイアック（DIAC）と呼んでい

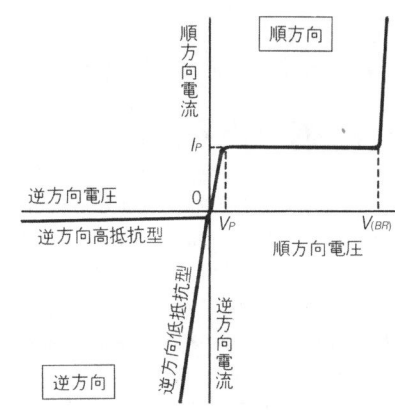

図10 定電流ダイオードの特性

ます。抵抗とコンデンサを組み合わせた簡単な回路で、交流電源から直接パルス波を作ることができるので、サイリスタのトリガ用ダイオードとして使われています。

ⓟ ガン・ダイオード

ガンはピストルではなく、Gunnという人の名前です。GaAsのバルク構造（したがってPN接合はない）のダイオードで、直流電流を流すだけでマイクロ波の発振をさせることができます。マウントするキャビティを調節することで、ある程度発振周波数を可変させることができます。ただし、

NEC（現ルネサス エレクトロニクス）から削除の要望があったので，本規格表では削除しました．

⒬ インパット・ダイオード

インパクト・アバランシェ・トランジットタイム・ダイオード（Impact avaranche transit time diode）の略で，なだれ走行ダイオードともいいます．アバランシェ・ブレーク・ダウン状態にしたシリコン・ダイオードがマイクロ波発振をする現象を利用しています．これについても，NEC製品は，前記の理由により削除しました．

⒭ エサキ・ダイオード（収録なし）

トンネル・ダイオードともいいます．極度に不純物濃度を大きくしたゲルマニウムの合金型ダイオードで，順方向バイアスのもとで負性抵抗特性が現れるものです．高速スイッチング用，UHF帯，マイクロ波帯のミキサ用，発振用などの品種があります．かつてはソニー，NEC，東芝で生産されていましたが，今ではすべて廃品種となっています．

メーカでもカタログや規格表を入手できない場合が多いので，これまでは本規格表には残してきましたが，メーカから削除の要望がありましたので，削除しました．どうしても必要な場合には，2003年版以前の本規格表を参照してください．

⒮ シリコン・バリスタ・ダイオード

用途は大きく分けてシリコン・トランジスタ回路のバイアス安定用（温度補償および減電圧補償），スイッチング回路のレベルシフト用，それに一般の回路のサージ吸収用です．バイアス安定用としては，たいていのシリコン接合ダイオードが使えますが，順方向電圧をある程度の幅に保証したものがバリスタと呼ばれていて，シリコン拡散型が大部分です．特性よりは低価格が優先されるため，簡易なモールド・パッケージの製品が作られた時代もありましたが，シリコン・ダイオードの価格が下がるに伴って，バイアス安定用の特別の品種は

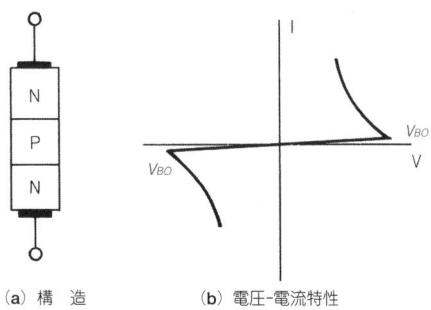

(a) 構 造　　(b) 電圧-電流特性

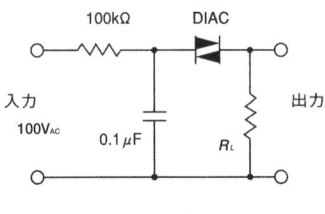

(c) パルス発生回路

図11 トリガ・ダイオード（ダイアック）

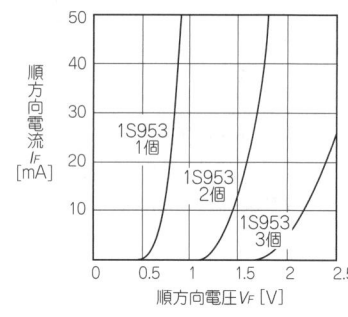

図12 ダイオードをバリスタとして使ったときの特性例

なくなりました．電圧はPN接合1素子あたり0.6～0.7Vなので，いくつかのPN接合チップを積み重ねたものがあります．レベルシフト用のダイオードはレベルシフタとも呼ばれ，PN接合2素子または3素子のものが一般的です．

サージ吸収用としては，整流性のあるものと2個のPN接合を逆並列あるいは逆直列に接続した双方向性のものとがあります．

現在は，バリスタの用途の主流はサージ吸収用となっており，この場合には逆方向特性とサージ耐量が重要な特性になります．

⓽ ESD保護ダイオード

静電気放電（ESD）に対して機器や部品を保護するために，瞬時的な高電圧を通さないリミッタの働きをするダイオードです．従来は定電圧ダイオードやバリスタ・ダイオードが使われていましたが，ESD保護ダイオードはメーカがESD保護用として推奨するものです．定電圧ダイオードと同様に，ツェナ電圧を規定していますが，ほかに瞬時の耐電力やESD耐用を規定しています．メーカによっては，定電圧用としては推奨しないことがあるので，ESD保護ダイオードは独立させました．定電圧・サージ保護両用の場合は，定電圧ダイオードと

して分類しています．また，サージ保護用のバリスタ・ダイオードは，バリスタ・ダイオードに分類しています．

⓾ シリコン点接触ダイオード
（収録なし）

ポイント・コンタクト型ともいいます．UHF帯，マイクロ波帯での検波，ミキサ用です．半導体ダイオードとしてはレーダの検波用として歴史のあるものですが，今では保守または廃品種となっています．小信号用のシリコン・ショットキー・バリア型ダイオードで代替できます．

⓿ 小信号用ゲルマニウム・ダイオード
（収録なし）

ゲルマニウムの点接触型，ボンド型，合金型で，I_Oが0.3Aより小さいものをまとめました．一般の検波，整流，スイッチングの用途に使えるものですが，大部分は保守または廃品種になっています．国内には生産しているメーカはなくなりました．

(2) ダイオードの型名

ダイオードの型名は，トランジスタと同様に電子情報技術産業協会（JEITA）の登録によってつけるJEITA型名というものがあります．しかし，JEITA型名だけに統一さ

れたわけではなく，その他の型名も多く使われています．さらに2007年でJEITA登録は終了したので，現在は各メーカ独自の型名が中心になっています．

本規格表では，用途，構造などによる品種群に分類してあり，かつ総合索引で数字順，アルファベット順に配列してあるので目的の品種を探すことができるようにしてあります．

ⓐ JEITA型名

半導体の型名の付け方は，1992年までは旧JIS C 7012，1993年以降は電子情報技術産業協会（JEITA）ED-4001Aによって決められており，それに従って2007年まではJEITAへの登録が行われていました．これは，JEITA型名やJIS型名と呼ばれています．この登録方式が始まったころは，JEITAの前身であるEIAJ（電子機械工業会）に登録していたので，EIAJ型名とも呼ばれています．（例：1S953，1S1588など）

登録が完了すると，その型名と規格は業界共有のものとなるので，登録したオリジナル・メーカ以外のメーカでも製造することができます．

最初はトランジスタの場合のような用途，極性による区別をしないで1Sの次に

登録順の番号をつけてきましたが，その後あまりにも品種が増えすぎて，型名からはどのようなダイオードなのかまったくわからないので，1Sの次に何かアルファベットの文字を入れて用途，構造によって，ある程度の区別をした名前のつけ方をすることになりました．分類と使用文字について次のように決められ，あらたに登録されるものから順次実施されています．

1SE○○○……エサキ・ダイオード
1SG○○○……ガン・ダイオード
1SS○○○……一般用，ビデオ検波用ダイオード，UHF，マイクロ波用ダイオード，スイッチング・ダイオード，パルス発生ダイオード，スナップオフ・ダイオード
1ST○○○……なだれ走行ダイオード
1SV○○○……可変容量ダイオード，PINダイオードおよびスナップオフ・ダイオード
1SR○○○……整流用ダイオード
1SZ○○○……定電圧ダイオード

しかし，すでに1S○○○で登録完了し，生産されているものについては型名変更や再登録の方法をとらなかったので，従来の1S○○○型名と，1SS○○○のように分類した新型名の両方が使われています．

ⓑ JEDEC型名

アメリカのメーカの団体であるJEDECで決めている型名で，1Nの次に追番号をつけていきます．

（例：1N34A，DA4X101Kなど）

ⓒ 欧州型名

ヨーロッパの型名のつけ方でBW○○，BZX○○などです．欧州への輸出用として，欧州型名の品種を生産する例が多くなりましたが，メーカによっては国内販売せず海外向けのみとして日本語カタログを作っていないところもあります．

ⓓ 各社型名

メーカ独自の型名で，型名のつけ方に規則性があり，型名からある程度の定格や特性を知ることができるものです．しかし，その規則性はメーカによって異なっていて統一されているわけではないので，どうしても覚えるより他に方法がありません．

（例：DSM1D1，DA4X101Kなど）

また，メーカによってはJEITAに登録して，JEITA型名が決まっていながらそれを使わないで各社型名だけでカタログを作っている場合もあります．

(3) 温度条件の表し方

半導体素子は温度によって特性が変わってしまうため，定格，特性の規定には温度条件を決めているものがあります．JEITAの登録の際の基準は25℃なので，ふつうは周囲温度 $T_a = 25℃$，ケース温度 $T_c = 25℃$，接合温度（ジャンクション温度） $T_j = 25℃$ のどれかになっています．

ところが，大電力整流器のように，使用状態で接合温度が高温になるものでは，初めから高温で定格，特性を規定することも行われます．本規格表では，温度依存性の大きい定格や特性の欄のあとにT条件という欄を作り，メーカ指定の温度条件を記載しました．その書き方は，温度を示す数字に次の記号をつけて区別することにしています．

周囲温度　　　　　　　　　　a
放熱器をつけた状態での周囲温度　R
ケース温度　　　　　　　　　c
接合温度　　　　　　　　　　j
リード温度　　　　　　　　　L

たとえば，175jと記載された場合は $T_j = 175℃$ の意味であり，110Lではリード温度 $T_L = 110℃$，60aでは周囲温度 $T_a = 60℃$ の意味です．なお，このT条件の欄が空欄にな

っているもの,およびT条件をつけていない他の定格や特性は原則として常温,つまり$T_a = 25°C$の条件によっています.

(4) 用語の説明
ⓐ 最大定格
これ以上の条件下に置くとこわれてしまうか著しく寿命を短くするという限界を示し,メーカからの警告を表しているものです.

● 過渡尖頭逆方向電圧　V_{RSM}
順方向電流を流さない状態で,繰り返しでなく過渡的に逆方向に加えることのできる最大電圧をいいます.

● 尖頭逆方向電圧　V_{RRM}
順方向電流を流さない状態で,逆方向に加えることのできる最大電圧をいいます.V_{RSM}と違って,繰り返しの状態を許容しています.

● 直流逆方向電圧　V_R
メーカによっては,V_{RM}の略号を使っています.
順方向電流を流さない状態で,連続的に直流電圧が加えられた場合の直流電圧の最大許容値です.

● 交流入力電圧　V_I
一般に,抵抗負荷の整流回路で加えることのできる最大正弦波交流入力電圧の実効値です.

● サージ電流　I_{FSM}
繰り返しでなく,過渡的に順方向に流すことのできる最大電流をいいます.これには条件として通電時間を示しますが,電源整流用の整流素子では商用周波(50または60ヘルツ)の1サイクルとし,繰り返し入ってくるサージ電流の場合には定格を下げる(ディレーティングする)必要があります.小電流ダイオードではPW = 1sのようにパルス幅を規定する多いようです.

● 尖頭順方向電流　I_{FM}
順方向に流すことのできる電流の最大値です.I_{FSM}と違って,繰り返し状態を許容しています.

● 平均整流電流　I_O
メーカによっては,$I_{F(AV)}$の略号を使っています.
抵抗負荷の半波整流回路で取り出すことのできる平均整流電流の最大値です.

● 過渡尖頭逆方向電力　P_{RSM}
繰り返しでなく,過渡的にダイオードの逆方向で消費させることのできる最大電力で,アバランシェ型の整流素子やサージ吸収素子の場合に規定されるものです.

● 電力　P
定電圧ダイオード,バラクタ・ダイオード,バリスタ・ダイオードなどで規定されるもので,ダイオードに消費させることのできる電力の最大値です.

● ツェナ電流　I_Z
定電圧ダイオードの場合,逆方向に流すことのできるツェナ電流の最大値です.

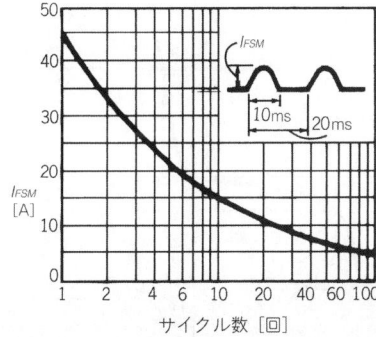

図13　繰り返し入ってくるサージ電流に対する定格の例

ⓑ 電気的特性

●順方向電流　I_F

　順方向特性の立ち上がりの良さを示します．規定の順方向電圧V_Fを加えたときに何mA以上流れるかというように，通常は最小値で示します．

●順方向電圧　V_F

　順方向特性の良さを示す別の方法として，ある順方向電流I_Fを流すときの順方向電圧V_Fの最大値は何Vかを示します．

●逆方向電流　I_R

　逆方向特性を表すもので，ある逆方向電圧V_Rをかけたときに流れる逆方向電流のI_Rの値です．一般に最大値で示します．

　この逆方向電流は温度依存性が極めて大きいので，温度条件を明確にしておくことが必要です．

●逆方向電圧　V_R

　逆方向特性を表す別の方法として，ある逆方向電流I_Rとなるような逆方向電圧の値で示します．一般にV_Rの最小値として示します．

●ツェナ電圧　V_Z

　定電圧ダイオードの端子間電圧で，ツェナ電圧といいます．

　アバランシェ・ダイオードの場合にも，

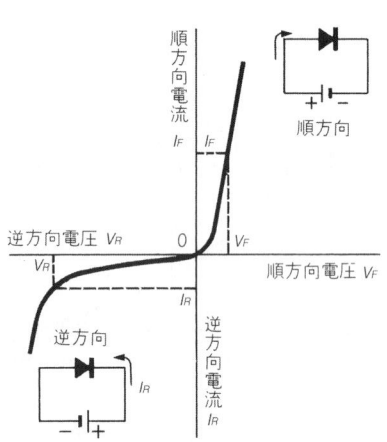

図14　ダイオードの基本特性の決め方

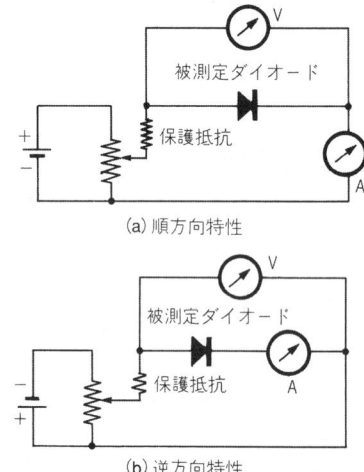

図15　ダイオードのV-I特性の測定回路

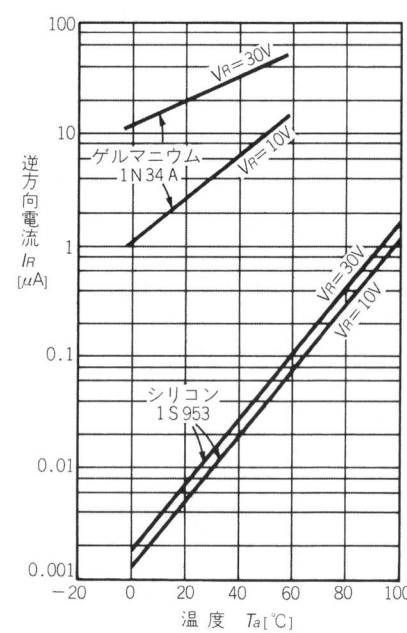

図16　逆方向電流の温度特性の例

逆方向ブレークダウンのアバランシェ特性を示すため，アバランシェ電圧またはツェナ電圧の略号としてこのV_Zを使います．

●**逆回復時間** t_{rr}

スイッチングの速さを示すもので，ダイオードにかかる電圧が順方向から突然逆方向に変わったときに，どのくらい遅れて電流がオフになるかを表します．スイッチング用には，t_{rr}は小さいほどよいとされます．

t_{rr}を計測するには逆方向電流がI_rのピーク値の50%，または10%下がったところまでとします．

●**転移時間** t_t

スナップオフ・ダイオードで規定されているもので，オンからオフに電圧が切り替えられたとき，流れている電流がどれだけの時間でオフになるかを示します．

●**動作抵抗** r_d, Z_Z, Z_{ZK}

微少電流変化に対する微少電圧変化の割合，すなわち交流抵抗です．バリスタ・ダイオードやスイッチング・ダイオードではr_dの記号を用います．容量成分を無視でき

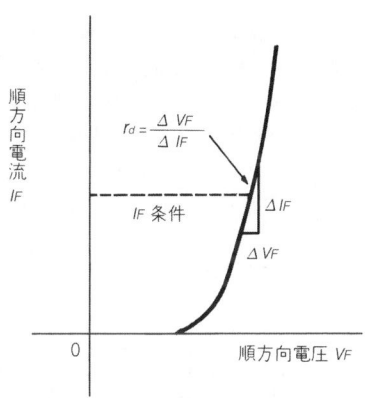

図18　ダイオードの順方向交流抵抗の意味

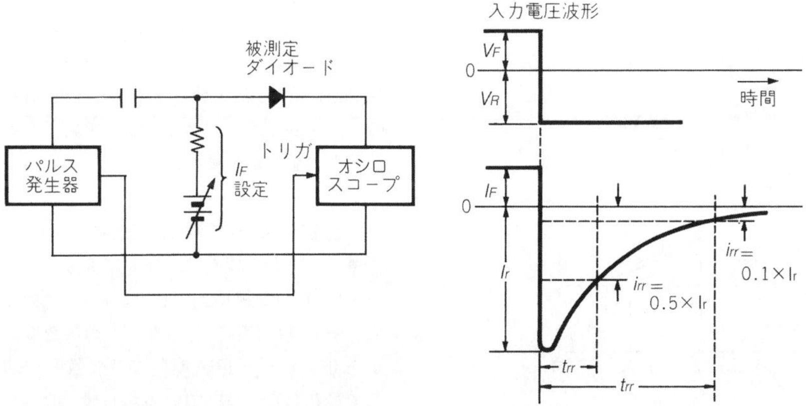

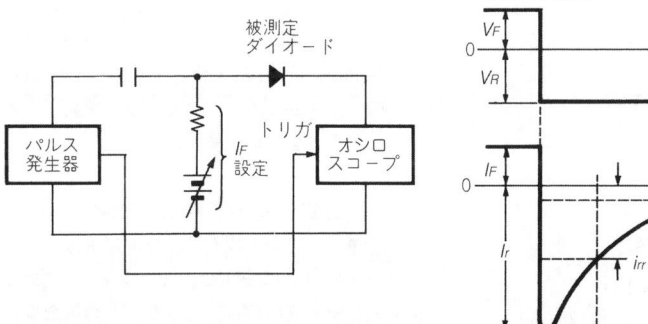

図17　逆回復時間t_{rr}の測定

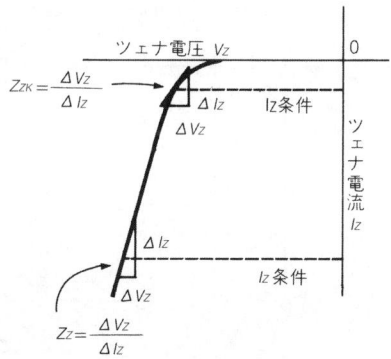

図19　ツェナ・ダイオードの動作抵抗

ないときは，抵抗とコンデンサが直列なのか並列なのか，どちらの等価回路にするかを区別して示すことがあり，直列の場合にはr_{ds}，並列の場合にはr_{dp}と書きます．

定電圧ダイオードでは，逆方向のブレークダウン領域での動作抵抗でZ_Zの記号を使います．

ブレークダウン領域に入るところ，すなわちツェナ電流の小さいところでは一般に動作抵抗は大きいので（カーブが曲がっている），これを立ち上がり動作抵抗Z_{ZK}として規定する場合もあります．

Kはニー（knee）の意味です．

●静電容量　C

通常，ダイオードを逆方向にバイアスしたときの端子間静電容量は，ミキサ・ダイオードやスイッチング・ダイオードなどは小さいほど良く，可変容量ダイオードではある幅の規格の中に入っている必要があります．

この値は，測定電圧によって変わるので注意を要します．

真にPN接合の容量であるのか，端子間の容量であるのかを明確に示したいときは，接合容量C_j，端子間容量C_tで区別します．この差はケースのみ（チップがないとして）の容量でC_cの略号を使います．

同調用のバリキャップ・ダイオードでは2〜3点，あるいはそれ以上の電圧における端子間容量を3%程度の偏差におさめたペアとして使います．このため，同一型名で1,000通りにも細区分している場合があるので，メーカの詳しいカタログを入手することをおすすめします．

(5) 極性の表示と型名の表示

ダイオードの極性は，一般に電流の流れやすい方向に矢印を捺印してありますが，カソード側に色帯，色点などをつけたものがあります．JEITA型名で型名数字が同じで最後にRがついている場合は，Rのつかないものと特性が同じで，極性だけ逆の

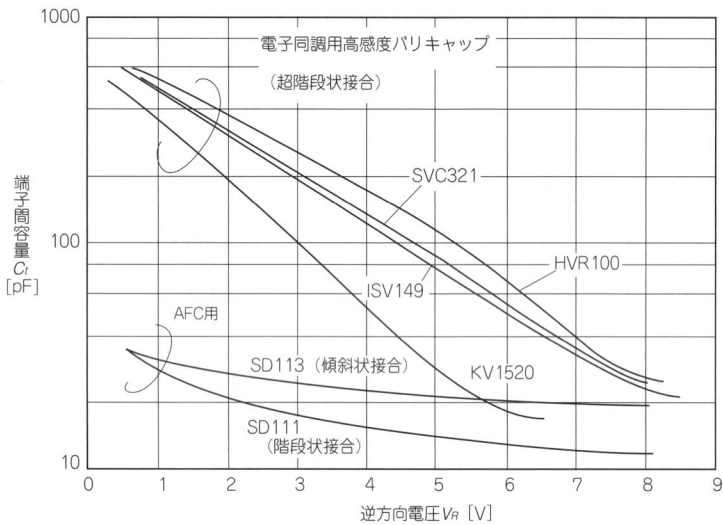

図20　可変容量ダイオードの電圧対端子間容量特性の一例

ものを表しています。しかし、どちら向きが正常で、どちら向きが逆なのかは取り決めがないので、個々の品種で確認しなければなりません。

二つのダイオードを逆並列または逆直列に接続して、双方向型ダイオードとして作られているものは、色帯を中央につけるようにして、方向性の区別をしません。

型名の表示は、その型名をフルネームで捺印してあるのが原則ですが、非常に小さなものは暗号のような1～2文字だけの捺印となり、さらに小さなものは文字捺印ができないので、カラー・コードや色点で表示する方法をとります。

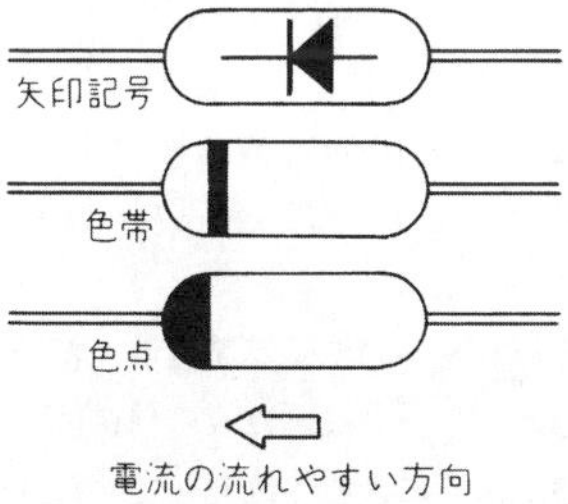

この場合には、抵抗などで一般に使われているJISの色と数字の対応で型名表示されていれば良いのですが、型名の数字とは全く関係のない色を使うことがほとんどなので、注意が必要です。このようなときには、メーカのカタログを取り寄せてください。最近ではほとんどの場合、インターネットでメーカのホームページから入手できます。ホームページから製品群を選び、半導体デバイス→ダイオードと進めば到達できます。カタログやデータシートは、メーカ側が予告なく変更することもあるので、大量生産される機器で採用する際には、メーカと購入仕様書を取り交わしておくのが安全です。

3 略称・記号の説明

(1) メーカ名

東芝	(株)東芝
日立パワー	(株)日立製作所
富士電機	富士電機(株)
パナソニック	パナソニック(株)
三洋	三洋半導体(株)
サンケン	サンケン電気(株)
日本インター	日本インター(株)
新日無	新日本無線(株)
新電元	新電元工業(株)
オリジン	オリジン電気(株)
三菱	三菱電機(株)
旭化成	旭化成エレクトロニクス(株)
ローム	ローム(株)
セミテック	セミテック(株)
三社電機	(株)三社電機製作所
トレックス	トレックス・セミコンダクター(株)
イサハヤ	イサハヤ電子(株)
ルネサス	ルネサス エレクトロニクス(株)
ライテック	(株)ライテック

(2) 最大定格

V_{RSM}	過渡尖頭逆方向電圧
V_{RRM}	尖頭逆方向電圧
V_R	直流逆方向電圧
V_I	交流入力電圧
I_{FSM}	サージ電流
I_{FM}	尖頭順方向電流
I_F	直流順方向電流
I_R	直流逆方向電流

図21　極性表示のいろいろ

I_o 整流電流
I_Z ツェナ電流
P_{RSM} 過渡尖頭逆方向電力
P 電力
R_{th} 熱抵抗

(3) 温度条件
T_a 周囲温度
T_b バルク温度
T_c ケース温度
T_j 接合部温度
T_L リード温度

(4) 電気的特性
I_F 順方向電流
I_R 逆方向電流
I_{op} 動作電流
I_Z ツェナ電流
V_c クランプ電圧
V_F 順方向電圧
V_R 逆方向電圧
V_{op} 動作電圧
V_{BO} ブレーク・オーバ電圧
V_Z ツェナ電圧
r_d 動作抵抗
r_{ds} 動作抵抗 (C成分直列)
r_{dp} 動作抵抗 (C成分並列)
Z_Z ツェナ・ダイオードの動作抵抗
Z_{ZK} ツェナ・ダイオードの立ち上がり動作抵抗
C 容量
C_c ケース容量
C_j 接合容量
C_t 端子間容量
t_{rr} 逆回復時間
t_t 転移時間
τ ライフ・タイム
n 容量変化率
n_{max} 最大定量変化率 $\left|\dfrac{\Delta \log C}{\Delta \log V}\right|$ の最大値
γ_F 順方向電圧の温度係数
Q 可変容量ダイオードのQ
f_c 可変容量ダイオードの遮断周波数
L_c 変換損失
NF 雑音指数
N_r 出力雑音比

4 外形寸法図

原則としてメーカが公開している図をそのまま使っているので，各図間の統一が図られていません．基本的にはJISの製図法によっており，図法は第三角法で，寸法値はミリメートルです．

同じ思想で設計されたパッケージであっても，メーカによって寸法の微妙な違いがあり，似ているものでも別図としました．

JEITAで標準外形が定められているものについては，それにしたがいました．この場合は，メーカの規格表の図と違いがあります．スタッド型とネジ止めのパッケージの場合，表面実装デバイス（SMD）の場合は，特に注意が必要です．実装設計に入る前にメーカの規格表によって確認してください．

電極接続の見方ですが，一般的に，リード線挿入の場合は本体を裏から見た図（ボトム・ビュー）であり，SMDでは上から見た図（トップ・ビュー）です．それぞれトランジスタとICの習慣の歴史を引きずっているためです．ピン番号のつけ方も逆の場合があります．

まぎらわしいので，実装設計，特にプリント基板のパターン設計に入る前には，必ずメーカの規格表によって確認してください．

■ メーカと社名表記について

　日本でも半導体事業の統合や買収・売却が進んでおり，メーカ名が分かりにくくなっています．本規格表に掲載しているダイオード関連の半導体メーカについて，メーカ名の変遷と本規格表での社名表記をまとめておきます．

・日立，三菱，ルネサス，NEC，イサハヤ

　2003年に（株）日立製作所の半導体事業と三菱電機（株）の半導体事業を統合して，（株）ルネサス テクノロジが誕生しました．2010年に日本電気（株）（NEC（株））の半導体事業を分社化したNECエレクトロニクス（株）と（株）ルネサス テクノロジを統合して，ルネサス エレクトロニクス（株）となりました．日立，三菱，NECの半導体事業の大部分は，ルネサス エレクロニクス（株）に移管されました．本規格表では「ルネサス」と表記しています．

　ただし，（株）日立製作所の電力・電機グループが行っていたパワー半導体事業は，ルネサスに移管されずに日立で事業を継続しています．本規格表では「日立パワー」と表記しています．

　また，三菱の半導体事業のうち小信号用ディスクリート/バイポーラ製品は，イサハヤ電子（株）に移管されました．本規格表では「イサハヤ」と表記しています．さらに，三菱の半導体事業のうちパワー/高周波/光製品については，ルネサスに移管されずに三菱で事業を継続しています．三菱から他社への移管が確認できなかった製品については本規格表では「三菱」と表記しています．

・東光，旭化成

　2009年に東光（株）の半導体事業が旭化成エレクトロニクス（株）に譲渡され，旭化成東光パワーデバイス（株）となりました．2010年に旭化成東光パワーデバイス（株）は旭化成エレクトロニクス（株）に統合されました．本規格表では「旭化成」と表記しています．

・パナソニック

　2008年に松下電器産業（株）はパナソニック（株）に社名変更し，社内分社の半導体社はセミコンダクター社に社名変更しました．さらに，2012年にパナソニックのデバイス事業はパナソニックデバイス社に統合されています．本規格表では「パナソニック」と表記しています．

・SEMITEC

　2011年に石塚電子（株）はSEMITEC（株）（セミテック（株））に社名変更しました．本規格表では「SEMITEC」と表記しています．

・三洋半導体

　2006年に三洋電機（株）の半導体事業が分社化されて三洋半導体（株）となり，2011年に三洋半導体（株）は米国ON Semiconductorに譲渡されました．最長3年間は三洋（SANYO）のロゴを使用する計画であると発表されています．本規格表では「三洋」と表記しています．

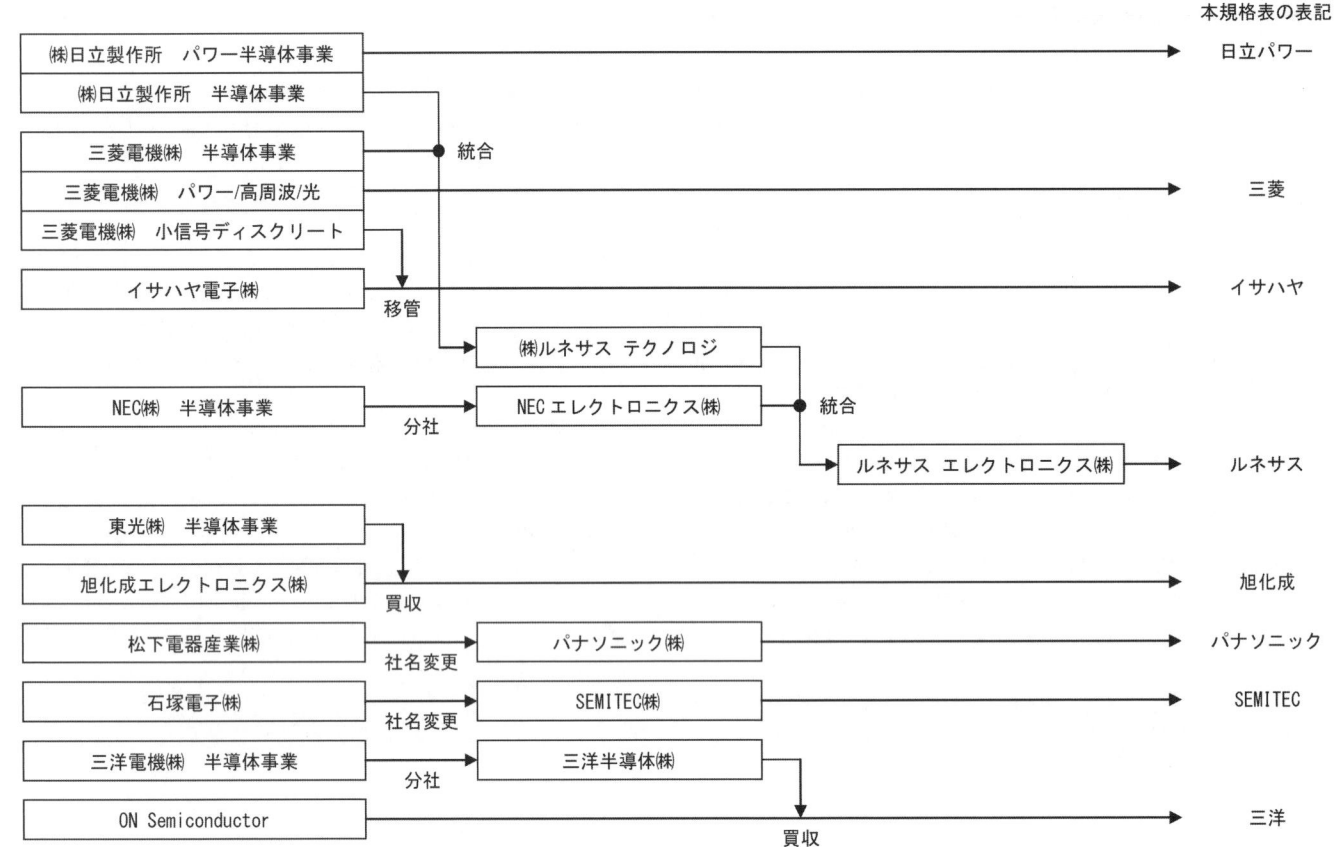

- 23 -

① 一般整流用ダイオード

	形　名	社　名	最大定格 V_{RSM} (V)	V_{RRM} (V)	V_R (V)	I_{FM} (A)	T条件 (°C)	I_O, I_F* (A)	T条件 (°C)	I_{FSM} (A)	T条件 (°C)	順方向特性(typは*) V_{Fmax} (V)	測定条件 I_F(A)	T(°C)	逆方向特性(typは*) I_{Rmax} (μA)	測定条件 V_R(V)	T(°C)	その他の特性等	外形
*	0R8DU41	東芝		200				0.8	40a	30	25j	1.5	1		50	200		trr<100ns Ioはプリント基板実装時	19B
	0R8GU41	東芝		400				0.8	40a	30	25j	1.5	1		50	400		trr<100ns Ioはプリント基板実装時	19B
	05NH45	東芝		1000				0.5	80a	20	25j	1.5	0.5		100	1000		trr<200ns Ioはプリント基板実装時	19G
	05NH46	東芝		1000				0.5	60a	15	25j	1.5	0.5		100	1000		trr<200ns Ioはプリント基板実装時	20K
	05NU41	東芝		1000				0.5		10	25j	3	0.5		100	1000		trr<100ns Ioはプリント基板実装時	19G
	05NU42	東芝		1000				0.5		10	25j	3	0.5		100	1000		trr<100ns Ioはプリント基板実装時	20K
	1BH62	東芝		100				1	50a	30	25j	1.3	1.5		10	100		trr<400ns Ioはプリント基板実装時	113A
*	1BL41	東芝		100				1	60a	30	25j	0.98	1		100	100		trr<60ns Ioはプリント基板実装時	19G
*	1BL42	東芝		100				1	40a	10	25j	0.98	1		100	100		trr<60ns Ioはプリント基板実装時	20K
	1BZ61	東芝		100				1		30	25j	1.2	1.5	25j	10	100	25j	1S2576相当 Ioはプリント基板実装時	113A
*	1CL41	東芝		150				1	60a	30	25j	0.98	1		100	150		trr<60ns Ioはプリント基板実装時	19G
*	1CL42	東芝		150				1	40a	10	25j	0.98	1		100	150		trr<60ns Ioはプリント基板実装時	20K
*	1DH62	東芝		200				1	50a	30	25j	1.3	1.5		10	200		trr<400ns Ioはプリント基板実装時	113A
*	1DL41A	東芝		200				1	64a	30	25j	0.98	1		100	200		trr<35ns Ioはプリント基板実装時	19G
*	1DL41	東芝		200				1	64a	30	25j	0.98	1		100	200		trr<60ns Ioはプリント基板実装時	19G
*	1DL42A	東芝		200				1	40a	10	25j	0.98	1		100	200		trr<35ns Ioはプリント基板実装時	20K
*	1DL42	東芝		200				1	40a	10	25j	0.98	1		100	200		trr<60ns Ioはプリント基板実装時	20K
	1DZ61	東芝		200				1		30	25j	1.2	1.5	25j	10	200	25j	1S2577相当 Ioはプリント基板実装時	113A
*	1F60A-120F	富士電機	1320	1200				60	75c	1000	125j	3	60	25j	20m	1200	125j	trr<0.6μs	403
*	1F60A-120R	富士電機	1320	1200				60	75c	1000	125j	3	60	25j	20m	1200	125j	trr<0.6μs 1F60A-120Fと逆極性	403
*	1FI150B-060	富士電機	650	600				150	92c	2000	150j	1.1	150	25j	15m	600	150j	trr<0.5μs	370
	1FI250B-060	富士電機	650	600				250	91c	4000	150j	1.1	250	25j	20m	600	150j	trr<0.5μs	370
	1G4	日本インター		400				0.75		20		1.2	1	25j	10	400	25j		20F
	1G6	日本インター		600				0.75		20		1.2	1	25j	10	600	25j		20F
	1G8	日本インター		800				0.75		20		1.2	1	25j	10	800	25j		20F
	1GH45	東芝		400				1	60a	20	25j	1.1	1		100	400		trr<200ns Ioはプリント基板実装時	19G
	1GH46	東芝		400				1	35a	15	25j	1.1	1		100	400		trr<200ns Ioはプリント基板実装時	20K
*	1GH62	東芝		400				1	50a	30	25j	1.3	1.5	25j	10	400		trr<400ns Ioはプリント基板実装時	113A
	1GU42	東芝		400				1		15	25j	1.5	1		50	400		trr<100ns Ioはプリント基板実装時	20K
*	1GZ61	東芝		400				1		30	25j	1.2	1.5		10	400	25j	1S2578相当 Ioはプリント基板実装時	113A
	1JH45	東芝		600				1	50a	20	25j	1.2	1		100	600		trr<200ns Ioはプリント基板実装時	19G
	1JH46	東芝		600				1	35a	15	25j	1.2	1		100	600		trr<200ns Ioはプリント基板実装時	20K
*	1JH62	東芝		600				1	50a	30	25j	1.3	1.5	25j	10	600		trr<400ns Ioはプリント基板実装時	113A
	1JU41	東芝		600				1		30	25j	2	1		100	600		trr<100ns Ioはプリント基板実装時	19G
	1JU42	東芝		600				1		15	25j	2	1		100	600		trr<100ns Ioはプリント基板実装時	20K
*	1JZ61	東芝		600				1		30	25j	1.2	1.5	25j	10	600	25j	1S2579相当 Ioはプリント基板実装時	113A
*	1LH62	東芝		800				1	50a	30	25j	1.2	1.5		10	800		trr<400ns Ioはプリント基板実装時	113A
*	1LZ61	東芝		800				1		30	25j	1.2	1.5	25j	10	800	25j	1S2580相当 Ioはプリント基板実装時	113A
	1N4001A	ローム	75	50				1	50a	30		1.1	1		10	50			24L
*	1N4002A	ローム	150	100				1	50a	30		1.1	1		10	100			24L
*	1N4003A	ローム	300	200				1	50a	30		1.1	1		10	200			24L
	1N4004A	ローム	500	400				1	50a	30		1.1	1		10	400		海外用のみ	24L

	形　名	社名	最大定格							順方向特性(typは*)			逆方向特性(typは*)			その他の特性等	外形
			V_{RSM} (V)	V_{RRM} (V)	V_R (V)	I_{FM} (A)	T条件 (℃)	I_O, I_F* (A)	T条件 (℃)	I_{FSM} (A)	T条件 (℃)	V_{Fmax} (V)	測定条件		I_{Rmax} (μA)	測定条件			
													I_F(A)	T(℃)		V_R(V)	T(℃)		
	1NH41	東芝		1000				1		50a	30	25j	1.3	1		10	1000		trr<400ns tfr<1ms	19G
	1NH42	東芝		1000				1			30	25j	1.3	1		10	1000		trr<400ns tfr<850ns	19G
*	1NH61	東芝		1000				0.3		40a	25		3	1		10	1000		Ioはﾌﾟﾘﾝﾄ基板実装時	113A
	1NU41	東芝		1000				1			10	25j	3.3	1		100	1000		trr<100ns Ioはﾌﾟﾘﾝﾄ基板実装時	89B
	1NZ61	東芝		1000				1			30	25j	1.2	1.5	25j	10	1000	25j	1S2581相当 Ioはﾌﾟﾘﾝﾄ基板実装時	113A
	1QZ61	東芝		1200				1			30	25j	1.2	1.5		10	1200			113A
*	1R5BL41	東芝		100				1.5			60	25j	0.98	1.5		100	100		trr<60ns Ioはﾌﾟﾘﾝﾄ基板実装時	19F
	1R5BZ41	東芝		100				1.5		35a	150	25j	0.95	1.5		10	100		Ioはﾌﾟﾘﾝﾄ基板実装時	19F
*	1R5BZ61	東芝		100				1.5			75	25j	1	1.5	25j	10	100	25j	Ioはﾌﾟﾘﾝﾄ基板実装時	113A
	1R5CL41	東芝		150				1.5			60	25j	0.98	1.5		100	150		trr<60ns Ioはﾌﾟﾘﾝﾄ基板実装時	19F
	1R5DL41	東芝		200				1.5			60	25j	0.98	1.5		100	200		trr<60ns Ioはﾌﾟﾘﾝﾄ基板実装時	19F
	1R5DL41A	東芝		200				1.5			60	25j	0.98	1.5		100	200		trr<35ns Ioはﾌﾟﾘﾝﾄ基板実装時	19F
	1R5DU41	東芝		200				1.5		35a	60	25j	1.2	1.5		50	200		trr<100ns Ioはﾌﾟﾘﾝﾄ基板実装時	19F
	1R5DZ41	東芝		200				1.5		35a	150	25j	0.95	1.5		10	200		Ioはﾌﾟﾘﾝﾄ基板実装時	19F
*	1R5DZ61	東芝		200				1.5			75	25j	1	1.5	25j	10	200	25j	Ioはﾌﾟﾘﾝﾄ基板実装時	113A
	1R5GH45	東芝		400				1.5		70a	50	25j	1.1	1.5		100	400		trr<200ns Ioはﾌﾟﾘﾝﾄ基板実装時	19F
	1R5GU41	東芝		400				1.5		35a	60	25j	1.2	1.5		50	400		trr<100ns Ioはﾌﾟﾘﾝﾄ基板実装時	19F
	1R5GZ41	東芝		400				1.5		35a	150	25j	0.95	1.5		10	400		Ioはﾌﾟﾘﾝﾄ基板実装時	19F
*	1R5GZ61	東芝		400				1.5			75	25j	1	1.5	25j	10	400	25j	Ioはﾌﾟﾘﾝﾄ基板実装時	113A
	1R5JH45	東芝		600				1.5		65a	50	25j	1.2	1.5		100	600		trr<200ns Ioはﾌﾟﾘﾝﾄ基板実装時	19F
	1R5JU41	東芝		600				1.5			40	25j	2	2		100	600		trr<100ns Ioはﾌﾟﾘﾝﾄ基板実装時	19F
	1R5JZ41	東芝		600				1.5			100	25j	1	1.5		10	600		Ioはﾌﾟﾘﾝﾄ基板実装時	19F
*	1R5JZ61	東芝		600				1.5			75	25j	1	1.5	25j	10	600	25j	Ioはﾌﾟﾘﾝﾄ基板実装時	113A
	1R5LZ41	東芝		800				1.5			100	25j	1	1.5		10	800		Ioはﾌﾟﾘﾝﾄ基板実装時	19F
	1R5NH41	東芝		1000				1.5		35a	80	25j	1.3	1.5		10	1000		trr<400ns Ioはﾌﾟﾘﾝﾄ基板実装時	19F
	1R5NH45	東芝		1000				1.5		50a	30	25j	1.5	1.5		100	1000		trr<200ns Ioはﾌﾟﾘﾝﾄ基板実装時	19F
	1R5NU41	東芝		1000				1.5			60	25j	3	2		100	1000		trr<100ns Ioはﾌﾟﾘﾝﾄ基板実装時	19F
	1R5NZ41	東芝		1000				1.5			100	25j	1	1.5		10	1000		Ioはﾌﾟﾘﾝﾄ基板実装時	19F
*	1R5TH61	東芝	1600	1500				1			30	25j	1.2	2		10	1500		trr<20μs Ioはﾌﾟﾘﾝﾄ基板実装時	113A
*	1S1260R	東芝		150				3		50R	90		1.2	3		100	150		Ioは50×50×1.5ｱﾙﾐﾌｨﾝ使用	41
	1S1260	東芝		150				3		50R	90		1.2	3		100	150		Ioは50×50×1.5ｱﾙﾐﾌｨﾝ使用	41
*	1S1261R	東芝		200				3		50R	90		1.2	3		100	200		Ioは50×50×1.5ｱﾙﾐﾌｨﾝ使用	41
	1S1261	東芝		200				3		50R	90		1.2	3		100	200		Ioは50×50×1.5ｱﾙﾐﾌｨﾝ使用	41
*	1S1262R	東芝		300				3		50R	90		1.2	3		100	300		Ioは50×50×1.5ｱﾙﾐﾌｨﾝ使用	41
	1S1262	東芝		300				3		50R	90		1.2	3		100	300		Ioは50×50×1.5ｱﾙﾐﾌｨﾝ使用	41
*	1S1263R	東芝		400				3		50R	90		1.2	3		100	400		Ioは50×50×1.5ｱﾙﾐﾌｨﾝ使用	41
	1S1263	東芝		400				3		50R	90		1.2	3		100	400		Ioは50×50×1.5ｱﾙﾐﾌｨﾝ使用	41
*	1S1264R	東芝		500				3		50R	90		1.2	3		100	500		Ioは50×50×1.5ｱﾙﾐﾌｨﾝ使用	41
	1S1264	東芝		500				3		50R	90		1.2	3		100	500		Ioは50×50×1.5ｱﾙﾐﾌｨﾝ使用	41
*	1S1265R	東芝		600				3		50R	90		1.2	3		100	600		Ioは50×50×1.5ｱﾙﾐﾌｨﾝ使用	41
	1S1265	東芝		600				3		50R	90		1.2	3		100	600		Ioは50×50×1.5ｱﾙﾐﾌｨﾝ使用	41
*	1S1266R	東芝		700				3		50R	90		1.2	3		100	700		Ioは50×50×1.5ｱﾙﾐﾌｨﾝ使用	41

| | 形　名 | 社　名 | 最大定格 ||||||| 順方向特性(typは*) ||| 逆方向特性(typは*) ||| その他の特性等 | 外形 |
			V_{RSM}(V)	V_{RRM}(V)	V_R(V)	I_{FM}(A)	T条件(℃)	I_O, I_F*(A)	T条件(℃)	I_{FSM}(A)	T条件(℃)	V_{Fmax}(V)	測定条件		I_{Rmax}(μA)	測定条件			
													I_F(A)	T(℃)		V_R(V)	T(℃)		
*	1S1266	東芝		700				3	50R	90		1.2	3		100	700		Ioは50×50×1.5アルミフィン使用	41
*	1S1267R	東芝		800				3	50R	90		1.2	3		100	800		Ioは50×50×1.5アルミフィン使用	41
*	1S1267	東芝		800				3	50R	90		1.2	3		100	800		Ioは50×50×1.5アルミフィン使用	41
*	1S1268R	東芝		900				3	50R	90		1.2	3		100	900		Ioは50×50×1.5アルミフィン使用	41
*	1S1268	東芝		900				3	50R	90		1.2	3		100	900		Ioは50×50×1.5アルミフィン使用	41
*	1S1269R	東芝		1000				3	50R	90		1.2	3		100	1000		Ioは50×50×1.5アルミフィン使用	41
*	1S1269	東芝		1000				3	50R	90		1.2	3		100	1000		Ioは50×50×1.5アルミフィン使用	41
*	1S1270R	東芝		150				6	50R	200		1.2	6		200	150		Ioは70×70×1.5アルミフィン使用	41
*	1S1270	東芝		150				6	50R	200		1.2	6		200	150		Ioは70×70×1.5アルミフィン使用	41
*	1S1271R	東芝		200				6	50R	200		1.2	6		200	200		Ioは70×70×1.5アルミフィン使用	41
*	1S1271	東芝		200				6	50R	200		1.2	6		200	200		Ioは70×70×1.5アルミフィン使用	41
*	1S1272R	東芝		300				6	50R	200		1.2	6		200	300		Ioは70×70×1.5アルミフィン使用	41
*	1S1272	東芝		300				6	50R	200		1.2	6		200	300		Ioは70×70×1.5アルミフィン使用	41
	1S1560R	東芝		100				3	120c	60		1.1	2		20	100			394
	1S1560	東芝		100				3	120c	60		1.1	2		20	100			394
	1S1622	東芝		100				0.3	50a	10		0.95	0.3		10	100			89A
	1S1623	東芝		200				0.3	50a	10		0.95	0.3		10	200			89A
	1S1624	東芝		400				0.3	50a	10		0.95	0.3		10	400			89A
	1S1625	東芝		600				0.3	50a	10		0.95	0.3		10	600			89A
	1S1632	東芝		150				150	110c	4500	50c	1.1	150		65m	150			323
	1S1642R	東芝		400				25	90c	600		1.2	25		3m	400			42
	1S1642	東芝		400				25	90c	600		1.2	25		3m	400			42
*	1S1643R	東芝		150				50	120c	1000	50j	1.2	50		10m	150	150j		324
*	1S1643	東芝		150				50	120c	1000	50j	1.2	50		10m	150	150j		324
*	1S1644R	東芝		300				50	120c	1000	50j	1.2	50		10m	300	150j		324
*	1S1644	東芝		300				50	120c	1000	50j	1.2	50		10m	300	150j		324
*	1S1720R	東芝		250	250	10	120c	3	120c	60	120c	1.1	2		20	250		1S1720と逆極性	394
*	1S1720	東芝		250	250	10	120c	3	120c	60	120c	1.1	2		20	250			394
	1S1798R	オリジン		100				8	135c	200		1.1	8	25c	50	100		1S1798と逆極性	41
	1S1798	オリジン		100				8	135c	200		1.1	8	25c	50	100		S-8-01相当	41
	1S1799R	オリジン		200				8	135c	200		1.1	8	25c	50	200		1S1799と逆極性	41
	1S1799	オリジン		200				8	135c	200		1.1	8	25c	50	200		S-8-02相当	41
	1S1800R	オリジン		300				8	135c	200		1.1	8	25c	50	300		1S1800と逆極性	41
	1S1800	オリジン		300				8	135c	200		1.1	8	25c	50	300			41
	1S1801R	オリジン		400				8	135c	200		1.1	8	25c	50	400		1S1801と逆極性	41
	1S1801	オリジン		400				8	135c	200		1.1	8	25c	50	400		S-8-04相当	41
	1S1802R	オリジン		600				8	135c	200		1.1	8	25c	50	600		1S1802と逆極性	41
	1S1802	オリジン		600				8	135c	200		1.1	8	25c	50	600		S-8-06相当	41
	1S1803R	オリジン		800				8	135c	200		1.1	8	25c	50	800		1S1803と逆極性	41
	1S1803	オリジン		800				8	135c	200		1.1	8	25c	50	800		S-8-08相当	41
	1S1804R	オリジン		1000				8	135c	200		1.1	8	25c	50	1000		1S1804と逆極性	41
	1S1804	オリジン		1000				8	135c	200		1.1	8	25c	50	1000		S-8-10相当	41

	形　名	社　名	最大定格							順方向特性(typは*)		逆方向特性(typは*)			その他の特性等	外形
			V_{RSM}(V)	V_{RRM}(V)	V_R(V)	I_{FM}(A)	T条件(℃)	I_O, I_F*(A)	T条件(℃)	I_{FSM}(A)	T条件(℃)	$V_F$max(V)	I_F(A)	T(℃)	$I_R$max(μA)	測定条件			
																V_R(V)	T(℃)		
	1S1829	東芝		800				1	65a	45	25j	1.2	1.5		10	800			89B
	1S1830	東芝		1000				1	65a	45	25j	1.2	1.5		400	1000	150j		89B
	1S1832	東芝		1800	1500	2.5		0.7	50a	60	25j	2	1.5	25j	10	1500	25j	trr<6μs	89B
	1S1834	東芝		400	300			1	50a	60	25j	1.2	1.5	25j	10	400	25j	trr<1.5μs	89B
	1S1835	東芝		600	500			1	50a	60	25j	1.2	1.5	25j	10	600	25j	trr<1.5μs	89B
	1S1841	東芝		400				25	110c	300		1.2	25		6m	400	150j		42
	1S1842	東芝		600				25	110c	300		1.2	25		6m	600	150j		42
	1S1885A	東芝		100				1.2	60a	100	25j	1	5		10	100			89B
	1S1885	東芝		100				1	65a	60	25j	1.2	1.5		10	100			89B
*	1S1886A	東芝		200				1.2	50a	100	25j	1	5		10	200			89B
*	1S1886	東芝		200				1	65a	60	25j	1.2	1.5		10	200			89B
	1S1887A	東芝		400				1.2	60a	100	25j	1	5		10	400			89B
	1S1887	東芝		400				1	65a	60	25j	1.2	1.5		10	400			89B
	1S1888A	東芝		600				1.2	60a	100	25j	1	5		10	600			89B
	1S1888	東芝		600				1	65a	60	25j	1.2	1.5		10	600			89B
*	1S1890	東芝		600				1.2	65a	60	50j	1.2	1.5		10	600			14
	1S1891	東芝		800				1.2	65a	60	50j	1.2	1.5		10	800			14
*	1S1892	東芝		1000				1.2	65a	60	50j	1.2	1.5		10	1000			14
	1S1934R	オリジン		100				20	130c	600		1.2	60		50	100		1S1934と逆極性	42
	1S1934	オリジン		100				20	130c	600		1.2	60		50	100		S-20-01相当	42
	1S1935R	オリジン		200				20	130c	600		1.2	60		50	200		1S1935と逆極性	42
	1S1935	オリジン		200				20	130c	600		1.2	60		50	200		S-20-02相当	42
	1S1936R	オリジン		400				20	130c	600		1.2	60		50	400		1S1936と逆極性	42
	1S1936	オリジン		400				20	130c	600		1.2	60		50	400		S-20-04相当	42
	1S1937R	オリジン		600				20	130c	600		1.2	60		50	600		1S1937と逆極性	42
	1S1937	オリジン		600				20	130c	600		1.2	60		50	600		S-20-06相当	42
	1S1938R	オリジン		800				20	130c	600		1.2	60		50	800		1S1938と逆極性	42
	1S1938	オリジン		800				20	130c	600		1.2	60		50	800		S-20-08相当	42
	1S1939R	オリジン		1000				20	130c	600		1.2	60		50	1000		1S1939と逆極性	42
	1S1939	オリジン		1000				20	130c	600		1.2	60		50	1000		S-20-10相当	42
*	1S2247	三菱	500					600	90c	10k	150j	1.85	1900	25c	30m	500	150j		263
*	1S2248	三菱	600					600	90c	10k	150j	1.85	1900	25c	30m	600	150j		263
	1S2249	三菱	800					600	90c	10k	150j	1.85	1900	25c	30m	800	150j		263
*	1S2250	三菱	1000					600	90c	10k	150j	1.85	1900	25c	30m	1000	150j		263
*	1S2251	三菱	1200					600	90c	10k	150j	1.85	1900	25c	30m	1200	150j		263
*	1S2252	三菱	1500					600	90c	10k	150j	1.85	1900	25c	30m	1500	150j		264
	1S2253	三菱	2000					600	90c	10k	150j	1.85	1900	25c	30m	2000	150j		264
*	1S2254	三菱	2500					600	90c	10k	150j	1.85	1900	25c	30m	2500	150j		264
*	1S2255	三菱	3000					600	90c	10k	150j	1.85	1900	25c	30m	3000	150j		264
*	1S2256	三菱	1200					250	111c	5000	150j	1.75	780	25c	30m	1200	150j		265
*	1S2257	三菱	1500					250	111c	5000	150j	1.75	780	25c	30m	1500	150j		265
*	1S2258	三菱	1600					250	111c	5000	150j	1.75	780	25c	30m	1600	150j		265

	形　名	社　名	最大定格							順方向特性(typは*)			逆方向特性(typは*)			その他の特性等	外形
			V_{RSM} (V)	V_{RRM} (V)	V_R (V)	I_{FM} (A)	T条件 (℃)	I_O, I_F* (A)	T条件 (℃)	I_{FSM} (A)	T条件 (℃)	V_{Fmax} (V)	測定条件 || I_{Rmax} (μA)	測定条件			
													I_F(A)	T(℃)		V_R(V)	T(℃)		
*	1S2259	三菱		1800				250	111c	5000	150j	1.75	780	25c	30m	1800	150j		265
*	1S2260	三菱		2000				250	111c	5000	150j	1.75	780	25c	30m	2000	150j		265
*	1S2261	三菱		1200				800	101c	14k	150j	1.65	2500	25c	30m	1200	150j		266
*	1S2262	三菱		1600				800	101c	14k	150j	1.65	2500	25c	30m	1600	150j		266
*	1S2263	三菱		1800				800	101c	14k	150j	1.65	2500	25c	30m	1800	150j		266
*	1S2264	三菱		2000				800	101c	14k	150j	1.65	2500	25c	30m	2000	150j		266
*	1S2265	三菱		2500				800	101c	14k	150j	1.65	2500	25c	30m	2500	150j		266
*	1S2266	三菱		2800				800	101c	14k	150j	1.65	2500	25c	30m	2800	150j		266
*	1S2401	三菱	150	100	80			1	40a	50		1.2	3		10	100			89C
*	1S2402	三菱	250	200	160			1	40a	50		1.2	3		10	200			89C
*	1S2403	三菱	500	400	320			1	40a	50		1.2	3		10	400			89C
*	1S2404	三菱	750	600	480			1	40a	50		1.2	3		10	600			89C
*	1S2405	三菱	1000	800	640			1	40a	50		1.2	3		10	800			89C
*	1S2406	三菱	1200	1000	800			1	40a	50		1.2	3		10	1000			89C
*	1S2407	三菱		1200				0.5	40a	50	100j	1.2	3		300	1200	100j		89C
*	1S2408	三菱		50				2	40a	150	150j	1.1	10		1m	50	150j		91F
*	1S2409	三菱	150	100	80			2	40a	200		1.1	10		1m	100	150j		91F
*	1S2410	三菱	250	200	160			2	40a	200		1.1	10		1m	200	150j		91F
*	1S2411	三菱		300				2	40a	150	150j	1.1	10		1m	300	150j		91F
*	1S2412	三菱	500	400	320			2	40a	200		1.1	10		1m	400	150j		91F
*	1S2413	三菱		500				2	40a	150	150j	1.1	10		1m	500	150j		91F
*	1S2414	三菱	750	600	480			2	40a	200		1.1	10		1m	600	150j		91F
*	1S2415	三菱		50				2	40a	150	150j	1.1	10		1m	50	150j		91F
*	1S2416	三菱	150	100	80			2	40a	200		1.1	10		1m	100	150j		91F
*	1S2417	三菱	250	200	160			2	40a	200		1.1	10		1m	200	150j		91F
*	1S2418	三菱		300				2	40a	150	150j	1.1	10		1m	300	150j		91F
*	1S2419	三菱	500	400	320			2	40a	200		1.1	10		1m	400	150j		91F
*	1S2420	三菱		500				2	40a	150	150j	1.1	10		1m	500	150j		91F
*	1S2421	三菱	750	600	480			2	40a	200		1.1	10		1m	600	150j		91F
*	1S2756	東芝		400	300			1	50a	60	25j	1.2	1.5		10	400		trr<10μs	89B
*	1S2757	東芝		600	500			1	50a	60	25j	1.2	1.5		10	600		trr<10μs	89B
*	1S2775	東芝		200	100			0.5	50a	30	25j	1.4	1		10	200		trr<8μs	89B
*	1S2776	東芝		400	300			0.5	50a	30	25j	1.4	1		10	400		trr<8μs	89B
*	1S2777	東芝		600	500			0.5	50a	30	25j	1.4	1		10	600		trr<8μs	89B
	1S2827A	オリジン		200				1.5	50a	60	50j	1	1.5		10	200		SM-1.5-02相当	90H
	1S2828A	オリジン		400				1.5	50a	60	50j	1	1.5		10	400		SM-1.5-04相当	90H
	1S2830A	オリジン		800				1.5	50a	60	50j	1	1.5		10	800		SM-1.5-08相当	90H
	1S2831A	オリジン		1000				1.5	50a	60	50j	1	1.5		10	1000		SM-1.5-10相当	90H
*	1S665	富士電機		400				2.5	120c	90		1.1	4		3.2m	400			329
*	1S666	富士電機		800				2.5	120c	90		1.1	4		3.2m	800			329
*	1S667	富士電機		1000				2.5	120c	90		1.1	4		2.4m	1000			329
*	1S668	富士電機		1200				2.5	120c	90		1.1	4		2.4m	1000			329

形　名	社名	最大定格 V_RSM (V)	V_RRM (V)	V_R (V)	I_FM (A)	T条件 (℃)	I_O, I_F* (A)	T条件 (℃)	I_FSM (A)	T条件 (℃)	順方向特性(typは*) V_Fmax (V)	測定条件 I_F(A)	T(℃)	逆方向特性(typは*) I_Rmax (μA)	測定条件 V_R(V)	T(℃)	その他の特性等	外形
* 1S821	富士電機		250				2.5	120c	100		1.1	10		2m	250			329
* 1S822	富士電機		400				2.5	120c	100		1.1	10		2m	400			329
1S823	富士電機		800				2.5	120c	100		1.1	10		2m	800			329
1S824	富士電機		1000				2.5	120c	100		1.1	10		2m	1000			329
* 1S825	富士電機		1200				2.5	120c	100		1.1	10		2m	1200			329
* 1SR124-100A	ローム	150	100				1		30		1.3	1		10	100		Ct<8pF trr<0.4μs	24L
* 1SR124-200A	ローム	300	200				1		30		1.3	1		10	200		Ct<8pF trr<0.4μs	24L
1SR124-400A	ローム	500	400				1		30		1.3	1		10	400		Ct<8pF trr<0.4μs	24L
1SR133-200	オリジン		200				80	80c	1050	25c	1.25	80	25c	10m	200	125j		589B
1SR133-200R	オリジン		200				80	80c	1050	25c	1.25	80	25c	10m	200	125j	1SR133-200と逆極性	589B
1SR133-400	オリジン		400				80	80c	1050	25c	1.25	80	25c	10m	400	125j		589B
1SR133-400R	オリジン		400				80	80c	1050	25c	1.25	80	25c	10m	400	125j	1SR133-400と逆極性	589B
1SR133-600	オリジン		600				80	80c	1050	25c	1.25	80	25c	10m	600	125j		589B
1SR133-600R	オリジン		600				80	80c	1050	25c	1.25	80	25c	10m	600	125j	1SR133-600と逆極性	589B
* 1SR139-100	ローム	150	100				1		40		1.1	1		10	100			19E
* 1SR139-200	ローム	250	200				1		40		1.1	1		10	200			19E
1SR139-400	ローム	500	400				1		40		1.1	1		10	400			19E
1SR139-600	ローム	750	600				1		40		1.1	1		10	600			19E
1SR149	日立パワー		100				3	60L	70	150j	1.3	3	25L	10	100	25L	trr<100ns	113G
1SR150	日立パワー		200				3	60L	70	150j	1.3	3	25L	10	200	25L	trr<100ns	113G
1SR151	日立パワー		400				3	60L	70	150j	1.3	3	25L	10	400	25L	trr<100ns	113G
1SR152	日立パワー		150				70	100c	730	150j	0.975	70	25c	1m	150	25c	trr<50ns	42
* 1SR153-100	ローム	150	100				0.8		30		1.3	0.8		10	100		trr<0.4μs	19E
* 1SR153-200	ローム	300	200				0.8		30		1.3	0.8		10	200		trr<0.4μs	19E
1SR153-400	ローム	500	400				0.8		30		1.3	0.8		10	400		trr<0.4μs	19E
* 1SR154-100	ローム	150	100				1		30		1.1	1		10	100		Ioはアルミナ基板実装時	485F
* 1SR154-200	ローム	250	200				1		30		1.1	1		10	200		Ioはアルミナ基板実装時	485F
1SR154-400	ローム	500	400				1		30		1.1	1		10	400		Ioはアルミナ基板実装時	485F
1SR154-600	ローム	700	600				1		30		1.1	1		10	600		Ioはアルミナ基板実装時	485F
1SR156-400	ローム	500	400				0.8		20		1.3	0.8		10	400		trr<400ns	485F
1SR159-200	ローム	200	200				1		20		0.98	1		10	200		trr<50ns Ioはアルミナ基板実装時	485F
1SR159-400	ローム	400	400				1		20		1.2	1		10	400		trr<25ns Ioはガラエポ基板実装時	485F
* 1SR29-200	新電元		200				250	98c	5400	25c	1.05	250	25c	800	200	25c		701
1SR29-400	新電元		400				250	98c	5400	25c	1.05	250	25c	800	400	25c		701
1SR29-600	新電元		600				250	98c	5400	25c	1.05	250	25c	800	600	25c		701
1SR29-800	新電元		800				250	98c	5400	25c	1.05	250	25c	800	800	25c		701
1SR29-1000	新電元		1000				250	98c	5400	25c	1.05	250	25c	800	1000	25c		701
* 1SR35-100A	ローム	150	100				1	50a	30		1.1	1		10	100		Ct<8pF	24L
* 1SR35-200A	ローム	300	200				1	50a	30		1.1	1		10	200		Ct<8pF	24L
1SR35-400A	ローム	500	400				1	50a	30		1.1	1		10	400		Ct<8pF	24L
1SR80-100	オリジン		100				8	125c	150	50j	1.1	8	25c	50	100	25c	S-8-01FR相当	41
1SR80-200	オリジン		200				8	125c	150	50j	1.1	8	25c	50	200	25c	S-8-02FR相当	41

形名	社名	最大定格 VRSM (V)	VRRM (V)	VR (V)	IFM (A)	IO,IF* (A)	T条件 (°C)	IFSM (A)	T条件 (°C)	順方向特性(typは*) VFmax (V)	測定条件 IF(A)	T(°C)	逆方向特性(typは*) IRmax (μA)	測定条件 VR(V)	T(°C)	その他の特性等	外形
1SR80-400	オリジン		400			8	125c	150	50j	1.1	8	25c	50	400	25c	S-8-04FR相当	41
1SR80-600	オリジン		600			8	125c	150	50j	1.1	8	25c	50	600	25c	S-8-06FR相当	41
1SR80R-100	オリジン		100			8	125c	150	50j	1.1	8	25c	50	100	25c	1SR80-100と逆極性 S-8-01FR相当	41
1SR80R-200	オリジン		200			8	125c	150	50j	1.1	8	25c	50	200	25c	1SR80-200と逆極性 S-8-02FR相当	41
1SR80R-400	オリジン		400			8	125c	150	50j	1.1	8	25c	50	400	25c	1SR80-400と逆極性 S-8-04FR相当	41
1SR80R-600	オリジン		600			8	125c	150	50j	1.1	8	25c	50	600	25c	1SR80-600と逆極性 S-8-06FR相当	41
1SR81-800	オリジン		800			8	125c	150	50j	1.3	8	25c	50	800	25c	S-8-08FR相当	41
1SR81-1000	オリジン		1000			8	125c	150	50j	1.3	8		50	1000		S-8-10FR相当	41
1SR81R-800	オリジン		800			8	125c	150	50j	1.3	8	25c	50	800	25c	1SR81-800と逆極性	41
1SR81R-1000	オリジン		1000			8	125c	150	50j	1.3	8		50	1000		1SR81-1000と逆極性	41
1SR82-100	オリジン		100			20	130c	450	50j	1.2	30	25c	50	100	25c	S-20-01FR相当	42
1SR82-200	オリジン		200			20	130c	450	50j	1.2	30	25c	50	200	25c	S-20-02FR相当	42
1SR82-400	オリジン		400			20	130c	450	50j	1.2	30	25c	50	400	25c	S-20-04FR相当	42
1SR82-600	オリジン		600			20	130c	450	50j	1.2	30	25c	50	600	25c	S-20-06FR相当	42
1SR82-800	オリジン		800			5	50a	450	50j	1.4	30		50	800		S-20-08FR相当	42
1SR82-1000	オリジン		1000			5	50a	450	50j	1.4	30		50	1000		S-20-10FR相当	42
1SR82R-100	オリジン		100			20	130c	450	50j	1.2	30	25c	50	100	25c	1SR82-100と逆極性	42
1SR82R-200	オリジン		200			20	130c	450	50j	1.2	30	25c	50	200	25c	1SR82-200と逆極性	42
1SR82R-400	オリジン		400			20	130c	450	50j	1.2	30	25c	50	400	25c	1SR82-400と逆極性	42
1SR82R-600	オリジン		600			20	130c	450	50j	1.2	30	25c	50	600	25c	1SR82-600と逆極性	42
1SR84-100	オリジン		100			40	110c	2000	50j	1.25	100		2m	100		trr<0.5μs	212
1SR84-200	オリジン		200			40	110c	2000	50j	1.25	100		2m	200		trr<0.5μs	212
1SR84-400	オリジン		400			40	110c	2000	50j	1.25	100		2m	400		trr<0.5μs	212
*1SS267	東芝		120	100	1.5	0.5		3		1	0.5		0.5	100		Ct=30pF trr=0.4μs	24B
1TH61	東芝		1500			0.3	40a	25		3	1		10	1500		Ioはプリント基板実装時	113A
1TZ61	東芝		1500			1		30	25j	1.2	1.5		10	1500		Ioはプリント基板実装時	113A
*10D1	日本インター	250	100			1	70a	50		0.9	1		50	100		1S2226相当 色表示白	20F
*10D10	日本インター	1200	1000			1	70a	50		0.9	1		5	1000		1S2231相当 色表示緑	20F
*10D2	日本インター	400	200			1	70a	50		0.9	1		50	200		1S2227相当 色表示赤	20F
*10D4	日本インター	600	400			1	70a	50		0.9	1		5	400		1S2228相当 色表示青	20F
*10D6	日本インター	800	600			1	70a	50		0.9	1		5	600		1S2229相当 色表示黄	20F
*10D8	日本インター	1000	800			1	70a	50		0.9	1		5	800		1S2230相当 色表示橙	20F
10DDA10	日本インター		100			1	132L	45	25j	1	1	25j	10	100	25j		20F
10DDA20	日本インター		200			1	132L	45	25j	1	1	25j	10	200	25j		20F
10DDA40	日本インター		400			1	132L	45	25j	1	1	25j	10	400	25j		20F
10DDA60	日本インター		600			1	132L	45	25j	1	1	25j	10	600	25j		20F
*10DF1	日本インター	200	100			1		40		1.05	1	25j	5	100	25j	trr<200ns	20F
*10DF2	日本インター	300	200			1		40		1.05	1	25j	5	200	25j	trr<200ns	20F
*10DF4	日本インター	500	400			1	52a	40		1.2	1	25j	10	400	25j	trr<500ns 半田ランド 10×10	20F
*10DF6	日本インター	700	600			1	52a	40		1.2	1	25j	10	600	25j	trr<500ns 半田ランド 10×10	20F
*10DF8	日本インター	900	800			1	52a	40		1.2	1	25j	10	800	25j	trr<500ns 半田ランド 10×10	20F
10DRA10	日本インター		100			1	68a	45	25j	1.03	1	25j	10	100	25j	trr<60ns Ioはプリント基板実装時	20F

| | 形　名 | 社名 | 最大定格 ||||||| 順方向特性(typは*) ||| 逆方向特性(typは*) ||| その他の特性等 | 外形 |
			V_{RSM} (V)	V_{RRM} (V)	V_R (V)	I_{FM} (A)	T条件 (℃)	I_0, I_F* (A)	T条件 (℃)	I_{FSM} (A)	T条件 (℃)	V_{Fmax} (V)	I_F (A)	T(℃)	I_{Rmax} (μA)	V_R (V)	T(℃)		
	10DRA20	日本インター		200				1		68a	45	25j	1.03	1	25j	10	200	25j	trr<60ns Ioはプリント基板実装時	20F
	10DRA40	日本インター		400				1		58a	35	25j	1.13	1	25j	10	400	25j	trr<120ns Ioはプリント基板実装時	20F
	10DRA60	日本インター		600				1		58a	35	25j	1.13	1	25j	10	600	25j	trr<120ns Ioはプリント基板実装時	20F
*	10E1	日本インター	250	100				1		70a	50		0.9	1	25j	50	100	25j		89D
*	10E2	日本インター	400	200				1		70a	50		0.9	1	25j	50	200	25j		89D
*	10E4	日本インター	600	400				1		70a	50		0.9	1	25j	10	400	25j		89D
*	10E6	日本インター	800	600				1		70a	50		0.9	1	25j	10	600	25j		89D
	10E8	日本インター	1000	800				1		70a	50		0.9	1	25j	10	800	25j		89D
	10EDA10	日本インター		100				1		39a	45		1	1	25j	10	100	25j	Ioはプリント基板実装	87J
	10EDA20	日本インター		200				1		39a	45		1	1	25j	10	200	25j	Ioはプリント基板実装	87J
	10EDA40	日本インター		400				1		39a	45		1	1	25j	10	400	25j	Ioはプリント基板実装	87J
	10EDA60	日本インター		600				1		39a	45		1	1	25j	10	600	25j	Ioはプリント基板実装	87J
	10EDB10	日本インター		100				1		39a	45		1	1	25j	10	100	25j	Ioはプリント基板実装	87J
	10EDB20	日本インター		200				1		39a	45		1	1	25j	10	200	25j	Ioはプリント基板実装	87J
	10EDB40	日本インター		400				1		39a	45		1	1	25j	10	400	25j	Ioはプリント基板実装	87J
	10EDB60	日本インター		600				1		39a	45		1	1	25j	10	600	25j	Ioはプリント基板実装	87J
*	10EF1	日本インター	200	100				1		32a	40		1.05	1	25j	10	100	25j	trr<200ns 半田ランド 10×10	506C
*	10EF2	日本インター	300	200				1		32a	40		1.05	1	25j	10	200	25j	trr<200ns 半田ランド 10×10	506C
*	10ELS1	日本インター	250	100				1		26a	30		1.1	1	25j	10	100	25j	trr<150ns 半田ランド 7×7	87J
*	10ELS2	日本インター	400	200				1		26a	30		1.1	1	25j	10	200	25j	trr<150ns 半田ランド 7×7	87J
*	10ELS4	日本インター	600	400				1		26a	50		1.15	1	25j	10	400	25j	trr<150ns 半田ランド 7×7	87J
*	10ELS6	日本インター	700	600				1		26a	50		1.15	1	25j	10	600	25j	trr<150ns 半田ランド 7×7	87J
	10ERA60	日本インター		600				1		118L	30		1.3	1	25j	10	600	25j	trr<80ns	87J
	10ERB10	日本インター		100				1		50a	45	25j	1.03	1	25j	10	100	25j	trr<60ns Ioはプリント基板実装時	87J
	10ERB20	日本インター		200				1		50a	45	25j	1.03	1	25j	10	200	25j	trr<60ns Ioはプリント基板実装時	87J
	10ERB40	日本インター		400				1		37a	35	25j	1.13	1	25j	10	400	25j	trr<120ns Ioはプリント基板実装時	87J
	10ERB60	日本インター		600				1		37a	35	25j	1.13	1	25j	10	600	25j	trr<120ns Ioはプリント基板実装時	87J
	10JDA10	日本インター		100				1		126L	45	25j	1	1	25j	10	100	25j		87K
	10JDA20	日本インター		200				1		126L	45	25j	1	1	25j	10	200	25j		87K
	10JDA40	日本インター		400				1		126L	45	25j	1	1	25j	10	400	25j		87K
	10JDA60	日本インター		600				1		126L	45	25j	1	1	25j	10	600	25j		87K
*	10KF10B	日本インター	110	100				10		100c	120	40a	1.03	10	25j	25	100	25j	trr<35ns	273D
	10KF10	日本インター	110	100				10		100c	120	40a	1.03	10	25j	25	100	25j	trr<35ns	272A
*	10KF20B	日本インター	220	200				10		100c	120	40a	1.03	10	25j	25	200	25j	trr<35ns	273D
*	10KF20	日本インター	220	200				10		100c	120	40a	1.03	10	25j	25	200	25j	trr<35ns	272A
*	10KF30B	日本インター	330	300				10		95c	120	40a	1.3	10	25j	30	300	25j	trr<45ns	273D
*	10KF30	日本インター	330	300				10		95c	120	40a	1.3	10	25j	30	300	25j	trr<45ns	272A
*	10KF40B	日本インター	440	400				10		95c	120	40a	1.3	10	25j	30	400	25j	trr<45ns	273D
*	10KF40	日本インター	440	400				10		95c	120	40a	1.3	10	25j	30	400	25j	trr<45ns	272A
	10M10	日本インター	200	100				40		122c	900		1.35	120		10m	100		1S778相当	42
	10M100	日本インター	1200	1000				40		122c	900		1.2	120		10m	1000		1S1861相当	42
*	10M15	日本インター	250	150				40		122c	900		1.35	120		10m	150		1S779相当	42

| | 形　名 | 社　名 | 最大定格 ||||||| 順方向特性(typは*) ||| 逆方向特性(typは*) ||| その他の特性等 | 外形 |
| | | | V_{RSM} (V) | V_{RRM} (V) | V_R (V) | I_{FM} (A) | T条件 (℃) | I_0, I_F* (A) | T条件 (℃) | I_{FSM} (A) | T条件 (℃) | V_{Fmax} (V) | 測定条件 || I_{Rmax} (μA) | 測定条件 || | |
													I_F(A)	T(℃)		V_R(V)	T(℃)		
	10M20	日本インター	300	200				40	122c	900		1.35	120		10m	200		1S780相当	42
	10M30	日本インター	400	300				40	122c	900		1.35	120		10m	300		1S782相当	42
	10M40	日本インター	600	400				40	122c	900		1.35	120		10m	400		1S783相当	42
*	10M50	日本インター	700	500				40	122c	900		1.35	120		10m	500		1S784相当	42
	10M60	日本インター	800	600				40	122c	900		1.35	120		10m	600		1S785相当	42
	10M80	日本インター	1000	800				40	122c	900		1.35	120		10m	800		1S786相当	42
	10MA10	日本インター	200	100				40	104c	800		1.4	120		10m	100		標準ラジエータRM-10形	706
	10MA100	日本インター	1200	1000				40	104c	800		1.4	120		10m	1000		標準ラジエータRM-10形	706
	10MA120	日本インター	1400	1200				40	104c	800		1.4	120		10m	1200		標準ラジエータRM-10形	706
	10MA140	日本インター	1600	1400				40	104c	800		1.4	120		10m	1400		標準ラジエータRM-10形	706
	10MA160	日本インター	1800	1600				40	104c	800		1.4	120		10m	1600		標準ラジエータRM-10形	706
	10MA20	日本インター	300	200				40	104c	800		1.4	120		10m	200		標準ラジエータRM-10形	706
	10MA30	日本インター	400	300				40	104c	800		1.4	120		10m	300		標準ラジエータRM-10形	706
	10MA40	日本インター	600	400				40	104c	800		1.4	120		10m	400		標準ラジエータRM-10形	706
	10MA60	日本インター	800	600				40	104c	800		1.4	120		10m	600		標準ラジエータRM-10形	706
	10MA80	日本インター	1000	800				40	104c	800		1.4	120		10m	800		標準ラジエータRM-10形	706
*	100EXD21	東芝	2750	2500				100	120c	2000	150j	1.5	320	25j	10m	2500	150j	両面圧接形	787
	100FXFG13	東芝	3400	3300				100		2000	25j	2.2	320	25j	30m	3300	125j	trr<3.1μs(IF=100A Tj=25℃)	732A
	100FXFH13	東芝	3400	3300				100		2000	25j	2.2	320	25j	30m	3300	125j	trr<3.1μs(IF=100A Tj=25℃)	732B
	100FXG13	東芝	3000	3000				100		2000	25j	1.8	320	25j	30m	3000	125j	trr<2.5μs(IF=100A Tj=25℃)	733A
	100FXH13	東芝	3000	3000				100		2000	25j	1.8	320	25j	30m	3000	125j	trr<2.5μs(IF=100A Tj=25℃)	733B
	100GXHH22	東芝	4700	4500				100		2000	25j	2	320	25j	50m	4500	125j	trr<5.5μs(IF=100A Tj=25℃)	761
*	100JD12	東芝		600				150	50R	4500	50j	1.1	150		35m	600	150j	Ioは放熱フィンVG-201A強制空冷	323
*	100JH21	東芝	660	600				100	95c	2000	125j	1.4	320	25c	20m	600	125j	両面圧接形	787
*	100MAB180	日本インター	2000	1800				100		2000		1.6	314	25j	20m	1800	25j	ラジエータRM-71使用	212
*	100MAB200	日本インター	2200	2000				100		2000		1.6	314	25j	20m	2000	25j	ラジエータRM-71使用	212
*	100MAB250	日本インター	2750	2500				100		2000		1.6	314	25j	20m	2500	25j	ラジエータRM-71使用	212
*	100MLAB160	日本インター	1800	1600				100		2000		1.65	314	25j	20m	1600	25j	trr=4μs ラジエータRM-71使用	212
*	100MLAB180	日本インター	2000	1800				100		2000		1.65	314	25j	20m	1800	25j	trr=4μs ラジエータRM-71使用	212
*	100MLAB200	日本インター	2200	2000				100		2000		1.65	314	25j	20m	2000	25j	trr=4μs ラジエータRM-71使用	212
	100MLS160	日本インター	1600	1600				100		20000		1.65	314	25j	20m	1600	25j	trr=4μs ラジエータRM-71 スナバ用	614
	100MLS200	日本インター	2000	2000				100		20000		1.65	314	25j	20m	2000	25j	trr=4μs ラジエータRM-71 スナバ用	614
	100MLS250	日本インター	2500	2500				100		20000		1.65	314	25j	20m	2500	25j	trr=4μs ラジエータRM-71 スナバ用	614
*	100QD21	東芝	1440	1200				100	120c	2000	150j	1.5	320	25j	10m	1200	150j	両面圧接形	787
*	100QH21	東芝	1300	1200				100	105c	2000	125j	1.5	320	25c	30m	1200	125j	両面圧接形	786
*	100YD21	東芝	2300	2000				100	120c	2000	150j	1.5	320	25j	10m	2000	150j	両面圧接形	787
	1000EXD22	東芝	2500	2500				1000	80c	14.5k	150j	1.39	2500	25j	50m	2500	150j		569
	1000FXD22	東芝	3000	3000				1000	80c	14.5k	150j	1.39	2500	25j	50m	3000	150j		569
	1000GXHH22	東芝	4700	4500				1000		19k	25j	2.9	1500	125j	60m	4500	125j	Qrr<1400μC	763
	1000GXHH23	東芝	4700	4500				1000		19k	25j	2.9	1500	125j	60m	4500	125j	Qrr<1400μC 両面圧接形	765
	1000YKD22	東芝	2750	2750				1000	80c	14.5k	150j	1.39	2500	25j	50m	2750	150j		569
	1003PJA250	日本インター	2750	2500				1000		20000		1.43	3140	25j	50m	2500	25j		524

| | 形 名 | 社 名 | 最大定格 ||||||| 順方向特性(typは*) ||| 逆方向特性(typは*) ||| その他の特性等 | 外形 |
			V_{RSM} (V)	V_{RRM} (V)	V_R (V)	I_{FM} (A)	T条件 (°C)	I_0, I_{F*} (A)	T条件 (°C)	I_{FSM} (A)	T条件 (°C)	V_{Fmax} (V)	測定条件			I_{Rmax} (μA)	測定条件			
													I_F(A)	T(°C)		V_R(V)	T(°C)		
	1003PJA300	日本インター	3300	3000				1000		20000		1.43	3140	25j	50m	3000	25j		524
*	103PJLA160	日本インター	1800	1600				100		1500		2.74	314	25j	20m	1600	25j	trr=4μs ラジエータHA使用	522
*	103PJLA180	日本インター	2000	1800				100		1500		2.74	314	25j	20m	1800	25j	trr=4μs ラジエータHA使用	522
*	103PJLA200	日本インター	2200	2000				100		1500		2.74	314	25j	20m	2000	25j	trr=4μs ラジエータHA使用	522
*	103PJLA250	日本インター	2750	2500				100		1500		2.74	314	25j	20m	2500	25j	trr=4μs ラジエータHA使用	522
*	11DF1	日本インター	110	100				1	63a	30		0.98	1	25j	10	100	25j	trr<30ns 半田ランド 10×10	20F
	11DF2	日本インター	220	200				1	63a	30		0.98	1	25j	10	200	25j	trr<30ns 半田ランド 10×10	20F
	11DF3	日本インター	330	300				1	57a	30		1.25	1	25j	20	300	25j	trr<30ns 半田ランド 10×10	20F
	11DF4	日本インター	440	400				1	57a	30		1.25	1	25j	20	400	25j	trr<30ns 半田ランド 10×10	20F
*	11E1	日本インター	250	100				1	40a	45		1	1	25j	50	100	25j		87K
	11E2	日本インター	400	200				1	40a	45		1	1	25j	50	200	25j		87K
	11E4	日本インター	600	400				1	40a	45		1	1	25j	10	400	25j		87K
*	11EFS1	日本インター	110	100				1	32a	30		0.98	1	25j	10	100	25j	trr<30ns 半田ランド 5×5	87J
	11EFS2	日本インター	220	200				1	32a	30		0.98	1	25j	10	200	25j	trr<30ns 半田ランド 5×5	87J
	11EFS3	日本インター	330	300				1	24a	30		1.25	1	25j	20	300	25j	trr<30ns 半田ランド 5×5	87J
	11EFS4	日本インター	440	400				1	24a	30		1.25	1	25j	20	400	25j	trr<30ns 半田ランド 5×5	87J
*	11ES1	日本インター	250	100				1	50a	45		1	1	25j	50	100	25j	Ioは半田ランド 5×5mm	87J
*	11ES2	日本インター	400	200				1	50a	45		1	1	25j	50	200	25j	Ioは半田ランド 5×5mm	87J
	11ES4	日本インター	600	400				0.98		45		1	1	25j	10	400	25j	Ioは半田ランド 5×5mm	87J
*	12BG11	東芝		100				12		150	150j	1.6	30		6m	100	150j		202
*	12BH11	東芝		100				12		150	150j	1.6	30		6m	100	150j	12BG11と逆極性	202
*	12CC12	東芝		150				12	50R	200	50j	1.2	12		1.5m	150	150j	Ioは100×100×1.5アルミフィン使用	202
*	12CD12	東芝		150				12	50R	200	50j	1.2	12		1.5m	150	150j	Ioは100×100×1.5アルミフィン使用	202
	12DG11	東芝		200				12		150	150j	1.6	30		6m	200	150j		202
*	12DH11	東芝		200				12		150	150j	1.6	30		6m	200	150j	12DG11と逆極性	202
*	12FC12	東芝		300				12	50R	200	50j	1.2	12		1.5m	300	150j	Ioは100×100×1.5アルミフィン使用	202
*	12FD12	東芝		300				12	50R	200	50j	1.2	12		1.5m	300	150j	Ioは100×100×1.5アルミフィン使用	202
*	12FG11	東芝		300				12		150	150j	1.6	30		6m	300	150j		202
	12FH11	東芝		300				12		150	150j	1.6	30		6m	300	150j	12FG11と逆極性	202
*	12GC11	東芝		400				12	50R	300	50j	1.2	12		2.4m	400	150j	Ioは100×100×1.5アルミフィン使用	42
	12GG11	東芝		400				12		150	150j	1.6	30		6m	400	150j		202
*	12GH11	東芝		400				12		150	150j	1.6	30		6m	400	150j	12GG11と逆極性	202
*	12JC11	東芝		600				12	50R	300	50j	1.2	12		2.4m	600	150j	Ioは100×100×1.5アルミフィン使用	42
*	12JG11	東芝		600				12		150	150j	1.6	30		6m	600	150j		202
*	12JH11	東芝		600				12		150	150j	1.6	30		6m	600	150j	12JG11と逆極性	202
	12LC11	東芝		800				12	50R	300	50j	1.2	12		2.4m	800	150j	Ioは100×100×1.5アルミフィン使用	42
	12MF10	日本インター	110	100				12	123c	150	150j	0.98	12	25j	25	100	25j	trr=50ns ラジエータ50×50×0.8銅板	41
*	12MF15	日本インター	165	150				12	123c	150	150j	0.98	12	25j	25	150	25j	trr=50ns ラジエータ50×50×0.8銅板	41
	12MF20	日本インター	220	200				12	123c	150	150j	0.98	12	25j	25	200	25j	trr=50ns ラジエータ50×50×0.8銅板	41
	12MF30R	日本インター	330	300				12	119c	200	150j	1.25	12	25j	50	300	25j	trr<60ns ラジエータ50×50×0.8銅板	41
*	12MF30	日本インター	330	300				12	119c	200	150j	1.25	12	25j	50	300	25j	trr<60ns ラジエータ50×50×0.8銅板	41
	12MF40R	日本インター	440	400				12	119c	200	150j	1.25	12	25j	50	400	25j	trr<60ns ラジエータ50×50×0.8銅板	41

形　名	社　名	最大定格 VRSM (V)	VRRM (V)	VR (V)	IFM (A)	T条件 (℃)	IO, IF* (A)	T条件 (℃)	IFSM (A)	T条件 (℃)	順方向特性(typは*) VFmax (V)	測定条件 IF(A)	T(℃)	逆方向特性(typは*) IRmax (μA)	測定条件 VR(V)	T(℃)	その他の特性等	外形
12MF40	日本インター	440	400				12	119c	200	150j	1.25	12	25j	50	400	25j	trr<60ns	41
*12MF5	日本インター	55	50				12	123c	150	150j	0.98	12	25j	25	50	25j	trr=50ns ラジエータ50×50×0.8銅板	41
*12NC11	東芝		1000				12	50R	300	50j	1.2	12		2.4m	1000	150j	Ioは100×100×1.5アルミフィン使用	42
120FLAS300	日本インター	3000	3000				120		3000		4			40m	3000			516
120FLAS400	日本インター	4000	4000				120		3000		4			40m	4000			516
120FLAS450	日本インター	4500	4500				120		3000		4			40m	4500			516
120FLCS300	日本インター	3000	3000				120		3000		4			40m	3000			516
120FLCS400	日本インター	4000	4000				120		3000		4			40m	4000			516
120FLCS450	日本インター	4500	4500				120		3000		4			40m	4500			516
*120MLA100	日本インター	1200	1000				400		8000		1.95	1260	25j	50m	1000	25j	trr=3μs ラジエータRM-301使用	584
*120MLA120	日本インター	1400	1200				400		8000		1.95	1260	25j	50m	1200	25j	trr=3μs ラジエータRM-301使用	584
*120MLA60	日本インター	800	600				400		8000		1.95	1260	25j	50m	600	25j	trr=3μs ラジエータRM-301使用	584
*120MLA80	日本インター	1000	800				400		8000		1.95	1260	25j	50m	800	25j	trr=3μs ラジエータRM-301使用	584
1200GXHH22	東芝	4700	4500				1200		21k	25j	2.8	2500	125j	80m	4500	125j	Qrr<2000μC 両面圧接形	766
1200JXH23	東芝	6300	6000				1200		15k	25j	4.4	3800	125j	150m	6000	125j	Qrr<4000μC 両面圧接形	766
*15BC11	東芝		100				15	120c	250	25j	1.2	22		1.5m	100			98
15BD11	東芝		100				15	120c	250	25j	1.2	22		1.5m	100		15BC11と逆極性	98
*15BG15	東芝		100				15		300		0.86	15		20m	100	150j		455
*15BL11	東芝		100				15	100c	150	25j	0.98	15		6m	100	15j		455
15CC11	東芝		150				15	120c	250	25j	1.2	22	25j	1.5m	150			98
15CD11	東芝		150				15	120c	250	25j	1.2	22	25j	1.5m	150		15CC11と逆極性	98
15CG15	東芝		150				15		300		0.86	15		20m	150	150j		455
*15CL11	東芝		150				15	100c	150	25j	0.98	15		6m	150	15j		455
15DF4	日本インター	500	400				1.3	39a	70		1.2	1.3	25j	10	100	25j	trr<150ns 半田ランド 15×15	506C
15DF6	日本インター	700	600				1.3	39a	70		1.2	1.3	25j	10	200	25j	trr<150ns 半田ランド 15×15	506C
*15DF8	日本インター	900	800				1.3	39a	70		1.2	1.3	25j	10	300	25j	trr<150ns 半田ランド 15×15	506C
15DG15	東芝		200				15		300		0.86	15		20m	200	150j		455
15DL11	東芝		200				15	100c	150	25j	0.98	15		6m	200	15j		455
*15FC11	東芝		300				15	120c	250	25j	1.2	22	25j	1.5m	300			98
*15FD11	東芝		300				15	120c	250	25j	1.2	22	25j	1.5m	300		15FC11と逆極性	98
15KRA10	日本インター		100				1.5	46a	50	25j	1.03	1.5	25j	10	100	25j	trr<90ns Ioはプリント基板実装時	506C
15KRA20	日本インター		200				1.5	46a	50	25j	1.03	1.5	25j	10	200	25j	trr<90ns Ioはプリント基板実装時	506C
15KRA40	日本インター		400				1.5	35a	50	25j	1.1	1.5	25j	10	400	25j	trr<160ns Ioはプリント基板実装時	506C
15KRA60	日本インター		600				1.5	35a	50	25j	1.1	1.5	25j	10	600	25j	trr<160ns Ioはプリント基板実装時	506C
*15MA300	日本インター	3300	3000				25		450		1.85	80	25j	10m	3000	25j	ラジエータRM-10使用	557
*15MA400	日本インター	4400	4000				25		450		1.85	80	25j	2.4m	4000	25j	ラジエータRM-10使用	557
15MLA160	日本インター	1800	1600				25		600		1.85	80	25j	10m	1600	25j	trr=3.5μs ラジエータRM-10使用	557
15MLA180	日本インター	2000	1800				25		600		1.85	80	25j	10m	1800	25j	trr=3.5μs ラジエータRM-10使用	557
15MLA200	日本インター	2200	2000				25		600		1.85	80	25j	10m	2000	25j	trr=3.5μs ラジエータRM-10使用	557
15MLS160	日本インター	1600	1600				25		600		1.85	80	25j	10m	1600	25j	trr=3.5μs ラジエータRM-10 スナバ用	557
15MLS200	日本インター	2000	2000				25		600		1.85	80	25j	10m	2000	25j	trr=3.5μs ラジエータRM-10 スナバ用	557
15MLS250	日本インター	2500	2500				25		600		1.85	80	25j	10m	2500	25j	trr=3.5μs ラジエータRM-10 スナバ用	557

形　名	社名	最大定格								順方向特性(typは*)			逆方向特性(typは*)			その他の特性等	外形
		V_{RSM} (V)	V_{RRM} (V)	V_R (V)	I_{FM} (A)	T条件 (°C)	I_0, I_F* (A)	T条件 (°C)	I_{FSM} (A)	T条件 (°C)	V_{Fmax} (V)	測定条件		I_{Rmax} (μA)	測定条件			
												I_F(A)	T(°C)		V_R(V)	T(°C)		
*150BC15	東芝	200	100				150		1600		1.5	500	25c	20m	100	175j		388
*150DC15	東芝	300	200				150		1600		1.5	500	25c	20m	200	175j		388
*150FC15	東芝	400	300				150		1600		1.5	500	25c	20m	300	175j		388
*150GC15	東芝	600	400				150		1600		1.5	500	25c	20m	400	175j		388
*150JC15	東芝	800	600				150		1600		1.5	500	25c	20m	600	175j		388
*150LC15	東芝	1000	800				150		1600		1.5	500	25c	20m	800	175j		388
150LD11	東芝	1050	800				150		4500		1.28	500	25c	15m	800	150j	放熱フィンVG-216使用	401
150LD13	東芝	1050	800				150	114c	4500	150j	1.28	500	25c	15m	800	150j		401
*150MLAB160	日本インター	1800	1600				150		4000		2.4	470	25j	30m	1600	25j	trr=4μs ラジエータRM-151使用	214
*150MLAB180	日本インター	2000	1800				150		4000		2.4	470	25j	30m	1800	25j	trr=4μs ラジエータRM-151使用	214
*150MLAB200	日本インター	2200	2000				150		4000		2.4	470	25j	30m	2000	25j	trr=4μs ラジエータRM-151使用	214
*150MLAB250	日本インター	2750	2500				150		4000		2.4	470	25j	30m	2500	25j	trr=4μs ラジエータRM-151使用	214
*150NC15	東芝	1200	1000				150		1600		1.5	500	25c	20m	1000	175j		388
150ND13	東芝	1200	1000				150	114c	4500	150j	1.28	500	25c	15m	1000	150j		401
*150QC15	東芝	1400	1200				150		1600		1.5	500	25c	20m	1200	175j		388
150QD13	東芝	1500	1200				150	114c	4500	150j	1.28	500	25c	15m	1200	150j		401
150TD13	東芝	1800	1500				150	114c	4500	150j	1.28	500	25c	15m	1500	150j		401
150YD13	東芝	2200	2000				150	114c	4500	150j	1.28	500	25c	15m	2000	150j		401
1500JXH22		6300	6000				1500		25k	25j	5.5*	4500	125j	150m	6000	125j	Qrr=3000μC 両面圧接形	767
*1500PJA10	日本インター	120	100				1500		18000		1.37	4700	25j	50m	100	25j		521
*1500PJA20	日本インター	240	200				1500		18000		1.37	4700	25j	50m	200	25j		521
*1500PJA30	日本インター	360	300				1500		18000		1.37	4700	25j	50m	300	25j		521
*1500PJA40	日本インター	480	400				1500		18000		1.37	4700	25j	50m	400	25j		521
1500PJLA10	日本インター	120	100				1500		18k		1.45	4700		50m	100		trr<6.5μs 両面圧接形	521
1500PJLA20	日本インター	240	200				1500		18k		1.45	4700		50m	200		trr<6.5μs 両面圧接形	521
1500PJLA30	日本インター	360	300				1500		18k		1.45	4700		50m	300		trr<6.5μs 両面圧接形	521
1500PJLA40	日本インター	480	400				1500		18k		1.45	4700		50m	400		trr<6.5μs 両面圧接形	521
*153PJA180	日本インター	1800	1800				150		2000		1.89	470	25j	20m	1800	25j	ラジエータHA使用	522
153PJA200	日本インター	2200	2000				150		2000		1.89	470	25j	20m	2000	25j	ラジエータHA使用	522
153PJA250	日本インター	2750	2500				150		2000		1.89	470	25j	20m	2500	25j	ラジエータHA使用	522
153PJLA100	日本インター	1200	1000				150		2500		2.21	470	25j	10m	1000	25j	trr=3μs ラジエータHA使用	522
153PJLA120	日本インター	1400	1200				150		2500		2.21	470	25j	10m	1200	25j	trr=3μs ラジエータHA使用	522
153PJLA60	日本インター	800	600				150		2500		2.21	470	25j	10m	600	25j	trr=3μs ラジエータHA使用	522
153PJLA80	日本インター	1000	800				150		2500		2.21	470	25j	10m	800	25j	trr=3μs ラジエータHA使用	522
1600EXD24	東芝	2750	2500				1600		25k	150j	1.85	5000	25j	50m	2500	150j		698
1600EXD25	東芝	2750	2500				1600		25k	150j	1.4	2500	25j	50m	2500	150j	両面圧接形	764
1600FD26	東芝	360	300				1600		25k	175j	1.6	5000	25j	30m	300	175j		759
1600FXD24	東芝	3300	3000				1600		25k	150j	1.85	5000	25j	50m	3000	150j		698
1600FXD25	東芝	3300	3000				1600		25k	150j	1.4	2500	25j	50m	3000	150j	両面圧接形	764
1600GXD21	東芝	4400	4000				1600		32k	150j	1.7	5000	25j	120m	4000	150j		773
1600GXD22	東芝	4400	4000				1600		32k	150j	1.7	5000	25j	120m	4000	150j	両面圧接形	764
*1603PJA250	日本インター	2750	2500				1600		32k		1.6	5000		50m	2500		両面圧接形	524

| | 形　名 | 社　名 | 最大定格 ||||||| 順方向特性(typは*) ||| 逆方向特性(typは*) ||| その他の特性等 | 外形 |
| | | | V_{RSM} (V) | V_{RRM} (V) | V_R (V) | I_{FM} (A) | T条件 (°C) | I_O, I_F* (A) | T条件 (°C) | I_{FSM} (A) | T条件 (°C) | V_{Fmax} (V) | 測定条件 || I_{Rmax} (μA) | 測定条件 || | |
													I_F(A)	T(°C)		V_R(V)	T(°C)		
*	1603PJA300	日本インター	3300	3000				1600		32k		1.6	5000		50m	3000		両面圧接形	524
	2NH45	東芝		1000				2	60a	50	25j	1.5	2		100	1000		trr<200ns Ioはﾌﾟﾘﾝﾄ基板実装時	89J
	2NU41	東芝		1000				2	35a	70	25j	3	3		100	100		trr<100ns Ioはﾌﾟﾘﾝﾄ基板実装時	89J
	20E1	日本インター	250	100				1.7	43a	80		0.92	1.7	25j	10	100	25j	Ioは半田ﾗﾝﾄﾞ 15×15mm	506C
	20E10	日本インター	1200	1000				1.7		80		0.92	1.7		10	1000		Ioはﾌﾟﾘﾝﾄ基板実装時	506C
	20E2	日本インター	400	200				1.7	43a	80		0.92	1.7	25j	10	200	25j	Ioは半田ﾗﾝﾄﾞ 15×15mm	506C
*	20E4	日本インター	600	400				1.7	43a	80		0.92	1.7	25j	10	400	25j	Ioは半田ﾗﾝﾄﾞ 15×15mm	506C
*	20E6	日本インター	800	600				1.7	43a	80		0.92	1.7	25j	10	600	25j	Ioは半田ﾗﾝﾄﾞ 15×15mm	506C
	20E8	日本インター	1000	800				1.7	43a	80		0.92	1.7	25j	10	800	25j	Ioは半田ﾗﾝﾄﾞ 15×15mm	506C
	20KDA10	日本インター		100				2	115L	75	25j	1	2	25j	10	100	25j		506C
	20KDA20	日本インター		200				2	115L	75	25j	1	2	25j	10	200	25j		506C
	20KDA40	日本インター		400				2	115L	75	25j	1	2	25j	10	400	25j		506C
	20KDA60	日本インター		600				2	115L	75	25j	1	2	25j	10	600	25j		506C
	20M10	日本インター	200	100				60	126c	1000		1.5	180		10m	100		1S787相当	42
	20M100	日本インター	1200	1000				60	126c	1000		1.5	180		10m	1000		1S1862相当	42
*	20M15	日本インター	250	150				60	126c	1000		1.5	180		10m	150		1S788相当	42
	20M20	日本インター	300	200				60	126c	1000		1.5	180		10m	200		1S789相当	42
*	20M30	日本インター	400	300				60	126c	1000		1.5	180		10m	300		1S791相当	42
	20M40	日本インター	600	400				60	126c	1000		1.5	180		10m	400		1S792相当	42
*	20M50	日本インター	700	500				60	126c	1000		1.5	180		10m	500		1S793相当	42
	20M60	日本インター	800	600				60	126c	1000		1.5	180		10m	600		1S794相当	42
	20M80	日本インター	1000	800				60	126c	1000		1.5	180		10m	800		1S795相当	42
	20MA10	日本インター	200	100				60	108c	950		1.44	180		10m	100		標準ﾗｼﾞｴｰﾀRM-10形	706
	20MA100	日本インター	1200	1000				60	108c	950		1.44	180		10m	1000		標準ﾗｼﾞｴｰﾀRM-10形	706
	20MA120	日本インター	1400	1200				60	108c	950		1.44	180		10m	1200		標準ﾗｼﾞｴｰﾀRM-10形	706
	20MA140	日本インター	1600	1400				60	108c	950		1.44	180		10m	1400		標準ﾗｼﾞｴｰﾀRM-10形	706
	20MA160	日本インター	1800	1600				60	108c	950		1.44	180		10m	1600		標準ﾗｼﾞｴｰﾀRM-10形	706
	20MA20	日本インター	300	200				60	108c	950		1.44	180		10m	200		標準ﾗｼﾞｴｰﾀRM-10形	706
*	20MA30	日本インター	400	300				60	108c	950		1.44	180		10m	300		標準ﾗｼﾞｴｰﾀRM-10形	706
	20MA40	日本インター	600	400				60	108c	950		1.44	180		10m	400		標準ﾗｼﾞｴｰﾀRM-10形	706
	20MA60	日本インター	800	600				60	108c	950		1.44	180		10m	600		標準ﾗｼﾞｴｰﾀRM-10形	706
	20MA80	日本インター	1000	800				60	108c	950		1.44	180		10m	800		標準ﾗｼﾞｴｰﾀRM-10形	706
	20MH100	日本インター	1200	1000				60		1000		1.5	180		10m	1000		標準ﾗｼﾞｴｰﾀ75×75×1.5銅板	42
	20MH120	日本インター	1400	1200				60		1000		1.5	180		10m	1200		標準ﾗｼﾞｴｰﾀ75×75×1.5銅板	42
	20MH80	日本インター	1000	800				60		1000		1.5	180		10m	800		標準ﾗｼﾞｴｰﾀ75×75×1.5銅板	42
	20MLA100	日本インター	1200	1000				35		950		1.41	100	25j	2m	1000	25j	trr=2μs ﾗｼﾞｴｰﾀRM-10使用	42
	20MLA120	日本インター	1400	1200				35		950		1.41	100	25j	2m	1200	25j	trr=2μs ﾗｼﾞｴｰﾀRM-10使用	42
	20MLA60	日本インター	800	600				35		950		1.41	100	25j	2m	600	25j	trr=2μs ﾗｼﾞｴｰﾀRM-10使用	42
	20MLA80	日本インター	1000	800				35		950		1.41	100	25j	2m	800	25j	trr=2μs ﾗｼﾞｴｰﾀRM-10使用	42
	20NFA40	日本インター		400				2	114L	50		1.28	2	25j	10	400	25j	trr<35ns	66A
	20NFA60	日本インター		600				2	104L	50		1.58	2	25j	10	600	25j	trr<35ns	66A
	20NFB60	日本インター		600				2	104L	50	25j	1.58	2		10	600	25j	trr<35ns	66A

| | 形 名 | 社名 | 最大定格 |||||||| 順方向特性(typは*) ||| 逆方向特性(typは*) ||| その他の特性等 | 外形 |
			V_{RSM} (V)	V_{RRM} (V)	V_R (V)	I_{FM} (A)	T条件 (℃)	I_O, I_{F*} (A)	T条件 (℃)	I_{FSM} (A)	T条件 (℃)	V_{Fmax} (V)	測定条件 I_F(A)	T(℃)	I_{Rmax} (μA)	測定条件 V_R(V)	T(℃)		
*	200EXD21	東芝	2750	2500				200	120c	4000	150j	1.5	630	25j	15m	2500	150j	両面圧接形	784
	200EXG11	東芝	2600	2500				200		4000	25j	1.6	630	25j	40m	2500	125j	trr<4.5μs	732A
	200EXH11	東芝	2600	2500				200		4000	25j	1.6	630	25j	40m	2500	125j	trr<4.5μs	732B
	200FLAB200	日本インター	2200	2000				200		6000		1.6	630		40m	2000		trr<5.5μs	301
	200FLAB250	日本インター	2750	2500				200		6000		1.6	630		40m	2500		trr<5.5μs	301
	200FLAB300	日本インター	3300	3000				200		6000		1.6	630		40m	3000		trr<5.5μs	301
	200FLCB200	日本インター	2200	2000				200		6000		1.6	630		40m	2000		trr<5.5μs	301
	200FLCB250	日本インター	2750	2500				200		6000		1.6	630		40m	2500		trr<5.5μs	301
	200FLCB300	日本インター	3300	3000				200		6000		1.6	630		40m	3000		trr<5.5μs	301
	200FXG13	東芝	3100	3000				200		4000	25j	1.8	630	25j	40m	3000	125j	trr<4.5μs(IF=200A Tj=25℃)	732A
	200FXH13	東芝	3100	3000				200		4000	25j	1.8	630	25j	40m	3000	125j	trr<4.5μs(IF=200A Tj=25℃)	732B
*	200JH21	東芝	660	600				200	60c	4000	125j	1.4	630	25c	20m	600	125j	両面圧接形	787
*	200MAB180	日本インター	2000	1800				200		5000		1.6	630	25j	30m	1800	25j	ラジエータRM-151使用	214
*	200MAB200	日本インター	2200	2000				200		5000		1.6	630	25j	30m	2000	25j	ラジエータRM-151使用	214
*	200MAB250	日本インター	2750	2500				200		5000		1.6	630	25j	30m	2500	25j	ラジエータRM-151使用	214
*	200MCB180	日本インター	2000	1800				200		4000		1.64	630		30m	1800		標準ラジエータRM-151使用	214
*	200MCB200	日本インター	2200	2000				200		4000		1.64	630		30m	2000		標準ラジエータRM-151使用	214
*	200MCB250	日本インター	2750	2500				200		4000		1.64	630		30m	2500		標準ラジエータRM-151使用	214
*	200QD21	東芝	1450	1200				200	120c	4000	150j	1.5	630	25j	15m	1200	150j	両面圧接形	784
*	200QH21	東芝	1300	1200				200	90c	4000	125j	1.5	630	25c	50m	1200	125j	両面圧接形	783
*	200YD21	東芝	2300	2000				200	120c	4000	150j	1.5	630	25j	15m	2000	150j	両面圧接形	784
*	203PJLA160	日本インター	1800	1600				200		4000		2.73	630	25j	30m	1600	25j	trr=4μs ラジエータHB使用	522
*	203PJLA180	日本インター	2000	1800				200		4000		2.73	630	25j	30m	1800	25j	trr=4μs ラジエータHB使用	522
*	203PJLA200	日本インター	2200	2000				200		4000		2.73	630	25j	30m	2000	25j	trr=4μs ラジエータHB使用	522
*	203PJLA250	日本インター	2750	2500				200		4000		2.73	630	25j	30m	2500	25j	trr=4μs ラジエータHB使用	522
	2100GXHH22	東芝		4500				2100		25k	25j	4.5	6500	125j	50m	4500	125j	trr<9μs Qrr<2300μC 両面圧接形	137
	22BC11	東芝		100				22	120c	350		1.2	35		1.5m	100			98
	22BD11	東芝		100				22	120c	350		1.2	35		1.5m	100		22BC11と逆極性	98
	22CC11	東芝		150				22	120c	350		1.2	35	25j	1.5m	150			98
	22CD11	東芝		150				22	120c	350		1.2	35		1.5m	150		22CC11と逆極性	98
	22FC11	東芝		300				22	120c	350		1.2	35		1.5m	300			98
	22FD11	東芝		300				22	120c	350		1.2	35		1.5m	300		22FC11と逆極性	98
*	25CC13	東芝		150				25	50R	300	50j	1.2	25		2m	150	150j	Ioは100×100×2フィン強制空冷	202
*	25CD13	東芝		150				25	50R	300	50j	1.2	25		2m	150	150j	Ioは100×100×2フィン強制空冷	202
*	25EXH11	東芝	2600	2500				25		500		1.8	80	25j	10m	2500	125j	trr<1.5μs	572
	25FC13	東芝		300				25	50R	300	50j	1.2	25		2m	300	150j	Ioは100×100×2フィン強制空冷	202
	25FD13	東芝		300				25	50R	300	50j	1.2	25		2m	300	150j	Ioは100×100×2フィン強制空冷	202
	25GC12	東芝		400				25	50R	600	50j	1.2	25		6m	400	150j	Ioは100×100×2フィン強制空冷	42
	25JC12	東芝		600				25	50R	600	50j	1.2	25		6m	600	150j		42
	25LC12	東芝		800				25	50R	600	50j	1.2	25		6m	800	150j		42
	25NC12	東芝		1000				25	50R	600	50j	1.2	25		6m	1000	150j		42
*	250BC15	東芝	200	100				250	105c	2000	175j	1.5	800	25j	20m	100	175j		387

形　名	社　名	最大定格 V$_{RSM}$ (V)	V$_{RRM}$ (V)	V$_R$ (V)	I$_{FM}$ (A)	T条件 (℃)	I$_O$, I$_{F*}$ (A)	T条件 (℃)	I$_{FSM}$ (A)	T条件 (℃)	順方向特性(typは*) V$_F$max (V)	測定条件 I$_F$(A)	T(℃)	逆方向特性(typは*) I$_R$max (μA)	測定条件 V$_R$(V)	T(℃)	その他の特性等	外形
*250DC15	東芝	300	200				250		2000		1.5	800	25c	20m	200	175j		387
*250FC15	東芝	400	300				250		2000		1.5	800	25c	20m	300	175j		387
*250GC15	東芝	600	400				250		2000		1.5	800	25c	20m	400	175j		387
*250JC15	東芝	800	600				250		2000		1.5	800	25c	20m	600	175j		387
*250LC15	東芝	1000	800				250		2000		1.5	800	25c	20m	800	175j		387
250MA100	日本インター	1200	1000				700		9000		1.57	2200	25j	50m	1000	25j	ﾗｼﾞｴｰﾀRM-301使用	584
250MA120	日本インター	1400	1200				700		9000		1.57	2200	25j	50m	1200	25j	ﾗｼﾞｴｰﾀRM-301使用	584
250MA140	日本インター	1600	1400				700		9000		1.57	2200	25j	50m	1400	25j	ﾗｼﾞｴｰﾀRM-301使用	584
250MA160	日本インター	1800	1600				700		9000		1.57	2200	25j	50m	1600	25j	ﾗｼﾞｴｰﾀRM-301使用	584
250MA180	日本インター	2000	1800				700		9000		1.57	2200	25j	50m	1800	25j	ﾗｼﾞｴｰﾀRM-301使用	584
250MA60	日本インター	800	600				700		9000		1.57	2200	25j	50m	600	25j	ﾗｼﾞｴｰﾀRM-301使用	584
250MA80	日本インター	1000	800				700		9000		1.57	2200	25j	50m	800	25j	ﾗｼﾞｴｰﾀRM-301使用	584
250MLAB160	日本インター	1800	1600				250		5000		2.45	785	25j	40m	1600	25j	trr=4.5μs ﾗｼﾞｴｰﾀRM-301使用	583
250MLAB180	日本インター	2000	1800				250		5000		2.45	785	25j	40m	1800	25j	trr=4.5μs ﾗｼﾞｴｰﾀRM-301使用	583
250MLAB200	日本インター	2200	2000				250		5000		2.45	785	25j	40m	2000	25j	trr=4.5μs ﾗｼﾞｴｰﾀRM-301使用	583
250MLAB250	日本インター	2750	2500				250		5000		2.45	785	25j	40m	2500	25j	trr=4.5μs ﾗｼﾞｴｰﾀRM-301使用	583
*250NC15	東芝	1200	1000				250		2000		1.5	800	25c	20m	1000	175j		387
253PJA100	日本インター	1200	1000				250		2700		1.8	800	25j	20m	1000	25j	ﾗｼﾞｴｰﾀHA使用	522
253PJA120	日本インター	1400	1200				250		2700		1.8	800	25j	20m	1200	25j	ﾗｼﾞｴｰﾀHA使用	522
253PJA140	日本インター	1600	1400				250		2700		1.8	800	25j	20m	1400	25j	ﾗｼﾞｴｰﾀHA使用	522
253PJA160	日本インター	1800	1600				250		2700		1.8	800	25j	20m	1600	25j	ﾗｼﾞｴｰﾀHA使用	522
253PJA60	日本インター	800	600				250		2700		1.8	800	25j	20m	600	25j	ﾗｼﾞｴｰﾀHA使用	522
253PJA80	日本インター	1000	800				250		2700		1.8	800	25j	20m	800	25j	ﾗｼﾞｴｰﾀHA使用	522
253PJLA100	日本インター	1200	1000				250		3500		2.23	785	25j	15m	1000	25j	trr=3μs ﾗｼﾞｴｰﾀHB使用	522
253PJLA120	日本インター	1400	1200				250		3500		2.23	785	25j	15m	1200	25j	trr=3μs ﾗｼﾞｴｰﾀHB使用	522
253PJLA60	日本インター	800	600				250		3500		2.23	785	25j	15m	600	25j	trr=3μs ﾗｼﾞｴｰﾀHB使用	522
253PJLA80	日本インター	1000	800				250		3500		2.23	785	25j	15m	800	25j	trr=3μs ﾗｼﾞｴｰﾀHB使用	522
3BH41	東芝		100				3	50a	140	25j	1.2	3		10	100		trr<1.5μs	89J
*3BH61	東芝		100		1.5	50a	60	25j	1.4	3		20	100		フィン使用のIoは3A trr<400ns			113F
*3BL41	東芝		100				3		80	25j	0.98	3		100	100		trr<60ns Ioはﾌﾟﾘﾝﾄ基板実装時	89J
*3BZ41	東芝		100				3	45a	180	25j	1	3		10	100			89J
3BZ61	東芝		100				3		100	25j	1	3		10	100	25j	1S2582相当	113F
*3CC13	東芝		150				3	50R	90	50j	1.2	3		1m	150	150j	Ioは50×50×1.5ｱﾙﾐﾌｨﾝ使用	247
*3CD13	東芝		150				3	50R	90	50j	1.2	3		1m	150	150j	Ioは50×50×1.5ｱﾙﾐﾌｨﾝ使用	247
*3CL41	東芝		150				3		80	25j	0.98	3		100	150		trr<60ns Ioはﾌﾟﾘﾝﾄ基板実装時	89J
3DH41	東芝		200				3	50a	140	25j	1.2	3		10	200		trr<1.5μs	89J
3DH61	東芝		200		1.5	50a	60	25j	1.4	3		20	200		フィン使用のIoは3A trr<400ns			113F
*3DL41A	東芝		200				3	30a	80	25j	0.98	3		100	200		trr<35ns Ioはﾌﾟﾘﾝﾄ基板実装時	89J
*3DL41	東芝		200				3		80	25j	0.98	3		100	200		trr<60ns Ioはﾌﾟﾘﾝﾄ基板実装時	89J
*3DU41	東芝		200				3	25j	80	25j	1.5	3		300	200		trr<100ns Ioはﾌﾟﾘﾝﾄ基板実装時	89J
*3DZ41	東芝		200				3	45a	180	25j	1	3		10	200		Ioはﾌﾟﾘﾝﾄ基板実装時	89J
*3DZ61	東芝		200				3		100	25j	1	3		10	200	25j	1S2583相当	113F

	形 名	社 名	最大定格 V_{RSM} (V)	V_{RRM} (V)	V_R (V)	I_{FM} (A)	T条件 (℃)	I_O, I_F^* (A)	T条件 (℃)	I_{FSM} (A)	T条件 (℃)	順方向特性(typは*) V_{Fmax} (V)	測定条件 I_F(A)	T(℃)	逆方向特性(typは*) I_{Rmax} (μA)	測定条件 V_R(V)	T(℃)	その他の特性等	外形
*	3FC13	東芝		300				3		50R	90	50j	1.2	3		1m	300	150j	Ioは50×50×1.5アルミフィン使用	247
*	3FD13	東芝		300				3		50R	90	50j	1.2	3		1m	300	150j	Ioは50×50×1.5アルミフィン使用	247
*	3GC12	東芝		400				3		50R	90	50j	1.2	3		1m	400	150j	Ioは50×50×1.5アルミフィン使用	41
*	3GH41	東芝		400				3		50a	140	25j	1.2	3		10	400		trr<1.5μs	89J
*	3GH45	東芝		400				3		50a	70	25j	1.1	3		100	400		trr<200ns Ioはプリント基板実装時	89J
*	3GH61	東芝		400				1.5		50a	60	25j	1.4	3		20	400		フィン使用のIoは3A trr<400ns	113F
*	3GU41	東芝		400				3		30a	80	25j	1.5	3		300	400		trr<100ns Ioはプリント基板実装時	89J
	3GZ41	東芝		400				3		45a	180	25j	1	3		10	400			89J
	3GZ61	東芝		400				3			100	25j	1	3		10	400	25j	1S2584相当	113F
*	3JC12	東芝		600				3		50R	90	50j	1.2	3		1m	600	150j	Ioは50×50×1.5アルミフィン使用	41
*	3JH41	東芝		600				3		50a	140	25j	1.2	3		10	600		trr<1.5μs	89J
*	3JH45	東芝		600				3		45a	70	25j	1.2	3		100	600		trr<200ns Ioはプリント基板実装時	89J
*	3JH61	東芝		600				1.5		50a	60	25j	1.4	3		20	600		フィン使用のIoは3A trr<400ns	113F
*	3JU41	東芝		600				3			50	25j	1.2	3		100	600		trr<100ns Ioはプリント基板実装時	89J
	3JZ41	東芝		600				3		45a	180	25j	1	3		10	600			89J
	3JZ61	東芝		600				3			100	25j	1	3		10	600	25j	1S2585相当	113F
*	3LC12	東芝		800				3		50R	90	50j	1.2	3		1m	800	150j	Ioは50×50×1.5アルミフィン使用	41
*	3LH61	東芝		800				1.5		50a	60	25j	1.4	3		20	800		フィン使用のIoは3A trr<400ns	113F
	3LZ41	東芝		800				3		45a	180	25j	1	3		10	800		Ioはプリント基板実装時	89J
	3LZ61	東芝		800				3			100	25j	1	3		10	800	25j	1S2586相当	113F
*	3NC12	東芝		1000				3		50R	90	50j	1.2	3		1m	1000	150j	Ioは50×50×1.5アルミフィン使用	41
*	3NH41	東芝		1000				3			100	25j	1.3	3		10	1000		trr<400ns Ioはプリント基板実装時	89J
	3NZ41	東芝		1000				3		45a	180	25j	1	3		10	1000			89J
	3NZ61	東芝		1000				3		45a	100	5oj	1	3		10	1000			113F
	3TH41A	東芝		1500				3		35a	30	25j	1.5	3		20	1500		trr<1μs	89J
	3TH41	東芝		1500				3			50	25j	1.2	3		10	1500		trr<1.5μs Ioはプリント基板実装時	89J
	3TH62	東芝	1600	1500				1.5		40a	60	50j	1.2	3		10	1500		フィン使用のIoは3A trr<20μs	113F
	30BG11	東芝		100				30			300		1.5	100		20m	100	100j	1S2719相当	42
	30BG15	東芝		100				30			600		0.86	30		30m	100	150j		42
	30BL11	東芝		100				30		90c	300	25j	0.98	30		12m	100	150j		731
	30CG15	東芝		150				30			600		0.86	30		30m	150	150j		42
	30CL11	東芝		150				30		90c	300	25j	0.98	30		12m	150	150j		731
*	30D1	日本インター	250	100				3		61a	150		0.93	3	25j	50	100	25j	Ioは20×20銅フィン使用	91C
*	30D2	日本インター	400	200				3		61a	150		0.93	3	25j	50	200	25j	Ioは20×20銅フィン使用	91C
*	30D4	日本インター	600	400				3		61a	150		0.93	3	25j	50	400	25j	Ioは20×20銅フィン使用	91C
*	30DF1	日本インター	200	100				3		122L	110		1.05	3	25j	5	100	25j	trr<200ns	91C
*	30DF2	日本インター	300	200				3		122L	110		1.05	3	25j	5	200	25j	trr<200ns	91C
*	30DF4	日本インター	500	400				3		119L	120		1.25	3	25j	10	400	25j	trr<400ns	91C
*	30DF6	日本インター	700	600				3		119L	120		1.25	3	25j	10	600	25j	trr<400ns	91C
*	30DG11	東芝		200				30			300		1.5	100		20m	200	100j	1S2720相当	42
	30DG15	東芝		200				30			600		0.86	30		30m	200	150j		42
*	30DL1	日本インター	250	100				2.7			100		1.3	3		5	100		trr=800ns 20×20×1mm銅板使用	91C

- 39 -

	形　名	社　名	最大定格							順方向特性(typは*)			逆方向特性(typは*)			その他の特性等	外形
			V_{RSM} (V)	V_{RRM} (V)	V_R (V)	I_{FM} (A)	T条件 (℃)	I_O, I_{F*} (A)	T条件 (℃)	I_{FSM} (A)	T条件 (℃)	V_{Fmax} (V)	測定条件 |||I_{Rmax} (μA)	測定条件				
													I_F(A)	T(℃)		V_R(V)	T(℃)		
*	30DL11	東芝		200				30	90c	300	25j	0.98	30		12m	200	150j		731
*	30DL2	日本インター	400	200				2.7		100		1.3	3		5	200		trr=800ns 20×20×1mm銅板使用	91C
*	30DL4	日本インター	600	400				2.7		100		1.3	3		5	400		trr=800ns 20×20×1mm銅板使用	91C
*	30FG11	東芝		300				30		300		1.5	100		20m	300	100j	1S2721相当	42
*	30GDZ41	東芝		400				30	80c	760	25j	1.1	30	80c	3m	400	150j		792
*	30GG11	東芝		400				30		300		1.5	100		20m	400	100j	1S2722相当	42
*	30JG11	東芝		600				30		300		1.5	100		20m	600	100j	1S2723相当	42
*	30KF10B	日本インター	110	100				30	104c	450	40a	0.98	30	25j	25	100	25j	trr<50ns	510E
*	30KF10E	日本インター	110	100				30	104c	450	40a	0.98	30	25j	25	100	25j	trr<50ns	585
*	30KF20B	日本インター	220	200				30	104c	450	40a	0.98	30	25j	25	200	25j	trr<50ns	510E
	30KF20E	日本インター	220	200				30	104c	450	40a	0.98	30	25j	25	200	25j	trr<50ns	585
*	30KF30B	日本インター	330	300				30	94c	450	40a	1.25	30	25j	50	300	25j	trr<60ns	510E
*	30KF30E	日本インター	330	300				30	94c	450	40a	1.25	30	25j	50	300	25j	trr<60ns	585
	30KF40B	日本インター	440	400				30	94c	450	40a	1.25	30	25j	50	400	25j	trr<60ns	510E
	30KF40E	日本インター	440	400				30	94c	450	40a	1.25	30	25j	50	400	25j	trr<60ns	585
	30KF50B	日本インター		500				30	89c	450	40a	1.4	30	25j	50	500	25j	trr<70ns	510E
	30KF50E	日本インター		500				30	89c	450	40a	1.4	30	25j	50	500	25j	trr<70ns	585
	30KF60B	日本インター		600				30	72c	450	40a	1.7	30	25j	50	600	25j	trr<60ns	510E
	30KF60E	日本インター		600				30	72c	450	40a	1.7	30	25j	50	600	25j	trr<60ns	585
*	30LDZ41	東芝		800				30	80c	760	25j	1.1	30	80c	3m	800	150j		792
*	30MF10	日本インター	110	100				30	104c	450	150j	0.98	30	25j	25	100	25j	trr=50ns 標準ラジエータRM-10使用	706
*	30MF15	日本インター	165	150				30	104c	450	150j	0.98	30	25j	25	150	25j	trr=50ns 標準ラジエータRM-10使用	706
	30MF20	日本インター	220	200				30	104c	450	150j	0.98	30	25j	25	200	25j	trr=50ns 標準ラジエータRM-10使用	706
*	30MF30R	日本インター	330	300				30	94c	450	150j	1.25	30	25j	50	300	25j	trr<60ns 標準ラジエータRM-10使用	706
*	30MF30	日本インター	330	300				30	94c	450	150j	1.25	30	25j	50	300	25j	trr<60ns 標準ラジエータRM-10使用	706
	30MF40R	日本インター	440	400				30	94c	450	150j	1.25	30	25j	50	400	25j	trr<60ns 標準ラジエータRM-10使用	706
	30MF40	日本インター	440	400				30	94c	450	150j	1.25	30	25j	50	400	25j	trr<60ns 標準ラジエータRM-10使用	706
*	30MF5	日本インター	55	50				30	104c	450	150j	0.98	30	25j	25	50	25j	trr<60ns 標準ラジエータRM-10使用	706
	30MFG50R	日本インター		500				30	87c	450	40a	1.35	30	25j	2m	500	150j	trr<70ns 30MFG50と逆極性	706
	30MFG50	日本インター		500				30	87c	450	40a	1.35	30	25j	2m	500	150j	trr<70ns 標準ラジエータRM-10使用	706
	30PDA10	日本インター		100				3	124L	100	25j	1	3	25j	10	100	25j		91C
	30PDA20	日本インター		200				3	124L	100	25j	1	3	25j	10	200	25j		91C
	30PDA40	日本インター		400				3	124L	100	25j	1	3	25j	10	400	25j		91C
	30PDA60	日本インター		600				3	124L	100	25j	1	3	25j	10	600	25j		91C
	30PFB60	日本インター		600				3	109L	45	25j	1.7	3		20	600	25j	trr<35ns	91C
	30PFD60	日本インター		600				3	113L	45	25j	1.45	3		20	600	25j	trr<45ns	91C
	30PRA10	日本インター		100				3	124L	100	25j	1.07	3	25j	10	100	25j	trr<90ns Ioはプリント基板実装時	91C
	30PRA20	日本インター		200				3	124L	100	25j	1.07	3	25j	10	200	25j	trr<90ns Ioはプリント基板実装時	91C
	30PRA40	日本インター		400				3	121L	70	25j	1.15	3	25j	10	400	25j	trr<210ns	91C
	30PRA60	日本インター		600				3	121L	70	25j	1.15	3	25j	10	600	25j	trr<210ns	91C
	30PUA60	日本インター		600				3	92L	55	25j	2.35	3	25j	20	600	25j	trr<32ns	91C
	30PUB60	日本インター		600				3	89L	45	25j	2.7	3	25j	20	600	25j	trr<27ns	91C

形 名	社名	最大定格 VRSM (V)	VRRM (V)	VR (V)	IFM (A)	T条件 (°C)	IO, IF* (A)	T条件 (°C)	IFSM (A)	T条件 (°C)	順方向特性(typは*) VFmax (V)	測定条件 IF(A)	T(°C)	逆方向特性(typは*) IRmax (μA)	測定条件 VR(V)	T(°C)	その他の特性等	外形
*300EXD13	東芝	2800	2500				300	94c	6500	150j	1.54	1000	25c	20m	2500	150j		335
*300EXH21	東芝	2600	2500				300	94c	6000	125j	1.75	1000	25c	50m	2500	125j	両面圧接形	782
300EXH22	東芝	2600	2500				300		6000	25j	1.75	1000	25j	50m	2500	25j	trr<5μs(300A 25℃) 両面圧接形	785
300FXD13	東芝	3300	3000				300	94c	6500	150j	1.54	1000	25c	20m	3000	150j		335
*300JH21	東芝	660	600				300	104c	6000	125j	1.3	1000	25c	40m	600	125j	両面圧接形	777
*300LD13	東芝	1050	800				350	82c	6500	150j	1.42	1000	25c	20m	800	150j		316
300MCB180	日本インター	2000	1800				300		6000		1.64	940		40m	1800		標準ラジエータRM-301使用	583
300MCB200	日本インター	2200	2000				300		6000		1.64	940		40m	2000		標準ラジエータRM-301使用	583
300MCB250	日本インター	2750	2500				300		6000		1.64	940		40m	2500		標準ラジエータRM-301使用	583
*300ND13	東芝	1300	1000				350	82c	6500	150j	1.42	1000	25c	20m	1000	150j		316
*300QD13	東芝	1500	1200				350	82c	6500	150j	1.42	1000	25c	20m	1200	150j		316
*300QH21	東芝	1300	1200				300	100c	6000	125j	1.5	1000	25c	50m	1200	125j	両面圧接形	776
*300TD13	東芝	1800	1500				350	82c	6500	150j	1.42	1000	25c	20m	1500	150j		316
*300WD13	東芝	2200	1800				350	82c	6500	150j	1.42	1000	25c	20m	1800	150j		316
*300YD13	東芝	2400	2000				350	82c	6500	150j	1.42	1000	25c	20m	2000	150j		316
3000BD21	東芝	150	100				3000		45k	175j	1.5	10k	25j	10m	100	175j		772
3000EXD21	東芝	2750	2500				3000	60c	60k	25j	1.7	9500	25j	120m	2500	150j	両面圧接形	739
3000EXD22	東芝	2750	2500				3000	60c	60k	25j	1.7	9500	25j	120m	2500	150j	両面圧接形	766
3000HXD22	東芝	5500	5000				3000		50k	25j	2.2	9500	25j	120m	5000	150j	両面圧接形	766
*3000PJA10		150	100				3000		35000		1.5	10000	25j	50m	100	25j		523
3000PJLA10	日本インター	120	100				3000		35k		1.4	10k		80m	100		trr<8.5μs 両面圧接形	523
3000PJLA20	日本インター	220	200				3000		35k		1.4	10k		80m	200		trr<8.5μs 両面圧接形	523
3000PJLA30	日本インター	360	300				3000		35k		1.4	10k		80m	300		trr<8.5μs 両面圧接形	523
3000PJLA40	日本インター	440	400				3000		35k		1.4	10k		80m	400		trr<8.5μs 両面圧接形	523
3000YKD23	東芝	3050	2700				3000		60k	25j	1.57	9500	25j	120m	2700	150j	Qrr<5500μC 両面圧接形	766
*303PJA180	日本インター	2000	1800				300		5000		1.93	940	25j	30m	1800	25j	ラジエータHB使用	522
*303PJA200	日本インター	2200	2000				300		5000		1.93	940	25j	30m	2000	25j	ラジエータHB使用	522
*303PJA250	日本インター	2750	2500				300		5000		1.93	940	25j	30m	2500	25j	ラジエータHB使用	522
*31DF1	日本インター	110	100				3	40a	60		0.98	3	25j	10	100	25j	trr<30ns 20×20×1mm銅板使用	91C
31DF2	日本インター	220	200				3	40a	60		0.98	3	25j	10	200	25j	trr<30ns 20×20×1mm銅板使用	91C
*31DF3	日本インター	330	300				3		60		1.25	3	25j	20	300	25j	trr<30ns 20×20×1mm銅板使用	91C
31DF4	日本インター	440	400				3		60		1.25	3	25j	20	400	25j	trr<30ns 20×20×1mm銅板使用	91C
31DF6	日本インター		600				3	109c	60		1.7	3	25j	20	600	25j	trr<35ns	91C
*3500PJA10	日本インター	120	100				3500		35k		1.35	11k		50m	100			523
*3500PJA20	日本インター	240	200				3500		35k		1.35	11k		50m	200			523
*3500PJA30	日本インター	360	300				3500		35k		1.35	11k		50m	300			523
*3500PJA40	日本インター	480	400				3500		35k		1.35	11k		50m	400			523
353PJLA160	日本インター	1800	1600				350		5000		2.89	1100	25j	40m	1600	25j	trr=4.5μs ラジエータHC使用	522
353PJLA180	日本インター	2000	1800				350		5000		2.89	1100	25j	40m	1800	25j	trr=4.5μs ラジエータHC使用	522
353PJLA200	日本インター	2200	2000				350		5000		2.89	1100	25j	40m	2000	25j	trr=4.5μs ラジエータHC使用	522
353PJLA250	日本インター	2750	2500				350		5000		2.89	1100	25j	40m	2500	25j	trr=4.5μs ラジエータHC使用	522
*400EXD21	東芝	2750	2500				400	115c	6500	150j	1.5	1250	25j	20m	2500	150j	両面圧接形	777

| 形　名 | 社　名 | 最大定格 ||||||| 順方向特性(typは*) ||| 逆方向特性(typは*) ||| その他の特性等 | 外形 |
		V_{RSM}(V)	V_{RRM}(V)	V_R(V)	I_{FM}(A)	T条件(℃)	I_O, I_F*(A)	T条件(℃)	I_{FSM}(A)	T条件(℃)	V_{Fmax}(V)	測定条件 I_F(A)	測定条件 T(℃)	I_{Rmax}(μA)	測定条件 V_R(V)	測定条件 T(℃)		
*400MAB180	日本インター	2000	1800				400		7500		1.7	1260	25j	40m	1800	25j	ラジエータRM-301使用	583
*400MAB200	日本インター	2200	2000				400		7500		1.7	1260	25j	40m	2000	25j	ラジエータRM-301使用	583
*400MAB250	日本インター	2750	2500				400		7500		1.7	1260	25j	40m	2500	25j	ラジエータRM-301使用	583
*400QD21	東芝	1450	1200				400	115c	6500	150j	1.5	1250	25j	20m	1200	150j	両面圧接形	777
*400YD21	東芝	2300	2000				400	115c	6500	150j	1.5	1250	25j	20m	2000	150j	両面圧接形	777
*403PJA100	日本インター	1200	1000				400		4000		1.87	1260	25j	20m	1000	25j	ラジエータHB使用	522
*403PJA120	日本インター	1400	1200				400		4000		1.87	1260	25j	20m	1200	25j	ラジエータHB使用	522
*403PJA140	日本インター	1600	1400				400		4000		1.87	1260	25j	20m	1400	25j	ラジエータHB使用	522
*403PJA160	日本インター	1800	1600				400		4000		1.87	1260	25j	20m	1600	25j	ラジエータHB使用	522
*403PJA60	日本インター	800	600				400		4000		1.87	1260	25j	20m	600	25j	ラジエータHB使用	522
*403PJA80	日本インター	1000	800				400		4000		1.87	1260	25j	20m	800	25j	ラジエータHB使用	522
45M10	日本インター	200	100				150	116c	3000		1.5	500		20m	100		1S1863相当	388
45M100	日本インター	1200	1000				150	116c	3000		1.5	500		20m	1000		1S1871相当	388
45M15	日本インター	250	150				150	116c	3000		1.5	500		20m	150		1S1864相当	388
45M20	日本インター	300	200				150	116c	3000		1.5	500		20m	200		1S1865相当	388
*45M30	日本インター	400	300				150	116c	3000		1.5	500		20m	300		1S1866相当	388
45M40	日本インター	600	400				150	116c	3000		1.5	500		20m	400		1S1867相当	388
*45M50	日本インター	700	500				150	116c	3000		1.5	500		20m	500		1S1868相当	388
45M60	日本インター	800	600				150	116c	3000		1.5	500		20m	600		1S1869相当	388
45M80	日本インター	1000	800				150	116c	3000		1.5	500		20m	800		1S1870相当	388
*45MA10	日本インター	200	100				150	76C	2700		1.5	500		20m	100		標準ラジエータRM-45形 1S2799相当	388
*45MA100	日本インター	1200	1000				150	76c	2700		1.5	500		20m	1000		標準ラジエータRM-45形 1S2805相当	388
*45MA120	日本インター	1400	1200				150	76c	2700		1.5	500		20m	1200		標準ラジエータRM-45形 1S2806相当	388
*45MA140	日本インター	1600	1400				150	76c	2700		1.5	500		20m	1400		標準ラジエータRM-45形 1S2807相当	388
*45MA160	日本インター	1800	1600				150	76c	2700		1.5	500		20m	1600		標準ラジエータRM-45形 1S2808相当	388
*45MA20	日本インター	300	200				150	76c	2700		1.5	500		20m	200		標準ラジエータRM-45形 1S2800相当	388
*45MA30	日本インター	400	300				150	76c	2700		1.5	500		20m	300		標準ラジエータRM-45形 1S2801相当	388
*45MA40	日本インター	600	400				150	76c	2700		1.5	500		20m	400		標準ラジエータRM-45形 1S2802相当	388
*45MA60	日本インター	800	600				150	76c	2700		1.5	500		20m	600		標準ラジエータRM-45形 1S2803相当	388
*45MA80	日本インター	1000	800				150	76c	2700		1.5	500		20m	800		標準ラジエータRM-45形 1S2804相当	388
*45MH100	日本インター	1200	1000				150		3000		1.4	500		20m	1000		標準ラジエータRM-45形	388
*45MH120	日本インター	1400	1200				150		3000		1.4	500		20m	1200		標準ラジエータRM-45形	388
*45MH80	日本インター	1000	800				150		3000		1.4	500		20m	800		標準ラジエータRM-45形	388
*45MLA100	日本インター	1200	1000				70	96c	2500		1.29	220		3m	1000		標準ラジエータRM-45形 trr=2.5μs	388
*45MLA120	日本インター	1400	1200				70	96c	2500		1.29	220		3m	1200		標準ラジエータRM-45形 trr=2.5μs	388
*45MLA60	日本インター	800	600				70	96c	2500		1.29	220		3m	600		標準ラジエータRM-45形 trr=2.5μs	388
*45MLA80	日本インター	1000	800				70	96c	2500		1.29	220		3m	800		標準ラジエータRM-45形 trr=2.5μs	388
5BL41	東芝		100				5	115c	50	25j	0.98	5		2m	100	150j		272A
5CL41	東芝		150				5	115c	50	25j	0.98	5		2m	150	150j		272A
*5DL41	東芝		200				5	115c	50	25j	0.98	5		2m	200	150j	trr<45ns	272A
*5DLZ47A	東芝		200				5	125c	50	25j	0.98	5		10	200		trr<35ns	250
*5GLZ47A	東芝		400				5	110c	50	25j	1.8	5		50	400		trr<35ns tfr<100ns	250

形 名	社 名	最大定格								順方向特性(typは*)			逆方向特性(typは*)			その他の特性等	外形
		V_{RSM} (V)	V_{RRM} (V)	V_R (V)	I_{FM} (A)	T条件 (℃)	I_0, I_F* (A)	T条件 (℃)	I_{FSM} (A)	T条件 (℃)	V_{Fmax} (V)	測定条件		測定条件 I_{Rmax} (μA)	測定条件			
												I_F(A)	T(℃)		V_R(V)	T(℃)		
5GUZ47	東芝		400				5	115c	50	25j	1.2	5		100	400		trr<100ns	250
*5JLZ47A	東芝		600				5		40		4	5		50	600		trr<35ns	250
*5JLZ47	東芝		600				5	105c	50	25j	2	5		50	600		trr<50ns tfr<150ns	250
5JUZ47	東芝		600				5	110c	50	25j	1.5	5		100	600		trr<100ns	250
*5KF10B	日本インター	110	100				5	122c	80	40a	0.98	5	25j	20	100	25j	trr<35ns	273D
*5KF10	日本インター	110	100				5	122c	80	40a	0.98	5	25j	20	100	25j	trr<35ns	272A
*5KF20B	日本インター	220	200				5	122c	80	40a	0.98	5	25j	20	200	25j	trr<35ns	273D
*5KF20	日本インター	220	200				5	122c	80	40a	0.98	5	25j	20	200	25j	trr<35ns	272A
*5KF30B	日本インター	330	300				5	118c	80	40a	1.25	5	25j	30	300	25j	trr<45ns	273D
*5KF30	日本インター	330	300				5	118c	80	40a	1.25	5	25j	30	300	25j	trr<45ns	272A
*5KF40B	日本インター	440	400				5	118c	80	40a	1.25	5	25j	30	400	25j	trr<45ns	273D
*5KF40	日本インター	440	400				5	118c	80	40a	1.25	5	25j	30	400	25j	trr<45ns	272A
5THZ47	東芝		1500				5	105c	50	25j	1.5	5		50	1500		trr<1.5μs	250
5THZ52	東芝		1500				5	125c	50	25j	1.5	5		50	1500		trr<1.5μs	256
5TUZ47C	東芝		1500				5	105c	50	25j	1.8	5		50	1500		trr<1μs	250
5TUZ47	東芝		1500				5	95c	50	25j	1.8	5		50	1500		trr<0.6μs	250
5TUZ52C	東芝		1500				5	120c	50	25j	1.8	5		50	1500		trr<1μs	256
5TUZ52	東芝		1500				5	120c	50	25j	1.8	5		50	1500		trr<0.6μs	256
5VHZ52	東芝		1700				5	125c	50	25j	1.5	5		100	1700		trr<1.5μs	256
5VUZ47	東芝		1700				5	107c	50	25j	1.8	5		50	1700		trr<0.6μs	250
5VUZ52	東芝		1700				5	115c	50	25j	1.8	5		50	1700		trr<0.6μs	256
50FXFG13	東芝	3400	3300				50		1000	25j	1.7	150	25j	50m	3300	125j	trr<2μs(IF=50A Tj=25℃)	733A
50FXFH13	東芝	3400	3300				50		1000	25j	1.7	150	25j	50m	3300	125j	trr<2μs(IF=50A Tj=25℃)	733B
500EXH21	東芝	2600	2500				500	80c	10k	125j	2	1500	25c	100m	2500	125j	両面圧接形	775
500EXH22	東芝	2600	2500				500		10k	25j	2	1500	25j	100m	2500	125j	trr<5μs(500A 25℃) 両面圧接形	762
500HXD25	東芝	5300	5000				500		7200	150j	2	1500	25j	40m	5000	150j	両面圧接形	774
500HXD28	東芝	5300	5000				500		7200	150j	2	1500	25j	40m	5000	150j	両面圧接形	774
500YKH22	東芝	2800	2700				500		10k	25j	2	1500	25j	100m	2500	125j	trr<5μs(500A 25℃) 両面圧接形	762
*5000PJA10	日本インター	120	100				5000		80k		1.4	15k		50m	100		両面圧接形	525
*5000PJA20	日本インター	240	200				5000		80k		1.4	15k		50m	200		両面圧接形	525
*5000PJA30	日本インター	360	300				5000		80k		1.4	15k		50m	300		両面圧接形	525
*5000PJA40	日本インター	480	400				5000		80k		1.4	15k		50m	400		両面圧接形	525
*503PJA180	日本インター	2000	1800				500		7500		1.84	1500	25j	40m	1800	25j	ラジエータHC使用	522
*503PJA200	日本インター	2200	2000				500		7500		1.84	1500	25j	40m	2000	25j	ラジエータHC使用	522
*503PJA250	日本インター	2750	2500				500		7500		1.84	1500	25j	40m	2500	25j	ラジエータHC使用	522
*503PJLA100	日本インター	1200	1000				500		7000		2.07	1500	25j	50m	1000	25j	trr=3μs ラジエータHC使用	522
*503PJLA120	日本インター	1400	1200				500		7000		2.07	1500	25j	50m	1200	25j	trr=3μs ラジエータHC使用	522
*503PJLA60	日本インター	800	600				500		7000		2.07	1500	25j	50m	600	25j	trr=3μs ラジエータHC使用	522
*503PJLA80	日本インター	1000	800				500		7000		2.07	1500	25j	50m	800	25j	trr=3μs ラジエータHC使用	522
*6BG11	東芝		100				6		150	150j	1.6	20		6m	100	150j		41
*6CC13	東芝		150				6	50R	200	50j	1.2	6		1.3m	150	150j	Ioは70×70×1.5アルミフィン使用	247
*6CD13	東芝		150				6	50R	200	50j	1.2	6		1.3m	150	150j	Ioは70×70×1.5アルミフィン使用	247

| | 形名 | 社名 | 最大定格 ||||||| 順方向特性(typは*) ||| 逆方向特性(typは*) |||| その他の特性等 | 外形 |
			V_{RSM}(V)	V_{RRM}(V)	V_R(V)	I_{FM}(A)	T条件(°C)	I_0, I_F*(A)	T条件(°C)	I_{FSM}(A)	T条件(°C)	V_{Fmax}	測定条件		I_{Rmax}(μA)	測定条件			
													I_F(A)	T(°C)		V_R(V)	T(°C)		
*	6DG11	東芝		200				6		150	150j	1.6	20		6m	200	150j		41
*	6FC13	東芝		300				6	50R	200	50j	1.2	6		1.3m	300	150j	Ioは70×70×1.5ｱﾙﾐﾌｨﾝ使用	247
*	6FD13	東芝		300				6	50R	200	50j	1.2	6		1.3m	300	150j	Ioは70×70×1.5ｱﾙﾐﾌｨﾝ使用	247
*	6FG11	東芝		300				6		150	150j	1.6	20		6m	300	150j		41
*	6GC12	東芝		400				6	50R	200	50j	1.2	6		1.3m	400	150j	Ioは70×70×1.5ｱﾙﾐﾌｨﾝ使用	41
*	6GG11	東芝		400				6		150	150j	1.6	20		6m	400	150j		41
*	6JC12	東芝		600				6	50R	200	50j	1.2	6		1.3m	600	150j	Ioは70×70×1.5ｱﾙﾐﾌｨﾝ使用	41
*	6JG11	東芝		600				6		150	150j	1.6	20		6m	600	150j		41
*	6LC12	東芝		800				6	50R	200	50j	1.2	6		1.3m	800	150j	Ioは70×70×1.5ｱﾙﾐﾌｨﾝ使用	41
*	6M10	日本ｲﾝﾀｰ	200	100				15	107c	200		1.8	50		2m	100			41
*	6M100	日本ｲﾝﾀｰ	1200	1000				15	107c	200		1.8	50		2m	1000			41
*	6M20	日本ｲﾝﾀｰ	300	200				15	107c	200		1.8	50		2m	200			41
*	6M30	日本ｲﾝﾀｰ	400	300				15	107c	200		1.8	50		2m	300		標準ﾗｼﾞｴｰﾀ50×50×0.8銅板	41
*	6M40	日本ｲﾝﾀｰ	600	400				15	107c	200		1.8	50		2m	400			41
*	6M60	日本ｲﾝﾀｰ	800	600				15	107c	200		1.8	50		2m	600			41
*	6M80	日本ｲﾝﾀｰ	1000	800				15	107c	200		1.8	50		2m	800			41
*	6MA10	日本ｲﾝﾀｰ	200	100				15	71c	200		1.8	50		2m	100		標準ﾗｼﾞｴｰﾀ50×50×1銅板	41
*	6MA100	日本ｲﾝﾀｰ	1200	1000				15	71c	200		1.8	50		2m	1000		標準ﾗｼﾞｴｰﾀ50×50×1銅板	41
*	6MA20	日本ｲﾝﾀｰ	300	200				15	71c	200		1.8	50		2m	200		標準ﾗｼﾞｴｰﾀ50×50×1銅板	41
*	6MA40	日本ｲﾝﾀｰ	600	400				15	71c	200		1.8	50		2m	400		標準ﾗｼﾞｴｰﾀ50×50×1銅板	41
*	6MA60	日本ｲﾝﾀｰ	800	600				15	71c	200		1.8	50		2m	600		標準ﾗｼﾞｴｰﾀ50×50×1銅板	41
*	6MA80	日本ｲﾝﾀｰ	1000	800				15	71c	200		1.8	50		2m	800		標準ﾗｼﾞｴｰﾀ50×50×1銅板	41
	6NC12	東芝		1000				6	50R	200	50j	1.2	6		1.3m	1000	150j	Ioは70×70×1.5ｱﾙﾐﾌｨﾝ使用	41
	60BC15	東芝	200	100				60		550		1.5	180	25c	10m	100	175j		42
*	60DC15	東芝	300	200				60		550		1.5	180	25c	10m	200	175j		42
*	60FC15	東芝	400	300				60		550		1.5	180	25c	10m	300	175j		42
*	60GC15	東芝	600	400				60		550		1.5	180	25c	10m	400	175j		42
*	60JC15	東芝	800	600				60		550		1.5	180	25c	10m	600	175j		42
*	60LC15	東芝	1000	800				60		550		1.5	180	25c	10m	800	175j		42
*	60NC15	東芝	1200	1000				60		550		1.5	180	25c	10m	1000	175j		42
*	60QC15	東芝	1400	1200				60		550		1.5	180	25c	10m	1200	175j		42
	603PJA250	日本ｲﾝﾀｰ	2750	2500				600		10000		1.85	1900	25j	30m	2500	25j		525
*	603PJA300	日本ｲﾝﾀｰ	3300	3000				600		10000		1.85	1900	25j	30m	3000	25j		525
*	603PJA400	日本ｲﾝﾀｰ	4400	4000				600		10000		1.85	1900	25j	30m	4000	25j		525
	61M10	日本ｲﾝﾀｰ	200	100				60	137c	1000	175j	1.3	180	25j	10m	100	175j		594
	61M100	日本ｲﾝﾀｰ	1200	1000				60	137c	1000	175j	1.3	180	25j	10m	1000	175j		594
	61M120	日本ｲﾝﾀｰ	1400	1200				60	137c	1000	175j	1.3	180	25j	10m	1200	175j		594
	61M140	日本ｲﾝﾀｰ	1600	1400				60	137c	1000	175j	1.3	180	25j	10m	1400	175j		594
	61M160	日本ｲﾝﾀｰ	1800	1600				60	137c	1000	175j	1.3	180	25j	10m	1600	175j		594
	61M20	日本ｲﾝﾀｰ	300	200				60	137c	1000	175j	1.3	180	25j	10m	200	175j		594
	61M40	日本ｲﾝﾀｰ	600	400				60	137c	1000	175j	1.3	180	25j	10m	400	175j		594
	61M60	日本ｲﾝﾀｰ	800	600				60	137c	1000	175j	1.3	180	25j	10m	600	175j		594

形 名	社 名	最大定格 V_{RSM} (V)	V_{RRM} (V)	V_R (V)	I_{FM} (A)	T条件 (℃)	I_O, I_{F*} (A)	T条件 (℃)	I_{FSM} (A)	T条件 (℃)	順方向特性(typは*) V_{Fmax} (V)	測定条件 I_F(A)	T(℃)	逆方向特性(typは*) I_{Rmax} (μA)	測定条件 V_R(V)	T(℃)	その他の特性等	外形
61M80	日本インター	1000	800				60	137c	1000	175j	1.3	180	25j	10m	800	175j		594
61MA10	日本インター	200	100				60	137c	1000	175j	1.3	180	25j	10m	100	175j	61M10と逆極性	594
61MA100	日本インター	1200	1000				60	137c	1000	175j	1.3	180	25j	10m	1000	175j	61M100と逆極性	594
61MA120	日本インター	1400	1200				60	137c	1000	175j	1.3	180	25j	10m	1200	175j	61M120と逆極性	594
61MA140	日本インター	1600	1400				60	137c	1000	175j	1.3	180	25j	10m	1400	175j	61M140と逆極性	594
61MA160	日本インター	1800	1600				60	137c	1000	175j	1.3	180	25j	10m	1600	175j	61M160と逆極性	594
61MA20	日本インター	300	200				60	137c	1000	175j	1.3	180	25j	10m	200	175j	61M20と逆極性	594
61MA40	日本インター	600	400				60	137c	1000	175j	1.3	180	25j	10m	400	175j	61M40と逆極性	594
61MA60	日本インター	800	600				60	137c	1000	175j	1.3	180	25j	10m	600	175j	61M60と逆極性	594
61MA80	日本インター	1000	800				60	137c	1000	175j	1.3	180	25j	10m	800	175j	61M80と逆極性	594
70M10	日本インター	200	100				250	107c	4000		1.5	800		20m	100		1S1872相当	387
70M100	日本インター	1200	1000				250	107c	4000		1.5	800		20m	1000		1S1880相当	387
70M15	日本インター	250	150				250	107c	4000		1.5	800		20m	150		1S1873相当	387
70M20	日本インター	300	200				250	107c	4000		1.5	800		20m	200		1S1874相当	387
* 70M30	日本インター	400	300				250	107c	4000		1.5	800		20m	300		1S1875相当	387
70M40	日本インター	600	400				250	107c	4000		1.5	800		20m	400		1S1876相当	387
* 70M50	日本インター	700	500				250	107c	4000		1.5	800		20m	500		1S1877相当	387
70M60	日本インター	800	600				250	107c	4000		1.5	800		20m	600		1S1878相当	387
70M80	日本インター	1000	800				250	107c	4000		1.5	800		20m	800		1S1879相当	387
* 70MA10	日本インター	200	100				250	74c	4000		1.5	800		20m	100		標準ラジエータRM-70形 1S2809相当	387
* 70MA100	日本インター	1200	1000				250	74c	4000		1.5	800		20m	1000		標準ラジエータRM-70形 1S2815相当	387
* 70MA120	日本インター	1400	1200				250	74c	4000		1.5	800		20m	1200		標準ラジエータRM-70形 1S2816相当	387
* 70MA140	日本インター	1600	1400				250	74c	4000		1.5	800		20m	1400		標準ラジエータRM-70形 1S2817相当	387
* 70MA160	日本インター	1800	1600				250	74c	4000		1.5	800		20m	1600		標準ラジエータRM-70形 1S2818相当	387
* 70MA20	日本インター	300	200				250	74c	4000		1.5	800		20m	200		標準ラジエータRM-70形 1S2810相当	387
* 70MA30	日本インター	400	300				250	74c	4000		1.5	800		20m	300		標準ラジエータRM-70形 1S2811相当	387
* 70MA40	日本インター	600	400				250	74c	4000		1.5	800		20m	400		標準ラジエータRM-70形 1S2812相当	387
* 70MA60	日本インター	800	600				250	74c	4000		1.5	800		20m	600		標準ラジエータRM-70形 1S2813相当	387
* 70MA80	日本インター	1000	800				250	74c	4000		1.5	800		20m	800		標準ラジエータRM-70形 1S2814相当	387
* 70MH100	日本インター	1200	1000				250		4000		1.5	800		20m	1000		標準ラジエータRM-70形	387
* 70MH120	日本インター	1400	1200				250		4000		1.5	800		20m	1200		標準ラジエータRM-70形	387
* 70MH80	日本インター	1000	800				250		4000		1.5	800		20m	800		標準ラジエータRM-70形	387
* 70MLA100	日本インター	1200	1000				150	76c	4200		1.47	470		5m	1000			387
* 70MLA120	日本インター	1400	1200				150	76c	4200		1.47	470		5m	1200		標準ラジエータRM-70形 1S2816相当	387
* 70MLA60	日本インター	800	600				150	76c	4200		1.47	470		5m	600		標準ラジエータRM-70形 trr=2.5μs	387
* 70MLA80	日本インター	1000	800				150	76c	4200		1.47	470		5m	800		標準ラジエータRM-70形 trr=2.5μs	387
* 70MLAB160	日本インター	1800	1600				70		1500		2.35	220	25j	20m	1600	25j	ラジエータRM-71使用 trr=4μs	212
* 70MLAB180	日本インター	2000	1800				70		1500		2.35	220	25j	20m	1800	25j	ラジエータRM-71使用 trr=4μs	212
* 70MLAB200	日本インター	2200	2000				70		1500		2.35	220	25j	20m	2000	25j	ラジエータRM-71使用 trr=4μs	212
* 70MLAB250	日本インター	2750	2500				70		1500		2.35	220	25j	20m	2500	25j	ラジエータRM-71使用 trr=4μs	212
* 703PJA100	日本インター	1200	1000				700		9000		1.67	2200	25j	50m	1000	25j	ラジエータHC使用	522
* 703PJA120	日本インター	1400	1200				700		9000		1.67	2200	25j	50m	1200	25j	ラジエータHC使用	522

形 名	社 名	最大定格								順方向特性(typは*)			逆方向特性(typは*)			その他の特性等	外形
		V_{RSM} (V)	V_{RRM} (V)	V_R (V)	I_{FM} (A)	T条件 (℃)	I_0, I_F* (A)	T条件 (℃)	I_{FSM} (A)	T条件 (℃)	V_{Fmax} (V)	測定条件		I_{Rmax} (μA)	測定条件			
												I_F(A)	T(℃)		V_R(V)	T(℃)		
*703PJA140	日本インター	1600	1400				700		9000		1.67	2200	25j	50m	1400	25j	ラジエータHC使用	522
*703PJA160	日本インター	1800	1600				700		9000		1.67	2200	25j	50m	1800	25j	ラジエータHC使用	522
*703PJA60	日本インター	800	600				700		9000		1.67	2200	25j	50m	600	25j	ラジエータHC使用	522
*703PJA80	日本インター	1000	800				700		9000		1.67	2200	25j	50m	800	25j	ラジエータHC使用	522
*80MCB180	日本インター	2000	1800				80		1600		1.63	250		20m	1800		標準ラジエータRM-71形	212
*80MCB200	日本インター	2200	2000				80		1600		1.63	250		20m	2000		標準ラジエータRM-71形	212
*80MCB250	日本インター	2750	2500				80		1600		1.63	250		20m	2500		標準ラジエータRM-71形	212
800EXD25	東芝	2750	2500				800		12.8k	150j	1.55	2500	25j	30m	2500	150j	両面圧接形	774
800EXD26	東芝	2750	2500				800		12.8k		1.55	2500	25j	30m	2500	150j	両面圧接形	775
800EXD28	東芝	2750	2500				800		12800	150j	1.55	2500	25j	30m	2500	150j	両面圧接形	774
800EXD29	東芝	2750	2500				800		12800	150j	1.55	2500	25j	30m	2500	150j	両面圧接形	762
800EXH22	東芝	2600	2500				800		16k	25j	2	2500	25j	150m	2500	125j	両面圧接形	764
800FXD25	東芝	3300	3000				800		12.8k	150j	1.55	2500	25j	30m	3000	150j	両面圧接形	774
800FXD26	東芝	3300	3000				800		12.8k		1.55	2500	25j	30m	3000	150j	両面圧接形	775
800FXD28	東芝	3300	3000				800		12800	150j	1.55	2500	25j	30m	3000	150j	両面圧接形	774
800FXD29	東芝	3300	3000				800		12800	150j	1.55	2500	25j	30m	3000	150j	両面圧接形	762
800JXH23	東芝	6300	6000				800		16k	25j	5*	2500	125j	100m	6000	125j	Qrr<1800μC 両面圧接形	763
800UD25	東芝	1900	1600				800		12.8k	150j	1.55	2500	25j	30m	1600	150j	両面圧接形	774
800UD26	東芝	1900	1600				800		12.8k		1.55	2500	25j	30m	1600	150j	両面圧接形	775
800YD25	東芝	2400	2000				800		12.8k	150j	1.55	2500	25j	30m	2000	150j	両面圧接形	774
800YD26	東芝	2400	2000				800		12.8k		1.55	2500	25j	30m	2000	150j	両面圧接形	775
800YKD25	東芝	3050	2700				800		12.8k	150j	1.55	2500	25j	30m	2700	150j	両面圧接形	774
800YKD26	東芝	3050	2700				800		12.8k		1.55	2500	25j	30m	2700	150j	両面圧接形	775
*801PJA250	日本インター	2750	2500				800		16000		1.56	2500	25j	60m	2500	25j		526
*801PJA300	日本インター	3300	3000				800		16000		1.56	2500	25j	60m	3000	25j		526
*801PJA400	日本インター	4400	4000				800		16000		1.56	2500	25j	60m	4000	25j		526
*803PJLA200	日本インター	2200	2000				800		16k		2.25	2500		100m	2000		trr<11μs 両面圧接形	524
*803PJLA250	日本インター	2750	2500				800		16k		2.25	2500		100m	2500		trr<11μs 両面圧接形	524
*803PJLA300	日本インター	3300	3000				800		16k		2.25	2500		100m	3000		trr<11μs 両面圧接形	524
A11CA	日立パワー	2300	2000				1600	81c	26k		1.6	5000	25c	75m	2000	150j		740
A11CF	日立パワー	2800	2500				1600	81c	26k		1.6	5000	25c	75m	2500	150j		740
A11DA	日立パワー	3300	3000				1600	81c	26k		1.6	5000	25c	75m	3000	150j		740
AB01B	サンケン	800	800				0.5	129L	10	25j	2	0.5		10	800		trr<200ns	67D
AG01A	サンケン	600	600				0.5		15	25j	1.8	0.5		100	600		trr<100ns	67D
*AG01Y	サンケン	70	70				1		25	25j	1.2	1		100	70		trr<100ns	67D
*AG01Z	サンケン	200	200				0.7		15	25j	1.8	0.7		100	200		trr<100ns	67D
AG01	サンケン	400	400				0.7		15	25j	1.8	0.7		100	400		trr<100ns	67D
*AL01Y	サンケン	100	100				1		25	25j	1.05	1		100	100		trr<50ns	67D
AL01Z	サンケン	200	200				1		25	25j	0.98	1		100	200		trr<50ns	67D
AL01	サンケン		400				1		20		1.4	1		10	400		trr<50ns	67D
AM01A	サンケン	650	600				1		35	25j	0.98	1		10	600			67D
AM01Z	サンケン	250	200				1		35	25j	0.98	1		10	200			67D

形 名	社 名	最大定格							順方向特性(typは*)			逆方向特性(typは*)			その他の特性等	外形
		V_{RSM} (V)	V_{RRM} (V)	V_R (V)	I_{FM} (A)	$I_{O},I_{F}*$ (A)	T条件 (℃)	I_{FSM} (A)	T条件 (℃)	V_{Fmax} (V)	測定条件 I_F(A)	測定条件 T(℃)	I_{Rmax} (μA)	測定条件 V_R(V)	測定条件 T(℃)		
AM01	サンケン	450	400			1		35	25j	0.98	1		10	400			67D
* AS01A	サンケン	650	600			0.6		20	25j	1.5	0.6		10	600		trr<1.5μs	67D
AS01Z	サンケン	250	200			0.6		20	25j	1.5	0.6		10	200		trr<1.5μs	67D
AS01	サンケン	450	400			0.6		20	25j	1.5	0.6		10	400		trr<1.5μs	67D
AU01A	サンケン	650	600			0.5		15	25j	1.7	0.5		10	600		trr<0.4μs	67D
AU01Z	サンケン	250	200			0.5		15	25j	1.7	0.5		10	200		trr<0.4μs	67D
AU01	サンケン	450	400			0.5		15	25j	1.7	0.5		10	400		trr<0.4μs	67D
AU02A	サンケン	650	600			0.8		25	25j	1.3	0.8		10	600		trr<0.4μs	67D
AU02Z	サンケン	250	200			0.8		25	25j	1.3	0.8		10	200		trr<0.4μs	67D
AU02	サンケン	450	400			0.8		25	25j	1.3	0.8		10	400		trr<0.4μs	67D
* BA201-2	富士電機	200	200			1	138L	25		1.3	1		5	200		trr<0.4μs	87A
* BA201-4	富士電機	400	400			1	138L	25		1.3	1		5	400		trr<0.4μs	87A
* BA201-6	富士電機	600	600			1	138L	25		1.3	1		5	600		trr<0.4μs	87A
C11CA	日立パワー	2300	2000			800	95c	13k		1.6	2500	25c	40m	2000	150j		246
C11CF	日立パワー	2800	2500			800	95c	13k		1.6	2500	25c	40m	2500	150j		246
C11CJ	日立パワー	3100	2800			800	95c	13k		1.6	2500	25c	40m	2800	150j		246
C11DA	日立パワー	3300	3000			800	95c	13k		1.6	2500	25c	40m	3000	150j		246
* CA201-2	富士電機	200	200			1.2	128L	30		1.3	1.2		5	200		trr<0.4μs	88B
* CA201-4	富士電機	400	400			1.2	128L	30		1.3	1.2		5	400		trr<0.4μs	88B
* CA201-6	富士電機	600	600			1.2	128L	30		1.3	1.2		5	600		trr<0.4μs	88B
* CB112-13	富士電機		1300			1	40a	30		1.3	1		50	1300			20E
CB903-4	富士電機		400			1	129L	25	150j	1.5	1		500	400		trr<50ns	20E
CB903-4S	富士電機		400			2	97L	25	150j	1.5	2		500	400		trr<50ns	20E
* CLH01	東芝		200			3	132L	60		0.98	3		10	200		trr<35ns	112
CLH02	東芝		300			3	125L	50		1.3	3		10	300		trr<35ns	112
* CLH05	東芝		200			5	119L	100		0.98	5		10	200		trr<35ns	112
* CLH07	東芝		400			5	92L	50		1.8	5		10	400		trr<35ns	112
CMC01	東芝		400			1	47a	30		1	1		10	400		IoはSOx50基板 半田ランド 6×6	104A
CMC02	東芝		400			1	92a	30		1	1		10	400		Ioはセラミック基板実装時	104A
CMF01	東芝		600			2	100L	30		2	2		50	600		trr<100ns Ioはセラミック基板実装時	104A
CMF02	東芝		600			1	108L	10		2	1		50	600		trr<100ns	104A
CMF03	東芝		900			0.5	102L	10		2.5	0.5		50	900		trr<100ns	104A
CMF04	東芝		800			0.5	127L	10		2.5	0.5	25j	50	800		trr=550ns (IF=1A)	104A
CMF05	東芝		1000			0.5	92L	10		2.7	0.5	25j	50	1000		trr=550ns (IF=1A)	104A
CMG02	東芝		400			2		80		1.1	2		10	400		Ioはセラミック基板 半田ランド 2×2	104A
CMG03	東芝		600			2	106L	80		1.1	2		10	600		Ioはセラミック基板実装時	104A
CMG05	東芝		400			1	75a	15		1.1	1	25j	10	400		Ioはセラミック基板実装時	104A
CMG06	東芝		600			1	75a	15		1.1	1	25j	10	600		Ioはセラミック基板実装時	104A
* CMH01	東芝		200			3	96L	40		0.98	3		10	200		Ioは50×50基板 半田ランド 2×2	104A
* CMH02A	東芝		400			3	77L	30		1.8	3		10	400		trr<35ns Ioはセラミック基板実装時	104A
CMH02	東芝		400			3	87L	40		1.3	3		10	400		trr<50ns Ioはセラミック基板実装時	104A
* CMH04	東芝		200			1	26a	20		0.98	1		10	200		Ioは50×50基板 半田ランド 6×6	104A

	形　名	社　名	V_{RSM} (V)	V_{RRM} (V)	V_R (V)	I_{FM} (A)	T条件 (℃)	I_O, I_F* (A)	T条件 (℃)	I_{FSM} (A)	T条件 (℃)	V_{Fmax} (V)	測定条件 I_F(A)	測定条件 T(℃)	I_{Rmax} (μA)	測定条件 V_R(V)	測定条件 T(℃)	その他の特性等	外形
*	CMH05A	東芝		400				1	125L	10		1.8	1		10	400		trr<35ns Ioはセラミック基板実装時	104A
	CMH05	東芝		400				1	131L	20		1.3	1		10	400		trr<50ns Ioはセラミック基板実装時	104A
*	CMH07	東芝		200				2	35a	40		0.98	2		10	200		Ioは50×50基板 半田ランド 2×2	104A
*	CMH08A	東芝		400				2	99L	20		1.8	2		10	400		trr<35ns Ioはセラミック基板実装時	104A
*	CMH08	東芝		400				2	110L	30		1.3	2		10	400		trr<50ns Ioはセラミック基板実装時	104A
	CRF02	東芝		800				0.5	84a	10		3	0.5		50	800		trr<100ns Ioはセラミック基板実装時	750A
	CRF03	東芝		600				0.7	76a	10		2	0.7		50	600		trr<100ns Ioはセラミック基板実装時	750A
	CRG01	東芝		100				0.7		15		1.1	0.7		10	100			750A
	CRG02	東芝		400				0.7		15		1.1	0.7		10	400			750A
	CRG03	東芝		400				1	56a	15		1.1	0.7		10	400		Ioは50×50基板 半田ランド 2×2	750A
	CRG04	東芝		600				1	66a	15		1.1	1		10	600		Ioはセラミック基板実装時	750A
	CRG05	東芝		800				1	54a	15		1.2	1		10	800		Ioはセラミック基板実装時	750A
*	CRH01	東芝		200				1		15		0.98	1		10	200		trr<35ns Ioはプリント基板実装時	750A
	CSD10V10	オリジン		1000				10		200		1.2	10		10	1000		trr>13μs (IF=IR=0.1A)	500D
	CSD2V10	オリジン		1000				2		12		2			10	1000		trr>4μs (IF=IR=1A)	90H
*	CTU-G2DR	サンケン	1350	1300				4	60R	40	25j	2	4		100	1300		trr=0.4μs Ioはラジエータ使用	272A
*	CTU-G3DR	サンケン	1350	1300				6	60R	60	25j	2	6		100	1300		trr=0.4μs Ioはラジエータ使用	276
	D1F20	新電元		200				1		25	25j	1.1	1	25L	10	200	25L	Ioはアルミナ基板実装時	485C
	D1F60	新電元		600				1		25	25j	1.3	1	25L	10	600	25L	Ioはアルミナ基板実装時	485C
	D1F60A	新電元		600				1.2		45	25j	0.97	1.2	25L	10	600	25L	Ioはアルミナ基板実装時	485C
*	D1FK20	新電元	250	200				0.8		25	25j	1.2	0.8	25L	10	200	25L	Ioはアルミナ基板実装時	485C
*	D1FK40	新電元	450	400				0.8		25	25j	1.2	0.8	25L	10	400	25L	Ioはアルミナ基板実装時	485C
	D1FK60	新電元		600				0.6	33a	20	25j	1.3	0.8	25L	10	600	25L	trr<75ns Ioはガラエポ基板実装時	485B
	D1FK70	新電元		700				0.8	32a	25	25j	1.3	0.8	25L	10	700	25L	Ioはアルミナ基板実装時	485B
	D1FL20	新電元		200				1.1		30	25j	0.98	1.1	25L	10	200	25L	Ioはアルミナ基板実装時	485C
	D1FL20U	新電元		200				1.1		20	25j	0.98	1.1	25L	10	200	25L	trr<35ns Ioはアルミナ基板実装時	485C
	D1FL40	新電元		400				0.8		25	25j	1.3	0.8	25L	10	400	25L	trr<50ns Ioはアルミナ基板実装時	485C
	D1FL40U	新電元		400				1.5	103L	30	25j	1.2	1	25L	10	400	25L	Cj=11pF trr<25ns	485B
*	D1K20	新電元	250	200				0.6	40a	25	25j	1.2	0.6	25L	10	200	25L	trr<300ns 色表示赤	507D
*	D1K20H	新電元	250	200				0.6	40a	25	25j	1.2	0.6	25L	10	200	25L	trr<100ns 色表示赤	507D
*	D1K40	新電元	450	400				0.6		25	25j	1.2	0.6	25L	10	400	25L	trr<300ns 色表示黄	507D
	D1N20	新電元		200				1		30	25j	1.05	1		10	200	25L	Ioはプリント基板実装時	88C
	D1N60	新電元		600				1		30	25j	1.05	1	25L	10	600	25L		88C
	D1N80	新電元		800				1		30	25j	1.05	1		10	800	25L	Ioはプリント基板実装時	87B
	D1NF60	新電元		600				0.8		50	25j	1.3	0.8	25L	10	600	25L	trr<400ns Cj=7pF	88C
*	D1NK20	新電元	250	200				0.8		25	25j	1.2	0.8	25L	10	200	25L	trr<300ns	88C
*	D1NK20H	新電元		200				0.8		25		1.2	0.8		10	200		trr<100ns	88C
*	D1NK40	新電元	450	400				0.8		25	25j	1.2	0.8	25L	10	400	25L	trr<300ns	88C
*	D1NK40H	新電元		400				0.8		25		1.3	0.8		10	400		trr<100ns	88C
	D1NK60	新電元		600				0.8		35	25j	1.3	0.8	25L	10	600	25L	Cj=8pF trr<75ns	87B
	D1NK100	新電元		1000				1	127L	30	25j	2.1	1	25L	10	1000	25L	Cj=7.5pF trr<75ns	87B
*	D1NL20	新電元		200				1		25	25j	0.98	1	25L	10	200	25L	trr<45ns	88C

	形 名	社 名	最大定格 VRSM (V)	VRRM (V)	VR (V)	IFM (A)	T条件 (℃)	IO, IF* (A)	T条件 (℃)	IFSM (A)	T条件 (℃)	順方向特性(typは*) VFmax (V)	測定条件 IF(A)	T(℃)	逆方向特性(typは*) IRmax (μA)	測定条件 VR(V)	T(℃)	その他の特性等	外形
	D1NL20U	新電元		200				1		25	25j	0.98	1	25L	10	200	25L	trr<35ns	88C
	D1NL40	新電元		400				0.9		25	25j	1.3	0.9	25L	10	400	25L		88C
	D1NL40U	新電元		400				1	137L	50	25j	1.25	1	25L	10	400	25L	Cj=12pF trr<25ns	87B
*	D1R20	新電元		200				0.35		10	25j	1.65	0.35	25L	5	200	25L	trr<1.5μs 色表示赤	507D
*	D1R60	新電元		600				0.35		10	25j	1.65	0.35	25L	5	600	25L	trr<1.5μs 色表示青	507D
*	D1R80	新電元		800				0.35		10	25j	1.65	0.35	25L	5	800	25L	trr<1.5μs 色表示緑	507D
*	D1R100	新電元		1000				0.35		10	25j	1.65	0.35	25L	5	1000	25L	trr<1.5μs 色表示銀	507D
*	D1R150	新電元		1500				0.35		10	25j	1.65	0.35	25L	5	1500	25L	trr<1.5μs 色表示金	507D
*	D1V20	新電元		200				1		30	25j	1.1	1	25L	10	200	25L	色表示赤	507D
*	D1V60	新電元		600				1		30	25j	1.1	1	25L	10	600	25L	色表示青	507D
	D10AD100VDE	新電元	1000	800				10	99L	300	25j	1.05	10	25L	10	1000	25L		90J
	D10L20U	新電元		200				10	111c	120	25j	0.98	10	25C	10	200	25C	trr<35ns	798
	D10LC20U	新電元		200				10	111c	120		0.98	10		10	200		trr<35ns	798
	D2F20	新電元		200				1.4		60	25j	1.05	1.4	25L	10	200	25L	Ioはアルミナ基板実装時	486A
	D2F60	新電元		600				1.4		60	25j	1.05	1.4	25L	10	600	25L	Ioはアルミナ基板実装時	486A
*	D2FK20	新電元		200				1.3		50	25j	1.2	1.3	25L	10	200	25L	trr<300ns Ioはアルミナ基板実装	486A
*	D2FK40	新電元		400				1.3		50	25j	1.2	1.3	25L	10	400	25L	trr<300ns Ioはアルミナ基板実装	486A
	D2FK60	新電元		600				1.1	30a	40	25j	1.3	1.5	25L	10	600	25L	trr<75ns Ioはアルミナ基板実装時	486A
*	D2FL20	新電元		200				1.6		50	25j	0.98	1.6	25L	10	200	25L	trr<50ns Ioはアルミナ基板実装	486A
	D2FL20U	新電元		200				1.5		50	25j	0.98	1.5	25L	10	200	25L	trr<50ns Ioはアルミナ基板実装	486A
	D2FL40	新電元		400				1.3		40	25j	1.3	1.3	25L	10	400	25L	trr<50ns Ioはアルミナ基板実装	486A
	D2L20U	新電元		200				1.5	125L	40	25j	0.98	1.5	25L	10	200	25L	trr<35ns	87D
	D2L40	新電元		400				1.5	108L	40	25j	1.3	1.1	25L	10	400	25L	trr<50ns	87D
	D2L40U	新電元		400				2	108L	80	25j	1.25	2	25L	10	400	25L	Cj=22pF trr<35ns	87D
	D3F60	新電元		600				3	80L	150	25j	1.05	3	25L	10	600	25L		486A
	D3FK60	新電元		600				2.1	93L	120	25j	1.2	2.1	25L	10	600	25L	Cj=37pF trr<100ns	486A
	D3L20U	新電元		200				2.5	136c	45	25j	0.98	2.5	25C	10	200	25C	trr<35ns	798
	D3L60	新電元		600				3	127c	120	25j	1.65	3	25C	10	600	25C	trr<50ns	798
	D30L60	新電元		600				30	85c	600	25j	1.5	30	25c	25	600	25c	trr<150ns	734
	D4F60	新電元		600				4	68L	150	25j	0.95	4	25L	10	600	25L		486A
	D4L20U	新電元		200				4	130c	60	25j	0.98	4	25C	10	200	25C	trr<35ns	798
	D4L40	新電元		400				4	125c	60	25j	1.3	4	25C	10	400	25C	trr<50ns	798
*	D4LA20	新電元		200				4	131c	60	25j	0.98	4	25j	10	200	25j	trr=50ns	798
	D5L60	新電元		600				5	123c	100	25j	1.5	5	25C	10	600	25C	trr<50ns	798
*	D6K20	新電元	250	200				6	122c	120	25j	1.2	6	25c	10	200	25c	trr<300ns	798
*	D6K20H	新電元	250	200				6	122c	120	25j	1.2	6	25c	10	200	25c	trr<300ns	798
*	D6K20R	新電元	250	200				6	122c	120	25j	1.2	6	25c	10	200	25c	trr<300ns	798
*	D6K20RH	新電元	250	200				6	122c	120	25j	1.2	6	25c	10	200	25c	trr<100ns	798
*	D6K40	新電元	450	400				6	123c	120	25j	1.2	6	25c	10	400	25c	trr<300ns	798
*	D6K40R	新電元	450	400				6	123c	120	25j	1.2	6	25c	10	400	25c	trr<35ns	798
	D6L20U	新電元		200				6	118c	80	25j	1.1	6	25C	10	600	25C	trr<35ns	798
	D8L60	新電元		600				8	106c	170	25j	1.5	8	25C	25	600	25C	trr<70ns	798

形　名	社　名	最大定格 VRSM (V)	VRRM (V)	VR (V)	IFM (A)	T条件 (℃)	I0, IF* (A)	T条件 (℃)	IFSM (A)	T条件 (℃)	順方向特性(typは*) VFmax (V)	測定条件 IF(A)	T(℃)	逆方向特性(typは*) IRmax (μA)	測定条件 VR(V)	T(℃)	その他の特性等	外形
DA2JF23	パナソニック	300	300				0.3		3		1.25	0.3		1	300		trr=400ns Ct=3.5pF	239
DA22F21	パナソニック	200	200				1*		15		0.98	1		10	200		trr<35ns Ct=60pF	750B
DA24F41	パナソニック	400	400				1*		20		1.2	1		10	400		trr<45ns Ct=50pF	578
DA3DF30A	パナソニック	350	350				20*		100		1.4	20		10	350		trr<25ns	483
DB1025BAD	三菱	2600	2500	2000			540	67c	25k		1.9	2500	125j	80m	2500	125j	Qrr<1000μC(IFM=1000A)	349
*DD20R	三洋	1500	1500				2		z0		2	2		200	1000		trr<1μs Iop=10Aダンパ用	273D
DD50R	三洋	1500	1500				5		20		2	5		200	1000		trr<1μs シングルタイプ ダンパ用	434
DD52RC	三洋	1500	1500				5		50		1.8	5		200	1000		trr<1.5μs Cj=40pF	445
DD54RC	三洋	1500	1500		20		5		50		1.8	5		200	1000		trr<1.5μs tfr<0.2μs Cj=40pF	635
DD54RCLS	三洋	1500	1500				5		50		1.8	5		200	1000		Iop=20A Cj=40pF trr<1.5μs	635
DD54SC	三洋	1600	1600		20		5		50		1.8	5		200	1000		trr<1.5μs tfr<0.2μs Cj=40pF	635
DD54SCLS	三洋	1600	1600				5		50		1.8	5		200	1000		Iop=20A Cj=40pF trr<1.5μs	635
DD82RC	三洋	1500	1500				8		80		1.8	8		200	1000		trr<1.5μs Cj=90pF	445
DD82SC	三洋	1600	1600				8		80		1.8	8		200	1000		trr<1.5μs Cj=90pF	445
DD84RC	三洋	1500	1500		32		8		80		1.8	8		200	1000		trr<1.5μs tfr<0.2μs Cj=90pF	635
DD84RCLS	三洋	1500	1500				8		80		1.8	8		200	1000		Iop=32A Cj=90pF trr<1.5μs	635
DD84SC	三洋	1600	1600		32		8		80		1.8	8		200	1000		trr<1.5μs tfr<0.2μs Cj=90pF	635
DD84SCLS	三洋	1600	1600				8		80		1.8	8		200	1000		Iop=32A Cj=90pF trr<1.5μs	635
DDG1C10	日立パワー		1000				1.5	85L	40	150j	1.6	1.5	25L	10	1000	25L	trr<0.3μs	113G
DDG1C13	日立パワー		1300				1.5	85L	40	150j	1.6	1.5	25L	10	1300	25L	trr<0.3μs	113G
DE3L20U	新電元		200				3	113c	60	25j	0.98	3	25C	10	200	25C	trr<35ns	626
DE3L40	新電元		400				3	99c	50	25j	1.3	3	25C	10	400	25C	trr<50ns	626
DE3L20UA	新電元		200				3	137c	60	25j	0.98	3	25c	10	200	25C	Cj=56pF trr<35ns	626
DE3L40UA	新電元		400				3	132c	60	25j	1.3	3	25c	10	400	25C	Cj=30pF trr<50ns	626
DE5L60	新電元		600				5	57c	60	25j	2	5	25C	10	50	25C	trr<50ns	626
DE5L60U	新電元		600				5	91c	60	25j	3	5	25c	10	600	25c	Cj=30pF trr<25ns	626
DE5VE40	新電元		400				5	130c	80	25j	1	5	25L	10	400	25L		626
DF10L60	新電元		600				10	105c	100	25j	2	10	25C	10	600	25c	trr<50ns	627
DF10L60	新電元		600				10	105c	100	25j	1.9	10	25C	10	600	25c	trr<50ns	627
DF20L60	新電元		600				20	84c	170	25j	2	20	25C	10	600	25C	trr<70ns	627
DF20L60U	新電元		600				20	93c	160	25j	3	20	25C	25	600	25c	trr<35ns	627
DF25V60	新電元		600				25	136c	400	25j	1.1	25	25C	10	600	25c		627
DF8L60US	新電元		600				8	66c	60	25j	3.6	8	25c	50	600	25c	Cj=24pF trr<25ns	627
*DFA05B	三洋		100				0.5	50a	30		1.4	0.5		10	100			19D
*DFA05C	三洋		200				0.5	50a	30		1.4	0.5		10	200			19D
*DFA05E	三洋		400				0.5	50a	30		1.4	0.5		10	400			19D
*DFA05G	三洋		600				0.5	50a	30		1.4	0.5		10	600			19D
*DFA08C	三洋		200				0.8		25		1.2	0.8		10	200		trr<300ns Ioはアルミナ基板実装時	485B
*DFA08E	三洋		400				0.8		25		1.2	0.8		10	400		trr<300ns Ioはアルミナ基板実装時	485B
*DFA12C	三洋		200				1.2		50		1.2	1.2		10	200		trr<300ns Ioはアルミナ基板実装時	486A
*DFA12E	三洋		400				1.2		50		1.2	1.2		10	400		trr<300ns Ioはアルミナ基板実装時	486A
*DFB05B	三洋		100				0.5	65a	10		1.2	0.5		10	100			19B

| 形 名 | 社 名 | 最大定格 ||||| 順方向特性(typは*) ||| 逆方向特性(typは*) ||| その他の特性等 | 外形 |
		V_{RSM}(V)	V_{RRM}(V)	V_R(V)	I_{FM}(A)	T条件(℃)	I_O, I_F*(A)	T条件(℃)	I_{FSM}(A)	T条件(℃)	V_{Fmax}(V)	測定条件 I_F(A)	T(℃)	I_{Rmax}(μA)	測定条件 V_R(V)	T(℃)		
* DFB05C	三洋		200				0.5	65a	10		1.2	0.5		10	200			19B
* DFB05E	三洋		400				0.5	65a	10		1.2	0.5		10	400			19B
* DFB05G	三洋		600				0.5	65a	10		1.2	0.5		10	600			19B
DFB20TB	三洋		100				2	40a	120		1.2	2		10	100		trr<150ns	89J
DFB20TC	三洋		200				2	40a	120		1.2	2		10	200		trr<150ns	89J
DFB20TE	三洋		400				2	40a	120		1.2	2		10	400		trr<150ns	89J
DFB20TG	三洋		600				2	40a	120		1.2	2		10	600		trr<150ns	89J
DFB20TJ	三洋		800				2	40a	70		1.5	2		10	800		trr<300ns	89J
* DFB20TL	三洋		1000				2	40a	70		1.5	2		10	1000		trr<300ns	89J
* DFC05J	三洋		800				0.5	50a	20		1.3	0.5		10	800			19B
* DFC05L	三洋		1000				0.5	50a	20		1.3	0.5		10	1000			19B
* DFC05N	三洋		1200				0.5	50a	20		1.3	0.5		10	1200			19B
* DFC05R	三洋		1500				0.5	50a	20		1.3	0.5		10	1500			19B
* DFC10E	三洋		400				1	50a	60		1.15	1		10	400			19D
* DFC10G	三洋		600				1	50a	60		1.15	1		10	600			19D
DFC15TB	三洋		100				1.5	35a	80		1.2	1.5		10	100		trr<150ns	19F
DFC15TC	三洋		200				1.5	35a	80		1.2	1.5		10	200		trr<150ns	19F
DFC15TE	三洋		400				1.5	35a	80		1.2	1.5		10	400		trr<150ns	19F
DFC15TG	三洋		600				1.5	35a	80		1.2	1.5		10	600		trr<150ns	19F
DFC15TJ	三洋		800				1.5		45		1.5	1.5		10	800		trr<300ns	19F
DFC15TL	三洋		1000				1.5		45		1.5	1.5		10	1000		trr<300ns	19F
DFC15TN	三洋		1200				1.5		45		1.5	1.5		10	1200		trr<300ns	19F
DFC15TR	三洋		1500				1.5		45		1.5	1.5		10	1500		trr<300ns	19F
DFD05TB	三洋		100				0.5	50a	30		1.2	0.5		10	100		trr<150ns	19G
DFD05TC	三洋		200				0.5	50a	30		1.2	0.5		10	200		trr<150ns	19G
DFD05TE	三洋		400				0.5	50a	30		1.2	0.5		10	400		trr<150ns	19G
DFD05TG	三洋		600				0.5	50a	30		1.2	0.5		10	600		trr<150ns	19G
DFD05TJ	三洋		800				0.5	50a	20		1.5	0.5		10	800		trr<300ns	19G
DFD05TL	三洋		1000				0.5	50a	20		1.5	0.5		10	1000		trr<300ns	19G
DFD05TN	三洋		1200				0.5	50a	20		1.5	0.5		10	1200		trr<300ns	19G
DFD05TR	三洋		1500				0.5	50a	20		1.5	0.5		10	1500		trr<300ns	19G
DFD05TT	三洋		1700				0.5	50a	20		1.5	0.5		10	1700		trr<300ns	19G
* DFD30TB	三洋		100				3		140		1.2	3		20	100		trr<150ns	89J
* DFD30TC	三洋		200				3		140		1.2	3		20	200		trr<150ns	89J
* DFD30TE	三洋		400				3		140		1.2	3		20	400		trr<150ns	89J
* DFD30TG	三洋		600				3		140		1.2	3		20	600		trr<150ns	89J
* DFD30TJ	三洋		800				3		80		1.5	3		20	800		trr<300ns	89J
* DFD30TL	三洋		1000				3		80		1.5	3		20	1000		trr<300ns	89J
DFE30C	三洋		200				3	30a	80		1.5	3		300	200		trr<100ns Ioは基板実装時	89J
DFE30E	三洋		400				3	30a	80		1.5	3		300	400		trr<100ns Ioは基板実装時	89J
DFE30G	三洋		600				3		50		2	3		100	600		trr<100ns Ioは基板実装時	89J
DFF20B10	日立パワー		1000				20	70c	200		2	60	25c	100	1000			726

形　名	社　名	V_{RSM} (V)	V_{RRM} (V)	V_R (V)	I_{FM} (A)	最大定格 T条件 (℃)	I_O, I_F* (A)	T条件 (℃)	I_{FSM} (A)	T条件 (℃)	順方向特性(typは*) V_{Fmax} (V)	測定条件 I_F(A)	T(℃)	逆方向特性(typは*) I_{Rmax} (μA)	測定条件 V_R(V)	T(℃)	その他の特性等	外形
DFF20B12	日立パワー		1200				20	70c	200		2	60	25c	100	1200			726
DFF50B10	日立パワー		1000				50	65c	500		1.8	150	25c	100	1000			354
DFF50B12	日立パワー		1200				50	65c	500		1.8	150	25c	100	1200			354
DFG1A8	日立パワー		800				1	80L	40	165j	1.2	1	25L	10	800	25L	trr<0.2μs	113C
DFG1C1	日立パワー		100				1	80L	35	150j	1.2	1	25L	10	100	25L	trr<0.1μs	113C
DFG1C2	日立パワー		200				1	80L	35	150j	1.2	1	25L	10	200	25L	trr<0.1μs	113C
DFG1C4	日立パワー		400				1	80L	35	150j	1.2	1	25L	10	400	25L	trr<0.1μs	113C
DFG1C6	日立パワー		600				1	70L	30	150j	1.6	1	25L	10	600	25L	trr<0.1μs	113C
DFG1C8	日立パワー		800				1	70L	30	150j	1.6	1	25L	10	800	25L	trr<0.1μs	113C
DFG1D1	日立パワー		100				1	75L	30	150j	1.5	1	25L	10	100	25L	trr<50ns	113C
DFG1D2	日立パワー		200				1	75L	30	150j	1.5	1	25L	10	200	25L	trr<50ns	113C
DFG1D4	日立パワー		400				1	75L	30	150j	1.5	1	25L	10	400	25L	trr<50ns	113C
DFG1E6	日立パワー		600				0.3	100L	5	150j	5	0.3	25L	10	600	25L	trr<35ns	113C
DFG1E8	日立パワー		800				0.3	100L	5	150j	5	0.3	25L	10	800	25L	trr<35ns	113C
DFG1E10	日立パワー		1000				0.3	100L	5	150j	5	0.3	25L	10	1000	25L	trr<35ns	113C
DFG2A6	日立パワー		600				2.5	80L	80	165j	1.3	2.5	25L	10	600	25L	trr<0.2μs	113G
DFG2A8	日立パワー		800				2.5	80L	80	165j	1.3	2.5	25L	10	800	25L	trr<0.2μs	113G
DFG3A1	日立パワー	200	100				3	60L	70	150j	1.3	3	25L	10	100	25L	trr<0.1μs 1SR149相当	113G
DFG3A2	日立パワー	300	200				3	60L	70	150j	1.3	3	25L	10	200	25L	trr<0.1μs 1SR150相当	113G
DFG3A4	日立パワー	500	400				3	60L	70	150j	1.3	3	25L	10	400	25L	trr<0.1μs 1SR151相当	113G
DFH10TB	三洋		100				1		60		1.2	1		10	100		trr<150ns	19D
DFH10TC	三洋		200				1		60		1.2	1		10	200		trr<150ns	19D
DFH10TE	三洋		400				1		60		1.2	1		10	400		trr<150ns	19D
DFH10TG	三洋		600				1		60		1.2	1		10	600		trr<150ns	19D
DFH10TJ	三洋		800				1		40		1.5	1		10	800		trr<300ns	19D
DFH10TL	三洋		1000				1		40		1.5	1		10	1000		trr<300ns	19D
DFH10TN	三洋		1200				1		40		1.5	1		10	1200		trr<300ns	19D
DFH10TR	三洋		1500				1		40		1.5	1		10	1500		trr<300ns	19D
DFJ10C	三洋		200				1	30a	15		1.5	1		50	200		trr<100ns Ioはプリント基板実装時	88A
DFJ10E	三洋		400				1	30a	15		1.5	1		50	400		trr<100ns Ioはプリント基板実装時	88A
DFJ10G	三洋		600				1	20a	15		2	1		100	600		trr<100ns Ioはプリント基板実装時	88A
* DFM1A1	日立パワー		100				0.8	60L	30	150j	1.3	0.8	25L	20	100	25L	trr<0.2μs	19G
* DFM1A2	日立パワー		200				0.8	60L	30	150j	1.3	0.8	25L	20	200	25L	trr<0.2μs	19G
* DFM1A4	日立パワー		400				0.8	60L	30	150j	1.3	0.8	25L	10	400	25L	trr<0.2μs	19G
* DFM1D1	日立パワー		100				1	57L	40	40j	1.2	1	25L	20	100	25L	trr<0.2μs	19G
* DFM1D2	日立パワー		200				1	57L	40	40j	1.2	1	25L	20	200	25L	trr<0.2μs	19G
* DFM1D4	日立パワー		400				1	57L	40	40j	1.2	1	25L	10	400	25L	trr<0.2μs	19G
* DFM1D6	日立パワー		600				1	57L	40	40j	1.2	1	25L	10	600	25L	trr<0.2μs	19G
* DFM1E1	日立パワー		100				1	80L	40	40j	1.2	1	25L	20	100	25L	trr<0.2μs	88G
* DFM1E2	日立パワー		200				1	80L	40	40j	1.2	1	25L	20	200	25L	trr<0.2μs	88G
* DFM1E4	日立パワー		400				1	80L	40	40j	1.2	1	25L	10	400	25L	trr<0.2μs	88G
DFM1E6	日立パワー		600				1	80L	40	40j	1.2	1	25L	10	600	25L	trr<0.2μs	88G

	形 名	社 名	最大定格 V_RSM (V)	V_RRM (V)	V_R (V)	I_FM (A)	T条件 (℃)	I_0, I_F* (A)	T条件 (℃)	順方向特性(typは*) I_FSM (A)	T条件 (℃)	V_Fmax (V)	測定条件 I_F(A)	T(℃)	逆方向特性(typは*) I_Rmax (μA)	測定条件 V_R(V)	T(℃)	その他の特性等	外形
*	DFM1F1	日立パワー	100			1				50L	40	40j	1.3	1	25L	20	100	25L	trr<0.1μs	19G
*	DFM1F2	日立パワー	200			1				50L	40	40j	1.3	1	25L	20	200	25L	trr<0.1μs	19G
*	DFM1F4	日立パワー	400			1				50L	40	40j	1.3	1	25L	10	400	25L	trr<0.1μs	19G
*	DFM1F6	日立パワー	600			1				50L	40	40j	1.3	1	25L	10	600	25L	trr<0.1μs	19G
	DFM1G1	日立パワー	100			1				78L	35	40j	1.3	1	25L	20	100	25L	trr<100ns	88G
	DFM1G2	日立パワー	200			1				78L	35	40j	1.3	1	25L	20	200	25L	trr<100ns	88G
	DFM1G4	日立パワー	400			1				78L	35	40j	1.3	1	25L	10	400	25L	trr<100ns	88G
	DFM1MA1	日立パワー	100			1					20	150j	1.2	1	25L	20	100	25L	trr<200ns	405C
	DFM1MA2	日立パワー	200			1					20	150j	1.2	1	25L	20	200	25L	trr<200ns	405C
	DFM1MA4	日立パワー	400			1					20	150j	1.2	1	25L	10	400	25L	trr<200ns	405C
	DFM1MA6	日立パワー	600			1					20	150j	1.2	1	25L	10	600	25L	trr<200ns	405C
	DFM1MF2	日立パワー	200			1					25		0.95	1						405C
*	DFM1SA1	日立パワー	100			0.8	60L				30	150j	1.3	0.8	25L	20	100	25L	trr<0.2μs	19E
*	DFM1SA2	日立パワー	200			0.8	60L				30	150j	1.3	0.8	25L	20	200	25L	trr<0.2μs	19E
*	DFM1SA4	日立パワー	400			0.8	60L				30	150j	1.3	0.8	25L	10	400	25L	trr<0.2μs	19E
*	DFM1SD1	日立パワー	100			1				57L	40	40j	1.2	1	25L	20	100	25L	trr<0.2μs	19E
*	DFM1SD2	日立パワー	200			1				57L	40	40j	1.2	1	25L	20	200	25L	trr<0.2μs	19E
*	DFM1SD4	日立パワー	400			1				57L	40	40j	1.2	1	25L	10	400	25L	trr<0.2μs	19E
	DFM1SD6	日立パワー	600			1				57L	40	40j	1.2	1	25L	10	600	25L	trr<0.2μs	19E
*	DFM1SF1	日立パワー	100			1				50L	40	40j	1.3	1	25L	20	100	25L	trr<0.1μs	19E
*	DFM1SF2	日立パワー	200			1				50L	40	40j	1.3	1	25L	20	200	25L	trr<0.1μs	19E
*	DFM1SF4	日立パワー	400			1				50L	40	40j	1.3	1	25L	10	400	25L	trr<0.1μs	19E
*	DFM1SF6	日立パワー	600			1				50L	40	40j	1.3	1	25L	10	600	25L	trr<0.1μs	19E
	DFM2D1	日立パワー	100			1.5				65L	60	40j	1.2	1.5	25L	20	100	25L	trr<200ns	19H
	DFM2D2	日立パワー	200			1.5				65L	60	40j	1.2	1.5	25L	20	200	25L	trr<200ns	19H
	DFM2D4	日立パワー	400			1.5				65L	60	40j	1.2	1.5	25L	10	400	25L	trr<200ns	19H
	DFM2D6	日立パワー	600			1.5				65L	60	40j	1.2	1.5	25L	10	600	25L	trr<200ns	19H
	DFM2F1	日立パワー	100			1.5				57L	50	40j	1.3	1.5	25L	20	100	25L	trr<100ns	19H
	DFM2F2	日立パワー	200			1.5				57L	50	40j	1.3	1.5	25L	20	200	25L	trr<100ns	19H
	DFM2F4	日立パワー	400			1.5				57L	50	40j	1.3	1.5	25L	10	400	25L	trr<100ns	19H
	DFM2F6	日立パワー	600			1.5				57L	50	40j	1.3	1.5	25L	10	600	25L	trr<100ns	19H
	DFM3A1	日立パワー	100			3				70L	80	150j	1.2	3	25L	60	100	25L	trr<0.2μs	90B
	DFM3A2	日立パワー	200			3				70L	80	150j	1.2	3	25L	60	200	25L	trr<0.2μs	90B
	DFM3A4	日立パワー	400			3				70L	80	150j	1.2	3	25L	10	400	25L	trr<0.2μs	90B
	DFM3A6	日立パワー	600			3				70L	80	40j	1.2	3	25L	10	600	25L	trr<200ns	90B
	DFM3F1	日立パワー	100			3				73L	70	40j	1.3	3	25L	20	100	25L	trr<100ns	90B
	DFM3F2	日立パワー	200			3				73L	70	40j	1.3	3	25L	20	200	25L	trr<100ns	90B
	DFM3F4	日立パワー	400			3				73L	70	40j	1.3	3	25L	10	400	25L	trr<100ns	90B
	DFM3F6	日立パワー	600			3				73L	70	40j	1.3	3	25L	10	600	25L	trr<100ns	90B
	DFM3MA1	日立パワー	100			3					60	150j	1.2	3	25L	20	100	25L	trr<0.2μs	486E
	DFM3MA2	日立パワー	200			3					60	150j	1.2	3	25L	20	200	25L	trr<0.2μs	486E
	DFM3MA4	日立パワー	400			3					60	150j	1.2	3	25L	10	400	25L	trr<500ns	486E

形 名	社 名	最大定格							順方向特性 (typは*)			逆方向特性 (typは*)			その他の特性等	外形
		V_{RSM} (V)	V_{RRM} (V)	V_R (V)	I_{FM} (A)	T条件 (°C)	I_0, I_F* (A)	T条件 (°C)	I_{FSM} (A)	T条件 (°C)	V_{Fmax} (V)	測定条件			I_{Rmax} (μA)	測定条件			
												I_F(A)	T(°C)		V_R(V)	T(°C)		
DFM3MA6	日立パワー		600				3		60	150j	1.2	3	25L	10	600	25L	trr<500ns	486E
DFM3MF2	日立パワー		200				1		25		0.95	3						486E
DFM30A6	日立パワー		600		30	90c			150	150j	2.5	30	25c	1m	600	25c	trr<0.25μs シングルタイプ	642C
DFM30F12	日立パワー		1200		30	90c			150	150j	3	30	25c	1m	1200	25c	trr<0.3μs シングルタイプ	642C
DFP1000GG45	日立パワー		4500				1000	70c	16000	125j	3	3000	25j	80m	4500	125j	Qrr<7mC 両面圧接形	375
DFP500AG25	日立パワー	2800	2500				500	88c	5500	25j	1.6	1600	25j	50m	2500	125j	trr<5.5μs 両面圧接形	246
*DFP500BG20	日立パワー	2300	2000				500	56c	5500		2.4	1600	25c	50m	2000	125j	両面圧接形	246
DFP500DG40	日立パワー	4500	4000				500	86c	7500		1.75	1600	25c	75m	4000	125j	trr=7.5μs Qrr<5mC 両面圧接形	376
DFP500EG32	日立パワー	3600	3200				500	71c	6500		2.6	1600	25c	75m	3200	125j	両面圧接形 trr=4μs	376
DFP500GG45	日立パワー		4500				500	70c	12k		5	2000	25j	80m	4500	125j	両面圧接形 Qrr<4mC	376
DFS100EG30	日立パワー		3000				100	65c	1500	125j	3.5	300	25c	30m	3000	125j	trr<4μs Qrr<0.5mC	308
DFS250A8	日立パワー	1000	800				250	54c	5000		1.8	780	25c	40m	800	125c		162
DFS250A10	日立パワー	1300	1000				250	54c	5000		1.8	780	25c	40m	1000	125c		162
DFS250A13	日立パワー	1600	1300				250	54c	5000		1.8	780	25c	40m	1300	125c		162
DFS250A15	日立パワー	1800	1500				250	54c	5000		1.8	780	25c	40m	1500	125c		162
DFS250AR8	日立パワー	1000	800				250	38c	5000		1.8	780	25c	40m	800	120c	DFS250A8と逆極性	162
DFS250AR10	日立パワー	1300	1000				250	38c	5000		1.8	780	25c	40m	1000	120c	DFS250A10と逆極性	162
DFS250AR13	日立パワー	1600	1300				250	38c	5000		1.8	780	25c	40m	1300	125c	DFS250A13と逆極性	162
DFS250AR15	日立パワー	1800	1500				250	38c	5000		1.8	780	25c	40m	1500	125c	DFS250A15と逆極性	162
DFS80A8	日立パワー	1000	800				80	93c	1600		1.8	250	25c	30m	800	150c		492
DFS80A8R	日立パワー	1000	800				80	79c	1600		1.8	250	25c	30m	800	150c	DFS80A8と逆極性	492
DFS80A10	日立パワー	1300	1000				80	93c	1600		1.8	250	25c	30m	1000	150c		492
DFS80A10R	日立パワー	1300	1000				80	79c	1600		1.8	250	25c	30m	1000	150c	DFS80A10と逆極性	492
DFS80A13	日立パワー	1600	1300				80	93c	1600		1.8	250	25c	30m	1300	150c		492
DFS80A13R	日立パワー	1600	1300				80	79c	1600		1.8	250	25c	30m	1300	150c	DFS80A13と逆極性	492
DFS80A15	日立パワー	1800	1500				80	93c	1600		1.8	250	25c	30m	1500	150c		492
DFS80A15R	日立パワー	1800	1500				80	79c	1600		1.8	250	25c	30m	1500	150c	DFS80A15と逆極性	492
DFS80BG17	日立パワー	1900	1700				80	60c	850	125j	2.2	240	25c	20m	1700	125j	trr<2.4μs Qrr<0.3mC	212
DG0R7E40	新電元		400				0.6	64a	20	25j	1.1	0.7	25L	10	400	25L	Ioはガラエポ基板実装時	508A
DG0R7V60	新電元		600				0.7	59a	15	25j	1.1	0.7	25L	10	600	25L	Ioはガラエポ基板実装時	508A
DG20AA40	三社電機	480	400				20	101c	450	25j	1.65	65	25j	8m	400	25j		708
DG20AA80	三社電機	960	800				20	101c	450	25j	1.65	65	25j	8m	800	25j		708
DG20AA120	三社電機	1300	1200				20	101c	450	25j	1.65	65	25j	8m	1200	25j		708
DG20AA160	三社電機	1700	1600				20	101c	450	25j	1.65	65	25j	8m	1600	25j		708
DLA11C	三洋		200				1.1		30		0.98	1.1		10	200		trr<50ns Ioはアルミナ基板実装時	485B
DLA15C	三洋		200				1.5		50		0.98	1.5		10	200		trr<35ns Ioはアルミナ基板実装時	486A
DLC20C	三洋		200				2	122L	50		0.98	1.5		10	200		trr<35ns	89G
DLC20E	三洋		400				2	102L	40		1.3	1.1		10	400		trr<50ns	89G
DLE30B	三洋		100				1.5	29a	60		0.98	3		10	100		trr<35ns	90K
DLE30C	三洋		200				1.5	29a	60		0.98	3		10	200		trr<35ns	90K
DLE30E	三洋		400				1.5	29a	60		1.25	1		20	400		trr<30ns	90K
DLF30C	三洋		200				3	128L	60		0.98	2.1		10	200		trr<35ns	89H

	形 名	社 名	最大定格								順方向特性(typは*)			逆方向特性(typは*)			その他の特性等	外形
			V_{RSM}(V)	V_{RRM}(V)	V_R(V)	I_{FM}(A)	T条件(℃)	I_0, I_F*(A)	T条件(℃)	I_{FSM}(A)	T条件(℃)	V_{Fmax}(V)	測定条件		I_{Rmax}(μA)	測定条件			
													I_F(A)	T(℃)		V_R(V)	T(℃)		
	DLF30E	三洋	400					3	123L	60		1.3	3		10	400		trr<50ns	89H
	DLM10B	三洋	100					1	57a	30		0.98	1		10	100		trr<35ns Ioはリード長8 ランド10×10	87G
	DLM10C	三洋	200					1	57a	30		0.98	1		10	200		trr<35ns Ioはリード長8 ランド10×10	87G
	DLM10E	三洋	400					1	57a	30		1.25	1		20	400		trr<35ns Ioはリード長8 ランド10×10	87G
	DLN10C	三洋	200					1		25		0.98	1		10	200		trr<35ns	88F
	DLN10E	三洋	400					0.9		25		1.3	0.9		10	400		trr<50ns	88F
*	DS130TA	三洋	800	560				1	60a	50		1	1		10	800			89F
*	DS130TB	三洋	600	420				1	60a	50		1	1		10	600			89F
*	DS130TC	三洋	400	280				1	60a	50		1	1		10	400			89F
*	DS130TD	三洋	200	140				1	60a	50		1	1		10	200			89F
*	DS130TE	三洋	100	70				1	60a	50		1	1		10	100			89F
	DS135AC	三洋	400					1	60a	45		1	1		10	400			87G
	DS135AD	三洋	200					1	60a	45		1	1		10	200			87G
	DS135AE	三洋	100					1	60a	45		1	1		10	100			87G
*	DS135C	三洋	400	280				1	60a	50		1	1		10	400			20B
*	DS135D	三洋	200	140				1	60a	50		1	1		10	200			20B
*	DS135E	三洋	100	70				1	60a	50		1	1		10	100			20B
*	DS19C	日立パワー	300	200				20	98c	400		1.2	60	25c	2m	200	25c	D20Cと逆極性	751
*	DS19E	日立パワー	500	400				20	98c	400		1.2	60	25c	2m	400	25c	D20Eと逆極性	751
*	DS19G	日立パワー	800	600				20	98c	400		1.2	60	25c	2m	600	25c	D20Gと逆極性	751
*	DS19J	日立パワー	1000	800				20	98c	400		1.2	60	25c	2m	800	25c	D20Jと逆極性	751
*	DS19L	日立パワー	1200	1000				20	98c	400		1.2	60	25c	2m	1000	25c	DS20Lと逆極性	751
*	DS20C	日立パワー	300	200				20	98c	400		1.2	60	25c	2m	200	25c		751
*	DS20E	日立パワー	500	400				20	98c	400		1.2	60	25c	2m	400	25c		751
*	DS20G	日立パワー	800	600				20	98c	400		1.2	60	25c	2m	600	25c		751
*	DS20J	日立パワー	1000	800				20	98c	400		1.2	60	25c	2m	800	25c		751
*	DS20L	日立パワー	1200	1000				20	98c	400		1.2	60	25c	2m	1000	25c		751
*	DSA10G	三洋	600					1		30		1.2	1		10	600			20B
*	DSA10J	三洋	800					1		30		1.2	1		10	800			20B
*	DSA10L	三洋	1000					1		30		1.2	1		10	1000			20B
*	DSA12B	三洋	100					1.2	60a	110		1	1.2		10	100			89F
*	DSA12C	三洋	200					1.2	60a	110		1	1.2		10	200			89F
*	DSA12E	三洋	400					1.2	60a	110		1	1.2		10	400			89F
*	DSA12G	三洋	600					1.2	60a	110		1	1.2		10	600			89F
*	DSA12J	三洋	800					1.2	50a	70		1	1.2		10	800			89F
*	DSA12L	三洋	1000					1.2	50a	70		1	1.2		10	1000			89F
	DSA12TB	三洋	100					1.2	60a	110		1	1.2		10	100			19D
	DSA12TC	三洋	200					1.2	60a	110		1	1.2		10	200			19D
	DSA12TE	三洋	400					1.2	60a	110		1	1.2		10	400			19D
	DSA12TG	三洋	600					1.2	60a	70		1.1	1.2		10	600			19D
	DSA12TJ	三洋	800					1.2	50a	70		1.1	1.2		10	800			19D
	DSA12TL	三洋	1000					1.2	50a	70		1.1	1.2		10	1000			19D

形　名	社　名	最大定格							順方向特性(typは*)		逆方向特性(typは*)			その他の特性等	外形
		V_{RSM} (V)	V_{RRM} (V)	V_R (V)	I_{FM} (A)	T条件 (℃)	I_O, I_F* (A)	T条件 (℃)	I_{FSM} (A)	T条件 (℃)	V_{Fmax} (V)	測定条件 I_F(A) T(℃) || I_{Rmax} (μA)	測定条件 V_R(V) T(℃) ||	
*DSA14C	三洋		200		1.4				60		1.05	1.4		10	200		Ioはｱﾙﾐﾅ基板実装時	486A
*DSA14E	三洋		400		1.4				60		1.05	1.4		10	400		Ioはｱﾙﾐﾅ基板実装時	486A
*DSA14G	三洋		600		1.4				60		1.05	1.4		10	600		Ioはｱﾙﾐﾅ基板実装時	486A
DSA17B	三洋		100		1.7			40a	60		1.05	1.7		10	100			89G
DSA17C	三洋		200		1.7			40a	60		1.05	1.7		10	200			89G
DSA17E	三洋		400		1.7			40a	60		1.05	1.7		10	400			89G
DSA17G	三洋		600		1.7			40a	60	25j	1.05	1.7		10	600			89G
*DSA20B	三洋		100		2			40a	160		1	2		10	100			90A
*DSA20C	三洋		200		2			40a	160		1	2		10	200			90A
*DSA20E	三洋		400		2			40a	160		1	2		10	400			90A
*DSA20G	三洋		600		2			40a	160		1	2		10	600			90A
*DSA20J	三洋		800		2			40a	100		1	2		10	800			90A
*DSA20TB	三洋		100		2			70a	160		1	2		10	100			89J
*DSA20TC	三洋		200		2			70a	160		1	2		10	200			89J
*DSA20TE	三洋		400		2			70a	160		1	2		10	400			89J
*DSA20TG	三洋		600		2			40a	100		1.1	2		10	600			89J
*DSA20TJ	三洋		800		2			40a	100		1.1	2		10	800			89J
*DSA20TL	三洋		1000		2			40a	100		1.1	2		10	1000			89J
DSA26B	三洋		100		2.6			40a	120		1.05	2.6		10	100		20×20×1銅板2枚使用のIoは3.5A	89H
DSA26C	三洋		200		2.6			40a	120		1.05	2.6		10	200		20×20×1銅板2枚使用のIoは3.5A	89H
*DSA26E	三洋		400		2.6			40a	120		1.05	2.6		10	400		20×20×1銅板2枚使用のIoは3.5A	89H
DSA26G	三洋		600		2.6			40a	120		1.05	2.6		10	600			89H
DSA3A1	日立ﾊﾟﾜｰ		100		3			90L	120	150j	1	3	25L	60	100	25L		113G
DSA3A2	日立ﾊﾟﾜｰ		200		3			90L	120	150j	1	3	25L	60	200	25L		113G
DSA3A4	日立ﾊﾟﾜｰ		400		3			90L	120	150j	1	3	25L	60	400	25L		113G
*DSB15B	三洋		100		1.5			60a	130		0.93	1.5		10	100			90A
*DSB15C	三洋		200		1.5			60a	130		0.93	1.5		10	200			90A
*DSB15E	三洋		400		1.5			60a	130		0.93	1.5		10	400			90A
*DSB15G	三洋		600		1.5			60a	130		0.93	1.5		10	600			90A
DSB15TB	三洋		100		1.5			60a	130		0.95	1.5		10	100			19F
DSB15TC	三洋		200		1.5			60a	130		0.95	1.5		10	200			19F
DSB15TE	三洋		400		1.5			60a	130		0.95	1.5		10	400			19F
DSB15TG	三洋		600		1.5			60a	80		1	1.5		10	600			19F
DSB15TJ	三洋		800		1.5			60a	80		1	1.5		10	800			19F
DSB15TL	三洋		1000		1.5			60a	80		1	1.5		10	1000			19F
*DSC30TB	三洋		100		3			50a	180		1	3		10	100			89J
*DSC30TC	三洋		200		3			50a	180		1	3		10	200			89J
*DSC30TE	三洋		400		3			50a	180		1	3		10	400			89J
*DSC30TG	三洋		600		3			50a	130		1.1	3		10	600			89J
*DSC30TJ	三洋		800		3			50a	130		1.1	3		10	800			89J
*DSC30TL	三洋		1000		3			50a	130		1.1	3		10	1000			89J
*DSF10B	三洋		100		1				45		1	1		10	100			20A

— 55 —

	形 名	社 名	最大定格								順方向特性(typは*)			逆方向特性(typは*)			その他の特性等	外形
			V_{RSM} (V)	V_{RRM} (V)	V_R (V)	I_{FM} (A)	T条件 (℃)	I_O, I_{F*} (A)	T条件 (℃)	I_{FSM} (A)	T条件 (℃)	V_{Fmax} (V)	測定条件		I_{Rmax} (μA)	測定条件			
													I_F(A)	T(℃)		V_R(V)	T(℃)		
*	DSF10C	三洋		200				1		45		1	1		10	200			20A
*	DSF10E	三洋		400				1		45		1	1		10	400			20A
*	DSF10G	三洋		600				1		45		1	1		10	600			20A
	DSF10TB	三洋		100				1		45		1	1		10	100			20A
	DSF10TC	三洋		200				1		45		1	1		10	200			20A
	DSF10TE	三洋		400				1		45		1	1		10	400			20A
	DSF10TG	三洋		600				1		45		1	1		10	600			20A
	DSF10TJ	三洋		800				1		30		1	1		10	800			20A
	DSF10TL	三洋		1000				1		30		1	1		10	1000			20A
	DSH05	三洋		400				0.5		107L	8	25j	1.1	0.5		10	400			421G
	DSK10B	三洋		100				1		45		1	1		10	100			20K
	DSK10C	三洋		200				1		45		1	1		10	200			20K
	DSK10E	三洋		400				1		45		1	1		10	400			20K
	DSK10G	三洋		600				1		30		1.2	1		10	600			20K
	DSK10J	三洋		800				1		30		1.2	1		10	800			20K
	DSK10L	三洋		1000				1		30		1.2	1		10	1000			20K
*	DSM1D1	日立パワー		100				1	70L	45	40j	1.1	1	25L	20	100	25L		19G
*	DSM1D2	日立パワー		200				1	70L	45	40j	1.1	1	25L	20	200	25L		19G
*	DSM1D4	日立パワー		400				1	70L	45	40j	1.1	1	25L	10	400	25L		19G
*	DSM1D6	日立パワー		600				1	70L	30	40j	1.1	1	25L	10	600	25L		19G
*	DSM1D8	日立パワー		800				1	70L	30	40j	1.1	1	25L	10	800	25L		19G
*	DSM1E1	日立パワー		100				1	100L	50	40j	1	1	25L	20	100	25L		88G
*	DSM1E2	日立パワー		200				1	100L	50	40j	1	1	25L	20	200	25L		88G
*	DSM1E4	日立パワー		400				1	100L	50	40j	1	1	25L	10	400	25L		88G
*	DSM1E6	日立パワー		600				1	100L	50	40j	1	1	25L	10	600	25L		88G
	DSM1MA1	日立パワー		100				1	127L	25	40j	1.1	1	25L	20	100	25L		405C
	DSM1MA2	日立パワー		200				1	127L	25	40j	1.1	1	25L	20	200	25L		405C
	DSM1MA4	日立パワー		400				1	127L	25	40j	1.1	1	25L	10	400	25L		405C
	DSM1MA6	日立パワー		600				1	127L	25	40j	1.1	1	25L	10	600	25L		405C
*	DSM1SD1	日立パワー		100				1	70L	45	40j	1.1	1	25L	20	100	25L		19E
*	DSM1SD2	日立パワー		200				1	70L	45	40j	1.1	1	25L	20	200	25L		19E
*	DSM1SD4	日立パワー		400				1	70L	45	40j	1.1	1	25L	10	400	25L		19E
*	DSM1SD6	日立パワー		600				1	70L	30	40j	1.1	1	25L	10	600	25L		19E
*	DSM1SD8	日立パワー		800				1	70L	30	40j	1.1	1	25L	10	800	25L		19E
	DSM10C	三洋		200				1		25		1.1	1		10	200		Ioはアルミナ基板実装時	485B
	DSM10E	三洋		400				1		25		1.1	1		10	400		Ioはアルミナ基板実装時	485B
	DSM10G	三洋		600				1		25		1.1	1		10	600		Ioはアルミナ基板実装時	485B
	DSM2D1	日立パワー		100				1.5	78L	100	40j	1	1.5	25L	20	100	25L		19H
	DSM2D2	日立パワー		200				1.5	78L	100	40j	1	1.5	25L	20	200	25L		19H
	DSM2D4	日立パワー		400				1.5	78L	100	40j	1	1.5	25L	10	400	25L		19H
	DSM2D6	日立パワー		600				1.5	78L	70	40j	1	1.5	25L	10	600	25L		19H
	DSM2D8	日立パワー		800				1.5	78L	70	40j	1	1.5	25L	10	800	25L		19H

| 形　名 | 社　名 | 最大定格 ||||||| 順方向特性(typは*) ||| 逆方向特性(typは*) ||| その他の特性等 | 外形 |
| | | V_{RSM} (V) | V_{RRM} (V) | V_R (V) | I_{FM} (A) | T条件 (℃) | I_O, I_F* (A) | T条件 (℃) | I_{FSM} (A) | T条件 (℃) | V_{Fmax} (V) | 測定条件 || I_Rmax (μA) | 測定条件 || | |
												I_F(A)	T(℃)		V_R(V)	T(℃)		
DSM3D1	日立パワー		100				3	91L	120	40j	1	3	25L	20	100	25L		90B
DSM3D2	日立パワー		200				3	91L	120	40j	1	3	25L	20	200	25L		90B
DSM3D4	日立パワー		400				3	91L	120	40j	1	3	25L	10	400	25L		90B
DSM3D6	日立パワー		600				3	91L	80	40j	1	3	25L	10	600	25L		90B
DSM3D8	日立パワー		800				3	91L	80	40j	1	3	25L	10	800	25L		90B
DSM3MA1	日立パワー		100				3	108L	80	40j	1	3	25L	20	100	25L		486E
DSM3MA2	日立パワー		200				3	108L	80	40j	1	3	25L	20	200	25L		486E
DSM3MA4	日立パワー		400				3	108L	80	40j	1	3	25L	10	400	25L		486E
DSM3MA6	日立パワー		600				3	108L	80	40j	1	3	25L	10	600	25L		486E
DSP10G	三洋		600				0.8		25								Ioはプリント基板実装 半田ランド4×4	750D
DSP1600AG30	日立パワー	3300	3000				1600	89c	32k		1.8	5000	25c	120m	3000	150j	両面圧接形	375
DSP1600AG35	日立パワー	3850	3500				1600	89c	32k		1.8	5000	25c	120m	3500	150j	両面圧接形	375
DSP1600AG40	日立パワー	4400	4000				1600	89c	32k		1.8	5000	25c	120m	4000	150j	両面圧接形	375
DSP2500AG20	日立パワー	2300	2000				2500	81c	43k		1.7	8000	25c	150m	2000	150j	両面圧接形	449
DSP2500AG25	日立パワー	2800	2500				2500	81c	43k		1.7	8000	25c	150m	2500	150j	両面圧接形	449
DSP2500AG30	日立パワー	3300	3000				2500	81c	43k		1.7	8000	25c	150m	3000	150j	両面圧接形	449
DSR200BA50	三社電機		500				200	85c	3300	25j	1.3			200m	500	125j	trr<300ns	700
DSR200BA60	三社電機		600				200	85c	3300	25j	1.3			200m	600	125j	trr<300ns	700
DSR300BA50	三社電機		500				300	72c	4000	25j	1.3			300m	500	125j	trr<300ns	700
DSR300BA60	三社電機		600				300	72c	4000	25j	1.3			300m	600	125j	trr<300ns	700
DSS100A8	日立パワー	1000	800				100	90c	2000		1.5	300	25c	20m	800	150c		492
DSS100A8R	日立パワー	1000	800				100	77c	2000		1.5	300	25c	20m	800	150c	DSS100A8と逆極性	492
DSS100A10	日立パワー	1300	1000				100	90c	2000		1.5	300	25c	20m	1000	150c		492
DSS100A10R	日立パワー	1300	1000				100	77c	2000		1.5	300	25c	20m	1000	150c	DSS100A10と逆極性	492
DSS100A13	日立パワー	1600	1300				100	90c	2000		1.5	300	25c	20m	1300	150c		492
DSS100A13R	日立パワー	1600	1300				100	77c	2000		1.5	300	25c	20m	1300	150c	DSS100A13と逆極性	492
DSS100A15	日立パワー	1800	1500				100	90c	2000		1.5	300	25c	20m	1500	150c		492
DSS100A15R	日立パワー	1800	1500				100	77c	2000		1.5	300	25c	20m	1500	150c	DSS100A15と逆極性	492
DSS300A8	日立パワー	1000	800				300	79c	6000		1.5	940	25c	30m	800	150c		162
DSS300A8R	日立パワー	1000	800				300	67c	6000		1.5	940	25c	30m	800	150c	DSS300A8と逆極性	162
DSS300A10	日立パワー	1300	1000				300	79c	6000		1.5	940	25c	30m	1000	150c		162
DSS300A10R	日立パワー	1300	1000				300	67c	6000		1.5	940	25c	30m	1000	150c	DSS300A10と逆極性	162
DSS300A13	日立パワー	1600	1300				300	79c	6000		1.5	940	25c	30m	1300	150c		162
DSS300A13R	日立パワー	1600	1300				300	67c	6000		1.5	940	25c	30m	1300	150c	DSS300A13と逆極性	162
DSS300A15	日立パワー	1800	1500				300	79c	6000		1.5	940	25c	30m	1500	150c		162
DSS300A15R	日立パワー	1800	1500				300	67c	6000		1.5	940	25c	30m	1500	150c	DSS300A15と逆極性	162
* E10DS1	日本インター	250	100				1	31a	20		1	1	25j	50	100	25j	Ioはプリント基板実装時	35
* E10DS2	日本インター	400	200				1	31a	20		1	1	25j	50	200	25j	Ioはプリント基板実装時	35
* E10DS4	日本インター	500	400				1	31a	20		1	1	25j	50	400	25j	Ioはプリント基板実装時	35
* E11FS1	日本インター	110	100				1	32a	20		0.98	1	25j	10	100	25j	trr=30ns 半田ランド15×15mm	35
* E11FS2	日本インター	220	200				1	32a	20		0.98	1	25j	10	200	25j	trr=30ns 半田ランド15×15mm	35
* E11FS3	日本インター	330	300				1		20		1.25	1	25j	10	300	25j	trr=30ns 半田ランド15×15mm	35

	形　名	社名	最大定格								順方向特性(typは*)				逆方向特性(typは*)				その他の特性等	外形
			V_{RSM} (V)	V_{RRM} (V)	V_R (V)	I_{FM} (A)	T条件 (℃)	I_O, I_{F*} (A)	T条件 (℃)	I_{FSM} (A)	T条件 (℃)	V_{Fmax} (V)	測定条件			I_{Rmax} (μA)	測定条件				
													I_F(A)	T(℃)		V_R(V)	T(℃)		
*	E11FS4	日本インター	440	400				1		20		1.25	1	25j	20	400	25j	trr=30ns 半田ランド 15×15mm	35
*	EA31FS1	日本インター	110	100				3	129c	45		0.98	3	25j	10	100	25j	trr<30ns	1D
*	EA31FS1-F	日本インター	110	100				3	129c	45		0.98	3	25j	10	100	25j	trr<30ns	2D
	EA31FS2	日本インター	220	200				3	129c	45		0.98	3	25j	10	200	25j	trr<30ns	1D
	EA31FS2-F	日本インター	220	200				3	129c	45		0.98	3	25j	10	200	25j	trr<30ns	2D
*	EA31FS3	日本インター	330	300				3	125c	45		1.25	3	25j	20	300	25j	trr<30ns	1D
*	EA31FS3-F	日本インター	330	300				3	125c	45		1.25	3	25j	20	300	25j	trr<30ns	2D
	EA31FS4	日本インター	440	400				3	125c	45		1.25	3	25j	20	400	25j	trr<30ns	1D
	EA31FS4-F	日本インター	440	400				3	125c	45		1.25	3	25j	20	400	25j	trr<30ns	2D
*	EA31FS6	日本インター		600				3	119c	45		1.7	3	25j	20	600	25j	trr<35ns	1D
*	EA31FS6-F	日本インター		600				3	119c	45		1.7	3	25j	20	600	25j	trr<35ns	2D
	EC10DA40	日本インター	550	400				0.76		25		1.05	1	25j	10	400	25j	Ioはプリント基板実装時	485C
	EC10DS1	日本インター	250	100				1		25		1.1	1	25j	10	100	25j	Ioはアルミナ基板実装時	485C
	EC10DS2	日本インター	400	200				1		25		1.1	1	25j	10	200	25j	Ioはアルミナ基板実装時	485C
	EC10DS4	日本インター	600	400				1		25		1.1	1	25j	10	400	25j	Ioはアルミナ基板実装時	485C
	EC10UA20	日本インター		200				1	32a	20	25j	1.1	1	25j	20	200	25j	trr<20ns Ioはアルミナ基板実装時	485C
	EC10UA40	日本インター		400				1	114c	20	25j	1.5	1	25j	20	400	25j	trr<25ns	485C
*	EC11FS1	日本インター	110	100				1	34a	20		0.98	1	25j	10	100	25j	trr<30ns Ioはアルミナ基板実装時	485C
	EC11FS2	日本インター	220	200				1	34a	20		0.98	1	25j	10	200	25j	trr<30ns Ioはアルミナ基板実装時	485C
*	EC11FS3	日本インター	330	300				1	26a	20		1.25	1	25j	20	300	25j	trr<30ns Ioはアルミナ基板実装時	485C
	EC11FS4	日本インター	440	400				1	26a	20		1.25	1	25j	20	400	25j	trr<30ns Ioはアルミナ基板実装時	485C
	EC8FS6	日本インター		600				0.8	35a	20		1.32	0.8	25j	20	600	25j	trr<80ns Ioはアルミナ基板実装時	485C
	EDH36-2	オリジン		36k				0.3	油冷	45	50j	37	0.3		5	36k		Ioは油温50℃	146
	EDH36-3	オリジン		36k				0.4	油冷	45	50j	38	0.4		5	36k		Ioは油温50℃	146
	EG01A	サンケン	600	600				0.5		10	25j	2	0.5		100	600		trr<100ns	67B
	EG01C	サンケン	1000	1000				0.5		10	25j	3.3	0.5		50	1000		trr<100ns	67B
*	EG01Y	サンケン	70	70				1	50a	30	25j	1.2	1		100	70		trr<100ns	67B
*	EG01Z	サンケン	200	200				0.7	50a	15	25j	1.9	0.7		50	200			67B
	EG01	サンケン	400	400				0.7	50a	15	25j	2	0.7		50	400		trr<100ns	67B
	EG1A	サンケン	600	600				0.6		10	25j	2	0.6		100	600		trr<100ns	67B
*	EG1Y	サンケン	70	70				1.1	50a	30	25j	1.2	1.1		100	70		trr<100ns	67B
*	EG1Z	サンケン	200	200				0.8	50a	15	25j	1.7	0.8		50	200		trr<100ns	67B
	EG1	サンケン	400	400				0.8	50a	15	25j	1.8	0.8		50	400		trr<100ns	67B
	EH1A	サンケン	650	600	420			0.6	50a	30	25j	1.35	0.6		10	600		trr<4μs	67C
	EH1Z	サンケン	250	200	140			0.6	50a	30	25j	1.35	0.6		10	200		trr<4μs	67C
	EH1	サンケン	450	400	280			0.6	50a	30	25j	1.35	0.6		10	400		trr<4μs	67C
	EL02Z	サンケン		200				1.5		25		0.98	1.5		50	200		trr<40ns	67F
	EL1Z	サンケン	200	200				1.5		20	25j	0.98	1.5		100	200		trr<50ns	67C
	EL1	サンケン		350				1.5		20		1.3	1.5		10	350		trr<50ns	67C
	EM01A	サンケン	650	600				1		45	25j	0.97	1		10	600			67B
	EM01Z	サンケン	250	200				1		45	25j	0.97	1		10	200			67B
	EM01	サンケン	450	400				1		45	25j	0.97	1		10	400			67B

| | 形 名 | 社 名 | 最大定格 ||||||| 順方向特性 (typは*) ||| 逆方向特性 (typは*) ||| その他の特性等 | 外形 |
| | | | V_{RSM} (V) | V_{RRM} (V) | V_R (V) | I_{FM} (A) | T条件 (℃) | I_O, I_F* (A) | T条件 (℃) | I_{FSM} (A) | T条件 (℃) | V_{Fmax} | 測定条件 || I_{Rmax} (μA) | 測定条件 || | |
													I_F (A)	T (℃)		V_R (V)	T (℃)		
	EM1A	サンケン	650	600	420			1		45	25j	0.97	1		10	600			67C
	EM1B	サンケン	850	800				1		35	25j	0.97	1		20	800			67C
	EM1C	サンケン	1050	1000				1		35	25j	0.97	1		20	1000			67C
	EM1Y	サンケン	150	100				1		45	25j	0.97	1		10	100			67C
	EM1Z	サンケン	250	200	140			1		45	25j	0.97	1		10	200			67C
	EM1	サンケン	450	400	280			1		45	25j	0.97	1		10	400			67C
	EM2A	サンケン	650	600				1.2		80	25j	0.92	1.2		10	600			67C
	EM2B	サンケン	850	800				1.2		80	25j	0.92	1.2		10	800			67C
	EM2	サンケン	450	400				1.2		80	25j	0.92	1.2		10	400			67C
	EN01Z	サンケン		200				1	129L	50	25j	0.92	1		10	200		trr<100ns	67B
	EP04RA60	日本インター		600				0.4	108L	8	25j	1.32	0.4	25j	10	600	25j	trr<40ns	421G
	EP05DA40	日本インター	550	400				0.5	107L	8		1.1	0.5	25j	10	400	25j		421G
	EP05FA20	日本インター	220	350				0.5	115L	8		0.95	1	25j	10	200	25j	trr<30ns	421G
*	ERA15-01	富士電機		100	80			1	40a	40		1.1	2	25j	10	100	25j		20K
*	ERA15-02	富士電機		200	160			1	40a	40		1.1	2	25j	10	200	25j		20K
*	ERA15-04	富士電機		400	320			1	40a	40		1.1	2	25j	10	400	25j		20K
*	ERA15-06	富士電機		600	480			1	40a	40		1.1	2	25j	10	600	25j		20K
*	ERA15-08	富士電機		800	640			1		40		1.1	2	25j	10	800	25j		20K
*	ERA15-10	富士電機		1000	800			1		40		1.1	2	25j	10	1000	25j		20K
*	ERA17-02	富士電機	200	200	160			1	40a	40		1.1	2		10	200		Ioはプリント基板実装時	20K
*	ERA17-04	富士電機	400	400	320			1	40a	40		1.1	2		10	400		Ioはプリント基板実装時	20K
*	ERA18-02	富士電機		200	160			0.8	40a	30		1.05	0.8		10	200		trr<400ns	20K
*	ERA18-04	富士電機		400	320			0.8	40a	30		1.05	0.8		10	400		trr<400ns	20K
	ERA21-02	富士電機		200				0.5	40a	10	140j	1.5	0.5		10	200			20D
	ERA21-04	富士電機		400				0.5	40a	10	140j	1.5	0.5		10	400			20D
	ERA21-06	富士電機		600				0.5	40a	10	140j	1.5	0.5		10	600			20D
*	ERA22-02	富士電機		200				0.5	40a	10		1.5	0.5		10	200		trr<0.4μs	20K
*	ERA22-04	富士電機		400				0.5	40a	10		1.5	0.5		10	400		trr<0.4μs	20K
*	ERA22-06	富士電機		600				0.5	40a	10		1.5	0.5		10	600		trr<0.4μs	20K
*	ERA22-08	富士電機		800				0.5	40a	10		1.5	0.5		10	800		trr<0.4μs	20K
*	ERA22-10	富士電機		1000				0.5	40a	10		1.5	0.5		10	1000		trr<0.4μs	20K
*	ERA32-01	富士電機	100	100				1	40a	40		0.92	1		10	100		trr<100ns	20E
*	ERA32-02	富士電機	200	200				1	40a	40		0.92	1		50	200		trr<100ns	20E
*	ERA37-08	富士電機		800				0.5	130L	10		3	0.5		10	800			87A
*	ERA37-10	富士電機		1000				0.5	130L	10		3	0.5		10	1000			87A
*	ERA38-04	富士電機		400				0.5		10		2.5	0.5		50	400		trr<50ns	20K
*	ERA38-05	富士電機		500				0.5		10		2.5	0.5		50	500		trr<50ns	20K
*	ERA38-06	富士電機		600				0.5		10		2.5	0.5		50	600		trr<50ns	20K
	ERA48-02	富士電機		200				0.8		30		1.5	0.8		10	200		trr<400ns	20K
	ERA48-04	富士電機		400				0.8		30		1.5	0.8		10	400		trr<400ns	20K
	ERA91-02	富士電機		200				0.5	60a	10	150j	0.95	0.5		50	200		trr<35ns	20K
	ERA92-02	富士電機	200	200						25	150j	1.05	0.5		50	200		trr<35ns	20K

	形名	社名	V_{RSM} (V)	V_{RRM} (V)	V_R (V)	I_{FM} (A)	T条件 (°C)	I_0, I_F* (A)	T条件 (°C)	I_{FSM} (A)	T条件 (°C)	$V_{F\,max}$ (V)	I_F(A)	T(°C)	$I_{R\,max}$ (µA)	V_R(V)	T(°C)	その他の特性等	外形
	ERB01-10	富士電機		1000				1		60a	50	1.1	2		10	1000		色表示白	90C
*	ERB06-13	富士電機		1300				1		40a	50	1.5	4		10	1300		trr<0.4µs	20E
	ERB06-15	富士電機		1500				1		40a	50	1.5	4		10	1500		trr<0.4µs	20E
	ERB12-01	富士電機		100	80			1		60a	60	1.1	2	25j	10	100	25j	色表示白	20E
	ERB12-02	富士電機		200	160			1		60a	60	1.1	2	25j	10	200	25j	色表示橙	20E
	ERB12-04	富士電機		400	320			1		60a	60	1.1	2	25j	10	400	25j	色表示青	20E
	ERB12-06	富士電機		600	480			1		60a	60	1.1	2	25j	10	600	25j	色表示緑	20E
	ERB12-10	富士電機		1000	800			1			40	1.1	2	25j	10	1000	25j	色表示白	20E
	ERB16-08	富士電機		800				1.3			40	1.1	2	25j	10	800	25j	色表示緑	113B
	ERB16-12	富士電機		1200				1.3			40	1.1	2	25j	10	1200	25j	色表示紫	113B
*	ERB24-04C	富士電機		400				1		40a	45	125j	1.1	1		10	400	色表示白 trr<0.7µs	90C
*	ERB24-04D	富士電機		400				0.7		40a	45	125j	1.2	1		10	400	色表示白 trr<1µs	90C
*	ERB24-06C	富士電機		600				1		40a	45	125j	1.1	1		10	600	色表示白 trr<0.7µs	90C
*	ERB24-06D	富士電機		600				0.7		40a	45	125j	1.2	1		10	600	色表示白 trr<1µs	90C
*	ERB28-04	富士電機		400				0.5		40a	25	125j	2	0.5		10	400	色表示白 trr<0.4µs	90C
*	ERB28-04D	富士電機		400				0.5		40a	25	125j	1.1	0.5		10	400	色表示緑 trr<1µs	90C
*	ERB28-06	富士電機		600				0.5		40a	25	125j	2	0.5		10	600	色表示白 trr<0.4µs	90C
*	ERB28-06D	富士電機		600				0.5		40a	25	125j	1.1	0.5		10	600	色表示緑 trr<1µs	90C
*	ERB29-02	富士電機		200				0.8		40a	25	125j	1.1	0.8		10	200	色表示緑 trr<4µs	90C
*	ERB29-04	富士電機		400				0.8		40a	25	125j	1.1	0.8		10	400	色表示緑 trr<4µs	90C
	ERB30-13	富士電機		1300				1			30	1.2	2		10	1300		色表示黒	113B
	ERB30-15	富士電機		1500				1			30	1.2	2		10	1500		色表示赤	113B
*	ERB32-01	富士電機	100	100				1.2		40a	50	0.92	1.2		10	100		trr<100ns	90C
*	ERB32-02	富士電機	200	200				1.2		40a	50	0.92	1.2		50	200		trr<100ns	90C
	ERB33-02	富士電機		200	160			0.8		50a	15	1.7	0.8		100	200		trr<100ns	20E
	ERB35-02	富士電機		200				1			30	1.1	1		10	200		trr<100ns	261A
*	ERB37-08	富士電機		800	800			1		125L	30	150j	3	1		10	800	trr<250ns	20E
	ERB37-10	富士電機		1000	1000			1		125L	30	150j	3	1		10	1000	trr<250ns	20E
*	ERB38-04	富士電機		400				0.8			20	2.5	0.8		50	400		trr<50ns	20E
*	ERB38-05	富士電機		500				0.8			20	2.5	0.8		50	500		trr<50ns	20E
*	ERB38-06	富士電機		600				0.8			20	2.5	0.8		50	600		trr<50ns	20E
*	ERB43-02	富士電機		200				0.5		40a	10	1.2	0.5		10	200		trr<0.4µs	20E
*	ERB43-04	富士電機		400				0.5		40a	10	1.2	0.5		10	400		trr<0.4µs	20E
*	ERB43-06	富士電機		600				0.5		40a	10	1.2	0.5		10	600		trr<0.4µs	20E
*	ERB43-08	富士電機		800				0.5		40a	10	1.2	0.5		10	800		trr<0.4µs	20E
*	ERB44-02	富士電機		200				1		40a	30	1.1	1		10	200		trr<0.4µs	20E
*	ERB44-04	富士電機		400				1		40a	30	1.1	1		10	400		trr<0.4µs	20E
*	ERB44-06	富士電機		600				1		40a	30	1.1	1		10	600		trr<0.4µs	20E
*	ERB44-08	富士電機		800				1		40a	30	1.1	1		10	800		trr<0.4µs	20E
*	ERB44-10	富士電機		1000				1			30	1.5	1		10	1000		trr<0.4µs	20E
	ERB87-08	富士電機	1000	800				1		125L	30	150j	3	1		10	800	tr<250ns	20E
	ERB87-10	富士電機	1000	800				1		125L	30	150j	3	1		10	1000	tr<250ns	20E

		最大定格							順方向特性(typは*)			逆方向特性(typは*)			その他の特性等	外形
形名	社名	V_{RSM} (V)	V_{RRM} (V)	V_R (V)	I_{FM} (A)	T条件 (°C)	I_O, I_F* (A)	T条件 (°C)	I_{FSM} (A)	T条件 (°C)	V_{Fmax} (V)	測定条件		I_{Rmax} (μA)	測定条件			
												I_F(A)	T(°C)		V_R(V)	T(°C)		
ERB91-02	富士電機	200			1	50a	20	150j	0.95	1		50	200	trr<35ns	20E
ERB93-02	富士電機	200			1.5	40a	25	150j	0.95	1.5		100	200	trr<35ns	90D
*ERC01-02	富士電機	200	160		1.5	60a	130		1.1	4	25j	10	200	25j 色表示白	261C
*ERC01-02F	富士電機	200	160		1.8	40a	130		1.1	4	25j	10	200	25j 20×20の銅フィン両側使用のIoは3A	261C
*ERC01-04	富士電機	400	320		1.5	60a	130		1.1	4	25j	10	400	25j 色表示白	261C
*ERC01-04F	富士電機	400	320		1.8	40a	130		1.1	4	25j	10	400	25j 20×20の銅フィン両側使用のIoは3A	261C
*ERC01-06	富士電機	600	480		1.5	60a	130		1.1	4	25j	10	600	25j 色表示白	261C
*ERC01-10	富士電機	1000	800		1.5	60a	130		1.1	4	25j	10	1000	25j 色表示白	261C
*ERC04-02	富士電機	200	160		1.2	60a	100		1.1	4	25j	10	200	25j 色表示橙	90D
*ERC04-02F	富士電機	200	160		1.5	40a	100		1.1	4	25j	10	200	25j 色表示橙	90D
*ERC04-04	富士電機	400	320		1.2	60a	100		1.1	4	25j	10	400	25j 色表示橙	90D
*ERC04-04F	富士電機	400	320		1.5	40a	100		1.1	4	25j	10	400	25j 色表示橙	90D
*ERC04-06	富士電機	600	480		1.2	60a	100		1.1	4	25j	10	600	25j 色表示橙	90D
*ERC04-10	富士電機	1000	800		1.2	60a	100		1.1	4	25j	10	1000	25j 色表示橙	90D
*ERC05-06	富士電機	600	480		1.2	60a	100		1	4	25j	10	600	25j	90C
*ERC05-08	富士電機	800	640		1.2	60a	100		1	4	25j	10	800	25j	90C
*ERC06-13	富士電機	1300			1.5	40a	50		1.5	4		10	1300	trr<4μs	261C
*ERC06-15	富士電機	1500			1.5	40a	50		1.5	4		10	1500	trr<4μs	261C
*ERC12-06	富士電機	600	480		1.2	60a	100		1	4	25j	10	600	25j	20E
*ERC12-08	富士電機	800	640		1.2	60a	100		1	4	25j	10	800	25j	20E
*ERC13-06	富士電機	600	480		1.2	50a	90		1	4	25j	10	600	25j	20D
*ERC13-08	富士電機	800	640		1.2	50a	90		1	4	25j	10	800	25j	20D
ERC16-06	富士電機	600			2.5		80		1.25	6	25j	10	600	25j 色表示赤	113E
ERC16-10	富士電機	1000			2.5		80		1.25	6	25j	10	1000	25j 色表示黄	113E
ERC16-12	富士電機	1200			2		60		1.35	6	25j	10	1200	25j 色表示紫	113E
*ERC18-02	富士電機	200			1.2	40a	50		0.95	1.2		10	200	trr<400ns	90D
*ERC18-04	富士電機	400			1.2	40a	50		0.95	1.2		10	400	trr<400ns	90D
ERC20-02	富士電機	250	200		5	125c	70		1.3	5		50	200	trr<400ns	272A
*ERC20-04	富士電機	450	400		5	125c	70		1.3	5		50	400	trr<400ns	272A
*ERC20-06	富士電機	650	600		5	125c	70		1.5	5		50	600	trr<400ns	272A
*ERC20-08	富士電機	850	800		5	125c	70		1.5	5		50	800	trr<400ns	272A
ERC20M-02	富士電機	250	200		5	125c	70		1.3	5		50	200	trr<400ns	52
ERC20M-04	富士電機	450	400		5	125c	70		1.3	5		50	400	trr<400ns	52
ERC20M-06	富士電機	650	600		5	125c	70		1.5	5		50	600	trr<400ns	52
ERC20M-08	富士電機	850	800		5	125c	70		1.5	5		50	800	trr<400ns	52
*ERC24-04	富士電機	400			1	40a	45		1.1	1		10	400	色表示緑 trr<0.4μs	90C
*ERC24-06	富士電機	600			1	40a	45		1.1	1		10	600	色表示緑 trr<0.4μs	90C
*ERC25-04	富士電機	400			1.2	40a	50		1.1	1.2		10	400	色表示緑 trr<0.4μs	90D
*ERC25-06	富士電機	600			1.2	40a	50		1.1	1.2		10	600	色表示緑 trr<0.4μs	90D
ERC25-08	富士電機	800			1.2	40a	50		1.1	1.2		10	800		90D
ERC26-13	富士電機	1300			1.5	40a	50		1.5	4		10	1300	色表示黒	113E
ERC26-15	富士電機	1500			1.5	40a	50		1.5	4		10	1500	色表示赤	113E

形 名	社 名	V_{RSM} (V)	V_{RRM} (V)	V_R (V)	I_{FM} (A)	T条件 (℃)	I_O, I_F* (A)	T条件 (℃)	I_{FSM} (A)	T条件 (℃)	V_{Fmax} (V)	I_F(A)	T(℃)	I_{Rmax} (μA)	V_R(V)	T(℃)	その他の特性等	外形
ERC27-13	富士電機		1300				1	40a	50		1.5	4		10	1300		色表示黒	113D
ERC27-15	富士電機		1500				1	40a	50		1.5	4		10	1500		色表示赤	113D
*ERC30-01	富士電機	100	100				1.5	40a	60		0.92	1.5		10	100		trr<100ns	90D
*ERC30-02	富士電機	200	200				1.5	40a	60		0.92	1.5		50	200		trr<100ns	90D
ERC33-02	富士電機		200				0.8		30	125j	1.2	1		200	200		色表示白	90C
ERC35-02	富士電機		200				2.5		50		1.2	2.5		20	200		trr<100ns Ioは両側20×20×1フィン	261B
*ERC37-10	富士電機		1000				1.2	120L	40	25c	3	1.2	25c	10	1000	25c	trr<0.3μs	90D
*ERC371-10A	富士電機		1000				0.5	130L	10	25c	3	0.5	25c	10	1000	25c	trr<250ns	60
*ERC38-04	富士電機		400				1		40		2.5	1		50	400		trr<50ns	90D
*ERC38-05	富士電機		500				1		40		2.5	1		50	500		trr<50ns	90D
*ERC38-06	富士電機		600				1		40		2.5	1		50	600		trr<50ns	90D
ERC46-02	富士電機		200				1.5		50		1.3	4		10	200		色表示黒	113E
ERC46-04	富士電機		400				1.5		50		1.3	4		10	400		色表示青	113E
ERC47-02	富士電機		200				1.2	40a	40	140j	1.2	1.2		10	200			90D
ERC47-04	富士電機		400				1.2	40a	40	140j	1.2	1.2		10	400			90D
*ERC90-02	富士電機		200				5	125c	50		0.95	5		100	200		trr<35ns	272A
ERC90G-02	富士電機		200				5	134c	50		0.95	5		100	200		trr<35ns	52
*ERC90M-02	富士電機		200				5	134c	50		0.95	5		100	200		trr<35ns	52
*ERC90M-03	富士電機		300				5	128c	40	150j	0.95	5		100	300		trr<35ns	52
ERC91-02	富士電機		200				3		50		0.95	3		100	200		trr<35ns	261C
*ERD03-02	富士電機		200	160			3	40a	150		1.1	8	25j	50	200	25j	色表示白 Ioはプリント基板実装時	91E
*ERD03-04	富士電機		400	320			3	40a	150		1.1	8	25j	50	400	25j	色表示白 Ioはプリント基板実装時	91E
*ERD07-13	富士電機		1300				1.5	125L	50		1.2	4		10	1300		trr<1.5μs	261C
*ERD07-15	富士電機		1500				1.5	125L	50		1.2	4		10	1500		trr<1.5μs	261C
ERD08M-13	富士電機		1300				5	115c	500		1.2	4		10	1300		trr<1.5μs	587
*ERD08M-15	富士電機	1500	1500				5	115c	50	150j	1.2	5		10	1500		trr<1.5μs	587
ERD09-13	富士電機		1300				3	100L	50		1.5	4		10	1300		trr<0.6μs	91E
ERD09-15	富士電機		1500				3	100L	50		1.5	4		10	1500		trr<0.6μs	91E
*ERD24-005	富士電機	75	50				12	82c	120	140j	1.3	12	25j	2.5m	50	140j	trr<0.3μs	41
*ERD24-01	富士電機	150	100				12	82c	120	140j	1.3	12	25j	2.5m	100	140j	trr<0.3μs	41
*ERD24-02	富士電機	250	200				12	82c	120	140j	1.3	12	25j	2.5m	200	140j	trr<0.3μs	41
*ERD24-04	富士電機	450	400				12	82c	120	140j	1.3	12	25j	3.5m	400	140j	trr<0.3μs	41
*ERD24-06	富士電機	650	600				12	90c	120	150j	1.3	12	25j	5m	600	150j	trr<0.3μs	41
*ERD27-10	富士電機	1200	1000				10	80c	120	125j	1.65	30	25j	500	1000	25j	trr<0.5μs	41
*ERD28-04	富士電機		400				1.5		70		1.1	1.5		10	400		色表示緑 trr<0.4μs	261C
*ERD28-06	富士電機		600				1.5		70		1.1	1.5		10	600		色表示緑 trr<0.4μs	261C
ERD28-08	富士電機		800				1.5		70		1.1	1.5		10	800			261C
*ERD29-02	富士電機		200				2.5		70		1.1	2.5		10	200		色表示緑 trr<0.4μs	91E
*ERD29-04	富士電機		400				2.5		70		1.1	2.5		10	400		色表示緑 trr<0.4μs	91E
*ERD29-06	富士電機		600				2.5		70		1.1	2.5		10	600		色表示緑 trr<0.4μs	91E
ERD29-08	富士電機		800				2.5		70		1.1	2.5		10	800			91E
ERD31-02	富士電機		200				1.5	40a	200	125j	1.05	1.5		10	200		trr<0.3μs	261C

形名	社名	最大定格 V$_{RSM}$ (V)	V$_{RRM}$ (V)	V$_R$ (V)	I$_{FM}$ (A)	I0, IF* (A)	T条件 (℃)	I$_{FSM}$ (A)	T条件 (℃)	順方向特性(typは*) V$_{Fmax}$	測定条件 IF(A)	T(℃)	逆方向特性(typは*) I$_{Rmax}$ (μA)	測定条件 VR(V)	T(℃)	その他の特性等	外形
ERD31-04	富士電機	400	400			1.5	40a	120	140j	1.15	1.5		10	400		trr<0.3μs	261C
*ERD32-01	富士電機	100	100			3		150		0.92	3		10	100		trr<100ns Ioは両側15×15フィン	261C
*ERD32-02	富士電機	200	200			3		150		0.92	3		50	200		trr<100ns Ioは両側15×15フィン	261C
ERD33-02	富士電機		200			2		80	125j	1.2	2		200	200		色表示白 trr<100ns	91E
ERD36M-10	富士電機	1000	1000			4	107c	50	150j	3	4		10	1000		trr<0.3μs	52
ERD37-08	富士電機		800			1.5	120L	50		3	1.5		10	800			261C
*ERD37-10	富士電機		1000			1.5	120L	50		3	1.5		10	1000			261C
*ERD38-04	富士電機		400			1.5		80		2.5	1.5		100	400		trr<50ns	261C
*ERD38-05	富士電機		500			1.5		80		2.5	1.5		100	500		trr<50ns	261C
*ERD38-06	富士電機		600			1.5		80		2.5	1.5		100	600		trr<50ns	261C
*ERD51-01	富士電機	150	100			9	111c	200	150j	1.5	30	25j	1m	100	150j	SID01-01と逆極性	41
*ERD51-03	富士電機	450	300			9	111c	200	150j	1.5	30	25j	1m	300	150j	SID01-03と逆極性	41
*ERD51-06	富士電機	900	600			9	111c	200	150j	1.5	30	25j	1m	600	150j	SID01-06と逆極性	41
*ERD51-09	富士電機	1350	900			9	111c	200	150j	1.5	30	25j	1m	900	150j	SID01-09と逆極性	41
*ERD51-12	富士電機	1800	1200			9	111c	200	150j	1.5	30	25j	1m	1200	150j	SID01-12と逆極性	41
ERD60-090	富士電機		900			15		120		2.5	60		100	800		trr<3μs	272A
ERD60-100	富士電機		1000			15	25c	120	25c	2.5	60		100	900		trr<3μs	272A
ERD65-090	富士電機		900			30	25c	240	25c	1.4	60		100	800		trr<4.4μs	56
ERD74-005	富士電機	75	50			12	82c	120	140j	1.3	12	25j	2.5m	50	140j	ERD24-005と逆極性 trr<0.3μs	41
*ERD74-01	富士電機	150	100			12	82c	120	140j	1.3	12	25j	2.5m	100	140j	ERD24-01と逆極性 trr<0.3μs	41
*ERD74-02	富士電機	250	200			12	82c	120	140j	1.3	12	25j	2.5m	200	140j	ERD24-02と逆極性 trr<0.3μs	41
*ERD74-04	富士電機	450	400			12	82c	120	140j	1.3	12	25j	3.5m	400	140j	ERD24-04と逆極性 trr<0.3μs	41
*ERD74-06	富士電機	650	600			12	90c	120	150j	1.3	12	25j	5m	600	150j	ERD24-06と逆極性 trr<0.3μs	41
ERD75-005	富士電機	60	50			20	98c	200	150j	0.95	15	25j	1.5m	50	150j	trr<0.3μs	41
*ERD75-01	富士電機	120	100			20	98c	200	150j	0.95	15	25j	1.5m	100	150j	trr<0.3μs	41
*ERD75-02	富士電機	240	200			20	98c	200	150j	0.95	15	25j	1.5m	200	150j	trr<0.3μs	41
*ERD77-10	富士電機	1200	1000			10	80c	120	125j	1.65	30	25j	500	1000	25j	ERD27-10と逆極性 trr<0.5μs	41
ERE24-005	富士電機	75	50			20	84c	180	140j	1.3	20	25j	5m	50	140j	trr<0.3μs	477
*ERE24-01	富士電機	150	100			20	84c	180	140j	1.3	20	25j	5m	100	140j	trr<0.3μs	477
*ERE24-02	富士電機	250	200			20	84c	180	140j	1.3	20	25j	5m	200	140j	trr<0.3μs	477
*ERE24-04	富士電機	450	400			20	84c	180	140j	1.3	20	25j	8m	400	140j	trr<0.3μs	477
*ERE24-06	富士電機	650	600			30	87c	180	150j	1.3	30	25j	15m	600	150j	trr<0.3μs	477
ERE26-005	富士電機		50			30	107c	500		1.3	30		15m	50	150j	trr<300ns	477
ERE26-01	富士電機		100			30	107c	500		1.3	30		15m	100	150j	trr<300ns	477
ERE26-02	富士電機		200			30	107c	500		1.3	30		15m	200	150j	trr<300ns	477
ERE26-04	富士電機		400			30	107c	500		1.3	30		15m	400	150j	trr<300ns	477
*ERE41-15	富士電機	1500	1500			3	120L	50	150j	1.6	4		10	1500		trr<2.2μs	91E
*ERE42M-15	富士電機	1500	1500			5	120c	50	150j	1.6	5		10	1500		trr<2.2μs	587
*ERE51-01	富士電機	150	100			16	108c	350	150j	1.5	50	25j	1.5m	10	150j	SIE01-01と逆極性	477
*ERE51-03	富士電機	450	300			16	108c	350	150j	1.5	50	25j	1.5m	300	150j	SIE01-03と逆極性	477
*ERE51-06	富士電機	900	600			16	108c	350	150j	1.5	50	25j	1.5m	600	150j	SIE01-06と逆極性	477
*ERE51-09	富士電機	1350	900			16	108c	350	150j	1.5	50	25j	1.5m	900	150j	SIE01-09と逆極性	477

形 名	社 名	最大定格									順方向特性(typは*)					逆方向特性(typは*)					その他の特性等	外形
		V_{RSM}	V_{RRM}	V_R	I_{FM}	T条件	I_0, I_{F^*}	T条件	I_{FSM}	T条件	V_{Fmax}	測定条件			I_{Rmax}	測定条件				
		(V)	(V)	(V)	(A)	(℃)	(A)	(℃)	(A)	(℃)	(V)	I_F(A)	T(℃)		(μA)	V_R(V)	T(℃)			
* ERE51-12	富士電機	1800	1200				16	108c	350	150j	1.5	50	25j		1.5m	1200	150j	SIE01-12と逆極性	477
* ERE74-005	富士電機	75	50				20	84c	180	140j	1.3	20	25j		5m	50	140j	ERE24-005と逆極性 trr<0.3μs	477
* ERE74-01	富士電機	150	100				20	84c	180	140j	1.3	20	25j		5m	100	140j	ERE24-01と逆極性 trr<0.3μs	477
* ERE74-02	富士電機	250	200				20	84c	180	140j	1.3	20	25j		5m	200	140j	ERE24-02と逆極性 trr<0.3μs	477
* ERE74-04	富士電機	450	400				20	84c	180	140j	1.3	20	25j		8m	400	140j	ERE24-04と逆極性 trr<0.3μs	477
* ERE74-06	富士電機	650	600				30	87c	180	150j	1.3	30	25j		15m	600	150j	ERE24-06と逆極性 trr<0.3μs	477
ERE75-005	富士電機	60	50				30	111c	350	150j	0.95	30	25j		3m	50	150j	trr<0.3μs	477
ERE75-01	富士電機	120	100				30	111c	350	150j	0.95	30	25j		3m	100	150j	trr<0.3μs	477
ERE75-02	富士電機	240	200				30	111c	350	150j	0.95	30	25j		3m	200	150j	trr<0.3μs	477
ERE76-005	富士電機		50				30	107c	500		1.3	30	25j		15m	50	150j	trr<300ns	477
ERE76-01	富士電機		100				30	107c	500		1.3	30	25j		15m	100	150j	trr<300ns	477
ERE76-02	富士電機		200				30	107c	500		1.3	30	25j		15m	200	150j	trr<300ns	477
ERE76-04	富士電機		400				30	107c	500		1.3	30	25j		15m	400	150j	trr<300ns	477
* ERG24-005	富士電機	75	50				30	87c	500	140j	1.3	30	25j		12m	50	140j	trr<0.3μs	478
* ERG24-01	富士電機	150	100				30	87c	500	140j	1.3	30	25j		12m	100	140j	trr<0.3μs	478
* ERG24-02	富士電機	250	200				30	87c	500	140j	1.3	30	25j		12m	200	140j	trr<0.3μs	478
* ERG24-04	富士電機	450	400				30	87c	500	140j	1.3	30	25j		15m	400	140j	trr<0.3μs	478
* ERG27-10	富士電機	1200	1000				30	70c	500	125j	1.65	100	25j		2m	1000	25j	trr<0.5μs	478
ERG28-12	富士電機	1320	1200				30	62c	500	125j	3	30	25j		10m	1200	125j	trr<0.6μs	478
ERG51-01	富士電機	150	100				30	104c	800	150j	1.5	100	25j		2m	100	150j	SIG01-01と逆極性	478
ERG51-03	富士電機	450	300				30	104c	800	150j	1.5	100	25j		2m	300	150j	SIG01-03と逆極性	478
ERG51-06	富士電機	900	600				30	104c	800	150j	1.5	100	25j		2m	600	150j	SIG01-06と逆極性	478
ERG51-09	富士電機	1350	900				30	104c	800	150j	1.5	100	25j		2m	900	150j	SIG01-09と逆極性	478
ERG51-12	富士電機	1800	1200				30	104c	800	150j	1.5	100	25j		2m	1200	150j	SIG01-12と逆極性	478
ERG74-005	富士電機	75	50				30	87c	500	140j	1.3	30	25j		12m	50	140j	ERG24-005と逆極性 trr<0.3μs	478
ERG74-01	富士電機	150	100				30	87c	500	140j	1.3	30	25j		12m	100	140j	ERG24-01と逆極性 trr<0.3μs	478
ERG74-02	富士電機	250	200				30	87c	500	140j	1.3	30	25j		12m	200	140j	ERG24-02と逆極性 trr<0.3μs	478
ERG74-04	富士電機	450	400				30	87c	500	140j	1.3	30	25j		15m	400	140j	ERG24-04と逆極性 trr<0.3μs	478
ERG75-005	富士電機	60	50				45	111c	800	150j	0.95	45	25j		3m	50	150j	trr<0.3μs	478
ERG75-01	富士電機	120	100				45	111c	800	150j	0.95	45	25j		3m	100	150j	trr<0.3μs	478
ERG75-02	富士電機	240	200				45	111c	800	150j	0.95	45	25j		3m	200	150j	trr<0.3μs	478
* ERG77-10	富士電機	1200	1000				30	70c	500	125j	1.65	100	25j		2m	1000	25j	ERG27-10と逆極性 trr<0.5μs	478
ERG78-12	富士電機	1320	1200				30	62c	500	125j	3	30	25j		10m	1200	125j	trr<0.6μs ERG28と逆極性	478
ERN04-20	富士電機	2400	2000				400	100c	9000	160j	1.35	900	25j		30m	2000	160j		481
ERN26-08	富士電機	960	800				400	88c	7500	125j	1.6	1500	25j		40m	800	125j	両面圧接形	552
ERP04-25	富士電機	2750	2500				950	100c	14.5k	160j	1.5	2500	25j		30m	2500	150j	両面圧接形	555
ERP04-30	富士電機	3300	3000				950	100c	14.5k	160j	1.5	2500	25j		30m	3000	150j	両面圧接形	555
ERP15-16	富士電機	1760	1600				960	100c	14k	160j	1.6	3500	25j		30m	1600	160j	両面圧接形	552
ERR03-25	富士電機	2750	2500				1600	100c	27.5k	160j	1.5	5000	25j		60m	2500	160j	両面圧接形	553
ERR03-30	富士電機	3300	3000				1600	100c	27.5k	160j	1.5	5000	25j		60m	3000	160j	両面圧接形	553
ERR15-16	富士電機	1700	1600				1800	99c	30k	160j	1.45	5600	25j		60m	1600	160j	両面圧接形	728
ERS03-40	富士電機	4400	4000				1600	103c	28800	160j	1.8	5000	25j		150m	4000	160j	両面圧接形	554

形名	社名	V_{RSM} (V)	V_{RRM} (V)	V_R (V)	最大定格 I_{FM} (A)	T条件 (℃)	I_O, I_F* (A)	T条件 (℃)	I_{FSM} (A)	T条件 (℃)	順方向特性(typは*) V_{Fmax} (V)	測定条件 I_F(A)	T(℃)	逆方向特性(typは*) I_{Rmax} (μA)	測定条件 V_R(V)	T(℃)	その他の特性等	外形
ERW01-060	富士電機		600				5	25c	40	25c	3	5	25c	1m	600	25c	trr<0.3μs	272A
ERW02-060	富士電機		600				10	25c	63	25c	3	10	25c	1m	600	25c	trr<0.3μs	272A
ERW03-060	富士電機		600		15	92c	15	40c	80	25c	3	15	25c	1m	600	25c	trr<0.3μs	272A
ERW04-060	富士電機		600		20	91c	20	40c	90	25c	3	20	25c	1m	600	25c	trr<0.3μs	272A
ERW05-060	富士電機		600		30	81c	28	25c	110	25c	3	30	25c	1m	600	25c	trr<0.3μs	272A
ERW06-060	富士電機		600		50	77c	45	25c	125	25c	3	50	25c	1m	600	25c	trr<0.3μs	464
ERW07-120	富士電機		1200		2.5	129c	2.5	112c	30	25c	3	2.5	25c	1m	1200	25c	trr<0.3μs	272A
ERW08-120	富士電機		1200		5	127c	5	104c	50	25c	3	5	25c	1m	1200	25c	trr<0.3μs	272A
ERW09-120	富士電機		1200		8	124c	8	100c	72	25c	3	8	25c	1m	1200	25c	trr<0.3μs	272A
ERW10-120	富士電機		1200		10	123c	10	25c	85	25c	3	10	25c	1m	1200	25c	trr<0.3μs	272A
ERW11-120	富士電機		1200		15	122c	15	98c	100	25c	3	15	25c	1m	1200	25c	trr<0.3μs	464
ERW12-120	富士電機		1200		25	113c	25	80c	120	25c	3	25	25c	1m	1200	25c	trr<0.3μs	464
ERW13-060	富士電機		600		50	90c	54	25c	125	25c	3	50	25c	1m	600	25c	trr<0.3μs	427
ES01A	サンケン	650	600				0.7		20	25j	2.5	0.8		10	600		trr<1.5μs	67B
ES01F	サンケン	1550	1500				0.5	50a	20	25j	2	0.5		10	1500		trr<1.5μs	67B
*ES01Z	サンケン	250	200				0.7		20	25j	2.5	0.8		10	200		trr<1.5μs	67B
*ES01	サンケン	450	400				0.7		20	25j	2.5	0.8		10	400		trr<1.5μs	67B
ES1A	サンケン	650	600				0.7		30	25j	2.5	0.8		10	600		trr<1.5μs	67C
ES1F	サンケン	1600	1500	1050			0.5		20	25j	2	0.5		10	1500			67C
ES1Z	サンケン	250	200				0.7		30	25j	2.5	0.8		10	200		trr<1.5μs	67C
ES1	サンケン	450	400				0.7		30	25j	2.5	0.8		10	400		trr<1.5μs	67C
ESF03B60	日本インター		600				3	119c	45	25j	1.7	3	25j	20	600	25j	trr<35ns	1D
ESF03B60-F	日本インター		600				3	119c	45	25j	1.7	3	25j	20	600	25j	trr<35ns	2D
*ESJC04-05	富士電機		5k				0.42	油冷	20		8.4	2	25j	5	5k	25j	trr<1μs	88H
*ESJC13-09	富士電機		9000				0.35	油冷	30		10	0.35		5	9000		Ioは油温60℃	63
*ESJC13-12	富士電機		12k				0.3	油冷	30		12	0.3		5	12k		Ioは油温60℃	63
ESJC32-08X	富士電機		7500				0.35	110c	15		13.5	0.35		10	7500		trr<0.15μs	66F
*ESJC33-06	富士電機		6.4k				0.35		15		12	0.35		10	6.4k		trr<150ns	66F
*ESJC34-08	富士電機		8000				0.35	110c	15		13.5	0.35		10	8000		trr<0.15μs	66F
*ESJC35-08	富士電機		8000				0.41		10		20	1		2	8000		trr<0.15μs Ioは油温25℃	19C
*ESJC37-05	富士電機		5000				0.54	油冷	15		13	1m		2	5000		Ioは油温25℃	20J
*ESJC37-08	富士電機		8000				0.41	油冷	10		20	1m		2	8000		Ioは油温25℃	20J
*ESJC37-10	富士電機		10k				0.31	油冷	10		25	1m		2	10k		Ioは油温25℃	20J
ESU03A20	日本インター		200				3	128c	45	25j	1.1	3	25j	20	200	25j	trr<25ns	1D
ESU03A40	日本インター		400				3	121c	45	25j	1.55	3	25j	20	400	25j	trr<30ns	1D
ESU03A20-F	日本インター		200				3	128c	45	25j	1.1	3	25j	20	200	25j	trr<25ns	2D
ESU03A40-F	日本インター		400				3	121c	45	25j	1.55	3	25j	20	400	25j	trr<30ns	2D
EU02A	サンケン	650	600				1		15	25j	1.4	1		10	600		trr<0.4μs	67B
EU02Z	サンケン	250	200				1		15	25j	1.4	1		10	200		trr<0.4μs	67B
EU02	サンケン	450	400				1		15	25j	1.4	1		10	400		trr<0.4μs	67B
EU2A	サンケン	650	600				1		15	25j	1.4	1		10	600		trr<0.4μs	67C
*EU2YX	サンケン	100	70				1.2		25	25j	0.9	1.2		10	70		trr=0.2μs	67C

形 名	社 名	最大定格								順方向特性(typは*)			逆方向特性(typは*)			その他の特性等	外形
		V_{RSM}	V_{RRM}	V_R	I_{FM}	T条件	I_O, I_F*	T条件	I_{FSM}	T条件	$V_{F}max$	測定条件		$I_{R}max$	測定条件			
		(V)	(V)	(V)	(A)	(℃)	(A)	(℃)	(A)	(℃)	(V)	I_F(A)	T(℃)	(μA)	V_R(V)	T(℃)		
EU2Z	サンケン	250	200				1		15	25j	1.4	1		10	200		trr<0.4μs	67C
EU2	サンケン	450	400				1		15	25j	1.4	1		10	400		trr<0.4μs	67C
F1F16	オリジン		1600				0.5		20		1.5	0.5		10	1600		trr<1.5μs	405A
F1F20	オリジン		2000				0.5		20		1.5	0.5		10	2000		trr<1.5μs	405A
F1H2	オリジン		200				1		30		1.3	1		10	200		trr<0.4μs	405A
F1H4	オリジン		400				1		30		1.3	1		10	400		trr<0.4μs	405A
F1H6	オリジン		600				1		30		1.3	1		10	600		trr<0.4μs	405A
F1H8	オリジン		800				0.8		30		1.3	0.8		10	800			405A
F1H16	オリジン		1600				0.5		20		3.5	0.5		10	1600		trr<0.4μs	405A
F1N2	オリジン		200				1		45		1.1	1		10	200			405A
F1N4	オリジン		400				1		45		1.1	1		10	400			405A
F1N4B	オリジン		400				1		45		1	1		10	400		trr<18μs	405A
F1N4C	オリジン		400				1		130		1	1		10	400			405A
F1N6	オリジン		600				1		45		1	1		10	600			405A
F1P2	オリジン		200				1		30		0.98	1		10	200		trr<50ns	405A
F1P2S	オリジン		200				1		30		0.8	1		10	200		trr<90ns	405A
F1P6	オリジン		600				0.5		20		2	0.5		20	600		trr<50ns	405A
F1P8	オリジン		800				0.5		15		2.5	0.5	25j	20	800	25j	trr<30ns	405A
F1Q10	オリジン		1000				0.5		13		2.5	0.5	25j	50	1000	25j	trr<60ns	405A
F1SG8	オリジン		800				0.8		100	25j	1.3	0.8	25j	50	800	25j	trr<0.8μs	405A
F1SN4	オリジン		400				1		150		1	1		10	400			405A
F1SN4A	オリジン		400				1		180		1	1		10	400			405A
F1SN6	オリジン		600				1		150		1	1		10	600			405A
F1SN8	オリジン		800				1		150	25j	1	1	25j	10	800	25j		405A
* F10KF10	日本インター	110	100				10	100c	120	40a	1.03	10	25j	25	100	25j	trr<35ns	3
* F10KF10B	日本インター	110	100				10	100c	120	40a	1.03	10	25j	25	100	25j	trr<35ns	4D
* F10KF20	日本インター	220	200				10	100c	120	40a	1.03	10	25j	25	200	25j	trr<35ns	3
* F10KF20B	日本インター	220	200				10	100c	120	40a	1.03	10	25j	25	200	25j	trr<35ns	4D
* F10KF30	日本インター	330	300				10	95c	120	40a	1.3	10	25j	30	300	25j	trr<45ns	3
* F10KF30B	日本インター	330	300				10	95c	120	40a	1.3	10	25j	30	300	25j	trr<45ns	4D
* F10KF40	日本インター	440	400				10	95c	120	40a	1.3	10	25j	30	400	25j	trr<45ns	3
* F10KF40B	日本インター	440	400				10	95c	120	40a	1.3	10	25j	30	400	25j	trr<45ns	4D
F2P2	オリジン		200				2		60		0.98	1		20	200		trr<50ns	486B
F2V2	オリジン		200				2		40		1.3	2		10	200		trr>3μs(IF=IR=1A)	486F
F2V10	オリジン		1000				2		40		1.2	2		10	1000		trr>4μs(IF=IR=1A)	486F
* F5KF10	日本インター	110	100				5	122c	80	40a	0.98	5	25j	20	100	25j	trr<35ns	3
* F5KF10B	日本インター	110	100				5	122c	80	40a	0.98	5	25j	20	100	25j	trr<35ns	4D
* F5KF20	日本インター	220	200				5	122c	80	40a	0.98	5	25j	20	200	25j	trr<35ns	3
* F5KF20B	日本インター	220	200				5	122c	80	40a	0.98	5	25j	20	200	25j	trr<35ns	4D
* F5KF30	日本インター	330	300				5	118c	80	40a	1.25	5	25j	30	300	25j	trr<45ns	3
* F5KF30B	日本インター	330	300				5	118c	80	40a	1.25	5	25j	30	300	25j	trr<45ns	4D
* F5KF40	日本インター	440	400				5	118c	80	40a	1.25	5	25j	30	400	25j	trr<45ns	3

形名	社名	V_{RSM} (V)	V_{RRM} (V)	V_R (V)	I_{FM} (A)	T条件 (℃)	I_0, I_{F*} (A)	T条件 (℃)	I_{FSM} (A)	T条件 (℃)	V_{Fmax} (V)	測定条件 I_F(A)	T(℃)	I_{Rmax} (μA)	測定条件 V_R(V)	T(℃)	その他の特性等	外形
*F5KF40B	日本インター	440	400				5	118c	80	40a	1.25	5	25j	30	400	25j	trr<45ns	4D
FD1000A-16	三菱	960	800	640			800	101c	14k		1.65	2500	25j	30m	800	150j	両面圧接形	185
FD1000A-20	三菱	1200	1000	800			800	101c	14k		1.65	2500	25j	30m	1000	150j	両面圧接形	185
FD1000A-24	三菱	1500	1200	960			800	101c	14k		1.65	2500	25j	30m	1200	150j	両面圧接形	185
FD1000A-28	三菱	1700	1400	1120			800	101c	14k		1.65	2500	25j	30m	1400	150j	両面圧接形	185
FD1000A-32	三菱	1900	1600	1280			800	101c	14k		1.65	2500	25j	30m	1600	150j	両面圧接形	185
FD1000A-36	三菱	2100	1800	1440			800	101c	14k		1.65	2500	25j	30m	1800	150j	両面圧接形	185
FD1000A-40	三菱	2300	2000	1600			800	101c	14k		1.65	2500	25j	30m	2000	150j	両面圧接形	185
FD1000A-50	三菱	2800	2500	2000			800	101c	14k		1.65	2500	25j	30m	2500	150j	両面圧接形	185
FD1000A-56	三菱	3100	2800	2240			800	101c	14k		1.65	2500	25j	30m	2800	150j	両面圧接形	185
FD1000D-16	三菱	960	800	640			800	101c	14k		1.65	2500	25j	30m	800	150j	両面圧接形	475
FD1000D-20	三菱	1200	1000	800			800	101c	14k		1.65	2500	25j	30m	1000	150j	両面圧接形	475
FD1000D-24	三菱	1500	1200	960			800	101c	14k		1.65	2500	25j	30m	1200	150j	両面圧接形	475
FD1000D-28	三菱	1700	1400	1120			800	101c	14k		1.65	2500	25j	30m	1400	150j	両面圧接形	475
FD1000D-32	三菱	1900	1600	1280			800	101c	14k		1.65	2500	25j	30m	1600	150j	両面圧接形	475
FD1000D-36	三菱	2100	1800	1440			800	101c	14k		1.65	2500	25j	30m	1800	150j	両面圧接形	475
FD1000D-40	三菱	2300	2000	1600			800	101c	14k		1.65	2500	25j	30m	2000	150j	両面圧接形	475
FD1000D-50	三菱	2800	2500	2000			800	101c	14k		1.65	2500	25j	30m	2500	150j	両面圧接形	475
FD1000D-56	三菱	3100	2800	2240			800	101c	14k		1.65	2500	25j	30m	2800	150j	両面圧接形	475
FD1000FH-50	三菱	2800	2500	2000			1000	79c	25k		1.9	2500	125j	80m	2500	125j	Qrr<1000μC 両面圧接形	469
FD1000FH-56	三菱	3100	2800	2240			1000	79c	25k		1.9	2500	125j	80m	2800	125j	Qrr<1000μC 両面圧接形	469
FD1000FV-70	三菱	3500	3500	2800			800	88c	20k		3	2500	125j	150m	3500	125j	Qrr<1500μC 両面圧接形	465
FD1000FV-80	三菱	4000	4000	3200			800	88c	20k		3	2500	125j	150m	4000	125j	Qrr<1500μC 両面圧接形	465
FD1000FV-90	三菱	4500	4500	3600			800	88c	20k		3	2500	125j	150m	4500	125j	Qrr<1500μC 両面圧接形	465
FD1000FX-90	三菱	4500	4500	3600			800	77c	20k		3.5	2500	125j	150m	4500	125j	Qrr<2000μc 両面圧接形	465
FD1500AU-120DA	三菱	6000	6000	4800			1200	74C	26K	125j	5	3400	125j	150m	6000	125j	Qrr<5400μC 両面圧接形	758
FD1500AV-70	三菱	3500	3500	2800			1500	65c	24k		3	3400	125j	150m	3500	125j	Qrr<2000μC 両面圧接形	665
FD1500AV-80	三菱	4000	4000	3200			1500	65c	24k		3	3400	125j	150m	4000	125j	Qrr<2000μC 両面圧接形	665
FD1500AV-90	三菱	4500	4500	3600			1500	65c	24k		3	3400	125j	150m	4500	125j	Qrr<2000μC 両面圧接形	665
FD1500BV90DA	三菱	4500	4500	3600			1500	65c	30k	125j	3.5	3400	125j	150m	4500	125j	Qrr<3600μC	758
FD1500CV90DA	三菱	4500	4500	3600			1200	74c	26000	125j	5	3400	125j	150m	4500	125j	Qrr<4000μC 両面圧接形	758
FD1600A-16	三菱	960	800	640			1600	91c	35k		1.6	5000	25j	50m	800	150j	両面圧接形	469
FD1600A-20	三菱	1200	1000	800			1600	91c	35k		1.6	5000	25j	50m	1000	150j	両面圧接形	469
FD1600A-24	三菱	1500	1200	960			1600	91c	35k		1.6	5000	25j	50m	1200	150j	両面圧接形	469
FD1600A-28	三菱	1700	1400	1120			1600	91c	35k		1.6	5000	25j	50m	1400	150j	両面圧接形	469
FD1600A-32	三菱	1900	1600	1280			1600	91c	35k		1.6	5000	25j	50m	1600	150j	両面圧接形	469
FD1600A-36	三菱	2100	1800	1440			1600	91c	35k		1.6	5000	25j	50m	1800	150j	両面圧接形	469
FD1600A-40	三菱	2300	2000	1600			1600	91c	35k		1.6	5000	25j	50m	2000	150j	両面圧接形	469
FD1600A-50	三菱	2800	2500	2000			1600	91c	35k		1.6	5000	25j	50m	2500	150j	両面圧接形	469
FD1600A-60	三菱	3300	3000	2400			1600	91c	35k		1.6	5000	25j	50m	3000	150j	両面圧接形	469
*FD1600BP-2	三菱	200	100	80			1600	104c	20k		1.5	5000	25c	200m	100	150j		470
*FD1600BP-4	三菱	300	200	160			1600	104c	20k		1.5	5000	25c	200m	200	150j		470

	形 名	社名	最大定格							順方向特性(typは*)			逆方向特性(typは*)			その他の特性等	外形
			V_{RSM} (V)	V_{RRM} (V)	V_R (V)	I_{FM} (A)	T条件 (℃)	I_O, I_F* (A)	T条件 (℃)	I_{FSM} (A)	T条件 (℃)	V_{Fmax} (V)	測定条件		I_{Rmax} (μA)	測定条件			
													I_F(A)	T(℃)		V_R(V)	T(℃)		
*	FD1600BP-6	三菱	400	300	240			1600	104c	20k		1.5	5000	25c	200m	300	150j		470
*	FD1600BP-8	三菱	480	400	320			1600	104c	20k		1.5	5000	25c	200m	400	150j		470
*	FD1600BP-10	三菱	600	500	400			1600	104c	20k		1.5	5000	25c	200m	500	150j		470
	FD1600CP-2	三菱	200	100	80			1600	104c	20k		1.5	5000	25j	80m	100	150j	両面圧接形	470
	FD1600CP-4	三菱	300	200	160			1600	104c	20k		1.5	5000	25j	80m	200	150j	両面圧接形	470
	FD1600CP-6	三菱	400	300	240			1600	104c	20k		1.5	5000	25j	80m	300	150j	両面圧接形	470
	FD1600CP-8	三菱	500	400	320			1600	104c	20k		1.5	5000	25j	80m	400	150j	両面圧接形	470
	FD1600CP-10	三菱	600	500	400			1600	104c	20k		1.5	5000	25j	80m	500	150j	両面圧接形	470
	FD1600CV-70	三菱	3800	3500	2800			1600	108c	32k		1.7	5000	25j	150m	3500	150j	両面圧接形	465
	FD1600CV-80	三菱	4300	4000	3200			1600	108c	32k		1.7	5000	25j	150m	4000	150j	両面圧接形	465
*	FD200AV-70	三菱	3500	3500	2800			200	88c	10k		4	630	125j	50m	3500	125j	Qrr<600μC 両面圧接形	475
*	FD200AV-80	三菱	4000	4000	3200			200	88c	10k		4	630	125j	50m	4000	125j	Qrr<600μC 両面圧接形	475
*	FD200AV-90	三菱	4500	4500	3600			200	88c	10k		4	630	125j	50m	4500	125j	Qrr<600μC 両面圧接形	475
*	FD200B-2	三菱	200	100	80			240	112c	5000		1.4	750	25j	30m	100	150j	両面圧接形	182
*	FD200B-4	三菱	300	200	160			240	112c	5000		1.4	750	25j	30m	200	150j	両面圧接形	182
*	FD200B-8	三菱	500	400	320			240	112c	5000		1.4	750	25j	30m	400	150j	両面圧接形	182
*	FD200B-12	三菱	720	600	480			240	112c	5000		1.4	750	25j	30m	600	150j	両面圧接形	182
*	FD200B-16	三菱	960	800	640			240	112c	5000		1.4	750	25j	30m	800	150j	両面圧接形	182
*	FD200E-2	三菱	200	100	80			240	87c	5000		1.4	750	25c	30m	100	150j	両面圧接形	350
*	FD200E-4	三菱	300	200	160			240	87c	5000		1.4	750	25c	30m	200	150j	両面圧接形	350
*	FD200E-8	三菱	500	400	320			240	87c	5000		1.4	750	25c	30m	400	150j	両面圧接形	350
*	FD200E-16	三菱	960	800	640			240	87c	5000		1.4	750	25c	30m	800	150j	両面圧接形	350
	FD2000DU-120	三菱	6000	6000	4800			1700	65c	40k		5	6300	125j	300m	6000	125j	Qrr<1500μC 両面圧接形	345
*	FD250A-20	三菱	1200	1000	800			240	105c	5000		1.75	750	25c	30m	1000	150j		467
*	FD250A-24	三菱	1500	1200	960			240	105c	5000		1.75	750	25c	30m	1200	150j		467
*	FD250A-28	三菱	1700	1400	1120			240	105c	5000		1.75	750	25c	30m	1400	150j		467
*	FD250A-32	三菱	1900	1600	1280			240	105c	5000		1.75	750	25c	30m	1600	150j		467
*	FD250A-36	三菱	2100	1800	1440			240	105c	5000		1.75	750	25c	30m	1800	150j		467
*	FD250A-40	三菱	2300	2000	1600			240	105c	5000		1.75	750	25c	30m	2000	150j		467
*	FD250B-12	三菱	720	600	480			240	75c	4000		1.95	750	25c	30m	600	150j	両面圧接形	467
*	FD250B-16	三菱	950	800	640			240	75c	4000		1.95	750	25c	30m	800	150j	両面圧接形	467
*	FD250B-20	三菱	1200	1000	800			240	75c	4000		1.95	750	25c	30m	1000	150j	両面圧接形	467
*	FD250CH-40	三菱	2300	2000	1600			200	58c	5000		3.5	750	125j	30m	2000	125j	Qrr<180μC 両面圧接形	186
*	FD250CH-50	三菱	2800	2500	2000			200	58c	5000		3.5	750	125j	30m	2500	125j	Qrr<180μC 両面圧接形	186
*	FD250CM-16	三菱	960	800	640			240	59c	5000		2.5	750	125j	30m	800	125j	Qrr<100μC 両面圧接形	186
*	FD250CM-20	三菱	1200	1000	800			240	59c	5000		2.5	750	125j	30m	1000	125j	Qrr<100μC 両面圧接形	186
*	FD250CM-24	三菱	1500	1200	960			240	59c	5000		2.5	750	125j	30m	1200	125j	Qrr<100μC 両面圧接形	186
*	FD250CM-32	三菱	1900	1600	1280			240	59c	5000		2.5	750	125j	30m	1600	125j	Qrr<100μC 両面圧接形	186
*	FD250DM-20	三菱	1200	1000	800			240	105c	5000		1.75	750	25j	30m	1000	150j	両面圧接形	186
*	FD250DM-24	三菱	1500	1200	960			240	105c	5000		1.75	750	25j	30m	1200	150j	両面圧接形	186
*	FD250DM-28	三菱	1700	1400	1120			240	105c	5000		1.75	750	25j	30m	1400	150j	両面圧接形	186
*	FD250DM-32	三菱	1900	1600	1280			240	105c	5000		1.75	750	25j	30m	1600	150j	両面圧接形	186

形 名	社名	V_{RSM} (V)	V_{RRM} (V)	V_R (V)	I_{FM} (A)	T条件 (℃)	$IO, IF*$ (A)	T条件 (℃)	I_{FSM} (A)	T条件 (℃)	V_{Fmax} (V)	I_F(A)	T(℃)	I_{rmax} (μA)	V_R(V)	T(℃)	その他の特性等	外形
*FD250DM-36	三菱	2100	1800	1440			240	105c	5000		1.75	750	25j	30m	1800	150j	両面圧接形	186
*FD250DM-40	三菱	2300	2000	1600			240	105c	5000		1.75	750	25j	30m	2000	150j	両面圧接形	186
FD252AM-40	三菱	2200	2000	1600			240	139c	5500		1.5	800	175j	50m	2000	175j	両面圧接形	332
FD252AV-90	三菱	4600	4500	3600			230	81c	6600		3.5	630	125j	50m	4500	125j	Qrr<250μC 両面圧接形	338
FD3000AU-120DA	三菱	6000	6000	4800			3000	58c	40K	125j	4.5	6300	125j	300m	6000	125j	Qrr<9500μC 両面圧接形	345
FD3500AH-36	三菱	2100	1800	1440			3500	101c	70k		1.5	11k	25j	200m	1800	150j	両面圧接形	490
FD3500AH-40	三菱	2300	2000	1600			3500	101c	70k		1.5	11k	25j	200m	2000	150j	両面圧接形	490
FD3500AH-50	三菱	2800	2500	2000			3500	101c	70k		1.5	11k	25j	200m	2500	150j	両面圧接形	490
FD3500AH-56	三菱	3100	2800	2240			3500	101c	70k		1.5	11k	25j	200m	2800	150j	両面圧接形	490
FD3500BP-2	三菱	200	100	80			3500	91c	55k		1.5	11k	25j	150m	100	175j	両面圧接形	654
FD3500BP-4	三菱	300	200	160			3500	91c	55k		1.5	11k	25j	150m	200	175j	両面圧接形	654
FD3500BP-6	三菱	400	300	240			3500	91c	55k		1.5	11k	25j	150m	300	175j	両面圧接形	654
FD3500BP-8	三菱	500	400	320			3500	91c	55k		1.5	11k	25j	150m	400	175j	両面圧接形	654
FD3500BP-10	三菱	600	500	400			3500	91c	55k		1.5	11k	25j	150m	500	175j	両面圧接形	654
FD3500BP-12	三菱	720	600	480			3500	91c	55k		1.5	11k	25j	150m	600	175j	両面圧接形	654
*FD400DL-10	三菱	600	500	400			400	128c	10k		1.4	1250	25j	30m	500	150j	両面圧接形	187
*FD400DL-12	三菱	720	600	480			400	128c	10k		1.4	1250	25j	30m	600	150j	両面圧接形	187
FD400DL-16	三菱	960	800	640			400	128c	10k		1.4	1250	25j	30m	800	150j	両面圧接形	187
*FD400DL-20	三菱	1200	1000	800			400	128c	10k		1.4	1250	25j	30m	1000	150j	両面圧接形	187
*FD400DL-24	三菱	1500	1200	960			400	128c	10k		1.4	1250	25j	30m	1200	150j	両面圧接形	187
*FD400DL-32	三菱	1900	1600	1280			400	128c	10k		1.4	1250	25j	30m	1600	150j	両面圧接形	187
FD402AL-16	三菱	1000	800	640			375	129c	5500		1.6	1200	190j	50m	800	190j	両面圧接形	332
FD402AM-32	三菱	1700	1600	1280			400	147c	10k		1.4	1250	175j	30m	1600	175j	両面圧接形	333
FD452AH-50	三菱	2600	2500	2000			440	57c	6570		3.2	1400	125j	50m	2500	125j	Qrr<220μC 両面圧接形	334
*FD500C-40	三菱	2300	2000				600	93c	10k		1.6	1500	25c	20m	2000	150j	両面圧接形	185
*FD500C-50	三菱	2800	2500				600	93c	10k		1.6	1500	25c	20m	2500	150j	両面圧接形	185
*FD500C-56	三菱	3050	2800				600	93c	10k		1.6	1500	25c	20m	2800	150j	両面圧接形	185
*FD500C-60	三菱	3300	3000				600	93c	10k		1.6	1500	25c	20m	3000	150j	両面圧接形	185
*FD500DH-28	三菱	1700	1400	1120			600	100c	10k		1.85	1900	25j	30m	1400	150j	両面圧接形	462
*FD500DH-32	三菱	1900	1600	1280			600	100c	10k		1.85	1900	25j	30m	1600	150j	両面圧接形	462
*FD500DH-36	三菱	2100	1800	1440			600	100c	10k		1.85	1900	25j	30m	1800	150j	両面圧接形	462
*FD500DH-40	三菱	2300	2000	1600			600	100c	10k		1.85	1900	25j	30m	2000	150j	両面圧接形	462
*FD500DH-50	三菱	2800	2500	2000			600	100c	10k		1.85	1900	25j	30m	2500	150j	両面圧接形	462
*FD500DH-60	三菱	3300	3000	2400			600	100c	10k		1.85	1900	25j	30m	3000	150j	両面圧接形	462
*FD500DV-70	三菱	3800	3500	2800			500	106c	8000		2	1600	25j	30m	3500	150j	両面圧接形	462
*FD500DV-80	三菱	4300	4000	3200			500	106c	8000		2	1600	25j	30m	4000	150j	両面圧接形	462
*FD500E-16	三菱	960	800	640			600	90c	10k		1.85	1900	25c	30m	800	150j	両面圧接形	468
*FD500E-20	三菱	1200	1000	800			600	90c	10k		1.85	1900	25j	30m	1000	150j	両面圧接形	468
*FD500E-24	三菱	1500	1200	960			600	90c	10k		1.85	1900	25j	30m	1200	150j	両面圧接形	468
*FD500E-28	三菱	1700	1400	1120			600	90c	10k		1.85	1900	25j	30m	1400	150j	両面圧接形	468
*FD500E-32	三菱	1900	1600	1280			600	90c	10k		1.85	1900	25j	30m	1600	150j	両面圧接形	468
*FD500E-36	三菱	2100	1800	1440			600	90c	10k		1.85	1900	25j	30m	1800	150j	両面圧接形	468

	形　名	社名	最大定格 VRSM (V)	VRRM (V)	VR (V)	IFM (A)	T条件 (℃)	IO, IF* (A)	T条件 (℃)	IFSM (A)	T条件 (℃)	順方向特性(typは*) VFmax (V)	測定条件 IF(A)	T(℃)	逆方向特性(typは*) IRmax (μA)	測定条件 VR(V)	T(℃)	その他の特性等	外形
*	FD500E-40	三菱	2300	2000	1600			600	90c	10k		1.85	1900	25j	30m	2000	150j	両面圧接形	468
*	FD500E-50	三菱	2800	2500	2000			600	90c	10k		1.85	1900	25j	30m	2500	150j	両面圧接形	468
*	FD500E-60	三菱	3300	3000	2400			600	90c	10k		1.85	1900	25j	30m	3000	150j	両面圧接形	468
*	FD500EV-70	三菱	3800	3500	2800			500	96c	8000		2.1	1600	25j	30m	3500	150j	両面圧接形	468
*	FD500EV-80	三菱	4300	4000	3200			500	96c	8000		2.1	1600	25j	30m	4000	150j	両面圧接形	468
*	FD500FP-5	三菱	300	250	200			500	98c	10k		1.15	500	25j	30m	250	125j	Qrr<50μC	653
*	FD500GH-50	三菱	2800	2500	2000			500	64c	8000		3	1570	125j	50m	2500	125j	Qrr<300μC 両面圧接形	475
*	FD500GH-56	三菱	3100	2800	2240			500	64c	8000		3	1570	125j	50m	2800	125j	Qrr<300μC 両面圧接形	475
*	FD500GV-70	三菱	3500	3500	2800			500	86c	15k		3	1570	125j	80m	3500	125j	Qrr<1000μC 両面圧接形	469
*	FD500GV-80	三菱	4000	4000	3200			500	86c	15k		3	1570	125j	80m	4000	125j	Qrr<1000μC 両面圧接形	469
*	FD500GV-90	三菱	4500	4500	3600			500	86c	15k		3	1570	125j	80m	4500	125j	Qrr<1000μC 両面圧接形	469
	FD500JV-90DA	三菱	4500	4500	3600			500	76c	10k	125j	3.5	1570	125j	80m	4500	125j	Qrr<1500μC	749
	FD5000AV-100DA	三菱	5000	5000	2000			5000	70c	70K	150j	1.6	7000	150j	200m	5000	150j	両面圧接形	758
	FD602AH-60	三菱	3100	3000	2400			600	100c	10k		1.65	1900	150j	30m	3000	150j	両面圧接形	334
	FD602AV-88	三菱	4600	4400	3520			600	50c	7000		2.6	1900	150j	50m	4400	150j	両面圧接形	338
	FD602BV-90	三菱	4600	4500	3600			610	85c	15k		2.9	1900	125j	50m	4500	125j	Qrr<570μC 両面圧接形	340
*	FE201-6	富士電機		600				3.5		70		1.3	3.5		10	600		trr<0.4μs Ioは25×25プリント基板	66J
*	FE301-1	富士電機		100				4		100		0.85	2		10	100		trr<0.2μs Ioは25×25プリント基板	66J
	FMC-26UA	サンケン		1200				3	90c	50		4	3		500	1200		trr<70ns	471B
	FMC-28UA	サンケン		1600				3	90c	50		6	3		500	1600		trr<70ns	471B
	FMC-G28S	サンケン		800				3	115c	50		3	3		100	800		trr<70ns	471
	FMC-G28SL	サンケン		800				5	98c	60		3	5		200	800		trr<70ns	471
	FMD-1056S	サンケン	600	600				5	114c	90	25j	1.7	5		10	600		trr<50ns	471
	FMD-1106S	サンケン	600	600				10	80c	180	25j	1.7	10		20	600		trr<50ns	471
	FMD-G26S	サンケン		600				10		100		1.7	10		100	600		trr<50ns	471
	FMG-G2CS	サンケン	1000	1000				3		30	25j	4	3		50	1000		trr<100ns Ioはラジエータ使用	471
	FMG-G26S	サンケン	600	600				4		50	25j	2.5	4		500	600		trr<100ns Ioはラジエータ使用	471
*	FMG-G3CS	サンケン	1000	1000				5		60	25j	3.5	5		100	1000		trr<150ns Ioはラジエータ使用	493
	FMG-G36S	サンケン	600	600				8		80	25j	2.5	8		500	600		trr<100ns Ioはラジエータ使用	493
	FML-G12S	サンケン	200	200				5		65	25j	0.98	5		250	200		trr<40ns Ioはラジエータ使用	471
	FML-G13S	サンケン	300	300				5		70	25j	1.3	5		100	300		trr<50ns Ioはラジエータ使用	471
	FML-G14S	サンケン	400	400				5		70	25j	1.3	5		100	400		trr<50ns Ioはラジエータ使用	471
	FML-G16S	サンケン	600	600				5		50	25j	1.5	5		100	600		trr<50ns Ioはラジエータ使用	471
	FML-G22S	サンケン	200	200				10		150	25j	0.98	10		500	200		trr<40ns Ioはラジエータ使用	471
*	FML-G26S	サンケン		600				10	110c	100		1.7	10		100	600		trr<65ns	471
	FMN-1056S	サンケン	600	600				5	116c	60	25j	1.3	5		50	600		trr<100ns	471
	FMN-1106S	サンケン	600	600				10	86c	150	25j	1.3	10		100	600		trr<100ns	471
	FMN-G12S	サンケン		200				5	130c	100		0.92	5		100	200		trr<100ns	471
	FMN-G14S	サンケン		400				5		70		1	5		50	400		trr<100ns	471
	FMN-G16S	サンケン		600				5		50		1.2	5		50	600		trr<100ns	471
	FMNS-1106S	サンケン	600	600				10		100	25j	1.3	10		100	600		trr<100ns	471
*	FMP-2FUR	サンケン		1500				5	105c	50		2	5		50	1500		ピンクッション補正Di内蔵(VRM=600V)	273E

	形 名	社 名	最大定格								順方向特性(typは*)			逆方向特性(typは*)			その他の特性等	外形
			V_{RSM}(V)	V_{RRM}(V)	V_R(V)	I_{FM}(A)	T条件(℃)	I_O, I_F*(A)	T条件(℃)	I_{FSM}(A)	T条件(℃)	V_{Fmax}(V)	測定条件 I_F(A)	T(℃)	I_{rmax}(μA)	測定条件 V_R(V)	T(℃)		
*	FMP-G12S	サンケン	200	200				5	127c	65	25j	1.15	5		50	200		trr<150ns Ioはラジエータ使用	471
	FMP-G15FS	サンケン	1500	1500				10	113c	50	25j	1.7	10		50	1500		trr<0.7μs ダンパ用	325
	FMP-G2FS	サンケン		1500				5	110c	50		2	5		50	1500		trr<1μs	471
*	FMP-G3FS	サンケン	1500	1500				5	133c	50	25j	1.5	5		50	1500		trr<0.7μs Ioはラジエータ使用	325
*	FMP-G5FS	サンケン		1500				10	120c	50	25j	1.7	10		50	1500		trr<0.7μs Ioはラジエータ使用	325
	FMP-G5HS	サンケン		1800				8	110c	50		2	8		25	1800		trr<1μs	325
	FMQ-2FUR	サンケン		1500				5		50		1.4	5		50	1500		ピンクッション補正Di内蔵(VRM=600V)	446
*	FMQ-G1FS	サンケン		1500				5	100c	50		2	5		50	1500		ダンパ用	471
*	FMQ-G2FLS	サンケン		1500				10	110c	50		1.8	10		50	1500		Ioはフィン使用	272A
	FMQ-G2FMS	サンケン		1500				10	50c	50		2.4	10		50	1500		ダンパ用	471
*	FMQ-G2FS	サンケン		1500				10	60c	50		2.8	10		50	1500		ダンパ用	471
	FMQ-G5FMS	サンケン		1500				10	115c	50		2.4	10		50	1500		trr<0.5μs	325
*	FMQ-G5GS	サンケン		1700				10	110c	50		2.7	10		100	1700		trr<0.5μs	325
*	FMR-G5HS	サンケン		1800				10	115c	50		1.6	10		20	1800		trr<1.8μs	325
	FMT-2FUR	サンケン		1500				5		50		1.8	5		50	1500		ピンクッション補正Di内蔵(VRM=600V)	446
	FMU-G16S	サンケン			600			5		30	25j	1.25	5		50	600		Ioはフィン付 trr<0.4μs	471
*	FMU-G2FS	サンケン		1500				10		50		1.6	10		50	1500		trr<250ns ダンパ用	471
	FMU-G2YXS	サンケン			100			10		100	25j	1	10		50	100		Ioはフィン付 trr<0.2μs	471
	FMU-G26S	サンケン			600			10		40	25j	1.35	10		10	600		Ioはフィン付 trr<0.4μs	471
*	FMUP1056	サンケン			600			5		30		1.25	5		50	600		trr<0.4μs(IF=IR=0.1A)	471
*	FMUP1106	サンケン			600			10		40		1.35	10		50	600		trr<0.4μs(IF=IR=0.1A)	471
*	FMV-G2GS	サンケン			1700			6		50		1.5	6		50	1700		trr<2μs(IF=IR=0.5A)	471
	FMV-G5FS	サンケン			1500			10	120c	50		1.5	10		50	1500		trr<2μs	325
	FMX-1086S	サンケン	600	600				8	77c	100	25j	1.75	8		30	600		trr<27ns	471
	FMXA-1054S	サンケン	400	400				5	108c	50	25j	1.5	5		50	400		trr<20ns	471
	FMXA-1104S	サンケン	400	400				10	62c	100	25j	1.5	10		100	400		trr<30ns	471
	FMXA-1106S	サンケン	600	600				10		100		1.98	10		100	600		trr<28ns	471
	FMX-G12S	サンケン	200	200				5	123c	65	25j	0.98	5		100	200		trr<30ns Ioはラジエータ使用	471
	FMX-G12S	サンケン	200	200				5	124c	65	25j	0.98	5		100	200		trr<30ns	471
	FMX-G14S	サンケン		400				5		70		1.3	5		50	400		trr<30ns	471
	FMX-G16S	サンケン		600				5		50		1.5	5		50	600		trr<30ns	471
	FMX-G22S	サンケン		200				10	95c	150		0.98	10		200	200		trr<30ns	471
	FMX-G26S	サンケン			600			10		100		1.5	10		50	600		trr<30ns	471
	FMXK-1106S	サンケン	600	600				10	45c	100	25j	1.75	10		100	600		trr<27ns	471
	FMY-1036S	サンケン	600	600				3	135c	50	25j	1.15	3		10	600		trr<200ns	471
	FMY-1106S	サンケン	600	600				10	96c	180	25j	1.15	10		30	600		trr<200ns	471
	FPP8	オリジン			800			0.35		15	25j	2.5	0.35	25j	20	800	25j	Ct=27pF trr<30ns	460C
	FPSN4	オリジン			400			0.7		150	25j	1	0.7	25j	10	400	25j		460C
	FRG25BA60	三社電機			600	480		25	94c	450	25j	1.3	25	25j	30m	600	150j	trr<100ns	708
	FRG25CA120	三社電機			1200	960		25	78c	400	25j	1.8	25	25j	1m	1200	150j	trr<200ns	708
	FRS150BA50	三社電機			500	400		150	85c	3000	25j	1.3	150	25j	150m	500	125j	trr<200ns	702
	FRS200BA50	三社電機			500	400		200	94c	3300	25j	1.3	200	25j	200m	500	150j	trr<100ns	615

形名	社名	最大定格 VRSM (V)	VRRM (V)	VR (V)	IFM (A)	T条件 (℃)	IO, IF* (A)	T条件 (℃)	IFSM (A)	T条件 (℃)	順方向特性(typは*) VFmax (V)	測定条件 IF(A)	T(℃)	逆方向特性(typは*) IRmax (μA)	測定条件 VR(V)	T(℃)	その他の特性等	外形
FRS200BA60	三社電機	600	480				200	94c	3300	25j	1.3	200		200m	600	150j	trr<100ns	615
FRS200CA100	三社電機	1000	800				200	78c	3300	25j	1.8	200	25j	10m	1000	150j	trr<350ns	700
FRS200CA120	三社電機	1200	960				200	78c	3300	25j	1.8	200	25j	10m	1200	150j	trr<350ns	700
FRS300BA50	三社電機	500	400				300	85c	4000	25j	1.3	300	25j	300m	500	125j	trr<300ns	702
FRS300CA50	三社電機	500	400				300	116c	4000	25j	1.3	300	25j	300m	500	125j	trr<300ns	702
FRS400BA50	三社電機	500	400				400	94c	4000	25j	1.4	400	25j	400m	500	125j	trr<200ns	703
FRS400BA60	三社電機	600	480				400	94c	4000	25j	1.4	400	25j	400m	500	125j	trr<200ns	703
FRS400CA120	三社電機	1200	960				400	78c	4000	25j	1.8	400	25j	20m	1200	150j	trr<400ns	703
FRS400DA100	三社電機	1000	800				400	38c	4000	25j	2.8	400	25j	20m	1000	150j	trr<200ns	703
FRS400DA120	三社電機	1200	960				400	38c	4000	25j	2.8	400	125j	20m	1200	150j	trr<200ns	703
FRS400EA200	三社電機	2000					400	79c	5000	25j	2.2		125j	100m	2000	150j	trr<700ns	703
FSD20A90	日本インター	900					20	102c	200		1.25	20	25j	50	900	25j		3
FSF03B60	日本インター	600					3	119c	60	25j	1.7	3	25j	20	600	25j	trr<35ns	3
FSF03D60	日本インター	600					3	123c	50	25j	1.45	3	25j	20	600	25j	trr<45ns	3
FSF03UB60	日本インター	600					3	119c	60	25j	1.7	3	25j	20	600	25j	trr<35ns	9
FSF05A20	日本インター	220	200				5	122c	80		0.98	5	25j	20	200	25j	trr<35ns	3
FSF05A20B	日本インター	220	200				5	122c	80		0.98	5	25j	20	200	25j	trr<35ns	4D
FSF05A40	日本インター	440	400				5	118c	80		1.25	5	25j	30	400	25j	trr<45ns	3
FSF05A40B	日本インター	440	400				5	118c	80		1.25	5	25j	30	400	25j	trr<45ns	4D
* FSF05A60	日本インター	600					5	107c	80		1.7	5	25j	30	600	25j	trr<40ns	3
FSF05A60B	日本インター	600					5	107c	80		1.7	5	25j	30	600	25j	trr<40ns	4D
FSF05B60	日本インター	600					5	107c	80	25j	1.7	5	25j	30	600	25j	trr<40ns	3
FSF05D60	日本インター	600					5	123c	80	25j	1.47	5	25j	20	600	25j	trr<65ns	3
FSF10A20	日本インター	220	200				10	100c	120		1.03	10	25j	25	200	25j	trr<35ns	3
FSF10A20B	日本インター	220	200				10	100c	120		1.03	10	25j	25	200	25j	trr<35ns	4D
FSF10A40	日本インター	440	400				10	95c	120		1.3	10	25j	30	400	25j	trr<45ns	3
FSF10A40B	日本インター	440	400				10	95c	120		1.3	10	25j	30	400	25j	trr<45ns	4D
* FSF10A60	日本インター	600					10	74c	120	40a	1.8	10	25j	30	600	25j	trr<50ns	3
* FSF10A60B	日本インター	600					10	74c	120	40a	1.8	10	25j	30	600	25j	trr<50ns	4D
FSF10B60B	日本インター	600					10	74c	120	25j	1.8			30	600	25j	trr<50ns	4D
FSF10B60	日本インター	600					10	74c	120	25j	1.8	10	25j	30	600	25j	trr<50ns	3
FSF10D60	日本インター	600					10	123c	120	25j	1.5	10	25j	30	600	25j	trr<75ns	3
FSR8P12	オリジン	1200					8	75c	60	25c	2.5	8	25j	10	1200	25j		213B
FSU05A20	日本インター	200					5	122c	100	25j	1.1	5	25j	20	200	25j	trr<27ns	3
FSU05A30	日本インター	300					5	116c	100	25j	1.3	5	25j	25	300	25j	trr<30ns	3
FSU05A40	日本インター	400					5	111c	80	25j	1.53	5	25j	30	400	25j	trr<32ns	3
FSU05A60	日本インター	600					5	95c	70		2.3	5	25j	30	600	25j	trr<40ns	3
FSU05B60	日本インター	600					5	89c	60		2.7	5	25j	30	600	25j	trr<30ns	3
FSU08C60	日本インター	600					8	54c	80	25j	3.2	8	25j	10	600	25j	trr<35ns	3
FSU10A20	日本インター	200					10	101c	120	25j	1.13	10	25j	25	200	25j	trr<32ns	3
FSU10A30	日本インター	300					10	90c	120	25j	1.4	10	25j	25	300	25j	trr<35ns	3
FSU10A40	日本インター	400					10	86c	120	25j	1.53	10	25j	30	400	25j	trr<40ns	3

	形　名	社名	最大定格							順方向特性(typは*)				逆方向特性(typは*)				その他の特性等	外形
			V_{RSM}(V)	V_{RRM}(V)	V_R(V)	I_{FM}(A)	T条件(℃)	I_O, I_F*(A)	T条件(℃)	I_{FSM}(A)	T条件(℃)	V_{Fmax}(V)	測定条件			I_{Rmax}(μA)	測定条件			
													I_F(A)	T(℃)		V_R(V)	T(℃)		
	FSU10A60	日本インター		600				10	60c	110		2.3	10	25j	30	600	25j	trr<45ns	3
	FSU10B60	日本インター		600				10	60c	100		2.7	10	25j	30	600	25j	trr<40ns	3
	FSU10U60	日本インター		600				10	60c	110	25j	2.3	10	25j	30	600	25j	trr<45ns	9
	FSU10UB60	日本インター		600				10	50c	100	25j	2.7	10	25j	30	600	25j	trr<40ns	9
	FSU10UC30B	日本インター		300				10	96c	120	25j	1.3	10	25j	25	300	25j	trr<33ns	10D
	FSU15A20	日本インター		200				15	91c	150	25j	1.13	15	25j	25	200	25j	trr<38ns	3
	FSU15A30	日本インター		300				15	84c	150	25j	1.3	15	25j	30	300	25j	trr<45ns	3
	FSU15A40	日本インター		400				15	74c	150	25j	1.57	15	25j	30	400	25j	trr<45ns	3
	FUSN4	オリジン		400				1		150	25j	1	1	25j	10	400	25j		405F
	GSF05A20	日本インター	220	200				5	122c	80		0.98	5	25j	20	200	25j	trr<35ns	272A
	GSF05A20B	日本インター	220	200				5	122c	80		0.98	5	25j	20	200	25j	trr<35ns	273D
	GSF05A40	日本インター	440	400				5	118c	80		1.25	5	25j	30	400	25j	trr<45ns	272A
	GSF05A40B	日本インター	440	400				5	118c	80		1.25	5	25j	30	400	25j	trr<45ns	273D
*	GSF05A60	日本インター		600				5	107c	80		1.7	5	25j	30	600	25j	trr<40ns	272A
*	GSF05A60B	日本インター		600				5	107c	80		1.7	5	25j	30	600	25j	trr<40ns	273D
	GSF05B60	日本インター		600				5	107c	80	25j	1.7	5		30	600	25j	trr<40ns	272A
	GSF10A20	日本インター	220	200				10	100c	120		1.03	10	25j	25	200	25j	trr<35ns	272A
	GSF10A20B	日本インター	220	200				10	100c	120		1.03	10	25j	25	200	25j	trr<35ns	273D
	GSF10A40	日本インター	440	400				10	95c	120		1.3	10	25j	30	400	25j	trr<45ns	272A
	GSF10A40B	日本インター	440	400				10	95c	120		1.3	10	25j	30	400	25j	trr<45ns	273D
	GSF10A60	日本インター		600				10	74c	120		1.8	10	25j	30	600	25j	trr<50ns	272A
	GSF10A60B	日本インター		600				10	74c	120		1.8	10	25j	30	600	25j	trr<50ns	273D
	H114B	日立パワー	240	200		1	80L			40	150j	1.15	1	25L	5	200	25L	trr<0.2μs F114B(旧NEC)相当	113C
	H114D	日立パワー	480	400		1	80L			40	150j	1.15	1	25L	5	400	25L	trr<0.2μs F114D(旧NEC)相当	113C
	H114E	日立パワー	600	500		1	80L			40	150j	1.15	1	25L	5	500	25L	trr<0.2μs F114E(旧NEC)相当	113C
	H114F	日立パワー	720	600		1	80L			40	150j	1.15	1	25L	5	600	25L	trr<0.2μs F114F(旧NEC)相当	113C
	H14A	日立パワー	120	100		1	115L			45	175j	1	1	25L	5	100	25L	F14A(旧NEC)相当	113C
	H14B	日立パワー	240	200		1	115L			45	175j	1	1	25L	5	200	25L	F14B(旧NEC)相当	113C
	H14C	日立パワー	360	300		1	115L			45	175j	1	1	25L	5	300	25L	F14C(旧NEC)相当	113C
	H14D	日立パワー	480	400		1	115L			45	175j	1	1	25L	5	400	25L	F14D(旧NEC)相当	113C
	H14E	日立パワー	600	500		1	115L			45	175j	1	1	25L	5	500	25L	F14E(旧NEC)相当	113C
	H14F	日立パワー	720	600		1	115L			45	175j	1	1	25L	5	600	25L	F14F(旧NEC)相当	113C
	H14H	日立パワー	960	800		1	105L			45	165j	1	1	25L	5	800	25L	F14H(旧NEC)相当	113C
	H14J	日立パワー	1200	1000		1	105L			45	165j	1	1	25L	5	1000	25L	F14J(旧NEC)相当	113C
*	HVR-1X-01A	サンケン		8k				0.35	50a	30		12	0.35		10	8k			22
	HVR-1X-40B	サンケン		9k				0.35	60a	20		9	0.35		10	9k			504F
	KS926S2	富士電機		200				5	106c	70		0.95	5		100	200		trr<35ns	124
	KS986S3	富士電機		300				5	128c	90		1.3	5		20	300		trr<40ns	124
	KS986S4	富士電機		400				5	125c	80		1.45	5		20	400		trr<50ns	124
	KSF25A120B	日本インター		1200				25	32c	400		2.5	25	25j	5m	1200	25j	trr<200ns	510E
	KSF30A20B	日本インター		200				30	101c	400		0.98	30	25j	25	200	25j	trr<50ns	510E
	KSF30A20E	日本インター		200				30	101c	400		0.98	30	25j	25	200	25j	trr<50ns	585

形 名	社 名	最大定格 VRSM (V)	VRRM (V)	VR (V)	IFM (A)	T条件 (°C)	IO, IF* (A)	T条件 (°C)	IFSM (A)	T条件 (°C)	順方向特性(typは*) VFmax (V)	測定条件 IF(A)	T(°C)	逆方向特性(typは*) IRmax (μA)	測定条件 VR(V)	T(°C)	その他の特性等	外形
KSF30A40B	日本インター		400				30	90c	400		1.25	30	25j	50	400	25j	trr<60ns	510E
KSF30A40E	日本インター		400				30	90c	400		1.25	30	25j	50	400	25j	trr<60ns	585
KSF30A60B	日本インター		600				30	64c	600		1.7	30	25j	50	600	25j	trr<60ns	510E
KSF30A60E	日本インター		600				30	64c	600		1.7	30	25j	50	600	25j	trr<60ns	585
KSF60A60B	日本インター		600				60	57c	600		1.7	60	25j	50	600	25j	trr<75ns	510E
KSU30A30B	日本インター		300				30	89c	400	25j	1.33	30	25j	50	300	25j	trr<45ns	510E
LN1F60	新電元		600				1.1		25	25j	1.05	0.8	25L	10	600	25L	trr<3.5μs Ioはプリント基板実装時	485B
M1F60	新電元		600				1		25	25j	1.1	1	25L	10	600	25L	Ioはアルミナ基板実装時	750C
M1F80	新電元		800				1		25	25j	1.1	1	25L	10	800	25L	Ioはアルミナ基板実装時	750C
M1FE40	新電元		400				2	103c	25	25j	1.1	1	25L	10	400	25L		750C
M1FL20U	新電元		200				1.1		30	25j	0.98	1.1	25L	10	200	25L	trr<20ns Ioはアルミナ基板実装時	750C
M1FL40	新電元		400				1.5	104c	25	25j	1.3	1	25c	10	400	25c	trr<50ns Cj=9pF	750C
M1FL40U	新電元		400				1.5	135L	30	25j	1.2	1	25L	10	400	25L	Cj=11pF trr<25ns	750C
M2F60	新電元		600				1.2	51a	50	25j	0.97	1.2	25L	10	600	25L		405D
M2FL20U	新電元		200				1.5	31a	50	25j	0.92	1.5	25L	10	200	25L	Ioはアルミナ基板実装時 trr<35ns	405D
M3F60	新電元		600				3	100L	90	25j	1.05	3	25L	10	600	25L		405D
M3FE40	新電元		400				2	76L	75	25j	1.1	3	25L	10	400	25L		405D
M3FL20U	新電元		200				3	75L	75	25j	0.95	3	25L	10	200	25L	Ioはガラエポ基板実装時 trr<35ns	405D
* MA104	パナソニック		500	500			1		10		1.8	1	25c	50	500	25c	trr=100ns	485E
* MA2D601	パナソニック	600	600				5		50		1.5	5	25c	100	600	25c		517
* MA2QA01	パナソニック		400				1		25		1.1	1		10	400		定格周波数100kHz Ioはアルミナ基板	485E
* MA2QA02	パナソニック		600				1		25		1.1	1		10	600		定格周波数100kHz Ioはアルミナ基板	485E
* MA24F41	パナソニック	400	400				1		20		1.3	0.8		20	400		Ct=30pF trr<45ns IFはアルミナ基板	578
* MA3D689	パナソニック	200	200				2.5		20		0.98	2.5	25c	20	200	25c	trr<40ns 旧形名MA6D89	517
* MA3D690	パナソニック	200	200				5		30		0.98	5	25c	20	200	25c	trr<45ns 旧形名MA6D90	517
* MA3D691	パナソニック	200	200				10		70		1	10	25c	100	200	25c	trr<100ns 旧形名MA6D91	517
* MA3D693	パナソニック	400	400				5		45		1	2.5	25c	50	400	25c	trr<100ns 旧形名MA6D93	517
* MA3U689	パナソニック	200	200				2.5	25c	40		0.98	2.5	25c	20	200	25c	trr<40ns	561
* MA3U690	パナソニック	200	200				5	25c	40		0.98	5	25c	20	200	25c	trr<45ns	561
MA6D89	パナソニック	200	200				2.5		20		0.98	2.5	25c	20	200	25c	trr<40ns 新形名MA3D689	517
MA6D90	パナソニック	200	200				5		30		0.98	5	25c	20	200	25c	trr<45ns 新形名MA3D690	517
MA6D91	パナソニック	200	200	200			10		70		1	10	25c	100	200	25c	trr<100ns 新形名MA3D691	517
* MA643	パナソニック	200	200				1		20		0.9	1	25c	100	200	25c	trr<50ns	485E
* MA689	パナソニック	200	200				2.5	140c	20		1	2.5	25c	100	200	25c	trr<100ns(1A) 新形名MA2F689	538
* MA690	パナソニック	200	200				5	130c	30		1	5	25c	100	200	25c	trr<100ns(1A) 新形名MA2F690	538
* MA691	パナソニック	200	200				10	130c	70		1	10	25c	200	200	25c	trr<100ns(IF=IR=1A)	539
MD5U1A	オリジン		4k				0.35	油冷	150	50j	9.5	2		2	4k		trr<100ns Ioは油温35°C	66G
MD-12H10	オリジン		12k				1	50a	70	25j	14	1		10	12k		trr<0.7μs	144
MD-12N10	オリジン		12k				1	50a	70	25j	14	1		5	12k			144
MD-24SU3	オリジン		24k				0.3	油冷	30	25j	35	0.3		10	24k		trr<0.3μs Ioは油温50°C	540
MD-36N4	オリジン		36k				0.4	油冷	45	25j	38	0.4		10	36k		Ioは油温40°C	673
MD-8H10	オリジン		8k				1	50a	70	25j	9.5	1		10	8k		trr<0.7μs	398

形　名	社名	最大定格 VRSM (V)	VRRM (V)	VR (V)	IFM (A)	T条件 (°C)	Io, IF* (A)	T条件 (°C)	IFSM (A)	T条件 (°C)	順方向特性(typは*) VFmax	IF(A)	T(°C)	逆方向特性(typは*) IRmax (μA)	VR(V)	T(°C)	その他の特性等	外形
MD-8N10	オリジン		8k				1		50a	70	25j	8	1		50	8k		398
MDF100A30	三社電機	360	300	240			100		109c	2000	25j	1.15	310	25j	6m	300	150j		685
MDF100A40	三社電機	480	400	320			100		109c	2000	25j	1.15	310	25j	6m	400	150j		685
MDF100A50	三社電機	600	500	400			100		109c	2000	25j	1.15	310	25j	6m	500	150j		685
MDF150A20L	三社電機	240	200	160			150		94c	2700	25j	1.3	470	25j	50m	200	150j	trr<450ns	685
MDF150A20M	三社電機	240	200	160			150		94c	2700	25j	1.3	470	25j	50m	200	150j	trr<550ns	685
MDF150A30	三社電機	360	300	240			150		98c	2700	25j	1.15	470	25j	10m	300	150j		685
MDF150A30L	三社電機	360	300	240			150		94c	2700	25j	1.3	470	25j	50m	300	150j	trr<450ns	685
MDF150A30M	三社電機	360	300	240			150		94c	2700	25j	1.3	470	25j	50m	300	150j	trr<550ns	685
MDF150A40	三社電機	480	400	320			150		98c	2700	25j	1.15	470	25j	10m	400	150j		685
MDF150A40L	三社電機	480	400	320			150		94c	2700	25j	1.3	470	25j	50m	400	150j	trr<450ns	685
MDF150A40M	三社電機	480	400	320			150		94c	2700	25j	1.3	470	25j	50m	400	150j	trr<550ns	685
MDF150A50	三社電機	600	500	400			150		98c	2700	25j	1.15	470	25j	10m	500	150j		685
MDF150A50L	三社電機	600	500	400			150		94c	2700	25j	1.3	470	25j	50m	200	150j	trr<450ns	685
MDF150A50M	三社電機	600	500	400			150		94c	2700	25j	1.3	470	25j	50m	200	150j	trr<550ns	685
MDF200A30	三社電機	360	300	240			200		92c	3600	25j	1.15	630	25j	13m	300	150j		685
MDF200A40	三社電機	480	400	320			200		92c	3600	25j	1.15	630	25j	13m	400	150j		685
MDF200A50	三社電機	600	500	400			200		92c	3600	25j	1.15	630	25j	13m	500	150j		685
MDF250A20L	三社電機	240	200	160			250		83c	4000	25c	1.4	800	25j	60m	200	150j	trr<450ns	685
MDF250A20M	三社電機	240	200	160			250		85c	4000	25c	1.3	800	25j	60m	200	150j	trr<550ns	685
MDF250A30	三社電機	360	300	240			250		92c	4000	25j	1.15	800	25j	15m	300	150j		685
MDF250A30L	三社電機	360	300	240			250		83c	4000	25c	1.4	800	25j	60m	300	150j	trr<450ns	685
MDF250A30M	三社電機	360	300	240			250		85c	4000	25c	1.3	800	25j	60m	300	150j	trr<550ns	685
MDF250A40	三社電機	480	400	320			250		92c	4000	25j	1.15	800	25j	15m	400	150j		685
MDF250A40L	三社電機	480	400	320			250		83c	4000	25c	1.4	800	25j	60m	400	150j	trr<450ns	685
MDF250A40M	三社電機	480	400	320			250		85c	4000	25c	1.3	800	25j	60m	400	150j	trr<550ns	685
MDF250A50	三社電機	600	500	400			250		92c	4000	25j	1.15	800	25j	15m	500	150j		685
MDF250A50L	三社電機	600	500	400			250		83c	4000	25c	1.4	800	25j	50m	300	150j	trr<450ns	685
MDF250A50M	三社電機	600	500	400			250		85c	4000	25c	1.3	800	25j	50m	300	150j	trr<550ns	685
MDR100A30	三社電機	360	300	240			100		109c	2000	25j	1.15	310	25j	6m	300	150j	MDF100A30と逆極性	685
MDR100A40	三社電機	480	400	320			100		109c	2000	25j	1.15	310	25j	6m	400	150j	MDF100A40と逆極性	685
MDR100A50	三社電機	600	500	400			100		109c	2000	25j	1.15	310	25j	6m	500	150j	MDF100A50と逆極性	685
MDR150A20L	三社電機	240	200	160			150		94c	2700	25j	1.3	470	25j	50m	200	150j	trr<450ns	685
MDR150A20M	三社電機	240	200	160			150		94c	2700	25j	1.3	470	25j	50m	200	150j	trr<550ns	685
MDR150A30	三社電機	360	300	240			150		98c	2700	25j	1.15	470	25j	10m	300	150j	MDF50A30と逆極性	685
MDR150A30L	三社電機	360	300	240			150		94c	2700	25j	1.3	470	25j	50m	300	150j	trr<450ns MDF150A30Lと逆	685
MDR150A30M	三社電機	360	300	240			150		94c	2700	25j	1.3	470	25j	50m	300	150j	trr<550ns MDF150A30Mと逆	685
MDR150A40	三社電機	480	400	320			150		98c	2700	25j	1.15	470	25j	10m	400	150j	MDF150A40と逆極性	685
MDR150A40L	三社電機	480	400	320			150		94c	2700	25j	1.3	470	25j	50m	400	150j	trr<450ns MDF150A40Lと逆	685
MDR150A40M	三社電機	480	400	320			150		94c	2700	25j	1.3	470	25j	50m	400	150j	trr<550ns MDF150A40Mと逆	685
MDR150A50	三社電機	600	500	400			150		98c	2700	25j	1.15	470	25j	10m	500	150j	MDF150A50と逆極性	685
MDR150A50L	三社電機						150		94c	2700	25j	1.3	470	25j	50m	200	150j	trr<450ns MDF150A20Lと逆	685

形　名	社名	最大定格 V_RSM (V)	V_RRM (V)	V_R (V)	I_FM (A)	T条件 (°C)	I_O, I_F* (A)	T条件 (°C)	I_FSM (A)	T条件 (°C)	順方向特性(typは*) V_Fmax (V)	測定条件 I_F(A)	T(°C)	逆方向特性(typは*) I_Rmax (μA)	測定条件 V_R(V)	T(°C)	その他の特性等	外形
MDR150A50M	三社電機						150	94c	2700	25j	1.3	470	25j	50m	200	150j	trr<550ns MDF150A20Mと逆	685
MDR200A30	三社電機	360	300	240			200	92c	3600	25j	1.15	630	25j	13m	300	150j	MDF200A30と逆極性	685
MDR200A40	三社電機	480	400	320			200	92c	3600	25j	1.15	630	25j	13m	400	150j	MDF200A40と逆極性	685
MDR200A50	三社電機	600	500	400			200	92c	3600	25j	1.15	630	25j	13m	500	150j	MDF200A50と逆極性	685
MDR250A20L	三社電機	240	200	160			250	83c	4000	25c	1.4	800	25j	60m	200	150j	trr<450ns MDF250A20Lと逆	685
MDR250A20M	三社電機	240	200	160			250	85c	4000	25c	1.3	800	25j	60m	200	150j	trr<550ns MDF250A20Mと逆	685
MDR250A30	三社電機	360	300	240			250	92c	4000	25j	1.15	800	25j	15m	300	150j	MDF250A30と逆極性	685
MDR250A30L	三社電機	360	300	240			250	83c	4000	25c	1.4	800	25j	60m	300	150j	trr<450ns MDF250A30Lと逆	685
MDR250A30M	三社電機	360	300	240			250	85c	4000	25c	1.3	800	25j	60m	300	150j	trr<550ns MDF250A30Mと逆	685
MDR250A40	三社電機	480	400	320			250	92c	4000	25j	1.15	800	25j	15m	400	150j	MDF250A40と逆極性	685
MDR250A40L	三社電機	480	400	320			250	83c	4000	25c	1.4	800	25j	60m	400	150j	trr<450ns MDF250A40Lと逆	685
MDR250A40M	三社電機	480	400	320			250	85c	4000	25c	1.3	800	25j	60m	400	150j	trr<550ns MDF250A40Mと逆	685
MDR250A50	三社電機	600	500	400			250	92c	4000	25j	1.15	800	25j	15m	500	150j	MDF250A50と逆極性	685
MDR250A50L	三社電機	600	500	400			250	83c	4000	25c	1.4	800	25j	50m	300	150j	trr<450ns MDF250A50Lと逆	685
MDR250A50M	三社電機	600	500	400			250	85c	4000	25j	1.3	800	25j	50m	500	150j	trr<550ns MDF250A50Mと逆	685
* MP2-202S	サンケン		200				20		110		0.98	10		200	200		trr<50ns	216
MP3-306	サンケン		600				30		180		1.7	30		100	600		trr<150ns	216
MPL-102S	サンケン		200				10		65		0.98	5		100	200		trr<40ns	216
MPL-1036S	サンケン	600	600				3		50		1.75	3		50	600		trr<50ns	259
* N19C	日立パワー	300	200				50	60c	850		1.3	150	25c	2m	200	25c		658
N19E	日立パワー	500	400				50	60c	850		1.3	150	25c	2m	400	25c	N20Eと逆極性	658
* N19G	日立パワー	800	600				50	60c	850		1.3	150	25c	2m	600	25c	N20Gと逆極性	658
* N19J	日立パワー	1000	800				50	60c	850		1.3	150	25c	2m	800	25c	N20Jと逆極性	658
N19L	日立パワー	1200	1000				50	60c	850		1.3	150	25c	2m	1000	25c	N20Lと逆極性	658
N20C	日立パワー	300	200				50	60c	850		1.3	150	25c	2m	200	25c		658
* N20E	日立パワー	500	400				50	60c	850		1.3	150	25c	2m	400	25c		658
* N20G	日立パワー	800	600				50	60c	850		1.3	150	25c	2m	600	25c		658
N20J	日立パワー	1000	800				50	60c	850		1.3	150	25c	2m	800	25c		658
* N20L	日立パワー	1200	1000				50	60c	850		1.3	150	25c	2m	1000	25c		658
NSD03A10	日本インター		100				3	108L	80		1	3	25j	50	100	25j		486D
NSD03A20	日本インター		200				3	108L	80		1	3	25j	50	200	25j		486D
NSD03A40	日本インター		400				3	108L	80		1	3	25j	50	400	25j		486D
* NSD03B10	日本インター		100				3	111L	120		0.95	3	25j	50	100	25j		486D
* NSD03B20	日本インター		200				3	111L	120		0.95	3	25j	50	200	25j		486D
* NSD03B40	日本インター		400				3	111L	120		0.95	3	25j	50	400	25j		486D
NSF03A20	日本インター		200				3	106L	45		0.98	3	25j	10	200	25j	trr<30ns	486D
NSF03A40	日本インター		400				3	99L	45		1.25	3	25j	20	400	25j	trr<30ns	486D
NSF03A60	日本インター		600				3	79L	45		1.7	3	25j	20	600	25j	trr<35ns	486D
NSF03B60	日本インター		600				3	83L	45	25j	1.7	3		20	600	25j	trr<35ns	486D
NSF03D60	日本インター		600				3	89L	45	25j	1.45	3		20	600	25j	trr<45ns	486D
NSF03E60	日本インター		600				3	95L	60	25j	1.28	3		20	600	25j	trr<75ns	486D
NSU03A60	日本インター		600				3	72L	35	25j	2.3	3	25j	20	600	25j	trr<32ns	486D

	形 名	社 名	V_{RSM} (V)	V_{RRM} (V)	V_R (V)	I_{FM} (A)	T条件 (℃)	I_O, I_F* (A)	T条件 (℃)	I_{FSM} (A)	T条件 (℃)	V_{Fmax} (V)	I_F(A)	T(℃)	I_{Rmax} (μA)	V_R(V)	T(℃)	その他の特性等	外形
	NSU03B60	日本インター		600				3	58L	35	25j	2.7	3	25j	20	600	25j	trr<27ns	486D
*	P19C	日立パワー	300	200				30	95c	760		1.2	95	25c	2m	200		P20Cと逆極性	751
*	P19E	日立パワー	500	400				30	95c	760		1.2	95	25c	2m	400		P20Eと逆極性	751
*	P19G	日立パワー	800	600				30	95c	760		1.2	95	25c	2m	600		P20Gと逆極性	751
*	P19J	日立パワー	1000	800				30	95c	760		1.2	95	25c	2m	800		P20Jと逆極性	751
*	P20C	日立パワー	300	200				30	95c	760		1.2	95	25c	2m	200			751
*	P20E	日立パワー	500	400				30	95c	760		1.2	95	25c	2m	400			751
*	P20G	日立パワー	800	600				30	95c	760		1.2	95	25c	2m	600			751
*	P20J	日立パワー	1000	800				30	95c	760		1.2	95	25c	2m	800			751
*	P51A	日立パワー	75	50				30	87c	450		1.25	30	25c	1m	50		P52Aと逆極性	461
*	P51B	日立パワー	150	100				30	87c	450		1.25	30	25c	1m	100		P52Bと逆極性	461
*	P51C	日立パワー	300	200				30	87c	450		1.25	30	25c	1m	200		P52Cと逆極性	461
*	P52A	日立パワー	75	50				30	87c	450		1.25	30	25c	1m	50			461
*	P52B	日立パワー	150	100				30	87c	450		1.25	30	25c	1m	100			461
*	P52C	日立パワー	300	200				30	87c	450		1.25	30	25c	1m	200			461
*	PG124S15	富士電機	1500	1500				10	95c	100		2	4		50	1500		trr<0.5μs	587
*	PG127S17	富士電機	1700	1700				10	89c	100		2	4		200	1700		trr<0.7μs	587
	PG151S15	富士電機	1500	1500				8	115c	50	150j	1.5	5		10	1500		trr<1μs	587
	PH1503	日本インター	400	300				150	103C	3200	150j	1.28	450	25j	15m	300	150j		210
	PH1504	日本インター	500	400				150	103C	3200	150j	1.28	450	25j	15m	400	150j		210
	PH1508	日本インター	900	800				150	103C	3200	150j	1.28	450	25j	15m	800	150j		210
	PH2503	日本インター	400	300				250	95C	5000	150j	1.22	800	25j	40m	300	150j		210
	PH2504	日本インター	500	400				250	95C	5000	150j	1.22	800	25j	40m	400	150j		210
	PH2508	日本インター	900	800				250	95C	5000	150j	1.22	800	25j	40m	800	150j		210
	PH270F2	日本インター	220	200				270	102c	3000		0.97	270	25j	20m	200	150j	trr<150ns	248
	PH270F6	日本インター		600				270	82c	3000		1.5	270	25j	20m	600	150j	trr<170ns	248
	PH400N8	日本インター	900	800				400	105c	8k	25j	1.35	1300	25j	30m	800	150j		680
	PH400N16	日本インター	1700	1600				400	82c	7.2k	25j	1.45	1300	25j	50m	1600	125j		680
	PH40016	日本インター	1700	1600				400	57c	7200	25j	1.45	1300	25j	50m	1600	125j		680
	PH4008	日本インター	900	800				400	94c	8000	150j	1.25	1300	25j	30m	800	150j		680
*	Q19C	日立パワー	300	200				20	100c	400		1.3	60	25c	5m	200		Q20Cと逆極性	753
*	Q19D	日立パワー	400	300				20	100c	400		1.3	60	25c	5m	300		Q20Dと逆極性	753
*	Q19E	日立パワー	500	400				20	100c	400		1.3	60	25c	5m	400		Q20Eと逆極性	753
*	Q19G	日立パワー	800	600				20	100c	400		1.3	60	25c	5m	600		Q20Gと逆極性	753
*	Q19J	日立パワー	1000	800				20	100c	400		1.3	60	25c	5m	800		Q20Jと逆極性	753
*	Q19L	日立パワー	1200	1000				20	100c	400		1.3	60	25c	5m	1000		Q20Lと逆極性	753
*	Q20C	日立パワー	300	200				20	100c	400		1.3	60	25c	5m	200			753
*	Q20D	日立パワー	400	300				20	100c	400		1.3	60	25c	5m	300			753
*	Q20E	日立パワー	500	400				20	100c	400		1.3	60	25c	5m	400			753
*	Q20G	日立パワー	800	600				20	100c	400		1.3	60	25c	5m	600			753
*	Q20J	日立パワー	1000	800				20	100c	400		1.3	60	25c	5m	800			753
*	Q20L	日立パワー	1200	1000				20	100c	400		1.3	60	25c	5m	1000			753

	形 名	社 名	最大定格							順方向特性(typは*)				逆方向特性(typは*)			その他の特性等	外形
			V_{RSM} (V)	V_{RRM} (V)	V_R (V)	I_{FM} (A)	T条件 (℃)	I_{O}, I_{F*} (A)	T条件 (℃)	I_{FSM} (A)	T条件 (℃)	V_{Fmax} (V)	測定条件	I_F(A)	T(℃)	I_{Rmax} (μA)	測定条件	V_R(V)	T(℃)		
*	RC3B2	サンケン		1600				1	125L	20		3.7		1		100	1600		trr<70ns	67A
	RD0106T	三洋		600				1		10		1.3		1		10	600		trr=16ns	631
	RD0306LS-SB	三洋		600				3		40		1.5		3		10	600		trr=16ns	635
	RD0306T	三洋		600				3		40		1.5		3		10	600		trr=16ns	631
	RD0504T	三洋		400				5		40		1.5		5		20	400		trr=17ns	631
	RD0506LS-SB	三洋		600				5		120		1.6		5		50	600		trr<50ns	635
	RD0506LS-SB5	三洋		600				5		120		1.6		5		50	600		trr=17ns	635
	RD0506T	三洋		600				5		80		1.6		5		50	600		trr=16ns	631
	RD1004LS-SB5	三洋	400	400				10		120		1.5		10		100	400		trr=17ns	635
	RD1006LN	三洋	600	600				10		180		1.6		10		100	600		trr=16ns	57C
	RD1006LS	三洋	600	600				10		180		1.6		10		100	600		trr<50ns	635
	RD1006LS-SB5	三洋	600	600				10		180		1.6		10		100	600		trr=16ns	635
	RD2A	サンケン		600				1.2		30		1.55		1.2		50	600		trr<150ns	67G
	RD2003JN	三洋		300				20		180		1.3		20		100	300		trr=20ns	433
	RD2003JS-SB	三洋	350	300				20	38c	180		1.3		20		100	300		trr=20ns	57A
	RD2004JN	三洋		400				20		180		1.5		20		100	400		trr=20ns	433
	RD2004JS-SB	三洋	430	400				20	41c	180		1.5		20		100	400		trr=20ns	57A
	RD2004LN	三洋	400	400				20		180		1.5		20		100	400		trr=20ns	57C
	RD2004LS	三洋	400	400				20		180		1.5		20		100	400		trr<50ns	635
	RD2004LS-SB5	三洋	400	400				20		180		1.5		20		100	400		trr=20ns	635
	RD2006FR	三洋		600				20		220		1.75		20		100	600		trr=21ns	57B
	RD2006LS-SB	三洋		600				20		180		1.75		20		100	600		trr<50ns	635
	RD2006LS-SB5	三洋		600				20		180		1.75		20		100	600		trr=22ns	635
	RD2006RH-SB	三洋		600				20	63c	220		1.75		20		100	600		trr=21ns	183
	RF051VA1S	ローム		100	100			0.5		5		0.98		0.5		10	100		trr<25ns	756E
	RF051VA2S	ローム		200	200			0.5		5		0.98		0.5		10	200		trr<25ns	756E
	RF071M2S	ローム		200	200			0.7		15		0.85		0.7		10	200		trr<25ns	750E
	RF1A	サンケン	650	600	420			0.6	50a	15	25j	2		0.6		10	600		trr<0.4μs	67F
	RF1B	サンケン	850	800				0.6	50a	15	25j	2		0.6		10	800		trr<0.4μs	67F
	RF1Z	サンケン	250	200	140			0.6	50a	15	25j	2		0.6		10	200			67F
*	RF1	サンケン	450	400	280			0.6	50a	15	25j	2		0.6		10	400		trr<0.4μs	67F
	RF101A2S	ローム		200	200			1		20		0.87		1		10	200		trr<25ns	19E
	RF101L2S	ローム		200	200			1		20		0.87		1		10	200		trr<25ns	485F
	RF101L4S	ローム		400	400			1		20		1.25		1		10	400		trr<25ns	485F
	RF2001T4S	ローム		430	400			20	98c	100		1.6		20		10	400		trr<30ns	352
	RF201L2S	ローム		200	200			2		20		0.87		2		10	200		trr<25ns	485F
	RF301B2S	ローム		200	200			3		40		0.93		3		10	200		trr<25ns Ioはｶﾞﾗｴﾎﾟ基板実装時	351
	RF501B2S	ローム		200	200			5		40		0.92		5		1	200		trr<30ns Ioはｶﾞﾗｴﾎﾟ基板実装時	351
	RF501PS2S	ローム		200	200			5		70		0.92		5		1	200		trr<30ns Ioはｶﾞﾗｴﾎﾟ基板実装時	771
	RG1C	サンケン	1000	1000				0.7	50a	10	25j	3.3		0.7		20	1000		trr<100ns	67C
	RG10A	サンケン		600				1	60a	50	25j	2		1		500	600		trr<100ns	67G
*	RG10Y	サンケン		70				1.5	60a	50	25j	1.1		1.5		500	70		trr<100ns	67G

形名	社名	V_{RSM} (V)	V_{RRM} (V)	V_R (V)	I_{FM} (A)	T条件 (℃)	最大定格 I_0, I_F* (A)	T条件 (℃)	I_{FSM} (A)	T条件 (℃)	順方向特性(typは*) $V_F$max (V)	測定条件 I_F(A)	T(℃)	逆方向特性(typは*) $I_R$max (μA)	測定条件 V_R(V)	T(℃)	その他の特性等	外形
*RG10Z	サンケン		200				1.2		50		1.5	1.2		500	200		trr<100ns	67F
RG10	サンケン		400				1.2	60a	50	25j	1.8	1.5		500	400		trr<100ns	67G
*RG2A2	サンケン	1300	1300				0.5	40a	5	25j	3.5	0.5		100	1300		trr<100ns	67G
RG2A	サンケン	600	600				1	60a	50	25j	2	1		500	600		trr<100ns	67G
*RG2Y	サンケン	70	70	50			1.5	60a	50	25j	1.1	1.5		500	70		trr<100ns	67G
*RG2Z	サンケン	200	200	140			1.2	60a	50	25j	1.5	1.5		500	200		trr<100ns	67G
RG2	サンケン	400	400	280			1.2	60a	50	25j	1.8	1.5		500	400		trr<100ns	67G
RG4A	サンケン	600	600				1	60a	50	25j	2	2		500	600		trr<100ns フィン使用のIoは2A	67H
RG4C	サンケン	1000	1000				1	40a	60	25j	3	2		500	1000		trr<100ns フィン使用のIoは2A	67H
*RG4Y	サンケン	70	70	50			2	60a	100	25j	1.3	3.5		1m	70		trr<100ns フィン使用のIoは3.5A	67H
*RG4Z	サンケン	200	200	140			1.5	60a	80	25j	1.7	3		1m	200		trr<100ns フィン使用のIoは3A	67H
RG4	サンケン		400	280			1.5	60a	80	25j	1.8	3		500	400		trr<100ns フィン使用のIoは3A	67H
RH1A	サンケン	650	600	420			0.6	50a	35	25j	1.3	0.6		5	600		trr<4μs	67F
RH1B	サンケン	850	800	560			0.6	50a	35	25j	1.3	0.6		5	800		trr<4μs	67F
RH1C	サンケン	1050	1000	700			0.6	50a	35	25j	1.3	0.6		5	1000		trr<4μs	67F
RH1Z	サンケン	250	200	140			0.6	50a	35	25j	1.3	0.6		5	200		trr<4μs	67F
RH1	サンケン	450	400	280			0.6	50a	35	25j	1.3	0.6		5	400		trr<4μs	67F
RH10F	サンケン		1500				0.8	40a	60	25j	1	1		10	1500		trr<4μs	67F
*RH2D	サンケン		1300				1	60a	60		1	1		10	1300		trr<4μs	67G
*RH2F	サンケン		1500	1200			1	60a	60	25j	1	1		10	1500		trr<4μs	67G
*RH3F	サンケン		1500				2.5	50a	50	25j	1.3	2.5		50	1500		trr<4μs	67A
*RH3G	サンケン		1600				2.5	50a	50		1.3	2.5		50	1600		trr<4μs	67A
*RH4F	サンケン	1500	1500				2.5	60a	50	25j	1.5	2.5		10	1500		20×20フィン2枚使用のIoは2.5A	67H
RJU4351TDPP-EJ	ルネサス		430				10*	25c	50		1.9	10		1	430		trr=25ns	660
RJU4352TDPP-EJ	ルネサス		430				20*	25c	100		1.8	20		1	430		trr=25ns	660
RJU60C1SDPD	ルネサス		600				3		36		2	5		1	600		trr=60ns	609
RJU60C2SDPD	ルネサス		600				5		60		2	15		1	600		trr=70ns	609
RJU60C2TDPP-EJ	ルネサス		600				5		60		2	15		1	600		trr=70ns	660
RJU60C3SDPD	ルネサス		600				10		80		2.1	30		1	600		trr=90ns	609
RJU60C3TDPP-EJ	ルネサス		600				10		80		2.1	30		1	600		trr=90ns	660
RJU60C6SDPE	ルネサス		600				30		140		2	50		1	600		trr=100ns	216
RJU60C6SDPK-M0	ルネサス		600				30		140		2	50		1	600		trr=100ns	659
RJU60C6TDPP-EJ	ルネサス		600				30		140		2	50		1	600		trr=100ns	660
RJU6052SDPD	ルネサス		600				10*	25c	30		3	10		1	600		trr=25ns	609
RJU6052SDPE	ルネサス		600				10*	25c	30		3	10		1	600		trr=25ns	216
RJU6052TDPP-EJ	ルネサス		600				10*	25c	30		3	10		1	600		trr=25ns	660
RJU6053SDPE	ルネサス		600				20*	25c	60		3	20		1	600		trr=25ns	216
RJU6053TDPP-EJ	ルネサス		600				20*	25c	60		3	20		1	600		trr=25ns	660
RJU6054SDPE	ルネサス		600				30*	25c	120		3	30		1	600		trr=25ns	216
RJU6054SDPK-M0	ルネサス		600				30*	25c	120		3	30		1	600		trr=25ns	659
RJU6054TDPP-EJ	ルネサス		600				30*	25c	120		3	30		1	600		trr=25ns	660
RL10Z	サンケン		200				2	40a	30	25j	0.98	2		50	200		trr<50ns	67F

	形　名	社　名	V_{RSM} (V)	V_{RRM} (V)	V_R (V)	I_{FM} (A)	T条件 (℃)	I_O, I_F* (A)	T条件 (℃)	I_{FSM} (A)	T条件 (℃)	V_{Fmax} (V)	I_F(A)	T(℃)	I_{Rmax} (μA)	V_R(V)	T(℃)	その他の特性等	外形
*	RL2A	サンケン		600				1.2	50a	30		1.55	1.2		50	600		trr<50ns	67G
	RL2Z	サンケン	200	200				2	50a	30	25j	0.98	2		100	200		trr<50ns	67G
	RL2	サンケン		350				2	50a	40		1.3	2		10	350		trr<50ns	67G
*	RL3A	サンケン		600				2	60a	60		1.7	3		50	200		trr<50ns Ioは両側20×20フィン	67A
*	RL3Z	サンケン	200	200				3.5	50R	80	25j	0.95	3.5		50	200		trr<50ns	67A
*	RL3	サンケン		350				3.5	60a	80		1.3	3.5		100	350		trr<50ns Ioは両側20×20フィン	67A
*	RL31	サンケン		400				3		70		1.3	3		50	400		trr<50ns (IF=IR=0.1A)	67A
	RL4A	サンケン		600				3	115L	80		1.5	3		50	600		trr<50ns	67H
	RL4Z	サンケン		200				2	60a	80	25j	0.95	3.5		150	200		trr<50ns フィン使用のIoは3.5A	67H
*	RLR4001	ローム	60	50				0.8		20	25j	1	0.8		10	50			357H
*	RLR4002	ローム	120	100				0.8		20	25j	1	0.8		10	100			357H
*	RLR4003	ローム	240	200				0.8		20	25j	1	0.8		10	200			357H
*	RLR4004	ローム	480	400				0.8		20	25j	1	0.8		10	400			357H
	RM1A	サンケン	650	600	420			1	50a	50	25j	0.95	1		5	600			67F
	RM1B	サンケン	850	800	560			0.8	50a	40	25j	1.2	1		5	800			67F
	RM1C	サンケン	1050	1000	700			0.8	50a	40	25j	1.2	1		5	1000			67F
	RM1Z	サンケン	250	200	140			1	50a	50	25j	0.95	1		5	200			67F
	RM1	サンケン	450	400	280			1	50a	50	25j	0.95	1		5	400			67F
	RM10A	サンケン		600				1.2	40a	150	25j	0.91	1.5		10	600			67F
	RM10B	サンケン		800				1.2	40a	150	25j	0.91	1.5		10	800			67F
	RM10Z	サンケン		200				1.5	40a	120	25j	0.91	1.5		10	200			67F
	RM10	サンケン		400				1.2	40a	150	25j	0.91	1.5		10	400			67F
	RM100HA-12F	三菱	720	600	480			100	75c	2000		1.5	100	25j	20m	600	150j	trr<0.8μs	617
	RM100HA-20F	三菱	1100	1000	800			100	75c	2000		1.5	100	25j	20m	1000	150j	trr<0.8μs	617
	RM100HA-24F	三菱	1350	1200	960			100	75c	2000		1.5	100	25j	20m	1200	150j	trr<0.8μs	617
	RM11A	サンケン		600				1.2	40a	100	25j	0.92	1.5		10	600			67F
	RM11B	サンケン		800				1.2	40a	100	25j	0.92	1.5		10	800			67F
	RM11C	サンケン		1000				1.2	40a	100	25j	0.92	1.5		10	1000			67F
	RM2A	サンケン	650	600	420			1.2	50a	100	25j	0.91	1.5		5	600			67G
	RM2B	サンケン	850	800	560			1.2	50a	100	25j	0.91	1.5		5	800			67G
	RM2C	サンケン	1050	1000	700			1.2	50a	100	25j	0.91	1.5		5	1000			67G
	RM2Z	サンケン	250	200	140			1.2	50a	100	25j	0.91	1.5		5	200			67G
	RM2	サンケン	450	400	280			1.2	50a	100	25j	0.91	1.5		5	400			67G
	RM20HA12F	三菱	720	600	480			20	114c	400		1.5	20	25j	5m	600	150j	trr<0.8μs	193
	RM20HA20F	三菱	1100	1000	800			20	114c	400		1.5	20	25j	5m	1000	150j	trr<0.8μs	193
	RM20HA24F	三菱	1350	1200	960			20	114c	400		1.5	20	25j	5m	1200	150j	trr<0.8μs	193
	RM200HA-20F	三菱	1100	1000	800			200	75c	4000		1.5	200	25j	40m	1000	150j	trr<0.8μs	618
	RM200HA-24F	三菱	1350	1200	960			200	75c	4000		1.5	200	25j	40m	1200	150j	trr<0.8μs	618
*	RM25HG-24S	三菱	1350	1200	960			25	80c	500		4	100	25j	1m	1200	125j	trr<0.3μs	451
*	RM3A	サンケン		600				2.5		150	25j	0.95	2.5		10	600			67A
*	RM3B	サンケン		800				2.5		150		0.95	2.5		10	800			67A
*	RM3C	サンケン		1000				2		150		0.95	2.5		10	1000			67A

形　名	社名	最大定格								順方向特性(typは*)				逆方向特性(typは*)				その他の特性等	外形
		V_{RSM} (V)	V_{RRM} (V)	V_R (V)	I_{FM} (A)	T条件 (℃)	I_O, I_F* (A)	T条件 (℃)	I_{FSM} (A)	T条件 (℃)	V_{Fmax} (V)	測定条件		測定条件		I_{Rmax} (μA)	測定条件			
												I_F(A)	T(℃)	(μA)	V_R(V)	T(℃)		
*RM3	サンケン	400	400				2.5		150	25j	0.95	2.5		10	400			67A
RM300HA-24F	三菱	1350	1200	960			300	75c	3000		1.4	300	25j	40m	1200	150j	trr<0.8μs	643
RM4A	サンケン	650	600				1.7	40a	200	25j	0.95	3		10	600		20×20フィン両側使用のIoは3A	67H
RM4AM	サンケン	650	600				1.8	50a	350	25j	0.92	3.5		10	600		20×20フィン両側使用のIoは3.2A	67H
RM4B	サンケン	850	800				1.7	40a	150	25j	0.97	3		10	800		20×20フィン両側使用のIoは3A	67H
RM4C	サンケン	1050	1000				1.7	40a	150	25j	0.97	3		10	1000		20×20フィン両側使用のIoは3A	67H
RM4Y	サンケン	150	100				1.7	40a	200	25j	0.95	3		10	100		20×20フィン両側使用のIoは3A	67H
RM4Z	サンケン	250	200				1.7	40a	200	25j	0.95	3		10	200		20×20フィン両側使用のIoは3A	67H
RM4	サンケン	450	400				1.7	40a	200	25j	0.95	3		10	400		20×20フィン両側使用のIoは3A	67H
RM400HA-20S	三菱	1100	1000	800			400	90c	8000		2	400	25j	50m	1000	150j	trr<0.4μs	496
RM400HA-24S	三菱	1250	1200	960			400	90c	8000		2	400	25j	50m	1200	150j	trr<0.4μs	496
RM50HA-12F	三菱	720	600	480			50	105c	1000		1.5	50	25j	10m	600	150j	trr<0.8μs	617
RM50HA-20F	三菱	1100	1000	800			50	105c	1000		1.5	50	25j	10m	1000	150j	trr<0.8μs	617
RM50HA-24F	三菱	1350	1200	960			50	105c	1000		1.5	50	25j	10m	1200	150j	trr<0.8μs	617
*RM50HG-12S	三菱	720	600	480			50	80c	1000		4	200	25j	10m	600	125j	trr<0.2μs	451
RM500HA-2H	三菱	1700	1600	1280			500	90c	10k		1.25	1500	25j	40m	1600	150j		282
RM500HA-24	三菱	1350	1200	960			500	90c	10k		1.25	1500	25j	40m	1200	150j		282
RM500HA-H	三菱	960	800	640			500	90c	10k		1.25	1500	25j	40m	800	150j		282
RM500HA-M	三菱	480	400	320			500	90c	10k		1.25	1500	25j	40m	400	150j		282
RN1Z	サンケン		200				1.5	127L	60	25j	0.92	1.5		20	200		trr<100ns	67F
RN2Z	サンケン		200				2	127L	70	25j	0.92	2		50	200		trr<100ns	67G
*RN3Z	サンケン		200				3	118L	80	25j	0.92	3		50	200		trr<100ns	67A
RN4A	サンケン	600	600				3	109L	50	25j	1.3	3		50	600		trr<100ns	67H
RN4Z	サンケン		200				3.5	120L	120	25j	0.92	3.5		50	200		trr<100ns	67H
*RO2A	サンケン	650	600	420			1.2	50a	80	25j	0.92	1.5		10	600			67G
RO2B	サンケン	850	800				1.2	50a	80	25j	0.92	1.5		10	800			67G
RO2C	サンケン	1050	1000				1.2	50a	80	25j	0.92	1.5		10	1000			67G
RO2Z	サンケン	250	200	140			1.2	50a	80	25j	0.92	1.5		10	200			67G
RO2	サンケン	450	400	280			1.2	50a	80	25j	0.92	1.5		10	400			67G
*RP3F	サンケン		1500				2.5		50		1.7	2		50	1500		trr<0.7μs	67A
RR255M-400	ローム		400				0.7		150		0.98	0.7		1	400		trr<30ns	750E
RR264M-400	ローム		400				0.7		25		1.1	0.7		10	400		trr<30ns	750E
RS1A	サンケン	650	600				0.7	50a	30	25j	2.5	0.8		10	600		trr<1.5μs	67F
RS1B	サンケン	850	800				0.7	50a	30	25j	2.5	0.8		10	800		trr<1.5μs	67F
*RS3FS	サンケン	1500	1500				2	50a	50	25j	1.1	3		50	1500		trr<2μs	67A
*RS4FS	サンケン	1500	1500				1.5	60a	50	25j	1.5	3		50	1500		20×20フィン2枚使用のIoは2.5A	67H
RU1P	サンケン	1000	1000				0.4	50a	10	25j	4	0.4		5	1000		trr<100ns Ioはプリント基板実装時	67F
RU2AM	サンケン	650	600				1.1	50a	20	25j	1.2	1.1		10	600		trr<0.4μs	67F
RU2B	サンケン	850	800				1	50a	20	25j	1.5	1		10	800		trr<0.4μs	67F
RU2C	サンケン		1000				0.8	50a	20	25j	1.5	1		10	1000		trr<0.4μs	67F
RU2M	サンケン	450	400				1.1	50a	20	25j	1.2	1.1		10	400		trr<0.4μs	67F
*RU2YX	サンケン	100	70				1.5		30	25j	0.95	1.5		10	70		trr<0.4μs	67F

形名	社名	最大定格 V_RSM (V)	V_RRM (V)	V_R (V)	I_FM (A)	T条件 (℃)	I_O, I_F* (A)	T条件 (℃)	I_FSM (A)	T条件 (℃)	順方向特性(typは*) V_Fmax (V)	測定条件 I_F (A)	T(℃)	逆方向特性(typは*) I_Rmax (μA)	測定条件 V_R (V)	T(℃)	その他の特性等	外形
RU2Z	サンケン	250	200				1	50a	20	25j	1.5	1		10	200		trr<0.4μs	67F
RU2	サンケン	650	600	420			1	50a	20	25j	1.5	1		10	600		trr<0.4μs	67F
RU20A	サンケン		600				1.5	60a	50		1.1	1.5		10	600		trr<400ns	67F
RU3A	サンケン		600				1.1	50a	20	25j	1.5	1.5		10	600		trr<0.4μs	67G
RU3AM	サンケン	650	600				1.5	50a	50	25j	1.1	1.5		10	600		trr<0.4μs	67G
RU3B	サンケン	840	800				1.1	50a	20	25j	1.5	1		10	800		trr<0.4μs	67G
RU3C	サンケン	1050	1000				1.5	50a	20	25j	2.5	1.5		10	1000		trr<0.4μs	67G
RU3M	サンケン	450	400				1.5	50a	50	25j	1.1	1.5		10	400		trr<0.4μs	67G
*RU3YX	サンケン	100	70				2		50	25j	0.95	2		10	70		trr<0.2μs	67G
RU3	サンケン		400				1.1	50a	20	25j	1.5	1.5		10	400		trr<0.4μs	67G
*RU30A	サンケン	600	600				2		200	25j	0.95	2		10	600			67A
*RU30Y	サンケン		100				3.5		80		0.97	3.5		10	100		trr<0.4μs Ioはフィン使用	67A
*RU30Z	サンケン		200				3.5		80	25j	0.97	3.5		10	200		Ioはフィン使用 trr<0.4μs	67A
*RU30	サンケン	400	400				2		200	25j	0.95	2		10	400			67A
*RU31A	サンケン		600				3	110L	150		1.2	3		50	600		trr<180ns	67A
*RU31	サンケン		400				3	110L	150		1.2	3		50	400		trr<180ns	67A
RU4A	サンケン	650	600	420			1.5	60a	50	25j	1.5	3		10	600		trr<0.4μs 20×20フィンのIoは3A	67H
RU4AM	サンケン	600	600				2	60a	70	25j	1.3	3.5		10	600		trr<0.4μs 20×20フィンのIoは3.5A	67H
RU4B	サンケン	850	800				1.5	60a	50	25j	1.6	3		10	800		trr<0.4μs 20×20フィンのIoは3A	67H
RU4C	サンケン	1050	1000				1.5	40a	50	25j	1.6	3		50	1000		trr<0.4μs 20×20フィンのIoは3A	67H
RU4D	サンケン	1350	1300				1.2	60a	50	25j	1.8	1.5		50	1300		trr<0.4μs 20×20フィンのIoは1.5A	67H
RU4DS	サンケン	1350	1300				1.5	60a	50	25j	1.8	3		50	1300		trr<0.4μs 20×20フィンのIoは2.5A	67H
RU4M	サンケン	400	400				2	60a	70		1.3	3.5		10	400		trr<0.4μs 20×20フィンのIoは3.5A	67H
*RU4Y	サンケン	150	100	70			2	60a	70	25j	1.3	3.5		10	100		trr<0.4μs 20×20フィンのIoは3.5A	67H
*RU4YX	サンケン	100	70				2.2	60a	100	25j	0.85	2		10	70		trr<0.2μs 20×20フィンのIoは4A	67H
RU4Z	サンケン	250	200	140			2	60a	70	25j	1.3	3.5		10	200		trr<0.4μs 20×20フィンのIoは3.5A	67H
RU4	サンケン	450	400	280			1.5	60a	50	25j	1.5	3		10	400		trr<0.4μs 20×20フィンのIoは3A	67H
RX10Z	サンケン		200				2		30		0.98	2		50	200		trr<30ns	67F
RX3Z	サンケン		200				3	115L	80		0.98	3		50	200		trr<50ns	67A
RY2A	サンケン	600	600				3	103L	50	25j	1.15	3		10	600		trr<200ns	67G
*S1K20	新電元	250	200				0.8	40a	25	25j	1.2	0.8	25L	10	200	25L	trr<300ns	507E
*S1K20H	新電元	250	200				0.8	40a	25	25j	1.2	0.8	25L	10	200	25L	trr<100ns	507E
*S1K40	新電元	450	400				0.8	40a	25	25j	1.2	0.8	25L	10	400	25L	trr<300ns	507E
S100MQ6	オリジン		600				100		1000		1.5	100		1.2m	600		trr<160ns	588
S120MQ12	オリジン		1200				120		1200		2.1	120		800	1200		trr<150ns	588
S16L60	新電元		600				16	122c	300	25j	1.5	16	25c	25	600	25c	trr<100ns	576
*S19C	日立パワー	300	200				10	124c	280		1.3	30	25c	4m	200		S20Cと逆極性	753
*S19D	日立パワー	400	300				10	124c	280		1.3	30	25c	4m	300		S20Dと逆極性	753
*S19E	日立パワー	500	400				10	124c	280		1.3	30	25c	4m	400		S20Eと逆極性	753
*S19G	日立パワー	800	600				10	124c	280		1.3	30	25c	4m	600		S20Gと逆極性	753
*S19J	日立パワー	1000	800				10	124c	280		1.3	30	25c	4m	800		S20Jと逆極性	753
*S19L	日立パワー	1200	1000				10	124c	280		1.3	30	25c	4m	1000		S20Lと逆極性	753

形 名	社 名	V_{RSM} (V)	V_{RRM} (V)	V_R (V)	I_{FM} (A)	T条件 (℃)	I_O, I_F* (A)	T条件 (℃)	I_{FSM} (A)	T条件 (℃)	V_{Fmax} (V)	I_F(A)	T(℃)	I_{Rmax} (μA)	V_R(V)	T(℃)	その他の特性等	外形
*S2K20	新電元	250	200				1.2	40a	50	25j	1.1	1.2	25L	10	200	25L	trr<300ns	90E
*S2K20H	新電元	250	200				1.2	40a	50	25j	1.1	1.2	25L	10	200	25L	trr<100ns	90E
*S2K40	新電元	450	400				1.2		50	25j	1.3	1.2	25L	10	400	25L	trr<300ns	90E
S2K100	新電元		1000				2	91L	65	25j	2.1	2	25L	10	1000	25L	Cj=14pF trr<75ns	89G
S2L20U	新電元		200				1.5		50	25j	0.98	1.5	25L	10	200	25L	trr<35ns	89G
S2L40	新電元		400				1.1		40	25j	1.3	1.1	25L	10	400	25L	trr<50ns	89G
S2L60	新電元		600				1.5	125L	50	25j	1.5	1.5	25L	10	600	25L	trr<50ns	89G
S2L40U	新電元		400				2	120L	100	25j	1.25	2	25L	10	400	25L	Cj=22pF trr<35ns	89G
*S2LA20	新電元		200				1.6		50	25j	0.98	1.6	25j	10	200	25j	trr=50ns	90E
S2V20	新電元		200				1.7	40a	60	25j	1.05	1.7	25L	10	200	25L	色表示赤	90E
S2V60	新電元		600				1.7	40a	60	25j	1.05	1.7	25L	10	600	25L	色表示青	90E
S2V80	新電元		800				1.7	40a	60	25j	1.05	1.7		10	800	25L		89G
*S20C	日立パワー	300	200				10	124c	280		1.3	30	25c	4m	200			753
*S20D	日立パワー	400	300				10	124c	280		1.3	30	25c	4m	300			753
*S20E	日立パワー	500	400				10	124c	280		1.3	30	25c	4m	400			753
*S20G	日立パワー	800	600				10	124c	280		1.3	30	25c	4m	600			753
*S20J	日立パワー	1000	800				10	124c	280		1.3	30	25c	4m	800			753
S20K60T	新電元		600				20	121c	300	25j	1.5	20	25c	10	600	25c	Cj=105pF trr<95ns	790A
S20L60	新電元		600				20	119c	400	25j	1.5	20	25c	25	600	25c	trr<100ns	576
*S20L	日立パワー	1200	1000				10	124c	280		1.3	30	25c	4m	1000			753
S200MQ6	オリジン		600				200		2000		1.5	200		800	600		trr<140ns	588
S200MQ12	オリジン		1200				200		2000		2	200		1.6m	1200		trr<170ns	515
*S3K40	新電元	450	400				1.8		60	25j	1.2	2.2	25L	10	400	25L	色表示茶 trr<300ns	90F
S3K60	新電元		600				3	123L	120	25j	1.3	3	25L	10	600	25L	trr<100ns	89H
S3L20U	新電元		200				3	128L	60	25j	0.98	2.1	25L	10	200	25L	trr<35ns	89H
S3L40	新電元		400				3	123L	60	25j	1.3	3	25L	10	400	25L	trr<50ns	89H
S3L60	新電元		600				2.2	132L	60	25j	1.5	2.2	25L	10	600	25L	trr<50ns	89H
S3L40U	新電元		400				3	126L	100	25j	1.25	3	25L	10	400	25L	Cj=34pF trr<35ns	89H
*S3LA20	新電元		200				2.2		60	25j	0.98	2.2	25j	10	200	25j	trr=50ns	90F
S3V20	新電元		200				2.6	40a	120	25j	1.05	2.6	25L	5	200	25L	色点表示赤	90F
S3V60	新電元		600				2.5	40a	120	25j	1.05	2.6	25L	10	600	25L	色点表示青	90F
S3V80	新電元		800				2.5	40a	120	25j	1.05	2.6		10	800	25L		89H
S3V100D	新電元		1000				4	122L	150	25j	1.05	3	25L	10	1000	25L		89H
S30K60T	新電元		600				30	123c	450	25j	1.5	30	25c	10	600	25c	Cj=154pF trr<100ns	790A
*S30L40	新電元		400				30	118c	500	25j	1.25	30	25j	25	400	25j	trr<100ns	42
*S30L60	新電元		600				30	117c	500	25j	1.5	30	25c	25	600	25c	trr<150ns	576
S30V60T	新電元		600				30	119c	360	25j	1.1	30	25c	10	600	25c		790A
S300MQ6	オリジン		600				300		3000		1.5	300		1.2m	600		trr<160ns	515
S300MQ12	オリジン		1200				300		3000		2	300		2.4m	1200		trr<190ns	515
S300MU14	オリジン		1400				300		4500		2	300		4m	1400		trr<250ns	515
S400MQ6	オリジン		600				400		4000		1.5	400		1.6m	600		trr<170ns	515
S400MQ12	オリジン		1200				400		4000		2.2	400		3.2m	1200		trr<200ns	515

形　名	社名	V_{RSM} (V)	V_{RRM} (V)	V_R (V)	I_{FM} (A)	T条件 (℃)	$I_O, I_F\ast$ (A)	T条件 (℃)	I_{FSM} (A)	T条件 (℃)	V_{Fmax} (V)	I_F (A)	T (℃)	I_{Rmax} (μA)	V_R (V)	T (℃)	その他の特性等	外形
S5J14M	東芝		600				20	25c	100	25c	2.5	25		1m	600		trr<0.25μs	29C
S5J17(SM)	東芝		1200				15	25c	100	25c	2.5	15		1m	1200		trr<0.4μs	29C
*S51A	日立パワー	75	50				12	100c	150		1.3	12	25c	1m	50		S52Aと逆極性	448
S51B	日立パワー	150	100				12	100c	150		1.3	12	25c	1m	100		S52Bと逆極性	448
*S51C	日立パワー	300	200				12	100c	150		1.3	12	25c	1m	200		S52Cと逆極性	448
S52A	日立パワー	75	50				12	100c	150		1.3	12	25c	1m	50			448
S52B	日立パワー	150	100				12	100c	150		1.3	12	25c	1m	100			448
*S52C	日立パワー	300	200				12	100c	150		1.3	12	25c	1m	200			448
S5277B	東芝		100				1		50	25j	1.2	1		10	100			19B
*S5277D	東芝		200				1		50	25j	1.2	1		10	200			19B
S5277G	東芝		400				1		50	25j	1.2	1		10	400			19B
S5277J	東芝		600				1		30	25j	1.2	1		10	600			19B
*S5277L	東芝		800				1		30	25j	1.2	1		10	800			19B
S5277N	東芝		1000				1		30	25j	1.2	1		10	1000			19B
*S5295B	東芝		100	75			0.5	50a	30	25j	1.5	1		10	100		trr<1.5μs	89B
*S5295D	東芝		200	150			0.5	50a	30	25j	1.5	1		10	200		trr<1.5μs	89B
S5295G	東芝		400	300			0.5	50a	30	25j	1.5	1		10	400		trr<1.5μs	89B
S5295J	東芝		600	500			0.5	50a	30	25j	1.5	1		10	600		trr<1.5μs	89B
*S5500B	東芝		100				1		30	50j	1.2	1		10	100			19B
*S5500D	東芝		200				1		30	50j	1.2	1		10	200			19B
*S5500G	東芝		400				1		30	50j	1.2	1		10	400			19B
S5566B	東芝		100				1		45	25j	1.2	1		10	100		リード長10mm 半田ランド5×5	19G
S5566G	東芝		400				1		45	25j	1.2	1		10	400		リード長10mm 半田ランド5×5	19G
S5566J	東芝		600				1		30	25j	1.2	1		10	600			19G
S5566N	東芝		1000				1		30	25j	1.2	1		10	1000		リード長10mm 半田ランド5×5	19G
S5688B	東芝		100				1	30a	45	25j	1.2	1		10	100			20K
S5688G	東芝		400				1	30a	45	25j	1.2	1		10	400			20K
S5688J	東芝		600				1	30a	30	25j	1.2	1		10	600			20K
S5688N	東芝		1000				1	30a	30	25j	1.2	1		10	1000			20K
*S6K20	新電元	250	200				6	134c	120		1.2	6	25c	10	200	25c	trr<30ns	272A
*S6K20H	新電元	250	200				6	134c	120	25j	1.2	6	25c	10	200	25c	trr<100ns	272A
*S6K20R	新電元	250	200				6	134c	120	25j	1.2	6	25c	10	200	25c	trr<300ns	272B
S6K40	新電元	450	400				6	131c	120	25j	1.2	6	25c	10	400	25c		272A
*S6K40R	新電元	450	400				6	131c	120	25j	1.2	6	25c	10	400	25c	trr<300ns	272B
S60FFN01	オリジン		100				40	50R	1000	50j	1.2	60	25j	1m	100	25j	trr=0.5〜1μs Ioは0.95℃/Wフィン	589A
S60FFN02	オリジン		200				40	50R	1000	50j	1.2	60	25j	1m	200	25j	trr=0.5〜1μs Ioは0.95℃/Wフィン	589A
S60FFN04	オリジン		400				40	50R	1000	50j	1.2	60	25j	1m	400	25j	trr=0.5〜1μs Ioは0.95℃/Wフィン	589A
S60FFN06	オリジン		600				40	50R	1000	50j	1.2	60	25j	1m	600	25j	trr=0.5〜1μs Ioは0.95℃/Wフィン	589A
S60FFN08	オリジン		800				40	50R	1000	50j	1.2	60	25j	1m	800	25j	trr=0.5〜1μs Ioは0.95℃/Wフィン	589A
S60FFN10	オリジン		1000				40	50R	1000	50j	1.2	60	25j	1m	1000	25j	trr=0.5〜1μs Ioは0.95℃/Wフィン	589A
S60FFN12	オリジン		1200				40	50R	1000	50j	1.2	60	25j	1m	1200	25j	trr=0.5〜1μs Ioは0.95℃/Wフィン	589A
S60FFR01	オリジン		100				40	50R	1000	50j	1.2	60	25j	1m	100	25j	trr=0.5〜1μs Ioは0.95℃/Wフィン	589A

形　名	社　名	最大定格 VRSM (V)	VRRM (V)	VR (V)	IFM (A)	T条件 (℃)	IO,IF* (A)	T条件 (℃)	IFSM (A)	T条件 (℃)	順方向特性(typは*) VFmax (V)	測定条件 IF(A)	T(℃)	逆方向特性(typは*) IRmax (μA)	測定条件 VR(V)	T(℃)	その他の特性等	外形
S60FFR02	オリジン	200			40	50R	1000	50j	1.2	60	25j	1m	200	25j	trr=0.5〜1μs Ioは0.95℃/Wフィン	589A
S60FFR04	オリジン	400			40	50R	1000	50j	1.2	60	25j	1m	400	25j	trr=0.5〜1μs Ioは0.95℃/Wフィン	589A
S60FFR06	オリジン	600			40	50R	1000	50j	1.2	60	25j	1m	600	25j	trr=0.5〜1μs Ioは0.95℃/Wフィン	589A
S60FFR08	オリジン	800			40	50R	1000	50j	1.2	60	25j	1m	800	25j	trr=0.5〜1μs Ioは0.95℃/Wフィン	589A
S60FFR10	オリジン	1000			40	50R	1000	50j	1.2	60	25j	1m	1000	25j	trr=0.5〜1μs Ioは0.95℃/Wフィン	589A
S60FFR12	オリジン	1200			40	50R	1000	50j	1.2	60	25j	1m	1200	25j	trr=0.5〜1μs Ioは0.95℃/Wフィン	589A
S60FHN01	オリジン	100			40	50R	1000	50j	1.2	60	25j	1m	100	25j	trr=0.2〜0.5μs Ioは0.95℃/Wフィン	589A
S60FHN02	オリジン	200			40	50R	1000	50j	1.2	60	25j	1m	200	25j	trr=0.2〜0.5μs Ioは0.95℃/Wフィン	589A
S60FHN04	オリジン	400			40	50R	1000	50j	1.2	60	25j	1m	400	25j	trr=0.2〜0.5μs Ioは0.95℃/Wフィン	589A
S60FHN06	オリジン	600			40	50R	1000	50j	1.2	60	25j	1m	600	25j	trr=0.2〜0.5μs Ioは0.95℃/Wフィン	589A
S60FHN08	オリジン	800			40	50R	1000	50j	1.2	60	25j	1m	800	25j	trr=0.2〜0.5μs Ioは0.95℃/Wフィン	589A
S60FHR01	オリジン	100			40	50R	1000	50j	1.2	60	25j	1m	100	25j	trr=0.2〜0.5μs Ioは0.95℃/Wフィン	589A
S60FHR02	オリジン	200			40	50R	1000	50j	1.2	60	25j	1m	200	25j	trr=0.2〜0.5μs Ioは0.95℃/Wフィン	589A
S60FHR04	オリジン	400			40	50R	1000	50j	1.2	60	25j	1m	400	25j	trr=0.2〜0.5μs Ioは0.95℃/Wフィン	589A
S60FHR06	オリジン	600			40	50R	1000	50j	1.2	60	25j	1m	600	25j	trr=0.2〜0.5μs Ioは0.95℃/Wフィン	589A
S60FHR08	オリジン	800			40	50R	1000	50j	1.2	60	25j	1m	800	25j	trr=0.2〜0.5μs Ioは0.95℃/Wフィン	589A
S60FUN01	オリジン	100			40	50R	1000	50j	1.3	60	25j	1m	100	25j	trr<0.2μs Ioは0.85℃/Wフィン	589A
S60FUN02	オリジン	200			40	50R	1000	50j	1.3	60	25j	1m	200	25j	trr<0.2μs Ioは0.85℃/Wフィン	589A
S60FUN04	オリジン	400			40	50R	1000	50j	1.3	60	25j	1m	400	25j	trr<0.2μs Ioは0.85℃/Wフィン	589A
S60FUR01	オリジン	100			40	50R	1000	50j	1.3	60	25j	1m	100	25j	trr<0.2μs Ioは0.85℃/Wフィン	589A
S60FUR02	オリジン	200			40	50R	1000	50j	1.3	60	25j	1m	200	25j	trr<0.2μs Ioは0.85℃/Wフィン	589A
S60FUR04	オリジン	400			40	50R	1000	50j	1.3	60	25j	1m	400	25j	trr<0.2μs Ioは0.85℃/Wフィン	589A
S60L40	新電元	400			60	88c	800	25j	1.25	60	25j	25	400	25j	trr<100ns	42
S60L120D	新電元	1200			60	54c	450	25j	2.7	60	25c	100	1200	25j	trr<300ns	472
S70FNN-02	オリジン	200			40	125c	2100	50j	1.2	70	25j	1m	200	25j	Ioは2℃/Wフィン使用	589B
S70FNN-04	オリジン	400			40	125c	2100	50j	1.2	70	25j	1m	400	25j	Ioは2℃/Wフィン使用	589B
S70FNN-06	オリジン	600			40	125c	2100	50j	1.2	70	25j	1m	600	25j	Ioは2℃/Wフィン使用	589B
S70FNN-08	オリジン	800			40	125c	2100	50j	1.2	70	25j	1m	800	25j	Ioは2℃/Wフィン使用	589B
S70FNN-10	オリジン	1000			40	125c	2100	50j	1.2	70	25j	1m	1000	25j	Ioは2℃/Wフィン使用	589B
S70FNN-12	オリジン	1200			40	125c	2100	50j	1.2	70	25j	1m	1200	25j	Ioは2℃/Wフィン使用	589B
S70FNR-02	オリジン	200			40	125c	2100	50j	1.2	70	25j	1m	200	25j	Ioは2℃/Wフィン使用	589B
S70FNR-04	オリジン	400			40	125c	2100	50j	1.2	70	25j	1m	400	25j	Ioは2℃/Wフィン使用	589B
S70FNR-06	オリジン	600			40	125c	2100	50j	1.2	70	25j	1m	600	25j	Ioは2℃/Wフィン使用	589B
S70FNR-08	オリジン	800			40	125c	2100	50j	1.2	70	25j	1m	800	25j	Ioは2℃/Wフィン使用	589B
S70FNR-10	オリジン	1000			40	125c	2100	50j	1.2	70	25j	1m	1000	25j	Ioは2℃/Wフィン使用	589B
S70FNR-12	オリジン	1200			40	125c	2100	50j	1.2	70	25j	1m	1200	25j	Ioは2℃/Wフィン使用	589B
S-20-01	オリジン	100			20	50R	600	50j	1.2	30	25j	50	100		1S1934相当 IoはOF-301フィン使用	42
S-20-01FR	オリジン	100			20	50R	450	50j	1.2	30	25j	50	100		trr<0.4μs IoはOF-301フィン使用	42
S-20-02	オリジン	200			20	50R	600	50j	1.2	30	25j	50	200		1S1935相当 IoはOF-301フィン使用	42
S-20-02FR	オリジン	200			20	50R	450	50j	1.2	30	25j	50	200		trr<0.4μs IoはOF-301フィン使用	42
S-20-04	オリジン	400			20	50R	600	50j	1.2	30	25j	50	400		1S1936相当 IoはOF-301フィン使用	42
S-20-04FR	オリジン	400			20	50R	450	50j	1.2	30	25j	50	400		trr<0.4μs IoはOF-301フィン使用	42

形 名	社 名	最大定格							順方向特性(typは*)			逆方向特性(typは*)			その他の特性等	外形
		V_RSM (V)	V_RRM (V)	V_R (V)	I_FM (A)	T条件 (℃)	I_0, I_F* (A)	T条件 (℃)	I_FSM (A)	T条件 (℃)	V_Fmax (V)	測定条件		I_Rmax (μA)	測定条件			
												I_F(A)	T(℃)		V_R(V)	T(℃)		
S-20-06	オリジン		600				20	50R	600	50j	1.2	30	25j	50	600		1S1937相当 IoはOF-301フィン使用	42
S-20-06FR	オリジン		600				20	50R	450	50j	1.2	30	25j	50	600		trr<0.4μs IoはOF-301フィン使用	42
S-20-08	オリジン		800				20	50R	600	50j	1.2	30	25j	50	800		1S1938相当 IoはOF-301フィン使用	42
S-20-08FR	オリジン		800				20	50R	450	50j	1.4	30	25j	50	800		trr<0.8μs IoはOF-301フィン使用	42
S-20-10	オリジン		1000				20	50R	600	50j	1.2	30	25j	50	1000		1S1939相当 IoはOF-301フィン使用	42
S-20-10FR	オリジン		1000				20	50R	450	50j	1.4	30	25j	50	1000		trr<0.8μs IoはOF-301フィン使用	42
S-20R-01	オリジン		100				20	50R	600	50j	1.2	30	25j	50	100		1S1934R相当 IoはOF-301フィン使用	42
S-20R-01FR	オリジン		100				20	50R	450	50j	1.2	30		50	100		S-20-01FRと逆極性	42
S-20R-02	オリジン		200				20	50R	600	50j	1.2	30	25j	50	200		1S1935R相当 IoはOF-301フィン使用	42
S-20R-02FR	オリジン		200				20	50R	450	50j	1.2	30		50	200		S-20-02FRと逆極性	42
S-20R-04	オリジン		400				20	50R	600	50j	1.2	30	25j	50	400		1S1936R相当 IoはOF-301フィン使用	42
S-20R-04FR	オリジン		400				20	50R	450	50j	1.2	30		50	400		S-20-04FRと逆極性	42
S-20R-06	オリジン		600				20	50R	600	50j	1.2	30	25j	50	600		1S1937R相当 IoはOF-301フィン使用	42
S-20R-06FR	オリジン		600				20	50R	450	50j	1.4	30		50	600		S-20-06FRと逆極性	42
S-20R-08	オリジン		800				20	50R	600	50j	1.2	30	25j	50	800		1S1938R相当 IoはOF-301フィン使用	42
S-20R-08FR	オリジン		800				20	50R	450	50j	1.4	30		50	800		S-20-08FRと逆極性	42
S-20R-10	オリジン		1000				20	50R	600	50j	1.2	30	25j	50	1000		1S1939R相当 IoはOF-301フィン使用	42
S-20R-10FR	オリジン		1000				20	50R	450	50j	1.4	30	25j	50	1000		Ioはフィン使用 S-20-10FRと逆極性	42
S-8-01	オリジン		100				8	50R	200	50j	1.1	8		50	100		1S1798相当 IoはOF-601フィン使用	41
S-8-01FR	オリジン		100				8	50R	150	50j	1.1	8		50	100		trr<0.4μs IoはOF-601フィン使用	41
S-8-02	オリジン		200				8	50R	200	50j	1.1	8	25j	50	200		1S1799相当 IoはOF-601フィン使用	41
S-8-02FR	オリジン		200				8	50R	150	50j	1.1	8	25j	50	200		trr<0.4μs	41
S-8-04	オリジン		400				8	50R	200	50j	1.1	8	25j	50	400		1S1801相当 IoはOF-601フィン使用	41
S-8-04FR	オリジン		400				8	50R	150	50j	1.1	8	25j	50	400		trr<0.4μs	41
S-8-06	オリジン		600				8	50R	200	50j	1.1	8	25j	50	600		1S1802相当 IoはOF-601フィン使用	41
S-8-06FR	オリジン		600				8	50R	150	50j	1.1	8	25j	50	600		trr<0.4μs	41
S-8-08	オリジン		800				8	50R	200	50j	1.1	8	25j	50	800		1S1803相当 IoはOF-601フィン使用	41
S-8-08FR	オリジン		800				8	50R	150	50j	1.3	8		50	800		trr<0.8μs IoはOF-601フィン使用	41
S-8-10	オリジン		1000				8	50R	200	50j	1.1	8	25j	50	1000		1S1804相当 IoはOF-601フィン使用	41
S-8-10FR	オリジン		1000				8	50R	150	50j	1.3	8	25j	50	1000		trr<0.8μs IoはOF-601フィン使用	41
S-8R-01	オリジン		100				8	50R	200	50j	1.1	8	25c	50	100		1S1798R相当 IoはOF-601フィン使用	41
S-8R-01FR	オリジン		100				8	50R	150		1.1	8		50	100		S-8-01FRと逆極性	41
S-8R-02	オリジン		200				8	50R	200	50j	1.1	8	25j	50	200		1S1799R相当 IoはOF-601フィン使用	41
S-8R-02FR	オリジン		200				8	50R	150		1.1	8		50	200		S-8-02FRと逆極性	41
S-8R-04	オリジン		400				8	50R	200	50j	1.1	8	25j	50	400		1S1801R相当 IoはOF-601フィン使用	41
S-8R-04FR	オリジン		400				8	50R	150		1.1	8		50	400		S-8-04FRと逆極性	41
S-8R-06	オリジン		600				8	50R	200	50j	1.1	8	25j	50	600		1S1802R相当 IoはOF-601フィン使用	41
S-8R-06FR	オリジン		600				8	50R	150		1.1	8		50	600		S-8-06FRと逆極性	41
S-8R-08	オリジン		800				8	50R	200	50j	1.1	8	25j	50	800		1S1803R相当 IoはOF-601フィン使用	41
S-8R-08FR	オリジン		800				8	50R	150		1.3	8		50	800		S-8-08FRと逆極性	41
S-8R-10	オリジン		1000				8	50R	200	50j	1.1	8	25j	50	1000		1S1804R相当 IoはOF-601フィン使用	41
S-8R-10FR	オリジン		1000				8	50R	150	50j	1.3	8	25j	50	1000		S-8-10FRと逆極性	41

形 名	社 名	最大定格							順方向特性(typは*)			逆方向特性(typは*)			その他の特性等	外形
		V_{RSM} (V)	V_{RRM} (V)	V_R (V)	I_{FM} (A)	T条件 (°C)	I_O, I_{F*} (A)	T条件 (°C)	I_{FSM} (A)	T条件 (°C)	V_{Fmax}	測定条件		I_{Rmax} (μA)	測定条件			
												I_F(A)	T(°C)		V_R(V)	T(°C)		
SB903-2	富士電機	200	200				2	122c	25	150j	1	2		100	200	trr<35ns	486C
*SC015-2	富士電機	200	200				1	40a	40	140j	1.1	2		10	200	Ioはプリント基板実装時	485G
*SC015-4	富士電機	400	400				1	40a	40	140j	1.1	2		10	400	Ioはプリント基板実装時	485G
*SC015-6	富士電機	600	600				1	40a	40	140j	1.1	2		10	600	Ioはプリント基板実装時	485G
*SC016-2	富士電機	200	200	160			1	40a	40		1.1	2		10	200	Ioはプリント基板実装時	60
*SC016-4	富士電機	400	400	320			1	40a	40		1.1	2		10	400	Ioはプリント基板実装時	60
*SC016-6	富士電機	600	600	480			1	40a	40		1.1	2		10	600	Ioはプリント基板実装時	60
*SC016-8	富士電機	800	800				1		40		1.1	2		10	800	Ioはガラエポ基板 半田ランド 15×15	60
*SC017-2	富士電機	200	200	160			1	40a	40		1.1	2		10	200	SC016よりESD耐量が高い	60
*SC017-4	富士電機	400	400	320			1	40a	40		1.1	2		10	400	SC016よりESD耐量が高い	60
*SC201-2	富士電機	200	200				0.5	40a	10		1.5	0.5		10	200	trr<400ns Ioはプリント基板実装時	60
*SC201-4	富士電機	400	400				0.5	40a	10		1.5	0.5		10	400	trr<400ns Ioはプリント基板実装時	60
*SC201-6	富士電機	600	600				0.5	40a	10		1.5	0.5		10	600	trr<400ns Ioはプリント基板実装時	60
*SC201-8	富士電機		800				0.5	40a	10		1.5	0.5		10	800	Ioはプリント基板実装時	60
*SC211-2	富士電機	200	200				0.8		30		1.05	0.8		10	200	trr<400ns Ioはプリント基板実装時	60
*SC211-4	富士電機	400	400				0.8		30		1.05	0.8		10	400	trr<400ns Ioはプリント基板実装時	60
*SC311-4	富士電機	400	400				0.5		10		2.5	0.5		50	400	trr<50ns Ioはプリント基板実装時	60
*SC311-6	富士電機	600	600				0.5		10		2.5	0.5		50	600	trr<50ns Ioはプリント基板実装時	60
*SC321-2	富士電機	200	200				1		40		1.05	1		50	200	trr<100ns Ioはプリント基板実装時	60
SC902-2	富士電機	200	200				1		25	150j	1.05	1		50	200	trr<35ns Ioはプリント基板実装時	60
SF10K60M	新電元		600		10	106c	180	25j	1.5	10	25c	10	600	25c	Cj=53pF trr<95ns	132A		
SF10L60U	新電元		600		10	85c	120	25j	3	10	25c	25	600	25c	Cj<25ns Cj=55pF	34		
SF20K60M	新電元		600		20	96c	240	25j	1.5	20	25c	10	600	25c	Cj=105pF trr<95ns	132A		
SF20L60U	新電元		600		20	68c	180	25j	3	20	25c	25	600	25c	Cj<35ns Cj=105pF	34		
SF3K60M	新電元		600		3	132c	90	25j	1.45	3	25c	10	600	25c	Cj=18pF trr<80ns	132A		
SF3L60U	新電元		600		3	115c	40	25j	3	3	25c	25	600	25c	Cj<20ns Cj=20pF	34		
SF5K60M	新電元		600		5	119c	120	25j	1.5	5	25c	10	600	25c	Cj=28pF trr<85ns	132A		
SF5L30	新電元		300		5	130c	100	25j	1.3	5	25c	25	300	25c	trr<25ns Cj=50pF	34		
SF5L60	新電元		600		5	131C	100	25j	1.5	5	25C	25	600	25C	trr<50ns	34		
SF5L60U	新電元		600		5	96c	60	25j	3	5	25c	25	600	25c	trr<25ns Cj=30pF	34		
SF5L40UM	新電元		400		5	121c	100	25j	1.25	5	25c	10	400	25c	Cj=34pF trr<30ns	132A		
SF6L20U	新電元		200		6	126C	80	25j	1.1	6	25c	25	200	25C	trr<25ns	34		
SF8K60USM	新電元		600		8	70c	60	25j	3.6	8	25c	50	600	25c	Cj=24pF trr<25ns	132A		
SF8K60M	新電元		600		8	108c	150	25j	1.5	8	25c	10	600	25c	Cj=43pF trr<90ns	132A		
SF8L60	新電元		600		8	118C	170	25j	1.5	8	25C	25	600	25C	trr<70ns	34		
*SFPL-52	サンケン	200	200				0.9	40a	25	25j	0.98	1		10	200	trr<50ns Ioはプリント基板実装時	485H
*SFPL-62	サンケン	200	200				1	40a	25	25j	0.98	1		10	200	trr<50ns Ioはプリント基板実装時	485H
*SFPL-64	サンケン		400				1		25		1.3	1		10	400	trr<50ns	485H
*SFPM-52	サンケン	250	200				0.9	40a	30	25j	1	1		10	200	Ioはプリント基板実装時	485H
*SFPM-54	サンケン	450	400				0.9	40a	30	25j	1	1		10	400	Ioはプリント基板実装時	485H
*SFPM-62	サンケン	250	200				1	40a	30	25j	0.98	1		10	200	Ioはプリント基板実装時	485H
*SFPM-64	サンケン	450	400				1	40a	30	25j	0.98	1		10	400	Ioはプリント基板実装時	485H

| | 形 名 | 社 名 | 最大定格 ||||||| 順方向特性(typは*) ||| 逆方向特性(typは*) ||| その他の特性等 | 外形 |
			V_{RSM}(V)	V_{RRM}(V)	V_R(V)	I_{FM}(A)	T条件(°C)	I_0, I_F*(A)	T条件(°C)	I_{FSM}(A)	T条件(°C)	V_{Fmax}(V)	測定条件 I_F(A)		T(°C)	I_{Rmax}(μA)	測定条件 V_R(V)		T(°C)		
	SFPM-74	サンケン		400				1		50		1	1			10	400				485H
*	SFPX-62	サンケン		200				1.5	115L	30		0.98	1.5			10	200			trr<30ns	485H
*	SFPX-63	サンケン		300				2		20		1.3	2			50	300			trr<30ns	485H
	SG10L20USM	新電元		200				10	101c	200	25j	0.96	10		25c	10	200		25c	Cj=80pF trr<25ns	131A
	SG5L20USM	新電元		200				5	125c	90	25j	0.96	5		25c	10	200		25c	Cj=40pF trr<25ns	131A
	SG-9CNR	サンケン		200				20		200		1.1	20			250	200				188A
	SG-9CNS	サンケン		200				20		200		1.1	20			250	200				188A
	SG-9LCNR	サンケン		200				20		300		1.1	30			250	200				188B
	SG-9LCNS	サンケン		200				20		300		1.1	30			250	200				188B
	SG-9LLCNR	サンケン		200				35		350		1.1	35			250	200				188B
	SG-9LLCNS	サンケン		200				35		350		1.1	35			250	200				188B
*	SIB01-01	富士電機		100				1	60a	60	25j	1.1	2		25j	10	100		25j		90C
	SIB01-02	富士電機	300	200				1	60a	60		1.1	2			20	200				90C
	SIB01-04	富士電機	600	400				1	60a	60		1.1	2			20	400				90C
	SIB01-06	富士電機	900	600				1	60a	60		1.1	2			20	600				90C
*	SID01-01	富士電機	150	100				9	111c	200	150j	1.5	30		25j	1m	100		150j	ER051-01と逆極性	41
*	SID01-03	富士電機	450	300				9	111c	200	150j	1.5	30		25j	1m	300		150j	ER051-03と逆極性	41
*	SID01-06	富士電機	900	600				9	111c	200	150j	1.5	30		25j	1m	600		150j	ER051-06と逆極性	41
*	SID01-09	富士電機	1350	900				9	111c	200	150j	1.5	30		25j	1m	900		150j	ER051-09と逆極性	41
*	SID01-12	富士電機	1800	1200				9	111c	200	150j	1.5	30		25j	1m	1200		150j	ER051-12と逆極性	41
*	SIE01-01	富士電機	150	100				16	108c	350	150j	1.5	50		25j	1.5m	100		150j	ER051-01と逆極性	477
*	SIE01-03	富士電機	450	300				16	108c	350	150j	1.5	50		25j	1.5m	300		150j	ER051-03と逆極性	477
*	SIE01-06	富士電機	900	600				16	108c	350	150j	1.5	50		25j	1.5m	600		150j	ER051-06と逆極性	477
*	SIE01-09	富士電機	1350	900				16	108c	350	150j	1.5	50		25j	1.5m	900		150j	ER051-09と逆極性	477
*	SIE01-12	富士電機	1800	1200				16	108c	350	150j	1.5	50		25j	1.5m	1200		150j	ER051-12と逆極性	477
*	SIG01-01	富士電機	150	100				30	104c	800	150j	1.5	100		25j	2m	100		150j	ER051-01と逆極性	478
*	SIG01-03	富士電機	450	300				30	104c	800	150j	1.5	100		25j	2m	300		150j	ER051-03と逆極性	478
*	SIG01-06	富士電機	900	600				30	104c	800	150j	1.5	100		25j	2m	600		150j	ER051-06と逆極性	478
*	SIG01-09	富士電機	1350	900				30	104c	800	150j	1.5	100		25j	2m	900		150j	ER051-09と逆極性	478
*	SIG01-12	富士電機	1800	1200				30	104c	800	150j	1.5	100		25j	2m	1200		150j	ER051-12と逆極性	478
	SIH31-01	富士電機	200	100				150	76c	2700	150j	1.5	500		25j	20m	100		150j		479
	SIH31-01R	富士電機	200	100				150	111c	2500	175j	1.5	500		25j	20m	100		175j	SIH31-01と逆極性	479
	SIH31-03	富士電機	400	300				150	76c	2700	150j	1.5	500		25j	20m	300		150j		479
	SIH31-03R	富士電機	400	300				150	111c	2500	175j	1.5	500		25j	20m	300		175j	SIH31-03と逆極性	479
	SIH31-06	富士電機	800	600				150	76c	2700	150j	1.5	500		25j	20m	600		150j		479
	SIH31-06R	富士電機	800	600				150	111c	2500	175j	1.5	500		25j	20m	600		175j	SIH31-06と逆極性	479
	SIH31-10	富士電機	1200	1000				150	76c	2700	150j	1.5	500		25j	20m	1000		150j		479
	SIH31-10R	富士電機	1200	1000				150	111c	2500	175j	1.5	500		25j	20m	1000		175j	SIH31-10と逆極性	479
	SIH31-12	富士電機	1400	1200				150	76c	2700	150j	1.5	500		25j	20m	1200		150j		479
	SIH31-12R	富士電機	1400	1200				150	111c	2500	175j	1.5	500		25j	20m	1200		175j	SIH31-12と逆極性	479
	SIL31-01	富士電機	200	100				250	69c	4000	150j	1.5	800		25j	20m	100		150j		480
	SIL31-01R	富士電機	200	100				250	103c	3300	175j	1.5	800		25j	20m	100		175j	SIL31-01と逆極性	480

形 名	社 名	最大定格 VRSM (V)	VRRM (V)	VR (V)	IFM (A)	T条件 (℃)	IO, IF* (A)	T条件 (℃)	IFSM (A)	T条件 (℃)	順方向特性(typは*) VFmax (V)	IF(A)	測定条件 T(℃)	逆方向特性(typは*) IRmax (μA)	VR(V)	測定条件 T(℃)	その他の特性等	外形
SIL31-03	富士電機	400	300				250	69c	4000	150j	1.5	800	25j	20m	300	150j		480
SIL31-03R	富士電機	400	300				250	103c	3300	175j	1.5	800	25j	20m	300	175j	SIL31-03と逆極性	480
SIL31-06	富士電機	800	600				250	69c	4000	150j	1.5	800	25j	20m	600	150j		480
SIL31-06R	富士電機	800	600				250	103c	3300	175j	1.5	800	25j	20m	600	175j	SIL31-06と逆極性	480
SIL31-10	富士電機	1200	1000				250	69c	4000	150j	1.5	800	25j	20m	1000	150j		480
SIL31-10R	富士電機	1200	1000				250	103c	3300	175j	1.5	800	25j	20m	1000	175j	SIL31-10と逆極性	480
SIL31-12	富士電機	1400	1200				250	69c	4000	150j	1.5	800	25j	20m	1200	150j		480
SIL31-12R	富士電機	1400	1200				250	103c	3300	175j	1.5	800	25j	20m	1200	175j	SIL31-12と逆極性	480
SIN01-12	富士電機	1400	1200				340	100	7500	160j	1.35	900	25j	30m	1200	160j		481
SIN01-12R	富士電機	1400	1200				300	100c	7000	160j	1.35	900	25j	25m	1200	160j	SIN01-12と逆極性	481
SIN03-30	富士電機	3300	3000				350	100c	7500	160j	1.5	900	25j	30m	3000	160j		551
SJPD-D5	サンケン	500	500				1	120L	20	25j	1.4	1		10	500		trr<40ns	485H
SJPD-L5	サンケン	500	500				3	62L	50	25j	1.4	3		15	500		trr<50ns	485H
SJPL-D2	サンケン	200	200				1	130L	25	25j	0.98	1		25	200		trr<50ns	485H
SJPL-F4	サンケン	400	400				1.5	115L	25	25j	1.3	1.5		10	400		trr<50ns	485H
SJPL-H2	サンケン	200	200				2	110L	25	25j	0.98	2		50	200		trr<50ns	485H
SJPL-H6	サンケン	600	600				2	95L	30	25j	1.5	2		50	600		trr<50ns	485H
SJPL-L2	サンケン	200	200				3	92L	60	25j	0.98	3		50	200		trr<50ns	485H
SJPL-L4	サンケン	400	400				3	70L	30	25j	1.3	3		50	400		trr<50ns	485H
SJPM-H4	サンケン	400	400				2	105L	45	25j	1.1	2		10	400			485H
SJPX-F2	サンケン	200	200				1.5	116L	30	25j	0.98	1.5		10	200		trr<30ns	485H
SJPX-H3	サンケン	300	300				2	83L	20	25j	1.3	2		50	300		trr<30ns	485H
SJPX-H6	サンケン	600	600				2	85L	20	25j	1.5	2		10	600		trr<30ns	485H
* SL012	富士電機	200	200				1	35a	10	150j	0.98	1		50	200		trr<35ns Ioはプリント基板実装時	237
* SM-05-16FR	オリジン		1600				0.4	50a	20	50j	1.5	0.4		10	1600		色表示金	90G
* SM-05-20FRZ	オリジン		2000				0.4	50a	30	50j	2	0.4		10	2000		PRSM=1kW	20H
SM-1.5-02	オリジン		200				1.5	50a	60	50j	1	1.5		10	200		1S2827A相当 容量負荷のIoは1.2A	90H
SM-1.5-02FR	オリジン		200				1	50a	40	50j	1.2	1		10	200		色表示青 trr<0.4μs	90H
SM-1.5-04	オリジン		400				1.5	50a	60	50j	1	1.5		10	400		1S2828A相当 容量負荷のIoは1.2A	90H
SM-1.5-04FR	オリジン		400				1	50a	40	50j	1.2	1		10	400		色表示赤 trr<0.4μs	90H
SM-1.5-08	オリジン		800				1.5	50a	60	50j	1	1.5		10	800		1S2830A相当 容量負荷のIoは1.2A	90H
SM-1.5-08FR	オリジン		800				1	50a	40	50j	1.2	1		10	800		色表示桃 trr<0.8μs	90H
SM-1.5-10	オリジン		1000				1.5	50a	60	50j	1	1.5		10	1000		1S2831A相当 容量負荷のIoは1.2A	90H
SM-1.5-10FR	オリジン		1000				1	50a	40	50j	1.2	1		10	1000		色表示緑 trr<0.8μs	90H
SM-1.5P10	オリジン		1000				0.4	50a	15	25j	3.5	0.4		10	1000		trr<50ns	90H
SM-1.5SN4	オリジン		400				1.5	50a	150		0.9	1.5		10	400			90H
SM-1XF08	オリジン		800				1	50a	35	50j	1.1	1		10	800		trr<0.8μs	20G
SM-1XF16	オリジン		1600				0.5	50a	20	50j	1.5	0.5		10	1600		trr<1.5μs	20G
SM-1XF20	オリジン		2000				0.5	50a	20	50j	1.5	0.5		10	2000		trr<1.5μs	20G
SM-1XH02	オリジン		200				1	50a	35	50j	1.1	1		10	200		trr<0.4μs	20G
SM-1XH04	オリジン		400				1	50a	35	50j	1.1	1		10	400		trr<0.4μs	20G
SM-1XH06	オリジン		600				1	50a	35	50j	1.1	1		10	600		trr<0.4μs	20G

	形　名	社名	最大定格 VRSM (V)	VRRM (V)	VR (V)	IFM (A)	T条件 (℃)	IO, IF* (A)	T条件 (℃)	IFSM (A)	T条件 (℃)	順方向特性(typは*) VFmax (V)	測定条件 IF(A)	T(℃)	逆方向特性(typは*) IRmax (μA)	測定条件 VR (V)	T(℃)	その他の特性等	外形
	SM-1XH08	オリジン		800				0.8	50a	35	50j	1.2	0.8		10	800		trr<0.4μs	20G
	SM-1XH12	オリジン		1200				0.6	50a	30	50j	1.5	0.6		10	1200		trr<0.4μs	20G
	SM-1XM02	オリジン		200				0.8	50a	35	50j	1.2	0.8		10	200			20G
	SM-1XM04	オリジン		400				0.8	50a	35	50j	1.2	0.8		10	400			20G
	SM-1XM06	オリジン		600				0.8	50a	35	50j	1.2	0.8		10	600			20G
	SM-1XM08	オリジン		800				0.5	50a	20	50j	1.2	0.5		10	800			20G
	SM-1XM10	オリジン		1000				0.5	50a	20	50j	1.2	0.5		10	1000			20G
*	SM-1XN02	オリジン		200				1	50a	45	50j	1	1		10	200			20G
*	SM-1XN04	オリジン		400				1	50a	45	50j	1	1		10	400			20G
	SM-1XN06	オリジン		600				1	50a	45	50j	1	1		10	600			20G
	SM-1XN08	オリジン		800				1	50a	45	50j	1	1		10	800			20G
	SM-1XN12	オリジン		1200				1	50a	45	50j	1	1		10	1200			20G
	SM-1XN16	オリジン		1600				1	50a	35	50j	1	1		10	1600			20G
	SM-1XP2	オリジン		200				1	50a	30	25j	0.98	1		10	200		trr<50ns	20G
	SM-1XP4	オリジン		400				0.5	50a	20	25j	1.25	0.5		10	400		trr<50ns	20G
	SM-1XP6	オリジン		600				0.5	50a	20	25j	2	0.5		10	600		trr<50ns	20G
	SM-1XSN4	オリジン		400				1	50a	150		1	1		10	400			20G
	SM-1XSN4A	オリジン		400				1	50a	180		1	1		10	400			20G
	SM-1XSN6	オリジン		600				1	50a	150		1	1		10	600			20G
	SM-3-02	オリジン		200				2.5	50a	150	50j	1	3		20	200		20×20×1フィン使用のIoは3A	506F
	SM-3-02FR	オリジン		200				1.7	50a	100	50j	1.1	2.5		50	200		trr<0.4μs	506F
	SM-3-04	オリジン		400				2.5	50a	150	50j	1	3		20	400		20×20×1フィン使用のIoは3A	506F
	SM-3-04FR	オリジン		400				1.7	50a	100	50j	1.1	2.5		50	400		trr<0.4μs	506F
	SM-3-06	オリジン		600				2.5	50a	150	50j	1	3		20	600		色表示黄 20×20×1フィンのIoは3A	506F
	SM-3-06FR	オリジン		600				1.7	50a	100	50j	1.1	2.5		50	600		色表示黄 trr<0.4μs	506F
	SM-3-08	オリジン		800				2.5	50a	150	50j	1	3		20	800		色表示桃 20×20×1フィンのIoは3A	506F
	SM-3-08FR	オリジン		800				1.7	50a	100	50j	1.1	2.5		50	800		色表示桃 trr<0.8μs	506F
	SM-3-10FR	オリジン		1000				1.7	50a	100	50j	1.1	1.5		50	1000		trr<0.8μs	506F
	SM-3-15FR	オリジン		1500				1.5	50a	90	50j	1.5	1.5		50	1500		trr<1.0μs	506F
	SM-3AP4	オリジン		400				3	105L	30		1.25	3		1	400		trr<50ns	506E
	SM-3AP6	オリジン		600				3	105L	30		1.8	3		1	600		trr<50ns	506E
	SM-3P2	オリジン		200				3	50a	40	25j	3.5	3		1	200		trr<50ns Ioは20×20×1フィン使用	506E
	SM-3P4	オリジン		400				1.5	50a	30	25j	0.98	1.5		1	400		trr<50ns Ioは20×20×1フィン使用	506E
	SM-3P6	オリジン		600				1.5	50a	30	25j	1.25	1.5		1	600		trr<50ns Ioは20×20×1フィン使用	506E
	SM-3P10	オリジン		1000				0.7	50a	25	25j	3.5	0.7		50	1000		trr<50ns	506E
	SPX-62S	サンケン		200				6	110c	80		0.98	3		50	200		trr<30ns	520
	SPX-G32S	サンケン		200				3	132c	50		0.98	3		50	200		trr<30ns	520
	SR1FM-2	三菱	150	100	80			1	40a	50		1.2	3		10	100	25j		89D
	SR1FM-4	三菱	250	200	160			1	40a	50		1.2	3		10	200	25j		89D
	SR1FM-8	三菱	500	400	320			1	40a	50		1.2	3		10	400	25j		89D
	SR1FM-12	三菱	750	600	480			1	40a	50		1.2	3		10	600			89C
*	SR1FM-16	三菱	1000	800	640			1	40a	50		1.2	3		10	800			89C

形　名	社名	最大定格 V_RSM (V)	V_RRM (V)	V_R (V)	I_FM (A)	T条件 (℃)	I_O, I_F* (A)	T条件 (℃)	I_FSM (A)	T条件 (℃)	順方向特性 (typは*) V_Fmax	測定条件 I_F(A)	T(℃)	逆方向特性 (typは*) I_Rmax (μA)	測定条件 V_R(V)	T(℃)	その他の特性等	外形
*SR1FM-20	三菱	1200	1000	800			1	40a	50		1.2	3		10	1000			89C
SR1G-4	三菱	300	200	160			1.3	90L	42		1.1	1.3	25L	20	200	25j	色表示黒 trr=3.0μs	113C
SR1G-8	三菱	500	400	320			1.3	90L	42		1.1	1.3	25L	10	400	25j	色表示青 trr=3.0μs	113C
SR1G-12	三菱	720	600	480			1.3	90L	42		1.1	1.3	25L	10	600	25j	色表示赤 trr=3.0μs	113C
SR1G-16	三菱	960	800	640			1.3	90L	42		1.1	1.3	25L	10	800	25j	色表示緑 trr=3.0μs	113C
*SR1HM-2	三菱	150	100				0.4	40a	30		1.4	0.5		10	100	25j		89C
*SR1HM-4	三菱	250	200				0.4	40a	30		1.4	0.5		10	200	25j		89C
*SR1HM-8	三菱	500	400				0.4	40a	30		1.4	0.5		10	400	25j		89C
*SR1HM-12	三菱	750	600				0.4	40a	30		1.4	0.5		10	600	25j		89C
*SR1HM-16	三菱	1000	800				0.4	40a	30		1.4	0.5		10	800	25j		89C
SR10L-4R	三菱	250	200	160			12	120c	300		1.2	40	25c	1.5m	200	150j	SR10L-4Sと逆極性	407
*SR10L-4S	三菱	250	200	160			12	120c	300		1.2	40	25c	1.5m	200	150j		407
SR10L-8R	三菱	500	400	320			12	120c	300		1.2	40	25c	1.5m	400	150j	SR10L-8Sと逆極性	407
*SR10L-8S	三菱	500	400	320			12	120c	300		1.2	40	25c	1.5m	400	150j		407
SR10L-10R	三菱	600	500	400			12	120c	300		1.2	40	25c	1.5m	500	150j	SR10L-10Sと逆極性	407
*SR10L-10S	三菱	600	500	400			12	120c	300		1.2	40	25c	1.5m	500	150j		407
SR10L-12R	三菱	720	600	480			12	120c	300		1.2	40	25c	1.5m	600	150j	SR10L-12Sと逆極性	407
*SR10L-12S	三菱	720	600	480			12	120c	300		1.2	40	25c	1.5m	600	150j		407
SR10N-2R	三菱	150	100	80			15	115c	300		1.2	40	25c	1500	100	150j	SR10N-2Sと逆極性	178
*SR10N-2S	三菱	150	100	80			15	115c	300		1.2	40	25c	1500	100	150j		178
SR10N-4R	三菱	250	200	160			15	115c	300		1.2	40	25c	1500	200	150j	SR10N-4Sと逆極性	178
*SR10N-4S	三菱	250	200	160			15	115c	300		1.2	40	25c	1500	200	150j		178
SR10N-6R	三菱	400	300	240			15	120c	300		1.2	40	25c	1500	300	150j	SR10N-6Sと逆極性	178
*SR10N-6S	三菱	400	300	240			15	115c	300		1.2	40	25c	1500	300	150j		178
SR10N-8R	三菱	500	400	320			15	115c	300		1.2	40	25c	1500	400	150j	SR10N-8Sと逆極性	178
*SR10N-8S	三菱	500	400	320			15	115c	300		1.2	40	25c	1500	400	150j		178
SR10N-10R	三菱	600	500	400			15	115c	300		1.2	40	25c	1.5m	500	150j	SR10N-10Sと逆極性	178
*SR10N-10S	三菱	600	500	400			15	115c	300		1.2	40	25c	1500	500	150j		178
SR100AM-10	三菱	600	500	400			100	110c	3000		1.45	310	25j	30m	500	150j		151
SR100AM-12	三菱	720	600	480			100	110c	3000		1.45	310	25j	30m	600	150j		151
SR100AM-16	三菱	960	800	640			100	120c	3000		1.45	310	25j	30m	800	150j		151
SR100AM-20	三菱	1200	1000	800			100	110c	3000		1.45	310	25j	30m	1000	150j		151
SR100AM-24	三菱	1500	1200	960			100	110c	3000		1.45	310	25j	30m	1200	150j		151
SR100AM-28	三菱	1700	1400	1120			100	110c	3000		1.45	310	25j	30m	1400	150j		151
SR100AM-32	三菱	1900	1600	1280			100	110c	3000		1.45	310	25c	30m	1600	150j		151
SR100AM-36	三菱	2100	1800	1440			100	110c	3000		1.45	310	25j	30m	1800	150j		151
SR100AM-40	三菱	2300	2000	1600			100	110c	3000		1.45	310	25j	30m	2000	150j		151
SR100EH-40	三菱	2300	2000	1600			100	87c	2000		2.95	160	25j	30m	2000	125j	Qrr<100μC	487
SR100EH-50	三菱	2500	2500	2000			100	87c	2000		2.95	160	25j	30m	2500	125j	Qrr<100μC	487
*SR100K-2R	三菱	150	100				100	117c	2000		1.15	340	25c	7.5m	100		SR100K-2Sと逆極性	180
*SR100K-2S	三菱	150	100				100	117c	2000		1.15	340	25c	7.5m	100			180
*SR100K-4R	三菱	250	200				100	117c	2000		1.15	340	25c	7.5m	200		SR100K-4Sと逆極性	180

形　名	社名	最大定格							順方向特性(typは*)			逆方向特性(typは*)			その他の特性等	外形
		V_{RSM} (V)	V_{RRM} (V)	V_R (V)	I_{FM} (A)	T条件 (℃)	I_O, I_F* (A)	T条件 (℃)	I_{FSM} (A)	V_{Fmax} (V)	I_F(A)	T(℃)	I_{Rmax} (μA)	V_R(V)	T(℃)		
* SR100K-4S	三菱	250	200				100	117c	2000	1.15	340	25c	7.5m	200			180
* SR100K-6R	三菱	400	300				100	117c	2000	1.15	340	25c	7.5m	300		SR100K-6Sと逆極性	180
* SR100K-6S	三菱	400	300				100	117c	2000	1.15	340	25c	7.5m	300			180
* SR100K-8R	三菱	500	400				100	117c	2000	1.15	340	25c	7.5m	400		SR100K-8Sと逆極性	180
* SR100K-8S	三菱	500	400				100	117c	2000	1.15	340	25c	7.5m	400			180
* SR100K-10R	三菱	600	500				100	117c	2000	1.15	340	25c	7.5m	500		SR100K-10Sと逆極性	180
* SR100K-10S	三菱	600	500				100	117c	2000	1.15	340	25c	7.5m	500			180
* SR100K-12R	三菱	750	600	480			100	117c	2000	1.15	340	25c	7.5m	600	150j	SR100K-12Sと逆極性	180
* SR100K-12S	三菱	750	600	480			100	117c	2000	1.15	340	25c	7.5m	600	150j		180
SR100L-10R	三菱	600	500	400			100	110c	1600	1.15	310	25j	2m	500	150j	SR100L-10Sと逆極性	207
SR100L-10S	三菱	600	500	400			100	110c	1600	1.15	310	25j	2m	500	150j		207
SR130L-2R	三菱	150	100	80			130	106c	2000	1.15	390	25j	7.5m	100	150j	SR130L-2Sと逆極性	207
SR130L-2S	三菱	150	100	80			130	106c	2000	1.15	390	25j	7.5m	100	150j		207
SR130L-4R	三菱	250	200	160			130	106c	2000	1.15	390	25j	7.5m	200	150j	SR130L-4Sと逆極性	207
SR130L-4S	三菱	250	200	160			130	106c	2000	1.15	390	25j	7.5m	200	150j		207
SR130L-6R	三菱	400	300	240			130	106c	2000	1.15	390	25j	7.5m	300	150j	SR130L-6Sと逆極性	207
SR130L-6S	三菱	400	300	240			130	106c	2000	1.15	390	25j	7.5m	300	150j		207
SR130L-8R	三菱	500	400	320			130	106c	2000	1.15	390	25j	7.5m	400	150j	SR130L-8Sと逆極性	207
SR130L-8S	三菱	500	400	320			130	106c	2000	1.15	390	25j	7.5m	400	150j		207
SR130L-10R	三菱	600	500	400			130	106c	2000	1.15	390	25j	7.5m	500	150j	SR130L-10Sと逆極性	207
SR130L-10S	三菱	600	500	400			130	106c	2000	1.15	390	25j	7.5m	500	150j		207
SR150L-10R	三菱	600	500	400			150	108c	2400	1.15	470	25j	9m	500	150j	SR150L-10Sと逆極性	207
SR150L-10S	三菱	600	500	400			150	108c	2400	1.15	470	25j	9m	500	150j		207
* SR16DM-2R	三菱	150	100	80			15	113c	300	1.2	40		1.5m	100	150j	SR16DM-2Sと逆極性	632
* SR16DM-2S	三菱	150	100	80			15	113c	300	1.2	40		1.5m	100	150j		632
* SR16DM-4R	三菱	250	200	160			15	113c	300	1.2	40		1.5m	200	150j	SR16DM-4Sと逆極性	632
* SR16DM-4S	三菱	250	200	160			15	113c	300	1.2	40		1.5m	200	150j		632
* SR16DM-6R	三菱	400	300	240			15	113c	300	1.2	40		1.5m	300	150j	SR16DM-6Sと逆極性	632
* SR16DM-6S	三菱	400	300	240			15	113c	300	1.2	40		1.5m	300	150j		632
SR170L-2R	三菱	150	100	80			170	112c	3200	1.15	550	25j	10.5m	100	150j	SR170L-2Sと逆極性	207
SR170L-2S	三菱	150	100	80			170	112c	3200	1.15	550	25j	10.5m	100	150j		207
SR170L-4R	三菱	250	200	160			170	112c	3200	1.15	550	25j	10.5m	200	150j	SR170L-4Sと逆極性	207
SR170L-4S	三菱	250	200	160			170	112c	3200	1.15	550	25j	10.5m	200	150j		207
SR170L-6R	三菱	400	300	240			170	112c	3200	1.15	550	25j	10.5m	300	150j	SR170L-6Sと逆極性	207
SR170L-6S	三菱	400	300	240			170	112c	3200	1.15	550	25j	10.5m	300	150j		207
SR170L-8R	三菱	500	400	320			170	112c	3200	1.15	550	25j	10.5m	400	150j	SR170L-8Sと逆極性	207
SR170L-8S	三菱	500	400	320			170	112c	3200	1.15	550	25j	10.5m	400	150j		207
SR170L-10R	三菱	600	500	400			170	112c	3200	1.15	550	25j	10.5m	600	150j	SR170L-10Sと逆極性	207
SR170L-10S	三菱	600	500	400			170	112c	3200	1.15	550	25j	10.5m	600	150j		207
* SR20N-2R	三菱	150	100	80			25	120c	400	1.2	80	25c	1.5m	100	150j	SR20N-2Sと逆極性	157
* SR20N-2S	三菱	150	100	80			25	120c	400	1.2	80	25c	1.5m	100	150j		157
* SR20N-4R	三菱	250	200	160			25	120c	400	1.2	80	25c	1.5m	200	150j	SR20N-4Sと逆極性	157

形 名	社名	最大定格 VRSM (V)	VRRM (V)	VR (V)	IFM (A)	I条件 (℃)	IO, IF* (A)	T条件 (℃)	IFSM (A)	T条件 (℃)	順方向特性(typは*) VFmax (V)	測定条件 IF(A)	T(℃)	逆方向特性(typは*) IRmax (μA)	測定条件 VR(V)	T(℃)	その他の特性等	外形
*SR20N-4S	三菱	250	200	160			25	120c	400		1.2	80	25c	1.5m	200	150j		157
*SR20N-6R	三菱	400	300	240			25	120c	400		1.2	80	25c	1.5m	300	150j	SR20N-6Sと逆極性	157
*SR20N-6S	三菱	400	300	240			25	120c	400		1.2	80	25c	1.5m	300	150j		157
*SR20N-8R	三菱	500	400	320			25	120c	400		1.2	80	25c	1.5m	400	150j	SR20N-8Sと逆極性	157
*SR20N-8S	三菱	500	400	320			25	120c	400		1.2	80	25c	1.5m	400	150j		157
*SR20N-10R	三菱	600	500	400			25	120c	400		1.2	80	25c	1.5m	500	150j	SR20N-10Sと逆極性	157
*SR20N-10S	三菱	600	500	400			25	120c	400		1.2	80	25c	1.5m	500	150j		157
*SR200AV-70	三菱	3500	3500	2800			150	74c	5000		7.25	630	25j	50m	3500	125j	Qrr<400μC	489
*SR200AV-80	三菱	4000	4000	3200			150	74c	5000		7.25	630	25j	50m	4000	125j	Qrr<400μC	489
*SR200AV-90	三菱	4500	4500	3600			150	74c	5000		7.25	630	25j	50m	4500	125j	Qrr<100μC	489
*SR200DL-12R	三菱	720	600	480			240	113c	5000		1.4	750	25j	30m	600		SR200DL-12Sと逆極性	152
*SR200DL-12S	三菱	720	600	480			240	113c	5000		1.4	750	25j	30m	600			152
*SR200DL-16R	三菱	960	800	640			240	113c	5000		1.4	750	25j	30m	800		SR200DL-16Sと逆極性	152
*SR200DL-16S	三菱	960	800	640			240	113c	5000		1.4	750	25j	30m	800			152
*SR200DL-20R	三菱	1200	1000	800			240	113c	5000		1.4	750	25j	30m	1000		SR200DL-20Sと逆極性	152
*SR200DL-20S	三菱	1200	1000	800			240	113c	5000		1.4	750	25j	30m	1000			152
*SR200DL-24R	三菱	1500	1200	960			240	113c	5000		1.4	750	25j	30m	1200		SR200DL-24Sと逆極性	152
*SR200DL-24S	三菱	1500	1200	960			240	113c	5000		1.4	750	25j	30m	1200			152
*SR200DM-28R	三菱	1700	1400	1120			240	75c	5000		1.75	750	25j	30m	1400		SR200DM-28Sと逆極性	152
*SR200DM-28S	三菱	1700	1400	1120			240	75c	5000		1.7	750	25j	30m	1400			152
*SR200DM-32R	三菱	1900	1600	1280			240	75c	5000		1.75	750	25j	30m	1600		SR200DM-32Sと逆極性	152
*SR200DM-32S	三菱	1900	1600	1280			240	75c	5000		1.75	750	25j	30m	1600			152
*SR200DM-36R	三菱	2100	1800	1440			240	75c	5000		1.75	750	25j	30m	1800		SR200DM-36Sと逆極性	152
*SR200DM-36S	三菱	2100	1800	1440			240	75c	5000		1.75	750	25j	30m	1800			152
*SR200DM-40R	三菱	2300	2000	1600			240	75c	5000		1.75	750	25j	30m	2000		SR200DM-40Sと逆極性	152
*SR200DM-40S	三菱	2300	2000	1600			240	75c	5000		1.75	750	25j	30m	2000			152
*SR200EH-40	三菱	2300	2000	1600			150	60c	5000		5.05	750	25j	30m	2000	125j	Qrr<180μC	488
*SR200EH-50	三菱	2800	2500	2000			150	60c	5000		5.05	750	25j	30m	2500	125j	Qrr<180μC	488
*SR200EM-16	三菱	960	800	640			175	64c	5000		2.75	750	25j	30m	800	125j	Qrr<100μC	488
*SR200EM-20	三菱	1200	1000	800			175	64c	5000		2.75	750	25j	30m	1000	125j	Qrr<100μC	488
*SR200EM-24	三菱	1500	1200	960			175	64c	5000		2.75	750	25j	30m	1200	125j	Qrr<100μC	488
*SR200EM-28	三菱	1700	1400	1120			175	64c	5000		2.75	750	25j	30m	1400	125j	Qrr<100μC	488
*SR200EM-32	三菱	1900	1600	1280			175	64c	5000		2.75	750	25j	30m	1600	125j	Qrr<100μC	488
*SR200H-12	三菱	800	600				240	72c	5000		1.2	400	25c	30m	600			307
*SR200H-14	三菱	900	700				240	72c	5000		1.2	400	25c	30m	700			307
*SR200H-16	三菱	1000	800				240	72c	5000		1.2	400	25c	30m	800			307
*SR200H-18	三菱	1100	900				240	72c	5000		1.2	400		30m	900			307
*SR200H-20	三菱	1200	1000				240	72c	5000		1.2	400		30m	1000			307
*SR200H-24	三菱	1500	1200				240	72c	5000		1.2	400		30m	1200			307
*SR200L-10R	三菱	600	500	400			200	109c	3600		1.1	600	25j	4m	500	150j	SR200L-10Sと逆極性	207
*SR200L-10S	三菱	600	500	400			200	109c	3600		1.1	600	25j	4m	500	150j		207
*SR200P-10	三菱	600	500	400			240	75c	5000		1.73	750	25c					181

	形　名	社名	最大定格								順方向特性(typは*)			逆方向特性(typは*)				その他の特性等	外形
			V_{RSM} (V)	V_{RRM} (V)	V_R (V)	I_{FM} (A)	T条件 (℃)	I_O, I_{F^*} (A)	T条件 (℃)	I_{FSM} (A)	T条件 (℃)	V_{Fmax} (V)	測定条件		I_{Rmax} (μA)	測定条件			
													I_F(A)	T(℃)		V_R(V)	T(℃)		
*	SR200P-12	三菱	720	600	480			240	75c	5000		1.73	750	25c	30m	600			181
*	SR200P-16	三菱	960	800	640			240	75c	5000		1.73	750	25c	30m	800			181
*	SR200P-20	三菱	1200	1000	800			240	75c	5000		1.73	750	25c	30m	1000			181
*	SR200P-24	三菱	1500	1200	960			240	75c	5000		1.73	750	25c	30m	1200			181
*	SR200P-30	三菱	1800	1500	1200			240	75c	5000		1.73	750	25c	30m	1500			181
*	SR200P-36	三菱	2100	1800	1440			240	75c	5000		1.73	750	25c	30m	1800			181
*	SR200P-40	三菱	2300	2000	1600			240	75c	5000		1.73	750	25c	30m	2000			181
*	SR200PH-28R	三菱	1700	1400	1120			240	75c	5000		1.75	750	25c	30m	1400	150j	SR200PH-28Sと逆極性	152
*	SR200PH-28S	三菱	1700	1400	1120			240	75c	5000		1.75	750	25c	30m	1400	150j		152
*	SR200PH-32R	三菱	1900	1600	1280			240	75c	5000		1.75	750	25c	30m	1600	150j	SR200PH-32Sと逆極性	152
*	SR200PH-32S	三菱	1900	1600	1280			240	75c	5000		1.75	750	25c	30m	1600	150j		152
*	SR200PH-36R	三菱	2100	1800	1440			240	75c	5000		1.75	750	25c	30m	1800	150j	SR200PH-36Sと逆極性	152
*	SR200PH-36S	三菱	2100	1800	1440			240	75c	5000		1.75	750	25c	30m	1800	150j		152
*	SR200PH-40R	三菱	2300	2000	1600			240	75c	5000		1.75	750	25c	30m	2000	150j	SR200PH-40Sと逆極性	152
*	SR200PH-40S	三菱	2300	2000	1600			240	75c	5000		1.75	750	25c	30m	2000	150j		152
*	SR200PL-12R	三菱	720	600	480			240	88c	5000		1.4	750	25c	30m	600	150j	SR200PL-12Sと逆極性	152
*	SR200PL-12S	三菱	720	600	480			240	88c	5000		1.4	750	25c	30m	600	150j		152
*	SR200PL-16R	三菱	960	800	640			240	88c	5000		1.4	750	25c	30m	800	150j	SR200PL-16Sと逆極性	152
*	SR200PL-16S	三菱	960	800	640			240	88c	5000		1.4	750	25c	30m	800	150j		152
*	SR200PL-20R	三菱	1200	1000	800			240	88c	5000		1.4	750	25c	30m	1000	150j	SR200PL-20Sと逆極性	152
*	SR200PL-20S	三菱	1200	1000	800			240	88c	5000		1.4	750	25c	30m	1000	150j		152
*	SR200PL-24R	三菱	1500	1200	960			240	88c	5000		1.4	750	25c	30m	1200	150j	SR200PL-24Sと逆極性	152
*	SR200PL-24S	三菱	1500	1200	960			240	88c	5000		1.4	750	25c	30m	1200	150j		152
*	SR200T-12R	三菱	720	600	480			240	46c	4000		1.75	750	25c	30m	600	125j	SR200T-12Sと逆極性	152
*	SR200T-12S	三菱	720	600	480			240	46c	4000		1.75	750	25c	30m	600	125j		152
*	SR200T-16R	三菱	960	800	640			240	46c	4000		1.75	750	25c	30m	800	125j	SR200T-16Sと逆極性	152
*	SR200T-16S	三菱	960	800	640			240	46c	4000		1.75	750	25c	30m	800	125j		152
*	SR200T-20R	三菱	1200	1000	800			240	46c	4000		1.75	750	25c	30m	1000	125j	SR200T-20Sと逆極性	152
*	SR200T-20S	三菱	1200	1000	800			240	46c	4000		1.75	750	25c	30m	1000	125j		152
	SR202AH-50R	三菱	2600	2500	2000			150	82c	5000		3.2	800	125j	30m	2500	125j	Qrr<100μC	218
	SR202AH-50S	三菱	2600	2500	2000			150	82c	5000		3.2	800	125j	30m	2500	125j	Qrr<100μC	218
	SR202AM-40R	三菱	2100	2000	1600			200	116c	6000		1.6	800	150j	50m	2000	150j	SR202AM-40Sと逆極性	217
	SR202AM-40S	三菱	2100	2000	1600			200	116c	6000		1.6	800	150j	50m	2000	150j		217
	SR202AV-90	三菱	4600	4500	3600			150	64c	5000		4	625	125j	50m	4500	125j	Qrr<400μC	220
*	SR25B-2R	三菱	150	100	80			25	120c	600		1.2	80	25c	3m	100	150j	SR25B-2Sと逆極性	158
	SR25B-2S	三菱	150	100	80			25	120c	600		1.2	80	25c	3m	100	150j		158
*	SR25B-4R	三菱	250	200	160			25	120c	600		1.2	80	25c	3m	200	150j	SR25B-4Sと逆極性	158
*	SR25B-4S	三菱	250	200	160			25	120c	600		1.2	80	25c	3m	200	150j		158
*	SR25B-6R	三菱	400	300	240			25	120c	600		1.2	80	25c	3m	300	150j	SR25B-6Sと逆極性	158
*	SR25B-6S	三菱	400	300	240			25	120c	600		1.2	80	25c	3m	300	150j		158
*	SR25B-8R	三菱	500	400	320			25	120c	600		1.2	80	25c	3m	400	150j	SR25B-8Sと逆極性	158
*	SR25B-8S	三菱	500	400	320			25	120c	600		1.2	80	25c	3m	400	150j		158

	形　名	社　名	最大定格								順方向特性(typは*)			逆方向特性(typは*)			その他の特性等	外形
			V_{RSM}	V_{RRM}	V_R	I_{FM}	T条件	I_O, I_{F^*}	T条件	I_{FSM}	T条件	V_{Fmax}	測定条件		I_{Rmax}	測定条件			
			(V)	(V)	(V)	(A)	(℃)	(A)	(℃)	(A)	(℃)	(V)	I_F(A)	T(℃)	(μA)	V_R(V)	T(℃)		
*	SR25B-10R	三菱	600	500	400			25	120c	600		1.2	80	25c	3m	500	150j	SR25B-10Sと逆極性	158
*	SR25B-10S	三菱	600	500	400			25	120c	600		1.2	80	25c	3m	500	150j		158
	SR250L-2R	三菱	150	100	80			250	105c	4500		1.1	800	25j	12m	100	150j	SR250L-2Sと逆極性	208
	SR250L-2S	三菱	150	100	80			250	105c	4500		1.1	800	25j	12m	100	150j		208
	SR250L-4R	三菱	250	200	160			250	105c	4500		1.1	800	25j	12m	200	150j	SR250L-4Sと逆極性	208
	SR250L-4S	三菱	250	200	160			250	105c	4500		1.1	800	25j	12m	200	150j		208
	SR250L-6R	三菱	400	300	240			250	105c	4500		1.1	800	25j	12m	300	150j	SR250L-6Sと逆極性	208
	SR250L-6S	三菱	400	300	240			250	105c	4500		1.1	800	25j	12m	300	150j		208
	SR250L-8R	三菱	500	400	320			250	105c	4500		1.1	800	25j	12m	400	150j	SR250L-8Sと逆極性	208
	SR250L-8S	三菱	500	400	320			250	105c	4500		1.1	800	25j	12m	400	150j		208
	SR250L-10R	三菱	600	500	400			250	105c	4500		1.1	800	25j	12m	500	150j	SR250L-10Sと逆極性	208
	SR250L-10S	三菱	600	500	400			250	105c	4500		1.1	800	25j	12m	500	150j		208
	SR252AM-40R	三菱	2100	2000	1600			250	132c	6600		1.5	800	175j	50m	2000	175j	SR252AM-40Sと逆極性	219
	SR252AM-40S	三菱	2100	2000	1600			250	132c	6600		1.5	800	175j	50m	2000	175j		219
*	SR3AM-1	三菱	100	50	40			2	40a	200		1.2	10	25c	1000	50			91F
*	SR3AM-2	三菱	150	100	80			2	40a	200		1.2	10	25c	1000	100			91F
*	SR3AM-4	三菱	250	200	160			2	40a	200		1.2	10	25c	1000	200			91F
*	SR3AM-6	三菱	400	300	240			2	40a	200		1.2	10	25c	1000	300			91F
*	SR3AM-8	三菱	500	400	320			2	40a	200		1.2	10	25c	1000	400			91F
*	SR3AM-10	三菱	600	500	400			2	40a	200		1.2	10	25c	1000	500			91F
*	SR3AM-12	三菱	750	600	480			2	40a	200		1.2	10	25c	1000	600			91F
	SR30D-8R	三菱	600	400	320			40	104c	800		1.4	120	25c	10m	400	130j	SR30D-8Sと逆極性	125
	SR30D-8S	三菱	600	400	320			40	122c	900		1.35	120	25c	10m	400	150j		125
	SR30D-16R	三菱	1000	800	640			40	104c	800		1.4	120	25c	10m	800	130j	SR30D-16Sと逆極性	125
	SR30D-16S	三菱	1000	800	640			40	122c	900		1.35	120	25c	10m	800	150j		125
	SR30D-24R	三菱	1400	1200	960			40	104c	800		1.4	120	25c	10m	1200	130j	SR30D-24Sと逆極性	125
	SR30D-24S	三菱	1400	1200	960			40	122c	900		1.35	120	25c	10m	1200	150j		125
	SR302AL-24S	三菱	1300	1200	960			300	140c	6500		1.35	800	190j	50m	1200	190j		219
	SR302AL-24R	三菱	1300	1200	960			300	140c	6500		1.35	800	190j	50m	1200	190j	SR302AL-24Sと逆極性	219
*	SR40K-2R	三菱	150	100	80			40	125c	800		1.15	130	25c	3m	100	150j		212
*	SR40K-2S	三菱	150	100	80			40	125c	800		1.15	130	25c	3m	100	150j		212
*	SR40K-4R	三菱	250	200	160			40	125c	800		1.15	130	25c	3m	200	150j		212
*	SR40K-4S	三菱	250	200	160			40	125c	800		1.15	130	25c	3m	200	150j		212
*	SR40K-6R	三菱	400	300	240			40	125c	800		1.15	130	25c	3m	300	150j		212
*	SR40K-6S	三菱	400	300	240			40	125c	800		1.15	130	25c	3m	300	150j		212
*	SR40K-8R	三菱	500	400	320			40	125c	800		1.15	130	25c	3m	400	150j		212
*	SR40K-8S	三菱	500	400	320			40	125c	800		1.15	130	25c	3m	400	150j		212
*	SR40K-10R	三菱	600	500	400			40	125c	800		1.15	130	25c	3m	500	150j		212
*	SR40K-10S	三菱	600	500	400			40	125c	800		1.15	130	25c	3m	500	150j		212
*	SR40K-12R	三菱	750	600	480			40	125c	800		1.15	130	25c	3m	600	150j		212
*	SR40K-12S	三菱	750	600	480			40	125c	800		1.15	130	25c	3m	600	150j		212
*	SR400DH-28	三菱	1700	1400	1120			400	98c	10k		1.55	1250	25c	30m	1400	150j		154

形　名	社名	最大定格 V_RSM (V)	V_RRM (V)	V_R (V)	I_FM (A)	T条件 (°C)	I_O, I_F* (A)	T条件 (°C)	I_FSM (A)	T条件 (°C)	順方向特性(typは*) V_Fmax (V)	測定条件 I_F(A)	T(°C)	逆方向特性(typは*) I_Rmax (μA)	測定条件 V_R(V)	T(°C)	その他の特性等	外形
*SR400DH-32	三菱	1900	1600	1280			400	98c	10k		1.55	1250	25c	30m	1600	150j		154
*SR400DH-36	三菱	2100	1800	1440			400	98c	10k		1.55	1250	25c	30m	1800	150j		154
*SR400DH-40	三菱	2300	2000	1600			400	98c	10k		1.55	1250	25c	30m	2000	150j		154
*SR400DH-50	三菱	2800	2500	2000			400	98c	10k		1.55	1250	25c	30m	2500	150j		154
*SR400DH-60	三菱	3300	3000	2400			400	98c	10k		1.55	1250	25c	30m	3000	150j		154
*SR400DL-10	三菱	600	500	400			400	103c	10k		1.4	1250	25c	30m	500	150j		154
*SR400DL-12	三菱	720	600	480			400	103c	10k		1.4	1250	25c	30m	600	150j		154
*SR400DL-16	三菱	960	800	640			400	103c	10k		1.4	1250	25c	30m	800	150j		154
*SR400DL-20	三菱	1200	1000	800			400	103c	10k		1.4	1250	25c	30m	1000	150j		154
*SR400DL-24	三菱	1500	1200	960			400	103c	10k		1.4	1250	25c	30m	1200	150j		154
*SR400DV-70	三菱	3800	3500	2800			400	91a	8000		1.8	1250	25c	30m	3500	150j		154
*SR400DV-80	三菱	4300	4000	3200			400	91a	8000		1.8	1250	25c	30m	4000	150j		154
*SR400EL-10	三菱	600	500	400			400	128c	10k		1.4	1250	25j	30m	500			153
*SR400EL-12	三菱	720	600	480			400	128c	10k		1.4	1250	25j	30m	600			153
*SR400EL-16	三菱	960	800	640			400	128c	10k		1.4	1250	25j	30m	800			153
*SR400EL-20	三菱	1200	1000	800			400	128c	10k		1.4	1250	25j	30m	1000			153
*SR400EL-24	三菱	1500	1200	960			400	128c	10k		1.4	1250	25j	30m	1200			153
*SR400FH-28	三菱	1700	1400	1120			400	98c	10k		1.55	1250	25j	30m	1400			154
*SR400FH-32	三菱	1900	1600	1280			400	98c	10k		1.55	1250	25j	30m	1600			154
*SR400FH-36	三菱	2100	1800	1440			400	98c	10k		1.55	1250	25j	30m	1800			154
*SR400FH-40	三菱	2300	2000	1600			400	98c	10k		1.55	1250	25j	30m	2000			154
*SR400FH-50	三菱	2800	2500	2000			400	98c	10k		1.55	1250	25j	30m	2500			154
*SR400FH-60	三菱	3300	3000	2400			400	98c	10k		1.55	1250	25j	30m	3000			154
*SR400FV-70	三菱	3800	3500	2800			400	91c	8000		1.8	1250	25j	30m	3500			154
*SR400FV-80	三菱	4300	4000	3200			400	91c	8000		1.8	1250	25j	30m	4000			154
SR402AH-60	三菱	3100	3000	2400			400	87c	8500		1.5	1500	150j	50m	3000	150j		221
*SR50CH-40	三菱	2300	2000	1600			50	86c	1000		4.8	160	25j	30m	2000	125j	Qrr<100μC	487
*SR50CH-50	三菱	2800	2500	2000			50	86c	1000		4.8	160	25j	30m	2500	125j	Qrr<100μC	487
*SR50CM-16	三菱	960	800	640			50	101c	1000		1.95	160	25j	30m	800	125j	Qrr<50μC	487
*SR50CM-20	三菱	1200	1000	800			50	101c	1000		1.95	160	25j	30m	1000	125j	Qrr<50μC	487
*SR50CM-24	三菱	1450	1200	960			50	101c	1000		1.95	160	25j	30m	1200	125j	Qrr<50μC	487
*SR50CM-28	三菱	1700	1400	1120			50	101c	1000		1.95	160	25j	30m	1400	125j	Qrr<50μC	487
*SR50CM-32	三菱	1900	1600	1280			50	101c	1000		1.95	160	25j	30m	1600	125j	Qrr<50μC	487
SR60L-2R	三菱	150	100	80			60	110c	800		1.2	200	25j	3m	100	150j	SR60L-2Sと逆極性	206
SR60L-2S	三菱	150	100	80			60	110c	800		1.2	200	25j	3m	100	150j		206
SR60L-4R	三菱	250	200	160			60	110c	800		1.2	200	25j	3m	200	150j	SR60L-4Sと逆極性	206
SR60L-4S	三菱	250	200	160			60	110c	800		1.2	200	25j	3m	200	150j		206
SR60L-6R	三菱	400	300	240			60	110c	800		1.2	200	25j	3m	300	150j	SR60L-6Sと逆極性	206
SR60L-6S	三菱	400	300	240			60	110c	800		1.2	200	25j	3m	300	150j		206
SR60L-8R	三菱	500	400	320			60	110c	800		1.2	200	25j	3m	400	150j	SR60L-8Sと逆極性	206
SR60L-8S	三菱	500	400	320			60	110c	800		1.2	200	25j	3m	400	150j		206
SR60L-10R	三菱	600	500	400			60	110c	800		1.2	200	25j	3m	500	150j	SR60L-10Sと逆極性	206

形 名	社 名	最大定格							順方向特性(typは*)			逆方向特性(typは*)			その他の特性等	外形
		V_{RSM} (V)	V_{RRM} (V)	V_R (V)	I_{FM} (A)	T条件 (℃)	I_0, I_{F^*} (A)	T条件 (℃)	I_{FSM} (A)	T条件 (℃)	V_{Fmax} (V)	測定条件		I_{Rmax} (μA)	測定条件			
												I_F(A)	T(℃)		V_R(V)	T(℃)		
SR60L-10S	三菱	600	500	400			60	110c	800		1.2	200	25j	3m	500	150j		206
*SR70K-2R	三菱	150	100	80			70	124c	1600		1.1	210	25c	6m	100	150j	SR70K-2Sと逆極性	212
SR70K-2S	三菱	150	100	80			70	124c	1600		1.1	210	25c	6m	100	150j		212
*SR70K-4R	三菱	250	200	160			70	124c	1600		1.1	210	25c	6m	200	150j	SR70K-4Sと逆極性	212
SR70K-4S	三菱	250	200	160			70	124c	1600		1.1	210	25c	6m	200	150j		212
*SR70K-6R	三菱	400	300	240			70	124c	1600		1.1	210	25c	6m	300	150j	SR70K-6Sと逆極性	212
SR70K-6S	三菱	400	300	240			70	124c	1600		1.1	210	25c	6m	300	150j		212
*SR70K-8R	三菱	500	400	320			70	124c	1600		1.1	210	25c	6m	400	150j	SR70K-8Sと逆極性	212
SR70K-8S	三菱	500	400	320			70	124c	1600		1.1	210	25c	6m	400	150j		212
*SR70K-10R	三菱	600	500	400			70	124c	1600		1.1	210	25c	6m	500	150j	SR70K-10Sと逆極性	212
SR70K-10S	三菱	600	500	400			70	124c	1600		1.1	210	25c	6m	500	150j		212
*SR70K-12R	三菱	750	600	480			70	124c	1600		1.1	210	25c	6m	600	150j	SR70K-12Sと逆極性	212
SR70K-12S	三菱	750	600	480			70	124c	1600		1.1	210	25c	6m	600	150j		212
*SRH25C	新電元		25k				0.3	油冷	30		60	0.3		10	25k		Ioは油温40℃	512
SWH2-16	オリジン		16k				0.5	50a	45	50j	20	0.5		2m	16k			544
SWH2-20	オリジン		20k				0.5	50a	45	50j	20	0.5		2m	20k			544
SWH2-25ED	オリジン		25k				0.5	50a	45	50j	20	0.5		50	25k			544
SWH-08	オリジン		8000				0.5	50a	45	50j	10	0.5		2m	8000		1S1115相当	336
SWH-10	オリジン		10k				0.5	50a	45	50j	12	0.5		2m	10k		1S1116相当	336
SWHD2-16	オリジン		16k				0.5	油冷	45	50j	18	0.5		2m	16k		1S1119相当 Ioは油温50℃	341
SWHD2-20	オリジン		20k				0.5	油冷	45	50j	22	0.5		2m	20k		1S1120相当 Ioは油温50℃	341
SWHD2-25	オリジン		25k				0.5	油冷	45	50j	30	0.5		2m	25k		Ioは油温50℃	341
SWHD3-16	オリジン		16k				0.5	油冷	45	50j	22	0.5		2m	16k		色表示茶青 Ioは油温50℃	545
SWHD3-20	オリジン		20k				0.5	油冷	45	50j	22	0.5		2m	20K		色表示赤黒 Ioは油温50℃	545
T51A	日立パワー	75	50				6	127c	100		1.3	6	25c	1m	50		T52Aと逆極性	448
T51B	日立パワー	150	100				6	127c	100		1.3	6	25c	1m	100		T52Bと逆極性	448
T51C	日立パワー	300	200				6	127c	100		1.3	6	25c	1m	200		T52Cと逆極性	448
T52A	日立パワー	75	50				6	127c	100		1.3	6	25c	1m	50			448
T52B	日立パワー	150	100				6	127c	100		1.3	6	25c	1m	100			448
T52C	日立パワー	300	200				6	127c	100		1.3	6	25c	1m	200			448
*TFR1L	東芝		800				0.5	50a	20	25j	1.3	0.5		10	800		trr<10μs	19B
TFR1N	東芝		1000				0.5	50a	20	25j	1.3	0.5		10	1000		trr<10μs	19B
*TFR1Q	東芝		1200				0.5	50a	20	25j	1.3	0.5		10	1200		trr<10μs	19B
TFR1T	東芝		1500				0.5	50a	20	25j	1.3	0.5		10	1500		trr<10μs	19B
*TFR2L	東芝		800				0.5	50a	20	25j	1.5	0.5		10	800		trr<4μs	19B
TFR2N	東芝		1000				0.5	50a	20	25j	1.5	0.5		10	1000		trr<4μs	19B
*TFR2Q	東芝		1200				0.5	50a	20	25j	1.5	0.5		10	1200		trr<4μs	19B
TFR2T	東芝		1500				0.5	50a	20	25j	1.5	0.5		10	1500		trr<4μs	19B
*TFR4L	東芝		800				0.3	65a	10	25j	1.5	0.5		10	800		trr<4μs Ioはプリント基板実装時	20K
TFR4N	東芝		1000				0.3	65a	10	25j	1.5	0.5		10	1000		trr<4μs Ioはプリント基板実装時	20K
*TFR4Q	東芝		1200				0.3	65a	10	25j	1.5	0.5		10	1200		trr<4μs Ioはプリント基板実装時	20K
TFR4T	東芝		1500				0.3	65a	10	25j	1.5	0.5		10	1500		trr<4μs Ioはプリント基板実装時	20K

形 名	社 名	V_{RSM} (V)	V_{RRM} (V)	V_R (V)	I_{FM} (A)	T条件 (°C)	I_O, I_F* (A)	T条件 (°C)	I_{FSM} (A)	T条件 (°C)	V_{Fmax} (V)	I_F(A)	T(°C)	I_{Rmax} (μA)	V_R(V)	T(°C)	その他の特性等	外形
TS912S6	富士電機		600				10	105c	80		1.7	10		500	600		trr<50ns	72
TSF05A20	日本インター		200				5	122c	80	25j	0.98	5	25j	30	200	25j	trr<35ns	236
TSF05A20-11A	日本インター		200				5	122c	80	25j	0.98	5	25j	30	200	25j	trr<35ns	238
TSF05A40	日本インター		400				5	118c	80	25j	1.25	5	25j	30	400	25j	trr<45ns	236
TSF05A40-11A	日本インター		400				5	118c	80	25j	1.25	5	25j	30	400	25j	trr<45ns	238
* TSF05A60	日本インター		600				5	107c	80	25j	1.7	5	25j	30	600	25j	trr<40ns	236
* TSF05A60-11A	日本インター		600				5	107c	80	25j	1.7	5	25j	30	600	25j	trr<40ns	238
TSF05B60-11A	日本インター		600				5	107c	80	25j	1.7	5	25j	30	600	25j	trr<40ns	238
TSU05A60	日本インター		600				5	95c	70		2.3	5	25j	30	600	25j	trr<35ns	236
TSU05B60	日本インター		600				5	89c	60		2.7	5	25j	30	600	25j	trr<35ns	236
TSU10A60	日本インター		600				10	60c	110		2.3	10	25j	30	600	25j	trr<45ns	236
TSU10B60	日本インター		600				10	60c	100		2.7	10	25j	30	600	25j	trr<40ns	236
TVR1B	東芝		100				0.5	65a	10	25j	1.2	0.5		10	100		trr<2μs	19B
* TVR1D	東芝		200				0.5	65a	10	25j	1.2	0.5		10	200		trr<2μs	19B
TVR1G	東芝		400				0.5	65a	10	25j	1.2	0.5		10	400		trr<2μs	19B
TVR1J	東芝		600				0.5	65a	10	25j	1.2	0.5		10	600		trr<2μs	19B
TVR2B	東芝		100	50			0.5	50a	30	25j	1.4	1		10	100		trr=5〜20μs	19B
* TVR2D	東芝		200	100			0.5	50a	30	25j	1.4	1		10	200		trr=5〜20μs	19B
TVR2G	東芝		400	300			0.5	50a	30	25j	1.4	1		10	400		trr=5〜20μs	19B
TVR2J	東芝		600	500			0.5	50a	30	25j	1.4	1		10	600		trr=5〜20μs	19B
TVR4J	東芝		600				1.2	55a	100	25j	1.2	5		10	600		trr<20μs	19F
* TVR4L	東芝		800				1.2	55a	100	25j	1.2	5		10	800		trr<20μs	19F
TVR4N	東芝		1000				1.2	55a	100	25j	1.2	5		10	1000		trr<20μs	19F
TVR5B	東芝		100				0.5	45a	20	25j	1.2	0.5		10	100		trr<1.5μs Ioはプリント基板実装時	20K
* TVR5D	東芝		200				0.5	45a	20	25j	1.2	0.5		10	200		trr<1.5μs Ioはプリント基板実装時	20K
TVR5G	東芝		400				0.5	45a	20	25j	1.2	0.5		10	400		trr<1.5μs Ioはプリント基板実装時	20K
TVR5J	東芝		600				0.5	45a	20	25j	1.2	0.5		10	600		trr<1.5μs Ioはプリント基板実装時	20K
U05B	日立パワー	200	100				2.5	90L	100	175j	1.1	2.5	25L	60	100	25L	trr=3.0μs 1S2455相当	113G
U05C	日立パワー	300	200				2.5	90L	100	175j	1.1	2.5	25L	60	200	25L	trr=3.0μs 1S2456相当	113G
U05E	日立パワー	500	400				2.5	90L	100	175j	1.1	2.5	25L	60	400	25L	trr=3.0μs 1S2457相当	113G
U05G	日立パワー	800	600				2.5	90L	100	175j	1.1	2.5	25L	60	600	25L	trr=3.0μs 1S2458相当	113G
U05GH44	東芝		400				0.5		20	25j	1.2	0.5		10	400		trr<1.5μs Ioはプリント基板実装時	405B
U05J	日立パワー	1000	800				2.5	90L	100	175j	1.1	2.5	25L	60	800	25L	trr=3.0μs 1S2459相当	113G
U05JH44	東芝		600				0.5		20	25j	1.2	0.5		10	600		trr<1.5μs Ioはプリント基板実装時	405B
U05NH44	東芝		1000				0.5		20	25j	1.5	0.5		10	1000		trr<4μs Ioはプリント基板実装時	405B
U05NU44	東芝		1000				0.5	60a	10	25j	3	0.5		100	1000		trr<100ns Ioはプリント基板実装時	405B
U05TH44	東芝		1500				0.5		20	25j	1.5	0.5		10	1500		trr<4μs Ioはプリント基板実装時	405B
U06C	日立パワー	300	200				2	75L	80	150j	1.2	2	25L	60	200	25L	trr<0.4μs 1S2596相当	113G
U06E	日立パワー	500	400				2	75L	80	150j	1.2	2	25L	10	400	25L	trr<0.4μs 1S2597相当	113G
U06G	日立パワー	800	600				2	75L	80	150j	1.2	2	25L	10	600	25L	trr<0.4μs 1S2598相当	113G
U06J	日立パワー		800				2		80		1.2	2	25L					113G
U07J	日立パワー	1000	800				1	60L	50	140j	2.5	1	25L	10	800	25L	trr<0.4μs 1S2592相当	113G

形名	社名	最大定格								順方向特性(typは*)				逆方向特性(typは*)				その他の特性等	外形
		V_{RSM} (V)	V_{RRM} (V)	V_R (V)	I_{FM} (A)	T条件 (℃)	I_0, I_F* (A)	T条件 (℃)	I_{FSM} (A)	T条件 (℃)	V_{Fmax} (V)	測定条件			I_{Rmax} (μA)	測定条件				
												I_F(A)	T(℃)			V_R(V)	T(℃)			
U07L	日立パワー	1300	1000				1	60L	50	140j	2.5	1	25L		10	1000	25L		trr<0.4μs 1S2593相当	113G
U07M	日立パワー	1600	1300				1	60L	50	140j	2.5	1	25L		10	1300	25L		trr<0.4μs 1S2594相当	113G
U07N	日立パワー	1800	1500				1	60L	50	140j	2.5	1	25L		10	1500	25L		trr<0.4μs 1S2595相当	113G
U1BC44	東芝		100				1	75a	30	25j	1.2	1	||| 10	100	||| Ioはセラミック基板実装時	405B
*U1BZ41	東芝		100				1		30		1.2	1	||| 10	100	||| Ioは半田ランド5×5使用	485I
*U1CL49	東芝		150				1		15		0.98	1	||| 10	150	||| trr<60ns	237
*U1DL44A	東芝		200				1	40a	10	25j	0.98	1	||| 10	8000	||| Ioはプリント基板実装時 trr<35ns	405B
U1DL49	東芝		200				1		15		0.98	1	||| 10	200	||| trr<60ns	237
*U1DZ41	東芝		200				1		30		1.2	1	||| 10	200	||| Ioは半田ランド5×5使用	485I
U1GC44	東芝		400				1	75a	30	25j	1.2	1	||| 10	400	||| Ioはセラミック基板実装時	405B
U1GC44S	東芝		400				1		30		1	1	||| 10	400	||| Ioはガラエポ基板 半田ランド 6×6	405B
U1GU44	東芝		400				1		15	25j	1.5	1	||| 50	400	||| trr<100ns Ioはプリント基板実装時	405B
*U1GZ41	東芝		400				1		30		1.2	1	||| 10	400	||| Ioは半田ランド5×5使用	485I
U1JC44	東芝		600				1	75a	30	25j	1.2	1	||| 10	600	||| Ioはセラミック基板実装時	405B
U1JU44	東芝		600				1		15	25j	2	1	||| 100	600	||| trr<100ns Ioはプリント基板実装時	405B
*U1JZ41	東芝		600				1		30		1.2	1	||| 10	600	||| Ioは半田ランド5×5使用	485I
U10LC48	東芝		800				10	110C	180	150j	1.2	10	||| 30	800	|||	29D
U15B	日立パワー	200	100				3	100L	80	175j	1	3	25L		60	100	25L		trr=3.0μs 1SR117-100相当	113G
U15C	日立パワー	300	200				3	100L	80	175j	1	3	25L		60	200	25L		trr=3.0μs 1SR117-200相当	113G
U15E	日立パワー	500	400				3	100L	80	175j	1	3	25L		10	400	25L		trr=3.0μs 1SR117-400相当	113G
U15G	日立パワー	800	600				3	100L	60	175j	1	3	25L		10	600	25L		trr=3.0μs 1SR117-600相当	113G
U15J	日立パワー	1000	800				3	100L	60	175j	1	3	25L		10	800	25L		trr=3.0μs 1SR117-800相当	113G
U19B	日立パワー	200	100				2.5	80L	80	150j	1.3	2.5	25L		10	100	25L		trr<0.2μs 1SR91-100相当	113G
U19C	日立パワー	300	200				2.5	80L	80	150j	1.3	2.5	25L		10	200	25L		trr<0.2μs 1SR91-200相当	113G
U19E	日立パワー	500	400				2.5	80L	80	150j	1.3	2.5	25L		10	400	25L		trr<0.2μs 1SR91-400相当	113G
U2BC44	東芝		100				2	45a	80	25j	1.2	1	||| 10	100	||| Ioはセラミック基板実装時	636D
U2GC44	東芝		400				2	45a	80	25j	1.2	1	||| 10	400	||| Ioはセラミック基板実装時	636D
U2JC44	東芝		600				2	45a	80	25j	1.2	1	||| 10	600	||| Ioはセラミック基板実装時	636D
UD0506T	三洋		600				5		40		1.3	5	||| 10	600	||| trr=53ns	631
UD1006FR	三洋	600	600				10	79c	120		1.3	10	||| 100	600	||| trr=60ns	57B
UD1006LS-SB5	三洋	600	600				10		120		1.3	10	||| 20	600	||| trr=60ns	635
UD2006FR	三洋		600				20	32c	180		1.4	20	||| 20	600	||| trr=60ns	57B
UD2006LS-SB	三洋		600				20	32c	180		1.4	20	||| 20	600	||| trr=60ns	635
USR30P6	オリジン		600				30	90c	300	25j	1.5	30	25j		200	600	25j		trr<100ns	500C
USR30P12	オリジン		1200				30	50c	300	25j	2.5	30	25j		200	1200	25j		trr<100ns	500C
USR30PS6	オリジン		600				30	50c	300	25j	1.5	30	25j		200	600				trr<100ns	500B
USR30PS12	オリジン		1200				30	50c	300	25j	2.5	30	25j		200	1200				trr<100ns	500B
USR60P6	オリジン		600				60	90c	600	25j	1.5	60	25j		200	600	25j		trr<100ns	500B
USR60P12	オリジン		1200				60	50c	600	25j	2.5	60	25j		200	1200	25j		trr<100ns	500B
*UX-C2B	サンケン		8000				0.35		15		13.5	0.35	||| 10	8000	||| trr<100ns Vz>8.5kV	504F
*UX-F5B	サンケン		8k				0.35		15		14	0.35	||| 10	8k	||| trr<1.5μs Vz>8.5kV	504F
*UX-F0B	サンケン		8k				0.35		15	25j	16	0.35	||| 10	8k	||| trr<180ns	504F

形名	社名	最大定格 V_RSM (V)	V_RRM (V)	V_R (V)	I_FM (A)	T条件 (°C)	I_O, I_F* (A)	T条件 (°C)	I_FSM (A)	T条件 (°C)	V_Fmax (V)	測定条件 I_F (A)	T (°C)	I_Rmax (μA)	測定条件 V_R (V)	T (°C)	その他の特性等	外形
V03C	日立パワー	300	200				1.3	90c	40	175j	1.1	1.3	25L	20	200	25L	trr=3.0μs 1S1948相当	113C
V03E	日立パワー	500	400				1.3	90c	40	175j	1.1	1.3	25L	10	400	25L	trr=3.0μs 1S1949相当	113C
V03G	日立パワー	800	600				1.3	90L	40	175j	1.1	1.3	25L	10	600	25L	trr=3.0μs 1S1950相当	113C
V03J	日立パワー	1000	800				1.3	90L	40	175j	1.1	1.3	25L	10	800	25L	trr=3.0μs 1S2063相当	113C
V06C	日立パワー	300	200				1.1	90L	35	175j	1.4	1.1	25L	20	200	25L	trr=3.0μs 1S2080相当	113C
V06E	日立パワー	500	400				1.1	90L	35	175j	1.4	1.1	25L	10	400	25L	trr=3.0μs 1S2081相当	113C
V06G	日立パワー	800	600				1.1	90L	35	175j	1.4	1.1	25L	10	600	25L	trr=3.0μs 1S2082相当	113C
V06J	日立パワー	1000	800				1.1	90L	35	175j	1.4	1.1	25L	10	800	25L	trr=3.0μs	113C
V09C	日立パワー	300	200				0.8	100L	35	165j	1.6	0.8	25L	20	200	25L	trr<0.4μs 1S2244相当	113C
V09E	日立パワー	500	400				0.8	100L	35	165j	1.6	0.8	25L	10	400	25L	trr<0.4μs 1S2245相当	113C
V09G	日立パワー	800	600				0.8	100L	35	165j	1.6	0.8	25L	10	600	25L	trr<0.4μs 1S2246相当	113C
V11J	日立パワー	1000	800				0.4	100L	30	150j	2.5	0.4	25L	10	800	25L	trr<0.4μs 1S2323相当	113C
V11L	日立パワー	1300	1000				0.4	100L	30	150J	2.5	0.4	25L	10	1000	25L	trr<0.4μs 1S2324相当	113C
V11M	日立パワー	1600	1300				0.4	100L	30	150j	2.5	0.4	25L	10	1300	25L	trr<0.4μs 1S2325相当	113C
V11N	日立パワー	1800	1500				0.4	100L	30	150j	2.5	0.4	25L	10	1500	25L	trr<0.4μs 1S2326相当	113C
V19B	日立パワー	200	100				1	80L	30	150j	1.2	1	25L	10	100	25L	trr<0.2μs 1SR119-100相当	113C
V19C	日立パワー	300	200				1	80L	30	150j	1.2	1	25L	10	200	25L	trr<0.2μs 1SR119-200相当	113C
V19E	日立パワー	500	400				1	80L	30	150j	1.2	1	25L	10	400	25L	trr<0.2μs 1SR119-400相当	113C
V19G	日立パワー	800	600				1	80L	30	150j	1.2	1	25L	10	600	25L	trr<0.2μs	113C
* V30J	日立パワー	1000	800				0.4	100L	30	150j	1.3	0.4	25L	10	800	25L	trr=3.0μs 1SR112-800相当	113C
* V30L	日立パワー	1300	1000				0.4	100L	30	150j	1.3	0.4	25L	10	1000	25L	trr=3.0μs 1SR112-1000相当	113C
* V30M	日立パワー	1600	1300				0.4	100L	30	150j	1.3	0.4	25L	10	1300	25L	trr=3.0μs 1SR112-1300相当	113C
* V30N	日立パワー	1800	1500				0.4	100L	30	150j	1.3	0.4	25L	10	1500	25L	trr=3.0μs 1SR112-1500相当	113C
* W03A	日立パワー	100	50				1	85L	20	175j	1.1	1	25L	50	50	25L	trr=3.0μs 1SR55-50相当	24F
* W03B	日立パワー	150	100				1	85L	20	175j	1.1	1	25L	50	100	25L	trr=3.0μs 1SR55-100相当	24F
* W03C	日立パワー	250	200				1	85L	20	175j	1.1	1	25L	50	200	25L	trr=3.0μs 1SR55-200相当	24F
* W06A	日立パワー	100	50				0.75	100L	20	175j	1.1	0.75	25L	50	50	25L	trr=3.0μs 1S2589相当	24F
* W06B	日立パワー	150	100				0.75	100L	20	175j	1.1	0.75	25L	50	100	25L	trr=3.0μs 1S2590相当	24F
* W06C	日立パワー	250	200				0.75	100L	20	175j	1.1	0.75	25L	50	200	25L	trr=3.0μs 1S2591相当	24F
* W09A	日立パワー	100	50				0.6	85L	10	165j	1.5	0.6	25L	50	50	25L	trr<0.4μs 1SR56-50相当	24F
* W09B	日立パワー	150	100				0.6	85L	10	165j	1.5	0.6	25L	50	100	25L	trr<0.4μs 1SR56-100相当	24F
* W09C	日立パワー	250	200				0.6	85L	10	165j	1.5	0.6	25L	50	200	25L	trr<0.4μs 1SR56-200相当	24F
YA961S6R	富士電機	600	600				2.5	108c	15	25c	5	8	25c	50	600	25c	trr<23ns	272A
YA962S6R	富士電機	600	600				3.5	102c	25	25c	5	10	25c	50	600	25c	trr<25ns	272A
YA963S6R	富士電機	600	600				5	123c	40	25c	5	15	25c	50	600	25c	trr<30ns	272A
YA971S6R	富士電機		600				8	116c	70		1.55	8		10	600		trr<50ns	272A
YA972S6R	富士電機		600				10	115c	100		1.55	10		10	600		trr<50ns	272A
YA981S6R	富士電機		600				8	99c	40		3	8		25	600		trr<26ns	272A
YA982S6R	富士電機		600				10	99c	50		3	10		30	600		trr<28ns	272A
* YG121S15	富士電機	1500	1500				5	88c	50	25c	2	3		50	1500		trr<0.5μs	55
* YG123S15	富士電機	1500	1500				6	92c	80		2	4		50	1500		trr<0.5μs	55
* YG226S2	富士電機	250	200				5	125c	70	25c	1.3	5		50	200		trr<0.4μs	55

| 形 名 | 社 名 | 最大定格 ||||||| 順方向特性(typは*) ||| 逆方向特性(typは*) ||| その他の特性等 | 外形 |
| | | V_{RSM} (V) | V_{RRM} (V) | V_R (V) | I_{FM} (A) | T条件 (℃) | I_0, I_F* (A) | T条件 (℃) | I_{FSM} (A) | T条件 (℃) | $V_{F}max$ (V) | 測定条件 ||| $I_{R}max$ (μA) | 測定条件 ||| | |
												I_F(A)	T(℃)		V_R(V)	T(℃)		
*YG226S4	富士電機	450	400				5	125c	70	25c	1.3	5		50	400		trr<0.4μs	55
YG226S6	富士電機	650	600				5	122c	70	25c	1.5	5	25c	50	600	25c	trr<0.4μs	55
*YG226S8	富士電機	850	800				5	122c	70	25c	1.5	5		50	800		trr<0.4μs	55
YG911S2R	富士電機	200	200				5	134c	50	25c	0.95	5		100	200		trr<35ns	55
YG911S3R	富士電機	300	300				5	128c	40	25c	1.2	5		100	300		trr<35ns	55
YG912S2R	富士電機	200	200				10	116c	80	25c	0.98	10		200	200		trr<35ns	55
YG912S6R	富士電機	600	600				10	92c	80	25c	1.7	10		500	600		trr<50ns	55
YG912S6	富士電機	600	600				10	92c	80		1.7	10		500	600		trr<50ns	55
YG912S6RR	富士電機		600				10	93c	100		1.7	10		100	600		trr<50ns	55
YG961S6R	富士電機	600	600				2.5	80c	15	25c	5	8		50	600		trr<23ns	55
YG962S6R	富士電機	600	600				3.5	102c	25	25c	5	10		50	600		trr<25ns	55
YG963S6R	富士電機	600	600				5	103c	40	25c	5	15		50	600		trr<30ns	55
YG971S6R	富士電機		600				8	89c	70		1.55	8		10	600		trr<50ns	55
YG971S8R	富士電機		800				5	93c	60		2.2	5		10	800		trr<50ns	55
YG972S6R	富士電機		600				10	89c	100		1.55	10		10	600		trr<50ns	55
YG981S6R	富士電機		600				8	58c	40		3	8		25	600		trr<26ns	55
YG982S6R	富士電機		600				10	60c	50		3	10		30	600		trr<28ns	55

② 整流用アバランシェ・ダイオード

	形　名	社　名	最大定格 P_RSM (kW)	V_RRM (V)	V_RRM (V)	V_R (V)	I_0 (A)	T条件 (℃)	I_FSM (A)	T条件 (℃)	順方向特性(typは*) V_Fmax (V)	測定条件 I_F(A)	T(℃)	逆方向特性(typは*) I_Rmax (μA)	測定条件 V_R(V)	T(℃)	V_Z(V) min	max	条件 I_Z(mA)	その他の特性等	外形
*	1LE11	東芝	1		800		1	50a	50	150j	1.2	5		400	800	150j	1000	1300	1		14
*	1NE11	東芝	1		1000		1	50a	50	150j	1.2	5		400	1000	150j	1250	1550	1		14
*	1QE11	東芝	1		1200		1	50a	50	150j	1.2	5		400	1200	150j	1500	1900	1		14
	1S1417	東芝	12		800		25	135c	500	175j	1.38	100		3m	800	175j	1000		5		42
	1S1418	東芝	12		1000		25	135c	500	175j	1.38	100		2.5m	1000	175j	1250		5		42
	1S1419	東芝	12		1200		25	135c	500	175j	1.38	100		2m	1200	175j	1500		5		42
	1S1461	東芝	3.8		800		12	135c	240	175j	1.8	100		2m	800	175j	1000		5		41
	1S1462	東芝	3.8		1000		12	135c	240	175j	1.8	100		1.75m	1000	175j	1250		5		41
	1S1463	東芝	3.8		1200		12	135c	240	175j	1.8	100		1.5m	1200	175j	1500		5		41
*	1S1614	東芝	28		800		50	135c	1500	175j	1.35	200		15m	800	175j	1000		25		212
*	1S1615	東芝	28		1000		50	135c	1500	175j	1.35	200		10m	1000	175j	1250		25		212
*	1S1616	東芝	28		1200		50	135c	1500	175j	1.35	200		5m	1200	175j	1500		25		212
	1S1626	東芝	2		800		6	135c	150	175j	1.35	30		1.8m	800	175j	1000		5		41
	1S1627	東芝	2		1000		6	135c	150	175j	1.35	30		1.6m	1000	175j	1250		5		41
	1S1628	東芝	2		1200		6	135c	150	175j	1.35	30		1.4m	1200	175j	1500		5		41
	1S1629	東芝	1.4		800		3	135c	90	175j	1.45	30		1.6m	800	175j	1000		5		41
	1S1630	東芝	1.4		1000		3	135c	90	175j	1.45	30		1.4m	1000	175j	1250		5		41
	1S1631	東芝	1.4		1200		3	135c	90	175j	1.45	30		1.2m	1200	175j	1500		5		41
	12FXF11	東芝	3.8		3000		12	140c	240	175j	1.4	40		7m	3000	175j	3300	4200	5		571
	12FXF12	東芝	3.8		3000		12	140c	240	175j	1.4	40		7m	3000	175j	3300	4200	5		571
	12LF11	東芝	3.8		800		12	135c	240	175j	1.5	50		2m	800	175j	1000	1300	5		42
	12NF11	東芝	3.8		1000		12	135c	240	175j	1.5	50		1.75m	1000	175j	1250	1550	5		42
	12QF11	東芝	3.8		1200		12	135c	240	175j	1.5	50		2m	1200	175j	1500	1900	5		42
	25FXF12	東芝	8		3000		25	140c	500	175j	1.7	80		7m	3000	175j	3300	4200	5		572
	25LF11	東芝	12		800		25	135c	500	175j	1.38	100		3m	800	175j	1000	1300	5		42
	25NF11	東芝	12		1000		25	135c	500	175j	1.38	100		2.5m	1000	175j	1250	1550	5		42
	25QF11	東芝	12		1200		25	135c	500	175j	1.38	100		2m	1200	175j	1500	1900	5		42
	3LF11	東芝	1.4		800		3	150c	90	175j	1.3	15		720	500	175j	1000	1300	5		41
	3NF11	東芝	1.4		1000		3	150c	90	175j	1.3	15		560	1000	175j	1250	1550	5		41
	3QF11	東芝	1.4		1200		3	150c	90	175j	1.3	15		470	1200	175j	1500	1900	5		41
	50LF11	東芝	20		800		50	135c	1500	175j	1.35	200		7m	800	175j	1000	1300	20		212
	50NF11	東芝	20		1000		50	135c	1500	175j	1.35	200		6m	1000	175j	1250	1550	20		212
	50QF11	東芝	20		1200		50	135c	1500	175j	1.35	200		5m	1200	175j	1500	1900	20		212
	6FXF12	東芝	2		3000		6	140c	150	175j	1.3	20		7m	3000	175j	3300	4200	5		571
*	6LF11	東芝	2		800		6	140c	150	175j	1.35	30		1.8m	800	175j	1000	1300	5		41
*	6NF11	東芝	2		1000		6	140c	150	175j	1.35	30		1.6m	1000	175j	1250	1550	5		41
*	6QF11	東芝	2		1200		6	140c	150	175j	1.35	30		1.4m	1200	175j	1500	1900	5		41
	CFC4/500	富士電機		4000	2400		0.8	50a	25		3	1		10	2400		4000				474
	CFC8/400	富士電機		8000	4800		0.4	50a	25		5	1		10	4800		8000				474
*	D1R20Z	新電元	4		200		0.75		30	25j	1.05	0.75	25L	5	200	25L	250		2		507D
*	D1R40Z	新電元	4		400		0.75		30	25j	1.05	0.75	25L	5	400	25L	500		2		507D
	ESJA28-02S	富士電機			2.2k		10m		1		7	10m		10	2.5k		2.7k		0.1		88J

形名	社特	最大定格 P_{RSM} (kW)	V_{RRM} (V)	V_{RRM} (V)	V_R (V)	I_0 (A)	T条件 (°C)	I_{FSM} (A)	T条件 (°C)	順方向特性(typは*) V_{Fmax} (V)	測定条件 I_F(A)	T(°C)	逆方向特性(typは*) I_{Rmax} (µA)	測定条件 V_R(V)	T(°C)	V_Z(V) min	max	条件 I_Z(mA)	その他の特性等	外形
ESJA28-03	富士電機			2.7k		10m		1		8.4	10m		10	2.5k		2.7k		0.1		88J
ESJC01-09B	富士電機			9k	0.35	60a	30			10	0.35	25j	5	9k	25j	9.5k	15k	0.1	最大逆サージ電流100mA	63
ESJC01-12B	富士電機			12k	0.35	60a	30			12	0.35	25j	5	12k	25j	12.5k	18k	0.1	最大逆サージ電流100mA	63
ESJC07-09B	富士電機			9k	0.45	油冷	30			10	0.45	25j	5	9k	25j	9.5k	15k	0.1	最大逆サージ電流100mA	66H
ESJC07-12B	富士電機			12k	0.4	油冷	30			12	0.4	25j	5	12k	25j	12.5k	18k	0.1	最大逆サージ電流100mA	66H
ESJC11-09	富士電機			9k	0.35	風冷	25			10	0.35	25j	5	9k	25j	9.5k	15k	0.1	最大逆サージ電流100mA	63
ESJC11-12	富士電機			12k	0.35	風冷	25			12	0.35	25j	5	12k	25j	12.5k	18k	0.1	最大逆サージ電流100mA	63
ESJC12-09	富士電機			9k	0.45	油冷	15			10	0.45	25j	5	9k	25j	9.5k	15k	0.1	最大逆サージ電流100mA	66H
ESJC12-12	富士電機			12k	0.4	油冷	15			12	0.4	25j	5	12k	25j	12.5k	18k	0.1	最大逆サージ電流100mA	66H
ESJC13-09B	富士電機			9k	0.45	60a	30			8	0.35		5	12k		9.5k		0.1		63
ESJC13-12B	富士電機			12k	0.35	60a	30			10	0.35		5	12k		12.5k		0.1		63
*ESJC30-05	富士電機		5k	4.5k	0.35	110L	15			12	0.35	25j	10	4.5k	25j	5k		0.1	trr<0.3µs	66F
*ESJC30-08	富士電機		8k	7.2k	0.3	110L	15			16	0.3	25j	10	7.2k	25j	8k		0.1	trr<0.3µs	66F
H24F	日立パワー	1		600		1		45	175j	1	1	25L	5	600	25L	750		1	trr=3µs 1S2606相当	113C
H24H	日立パワー	1		800		1		45	165j	1	1	25L	5	800	25L	1000		1	trr=3µs 1S2608相当	113C
H24J	日立パワー	1		1000		1		45	165j	1	1	25L	5	1000	25L	1250		1	trr=3µs 1S2610相当	113C
*S11B	日立パワー	3.8		100		15	110c	300		1.3	45	25c	5m	100						255
*S11C	日立パワー	3.8		200		15	110c	300		1.3	45	25c	5m	200						255
*S11D	日立パワー	3.8		300		15	110c	300		1.3	45	25c	5m	300						255
*S12B	日立パワー	3.8		100		15	110c	300		1.3	45	25c	5m	100						255
*S12C	日立パワー	3.8		200		15	110c	300		1.3	45	25c	5m	200						255
*S12D	日立パワー	3.8		300		15	110c	300		1.3	45	25c	5m	300						255
S3V60Z	新電元	4		600	2.6	40a	120			1.05	2.6	25L	10	600	25L	750		1.5		90F
SD-60P	オリジン			200	0.1	50a	30	50j		1	0.1		5	200					電話器用	20C
SD-61P	オリジン			400	0.15	50a	30	50j		1	0.15		50	400			450	5	電話器用	20C
*S1E03-30	富士電機	2.5		3000	12	120c	250	160j		1.6	30	25j	300	3000	25j	3300	4200	5		527
S1G03-30	富士電機	6		3000	21	120c	550	160j		1.6	60	25j	400	3000	25j	3300	4200	7.5		556
SM-1XZ02	オリジン	1		200		1	50a	45	50j		1	1		10	200		250	400	5		20G
SM-1XZ04	オリジン	1		400		1	50a	45	50j		1	1		10	400		500	800	5		20G
SR-2	オリジン				100	0.3	40a			1.1	0.3		100	100			400	5	電話器用	260F
SR-4	オリジン				200	0.3	40a			1.1	0.3		100	200			800	5	電話器用	260F
U17B	日立パワー	3		100	2.5	90L	100	175j		1.1	2.5	25L	50	100	25L	230	390	1	Vzで4区分, 7.5%, 15%	113G
U17C	日立パワー	3		200	2.5	90L	100	175j		1.1	2.5	25L	20	200	25L	280	475	1	Vzで4区分, 7.5%, 15%	113G
U17D	日立パワー	3		300	2.5	90L	100	175j		1.1	2.5	25L	20	300	25L	375	680	1	Vzで4区分, 7.5%, 15%	113G
U17E	日立パワー	3		400	2.5	90L	100	175j		1.1	2.5	25L	10	400	25L	465	750	1	Vzで3区分, 7.5%, 15%	113G
V07E	日立パワー	0.04	500	400	1.3	90L	40	175j		1.1	1.3	25L	10	400	25L	400	1600	1	trr=3µs 1S2238相当	113C
V07G	日立パワー	0.04	800	600	1.3	90L	40	175j		1.1	1.3	25L	10	600	25L	600	1600	1	trr=3µs 1S2239相当	113C
V07J	日立パワー	0.04	1000	800	1.3	90L	40	175j		1.1	1.3	25L	10	800	25L	800	1600	1	trr=3µs 1S2240相当	113C
V08E	日立パワー	0.04	500	400	1.1	90L	35	175j		1.4	1.1	25L	10	400	25L	400	1600	1	trr=3µs 1S2241相当	113C
V08G	日立パワー	0.04	800	600	1.1	90L	35	175j		1.4	1.1	25L	10	600	25L	600	1600	1	trr=3µs 1S2242相当	113C
V08J	日立パワー	0.04	1000	800	1.1	90L	35	175j		1.4	1.1	25L	10	800	25L	800	1600	1	trr=3µs 1S2243相当	113C
V17A	日立パワー	1.5		50	1.3	80L	50	165j		1.1	1.3	25L	50	50	25L	145	260	1	Vzで4区分, 7.5%, 15%	113C

| 形名 | 社名 | 最大定格 ||||||| 順方向特性(typは*) |||| 逆方向特性(typは*) |||||| その他の特性等 | 外形 |
| | | P_{RSM}(kW) | V_{RRM}(V) | V_{RRM}(V) | V_R(V) | I_0(A) | T条件(℃) | I_{FSM}(A) | T条件(℃) | V_{Fmax}(V) | 測定条件 || | I_{Rmax}(μA) | 測定条件 || V_Z(V) || 条件 | | |
											I_F(A)	T(℃)			V_R(V)	T(℃)	min	max	I_Z(mA)		
V17B	日立パワー	1.5		100		1.3	80L	50	165j	1.1	1.3	25L		50	100	25L	230	390	1	Vzで4区分, 7.5%, 15%	113C
V17C	日立パワー	1.5		200		1.3	80L	50	165j	1.1	1.3	25L		20	200	25L	280	475	1	Vzで4区分, 7.5%, 15%	113C
V17D	日立パワー	1.5		300		1.3	80L	50	165j	1.1	1.3	25L		20	300	25L	375	680	1	Vzで4区分, 7.5%, 15%	113C
V17E	日立パワー	1.5		400		1.3	80L	50	165j	1.1	1.3	25L		10	400	25L	465	750	1	Vzで3区分, 7.5%, 15%	113C

整流用ショットキ・バリア・ダイオード

形名	社名	最大定格 V_RSM (V)	V_RRM (V)	V_R (V)	I_O (A)	T条件 (°C)	I_FSM (A)	T条件 (°C)	順方向特性(typは*) V_Fmax (V)	測定条件 I_F(A)	T(°C)	逆方向特性(typは*) I_Rmax (mA)	測定条件 V_R(V)	T(°C)	t_rrmax (ns)	測定条件 I_F(A)	I_R(A)	dIF/dt (A/μs)	その他の特性等	外形
*1FWJ42	東芝	30			1	50a	40	25j	0.55	1		0.5	30		35	1		30	Ioはプリント基板実装時	19G
1FWJ43L	東芝	30			1	75a	20	25j	0.4	1		0.8	30						Cj=60pF	20K
1FWJ43M	東芝	30			1	70a	20	25j	0.45	1		0.5	30						Cj=60pF	20K
1FWJ43N	東芝	30			1	80a	25	25j	0.37	1		1.5	30						Cj=62pF	20K
*1FWJ43	東芝	30			1	50a	25	25j	0.55	1		0.5	30		35	1		30	Ioはプリント基板実装時	20K
1FWJ44	東芝	40			1	50a	25	25j	0.55	1		0.5	40		35	1		30	Cj=47pF	20K
1GWJ42	東芝	40			1	52a	40	25j	0.55	1		0.5	40		35	1		30	Cj=52pF Ioはプリント基板実装	19G
1GWJ43	東芝	40			1	50a	25	25j	0.55	1		0.5	40		35	1		30	Cj=47pF Ioはプリント基板実装	20K
1SS344	東芝	25	20	0.5			5		0.55	0.5		0.1	20		20*	0.05	0.05		Ct=120pF	610A
1SS349	東芝	25	20	1					0.55	1		0.05	20						Ct=250pF p=200mW	610A
1SS401	東芝	25	20	0.3					0.45	0.3		0.05	20						Ct=46pF	205A
1SS404	東芝	25	20	0.3					0.45	0.3		0.05	20						Ct=46pF	420D
10EHA20	日本インター	200			1	40a	20	25j	0.9	1	25j	0.2	200	25j						87J
*10KQ100B	日本インター	100			10	98c	180		0.89	10	25j	2	100	25j						273D
10KQ100	日本インター	100			10	98c	180	40a	0.89	10	25j	2	100	25j						272A
*10KQ30B	日本インター	35	30		10	99c	180	40a	0.59	10	25j	10	30	25j						273D
*10KQ30	日本インター	35	30		10	99c	180	40a	0.59	10	25j	10	30	25j						272A
*10KQ40B	日本インター	45	40		10	99c	180	40a	0.59	10	25j	10	40	25j						273D
*10KQ40	日本インター	45	40		10	99c	180	40a	0.59	10	25j	10	40	25j						272A
*10KQ50B	日本インター	55	50		10	96c	150	40a	0.67	10	25j	10	50	25j						273D
*10KQ50	日本インター	55	50		10	96c	150	40a	0.67	10	25j	10	50	25j						272A
*10KQ60B	日本インター	65	60		10	96c	150	40a	0.67	10	25j	10	60	25j						273D
*10KQ60	日本インター	65	60		10	96c	150	40a	0.67	10	25j	10	60	25j						272A
*10KQ90B	日本インター		90		10	98c	180	40a	0.89	10	25j	2	90	25j						273D
*10KQ90	日本インター		90		10	98c	180	40a	0.89	10	25j	2	90	25j						272A
11DQ03	日本インター	35	30		1	67a	40		0.55	1	25j	1	30	25j					半田ランド 5×5	20F
11DQ03L	日本インター		30		1	42a	40	25j	0.45	1	25j	1	30	25j					半田ランド 5×5	20F
11DQ04	日本インター	45	40		1	73a	40		0.55	1	25j	1	40	25j					半田ランド 5×5	20F
*11DQ05	日本インター	55	50		1	54a	25		0.58	1	25j	1	50	25j					半田ランド 5×5	20F
11DQ06	日本インター	65	60		1	54a	25		0.58	1	25j	1	60	25j					半田ランド 5×5	20F
11DQ09	日本インター		90		1	80a	40	40a	0.85	1	25j	0.5	90	25j					半田ランド 5×5	20F
11DQ10	日本インター		100		1	78a	40	40a	0.85	1	25j	0.5	100	25j					半田ランド 5×5	20F
*11EQ03	日本インター	35	30		1	50a	40	40a	0.55	1	25j	1	30	25j					半田ランド 5×5	87K
11EQ04	日本インター	45	40		1	53a	40		0.55	1	25j	1	40	25j					半田ランド 5×5	87K
*11EQ05	日本インター	55	50		1	33a	25		0.58	1	25j	1	50	25j					半田ランド 5×5	87K
11EQ06	日本インター	65	60		1	33a	25		0.58	1	25j	1	60	25j					半田ランド 5×5	87K
11EQ09	日本インター		90		1	60a	40		0.85	1	25j	0.5	90	25j					半田ランド 5×5	87K
11EQ10	日本インター		100		1	57a	40		0.85	1	25j	0.5	100	25j					半田ランド 5×5	87K
11EQS03L	日本インター		30		1	55a	40		0.45	1	25j	1	30	25j					半田ランド 5×5	87J
*11EQS03	日本インター	35	30		1	46a	40	40a	0.55	1	25j	1	30	25j					半田ランド 5×5	87J
11EQS04	日本インター	45	40		1	48a	40		0.55	1	25j	1	40	25j					半田ランド 5×5	87J
*11EQS05	日本インター	55	50		1	29a	25		0.58	1	25j	1	50	25j					半田ランド 5×5	87J

形名	社名	最大定格 VRSM (V)	VRRM (V)	VR (V)	Io (A)	T条件 (℃)	IFSM (A)	T条件 (℃)	順方向特性(typは*) VFmax (V)	測定条件 IF(A)	T(℃)	逆方向特性(typは*) IRmax (mA)	測定条件 VR(V)	T(℃)	trrmax (ns)	測定条件 IF(A)	IR(A)	dIF/dt (A/μs)	その他の特性等	外形
11EQS06	日本インター	65	60		1	29a	25		0.58	1	25j	1	60	25j					半田ランド 5×5	87J
11EQS09	日本インター		90		1	55a	40		0.85	1	25j	0.5	90	25j					半田ランド 5×5	87J
11EQS10	日本インター		100		1	53a	40		0.85	1	25j	0.5	100	25j					半田ランド 5×5	87J
*15FWJ11	東芝		30		15	131C	400		0.68	15		20	30	150j	200	15		30	Cj=0.5nF	455
*15GWJ11	東芝		40		15	131C	400		0.68	15		20	40	150j	200	15		30	Cj=0.5nF	455
151MQ30	日本インター	35	30		150	86C	2400	125j	0.6	150	25j	100	30	25j						597
151MQ40	日本インター	45	40		150	86C	2400	125j	0.6	150	25j	100	40	25j						597
16KQ100B	日本インター		100		15	98c	250		0.88	15	25j	2	100	25j						510D
16KQ100	日本インター		100		15	98c	250		0.88	15	25j	2	100	25j						691
16KQ30B	日本インター	35	30		15	100c	250		0.56	15	25j	15	30	25j						510D
16KQ30	日本インター	35	30		15	100c	250		0.56	15	25j	15	30	25j						691
16KQ40B	日本インター	45	40		15	100c	250		0.56	15	25j	15	40	25j						510D
16KQ40	日本インター	45	40		15	100c	250		0.56	15	25j	15	40	25j						691
16KQ50B	日本インター	55	50		15	96c	200		0.65	15	25j	15	50	25j						510D
16KQ50	日本インター	55	50		15	96c	200		0.65	15	25j	15	50	25j						691
16KQ60B	日本インター	65	60		15	96c	200		0.65	15	25j	15	60	25j						510D
16KQ60	日本インター	65	60		15	96c	200		0.65	15	25j	15	60	25j						691
16KQ90B	日本インター		90		15	98c	250		0.88	15	25j	2	90	25j						510D
16KQ90	日本インター		90		15	98c	250		0.88	15	25j	2	90	25j						691
16MQ30	日本インター	35	30		15	100C	300	125j	0.55	15	25j	15	30	25j						41
16MQ40	日本インター	45	40		15	100C	300	125j	0.55	15	25j	15	40	25j						41
16MQ50	日本インター	55	50		15	96C	200	125j	0.65	15	25j	15	50	25j						41
16MQ60	日本インター	65	60		15	96C	200	125j	0.65	15	25j	15	60	25j						41
2FWJ42M	東芝		30		2	35a	40		0.45	2		0.5	30						Cj=110pF	19F
2FWJ42N	東芝		30		2	55a	60	25j	0.37	2		3	30						Cj=130pF	19F
*2FWJ42	東芝		30		2	35a	100	25j	0.55	2		0.5	30		35	1		30	Cj=125pF Ioはプリント基板	19F
2GWJ42C	東芝		40		2		40		0.55	2		0.5	40		35	1		30	Cj=125pF Ioはプリント基板	19F
2GWJ42	東芝		40		2		100	25j	0.55	2		0.5	40		35	1		30	Cj=125pF Ioはプリント基板	19F
20KHA20	日本インター		200		2	115L	40		1	2	25j	0	200	25j						506C
21DQ03L	日本インター		30		1.7	30a	50		0.45	1.7	25j	2	30	25j					半田ランド 5×5	506C
*21DQ03	日本インター	35	30		1.7	28a	80		0.55	2	25j	1	30	25j					半田ランド 5×5	506C
21DQ04	日本インター	45	40		1.7	35a	80		0.55	2	25j	1	40	25j					半田ランド 5×5	506C
*21DQ05	日本インター	55	50		1.7		45		0.58	1.7	25j	2	50	25j					半田ランド 5×5	506C
21DQ06	日本インター	65	60		1.7		45		0.58	1.7	25j	2	60	25j					半田ランド 5×5	506C
21DQ09	日本インター		90		1.7	47a	70		0.85	2	25j	1	90	25j					半田ランド 5×5	506C
21DQ10	日本インター		100		1.7	43a	70		0.85	2	25j	1	100	25j					半田ランド 5×5	506C
3FWJ42N	東芝		30		3	65a	90		0.37	3		5	30						Cj=140pF	89J
*3FWJ42	東芝		30		3	40a	120	25j	0.55	3		3	30		35	1		30	Cj=132pF Ioはプリント基板	89J
3FWJ43	東芝		40		3	40a	120	25j	0.55	3		3	40		35	1		30	Cj=132pF Ioはプリント基板	89J
*3GWJ42C	東芝		40		3		60		0.55	3		3	40		35	1		30	Cj=132pF Ioはプリント基板	89J
3GWJ42	東芝		40		3		120	25j	0.55	3		3	40		35	1		30	Cj=132pF Ioはプリント基板	89J
*30FWJ11	東芝		30		30	131c	500		0.68	30		30	30	150j	200	30		30	Cj=1nF	731

	形名	社名	最大定格						順方向特性(typは*)			逆方向特性(typは*)			t_{rr}max			その他の特性等	外形
			V_{RSM}(V)	V_{RRM}(V)	V_R(V)	I_O(A)	T条件(℃)	I_{FSM}(A)	T条件(℃)	$V_F$max(V)	測定条件		$I_R$max(mA)	測定条件		(ns)	測定条件		dIF/dt(A/μs)		
											I_F(A)	T(℃)		V_R(V)	T(℃)		I_F(A)	I_R(A)			
*	30GWJ11	東芝		40		30	131c	500		0.68	30		30	40	150j	200	30		30	Cj=1nF	731
*	30KQ30B	日本インター	35	30		30	90c	600	40a	0.55	30	25j	25	30	25j						510D
*	30KQ30	日本インター	35	30		30	90c	600	40a	0.55	30	25j	25	30	25j						691
	30KQ40B	日本インター	45	40		30	90c	600	40a	0.55	30	25j	25	40	25j						510D
*	30KQ40	日本インター	45	40		30	90c	600	40a	0.55	30	25j	25	40	25j						691
	30KQ50B	日本インター	55	50		30	81c	450	40a	0.67	30	25j	25	50	25j						510D
*	30KQ50	日本インター	55	50		30	81c	450	40a	0.67	30	25j	25	50	25j						691
	30KQ60B	日本インター	65	60		30	81c	450	40a	0.67	30	25j	25	60	25j						510D
*	30KQ60	日本インター	65	60		30	81c	450	40a	0.67	30	25j	25	60	25j						691
	30PHA20	日本インター		200		3	125L	60	25j	0.9	3	25j	0.2	200	25j						91C
	31DQ03L	日本インター		30		3	53a	120		0.45	3	25j	3	30	25j					Ioは20×20mmフィン付き	91C
*	31DQ03	日本インター	35	30		3	48a	120		0.55	3	25j	3	30	25j					Ioは20×20mmフィン付き	91C
	31DQ04	日本インター	45	40		3	53a	120		0.55	3	25j	3	40	25j					Ioは20×20mmフィン付き	91C
*	31DQ05	日本インター	55	50		3	36a	75		0.58	3	25j	3	50	25j					Ioは20×20mmフィン付き	91C
	31DQ06	日本インター	65	60		3	43a	75		0.58	3	25j	3	60	25j					Ioは20×20mmフィン付き	91C
	31DQ09	日本インター		90		3	62a	100		0.85	3	25j	1	90	25j						91C
	31DQ10	日本インター		100		3	59a	100		0.85	3	25j	1	100	25j					Ioは20×20mmフィン付き	91C
*	31MQ30	日本インター	35	30		30	97C	500	125j	0.55	30	25j	25	30	25j						595
	31MQ40	日本インター	45	40		30	97C	500	125j	0.55	30	25j	25	40	25j						595
	41MQ30	日本インター	35	30		40	88C	600	125j	0.55	40	25j	25	30	25j						595
	41MQ40	日本インター	45	40		40	88C	600	125j	0.55	40	25j	25	40	25j						595
	41MQ50	日本インター	55	50		40	82C	500	125j	0.67	40	25j	25	50	25j						595
	41MQ60	日本インター	65	60		40	82C	500	125j	0.67	40	25j	25	60	25j						595
	5GWJZ47	東芝		40		5	110c	50	25j	0.55	5		3.5	40		35	1		30	Cj=200pF	253
*	5KQ100B	日本インター		100		5	103c	120	40a	0.85	5	25j	1	100	25j						273D
*	5KQ100	日本インター		100		5	103c	120	40a	0.85	5	25j	1	100	25j						272A
*	5KQ30B	日本インター	35	30		5	105c	120	40a	0.55	5	25j	5	30	25j						273D
	5KQ30	日本インター	35	30		5	105c	120	40a	0.55	5	25j	5	30	25j						272A
*	5KQ40B	日本インター	45	40		5	105c	120	40a	0.55	5	25j	5	40	25j						273D
*	5KQ40	日本インター	45	40		5	105c	120	40a	0.55	5	25j	5	40	25j						272A
*	5KQ50B	日本インター	55	50		5	102c	110	40a	0.58	5	25j	5	50	25j						273D
*	5KQ50	日本インター	55	50		5	102c	110	40a	0.58	5	25j	5	50	25j						272A
*	5KQ60B	日本インター	65	60		5	102c	110	40a	0.58	5	25j	5	60	25j						273D
*	5KQ60	日本インター	65	60		5	102c	110	40a	0.58	5	25j	5	60	25j						272A
	5KQ90B	日本インター		90		5	103c	120	40a	0.85	5	25j	1	90	25j						273D
	5KQ90	日本インター		90		5	103c	120	40a	0.85	5	25j	1	90	25j						272A
	50PHSA08	日本インター		80		5	116L	120	25j	0.7	5	25j	0.1	80	25j						91C
	50PHSA12	日本インター		120		5	114L	120	25j	0.86	5	25j	0.1	120	25j						91C
	50PQSA045	日本インター		45		5	121L	150	25j	0.55	5	25j	0.35	45	25j						91C
	50PQSA065	日本インター		65		5	114L	150	25j	0.61	5	25j	0.4	65	25j						91C
*	60FWJ11	東芝		30		60	124C	1000		0.68	60		50	30	150j	200	60		30	Cj=2.5nF	42
*	60GWJ11	東芝		40		60	124C	1000		0.68	60		50	40	150j	200	60		30	Cj=2.5nF	42

	形　名	社　名	最大定格					順方向特性(typは*)			逆方向特性(typは*)			t_{rr}max				dIF/dt	その他の特性等	外形
			V_{RSM} (V)	V_{RRM} (V)	V_R (V)	I_O (A)	T条件 (°C)	I_{FSM} (A)	T条件 (°C)	$V_F$max (V)	測定条件			$I_R$max (mA)	測定条件		(ns)	測定条件		(A/μs)		
											IF(A)	T(°C)		VR(V)	T(°C)		IF(A)	IR(A)			
	60KQ10B	日本インター		10	60	70c	800	40a	0.4	60	25j	40	10	25j						510E
*	60KQ20LB	日本インター	25	20	60	94c	800	40a	0.49	60	25j	40	20	25j						510E
*	60KQ20LE	日本インター	25	20	60	94c	800	40a	0.49	60	25j	40	20	25j						585
	60KQ30B	日本インター	35	30	60	87c	800	40a	0.55	60	25j	40	30	25j						510E
*	60KQ30E	日本インター	35	30	60	87c	800	40a	0.55	60	25j	40	30	25j						585
	60KQ30LB	日本インター	35	30	60	94c	800	40a	0.49	60	25j	40	30	25j						510E
	60KQ30LE	日本インター	35	30	60	94c	800	40a	0.49	60	25j	40	30	25j						585
	60KQ40B	日本インター	45	40	60	87c	800	40a	0.55	60	25j	40	40	25j						510E
	60KQ40E	日本インター	45	40	60	87c	800	40a	0.55	60	25j	40	40	25j						585
*	60KQ50B	日本インター	55	50	60	82c	700	40a	0.67	60	25j	40	50	25j						510E
*	60KQ50E	日本インター	55	50	60	82c	700	40a	0.67	60	25j	40	50	25j						585
	60KQ60B	日本インター	65	60	60	82c	700	40a	0.67	60	25j	40	60	25j						510E
	60KQ60E	日本インター	65	60	60	82c	700	40a	0.67	60	25j	40	60	25j						585
*	61MQ30	日本インター	35	30	60	88C	800	125j	0.55	60	25j	40	30	25j						596
	61MQ40	日本インター	45	40	60	86C	800	125j	0.58	60	25j	40	40	25j						596
*	61MQ50	日本インター	55	50	60	82C	700	125j	0.67	60	25j	40	50	25j						596
	61MQ60	日本インター	65	60	60	82C	700	125j	0.67	60	25j	40	60	25j						596
*	AE04	サンケン		40	1		25		0.6	1		0.1	40							67D
*	AK03	サンケン	35	30	1		25	25j	0.55	1		1	30		100	0.1	0.1			67D
	AK04	サンケン	45	40	1		25		0.55	1		1	40		100	0.1	0.1			67D
	AK06	サンケン	60	60	0.7	40a	10	25j	0.7	1		7.5	60		100	0.1	0.1			67D
	AK09	サンケン	90	90	0.7	35a	10	25j	0.81	0.7		1	90		100	0.1	0.1			67D
*	AW04	サンケン		40	1		25		0.58	1		5	40							67D
	CB803-02	富士電機		20	2		80	125j	0.45	1.5		5	20							20E
	CB803-03	富士電機	30	30	2	133L	80		0.47	1.5		5	30							20E
	CB863-12	富士電機		120	2	124L	70	25c	0.88	2	25c	0.08	120	25c						20E
	CB863-20	富士電機		200	2	121L	40	25c	1.25	2	25c	0.1	200	25c						20E
	CLS01	東芝		30	10	88L	100		0.47	10		1	30						Cj=530pF	112
	CLS02	東芝		40	10	75L	100		0.55	10		1	40						Cj=420pF	112
	CLS03	東芝		60	10	70L	100		0.58	10		1	60						Cj=345pF	112
	CMS01	東芝		30	3	68.6L	40		0.37	3		5	30						Cj=190pF	104A
	CMS02	東芝		30	3	89L	40		0.4	3		0.5	30						Cj=170pF	104A
	CMS03	東芝		30	3	117.6L	40		0.45	3		0.5	30						Cj=190pF	104A
	CMS04	東芝		30	5	36L	70		0.37	5		8	30						Cj=330pF	104A
	CMS05	東芝		30	5	100L	70		0.45	5		0.8	30						Cj=330pF	104A
	CMS06	東芝		30	2	82.8L	40		0.37	2		3	30						Cj=130pF	104A
	CMS07	東芝		30	2	126L	40		0.45	2		0.5	30						Cj=130pF	104A
	CMS08	東芝		30	1	106L	25		0.37	1		1.5	30						Cj=70pF	104A
	CMS09	東芝		30	1		25		0.45	1		0.5	30						Cj=70pF Ioはガラエポ 51°C	104A
	CMS10	東芝		40	1		25		0.55	1		0.5	30						Cj=50pF Ioはセラミック 92°C	104A
	CMS11	東芝		40	2	119L	30		0.55	2		0.5	40						Cj=95pF	104A
	CMS14	東芝		60	2	112L	40		0.58	2		0.2	60						Ioは50×50基板 ランド 2×2	104A

形 名	社 名	最大定格						順方向特性(typは*)			逆方向特性(typは*)				t_{rr}max				その他の特性等	外形
		V_{RSM} (V)	V_{RRM} (V)	V_R (V)	I_O (A)	T条件 (°C)	I_{FSM} (A)	T条件 (°C)	$V_F$max (V)	測定条件		測定条件			測定条件		dI_F/dt ($A/\mu s$)		
										I_F(A)	T(°C)	$I_R$max (mA)	V_R(V)	T(°C)	(ns)	I_F(A)	I_R(A)			
CMS15	東芝		60		3	95L	60		0.58	3		0.3	60						Ioは50×50基板 ランド2×2	104A
CMS16	東芝		40		3		30		1	3		0	40						Cj=95pF Ioはセラミック基板実装	104A
CMS17	東芝		30		2	77a	30		0.48	2		0.1	30						Ioはセラミック基板実装時	104A
CRS01	東芝		30		1	65a	20		0.37	0.7		1.5	30						Cj=40pF Ioはセラミック基板実装	750A
CRS02	東芝		30		1	66a	20		0.4	0.7		0.05	30						Cj=40pF Ioはセラミック基板実装	750A
CRS03	東芝		30		1	61a	20		0.45	0.7		0.1	30						Cj=40pF Ioはセラミック基板実装	750A
CRS04	東芝		40		1	31a	20		0.49	0.7		0.1	40						Ioはガラエポ基板 ランド6×6	750A
CRS04	東芝		30		2	64a	30		0.49	2		0.05	30						Ioはセラミック基板実装時	750A
CRS05	東芝		30		1	54.7a	20		0.45	1		0.2	30						Ioはガラエポ基板 ランド6×6	750A
CRS06	東芝		20		1	106L	20		0.36	1		1	20						Cj=60pF	750A
CRS08	東芝		30		1.5	86L	30		0.36	1.5		1	30						Cj=90pF	750A
CRS09	東芝		30		1.5	84a	30		0.46	1.5		0.05	30						Ioはセラミック基板 ランド2×2	750A
CRS11	東芝		30		1	98.7L	20		0.36	1		1.5	30						Cj=60pF	750A
CRS12	東芝		60		1	73a	20		1	1		0	60						Cj=40pF Ioはセラミック基板実装	750A
CUS01	東芝		30		1	86L	20		0.37	0.7		1.5	30						Cj=40pF	85
CUS02	東芝		30		1	52a	20		0.45	0.7		0.1	30						Ioはガラエポ基板 ランド6×6	85
CUS03	東芝		40		1	53a	20		1	1		0	40						Cj=45pF Ioはガラエポ基板	85
CUS04	東芝		60		1	27a	20		1	1		0	60						Cj=38pF Ioはガラエポ基板	85
CUS05	東芝		20		1	66a	20		0.37	0.7		1	20						Ioはセラミック基板実装時	85
CUS06	東芝		20		1	66a	20		0.45	0.7		0.03	20						Ioはガラエポ基板実装時	85
D1FH3	新電元		30		3	95c	60	25j	0.36	3	25c	2	30	25c					Cj=130pF	485C
D1FJ4	新電元		40		1.5	48a	50	25j	0.61	2	25L	0.2	40	25L					Cj=96pF Ioはアルミナ基板実装	485C
D1FJ10	新電元		100		1	52a	50	25j	0.72	1	25L	0.2	100	25L					Cj=63pF Ioはアルミナ基板実装	485C
D1FJ8	新電元			80	2	110c	30	25j	0.74	1.5	25L	0.2	80	25L					Cj=40pF	485B
D1FJ8A	新電元			80	3	100c	25	25j	0.74	3	25L	0.4	80	25L					Cj=70pF	485B
D1FM3	新電元		30		5	83c	90	25c	0.46	3	25c	0.1	30	25c					Cj=130pF	485C
D1FP3	新電元	35	30		2	98L	60	25j	0.35	0.8		4.5	30						Cj=130pF	485B
D1FP3	新電元		35	30	2	98L	60	25j	0.4	2	25L	4.5	30						Cj=130pF	485B
D1FS4	新電元	45	40		1.1	51a	30	125j	0.55	1.1	25L	1	40	25L					Ioはアルミナ基板実装時	485C
D1FS4A	新電元	45	40		1.5	28a	60	125j	0.48	1.5	25L	2	40	25L					Cj=95pF Ioはアルミナ基板実装	485C
D1FS6	新電元	65	30		1.1	25a	40	125j	0.58	1.1	25L	1	60	25L					Cj=50pF Ioはアルミナ基板実装	485C
D1FS6A	新電元			60	2.5	103L	60	25j	0.57	2.5	25j	1	60	25L					Cj=80pF	485B
D1FT10A	新電元			100	3	116L	60	25j	0.86	3	25L	8μ	100	25L					Cj=60pF	485B
D1NJ10	新電元		100		1	137L	30	25j	0.82	1		0.1	100						Cj=43pF	87B
D1NS4	新電元	45	40		1	59a	30	125j	0.55	1	25L	0.8	40	25L					Cj=50pF Ioはプリント基板実装	88C
D1NS6	新電元	65	60		1	46a	30	125j	Z0.58	1	25L	1	60	25L					Cj=53pF Ioはプリント基板実装	88C
D10P3	新電元		30		10		200		0.4	8		25	30							626
D15AD4SJE	新電元		45	40	15	97L	200	25j	0.61	15	25L	0.7	40	25L					Cj=560pF	90J
D2FS4	新電元	45	40		1.6	34a	60	125j	0.55	1.6	25L	2.5	40	25L					Cj=150pF Ioはアルミナ基板実装	486A
D2FS6	新電元	65	60		1.5	31a	60	125j	0.58	1.5	25L	2	60	25L					Cj=90pF Ioはアルミナ基板実装	486A
D2S4M	新電元	45	40		2	122L	60	25j	0.55	2	25L	2	40	25L					Cj=95pF Ioはプリント基板	87D
D2S6M	新電元	65	60		2	119L	60	25j	0.58	2	25L	2	60	25L					Cj=120pF Ioはプリント基板	87D

形名	社名	最大定格 VRSM (V)	VRRM (V)	VR (V)	Io (A)	T条件 (℃)	IFSM (A)	T条件 (℃)	順方向特性(typは*) VFmax (V)	測定条件 IF(A)	測定条件 T(℃)	逆方向特性(typは*) IRmax (mA)	測定条件 VR(V)	測定条件 T(℃)	trrmax (ns)	測定条件 IF(A)	測定条件 IR(A)	dIF/dt (A/μs)	その他の特性等	外形
D3FJ10	新電元		100		2	28a	100	25j	0.75	3		0.4	100						Cj=143pF Ioはアルミナ基板実装	486A
D3FP3	新電元	35	30		3	74L	150	25j	0.4	3	25L	10	30	25L					Cj=300pF	486A
D3FS4A	新電元	45	40		2.6	34a	150	125j	0.45	2.6	25L	5	40	25L					Cj=340pF Ioはアルミナ基板実装	486A
D3FS6	新電元	65	60		3	87L	80	25j	0.58	3	25L	2.5	60	25L					Cj=130pF	486A
D3S4M	新電元	45	40		3	63a	80	125j	0.55	3	25L	3.5	40	25L					Cj=150pF	89H
D3S6M	新電元	65	60		3	133L	80	125j	0.58	3	25L	2.5	60	25L					Cj=130pF	89H
D5S4M	新電元	45	40		5	131c	100	125j	0.55	5	25c	3.5	40	25c					Cj=180pF	798
D5S6M	新電元	65	60		5	130c	100	25c	0.58	5	25c	4.5	60	25c					Cj=260pF	798
D5S9M	新電元	100	90		5	121c	100	125j	0.75	5	25c	3	90	25c					Cj=185pF	798
DB2J201	パナソニック		20	20	0.5		3		0.55	0.5		10μ	10		4.3*	0.1	0.1		Ct=12pF	239
DB2J208	パナソニック		25	20	0.5		2		0.42	0.5		0.2	20		4.3*	0.1	0.1		Ct=12pF	239
DB2J209	パナソニック		20	20	0.5		3		0.5	0.5		30μ	10		2.4*	0.1	0.1		Ct=7pF	239
DB2J317	パナソニック			30	1		3		0.52	1		0.1	30		7.8*	0.1	0.1		Ct=22pF	239
DB2J407	パナソニック		40	40	0.5		2		0.55	0.5		0.1	35		3.6*	0.1	0.1		Ct=10.5pF	239
DB2J411	パナソニック			40	1		3		0.58	1		0.1	40		6.8*	0.1	0.1		Ct=21pF	239
DB2S209	パナソニック		20	20	0.5		1		0.51	0.5		30μ	10		2.4*	0.1	0.1		Ct=7pF	757D
DB2W318	パナソニック			30	2		30		0.43	2		0.2	30		23*	0.1	0.1		Ct=70pF	750H
DB2W319	パナソニック			30	3		30		0.49	3		0.2	30		23*	0.1	0.1		Ct=70pF	750H
DB2W409	パナソニック			30	2	60L	30		0.5	2		0.2	40		23*	0.1	0.1		Ct=70pF	750H
DB2W604	パナソニック			60	2	60L	30		0.66	2		0.3	60		12*	0.1	0.1		Ct=38pF	750H
DB2X201	パナソニック		20	20	0.5		3		0.55	0.5		10μ	10		4.3*	0.1	0.1		Ct=12pF	750B
DB2X206	パナソニック		20	20	1		3		0.45	1		0.1	20		6*	0.1	0.1		Ct=20pF	750B
DB2X207	パナソニック		20	20	1		7		0.4	1		1.5	6		12*	0.1	0.1		Ct=43pF	750B
DB2X411	パナソニック			40	1	80L	7		0.58	1		0.1	40		6.8*	0.1	0.1		Ct=21pF	750B
DB2X414	パナソニック		40	40	2		15		0.49	2		0.2	40		30*	0.1	0.1		Ct=70pF	750B
DB2X415	パナソニック		40	40	3	60L	15		0.55	3		0.2	40		25*	0.1	0.1		Ct=70pF	750B
DB2X603	パナソニック		60	60	0.5	80L	2		0.65	0.5		0.1	50		4.5*	0.1	0.1		Ct=14pF	750B
DB21302	パナソニック			30	1		20		0.38	1		1.2	30		18*	0.1	0.1		Ct=48pF	579
DB21303	パナソニック			30	1		20		0.49	1		40μ	30		11*	0.1	0.1		Ct=33pF	579
DB21320	パナソニック			30	1.5		20		0.46	1.5		0.1	30		16*	0.1	0.1		Ct=48pF	579
DB21412	パナソニック			40	1.5	80L	30		0.48	1.5		0.15	40		12*	0.1	0.1		Ct=43pF	579
DB21413	パナソニック			40	2				0.53	2		0.15	40		12*	0.1	0.1		Ct=48pF	579
DB22304	パナソニック			30	1	60L	30		0.53	1		30μ	30		20*	0.1	0.1		Ct=59pF	750B
DB22306	パナソニック			30	2	80L	30		0.45	2		0.5	30		13*	0.1	0.1		Ct=43pF	750B
DB22320	パナソニック			30	1.5		30		0.46	1.5		0.1	30		16*	0.1	0.1		Ct=48pF	750B
DB24307	パナソニック			30	3		60		0.37	3		2	30		35*	0.1	0.1		Ct=111pF	578
DB24404	パナソニック		40	40	3		60		0.53	3		50μ	40		35*	0.1	0.1		Ct=85pF	578
DB24416	パナソニック			40	3		50		0.45	3		0.3	40		30*	0.1	0.1		Ct=95pF	578
DB24417	パナソニック		40	40	5		50		0.54	5		0.3	40		30*	0.1	0.1		Ct=95pF	578
DB24601	パナソニック		60	60	3		50		0.65	3		0.15	60		21*	0.1	0.1		Ct=65pF	578
DB24602	パナソニック		60	60	3		50		0.6	3		0.15	60		36*	0.1	0.1		Ct=106pF	578
DB3J201K	パナソニック		20	20	0.5		3		0.55	0.5		10μ	10		4.3*	0.1	0.1		Ct=12pF	165A

	形　名	社　名	V_{RSM} (V)	V_{RRM} (V)	V_R (V)	I_O (A)	T条件 (°C)	I_{FSM} (A)	T条件 (°C)	V_{Fmax} (V)	測定条件 $IF(A)$	測定条件 $T(°C)$	I_{Rmax} (mA)	測定条件 $VR(V)$	測定条件 $T(°C)$	t_{rr}max (ns)	測定条件 $IF(A)$	測定条件 $IR(A)$	dIF/dt (A/μs)	その他の特性等	外形
	DB3J208K	パナソニック		25	20	0.7		2		0.45	0.7		0.2	20		4.3*	0.1	0.1		Ct=12pF	165A
	DB3J407K	パナソニック		40	40	0.5		2		0.55	0.5		0.1	35		5*	0.1	0.1		Ct=12pF	165A
	DB3X201L	パナソニック		20	20	0.5		3		0.55	0.5		10μ	10		4.3*	0.1	0.1		Ct=12pF	650A
	DB3X206K	パナソニック		20	20	1		3		0.45	1		0.1	20		6*	0.1	0.1		Ct=20pF	610A
	DB3X207K	パナソニック		20	20	1		3		0.4	1		1.5	6		12*	0.1	0.1		Ct=43pF	610A
	DB3X209K	パナソニック		20	20	0.5		3		0.5	0.5		30μ	10		2.4*	0.1	0.1		Ct=7pF	610A
	DB3X317K	パナソニック		30	30	1		5		0.52	1		0.1	30		7.8*	0.1	0.1		Ct=22pF	610A
	DB3X407K	パナソニック		40	40	0.5		2		0.55	0.5		0.1	35		3.6*	0.1	0.1		Ct=10.5pF	610A
	DB3X603K	パナソニック		60	60	0.5		2		0.65	0.5		0.1	50		4.5*	0.1	0.1		Ct=14pF	610A
	DE10P3	新電元	35	30		10	95c	200	25j	0.4	8	25c	25	30	25c					Cj=600pF	626
	DE10S3L	新電元	35	30		10	124c	250	25j	0.45	8	25c	10	30	25c					Cj=640pF	626
	DE3S4M	新電元	45	40		3	121c	70	125j	0.55	3	25c	2.5	40	25c					Cj=150pF	626
	DE3S6M	新電元	65	60		3	117c	80	125j	0.58	3	25c	2.5	60	25c					Cj=130pF	626
	DE5S4M	新電元	45	40		5	101c	80	125j	0.55	5	25c	3.5	40	25c					Cj=180pF	626
	DE5S6M	新電元	65	60		5	96c	90	125j	0.58	5	25c	4.5	60	25c					Cj=200pF	626
	DG1H3	新電元		30		1	113L	20	25j	0.36	0.7		1	30						Cj=37pF Ioはﾌﾟﾘﾝﾄ基板実装	508A
	DG1H3A	新電元		30		1.5	107L	30	25j	0.36	1.5	25L	1	30	25L					Cj=70pF Ioはﾌﾟﾘﾝﾄ基板実装	508A
	DG1J2A	新電元		20		1.5	60a	20	25j	0.52	1.5		10μ	20						Cj=83pF Ioはﾌﾟﾘﾝﾄ基板実装	508A
	DG1J10A	新電元		100		1	125L	30	25j	0.82	1	25L	0.1	100	25L					Cj=43pF Ioはｱﾙﾐﾅ基板実装	508A
	DG1M3	新電元		30		1	27a	20	25j	0.46	1		0.05	30						Cj=36pF Ioはﾌﾟﾘﾝﾄ基板実装	508A
	DG1M3A	新電元		30		1.5	37a	30	25j	0.46	1.5	25L	0.05	30	25L					Cj=70pF Ioはﾌﾟﾘﾝﾄ基板実装	508A
	DG1N15A	新電元		150		1.4	65a	30	25j	0.88	1.4		50μ	150						Cj=32pF Ioはｱﾙﾐﾅ基板実装	508A
	DG1S4	新電元		40		1	36a	30	25j	0.55	0.7	25L	0.8	40	25L					Cj=37pF Ioはﾌﾟﾘﾝﾄ基板実装	508A
	DG1S6	新電元		60		1	128L	30	25j	0.58	0.7	25L	1	60	25L					Cj=32pF Ioはｱﾙﾐﾅ基板実装	508A
*	E10QS03	日本ｲﾝﾀｰ	35	30		1	36a	20	40a	0.55	1	25j	1	30	25j					半田ﾗﾝﾄﾞ 15×15mm	35
*	E10QS04	日本ｲﾝﾀｰ	45	40		1	36a	20	40a	0.55	1	25j	1	40	25j					半田ﾗﾝﾄﾞ 15×15mm	35
*	E10QS05	日本ｲﾝﾀｰ	55	50		1	26a	20	40a	0.58	1	25j	1	50	25j					半田ﾗﾝﾄﾞ 15×15mm	35
*	E10QS06	日本ｲﾝﾀｰ	65	60		1	26a	20	40a	0.58	1	25j	1	60	25j					半田ﾗﾝﾄﾞ 15×15mm	35
*	E10QS09	日本ｲﾝﾀｰ		90		1	32a	20	40a	0.85	1	25j	0.5	90	25j					半田ﾗﾝﾄﾞ 15×15mm	35
*	E10QS10	日本ｲﾝﾀｰ		100		1	32a	20	40a	0.85	1	25j	0.5	100	25j					半田ﾗﾝﾄﾞ 15×15mm	35
	EA03	サンケン		30		1		30		0.36	1		1	30							67B
*	EA20QS03	日本ｲﾝﾀｰ	35	30		1.7	117c	40		0.55	2	25j	2	30	25j					半田ﾗﾝﾄﾞ 20×20mm	1D
*	EA20QS03-F	日本ｲﾝﾀｰ	35	30		1.7	117c	40		0.55	2	25j	2	30	25j					半田ﾗﾝﾄﾞ 20×20mm	2D
	EA20QS04	日本ｲﾝﾀｰ	45	40		1.7	138c	40		0.55	2	25j	2	40	25j					半田ﾗﾝﾄﾞ 20×20mm	1D
	EA20QS04-F	日本ｲﾝﾀｰ	45	40		1.7	138c	40		0.55	2	25j	2	40	25j					半田ﾗﾝﾄﾞ 20×20mm	2D
*	EA20QS05	日本ｲﾝﾀｰ	55	50		1.7	115c	40		0.58	1.7	25j	2	50	25j					半田ﾗﾝﾄﾞ 20×20mm	1D
*	EA20QS05-F	日本ｲﾝﾀｰ	55	50		1.7	115c	40		0.58	1.7	25j	2	50	25j					半田ﾗﾝﾄﾞ 20×20mm	2D
	EA20QS06	日本ｲﾝﾀｰ	65	60		1.7	135c	40		0.58	1.7	25j	2	60	25j					半田ﾗﾝﾄﾞ 20×20mm	1D
	EA20QS06-F	日本ｲﾝﾀｰ	65	60		1.7	135c	40		0.58	1.7	25j	2	60	25j					半田ﾗﾝﾄﾞ 20×20mm	2D
	EA20QS09	日本ｲﾝﾀｰ		90		1.7	139c	40		0.85	2	25j	1	90	25j					半田ﾗﾝﾄﾞ 20×20mm	1D
	EA20QS09-F	日本ｲﾝﾀｰ		90		1.7	139c	40		0.85	2	25j	1	90	25j					半田ﾗﾝﾄﾞ 20×20mm	2D
	EA20QS10	日本ｲﾝﾀｰ		100		1.7	138c	40		0.85	2	25j	1	100	25j					半田ﾗﾝﾄﾞ 20×20mm	1D

	形 名	社 名	V_{RSM} (V)	V_{RRM} (V)	V_R (V)	I_O (A)	最大定格 T条件 (℃)	I_{FSM} (A)	T条件 (℃)	V_{F}max (V)	順方向特性(typは*) 測定条件 I_F(A)	T(℃)	$I_R$max (mA)	逆方向特性(typは*) 測定条件 V_R(V)	T(℃)	t_{rr}max (ns)	測定条件 I_F(A)	I_R(A)	dI_F/dt (A/μs)	その他の特性等	外形
	EA20QS10-F	日本インター		100		1.7	138c	40		0.85	2	25j	1	100	25j					半田ランド 20×20mm	2D
*	EA30QS03	日本インター	35	30		3	110c	45		0.55	3	25j	3	30	25j					半田ランド 20×20mm	1D
	EA30QS03-F	日本インター	35	30		3	110c	45		0.55	3	25j	3	30	25j					半田ランド 20×20mm	2D
	EA30QS03L	日本インター		30		3	126c	45	25j	0.45	3	25j	3	30	25j						2D
	EA30QS03L-F	日本インター		30		3	126c	45	25j	0.45	3	25j	3	30	25j						2D
	EA30QS04	日本インター	45	40		3	131c	45		0.55	3	25j	3	40	25j					半田ランド 20×20mm	1D
	EA30QS04-F	日本インター	45	40		3	131c	45		0.55	3	25j	3	40	25j					半田ランド 20×20mm	2D
*	EA30QS05	日本インター	55	50		3	108c	45		0.58	3	25j	3	50	25j					半田ランド 20×20mm	1D
*	EA30QS05-F	日本インター	55	50		3	108c	45		0.58	3	25j	3	50	25j					半田ランド 20×20mm	2D
	EA30QS06	日本インター	65	60		3	123c	45		0.58	3	25j	3	60	25j					半田ランド 20×20mm	1D
	EA30QS06-F	日本インター	65	60		3	123c	45		0.58	3	25j	3	60	25j					半田ランド 20×20mm	2D
	EA30QS09	日本インター		90		3	133c	45		0.85	3	25j	1	90	25j					半田ランド 20×20mm	1D
	EA30QS09-F	日本インター		90		3	133c	45		0.85	3	25j	1	90	25j					半田ランド 20×20mm	2D
	EA30QS10	日本インター		100		3	133c	45		0.85	3	25j	1	100	25j					半田ランド 20×20mm	1D
	EA30QS10-F	日本インター		100		3	133c	45		0.85	3	25j	1	100	25j					半田ランド 20×20mm	2D
	EC10LA03	日本インター		30		1	71a	25		0.39	1	25j	2	30	25j					Ioはガラエポ基板実装時	485C
*	EC10QS02L	日本インター	25	20		1	65a	20		0.45	1	25j	1	20	25j					Ioはアルミナ基板実装時	485C
*	EC10QS03	日本インター	35	30		1	48a	20		0.55	1	25j	1	30	25j					Ioはアルミナ基板実装時	485C
	EC10QS03L	日本インター		30		1	58a	20		0.45	1	25j	1	30	25j					Ioはアルミナ基板実装時	485C
	EC10QS04	日本インター	45	40		1	53a	20		0.55	1	25j	1	40	25j					Ioはアルミナ基板実装時	485C
*	EC10QS05	日本インター	55	50		1	28a	20		0.58	1	25j	1	50	25j					Ioはアルミナ基板実装時	485C
	EC10QS06	日本インター	65	60		1	30a	20		0.58	1	25j	1	60	25j					Ioはアルミナ基板実装時	485C
	EC10QS09	日本インター		90		1	55a	20		0.85	1	25j	0.5	90	25j					Ioはアルミナ基板実装時	485C
	EC10QS10	日本インター		100		1	52a	20		0.85	1	25j	0.5	100	25j					Ioはアルミナ基板実装時	485C
*	EC15QS02L	日本インター	25	20		1.3	44a	50		0.45	1.7	25j	2	20	25j					Ioはアルミナ基板実装時	485C
*	EC15QS03	日本インター	35	30		1.3	27a	60		0.55	2	25j	1	30	25j					Ioはアルミナ基板実装時	485C
	EC15QS03L	日本インター		30		1.3		50		0.45	1.7		2	30							485C
	EC15QS04	日本インター	45	40		1.3	27a	60		0.55	2	25j	1	40	25j					Ioはアルミナ基板実装時	485C
	EC15QS06	日本インター		60		1.3		40		0.55	1.7		2	60							485C
	EC15QS09	日本インター		90		1.3		50		0.81	1.3		1	90							485C
	EC15QS10	日本インター		100		1.3		50		0.81	1.3		1	100							485C
*	EC20QS02L	日本インター		20		2		60		0.45	2		3	20							485C
	EC20QS03L	日本インター		30		2		60		0.45	2		3	30							485C
	EC20QS04	日本インター		40		2		60		0.5	2		3	40							485C
	EC20QS06	日本インター		60		2		50		0.55	2		3	60							485C
	EC20QS09	日本インター		90		2		60		0.81	2		2	90							485C
	EC20QS10	日本インター		100		2		60		0.81	2		2	100							485C
	EC20QSA035	日本インター		35		2	117L	40	25j	0.49	2	25j	1	35	25j						485C
	EC20QSA045	日本インター		45		2	118L	50	25j	0.55	2	25j	0.2	45	25j						485C
	EC20QSA065	日本インター		65		2	114L	50	25j	0.61	2	25j	0.2	65	25j						485C
	EC21QS03L	日本インター		30		2	98L	50		0.47	2	25j	2	30	25j						485C
	EC21QS04	日本インター		40		2	103L	60		0.55	2	25j	1	40	25j						485C

形 名	社 名	V_{RSM} (V)	V_{RRM} (V)	V_R (V)	I_O (A)	最大定格 T条件 (°C)	I_{FSM} (A)	T条件 (°C)	順方向特性(typは*) $V_{F}max$ (V)	測定条件 I_F(A)	測定条件 T(°C)	逆方向特性(typは*) $I_{R}max$ (mA)	測定条件 V_R(V)	測定条件 T(°C)	$t_{rr}max$ (ns)	測定条件 I_F(A)	測定条件 I_R(A)	dI_F/dt (A/μs)	その他の特性等	外形
EC21QS06	日本インター		60		2	90L	40		0.61	2	25j	2	60	25j						485C
EC21QS09	日本インター		90		2	107L	50		0.85	2	25j	1	90	25j						485C
EC21QS10	日本インター		100		2	106L	50		0.85	2	25j	1	100	25j						485C
EC30HA03L	日本インター	35	30		3	102L	60	25j	0.54	3	25j	0.5	30	25j						485C
EC30HA04	日本インター	45	40		3	96L	60	25j	0.59	3	25j	0.5	40	25j						485C
EC30LA02	日本インター	25	20		3	85L	50	25j	0.39	3	25j	3	20	25j						485C
EC30LB02	日本インター		20		3	102L	80	25j	0.41	3	25j	1	20	25j						485C
EC30QSA035	日本インター		35		3	103L	60		0.47	3	25j	2	35	25j						485C
EC30QSA045	日本インター		45		3	102L	60		0.55	3	25j	0.3	45	25j						485C
EC30QSA065	日本インター		65		3	92L	60		0.61	3	25j	0.3	65	25j						485C
EC31QS03L	日本インター		30		3	76L	50		0.45	3	25j	3	30	25j						485C
EC31QS04	日本インター		40		3	81L	60		0.55	3	25j	3	40	25j						485C
EC31QS06	日本インター		60		3	64L	50		0.61	3	25j	3	60	25j						485C
EC31QS09	日本インター		90		3	85L	60		0.85	3	25j	2	90	25j						485C
EC31QS10	日本インター		100		3	84L	50		0.85	3	25j	2	100	25j						485C
ECL30LA02	日本インター	25	20		3	85L	50	25j	0.39	3	25j	3	20	25j						485C
ED10LA03	日本インター		30		1	50a	25		0.39	1	25j	2	30	25j					Ioはプリント基板実装時	405E
ED10QA03L	日本インター		30		1	125L	20		0.45	1	25j	1	30	25j					Ioはアルミナ基板実装時	405E
ED10QA04	日本インター		40		1	128L	20		0.55	1	25j	1	40	25j					Ioはアルミナ基板実装時	405E
ED10QA06	日本インター		60		1	117L	20		0.58	1	25j	1	60	25j					Ioはアルミナ基板実装時	405E
ED10QA10	日本インター		100		1	129L	20		0.85	1	25j	0.5	100	25j					Ioはアルミナ基板実装時	405E
ED21QA03L	日本インター		30		2	98L	50		0.47	2	25j	2	30	25j					Ioはアルミナ基板実装時	405E
ED21QA04	日本インター		40		2	103L	40		0.55	2	25j	1	40	25j					Ioはアルミナ基板実装時	405E
ED21QA06	日本インター		60		2	90L	40		0.61	2	25j	2	60	25j					Ioはアルミナ基板実装時	405E
ED30LA02	日本インター		20		3	102L	50		0.39	3	25j	3	20	25j					Ioはアルミナ基板実装時	405E
EE04	サンケン		40		2		40		0.6	2		0.2	40							67B
EK02	サンケン		20		1	112L	40		0.47	1		0.25	40		100	0.1	0.1			67B
* EK03	サンケン	35	30	21	1	40a	40	25j	0.55	1.5		5	30		200	0.1	0.1			67B
EK04	サンケン	45	40	28	1	40a	40	25j	0.55	1.5		5	40		200	0.1	0.1			67B
EK06	サンケン	60	60		0.7	40a	10	25j	0.62	0.7		1	60		100	0.1	0.1			67B
EK09	サンケン	90	90		0.7	50a	10	25j	0.81	0.7		1	90		100	0.1	0.1			67B
* EK12	サンケン		20		2	112L	60		0.47	2		0.5	40		100	0.1	0.1			67C
* EK13	サンケン	35	30	21	1.5	40a	40	25j	0.55	2		5	30		200	0.1	0.1			67C
EK14	サンケン	45	40	28	1.5	40a	40	25j	0.55	2		5	40		200	0.1	0.1			67C
EK16	サンケン	60	60		1.5	40a	25	25j	0.62	1.5		1	60		100	0.1	0.1			67C
EK19	サンケン	90	90		1.5	30a	40	25j	0.81	1.5		2	90		100	0.1	0.1			67C
EP05H10	日本インター		100		0.5	118L	8		0.8	0.5	25j	0.05	100	25j						421G
EP05Q03L	日本インター		30		0.5	106L	8		0.45	0.5	25j	0.2	30	25j						421G
EP05Q04	日本インター		40		0.5	110L	8		0.51	0.5	25j	0.1	40	25j						421G
EP05Q06	日本インター		60		0.5	96L	8		0.62	0.5	25j	0.1	60	25j						421G
EP10HY03	日本インター		30		1	120L	12		0.56	1	25j	0.5	30	25j						421G
EP10LA03	日本インター		30		1	100L	12		0.39	1	25j	2	30	25j						421G

	形　名	社　名	最大定格 V_{RSM} (V)	V_{RRM} (V)	V_R (V)	I_O (A)	T条件 (°C)	I_{FSM} (A)	T条件 (°C)	順方向特性(typは*) V_{Fmax} (V)	測定条件 I_F (A)	T (°C)	逆方向特性(typは*) I_{Rmax} (mA)	測定条件 V_R (V)	T (°C)	t_{rr}max (ns)	測定条件 I_F (A)	I_R (A)	dI_F/dt (A/μs)	その他の特性等	外形
	EP10QY03	日本インター		30		1	125L	12		0.47	1	25j	1	30	25j						421G
	EP10QY04	日本インター		40		1	117L	12	25j	0.57	1	25j	1	40	25j						421G
	ERA81-004	富士電機		40		1		50		0.55	1		2	40							20D
	ERA82-004	富士電機		40	0.6		60a	25		0.55	0.6		1	40							20K
	ERA83-004	富士電機	48	40		1	115L	50		0.55	1		2	40							20K
	ERA83-006	富士電機		60		1	111L	30		0.58	1		2	60							20K
	ERA84-009	富士電機		90		1		30		0.9	1		1	90						Ioはプリント基板実装時	20D
	ERA85-009	富士電機		90		1	110L	30	125j	0.82	1		1	90							20K
	ERB81-004	富士電機		40		1.7		100		0.55	2		5	40							261A
	ERB83-004	富士電機		40		1.7		100		0.55	2		5	40							20E
	ERB83-006	富士電機		60		2	104L	60		0.58	2		5	60							20E
	ERB84-009	富士電機		90		2		60		0.9	2		2	90						Ioはプリント基板実装時	261A
*	ERC62-004	富士電機		45		10	110c	250		0.6	10		2	45							272A
	ERC62M-004	富士電機	45	45		10	101c	250	125j	0.6	10		2	45							52
	ERC80-004	富士電機	48	40		5	102C	120		0.55	5		5	40							272A
	ERC80-004R	富士電機	48	40		5	122L	120		0.55	5		5	40							272A
*	ERC80M-004	富士電機	48	40		5	102c	120		0.55	5		5	40							52
*	ERC80M-006	富士電機	60	60		5	100c	80		0.59	5		5	60							52
*	ERC81-004	富士電機		40		2.6		120		0.55	3		5	40							261C
	ERC81-006	富士電機		60		3	104L	120		0.58	3		5	60							261C
	ERC81S-004	富士電機		40		5	25L	120		0.55	3		5	40							261C
	ERC84-009	富士電機		90		3	85L	120		0.8	3		5	90							261C
	ERC88-009	富士電機		90		5	95C	80	125j	0.9											272A
*	ERC88M-009	富士電機	100	90		5	85c	80		0.9	4		5	90							52
*	ERD80-004	富士電機	48	40		15	100C	250		0.55	12.5		10	40							464
*	ERD81-004	富士電機	48	40		15	100C	250	125j	0.55	15	25j	100	40	125j						41
*	ERE81-004	富士電機	48	40		30	100C	500	125j	0.55	30	25j	200	40	125j						477
*	ERG81-004	富士電機	48	40		60	90C	800	125j	0.55	50	25j	300	40	125j						478
*	ERG81A-004	富士電機	48	40		60	90C	800	125j	0.55	50	25j	300	40	125j						262
	ERR81-004	富士電機	48	40		3000	100c	48K	150j	0.55	3000	25j	3	40	25j					両面圧接形	568
	ESH05A15	日本インター		150		5	125c	130	25j	0.88	5	25j	1	150	25j					1/3ピン内部接続	1D
	ESH05A15-F	日本インター		150		5	125c	130	25j	0.88	5	25j	1	150	25j					1/3ピン内部接続	2D
	ESL03B03	日本インター		30		3	82c	45		0.47	3	25j	3	30	25j						1D
	ESL03B03-F	日本インター		30		3	82c	45		0.47	3	25j	3	30	25j						2D
	ESL03B04	日本インター	45	40		3	131L	45		0.55	3	25j	3	40	25j						1D
	ESL03B04-F	日本インター	45	40		3	131L	45		0.55	3	25j	3	40	25j						2D
*	ESL03B025	日本インター	30	25		3	83c	45		0.47	3	25j	3	25	25j						1D
*	ESL03B025-F	日本インター	30	25		3	83c	45		0.47	3	25j	3	25	25j						2D
	F05J2E	オリジン		20		0.5		5		0.44	0.5		0.1	20		100					610A
	F05J2L	オリジン		20		0.5		5		0.5	0.5		0.01	20							610A
	F05J4L	オリジン		40		0.5		5		0.77	0.5		25μ	40		10					610A
	F1AJ3	オリジン		30		2		55		0.4	2		1	30		30	1	1			405A

	形　名	社　名	最大定格							順方向特性(typは*)			逆方向特性(typは*)			t_{rr}max			その他の特性等	外形
			V_{RSM}(V)	V_{RRM}(V)	V_R(V)	I_O(A)	T条件(℃)	I_{FSM}(A)	T条件(℃)	$V_F$max(V)	測定条件		$I_R$max(mA)	測定条件		(ns)	測定条件		dI_F/dt(A/μs)		
											I_F(A)	T(℃)		V_R(V)	T(℃)		I_F(A)	I_R(A)			
	F1AJ4	オリジン		40		3		55		0.44	3		1	40		30	1	1			405A
	F1J2	オリジン		20		1		55		0.45	1		1	20		30	1	1		Cj<65pF	405A
	F1J2A	オリジン		20		3		60		0.37	3		1	20		30	1	1		Cj=145pF	405A
	F1J2C	オリジン		20		2		50		0.37	2		1	20		30	1	1		Cj=95pF	405A
	F1J2E	オリジン		20		2		30		0.3	2		2	20		30	1	1			405A
	F1J2F	オリジン		20		2		30		0.33	2		1	20		30	1	1			405A
	F1J2G	オリジン		20		2		20		0.39	2		1	20		30	1	1			405A
	F1J2H	オリジン		20		2		20		0.42	2		1	20		30	1	1			405A
	F1J3A	オリジン		30		3		60		0.45	3		0.5	30		30	1	1		Cj=140pF	405A
	F1J3C	オリジン		30		2		50		0.45	2		0.5	30		30	1	1		Cj=90pF	405A
	F1J3E	オリジン		30		3		70		0.4			0.5							Cj<200pF	405A
	F1J3F	オリジン		30		2		60		0.4			0.3							Cj<140pF	405A
	F1J3G	オリジン		30		1.5		45		0.45			0.15							Cj<70pF	405A
	F1J3U	オリジン		30		1		55		0.37	1		2	30		30	1	1			405A
	F1J4	オリジン		40		1		55		0.5	1		1	40		30	1	1		Cj<65pF	405A
	F1J4A	オリジン		40		3		60		0.5	3		1	40		30	1	1		Cj=120pF	405A
	F1J4C	オリジン		40		2		50		0.5	2		0.5	40		30	1	1		Cj=80pF	405A
	F1J6	オリジン		60		1		40		0.6	1		1	60		30	1	1		Cj<55pF	405A
	F1J6A	オリジン		60		3		60		0.58	3		2	60		30	1	1		Cj=110pF	405A
	F1J6C	オリジン		60		2		50		0.58	2		0.5	60		30	1	1		Cj=70pF	405A
	F1J6S	オリジン		60		2		80		0.52	2		2	60		30	1	1		Cj<110pF	405A
	F1J9	オリジン		90		0.7		30		0.75	0.7		1	90		30	1	1		Cj<40pF	405A
	F1J10C	オリジン		100		2		15		0.8	2		0.5	100		30	1	1		Cj=50pF	405A
	F1J25	オリジン		250		0.5		20		1	0.5		15μ	250		200					405A
	F10J2E	オリジン		20		1		5		0.46	1		0.15	20							610A
*	F10KQ30	日本インター	35	30		10	99c	180	40a	0.59	10	25j	10	30	25j						3
*	F10KQ30B	日本インター	35	30		10	99c	180	40a	0.59	10	25j	10	30	25j						4D
*	F10KQ40	日本インター	45	40		10	99c	180	40a	0.59	10	25j	10	40	25j						3
*	F10KQ40B	日本インター	45	40		10	99c	180	40a	0.59	10	25j	10	40	25j						4D
*	F10KQ50	日本インター	55	50		10	96c	150	40a	0.67	10	25j	10	50	25j						3
*	F10KQ50B	日本インター	55	50		10	96c	150	40a	0.67	10	25j	10	50	25j						4D
*	F10KQ60	日本インター	65	60		10	96c	150	40a	0.67	10	25j	10	60	25j						3
*	F10KQ60B	日本インター	65	60		10	96c	150	40a	0.67	10	25j	10	60	25j						4D
*	F10KQ90	日本インター		90		10	98c	180	40a	0.89	10	25j	2	90	25j						3
*	F10KQ90B	日本インター		90		10	98c	180	40a	0.89	10	25j	2	90	25j						4D
*	F10KQ100	日本インター		100		10	98c	180	40a	0.89	10	25j	2	100	25j						3
*	F10KQ100B	日本インター		100		10	98c	180	40a	0.89	10	25j	2	100	25j						4D
	F2J3F	オリジン		30		5	130L	80	25j	0.42	5	25j	5	30	25j					Cj<320pF	486F
	F2J3F(A)	オリジン		30		5		80		0.42	5		5	30		50				Cj=320pF	486F
	F2J3U	オリジン		30		3		100		0.37	3		5	30		50	1	1			486B
	F2J3U(A)	オリジン		30		3		100		0.37	3		5	30		50					486F
	F2J4	オリジン		40		3		80	25j	0.55	3	25j	5	40	25j					Ioはプリント基板実装時	486F

形 名	社 名	最大定格 VRSM (V)	VRRM (V)	VR (V)	Io (A)	T条件 (°C)	IFSM (A)	T条件 (°C)	順方向特性(typは*) VFmax (V)	測定条件 IF(A)	T(°C)	逆方向特性(typは*) IRmax (mA)	測定条件 VR(V)	T(°C)	trrmax (ns)	測定条件 IF(A)	IR(A)	dIF/dt (A/μs)	その他の特性等	外形
F2J4 (A)	オリジン		40		3		80		0.55	3		5	40		50				Cj=200pF	486F
F2J4S	オリジン		40		3		100		0.42	3		5	40		50	1	1		Cj=320pF	486B
F2J4S (A)	オリジン		40		3		100		0.42	3		5	40		50				Cj=320pF	486F
F2J6	オリジン		60		3		80	25j	0.6	3	25j	5	60	25j					Ioはプリント基板実装時	486F
F2J6 (A)	オリジン		60		3		80		0.6	3		5	60		50				Cj=120pF	486F
F2J6S	オリジン		60		3		80		0.45	3		5	60		50				Cj=300pF	486B
F2J6S (A)	オリジン		60		3		80		0.45	3		5	60		50				Cj=300pF	486F
F2J9	オリジン		100		2		60		0.75	2		5	100		50	1	1		Cj=90pF	486B
F2J9 (A)	オリジン		90		2		60		0.75	2		5	90		50				Cj=90pF	486F
* F5KQ30	日本インター	35	30	5		105c	120	40a	0.55	5	25j	5	30	25j						3
* F5KQ30B	日本インター	35	30	5		105c	120	40a	0.55	5	25j	5	30	25j						4D
* F5KQ40	日本インター	45	40	5		105c	120	40a	0.55	5	25j	5	40	25j						3
* F5KQ40B	日本インター	45	40	5		105c	120	40a	0.55	5	25j	5	40	25j						4D
* F5KQ50	日本インター	55	50	5		102c	110	40a	0.58	5	25j	5	50	25j						3
* F5KQ50B	日本インター	55	50	5		102c	110	40a	0.58	5	25j	5	50	25j						4D
* F5KQ60	日本インター	65	60	5		102c	110	40a	0.58	5	25j	5	60	25j						3
* F5KQ60B	日本インター	65	60	5		102c	110	40a	0.58	5	25j	5	60	25j						4D
* F5KQ90	日本インター		90	5		103c	120	40a	0.85	5	25j	1	90	25j						3
* F5KQ90B	日本インター		90	5		103c	120	40a	0.85	5	25j	1	90	25j						4D
* F5KQ100	日本インター		100	5			120		0.85	5		1	100							3
* F5KQ100B	日本インター		100	5			120		0.85	5		1	100							4D
FA3J4	オリジン	40	40		3	94L	80	25j	0.47	3	25j	0.5	40	25j	30	1	1			405G
FA3J4E	オリジン	40	40		3	88L	90	25j	0.44	3	25j	0.5	40	25j	30	1	1			405G
FA3J6	オリジン	60	60		3	75L	70	25j	0.57	3	25j	0.5	60	25j	30	1	1			405G
FAJ4	オリジン	40	40		1	100L	35	25j	0.5	3	25j	0.5	40	25j	30	1	1			405G
FD5JS3	オリジン		30		5		100		0.45	5		0.6	30							425
FD5JS4	オリジン		40		5		100		0.46	5		0.7	40							425
FD5JS6	オリジン		60		5		100		0.5	5		1.5	60							425
FD5JS10	オリジン		100		5		100		0.77	5		0.6	100							425
FD8JS3	オリジン		30		8		160		0.47	8		0.8	30							425
FD8JS4	オリジン		40		8		160		0.48	8		1	40							425
FD8JS6	オリジン		60		8		160		0.54	8		2	60							425
FD8JS10	オリジン		100		8		160		0.81	8		1	100							425
FD807-02	富士電機		20		3		120	125j	0.45	2		5	20							261C
FD807-03	富士電機		30		3	134L			0.47	3		5	30							261C
FD867-12	富士電機		120		3	115L	100	25c	0.88	3	25c	0.12	120	25c						261D
FD867-15	富士電機		150		3	113L	90	25c	0.9	3	25c	0.12	150	25c						261D
FD867-20	富士電機		200		3	122L	80	25c	1.25	3	25c	0.15	200	25c						261D
FD868-12	富士電機		120		4	106L	120	25c	0.88	4	25c	0.15	120	25c						261D
FD868-15	富士電機		150		4	102L	120	25c	0.9	4	25c	0.15	150	25c						261D
FD868-20	富士電機		200		4	111L	100	25c	1.25	4	25c	0.2	200	25c						261D
FHS04A06B	日本インター		60		4	129c	100	25j	0.69	4	25j	1	60	25j						4D

形 名	社 名	最大定格						順方向特性(typは*)			逆方向特性(typは*)			t_{rr}max			dIF/dt (A/μs)	その他の特性等	外形
^	^	V_{RSM} (V)	V_{RRM} (V)	V_R (V)	I_O (A)	T条件 (℃)	I_{FSM} (A)	T条件 (℃)	$V_F$max (V)	測定条件			$I_R$max (mA)	測定条件		(ns)	測定条件		^	^	^
^	^	^	^	^	^	^	^	^	^	I_F(A) || T(℃)	^	V_R(V)	T(℃)	^	I_F(A)	I_R(A)	^	^	^
FHS04A10B	日本インター		100		4	126c	100	25j	0.88	4 || 25j	1	100	25j						4D
*FMB-G12L	サンケン	20	20		5	113c	100	25j	0.47	5 || 25j	2	20	25j	100	0.5	0.5		Ioはラジエータ付き	471
FMB-G14L	サンケン	45	40		5	105c	60	25j	0.55	5 ||	5	40		100	0.1	0.1		Ioはラジエータ付き	471
FMB-G14	サンケン		40		3	108c	60		0.55	3 ||	5	40		100	0.1	0.1			471
FMB-G16L	サンケン		60		6	100c	50		0.62	5 ||	5	60		100	0.1	0.1			471
FMB-G19L	サンケン		60		4		60		0.81	4 ||	5	60		100					471
*FMB-G22H	サンケン	20	20		10	101c	200	25j	0.47	10 || 25j	5	20	25j	100	0.5	0.5		Ioはラジエータ付き	471
FMB-G24H	サンケン	45	40		10	95c	150	25j	0.55	10 ||	10	40		100	0.1	0.1		Ioはラジエータ付き	471
FS05J10	オリジン		100	0.5			5		0.57	0.5 ||	0.5	100							421B
FS1J2E	オリジン		20	1			5		0.36	1 ||	1	20							421B
FS1J3	オリジン		30	1			10		0.42	1 ||	0.1	30							421B
FS1J4	オリジン		40	1			10		0.46	1 ||	0.1	40							421B
FS1J6	オリジン		60	1			10		0.49	1 ||	0.1	60							421B
FSH04A03L	日本インター	35	30		4	132c	100	25j	0.56	4 || 25j	1	30	25j						3
FSH04A03LB	日本インター	35	30		4	132c	100	25j	0.56	4 || 25j	1	30	25j						4D
FSH04A04	日本インター	45	40		4	131c	100	25j	0.61	4 || 25j	1	40	25j						3
FSH04A04B	日本インター	45	40		4	131c	100	25j	0.61	4 || 25j	1	40	25j						4D
FSH04A06	日本インター	65	60		4	129c	100	25j	0.69	4 || 25j	1	60	25j						3
FSH04A10	日本インター		100		4	126c	100	25j	0.88	4 || 25j	1	100	25j						3
FSH05A03L	日本インター	35	30		5	132c	120	25j	0.57	5 || 25j	1	30	25j						3
FSH05A03LB	日本インター	35	30		5	132c	120	25j	0.57	5 || 25j	1	30	25j						4D
FSH05A04	日本インター	45	40		5	131c	120	25j	0.61	5 || 25j	1	40	25j						3
FSH05A04B	日本インター	45	40		5	131c	120	25j	0.61	5 || 25j	1	40	25j						4D
FSH05A06	日本インター	65	60		5	129c	120	25j	0.66	5 || 25j	1	60	25j						3
FSH05A06B	日本インター	65	60		5	129c	120	25j	0.66	5 || 25j	1	60	25j						4D
FSH05A09	日本インター		90		5	127c	120	25j	0.85	5 || 25j	1	90	25j						3
FSH05A09B	日本インター		90		5	127c	120	25j	0.85	5 || 25j	1	90	25j						4D
FSH05A10	日本インター		100		5	126c	120	25j	0.85	5 || 25j	1	100	25j						3
FSH05A10B	日本インター		100		5	126c	120	25j	0.85	5 || 25j	1	100	25j						4D
FSH05A15	日本インター		150		5	125c	130	25j	0.88	5 || 25j	1	150	25j						3
FSH05A20B	日本インター		200		5	123c	100	25j	0.9	5 || 25j	0.2	200	25j						4D
FSH10A03L	日本インター	35	30		10	128c	180	25j	0.54	10 || 25j	1	30	25j						3
FSH10A03LB	日本インター	35	30		10	128c	180	25j	0.54	10 || 25j	1	30	25j						4D
FSH10A04	日本インター	45	40		10	127c	180	25j	0.61	10 || 25j	1	40	25j						3
FSH10A04B	日本インター	45	40		10	127c	180	25j	0.61	10 || 25j	1	40	25j						4D
FSH10A06	日本インター	65	60		10	124c	180	25j	0.68	10 || 25j	1	60	25j						3
FSH10A06B	日本インター	65	60		10	124c	180	25j	0.68	10 || 25j	1	60	25j						4D
FSH10A09	日本インター		90		10	121c	180	25j	0.88	10 || 25j	1	90	25j						3
FSH10A09B	日本インター		90		10	121c	180	25j	0.88	10 || 25j	1	90	25j						4D
FSH10A10	日本インター		100		10	120c	180	25j	0.88	10 || 25j	1	100	25j						3
FSH10A10B	日本インター		100		10	120c	180	25j	0.88	10 || 25j	1	100	25j						4D
FSH10A15	日本インター		150		10	120c	180	25j	0.9	10 || 25j	1	150	25j						3

形名	社名	V_RSM (V)	V_RRM (V)	V_R (V)	I_0 (A)	T条件 (°C)	I_FSM (A)	T条件 (°C)	V_Fmax (V)	測定条件 I_F (A)	測定条件 T (°C)	I_Rmax (mA)	測定条件 V_R (V)	測定条件 T (°C)	t_rrmax (ns)	測定条件 I_F (A)	測定条件 I_R (A)	dI_F/dt (A/μs)	その他の特性等	外形
FSH10A20B	日本インター		200		10	108c	120	25j	0.9	10	25j	0.2	200	25j						4D
FSH10U04	日本インター		40		10	127c	180	25j	0.61	10	25j	1	40	25j						9
FSH10U10	日本インター		100		10	120c	180	25j	0.88	10	25j	1	100	25j						9
FSHS04A045	日本インター		45		4	133c	100	25j	0.59	4	25j	0.1	45	25j						3
FSHS04A065	日本インター		65		4	131c	100	25j	0.68	4	25j	0.1	65	25j						3
FSHS04A08	日本インター		80		4	130c	100	25j	0.74	4	25j	0.1	80	25j						3
FSHS04A12	日本インター		120		4	129c	100	25j	0.89	4	25j	0.1	120	25j						3
FSHS05A065	日本インター		65		5	131c	120	25j	0.63	5	25j	0.1	65	25j						3
FSHS05A08	日本インター		80		5	130c	120	25j	0.69	5	25j	0.1	80	25j						3
FSHS05A12	日本インター		120		5	129c	120	25j	0.84	5	25j	0.1	120	25j						3
FSHS10A045	日本インター		45		10	128c	180	25j	0.58	10	25j	0.1	45	25j						3
FSHS10A065	日本インター		65		10	127c	180	25j	0.64	10	25j	0.15	65	25j						3
FSHS10A08	日本インター		80		10	125c	180	25j	0.71	10	25j	0.15	80	25j						3
FSHS10A12	日本インター		120		10	123c	180	25j	0.87	10	25j	0.1	120	25j						3
FSHS15A045	日本インター		45		15	117c	250	25j	0.58	15	25j	0.2	45	25j						3
FSHS15A08	日本インター		80		15	112c	200	25j	0.72	15	25j	0.2	80	25j						3
FSHS15A12	日本インター		120		15	110c	200	25j	0.88	15	25j	0.1	120	25j						3
FSL05A015	日本インター		15		5	103c	130	25j	0.38	5	25j	5	15	25j						3
FSQ04A035	日本インター		35		4	134c	100	25j	0.49	4	25j	2	35	25j						3
FSQ04A045	日本インター		45		4	132c	100	25j	0.56	4	25j	0.2	45	25j						3
FSQ05A03L	日本インター	35	30		5	122c	120	25j	0.47	5	25j	5	30	25j						3
FSQ05A03LB	日本インター	35	30		5	122c	120	25j	0.47	5	25j	5	30	25j						4D
FSQ05A04	日本インター		40		5	122c	120	25j	0.55	5	25j	5	40	25j						3
FSQ05A04B	日本インター		40		5	122c	120	25j	0.55	5	25j	5	40	25j						4D
FSQ05A06	日本インター		60		5	115c	110	25j	0.58	5	25j	5	60	25j						3
FSQ05A06B	日本インター		60		5	115c	110	25j	0.58	5	25j	5	60	25j						4D
FSQ05U06	日本インター		60		5	115c	110	25j	0.58	5	25j	5	60	25j						9
FSQ10A04	日本インター	45	40		10	119c	180	25j	0.59	10	25j	10	40	25j						3
FSQ10A04B	日本インター	45	40		10	119c	180	25j	0.59	10	25j	10	40	25j						4D
FSQ10A06	日本インター	65	60		10	111c	150	25j	0.67	10	25j	10	60	25j						3
FSQ10A06B	日本インター	65	60		10	111c	150	25j	0.67	10	25j	10	60	25j						4D
FSQ10U04	日本インター		40		10	119c	180	25j	0.59	10	25j	10	40	25j						9
FSQ10U06	日本インター		60		10	111c	150	25j	0.67	10	25j	10	60	25j						9
FSQS04A065	日本インター		65		4	130c	100	25j	0.64	4	25j	0.3	65	25j						3
FSQS05A035	日本インター		35		5	134c	120	25j	0.46	5	25j	3	35	25j						3
FSQS05A045	日本インター		45		5	133c	120	25j	0.54	5	25j	0.35	45	25j						3
FSQS05A065	日本インター		65		5	131c	120	25j	0.58	5	25j	0.4	65	25j						3
FSQS10A045	日本インター		45		10	128c	180	25j	0.54	10	25j	0.6	45	25j						3
FSQS10A065	日本インター		65		10	125c	180	25j	0.6	10	25j	1	65	25j						3
FSQS15A045	日本インター		45		15	118c	200	25j	0.54	15	25j	1	45	25j						3
FSQS15A065	日本インター		65		15	112c	200	25j	0.6	15	25j	1.5	65	25j						3
FT05J10	オリジン	105	100	0.5			10	25j	0.57	0.5	25j	0.15	100	25j					Cj=30pF	421H

形 名	社 名	最大定格 V_{RSM} (V)	V_{RRM} (V)	V_R (V)	I_O (A)	T条件 (°C)	I_{FSM} (A)	T条件 (°C)	順方向特性(typは*) $V_F$max (V)	測定条件 I_F(A)	T(°C)	逆方向特性(typは*) $I_R$max (mA)	測定条件 V_R(V)	T(°C)	t_{rr}max (ns)	測定条件 I_F(A)	I_R(A)	dI_F/dt (A/μs)	その他の特性等	外形
FT1J2E	オリジン	25	20		1		10	25j	0.36	1	25j	1	20	25j					Cj=60pF	421H
FT1J3	オリジン	32	30		1		10	25j	0.42	1	25j	0.1	30	25j					Cj=60pF	421H
FT1J4	オリジン	45	40		1		10	25j	0.46	1	25j	0.1	40	25j					Cj=50pF	421H
FT1J6	オリジン	65	60		1		10	25j	0.49	1	25j	0.1	60	25j					Cj=42pF	421H
FUAJ4	オリジン		40		3		55	25j	0.44	3	25j	1	40	25j					Cj=170pF	485A
FUJ10C	オリジン		100		2		15		0.8	2	25j	0.5	100	25j					Cj=50pF	485A
FUJ2A	オリジン		20		3		60		0.37	3	25j	1	20	25j					Cj=145pF	485A
FUJ2C	オリジン		20		2		50	25j	0.37	2	25j	1	20	25j					Cj=95pF	485A
FUJ2E	オリジン		20		3		30	25j	0.33	3	25j	2	20	25j					Cj=230pF	485A
FUJ2F	オリジン		20		2		30	25j	0.33	2	25j	1	20	25j					Cj=140pF	485A
FUJ2H	オリジン		20		2		20	25j	0.42	2	25j	1	20	25j					Cj=55pF	485A
FUJ3A	オリジン		30		3		60		0.45	3	25j	0.5	30	25j					Cj=140pF	485A
FUJ3C	オリジン		30		2		50		0.45	2	25j	0.5	30	25j					Cj=90pF	485A
FUJ3E	オリジン		30		3		70	25j	0.4	3	25j	0.5	30	25j					Cj=200pF	485A
FUJ3F	オリジン		30		2		60		0.4	2	25j	0.3	30	25j					Cj=140pF	485A
FUJ3G	オリジン		30		1.5		45	25j	0.45	1.5	25j	0.15	30	25j					Cj=70pF	485A
FUJ4A	オリジン		40		3		60		0.5	3	25j	1	40	25j					Cj=120pF	485A
FUJ4C	オリジン		40		2		50		0.5	2	25j	0.5	40	25j					Cj=80pF	485A
FUJ4S	オリジン		40		2		55	25j	0.45	2	25j	1	40	25j					Cj=120pF	485A
FUJ4	オリジン		40		1		55	25j	0.5	1	25j	1	40	25j					Cj=50pF	485A
FUJ6A	オリジン		60		3		60		0.58	3	25j	2	60	25j					Cj=110pF	485A
FUJ6C	オリジン		60		2		50		0.58	2	25j	0.5	60	25j					Cj=70pF	485A
FUJ6S	オリジン		60		2		50	25j	0.52	2	25j	2	60	25j					Cj=110pF	485A
FUJ6	オリジン		60		1		40	25j	0.6	1	25j	1	60	25j					Cj=55pF	485A
FUJ9	オリジン		90		0.7		30	25j	0.75	0.7	25j	1	90	25j					Cj=40pF	485A
FV10J2E	オリジン		20		1.5	43c	10	25j	0.43	1.5	25j	0.8	20	25j					CT=37pF	491
FV10J3	オリジン		30		1.5	69c	10	25j	0.5	1.5	25j	0.1	30	25j					CT=40pF	491
FV10J4	オリジン		40		1	80c	10	25j	0.52	1	25j	0.08	40	25j					CT=30pF	491
GSF18R	サンケン		180		7	85L	35		0.9	7		3	180		10				GaAs	446
GSH05A09	日本インター		90		5	127c	120	25j	0.85	5	25j	1	90	25j						272A
GSH05A09B	日本インター		90		5	127c	120	25j	0.85	5	25j	1	90	25j						273D
GSH05A10	日本インター		100		5	126c	120	25j	0.85	5	25j	1	100	25j						272A
GSH05A10B	日本インター		100		5	126c	120	25j	0.85	5	25j	1	100	25j						273D
GSH10A09	日本インター		90		10	121c	180	25j	0.88	10	25j	1	90	25j						272A
GSH10A09B	日本インター		90		10	121c	180	25j	0.88	10	25j	1	90	25j						273D
GSH10A10	日本インター		100		10	120c	180	25j	0.88	10	25j	1	100	25j						272A
GSH10A10B	日本インター		100		10	120c	180	25j	0.88	10	25j	1	100	25j						273D
GSQ05A03L	日本インター	35	30		5	122c	120	25j	0.47	5	25j	5	30	25j						272A
GSQ05A03LB	日本インター	35	30		5	122c	120	25j	0.47	5	25j	5	30	25j						273D
GSQ05A04	日本インター		40		5	122c	120	25j	0.55	5	25j	5	40	25j						272A
GSQ05A04B	日本インター		40		5	122c	120	25j	0.55	5	25j	5	40	25j						273D
GSQ05A06	日本インター		60		5	115c	110	25j	0.58	5	25j	1	60	25j						272A

形名	社名	V															

形名	社名	VRSM (V)	VRRM (V)	VR (V)	Io (A)	T条件 (℃)	IFSM (A)	T条件 (℃)	VFmax (V)	IF(A)	T(℃)	IRmax (mA)	VR(V)	T(℃)	trrmax (ns)	IF(A)	IR(A)	dIF/dt (A/μs)	その他の特性等	外形
GSQ05A06B	日本インター		60		5	115c	110	25j	0.58	5	25j	5	60	25j						273D
GSQ10A04	日本インター	45	40		10	119c	180	25j	0.59	10	25j	10	40	25j						272A
GSQ10A04B	日本インター	45	40		10	119c	180		0.59	10	25j	10	40	25j						273D
GSQ10A06	日本インター	65	60		10	111c	150		0.67	10	25j	10	60	25j						272A
GSQ10A06B	日本インター	65	60		10	111c	150		0.67	10	25j	10	60	25j						273D
GSQ10A04B	日本インター	45	40		10	119c	180	25j	0.59	10	25j	10	40	25j						273D
GSQ10A06B	日本インター	65	60		10	111c	150	25j	0.67	10	25j	10	60	25j						273D
HRB0502A	ルネサス		20		0.5		5		0.4	0.5		0.2	20						Ct=120pF Ioはポリイミド基板	205A
* HRF22	ルネサス		40		1		20		0.55	1		1	40							485C
HRF302A	ルネサス		20		3		100		0.4	3		1	20							486C
* HRF32	ルネサス		90		1		20		0.8	1		1	90							485C
HRF502A	ルネサス		20		5		100		0.4	5		1	20							486C
HRF503A	ルネサス		35		5	65c	100		0.45	5		1	35							486D
* HRP100	ルネサス		50		1				0.55	1		2	50						Ioはプリント基板実装時	24A
* HRP22	ルネサス		50		1		50		0.55	1		2	50						超高速中電力スイッチング用	25G
HRP24	ルネサス		40		3	50a		25j	0.5	3		3	40						Ct=300pF	88K
HRP32	ルネサス		90		1		30		0.8	1		1	90							25G
* HRP34	ルネサス		60		3	50a	150	25j	0.75	3		3	60						Ct=300pF	88K
HRU0302A	ルネサス		20		0.3		3		0.4	0.3		0.1	20						Ct=70pF Ioはプリント基板実装	420C
HRV103A	ルネサス		30	30	1		5		0	1		1	30						C<40pF Ioはセラミック基板実装	657
HRV103B	ルネサス		30	30	1	48a	5		0.5	1		0.1	30						Ioはセラミック基板実装時	657
HRW0302A	ルネサス		20		0.3		3		0.4	0.3		0.1	20						Ct<100pF	610A
HRW0502A	ルネサス		20		0.5		5		0.4	0.5		0.2	20						Ct=120pF	610A
HRW0503A	ルネサス		30		0.5		5		0.55	0.5		0.05	30						Ct=65pF	610A
HRW0702A	ルネサス		20		0.7		5		0.43	0.7		0.2	20						Ct=120pF	610A
HRW0703A	ルネサス		30		0.7		5		0.5	0.7		0.1	30						Ct=150pF	610A
KH15A09	日本インター		90		15	120c	250		0.88	15	25j	2	90	25j						691
KH15A09B	日本インター		90		15	120c	250		0.88	15	25j	2	90	25j						510D
KH15A10	日本インター		100		15	120c	250		0.88	15	25j	2	100	25j						691
KH15A10B	日本インター		100		15	120c	250		0.88	15	25j	2	100	25j						510D
KS826S04	富士電機	48	40		5	92c	80		0.55	5		5	40							124
KSH15A09	日本インター		90		15	120c	250	25j	0.88	15	25j	2	90	25j						691
KSH15A10	日本インター		100		15	120c	250	25j	0.88	15	25j	2	100	25j						691
KSH15A09B	日本インター		90		15	120c	250	25j	0.88	15	25j	2	90	25j						510D
KSH15A10B	日本インター		100		15	120c	250	25j	0.88	15	25j	2	100	25j						510D
KSH30A20	日本インター		200		30	104c	300	25j	0.95	30	25j	0.5	200	25j						691
KSH30A20B	日本インター		200		30	104c	300	25j	0.95	30	25j	0.5	200	25j						510D
KSL60A01B	日本インター		10		60	64c	700		0.45	60	25j	40	10	25j						510E
KSQ15A04	日本インター	45	40		15	120c	250		0.55	15	25j	15	40	25j						691
KSQ15A04B	日本インター	45	40		15	120c	250		0.55	15	25j	15	40	25j						510D
KSQ15A06	日本インター		60		15	114c	200		0.65	15	25j	15	60	25j						691
KSQ15A06B	日本インター		60		15	114c	200		0.65	15	25j	15	60	25j						510D

形　名	社名	V_{RSM} (V)	V_{RRM} (V)	V_R (V)	I_O (A)	T条件 (°C)	I_{FSM} (A)	T条件 (°C)	$V_F$max (V)	I_F(A)	T(°C)	$I_R$max (mA)	V_R(V)	T(°C)	t_{rr}max (ns)	I_F(A)	I_R(A)	dI_F/dt (A/μs)	その他の特性等	外形
KSQ30A03L	日本インター		30		30	108c	400	25j	0.5	30	25j	25	30	25j						691
KSQ30A03LB	日本インター		30		30	108c	400	25j	0.5	30	25j	25	30	25j						510D
KSQ30A04	日本インター		40		30	107c	400		0.58	30	25j	25	40	25j						691
KSQ30A04B	日本インター		40		30	107c	500		0.58	30	25j	25	40	25j						510D
KSQ30A06	日本インター		40		30	98c	400		0.67	30	25j	25	60	25j						691
KSQ30A06B	日本インター		40		30	98c	400		0.67	30	25j	25	60	25j						510D
KSQ60A03LB	日本インター		30		60	106c	700	25j	0.54	60	25j	40	30	25j						510E
KSQ60A03LE	日本インター		30		60	106c	700	25j	0.54	30	25j	40	30	25j						585
KSQ60A04B	日本インター		40		60	100c	700		0.62	60	25j	40	40	25j						510E
KSQ60A04E	日本インター		40		60	100c	700		0.62	60	25j	40	40	25j						585
KSQ60A06B	日本インター		60		60	87c	700		0.71	60	25j	40	60	25j						510E
KSQ60A06E	日本インター		60		60	87c	700		0.71	60	25j	40	60	25j						585
M1FH3	新電元		30		1.5	105c	30	25j	0.36	1.5	25c	1	30	25c					Cj=80pF	750C
M1FJ4	新電元		40		1.5	31a	30	25j	0.63	1.5	25L	0.05	40	25L					Cj=65pF Ioはアルミナ基板実装	750C
M1FM3	新電元		30		3	100c	30	25j	0.46	1.5	25c	0.05	30	25c					Cj=80pF	750C
M1FP3	新電元	35	30		1.29		30	25j	0.4	1.1	25L	2.5	30	25L					Cj=90pF Ioはアルミナ基板実装	750C
M1FS4	新電元	45	40		1.33		30	25j	0.55	1.1	25L	0.8	10	25L					Cj=50pF Ioはアルミナ基板実装	750C
M1FS6	新電元	65	60		1.2		40	25j	0.58	1.1	25L	1	60	25L					Cj=53pF Ioはアルミナ基板実装	750C
M2FH3	新電元		30		6	70c	110	25j	0.36	6	25c	4	30	25c					Cj=240pF	405D
M2FM3	新電元		30		6	99c	120	25j	0.46	6	25c	0.2	30	25c					Cj=240pF	405D
* MA10700	パナソニック	40	40		0.5		2		0.55	0.5		0.1	35		5*	0.1	0.1		Ct=60pF 新形名MA3J700	165A
* MA10701	パナソニック	30	30		0.7		5		0.55	0.7		80	30		7.5*	0.1	0.1		Ct=120pF 新形名MA3X701	610A
* MA10702	パナソニック	20	20		0.5		3		0.55	0.5		0.01	10		5*	0.1	0.1		Ct=60pF 新形名MA3J702	165A
* MA10703	パナソニック		20	20	0.5		3		0.55	0.5		0.01	10		5*	0.1	0.1		Ct=60pF 新形名MA3X703	610A
* MA10705	パナソニック	30	30		1.5		30		0.37	1		3	30		50	0.1	0.1		Ct=90pF Ioはプリント基板実装	485E
* MA2C719	パナソニック		40	40	0.5		30		0.55	0.5		0.1	35		5*	0.1	0.1		Ct=60pF	23F
* MA2D749	パナソニック		40		5		60		0.55	5		3	40							517
* MA2D749A	パナソニック		50		5		60		0.55	5		3	40							517
* MA2D750	パナソニック		40		10	25c	60	25c	0.55	10	25c	3	40	25c						517
* MA2D755	パナソニック		60		5		90		0.58	5		3	60							517
* MA2D760	パナソニック		90		5		90		0.85	5		3	90							517
* MA2D760A	パナソニック		100		5		90		0.85	5		3	100							517
* MA2H735	パナソニック		30	30	1		30		0.5	1		1	30		30	0.1	0.1		Ct=50pF	636B
* MA2H736	パナソニック		40	40	1		30		0.55	1		2	40		30	0.1	0.1		Ct=50pF	636B
* MA2HD07	パナソニック		30	30	1		25		0.37	1		7	30		15*	0.1	0.1		Ct=50pF	636B
* MA2HD08	パナソニック		30	30	1		25		0.3	1		13	30		15*	0.1	0.1		Ct=50pF	636B
* MA2HD09	パナソニック		30	30	1		25		0.4	1		3	30		15*	0.1	0.1		Ct=50pF	636B
* MA2P701	パナソニック		20	20	1		6		0.55	1		1	20						Ct=210pF	560
* MA2P701A	パナソニック		40	40	1		6		0.55	1		2	40		14*	0.1	0.1		Ct=210pF	560
* MA2Q705	パナソニック		30	30	1.5		30		0.37	1		3	30		50	0.1	0.1		Ct=70pF 旧形名MA10705	485E
* MA2Q735	パナソニック		30	30	1		30		0.5	1		1	30		30	0.1	0.1		Ct=50pF 旧形名MA735	485E
* MA2Q736	パナソニック		40	40	1		30		0.55	1		2	40		30	0.1	0.1		Ct=50pF 旧形名MA736	485E

形名	社名	最大定格 VRSM (V)	VRRM (V)	VR (V)	Io (A)	T条件 (°C)	IFSM (A)	T条件 (°C)	順方向特性(typは*) VFmax (V)	測定条件 IF (A)	T (°C)	逆方向特性(typは*) IRmax (mA)	測定条件 VR (V)	T (°C)	trrmax (ns)	測定条件 IF (A)	IR (A)	dIF/dt (A/μs)	その他の特性等	外形
* MA2Q737	パナソニック	30	30		1.5		60		0.5	2		1	30		50	0.1	0.1		Ct=90pF 旧形名MA737	485E
* MA2Q738	パナソニック	40	40		1.5		60		0.55	2		2	40		50	0.1	0.1		Ct=70pF 旧形名MA738	485E
* MA2Q739	パナソニック	90	90		0.7		10		0.8	0.7		1	90		100	0.1	0.1		Ct=50pF 旧形名MA739	485E
* MA2QD01	パナソニック	60	60		1.5		60		0.55	1.5		1	60		100	0.1	0.1		Ct=110pF Ioはプリント基板	485E
MA2XD09	パナソニック	30	30		1		3		0.4	1		3	30		10*	0.1	0.1		Ct=50pF	421A
* MA2XD15	パナソニック	25	20		1		3		0.45	1		0.1	20						Ct=180pF	421A
* MA2XD17	パナソニック	100	100		0.3		1.5		0.58	0.3		0.2	100		7*	0.1	0.1		Ct=100pF	421A
MA2YD15	パナソニック	25	20		1		3		0.45	1		0.1	20		10*	0.1	0.1		Ct=120pF	750B
* MA2YD17	パナソニック	100	100		0.3		1.5		0.58	0.3		0.2	100		7*	0.1	0.1		Ct=100pF	750B
* MA2YD21	パナソニック	15	15		1		3		0.4	1		1.5	6		12*	0.1	0.1		Ct=180pF	750B
MA2YD23	パナソニック	25	25		1		3		0.55	1		0.04	20							750B
* MA2YD26	パナソニック	60	60		0.8		3		0.58	0.8		0.1	45		8				Ct=125pF	750B
* MA2YD28	パナソニック	30	30		1.5		3		0.49	1.5		0.1	30		13				Ct=50pF	750B
* MA2YD33	パナソニック	30	30		0.5		3		0.55	0.5		0.05	30						VF<0.4V (IF=10mA)	750B
* MA2Z720	パナソニック	40	40		0.5		2		0.55	0.5		0.1	35		5*				Ct=60pF	750B
* MA2Z748	パナソニック	20	20		0.3		3		0.4	0.3		30μ	10		5*	0.1	0.1		Ct=60pF	239
* MA2ZD02	パナソニック	20	20		0.5		3		0.55	0.5		0.01	10		5*	0.1	0.1		Ct=60pF	239
* MA2ZD18	パナソニック	25	20		0.5		2		0.42	0.5		0.2	20		7*	0.1	0.1		Ct=100pF	239
* MA21D34	パナソニック	30	30		1		20		0.38	1		1.2	30						VF<0.36V (IF=0.7A)	579
* MA21D35	パナソニック	30	30		1		20		0.49	1		0.04	30						VF<0.47V (IF=0.7A)	579
* MA21D38	パナソニック	30			1		20		0.42	1		0.1	30							756D
* MA22D15	パナソニック		20		1		30		0.43	1		0.1	20		10*					750B
* MA22D17	パナソニック	100	100		0.3		20		0.57	0.3		0.2	100						Ioはアルミナ基板実装時	750B
* MA22D21	パナソニック		15		1		20		0.38	1		1.5	6		12*					750B
* MA22D23	パナソニック		25		1		30		0.53	1		0.02	16							750B
* MA22D26	パナソニック		60		0.8		30		0.56	0.8		0.1	45		8*					750B
* MA22D28	パナソニック		30		1.5		30		0.42	1		0.1	30		13*					750B
* MA22D39	パナソニック	40	40		1.57		30		0.57	1.5		0.1	40						Ioはアルミナ基板実装時	750B
* MA22D40	パナソニック	60	60		1		30		0.58	1		0.01	30						Ioはアルミナ基板実装時	750B
* MA24D50	パナソニック	40	40		3		60		0.51	3		0.2	40						Ioはアルミナ基板実装時	578
* MA24D51	パナソニック	40	40		3		60		0.42	3		2	40						Ioはアルミナ基板実装時	578
* MA24D52	パナソニック	40	40		3		60		0.53	3		0.05	40						Ioはアルミナ基板実装時	578
* MA24D54	パナソニック	30	30		3		60		0.37	3		2	30						Ioはアルミナ基板実装時	578
* MA24D60	パナソニック	40	40		2		60		0.48	2		0.2	40						Ioはアルミナ基板実装時	578
* MA24D62	パナソニック	40	40		2		60		0.51	2		0.05	40						Ioはアルミナ基板実装時	578
* MA3J700	パナソニック	40	40		0.5		2		0.55	0.5		0.1	35		5*	0.1	0.1		Ct=60pF 旧形名MA10700	165A
* MA3J702	パナソニック	20	20		0.5		3		0.55	0.5		0.01	10		5*	0.1	0.1		Ct=60pF 旧形名MA10702	165A
* MA3X701	パナソニック	30	30		0.7		5		0.55	0.7		0.08	30		7.5*	0.1	0.1		Ct=120pF 旧形名MA10701	610A
* MA3X703	パナソニック	20	20		0.5		3		0.55	0.5		0.01	10		5*	0.1	0.1		Ct=60pF 旧形名MA10703	610A
* MA3X720	パナソニック	40	40		0.5		2		0.55	0.5		0.1	35		5*	0.1	0.1		Ct=60pF 旧形名MA720	610A
* MA3X748	パナソニック	20	20		0.5		3		0.5	0.5		0.03	10		5*	0.1	0.1		Ct=60pF 旧形名MA748	610A
* MA3X789	パナソニック	60	60		0.5		2		0.65	0.5		0.1	50		4.5*	0.1	0.1		Ct=60pF 旧形名MA789	610A

形名	社名	最大定格 V_{RSM} (V)	V_{RRM} (V)	V_R (V)	I_O (A)	T条件 (°C)	I_{FSM} (A)	T条件 (°C)	順方向特性(typは*) V_{Fmax} (V)	測定条件 I_F(A)	T(°C)	逆方向特性(typは*) I_{Rmax} (mA)	測定条件 V_R(V)	T(°C)	t_{rr}max (ns)	測定条件 I_F(A)	I_R(A)	dI_F/dt (A/μs)	その他の特性等	外形
*MA3XD11	パナソニック	25	20	1		3		0.45	1		0.2	20						Ct=180pF Ioはアルミナ基板実装	610A
*MA3XD13	パナソニック	60	60	1		3		0.6	1		0.15	60							610A
*MA3XD15	パナソニック	25	20	1		3		0.45	1		0.1	20						Ct=120pF	610A
*MA3XD17	パナソニック	100	100	0.3		1.5		0.58	0.3		0.2	100		7*	0.1	0.1		Ct=100pF	610A
*MA3XD21	パナソニック	15	15	1		3		0.4	1		1.5	6		12*	0.1	0.1		Ct=180pF	610A
*MA3ZD12	パナソニック	25	20	0.7		2		0.45	0.7		0.2	20		7*	0.1	0.1		Ct=100pF	165A
*MA701A	パナソニック	40	40	1	25R	6		0.55	1		2	40		14*	0.1	0.1		Ct=210pF 新形名MA2P701A	560
*MA701	パナソニック	20	20	1	25R	6		0.55	1		1	20		14*	0.1	0.1		Ct=210pF	560
*MA711A	パナソニック	40	40	1		6		0.55	1		1	40		14*	0.1	0.1		Ioはプリント基板実装時	40D
*MA711	パナソニック	20	20	1		6		0.55	1		1	20		14*	0.1	0.1		Ioはプリント基板実装時	40D
MA719	パナソニック	40	40	0.5		3		0.55	0.5		1	35		5*	0.1	0.1		Ct=60pF 新形名MA2C719	23F
MA720	パナソニック	40	40	0.5		2		0.55	0.5		1	35		5*	0.1	0.1		Ct=60pF 新形名MA3X720	610A
*MA735	パナソニック	30	30	1		30		0.5	1		1	30		30	0.1	0.1		Ct=50pF Ioはプリント基板実装	485E
*MA736	パナソニック	40	40	1		30		0.55	1		2	40		30	0.1	0.1		Ct=50pF Ioはプリント基板実装	485E
*MA737	パナソニック	30	30	1.5		60		0.5	2		1	30		50	0.1	0.1		Ct=70pF Ioはプリント基板実装	485E
*MA738	パナソニック	40	40	1.5		60		0.55	2		2	40		50	0.1	0.1		Ct=70pF Ioはプリント基板実装	485E
*MA739	パナソニック	90	90	0.7		10		0.8	0.7		1	90		100	0.1	0.1		Ct=50pF Ioはプリント基板実装	485E
MA748	パナソニック	20	20	0.5		3		0.5	0.5		0.03	10		5*	0.1	0.1		Ct=60pF 新形名MA3X748	610A
MA779	パナソニック	60	60	0.5		3		0.65	0.5		0.1	50		5				C=60pF	23F
MA789	パナソニック	60	60	0.5		2		0.65	0.5		0.1	50		4.5*	0.1	0.1		C=60pF 新形名MA3X789	610A
M11A3	サンケン	30		1		12		0.47	1		1	30							421G
M12A3	サンケン	30		1		12		0.39	1		2	30							421G
NA03HSA08	日本インター	80		3	118L	80	25j	0.7	3	25j	0.1	80	25j						503
NA03HSA12	日本インター	120		3	115L	60	25j	0.86	3	25j	70μ	120	25j						503
NA03QA035	日本インター	35		3	124L	60	25j	0.47	3	25j	2	35	25j						503
NA03QSA045	日本インター	45		3	122L	60	25j	0.55	3	25j	0.3	45	25j						503
NA03QSA065	日本インター	65		3	117L	60	25j	0.61	3	25j	0.3	65	25j						503
NA05HSA065	日本インター	65		5	99L	120	25j	0.66	5	25j	0.1	65	25j						503
NA05HSA08	日本インター	80		5	95L	120	25j	0.7	5	25j	0.1	80	25j						503
NA05HSA12	日本インター	120		5	91L	100	25j	0.86	5	25j	0.1	120	25j						503
NA05QSA045	日本インター	45		5	101L	100	25j	0.57	5	25j	0.35	45	25j						503
NA05QSA065	日本インター	65		5	92L	100	25j	0.61	5	25j	0.4	65	25j						503
NA05QSA035	日本インター	35		5	108L	100	25j	0.47	5	25j	3	35	25j						503
NSH03A03L	日本インター	35	30	3	123L	80	25j	0.53	3	25j	0.5	30	25j						486D
NSH03A04	日本インター	45	40	3	120L	80	25j	0.58	3	25j	0.5	40	25j						486D
NSH03A09	日本インター		90	3		60		0.85	3		1	90							486D
NSH03A10	日本インター	100		3	90L	60		0.85	3	25j	1	100	25j						486D
NSH03A15	日本インター		150	3	109c	60	25j	0.9	3	25j	1	150	25j						486D
NSH05A03	日本インター	30		5	106L	100	25j	0.57	5	25j	1	30	25j						486D
*NSQ03A02L	日本インター	20		3	102L	120		0.45	3	25j	3	20	25j						486D
NSQ03A03L	日本インター	30		3	103L	120		0.45	3	25j	3	30	25j					Ioは半田ランド 2×3.5付き	486D
NSQ03A04	日本インター	40		3	110L	80		0.55	3	25j	3	40	25j					Ioは半田ランド 2×3.5付き	486D

- 123 -

形 名	社 名	最大定格 V_{RSM} (V)	V_{RRM} (V)	V_R (V)	I_O (A)	T条件 (℃)	I_{FSM} (A)	T条件 (℃)	順方向特性(typは*) V_{Fmax} (V)	測定条件 IF(A)	逆方向特性(typは*) I_{Rmax} (mA)	測定条件 V_R(V)	T(℃)	t_{rr}max (ns)	測定条件 IF(A)	IR(A)	dIF/dt (A/μs)	その他の特性等	外形
NSQ03A06	日本インター		60		3	96L	50		Z0.58	3	25j	3	60	25j				Ioは半田ランド2×3.5付き	486D
RA13	サンケン		30		2		40		0.36	2		2	30						67F
RB050L-40	ローム	40	40	3	75L	70		0.45	1.5			1	40						485F
RB050LA-30	ローム	30	30	3		90c	70		0.45			0.15	30						104C
RB050LA-40	ローム	40	40	3		70		0.55	3			0.1	40						104C
RB050PS-30	ローム	30	30	3	100c	35		0.425	3			0.2	30					1/2ピンA 5/6/7/8ピンK	771
RB051L-40	ローム	40	20	3	90L	70		0.45	3			1	20					Ioはアルミナ基板実装時	485F
RB051LA-40	ローム	40	20	3	90L	70		0.45	3			1	20					VF<0.35V (IF=1A)	104C
RB053L-30	ローム	30	30	3	90c	70		0.42	3			0.2	30					Ioはアルミナ基板実装時	485F
RB055L-40	ローム	40	40	3		40		0.65	3			0.5	40					Ioはガラエポ基板実装時	485F
RB055LA-40	ローム	40	40	3	80c	70		0.62	3			1	40						104C
RB060L-40	ローム	40	40	2		70		0.45	1			1	40					Ioはアルミナ基板実装時	485F
RB060M-30	ローム	30	30	2	65c	55		0.49	2			0.05	30					Ioはガラエポ基板実装時	750E
RB063L-30	ローム	30	30	2		70		0.395	2			0.2	30					Ioはガラエポ基板実装時	485F
RB070L-40	ローム	40	40	1.5		70		0.5	1.5			1	40					Ioはガラエポ基板実装時	485F
RB070M-30	ローム	30	30	1.5		70		0.49	1.5			0.05	30					Ioはガラエポ基板実装時	750E
RB081L-20	ローム	25	20	5	100c	70		0.45	5			0.7	20					Ioはアルミナ基板実装時	485F
RB083L-30	ローム	25	20	5	90c	70		0.39	3			0.5	20					Ioはアルミナ基板実装時	485F
RB100A	ローム	40		1		40		0.55	1			1	40					1SR142相当	19E
RB160A-30	ローム	30	30	1		70		0.48	1			0.05	30					Ioはガラエポ基板実装時	19E
RB160A-60	ローム	60	60	1		60		0.55	1			0.05	60					Ioはガラエポ基板実装時	19E
RB160L-40	ローム	40	40	1		70		0.55	1			1	40					Ioはプリント基板実装時	485F
RB160L-60	ローム	60	60	1		30		0.58	1			0.5	60						485F
RB160L-90	ローム	95	90	1		30		0.73	1			0.1	90					Ioはガラエポ基板実装時	750E
RB160M-30	ローム	30	30	1		30		0.48	1			0.05	30					Ioはガラエポ基板実装時	750E
RB160M-40	ローム	40	40	1		30		0.51	1			0.03	40						750E
RB160M-60	ローム	60	60	1		30		0.55	1			0.05	60					Ioはガラエポ基板実装時	750E
RB160M-90	ローム	90	90	1		30		0.73	1			0.1	90					Ioはガラエポ基板実装時	750E
RB160VA-40	ローム	40	40	1		5		0.55	0.7			0.05	40					Ioはガラエポ基板実装時	756E
RB161L-40	ローム	40	40	1		70		0.4	1			1	20					Ioはアルミナ基板実装時	485F
RB161M-20	ローム	25	20	1		30		0.35	1			0.7	20					Ioはガラエポ基板実装時	750E
RB161VA-20	ローム	30	20	1		5		0.42	1			1	20					Ioはガラエポ基板実装時	756E
RB201A-60	ローム	60	60	2		40		0.58	2			0.1	60					Ioはガラエポ基板実装時	19E
RB400D	ローム	20	10	0.5		3		0.55	0.5			0.03	10					1SR148-20相当	610A
RB400VA-50	ローム	50	40	0.5		3		0.55	0.5			0.05	30					Ioはガラエポ基板実装時	756E
RB401D	ローム	40		0.5		3		0.5	0.5			0.07	20						610A
RB411D	ローム	20	10	0.5		3		0.5	0.5			0.03	10					Ct=20pF	610A
RB411VA-50	ローム	50	20	0.5		3		0.5	0.5			0.03	10					Ioはガラエポ基板実装時	756E
RB461F	ローム	25	20	0.7		3		0.49	0.7			0.2	20						205A
RB491D	ローム	25	20	1		3		0.45	1			0.2	20						610A
RB550A-30	ローム	30	30	1		3		0.52	1			0.03	10					Ioはガラエポ基板実装時	756E
RB550EA	ローム		30	0.7		12		0.49	0.7			0.05	30						346C

形名	社名	最大定格 V_RSM (V)	V_RRM (V)	V_R (V)	I_O (A)	T条件 (°C)	I_FSM (A)	T条件 (°C)	順方向特性(typは*) V_Fmax (V)	測定条件 I_F(A)	T(°C)	逆方向特性(typは*) I_Rmax (mA)	測定条件 V_R(V)	T(°C)	t_rrmax (ns)	測定条件 I_F(A)	I_R(A)	dI_F/dt (A/μs)	その他の特性等	外形
RB551V-30	ローム		30	20	0.5		2		0.47	0.5		0.1	20							756B
RJ43	サンケン		30		3		50		0.45	3		3	30							67H
*RK13	サンケン	35	30	21	1.7	40a	60	25j	0.55	2		5	30		200	0.1	0.1		Ct=70pF	67F
RK14	サンケン	45	40	28	1.7	40a	60	25j	0.55	2		5	40		200	0.1	0.1		Ct=70pF	67F
RK16	サンケン	60	60		1.5	40a	25	25j	0.62	1.5		1	60		100	0.1	0.1			67F
RK19	サンケン	90	90		1.5	50a	40	25j	0.81	1.5		2	90		100	0.1	0.1			67F
RK33	サンケン	35	30		2.5	30a	50	25j	0.55	2.5		5	30		100	0.1	0.1			67G
RK34	サンケン	45	40		2.5	30a	50	25j	0.55	2.5		5	40		100	0.1	0.1			67G
RK36	サンケン	60	60		2	30a	40	25j	0.62	2		2	60		100	0.1	0.1			67G
RK39	サンケン	90	90		2	35a	50	25j	0.81	2		3	90		100	0.1	0.1			67G
RK42	サンケン	20	20		3	112L	100	25j	0.47	3		1	20		100	0.5	0.5			67H
RK43	サンケン	35	30	21	3	100L	80	25j	0.55	3		5	30		100	0.1	0.1			67H
RK44	サンケン	45	30	28	3	100L	80	25j	0.55	3		5	40		100	0.1	0.1			67H
RK46	サンケン	60	60		3.5	96L	70	25j	0.62	3.5		3	60		100	0.1	0.1			67H
RK49	サンケン	90	90		3.5	106c	60	25j	0.81	3.5		5	90		100	0.1	0.1			67H
RKR0303BKJ	ルネサス		30	30	0.3		1		0.5	0.3		0.05	30						Ioはガラエポ基板実装時	757A
RKR0503AKH	ルネサス		30	30	0.5		1		0.37	0.5		0.5	30						Ioはガラエポ基板実装時	657
RKR0503AKJ	ルネサス		30		0.5		2		0.54	0.5		0.2	30						Ioはガラエポ基板実装時	757A
RKR0503BKH	ルネサス		30	30	0.5		1		0.44	0.5		0.1	30						Ioはガラエポ基板実装時	657
RKR0503BKJ	ルネサス		30		0.5		2		0.6	0.5		0.05	30						Ioはガラエポ基板実装時	757A
RKR0505AKH	ルネサス		50	20	0.5	40a	3		0.46	0.5		0.4	30						Ioはガラエポ基板実装時	657
RKR0505BKH	ルネサス		50	40	0.5	41a	3		0.6	0.5		0.04	30						Ioはガラエポ基板実装時	657
RKR0703BKH	ルネサス		30	30	0.7	30a	3		0.55	0.7		0.05	30						Ioはガラエポ基板実装時	657
RKR103AKU	ルネサス		30	30	1		4		0.43	0.7		0.5	30						Ioはセラミック基板実装時	756F
RKR103BKU	ルネサス		30	30	1		4		0.52	0.7		25μ	30						Ioはセラミック基板実装時	756F
RKR104BKH	ルネサス		40	40	1	36a	5		0.55	0.7		0.05	40						Ioはガラエポ基板実装時	657
RKR104BKU	ルネサス		40	40	1		4		0.55	0.7		0.05	30						Ioはセラミック基板実装時	756F
RKR104BKV	ルネサス		40	40	1		5		0.55	0.7		0.05	40						Ioはセラミック基板実装時	750F
RKS0303AKJ	ルネサス		30	30	0.3		1		0.42	0.3		0.2	30						Ioはガラエポ基板実装時	757A
RSX051VA-30	ローム		30	30	0.5		5		0.39	0.5		0.2	30							756E
RSX071VA-30	ローム		30	30	0.7		5		0.42	0.7		0.2	30						Ct=30pF	756E
RSX101M-30	ローム		30	30	1		45		0.39	1		0.2	30						Ct=60pF	750F
RSX101VA-30	ローム		30	30	1		5		0.47	1		0.2	30						Ct=30pF	756E
RSX201L-30	ローム		30	30	2		60		0.44	2		0.15	30						Ct=150pF	485F
RSX301L-30	ローム		30	30	3		70		0.42	3		0.2	30						Ct=180pF	485F
RSX301LA-30	ローム		30	30	3		70		0.42	3		0.2	30							104C
RSX501L-20	ローム		25	20	5		70		0.39	3		0.5	20							485F
RSX501LA-20	ローム		25	20	5	90c	70		0.39	3		0.5	20						Ioはアルミナ基板実装時	104C
RW54	サンケン	40	40		5		120		0.55	5		1	40							67H
*S1S4M	新電元	45	40		1	40a	40	125j	0.55	1		1	40		20	0.1	0.1			507E
S1S6M	新電元	65	60		1		40	125j	0.58	1	25L	1	60	25L					Cj=50pF	507E
*S15S4	新電元	45	40		15	98C	300	125j	0.55	15	25C	15	40		150	15	10		1SR71-40と同じ	41

形 名	社 名	最大定格 VRSM (V)	VRRM (V)	VR (V)	Io (A)	T条件 (℃)	IFSM (A)	T条件 (℃)	順方向特性(typは*) VFmax (V)	測定条件 IF(A)	T(℃)	逆方向特性(typは*) IRmax (mA)	測定条件 VR(V)	T(℃)	trrmax (ns)	測定条件 IF(A)	IR(A)	dIF/dt (A/μs)	その他の特性等	外形
S15S6	新電元	65	60		15	96c	300	125j	0.67	15	25c	10	60	25c						41
S2S6M	新電元	65	60		1.3	52a	60	25j	0.58	2	25L	2	60	25L					Cj=120pF Ioはプリント基板	89G
* S3S4M	新電元	45	40		2	40a	100	125j	0.55	5	25L	5	40	25L	110	5	5			89G
S3S6M	新電元	65	60		1.8		80	125j	0.58	3	25L	2.5	60	25L					Cj=150pF	89H
* S30S4A	新電元	45	40		30	97C	600	125j	0.55	30	25C	20	40	25C	200	30	20		1SR72-40と同じ	42
S30S6	新電元	65	60		30	95c	600	125j	0.67	30	25c	20	60	25c						42
* S5S4	新電元	45	40		5	110C	100	125j	0.55	5	25C	5	40	25C	110	5	5			14
S5S4M	新電元	45	40		5	Z38C	100	125j	0.55	5	25C	3.5	40	25C	110	5	5			272A
* S60S4	新電元	45	40		60	83C	850	125j	0.58	60	25C	40	40		225	50	20		1SR73-40と同じ	42
* S60S6	新電元	65	60		60	82c	850	125j	0.67	60	25c	40	60	25c						42
SA10LA03	日本インター		30		1	91L	20	25j	0.37	0.7	25j	1.5	30	25j						476
SA10QA03	日本インター		30		1	124L	20	25j	0.45	0.7	25j	0.1	30	25j						476
SA10QA04	日本インター		40		1	120L	20	25j	0.52	0.7	25j	0.1	40	25j						476
SA10QA06	日本インター		60		1	117L	20	25j	0.58	0.7	25j	0.1	60	25j						476
SB05-03C	三洋		30		0.5		5		0.55	0.5		0.03	15		10	0.1			C=16pF	610A
SB05-03Q	三洋		30		0.5		3		0.55	0.5		0.03	15		10	0.1			C=16pF	205A
SB05-05CP	三洋	55	50		0.5		5		0.55	0.5		0.05	25		10	0.1	0.1		Ct=17pF	610A
SB05-05NP	三洋	55	50		0.5		5		0.55	0.5		0.05	25		10	0.1	0.1		Ct=18pF	730G
SB05-05P	三洋	55	50		0.5		5		0.55	0.5		0.05	25		10	0.1	0.1		Ct=18pF	237
SB05-09	三洋	95	90		0.5	60a	10		0.7	0.5		0.08	45		10	0.1	0.1		Ct=34pF	64
SB05-18M	三洋	190	180		0.5	26a	10	25j	0.85	0.5		0.06	90		20	0.1	0.1		Ct=45pF	64
SB05-18V	三洋	190	180		0.5		10		0.85	0.5		0.06	90		20	0.1	0.1		Ct=45pF	105
SB0503EC	三洋	35	30		0.5		5		0.65	0.5		1.5μ	15		10	0.1	0.1		C=6pF (VR=10V)	268
SB0503EJ	三洋	35	30		0.5		5		0.55	0.5		15μ	15		10	10m	10m		C=16.5pF (VR=10V)	267
SB0503SH	三洋	35	30		0.5		5		0.56	0.5		6μ	15		10	0.1	0.1		C=13pF (VR=10V)	431
SB07-015C	三洋	17	15		0.7		5		0.55	0.7		0.02	7.5		10	0.1	0.1		Ct=20pF	610A
SB07-03C	三洋	35	30		0.7		5		0.55	0.7		0.08	15		10	0.1	0.1		Ct=25pF	610A
SB07-03N	三洋	35	30		0.7		5		0.55	0.7		0.08	15		10	0.1	0.1			730G
SB07-03P	三洋	35	30		0.7		5		0.55	0.7		0.08	15		10	0.1	0.1		Ct=26pF	237
SB10-015C	三洋	17	15		1		5		0.55	1		0.05	7.5		10	0.1	0.1			610A
SB10-015P	三洋	17	15		1		8		0.55	1		0.05	7.5		10	0.1	0.1			237
SB10-03A2	三洋	35	30		1	50a	40	25j	0.55	1		1	30		30	1		50		87F
SB10-03A3	三洋	35	30		1	46a	40	25j	0.55	1		1	30		30	1		50		88E
SB10-04A3	三洋	45	40		1		30		0.55	1		0.8	40						半田ランド3mm	88F
SB10-05	三洋	55	50		1		10		0.55	1		0.08	25		10	0.1	0.1		Ct=52pF	64
SB10-05A2	三洋	55	50		1	33a	25	25j	0.58	1		1	50		30	1		50		87F
SB10-05A3	三洋	55	50		1	29a	25	25j	0.58	1		1	50		30	1		50		88E
SB10-05PCP	三洋	55	50		1		10		0.55	1		0.08	25		10	0.1	0.1		Ct=52pF	237
SB10-05P	三洋	55	50		1		10		0.55	1		0.08	25		10	0.1	0.1		Ct=52pF	237
SB10-09F	三洋	95	90		1	119c	10		0.7	1		0.4	45		20	0.1	0.1		Ct=70pF	243C
SB10-09P	三洋	95	90		1		5		0.7	1		0.2	45		20	0.1	0.1		Ct=70pF	237
SB10-09T	三洋	95	90		1	120c	10		0.7	1		0.2	45		20	0.1	0.1			631

形 名	社 名	最大定格 V_{RSM} (V)	V_{RRM} (V)	V_R (V)	I_O (A)	T条件 (°C)	I_{FSM} (A)	T条件 (°C)	順方向特性(typは*) $V_F$max (V)	測定条件 I_F(A)	T(°C)	逆方向特性(typは*) $I_R$max (mA)	測定条件 V_R(V)	T(°C)	t_{rr}max (ns)	測定条件 I_F(A)	I_R(A)	dI_F/dt (A/μs)	その他の特性等	外形
SB10015M	三洋	17	15		1		10		0.54	1		3μ	7.5		10	0.1	0.1		C=20pF (VR=10V)	86A
SB1003EJ	三洋	35	30		1		5		1	1		0	15		10	10mA	10mA		C=27pF	267
SB1003M	三洋	35	30		1		10		0.55	1		15μ	15		10	0.1	0.1		C=27pF (VR=10V)	430A
SB1003M3	三洋	35	30		1		10		0.53	1		15μ	16		10	0.1	0.1		C=27pF (VR=10V)	86A
SB11-04HP	三洋	45	40		1.1		30	25j	0.55	1.1		1	40						Ioはアルミナ基板実装時	485B
SB16-04LHP	三洋	45	40		1.6		60		0.55	1.6		2.5	40						Ct=150pF Ioはアルミナ基板実装	486A
SB20-03B	三洋	35	30		2	113c	20		0.55	2		0.1	15		20	0.1	0.1		Ct=70pF	241C
SB20-03E	三洋	35	30		2	113c	20		0.55	2		0.1	15		20	0.1	0.1		Ct=70pF	242C
SB20-03P	三洋	35	30		2		20		0.55	2		0.1	15		20	0.1	0.1		Ct=70pF	237
SB20-04A	三洋		40		2		100		0.55	2		0.5	40						Ct=125pF	19F
*SB20-05F	三洋	55	50		2	117c	20		0.55	2		0.7	25		20	0.3	0.3		Ct=120pF	243C
SB20-05P	三洋	55	50		2		10		Z.55	2		0.2	25		20	0.3	0.3		Ct=120pF	237
SB20-05T	三洋	55	50		2	115c	20		0.55	2		0.2	25		20	0.3	0.3		Ct=120pF	631
SB20-05Z	三洋		50		2		20		0.55	2		0.2	25		20	0.3			C=120pF	563
SB20015M	三洋	17	15		2		10		0.55	2		6μ	7.5		10	0.1	0.1		C=27pF (VR=10V)	86A
SB2003M	三洋	35	30		2		10		0.5	2		30μ	15		10	0.1	0.1		C=75pF (VR=10V)	430B
*SB30-03F	三洋	35	30		3	114c	30		0.55	3		0.7	15		30	0.3	0.3		Ct=160pF	243C
SB30-03P	三洋	35	30		3		10		0.55	3		0.2	15		30	0.3	0.3		Ioはセラミック基板実装時	237
SB30-03T	三洋	35	30		3	110c	20		0.55	3		0.2	15		30	0.3	0.3		Ct=160pF	631
SB30-03Z	三洋	35	30		3		20		0.55	3		0.2	15		30	0.3	0.3			563
SB30-04A	三洋		40		3		120		0.55	3		3	40						C=132pF	89J
SB3003CH	三洋	35	30		3		20		0.52	3		42μ	15		20	0.1	0.1		C=90pF (VR=10V)	378
SB40-03T	三洋	35	30		4	105c	40		0.55	4		0.2	15		30	0.3	0.3		Ct=160pF	631
SB803-04	富士電機	48	40		2	105c	100	125j	0.55	2		5	40							486C
SB803-06	富士電機	60	60		2	105c	60	125j	0.58	2		5	60							486C
SB803-09	富士電機	90	90		2	105c	60	125j	0.9	2		2	90							486C
SBE001	三洋	35	30		2		20		0.55	2		0.1	15		20	0.1	0.1		Ct=70pF	378
SBE002	三洋	55	50		1		10		0.55	1		0.08	25		10	0.1	0.1		Ct=52pF	378
SBH15-03	三洋		30		1.5	105c	30		0.36	1.5		1	30							750D
SBH1503S	三洋		30		1.5	107c	30		0.36	1.5		1	30							508B
SBM1503S	三洋		30		1.5		20		0.46	1.5		0.05	30							508B
SBM30-03	三洋		30		3	100c	20		0.46	1.5		0.05	30							750D
SBS001C	三洋	15	12		0.5		10		0.45	0.5		0.2	6		50	0.1	0.1		Ct=45pF	610A
SBS004M	三洋	15	15		1		10		0.4	1		0.5	6		15	0.1	0.1			86A
SBS004	三洋	15	15		1		10		0.4	1		0.5	6		15	0.1	0.1		Ct=42pF	610A
SBS005M	三洋	30	30		1		10		0	1		1	15		10	0	0		C=35pF	86A
SBS005	三洋	30	30		1		10		0.47	1		0.5	15		15	0	0		Ct=35pF	610A
SBS006M	三洋	30	30		1		10		0	1		0	10		10	0	0		C=20pF	86A
SBS006	三洋	30	30		0.5		10		0.47	0.5		0.2	10		10	0.1	0.1		C=20pF	205A
SBS007M	三洋	15	15		1		10		0	1		0	6						C=20pF	86A
SBS008M	三洋	15	15		2		10		0	2		1	6		20	0	0		C=110pF	430A
SBS010M	三洋	15	15		2		10		0	1		1	6		15	0	0		C=65pF	86A

形　名	社名	V_RSM (V)	V_RRM (V)	V_R (V)	I_O (A)	T条件 (°C)	I_FSM (A)	T条件 (°C)	V_Fmax (V)	I_F(A)	T(°C)	I_Rmax (mA)	V_R(V)	T(°C)	t_rrmax (ns)	I_F(A)	I_R(A)	dI_F/dt (A/μs)	その他の特性等	外形
SBS804	三洋	15	15		1		10		0.4	1		0.5	6						Cj=42pF 2素子複合	498A
SBS805	三洋	30	30		1		10		0.47	1		0.5	15						Cj=35pF 2素子複合	498A
SC802-02	富士電機		20		1.5	112c	50	125j	0.47	1		1	20							60
SC802-04	富士電機	48	40		1	115L	40		0.55	1		2	40						Ioはプリント基板実装時	60
SC802-06	富士電機	60	60		1	111L	30		0.58	1		2	60						Ioはプリント基板実装時	60
SC802-09	富士電機	100	90		1	110L	30		0.85	1		1	90						Ioはプリント基板実装時	60
SD832-03	富士電機		30		2	124L	70	25c	0.46	2	25c	1	30	25c						104B
SD832-04	富士電機		40		2	120L	70	25c	0.51	2	25c	1	40	25c						104B
SD833-03	富士電機		30		3	116L	70		0.46	3		1	30							104B
SD833-04	富士電機		40		3	116L	70		0.51	3		1	40							104B
SD833-06	富士電機	60	60		3	121L	60		0.58	2.5		1	60							104B
SD833-09	富士電機	100	90		3	112L	60		0.85	3		1	90							104B
SD834-03-TE12R	富士電機		30		4	100L	70		0.46	4		1	30							104B
SD834-04-TE12R	富士電機		40		4	96L	70		0.51	4		1	40							104B
SD862-04	富士電機		40		2	125L	80	25c	0.59	2	25c	0.1	40	25c						104B
SD863-04	富士電機		40		3	116L	110	25c	0.59	3	25c	0.1	40	25c						104B
SD863-06	富士電機		60		3	115L	60	25c	0.62	3	25c	0.1	60	25c						104B
SD863-10	富士電機		100		3	105L	60	25c	0.84	3	25c	0.1	100	25c						104B
SD882-02-TE12R	富士電機		20		2	96L	70		0.39	2		2	20							104B
SD883-02	富士電機		20		3	106L	70		0.39	3		2	20							104B
SD883-03	富士電機		30		3	110L	70		0.45	3		1	40							104B
SD883-04	富士電機	40	40		3	100L	70	25c	0.45	3		1	40							104B
* SE014	富士電機	45	40		1		10	125j	0.55	1		2	40		50	0.1	0.1			237
* SE024	富士電機	45	40	0.6			5	125j	0.55	0.3		1	40		50	0.1	0.1			237
* SE036	富士電機	60	60		1		10	125j	0.6	1		2	60		50	0.1	0.1			237
* SE046	富士電機	60	60	0.95			5	125j	0.6	0.3		1	60		50	0.1	0.1			237
* SE059	富士電機	90	90		1		10	125j	0.85	1		2	90		50	0.1	0.1			237
* SE069	富士電機	90	90	0.95			5	125j	0.85	0.3		1	90		50	0.1	0.1			237
SF20H1R5	新電元		15		20	97c	250	25j	0.41	20	25c	10	15	25c					Cj=960pF	34
SF30H1R5	新電元		15		30	89c	400	25j	0.41	30	25c	15	15	25c					Cj=1400pF	34
SF5S4	新電元	45	40		5	136c	150	25j	0.55	5	25c	3.5	40	25c					Cj=180pF	34
SF5S6	新電元	65	60		5	134c	150	25j	0.58	5	25c	4.5	60	25c					Cj=260pF	34
* SFPA-53	サンケン		30		1		30		0.36	1		1.5	30							485H
* SFPA-63	サンケン		30		2		40		0.36	2		3	30							485H
* SFPA-73	サンケン		30		3		50		0.36	3		4.5	30							485H
* SFPB-52	サンケン	20	20		1	70a	30	25j	0.47	1		5	20		50	0.1	0.1		Ioはプリント基板実装時	485H
* SFPB-54	サンケン	45	40		1	40a	30	25j	0.55	1		1	40		50	0.1	0.1		Cj=20pF Ioはプリント基板実装	485H
* SFPB-56	サンケン	60	60	0.7		40a	10	25j	0.62	0.7		1	60		100	0.1	0.1		Ioはプリント基板実装時	485H
* SFPB-59	サンケン	90	90	0.7		40a	10	25j	0.81	0.7		1	90		100	0.1	0.1			485H
* SFPB-62	サンケン	20	20		2	40a	60	25j	0.47	2		5	20		50	0.1	0.1			485H
* SFPB-64	サンケン	45	40		1.5	40a	60	25j	0.55	2		1	40		50	0.1	0.1		Cj=70pF	485H
* SFPB-66	サンケン		60		1.5				0.62	1.5		1.5	60		100	0.1	0.1			485H

形名	社名	V_{RSM} (V)	V_{RRM} (V)	V_R (V)	I_O (A)	T (℃)	I_{FSM} (A)	T条件 (℃)	$V_F$max (V)	I_F(A)	T(℃)	$I_R$max (mA)	V_R(V)	T(℃)	t_{rr}max (ns)	I_F(A)	I_R(A)	dI_F/dt (A/μs)	その他の特性等	外形
*SFPB-69	サンケン		90		1.5				0.81	1.5		2	90		100	0.1	0.1			485H
*SFPB-72	サンケン	20	20		3		60	25j	0.47	3		1	20		50	0.1	0.1			485H
*SFPB-74	サンケン	25	40		2		60	25j	0.5	2		5	40		50	0.1	0.1			485H
*SFPB-76	サンケン		60		2	45a	40	25j	0.62	2		2	60		100	0.1	0.1			485H
*SFPE-63	サンケン		30		2		40		0.55	2		0.2	30							485H
*SFPE-64	サンケン		40		2		40		0.6	2		0.2	40							485H
*SFPJ-53	サンケン		30		1		30		0.45	1		1	30							485H
*SFPJ-63	サンケン		30		2		40		0.45	2		2	30							485H
*SFPJ-73	サンケン		30		3		50		0.45	3		3	30							485H
*SFPW-56	サンケン		60		1.5		25		0.7	1.5		1	60							485H
SG5S4M	新電元	45	40		5	131c	150	25j	0.52	5	25c	0.5	40	25L					Cj=157pF	131A
SG5S6M	新電元	65	60		5	130c	120	25j	0.56	5	25c	0.5	60	25L					Cj=165pF	131A
SG5S9M	新電元	100	90		5	124c	90	25j	0.75	5	25c	0.5	90	25L					Cj=140pF	131A
SJPA-D3	サンケン	30	30		1	122L	30	25j	0.36	1		1.5	30							485H
SJPA-H3	サンケン	30	30		2		40	25j	0.36	2		3	30							485H
SJPA-L3	サンケン	30	30		3	92L	70	25j	0.36	3		4.5	30							485H
SJPB-D4	サンケン	40	40		1	128L	30	25j	0.55	1		0.1	40							485H
SJPB-D6	サンケン	60	60		1	124L	20	25j	0.68	1		0.1	60							485H
SJPB-D9	サンケン	90	90		1	117L	15	25j	0.85	1		0.1	90							485H
SJPB-H4	サンケン	40	40		2	106L	50	25j	0.55	2		0.2	40							485H
SJPB-H6	サンケン	60	60		2	100L	40	25j	0.69	2		0.2	60							485H
SJPB-H9	サンケン	90	90		2	87L	40	25j	0.85	2		0.2	90							485H
SJPB-L4	サンケン	40	40		3	84L	60	25j	0.55	3		0.3	40							485H
SJPB-L6	サンケン	60	60		2	95L	50	25j	0.7	3		0.3	60							485H
SJPE-H3	サンケン	30	30		2		40	25j	0.55	2		0.2	30							485H
SJPE-H4	サンケン	40	40		2	117L	40	25j	0.6	2		50μ	40							485H
SJPJ-D3	サンケン	30	30		1	133L	30	25j	0.45	1		0.1	30							485H
SJPJ-H3	サンケン	30	30		2	117L	50	25j	0.45	2		0.2	30							485H
SJPJ-L3	サンケン	30	30		3	92L	60	25j	0.45	3		0.3	30							485H
SJPW-F6	サンケン	60	60		1.5	100L	25	25j	0.7	1.5		1	60							485H
SPB-66S	サンケン		60		6	128c	40		0.7	3		1	60							520
SPB-G34S	サンケン		40		3	113c	50		0.55	3		3.5	40		50	0.1	0.1			520
SPB-G54S	サンケン		40		5	103c	60		0.55	5		5	40		50	0.1	0.1			520
SPB-G56S	サンケン		60		6	100c	60		0.7	5		3	60		50	0.1	0.1			520
SPJ-G53S	サンケン		30		5		100		0.45	5		5	30							520
SS05J25	オリジン		250		0.5		20		1	0.5		15μ	250		200	1	1		Cj=20pF	20C
SS05015M	三洋	15	15		0.5		10		0.45	0.5		90μ	6		10	0.1	0.1		C=15pF (VR=10V)	86A
SS05015SH	三洋	15	15		0.5		5		0.45	0.5		90μ	6		10	0.1	0.1		C=13pF (VR=10V)	431
SS0503EC	三洋	30	30		0.5		5		0.56	0.5		0.1	15		10	0.1	0.1		C=6pF (VR=10V)	268
SS0503EJ	三洋	35	30		0.5		5		0.45	0.5		0.36	15		10	10m	10m		C=16.5pF (VR=10V)	267
SS0503SH	三洋	30	30		0.5		5		0.47	0.5		0.12	15		10	0.1	0.1		C=13pF (VR=10V)	431
SS05035H	三洋	30	30		1		5		0	1		0	15		10	0	0		C=13pF	431

- 129 -

形　名	社名	最大定格 VRSM (V)	VRRM (V)	VR (V)	IO (A)	T条件 (℃)	IFSM (A)	T条件 (℃)	順方向特性(typは*) VFmax (V)	測定条件 IF(A)	測定条件 T(℃)	逆方向特性(typは*) IRmax (mA)	測定条件 VR(V)	測定条件 T(℃)	trrmax (ns)	測定条件 IF(A)	測定条件 IR(A)	dIF/dt (A/μs)	その他の特性等	外形
SS1.5J4	オリジン		40		1.5	50a	70		0.55	1.5		1.3	40		30	1	1		Cj=65pF	20C
SS1.5J5	オリジン		50		1.5		50		0.54	1.5		1	50		30				Cj=25pF	20C
SS1J2	オリジン		20		1		70		0.45	1		1	20		30				Cj=65pF	20G
SS1J3U	オリジン		30		1				0.37	1		2	30							20G
SS1J4	オリジン		40		1		55		0.55	1		1	40		30	1	1		Cj=65pF	20G
SS1J6	オリジン		60		1		35		0.6	1		1	60		30				Cj=55pF	20G
SS1J9	オリジン		90		0.7		30		0.75	0.7		1	90		30				Cj=40pF	20G
SS10SJ9	オリジン		90		10	92c	200		0.75	10		10	90		150				Cj=1400pF	41
SS10015M	三洋	15	15		1		10		0.35	0.5		90μ	6		10	0.1	0.1		C=20pF (VR=10V)	86A
SS1003EJ	三洋	35	30		1		5		0.45	0.5		0.36	15		10	10m	10m		C=27pF (VR=10V)	267
SS1003M	三洋	35	30		1		10		0.45	1		0.36	15		10	0.1	0.1		C=27pF (VR=10V)	430A
SS15SJ4	オリジン		40		15	95c	300		0.55	15		10	40		150				Cj=2000pF	41
SS15SJ6	オリジン		60		15	89c	300		0.6	15		10	60		150				Cj=2000pF	41
SS2J9	オリジン		90		2		60		0.75	2		5	90		50	1	1		Cj=55pF Ioは20×20フィン	506E
SS20SJ9	オリジン		90		20	92c	400		0.75	20		20	90							42
SS20015M	三洋	15	15		2		10		0.44	2		325μ	6		10	0.1	0.1		C=27pF (VR=10V)	86A
SS2003M	三洋	30	30		2		10		0.4	2		1.25	15		20	0.1	0.1		C=75pF (VR=10V)	430B
SS3J3U	オリジン		30		3		100		0.37	3		5	30						Ioは20×20銅板フィン付き	506E
SS3J4	オリジン		40		3		80		0.55	3		5	40		50	1	1		Cj=130pF Ioは20×20フィン	506E
SS3J6	オリジン		60		3		80		0.6	3		5	60		50	1	1		Cj=120pF Ioは20×20フィン	506E
SS30J3U	オリジン		30		30		300		0.37	15		10	30							500B
SS30SJ4	オリジン		40		30	100c	500		0.55	30		15	40							42
SS30SJ6	オリジン		60		30	89c	500		0.6	30		20	60							42
SS3003CH	三洋	30	30		3		20		0.42	3		1.4	15		20	0.1	0.1		C=90pF (VR=10V)	378
SS310M	三洋	100	100		0.3		10		0.57	0.3		0.6	50		10	0.1	0.1		C=20pF (VR=10V)	86A
SS40FJ9	オリジン		90		40	72c	600		0.75	40		40	90							589C
SS40SJ9	オリジン		90		40	72c	600		0.75	40		40	90							42
SS60FJ4	オリジン		40		60	77c	800		0.55	60		40	40							589C
SS60FJ6	オリジン		60		60	67c	800		0.6	60		40	60							589C
SS60SJ4	オリジン		40		60	100c	800		0.55	60		25	40							42
SS60SJ6	オリジン		60		60	67c	800		0.6	60		40	60							42
SSB14	サンケン		40		0.5	60c	4		0.58	0.5		0.1	40		50	0.1	0.1			109
TPCF8E02	東芝		30		1	27a	7		0.49	1		0.1	30						Pは25.4×25.4基板 2素子	166
U1FWJ44L	東芝		30		1	70a	20	25j	0.4	1		0.8	30						Cj=60pF Ioはセラミック基板実装	405B
U1FWJ44M	東芝		30		1	65a	20	25j	0.45	1		0.5	30						Cj=60pF Ioはセラミック基板実装	405B
U1FWJ44N	東芝		30		1	70a	25	25j	0.37	1		1.5	30						Cj=62pF	405B
U1FWJ49	東芝		30		1		15		0.55	1		0.5	30		35	1		30	Cj=50pF	237
U1GWJ44	東芝		40		1	40a	25	25j	0.55	1		0.5	40		35	1		30	Cj=47pF Ioはプリント基板実装	405B
U1GWJ49	東芝		40		1		15		0.55	1		0.5	40		35	1		30	Cj=50pF	237
U2FWJ44M	東芝		30		2	75a	60		0.45	2		0.5	30						Cj=125pF Ioはセラミック基板	405B
U2FWJ44N	東芝		30		2	35a	80		0.37	2		3	30						Cj=130pF Ioはセラミック基板	405B
U2GWJ44	東芝		40		2	55a	40		0.55	2		0.5	40						Cj=125pF Ioはセラミック基板	405B

形名	社名	最大定格 VRSM(V)	VRRM(V)	VR(V)	Io(A)	T条件(°C)	IFSM(A)	T条件(°C)	順方向特性(typは*) VFmax	測定条件 IF(A)	測定条件 T(°C)	逆方向特性(typは*) IRmax(mA)	測定条件 VR(V)	測定条件 T(°C)	trrmax(ns)	測定条件 IF(A)	測定条件 IR(A)	dIF/dt (A/μs)	その他の特性等	外形
U3FWJ44N	東芝	30			3		120		0.37	3		5	30						Cj=140pF	636D
U3FWK42	東芝	30			3		75		0.4	3		0.5	30						Cj=200pF	683
VBS053V13R-G	トレックス		30	20	0.5		5		0.47	0.5		0.1	20		8*				Ct=12pF	543A
VBS053V15R-G	トレックス		30	20	0.5		5		0.47	0.5		0.1	20		8*				Ct=12pF	754C
*XB0ASB03A1BR	トレックス	30	20		1		5		0	1		0	20		10*				Ct=12pF	420H
*XB01SB04A2BR	トレックス	40	40		1		10		1	1		0	40		25*				Ct=35pF	421C
XBS053V13R	トレックス		30	20	0.5		5		0.47	0.5		0.1	20		8*	10mA	10mA		C=12pF (VR=10V)	543A
XBS053V15R	トレックス		30	20	0.5		5		0.47	0.5		0.1	20		8*	10mA	10mA		C=12pF (VR=10V)	754A
XBS104S13R	トレックス		40	40	1		10		0.54	1		0.2	40		25*	10mA	10mA		C=35pF (VR=10V)	543A
XBS104S14R	トレックス		40	40	1		10		0.54	1		0.2	40		25*	10mA	10mA		C=35pF (VR=10V)	543B
XBS104S13R-G	トレックス		40	40	1		10		0.54	1		0.2	40		25*				Ct=35pF	543A
XBS104S14R-G	トレックス		40	40	1		10		0.54	1		0.2	40		25*				Ct=35pF	543B
XBS104V14R-G	トレックス		40	40	1		20		0.41	1		2	40		41*				Ct=150pF	543B
XBS204S17R	トレックス		40	40	2		50		0.54	2		0.2	40		51*	10mA	10mA		C=180pF (VR=10V)	636C
XBS204S17R-G	トレックス		40	40	2		50		0.54	2		0.2	40		51*				Ct=180pF	636C
XBS206S17R	トレックス		60	60	2		45		0.665	2		0.3	60		35*	10mA	10mA		C=120pF (VR=10V)	636C
XBS206S17R-G	トレックス		60	60	2		45		0.665	2		0.3	60		35*				Ct=120pF	636C
XBS303V17R-G	トレックス		30	30	3		60		0.39	3		3	30		90*				Ct=385pF	636C
XBS304S17R	トレックス		40	40	3		60		0.51	3		0.3	40		82*	10mA	10mA		C=180pF (VR=10V)	636C
XBS304S17R-G	トレックス		40	40	3		60		0.51	3		0.3	40		82*				Ct=180pF	636C
XBS306S17R	トレックス		60	60	3		50		0.66	3		0.3	60		55*	10mA	10mA		C=195pF (VR=10V)	636C
XBS306S17R-G	トレックス		60	60	3		50		0.66	3		0.3	60		55*				Ct=195pF	636C
XBX203V17R-G	トレックス		30	30	3		50		0.39	2		3	30		70*				Ct=280pF	636C
YG811S04R	富士電機	48	40		5	122c	120	25c	0.55	5		5	40							55
YG811S06R	富士電機	60	60		5	127c	80	25c	0.59	5		5	60							55
YG811S09R	富士電機	100	90		5	116c	80	25c	0.9	4		5	90							55
YG812S04R	富士電機	48	45		10	124c	250	25c	0.6	10		2	45							55
YG864S06R	富士電機		60		15	101L	160		0.74	15		0.2	60							55

④ 整流用ダイオード・モジュール／スタック

— 132 —

	形　名	社名	P_{RSM} (kW)	V_{RSM} (V)	V_{RRM} (V)	V_R (V)	V_I (V)	I_O (A)	T 条件 (℃)	I_{FSM} (A)	T 条件 (℃)	V_{Fmax} (V)	I_F (A)	T (℃)	I_{Rmax} (μA)	V_R (V)	T (℃)	その他の特性等	外形
*	0R5G4B42	東芝			400			0.5		30	25j	0.65	20m		100	400		ブリッジ接続	406
	05B4B48	東芝			100			0.5	30a	30		1	0.4		10	100		ブリッジ接続	384
	05D4B48	東芝			200			0.5	30a	30		1	0.4		10	200		ブリッジ接続	384
	05G4B48	東芝			400			0.5	30a	30		1	0.4		10	400		ブリッジ接続	384
	05GU4B48	東芝			400			0.5	47a	30		0.65	0.02		100	400		ブリッジ接続	384
	05J4B48	東芝			600			0.5	30a	30		1	0.4		10	600		ブリッジ接続	384
*	1B2C1	東芝			100			2	50a	60	50j	1.2	2		400	100	150j	2素子センタータップ (カソードコモン)	573
*	1B2Z1	東芝			100			2	50a	60	50j	1.2	2		400	100	150j	2素子センタータップ (アノードコモン)	573
*	1B4B1	東芝			100			1.5	50a	50	50j	1.2	1.5		400	100	150j	ブリッジ接続	197
	1B4B41	東芝			100			1	60a	50	50j	1.2	1.5		10	100		ブリッジ接続	355
	1B4B42	東芝			100			1		30	50j	1	0.5		10	100		ブリッジ接続	406
*	1D2C1	東芝			200			2	50a	60	50j	1.2	2		400	200	150j	2素子センタータップ (カソードコモン)	573
*	1D2Z1	東芝			200			2	50a	60	50j	1.2	2		400	200	150j	2素子センタータップ (アノードコモン)	573
*	1D4B1	東芝			200			1.5	50a	50	50j	1.2	1.5		400	200	150j	ブリッジ接続	197
	1D4B41	東芝			200			1	60a	50	50j	1.2	1.5		10	200		ブリッジ接続	355
	1D4B42	東芝			200			1		30	50j	1	0.5		10	200		ブリッジ接続	406
*	1G2C1	東芝			400			2	50a	60	50j	1.2	2		400	400	150j	2素子センタータップ (カソードコモン)	573
*	1G2Z1	東芝			400			2	50a	60	50j	1.2	2		400	400	150j	2素子センタータップ (アノードコモン)	573
*	1G4B1	東芝			400			1.5	50a	50	50j	1.2	1.5		400	400	150j	ブリッジ接続	197
	1G4B41	東芝			400			1	60a	50	50j	1.2	1.5		10	400		ブリッジ接続	355
	1G4B42	東芝			400			1		30	50j	1	0.5		10	400		ブリッジ接続	406
*	1J2C1	東芝			600			2	50a	60	50j	1.2	2		400	600	150j	2素子センタータップ (カソードコモン)	573
*	1J2Z1	東芝			600			2	50a	60	50j	1.2	2		400	600	150j	2素子センタータップ (アノードコモン)	573
*	1J4B1	東芝			600			1.5	50a	50	50j	1.2	1.5		400	600	150j	ブリッジ接続	197
	1J4B41	東芝			600			1	60a	50	50j	1.2	1.5		10	600		ブリッジ接続	355
	1J4B42	東芝			600			1		30	50j	1	0.5		10	600		ブリッジ接続	406
	1N44A1	東芝			13k			0.67	50a	60		31	1.5		850	22k		倍電圧整流用	577
	1N52A1	東芝			15k			0.67	50a	60		31	1.5		850	26k		倍電圧整流用	577
	1N61A1	東芝			30k			0.67	50a	60		31	1.5		850	30k		倍電圧整流用	577
*	1Q4B42	東芝			1200			1		20		1.2	0.5		10	1200		Ioはプリント基板実装時 ブリッジ接続	406
	1SR64-200	日立パワー			200			1.2	40a	30	130j	1.3	0.6		100	200		ブリッジ接続	741
	1SR64-400	日立パワー			400			1.2	40a	30	130j	1.3	0.6		100	400		ブリッジ接続	741
	1SR64-600	日立パワー			600			1.2	40a	30	130j	1.3	0.6		100	600		ブリッジ接続	741
	1SR67-200	日立パワー			200			6	100c	120	135j	0.95	3		10	200		ブリッジ接続	743
*	10B4B41	東芝			100			10	80c	200		1.05	15		10	100		ブリッジ接続	640E
	10BG2C11	東芝			100			10	109c	60	50j	1.6	10		10	100		2素子センタータップ (カソードコモン)	413A
	10BG2Z11	東芝			100			10	109c	60	50j	1.6	10		10	100		2素子センタータップ (アノードコモン)	413B
	10BL2C41	東芝			100			10	116c	50	25j	0.98	5		2m	100	150j	trr<45ns 2素子センタータップ (カソードコモン)	273A
	10CL2C41	東芝			150			10	116c	50	25j	0.98	5		2m	150	150j	trr<45ns 2素子センタータップ (カソードコモン)	273A
	10CL2C41A	東芝			150			10	116c	50	25j	0.98	5		10	150		trr<35ns 2素子センタータップ (カソードコモン)	273A
	10CL2CZ41A	東芝			150			10	106c	50	25j	0.98	5		10	150		2素子センタータップ (カソードコモン)	426
*	10D4B41	東芝			200			10	80c	200		1.05	15		10	200		ブリッジ接続	640E

形名	社名	最大定格 P_{RSM} (kW)	V_{RSM} (V)	V_{RRM} (V)	V_R (V)	V_I (V)	I_0 (A)	T条件 (°C)	I_{FSM} (A)	T条件 (°C)	順方向特性(typは*) V_{Fmax} (V)	測定条件 I_F (A)	T (°C)	逆方向特性(typは*) I_{Rmax} (μA)	測定条件 V_R (V)	T (°C)	その他の特性等	外形
* 10DG2C11	東芝			200			10	109c	60	50j	1.6	10		10	200		2素子センタータップ (カソードコモン)	413A
* 10DG2Z11	東芝			200			10	109c	60	50j	1.6	10		10	200		2素子センタータップ (アノードコモン)	413B
* 10DL2C41	東芝			200			10	116c	50	25j	0.98	5		2m	200	150j	trr<45ns 2素子センタータップ (カソードコモン)	273A
* 10DL2C41A	東芝			200			10	116c	50	25j	0.98	5		10	200		trr<35ns 2素子センタータップ (カソードコモン)	273A
* 10DL2C48A	東芝			200			10	120c	50		0.98	5		10	200		trr<35ns 2素子センタータップ (カソードコモン)	28
* 10DL2CZ41A	東芝			200			10	106c	50	25j	0.98	5		10	200		2素子センタータップ (カソードコモン)	426
* 10DL2CZ47A	東芝			200			10	110c	50	25j	0.98	5		10	200		trr<35ns 2素子センタータップ (カソードコモン)	254
* 10FL2C48A	東芝			300			10	120c	50		1.3	5		10	300		trr<35ns 2素子センタータップ (カソードコモン)	28
* 10FL2CZ41A	東芝			300			10	90c	50	25j	1.3	5		10	300		trr<35ns 2素子センタータップ (カソードコモン)	426
* 10FL2CZ47A	東芝			300			10	90c	50	25j	1.3	5		10	300		trr<35ns 2素子センタータップ (カソードコモン)	254
10FWJ2C11	東芝			30			10	131c	150	25j	0.68	5		10m	30		2素子センタータップ (カソードコモン) SB形	414A
* 10FWJ2C41	東芝			30			10	131c	100	25j	0.68	5		10m	30	150j	2素子センタータップ (カソードコモン) SB形	273A
* 10FWJ2C42	東芝			30			10	107c	100	25j	0.55	5		3.5m	30		trr<35ns 2素子センタータップ (カソードコモン) SB	273A
10FWJ2C48M	東芝			30			10		100	25j	0.47	5		3.5m	30		Cj=290pF 2素子センタータップ (カソードコモン) SB	28
* 10FWJ2CZ42	東芝			30			10	104c	100	25j	0.55	5		3.5m	30		2素子センタータップ (カソードコモン) SB形	426
10FWJ2CZ47M	東芝			30			10		100	25j	0.47	5		3.5m	30		Cj=290pF 2素子センタータップ (カソードコモン) SB	254
* 10G4B41	東芝			400			10	80c	200		1.05	15		10	400		ブリッジ接続	640E
* 10G6P44	東芝			400			10	120c	150	150j	1.2	10		2m	400	150j	3相ブリッジ	652
* 10GG2C11	東芝			400			10	109c	60	50j	1.6	10		10	400		2素子センタータップ (カソードコモン)	413A
* 10GG2Z11	東芝			400			10	109c	60	50j	1.6	10		10	400		2素子センタータップ (アノードコモン)	413B
10GL2CZ47A	東芝			400			10	75c	50	25j	1.8	5		50	400		trr<35ns 2素子センタータップ (カソードコモン)	254
* 10GWJ2C11	東芝			40			10	131c	150	25j	0.68	5		10m	40	150j	2素子センタータップ (カソードコモン) SB形	414A
* 10GWJ2C41	東芝			40			10	131c	100	25j	0.68	5		10m	40	150j	2素子センタータップ (カソードコモン) SB形	273A
* 10GWJ2C42	東芝			40			10	107c	100	25j	0.55	5		3.5m	40		trr<35ns 2素子センタータップ (カソードコモン) SB	273A
10GWJ2C48C	東芝		48	40			10	107c	100	25j	0.55	5		3.5m	40		Cj=195pF 2素子センタータップ (カソードコモン) SB	28
* 10GWJ2CZ42	東芝			40			10	104c	100	25j	0.55	5		3.5m	40		2素子センタータップ (カソードコモン) SB形	426
10GWJ2CZ47	東芝			40			10	115c	100	25j	0.55	5		3.5m	40		2素子センタータップ (カソードコモン) SB形	254
10GWJ2CZ47C	東芝		48	40			10	100c	100		0.55	5		3.5m	40		Cj=195pF 2素子センタータップ (カソードコモン) SB	254
* 10J4B41	東芝			600			10	80c	200		1.05	15		10	600		ブリッジ接続	640E
* 10JG2C11	東芝			600			10	109c	60	50j	1.6	10		10	600		2素子センタータップ (カソードコモン)	413A
* 10JG2Z11	東芝			600			10	109c	60	50j	1.6	10		10	600		2素子センタータップ (アノードコモン)	413B
* 10JL2C48A	東芝			600			10		40		4	5		50	600		trr<35ns 2素子センタータップ (カソードコモン)	28
* 10JL2CZ47	東芝			600			10	75c	50	25j	2	5		50	600		trr<50ns 2素子センタータップ (カソードコモン)	254
* 10JL2CZ47A	東芝			600			10		40		4	5		50	600		trr<35ns 2素子センタータップ (カソードコモン)	254
10JWJ2CZ47	東芝			60			10		100		0.58	4		3.5m	60		2素子センタータップ (カソードコモン) SB形	254
* 10L6P44	東芝			800			10	120c	150	150j	1.2	10		2m	800	150j	3相ブリッジ	652
* 10MWJ2CZ47	東芝			90			10	90c	100		0.81	4		3.5m	90		2素子センタータップ (カソードコモン) SB形	254
* 100G6P41	東芝			400			100	101c	1000		1.25	100		10m	400	150j	3相ブリッジ	163
* 100G6P43	東芝			400			100	100c	1000	150j	1.2	100		5m	400	150j	3相ブリッジ	564
* 100J6P41	東芝			600			100	101c	1000		1.25	100		10m	600	150j	3相ブリッジ	163
* 100L6P41	東芝			800			100	101c	1000		1.25	100		10m	800	150j	3相ブリッジ	163
* 100L6P43	東芝			800			100	100c	1000	150j	1.2	100		5m	800	150j	3相ブリッジ	564

形　名	社名	最大定格 PRSM (kW)	VRSM (V)	VRRM (V)	VR (V)	VI (V)	IO (A)	T条件 (℃)	IFSM (A)	T条件 (℃)	順方向特性(typは*) VFmax (V)	測定条件 IF(A)	T(℃)	逆方向特性(typは*) IRmax (μA)	測定条件 VR(V)	T(℃)	その他の特性等	外形
*100Q6P41	東芝			1200			100	101c	1000		1.25	100		10m	1200	150j	3相ブリッジ	163
*100Q6P43	東芝			1200			100	100c	1000	150j	1.2	100		5m	1200	150j	3相ブリッジ	564
*100U6P41	東芝			1600			100	101c	1000		1.25	100		10m	1600	150j	3相ブリッジ	163
*100U6P43	東芝			1600			100	100c	1000	150j	1.2	100		5m	1600	150j	3相ブリッジ	564
110G2G43	東芝			400			160	114c	1600	150j	1.2	160		20m	400	150j	2素子直列	565
110L2G43	東芝			800			160	114c	1600	150j	1.2	160		20m	800	150j	2素子直列	565
110Q2G43	東芝			1200			160	114c	1600	150j	1.2	160		20m	1200	150j	2素子直列	565
110U2G43	東芝			1600			160	114c	1600	150j	1.2	160		20m	1600	150j	2素子直列	565
*12BL2C41	東芝			100			12	117c	60	25j	0.98	6		50	100		trr<55ns 2素子センタータップ (カソードコモン)	189A
*12CL2C41	東芝			150			12	117c	60	25j	0.98	6		50	150		trr<55ns 2素子センタータップ (カソードコモン)	189A
*12DL2C41	東芝			200			12	117c	60	25j	0.98	6		50	200		trr<55ns 2素子センタータップ (カソードコモン)	189A
15B4B41	東芝			100			15	86c	250		1	22		10	100		Ioはラジエータ付き ブリッジ接続	453
15B4B42	東芝			100			15	58c	200		1.05	15		10	100		Ioはラジエータ付き ブリッジ接続	623
15D4B41	東芝			200			15	86c	250		1	22		10	200		Ioはラジエータ付き ブリッジ接続	453
15D4B42	東芝			200			15	58c	200		1.05	15		10	200		Ioはラジエータ付き ブリッジ接続	623
15G4B41	東芝			400			15	86c	250		1	22		10	400		Ioはラジエータ付き ブリッジ接続	453
15G4B42	東芝			400			15	58c	200		1.05	15		10	400		Ioはラジエータ付き ブリッジ接続	623
15J4B41	東芝			600			15	86c	250		1	22		10	600		Ioはラジエータ付き ブリッジ接続	453
15J4B42	東芝			600			15	58c	200		1.05	15		10	600		Ioはラジエータ付き ブリッジ接続	623
*16CL2C41A	東芝			150			16	115c	80	25j	0.98	8		50	150		trr<35ns 2素子センタータップ (カソードコモン)	189A
*16CL2CZ41A	東芝			150			16	98c	80		0.98	8		50	150		trr<35ns 2素子センタータップ (カソードコモン)	426
*16DL2C41A	東芝			200			16	115c	80	25j	0.98	8		50	200		trr<35ns 2素子センタータップ (カソードコモン)	189A
*16DL2CZ41A	東芝			200			16	98c	80		0.98	8		50	200		trr<35ns 2素子センタータップ (カソードコモン)	426
*16DL2CZ47A	東芝			200			16	95c	80	25j	0.98	8		50	200		trr<35ns 2素子センタータップ (カソードコモン)	254
*16FL2C41A	東芝			300			16	105c	80	25j	1.3	8		50	300		trr<35ns 2素子センタータップ (カソードコモン)	189A
*16FL2CZ41A	東芝			300			16	80c	80		1.3	8		50	300		trr<35ns 2素子センタータップ (カソードコモン)	426
*16FL2CZ47A	東芝			300			16	80c	80	25j	1.3	8		50	300		trr<35ns 2素子センタータップ (カソードコモン)	254
*16FWJ2C42	東芝			30			16	110c	160	25j	0.55	8		15m	30		trr<35ns 2素子センタータップ (カソードコモン) SB	189A
*16GWJ2C42	東芝			40			16	110c	160	25j	0.55	8		15m	40		trr<35ns 2素子センタータップ (カソードコモン) SB	189A
*16GWJ2CZ42	東芝			40			16	95c	160	25j	0.55	8		3.5m	40		2素子センタータップ (カソードコモン) SB形	426
*16GWJ2CZ47	東芝			40			16	95c	160	25j	0.55	8		15m	40		Cj=360pF 2素子センタータップ (カソードコモン) SB	254
160G2G41	東芝			400			160	117c	2400	25j	1.2	240		20m	400	150j	2素子直列 Ioは単相ブリッジ組立時	164
160G2G43	東芝			400			240	105c	2400	150j	1.2	240		20m	400	150j	2素子直列	565
*160J2G41	東芝			600			160	117c	2400	25j	1.2	240		20m	600	150j	2素子直列 Ioは単相ブリッジ組立時	164
160L2G41	東芝			800			160	117c	2400	25j	1.2	240		20m	800	150j	2素子直列 Ioは単相ブリッジ組立時	164
160L2G43	東芝			800			240	105c	2400	150j	1.2	240		20m	800	150j	2素子直列	565
160Q2G41	東芝			1200			160	117c	1800	25j	1.2	240		20m	1200	150j	2素子直列	164
160Q2G43	東芝			1200			240	105c	2400	150j	1.2	240		20m	1200	150j	2素子直列	565
160U2G41	東芝			1600			160	117c	1800	25j	1.2	240		20m	1600	150j	2素子直列 Ioは単相ブリッジ組立時	164
160U2G43	東芝			1600			240	105c	2400	150j	1.2	240		20m	1600	150j	2素子直列	565
*2B4B41	東芝			100			2	60a	50	50j	1.2	2		10	100		50×50×2アルミ放熱板付 ブリッジ接続	638A
*2BG2C41	東芝			100			2	50			1.3	2		10	100		trr<1.5μs 2素子センタータップ (カソードコモン)	573

| 形　名 | 社　名 | 最大定格 ||||| T条件 (°C) | IFSM (A) | T条件 (°C) | 順方向特性 (typは*) || 逆方向特性 (typは*) |||| その他の特性等 | 外形 |
||| PRSM (kW) | VRSM (V) | VRRM (V) | VR (V) | VI (V) | Io (A) |||| VFmax | 測定条件 IF(A) | IRmax (μA) | 測定条件 ||||
											T(°C)		VR (V)	T(°C)		
* 2BG2Z41	東芝			100		2		50		1.3	2		10	100		trr<1.5μs 2素子センタータップ (アノードコモン)	573
2D4B41	東芝			200		2	60a	50	50j	1.2	2		10	200		50×50×2アルミ放熱板付 ブリッジ接続	638A
2DG2C41	東芝			200		2		50		1.3	2		10	200		trr<1.5μs 2素子センタータップ (カソードコモン)	573
* 2DG2Z41	東芝			200		2		50		1.3	2		10	200		trr<1.5μs 2素子センタータップ (アノードコモン)	573
2FI100A-030C	富士電機		350	300			200	86c	1600	150j	1.25	100	25j	60m	300	150j	trr<0.5μs 2素子センタータップ (カソードコモン)	781
2FI100A-030D	富士電機		350	300			200	86c	1600	150j	1.25	100	25j	60m	300	150j	trr<0.5μs 2素子直列	781
2FI100A-030N	富士電機		350	300			200	86c	1600	150j	1.25	100	25j	60m	300	150j	trr<0.5μs 2素子センタータップ (アノードコモン)	781
2FI100A-060C	富士電機		650	600			200	86c	1600	150j	1.25	100	25j	60m	600	150j	trr<0.5μs 2素子センタータップ (カソードコモン)	781
2FI100A-060D	富士電機		650	600			200	86c	1600	150j	1.25	100	25j	60m	600	150j	trr<0.5μs 2素子直列	781
2FI100A-060N	富士電機		650	600			200	86c	1600	150j	1.25	100	25j	60m	600	150j	trr<0.5μs 2素子センタータップ (アノードコモン)	781
* 2FI100F-030C	富士電機		350	300			200	70c	1600	150j	1.75	100	25j	60m	300	150j	trr<0.2μs 2素子センタータップ (カソードコモン)	371
* 2FI100F-030D	富士電機		350	300			200	70c	1600	150j	1.75	100	25j	60m	300	150j	trr<0.2μs 2素子直列	371
* 2FI100F-030N	富士電機		350	300			200	70c	1600	150j	1.75	100	25j	60m	300	150j	trr<0.2μs 2素子センタータップ (アノードコモン)	371
* 2FI100F-060C	富士電機		650	600			200	70c	1600	150j	1.75	100	25j	60m	600	150j	trr<0.2μs 2素子センタータップ (カソードコモン)	371
* 2FI100F-060D	富士電機		650	600			200	70c	1600	150j	1.75	100	25j	60m	600	150j	trr<0.2μs 2素子直列	371
* 2FI100F-060N	富士電機		650	600			200	70c	1600	150j	1.75	100	25j	60m	600	150j	trr<0.2μs 2素子センタータップ (アノードコモン)	371
* 2FI100G-100C	富士電機		1200	1000			200	82c	1200	150j	1.65	100	25j	60m	1000	150j	trr<0.6μs 2素子センタータップ (カソードコモン)	781
* 2FI100G-100D	富士電機		1200	1000			200	82c	1200	150j	1.65	100	25j	60m	1000	150j	trr<0.6μs 2素子直列	781
* 2FI100G-100N	富士電機		1200	1000			200	82c	1200	150j	1.65	100	25j	60m	1000	150j	trr<0.6μs 2素子センタータップ (アノードコモン)	781
* 2FI200A-060C	富士電機		650	600			400	73c	3200	150j	1.25	200	25j	120m	600	150j	trr<0.5μs 2素子センタータップ (カソードコモン)	372
* 2FI200A-060D	富士電機		650	600			400	73c	3200	150j	1.25	200	25j	120m	600	150j	trr<0.5μs 2素子直列	372
* 2FI200A-060N	富士電機		650	600			400	73c	3200	150j	1.25	200	25j	120m	600	150j	trr<0.5μs 2素子センタータップ (アノードコモン)	372
2FI50A-030C	富士電機		350	300			100	86c	800	150j	1.25	50	25j	30m	300	150j	trr<0.5μs 2素子センタータップ (カソードコモン)	781
2FI50A-030D	富士電機		350	300			100	86c	800	150j	1.25	50	25j	30m	300	150j	trr<0.5μs 2素子直列	781
* 2FI50A-030N	富士電機		350	300			100	86c	800	150j	1.25	50	25j	30m	300	150j	trr<0.5μs 2素子センタータップ (アノードコモン)	781
2FI50A-060C	富士電機		650	600			100	86c	800	150j	1.25	50	25j	30m	600	150j	trr<0.5μs 2素子センタータップ (カソードコモン)	781
2FI50A-060D	富士電機		650	600			100	86c	800	150j	1.25	50	25j	30m	600	150j	trr<0.5μs 2素子直列	781
* 2FI50A-060N	富士電機		650	600			100	86c	800	150j	1.25	50	25j	30m	600	150j	trr<0.5μs 2素子センタータップ (アノードコモン)	781
* 2FI50F-030C	富士電機		350	300			100	79c	800	150j	1.75	50	25j	30m	300	150j	trr<0.2μs 2素子センタータップ (カソードコモン)	371
* 2FI50F-030D	富士電機		350	300			100	79c	800	150j	1.75	50	25j	30m	300	150j	trr<0.2μs 2素子直列	371
* 2FI50F-030N	富士電機		350	300			100	79c	800	150j	1.75	50	25j	30m	300	150j	trr<0.2μs 2素子センタータップ (アノードコモン)	371
* 2FI50F-060C	富士電機		650	600			100	79c	800	150j	1.75	50	25j	30m	600	150j	trr<0.2μs 2素子センタータップ (カソードコモン)	371
* 2FI50F-060D	富士電機		650	600			100	79c	800	150j	1.75	50	25j	30m	600	150j	trr<0.2μs 2素子直列	371
* 2FI50F-060N	富士電機		650	600			100	79c	800	150j	1.75	50	25j	30m	600	150j	trr<0.2μs 2素子センタータップ (アノードコモン)	371
* 2FI50G-100C	富士電機		1200	1000			100	80c	800	150j	1.65	50	25j	30m	1000	150j	trr<0.6μs 2素子センタータップ (カソードコモン)	781
* 2FI50G-100D	富士電機		1200	1000			100	80c	800	150j	1.65	50	25j	30m	1000	150j	trr<0.6μs 2素子直列	781
* 2FI50G-100N	富士電機		1200	1000			100	80c	800	150j	1.65	50	25j	30m	1000	150j	trr<0.6μs 2素子センタータップ (アノードコモン)	781
* 2G4B41	東芝			400		2	60a	50	50j	1.2	2		10	400		50×50×2アルミ放熱板付 ブリッジ接続	638A
2GG2C41	東芝			400		2		50		1.3	2		10	400		trr<1.5μs 2素子センタータップ (カソードコモン)	573
2GG2Z41	東芝			400		2		50		1.3	2		10	400		trr<1.5μs 2素子センタータップ (アノードコモン)	573
2GWJ2C42	東芝			40		2	110c	15	25j	0.55	1		1m	40		Cj=45pF 2素子センタータップ (カソードコモン) SB	682
* 2J4B41	東芝			600		2	60a	50	50j	1.2	2		10	600		50×50×2アルミ放熱板付 ブリッジ接続	638A

形　名	社名	P_RSM (kW)	V_RSM (V)	V_RRM (V)	V_R (V)	V_I (V)	I_0 (A)	T条件 (℃)	I_FSM (A)	T条件 (℃)	V_Fmax (V)	I_F (A)	T (℃)	I_Rmax (μA)	V_R (V)	T (℃)	その他の特性等	外形
2JG2C41	東芝			600			2		50		1.3	2		10	600		trr<1.5μs 2素子センタータップ（カソードコモン）	573
*2JG2Z41	東芝			600			2		50		1.3	2		10	600		trr<1.5μs 2素子センタータップ（アノードコモン）	573
*2R1100E-060	富士電機		660	600			200	103c	2000	150j	1.3	320	25j	20m	600	150j	2素子直列	373
*2R1100E-080	富士電機		880	800			200	103c	2000	150j	1.3	320	25j	20m	800	150j	2素子直列	373
2R1100G-120	富士電機		1320	1200			200	98c	2000	150j	1.4	320	25j	30m	1200	150j	2素子直列	373
2R1100G-160	富士電機		1760	1600			200	98c	2000	150j	1.4	320	25j	30m	1600	150j	2素子直列	373
*2R1150E-060	富士電機		660	600			300	105c	3200	150j	1.3	450	25j	30m	600	150j	2素子複合	374
*2R1150E-080	富士電機		880	800			300	105c	3200	150j	1.3	450	25j	30m	800	150j	2素子複合	374
2R1250E-060	富士電機		660	600			500	91c	5000	150j	1.3	750	25j	40m	600	150j	2素子複合	374
2R1250E-080	富士電機		880	800			500	91c	5000	150j	1.3	750	25j	40m	800	150j	2素子複合	374
*2R160E-060	富士電機		660	600			120	113c	1200	150j	1.3	190	25j	20m	600	150j	2素子直列	373
*2R160E-080	富士電機		880	800			120	113c	1200	150j	1.3	190	25j	20m	800	150j	2素子直列	373
2R160G-120	富士電機		1320	1200			120	110c	1200	150j	1.4	190	25j	20m	1200	150j	2素子直列	373
2R160G-160	富士電機		1760	1600			120	110c	1200	150j	1.4	190	25j	20m	1600	150j	2素子直列	373
*20BG2C11	東芝			100			20	102c	150	50j	1.25	10		10	100		2素子センタータップ（カソードコモン）	363A
*20BG2Z11	東芝			100			20	102c	150	50j	1.25	10		10	100		2素子センタータップ（アノードコモン）	363B
20BL2C41	東芝			100			20	113c	100	25j	0.98	10		50	100		trr<60ns 2素子センタータップ（カソードコモン）	189A
20CL2C41	東芝			150			20	113c	100	25j	0.98	10		50	150		trr<60ns 2素子センタータップ（カソードコモン）	189A
20CL2C41A	東芝			150			20	113c	100	25j	0.98	10		50	150		trr<35ns 2素子センタータップ（カソードコモン）	189A
*20CL2CZ41A	東芝			150			20	85c			0.98	10		50	150		trr<35ns 2素子センタータップ（カソードコモン）	426
*20DG2C11	東芝			200			20	102c	150	50j	1.25	10		10	200		Ioはラジエータ 2素子センタータップ（カソードコモン）	363A
*20DG2Z11	東芝			200			20	102c	150	50j	1.25	10		10	200		Ioはラジエータ 2素子センタータップ（アノードコモン）	363B
*20DL2C41	東芝			200			20	113c	100	25j	0.98	10		50	200		trr<60ns 2素子センタータップ（カソードコモン）	189A
20DL2C41A	東芝			200			20	113c	100	25j	0.98	10		50	200		trr<35ns 2素子センタータップ（カソードコモン）	189A
20DL2C48A	東芝			200			20	113c	100		0.98	10		50	200		trr<35ns 2素子センタータップ（カソードコモン）	28
*20DL2CZ41A	東芝			200			20	85c	100		0.98	10		50	200		trr<35ns 2素子センタータップ（カソードコモン）	426
*20DL2CZ47A	東芝			200			20	85c	100	25j	0.98	10		50	200		trr<35ns 2素子センタータップ（カソードコモン）	254
*20DL2CZ51A	東芝			200			20	105c	100	25j	0.98	10		50	200		trr<35ns 2素子センタータップ（カソードコモン）	190
20FL2C41A	東芝			300			20	105c	100	25j	1.3	10		50	300		trr<35ns 2素子センタータップ（カソードコモン）	189A
20FL2C48A	東芝			300			20	100c	100		1.3	10		50	300		trr<35ns 2素子センタータップ（カソードコモン）	28
*20FL2CZ41A	東芝			300			20	60c	100	25j	1.3	10		50	300		trr<35ns 2素子センタータップ（カソードコモン）	426
*20FL2CZ47A	東芝			300			20	65c	100	25j	1.3	10		50	300		trr<35ns 2素子センタータップ（カソードコモン）	254
*20FL2CZ51A	東芝			300			20	90c	100	25j	1.3	10		50	300		trr<35ns 2素子センタータップ（カソードコモン）	190
20FWJ2C48M	東芝			30			20		200	25j	0.47	10		10m	30		Cj=680pF 2素子センタータップ（カソードコモン）SB	28
20FWJ2CZ47M	東芝			30			20		200	25j	0.47	10		10m	30		Cj=680pF 2素子センタータップ（カソードコモン）SB	254
*20G6P44	東芝			400			20	103c	300	150j	1.2	20		2m	400	150j	3相ブリッジ	652
*20GG2C11	東芝			400			20	102c	150	50j	1.25	10		10	400		2素子センタータップ（カソードコモン）	363A
*20GG2Z11	東芝			400			20	102c	150	50j	1.25	10		10	400		2素子センタータップ（アノードコモン）	363B
*20GL2C41A	東芝			400			20	90c	100	25j	1.8	10		50	400		trr<35ns 2素子センタータップ（カソードコモン）	189A
*20JG2C11	東芝			600			20	102c	150	50j	1.25	10		10	600		2素子センタータップ（カソードコモン）	363A
*20JG2Z11	東芝			600			20	102c	150	50j	1.25	10		10	600		2素子センタータップ（アノードコモン）	363B
*20JL2C41	東芝			600			20	80c	100	25j	2	10		50	600		trr<50ns 2素子センタータップ（カソードコモン）	189A

| | 形　名 | 社　名 | 最大定格 ||||||| 順方向特性(typは*) ||| 逆方向特性(typは*) ||| その他の特性等 | 外形 |
| | | | P_{RSM} (kW) | V_{RSM} (V) | V_{RRM} (V) | V_R (V) | V_I (V) | I_O (A) | T条件 (℃) | I_{FSM} (A) | T条件 (℃) | V_{Fmax} (V) | 測定条件 ||| I_{Rmax} (μA) | 測定条件 || | |
													I_F(A)	T(℃)		V_R(V)	T(℃)		
*	20JL2C41A	東芝			600			20	65c	80	25j	3.2	10		100	600		trr<35ns 2素子センタータップ (カソードコモン)	189A
*	20L6P44	東芝			800			20	103c	300	150j	1.2	20		2m	800	150j	3相ブリッジ	652
*	20L6P45	東芝			800			20	105c	300	150j	1.2	20		100	800		3相ブリッジ	622
*	20U6P45	東芝			1600			20	105c	200		1.2	20		100	1600		3相ブリッジ	622
*	25B4B41	東芝			100			25	61c	400		1.1	50		10	100		ブリッジ接続	454
*	25B4B42	東芝			100			25	60c	400		1	22		10	100		ブリッジ接続	624
*	25D4B41	東芝			200			25	61c	400		1.1	50		10	200		ブリッジ接続	454
*	25D4B42	東芝			200			25	60c	400		1	22		10	200		ブリッジ接続	624
*	25G4B41	東芝			400			25	61c	400		1.1	50		10	400		ブリッジ接続	454
*	25G4B42	東芝			400			25	60c	400		1	22		10	400		ブリッジ接続	624
*	25J4B41	東芝			600			25	61c	400		1.1	50		10	600		ブリッジ接続	454
*	25J4B42	東芝			600			25	60c	400		1	22		10	600		ブリッジ接続	624
*	3B4B41	東芝			100			3	40a	80	50j	1.2	3		10	100		Ioは70×70×2放熱板付き ブリッジ接続	638D
*	3D4B41	東芝			200			3	40a	80	50j	1.2	3		10	200		Ioは70×70×2放熱板付き ブリッジ接続	638D
*	3G4B41	東芝			400			3	40a	80	50j	1.2	3		10	400		Ioは70×70×2放熱板付き ブリッジ接続	638D
	3GWJ2C42	東芝			40			3	107c	15	25j	0.55	1.5		2m	40		Cj=62pF 2素子センタータップ (カソードコモン) SB	682
*	3J4B41	東芝			600			3	40a	80	50j	1.2	3		10	600		Ioは70×70×2放熱板付き ブリッジ接続	638D
	30B2C11	東芝			100			30	120c	250	25j	1.2	22		2m	100	150j	2素子センタータップ (カソードコモン)	377A
	30B2Z11	東芝			100			30	120c	250	25j	1.2	22		10	100		2素子センタータップ (アノードコモン)	377B
	30BG2C11	東芝			100			30	105c	150	25j	1.6	30		20	100		2素子センタータップ (カソードコモン)	377A
	30BG2C15	東芝			100			30	105c	150	25j	0.86	15		20	100		2素子センタータップ (カソードコモン)	707A
	30BG2Z11	東芝			100			30	105c	150	25j	1.6	30		20	100		2素子センタータップ (アノードコモン)	377B
	30BL2C11	東芝			100			30	90c	150	25j	0.98	15		6m	100	150j	2素子センタータップ (カソードコモン)	707A
	30CG2C15	東芝			150			30	105c	150	25j	0.86	15		20	150		2素子センタータップ (カソードコモン)	707A
	30CL2C11	東芝			150			30	90c	150	25j	0.98	15		6m	150	150j	2素子センタータップ (カソードコモン)	707A
	30D2C11	東芝			200			30	120c	250	25j	1.2	22		10	200		2素子センタータップ (カソードコモン)	377A
	30D2Z11	東芝			200			30	120c	250	25j	1.2	22		10	200		2素子センタータップ (アノードコモン)	377B
	30DG2C11	東芝			200			30	105c	150	25j	1.6	30		20	200		2素子センタータップ (カソードコモン)	377A
	30DG2C15	東芝			200			30	105c	150	25j	0.86	15		20	200		2素子センタータップ (カソードコモン)	707A
	30DG2Z11	東芝			200			30	105c	150	25j	1.6	30		20	200		2素子センタータップ (アノードコモン)	377B
	30DL2C11	東芝			200			30	90c	150	25j	0.98	15		6m	200	150j	2素子センタータップ (カソードコモン)	707A
	30FWJ2C11	東芝			30			30	131c	400	25j	0.68	15		20m	30		2素子センタータップ (カソードコモン)	707A
	30FWJ2C12	東芝			30			30	131c	400	25j	0.68	15		20m	30	150j	2素子センタータップ (カソードコモン)	363A
*	30FWJ2C42	東芝			30			30	102c	300	25j	0.55	15		15m	30		trr<35ns 2素子センタータップ (カソードコモン) SB	189A
	30FWJ2C48M	東芝			30			30		300	25j	0.47	15		15m	30		Cj=820pF 2素子センタータップ (カソードコモン) SB	28
	30FWJ2CZ47M	東芝			30			30		300	25j	0.47	15		15m	30		Cj=820pF 2素子センタータップ (カソードコモン) SB	254
	30G2C11	東芝			400			30	120c	250	25j	1.2	22		10	400		2素子センタータップ (カソードコモン)	377A
	30G2Z11	東芝			400			30	120c	250	25j	1.2	22		10	400		2素子センタータップ (アノードコモン)	377B
	30G6P41	東芝			400			30	123c	600		1.2	30		5m	400	150j	3相ブリッジ	655
	30G6P42	東芝			400			30	123c	400		1.2	30		5m	400	150j	3相ブリッジ	711
*	30G6P44	東芝			400			30	95c	400	150j	1.2	30		2m	400	150j	3相ブリッジ	652
*	30GG2C11	東芝			400			30	105c	150	25j	1.6	30		20	400		2素子センタータップ (カソードコモン)	377A

形 名	社名	P_{RSM} (kW)	V_{RSM} (V)	V_{RRM} (V)	V_R (V)	V_I (V)	I_O (A)	T条件 (°C)	I_{FSM} (A)	T条件 (°C)	V_{Fmax} (V)	測定条件 I_F(A)	T(°C)	I_{Rmax} (μA)	測定条件 V_R(V)	T(°C)	その他の特性等	外形
* 30GG2Z11	東芝			400			30	105c	150	25j	1.6	30		20	400		2素子センタータップ (アノードコモン)	377B
* 30GWJ2C11	東芝			40			30	131c	400	25j	0.68	15		20m	40	150j	2素子センタータップ (カソードコモン)	707A
* 30GWJ2C12	東芝			40			30	131c	400	25j	0.68	15		20m	40	150j	2素子センタータップ (カソードコモン)	363A
* 30GWJ2C42	東芝			40			30	102c	300	25j	0.55	15		15m	40		trr<35ns 2素子センタータップ (カソードコモン) SB	189A
30GWJ2C42C	東芝		48	40			30	100c	300	25j	0.55	15		15m	40		Cj=600pF 2素子センタータップ (カソードコモン) SB	189A
30GWJ2C48C	東芝		48	40			30	98c	300	25j	0.55	15		15m	40		Cj=600pF 2素子センタータップ (カソードコモン) SB	28
30GWJ2CZ47C	東芝		48	40			30	70c	300	25j	0.55	15		15m	40		Cj=600pF 2素子センタータップ (カソードコモン) SB	254
* 30J2C11	東芝			600			30	120c	250	25j	1.2	22		10	600		2素子センタータップ (カソードコモン)	377A
* 30J2Z11	東芝			600			30	120c	250	25j	1.2	22		10	600		2素子センタータップ (アノードコモン)	377B
* 30J6P41	東芝			600			30	123c	600		1.2	30		5m	600	150j	3相ブリッジ	655
30J6P42	東芝			600			30	123c	400		1.2	30		5m	600	150j	3相ブリッジ	711
30JG2C11	東芝			600			30	105c	150	25j	1.6	30		20	600		2素子センタータップ (カソードコモン)	377A
* 30JG2Z11	東芝			600			30	105c	150	25j	1.6	30		20	600		2素子センタータップ (アノードコモン)	377B
* 30JL2C41	東芝			600			30	83c	150	25j	2	15		50	600		trr<50ns 2素子センタータップ (カソードコモン)	189A
30JWJ2C48	東芝			60			30		300		0.58	12		15m	40		2素子センタータップ (カソードコモン) SB形	28
* 30L6P41	東芝			800			30	123c	600		1.2	30		5m	800	150j	3相ブリッジ	655
30L6P42	東芝			800			30	123c	400		1.2	30		5m	800	150j	3相ブリッジ	711
* 30L6P44	東芝			800			30	95c	400	150j	1.2	30		2m	800	150j	3相ブリッジ	652
30L6P45	東芝			800			30	97c	400	150j	1.2	30		100	800		3相ブリッジ	622
30NWK2C48	東芝			100			30	120c	250		0.83	15		50	100		Cj=250pF 2素子センタータップ (カソードコモン) SB	28
30NWK2CZ47	東芝			100			30	80c	250		0.83	15		50	100		Cj=250pF 2素子センタータップ (カソードコモン) SB	254
* 30Q6P42	東芝			1200			30	123c	400		1.2	30		5m	1200	150j	3相ブリッジ	711
* 30Q6P45	東芝			1200			30	91c	300	25j	1.3	30		100	1200		3相ブリッジ	622
30QWK2C48	東芝			120			30	115c	250		0.85	15		50	120		Cj=227pF 2素子センタータップ (カソードコモン) SB	28
30QWK2CZ47	東芝			120			30	80c	250		0.85	15		50	120		Cj=227pF 2素子センタータップ (カソードコモン) SB	254
* 30U6P42	東芝			1600			30	123c	400		1.2	30		5m	1600	150j	3相ブリッジ	711
30U6P45	東芝			1600			30	91c	300	25j	1.3	30		100	1600		3相ブリッジ	622
35G4B44	東芝			400			35	49c	400	150j	1.3	50		10	400		ブリッジ接続	607
* 35J4B44	東芝			600			35	49c	400	150j	1.3	50		10	600		ブリッジ接続	607
* 35L4B44	東芝			800			35	49c	400	150j	1.3	50		10	800		ブリッジ接続	607
* 4B4B41	東芝			100			4	50a	150		1	6		10	100		Ioはラジエータ付き ブリッジ接続	639E
* 4B4B41A	東芝			100			2.6	40a	80		1.05	2		10	100		ブリッジ接続	639D
4B4B44	東芝			100			2.1	40a	80		1	2		1	100		ブリッジ接続	574
* 4D4B41	東芝			200			4	50a	150		1	6		10	200		Ioはラジエータ付き ブリッジ接続	639E
* 4D4B41A	東芝			200			2.6	40a	80		1.05	2		10	200		ブリッジ接続	639D
4D4B44	東芝			200			2.1	40a	80		1	2		1	200		ブリッジ接続	574
* 4G4B41	東芝			400			4	50a	150		1	6		10	400		Ioはラジエータ付き ブリッジ接続	639E
* 4G4B41A	東芝			400			2.6	40a	80		1.05	2		10	400		ブリッジ接続	639D
4G4B44	東芝			400			2.1	40a	80		1	2		1	400		ブリッジ接続	574
* 4J4B41	東芝			600			4	50a	150		1	6		10	600		Ioはラジエータ付き ブリッジ接続	639E
* 4J4B41A	東芝			600			2.6	40a	80		1.05	2		10	600		ブリッジ接続	639D
4J4B44	東芝			600			2.1	40a	80		1	2		1	600		ブリッジ接続	574

| | 形 名 | 社 名 | 最大定格 ||||||| 順方向特性(typは*) ||| 逆方向特性(typは*) ||| その他の特性等 | 外形 |
| | | | P_{RSM} (kW) | V_{RSM} (V) | V_{RRM} (V) | V_R (V) | V_I (V) | I_O (A) | T条件 (°C) | I_{FSM} (A) | T条件 (°C) | V_{Fmax} | 測定条件 || I_{Rmax} (µA) | 測定条件 || | |
													I_F(A)	T(°C)		V_R(V)	T(°C)		
*	5BG2C41	東芝			100			5	96c	30	50j	1.6	5		10	100		2素子センタータップ (カソードコモン)	273A
*	5BG2Z41	東芝			100			5	96c	30	50j	1.6	5		10	100		2素子センタータップ (アノードコモン)	273B
*	5BL2C41	東芝			100			5	126c	25	25j	0.98	2.5		1m	100		trr<40ns 2素子センタータップ (カソードコモン)	273A
*	5CL2C41	東芝			150			5	126c	25	25j	0.98	2.5		1m	150	150j	trr<40ns 2素子センタータップ (カソードコモン)	273A
*	5CL2C41A	東芝			150			5	126c	25	25j	0.98	2.5		10	150		trr<35ns 2素子センタータップ (カソードコモン)	273A
	5CL2CZ41A	東芝			150			5	127c	25	25j	0.98	2.5		10	150		2素子センタータップ (カソードコモン)	426
*	5DG2C41	東芝			200			5	96c	30	50j	1.6	5		10	200		2素子センタータップ (カソードコモン)	273A
*	5DG2Z41	東芝			200			5	96c	30	50j	1.6	5		10	200		2素子センタータップ (アノードコモン)	273B
*	5DL2C41	東芝			200			5	126c	25	25j	0.98	2.5		1m	200	150j	trr<40ns 2素子センタータップ (カソードコモン)	273A
*	5DL2C41A	東芝			200			5	126c	25	25j	0.98	2.5		10	200		trr<35ns 2素子センタータップ (カソードコモン)	273A
	5DL2C48A	東芝			200			5	128c	25	25j	0.98	2.5		10	200		trr<35ns 2素子センタータップ (カソードコモン)	28
	5DL2CZ41A	東芝			200			5	127c	25	25j	0.98	2.5		10	200		2素子センタータップ (カソードコモン)	426
*	5DL2CZ47A	東芝			200			5	125c	25	25j	0.98	2.5		10	200		trr<35ns 2素子センタータップ (カソードコモン)	254
*	5FL2C48A	東芝			300			5	120c	25	25j	1.3	2.5		10	300		trr<35ns 2素子センタータップ (カソードコモン)	28
*	5FL2CZ41A	東芝			300			5	120c	25		1.3	2.5		10	300		2素子センタータップ (カソードコモン)	426
*	5FL2CZ47A	東芝			300			5	120c	25	25j	1.3	2.5		10	300		trr<35ns 2素子センタータップ (カソードコモン)	254
*	5FWJ2C41	東芝			30			5	135c	100	25j	0.68	2.5		10m	30	150j	2素子センタータップ (カソードコモン) SB形	273A
*	5FWJ2C42	東芝			30			5	114c	50	25j	0.55	2.5		3.5m	30		trr<35ns 2素子センタータップ (カソードコモン) SB	273A
	5FWJ2C48M	東芝			30			5		50	25j	0.47	2.5		3.5m	30			28
*	5FWJ2CZ42	東芝			30			5	111c	50	25j	0.55	2.5		3.5m	30		2素子センタータップ (カソードコモン) SB形	426
	5FWJ2CZ47M	東芝			30			5	114c	50	25j	0.47	2.5		3.5m	30		Cj=138pF 2素子センタータップ (カソードコモン) SB	254
*	5GG2C41	東芝			400			5	96c	30	50j	1.6	5		10	400		2素子センタータップ (カソードコモン)	273A
*	5GG2Z41	東芝			400			5	96c	30	50j	1.6	5		10	400		2素子センタータップ (アノードコモン)	273B
	5GL2CZ47A	東芝			400			5	110c	25	25j	1.8	2.5		50	400		trr<35ns 2素子センタータップ (カソードコモン) SB	254
*	5GWJ2C41	東芝			40			5	135c	100	25j	0.68	2.5		10m	40		2素子センタータップ (カソードコモン) SB形	273A
*	5GWJ2C42	東芝			40			5	114c	50	25j	0.55	2.5		3.5m	40		trr<35ns 2素子センタータップ (カソードコモン) SB	273A
	5GWJ2C48C	東芝		48	40			5	114c	50	25j	0.55	2.5		3.5m	40		Cj=100pF 2素子センタータップ (カソードコモン) SB	28
*	5GWJ2CZ42	東芝			40			5	111c	50	25j	0.55	2.5		3.5m	40		2素子センタータップ (カソードコモン) SB形	426
	5GWJ2CZ47	東芝			40			5	110c	50	25j	0.55	2.5		3.5m	40		Cj=125pF 2素子センタータップ (カソードコモン) SB	254
	5GWJ2CZ47C	東芝		48	40			5	110c	50		0.55	2.5		3.5m	40		Cj=100pF 2素子センタータップ (カソードコモン) SB	254
*	5JG2C41	東芝			600			5	96c	30	50j	1.6	5		10	600		2素子センタータップ (カソードコモン)	273A
*	5JG2Z41	東芝			600			5	96c	30	50j	1.6	5		10	600		2素子センタータップ (アノードコモン)	273B
*	5JL2CZ47	東芝			600			5	105c	25	25j	2	2.5		50	600		trr<50ns 2素子センタータップ (カソードコモン)	254
*	5JWJ2CZ47	東芝			60			5	110c	50		0.58	2		3.5m	60		Cj=100pF 2素子センタータップ (カソードコモン) SB	254
*	5MWJ2CZ47	東芝			90			5	Z05c	50		0.81	2		3.5m	90		Cj=72pF 2素子センタータップ (カソードコモン) SB	254
*	50G6P41	東芝			400			50	115c	600		1.3	50		5m	400	150j	3相ブリッジ	419
	50G6P43	東芝			400			50	114c	600	150j	1.2	50		5m	400	150j	3相ブリッジ	564
*	50J6P41	東芝			600			50	115c	600		1.3	50		5m	600	150j	3相ブリッジ	419
*	50L6P41	東芝			800			50	115c	600		1.3	50		5m	800	150j	3相ブリッジ	419
	50L6P43	東芝			800			50	114c	600	150j	1.2	50		5m	800	150j	3相ブリッジ	564
*	50Q6P41	東芝			1200			50	115c	500		1.3	50		5m	1200	150j	3相ブリッジ	419
	50Q6P42	東芝			1200			50	115c	500		1.3	50		5m	1200	150j	3相ブリッジ	419

	形名	社名	最大定格 PRSM (kW)	VRSM (V)	VRRM (V)	VR (V)	VI (V)	IO (A)	T条件 (℃)	IFSM (A)	T条件 (℃)	順方向特性(typは*) VFmax (V)	測定条件 IF(A)	測定条件 T(℃)	逆方向特性(typは*) IRmax (μA)	測定条件 VR(V)	測定条件 T(℃)	その他の特性等	外形
*	50Q6P43	東芝			1200			50	114c	600	150j	1.2	50		5m	1200	150j	3相ブリッジ	564
*	50U6P41	東芝			1600			50	115c	500		1.3	50		5m	1600	150j	3相ブリッジ	419
	50U6P42	東芝			1600			50	115c	500		1.3	50		5m	1600	150j	3相ブリッジ	419
*	50U6P43	東芝			1600			50	114c	600	150j	1.2	50		5m	1600	150j	3相ブリッジ	564
*	6B4B41	東芝			100			6	104c	200		1	9		10	100		ブリッジ接続	640E
*	6D4B41	東芝			200			6	104c	200		1	9		10	200		ブリッジ接続	640E
*	6G4B41	東芝			400			6	104c	200		1	9		10	400		ブリッジ接続	640E
*	6J4B41	東芝			600			6	40a	200		1	9		10	600		ブリッジ接続	640E
*	6RI100E-060	富士電機		660	600			100	103c	1200	150j	1.15	100	25j	10m	600	150j	3相ブリッジ	393
*	6RI100E-080	富士電機		880	800			100	103c	1200	150j	1.15	100	25j	10m	800	150j	3相ブリッジ	393
*	6RI100G-120	富士電機		1320	1200			100	97c	1200	150j	1.25	100	25j	20m	1200	150j	3相ブリッジ	393
*	6RI100G-160	富士電機		1760	1600			100	97c	1200	150j	1.25	100	25j	20m	1600	150j	3相ブリッジ	393
*	6RI100P-160	富士電機		1760	1600			100	94c	1000	125j	1.3	100	25j	20m	1600	150j	3相ブリッジ	791
*	6RI150E-060	富士電機		660	600			150	105c	1500	150j	1.25	150	25j	15m	600	150j	3相ブリッジ	392
*	6RI150E-080	富士電機		880	800			150	105c	1500	150j	1.25	150	25j	15m	800	150j	3相ブリッジ	392
*	6RI30E-060	富士電機		660	600			30	97c	360	150j	1.1	30	25j	3m	600	150j	3相ブリッジ	399
*	6RI30E-080	富士電機		880	800			30	97c	360	150j	1.1	30	25j	3m	800	150j	3相ブリッジ	399
*	6RI30G-120	富士電機		1320	1200			30	88c	320	150j	1.3	30	25j	10m	1200	150j	3相ブリッジ	400
*	6RI30G-160	富士電機		1760	1600			30	88c	320	150j	1.3	30	25j	10m	1600	150j	3相ブリッジ	400
*	6RI50E-060	富士電機		660	600			50	102c	480	150j	1.2	50	25j	5m	600	150j	3相ブリッジ	402
*	6RI50E-080	富士電機		880	800			50	102c	480	150j	1.2	50	25j	5m	800	150j	3相ブリッジ	402
*	6RI75E-060	富士電機		660	600			75	101c	1000	150j	1.15	75	25j	10m	600	150j	3相ブリッジ	393
*	6RI75E-080	富士電機		880	800			75	101c	1000	150j	1.15	75	25j	10m	800	150j	3相ブリッジ	393
*	6RI75G-120	富士電機		1320	1200			75	93c	1000	150j	1.3	75	25j	15m	1200	150j	3相ブリッジ	393
*	6RI75G-160	富士電機		1760	1600			75	93c	1000	150j	1.3	75	25j	15m	1600	150j	3相ブリッジ	393
*	6RI75P-160	富士電機		1760	1600			75	97c	600	125j	1.35	75	25j	15m	1600	150j	3相ブリッジ	791
*	60FWJ2C11	東芝			30			60	131c	500	25j	0.68	30		30m	30	150j	2素子センタータップ (カソードコモン) SB形	707A
	60GWJ2C11	東芝			40			60	131c	500	25j	0.68	30		30m	40	150j	2素子センタータップ (カソードコモン) SB形	707A
*	75G6P41	東芝			400			75	114c	750		1.3	75		5m	400		3相ブリッジ	163
	75G6P43	東芝			400			75	114c	750	150j	1.2	75		5m	400	150j	3相ブリッジ	564
*	75J6P41	東芝			600			75	114c	750		1.3	75		5m	600		3相ブリッジ	163
	75L6P41	東芝			800			75	101c	750		1.3	75		5m	800		3相ブリッジ	163
	75L6P43	東芝			800			75	114c	750	150j	1.2	75		5m	800	150j	3相ブリッジ	564
	75Q6P43	東芝			1200			75	114c	750	150j	1.2	75		5m	1200	150j	3相ブリッジ	564
*	75U6P43	東芝			1600			75	114c	750	150j	1.2	75		5m	1600	150j	3相ブリッジ	564
	BD10CA-04S	三菱		45	40			10	100c	125	25j	0.55	5	25j	5m	40	25j	2素子センタータップ (カソードコモン) SB形	273A
	BD10CA-06S	三菱		65	60			10	98c	115	25j	0.58	5	25j	5m	60	25j	2素子センタータップ (カソードコモン) SB形	273A
	BD16CA-04S	三菱		45	40			16	106c	188	25j	0.55	8	25j	10m	40	25j	2素子センタータップ (カソードコモン) SB形	463
	BD16CA-06S	三菱		65	60			16	103c	157	25j	0.62	8	25j	10m	60	25j	2素子センタータップ (カソードコモン) SB形	463
	BD8CA-04S	三菱		45	40			8	106c	105	25j	0.55	4	25j	3m	40	25j	2素子センタータップ (カソードコモン) SB形	273A
	BD8CA-06S	三菱		65	60			8	103c	78	25j	0.65	4	25j	3m	60	25j	2素子センタータップ (カソードコモン) SB形	273A
	BKA400AA10	三社電機			100			400	83c	3300	25j	0.93	400	25j	140m	100	125j	2素子センタータップ (カソードコモン) SB形	312

形 名	社 名	最大定格 PRSM (kW)	VRSM (V)	VRRM (V)	VR (V)	VI (V)	IO (A)	T条件 (°C)	IFSM (A)	T条件 (°C)	順方向特性(typは*) VFmax (V)	測定条件 IF(A)	測定条件 T(°C)	逆方向特性(typは*) IRmax (μA)	測定条件 VR (V)	測定条件 T(°C)	その他の特性等	外形
BKR400ABZ50	三社電機		50				400	121c	6920	25j	0.57	400	25j	2A	50	125j	2素子センタータップ (カソードコモン) SB形	697
*C10P03Q	日本インター		35	30			10	100c	120	25j	0.55	5	25j	5m	30	25j	2素子センタータップ (カソードコモン) SB形	273A
*C10P04Q	日本インター		45	40			10	100c	120	25j	0.55	5	25j	5m	40	25j	2素子センタータップ (カソードコモン) SB形	273A
*C10P05Q	日本インター		55	50			10	98c	110	25j	0.58	5	25j	5m	50	25j	2素子センタータップ (カソードコモン) SB形	273A
*C10P06Q	日本インター		65	60			10	98c	110	25j	0.58	5	25j	5m	60	25j	2素子センタータップ (カソードコモン) SB形	273A
*C10P09Q	日本インター			90			10	99c	120	25j	0.85	5	25j	1m	90	25j	2素子センタータップ (カソードコモン) SB形	273A
*C10P10F	日本インター		110	100			10	117c	80	40a	0.98	5	25j	20	100	25j	trr=35ns 2素子センタータップ (カソードコモン)	273A
*C10P10FR	日本インター		110	100			10	117c	80	40a	0.98	5	25j	20	100	25j	trr=35ns 2素子センタータップ (アノードコモン)	273B
*C10P10Q	日本インター			100			10	99c	120	25j	0.85	5	25j	1m	100	25j	2素子センタータップ (カソードコモン) SB形	273A
*C10P20F	日本インター		220	200			10	117c	80		0.98	5	25j	20	200	25j	trr=35ns 2素子センタータップ (カソードコモン)	273A
*C10P20FR	日本インター		220	200			10	117c	80		0.98	5	25j	20	200	25j	trr=35ns 2素子センタータップ (アノードコモン)	273B
*C10P30F	日本インター		330	300			10	112c	80		1.25	5	25j	30	300	25j	trr<45ns 2素子センタータップ (カソードコモン)	273A
*C10P30FR	日本インター		330	300			10	112c	80		1.25	5	25j	30	300	25j	trr<45ns 2素子センタータップ (アノードコモン)	273B
*C10P40F	日本インター		440	400			10	112c	80		1.25	5	25j	30	400	25j	trr<45ns 2素子センタータップ (カソードコモン)	273A
*C10P40FR	日本インター		440	400			10	112c	80		1.25	5	25j	30	400	25j	trr<45ns 2素子センタータップ (アノードコモン)	273B
*C10T02QL	日本インター		25	20			10	105c	120		0.47	5	25j	5m	20	25j	2素子センタータップ (カソードコモン) SB形	236
*C10T02QL-11A	日本インター		25	20			10	105	120		0.47	5	25j	5m	20	25j	2素子センタータップ (カソードコモン) SB形	238
*C10T03Q	日本インター		35	30			10	100c	120		0.55	5	25j	5m	30	25j	2素子センタータップ (カソードコモン) SB形	236
C10T03QL	日本インター		35	30			10	116c	120		0.47	5	25j	5m	30	25j	2素子センタータップ (カソードコモン) SB形	236
C10T03QL-11A	日本インター		35	30			10	116c	120		0.47	5	25j	5m	30	25j	2素子センタータップ (カソードコモン) SB形	238
C10T03QLH	日本インター		35	30			10	129c	120		0.57	5	25j	1m	30	25j	2素子センタータップ (カソードコモン) SB形	236
C10T03QLH-11A	日本インター		35	30			10	129c	120		0.57	5	25j	1m	30	25j	2素子センタータップ (カソードコモン) SB形	238
*C10T04Q	日本インター		45	40			10	116c	120		0.55	5	25j	5m	40	25j	2素子センタータップ (カソードコモン) SB形	236
*C10T04Q-11A	日本インター		45	40			10	116c	120		0.55	5	25j	5m	40	25j	2素子センタータップ (カソードコモン) SB形	238
C10T04QH	日本インター		45	40			10	128c	120		0.61	5	25j	1m	40	25j	2素子センタータップ (カソードコモン) SB形	236
C10T04QH-11A	日本インター		45	40			10	128c	120		0.61	5	25j	1m	40	25j	2素子センタータップ (カソードコモン) SB形	238
*C10T05Q	日本インター		55	50			10	98c	110		0.58	5	25j	5m	50	25j	2素子センタータップ (カソードコモン) SB形	236
C10T06Q	日本インター		65	60			10	108c	110		0.58	5	25j	5m	60	25j	2素子センタータップ (カソードコモン) SB形	236
C10T06Q-11A	日本インター		65	60			10	108c	110		0.58	5	25j	5m	60	25j	2素子センタータップ (カソードコモン) SB形	238
C10T06QH	日本インター		65	60			10	125c	120		0.66	5	25j	1m	60	25j	2素子センタータップ (カソードコモン) SB形	236
C10T06QH-11A	日本インター		65	60			10	125c	120		0.66	5	25j	1m	60	25j	2素子センタータップ (カソードコモン) SB形	238
C10T09Q	日本インター			90			10	99c	120		0.85	5	25j	1m	90	25j	2素子センタータップ (カソードコモン) SB形	236
C10T09Q-11A	日本インター			90			10	99c	120		0.85	5	25j	1m	90	25j	2素子センタータップ (カソードコモン) SB形	238
*C10T10F	日本インター		110	100			10	117c	80		0.98	5	25j	20	100	25j	trr<35ns 2素子センタータップ (カソードコモン)	236
C10T10Q	日本インター			100			10	121c	120		0.85	5	25j	1m	100	25j	2素子センタータップ (カソードコモン) SB形	236
C10T10Q-11A	日本インター			100			10	121c	120		0.85	5	25j	1m	100	25j	2素子センタータップ (カソードコモン) SB形	238
*C10T20F	日本インター		220	200			10	117c	80		0.98	5	25j	20	200	25j	trr<35ns 2素子センタータップ (カソードコモン)	236
C10T20F-11A	日本インター		220	200			10	117c	80		0.98	5	25j	20	200	25j	trr<35ns 2素子センタータップ (カソードコモン)	238
*C10T30F	日本インター		330	300			10	112c	80		1.25	5	25j	30	300	25j	trr<45ns 2素子センタータップ (カソードコモン)	236
C10T40F	日本インター		440	400			10	112c	80		1.25	5	25j	30	400	25j	trr<45ns 2素子センタータップ (カソードコモン)	236
C10T40F-11A	日本インター		440	400			10	112c	80		1.25	5	25j	30	400	25j	trr<45ns 2素子センタータップ (カソードコモン)	238
*C10T60F	日本インター			600			10	99c	80		1.7	5	25j	30	600	25j	trr<40ns 2素子センタータップ (カソードコモン)	236

	形　名	社名	最大定格								順方向特性(typは*)			逆方向特性(typは*)			その他の特性等	外形
			P_{RSM} (kW)	V_{RSM} (V)	V_{RRM} (V)	V_R (V)	V_I (V)	I_O (A)	T条件 (℃)	I_{FSM} (A)	T条件 (℃)	V_{Fmax} (V)	測定条件		I_{Rmax} (μA)	測定条件			
													I_F(A)	T(℃)		V_R(V)	T(℃)		
*	C10T60F-11A	日本インター			600			10	99c	80		1.7	5	25j	30	600	25j	trr<40ns 2素子センタータップ (カソードコモン)	238
*	C120H03Q	日本インター	35	30				120	81c	800	125j	0.55	60	25j	40m	30	25j	2素子センタータップ (カソードコモン) SB形	770
	C120H04Q	日本インター	45	40				120	81c	800	125j	0.58	60	25j	40m	40	25j	2素子センタータップ (カソードコモン) SB形	770
	C120H05Q	日本インター	55	50				120	73c	700	125j	0.67	60	25j	40m	50	25j	2素子センタータップ (カソードコモン) SB形	770
	C120H06Q	日本インター	65	60				120	73c	700	125j	0.67	60	25j	40m	60	25j	2素子センタータップ (カソードコモン) SB形	770
*	C120P03QE	日本インター	35	30				120	80c	800	40a	0.55	60	25j	40m	30	25j	2素子センタータップ (カソードコモン) SB形	586
	C120P03QLE	日本インター		30				120	87c	800		0.49	60	25j	40m	30	25j	2素子センタータップ (カソードコモン) SB形	586
	C120P04QE	日本インター	45	40				120	80c	800	40a	0.55	60	25j	40m	40	25j	2素子センタータップ (カソードコモン) SB形	586
*	C120P05QE	日本インター	55	50				120	73c	700	40a	0.67	60	25j	40m	50	25j	2素子センタータップ (カソードコモン) SB形	586
	C120P06QE	日本インター	65	60				120	73c	700	40a	0.67	60	25j	40m	60	25j	2素子センタータップ (カソードコモン) SB形	586
*	C16P03Q	日本インター	35	30				16	106c	180	25j	0.55	8	25j	10m	30	25j	2素子センタータップ (カソードコモン) SB形	510A
	C16P04Q	日本インター	45	40				16	106c	180	25j	0.55	8	25j	10m	40	25j	2素子センタータップ (カソードコモン) SB形	510A
*	C16P05Q	日本インター	55	50				16	103c	150	25j	0.62	8	25j	10m	50	25j	2素子センタータップ (カソードコモン) SB形	510A
	C16P06Q	日本インター	65	60				16	103c	150	25j	0.62	8	25j	10m	60	25j	2素子センタータップ (カソードコモン) SB形	510A
	C16P09Q	日本インター		90				16	104c	150	25j	0.85	8	25j	2m	90	25j	2素子センタータップ (カソードコモン) SB形	510A
*	C16P10F	日本インター	110	100				16	113c	120		0.98	8	25j	25	100	25j	trr=35ns 2素子センタータップ (カソードコモン)	510A
*	C16P10FR	日本インター	110	100				16	113c	120		0.98	8	25j	25	100	25j	trr=35ns 2素子センタータップ (アノードコモン)	510B
	C16P10Q	日本インター		100				16	104c	180	25j	0.85	8	25j	2m	100	25j	2素子センタータップ (カソードコモン) SB形	510A
*	C16P20F	日本インター	220	200				16	113c	120		0.98	8	25j	25	200	25j	trr=35ns 2素子センタータップ (カソードコモン)	510A
	C16P20FR	日本インター	220	200				16	113c	120		0.98	8	25j	25	200	25j	trr=35ns 2素子センタータップ (アノードコモン)	510B
*	C16P30F	日本インター	330	300				16	109c	120		1.25	8	25j	30	300	25j	trr<45ns 2素子センタータップ (カソードコモン)	510A
	C16P30FR	日本インター	330	300				16	109c	120		1.25	8	25j	30	300	25j	trr<45ns 2素子センタータップ (アノードコモン)	510B
*	C16P40F	日本インター	440	400				16	109c	120		1.25	8	25j	30	400	25j	trr<45ns 2素子センタータップ (カソードコモン)	510A
	C16P40FR	日本インター	440	400				16	109c	120		1.25	8	25j	30	400	25j	trr<45ns 2素子センタータップ (アノードコモン)	510B
*	C16T03Q	日本インター	35	30				16	106c	150		0.55	8	25j	10m	30	25j	2素子センタータップ (カソードコモン) SB形	236
	C16T04Q	日本インター	45	40				16	106c	150		0.55	8	25j	10m	40	25j	2素子センタータップ (カソードコモン) SB形	236
*	C16T05Q	日本インター	55	50				16	103c	130		0.62	8	25j	10m	50	25j	2素子センタータップ (カソードコモン) SB形	236
	C16T06Q	日本インター	65	60				16	103c	130		0.62	8	25j	10m	60	25j	2素子センタータップ (カソードコモン) SB形	236
	C16T09Q	日本インター		90				16	104c	150		0.85	8	25j	2m	90	25j	2素子センタータップ (カソードコモン) SB形	236
*	C16T10F	日本インター	110	100				16	113c	120		0.98	8	25j	25	100	25j	trr=35ns 2素子センタータップ (カソードコモン)	236
	C16T10Q	日本インター		100				16	104c	150		0.85	8	25j	2m	100	25j	2素子センタータップ (カソードコモン) SB形	236
	C16T20F	日本インター	220	200				16	113c	120		0.98	8	25j	25	200	25j	trr=35ns 2素子センタータップ (カソードコモン)	236
	C16T20F-11A	日本インター	220	200				16	113c	120		0.98	8	25j	25	200	25j	trr=35ns 2素子センタータップ (カソードコモン)	238
*	C16T30F	日本インター	330	300				16	109c	120		1.25	8	25j	30	300	25j	trr<45ns 2素子センタータップ (カソードコモン)	236
	C16T40F	日本インター	440	400				16	109c	120		1.25	8	25j	30	400	25j	trr<45ns 2素子センタータップ (カソードコモン)	236
	C16T40F-11A	日本インター	440	400				16	103c	120		1.25	8	25j	30	400	25j	trr<45ns 2素子センタータップ (カソードコモン)	238
	C16T50F	日本インター		500				16	104c	120		1.4	8	25j	30	500	25j	trr<55ns 2素子センタータップ (カソードコモン)	236
	C16T50F-11A	日本インター		500				16	104c	120		1.4	8	25j	30	500	25j	trr<55ns 2素子センタータップ (カソードコモン)	238
*	C16T60F	日本インター		600				16	94c	120		1.7	8	25j	30	600	25j	trr<50ns 2素子センタータップ (カソードコモン)	236
*	C16T60F-11A	日本インター		600				16	94c	120		1.7	8	25j	30	600	25j	trr<50ns 2素子センタータップ (カソードコモン)	238
	C20T03QL	日本インター	35	30				20	119c	180		0.49	10	25j	10m	30	25j	2素子センタータップ (カソードコモン) SB形	236
	C20T03QL-11A	日本インター	35	30				20	119c	180		0.49	10	25j	10m	30	25j	2素子センタータップ (カソードコモン) SB形	238

	形　名	社　名	最大定格 P_RSM (kW)	V_RSM (V)	V_RRM (V)	V_R (V)	V_I (V)	I_O (A)	T条件 (°C)	I_FSM (A)	T条件 (°C)	順方向特性(typは*) V_Fmax (V)	測定条件 I_F(A)	T(°C)	逆方向特性(typは*) I_Rmax (μA)	測定条件 V_R(V)	T(°C)	その他の特性等	外形
	C20T03QLH	日本インター		35	30			20	128c	180		0.54	10	25j	1m	30	25j	2素子センタータップ (カソードコモン) SB形	236
	C20T03QLH-11A	日本インター		35	30			20	128c	180		0.54	10	25j	1m	30	25j	2素子センタータップ (カソードコモン) SB形	238
	C20T04Q	日本インター			40			20	119c	180		0.55	10		10m	40		2素子センタータップ (カソードコモン) SB形	236
	C20T04Q-11A	日本インター			40			20	119c	180		0.55	10		10m	40		2素子センタータップ (カソードコモン) SB形	238
	C20T04QH	日本インター		45	40			20	127c	180		0.61	10	25j	1m	40	25j	2素子センタータップ (カソードコモン) SB形	236
	C20T04QH-11A	日本インター		45	40			20	127c	180		0.61	10	25j	1m	40	25j	2素子センタータップ (カソードコモン) SB形	238
	C20T06Q	日本インター			60			20		150		0.65	10		10m	60		2素子センタータップ (カソードコモン) SB形	236
	C20T06Q-11A	日本インター			60			20		150		0.65	10		10m	60		2素子センタータップ (カソードコモン) SB形	238
	C20T06QH	日本インター		65	60			20	124c	180		0.68	10	25j	1m	60	25j	2素子センタータップ (カソードコモン) SB形	236
	C20T06QH-11A	日本インター		65	60			20	124c	180		0.68	10	25j	1m	60	25j	2素子センタータップ (カソードコモン) SB形	238
	C20T09Q	日本インター			90			20		180		0.88	10		2m	90		2素子センタータップ (カソードコモン) SB形	236
	C20T09Q-11A	日本インター			90			20		180		0.88	10		2m	90		2素子センタータップ (カソードコモン) SB形	238
	C20T10Q	日本インター			100			20	120c	180		0.88	10	25j	1m	100	25j	2素子センタータップ (カソードコモン) SB形	236
	C20T10Q-11A	日本インター			100			20	120c	180		0.88	10	25j	1m	100	25j	2素子センタータップ (カソードコモン) SB形	238
	C200LC40B	新電元			400			200	52c	1400		1.3	100		25	400		trr<150ns	648
*	C24H5F	日本インター		55	50			24	123c	150		0.98	12	25j	25	50	25j	trr<50ns 2素子センタータップ (カソードコモン)	768
*	C24H10F	日本インター		110	100			24	123c	150		0.98	12	25j	25	100	25j	trr<50ns 2素子センタータップ (カソードコモン)	768
*	C24H15F	日本インター		165	150			24	123c	150		0.98	12	25j	25	150	25j	trr<50ns 2素子センタータップ (カソードコモン)	768
	C24H20F	日本インター		220	200			24	123c	150		0.98	12	25j	25	200	25j	trr<50ns 2素子センタータップ (カソードコモン)	768
	C24H30F	日本インター		330	300			24	119c	200		1.25	12	25j	50	300	25j	trr<60ns 2素子センタータップ (カソードコモン)	768
	C24H40F	日本インター		440	400			24	119c	200		1.25	12	25j	50	400	25j	trr<60ns 2素子センタータップ (カソードコモン)	768
*	C25P02QL	日本インター		25	20			25	100c	250		0.47	12.5	25j	15m	20	25j	2素子センタータップ (カソードコモン) SB形	510A
*	C25P03Q	日本インター		35	30			25	95c	250	25j	0.55	12.5	25j	15m	30	25j	2素子センタータップ (カソードコモン) SB形	510A
	C25P03QL	日本インター		35	30			25	100c	250		0.47	12.5	25j	15m	30	25j	2素子センタータップ (カソードコモン) SB形	510A
	C25P04Q	日本インター		45	40			25	95c	250	25j	0.55	12.5	25j	15m	40	25j	2素子センタータップ (カソードコモン) SB形	510A
*	C25P05Q	日本インター		55	50			25	91c	200	25j	0.62	12.5	25j	15m	50	25j	2素子センタータップ (カソードコモン) SB形	510A
	C25P06Q	日本インター		65	60			25	91c	200	25j	0.62	12.5	25j	15m	60	25j	2素子センタータップ (カソードコモン) SB形	510A
	C25P09Q	日本インター			90			25	93c	250	25j	0.85	12.5	25j	2m	90	25j	2素子センタータップ (カソードコモン) SB形	510A
*	C25P10F	日本インター		110	100			25	93c	150		0.98	12.5	25j	25	100	25j	trr<50ns 2素子センタータップ (カソードコモン)	510A
*	C25P10FR	日本インター		110	100			25	93c	150		0.98	12.5	25j	25	100	25j	trr<50ns 2素子センタータップ (アノードコモン)	510B
	C25P10Q	日本インター			100			25	93c	250	25j	0.85	12.5	25j	2m	100	25j	2素子センタータップ (カソードコモン) SB形	510A
	C25P20F	日本インター		220	200			25	93c	150		0.98	12.5	25j	25	200	25j	trr<50ns 2素子センタータップ (カソードコモン)	510A
	C25P20FR	日本インター		220	200			25	93c	150		0.98	12.5	25j	25	200	25j	trr<50ns 2素子センタータップ (アノードコモン)	510B
*	C25P30F	日本インター		330	300			25	85c	200		1.25	12.5	25j	50	300	25j	trr<60ns 2素子センタータップ (カソードコモン)	510A
*	C25P30FR	日本インター		330	300			25	85c	200		1.25	12.5	25j	50	300	25j	trr<60ns 2素子センタータップ (アノードコモン)	510B
	C25P40F	日本インター		440	400			25	85c	200		1.25	12.5	25j	50	400	25j	trr<60ns 2素子センタータップ (カソードコモン)	510A
	C25P40FR	日本インター		440	400			25	85c	200		1.25	12.5	25j	50	400	25j	trr<60ns 2素子センタータップ (アノードコモン)	510B
*	C25T02QL	日本インター		25	20			25	100c	180		0.47	12.5	25j	15m	20	25j	2素子センタータップ (カソードコモン) SB形	236
*	C25T03Q	日本インター		35	30			25	95c	180		0.55	12.5	25j	15m	30	25j	2素子センタータップ (カソードコモン) SB形	236
	C25T03QL	日本インター		35	30			25	100c	180		0.47	12.5	25j	15m	30	25j	2素子センタータップ (カソードコモン) SB形	236
	C25T04Q	日本インター		45	40			25	95c	180		0.55	12.5	25j	15m	40	25j	2素子センタータップ (カソードコモン) SB形	236
*	C25T05Q	日本インター		55	50			25	91c	150		0.62	12.5	25j	15m	50	25j	2素子センタータップ (カソードコモン) SB形	236

形　名	社　名	P_{RSM} (kW)	V_{RSM} (V)	V_{RRM} (V)	V_R (V)	V_I (V)	I_O (A)	T条件 (℃)	I_{FSM} (A)	T条件 (℃)	V_{Fmax} (V)	I_F(A)	T(℃)	I_{Rmax} (μA)	V_R(V)	T(℃)	その他の特性等	外形
C25T06Q	日本インター		65	60			25	91c	150		0.62	12.5	25j	15m	60	25j	2素子センタータップ (カソードコモン) SB形	236
C25T09Q	日本インター			90			25	93c	180		0.85	12.5	25j	2m	90	25j	2素子センタータップ (カソードコモン) SB形	236
C25T10Q	日本インター			100			25	93c	180		0.85	12.5	25j	2m	100	25j	2素子センタータップ (カソードコモン) SB形	236
* C30H03Q	日本インター		35	30			30	100c	300	125j	0.55	15	25j	15m	30	25j	2素子センタータップ (カソードコモン) SB形	768
C30H04Q	日本インター		45	40			30	100c	300	125j	0.55	15	25j	15m	40	25j	2素子センタータップ (カソードコモン) SB形	768
* C30H05Q	日本インター		55	50			30	96c	200	125j	0.65	15	25j	15m	50	25j	2素子センタータップ (カソードコモン) SB形	768
C30H06Q	日本インター		65	60			30	96c	200	125j	0.65	15	25j	15m	60	25j	2素子センタータップ (カソードコモン) SB形	768
* C30P03Q	日本インター		35	30			30	93c	300		0.55	15	25j	15m	30	25j	2素子センタータップ (カソードコモン) SB形	510A
* C30P04Q	日本インター		45	40			30	93c	300		0.55	15	25j	15m	40	25j	2素子センタータップ (カソードコモン) SB形	510A
* C30P05Q	日本インター		55	50			30	88c	200		0.65	15	25j	15m	50	25j	2素子センタータップ (カソードコモン) SB形	510A
* C30P06Q	日本インター		65	60			30	88c	200		0.65	15	25j	15m	60	25j	2素子センタータップ (カソードコモン) SB形	510A
* C30P09Q	日本インター			90			30	90c	250		0.88	15	25j	2m	90	25j	2素子センタータップ (カソードコモン) SB形	510A
* C30P10Q	日本インター			100			30	90c	250		0.88	15	25j	2m	100	25j	2素子センタータップ (カソードコモン) SB形	510A
* C30T02QL	日本インター		25	20			30		250		0.49	15		15m	20		2素子センタータップ (カソードコモン) SB形	236
* C30T02QL-11A	日本インター		25	20			30		250		0.49	15		15m	20		2素子センタータップ (カソードコモン) SB形	238
C30T03QL	日本インター		35	30			30	105c	250		0.49	15		15m	30		2素子センタータップ (カソードコモン) SB形	236
C30T03QL-11A	日本インター		35	30			30	105c	250		0.49	15		15m	30		2素子センタータップ (カソードコモン) SB形	238
C30T03QLH	日本インター		35	30			30	114c	250		0.56	15	25j	1m	30	25j	2素子センタータップ (カソードコモン) SB形	2A
C30T03QLH-11A	日本インター		35	30			30	114c	250		0.56	15	25j	1m	30	25j	2素子センタータップ (カソードコモン) SB形	1A
C30T04Q	日本インター			40			30	104c	250		0.55	15		15m	40		2素子センタータップ (カソードコモン) SB形	236
C30T04Q-11A	日本インター			40			30	104c	250		0.55	15		15m	40		2素子センタータップ (カソードコモン) SB形	238
C30T04QH	日本インター		45	40			30	114c	250		0.61	15	25j	1m	40	25j	2素子センタータップ (カソードコモン) SB形	2A
C30T04QH-11A	日本インター		45	40			30	114c	250		0.61	15	25j	1m	40	25j	2素子センタータップ (カソードコモン) SB形	1A
C30T06Q	日本インター			60			30	94c	200		0.65	15		15m	60		2素子センタータップ (カソードコモン) SB形	236
C30T06Q-11A	日本インター			60			30	94c	200		0.65	15		15m	60		2素子センタータップ (カソードコモン) SB形	238
C30T06QH	日本インター		65	60			30	108c	200		0.69	15	25j	1m	60	25j	2素子センタータップ (カソードコモン) SB形	2A
C30T06QH-11A	日本インター		65	60			30	108c	200		0.69	15	25j	1m	60	25j	2素子センタータップ (カソードコモン) SB形	1A
C30T09Q	日本インター			90			30		250		0.88	15		2m	90		2素子センタータップ (カソードコモン) SB形	236
C30T09Q-11A	日本インター			90			30		250		0.88	15		2m	90		2素子センタータップ (カソードコモン) SB形	238
C30T10Q	日本インター			100			30	105c	250		0.88	15		2m	100		2素子センタータップ (カソードコモン) SB形	236
C30T10Q-11A	日本インター			100			30	105c	250		0.88	15		2m	100		2素子センタータップ (カソードコモン) SB形	238
* C6P10F	日本インター		110	100			6	123c	60	40a	0.98	3	25j	10	100	25j	trr＜30ns 2素子センタータップ (カソードコモン)	273A
* C6P20F	日本インター		220	200			6	123c	60	40a	0.98	3	25j	10	200	25j	trr＜30ns 2素子センタータップ (カソードコモン)	273A
* C6P30F	日本インター		330	300			6	120c	60	40a	1.25	3	25j	20	300	25j	trr＜30ns 2素子センタータップ (カソードコモン)	273A
* C6P40F	日本インター		440	400			6	120c	60	40a	1.25	3	25j	20	400	25j	trr＜30ns 2素子センタータップ (カソードコモン)	273A
* C60H03Q	日本インター		35	30			60	94c	500	125j	0.55	30	25j	25m	30	25j	2素子センタータップ (カソードコモン) SB形	769
* C60H04Q	日本インター		45	40			60	94c	500	125j	0.55	30	25j	25m	40	25j	2素子センタータップ (カソードコモン) SB形	769
* C60H05Q	日本インター		55	50			60	89c	450	125j	0.67	30	25j	25m	50	25j	2素子センタータップ (カソードコモン) SB形	769
* C60H06Q	日本インター		65	60			60	89c	450	125j	0.67	30	25j	25m	60	25j	2素子センタータップ (カソードコモン) SB形	769
* C60P03Q	日本インター		35	30			60	72c	600	40a	0.55	30	25j	25m	30	25j	2素子センタータップ (カソードコモン) SB形	510A
* C60P04Q	日本インター		45	40			60	72c	600	40a	0.55	30	25j	25m	40	25j	2素子センタータップ (カソードコモン) SB形	510A
* C60P05Q	日本インター		55	50			60	58c	450	40a	0.67	30	25j	25m	50	25j	2素子センタータップ (カソードコモン) SB形	510A

| | 形 名 | 社 名 | 最大定格 ||||| ||| 順方向特性(typは*) |||| 逆方向特性(typは*) |||| その他の特性等 | 外形 |
| | | | P_{RSM} (kW) | V_{RSM} (V) | V_{RRM} (V) | V_R (V) | V_I (V) | I_O (A) | T条件 (°C) | I_{FSM} (A) | T条件 (°C) | V_{Fmax} (V) | 測定条件 ||| I_{Rmax} (µA) | 測定条件 || | |
													I_F(A)	T(°C)		V_R(V)	T(°C)		
*	C60P06Q	日本インター	65	60				60	58c	450	40a	0.67	30	25j	25m	60	25j	2素子センタータップ (カソードコモン) SB形	510A
*	C60P10FE	日本インター	110	100				60	94c	450	40a	0.98	30	25j	25	100	25j	trr<50ns 2素子センタータップ (カソードコモン)	586
	C60P20FE	日本インター	220	200				60	94c	450	40a	0.98	30	25j	25	200	25j	trr<50ns 2素子センタータップ (カソードコモン)	586
	C60P30FE	日本インター	330	300				60	82c	450	40a	1.25	30	25j	50	300	25j	trr<50ns 2素子センタータップ (カソードコモン)	586
	C60P40FE	日本インター	440	400				60	82c	450	40a	1.25	30	25j	50	400	25j	trr<50ns 2素子センタータップ (カソードコモン)	586
	C60P60FE	日本インター		600				60	57c	450	40a	1.7	30	25j	50	600	25j	2素子センタータップ (カソードコモン)	586
*	C8P03Q	日本インター	35	30				8	106c	100	25j	0.55	4	25j	3m	30	25j	2素子センタータップ (カソードコモン) SB形	273A
	C8P04Q	日本インター	45	40				8	106c	100	25j	0.55	4	25j	3m	40	25j	2素子センタータップ (カソードコモン) SB形	273A
*	C8P05Q	日本インター	55	50				8	103c	75	25j	0.65	4	25j	3m	50	25j	2素子センタータップ (カソードコモン) SB形	273A
	C8P06Q	日本インター	65	60				8	103c	75	25j	0.65	4	25j	3m	60	25j	2素子センタータップ (カソードコモン) SB形	273A
*	C80H03Q	日本インター	35	30				80	85c	600	125j	0.55	40	25j	25m	30	25j	2素子センタータップ (カソードコモン) SB形	769
	C80H04Q	日本インター	45	40				80	85c	600	125j	0.55	40	25j	25m	40	25j	2素子センタータップ (カソードコモン) SB形	769
*	C80H05Q	日本インター	55	50				80	78c	500	125j	0.67	40	25j	25m	50	25j	2素子センタータップ (カソードコモン) SB形	769
	C80H06Q	日本インター	65	60				80	78c	500	125j	0.67	40	25j	25m	60	25j	2素子センタータップ (カソードコモン) SB形	769
*	CTB-23L	サンケン	35	30				10	100c	60	25j	0.55	5	25j	5m	30	25j	Ioはラジエータ付 2素子(カソードコモン) SB形	273A
	CTB-23	サンケン	35	30				4	104c	60	25j	0.55	2		5m	30		Ioはラジエータ付 2素子(カソードコモン) SB形	273A
*	CTB-24L	サンケン	45	40				10	99c	60	25j	0.55	5	25j	5m	40	25j	Ioはラジエータ付 2素子(カソードコモン) SB形	273A
*	CTB-24	サンケン	48	40				4	104c	60	25j	0.55	2		5m	40		Ioはラジエータ付 2素子(カソードコモン) SB形	273A
	CTB-33M	サンケン	35	30				30	88c	300	25j	0.55	15	25j	20m	30	25j	Ioはラジエータ付 2素子(カソードコモン) SB形	275
	CTB-33S	サンケン	35	30				12	100c	75	25j	0.58	6	25j	5m	30	25j	Ioはラジエータ付 2素子(カソードコモン) SB形	275
	CTB-33	サンケン		30				15		150	25j	0.55			10	30		Ioはラジエータ付 2素子(カソードコモン) SB形	275
	CTB-34M	サンケン	48	40				30	88c	300	25j	0.55	15	25j	20m	40	25j	Ioはラジエータ付 2素子(カソードコモン) SB形	275
	CTB-34S	サンケン	48	40				12	99c	75	25j	0.58	6	25j	5m	40	25j	Ioはラジエータ付 2素子(カソードコモン) SB形	275
	CTB-34	サンケン		40				15		150	25j	0.55	10		10m	40		Ioはラジエータ付 2素子(カソードコモン) SB形	275
*	CTG-11R	サンケン	70	70				5		35	25j	1.3	2.5		500	70		Ioはフィン付 2素子センタータップ (アノードコモン)	273B
*	CTG-11S	サンケン	70	70				5		35	25j	1.3	2.5		500	70		Ioはフィン付 2素子センタータップ (カソードコモン)	273A
	CTG-12R	サンケン	200	200				5		35	25j	1.8	2.5		500	200		Ioはフィン付 2素子センタータップ (アノードコモン)	273B
	CTG-12S	サンケン	200	200				5		35	25j	1.8	2.5		500	200		Ioはフィン付 2素子センタータップ (カソードコモン)	273A
	CTG-14R	サンケン	400	400				5		35	25j	2	2.5		500	400		Ioはフィン付 2素子センタータップ (アノードコモン)	273B
	CTG-14S	サンケン	400	400				5		35	25j	2	2.5		500	400		Ioはフィン付 2素子センタータップ (カソードコモン)	273A
	CTG-21R	サンケン	70	70	50			10	92c	65	25j	1.3	5	25c	500	70	25j	2素子センタータップ (アノードコモン)	273B
	CTG-21S	サンケン	70	70	50			10	92c	65	25j	1.3	5	25c	500	70	25j	2素子センタータップ (カソードコモン)	273A
	CTG-22R	サンケン	200	200	140			10	65c	65	25j	1.8	5	25c	500	200	25j	2素子センタータップ (アノードコモン)	273B
	CTG-22S	サンケン	200	200	140			10	65c	65	25j	1.8	5	25c	500	200	25j	2素子センタータップ (カソードコモン)	273A
	CTG-23R	サンケン	300	300				10		65	25j	1.8	5		500	300		Ioはフィン付 2素子センタータップ (アノードコモン)	273B
	CTG-23S	サンケン	300	300				10		65	25j	1.8	5		500	300		Ioはフィン付 2素子センタータップ (カソードコモン)	273A
	CTG-24R	サンケン	400	400				8		65	25j	2	5		500	400		Ioはフィン付 2素子センタータップ (アノードコモン)	273B
	CTG-24S	サンケン	400	400				8		65	25j	2	5		500	400		Ioはフィン付 2素子センタータップ (カソードコモン)	273A
	CTG-31R	サンケン	70	70	50			20	92c	150	25j	1.3	10	25c	1m	70	25j	2素子センタータップ (アノードコモン)	275
	CTG-31S	サンケン	70	70	50			20	92c	150	25j	1.3	10	25c	1m	70	25j	2素子センタータップ (カソードコモン)	275
	CTG-32R	サンケン	200	200	140			20	65c	150	25j	1.8	10	25c	1m	200	25j	2素子センタータップ (アノードコモン)	275
*	CTG-32S	サンケン	200	200	140			20	65c	150	25j	1.8	10	25c	1m	200	25j	2素子センタータップ (カソードコモン)	275

	形　名	社　名	最大定格 P_{RSM} (kW)	V_{RSM} (V)	V_{RRM} (V)	V_R (V)	V_I (V)	I_O (A)	T条件 (℃)	I_{FSM} (A)	T条件 (℃)	順方向特性(typは*) V_{Fmax} (V)	測定条件 I_F(A)	T(℃)	逆方向特性(typは*) I_{Rmax} (μA)	測定条件 V_R(V)	T(℃)	その他の特性等	外形
*	CTG-33R	サンケン		300	300			20		150	25j	1.8	10		1m	300		IoはフィンJu 2素子センタータップ (アノードコモン)	275
*	CTG-33S	サンケン		300	300			20		150	25j	1.8	10		1m	300		IoはフィンJu 2素子センタータップ (カソードコモン)	275
*	CTG-34R	サンケン		400	400			16		100	25j	2	10		1m	400		IoはフィンJu 2素子センタータップ (アノードコモン)	275
*	CTG-34S	サンケン		400	400			16		100	25j	2	10		1m	400		IoはフィンJu 2素子センタータップ (カソードコモン)	275
*	CTL-11S	サンケン		100	100			5		35		0.98	2.5		100	100		IoはフィンJu 2素子センタータップ (カソードコモン)	273A
*	CTL-12S	サンケン		200	200			5		35		0.98	2.5		100	200		IoはフィンJu 2素子センタータップ (カソードコモン)	273A
*	CTL-21S	サンケン		100	100			10		65		0.98	5		200	100		IoはフィンJu 2素子センタータップ (カソードコモン)	273A
*	CTL-22S	サンケン		200	200			10		65		0.98	5		200	200		IoはフィンJu 2素子センタータップ (カソードコモン)	273A
*	CTL-31S	サンケン		100	100			20		150		0.98	10		500	100		IoはフィンJu 2素子センタータップ (カソードコモン)	275
*	CTL-32S	サンケン		200	200			20		150		0.98	10		500	200		IoはフィンJu 2素子センタータップ (カソードコモン)	275
*	CTM-20R	サンケン			50	35		8	50a	100		1.3	5		10	50		2素子センタータップ (アノードコモン)	273B
*	CTM-20S	サンケン			50	35		8	50a	100		1.3	5		10	50		2素子センタータップ (カソードコモン)	273A
*	CTM-21R	サンケン			100	70		8	50a	100		1.3	5		10	100		2素子センタータップ (アノードコモン)	273B
*	CTM-21S	サンケン			100	70		8	50a	100		1.3	5		10	100		2素子センタータップ (カソードコモン)	273A
*	CTM-22R	サンケン			200	140		8	50a	100		1.3	5		10	200		2素子センタータップ (アノードコモン)	273B
*	CTM-22S	サンケン			200	140		8	50a	100		1.3	5		10	200		2素子センタータップ (カソードコモン)	273A
*	CTM-24R	サンケン			400	280		8	50a	100		1.3	5		10	400		2素子センタータップ (アノードコモン)	273B
*	CTM-24S	サンケン			400	280		8	50a	100		1.3	5		10	400		2素子センタータップ (カソードコモン)	273A
*	CTM-26R	サンケン			600	420		8	50a	100		1.3	5		10	600		2素子センタータップ (アノードコモン)	273B
*	CTM-26S	サンケン			600	420		8	50a	100		1.3	5		10	600		2素子センタータップ (カソードコモン)	273A
*	CTM-30R	サンケン	70	50	35			15	117c	120		1.2	10		10	50		2素子センタータップ (アノードコモン)	275
*	CTM-30S	サンケン	70	50	35			15	117c	120		1.2	10		10	50		2素子センタータップ (カソードコモン)	275
*	CTM-31R	サンケン	150	100	70			15	117c	120		1.2	10		10	100		2素子センタータップ (アノードコモン)	275
*	CTM-31S	サンケン	150	100	70			15	117c	120		1.2	10		10	100		2素子センタータップ (カソードコモン)	275
*	CTM-32R	サンケン	250	200	140			15	117c	120		1.2	10		10	200		2素子センタータップ (アノードコモン)	275
*	CTM-32S	サンケン	250	200	140			15	117c	120		1.2	10		10	200		2素子センタータップ (カソードコモン)	275
*	CTM-34R	サンケン	450	400				15	117c	120		1.2	10		10	400		IoはフィンJu 2素子センタータップ (アノードコモン)	275
*	CTM-34S	サンケン	450	400				15	117c	120		1.2	10		10	400		IoはフィンJu 2素子センタータップ (カソードコモン)	275
*	CTU-11R	サンケン		150	100			6	60R	30		2	3		50	100		IoはフィンJu 2素子センタータップ (アノードコモン)	273B
*	CTU-11S	サンケン		150	100			6	60R	30		2	3		50	100		IoはフィンJu 2素子センタータップ (カソードコモン)	273A
*	CTU-12R	サンケン		250	200			6	60R	30		2	3		50	200		IoはフィンJu 2素子センタータップ (アノードコモン)	273B
*	CTU-12S	サンケン		250	200			6	60R	30		2	3		50	200		IoはフィンJu 2素子センタータップ (カソードコモン)	273A
*	CTU-14R	サンケン		450	400			6	60R	30		2	3		50	400		IoはフィンJu 2素子センタータップ (アノードコモン)	273B
*	CTU-14S	サンケン		450	400			6	60R	30		2	3		50	400		IoはフィンJu 2素子センタータップ (カソードコモン)	273A
*	CTU-16R	サンケン		650	600			6	60R	30		2	3		50	600		IoはフィンJu 2素子センタータップ (アノードコモン)	273B
*	CTU-16S	サンケン		650	600			6	60R	30		2	3		50	600		IoはフィンJu 2素子センタータップ (カソードコモン)	273A
*	CTU-20R	サンケン			50	35		8	60a	40		2	5		50	50		2素子センタータップ (アノードコモン)	273B
*	CTU-20S	サンケン			50	35		8	60a	40		2	5		50	50		2素子センタータップ (カソードコモン)	273A
*	CTU-21R	サンケン			100	70		8	60a	40		2	5		50	100		2素子センタータップ (アノードコモン)	273B
*	CTU-21S	サンケン			100	70		8	60a	40		2	5		50	100		2素子センタータップ (カソードコモン)	273A
*	CTU-22R	サンケン			200	140		8	60a	40		2	5		50	200		2素子センタータップ (アノードコモン)	273B
*	CTU-22S	サンケン			200	140		8	60a	40		2	5		50	200		2素子センタータップ (カソードコモン)	273A

形　名	社　名	P_{RSM} (kW)	V_{RSM} (V)	V_{RRM} (V)	V_R (V)	V_I (V)	I_O (A)	T条件 (°C)	I_{FSM} (A)	T条件 (°C)	V_{Fmax} (V)	I_F (A)	T(°C)	I_{Rmax} (μA)	V_R (V)	T(°C)	その他の特性等	外形
* CTU-22U	サンケン		250	200			4	60a	40			2	5		50	200		Ioはﾌｨﾝ付き 2素子直列	273C
* CTU-24R	サンケン			400	280		8	60a	40			2	5		50	400		2素子ｾﾝﾀｰﾀｯﾌﾟ(ｱﾉｰﾄﾞｺﾓﾝ)	273B
* CTU-24S	サンケン			400	280		8	60a	40			2	5		50	400		2素子ｾﾝﾀｰﾀｯﾌﾟ(ｶｿｰﾄﾞｺﾓﾝ)	273A
* CTU-26R	サンケン			600	420		8	60a	40			2	5		50	600		2素子ｾﾝﾀｰﾀｯﾌﾟ(ｱﾉｰﾄﾞｺﾓﾝ)	273B
* CTU-26S	サンケン			600	420		8	60a	40			2	5		50	600		2素子ｾﾝﾀｰﾀｯﾌﾟ(ｶｿｰﾄﾞｺﾓﾝ)	273A
CTU-30R	サンケン		70	50	30		12	118c	80			1.5	10		10	50		2素子ｾﾝﾀｰﾀｯﾌﾟ(ｱﾉｰﾄﾞｺﾓﾝ)	275
CTU-30S	サンケン		70	50	30		12	118c	80			1.5	10		10	50		2素子ｾﾝﾀｰﾀｯﾌﾟ(ｶｿｰﾄﾞｺﾓﾝ)	275
* CTU-31R	サンケン		150	100	70		12	118c	80			1.5	10		10	100		2素子ｾﾝﾀｰﾀｯﾌﾟ(ｱﾉｰﾄﾞｺﾓﾝ)	275
* CTU-31S	サンケン		150	100	70		12	118c	80			1.5	10		10	100		2素子ｾﾝﾀｰﾀｯﾌﾟ(ｶｿｰﾄﾞｺﾓﾝ)	275
CTU-32R	サンケン		250	200	140		12	118c	80			1.5	10		10	200		2素子ｾﾝﾀｰﾀｯﾌﾟ(ｱﾉｰﾄﾞｺﾓﾝ)	275
CTU-32S	サンケン		250	200	140		12	118c	80			1.5	10		10	200		2素子ｾﾝﾀｰﾀｯﾌﾟ(ｶｿｰﾄﾞｺﾓﾝ)	275
* CTU-34R	サンケン		450	400	280		12	118c	80			1.5	10		10	400		2素子ｾﾝﾀｰﾀｯﾌﾟ(ｱﾉｰﾄﾞｺﾓﾝ)	275
* CTU-34S	サンケン		450	400	280		12	118c	80			1.5	10		10	400		2素子ｾﾝﾀｰﾀｯﾌﾟ(ｶｿｰﾄﾞｺﾓﾝ)	275
* CTU-36R	サンケン		650	600	420		12	118c	80			1.5	10		10	600		2素子ｾﾝﾀｰﾀｯﾌﾟ(ｱﾉｰﾄﾞｺﾓﾝ)	275
* CTU-36S	サンケン		650	600	420		12	118c	80			1.5	10		10	600		2素子ｾﾝﾀｰﾀｯﾌﾟ(ｶｿｰﾄﾞｺﾓﾝ)	275
D1CA20	新電元			200			1		30		25j	1.1	1	25L	10	200	25L	4素子複合(ｶｿｰﾄﾞｺﾓﾝ)	279
D1CA20R	新電元			200			1		30		25j	1.1	1	25L	10	200	25L	4素子複合(ｱﾉｰﾄﾞｺﾓﾝ)	279
D1CA40	新電元			400			1		30			1.1	1		10	400		4素子複合(ｶｿｰﾄﾞｺﾓﾝ)	279
D1CA40R	新電元			400			1		30			1.1	1		10	400		4素子複合(ｱﾉｰﾄﾞｺﾓﾝ)	279
D1CA60	新電元			600			1		30			1.1	1		10	600		4素子複合(ｶｿｰﾄﾞｺﾓﾝ)	279
D1CA60R	新電元			600			1		30			1.1	1		10	600		4素子複合(ｱﾉｰﾄﾞｺﾓﾝ)	279
* D1CAK20	新電元			200			0.7		25		25j	1.2	0.7	25L	10	200	25L	trr<300ns 4素子複合(ｶｿｰﾄﾞｺﾓﾝ)	279
* D1CAK20R	新電元			200			0.7		25		25j	1.2	0.7	25L	10	200	25L	trr<300ns 4素子複合(ｱﾉｰﾄﾞｺﾓﾝ)	279
D1CS20	新電元			200			1		30		25j	1.1	1	25L	10	200	25L	3素子複合(ｶｿｰﾄﾞｺﾓﾝ)	278
* D1CS20R	新電元			200			1		30		25j	1.1	1	25L	10	200	25L	3素子複合(ｱﾉｰﾄﾞｺﾓﾝ)	278
D1CS60	新電元			600			1		30			1.1	1		10	600		4素子複合(ｶｿｰﾄﾞｺﾓﾝ)	279
D1CS60R	新電元			600			1		30			1.1	1		10	600		4素子複合(ｱﾉｰﾄﾞｺﾓﾝ)	279
D1CSK20	新電元			200			0.7		25		25j	1.2	0.7	25L	10	200	25L	trr<300ns 3素子複合(ｶｿｰﾄﾞｺﾓﾝ)	278
D1JA20	新電元			200			1		30		25j	1.1	1	25L	10	200	25L	4素子複合	281
D1JA60	新電元			600			1		30		25j	1.1	1	25L	10	600	25L	4素子複合	281
* D1JAK20	新電元			200			0.7		25		25j	1.2	0.7	25L	10	200	25L	trr<300ns 4素子複合	281
* D1JS20	新電元			200			1		30		25j	1.1	1	25L	10	200	25L	3素子複合	280
D1UB80	新電元			800			1	100L	30		25j	0.95	0.4	25L	10	800	25L	Ioはｱﾙﾐﾁ基板実装時 ﾌﾞﾘｯｼﾞ接続	600
D1UBA80	新電元			800			1	100L	30		25j	0.95	0.4	25L	10	800	25L	Ioはｱﾙﾐﾁ基板実装時 ﾌﾞﾘｯｼﾞ接続	600
D10JBB60V	新電元			600			10	129c	150		25j	1.05	5	25c	10	600	25c	ﾌﾞﾘｯｼﾞ接続	150
D10JBB80V	新電元			800			10	129c	150		25j	1.05	5	25c	10	800	25c	ﾌﾞﾘｯｼﾞ接続	150
D10LC20U	新電元			200			10	114c	80		25j	0.98	5	25c	10	200	25c	trr<35ns 2素子ｾﾝﾀｰﾀｯﾌﾟ(ｶｿｰﾄﾞｺﾓﾝ)	797
D10LC20UR	新電元			200			10	114c	80		25j	0.98	5	25c	10	200	25c	trr<35ns 2素子ｾﾝﾀｰﾀｯﾌﾟ(ｱﾉｰﾄﾞｺﾓﾝ)	797
D10LC40	新電元			400			10	100c	80		25j	1.3	5	25c	10	400	25c	trr<50ns 2素子ｾﾝﾀｰﾀｯﾌﾟ(ｶｿｰﾄﾞｺﾓﾝ)	797
* D10LCA20	新電元			200			10	115c	80		25j	0.98	5	25c	10	200	25c	trr<50ns 2素子ｾﾝﾀｰﾀｯﾌﾟ(ｶｿｰﾄﾞｺﾓﾝ)	797
D10SBS4	新電元	0.33	45	40			10	67c	100		25j	0.55	5	25j	3.5m	40	25j	Cj=180pF Ioはﾗｼﾞｴｰﾀ ﾌﾞﾘｯｼﾞ接続 SB	230
D10SC4M	新電元	0.33	45	40			10	123c	100	125j	25c	0.55	5	25c	3.5m	40	25c	Cj=180pF 2素子ｾﾝﾀｰﾀｯﾌﾟ(ｶｿｰﾄﾞｺﾓﾝ)SB	797

形 名	社 名	最大定格 PRSM (kW)	VRSM (V)	VRRM (V)	VR (V)	VI (V)	Io (A)	T条件 (°C)	IFSM (A)	T条件 (°C)	順方向特性(typは*) VFmax (V)	測定条件 IF(A)	T(°C)	逆方向特性(typは*) IRmax (μA)	測定条件 VR(V)	T(°C)	その他の特性等	外形
D10SC4MR	新電元	0.33	45	40			10	123c	100	125j	0.55	5	25c	3.5m	40	25c	Cj=180pF 2素子センタータップ (アノードコモン) SB	797
D10SC6M	新電元	0.33	65	60			10	120c	100	125j	0.58	5	25c	4.5m	60	25c	Cj=200pF 2素子センタータップ (カソードコモン) SB	797
D10SC6MR	新電元	0.33	65	60			10	120c	100	125j	0.58	5	25c	4.5m	60	25c	Cj=200pF 2素子センタータップ (アノードコモン) SB	797
D10SC9M	新電元	0.33	100	90			10	111c	100	125j	0.75	5	25c	3m	90	25c	Cj=185pF 2素子センタータップ (カソードコモン) SB	797
D10SD6M	新電元	0.33	65	60			10	120c	100	125j	0.58	5	25c	4.5m	60	25c	Cj=200pF 2素子直列 SB形	797
D10VD60Z	新電元			600			30	87c	300	25j	1.05	10	25c	10	600		2素子直列 アバランシェ形	482
D10XB20	新電元			200			10	100c	120	25j	1.1	5	25c	10	200	25c	Ioはラジエータ付き ブリッジ接続	230
D10XB20H	新電元			200			10	112c	170	25j	1.05	5	25c	10	200	25c	Ioはラジエータ付き ブリッジ接続	230
D10XB40H	新電元			400			10	112c	170	25j	1.05	5	25c	10	400	25c	Ioはラジエータ付き ブリッジ接続	230
D10XB60	新電元			600			10	100c	120	25j	1.1	5	25c	10	600	25c	Ioはラジエータ付き ブリッジ接続	230
D10XB60H	新電元			600			10	112c	170	25j	1.05	5	25c	10	600	25c	Ioはラジエータ付き ブリッジ接続	230
D10XB80	新電元			800			10	100c	120	25j	1.1	5	25c	10	800	25c	Ioはラジエータ付き ブリッジ接続	230
D120LC40	新電元			400			120	95c	650	25j	1.3	60	25c	25	400	25c	trr<100ns 2素子センタータップ (カソードコモン)	648
D120LC40B	新電元			400			120	60c	650	25j	1.3	60	25c	25	400	25c	trr<100ns 2素子センタータップ (カソードコモン)	648
D120SC3M	新電元		35	30			120	99c	800	125j	0.5	60	25c	80m	30	25c	Cj=2.9nF 2素子センタータップ (カソードコモン) SB	648
D120SC4M	新電元		48	40			120	90c	800	125j	0.58	60	25c	40m	40	25c	Cj=2.1nF 2素子センタータップ (カソードコモン) SB	648
D120SC6M	新電元		65	60			120	85c	800	125j	0.67	60	25c	40m	60	25c	Cj=2.2nF 2素子センタータップ (カソードコモン) SB	648
D120SC7M	新電元			70			120	84c	800	125j	0.67	60	25c	80m	70	25c	Cj=2.2nF 2素子センタータップ (カソードコモン) SB	648
D15JAB60V	新電元			600			15	110c	200	25j	1.05	7.5	25c	10	600	25c	ブリッジ接続	136
D15JAB80V	新電元			800			15	110c	200	25j	1.05	7.5	25c	10	800	25c	ブリッジ接続	136
D15LC20U	新電元			200			15	104c	110	25j	0.98	7.5	25c	10	200	25c	trr<35ns 2素子センタータップ (カソードコモン)	797
* D15LCA20	新電元			200			15	105c	110	25j	0.98	7.5	25c	10	200	25c	trr<50ns 2素子センタータップ (カソードコモン)	797
D15SCA4M	新電元	0.33	45	40			15	117c	150	25j	0.55	7.5	25c	5m	40	25c	Cj=340pF 2素子センタータップ (カソードコモン) SB	797
D15VD40	新電元			400			15	94c	400	25j	1.05	15	25c	10	400	25c	2素子直列	606
D15XB20	新電元			200			15	100c	200	25j	1.1	7.5	25c	10	200	25c	Ioはラジエータ付き ブリッジ接続	796
D15XB20H	新電元			200			15	100c	240	25j	1.05	7.5	25c	10	200	25c	Ioはラジエータ付き ブリッジ接続	796
D15XB40H	新電元			400			15	100c	240	25j	1.05	7.5	25c	10	400	25c	Ioはラジエータ付き ブリッジ接続	796
D15XB60	新電元			600			15	100c	200	25j	1.1	7.5	25c	10	600	25c	Ioはラジエータ付き ブリッジ接続	796
D15XB60H	新電元			600			15	100c	240	25j	1.05	7.5	25c	10	600	25c	Ioはラジエータ付き ブリッジ接続	796
D15XB80	新電元			800			15	100c	200	25j	1.1	7.5	25c	10	800	25c	Ioはラジエータ付き ブリッジ接続	796
D15XB100	新電元			1000			15	110c	200	25j	1.05	7.5	25c	10	1000	25c	ブリッジ接続	796
D15XBN20	新電元			200			15	106c	200	25j	0.9	7.5	25c	5	200	25c	Cj=190pF ブリッジ接続 SB形	796
D15XBN20	新電元			200			15	106c	200	25j	0.9	7.5	25c	5	200	25c	2素子センタータップ (カソードコモン) SB形	796
D15XBS6	新電元	0.33	65	60			15	59c	150	25j	0.63	7.5	25c	6m	60	25c	Cj=410pF ブリッジ接続 SB形	230
D180SC3M	新電元		35	30			180	94c	800	125j	0.5	60	25c	80m	30	25c	Cj=2.9nF 2素子センタータップ (カソードコモン) SB	648
D180SC4M	新電元		48	40			180	83c	800	125j	0.58	60	25c	40m	40	25c	Cj=2.1nF 2素子センタータップ (カソードコモン) SB	648
D180SC6M	新電元		65	60			180	78c	800	125j	0.67	60	25c	40m	60	25c	Cj=2.2nF 2素子センタータップ (カソードコモン) SB	648
D180SC7M	新電元			70			180	77c	800	125j	0.67	60	25c	80m	70	25c	Cj=2.2nF 2素子センタータップ (カソードコモン) SB	648
D2SB20	新電元			200			1.5		80	25j	1.05	0.75	25L	10	200	25L	Ioはプリント基板実装時 ブリッジ接続	231
D2SB60	新電元			600			1.5		80	25j	1.05	0.75	25L	10	600	25L	Ioはプリント基板実装時 ブリッジ接続	231
D2SB60A	新電元			600			2	115L	120	25j	0.95	1	25L	10	600	25L	ブリッジ接続	231
D2SB60L	新電元			600			1.5		120	25j	1.05	0.75	25L	10	600	25L	ブリッジ接続 低ノイズタイプ	231

形 名	社 名	最大定格 PRSM (kW)	VRSM (V)	VRRM (V)	VR (V)	VI (V)	Io (A)	T条件 (°C)	IFSM (A)	T条件 (°C)	順方向特性(typは*) VFmax (V)	測定条件 IF(A)	T(°C)	逆方向特性(typは*) IRmax (μA)	測定条件 VR(V)	T(°C)	その他の特性等	外形
D2SB80	新電元			800			1.5		80	25j	1.05	0.75	25L	10	800	25L	Ioはプリント基板実装時 ブリッジ接続	231
D2SB80A	新電元			800			2	115L	120	25j	0.95	1	25L	10	800	25L	ブリッジ接続	231
D2SBA20	新電元			200			1.5		60	25j	1.05	0.75	25L	10	200	25L	ブリッジ接続	231
D2SBA60	新電元			600			1.5		60	25j	1.05	0.75	25L	10	600	25L	Ioはプリント基板実装時 ブリッジ接続	231
D20LC20U	新電元			200			20	112c	150	25j	0.98	10	25c	10	200	25c	trr<35ns 2素子センタータップ(カソードコモン)	593
D20LC40	新電元			400			20	102c	120	25j	1.3	10	25c	10	400	25c	trr<50ns 2素子センタータップ(カソードコモン)	593
D20SC9M	新電元	0.66	100	90			20	111c	200	25j	0.75	10	25c	10m	90	25c	Cj=370pF 2素子センタータップ(カソードコモン) SB	593
D20VT60	新電元		800	600			20	95c	300	25j	1.05	7	25c	10	600	25c	3相ブリッジ	650
D20XB20	新電元			200			20	87c	240	25j	1.1	10	25c	10	200	25c	Ioはラジエータ付き ブリッジ接続	796
D20XB60	新電元			600			20	87c	240	25j	1.1	10	25c	10	600	25c	Ioはラジエータ付き ブリッジ接続	796
D20XB80	新電元			800			20	87c	240	25j	1.1	10	25c	10	800	25c	Ioはラジエータ付き ブリッジ接続	796
D20XBS6	新電元		65	60			20	100c	200	25j	0.63	10	25c	8m	60	25c	Cj=370pF ブリッジ接続 SB形	796
D20XBS6	新電元		65	60			20	100c	200	25j	0.63	10	25c	8m	60	25c	2素子センタータップ(カソードコモン) SB形	796
D200LC40B	新電元			400			200	52c	1400	25j	1.3	100	25c	50	400	25c	trr<150ns 2素子センタータップ(カソードコモン)	648
D240LC40	新電元			400			240	77c	1400	125j	1.3	120	25c	50	400	25c	trr<150ns 2素子センタータップ(カソードコモン)	648
D240SC3M	新電元		35	30			240	90c	1600	125j	0.5	120	25c	160m	30	25c	Cj=5.8nF 2素子センタータップ(カソードコモン) SB	648
D240SC3MH	新電元		35	30			240	90c	1600	125j	0.5	120	25c	160m	30	25c	Cj=5.8nF 2素子センタータップ(カソードコモン) SB	648
D240SC4M	新電元		48	40			240	77c	1600	125j	0.6	120	25c	80m	40	25c	Cj=4.2nF 2素子センタータップ(カソードコモン) SB	648
D240SC4MH	新電元		48	40			240	77c	1600	125j	0.6	120	25c	80m	40	25c	Cj=4.2nF 2素子センタータップ(カソードコモン) SB	648
D240SC6M	新電元		65	60			240	71c	1600	125j	0.67	120	25c	80m	60	25c	Cj=4.4nF 2素子センタータップ(カソードコモン) SB	648
D240SC6MH	新電元		65	60			240	71c	1600	125j	0.67	120	25c	80m	60	25c	Cj=4.4nF 2素子センタータップ(カソードコモン) SB	648
D240SC7M	新電元			70			240	70c	1600	125j	0.67	120	25c	160m	70	25c	Cj=4.4nF 2素子センタータップ(カソードコモン) SB	648
D25JAB60V	新電元			600			25	107c	350	25j	1.05	12.5	25c	10	600	25c	ブリッジ接続	136
D25JAB80V	新電元			800			25	107c	350	25j	1.05	12.5	25c	10	800	25c	ブリッジ接続	136
D25SC6M	新電元	0.66	65	60			25	117c	300	125j	0.58	12.5	25j	10m	60	25j	Cj=490pF 2素子センタータップ(カソードコモン) SB	593
D25SC6MR	新電元	0.66	65	60			25	117c	300	125j	0.58	12.5	25j	10m	60	25c	Cj=490pF 2素子センタータップ(アノードコモン) SB	593
D25XB20	新電元			200			25	98c	350	25j	1.05	12.5	25c	10	200	25c	Ioはラジエータ付き ブリッジ接続	796
D25XB60	新電元			600			25	98c	350	25j	1.05	12.5	25c	10	600	25c	Ioはラジエータ付き ブリッジ接続	796
D25XB80	新電元			800			25	98c	350	25j	1.05	12.5	25c	10	800	25c	Ioはラジエータ付き ブリッジ接続	796
D25XB100	新電元			1000			25	106c	350	25j	1.05	12.5	25c	10	1000	25c	ブリッジ接続	796
D3SB20	新電元			200			4	108c	120	25j	1.05	2	25c	10	200	25c	Ioはラジエータ付き ブリッジ接続	230
D3SB60	新電元			600			4	108c	120	25j	1.05	2	25c	10	600	25c	Ioはラジエータ付き ブリッジ接続	230
D3SB60Z	新電元	3		600			4	108c	120	25j	1.05	2	25c	10	600	25c	Vz>750V ブリッジ接続 アバランシェ形	230
D3SB80	新電元			800			4	108c	120	25j	1.05	2	25c	10	800	25c	ブリッジ接続 Ioはラジエータ付き	230
D3SB80Z	新電元	3		800			4	108c	120	25j	1.05	2	25c	10	800	25c	Vz>750V ブリッジ接続 アバランシェ形	230
D3SBA20	新電元			200			4	108c	80	25j	1.05	2	25c	10	200	25c	Ioはラジエータ付き ブリッジ接続	230
D3SBA60	新電元			600			4	108c	80	25j	1.05	2	25c	10	600	25c	Ioはラジエータ付き ブリッジ接続	230
D30SC4M	新電元	1	45	40			30	112c	300	125j	0.55	15	25c	10m	40	25c	Cj=590pF 2素子センタータップ(カソードコモン) SB	593
D30VC60	新電元			600			30	124c	300	25j	1.05	15	25L	10	600	25L	Ioはラジエータ 2素子センタータップ(カソードコモン)	605
D30VT60	新電元		800	600			30	80c	400	25j	1.05	10	25c	10	600	25c	3相ブリッジ	650
D30VTA160	新電元			1600			30	105c	350	25j	1.05	10	25c	100	1600	25c	3相ブリッジ	649
D30XBN20	新電元			200			30	91c	350	25j	0.9	15	25c	10	200	25c	Cj=360pF ブリッジ接続 SB形	796

形　名	社名	P_{RSM} (kW)	V_{RSM} (V)	V_{RRM} (V)	V_R (V)	V_I (V)	I_O (A)	T条件 (℃)	I_{FSM} (A)	T条件 (℃)	V_{Fmax} (V)	I_F(A)	T(℃)	I_{Rmax} (μA)	V_R(V)	T(℃)	その他の特性等	外形
D30XBN20	新電元			200			30	91c	350	25j	0.9	15	25c	10	200	25c	2素子センタータップ (カソードコモン) SB形	796
D30XT80	新電元			800			30	117c	300	25j	1.05	10	25j	10	800	25c	3相ブリッジ	458
D360SC3M	新電元		35	30			360	81c	1600	125j	0.5	120	25c	160m	30	25c	Cj=5.8nF 3素子センタータップ (カソードコモン) SB	648
D360SC4M	新電元		48	40			360	64c	1600	125j	0.6	120	25c	80m	40	25c	Cj=4.2nF 3素子センタータップ (カソードコモン) SB	648
D360SC5M	新電元			50			360	63c	1600	125j	0.67	120	25c	160m	50	25c	Cj=4.2nF 3素子センタータップ (カソードコモン) SB	648
D360SC6M	新電元		65	60			360	58c	1600	125j	0.67	120	25c	80m	60	25c	Cj=4.4nF 3素子センタータップ (カソードコモン) SB	648
D360SC7M	新電元			70			360	57c	1600	125j	0.67	120	25c	160m	70	25c	Cj=4.4nF 3素子センタータップ (カソードコモン) SB	648
* D4BB20	新電元			200			4.5	30a	200	25c	1.05	2.5	25c	10	200	25c	Ioはラジエータ付き ブリッジ接続	566
* D4BB40	新電元			400			4.5	30a	200	25c	1.05	2.5	25c	10	400	25c	Ioはラジエータ付き ブリッジ接続	566
D4SB60L	新電元			600			4	111C	150	25j	0.95	2	25C	10	600	25c	ブリッジ接続 低ノイズタイプ	230
D4SB80	新電元			800			4	108c	150	25j	0.95	2	25c	10	800	25c	Ioはラジエータ付き ブリッジ接続	230
D4SB80Z	新電元	5		800			4	108c	150	25j	0.95	2	25c	10	800	25c	Vz>1000V ブリッジ接続 アバランシェ形	230
D4SBL20U	新電元			200			4	108c	60	25j	0.98	2	25c	10	200	25c	trr<35ns Ioはラジエータ付 ブリッジ接続	230
D4SBL40	新電元			400			4	91c	50	25j	1.3	2.5	25j	10	400	25j	trr<50ns Ioはラジエータ付 ブリッジ接続	230
D4SBN10	新電元			200			4	103c	60	25j	0.9	2	25c	1.5	200	25c	Cj=60pF ブリッジ接続 SB形	230
D4SBN20	新電元			200			4	103c	60	25j	0.9	2	25c	1.5	200	25c	2素子センタータップ (カソードコモン) SB形	230
D4SBS4	新電元	160W	45	40			4	116c	60	25j	0.55	2	25c	2m	40	25c	Ioはラジエータ付き ブリッジ接続 SB形	230
D4SBS6	新電元	0.33	65	60			4	114c	60	125j	0.62	2	25c	2m	60	25c	Cj=180pF Ioはラジエータ ブリッジ接続 SB	230
D4SC6M	新電元	0.33	65	60			4	138c	60	125j	0.58	2	25c	2m	60	25c	Cj=120pF 2素子センタータップ (カソードコモン) SB	797
D45XT80	新電元			800			45	101c	400	25j	1.05	15	25j	10	800	25j	3相ブリッジ	458
D5FB20	新電元			200			5	30R	200	25j	1.05	2.5	25L	10	200	25L	ブリッジ接続	567
D5FB40Z	新電元			400			6	102c	120	25j	1.05	3	25L	10	400	25L	Vz>500V ブリッジ接続 アバランシェ形	567
D5FB60	新電元			600			5	30R	200	25j	1.05	2.5	25L	10	600	25L	ブリッジ接続	567
* D5KC20	新電元			200			5	130c	50		1.2	2.5		10	200		trr<300ns 2素子センタータップ (カソードコモン)	797
D5KC20H	新電元			200			5	130c	50		1.2	2.5		10	200		trr<100ns 2素子センタータップ (カソードコモン)	797
* D5KC20R	新電元			200			5	130c	50		1.2	2.5		10	200		trr<300ns 2素子センタータップ (アノードコモン)	797
D5KC20RH	新電元			200			5	130c	50		1.2	2.5		10	200		trr<100ns 2素子センタータップ (アノードコモン)	797
D5KC40	新電元			400			5	129c	50		1.2	2.5		10	400		trr<300ns 2素子センタータップ (カソードコモン)	797
* D5KC40R	新電元			400			5	129c	50		1.2	2.5		10	400		trr<300ns 2素子センタータップ (アノードコモン)	797
* D5KD20	新電元			200			5	130c	50		1.2	2.5		10	200		trr<300ns 2素子直列	797
D5KD20H	新電元			200			5	130c	50		1.2	2.5		10	200		trr<100ns 2素子直列	797
* D5KD40	新電元			400			5	129c	50		1.2	2.5		10	400		trr<300ns 2素子直列	797
D5LC20U	新電元			200			5	132c	45	25j	0.98	2.5	25c	10	200	25c	trr<35ns 2素子センタータップ (カソードコモン)	797
D5LC20UR	新電元			200			5	132c	45	25j	0.98	2.5	25c	10	200	25c	trr<35ns 2素子センタータップ (アノードコモン)	797
D5LC40	新電元			400			5	125c	50	25j	1.3	2.5	25c	10	400	25c	trr<50ns 2素子センタータップ (カソードコモン)	797
* D5LCA20	新電元			200			5	133c	50	25j	0.98	2.5	25c	10	200	25c	trr<50ns 2素子センタータップ (カソードコモン)	797
D5LD20U	新電元			200			5	132c	45	25j	0.98	2.5	25j	10	200	25j	trr<35ns 2素子直列	797
D5SB20	新電元			200			6	111c	170	25j	1.05	3	25c	10	200	25c	Ioはラジエータ付き ブリッジ接続	796
D5SB60	新電元			600			6	111c	170	25j	1.05	3	25c	10	600	25c	Ioはラジエータ付き ブリッジ接続	796
D5SB80	新電元			800			6	111c	170	25j	1.05	3	25c	10	800	25c	Ioはラジエータ付き ブリッジ接続	796
D5SBA20	新電元			200			6	111c	120	25j	1.05	3	25c	10	200	25c	Ioはラジエータ付き ブリッジ接続	796
D5SBA60	新電元			600			6	111c	120	25j	1.05	3	25c	10	600	25c	Ioはラジエータ付き ブリッジ接続	796

形　名	社　名	P_{RSM} (kW)	V_{RSM} (V)	V_{RRM} (V)	V_R (V)	V_I (V)	I_O (A)	T条件 (°C)	I_{FSM} (A)	T条件 (°C)	V_{F}max (V)	I_F(A)	T(°C)	$I_R$max (μA)	V_R(V)	T(°C)	その他の特性等	外形
D5SC4M	新電元	0.33	45	40			5	136C	50	125J	0.55	3	25c	2.5m	40	25c	Cj=116pF 2素子センタータップ（カソードコモン）SB	797
D5SC4MR	新電元	0.33	45	40			5	136c	50	125j	0.55	2.5	25c	2.5m	40	25c	Cj=116pF 2素子センタータップ（アノードコモン）SB	797
D50XB80	新電元			800			50	95c	600	25j	1.05	25	25c	10	800	25c	ブリッジ接続	278
D50XB80	新電元			800			50	95c	600	25j	1.05	25	25c	10	800	25c	ブリッジ接続	562
D6FEC10ST	新電元			100			6	154c	100	25j	0.86	3	25c	8	100	25c	2素子センタータップ（カソードコモン）SB形	626
D6FEC12ST	新電元			120			6	154c	100	25j	0.87	3	25c	8	120	25c	2素子センタータップ（カソードコモン）SB形	626
D6FEC15ST	新電元			150			6	154c	100	25j	0.88	3	25c	8	150	25c	2素子センタータップ（カソードコモン）SB形	626
D6JBB60V	新電元			600			6	131c	100	25j	1.05	3	25c	10	600	25c	ブリッジ接続	150
D6JBB80V	新電元			800			6	131c	100	25j	1.05	3	25c	10	800	25c	ブリッジ接続	150
D6SB60L	新電元			600			6	112C	170	25j	1.05	3	25c	10	600	25c	Ioはラジエータ付き ブリッジ接続 低ノイズ	796
D6SB80	新電元			800			6	110c	170	25j	1.05	3	25c	10	800	25c	Ioはラジエータ付き ブリッジ接続	796
D6SBN20	新電元			200			6	110c	120	25j	0.9	3	25c	2	200	25c	ブリッジ接続 SB形	796
D6SBN20	新電元			200			6	110c	120	25j	0.9	3	25c	2	200	25c	2素子センタータップ（カソードコモン）SB形	796
D8JBB60V	新電元			600			8	130c	130	25j	1.05	4	25c	10	600	25c	ブリッジ接続	150
D8JBB80V	新電元			800			8	130c	130	25j	1.05	4	25c	10	800	25c	ブリッジ接続	150
D8LC20U	新電元			200			8	122c	60	25j	0.98	4	25c	10	200	25c	trr<35ns 2素子センタータップ（カソードコモン）	797
D8LC20UR	新電元			200			8	122c	60	25j	0.98	4	25c	10	200	25c	trr<35ns 2素子センタータップ（アノードコモン）	797
D8LC40	新電元			400			8	114c	60	25j	1.3	4	25c	10	400	25c	trr<50ns 2素子センタータップ（カソードコモン）	797
*D8LCA20	新電元			200			8	122c	60	25j	0.98	4	25c	10	200	25c	trr<50ns 2素子センタータップ（カソードコモン）	797
*D8LCA20R	新電元			200			8	122c	60	25j	0.98	4	25c	10	200	25c	trr<50ns 2素子センタータップ（アノードコモン）	797
D8LD20U	新電元			200			8	122c	60	25j	0.98	4	25c	10	200	25c	trr<35ns 2素子直列	797
D8LD40	新電元			400			8	114c	60	25j	1.3	4	25c	10	400		trr<50ns 2素子直列	797
*D8LDA20	新電元			200			8	122c	60	25j	0.98	4	25c	10	200	25c	trr<50ns 2素子直列	797
DB5H206K	パナソニック				20		1		3		0.45	1		100	20		trr=6ns 2素子複合 SB形	130
DB5H411K	パナソニック				40		1		3		0.58	1		100	40		trr=6.8ns 2素子複合 SB形	130
DBA100B	三洋			100			3.7	40a	200		1.05	5		10	100		ブリッジ接続	640A
*DBA100C	三洋			200			3.7	40a	200		1.05	5		10	200		ブリッジ接続	640A
DBA100E	三洋			400			3.7	40a	200		1.05	5		10	400		ブリッジ接続	640A
*DBA100G	三洋			600			3.7	40a	200		1.05	5		10	600		ブリッジ接続	640A
DBA100UA40	三社電機			400	320		50	99 c	490	25j	1.2	50	25j	100m	400	150j	trr<130ns 2素子複合	679
DBA100UA60	三社電機			600	480		50	92 c	490	25j	1.35	50	25j	100m	600	150j	trr<200ns 2素子複合	679
DBA150B	三洋			100			4.5	40a	200		1.05	7.5		10	100		放熱板付きのIoは15A ブリッジ接続	716C
*DBA150C	三洋			200			4.5	40a	200		1.05	7.5		10	200		放熱板付きのIoは15A ブリッジ接続	716C
DBA150E	三洋			400			4.5	40a	200		1.05	7.5		10	400		放熱板付きのIoは15A ブリッジ接続	716C
*DBA150G	三洋			600			4.5	40a	200		1.05	7.5		10	600		放熱板付きのIoは15A ブリッジ接続	716C
DBA20B	三洋			100			2	40a	40		1.05	1		10	100		ブリッジ接続	639B
*DBA20C	三洋			200			2	40a	40		1.05	1		10	200		ブリッジ接続	639B
DBA20E	三洋			400			2	40a	40		1.05	1		10	400		ブリッジ接続	639B
*DBA20G	三洋			600			2		40		1.05	1		10	600		ブリッジ接続	639B
DBA200UA40	三社電機			400	320		100	96 c	700	25j	1.2	100	25j	100m	400	150j	trr<130ns 2素子複合	679
DBA200UA60	三社電機			600	480		100	89 c	700	25j	1.35	100	25j	100m	600	150j	trr<200ns 2素子複合	679
DBA200WA40	三社電機				400		100	96c	1000	25j	1.2	100	25j	4m	400	150j	trr<110ns 2素子複合	679

形　名	社　名	最大定格 P_RSM (kW)	V_RSM (V)	V_RRM (V)	V_R (V)	V_I (V)	I_O (A)	T条件 (°C)	I_FSM (A)	T条件 (°C)	順方向特性(typは*) V_Fmax (V)	測定条件 IF(A)	T(°C)	逆方向特性(typは*) I_Rmax (μA)	測定条件 V_R(V)	T(°C)	その他の特性等	外形
DBA200WA60	三社電機			600			100	89c	1000	25j	1.5	100	25j	4m	600	150j	trr<130ns 2素子複合	679
DBA250B	三洋			100			6	40a	400		1.05	12.5		10	100		放熱板付きのIoは25A ブリッジ接続	716D
* DBA250C	三洋			200			6	40a	400		1.05	12.5		10	200		放熱板付きのIoは25A ブリッジ接続	716D
DBA250E	三洋			400			6	40a	400		1.05	12.5		10	400		放熱板付きのIoは25A ブリッジ接続	716D
* DBA250G	三洋			600			6	40a	400		1.05	12.5		10	600		放熱板付きのIoは25A ブリッジ接続	716D
* DBA30B	三洋			100			2	40a	80		1.1	1.5		10	100		ブリッジ接続	638C
DBA30C	三洋			200			2	40a	80		1.1	1.5		10	200		ブリッジ接続	638C
* DBA30E	三洋			400			2	40a	80		1.1	1.5		10	400		ブリッジ接続	638C
* DBA30G	三洋			600			2	40a	80		1.1	1.5		10	600		ブリッジ接続	638C
DBA40B	三洋			100			2.6	40a	80		1.05	2		10	100		ブリッジ接続	639C
* DBA40C	三洋			200			2.6	40a	80		1.05	2		10	200		ブリッジ接続	639C
DBA40E	三洋			400			2.6	40a	80		1.05	2		10	400		ブリッジ接続	639C
* DBA40G	三洋			600			4		80		1.05	2		10	600		Ioは60×60放熱板付き ブリッジ接続	639C
DBA500G	三洋			600			50	95c	500	25j	1.05	25	25c	10	600	25c	ブリッジ接続	94
DBA60B	三洋			100			3.5	40a	200		1.05	3		10	100		ブリッジ接続	640C
* DBA60C	三洋			200			3.5	40a	200		1.05	3		10	200		ブリッジ接続	640C
DBA60E	三洋			400			3.5	40a	200		1.05	3		10	400		ブリッジ接続	640C
* DBA60G	三洋			600			6		200		1.05	3		10	600		Ioは80×80放熱板付き ブリッジ接続	640C
DBB04B	三洋			100			0.4	40a	30		1.05	0.2		10	100		ブリッジ接続	108
DBB04C	三洋			200			0.4	40a	30		1.05	0.2		10	200		ブリッジ接続	108
DBB04E	三洋			400			0.4	40a	30		1.05	0.2		10	400		ブリッジ接続	108
DBB04G	三洋			600			0.4	40a	30		1.05	0.2		10	600		ブリッジ接続	108
* DBB08B-LT	三洋			100			0.5		30		1.05	0.4		10	100		Ioはプリント基板実装時 ブリッジ接続	379
* DBB08B-TM	三洋			100			0.5		30	25j	1.05	0.4		10	100		Ioはプリント基板実装時 ブリッジ接続	110
* DBB08C-LT	三洋			200			0.5		30		1.05	0.4		10	200		Ioはプリント基板実装時 ブリッジ接続	379
* DBB08C-TM	三洋			200			0.5		30	25j	1.05	0.4		10	200		Ioはプリント基板実装時 ブリッジ接続	110
DBB08E-LT	三洋			400			0.5		30		1.05	0.4		10	400		Ioはプリント基板実装時 ブリッジ接続	379
DBB08E-TM	三洋			400			0.5		30	25j	1.05	0.4		10	400		Ioはプリント基板実装時 ブリッジ接続	110
DBB08G-LT	三洋			600			0.5		30		1.05	0.4		10	600		Ioはプリント基板実装時 ブリッジ接続	379
DBB08G-TM	三洋			600			0.5		30	25j	1.05	0.4		10	600		Ioはプリント基板実装時 ブリッジ接続	110
* DBB10B	三洋			100			1		30		1	0.5		10	100		ブリッジ接続	111
* DBB10C	三洋			200			1		30		1	0.5		10	200		ブリッジ接続	111
DBB10E	三洋			400			1		30		1	0.5		10	400		ブリッジ接続	111
* DBB10G	三洋			600			1		30		1	0.5		10	600		ブリッジ接続	111
DBB10G-LT	三洋			600			1		30		1.05	0.5		10	600		ブリッジ接続	111
* DBB250C	三洋			200			25	40a	400		1.05	12.5	25c	10	200	25c	300×300×3.0銅板付き ブリッジ接続	716D
DBB250G	三洋			600			25	40a	400		1.05	12.5	25c	10	600	25c	300×300×3.0銅板付き ブリッジ接続	716D
* DBC10C	三洋			200			1		30		1	0.5		10	200		Ioはプリント基板実装時 ブリッジ接続	621
* DBC10E	三洋			400			1		30		1	0.5		10	400		Ioはプリント基板実装時 ブリッジ接続	621
* DBC10G	三洋			600			1		30		1	0.5		10	600		Ioはプリント基板実装時 ブリッジ接続	621
* DBD10C-TM	三洋			200			1		30		1.05	0.5		10	200		ブリッジ接続	107
DBD10G-TM	三洋			600			1		30		1.05	0.5		10	600		ブリッジ接続	107

形 名	社 名	最大定格					順方向特性(typは*)			逆方向特性(typは*)			その他の特性等	外形
		P_{RSM} (kW)	V_{RSM} (V)	V_{RRM} (V)	V_R (V)	V_I (V)	I_0 (A)	T条件 (°C)	I_{FSM} (A)	T条件 (°C)	V_{Fmax} (V)	測定条件 I_F(A) T(°C)	I_{Rmax} (μA)	測定条件 V_R(V) T(°C)		
DBF10B	三洋			100			1		30		1.05	0.5	10	100	ブリッジ接続	235
DBF10C	三洋			200			1		30		1.05	0.5	10	200	ブリッジ接続	235
DBF10E	三洋			400			1		30		1.05	0.5	10	400	ブリッジ接続	235
DBF10G	三洋			600			1		30		1.05	0.5	10	600	ブリッジ接続	235
*DBF100C	三洋			200			10	100c	120		1.1	5	10	200	ブリッジ接続	230
DBF100E	三洋			400			10	100c	120		1.1	5	10	400	ブリッジ接続	230
*DBF100G	三洋			600			10	100c	120		1.1	5	10	600	ブリッジ接続	230
DBF150C	三洋			200			15	100c	200		1.1	7.5	10	200	ブリッジ接続	796
DBF150E	三洋			400			15	100c	200		1.1	7.5	10	400	ブリッジ接続	796
DBF150G	三洋			600			15	100c	200		1.1	7.5	10	600	ブリッジ接続	796
DBF20B	三洋			100			2	114c	60		1.05	0.75	10	100	50×50×1.5アルミ放熱板 ブリッジ接続	231
DBF20C	三洋			200			2	114c	60		1.05	0.75	10	200	50×50×1.5アルミ放熱板 ブリッジ接続	231
DBF20E	三洋			400			2	114c	60		1.05	0.75	10	400	50×50×1.5アルミ放熱板 ブリッジ接続	231
DBF20G	三洋			600			2	114c	60		1.05	0.75	10	600	50×50×1.5アルミ放熱板 ブリッジ接続	231
DBF20TC	三洋			200			2	114c	80		1.05	0.75	10	200	50×50×1.5アルミ放熱板 ブリッジ接続	231
DBF20TE	三洋			400			2	114c	80		1.05	0.75	10	400	50×50×1.5アルミ放熱板 ブリッジ接続	231
DBF20TG	三洋			600			2	114c	80		1.05	0.75	10	600	50×50×1.5アルミ放熱板 ブリッジ接続	231
*DBF200C	三洋			200			20	87c	240		1.1	10	10	200	ブリッジ接続	796
DBF200E	三洋			400			20	87c	240		1.1	10	10	400	ブリッジ接続	796
*DBF200G	三洋			600			20	87c	240		1.1	10	10	600	ブリッジ接続	796
DBF250C	三洋			200			25	98c	350		1.05	12.5	10	200	ブリッジ接続	796
DBF250E	三洋			400			25	98c	350		1.05	12.5	10	400	ブリッジ接続	796
DBF250G	三洋			600			25	98c	350		1.05	12.5	10	600	ブリッジ接続	796
DBF40B	三洋			100			4	108c	80		1.05	2	10	100	80×80×1.5アルミ放熱板 ブリッジ接続	230
DBF40C	三洋			200			4	108c	80		1.05	2	10	200	80×80×1.5アルミ放熱板 ブリッジ接続	230
DBF40E	三洋			400			4	108c	80		1.05	2	10	400	80×80×1.5アルミ放熱板 ブリッジ接続	230
DBF40G	三洋			600			4	108c	80		1.05	2	10	600	80×80×1.5アルミ放熱板 ブリッジ接続	230
DBF40TC	三洋			200			4	108c	120		1.05	2	10	200	80×80×1.5アルミ放熱板 ブリッジ接続	230
DBF40TE	三洋			400			4	108c	120		1.05	2	10	400	80×80×1.5アルミ放熱板 ブリッジ接続	230
DBF40TG	三洋			600			4	108c	120		1.05	2	10	600	80×80×1.5アルミ放熱板 ブリッジ接続	230
DBF60B	三洋			100			6	110c	120		1.05	2.5	10	100	125×125×1.5アルミ放熱板 ブリッジ接続	796
DBF60C	三洋			200			6	110c	120		1.05	2.5	10	200	125×125×1.5アルミ放熱板 ブリッジ接続	796
DBF60E	三洋			400			6	110c	120		1.05	2.5	10	400	125×125×1.5アルミ放熱板 ブリッジ接続	796
DBF60G	三洋			600			6	110c	120		1.05	2.5	10	600	125×125×1.5アルミ放熱板 ブリッジ接続	796
DBF60TC	三洋			200			6	110c	170		1.05	2.5	10	200	125×125×1.5アルミ放熱板 ブリッジ接続	796
DBF60TE	三洋			400			6	110c	170		1.05	2.5	10	400	125×125×1.5アルミ放熱板 ブリッジ接続	796
DBF60TG	三洋			600			6	110c	170		1.05	2.5	10	600	125×125×1.5アルミ放熱板 ブリッジ接続	796
DBG150G	三洋			600			3.6	124c	200	25j	0.9	7.5	25j	10	600 ブリッジ接続	796
DBG250G	三洋			600			3.6	113c	300	25j	0.92	12.5	25j	10	600 ブリッジ接続	796
DCA100AA50	三社電機			500			100	85c	2000	25j	1.3		25j	100m	500 125j trr<300ns 2素子直列	700
DCA100AA60	三社電機			600			100	85c	2000	25j	1.3		25j	100m	600 125j trr<300ns 2素子直列	700
DCA100BA60	三社電機			600	480		100	80c	1350	25j	1.55	100	25j	100m	600 125j trr<200ns 2素子直列	311

形　名	社名	最大定格							順方向特性(typは*)				逆方向特性(typは*)				その他の特性等	外形
		P_{RSM} (kW)	V_{RSM} (V)	V_{RRM} (V)	V_R (V)	V_I (V)	I_O (A)	T条件 (℃)	I_{FSM} (A)	T条件 (℃)	V_{Fmax} (V)	測定条件			I_{Rmax} (μA)	測定条件			
												I_F(A)	T(℃)			V_R(V)	T(℃)		
DCA150AA50	三社電機			500			150	72c	2500	25j	1.3		25j		150m	500	125j	trr<300ns 2素子直列	700
DCA150AA60	三社電機			600			150	72c	2500	25j	1.3		25j		150m	600	125j	trr<300ns 2素子直列	700
DCA150BA65	三社電機			650	520		150	63c	1500	25j	1.7	150	25j		150m	650	125j	trr<300ns 2素子直列	311
* DCA25B	三洋			100			2.5	40a	120		1.05	1.25			10	100		2素子センタータップ (カソードコモン)	177
DCA25C	三洋			200			2.5	40a	120		1.05	1.25			10	200		2素子センタータップ (カソードコモン)	177
DCA25E	三洋			400			2.5	40a	120		1.05	1.25			10	400		2素子センタータップ (カソードコモン)	177
* DCB25B	三洋			100			2.5	40a	120		1.05	1.25			10	100		2素子センタータップ (アノードコモン)	177
* DCB25C	三洋			200			2.5	40a	120		1.05	1.25			10	200		2素子センタータップ (アノードコモン)	177
DCB25E	三洋			400			2.5	40a	120		1.05	1.25			10	400		2素子センタータップ (アノードコモン)	177
DCG10	三洋			200	200		1.5		5		1.3	1			10	200		trr<300ns 2素子センタータップ (カソードコモン)	237B
DCH10	三洋			200	200		1.5		5		1.3	1			10	200		trr<300ns 2素子センタータップ (アノードコモン)	237A
DD100GB40	三社電機		480	400			100	115c	2000	25j	1.25	320	25j		30m	400	125j	2素子直列	700
DD100GB80	三社電機		960	800			100	115c	2000	25j	1.25	320	25j		30m	800	125j	2素子直列	700
DD100HB120	三社電機		1350	1200			100	111c	2000	25j	1.35	320	25j		30m	1200	125j	2素子直列	700
DD100HB160	三社電機		1700	1600			100	111c	2000	25j	1.35	320	25j		30m	1600	125j	2素子直列	700
DD100KB80	三社電機		960	800			100	105c	2000	25j	1.35	320	25j		30m	800	150j	2素子直列	700
DD100KB160	三社電機		1700	1600			100	105c	2000	25j	1.35	320	25j		30m	1600	150j	2素子直列	700
* DD110F20	三社電機		240	200			110	88c	2550	25j	1.45	350	25j		20m	200	125j	2素子直列	788
DD110F40	三社電機		480	400			110	88c	2550	25j	1.45	350	25j		20m	400	125j	2素子直列	788
* DD110F60	三社電機		720	600			110	88c	2550	25j	1.45	350	25j		20m	600	125j	2素子直列	788
DD110F80	三社電機		960	800			110	88c	2550	25j	1.45	350	25j		20m	800	125j	2素子直列	788
* DD110F100	三社電機		1100	1000			110	88c	2550	25j	1.45	350	25j		20m	1000	125j	2素子直列	788
DD110F120	三社電機		1300	1200			110	88c	2550	25j	1.45	350	25j		20m	1200	125j	2素子直列	788
* DD110F140	三社電機		1500	1400			110	88c	2550	25j	1.45	350	25j		20m	1400	125j	2素子直列	788
DD110F160	三社電機		1700	1600			110	88c	2550	25j	1.45	350	25j		20m	1600	125j	2素子直列	788
* DD130F20	三社電機		240	200			130	90c	4400	25j	1.4	400	25j		50m	200	125j	2素子直列	789
DD130F40	三社電機		480	400			130	90c	4400	25j	1.4	400	25j		50m	400	125j	2素子直列	789
DD130F60	三社電機		720	600			130	90c	4400	25j	1.4	400	25j		50m	600	125j	2素子直列	789
DD130F80	三社電機		960	800			130	90c	4400	25j	1.4	400	25j		50m	800	125j	2素子直列	789
* DD130F100	三社電機		1100	1000			130	90c	4400	25j	1.4	400	25j		50m	1000	125j	2素子直列	789
DD130F120	三社電機		1300	1200			130	90c	4400	25j	1.4	400	25j		50m	1200	125j	2素子直列	789
* DD130F140	三社電機		1500	1400			130	90c	4400	25j	1.4	400	25j		50m	1400	125j	2素子直列	789
DD130F160	三社電機		1700	1600			130	90c	4400	25j	1.4	400	25j		50m	1600	125j	2素子直列	789
* DD160F20	三社電機		240	200			160	87c	5500	25j	1.42	500	25j		50m	200	125j	2素子直列	789
DD160F40	三社電機		480	400			160	87c	5500	25j	1.42	500	25j		50m	400	125j	2素子直列	789
* DD160F60	三社電機		720	600			160	87c	5500	25j	1.42	500	25j		50m	600	125j	2素子直列	789
DD160F80	三社電機		960	800			160	87c	5500	25j	1.42	500	25j		50m	800	125j	2素子直列	789
* DD160F100	三社電機		1100	1000			160	87c	5500	25j	1.42	500	25j		50m	1000	125j	2素子直列	789
DD160F120	三社電機		1300	1200			160	87c	5500	25j	1.42	500	25j		50m	1200	125j	2素子直列	789
* DD160F140	三社電機		1500	1400			160	87c	5500	25j	1.42	500	25j		50m	1400	125j	2素子直列	789
DD160F160	三社電機		1700	1600			160	87c	5500	25j	1.42	500	25j		50m	1600	125j	2素子直列	789
DD160KB40	三社電機		480	400			160	90c	3200	25j	1.35	500	25j		30m	400	150j	2素子直列	700

| 形 名 | 社 名 | 最大定格 ||||||| 順方向特性(typは*) || 逆方向特性(typは*) ||| その他の特性等 | 外形 |
		P_{RSM} (kW)	V_{RSM} (V)	V_{RRM} (V)	V_R (V)	V_I (V)	I_O (A)	T条件 (°C)	I_{FSM} (A)	T条件 (°C)	V_{Fmax}	測定条件 I_F(A)	測定条件 T(°C)	I_{Rmax} (μA)	測定条件 V_R(V)	測定条件 T(°C)		
DD160KB80	三社電機	960	800			160	90c	3200	25j	1.35	500	25j	30m	800	150j	2素子直列	700
DD160KB120	三社電機	1300	1200			160	90c	3200	25j	1.35	500	25j	30m	1200	150j	2素子直列	700
DD160KB160	三社電機	1700	1600			160	90c	3200	25j	1.35	500	25j	30m	1600	150j	2素子直列	700
DD200GB40	三社電機	480	400			200	96c	5500	25j	1.4	600	25j	50m	400	150j	2素子直列	789
DD200GB80	三社電機	960	800			200	96c	5500	25j	1.4	600	25j	50m	800	150j	2素子直列	789
DD200HB120	三社電機	1350	1200			200	96c	5500	25j	1.4	600	25j	50m	1200	150j	2素子直列	789
DD200HB160	三社電機	1700	1600			200	96c	5500	25j	1.4	600	25j	50m	1600	150j	2素子直列	789
DD200KB40	三社電機	480	400			200	106c	5500	25j	1.3	620	25j	50m	400	150j	2素子直列	383
DD200KB80	三社電機	960	800			200	106c	5500	25j	1.3	620	25j	50m	800	150j	2素子直列	383
DD200KB120	三社電機	1300	1200			200	106c	5500	25j	1.3	620	25j	50m	1200	150j	2素子直列	383
DD200KB160	三社電機	1700	1600			200	106c	5500	25j	1.3	620	25j	50m	1600	150j	2素子直列	383
DD240KB40	三社電機	480	400			240	95c	5500	25j	1.3	750	25j	50m	400	150j	2素子直列	383
DD240KB80	三社電機	960	900			240	95c	5500	25j	1.3	750	25j	50m	800	150j	2素子直列	383
DD240KB120	三社電機	1300	1200			240	95c	5500	25j	1.3	750	25j	50m	1200	150j	2素子直列	383
DD240KB160	三社電機	1700	1600			240	95c	5500	25j	1.3	750	25j	50m	1600	150j	2素子直列	383
* DD25F20	三社電機	240	200			25	96c	580	25j	1.55	75	25j	10m	200	125j	2素子直列	788
DD25F40	三社電機	480	400			25	96c	580	25j	1.55	75	25j	10m	400	125j	2素子直列	788
* DD25F60	三社電機	720	600			25	96c	580	25j	1.55	75	25j	10m	600	125j	2素子直列	788
DD25F80	三社電機	960	800			25	96c	580	25j	1.55	75	25j	10m	800	125j	2素子直列	788
* DD25F100	三社電機	1100	1000			25	96c	530	25j	1.55	75	25j	10m	1000	125j	2素子直列	788
DD25F120	三社電機	1300	1200			25	96c	580	25j	1.55	75	25j	10m	1200	125j	2素子直列	788
* DD25F140	三社電機	1500	1400			25	96c	580	25j	1.55	75	25j	10m	1400	125j	2素子直列	788
DD25F160	三社電機	1700	1600			25	96c	580	25j	1.55	75	25j	10m	1600	125j	2素子直列	788
DD250GB40	三社電機	480	400			250	98c	5500	25j	1.45	750	25j	50m	400	150j	2素子直列	789
DD250GB80	三社電機	960	800			250	98c	5500	25j	1.45	750	25j	50m	800	150j	2素子直列	789
DD250HB120	三社電機	1350	1200			250	98c	5500	25j	1.45	750	25j	50m	1200	150j	2素子直列	789
DD250HB160	三社電機	1700	1600			250	98c	5500	25j	1.45	750	25j	50m	1600	150j	2素子直列	789
DD30GB40	三社電機	480	400			30	118c	600	25j	1.4	90	25j	10m	400	125j	2素子直列	700
DD30GB80	三社電機	960	800			30	118c	600	25j	1.4	90	25j	10m	800	125j	2素子直列	700
DD30HB120	三社電機	1350	1200			30	115c	600	25j	1.5	90	25j	10m	1200	125j	2素子直列	700
DD30HB160	三社電機	1700	1600			30	115c	600	25j	1.5	90	25j	10m	1600	125j	2素子直列	700
DD300KB40	三社電機	480	400			300	91c	6000	25j	1.5	750	25j	50m	400	150j	2素子直列	789
DD300KB80	三社電機	960	800			300	91c	6000	25j	1.5	750	25j	50m	800	150j	2素子直列	789
DD300KB120	三社電機	1300	1200			300	91c	6000	25j	1.5	750	25j	50m	1200	150j	2素子直列	789
DD300KB160	三社電機	1700	1600			300	91c	6000	25j	1.5	750	25j	50m	1600	150j	2素子直列	789
* DD40F20	三社電機	240	200			40	96c	1300	25j	1.4	120	25j	15m	200	125j	2素子直列	788
DD40F40	三社電機	480	400			40	96c	1300	25j	1.4	120	25j	15m	400	125j	2素子直列	788
* DD40F60	三社電機	720	600			40	96c	1300	25j	1.4	120	25j	15m	600	125j	2素子直列	788
DD40F80	三社電機	960	800			40	96c	1300	25j	1.4	120	25j	15m	800	125j	2素子直列	788
* DD40F100	三社電機	1100	1000			40	96c	1300	25j	1.4	120	25j	15m	1000	125j	2素子直列	788
DD40F120	三社電機	1300	1200			40	96c	1300	25j	1.4	120	25j	15m	1200	125j	2素子直列	788
* DD40F140	三社電機	1500	1400			40	96c	1300	25j	1.4	120	25j	15m	1400	125j	2素子直列	788

形 名	社 名	P_{RSM} (kW)	V_{RSM} (V)	V_{RRM} (V)	V_R (V)	V_I (V)	最大定格 I_O (A)	T条件 (°C)	I_{FSM} (A)	T条件 (°C)	順方向特性(typは*) V_{Fmax} (V)	測定条件 I_F(A)	測定条件 T(°C)	逆方向特性(typは*) I_{Rmax} (μA)	測定条件 V_R(V)	測定条件 T(°C)	その他の特性等	外形
DD40F160	三社電機		1700	1600			40	96c	1300	25j	1.4	120	25j	15m	1600	125j	2素子直列	788
DD50GB40L	三社電機		480	400			50	106c	900		1.2	80	25j	10m	400	125j	trr<0.7μs 2素子直列	700
DD50GB40M	三社電機		480	400			50	98c	900		1.25	80	25j	10m	400	125j	trr<0.8μs 2素子直列	700
DD50GB60L	三社電機		720	600			50	106c	900		1.2	80	25j	10m	600	125j	trr<0.7μs 2素子直列	700
DD50GB60M	三社電機		720	600			50	98c	900		1.25	80	25j	10m	600	125j	trr<0.8μs 2素子直列	700
DD55F20	三社電機		240	200			55	89c	1750	25j	1.4	170	25j	15m	200	125j	2素子直列	788
DD55F40	三社電機		480	400			55	89c	1750	25j	1.4	170	25j	15m	400	125j	2素子直列	788
*DD55F60	三社電機		720	600			55	89c	1750	25j	1.4	170	25j	15m	600	125j	2素子直列	788
DD55F80	三社電機		960	800			55	89c	1750	25j	1.4	170	25j	15m	800	125j	2素子直列	788
*DD55F100	三社電機		1100	1000			55	89c	1750	25j	1.4	170	25j	15m	1000	125j	2素子直列	788
DD55F120	三社電機		1300	1200			55	89c	1750	25j	1.4	170	25j	15m	1200	125j	2素子直列	788
*DD55F140	三社電機		1500	1400			55	89c	1750	25j	1.4	170	25j	15m	1400	125j	2素子直列	788
DD55F160	三社電機		1700	1600			55	89c	1750	25j	1.4	170	25j	15m	1600	125j	2素子直列	788
DD60GB40	三社電機		480	400			60	114c	1300	25j	1.25	180	25j	20m	400	125j	2素子直列	700
DD60GB80	三社電機		960	800			60	114c	1300	25j	1.25	180	25j	20m	800	125j	2素子直列	700
DD60HB120	三社電機		1350	1200			60	111c	1300	25j	1.35	180	25j	20m	1200	125j	2素子直列	700
DD60HB160	三社電機		1700	1600			60	111c	1300	25j	1.35	180	25j	20m	1600	125j	2素子直列	700
DD60KB80	三社電機		960	800			60	110c	1200	25j	1.35	180	25j	20m	800	150j	2素子直列	700
DD60KB160	三社電機		1700	1600			60	110c	1200	25j	1.35	180	25j	20m	1600	150j	2素子直列	700
*DD70F20	三社電機		240	200			70	94c	1950	25j	1.4	220	25j	15m	200	125j	2素子直列	788
DD70F40	三社電機		480	400			70	94c	1950	25j	1.4	220	25j	15m	400	125j	2素子直列	788
*DD70F60	三社電機		720	600			70	94c	1950	25j	1.4	220	25j	15m	600	125j	2素子直列	788
DD70F80	三社電機		960	800			70	94c	1950	25j	1.4	220	25j	15m	800	125j	2素子直列	788
*DD70F100	三社電機		1100	1000			70	94c	1950	25j	1.4	220	25j	15m	1000	125j	2素子直列	788
DD70F120	三社電機		1300	1200			70	94c	1950	25j	1.4	220	25j	15m	1200	125j	2素子直列	788
*DD70F140	三社電機		1500	1400			70	94c	1950	25j	1.4	220	25j	15m	1400	125j	2素子直列	788
DD70F160	三社電機		1700	1600			70	94c	1950	25j	1.4	220	25j	15m	1600	125j	2素子直列	788
*DD90F20	三社電機		240	200			90	93c	2300	25j	1.4	285	25j	20m	200	125j	2素子直列	788
DD90F40	三社電機		480	400			90	93c	2300	25j	1.4	285	25j	20m	400	125j	2素子直列	788
*DD90F60	三社電機		720	600			90	93c	2300	25j	1.4	285	25j	20m	600	125j	2素子直列	788
DD90F80	三社電機		960	800			90	93c	2300	25j	1.4	285	25j	20m	800	125j	2素子直列	788
*DD90F100	三社電機		1100	1000			90	93c	2300	25j	1.4	285	25j	20m	1000	125j	2素子直列	788
DD90F120	三社電機		1300	1200			90	93c	2300	25j	1.4	285	25j	20m	1200	125j	2素子直列	788
*DD90F140	三社電機		1500	1400			90	93c	2300	25j	1.4	285	25j	20m	1400	125j	2素子直列	788
DD90F160	三社電機		1700	1600			90	93c	2300	25j	1.4	285	25j	20m	1600	125j	2素子直列	788
DE10PC3	新電元		35	30			10	97c	80	25j	0.4	4	25c	10m	30	25c	Cj=290pF 2素子センタータップ (カソードコモン) SB	626
DE10SC3L	新電元	0.33	35	30			10	124c	100	25j	0.45	4	25c	5m	30	25c	Cj=290pF 2素子センタータップ (カソードコモン) SB	626
DE10SC4	新電元	0.33	45	40			10	132c	100	25j	0.55	5	25c	3.5m	40	25c	Cj=210pF 2素子センタータップ (カソードコモン) SB	626
DE5LC20U	新電元			200			5	81c	50	25j	0.98	2.5	25c	10	200	25c	trr<35ns 2素子センタータップ (カソードコモン)	626
DE5LC40	新電元			400			5	61c	50	25j	1.3	2.5	25c	10	400	25c	trr<50ns 2素子センタータップ (カソードコモン)	626
DE5PC3	新電元		35	30			5	90c	90	25j	0.4	2.5	25c	6m	30	25c	2素子センタータップ (カソードコモン) SB形	626
DE5PC3M	新電元			30			5				0.4	2					2素子センタータップ (カソードコモン) SB形	626

形　名	社　名	最大定格 P_RSM (kW)	V_RSM (V)	V_RRM (V)	V_R (V)	V_I (V)	I_O (A)	T条件 T(°C)	I_FSM (A)	T条件 T(°C)	順方向特性(typは*) V_Fmax (V)	測定条件 I_F(A)	T(°C)	逆方向特性(typは*) I_Rmax (μA)	測定条件 V_R(V)	T(°C)	その他の特性等	外形
DE5SC3ML	新電元	0.33	35	30			5	110c	90	25j	0.45	2.5	25c	3.5m	30	25c	2素子センタータップ（カソードコモン）SB形	626
DE5SC4M	新電元	0.33	45	40			5	101c	80	125j	0.55	2.5	25c	3.5m	40	25c	Cj=150pF 2素子センタータップ（カソードコモン）SB	626
DE5SC6M	新電元	0.33	65	60			5	92c	80	25j	0.58	2.5	25c	2.5m	60	25c	Cj=130pF 2素子センタータップ（カソードコモン）SB	626
DF10LC20U	新電元			200			10	127c	80	25j	0.98	5	25c	10	200	25c	trr<35ns 2素子センタータップ（カソードコモン）	627
DF10LC30	新電元			300			10	124c	80	25j	1.3	5	25c	25	300	25j	trr<30ns 2素子センタータップ（カソードコモン）	627
DF10NC15	新電元			150			10	123c	100	25j	0.88	5	25j	200	150	25j	2素子センタータップ（カソードコモン）SB形	627
DF10PC3M	新電元			30			10				0.4	4					2素子センタータップ（カソードコモン）SB形	627
DF10SC3ML	新電元			30			10				0.45						2素子センタータップ（カソードコモン）SB形	627
DF10SC4M	新電元	0.33	45	40			10	125c	100	125j	0.55	5	25c	3.5m	40	25c	Cj=180pF 2素子センタータップ（カソードコモン）SB	627
DF10SC6	新電元	330W	65	60			10	132c	150	25j	0.58	5	25c	4.5m	60	25c	2素子センタータップ（カソードコモン）SB形	627
DF10SC9	新電元	330W	90	90			10	131c	150	125j	0.75	5	25c	3m	90	25c	2素子センタータップ（カソードコモン）SB形	627
DF100AA120	三社電機		1300	1200			100	102c	1000	25j	1.2	100	25j	15m	1200	150j	3相ブリッジ	725
DF100AA160	三社電機		1700	1600			100	102c	1000	25j	1.2	100	25j	15m	1600	150j	3相ブリッジ	725
DF100AC80	三社電機		960	800			100	102c	1186	25j	1.2	100	25j	15m	800	150j	3相ブリッジ	601
DF100AC160	三社電機		1700	1600			100	102c	1186	25j	1.2	100	25j	15m	1600	150j	3相ブリッジ	601
DF100BA40	三社電機		480	400			100	102c	1000	25j	1.2	100	25j	15m	400	150j	3相ブリッジ	725
DF100BA80	三社電機		960	800			100	102c	1000	25j	1.2	100	25j	15m	800	150j	3相ブリッジ	725
DF100LA80	三社電機		960	800			100	90c	1300	25j	1.3	100	25j	12m	800	150j	3相ブリッジ	633A
DF100LA160	三社電機		1700	1600			100	90c	1300	25j	1.3	100	25j	12m	1600	150j	3相ブリッジ	633A
DF100LB80	三社電機		960	800			100	90c	1300	25j	1.3	100	25j	12m	800	150j	3相ブリッジ	633B
DF100LB160	三社電機		1700	1600			100	90c	1300	25j	1.3	100	25j	12m	1600	150j	3相ブリッジ	633B
DF15JC10	新電元			100			15	126c	150	25j	0.86	7.5	25c	600	100	25c	2素子センタータップ（カソードコモン）SB形	627
DF15NC15	新電元			150			15	126c	150	25j	0.88	7.5	25j	300	150	25j	2素子センタータップ（カソードコモン）SB形	627
DF15SC4M	新電元	0.33	45	40			15	125c	150	125j	0.55	7.5	25c	5m	40	25c	Cj=340pF 2素子センタータップ（カソードコモン）SB	627
DF15VD60	新電元			600			15	127c	200	25j	1.05	7.5	25c	10	600	25c	2素子直列	627
DF150AA120	三社電機		1300	1200			150	94c	1100	25j	1.35	150	25j	15m	1200	150j	3相ブリッジ	735
DF150AA160	三社電機		1700	1600			150	94c	1100	25j	1.35	150	25j	15m	1600	150j	3相ブリッジ	735
DF150AC80	三社電機		960	800			150	106c	1850	25j	1.2	150	25j	15m	800	150j	3相ブリッジ	602
DF150AC160	三社電機		1700	1600			150	106c	1850	25j	1.2	150	25j	15m	1600	150j	3相ブリッジ	602
DF150BA40	三社電機		480	400			150	100c	1200	25j	1.2	150	25j	15m	400	150j	3相ブリッジ	735
DF150BA80	三社電機		960	800			150	100c	1200	25j	1.2	150	25j	15m	800	150j	3相ブリッジ	735
DF16VC60R	新電元			600			16	124c	190	25j	1.05	8	25c	10	600	25c	2素子センタータップ（アノードコモン）	627
DF20AA120	三社電機		1300	1200			20	119c	220	25j	1.25	20	25j	3m	1200	150j	3相ブリッジ	330
*DF20AA140	三社電機		1500	1400			20	119c	220	25j	1.25	20	25j	3m	1400	150j	3相ブリッジ	330
DF20AA160	三社電機		1700	1600			20	119c	220	25j	1.25	20	25j	3m	1600	150j	3相ブリッジ	330
DF20BA40	三社電機		480	400			20	123c	320	25j	1.1	20	25j	1.5m	400	150j	3相ブリッジ	330
*DF20BA60	三社電機		720	600			20	123c	320	25j	1.1	20	25j	1.5m	600	150j	3相ブリッジ	330
DF20BA80	三社電機		960	800			20	123c	320	25j	1.1	20	25j	1.5m	800	150j	3相ブリッジ	330
DF20CA80	三社電機		960	800			20	123c	550	25j	1.1	20	25j	8m	800	150j	3相ブリッジ　高サージ品種	330
DF20CA120	三社電機		1300	1200			20	123c	550	25j	1.1	20	25j	8m	1200	150j	3相ブリッジ　高サージ品種	330
DF20CA160	三社電機		1700	1600			20	123c	550	25j	1.1	20	25j	8m	1600	150j	3相ブリッジ　高サージ品種	330
DF20DB40	三社電機		500	400			20	97c	320	25j	1.1	20	25j	1.5m	400	150j	3相ブリッジ	705

| 形 名 | 社 名 | 最大定格 ||||||| 順方向特性 (typは*) ||| 逆方向特性 (typは*) ||| その他の特性等 | 外形 |
||| P_{RSM} (kW) | V_{RSM} (V) | V_{RRM} (V) | V_R (V) | V_I (V) | I_O (A) | T条件 (°C) | I_{FSM} (A) | T条件 (°C) | V_{Fmax} (V) | 測定条件 ||| 測定条件 |||
												I_F(A)	T(°C)	I_{Rmax} (μA)	V_R(V)	T(°C)		
DF20DB80	三社電機		900	800			20	97c	320	25j	1.1	20	25j	1.5m	800	150j	3相ブリッジ	705
DF20JC10	新電元			100			20	121c	200	25j	0.86	10	25c	700	100	25c	2素子センタータップ (カソードコモン) SB形	627
DF20LC20U	新電元			200			20	114c	140	25j	0.98	10	25c	10	200	25c	trr<35ns 2素子センタータップ (カソードコモン)	627
DF20LC30	新電元			300			20	124c	180	25j	1.3	10	25c	25	300	25c	trr<30ns 2素子センタータップ (カソードコモン)	627
DF20NA80	三社電機		960	800			20	111c	320	25j	1.2	20	25j	4m	800	150j	3相ブリッジ	404
DF20NA160	三社電機		1700	1600			20	111c	320	25j	1.2	20	25j	8m	1600	150j	3相ブリッジ	404
DF20NC15	新電元			150			20	121c	200	25j	0.88	10	25c	400	150	25c	2素子センタータップ (カソードコモン) SB形	627
DF20PC3M	新電元		35	30			20	105c	200	25j	0.4	8	25c	35m	30	25c	Cj=560pF 2素子センタータップ (カソードコモン) SB	627
DF20SC3ML	新電元			30			20				0.45						2素子センタータップ (カソードコモン) SB形	627
DF20SC4M	新電元	0.33	45	40			20	122c	230	25j	0.55	10	25c	7.5m	40	25c	Cj=390pF 2素子センタータップ (カソードコモン) SB	627
DF20SC9M	新電元	660W	100	90			20	111c	200	25j	0.75	5	25c	10m	90	25c	2素子センタータップ (カソードコモン) SB形	627
DF200AA120	三社電機		1300	1200			200	96c	2000	25j	1.35	200	25j	20m	1200	150j	3相ブリッジ	735
DF200AA160	三社電機		1700	1600			200	96c	2000	25j	1.35	200	25j	20m	1600	150j	3相ブリッジ	735
DF200AC80	三社電機		960	800			200	106c	2280	25j	1.2	200	25j	20m	800	150j	3相ブリッジ	602
DF200AC160	三社電機		1700	1600			200	106c	2280	25j	1.2	200	25j	20m	1600	150j	3相ブリッジ	602
DF200BA40	三社電機		480	400			200	102c	2000	25j	1.2	200	25j	20m	400	150j	3相ブリッジ	735
DF200BA80	三社電機		960	800			200	102c	2000	25j	1.2	200	25j	20m	800	150j	3相ブリッジ	735
DF25SC6M	新電元	0.66	65	60			25	115c	300	25j	0.58	12.5	25c	10m	60	25c	Cj=490pF 2素子センタータップ (カソードコモン) SB	627
DF25SC6MR	新電元		65	60			25	85c	300	25j	0.58	12.5	25c	10m	60	25c	2素子センタータップ (カソードコモン) SB形	627
DF30AA120	三社電機		1300	1200			30	117c	270	25j	1.3	30	25j	3m	1200	150j	3相ブリッジ	330
* DF30AA140	三社電機		1500	1400			30	117c	270	25j	1.3	30	25j	3m	1400	150j	3相ブリッジ	330
DF30AA160	三社電機		1700	1600			30	117c	270	25j	1.3	30	25j	3m	1600	150j	3相ブリッジ	330
DF30BA40	三社電機		480	400			30	122c	410	25j	1.1	30	25j	1.5m	400	150j	3相ブリッジ	330
* DF30BA60	三社電機		720	600			30	122c	410	25j	1.1	30	25j	1.5m	600	150j	3相ブリッジ	330
DF30BA80	三社電機		960	800			30	122c	410	25j	1.1	30	25j	1.5m	800	150j	3相ブリッジ	330
DF30CA80	三社電機		960	800			30	122c	775	25j	1.1	30	25j	12m	800	150j	3相ブリッジ 高サージ品種	330
DF30CA120	三社電機		1300	1200			30	122c	775	25j	1.1	30	25j	12m	1200	150j	3相ブリッジ 高サージ品種	330
DF30CA160	三社電機		1700	1600			30	122c	775	25j	1.1	30	25j	12m	1600	150j	3相ブリッジ 高サージ品種	330
DF30DB40	三社電機		500	400			30	83c	365	25j	1.1	30	25j	1.5m	400	150j	3相ブリッジ	705
DF30DB80	三社電機		900	800			30	83c	365	25j	1.1	30	25j	1.5m	800	150j	3相ブリッジ	705
DF30JC4	新電元		45	40			30	115c	250	25j	0.61	15	25c	700	40	25c	2素子センタータップ (カソードコモン) SB形	627
DF30JC6	新電元		65	60			30	108c	250	25j	0.69	15	25c	700	60	25c	2素子センタータップ (カソードコモン) SB形	627
DF30JC10	新電元			100			30	116c	300	25j	0.86	15	25c	1m	100	25c	2素子センタータップ (カソードコモン) SB形	627
DF30NA80	三社電機		960	800			30	92c	365	25j	1.2	30	25j	5m	800	150j	3相ブリッジ	404
DF30NA160	三社電機		1700	1600			30	92c	365	25j	1.2	30	25j	14m	1600	150j	3相ブリッジ	404
DF30NC15	新電元			150			30	115c	300	25j	0.88	15	25c	500	150	25c	2素子センタータップ (カソードコモン) SB形	627
DF30PC3M	新電元		35	30			30	97c	300	25j	0.4	10	25c	50m	30	25c	Cj=840pF 2素子センタータップ (カソードコモン) SB	627
DF30SC3ML	新電元	1	35	30			30	119c	350	25j	0.45	12.5	25c	10m	30	25c	Cj=820pF 2素子センタータップ (カソードコモン) SB	627
DF30SC4M	新電元	1	45	40			30	112c	360	25j	0.55	15	25c	10m	40	25c	Cj=590pF 2素子センタータップ (カソードコモン) SB	627
DF40AA120	三社電機		1300	1200			40	116c	640	25j	1.3	40	25j	8m	1200	150j	3相ブリッジ	331
* DF40AA140	三社電機		1500	1400			40	116c	640	25j	1.3	40	25j	8m	1400	150j	3相ブリッジ	331
DF40AA160	三社電機		1700	1600			40	116c	640	25j	1.3	40	25j	8m	1600	150j	3相ブリッジ	331

| 形 名 | 社 名 | 最大定格 ||||| 順方向特性(typは*) |||| 逆方向特性(typは*) |||| その他の特性等 | 外形 |
||| P_{RSM} (kW) | V_{RSM} (V) | V_{RRM} (V) | V_R (V) | V_I (V) | I_O (A) | T条件 (°C) | I_{FSM} (A) | T条件 (°C) | V_{Fmax} (V) | 測定条件 || | I_{Rmax} (μA) | 測定条件 |||
												I_F(A)	T(°C)		V_R(V)	T(°C)		
DF40BA40	三社電機		480	400			40	119c	640	25j	1.2	40	25j	4m	400	150j	3相ブリッジ	331
*DF40BA60	三社電機		720	600			40	119c	640	25j	1.2	40	25j	4m	600	150j	3相ブリッジ	331
DF40BA80	三社電機		960	800			40	119c	640	25j	1.2	40	25j	4m	800	150j	3相ブリッジ	331
DF40PC3	新電元		35	30			40	105c	350	25j	0.4	15	25c	45m	30	25c	Cj=1160pF 2素子(カソードコモン) SB形	627
DF40SC3L	新電元	1	35	30			40	112c	400	25j	0.45	15	25c	17m	30	25c	Cj=1200pF 2素子(カソードコモン) SB形	627
DF40SC4	新電元	1	45	40			40	106c	350	25j	0.55	20	25c	14m	40	25c	2素子センタータップ (カソードコモン) SB形	627
DF5VD60	新電元			600			5	140c	140	25j	1.05	5	25c	10	600	25c	2素子直列	627
DF50AA120	三社電機		1300	1200			50	114c	700	25j	1.2	50	25j	8m	1200	150j	3相ブリッジ	725
DF50AA160	三社電機		1700	1600			50	114c	700	25j	1.2	50	25j	8m	1600	150j	3相ブリッジ	725
DF50BA40	三社電機		480	400			50	114c	700	25j	1.2	50	25j	4m	400	150j	3相ブリッジ	725
DF50BA80	三社電機		960	800			50	114c	700	25j	1.2	50	25j	4m	800	150j	3相ブリッジ	725
DF60AA120	三社電機		1300	1200			60	112c	910	25j	1.3	60	25j	12m	1200	150j	3相ブリッジ	331
DF60AA140	三社電機		1500	1400			60	112c	910	25j	1.3	60	25j	12m	1400	150j	3相ブリッジ	331
DF60AA160	三社電機		1700	1600			60	112c	910	25j	1.3	60	25j	12m	1600	150j	3相ブリッジ	331
DF60BA40	三社電機		480	400			60	115c	910	25j	1.2	60	25j	6m	400	150j	3相ブリッジ	331
DF60BA60	三社電機		720	600			60	115c	910	25j	1.2	60	25j	6m	600	150j	3相ブリッジ	331
DF60BA80	三社電機		960	800			60	115c	910	25j	1.2	60	25j	6m	800	150j	3相ブリッジ	331
DF60LA80	三社電機		960	800			60	111c	800	25j	1.3	60	25j	8m	800	150j	3相ブリッジ	633A
DF60LA160	三社電機		1700	1600			60	111c	800	25j	1.3	60	25j	8m	1600	150j	3相ブリッジ	633A
DF60LB80	三社電機		960	800			60	111c	800	25j	1.3	60	25j	8m	800	150j	3相ブリッジ	633B
DF60LB160	三社電機		1700	1600			60	111c	800	25j	1.3	60	25j	8m	1600	150j	3相ブリッジ	633B
DF75AA120	三社電機		1300	1200			75	100c	1000	25j	1.4	75	25j	10m	1200	150j	3相ブリッジ	725
DF75AA160	三社電機		1700	1600			75	100c	1000	25j	1.4	75	25j	10m	1600	150j	3相ブリッジ	725
DF75AC80	三社電機		960	800			75	100c	910	25j	1.4	75	25j	10m	800	150j	3相ブリッジ	601
DF75AC160	三社電機		1700	1600			75	100c	910	25j	1.4	75	25j	10m	1600	150j	3相ブリッジ	601
DF75BA40	三社電機		480	400			75	107c	1000	25j	1.2	75	25j	10m	400	150j	3相ブリッジ	725
DF75BA80	三社電機		960	800			75	107c	1000	25j	1.2	75	25j	10m	800	150j	3相ブリッジ	725
DF75LA80	三社電機		960	800			75	101c	1000	25j	1.3	75	25j	8m	800	150j	3相ブリッジ	633A
DF75LA160	三社電機		1700	1600			75	101c	1000	25j	1.3	75	25j	8m	1600	150j	3相ブリッジ	633A
DF75LB80	三社電機		960	800			75	101c	1000	25j	1.3	75	25j	8m	800	150j	3相ブリッジ	633B
DF75LB160	三社電機		1700	1600			75	101c	1000	25j	1.3	75	25j	8m	1600	150j	3相ブリッジ	633B
DKA200AA50	三社電機			500			100	85c	2000		1.3		25j	100m	500	125j	trr<300ns 2素子センタータップ (カソードコモン)	700
DKA200AA60	三社電機			600			100	85c	2000		1.3		25j	100m	600	125j	trr<300ns 2素子センタータップ (カソードコモン)	700
DKA300AA50	三社電機			500			150	72c	2500		1.3		25j	150m	500	125j	trr<300ns 2素子センタータップ (カソードコモン)	700
DKA300AA60	三社電機			600			150	72c	2500		1.3		25j	150m	600	125j	trr<300ns 2素子センタータップ (カソードコモン)	700
DKR200AB60	三社電機			600	480		100	133c	1800	25j	1.4	200	25j	100m	600	125j	trr<200ns 2素子センタータップ (カソードコモン)	697
DKR300AB60	三社電機			600	480		150	124c	1800	25j	1.4	300	25j	100m	600	125j	trr<200ns 2素子センタータップ (カソードコモン)	697
DKR400AB60	三社電機			600	480		200	122c	3000	25j	1.4	400	25j	150m	600	125j	trr<200ns 2素子センタータップ (カソードコモン)	697
DS30VT80	新電元			800			30		400		1.05	10		10	800		3相ブリッジ	458
DSA-40SN110	オリジン			40k			11	風冷	1100	50j	45	11		50	40k		高圧スタック Lmax=390mm ユニット数5	794
DSA-64SN110	オリジン			64k			11	風冷	1100	50j	70	11		50	64k		高圧スタック Lmax=590mm ユニット数8	794
DWF100A30	三社電機		360	300	240		100	122c	2000	25j	1.15	300	25j	15m	300	125j	3素子センタータップ (カソードコモン)	788

形　名	社　名	最大定格 P_RSM (kW)	V_RSM (V)	V_RRM (V)	V_R (V)	V_I (V)	I_O (A)	T条件 (℃)	I_FSM (A)	T条件 (℃)	順方向特性(typは*) V_Fmax (V)	測定条件 I_F (A)	T (℃)	逆方向特性(typは*) I_Rmax (μA)	測定条件 V_R (V)	T (℃)	その他の特性等	外形
DWF100A40	三社電機	480	400	320		100	122c	2000	25j	1.15	300	25j	15m	400	125j	3素子センタータップ (カソードコモン)	788
DWF40A30	三社電機	360	300	240		40	122c	800	25j	1.15	120	25j	8m	300	150j	3素子センタータップ (カソードコモン)	788
DWF40A40	三社電機	480	400	320		40	122c	800	25j	1.15	120	25j	8m	400	150j	3素子センタータップ (カソードコモン)	788
DWF50A30	三社電機	360	300	240		50	122c	1000	25j	1.15	150	25j	10m	300	150j	3素子センタータップ (カソードコモン)	788
DWF50A40	三社電機	480	400	320		50	122c	1000	25j	1.15	150	25j	10m	400	150j	3素子センタータップ (カソードコモン)	788
DWF70A30	三社電機	360	300	240		70	119c	1400	25j	1.15	220	25j	12m	300	150j	3素子センタータップ (カソードコモン)	788
DWF70A40	三社電機	480	400	320		70	119c	1400	25j	1.15	220	25j	12m	400	150j	3素子センタータップ (カソードコモン)	788
DWF70BB30	三社電機	360	300			70	106c	1400	25j	1.15	220	25j	12m	300	150j	3素子センタータップ (カソードコモン)	331
DWF70BB40	三社電機	480	400			70	106c	1400	25j	1.15	220	25j	12m	400	150j	3素子センタータップ (カソードコモン)	331
DWR100A30	三社電機	360	300	240		100	122c	2000	25j	1.15	300	25j	15m	300	125j	3素子センタータップ (アノードコモン)	788
DWR100A40	三社電機	480	400	320		100	122c	2000	25j	1.15	300	25j	15m	400	125j	3素子センタータップ (アノードコモン)	788
DWR40A30	三社電機	360	300	240		40	122c	800	25j	1.15	120	25j	8m	300	150j	3素子センタータップ (アノードコモン)	788
DWR40A40	三社電機	480	400	320		40	122c	800	25j	1.15	120	25j	8m	400	150j	3素子センタータップ (アノードコモン)	788
DWR50A30	三社電機	360	300	240		50	122c	1000	25j	1.15	150	25j	10m	300	150j	3素子センタータップ (アノードコモン)	788
DWR50A40	三社電機	480	400	320		50	122c	1000	25j	1.15	150	25j	10m	400	150j	3素子センタータップ (アノードコモン)	788
DWR70A30	三社電機	360	300	240		70	119c	1400	25j	1.15	220	25j	12m	300	150j	3素子センタータップ (アノードコモン)	788
DWR70A40	三社電機	480	400	320		70	119c	1400	25j	1.15	220	25j	12m	400	150j	3素子センタータップ (アノードコモン)	788
DWR70BB30	三社電機	360	300			70	106c	1400	25j	1.15	220	25j	12m	300	150j	3素子センタータップ (アノードコモン)	331
DWR70BB40	三社電機	480	400			70	106c	1400	25j	1.15	220	25j	12m	400	150j	3素子センタータップ (アノードコモン)	331
E10QC03	日本インター	35	30			1		4		0.55	0.5		500	30		2素子センタータップ (カソードコモン) SB形	237B
* E10QC04	日本インター	45	40			1	30a	4		0.55	0.5	25j	500	40	25j	2素子センタータップ (カソードコモン) SB形	237B
* EA20QC03	日本インター	35	30			2	115c	20		0.55	1	25j	1m	30	25j	2素子センタータップ (カソードコモン) SB形	1A
* EA20QC03-F	日本インター	35	30			2	115c	20		0.55	1	25j	1m	30	25j	2素子センタータップ (カソードコモン) SB形	2A
EA20QC04	日本インター	45	40			2	137c	20		0.55	1	25j	1m	40	25j	2素子センタータップ (カソードコモン) SB形	1A
EA20QC04-F	日本インター	45	40			2	137c	20		0.55	1	25j	1m	40	25j	2素子センタータップ (カソードコモン) SB形	2A
* EA20QC05	日本インター	55	50			2	114c	20		0.58	1	25j	1m	50	25j	2素子センタータップ (カソードコモン) SB形	1A
* EA20QC05-F	日本インター	55	50			2	114c	20		0.58	1	25j	1m	50	25j	2素子センタータップ (カソードコモン) SB形	2A
EA20QC06	日本インター	65	60			2	135c	20		0.58	1	25j	1m	60	25j	2素子センタータップ (カソードコモン) SB形	1A
EA20QC06-F	日本インター	65	60			2	135c	20		0.58	1	25j	1m	60	25j	2素子センタータップ (カソードコモン) SB形	2A
EA20QC09	日本インター		90			2	138c	20		0.85	1	25j	500	90	25j	2素子センタータップ (カソードコモン) SB形	1A
EA20QC09-F	日本インター		90			2	138c	20		0.85	1	25j	500	90	25j	2素子センタータップ (カソードコモン) SB形	2A
EA20QC10	日本インター		100			2	138c	20		0.85	1	25j	500	100	25j	2素子センタータップ (カソードコモン) SB形	1A
EA20QC10-F	日本インター		100			2	138c	20		0.85	1	25j	500	100	25j	2素子センタータップ (カソードコモン) SB形	2A
* EA21FC1	日本インター	110	100			2	136c	30		0.98	1	25j	10	100	25j	trr<30ns 2素子センタータップ (カソードコモン)	1A
* EA21FC1-F	日本インター	110	100			2	136c	30		0.98	1	25j	10	100	25j	trr<30ns 2素子センタータップ (カソードコモン)	2A
EA21FC2	日本インター	220	200			2	136c	30		0.98	1	25j	10	200	25j	trr<30ns 2素子センタータップ (カソードコモン)	1A
EA21FC2-F	日本インター	220	200			2	136c	30		0.98	1	25j	10	200	25j	trr<30ns 2素子センタータップ (カソードコモン)	2A
* EA21FC3	日本インター	330	300			2	135c	30		1.25	1	25j	20	300	25j	trr<30ns 2素子センタータップ (カソードコモン)	1A
* EA21FC3-F	日本インター	330	300			2	135c	30		1.25	1	25j	20	300	25j	trr<30ns 2素子センタータップ (カソードコモン)	2A
EA21FC4	日本インター	440	400			2	135c	30		1.25	1	25j	20	400	25j	trr<30ns 2素子センタータップ (カソードコモン)	1A
EA21FC4-F	日本インター	440	400			2	135c	30		1.25	1	25j	20	400	25j	trr<30ns 2素子センタータップ (カソードコモン)	2A
* EA40QC03	日本インター	35	30			4	108c	40		0.55	2	25j	2m	30	25j	2素子センタータップ (カソードコモン) SB形	1A

形名	社名	P_{RSM} (kW)	V_{RSM} (V)	V_{RRM} (V)	V_R (V)	V_I (V)	I_0 (A)	T条件 (°C)	I_{FSM} (A)	T条件 (°C)	V_{Fmax} (V)	I_F(A)	T(°C)	I_{Rmax} (µA)	V_R (V)	T(°C)	その他の特性等	外形
*EA40QC03-F	日本インター	35	30				4	108c	40		0.55	2	25j	2m	30	25j	2素子センタータップ (カソードコモン) SB形	2A
EA40QC04	日本インター	45	40				4	129c	40		0.55	2	25j	2m	40	25j	2素子センタータップ (カソードコモン) SB形	1A
EA40QC04-F	日本インター	45	40				4	129c	40		0.55	2	25j	2m	40	25j	2素子センタータップ (カソードコモン) SB形	2A
*EA40QC05	日本インター	55	50				4	106c	40		0.6	2	25j	2m	50	25j	2素子センタータップ (カソードコモン) SB形	1A
*EA40QC05-F	日本インター	55	50				4	106c	40		0.6	2	25j	2m	50	25j	2素子センタータップ (カソードコモン) SB形	2A
EA40QC06	日本インター	65	60				4	122c	40		0.6	2	25j	2m	60	25j	2素子センタータップ (カソードコモン) SB形	1A
EA40QC06-F	日本インター	65	60				4	122c	40		0.6	2	25j	2m	60	25j	2素子センタータップ (カソードコモン) SB形	2A
EA40QC09	日本インター			90			4	130c	40		0.85	2	25j	1m	90	25j	2素子センタータップ (カソードコモン) SB形	1A
EA40QC09-F	日本インター			90			4	130c	40		0.85	2	25j	1m	90	25j	2素子センタータップ (カソードコモン) SB形	2A
EA40QC10	日本インター			100			4	129c	40		0.85	2	25j	1m	100	25j	2素子センタータップ (カソードコモン) SB形	1A
EA40QC10-F	日本インター			100			4	129c	40		0.85	2	25j	1m	100	25j	2素子センタータップ (カソードコモン) SB形	2A
*EA60QC03	日本インター	35	30				6	101c	45		0.55	3	25j	3m	30	25j	2素子センタータップ (カソードコモン) SB形	1A
*EA60QC03-F	日本インター	35	30				6	101c	45		0.55	3	25j	3m	30	25j	2素子センタータップ (カソードコモン) SB形	2A
EA60QC03L	日本インター		30				6	111c	45		0.45	3	25j	3m	30	25j	2素子センタータップ (カソードコモン) SB形	1A
EA60QC03L-F	日本インター		30				6	111c	45		0.45	3	25j	3m	30	25j	2素子センタータップ (カソードコモン) SB形	2A
EA60QC04	日本インター	45	40				6	118c	45		0.55	3	25j	3m	40	25j	2素子センタータップ (カソードコモン) SB形	1A
EA60QC04-F	日本インター	45	40				6	118c	45		0.55	3	25j	3m	40	25j	2素子センタータップ (カソードコモン) SB形	2A
*EA60QC05	日本インター	55	50				6	98c	45		0.58	3	25j	3m	50	25j	2素子センタータップ (カソードコモン) SB形	1A
*EA60QC05-F	日本インター	55	50				6	98c	45		0.58	3	25j	3m	50	25j	2素子センタータップ (カソードコモン) SB形	2A
EA60QC06	日本インター	65	60				6	104c	45		0.58	3	25j	3m	60	25j	2素子センタータップ (カソードコモン) SB形	1A
EA60QC06-F	日本インター	65	60				6	104c	45		0.58	3	25j	3m	60	25j	2素子センタータップ (カソードコモン) SB形	2A
EA60QC09	日本インター			90			6	122c	45		0.85	3	25j	1m	90	25j	2素子センタータップ (カソードコモン) SB形	1A
EA60QC09-F	日本インター			90			6	122c	45		0.85	3	25j	1m	90	25j	2素子センタータップ (カソードコモン) SB形	2A
EA60QC10	日本インター			100			6	122c	45		0.85	3	25j	1m	100	25j	2素子センタータップ (カソードコモン) SB形	1A
EA60QC10-F	日本インター			100			6	122c	45		0.85	3	25j	1m	100	25j	2素子センタータップ (カソードコモン) SB形	2A
*EA61FC1	日本インター	110	100				6	117c	45		0.98	3	25j	10	100	25j	trr<30ns 2素子センタータップ (カソードコモン)	1A
*EA61FC1-F	日本インター	110	100				6	117c	45		0.98	3	25j	10	100	25j	trr<30ns 2素子センタータップ (カソードコモン)	2A
EA61FC2	日本インター	220	200				6	117c	45		0.98	3	25j	10	200	25j	trr<30ns 2素子センタータップ (カソードコモン)	1A
EA61FC2-F	日本インター	220	200				6	117c	45		0.98	3	25j	10	200	25j	trr<30ns 2素子センタータップ (カソードコモン)	2A
*EA61FC3	日本インター	330	300				6	109c	45		1.25	3	25j	20	300	25j	trr<30ns 2素子センタータップ (カソードコモン)	1A
*EA61FC3-F	日本インター	330	300				6	109c	45		1.25	3	25j	20	300	25j	trr<30ns 2素子センタータップ (カソードコモン)	2A
EA61FC4	日本インター	440	400				6	109c	45		1.25	3	25j	20	400	25j	trr<30ns 2素子センタータップ (カソードコモン)	1A
EA61FC4-F	日本インター	440	400				6	109c	45		1.25	3	25j	20	400	25j	trr<30ns 2素子センタータップ (カソードコモン)	2A
*EA61FC6	日本インター			600			6	100c	45		1.7	3	25j	20	600	25j	trr<35ns 2素子センタータップ (カソードコモン)	1A
*EA61FC6-F	日本インター			600			6	100c	45		1.7	3	25j	20	600	25j	trr<35ns 2素子センタータップ (カソードコモン)	2A
ECF06B60	日本インター			600			6	100c	45	25j	1.7	3		20	600	25j	trr<35ns 2素子センタータップ (カソードコモン)	1A
ECF06B60-F	日本インター			600			6	100c	45	25j	1.7	3		20	600	25j	trr<35ns 2素子センタータップ (カソードコモン)	2A
ECH06A20	日本インター			200			6	116c	60	25j	0.9	3	25j	200	200	25j	2素子センタータップ (カソードコモン) SB形	1A
ECH06A20-F	日本インター			200			6	116c	60	25j	0.9	3	25j	200	200	25j	2素子センタータップ (カソードコモン) SB形	2A
ECL06B03	日本インター		30				6	72c	45		0.47	3	25j	3m	30	25j	2素子センタータップ (カソードコモン) SB形	1A
ECL06B03-F	日本インター		30				6	72c	45		0.47	3	25j	3m	30	25j	2素子センタータップ (カソードコモン) SB形	2A
*ECL06B025	日本インター	30	25				6	72c	45		0.47	3	25j	3m	25	25j	2素子センタータップ (カソードコモン) SB形	1A

	形 名	社 名	P_{RSM} (kW)	V_{RSM} (V)	V_{RRM} (V)	V_R (V)	V_I (V)	I_O (A)	T条件 (°C)	I_{FSM} (A)	T条件 (°C)	V_{Fmax} (V)	測定条件 I_F(A)	測定条件 T(°C)	I_{Rmax} (μA)	測定条件 V_R(V)	測定条件 T(°C)	その他の特性等	外形
*	ECL06B025-F	日本インター		30	25			6	72c	45		0.47	3	25j	3m	25	25j	2素子センタータップ (カソードコモン) SB形	2A
	ECQ10A03L	日本インター			30			10	106c	100	25j	0.47	5	25j	5m	30	25j	2素子センタータップ (カソードコモン) SB形	1A
	ECQ10A03L-F	日本インター			30			10	106c	100	25j	0.47	5	25j	5m	30	25j	2素子センタータップ (カソードコモン) SB形	2A
	ECQ10A04	日本インター			40			10	105c	100	25j	0.55	5	25j	3m	40	25j	2素子センタータップ (カソードコモン) SB形	1A
	ECQ10A04-F	日本インター			40			10	105c	100	25j	0.55	5	25j	3m	40	25j	2素子センタータップ (カソードコモン) SB形	2A
	ECU06A40	日本インター			400			6	103c	45	25j	1.55	3	25j	20	400	25j	trr<30ns 2素子センタータップ (カソードコモン)	1A
	ECU06A40-F	日本インター			400			6	103c	45	25j	1.55	3	25j	20	400	25j	trr<30ns 2素子センタータップ (カソードコモン)	2A
	ECU06A20	日本インター			200			6	115c	45	25j	1.1	3	25j	20	200	25j	trr<25ns 2素子センタータップ (カソードコモン)	1A
	ECU06A20-F	日本インター			200			6	115c	45	25j	1.1	3	25j	20	200	25j	trr<25ns 2素子センタータップ (カソードコモン)	2A
	ECU06B60-F	日本インター			600			6	77c	35	25j	2.7	3	25j	20	600	25j	trr<27ns 2素子センタータップ (カソードコモン)	2A
	ECU06B60	日本インター			600			6	77c	35	25j	2.7	3	25j	20	600	25j	trr<27ns 2素子センタータップ (カソードコモン)	1A
	EMRL01-06	富士電機		660	600			2X100	103a	1600	150j	1.3	320	25j	20m	600	150j	2素子直列	781
	EMRL01-08	富士電機		880	800			2X100	103a	1600	150j	1.3	320	25j	20m	800	150j	2素子直列	781
*	ESAB03-01	富士電機			100			1		60		1.1	2	25j	50	100	25j	ブリッジ接続	135
*	ESAB03-02	富士電機			200			1		60		1.1	2	25j	50	200	25j	ブリッジ接続	135
*	ESAB03-04	富士電機			400			1		60		1.1	2	25j	50	400	25j	ブリッジ接続	135
	ESAB33-02CS	富士電機		200	200			5	110c	30		1.4	2.5		100	200		trr<45ns 2素子センタータップ (カソードコモン)	273A
	ESAB34M-02C	富士電機		200	200			5	110c	30		1.4	2.5		100	200		trr<45ns 2素子センタータップ (カソードコモン)	54
*	ESAB82-004	富士電機		48	40			5	103c	100	125j	0.55	2		5m	40		2素子センタータップ (カソードコモン) SB形	273A
	ESAB82-004R	富士電機		48	40			5	126c	100		0.55	2		5m	40		2素子センタータップ (カソードコモン) SB形	273A
	ESAB82M-004	富士電機		48	40			5	103c	100	125j	0.55	2		5m	40		2素子センタータップ (カソードコモン) SB形	54
	ESAB82M-006	富士電機		60	60			5	103c	60	125j	0.58	2		5m	60		2素子センタータップ (カソードコモン) SB形	54
*	ESAB85-009	富士電機		100	90			5	95c	60		0.9	2		2m	90		2素子センタータップ (カソードコモン) SB形	273A
	ESAB85M-009	富士電機		100	90			5	95c	60		0.9	2		2m	90		2素子センタータップ (カソードコモン) SB形	54
*	ESAB92-02	富士電機			200			5	120c	25		0.95	2.5		100	200		trr<35ns 2素子センタータップ (カソードコモン)	273A
*	ESAB92M-02	富士電機			200			5	120c	25		0.95	2.5		100	200		trr<35ns 2素子センタータップ (カソードコモン)	54
*	ESAB92M-03	富士電機		300	300			5	105c	25		1.2	2.5		100	300		trr<35ns 2素子センタータップ (カソードコモン)	54
	ESAC06-06	富士電機		660	600			6	40a	200	150j	1.05	3	25j	10	600	25j	ブリッジ接続	640G
	ESAC25-02C	富士電機		250	200			10	106c	70		1.3	2.5		50	200		trr<0.4μs 2素子センタータップ (カソードコモン)	273A
*	ESAC25-02D	富士電機		250	200			10	106c	70		1.3	2.5		50	200		trr<0.4μs 2素子直列	273C
*	ESAC25-02N	富士電機		250	200			10	106c	70		1.3	2.5		50	200		trr<0.4μs 2素子センタータップ (アノードコモン)	273B
	ESAC25-04C	富士電機		450	400			10	106c	70		1.3	2.5		50	400		trr<0.4μs 2素子センタータップ (カソードコモン)	273A
*	ESAC25-04D	富士電機		450	400			10	106c	70		1.3	2.5		50	400		trr<0.4μs 2素子直列	273C
*	ESAC25-04N	富士電機		450	400			10	106c	70		1.3	2.5		50	400		trr<0.4μs 2素子センタータップ (アノードコモン)	273B
	ESAC25M-02C	富士電機		250	200			10	95c	70		1.3	2.5		50	200		trr<0.4μs 2素子センタータップ (カソードコモン)	54
	ESAC25M-02D	富士電機		250	200			10	95c	70		1.3	2.5		50	200		trr<0.4μs 2素子直列	54
	ESAC25M-02N	富士電機		250	200			10	95c	70		1.3	2.5		50	200		trr<0.4μs 2素子センタータップ (アノードコモン)	54
	ESAC25M-04C	富士電機		450	400			10	95c	70		1.3	2.5		50	400		trr<0.4μs 2素子センタータップ (カソードコモン)	54
	ESAC25M-04D	富士電機		450	400			10	95c	70		1.3	2.5		50	400		trr<0.4μs 2素子直列	54
	ESAC25M-04N	富士電機		450	400			10	95c	70		1.3	2.5		50	400		trr<0.4μs 2素子センタータップ (アノードコモン)	54
	ESAC31-01C	富士電機		150	100			10	113c	80		1.25	5	25j	50	100		2素子センタータップ (カソードコモン)	273A
	ESAC31-01D	富士電機		150	100			10	113c	80		1.25	5	25j	50	100		2素子直列	273C

形　名	社　名	P_{RSM} (kW)	V_{RSM} (V)	V_{RRM} (V)	V_R (V)	V_I (V)	I_O (A)	T条件 (℃)	I_{FSM} (A)	T条件 (℃)	V_{Fmax} (V)	I_F (A)	T(℃)	I_{Rmax} (μA)	V_R (V)	T(℃)	その他の特性等	外形
ESAC31-01N	富士電機		150	100			10	113c	80		1.25	5	25j	50	100		2素子センタータップ (アノードコモン)	273B
ESAC31-02C	富士電機		250	200			10	113c	80		1.25	5	25j	50	200		2素子センタータップ (カソードコモン)	273A
ESAC31-02D	富士電機		250	200			10	113c	80		1.25	5	25j	50	200		2素子直列	273C
ESAC31-02N	富士電機		250	200			10	113c	80		1.25	5	25j	50	200		2素子センタータップ (アノードコモン)	273B
*ESAC33-02C	富士電機		200	200			8	98c	30		1.4	2		500	200		trr<100ns 2素子センタータップ (カソードコモン)	273A
ESAC33-02CS	富士電機		200	200			10	103c	50	150j	1.4	5		100	200		trr<45ns 2素子センタータップ (カソードコモン)	273A
*ESAC33-02D	富士電機		220	200			8	98c	30		1.4	2		500	200		trr<100ns 2素子直列	273C
*ESAC33-02N	富士電機		220	200			8	98c	30		1.4	2		500	200		trr<100ns 2素子センタータップ (アノードコモン)	273B
ESAC33M-02C	富士電機		200	200			8	95c	30		1.4	2		500	200		trr<100ns 2素子センタータップ (カソードコモン)	54
ESAC33M-02D	富士電機		200	200			8	95c	30		1.4	2		500	200		trr<100ns 2素子直列	54
ESAC33M-02N	富士電機		200	200			8	95c	30		1.4	2		500	200		trr<100ns 2素子センタータップ (アノードコモン)	54
ESAC34M-02	富士電機		220	200			10	100c	50	150j	1.4	5		100	200		trr<45ns 2素子センタータップ (カソードコモン)	54
ESAC34M-02C	富士電機		220	200			10	100c	50	150j	1.4	5		100	200		trr<45ns 2素子センタータップ (カソードコモン)	54
*ESAC39-04C	富士電機		400	400			5	115c	20		2.5	2		100	400		trr<50ns 2素子センタータップ (カソードコモン)	273A
*ESAC39-04D	富士電機		400	400			5	115c	20		2.5	2		100	400		trr<50ns 2素子直列	273C
*ESAC39-04N	富士電機		400	400			5	115c	20		2.5	2		100	400		trr<50ns 2素子センタータップ (アノードコモン)	273B
*ESAC39-06C	富士電機		600	600			5	115c	20		2.5	2		100	600		trr<50ns 2素子センタータップ (カソードコモン)	273A
*ESAC39-06D	富士電機		600	600			5	115c	20		2.5	2		100	600		trr<50ns 2素子直列	273C
*ESAC39-06N	富士電機		600	600			5	115c	20		2.5	2		100	600		trr<50ns 2素子センタータップ (アノードコモン)	273B
ESAC39M-04C	富士電機		400	400			5	110c	20		2.5	2		100	400		trr<50ns 2素子センタータップ (カソードコモン)	54
ESAC39M-04D	富士電機		400	400			5	110c	20		2.5	2		100	400		trr<50ns 2素子直列	54
ESAC39M-04N	富士電機		400	400			5	110c	20		2.5	2		100	400		trr<50ns 2素子センタータップ (アノードコモン)	54
ESAC39M-06C	富士電機		600	600			5	110c	20		2.5	2		100	600		trr<50ns 2素子センタータップ (カソードコモン)	54
ESAC39M-06D	富士電機		600	600			5	110c	20		2.5	2		100	600		trr<50ns 2素子直列	54
ESAC39M-06N	富士電機		600	600			5	110c	20		2.5	2		100	600		trr<50ns 2素子センタータップ (アノードコモン)	54
*ESAC61-004	富士電機		48	40			12	100c	120		0.6	6		5m	40		2素子センタータップ (カソードコモン) SB形	466A
ESAC63-004	富士電機		48	45			20	92c	120		0.6	10		15m	45		2素子センタータップ (カソードコモン) SB形	273A
ESAC63-004R	富士電機		48	40			20	109c	120		0.6	10		15m	40		2素子センタータップ (カソードコモン) SB形	273A
*ESAC63-006	富士電機		60	60			20	118c	120		0.58	8		15m	60		2素子センタータップ (カソードコモン) SB形	273A
ESAC63-006R	富士電機			60			20	118c	120		0.58	8		15m	60		2素子センタータップ (カソードコモン) SB形	273A
*ESAC63M-004	富士電機		48	45			20	92c	120		0.6	10		15m	45		2素子センタータップ (カソードコモン) SB形	54
ESAC75-005	富士電機		60	50			8	110c	100	150j	0.9	4	25j	1m	50	150j	2素子センタータップ (カソードコモン)	549
ESAC75-01	富士電機		120	100			8	110c	100	150j	0.9	4	25j	1m	100	150j	2素子センタータップ (カソードコモン)	549
ESAC75-02	富士電機		240	200			8	110c	100	150j	0.9	4	25j	1m	200	150j	2素子センタータップ (カソードコモン)	549
ESAC81-004	富士電機		48	40			8	90c	120	125j	0.5	4	25j	50m	40	125j	2素子センタータップ (カソードコモン)	549
*ESAC82-004	富士電機		48	40			10	116c	120		0.55	4		5m	40		2素子センタータップ (カソードコモン) SB形	273A
ESAC82-004R	富士電機		48	40			10	116c	120		0.55	4		5m	40		2素子センタータップ (カソードコモン) SB形	273A
*ESAC82-006	富士電機		60	60			10	123c	80		0.58	4		5m	60		2素子センタータップ (カソードコモン) SB形	273A
*ESAC82M-004	富士電機		48	40			10	95c	120		0.55	4		5m	40		2素子センタータップ (カソードコモン) SB形	54
*ESAC82M-006	富士電機		60	60			10	92c	80	125j	0.58	4		5m	60		2素子センタータップ (カソードコモン) SB形	54
*ESAC83-004	富士電機		48	40			20	95c	120		0.55	8		15m	40		2素子センタータップ (カソードコモン) SB形	466A
ESAC83-004R	富士電機		48	40			20	119c	120		0.55	8		15m	40		2素子センタータップ (カソードコモン) SB形	466A

形　名	社名	最大定格 PRSM (kW)	VRSM (V)	VRRM (V)	VR (V)	VI (V)	Io (A)	T条件 (°C)	IFSM (A)	T条件 (°C)	順方向特性(typは*) VFmax (V)	測定条件 IF(A)	T(°C)	逆方向特性(typは*) IRmax (μA)	測定条件 VR(V)	T(°C)	その他の特性等	外形
ESAC83M-004	富士電機		48	40			20	79c	120		0.55	8		15m	40		2素子センタータップ（カソードコモン）SB形	56
*ESAC83M-004R	富士電機		48	40			20	99c	120	25c	0.55	8		15m	40		2素子センタータップ（カソードコモン）SB形	56
ESAC83M-006	富士電機		60	60			20	78c	120	125j	0.58	8		15m	60		2素子センタータップ（カソードコモン）SB形	56
*ESAC83M-006R	富士電機		60	60			20	108c	120	25c	0.58	8		15m	60		2素子センタータップ（カソードコモン）SB形	56
ESAC83M-006RR	富士電機			60			20	108c	120		0.58	8		15m	60		2素子センタータップ（カソードコモン）SB形	56
*ESAC85-009	富士電機		100	90			10	109c	80		0.9	4		5m	90		2素子センタータップ（カソードコモン）SB形	273A
ESAC85-009R	富士電機		100	90			10	109c	80		0.9	4		5m	90		2素子センタータップ（カソードコモン）SB形	273A
*ESAC85M-009	富士電機		100	90			10	87c	80		0.9	4		5m	90		2素子センタータップ（カソードコモン）SB形	54
*ESAC87-009	富士電機		100	90			16	123c	100		0.9	6		10m	90		2素子センタータップ（カソードコモン）SB形	466A
ESAC87M-009	富士電機		100	90			16	90c	100	125j	0.9	6		10m	90		2素子センタータップ（カソードコモン）SB形	56
*ESAC87M-009R	富士電機		100	90			16	115c	100	25c	0.9	6		10m	90		2素子センタータップ（カソードコモン）SB形	56
*ESAC92-02	富士電機			200			10	125c	50		0.95	5		100	200		trr<35ns 2素子センタータップ（カソードコモン）	273A
ESAC92-03	富士電機			300			10	115c	40		1.2	5		100	300		trr<35ns 2素子センタータップ（カソードコモン）	273A
*ESAC92M-02	富士電機			200			10	115c	50		0.95	5		100	200		trr<35ns 2素子センタータップ（カソードコモン）	54
*ESAC92M-03	富士電機			300			10	101c	40	150j	1.2	5		100	300		trr<35ns 2素子センタータップ（カソードコモン）	54
ESAC93-02	富士電機			200			12	115c	60		0.95	6		100	200		trr<35ns 2素子センタータップ（カソードコモン）	466A
ESAC93-03	富士電機			300			12	116c	50		1.2	6		100	300		trr<35ns 2素子センタータップ（カソードコモン）	466A
ESAC93M-02	富士電機		200	200			12	116c	60		0.95	6		100	200		trr<35ns 2素子センタータップ（カソードコモン）	56
*ESAC93M-02R	富士電機		200	200			12	116c	60	25c	0.95	6		100	200		trr<35ns 2素子センタータップ（カソードコモン）	56
ESAC93M-03	富士電機		300	300			12	104c	50	150j	1.2	6		100	300		trr<35ns 2素子センタータップ（カソードコモン）	56
*ESAC93M-03R	富士電機		300	300			12	104c	50	25c	1.2	6		100	300		trr<35ns 2素子センタータップ（カソードコモン）	56
*ESAD16-06	富士電機		660	600			15	72c	200		1.05	7.5	25j	10	600	25j	ブリッジ接続	716B
*ESAD25-02C	富士電機		250	200			15	100c	120	150j	1.3	8		100	200		trr<0.4μs 2素子センタータップ（カソードコモン）	466A
ESAD25-02D	富士電機		250	200			15	100c	120	150j	1.3	8		100	200		trr<0.4μs 2素子直列	466C
ESAD25-02N	富士電機		250	200			15	100c	120	150j	1.3	8		100	200		trr<0.4μs 2素子センタータップ（アノードコモン）	466B
*ESAD25-04C	富士電機		450	400			15	100c	120	150j	1.3	8		100	400		trr<0.4μs 2素子センタータップ（カソードコモン）	466A
ESAD25-04D	富士電機		450	400			15	100c	120	150j	1.3	8		100	400		trr<0.4μs 2素子直列	466C
ESAD25-04N	富士電機		450	400			15	100c	120	150j	1.3	8		100	400		trr<0.4μs 2素子センタータップ（アノードコモン）	466B
ESAD25M-02C	富士電機		250	200			15	98c	120		1.3	8		100	200		trr<0.4μs 2素子センタータップ（カソードコモン）	56
ESAD25M-02D	富士電機		250	200			15	98c	120		1.3	8		100	200		trr<0.4μs 2素子直列	56
ESAD25M-02N	富士電機		250	200			15	98c	120		1.3	8		100	200		trr<0.4μs 2素子センタータップ（アノードコモン）	56
ESAD25M-04C	富士電機		450	400			15	98c	120		1.3	8		100	400		trr<0.4μs 2素子センタータップ（カソードコモン）	56
ESAD25M-04D	富士電機		450	400			15	98c	120		1.3	8		100	400		trr<0.4μs 2素子直列	56
ESAD25M-04N	富士電機		450	400			15	98c	120		1.3	8		100	400		trr<0.4μs 2素子センタータップ（アノードコモン）	56
*ESAD33-02C	富士電機		220	200			15	88c	80	150j	1.5	5		1m	200		trr<100ns 2素子センタータップ（カソードコモン）	466A
ESAD33-02CS	富士電機		200	200			20	100c	80		1.25	5		500	200		trr<100ns 2素子センタータップ（カソードコモン）	466A
*ESAD33-02D	富士電機		220	200			15	88c	80	150j	1.5	5		1m	200		trr<100ns 2素子直列	466C
*ESAD33-02N	富士電機		220	200			15	88c	80	150j	1.5	5		1m	200		trr<100ns 2素子センタータップ（アノードコモン）	466B
*ESAD39-04C	富士電機		400	400			10	98c	50		2.5	4		100	400		trr<50ns 2素子センタータップ（カソードコモン）	466A
ESAD39-04D	富士電機		400	400			10	98c	50		2.5	4		100	400		trr<50ns 2素子直列	466C
*ESAD39-04N	富士電機		400	400			10	98c	50		2.5	4		100	400		trr<50ns 2素子センタータップ（アノードコモン）	466B
*ESAD39-06C	富士電機		600	600			10	98c	50		2.5	4		100	600		trr<50ns 2素子センタータップ（カソードコモン）	466A

形　名	社　名	P_{RSM} (kW)	V_{RSM} (V)	V_{RRM} (V)	V_R (V)	V_I (V)	I_O (A)	最大定格 T条件 (℃)	I_{FSM} (A)	T条件 (℃)	V_{Fmax} (V)	順方向特性(typは*) 測定条件 I_F(A)	T(℃)	I_{Rmax} (μA)	逆方向特性(typは*) 測定条件 V_R(V)	T(℃)	その他の特性等	外形
*ESAD39-06D	富士電機		600	600			10	98c	50		2.5	4		100	600		trr<100ns 2素子直列	466C
*ESAD39-06N	富士電機		600	600			10	98c	50		2.5	4		100	600		trr<50ns 2素子センタータップ (アノードコモン)	466B
*ESAD39M-04C	富士電機		400	400			10	85c	50		2.5	4		100	400		trr<50ns 2素子センタータップ (カソードコモン)	56
*ESAD39M-04D	富士電機		400	400			10	85c	50		2.5	4		100	400		trr<50ns 2素子直列	56
*ESAD39M-04N	富士電機		400	400			10	85c	50		2.5	4		100	400		trr<100ns 2素子直列	56
*ESAD39M-06C	富士電機		600	600			10	85c	50		2.5	4		100	600		trr<50ns 2素子センタータップ (カソードコモン)	56
*ESAD39M-06D	富士電機		600	600			10	85c	50		2.5	4		100	600		trr<50ns 2素子直列	56
*ESAD39M-06N	富士電機		600	600			10	85c	50		2.5	4		100	600		trr<50ns 2素子センタータップ (アノードコモン)	56
ESAD75-005	富士電機		60	50			16	110c	200	150j	0.95	8	25j	1.5m	50	150j	2素子センタータップ (カソードコモン)	363A
ESAD75-01	富士電機		120	100			16	110c	200	150j	0.95	8	25j	1.5m	100	150j	2素子センタータップ (カソードコモン)	363A
ESAD75-02	富士電機		240	200			16	110c	200	150j	0.95	8	25j	1.5m	200	150j	2素子センタータップ (カソードコモン)	363A
ESAD81-004	富士電機		48	40			15	100c	250	125j	0.5	10	25j	100m	40	125j	2素子センタータップ (カソードコモン)	363A
*ESAD83-004	富士電機		48	40			30	90c	250		0.55	12.5		20m	40		2素子センタータップ (カソードコモン) SB形	466A
ESAD83-004R	富士電機		48	40			30	119c	150		0.55	12.5		20m	40		2素子センタータップ (カソードコモン) SB形	466A
*ESAD83-006	富士電機		60	60			30	90c	200		0.58	12.5		20m	60		2素子センタータップ (カソードコモン) SB形	466A
ESAD83-006R	富士電機			60			30	119c	120		0.58	12.5		20m	60		2素子センタータップ (カソードコモン) SB形	466A
ESAD83M-004	富士電機		48	40			30	79c	250		0.55	12.5		20m	40		2素子センタータップ (カソードコモン) SB形	56
*ESAD83M-004R	富士電機		48	40			30	105c	250	25c	0.55	12.5		20m	40		2素子センタータップ (カソードコモン) SB形	56
ESAD83M-006	富士電機		60	60			30	75c	200		0.58	12.5		20m	60		2素子センタータップ (カソードコモン) SB形	56
*ESAD83M-006R	富士電機		60	60			30	106c	250	25c	0.58	12.5		20m	60		2素子センタータップ (カソードコモン) SB形	56
ESAD83M-004RR	富士電機		48	40			30	105c	150		0.55	12.5		20m	40		2素子センタータップ (カソードコモン) SB形	56
ESAD83M-006RR	富士電機			60			30	106c	120		0.58	12.5		20m	60		2素子センタータップ (カソードコモン) SB形	56
*ESAD85-009	富士電機		100	90			25	90c	150		0.9	10		20m	90		2素子センタータップ (カソードコモン) SB形	466A
ESAD85-009R	富士電機		100	90			25	118c	100		0.9	10		20m	90		2素子センタータップ (カソードコモン) SB形	466A
ESAD85M-009	富士電機		100	90			25	76c	150		0.9	10		20m	90		2素子センタータップ (カソードコモン) SB形	56
*ESAD85M-009R	富士電機		100	90			25	100c	150	25c	0.9	10		20m	90		2素子センタータップ (カソードコモン) SB形	56
ESAD85M-009RR	富士電機		100	90			25	105c	100		0.9	10		15m	90		2素子センタータップ (カソードコモン) SB形	56
ESAD89-009	富士電機			90			25	90c	150	125j	0.9	10	25j	100m	90	125j	2素子センタータップ (カソードコモン) SB形	363A
*ESAD92-02	富士電機			200			20	115c	100		0.95	10		200	200		trr<40ns 2素子センタータップ (カソードコモン)	466A
*ESAD92-03	富士電機		300	300			20	110c	100	150j	1.2	10		200	300		trr<40ns 2素子センタータップ (カソードコモン)	466A
ESAD92M-02	富士電機			200			20	108c	100		0.95	10		200	200		trr<40ns 2素子センタータップ (カソードコモン)	56
*ESAD92M-02R	富士電機			200			20	108c	100	25c	0.95	10		100	200		trr<40ns 2素子センタータップ (カソードコモン)	56
ESAD92M-03	富士電機		300	300			20	96c	80	150j	1.2	10		200	300		trr<40ns 2素子センタータップ (カソードコモン)	56
*ESAD92M-03R	富士電機		300	300			20	96c	80	25c	1.2	10		200	300		trr<40ns 2素子センタータップ (カソードコモン)	56
*ESAD95-04	富士電機			400			20	105c	92		1.5	10		200			trr<40ns 2素子センタータップ (カソードコモン)	466A
ESAE31-06T	富士電機		660	600			30	92c	320	150j	1.2	30	25j	3m	600	150j	3相ブリッジ	778
ESAE31-08T	富士電機		880	800			30	92c	320	150j	1.2	30	25j	3m	800	150j	3相ブリッジ	778
*ESAE83-004	富士電機		48	40			60	84c	500		0.55	25		50m	40		2素子センタータップ (カソードコモン) SB形	466A
*ESAE83-006	富士電機		60	60			60	71c	500		0.58	25		50m	60		2素子センタータップ (カソードコモン) SB形	466A
ESAG31-06T	富士電機		660	600			50	76c	480	150j	1.25	50	25j	5m	600	150j	3相ブリッジ	779
ESAG31-08T	富士電機		880	800			50	76c	480	150j	1.25	50	25j	5m	800	150j	3相ブリッジ	779
ESAG32-06T	富士電機		660	600			75	98c	1000	150j	1.15	75	25j	10m	600	150j	3相ブリッジ	780

形　名	社名	最大定格 PRSM (kW)	VRSM (V)	VRRM (V)	VR (V)	VI (V)	IO (A)	T条件 (℃)	IFSM (A)	T条件 (℃)	順方向特性(typは*) VFmax (V)	測定条件 IF(A)	T(℃)	逆方向特性(typは*) IRmax (μA)	測定条件 VR(V)	T(℃)	その他の特性等	外形
ESAG32-08T	富士電機		880	800			75	98c	1000	150j	1.15	75	25j	10m	800	150j	3相ブリッジ	780
ESAG73-03C	富士電機		350	300			2X50	80c	800	150j	1.5	50	25j	30m	300	150j	2素子センタータップ (カソードコモン)	634A
ESAG73-03D	富士電機		350	300			2X50	80c	800	150j	1.5	50	25j	30m	300	150j	2素子直列	634C
ESAG73-03N	富士電機		350	300			2X50	80c	800	150j	1.5	50	25j	30m	300	150j	2素子センタータップ (アノードコモン)	634B
ESAG73-06C	富士電機		650	600			2X50	80c	800	150j	1.5	50	25j	30m	600	150j	2素子センタータップ (カソードコモン)	634A
ESAG73-06D	富士電機		650	600			2X50	80c	800	150j	1.5	50	25j	30m	600	150j	2素子直列	634C
ESAG73-06N	富士電機		650	600			2X50	80c	800	150j	1.5	50	25j	30m	600	150j	2素子センタータップ (アノードコモン)	634B
ESAH73-03C	富士電機		350	300			2X100	70c	1400	150j	1.5	100	25j	60m	300	150j	2素子センタータップ (カソードコモン)	634A
ESAH73-03D	富士電機		350	300			2X100	70c	1400	150j	1.5	100	25j	60m	300	150j	2素子直列	634C
ESAH73-03N	富士電機		350	300			2X100	70c	1400	150j	1.5	100	25j	60m	300	150j	2素子センタータップ (アノードコモン)	634B
ESAH73-06C	富士電機		650	600			2X100	70c	1400	150j	1.5	100	25j	60m	600	150j	2素子センタータップ (カソードコモン)	634A
ESAH73-06D	富士電機		650	600			2X100	70c	1400	150j	1.5	100	25j	60m	600	150j	2素子直列	634C
ESAH73-06N	富士電機		650	600			2X100	70c	1400	150j	1.5	100	25j	60m	600	150j	2素子センタータップ (アノードコモン)	634B
* ESC011M-15	富士電機						5	105c	50	150j	1.2	4		10			2素子直列 (ダンパとモジュレータの一体形)	56
* ESC021M-15	富士電機						5	90c	50	150j							2素子直列 (ダンパとモジュレータの一体形)	56
* ESC023M-15	富士電機						5	100c	50								2素子直列 (ダンパとモジュレータの一体形)	56
* F10P03Q	日本インター		35	30			10	100c	120		0.55	5	25j	5m	30	25j	2素子センタータップ (カソードコモン) SB形	4A
* F10P04Q	日本インター		45	40			10	100c	120		0.55	5	25j	5m	40	25j	2素子センタータップ (カソードコモン) SB形	4A
* F10P05Q	日本インター		55	50			10	98c	110		0.58	5	25j	5m	50	25j	2素子センタータップ (カソードコモン) SB形	4A
* F10P06Q	日本インター		65	60			10	98c	110		0.58	5	25j	5m	60	25j	2素子センタータップ (カソードコモン) SB形	4A
* F10P09Q	日本インター			90			10	99c	120		0.85	5	25j	1m	90	25j	2素子センタータップ (カソードコモン) SB形	4A
* F10P10F	日本インター		110	100			10	117c	80		0.98	5	25j	20	100	25j	trr<35ns 2素子センタータップ (カソードコモン)	4A
* F10P10FR	日本インター		110	100			10	117c	80		0.98	5	25j	20	100	25j	trr<35ns 2素子センタータップ (アノードコモン)	4B
* F10P10Q	日本インター			100			10	99c	120		0.85	5	25j	1m	100	25j	2素子センタータップ (カソードコモン) SB形	4A
* F10P20F	日本インター		220	200			10	117c	80		0.98	5	25j	20	200	25j	trr<35ns 2素子センタータップ (カソードコモン)	4A
* F10P20FR	日本インター		220	200			10	117c	80		0.98	5	25j	20	200	25j	trr<35ns 2素子センタータップ (アノードコモン)	4B
* F10P30F	日本インター		330	300			10	112c	80		1.25	5	25j	30	300	25j	trr<45ns 2素子センタータップ (カソードコモン)	4A
* F10P30FR	日本インター		330	300			10	112c	80		1.25	5	25j	30	300	25j	trr<45ns 2素子センタータップ (アノードコモン)	4B
* F10P40F	日本インター		440	400			10	112c	80		1.25	5	25j	30	400	25j	trr<45ns 2素子センタータップ (カソードコモン)	4A
* F10P40FR	日本インター		440	400			10	112c	80		1.25	5	25j	30	400	25j	trr<45ns 2素子センタータップ (アノードコモン)	4B
* F16P03QS	日本インター		35	30			16	106c	180		0.55	8	25j	10m	30	25j	2素子センタータップ (カソードコモン) SB形	4A
* F16P04QS	日本インター		45	40			16	106c	180		0.55	8	25j	10m	40	25j	2素子センタータップ (カソードコモン) SB形	4A
* F16P05QS	日本インター		55	50			16	103c	150		0.62	8	25j	10m	50	25j	2素子センタータップ (カソードコモン) SB形	4A
* F16P06QS	日本インター		65	60			16	103c	150		0.62	8	25j	10m	60	25j	2素子センタータップ (カソードコモン) SB形	4A
* F16P09QS	日本インター			90			16	104c	180		0.85	8		2m	90	25j	2素子センタータップ (カソードコモン) SB形	4A
* F16P10FS	日本インター		110	100			16	113c	120		0.98	8	25j	25	100	25j	trr<35ns 2素子センタータップ (カソードコモン)	4A
* F16P10QS	日本インター			100			16		180		0.85	8		2m	100		2素子センタータップ (カソードコモン) SB形	4A
* F16P20FS	日本インター		220	200			16	113c	120		0.98	8	25j	25	200	25j	trr<35ns 2素子センタータップ (カソードコモン)	4A
* F16P30FS	日本インター		330	300			16	109c	120		1.25	8	25j	30	300	25j	trr<45ns 2素子センタータップ (カソードコモン)	4A
* F16P40FS	日本インター		440	400			16	109c	120		1.25	8	25j	30	400	25j	trr<45ns 2素子センタータップ (カソードコモン)	4A
* F25P03QS	日本インター		35	30			25	95c	250		0.55	12.5	25j	15m	30	25j	2素子センタータップ (カソードコモン) SB形	4A
* F25P04QS	日本インター		45	40			25	95c	250		0.55	12.5	25j	15m	40	25j	2素子センタータップ (カソードコモン) SB形	4A

| 形名 | 社名 | 最大定格 ||||||| 順方向特性(typは*) |||| 逆方向特性(typは*) ||| その他の特性等 | 外形 |
		P_{RSM}(kW)	V_{RSM}(V)	V_{RRM}(V)	V_R(V)	V_I(V)	I_O(A)	T条件(°C)	I_{FSM}(A)	T条件(°C)	V_{Fmax}(V)	測定条件 I_F(A)	測定条件 T(°C)	I_{Rmax}(µA)	測定条件 V_R(V)	測定条件 T(°C)		
* F25P05QS	日本インター		55	50			25	91c	200		0.62	12.5	25j	15m	50	25j	2素子センタータップ (カソードコモン) SB形	4A
F25P06QS	日本インター		65	60			25	91c	200		0.62	12.5	25j	15m	60	25j	2素子センタータップ (カソードコモン) SB形	4A
F25P09QS	日本インター			90			25	93c	250		0.85	12.5	25j	2m	90	25j	2素子センタータップ (カソードコモン) SB形	4A
F25P10QS	日本インター			100			25	93c	250		0.85	12.5	25j	2m	100	25j	2素子センタータップ (カソードコモン) SB形	4A
* F6P10F	日本インター		110	100			6	123c	60		0.98	3	25j	10	100	25j	trr<30ns 2素子センタータップ (カソードコモン)	4A
* F6P20F	日本インター		220	200			6	123c	60		0.98	3	25j	10	200	25j	trr<30ns 2素子センタータップ (カソードコモン)	4A
* F6P30F	日本インター		330	300			6	120c	60		1.25	3	25j	20	300	25j	trr<30ns 2素子センタータップ (カソードコモン)	4A
* F6P40F	日本インター		440	400			6	120c	60		1.25	3	25j	20	400	25j	trr<30ns 2素子センタータップ (カソードコモン)	4A
* F8P03Q	日本インター		35	30			8	106c	100		0.55	4	25j	3m	30	25j	2素子センタータップ (カソードコモン) SB形	4A
F8P04Q	日本インター		45	40			8	106c	100		0.55	4	25j	3m	40	25j	2素子センタータップ (カソードコモン) SB形	4A
F8P05Q	日本インター		55	50			8	105c	75		0.65	4	25j	3m	50	25j	2素子センタータップ (カソードコモン) SB形	4A
F8P06Q	日本インター		65	60			8	105c	75		0.65	4	25j	3m	60	25j	2素子センタータップ (カソードコモン) SB形	4A
FACH10U06	日本インター		65	60			10	108c	120	25j	0.66	5	25j	1m	60	25j	2素子センタータップ (カソードコモン) SB形	10A
* FC805	三洋			35	30	0.5			5		0.55	0.5		30	15		2素子複合 SB形	498A
* FC810	三洋		17	15		0.7			5		0.55	0.7		20	7.5		trr<10ns 2素子複合 SB形	498A
FCF06A20	日本インター		220	200			6	123c	60		0.98	3	25j	10	200	25j	trr<30ns 2素子センタータップ (カソードコモン)	4A
FCF06A40	日本インター		440	400			6	118c	60		1.25	3	25j	20	400	25j	trr<30ns 2素子センタータップ (カソードコモン)	4A
* FCF06A60	日本インター			600			6	110c	60		1.7	3	25j	20	600	25j	trr<35ns 2素子センタータップ (カソードコモン)	4A
FCF06B60	日本インター			600			6	110c	60	25j	1.7	3		20	600	25j	trr<45ns 2素子センタータップ (カソードコモン)	4A
FCF06D60	日本インター			600			6	110c	50	25j	1.45	3		20	600	25j	trr<45ns 2素子センタータップ (カソードコモン)	4A
FCF10A20	日本インター		220	200			10	117c	80		0.98	5	25j	20	200	25j	trr<35ns 2素子センタータップ (カソードコモン)	4A
FCF10A40	日本インター		440	400			10	112c	80		1.25	5	25j	30	400	25j	trr<45ns 2素子センタータップ (カソードコモン)	4A
* FCF10A60	日本インター			600			10	99c	80		1.7	5		30	600	25j	trr<40ns 2素子センタータップ (カソードコモン)	4A
FCF10B60	日本インター			600			10	99c	80	25j	1.7	5		30	600	25j	trr<45ns 2素子センタータップ (カソードコモン)	4A
FCF10D60	日本インター			600			10	99c	80	25j	1.47	5		20	600	25j	trr<65ns 2素子センタータップ (カソードコモン)	4A
FCF10U40	日本インター			400			10	112c	80	25j	1.25	5	25j	30	400	25j	trr<45ns 2素子センタータップ (カソードコモン)	10A
FCF16A20	日本インター		220	200			16	113c	120		0.98	8	25j	25	200	25j	trr<35ns 2素子センタータップ (カソードコモン)	4A
FCF16A40	日本インター		440	400			16	109c	120		1.25	8	25j	30	400	25j	trr<45ns 2素子センタータップ (カソードコモン)	4A
* FCF16A50	日本インター			500			16	104c	120		1.4	8	25j	30	500	25j	trr<55ns 2素子センタータップ (カソードコモン)	4A
* FCF16A60	日本インター			600			16	94c	120		1.7	8	25j	30	600	25j	trr<50ns 2素子センタータップ (カソードコモン)	4A
FCF20B60	日本インター			600			20	74c	120	25j	1.8	10		30	600	25j	trr<50ns 2素子センタータップ (カソードコモン)	4A
FCF20D60	日本インター			600			20	84c	120	25j	1.5	10		30	600	25j	trr<75ns 2素子センタータップ (カソードコモン)	4A
FCH05A10	日本インター			100			5	127c	60		0.87	2.5	25j	1m	100	25j	2素子センタータップ (カソードコモン) SB形	4A
FCH06A09	日本インター			90			6	122c	80	25j	0.85	3	25j	1m	90	25j	2素子センタータップ (カソードコモン) SB形	4A
FCH06A10	日本インター			100			6	121c	80	25j	0.85	3	25j	1m	100	25j	2素子センタータップ (カソードコモン) SB形	4A
FCH08A03L	日本インター		35	30			8	133c	100		0.56	4	25j	1m	30	25j	2素子センタータップ (カソードコモン) SB形	4A
FCH08A04	日本インター		45	40			8	131c	100		0.61	4	25j	1m	40	25j	2素子センタータップ (カソードコモン) SB形	4A
FCH08A06	日本インター		65	60			8	130c	100		0.69	4	25j	1m	60	25j	2素子センタータップ (カソードコモン) SB形	4A
FCH08A10	日本インター			100			8	127c	100		0.88	4	25j	1m	100	25j	2素子センタータップ (カソードコモン) SB形	4A
FCH08A15	日本インター			150			8	127c	125		0.9	4	25j	1m	150	25j	2素子センタータップ (カソードコモン) SB形	4A
FCH08U10	日本インター			100			8	127c	100	25j	0.88	4	25j	1m	100	25j	2素子センタータップ (カソードコモン) SB形	10A
FCH10A03L	日本インター		35	30			10	129c	120		0.57	5	25j	1m	30	25j	2素子センタータップ (カソードコモン) SB形	4A

形　名	社　名	最大定格 P.RSM (kW)	V RSM (V)	V RRM (V)	V R (V)	V 1 (V)	I 0 (A)	T条件 (°C)	I FSM (A)	T条件 (°C)	順方向特性(typは*) V Fmax (V)	測定条件 IF(A)	測定条件 T(°C)	逆方向特性(typは*) I Rmax (μA)	測定条件 VR(V)	測定条件 T(°C)	その他の特性等	外形
FCH10A04	日本インター		45	40			10	128c	120		0.61	5	25j	1m	40	25j	2素子センタータップ (カソードコモン) SB形	4A
FCH10A06	日本インター		65	60			10	125c	120		0.66	5	25j	1m	60	25j	2素子センタータップ (カソードコモン) SB形	4A
FCH10A09	日本インター			90			10	122c	120		0.85	5	25j	1m	90	25j	2素子センタータップ (カソードコモン) SB形	4A
FCH10A10	日本インター			100			10	121c	120		0.85	5	25j	1m	100	25j	2素子センタータップ (カソードコモン) SB形	4A
FCH10A15	日本インター			150			10	121c	130		0.88	5	25j	1m	150	25j	2素子センタータップ (カソードコモン) SB形	4A
FCH10A18	日本インター			180			10	120c	100		0.9	5	25j	200	180	25j	2素子センタータップ (カソードコモン) SB形	4A
FCH10A20	日本インター			200			10	118c	100	25j	0.9	5	25j	200	200	25j	2素子センタータップ (カソードコモン) SB形	4A
FCH10U10	日本インター			100			10	122c	120	25j	0.85	5	25j	1m	100	25j	2素子センタータップ (カソードコモン) SB形	10A
FCH10U15	日本インター			150			10	121c	130	25j	0.88	5	25j	1m	150	25j	2素子センタータップ (カソードコモン) SB形	10A
FCH10U20	日本インター			200			10	118c	100	25j	0.9	5	25j	200	200	25j	2素子センタータップ (カソードコモン) SB形	10A
FCH20A03L	日本インター	35	30				20	128c	180		0.54	10	25j	1m	30	25j	2素子センタータップ (カソードコモン) SB形	4A
FCH20A04	日本インター		45	40			20	127c	180		0.61	10	25j	1m	40	25j	2素子センタータップ (カソードコモン) SB形	4A
FCH20A06	日本インター		65	60			20	124c	180		0.68	10	25j	1m	60	25j	2素子センタータップ (カソードコモン) SB形	4A
FCH20A09	日本インター			90			20	121c	180		0.88	10	25j	1m	90	25j	2素子センタータップ (カソードコモン) SB形	4A
FCH20A10	日本インター			100			20	120c	180		0.88	10	25j	1m	100	25j	2素子センタータップ (カソードコモン) SB形	4A
FCH20A15	日本インター			150			20	121c	180		0.9	10	25j	1m	150	25j	2素子センタータップ (カソードコモン) SB形	4A
FCH20A18	日本インター			180			20	119c	120		0.9	10	25j	200	180	25j	2素子センタータップ (カソードコモン) SB形	4A
FCH20A20	日本インター			200			20	118c	120	25j	0.9	10	25j	200	200	25j	2素子センタータップ (カソードコモン) SB形	4A
FCH20B03	日本インター	35	30				20	115c	180	25j	0.57	10	25j	1m	30	25j	2素子センタータップ (カソードコモン) SB形	4A
FCH20B04	日本インター		45	40			20	113c	180	25j	0.65	10	25j	1m	40	25j	2素子センタータップ (カソードコモン) SB形	4A
FCH20B06	日本インター		65	60			20	110c	180	25j	0.73	10	25j	1m	60	25j	2素子センタータップ (カソードコモン) SB形	4A
FCH20B10	日本インター			100			20	105c	180	25j	0.91	10	25j	1m	100	25j	2素子センタータップ (カソードコモン) SB形	4A
FCH20U10	日本インター			100			20	120c	180	25j	0.88	10	25j	1m	100	25j	2素子センタータップ (カソードコモン) SB形	10A
FCH20U15	日本インター			150			20	120c	180	25j	0.9	10	25j	1m	150	25j	2素子センタータップ (カソードコモン) SB形	10A
FCH20U20	日本インター			200			20	118c	120	25j	0.9	10	25j	200	200	25j	2素子センタータップ (カソードコモン) SB形	10A
FCH20UB10	日本インター			100			20	105c	180	25j	0.91	10	25j	1m	100	25j	2素子センタータップ (カソードコモン) SB形	10A
FCH30A03L	日本インター	35	30				30	114c	250		0.56	15	25j	1m	30	25j	2素子センタータップ (カソードコモン) SB形	4A
FCH30A04	日本インター		45	40			30	114c	250		0.61	15	25j	1m	40	25j	2素子センタータップ (カソードコモン) SB形	4A
FCH30A06	日本インター		65	60			30	108c	200		0.69	15	25j	1m	60	25j	2素子センタータップ (カソードコモン) SB形	4A
FCH30A09	日本インター			90			30	106c	250		0.88	15	25j	2m	90	25j	2素子センタータップ (カソードコモン) SB形	4A
FCH30A10	日本インター			100			30	105c	250	25j	0.88	15	25j	2m	100	25j	2素子センタータップ (カソードコモン) SB形	4A
FCH30A15	日本インター			150			30	103c	250	25j	0.91	15	25j	2m	150	25j	2素子センタータップ (カソードコモン) SB形	4A
FCH30B03L	日本インター	35	30				30	114c	150	25j	0.59	15	25j	1m	30	25j	2素子センタータップ (カソードコモン) SB形	4A
FCH30B10	日本インター			100			30	97c	150	25j	0.96	15	25j	1m	100	25j	2素子センタータップ (カソードコモン) SB形	4A
FCH30U06	日本インター			60			30	108c	200	25j	0.69	15	25j	1m	60	25j	2素子センタータップ (カソードコモン) SB形	10A
FCH30U10	日本インター			100			30	106c	250	25j	0.88	15	25j	2m	100	25j	2素子センタータップ (カソードコモン) SB形	10A
FCH30U15	日本インター			150			30	103c	250	25j	0.91	15	25j	2m	100	25j	2素子センタータップ (カソードコモン) SB形	10A
FCHS08A045	日本インター			45			8	133c	100	25j	0.59	4	25j	100	45	25j	2素子センタータップ (カソードコモン) SB形	4A
FCHS08A065	日本インター			65			8	131c	100	25j	0.68	4	25j	100	65	25j	2素子センタータップ (カソードコモン) SB形	4A
FCHS08A08	日本インター			80			8	130c	100	25j	0.74	4	25j	100	80	25j	2素子センタータップ (カソードコモン) SB形	4A
FCHS08A12	日本インター			120			8	129c	100	25j	0.89	4	25j	100	120	25j	2素子センタータップ (カソードコモン) SB形	4A
FCHS10A045	日本インター			45			10	130c	120	25j	0.57	5	25j	100	45	25j	2素子センタータップ (カソードコモン) SB形	4A

形　名	社　名	P_{RSM} (kW)	V_{RSM} (V)	V_{RRM} (V)	V_R (V)	V_I (V)	I_O (A)	T条件 (°C)	I_{FSM} (A)	T条件 (°C)	V_{Fmax} (V)	I_F(A)	T(°C)	I_{Rmax} (µA)	V_R(V)	T(°C)	その他の特性等	外形
FCHS10A065	日本インター			65			10	128c	120	25j	0.63	5	25j	100	65	25j	2素子センタータップ (カソードコモン) SB形	4A
FCHS10A08	日本インター			80			10	126c	120	25j	0.69	5	25j	100	80	25j	2素子センタータップ (カソードコモン) SB形	4A
FCHS10A12	日本インター			120			10	125c	120	25j	0.84	5	25j	100	120	25j	2素子センタータップ (カソードコモン) SB形	4A
FCHS20A045	日本インター			45			20	120c	180	25j	0.58	10	25j	100	45	25j	2素子センタータップ (カソードコモン) SB形	4A
FCHS20A065	日本インター			65			20	120c	180	25j	0.64	10	25j	150	65	25j	2素子センタータップ (カソードコモン) SB形	4A
FCHS20A08	日本インター			80			20	117c	180	25j	0.71	10	25j	150	80	25j	2素子センタータップ (カソードコモン) SB形	4A
FCHS20A12	日本インター			120			20	114c	180	25j	0.87	10	25j	100	120	25j	2素子センタータップ (カソードコモン) SB形	4A
FCHS20U08	日本インター			80			20	116c	180	25j	0.75	10	25j	150	80	25j	2素子センタータップ (カソードコモン) SB形	10A
FCHS30A045	日本インター			45			30	117c	250	25j	0.58	15	25j	200	45	25j	2素子センタータップ (カソードコモン) SB形	4A
FCHS30A08	日本インター			80			30	112c	200	25j	0.72	15	25j	200	80	25j	2素子センタータップ (カソードコモン) SB形	4A
FCHS30A12	日本インター			120			30	117c	200	25j	0.9	15	25j	100	120	25j	2素子センタータップ (カソードコモン) SB形	4A
FCL10A015	日本インター			15			10	99c	130	25j	0.38	5	25j	5m	15	25j	2素子センタータップ (カソードコモン) SB形	4A
FCL20A015	日本インター			15			20	96c	180	25j	0.4	10	25j	10m	15	25j	2素子センタータップ (カソードコモン) SB形	4A
FCL30A015	日本インター			15			30	78c	250	25j	0.42	15	25j	15m	15	25j	2素子センタータップ (カソードコモン) SB形	4A
FCQ06A06	日本インター			60			6	104c	80	25j	0.62	3	25j	2m	60	25j	2素子センタータップ (カソードコモン) SB形	4A
FCQ06A04	日本インター			40			6	118c	80	25j	0.55	3	25j	2m	40	25j	2素子センタータップ (カソードコモン) SB形	4A
FCQ06U06	日本インター			60			6	104c	80	25j	0.62	3	25j	2m	60	25j	2素子センタータップ (カソードコモン) SB形	10A
FCQ08A03L	日本インター		35	30			8	123c	100	25j	0.49	4	25j	3m	30	25j	2素子センタータップ (カソードコモン) SB形	4A
FCQ08A04	日本インター		45	40			8	126c	100	25j	0.55	4	25j	3m	40	25j	2素子センタータップ (カソードコモン) SB形	4A
FCQ08A06	日本インター		65	60			8	117c	75	25j	0.65	4	25j	3m	60	25j	2素子センタータップ (カソードコモン) SB形	4A
FCQ08U06	日本インター		65	60			8	117c	75	25j	0.65	4	25j	3m	60	25j	2素子センタータップ (カソードコモン) SB形	10A
FCQ10A03L	日本インター		35	30			10	116c	120	25j	0.47	5	25j	5m	30	25j	2素子センタータップ (カソードコモン) SB形	4A
FCQ10A04	日本インター		45	40			10	116c	120	25j	0.55	5	25j	5m	40	25j	2素子センタータップ (カソードコモン) SB形	4A
FCQ10A06	日本インター		65	60			10	108c	110	25j	0.58	5	25j	5m	60	25j	2素子センタータップ (カソードコモン) SB形	4A
FCQ10U04	日本インター			40			10	116c	120	25j	0.55	5	25j	5m	40	25j	2素子センタータップ (カソードコモン) SB形	10A
FCQ10U06	日本インター		65	60			10	108c	110	25j	0.58	5	25j	5m	60	25j	2素子センタータップ (カソードコモン) SB形	10A
FCQ20A03L	日本インター		35	30			20	119c	180	25j	0.49	10	25j	10m	30	25j	2素子センタータップ (カソードコモン) SB形	4A
FCQ20A04	日本インター			40			20	119c	180	25j	0.55	10	25j	10m	40	25j	2素子センタータップ (カソードコモン) SB形	4A
FCQ20A06	日本インター			60			20	111c	150	25j	0.65	10	25j	10m	60	25j	2素子センタータップ (カソードコモン) SB形	4A
FCQ20B04	日本インター			40			20	104c	180	25j	0.6	10	25j	10m	40	25j	2素子センタータップ (カソードコモン) SB形	4A
FCQ20B06	日本インター			60			20	88c	180	25j	0.69	10	25j	10m	60	25j	2素子センタータップ (カソードコモン) SB形	4A
FCQ20C03	日本インター			35			20	104c	180	25j	0.51	10	25j	10m	35	25j	2素子センタータップ (カソードコモン) SB形	4A
FCQ20U04	日本インター			40			20	119c	180	25j	0.55	10	25j	10m	40	25j	2素子センタータップ (カソードコモン) SB形	10A
FCQ20U06	日本インター			60			20	111c	150	25j	0.65	10	25j	10m	60	25j	2素子センタータップ (カソードコモン) SB形	10A
FCQ20UB06	日本インター			60			20	88c	180	25j	0.69	10	25j	10m	60	25j	2素子センタータップ (カソードコモン) SB形	10A
FCQ30A03L	日本インター			30			30	105c	250	25j	0.49	15	25j	15m	30	25j	2素子センタータップ (カソードコモン) SB形	4A
FCQ30A04	日本インター			40			30	104c	250	25j	0.55	15	25j	15m	40	25j	2素子センタータップ (カソードコモン) SB形	4A
FCQ30A06	日本インター			60			30	94c	250	25j	0.65	15	25j	15m	60	25j	2素子センタータップ (カソードコモン) SB形	4A
FCQ30B06	日本インター			60			30	97c	150	25j	0.69	15	25j	10m	60	25j	2素子センタータップ (カソードコモン) SB形	4A
FCQ30U04	日本インター			40			30	104c	250	25j	0.55	15	25j	15m	40	25j	2素子センタータップ (カソードコモン) SB形	10A
FCQ30U06	日本インター			60			30	94c	200	25j	0.65	15	25j	15m	60	25j	2素子センタータップ (カソードコモン) SB形	10A
FCQS08A035	日本インター			35			8	134c	100	25j	0.49	4	25j	2m	35	25j	2素子センタータップ (カソードコモン) SB形	4A

形 名	社名	最大定格 P_RSM (kW)	V_RSM (V)	V_RRM (V)	V_R (V)	V_I (V)	I_O (A)	T条件 (°C)	I_FSM (A)	T条件 (°C)	順方向特性 V_Fmax (V)	測定条件 I_F (A)	測定条件 T (°C)	逆方向特性 I_Rmax (μA)	測定条件 V_R (V)	測定条件 T (°C)	その他の特性等	外形
FCQS08A045	日本インター			45			8	132c	100	25j	0.56	4	25j	200	45	25j	2素子センタータップ (カソードコモン) SB形	4A
FCQS08A065	日本インター			65			8	130c	100	25j	0.64	4	25j	300	65	25j	2素子センタータップ (カソードコモン) SB形	4A
FCQS10A035	日本インター			35			10	131c	120	25j	0.46	5	25j	3m	35	25j	2素子センタータップ (カソードコモン) SB形	4A
FCQS10A045	日本インター			45			10	130c	120	25j	0.54	5	25j	350	45	25j	2素子センタータップ (カソードコモン) SB形	4A
FCQS10A065	日本インター			65			10	127c	120	25j	0.58	5	25j	400	65	25j	2素子センタータップ (カソードコモン) SB形	4A
FCQS20A045	日本インター			45			20	122c	180	25j	0.54	10	25j	600	45	25j	2素子センタータップ (カソードコモン) SB形	4A
FCQS20A065	日本インター			65			20	117c	180	25j	0.6	10	25j	1m	65	25j	2素子センタータップ (カソードコモン) SB形	4A
FCQS20B045	日本インター			45			20	121c	180	25j	0.57	10	25j	600	45	25j	2素子センタータップ (カソードコモン) SB形	4A
FCQS20B065	日本インター			65			20	115c	180	25j	0.63	10	25j	1m	65	25j	2素子センタータップ (カソードコモン) SB形	4A
FCQS30A045	日本インター			45			30	118c	200	25j	0.54	15	25j	1m	45	25j	2素子センタータップ (カソードコモン) SB形	4A
FCQS30A065	日本インター			65			30	112c	200	25j	0.6	15	25j	1.5m	65	25j	2素子センタータップ (カソードコモン) SB形	4A
FCQS30B065	日本インター			65			30	110c	200	25j	0.64	15	25j	1.5m	65	25j	2素子センタータップ (カソードコモン) SB形	4A
FCQS30U065	日本インター			65			30	110c	200	25j	0.64	15	25j	1.5m	65	25j	2素子センタータップ (カソードコモン) SB形	10A
FCU06B60	日本インター				600		6	95c	35	25j	2.7	3		20	600	25j	trr＜27ns 2素子センタータップ (カソードコモン)	4A
FCU10A20	日本インター				200		10	116c	100	25j	1.1	5	25j	20	200	25j	trr＜27ns 2素子センタータップ (カソードコモン)	4A
FCU10A30	日本インター				300		10	109c	100	25j	1.3	5	25j	25	300	25j	trr＜30ns 2素子センタータップ (カソードコモン)	4A
FCU10A40	日本インター				400		10	104c	80	25j	1.53	5	25j	30	400	25j	trr＜32ns 2素子センタータップ (カソードコモン)	4A
FCU10A60	日本インター				600		10	84c	70	25j	2.3	5	25j	30	600	25j	trr＜35ns 2素子センタータップ (カソードコモン)	4A
FCU10B60	日本インター				600		10	77c	60	25j	2.7	5	25j	30	600	25j	trr＜30ns 2素子センタータップ (カソードコモン)	4A
FCU10UC16	日本インター				160		10	120c	100	25j	1	5	25j	25	160	25j	trr＜24ns 2素子センタータップ (カソードコモン)	10A
FCU10UC20	日本インター				200		10	118c	100	25j	1.08	5	25j	25	200	25j	trr＜25ns 2素子センタータップ (カソードコモン)	10A
FCU10UC30	日本インター				300		10	112c	100	25j	1.25	5	25j	25	300	25j	trr＜28ns 2素子センタータップ (カソードコモン)	10A
FCU10UC40	日本インター				400		10	105c	80	25j	1.5	5	25j	30	400	25j	trr＜30ns 2素子センタータップ (カソードコモン)	10A
FCU20A20	日本インター				200		20	101c	120	25j	1.13	10	25j	25	200	25j	trr＜32ns 2素子センタータップ (カソードコモン)	4A
FCU20A30	日本インター				300		20	90c	120	25j	1.4	10	25j	25	300	25j	trr＜35ns 2素子センタータップ (カソードコモン)	4A
FCU20A40	日本インター				400		20	86c	120	25j	1.53	10	25j	30	400	25j	trr＜40ns 2素子センタータップ (カソードコモン)	4A
FCU20A60	日本インター				600		20	60c	110	25j	2.3	10	25j	30	600	25j	trr＜45ns 2素子センタータップ (カソードコモン)	4A
FCU20B60	日本インター				600		20	50c	100	25j	2.7	10	25j	30	600	25j	trr＜40ns 2素子センタータップ (カソードコモン)	4A
FCU20U40	日本インター				400		20	86c	120	25j	1.53	10	25j	30	400	25j	trr＜40ns 2素子センタータップ (カソードコモン)	10A
FCU20UC30	日本インター				300		20	96c	120	25j	1.3	10	25j	25	300	25j	trr＜33ns 2素子センタータップ (カソードコモン)	10A
FCU20UC16	日本インター				160		20	107c	120	25j	1	10	25j	25	160	25j	trr＜30ns 2素子センタータップ (カソードコモン)	10A
FCU20UC20	日本インター				200		20	104c	120	25j	1.08	10	25j	25	200	25j	trr＜31ns 2素子センタータップ (カソードコモン)	10A
FD10JK3	オリジン					30	10		100		0.45	5		600	30		2素子センタータップ (カソードコモン) SB形	425
FD10JK4	オリジン					40	10		100		0.46	5		700	40		2素子センタータップ (カソードコモン) SB形	425
FD10JK6	オリジン					60	10		100		0.5	5		1.5m	60		2素子センタータップ (カソードコモン) SB形	425
FD10JK10	オリジン					100	10		100		0.77	5		600	100		2素子センタータップ (カソードコモン) SB形	425
FD6JK3	オリジン					30	6		100		0.42	3		600	30		2素子センタータップ (カソードコモン) SB形	425
FD6JK4	オリジン					40	6		100		0.42	3		700	40		2素子センタータップ (カソードコモン) SB形	425
FD6JK6	オリジン					60	6		100		0.5	3		1.5m	60		2素子センタータップ (カソードコモン) SB形	425
FD6JK10	オリジン					100	6		100		0.63	3		600	100		2素子センタータップ (カソードコモン) SB形	425
FDF25CA100	三社電機		1000	800			25	114c	400	25j	1.8	25	25j	2m	1000	150j	trr＜200ns ブリッジ接続	331
FDF25CA120	三社電機		1200	960			25	114c	400	25j	1.8	25	25j	2m	1200	150j	trr＜200ns ブリッジ接続	331

| 形　名 | 社　名 | 最大定格 ||||||| 順方向特性(typは*) ||| 逆方向特性(typは*) ||| その他の特性等 | 外形 |
|||P_{RSM} (kW)|V_{RSM} (V)|V_{RRM} (V)|V_R (V)|V_I (V)|I_O (A)|T条件 (℃)|I_{FSM} (A)|T条件 (℃)|V_{Fmax} (V)|測定条件 |||I_{Rmax} (μA)|測定条件 ||||
												I_F(A)	T(℃)		V_R	T(℃)		
FDF60BA60	三社電機		600	480			60	80c	600	25j	1.6		25j	60m	600	125j	trr<100ns ﾌﾞﾘｯｼﾞ 接続	331
FDS100BA60	三社電機		600	480			100	94c	2000		1.3	100	25j	100m	600	125j	trr<100ns 2素子直列	700
FDS100CA100	三社電機		1000	800			100	78c	2000	25j	1.8	100	25j	5m	1000	150j	trr<300ns 2素子直列	700
FDS100CA120	三社電機		1200	960			100	78c	2000	25j	1.8	100	25j	5m	1200	150j	trr<300ns 2素子直列	700
FE15JT3	オリジン		35	30			1.5		10		0.44	1.5		100	30		Cj=70pF 2素子複合 SB形	245
FL10JK10S	オリジン		105	100			10		80		1	10	25j	100	100	25j	Cj=50pF 2素子ｾﾝﾀｰﾀｯﾌﾟ（ｶｿｰﾄﾞ ｺﾓﾝ）SB	213A
FL10JK15M	オリジン		155	150			10		80		1	10	25j	1	150	25j	Cj=65pF 2素子ｾﾝﾀｰﾀｯﾌﾟ（ｶｿｰﾄﾞ ｺﾓﾝ）SB	213A
FL10JK20M	オリジン		205	200			10		80		1	10	25j	1	200	25j	Cj=65pF 2素子ｾﾝﾀｰﾀｯﾌﾟ（ｶｿｰﾄﾞ ｺﾓﾝ）SB	213A
FL20JK10S	オリジン		105	100			20		160		1	20	25j	150	100	25j	Cj=100pF 2素子ｾﾝﾀｰﾀｯﾌﾟ（ｶｿｰﾄﾞ ｺﾓﾝ）SB	213A
FL20JK12M	オリジン		125	100			20		160		1	20	25j	500	1	25j	Cj=100pF 2素子ｾﾝﾀｰﾀｯﾌﾟ（ｶｿｰﾄﾞ ｺﾓﾝ）SB	213A
FL20JK15M	オリジン		155	150			20		130		1	20	25j	1	150	25j	Cj=75pF 2素子ｾﾝﾀｰﾀｯﾌﾟ（ｶｿｰﾄﾞ ｺﾓﾝ）SB	213A
FL20JK20M	オリジン		205	200			20		130		1	20	25j	1	200	25j	Cj=75pF 2素子ｾﾝﾀｰﾀｯﾌﾟ（ｶｿｰﾄﾞ ｺﾓﾝ）SB	213A
FL30JK10M	オリジン		105	100			30		160		1	30	25j	2	100	25j	Cj=100pF 2素子ｾﾝﾀｰﾀｯﾌﾟ（ｶｿｰﾄﾞ ｺﾓﾝ）SB	213A
FL30JK10S	オリジン		105	100			30		180		1	30	25j	150	100	25j	Cj=130pF 2素子ｾﾝﾀｰﾀｯﾌﾟ（ｶｿｰﾄﾞ ｺﾓﾝ）SB	213A
FL30JK15M	オリジン		155	150			30		160		1	30	25j	1	150	25j	Cj=85pF 2素子ｾﾝﾀｰﾀｯﾌﾟ（ｶｿｰﾄﾞ ｺﾓﾝ）SB	213A
FL30JK20M	オリジン		205	200			30		160		1	30	25j	1	200	25j	Cj=85pF 2素子ｾﾝﾀｰﾀｯﾌﾟ（ｶｿｰﾄﾞ ｺﾓﾝ）SB	213A
FM2-2202	サンケン		200	200			20	70c	110	25j	0.98	10		200	200		trr<50ns 2素子ｾﾝﾀｰﾀｯﾌﾟ（ｶｿｰﾄﾞ ｺﾓﾝ）	446
* FMB-22H	サンケン		20	20			15		150	25j	0.47	7.5		3m	20	25j	Ioはﾗｼﾞｴｰﾀ付き 2素子（ｶｿｰﾄﾞ ｺﾓﾝ）SB	446
* FMB-22L	サンケン		20	20			10		100	25j	0.47	5		2m	20	25j	Ioはﾗｼﾞｴｰﾀ付き 2素子（ｶｿｰﾄﾞ ｺﾓﾝ）SB	446
FMB-2204	サンケン		40				20				0.55	10		10m	40		2素子ｾﾝﾀｰﾀｯﾌﾟ（ｶｿｰﾄﾞ ｺﾓﾝ）SB形	446
* FMB-2206	サンケン		60				20	80c	150		0.7	10		8m	60		2素子ｾﾝﾀｰﾀｯﾌﾟ（ｶｿｰﾄﾞ ｺﾓﾝ）SB形	446
* FMB-23L	サンケン		35	30			10		60	25j	0.55	5		5m	30		Ioはﾗｼﾞｴｰﾀ付き 2素子（ｶｿｰﾄﾞ ｺﾓﾝ）SB	446
* FMB-23	サンケン		35	30			4		50	25j	0.55	2		5m	30		Ioはﾗｼﾞｴｰﾀ付き 2素子（ｶｿｰﾄﾞ ｺﾓﾝ）SB	446
FMB-2304	サンケン		40				30	60c	150		0.55	15		15m	40		2素子ｾﾝﾀｰﾀｯﾌﾟ（ｶｿｰﾄﾞ ｺﾓﾝ）SB形	446
FMB-2304	サンケン		40	40			30	59c	150		0.55	15		15m	40		2素子ｾﾝﾀｰﾀｯﾌﾟ（ｶｿｰﾄﾞ ｺﾓﾝ）SB形	446
FMB-2306	サンケン		60				30		150		0.7	15		8m	60		2素子ｾﾝﾀｰﾀｯﾌﾟ（ｶｿｰﾄﾞ ｺﾓﾝ）SB形	446
FMB-24H	サンケン		40	40			15		100	25j	0.55	7.5		7.5m	40		Ioはﾗｼﾞｴｰﾀ付き 2素子（ｶｿｰﾄﾞ ｺﾓﾝ）SB	446
FMB-24L	サンケン		48	40			10		60	25j	0.55	5		5m	40		Ioはﾗｼﾞｴｰﾀ付き 2素子（ｶｿｰﾄﾞ ｺﾓﾝ）SB	446
FMB-24M	サンケン		45	40			6		60	25j	0.55	3		5m	40		Ioはﾗｼﾞｴｰﾀ付き 2素子（ｶｿｰﾄﾞ ｺﾓﾝ）SB	446
FMB-24	サンケン		48	40			4		50	25j	0.55	2		5m	40		Ioはﾗｼﾞｴｰﾀ付き 2素子（ｶｿｰﾄﾞ ｺﾓﾝ）SB	446
* FMB-26L	サンケン		60	60			10	85L	50	25j	0.62	5		2.5m	60	25j	Ioはﾗｼﾞｴｰﾀ付き 2素子（ｶｿｰﾄﾞ ｺﾓﾝ）SB	446
FMB-26	サンケン		60	60			4	100L	40	25j	0.62	2		1m	60	25j	Ioはﾗｼﾞｴｰﾀ付き 2素子（ｶｿｰﾄﾞ ｺﾓﾝ）SB	446
FMB-29L	サンケン		90	90			8	97c	50	25j	0.81	4		5m	90		Ioはﾗｼﾞｴｰﾀ付き 2素子（ｶｿｰﾄﾞ ｺﾓﾝ）SB	446
FMB-29	サンケン		90	90			4	127c	50	25j	0.81	2		3m	90		Ioはﾗｼﾞｴｰﾀ付き 2素子（ｶｿｰﾄﾞ ｺﾓﾝ）SB	446
* FMB-32M	サンケン		20	20			30		300	25j	0.47	15		10m	20	25j	Ioはﾗｼﾞｴｰﾀ付き 2素子（ｶｿｰﾄﾞ ｺﾓﾝ）SB	447
FMB-32	サンケン		20	20			20		200	25j	0.47	10		5m	20	25j	Ioはﾗｼﾞｴｰﾀ付き 2素子（ｶｿｰﾄﾞ ｺﾓﾝ）SB	447
FMB-33M	サンケン		35	30			30		300	25j	0.55	15		20m	30		Ioはﾗｼﾞｴｰﾀ付き 2素子（ｶｿｰﾄﾞ ｺﾓﾝ）SB	447
* FMB-33S	サンケン		35	30			12		75	25j	0.58	6		5m	30		Ioはﾗｼﾞｴｰﾀ付き 2素子（ｶｿｰﾄﾞ ｺﾓﾝ）SB	447
* FMB-33	サンケン		35	30			15		150	25j	0.55	7.5		10m	30		Ioはﾗｼﾞｴｰﾀ付き 2素子（ｶｿｰﾄﾞ ｺﾓﾝ）SB	447
FMB-34M	サンケン		48	40			30		300	25j	0.55	15		20m	40		Ioはﾗｼﾞｴｰﾀ付き 2素子（ｶｿｰﾄﾞ ｺﾓﾝ）SB	447
FMB-34S	サンケン		48	40			12		75	25j	0.58	6		5m	40		Ioはﾗｼﾞｴｰﾀ付き 2素子（ｶｿｰﾄﾞ ｺﾓﾝ）SB	447
* FMB-34	サンケン		48	40			15		150	25j	0.55	7.5		10m	40		Ioはﾗｼﾞｴｰﾀ付き 2素子（ｶｿｰﾄﾞ ｺﾓﾝ）SB	447

| | 形　名 | 社名 | 最大定格 ||||||| 順方向特性(typは*) |||| 逆方向特性(typは*) ||| その他の特性等 | 外形 |
| | | | P_{RSM} (kW) | V_{RSM} (V) | V_{RRM} (V) | V_R (V) | V_I (V) | I_O (A) | T条件 (°C) | I_{FSM} (A) | T条件 (°C) | V_{Fmax} (V) | 測定条件 || | I_{Rmax} (μA) | 測定条件 || | |
													I_F (A)	T (°C)		V_R (V)	T (°C)		
*	FMB-36M	サンケン		60	60			30	52c	150	25j	0.62	15	25j	10m	60	25j	Ioはラジエータ付き 2素子(カソードコモン) SB	447
*	FMB-36	サンケン		60	60			15	96c	75	25j	0.62	7.5	25j	5m	60	25j	Ioはラジエータ付き 2素子(カソードコモン) SB	447
*	FMB-39M	サンケン		90	90			20	82c	150	25j	0.81	10		15m	90		Ioはラジエータ付き 2素子(カソードコモン)	447
*	FMB-39	サンケン		90	90			15	91c	75	25j	0.81	7.5		10m	90		Ioはラジエータ付き 2素子(カソードコモン)	447
	FMC-26U	サンケン			600			3	100L	50		2	3		500	600		2素子直列	446
	FMC-28U	サンケン			800			3	100L	50		3	3		100	800		2素子直列	446
	FMD-4204S	サンケン		400	400			20	90c	100	25j	1.4	10		20	400		trr<50ns 2素子センタータップ(カソードコモン)	326
	FMD-4206S	サンケン		600	600			20	75c	100	25j	1.7	10		100	600		trr<50ns 2素子センタータップ(カソードコモン)	326
*	FME-210B	サンケン		150	150			10		100		0.9	5		0.1	150		2素子センタータップ(カソードコモン) SB形	446
*	FME-2104	サンケン			40			10		80		0.6	5		500	40		2素子センタータップ(カソードコモン) SB形	446
*	FME-2106	サンケン			60			10		60		0.72	5		1m	60		2素子センタータップ(カソードコモン) SB形	446
	FME-220A	サンケン			100			20	40c	120		0.85	10		1m	100		2素子センタータップ(カソードコモン) SB形	446
	FME-220B	サンケン		150	150			20		120		0.9	10		0.2	150		2素子センタータップ(カソードコモン) SB形	446
*	FME-230A	サンケン			100			30	10c	150		0.85	15		1.5m	100		2素子センタータップ(カソードコモン) SB形	446
*	FME-24H	サンケン			40			15	120L	100		0.6	7.5		750	40		2素子センタータップ(カソードコモン) SB形	273A
	FME-24L	サンケン			40			10	130L	80		0.6	5		500	40		2素子センタータップ(カソードコモン) SB形	273A
	FMEN-210A	サンケン		100	100			10	106c	100		0.85	5		0.1	100		2素子センタータップ(カソードコモン) SB形	446
	FMEN-210B	サンケン		150	150			10	108c	100	25j	0.92	5		100	150		2素子センタータップ(カソードコモン) SB形	446
	FMEN-215A	サンケン		100	100			15	83c	100	25j	0.85	7.5		150	100		2素子センタータップ(カソードコモン) SB形	446
	FMEN-220A	サンケン		100	100			20	59c	120		0.85	10		0.2	100		2素子センタータップ(カソードコモン) SB形	446
	FMEN-220B	サンケン		150	150			20	64c	120	25j	0.92	10		200	150		2素子センタータップ(カソードコモン) SB形	446
	FMEN-230A	サンケン		100	100			30	10c	150	25j	0.85	15		300	100		2素子センタータップ(カソードコモン) SB形	446
	FMEN-230B	サンケン			150			30		150	25j	0.92	15		300	150		2素子センタータップ(カソードコモン) SB形	446
	FMEN-420A	サンケン		100	100			20	104c	120	25j	0.85	10		200	100		2素子センタータップ(カソードコモン) SB形	326
	FMEN-420B	サンケン		150	150			20	107c	120	25j	0.92	10		200	150		2素子センタータップ(カソードコモン) SB形	326
	FMEN-430A	サンケン		100	100			30	80c	150	25j	0.85	15		300	100		2素子センタータップ(カソードコモン) SB形	326
*	FMG-11R	サンケン		100	100			5		35	25j	1.3	2.5		500	100		Ioはラジエータ 2素子センタータップ(アノードコモン)	446
*	FMG-11S	サンケン		100	100			5		35	25j	1.3	2.5		500	100		Ioはラジエータ 2素子センタータップ(カソードコモン)	446
	FMG-12R	サンケン		200	200			5		35	25j	1.8	2.5		500	200		Ioはラジエータ 2素子センタータップ(アノードコモン)	446
*	FMG-12S	サンケン		200	200			5		35	25j	1.8	2.5		500	200		Ioはラジエータ 2素子センタータップ(カソードコモン)	446
	FMG-13R	サンケン		300	300			5		35	25j	1.8	2.5		500	300		Ioはラジエータ 2素子センタータップ(アノードコモン)	446
	FMG-13S	サンケン		300	300			5		35	25j	1.8	2.5		500	300		Ioはラジエータ 2素子センタータップ(カソードコモン)	446
	FMG-14R	サンケン		400	400			5		35	25j	2	2.5		500	400		Ioはラジエータ 2素子センタータップ(アノードコモン)	446
	FMG-14S	サンケン		400	400			5		35	25j	2	2.5		500	400		Ioはラジエータ 2素子センタータップ(カソードコモン)	446
*	FMG-21R	サンケン		100	100			10		65	25j	1.3	5		500	100		Ioはラジエータ 2素子センタータップ(アノードコモン)	446
*	FMG-21S	サンケン		100	100			10		65	25j	1.3	5		500	100		Ioはラジエータ 2素子センタータップ(カソードコモン)	446
	FMG-22R	サンケン		200	200			10		65	25j	1.8	5		500	200		Ioはラジエータ 2素子センタータップ(アノードコモン)	446
	FMG-22S	サンケン		200	200			10		65	25j	1.8	5		500	200		Ioはラジエータ 2素子センタータップ(カソードコモン)	446
	FMG-23R	サンケン		300	300			10		65	25j	1.8	5		500	300		Ioはラジエータ 2素子センタータップ(アノードコモン)	446
*	FMG-23S	サンケン		300	300			10		65	25j	1.8	5		500	300		Ioはラジエータ 2素子センタータップ(カソードコモン)	446
	FMG-24R	サンケン		400	400			8		65	25j	2	5		500	400		Ioはラジエータ 2素子センタータップ(アノードコモン)	446
	FMG-24S	サンケン		400	400			8		65	25j	2	5		500	400		Ioはラジエータ 2素子センタータップ(カソードコモン)	446

形　名	社　名	最大定格								順方向特性(typは*)			逆方向特性(typは*)			その他の特性等	外形
		P_{RSM} (kW)	V_{RSM} (V)	V_{RRM} (V)	V_R (V)	V_I (V)	I_O (A)	T条件 (℃)	I_{FSM} (A)	T条件 (℃)	$V_F$max	測定条件		$I_R$max (μA)	測定条件		
												I_F(A)	T(℃)		V_R(V)	T(℃)		
FMG-26R	サンケン	600	600			6		50	25j	2.2	3		500	600		Ioはﾗｼﾞｴｰﾀ 2素子ｾﾝﾀｰﾀｯﾌﾟ (ｱﾉｰﾄﾞｺﾓﾝ)	446
FMG-26S	サンケン	600	600			6		50	25j	2.2	3		500	600		Ioはﾗｼﾞｴｰﾀ 2素子ｾﾝﾀｰﾀｯﾌﾟ (ｶｿｰﾄﾞｺﾓﾝ)	446
* FMG-31R	サンケン	100	100			20		150	25j	1.3	10		1m	100		Ioはﾗｼﾞｴｰﾀ 2素子ｾﾝﾀｰﾀｯﾌﾟ (ｱﾉｰﾄﾞｺﾓﾝ)	447
* FMG-31S	サンケン	100	100			20		150	25j	1.3	10		1m	100		Ioはﾗｼﾞｴｰﾀ 2素子ｾﾝﾀｰﾀｯﾌﾟ (ｶｿｰﾄﾞｺﾓﾝ)	447
FMG-32R	サンケン	200	200			20		150	25j	1.8	10		1m	200		Ioはﾗｼﾞｴｰﾀ 2素子ｾﾝﾀｰﾀｯﾌﾟ (ｱﾉｰﾄﾞｺﾓﾝ)	447
FMG-32S	サンケン	200	200			20		150	25j	1.8	10		1m	200		Ioはﾗｼﾞｴｰﾀ 2素子ｾﾝﾀｰﾀｯﾌﾟ (ｶｿｰﾄﾞｺﾓﾝ)	447
FMG-33R	サンケン	300	300			20		150	25j	1.8	10		1m	300		Ioはﾗｼﾞｴｰﾀ 2素子ｾﾝﾀｰﾀｯﾌﾟ (ｱﾉｰﾄﾞｺﾓﾝ)	447
FMG-33S	サンケン	300	300			20		150	25j	1.8	10		1m	300		Ioはﾗｼﾞｴｰﾀ 2素子ｾﾝﾀｰﾀｯﾌﾟ (ｶｿｰﾄﾞｺﾓﾝ)	447
* FMG-34R	サンケン	400	400			16		100	25j	2	10		1m	400		Ioはﾗｼﾞｴｰﾀ 2素子ｾﾝﾀｰﾀｯﾌﾟ (ｱﾉｰﾄﾞｺﾓﾝ)	447
* FMG-34S	サンケン	400	400			16		100	25j	2	10		1m	400		Ioはﾗｼﾞｴｰﾀ 2素子ｾﾝﾀｰﾀｯﾌﾟ (ｶｿｰﾄﾞｺﾓﾝ)	447
* FMG-36R	サンケン	600	600			15		80	25j	2.2	10		1m	600		Ioはﾗｼﾞｴｰﾀ 2素子ｾﾝﾀｰﾀｯﾌﾟ (ｱﾉｰﾄﾞｺﾓﾝ)	447
* FMG-36S	サンケン	600	600			15		80	25j	2.2	10		1m	600		Ioはﾗｼﾞｴｰﾀ 2素子ｾﾝﾀｰﾀｯﾌﾟ (ｶｿｰﾄﾞｺﾓﾝ)	447
* FMJ-2203	サンケン		30			20		150		0.47	10		10m	30		2素子ｾﾝﾀｰﾀｯﾌﾟ (ｶｿｰﾄﾞｺﾓﾝ) SB形	446
* FMJ-23L	サンケン		30			10		100		0.45	5		5m	30		2素子ｾﾝﾀｰﾀｯﾌﾟ (ｶｿｰﾄﾞｺﾓﾝ) SB形	446
FMJ-2303	サンケン		30			30		150		0.48	15		15m	30		2素子ｾﾝﾀｰﾀｯﾌﾟ (ｶｿｰﾄﾞｺﾓﾝ) SB形	446
FML-11S	サンケン	100	100			5		35	25j	0.98	2.5		150	100		Ioはﾗｼﾞｴｰﾀ 2素子ｾﾝﾀｰﾀｯﾌﾟ (ｶｿｰﾄﾞｺﾓﾝ)	446
FML-12S	サンケン	200	200			5		35	25j	0.98	2.5		150	200		Ioはﾗｼﾞｴｰﾀ 2素子ｾﾝﾀｰﾀｯﾌﾟ (ｶｿｰﾄﾞｺﾓﾝ)	446
FML-13S	サンケン	300	300			5		40	25j	1.3	2.5		50	300		Ioはﾗｼﾞｴｰﾀ 2素子ｾﾝﾀｰﾀｯﾌﾟ (ｶｿｰﾄﾞｺﾓﾝ)	446
FML-14S	サンケン	400	400			5		40	25j	1.3	2.5		50	400		Ioはﾗｼﾞｴｰﾀ 2素子ｾﾝﾀｰﾀｯﾌﾟ (ｶｿｰﾄﾞｺﾓﾝ)	446
* FML-21R	サンケン	100	100			10		65	25j	0.98	5		250	100		Ioはﾗｼﾞｴｰﾀ 2素子ｾﾝﾀｰﾀｯﾌﾟ (ｱﾉｰﾄﾞｺﾓﾝ)	446
* FML-21S	サンケン	100	100			10		65	25j	0.98	5		250	100		Ioはﾗｼﾞｴｰﾀ 2素子ｾﾝﾀｰﾀｯﾌﾟ (ｶｿｰﾄﾞｺﾓﾝ)	446
FML-22R	サンケン	200	200			10		65	25j	0.98	5		250	200		Ioはﾗｼﾞｴｰﾀ 2素子ｾﾝﾀｰﾀｯﾌﾟ (ｱﾉｰﾄﾞｺﾓﾝ)	446
FML-22S	サンケン	200	200			10		65	25j	0.98	5		250	200		Ioはﾗｼﾞｴｰﾀ 2素子ｾﾝﾀｰﾀｯﾌﾟ (ｶｿｰﾄﾞｺﾓﾝ)	446
FML-23S	サンケン	300	300			10		70	25j	1.3	5		100	300		Ioはﾗｼﾞｴｰﾀ 2素子ｾﾝﾀｰﾀｯﾌﾟ (ｶｿｰﾄﾞｺﾓﾝ)	446
FML-24S	サンケン	400	400			10		70	25j	1.3	5		100	400		Ioはﾗｼﾞｴｰﾀ 2素子ｾﾝﾀｰﾀｯﾌﾟ (ｶｿｰﾄﾞｺﾓﾝ)	446
* FML-31S	サンケン	100	100			20		150	25j	0.98	10		600	100		Ioはﾗｼﾞｴｰﾀ 2素子ｾﾝﾀｰﾀｯﾌﾟ (ｶｿｰﾄﾞｺﾓﾝ)	447
* FML-32S	サンケン	200	200			20		150	25j	0.98	10		600	200		Ioはﾗｼﾞｴｰﾀ 2素子ｾﾝﾀｰﾀｯﾌﾟ (ｶｿｰﾄﾞｺﾓﾝ)	447
* FML-33S	サンケン	300	300			20		100	25j	1.3	10		200	300		Ioはﾗｼﾞｴｰﾀ 2素子ｾﾝﾀｰﾀｯﾌﾟ (ｶｿｰﾄﾞｺﾓﾝ)	447
* FML-34S	サンケン	400	400			20		100	25j	1.3	10		200	400		Ioはﾗｼﾞｴｰﾀ 2素子ｾﾝﾀｰﾀｯﾌﾟ (ｶｿｰﾄﾞｺﾓﾝ)	447
* FML-36S	サンケン	600	600			20		100	25j	1.7	10		100	600		Ioはﾗｼﾞｴｰﾀ 2素子ｾﾝﾀｰﾀｯﾌﾟ (ｶｿｰﾄﾞｺﾓﾝ)	447
FML-4202S	サンケン	200	200			20	105c	150	25j	0.98	10		10	200		trr<40ns 2素子ｾﾝﾀｰﾀｯﾌﾟ (ｶｿｰﾄﾞｺﾓﾝ)	326
FML-4204S	サンケン	400	400			20	93c	100	25j	1.3	10		50	400		trr<50ns 2素子ｾﾝﾀｰﾀｯﾌﾟ (ｶｿｰﾄﾞｺﾓﾝ)	326
FMM-22R	サンケン	250	200			10		100	25j	1.1	5		10	200		Ioはﾌｨﾝ付 2素子ｾﾝﾀｰﾀｯﾌﾟ (ｱﾉｰﾄﾞｺﾓﾝ)	446
FMM-22S	サンケン	250	200			10		100	25j	1	5		10	200		Ioはﾌｨﾝ付 2素子ｾﾝﾀｰﾀｯﾌﾟ (ｶｿｰﾄﾞｺﾓﾝ)	446
FMM-24R	サンケン	450	400			10		100	25j	1.1	5		10	400		Ioはﾌｨﾝ付 2素子ｾﾝﾀｰﾀｯﾌﾟ (ｱﾉｰﾄﾞｺﾓﾝ)	446
FMM-24S	サンケン	450	400			10		100	25j	1.1	5		10	400		Ioはﾌｨﾝ付 2素子ｾﾝﾀｰﾀｯﾌﾟ (ｶｿｰﾄﾞｺﾓﾝ)	446
FMM-26R	サンケン	650	600			10		100	25j	1.1	5		10	600		Ioはﾌｨﾝ付 2素子ｾﾝﾀｰﾀｯﾌﾟ (ｱﾉｰﾄﾞｺﾓﾝ)	446
FMM-26S	サンケン	650	600			10		100	25j	1.1	5		10	600		Ioはﾌｨﾝ付 2素子ｾﾝﾀｰﾀｯﾌﾟ (ｶｿｰﾄﾞｺﾓﾝ)	446
* FMM-31R	サンケン	150	100			20		120	25j	1.1	10		10	100		Ioはﾌｨﾝ付 2素子ｾﾝﾀｰﾀｯﾌﾟ (ｱﾉｰﾄﾞｺﾓﾝ)	447
* FMM-31S	サンケン	150	100			20		120	25j	1.1	10		10	100		Ioはﾌｨﾝ付 2素子ｾﾝﾀｰﾀｯﾌﾟ (ｶｿｰﾄﾞｺﾓﾝ)	447
* FMM-32R	サンケン	250	200			20		120	25j	1.1	10		10	200		Ioはﾌｨﾝ付 2素子ｾﾝﾀｰﾀｯﾌﾟ (ｱﾉｰﾄﾞｺﾓﾝ)	447
* FMM-32S	サンケン	250	200			20		120	25j	1.1	10		10	200		Ioはﾌｨﾝ付 2素子ｾﾝﾀｰﾀｯﾌﾟ (ｶｿｰﾄﾞｺﾓﾝ)	447

	形名	社名	最大定格							順方向特性(typは*)			逆方向特性(typは*)			その他の特性等	外形
			P_{RSM} (kW)	V_{RSM} (V)	V_{RRM} (V)	V_R (V)	V_I (V)	I_O (A)	T条件 (℃)	I_{FSM} (A)	T条件 (℃)	V_{Fmax} (V)	測定条件			測定条件		
													I_F(A)	T(℃)	I_{Rmax} (μA)	V_R(V)	T(℃)		
*	FMM-34R	サンケン		450	400			20		120	25j	1.1	10		10	400		Ioはフィン付 2素子センタータップ (アノードコモン)	447
*	FMM-34S	サンケン		450	400			20		120	25j	1.1	10		10	400		Ioはフィン付 2素子センタータップ (カソードコモン)	447
*	FMM-36R	サンケン		650	600			20		120	25j	1.1	10		10	600		Ioはフィン付 2素子センタータップ (アノードコモン)	447
*	FMM-36S	サンケン		650	600			20		120	25j	1.1	10		10	600		Ioはフィン付 2素子センタータップ (カソードコモン)	447
	FMN-2206S	サンケン		600	600			20		150	25j	1.3	10		100	600		trr<100ns 2素子センタータップ (カソードコモン)	446
	FMN-4206S	サンケン		600	600			20		150	25j	1.5	10		100	600		trr<100ns 2素子センタータップ (カソードコモン)	326
*	FMP-3FU	サンケン			1500			5		50	25j	2	5		50	1500		ピンクッション補正Di内蔵 (VRM=600V)	326C
*	FMQ-3GU	サンケン			1700			5		50		2	5		500	1700		ピンクッション補正Di内蔵 (VRM=800V)	326C
*	FMS-3FU	サンケン						5		50	25j		5		50	VRM		VRM=600/1500V 2素子直列	326C
*	FMU-11R	サンケン		150	100			5		30	25j	1.5	2.5		50	100		Ioはラジエータ 2素子センタータップ (アノードコモン)	446
*	FMU-11S	サンケン		150	100			5		30	25j	1.5	2.5		50	100		Ioはラジエータ 2素子センタータップ (カソードコモン)	446
	FMU-12R	サンケン		250	200			5		30	25j	1.5	2.5		50	200		Ioはラジエータ 2素子センタータップ (アノードコモン)	446
	FMU-12S	サンケン		250	200			5		30	25j	1.5	2.5		50	200		Ioはラジエータ 2素子センタータップ (カソードコモン)	446
	FMU-14R	サンケン		450	400			5		30	25j	1.5	2.5		50	400		Ioはラジエータ 2素子センタータップ (アノードコモン)	446
	FMU-14S	サンケン		450	400			5		30	25j	1.5	2.5		50	400		Ioはラジエータ 2素子センタータップ (カソードコモン)	446
	FMU-16R	サンケン		650	600			5		30	25j	1.5	2.5		50	600		Ioはラジエータ 2素子センタータップ (アノードコモン)	446
	FMU-16S	サンケン		650	600			5		30	25j	1.5	2.5		50	600		Ioはラジエータ 2素子センタータップ (カソードコモン)	446
*	FMU-21R	サンケン		150	100			10		40	25j	1.5	5		50	100		Ioはラジエータ 2素子センタータップ (アノードコモン)	446
*	FMU-21S	サンケン		150	100			10		40	25j	1.5	5		50	100		Ioはラジエータ 2素子センタータップ (カソードコモン)	446
	FMU-22R	サンケン		250	200			10		40	25j	1.5	5		50	200		Ioはラジエータ 2素子センタータップ (アノードコモン)	446
	FMU-22S	サンケン		250	200			10		40	25j	1.5	5		50	200		Ioはラジエータ 2素子センタータップ (カソードコモン)	446
	FMU-24R	サンケン		450	400			10		40	25j	1.5	5		50	400		Ioはラジエータ 2素子センタータップ (アノードコモン)	446
	FMU-24S	サンケン		450	400			10		40	25j	1.5	5		50	400		Ioはラジエータ 2素子センタータップ (カソードコモン)	446
	FMU-26R	サンケン		650	600			10		40	25j	1.5	5		50	600		Ioはラジエータ 2素子センタータップ (アノードコモン)	446
	FMU-26S	サンケン		650	600			10		40	25j	1.5	5		50	600		Ioはラジエータ 2素子センタータップ (カソードコモン)	446
*	FMU-31R	サンケン		150	100			20		80	25j	1.5	10		50	100		Ioはラジエータ 2素子センタータップ (アノードコモン)	447
*	FMU-31S	サンケン		150	100			20		80	25j	1.5	10		50	100		Ioはラジエータ 2素子センタータップ (カソードコモン)	447
	FMU-32R	サンケン		250	200			20		80	25j	1.5	10		50	200		Ioはラジエータ 2素子センタータップ (アノードコモン)	447
	FMU-32S	サンケン		250	200			20		80	25j	1.5	10		50	200		Ioはラジエータ 2素子センタータップ (カソードコモン)	447
	FMU-34R	サンケン		450	400			20		80	25j	1.5	10		50	400		Ioはラジエータ 2素子センタータップ (アノードコモン)	447
	FMU-34S	サンケン		450	400			20		80	25j	1.5	10		50	400		Ioはラジエータ 2素子センタータップ (カソードコモン)	447
	FMU-36R	サンケン		650	600			20		80	25j	1.5	10		50	600		Ioはラジエータ 2素子センタータップ (アノードコモン)	447
	FMU-36S	サンケン		650	600			20		80	25j	1.5	10		50	600		Ioはラジエータ 2素子センタータップ (カソードコモン)	447
	FMUP-2056	サンケン			600			5		30		2	3		50	600		trr<0.4μs 2素子センタータップ (カソードコモン)	446
*	FMV-3FU	サンケン			1500			5		50	25j	1.4	5		50	1500		ピンクッション補正Di内蔵 (VRM=600V)	326C
*	FMV-3GU	サンケン			1700			5		50		1.5	5		50	1700		ピンクッション補正Di内蔵 (VRM=800V)	326C
	FMW-2106	サンケン	60	60				10	99c	100	25j	0.7	5		3m	60		2素子センタータップ (カソードコモン) SB形	446
	FMW-2156	サンケン	60	60				15	74c	100	25j	0.7	7.5		5m	60		2素子センタータップ (カソードコモン) SB形	446
	FMW-2204	サンケン			40			20		120		1	10		10m	40		2素子センタータップ (カソードコモン) SB形	446
	FMW-2206	サンケン	60	60				20	47c	120	25j	0.7	10		1m	60		2素子センタータップ (カソードコモン) SB形	446
	FMW-24H	サンケン			40			15	105c	120		0.55	7.5		7.5m	40		2素子センタータップ (カソードコモン) SB形	446
	FMW-24L	サンケン			40			10	120c	60		0.55	5		5m	40		2素子センタータップ (カソードコモン) SB形	446

| | 形　名 | 社　名 | 最大定格 |||||||| 順方向特性(typは*) ||| 逆方向特性(typは*) ||| その他の特性等 | 外形 |
| | | | P_{RSM} (kW) | V_{RSM} (V) | V_{RRM} (V) | V_R (V) | V_I (V) | I_O (A) | T条件 (°C) | I_{FSM} (A) | T条件 (°C) | V_{Fmax} (V) | 測定条件 ||| I_{Rmax} (μA) | 測定条件 || | |
													I_F(A)	T(°C)		V_R(V)	T(°C)		
	FMW-4304	サンケン	40	40				30	78c	150	25j	0.55	15		1.5m	40		2素子センタータップ (カソードコモン) SB形	326
	FMW-4306	サンケン	60	60				30	72c	150	25j	0.7	15		3m	60		2素子センタータップ (カソードコモン) SB形	326
	FMX-12S	サンケン	200	200				5	125c	35	25j	0.98	2.5		50	200		trr<30ns 2素子センタータップ (カソードコモン)	446
	FMX-22S	サンケン		200				10	98c	65	25j	0.98	5		100	200		trr<30ns 2素子センタータップ (カソードコモン)	446
	FMX-22SL	サンケン		200				15	65c	100	25j	0.98	7.5		150	200		trr<30ns 2素子センタータップ (カソードコモン)	446
	FMX-2203	サンケン		300				20		100		1	10		100	300		trr<30ns 2素子センタータップ (カソードコモン)	446
	FMX-23S	サンケン		300				10		65		1.3	5		50	300		2素子センタータップ (カソードコモン)	446
*	FMX-32S	サンケン	200	200				20	95c	150	25j	0.98	10		200	200		trr<30ns 2素子センタータップ (カソードコモン)	447
*	FMX-33S	サンケン		300				20		100		1.3	10		100	300		2素子センタータップ (カソードコモン)	447
	FMX-4202S	サンケン	200	200				20	97c	150	25j	0.98	10		200	200		trr<30ns 2素子センタータップ (カソードコモン)	326
	FMX-4203S	サンケン	300	300				20	87c			1.3	10		100	300		trr<30ns 2素子センタータップ (カソードコモン)	326
	FMX-4206S	サンケン	600	600				20		100		1.5	10		100	600		trr<30ns 2素子センタータップ (カソードコモン)	326
	FMXA-2102ST	サンケン	200	200				10		100		1.2	5		100	200		trr<25ns 2素子センタータップ (カソードコモン)	446
	FMXA-2153S	サンケン	300	300				15		75		1.3	7.5		75	300		trr<25ns 2素子センタータップ (カソードコモン)	446
	FMXA-2202S	サンケン	200	200				20	68c	100	25j	1.2	10		100	200		trr<25ns 2素子センタータップ (カソードコモン)	446
	FMXA-2203S	サンケン	300	300				20		100		1.3	10		100	300		trr<25ns 2素子センタータップ (カソードコモン)	446
	FMXA-4202S	サンケン	200	200				20	90c	100	25j	1.2	10		100	200		trr<25ns 2素子センタータップ (カソードコモン)	326
	FMXA-4203S	サンケン	300	300				20		100		1.3	10		100	300		trr<25ns 2素子センタータップ (カソードコモン)	326A
	FMXA-4204S	サンケン	400	400				20	63c	100	25j	1.5	10		100	400		trr<25ns 2素子センタータップ (カソードコモン)	326
	FMXA-4206S	サンケン	600	600				20		100	25j	1.98	10		100	600		trr<28ns 2素子センタータップ (カソードコモン)	326
	FMXJ-2164S	サンケン	400	400				16		100		1.4	8		100	400		trr<18ns 2素子センタータップ (カソードコモン)	446
	FMXK-2206S	サンケン	600	600				20		100		1.75	10		100	600		trr<27ns 2素子センタータップ (カソードコモン)	446
	FMXS-2206S	サンケン	600	600				20		100		1.5	10		50	600		trr<30ns 2素子センタータップ (カソードコモン)	446
	FMXS-4202S	サンケン	200	200				20	95c	150	25j	1.05	10		50	200		trr<30ns 2素子センタータップ (カソードコモン)	326
	FMY-2206S	サンケン	600	600				20	48c	150	25j	1.15	10		30	600		trr<200ns 2素子センタータップ (カソードコモン)	446
	FRD100BA60	三社電機		600	480			100	94c	2000		1.3	100	25j	100m	600	125j	trr<100ns 2素子直列	700
	FRD100CA100	三社電機		1000	800			100	78c	2000		1.8	100	25j	5m	1000	150j	trr<300ns 2素子センタータップ (カソードコモン)	700
	FRD100CA120	三社電機		1200	960			100	78c	2000		1.8	100	25j	5m	1200	150j	trr<300ns 2素子センタータップ (カソードコモン)	700
	FRF10A20	日本インター		200				10	117c	80	25j	0.98	5	25j	20	200	25j	trr<35ns 2素子センタータップ (アノードコモン)	4A
	FRF10A40	日本インター	440	400				10	112c	80	25j	1.25	5	25j	30	400	25j	trr<45ns 2素子センタータップ (アノードコモン)	4B
	FRH08A15	日本インター		150				8	127c	125	25j	0.9	4	25j	1m	150	25j	2素子センタータップ (アノードコモン) SB形	4B
	FRH10A04	日本インター	35	40				10	128c	120	25j	0.61	5	25j	1m	40	25j	2素子センタータップ (アノードコモン) SB形	4B
	FRH10A10	日本インター		100				10	122c	120	25j	0.85	5	25j	1m	100	25j	2素子センタータップ (アノードコモン) SB形	4B
	FRH10A15	日本インター		150				10	121c	130	25j	0.88	5	25j	1m	150	25j	2素子センタータップ (アノードコモン) SB形	4B
	FRH10A18	日本インター		180				10	120c	100	25j	0.9	5	25j	200	180	25j	2素子センタータップ (アノードコモン) SB形	4B
	FRH10A20	日本インター		200				10	118c	100	25j	0.9	5	25j	200	200	25j	2素子センタータップ (アノードコモン) SB形	4B
	FRH20A15	日本インター		150				20	121c	180	25j	0.9	10	25j	1m	150	25j	2素子センタータップ (カソードコモン) SB形	4B
	FRH20A18	日本インター		180				20	119c	120	25j	0.9	10	25j	200	180	25j	2素子センタータップ (アノードコモン) SB形	4B
	FRH20A20	日本インター		200				20	118c	120	25j	0.9	10	25j	200	200	25j	2素子センタータップ (アノードコモン) SB形	4B
	FRQ10A03L	日本インター	35	30				10	116c	120	25j	0.47	5	25j	5m	30	25j	2素子センタータップ (アノードコモン) SB形	4B
	FRQ10A06	日本インター	65	60				10	108c	110	25j	0.58	5	25j	5m	60	25j	2素子センタータップ (アノードコモン) SB形	4B
	FRQ20U06	日本インター		60				20	111c	150	25j	0.65	10	25j	10m	60	25j	2素子センタータップ (アノードコモン) SB形	10B

形　名	社名	最大定格 P_RSM (kW)	V_RSM (V)	V_RRM (V)	V_R (V)	V_I (V)	I_O (A)	T条件 (°C)	I_FSM (A)	T条件 (°C)	順方向特性(typは*) V_Fmax (V)	測定条件 I_F(A)	T(°C)	逆方向特性(typは*) I_Rmax (μA)	測定条件 V_R(V)	T(°C)	その他の特性等	外形
FRU20UC30	日本インター			300			20	96c	120	25j	1.3	10	25j	25	300	25j	trr<33ns 2素子センタータップ (アノードコモン)	10A
FSU20A60	日本インター			600			15	57c	170	25j	2.3	20	25j	30	600	25j	trr<55ns 2素子センタータップ (カソードコモン)	4A
FSU20B60	日本インター			600			15	51c	160	25j	2.6	20	25j	30	600	25j	trr<50ns 2素子センタータップ (カソードコモン)	4A
GCF06A20	日本インター		220	200			6	123c	60		0.98	3	25j	10	200	25j	trr<30ns 2素子センタータップ (カソードコモン)	273A
GCF06A40	日本インター		440	400			6	118c	60		1.25	3	25j	20	400	25j	trr<30ns 2素子センタータップ (カソードコモン)	273A
* GCF06A60	日本インター			600			6	110c	60		1.7	3	25j	20	600	25j	trr<35ns 2素子センタータップ (カソードコモン)	273A
GCF06B60	日本インター			600			6	110c	60	25j	1.7	3		20	600	25j	trr<35ns 2素子センタータップ (カソードコモン)	273A
GCF10A20	日本インター		220	200			10	117c	80		0.98	5	25j	20	200	25j	trr<35ns 2素子センタータップ (カソードコモン)	273A
GCF10A40	日本インター		440	400			10	112c	80		1.25	5	25j	30	400	25j	trr<45ns 2素子センタータップ (カソードコモン)	273A
* GCF10A60	日本インター			600			10	99c	80		1.7	5	25j	30	600	25j	trr<40ns 2素子センタータップ (カソードコモン)	273A
GCH10A09	日本インター			90			10	122c	120		0.85	5	25j	1m	90	25j	2素子センタータップ (カソードコモン) SB形	273A
GCH10A10	日本インター			100			10	121c	120		0.85	5	25j	1m	100	25j	2素子センタータップ (カソードコモン) SB形	273A
GCH20A09	日本インター			90			20	121c	180		0.88	10	25j	1m	90	25j	2素子センタータップ (カソードコモン) SB形	273A
GCH20A10	日本インター			100			20	120c	180		0.88	10	25j	1m	100	25j	2素子センタータップ (カソードコモン) SB形	273A
GCH30A09	日本インター			90			30	105c	250		0.88	15	25j	2m	90	25j	2素子センタータップ (カソードコモン) SB形	273A
GCH30A10	日本インター			100			30	105c	250		0.88	15	25j	2m	100	25j	2素子センタータップ (カソードコモン) SB形	273A
GCHS20A08	日本インター			80			20	116c	180	25j	0.75	10	25j	150	80	25j	2素子センタータップ (カソードコモン) SB形	273A
GCHS30A08	日本インター			80			30	109c	200	25j	0.75	15	25j	200	80	25j	2素子センタータップ (カソードコモン) SB形	273A
GCQ10A04	日本インター		45	40			10	116c	120		0.55	5	25j	5m	40	25j	2素子センタータップ (カソードコモン) SB形	273A
GCQ10A06	日本インター		65	60			10	108c	110		0.58	5	25j	5m	60	25j	2素子センタータップ (カソードコモン) SB形	273A
GCQ20A03L	日本インター			30			20	119c	180		0.49	10	25j	10m	30	25j	2素子センタータップ (カソードコモン) SB形	273A
GCQ20A04	日本インター			40			20	119c	180		0.55	10	25j	10m	40	25j	2素子センタータップ (カソードコモン) SB形	273A
GCQ20A06	日本インター			60			20	111c	150		0.65	10	25j	10m	60	25j	2素子センタータップ (カソードコモン) SB形	273A
GCQ30A03L	日本インター			30			30	105c	250		0.49	15	25j	15m	30	25j	2素子センタータップ (カソードコモン) SB形	273A
GCQ30A04	日本インター			40			30	104c	250		0.55	15	25j	15m	40	25j	2素子センタータップ (カソードコモン) SB形	273A
GCQ30A06	日本インター			60			30	94c	200		0.65	15	25j	15m	60	25j	2素子センタータップ (カソードコモン) SB形	273A
GSC215	サンケン			150			5	11	20	25j	0.9	2.5		1m	150		2素子センタータップ (カソードコモン) SB形 GaAs	273A
GSC218	サンケン			180			5	114c	20	25j	0.9	2.5		1m	180		2素子センタータップ (カソードコモン) SB形 GaAs	273A
GSC235	サンケン			350			2	115c	8	25j	1.5	1		1m	350		2素子センタータップ (カソードコモン) SB形 GaAs	273A
GSC315	サンケン			150			14	80c	50	25j	0.9	7		3m	150		2素子センタータップ (カソードコモン) SB形 GaAs	275
GSC318	サンケン			180			14	80c	50	25j	0.9	7		3m	180		2素子センタータップ (カソードコモン) SB形 GaAs	275
* HRA62M	ルネサス			200	140		1		30	25L	1.1	1		10	200		ブリッジ接続	342
* HRA62S	ルネサス			200	140		1		30	25L	1.1	1		10	200		ブリッジ接続	343
* HRA63	ルネサス			200	140		2		60	25L	1.1	2		10	200		Ioはリード長9.5mm ブリッジ接続	611
* HRA72M	ルネサス			400	280		1		30	25L	1.1	1		10	400		ブリッジ接続	342
* HRA72S	ルネサス			400	280		1		30	25L	1.1	1		10	400		ブリッジ接続	343
* HRA73	ルネサス			400	280		2		60	25L	1.1	2		10	400		Ioはリード長9.5mm ブリッジ接続	611
* HRA82M	ルネサス			600	420		1		30	25L	1.1	1		10	600		ブリッジ接続	342
* HRA82S	ルネサス			600	420		1		30	25L	1.1	1		10	600		ブリッジ接続	343
* HRA83	ルネサス			600	420		2		60	25L	1.1	2		10	600		Ioはリード長9.5mm ブリッジ接続	611
* HRA92M	ルネサス			800	560		1		30	25L	1.1	1		10	800		ブリッジ接続	342
* HRA92S	ルネサス			800	560		1		30	25L	1.1	1		10	800		ブリッジ接続	343

形　名	社　名	P_{RSM} (kW)	V_{RSM} (V)	V_{RRM} (V)	V_R (V)	V_I (V)	I_O (A)	T条件 (℃)	I_{FSM} (A)	T条件 (℃)	V_{Fmax} (V)	I_F (A)	T (℃)	I_{Rmax} (μA)	V_R (V)	T (℃)	その他の特性等	外形
* HRA93	ルネサス			800	560		2		60	25L	1.1	2		10	800		Ioはリード長9.5mm ブリッジ接続	611
HRW1002A(L)	ルネサス			20			10	105c	75		0.42	5		1m	20		2素子センタータップ (カソードコモン) SB形	215
HRW1002A(S)	ルネサス			20			10	105c	75		0.42	5		1m	20		2素子センタータップ (カソードコモン) SB形	216
HRW1002B	ルネサス			20			10	105c	75		0.42	5		1m	20		2素子センタータップ (カソードコモン) SB形	397
HRW2502A(L)	ルネサス			20			25	105c	75		0.44	12.5		1m	20		2素子センタータップ (カソードコモン) SB形	215
HRW2502A(S)	ルネサス			20			25	105c	75		0.44	12.5		1m	20		2素子センタータップ (カソードコモン) SB形	216
HRW2502B	ルネサス			20			25	95c	75		0.44	12.5		1m	20		2素子センタータップ (カソードコモン) SB形	397
HRW26F	ルネサス			40			10	95c	70		0.55	4		1m	40		2素子センタータップ (カソードコモン) SB形	397
* HRW26	ルネサス			40			10	95c	70		0.55	4		1m	40		2素子センタータップ (カソードコモン) SB形	273A
HRW34F	ルネサス			90			5	95c	60		0.8	2		2m	90		2素子センタータップ (カソードコモン) SB形	397
* HRW34	ルネサス			90			5	95c	60		0.8	2		2m	90		2素子センタータップ (カソードコモン) SB形	273A
HRW36F	ルネサス			90			10	95c	70		0.8	4		4m	90		2素子センタータップ (カソードコモン) SB形	397
HRW36	ルネサス			90			10	95c	70		0.8	4		4m	90		2素子センタータップ (カソードコモン) SB形	273A
HRW37F	ルネサス			90			20	95c	120		0.85	10		4m	90		2素子センタータップ (カソードコモン) SB形	397
* HSM125WK				20													Io=0.5A(SB形)とIo=0.1Aの2素子複合	610D
KCF16A20	日本インター	220	200				16	113c	120	25j	0.98	8	25j	25	200	25j	trr<35ns 2素子センタータップ (カソードコモン)	510A
KCF16A40	日本インター	440	400				16	109c	120	25j	1.25	8	25j	30	400	25j	trr<45ns 2素子センタータップ (カソードコモン)	510A
KCF16A50	日本インター		500				16	104c	120	25j	1.4	8	25j	30	500	25j	trr<55ns 2素子センタータップ (カソードコモン)	510A
* KCF16A60	日本インター		600				16	94c	120	25j	1.7	8	25j	30	600	25j	trr<50ns 2素子センタータップ (カソードコモン)	510A
KCF20B60	日本インター		600				20	74c	120	25j	1.8	8		30	600		trr<50ns 2素子センタータップ (カソードコモン)	510A
KCF25A20	日本インター	220	200				25	93c	150	25j	0.98	12.5	25j	25	200	25j	trr<50ns 2素子センタータップ (カソードコモン)	510A
KCF25A40	日本インター	440	400				25	85c	200	25j	1.25	12.5	25j	50	400	25j	trr<50ns 2素子センタータップ (カソードコモン)	510A
KCF60A20E	日本インター		200				60	91c	400	25j	0.98	30	25j	25	200	25j	trr<60ns 2素子センタータップ (カソードコモン)	586
KCF60A40E	日本インター		400				60	77c	400	25j	1.25	30	25j	50	400	25j	trr<60ns 2素子センタータップ (カソードコモン)	586
KCF60A60E	日本インター		600				60	47c	400	25j	1.7	30	25j	50	600	25j	trr<60ns 2素子センタータップ (カソードコモン)	586
KCH20A09	日本インター		90				20	121c	180	25j	0.88	10	25j	1m	90	25j	2素子センタータップ (カソードコモン) SB形	510A
KCH20A10	日本インター		100				20	120c	180	25j	0.88	10	25j	1m	100	25j	2素子センタータップ (カソードコモン) SB形	510A
KCH20A18	日本インター		180				20	119c	120	25j	0.9	10	25j	200	180	25j	2素子センタータップ (カソードコモン) SB形	510A
KCH20A20	日本インター		200				20	118c	120	25j	0.9	10	25j	200	200	25j	2素子センタータップ (カソードコモン) SB形	510A
KCH30A04	日本インター	45	40				30	114c	250	25j	0.61	15	25j	1m	40	25j	2素子センタータップ (カソードコモン) SB形	510A
KCH30A06	日本インター	65	60				30	108c	200	25j	0.69	15	25j	1m	60	25j	2素子センタータップ (カソードコモン) SB形	510A
KCH30A09	日本インター		90				30	112c	250	25j	0.88	15	25j	1m	90	25j	2素子センタータップ (カソードコモン) SB形	510A
KCH30A10	日本インター		100				30	111c	250	25j	0.88	15	25j	2m	100	25j	2素子センタータップ (カソードコモン) SB形	510A
KCH30A15	日本インター		150				30	109c	250	25j	0.91	15	25j	2m	150	25j	2素子センタータップ (カソードコモン) SB形	510A
KCH30A18	日本インター		180				30	107c	150	25j	0.92	15	25j	300	180	25j	2素子センタータップ (カソードコモン) SB形	510A
KCH30A20	日本インター		200				30	106c	150	25j	0.92	15	25j	300	200	25j	2素子センタータップ (カソードコモン) SB形	510A
KCH60A03L	日本インター	35	30				60	102c	400	25j	0.59	30	25j	2m	30	25j	2素子センタータップ (カソードコモン) SB形	510A
KCH60A04	日本インター		40				60	98c	400	25j	0.63	30	25j	2m	40	25j	2素子センタータップ (カソードコモン) SB形	510A
KCL40B015	日本インター		15				40	68c	250	25j	0.46	20	25j	15m	15	25j	2素子センタータップ (カソードコモン) SB形	510A
KCQ20A03L	日本インター		30				20	180		25j	0.49	10	25j	10m	30	25j	2素子センタータップ (カソードコモン) SB形	510A
KCQ20A04	日本インター		40				20	180		25j	0.55	10		10m	40		2素子センタータップ (カソードコモン) SB形	510A
KCQ20A06	日本インター		60				20	150		25j	0.65	10		10m	60	25j	2素子センタータップ (カソードコモン) SB形	510A

形　名	社名	最大定格								順方向特性(typは*)			逆方向特性(typは*)			その他の特性等	外形
		P_{RSM} (kW)	V_{RSM} (V)	V_{RRM} (V)	V_R (V)	V_I (V)	I_O (A)	T条件 (℃)	I_{FSM} (A)	T条件 (℃)	V_{Fmax} (V)	測定条件		測定条件			
												I_F(A)	T(℃)	I_{Rmax} (μA)	V_R(V)	T(℃)		
KCQ30A03L	日本インター			30			30	111c	250	25j	0.49	15	25j	15m	30	25j	2素子センタータップ (カソードコモン) SB形	510A
KCQ30A04	日本インター		45	40			30	110c	300	25j	0.55	15	25j	15m	40	25j	2素子センタータップ (カソードコモン) SB形	510A
KCQ30A06	日本インター			60			30	102c	200	25j	0.65	15	25j	15m	60	25j	2素子センタータップ (カソードコモン) SB形	510A
KCQ60A03L	日本インター			30			60	86c	400	25j	0.5	30	25j	25m	30	25j	2素子センタータップ (カソードコモン) SB形	510A
KCQ60A04	日本インター			40			60	83c	400	25j	0.58	30	25j	25m	40	25j	2素子センタータップ (カソードコモン) SB形	510A
KCQ60A06	日本インター			60			60	69c	400	25j	0.67	30	25j	25m	60	25j	2素子センタータップ (カソードコモン) SB形	510A
KCU20A20	日本インター			200			20	101c	120	25j	1.13	10	25j	25	200	25j	trr<32ns 2素子センタータップ (カソードコモン)	510A
KCU20A30	日本インター			300			20	90c	120	25j	1.4	10	25j	25	300	25j	trr<35ns 2素子センタータップ (カソードコモン)	510A
KCU20A40	日本インター			400			20	86c	120	25j	1.53	10	25j	30	400	25j	trr<40ns 2素子センタータップ (カソードコモン)	510A
KCU20A60	日本インター			600			20	60c	110	25j	2.3	10	25j	30	600	25j	trr<45ns 2素子センタータップ (カソードコモン)	510A
KCU20B60	日本インター			600			20	50c	100	25j	2.7	10	25j	30	600	25j	trr<45ns 2素子センタータップ (カソードコモン)	510A
KCU20C40	日本インター			400			20	89c	120	25j	1.5	10	25j	30	400	25j	trr<35ns 2素子センタータップ (カソードコモン)	510A
KCU30A20	日本インター			200			30	73c	150	25j	1.13	15	25j	25	200	25j	trr<38ns 2素子センタータップ (カソードコモン)	510A
KCU30A30	日本インター			300			30	64c	150	25j	1.3	15	25j	25	300	25j	trr<38ns 2素子センタータップ (カソードコモン)	510A
KCU30A40	日本インター			400			30	51c	150	25j	1.57	15	25j	30	400	25j	trr<38ns 2素子センタータップ (カソードコモン)	510A
KD100GB40	三社電機	480		400			100	115c	2000	25j	1.25	320	25j	30m	400	150j	2素子センタータップ (カソードコモン)	700
KD100GB80	三社電機	960		800			100	115c	2000	25j	1.25	320	25j	30m	800	150j	2素子センタータップ (カソードコモン)	700
KD100HB120	三社電機	1350		1200			100	111c	2000	25j	1.35	320	25j	30m	1200	150j	2素子センタータップ (カソードコモン)	700
KD100HB160	三社電機	1700		1600			100	111c	2000	25j	1.35	320	25j	30m	1600	150j	2素子センタータップ (カソードコモン)	700
KD110F40	三社電機	480		400			110	88c	2550	25j	1.45	350	25j	20m	400	125j	2素子センタータップ (カソードコモン)	788
KD110F80	三社電機	960		800			110	88c	2550	25j	1.45	350	25j	20m	800	125j	2素子センタータップ (カソードコモン)	788
KD110F120	三社電機	1300		1200			110	88c	2550	25j	1.45	350	25j	20m	1200	125j	2素子センタータップ (カソードコモン)	788
KD110F160	三社電機	1700		1600			110	88c	2550	25j	1.45	350	25j	20m	1600	125j	2素子センタータップ (カソードコモン)	788
KD25F40	三社電機	480		400			25	96c	580	25j	1.55	75	25j	10m	400	125j	2素子センタータップ (カソードコモン)	788
KD25F80	三社電機	960		800			25	96c	580	25j	1.55	75	25j	10m	800	125j	2素子センタータップ (カソードコモン)	788
KD25F120	三社電機	1300		1200			25	96c	580	25j	1.55	75	25j	10m	1200	125j	2素子センタータップ (カソードコモン)	788
KD25F160	三社電機	1700		1600			25	96c	580	25j	1.55	75	25j	10m	1600	125j	2素子センタータップ (カソードコモン)	788
KD30GB40	三社電機	480		400			30	118c	600	25j	1.4	90	25j	10m	400	150j	2素子センタータップ (カソードコモン)	700
KD30GB80	三社電機	960		800			30	118c	600	25j	1.4	90	25j	10m	800	150j	2素子センタータップ (カソードコモン)	700
KD30HB120	三社電機	1350		1200			30	115c	600	25j	1.5	90	25j	10m	1200	150j	2素子センタータップ (カソードコモン)	700
KD30HB160	三社電機	1700		1600			30	115c	600	25j	1.5	90	25j	10m	1600	150j	2素子センタータップ (カソードコモン)	700
KD40F40	三社電機	480		400			40	96c	1300	25j	1.4	120	25j	15m	400	125j	2素子センタータップ (カソードコモン)	788
KD40F80	三社電機	960		800			40	96c	1300	25j	1.4	120	25j	15m	800	125j	2素子センタータップ (カソードコモン)	788
KD40F120	三社電機	1300		1200			40	96c	1300	25j	1.4	120	25j	15m	1200	125j	2素子センタータップ (カソードコモン)	788
KD40F160	三社電機	1700		1600			40	96c	1300	25j	1.4	120	25j	15m	1600	125j	2素子センタータップ (カソードコモン)	788
KD55F40	三社電機	480		400			55	89c	1750	25j	1.4	170	25j	15m	400	125j	2素子センタータップ (カソードコモン)	788
KD55F80	三社電機	960		800			55	89c	1750	25j	1.4	170	25j	15m	800	125j	2素子センタータップ (カソードコモン)	788
KD55F120	三社電機	1300		1200			55	89c	1750	25j	1.4	170	25j	15m	1200	125j	2素子センタータップ (カソードコモン)	788
KD55F160	三社電機	1700		1600			55	89c	1750	25j	1.4	170	25j	15m	1600	125j	2素子センタータップ (カソードコモン)	788
KD60GB40	三社電機	480		400			60	114c	1200	25j	1.25	180	25j	20m	400	150j	2素子センタータップ (カソードコモン)	700
KD60GB80	三社電機	960		800			60	114c	1200	25j	1.25	180	25j	20m	800	150j	2素子センタータップ (カソードコモン)	700
KD60HB120	三社電機	1350		1200			60	111c	1200	25j	1.35	180	25j	20m	1200	150j	2素子センタータップ (カソードコモン)	700

形　名	社　名	P_{RSM} (kW)	V_{RSM} (V)	V_{RRM} (V)	V_R (V)	V_I (V)	I_O (A)	T条件 (℃)	I_{FSM} (A)	T条件 (℃)	$V_F$max (V)	I_F (A)	T(℃)	$I_R$max (μA)	V_R (V)	T(℃)	その他の特性等	外形
KD60HB160	三社電機		1700	1600			60	111c	1200	25j	1.35	180	25j	20m	1600	150j	2素子センタータップ (カソードコモン)	700
KD70F40	三社電機		480	400			70	94c	1950	25j	1.4	220	25j	15m	400	125j	2素子センタータップ (カソードコモン)	788
KD70F80	三社電機		960	800			70	94c	1950	25j	1.4	220	25j	15m	800	125j	2素子センタータップ (カソードコモン)	788
KD70F120	三社電機		1300	1200			70	94c	1950	25j	1.4	220	25j	15m	1200	125j	2素子センタータップ (カソードコモン)	788
KD70F160	三社電機		1700	1600			70	94c	1950	25j	1.4	220	25j	15m	1600	125j	2素子センタータップ (カソードコモン)	788
KD90F40	三社電機		480	400			90	93c	2300	25j	1.4	285	25j	20m	400	125j	2素子センタータップ (カソードコモン)	788
KD90F80	三社電機		960	800			90	93c	2300	25j	1.4	285	25j	20m	800	125j	2素子センタータップ (カソードコモン)	788
KD90F120	三社電機		1300	1200			90	93c	2300	25j	1.4	285	25j	20m	1200	125j	2素子センタータップ (カソードコモン)	788
KD90F160	三社電機		1700	1600			90	93c	2300	25j	1.4	285	25j	20m	1600	125j	2素子センタータップ (カソードコモン)	788
KP823C03	富士電機		30	30			5	117c	60	25c	0.47	2.5		5m	30		2素子センタータップ (カソードコモン) SB形	123
KP823C04	富士電機		48	40			5	87c	60	25c	0.55	2.5		5m	40		2素子センタータップ (カソードコモン) SB形	123
KP823C09	富士電機		90	90			5	100c	60	25c	0.9	2.5		5m	90		2素子センタータップ (カソードコモン) SB形	123
KP883C02	富士電機		20	20			7	89c	60	25c	0.39	2.5		10m	20		2素子センタータップ (カソードコモン) SB形	123
KP923C2	富士電機		200	200			5	103c	50		0.95	2.5		100	200		trr＜35ns 2素子センタータップ (カソードコモン)	123
KRH30A15	日本インター			150			30	109c	250	25j	0.91	15	25j	2m	150	25j	2素子センタータップ (アノードコモン) SB形	510B
KS823C04	富士電機		48	40			5	87c	60		0.55	2.5		5m	40		2素子センタータップ (カソードコモン) SB形	124
KS823C06	富士電機		60	60			5	73c	60	150j	0.58	2.5		5m	60		2素子センタータップ (カソードコモン) SB形	124
KS823C09	富士電機		100	90			5	73c	60	25j	0.9	2		5m	90		2素子センタータップ (カソードコモン) SB形	124
KS823C03	富士電機		30	30			5	117c	60	25c	0.47	2.5	25c	5m	30		2素子センタータップ (カソードコモン) SB形	124
KS883C02	富士電機		20	20			7	89c	60	25c	0.39	2.5		10m	20		2素子センタータップ (カソードコモン) SB形	124
KS923C2	富士電機		200	200			5	103c	50		0.95	2.5		100	200		trr＜35ns 2素子センタータップ (カソードコモン)	124
LB-156	サンケン		650	600			1.5		120	25j	0.9	1		10	600			412
LBA-02	オリジン			200			1	50a	45	50j	1	1		10	200		ブリッジ接続	674
LBA-04Z1	オリジン			400			1	50a	45	50j	1	1		10	400		ブリッジ接続 アバランシェ形	674
LBA-04	オリジン			400			1	50a	45	50j	1	1		10	400		ブリッジ接続	674
* LBA-06	オリジン			600			1	50a	45	50j	1	1		10	600		ブリッジ接続	674
* LBA-08	オリジン			800			0.8	50a	30	50j	1	1		10	800		ブリッジ接続	674
LBA-10	オリジン			1000			0.8	50a	30	50j	1	1		10	1000		ブリッジ接続	674
LCU60U20	日本インター			200			60	75c	350	25j	1.13	30	25j	25	200	25j	trr＜43ns 2素子センタータップ (カソードコモン)	592
LCU60UC30	日本インター			300			60	67c	350	25j	1.3	30	25j	25	300	25j	trr＜45ns 2素子センタータップ (カソードコモン)	592
LL15XB60	新電元			600			15	124c	200	25j	0.9	7.5	25j	10	600	25j	trr＜3μs ブリッジ接続	796
LL25XB60	新電元			600			25	113c	300	25j	0.92	12.5	25j	10	600	25j	trr＜3μs ブリッジ接続	796
LN1VB60	新電元			600			1.2	25L	50	25j	1	0.6	25L	10	600	25L	trr＜5ns ブリッジ接続	709
LN1WBA60	新電元			600			1.1	25L	50	25j	1.05	0.55	25L	10	600	25L	trr＜5ns ブリッジ接続	746
LN15XB60	新電元			600			15	100c	200	25j	1.1	7.5	25c	10	600	25c	trr＜5μs ブリッジ接続	796
LN15XB60H	新電元			600			15	106c	290	25j	1.05	7.5	25c	10	600	25c	trr＜5μs ブリッジ接続	796
LN2SB60	新電元			600			1.6		120	25j	1	0.8	25L	10	600	25L	trr＜5ns Ioはプリント基板 ブリッジ接続	231
LN25XB60	新電元			600			25	85c	350	25j	1.05	12.5	25c	10	600	25c	trr＜5μs ブリッジ接続	796
LN4SB60	新電元			600			4	111c	150	25j	0.95	2	25c	10	600	25c	trr＜5ns ブリッジ接続	230
LN6SB60	新電元			600			6	111c	170	25j	1.05	3	25c	10	600	25c	trr＜5ns ブリッジ接続	796
M4C-1	日立パワー		300	200			1.2	40a	30		1.3	0.6	25c	100	200	25c	ブリッジ接続	741
M4E-1	日立パワー		500	400			1.2	40a	30		1.3	0.6	25c	100	400	25c	ブリッジ接続	741

形名	社名	最大定格 PRSM (kW)	VRSM (V)	VRRM (V)	VR (V)	VI (V)	Io (A)	T条件 (°C)	IFSM (A)	T条件 (°C)	順方向特性 (typは*) VFmax (V)	測定条件 IF(A)	T(°C)	逆方向特性 (typは*) IRmax (μA)	測定条件 VR(V)	T(°C)	その他の特性等	外形
M4G-1	日立パワー	700	600				1.2	40a	30		1.3	0.6	25c	100	600	25c	ブリッジ接続	741
MA10798	パナソニック			30			20		120		0.47	10	25c	5m	30	25c	2素子(カソードコモン) SB形 新形名MA3D798	483
MA10799	パナソニック			30			10	Z	120		0.47	5	25c	3m	30	25c	2素子(カソードコモン) SB形 新形名MA3D799	483
* MA3D649	パナソニック		200	200			5		30		0.98	2.5	25c	20	200	25c	trr<30ns 2素子センタータップ(カソードコモン)	483
* MA3D650	パナソニック		200	200			10		60		0.98	5	25c	100	200	25c	trr<30ns 2素子センタータップ(カソードコモン)	483
* MA3D652	パナソニック		200	200			20		100		1	10	25c	100	200	25c	trr<70ns 2素子センタータップ(カソードコモン)	483
* MA3D653	パナソニック		300	300			5		45		0.98	2.5	25c	20	300	25c	trr<50ns 2素子センタータップ(カソードコモン)	483
* MA3D654	パナソニック		300	300			10		60		0.98	5	25c	20	300	25c	trr<50ns 2素子センタータップ(カソードコモン)	550
* MA3D694	パナソニック		400	400			10		60		1	5	25c	50	400	25c	trr<100ns 2素子センタータップ(カソードコモン)	483
* MA3D749	パナソニック			40			5		90		0.55	2.5	25c	1m	40	25c	2素子(カソードコモン) SB形 旧型名MA7D49	483
* MA3D749A	パナソニック			45			5		90		0.55	2.5	25c	1m	45	25c	2素子(カソードコモン) SB形 旧型名MA7D49A	483
* MA3D750	パナソニック			40			10		120		0.55	5	25c	3m	40	25c	2素子(カソードコモン) SB形 旧型名MA7D50	483
* MA3D750A	パナソニック			45			10		120		0.55	5	25c	3m	45	25c	2素子(カソードコモン) SB形 旧型名MA7D50A	483
* MA3D752	パナソニック		40	40			20		120		0.55	10	25c	5m	40	25c	2素子(カソードコモン) SB形 旧型名MA7D52	483
* MA3D752A	パナソニック		45	45			20		120		0.55	10	25c	5m	45	25c	2素子(カソードコモン) SB形 旧型名MA7D52A	483
* MA3D755	パナソニック			60			5		90		0.58	2.5	25c	1m	60	25c	2素子(カソードコモン) SB形 旧型名MA7D55	483
* MA3D756	パナソニック			60			10		120		0.58	5	25c	3m	60	25c	2素子(カソードコモン) SB形 旧型名MA7D56	483
* MA3D760	パナソニック			90			5		80		0.75	2.5	25c	1m	90	25c	2素子(カソードコモン) SB形 旧型名MA7D60	483
* MA3D761	パナソニック			90			10		100		0.85	5	25c	3m	90	25c	2素子(カソードコモン) SB形 旧型名MA7D61	483
* MA3D798	パナソニック			30			20		120		0.47	10	25c	5m	30	25c	2素子(カソードコモン) SB形 旧型名MA10798	483
* MA3D799	パナソニック			30			10	25c	120	25c	0.47	5	25c	3m	30	25c	2素子センタータップ(カソードコモン) SB形	483
MA3DJ92	パナソニック				100		10	90c	80		0.86	10		100	100		2素子センタータップ(カソードコモン) SB形	483
* MA3G655	パナソニック		300	300			20		150		1	10	25c	20	300	25c	trr<50ns 2素子センタータップ(カソードコモン)	550
MA3G695	パナソニック		400	400			20		120		1	10	25c	50	400	25c	trr<100ns 2素子センタータップ(カソードコモン)	550
* MA3G751	パナソニック			40			20		150		0.55	10	25c	5m	40	25c	2素子(カソードコモン) SB形 旧型名MA751	550
* MA3G751A	パナソニック			45			20		150		0.55	10	25c	5m	45	25c	2素子(カソードコモン) SB形 旧型名MA751A	550
* MA3K755	パナソニック			60			5	25c	40		0.58	2.5	25c	1m	60	25c	2素子(カソードコモン) SB形	484
* MA3U649	パナソニック		200	200			5	25c	40		0.98	2.5	25c	20	200	25c	trr<30ns 2素子センタータップ(カソードコモン)	561
* MA3U653	パナソニック		300	300			5	25c	40		0.98	2.5	25c	20	300	25c	trr<50ns 2素子センタータップ(カソードコモン)	561
* MA3U749	パナソニック			40			5		40		0.55	2.5	25c	1m	40	25c	2素子センタータップ(カソードコモン) SB形	561
* MA3U755	パナソニック			60			5	25c	40		0.58	2.5	25c	1m	60	25c	2素子センタータップ(カソードコモン) SB形	561
* MA3U760	パナソニック			90			5	25c	40		0.85	2.5	25c	1m	90	25c	2素子センタータップ(カソードコモン) SB形	561
* MA3UD06	パナソニック			30			6		45		0.45	3	25c	1m	30	25c	2素子センタータップ(カソードコモン) SB形	561
MA6D49	パナソニック		200	200			5		30		0.98	2.5	25c	20	200	25c	2素子(カソードコモン) 新形名MA3D649	483
MA6D50	パナソニック		200	200			10		60		0.98	5	25c	100	200	25c	2素子(カソードコモン) 新形名MA3D650	483
MA6D52	パナソニック		200	200			20		150		1	10	25c	100	200	25c	2素子(カソードコモン) 新形名MA3D652	483
MA6D53	パナソニック		300	300			5		45		0.98	2.5	25c	20	300	25c	2素子(カソードコモン) 新形名MA3D653	483
MA6D54	パナソニック		300	300			10		60		0.98	5	25c	20	300	25c	2素子(カソードコモン) 新形名MA3D654	483
MA6D93	パナソニック		400	400			5		45		1	2.5	25c	50	400	25c	2素子(カソードコモン) 新形名MA3D693	483
MA6D94	パナソニック		400	400			10		60		1	5	25c	50	400	25c	2素子(カソードコモン) 新形名MA3D694	483
* MA644	パナソニック		200	200			5		30		1	2.5	25c	100	200	25c	2素子センタータップ(カソードコモン)	483
* MA649	パナソニック		200	200			5	130c	30	25c	1	2.5	25c	100	200	25c	trr<100ns 2素子センタータップ(カソードコモン)	536

	形　名	社　名	P_{RSM} (kW)	V_{RSM} (V)	V_{RRM} (V)	V_R (V)	V_I (V)	I_O (A)	T条件 (°C)	I_{FSM} (A)	T条件 (°C)	V_{Fmax} (V)	I_F(A)	T(°C)	I_{Rmax} (μA)	V_R(V)	T(°C)	その他の特性等	外形
*	MA650	パナソニック		200	200			10	130c	60	25c	1	5	25c	100	200	25c	trr<100ns 2素子センタータップ (カソードコモン)	536
*	MA651	パナソニック		200	200			20	130c	150	25c	1	10	25c	100	200	25c	trr<100ns 2素子センタータップ (カソードコモン)	537
*	MA652	パナソニック		200	200			20		150	25c	1	10	25c	100	200	25c	trr<100ns 2素子センタータップ (カソードコモン)	536
*	MA653	パナソニック		300	300			5	130c	45	25c	1	2.5	25c	100	300	25c	trr<100ns 2素子センタータップ (カソードコモン)	536
*	MA654	パナソニック		300	300			10	120c	60	25c	1	5	25c	100	300	25c	trr<100ns 2素子センタータップ (カソードコモン)	536
*	MA655	パナソニック		300	300			20	120c	150	25c	1	10	25c	100	300	25c	2素子 (カソードコモン) 新形名MA3G655	537
*	MA670	パナソニック		200	200			10	25c	60	25c	1.8	5	25c	100	200	25c	2素子 (カソードコモン) FRD	536
	MA681	パナソニック		600	600			5	25c			1.8	5	25c				2素子センタータップ (カソードコモン) FRD	536
	MA682	パナソニック		600	600			10	25c			1.8	10	25c				2素子センタータップ (カソードコモン) FRD	536
*	MA693	パナソニック		400	400			5	130c			1	5	25c	50	400	25c	trr<100ns 2素子センタータップ (カソードコモン)	536
*	MA694	パナソニック		400	400			10	115c			1	10	25c	50	400	25c	2素子センタータップ (カソードコモン)	536
*	MA695	パナソニック		400	400			20	115c	120		1	10	25c	50	400	25c	2素子 (カソードコモン) 新形名 MA3G695	537
	MA7D49	パナソニック			40			5		90		0.55	2.5	25c	1m	40	25c	2素子 (カソードコモン) SB形 新形名MA3D749	483
	MA7D49A	パナソニック			45			5		90		0.55	2.5	25c	1m	45	25c	2素子 (カソードコモン) SB 新形名MA3D749A	483
	MA7D50	パナソニック			40			10		120		0.55	5	25c	3m	40	25c	2素子 (カソードコモン) SB形 新形名MA3D750	483
	MA7D50A	パナソニック			45			10		120		0.55	5	25c	3m	45	25c	2素子 (カソードコモン) SB 新形名MA3D750A	483
	MA7D52	パナソニック		40	40			20		120		0.55	10	25c	5m	40	25c	2素子 (カソードコモン) SB形 新形名MA3D752	483
	MA7D52A	パナソニック		45	45			20		120		0.55	10	25c	5m	45	25c	2素子 (カソードコモン) SB 新形名MA3D752A	483
	MA7D55	パナソニック			60			5		90		0.58	2.5	25c	1m	60	25c	2素子 (カソードコモン) SB形 新形名MA3D755	483
	MA7D56	パナソニック			60			10		120		0.58	5	25c	3m	60	25c	2素子 (カソードコモン) SB形 新形名MA3D756	483
	MA7D60	パナソニック			90			5		80		0.8	2.5	25c	1m	90	25c	2素子 (カソードコモン) SB形 新形名MA3D760	483
	MA7D61	パナソニック			90			10		100		0.85	5	25c	3m	90	25c	2素子 (カソードコモン) SB形 新形名MA3D761	483
	MA7D68	パナソニック			150			5		70		0.85	2.5	25c	1m	150	25c	2素子センタータップ (カソードコモン) SB形	483
	MA7D69	パナソニック			150			10		80		0.85	5	25c	3m	150	25c	2素子センタータップ (カソードコモン) SB形	483
*	MA7U49	パナソニック			40			5		10		0.55	2.5		1m	40		2素子センタータップ (カソードコモン) SB形	561
*	MA7U50	パナソニック			40			5		10		0.55	2.5		3m	40		2素子センタータップ (カソードコモン) SB形	561
	MA749A	パナソニック		45	45			5	25c	90	25c	0.55	2.5	25c	1m	45	25c	2素子センタータップ (カソードコモン) SB形	536
*	MA749	パナソニック		40	40			5	25c	90	25c	0.55	2.5	25c	1m	40	25c	2素子センタータップ (カソードコモン) SB形	536
	MA750A	パナソニック		45	45			10	25c	120	25c	0.55	5	25c	3m	45	25c	2素子センタータップ (カソードコモン) SB形	536
*	MA750	パナソニック		40	40			10	25c	120	25c	0.55	5	25c	3m	40	25c	2素子センタータップ (カソードコモン) SB形	536
	MA751A	パナソニック		45	45			20	25c	150	25c	0.55	10	25c	5m	45	25c	2素子 (カソードコモン) SB 新形名MA3G751A	550
	MA751	パナソニック		40	40			20	25c	150	25c	0.55	10	25c	5m	40	25c	2素子センタータップ (カソードコモン) SB形 新形名MA3G751	550
*	MA752A	パナソニック			45	45		20		120		0.55	10		5m	45		2素子センタータップ (カソードコモン) SB形	536
*	MA752	パナソニック			40	40		20		120		0.55	10		5m	40		2素子センタータップ (カソードコモン) SB形	536
	MA753-(DS)	パナソニック			40			5		90		0.55	2.5	25c	1m	40	25c	2素子センタータップ (カソードコモン) SB形	501
*	MA753A	パナソニック			45			5		90		0.55	2.5	25c	1m	45	25c	2素子センタータップ (カソードコモン) SB形	570
	MA753A-(DS)	パナソニック			45			5		90		0.55	2.5	25c	1m	45	25c	2素子センタータップ (カソードコモン) SB形	501
*	MA753	パナソニック			40			5		90		0.55	2.5	25c	1m	40	25c	2素子センタータップ (カソードコモン) SB形	570
	MA755	パナソニック			60			5		90		0.58	2.5		1m	60		2素子センタータップ (カソードコモン) SB形	536
*	MA756	パナソニック			60			10		120		0.58	5		3m	60		2素子センタータップ (カソードコモン) SB形	536
	MA760	パナソニック			90			5	25c	80		0.85	2.5	25c	1m	90	25c	2素子センタータップ (カソードコモン) SB形	536
*	MA761	パナソニック			90			10	25c	100		0.85	5	25c	3m	90	25c	2素子センタータップ (カソードコモン) SB形	536

	形　名	社名	最大定格 PRSM (kW)	VRSM (V)	VRRM (V)	VR (V)	VI (V)	Io (A)	T条件 (°C)	IFSM (A)	T条件 (°C)	順方向特性 (typは*) VFmax (V)	測定条件 IF(A)	T(°C)	逆方向特性 (typは*) IRmax (μA)	測定条件 VR(V)	T(°C)	その他の特性等	外形
*	MA762	パナソニック			90			20	25c	130		0.85	10	25c	5m	90		2素子(カソードコモン) SB形 新形名MA3G762	550
	MA765	パナソニック			200			10		90		0.85	5	25c	3m	200	25c	2素子センタータップ (カソードコモン) SB形	536
	MA768	パナソニック			150			5		70		0.85	2.5		1m	150		2素子センタータップ (カソードコモン) SB形	536
*	MA769	パナソニック			150			10		80		0.85	5		3m	150		2素子センタータップ (カソードコモン) SB形	536
	MD20SH05K	オリジン			20k			50m		0.5	25j	200	500		0.5	20k		trr<0.35μs L=150mm	793
	MD36SH05K	オリジン			36k			50m		0.5	25j	150	500		0.5	36k		trr<0.35μs L=165mm	793
	MD50SH05K	オリジン			50k			50m		0.5	25j	120	500		0.5	50k		trr<0.35μs L=208mm	793
	MD-075XH2B	オリジン			75K			0.2	50a	30		150	0.1		50	75k		ブリッジ接続	68
	MD-100X08C	オリジン			100k			80m	50a	25	25j	125	0.1		5	100k		2素子直列	143
	MD-125N08C	オリジン			120K			80m	油冷	25		155	80m		5	125k		2素子直列 Ioは油温50°C	143
	MD-90X1C	オリジン			90K			80m	50a	30		105	0.1		10	90k		2素子直列	69
	MDA65SN1K	オリジン			65k			50m		1	25j	1000	1000		0.5	65k		L=253mm	793
*	MDC12FA2	日立パワー		240	200			12	130c	60	150j	0.95	6		300	200		2素子センタータップ (カソードコモン)	642A
*	MDC16FX2	日立パワー		240	200			16	120c	90		1.05	8	25c	300	200	25c	trr<50ns カソードコモン	642A
	MDC20FA2	日立パワー		240	200			20	123c	100	150j	0.95	10		400	200		2素子センタータップ (カソードコモン)	642A
	MDC30FX2	日立パワー		240	200			30	104c	150		1.05	15	25c	400	200	25c	trr<50ns カソードコモン	642A
*	MDC5FA2	日立パワー		240	200			5	136c	25	150j	0.95	2.5		200	200		2素子センタータップ (カソードコモン)	273A
*	MDC8FX2	日立パワー		240	200			8	125c	35		1.05	4	25c	200	200	25c	trr<50ns カソードコモン	273A
	MPE-220A	サンケン	100	100				20	93c	120	25j	0.85	10		1m	100		2素子センタータップ (カソードコモン) SB形	613
	MPE-24H	サンケン			40			6	120L	100		0.6	7.5		3m	40		2素子センタータップ (カソードコモン) SB形	613
	MPE-29G	サンケン			90			20	90c	120		0.85	10		1m	90		2素子センタータップ (カソードコモン) SB形	613
	MPEN-230A	サンケン	110	100				30	97c	150	25j	0.9	15		250	100		2素子センタータップ (カソードコモン) SB形	613
*	MPX-2103	サンケン			300			10		65		1.3	5		50	300		trr<30ns 2素子センタータップ (カソードコモン)	216
	MS808C06	富士電機	60	60				30	118c	200	25c	0.58	12.5		20m	60		2素子センタータップ (カソードコモン) SB形	473
	MS838C04	富士電機			40			20	111c	180		0.53	12.5		8m	40		2素子センタータップ (カソードコモン) SB形	473
	MS862C08	富士電機			80			10	115c	125		0.76	5		150	80		2素子センタータップ (カソードコモン) SB形	473
	MS865C04	富士電機			45			20	125c	145		0.63	10		175	45		2素子センタータップ (カソードコモン) SB形	473
	MS865C08	富士電機			80			20	108c	145		0.76	10		175	80		2素子センタータップ (カソードコモン) SB形	473
	MS865C10	富士電機			100			20	117c	145		0.86	10		175	100		2素子センタータップ (カソードコモン) SB形	473
	MS865C12	富士電機			120			20	126c	150		0.88	10		150	120		2素子センタータップ (カソードコモン) SB形	473
	MS865C15	富士電機			150			20	115c	150		0.9	10		150	150		2素子センタータップ (カソードコモン) SB形	473
	MS868C04	富士電機			45			30	122c	160		0.63	15		200	45		2素子センタータップ (カソードコモン) SB形	473
	MS868C15	富士電機		150	150			30	113c	190		0.9	15		200	150		2素子センタータップ (カソードコモン) SB形	473
	MS868C12	富士電機			120			30	115c	190		0.88	15		200	150		2素子センタータップ (カソードコモン) SB形	473
	MS906C2	富士電機			200			20	105c	80	25c	0.95	10		200	200		trr<35ns 2素子センタータップ (カソードコモン)	473
	MS906C3	富士電機		300	300			20	95c	80		1.2	10	25c	200	300	25c	trr<35ns 2素子センタータップ (カソードコモン)	473
	MS985C3	富士電機			300			20	118c	110		1.3	10		35	300		trr<40ns 2素子センタータップ (カソードコモン)	473
	MS985C4	富士電機			400			20	114c	100		1.45	10		35	400		trr<50ns 2素子センタータップ (カソードコモン)	473
	NB06HSA12	日本インター			120			6	113L	60	25j	0.86	3	25j	70	120	25j	2素子複合 SB形	505
	NB06QSA045	日本インター			45			6	81L	60		0.55	45	25j	200	45	25j	2素子複合 SB形	505
	NB06QSA065	日本インター			65			6	81L	60		0.61	3	25j	300	65	25j	2素子複合 SB形	505
	NB06QSA035	日本インター			35			6	122L	60	25j	0.47	3		2m	35	25j	2素子複合 SB形	505

形　名	社　名	P_{RSM} (kW)	V_{RSM} (V)	V_{RRM} (V)	V_R (V)	V_I (V)	I_0 (A)	T条件 (℃)	I_{FSM} (A)	T条件 (℃)	$V_F$max (V)	I_F (A)	T (℃)	$I_R$max (μA)	V_R (V)	T (℃)	その他の特性等	外形
NB10HSA12	日本インター			120			10	87L	100	25j	0.86	5	25j	100	120	25j	2素子複合 SB形	505
NB10QSA045	日本インター			45			10	81c	100	25j	0.57	5	25j	350	45	25j	2素子複合 SB形	505
NB10QSA065	日本インター			65			10	81c	100	25j	0.61	3	25j	400	65	25j	2素子複合 SB形	505
NB10QSA035	日本インター			35			10	105L	100	25j	0.57	5	25j	3m	35	25j	2素子複合 SB形	505
P2H30F2	日本インター			200			30	87 c	300	25j	1.08	30	25j	25	200	25j	trr<50ns 2素子複合	713
P2H60F2	日本インター			200			60	87 c	600	25j	1.08	60	25j	50	200	25j	trr<50ns 2素子複合	713
P2H30F4	日本インター			400			30	75 c	300	25j	1.33	30	25j	50	400	25j	trr<60ns 2素子複合	713
P2H30F6	日本インター			600			30	64 c	400	25j	1.7	30	25j	50	600	25j	trr<60ns 2素子複合	713
P2H60F4	日本インター			400			60	75 c	600	25j	1.33	60	25j	100	400	25j	trr<60ns 2素子複合	713
P2H60F6	日本インター			600			60	64 c	800	25j	1.7	60	25j	100	600	25j	trr<60ns 2素子複合	713
P2H80F2	日本インター			200			80	96 c	800	25j	1.05	80	25j	75	200	25j	trr<60ns 2素子複合	713
P2H80F4	日本インター			400			80	85 c	800	25j	1.31	80	25j	150	400	25j	trr<60ns 2素子複合	713
P2H30QH10	日本インター			100			30	96 c	150	150j	1	30	25j	20	100	25j	2素子複合 SB形	713
P2H30QH15	日本インター			150			30	91 c	300	150j	1.05	30	25j	20	150	25j	2素子複合 SB形	713
P2H30QH20	日本インター			200			30	88 c	300	150j	1.09	30	25j	20	200	25j	2素子複合 SB形	713
P2H60QH10	日本インター			100			60	84 c	300	150j	1	60	25j	40	100	25j	2素子複合 SB形	713
P2H60QH15	日本インター			150			60	86 c	600	150j	1.05	60	25j	40	150	25j	2素子複合 SB形	713
P2H60QH20	日本インター			200			60	88 c	600	150j	1.09	60	25j	40	200	25j	2素子複合 SB形	713
P2H80QH10	日本インター			100			80	94 c	400	150j	0.97	80	25j	60	100	25j	2素子複合 SB形	713
P2H80QH15	日本インター			150			80	95 c	800	150j	1.02	80	25j	60	150	25j	2素子複合 SB形	713
P2H80QH20	日本インター			200			80	96 c	800	150j	1.05	80	25j	50	200	25j	2素子複合 SB形	713
* PA806C03	富士電機	30	30				30	100c	250	25c	0.47	12.5		20m	30		2素子センタータップ (カソードコモン) SB形	466A
PA837C04	富士電機	48	40				60	106c	500	25c	0.53	25	25c	25m	40	25c	2素子センタータップ (カソードコモン) SB形	466A
* PA847C04	富士電機	45	45				40	102c	250		0.55	16		8m	45		2素子センタータップ (カソードコモン) SB形	466A
PA886C02	富士電機	24	20				30	85c	250	125j	0.4	12.5		50m	20		2素子センタータップ (カソードコモン) SB形	466A
PA886C02R	富士電機		20				30	105c	150		0.4	12.5		50m	20		2素子センタータップ (カソードコモン) SB形	466A
* PA905C4	富士電機			400			20	93c	80		1.5	10		500	200		trr<50ns 2素子センタータップ (カソードコモン)	466A
* PA905C6	富士電機	600	600				20	100c	80		1.7	10		500	600		2素子センタータップ (カソードコモン)	466A
PB10S1	日本インター		120	100			10		150		1	5		5	100		ブリッジ接続	640B
PB10S2	日本インター		240	200			10		150		1	5		5	200		ブリッジ接続	640B
PB10S4	日本インター		480	400			10		150		1	5		5	400		ブリッジ接続	640B
PB10S6	日本インター		680	600			10		150		1	5		5	600		ブリッジ接続	640B
PB101F	日本インター		200	100			8		110		1.05	3		5	100		trr<200ns ラジエータ200×200 ブリッジ	641D
PB102F	日本インター		300	200			8		110		1.05	3		5	200		trr<200ns ラジエータ200×200 ブリッジ	641D
PB111F	日本インター		200	100			8		110		1.05	3		5	100		ブリッジ接続	641D
PB111	日本インター		250	100			10		150		1	5		5	100		ブリッジ接続	641D
PB112F	日本インター		300	200			8		110		1.05	3		5	200		ブリッジ接続	641D
PB112	日本インター		400	200			10		150		1	5		5	200		ブリッジ接続	641D
PB114	日本インター		600	400			10		150		1	5		5	400		ブリッジ接続	641D
PC100F2	日本インター		220	200			100	99c	1800		1	100	25j	10m	200	150j	trr<90ns 2素子センタータップ (カソードコモン)	211
PC100F5	日本インター			500			100	84c	1800	150j	1.35	100	25j	10m	500	150j	trr<60ns 2素子センタータップ (カソードコモン)	211
PC100F6	日本インター			600			100	75c	1800		1.5	100	25j	10m	600	150j	trr<110ns 2素子センタータップ (カソードコモン)	211

形　名	社名	P_{RSM} (kW)	V_{RSM} (V)	V_{RRM} (V)	V_R (V)	V_I (V)	I_0 (A)	T条件 (℃)	I_{FSM} (A)	T条件 (℃)	V_{Fmax} (V)	I_F(A)	T(℃)	I_{Rmax} (μA)	V_R(V)	T(℃)	その他の特性等	外形
PC10012	日本インター		1300	1200			100	80c	2000	125j	1.35	320	25j	20m	1200	125j	2素子センタータップ (カソードコモン)	529
PC10016	日本インター		1700	1600			100	80c	2000	125j	1.35	320	25j	20m	1600	125j	2素子センタータップ (カソードコモン)	529
PC1008	日本インター		960	800			100	105c	2000	150j	1.25	320	25j	20m	800	150j	2素子センタータップ (カソードコモン)	528
PC15012	日本インター		1300	1200			150	99c	3200	125j	1.28	450	25j	30m	1200	125j	2素子センタータップ (カソードコモン)	530
PC15016	日本インター		1700	1600			150	79c	3200	125j	1.28	450	25j	30m	1600	125j	2素子センタータップ (カソードコモン)	530
PC1508	日本インター		900	800			150	103c	3200	150j	1.28	450	25j	15m	800	150j	2素子センタータップ (カソードコモン)	530
PC20012	日本インター		1300	1200			200	77c	4000		1.28	600	25j	30m	1200	125j	2素子センタータップ (カソードコモン)	530
PC20016	日本インター		1700	1600			200	77c	4000		1.28	600	25j	30m	1600	125j	2素子センタータップ (カソードコモン)	530
PC2008	日本インター		900	800			200	94c	4000	150j	1.24	600	25j	30m	800	150j	2素子センタータップ (カソードコモン)	530
PC25012	日本インター		1300	1200			250	68c	5000	125j	1.35	800	25j	20m	1200	125j	2素子センタータップ (カソードコモン)	530
PC25016	日本インター		1700	1600			250	68c	5000	125j	1.35	800	25j	30m	1600	125j	2素子センタータップ (カソードコモン)	530
PC2503	日本インター		400	300			250	95c	5000	150j	1.22	800	25j	40m	300	150j	2素子センタータップ (カソードコモン)	530
PC2504	日本インター		500	400			250	95c	5000	150j	1.22	800	25j	40m	400	150j	2素子センタータップ (カソードコモン)	530
PC2508	日本インター		900	800			250	95c	5000	150j	1.22	800	25j	40m	800	150j	2素子センタータップ (カソードコモン)	530
PC30F8	日本インター		880	800			30	87c	450	150j	2.5	30	25j	2m	800	150j	trr<60ns 2素子センタータップ (カソードコモン)	805
PC3012	日本インター		1300	1200			30	100c	600	125j	1.3	90	25j	10m	1200	125j	2素子センタータップ (カソードコモン)	529
PC3016	日本インター		1700	1600			30	100c	600	125j	1.3	90	25j	10m	1600	125j	2素子センタータップ (カソードコモン)	529
PC308	日本インター		960	800			30	125c	600	150j	1.25	90	25j	10m	800	150j	2素子センタータップ (カソードコモン)	528
PC40016	日本インター		1700	1600			400	57c	7200	25j	1.45	1300	25j	50m	1600	150j	2素子直列	710
PC4008	日本インター		900	800			400	94c	8000	150j	1.25	1300	25j	30m	800	150j	2素子直列	710
PC50F2	日本インター		220	200			50	111c	800		1	50	25j	10m	200	150j	trr<80ns 2素子センタータップ (カソードコモン)	805
*PC50F3	日本インター		330	300			50		800		1.2	50					trr<80ns 2素子センタータップ (カソードコモン)	805
PC50F4	日本インター		440	400			50	100c	800	150j	1.2	50	25j	10m	400	150j	trr<80ns 2素子センタータップ (カソードコモン)	805
PC50F5	日本インター			500			50	90c	800	150j	1.35	50	25j	10m	500	150j	trr<90ns 2素子センタータップ (カソードコモン)	805
PC50F6	日本インター			600			50	89c	800		1.5	50	25j	10m	600	150j	trr<100ns 2素子センタータップ (カソードコモン)	805
PC60QL03N	日本インター		35	30			60	92c	800	125j	0.5	60	25j	80m	30	25j	2素子センタータップ (カソードコモン) SB形	806
PC60QL04N	日本インター		45	40			60	87c	800	125j	0.58	60	25j	40m	40	25j	2素子センタータップ (カソードコモン) SB形	806
PC6012	日本インター		1300	1200			60	87c	1200	125j	1.35	180	25j	15m	1200	125j	2素子センタータップ (カソードコモン)	529
PC6016	日本インター		1700	1600			60	87c	1200	125j	1.35	180	25j	15m	1600	125j	2素子センタータップ (カソードコモン)	529
PC608	日本インター		960	800			60	114c	1200	150j	1.25	180	25j	10m	800	150j	2素子センタータップ (カソードコモン)	528
PC80QL03N	日本インター		35	30			80	99c	800	125j	0.46	80	25j	160m	30	25j	2素子センタータップ (カソードコモン) SB形	806
PC80QL04N	日本インター		45	40			80	96c	800	125j	0.52	80	25j	80m	40	25j	2素子センタータップ (カソードコモン) SB形	806
PD100F2	日本インター		220	200			100	99c	1800		1	100	25j	10m	200	150j	trr<90ns 2素子直列	211
*PD100F5	日本インター			500			100	84c	1800	150j	1.35	100	25j	10m	500	150j	trr<100ns 2素子直列	211
PD100F6	日本インター			600			100	75c	1800		1.5	100	25j	10m	600	150j	trr<110ns 2素子直列	211
PD100F12	日本インター			1200			100	60c	1000		2.6	100	25j	20m	1200	150j	trr<250ns 2素子直列	249
PD10012	日本インター		1300	1200			100	80c	2000	125j	1.35	320	25j	20m	1200	125j	2素子直列	529
PD10016	日本インター		1700	1600			100	80c	2000	125j	1.35	320	25j	20m	1600	125j	2素子直列	529
PD1008	日本インター		960	800			100	105c	2000	150j	1.25	320	25j	20m	800	150j	2素子直列	528
PD150S8	日本インター		900	800			150	105 c	3200	150j	1.43	450	25j	15m	800	150j	2素子直列	681
PD150S16	日本インター		1700	1600			150	105 c	3200	150j	1.43	450	25j	15m	1600	150j	2素子直列	681
PD15012	日本インター		1300	1200			150	79c	3200	125j	1.28	450	25j	30m	1200	125j	2素子直列	531

形名	社名	最大定格					順方向特性(typは*)			逆方向特性(typは*)			その他の特性等	外形
		P_{RSM} (kW)	V_{RSM} (V)	V_{RRM} (V)	V_R (V)	V_I (V)	I_0 (A)	T条件 (°C)	I_{FSM} (A)	T条件 (°C)	V_{F}max (V)	測定条件 I_F(A)	測定条件 T(°C)	I_{R}max (μA)	測定条件 V_R(V)	測定条件 T(°C)		
PD15016	日本インター	1700	1600				150	79c	3200	125j	1.28	450	25j	30m	1600	125j	2素子直列	531
PD1508	日本インター	900	800				150	103c	3200	150j	1.28	450	25j	15m	800	150j	2素子直列	531
PD15116	日本インター	1700	1600				150	104c	3200	150j	1.28	450	25j	30m	1600	150j	2素子直列	533
PD1518	日本インター	900	800				150	103c	3200		1.28	450	25j	15m	800	150j	2素子直列	533
PD200S8	日本インター	900	800				200	97c	4000	150j	1.43	600	25j	30m	800	150j	2素子直列	681
PD200S16	日本インター	1700	1600				200	106c	4500	150j	1.5	600	25j	30m	1600	150j	2素子直列	681
PD20012	日本インター	1300	1200				200	77c	4000		1.28	600	25j	30m	1200	125j	2素子直列	531
PD20016	日本インター	1700	1600				200	77c	4000		1.28	600	25j	30m	1600	125j	2素子直列	531
PD2008	日本インター	900	800				200	94c	4000	150j	1.24	600	25j	30m	800	150j	2素子直列	531
PD20116	日本インター	1700	1600				200	98c	4000		1.33	600	25j	30m	1600	150j	2素子直列	533
PD2018	日本インター	900	800				200	95c	4000		1.24	600	25j	30m	800	150j	2素子直列	533
PD230S8	日本インター	900	800				230	114c	4500	150j	1.41	700	25j	30m	800	150j	2素子直列	681
PD230S16	日本インター	1700	1600				230	102c	4500	150j	1.59	700	25j	30m	1600	150j	2素子直列	681
PD25012	日本インター	1300	1200				250	68c	5000		1.35	800	25j	30m	1200	125j	2素子直列	531
PD25016	日本インター	1700	1600				250	68c	5000		1.35	800	25j	30m	1600	125j	2素子直列	531
PD2503	日本インター	400	300				250	95c	5000		1.22	800	25j	40m	300	150j	2素子直列	531
PD2504	日本インター	500	400				250	95c	5000		1.22	800	25j	40m	400	150j	2素子直列	531
PD2508	日本インター	900	800				250	95c	5000		1.22	800	25j	40m	800	150j	2素子直列	531
PD30F8	日本インター	880	800				30	87c	450		2.5	30	25j	2m	800	150j	trr<60ns 2素子直列	805
PD300F12	日本インター		1200				300	81c	3000		2.6	300	25j	60m	1200	150j	trr<250ns 2素子直列	575
PD3012	日本インター	1300	1200				30	100c	600	125j	1.3	90	25j	10m	1200	125j	2素子直列	529
PD3016	日本インター	1700	1600				30	100c	600	125j	1.3	90	25j	10m	1600	125j	2素子直列	529
PD308	日本インター	960	800				30	125c	600	150j	1.25	90	25j	10m	800	150j	2素子直列	528
PD40016	日本インター	1700	1600				400	57c	7200	25j	1.45	1300	25j	50m	1600	150j	2素子直列	710
PD4008	日本インター	900	800				400	94c	8000	150j	1.25	1300	25j	30m	800	150j	2素子直列	710
PD50F2	日本インター	220	200				50	111c	800		1	50	25j	10m	200	150j	trr<80ns 2素子直列	805
PD50F3	日本インター	330	300				50		800		1.2	50					trr<80ns 2素子直列	805
PD50F4	日本インター	440	400				50	100c	800	150j	1.2	50	25j	10m	400	150j	trr<80ns 2素子直列	805
*PD50F5	日本インター		500				50	90c	800	150j	1.35	50	25j	10m	500	150j	trr<90ns 2素子直列	805
PD50F6	日本インター		600				50	89c	800		1.5	50	25j	10m	600	150j	trr<100ns 2素子直列	805
PD6012	日本インター	1300	1200				60	87c	1200	125j	1.3	180	25j	15m	1200	125j	2素子直列	529
PD6016	日本インター	1700	1600				60	87c	1200	125j	1.35	180	25j	15m	1600	125j	2素子直列	529
PD608	日本インター	960	800				60	114c	1200	150j	1.25	180	25j	15m	800	150j	2素子直列	528
PE10012N	日本インター	1300	1200				100	105c	2000	150j	1.25	320	25j	20m	1200	150j	3素子(カソードコモン)	528
PE1008N	日本インター	900	800				100	105c	2000	150j	1.25	320	25j	20m	800	150j	3素子(カソードコモン)	528
PE15012N	日本インター	1300	1200				150	103c	3200	150j	1.28	450	25j	20m	1200	150j	3素子(カソードコモン)	532
PE1508N	日本インター	960	800				150	103c	3200	150j	1.28	450	25j	20m	800	150j	3素子(カソードコモン)	532
PE3012N	日本インター	1300	1200				30	125c	600	150j	1.25	90	25j	10m	1200	150j	3素子(カソードコモン)	528
PE308N	日本インター	960	800				30	125c	600	150j	1.25	90	25j	10m	800	150j	3素子(カソードコモン)	528
PE60QL03N	日本インター	35	30				60	92c	800	125j	0.5	60	25j	80m	30	25j	3素子センタータップ(カソードコモン) SB形	807
PE60QL04N	日本インター	45	40				60	87c	800	125j	0.58	60	25j	40m	40	25j	3素子センタータップ(カソードコモン) SB形	807
PE6012N	日本インター	1300	1200				60	114c	1200	150j	1.25	180	25j	15m	1200	150j	3素子(カソードコモン)	528

- 185 -

| 形 名 | 社 名 | 最大定格 ||||||| 順方向特性(typは*) ||| 逆方向特性(typは*) ||| その他の特性等 | 外形 |
|||P_{RSM}(kW)|V_{RSM}(V)|V_{RRM}(V)|V_R(V)|V_1(V)|I_0(A)|T条件(℃)|I_{FSM}(A)|T条件(℃)|V_{Fmax}(V)|測定条件||I_{Rmax}(μA)|測定条件|||
													I_F(A)	T(℃)		V_R(V)	T(℃)		
PE608N	日本インター		960	800			60	114c	1200	150j	1.25	180	25j	15m	800	150j	3素子 (カソード コモン)	528
PE80QL03N	日本インター		35	30			80		800		0.46	80		160m	30		3素子センタータップ (カソード コモン) SB形	807
PE80QL04N	日本インター		45	40			80	96c	1600		0.52	80	25j	80m	40	25j	3素子センタータップ (カソード コモン) SB形	807
PF1008N	日本インター		960	800			100	105c	2000	150j	1.25	320	25j	20m	800	150j	3素子 (アノード コモン)	528
PF1012N	日本インター		1300	1200			100	105c	2000	150j	1.25	320	25j	20m	1200	150j	3素子 (アノード コモン)	528
PF15012N	日本インター		1300	1200			150	103c	3200	150j	1.28	450	25j	20m	1200	150j	3素子 (アノード コモン)	532
PF1508N	日本インター		900	800			150	103c	3200	150j	1.28	450	25j	20m	800	150j	3素子 (アノード コモン)	532
PF3012N	日本インター		1300	1200			30	125c	600	150j	1.25	90	25j	10m	1200	150j	3素子 (アノード コモン)	528
PF308N	日本インター		960	800			30	125c	600	150j	1.25	90	25j	10m	800	150j	3素子 (アノード コモン)	528
PF6012N	日本インター		1300	1200			60	114c	1200	150j	1.25	180	25j	15m	1200	150j	3素子 (アノード コモン)	528
PF608N	日本インター		960	800			60	114c	1200	150j	1.25	180	25j	15m	800	150j	3素子 (アノード コモン)	528
PG865C15R	富士電機			150			20	80c	150		0.9	10		150	150		2素子センタータップ (カソード コモン) SB形	56
PG905C4	富士電機			400			20	93c	80		1.5	10		500	200		trr<50ns 2素子センタータップ (カソード コモン)	56
PG905C6	富士電機		600	600			20	100c	80	150j	1.7	10		500	600		2素子センタータップ (カソード コモン)	56
PG985C3R	富士電機			300			20	73c	110		1.3	10		35	300		trr<40ns 2素子センタータップ (カソード コモン)	56
PG985C4R	富士電機			400			20	64c	100		1.45	10		35	400			56
PG985C6R	富士電機			600			20	47c	50		3	10		30	600		trr<28ns 2素子センタータップ (カソード コモン)	56
PH865C12	富士電機		120	120			20	126c	150	25c	0.88	10	25c	150	120	25c	2素子センタータップ (カソード コモン) SB形	53
PH865C15	富士電機		150	150			20	108c	150	25c	0.9	10	25c	150	150	25c	2素子センタータップ (カソード コモン) SB形	53
PH868C12	富士電機		120	120			30	122c	225	25c	0.88	15	25c	200	120	25c	2素子センタータップ (カソード コモン) SB形	53
PH868C15	富士電機		150	150			30	118c	225	25c	0.9	15	25c	200	150	25c	2素子センタータップ (カソード コモン) SB形	53
PH965C6	富士電機		600	600			7	107c	25	25c	5	10		50	600		trr<25ns 2素子センタータップ (カソード コモン)	53
PH967C6	富士電機		600	600			10	110c	40	25c	5	15		50	600		trr<30ns 2素子センタータップ (カソード コモン)	53
PH975C6	富士電機			600			20	97c	100		1.55	10		10	600		2素子センタータップ (カソード コモン)	53
PQ160QH04N	日本インター		45	40			160	102c	2800		0.58	120	25j	1A	40	150j	4素子センタータップ (カソード コモン) SB形	604
PQ160QH06N	日本インター		65	60			160	98c	2800		0.62	120	25j	1A	60	150j	4素子センタータップ (カソード コモン) SB形	604
PT100S8	日本インター		1000	800			100	94c	1000	150j	1.28	100	25j	10m	800	150j	3相ブリッジ	229
PT100S16	日本インター		1700	1600			100	70c	1200	125j	1.2	100	25j	15m	1600	125j	3相ブリッジ	229
PT10112	日本インター		1300	1200			100	70c	1200		1.2	100	25j	15m	1200	125j	3相ブリッジ	229
PT10116	日本インター		1700	1600			100	70c	1200		1.2	100	25j	15m	1600	125j	3相ブリッジ	229
PT1018	日本インター		1000	800			100	99c	1200	150j	1.16	100	25j	10m	800	150j	3相ブリッジ	229
PT150S8	日本インター		1000	800			150	101c	1100		1.2	150	25j	15m	800	150j	3相ブリッジ	668
PT150S12	日本インター		1300	1200			150	70c	1100		1.35	150	25j	10m	1200	125j	3相ブリッジ	668
PT150S16	日本インター		1750	1600			150	70c	1100		1.35	150	25j	15m	1600	125j	3相ブリッジ	668
PT151S8	日本インター		1000	800			150	92c	1200	150j	1.25	100	25j	10m	800	150j	3相ブリッジ	229
PT200S8	日本インター		1000	800			200	103c	1850		1.2	200	25j	20m	800	150j	3相ブリッジ	668
PT200S12	日本インター		1300	1200			200	72c	1850		1.35	200	25j	15m	1200	125j	3相ブリッジ	668
PT200S16	日本インター		1750	1600			200	72c	1850		1.35	200	25j	15m	1600	125j	3相ブリッジ	668
PT30S8	日本インター		900	800			30	60c	400	25j	1.2	10	25j	10	800	25j	3相ブリッジ	209
PT300S16	日本インター		1700	1600			300	103c	1850	150j	1.51	300	25j	6m	1600	150j	3相ブリッジ	712
PT300S8	日本インター		900	800			300	103c	1850	150j	1.51	300	25j	6m	800	150j	3相ブリッジ	712
PT3010	日本インター		1100	1000			30	60c	400	125j	1.2	10	25j	10	1000	25j	3相ブリッジ	228

| 形　名 | 社　名 | 最大定格 ||||| 順方向特性(typは*) ||| 逆方向特性(typは*) ||| その他の特性等 | 外形 |
| | | P_{RSM} (kW) | V_{RSM} (V) | V_{RRM} (V) | V_R (V) | V_I (V) | I_O (A) | T条件 (°C) | I_{FSM} (A) | T条件 (°C) | V_{Fmax} (V) | 測定条件 ||| I_{Rmax} (μA) | 測定条件 || | |
												I_F(A)	T(°C)		V_R(V)	T(°C)		
PT308AC	日本インター		900	800			30	92c	300		1.05	10	25j	10	800	25j	3相ブリッジ	651
PT308	日本インター		900	800			30	60c	400	25j	1.2	10	25j	10m	800	25j	3相ブリッジ	228
PT3610	日本インター		1100	1000			36	99c	400	25j	1.13	36	25j	6m	1000	150j	3相ブリッジ	630
PT368	日本インター		960	800			36	99c	400	25j	1.13	36	25j	6m	800	25j	3相ブリッジ	630
PT50S8	日本インター		1000	800			50	111c	450	150j	1.2	50	25j	10m	800	150j	3相ブリッジ	229
PT50S16	日本インター		1700	1600			50	87c	450	125j	1.3	50	25j	10m	1600	125j	3相ブリッジ	229
PT508C	日本インター		960	800			50	98c	480		1.2	50	25j	5m	800	150j	3相ブリッジ	209
PT5112	日本インター		1300	1200			50	91c	600		1.3	50	25j	10m	1200	125j	3相ブリッジ	229
PT5116	日本インター		1700	1600			50	91c	600		1.3	50	25j	10m	1600	125j	3相ブリッジ	229
PT518	日本インター		900	800			50	116c	800	150j	1.15	50	25j	10m	800	150j	3相ブリッジ	229
PT76S8	日本インター		1000	800			75	112c	1000	150j	1.2	75	25j	10m	800	150j	3相ブリッジ	229
PT76S12	日本インター		1300	1200			75	75c	540		1.4	75	25j	10m	1200	125j	3相ブリッジ	229
PT76S16	日本インター		1750	1600			75	75c	540		1.4	75	25j	10m	1600	125j	3相ブリッジ	229
PT7612	日本インター		1300	1200			75	75c	600		1.4	75	25j	10m	1200	125j	3相ブリッジ	229
PT7616	日本インター		1750	1600			75	75c	600		1.4	75	25j	10m	1600	125j	3相ブリッジ	229
PT768	日本インター		1000	800			75	112c	1000	150j	1.2	75	25j	10m	800	150j	3相ブリッジ	229
RB085B-30	ローム			35	30		10		35		0.48	4		300	30		2素子センタータップ (カソードコモン) SB形	351
RB085B-90	ローム			90	90		10		45		0.83	5		150	90		2素子センタータップ (カソードコモン) SB形	351
RB085T-40	ローム			45	40		10	100c	100		0.55	5		200	40		2素子センタータップ (カソードコモン) SB形	352
RB085T-60	ローム			60	60		10	100c	100		0.58	5		300	60		2素子センタータップ (カソードコモン) SB形	352
RB085T-90	ローム			90	90		10	100c	100		0.83	5		150	90		2素子センタータップ (カソードコモン) SB形	352
RB095B-30	ローム			35	30		6		35		0.425	3		200	30		2素子センタータップ (カソードコモン) SB形	351
RB095B-60	ローム			60	60		6		45		0.58	3		300	60		2素子センタータップ (カソードコモン) SB形	351
RB095B-90	ローム			90	90		6		45		0.75	3		150	90		2素子センタータップ (カソードコモン) SB形	351
RB095T-40	ローム			45	40		6	100c	100		0.55	3		10m	40		2素子センタータップ (カソードコモン) SB形	352
RB095T-60	ローム			60	60		6	100c	100		0.58	3		300	60		2素子センタータップ (カソードコモン) SB形	352
RB095T-90	ローム			90	90		6	100c	100		0.75	3		150	90		2素子センタータップ (カソードコモン) SB形	352
RB205T-40	ローム			45	40		15	100c	100		0.55	7.5		300	40		2素子センタータップ (カソードコモン) SB形	352
RB205T-60	ローム			60	60		15	100c	100		0.58	7.5		600	60		2素子センタータップ (カソードコモン) SB形	352
RB205T-90	ローム			90	90		15	100c	100		0.78	7.5		300	90		2素子センタータップ (カソードコモン) SB形	352
RB215T-40	ローム			45	40		20	100c	100		0.55	10		500	40		2素子センタータップ (カソードコモン) SB形	352
RB215T-60	ローム			60	60		20	100c	100		0.58	10		600	60		2素子センタータップ (カソードコモン) SB形	352
RB215T-90	ローム			90	90		20	100c	100		0.75	10		400	90		2素子センタータップ (カソードコモン) SB形	352
RB225T-60	ローム			60	60		30	100c	100		0.63	15		600	60		2素子センタータップ (カソードコモン) SB形	352
RB225T-100	ローム			100	100		30	100c	100		0.86	15		400	100		2素子センタータップ (カソードコモン) SB形	352
RB496EA	ローム				20		1		10		0.4	1		500	10		2素子複合 SB形	346C
* RB-40C	サンケン	1050	1000	700			4	40a	10	25j	0.95	2		10	1000		ブリッジ接続	639G
* RBA-1004B	サンケン			40			10	45R	60		0.55	5		5m	40			230
* RBA-401	サンケン			100			4		80	25j	1.05	2		10	100		Ioは30cm2フィン付き ブリッジ接続	230
* RBA-402L	サンケン			200	200		4	40R	80	25j	0.98	2		50	200		trr<40ns Ioは30cm2フィン付き ブリッジ接続	230
* RBA-402	サンケン			200	200		4	40R	80	25j	1.05	2		10	200		Ioは30cm2フィン付き ブリッジ接続	230
* RBA-404B	サンケン				40		4	45R	60		0.55	2		2m	40		Ioは30cm2フィン付き ブリッジ接続 SB形	230

			最大定格							順方向特性(typは*)			逆方向特性(typは*)				
形名	社名	P RSM (kW)	V RSM (V)	V RRM (V)	VR (V)	VI (V)	Io (A)	T条件 (℃)	I FSM (A)	T条件 (℃)	VFmax (V)	測定条件 IF(A)	T(℃)	IRmax (μA)	測定条件 VR(V)	T(℃)	その他の特性等	外形
* RBA-406B	サンケン		60	60			4	40R	40	25j	0.62	2		2m	60		Ioは30cm2フィン付き ブリッジ 接続 SB形	230
* RBV-1306	サンケン			600			13	100c	80		1.2	6.5		10	600		Ioは30cm2フィン付き ブリッジ 接続	796
RBV-150C	サンケン			1000			15		200		1.05	7.5		50	1000		ブリッジ 接続	796
* RBV-1506J	サンケン			600			15		150		1.1	7.5		10	600		ブリッジ 接続	796
* RBV-1506S	サンケン			600			15	100c	150	25j	1.1	7.5		10	600		Ioは30cm2フィン付き ブリッジ 接続	796
* RBV-1506	サンケン		600	600			15	100c	200	25j	1.05	7.5		50	600		Ioは30cm2フィン付き ブリッジ 接続	796
* RBV-2506	サンケン		600	600			25	70c	350	25j	1.05	12.5		50	600		Ioは30cm2フィン付き ブリッジ 接続	796
RBV-40C	サンケン			1000			4	40R	100		1	2		10	1000		Ioは30cm2フィン付き ブリッジ 接続	230
* RBV-401	サンケン			100			4	40R	80	25j	1.05	2		10	100		Ioは30cm2フィン付き ブリッジ 接続	230
* RBV-402L	サンケン			200			4	40a	80		0.98	2		200	200		ブリッジ 接続	230
* RBV-402	サンケン			200			4	40R	80	25j	1.05	2		10	200		Ioは30cm2フィン付き ブリッジ 接続	230
* RBV-404	サンケン			400			4	40R	80	25j	1.1	2		10	400		Ioは30cm2フィン付き ブリッジ 接続	230
* RBV-406B	サンケン		60	60			4	40R	40	25j	0.62	2		2m	60		Ioは30cm2フィン付き ブリッジ 接続 SB形	230
* RBV-406H	サンケン			600			4	40R	120	25j	1	2		10	600		Ioは30cm2フィン付き ブリッジ 接続	230
* RBV-406M	サンケン			600			4	40R	120	25j	0.92	2		10	600		Ioは30cm2フィン付き ブリッジ 接続	230
* RBV-406	サンケン			600			4	40R	80	25j	1.1	2		10	600		Ioは30cm2フィン付き ブリッジ 接続	230
* RBV-408	サンケン			800			4		100	25j	1	2		10	800		Ioは30cm2フィン付き ブリッジ 接続	230
* RBV-4086H	サンケン			600			8		120		1.1	4		10	600		ブリッジ 接続	230
* RBV-4102	サンケン			200			10		80		1.1	5		10	200		ブリッジ 接続	230
* RBV-4106M	サンケン			600			10		120		1	5		10	600		ブリッジ 接続	230
* RBV-601	サンケン			100			6	40R	120	25j	1	3		10	100		Ioは40cm2フィン付き ブリッジ 接続	796
* RBV-602L	サンケン			200			6	40R	100	25j	1	3		250	200		Ioは40cm2フィン付き ブリッジ 接続	796
* RBV-602	サンケン			200			6	40R	120	25j	1	3		10	200		trr<50ns Ioは40cm2フィン付 ブリッジ 接続	796
* RBV-604	サンケン			400			6	40R	150	25j	1.05	3		10	400		Ioは40cm2フィン付き ブリッジ 接続	796
* RBV-606H	サンケン			600			6	40R	140	25j	1.05	3		10	600		Ioは40cm2フィン付き ブリッジ 接続	796
* RBV-606	サンケン			600			6	40R	150	25j	1.05	3		10	600		Ioは40cm2フィン付き ブリッジ 接続	796
* RBV-608	サンケン			800			6	40R	170	25j	0.95	3		10	800		Ioは40cm2フィン付き ブリッジ 接続	796
RF051UA1D	ローム			100	100		0.5		5		0.98	0.5		10	100		trr<25ns 2素子複合	395D
RF1001T2D	ローム			200	200		10		80		0.93	5		10	200		trr<30ns 2素子センタータップ (カソード コモン)	352
RF1601T2D	ローム			200	200		16		80		0.93	8		10	200		trr<30ns 2素子センタータップ (カソード コモン)	352
RF2001T3D	ローム			300	300		20		100		1.3	10		10	300		trr<25ns 2素子センタータップ (カソード コモン)	352
RF601B2D	ローム			200	200		6		40		0.93	2		10	200		trr<25ns 2素子センタータップ (カソード コモン)	351
RJU36B1WDPK-M0	ルネサス			360			10	25c	80		1.5	10		1	360		trr=40ns 2素子センタータップ (カソード コモン)	659
RJU36B2WDPK-M0	ルネサス			360			20	25c	160		1.5	20		1	360		trr=40ns 2素子センタータップ (カソード コモン)	659
RM10TA-2H	三菱		1700	1600			20	100c	200		1.25	20	25j	2m	1600	150j	3相ブリッジ	321
RM10TA-24	三菱		1350	1200			20	100c	200		1.25	20	25j	2m	1200	150j	3相ブリッジ	321
RM10TA-H	三菱		900	800			20	107c	350		1.07	20	25j	1.5m	800	150j	3相ブリッジ	321
RM10TA-M	三菱		500	400			20	107c	350		1.07	20	25j	1.5m	400	150j	3相ブリッジ	321
RM100C1A-12F	三菱		720	600	480		100	75c	2000		1.5	100	25j	20m	600	150j	trr<0.8μs 2素子センタータップ (アノード コモン)	618
RM100C1A-16F	三菱		960	800	640		100	75c	2000		1.5	100	25j	20m	800	150j	trr<0.8μs 2素子センタータップ (アノード コモン)	618
* RM100C1A-20F	三菱		1100	1000	800		100	75c	2000		1.5	100	25j	20m	1000	150j	trr<0.8μs 2素子センタータップ (アノード コモン)	618
* RM100C1A-24F	三菱		1350	1200	960		100	75c	2000		1.5	100	25j	20m	1200	150j	trr<0.8μs 2素子センタータップ (アノード コモン)	618

| 形 名 | 社 名 | 最大定格 ||||||| 順方向特性(typは*) ||| 逆方向特性(typは*) ||| その他の特性等 | 外形 |
| | | P_{RSM} (kW) | V_{RSM} (V) | V_{RRM} (V) | V_R (V) | I_0 (A) | T条件 (℃) | I_{FSM} (A) | T条件 (℃) | V_{F}max | 測定条件 || I_{R}max (μA) | 測定条件 || | |
											I_F(A)	T(℃)		V_R(V)	T(℃)		
RM100CA-12F	三菱		720	600	480	100	75c	2000		1.5	100	25j	20m	600	150j	trr<0.8μs 2素子センタータップ (カソードコモン)	618
RM100CA-16F	三菱		960	800	640	100	75c	2000		1.5	100	25j	20m	800	150j	trr<0.8μs 2素子センタータップ (カソードコモン)	618
RM100CA-20F	三菱		1100	1000	800	100	75c	2000		1.5	100	25j	20m	1000	150j	trr<0.8μs 2素子センタータップ (カソードコモン)	618
RM100CA-24F	三菱		1350	1200	960	100	75c	2000		1.5	100	25j	20m	1200	150j	trr<0.8μs 2素子センタータップ (カソードコモン)	618
RM100CZ-2H	三菱		1700	1600	1280	100	112c	2000		1.35	320	25j	20m	1600	150j	2素子センタータップ (カソードコモン)	391
RM100CZ-24	三菱		1350	1200	960	100	112c	2000		1.35	320	25j	20m	1200	150j	2素子センタータップ (カソードコモン)	391
RM100CZ-H	三菱		960	800	640	100	115c	2000		1.25	320	25j	20m	800	150j	2素子センタータップ (カソードコモン)	696
RM100CZ-M	三菱		480	400	320	100	115c	2000		1.25	320	25j	20m	400	150j	2素子センタータップ (カソードコモン)	696
RM100D2Z-40	三菱		2100	2000	1600	100	87c	2000	25j	1.35	320	25j	15m	2000	125j	2素子直列	391
RM100DZ-2H	三菱		1700	1600	1280	100	112c	2000		1.35	320	25j	20m	1600	150j	2素子直列	391
RM100DZ-24	三菱		1350	1200	960	100	112c	2000		1.35	320	25j	20m	1200	150j	2素子直列	391
RM100DZ-H	三菱		960	800	640	100	115c	2000		1.25	320	25j	20m	800	150j	2素子直列	696
RM100DZ-M	三菱		480	400	320	100	115c	2000		1.25	320	25j	20m	400	150j	2素子直列	696
RM1200DB-34S	三菱		1700	1700	1200	1200	25c	20.8k	25j	2.1*	1200	25j	3m	1700	25j	trr<0.85μs 2素子複合	43
RM1200DB-66S	三菱		3300	3300	2200	1200	25c	9600	25j	2.8*	1200	25j	5m	3300	25j	trr<0.75μs 2素子複合	360
RM1200DG-66S	三菱		3300	3300	2200	1200	25c	9600	25j	2.8*	1200	25j	5m	3300	25j	trr<1.0μs 2素子複合	362
RM1200HE-66S	三菱		3300	3300	2200	1200	25c	9600	25j	3.77	1200	25j	5m	3300	25j	trr<1.4μs 2素子並列	799
RM15TA-2H	三菱		1700	1600		30	97c	300		1.35	30	25j	2m	1600	150j	3相ブリッジ	321
RM15TA-24	三菱		1350	1200		30	97c	300		1.35	30	25j	2m	1200	150j	3相ブリッジ	321
RM15TA-H	三菱		900	800		30	103c	400		1.1	30	25j	1.5m	800	150j	3相ブリッジ	321
RM15TA-M	三菱		500	400		30	103c	400		1.1	30	25j	1.5m	400	150j	3相ブリッジ	321
RM15TC-40	三菱		2100	2000		30	103c	500		1.2	30	25j	10m	2000	125j	3相ブリッジ	396
RM150CZ-2H	三菱		1700	1600	1280	150	109c	3500		1.35	450	25j	30m	1600	150j	2素子センタータップ (カソードコモン)	646
RM150CZ-24	三菱		1350	1200	960	150	109c	3500		1.35	450	25j	30m	1200	150j	2素子センタータップ (カソードコモン)	646
RM150CZ-H	三菱		960	800	640	150	109c	3500		1.35	450	25j	30m	800	150j	2素子センタータップ (カソードコモン)	646
RM150CZ-M	三菱		480	400	320	150	109c	3500		1.35	450	25j	30m	400	150j	2素子センタータップ (カソードコモン)	646
RM150DZ-2H	三菱		1700	1600	1280	150	109c	3500		1.35	450	25j	30m	1600	150j	2素子直列	646
RM150DZ-24	三菱		1350	1200	960	150	109c	3500		1.35	450	25j	30m	1200	150j	2素子直列	646
RM150DZ-H	三菱		960	800	640	150	109c	3500		1.35	450	25j	30m	800	150j	2素子直列	646
RM150DZ-M	三菱		480	400	320	150	109c	3500		1.35	450	25j	30m	400	150j	2素子直列	646
RM150UZ-2H	三菱		1700	1600	1280	150	109c	3500		1.35	450	25j	30m	1600	150j	2素子並列	646
RM150UZ-24	三菱		1350	1200	960	150	109c	3500		1.35	450	25j	30m	1200	150j	2素子並列	646
RM150UZ-H	三菱		960	800	640	150	109c	3500		1.35	450	25j	30m	800	150j	2素子並列	646
RM150UZ-M	三菱		480	400	320	150	109c	3500		1.35	450	25j	30m	400	150j	2素子並列	646
RM1800HE-34S	三菱		1700	1700	1150	1800	25c	9600	25j	2.9*	1800	25j	5m	1700	25j	trr<1.8μs 2素子並列	799
RM20C1A-6S	三菱		360	300	240	20	93c	400	25j	1.8	20	25j	10m	300	150j	trr<0.2μs 2素子センタータップ (アノードコモン)	618
RM20C1A-12F	三菱		720	600	480	20	114c	400		1.5	20	25j	5m	600	150j	trr<0.8μs 2素子センタータップ (アノードコモン)	618
RM20C1A-12S	三菱		720	600	480	20	93c	400		1.8	20	25j	10m	600	150j	trr<0.4μs 2素子センタータップ (アノードコモン)	618
RM20C1A-16F	三菱		960	800	640	20	114c	400		1.5	20	25j	5m	800	150j	trr<0.8μs 2素子センタータップ (アノードコモン)	618
RM20C1A-20F	三菱		1100	1000	800	20	114c	400		1.5	20	25j	5m	1000	150j	trr<0.8μs 2素子センタータップ (アノードコモン)	618
RM20C1A-24F	三菱		1350	1200	960	20	114c	400		1.5	20	25j	5m	1200	150j	trr<0.8μs 2素子センタータップ (アノードコモン)	618
RM20CA-6S	三菱		360	300	240	20	93c	400	25j	1.7	20	25j	10m	300	150j	trr<0.2μs 2素子センタータップ (カソードコモン)	618

	形名	社名	最大定格							順方向特性(typは*)		逆方向特性(typは*)				その他の特性等	外形
			P_{RSM} (kW)	V_{RSM} (V)	V_{RRM} (V)	V_R / V_I (V)	I_O (A)	T条件 (°C)	I_{FSM} (A)	T条件 (°C)	V_{Fmax} (V)	測定条件 I_F(A) / T(°C)		I_{Rmax} (μA)	測定条件 V_R(V) / T(°C)		
	RM20CA-12F	三菱	720	600	480		20	114c	400		1.5	20	25j	5m	600	150j	trr<0.8μs 2素子センタータップ(カソードコモン)	618
	RM20CA-12S	三菱	720	600	480		20	93c	400		1.8	20	25j	10m	600	150j	trr<0.4μs 2素子センタータップ(カソードコモン)	618
	RM20CA-16F	三菱	960	800	640		20	114c	400		1.5	20	25j	5m	800	150j	trr<0.8μs 2素子センタータップ(カソードコモン)	618
	RM20CA-20F	三菱	1100	1000	800		20	114c	400		1.5	20	25j	5m	1000	150j	trr<0.8μs 2素子センタータップ(カソードコモン)	618
	RM20CA-24F	三菱	1350	1200	960		20	114c	400		1.5	20	25j	5m	1200	150j	trr<0.8μs 2素子センタータップ(カソードコモン)	618
	RM20DA-6S	三菱	360	300	240		20	93c	400		1.8	20	25j	10m	300	150j	trr<0.2μs 2素子直列	618
	RM20DA-12F	三菱	720	600	480		20	114c	400		1.5	20	25j	5m	600	150j	trr<0.8μs 2素子直列	618
	RM20DA-12S	三菱	720	600	480		20	93c	400		1.8	20	25j	10m	600	150j	trr<0.2μs 2素子直列	618
	RM20DA-16F	三菱	960	800	640		20	114c	400		1.5	20	25j	5m	800	150j	trr<0.8μs 2素子直列	618
	RM20DA-20F	三菱	1100	1000	800		20	114c	400		1.5	20	25j	5m	1000	150j	trr<0.8μs 2素子直列	618
	RM20DA-24F	三菱	1350	1200	960		20	114c	400		1.5	20	25j	5m	1200	150j	trr<0.8μs 2素子直列	618
	RM20TA-2H	三菱	1700	1600			40	100c	400		1.25	40	25j	2m	1600	125j	3相ブリッジ	322
*	RM20TA-24	三菱	1350	1200			40	100c	400		1.25	40	25j	2m	1200	125j	3相ブリッジ	322
	RM20TPM-2H	三菱	1700	1600			40	115c	400		1.25	40	25j	10m	1600	150j	3相ブリッジ	748C
*	RM20TPM-24	三菱	1350	1200			40	115c	400		1.25	40	25j	10m	1200	150j	3相ブリッジ	748C
	RM20TPM-H	三菱	900	800			40	118c	400		1.2	40	25j	10m	800	150j	3相ブリッジ	748A
*	RM20TPM-M	三菱	500	400			40	118c	400		1.2	40	25j	10m	400	150j	3相ブリッジ	748A
*	RM200DA-20F	三菱	1100	1000	800		200	75c	4000		1.5	200	25j	40m	1000	150j	trr<0.8μs 2素子直列	497
*	RM200DA-24F	三菱	1350	1200	960		200	75c	4000		1.5	200	25j	40m	1200	150j	trr<0.8μs 2素子直列	497
	RM200DG-130S	三菱	6300	6300	4500		200	25c	1600	25j	4.0*	200	25j	3m	6300	25j	trr<1.0μs 2素子複合	362
	RM250CZ-2H	三菱	1700	1600	1280		250	89c	5000		1.3	750	25j	30m	1600	150j	2素子センタータップ(カソードコモン)	646
	RM250CZ-24	三菱	1350	1200	960		250	89c	5000		1.3	750	25j	30m	1200	150j	2素子センタータップ(カソードコモン)	646
	RM250CZ-H	三菱	960	800	640		250	89c	5000		1.3	750	25j	30m	800	150j	2素子センタータップ(カソードコモン)	646
	RM250CZ-M	三菱	480	400	320		250	89c	5000		1.3	750	25j	30m	400	150j	2素子センタータップ(カソードコモン)	646
	RM250DZ-2H	三菱	1700	1600	1280		250	89c	5000		1.3	750	25j	30m	1600	150j	2素子直列	646
	RM250DZ-24	三菱	1350	1200	960		250	89c	5000		1.3	750	25j	30m	1200	150j	2素子直列	646
	RM250DZ-H	三菱	960	800	640		250	89c	5000		1.3	750	25j	30m	800	150j	2素子直列	646
	RM250DZ-M	三菱	480	400	320		250	89c	5000		1.3	750	25j	30m	400	150j	2素子直列	646
	RM250UZ-2H	三菱	1700	1600	1280		250	89c	5000		1.3	750	25j	30m	1600	150j	2素子並列	646
	RM250UZ-24	三菱	1350	1200	960		250	89c	5000		1.3	750	25j	30m	1200	150j	2素子並列	646
	RM250UZ-H	三菱	960	800	640		250	89c	5000		1.3	750	25j	30m	800	150j	2素子並列	646
*	RM250UZ-M	三菱	480	400	320		250	89c	5000		1.3	750	25j	30m	400	150j	2素子並列	646
	RM30CZ-2H	三菱	1700	1600	1280		30	116c	600		1.5	90	25j	15m	1600	150j	2素子センタータップ(カソードコモン)	391
	RM30CZ-24	三菱	1350	1200	960		30	116c	600		1.5	90	25j	15m	1200	150j	2素子センタータップ(カソードコモン)	391
	RM30CZ-H	三菱	960	800	640		30	117c	600		1.4	90	25j	10m	800	150j	2素子センタータップ(カソードコモン)	696
	RM30CZ-M	三菱	480	400	320		30	117c	600		1.4	90	25j	10m	400	150j	2素子センタータップ(カソードコモン)	696
	RM30DZ-2H	三菱	1700	1600	1280		30	116c	600		1.5	90	25j	15m	1600	150j	2素子直列	391
	RM30DZ-24	三菱	1350	1200	960		30	116c	600		1.5	90	25j	15m	1200	150j	2素子直列	391
	RM30DZ-H	三菱	960	800	640		30	117c	600		1.4	90	25j	10m	800	150j	2素子直列	696
	RM30DZ-M	三菱	480	400	320		30	117c	600		1.4	90	25j	10m	400	150j	2素子直列	696
	RM30TA-H	三菱	900	800			75	105c	1000		1.3	100	25j	10m	800	150j	3相ブリッジ	694
	RM30TA-M	三菱	500	400			75	105c	1000		1.3	100	25j	10m	400	150j	3相ブリッジ	694

形　名	社名	最大定格 P_RSM (kW)	V_RSM (V)	V_RRM (V)	V_R (V)	V_I (V)	I_0 (A)	T条件 (°C)	I_FSM (A)	T条件 (°C)	順方向特性(typは*) V_Fmax (V)	測定条件 I_F (A)	測定条件 T (°C)	逆方向特性(typは*) I_Rmax (μA)	測定条件 V_R (V)	測定条件 T (°C)	その他の特性等	外形
RM30TB-H	三菱		960	800			60	105c	1000	25j	1.3	100	25j	10m	800	150j	3相ブリッジ	748
*RM30TB-M	三菱		480	400			60	105c	1000	25j	1.3	100	25j	10m	400	150j	3相ブリッジ	748
RM30TC-2H	三菱		1700	1600			60	103c	600		1.3	60	25j	10m	1600	150j	3相ブリッジ	389
RM30TC-24	三菱		1350	1200			60	103c	600	25j	1.3	60	25j	10m	1200	150j	3相ブリッジ	389
*RM30TC-40	三菱		2100	2000			60	82c	1000		1.2	60	25j	10m	2000	125j	3相ブリッジ	396
RM30TPM-H	三菱		900	800			60	107c	600		1.2	60	25j	10m	800	150j	3相ブリッジ	748B
*RM30TPM-M	三菱		500	400			60	107c	600		1.2	60	25j	10m	400	150j	3相ブリッジ	748B
RM300DG-90S	三菱		4500	4500	3000		300	25c	2400	25j	4.8*	300	25j	1m	300	25j	trr<1.0μs 2素子複合	362
RM400DG-66S	三菱		3300	3300	2200		400	25c	3200	25j	2.8*	400	25j	2m	400	25j	trr<1.0μs 2素子複合	362
RM400DY-66S	三菱		3300	3300	2200		400	25C	3200	25j	5	400	25j	3m	3300	25j	trr<1.2μs Qrr=100μC 2素子複合	360
*RM50C1A-6S	三菱		360	300	240		50	93c	1000	25j	1.8	50	25j	20m	300	150j	trr<0.2μs 2素子センタータップ (アノードコモン)	618
RM50C1A-12F	三菱		720	600	480		50	105c	1000		1.5	50	25j	10m	600	150j	trr<0.8μs 2素子センタータップ (アノードコモン)	618
RM50C1A-12S	三菱		720	600	480		50	93c	1000		1.8	50	25j	20m	600	150j	trr<0.4μs 2素子センタータップ (アノードコモン)	618
RM50C1A-16F	三菱		960	800	640		50	105c	1000		1.5	50	25j	10m	800	150j	trr<0.8μs 2素子センタータップ (アノードコモン)	618
RM50C1A-20F	三菱		1100	1000	800		50	105c	1000		1.5	50	25j	10m	1000	150j	trr<0.8μs 2素子センタータップ (アノードコモン)	618
RM50C1A-24F	三菱		1350	1200	960		50	105c	1000		1.5	50	25j	10m	1200	150j	trr<0.8μs 2素子センタータップ (アノードコモン)	618
*RM50CA-6S	三菱		360	300	240		50	93c	1000	25j	1.8	50	25j	20m	300	150j	trr<0.2μs 2素子センタータップ (カソードコモン)	618
RM50CA-12F	三菱		720	600	480		50	105c	1000		1.5	50	25j	10m	600	150j	trr<0.8μs 2素子センタータップ (カソードコモン)	618
RM50CA-12S	三菱		720	600	480		50	93c	1000		1.8	50	25j	20m	600	150j	trr<0.4μs 2素子センタータップ (カソードコモン)	618
RM50CA-16F	三菱		960	800	640		50	105c	1000		1.5	50	25j	10m	800	150j	trr<0.8μs 2素子センタータップ (カソードコモン)	618
RM50CA-20F	三菱		1100	1000	800		50	105c	1000		1.5	50	25j	10m	1000	150j	trr<0.8μs 2素子センタータップ (カソードコモン)	618
RM50CA-24F	三菱		1350	1200	960		50	105c	1000		1.5	50	25j	10m	1200	150j	trr<0.8μs 2素子センタータップ (カソードコモン)	618
RM50D2Z-40	三菱		2100	2000	1600		50	86c	1000		1.35	150	25j	15m	2000	125j	2素子直列	391
RM50DA-6S	三菱		360	300	240		50	93c	1000		1.8	50	25j	20m	300	150j	trr<0.4μs 2素子直列	618
RM50DA-12F	三菱		720	600	480		50	105c	1000		1.5	50	25j	10m	600	150j	trr<0.8μs 2素子直列	618
RM50DA-12S	三菱		720	600	480		50	93c	1000		1.8	50	25j	20m	600	150j	trr<0.4μs 2素子直列	618
RM50DA-16F	三菱		960	800	640		50	105c	1000		1.5	50	25j	10m	800	150j	trr<0.8μs 2素子直列	618
RM50DA-20F	三菱		1100	1000	800		50	105c	1000		1.5	50	25j	10m	1000	150j	trr<0.8μs 2素子直列	618
RM50DA-24F	三菱		1350	1200	960		50	105c	1000		1.5	50	25j	10m	1200	150j	trr<0.8μs 2素子直列	618
RM50TC-2H	三菱		1700	1600			100	102c	1000		1.2	100	25j	10m	1600	150j	3相ブリッジ	389
RM50TC-24	三菱		1350	1200			100	102c	1000		1.2	100	25j	10m	1200	150j	3相ブリッジ	389
RM50TC-H	三菱		960	800			100	102c	1000		1.2	100	25j	10m	800	150j	3相ブリッジ	389
RM50TC-M	三菱		480	400			100	102c	1000		1.2	100	25j	10m	400	150j	3相ブリッジ	389
RM500DZ-2H	三菱		1700	1600	1280		500	90c	10k		1.25	1500	25j	40m	1600		2素子直列	645
RM500DZ-24	三菱		1350	1200	960		500	90c	10k		1.25	1500	25j	40m	1200		2素子直列	645
RM500DZ-H	三菱		960	800	640		500	90c	10k		1.25	1500	25j	40m	800		2素子直列	645
RM500DZ-M	三菱		480	400	320		500	90c	10k		1.25	1500	25j	40m	400		2素子直列	645
RM500UZ-2H	三菱		1700	1600	1280		500	90c	10k		1.25	1500	25j	40m	1600	150j	2素子並列	645
RM500UZ-24	三菱		1350	1200	960		500	90c	10k		1.25	1500	25j	40m	1200	150j	2素子並列	645
RM500UZ-H	三菱		960	800	640		500	90c	10k		1.25	1500	25j	40m	800	150j	2素子並列	645
RM500UZ-M	三菱		480	400	320		500	90c	10k		1.25	1500	25j	40m	400	150j	2素子並列	645
RM60CZ-2H	三菱		1700	1600	1280		60	112c	1200		1.35	180	25j	20m	800	150j	2素子センタータップ (カソードコモン)	391

形　名	社名	最大定格 PRSM (kW)	VRSM (V)	VRRM (V)	VR (V)	VI (V)	IO (A)	T条件 (°C)	IFSM (A)	T条件 (°C)	順方向特性(typは*) VFmax (V)	測定条件 IF(A)	T(°C)	逆方向特性(typは*) IRmax (μA)	測定条件 VR(V)	T(°C)	その他の特性等	外形
RM60CZ-24	三菱		1350	1200	960		60	112c	1200		1.35	180	25j	20m	400	150j	2素子センタータップ (カソードコモン)	391
RM60CZ-H	三菱		960	800	640		60	115c	1200		1.25	180	25j	15m	800	150j	2素子センタータップ (カソードコモン)	696
RM60CZ-M	三菱		480	400	320		60	115c	1200		1.25	180	25j	15m	400	150j	2素子センタータップ (カソードコモン)	696
RM60DZ-2H	三菱		1700	1600	1280		60	112c	1200		1.35	180	25j	20m	1600	150j	2素子直列	391
RM60DZ-24	三菱		1350	1200	960		60	112c	1200		1.35	180	25j	20m	1200	150j	2素子直列	391
RM60DZ-H	三菱		960	800	640		60	115c	1200		1.25	180	25j	15m	800	150j	2素子直列	696
RM60DZ-M	三菱		480	400	320		60	115c	1200		1.25	180	25j	15m	400	150j	2素子直列	696
RM600DG-130S	三菱		6300	6300	4500		600	25c	4800	25j	4.0*	600	25j	10m	6300	25j	trr<1.0μs 2素子複合	362
RM600DY-66S	三菱		3300	3300	2200		600	25c	4800	25j	5	600	25j	4m	3300	25j	trr<1.2μs Qrr=150μC 2素子複合	360
RM600DY-66S	三菱		3300	3300	2200		600	25c	4800	25j	4.5	600	25j	4m	3300	25j	trr<0.75μs 2素子複合	360
RM600HE-90S	三菱		4500	4500	3000		600	25c	4800	25j	4.8*	600	25j	5m	4500	25j	trr<0.9μs 2素子並列	799
RM75TC-2H	三菱		1700	1600			150	99c	1500		1.3	150	25j	15m	1600	150j	3相ブリッジ	390
RM75TC-24	三菱		1350	1200			150	99c	1500		1.3	150	25j	15m	1200	150j	3相ブリッジ	390
RM75TC-H	三菱		960	800			150	99c	1500		1.3	150	25j	15m	800	150j	3相ブリッジ	390
RM75TC-M	三菱		480	400			150	99c	1500		1.3	150	25j	15m	400	150j	3相ブリッジ	390
RM75TPM-2H	三菱		1700	1600			150	99c	1500		1.3	150	25j	15m	1600	150j	3相ブリッジ	695
RM75TPM-24	三菱		1350	1200			150	99c	1500		1.3	150	25j	15m	1200	150j	3相ブリッジ	695
RM75TPM-H	三菱		960	800			150	99c	1500		1.3	150	25j	15m	800	150j	3相ブリッジ	695
RM75TPM-M	三菱		480	400			150	99c	1500		1.3	150	25j	15m	400	150j	3相ブリッジ	695
RM900DB-90S	三菱		4500	4500	3000		900	25c	6400	25j	4.0*	900	25j	8m	4500	25j	trr<0.9μs 2素子複合	747
RM900HC-90S	三菱		4500	4500	3000		900	25c	7200	25j	5.8	900	25j	5m	4500	25j	trr<1.0μs 2素子センタータップ (アノードコモン)	747
RR274EA-400	ローム				400		0.5		8		1.1	0.5		10	400		2素子複合	346C
RSX1001T3	ローム				30	30	10	100c	150		0.45	5		500	30		2素子センタータップ (カソードコモン) SB形	352
S1NAD80	新電元				800		3	102c	110	25j	1.05	0.75	25j	10	800	25j	2素子複合	752
S1NB20	新電元				200		1		30	25j	1.05	0.5	25L	10	200	25L	Ioはプリント基板実装時 ブリッジ接続	737
S1NB60	新電元				600		1		30	25j	1.05	0.5	25L	10	600	25L	Ioはプリント基板実装時 ブリッジ接続	737
S1NB80	新電元				800		1		30	25j	1.05	0.5	25L	10	800	25L	Ioはプリント基板実装時 ブリッジ接続	737
S1NBB80	新電元				800		1		50	25j	1.05	0.5		10	800		Ioはプリント基板実装時 ブリッジ接続	179
S1NBC60	新電元				600		1.5	105L	60	25j	1.05	0.75	25L	10	600	25c	ブリッジ接続	179
S1NBC80	新電元				800		1.5	105L	60	25j	1.05	0.75	25L	10	800	25c	ブリッジ接続	179
*S1RBA10	新電元				100		1	40a	30	25j	1.05	0.5	25L	10	100	25L	ブリッジ接続 1S2371A	661
*S1RBA20	新電元				200		1	40a	30	25j	1.05	0.5	25L	10	200	25L	ブリッジ接続 1S2372A	661
*S1RBA20Z	新電元	4			200		1	40a	30	25j	1.05	0.5	25L	10	200	25L	ブリッジ接続 1S2375A	661
*S1RBA40	新電元				400		1	40a	30	25j	1.05	0.5	25L	10	400	25L	ブリッジ接続 1S2373A	661
*S1RBA40Z	新電元	4			400		1	40a	30	25j	1.05	0.5	25L	10	400	25L	ブリッジ接続 1S2376A	661
*S1RBA60	新電元				600		1	40a	30	25j	1.05	0.5	25L	10	600	25L	ブリッジ接続 1S2374A	661
*S1RBA80	新電元				800		1	40a	30	25j	1.05	0.5	25L	10	800	25L	Ioはプリント基板実装時 ブリッジ接続	661
S1VB20	新電元				200		1		30	25j	1.05	0.5	25L	10	200	25L	Ioはプリント基板実装時 ブリッジ接続	709
S1VB20Z	新電元				200		1		30	25j	1.05	0.5	25L	10	200	25L	Vz>250V ブリッジ接続 アバランシェ形	709
S1VB60	新電元				600		1		30	25j	1.05	0.5	25L	10	600	25L	Ioはプリント基板実装時 ブリッジ接続	709
S1VB60Z	新電元	1			600		1		30	25j	1.05	0.5	25L	10	600	25L	Vz>750V ブリッジ接続 アバランシェ形	709
S1VB80	新電元				800		1		30	25j	1.05	0.5	25L	10	800	25L	Ioはプリント基板実装時 ブリッジ接続	709

形　名	社　名	P_{RSM} (kW)	V_{RSM} (V)	V_{RRM} (V)	V_R (V)	V_I (V)	I_O (A)	T条件 (℃)	I_{FSM} (A)	T条件 (℃)	V_{Fmax} (V)	I_F (A)	T(℃)	I_{Rmax} (μA)	V_R (V)	T(℃)	その他の特性等	外形
S1VBA20	新電元			200			1		50	25j	1.05	0.5	25L	10	200	25L	Ioはﾌﾟﾘﾝﾄ基板実装時 ﾌﾞﾘｯｼﾞ接続	709
S1VBA60	新電元			600			1		50	25j	1.05	0.5	25L	10	600	25L	Ioはﾌﾟﾘﾝﾄ基板実装時 ﾌﾞﾘｯｼﾞ接続	709
*S1WB10	新電元			100			0.6	40a	30	25j	1.05	0.3	25L	10	100	25L	ﾌﾞﾘｯｼﾞ接続	746
*S1WB40	新電元			400			0.6	40a	30	25j	1.05	0.3	25L	10	400	25L	ﾌﾞﾘｯｼﾞ接続	746
*S1WB60	新電元			600			0.6	40a	30	25j	1.05	0.3	25L	10	600	25L	ﾌﾞﾘｯｼﾞ接続	746
S1WB(A)20	新電元			200			1		30	25j	1	0.5	25L	10	200	25L	Ioはﾌﾟﾘﾝﾄ基板実装時 ﾌﾞﾘｯｼﾞ接続	746
S1WB(A)60	新電元			600			1		30	25j	1	0.5	25L	10	600	25L	Ioはﾌﾟﾘﾝﾄ基板実装時 ﾌﾞﾘｯｼﾞ接続	746
S1WB(A)60B	新電元			600			1		50	25j	1	0.5	25L	10	600	25L	Ioはﾌﾟﾘﾝﾄ基板実装時 ﾌﾞﾘｯｼﾞ接続	746
S1WB(A)80	新電元			800			1		30	25j	1	0.5	25L	10	800	25L	Ioはﾌﾟﾘﾝﾄ基板実装時 ﾌﾞﾘｯｼﾞ接続	746
S1WB(A)80Z	新電元			800			1		30	25j	1	0.5	25L	10	800	25L	Vz>1000V ﾌﾞﾘｯｼﾞ接続 ｱﾊﾞﾗﾝｼｪ形	746
S1YA20	新電元			200			0.85		30	25j	1.1	0.85	25L	10	200	25L	2素子複合	620
S1YA60	新電元			600			0.85		30		1.1	0.85		10	600		2素子複合	620
*S1YAK20	新電元			200			0.58		25	25j	1.2	0.58	25L	10	200	25L	trr<300ns 2素子複合	620
*S1YAL20	新電元			200			0.98		30	25j	0.98	0.98	25L	10	200	25L	trr<50ns 2素子複合	620
S1YB20	新電元			200			0.4	40a	30	25j	1.05	0.2	25L	10	200	25L	ﾌﾞﾘｯｼﾞ接続	620
S1YB60	新電元			600			0.4	40a	30	25j	1.05	0.2	25L	10	600	25L	ﾌﾞﾘｯｼﾞ接続	620
S1ZA20	新電元			200			1.1		30	25j	1.1	0.9	25L	10	200	25L	Ioはｱﾙﾐﾅ基板 1回路通電 2素子複合	745
S1ZA60	新電元			600			1.1		30	25j	1.1	0.9	25L	10	600	25L	Ioはｱﾙﾐﾅ基板 1回路通電 2素子複合	745
*S1ZAK20	新電元			200			0.7		25	25j	1.2	0.6	25L	10	200	25L	Ioはｱﾙﾐﾅ基板 1回路通電 2素子複合	745
*S1ZAK40	新電元			400			0.7		25	25j	1.2	0.7	25L	10	400	25L	2素子複合	745
S1ZAL20	新電元			200			1.2		30	25j	0.98	1	25L	10	200	25L	Ioはｱﾙﾐﾅ基板 1回路通電 2素子複合	745
S1ZAS4	新電元	0.16	45	40			1.2	49a	40	125j	0.55	1	25L	1m	40	25L	Ioはｱﾙﾐﾅ基板 1回路通電 2素子複合	745
S1ZB20	新電元			200			0.5		30	25j	1.05	0.4	25L	10	200	25L	Ioはﾌﾟﾘﾝﾄ基板実装時 ﾌﾞﾘｯｼﾞ接続	745
S1ZB60	新電元			600			0.5		30	25j	1.05	0.4	25L	10	600	25L	Ioはﾌﾟﾘﾝﾄ基板実装時 ﾌﾞﾘｯｼﾞ接続	745
S1ZB80	新電元			800			0.5		30	25j	1.05	0.4	25L	10	800	25L	Ioはﾌﾟﾘﾝﾄ基板実装時 ﾌﾞﾘｯｼﾞ接続	745
S10FFD01	オリジン			100			10	50R	150	50j	1.3	10	25j	100	100	25j	trr=0.5~1μs 2素子直列	547C
S10FFD02	オリジン			200			10	50R	150	50j	1.3	10	25j	100	200	25j	trr=0.5~1μs 2素子直列	547C
S10FFD04	オリジン			400			10	50R	150	50j	1.3	10	25j	100	400	25j	trr=0.5~1μs 2素子直列	547C
S10FFD06	オリジン			600			10	50R	150	50j	1.3	10	25j	100	600	25j	trr=0.5~1μs 2素子直列	547C
S10FFD08	オリジン			800			10	50R	150	50j	1.3	10	25j	100	800	25j	trr=0.5~1μs 2素子直列	547C
S10FFD10	オリジン			1000			10	50R	150	50j	1.3	10	25j	100	1000	25j	trr=0.5~1μs 2素子直列	547C
S10FFD12	オリジン			1200			10	50R	150	50j	1.3	10	25j	100	1200	25j	trr=0.5~1μs 2素子直列	547C
S10FHD01	オリジン			100			10	50R	150	50j	1.3	10	25j	100	100	25j	trr=0.2~0.5μs 2素子直列	547C
S10FHD02	オリジン			200			10	50R	150	50j	1.3	10	25j	100	200	25j	trr=0.2~0.5μs 2素子直列	547C
S10FHD04	オリジン			400			10	50R	150	50j	1.3	10	25j	100	400	25j	trr=0.2~0.5μs 2素子直列	547C
S10FHD06	オリジン			600			10	50R	150	50j	1.3	10	25j	100	600	25j	trr=0.2~0.5μs 2素子直列	547C
S10FHD08	オリジン			800			10	50R	150	50j	1.3	10	25j	100	800	25j	trr=0.2~0.5μs 2素子直列	547C
S10FND01	オリジン			100			10	50R	200	50j	1.2	10	25j	50	100	25j	2素子直列	547C
S10FND02	オリジン			200			10	50R	200	50j	1.2	10	25j	50	200	25j	2素子直列	547C
S10FND04	オリジン			400			10	50R	200	50j	1.2	10	25j	50	400	25j	2素子直列	547C
S10FND06	オリジン			600			10	50R	200	50j	1.2	10	25j	50	600	25j	2素子直列	547C
S10FND08	オリジン			800			10	50R	200	50j	1.2	10	25j	50	800	25j	2素子直列	547C

形　名	社　名	最大定格 P_RSM (kW)	V_RSM (V)	V_RRM (V)	V_R (V)	V_I (V)	I_0 (A)	T条件 (℃)	順方向特性 I_FSM (A)	T条件 (℃)	V_Fmax (V)	測定条件 I_F (A)	T(℃)	逆方向特性 I_Rmax (μA)	測定条件 V_R (V)	T(℃)	その他の特性等	外形
S10FND10	オリジン			1000			10	50R	200	50j	1.2	10	25j	50	1000	25j	2素子直列	547C
S10FND12	オリジン			1200			10	50R	200	50j	1.2	10	25j	50	1200	25j	2素子直列	547C
S10FUD01	オリジン			100			10	50R	150	50j	1.4	10	25j	100	100	25j	trr<0.2μs 2素子直列	547C
S10FUD02	オリジン			200			10	50R	150	50j	1.4	10	25j	100	200	25j	trr<0.2μs 2素子直列	547C
S10FUD04	オリジン			400			10	50R	150	50j	1.4	10	25j	100	400	25j	trr<0.2μs 2素子直列	547C
S10SC4M	新電元	0.33	45	40			10	125c	100	125j	0.55	5	25c	3.5m	40	25c	Cj=180pF 2素子センタータップ (カソードコモン) SB	273A
S10SC4MR	新電元		45	40			10	125c	100	125j	0.55	5	25c	3.5m	40	25c	trr<110ns 2素子 (アノードコモン) SB形	273B
S10VB20	新電元			200			10	40a	200	25j	1.05	5	25L	10	200	25L	Ioはラジエータ付き ブリッジ接続	640B
S10VB60	新電元			600			10	40a	200	25j	1.05	5	25L	10	600	25L	Ioはラジエータ付き ブリッジ接続	640B
S10VT60	新電元			600			10	137c	170	25j	1.05	3.5	25c	10	600	25c	Ioはラジエータ付き 3相ブリッジ	651
S10VT80	新電元			800			10	137c	150	25j	1.05	3.5	25c	10	800	25c	Ioはラジエータ付き 3相ブリッジ	651
S10VTA60	新電元			600			10	137c	170	25j	1.05	3.5	25c	10	600	25c	Ioはラジエータ付き 3相ブリッジ	652
S10VTA80	新電元			800			10	137c	150	25j	1.05	3.5	25c	10	800	25c	Ioはラジエータ付き 3相ブリッジ	652
S10WB20	新電元			200			10	74c	170	25j	1.05	5	25C	10	200	25C	Ioはラジエータ付き ブリッジ接続	641A
S10WB60	新電元			600			10	74c	170	25j	1.05	5	25C	10	600	25C	Ioはラジエータ付き ブリッジ接続	641A
S100MND8	オリジン			800			100		2000		1.2	100		90	800		2素子直列	513
S100MND16	オリジン			1600			100		2000		1.2	100		100	1600		2素子直列	513
S100MQD12	オリジン			1200			100		1000		2.2	100		600	1200		trr<130ns 2素子直列	513
S100MUD16	オリジン			1600			100		1000		3	100		2m	1600		2素子直列	513
* S12KC20	新電元		250	200			12	131c	120	25j	1.2	6	25c	10	200	25c	trr<300ns 2素子センタータップ (カソードコモン)	472
* S12KC20H	新電元		250	200			12	131c	120	25j	1.2	6	25c	10	200	25c	trr<100ns 2素子センタータップ (カソードコモン)	472
* S12KC40	新電元		450	400			12	132c	120	25j	1.2	6	25c	10	400	25c	trr<300ns 2素子センタータップ (カソードコモン)	472
S120MQA4	オリジン			400			120		800		1.35	60		100	400		trr<100ns 2素子センタータップ (アノードコモン)	742
S120MQD6	オリジン			600			120		1200		1.4	120		600	600		trr<130ns 2素子直列	513
S120MQD12	オリジン			1200			120		1200		2.1	120		800	1200		trr<140ns 2素子直列	513
S120MQK4	オリジン			400			120		800		1.35	60		100	400		trr<100ns 2素子センタータップ (カソードコモン)	742
S15SC4M	新電元	0.33	45	40			15	135c	170	125j	0.55	7.5	25c	5m	40	25c	Cj=340pF 2素子センタータップ (カソードコモン) SB	472
S15SCA4M	新電元	0.33	45	40			15	129c	150	125j	0.55	7.5	25c	5m	40	25c	Cj=340pF 2素子センタータップ (カソードコモン) SB	273A
S15VB20	新電元			200			15	83c	200	25j	1.05	7.5	25c	10	200	25c	Ioはラジエータ付き ブリッジ接続	716A
S15VB60	新電元			600			15	83c	200	25j	1.05	7.5	25c	10	600	25c	Ioはラジエータ付き ブリッジ接続	716A
S15VD40	新電元			400			18	94c	400	25j	1.05	15	25c	10	400	25c	Ioはラジエータ付き 2素子直列	606
S15VD60	新電元			600			15	94c	400	25j	1.05	15	25c	10	600	25c	Ioはラジエータ付き 2素子直列	606
S15VT60	新電元			600			15	132c	200	25j	1.05	5	25c	10	600	25c	Ioはラジエータ付き 3相ブリッジ	651
S15VT80	新電元			800			15	132c	200	25j	1.05	5	25c	10	800	25c	Ioはラジエータ付き 3相ブリッジ	651
S15VTA60	新電元			600			15	132c	200	25j	1.05	5	25c	10	600	25c	Ioはラジエータ付き 3相ブリッジ	652
S15VTA80	新電元			800			15	132c	200	25j	1.05	5	25c	10	800	25c	Ioはラジエータ付き 3相ブリッジ	652
S15WB20	新電元			200			15	77c	200	25j	1.05	7.5	25C	10	200	25C	Ioはラジエータ付き ブリッジ接続	641B
S15WB60	新電元			600			15	77c	200	25j	1.05	7.5	25C	10	600	25C	Ioはラジエータ付き ブリッジ接続	641B
S150MND8	オリジン			800			150		3000		1.2	150		120	800		2素子直列	513
S150MND16	オリジン			1600			150		3000		1.2	150		150	1600		2素子直列	513
S150MQD6	オリジン		600	600			150	96c	1500	25j	1.4	150	25j	800	600	25j	trr<140ns 2素子直列接続	513
S150MUA4	オリジン			400			150		1000		1.3	75		1m	400		trr<200ns 2素子センタータップ (アノードコモン)	760

形　名	社　名	最大定格 PRSM (kW)	VRSM (V)	VRRM (V)	VR (V)	VI (V)	Io (A)	T条件 (℃)	IFSM (A)	T条件 (℃)	順方向特性 (typは*) VFmax (V)	測定条件 IF(A)	T(℃)	逆方向特性 (typは*) IRmax (μA)	測定条件 VR(V)	T(℃)	その他の特性等	外形
S150MUK4	オリジン			400			150		1000		1.3	75		1m	400		trr<200ns 2素子センタータップ (カソードコモン)	760
S160MND12	オリジン			1200			160		3200		1.1	160		500	1200		2素子直列	513
S2VB20	新電元			200			2	40a	40	25j	1.05	1	25L	10	200	25L	ブリッジ接続	639B
S2VB60	新電元			600			2	40a	40	25j	1.05	1	25L	10	600	25L	ブリッジ接続	639B
S20FFA01	オリジン			100			20	50R	150	50j	1.3	10	25j	100	100	25j	trr=0.5～1μs 2素子 (アノードコモン)	547B
S20FFA02	オリジン			200			20	50R	150	50j	1.3	10	25j	100	200	25j	trr=0.5～1μs 2素子 (アノードコモン)	547B
S20FFA04	オリジン			400			20	50R	150	50j	1.3	10	25j	100	400	25j	trr=0.5～1μs 2素子 (アノードコモン)	547B
S20FFA06	オリジン			600			20	50R	150	50j	1.3	10	25j	100	600	25j	trr=0.5～1μs 2素子 (アノードコモン)	547B
S20FFA08	オリジン			800			20	50R	150	50j	1.3	10	25j	100	800	25j	trr=0.5～1μs 2素子 (アノードコモン)	547B
S20FFA10	オリジン			1000			20	50R	3200	50j	1.3	10	25j	100	1000	25j	trr=0.5～1μs 2素子 (アノードコモン)	547B
S20FFA12	オリジン			1200			20	50R	150	50j	1.3	10	25j	100	1200	25j	trr=0.5～1μs 2素子 (アノードコモン)	547B
S20FFD01	オリジン			100			20	50R	450	50j	1.3	20	25j	200	100	25j	trr=0.5～1μs 2素子直列	548C
S20FFD02	オリジン			200			20	50R	450	50j	1.3	20	25j	200	200	25j	trr=0.5～1μs 2素子直列	548C
S20FFD04	オリジン			400			20	50R	450	50j	1.3	20	25j	200	400	25j	trr=0.5～1μs 2素子直列	548C
S20FFD06	オリジン			600			20	50R	450	50j	1.3	20	25j	200	600	25j	trr=0.5～1μs 2素子直列	548C
S20FFD08	オリジン			800			20	50R	450	50j	1.3	20	25j	200	800	25j	trr=0.5～1μs 2素子直列	548C
S20FFD10	オリジン			1000			20	50R	450	50j	1.3	20	25j	200	1000	25j	trr=0.5～1μs 2素子直列	548C
S20FFD12	オリジン			1200			20	50R	450	50j	1.3	20	25j	200	1200	25j	trr=0.5～1μs 2素子直列	548C
S20FFK01	オリジン			100			20	50R	150	50j	1.3	10	25j	100	100	25j	trr=0.5～1μs 2素子 (カソードコモン)	547A
S20FFK02	オリジン			200			20	50R	150	50j	1.3	10	25j	100	200	25j	trr=0.5～1μs 2素子 (カソードコモン)	547A
S20FFK04	オリジン			400			20	50R	150	50j	1.3	10	25j	100	400	25j	trr=0.5～1μs 2素子 (カソードコモン)	547A
S20FFK06	オリジン			600			20	50R	150	50j	1.3	10	25j	100	600	25j	trr=0.5～1μs 2素子 (カソードコモン)	547A
S20FFK08	オリジン			800			20	50R	150	50j	1.3	10	25j	100	800	25j	trr=0.5～1μs 2素子 (カソードコモン)	547A
S20FFK10	オリジン			1000			20	50R	150	50j	1.3	10	25j	100	1000	25j	trr=0.5～1μs 2素子 (カソードコモン)	547A
S20FFK12	オリジン			1200			20	50R	150	50j	1.3	10	25j	100	1200	25j	trr=0.5～1μs 2素子 (カソードコモン)	547A
S20FHA01	オリジン			100			20	50R	150	50j	1.3	10	25j	100	100	25j	trr=0.2～0.5μs 2素子 (アノードコモン)	547B
S20FHA02	オリジン			200			20	50R	150	50j	1.3	10	25j	100	200	25j	trr=0.2～0.5μs 2素子 (アノードコモン)	547B
S20FHA04	オリジン			400			20	50R	150	50j	1.3	10	25j	100	400	25j	trr=0.2～0.5μs 2素子 (アノードコモン)	547B
S20FHA06	オリジン			600			20	50R	150	50j	1.3	10	25j	100	600	25j	trr=0.2～0.5μs 2素子 (アノードコモン)	547B
S20FHA08	オリジン			800			20	50R	150	50j	1.3	10	25j	100	800	25j	trr=0.2～0.5μs 2素子 (カソードコモン)	547B
S20FHD01	オリジン			100			20	50R	450	50j	1.3	20	25j	200	100	25j	trr=0.2～0.5μs 2素子直列	548C
S20FHD02	オリジン			200			20	50R	450	50j	1.3	20	25j	200	200	25j	trr=0.2～0.5μs 2素子直列	548C
S20FHD04	オリジン			400			20	50R	450	50j	1.3	20	25j	200	400	25j	trr=0.2～0.5μs 2素子直列	548C
S20FHD06	オリジン			600			20	50R	450	50j	1.3	20	25j	200	600	25j	trr=0.2～0.5μs 2素子直列	548C
S20FHD08	オリジン			800			20	50R	450	50j	1.3	20	25j	200	800	25j	trr=0.2～0.5μs 2素子直列	548C
S20FHK01	オリジン			100			20	50R	150	50j	1.3	10	25j	100	100	25j	trr=0.2～0.5μs 2素子 (カソードコモン)	547A
S20FHK02	オリジン			200			20	50R	150	50j	1.3	10	25j	100	200	25j	trr=0.2～0.5μs 2素子 (カソードコモン)	547A
S20FHK04	オリジン			400			20	50R	150	50j	1.3	10	25j	100	400	25j	trr=0.2～0.5μs 2素子 (カソードコモン)	547A
S20FHK06	オリジン			600			20	50R	150	50j	1.3	10	25j	100	600	25j	trr=0.2～0.5μs 2素子 (カソードコモン)	547A
S20FHK08	オリジン			800			20	50R	150	50j	1.3	10	25j	100	800	25j	trr=0.2～0.5μs 2素子 (カソードコモン)	547A
S20FNA01	オリジン			100			20	50R	200	50j	1.2	10	25j	50	100	25j	2素子センタータップ (アノードコモン)	547B
S20FNA02	オリジン			200			20	50R	200	50j	1.2	10	25j	50	200	25j	2素子センタータップ (アノードコモン)	547B

形 名	社 名	P_{RSM} (kW)	V_{RSM} (V)	V_{RRM} (V)	V_R (V)	V_I (V)	I_O (A)	T条件 (°C)	I_{FSM} (A)	T条件 (°C)	V_{Fmax} (V)	I_F(A)	T(°C)	I_{Rmax} (μA)	V_R(V)	T(°C)	その他の特性等	外形
S20FNA04	オリジン			400			20	50R	200	50j	1.2	10	25j	50	400	25j	2素子センタータップ（アノードコモン）	547B
S20FNA06	オリジン			600			20	50R	200	50j	1.2	10	25j	50	600	25j	2素子センタータップ（アノードコモン）	547B
S20FNA08	オリジン			800			20	50R	200	50j	1.2	10	25j	50	800	25j	2素子センタータップ（アノードコモン）	547B
S20FNA10	オリジン			1000			20	50R	200	50j	1.2	10	25j	50	1000	25j	2素子センタータップ（アノードコモン）	547B
S20FNA12	オリジン			1200			20	50R	200	50j	1.2	10	25j	50	1200	25j	2素子センタータップ（アノードコモン）	547B
S20FND01	オリジン			100			10	50R	600	50j	1.2	20	25j	50	100	25j	2素子直列	548C
S20FND02	オリジン			200			20	50R	600	50j	1.2	20	25j	50	200	25j	2素子直列	548C
S20FND04	オリジン			400			20	50R	600	50j	1.2	20	25j	50	400	25j	2素子直列	548C
S20FND06	オリジン			600			20	50R	600	50j	1.2	20	25j	50	600	25j	2素子直列	548C
S20FND08	オリジン			800			20	50R	600	50j	1.2	20	25j	50	800	25j	2素子直列	548C
S20FND10	オリジン			1000			20	50R	600	50j	1.2	20	25j	50	1000	25j	2素子直列	548C
S20FND12	オリジン			1200			20	50R	600	50j	1.2	20	25j	50	1200	25j	2素子直列	548C
S20FNK01	オリジン			100			20	50R	200	50j	1.2	10	25j	50	100	25j	2素子センタータップ（カソードコモン）	547A
S20FNK02	オリジン			200			20	50R	200	50j	1.2	10	25j	50	200	25j	2素子センタータップ（カソードコモン）	547A
S20FNK04	オリジン			400			20	50R	200	50j	1.2	10	25j	50	400	25j	2素子センタータップ（カソードコモン）	547A
S20FNK06	オリジン			600			20	50R	200	50j	1.2	10	25j	50	600	25j	2素子センタータップ（カソードコモン）	547A
S20FNK08	オリジン			800			20	50R	200	50j	1.2	10	25j	50	800	25j	2素子センタータップ（カソードコモン）	547A
S20FNK10	オリジン			1000			20	50R	200	50j	1.2	10	25j	50	1000	25j	2素子センタータップ（カソードコモン）	547A
S20FNK12	オリジン			1200			20	50R	200	50j	1.2	10	25j	50	1200	25j	2素子センタータップ（カソードコモン）	547A
S20FUA01	オリジン			100			20	50R	150	50j	1.4	10	25j	100	100	25j	trr<0.2μs 2素子センタータップ（アノードコモン）	547B
S20FUA02	オリジン			200			20	50R	150	50j	1.4	10	25j	100	200	25j	trr<0.2μs 2素子センタータップ（アノードコモン）	547B
S20FUA04	オリジン			400			20	50R	150	50j	1.4	10	25j	100	400	25j	trr<0.2μs 2素子センタータップ（アノードコモン）	547B
S20FUD01	オリジン			100			20	50R	450	50j	1.4	20	25j	200	100	25j	trr<0.2μs 2素子直列	548C
S20FUD02	オリジン			200			20	50R	450	50j	1.4	20	25j	200	200	25j	trr<0.2μs 2素子直列	548C
S20FUD04	オリジン			400			20	50R	450	50j	1.4	20	25j	200	400	25j	trr<0.2μs 2素子直列	548C
S20FUK01	オリジン			100			20	50R	150	50j	1.4	10	25j	100	100	25j	trr<0.2μs 2素子センタータップ（カソードコモン）	547A
S20FUK02	オリジン			200			20	50R	150	50j	1.4	10	25j	100	200	25j	trr<0.2μs 2素子センタータップ（カソードコモン）	547A
S20FUK04	オリジン			400			20	50R	150	50j	1.4	10	25j	100	400	25j	trr<0.2μs 2素子センタータップ（カソードコモン）	547A
S20LC20U	新電元			200			20	123c	140	25j	0.98	10	25c	10	200	25c	trr<35ns 2素子センタータップ（カソードコモン）	472
S20LC40	新電元			400			20	116c	120	25j	1.3	10	25c	10	400	25c	trr<50ns 2素子センタータップ（カソードコモン）	472
S20LC20UST	新電元			200			20	126c	120	25j	0.96	10	25c	10	200	25c	Cj=80pF 2素子センタータップ（カソードコモン）	790B
S20LC30T	新電元			300			20	124c	220	25j	1.3	10	25c	25	300	25c	Cj=90pF 2素子センタータップ（カソードコモン）	790B
S20LC40UT	新電元			400			20	123c	130	25j	1.25	10	25c	10	400	25c	Cj=65pF 2素子センタータップ（カソードコモン）	790B
S20LC60UST	新電元			600			15	94c	60	25j	3.6	10	25c	50	600	25c	Cj=24pF 2素子センタータップ（カソードコモン）	790B
S20LC60USV	新電元			600			20	65c	60	25j	3.6	10	25c	50	600	25c	Cj=24pF 2素子センタータップ（カソードコモン）	616
* S20LCA20	新電元			200			20	123c	120	25j	0.98	10	25c	10	200	25c	trr<50ns 2素子センタータップ（カソードコモン）	472
S20SC4M	新電元	0.66	45	40			20	125c	170	125j	0.59	7.5	25c	5m	40	25c	Cj=340pF 2素子センタータップ（カソードコモン）SB	472
S20SC9M	新電元	0.66	100	90			20	125c	200	25j	0.75	10	25c	10m	90	25c	Cj=370pF 2素子センタータップ（カソードコモン）SB	472
S20SC9MT	新電元			100	90		20	136c	200	25j	0.75	10	25c	1m	90	25c	2素子センタータップ（カソードコモン）SB形	790B
S20VT60	新電元			600			20	128c	300	25j	1.05	7	25c	10	600	25c	Ioはラジエータ付き 3相ブリッジ	651
S20VT80	新電元			800			20	128c	300	25j	1.05	7	25c	10	800	25c	Ioはラジエータ付き 3相ブリッジ	651
S20VTA60	新電元			600			20	128c	300	25j	1.05	7	25c	10	600	25c	Ioはラジエータ付き 3相ブリッジ	652

形　名	社　名	P_{RSM} (kW)	V_{RSM} (V)	V_{RRM} (V)	V_R (V)	VI (V)	I_O (A)	T条件 (℃)	I_{FSM} (A)	T条件 (℃)	$V_F$max (V)	I_F(A)	T(℃)	$I_R$max (μA)	V_R(V)	T(℃)	その他の特性等	外形
S20VTA80	新電元			800			20	128c	300	25j	1.05	7	25c	10	800	25c	Ioはラジエータ付き 3相ブリッジ	652
S20WB20	新電元			200			20	76c	500	25j	1.05	10	25c	10	200	25c	Ioはラジエータ付き ブリッジ接続	641C
S20WB60	新電元			600			20	76c	500	25j	1.05	10	25c	10	600	25c	Ioはラジエータ付き ブリッジ接続	641C
S20WB80	新電元			800			20	76c	500	25j	1.05	10	25c	10	800	25c	ブリッジ接続	641C
S200MND8	オリジン			800			200		4000		1.2	200		150	800		2素子直列	513
S200MND16	オリジン			1600			200		4000		1.2	200		180	1600		2素子直列	514
S200MND18	オリジン			1800			200		4000		1.3	200		200	1800		2素子直列	513
S200MQD2	オリジン			200			200		2000		1	200		500	200		trr<120ns 2素子直列	513
S200MQD12	オリジン			1200			200		2000		2	200		1.6m	1200		trr<170ns 2素子直列	514
S200MQK2	オリジン			200			200		1000		1	100		200	200		trr<120ns 2素子センタータップ（カソードコモン）	513
S200MQK6	オリジン			600			200		1000		1.4	100		600	600		trr<130ns 2素子センタータップ（カソードコモン）	513
S200MQK12	オリジン			1200			200		1000		2	100		800	1200		trr<140ns 2素子センタータップ（カソードコモン）	513
S201MN2B-02	オリジン			200			20	40R	450	40a	1.1	20	25j	10	200		Ioは260□×3フィン付き ブリッジ接続	640H
S201MN2B-04	オリジン			400			20	40R	450	40a	1.1	20	25j	10	400		Ioは260□×3フィン付き ブリッジ接続	640H
S201MN2B-06	オリジン			600			20	40R	450	40a	1.1	20	25j	10	600		Ioは260□×3フィン付き ブリッジ接続	640H
S201MN2B-08	オリジン			800			20	40R	450	40a	1.1	20	25j	10	800		Ioは260□×3フィン付き ブリッジ接続	640H
S201MN2B-10	オリジン			1000			20	40R	450	40a	1.1	20	25j	10	1000		Ioは260□×3フィン付き ブリッジ接続	640H
*S24LCA20	新電元			200			24	120c	120	25j	0.98	12	25c	10	200	25c	trr<50ns 2素子センタータップ（カソードコモン）	472
S25SC6M	新電元	0.66	65	60			25	128c	300	125j	0.58	12.5	25c	10m	60	25c	Cj=490pF 2素子センタータップ（カソードコモン）SB	472
S25SC6MR	新電元		65	60			25	85c	300	125j	0.58	12.5	25c	10m	60	25c	2素子センタータップ（アノードコモン）SB形	593
S25VB20	新電元			200			25	85c	400	25j	1.05	12.5	25c	10	200	25c	Ioはラジエータ付き ブリッジ接続	716D
S25VB60	新電元			600			25	85c	400	25j	1.05	12.5	25c	10	600	25c	Ioはラジエータ付き ブリッジ接続	716D
S25VB80	新電元			800			25	85c	400	25j	1.05	12.5	25c	10	800	25c	ブリッジ接続	716D
S3VC20	新電元			200			2.5	40a	120	25j	1.05	1.25	25L	10	200	25L	2素子センタータップ（カソードコモン）1SR-18-200	656
S3VC20R	新電元			200			2.5	40a	120	25j	1.05	1.25	25L	10	200	25L	2素子センタータップ（アノードコモン）1SR-18R-200	656
S3VC40	新電元			400			2.5	40a	120	25j	1.05	1.25	25L	10	400	25L	2素子センタータップ（カソードコモン）1SR18-400	656
S3VC40R	新電元			400			2.5	40a	120	25j	1.05	1.25	25L	10	400	25L	2素子センタータップ（アノードコモン）1SR18R-400	656
S3WB20	新電元			200			2.3	40R	120	25j	1.05	2	25L	10	200	25L	Ioは5mmφ半田ランド ブリッジ接続	127
S3WB60	新電元			600			2.3	40R	120	25j	1.05	2	25L	10	600	25L	Ioは5mmφ半田ランド ブリッジ接続	127
S3WB60Z	新電元	4		600			2.3	40R	120	25j	1.05	2	25L	10	600	25L	Vz>1000V ブリッジ接続 アバランシェ形	127
*S30SC4	新電元		45	40			30	100c	300	125c	0.55	15	25j	15m	40		2素子センタータップ（カソードコモン）	363A
*S30SC4F	新電元		45	40			30	100c	300	125c	0.55	15	25j	15m	40		2素子センタータップ（カソードコモン）	364
S30SC4M	新電元	1	45	40			30	126c	300	125j	0.55	15	25c	10m	40	25c	Cj=590pF 2素子センタータップ（カソードコモン）SB	472
S30SC4MT	新電元		45	40			30	132c	300	25j	0.55	15	25c	1.5m	40	25c	2素子センタータップ（カソードコモン）SB形	790B
S30SC6MT	新電元		65	60			30	129c	300	25j	0.61	15	25c	1.2m	60	25c	2素子センタータップ（カソードコモン）SB形	790B
S30TC15T	新電元			150			30	128c	300	25j	0.88	15	25c	40	150	25c	2素子センタータップ（カソードコモン）SB形	790B
S30VT60	新電元			600			30	121c	400	25j	1.05	10	25c	10	600	25c	Ioはラジエータ付き 3相ブリッジ	651
S30VT80	新電元			800			30	121c	400	25j	1.05	10	25c	10	800	25c	Ioはラジエータ付き 3相ブリッジ	651
S30VTA60	新電元			600			30	121c	400	25j	1.05	10	25c	10	600	25c	Ioはラジエータ付き 3相ブリッジ	652
S30VTA80	新電元			800			30	121c	400	25j	1.05	10	25c	10	800	25c	Ioはラジエータ付き 3相ブリッジ	652
S30VTA160	新電元			1600			30	116c	350	25j	1.05	10	25j	100	1600	25j	3相ブリッジ	459
S300MND8	オリジン			800			300		6000		1.2	300		250	800		2素子直列	514

形　名	社　名	PRSM (kW)	VRSM (V)	VRRM (V)	VR (V)	VI (V)	I0 (A)	T条件 (℃)	IFSM (A)	T条件 (℃)	VFmax (V)	IF (A)	T (℃)	IRmax (μA)	VR (V)	T (℃)	その他の特性等	外形
S300MND16	オリジン			1600			300		3000		1.1	300		600	1600		2素子直列	514
S300MND18	オリジン			1800			300		6000		1.3	300		300	1800		2素子直列	514
S300MQK2	オリジン			200			300		1500		1	150		300	200		trr<130ns 2素子センタータップ (カソードコモン)	513
S300MQK6	オリジン			600			300		1500		1.4	150		800	600		trr<140ns 2素子センタータップ (カソードコモン)	513
S300MQK12	オリジン			1200			300		1500		2	150		1.2m	1200		trr<160ns 2素子センタータップ (カソードコモン)	514
S4VB20	新電元			200			4	40a	80	25j	1.05	2	25L	10	200	25L	ブリッジ接続	639D
S4VB60	新電元			600			4	40a	80	25j	1.05	2	25L	10	600	25L	ブリッジ接続	639D
S40FFA01	オリジン			100			40	50R	450	50j	1.3	20	25j	200	100	25j	trr=0.5〜1μs 2素子 (アノードコモン)	548B
S40FFA02	オリジン			200			40	50R	450	50j	1.3	20	25j	200	200	25j	trr=0.5〜1μs 2素子 (アノードコモン)	548B
S40FFA04	オリジン			400			40	50R	450	50j	1.3	20	25j	200	400	25j	trr=0.5〜1μs 2素子 (アノードコモン)	548B
S40FFA06	オリジン			600			40	50R	450	50j	1.3	20	25j	200	600	25j	trr=0.5〜1μs 2素子 (アノードコモン)	548B
S40FFA08	オリジン			800			40	50R	450	50j	1.3	20	25j	200	800	25j	trr=0.5〜1μs 2素子 (カソードコモン)	548B
S40FFA12	オリジン			1200			40	50R	450	50j	1.3	20	25j	200	1200	25j	trr=0.5〜1μs 2素子 (カソードコモン)	548B
S40FFK01	オリジン			100			40	50R	450	50j	1.3	20	25j	200	100	25j	trr=0.5〜1μs 2素子 (カソードコモン)	548A
S40FFK02	オリジン			200			40	50R	450	50j	1.3	20	25j	200	200	25j	trr=0.5〜1μs 2素子 (カソードコモン)	548A
S40FFK04	オリジン			400			40	50R	450	50j	1.3	20	25j	200	400	25j	trr=0.5〜1μs 2素子 (カソードコモン)	548A
S40FFK06	オリジン			600			40	50R	450	50j	1.3	20	25j	200	600	25j	trr=0.5〜1μs 2素子 (カソードコモン)	548A
S40FFK08	オリジン			800			40	50R	450	50j	1.3	20	25j	200	800	25j	trr=0.5〜1μs 2素子 (カソードコモン)	548A
S40FFK10	オリジン			1000			40	50R	450	50j	1.3	20	25j	200	1000	25j	trr=0.5〜1μs 2素子 (カソードコモン)	548A
S40FFK12	オリジン			1200			40	50R	450	50j	1.3	20	25j	200	1200	25j	trr=0.5〜1μs 2素子 (カソードコモン)	548A
S40FHA01	オリジン			100			40	50R	450	50j	1.3	20	25j	200	100	25j	trr=0.2〜0.5μs 2素子 (アノードコモン)	548B
S40FHA02	オリジン			200			40	50R	450	50j	1.3	20	25j	200	200	25j	trr=0.2〜0.5μs 2素子 (アノードコモン)	548B
S40FHA04	オリジン			400			40	50R	450	50j	1.3	20	25j	200	400	25j	trr=0.2〜0.5μs 2素子 (アノードコモン)	548B
S40FHA06	オリジン			600			40	50R	450	50j	1.3	20	25j	200	600	25j	trr=0.2〜0.5μs 2素子 (アノードコモン)	548B
S40FHA08	オリジン			800			40	50R	450	50j	1.3	20	25j	200	800	25j	trr=0.2〜0.5μs 2素子 (アノードコモン)	548B
S40FHK01	オリジン			100			40	50R	450	50j	1.3	20	25j	200	100	25j	trr=0.2〜0.5μs 2素子 (カソードコモン)	548A
S40FHK02	オリジン			200			40	50R	450	50j	1.3	20	25j	200	200	25j	trr=0.2〜0.5μs 2素子 (カソードコモン)	548A
S40FHK04	オリジン			400			40	50R	450	50j	1.3	20	25j	200	400	25j	trr=0.2〜0.5μs 2素子 (カソードコモン)	548A
S40FHK06	オリジン			600			40	50R	450	50j	1.3	20	25j	200	600	25j	trr=0.2〜0.5μs 2素子 (カソードコモン)	548A
S40FHK08	オリジン			800			40	50R	450	50j	1.3	20	25j	200	800	25j	trr=0.2〜0.5μs 2素子 (カソードコモン)	548A
S40FNA01	オリジン			100			40	50R	600	50j	1.2	20	25j	50	100		2素子センタータップ (アノードコモン)	548B
S40FNA02	オリジン			200			40	50R	600	50j	1.2	20	25j	50	200	25j	2素子センタータップ (アノードコモン)	548B
S40FNA04	オリジン			400			40	50R	600	50j	1.2	20	25j	50	400	25j	2素子センタータップ (アノードコモン)	548B
S40FNA06	オリジン			600			40	50R	600	50j	1.2	20	25j	50	600	25j	2素子センタータップ (アノードコモン)	548B
S40FNA08	オリジン			800			40	50R	600	50j	1.2	20	25j	50	800	25j	2素子センタータップ (アノードコモン)	548B
S40FNA10	オリジン			1000			40	50R	600	50j	1.2	20	25j	50	1000	25j	2素子センタータップ (アノードコモン)	548B
S40FNA12	オリジン			1200			40	50R	600	50j	1.2	20	25j	50	1200	25j	2素子センタータップ (アノードコモン)	548B
S40FNK01	オリジン			100			40	50R	600	50j	1.2	20	25j	50	100		2素子センタータップ (カソードコモン)	548A
S40FNK02	オリジン			200			40	50R	600	50j	1.2	20	25j	50	200	25j	2素子センタータップ (カソードコモン)	548A
S40FNK04	オリジン			400			40	50R	600	50j	1.2	20	25j	50	400	25j	2素子センタータップ (カソードコモン)	548A
S40FNK06	オリジン			600			40	50R	600	50j	1.2	20	25j	50	600	25j	2素子センタータップ (カソードコモン)	548A
S40FNK08	オリジン			800			40	50R	600	50j	1.2	20	25j	50	800	25j	2素子センタータップ (カソードコモン)	548A

形 名	社 名	最大定格 P_RSM (kW)	V_RSM (V)	V_RRM (V)	VR (V)	VI (V)	Io (A)	T条件 (°C)	I_FSM (A)	T条件 (°C)	順方向特性(typは*) V_Fmax	測定条件 IF(A)	T(°C)	逆方向特性(typは*) I_Rmax (μA)	測定条件 VR(V)	T(°C)	その他の特性等	外形
S40FNK10	オリジン			1000			40	50R	600	50j	1.2	20	25j	50	1000	25j	2素子センタータップ (カソードコモン)	548A
S40FNK12	オリジン			1200			40	50R	600	50j	1.2	20	25j	50	1200	25j	2素子センタータップ (カソードコモン)	548A
S40FUA01	オリジン			100			40	50R	450	50j	1.4	20	25j	200	100	25j	2素子センタータップ (アノードコモン)	548B
S40FUA02	オリジン			200			40	50R	450	50j	1.4	20	25j	200	200	25j	trr<0.2μs 2素子センタータップ (アノードコモン)	548B
S40FUA04	オリジン			400			40	50R	450	50j	1.4	20	25j	200	400	25j	trr<0.2μs 2素子センタータップ (アノードコモン)	548B
S40FUK01	オリジン			100			40	50R	450	50j	1.4	20	25j	200	100	25j	2素子センタータップ (カソードコモン)	548A
S40FUK02	オリジン			200			40	50R	450	50j	1.4	20	25j	200	200	25j	trr<0.2μs 2素子センタータップ (カソードコモン)	548A
S40FUK04	オリジン			400			40	50R	450	50j	1.4	20	25j	200	400	25j	trr<0.2μs 2素子センタータップ (カソードコモン)	548A
S40HC1R5	新電元			15			40	103c	350	25j	0.41	20	25c	10m	15	25c	Cj=960pF 2素子センタータップ (カソードコモン) SB	472
S40HC3	新電元			30			40	105c	400	25j	0.4	20	25c	15m	30	25c	Cj=800pF 2素子センタータップ (カソードコモン) SB	472
S40HC1R5T	新電元			15			40	111c	450	25j	0.41	20	25c	10m	15	25c	2素子センタータップ (カソードコモン) SB形	790B
S400MQK2	オリジン			200			400		2000		1	200		400	200		trr<140ns 2素子センタータップ (カソードコモン)	513
S400MQK6	オリジン			600			400		2000		1.4	200		1.2m	600		trr<160ns 2素子センタータップ (カソードコモン)	514
S400MQK12	オリジン			1200			400		2000		2	200		1.6m	1200		trr<170ns 2素子センタータップ (カソードコモン)	514
*S5KC20	新電元		250	200			5	135c	50	25j	1.2	2.5	25c	10	200	25c	trr<300ns 2素子センタータップ (カソードコモン)	273A
*S5KC20H	新電元		250	200			5	135c	50	25j	1.2	2.5	25c	10	200	25c	trr<100ns 2素子センタータップ (カソードコモン)	273A
*S5KC20R	新電元		250	200			5	135c	50	25j	1.2	2.5	25c	10	200	25c	trr<300ns 2素子センタータップ (アノードコモン)	273B
*S5KC20RH	新電元		250	200			5	135c	50	25j	1.2	2.5	25c	10	200	25c	trr<100ns 2素子センタータップ (アノードコモン)	273B
*S5KC40	新電元		450	400			5	134c	50	25j	1.2	2.5	25c	10	400	25c	trr<300ns 2素子センタータップ (カソードコモン)	273A
*S5KC40R	新電元		450	400			5	134c	50	25j	1.2	2.5	25c	10	400	25c	trr<300ns 2素子センタータップ (アノードコモン)	273B
*S5KD20	新電元		250	200			5	135c	50	25j	1.2	2.5	25c	10	200	25c	trr<300ns 2素子直列	273C
*S5KD20H	新電元		250	200			5	135c	50	25j	1.2	2.5	25c	10	200	25c	trr<100ns 2素子直列	273C
*S5KD40	新電元		450	400			5	134c	50	25j	1.2	2.5	25c	10	400	25c	trr<300ns 2素子直列	273C
S5VB20	新電元			200			6	0a	200	25j	1.05	3	25L	10	200	25L	Ioはラジエータ付き ブリッジ接続	640D
S5VB60	新電元			600			6	40a	200	25j	1.05	3	25L	10	600	25L	Ioはラジエータ付き ブリッジ接続	640D
S50VB60	新電元			600			50	95c	500	25j	1.05	25	25c	10	600	25c	Ioはラジエータ付き ブリッジ接続	651
S50VB80	新電元			800			50	95c	500	25j	1.05	25	25c	10	800	25c	Ioはラジエータ付き ブリッジ接続	651
S60HC1R5	新電元			15			60	90c	500	25j	0.41	30	25c	15m	15	25c	Cj=1400pF 2素子 (カソードコモン) SB形	472
S60HC3	新電元			30			60	104c	550	25j	0.4	30	25c	20m	30	25c	Cj=1100pF 2素子 (カソードコモン) SB形	472
S60HC3T	新電元			30			60	112c	650	25j	0.4	30	25c	20m	30	25c	2素子センタータップ (カソードコモン) SB形	790B
S60HC1R5T	新電元			15			60	110c	600	25j	0.41	30	25c	15m	15	25c	2素子センタータップ (カソードコモン) SB形	790B
S60JC10V	新電元			100			60	118c	500	25j	0.95	30	25c	200	100	25c		616
S60SC3ML	新電元	1	35	30			60	130c	500	25j	0.48	30	25c	25m	30	25c	Cj=1600pF 2素子 (カソードコモン) SB形	472
S60SC4M	新電元	1	45	40			60	126c	500	125j	0.55	30	25c	25m	40	25c	Cj=1000pF 2素子 (カソードコモン) SB形	472
S60SC6M	新電元	1	65	60			60	118c	500	125j	0.67	30	25c	20m	60	25c	Cj=850pF 2素子 (カソードコモン) SB形	472
S60SC4MT	新電元		45	40			60	127c	500	25j	0.55	30	25c	3m	40	25c	2素子センタータップ (カソードコモン) SB形	790B
S60SC6MT	新電元		65	60			60	121c	470	25j	0.67	30	25c	2m	60	25c	2素子センタータップ (カソードコモン) SB形	790B
S60SC3LT	新電元		35	30			60	138c	650	25j	0.48	30	25c	25m	30	25c	2素子センタータップ (カソードコモン) SB形	790B
SB05W05C	三洋			55	50		0.5		5		0.55	0.5		50	25		2素子センタータップ (カソードコモン) SB形	610D
SB05W05P	三洋			55	50		0.5		5		0.55	0.5		50	25		2素子センタータップ (カソードコモン) SB形	237B
SB05W05V	三洋			55	50		0.5		5		0.55	0.5		50	25			105
SB0509V	三洋			90	90		0.5		10	25j	0.65	0.5	25j	30	45		trr<20ns 2素子複合 SB形	93

- 199 -

形 名	社 名	最大定格 P_{RSM} (kW)	V_{RSM} (V)	V_{RRM} (V)	V_R (V)	V_I (V)	I_O (A)	T条件 (℃)	I_{FSM} (A)	T条件 (℃)	順方向特性(typは*) V_{Fmax} (V)	測定条件 I_F (A)	T (℃)	逆方向特性(typは*) I_{Rmax} (μA)	測定条件 V_R (V)	T (℃)	その他の特性等	外形
SB07W03P	三洋		35	30			0.7		5		0.55	0.7		50	15		2素子センタータップ (カソードコモン) SB形	237B
SB07W03V	三洋		35	30			0.7		5		0.55	0.7		50	15		2素子センタータップ (カソードコモン) SB形	105
SB10-18	三洋		190	180			1	114c	30		0.85	0.4	25j	100	90	25j	trr<35ns 2素子センタータップ (カソードコモン) SB	273A
SB10-18K	三洋		190	180			1	112c	30		0.85	0.4	25j	100	90	25j	trr<35ns 2素子センタータップ (カソードコモン) SB	432
SB10W05P	三洋		55	50			1		10		0.55	1		80	25		2素子センタータップ (カソードコモン) SB形	237B
SB10W05T	三洋		55	50			2	116c	10		0.55	1		80	25		2素子センタータップ (カソードコモン) SB形	631
SB10W05V	三洋		55	50			1		10		0.55	1		80	25		2素子センタータップ (カソードコモン) SB形	105
SB10W05Z	三洋			50			1		10		0.55	1		80	25		2素子センタータップ (カソードコモン) SB形	563
SB100-05H	三洋		55	50			10	105c	100	125j	0.55	5	25j	500	25	25j	trr<60ns 2素子センタータップ (カソードコモン) SB	273A
SB100-05J	三洋		55	50			10	97c	100	125j	0.55	5	25j	500	25	25j	2素子センタータップ (カソードコモン) SB形	433
SB100-09	三洋		95	90			10	92c	80	125j	0.85	4	25j	400	45	25j	trr<45ns 2素子センタータップ (カソードコモン) SB	273A
SB100-09J	三洋		95	90			10	79c	80	125j	0.85	4	25j	400	45	25j	trr<40ns 2素子センタータップ (カソードコモン) SB	433
SB100-09K	三洋		95	90			10	92c	80	125j	0.85	4	25j	400	45	25j	trr<45ns 2素子センタータップ (カソードコモン) SB	432
SB100-18	三洋		190	180			10	102c	100		0.85	4	25j	800	90	25j	trr<45ns 2素子センタータップ (カソードコモン) SB	434
SB120-05H	三洋		55	50			12	110c	120	125j	0.55	6	25j	600	25	25j	trr<70ns 2素子センタータップ (カソードコモン) SB	434
SB120-05R	三洋		55	50			12	104c	120	125j	0.55	6	25j	600	25	25j	trr<70ns 2素子センタータップ (カソードコモン) SB	435
SB120-18	三洋		190	180			12	102c	120	125j	0.85	5	25j	1m	90	25j	trr<50ns 2素子センタータップ (カソードコモン) SB	434
SB160-05H	三洋		55	50			16	108c	140	125j	0.55	8	25j	800	25	25j	trr<75ns 2素子センタータップ (カソードコモン) SB	434
SB160-05R	三洋		55	50			16	99c	140	125j	0.55	8	25j	800	25	25j	trr<75ns 2素子センタータップ (カソードコモン) SB	435
SB160-09	三洋		95	90			16	94c	100	125j	0.85	6	25j	600	45	25j	trr<50ns 2素子センタータップ (カソードコモン) SB	434
SB160-09R	三洋		95	90			16	80c	100	125j	0.85	6	25j	600	45	25j	trr<50ns 2素子センタータップ (カソードコモン) SB	435
SB160-18	三洋		190	180			16	98c	140	125j	0.85	6	25j	1.2m	90	25j	trr<60ns 2素子センタータップ (カソードコモン) SB	434
SB20-05H	三洋		55	50			2	116c	60	125j	0.55	1	25j	100	25	25j	trr<30ns 2素子センタータップ (カソードコモン) SB	273A
SB20-05J	三洋		55	50			2	115c	60	125j	0.55	1	25j	100	25	25j	2素子センタータップ (カソードコモン) SB形	433
SB20-18	三洋		190	180			2	110c	40	125j	0.85	0.8	25j	200	90	25j	trr<35ns 2素子センタータップ (カソードコモン) SB	273A
SB20W03P	三洋		35	30			2		20		0.55	2		100	15		2素子センタータップ (カソードコモン) SB形	237B
SB20W03T	三洋		35	30			2	116c	20		0.55	2		100	15		2素子センタータップ (カソードコモン) SB形	631
SB20W03V	三洋		30	30			2		20		0.55	2		100	15		trr<20ns 2素子センタータップ (カソードコモン) SB	105
SB20W05P	三洋			50			2		20		0.55	3		200	25		2素子センタータップ (カソードコモン) SB形	237B
* SB20W05T	三洋		55	50			4	110c	20		0.55	2		200	25		2素子センタータップ (カソードコモン) SB形	631
SB20W05V	三洋		55	50			2		20		0.55	2		200	25		2素子センタータップ (カソードコモン) SB形	105
SB20W05Z	三洋		55	50			2		20		0.55	2		200	25		2素子センタータップ (カソードコモン) SB形	563
SB200-05H	三洋		55	50			20	107c	200	125j	0.55	10	25j	1m	25	25j	2素子センタータップ (カソードコモン) SB形	434
SB200-05R	三洋		55	50			20	96c	200	125j	0.55	10	25j	1m	25	25j	trr<85ns 2素子センタータップ (カソードコモン) SB	435
SB200-09	三洋		95	90			20	91c	120	125j	0.85	8	25j	800	45	25j	trr<55ns 2素子センタータップ (カソードコモン) SB	434
SB200-09R	三洋		95	90			20	73c	120	125j	0.85	8	25j	800	45	25j	trr<55ns 2素子センタータップ (カソードコモン) SB	435
SB25W05T	三洋		55	50			2.5	117c	5		0.55	2.5		200	25		2素子センタータップ (カソードコモン) SB形	631
SB250-05H	三洋		55	50			25	106c	250	125j	0.55	12.5	25j	1.2m	25	25j	trr<90ns 2素子センタータップ (カソードコモン) SB	434
SB250-05R	三洋		55	50			25	92c	250	125j	0.55	12.5	25j	1.2m	25	25j	trr<90ns 2素子センタータップ (カソードコモン) SB	435
SB250-09	三洋		95	90			25	89c	160	125j	0.85	10	25j	1m	45	25j	trr<60ns 2素子センタータップ (カソードコモン) SB	434
SB250-09R	三洋		95	90			25	67c	160	125j	0.85	10	25j	1m	45	25j	trr<60ns 2素子センタータップ (カソードコモン) SB	435
SB30-09	三洋		95	90			3	105c	40	125j	0.85	1.2	25j	200	45	25j	trr<30ns 2素子センタータップ (カソードコモン) SB	273A

| 形 名 | 社 名 | 最大定格 ||||| 順方向特性(typは*) ||| 逆方向特性(typは*) ||| その他の特性等 | 外形 |
		P_{RSM} (kW)	V_{RSM} (V)	V_{RRM} (V)	V_R (V)	V_I (V)	I_O (A)	T条件 (°C)	I_{FSM} (A)	T条件 (°C)	V_{Fmax} (V)	I_F (A)	T (°C)	I_{Rmax} (µA)	V_R (V)	T (°C)		
SB30-09J	三洋		95	90			3	103c	40	125j	0.85	1.2	25j	200	45	25j	trr<30ns 2素子センタータップ (カソードコモン) SB	433
SB30-18	三洋		190	180			3	108c	60	125j	0.85	1.2	25j	300	90	25j	trr<40ns 2素子センタータップ (カソードコモン) SB	273A
SB30W03T	三洋		35	30			6	104c	20		0.55	3		200	15		2素子センタータップ (カソードコモン) SB形	631
SB30W03V	三洋		35	30			3		20		0.55	3		200	15		2素子センタータップ (カソードコモン) SB形	105
SB30W03Z	三洋		35	30			3		20		0.55	3		200	15		2素子センタータップ (カソードコモン) SB形	563
SB300-05H	三洋		55	50			30	101c	250	125j	0.55	15	25j	1.5m	25	25j	trr<90ns 2素子センタータップ (カソードコモン) SB	434
SB300-05R	三洋		55	50			30	85c	250	125j	0.55	15	25j	1.5m	25	25j	trr<90ns 2素子センタータップ (カソードコモン) SB	435
SB300-09	三洋		95	90			30	86c	180	125j	0.85	12	25j	1.2m	45	25j	trr<70ns 2素子センタータップ (カソードコモン) SB	434
SB300-09R	三洋		95	90			30	59c	180	125j	0.85	12	25j	1.2m	45	25j	trr<70ns 2素子センタータップ (カソードコモン) SB	435
SB40-05H	三洋		55	50			4	112c	80	125j	0.55	2	25j	200	25	25j	trr<40ns 2素子センタータップ (カソードコモン) SB	273A
SB40-05J	三洋		55	50			4	110c	80	125j	0.55	2	25j	200	25	25j		433
SB40W03T	三洋		35	30			4	111c	40		0.55	4		200	15		2素子センタータップ (カソードコモン) SB形	631
SB50-09	三洋		95	90			5	98c	60	125j	0.85	2	25j	200	45	25j	trr<35ns 2素子センタータップ (カソードコモン) SB	273A
SB50-09J	三洋		95	90			5	95c	60	125j	0.85	2	25j	200	45	25j	trr<35ns 2素子センタータップ (カソードコモン) SB	433
SB50-18	三洋		190	180			5	103c	60	125j	0.85	2	25j	400	90	25j		273A
SB50-18K	三洋		190	180			5	103c	60	125j	0.85	2	25j	400	90	25j	2素子センタータップ (カソードコモン) SB形	432
SB60-05H	三洋		55	50			6	110c	100	125j	0.55	3	25j	300	25	25j	trr<50ns 2素子センタータップ (カソードコモン) SB	273A
SB60-05J	三洋		55	50			6	106c	100	125j	0.55	3	25j	300	25	25j	trr<50ns 2素子センタータップ (カソードコモン) SB	433
SB60-05K	三洋		55	50			6	110c	100	125j	0.55	3	25j	300	25	25j		432
SB80-05H	三洋		55	50			8	109c	100	125j	0.55	4	25j	400	25	25j	trr<60ns 2素子センタータップ (カソードコモン) SB	273A
SB80-05J	三洋		55	50			8	102c	100	125j	0.55	4	25j	400	25	25j	trr<60ns 2素子センタータップ (カソードコモン) SB	433
SB80-09	三洋		95	90			8	94c	80	125j	0.85	3	25j	300	45	25j	trr<40ns 2素子センタータップ (カソードコモン) SB	273A
SB80-09J	三洋		95	90			8	84c	80	125j	0.85	3	25j	300	45	25j	2素子センタータップ (カソードコモン) SB形	433
SB80-18	三洋		190	180			8	105c	80		0.85	3	25j	600	90	25j	trr<40ns 2素子センタータップ (カソードコモン) SB	434
SB80W06T	三洋		66	60			8	83c	40		0.6	3	25j	100	30	25j	2素子センタータップ (カソードコモン) SB形	631
SB80W10T	三洋		105	100			8	62c	40		0.8	3	25j	100	50	25j	2素子センタータップ (カソードコモン) SB形	631
SBA100-04J	三洋		44	40			10	93c	100	125j	0.55	5	25j	200	20	25j	2素子センタータップ (カソードコモン) SB形	433
SBA100-04Y	三洋		44	40			10	101c	100	125j	0.55	5	25j	200	20	25j	2素子センタータップ (カソードコモン) SB形	744
SBA100-04ZP	三洋		44	40			10		100		0.55	5	25j	200	20	25j	2素子センタータップ (カソードコモン) SB形	149
SBA100-09J	三洋		95	90			10	75c	80	125j	0.75	5	25j	200	45	25j	2素子センタータップ (カソードコモン) SB形	433
SBA100-09Y	三洋		95	90			10	88c	80	125j	0.75	5	25j	200	45	25j	2素子センタータップ (カソードコモン) SB形	744
SBA120-18J	三洋		190	180			12	67c	120	125j	0.85	6	25j	300	90	25j	2素子センタータップ (カソードコモン) SB形	433
SBA160-04R	三洋		44	40			16	95c	120	125j	0.55	8	25j	300	20	25j	2素子センタータップ (カソードコモン) SB形	435
SBA160-04Y	三洋		44	40			16	104c	120	125j	0.55	8	25j	300	20	25j	2素子センタータップ (カソードコモン) SB形	744
SBA160-04ZP	三洋		44	40			16		120		0.55	8	25j	300	20	25j	2素子センタータップ (カソードコモン) SB形	149
SBA160-09R	三洋		95	90			16	78c	120	125j	0.75	8	25j	300	45	25j	2素子センタータップ (カソードコモン) SB形	435
SBA250-04R	三洋		44	40			25	86c	200	125j	0.55	12.5	25j	500	20	25j	2素子センタータップ (カソードコモン) SB形	435
SBA250-09R	三洋		95	90			25	63c	160	125j	0.75	12.5	25j	500	45	25j	2素子センタータップ (カソードコモン) SB形	435
SBA50-04J	三洋		44	40			5	105c	80	125j	0.55	2.5	25j	100	20	25j	2素子センタータップ (カソードコモン) SB形	433
SBA50-04Y	三洋		44	40			5	109c	80	125j	0.55	2.5	25j	100	20	25j	2素子センタータップ (カソードコモン) SB形	744
SBA50-09J	三洋		95	90			5	94c	60	125j	0.75	2.5	25j	100	45	25j	2素子センタータップ (カソードコモン) SB形	433
SBA50-09Y	三洋		95	90			5	100c	60	125j	0.75	2.5	25j	100	45	25j	2素子センタータップ (カソードコモン) SB形	744

形 名	社名	P_{RSM} (kW)	V_{RSM} (V)	V_{RRM} (V)	V_R (V)	V_I (V)	I_O (A)	T条件 (°C)	I_{FSM} (A)	T条件 (°C)	V_{Fmax} (V)	I_F(A)	T(°C)	I_{Rmax} (μA)	V_R(V)	T(°C)	その他の特性等	外形
SBE601	三洋		35	30			2		20	25j	1	2		100	15		C=67pF 2素子センタータップ (カソードコモン) SB形	499C
SBE802	三洋		100	100			0.4		5		0.7	0.4		50	45		Ct=20pF 2素子複合 SB形	498A
SBE805	三洋		35	30			0.5		5		0.55	0.5		30	15		2素子複合	498A
SBE807	三洋		35	30			1		10		0.53	1		15	16		Ioはプリント基板実装時 2素子複合 SB形	498A
SBE808	三洋		17	15			1		10	25j	0.54	1	25j	3	6		trr<10ns 2素子複合 SB形	422
SBE811	三洋		35	30			2		10	25j	0.5	2	25j	30	15		trr<20ns 2素子複合 SB形	93
SBE812	三洋		65	60			1		10	25j	0.6	1	25j	30	30		trr<10ns 2素子複合 SB形	93
SBE813	三洋		35	30			3		20	25j	0.52	3	25j	42	15		trr<20ns 2素子複合 SB形	93
SBE818	三洋		30	30			2		20		0.62	2		7.5	15		Ioはプリント基板実装時 2素子複合 SB形	534
SBJ100-04J	三洋		44	40			10	117c	100	25j	0.54	5	25j	100	40	25j	2素子センタータップ (カソードコモン) SB形	433
SBJ100-06J	三洋		66	60			10	110c	100	25j	0.6	5	25j	100	60	25j	2素子センタータップ (カソードコモン) SB形	433
SBJ200-04J	三洋		44	40			20	95c	120	25j	0.54	10	25j	200	40	25j	2素子センタータップ (カソードコモン) SB形	433
SBJ200-06J	三洋		66	60			20	90c	120	25j	0.6	10	25j	200	60	25j	2素子センタータップ (カソードコモン) SB形	433
SBR100-10J	三洋		105	100			10	107c	80	25j	0.85	5	25j	100	50	25j	2素子センタータップ (カソードコモン) SB形	433
SBR100-10JS	三洋		105	100			10	107c	80	25j	0.85	5	25j	100	50	25j	2素子センタータップ (カソードコモン) SB形	433
SBR100-16JS	三洋		165	160			10	110c	100	25j	0.8	5	25j	100	160	25j	2素子センタータップ (カソードコモン) SB形	433
SBR160-10J	三洋		105	100			16	92c	100	25j	0.85	8	25j	200	50	25j	2素子センタータップ (カソードコモン) SB形	433
SBR200-10JS	三洋		105	100			20	74c	180	25j	0.88	10	25j	1m	100	25j	2素子センタータップ (カソードコモン) SB形	433
SBR200-10G	三洋		105	100			20	99c	180		0.88	10	25j	1m	100	25j	2素子センタータップ (カソードコモン) SB形	273A
SBR200-16JS	三洋		165	160			20	66c	120	25j	0.8	10	25j	200	160	25j	2素子センタータップ (カソードコモン) SB形	433
SBR250-10J	三洋		105	100			25	59c	120	25j	0.85	12.5	25j	300	50	25j	2素子センタータップ (カソードコモン) SB形	433
SBS806M	三洋		30	30			0.5		10		0.47	0.5		200	10		2素子複合 (SBS006相当×2)	422
SBS808M	三洋		15	15			1		10	25j	0.43	1	25j	90	6		trr<10ns 2素子複合 SB形	422
SBS811	三洋		30	30			2		10	25j	0.4	2	25j	1.25m	15		trr<20ns 2素子複合 SB形	93
SBS813	三洋		30	30			3		20	25j	0.42	3	25j	1.4m	15		trr<10ns 2素子複合 SB形	93
SBS814	三洋		30	30			1		10	25j	0.45	1	25j	360	15		trr<10ns 2素子複合 SB形	93
SBS817	三洋		15	15			2		20		0.46	2		300	7.5		Ioはセラミック基板実装時 2素子複合 SB形	534
SBS818	三洋		30	30			2		20		0.52	2		350	15		Ioはセラミック基板実装時 2素子複合 SB形	534
SBS822	三洋		20	20			1		5		0.46	1		110	10		Ioはセラミック基板実装時 2素子複合 SB形	422
SBT100-10G	三洋		105	100			10	73c	60		0.88	3.5	25j	100	50	25j	2素子センタータップ (カソードコモン) SB形	273A
SBT100-16LS	三洋		165	160			10	78c	100		0.88	5	25j	150	160	25j	2素子センタータップ (カソードコモン) SB形	433
SBT100-16JS	三洋		165	160			10	78c	100		0.88	5	25j	200	160	25j	2素子センタータップ (カソードコモン) SB形	433
SBT150-04J	三洋		44	40			15	101C	100	25j	1	6	25j	200	20	25j	C=320pF 2素子センタータップ (カソードコモン) SB	433
SBT150-04Y	三洋		44	40			15	113c	100	25j	0.55	6	25j	200	20	25j	2素子センタータップ (カソードコモン) SB形	744
SBT150-06J	三洋		66	60			15	90c	100	25j	0.58	6	25j	200	30	25j	2素子センタータップ (カソードコモン) SB形	433
SBT150-06JS	三洋		66	60			15	90c	100		0.58	6	25j	200	30	25j	2素子センタータップ (カソードコモン) SB形	433
SBT150-10J	三洋		105	100			15	43C	80	25j	1	6	25j	200	50	25j	C=180pF 2素子センタータップ (カソードコモン) SB	433
SBT150-10JS	三洋		105	100			15	43c	80	25j	0.8	6	25j	200	50	25j	2素子センタータップ (カソードコモン) SB形	433
SBT150-10LS	三洋		105	100			15	43c	80	25j	0.8	6	25j	200	50	25j	2素子センタータップ (カソードコモン) SB形	433
SBT150-10Y	三洋		105	100			15	43c	80	25j	0.8	6	25j	200	50	25j	2素子センタータップ (カソードコモン) SB形	744
SBT250-04J	三洋		44	40			25	86C	120	25j	1	10	25j	300	20	25j	C=510pF 2素子センタータップ (カソードコモン) SB	433
SBT250-04L	三洋		44	40			25	121c	120	25j	0.55	10	25j	300	20	25j	2素子センタータップ (カソードコモン) SB形	434

形　名	社　名	P_{RSM} (kW)	V_{RSM} (V)	V_{RRM} (V)	V_R (V)	V_I (V)	I_O (A)	T条件 (℃)	I_{FSM} (A)	T条件 (℃)	$V_{F}max$ (V)	I_F(A)	T(℃)	$I_{R}max$ (μA)	V_R(V)	T(℃)	その他の特性等	外形
SBT250-04R	三洋		44	40			25		106c	120	25j	0.55	10	25j	300	20	25j	2素子センタータップ（カソードコモン）SB形	435
SBT250-04Y	三洋		44	40			25		119c	120	25j	0.55	10	25j	300	20	25j	2素子センタータップ（カソードコモン）SB形	744
SBT250-04JS	三洋		44	40			25		86c	100		0.55	10	25j	300	20	25j	2素子センタータップ（カソードコモン）SB形	433
SBT250-06J	三洋		66	60			25		73c	120	25j	0.6	10	25j	300	30	25j	2素子センタータップ（カソードコモン）SB形	433
SBT250-06L	三洋		66	60			25		114c	120		0.6	10	25j	300	30	25j	2素子センタータップ（カソードコモン）SB形	434
SBT250-06JS	三洋		66	60			25		73c	120		0.6	10	25j	300	30	25j	2素子センタータップ（カソードコモン）SB形	433
SBT250-10J	三洋		105	100			25		42C	100	25j	1	10	25j	300	50	25j	C=280pF 2素子センタータップ（カソードコモン）SB	433
SBT250-10L	三洋		105	100			25		92c	100		0.8	9.5	25j	300	50	25j	2素子センタータップ（カソードコモン）SB形	434
SBT250-10R	三洋		105	100			25		63c	100		0.8	9.5	25j	300	50	25j	2素子センタータップ（カソードコモン）SB形	435
SBT350-04J	三洋		44	40			35		71C	140	25j	1	15	25j	500	20	25j	C=800pF 2素子センタータップ（カソードコモン）SB	433
SBT350-04L	三洋		44	40			35		118c	200		0.55	15	25j	500	20	25j	2素子センタータップ（カソードコモン）SB形	434
SBT350-04R	三洋		44	40			35		97c	200		0.55	15	25j	500	20	25j	2素子センタータップ（カソードコモン）SB形	435
SBT350-06J	三洋		66	60			35		51c	140		0.6	15	25j	500	30	25j	2素子センタータップ（カソードコモン）SB形	433
SBT350-06L	三洋		66	60			35		111c	200		0.6	15	25j	500	30	25j	2素子センタータップ（カソードコモン）SB形	434
SBT350-10L	三洋		105	100			35		86c	160		0.8	14	25j	500	50	25j	2素子センタータップ（カソードコモン）SB形	434
SBT350-10R	三洋		105	100			35		44C	160		1	14	25j	500	50	25j	C=450pF 2素子センタータップ（カソードコモン）SB形	435
SBT700-06RH	三洋		66	60			70		44c	200		0.66	30	25j	1m	30	25j	2素子センタータップ（カソードコモン）SB形	184
SBT80-04J	三洋		44	40			8		117C	80	25j	1	3	25j	100	20	25j	C=160pF 2素子センタータップ（カソードコモン）SB	433
SBT80-04Y	三洋		44	40			8		116c	80	25j	0.55	3	25j	100	20	25j	2素子センタータップ（カソードコモン）SB形	744
SBT80-04GS	三洋		44	40			8		119c	80		0.55	3	25j	100	20	25j	2素子センタータップ（カソードコモン）SB形	273A
SBT80-06J	三洋		66	60			8		109C	80		1	3	25j	100	30	25j	C=130pF 2素子センタータップ（カソードコモン）SB	433
SBT80-06LS	三洋		66	60			8		109C	80	25j	1	3	25j	100	30	25j	C=130pF 2素子センタータップ（カソードコモン）SB	433
SBT80-06GS	三洋		66	60			8		112c	80		0.58	3	25j	100	30	25j	2素子センタータップ（カソードコモン）SB形	273A
SBT80-06JS	三洋		66	60			8		109c	80		0.58	3	25j	100	30	25j	2素子センタータップ（カソードコモン）SB形	433
SBT80-10J	三洋		105	100			8		81C	60	25j	1	3	25j	100	50	25j	C=90pF 2素子センタータップ（カソードコモン）SB形	433
SBT80-10JS	三洋		105	100			8		81c	60		0.8	3	25j	100	50	25j	2素子センタータップ（カソードコモン）SB形	433
SBT80-10LS	三洋		105	100			8		81c	60		0.8	3	25j	100	50	25j	2素子センタータップ（カソードコモン）SB形	433
SBT80-10Y	三洋		105	100			8		95c	60	25j	0.8	3	25j	100	50	25j	2素子センタータップ（カソードコモン）SB形	744
SBT80-10GS	三洋		105	100			8		86c	60		0.8	3	25j	100	50	25j	2素子センタータップ（カソードコモン）SB形	273A
SBT80-10J	三洋		105	100			8		81c	60		0.8	3	25j	100	50	25j	2素子センタータップ（カソードコモン）SB形	433
SF10JC6	新電元			60			10		129c	100	25j	0.69	5	25c	700	60	25c	Cj=200pF 2素子センタータップ（カソードコモン）SB	37A
SF10KC60M	新電元			600			10		109c	120	25j	1.5	5	25c	10	600	25c	Cj=28pF 2素子センタータップ（カソードコモン）	132B
SF10LC20U	新電元			200			10		124c	100	25j	0.98	5	25c	10	200	25c	trr≦35ns 2素子センタータップ（カソード）	37A
SF10LC40	新電元			400			10		115c	80	25j	1.3	5	25c	10	400	25c	trr≦50ns 2素子センタータップ（カソードコモン）	37A
SF10LC40UM	新電元			400			10		120c	100	25j	1.25	5	25c	10	400	25c	Cj=34pF 2素子センタータップ（カソードコモン）	132B
SF10NC15M	新電元			150			10		129c	100	25j	0.88	5	25j	200	150	25j	2素子センタータップ（カソードコモン）SB形	37A
SF10SC3L	新電元	0.33	35	30			10		139c	100	25j	0.45	4	25c	5m	30	25c	Cj=310pF 2素子センタータップ（カソードコモン）SB	37A
SF10SC4	新電元	0.33	45	40			10		131c	100	25j	0.55	5	25c	3.5m	40	25c	Cj=180pF 2素子センタータップ（カソードコモン）SB	37A
SF10SC4R	新電元	0.33	45	40			10		131c	100	25j	0.55	5	25c	3.5m	40	25c	Cj=180pF 2素子センタータップ（カソードコモン）SB	37B
SF10SC6	新電元	0.33	65	60			10		129c	100	25j	0.58	5	25c	4.5m	60	25c	Cj=200pF 2素子センタータップ（カソードコモン）SB	37A
SF10SC9	新電元	0.33	100	90			10		120c	100	25j	0.75	5	25c	3m	90	25c	Cj=185pF 2素子センタータップ（カソードコモン）SB	37A
SF15JC6	新電元		65	60			15		123c	150	25j	0.69	7.5	25c	700	60	25c	Cj=270pF 2素子センタータップ（カソードコモン）SB	37A

| 形 名 | 社 名 | 最大定格 ||||||| 順方向特性(typは*) ||| 逆方向特性(typは*) ||| その他の特性等 | 外形 |
||| P_{RSM} (kW) | V_{RSM} (V) | V_{RRM} (V) | V_R (V) | V_I (V) | I_O (A) | T条件 (℃) | I_{FSM} (A) | T条件 (℃) | V_{Fmax} (V) | 測定条件 || I_{Rmax} (μA) | 測定条件 ||||
											I_F (A)	T (℃)		V_R (V)	T (℃)		
SF15JC10	新電元			100			15	124c	150	25j	0.86	7.5	25c	600	100	25c	Cj=200pF 2素子センタータップ (カソードコモン) SB	37A
SF15LC20U	新電元			200			15	104c	110	25j	0.98	7.5	25j	10	200	25j	trr<35ns 2素子センタータップ (カソードコモン)	797
SF15NC15M	新電元			150			15	123c	150	25j	0.88	7.5	25j	300	150	25j	2素子センタータップ (カソードコモン) SB形	37A
SF15SC4	新電元	0.33	45	40			15	125c	200	25j	0.55	7.5	25c	5m	40	25c	Cj=340pF 2素子センタータップ (カソードコモン) SB	37A
SF15SC6	新電元	0.33	65	60			15	122c	160	25j	0.63	7.5	25c	6m	60	25c	Cj=260pF 2素子センタータップ (カソードコモン) SB	37A
SF20JC6	新電元		65	60			20	115c	200	25j	0.69	10	25c	700	60	25c	Cj=335pF 2素子センタータップ (カソードコモン) SB	37A
SF20JC10	新電元			100			20	114c	200	25j	0.86	10	25c	700	100	25c	Cj=260pF 2素子センタータップ (カソードコモン) SB	37A
SF20KC60M	新電元			600			20	97c	180	25j	1.5	10	25c	10	600	25c	Cj=53pF 2素子センタータップ (カソード)	132B
SF20LC30	新電元			300			20	112c	180	25j	1.3	10	25c	25	300	25c	trr<30ns 2素子センタータップ (カソードコモン)	37A
SF20LC30M	新電元			300			20	107c	250	25j	1.3	10	25c	25	300	25c	Cj=90pF 2素子センタータップ (カソードコモン)	132B
SF20NC15M	新電元			150			20	118c	200	25j	0.88	10	25j	400	150	25j	2素子センタータップ (カソードコモン) SB形	37A
SF20SC3L	新電元	0.66	35	30			20	125c	230	25j	0.45	8	25c	9m	30	25c	Cj=570pF 2素子センタータップ (カソードコモン) SB	37A
SF20SC4	新電元	0.66	45	40			20	117c	230	25j	0.45	10	25c	7.5m	40	25c	Cj=390pF 2素子センタータップ (カソードコモン) SB	37A
SF20SC6	新電元	660W	65	60			20	117c	230	25j	0.63	10	25c	8m	60	25c	2素子センタータップ (カソードコモン) SB形	37A
SF20SC9	新電元	0.66	100	90			20	100c	200	25j	0.75	10	25c	10m	90	25c	2素子センタータップ (カソードコモン) SB形	37A
SF30JC4	新電元		45	40			30	106c	250	25j	0.61	15	25c	700	40	25c	Cj=560pF 2素子センタータップ (カソードコモン) SB	37A
SF30JC6	新電元		65	60			30	97c	250	25j	0.69	15	25c	700	60	25c	Cj=490pF 2素子センタータップ (カソードコモン) SB	37A
SF30JC10	新電元			100			30	97c	300	25j	0.86	15	25c	1m	100	25c	Cj=390pF 2素子センタータップ (カソードコモン) SB	37A
SF30NC15M	新電元			150			30	107c	300	25j	0.88	15	25j	500	150	25j	2素子センタータップ (カソードコモン) SB形	37A
SF30SC3L	新電元	1	35	30			30	111c	350	25j	0.55	12.5	25c	15m	30	25c	Cj=960pF 2素子センタータップ (カソードコモン) SB	37A
SF30SC4	新電元	1	45	40			30	102c	300	25j	0.55	15	25c	10m	40	25c	Cj=590pF 2素子センタータップ (カソードコモン) SB	37A
SF30SC6	新電元	0.66	65	60			30	107c	250	25j	z0.63	15	25c	10m	60	25j	Cj=500pF 2素子センタータップ (カソードコモン) SB	37A
SF5LC20U	新電元			200			5	137c	45	25j	0.98	2.5	25c	10	200	25c	trr<35ns 2素子センタータップ (カソードコモン)	37A
SF5LC30	新電元			300			5	131c	60	25j	1.3	2.5	25j	25	300	25j	trr<30ns 2素子センタータップ (カソードコモン)	37A
SF5LC40	新電元			400			5	133c	50	25j	1.3	2.5	25c	10	400	25c	trr<50ns 2素子センタータップ (カソードコモン)	37A
SF5LC40UM	新電元			400			5	132c	80	25j	1.25	2.5	25c	10	400	25c	Cj=22pF 2素子センタータップ (カソードコモン)	132B
SF5SC3L	新電元	0.33	35	30			5	143c	100	25j	0.45	2.5	25c	3.5m	30	25c	Cj=220pF 2素子センタータップ (カソードコモン) SB	37A
SF5SC4	新電元	0.33	45	40			5	140c	80	25j	0.55	2.5	25c	2.5m	40	25c	Cj=116pF 2素子センタータップ (カソードコモン) SB	37A
SG10LC20USM	新電元			200			10	122c	90	25j	0.96	5	25c	10	200	25c	Cj=40pF 2素子センタータップ (カソード)	131B
SG10SC3LM	新電元		35	30			10	136c	150	25j	0.45	4	25c	5m	30	25c	2素子センタータップ (カソードコモン) SB形	131B
SG10SC4M	新電元		45	40			10	150c	150	25j	0.52	5	25c	500	40	25c	2素子センタータップ (カソードコモン) SB形	131B
SG10SC6M	新電元		65	60			10	145c	140	25j	0.56	5	25c	500	60	25c	2素子センタータップ (カソードコモン) SB形	131B
SG10SC9M	新電元		100	90			10	139c	150	25j	0.75	5	25c	500	90	25c	2素子センタータップ (カソードコモン) SB形	131B
SG10TC15M	新電元			150			10	153c	120	25j	0.88	5	25c	15	150	25c	2素子センタータップ (カソードコモン) SB形	131B
SG15SC4M	新電元		45	40			15	117c	150	25j	0.52	7.5	25c	800	40	25c	2素子センタータップ (カソードコモン) SB形	131B
SG15SC6M	新電元		65	60			15	113c	180	25j	0.61	7.5	25c	600	60	25c	2素子センタータップ (カソードコモン) SB形	131B
SG20JC6M	新電元		65	60			20	106c	200	25j	0.63	10	25c	100	60	25c	2素子センタータップ (カソードコモン) SB形	131B
SG20LC20USM	新電元			200			20	95c	150	25j	0.96	10	25c	10	200	25c	Cj=80pF 2素子センタータップ (カソードコモン)	131B
SG20SC3LM	新電元		35	30			20	124c	250	25j	0.45	8	25c	9m	30	25c	2素子センタータップ (カソードコモン) SB形	131B
SG20SC4M	新電元		45	40			20	115c	200	25j	0.52	10	25c	1.1m	40	25c	2素子センタータップ (カソードコモン) SB形	131B
SG20SC6M	新電元		65	60			20	107c	200	25j	0.61	10	25c	800	60	25c	2素子センタータップ (カソードコモン) SB形	131B
SG20SC9M	新電元		100	90			20	112c	200	25j	0.75	10	25c	1m	90	25c	2素子センタータップ (カソードコモン) SB形	131B

- 205 -

形名	社名	最大定格 PRSM (kW)	VRSM (V)	VRRM (V)	VR (V)	VI (V)	IO (A)	T条件 (°C)	IFSM (A)	T条件 (°C)	順方向特性(typは*) VFmax	測定条件 IF(A)	T(°C)	逆方向特性(typは*) IRmax (μA)	測定条件 VR(V)	T(°C)	その他の特性等	外形
SG20SC10M	新電元			100			20	140c	200	25j	0.86	10	25c	30	100	25c	2素子センタータップ (カソードコモン) SB形	131B
SG20SC12M	新電元			120			20	137c	200	25j	0.87	10	25c	30	120	25c	2素子センタータップ (カソードコモン) SB形	131B
SG20SC15M	新電元			150			20	136c	200	25j	0.88	10	25c	30	150	25c	2素子センタータップ (カソードコモン) SB形	131B
SG30JC6M	新電元		65	60			30	90c	250	25j	0.69	15	25c	150	60	25c	2素子センタータップ (カソードコモン) SB形	131B
SG30SC3LM	新電元		35	30			30	117c	350	25j	0.45	12.5	25c	15m	30	25c	2素子センタータップ (カソードコモン) SB形	131B
SG30SC4M	新電元		45	40			30	101c	300	25j	0.55	15	25c	1.5m	40	25c	2素子センタータップ (カソードコモン) SB形	131B
SG30SC6M	新電元		65	60			30	100c	300	25j	0.61	15	25c	1.2m	60	25c	2素子センタータップ (カソードコモン) SB形	131B
SG30TC10M	新電元			100			30	126c	300	25j	0.86	15	25c	40	100	25c	2素子センタータップ (カソードコモン) SB形	131B
SG30TC12M	新電元			120			30	122c	300	25j	0.87	15	25c	40	120	25c	2素子センタータップ (カソードコモン) SB形	131B
SG30TC15M	新電元			150			30	122c	300	25j	0.88	15	25c	40	150	25c	2素子センタータップ (カソードコモン) SB形	131B
SG40SC10U	新電元			100			30	93c	250	25j	0.68	15	25c	1m	100	25c	2素子センタータップ (カソードコモン) SB形	131B
SG40TC10M	新電元			100			40	116c	350	25j	0.86	20	25c	60	100	25c	2素子センタータップ (カソードコモン) SB形	131B
SG40TC12M	新電元			120			40	112c	350	25j	0.87	20	25c	60	120	25c	2素子センタータップ (カソードコモン) SB形	131B
SG5LC20USM	新電元			200			5	133c	70	25j	0.96	2.5	25c	10	200	25c	Cj=30pF 2素子センタータップ (カソードコモン)	131B
SG8SC4M	新電元		345	40			8	155c	80	25j	0.56	4	25c	300	40	25c	2素子センタータップ (カソードコモン) SB形	131B
SPB-64S	サンケン			40			6	100c	50		0.55	3		3.5m	4		2素子センタータップ (カソードコモン) SB形	520
SPJ-63S	サンケン			30			6		50		0.45	3		3m	3		2素子センタータップ (カソードコモン) SB形	520
SS10FJK10S	オリジン		105	100			10		80		1	10	25j	100	100	25j	Cj=50pF 2素子センタータップ (カソードコモン) SB	45
SS10FJK15M	オリジン		155	150			10		80		1	10	25j	1	150	25j	Cj=65pF 2素子センタータップ (カソードコモン) SB	45
SS10FJK20M	オリジン		205	200			10		80		1	10	25j	1	200	25j	Cj=65pF 2素子センタータップ (カソードコモン) SB	45
SS120JP4A	オリジン			40			120	100c	800		0.55	60	25j	80m	40	25j	2素子複合 SB形	519
SS120JP7A	オリジン			70			120	95c	800		0.63	60	25j	80m	70	25j	2素子複合 SB形	519
SS120JP9A	オリジン			90			120	95c	800		0.85	60	25j	80m	90	25j	2素子複合 SB形	519
SS20FJK10S	オリジン		105	100			20		160		1	20	25j	150	100	25j	Cj=100pF 2素子センタータップ (カソードコモン) SB	45
SS20FJK12S	オリジン		125	120			20		160		1	20	25j	500	120	25j	Cj=100pF 2素子センタータップ (カソードコモン) SB	45
SS20FJK15M	オリジン		155	150			20		130		1	20	25j	1	150	25j	Cj=75pF 2素子センタータップ (カソードコモン) SB	45
SS20FJK20M	オリジン		205	200			20		130		1	20	25j	1	200	25j	Cj=75pF 2素子センタータップ (カソードコモン) SB	45
SS20JK9	オリジン			90			20	108c	200		0.75	10		10m	90		2素子センタータップ (カソードコモン) SB形	500A
SS25JK6	オリジン			60			25	100c	300	25j	0.55	12.5		5m	60		Cj=2000pF 2素子センタータップ (カソードコモン) SB形	500A
SS30FJK10M	オリジン		105	100			30		160		1	30	25j	2	100	25j	Cj=100pF 2素子センタータップ (カソードコモン) SB	45
SS30FJK10S	オリジン		105	100			30		180		1	30	25j	150	100	25j	Cj=130pF 2素子センタータップ (カソードコモン) SB	45
SS30FJK15M	オリジン		155	150			30		160		1	30	25j	1	150	25j	Cj=85pF 2素子センタータップ (カソードコモン) SB	45
SS30FJK20M	オリジン		205	200			30		160		1	30	25j	1	200	25j	Cj=85pF 2素子センタータップ (カソードコモン) SB	45
SS30JK3U	オリジン			30			30				0.37	15		10m	30		2素子センタータップ (カソードコモン) SB形	500A
SS30JK4	オリジン			40			30	100c	350	25j	0.52	15		5m	40		Cj=2000pF 2素子 (カソードコモン) SB形	500A
SS30JK6	オリジン			60			30	100c	300	25j	0.6	15		5m	60		2素子センタータップ (カソードコモン) SB形	500A
SS30JK9	オリジン			90			20	100c	200	25j	0.75	10		5m	90		2素子センタータップ (カソードコモン) SB形	500A
SS40FJK9	オリジン			90			40	98c	400		0.75	20		20m	90		2素子センタータップ (カソードコモン) SB形	548A
SS60FJK4	オリジン			40			60	101c	600		0.55	30		20m	40		2素子センタータップ (カソードコモン) SB形	548A
SS60FJK6	オリジン			60			60	96c	600		0.6	30		20m	60		2素子センタータップ (カソードコモン) SB形	548A
SS60J4M2P	オリジン			40			50	100c	800		0.43	25	25c	40m	40	25c	2素子センタータップ (カソードコモン) SB形	742
SS60J4M3P	オリジン			40			75	100c	800		0.43	25	25c	80m	40	25c	3素子センタータップ (カソードコモン) SB形	742

| 形 名 | 社 名 | 最大定格 |||||||| 順方向特性 (typは*) ||| 逆方向特性 (typは*) ||| その他の特性等 | 外形 |
| | | P_{RSM} (kW) | V_{RSM} (V) | V_{RRM} (V) | V_R (V) | V_I (V) | I_O (A) | T条件 (°C) | I_{FSM} (A) | T条件 (°C) | V_{Fmax} (V) | 測定条件 || I_{Rmax} (μA) | 測定条件 || | |
												I_F(A)	T(°C)		V_R(V)	T(°C)		
SS60J4M6P	オリジン			40			150	100c	1600		0.43	50	25c	160m	40	25c	3素子センタータップ (カソードコモン) SB形	742
SS60J5M6P	オリジン			50			150	100c	1600		0.43	50	25c	160m	50	25C	3素子センタータップ (カソードコモン) SB形	742
SS60J6M3P	オリジン			60			180	100c	800		0.6	60	25c			60	25c	3素子センタータップ (カソードコモン) SB形	742
SS60J7M3P	オリジン			70			75	100c	800		0.48	25	25c	80m	70	25C	3素子センタータップ (カソードコモン) SB形	742
SS60J7M6P	オリジン			70			150	100c	1600		0.48	50	25c	160m	70	25C	3素子センタータップ (カソードコモン) SB形	742
SS60J9M3P	オリジン			90			120	100c	800		0.75	60	25c			90	25c	3素子センタータップ (カソードコモン) SB形	742
TCF10A40	日本インター			400			10	112c	80	25j	1.25	5	25j	30	400	25j	trr<45ns 2素子センタータップ (カソードコモン)	236
TCF10A40-11A	日本インター		440	400			10	112c	80	25j	1.25	5	25j	30	400	25j	trr<45ns 2素子センタータップ (アノードコモン)	238
TCF10B60-11A	日本インター			600			16	94c	120	25j	1.7	8		20	600	25j	trr<50ns 2素子センタータップ (カソードコモン)	238
TCF10B60	日本インター			600			10	99c	80	25j	1.7	5		30	600	25j	trr<40ns 2素子センタータップ (カソードコモン)	236
TCF20B60-11A	日本インター			600			20	74c	120	25j	1.8	10		30	600	25j	trr<50ns 2素子センタータップ (カソードコモン)	238
TCF20B60	日本インター			600			20	74c	120	25j	1.8	10		30	600	25j	trr<50ns 2素子センタータップ (カソードコモン)	236
TCH10A15	日本インター			150			10	121c	130		0.88	5	25j	1m	150	25j	2素子センタータップ (カソードコモン) SB形	236
TCH10A15-11A	日本インター			150			10	121c	130		0.88	5	25j	1m	150	25j	2素子センタータップ (カソードコモン) SB形	238
TCH20A15	日本インター			150			20	121c	180	25j	0.9	10	25j	1m	150	25j	2素子センタータップ (カソードコモン) SB形	236
TCH20A15-11A	日本インター			150			20	121c	180	25j	0.9	10	25j	1m	150	25j	2素子センタータップ (アノードコモン) SB形	238
TCH20A20	日本インター			200			20	118C	120	25j	1	10	25j	200	200	25j	2素子センタータップ (カソードコモン) SB形	236
TCH30A15	日本インター			150			30	103c	250	25j	0.91	15	25j	2m	150	25j	2素子センタータップ (カソードコモン) SB形	236
TCH30A15-11A	日本インター			150			30	103c	250	25j	0.91	15	25j	2m	150	25j	2素子センタータップ (カソードコモン) SB形	238
TCH30B10	日本インター			100			30	97c	150	25j	0.96	15	25j	1m	100	25j	2素子センタータップ (カソードコモン) SB形	236
TCH30B10-11A	日本インター			100			30	97c	150	25j	0.96	15	25j	1m	100	25j	2素子センタータップ (カソードコモン) SB形	238
TCH30C10	日本インター			100			30	105c	250	25j	0.88	15	25j	2m	100	25j	2素子センタータップ (カソードコモン) SB形	236
TCH30C10-11A	日本インター			100			30	105c	250	25j	0.88	15	25j	2m	100	25j	2素子センタータップ (カソードコモン) SB形	238
TCQ10A04	日本インター		45	40			10	116c	120	25j	0.55	5	25j	5m	40	25j	2素子センタータップ (カソードコモン) SB形	236
TCQ10A06	日本インター		65	60			10	108c	110	25j	0.58	5	25j	5m	60	25j	2素子センタータップ (カソードコモン) SB形	236
TCQ10A04-11A	日本インター		45	40			10	116c	120	25j	0.55	5	25j	5m	40	25j	2素子センタータップ (カソードコモン) SB形	238
TCQ10A06-11A	日本インター		65	60			10	108c	110	25j	0.58	5	25j	5m	60	25j	2素子センタータップ (カソードコモン) SB形	238
TCQ30B04	日本インター			40			30	100C	150	25j	1	15	25j	40			25j	2素子センタータップ (カソードコモン)	236
TCU10A20	日本インター			200			10	116c	100	25j	1.1	5	25j	20	200	25j	trr<27ns 2素子センタータップ (カソードコモン)	236
TCU10A30	日本インター			300			10	109c	100	25j	1.3	5	25j	25	300	25j	trr<30ns 2素子センタータップ (カソードコモン)	236
TCU10A30-11A	日本インター			300			10	109c	100	25j	1.3	5	25j	25	300	25j	trr<30ns 2素子センタータップ (カソードコモン)	238
TCU10A40	日本インター			400			10	104c	80	25j	1.53	5	25j	30	400	25j	trr<32ns 2素子センタータップ (カソードコモン)	236
TCU10A60	日本インター			600			10	84c	70	25j	2.3	5	25j	30	600	25j	trr<35ns 2素子センタータップ (カソードコモン)	236
TCU10A60-11A	日本インター			600			10	84c	70	25j	2.3	5	25j	30	600	25j	trr<35ns 2素子センタータップ (カソードコモン)	238
TCU10B60	日本インター			600			10	77c	60	25j	2.7	5	25j	30	600	25j	trr<30ns 2素子センタータップ (カソードコモン)	236
TCU10B60-11A	日本インター			600			10	77c	60	25j	2.7	5	25j	30	600	25j	trr<30ns 2素子センタータップ (カソードコモン)	238
TCU20A20	日本インター			200			20	101c	120	25j	1.13	10	25j	25	200	25j	trr<32ns 2素子センタータップ (カソードコモン)	236
TCU20A20-11A	日本インター			200			20	101c	120	25j	1.13	10	25j	25	200	25j	trr<32ns 2素子センタータップ (カソードコモン)	238
TCU20A30	日本インター			300			20	90c	120	25j	1.4	10	25j	25	300	25j	trr<35ns 2素子センタータップ (カソードコモン)	236
TCU20A30-11A	日本インター			300			20	90c	120	25j	1.4	10	25j	25	300	25j	trr<35ns 2素子センタータップ (カソードコモン)	238
TCU20A40	日本インター			400			20	86c	120	25j	1.53	10	25j	30	400	25j	trr<40ns 2素子センタータップ (カソードコモン)	236
TCU20A60	日本インター			600			20	60c	110	25j	2.3	10	25j	30	600	25j	trr<45ns 2素子センタータップ (カソードコモン)	236

形名	社名	P_{RSM} (kW)	V_{RSM} (V)	V_{RRM} (V)	V_R (V)	V_I (V)	I_O (A)	T条件 (°C)	I_{FSM} (A)	T条件 (°C)	V_{Fmax} (V)	I_F(A)	T(°C)	I_{Rmax} (μA)	V_R(V)	T(°C)	その他の特性等	外形
TCU20A60-11A	日本インター			600			20	60c	110	25j	2.3	10	25j	30	600	25j	trr<45ns 2素子センタータップ (カソードコモン)	238
TCU20B60	日本インター			600			20	50c	100	25j	2.7	10	25j	30	600	25j	trr<40ns 2素子センタータップ (カソードコモン)	236
TCU20B60-11A	日本インター			600			20	50c	100	25j	2.7	10	25j	30	600	25j	trr<40ns 2素子センタータップ (カソードコモン)	238
* TP801C04	富士電機		48	40			5	103c	100	125j	0.55	2		5m	40		2素子センタータップ (カソードコモン) SB形	71
* TP801C06	富士電機		60	60			5	103c	60	125j	0.58	2		5m	60		2素子センタータップ (カソードコモン) SB形	71
* TP802C04	富士電機		48	40			10	97c	120		0.55	4		5m	40		2素子センタータップ (カソードコモン) SB形	71
* TP802C06	富士電機		60	60			10	96c	80		0.58	4		5m	60		2素子センタータップ (カソードコモン) SB形	71
* TP802C09	富士電機		100	90			10	92c	80		0.9	4		5m	90		2素子センタータップ (カソードコモン) SB形	71
* TP802C04R	富士電機		48	40			10	116c	120		0.55	4		5m	40		2素子センタータップ (カソードコモン) SB形	71
* TP805C04	富士電機		48	40			20	92c	120		0.6	10		15m	40		2素子センタータップ (カソードコモン) SB形	71
TP858C12R	富士電機			120			30	106c	110		1.01	15		200	100		2素子センタータップ (カソードコモン) SB形	71
TP862C12R	富士電機		120	120			10	137c	75	25c	0.88	10	25c	150	120	25c	2素子センタータップ (カソードコモン) SB形	71
TP862C15R	富士電機		150	150			10	133c	75	25c	0.9	10	25c	150	150	25c	2素子センタータップ (カソードコモン) SB形	71
TP865C12R	富士電機		120	120			20	126c	150	25c	0.88	10	25c	150	120	25c	2素子センタータップ (カソードコモン) SB形	71
TP865C15R	富士電機		150	150			20	115c	150	25c	0.9	10	25c	150	150	25c	2素子センタータップ (カソードコモン) SB形	71
TP868C12R	富士電機		120	120			30	122c	225	25c	0.88	15	25c	200	120	25c	2素子センタータップ (カソードコモン) SB形	71
TP868C15R	富士電機		150	150			30	118c	225	25c	0.9	15	25c	200	150	25c	2素子センタータップ (カソードコモン) SB形	71
TP868C10R	富士電機			100			30	113c	160		0.86	15		200	100		2素子センタータップ (カソードコモン) SB形	71
TP869C04R	富士電機			45			40	120c	190		0.61	20		200	45		2素子センタータップ (カソードコモン) SB形	71
TP869C06R	富士電機			60			40	114c	190		0.7	20		200	60		2素子センタータップ (カソードコモン) SB形	71
TP869C08R	富士電機			80			40	98c	190		0.71	20		200	80		2素子センタータップ (カソードコモン) SB形	71
TP869C10R	富士電機			100			40	105c	190		0.82	20		200	100		2素子センタータップ (カソードコモン) SB形	71
* TP901C2	富士電機			200			5	120c	25		0.95	2.5		100	200		trr<35ns 2素子センタータップ (カソードコモン)	71
* TP901C3	富士電機			300			5	105c	25		1.2	2.5		100	300		trr<35ns 2素子センタータップ (カソードコモン)	71
* TP902C2	富士電機			200			10	125c	50		0.95	5		100	200		trr<35ns 2素子センタータップ (カソードコモン)	71
* TP902C3	富士電機			300			10	125c	40		1.2	5		100	300		trr<35ns 2素子センタータップ (カソードコモン)	71
TPC6K01	東芝			400			0.3	75a	3		1.1	0.3		10	400		Ioはガラエポ基板実装時 2素子複合	92
* TS802C04	富士電機		48	40			10	97c	120	125j	0.55	4		5m	40		2素子センタータップ (カソードコモン) SB形	72
* TS802C06	富士電機		60	60			10	96c	80		0.58	4		5m	60		2素子センタータップ (カソードコモン) SB形	72
* TS802C09	富士電機		100	90			10	92c	80		0.9	4		5m	90		2素子センタータップ (カソードコモン) SB形	72
TS802C04R-TE24R	富士電機		48	40			10	116c	120		0.55	4		5m	40		2素子センタータップ (カソードコモン) SB形	72
TS802C09R-TE24R	富士電機		100	90			10	109c	80		0.9	4		5m	90		2素子センタータップ (カソードコモン) SB形	72
* TS805C04	富士電機		48	40			20	92c	120	125j	0.6	10		15m	40		2素子センタータップ (カソードコモン) SB形	72
* TS805C06	富士電機		60	60			20	87c	120	125j	0.58	8		15m	60		2素子センタータップ (カソードコモン) SB形	72
TS805C04R-TE24R	富士電機			40			20	110c	120		0.6	10		15m	40		2素子センタータップ (カソードコモン) SB形	72
* TS808C04	富士電機		48	40			30	93c	250		0.55	12.5		20m	40		2素子センタータップ (カソードコモン) SB形	72
* TS808C06	富士電機		60	60			30	88c	200	125j	0.58	12.5		20m	60		2素子センタータップ (カソードコモン) SB形	72
TS808C06R-TE24R	富士電機			60			30	115c	120		0.58	12.5		20m	60		2素子センタータップ (カソードコモン) SB形	72
TS862C04R	富士電機		45	45			10	138c	125	25c	0.61	5	25c	150	45	25c	2素子センタータップ (カソードコモン) SB形	72
TS862C06R	富士電機		60	60			10	136c	125	25c	0.68	5	25c	150	60	25c	2素子センタータップ (カソードコモン) SB形	72
TS862C10R	富士電機		100	100			10	132c	125	25c	0.86	5	25c	150	100	25c	2素子センタータップ (カソードコモン) SB形	72
TS862C12R	富士電機		120	120			10	137c	75	25c	0.88	10	25c	150	120	25c	2素子センタータップ (カソードコモン) SB形	72

	形　名	社　名	P_{RSM} (kW)	V_{RSM} (V)	V_{RRM} (V)	V_R (V)	V_I (V)	I_O (A)	T条件 (℃)	I_{FSM} (A)	T条件 (℃)	V_{Fmax} (V)	I_F(A)	T(℃)	I_{Rmax} (μA)	V_R(V)	T(℃)	その他の特性等	外形
	TS862C15R	富士電機		150	150			10	133c	75	25c	0.9	10	25c	150	150	25c	2素子センタータップ (カソードコモン) SB形	72
	TS862C08R	富士電機			80			10	126c	125		0.76	5		150	80		2素子センタータップ (カソードコモン) SB形	72
	TS865C04R	富士電機		45	45			20	126c	145	25c	0.63	10	25c	175	40	25c	2素子センタータップ (カソードコモン) SB形	72
	TS865C06R	富士電機		60	60			20	122c	145	25c	0.74	10	25c	175	60	25c	2素子センタータップ (カソードコモン) SB形	72
	TS865C10R	富士電機		100	100			20	117c	145	25c	0.86	10	25c	175	100	25c	2素子センタータップ (カソードコモン) SB形	72
	TS865C12R	富士電機		120	120			20	126c	150	25c	0.88	10	25c	150	120	25c	2素子センタータップ (カソードコモン) SB形	72
	TS865C15R	富士電機		150	150			20	115c	150	25c	0.9	10	25c	150	150	25c	2素子センタータップ (カソードコモン) SB形	72
	TS865C08R	富士電機			80			20	107c	145		0.76	5		175	80		2素子センタータップ (カソードコモン) SB形	72
	TS868C04R	富士電機		45	45			30	122c	160	25c	0.63	15	25c	200	40	25c	2素子センタータップ (カソードコモン) SB形	72
	TS868C06R	富士電機		60	60			30	119c	160	25c	0.74	15	25c	200	60	25c	2素子センタータップ (カソードコモン) SB形	72
	TS868C10R	富士電機		100	100			30	113c	160	25c	0.86	15	25c	200	100	25c	2素子センタータップ (カソードコモン) SB形	72
	TS868C12R	富士電機		120	120			30	121c	225	25c	0.88	10	25c	200	120	25c	2素子センタータップ (カソードコモン) SB形	72
	TS868C15R	富士電機		150	150			10	118c	225	25c	0.9	10	25c	200	150	25c	2素子センタータップ (カソードコモン) SB形	72
	TS868C08R	富士電機			80			30	105c	160		0.76	15		200	80		2素子センタータップ (カソードコモン) SB形	72
*	TS902C2	富士電機			200			10	125c	50		0.95	5		100	200		trr<35ns 2素子センタータップ (カソードコモン)	72
*	TS902C3	富士電機			300			10	125c	40		1.2	5		100	300		trr<35ns 2素子センタータップ (カソードコモン)	72
*	TS906C2	富士電機			200			20	112c	80		0.98	10		200	200		trr<35ns 2素子センタータップ (カソードコモン)	72
	TS906C3R	富士電機			300			20	123c	80		1.2	10		200	300		trr<35ns 2素子センタータップ (カソードコモン)	72
	TS982C3R	富士電機			300			10	128c	90		1.3	5		20	300		trr<40ns 2素子センタータップ (カソードコモン)	72
	TS982C6R	富士電機			600			16	88c	40		3	8		25	600		trr<26ns 2素子センタータップ (カソードコモン)	72
	TS982C4R	富士電機			400			10	125c	80		1.45	5		20	400		trr<50ns 2素子センタータップ (カソードコモン)	72
	TS985C3R	富士電機			300			20	118c	110		1.3	10		35	300		trr<40ns 2素子センタータップ (カソードコモン)	72
	TS985C4R	富士電機			400			20	114c	100		1.45	10		35	400		trr<28ns 2素子センタータップ (カソードコモン)	72
	TS985C6R	富士電機			600			20	86c	50		3	10		30	600		trr<28ns 2素子センタータップ (カソードコモン)	72
	U05B4B48	東芝			100			0.5	30a	30	25j	1	0.4		10	100		Ioはアルミナ基板実装時 ブリッジ接続	117
	U05D4B48	東芝			200			0.5	30a	30	25j	1	0.4		10	200		Ioはアルミナ基板実装時 ブリッジ接続	117
	U05G4B48	東芝			400			0.5	30a	30	25j	1	0.4		10	400		ブリッジ接続 Ioはアルミナ基板実装時	117
	U05GU4B48	東芝			400			0.5	80a	30	25j	0.65	20m		100	400		ブリッジ接続 Ioはアルミナ基板実装時	117
	U05J4B48	東芝			600			0.5	30a	30	25j	1	0.4		10	600		ブリッジ接続 Ioはアルミナ基板実装時	117
	U1B4B42	東芝			100			1		30	50j	1	0.5		10	100		Ioはプリント板実装時 ブリッジ接続	386
*	U1D4B42	東芝			200			1		30	50j	1	0.5		10	200		Ioはプリント板実装時 ブリッジ接続	386
	U1G4B42	東芝			400			1		30	50j	1	0.5		10	400		Ioはプリント板実装時 ブリッジ接続	386
	U1GWJ2C49	東芝			40			1		15		0.55	5		500	40		Cj=25pF 2素子センタータップ (カソードコモン) SB	237B
*	U1J4B42	東芝			600			1		30	50j	1	0.5		10	600		ブリッジ接続 Ioはプリント板実装時	386
*	U1Q4B42	東芝			1200			1		20		1.2	0.5		10	1200		ブリッジ接続 Ioはプリント板実装時	386
*	U10DL2C48A	東芝			200			10	120c	50		0.98	5		10	200		trr<35ns 2素子センタータップ (カソードコモン)	29A
*	U10FL2C48A	東芝			300			10	120c	50		1.3	5		10	300		trr<35ns 2素子センタータップ (カソードコモン)	29A
	U10FWJ2C48M	東芝			30			10		100	25j	0.47	5		3.5m	30		Cj=290pF 2素子センタータップ (カソードコモン) SB	29A
	U10GWJ2C48C	東芝			40			10	107c	100	25j	0.55	5		3.5m	40		Cj=195pF 2素子センタータップ (カソードコモン) SB	29A
*	U10JL2C48A	東芝			600			10		40		4	5		50	600		trr<35ns 2素子センタータップ (カソードコモン)	29A
	U2GWJ2C42	東芝			40			2	110c	15		0.55	1		1m	40		Cj=45pF 2素子センタータップ (カソードコモン) SB	683
*	U20DL2C48A	東芝			200			20	113c	100		0.98	10		50	200		trr<35ns 2素子センタータップ (カソードコモン)	29A

形 名	社 名	P_{RSM} (kW)	V_{RSM} (V)	V_{RRM} (V)	V_R (V)	V_I (V)	I_O (A)	T条件 (℃)	I_{FSM} (A)	T条件 (℃)	V_{Fmax} (V)	測定条件 I_F(A)	測定条件 T(℃)	I_{Rmax} (μA)	測定条件 V_R(V)	測定条件 T(℃)	その他の特性等	外形
U20DL2C53A	東芝			200			20	110c	100		0.98	10		50	200		trr<35ns 2素子センタータップ (カソードコモン)	77
U20FL2C48A	東芝			300			20	100c	100		1.3	10		50	300		trr<35ns 2素子センタータップ (カソード)	29A
*U20FWJ2C48M	東芝			30			20		200	25j	0.47	15		10m	30		Cj=680pF 2素子センタータップ (カソードコモン) SB	29A
*U20GL2C48A	東芝			400			20		100		1.8	10		50	400		trr<35ns 2素子センタータップ (カソードコモン)	29A
U20GL2C53A	東芝			400			20	90c	100		1.8	10		50	400		trr<35ns 2素子センタータップ (カソードコモン)	77
*U20JL2C48A	東芝			600			20		80		3.2	10		50	600		trr<35ns 2素子センタータップ (カソードコモン)	29A
U3GWJ2C42	東芝			40			3	107c	15		0.55	1.5		2m	40		Cj=62pF 2素子センタータップ (カソードコモン) SB	683
U30FWJ2C48M	東芝			30			30		300	25j	0.47	15		15m	30		Cj=820pF 2素子センタータップ (カソードコモン) SB	29A
U30FWJ2C53M	東芝			30			30	105c	300		0.47	15		15m	30		Cj=880pF 2素子センタータップ (カソードコモン) SB	77
U30GWJ2C48C	東芝		48	40			30	98c	300	25j	0.55	15		15m	40		Cj=600pF 2素子センタータップ (カソードコモン) SB	29A
U30GWJ2C53C	東芝		48	40			30	95c	300		0.55	15		15m	40		Cj=660pF 2素子センタータップ (カソードコモン) SB	77
U30JWJ2C48	東芝			60			30		300		0.58	12		15m	40		2素子センタータップ (カソードコモン) SB形	29A
U30QWK2C53	東芝			120			30	110c	100		0.85	15		50	120		Cj=230pF 2素子センタータップ (カソードコモン) SB	77
U4SB20	新電元			200			4	108c	120	25j	1.05	2	25c	10	200	25c	ブリッジ接続 UL取得品	230
U4SB60	新電元			600			4	108c	120	25j	1.05	2	25c	10	600	25c	ブリッジ接続 UL取得品	230
U4SBA20	新電元			200			4	108c	80	25j	1.05	2	25c	10	200	25c	ブリッジ接続 UL取得品	230
U4SBA60	新電元			600			4	108c	80	25j	1.05	2	25c	10	600	25c	ブリッジ接続 UL取得品	230
U5DL2C48A	東芝			200			5	128c	25	25j	0.98	2.5		10	200		trr<35ns 2素子センタータップ (カソードコモン)	29A
U5FL2C48A	東芝			300			5	120c	25		1.3	2.5		10	300		trr<35ns 2素子センタータップ (カソードコモン)	29A
U5FWJ2C48M	東芝			30			5		50	25j	0.47	2.5		3.5m	30		Cj=138pF 2素子センタータップ (カソードコモン) SB	29A
U5FWK2C42	東芝			30			5	115c	50		0.4	2.5		300	30		Cj=145pF 2素子センタータップ (カソードコモン) SB	683
U5GWJ2C42C	東芝			40			5	100c	50		0.55	2.5		3.5m	40		Cj=100pF 2素子センタータップ (カソードコモン) SB	683
U5GWJ2C48C	東芝		48	40			5	114c	50		0.55	2.5		3.5m	40		Cj=100pF 2素子センタータップ (カソードコモン) SB	29A
U6SB20	新電元			200			6	111c	170	25j	1.05	3	25c	10	200	25c	ブリッジ接続 UL取得品	796
U6SB60	新電元			600			6	111c	170	25j	1.05	3	25c	10	600	25c	ブリッジ接続 UL取得品	796
U6SBA20	新電元			200			6	110c	120	25j	1.05	3	25c	10	200	25c	ブリッジ接続 UL取得品	796
U6SBA60	新電元			600			6	110c	120	25j	1.05	3	25c	10	600	25c	ブリッジ接続 UL取得品	796
UCQS30A045	日本インター			45			30	113c	250	25j	0.55	15	25j	1m	45	25j	2素子センタータップ（カソードコモン) SB形	8
UCU20C16	日本インター			160			20	107c	120	25j	1.9	10		25	160	25j	trr<30ns 2素子センタータップ (カソードコモン)	8
UCU20C20	日本インター			200			20	104c	120	25j	1.08	10		25	200	25j	trr<31ns 2素子センタータップ (カソードコモン)	8
UCU20C30	日本インター			300			20	96c	120	25j	1.3	10		25	300	25j	trr<33ns 2素子センタータップ (カソードコモン)	8
UCU20C40	日本インター			400			20	89c	120	25j	1.5	10		30	400	25j	trr<35ns 2素子センタータップ (カソードコモン)	8
UD2KB80	新電元			800			2	143c	62	25j	1.05	1	25c	10	800	25c	ブリッジ接続	692
UD3KB80	新電元			800			3	140c	90	25j	1.05	1.5	25c	10	800	25c	ブリッジ接続	692
UD4KB80	新電元			800			4	138c	135	25j	1	2	25c	10	800	25c	ブリッジ接続	692
UD6KBA80	新電元			800			6	131c	135	25j	1.05	3	25c	10	800	25c	ブリッジ接続	692
UD8KBA80	新電元			800			8	126c	165	25j	1.05	4	25c	10	800	25c	ブリッジ接続	692
USR100PP12A	オリジン			1200			50x2		600		3	60		200	1200		trr<100ns 2素子複合	519
USR100PP16	オリジン			1600			50x2		500		4.5	50		500	1600		trr<100ns 2素子複合	519
USR1000P16	オリジン			1600			50x2		500		3	50		500	1600		trr<200ns 2素子複合	519
USR120EP2	オリジン			200			60x2		600		1.2	60		200	200		trr<50ns 2素子複合	519
USR120EP3	オリジン			300			60x2		600		1.35	60		200	300		trr<50ns 2素子複合	519

	形　名	社　名	最大定格 P_RSM (kW)	V_RSM (V)	V_RRM (V)	V_R (V)	V_l (V)	I_0 (A)	T条件 (℃)	I_FSM (A)	T条件 (℃)	順方向特性(typは*) V_Fmax (V)	測定条件 I_F(A)	測定条件 T(℃)	逆方向特性(typは*) I_Rmax (μA)	測定条件 V_R(V)	測定条件 T(℃)	その他の特性等	外形
	USR120PP2A	オリジン			200			60x2		600		1	60		200	200		trr<100ns 2素子複合	519
	USR120PP2C	オリジン			200			60x2		600		1	60		200	200		trr<100ns 2素子複合	519
	USR120PP3A	オリジン			300			60x2		600		1.1	60		200	300		trr<100ns 2素子複合	519
	USR120PP3C	オリジン			300			60x2		600		1.1	60		100	300		trr<100ns 2素子複合	519
	USR120PP6A	オリジン			600			60x2		600		1.7	60		200	600		trr<100ns 2素子複合	519
	USR120PP6C	オリジン			600			60x2		600		1.7	60		200	600		trr<100ns 2素子複合	519
	USR120PP12B	オリジン			1200			50x2		600		3	50		200	1200		trr<100ns 2素子複合	519
	USR600P16A	オリジン			1600			30x2		300		2.5	30		500	1600		trr<150ns 2素子複合	519
*	YA846C04	富士電機	45	45				30	98c	200		0.55	12.5		5m	45		2素子センタータップ (カソードコモン) SB形	273A
	YA852C12R	富士電機		120				10	128c	55		0.93	5		150	120		2素子センタータップ (カソードコモン) SB形	273A
	YA852C15R	富士電機		150				10	124c	55		0.96	5		150	150		2素子センタータップ (カソードコモン) SB形	273A
	YA855C12R	富士電機		120				20	111c	95		0.98	10		175	120		2素子センタータップ (カソードコモン) SB形	273A
	YA855C15R	富士電機		150				20	105c	95		1.01	10		175	150		2素子センタータップ (カソードコモン) SB形	273A
	YA858C12R	富士電機		120				30	106c	110		1.01	15		200	120		2素子センタータップ (カソードコモン) SB形	273A
	YA858C15R	富士電機		150				30	94c	110		1.13	15		200	150		2素子センタータップ (カソードコモン) SB形	273A
	YA862C04R	富士電機	45	45				10	138c	125	25c	0.61	5	25c	150	40	25c	2素子センタータップ (カソードコモン) SB形	273A
	YA862C06R	富士電機	60	60				10	136c	125	25c	0.68	5	25c	150	60	25c	2素子センタータップ (カソードコモン) SB形	273A
	YA862C10R	富士電機	100	100				10	132c	125	25c	0.86	5	25c	150	100	25c	2素子センタータップ (カソードコモン) SB形	273A
	YA862C12R	富士電機	120	120				10	137c	75	25c	0.88	10	25c	150	120	25c	2素子センタータップ (カソードコモン) SB形	273A
	YA862C15R	富士電機	150	150				10	133c	75	25c	0.9	10	25c	150	150	25c	2素子センタータップ (カソードコモン) SB形	273A
	YA862C08R	富士電機		80				10	126c	125		0.76	5		150	80		2素子センタータップ (カソードコモン) SB形	273A
	YA865C04R	富士電機	45	45				20	126c	145	25c	0.63	10	25c	175	40	25c	2素子センタータップ (カソードコモン) SB形	273A
	YA865C06R	富士電機	60	60				20	122c	145	25c	0.74	10	25c	175	60	25c	2素子センタータップ (カソードコモン) SB形	273A
	YA865C10R	富士電機	100	100				20	117c	145	25c	0.86	10	25c	175	100	25c	2素子センタータップ (カソードコモン) SB形	273A
	YA865C12R	富士電機	120	120				20	126c	150	25c	0.88	10	25c	150	120	25c	2素子センタータップ (カソードコモン) SB形	273A
	YA865C15R	富士電機	150	150				20	115c	150	25c	0.9	10	25c	150	150	25c	2素子センタータップ (カソードコモン) SB形	273A
	YA865C08R	富士電機		80				20	107c	145		0.76	10		175	80		2素子センタータップ (カソードコモン) SB形	273A
	YA868C04R	富士電機	45	45				30	122c	160	25c	0.63	15	25c	200	40	25c	2素子センタータップ (カソードコモン) SB形	273A
	YA868C06R	富士電機	60	60				30	119c	160	25c	0.74	15	25c	200	60	25c	2素子センタータップ (カソードコモン) SB形	273A
	YA868C10R	富士電機	100	100				30	113c	160	25c	0.86	15	25c	200	100	25c	2素子センタータップ (カソードコモン) SB形	273A
	YA868C12R	富士電機	120	120				30	122c	225	25c	0.88	15	25c	200	120	25c	2素子センタータップ (カソードコモン) SB形	273A
	YA868C15R	富士電機	150	150				30	118c	225	25c	0.9	15	25c	200	150	25c	2素子センタータップ (カソードコモン) SB形	273A
	YA868C08R	富士電機		80				30	105c	160		0.76	15		200	80		2素子センタータップ (カソードコモン) SB形	273A
	YA869C04R	富士電機		45				40	120c	190		0.61	20		200	45		2素子センタータップ (カソードコモン) SB形	273A
	YA869C06R	富士電機		60				40	114c	190		0.7	20		200	60		2素子センタータップ (カソードコモン) SB形	273A
	YA869C08R	富士電機		80				40	98c	190		0.71	20		200	80		2素子センタータップ (カソードコモン) SB形	273A
	YA869C10R	富士電機		100				40	105c	190		0.82	20		200	100		2素子センタータップ (カソードコモン) SB形	273A
	YA869C12R	富士電機		120				40	104c	190		0.95	20		200	120		2素子センタータップ (カソードコモン) SB形	273A
	YA869C15R	富士電機		150				40	100c	190		0.97	20		200	150		2素子センタータップ (カソードコモン) SB形	273A
	YA875C10R	富士電機		100				20	144c	145		0.86	10		20	100		2素子センタータップ (カソードコモン) SB形	273A
	YA875C15R	富士電機		150				20	143c	145		0.89	10		20	150		2素子センタータップ (カソードコモン) SB形	273A
	YA875C20R	富士電機		200				20	141c	145		0.93	10		20	200		2素子センタータップ (カソードコモン) SB形	273A

形 名	社 名	P_RSM (kW)	V_RSM (V)	V_RRM (V)	V_R (V)	V_I (V)	I_0 (A)	T条件 (°C)	I_FSM (A)	T条件 (°C)	V_Fmax (V)	I_F (A)	T (°C)	I_Rmax (μA)	V_R (V)	T (°C)	その他の特性等	外形
YA878C10R	富士電機		100				30	142c	160		0.86	15		20	100		2素子センタータップ（カソードコモン）SB形	273A
YA878C12R	富士電機		120				30	141c	160		0.88	15		30	120		2素子センタータップ（カソードコモン）SB形	273A
YA878C15R	富士電機		150				30	140c	160		0.89	15		30	150		2素子センタータップ（カソードコモン）SB形	273A
YA878C20R	富士電機		200				30	138c	160		0.93	15		30	200		2素子センタータップ（カソードコモン）SB形	273A
YA975C6R	富士電機		600				20	106c	100		1.55	10		10	600		trr<50ns 2素子センタータップ（カソードコモン）	273A
YA975C6R	富士電機		600				20	106c	100		1.55	10		10	600		trr<50ns 2素子センタータップ（カソードコモン）	273A
YA982C3R	富士電機		300				10	128c	90		1.3	5		20	300		trr<40ns 2素子センタータップ（カソードコモン）	273A
YA982C4R	富士電機		400				10	125c	80		1.45	5		20	400		trr<50ns 2素子センタータップ（カソードコモン）	273A
YA982C6R	富士電機		600				16	88c	40		3	8		25	600		trr<26ns 2素子センタータップ（カソードコモン）	273A
YA985C3R	富士電機		300				20	118c	110		1.3	10		35	300		trr<40ns 2素子センタータップ（カソードコモン）	273A
YA985C4R	富士電機		400				20	114c	90		1.45	10		35	400		trr<50ns 2素子センタータップ（カソードコモン）	273A
YA985C6R	富士電機		600				20	86c	50		3	10		30	600		trr<28ns 2素子センタータップ（カソードコモン）	273A
YG221C2	富士電機		250	200			10	95c	70	150j	1.3	2.5		50	200		2素子センタータップ（カソードコモン）	51
YG221D2	富士電機		250	200			10	95c	70	150j	1.3	2.5		50	200		2素子直列	51
YG221N2	富士電機		250	200			10	95c	70	150j	1.3	2.5		50	200		2素子センタータップ（アノードコモン）	51
*YG225C2	富士電機		250	200			10	95c	70	25c	1.3	2.5		50	200		trr<0.4μs 2素子センタータップ（カソードコモン）	51
*YG225C4	富士電機		450	400			10	95c	70	25c	1.3	2.5		50	400		trr<0.4μs 2素子センタータップ（カソードコモン）	51
*YG225C8	富士電機		850	800			10	95c	70	25c	1.3	2.5		50	800		trr<0.4μs 2素子センタータップ（カソードコモン）	51
*YG225D2	富士電機		250	200			10	95c	70	25c	1.3	2.5		50	200		trr<0.4μs 2素子直列	51
*YG225D4	富士電機		450	400			10	95c	70	25c	1.3	2.5		50	400		trr<0.4μs 2素子直列	51
*YG225D8	富士電機		850	800			10	95c	70	25c	1.3	2.5		50	800		trr<0.4μs 2素子直列	51
*YG225N2	富士電機		250	200			10	95c	70	25c	1.3	2.5		50	200		trr<0.4μs 2素子センタータップ（アノードコモン）	51
*YG225N4	富士電機		450	400			10	95c	70	25c	1.3	2.5		50	400		trr<0.4μs 2素子センタータップ（アノードコモン）	51
*YG225N8	富士電機		850	800			10	95c	70	25c	1.3	2.5		50	800		trr<0.4μs 2素子センタータップ（アノードコモン）	51
*YG233C2	富士電機		200	200			8	95c	30	25c	1.4	2		500	200		trr<0.1μs 2素子センタータップ（カソードコモン）	51
*YG233D2	富士電機		200	200			8	95c	30	25c	1.4	2		500	200		trr<0.1μs 2素子直列	51
*YG233N2	富士電機		200	200			8	95c	30	25c	1.4	2		500	200		trr<0.1μs 2素子センタータップ（アノードコモン）	51
*YG339C4	富士電機		400	400			5	110c	20	25c	2.5	2		100	400		trr<50ns 2素子センタータップ（カソードコモン）	51
*YG339C6	富士電機		600	600			5	110c	20	25c	2.5	2		100	600		trr<50ns 2素子センタータップ（カソードコモン）	51
*YG339D4	富士電機		400	400			5	110c	20	25c	2.5	2		100	400		trr<50ns 2素子直列	51
*YG339D6	富士電機		600	600			5	110c	20	25c	2.5	2		100	600		trr<50ns 2素子直列	51
*YG339N4	富士電機		400	400			5	110c	20	25c	2.5	2		100	400		trr<50ns 2素子センタータップ（アノードコモン）	51
*YG339N6	富士電機		600	600			5	110c	20	25c	2.5	2		100	600		trr<50ns 2素子センタータップ（アノードコモン）	51
*YG801C04	富士電機		48	40			5	103c	100		0.55	2		5m	40		2素子センタータップ（カソードコモン）SB形	51
YG801C04R	富士電機		48	40			5	125c	100		0.55	2		5m	40		2素子センタータップ（カソードコモン）SB形	51
*YG801C06	富士電機		60	60			5	103c	60	125j	0.58	2		5m	60		2素子センタータップ（カソードコモン）SB形	51
YG801C06R	富士電機		60	60			5	125c	60		0.58	2		5m	60		2素子センタータップ（カソードコモン）SB形	51
YG801C09	富士電機		100	90			5	95c	60	125j	0.9	2		2m	90		2素子センタータップ（カソードコモン）SB形	51
YG801C09R	富士電機		100	90			5	117c	60		0.9	2		2m	90		2素子センタータップ（カソードコモン）SB形	51
YG801C10R	富士電機		100	100			5	117c	60	25c	0.8	1.5		700	100		2素子センタータップ（カソードコモン）SB形	51
YG802C03R	富士電機		30	30			10	125c	120	25c	0.47	4		5m	30		2素子センタータップ（カソードコモン）SB形	51
*YG802C04	富士電機		48	40			10	95c	120		0.55	4		5m	40		2素子センタータップ（カソードコモン）SB形	51

| 形　名 | 社名 | 最大定格 ||||||| 順方向特性(typは*) ||| 逆方向特性(typは*) ||| その他の特性等 | 外形 |
		P_{RSM}(kW)	V_{RSM}(V)	V_{RRM}(V)	V_R(V)	V_I(V)	I_0(A)	T条件(℃)	I_{FSM}(A)	T条件(℃)	V_{Fmax}(V)	測定条件 I_F(A)		T(℃)	I_{Rmax}(μA)	測定条件 V_R(V)	T(℃)		
YG802C04R	富士電機		48	40			10	95c	120		0.55	4		5m	40		2素子センタータップ (カソードコモン) SB形	51
*YG802C06	富士電機		60	60			10	92c	80	125j	0.58	4		5m	60		2素子センタータップ (カソードコモン) SB形	51
YG802C06R	富士電機		60	60			10	118c	80		0.58	4		5m	60		2素子センタータップ (カソードコモン) SB形	51
YG802C09	富士電機		100	90			10	87c	80		0.9	4		5m	90		2素子センタータップ (カソードコモン) SB形	51
YG802C09R	富士電機		100	90			10	102c	80		0.9	4		5m	90		2素子センタータップ (カソードコモン) SB形	51
YG802C10R	富士電機		100	100			10	102c	80	25c	0.8	3		1.2m	100		2素子センタータップ (カソードコモン) SB形	51
*YG802N09	富士電機		100	90			10	87c	80		0.9	4		5m	90		2素子センタータップ (アノードコモン) SB形	51
YG803C04R	富士電機		40	40			15	92c	120	25c	0.55	7	25c	3m	40	25c	2素子センタータップ (カソードコモン) SB形	51
YG803C06	富士電機		60	60			15	94c	100		0.58	6		5m	60		2素子センタータップ (カソードコモン) SB形	51
YG803C06R	富士電機		60	60			15	94c	100		0.58	6		5m	60		2素子センタータップ (カソードコモン) SB形	51
*YG805C04	富士電機		48	40			20	83c	120	125j	0.6	10		15m	40		2素子センタータップ (カソードコモン) SB形	51
YG805C04R	富士電機		48	40			20	100c	120		0.6	10		15m	40		2素子センタータップ (カソードコモン) SB形	51
YG805C06R	富士電機		60	60			20	108c	120		0.58	8		15m	60		2素子センタータップ (カソードコモン) SB形	51
YG805C10R	富士電機		100	100			20	91c	100		0.8	5		2.5m	100		2素子センタータップ (カソードコモン) SB形	51
YG808C10R	富士電機		100	100			30	80c	100		0.8	10		20m	100		2素子センタータップ (カソードコモン) SB形	51
YG831C03R	富士電機		35	30			5	130c	100		0.45	2		5m	30		2素子センタータップ (カソードコモン) SB形	51
YG831C04R	富士電機		40	40			6	122c	80	25c	0.53	2		2m	40		2素子センタータップ (カソードコモン) SB形	51
YG832C03R	富士電機		35	30			10	122c	120		0.45	4		5m	30		2素子センタータップ (カソードコモン) SB形	51
YG832C04R	富士電機		40	40			12	112c	120	25c	0.53	4		3m	40		2素子センタータップ (カソードコモン) SB形	51
YG835C03R	富士電機		35	30			20	108c	120		0.45	6		15m	30		2素子センタータップ (カソードコモン) SB形	51
YG835C04R	富士電機		40	40			22	95c	120	25c	0.45	6		15m	40		2素子センタータップ (カソードコモン) SB形	51
YG838C03R	富士電機		35	30			30	85c	180	25c	0.53	12.5		8m	30		2素子センタータップ (カソードコモン) SB形	51
YG838C04R	富士電機		40	40			30	85c	180	25c	0.53	12.5		8m	40		2素子センタータップ (カソードコモン) SB形	51
YG852C12R	富士電機			120			10	113c	55		0.93	5		150	120		2素子センタータップ (カソードコモン) SB形	51
YG852C15R	富士電機			150			10	104c	55		0.96	5		150	150		2素子センタータップ (カソードコモン) SB形	51
YG855C12R	富士電機			120			20	94c	95		0.98	10		175	120		2素子センタータップ (カソードコモン) SB形	51
YG855C15R	富士電機			150			20	86c	95		1.01	10		175	150		2素子センタータップ (カソードコモン) SB形	51
YG858C12R	富士電機			120			30	80c	110		1.01	15		200	120		2素子センタータップ (カソードコモン) SB形	51
YG858C15R	富士電機			150			30	61c	110		1.13	15		200	150		2素子センタータップ (カソードコモン) SB形	51
YG861S12R	富士電機		120	120			5	104c	75	25c	0.88	10	25c	150	120	25c	2素子センタータップ (カソードコモン) SB形	51
YG861S15R	富士電機		150	150			5	94c	75	25c	0.9	5	25c	150	150	25c	2素子センタータップ (カソードコモン) SB形	51
YG862C04R	富士電機		45	45			10	129c	125	25c	0.61	5	25c	150	40	25c	2素子センタータップ (カソードコモン) SB形	51
YG862C06R	富士電機		60	60			10	124c	125	25c	0.68	5	25c	150	60	25c	2素子センタータップ (カソードコモン) SB形	51
YG862C10R	富士電機		100	100			10	118c	125	25c	0.86	5	25c	150	100	25c	2素子センタータップ (カソードコモン) SB形	51
YG862C12R	富士電機		120	120			10	122c	75	25c	0.88	10	25c	150	120	25c	2素子センタータップ (カソードコモン) SB形	51
YG862C15R	富士電機		150	150			10	116c	75	25c	0.9	5	25c	150	150	25c	2素子センタータップ (カソードコモン) SB形	51
YG862C08R	富士電機			80			10	109c	125		0.76	5		150	80		2素子センタータップ (カソードコモン) SB形	51
YG865C04R	富士電機		45	45			20	115c	145	25c	0.63	10	25c	175	40	25c	2素子センタータップ (カソードコモン) SB形	51
YG865C06R	富士電機		60	60			20	109c	145	25c	0.74	10	25c	175	60	25c	2素子センタータップ (カソードコモン) SB形	51
YG865C10R	富士電機		100	100			20	103c	145	25c	0.86	10	25c	175	100	25c	2素子センタータップ (カソードコモン) SB形	51
YG865C12R	富士電機		120	120			20	116c	150	25c	0.88	10	25c	150	120	25c	2素子センタータップ (カソードコモン) SB形	51
YG865C15R	富士電機		150	150			20	101c	150	25c	0.9	10	25c	150	150	25c	2素子センタータップ (カソードコモン) SB形	51

| 形　名 | 社　名 | 最大定格 ||||| 順方向特性(typは*) ||| 逆方向特性(typは*) ||| その他の特性等 | 外形 |
| | | P_{RSM} (kW) | V_{RSM} (V) | V_{RRM} (V) | V_R (V) | V_I (V) | I_0 (A) | T条件 (℃) | I_{FSM} (A) | T条件 (℃) | V_{Fmax} (V) | 測定条件 || I_{Rmax} (μA) | 測定条件 ||||
												I_F(A)	T(℃)		V_R(V)	T(℃)		
YG865C08R	富士電機			80			20	89c	145		0.76	10		175	80		2素子センタータップ（カソードコモン）SB形	51
YG868C04R	富士電機		45	45			30	105c	160	25c	0.63	15	25c	200	40	25c	2素子センタータップ（カソードコモン）SB形	51
YG868C06R	富士電機		60	60			30	101c	160	25c	0.74	15	25c	200	60	25c	2素子センタータップ（カソードコモン）SB形	51
YG868C10R	富士電機		100	100			30	91c	160	25c	0.86	15	25c	200	100	25c	2素子センタータップ（カソードコモン）SB形	51
YG868C12R	富士電機		120	120			30	115c	225	25c	0.88	15	25c	200	120	25c	2素子センタータップ（カソードコモン）SB形	51
YG868C15R	富士電機		150	150			30	112c	225	25c	0.9	15	25c	200	150	25c	2素子センタータップ（カソードコモン）SB形	51
YG868C08R	富士電機			80			30	72c	160		0.76	15		200	80		2素子センタータップ（カソードコモン）SB形	51
YG869C04R	富士電機			45			40	112c	190		0.61	20		200	45		2素子センタータップ（カソードコモン）SB形	51
YG869C06R	富士電機			60			40	105c	190		0.7	20		200	60		2素子センタータップ（カソードコモン）SB形	51
YG869C08R	富士電機			80			40	86c	190		0.71	20		200	80		2素子センタータップ（カソードコモン）SB形	51
YG869C10R	富士電機			100			40	94c	190		0.82	20		200	100		2素子センタータップ（カソードコモン）SB形	51
YG869C12R	富士電機			120			40	95c	190		0.95	20		200	120		2素子センタータップ（カソードコモン）SB形	51
YG869C15R	富士電機			150			40	90c	190		0.97	20		200	150		2素子センタータップ（カソードコモン）SB形	51
YG875C10R	富士電機			100			20	131c	145		0.86	10		20	100		2素子センタータップ（カソードコモン）SB形	51
YG875C12R	富士電機			120			20	131c	145		0.88	10		20	120		2素子センタータップ（カソードコモン）SB形	51
YG875C15R	富士電機			150			20	130c	145		0.89	10		20	150		2素子センタータップ（カソードコモン）SB形	51
YG875C20R	富士電機			200			20	127c	145		0.93	10		20	200		2素子センタータップ（カソードコモン）SB形	51
YG878C10R	富士電機			100			30	122c	160		0.86	15		30	100		2素子センタータップ（カソードコモン）SB形	51
YG878C12R	富士電機			120			30	121c	160		0.88	15		30	120		2素子センタータップ（カソードコモン）SB形	51
YG878C15R	富士電機			150			30	120c	160		0.89	15		30	150		2素子センタータップ（カソードコモン）SB形	51
YG878C20R	富士電機			200			30	116c	160		0.93	15		30	200		2素子センタータップ（カソードコモン）SB形	51
YG881C02R	富士電機		20	20			8	103c	80	25c	0.39	2		10m	20		2素子センタータップ（カソードコモン）SB形	51
YG882C02R	富士電機		20	20			16	94c	120	25c	0.39	4		10m	20		2素子センタータップ（カソードコモン）SB形	51
YG885C02R	富士電機		20	20			30	81c	120	25c	0.39	8		30m	20		2素子センタータップ（カソードコモン）SB形	51
*YG901C2	富士電機			200			5	120c	25		0.95	2.5		100	200		trr＜35ns 2素子センタータップ（カソードコモン）	51
YG901C2R	富士電機		200	200			5	120c	25		0.95	2.5		100	200		trr＜35ns 2素子センタータップ（カソードコモン）	51
YG901C3	富士電機			300			5	105c	25		1.2	2.5		100	300		trr＜35ns 2素子センタータップ（カソードコモン）	51
YG901C3R	富士電機		300	300			5	105c	25		1.2	2.5		100	300		trr＜35ns 2素子センタータップ（カソードコモン）	51
*YG902C2	富士電機			200			10	115c	50		0.95	5		100	200		trr＜35ns 2素子センタータップ（カソードコモン）	51
YG902C2R	富士電機		200	200			10	115c	50		0.95	5		100	200		trr＜35ns 2素子センタータップ（カソードコモン）	51
*YG902C3	富士電機			300			10	101c	40	150j	1.2	5		100	300		trr＜35ns 2素子センタータップ（カソードコモン）	51
YG902C3R	富士電機		300	300			10	101c	40		1.2	5		100	300		trr＜35ns 2素子センタータップ（カソードコモン）	51
*YG902N2	富士電機			200			10	115c	50		0.95	5		100	200		trr＜35ns 2素子センタータップ（アノードコモン）	51
*YG906C2	富士電機			200			20	102c	80		0.98	10		200	200		trr＜35ns 2素子センタータップ（カソードコモン）	51
YG906C2R	富士電機		200	200			20	102c	80		0.98	10		200	200		trr＜40ns 2素子センタータップ（カソードコモン）	51
YG906C3R	富士電機			300			20	109c	80		1.2	10		200	300		trr＜35ns 2素子センタータップ（カソードコモン）	51
YG965C6R	富士電機		600	600			7	83c	25	25c	5	10	25c	50	600	25c	2素子センタータップ（カソードコモン）	51
YG967C6R	富士電機		600	600			10	84c	40	25c	5	15	25c	50	600	25c	2素子センタータップ（カソードコモン）	51
YG975C6R	富士電機			600			20	89c	100		1.55	10		10	600		trr＜50ns 2素子センタータップ（カソードコモン）	51
YG982C3R	富士電機			300			10	112c	90		1.3	5		20	300		trr＜40ns 2素子センタータップ（カソードコモン）	51
YG982C4R	富士電機			400			10	107c	80		1.45	5		20	400		trr＜50ns 2素子センタータップ（カソードコモン）	51
YG982C6R	富士電機			600			16	68c	40		3	8		25	600		trr＜26ns 2素子センタータップ（カソードコモン）	51

| 形 名 | 社 名 | 最大定格 ||||||| 順方向特性(typは*) ||| 逆方向特性(typは*) ||| その他の特性等 | 外形 |
| | | P_{RSM} (kW) | V_{RSM} (V) | V_{RRM} (V) | V_R (V) | V_I (V) | I_O (A) | T条件 (°C) | I_{FSM} (A) | T条件 (°C) | V_{F}max (V) | 測定条件 || I_{R}max (μA) | 測定条件 || | |
												I_F(A)	T(°C)		V_R(V)	T(°C)		
YG985C3R	富士電機			300			20	105c	110		1.3	10		35	300		trr<40ns 2素子センタータップ (カソードコモン)	51
YG985C4R	富士電機			400			20	100c	100		1.45	10		35	400		trr<50ns 2素子センタータップ (カソードコモン)	51
YG985C6R	富士電機			600			20	60c	50		3	10		30	600		trr<28ns 2素子センタータップ (カソードコモン)	51

	形名	社名	最大定格								順方向特性(typは*)			逆方向特性(typは*)			Ct(pF)		trr(ns) (μsは*)		その他の特性等	外形
			V_{RRM} (V)	V_R (V)	I_{FM} (mA)	T条件 (℃)	I_O, I_F* (mA)	T条件 (℃)	I_{FSM} (A)	T条件 (℃)	$V_F$max (V)	測定条件 I_F(mA)	測定条件 T(℃)	$I_R$max (μA)	測定条件 V_R(V)	測定条件 T(℃)	typ	max	typ	max		
	1N4148	ルネサス	75		450		150				1	10		0.025	20			4		4		24C
	1N4148	東芝	100	75	450		200		0.7		1	10		0.1	75		1.5	3	2	4	P=300mW	24B
	1N4148	ローム	100	75	450		150		4		1	10		5	100					4	海外用	24G
*	1N4149	ルネサス	75		450		150				1	10		0.025	20			2		4		24C
*	1N4149	東芝	100	75	450		150		2		1	10		5	75		0.9	2	2	4	P=500mW	24B
*	1N4150	ルネサス	50		600		250				1	200		0.1	50			2.5		6	VF=0.87～1.00V	24C
*	1N4150	東芝	75	50	600		200		4		1	200		0.1	50			2.5		4	P=500mW	24B
	1N4150	ローム	50	50	600		200		2		1	200		0.1	50					4	海外用	24G
*	1N4151	ルネサス	75	50	450		150				1	50		0.05	50			2		2		24C
*	1N4151	東芝	75	50	450		150		2		1	50		0.05	50			2		2	P=500mW	24B
*	1N4152	ルネサス	40	30	450		150				0.88	20		0.05	30			2		2	VF=0.74～0.88V	24C
*	1N4152	東芝	40	30	450		150		2		0.88	20		0.05	30			2		2	P=500mW	24B
*	1N4153	ルネサス	75	50	450		150				0.88	20		0.05	50			2		2	VF=0.74～0.88V	24C
*	1N4153	東芝	75	50	450		150		2		0.88	20		0.05	50			2		2	P=500mW	24B
*	1N4154	ルネサス	35	25	450		150				1	30		0.1	25			4		2		24C
*	1N4154	東芝	35	25	450		150		2		1.2	100		0.1	25			4		2	P=500mW	24B
*	1N4446	ルネサス	75		450		150				1	20		0.025	20			4		4		24C
*	1N4446	東芝	100	75	450		150		2		1	20		5	75			4	2	4	P=500mW	24B
*	1N4447	ルネサス	75		450		150				1	20		0.025	20			2		4		24C
*	1N4447	東芝	100	75	450		150		2		1	20		5	75		0.9	2	2	4	P=500mW	24B
*	1N4448	ルネサス	75		450		150				0.73	5		0.025	20			4		4	VF=0.63～0.73V	24C
*	1N4448	東芝	100	75	450		150		2		1	100		5	75		0.9	4	2	4	P=500mW	24B
	1N4448	ローム	100	75	450		150		2		1	10		5	100					4	海外用	24G
*	1N4449	ルネサス	75		450		150				0.73	5		0.025	20			2		4	VF=0.63～0.73V	24C
*	1N4449	東芝	100	75	450		150		2		1	30		5	75		0.9	2	2	4	P=500mW	24B
*	1N4450	ルネサス	40		450		150				1	200		0.05	30			2		4		24C
*	1N4454	ルネサス	75	50	450		150				1	10		0.1	50			2		4		24C
*	1N4532	ルネサス		75	450		150				1	10		0.1	50			2		4		24C
*	1N4536	ルネサス	35	25	450		150				1	30		0.1	25			4		4		24C
*	1N4606	東芝	85	70	600		200		4		1.1	250		0.1	50			2.5		4	P=500mW	24B
	1N4606	ルネサス	85				200		4		1.1	250		0.1	50			2.5		4		24C
*	1N4607	東芝	85	70	600		200		4		0.95	250		0.1	50			4		10	P=500mW	24B
*	1N4608	東芝	85	70	600		200		4		0.96	350		0.1	50			4		10	P=500mW	24B
	1N914A	東芝	100	75	450		150		2		1	20		5	75		0.9	4	2	4	P=500mW	24B
	1N914B	東芝	100	75	450		150		2		1	100		5	75		0.9	4	2	4	P=500mW	24B
	1N914	東芝	100	75	450		150		2		1	10		5	75		0.9	4	2	4	P=500mW	24B
	1N916A	東芝	100	75	450		150		2		1	20		5	75		0.9	2	2	4	P=500mW	24B
	1N916B	東芝	100	75	450		150		2		1	30		5	75		0.9	2	2	4	P=500mW	24B
	1N916	東芝	100	75	450		150		2		1	10		5	75		0.9	2	2	4	P=500mW	24B
	1S1146	ルネサス	40	35	400		100		1					0.15	35			4.1		6.9		24C
*	1S1147	ルネサス	40	30	135		45		0.5					0.3	15			4.1		6.9		24C
	1S1553	東芝	70	60	300		100		1		1.4	100		0.5	60		1.3	3.5			η>55%(f=45MHz)	24B

| | 形 名 | 社 名 | 最大定格 ||||||| 順方向特性(typは*) ||| 逆方向特性(typは*) ||| C_t(pF) || t_{rr}(ns) (μsは*) || その他の特性等 | 外形 |
			V_{RRM}(V)	V_R(V)	I_{FM}(mA)	T条件(℃)	I_0, I_F*(mA)	T条件(℃)	I_{FSM}(A)	T条件(℃)	V_{F}max(V)	測定条件 I_F(mA)	T(℃)	$I_R$max(μA)	測定条件 V_R(V)	T(℃)	typ	max	typ	max		
	1S1554	東芝	55	50	300		100		1		1.4	100		0.5	50		1.3	3.5			η>55%(f=45MHz)	24B
	1S1555	東芝	35	30	300		100		1		1.4	100		0.5	30		1.3	3.5			η>55%(f=45MHz)	24B
	1S1585	東芝	90	80	480		150		0.7		1	100		0.5	80			2		2	P=300mW	24B
	1S1586	東芝	55	50	480		150		0.7		1	100		0.5	50			2		2	P=300mW	24B
	1S1587	東芝	55	50	400		130		0.6		1.2	100		0.5	50			2		2	P=300mW	24B
	1S1588	東芝	35	30	360		120		0.5		1.3	100		0.5	30			3		4	P=300mW	24B
*	1S1972-M	東芝	75		500		200		2		1	100		0.5	50			3.5		4		24B
*	1S1972	東芝	75	50	500		200		2		1	100		0.5	50			3.5		4		24B
*	1S1973-M	東芝	35		300		100		2		1.3	100		0.5	30			4		4		24B
*	1S1973	東芝	35	30	300		100		2		1.3	100		0.5	30			4		4		24B
	1S2074(H)	ルネサス	50	45	450		150		0.6		0.8	10		0.1	30		1.8	3		4	P=250mW	24C
	1S2075(K)	ルネサス	35	30	450		100		0.6		0.8	10		0.1	30			3.5		8	P=250mW	24C
	1S2076A	ルネサス	70	60	450		150		1		0.8	10		0.1	30			3		8	P=250mW	24C
	1S2076	ルネサス	35	30	450		150		1		0.8	10		0.1	30			3		8	P=250mW	24C
*	1S2091	東芝	175	150	90		30		0.3		1	4		1.2	150			3	2	100	カラー TV位相検波用	24B
	1S2092	東芝	125	100	90		30		0.3		1	4		1.2	100		0.7	3	2	100		24B
	1S2095A	東芝	75	70	750		250		1		1	200		0.1	50		1.5	2.5	6	8	P=350mW	24B
*	1S2134	ルネサス	40	30	135		45		0.5		1	40		0.5	15		2.5	4.2		7		24D
*	1S2134	ルネサス	40	30	135		45		0.5		1	40		0.5	15					7	tfr<3ns	24C
*	1S2135	ルネサス	70	60	750		250		1		1	100		0.5	30		2.5	4.2	4	7		24D
*	1S2135	ルネサス	70	60	750		250		1		1	100		0.5	30			4.2		7	tfr<3ns	24C
*	1S2348(H)	ルネサス		65	750		250		4		1	100		0.5	55			3		8		24C
*	1S2460	東芝	70	50	300		100		0.8		1	100		1.2	50		5				P=250mW η>35%(f=1MHz)	24B
*	1S2461	東芝	120	100	300		100		0.8		1	100		1.2	100		5				P=250mW η>35%(f=1MHz)	24B
*	1S2462	東芝	220	200	300		100		0.8		1	100		1.2	200		5				P=250mW η>35%(f=1MHz)	24B
*	1S2463	東芝	320	300	300		100		0.8		1	100		1.2	300		5				P=250mW η>35%(f=1MHz)	24B
	1S2471	ローム	90	80	400		130		0.6		1.2	100		0.5	80			2		4		24G
	1S2472	ローム	55	50	350		120		0.5		1.2	100		0.5	50			2		4		24G
	1S2473	ローム	40	35	300		110		0.4		1.2	100		0.5	35			3		4		24G
	1S2835	ルネサス	35	30	300		100		4		1.2	100		0.1	30		2.5	4		4	2素子センタータッフ゜(アノート゛コモン)	610C
	1S2836	ルネサス	75	50	300		100		4		1.2	100		0.1	50		2.5	4		4	2素子センタータッフ゜(アノート゛コモン)	610C
	1S2837	ルネサス	35	30	300		100		4		1.2	100		0.1	30		1.1	4		3	2素子センタータッフ゜(カソート゛コモン)	610D
	1S2838	ルネサス	75	50	300		100		4		1.2	100		0.1	50		1.1	4		3	2素子センタータッフ゜(カソート゛コモン)	610D
*	1S953	ルネサス	35	30	300		100		2		1	30		0.1	30		2	4	2	3	色表示緑	24D
*	1S954	ルネサス	75	50	600		200		4		1	100		0.1	50		2	3.5	2	3	色表示緑/黄	24D
*	1S955	ルネサス	100	75	600		200		4		1	150		0.1	75		2	3	2	3	色表示緑/緑	24D
	1SS104	東芝	35	30	300		100		1		1.3	100		0.01	30		3	6			P=300mW	24B
*	1SS110	ルネサス		35			100*				1	10		0.1	25			1.2			P=400mW rd<0.9Ω(2mA)	79F
*	1SS114	ルネサス		80	450		150		1		0.8	10		0.1	30			3		2	P=250mW	24C
*	1SS115	ルネサス		100	450		150		1		0.8	10		0.1	30			3		2	P=250mW	24C
*	1SS116	ルネサス		120	450		150		1		0.8	10		0.1	30			3		2	P=250mW	24C
*	1SS118	ルネサス	75	50	600		200		4		1	100		0.1	50			3.5		3	P=500mW	24C

形　名	社　名	最大定格 V$_{RRM}$ (V)	V$_R$ (V)	I$_{FM}$ (mA)	T条件 (℃)	I$_0$,I$_F$* (mA)	T条件 (℃)	I$_{FSM}$ (A)	T条件 (℃)	順方向特性(typは*) V$_F$max (V)	測定条件 I$_F$(mA)	逆方向特性(typは*) I$_R$max (μA)	測定条件 V$_R$(V)	T(℃)	C$_t$(pF) typ	max	t$_{rr}$(ns) (μsは*) typ	max	その他の特性等	外形
1SS119	ルネサス	35	30	450		150		1		0.8	10	0.1	30			3		3.5	P=250mW	79F
1SS120	ルネサス	70	60	450		150		1		0.8	10	0.1	60			3		3.5	P=250mW	79F
*1SS121	ルネサス	75	70	625		200		1		0.8	10	0.1	55			8		50		24C
1SS123	ルネサス	70	70	200		100		2		1.3	100	1	70			4		9	品名捺印はA7	610F
*1SS131	ローム	90	80	400		130		0.6		1.2	100	0.5	80			2		4	P=300mW	78E
*1SS132	ローム	55	50	350		120		0.5		1.2	100	0.5	80			2		4	P=300mW	78E
1SS133	ローム	90	80	400		130		0.6		1.2	100	0.5	80			2		4	P=300mW	78E
1SS135	ローム		35			100				1	10	0.1	20		1.1	1.3			P=150mW rd<0.6Ω (2mA)	78E
1SS136	ローム	75	65	600		200		4		1	100	0.5	65			3		2	P=300mW	78E
*1SS137	ローム	55	50	600		200		4		1	100	0.5	50			3		2	P=300mW	78E
*1SS138	ローム	40	35	600		200		4		1	100	0.5	35			3		2	P=300mW	78E
1SS139	ローム	90	80	400		130		0.6		1.2	100	0.02	30			5		50	P=300mW	24G
*1SS140	ローム	55	50	350		120		0.5		1.2	100	0.01	25			5		50	P=300mW	24G
*1SS141	ローム	40	35	300		110		0.4		1.2	100	0.01	20			5		50	P=300mW	24G
1SS142	ローム	300	250	625		200		1		1	100	0.5	250			10		400	P=300mW	24G
*1SS143	ローム	250	200	625		200		1		1	100	0.5	200			10		400	P=300mW	24G
*1SS144	ローム	200	150	625		200		1		1	100	0.5	150			10		400	P=300mW	24G
1SS145	ローム	300	250	625		200		1		1	100	0.5	250			10		400	P=300mW	78E
*1SS146	ローム	250	200	625		200		1		1	100	0.5	200			10		400	P=300mW	78E
*1SS147	ローム	200	150	625		200		1		1	100	0.5	150			10		400	P=300mW	78E
*1SS149 (H)	ルネサス	250	200	450		150		1		1	100	0.1	200			10		5*		24C
1SS152	ルネサス		35			100*		0.5		1	10	0.01	25			1.7			P=150mW rd<1Ω (1mA)	79F
*1SS164	ルネサス	70	60	450		150		1		0.8	10	1	60			3		4		79B
*1SS168	ルネサス		35	150		100*		0.5		1	10	0.01	25		0.8	1.2			P=100mW rd<0.9Ω (2mA)	79H
*1SS173A	ルネサス	70	60	300		100		0.6		0.8	10	1	60		1.8	3		6	P=250mW	79H
*1SS173	ルネサス	35	30	300		150		0.6		0.8	10	0.1	60			3		12	P=100mW	79H
*1SS175A	ルネサス	100	75	450		150		4		1	30	0.1	75			5		20	100 P=250mW	24C
*1SS175	ルネサス	75	50	450		150		4		1	30	0.1	50			5		20	100 P=250mW	24C
1SS176	東芝	35	30	300		100		1		1.2	100	0.5	30		0.9	3	1.4		4 P=300mW	78E
1SS177	東芝	55	50	300		100		1		1.2	100	0.5	50		0.9	3	1.4		4 P=300mW	78E
1SS178	東芝	90	80	300		100		1		1.2	100	0.5	80		0.9	3	1.4		4 P=300mW	78E
1SS181	東芝	85	80	300		100		2		1.2	100	0.5	80		2.2	4	1.6		4 P=150mW 2素子 (アノードコモン)	610C
1SS184	東芝	85	80	300		100		2		1.2	100	0.5	80		0.9	3	1.6		4 P=150mW 2素子 (カソードコモン)	610D
1SS187	東芝	85	80	300		100		2		1.2	100	0.5	80		2.2	4	1.6		4 P=150mW	610B
1SS190	東芝	85	80	300		100		2		1.2	100	0.5	80		2.2	4	1.6		4 P=150mW	610H
1SS193	東芝	85	80	300		100		2		1.2	100	0.5	80		0.9	3	1.6		4 P=150mW	610A
1SS196	東芝	85	80	300		100		2		1.2	100	0.5	80		0.9	3	1.6		4 P=150mW	610I
1SS197	ルネサス		35	100						1	10	0.01	25			1.7			P=100mW rd<1Ω (1mA)	79H
1SS200	東芝	85	80	300		100		2		1.2	100	0.5	80		2.2	4	1.6		4 P=200mW 2素子 (アノードコモン)	368B
1SS201	東芝	85	80	300		100		2		1.2	100	0.5	80		0.9	3	1.6		4 P=200mW 2素子 (カソードコモン)	368A
1SS202	ルネサス	35	30	300		100		2		1	30	0.1	30			2	4	2	3 色表示緑	79F
*1SS205	ルネサス	35	30	300		100		2		1	30	0.1	30			3	6	20	100 色表示白	79F

形 名	社 名	最大定格 VRRM (V)	VR (V)	IFM (mA)	T条件 (°C)	IO, IF* (mA)	T条件 (°C)	IFSM (A)	T条件 (°C)	順方向特性(typは*) VFmax (V)	測定条件 IF(mA)	測定条件 T(°C)	逆方向特性(typは*) IRmax (μA)	測定条件 VR(V)	測定条件 T(°C)	Ct(pF) typ	Ct(pF) max	trr(ns) (μsは*) typ	trr(ns) (μsは*) max	その他の特性等	外形
*1SS206	ルネサス	75	50	300		100		2		1	30		0.1	50		3	5	20	100	色表示青	79F
*1SS207	ルネサス	100	75	300		100		2		1	30		0.1	75		3	4	20	100	色表示赤	79F
1SS220	ルネサス	70	70	300		100		2		1.2	100		0.1	70		2	4			3 品名捺印はA13	610A
1SS221	ルネサス	100	100	300		100		2		1.2	100		0.1	100		2	4			3 品名捺印はA14	610A
1SS222	ルネサス	70	70	300		100		2		1.2	100		0.1	70		2	4			3 品名捺印はA15	610B
1SS223	ルネサス	100	100	300		100		2		1.2	100		0.1	100		2	4			3 品名捺印はA16	610B
1SS226	東芝	85	80	300		100		2		1.2	100		0.5	80		0.9	3	1.6		4 P=150mW 2素子直列	610F
*1SS227	東芝	85	80	300		100		2		1.2	100		0.5	80		0.9	3	1.6		4 2素子直列	368C
*1SS229	ルネサス	35	35	300		100		4		1.2	100		0.1	30		1.1	4			3 2素子センタータップ（カソードコモン）	730A
*1SS230	ルネサス	75	75	300		100		4		1.2	100		0.1	50		1.1	4			3 2素子センタータップ（カソードコモン）	730A
*1SS231	ルネサス	35	35	300		100		4		1.2	100		0.1	30		2.5	4			4 2素子センタータップ（アノードコモン）	730B
1SS232	ルネサス	75	75	300		100		4		1.2	100		0.1	50		2.5	4			4 2素子センタータップ（アノードコモン）	730B
*1SS233	ルネサス	35	35	300		100		4		1.2	100		0.1	30		1.1	4			3 2素子センタータップ（カソードコモン）	191A
*1SS234	ルネサス	75	75	300		100		4		1.2	100		0.1	50		1.1	4			3 2素子センタータップ（カソードコモン）	191A
*1SS235	ルネサス	35	35	300		100		4		1.2	100		0.1	30		2.5	4			4 2素子センタータップ（アノードコモン）	191B
*1SS236	ルネサス	75	75	300		100		4		1.2	100		0.1	50		2.5	4			4 2素子センタータップ（アノードコモン）	191B
1SS240	東芝		80	450		150				1	100		0.5	80						2 色表示緑	24B
1SS244	ローム	250	220	625		200		1		1.5	200		10	220			3		75	P=300mW	78E
*1SS245	ローム	250	220	625		200		1		1.5	200		10	220			3		75	P=300mW	24G
*1SS247	東芝	250	200	600		200		2		1.2	100		0.1	200			3		50		24B
*1SS248	東芝	300	250	600		200		2		1.2	100		0.1	250			3		50		24B
*1SS249	東芝	300	250	600		200		2		1.2	100		0.05	250		1	3		60		78E
1SS250	東芝	250	200	300		100		2		1.2	100		1	200		1.5	3	10	60	P=150mW	610A
*1SS251	東芝	420	400	450		150		2		1.2	100		0.1	400			10		10*		24B
1SS252	ローム	90	80	400		130		0.6		1.2	100		0.5	80			2		4	P=250mW	79N
*1SS253	ローム	55	50	350		120		0.5		1.2	100		0.5	50			2		4	P=250mW	79N
1SS254	ローム	90	80	400		130		0.6		1.2	100		0.5	80			2		4	P=250mW	79N
1SS265	ローム		35			100				1	10		0.1	20		1	1.5			rd<0.6Ω (10mA 100MHz)	79N
1SS270A	ルネサス	70	60	450		150		1		0.8	10		1	60			3		3.5	P=250mW	79F
1SS270	ルネサス	35	30	450		150		1		0.8	10		1	30			3		3.5	P=250mW	79F
1SS272	東芝	85	80	300		100		2		1.2	100		0.5	80		0.9	2	1.6		4 P=150mW 2素子複合	559A
*1SS273	東芝	85	80	300		100		2		1.2	100		0.5	80		0.9	2	1.6		4	559B
1SS277	ルネサス		35			100*		0.2		1	10		0.01	25			1.2			P=100mW rd<0.5Ω (2mA)	79H
*1SS287	東芝	35	30	300		100		1		1.2	100		0.5	30			3		3		79F
*1SS288	東芝	55	50	300		100		1		1.2	100		0.5	50			3		3		79F
*1SS289	東芝	90	80	300		100		1		1.2	100		0.5	80			3		3		79F
1SS290	ローム	90	80	400		130		0.6		1.2	100		0.02	30			5		50	P=300mW	78E
*1SS291	ローム	55	50	350		120		0.5		1.2	100		0.01	25			5		50	P=300mW	78E
*1SS292	ローム	40	35	300		110		0.4		1.2	100		0.01	20			5		50	P=300mW	78E
1SS300	東芝	85	80	300		100		2		1.2	100		0.5	80		2.2	4	1.6		4 P=100mW 2素子（アノードコモン）	205C
1SS301	東芝	85	80	300		100		2		1.2	100		0.5	80		0.9	3	1.6		4 P=100mW 2素子（カソードコモン）	205D
1SS302	東芝	85	80	300		100		2		1.2	100		0.5	80		0.9	3	1.6		4 P=100mW 2素子直列	205F

- 219 -

形名	社名	最大定格 VRRM (V)	VR (V)	IFM (mA)	T条件 (°C)	IO, IF* (mA)	T条件 (°C)	IFSM (A)	T条件 (°C)	順方向特性(typは*) VFmax (V)	測定条件 IF(mA)	T(°C)	逆方向特性(typは*) IRmax (μA)	測定条件 VR(V)	T(°C)	Ct(pF) typ	max	trr(ns) (μsは*) typ	max	その他の特性等	外形
1SS303	ルネサス	75	50	450		150		4		1	10		0.1	50			4		4	2素子センタータップ(アノードコモン)	205C
1SS304	ルネサス	75	50	450		150		4		1	10		0.1	50			4		4	2素子センタータップ(カソードコモン)	205D
1SS305	ルネサス	100	100	300		100		2		0.85	10		0.1	100			4		3		205A
1SS306	東芝	250	200	300		100		2		1.2	100		1	200		1.5	3	30	60	P=200mW 2素子複合	559A
1SS307	東芝	35	30	300		100		2		1.3	100		0.01	30		3	6		10		610A
1SS311	東芝	420	400	300		100		2		1.2	100		1	400		3.2	5	1.5*		P=150mW	610A
1SS336	東芝	85	80	600		200		6		1.2	200		0.25	30		7		7	20	2素子センタータップ(アノードコモン)	610C
1SS337	東芝	85	80	600		200		6		1.2	200		0.25	30		1.6		6	20	2素子センタータップ(カソードコモン)	610D
1SS352	東芝	85	80	200		100		1		1.2	100		0.1	30		0.5	3	1.6	4	P=200mW(プリント基板実装時)	420D
*1SS353	ローム	90	80	225		100		0.4		1.2	100		0.5	80			3		4		756B
*1SS354	ローム	55	50	225		100		0.4		1.2	100		0.5	50			3		4		756B
1SS355	ローム	40	35	225		100		0.5		1.2	100		0.1	35			4				756B
1SS356	ローム		35							1	10		0.01	25				1.2		rd<0.9Ω (2mA 100MHz)	756B
1SS360F	東芝	85	80	300		100		2		1.2	100		0.5	80		2.2	4	1.6	4	2素子センタータップ(アノードコモン)	277C
1SS360FV	東芝	85	80	300		100		2		1.2	100		0.1	30		2.2		1.6	4	2素子センタータップ(アノードコモン)	116C
1SS360	東芝	85	80	300		100		2		1.2	100		0.1	30		2.2	4	1.6	4	P=100mW 2素子(アノードコモン)	277C
1SS361F	東芝	85	80	300		100		2		1.2	100		0.5	80		0.9	3	1.6	4	2素子センタータップ(カソードコモン)	277D
1SS361FV	東芝	85	80	300		100		2		1.2	100		0.1	30		0.9		1.6	4	2素子センタータップ(カソードコモン)	116D
1SS361	東芝	85	80	300		100		2		1.2	100		0.1	30		0.9	3	1.6	4	P=100mW 2素子(カソードコモン)	277D
1SS362FV	東芝	85	80	300		100		1		1.2	100		0.1	30		0.9		1.6	4	2素子直列	116F
1SS362	東芝	85	80	300		80		1		1.2	100		0.1	30		0.9	3	1.6	4	2素子直列 P=100mW	277F
1SS368	東芝	85	80	200		100		1		1.2	100		0.5	80		0.5	3	1.6	4	P=150mW(ガラエポ基板実装)	452B
1SS370	東芝	250	200	300		100		2		1.2	100		1	200		1.5	3	10	60	P=100mW	205A
1SS376	ローム	300	250	300		100		2		1.2	100		0.2	250			3		100		756B
1SS379	東芝	85	80	300		100		2		1.3	100		0.01	80		3	6			P=150mW 2素子直列	610F
1SS380	ローム	40	35	225		100		0.4		1.2	100		0.01	20			5				756B
1SS382	東芝	85	80	300		100		2		1.2	100		0.5	80		0.9	2	1.6	4	2素子複合	80B
1SS387	東芝	85	80	200		100		1		1.2	100		0.5	80		0.5	3	1.6	4	P=150mW(プリント基板実装)	757A
1SS390	ローム		35			100*				1	10		0.01	25		0.8	1.2			rd<0.9Ω (2mA 100MHz)	757E
1SS397	東芝	420	400	300		100				1.3	100		0.1	300		2.5	5	0.5*			205A
1SS398	東芝	420	400	300		100		2		1.3	100		0.1	300		2.5	5	0.5*		2素子直列	610F
1SS399	東芝	420	400	300		100		2		1.3	100		0.1	300		2.5	5	0.5*		2素子複合	559A
1SS400G	ローム	90	80	225		100		0.5		1.2	100		0.1	80			4				738F
1SS400	ローム	90	80	225		100		0.5		1.2	100		0.1	80		0.72	3	1.1	4		757E
1SS403	東芝	250	200	300		100		2		1.2	100		1	200		1.5	3	10	60		420D
1SS412	東芝	85	80	300		100		1		1.3	100		0.01	80		3				2素子直列	205A
*1SS426	東芝	85	80	200		100		1		1.2	100		0.5	80		0.5		1.6		P=150mW(プリント基板実装)	738C
*1SS426	東芝	85	80	200		100		1		1.2	100		0.1	80		0.5		1.6		P=150mW(プリント基板実装)	738C
1SS427	東芝	85	80	200		100		1		1.2	100		0.5	80		0.5		1.6		P=150mW(プリント基板実装)	736C
1SS427	東芝	85	80	200		100		1		1.2	100		0.1	80		0.5		1.6		P=150mW(プリント基板実装)	736C
1SS53	ルネサス	35	30	300		100				1	30		0.1	30		3	6	20	100	色表示白	24D
1SS54	ルネサス	75	50	300		100		2		1	30		0.1	50		3	5	20	100	色表示青	24D

	形　名	社　名	最大定格 V_{RRM} (V)	V_R (V)	I_{FM} (mA)	T条件 (℃)	I_0, I_F* (mA)	T条件 (℃)	I_{FSM} (A)	T条件 (℃)	順方向特性(typは*) $V_F$max (V)	I_F(mA)	T(℃)	逆方向特性(typは*) $I_R$max (μA)	V_R(V)	T(℃)	C_t(pF) typ	max	t_{rr}(ns) (μsは*) typ	max	その他の特性等	外形
	1SS55	ルネサス	100	75	300		100		2		1	30		0.1	75		3	4	20	100	色表示赤	24D
	1SS81	ルネサス	200	150	625		200		1		1	100		0.2	150		1.5			100	P=400mW	24C
	1SS82	ルネサス	250	200	625		200		1		1	100		0.2	200		1.5			100	P=400mW	24C
	1SS83	ルネサス	300	250	625		200		1		1	100		0.2	250		1.5			100	P=400mW	24C
*	1SS84	ルネサス	75	70	450		150				0.8	10		0.1	55			5		50	P=250mW	24C
*	1SS85	ルネサス		35			100*				1	10		0.1	25			1.2			P=150mW rd<0.9Ω (2mA)	24C
	1SS92	ローム	75	65	600		200		4		1	100		0.5	65			3		2	P=300mW	24G
*	1SS93	ローム	55	50	600		200		4		1	100		0.5	50			3		2	P=300mW	24G
*	1SS94	ローム	40	35	600		200		4		1	100		0.5	35			3		2	P=300mW	24G
	2DF12	日本インター	1200				200		20		2.8	200		5	1200					150	trr<150ns	506C
*	2DL15A	日本インター	1800	1500			200		20		2.8	200		5	1500			800				506C
*	2DL18A	日本インター	2100	1800			200		20		2.8	200		5	1800			800				506C
	AP01C	サンケン	1050	1000			200		5		4	200		100	1000					200		67D
	BAS16	ローム	80	80	300		100		4		1.2	100		0.1	70					4	海外用	103A
	BAV70	ローム	80	80	300		100		4		1.2	100		0.1	70					4	2素子(ｶｿｰﾄﾞｺﾓﾝ) 海外用	103D
	BAV99U	ローム	80	80	300		100		4		1.2	100		0.2	70						2素子直列 海外用	205F
	BAV99	ローム	80	80	300		100		4		1.2	100		0.1	70					4	2素子直列 海外用	103F
	BAW56	ローム	80	80	300		100		4		1.2	100		0.1	70					4	2素子(ｱﾉｰﾄﾞｺﾓﾝ) 海外用	103C
*	DA112	ローム	80	80	300		100		4		1.2	100		0.1	70		3.5			4	P=200mW	205B
*	DA113	ローム	80	80	300		100		0.5		1.2	100		0.1	70		3.5			4	P=200mW	205H
	DA114	ローム	80	80	300		100		4		1.2	100		0.1	70		3.5			4	P=200mW	205A
*	DA115	ローム	80	80	300		100		4		1.2	100		0.1	70		3.5			4	P=200mW	205I
*	DA116	ローム	80	80	300		100		4		1.2	100		0.1	70		3.5			4	P=200mW	610H
*	DA118	ローム	80	80	300		100		4		1.2	100		0.1	70		3.5			4	P=200mW	610H
*	DA119	ローム	80	80	300		100		4		1.2	100		0.1	70		3.5			4	P=200mW	610I
*	DA120	ローム	80	80	300		100		4		1.2	100		0.1	70		3.5			4	P=150mW	344B
	DA121	ローム	80	80	300		100		4		1.2	100		0.1	70		3.5			4	P=150mW	344A
*	DA122	ローム	80	80	300		100		0.5		1.2	100		0.1	70		3.5			4	P=150mW	344I
*	DA123	ローム	80	80	300		100		0.5		1.2	100		0.1	70		3.5			4	P=150mW	344H
	DA2J101	ﾊﾟﾅｿﾆｯｸ	80	80	225		100*		0.5		1.2	100		0.1	80		1.2		3			239
	DA2J104	ﾊﾟﾅｿﾆｯｸ	80	80	600		100*		1		1.1	200		0.5	80			4	10			239
	DA2J107	ﾊﾟﾅｿﾆｯｸ	300	300	225		100*		0.5		1.2	100		1	300			3	60			239
	DA2J108	ﾊﾟﾅｿﾆｯｸ	300	300	600		200		1		1.2	200		1	300		3.5					239
	DA2J101	ﾊﾟﾅｿﾆｯｸ	80	80	225		100*		0.5		1.2	100		0.1	80		1.2		3			239
	DA2J104	ﾊﾟﾅｿﾆｯｸ	80	80	600		100*		1		1.1	200		0.5	80			4	10			239
	DA2J107	ﾊﾟﾅｿﾆｯｸ	300	300	225		100*		0.5		1.2	100		1	300			3	60			239
	DA2J108	ﾊﾟﾅｿﾆｯｸ	300	300	600		200		1		1.2	200		1	300		3.5					239
	DA2JF81	ﾊﾟﾅｿﾆｯｸ	800	800	1A		200*		1		2.5	200		10	800		0.6		10	45		239
	DA2JF81	ﾊﾟﾅｿﾆｯｸ	800	800	1A		200*		1		2.5	200		10	800		0.6		10	45		239
	DA2S001	ﾊﾟﾅｿﾆｯｸ		40			100*				1	100		0.1	40		0.9	1.2			rd=0.65Ω (2mA 100NHz)	757D
	DA2S101	ﾊﾟﾅｿﾆｯｸ	80	80	225		100*		0.5		1.2	100		0.1	80			1.2		3		757D
	DA2S104	ﾊﾟﾅｿﾆｯｸ	80	80	600		200*		1		1.1	200		0.5	80			4	10			757D

形 名	社 名	V_{RRM}(V)	V_R(V)	I_{FM}(mA)	T条件(℃)	$I_{O, IF*}$(mA)	T条件(℃)	I_{FSM}(A)	T条件(℃)	V_{F}max(V)	I_F(mA)	T(℃)	$I_R$max(μA)	V_R(V)	T(℃)	C_t(pF) typ	C_t(pF) max	t_{rr}(ns)(μsは*) typ	t_{rr}(ns) max	その他の特性等	外形
DA2S001	パナソニック		40			100*				1	100		0.1	40		0.9	1.2			rd=0.65Ω (2mA 100NHz)	757D
DA2S101	パナソニック	80	80	225		100*		0.5		1.2	100		0.1	80			1.2		3		757D
DA2S104	パナソニック	80	80	600		200*		1		1.1	200		0.5	80			4		10		757D
DA2U101	パナソニック	80	80	225		100*		0.5		1.2	100		0.1	80			2		3		736D
DA2U101	パナソニック	80	80	225		100*		0.5		1.2	100		0.1	80			2		3		736D
* DA203	ローム	20	20	200		100		0.3		1	10		0.1	15			4			2素子直列	436C
DA204K	ローム	20	20	200		100		0.3		1	10		0.1	15			4			2素子直列	610F
DA204U	ローム	20	20	200		100		0.3		1	10		0.1	15			4			2素子直列	205F
* DA210S	ローム	20	20	200		100		0.3		1	10		0.1	15			4			2素子直列	416C
* DA216	ローム	20	20	200		100		0.3		1	10		0.1	15						2素子直列	416C
* DA218S	ローム	80	80	300		100		4		1.2	100		0.1	70			3.5			2素子直列	415C
DA221M	ローム	20	20	200		100		0.3		1	10		0.1	15						2素子直列	240F
DA221	ローム	20	20	200		100		0.3		1	10		0.1	15			4			2素子直列	344F
DA223K	ローム	40	40	200		100		0.3		1.2	100		0.1	40			5			2素子直列	610F
DA223	ローム	40	40	200		100		0.3		1.2	10		0.1	40			5			2素子直列	344F
DA226U	ローム	40	40	200		100		0.3		1.2	100		0.1	40			5			2素子直列	205F
DA227Y	ローム	80	80	300		100		4		1.2	100		0.1	70			3.5		4	2素子複合	347
DA227	ローム		80			100													4	2素子複合	722
DA228K	ローム		80			100											5			2素子直列	610F
DA228U	ローム	80	80	200		100		0.3		1.2	100		0.1	80						2素子直列	205F
DA26101	パナソニック	80	80	225		100*		0.5		1.2	100		0.1	80			1.2		3		58B
DA26101	パナソニック	80	80	225		100*		0.5		1.2	100		0.1	80			1.2		3		58B
DA27101	パナソニック	80	80	225		100*		0.5		1.2	100		0.1	80			1.2		3		738B
DA27101	パナソニック	80	80	225		100*		0.5		1.2	100		0.1	80			1.2		3		738B
DA3J101A	パナソニック	80	80	225		100*		0.5		1.2	100		0.1	80			1.2		3		165B
DA3J101F	パナソニック	80	80	225		100*		0.5		1.2	100		0.1	80			1.2		3	2素子直列	165F
DA3J101K	パナソニック	80	80	225		100*		0.5		1.2	100		0.1	80			1.2		3		165A
DA3J102D	パナソニック	80	80	225		100*		0.5		1.2	100		0.1	80			15		10	2素子センタータップ (アノードコモン)	165C
DA3J103E	パナソニック	80	80	225		100*		0.5		1.2	100		0.1	80		2	15	2	10	2素子センタータップ (カソードコモン)	165D
DA3J104F	パナソニック	80	80	600		200*		1		1.1	200		0.5	80			4		10	2素子直列	165F
DA3J107K	パナソニック	300	300	225		100		0.5		1.2	100		1	300			3		60		165A
DA3J101A	パナソニック	80	80	225		100*		0.5		1.2	100		0.1	80			1.2		3		165B
DA3J101F	パナソニック	80	80	225		100*		0.5		1.2	100		0.1	80			1.2		3	2素子直列	165F
DA3J101K	パナソニック	80	80	225		100*		0.5		1.2	100		0.1	80			1.2		3		165A
DA3J102D	パナソニック	80	80	225		100*		0.5		1.2	100		0.1	80			15		10	2素子センタータップ (アノードコモン)	165C
DA3J103E	パナソニック	80	80	225		100*		0.5		1.2	100		0.1	80		2	15	2	10	2素子センタータップ (カソードコモン)	165D
DA3J104F	パナソニック	80	80	600		200*		1		1.1	200		0.5	80			4		10	2素子直列	165F
DA3J107K	パナソニック	300	300	225		100		0.5		1.2	100		1	300			3		60		165A
DA3S101A	パナソニック	80	80	225		100*		0.5		1.2	100		0.1	80			1.2		3		590B
DA3S101F	パナソニック	80	80	225		100*		0.5		1.2	100		0.1	80			1.2		3	2素子直列	590F
DA3S101K	パナソニック	80	80	225		100*		0.5		1.2	100		0.1	80			1.2		3		590A
DA3S102D	パナソニック	80	80	225		100*		0.5		1.2	100		0.1	80			15		10	2素子センタータップ (アノードコモン)	590C

形 名	社 名	最大定格 VRRM (V)	VR (V)	IFM (mA)	T条件 (°C)	IO, IF* (mA)	T条件 (°C)	IFSM (A)	T条件 (°C)	順方向特性(typは*) VFmax (V)	測定条件 IF(mA)	T(°C)	逆方向特性(typは*) IRmax (μA)	測定条件 VR(V)	T(°C)	Ct(pF) typ	max	trr(ns) (μsは*) typ	max	その他の特性等	外形
DA3S103F	パナソニック	80	80	225		100*		0.5		1.2	100		0.1	80		2	15	2	10	2素子センタータップ(カソードコモン)	590D
DA3S101A	パナソニック	80	80	225		100*		0.5		1.2	100		0.1	80			1.2		3		590B
DA3S101F	パナソニック	80	80	225		100*		0.5		1.2	100		0.1	80			1.2		3	2素子直列	590F
DA3S101K	パナソニック	80	80	225		100*		0.5		1.2	100		0.1	80			1.2		3		590A
DA3S102D	パナソニック	80	80	225		100*		0.5		1.2	100		0.1	80			15		10	2素子センタータップ(アノードコモン)	590C
DA3S103F	パナソニック	80	80	225		100*		0.5		1.2	100		0.1	80		2	15	2	10	2素子センタータップ(カソードコモン)	590D
DA3X101A	パナソニック	80	80	225		100*		0.5		1.2	100		0.1	80			1.2		3		610B
DA3X101F	パナソニック	80	80	225		100*		0.5		1.2	100		0.1	80			1.2		3	2素子直列	610F
DA3X101K	パナソニック	80	80	225		100*		0.5		1.2	100		0.1	80			1.2		3		610A
DA3X102D	パナソニック	80	80	225		100*		0.5		1.2	100		0.1	80			15		10	2素子センタータップ(アノードコモン)	610C
DA3X103E	パナソニック	80	80	225		100*		0.5		1.2	100		0.1	80		2	15	2	10	2素子センタータップ(カソードコモン)	610D
DA3X105D	パナソニック	80	80	225		100*		0.5		1.2	100		0.1	80			15		10	2素子センタータップ(アノードコモン)	610C
DA3X107K	パナソニック	300	300	225		100		0.5		1.2	100		1	300			3		60		610A
DA3X108K	パナソニック	300	300	225		100		0.5		1.2	200		1	300		3.5					610A
DA3X101A	パナソニック	80	80	225		100*		0.5		1.2	100		0.1	80			1.2		3		610B
DA3X101F	パナソニック	80	80	225		100*		0.5		1.2	100		0.1	80			1.2		3	2素子直列	610F
DA3X101K	パナソニック	80	80	225		100*		0.5		1.2	100		0.1	80			1.2		3		610A
DA3X102D	パナソニック	80	80	225		100*		0.5		1.2	100		0.1	80			15		10	2素子センタータップ(アノードコモン)	610C
DA3X103E	パナソニック	80	80	225		100*		0.5		1.2	100		0.1	80		2	15	2	10	2素子センタータップ(カソードコモン)	610D
DA3X105D	パナソニック	80	80	225		100*		0.5		1.2	100		0.1	80			15		10	2素子センタータップ(アノードコモン)	610C
DA3X107K	パナソニック	300	300	225		100		0.5		1.2	100		1	300			3		60		610A
DA3X108K	パナソニック	300	300	225		100		0.5		1.2	200		1	300		3.5					610A
DA36103E	パナソニック	80	80	225		100*		0.5		1.2	100		0.1	80		2	15	2	10	2素子センタータップ(カソードコモン)	58A
DA36103E	パナソニック	80	80	225		100*		0.5		1.2	100		0.1	80		2	15	2	10	2素子センタータップ(カソードコモン)	58A
DA37102D	パナソニック	80	80	225		100*		0.5		1.2	100		0.1	80			15		10	2素子センタータップ(アノードコモン)	244C
DA37102D	パナソニック	80	80	225		100*		0.5		1.2	100		0.1	80			15		10	2素子センタータップ(アノードコモン)	244C
DA37103E	パナソニック	80	80	225		100*		0.5		1.2	100		0.1	80		2	15	2	10	2素子センタータップ(カソードコモン)	244D
DA37103E	パナソニック	80	80	225		100*		0.5		1.2	100		0.1	80		2	15	2	10	2素子センタータップ(カソードコモン)	244D
DA4J101K	パナソニック	80	80	225		100		0.5		1.2	100		0.1	80		0.9	2		3	2素子複合	494
DA4J104K	パナソニック	80	80	225		200*		1		1.1	200		0.5	80			4		10	2素子複合	494
DA4J101K	パナソニック	80	80	225		100		0.5		1.2	100		0.1	80		0.9	2		3	2素子複合	494
DA4J104K	パナソニック	80	80	225		200*		1		1.1	200		0.5	80			4		10	2素子複合	494
DA4X101F	パナソニック	80	80	225		100*		0.5		1.2	100		0.1	80		0.9	2		3	2素子複合	511B
DA4X101K	パナソニック	80	80	225		100		0.5		1.2	100		0.1	80		0.9	2		3	2素子複合	511A
DA4X108K	パナソニック	300	300	600		200		1		1.2	200		1	300		3.5				2素子複合	511A
DA4X101F	パナソニック	80	80	225		100*		0.5		1.2	100		0.1	80		0.9	2		3	2素子複合	511B
DA4X101K	パナソニック	80	80	225		100		0.5		1.2	100		0.1	80		0.9	2		3	2素子複合	511A
DA4X108K	パナソニック	300	300	600		200		1		1.2	200		1	300		3.5				2素子複合	511A
DA5S101K	パナソニック	80	80	225		100				1.2	100		0.1	80			1.2		3	2素子複合	438
DA5S101K	パナソニック	80	80	225		100				1.2	100		0.1	80			1.2		3	2素子複合	438
DAN202C	ローム	80	80	300		100		4		1.2	100		0.1	70			3.5		4	2素子(カソードコモン) 海外用	103D
DAN202K	ローム	80	80	300		100		4		1.2	100		0.1	70			3.5		4	2素子センタータップ(カソードコモン)	610D

形 名	社 名	最大定格							順方向特性(typは*)			逆方向特性(typは*)				C_t(pF)		t_{rr}(ns) (μsは*)		その他の特性等	外形
		V_{RRM} (V)	V_R (V)	I_{FM} (mA)	T条件 (℃)	I_O, I_F* (mA)	T条件 (℃)	I_{FSM} (A)	T条件 (℃)	V_{Fmax} (V)	測定条件		I_{Rmax} (μA)	測定条件		typ	max	typ	max		
										I_F(mA)	T(℃) || V_R(V)	T(℃)								
DAN202U	ローム	80	80	300		100		4		1.2	100		0.1	70			3.5		4	2素子センタータップ(カソードコモン)	205D
DAN212K	ローム	80	80	300		100		4		1.2	100		0.1	70			3.5		4		610A
DAN217C	ローム	80	80	300		100		4		1.2	100		0.1	70			3.5		4	2素子直列 海外用	103F
DAN217U	ローム	80	80	300		100		4		1.2	100		0.2	70						2素子直列	205F
DAN217	ローム	80	80	300		100		4		1.2	100		0.1	70			3.5		4	2素子直列	610F
DAN222M	ローム	80	80	300		100		4		1.2	100		0.1	70			3.5		4	2素子センタータップ(カソードコモン)	240D
DAN222P	ローム	80	80	300		100		4		1.2	100		0.1	70			3.5		4	2素子センタータップ(カソードコモン)	240C
DAN222	ローム	80	80	300		100		4		1.2	100		0.1	70			3.5		4	2素子センタータップ(カソードコモン)	344D
DAN235E	ローム		35							1	10		0.01	25			1.2			2素子センタータップ(カソードコモン)	344D
DAN235K	ローム		35							1	10		0.01	25			1.2			2素子センタータップ(カソードコモン)	610D
DAN235U	ローム		35							1	10		0.01	25			1.2			2素子センタータップ(カソードコモン)	205D
DAP202C	ローム	80	80	300		100		4		1.2	100		0.1	70			3.5		4	2素子(アノードコモン) 海外用	103C
DAP202K	ローム	80	80	300		100		4		1.2	100		0.1	70			3.5		4	2素子センタータップ(アノードコモン)	610C
DAP202U	ローム	80	80	300		100		4		1.2	100		0.1	70			3.5		4	2素子センタータップ(アノードコモン)	205C
DAP222M	ローム	80	80	300		100		4		1.2	100		0.1	70			3.5		4	2素子センタータップ(アノードコモン)	240C
DAP222	ローム	80	80	300		100		4		1.2	100		0.1	70			3.5		4	2素子センタータップ(アノードコモン)	344C
DAP236K	ローム		35			100				1	10		0.01	25			1.2			2素子センタータップ(アノードコモン)	610C
DAP236U	ローム		35							1	10		0.01	25			1.2			2素子センタータップ(アノードコモン)	205C
DCA010	三洋	85	80	300		100		4		1.2	100		0.5	80				4		2素子センタータップ(アノードコモン)	610C
*DCA015	三洋	75	50	300		100		4		1.2	100		0.1	50				9		8	2素子センタータップ(アノードコモン)	610C
DCB010	三洋	85	80	300		100		4		1.2	100		0.5	80				3		4	2素子センタータップ(カソードコモン)	610D
*DCB015	三洋	75	50	300		100		4		1.2	100		0.1	50				7		5	2素子センタータップ(カソードコモン)	610D
DCC010	三洋	85	80	300		100		4		1.2	100		0.5	80				3		4	2素子直列	610F
DCD010	三洋	20	20	200		100		0.3		1	10		0.1	15				4			2素子直列	610F
*DCD015	三洋	75	50	300		100		4		1.2	100		0.1	50				9		15	2素子センタータップ(アノードコモン)	368B
*DCE015	三洋	75	50	300		100		4		1.2	100		0.1	50				7		12	2素子センタータップ(カソードコモン)	368A
DCF010	三洋	85	80	300		100		4		1.2	100		0.1	30				4		4	2素子センタータップ(アノードコモン)	205C
*DCF015	三洋	75	50	300		100		4		1.2	100		0.1	50		4.5	9		8	2素子センタータップ(アノードコモン)	205C
DCG010	三洋	85	80	300		100		4		1.2	100		0.1	30				3		4	2素子センタータップ(カソードコモン)	205D
DCG010	三洋	85	80	300		100		4		1.2	100		0.1	30				3		4	2素子センタータップ(カソードコモン)	205D
DCG010	三洋	85	80	300		100		4		1.2	100		0.1	30				3		4	2素子センタータップ(カソードコモン)	205D
*DCG015	三洋	75	50	300		100		4		1.2	100		0.1	50		4	7		5	2素子センタータップ(カソードコモン)	205D
DCH010	三洋	80	80	200		100		4		1.2	100		0.2	70			3.5		4	2素子直列	205F
DCJ010	三洋	20	20	200		100		0.3		1	10		0.1	15				4			2素子直列	205F
*DHA20	三洋	20k			5	1		75	10		2	20k					300			506H
*DHB08	三洋	8k			5	1		30	10		2	8000					300		色表示赤	506G
*DHB10	三洋	10k			5	1		39	10		2	10k					300		色表示青	506G
*DHB12	三洋	12k			5	1		45	10		2	12k					300		色表示白	506G
*DHB14	三洋	14k			5	1		51	10		2	14k					300		色表示緑	506G
*DHB16	三洋	16k			5	1		60	10		2	16k					300		色表示茶	506G
*DHB18	三洋	18k			5	1		66	10		2	18k					300		色表示黄	506G
DHG10D40	ルネサス	4k			10	1		10	10	25c	5	4k	25c							506A

	形 名	社 名	V_{RRM} (V)	V_R (V)	I_{FM} (mA)	T条件 (℃)	I_O, I_F* (mA)	T条件 (℃)	I_{FSM} (A)	T条件 (℃)	$V_F$max (V)	I_F(mA)	T(℃)	$I_R$max (μA)	V_R(V)	T(℃)	C_t(pF) typ	C_t(pF) max	t_{rr}(ns) (μsは*) typ	t_{rr}(ns) (μsは*) max	その他の特性等	外形
	DHM3B80	日立パワー	8k				3		0.5		25	5	25c	2	8k	25c				100	Ioはf=15.75kHz C負荷	19J
	DHM3C140	日立パワー	14k				3		0.5		45	5	25c	2	14k	25c				100	Ioはf=15.75kHz C負荷	19L
*	DHM3D160	日立パワー	16k				3		0.5		50	5								100	Ioはf=15.75kHz	19L
	DHM3E30	日立パワー	3k				3		0.5		10	5	25c	2	3k	25c				100	IoはF=15.75kHz C負荷	19G
	DHM3FA100	日立パワー	10k				1		0.5		37	5	25c	2	10k	25c				70	IoはF=63kHz C負荷	89E
	DHM3FB120	日立パワー	12k				1		0.5		42	5	25c	2	12k	25c				70	IoはF=63kHz C負荷	89E
	DHM3FG80	日立パワー	8k				3		0.5		28	5	25c	2	8k	25c				70	IoはF=63kHz C負荷	88J
	DHM3FJ60	日立パワー	6k				1		0.5		22	5	25c	2	6k	25c				70	IoはF=63kHz C負荷	88J
*	DHM3FL80	日立パワー	8k				1		0.5		28	5	25c	2	8k	25c				70	IoはF=63kHz C負荷	19J
	DHM3FX80	日立パワー	8k				3		0.5		28	5	25c	2	8k	25c				70	VRSM=10kV IoはC負荷	88J
	DHM3G80	日立パワー	8k				3		0.5		25	5	25c	2	8k	25c				70	IoはF=63kHz C負荷	88J
*	DHM3HA80	日立パワー	8k				1		0.5		32	5	25c	2	8k	25c				50	IoはF=82kHz C負荷	88J
	DHM3HB120	日立パワー	12k				1		0.5		48	5	25c	2	12k	25c				50	IoはF=82kHz C負荷	89E
	DHM3HC80	日立パワー	8k				1		0.5		32	5	25c	2	8k	25c				50	IoはF=82kHz C負荷	19J
*	DHM3HE120	日立パワー	12k				1		0.5		48	5	25c	2	12k	25c				50	IoはF=82kHz C負荷	19L
	DHM3HX120	日立パワー	12k				3		0.5		48	5	25c	2	12k	25c				50	VRSM=14kV IoはC負荷	19L
	DHM3J120	日立パワー	12k				3		0.5		42	5	25c	2	12k	25c				100	IoはF=15.75kHz C負荷	89E
	DHM3K20	日立パワー	2k				3		0.5		10	5	25c	2	2k	25c				100	IoはF=15.75kHz C負荷	19G
	DHM3P40	日立パワー	4k				3		0.5		10	5								100	IoはF=15.75kHz C負荷	19G
*	DHM3S20	日立パワー	2k				3		0.5		10	5								100	IoはF=15.75kHz C負荷	19G
	DHM3T30	日立パワー	3k				3		0.5		10	5								100	IoはF=15.75kHz C負荷	19G
*	DHM3UA80	日立パワー	8k				1		0.5		23	5	25c	2	8k	25c				40	IoはF=100kHz C負荷	88J
*	DHM3UB120	日立パワー	12k				1		0.5		36	5	25c	2	12k	25c				40	IoはF=100kHz C負荷	89E
	DHM3UE80	日立パワー	8k				1		0.5		23	5								40	IoはF=100kHz C負荷	19G
	DHM3UF80	日立パワー	8k				3		0.5		23	5		2	8000					40	IoはF=15.75kHz C負荷	88J
*	DHM3UG120	日立パワー	12k				3		0.5		36	5		2	12k					40	IoはF=15.75kHz C負荷	89E
	DHM3UM80	日立パワー	8k				1		0.5		23	5		2	8k					40	IoはF=100kHz C負荷	88J
	DHM3V20	日立パワー	2k				3		0.5		10	5		2	2000					100	IoはF=15.75kHz C負荷	19G
	DHM3W30	日立パワー	3k				3		0.5		13	5		2	3000					100	IoはF=15.75kHz C負荷	19G
	DHM3X40	日立パワー	4k				3		0.5		13	5		2	4000					100	IoはF=15.75kHz C負荷	19G
*	DLS1585	東芝	90	80	480		150		2		1.2	100		0.5	80		1	3	1.4	4	色表示黒	357E
*	DLS1586	東芝	55	50	480		150		2		1.2	100		0.5	50		1	3	1.4	4	色表示青	357E
	DS441	三洋	35	30	300		100		1		1.3	100		0.01	100		3	6				78E
*	DS442X	三洋	55	50	400		130		0.6		0.65	1.5		0.5	50			2		2	P=300mW VF=0.55〜0.65V	78F
	DS442	三洋	35	30	360		120		0.5		0.68	1.5		1	30			3		4	P=300mW VF=0.55〜0.68V	78F
	DS446	三洋	105	100	500		200		0.5		0.65	1.5		0.1	100		1.5	3	2	4	P=300mW VF=0.55〜0.65V	78F
	DS448	三洋	35	30	360		120		0.5		1	50		1	30			3		4		78E
	DS452	三洋	220	200	300		100		0.8		1	100		1.2	200		5	10				78F
	DS454	三洋	320	300	300		100		0.8		1	100		1.2	300		5	10				78F
*	DS462	三洋	250	200	600		200		2		1.2	100		0.5	200		1			60	P=400mW	78F
	DS464	三洋	300	250	600		200		2		1.2	100		0.5	250		1			60	P=400mW	78F
*	DSA010	三洋	85	80	300		100		4		1.2	100		0.5	80			4		4	P=200mW	610B

形名	社名	V_{RRM} (V)	V_R (V)	I_{FM} (mA)	T条件 (℃)	I_O, I_F* (mA)	T条件 (℃)	I_{FSM} (A)	T条件 (℃)	$V_F$max (V)	I_F (mA)	T(℃)	$I_R$max (μA)	V_R(V)	T(℃)	C_t(pF) typ	C_t(pF) max	t_{rr}(ns) (μsは*) typ	t_{rr}(ns) max	その他の特性等	外形
*DSA015	三洋	75	50	300		150		4		1.2	100		0.1	50			9		8	f<12.5MHz	610B
DSB010	三洋	85	80	300		100		4		1.2	100		0.5	80			3		4	P=200mW	610A
*DSB015	三洋	75	50	300		150		4		1.2	100		0.1	50			7		5	f<20MHz	610A
*DSC010	三洋	85	80	300		100		4		1.2	100		0.5	80			4		4		610H
DSC015	三洋	250	200	400		150		3		1	100		0.5	200		4		30	200		610A
DSD010	三洋	85	80	300		100		4		1.2	100		0.5	80			3		4	P=200mW	610I
*DSD015	三洋	350	300	400		150		3		1	100		0.5	300		4		30	200		610A
DSE010	三洋	90	80	225		100	0.5			1.2	100		0.5	80			3		4		756A
*DSE015	三洋	75	50	300		150		4		1.2	100		0.1	50		4.5	9		8	f<12.5MHz	205B
*DSH015	三洋	75	50	300		150		4		1.2	100		0.1	50		4	7		5	f<20MHz	205A
DWA010	三洋	85	80	300		100		4		1.2	100		0.5	80			2		4	P=200mW 2素子複合	444A
DWC010	三洋	250	200	300		100		4		1.2	100		0.1	50			3		60	P=200mW 2素子複合	444A
ED-100X1	オリジン	100k				100	油冷	45	25j	165	100		10	100k						X線用 Ioは油温50℃	173B
ED-125X1	オリジン	125k				100	油冷	45	25j	210	100		10	125k						X線用 Ioは油温50℃	173C
*ED-13TV1	オリジン	13k				30	50a	1		15	10		1	13k					500		133D
*ED-15TV3	オリジン	15k				10	50a	1	50j	22	10		1	15k					500		142B
ED-150X1	オリジン	150k				100	油冷	45	25j	240	100		10	150k						X線用 Ioは油温50℃	173D
ED-16H1	オリジン	16k				80	50a	30	25j	22	300		10	16k					500		504B
ED-16N1	オリジン	16k				80	50a	30	25j	22	80		10	16k							504B
ED-24H1	オリジン	24k				80	50a	30	25j	33	300		10	24k					500		504D
*ED-3TV1	オリジン	3k				30	50a	1	50j	7	10		1	3000					500		133E
*ED-7TV1	オリジン	7k				30	50a	1	50j	11	10		1	7000					500		133E
ED-75X1	オリジン	75k				100	油冷	45	25j	125	100		10	75k						X線用 Ioは油温50℃	173A
ED-8H1	オリジン	8k				100	50a	30	25j	11	300		10	8000					500		504A
ED-8N1	オリジン	8k				200	50a	45	25j	11	200		10	8000							504A
EDH36-1	オリジン	36k				200	油冷	45	50j	36	200		5	36k						Ioは油温50℃	146
EP01C	サンケン	1050	1000			200		5		4	200		5	1000					200		67B
*ERA34-10	富士電機	1k				100	60a	2		3	100		50	1000					150		20K
ERB26-20	富士電機	2k				200	40a	10	125j	3	300		10	2000				4*		色表示赤	113B
ESJA04-02	富士電機	2k				1		0.3		12	10	25j	5	2000	25j		3		100		20L
*ESJA04-02A	富士電機	2k				1		0.3		12	10		5	2000			2		80		20L
ESJA04-03	富士電機	3k				1		0.3		12	10	25j	5	3000	25j		3		100		20L
*ESJA04-03A	富士電機	3k				1		0.3		12	10		2	3000			2		80		20L
ESJA08-08	富士電機	8k				5		0.5		28	10		2	8000			2		50		507A
*ESJA08-08A	富士電機	8k				5		0.5		28	10		2	8k							507A
*ESJA09-10	富士電機	10k				5		0.5		35	10		2	10k			1		50		89E
ESJA09-10A	富士電機	10k				5		0.5		35	10		2	10k							89E
*ESJA09-12	富士電機	12k				5		0.5		42	10		2	12k			1		50		89E
ESJA09-12A	富士電機	12k				5		0.5		42	10		2	12k							507A
*ESJA18-08	富士電機	8k				5		0.5		28	10		2	8k						Cj<2pF trr<45ns	88J
ESJA23-04	富士電機	3600				30		3		10	10	25j	5	3600	25j						19J
ESJA23-04A	富士電機	3600				30		3		10	10		5	3600			2				19J

形　名	社　名	最大定格 V_{RRM} (V)	V_R (V)	I_{FM} (mA)	T条件 (℃)	I_O, I_F* (mA)	T条件 (℃)	I_{FSM} (A)	T条件 (℃)	順方向特性(typは*) $V_F$max (V)	測定条件 I_F(mA)	T(℃)	逆方向特性(typは*) $I_R$max (μA)	測定条件 V_R(V)	T(℃)	C_t(pF) typ	max	t_{rr}(ns) (μsは*) typ	max	その他の特性等	外形
ESJA52-10	富士電機	10k				5		0.5		30	10	25j	2	10k	25j	1		100			19L
ESJA52-10A	富士電機	10k				5		0.5		36	10		2	10k			2		80		19L
ESJA52-12	富士電機	12k				5		0.5		37.5	10	25j	2	12k	25j	1		100			19L
ESJA52-12A	富士電機	12k				5		0.5		45	10		2	12k			2		80		19L
ESJA52-14	富士電機	14k				5		0.5		42.5	10	25j	2	14k	25j	1		100			19L
*ESJA52-14A	富士電機	14k				5		0.5		51	10		2	14k			2		80		19L
ESJA53-16	富士電機	16k				5		0.5		50	10	25j	2	16k	25j	1		100			91G
*ESJA53-16A	富士電機	16k				5		0.5		60	10		2	16k			2		80		91G
ESJA53-18	富士電機	18k				5		0.5		55	10	25j	2	18k	25j	1		100			91G
*ESJA53-18A	富士電機	18k				5		0.5		66	10		2	18k			2		80		91G
ESJA53-20	富士電機	20k				5		0.5		62.5	10	25j	2	20k	25j	1		100			91G
*ESJA53-20A	富士電機	20k				5		0.5		75	10		2	20k			2		80		91G
*ESJA54-06	富士電機	6k				5		0.5		20	10	25j	2	6000	25j	1		100			19J
*ESJA54-08	富士電機	8k				5		0.5		25	10	25j	2	8000	25j	1		100			19J
*ESJA54-08A	富士電機	8k				5		0.5		30	10		2	8000			2		80		19J
ESJA56-20	富士電機	20k				5		0.5		62.5	10	25j	2	20k	25j	1		100			91H
ESJA56-24	富士電機	24k				5		0.5		75	10	25j	2	24k	25j	1		100			91H
ESJA56-24A	富士電機	24k				5		0.5		90	10		2	24k			2		80		91H
ESJA57-03	富士電機	3k				5		0.5		10	10	25j	2	3000	25j	1		100			20J
*ESJA57-03A	富士電機	3k				5		0.5		12	10		2	3000			2		80		20J
ESJA57-04	富士電機	4k				5		0.5		12.5	10	25j	2	4000	25j	1		100			20J
*ESJA57-04A	富士電機	4k				5		0.5		15	10		2	4000			2		80		20J
ESJA58-06	富士電機	6k				5		0.5		20	10	25j	2	6000	25j	1		100			507A
*ESJA58-06A	富士電機	6k				5		0.5		24	10		2	6000			2		80		507A
ESJA58-08	富士電機	8k				5		0.5		25	10	25j	2	8000	25j	1		100			507A
*ESJA58-08A	富士電機	8k				5		0.5		30	10		2	8000			2		80		507A
ESJA59-10	富士電機	10k				5		0.5		30	10	25j	2	10k	25j	1		100			89E
*ESJA59-10A	富士電機	10k				5		0.5		36	10		2	10k			2		80		89E
ESJA59-12	富士電機	12k				5		0.5		37.5	10	25j	2	12k	25j	1		100			89E
*ESJA59-12A	富士電機	12k				5		0.5		45	10		2	12k			2		80		89E
ESJA59-14	富士電機	14k				5		0.5		42.5	10	25j	2	14k	25j	1		100			89E
*ESJA59-14A	富士電機	14k				5		0.5		51	10		2	14k			2		80		89E
ESJA82-10	富士電機	10k				5		0.5		33.6	10	25j	2	10k	25j	1		80			66B
ESJA82-10A	富士電機	10k				5		0.5		39.6	10		2	10k			1		60		19L
ESJA82-12	富士電機	12k				5		0.5		42	10	25j	2	12k	25j	1		80			66B
*ESJA82-12A	富士電機	12k				5		0.5		49.5	10		2	12k			1		60		19L
ESJA82-14	富士電機	14k				5		0.5		47.6	10	25j	2	14k	25j	1		80			66B
ESJA82-14A	富士電機	14k				5		0.5		56.1	10		2	14k			1		60		19L
ESJA83-16	富士電機	16k				5		0.5		56	10	25j	2	16k	25j	1		80			66C
ESJA83-16A	富士電機	16k				5		0.5		60	10		2	16k			1		60		91G
ESJA83-18	富士電機	18k				5		0.5		61.6	10	25j	2	18k	25j	1		80			66C
ESJA83-20	富士電機	20k				5		0.5		70	10	25j	2	20k	25j	1		80			66C

形 名	社 名	最大定格 VRRM (V)	VR (V)	IFM (mA)	T条件 (℃)	IO,IF* (mA)	T条件 (℃)	IFSM (A)	T条件 (℃)	順方向特性(typは*) VFmax (V)	測定条件 IF(mA)	T(℃)	逆方向特性(typは*) IRmax (μA)	測定条件 VR(V)	T(℃)	Ct(pF) typ	max	trr(ns) (μsは*) typ	max	その他の特性等	外形
ESJA83-20A	富士電機	20k				5		0.5		82.5	10		2	20k			1		60		91G
ESJA86-24	富士電機	24k				5		0.5		84	10	25j	2	24k	25j		1		80		91H
ESJA88-06	富士電機	6k				5		0.5		22.4	10	25j	2	6000	25j		2		80		507A
ESJA88-08	富士電機	8k				5		0.5		28	10	25j	2	8000	25j		2		80		507A
*ESJA88-08A	富士電機	8k				5		0.5		33	10		2	8000			2		60		507A
ESJA89-10	富士電機	10k				5		0.5		33.6	10	25j	2	10k	25j		1		80		89E
ESJA89-10A	富士電機	10k				5		0.5		39.6	10		2	10k			1		60		89E
ESJA89-12	富士電機	12k				5		0.5		42	10	25j	2	12k	25j		1		80		89E
ESJA89-12A	富士電機	12k				5		0.5		49.5	10		2	12k			1		60		89E
ESJA89-14	富士電機	14k				5		0.5		47.6	10	25j	2	14k	25j		1		80		89E
ESJA89-14A	富士電機	14k				5		0.5		56.1	10		2	14k			1		60		89E
ESJA92-10	富士電機	10k				8		0.5		28.8	10	25j	2	10k	25j		1		60		19L
ESJA92-12	富士電機	12k				8		0.5		36	10	25j	2	12k	25j		1		60		19L
ESJA98-06	富士電機	6k				8		0.5		18	10	25j	2	6000	25j		2		60		88J
ESJA98-08	富士電機	8k				8		0.5		23.4	10	25j	2	8000	25j		2		60		88J
*ESJC03-09	富士電機	9k				280	油冷	20		18	2A	25j	5	9k	25j				1*		66H
*EU01A	サンケン	400				250		15		2.5	250		10	400					400		67B
EU01Z	サンケン	600				250		15		2.5	250		10	600					400		67B
EU01	サンケン	200				250		15		2.5	250		10	200					400		67B
EU1A	サンケン	600				250		15		2.5	250		10	600					400		67C
EU1Z	サンケン	200				250		15		2.5	250		10	200					400		67C
EU1	サンケン	400				250		15		2.5	250		10	400					400		67C
F01UD40	オリジン	400				100		1		2.5	100		0.08	400					150		2素子直列	610F
F1P10	オリジン	1000				200		10		3	200	25j	100	1000	25j	10			30			405A
FS01N60	オリジン	600				200		1		0.97	200	25j	10	600	25j	10						421B
FS01U60	オリジン	600				150		1		1.3	150	25j	10	600	25j	10		70	200			421B
FS02U60	オリジン	600				200		1		1.4	200		10	600					200			421B
FT02P80	オリジン	800				200		2	25j	2	200	25j	0.1	400	25j	3	8	20	45			460D
FV02R80	オリジン	800				200		1	25j	4	200	25j	0.1	400	25j	3	6	25	40			491
GMA01U	三洋	105	100	360		120		0.5		0.68	1.5		0.5	75			3			4	P=300mW VF=0.55〜0.68V	78E
*GMA01	三洋	60	55	360		120		0.5		0.68	1.5		0.5	55			3			4	P=300mW VF=0.55〜0.68V	78E
GMA02	三洋	250	200	625		200		1		1.5	200		10	220			3			35		78E
GMB01U	三洋	105	100	360		120		0.6		0.68	1.5		0.5	75			3			4	P=250mW VF=0.55〜0.68V	79D
*GMB01	三洋	60	55	360		120		0.6		1.2	100		0.5	55			3			4	P=250mW VF=0.55〜0.68V	79D
HAP180C026	オリジン	800				200		1	25j	2.5	200	25j	10	800	25j	5		20	45	ピン2-3はZD (VZ=250〜270V)	608
HAP180C027	オリジン	800				200		1	25j	2.5	200	25j	10	800	25j	5		20	45	ピン2-3はZD (VZ=260〜280V)	608
HAP180C028	オリジン	800				200		1	25j	2.5	200	25j	10	800	25j	5		20	45	ピン2-3はZD (VZ=270〜290V)	608
HAP180C029	オリジン	800				200		1	25j	2.5	200	25j	10	800	25j	5		20	45	ピン2-3はZD (VZ=280〜300V)	608
HAP180C030	オリジン	800				200		1	25j	2.5	200	25j	10	800	25j	5		20	45	ピン2-3はZD (VZ=290〜310V)	608
HAP180C031	オリジン	800				200		1	25j	2.5	200	25j	10	800	25j	5		20	45	ピン2-3はZD (VZ=300〜320V)	608
HAP180C32	オリジン	800				200		1	25j	2.5	200	25j	10	800	25j	5		20	45	ピン2-3はZD (VZ=310〜330V)	608
HAP180C33	オリジン	800				200		1	25j	2.5	200	25j	10	800	25j	5		20	45	ピン2-3はZD (VZ=320〜340V)	608

形名	社名	最大定格 V_RRM (V)	V_R (V)	I_FM (mA)	T条件 (℃)	I_O, I_F* (mA)	T条件 (℃)	I_FSM (A)	T条件 (℃)	順方向特性(typは*) V_F max (V)	測定条件 I_F (mA)	T(℃)	逆方向特性(typは*) I_R max (μA)	測定条件 V_R (V)	T(℃)	C_t (pF) typ	max	t_rr (ns) (μsは*) typ	max	その他の特性等	外形
HAP180C34	オリジン	800				200		1	25j	2.5	200	25j	10	800	25j		5	20	45	ピン2-3はZD (VZ=330〜350V)	608
HAP180N140D	オリジン	800				150		1	25j	2.2	150	25j	10	800	25j	2	5	20	45	ピン2-3はDi (VRM400V)	608
HAU140C026	オリジン	400				100		1	25j	1.5	100	25j	0.08	400	25j	5			200	サージクランパ VZ=250〜270V	610D
HAU140C027	オリジン	400				100		1	25j	1.5	100	25j	0.08	400	25j	5			200	サージクランパ VZ=260〜280V	610D
HAU140C028	オリジン	400				100		1	25j	1.5	100	25j	0.08	400	25j	5			200	サージクランパ VZ=270〜290V	610D
HAU140C029	オリジン	400				100		1	25j	1.5	100	25j	0.08	400	25j	5			200	サージクランパ VZ=280〜300V	610D
HAU140C030	オリジン	400				100		1	25j	1.5	100	25j	0.08	400	25j	5			200	サージクランパ VZ=290〜310V	610D
HAU140C031	オリジン	400				100		1	25j	1.5	100	25j	0.08	400	25j	5			200	サージクランパ VZ=300〜320V	610D
HAU140C032	オリジン	400				100		1	25j	1.5	100	25j	0.08	400	25j	5			200	サージクランパ VZ=310〜330V	610D
HAU140C033	オリジン	400				100		1	25j	1.5	100	25j	0.08	400	25j	5			200	サージクランパ VZ=320〜340V	610D
HAU140C034	オリジン	400				100		1	25j	1.5	100	25j	0.08	400	25j	5			200	サージクランパ VZ=330〜350V	610D
HAU160C026	オリジン	600				150		1	25j	1.3	150	25j	10	600	25j	10			200	サージクランパ VZ=250〜270V	610D
HAU160C027	オリジン	600				150		1	25j	1.3	150	25j	10	600	25j	10			200	サージクランパ VZ=260〜280V	610D
HAU160C028	オリジン	600				150		1	25j	1.3	150	25j	10	600	25j	10			200	サージクランパ VZ=270〜290V	610D
HAU160C029	オリジン	600				150		1	25j	1.3	150	25j	10	600	25j	10			200	サージクランパ VZ=280〜300V	610D
HAU160C030	オリジン	600				150		1	25j	1.3	150	25j	10	600	25j	10			200	サージクランパ VZ=290〜310V	610D
HAU160C031	オリジン	600				150		1	25j	1.3	150	25j	10	600	25j	10			200	サージクランパ VZ=300〜320V	610D
HAU160C032	オリジン	600				150		1	25j	1.3	150	25j	10	600	25j	10			200	サージクランパ VZ=310〜330V	610D
HAU160C033	オリジン	600				150		1	25j	1.3	150	25j	10	600	25j	10			200	サージクランパ VZ=320〜340V	610D
HAU160C034	オリジン	600				150		1	25j	1.3	150	25j	10	600	25j	10			200	サージクランパ VZ=330〜350V	610D
HN2D01JE	東芝	85	80	300		100		1		1.2	100		0.1	30		0.5		1.6		2素子複合	195
HSB123	ルネサス	85	80	300		100		4		1.2	100		0.1	80			2		3	2素子直列	205F
HSB124S	ルネサス	85	80	300		100		4		1.2	100		0.01	80			4		100	2素子直列	205F
HSB124S-J	ルネサス	85	80	300		100		4		1.2	100		0.01	80			4		100	2素子直列	205F
HSB2836	ルネサス	85	80	300		100		4		1.2	100		0.1	80			4		20	2素子センタータップ (アノードコモン)	205C
HSB2838	ルネサス	85	80	300		100		4		1.2	100		0.1	80			4		3	2素子センタータップ (カソードコモン)	205D
HSB83J	ルネサス	300	250	300		100		2		1.2	100		0.2	250			3		100		205A
HSB83YP	ルネサス		250					2		1.2	100						3		100	2素子複合	717
HSB83	ルネサス	300	250	300		100		2		1.2	100		0.2	250			3		100		205A
HSC119	ルネサス	85	80	300		100		4		1.2	100		0.1	80			2		3		757A
HSC277	ルネサス		35								10		0.05	25			1.2			P=150mW rd<0.7Ω (2mA)	757A
HSD119	ルネサス	85	80	300		100		4		1.2	100		0.1	80			2		3	VF<0.8V (IF=10mA)	738B
* HSK110	ルネサス		35			100*				1.05	1		0.1	25			1.2			rd<0.9Ω (2mA 100MHz)	357A
HSK120	ルネサス	70	60	450		150		4		0.8	10		0.1	60			3		3		357A
HSK122	ルネサス	410	400	625		150		1		1.2	100		1	400			10		10*		357A
HSK277	ルネサス		35			100*				1	10		0.01	25			1.2			P=150mW rd<0.5Ω (2mA)	357A
HSK83	ルネサス	300	250	625		150		1		1	100		0.1	250			3		100		357A
* HSM109WK	ルネサス	10				30*														ピン1-2と1-3は異なるDi	610D
* HSM112WK	ルネサス	8				30*														ピン1-2と1-3は異なるDi	610D
* HSM113WK	ルネサス	20									10									ピン1-2と1-3は異なるDi	610D
HSM122	ルネサス	420	400	300		100		2		1.2	100		1	400			10		10*	P=150mW	610A
HSM123	ルネサス	85	80	300		100		4		1.2	100		0.1	80		1	4		3	2素子直列	610F

	形 名	社 名	V_RRM (V)	V_R (V)	I_FM (mA)	T条件 (℃)	I0, I_F* (mA)	T条件 (℃)	I_FSM (A)	T条件 (℃)	V_Fmax (V)	I_F(mA)	T(℃)	I_Rmax (μA)	V_R(V)	T(℃)	C_t(pF) typ	C_t(pF) max	t_rr(ns) (μsは*) typ	t_rr(ns) max	その他の特性等	外形
	HSM124S	ルネサス	85	80	300		100		4		1.2	100		0.01	80			4		100	2素子直列	610F
	HSM221C	ルネサス	85	80	300		100		4		1.2	100		0.1	80		0.5	2		3		610A
	HSM223C	ルネサス	85	80	300		100		4		1.2	100		0.1	80		0.5	2		3		610B
	HSM2692	ルネサス		35			100*				1	10		0.05	25			1.2			P=150mW rd<0.9Ω (2mA)	610A
	HSM2693A	ルネサス		35							1	10		0.05	25			1.2			P=150mW 2素子(カソードコモン)	610D
	HSM2694	ルネサス		35							1	10		0.05	25			1.2			P=150mW 2素子(アノードコモン)	610C
	HSM2836C	ルネサス	85	80	300		100		4		1.2	100		0.1	80		2.5	4		20	2素子センタータップ(アノードコモン)	610C
	HSM2838C	ルネサス	85	80	300		100		4		1.2	100		0.1	80		0.5	2		3	2素子センタータップ(カソードコモン)	610D
*	HSM402S	ルネサス		100	150		50		4		1	10		0.1	100			2.4	2.7	*	P=150mW 2素子直列 LPF用	610F
*	HSM402WK	ルネサス		100	150		50		4		1	10		0.1	100			2.4		4	P=150mW 2素子(カソードコモン)	610D
	HSM83	ルネサス	300	250	300		100		2		1.2	100		0.2	250		1.5	3		100		610A
	HSS104	ルネサス	40	35	300		110		0.4		1.2	100		0.5	35			3		3	P=300mW	79F
	HSS271	ルネサス	60	55	360		120		0.6		1.2	100		0.5	55			3		4		79F
*	HSS400J	ルネサス		100			100				1	10		0.1	100			3			P=150mW	79F
*	HSS401J	ルネサス		100			100				1	10		0.1	100			1.5			P=150mW	79F
*	HSS402J	ルネサス		100			100				1	10		0.1	100			2.4			P=150mW	79F
	HSS81	ルネサス	200	150	625		150		1		1	100		0.2	150		1.5			100	P=400mW	79F
	HSS82	ルネサス	250	200	625		150		1		1	100		0.2	200		1.5			100	P=400mW	79F
	HSS83	ルネサス	300	250	625		150		1		1	100		0.2	250		1.5			100	P=400mW	79F
	HSU119	ルネサス	85	80	300		100		4		1.2	100		0.1	80			2		3		420C
	HSU277	ルネサス		35							1	10		0.05	25			1.2			P=150mW rd<0.7Ω (2mA)	420C
*	HSU402J	ルネサス		80	150		50		4		1	10		0.1	100			2.4			P=150mW	420C
	HSU83	ルネサス	300	250	250		100		2		1.2	100		0.2	250			3		100		420C
	JDS2S03S	東芝		30			100*				0.85	2		0.1	15		0.7	1.2			rd=0.6Ω (2mA 100MHz)	738C
	LFB01L	三洋	55	50	480		150		2		1.2	100		0.5	50			3		4	P=300mW	357F
	LFB01	三洋	90	80	480		150		2		1.2	100		0.5	80			3		4	P=300mW	357F
*	LS53	ルネサス	35	30	300		100		2		1	30		0.1	30		3	6	20	100	色表示白/黒	357A
*	LS54	ルネサス	75	30	300		100		2		1	30		0.1	50		3	5	20	100	色表示青/黒	357A
*	LS55	ルネサス	100	75	300		100		2		1	30		0.1	75		3	4	20	100	色表示赤/黒	357A
*	LS953	ルネサス	35	30	300		100		2		1	30		0.1	30		2	4		3	色表示緑/黒	357A
*	LS954	ルネサス	75	50	600		200		4		1	100		0.1	50		2	3.5		3	色表示緑/黄	357A
*	LS955	ルネサス	100	75	600		200		4		1	150		0.1	75		2	3	2	3		357A
*	MA1U152A	パナソニック	80	80	225		100*		0.5		1.2	100		0.1	75			2		3		495B
*	MA1U152K	パナソニック	80	80	225		100*		0.5		1.2	100		0.1	75			2		3		495A
*	MA1U152WA	パナソニック	80	80	225		100*		0.5		1.2	100		0.1	75			15		10	2素子センタータップ(アノードコモン)	495C
*	MA1U152WK	パナソニック	80	80	225		100*		0.5		1.2	100		0.1	75			3			2素子センタータップ(カソードコモン)	495D
*	MA1U157A	パナソニック	80	80	225		100*		0.5		1.2	100		0.1	75			2		3	2素子直列	495F
	MA10100	パナソニック	250	200	225		100		0.5		1.2	100		1	200			3		60	新形名MA3J100	165A
	MA10152A	パナソニック	80	80	225		100*		0.5		1.2	100		0.1	75			2		3		495B
*	MA10152D	パナソニック	80	80	225		100*		0.5		1.2	100		0.1	75			15		10	2素子センタータップ(アノードコモン)	495C
*	MA10152E	パナソニック	80	80	225		100*		0.5		1.2	100		0.1	75			2		3	2素子センタータップ(カソードコモン)	495D
	MA10152F	パナソニック	80	80	225		100*		0.5		1.2	100		0.1	75			2		3	2素子直列	495F

	形　名	社　名	V_{RRM} (V)	V_R (V)	I_{FM} (mA)	T条件 (℃)	I_O, I_F* (mA)	T条件 (℃)	I_{FSM} (A)	T条件 (℃)	V_{Fmax} (V)	I_F(mA)	T(℃)	I_{Rmax} (μA)	V_R(V)	T(℃)	C_t(pF) typ	C_t(pF) max	t_{rr}(ns) (μsは*) typ	t_{rr}(ns) (μsは*) max	その他の特性等	外形
*	MA10152K	パナソニック	80	80	225		100*		0.5		1.2	100		0.1	75			2		3		495A
*	MA110	パナソニック	40	40	225		100		0.5		1.2	100		0.1	35		0.6	1.2		3		239
	MA111	パナソニック	80	80	225		100		0.5		1.2	100		0.1	75		0.6	1.2		3	新形名MA2J111	239
	MA112	パナソニック	40	40	600		200		1		1.1	200		0.5	35			4		10	新形名MA2J112	239
	MA113	パナソニック	80	80	600		200		1		1.1	200		0.5	75			4		10	新形名MA2J113	239
	MA114	パナソニック	150	150			200		0.5		1.2	200		200	150		4.5				新形名MA2J114	239
	MA115	パナソニック	200	200	600		200		1		1.2	200		0.2	200		4.5				新形名MA2J115	239
	MA116	パナソニック	40	40	225		100		0.5		1.2	100		0.1	40		1	2		100	rd<3.6Ω 新形名MA2J116	239
	MA132A	パナソニック	80	80	225		100*		0.5		1.2	100		0.1	75			2		3	新形名MA3S132A	119B
	MA132K	パナソニック	80	80	225		100*		0.5		1.2	100		0.1	75			2		3	新形名MA3S132K	119A
	MA132WA	パナソニック	80	80	225		100*		0.5		1.2	100		0.1	75			15		10	2素子 新形名MA3S132D	119C
	MA132WK	パナソニック	80	80	225		100*		0.5		1.2	100		0.1	75			2		3	2素子 新形名MA3S132E	119D
	MA133	パナソニック	80	80	225		100*		0.5		1.2	100		0.1	75			5.5			2素子直列 新形名MA3S133	119F
*	MA141A	パナソニック	40	40	225		100*		0.5		1.2	100		0.1	35			15		10		205B
*	MA141K	パナソニック	40	40	225		100*		0.5		1.2	100		0.1	35		0.9	2		3		205A
*	MA141WA	パナソニック	40	40	225		100*		0.5		1.2	100		0.1	35			15		10	2素子センタータップ (アノードコモン)	205C
*	MA141WK	パナソニック	40	40	225		100*		0.5		1.2	100		0.1	35			2		3	2素子センタータップ (カソードコモン)	205D
	MA142A	パナソニック	80	80	225		100*		0.5		1.2	100		0.1	75			15		10	新形名MA3J142A	205B
	MA142K	パナソニック	80	80	225		100*		0.5		1.2	100		0.1	75			2		3	新形名MA3J142K	205A
	MA142WA	パナソニック	80	80	225		100*		0.5		1.2	100		0.1	75			15		10	2素子 新形名MA3J142D	205C
	MA142WK	パナソニック	80	80	225		100*		0.5		1.2	100		0.1	75			2		3	2素子 新形名MA3J142E	205D
	MA143A	パナソニック	80	80	200		100*				1.2	100		0.1	75			5.5			2素子直列 新形名MA3J143A	205F
	MA143	パナソニック	40	40	200		100*				1.2	100		0.1	35			5.5			2素子直列 新形名MA3J143	205F
	MA147	パナソニック	80	80	225		100		0.5		1.2	100		0.1	75			2		3	2素子直列 新形名MA3J147	205F
	MA150	パナソニック	35	35	225		100		0.5		1.2	100		0.1	30		0.9	2		10	色表示白	25E
*	MA151A	パナソニック	40	40	225		100*		0.5		1.2	100		0.1	35			15		10		610B
*	MA151K	パナソニック	40	40	225		100*		0.5		1.2	100		0.1	35			2		3		610A
*	MA151WA	パナソニック	40	40	225		100*		0.5		1.2	100		0.1	35			15		10		610C
*	MA151WK	パナソニック	40	40	225		100*		0.5		1.2	100		0.1	35			2		3		610D
	MA152A	パナソニック	80	80	225		100*		0.5		1.2	100		0.1	75			2		3	新形名MA3X52A	610B
	MA152K	パナソニック	80	80	225		100*		0.5		1.2	100		0.1	75			2		3	新形名MA3X152K	610A
	MA152WA	パナソニック	80	80	225		100*		0.5		1.2	100		0.1	75			15		10	2素子 新形名MA3X152D	610C
	MA152WK	パナソニック	80	80	225		100*		0.5		1.2	100		0.1	75			2		3	2素子 新形名MA3X152E	610D
	MA153A	パナソニック	80	80	200		100*				1.2	100		0.1	75			5			2素子直列 新形名MA3X153A	610F
	MA153	パナソニック	40	40	200		100*				1.2	100		0.1	40			5			2素子直列 新形名MA3X153	610F
*	MA154WA	パナソニック	40	40	225		100*		0.5		1.2	100		0.1	35			4		10	2素子センタータップ (アノードコモン)	40B
*	MA154WK	パナソニック	40	40	225		100*		0.5		1.2	100		0.1	35			4		3	2素子センタータップ (カソードコモン)	40A
*	MA155WA	パナソニック	80	80	225		100*		0.5		1.2	100		0.1	75			4		10	2素子センタータップ (アノードコモン)	40B
*	MA155WK	パナソニック	80	80	225		100*		0.5		1.2	100		0.1	75			4		3	2素子センタータップ (カソードコモン)	40A
*	MA156	パナソニック	40	40	200		100*				1.2	100		0.1	40			5			2素子直列	40C
	MA157A	パナソニック	80	80	225		100*		0.5		1.2	100		0.1	75			2		3	2素子直列 新形名MA3X157A	610F
*	MA157	パナソニック	40	40	225		100*		0.5		1.2	100		0.1	35			2		3	2素子直列	610F

形　名	社名	最大定格 V_RRM (V)	V_R (V)	I_FM (mA)	T条件 (°C)	I0, I_F* (mA)	T条件 (°C)	I_FSM (A)	T条件 (°C)	順方向特性(typは*) V_Fmax (V)	測定条件 I_F (mA)	T(°C)	逆方向特性(typは*) I_Rmax (μA)	測定条件 V_R (V)	T(°C)	C_t (pF) typ	max	t_rr (ns) (μs は*) typ	max	その他の特性等	外形
MA158	パナソニック	250	200			100		0.5		1.3	100		1	200						新形名MA3X158	610A
MA159A	パナソニック	80	80	225		100*		0.5		1.2	100		0.1	75			2		3	2素子複合 新形名MA4X159A	439A
*MA159	パナソニック	40	40	225		100*		0.5		1.2	100		0.1	35			2		3	2素子複合	439A
MA160A	パナソニック	80	80	225		100*		0.5		1.2	100		0.1	75		0.9	2		3	2素子複合 新形名MA4X160A	439B
MA160	パナソニック	40	40	225		100*		0.5		1.2	100		0.1	35		0.9	2		3	2素子複合 新形名MA4X160	439B
*MA161	パナソニック	50	50	225		100		0.5		1.2	100		0.025	15		0.9	2	2.2	4	色表示緑	25E
MA162A	パナソニック	120	120	225		100*		0.5		1.2	100		0.025	20		0.9	2	2.2	4	色表示黒/黒	25E
MA162	パナソニック	75	75	225		100		0.5		1.2	100		0.025	20		0.9	2	2.2	4	色表示紫	25E
*MA164	パナソニック	40	40	200		100*				1.2	100		0.1	35			5			2素子直列 新形名MA3X164	610G
MA165	パナソニック	35	35	225		100		0.5		1.2	100		0.025	15		0.9	2		10		23F
MA166	パナソニック	50	50	225		100		0.5		1.2	100		5	50		0.9	2	2.2	4		23F
MA167A	パナソニック	120	120	225		100		0.5		1.2	100		5	120		0.9	2	2.2	4		23F
MA167	パナソニック	75	75	225		100		0.5		1.2	100		5	75		0.9	2	2.2	4		23F
*MA170	パナソニック	40	40	600		200		1		1.1	200		0.05	15			4		20		25E
MA171	パナソニック	80	80	600		200		1		1.1	200		0.05	15			4		20		25E
MA174	パナソニック	250	200	225		100		0.5		1.3	100		1	200						2素子複合 新形名MA4X174	439A
*MA175WA	パナソニック	40	40	225		100*		0.5		1.2	100		0.1	35			4		10	2素子センタータップ (アノードコモン)	33B
*MA175WK	パナソニック	40	40	225		100*		0.5		1.2	100		0.1	35			4		3	2素子センタータップ (カソードコモン)	33A
*MA176WA	パナソニック	80	80	225		100*		0.5		1.2	100		0.1	75			4		10	2素子センタータップ (アノードコモン)	33B
*MA176WK	パナソニック	80	80	225		100*		0.5		1.2	100		0.1	75			4		3	2素子センタータップ (カソードコモン)	33A
*MA177	パナソニック	40	40	200		100*				1.2	100		0.1	40			5.5			2素子直列	33C
MA178	パナソニック	40	40	600		200		1		1.1	200		0.5	35			4		20		23F
MA179	パナソニック	80	80	600		200		1		1.1	200		0.5	75			4		20		23F
MA180	パナソニック	40	40	600		200		1		1.1	200		0.01	35			7		200		23F
*MA182	パナソニック	250	200	625		200		1		1.2	200		0.2	200		4.5					25E
MA185	パナソニック	250	200	625		200		1		1.2	200		0.2	200		4.5					23F
MA188	パナソニック	250	200	625		200		1		1.2	200		0.2	200		1			60		23F
*MA190	パナソニック	35	35	225		100*		0.5		1.2	100		0.1	30			4		400		25E
MA194	パナソニック	35	35	225		100		0.5		1.2	100		0.1	30		1	2		100	新形名MA4X194	439A
MA195	パナソニック	35	35	225		100		0.5		1.2	100		0.1	30					400		23F
MA196	パナソニック	50	50	225		100*		0.5		1.2	100		0.01	50			4		200		23F
MA198	パナソニック	40	40	225		100		0.5		1.2	100		0.01	40		1	2		100	2素子直列 新形名MA3X198	610F
MA199	パナソニック	250	200	225		100		0.5		1.2	100		1	200			3		60	新形名MA3X199	610A
*MA2B150	パナソニック	35	35	225		100		0.5		1.2	100		25nA	15		0.9	2		10		25E
*MA2B161	パナソニック	50	50	225		100		0.5		1.2	100		25nA	15		0.9	2	2.2	4		25E
*MA2B162	パナソニック	75	75	225		100		0.5		1.2	100		25nA	20		0.9	2	2.2	4		25E
*MA2B162A	パナソニック	120	120	225		100		0.5		1.2	100		25nA	20		0.9	2	2.2	4		25E
*MA2B170	パナソニック	40	40	600		200		1		1.1	200		0.05	15			4		20		25E
*MA2B171	パナソニック	80	80	600		200		1		1.1	200		0.05	15			4		20		25E
*MA2B182	パナソニック	250	200	625		200		1		1.2	200		0.2	200		4.5				P=400mW	25E
*MA2B190	パナソニック	35	30	225		100		0.5		1.2	100		0.01	30			4		200*	rd<2.5Ω (3mA 30MHz)	25E
*MA2C165	パナソニック	35	35	225		100		0.5		1.2	100		25nA	15		0.9	2		10		23F

形　名	社　名	最大定格 VRRM(V)	VR(V)	IFM(mA)	T条件(℃)	IO, IF*(mA)	T条件(℃)	IFSM(A)	T条件(℃)	順方向特性(typは*) VFmax(V)	測定条件 IF(mA)	T(℃)	逆方向特性(typは*) IRmax(μA)	測定条件 VR(V)	T(℃)	Ct(pF) typ	max	trr(ns) (μsは*) typ	max	その他の特性等	外形
* MA2C166	パナソニック	50	50	225		100		0.5		1.2	100		25nA	15		0.9	2	2.2	4		23F
* MA2C167	パナソニック	75	75	225		100		0.5		1.2	100		25nA	20		0.9	2	2.2	4		23F
* MA2C178	パナソニック	40	40	600		200		1		1.1	200		0.05	15			4		20		23F
* MA2C179	パナソニック	80	80	600		200		1		1.1	200		0.05	15			4		20		23F
* MA2C185	パナソニック	250	200	625		200		1		1.2	200		0.2	200		4.5				P=400mW	23F
* MA2C188	パナソニック	250	200	625		200		1		1.2	200		0.2	200		1			60	P=400mW	23F
* MA2C195	パナソニック	35	35	225		100		0.5		1.2	100		0.01	30			4		200*	rd<2.5Ω (3mA 30MHz)	23F
* MA2C196	パナソニック	50	50	225		100		0.5		1.2	100		0.01	50			4		200*	rd<2.5Ω (3mA 30MHz)	23F
* MA2C856	パナソニック		35			100*				1	100		0.1	33			2			rd<0.85Ω (2mA 100MHz)	23F
* MA2C858	パナソニック		35			100*				1	100		0.1	33				1.2		rd<0.9Ω (2mA 100MHz)	23F
* MA2C859	パナソニック		35			100*				1	100		0.1	33		0.8	1.2			rd<0.65Ω (2mA 100MHz)	23F
* MA2J111	パナソニック	80	80	225		100		0.5		1.2	100		0.1	75		0.6	2		3		239
* MA2J112	パナソニック	40	40	600		200		1		1.1	200		0.5	35			4		10		239
* MA2J113	パナソニック	80	80	600		200		1		1.1	200		0.5	75			4		10		239
* MA2J114	パナソニック	150	150	600		200		0.5		1.2	200		0.2	150		4.5					239
* MA2J115	パナソニック	200	200	600		200		1		1.2	200		0.2	200		4.5					239
* MA2J116	パナソニック	40	40	225		100		0.5		1.2	100		0.01	40		1	2		100	rd<3.6Ω (3mA 30MHz)	239
* MA2P291	パナソニック	250	200	300		200		6		1.3	200		1	200							560
* MA2S077	パナソニック		35			100*				1	100		0.1	33		0.9	1.2			rd<0.85Ω (2mA 100MHz)	757C
* MA2S101	パナソニック	250	250							1.2	70		1	250			3		60		239
* MA2S111	パナソニック	80	80	225		100		0.5		1.2	100		0.1	75		0.6	1.2		3		757D
* MA2X073	パナソニック		35			100*				1	100		0.1	33		0.9	1.2			rd<0.85Ω (2mA 100MHz)	421A
* MA2YF80	パナソニック	800	800			200*		1		2.5	200		1	400		2		20	45		750A
* MA2Z001	パナソニック	250	200	225		100		0.5		1.2	100		1	200			3		60		239
* MA2Z077	パナソニック		35			100*				1	100		0.1	33		0.9	1.2			rd<0.85Ω (2mA 100MHz)	420G
* MA2Z081	パナソニック		35			100*				1	100		0.1	33		0.9	1.2			rd<1.3Ω (2mA 100MHz)	420G
* MA200A	パナソニック	80	80	225		100*		0.5		1.2	100		0.01	75			2.5		100		610B
* MA200K	パナソニック	80	80	225		100*		0.5		1.2	100		0.01	75			2.5		100		610A
* MA200WA	パナソニック	80	80	225		100*		0.5		1.2	100		0.01	75			2.5		100	2素子センタータップ (アノードコモン)	610C
* MA200WK	パナソニック	80	80	225		100*		0.5		1.2	100		0.01	75			2.5		100	2素子センタータップ (カソードコモン)	610D
* MA204WA	パナソニック	40	40	225		100*		0.5		1.2	100		0.1	35			4		10	2素子センタータップ (アノードコモン)	39B
* MA204WK	パナソニック	40	40	225		100*		0.5		1.2	100		0.1	35			4		3	2素子センタータップ (カソードコモン)	39A
* MA205WA	パナソニック	80	80	225		100*		0.5		1.2	100		0.1	75			4		10	2素子センタータップ (アノードコモン)	39B
* MA205WK	パナソニック	80	80	225		100*		0.5		1.2	100		0.1	75			4		3	2素子センタータップ (カソードコモン)	39A
* MA206	パナソニック	40	40	200		100*				1.2	100		0.1	40			5.5			2素子直列	39C
* MA207	パナソニック	80	80	200		100*				1.2	100		0.1	75			5.5			2素子直列	39C
* MA221	パナソニック	35	35	225		100*		0.5		1.2	100		0.1	30			2		10	色表示白	357D
* MA222	パナソニック	50	50	225		100*		0.5		1.2	100		1	50			2	2.2	4	色表示緑	357D
* MA223	パナソニック	75	75	225		100*		0.5		1.2	100		1	75			2	2.2	4	色表示紫	357D
* MA26077	パナソニック		35			100*				1	100		0.1	33		0.9	1.2			rds=〜0.65〜0.85Ω (2mA)	58A
* MA26111	パナソニック	80	80	225		100*		0.5		1.2	100		0.1	75		0.6	2		3		58B
* MA27077	パナソニック		35			100*				1	100		0.1	33		0.9	1.2			rd<0.85Ω (2mA 100MHz)	738A

| 形　名 | 社　名 | 最大定格 ||||||| 順方向特性(typは*) ||| 逆方向特性(typは*) ||| C_t(pF) || t_{rr}(ns) || その他の特性等 | 外形 |
||| V_{RRM}(V) | V_R(V) | I_{FM}(mA) | T条件(℃) | I_O,I_F*(mA) | T条件(℃) | I_{FSM}(A) | T条件(℃) | V_{Fmax}(V) | 測定条件 || 測定条件 ||||||||
											I_F(mA)	T(℃)	I_{Rmax}(μA)	V_R(V)	T(℃)	typ	max	typ	max		
*MA27111	パナソニック	80	80	225		100*		0.5		1.2	100		0.1	75		0.6	2		3		738A
*MA291	パナソニック	250	200	300		200	70a	6		1.3	200		1	200						新形名MA2P291	560
*MA3J100	パナソニック	250	200	225		100		0.5		1.2	100		1	200			3		60		165A
*MA3J142A	パナソニック	80	80	225		100		0.5		1.2	100		0.1	75		0.6	2		3		165B
*MA3J142D	パナソニック	80	80	225		100		0.5		1.2	100		0.1	75			15		10	2素子センタータップ(アノードコモン)	165C
*MA3J142E	パナソニック	80	80	225		100*		0.5		1.2	100		0.1	75			2		3	2素子センタータップ(カソードコモン)	165D
*MA3J142K	パナソニック	80	80	225		100		0.5		1.2	100		0.1	75		0.6	2		3		165A
*MA3J143	パナソニック	40	40	200		100*		0.5		1.2	100		0.1	40						2素子直列	165F
*MA3J143A	パナソニック	80	80	200		100*				1.2	100		0.1	75					150	2素子直列	165F
*MA3J147	パナソニック	80	80	225		100*		0.5		1.2	100		0.1	75			2		3	2素子直列	165F
*MA3S132A	パナソニック	80	80	225		100		0.5		1.2	100		0.1	75		0.6	2		3		119B
*MA3S132D	パナソニック	80	80	225		100		0.5		1.2	100		0.1	75			15		10	2素子センタータップ(アノードコモン)	119C
*MA3S132E	パナソニック	80	80	225		100*		0.5		1.2	100		0.1	75			2		3	2素子センタータップ(カソードコモン)	119D
*MA3S132K	パナソニック	80	80	225		100		0.5		1.2	100		0.1	75		0.6	2		3		119A
*MA3S133	パナソニック	80	80	200		100*				1.2	100		0.1	75					150	2素子直列	119F
*MA3S137	パナソニック	80	80	225		100*		0.5		1.2	100		0.1	75			2		3	2素子直列	119F
*MA3V175D	パナソニック	40	40	225		100		0.5		1.2	100		0.1	35			4		10	2素子センタータップ(アノードコモン)	33B
*MA3V175E	パナソニック	40	40	225		100*		0.5		1.2	100		0.1	35			4		3	2素子センタータップ(カソードコモン)	33A
*MA3V176D	パナソニック	80	80	225		100		0.5		1.2	100		0.1	75			4		10	2素子センタータップ(アノードコモン)	33B
*MA3V176E	パナソニック	80	80	225		100*		0.5		1.2	100		0.1	75			4		3	2素子センタータップ(カソードコモン)	33A
*MA3V177	パナソニック	40	40	200		100				1.2	100		0.1	40			5.5			2素子直列	33C
*MA3X057	パナソニック			35		100*				1	100		0.1	33		1.3	2			rd<1.15Ω (3mA 100MHz)	610A
*MA3X075D	パナソニック			35		100*				1	100		0.1	33		0.9	1.2			2素子センタータップ(アノードコモン)	610C
*MA3X075E	パナソニック			35		100*				1	100		0.1	33		0.9	1.2			2素子センタータップ(カソードコモン)	610D
*MA3X100	パナソニック	250	200	225		100		0.5		1.2	100		1	200			3		60	旧形名MA10100	165A
MA3X101	パナソニック	80	80	600		200		1		1.1	200		0.5	75			4		10		610A
*MA3X152A	パナソニック	80	80	225		100		0.5		1.2	100		0.1	75		0.6	2		3		610B
*MA3X152D	パナソニック	80	80	225		100		0.5		1.2	100		0.1	75			15		10	2素子センタータップ(アノードコモン)	610C
*MA3X152E	パナソニック	80	80	225		100*		0.5		1.2	100		0.1	75			2		3	2素子センタータップ(カソードコモン)	610D
*MA3X152K	パナソニック	80	80	225		100		0.5		1.2	100		0.1	75		0.6	2		3		610A
*MA3X153	パナソニック	40	40	200		100*		0.5		1.2	100		0.1	40						2素子直列	610F
*MA3X153A	パナソニック	80	80	200		100*				1.2	100		0.1	75					150	2素子直列	610F
*MA3X157A	パナソニック	80	80	225		100*		0.5		1.2	100		0.1	75			2				610F
*MA3X158	パナソニック	250	200	225		100		0.5		1.3	100		1	200							610A
*MA3X164	パナソニック	40	40	200		100*		0.5		1.2	100		0.1	40						2素子直列	610G
*MA3X198	パナソニック	40	40	225		100*		0.5		1.2	100		0.01	40			1		2	100 2素子直列	610F
*MA3X199	パナソニック	250	200	225		100		0.5		1.2	100		1	200			3		60		610A
*MA3X200F	パナソニック	80	80	225		100*		0.5		1.2	100		0.01	75			2.5		100	2素子直列	610F
*MA3Z070	パナソニック			35		100*				1	100		0.1	33		0.9	1.2			2素子直列	205F
*MA3Z080D	パナソニック			35		100*				1	100		0.1	33		0.9	1.2			2素子センタータップ(アノードコモン)	205C
*MA3Z080E	パナソニック			35		100*				1	100		0.1	33		0.9	1.2			2素子センタータップ(カソードコモン)	205D
*MA36132E	パナソニック	80	80	225		100*		0.5		1.2	100		0.1	75			2		3	2素子センタータップ(カソードコモン)	58A

形　名	社名	最大定格 V_RRM (V)	V_R (V)	I_FM (mA)	T条件 (℃)	I0, I F* (mA)	T条件 (℃)	I FSM (A)	T条件 (℃)	順方向特性(typは*) V_Fmax (V)	測定条件 IF(mA)	T(℃)	逆方向特性(typは*) I Rmax (μA)	測定条件 VR(V)	T(℃)	Ct(pF) typ	max	trr(ns) (μsは*) typ	max	その他の特性等	外形
*MA4S111	パナソニック	80	80	225		100*		225m		1.2	100		0.1	75		0.6	2		3	2素子複合	437
*MA4S159	パナソニック	80	80	225		100		0.5		1.2	100		0.1	75		0.9	2		3	2素子複合	494
*MA4X159A	パナソニック	80	80	225		100		0.5		1.2	100		0.1	75		0.9	2		3	2素子複合	439A
*MA4X160	パナソニック	40	40	225		100		0.5		1.2	100		0.1	35		0.9	2		3	2素子複合	439B
*MA4X160A	パナソニック	80	80	225		100		0.5		1.2	100		0.1	75		0.9	2		3	2素子複合	439B
*MA4X174	パナソニック	250	200	225		100		0.5		1.3	100		1	200						2素子複合	439A
*MA4X194	パナソニック	40	40	225		100		0.5		1.2	100		0.01	40		1	2		100	2素子複合	439A
MA4X862	パナソニック			35		100*				1	100		0.1	33					1.2	rd<0.65Ω (2mA 100MHz)	439A
*MA4Z159	パナソニック	80	80			100		0.5		1.2	100		0.1	75		0.9	2		3	2素子複合	494
*MA57	パナソニック			35		100*				1	100		0.1	33		1.3	2			新形名MA3X057	610A
*MA70	パナソニック			35		100*				1.2	100		0.1	33		0.9	1.2			新形名MA3Z070	610F
*MA72	パナソニック			35		100*				1	100		0.1	33		1.3	2			rd=0.78〜1.15Ω (3mA)	411
*MA73	パナソニック			35		100*				1	100		0.1	33		0.9	1.2			新形名MA2X073	421A
*MA75WA	パナソニック			35		100*				1	100		0.1	33		0.9	1.2			2素子 新形名MA3X075D	610C
*MA75WK	パナソニック			35		100*				1	100		0.1	33		0.9	1.2			2素子 新形名MA3X075E	610D
*MA77	パナソニック			35		100*				1	100		0.1	33		0.9	1.2			新形名MA2Z077	420B
*MA79	パナソニック			25		100*				1	100		0.1	23		1.2	1.5			rd<0.6Ω (2mA 100MHz)	420G
*MA80WA	パナソニック			35		100*				1	100		0.1	33		0.9	1.2			2素子 新形名MA3Z080D	205C
*MA80WK	パナソニック			35		100*				1	100		0.1	33		0.9	1.2			2素子 新形名MA3Z080E	205D
*MA81	パナソニック			35		100*				1.1	100		0.1	33		0.9	1.2			rd<1.3Ω 新形名MA2Z081	420G
MA856	パナソニック			35		100*				1	100		0.1	33			2			rd<0.85Ω (3mA 100MHz)	23F
MA858	パナソニック			35		100*				1	100		0.1	33					1.2	rd<0.9Ω (2mA 100MHz)	23F
MA859	パナソニック			35		100*				1.1	100		0.1	33		0.8	1.2			rd<0.65Ω (2mA 100MHz)	23F
*MA860	パナソニック			35		100*				1	100		0.1	33		0.8	1.2			rd<0.65Ω (2mA 100MHz)	357C
MA862	パナソニック			35		100*				1	100		0.1	33					1.2	rd<0.65Ω (2mA 100MHz)	439C
*MA999	パナソニック																			MA151KとMA704Aの複合	439A
*MAS3132D	パナソニック	80	80			150		0.75		1.2	100		0.1	75		15			60	2素子センタータップ (アノードコモン)	244C
*MAS3132E	パナソニック	80	80			150		0.75		1.2	100		0.1	75		2			3	2素子センタータップ (カソードコモン)	244D
*MAU2111	パナソニック	80	80	225		100*		0.5		1.2	100		0.1	75		0.6	2		3		736D
MC2831	イサハヤ	75	50	300		100		4		1.2	100		0.1	50		2.8	4	1.3	4	P=150mW	610B
MC2832	イサハヤ	75	50	300		100		4		1.2	100		0.1	50		1.3	4	1.3	4	P=150mW	610A
MC2833	イサハヤ	75	50	300		100		4		1.2	100		0.1	50		2.8	4	1.3	4	P=150mW	610H
MC2834	イサハヤ	75	50	300		100		4		1.2	100		0.1	50		1.3	4	1.3	4	P=150mW	610I
MC2835	イサハヤ	35	30	300		100		4		1.4	100		0.1	30				140		P=150mW 2素子直列	610G
MC2836	イサハヤ	75	50	300		100		4		1.2	100		0.1	50		2.8	4	1.3	4	2素子センタータップ (アノードコモン)	610C
MC2837	イサハヤ	85	80	300		100		2		1.2	100		0.5	80		0.9	3	1.6	4	2素子直列	610F
MC2838	イサハヤ	75	50	300		100		4		1.2	100		0.1	50		1.3	4	1.3	3	2素子センタータップ (カソードコモン)	610D
MC2840	イサハヤ	35	30	300		100		4		1.4	100		0.1	30		10/6		140		P=150mW 2素子直列	610H
MC2841	イサハヤ	75	50	300		100		4		1.2	100		0.1	50		2.8	4	1.3	4	P=150mW	205B
MC2842	イサハヤ	75	50	300		100		4		1.2	100		0.1	50		2.8	4	1.3	3	P=150mW	205H
MC2843	イサハヤ	75	50	300		100		4		1.2	100		0.1	50		1.3	4	1.3	3	P=150mW	205H
MC2844	イサハヤ	75	50	300		100		4		1.2	100		0.1	50		1.3	4	1.3	3	P=150mW	205I

形名	社名	V_{RRM} (V)	V_R (V)	I_{FM} (mA)	T条件 (°C)	I_O, I_F* (mA)	T条件 (°C)	I_{FSM} (A)	T条件 (°C)	V_{Fmax} (V)	I_F (mA)	T(°C)	I_{Rmax} (μA)	V_R (V)	T(°C)	C_t(pF) typ	max	t_{rr}(ns) (μs は*) typ	max	その他の特性等	外形
MC2845	イサハヤ	35	30	300		100		4		1.4	100		0.1	30				140		P=150mW 2素子直列	205G
MC2846	イサハヤ	75	50	300		100		4		1.2	100		0.1	75		2.8	4	1.3	4	P=150mW 2素子(アノードコモン)	205C
MC2848	イサハヤ	75	50	300		100		4		1.2	100		0.1	75		1.3	4	1.3	3	P=150mW 2素子(カソードコモン)	205D
MC2850	イサハヤ	35	30	300		100		4		1.4	100		0.1	30		10/6		140		P=150mW 2素子直列	205F
MC2852	イサハヤ	75	50	300		100		4		1.2	100		0.1	50		1.3	4		3		277A
MC2854	イサハヤ	75	50	300		100		4		1.2	100		0.1	50		1.3	4		3		277I
MC2856	イサハヤ	75	50	300		100		4		1.2	100		0.1	50		2.8	4		4	2素子センタータップ(アノードコモン)	277C
MC2858	イサハヤ	75	50	300		100		4		1.2	100		0.1	50		1.3	4		4	2素子センタータップ(カソードコモン)	277D
MC961	イサハヤ	75	50	300		100		4		1.2	100		0.1	50		2.8	4	1.3	4	P=450mW 2素子(アノードコモン)	361B
MC971	イサハヤ	75	50	300		100		4		1.2	100		0.1	50		1	4	1.3	3	P=450mW 2素子(カソードコモン)	361A
MC981	イサハヤ	75	50	300		100		4		1.2	100		0.1	50		1.2	4		4	2素子直列	361C
MC982	イサハヤ	35	30	300		100		4		1.4	100		0.1	30		10/6		140		P=450mW 2素子直列	361C
MD10H1	オリジン	10k				15	油冷	2	50a	18	15		5	10k				100	200	Ioは油温50°C	133E
MD10N1	オリジン	10k				10	40a	10	25j	12	20	油中	5	10k						油温40°CでのIoは20mA	133E
MD12H1	オリジン	12k				12	油冷	2	50a	21	12		5	12k					200	Ioは油温50°C	133F
MD15H1	オリジン	15k				10	油冷	2	50a	27	10		5	15k				100	200	Ioは油温50°C	133F
MD15N1	オリジン	15k				10	40a	10	25j	17	20	油中	5	15k						油温40°CでのIoは20mA	133F
MD20H1	オリジン	20k				5	油冷	1	50a	36	5		5	20k				100	200	油温40°CでのIoは3mA	133G
MD20N1	オリジン	20k				10	40a	10	25j	22	20	油中	5	20k						油温40°CでのIoは20mA	133G
MD22H1	オリジン	22k				10		3	50a	36	10		10	22k					500	Ioは油温25°C	142A
MD3H1	オリジン	3k				50	油冷	2	50a	7	50		5	3000				100	200	Ioは油温50°C	133E
MD3N1	オリジン	3k				30	40a	10	25j	4	80	油中	5	3000						油温40°CでのIoは80mA	133E
MD6H1	オリジン	6k				30	油冷	2	50a	12	30		5	6000				100	200	Ioは油温50°C	133E
MD6N1	オリジン	6k				15	40a	10	25j	8	30	油中	5	6000						油温40°CでのIoは30mA	133E
MD6SH1	オリジン	6k				100	油冷	30	25j	6	100		5	6k					500	Ioは油温50°C	133C
MD8H2	オリジン	8k				200	50a	30	50j	10	200		10	6.4k				500			90H
MD8U1	オリジン	8k				150	50a	20	50j	12	150		10	6.4k				300			90H
MD-150X08	オリジン	150k				80	油冷	30	25j	160	80		10	150k				10*			73
MD-25X1	オリジン	25k				100	油冷	45	25j	44	100		10	25k						Ioは油温50°C	714
MD-25X1_4-1-1	オリジン	100k				100	油冷	45	25j	176	100		10	100k						Ioは油温50°C L=102mm	715
MD-25X1_5-1-1	オリジン	125k				100	油冷	45	25j	220	100		10	125k						Ioは油温50°C L=118mm	715
MD-25X1_6-1-1	オリジン	150k				100	油冷	45	25j	265	100		10	150k						Ioは油温50°C L=134mm	715
MD-32H1.5	オリジン	32k				150	50a	30	50j	42	150		10	32k				300			74
MD-45H01	オリジン	45k				10	油冷	1	50j	75	10		5	45k					500	Ioは油温50°C	5
MD-50X1	オリジン	50k				100	油冷	45	25j	88	100		10	50k						Ioは油温50°C 2素子直列	724
MD-50X1_3-1-2	オリジン	150k				100	油冷	45	25j	265	100		10	150k						Ioは油温50°C 2素子直列	724
MD-60E01	オリジン	60k				10	油冷	5	50j	50	10		1	60k						Ioは油温50°C	5
MGD-13N2	オリジン	13k				200	90c	30	50a	20	200		50	13k							156
*MI7001	三菱									1	100		10	100		1.2				Rth<15°C/W	409
*MI7002	三菱									1	100		10	80		1.2				Rth<15°C/W	409
*MI7022	三菱									1	100		10	80		1.4				Rth<300°C/W	409
RC2	サンケン	2k	1500			200	50a	20		2	200		10	2000				4*			67F

形　名	社名	最大定格 V_RRM (V)	V_R (V)	I_FM (mA)	T条件 (℃)	I_O, I_F* (mA)	T条件 (℃)	I_FSM (A)	順方向特性(typは*) V_Fmax (V)	測定条件 I_F(mA)	T(℃)	逆方向特性(typは*) I_Rmax (μA)	測定条件 V_R(V)	T(℃)	C_t (pF) typ	max	t_rr (ns) (μsは*) typ	max	その他の特性等	外形
* RF01F	サンケン	1500				150	50a	10	2.5	200		10	1500					300		67F
RKH0125AKF	ルネサス	300	250	300		100		1	1.2	100		0.2	250			3		100	Ioはガラエポ基板実装時	756G
RKH0125AKF	ルネサス	300	250	300		100		1	1.2	100		0.2	250			3		100	Ioはガラエポ基板実装時	756G
RKH0145AKG	ルネサス	450	400	300		100		2	1.5	100		10	400			3		100	Ioはガラエポ基板実装時	420C
RKH0145AKG	ルネサス	450	400	300		100		2	1.5	100		10	400			3		100	Ioはガラエポ基板実装時	420C
RKH0145AKU	ルネサス	450	400	300		100		2	1.5	100		10	400			3		100	Ioはガラエポ基板実装時	756F
RKH0145AKU	ルネサス	450	400	300		100		2	1.5	100		10	400			3		100	Ioはガラエポ基板実装時	756F
RKH0160AKU	ルネサス	600		600		200		2	2	200		10	600			1.5		70	Ioはガラエポ基板実装時	756F
RKH0160AKU	ルネサス	600		600		200		2	2	200		10	600			1.5		70	Ioはガラエポ基板実装時	756F
RKH0160BKJ	ルネサス	600		300		100		1	1.8	100		10	600			1.5		70	Ioはガラエポ基板実装時	757A
RKH0160BKJ	ルネサス	600		300		100		1	1.8	100		10	600			1.5		70	Ioはガラエポ基板実装時	757A
RKS100KG	ルネサス	85	80			200*		4	1.2	100		0.1	80			2		3	Ioはガラエポ基板実装時	420C
RKS100KG	ルネサス	85	80			200*		4	1.2	100		0.1	80			2		3	Ioはガラエポ基板実装時	420C
RKS101KG	ルネサス	420	400	300		100		2	1.5	100		10	400			3		100	Ioはガラエポ基板実装時	420C
RKS101KG	ルネサス	420	400	300		100		2	1.5	100		10	400			3		100	Ioはガラエポ基板実装時	420C
RKS150KK	ルネサス			35				1		10		0.05	25		1.2					P=150mW rds<0.7Ω (2mA)	738B
RKS1500DKK	ルネサス			35				1		10		0.05	25			1.2				rd<0.7Ω (2mA 100MHz)	738B
RKS151KJ	ルネサス			35				1		10		0.05	25		0.8					P=150mW rds<0.7Ω (2mA)	757A
RKS151KK	ルネサス			35				1		10		0.05	25		0.8					P=150mW rds<0.7Ω (2mA)	738B
* RKS1510DKJ	ルネサス			35				1		10		0.05	25			0.8				P=150mW rd<0.7Ω (2mA)	757A
RKS1510DKJ	ルネサス			35				1		10		0.05	25			0.8				P=150mW rd<0.7Ω (2mA)	757A
* RKS1510DKK	ルネサス			35				1		10		0.05	25			0.8				P=150mW rd<0.7Ω (2mA)	738B
RKS1510DKK	ルネサス			35				1		10		0.05	25			0.8				P=150mW rd<0.7Ω (2mA)	738B
* RKS152KJ	ルネサス			35				1		10		0.05	30			1.9				P=150mW rd<0.7Ω (2mA)	757A
RKS152KJ	ルネサス			35				1		10		0.05	30			1.9				P=150mW rd<0.7Ω (2mA)	757A
* RKS152KK	ルネサス			35				1		10		0.05	30			1.9				P=150mW rd<0.7Ω (2mA)	738B
RKS152KK	ルネサス			35				1		10		0.05	30			1.9				P=150mW rd<0.7Ω (2mA)	738B
RLS135	ローム			35		100		1		10		0.1	20		1	1.5				P=150mW rd<0.6Ω (10mA)	357B
RLS139	ローム	90	80	400		130		0.6	1.2	100		0.02	30			5		50	P=300mW	357B
* RLS140	ローム	55	50	350		120		0.5	1.2	100		0.01	25			5		50	P=300mW	357B
* RLS141	ローム	40	35	300		110		0.4	1.2	100		0.01	20			5		50	P=300mW	357B
RLS245	ローム	250	220	625		200		1	1.5	200		10	220			3		75	P=300mW	357B
RLS4148	ローム	100	75	450		150		2	1	10		5	75			4		4	P=500mW 海外用	357B
RLS4150	ローム	50	50	600		200		4	1	200		0.1	50			4			海外用	357B
RLS4448	ローム	100	75	450		150		2	1	10		5	75			4		4	海外用	357B
* RLS-71	ローム	90	80	400		130		0.6	1.2	100		0.5	80			2		4	P=300mW	357B
* RLS-72	ローム	55	50	350		120		0.5	1.2	100		0.5	50			2		4	P=300mW	357B
RLS-73	ローム	40	35	300		110		0.4	1.2	100		0.5	35			3		4		357B
RLS-92	ローム	75	65	600		200		4	1	100		0.5	65			3		2	P=300mW	357B
* RLS-93	ローム	55	50	600		200		4	1	100		0.5	50			3		2	P=300mW	357B
* RLS-94	ローム	40	35	600		200		4	1	100		0.5	35			3		2	P=300mW	357B
RP1H	サンケン	2k	2000			100	50a	5	7	100		20	2000					100		67F

形名	社名	V_{RRM} (V)	V_R (V)	I_{FM} (mA)	T条件 (°C)	I_O, I_{F*} (mA)	T条件 (°C)	I_{FSM} (A)	T条件 (°C)	V_{Fmax} (V)	I_F (mA)	T(°C)	I_{Rmax} (μA)	V_R (V)	T(°C)	C_t (pF) typ	max	t_{rr} (ns) (μsは*) typ	max	その他の特性等	外形
RU1A	サンケン	600	420			250	50a	15		2.5	250		10	600					400		67F
RU1B	サンケン	800	560			250	50a	15		2.5	250		10	800					400		67F
RU1C	サンケン	1k	700			200	50a	15		3	250		10	1000					400		67F
RU1	サンケン	400	280			250	50a	15		2.5	250		10	400					400		67F
*SHV-02	サンケン	2k		2				0.3		16	10		1	2000					180		20L
*SHV-03S	サンケン	3k		2				0.3		16	10		1	3k					180		20L
*SHV-03	サンケン	3k		2				0.5		16	10		1	3k		1			180	TV高圧整流用	261E
*SHV-05J	サンケン	2500		30				3		5	10		10	2500						VZ=2.6〜5kV(IR=100μA)	20J
*SHV-05JS	サンケン	2.5k		30				3		5	10		10	2.5k						VZ=2.6〜5kV(IR=100μA)	261E
*SHV-06EN	サンケン	6k		2				0.5		26	10		1	6k					150	IoはC負荷	88J
*SHV-06JN	サンケン	3k		30				3		6	10		10	3k						VZ=3.2〜6kV(IR=100μA)	88J
*SHV-06NK	サンケン	6k		2				0.5		26	10		1	6k					180		507A
*SHV-06UNK	サンケン	6k		2				0.5		48	10		1	6k					150		507A
*SHV-06	サンケン	6k		2				0.5		26	10		1	6k		1			180	TV高圧整流用	261F
*SHV-08DN	サンケン	8k		2				0.5		30	10		1	8k					150		507A
*SHV-08EN	サンケン	8k		2				0.5		30	10		1	8k					150	IoはC負荷	88J
*SHV-08J	サンケン	4k		30				3		8	10		10	4k						VZ=4.5〜8kV(IR=100μA)	19J
*SHV-08NK	サンケン	8k		2				0.5		36	10		1	8k					180		507A
*SHV-08UNK	サンケン	8k		2				0.5		60	10		1	8k					150		507A
*SHV-08XN	サンケン	8k		2				0.5		55	10		1	8k					150		507A
*SHV-08	サンケン	8k		2				0.5		36	10		1	8k		1			180	TV高圧整流用	261F
*SHV-10DN	サンケン	10k		2				0.5		38	10		1	10k					150	IoはC負荷	89E
*SHV-10EN	サンケン	10k		2				0.5		38	10		1	10k					150	IoはC負荷	89E
*SHV-10K	サンケン	10k		2				0.5		40	10		1	10k					180		19L
*SHV-10UK	サンケン	10k		2				0.5		60	10		1	10k					150		19L
*SHV-10	サンケン	10k		2				0.5		40	10		1	10k			0.6		180		19L
*SHV-12DN	サンケン	12k		2				0.5		45	10		1	12k					150		89E
*SHV-12EN	サンケン	12k		2				0.5		45	10		1	12k					150	IoはC負荷	89E
*SHV-12	サンケン	12k		2				0.5		45	10		1	12k			0.6		180		19L
*SHV-14	サンケン	14k		2				0.5		55	10		1	14K		0.6			180		19L
*SHV-16	サンケン	16k		2				0.5		60	10		1	16k			0.6		180		91G
*SHV-20	サンケン	20k		2				0.5		75	10		1	20k			0.6		180		91G
*SHV-24	サンケン	24k		2				0.5		60	10		1	24k			0.6		180		91G
*SHV-30J	サンケン	15k		30				3		30	10		10	15k						VZ=16〜30kV(IR=100μA)	89E
SM-1XH16	オリジン	1600				200	50a	20	50j	3.5	200		10	1600					400		20G
SM-1XP10	オリジン	1k				200	50a	25j		3.5	200		50	1000							20G
SMH-08	オリジン	8k				150	50a	30	50j	10	150		1.3m	8k						1S1103相当	337
SMH-10	オリジン	10k				150	50a	30	50j	10	150		1.3m	10k						1S1104相当	337
SMH-16	オリジン	16k				150	50a	30	50j	20	150		1.3m	16k						1S1105相当	337
SMH-20	オリジン	20k				150	50a	30	50j	20	150		1.3m	20k						1S1106相当	337
SMHD2-08	オリジン	8k				150	50a	30	50j	10	150		2m	8k						1S1111相当	339
SMHD2-10	オリジン	10k				150	50a	30	50j	10	150		2m	10k						1S1112相当	339

形　名	社　名	最大定格 V_RRM (V)	V_R (V)	I_FM (mA)	T条件 (℃)	I_O, I_F* (mA)	T条件 (℃)	I_FSM (A)	T条件 (℃)	順方向特性 V_Fmax (V)	測定条件 I_F (mA)	T(℃)	逆方向特性 I_Rmax (μA)	測定条件 V_R (V)	T(℃)	C_t (pF) typ	max	t_rr (ns) (μsは*) typ	max	その他の特性等	外形
SMHD2-16	オリジン	16k				150	油冷	30	50j	20	150		2m	16k						Ioは油温50℃ 1S1113相当	339
SMHD2-20	オリジン	20k				150	油冷	30	50j	20	150		2m	20k						Ioは油温50℃ 1S1114相当	339
*TFR3L	東芝	800				200	80a	10	25j	1.5	100		5	800				1.5*			19G
TFR3N	東芝	1k				200	80a	10	25j	1.5	100		5	1000				1.5*			19G
*TFR3Q	東芝	1200				200	80a	10	25j	1.5	100		5	1200				1.5*			19G
TFR3T	東芝	1500				200	80a	10	25j	1.5	100		5	1500				1.5*			19G
TFR7H	東芝	500				200		10		1.5	300		10	500				10*		VRRM=1500V	20K

⑥ 小信号用ショットキ・バリア・シリコン・ダイオード

形名	社名	最大定格					順方向特性		逆方向特性		C_t(pF)			t_{rr}(ns)			その他の特性等	外形
		V_{RRM}(V)	V_R(V)	I_{FM}(mA)	I_O, I_{F*}(mA)	I_{FSM}(A)	P(mW)	I_{Fmin}(mA)	条件 V_F(V)	I_{Rmax}(μA)	条件 V_R(V)	typ	max	条件 V_R(V)	typ	max		
1SS106	ルネサス		10		30			4.5	1	70	6		1.5	1			η>70%(f=40MHz) ESD>100V(C=200pF)	24C
1SS108	ルネサス		30		15			3	1	100	10		3	1			η>70%(f=40MHz) ESD>70V(C=200pF)	24C
1SS151	ルネサス		3	100	30	0.2	150	35	0.5	50	0.5		1.2	0.5				24C
1SS154	東芝		6		30*			0.1	0.35	0.5	5	0.8		0			NF<9dB(f=3GHz) Bo>2erg	610I
*1SS165	ルネサス		10	35	15		150	10	0.6	0.2	2		1	0			△VF<10mV △C<0.1pF CATVバランストミキサ用	79F
*1SS166	ルネサス		10	35	15		150	10	0.6	0.2	2		1.2	0			△VF<10mV △C<0.1pF	79H
*1SS174	ルネサス		3		30	0.2	150	35	0.5	50	0.5		1.2	0.5			ESD>30V(C=200pF)	79H
1SS198	ルネサス		10		30			4.5	1	70	6		1.5	1			η>70%(f=40MHz) ESD>100V(C=200pF)	79F
1SS199	ルネサス		30		15			3	1	100	10		3	1			η>70%(f=40MHz) ESD>70V(C=200pF)	79F
*1SS228	ルネサス		3		30		150	35	0.5	50	0.5		1.1	0.5				79H
1SS239	東芝		6		30*			10	0.52	0.5	5	0.8		0			△VF<10mVの同一ランク間で △Ct<0.2pF	502
1SS242	東芝	5			30*			30	0.5	25	0.5	0.6		0.2			NF<12dB(f=800MHz)	502
*1SS246	東芝	15	10	150	50	1	150	50	1	0.5	10	0.8		1	0	1	VF=0.34V(If=1mA) 捺印はF4	610A
1SS271	東芝		6		30*			10	0.55	0.5	5	0.8		1	0		△Vf<10mV △Ct<0.1pF 2素子直列	610F
*1SS276	ルネサス		3		30			35	0.5	50	0.5		0.8	0.5			ESD>30V(C=200pF) チューナミキサコンバータ用	79H
1SS286	ルネサス		25		35*		150	10	0.6	0.01	10		1.2	0			△VF<10mV △Ct<0.1pF	79F
1SS293	東芝	45	40	300	100	2	300	100	0.6	5	40	18	25	0		10		368D
1SS294	東芝	45	40	300	100	2	150	100	0.6	5	40	18	25	0		10		610A
1SS295	東芝	4			50*			30	0.5	25	0.5	0.6	0.9	0.2			△Vf<10mV △Ct<0.1pF 2素子直列	610F
1SS315	東芝	5			30*			30	0.5	25	0.5	0.6		0.2				420D
1SS319	東芝	45	40	300	100	2		100	0.6	0.1	40	18	25	0		10	P=150mW 2素子複合	559A
1SS321	東芝	12	10	150	50	1	150	50	1	0.5	10	3.2	4.5	0		5	2素子センタータップ(カソードコモン)	610D
1SS322	東芝	45	40	300	100	2		100	0.6	5	40	18	25	0		10		205A
1SS345	三洋		55		10*		150	10	1	50	40	0.45			10		VF<0.35V(IF=1mA)	610A
1SS348	東芝	85	80	300	100		200	100	0.7	5	80	45	100	0				610A
1SS350	三洋	5			30*			30	0.5	25	0.5	0.69	0.9	0.2			VF<0.23V(IF=1mA)	610A
1SS351	三洋	5			30*			30	0.5	25	0.5	0.69	0.9	0.2			VF<0.23V(IF=1mA) 2素子直列	610F
1SS357	東芝	45	40	300	100		200	100	0.6	5	40	18	25	0			Pはプリント基板実装時	420D
*1SS358	三洋		55		10*			1	0.35	50	40	0.45			10		Vf<1V(If=30mA) 2素子直列	610F
1SS365	三洋		10		35*			10	0.58	0.2	2		0.85	0			Vf<1V(If=30mA)	610A
1SS366	三洋		10		35*			10	0.58	0.2	2		0.85	0			Vf<1V(If=30mA) 2素子直列	610F
1SS367	東芝	15	10	200	100	1	200	100	0.5	20	10	20	40	0		10	Pはプリント基板実装時	420D
1SS369	東芝	45	40	300	100	1	150	100	0.6	5	40	18	25	0		10	Pはプリント基板実装時	452B
1SS372	東芝	15	10	200	100	1	100	100	0.5	20	10	20	40	0		10	2素子直列	205F
1SS373	東芝	15	10	200	100	1	150	100	0.5	20	10	20	40	0		10	Pはプリント基板実装時	452B
1SS374	東芝	15	10	200	100	1	100	100	0.5	20	10	20	40	0		10		610F
1SS375	三洋		10		35*			10	0.58	0.2	2		0.85	0			△Vf<10mV △C<0.1pF 2素子直列	205F
1SS377	東芝	15	10	200	100	1	150	100	0.5	20	10	20	40				2素子センタータップ(カソードコモン)	610D
1SS378	東芝	15	10	200	100	1	150	100	0.5	20	10	20	40				2素子センタータップ(カソードコモン)	205D
1SS383	東芝	45	40	300	100	1		100	0.6	5	40	18	25	0			2素子複合	80B
1SS384	東芝	15	10	200	100	1		100	0.5	20	10	20	40	0			2素子複合	80B
1SS385F	東芝	15	10	200	100	1		100	0.5	20	10	20	40	0			2素子センタータップ(カソードコモン)	82D

形名	社名	最大定格 VRRM (V)	VR (V)	IFM (mA)	IO, IF* (mA)	IFSM (A)	P (mW)	順方向特性 IFmin (mA)	条件 VF(V)	逆方向特性 IRmax (μA)	条件 VR(V)	Ct(pF) typ	max	条件 VR(V)	trr(ns) typ	max	その他の特性等	外形
1SS385FV	東芝	15	10	200	100	1		100	0.5	20	10	20		0			2素子センタータップ(カソードコモン)	116D
1SS385	東芝	15	10	200	100	1	100	100	0.5	20	10	20	40	0			2素子センタータップ(カソードコモン)	277D
1SS388	東芝	45	40	300	100	1	150	100	0.6	5	40	18	25	0			Pはプリント基板実装時	757A
1SS389	東芝	15	10	200	100	1	150	100	0.5	20	10	20	40	0			Pはプリント基板実装時	757A
1SS391	東芝	15	10	200	100	1		100	0.5	20	10	20	40	0			2素子複合	559A
1SS392	東芝	45	40	300	100	1		100	0.6	5	40	18	25	0			2素子センタータップ(カソードコモン)	610D
1SS393	東芝	45	40	300	100	1		100	0.6	5	40	18	25	0			2素子センタータップ(カソードコモン)	205D
1SS394	東芝	15	10	200	100	1		100	0.5	30	10	20	40	0				610A
1SS395	東芝	15	10	200	100	1		100	0.5	20	10	20	40	0				205A
1SS396	東芝	45	40	300	100	1		100	0.5	5	40	18	25	0			2素子直列	610F
1SS402	東芝	25	20	100	50	1		50	0.55	0.5	20	3.9	5	0			2素子複合	80B
1SS405	東芝	25	20	100	50	1		50	0.55	0.5	20	3.9		0				757A
1SS406	東芝	25	20	100	50	1		50	0.55	0.5	20	3.9		0				420D
1SS413	東芝	25	20	100	50	1		50	0.55	0.5	20	3.9		0				736C
1SS416	東芝	35	30	200	100	1		100	0.5	20	10	15		0				736C
1SS417	東芝	45	40	200	100	1		100	0.62	5	40	15		0				736C
1SS418	東芝	35	30	200	100	1		100	0.5	20	10	15		0				738C
1SS419	東芝	45	40	200	100	1		100	0.62	5	40	15		0				738C
1SS420	東芝	35	30	300	200	1		200	0.6	5	30	20		0				757A
1SS422	東芝	35	30	200	100	1		100	0.5	20	10	15		0			2素子直列	277F
1SS423	東芝	45	40	200	100	1		100	0.62	5	40	15		0			2素子直列	277F
1SS424	東芝	30	20	300	200	1		200	0.5	30	10	20		0				757A
1SS86	ルネサス		3		30		150	8	0.5	50	0.5	0.85	0.5				ESD>30V (C=200pF)	24C
*1SS87	ルネサス		3	35	15		150	3	0.5	10	2	0.85	0.5				ESD>30V (C=200pF)	24C
1SS88	ルネサス		10	35	15		150	10	0.6	0.2	2	0.97		0			ΔVF<10mV ΔC<0.1pF CATVバランストミキサ用	24C
*1SS90	ルネサス			5			30	45	0.5	25	0.5		0.9	0.2				88D
DB2J309	パナソニック	30	30	200	100*	1		100	0.58	2	30	3		10	1.3			239
DB2J310	パナソニック	30	30	300	200*	1		200	0.47	200	30	4.5		10	1.6			239
DB2J313	パナソニック	30	30	300	200*	1		200	0.55	50	30	3.8		10	1.5			239
DB2J314	パナソニック	30	30	150	30*			30	1	0.3	30	1.5		10	1			239
DB2J316	パナソニック	30	30	300	100*	1		100	0.55	15	30	2		10	0.8			239
DB2J406	パナソニック	40	40	300	100*	1		100	0.6	5	40	2.2		10	0.9			239
DB2J501	パナソニック	50	50	300	200*	1		200	0.55	200	50	4		10	1.6			239
DB2S205	パナソニック		20	300	200*	1		200	0.39	50	6	6.1		10	2.2			757D
DB2S308	パナソニック	30	30	200	100*	1		100	0.42	120	30	2.9		10	1.3			757D
DB2S309	パナソニック	30	30	200	100*	1		100	0.58	2	30	3		10	1.3			757D
DB2S310	パナソニック	30	30	300	200*	1		200	0.47	200	30	4.5		10	1.6			757D
DB2S311	パナソニック	30	30	300	200*	1		200	0.56	5	30	6		10	2.2			757D
DB2S314	パナソニック	30	30	150	30*			30	1	0.3	30	1.5		10	1			757D
DB2S316	パナソニック	30	30	300	100*	1		100	0.55	15	30	2		10	0.8			757D
DB2S406	パナソニック	40	40	300	100*	1		100	0.6	5	40	2.2		10	0.9			757D
DB2U308	パナソニック	30	30	200	100*	1		100	0.42	120	30	2.9		10	1.3			736D

形 名	社 名	最大定格 V_RRM (V)	V_R (V)	I_FM (mA)	I_O, I_F* (mA)	I_FSM (A)	P (mW)	順方向特性 I_Fmin (mA)	条件 VF(V)	逆方向特性 I_Rmax (μA)	条件 VR(V)	Ct(pF) typ	max	条件 VR(V)	t_rr(ns) typ	max	その他の特性等	外形
DB2U309	パナソニック	30	30	200	100*	1		100	0.58	2	30	3		10	1.3			736D
DB2U314	パナソニック	30	30	150	30*			30	1	0.3	30	1.5		10	1			736D
DB26311	パナソニック	30	30	300	200*	1		200	0.56	5	30	6		10	2.2			58B
DB26314	パナソニック	30	30	150	30*			30	1	0.3	30	1.5		10	1			58B
DB27308	パナソニック	30	30	200	100*	1		100	0.42	120	30	2.9		10	1.3			738A
DB27309	パナソニック	30	30	200	100*	1		100	0.58	2	30	3		10	1.3			738A
DB27314	パナソニック	30	30	150	30*			30	1	0.3	30	1.5		10	1			738A
DB27316	パナソニック	30	30	300	100*			100	0.55	15	30	2		10	0.8			738A
DB3J313K	パナソニック	30	30	300	200*	1		200	0.55	50	30	3.8		10	1.5			165A
DB3J314F	パナソニック	30	30	150	30*			30	1	0.3	30	1.5		10	1	2素子直列	165F
DB3J314J	パナソニック	30	30	150	30*			30	1	0.3	30	1.5		10	1	2素子センタータップ (アノードコモン)	165C
DB3J314K	パナソニック	30	30	150	30*			30	1	0.3	30	1.5		10	1			165A
DB3J315E	パナソニック	30	30	150	30*			30	1	0.3	30	1.5		10	1	2素子センタータップ (カソードコモン)	165D
DB3J316F	パナソニック	30	30	300	100*	1		100	0.55	15	30	2		10	0.8	2素子直列	165F
DB3J316J	パナソニック	30	30	300	100*	1		100	0.55	15	30	2		10	0.8	2素子センタータップ (アノードコモン)	165C
DB3J316K	パナソニック	30	30	300	100*	1		100	0.55	15	30	2		10	0.8			165A
DB3J316N	パナソニック	30	30	300	100*	1		100	0.55	15	30	2		10	0.8	2素子センタータップ (カソードコモン)	165D
DB3S308F	パナソニック	30	30	200	100*	1		100	0.42	120	30	2.9		10	1.3	2素子直列	590F
DB3S314F	パナソニック	30	30	150	30*			30	1	0.3	30	1.5		10	1	2素子直列	590F
DB3S314J	パナソニック	30	30	150	30*			30	1	0.3	30	1.5		10	1	2素子センタータップ (アノードコモン)	590C
DB3S314K	パナソニック	30	30	150	30*			30	1	0.3	30	1.5		10	1			590A
DB3S315E	パナソニック	30	30	150	30*			30	1	0.3	30	1.5		10	1	2素子センタータップ (カソードコモン)	590D
DB3S406F	パナソニック	40	40	300	100*	1		100	0.6	5	40	2.2		10	0.9	2素子直列	590F
DB3X313F	パナソニック	30	30	300	200*	1		200	0.55	50	30	3.8		10	1.5	2素子直列	610F
DB3X313J	パナソニック	30	30	300	200*	1		200	0.55	50	30	3.8		10	1.5	2素子センタータップ (アノードコモン)	610C
DB3X313K	パナソニック	30	30	300	200*	1		200	0.55	50	30	3.8		10	1.5			610A
DB3X313N	パナソニック	30	30	300	200*	1		200	0.55	50	30	3.8		10	1.5	2素子センタータップ (カソードコモン)	610D
DB3X314F	パナソニック	30	30	150	30*			30	1	0.3	30	1.5		10	1	2素子直列	610F
DB3X314J	パナソニック	30	30	150	30*			30	1	0.3	30	1.5		10	1	2素子センタータップ (アノードコモン)	610C
DB3X314K	パナソニック	30	30	150	30*			30	1	0.3	30	1.5		10	1			610A
DB3X315E	パナソニック	30	30	150	30*			30	1	0.3	30	1.4		10	1	2素子センタータップ (カソードコモン)	610D
DB3X316F	パナソニック	30	30	300	100*			100	0.55	15	30	2		10	0.8	2素子直列	610F
DB3X316J	パナソニック	30	30	300	100*			100	0.55	15	30	2		10	0.8	2素子センタータップ (アノードコモン)	610C
DB3X316K	パナソニック	30	30	300	100*			100	0.55	15	30	2		10	0.8			610A
DB3X316N	パナソニック	30	30	300	100*			100	0.55	15	30	2		10	0.8	2素子センタータップ (カソードコモン)	610D
DB3X501K	パナソニック	50	50	300	200*			200	0.55	200	50	4		10	1.6			610A
DB37315E	パナソニック	30	30	150	30*			30	1	0.3	30	1.4		10	1	2素子センタータップ (カソードコモン)	244D
DB4J310K	パナソニック	30	30	300	200*			200	0.47	200	30	4.5		10	1.6	2素子複合	494
DB4J314K	パナソニック	30	30	150	30*			30	1	0.3	30	1.5		10	1	2素子複合	494
DB4J406K	パナソニック	40	40	300	100*	1		100	0.6	5	40	2.2		10	0.9	2素子複合	494
DB4X313F	パナソニック	30	30	300	200*	1		200	0.55	50	30	3.8		10	1.5	2素子複合	439
DB4X313K	パナソニック	30	30	300	200*	1		200	0.55	50	30	3.8		10	1.5	2素子複合	439

形 名	社 名	最大定格 VRRM (V)	VR (V)	IFM (mA)	IO,IF* (mA)	IFSM (A)	P (mW)	順方向特性 IFmin (mA)	条件 VF(V)	逆方向特性 IRmax (μA)	条件 VR(V)	Ct(pF) typ	max	条件 VR(V)	trr(ns) typ	max	その他の特性等	外形
DB4X314F	パナソニック	30	30	150	30*			30	1	0.3	30	1.5		10	1		2素子複合	439
DB4X314K	パナソニック	30	30	150	30*			30	1	0.3	30	1.5		10	1		2素子複合	439
DB4X501K	パナソニック	50	50	300	200*	1		200	0.55	200	50	4		10	1.6		2素子複合	439
DB5S308K	パナソニック	30	30	200	100*	1		100	0.42	120	30	2.9		10	1.3		2素子複合	438
DB5S309K	パナソニック	30	30	200	100*	1		100	0.58	2	30	3		10	1.3		2素子複合	438
DB5S310K	パナソニック	30	30	300	200*	1		200	0.47	200	30	4.5		10	1.6		2素子複合	438
DB5S406K	パナソニック	45	45	300	100*	1		100	0.6	5	40	2.2		10	0.9		2素子複合	438
EC2D01B	三洋	30		70		2		70	0.65	5	15	3		10	10		VRSM=35V	120
EC2D02B	三洋	30		100		2		100	0.48	100	15						VRSM=35V	120
F01J2E	オリジン	20		100		1		100	0.48	50	20	8		10	5			460B
F01J3	オリジン	30		100		1		100	0.55	50	30	7		10				405A
F01J4L	オリジン	40		100		1		100	0.6	50	40	7		10	5			460B
F01J9	オリジン	90		100		1		100	0.77	5	90				7			460B
F01JD2E	オリジン	20		100		1		100	0.44	25	20				5		2素子直列	610F
F01JD4L	オリジン	40		100		1		100	0.6	5	40				5		2素子直列	610F
F01JD6	オリジン	60		100		1		100	0.62	5	60						2素子直列	610F
F02J2E	オリジン	20		200		2		200	0.44	50	20				7			460B
F02J3	オリジン	30		200		1		200	0.55	50	30	15		10				405A
F02J4L	オリジン	40		200		1		200	0.5	10	40				7			460B
F02J9	オリジン	90		200		2		200	0.77	10	90				7			460B
F02JA2E	オリジン	20		100		1		100	0.44	25	20				5		2素子センタータップ（アノードコモン）	610C
F02JA4L	オリジン	40		100		1		100	0.6	5	40				5		2素子センタータップ（アノードコモン）	610C
F02JD6	オリジン	60		100		1		100	0.55	5	60				5			610A
F02JK2E	オリジン	20		100		1		100	0.44	25	20				5		2素子センタータップ（カソードコモン）	610D
F02JK4L	オリジン	40		100		1		100	0.6	5	40				5		2素子センタータップ（カソードコモン）	610D
F02JK6	オリジン	60		100		1		100	0.55	5	60				5			610A
*FC804	三洋	30		200		2		200	0.55	15	15	6.3		10	10		2素子複合	498A
*FC806	三洋	55	50	100		2		100	0.55	15	25	4.4		10	10		2素子複合	498A
*FC809	三洋	30		70		2		70	0.55	5	15	3		10	10		2素子複合 小電流整流用	498A
FF03J3L	オリジン	30		30	0.03			1	0.43	0.1	30						VRSM=32V	757A
FF03J3M	オリジン	30		30	0.03			1	0.385	0.15	30						VRSM=32V	757A
FF1J2E	オリジン	20		100		1		100	0.44	25	20				5			757A
FF1J3	オリジン	30		200		1		200	0.5	10	30						VRSM=32V	757A
FF1J4L	オリジン	40		100		1		100	0.6	5	20				5			757A
FF1J9	オリジン	90		100		1		100	0.77	5	90							757A
FM01JA2E	オリジン	20		100		1		100	0.44	25	20						2素子センタータップ（アノードコモン）	205C
FM01JA4L	オリジン	40		100		1		100	0.6	5	40						2素子センタータップ（アノードコモン）	205C
FM01JD6	オリジン																2素子直列	205F
FM01JK2E	オリジン	20		100		1		100	0.44	25	20						2素子センタータップ（カソードコモン）	205D
FM01JK4L	オリジン	40		100		1		100	0.6	5	40						2素子センタータップ（カソードコモン）	205D
FQ1JP2E	オリジン	20		100		1		100	0.37	25	20	8		10			2素子複合	717
FQ1JP3	オリジン	30		100		1		100	0.47	10	30	8		10			2素子複合	717

形 名	社 名	最大定格 VRRM (V)	VR (V)	IFM (mA)	Io, IF* (mA)	IFSM (A)	P (mW)	順方向特性 IFmin (mA)	条件 VF (V)	逆方向特性 IRmax (μA)	条件 VR (V)	Ct (pF) typ	Ct (pF) max	条件 VR (V)	trr (ns) typ	trr (ns) max	その他の特性等	外形
FQ1JP4L	オリジン	40			100	1		100	0.6	5	40	7			10		2素子複合	717
FQ1JP10L	オリジン	100			100	1		100	0.77	5	100	5			10		2素子複合	717
FQ2JP6L	オリジン	60			100	1		100	0.62	5	60	7			10		2素子複合	717
FQ4JP2E	オリジン	20			200	1		200	0.42	25	20	8			10		2素子複合	717
FQ4JP3	オリジン	30			200	1		200	0.5	10	30	8			10		2素子複合	717
HN2S02JE	東芝	45	40	300	200	1		100	0.6	5	40	18			0		2素子複合	195
HN2S03T	東芝	25	20	100	50	1		50	0.55	0.5	20	3.9			0		2素子複合	196
HRB0103A	ルネサス	30			100	3		100	0.44	50	30						Ioはポリイミド基板実装時	205A
HRB0103B	ルネサス	30			100	3		100	0.44	50	30						Ioはポリイミド基板 2素子直列	205F
HRC0103A	ルネサス	30			100	3		100	0.44	50	30						Ioはポリイミド基板実装時	757A
HRC0103C	ルネサス	30	30	300	100	1		100	0.6	0.2	10		8	0.5			Ioはプリント基板実装時	757A
HRC0201A	ルネサス	15	15	300	200	1		200	0.39	50	6	18		1			Ioはプリント基板実装時	757A
HRC0202A	ルネサス	20			200	3		100	0.4	50	20						2素子センタータップ(カソードコモン)	205D
HRC0203B	ルネサス	30			200	3		200	0.52	10	30						Ioはプリント基板実装時	757A
HRC0203C	ルネサス	30			200	2		200	0.45	30	10						Ioはプリント基板実装時	757A
HRD0103C	ルネサス	30	30	300	100	1		100	0.6	0.2	10		8	0.5			Ioはプリント基板実装時	738B
HRD0203C	ルネサス	30			200	2		200	0.45	30	10						Ioはプリント基板実装時	738B
HRL0103C	ルネサス	30	30		100	1		100	0.6	0.2	10		8	0.5				736A
HRU0103A	ルネサス	30			100	3		100	0.44	50	30							420C
HRU0103C	ルネサス	30	30	300	100	1		100	0.6	0.1	5		8	0.5			VF<0.4V (IF=10mA)	420C
HRU0203A	ルネサス	30			200	2		200	0.5	50	30							420C
HRW0202A	ルネサス	20			200	3		100	0.4	50	20						2素子センタータップ(カソードコモン)	610D
HRW0202B	ルネサス	20			200	3		100	0.42	10	20						2素子センタータップ(カソードコモン)	610D
HRW0203A	ルネサス		30		200	2		200	0.5	50	30	40		0				610A
HRW0203B	ルネサス	30			200	2		200	0.5	50	30	40		0				610I
HSB0104YP	ルネサス		40		100*	3		100	0.58	50	20	20		0			2素子複合	717
HSB104YP	ルネサス	40			100*	3		100	0.58	50	40	20		0			2素子複合	717
HSB226S	ルネサス	25			50*	0.2		1	0.33	0.45	20		2.8	1			2素子直列	205F
HSB226WK	ルネサス	25			50*	0.2		1	0.33	0.45	20		2.8	1			2素子センタータップ(カソードコモン)	205D
HSB226YP	ルネサス	25						1	0.33				2.8	1			2素子複合	717
HSB276AS	ルネサス	5			30			35	0.5			0.9		0.5				205F
HSB276AYP	ルネサス	5	3		30			35	0.5	50	0.5	0.85		0.5			ΔC<0.1pF ESD>30V 2素子複合	717
HSB276S	ルネサス		3		30			35	0.5	50	0.5	0.9		0.5			ΔC<0.1pF 2素子直列	205F
HSB278S	ルネサス	30	30	150	30	0.2		30	0.95	0.7	10		1.5	1			ESD>100V 2素子直列	205F
HSB285S	ルネサス		2		5			1	0.27			0.7		1			2素子直列	205F
HSB88AS	ルネサス		10		15			1	0.42	0.2	2		0.8	0			ΔVF<10mA ΔC<0.1pF 2素子センタータップ	205F
HSB88WA	ルネサス		10		15			1	0.42	0.2	2		0.8	0			ΔVF<10mA ΔC<0.1pF 2素子センタータップ	205C
HSB88WK	ルネサス		10		15			10	0.58				0.8	0			2素子センタータップ(カソードコモン)	205D
HSB88YP	ルネサス		10		15			1	0.42	0.2	2		0.8	0			ΔVF<10mA ΔC<0.1pF 2素子複合	717
HSC226	ルネサス	25			50*	0.2		1	0.33	0.45	20		2.8	1				757A
HSC276A	ルネサス	5	3		30			35	0.5	50	0.5	0.85		0.5			ESD>30V (C=200pF)	757A
HSC276	ルネサス		3		30			35	0.5	50	0.5	0.85		0.5			ESD>30V (C=200pF)	757A

形　名	社名	最大定格 V_{RRM} (V)	V_R (V)	I_{FM} (mA)	I_O, I_F* (mA)	I_{FSM} (A)	P (mW)	順方向特性 I_{Fmin} (mA)	条件 V_F (V)	逆方向特性 I_{Rmax} (μA)	条件 V_R (V)	C_t (pF) typ	max	条件 V_R (V)	t_{rr} (ns) typ	max	その他の特性等	外形
HSC278	ルネサス	20	10	150		0.2		1	0.7	0.7	10		1.5	1			ESD>100V (C=200pF)	757A
HSC285	ルネサス		2		5			1	0.27			0.3		0.5			VF<0.15V (IF=0.1mA)	757A
HSC88	ルネサス		10		15			10	0.58	0.2	2		0.8	0			ESD>30V (C=200pF)	757A
HSD226	ルネサス	25			50*	0.2		5	0.38	0.45	20		2.8	1				738B
HSD276A	ルネサス	5	3		30			35	0.5	50	0.5		0.85	0.5			ESD>30V	738B
HSD278	ルネサス	30	30	150	30	0.2		30	0.95	0.7	10		1.5	1			ESD>100V	738B
HSD88	ルネサス		10		15			10	0.58	10	10		0.8	0			ESD>30V	738B
*HSK151	ルネサス		3		30			35	0.5	50	0.5		1.2	0.5				357A
HSL226	ルネサス	25			50*	0.2		5	0.38	0.45	20		2.8	1				736A
HSL276A	ルネサス	5	3		30			35	0.5	50	0.5		0.85	0.5				736A
HSL278	ルネサス	30	30	150	30	0.2		30	0.95	0.7	10		1.5	1			ESD>100V	736A
HSL285	ルネサス		2		5			1	0.27									736A
HSM107S	ルネサス		8		50	0.5		10	0.3	30	5						2素子直列	610F
HSM126S	ルネサス	20			200	2		10	0.35	2	5	40		0			2素子直列	610F
HSM198S	ルネサス		10		30			4.5	1	70	6		1.5	1			ΔVF<10mV ESD>30V 2素子直列	610F
HSM226S	ルネサス	25			50*	0.2		5	0.38	0.45	20		2.8	1				610F
HSM276AS	ルネサス	5			30			35	0.5				0.9	0.5				610F
HSM276ASR	ルネサス	5			30			35	0.5				0.9	0.5				610G
HSM276S	ルネサス		3		30			35	0.5	50	0.5		0.9	0.5			ΔCt<0.1pF CATVチューナミキサ用	610F
HSM276SR	ルネサス		3		30			35	0.5	50	0.5		0.9	0.5			ΔC<0.1pF 2素子直列	610G
HSM88AS	ルネサス		10		15			10	0.58	0.2	2		0.85	0			ΔVF<10mV ΔCt<0.1pF 2素子直列	610F
HSM88ASR	ルネサス		10		15			10	0.58	0.2	2		0.85	0			ΔVF<10mV ΔCt<0.1pF 2素子直列	610G
*HSM88S	ルネサス		10		15			10	0.6	0.2	2		0.85	0			ΔVF<10mV ΔCt<0.1pF 2素子直列	610F
*HSM88SR	ルネサス		10		15			10	0.6	0.2	2		0.85	0			ΔVF<10mV ΔCt<0.1pF 2素子直列	610G
HSM88WA	ルネサス		10		15			10	0.58	0.2	2		0.85	0			ΔVF<10mV ΔC<0.1pF 2素子(アノードコモン)	610C
HSM88WK	ルネサス		10		15			10	0.58	0.2	2		0.85	0			ΔVF<10mV ΔC<0.1pF 2素子(カソードコモン)	610D
HSN278WK	ルネサス	30	30	150	30	0.2		30	0.95	0.7	10		1.5	1			ESD>100V 2素子センタータップ(カソードコモン)	423
*HSR101	ルネサス		30		35*			10	0.7	0.01	10		1.5	0			ΔVF<±5mV ΔC<±0.05pF	421E
*HSR276	ルネサス		3		30			35	0.5	50	0.5		0.85	0.5			ESD>30V (C=200pF) チューナミキサ用	421E
*HSR277	ルネサス	35						10	1	0.05	25		1.2				P=150mW rd<0.9Ω (2mA 100MHz)	421E
*HSS100	ルネサス		60		35		150	20	0.9	0.1	50		2.2	0			ΔVF<10mV ΔCt<0.2pF	79F
*HSS101	ルネサス		30		35*		150	10	0.7	0.01	10		1.5	0			ΔVF<10mV ΔCt<0.1pF	79F
*HSS102	ルネサス		70		35		150	20	1.1	0.01	20		2.2	0			ΔVF<10mV ΔCt<0.2pF	79F
HSU226	ルネサス	25			50*	0.2		5	0.38	0.45	20		2.8	1			VF<0.33V (IF=1mA)	420C
HSU227	ルネサス	25			50	0.2		1	0.35	2	20	2.45	3	1				420C
HSU276A	ルネサス	5	3		30					50	0.5		0.85	0.5			ESD>30V (C=200pF)	420C
HSU276	ルネサス		3		30			35	0.5	50	0.5		0.85	0.5			ESD>30V (C=200pF)	420C
HSU285	ルネサス		2		5			1	0.27			0.3					ESD>10V (C=200pF R=0Ω) 順逆各1回	420C
HSU88	ルネサス		10		15			10	0.58	0.2	2		0.8	0			ESD>30V (C=200pF)	420C
JDH2S01FS	東芝		4		25*			25	0.5	25	0.5	0.6		0.2				736C
JDH2S01T	東芝	5			30*			30	0.5	25	0.5	0.6		0.2				757C
JDH2S02FS	東芝		10		10*			2	0.5	25	0.5	0.3		0.2				736C

- 245 -

形 名	社 名	最大定格 V_{RRM} (V)	V_R (V)	I_{FM} (mA)	I_{O}, I_{F*} (mA)	I_{FSM} (A)	P (mW)	順方向特性 I_{Fmin} (mA)	条件 V_F (V)	逆方向特性 I_{Rmax} (μA)	条件 V_R (V)	C_t (pF) typ	max	条件 V_R (V)	t_{rr} (ns) typ	max	その他の特性等	外形
* JDH2S03S	東芝		30		30*			1	0.4	0.5	30	1.2		1				738C
JDH2S02SC	東芝		10		10*			2	0.5	25	0.5	0.25		0.2				95
JDH3D01S	東芝		4		25*			25	0.5	25	0.5	0.6		0.2			2素子直列	277F
JDH3D01FV	東芝		4		25*			25	0.5	25	0.5	0.6		0.2			2素子直列	116F
* MA10704	パナソニック	20	20	300	200	1		200	0.55	2	10	30		0	3		新形名MA2J704	239
* MA2C700	パナソニック	15	15	150	30*			1	0.4	0.1	15	1.3		1	1		η=60%(f=30MHz)	23F
* MA2C700A	パナソニック	30	30	150	30*			1	0.4	0.15	30	1.3		1	1		η=60%(f=30MHz)	23F
* MA2C723	パナソニック		30	300	200	1.5		200	0.55	50	30	30		0	3			23F
* MA2J704	パナソニック	20	20	300	200	1		200	0.55	2	10	30		0	3		旧形名MA10704	239
* MA2J727	パナソニック	50	50		200	1		200	0.55	200	50	30		0	3			239
* MA2J728	パナソニック	30	30	150	30*			1	0.4	0.3	30	1.5		1	1		η=65%(f=30MHz) 旧形名MA728	239
* MA2J729	パナソニック	30	30	300	200	1		200	0.55	50	30	30		0	3		旧形名MA729	239
* MA2J732	パナソニック	30	30	150	30*			1	0.3	30	30	1.5		1	1		η=65%(f=30MHz) 旧形名MA732	239
* MA2S707	パナソニック		5					35	0.5	35	5	0.85	1.05	0.5			GC=−5dB(fs=890MHz floc=935MHz)	757D
* MA2S728	パナソニック	30	30	150	30*			30	1	0.3	30	1.5		1	1			757D
* MA2S784	パナソニック	30	30	300	100	1		100	0.55	15	30	20		0	2		η=65%(30MHz)	757D
* MA2SD10	パナソニック	20	20	300	200	1		200	0.47	20	10	40		0				757D
* MA2SD19	パナソニック	20	20	300	200	1		200	0.47	20	10	15		0	2			757D
* MA2SD24	パナソニック	20	20	300	200	1		200	0.58	1	10	25			3			757D
* MA2SD25	パナソニック	15	15	300	200	1		200	0.39	50	6	20			3			757D
* MA2SD29	パナソニック		30		100	1		100	0.42	25	10							757D
* MA2SD30	パナソニック		30		100	1		100	0.58	0.3	10							757D
* MA2SD31	パナソニック		30		200	1		200	0.47	20	10							757D
* MA2SD32	パナソニック		30		200	1		200	0.56	0.5	10							757D
* MA2SE01	パナソニック	20	20	100	35*			1	0.41	0.2	15		1.2	0			VF<1.0V(35mA) rd=40Ω(IF=5mA)	757D
* MA2Z784	パナソニック	30	30	300	100	1		100	0.55	15	30	20		0	2		旧形名MA784	239
* MA2Z785	パナソニック	50	50	300	100	1		100	0.55	30	50	25		0	3		旧形名MA785	239
* MA2ZD14	パナソニック	20	20	300	100	1		100	0.4	20	10	25		0	3			239
* MA26728	パナソニック	30	30	150	30*			30	1	0.3	30	1.5		1	1		VF<0.4V(IF=1mA)	58A
* MA27D27	パナソニック	20	20		100	1		100	0.58	0.3	10	11		0	1			738A
MA27D29	パナソニック		30		100	1		100	0.42	25	10							738A
MA27D30	パナソニック		30		100	1		100	0.58	0.3	10							738A
* MA27E02	パナソニック	20	20	100	35*			35	1	0.2	15		1.2	0			rd=9Ω(5mA)	738A
* MA27728	パナソニック	30	30	150	30*			30	1	0.3	30	1.5		1	1			738A
* MA27784	パナソニック	30	30	300	100	1		100	0.55	15	30	20		0	2			738A
* MA3J741	パナソニック	30	30	150	30*			1	0.4	0.3	30	1.5		1	1		η=65%(f=30MHz) 旧形名MA741	165A
* MA3J741D	パナソニック	30	30	150	30*			1	0.4	1	30	1.5		1	1		2素子(アノードコモン) 旧形名MA741WA	165C
* MA3J741E	パナソニック	30	30	150	30*			1	0.4	1	30	1.5		1	1		2素子(カソードコモン) 旧形名MA741WK	165D
* MA3J742	パナソニック	30	30	150	30*			1	0.4	1	30	1.5		1	1		2素子直列 旧形名MA742	165F
* MA3J744	パナソニック	30	30	300	200	1		200	0.55	50	30	30		0	3		旧形名MA744	165A
* MA3J745	パナソニック	30	30	150	30*			1	0.3	30	30	1.5		1	1		η=65%(f=30MHz) 旧形名MA745	165A
* MA3J745D	パナソニック	30	30	150	30*			1	0.3	30	30	1.5		1	1		2素子(アノードコモン) 旧形名745WA	165C

形 名	社 名	最大定格 V_{RRM} (V)	V_R (V)	I_{FM} (mA)	I_{O},I_F* (mA)	I_{FSM} (A)	P (mW)	順方向特性 I_{Fmin} (mA)	条件 V_F(V)	逆方向特性 I_{Rmax} (μA)	条件 V_R(V)	C_t (pF) typ	max	条件 V_R(V)	t_{rr} (ns) typ	max	その他の特性等	外形
*MA3J745E	パナソニック	30	30	150	30*			1	0.3	30	30	1.5		1	1		2素子（カソードコモン） 旧形名MA745WK	165D
MA3S721	パナソニック	30	30	300	200	1		200	0.55	50	30	30		0	3			119A
*MA3S781	パナソニック	30	30	150	30*			1	0.4	0.3	30	1.5		1	1		η=65%（f=30MHz） 旧形名MA781	119A
MA3S781D	パナソニック	30	30	150	30*			1	0.4	1	30	1.5		1	1		2素子（アノードコモン） 旧形名MA781WA	119C
MA3S781E	パナソニック	30	30	150	30*			1	0.4	1	30	1.5		1	1		2素子（カソードコモン） 旧形名MA781WK	119D
MA3S781F	パナソニック	30	30	150	30*			30	1	0.3	30	1.5		1	1		VF<0.4V（IF=1mA） 2素子直列	119F
*MA3S795	パナソニック	30	30	150	30*			1	0.3	30	30	1.5		1	1		η=65%（f=30MHz） 旧形名MA795	119A
MA3S795D	パナソニック	30	30	150	30*			1	0.3	30	30	1.5		1	1		2素子（アノードコモン） 旧形名MA795WA	119C
MA3S795E	パナソニック	30	30	150	30*			1	0.3	30	30	1.5		1	1		2素子（カソードコモン） 旧形名MA795WK	119D
MA3SD05	パナソニック	45	45	300	100*			100	0.6	5	40	12	18	0	2		2素子直列	119F
MA3SD05F	パナソニック	45	45	300	100*			100	0.6	5	40	12	18	0	2		η=65%（f=30MHz） 2素子直列	119F
MA3SD22F	パナソニック	30	30	150	30*			30	1	50	30	1.5		1	1		η=65%（f=30MHz） 2素子直列	119F
MA3SD29F	パナソニック	30	29V	200	100	1		100	0.42	25	10	11		0	1		VF<0.29V（IF=10mA） 2素子直列	119F
MA3SE01	パナソニック	20	20	100	35*			35	1	0.2	15			1.2		0	rd=40Ω（IF=5mA） 2素子直列	119F
MA3SE02	パナソニック	20	20	100	35*			35	1	200	15			1.2		0	rd=9Ω（IF=5mA） 2素子直列	119F
*MA3X704	パナソニック	15	15	150	30*			1	0.4	0.2	15	1.5		1	1		旧形名MA704	610A
MA3X704A	パナソニック	30	30	150	30*			1	0.4	0.3	30	1.5		1	1		η=65%（f=30MHz） 旧形名MA704A	610A
MA3X704D	パナソニック	30	30	150	30*			1	0.4	1	30	1.5		1	1		2素子（アノードコモン） 旧形名MA704WA	610C
MA3X704E	パナソニック	30	30	150	30*			1	0.4	1	30	1.5		1	1		2素子（カソードコモン） 旧形名MA704WK	610D
*MA3X715	パナソニック	30	30	150	30*			1	0.3	30	30	1.5		1	1		2素子直列 旧形名MA715	610F
*MA3X716	パナソニック	30	30	150	30*			1	0.4	1	30	1.5		1	1		2素子直列 旧形名MA716	610F
*MA3X717	パナソニック	30	30	150	30*			1	0.3	30	30	1.5		1	1		η=65%（f=30MHz） 旧形名MA717	610A
MA3X717D	パナソニック	30	30	150	30*			1	0.3	30	30	1.5		1	1		2素子（アノードコモン） 旧形名MA717WA	610C
MA3X717E	パナソニック	30	30	150	30*			1	0.3	30	30	1.5		1	1		2素子（カソードコモン） 旧形名MA717WK	610D
*MA3X721	パナソニック	30	30	300	200	1		200	0.55	50	30	30		0	3		旧形名MA721	610A
MA3X721D	パナソニック	30	30	300	200	1		200	0.55	50	30	30		0	3		2素子（アノードコモン） 旧形名MA721WA	610C
MA3X721E	パナソニック	30	30	300	200	1		200	0.55	50	30	30		0	3		2素子（カソードコモン） 旧形名MA721WK	610D
*MA3X727	パナソニック	50	50	300	200	1		200	0.55	200	50	30		0	3		旧形名MA727	610A
*MA3X740	パナソニック	30	30	300	200	1		200	0.55	50	30	30		0	3		2素子直列 旧形名MA740	610F
*MA3X786	パナソニック	30	30	300	100	1		100	0.55	15	30	20		0	2		旧形名MA786	610A
MA3X786D	パナソニック	30	30	300	100	1		100	0.55	15	30	20		0	2		2素子（アノードコモン） 旧形名MA786WA	610C
MA3X786E	パナソニック	30	30	300	100	1		100	0.55	15	30	20		0	2		2素子（カソードコモン） 旧形名MA786WK	610D
*MA3X787	パナソニック	50	50	300	100	1		100	0.55	30	50	25		0	3		旧形名MA787	610A
*MA3X788	パナソニック	60	60	300	200	1		200	0.65	50	50	30		0	3		旧形名MA788	610A
*MA3X791	パナソニック	30	30	300	100	1		100	0.55	15	30	20		0	2		2素子直列 旧形名MA791	610F
*MA3XD14E	パナソニック	20	20	300	100	1		100	0.4	20	10	25		0	3		2素子センタータップ（カソードコモン）	610D
*MA3Z792	パナソニック	30	30	300	100	1		100	0.55	15	30	20		0	2		旧形名MA792	165A
MA3Z792D	パナソニック	30	30	300	100	1		100	0.55	15	30	20		0	2		2素子（アノードコモン） 旧形名MA792WA	165C
MA3Z792E	パナソニック	30	30	300	100	1		100	0.55	15	30	20		0	2		2素子（カソードコモン） 旧形名MA792WK	165D
*MA3Z793	パナソニック	30	30	300	100	1		100	0.55	15	30	20		0	2		2素子直列 旧形名MA793	165F
*MA4L728	パナソニック	30	30	150	30*			30	1	0.3	30	1.5		1	1		η=65%（f=30MHz）	59
*MA4L784	パナソニック	30	30	300	100*			100	0.55	15	30	20		0	2			59

| | 形　名 | 社　名 | 最大定格 |||||順方向特性 ||逆方向特性 ||C_t(pF) |||t_{rr}(ns) |||その他の特性等 | 外形 |
			V_{RRM} (V)	V_R (V)	I_{FM} (mA)	I_0, I_{F*} (mA)	I_{FSM} (A)	P (mW)	I_{Fmin} (mA)	V_F (V)	I_{Rmax} (μA)	V_R (V)	typ	max	条件 V_R(V)	typ	max		
	MA4S713	パナソニック	30	30	150	30*			1	0.4	1	30	1.5		1	1		2素子複合	494
*	MA4SD01	パナソニック	30	30	150	30*			1	0.35	1	30	1.5		1	1		2素子複合	437
*	MA4SD05X	パナソニック	45	45	300	100*	1		100	0.6	5	40	12	18	0	2		VF=0.35V(IF=10mA) 2素子複合	437
*	MA4SD10	パナソニック	20	20	300	200			200	0.47	20	10	25		0	3		VF<0.4V VF<0.27V 2素子複合	437
*	MA4X713	パナソニック	30	30	150	30*			1	0.4	1	30	1.5		1	1		2素子複合 旧形名MA713	439A
*	MA4X714	パナソニック	30	30	150	30*			1	0.4	1	30	1.5		1	1		2素子複合 旧形名MA714	439B
*	MA4X724	パナソニック	30	30	300	200	1		200	0.55	50	30	30		0	3		2素子複合 旧形名MA724	439A
*	MA4X726	パナソニック	30	30	300	200	1		200	0.55	50	30	30		0	3		2素子複合 旧形名MA726	439B
*	MA4X743	パナソニック		30	300	200			1	0.4	0.3	30	1.5		1	1		MA3X704A+MA3X721	439A
*	MA4X746	パナソニック	50	50	300	200	1		200	0.55	200	50	30		0	3		2素子複合 旧形名MA746	439A
*	MA4X796	パナソニック	50	50	300	100	1		100	0.55	30	50	25		0	3		2素子複合 旧形名MA796	439A
	MA4Z713	パナソニック	30	30	150	30*			30	1	1	30	1.5		1	1		η=65%(f=30MHz) 2素子複合	494
*	MA4ZD03	パナソニック	45	45	300	100*	1		100	0.6	5	40	15	18	0	2		2素子複合	494
*	MA4ZD14	パナソニック	20	20	300	100			100	0.4	20	10	25		0	3		2素子複合	494
	MA700A	パナソニック	30	30	150	30*			1	0.4	0.15	30	1.3		1	1		η=60%(f=30MHz)	23F
	MA700	パナソニック	15	15	150	30*			1	0.4	0.1	15	1.3		1	1		η=60%(f=30MHz)	23F
	MA704A	パナソニック	30	30	150	30*			30	1	0.3	30	1.5		1	1		η=65%(f=30MHz) 新形名MA3X704A	610A
	MA704WA	パナソニック		30	150	30*			30	1	1	30	1.5		1	1		2素子(アノードコモン) 新形名MA3X704D	610C
	MA704WK	パナソニック		30	150	30*			30	Z1	1	30	1.5		1	1		2素子(カソードコモン) 新形名MA3X704E	610D
	MA704	パナソニック	15	15	150	30*			30	1	0.2	15	1.5		1	1		新形名MA3X704	610A
*	MA707	パナソニック		5		35*			35	0.5	35	5	0.85	1.05	0.5			Gc=-5dB(fs=890MHz floc=935MHz)	421A
	MA713	パナソニック		30	150	30*			1	0.4	1	30	1.5		1	1		2素子複合 新形名MA4X713	439A
	MA714	パナソニック		30	150	30*			30	1	1	30	1.5		1	1		2素子複合 新形名MA4X714	439B
	MA715	パナソニック	30	30	150	30*			30	1	30	30	1.5		1	1		η=65% 2素子直列 新形名MA3X715	610F
	MA716	パナソニック		30	150	30*			30	1	1	30	1.5		1	1		2素子直列	610F
	MA717WA	パナソニック	30	30	150	30*			30	1	30	30	1.5		1	1		2素子(アノードコモン) 新形名MA3X717D	610C
	MA717WK	パナソニック	30	30	150	30*			30	1	30	30	1.5		1	1		2素子(カソードコモン) 新形名MA3X717E	610D
	MA717	パナソニック		30	150	30*			30	1	30	30	1.5		1	1		η=65%(f=30MHz) 新形名MA3X717	610A
	MA721WA	パナソニック	30	30	300	200			200	0.55	50	30	30		0	3		2素子(アノードコモン) 新形名MA3X721D	610C
	MA721WK	パナソニック	30	30	300	200			200	0.55	50	30	30		0	3		2素子(カソードコモン) 新形名MA3X721E	610D
	MA721	パナソニック		30	300	200	1		200	0.55	50	30	30		0	3		新形名MA3X721	610A
	MA722	パナソニック		30		200*			200	0.55	10	30	30		0	3			40D
	MA723	パナソニック		30	300	200	1.5		200	0.55	15	30	30		0	3			23F
	MA724	パナソニック	30	30	300	200	1		200	0.55	50	30	30		0	3		2素子複合 新形名MA4X724	439A
	MA726	パナソニック	30	30	300	200	1		200	0.55	50	30	30		0	3		2素子複合 新形名MA4X726	439B
	MA727	パナソニック	50	50	300	200	1		200	0.55	200	50	30		0	3		新形名MA3X727	610A
	MA728	パナソニック		30	150	30*			30	1	0.3	30	1.5		1	1		η=65%(f=30MHz) 新形名MA2J728	239
	MA729	パナソニック		30	300	200	1		200	0.55	50	30	30		0	3		新形名MA2J729	239
*	MA730	パナソニック		5					35	0.5	35	5	0.85	1.05	0.5			Gc=-5dB(fs=890MHz) NF=8.5dB	610F
	MA731	パナソニック		5		35*			35	0.5	50	5		0.95	0.5			ΔC<0.1pF 2素子直列 UHFミキサ用	610F
	MA732	パナソニック		30	150	30*			30	1	30	30	1.5		1	1		新形名MA2J732	239
*	MA733	パナソニック		5					35	0.5	35	5	0.85	1.05	0.5			Gc=-5dB(890→45MHz) UHFミキサ用	420G

- 247 -

形　名	社　名	最大定格 V$_{RRM}$(V)	V$_R$(V)	I$_{FM}$(mA)	I$_O$,I$_{F*}$(mA)	I$_{FSM}$(A)	P(mW)	順方向特性 I$_{Fmin}$(mA)	条件 VF(V)	逆方向特性 I$_{Rmax}$(μA)	条件 VR(V)	C$_t$(pF) typ	max	条件 VR(V)	t$_{rr}$(ns) typ	max	その他の特性等	外形
MA740	パナソニック	30	30	300	200	1		200	0.55	50	30	30		0		3	2素子直列 新形名MA3X740	610F
MA741WA	パナソニック	30	30	150	30*			30	1	1	30	1.5		1		1	2素子(アノードコモン) 新形名MA3J741D	165C
MA741WK	パナソニック	30	30	150	30*			30	1	1	30	1.5		1		1	2素子(カソードコモン) 新形名MA3J741E	165D
MA741	パナソニック	30	30	150	30*			30	1	0.2	30	1.5		1		1	η=65%(f=30MHz) 新形名MA3J741	165A
MA742	パナソニック	30	30	150	30*			30	1	1	30	1.5		1		1	2素子直列 新形名MA3J742	165F
MA743	パナソニック																MA704A＋MA721 新形名MA4X743	439A
MA744	パナソニック		30	300	200	1		200	0.55	50	30	30		0		3	η=65%(f=30MHz) 新形名MA3Z744	165A
MA745WA	パナソニック	30	30	150	30*			1	0.3	30	30	1.5		1		1	η=65% 2素子(アノードコモン) MA3J745D	165C
MA745WK	パナソニック	30	30	150	30*			1	0.3	30	30	1.5		1		1	2素子(カソードコモン) 新形名MA3J745E	165D
MA745	パナソニック	30	30	150	30*			1	0.3	30	30	1.5		1		1	η=65%(f=30MHz) 新形名MA3J745	165A
MA746	パナソニック	50	50	300	200	1		200	0.55	200	30	30		0		3	2素子複合 新形名MA4X746	439A
MA763	パナソニック	30	30	300	200	15		200	0.55	15	30	30		0		3		357D
*MA774	パナソニック	30	30	300	100	2		100	0.55	15	30	30		0		1.5		23F
*MA775	パナソニック	50	50	300	100	2		100	0.55	15	50	30		0		2		23F
*MA776	パナソニック	40	40	150	30*			1	0.4	0.2	40	1.3		1		2	η=60%(f=30MHz) VF<1V(If=30mA)	23F
*MA777	パナソニック	40	40	300	200	1.5		200	0.55	15	40	30		0		3		23F
MA778	パナソニック	60	60	300	200	1.5		200	0.65	50	50	30		0		3		23F
*MA780	パナソニック	50	50	300	100	1		100	0.55	30	50	25		0		3		357D
MA781WA	パナソニック	30	30	150	30*			30	1	1	30	1.5		1		1	2素子(アノードコモン) 新形名MA3S781D	119C
MA781WK	パナソニック	30	30	150	30*			30	1	1	30	1.5		1		1	2素子(カソードコモン) 新形名MA3S781E	119D
MA781	パナソニック	30	30	150	30*			30	Z1	0.3	30	1.5		1		1	η=65%(f=30MHz) 新形名MA3S781	119A
*MA782	パナソニック	40	40	300	200	1.5		200	0.55	15	40	30		0		3		357D
*MA783	パナソニック	60	60	300	200	1.5		200	0.65	50	50	30		0		3		357D
MA784	パナソニック	30	30	300	100	1		100	0.55	15	30	20		0		2	新形名MA2Z784	239
MA785	パナソニック	50	50	300	100	1		100	0.55	30	50	25		0		3	新形名MA2Z785	239
MA786WA	パナソニック	30	30	300	100	1		100	0.55	15	30	20		0		2	2素子(アノードコモン) 新形名MA3X786D	610C
MA786WK	パナソニック	30	30	300	100	1		100	0.55	15	30	20		0		2	2素子(カソードコモン) 新形名MA3X786E	610D
MA786	パナソニック	30	30	300	100	1		100	0.55	15	30	20		0		2	新形名MA3X786	610A
MA787	パナソニック	50	50	300	100	1		100	0.55	30	50	25		0		3	新形名MA3X787	610A
MA788	パナソニック	60	60	300	200	1		200	0.65	50	50	30		0		3	新形名MA3X788	610A
*MA790	パナソニック		10		15*			1	0.44	0.2	2			0.85	0		△C<0.1pF △VF<10mV 2素子直列	610F
MA791	パナソニック	30	30	300	100	1		100	0.55	15	30	20		0		2	2素子直列 新形名MA3X791	610F
MA792WA	パナソニック	30	30	300	100	1		100	0.55	15	30	20		0		2	2素子(アノードコモン) 新形名MA3Z792D	165C
MA792WK	パナソニック	30	30	300	100	1		100	0.55	15	30	20		0		2	2素子(カソードコモン) 新形名MA3Z792E	165D
MA792	パナソニック	30	30	300	100	1		100	0.55	15	30	20		0		2	新形名MA3Z792	165A
MA793	パナソニック	30	30	300	100	1		100	0.55	15	30	20		0		2	2素子直列 新形名MA3Z793	165F
MA795WA	パナソニック	30	30	150	30*			1	0.3	30	30	1.5		1		1	2素子(アノードコモン) 新形名MA3S795D	119C
MA795WK	パナソニック	30	30	150	30*			1	0.3	50	30	1.5		1		1	2素子(カソードコモン) 新形名MA3S795E	119D
MA795	パナソニック	30	30	150	30*			1	0.3	30	30	1.5		1		1	η=65%(f=30MHz) 新形名MA3S795	119A
MA796	パナソニック	50	50	300	100	1		100	0.55	30	50	25		0		3	2素子複合 新形名MA4X796	439A
*MAS3781E	パナソニック	30	30	150	30*			1	0.4	1	30	1.5		1		1	2素子センタータップ(カソードコモン)	244D
*MAS3781	パナソニック	30	30	150	30*			1	0.4	0.3	30	1.5		1		1	η=65%(f=30MHz)	244A

形 名	社 名	最大定格					順方向特性		逆方向特性		C_t(pF)		条件	t_{rr}(ns)		その他の特性等	外形
		V_{RRM}(V)	V_R(V)	I_{FM}(mA)	I_O, I_{F^*}(mA)	I_{FSM}(A)	P(mW)	I_{Fmin}(mA)	条件 VF(V)	I_{Rmax}(μA)	条件 V_R(V)	typ	max	V_R(V)	typ	max		
*MAS3784	パナソニック	30	30	300	100	1		100	0.55	15	30	20		0	2			244A
*MAS3795E	パナソニック	30	30	150	30*			1	0.3	50	30	1.5		1	1		2素子センタータップ(カソードコモン)	244D
MAS3795	パナソニック	30	30	150	30*			1	0.3	30	30	1.5		1	1		η=65%(f=30MHz)	244A
*MAU2D29	パナソニック	30	30	200	100*	1		100	0.42	25	10	11		0	1		VF<0.29V(IF=10mA)	736D
*MAU2D30	パナソニック	30	30	200	100*	1		100	0.58	2	30	9		0	1		VF<0.44V(IF=10mA)	736D
*MAU2728	パナソニック	30	30		30*	0.15		30	1	0.3	30	1.5		1	1		VF<0.4V(IF=1mA)	736D
RB021VA-90	ローム	90	90		200	5		200	0.42	900	90							756E
RB420D	ローム	25	20		100	1		10	0.45	1	10	6		10				610A
RB421D	ローム	20	10		100	1		100	0.55	30	10	6		10				610A
RB425D	ローム	20	10		100	1		100	0.55	30	10	6		10			2素子センタータップ(カソードコモン)	610C
RB441Q-40	ローム	40	40		100	1		100	0.55	100	40	6		10				78E
RB450F	ローム	25	20		100	1		10	0.45	1	10	6		10				205A
RB451F	ローム	20	10		100	1		100	0.55	30	10	6		10				205A
RB471E	ローム	20	10		100	1		100	0.55	30	10	6		10			2素子複合	346C
RB480K	ローム	45	40		100	1		100	0.6	1	10		25	0			2素子複合	722
RB480Y	ローム	30			100	1		100	0.53	1	10						2素子複合	347
RB480Y-90	ローム	90	90		100	1		100	0.69	5	90							347
RB481K	ローム	30	30		200	1		200	0.5	30	10						2素子複合	722
RB481Y	ローム	30			100	1		100	0.53	1	10						2素子複合	347
RB481Y-90	ローム	90	90		100	1		100	0.61	100	90							347
RB495D	ローム	40	25		200	2		200	0.5	70	25						2素子センタータップ(カソードコモン)	610D
RB500V-40	ローム	45	40		100	1		10	0.45	1	10	6		10				756B
RB501V-40	ローム	45	40		100	1		10	0.55	100	10	6		10				756B
RB520CS-30	ローム		30		100	0.5		10	0.45	0.5	10							736E
RB520G-30	ローム		30		100	0.5		10	0.45	0.5	10							738F
RB520S-30	ローム	35	30		200	0.5		200	0.5	1	10							757E
RB520S-40	ローム	40	40		200	1		100	0.55	1	10						VF<0.39V(10mA) IR<10μA(40V)	757E
RB520ZS-30	ローム		30		100	0.5		10	0.46	0.3	10							440
RB521G-30	ローム		30		100	1		10	0.35	10	10							738F
RB521S-30	ローム	35	30		200	0.5		200	0.5	30	10							757E
RB521S-40	ローム	45	40		200	4		200	0.54	20	10						VF<0.45V(100mA) VF<0.3V(10mA)	757E
RB521ZS-30	ローム		30		100	0.5		10	0.37	7	10							440
RB548W	ローム		30		100	0.5		10	0.45	0.5	10						2素子直列	277F
RB557W	ローム		30		100	0.5		100	0.49	10	10						VF<0.35V(IF=10mA) 2素子(アノードコモン)	277C
RB558W	ローム		30		100	0.5		100	0.49	10	10						2素子直列 VF<0.35V(IF=10mA)	277F
RB705D	ローム	25	20		30	0.2		1	0.37	1	10	2		1			2素子センタータップ(カソードコモン)	610D
RB706D-40	ローム	45	40		30	0.2		1	0.37	1	10	2		1			2素子直列	610F
RB706F-40	ローム	45	40		30	0.2		1	0.37	1	10	2		1			2素子直列	205F
RB715F	ローム	25	20		30	0.2		1	0.37	1	10	2		1			2素子センタータップ(カソードコモン)	205D
RB715W	ローム	40	40		30	0.2		1	0.37	1	10	2		1			2素子センタータップ(カソードコモン)	344D
RB715Z	ローム	40	40		30	0.2		1	0.37	1	10							240F
RB717F	ローム	25	20		30	0.2		1	0.37	1	10	2		1			2素子センタータップ(アノードコモン)	205C

形 名	社 名	最大定格 V_RRM (V)	V_R (V)	I_FM (mA)	I_O, I_F* (mA)	I_FSM (A)	P (mW)	順方向特性 I_Fmin (mA)	条件 VF(V)	逆方向特性 I_Rmax (μA)	条件 V_R(V)	Ct(pF) typ	max	条件 V_R(V)	t_rr(ns) typ	max	その他の特性等	外形
RB721Q-40	ローム	40	40		30	0.2		1	0.37	0.5	25	2		1				78E
RB751CS-40	ローム	40	30		30	0.2		1	0.37	0.5	30							736E
RB751G-40	ローム	40	30		30	0.2		1	0.37	0.5	30	2		1				738F
RB751S-40	ローム	40	30		30	0.2		1	0.37	0.5	30	2		1				757A
RB751V-40	ローム	40	30		30	0.2		1	0.37	0.5	30	2		1				756B
RB851Y	ローム		3		30*			1	0.46	0.7	1	0.8		0			2素子複合	347
RB861Y	ローム		5		10*			1	0.29	30	1	0.85	1.1	0			2素子複合	347
RB876W	ローム		5		10			1	0.35	120	5	0.53	0.8	1			2素子直列	277F
RB886CS	ローム		5		10*			1	0.35	120	5	0.53	0.8	0				736F
RB886G	ローム	15	5		10*			1	0.35	120	5	0.53	0.8	1				738F
RB886Y	ローム		15		10*			1	0.35	120	5	0.53	0.8	1			2素子複合	347
RBS21CS-30	ローム		30		100	0.5		100	0.35	10	10							736E
RKD700KJ	ルネサス	30	30		50	0.2		10	0.43	1	30	2.8		1			VF<0.33V(1mA) VF<0.14V(1μA)	757A
RKD700KK	ルネサス	30	30		50	0.2		10	0.43	1	30	2.8		1			VF<0.33V(1mA) VF<0.14V(1μA)	738B
RKD700KL	ルネサス	30	30		50	0.2		10	0.43	1	30	2.8		1			VF<0.33V(1mA) VF<0.14V(1μA)	736A
* RKD701KN	ルネサス	25			50*	0.2		5	0.35	0.45	20	2.8		1			VF<0.33V(IF=1mA)	222
RKD702KL	ルネサス	30			50*	0.2		5	0.4	0.1	20	2.5		1			VF<0.35V(IF=1mA)	736A
RKD702KP	ルネサス	30			50*	0.2		5	0.4	0.1	20	2.5		1			VF<0.35V(IF=1mA)	140
RKD703KJ	ルネサス	30			100	0.2		20	0.35	6	10			5		1	VF<0.25V(IF=1mA)	757A
RKD703KK	ルネサス	30			100	0.2		20	0.35	6	10			5		1	VF<0.25V(IF=1mA)	738B
RKD703KL	ルネサス	30			100	0.2		20	0.35	6	10			5		1	VF<0.25V(IF=1mA)	736A
RKD703KP	ルネサス	30			50*	0.2		20	0.35	6	10			5		1	VF<0.25V(IF=1mA)	140
RKD704KP	ルネサス	30			50*	0.2		20	0.34	10	10			5		1	VF<0.25V(IF=1mA)	140
RKD706KV	ルネサス	30			35*			10	0.7	10m	13	1.2		0			ESD>10V	750F
RKD750KN	ルネサス		2		5			1	0.27			0.3			0.5		ESD>10V	222
RKD750KP	ルネサス		2		5			1	0.27			0.3			0.5			140
RKD751KP	ルネサス	5	3		30			35	0.5	50	0.5			1	0.5			140
RKR0103ASKR	ルネサス	30	30		100	1		10	0.3	10	10						2素子直列	198
RKR0103AWAKR	ルネサス	30	30		100	1		10	0.3	10	10						2素子直列	198
RKR0103AYPKR	ルネサス	30	30		100	1		10	0.3	10	10						2素子複合	199
RKR0103BSKR	ルネサス	30	30		100	1		10	0.4	0.5	10						2素子直列	198
RKR0103BYPKQ	ルネサス	30	30		100	1		10	0.4	0.5	10						2素子複合	199
RKR0202AQE	ルネサス	20			200	2		10	0.3	50	20						2素子センタータップ（カソードコモン）	205D
S3275	東芝		6		15*			10	0.6	0.5	5	0.65	0.9				ΔVF<20mV ΔCt<0.15pF ミキサ用4素子	509D
* SB0015-03A	三洋		30		15			3	1	100	6		3	1			η>70%(f=40MHz)	79D
SB002-15CP	三洋	150			20	2		20	0.75	15	75	2.3		10		10	VRSM=155V	610A
SB002-15SPA	三洋	150			20	2		20	0.75	15	75	2.6		10		10	VRSM=155V	368A
SB0030-01A	三洋		10		30			4.5	1	70	6		1.5	1			η>70%(f=40MHz)	79D
SB0030-04A	三洋	40	40		30			1	0.37	0.5	25	2						78E
SB005-09CP	三洋	90			50	2		50	0.7	15	45	2.8		10		10	VRSM=95V	610A
SB005-09SPA	三洋	90			50	2		50	0.7	15	45	3.2		10		10	VRSM=95V	368D
SB005W03	三洋	35	30		50	2		50	0.55	5	15	2.6				10	2素子センタータップ（カソードコモン）	277D

形名	社名	V_{RRM} (V)	V_R (V)	最大定格 I_{FM} (mA)	$I_{O}, I_{F}*$ (mA)	I_{FSM} (A)	P (mW)	順方向特性 I_{Fmin} (mA)	順方向特性 V_F (V)	逆方向特性 条件	逆方向特性 I_{Rmax} (μA)	逆方向特性 V_R (V)	C_t (pF) typ	C_t (pF) max	条件 V_R (V)	t_{rr} (ns) typ	t_{rr} (ns) max	その他の特性等	外形
SB007-03CP	三洋	30			70	2		70	0.55		5	15	3		10		10	VRSM=35V	610A
SB007-03Q	三洋	30			70	2		70	0.55		5	15	3		10		10	VRSM=35V	205A
SB007-03SPA	三洋	30			70	2		70	0.55		5	15	3.5		10		10	VRSM=35V	368D
SB007T03C	三洋	35	30		70	2		70	0.55		5	15	3		10		10	2素子直列	610F
SB007T03Q	三洋	30			70	2		70	0.55		5	15	3		10		10	2素子直列	205F
SB007W03C	三洋	30			70	2		70	0.55		5	15	3		10		10	VRSM=35V 2素子センタータップ (ｶｿｰﾄﾞｺﾓﾝ)	610D
SB007W03Q	三洋	30			70	2		70	0.55		5	15	3		10		10	VRSM=35V 2素子センタータップ (ｶｿｰﾄﾞｺﾓﾝ)	205D
SB007W03S	三洋	30			70	2		70	0.55		5	15	3.5		10		10	2素子センタータップ (ｶｿｰﾄﾞｺﾓﾝ)	368A
SB01-05CP	三洋	50			100	2		100	0.55		15	25	4.4		10		10	VRSM=55V	610A
SB01-05Q	三洋	50			100	2		100	0.55		15	25	4.4		10		10	VRSM=55V	205A
SB01-05SPA	三洋	50			100	2		100	0.55		15	25	4.7		10		10	VRSM=55V	368D
SB01-15CP	三洋	150			100	5		100	0.75		50	75	7		10		10	VRSM=155V	610A
SB01-15NP	三洋	150			100	5		100	0.75		50	75	8		10		10	VRSM=155V	730G
SB01W05C	三洋	50			100	2		100	0.55		15	25	4.4		10		10	VRSM=55V 2素子センタータップ (ｶｿｰﾄﾞｺﾓﾝ)	610D
SB01W05S	三洋	50			100	2		100	0.55		15	25	4.7		10		10	VRSM=55V 2素子センタータップ (ｶｿｰﾄﾞｺﾓﾝ)	368A
SB02-03C	三洋	30			200	2		200	0.55		15	15	6.3		10		10	VRSM=35V	610A
SB02-03Q	三洋	30			200	2		200	0.55		15	15	6.3		10		10	VRSM=35V	205A
SB02-03S	三洋	30			200	2		200	0.55		15	15	6.6		10		10	VRSM=35V	368D
SB02-09CP	三洋	90			200	5		200	0.7		50	45	10		10		10	VRSM=95V	610A
SB02-09NP	三洋	90			200	5		200	0.7		50	45	11		10		10	VRSM=95V	730G
SB02-15	三洋	150			200	10		200	0.75		80	75	22		10		10	VRSM=155V	64
SB02W03C	三洋	30			200	2		200	0.55		15	15	6.3		10		10	VRSM=35V 2素子センタータップ (ｶｿｰﾄﾞｺﾓﾝ)	610D
SB02W03S	三洋	30			200	2		200	0.55		15	15	6.6		10		10	VRSM=35V 2素子センタータップ (ｶｿｰﾄﾞｺﾓﾝ)	368D
SB02W03CH	三洋	30			200	2		200	0.55		15	15	7.1		10		10	VRSM=35V 2素子センタータップ (ｶｿｰﾄﾞｺﾓﾝ)	610D
SB0203EJ	三洋	30			200	2		200	0.55		5	15	7.7		10		10		267
SB20W03Z	三洋	30			200	20		200	0.55		100	15	70		10		20	2素子センタータップ (ｶｿｰﾄﾞｺﾓﾝ)	563
SBE602	三洋	30			70	2		70	0.55		5	15	5.5		10		10	2素子センタータップ (ｶｿｰﾄﾞｺﾓﾝ)	86D
SBE803	三洋	90			200	5		200	0.7		50	45	10				10	2素子複合	498A
SBE804	三洋	30			200	2		200	0.55		15	15	6.3		10		10	2素子複合	498A
SBE806	三洋	50			100	2		100	0.55		15	25	4.4		10		10	2素子複合	498A
SBE809	三洋	30			70	2		70	0.55		5	15	3		10		10	2素子複合 (SB007-03CP×2)	498A
SBS002C	三洋		20		200			200	0.35		1mA	20	8.6						610A
SBS011	三洋	15			150	2		150	0.4		45	6	9		10		10		84
SBX201C	三洋		2		50*			1	0.32		10	2	0.25	0.28	0			rd<18Ω (IF=10mA) 2素子直列	610G
SS0203EJ	三洋	30			200	2		200	0.45		200	15	7.7		10		10		267
XBS013R1DR-G	トレックス	30	30		100*	0.5		10	0.46		0.3	10							44
XBS013S15R	トレックス	30	30		100	0.6		100	1		2	25	6		0	2			754C
XBS013S16R	トレックス	30	30		100	0.6		100	1		2	25	6		0	2			754B
XBS013S15R-G	トレックス	30	30		100*	0.6		100	1		2	25	6		0	2			754C
XBS013S16R-G	トレックス	30	30		100*	0.6		100	1		2	25	6		0	2			754B
XBS013S1CR-G	トレックス	30	30		100*	0.6		100	1		2	25							46
XBS013V1DR-G	トレックス	30	30		100*	0.5		10	0.37		7	10							44

形　名	社　名	最大定格					順方向特性		逆方向特性		C_t (pF)			t_{rr} (ns)			その他の特性等	外形
		V_{RRM} (V)	V_R (V)	I_{FM} (mA)	I_O, I_{F*} (mA)	I_{FSM} (A)	P (mW)	I_{F}min (mA)	V_F (V) 条件	$I_R$max (μA)	V_R (V) 条件	typ	max	条件 V_R (V)	typ	max	
XBS024S15R	トレックス	40	40		200	1		200	0.6	2	40	5		0	4			754C
XBS024S15R-G	トレックス	40	40		200*	1		200	0.6	2	40	5		10	4			754C

- 253 -

⑦ 小信号用ショットキ・バリア GaAs ダイオード

形 名	社 名	最大定格 V$_{RRM}$ (V)	V$_R$ (V)	I$_{FM}$ (mA)	I$_O$, I$_F$* (mA)	I$_{FSM}$ (A)	順方向特性 V$_F$max (V)	条件 I$_F$(mA)	逆方向特性 BV$_R$min (V)	条件 I$_R$(μA)	C$_t$(pF) typ	max	条件 V$_R$(V)	その他の特性等	外形
ESGD100	三洋	4.5	4	150	50		1	20	4	10	0.22	0.32	0	rds=1.5〜3.5Ω (IF=20mA)	120
*HSE11S	ルネサス	2.2	2	150	50*		0.8	1	2	10		0.4	0	ΔVF<0.02V ΔCt<0.05pF 2素子直列	61
HSE11	ルネサス	4.4	4	150	50*		1	50	4	10		0.4	0	rd<1.3Ω ESD>25V(C=25pF)	65
*HSE50	ルネサス			3	50*		1	50	3	10		0.45	0	SHFコンバータ用	65
NJX3505	NJR			5	10*		0.85	10	5	1	0.24	0.29	0	IR<10nA(1V)	50G
NJX3543	NJR			5	10*		0.8	10	5	1	0.27	0.4	0	IR<10nA(1V)	17
NJX3545	NJR			5	10*		0.85	10	5	1	0.2	0.3	0	IR<10nA(1V)	17
NJX3560	NJR			4.5	10*		0.9	10	4.5	1	0.17	0.32	0	IR<100nA(1V)	757A
NJX3561	NJR			4.5	10*		0.9	10	4.5	1	0.19	0.34	0	IR<100nA(1V)	420A
S3006C	東芝			5	50		0.85	10	4	10		0.5	1	NF<6.5dB(f=9375MHz) Bo=10erg C〜Xバンドミキサ用	50C
S3006D	東芝			5	50		0.85	10	4	10		0.5	1	NF<6dB(f=9375MHz) Bo=10erg C〜Xバンドミキサ用	50C
S3006E	東芝			5	50		0.85	10	4	10		0.5	1	NF<5.5dB(f=9375MHz) Bo=10erg C〜Xバンドミキサ用	50C
S3006S	東芝			3	50		1	10	3	10		0.6	0	NF<6.5dB(f=9375MHz) Bo=5erg C〜Xバンドミキサ用	50C
S3060D	東芝			4	50		1	10	4	10	0.35		0	NF<6dB(f=9375MHz) Bo=5erg	598A
S3060E	東芝			4	50		1	10	4	10	0.35		0	NF<5.5dB(f=9375MHz) Bo=5erg	598A
S3060S	東芝			3	50		1	10	3	10	0.45		0	NF<6.5dB(f=9375MHz) Bo=5erg	598A
SBL-221	三洋	4.5	4	130	30		1.1	20	4	10		0.08	0	rd<6Ω Lc<4.5dB(f=22GHz)	141
SPD-221	三洋	4.5	4	150	50		1	20	4	10		0.35		rd<4Ω Lc<3.6dB(f=10.678GHz P=10mW)	15
SBL-801A	三洋	4.5	4	150	50		0.9	20	4	10		0.1	0	rd<2Ω Lc<4.5dB(20GHz) 定格/特性は1素子 2素子逆並列	145
SBL-801B	三洋	4.5	4	150	50		0.9	20	4	10		0.1	0	rd<2Ω Lc<4.5dB(20GHz) 定格/特性は1素子 4素子ブリッジ	170
SBL-801Q	三洋	4.5	4	150	50		0.9	20	4	10		0.1	0	rd<2Ω Lc<4.5dB(f=20GHz) 定格/特性は1素子 4素子リング	155
SBL-801S	三洋	4.5	4	150	50		0.9	20	4	10		0.1	0	rd<2Ω Lc<4.5dB(f=20GHz) 定格/特性は1素子 2素子直列	147
SBL-801T	三洋	4.5	4	150	50		0.9	20	4	10		0.1	0	rd<2Ω Lc<4.5dB(f=20GHz) 定格/特性は1素子 2素子ティー	169
SBL-801	三洋	4.5	4	150	50		0.9	20	4	10		0.2	0		141
SBL-802A	三洋	4.5	4	150	50		1	20	4	10	0.07		0	rd<4Ω Lc<4.5dB(20GHz) 定格/特性は1素子 2素子逆並列	145
SBL-802B	三洋	4.5	4	150	50		1	20	4	10	0.07		0	rd<4Ω Lc<4.5dB(20GHz) 定格/特性は1素子 4素子ブリッジ	170
SBL-802Q	三洋	4.5	4	150	50		1	20	4	10	0.07		0	rd<4Ω Lc<4.5dB(f=20GHz) 定格/特性は1素子 4素子リング	155
SBL-802S	三洋	4.5	4	150	50		1	20	4	10	0.07		0	rd<4Ω Lc<4.5dB(f=20GHz) 定格/特性は1素子 2素子直列	147
SBL-802T	三洋	4.5	4	150	50		1	20	4	10	0.07		0	rd<4Ω Lc<4.5dB(f=20GHz) 定格/特性は1素子 2素子ティー	169
SBL-802	三洋	4.5	4	150	50		1	20	4	10		0.15	0	rd<4Ω Lc<4.5dB(f=20GHz)	141
SBL-803A	三洋	4.5	4	130	30		1.1	20	4	10	0.05		0	rd<6Ω Lc<5.0dB(20GHz) 定格/特性は1素子 2素子逆並列	145
SBL-803B	三洋	4.5	4	130	30		1.1	20	4	10	0.05		0	rd<6Ω Lc<4.5dB(20GHz) 定格/特性は1素子 4素子ブリッジ	170
SBL-803Q	三洋	4.5	4	130	30		1.1	20	4	10	0.05		0	rd<6Ω Lc<5.0dB(f=20GHz) 定格/特性は1素子 4素子リング	155
SBL-803S	三洋	4.5	4	130	30		1.1	20	4	10	0.05		0	rd<6Ω Lc<4.5dB(f=20GHz) 定格/特性は1素子 2素子直列	147
SBL-803T	三洋	4.5	4	130	30		1.1	20	4	10	0.05		0	rd<6Ω Lc<4.5dB(f=20GHz) 定格/特性は1素子 2素子ティー	169
SBL-803	三洋	4.5	4	130	30		1.1	zz	4	10		0.1	0	rd<6Ω Lc<5.0dB(f=20GHz)	141
SBL-804A	三洋	4.5	4	130	30		1.2	20	4	10	0.03		0	rd<10Ω Lc<5.0dB(20GHz) 定格/特性は1素子 2素子逆並列	145
SBL-804B	三洋	4.5	4	130	30		1.2	20	4	10	0.03		0	rd<10Ω Lc<4.5dB(20GHz) 定格/特性は1素子 4素子ブリッジ	170
SBL-804Q	三洋	4.5	4	130	30		1.2	20	4	10	0.03		0	rd<10Ω Lc<5dB(f=20GHz) 定格/特性は1素子 4素子リング	155
SBL-804S	三洋	4.5	4	130	30		1.2	20	4	10	0.03		0	rd<10Ω Lc<5dB(f=20GHz) 定格/特性は1素子 2素子直列	147
SBL-804T	三洋	4.5	4	130	30		1.2	20	4	10	0.03		0	rd<10Ω Lc<4.5dB(f=20GHz) 定格/特性は1素子 2素子ティー	169
SBL-804	三洋	4.5	4	130	30		1.2	20	4	10		0.08	0	rd<10Ω Lc<5.0dB(f=20GHz)	141

形　名	社名	最大定格 VRRM (V)	VR (V)	IFM (mA)	IO,IF* (mA)	IFSM (A)	順方向特性 VFmax (V)	条件 IF(mA)	逆方向特性 BVRmin (V)	条件 IR(μA)	Ct(pF) typ	Ct(pF) max	条件 VR(V)	その他の特性等	外形
SGD-100T	三洋	4.5	4	150	50		0.9	20	4	10	0.3	0.4	0	rd<3Ω (IF=30mA) 2素子ティー接続	610G
SGD-100	三洋	4.5	4	150	50		0.9	20	4	10	0.3	0.4	0	rd<3Ω (IF=20mA) Lc=4.0dB (f=10.678GHz P=10mW)	610I
SGD102	三洋	4.5	4	150	50		0.9	20	4	10	0.3	0.4	0	rd=1.5Ω (If=20mA) Lc=4dB (f=10.678GHz)	610I
SPD-121A	三洋	4.5	4	150	50		0.9	30	4	10	0.1	0.4	0	rd<3Ω 定格/特性は1素子 2素子逆並列	15
SPD-121B	三洋		4		50		0.9	20	4	10		0.4	0	rd<3Ω 定格/特性は1素子 4素子ブリッジ	201
SPD-121M	三洋	4.5	4	150	50		0.9	20	4	10		0.4	0	rd=1.5Ω (IF=20mA) Lc=3.8dB(f=10.678GHz P=10mW)	18
SPD-121P	三洋	4.5	4	150	50		0.9	20	4	10		0.4	0	rd=1.5Ω (IF=20mA) Lc=4.0dB (f=10.678GHz P=10mW)	50B
SPD-121Q	三洋	4.5	4	150	50		0.9	30	4	10	0.1	0.4	0	rd<3Ω 定格/特性は1素子 4素子リング	201
SPD-121S	三洋	4.5	4	150	50		0.9	30	4	10	0.1	0.4	0	rd<3Ω 定格/特性は1素子 2素子直列	15
SPD-121T	三洋	4.5	4	150	50		0.9	30	4	10	0.1	0.4	0	rd<3Ω 定格/特性は1素子 2素子ティー	200
SBL-121	三洋	4.5	4	150	50		0.9	20	4	10		0.25		rd<2Ω Lc<2.5dB(f=12GHz)	141
SPD-121	三洋	4.5	4	150	50		0.9	20	4	10		0.3		rd<3Ω Lc=3.7dB(f=10.678GHz P=10mW)	15
SPD-122P	三洋	4.5	4	150	50		0.9	20	4	10		0.4	0	rd=1.5Ω (IF=20mA) Lc=4.0dB (f=10.678GHz P=10mW)	599
*SBL-122	三洋	4.5	4	150	50		1	30	4	10		0.3		rd<3Ω Lc<3.5dB(f=12GHz)	141
SPD-122	三洋	4.5	4	150	50		1	30	4	10		0.3		rd<3Ω (IF=30mA) Lc<3.7dB(f=12GHz)	141
SPD-221A	三洋	4.5	4	150	50		1	30	4	10	0.07	0.35	0	rd<4Ω 定格/特性は1素子 2素子逆並列	15
SPD-221B	三洋		4		50		1	20	4	10		0.35	0	rd<4Ω 定格/特性は1素子 4素子ブリッジ	201
SPD-221Q	三洋	4.5	4	150	50		1	30	4	10	0.07	0.35	0	rd<4Ω 定格/特性は1素子 4素子リング	201
SPD-221S	三洋	4.5	4	150	50		1	30	4	10	0.07	0.35	0	rd<4Ω 定格/特性は1素子 2素子直列	15
SPD-221T	三洋	4.5	4	150	50		1	30	4	10	0.07	0.35	0	rd<4Ω 定格/特性は1素子 2素子ティー	200

ダイオード・アレイ

形名	社名	V_{RRM} (V)	V_R (V)	I_{FM} (mA)	T条件 (°C)	I_0, I_{F*} (mA)	T条件 (°C)	I_{FSM} (A)	T条件 (°C)	V_{Fmax} (V)	条件 I_F (mA)	I_{Rmax} (μA)	条件 V_R (V)	C_t(pF) typ	C_t(pF) max	t_{rr}(ns) typ	t_{rr}(ns) max	その他の特性等	外形
1SS308	東芝	85	80	300		100		2		1.2	100	0.5	80	2.2	4	1.6	4	4素子複合 P=200mW	269A
1SS309	東芝	85	80	300		100		2		1.2	100	0.5	80	0.9	3	1.6	4	4素子複合 P=200mW	269B
DA4X106U	パナソニック	80	80	150		100*		0.5		1.2	100	0.1	80		1.5		10	4素子ブリッジ	511C
DA5J109W	パナソニック	80	80	225		100*		0.5		1.2	100	0.1	80		2		3	4素子複合 (カソードコモン)	227
DA5J110V	パナソニック	80	80	225		100*		0.5		1.2	100	0.1	80		3.5		5	4素子複合 (アノードコモン)	227
DA6J101K	パナソニック	80	80	225		100*		0.5		1.2	100	0.1	75		2		3	3素子複合	591
DA6X101K	パナソニック	80	80	225		100*		0.5		1.2	100	0.1	80		2		3	3素子複合	270A
DA6X102P	パナソニック	80	80	225		100*		0.5		1.2	100	0.1	80		15		10	4素子複合	270D
DA6X102S	パナソニック	80	80	225		100*		0.5		1.2	100	0.1	80		15		10	4素子複合	270G
DA6X103Q	パナソニック	80	80	225		100*		0.5		1.2	100	0.1	80	2	15	2	10	4素子複合	270E
DA6X103T	パナソニック	80	80	225		100*		0.5		1.2	100	0.1	80	2	15	2	10	4素子複合	270H
DA6X106U	パナソニック	80	80	225		100*		0.5		1.2	100	0.1	80		15		10	4素子複合	270C
DA6X108K	パナソニック	300	300	600		200		1		1.2	200	1	300	3.5				3素子複合	270A
DA-3N	オリジン	35				100	50a	0.5	50j	1.2	100	1	35		4		4	3素子複合 (アノードコモン)	558
DA-3P	オリジン	35				100	50a	0.5	50j	1.2	100	1	35		4		4	3素子複合 (カソードコモン)	558
DA-4N	オリジン	35				100	50a	0.5	50j	1.2	100	1	35		4		4	4素子複合 (アノードコモン)	558
DA-4P	オリジン	35				100	50a	0.5	50j	1.2	100	1	35		4		4	4素子複合 (カソードコモン)	558
DA-6NC	オリジン	35				100	50a	0.5	50j	1.2	100	1	35		4		4	6素子ダイオードアレイ (アノードコモン)	27
DA-6PC	オリジン	35				100	50a	0.5	50j	1.2	100	1	35		4		4	6素子ダイオードアレイ (カソードコモン)	27
DA-8N	オリジン	35				100	50a	0.5	50j	1.2	100	1	35		4		4	8素子複合 (アノードコモン)	558
DA-8P	オリジン	35				100	50a	0.5	50j	1.2	100	1	35		4		4	8素子複合 (カソードコモン)	558
DB6J314K	パナソニック	30	30	150		30*				1		30	0.3	30	1.5		1	3素子複合 SB形	591
DB6J316K	パナソニック	30	30	150		100		1		0.55	100	15	30	2		0.8		3素子複合 SB形	591
DB6X314K	パナソニック	30	30	150		30*				1		30	0.3	30	1.5		1	3素子複合 SB形	270A
EMN11	ローム	80	80	300		100		4		1.2	100	0.1	70		3.5		4	2素子センタータップ (カソードコモン)×2	160C
EMP11	ローム	80	80	300		100		4		1.2	100	0.1	70		3.5		4	2素子センタータップ (アノードコモン)×2	160B
FC801	三洋	75	50	300		100		4		1.2	100	0.1	50	4.5	9		8	2素子センタータップ (カソードコモン)×2	499B
FC802	三洋	75	50	300		100		4		1.2	100	0.1	50	4	7		5	2素子センタータップ (アノードコモン)×2	499B
FC803	三洋	30				70		2		0.55	70	5	15	3			10	2素子センタータップ (カソードコモン)×2	499B
FC807	三洋	85	80	300		100		2		1.2	100	0.1	50	4.5	9		8	4素子複合 (アノードコモン)	498B
FC808	三洋	85	80	300		100		2		1.2	100	0.1	50	4	7		5	4素子複合 (カソードコモン)	498C
*FC903	三洋	85	80	300		100		4		1.2	100	0.1	30		3		4	3素子複合	499A
FMN1	ローム	80	80	80		25		0.25		0.9	5	0.1	70		3.5		4	4素子複合 (カソードコモン)	346B
FMP1	ローム	80	80	80		25		0.25		0.9	5	0.1	70		3.5		4	4素子複合 (アノードコモン)	346A
HN1D01F	東芝	85	80	300		100		2		1.2	100	0.1	30	2.2	4	1.6	4	2素子センタータップ (アノードコモン)×2	629B
HN1D01FU	東芝	85	80	300		100		2		1.2	100	0.1	30	2.2	4	1.6	4	2素子センタータップ (アノードコモン)×2	628B
HN1D02F	東芝	85	80	300		100		2		1.2	100	0.1	30	0.9	3	1.6	4	2素子センタータップ (カソードコモン)×2	629C
HN1D02FU	東芝	85	80	300		100		2		1.2	100	0.1	30	0.9	3	1.6	4	2素子センタータップ (カソードコモン)×2	628C
HN1D03F	東芝	85	80	300		100		2		1.2	100	0.1	30			1.6	4	2素子センタータップ×2 (アノードコモン＋カソードコモン)	629D
HN1D03FU	東芝	85	80	300		100		2		1.2	100	0.1	30			1.6	4	2素子センタータップ×2 (アノードコモン＋カソードコモン)	628D
HN1D01FE	東芝	85	80	300		100		2		1.2	100	0.1	30	2.2		1.6		2素子センタータップ (アノードコモン)	118
HN1D02FE	東芝	85	80	300		100		2		1.2	100	0.1	30	0.9		1.6		2素子センタータップ (カソードコモン)	118

- 255 -

形 名	社 名	最大定格 V_{RRM} (V)	V_R (V)	I_{FM} (mA)	T条件 (℃)	I_O, I_{F*} (mA)	T条件 (℃)	I_{FSM} (A)	T条件 (℃)	順方向特性 V_{Fmax} (V)	条件 I_F (mA)	逆方向特性 I_{Rmax} (μA)	条件 V_F (V)	C_t (pF) typ	max	t_{rr} (ns) typ	max	その他の特性等	外形
HN1D04FU	東芝	85	80	300		100		2		1.2	100	0.1	30	0.9		1.6		2素子直列×2	628F
HN2D01F	東芝	85	80	240		80		1		1.2	100	0.1	30	0.5	3	1.6	4	3素子複合	629E
HN2D01FU	東芝	85	80	240		80		1		1.2	100	0.1	30	0.5	3	1.6	4	3素子複合	628E
HN2D02FU	東芝	85	80	240		80		1		1.2	100	0.1	30	0.5	3	1.6	4	3素子複合	628A
HN2D03F	東芝	420	400	300		100		2		1.3	100	0.1	300	2.5		500		3素子複合	629E
HN2S01F	東芝	15	10	200		100		1		0.5	100	20	10	20	40			3素子複合 SB形	629E
HN2S01FU	東芝	15	10	200		100		1		0.5	100	20	10	20	40			3素子複合 SB形	628E
HN2S02FU	東芝	45	40	300		100		1		0.6	100	5	40	18				3素子複合 SB形	628E
HN2S03FE	東芝	25	20	100		50		1		0.55	50	0.5	20	3.9				3素子複合 SB形	118
HN2S03FU	東芝	25	20	100		50		1		0.55	50	0.5	20	3.9				3素子複合 SB形	628E
HN2S05FU	東芝	15	10	200		100		1		0.5	100	20	10	5				3素子複合 SB形	628A
HN4D01JU	東芝	85	80	300		100		2		1.2	100	0.1	30	2.2		1.6		4素子複合 (アノード コモン)	83
HN4D02JU	東芝	85	80	300		100		2		1.2	100	0.1	30	0.9		1.6		4素子複合 (カソード コモン)	83
HSB88WS	ルネサス		10			15				0.6	10	0.2	2	0.85				ΔVF<15mV ΔC<0.2pF 4素子複合 SB形	245
IMN10	ローム	80	80	300		100		4		1.2	100	0.1	70	3.5			4	3素子複合	395A
IMN11	ローム	80	80	300		100		4		1.2	100	0.1	70	3.5			4	4素子複合 DAN202K×2	395C
IMP11	ローム	80	80	300		100		4		1.2	100	0.1	70	3.5			4	4素子複合 DAP202K×2	395B
LB1105M	三洋		15			5*		50m		0.9	0.7	0.5	15					6素子 (アノード コモン) ×4	97
MA121	パナソニック	80	80	225		100*		0.5		1.2	100	0.1	75	2			3	3素子複合	270A
MA122	パナソニック	80	80	225		100*		0.5		1.2	100	0.1	75		15		10	2素子センタータップ (アノード コモン) ×2	270D
MA123	パナソニック	80	80	225		100*		0.5		1.2	100	0.1	75	2			3	2素子センタータップ (カソード コモン) ×2	270E
MA124	パナソニック	80	80	225		100*		0.5		1.2	100	0.1	75	2			3	4素子センタータップ (カソード コモン)	270E
MA125	パナソニック	40	40	200		100*				1.2	100	0.1	40	5				2素子直列×2 新形名MA6X125	270F
MA126	パナソニック	80	80	225		100*		0.5		1.2	100	0.1	75		15		10	2素子センタータップ×2 (アノード コモン+カソード コモン)	270C
MA127	パナソニック	80	80	225		100*		0.5		1.2	100	0.1	75		15		10	2素子センタータップ×2 (アノード コモン+カソード コモン)	270B
MA128	パナソニック	80	80	225		100*		0.5		1.2	100	0.1	75	2			3	2素子センタータップ (カソード コモン) ×2	270H
MA129	パナソニック	200	200	200		100		0.35		1.2	200	0.2	200	4.5				3素子複合 新形名MA6X125	270A
MA193	パナソニック	80	80	150		70		0.25		1.2	70	0.1	75		15		10	4素子ブリッジ 新形名MA4X193	439C
*MA4X193	パナソニック	80	80	150		70		0.25		1.2	70	0.1	75		15		10	4素子ブリッジ	439C
*MA5J002D	パナソニック	80	80	225		100*		0.5		1.3	100	0.1	70	3.5			5	4素子複合 (アノード コモン)	227
*MA5J002E	パナソニック	80	80	225		100*		0.5		1.2	100	0.1	75	2			3	4素子複合 (カソード コモン)	227
*MA5Z002E	パナソニック	80	80	225		100*		0.5		1.2	100	0.1	75	2			3	4素子複合 (カソード コモン)	227
*MA6J784	パナソニック	30	30	300		100		1		0.55	100	15	30	20		2		3素子複合	591
MA6S121	パナソニック	80	80	225		100*		0.5		1.2	100	0.1	75	2			3	3素子複合	591
MA6S718	パナソニック	30	30	150		30*				1	30	1	30	1.5		1		3素子複合 SB形	591
*MA6X078	パナソニック		35			100*				1.2	100	0.1	33	0.9	1.2			rd<0.85Ω (2mA 100MHz) 3素子複合	270A
*MA6X121	パナソニック	80	80	225		100*		0.5		1.2	100	0.1	75	2			3	3素子複合	270A
*MA6X122	パナソニック	80	80	225		100*		0.5		1.2	100	0.1	75		15		10	2素子センタータップ (アノード コモン) ×2	270D
*MA6X123	パナソニック	80	80	225		100*		0.5		1.2	100	0.1	75	2			3	2素子センタータップ (カソード コモン) ×2	270E
*MA6X124	パナソニック	80	80	225		100*		0.5		1.2	100	0.1	75	2			3	4素子複合 (カソード コモン)	270B
*MA6X125	パナソニック	40	40	200		100*				1.2	100	0.1	40			150		2素子直列×2	270F
*MA6X126	パナソニック	80	80	225		100*		0.5		1.2	100	0.1	75					2素子直列×2	270F

— 257 —

形 名	社 名	最大定格 V_RRM (V)	V_R (V)	I_FM (mA)	T条件 (°C)	I0, IF* (mA)	T条件 (°C)	I_FSM (A)	T条件 (°C)	順方向特性 V_Fmax (V)	条件 I_F(mA)	逆方向特性 I_Rmax (μA)	条件 V_F(V)	C_t(pF) typ	max	t_rr(ns) typ	max	その他の特性等	外形
* MA6X127	パナソニック	80	80	225		100*		0.5		1.2	100	0.1	75		15		10	2素子センタータップ (アノードコモン)×2	270G
* MA6X128	パナソニック	80	80	225		100*		0.5		1.2	100	0.1	75		2		3	2素子センタータップ (カソードコモン)×2	270H
* MA6X129	パナソニック	200	200	200		100		0.35		1.2	200	0.2	200	4.5				3素子複合	270A
* MA6X718	パナソニック	30	30	150		30*				0.4	1	1	30	1.5		1		η=65% 3素子複合 SB形 旧形名MA718	270A
* MA6XD16	パナソニック	30	30	150		30*				0.3	1	70	30	1.5		1			270I
* MA6Z121	パナソニック	80	80	225		100		0.5		1.2	100	0.1	75		2		3	3素子複合	591
* MA6Z718	パナソニック	30	30	150		30*				1	30	1	30	1.5		1		3素子複合 旧形名MA6S718	591
MA718	パナソニック	30	30	150		30*				0.4	1	1	30	1.5		1		3素子複合 SB形 新形名MA6X718	270A
* MA78	パナソニック		35			100*				1	100	0.1	33	0.9	1.2			rd<0.85Ω 3素子複合 新形名MA6X078	270A
MDA3U3	オリジン	3k				5	50a	1		6	5	1	3k			150		3素子複合	675
RB530XN	ローム		30			100		1		0.53	100	1	10					VF<0.4V (IF=10mA) 3素子複合	723A
RB531XN	ローム		30			100		1		0.43	100	20	10					VF<0.3V (IF=10mA) 3素子複合	723A
RB731U	ローム	25	20			30		0.2		0.37	1	1	10	2				3素子複合 SB形	395A
RB731XN	ローム	40	40			30		0.2		0.37	1	1	10					3素子複合	723A
UMN1N	ローム	80	80	80		25		0.25		0.9	5	0.1	70	3.5		4		4素子複合 (カソードコモン)	727
UMN10N	ローム	80	80	300		100		4		1.2	100	0.1	70	3.5		4		3素子複合	723A
UMN11N	ローム	80	80	300		100		4		1.2	100	0.1	70	3.5		4		4素子複合 DAN222×2	723C
UMP1N	ローム	80	80	80		25		0.25		0.9	5	0.1	70	3.5		4		4素子複合 (アノードコモン)	727
UMP11N	ローム	80	80	300		100		4		1.2	100	0.1	70	3.5		4		4素子複合 DAP202K×2	723B
UMR12N	ローム	80	80	200		100		0.3		1.2	100	0.1	80					4素子複合	723D

⑨ PINダイオード

形名	社名	VRRM (V)	VR (V)	IFM (mA)	IO, IF* (mA)	IFSM (A)	P (mW)	T条件 (℃)	VFmax (V)	条件 IF(mA)	IRmax (μA)	条件 VF(V)	Ct(pF) typ	Ct(pF) max	VR (V)	rds(Ω) typ	rds(Ω) max	IF (mA)	f (MHz)	rdp(kΩ) min	rdp(kΩ) typ	IF (μA)	その他の特性等	外形
1S2186	東芝		20	100					1	100	0.1	15		2	10	0.5	1	10	100				C変化比<1%/V	24B
*1SS155	東芝	35	30	200	100	1			0.85	2	0.1	15	1.4	10			0.9	2	100					79F
1SS238	東芝		20		100*				0.85	2	0.1	15	0.95	1.2	6	0.6	0.9	2	100					79L
1SS241	東芝		30		100*				0.85	2	0.1	15	0.8	1.2	6	0.6	0.9	2	100					502
1SS268	東芝		30		50*				0.85	2	0.1	15	0.8	1.2	6	0.6	0.9	2	100				2素子(カソードコモン)	610D
1SS269	東芝		30		50*				0.85	2	0.1	15	0.8	1.2	6	0.6	0.9	2	100				2素子(アノードコモン)	610C
1SS312	東芝		30		50*				0.85	2	0.1	15	0.8	1.2	6	0.6	0.9	2	100				2素子(カソードコモン)	205D
1SS313	東芝		30		50*				0.85	2	0.1	15	0.8	1.2	6	0.6	0.9	2	100				2素子(アノードコモン)	205C
1SS314	東芝		30		100*				0.85	2	0.1	15	0.7	1.2	6	0.5	0.9	2	100					420D
1SS364	東芝		30		50*				0.85	2	0.1	15	0.85	1.2	6	0.6	0.9	2	100				2素子(カソードコモン)	277D
1SS371	東芝		30		100*				0.85	2	0.1	15	0.7	1.2	6	0.6	0.9	2	100					452B
1SS381	東芝		30		100*				0.85	2	0.1	15	0.7	1.2	6	0.6	0.9	2	100					757A
*1SV121	ルネサス		100		100*		250		1.1	50	0.1	30		0.7	50		10	10	100	1				79F
1SV128	東芝		50		50*				0.97	50	0.1	50	0.25		50	3		10	100				Cc=0.1pF τ=400ns	610A
*1SV154	ルネサス	65	60		100*		150		1	10	0.1	25		0.8	6		2.5	10	100					79F
1SV172	東芝		50		50*		150		0.97	50	0.1	50	0.25	0.4	50	3		10	100				Cc=0.1pF	610F
*1SV178	ルネサス	65	60		150*		300		1	10	0.1	60		0.8	6		2.5	10	100				アンテナ切替用	24C
*1SV187	ルネサス	65	60	150	50*		100		1	10	0.1	60	2.2	2.4	0		5.2	10	100				アッテネータ/アンテナ切替用	79H
1SV233	三洋		50		50*		150				0.1	50	0.23		50	5		10	100				VF=0.95V(IF=50mA)	610A
1SV234	三洋		50		50*		150				0.1	50	0.23		50	5		10	100				VF=0.95V(IF=50mA)	610F
1SV237	東芝		50		50*						0.1	50	0.25		50	4		10	100				VF=0.95V(IF=50mA)	559A
*1SV241	三洋		50		50*		150			50	0.1	50	0.23		50	5		10	100				2素子複合	498A
1SV246	三洋		50		50*		100		0.95	50	0.1	50	0.23		50	5		10	100				2素子直列	205F
1SV247	三洋		50		50*		100		0.95	50	0.1	50	0.23		50	5		10	100					205A
1SV248	三洋		50		50*		100				0.1	50	0.23		50		4.5	10	100				VF=0.92V(50mA)	205F
1SV249	三洋		50		50*		100				0.1	50	0.23		50		4.5	10	100				2素子直列	205F
1SV250	三洋		50		50*		150				0.1	50	0.23		50		4.5	10	100				VF=0.92V(50mA)	610A
1SV251	三洋		50		50*		150				0.1	50	0.23		50		4.5	10	100				2素子直列	610F
1SV252	東芝		50		50*				0.98	50	0.1	50	0.2	0.4	50	3.5		10	100				2素子直列	205F
1SV263	三洋		50		50*		100			50	0.1	50	0.23		50	2.5		10	100				VF=0.91V	205A
1SV264	三洋		50		50*		100			50	0.1	50	0.23		50	2.5		10	100				2素子直列	205F
*1SV265	三洋		50		50*		150			50	0.1	50	0.23		50	2.5		10	100				2素子複合	498A
1SV266	三洋		50		50*		150			50	0.1	50	0.23		50	2.5		10	100				VF=0.91V	610A
1SV267	三洋		50		50*		150			50	0.1	50	0.23		50	2.5		10	100				2素子直列	610F
1SV268	三洋		50		100*		1W		1	100	0.5	45	0.7	1	40	0.5	0.7	50	470				Pはセラミック基板	237
1SV271	東芝		50		50*					1	0.1	50	0.25	0.4	50	3		10	100				Cc=0.1pF	420D
1SV272	三洋		50		100*		150		1	100	0.5	45	0.6	1	40	0.5	0.7	50	470					610A
1SV294	三洋		50		50*		150		1.15	50	0.1	50	0.23		50	7.5	10	10	100	2.4	10			610A
*1SV298	三洋		50		50*		150		1.15	50	0.1	50	0.23		50	7.5	10	10	100	2.4	10		3素子複合	444B
1SV298H	三洋		50		50*		150		0.97	50	0.1	50	0.23		50		7	10	100				rds=2400Ω(10μA)	444B
1SV307	東芝		30		50*				1	50	0.1	30	0.3	0.5		1.1		10	1500					420D
1SV308	東芝		30		50*				1	50	0.1	30	0.3	0.5		1.1		10	1500				Yds=1〜1.5Ω	757A

形 名	社 名	V_{RRM} (V)	V_R (V)	I_{FM} (mA)	I_O, I_F* (mA)	I_{FSM} (A)	P (mW)	T条件 (°C)	V_{F}max (V)	条件 I_F(mA)	I_{R}max (μA)	条件 V_F(V)	C_t(pF) typ	max	V_R (V)	r_{ds}(Ω) typ	max	I_F (mA)	f (MHz)	r_{dp}(kΩ) min	typ	I_F (μA)	その他の特性等	外形
1SV312	東芝		50		50*				1	50	0.1	50	0.25	0.4	50	3		10	100				2素子複合	80B
1SV315	三洋		50		50*		100		1	50	0.1	50	0.23		50	6	9	10	100	2.4		10	2素子直列	205F
1SV316	三洋		50		50*		100		1	50	0.1	50	0.23		50	6	9	10	100	2.4		10	2素子直列	610F
*1SV99	東芝		50		50*		250		1.2	50	0.1	50	0.3	0.5	30	7		10	100				VF=0.9V	729B
CPH5512	三洋		50		50*		350				0.1	50	0.23		50	5		10	100				2素子複合	498A
CPH5513	三洋		50		50*		350				0.1	50	0.23		50	2.5		10	100				2素子複合	498A
*DLP238	東芝		20		100*				0.85	2	0.1	15	0.95	1.2	6	0.6	0.9	2	100				色表示 緑	357E
DPA05	三洋		50		50*						0.1	50	0.25		50	7		10	100				VF=0.95V (IF=50mA)	610F
HVB131SR	ルネサス	65	60		100*		150		1	10	0.1	60		0.8	1		1	10	100				2素子直列	610G
HVB14S	ルネサス	50	50		50		100		1	50	0.1	50	0.25		50		7	10	100				2素子直列	205F
HVB187YP	ルネサス		60		50*		100		1	10	0.1	60	2.4	0		5.5		10	100				2素子複合	717
HVB190S	ルネサス		50		50*		100		1	50	0.1	50	0.35	50	3	5		10	100				2素子直列	205F
HVC131	ルネサス	65	60		100*		150		1	10	0.1	60		0.8	1		1	10	100					757A
HVC132	ルネサス	65	60		100*		150		1	10	0.1	60		0.5	1		2	10	100					757A
HVC133	ルネサス		15				150		0.85	2	0.1	10		1	1	0.55	0.7	2	100					757A
HVC133A	ルネサス		30				150		0.85	2	0.1	25		1.0	1	0.55	0.7	2	100				C<0.9pF (VR=6V)	757A
HVC134	ルネサス	65	60		100*		150		1	10	0.1	60		0.4	1		2	10	100					757A
HVC135	ルネサス	65	60		100*		150		0.9	2	0.1	60		0.6	1		2	2	100					757A
HVC136	ルネサス	65	60		100*		150		0.9	2	0.1	60		0.45	1		2.5	2	100				ESD>100V (C=200pF)	757A
HVC138	ルネサス		30		100*		150		0.9	2	0.01	25		0.9	1		0.8	2	100					757A
HVC139	ルネサス		30		100*		150		0.9	2	0.1	25		0.5	1		2	2	100					757A
HVC140	ルネサス		30				150		0.9	2				0.35	1		3.3	2	100					757A
HVC142	ルネサス		30		100*		150		1	10	0.1	30		0.35	1		1.5	10	100				ESD>100V (C=200pF)	757A
HVC142A	ルネサス		30		100*		150		1	10	0.1	30		0.35	1		1.3	2	100				ESD>100V (C=200pF)	757A
HVC145	ルネサス		60		50*		150		0.9	2	0.1	60		0.45	1		1.8	2	100				ESD>100V (C=200pF)	757A
HVC190	ルネサス		50		50*		100		1	50	0.1	50		0.35	50	3	5	10	100				ESD>200V (C=200pF)	757A
HVD131	ルネサス	65	60		100*		150		1	10	0.1	60		0.8	1		1.6	10	100					738B
HVD132	ルネサス	65	60		100*		150		1	10	0.1	60		0.5	1		2	10	100					738B
HVD133	ルネサス		30				150		0.85	2	0.1	25		1	1	0.55	0.7	2	100					738B
HVD133A	ルネサス		30				150		0.85	2	0.1	25		1.0	1	0.55	0.7	2	100				C<0.9pF (VR=6V)	738B
HVD135	ルネサス	65	60		100*		150		0.9	2	0.1	60		0.6	1		2	2	100					738B
HVD136	ルネサス	65	60		100*		150		0.9	2	0.1	60		0.45	1		2.5	2	100					738B
HVD138	ルネサス		30		100*		150		0.9	2	0.01	25		0.9	1		0.8	2	100					738B
HVD138A	ルネサス		30		100*		150		0.9	2	0.01	25		0.85	1		1.1	2	100					738B
HVD139	ルネサス		30		100*		150		0.9	2	0.1	25		0.5	1		2	2	100					738B
HVD140	ルネサス		30				150		0.9	2				0.35	1		3.3	2	100					738B
HVD141	ルネサス		30		100*		150		1	10	0.1	30		0.82	1		0.8	10	100					738B
HVD142	ルネサス		30		100*		150		1	10	0.1	30		0.35	1		1.5	10	100				ESD>100V (C=200pF)	738B
HVD142A	ルネサス		30		100*		150		1	10	0.1	30		0.35	1		1.3	2	100				ESD>100V (C=200pF)	738B
HVD144	ルネサス		30		100*		150		0.9	2	0.1	30		0.35	1		2	2	100				ESD>100V (C=200pF)	738B
HVD144A	ルネサス		30		100*		150		0.9	2	0.1	30		0.43	1		1.8	2	100				ESD>100V (C=200pF)	738B
HVD145	ルネサス		60		50*		150		0.9	2	0.1	60		0.45	1		1.8	10	100				ESD>100V (C=200pF)	738B

形 名	社 名	V_{RRM} (V)	V_R (V)	I_{FM} (mA)	I_0, I_F* (mA)	I_{FSM} (A)	P (mW)	T条件 (℃)	V_{Fmax} (V)	条件 I_F (mA)	I_{Rmax} (μA)	条件 V_F (V)	C_t (pF) typ	C_t (pF) max	V_R (V)	r_{ds} (Ω) typ	r_{ds} (Ω) max	I_F (mA)	f (MHz)	r_{dp} (kΩ) min	r_{dp} (kΩ) typ	I_F (μA)	その他の特性等	外形
HVD147	ルネサス		30		100*		150		1	10	0.1	30		0.31	1		1.5	10	100					738B
HVD148	ルネサス		30		100*		150		1	10	0.1	30		0.37	1		2.5	10	100					738B
HVD191	ルネサス		30		100*		150		1	10	0.1	30		0.37	1		2.5	10	100					738B
HVL133A	ルネサス		30				100		0.85	2	0.1	25		1.0	1	0.55	0.7	2	100				C<0.9pF (VR=6V)	736A
HVL138A	ルネサス		30		100*		100		0.9	2	0.01	25		0.85	1		1.1	2	100					736A
HVL142	ルネサス		30		100*		100		1	10	0.1	30		0.35	1		1.5	10	100				ESD>100V (C=200pF)	736A
HVL142A	ルネサス		30		100*		100		1	10	0.1	30		0.35	1		1.3	10	100				ESD>100V (C=200pF)	736A
HVL142AM	ルネサス		30		100*		100		1	10	0.1	30		0.35	1		1.3	10	100					736B
HVL144A	ルネサス		30		100*		100		0.9	2	0.1	30		0.43	1		1.8	2	100				ESD>100V (C=200pF)	736A
HVL144AM	ルネサス		30		100*		100		0.9	2	0.1	30		0.43	1		1.8	2	100					736B
HVL145	ルネサス		60		50*		100		0.9	2	0.1	60		0.45	1		1.8	10	100				ESD>100V (C=200pF)	736A
HVL147	ルネサス		30		100*		100		1	10	0.1	30		0.31	1		1.5	10	100					736A
HVL147M	ルネサス		30		100*		100		1	10	0.1	30		0.31	1		1.5	10	100					736B
HVL148	ルネサス		30		100*		100		1	10	0.1	30		0.37	1		2.5	10	100					736A
HVL192	ルネサス		30		50*		100		1	10	0.1	30		0.3	1		3.2	10	100					736A
HVM121WK	ルネサス		100		50*		100		1.1	50	0.1	30		0.7	50		10	10	100	1	10		2素子(カソード コモン)	610D
* HVM13	ルネサス		60		50		100		1	10	0.1	60		2.4	0		5	10	100					610A
* HVM131S	ルネサス	65	60		100*		150		1	10	0.1	60		0.8	1		1	10	100				2素子直列	610F
* HVM131SR	ルネサス	65	60		100*		150		1	10	0.1	60		0.8	1		1	10	100				2素子直列	610G
* HVM132	ルネサス	65	60		100*		150		1	10	0.1	60		0.5	1		2	10	100					610A
HVM132WK	ルネサス	65	60		100*		150		1	10	0.1	60		0.5	1		2	10	100				2素子(カソード コモン)	610D
HVM14	ルネサス		50		50*		100		1	50	0.1	50	0.25		50		7	10	100				ESD>200V (C=200pF)	610A
HVM14S	ルネサス		50		50*		100		1	50	0.1	50	0.25		50		7	10	100				ESD>200V (C=200pF)	610F
HVM14SR	ルネサス		50		50*		100		1	50	0.1	50	0.25		50		7	10	100				ESD>200V (C=200pF)	610G
HVM187S	ルネサス		60		50*		100		1	10	0.1	60		2.4	0		5.5	10	100				2素子直列	610F
HVM187WK	ルネサス		60		50*		100		1	10	0.1	60		2.4	0		5.5	10	100				2素子(カソード コモン)	610D
HVM189S	ルネサス		60		50*		100		1	10	0.1	60		1.8	0		5.5	10	100				ESD>200V (C=200pF)	610F
HVR187	ルネサス		60		50*		100		1	10	0.1	60		2.4	0		5.5	10	100					421E
HVU131	ルネサス	65	60		100*		150		1	10	0.1	60		0.8	1		1	10	100					420C
HVU132	ルネサス	65	60		100*		150		1	10	0.1	60		0.5	1		2	10	100					420C
HVU133	ルネサス		15				150		0.85	2	0.1	10		1	1	0.55	0.7	2	100					420C
HVU134	ルネサス		60		100*		150		1	10				0.4	1		2	10	100					420C
HVU145	ルネサス		60		50*		150		0.9	2	0.1	60		0.45	1		1.8	10	100				ESD>100V (C=200pF)	420C
HVU187	ルネサス		60		50*		100		1	10	0.1	60		2.4	0		5.5	10	100				ESD>200V (C=200pF)	420C
JDP2S01E	東芝		30		50*				0.95	50	0.1	30	0.65	0.8	1	0.65	1	10	100					757A
JDP2S01S	東芝		30		50*				0.92	50	0.1	30	0.65	0.8	1	0.65	1	10	100					738C
JDP2S01T	東芝		30		50*				0.95	50	0.1	30	0.65	0.8	1	0.65	1	10	100					757G
JDP2S01U	東芝		30		50*				0.95	50	0.1	30	0.7	0.9	1	0.65	1	10	100					420D
JDP2S02ACT	東芝		30		50*				0.94	50	0.1	30	0.3	0.4	1		1.5	10	100					96
JDP2S02AFS	東芝		30		50*				0.94	50	0.1	30	0.3	0.4	1		1.5	10	100					736C
JDP2S02S	東芝		30		50*				0.94	50	0.1	30	0.3	0.5	1		1.5	10	100					738C
JDP2S02T	東芝		30		50*				0.95	50	0.1	30	0.3	0.5	1	1	1.5	10	100					757G

形　名	社　名	V_{RRM} (V)	V_R (V)	I_{FM} (mA)	I_O, I_F* (mA)	I_{FSM} (A)	最大定格 P (mW)	T条件 (℃)	V_{Fmax} (V)	順方向特性 条件 I_F(mA)	I_{Rmax} (μA)	逆方向特性 条件 V_F(V)	C_t(pF) typ	max	V_R (V)	$r_{ds}(\Omega)$ typ	max	I_F (mA)	f (MHz)	r_{dp} (kΩ) min	typ	I_F (μA)	その他の特性等	外形
JDP2S04E	東芝		50		50*				1	50	0.1	50	0.25	0.4	50	3		10	100					757A
JDP2S05CT	東芝		20		50*		150		0.94	50	0.1	20	0.32	0.42	1	1.5	2.2	10	100				Pはｶﾞﾗｴﾎﾟ基板	96
JDP2S05FS	東芝		20		50*		150		0.94	50	0.1	20	0.32	0.42	1	1.5	2.2	10	100				Pはｶﾞﾗｴﾎﾟ基板	736C
JDP2S08SC	東芝		30		50*				0.95	50	0.1	30	0.21	0.4	1	1	1.5	10	100					95
JDP2S12CR	東芝		180		1A*				1	50	10	50	1	1.3	40	0.4	0.7	10	100					750A
JDP3C02AU	東芝		30		50*				0.98	50	0.1	30	0.28	0.48	1	1	1.5	10	100				2素子(ｶｿｰﾄﾞｺﾓﾝ)	205D
JDP3C13U	東芝		30		50*				1	50	0.1	30	0.24	0.44	1	2.1	2.8	10	100				2素子(ｶｿｰﾄﾞｺﾓﾝ)	205D
JDP4P02AT	東芝		30		50*				0.94	50	0.1	30	0.3	0.4	1	1	1.5	10	100					196
JDP4P02U	東芝		30		50*				1	50	0.1	30	0.3	0.5	1		1	10	100				2素子複合	80B
KP2215S	旭化成		40		50*		100		1.4	50	0.1	40	0.3	1	30	14	25	10	100				2素子直列	610F
KP2310R	旭化成		40		40*		100		0.85	10	0.1	10	0.6		1	20	3.5	7	10	100			2素子直列	205D
KP2310S	旭化成		40		40*		100		0.85	10	0.1	20	0.6		1	20	3.5	7	10	100			2素子直列	610F
KP2311E	旭化成		40		40*		100		0.85	10	0.1	10	0.6		1	20	3.5	7	10	100				452C
L105AA	ﾗｲﾃｯｸ	30	30	150			200		1	30	0.5	28	0.36	0.5	0	10	20	10	50	1	3	10		79G
L204BB	ﾗｲﾃｯｸ	30	28				200		1	100	0.5	28	0.7	1.2	15	5.5	10	10	50	1	2	10	$\tau=2.1\mu s$	24B
L209NE	ﾗｲﾃｯｸ	90					1W		1	50	10	50	0.4	0.6	40	1.2	1.5	50	100	8	11	VR=0		271
L301DB	ﾗｲﾃｯｸ	80			2		350		1	100	0.15	60	2.0	3.0	0	0.8	1.2	20	470				Q>20 (0V 50MHz)	24B
L303EC	ﾗｲﾃｯｸ	180			2		500		1	200	0.15	140	3.0	4.0	0	0.6	1	20	470					24H
L303EE	ﾗｲﾃｯｸ	180					500		1	200	10	180		1.0	40	0.4	0.6	50	100	3	5	VR=0		271
L308CC	ﾗｲﾃｯｸ	180	180		2		500		1	100	0.5	45	1.3	1.8	0	0.65	0.8	50	470	1	6	VR=0		24H
L402FD	ﾗｲﾃｯｸ	270			2		1W		1	500	0.15	200	2.0	3.0	12	0.5	0.7	50	470					25B
L402FE	ﾗｲﾃｯｸ	270					1W		1	500	10	270		2.0	40	0.3	0.5	50	100	1	3	VR=0		271
L407CD	ﾗｲﾃｯｸ	180	180		2		1W		1	100	0.5	45	1.6	2.0	0	0.65	0.8	50	470	1	6	VR=0		25B
L709CE	ﾗｲﾃｯｸ	180					1W		1	50	10	50		1.2	40	0.5	0.75	50	100	1	3	VR=0		271
L7101N	ﾗｲﾃｯｸ	90					1W		1	50	10	50	0.4	0.6	40	1.2	1.5	50	100	8	11	VR=0		271
L8102F	ﾗｲﾃｯｸ	180					500		1	80	10	50	0.35		40	0.8	1.2	50	100	8		VR=0	Ct<0.4pF(20V)	271
MA26P01	ﾊﾟﾅｿﾆｯｸ		60		100*				1	10	0.1	60	0.8		1	1	1	10	100					58B
MA26P02	ﾊﾟﾅｿﾆｯｸ		60		100*				1	10	0.1	60	0.5		1		2	10	100					58B
MA26P07	ﾊﾟﾅｿﾆｯｸ		60		100*				1	10	0.1	60	0.35		1		1.5	10	100					58B
MA27P01	ﾊﾟﾅｿﾆｯｸ		60		100*		150		1	10	0.1	60	0.8		1	1	1	10	100					738A
MA27P02	ﾊﾟﾅｿﾆｯｸ		60		100*		150		1	10	0.1	60	0.5		1		2	10	100					738A
MA27P06	ﾊﾟﾅｿﾆｯｸ		60		100*		150		1	10	0.1	60	0.45	0.6	1	0.8	1.2	10	100					738A
MA27P07	ﾊﾟﾅｿﾆｯｸ		60		100*		150		1	10	0.1	60	0.35		1		1.5	10	100					738A
MA27P11	ﾊﾟﾅｿﾆｯｸ		60		50*				1	10	0.1	60	0.55	0.8	0	0.9	1.5	10	100					738A
MA2JP02	ﾊﾟﾅｿﾆｯｸ		60		100*		150		1	10	0.1	60	0.5		1		2	10	100					239
MA2SP01	ﾊﾟﾅｿﾆｯｸ		60		100*		150		1	10	0.1	60	0.8		1	1	1	10	100					757D
MA2SP02	ﾊﾟﾅｿﾆｯｸ		60		100*		150		1	10	0.1	60	0.5		1		2	10	100					757D
MA2SP05	ﾊﾟﾅｿﾆｯｸ		60		50*				1	10	0.1	60	2.4		0		5.5	10	100					757D
MA2SP06	ﾊﾟﾅｿﾆｯｸ		60		100*				1	10	0.1	60	0.45	0.6	1	0.8	1.2	10	100					757D
MA3JP02F	ﾊﾟﾅｿﾆｯｸ		60		100*		150		1	10	0.1	60	0.5		1		2	10	100				2素子直列	165F
* MA3X551	ﾊﾟﾅｿﾆｯｸ	45	40		100*		150		1.2	100	0.1	40	0.3	0.5	15	6	10	10	100	1	2	10		610A
* MA3X555	ﾊﾟﾅｿﾆｯｸ	45	40		100*		150		1.2	100	0.1	40	0.3	0.5	15	6	10	10	100	1	2	10	2素子直列	610G

— 261 —

形名	社名	V_{RRM} (V)	V_R (V)	I_{FM} (mA)	I_{O}, I_{F*} (mA)	I_{FSM} (A)	P (mW)	T条件 (°C)	V_{Fmax} (V)	I_F (mA)	I_{Rmax} (μA)	V_F (V)	C_t(pF) typ	max	V_R (V)	r_{ds}(Ω) typ	max	I_F (mA)	f (MHz)	r_{dp} (kΩ) min	typ	I_F (μA)	その他の特性等	外形
*MA3X557	パナソニック	45	40		100*		150		1.2	100	0.1	40	0.3	0.5	15	6	10	10	100	1	2	10	2素子直列	610F
*MA3X558	パナソニック	45	40		100*		150		1.2	100	0.1	40	0.3	0.5	15	6	10	10	100	1	2	10	2素子(カソードコモン)	610D
MA3Z551	パナソニック	45	40		100*		150		1.2	100	0.1	40	0.3	0.5	15	6	10	10	100	1	2	10		205A
MA551	パナソニック	45	40		100*		150		1.2	100	0.1	40	0.3	0.5	15	6	10	10	100	1	2	10	新形名MA3X551	610A
MA553	パナソニック	45	40		100*		150		1.2	50	0.1	40	0.3	0.5	15	6	10	10	100	1	2	10		40D
MA555	パナソニック	45	40		100*		150		1.2	100	0.1	40	0.3	0.5	15	6	10	10	100	1	2	10	新形名MA3X555	610G
MA556	パナソニック	45	40		100*		150		1.2	100	0.1	40	0.3	0.5	15	6	10	10	100	1	2	10	新形名MA6X556	270A
MA557	パナソニック	45	40		100*		150		1.2	100	0.1	40	0.3	0.5	15	6	10	10	100	1	2	10	新形名MA3X557	610F
MA558	パナソニック	45	40		100*		150		1.2	100	0.1	40	0.3	0.5	15	6	10	10	100	1	2	10	新形名MA3X558	610D
*MA6X556	パナソニック	45	40		100*		150		1.2	100	0.1	40	0.3	0.5	15	6	10	10	100	1	2	10	3素子複合	270A
*RKP200KN	ルネサス	30			100*		100		1	10	0.1	30	0.35		1	1.3		10	100				ESD>100V	222
RKP200KP	ルネサス	30			100*		100		1	10	0.1	30	0.35		1	1.3		10	100					140
RKP201KK	ルネサス	30			100*		150		0.9	2	0.1	30	0.35		1	2		2	100					738B
RKP201KL	ルネサス	30			100*		100		0.9	2	0.1	30	0.35		1	2		2	100					736A
*RKP201KM	ルネサス	30			100*		100		0.9	2	0.1	30	0.35		1	2		2	100				ESD>100V	736B
*RKP201KN	ルネサス	30			100*		100		0.9	2	0.1	30	0.35		1	2		2	100				ESD>100V	222
*RKP202KN	ルネサス	30			100*		100		0.9	2	0.1	30	0.43		1	1.8		2	100				ESD>100V	222
*RKP203KN	ルネサス	30			100*		100		1	10	0.1	30	0.31		1	2.5		10	100				ESD>100V	222
*RKP204KP	ルネサス	30			100*		100		1	10	0.1	30	0.35		1	1.1		10	100				ESD>100V	140
RKP300KJ	ルネサス	30			50*		100		1	10	0.1	30	0.25		1	3.7		10	100					757A
RKP300KL	ルネサス	30			50*		100		1	10	0.1	30	0.25		1	3.7		10	100					736A
RKP300WKQE	ルネサス	30			50*		200		1	10	0.1	30	0.25	20		3.7		10	100				2素子(カソードコモン)	205D
RKP301KJ	ルネサス	30			100*		150		1	10	0.1	30	0.3	20		2.5		10	100					757A
RKP301KK	ルネサス	30			100*		150		1	10	0.1	30	0.3	20		2.5		10	100					738B
RKP301KL	ルネサス	30			100*		100		1	10	0.1	30	0.3	20		2.5		10	100					736A
RKP301WKQE	ルネサス	30			100*		200		1	10	0.1	30	0.3	20		2.5		10	100				2素子(カソードコモン)	205D
RKP350KV	ルネサス	30					700		1.7	50	10	50	1.7		1	0.5	50	100		1.5			VR-0 Pはガラエポ基板	750F
RKP400KS	ルネサス	30			100*		100				0.1	30	0.35		1								6素子複合	252
RKP401KS	ルネサス	30			100*		100		1	10	0.1	30											5素子複合	252
RKP402KS	ルネサス	30			100*		100				0.1	30	0.35		1	1.3		10	100				5素子複合	252
RKP403KS	ルネサス	30			100*		100				0.1	30	0.35		1								6素子複合	252
RKP404KS	ルネサス	30			100*		100				0.1	30	0.35		1								6素子複合	252
RKP405KS	ルネサス	30			100*		100		1	10	0.1	30	0.35		1	1.3		10	100				4素子複合	252
RKP406KS	ルネサス	30			100*		100				0.1	30	0.35		1								6素子複合	252
RKP407KS	ルネサス	30			100*		100				0.1	30	0.35		1								6素子複合	252
RKP408KS	ルネサス	30			100*		100		1	10	0.1	30	0.31		1	1.5		10	100				4素子複合	252
RKP409KS	ルネサス	30			100*		100				0.1	30											4素子複合	252
RKP410KS	ルネサス	30			100*		100				0.1	30	0.35		1								6素子複合	252
RKP411KS	ルネサス	30			100*		100		1	10	0.1	30	0.35		1	1.3		10	100				4素子複合	252
RKP412KS	ルネサス	30			100*		100				0.1	30	0.35		1	1.3		10	100				4素子複合	252
RKP413KS	ルネサス	30			100*		100		1	10	0.1	30	0.31		1	1.5		10	100				6素子複合	252
RKP414KS	ルネサス	30			100*		100		1	10	0.1	30	0.35		1								6素子複合	252

形 名	社 名	最大定格 V_{RRM} (V)	V_R (V)	I_{FM} (mA)	I_0, I_F* (mA)	I_{FSM} (A)	P (mW)	T条件 (℃)	順方向特性 $V_F$max (V)	条件 I_F(mA)	逆方向特性 $I_R$max (μA)	条件 V_F(V)	C_t(pF) typ	max	V_R (V)	$r_{ds}(\Omega)$ typ	max	I_F (mA)	f (MHz)	r_{dp} (kΩ) min	typ	I_F (μA)	その他の特性等	外形
RKP415KS	ルネサス	30			100*		100		1	10	0.1	30	0.35		1		1.3	10	100				4素子複合	252
RKP436KER	ルネサス	30			100*		100		1	10	0.1	30	0.35		1								6素子複合	223
RKP450KE	ルネサス	30			100*		200		1	10	0.1	30	0.35		1		1.3	10	100				4素子複合	224
RKP451KE	ルネサス	30			100*		200		1	10	0.1	30	0.35		1		1.3	10	100				4素子複合	224
RKP452KE	ルネサス	30			100*		200		1	10	0.1	30	0.35		1		1.3	10	100				4素子複合	224
RKP453KE	ルネサス	30			100*		200		1	10	0.1	30	0.35		1		1.3	10	100				4素子複合	224
RKP454KE	ルネサス	30			100*		200		1	10	0.1	30	0.35		1		1.3	10	100				4素子複合	224
RN141G	ローム	50			100*				1	10	0.1	50	0.8		1		2	3	100					738F
RN141S	ローム	50			100*				1	10	0.1	50	0.8		1		2	3	100					757E
RN142G	ローム	60			100*				1	10	0.1	60	0.45		1		3	3	100				rds<2Ω	738F
RN142S	ローム	60			100*		150		1	10	0.1	60	0.45		1		3	3	100				rds<2Ω	757E
RN142V	ローム	60			100*				1	10	0.1	60	0.45		1		3	3	100					756B
RN142ZS	ローム	60			50*				1	10	0.1	60	0.45		1		2.5	3	100				rds<1.5Ω	440
RN152G	ローム	30			100*				1	10	0.1	30	0.45		1		4.8	1	100				rds<1.8Ω	738F
RN242CS	ローム	30			100*				1	10	0.1	30	0.35		1		3	3	100				rds<1.5Ω	736E
RN262CS	ローム	30			100*		100		1	10	0.1	30	0.4		1		2.8	3	100				rds<1.5Ω	736E
RN262G	ローム	30			100*		100		1	10	0.1	30	0.4		1		2.8	3	100				rds<1.5Ω	738F
RN731V	ローム	50			50*		100		1	50	0.1	50	0.4		35		7	10	100					756B
RN739D	ローム	50			50*		100		1	50	0.1	50	0.4		35		7	10	100				2素子直列	610F
RN739F	ローム	50			50*		100		1	50	0.1	50	0.4		35		7	10	100				2素子直列	205F
RN741V	ローム	50			50*				1	10	0.1	50	0.4		35		10	10	100					756B
RN771V	ローム	50			50*				1	10	0.1	50	0.9		35		7	10	100					756B
RN779D	ローム	50			50*				1	10	0.1	50	0.9		35		7	10	100				2素子直列	610F
RN779F	ローム	50			50*				1	10	0.1	50	0.9		35		7	10	100				2素子直列	205F
S3005	東芝	800					12.5W	1.2	100				1.4		100		2	100	500				Sバンドスイッチ用	441
S3023	東芝	180					3W	1.1	100	10	180		0.45		50		1.2	100	500				Xバンドスイッチ用	50C
S3066	東芝						600	1.1	100	10	180		0.4		50	0.8	1.6	100	500				τ=100ns	598A
XB15A105	トレックス	30	30	150			200		1	30	0.5	28	0.36	0.5	0		10	20	10	50	1	3	10		78A
XB15A204	トレックス	30	28				200		1	100	0.5	28	0.7	1.2	15	5.5	10	10	50	1	2	10	τ=2.1μs	24B
XB15A301	トレックス	80		2A			350		1	100	0.15	60	2	3	0	0.8	1.2	20	470				Q>20(0V 50MHz)	24B
XB15A303	トレックス	180		2A			500		1	200	0.15	140	3	4	0	0.6	1	20	470				fc>900MHz	24H
XB15A308	トレックス	50	50	2A			500		1	100	0.5	45	1.3	1.8	0	0.65	0.8	50	470	1	6		VR=0	24H
XB15A402	トレックス	270		2A			1W		1	500	0.15	200	2	3	12	0.5	0.7	50	470				fc>1GHz	25D
XB15A407	トレックス	50	50	2A			1W		1	100	0.5	45	1.6	2	0	0.65	0.8	50	470	1	6		VR=0	25D
XB15A709	トレックス		50				1W		1	50	10	50	1.2		40	0.5	0.75	50	100	1	3		VR=0	192

ステップ・リカバリ・ダイオード

形 名	社 名	最大定格 V_{RRM} (V)	V_R (V)	I_{FM} (mA)	I_O, I_F* (mA)	I_{FSM} (A)	P (mW)	T条件 (°C)	順方向特性 $V_F$max (V)	条件 I_F(mA)	逆方向特性 $I_R$max (μA)	条件 V_R(V)	C_t, C_j* (pF) min	typ	max	条件 V_R(V)	tt(ns) typ	max	条件 I_F(mA)	T_S (ns) min	条件 I_F(μA)	その他の特性等	外形
1SV25	東芝		30				3W	25C	1.2	100	0.075	10	0.5		1.3	10	0.15		20	15	10		50D
S3015A	東芝		30				3W	25C	1.2	100	10	30	0.5		1	10	0.14		20	15	10		50C
S3015B	東芝		30				3W	25C	1.2	100	10	30	0.5		1	10	0.14		20	15	10		442
S3046	東芝		60				7.5W	25C			10	60	1		3	10	0.15		20	30	10		441
S3053	東芝		30		200*				1	100	0.05	25	1.2			0	0.15		10	15	10		24B

⑪ 可変容量ダイオード（バリキャップ・ダイオード）

	形名	社名	用途	最大定格 P (mW)	V_RM (V)	V_R (V)	端子間容量 Ct, Cj* (pF) min	typ	max	条件 V_R (V)	容量比 Ct(V1)/Ct(V2) min	typ	max	測定条件 V1 (V)	V2 (V)	Qmin	rdmax (Ω)	測定条件 V_R (V)	f (MHz)	逆方向特性 I_Rmax (μA)	条件 V_R (V)	その他の特性等	外形
*	1S553T-HP	三洋	AFC		30	20	10	14	18	6								10	20	1	30	Q=200typ	20A
*	1S1650	東芝	Mul	400	40	35	60 21	80 28	100 35	2.5 31						100		2.5	20	0.5	2.5		24B
*	1S1651	東芝	Mul	400	40	35	60 21	80 28	100 35	2.5 31						40		2.5	20	0.5	2.5		24B
*	1S2094	東芝	AFC		20	18	7	9	11	4						150		4	50	0.1	4		24B
	1S2236	東芝	AFC			15	7 2	10	14 2.5	4 25						70		4	50	0.1	4		24B
*	1S2790	ルネサス	AFC			20	14		26	10						50		4	50	0.5	25		24C
*	1SV55	ルネサス	Tun	280		32	37		42	3	2.5		2.8	3	30	100		3	100	0.05	30		730A
*	1SV68	ルネサス	Tun	150		30	26 4.3		32 6	3 25	5		6.5	3	25		0.9	3	50	0.01	28	ΔCt<3% (3〜25V)	24C
*	1SV69	ルネサス	Tun	150		30	17.5 10.4 2		13 2.5	1 3 25	4.5 1.12		6	3 18	25 25		1	3	50	0.01	28	ΔC<4% (3〜25V)	24C
*	1SV70	ルネサス	Tun	150		30	17.5 11 2		12.65 2.3	1 3 25	5 1.12		6	3 18	25 25		0.82	3	50	0.01	28	ΔC<3% (3〜25V)	24C
*	1SV89	ルネサス	AFC		34	32	10.5 3.3		16 5.7	2 10	2.5		3.4	2	10		1.3 Ct (pF) 9		50	0.01	30		24C
*	1SV97	ルネサス	Tun	150	30	28	34 19.5 2.4		25.6 3	1 3 25	8		10				1.2	3	100	0.01	28	ΔC<3% (3〜25V) Q=120 (100MHz)	24C
*	1SV100	東芝	Tun	15		15	450	500	600	1	17				1	9	200	1	1	0.05	15		81
	1SV101	東芝	Tun			15	28 12		32 14	3 9	2		2.7	3	9		0.5 Ct (pF) 30		50		15	ΔC<3% (3〜9V)	81
	1SV102	東芝	Tun			30	360 15		460 21	2 25	20	23		2	25	200	2	1	0.05	30		ΔC<3% (2〜25V)	81
	1SV103	東芝	Tun			32	37 13.2		42 16.2	3 30	2.6		2.9	3	30		0.6 Ct (pF) 20		50	0.05	30	2素子センタータップ (カソードコモン)	368A
*	1SV110	ルネサス	Tun	150		30	17.5 10.4 2		13 2.5	1 3 25	4.5 1.12		6	3 18	25 25		1	3	50	0.01	28	ΔCt<4% (3〜25V)	79F
*	1SV111	ルネサス	Tun	150		30	17.5 11 2		12.65 2.3	1 3 25	5 1.12		6	3 18	25 25		0.82	3	50	0.01	28	ΔC<3% (3〜25V)	79F
*	1SV113	ルネサス	Tun		30	28	34 19.5 2.4		25.6 3	1 3 25	8		10	3	25		1.2 Ct (pF) 12		50	0.01	28	ΔC<3% (3〜25V) Q=120 (100MHz)	79F
*	1SV114	ルネサス	AFC		15	15	6.8	8	9	6	1.8			3	10		1.2	3	50	0.5	15		6
*	1SV123	東芝	Tun		35	30	12.04	12.48	13.63	3	4.95	5.3	6.05	3	4.5		0.6	3	470	0.01	28		603

- 265 -

形名	社名	用途	最大定格 P (mW)	最大定格 V_{RM} (V)	最大定格 V_R (V)	端子間容量 C_t, C_j* (pF) min	typ	max	条件 V_R (V)	容量比 $C_t(V_1)/C_t(V_2)$ min	typ	max	測定条件 V_1 (V)	V_2 (V)	Q_{min} (Ω)	$r_d$max 測定条件 V_R (V)	f (MHz)	逆方向特性 $I_R$max (μA)	条件 V_R (V)	その他の特性等	外形
*1SV124	ルネサス	Tun			32	32.5 2.5	26	3.2	1 3 28	12				28	1	8	50	0.01	30	ΔC<3% (1〜28V) 容量比で2ランク	79F
*1SV125	ルネサス	AFC			30	6.8	7.9	9	6	1.8			3	10				0.01	30		79F
*1SV136	ルネサス	Tun	100		30	11 2.1	20	13.4 2.4	1 3 25	5 1.12		6	3 18	25 25	0.6	3	50			ΔC<2%	79H
*1SV145	ルネサス	Tun		34	32	10.5 3.3		16 5.7	2 10	2.5		3.4	2	10	1.3	3	50	0.01	30		79F
*1SV146	ルネサス	Tun		34	32	10.5 3.3		16 5.7	2 10	2.5		3.4	2	10	1.3	3	50	0.01	30		79H
1SV147	東芝	Tun			15	28.5 11.7		32.5 13.7	3 8	2.1		2.6	3	8	0.5	C_t (pF) 30	50	0.05	15	2素子センタータップ (カソードコモン)	368A
1SV149	東芝	Tun			15	435 19.9		540 30	1 8	15	19.5		1	8	200	1	1	0.05	15	ΔC<2.5% (1〜8V)	81
1SV153	東芝	Tun			30	14.16 2.11		16.25 2.43	2 25	5.9	6.5	7.15	2	25	0.6	C_t (pF) 9	470	0.01	28		502
1SV153A	東芝	Tun			30	14.16 2.11		16.25 2.43	2 25	5.9	6.5	7.15	2	25	0.55	5	470	0.01	28	ΔC<2.5% (2〜25V)	502
*1SV158	東芝	Tun		35	30	26 2.4		34 3.2	2 25	9			2	25	1.2	C_t (pF) 9	470	0.01	28		502
1SV160	東芝	AFC		15	15	7		14	4	1.2		1.5	2	4	1.2	4	50	0.1	4		6101
1SV161	東芝	Tun		35	30	26 2.5		32 3.2	2 25	9.5	10.5		2	25	0.8	5	470	0.01	28	ΔC<2.5% (2〜25V)	502
1SV186	東芝	Tun		35	30	3.31 0.66		4.55 0.82	2 25	4.5	5.2	6	2	25	2	1	470	0.01	28	ΔC<6% (2〜25V)	502
*1SV200	ルネサス	Tun			30	26.5 2.55		31.4 3.16	2 25	9.5			2	25	0.7	8	50	5nA	30	ΔC<2.5% (2〜25V)	421E
*1SV202	ルネサス	Tun			30	14.01 2.1		16.33 2.39	2 25	5.9		7.15	2	25	0.6	3	50	0.01	30	ΔC<2.0% (2〜25V)	421E
1SV204	東芝	Tun		35	30	10.5 3.3		16 5.7	2 10	2.5		3.4	2	10	1.2	5	470	0.01	28		502
1SV211	東芝	Tun			30	33 2.6	36 2.88	39 3.2	2 25	11.5	12.5		2	25	1	5	470	0.01	28	ΔC<2.5% (2〜25V)	502
1SV212	東芝	Tun		18	15	14 5.5	15 6	16 6.5	2 10	2	2.5		2	10	0.4	5	470	0.003	15		502
1SV214	東芝	Tun		35	30	14.16 2.11		16.25 2.43	2 25	5.9	6.5	7.15	2	25	0.55	5	470	0.01	28	ΔC<2.5% (2〜25V)	420D
1SV215	東芝	Tun		35	30	26 2.5		32 3.2	2 25	9.5	10.5		2	25	0.55	5	470	0.01	28	ΔC<2.5% (2〜25V)	420D
1SV216	東芝	Tun		35	30	10.5 3.3		16 5.7	2 10	2.5		3.4	2	10	1.2	5	470	0.01	28	ΔC<2.5% (2〜25V)	420D

形名	社名	用途	最大定格 P (mW)	VRM (V)	VR (V)	端子間容量 Ct, Cj*(pF) min	typ	max	条件 VR(V)	容量比 Ct(V1)/Ct(V2) min	typ	max	測定条件 V1(V)	V2(V)	Qmin	rdmax (Ω)	測定条件 VR(V)	f(MHz)	逆方向特性 IRmax (μA)	条件 VR(V)	その他の特性等	外形
1SV217	東芝	Tun		35	30	33 2.6	36 2.88	39 3.2	2 25	11.5	12.5		2	25	1		5	470	0.01	28	ΔC<2.5%(2〜25V)	420D
1SV224	東芝	Tun		35	30	13.9 1.7	15 1.9	16.1 2.1	2 20	7.1	8		2	20	0.9		5	470	0.01	28		502
1SV225	東芝	Tun		34	32	18.5 6.6	19.7 7.2	21 7.7	3 30	2.6		2.9	3	30	0.5		3	100	0.05	30	2素子(カソードコモン) C,rdは1-2ピン間	610D
*1SV226	東芝	Tun		35	30	41 2.7		49.5 3.4	2 25	14	15		2	25	1.25		5	470	0.01	28		502
1SV227	東芝	Tun		35	30	28 2.75	30.3 2.9	32 3.1	2 25	10	10.5		2	25	0.7		5	470	0.01	28	ΔC<2%(2〜25V)	502
1SV228	東芝	Tun			15	28.5 11.7	30.5 12.7	32.5 13.7	3 8	2.1		2.6	3	8	0.5		3	100	0.01	15	2素子(カソードコモン) ΔC<3%(2〜8V)	610D
1SV229	東芝	VCO			15	14 5.5	15 6	16 6.5	2 10	2	2.5		2	10	0.4		5	470	3nA	15		420D
1SV230	東芝	Tun		35	30	13.9 1.7	15 1.9	16.1 2.1	2 20	7.1	8		2	20	0.9		5	470	10nA	28		420D
1SV231	東芝	Tun		35	30	41 2.7	45 3	49.5 3.4	2 25	14	15		2	25	1.25		5	470	10nA	28	ΔC<2.5%(2〜25V)	420D
1SV232	東芝	Tun		35	30	28 2.75	30.3 2.9	32 3.1	2 25	10	10.5		2	25	0.7		5	470	10nA	28	ΔC<2.5%(2〜25V)	420D
*1SV238	東芝	Tun			30	31 2.75		38 3.25	2 25	10.7			2	25			5	470	10nA	28		420D
1SV239	東芝	VCO			15	3.8 1.5	4.25 1.75	4.7 2	2 10	2	2.4		2	10	0.6		1	470	3nA	15		420D
1SV242	東芝	Tun		35	30	36 2.43	39 2.7	42 3	1 28	13.4	14.5		1	28	0.8		5	470	0.01	28	2素子(カソードコモン) ΔC<2.5%(1〜28V)	610D
1SV245	東芝	Tun		35	30	3.31 0.61		4.55 0.77	2 25	5	5.7	6.5	2	25	2		1	470	0.01	28	ΔC<6%(2〜25V)	420D
1SV254	東芝	Tun		35	30	14.16 2.11	15 2.27	16.25 2.43	2 25	5.9	6.5	7.15	2	25	0.55		5	470	0.01	28	ΔC<2.5%(2〜25V)	452B
1SV255	東芝	Tun		35	30	26 2.5	29 2.35	32 3.2	2 25	9.5	10.2		2	25	0.8		5	470	0.01	28	ΔC<2.5%(2〜25V)	452B
1SV256	東芝	AFC		35	30	10.5 3.3	12 4.5	16 5.7	2 10	2.5	3.1	3.4	2	10			5	470	0.01	28		452B
1SV257	東芝	VCO			15	14 5.5	15 6	16 6.5	2 10	2	2.5		2	10	0.4		5	470	6nA	15		452B
1SV258	東芝	Tun		35	30	13.9 1.7		16.1 2.1	2 20	7.3		8.9	2	20	0.9		5	470	0.01	28		452B
1SV259	東芝	Tun		35	30	28 2.75	30.3 2.9	32 3.1	2 25	10	10.5		2	25	0.7		5	470	0.01	28	ΔC<2%(2〜25V)	452B
1SV260	東芝	VCO			15	3.8 1.5	4.25 1.75	4.7 2	2 10	2	2.4		2	10	0.6		1	470	3nA	15		452B

形 名	社 名	用途	最大定格 P (mW)	V_RM (V)	V_R (V)	端子間容量 Ct, Cj*(pF) min	typ	max	条件 VR(V)	容量比 Ct(V1)/Ct(V2) min	typ	max	測定条件 V1(V)	V2(V)	Qmin	rd max (Ω)	測定条件 VR(V)	f(MHz)	逆方向特性 IR max (μA)	条件 VR(V)	その他の特性等	外形
1SV261	東芝	Tun	35	30		3.31 0.61		4.55 0.77	2 25	5	5.7	6.5	2	25	2		1	470	0.01	28	ΔC<6%(2~25V)	452B
1SV262	東芝	Tun	36	34		33 2.6	35.5 2.85	38 3	2 25	12 1.03	12.5		2 25	25 28	0.8		5	470	0.01	32	ΔC<2%(2~25V)	420D
1SV269	東芝	Tun	36	34		29 2.5	31.5 2.75	34 2.9	2 25	11 1.03	11.5 1.05		2 25	25 28	0.7		5	470	0.01	32	ΔC<2%(2~25V)	420D
1SV270	東芝	VCO			10	15 7.3	16 8	17 8.7	1 4	1.8	2		1	4	0.5		1	470	3nA	10		420D
1SV273	東芝	VCO			10	15 7.3	16 8	17 8.7	1 4	1.8	2		1	4	0.5		1	470	3nA	10		452B
1SV274	東芝	Tun	36	34		33 2.6	35.5 2.85	38 3	2 25	12 1.03	12.5		2 25	25 28	0.8		5	470	0.01	32	ΔC<2%(2~25V)	452B
1SV275	東芝	Tun	36	34		29 2.5	31.5 2.75	34 2.9	2 25	11 1.03	11.5 1.05		2 25	25 28	0.7		5	470	0.01	32	ΔC<2%(2~25V)	452B
1SV276	東芝	VCO			10	15 7	16 8	17 8.5	1 4	1.8	2		1	4	0.4		1	470	0.003	10		420D
1SV277	東芝	VCO			10	4 1.85	4.5 2	4.9 2.35	1 4	2	2.3		1	4	0.55		1	470	0.003	10		420D
1SV278	東芝	Tun	35	30		14.16 2.11		16.25 2.43	2 25	5.9	6.5	7.15	2	25	0.55		5	470	0.01	28	ΔC<2.5%(2~25V)	757A
1SV278B	東芝	Tun	35	30		14.16 2.01		16.25 2.43	2 25	5.9	6.5	7.28	2	25	0.58		5	470	10nA	30	ΔC<2%(2~25V)	757A
1SV279	東芝	VCO			15	14 5.5		16 6.5	2 10	2	2.5		2	10	0.4		5	470	0.003	15		757A
1SV280	東芝	VCO			15	3.8 1.5		4.7 2	2 10	2	2.4		2	10	0.6		5	470	0.003	15		757A
1SV281	東芝	VCO			10	15 7.3	16 8	17 8.7	1 4	1.8	2		1	4	0.5		1	470	0.003	10		757A
1SV282	東芝	Tun	36	34		33 2.6	35.5 2.85	38 3	2 25	12 1.03	12.5		2 25	25 28	0.8		5	470	0.01	32	ΔC<2%(2~25V)	757A
1SV283	東芝	Tun	36	34		29 2.5	31.5 2.75	34 2.9	2 25	11 1.03	11.5		2 25	25 28	0.7		5	470	0.01	32	ΔC<2%(2~25V)	757A
1SV283B	東芝	Tun	36	34		29 2.5	31.5 2.75	34 3.0	2 25	10.6 1.03	11.5		2 25	25 28	0.75		5	470	10nA	32	ΔC<2%(2~25V)	757A
1SV284	東芝	VCO			10	15 7	16 8	17 8.5	1 4	1.8	2		1	4	0.4		1	470	0.003	10		757A
1SV285	東芝	VCO			10	4 1.85	4.5 2	4.9 2.35	1 4	2	2.3		1	4	0.55		1	470	0.003	10		757A
1SV286	東芝	Tun	35	30		14.5 1.56		16.1 1.86	2 20	7.8	8.9		2	20	0.9		5	470	0.01	28		757A
1SV287	東芝	Tun	35	30		4.2 0.53		5.7 0.68	2 25	7.3	7.7		2	25	2.3		1	470	0.01	28	ΔC<6%(2~25V)	420D

形名	社名	用途	最大定格 P(mW)	V_{RM}(V)	V_R(V)	端子間容量 C_t, C_j*(pF) min	typ	max	条件 V_R(V)	容量比 $C_t(V_1)/C_t(V_2)$ min	typ	max	測定条件 V_1(V)	V_2(V)	Q_{min}	$r_d$max (Ω)	測定条件 V_R(V)	f(MHz)	逆方向特性 $I_R$max (μA)	条件 V_R(V)	その他の特性等	外形
1SV288	東芝	Tun		35	30	41 2.5	45 2.8	49.5 3.2	2 25	15	16		2	25		1.05	5	470	0.01	28	ΔC<2.5%(2〜25V)	420D
1SV290	東芝	Tun		35	30	41 2.5	45 2.8	49.5 3.2	2 25	15	16		2	25		1.05	5	470	0.01	28	ΔC<2.5%(2〜25V)	757A
1SV290B	東芝	Tun		35	30	41 2.5	45 2.8	49.5 3.2	2 25	14.8	16		2	25		1.05	5	470	10nA	28	ΔC<2%(2〜25V)	757A
1SV291	東芝	Tun		35	30	4.2 0.53		5.7 0.68	2 25	7.3	7.7		2	25		2.3	1	470			ΔC<6%(2〜25V)	757A
1SV293	東芝	Tun			10	18 10.1		20 11.6	1 4	1.55			1	4		0.4	1	470	3nA	10		420D
1SV302	東芝	Tun		35	30	42 2.1	47 2.6	51 3.1	2 25	17	17.5		2	25		1.25	5	470	0.01	28	ΔC<2.5%(2〜25V)	420D
1SV303	東芝	Tun		35	30	42 2.1	47 2.6	51 3.1	2 25	17	17.5		2	25		1.25	5	470	0.01	28	ΔC<2.5%(2〜25V)	757A
1SV304	東芝	VCO			10	17.3 5.3	18.3 6.1	19.3 6.6	1 4	2.8	3		1	4		0.32	1	470	3nA	10		420D
1SV305	東芝	VCO			10	17.3 5.3	18.3 6.1	19.3 6.6	1 4	2.8	3		1	4		0.32	1	470	3nA	10		757A
1SV306	東芝	VCO			15	14 5.5	15 6	16 6.5	2 10	2	2.5		2	10		0.4	5	470	3nA	15	2素子複合	80B
1SV309	東芝	Tun		35	30	3.31 0.61		4.55 0.77	2 25	5		6.5	2	25		2	1	470	0.01	28	ΔC<6%(2〜25V)	757A
1SV310	東芝	Tun			10	9.7 4.45		11.1 5.45	1 4	1.8	2.1		1	4		0.4	1	470	3nA	10		420D
1SV311	東芝	VCO			10	9.7 4.45		11.1 5.45	1 4	1.8	2.1		1	4		0.4	1	470	3nA	10		757A
1SV313	東芝	VCO			10	7.3 2.75		8.4 3.4	0.5 2.5	2.4	2.5		0.5	2.5		0.35	1	470	3nA	10		420D
1SV314	東芝	VCO			10	7.3 2.75		8.4 3.4	0.5 2.5	2.4	2.5		0.5	2.5		0.35	1	470	3nA	10		757A
1SV322	東芝	VCO			10	26.5 6		29.5 7.1	1 4	4	4.3		1	4		0.8	4	100	3nA	10		420D
1SV323	東芝	VCO			10	26.5 6		29.5 7.1	1 4	4	4.3		1	4		0.8	4	100	3nA	10		757A
1SV324	東芝	VCO			10	44 9.2		49.5 12	1 4	4	4.3		1	4		0.8	4	100	3nA	10		420D
1SV325	東芝	VCO			10	44 9.2		49.5 12	1 4	4	4.3		1	4		0.8	4	100	3nA	10		757A
1SV328	東芝	VCO			10	5.7 1.85		6.7 2.45	1 4	2.7	2.8		1	4		0.7	1	470	3nA	10		420D
1SV329	東芝	VCO			10	5.7 1.85		6.7 2.45	1 4	2.7	2.8		1	4		0.7	1	470	3nA	10		757A

形 名	社 名	用途	最大定格 P (mW)	最大定格 V_{RM} (V)	最大定格 V_R (V)	端子間容量 $Ct, Cj*$(pF) min	端子間容量 $Ct, Cj*$(pF) typ	端子間容量 $Ct, Cj*$(pF) max	条件 V_R(V)	容量比 $Ct(V1)/Ct(V2)$ min	容量比 $Ct(V1)/Ct(V2)$ typ	容量比 $Ct(V1)/Ct(V2)$ max	測定条件 $V1$(V)	測定条件 $V2$(V)	Qmin	$r_s$max (Ω)	測定条件 V_R(V)	測定条件 f(MHz)	逆方向特性 $I_R$max (μA)	条件 V_R(V)	その他の特性等	外形
1SV331	東芝	VCO			10	17 4.25	18 4.8	19 5.43	1 4	3.5	3.75		1	4		0.7	1	470	3nA	10		757A
EC2C01C	三洋	VCO			15	18.5 3.5		21.5 4.5	1 4		5		1	4		1.4	1	470	0.02	25		268
EC0203C	三洋	VCO			15	6.5 4		8.2 5.2	1 3		1.6		1	3		1.6	1	470	0.2	10		268
ESVD301	三洋	VCO	200		30	2.2	2.6		0	17	20		0	25	min				0.1	25		121
HN1V01H	東芝	Tun			16	435 140 50 19.9		540 250 90 26.7	1 3 5 8	16.2	19.5		1	8	200		1	1	0.02	16	4素子複合 △C<2.5%(1〜8V)	509A
HN1V02H	東芝	Tun			16	435 140 50 19.9		540 250 90 26.7	1 3 5 8	16.2	19.5		1	8	200		1	1	0.02	16	2素子複合 △C<2.5%(1〜8V)	509C
HN2V02H	東芝	Tun			16	435 140 50 19.9		540 250 90 26.7	1 3 5 8	16.2	19.5		1	8	200		1	1	0.02	16	3素子複合 △C<2.5%(1〜8V)	509B
HVB27WK	ルネサス	Tun			15	52 43 24		62 48 28	1 2 8	1.8 1.7			1 2	8 8		0.4	2	100	0.01	9	△C<3%(1〜8V) 2素子センタータップ (カソードコモン)	205D
HVB350BYP	ルネサス	VCO			15	15.5 5		17 6	1 4	2.8			1	4		0.5	1	470	0.01	15	2素子複合	717
HVB387BWK	ルネサス	VCO			15	4.5 1.85		5 2.8	1 3	1.8		2.6	1	3		1.2	1	470	0.01	15	2素子センタータップ (カソードコモン)	205D
HVC200A	ルネサス	Tun			32	27.7 2.67		31.8 3.03	2 25	10			2	25		0.7	5	470	0.01	30	△Ct<2%(2〜25V)	757A
HVC202A	ルネサス	Tun			34	14.11 2.06		16.47 2.35	2 25	6.2			2	25		0.57	5	470	0.01	32	△Ct<2%(2〜25V)	757A
HVC202B	ルネサス	Tun			35	14.15 2.06		15.75 2.35	2 25	6.3			2	25		0.57	5	470	0.01	30	△C<1.8%(2〜25V) (連続10個)	757A
HVC300A	ルネサス	Tun			32	39.5 2.6		47.4 3.03	2 25	14.5			2	25		1.1	5	470	0.01	30	△Ct<2%(2〜25V)	757A
HVC300B	ルネサス	Tun		35	34	47 2.65		53 3	2 25	17			2	25		1.1	5	470	0.01	32	△Ct<2%(2〜25V) (連続10個)	757A
HVC300C	ルネサス	Tun		35	34	39.5 2.6		47 3	2 25	14.5			2	25		1.1	5	470	10nA	32	△Ct<2%(2〜25V)	757A
HVC306A	ルネサス	Tun			32	29.3 2.57		34.2 2.92	2 25	11			2	25		0.75	5	470	0.01	30	△Ct<2%(2〜25V)	757A
HVC306B	ルネサス	Tun		35	34	29.5 2.6		33.5 2.9	2 25	11			2	25		0.75	5	470	0.01	32	△Ct<2%(2〜25V) (連続10個)	757A

形名	社名	用途	最大定格 P (mW)	最大定格 V_{RM} (V)	最大定格 V_R (V)	端子間容量 $Ct, Cj*$ (pF) min	端子間容量 typ	端子間容量 max	条件 V_R (V)	容量比 $Ct(V1)/Ct(V2)$ min	typ	max	測定条件 V1 (V)	測定条件 V2 (V)	Qmin	rdmax (Ω)	測定条件 V_R (V)	測定条件 f (MHz)	$I_R$max (μA)	条件 V_R (V)	その他の特性等	外形
HVC306C	ルネサス	Tun		35	34	29.5 2.57		34 2.9	2 25	11			2	25	0.75	5	470	0.01	32	ΔCt<2%(2〜25V)	757A
HVC307	ルネサス	Tun			32	32.2 2.57		37.5 3	2 25	12	1.25		2	25	0.85	5	470	10nA	30	ΔC<2%(2〜25V)	757A
HVC308A	ルネサス	AFC			35	13.7 1.65		15.9 2.06	2 20	7.12			2	20	0.95	5	470	0.01	30		757A
HVC316	ルネサス	Tun			30	5.16 0.48		7.22 0.76	1 25	9			1	25	2.2	5	470	0.01	30	ΔC<6%(1〜25V)	757A
HVC317B	ルネサス	Tun			35	9 0.6		11.5 0.8	1 25	13			1	25	1.6	5	470	0.01	30	ΔC<6%(1〜25V)	757A
HVC321B	ルネサス	Tun			15	29 2.55		33 2.9	Z1 10	10.5			1	10	1	5	470	0.01	15	ΔC<2%(1〜10V) (連続10個)	757A
HVC326C	ルネサス	Tun			15	13 2		16 2.3	1 10	6			1	10	0.6	5	470	10nA	10	ΔC<2%(1〜10V)	757A
HVC327C	ルネサス	Tun			15	30.5 2.6		33.5 2.9	1 10	11			1	10	0.8	5	470	0.01	10	ΔC<2.0% (連続10個)	757A
HVC328C	ルネサス	Tun			15	41 2.6		45 2.9	1 10	14.5			1	10	1.2	5	470	0.01	10	ΔC<2.0% (連続10個)	757A
HVC350B	ルネサス	VCO			15	15.5 5		17 6	1 4	2.8			1	4	0.5	1	470	0.01	15		757A
*HVC351	ルネサス	VCO			10	14 5		16 6.5	2 10	2			2	10	0.35	1	470	0.01	10		757A
HVC355B	ルネサス	VCO			15	6.4 2.55		7.2 2.95	1 4	2.2			1	4	0.6	1	470	0.01	15		757A
*HVC357	ルネサス	VCO			10	19.5 14.3		23.5 17.6	1 2	1.3			1	2	0.35	1	470	0.01	10		757A
HVC358B	ルネサス	VCO			15	19.5 8		21 9.3	1 4	2.2			1	4	0.4	1	470	0.01	15		757A
HVC359	ルネサス	VCO			15	24.8 6		29.8 8.3	1 4	3			1	4	1.5	4	100	0.01	10	ESD>80V (C=200pF)	757A
HVC362	ルネサス	VCO			15	41.6 10.1		49.9 14.8	1 4	3			1	4	2	4	100	0.01	10		757A
HVC363A	ルネサス	Tun		35	32	34.65 2.361		42.35 2.754	1 28	13.5	15		1	28	0.75	Ct(pF) 14	470	0.01	30	ΔC<2%(1〜28V)	757A
HVC363B	ルネサス	Tun		35	32	36 2.36		42 2.75	1 28	13.7			1	28	0.75	5	470	0.01	32	ΔC<2%(1〜28V) ESD>80V	757A
HVC365	ルネサス	VCO			15	27.05 6.05		28.55 7.55	1 4	3			1	4	1.5	4	100	0.01	10	ESD>80V (C=200pF)	757A
HVC366	ルネサス	VCO			15	6.3 4.35		6.8 4.95	1 2	1.39			1	2	0.6	1	470	0.01	15		757A

形名	社名	用途	最大定格 P (mW)	最大定格 V_{RM} (V)	最大定格 V_R (V)	端子間容量 C_t, C_j* (pF) min	typ	max	条件 V_R (V)	容量比 $C_t(V_1)/C_t(V_2)$ min	typ	max	測定条件 V_1 (V)	V_2 (V)	Q_{min} (Ω)	$r_d max$ 測定条件 V_R (V)	f (MHz)	逆方向特性 $I_R max$ (μA)	条件 V_R (V)	その他の特性等	外形
HVC368B	ルネサス	VCO			10	15 9		16.5 10.2 6	1 2 3	2.2			1	3	1.1	2	470	0.01	10		757A
HVC369B	ルネサス	VCO			15	4.65 1.85		5.15 2.15	1 4	2.3			1	4	0.5	1	470	0.01	15		757A
HVC372B	ルネサス	VCO			15	15 7		17 8.5	1 4	2			1	4	0.4	1	470	0.01	15		757A
HVC373B	ルネサス	VCO			10	10.5 5		11.5 5.6	1 3	1.8			1	3	0.5	3	470	0.01	10		757A
HVC374B	ルネサス	VCO			10	21.5 12.5		24 14.5	1 2	1.68		1.75	1	2	1.2	1	470	0.01	10		757A
HVC375B	ルネサス	VXO			10	15.5	4	17	1 4	4			1	4	0.6	1	470	0.01	10		757A
HVC376B	ルネサス	VCO			15	25 4.8		28.5 6.8	1 4	4.3			1	4	0.8	1	470	0.01	10		757A
HVC379B	ルネサス	VCO			10	2.9 1.25		3.2 1.53	0.5 2.5	1.8			0.5	2.5	1						757A
HVC380B	ルネサス	VCO			15	2.88 1.66		3.12 1.79	1 3	1.7			1	3	0.8						757A
HVC381B	ルネサス	VCO			15	10 5.8		11 6.4	1 3	1.65			1	3		1	470	0.01	15		757A
HVC382B	ルネサス	VCO			15	6.3 2.55		6.75 2.95	1 4	2.2			1	4	0.6	1	470	0.01	15		757A
HVC383B	ルネサス	VCO			15	19 8.5 4.5		21 10 5.5	1 4 7	2 3.5			1 1	4 7	0.5	1	470	0.01	15		757A
HVC384B	ルネサス	VCO			15	6.4 2.55		7.2 2.95	1 4	2.2			1	4	0.6						757A
HVC385B	ルネサス	VCO			15	7.2 2.7		7.7 3.2	0.5 2.5	2.43		2.57	0.5	2.5	0.75	1	470	0.01	10		757A
HVC386B	ルネサス	VCO			15	43 18.5		49 25.5	1 4	1.8			1	4	0.85	5	470	0.01	15		757A
HVC388C	ルネサス	VCO			15	3 1.57		3.5 1.82	1 3	1.7			1	3	0.75	1	470	10nA	15		757A
HVC396C	ルネサス	VCO			10	14.5 5.2		17.5 6.5	1 4	2.3			1	4	0.4	1	470	0.01	10		757A
HVC397C	ルネサス	VCO			15	27 18 6.8		28.5 20 8.5	1 2 4	1.3 2.9			1 1	2 4	1.2	1	470	0.01	10		757A
HVC417C	ルネサス	Tun			30	7.8 0.5		9.4 0.6	1 25	13			1	25	1.5	5	470	0.01	25	$\Delta C<6\%(1\sim 25V)$	757A

形 名	社 名	用途	最大定格 P (mW)	最大定格 V_{RM} (V)	最大定格 V_R (V)	端子間容量 C_t, C_j*(pF) min	端子間容量 typ	端子間容量 max	条件 V_R(V)	容量比 $C_t(V_1)/C_t(V_2)$ min	容量比 typ	容量比 max	測定条件 V_1(V)	測定条件 V_2(V)	Qmin	$r_\sigma$max (Ω)	測定条件 V_R(V)	測定条件 f(MHz)	逆方向特性 $I_R$max (μA)	条件 V_R(V)	その他の特性等	外形
HVD316	ルネサス	Tun			30	5.16 0.48		7.22 0.76	1 25	9.0			2	25	2.20		1	470	10nA	30	ΔC<6%(1～25V)	738B
HVD326C	ルネサス	Tun			15	13.0 2.0		16.0 2.3	1 10	6.0			1	10	0.6		5	470	10nA	10	ΔC<2%(1～25V)	738B
HVD327C	ルネサス	Tun			15	30.5 2.6		33.5 2.9	1 10	11			1	10	0.8		5	470	0.01	10	ΔC<2% (連続10個)	738B
HVD328C	ルネサス	Tun			15	41 2.6		45 2.9	1 10	14.5			1	10	1.2		5	470	0.01	10	ΔC<2% (連続10個)	738B
HVD350B	ルネサス	VCO			15	15.5 5		17 6	1 4	2.8			1	4	0.5		1	470	0.01	15		738B
HVD355B	ルネサス	VCO			15	6.4 2.55		7.2 2.95	1 4	2.2			1	4	0.6		1	470	0.01	15		738B
HVD358B	ルネサス	VCO			15	19.5 8		21 9.3	1 4	2.2			1	4	0.4		1	470	0.01	15		738B
HVD359	ルネサス	VCO			15	24.8 6		29.8 8.3	1 4	3			1	4	1.5		4	100	0.01	10		738B
HVD362	ルネサス	VCO			15	41.6 10.1		49.9 14.8	1 4	3			1	4	2		4	100	0.01	10		738B
HVD365	ルネサス	VCXO			15	27.05 6.05		28.55 7.55	1 4	3			1	4	1.5		4	100	0.01	10		738B
HVD368B	ルネサス	VCO			10	15 9 5		16.5 10.2 6	1 2 3	2.2			1	3	1.1		2	470	0.01	10		738B
HVD369B	ルネサス	VCO			15	4.65 1.85		5.15 2.15	1 4	2.3			1	4	0.5		1	470	0.01	15		738B
HVD372B	ルネサス	VCO			15	15 7		17 8.5	1 4	2			1	4	0.4		1	470	0.01	15		738B
HVD374B	ルネサス	VCO			10	21.5 12.5		24 14.5	1 2	1.68	1.75		1	2	1.2		1	470	10nA	10		738B
HVD376B	ルネサス	VCO			15	39.5 25 8.75 4.8		44.5 28.5 12.05 6.8	0.2 1 2.3 4	4.3 3.55			1 0.2	4 2.3	0.8		1	470	10nA	10		738B
HVD380B	ルネサス	VCO			15	2.88 1.66 1.36		3.12 1.79 1.47	1 3 4	1.7 2.08	1.8 2.25		1 1	3 4	0.9							738B
HVD381B	ルネサス	VCO			15	10 5.8		11 6.4	1 3	1.65			1	3	0.5							738B
HVD385B	ルネサス	VCO			15	7.2 2.7		7.7 3.2	0.5 2.5	2.43	2.57		0.5	2.5	0.75		1	470	0.01	10		738B
HVD388C	ルネサス	VCO			15	3.162 1.57		3.465 1.72	1 3	1.88	2.150		1	3	0.75		1	470	10nA	15		738B

形名	社名	用途	最大定格 P (mW)	最大定格 V_{RM} (V)	最大定格 V_R (V)	端子間容量 C_t, C_j*(pF) min	typ	max	条件 V_R (V)	容量比 $C_t(V_1)/C_t(V_2)$ min	typ	max	測定条件 V_1 (V)	測定条件 V_2 (V)	Q_{min}	r_d max (Ω)	測定条件 V_R (V)	測定条件 f (MHz)	逆方向特性 I_{Rmax} (μA)	条件 V_R (V)	その他の特性等	外形
HVD396C	ルネサス	VCO			10	14.5 5.2		17.5 6.5	1 4	2.3			1	4		0.4	1	470	0.01	10		738B
HVD397C	ルネサス	VCO			15	27 18 6.8		28.5 20 8.5	1 2 4	1.3 2.9			1 1	2 4		1.2	4	470	0.01	10		738B
HVD399C	ルネサス	VCO			10	18.5 7.30		20.0 8.60	0.5 2.5	2.30		2.46	0.5	2.5		0.40	1	470	10nA	10		738B
HVD400C	ルネサス	VCO			15	2.05 1.18		2.24 1.29	1 3	1.6		1.85	1	3		0.7	1	470	0.01	15		738B
HVE200A	ルネサス	Tun			30	27.7 2.67		31.8 3.03	2 25	10			2	25		0.7	5	470	0.01	30	ΔC<2% (2~25V)	452A
HVE202A	ルネサス	Tun			34	14.11 2.06		16.47 2.35	2 25							0.57						452A
HVE300A	ルネサス	Tun			32	39.5 2.6		47.4 3.03	2 25	14.5			2	25		1.1	5	470	0.01	30	ΔC<2% (2~25V)	452A
HVE306A	ルネサス	Tun			32	29.3 2.57		34.2 2.92	2 25	11			2	25		0.75	5	470	0.01	30	ΔC<2% (2~25V)	452A
* HVE310	ルネサス	Tun			35	2.2 0.6 0.4		3.3 1 0.8	1 10 25	3.5			1	25		1.5	2	470	0.05	30		65
HVE350	ルネサス	VCO			15	15 5.3		17.5 6.3	1 4							0.5						452A
HVE351	ルネサス	VCO			10	14 5		16 6.5	1 10	2			2	10		0.35	1	470	0.01	10		452A
HVE355	ルネサス	VCO			15	6.4 2.75		7.4 3.25	1 4	2			1	4		0.6	1	470	0.01	15		452A
HVE358	ルネサス	VCO			15	19 8.5		21 10	1 4	2			1	4		0.4	1	470	0.01	15		452A
* HVK89	ルネサス	AFC	34	32		10.5 3.3		16 5.7	2 10	2.5		3.4	2	10		1.3	C_t(pF) 12.5	50	0.01	25	容量比で2ランク	357A
HVL355B	ルネサス	VCO			15	6.4 2.55		7.2 2.95	1 4	2.2			1	4		0.6	1	470	0.01	15		736B
HVL355C	ルネサス	VCO			15	6.62 2.60		7.02 2.95	1 4	2.35		2.55	1	4		0.60	1	470	10nA	15		736B
HVL355CM	ルネサス	VCO			15	6.4 2.55		7.2 2.95	1 4	2.2			1	4		0.6	1	470	10nA	15		736B
HVL358B	ルネサス	VCO			15	19.5 8		21 9.3	1 4	2.2			1	4		0.4	1	470	0.01	15		736B
HVL358C	ルネサス	VCO			15	19.50 8.30		20.90 8.95	1 4	2.20		2.43	1	4		0.40	1	470	10nA	15		736B
HVL358CM	ルネサス	VCO			15	19.5 8		21 9.3	1 4	2.2			1	4		0.4	1	470	10nA	15		736B

形名	社名	用途	最大定格 P (mW)	V_RM (V)	V_R (V)	端子間容量 Ct, Cj*(pF) min	typ	max	条件 VR(V)	容量比 Ct(V1)/Ct(V2) min	typ	max	測定条件 V1(V)	V2(V)	Qmin	rdmax (Ω)	測定条件 VR(V)	f(MHz)	逆方向特性 IRmax (μA)	条件 VR(V)	その他の特性等	外形
HVL368C	ルネサス	VCO			10	15.0 9.0 5.0		16.5 10.2 6.0	1 2 3	2.2			1	3		1.1	2	470	10nA	10		736A
HVL368CM	ルネサス	VCO			10	15 9 5		16.5 10.2 6	1 2 3	2.2			1	3		1.1	2	470	0.01	10		736B
HVL375B	ルネサス	VCO			10	15 5 3.3		16.5 6 4	1 3 4	4			1	4		1.1	2	470	0.01	10		736A
HVL375C	ルネサス	VCO			10	15.0 5.0 3.3		16.5 6.0 4.0	1 3 4	4.0			1	4		1.1	2	470	10nA	10		736A
HVL375CM	ルネサス	VCO			10	15 5 3.3		16.5 6	1 3 4	4			1	4		1.1	2	470	0.01	10		736B
HVL381C	ルネサス	VCO			15	10.2 5.90		10.8 6.35	1 3	1.650		1.785	1	3		0.50	1	470	10nA	10		736A
HVL381CM	ルネサス	VCO			15	10 5.8		11 6.4	1 3	1.65			1	3		0.5	1	470	10nA	15		736B
HVL385B	ルネサス	VCO			15	7.2 2.7		7.7 3.2	0.5 2.5	2.43		2.57	0.5	2.5		0.75	1	470	10nA	10		736A
HVL385C	ルネサス	VCO			15	7.3 2.9		7.7 3.18	0.5 2.5	2.43		2.57	0.5	2.5		0.75	1	470	0.01	10		736A
HVL385CM	ルネサス	VCO			15	7.2 2.7		7.7 3.2	0.5 2.5	2.43		2.57	0.5	2.5		0.75	1	470	10nA	15		736B
HVL388C	ルネサス	VCO			15	3 1.57		3.5 1.82	1 3	1.7			1	3		0.75	1	470	10nA	15		736A
HVL388CM	ルネサス	VCO			15	3.162 1.57		3.465 1.72	1 3	1.88		2.15	1	3		0.75	1	470	0.01	15		736B
HVL396C	ルネサス	VCO			10	14.5 5.2		17.5 6.5	1 4	2.3			1	4		0.4	1	470	5nA	10		736A
HVL396CM	ルネサス	VCO			10	14.5 5.2		17.5 6.5	1 4	2.3			1	4		0.4	1	470	10nA	10		736B
HVL397C	ルネサス	VCO			15	27 18 6.8		28.5 20 8.5	1 2 4	1.3 2.9			1 1	2 4		1.2	4	470	0.01	10		736A
HVL397CM	ルネサス	VCO			15	27 18 6.8		28.5 20 8.5	1 2 4	1.3 2.9			1 1	2 4		1.2	1	470	10nA	10		736B
HVL399C	ルネサス	VCO			10	18.5 7.3		20 8.6	0.5 2.5	2.3		2.46	0.5	2.5		0.4	1	470	0.01	10		736A

- 275 -

形 名	社 名	用途	最大定格 P (mW)	最大定格 V_{RM} (V)	最大定格 V_R (V)	端子間容量 C_t, C_j*(pF) min	端子間容量 typ	端子間容量 max	条件 V_R (V)	容量比 $C_t(V_1)/C_t(V_2)$ min	typ	max	測定条件 V_1 (V)	測定条件 V_2 (V)	Qmin	$r_d$max (Ω)	測定条件 V_R (V)	測定条件 f (MHz)	逆方向特性 I_{Rmax} (μA)	条件 V_R (V)	その他の特性等	外形
HVL399CM	ルネサス	VCO			10	18.5 7.3		20 8.6	0.5 2.5	2.3		2.46	0.5	2.5		0.4	1	470	0.01	10		736B
HVL400C	ルネサス	VCO			15	2.05 1.18		2.24 1.29	1 3	1.6		1.85	1	3		0.7	1	470	0.01	10		736A
HVL400CM	ルネサス	VCO			15	2.05 1.18		2.24 1.29	1 3	1.6		1.85	1	3		0.7	1	470	0.01	10		736B
* HVM11	ルネサス	Tun			35	3.6 0.5		5.6 0.9	1 30	4			1	30		1.5	2	100	0.05	30		610A
* HVM15	ルネサス	Tun			35	3.6 0.5		5.6 0.9	1 30	4			1	30		1.5	2	100	0.05	30	2素子センタータップ (カソードコモン)	610D
HVM16	ルネサス	Tun	150		14	43 24.6		48.1 29.2	2 8	1.65		1.75	2	8	75		2	100	0.05		9 2素子センタータップ (カソードコモン)	610D
* HVM17	ルネサス	Tun			15	50 16.1 5.23		85 27.3 8.84	1 3 4.5	5.6			1	4.5	50		2.5	10	0.1		9 2素子センタータップ (カソードコモン)	610D
HVM17WA	ルネサス	VCO			15	50 16.1 5.23		85 27.3 8.84	1 3 4.5	5.6			1	4.5	50		2.5	10	0.1		9 2素子センタータップ (アノードコモン)	610C
* HVM25	ルネサス	Tun			16	36 12		45 17	3 8	2.5			3	8	60		3	100	0.05		10 2素子(カソードコモン) ΔC<3%(3~8V)	610D
HVM27WK	ルネサス	Tun			20	52 43 24		62 48.1 28	1 2 8	1.8 1.7			1 2	8 8		0.4	2	100	0.05	15	ΔC<3%(1~8V) (連続10個) 2素子(カソードコモン)	610D
HVM28BWK	ルネサス	VCO			15	68 34		72 38	1 2	1.8			1	2		0.5	1	100	0.05		10 2素子センタータップ (カソードコモン)	610D
HVM100	ルネサス	Tun			15	421.5 73.2 20.4		524.6 121.4 28.2	1 5 8	16			1	8	200	C_t (pF) 450		1	0.1	9		610I
HVM306	ルネサス				30	29.4 2.67		34.3 3.02	2 25	10			2	25		0.75	C_t (pF) 9	470	0.01	30		610D
* HVR12	ルネサス	Tun			35	3.6 0.5		5.6 0.9	1 30	4			1	30		1.5	2	100	0.05	30	ΔC<6%(1~30V)	421E
* HVR17	ルネサス	VCO			15	50 16.1 5.23		85 27.3 8.84	1 3 4.5	5.6			1	4.5	50		2.5	10	0.1		9 水晶発振器用	421E
HVR100	ルネサス	Tun			15	421.5 182 73.2 42.2 26.2 20.4		524.6 275.7 121.4 72.2 41.6 28.2	1 3 5 6 7 8	16			1	8	200	C_t (pF) 450		1	0.1	9	ΔC<3%(1~8V)	421E

形 名	社 名	用途	最大定格 P (mW)	V_{RM} (V)	V_R (V)	端子間容量 $Ct, Cj*$ (pF) min	typ	max	条件 VR (V)	容量比 $Ct(V1)/Ct(V2)$ min	typ	max	測定条件 $V1$ (V)	$V2$ (V)	Qmin	rdmax (Ω)	測定条件 VR (V)	f (MHz)	逆方向特性 IRmax (μA)	条件 VR (V)	その他の特性等	外形
*HVR300	ルネサス	Tun			30	38.5 2.6		46.1 3.12	2 25	14			2	25		0.9	Ct (pF) 9	470	0.01	30	ΔC<2.5%	421E
*HVS303	ルネサス	Tun	150		32	35.77 2.72		42 3.1	1 28	12.9			1	28		0.9	Ct (pF) 30	100	0.01	30	ΔC<2.5%	79F
*HVU12	ルネサス	Tun			35	3.6 1.04 0.45		5.6 1.64 0.85	1 10 30	4			1	30		1.5	2	100	0.05	30	ΔC<6%(1〜30V)	420C
HVU17	ルネサス	VCO			15	50 16.1 5.23		85 27.3 8.84	1 3 4.5	5.6			1	4.5	50		2.5	10	0.1	9	水晶発振器用	420C
*HVU89	ルネサス	Tun			32	10.5 3.3		16 5.7	2 10	2.5		3.4	2	10		1.2	3	50	0.01	30		420C
HVU200	ルネサス	Tun			30	26.5 2.51		31.4 3.12	2 25	9.5			2	25		0.7	8	50	5nA	30	ΔC<2%	420C
HVU200A	ルネサス	Tun			32	27.7 2.67		31.8 3.03	2 25	10			2	25		0.7	5	470	0.01	30	ΔC<2%(2〜25V)	420C
*HVU202	ルネサス	Tun			30	13.97 2.06		16.29 2.35	2 25	5.9		7.15	2	25		0.6	3	50	0.01	28	ΔC<2%	420C
HVU202A	ルネサス	Tun			34	14.11 2.06		16.47 2.35	2 25	6.2			2	25		0.57	5	470	0.01	32	ΔCt<2%(2〜25V)	420C
*HVU202B	ルネサス	Tun			35	14.15 2.06		15.75 2.35	2 25	6.3			2	25		0.57	5	470	0.01	30	ΔC<1.8%(2〜25V) (連続10個)	420C
HVU300	ルネサス	Tun			30	38.46 2.56		46.06 3.08	2 25	14			2	25		0.9	Ct (pF) 9	470	0.01	30	ΔC<2.5%(2〜25V)	420C
HVU300A	ルネサス	Tun			32	39.5 2.6		47.4 3.03	2 25	14.5			2	25		1.1	5	470	0.01	30	ΔC<2.0%(2〜25V)	420C
HVU300B	ルネサス	Tun		35	34	47 2.65		53 3	2 25	17			2	25		1.1	5	470	0.01	32	ΔCt<2%(2〜25V) (連続10個)	420C
HVU300C	ルネサス	Tun		35	34	39.5 2.6		47 3	2 25	14.5			2	25		1.1	5	470	10nA	32	ΔCt<2%(2〜25V)	420C
*HVU306	ルネサス	Tun			30	29.3 2.57		33.2 2.92	2 25	11			2	25		0.75	Ct (pF) 9	470	0.01	30	ΔCt<2%(2〜25V)	420C
HVU306A	ルネサス	Tun			32	29.3 2.57		34.2 2.92	2 25	11			2	25		0.75	5	470	0.01	30	ΔCt<2%(2〜25V)	420C
HVU306B	ルネサス	Tun		35	34	29.5 2.6		33.5 2.9	2 25	11			2	25		0.75	5	470	0.01	32	ΔCt<2%(2〜25V) (連続10個)	420C
HVU306C	ルネサス	Tun		35	34	29.5 2.57		34 2.9	2 25	11			2	25		0.75	5	470	10nA	32	ΔCt<2%(2〜25V)	420C
HVU307	ルネサス	Tun			32	32.2 2.57		37.5 3	2 25	12	12.5		2	25		0.85	5	470	0.01	30	ΔCt<2%(2〜25V)	420C
*HVU308	ルネサス	Tun			30	13.9 1.7		16.1 2.1	2 20	7.12			2	20		0.9	5	470	0.01	30	ΔCt<2%(2〜25V)	420C

	形 名	社 名	用途	最大定格 P (mW)	V_RM (V)	V_R (V)	端子間容量 Ct, Cj*(pF) min	typ	max	条件 VR(V)	容量比 Ct(V1)/Ct(V2) min	typ	max	測定条件 V1(V)	V2(V)	Qmin	rdmax (Ω)	測定条件 VR(V)	f(MHz)	逆方向特性 IRmax (μA)	条件 VR(V)	その他の特性等	外形
*	HVU308A	ルネサス	Tun			35	13.7 1.65		15.9 2.06	2 20	7.12			2	20	0.95		5	470	0.01	30		420C
*	HVU314	ルネサス	Tun			32	4.4 0.86 0.47		6.4 1.35 0.77	1 10 25	7.2			1	25	1.05		5	470	0.01	30	ΔCt<6%(1～25V)	420C
*	HVU315	ルネサス	Tun			30	27.6 2.67		32.1 3.02	2 25	10.3			2	25	0.7		5	470	0.01	30	ΔCt<2%(2～25V)	420C
	HVU316	ルネサス	Tun			30	5.16 0.48		7.22 0.76	1 25	9			1	25	1.2		5	470	0.01	25	ΔCt<6%(1～25V)	420C
	HVU326C	ルネサス	Tun			15	13 2		16 2.3	1 10	6			1	10	0.6		5	470	0.01	10	ΔC<2% (連続10個)	420C
	HVU327C	ルネサス	Tun			15	30.5 2.6		33.5 2.9	1 10	11			1	10	0.8		5	470	0.01	10	ΔC<2.0% (連続10個)	420C
	HVU328C	ルネサス	Tun			15	41 2.6		45 2.9	1 10	14.5			1	10	1.2		5	470	0.01	10	ΔC<2.0% (連続10個)	420C
	HVU350	ルネサス	VCO			15	15 5.3		17.5 6.3	1 4	2.8			1	4	0.5		1	470	0.01	15		420C
*	HVU350B	ルネサス	VCO			15	15.5 5		17 6	1 4	2.8			1	4	0.5		1	470	0.01	15		420C
*	HVU351	ルネサス	VCO			10	14 5		16 6.5	2 10	2			2	10	0.35		1	470	0.01	10		420C
*	HVU352	ルネサス	VCO			15	6 1.5		8 2.75	1 4	2.75			1	4	0.7		1	470	0.01	10		420C
	HVU354	ルネサス	VCO			10	16 9		18.5 11	1 4	1.6	1.75		1	4	0.32		1	470	0.01	10		420C
*	HVU355	ルネサス	VCO			15	6.4 2.75		7.4 3.25	1 4	2			1	4	0.6		1	470	0.01	15		420C
	HVU355B	ルネサス	VCO			15	6.4 2.55		7.2 2.95	1 4	2.2			1	4	0.6		1	470	0.01	15		420C
*	HVU356	ルネサス	VCO			15	27.7 21.6 17.1		31.8 25.6 21.2	2 3 4	14.5			2	4	0.6		5	470	0.01	15		420C
*	HVU357	ルネサス	VCO			10	19.5 14.3		23.5 17.6	1 2	1.3			1	2	0.35		1	470	0.01	10		420C
	HVU358	ルネサス	VCO			15	19 8.5		21 10	1 4	2			1	4	0.4		1	470	0.01	15		420C
	HVU359	ルネサス	VCO			15	24.8 6		29.8 8.3	1 4	3			1	4	1.5		4	100	0.01	10		420C
*	HVU362	ルネサス	VCO			15	41.6 10.1		49.9 14.8	1 4	3			1	4	2		4	100	0.01	10		420C
	HVU363A	ルネサス	Tun	35		32	34.65 2.361		42.35 2.754	1 28	13.5	15		1	28	0.75	Ct(pF) 14		470	0.01	30	ΔC<2%	420C

形 名	社 名	用途	最大定格 P (mW)	最大定格 V_{RM} (V)	最大定格 V_R (V)	端子間容量 C_t, C_j*(pF) min	端子間容量 typ	端子間容量 max	条件 V_R(V)	容量比 $C_t(V_1)/C_t(V_2)$ min	容量比 typ	容量比 max	測定条件 V_1(V)	測定条件 V_2(V)	Qmin	$r_d$max (Ω)	測定条件 V_R(V)	測定条件 f(MHz)	逆方向特性 $I_R$max (μA)	測定条件 V_R(V)	その他の特性等	外形
HVU363B	ルネサス	Tun		35	32	36 2.36		42 2.75	1 28	13.7			1	28		0.75	5	470	0.01	32	ΔC<2%(1〜28V)(連続10個)	420C
*HVU365	ルネサス	VCO			15	27.05 6.05		28.55 7.55	1 4	3			1	4	1.5	4		100	0.01	10		420C
HVU383B	ルネサス	VCO			15	19 8.5 4.5		21 10 5.5	1 4 7	2 3.5			1 1	4 7	0.5	1		470	0.01	15		420C
HVU417C	ルネサス	Tun			30	7.8 0.5		9.4 0.6	1 25	13			1	25	1.5	5		470	0.01	25	ΔC<6%(1〜25V)	420C
IDV2S29SC	東芝	VCO			10	3.54 1.22		3.83 1.37	1 4	2.73		2.92	1	4	0.75	1		470	1nA	5		95
IDV2S31SC	東芝	VCO			10	9.88 4.32		10.72 4.88	1 4	2.15		2.33	1	4	0.38	1		470	1nA	5		95
JDV2S01E	東芝	VCO			10	2.85 1.35	3.15 1.57	3.45 1.81	1 4	1.8	2		1	4		0.7	1	470	3nA	10		757A
JDV2S01S	東芝	VCO			10	2.85 1.35	3.15 1.57	3.45 1.81	1 4	1.8	2	2.2	1	4		0.7	1	470	3nA	10		738C
JDV2S02E	東芝	VCO			10	1.8 0.83	2.05 1.03	2.3 1.23	1 4	1.8	2		1	4		0.8	1	470	3nA	10		757A
JDV2S02FS	東芝	VCO			10	1.8 0.83		2.3 1.23	1 4			2.2	1	4		0.8	1	470	3nA	10		736C
JDV2S02S	東芝	VCO			10	1.8 0.83	2.05 1.03	2.3 1.23	1 4	1.8	2	2.2	1	4		0.8	1	470	3nA	10		738C
JDV2S05E	東芝	VCO			10	3.85 1.94	4.2 2.2	4.55 2.48	1 4	1.7	1.9		1	4		0.5	1	470	3nA	10		757A
JDV2S05S	東芝	VCO			10	3.85 1.94	4.2 2.2	4.55 2.48	1 4	1.7	1.9		1	4		0.5	1	470	3nA	10		738C
JDV2S06S	東芝	VCO			10	15 7	16 8	17 8.5	1 4	1.8	2		1	4		0.45	1	470	3nA	10		738C
JDV2S07S	東芝	VCO			10	4 1.85	4.5 2	4.9 2.35	1 4	2	2.3		1	4		0.55	1	470	3nA	10		738C
JDV2S08FS	東芝	VCO			10	17.3 5.3		19.3 6.6	1 4	2.8	3		1	4		0.45	1	470	3nA	10		736C
JDV2S08S	東芝	VCO			10	17.3 5.3	18.3 6.1	19.3 6.6	1 4	2.8	3		1	4		0.45	1	470	3nA	10		738C
JDV2S09S	東芝	VCO			10	9.7 4.45		11.1 5.45	1 4	1.8	2.1		1	4		0.45	1	470	3nA	10		738C
JDV2S10FS	東芝	VCO			10	7.3 2.75		8.4 3.4	0.5 2.5	2.4	2.55		0.5	2.5		0.5	1	470	3nA	10		736C
JDV2S10S	東芝	VCO			10	7.3 2.75		8.4 3.4	1 4	2.4	2.5		1	4		0.5	1	470	3nA	10		738C

- 279 -

形　名	社名	用途	最大定格 P (mW)	最大定格 V$_{RM}$ (V)	最大定格 V$_R$ (V)	端子間容量 Ct, Cj* (pF) min	端子間容量 typ	端子間容量 max	条件 V$_R$(V)	容量比 Ct(V1)/Ct(V2) min	typ	max	測定条件 V1(V)	測定条件 V2(V)	Qmin	rdmax (Ω)	測定条件 V$_R$(V)	測定条件 f(MHz)	逆方向特性 IRmax (μA)	条件 V$_R$(V)	その他の特性等	外形
JDV2S10T	東芝	VCO			10	7.3 2.75		8.4 3.4	1 4	2.4	2.5		1	4		0.5	1	470	3nA	10		757G
JDV2S14E	東芝	VCO			10	56.3 44 19 9.2		64.7 49.5 26.5 12	0.5 1 2.5 4	1.25 1.99	2.15	1.35 2.3	0.5 1	1 2.5		0.8	1	100	3nA	10		757A
JDV2S06FS	東芝	VCO			10	15 7	16 8	17 8.5	1 4	1.8	2		1	4		0.45	1	470	3nA	10		736C
JDV2S07FS	東芝	VCO			10	4 1.85	4.5 2	4.9 2.35	1 4	2	2.3		1	4		0.55	1	470	3nA	10		736C
JDV2S09FS	東芝	VCO			10	9.7 4.45		11.1 5.45	1 4	1.8	2.1		1	4		0.45	1	470	3nA	10		736C
JDV2S13S	東芝	VCO			10	5.7 1.85		6.7 2.45	1 4	2.7	2.8		1	4		0.7	1	470	3nA	10		738C
JDV2S16FS	東芝	VCO			10	3.38 1.67		3.8 1.9	1 4	1.9		2.1	1	4		0.7	1	470	3nA	10		736C
JDV2S17S	東芝	VCO			10	1.77 0.8		2.01 1	1 4	2		2.2	1	4		0.75	1	470	3nA	10		738C
JDV2S19S	東芝	VCO			10	3.46 1.83		3.87 2.13	1 4	1.74		1.91	1	4		0.47	1	470	3nA	10		738C
JDV2S22FS	東芝	VCO			10	3.24 1.77		3.62 1.99	1 4	1.72		1.92	1	4		0.62	1	470	3nA	10		736C
JDV2S25FS	東芝	VCO			10	5.62 1.91		5.99 2.12	1 4	2.77		2.98	1	4		0.64	1	470	1nA	5		736C
JDV2S25SC	東芝	VCO			10	5.57 1.88		5.93 2.08	1 4	2.81		3	1	4		0.62	1	470	1nA	5		95
JDV2S26FS	東芝	VCO			10	15.35 5.27		16.31 5.6	1 4	2.82		3	1	4		0.55	1	470	1nA	5		736C
JDV2S26SC	東芝	VCO			10	15.33 5.25		16.29 5.58	1 4	2.83		3.01	1	4		0.51	1	470	1nA	5		95
JDV2S27FS	東芝	VCO			10	8.06 2.79		8.56 2.98	1 4	2.79		2.98	1	4		0.64	1	470	1nA	5		736C
JDV2S27SC	東芝	VCO			10	8 2.75		8.5 2.93	1 4	2.81		3	1	4		0.63	1	470	1nA	5		95
JDV2S28FS	東芝	VCO			10	10.2 4.66		10.83 5.05	1 3	2.08		2.22	1	3		0.51	1	470	1nA	5		736C
JDV2S28SC	東芝	VCO			10	10.13 4.62		10.77 5.01	1 4	2.1		2.24	1	4		0.5	1	470	1nA	5		95
JDV2S29FS	東芝	VCO			10	3.59 1.26		3.87 1.4	1 4	2.73		2.91	1	4		0.77	1	470	1nA	6		736C
JDV2S36E	東芝	VCO			10	44 5.4		49.5 7.3	1 6	6.3	7.5		1	6		0.8	4	100	3n	10		757A

形 名	社 名	用途	最大定格 P (mW)	最大定格 V_{RM} (V)	最大定格 V_R (V)	端子間容量 C_t, C_j* (pF) min	端子間容量 typ	端子間容量 max	条件 V_R (V)	容量比 $C_t(V_1)/C_t(V_2)$ min	typ	max	測定条件 V_1 (V)	測定条件 V_2 (V)	Qmin	rdmax (Ω)	測定条件 V_R (V)	f (MHz)	逆方向特性 $I_R$max (μA)	条件 V_R (V)	その他の特性等	外形
JDV2S41FS	東芝	VCO			15	14 5.5		16 6.5	2 10	2	2.5		2	10		0.4	5	470	3n	15		736C
JDV2S71E	東芝	Tun		35	30	6 0.49		7.2 0.64	1 25	10	11.5		1	25		1.5	5	470	10nA	30	△C<6.0%	757A
JDV3C11	東芝	Tun			20	65.8 11.5		74.2 14.3	1 4.5	5	5.3		1	4.5		0.6	1.5	100	0.01	20	2素子センタータップ (カソードコモン)	610D
JDV3C34	東芝	Tun			12	67.9 26.1	70.0 27.0	72.1 27.8	2 6		2.6		2	6		0.3	2	100	10nA	10	2素子センタータップ (カソードコモン)	610D
JDV4P08U	東芝	VCO			10	17.3 5.3	18.3 6.1	19.3 6.6	1 4	2.8	3		1	4		0.5	1	470	3nA	10	2素子複合	80B
KV1225	旭化成	Tun	100		30	510 16		620 21 26	1 25	20			1	25	200		1	1	0.1	25	△C<3% (C>50pF) 0.5pF+2% (C<50pF)	203
KV1226	旭化成	Tun	100		30	510 16	565 21	620 26	1 25	20			1	25	200		1	1	0.1	25	△C<2% (C>50pF) 0.5pF+1% (C<50pF)	204
KV1230Z	旭化成	Tun VCO	100		20	445 22.5	487 26	535 30.5	1 8	16.5		22	1	8	200		1	1	0.1	15		800
KV1234Z	旭化成	Tun	100		20	445 22.5	487 26	535 30.5	1 8	16.5		22	1	8	200		1	1	0.1	15	△Ct<2% (VR=1V) 0.3pF+3% (VR=8V)	804
KV1235	旭化成	Tun	100		20	445	490 25	535	1 9	16.5		23.5	1	9	200		1	1	0.1	25	3素子複合	203
KV1235Z	旭化成	Tun	100		20	445 22.5	487 26	535 30.5	1 8	16.5		22	1	8	200		1	1	0.1	15	△Ct<2% (VR=1V) 0.3pF+3% (VR=8V)	203
KV1236	旭化成	Tun	100		20	445	490 25	535	1 9	16.9		23.5	1	9	200		1	1	0.1	25	2素子複合	204
KV1236Z	旭化成	Tun	100		20	445 22.5	487 26	535 30.5	1 8	16.5		22	1	8	200		1	1	0.1	15	△C<1% (VR=1V) 0.3pF+2% (VR=8V)	204
KV1250	旭化成	Tun	100		20	430 30		490 38	1 4.5	11.4		16.2	1	4.5	200		1	1	0.1	10	△C<2% (1/3.5/4.5V)	801
KV1250M	旭化成	Tun	100		15	430 30		490 38	1 4.5	11.4		16.2	1	4.5	200		1	1	0.1	10	△C<2% (1/3.5/4.5V)	115A
KV1260	旭化成	Tun	100		20	445 22.5	487	535 30.5	1 8	16.5		22	1	8	200		1	1	0.1	15	△C<1% (1V) △C<2% (4.5/8V)	801
KV1260-2	旭化成	Tun	100		20	445 20.5	487	535 28.5	1 8	16.5		22	1	8	200		1	1	0.1	15	△C<1% (1V) △C<2% (4.5/8V)	802
KV1260M	旭化成	Tun	100		20	445 22.5	487	535 30.5	1 8	16.5		22	1	8	200		1	1	0.1	15	△C<1% (1V) △C<2% (4.5/8V)	115A
*KV1270NT	旭化成	Tun	100		16	446 19		510 27	1 8	17			1	8	200		1	1	0.1	10	△C1<2.5% △C8<3.0%	62
KV1276M	旭化成	Tun	100		30	445 170 20		505 26.5	1 4 8	18.3	19		1	8	200		1	1	0.05	13	△C<2.5% (1V) △C<3.0% (4V) △C<2.5% (8V)	115H

- 281 -

形 名	社 名	用途	最大定格 P (mW)	V_RM (V)	V_R (V)	端子間容量 Ct, CJ* (pF) min	typ	max	条件 V_R (V)	容量比 Ct(V1)/Ct(V2) min	typ	max	測定条件 V1 (V)	V2 (V)	Qmin (Ω)	r_d max 測定条件 V_R (V)	f (MHz)	逆方向特性 I_R max (μA)	条件 V_R (V)	その他の特性等	外形
KV1280-1	旭化成	Tun	100		20	428 20	467 24	506 28	1 7	17			1	7	200	1	1	0.1	15	ΔC<1%(1V) ΔC<2%(4/6/7V)	801
KV1280-2	旭化成	Tun	100		20	428 20	467 24	506 28	1 7	17			1	7	200	1	1	0.1	15	ΔC<1.5%(1V) ΔC<2.5%(4/6/7V)	802
KV1281-1	旭化成	VCO	100		20	428 20	467 24	506 28	1 7	17			1	7	200	1	1	0.1	15		800
KV1281-2	旭化成	Tun	100		20	428 20	467 24	506 28	1 7	17			1	7	200	1	1	0.1	15	ΔC<1%(1V) ΔC<2%(4/6/7V)	204
KV1281-3	旭化成	Tun	100		20	428 20	467 24	506 28	1 7	17			1	7	200	1	1	0.1	15	ΔC<2%(1V) ΔC<3%(4/6/7V)	203
KV1290A-3	旭化成	Tun	100		30	620 30	165	720 44	1 4.5 8	16	17		1	8	200			0.05	16	ΔC<3%(1V) ΔC<5%(4.5/8V)	803
KV1294BM	旭化成	Tun	100		30	600 24		670 34	1 8	17			1	8	200	Ct (pF) 400	1			ΔC<2%(1V) ΔC<3%(4/8V)	139
KV1296M	旭化成	Tun	100		30	620 30		720 44	1 8	16	17		1	8	200	1	1	0.05	16	ΔC<2.5%(1V) ΔC<3.3%(4.5/8V)	115G
KV1298BM	旭化成	Tun	100		30	600 24	250	670 34	1 4 8	17			1	8	200	1	1	0.05	16	ΔC<2.5%(1V) ΔC<3.5%(8V)	138
KV1298M	旭化成	Tun	100		30	600 24		670 33	1 8	17			1	8	200	Ct (pF) 400	1	0.05	16	ΔC1<2.5% ΔC8<3.5%	115H
KV1300NT	旭化成	Tun	100		18	69.13 57.71 33.56 23.38	74.37	79.61 64.93 39.18 27.29	2 3 6 8	2.1	2.35	2.6	3	8	0.5	3	100	0.01	15		62
KV1301A-1	旭化成	Tun	100		18	28 20.5 15 12		33.2 24.2 18 14	3 5 7 9	2		2.7	3	9	0.5	Ct (pF) 30	50	0.05	15		800
KV1301A-2	旭化成	Tun	100		18	28 20.5 15 12		33.2 24.2 18 14	3 5 7 9	2		2.7	3	9	0.5	Ct (pF) 30	50	0.05	15	ΔCt<1%(3V) ΔCt<2%(5/7/9V)	204
KV1301A-3	旭化成	Tun	100		18	28 20.5 15 12		33.2 24.2 18 14	3 5 7 9	2		2.7	3	9	0.5	Ct (pF) 30	50	0.05	15	ΔCt<1.5%(3V) ΔCt<3%(5/7/9V)	203
KV1310	旭化成	Tun	100		18	40.59 26.25 19.12 16		48.99 34.99 25.48 21.32	2 4 6 8	2.2		2.5	2	8	0.5	2	70	0.1	10	ΔCt<3% (2/4/6/8V)	730A

形名	社名	用途	最大定格 P (mW)	最大定格 V_RM (V)	最大定格 V_R (V)	端子間容量 Ct, Cj*(pF) min	端子間容量 typ	端子間容量 max	条件 VR(V)	容量比 Ct(V1)/Ct(V2) min	typ	max	測定条件 V1(V)	測定条件 V2(V)	Qmin	rdmax (Ω)	測定条件 VR(V)	測定条件 f(MHz)	逆方向特性 IRmax (μA)	条件 VR(V)	その他の特性等	外形
KV1310A-1	旭化成	Tun	100		18	41.4 26.26 19.13 16.01		46.16 34.99 25.48 21.32	2 4 6 8	2		2.6	2	8	0.5	2		70	0.1	10		801
KV1310A-2	旭化成	Tun	100		18	41.4 26.26 19.13 16.01		46.16 34.99 25.48 21.32	2 4 6 8	2		2.6	2	8	0.5	2		70	0.1	10	ΔCt<3% (2/4/6/8V)	802
KV1310A-3	旭化成	Tun	100		18	41.4 26.26 19.13 16.01		46.16 34.99 25.48 21.32	2 4 6 8	2		2.6	2	8	0.5	2		70	0.1	10	ΔCt<3% (2/4/6/8V)	803
*KV1310NT	旭化成	Tun	100		18	41.33 26.49 19.24 16.05		46.29 35.06 25.46 21.25	2 4 6 8	2.2		2.42	2	8	0.5	2		70	0.1	10		62
KV1311NT	旭化成	Tun	100		18	26.5 7	34.5 9.5	42.5 12	1 8	3			1	8	0.8	1		100	0.1	10		62
KV1320	旭化成	Tun	100		30	39.79 24.25 17.32 13.93		46.16 28.7 20.5 16.49	7 13 19 25	2.57	2.8	3.03	7	25	0.5	7		70	0.1	25	ΔCt<3% (7/13/19/25V)	730A
KV1320N	旭化成	Tun	100		30	39.79 24.25 17.32 13.93		46.16 28.7 20.5 16.49	7 13 19 25	2.57	2.8	3.03	7	25	0.5	7		70	0.1	25		730A
KV1330A-1	旭化成	Tun	100		18	69.3 43.05 25.2 15.35		78.8 56.3 34.3 20.1	2 4 6 9	3.7		5	2	9	0.5	2		70	0.1	10		801
KV1330A-2	旭化成	Tun	100		18	69.3 43.05 25.2 15.35		78.8 56.3 34.3 20.1	2 4 6 9	3.7		5	2	9	0.5	2		70	0.1	10	ΔCt<3% (2/4/6/9V)	802
KV1330A-3	旭化成	Tun	100		18	69.3 43.05 25.2 15.35		78.8 56.3 34.3 20.1	2 4 6 9	3.7		5	2	9	0.5	2		70	0.1	10	ΔCt<3% (2/4/6/9V)	803
KV1330NT	旭化成	Tun	100		18	69.14 43.09 25.05 15.44		77.43 56.24 34.57 20.1	2 4 6 9	3.7		5	2	9	0.5	2		70	0.1	10		62

形名	社名	用途	最大定格 P (mW)	最大定格 V_{RM} (V)	最大定格 V_R (V)	端子間容量 $Ct, Cj*$(pF) min	端子間容量 typ	端子間容量 max	条件 V_R(V)	容量比 $Ct(V1)/Ct(V2)$ min	typ	max	測定条件 $V1$(V)	測定条件 $V2$(V)	Qmin	$r_d$max (Ω)	測定条件 V_R(V)	測定条件 f(MHz)	逆方向特性 $I_R$max (μA)	条件 V_R(V)	その他の特性等	外形
KV1340A-1	旭化成	Tun	100		18	41.7	36 27	48.6	2 4 8	1.15 1.55		1.4 1.85	2 2	4 8		0.5	2	70	0.1	10		801
KV1340A-2	旭化成	Tun	100		18	41.7	36 27	48.6	2 4 8	1.15 1.55		1.4 1.85	2 2	4 8		0.5	2	70	0.1	10	△Ct<3% (2/4/6/8V)	802
KV1340A-3	旭化成	Tun	100		18	41.7	36 27	48.6	2 4 8	1.15 1.55		1.4 1.85	2 2	4 8		0.5	2	70	0.1	10	△Ct<3% (2/4/6/8V)	803
KV1350A-1	旭化成	Tun	100		18	59.15 17.67 10.77	62.5	65.9 23.54 13.26	1 6 9	4.6			1	9	60	3	100	0.1	10		801
KV1350A-2	旭化成	Tun	100		18	59.15 17.67 10.77	62.5	65.9 23.54 13.26	1 6 9	4.6			1	9	60	3	100	0.1	10	△Ct<3% (2/4/6/9V)	802
KV1350A-3	旭化成	Tun	100		18	59.15 17.67 10.77	62.5	65.9 23.54 13.26	1 6 9	4.6			1	9	60	3	100	0.1	10	△Ct<3% (2/4/6/9V)	803
KV1350NT	旭化成	Tun	100		18	59.15 17.67 10.77	62.5	65.9 23.54 13.26	1 6 9	4.6			1	9	60	3	100	0.1	10		62
*KV1360NT	旭化成	Tun VCO	100		18	86.1 13.9	92 58 35 23 16	98 18.2	1 2 3 4.5 6.5	4.7			1	6.5		0.6	1.5	100	0.05	10		62
KV1362A-1	旭化成	Tun	100		18	86.1 13.9	92 58 35 23 16	98 18.2	1 2 3 4.5 6.5	4.7			1	6.5		0.6	1.5	100	0.05	10		800
*KV1370NT	旭化成	Tun VCO	100		18	65.8 12	70 43 24 13.5 12.5	74.2 14.6	1 2 3 4.5 5	5			1	5		0.5	1.5	100	0.05	10		62
KV1371NT	旭化成	Tun	100		18	32.65 6.2	35.3 22 12 7.7 6.5	37.87 9.2	1 2 3 4.5 5	5			1	5		1	1.5	100	0.05	10	1ピンA 2ピンK NCは使用不可	62

形 名	社 名	用途	最大定格 P (mW)	V_{RM} (V)	V_R (V)	端子間容量 C_t, C_j* (pF) min	typ	max	条件 V_R (V)	容量比 $C_t(V1)/C_t(V2)$ min	typ	max	測定条件 $V1$ (V)	$V2$ (V)	Qmin (Ω)	$r_d$max 測定条件 V_R (V)	f (MHz)	逆方向特性 $I_R$max (μA)	条件 V_R (V)	その他の特性等	外形
KV1372A-1	旭化成	Tun	100		18	65.8	70	74.2	1	5		5	1	5	0.5	1.5	100	0.05	10		800
							43		2												
							24		3												
						12	13.5	14.8	4.5												
							12.5		5												
KV1382A-1	旭化成	Tun	100		18	131		171	2	6.5		9.5	2	8	1	3	70	0.1	9		800
						69		101	4												
						16		23	8												
KV1400	旭化成	Tun	100		18	69.13	74.37	79.61	2	2.1	2.35	2.6	3	8	0.5	3	100	0.01	15		610D
						57.71		64.63	3												
						33.56		39.18	6												
						23.38		27.29	8												
KV1405	旭化成	Conv	100		18	132	148	164	2						0.5	3	100	0.01	15	Cは2素子の並列	610D
						46	52	58	8												
KV1410	旭化成	Tun	100		18	41.33		46.29	2	2		2.6	2	8	0.5	2	70	0.1	10		610D
						26.46		35.06	4												
						19.24		25.46	6												
						16.05		21.25	8												
KV1410TR00#	旭化成	Tun	100		18	82.66		97.87	2	2		2.6	2	8	0.5	2	70	0.1	10		610D
						52.98		70.11	4												
						38.48		50.92	6												
						32.11		42.5	8												
KV1420	旭化成	Tun	100		30	39.79		46.16	7	2.57	2.8	3.03	7	25	0.5	7	70	0.1	25		610D
						24.25		28.7	13												
						17.32		20.5	19												
						13.93		16.49	25												
KV1430	旭化成	Tun	100		18	69.14		77.43	2	3.7		5	2	9	0.5	2	70	0.1	10		610D
						43.09		56.24	4												
						25.05		34.57	6												
						15.44		20.1	9												
KV1435	旭化成	Tun	100		18	68.86		77.74	2	3.3		4.6	2	9	0.4	2	70	0.05	10	2素子センタータップ (カソードコモン)	610D
						42.93		56.46	4												
						26.39		36.69	6												
						16.91		22.25	9												
KV1440	旭化成	Tun	100		18	43		47.6	2	1.23		1.33	2	4	100	3	100	0.05	10		610D
							35.4		4	1.65		1.75	2	8							
							26.6		8												
KV1450	旭化成	Tun	100		18	59.15	62.5	65.9	1	4.6			1	9	60	3	100	0.1	10		610D
						17.67		23.54	6												
						10.77		13.26	9												

形 名	社名	用途	最大定格 P (mW)	V_{RM} (V)	V_R (V)	端子間容量 C_t, C_j*(pF) min	typ	max	条件 V_R(V)	容量比 $C_t(V_1)/C_t(V_2)$ min	typ	max	測定条件 V_1(V)	V_2(V)	Qmin (Ω)	$r_d$max 測定条件 V_R(V)	f(MHz)	逆方向特性 $I_R$max (μA)	条件 V_R(V)	その他の特性等	外形
KV1460	旭化成	Tun VCO	100		18	86.1 13.9	92 58 35 23 16	98 18.2	1 2 3 4.5 6.5	4.7			1	6.5	0.6	1.5	100	0.05	10		610D
KV1465S	旭化成	Tun	100		18	88 10	92 12.3	102 14.5	1 6.5	6.5			1	6.5	0.55	1.5	100	0.05	10		610D
KV1470	旭化成	Tun VCO	100		18	65.8 12	70 43 24 13.4 12.5	74.2 14.8	1 2 3 4.5 5	5			1	5	0.5	1.5	100	0.05	10		610D
KV1471	旭化成	VCO	100		18	32.65 6.2	35.3 22 12 7.7 6.5	37.87 9.2	1 2 3 4.5 5	5			1	5	1	1.5	100	0.05	10	NCは使用不可	610I
KV1471E	旭化成	VCO	100		18	32.65 6.2	35.3 22 12 7.7 6.5	37.87 9.2	1 2 3 4.5 5	5			1	5	1	1.5	100	0.05	10		452C
KV1471K	旭化成	VCO	100		18	30.16 6.2	35.6 22 12 7.7 6.5	40.99 9.2	1 2 3 4.5 5	5			1	5	1	1.5	100	0.05	10		738D
KV1472	旭化成	VCO	100		18	65.8 12	70 43 24 13.4 12.5	74.2 14.8	1 2 3 4.5 5	5			1	5	0.5	1.5	100	0.05	10	NCは使用不可	610A
KV1480	旭化成	Tun	100		18	150 64 30 14.5		200 96 44 21.5	2 4 6 8	7.5		11	2	8	1	3	70	0.1	9		610D
KV1488	旭化成	VCO	100		18	131 64 16		161.5 101 23	2 4 8	6.5			2	8	1	3	70	0.1	9	Cは2素子の平均	610D
KV1490	旭化成	Tun	100		18	48 35.5	38 28.3	50.6 40.5	2 4 8	1.65		1.77	2	8	0.3	C_t(pF) 38	100	0.01	10		610D

形 名	社 名	用途	最大定格 P (mW)	最大定格 V_{RM} (V)	最大定格 V_R (V)	端子間容量 C_t, C_j*(pF) min	端子間容量 typ	端子間容量 max	条件 V_R(V)	容量比 $C_t(V_1)/C_t(V_2)$ min	容量比 typ	容量比 max	測定条件 V_1(V)	測定条件 V_2(V)	Q_{min} (Ω)	$r_d$max 測定条件 V_R(V)	$r_d$max f(MHz)	$I_R$max (μA)	条件 V_R(V)	その他の特性等	外形
KV1520	旭化成	Tun	100		20	335 14	360 100 15.9	395 17.8	1 3 6.5	20			1	6.5	200	1.2	1	0.05	13	ΔC<1%(1V) ΔC<2%(3/6.5V)	612
*KV1520NT	旭化成	Tun	100		20	335 14	360 100 15.9	395 17.8	1 3 6.5	20			1	6.5	200	1.2	1	0.05	13	ΔC<1%(1V) ΔC<2%(3/6.5V)	62
KV1523BM	旭化成	Tun	100		20	335 14	360 100 15.9	395 17.8	1 3 6.5	18.5			1	6.5	200	1	1	0.05	13	ΔC<1.5%(1V) ΔC<2.5%(3/6.5V)	115B
KV1523M	旭化成	Tun	100		20	335 14	360 100 15.9	395 17.8	1 3 6.5	18.5			1	6.5	200	1	1	0.05	13	ΔC<1.5%(1V) ΔC<2.5%(3/6.5V)	115D
KV1530	旭化成	VCO	100		35	450 150 30	490 175 39 24	530 200 48	1 3.5 7 9	3.5 12		6.3	3.5 1	7 9	250			0.05	9		610J
KV1550	旭化成	Tun	100		30	400 50 21	422.5 75 23.5	445 100 26	1 3 4.5	16.5	18.3	20	1	4.5	200	1	1	0.05	15	ΔCt<2%(1V) ΔCt<3%(3/4.5V)	612
KV1550A-1	旭化成	Tun	100		30	400 50 21	422.5 75 23.5	445 100 26	1 3 4.5	16.5	18.3	20	1	4.5	200	1	1	0.05	15	ΔCt<2%(1V) ΔCt<3%(3/4.5V)	801
KV1550NT	旭化成	Tun	100		30	400 50 21	422.5 75 23.5	445 100 26	1 3 4.5	16.5	18.3	20	1	4.5	200	1	1	0.05	15	ΔCt<2%(1V) ΔCt<3%(3/4.5V)	62
KV1551	旭化成	VCO	100		30	400 50 21	422.5 75 23.5	445 100 26	1 3 4.5	16.5	18.3	20	1	4.5	200	1	1	0.05	15		610J
KV1551A-1	旭化成	VCO	100		30	400 50 21	422.5 75 23.5	445 100 26	1 3 4.5	16.5	18.3	20	1	4.5	200	1	1	0.05	15		800
KV1551A-2	旭化成	Tun	100		30	400 50 21	422.5 75 23.5	445 100 26	1 3 4.5	16.5	18.3	20	1	4.5	200	1	1	0.05	15	ΔCt<2%(1V) ΔCt<3%(3/4.5V)	204
KV1551A-3	旭化成	Tun	100		30	400 50 21	422.5 75 23.5	445 100 26	1 3 4.5	16.5	18.3	20	1	4.5	200	1	1	0.05	15	ΔCt<2%(1V) ΔCt<3%(3/4.5V)	203
KV1555	旭化成	Tun	100		30	400 21	429 65 23.5	458 26	1 3 4.5	16.5	18.3	20	1	4.5	200	1	1	0.05	15	ΔCt<2%(1V) ΔCt<3%(3/4.5V)	612

形 名	社 名	用途	最大定格 P (mW)	最大定格 V_RM (V)	最大定格 V_R (V)	端子間容量 C_t, C_j*(pF) min	端子間容量 typ	端子間容量 max	条件 V_R (V)	容量比 $C_t(V_1)/C_t(V_2)$ min	容量比 typ	容量比 max	測定条件 V_1 (V)	測定条件 V_2 (V)	Q_{min} (Ω)	$r_d$max 測定条件 V_R (V)	$r_d$max f (MHz)	逆方向特性 $I_R$max (μA)	逆方向特性 条件 V_R (V)	その他の特性等	外形
KV1555A-1	旭化成	Tun	100		30	400 21	429 65 23.5	458 26	1 3 4.5	16.5	18.3	20	1	4.5	200	1	1	0.05	15	ΔCt<2%(1V) ΔCt<3%(3/4.5V)	801
KV1555NT	旭化成	Tun	100		30	400 21	429 65 23.5	458 26	1 3 4.5	16.5	18.3	20	1	4.5	200	1	1	0.05	15	ΔCt<2%(1V) ΔCt<3%(3/4.5V)	62
KV1556A-1	旭化成	Tun	100		30	400 21	429 65 23.5	458 26	1 3 4.5	16.5	18.3	20	1	4.5	200	1	1	0.05	15		800
KV1556C	旭化成	Tun	100		30	400 21	429 65 23.5	458 26	1 3 4.5	16.5	18.3	20	1	4.5	200	1	1	0.05	15		421F
KV1560	旭化成	Tun	100		16	428 20		506 27.5	1 8	17			1	8	200	1	1	0.1	10	ΔC<1%(1V) ΔC<2%(4.5/8V)	612
*KV1560NT	旭化成	Tun	100		16	428 20		506 27.5	1 8	17			1	8	200	1	1	0.1	10	ΔC<1%(1V) ΔC<2%(4.5/8V)	62
KV1561	旭化成	VCO	100		16	428 20	100	506 27	1 4.5 8	17			1	8	200	1	1	0.1	10		610J
KV1561A-1	旭化成	VCO	100		16	410 20		506 27.5	1 8	17			1	8	200	1	1	0.1	10		800
KV1561A-2	旭化成	Tun	100		16	410 20		506 27.5	1 8	17			1	8	200	1	1	0.1	10	ΔC<1%(1V) ΔC<2%(4.5/8V)	204
KV1561A-3	旭化成	Tun	100		16	410 20		506 27.5	1 8	17			1	8	200	1	1	0.1	10	ΔC<1.5%(1V) ΔC<2.5%(4.5/8V)	203
KV1562M	旭化成	Tun	100		20	428 20		506 27	1 8	17			1	8	200	1	1	0.1	15	ΔC<1.2%(1V) ΔC<2.2%(4.5/8V)	115E
KV1563A	旭化成	Tun	100		16	428 20		506 27.5	1 8	17			1	8	200	1	1	0.1	10	ΔC<1.1%(1V) ΔC<2.1%(4.5/8V)	380
KV1563BM	旭化成	Tun	100		20	428 20		506 27	1 8	17			1	8	200	1	1	0.1	15	ΔC<2%(1V) ΔC<3%(4.5/8V)	115B
KV1563M	旭化成	Tun	100		20	428 20		506 27	1 8	17			1	8	200	1	1	0.1	15	ΔC<1.1%(1V) ΔC<2.1%(4.5/8V)	115D
KV1563MTL	旭化成	Tun																		テーピング引出方向 KV1563MTRと逆	115C
KV1563MTR	旭化成	Tun	100		20	428 20	100	506 27	1 4.5 8	17			1	8	200	1	1	0.1	15	ΔC1<1.1% ΔC8<2.1% 3素子複合	115C
KV1564M	旭化成	Tun	100		20	428 20		506 27	1 8	17			1	8	200	1	1	0.1	15	ΔC<1.2%(1V) ΔC<2.2%(4.5/8V)	115F

形 名	社 名	用途	最大定格 P (mW)	V_{RM} (V)	V_R (V)	端子間容量 C_t, C_j*(pF) min	typ	max	条件 V_R(V)	容量比 $C_t(V_1)/C_t(V_2)$ min	typ	max	測定条件 V_1(V)	V_2(V)	Qmin (Ω)	$r_d$max 測定条件 V_R(V)	f(MHz)	逆方向特性 $I_R$max (μA)	条件 V_R(V)	その他の特性等	外形
KV1566C	旭化成	Tun	100		20	428	100	506	1 4.5 8	17			1	8	200	1	1	0.1	10		421F
						20		27													
KV1566J	旭化成	Tun	100		16	440 90 35 20		520 75 28	1 3 6 8	16			1	8	200	1	1	0.1	10		636A
KV1580	旭化成	Tun	100		30	424 21	440 23.5	475 27	1 6.5	17	17.5		1	6.5	200	1	1	0.05	16	ΔC<1%(1V) ΔC<2%(3/6.5V)	612
KV1580A-1	旭化成	Tun	100		30	424 21	440 23.5	47 27	1 6.5	17	17.5		1	6.5	200	1	1	0.05	16	ΔC<1%(1V) ΔC<2%(3/6.5V)	801
KV1580NT	旭化成	Tun	100		30	424 21	440 23.5	475 27	1 6.5	17	17.5		1	6.5	200	1	1	0.05	16	ΔC<1%(1V) ΔC<2%(3/6.5V)	62
KV1580TL00	旭化成	Tun																		テーピング引出方向 KV1580TR00と逆	612
KV1580TR00	旭化成	Tun	100		30	415 150 50 21	440 23.5	465 27	1 3 5 6.5	17	17.5		1	6.5	200	1	1	0.05	16	ΔC1<1% ΔC3<2% ΔC6.5<2% 2素子複合	612
KV1581	旭化成	VCO	100		30	424 21	440 23.5	475 27	1 6.5	17	17.5		1	6.5	200	1	1	0.05	10		610J
KV1581A-2	旭化成	Tun	100		30	424 21	440 23.5	475 27	1 6.5	17	17.5		1	6.5	200	1	1	0.05	16	ΔC<1%(1V) ΔC<2%(3/6.5V)	204
KV1581A-3	旭化成	Tun	100		30	424 21	440 23.5	475 27	1 6.5	17	17.5		1	6.5	200	1	1	0.05	16	ΔC<1%(1V) ΔC<2%(3/6.5V)	203
KV1582M	旭化成	Tun	100		30	424 21	440 23.5	475 27	1 6.5	17	17.5		1	6.5	200	1	1	0.05	16	ΔC<1.2%(1V) ΔC<2.2%(3/6.5V)	115E
KV1583A	旭化成	Tun	100		30	424 21	450 23.5	475 27	1 6.5	17	17.5		1	6.5	200	1	1	0.05	16	ΔC<1.3%(1V) ΔC<2.3%(3/6.5V)	380
KV1583BM	旭化成	Tun	100		30	424 21	440 23.5	475 27	1 6.5	17	17.5		1	6.5	200	1	1	0.05	16	ΔC<2%(1V) ΔC<3%(3/6.5V)	115B
KV1590	旭化成	Tun	100		30	433 150 45 21	470 24	511 27	1 3 5 6.5	17	17.5		1	6.5	200	1	1	0.05	16	ΔC<1%(1V) ΔC<2%(3/6.5V)	612
KV1590A-1	旭化成	Tun	100		30	433 150 45 21	470 24	511 27	1 3 5 6.5	17	17.5		1	6.5	200	1	1	0.05	16	ΔC<1%(1V) ΔC<2%(3/6.5V)	801

形 名	社 名	用途	最大定格 P (mW)	最大定格 V_{RM} (V)	最大定格 V_R (V)	端子間容量 C_t, C_j*(pF) min	端子間容量 typ	端子間容量 max	条件 V_R(V)	容量比 $C_t(V_1)/C_t(V_2)$ min	typ	max	測定条件 V_1(V)	測定条件 V_2(V)	Qmin (Ω)	$r_d$max 測定条件 V_R(V)	f(MHz)	逆方向特性 $I_R$max (μA)	条件 V_R(V)	その他の特性等	外形
KV1590NT	旭化成	Tun	100		30	433 21	470 150 45 24	511 27	1 3 5 6.5	17	17.5		1	6.5	200	1	1	0.05	16	ΔC<1%(1V) ΔC<2%(3/6.5V)	62
KV1591A-2	旭化成	Tun	100		30	433 21	470 150 45 24	511 27	1 3 5 6.5	17			1	6.5	200	1	1	0.05	16	ΔC<1%(1V) ΔC<2%(3/6.5V)	204
KV1591A-3	旭化成	Tun	100		30	433 21	470 150 45 24	511 27	1 3 5 6.5	17	17.5		1	6.5	200	1	1	0.05	16	ΔC<1%(1V) ΔC<2%(3/6.5V)	203
KV1591C	旭化成	Tun	100		20	433 21	470 24	511 27	1 6.5	17			1	6.5	200	1	1	0.05	12		421F
KV1592M	旭化成	Tun	100		30	433 21	470 150 45 24	511 27	1 3 5 6.5	17	17.5		1	6.5	200	1	1	0.05	16	ΔCt<1.2%(1V) ΔCt<2.2% (3/6.5V)	115E
KV1593BM	旭化成	Tun	100		30	433 21	470 150 45 24	511 27	1 3 5 6.5	17	17.5		1	6.5	200	1	1	0.05	16	ΔCt<2%(1V) ΔCt<3%(3/6.5V)	115B
KV1610S	旭化成	Tun	100		16	446 19		510 27	1 8	18.5			1	8	200	1	1	0.1	10	ΔC1<2.5% ΔC8<3.0%	610D
KV1613L	旭化成	Tun	100		16	446 19		510 27	1 8	17			1	8	200	1	1	0.1	10	ΔC1<3.0% ΔC8<3.5%	381
KV1620S	旭化成	Tun	100		20	335 14	365	395 17.8	1 6.5	20			1	6.5	200	1.2	1	0.05	13	ΔC1<1.0% ΔC6.5<2.0%	610D
KV1660S	旭化成	Tun	100		12	446 20		506 27	1 8	17			1	8	200	1	1	0.1	10	ΔC<1%(1V) ΔC<2%(4V)	610D
KV1700R	旭化成	Tun	100		14	68.96 23.28		79.93 27.4	2 8	2.7		3.2	2	8	0.3	3	100	0.01	10		205D
KV1700S	旭化成	Tun	100		14	68.96 23.28		79.93 27.4	2 8	2.7		3.2	2	8	0.3	3	100	0.01	10		610D
KV1705R	旭化成	Tun	100		14	132 46	148 52	164 58	2 8						0.5	3	100		12	2素子(カソードコモン) Cは2素子の並列	205D
KV1705S	旭化成	Tun	100		14	132 46	148 52	164 58	2 8						0.5	3	100		12	2素子(カソードコモン) Cは2素子の並列	610D
KV1720R	旭化成	Tun	100		18	41.17 16		46.48 21.34	2 8	2		2.6	2	8	0.3	1	100	0.01	10		205D
KV1720S	旭化成	Tun	100		18	41.17 16		46.48 21.34	2 8	2		2.6	2	8	0.3	1	100	0.01	10		610D

形名	社名	用途	最大定格 P (mW)	V_{RM} (V)	V_R (V)	端子間容量 C_t, C_j* (pF) min	typ	max	条件 V_R (V)	容量比 $C_t(V_1)/C_t(V_2)$ min	typ	max	測定条件 V_1 (V)	V_2 (V)	Qmin	$r_d$max (Ω)	測定条件 V_R (V)	f (MHz)	逆方向特性 $I_R$max (μA)	条件 V_R (V)	その他の特性等	外形
KV1735R	旭化成	Tun	100		16	68.86 26.39 16.91		77.74 36.69 22.25	2 6 9	3.3		4.6	2	8		0.3	2	100	0.01	10		205D
KV1735S	旭化成	Tun	100		16	68.86 26.39 16.91		77.74 36.69 22.25	2 6 9	3.3		4.6	2	8		0.3	2	100	0.01	10		610D
KV1740R	旭化成	Tun	100		14	42.92 24.61		47.13 28.57	2 8	1.65		1.75	2	8		0.28	2	100	0.01	10		205D
KV1740S	旭化成	Tun	100		14	42.92 24.61		47.13 28.57	2 8	1.65		1.75	2	8		0.28	2	100	0.01	10		610D
KV1745R	旭化成	Tun	100		14	43.53 18.38		46.48 23.85	2 8	1.95		2.35	2	8		0.3	2	100	0.01	10	2素子（カソードコモン） Cは2素子の並列	205D
KV1745S	旭化成	Tun	100		14	43.53 18.38		46.48 23.85	2 8	1.95		2.35	2	8		0.3	2	100	0.01	10	2素子（カソードコモン） Cは2素子の並列	610D
KV1770R	旭化成	Tun	100		18	65.8 12	70 13.4	74.2 14.8	1 4.5	5		1		5		0.5	1.5	100	0.05	10		205D
KV1770S	旭化成	Tun	100		18	65.8 12	70 13.4	74.2 14.8	1 4.5	5		1		5		0.5	1.5	100	0.05	10		610D
KV1780R	旭化成	Tun	100		14	84.67 21	90.2 24.8	95.64 28.59	0.5 3	3.15	3.64		0.5	3		0.35	1.5	100	0.01	10		205D
KV1780S	旭化成	Tun	100		14	84.67 21	90.2 24.8	95.64 28.59	0.5 3	3.15	3.64		0.5	3		0.35	1.5	100	0.01	10		610D
KV1811	旭化成	VCO	50		25	19.51 2.14	21.5 12 4 2.5	23.55 2.92	1 2 4 8		7.8		1	8		1.8	C_t (pF) 8	470	0.005	16		610J
KV1811E	旭化成	VCO	50		25	19.51 2.14	21.5 12 4 2.5	23.55 2.92	1 2 4 8		7.8		1	8		1.8	C_t (pF) 8	470	5nA	16		452C
KV1811K	旭化成	VCO	50		25	19.51 2.14	21.5 12 4 2.5	23.55 2.92	1 2 4 8	7			1	8		1.8	C_t (pF) 8	470	5nA	16		738D
KV1812	旭化成	VCO	50		25	14.5 1.64	16 9 3 1.94	17.5 2.24	1 2 4 8	7.4			1	8		2.1	C_t (pF) 6	470	0.005	16		610J
KV1812E	旭化成	VCO	50		25	14.5 1.64	16 9 3 1.94	17.5 2.24	1 2 4 8	7.4			1	8		2.1	C_t (pF) 6	470	5nA	16		452C

形　名	社名	用途	最大定格 P (mW)	V_{RM} (V)	V_R (V)	端子間容量 C_t, C_j*(pF) min	typ	max	条件 V_R(V)	容量比 $C_t(V_1)/C_t(V_2)$ min	typ	max	測定条件 V_1(V)	V_2(V)	Qmin (Ω)	$r_d$max 測定条件 V_R(V)	f(MHz)	逆方向特性 $I_R$max (μA)	条件 V_R(V)	その他の特性等	外形
KV1812K	旭化成	VCO	50		25	14.5 1.64	16 9 3 1.94	17.5 2.24	1 2 4 8	7.4			1	8	2.1	C_t (pF) 6	470	5nA	16		738D
KV1812TL00	旭化成	Tun																		テーピング引出方向 KV1812TR00と逆	610J
KV1812TR00	旭化成	Tun	50		25	14.63 1.79	15.9 9.05 3.1 1.95	17.17 2.11	1 2 4 8	7.4			1	8	2.1	C_t (pF) 6	470	0.005	16		610J
KV1813E	旭化成	VCO	50		25	10.56 1.18	11.65 7.5 2.5 1.4	12.74 1.62	1 2 4 8		7.8		1	8	2.6	C_t (pF) 5	470	5nA	16		452C
KV1814	旭化成	VCO	50		25	3.1 0.75	3.5 2 1 0.95	3.9 1.15	1 2 4 8	2.8			1	8	2.1	C_t (pF) 2.6	470	0.005	16		610J
KV1821	旭化成	VCO	50		29	13.35 3.15	19.6 14.5 9.4 6.1 3.4	15.5 3.65	1 2 4 8 25	5.1			1	25	1	C_t (pF) 14	470	0.005	25		610J
KV1821E	旭化成	VCO	50		29	13.5 3.15	19.6 14.5 9.4 6.1 3.4	15.5 3.65	1 2 4 8 25	5.1			1	25	1	C_t (pF) 14	470	5nA	25		452C
KV1821TL00	旭化成	Tun																		テーピング引出方向 KV1821TR00と逆	610J
KV1823	旭化成	VCO	50		29	7.5 2.05	10.5 8.05 5.4 3.6 2.2	8.6 2.35	1 2 4 8 25	4.2			1	25	1	C_t (pF) 7	470	0.005	25		610J
KV1823E	旭化成	VCO	50		29	7.5 2.05	10.5 8.05 5.4 3.6 2.2	8.6 2.35	1 2 4 8 25	4.2			1	25	1	C_t (pF) 7	470	5nA	25		452C

- 293 -

形 名	社 名	用途	最大定格 P (mW)	V_{RM} (V)	V_R (V)	端子間容量 C_t, C_j* (pF) min	typ	max	条件 V_R (V)	容量比 $C_t(V_1)/C_t(V_2)$ min	typ	max	測定条件 V_1 (V)	V_2 (V)	Q_{min} (Ω)	r_d max 測定条件 V_R (pF)	f (MHz)	逆方向特性 I_R max (μA)	条件 V_R (V)	その他の特性等	外形
KV1824	旭化成	VCO	50		29	2.08 / 0.7	2.9 / 2.36 / 1.75 / 1.25 / 0.9	2.66 / 1.1	1 / 2 / 4 / 8 / 25	2.5			1	25	1	C_t (pF) 2.8	470	0.005	25		610J
KV1832	旭化成	VCO	50		28	15.4 / 3.65	16.6 / 10 / 5.1 / 4.1	17.9 / 4.54	1 / 2 / 3 / 4	3.7			1	4	0.7	C_t (pF) 7	470	0.005	16		610J
KV1832C	旭化成	VCO	50		28	12.5 / 5.95 / 3.2	16.5 / 10.2 / 4.3	20.5 / 14.45 / 5.45	1 / 2 / 4						0.7	C_t (pF) 7	470	5nA	16		421F
KV1832E	旭化成	VCO	50		28	15.4 / 8.5 / 3.6	16.6 / 10.2 / 4.3	17.9 / 11.9 / 5.05	1 / 2 / 4	3.4			1	4	0.7	C_t (pF) 7	470				452C
KV1832K	旭化成	VCO	50		28	15.4 / 8.5 / 3.6	16.6 / 10.2 / 4.3	17.9 / 11.9 / 5.05	1 / 2 / 4	3.4			1	4	0.7	C_t (pF) 7	470	5nA	16		738D
KV1835E	旭化成	VCO	50		28	36.5 / 11.8		42.5 / 13.8	0.5 / 2	2.8			0.5	2	0.6	1.5	100	5nA	16		452C
KV1835K	旭化成	VCO	50		28	36.5 / 11.8		42.5 / 13.8	0.5 / 2	2.8			0.5	2	0.6	1.5	100	5nA	16		738D
KV1837K	旭化成	VCO	50		28	14.25 / 4.5	16 / 5.6	17.75 / 6.7	1 / 3	2.6	2.9		1	3	1.2	1.5	100	5nA	16		738D
KV1841	旭化成	VCO	50		15	13.93 / 5.52	15 / 11 / 8.5 / 6.1	16.16 / 6.66	2 / 4 / 6 / 10	2	2.5		2	10	0.4	5	470	0.003	15		610J
KV1841E	旭化成	VCO	25		18	13.5 / 6.8	14.5 / 7.5	15.5 / 8.3	2 / 6	2.35			2	6	0.3	C_t (pF) 11	470				452C
KV1841K	旭化成	VCO	25		18	13.5 / 6.8	14.5 / 7.5	15.5 / 8.3	2 / 6	2.35			1	6	0.3	C_t (pF) 11	470	5nA	10		738D
KV1842E	旭化成	VCO	25		18	14 / 4.5	15 / 6	16 / 6.5	2 / 10	2			2	10	0.4	5	470	3nA	15		452C
KV1842K	旭化成	VCO	25		18	14 / 4.5	15 / 6	16 / 6.5	2 / 10	2			2	10	0.4	5	470	3nA	15		738D
KV1843E	旭化成	VCO	25		18	17.09 / 6.63		19.2 / 7.96	1 / 4	2.21			1	4	0.4	C_t (pF) 8	470	5nA	10		452C
KV1843K	旭化成	VCO	25		18	17.09 / 6.63		19.2 / 7.96	1 / 4	2.21			1	4	0.4	C_t (pF) 8	470	5nA	10		738D
KV1845K	旭化成	VCO	25		15	9.7 / 4.15	10.4 / 4.67	11.1 / 5.19	1 / 4	1.9			1	4	0.3	C_t (pF) 5	470	5nA	10		738D

形　名	社　名	用途	最大定格 P (mW)	V_{RM} (V)	V_R (V)	端子間容量 C_t, C_j*(pF) min	typ	max	条件 V_R (V)	容量比 $C_t(V_1)/C_t(V_2)$ min	typ	max	測定条件 V_1 (V)	V_2 (V)	Q_{min}	$r_d$max 測定条件 V_R (V)	f (MHz)	逆方向特性 $I_R$max (μA)	条件 V_R (V)	その他の特性等	外形
KV1846E	旭化成	VCO	25		15	6.5 3.25	6.8 3.5	7.1 3.75	1 3	1.75			1	3		0.55	1	470	5nA	10		452C
KV1846K	旭化成	Tun	25		15	6.5 3.25	6.8 3.5	7.1 3.75	1 3	1.75			1	3		0.55	1	470	0.005	10		738D
KV1848K	旭化成	VCO	50		15	4.18 1.46		5.12 1.88	1 4	2.47			1	4		0.55	C_t (pF) 3	470	5nA	16		738D
KV1851	旭化成	VCO	100		18	20 4.9 2.1	28	36 9.1 3.9	1 4 10	6			1	10	120	4	50		0.1	10	NCは使用不可	610I
KV1851A-1	旭化成	VCO	100		18	20 4.9 2.1	28	36 9.1 3.9	1 4 10	6			1	10	120	4	50		0.1	10		800
KV1851E	旭化成	VCO	25		18	25 4.9		30 7	1 4	3.9			1	4		1.7	4	100	5nA	10		452C
KV1851K	旭化成	VCO	25		18	25 4.9		30 7	1 4	3.9			1	4		1.7	4	100	5nA	10		738D
KV1861E	旭化成	Tun	25		18	19.75 3.65		22.25 4.45	1 7	4.7			1	7		0.7	C_t (pF) 8	470	0.005	12		452C
KV1862E	旭化成	Tun	25		18	26 3.4		29 4.1	1 7	6.53			1	7		0.8	1	470	0.005	12		452C
KV1862K	旭化成	Tun	25		18	26 3.4		29 4.1	1 7	6.53			1	7		0.8	1	470	0.005	12		738D
KV1870R	旭化成	VCO	100		18	65.8 12	70 13.4	74.2 14.8	1 4.5	5			1	5		0.5	1.5	100	0.05	10		205D
KV1870S	旭化成	VCO	100		18	65.8 12	70 13.4	74.2 14.8	1 4.5	5			1	5		0.5	1.5	100	0.05	10		612
*MA2C840	パナソニック	AFC		34	32	10.5 3.3		16 5.7	2 10	2.5 1.64		3.4	2 6	10 10		1.2	C_t (pF) 9	470	0.01	30	旧形名MA840	23F
MA2J357	パナソニック	Tun		35	34	58 29 6.4 3.5 2.53		34.3 8.32 4.35 2.92	0 2 10 17 25	11			2	25		0.54	C_d (pF) 9	470	0.01	30	ΔC<2% (2/10/17/25V)	756C
MA2J360	パナソニック	Tun		35	30	14.36 5.433 2.945 2.089		16.34 6.369 3.452 2.448	2 10 17 25	5.95		7.26	2	25		0.6	C_d (pF) 9	470	0.01	28	ΔC<2% (2/10/17/25V)	756C
*MA2J372	パナソニック	Tun		34	32	14.22 5.307 2.909 2.132		15.473 6.128 3.411 2.321	2 10 17 25	6.22 1.7		1.96	2 10	25 17		0.45	C_d (pF) 9	470	0.01	30	ΔC<2% (2/10/17/25V)	756C

形 名	社 名	用途	最大定格 P (mW)	V_{RM} (V)	V_R (V)	端子間容量 C_t, C_j* (pF) min	typ	max	条件 V_R (V)	容量比 $C_t(V_1)/C_t(V_2)$ min	typ	max	測定条件 V_1 (V)	V_2 (V)	Q_{min}	$r_{d}max$ (Ω)	測定条件 V_R (V)	f (MHz)	逆方向特性 $I_R max$ (μA)	条件 V_R (V)	その他の特性等	外形
* MA2S304	パナソニック	VCO			30	24.86		29.8 8.3	1 4	3			1	4		1	4	100	0.01	28		757C
* MA2S331	パナソニック	VCO			12	17 14 5.5 1.53	15 6 1.6	20 16 6.5 1.83	1 2 4 10	2.25	2.5	2.75	2	10	0.22	C_t (pF) 9	470	0.01	12		757C
* MA2S357	パナソニック	Tun	35	34	58 29 6.4 3.5 2.53		34.3 8.32 4.35 2.92	0 2 10 17 25	11			2	25	0.54	C_t (pF) 9	470	0.01	30	ΔC<2% (2/10/17/25V)	757C
* MA2S367	パナソニック	Tun	34	30	10.5 3.3		16 5.7	2 10	2.8		3.4	2	10	1.6	C_t (pF) 9	470	0.01	30		757C
* MA2S372	パナソニック	Tun	34	32	14.22 5.307 2.909 2.132		15.473 6.128 3.411 2.287	2 10 17 25	1.7		1.96	10	17	0.45	C_t (pF) 9	470	0.01	30	ΔC<2% (2/10/17/25V)	757C
* MA2S374	パナソニック	Tun	35	34	87 44 8.8 3.7 2.6		50.79 13.08 5.04 3.03	0 2 10 17 25	15			2	25	0.9	C_t (pF) 9	470	0.01	10	ΔCt<2.0%	757C
* MA2S376	パナソニック	VCO			6	14 6.8		16 8.9	1 3						0.3	C_t (pF) 9	470	0.01	6		757C
* MA2S377	パナソニック	VCO			12	2.8 1.1		3.4 1.5	2 10	2.2		2.8	2	10	0.6	1	470	0.01	12		757C
* MA2SV01	パナソニック	VCO			6	15 5		17 7	1 3	2.2			1	3	1	C_t (pF) 9	470	0.01	6		757C
* MA2SV02	パナソニック	VCO			6	18 7.3		20 9	1 4	2.1		2.6	1	4	0.3	4	470	0.01	5		757C
* MA2SV03	パナソニック	VCO			6	5.2 2.1		5.8 2.58	1 4	2.1		2.6	1	4	0.3	4	470	0.01	5		757C
* MA2SV04	パナソニック	VCO			6	10 5.8		11.1 6.4	1 3						0.35	4	470	0.01	5		757C
* MA2SV05	パナソニック	VCO			6	18.5 3.6		20.5 4.1	1 4	4.7			1	4	0.65	4	470	0.01	5		757C
* MA2SV07	パナソニック	VCO			6	2.88 1.49		3.12 1.62	1 3	1.84		2.02	1	3	0.35	3	470	0.01	5		757C
* MA2SV09	パナソニック	VCO			6	14.9 8.4		16.4 9.2	1 3	1.69		1.87	1	3	0.35	3	470	0.01	5		757C
* MA2SV10	パナソニック	VCO			6	25.6 6.6		28.2 8	1 3	3.3			1	3	0.7	1	470	0.01	5		757C

— 295 —

— 296 —

形 名	社 名	用途	最大定格 P (mW)	V_{RM} (V)	V_R (V)	端子間容量 C_t, C_j* (pF) min	typ	max	条件 V_R (V)	容量比 $C_t(V1)/C_t(V2)$ min	typ	max	測定条件 $V1$ (V)	$V2$ (V)	Qmin	$r_d$max 測定条件 (Ω)	V_R (V)	f (MHz)	逆方向特性 $I_R$max (μA)	条件 V_R (V)	その他の特性等	外形
* MA2SV15	パナソニック	VCO			6	7.3 2.98		7.91 3.23	0.5 2.5	2.35		2.55	0.5	2.5		0.45	1	470	0.01	5		757C
* MA2X321	パナソニック	Tun	35	30		14.36 5.433 2.945 2.089		16.34 6.369 3.452 2.448	2 10 17 25	5.95		7.26	2	25		0.6	C_d (pF) 9	470	0.01	28	ΔC<2% (2/10/17/25V)	421A
* MA2X329	パナソニック	Tun	34	32		25.87 9.15 3.28 2.58	42	32.64 12.44 4.46 3.2	1 3 10 17 25	9			3	25		1.6	C_d (pF) 9	470	0.01	30	ΔC<3% (3/10/17/25V)	421A
* MA2X333	パナソニック	VCO Tun			9	13.5 4 2.8	15.5 6.8 4	17 7.5 4.5	2 4 6							0.35	C_d (pF) 9	470	0.1	6		421A
* MA2X334	パナソニック	Tun	34	30		11.233 4.358 2.567 2.02		12.781 5.422 3.1 2.367	2 10 17 25	4.6		6.15	3	25		0.72	C_d (pF) 9	470	0.01	30	ΔC<3% (3/10/17/25V)	421A
* MA2X335	パナソニック	Tun	34	32		29.4 8.5 3.44 2.58		36.93 11.57 4.68 3.19	2 10 17 25	10			2	25		0.98	C_d (pF) 9	470	0.01	30	ΔC<2.5% (2/10/17/25V)	421A
* MA2X338	パナソニック	Tun	35	34		27.13 7.05 3.48 2.6		32.15 9.97 4.74 3.15	2 10 17 25	10			2	25		0.63	C_d (pF) 9	470	0.01	30	ΔC<2.5% (2/10/17/25V)	421A
* MA2X339	パナソニック	Tun	34	32		14.22 5.307 2.909 2.132		15.473 6.128 3.411 2.321	2 10 17 25	6.22 1.7		1.96	2 10	25 17		0.45	C_d (pF) 9	470	0.01	30	ΔC<2% (2/10/17/25V)	421A
* MA2X341	パナソニック	Tun	34	30		10.5 3.3		16 5.7	2 10	2.8		3.4	2	10		1.6	C_d (pF) 9	470	0.01	30		757C
* MA2Z304	パナソニック	VCO			30	24.8 6		29.8 8.3	1 4	3			1	4	1	1	C_d (pF) 4	100	0.01	28		420G
* MA2Z331	パナソニック	VCO			12	17 14 10 5.5	15 6	20 16 12.4 6.5	1 2 4 10	1.53	1.6	1.83	1	4		0.22	C_d (pF) 9	470	0.01	12		420G

形　名	社名	用途	最大定格 P (mW)	V_{RM} (V)	V_R (V)	端子間容量 C_t, C_j*(pF) min	typ	max	条件 V_R(V)	容量比 $C_t(V_1)/C_t(V_2)$ min	typ	max	測定条件 V_1(V)	V_2(V)	Qmin	$r_d$max (Ω)	測定条件 V_R(pF)	f(MHz)	逆方向特性 $I_R$max (μA)	条件 V_R(V)	その他の特性等	外形
*MA2Z357	パナソニック	Tun	35		34	58 / 29 / 6.4 / 3.5 / 2.53		34.3 / 8.32 / 4.35 / 2.92	0 / 2 / 10 / 17 / 25	11			2	25		0.54	C_d(pF) 9	470	0.01	30	ΔC<2% (2/10/17/25V)	420G
*MA2Z360	パナソニック	Tun	35		30	14.36 / 5.433 / 2.945 / 2.089		16.34 / 6.369 / 3.452 / 2.448	2 / 10 / 17 / 25	5.95		7.26	2	25		0.6	C_d(pF) 9	470	0.01	28	ΔC<2% (2/10/17/25V)	420G
*MA2Z362	パナソニック	VCO / Tun			9	13.5 / 4 / 2.8	15.5 / 6.8 / 4	17 / 7.5 / 4.5	2 / 4 / 6							0.35	C_d(pF) 9	470	0.1	6		420G
*MA2Z365	パナソニック	Tun	35		32	36 / 8 / 3.4 / 2.54		42.59 / 11.31 / 4.63 / 3.08	2 / 10 / 17 / 25	13	14		2	25		0.85	C_d(pF) 9	470	0.01	30	ΔC<2.5% (2/10/17/25V)	420G
*MA2Z366	パナソニック	Tun	35		34	27.13 / 7.05 / 3.48 / 2.6		32.15 / 9.97 / 4.74 / 3.15	2 / 10 / 17 / 25	10			2	25		0.63	C_d(pF) 9	470	0.01	30	ΔC<2.5% (2/10/17/25V)	420G
*MA2Z367	パナソニック	Tun	34		30	10.5 / 3.3		16 / 5.7	2 / 10	2.8		3.4	2	10		1.6	C_d(pF) 9	470	0.01	30		420G
*MA2Z368	パナソニック	Tun	32		30	3.6 / 0.5	4.6 / 0.65	5.6 / 0.9	1 / 30	4			1	30			C_d(pF) 4.5	470	0.05	30	rd=2Ω	420G
*MA2Z371	パナソニック	Tun	35		32	34 / 8.01 / 3.514 / 2.596		38.67 / 11.982 / 5.274 / 3.195	2 / 10 / 17 / 25	11.9	12.5		2	25		0.75	C_d(pF) 9	470	0.01	30	ΔC<2.5% (2/10/17/25V)	420G
*MA2Z372	パナソニック	Tun	34		32	14.22 / 5.307 / 2.909 / 2.132		15.473 / 6.128 / 3.411 / 2.321	2 / 10 / 17 / 25	6.22 / 1.7		1.96	2 / 10	25 / 17		0.45	C_d(pF) 9		0.01		ΔC<2% (2/10/17/25V)	420G
*MA2Z374	パナソニック	Tun	35		34	87 / 44 / 8.8 / 3.7 / 2.6		50.79 / 13.08 / 5.04 / 3.03	0 / 2 / 10 / 17 / 25	15			2	25		0.9	C_d(pF) 9	470	0.01	30	ΔC<2% (2/10/17/25V)	420G
*MA2Z376	パナソニック	VCO			6	14 / 6.8		16 / 8.9	1 / 3							0.3	C_d(pF) 9	470	0.01	10		420G
*MA2Z377	パナソニック	VCO			12	2.8 / 1.1		3.4 / 1.5	2 / 10	2.2		2.8	2	10		0.6	1	470	0.01	12		420G

形　名	社名	用途	最大定格 P (mW)	V_{RM} (V)	V_R (V)	端子間容量 C_t, C_j* (pF) min	typ	max	条件 V_R (V)	容量比 $C_t(V1)/C_t(V2)$ min	typ	max	測定条件 $V1$ (V)	$V2$ (V)	Qmin (Ω)	$r_d$max 測定条件 V_R (pF)	f (MHz)	逆方向特性 $I_R$max (μA)	条件 V_R (V)	その他の特性等	外形
*MA2Z391	パナソニック	VCO			10	1	3.7 1.4	5	1 4						0.5	C_d 1.6	470	0.05	6		420G
*MA2Z392	パナソニック	VCO			10	3.5 1.8	5	6.5 2.6	1 4						0.4	C_d 2.3	470	0.05	6		420G
*MA2Z393	パナソニック	VCO			10	8 2.1	10.5 3.6	13 5.1	1 4						0.4	C_d 4.5	470	0.05	6		420G
*MA2ZV01	パナソニック	VCO			6	15 5		17 7	1 3	2.2			1	3	1	C_d 9	470	0.01	6		420G
*MA2ZV02	パナソニック	VCO			6	18 6.9		20 9.4	1 4	2.1	2.6		1	4	0.3	4	470	0.01	5		420G
*MA2ZV03	パナソニック	VCO			6	5.2 2.1		5.8 2.58	1 4	2.1	2.6		1	4	0.3	4	470	0.01	5		420G
*MA2ZV05	パナソニック	VCO			6	18.5 3.6		20.5 4.1	1 4	4.7			1	4	0.65	4	470	0.01	5		420G
*MA2ZV06	パナソニック	VCO			6	37 14.6		41 16.2	1 4	2.4	2.7		1	4	0.3	4	470	0.01	5		420G
*MA4X348	パナソニック	AFC		15	15	10		16	10						40	10	50	0.1	12		439A
*MA6X344	パナソニック	Tun		34	30	11.233 4.358 2.567 2.02		12.781 5.422 3.1 2.367	3 10 17 25	4.6	6.15		3	25	0.75	C_d 9	470	0.01	30	△C<2%(Bランク) △C<3%(Gランク)	270A
*MA26V01	パナソニック	VCO			6	15 5		17 7	1 3	2.2			1	3	1	C_d 9	470	0.01	6		58A
*MA26V02	パナソニック	VCO			6	18 7.3		20 9	1 4	2.1	2.6		1	4	0.3	4	470	0.01	5		58A
*MA26V03	パナソニック	VCO			6	5.2 2.1		5.8 2.58	1 4	2.1	2.6		1	4	0.3	4	470	0.01	5		58A
*MA26V04	パナソニック	VCO			6	10 5.8		11.1 6.4	1 3						0.35	3	470	0.01	5		58A
*MA26V05	パナソニック	VCO			10	18.5 3.6		20.5 4.1	1 4	4.7			1	4	0.65	4	470	0.01	10		58A
*MA26V07	パナソニック	VCO			6	2.88 1.49		3.12 1.62	1 3	1.84	2.02		1	3	0.35	4	470	0.01	5		58A
*MA26V09	パナソニック	VCO			6	14.9 8.4		16.4 9.2	1 3	1.69	1.87		1	3	0.35	4	470	0.01	5		58A
*MA26V11	パナソニック	VCO			8	2.77 1.23		3.01 1.34	1 4	2.16	2.34		1	4	0.35	4	470	0.01	5		58A
*MA26V12	パナソニック	VCO			8	3.6 1.97		3.9 2.14	1 4	1.75	1.9		1	4	0.35	4	470	0.01	5		58A
*MA26V13	パナソニック	VCO			12	11.12 5.25		12.29 5.81	1 3	2.01	2.23		1	3	0.4	3	470	0.01	10		58A

形名	社名	用途	最大定格 P (mW)	最大定格 V_{RM} (V)	最大定格 V_R (V)	端子間容量 C_t, C_j* (pF) min	typ	max	条件 V_R (V)	$C_t(V_1)/C_t(V_2)$ min	typ	max	測定条件 V_1 (V)	V_2 (V)	Q_{min} (Ω)	$r_{d max}$ 測定条件 V_R (V)	f (MHz)	逆方向特性 $I_{R max}$ (μA)	条件 V_R (V)	その他の特性等	外形
*MA26V14	パナソニック	VCO			6	4.99 / 2.33		5.41 / 2.53	1 / 4	2.05		2.23	1	4	0.4	4	470	0.01	5		58A
*MA26V15	パナソニック	VCO			6	7.3 / 2.98		7.91 / 3.23	0.5 / 2.5	2.35		2.55	0.5	2.5	0.45	1	470	0.01	5		58A
*MA26V16	パナソニック	VCO			6	17.45 / 7.73		18.95 / 8.37	1 / 3	2.17		2.35	1	3	0.3	3	470	0.01	5		58A
*MA26V17	パナソニック	VCO			6	2.86 / 1.17		3.1 / 1.27	1 / 4	2.34		2.54	1	4	0.35	4	470	10nA	5		58A
*MA26V19	パナソニック	VCO			6	2.3 / 1.18		2.5 / 1.28	1 / 3	2.3		2.5	1	3	0.35	3	470	10nA	5		58A
*MA26V20	パナソニック	VCO			6	18 / 9.2		19.5 / 9.9	1 / 3	1.89		2.04	1	3	0.35	3	470	10nA	5		58A
*MA26V22	パナソニック	VCO			6	17.67 / 7.02		19.13 / 7.6	1 / 4	2.42		2.62	1	4	0.3	4	470	10nA	5		58A
*MA27V01	パナソニック	VCO			6	15 / 5		17 / 7	1 / 3	2.2			1	3	1	C_d (pF) 9	470	0.01	6		738A
*MA27V02	パナソニック	VCO			6	18 / 7.3		20 / 9.2	1 / 4	2.1		2.6	1	4	0.3	4	470	0.01	5		738A
*MA27V03	パナソニック	VCO			6	5.2 / 2.1		5.8 / 2.58	1 / 4	2.1		2.6	1	4	0.3	4	470	0.01	5		738A
*MA27V04	パナソニック	VCO			6	10 / 5.8		11.1 / 6.4	1 / 3						0.35	4	470	0.01	5		738A
*MA27V05	パナソニック	VCO			6	18.5 / 3.6		20.5 / 4.1	1 / 4	4.7			1	4	0.65	4	470	0.01	5		738A
*MA27V07	パナソニック	VCO			6	2.88 / 1.49		3.12 / 1.62	1 / 3	1.84		2.02	1	3	0.35	3	470	0.01	5		738A
*MA27V09	パナソニック	VCO			6	14.9 / 8.4		16.4 / 9.2	1 / 3	1.69		1.87	1	3	0.35	3	470	0.01	5		738A
*MA27V11	パナソニック	VCO			6	2.77 / 1.23		3.01 / 1.34	1 / 4	2.16		2.34	1	4	0.35	4	470	0.01	5		738A
*MA27V12	パナソニック	VCO			8	3.6 / 1.97		3.9 / 2.14	1 / 4	1.75		1.9	1	4	0.35	4	470	0.01	5		738A
*MA27V13	パナソニック	VCO			12	11.12 / 5.25		12.29 / 5.81	1 / 3	2.01		2.23	1	3	0.4	4	470	0.01	10		738A
*MA27V14	パナソニック	VCO			6	4.99 / 2.33		5.41 / 2.53	1 / 4	2.05		2.23	1	4	0.4	4	470	0.01	5		738A
*MA27V15	パナソニック	VCO			6	7.3 / 2.98		7.91 / 3.23	0.5 / 2.5	2.35		2.55	0.5	2.5	0.45	1	470	0.01	5		738A
*MA27V16	パナソニック	VCO			6	17.45 / 7.73		18.95 / 8.37	1 / 3	2.17		2.35	1	3	0.3	3	470	0.01	5		738A
*MA27V17	パナソニック	VCO			6	2.86 / 1.17		3.1 / 1.27	1 / 4	2.34		2.54	1	4	0.35	4	470	0.01	5		738A

形 名	社 名	用途	最大定格 P (mW)	V_{RM} (V)	V_R (V)	端子間容量 C_t, C_j* (pF) min	typ	max	条件 V_R (V)	容量比 $C_t(V_1)/C_t(V_2)$ min	typ	max	測定条件 V_1 (V)	V_2 (V)	Q_{min}	r_{d}max (Ω)	測定条件 V_R (V)	f (MHz)	逆方向特性 I_{Rmax} (μA)	条件 V_R (V)	その他の特性等	外形
* MA27V19	パナソニック	VCO			6	2.3 1.18		2.5 1.28	1 3	1.87		2.03	1	3		0.35	3	470	0.01	5		738A
* MA27V20	パナソニック	VCO			6	18 9.2		19.5 9.9	1 3	1.89		2.04	1	3		0.35	3	470	10nA	5		738A
* MA27V22	パナソニック	VCO			6	17.67 7.02		19.13 7.6	1 4	2.42		2.62	1	4		0.3	3	470	10nA	5		738A
* MA27V23	パナソニック	VCO			6	2.28 1		2.46 1.1	1 4	2.17		2.34	1	4		0.35	4	470	10nA	5		738A
* MA304	パナソニック	VCO			30	24.86		29.8 8.3	1 4	3			1	4	1		4	470	0.01	28	新形名MA2Z304	420G
* MA321	パナソニック	Tun	35		30	14.36 5.433 2.945 2.089		16.34 6.369 3.452 2.448	2 10 17 25	5.95		7.26	2	25		0.6	C_d(pF) 9	470	0.01	28	ΔC<2% 新形名MA2X321	421A
* MA329	パナソニック	Tun	34		32	25.87 9.15 3.28 2.58	42	32.64 12.44 4.46 3.2	1 3 10 17 25	9			3	25		1.6	C_d(pF) 9	470	0.01	30	ΔC<3% 新形名MA2X329	421A
* MA331	パナソニック	VCO			12	17 14 10 5.5	15	20 16 12.4 6.5	1 2 4 10	1.53 2.25	1.6 2.5	1.83 2.75	1 2	4 10		0.22	C_d(pF) 9	470	0.01	12	新形名MA2Z331	420G
* MA333	パナソニック	Tun VCO			9	13.5 4 2.8	15.5 6.8 4	17 7.5 4.5	2 4 6							0.35	C_d(pF) 9	470	0.1	6	N型GaAs エピタキシャルプレーナ型 新形名MA2X333	421A
* MA334	パナソニック	Tun	34		30	11.233 4.358 2.567 2.02		12.781 5.422 3.1 2.367	3 10 17 25	4.6		6.15	3	25		0.72	C_d(pF) 9	470	0.01	30	ΔC<2% 新形名MA2X334	421A
* MA335	パナソニック	Tun	34		32	29.4 8.5 3.44 2.58		36.93 11.57 4.68 3.19	2 10 17 25	10			2	25		0.98	C_d(pF) 9	470			ΔC_t<2.5% 新形名MA2X335	421A
* MA337	パナソニック	Tun	35		32	36 8 3.4 2.54		42.59 11.31 4.63 3.08	2 10 17 25	13	14		2	25		0.85	C_d(pF) 9	470	0.01	30		421D
* MA338	パナソニック	Tun	35		34	27.13 7.05 3.48 2.6		32.15 9.97 4.74 3.15	2 10 17 25	10			2	25		0.63	C_d(pF) 9	470	0.01	30	新形名MA2X338	421A

	形 名	社 名	用途	最大定格 P (mW)	最大定格 V_{RM} (V)	最大定格 V_R (V)	端子間容量 Ct, Cj*(pF) min	端子間容量 typ	端子間容量 max	条件 V_R(V)	容量比 $Ct(V1)/Ct(V2)$ min	typ	max	測定条件 $V1$(V)	測定条件 $V2$(V)	Qmin (Ω)	$r_d$max 測定条件 V_R(V)	$r_d$max 測定条件 f(MHz)	逆方向特性 $I_R$max (μA)	逆方向特性 V_R(V)	その他の特性等	外形
*	MA339	パナソニック	Tun		34	32	14.22 5.307 2.909 2.132		15.473 6.128 3.411 2.321	2 10 17 25	6.22 1.7		1.96	2 10	25 17	0.45	Cd(pF) 9	470	0.01	30	△Ct<2% 新形名MA2X339	421A
*	MA341	パナソニック	Tun		28	25	10.5 3.3		16 5.7	2 10	2.8		3.4	2	10	1.6	Cd(pF) 9	470	0.01	30	新形名MA2X341	421D
	MA342B	パナソニック	AFC		34	32	10.5 3.3		16 5.7	2 10	2.8		3.4	2	10	1.2	Cd(pF) 9	470				357D
	MA342M	パナソニック	AFC		34	32	10.5 3.3		16 5.7	2 10	1.64			6	10	1.2	Cd(pF) 9	470				357D
	MA344	パナソニック	Tun		34	30	11.233 4.358 2.567 2.02		12.781 5.422 3.1 2.367	3 10 17 25	4.6		6.15	3	25	0.75	Cd(pF) 9	470	0.01	30	3素子複合 △Ct<2%(Bランク) △Ct<3%(Gランク) 新形名MA6X344	270A
*	MA345	パナソニック	AFC		15	15	10		16	10						40	10	50	0.1	12		25E
	MA345B	パナソニック	AFC		15	15	10		16	10						40	10	50	0.1	12		25E
*	MA346	パナソニック	AFC		15	15	10		16	10						40	10	50	0.1	12		23F
*	MA348	パナソニック	AFC		15	15	10		16	10						40	10	50	0.1	12	新形名MA4X348	439A
*	MA351	パナソニック	AFC		15	15	10		16	10						40	10	50	0.1	12	3素子複合	270A
*	MA353	パナソニック	Tun		35	32	34 8.01 3.514 2.596		38.67 11.982 5.274 3.195	2 10 17 25	11.9	12.5		2	25	0.75	Ct(pF) 9	470	0.01	30	△Ct<2.5%	421D
*	MA357	パナソニック	Tun		35	34	58 29 6.4 3.5 2.53		34.3 8.32 4.35 2.92	0 2 10 17 25	11			2	25	0.54	Cd(pF) 9	470	0.01	30	△C<2.0% 新形名MA2Z357	420G
*	MA357J	パナソニック	Tun		35	34	58 29 6.4 3.5 2.53		34.3 8.32 4.35 2.92	0 2 10 17 25	11			2	25	0.54	Ct(pF) 9	470			△C<2% (2/10/17/25V) 新形名MA2J357	756C
*	MA360	パナソニック	Tun		35	30	14.36 5.433 2.945 2.089		16.34 6.369 3.452 2.448	2 10 17 25	5.95		7.26	2	25	0.6	Ct(pF) 9	470	0.01	28	△C<2% 新形名MA2Z360	420G
*	MA360J	パナソニック	Tun		35	30	14.36 5.433 2.945 2.089		16.34 6.369 3.452 2.448	2 10 17 25	5.95		7.26	2	25	0.6	Ct(pF) 9	470			△C<2% (2/10/17/25V) 新形名MA2J360	756C

形名	社名	用途	最大定格 P (mW)	最大定格 V_{RM} (V)	最大定格 V_R (V)	端子間容量 Ct,Cj*(pF) min	端子間容量 typ	端子間容量 max	条件 V_R(V)	容量比 Ct(V1)/Ct(V2) min	容量比 typ	容量比 max	測定条件 V1(V)	測定条件 V2(V)	Q min (Ω)	rd max 測定条件 V_R(V)	rd max f(MHz)	逆方向特性 I_Rmax (μA)	逆方向特性 V_R(V)	その他の特性等	外形
*MA362	パナソニック	Tun			9	13.54 2.8	15.5 6.8 4	17 7.5 4.5	2 4 6						0.35	Ct(pF) 9	470	0.1	6	新形名MA2Z362	420G
*MA363	パナソニック	Tun	34		30	11.233 4.358 2.567 2.02		12.781 5.422 3.1 2.367	3 10 17 25	4.6		6.15	3	25	0.72	Ct(pF) 9	470	0.01	30		420G
*MA364	パナソニック	Tun	34		32	29.4 8.5 3.44 2.58		36.93 11.57 4.68 3.19	2 10 17 25	10			2	25	0.98	Ct(pF) 9	470	0.01	30	ΔC<2.5%	420G
*MA365	パナソニック	Tun	35		32	36 8 3.4 2.54		42.59 11.31 4.63 3.08	2 10 17 25	13	14		2	25	0.85	Ct(pF) 9	470	0.01	30	ΔCt<2.5% 新形名MA2Z365	420G
*MA366	パナソニック	Tun	35		34	27.13 7.05 3.48 2.6		32.15 9.97 4.74 3.15	2 10 17 25	10			2	25	0.63	Ct(pF) 9	470	0.01	30	ΔCt<2.5% 新形名MA2Z366	420G
*MA367	パナソニック	AFC	34		30	10.5 3.3		16 5.7	2 10	2.8		3.4	2	10	1.6	Ct(pF) 9	470	0.01	30	新形名MA2Z367	420G
*MA368	パナソニック	Tun	32		30	3.6 0.5	4.6 0.65	5.6 0.9	1 30	4			1	30				0.05	30	rd=2Ω(470MHz) 新形名MA2Z368	420G
*MA370	パナソニック	Tun	32		30	3.6 0.6	4.6 0.8	5.6 1	1 30	4	5.7		1	30	2	1	470	0.1	28		610E
*MA371	パナソニック	Tun	35		32	34 8.01 3.514 2.596		38.67 11.982 5.274 3.195	2 10 17 25	11.9	12.5		2	25	0.75	Ct(pF) 9	470	0.01	30	新形名MA2Z371 ΔCt<2.5%	420G
*MA372	パナソニック	Tun	34		32	14.22 5.307 2.909 2.132		15.473 6.128 3.411 2.321	2 10 17 25	1.7 6.22		1.96	10 2	17 25	0.45	Ct(pF) 9	470	0.01	30	新形名MA2Z372 ΔCt<2%	420G
*MA372J	パナソニック	Tun	34		32	14.22 5.307 2.909 2.132		15.473 6.128 3.411 2.321	2 10 17 25	6.22			2	25	0.45	Cd(pF) 9	470	0.01	30	ΔC<2% 新形名MA2J372	756C
*MA374	パナソニック	Tun	35		32	44 8.8 3.7 2.6		50.79 13.08 5.04 3.03	2 10 17 25	15			2	25	0.9	Cd(pF) 9	470	0.01	30	ΔC<2.0% 新形名MA2Z374	420G

形 名	社 名	用途	最大定格 P (mW)	最大定格 V_{RM} (V)	最大定格 V_R (V)	端子間容量 C_t, C_j*(pF) min	端子間容量 typ	端子間容量 max	条件 V_R(V)	容量比 $C_t(V_1)/C_t(V_2)$ min	typ	max	測定条件 V_1(V)	測定条件 V_2(V)	Qmin (Ω)	$r_d$max	測定条件 V_R(V)	測定条件 f(MHz)	逆方向特性 $I_R$max (μA)	条件 V_R(V)	その他の特性等	外形
*MA376	パナソニック	VCO			6	14 6.8		16 8.9	1 3						0.3	C_d(pF) 9	470		0.01	6	新形名MA2Z376	420G
*MA377	パナソニック	VCO			12	2.8 1.1		3.4 1.5	2 10	2.2		2.8	2	10	0.6	1	470		0.01	12	新形名MA2Z377	420G
*MA391	パナソニック	VCO			10		3.7 1.4	5	1 4						0.5	C_d(pF) 1.6	470		0.05	6	新形名MA2Z391 N型GaAs	420G
*MA392	パナソニック	VCO			10	3.5 1	5 1.8	6.5 2.6	1 4						0.4	C_d(pF) 2.3	470		0.05	6	新形名MA2Z392 N型GaAs	420G
*MA393	パナソニック	VCO			10	8 2.1	10.5 3.6	13 5.1	1 4						0.4	C_d(pF) 4.5	470		0.05	6	新形名MA2Z393 N型GaAs	420G
MA840	パナソニック	Tun		34	32	10.5 3.3		16 5.7	2 10	2.5 1.64		3.4	2 6	10 10	1.2	C_d(pF) 9	470		0.01	30		23F
*MA10301	パナソニック	VCO			15	19.5 14.3		23.5 17.6	1 2	1.3			1	2	0.35	4	100		0.01	10		420G
*MA26304	パナソニック	VCO			30	26 6		28.5 7.5	1 4	3.5			1	4	1	4	100		0.01	28		58A
*MA26376	パナソニック	VCO			6	14 6.8		16 8.9	1 3						0.3	C_d(pF) 9	470		0.01	6		58A
*MA27331	パナソニック	VCO			12	17 14 10 5.5	15 6	20 16 12.4 6.5	1 2 4 10	1.53	1.6	1.83	1	4	0.22	C_d(pF) 9	470		0.01	12		738A
MA27336	パナソニック	VCO			6	14 6.8		16 8.9	1 3						0.3	C_d(pF) 9	470		0.01	10		757C
*MA27376	パナソニック	VCO			6	14 6.8		16 8.9	1 3						0.3	C_d(pF) 9	470		0.01	6		738A
NJX1542	NJR	VCO			40	0.6 0.2	0.75	0.24	0 10		3.5		0	10					1	20	GaAs	17
NJX1560	NJR	VCO			25	0.59 0.2	0.66	0.3	0 10		3.3		0	10					1	20	GaAs	757A
NJX1561	NJR	VCO			25	0.61 0.22	0.7	0.32	0 10		3.2		0	10					1	20	GaAs	420A
RKV500KG	ルネサス	Tun		35	34	14.15 1.89		15.75 2.18	2 25	6.3			2	25	0.57	5	470		10nA	32	ΔC<1.8% (2〜25V)	420C
RKV500KJ	ルネサス	Tun		35	34	14.15 1.89		15.75 2.18	2 25	6.3			2	25	0.57	5	470		10nA	32	ΔC<1.8% (2〜25V)	757A
RKV500KK	ルネサス	Tun		35	34	14.15 1.89		15.75 2.18	2 25	6.3			2	25	0.57	5	470		10nA	32	ΔC<1.8% (2〜25V)	738B
RKV501KG	ルネサス	Tun		35	34	29.5 2.45		34.0 2.78	2 25	11.0			2	25	0.75	5	470		10nA	32	ΔC<1.8% (2〜25V)	420C
RKV501KJ	ルネサス	Tun		35	34	29.5 2.45		34.0 2.78	2 25	11.0			2	25	0.75	5	470		10nA	32	ΔC<1.8% (2〜25V)	757A

形　名	社　名	用途	最大定格 P (mW)	最大定格 V_{RM} (V)	最大定格 V_R (V)	端子間容量 C_t, C_j*(pF) min	端子間容量 typ	端子間容量 max	条件 V_R(V)	容量比 $C_t(V_1)/C_t(V_2)$ min	typ	max	測定条件 V_1(V)	測定条件 V_2(V)	Qmin	$r_d$max (Ω)	測定条件 V_R(V)	測定条件 f(MHz)	逆方向特性 $I_R$max (μA)	条件 V_R(V)	その他の特性等	外形
RKV501KK	ルネサス	Tun		35	34	29.5 2.45		34.0 2.78	2 25	11.0			2	25		0.75	5	470	10nA	32	ΔC<1.8% (2～25V)	738B
RKV502KG	ルネサス	Tun		35	34	41.5 2.60		47.0 3.00	2 25	14.5			2	25		1.1	5	470	10nA	32	ΔC<1.8% (2～25V)	420C
RKV502KJ	ルネサス	Tun		35	34	41.5 2.60		47.0 3.00	2 25	14.5			2	25		1.1	5	470	10nA	32	ΔC<1.8% (2～25V)	757A
RKV502KK	ルネサス	Tun		35	34	41.5 2.60		47.0 3.00	2 25	14.5			2	25		1.1	5	470	10nA	32	ΔC<1.8% (2～25V)	738B
RKV600KP	ルネサス	VCO			15	6.62 2.60		7.02 2.95	1 4	2.35		2.55	1	4		0.60	1	470	10nA	15		140
RKV601KP	ルネサス	VCO			15	7.30 2.90		7.70 3.18	0.5 2.5	2.43		2.57	0.5	2.5		0.75	1	470	10nA	10		140
RKV602KP	ルネサス	VCO			15	2.05 1.18		2.24 1.29	1 3	1.60		1.85	1	3		0.70	1	470	10nA	15		140
RKV603KL	ルネサス	VCO			15	7.38 3.26		7.92 3.58	0.5 2.5	2.10		2.40	0.5	2.5		0.75	1	470	10nA	10		736B
RKV603KP	ルネサス	VCO			15	7.38 3.26		7.92 3.58	0.5 2.5	2.10		2.40	0.5	2.5		0.75	1	470	10nA	10		140
RKV604KL	ルネサス	VCO			15	2.35 1.22		2.70 1.42	1 3	1.73		2.10	1	3		0.70	1	470	10nA	15		736A
RKV604KP	ルネサス	VCO			15	2.35 1.22		2.70 1.42	1 3	1.73		2.10	1	3		0.70	1	470	10nA	15		140
RKV605KL	ルネサス	VCO			10	18.5 8.55		20.0 9.45	0.5 2.5	2.02		2.26	0.5	2.5		0.40	1	470	10nA	10		736A
RKV605KP	ルネサス	VCO			10	18.5 8.55		20.0 9.45	0.5 2.5	2.02		2.26	0.5	2.5		0.40	1	470	10nA	10		140
RKV606KL	ルネサス	VCO			15	3.18 1.63		3.5 1.8	1 3	1.81		2.08	1	3		0.75	1	470	10n			736A
RKV606KP	ルネサス	VCO			15	3.18 1.63		3.5 1.8	1 3	1.81		2.08	1	3		0.75	1	470	10n			140
RKV607KL	ルネサス	VCO			15	2.03 1.05		2.2 1.2	1 3	1.75		2	1	3		0.85	1	470	10n			736A
RKV607KP	ルネサス	VCO			15	2.03 1.05		2.2 1.2	1 3	1.75		2	1	3		0.85	1	470	10n			140
*RKV608KL	ルネサス	VCO			15	4.18 1.85		4.52 2.11	1 4	2.13		2.27	1	4		0.75	1	470	10n			736A
RKV650KL	ルネサス	VCO			15	7.20 2.05		7.80 2.35	0.5 2.5	3.25		3.70	0.5	2.5		0.75	1	470	10nA	10		736A
RKV650KP	ルネサス	VCO			15	7.20 2.05		7.80 2.35	0.5 2.5	3.25		3.70	0.5	2.5		0.75	1	470	10nA	10		140
RKV651KK	ルネサス	Tun			15	29.5 7.80		33.0 10.7	0.2 2.3	2.90		4.10	0.5	2.3		0.6	1	470	10nA	10		738B

形　名	社　名	用途	最大定格 P (mW)	V_RM (V)	V_R (V)	端子間容量 Ct, Cj*(pF) min	typ	max	条件 V_R (V)	容量比 Ct(V1)/Ct(V2) min	typ	max	測定条件 V1(V)	V2(V)	Qmin (Ω)	rdmax 測定条件 V_R(V)	f(MHz)	逆方向特性 I_Rmax (μA)	条件 V_R(V)	その他の特性等	外形
RKV651KL	ルネサス	Tun			15	29.5 7.80		33.0 10.7	0.2 2.3	2.90		4.10	0.5	2.3	0.6	1	470	10nA	10		736A
RKV652KL	ルネサス	VCO			10	2.90 1.12		3.30 1.30	1 3	2.28		2.90	1	3	1.1	1	470	10nA	10		736A
RKV652KP	ルネサス	VCO			10	2.90 1.12		3.30 1.30	1 3	2.28		2.90	1	3	1.1	1	470	10nA	10		140
RKV653KL	ルネサス	VCO			10	2.60 0.97		2.90 1.08	1 3	2.40		3.05	1	3	1.8	1	470	10nA	10		736A
RKV653KP	ルネサス	VCO			10	2.60 0.97		2.90 1.08	1 3	2.40		3.05	1	3	1.8	1	470	10nA	10		140
RKV5000DKK	ルネサス	Tun		35	34	14.15 1.89		15.75 2.18	2 25	6.3			2	25	0.57	5	470	0.01	32	ΔC<1.8% (連続10個)	738B
RKV5010DKK	ルネサス	Tun		35	34	29.5 2.45		34 2.78	2 25	11			2	25	0.75	5	470	0.01	32	ΔC<1.8% (連続10個)	738B
RKV5020DKK	ルネサス	Tun				41.5 2.6		47 3	2 25	14.5			2	25	1.1	5	470	0.01	32	ΔC<1.8% (連続10個)	738B
*SD113	ルネサス	AFC		10	5	35		55	0									1	5		24C
*SD115	ルネサス	AFC		15	10	10		16	4									1	10		24C
*SD116	ルネサス	AFC		15	10	6		12	4									1	10		24C
*SD117	ルネサス	AFC		15	10	4		8	4									1	10		24C
SVC102	三洋	VCO	200		30		7		0		8		0	25				0.1	25	GaAs	359
SVC201SPA	三洋	Tun			16	28.19 19.04 14.48 10.17		37.45 24.33 18.49 12.99	1.6 3.5 5 7.5	2.2		3.7	1.6	7.5	0.6	1	50	0.05	9	ΔCt<5%	367
*SVC201Y	三洋	Tun			16	28.19 19.04 14.48 10.17		37.45 24.33 18.49 12.99	1.6 3.5 5 7.5	2.2		3.7	1.6	7.5	0.6	1	50	0.05	9	ΔCt<5%	225
*SVC202	三洋	Tun			16	28.19 19.04 14.48 10.17		37.45 24.33 18.49 12.99	1.6 3.5 5 7.5	2.2		3.7	1.6	7.5	0.6	1	50	0.05	9	ΔCt<5% 2素子センタータップ (カソードコモン)	730A
SVC202SPA	三洋	Tun			16	28.19 19.04 14.48 10.17		37.45 24.33 18.49 12.99	1.6 3.5 5 7.5	2.2		3.7	1.6	7.5	0.6	1	50	0.05	9	ΔCt<5% 2素子センタータップ (カソードコモン)	368A
SVC203CP	三洋	Tun			16	58.8 18.72 10.84		65.98 25.11 13.4	1 6 9	4.6			1	9	60	3	100	0.05	10	ΔCt<6.5%(1V) ΔCt<5.5%(6V) ΔCt<11.8%(9V)	610D

- 305 -

形　名	社名	用途	最大定格 P (mW)	最大定格 V_{RM} (V)	最大定格 V_R (V)	端子間容量 C_t, C_j* (pF) min	typ	max	条件 V_R (V)	容量比 $C_t(V_1)/C_t(V_2)$ min	typ	max	測定条件 V_1 (V)	測定条件 V_2 (V)	Qmin (Ω)	rdmax 測定条件 V_R (V)	f (MHz)	逆方向特性 I_Rmax (μA)	条件 V_R (V)	その他の特性等	外形
SVC203SPA	三洋	Tun	100		16	36.92 26.13 18.04 12.64		43.03 34.45 25.61 16.84	3 4.5 6 8	2.5		3	3	8	60	3	100	0.05	10	ΔCt<3% 2素子センタータップ (カソードコモン)	368A
SVC208	三洋	Tun			16	36.92 27.45 19.91 12.77		43.03 32.8 25.61 16.84	3 4.5 6 8	2.5		3	3	8	80	3	100	0.05	10	2素子センタータップ (カソードコモン) ΔCt<3%	610D
SVC211SPA	三洋	Tun			32	37 14.8		42 18.2	3 25	2.32	2.55	3	25		100	3	100	0.05	30	2素子センタータップ (カソードコモン)	368A
*SVC212	三洋	Tun			16	43 24.5		47.5 28.8	2 8	1.65	1.75	2	8		100	3	100	0.05	10	2素子センタータップ (カソードコモン)	610D
SVC220	三洋	Tun			16	44 25.1		46.5 28.2	2 8	1.65	1.75	2	8		100	3	100	0.05	10	ΔC<3% (連続7個)	610D
SVC221	三洋	Tun			16	20.8 12		24.8 15	2 8	1.65	1.75	2	8		100	3	100	0.05	10	ΔC<4% (2V)	610A
SVC222	三洋	Tun			16	20.8 12		24.8 15	2 8	1.65	1.75	2	8		100	3	100	0.05	10	ΔC<4% (2V)	367
SVC224	三洋	VCO			16	51 16 9.5		76 29 15.5	1 6 9	4.6		5.8	1	9	60	3	100	0.05	10		367
SVC226	三洋	Tun			16	41.78 18.04 10.75		47.5 23.78 13.82	1 5 9	3			1	9	80	3	100	0.01	16	ΔC<3% (1/5/9V)	367
SVC230	三洋	Tun			16	44 25.1		46.5 28.2	2 8	1.65	1.75	2	8		100	3	100	0.05	10	ΔC<3% (2V)	610D
SVC231	三洋	Tun			16	43.89 17.65		51.02 21.5	2 8	2.3	2.6	2	8		100	3	100	0.05	10	ΔCt<2% (2V)	610D
SVC233	三洋	Tun			16	62.02 33.45 21.45		68.79 41.98 28.27	1 3 4.5	2.35		3	1	4.5	60	3	100	0.05	10	ΔCt<2% (1/3/4.5V)	610D
SVC234	三洋	Tun			16	62.02 21.45 13.42		68.79 28.27 16.03	1 4.5 6.5	4.05		4.9	1	6.5	60	3	100	0.05	10		610D
SVC236	三洋	Tun			16	92.07 35.14 14.44		102.12 41.98 16.84	1 3 6.5	5			1	6.5	70	3	100	0.05	10	ΔCt<3% (1/3/4.5V)	610D
SVC237	三洋	Tun			16	92.07 35.14 14.44		102.12 41.98 16.84	1 3 6.5	5			1	6.5	70	3	100	0.05	10	ΔCt<3% (1/3/4.5V)	368A

形 名	社 名	用途	最大定格 P (mW)	V_{RM} (V)	V_R (V)	端子間容量 C_t, C_j*(pF) min	typ	max	条件 V_R(V)	容量比 $C_t(V_1)/C_t(V_2)$ min	typ	max	測定条件 V_1(V)	V_2(V)	Qmin (Ω)	$r_d$max 測定条件 V_R(V)	f(MHz)	逆方向特性 $I_R$max (μA)	条件 V_R(V)	その他の特性等	外形
SVC241	三洋	Conv			16	68.4 25.5 19.4		76 36.2 24.4	2 6 8	3.1			2	8	80	3	100	0.05	10	2素子センタータップ (カソードコモン)	610D
SVC245	三洋	Tun			16	68.45 25.5 19.43		75.94 36.2 24.38	2 6 8	3.1			2	8	80	3	100	0.05	10	2素子センタータップ (カソードコモン) △C<3%(2/6/8V)	610D
SVC251SPA	三洋	AFC			12	23 11		38 19	1.6 5	1.7			1.6	5	0.6	1	50	0.2	9		367
SVC251Y	三洋	AFC			12	23 11		28 19	1.6 5	1.7			1.6	5	0.6	1	50	0.2	9	1ピンA 2ピンK	225
SVC252	三洋	AFC			16	23 11	31 15	38 19	1.6 5	1.7	2.1	4	1.6	5	0.6	1	50	0.01	9		610A
SVC253	三洋	VCO			16	51 16 9.5		76 29 15.5	1 6 9	4.6		5.8	1	9	60	3	100	0.05	10		610A
SVC270	三洋	Tun			16	44 25.1		46.5 28.2	2 8	1.65		1.75	2	8	100	3	100	0.05	10	2素子(カソードコモン) △Ct<2.5%(リール)	86D
SVC272	三洋	Tun			16	44.91 14.07		49.82 18.55	2 8	2.3			2	8	100	2	100	0.05	10	2素子(カソードコモン) △Ct<3%(2/8V)	86D
SVC276	三洋	Tun			16	73.72 25.5 18.04		79.77 33.61 23.78	2 6 8	3.1			2	8	100	2	100	0.05	10	2素子センタータップ (カソードコモン)	86D
* ** SVC303Y	三洋	Tun			12	400 35		600	1 9	15		25	1	9	200	1	1			1ピンA 2ピンK	225
** ** * SVC311	三洋	Tun			16	399.7 100.2 52.12 25.19		516.8 143.1 75.29 46.87	1 5 7 9	11		17	1	9	400	1	1	0.1	12	1ピンA 2ピンK	225
SVC321	三洋	Tun			16	388.1 144.2 45.71 20.3		459.1 192.1 60.91 27.05	1.2 3.5 6 8	15.5			1.2	8	200	1	1	0.1	9	1ピンA 2ピンK △Ct<3%	225
SVC321SPA	三洋	Tun			16	388.1 144.2 45.71 20.3		459.1 192.1 60.91 27.05	1.2 3.5 6 8	15.5			1.2	8	200	1	1	0.1	9	△Ct<3%	367
SVC323	三洋	Tun		16	16	462.8 45.72 21.12		536.7 59.72 27.05	1 6 8	17.5		24.5	1	8	200	1	1	0.1	16	△Ct<3.0% C1で3ランク区分	367

形名	社名	用途	最大定格 P (mW)	最大定格 V_{RM} (V)	最大定格 V_R (V)	端子間容量 C_t, C_j* (pF) min	typ	max	条件 V_R (V)	容量比 $C_t(V_1)/C_t(V_2)$ min	typ	max	測定条件 V_1 (V)	V_2 (V)	Qmin (Ω)	$r_d$max 測定条件 V_R (V)	f (MHz)	逆方向特性 $I_R$max (μA)	条件 V_R (V)	その他の特性等	外形
SVC325	三洋	Tun			16	388.1 / 144.2 / 45.71 / 20.3		459.1 / 192.1 / 60.91 / 27.05	1.2 / 3.5 / 6 / 8	15.5			1.2	8	200	1	1	0.1	9		610I
*SVC333	三洋	Tun	100		32	345 / 85.12 / 35.36 / 18.92		408.4 / 127.6 / 53.91 / 25.61	3 / 10 / 18 / 25	15		19	3	25	300	3	1	0.1	30	△Ct<2%	367
*SVC341	三洋	Tun			16	423 / 46 / 17.5		503 / 61 / 23.5	1 / 6 / 9	19.5			1	9	200	1	1			2素子複合 (カソードコモン) △Ct<2%	237B
SVC342	三洋	Tun			16	423 / 46 / 17.5		503 / 61 / 23.5	1 / 6 / 9	19.5			1	9	200	1	1			2素子複合 (カソードコモン) △Ct<2%	730A
*SVC343	三洋	Tun			30	410 / 70 / 21	430 / 95 / 23.5	445 / 120 / 26	1 / 3 / 4.5	15			1	4.5	200	1	1	0.1	20	△Ct<2%(1V) △Ct<3%(3/4.5V)	237B
SVC344	三洋	Tun			30	410 / 70 / 21	430 / 95 / 23.5	445 / 120 / 26	1 / 3 / 4.5	15			1	4.5	200	1	1	0.1	20	△Ct<2%(1V) △Ct<3%(3/4.5V)	730A
*SVC345	三洋	Tun			33	460 / 21	64	540 / 27	1 / 4.5 / 6.5	17.5		24.5	1	6.5	200	1	1	0.1	20	△Ct<2% (1〜6.5V)	237B
SVC346	三洋	Tun			33	460 / 21	64	540 / 27	1 / 4.5 / 6.5	17.5		24.5	1	6.5	200	1	1	0.1	20	△Ct<2% (1〜6.5V)	730A
SVC347	三洋	Tun			16	470 / 20	55	525 / 26	1 / 6 / 8	18.5			1	8	200	1	1	0.1	9	2素子(カソードコモン) △C<1.5%(1V) △C<2%(6/8V)	610D
SVC348	三洋	Tun			16	470 / 20	55	525 / 26	1 / 6 / 8	18.5			1	8	200	1	1	0.1	9	2素子(カソードコモン) △C<1.5%(1V) △C<2%(6/8V)	368A
*SVC351	三洋	Tun			16	428 / 48 / 20.5		500 / 65 / 27	1 / 6 / 8	16.5		23.5	1	8	200	1	1	0.1	9	3素子複合 (カソードコモン) △Ct<2.5%	541
*SVC352	三洋	Tun			16	460 / 21	52	540 / 27	1 / 6 / 8	17.5		24.5	1	8	200	1	1	0.1	9	△C<2.5% 3素子複合	541
SVC353	三洋	Tun			16	460 / 21	52	540 / 27	1 / 6 / 8	17.5		24.5	1	8	200	1	1	0.1	9	△Ct<2.5% 3素子複合 (カソードコモン)	418B

形 名	社 名	用途	最大定格 P (mW)	V_{RM} (V)	V_R (V)	端子間容量 $Ct, Cj*$ (pF) min	typ	max	条件 V_R(V)	容量比 $Ct(V_1)/Ct(V_2)$ min	typ	max	測定条件 V_1(V)	V_2(V)	Qmin (Ω)	$r_d$max 測定条件 V_R(V)	f(MHz)	逆方向特性 $I_R$max (μA)	条件 V_R(V)	その他の特性等	外形
SVC354	三洋	Tun			16	460	52	540	1 6 8	17.5		24.5	1	8	200	1	1	0.1	9	3素子複合 △Ct<2.5%(1〜8V)	418A
						21		27													
*SVC361	三洋	Tun			16	428 48		500 65	1 6	16.5		23.5	1	8	200	1	1	0.1	9	△Ct<2.5% 4素子複合	546
						20.5		27	8											(カソードコモン)	
SVC363	三洋	Tun			16	428	52	500	1 6	17.5		24	1	8	200	1	1	0.1	9	△Ct<2.5% 4素子複合	418C
						20.5		27	8											(カソードコモン)	
SVC364	三洋	Tun			16	428	52	500	1 6	17.5		24	1	8	200	1	1	0.1	9	4素子複合 △Ct<2.5%(1〜8V)	418D
						20.5		27	8												
SVC371	三洋	Tun			16	460	50	540	1 6	18.5			1	8	200	1	1	0.1	9	6素子複合 △Ct<2.5%(1V)	358
						19		26	8											△Ct<3%(6/8V)	
SVC383	三洋	Tun			33	482	64	540	1 4.5	17.5		24.5	1	6.5	200	1	1	0.1	20	2素子センタータップ (カソードコモン)	610D
						21		27	6.5											△C<2%(1〜6.5V)	
SVC384	三洋	Tun			33	482	64	540	1 4.5	17.5		24.5	1	6.5	200	1	1	0.1	20		368A
						21		27	6.5												
SVC388	三洋	Tun			16	470	55	525	1 6	18.5			1	8	200	1	1	0.1	9	△C<1.5%(1V) △C<2%(6/8V)	368A
						20		26	8												
SVC704	三洋	VCO			16	26 3.4		30 4.6	1 7	6			1	7	0.8	1	100	0.05	10		86A
SVC710	三洋	VCO			16	18.5 3.5		21.5 4.5	1 4		4.8		1	4						r_d=1.6Ω (1V 100MHz)	86A
SVD101	三洋	VCO	200		30		1.3		0		8		0	25				0.1	25	GaAs	359
SVD201	三洋	VCO	200		30		1.9		0		14		0	25				0.1	25	GaAs	359
SVD202	三洋	VCO	200		30		11		0		14		0	25				0.1	25	GaAs	359
SVD301	三洋	VCO	200		30	2.2	2.6		0	17	20		0	25				0.25	25	GaAs	359
SVD302	三洋	VCO	200		30		15		0		20		0	25				0.5	25	GaAs	359
TKV1476AS5	旭化成	Tun	25		18	33.30 10.00	35.22 12.00	37.13 14.00	1 3	2.65			1	3	1.0	1.5	100	5nA	10		452C
TKV1476AS6	旭化成	Tun	25		18	33.30 10.00	35.22 12.00	37.13 14.00	1 3	2.65			1	3	1.0	1.5	100	5nA	10		738D

⑫ 定電圧ダイオード（ツェナ・ダイオード）

形　名	社名	最大定格 P (mW)	最大定格 IZ (mA)	ツェナ電圧 VZ(V) min	ツェナ電圧 VZ(V) typ	ツェナ電圧 VZ(V) max	条件 IZ(mA)	動作抵抗 ZZmax (Ω)	条件 IZ(mA)	立上り動作抵抗 ZZKmax (Ω)	条件 IZ(mA)	VZ温度係数 (%/℃) (mV/℃)*	逆方向特性 IRmax (μA)	条件 VR(V)	その他の特性等	外形
01BZA8.2	東芝	100		7.7	8.2	8.7	5	15typ	5	20typ	0.5		0.5	6.5	2素子センタータップ（アノードコモン）	205C
01ZA8.2	東芝	100		7.7	8.2	8.7	5	15typ	5	20typ	0.5		0.5	6.5	2素子センタータップ（アノードコモン）	82C
* 02BZ2.2	東芝	250	82	1.88	2.2	2.56	10	28	10			−0.088	10	1		24B
* 02BZ2.7	東芝	250	70	2.28	2.7	3.2	10	28	10			−0.078	5	1		24B
* 02BZ3.3	東芝	250	60	2.8	3.3	3.8	10	28	10			−0.07	1	1		24B
* 02BZ3.9	東芝	250	51	3.4	3.9	4.6	10	28	10			−0.063	1	1		24B
* 02BZ4.7	東芝	250	43	4	4.7	5.4	10	35	10			−0.055	1	1		24B
02CZ2.0	東芝	200		1.85		2.15	5	100	5	1000	0.5		120	1	VZは通電30ms後 受注 VZ2ランク	610A
02CZ2.2	東芝	200		2.05		2.38	5	100	5	1000	0.5		120	1	VZは通電30ms後 受注 VZ2ランク	610A
02CZ2.4	東芝	200		2.28		2.6	5	100	5	1000	0.5		120	1	VZは通電30ms後 VZ2ランク	610A
02CZ2.7	東芝	200		2.5		2.9	5	110	5	1000	0.5		120	1	VZは通電30ms後 VZ2ランク	610A
02CZ3.0	東芝	200		2.8		3.2	5	120	5	1000	0.5		50	1	VZは通電30ms後 VZ2ランク	610A
02CZ3.3	東芝	200		3.1		3.5	5	130	5	1000	0.5		20	1	VZは通電30ms後 VZ2ランク	610A
02CZ3.6	東芝	200		3.4		3.8	5	130	5	1000	0.5		10	1	VZは通電30ms後 VZ2ランク	610A
02CZ3.9	東芝	200		3.7		4.1	5	130	5	1000	0.5		10	1	VZは通電30ms後 VZ2ランク	610A
02CZ4.3	東芝	200		4		4.5	5	130	5	1000	0.5		5	1	VZは通電30ms後 VZ3ランク	610A
02CZ4.7	東芝	200		4.4		4.9	5	120	5	1000	0.5		5	1	VZは通電30ms後 VZ3ランク	610A
02CZ5.1	東芝	200		4.8		5.4	5	70	5	1000	0.5		1	1.5	VZは通電30ms後 VZ3ランク	610A
02CZ5.6	東芝	200		5.3		6	5	40	5	900	0.5		1	2.5	VZは通電30ms後 VZ3ランク	610A
02CZ6.2	東芝	200		5.8		6.6	5	30	5	500	0.5		1	3	VZは通電30ms後 VZ3ランク	610A
02CZ6.8	東芝	200		6.4		7.2	5	25	5	150	0.5		0.5	5	VZは通電30ms後 VZ3ランク	610A
02CZ7.5	東芝	200		7		7.9	5	23	5	120	0.5		0.5	6	VZは通電30ms後 VZ3ランク	610A
02CZ8.2	東芝	200		7.7		8.7	5	20	5	120	0.5		0.5	6.5	VZは通電30ms後 VZ3ランク	610A
02CZ9.1	東芝	200		8.5		9.6	5	18	5	120	0.5		0.5	7	VZは通電30ms後 VZ3ランク	610A
02CZ10	東芝	200		9.4		10.6	5	15	5	120	0.5		0.5	8	VZは通電30ms後 VZ3ランク	610A
02CZ11	東芝	200		10.4		11.6	5	15	5	120	0.5		0.5	8.5	VZは通電30ms後 VZ3ランク	610A
02CZ12	東芝	200		11.4		12.6	5	15	5	110	0.5		0.5	9	VZは通電30ms後 VZ3ランク	610A
02CZ13	東芝	200		12.4		14.1	5	15	5	110	0.5		0.5	10	VZは通電30ms後 VZ3ランク	610A
02CZ15	東芝	200		13.8		15.6	5	15	5	110	0.5		0.5	11	VZは通電30ms後 VZ3ランク	610A
02CZ16	東芝	200		15.3		17.1	5	18	5	150	0.5		0.5	12	VZは通電30ms後 VZ3ランク	610A
02CZ18	東芝	200		16.8		19.1	5	20	5	150	0.5		0.5	14	VZは通電30ms後 VZ3ランク	610A
02CZ20	東芝	200		18.8		21.2	5	25	5	200	0.5		0.5	15	VZは通電30ms後 VZ3ランク	610A
02CZ22	東芝	200		20.8		23.3	5	30	5	200	0.5		0.5	17	VZは通電30ms後 VZ3ランク	610A
02CZ24	東芝	200		22.8		25.6	5	40	5	200	0.5		0.5	19	VZは通電30ms後 VZ3ランク	610A
02CZ27	東芝	200		25.1		28.9	2	70	2	250	0.5		0.5	21	VZは通電30ms後	610A
02CZ30	東芝	200		28		32	2	80	2	250	0.5		0.5	23	VZは通電30ms後	610A
02CZ33	東芝	200		31		35	2	80	2	250	0.5		0.5	25	VZは通電30ms後	610A
02CZ36	東芝	200		34		38	2	90	2	250	0.5		0.5	27	VZは通電30ms後	610A
02CZ39	東芝	200		37		41	2	100	2	250	0.5		0.5	30	VZは通電30ms後	610A
02CZ43	東芝	200		40		45	2	130	2				0.5	33	VZは通電30ms後	610A
02CZ47	東芝	200		44		49	2	150	2				0.5	36	VZは通電30ms後	610A
02DZ2.0	東芝	200		1.85		2.15	5	100	5	1000	0.5		120	0.5	Pはプリント基板実装時 VZ2ランク	420D

形名	社名	最大定格 P (mW)	最大定格 IZ (mA)	ツェナ電圧 VZ(V) min	ツェナ電圧 VZ(V) typ	ツェナ電圧 VZ(V) max	条件 IZ(mA)	動作抵抗 ZZmax (Ω)	条件 IZ(mA)	立上り動作抵抗 ZZKmax (Ω)	条件 IZ(mA)	VZ温度係数 (%/°C) (mV/°C)*	逆方向特性 IRmax (μA)	条件 VR(V)	その他の特性等	外形
02DZ2.2	東芝	200		2.05		2.38	5	100	5	1000	0.5		120	1	Pはプリント基板実装時 VZ2ランク	420D
02DZ2.4	東芝	200		2.28		2.6	5	100	5	1000	0.5		120	1	Pはプリント基板実装時 VZ2ランク	420D
02DZ2.7	東芝	200		2.5		2.9	5	110	5	1000	0.5		120	1	Pはプリント基板実装時 VZ2ランク	420D
02DZ3.0	東芝	200		2.8		3.2	5	120	5	1000	0.5		50	1	Pはプリント基板実装時 VZ2ランク	420D
02DZ3.3	東芝	200		3.1		3.5	5	130	5	1000	0.5		20	1	Pはプリント基板実装時 VZ2ランク	420D
02DZ3.6	東芝	200		3.4		3.8	5	130	5	1000	0.5		10	1	Pはプリント基板実装時 VZ2ランク	420D
02DZ3.9	東芝	200		3.7		4.1	5	130	5	1000	0.5		10	1	Pはプリント基板実装時 VZ2ランク	420D
02DZ4.3	東芝	200		4		4.5	5	130	5	1000	0.5		5	1	Pはプリント基板実装時 VZ3ランク	420D
02DZ4.7	東芝	200		4.4		4.9	5	120	5	1000	0.5		5	1	Pはプリント基板実装時 VZ3ランク	420D
02DZ5.1	東芝	200		4.8		5.4	5	70	5	1000	0.5		1	1.5	Pはプリント基板実装時 VZ3ランク	420D
02DZ5.6	東芝	200		5.3		6	5	40	5	900	0.5		1	2.5	Pはプリント基板実装時 VZ3ランク	420D
02DZ6.2	東芝	200		5.8		6.6	5	30	5	500	0.5		1	3	Pはプリント基板実装時 VZ3ランク	420D
02DZ6.8	東芝	200		6.4		7.2	5	25	5	150	0.5		0.5	5	Pはプリント基板実装時 VZ3ランク	420D
02DZ7.5	東芝	200		7		7.9	5	23	5	120	0.5		0.5	6	Pはプリント基板実装時 VZ3ランク	420D
02DZ8.2	東芝	200		7.7		8.7	5	20	5	120	0.5		0.5	6.5	Pはプリント基板実装時 VZ3ランク	420D
02DZ9.1	東芝	200		8.5		9.6	5	18	5	120	0.5		0.5	7	Pはプリント基板実装時 VZ3ランク	420D
02DZ10	東芝	200		9.4		10.6	5	15	5	120	0.5		0.5	8	Pはプリント基板実装時 VZ3ランク	420D
02DZ11	東芝	200		10.4		11.6	5	15	5	120	0.5		0.5	8.5	Pはプリント基板実装時 VZ3ランク	420D
02DZ12	東芝	200		11.4		12.6	5	15	5	110	0.5		0.5	9	Pはプリント基板実装時 VZ3ランク	420D
02DZ13	東芝	200		12.4		14.1	5	15	5	110	0.5		0.5	10	Pはプリント基板実装時 VZ3ランク	420D
02DZ15	東芝	200		13.8		15.6	5	15	5	110	0.5		0.5	11	Pはプリント基板実装時 VZ3ランク	420D
02DZ16	東芝	200		15.3		17.1	5	18	5	150	0.5		0.5	12	Pはプリント基板実装時 VZ3ランク	420D
02DZ18	東芝	200		16.8		19.1	5	20	5	150	0.5		0.5	14	Pはプリント基板実装時 VZ3ランク	420D
02DZ20	東芝	200		18.8		21.2	5	25	5	200	0.5		0.5	15	Pはプリント基板実装時 VZ3ランク	420D
02DZ22	東芝	200		20.8		23.3	5	30	5	200	0.5		0.5	17	Pはプリント基板実装時 VZ3ランク	420D
02DZ24	東芝	200		22.8		25.6	5	40	5	200	0.5		0.5	19	Pはプリント基板実装時 VZ3ランク	420D
* 04AZ2.0	東芝	400		1.88		2.24	5	100	5	1000	0.5		120	0.5	VZは通電30ms後	78E
* 04AZ2.2	東芝	400		2.11		2.44	5	100	5	1000	0.5		120	0.7	VZは通電30ms後	78E
* 04AZ2.4	東芝	400		2.32		2.65	5	100	5	1000	0.5		120	1	VZは通電30ms後	78E
* 04AZ2.7	東芝	400		2.52		2.93	5	100	5	1000	0.5		100	1	VZは通電30ms後	78E
* 04AZ3.0	東芝	400		2.84		3.24	5	100	5	1000	0.5		50	1	VZは通電30ms後	78E
* 04AZ3.3	東芝	400		3.15		3.54	5	100	5	1000	0.5		20	1	VZは通電30ms後	78E
* 04AZ3.6	東芝	400		3.46		3.84	5	100	5	1000	0.5		10	1	VZは通電30ms後	78E
04AZ3.9	東芝	400		3.74		4.16	5	100	5	1000	0.5		5	1	VZは通電30ms後	78E
04AZ4.3	東芝	400		4.04		4.57	5	100	5	1000	0.5		5	1	VZは通電30ms後	78E
04AZ4.7	東芝	400		4.44		4.93	5	80	5	1000	0.5		5	1	VZは通電30ms後	78E
04AZ5.1	東芝	400		4.81		5.37	5	60	5	1000	0.5		5	1.5	VZは通電30ms後	78E
04AZ5.6	東芝	400		5.28		5.91	5	40	5	900	0.5		5	2.5	VZは通電30ms後	78E
04AZ6.2	東芝	400		5.78		6.44	5	30	5	500	0.5		5	3	VZは通電30ms後	78E
04AZ6.8	東芝	400		6.29		7.01	5	25	5	150	0.5		2	3.5	VZは通電30ms後	78E
04AZ7.5	東芝	400		6.85		7.67	5	25	5	120	0.5		0.5	4	VZは通電30ms後	78E
04AZ8.2	東芝	400		7.53		8.45	5	20	5	120	0.5		0.5	5	VZは通電30ms後	78E

形名	社名	最大定格 P (mW)	最大定格 IZ (mA)	ツェナ電圧 VZ(V) min	ツェナ電圧 VZ(V) typ	ツェナ電圧 VZ(V) max	条件 IZ (mA)	動作抵抗 ZZmax (Ω)	条件 IZ (mA)	立上り動作抵抗 ZZKmax (Ω)	条件 IZ (mA)	VZ温度係数 (%/℃) (mV/℃)*	逆方向特性 IRmax (μA)	条件 VR (V)	その他の特性等	外形
04AZ9.1	東芝	400		8.29		9.3	5	20	5	120		0.5	0.5	6	VZは通電30ms後	78E
04AZ10	東芝	400		9.12		10.39	5	20	5	120		0.5	0.2	7	VZは通電30ms後	78E
04AZ11	東芝	400		10.18		11.38	5	20	5	120		0.5	0.2	8	VZは通電30ms後	78E
04AZ12	東芝	400		11.13		12.35	5	25	5	110		0.5	0.2	9	VZは通電30ms後	78E
04AZ13	東芝	400		12.11		13.66	5	25	5	110		0.5	0.2	10	VZは通電30ms後	78E
04AZ15	東芝	400		13.44		15.09	5	25	5	110		0.5	0.2	11	VZは通電30ms後	78E
04AZ16	東芝	400		14.8		16.51	5	25	5	150		0.5	0.2	12	VZは通電30ms後	78E
04AZ18	東芝	400		16.22		18.38	5	30	5	150		0.5	0.2	13	VZは通電30ms後	78E
04AZ20	東芝	400		18.14		20.45	5	30	5	200		0.5	0.2	15	VZは通電30ms後	78E
04AZ22	東芝	400		20.15		22.63	5	30	5	200		0.5	0.2	17	VZは通電30ms後	78E
04AZ24	東芝	400		22.05		24.85	5	35	5	200		0.5	0.2	19	VZは通電30ms後	78E
04AZ27	東芝	400		24.26		27.64	5	45	5	250		0.5	0.2	21	VZは通電30ms後	78E
04AZ30	東芝	400		26.99		30.51	5	55	5	250		0.5	0.2	23	VZは通電30ms後	78E
04AZ33	東芝	400		29.68		33.11	5	65	5	250		0.5	0.2	25	VZは通電30ms後	78E
04AZ36	東芝	400		32.14		35.13	5	75	5	250		0.5	0.2	27	VZは通電30ms後	78E
04AZ39	東芝	400		34.68		40.8	5	85	5	250		0.5	0.2	30	VZは通電30ms後	78E
*05AZ2.0	東芝	500		1.88		2.245	20	140	20	2000	1		120	0.5	VZは通電30ms後 受注	24B
*05AZ2.2	東芝	500		2.11		2.445	20	120	20	2000	1		120	0.7	VZは通電30ms後 受注	24B
*05AZ2.4	東芝	500		2.315		2.65	20	100	20	2000	1		120	1	VZは通電30ms後 受注	24B
*05AZ2.7	東芝	500		2.52		2.93	20	100	20	1000	1		100	1	VZは通電30ms後	24B
*05AZ3.0	東芝	500		2.84		3.24	20	80	20	1000	1		50	1	VZは通電30ms後	24B
*05AZ3.3	東芝	500		3.15		3.54	20	70	20	1000	1		20	1	VZは通電30ms後	24B
*05AZ3.6	東芝	500		3.455		3.845	20	60	20	1000	1		10	1	VZは通電30ms後	24B
05AZ3.9	東芝	500		3.74		4.16	20	50	20	1000	1		5	1	VZは通電30ms後	24B
05AZ4.3	東芝	500		4.04		4.57	20	40	20	1000	1		5	1	VZは通電30ms後	24B
05AZ4.7	東芝	500		4.44		4.93	20	25	20	900	1		5	1	VZは通電30ms後	24B
05AZ5.1	東芝	500		4.81		5.37	20	20	20	800	1		5	1.5	VZは通電30ms後	24B
05AZ5.6	東芝	500		5.28		5.91	20	13	20	500	1		5	2.5	VZは通電30ms後	24B
05AZ6.2	東芝	500		5.78		6.44	20	10	20	300	1		5	3	VZは通電30ms後	24B
05AZ6.8	東芝	500		6.29		7.01	20	8	20	150	0.5		2	3.5	VZは通電30ms後	24B
05AZ7.5	東芝	500		6.85		7.67	20	8	20	120	0.5		0.5	4	VZは通電30ms後	24B
05AZ8.2	東芝	500		7.53		8.45	20	8	20	120	0.5		0.5	5	VZは通電30ms後	24B
05AZ9.1	東芝	500		8.29		9.3	20	8	20	120	0.5		0.5	6	VZは通電30ms後	24B
05AZ10	東芝	500		9.12		10.44	20	8	20	120	0.5		0.5	7	VZは通電30ms後	24B
05AZ11	東芝	500		10.18		11.38	10	10	10	120	0.5		0.2	8	VZは通電30ms後	24B
05AZ12	東芝	500		11.13		12.35	10	12	10	110	0.5		0.2	9	VZは通電30ms後	24B
05AZ13	東芝	500		12.11		13.66	10	14	10	110	0.5		0.2	10	VZは通電30ms後	24B
05AZ15	東芝	500		13.44		15.09	10	16	10	110	0.5		0.2	11	VZは通電30ms後	24B
05AZ16	東芝	500		14.86		16.51	10	18	10	150	0.5		0.2	12	VZは通電30ms後	24B
05AZ18	東芝	500		16.22		18.33	10	23	10	150	0.5		0.2	13	VZは通電30ms後	24B
05AZ20	東芝	500		18.02		20.72	10	28	10	200	0.5		0.2	15	VZは通電30ms後	24B
05AZ22	東芝	500		20.15		22.63	5	30	5	200	0.5		0.2	17	VZは通電30ms後	24B

形名	社名	最大定格 P (mW)	最大定格 IZ (mA)	ツェナ電圧 VZ(V) min	ツェナ電圧 VZ(V) typ	ツェナ電圧 VZ(V) max	条件 IZ(mA)	動作抵抗 ZZmax (Ω)	条件 IZ(mA)	立上り動作抵抗 ZZKmax (Ω)	条件 IZ(mA)	VZ温度係数 (%/℃) (mV/℃)*	逆方向特性 IRmax (μA)	逆方向特性 条件 VR(V)	その他の特性等	外形
05AZ24	東芝	500		22.05		24.85	5	35	5	200	0.5		0.2	19	VZは通電30ms後	24B
05AZ27	東芝	500		24.26		27.64	5	45	5	250	0.5		0.2	21	VZは通電30ms後	24B
05AZ30	東芝	500		26.99		30.51	5	55	5	250	0.5		0.2	23	VZは通電30ms後	24B
05AZ33	東芝	500		29.68		33.11	5	65	5	250	0.5		0.2	25	VZは通電30ms後	24B
05AZ36	東芝	500		32.14		35.77	5	75	5	250	0.5		0.2	27	VZは通電30ms後	24B
05AZ39	東芝	500		34.68		40.8	5	85	5	250	0.5		0.2	30	VZは通電30ms後	24B
05AZ43	東芝	500		40		45	5	90	5					33	VZは通電30ms後	24B
05AZ47	東芝	500		44		49	5	90	5				0.2	36	VZは通電30ms後	24B
05AZ51	東芝	500		48		54	5	110	5					39	VZは通電30ms後	24B
*05AZ56	東芝	500		53		60	5	110	5				0.2	43	VZは通電30ms後	24B
*05AZ62	東芝	500		58		66	2	200	2				0.2	47	VZは通電30ms後	24B
*05AZ68	東芝	500		64		72	2	200	2				0.2	52	VZは通電30ms後	24B
*05AZ75	東芝	500		70		79	2	300	2				0.2	57	VZは通電30ms後	24B
*05AZ82	東芝	500		77		87	2	300	2				0.2	63	VZは通電30ms後	24B
*05AZ91	東芝	500		85		96	2	400	2				0.2	69	VZは通電30ms後	24B
*05AZ100	東芝	500		94		106	2	400	2				0.2	76	VZは通電30ms後	24B
*05Z2.0	東芝	500		1.88	2	2.24	10	210	10			−0.1			VZは通電0.1s後	24B
*05Z2.2	東芝	500		2.08	2.2	2.45	10	180	10			−0.1			VZは通電0.1s後	24B
*05Z2.4	東芝	500		2.28	2.4	2.7	10	150	10			−0.1			VZは通電0.1s後	24B
*05Z2.7	東芝	500		2.5	2.7	3.1	10	150	10			−0.1			VZは通電0.1s後	24B
*05Z3.0	東芝	500		2.8	3	3.4	10	120	10			−0.095			VZは通電0.1s後	24B
*05Z3.3	東芝	500		3.1	3.3	3.7	10	100	10			−0.09			VZは通電0.1s後	24B
*05Z3.6	東芝	500		3.4	3.6	4	10	90	10			−0.085			VZは通電0.1s後	24B
*05Z3.9	東芝	500		3.7	3.9	4.4	10	80	10			−0.08			VZは通電0.1s後	24B
*05Z4.3	東芝	500		4	4.3	4.8	10	70	10			−0.075			VZは通電0.1s後	24B
*05Z4.7	東芝	500		4.4	4.7	5.2	10	60	10			−0.07			VZは通電0.1s後	24B
*05Z5.1	東芝	500	86	4.8	5.1	5.4	5	50	5			0.03	1	1	VZは通電0.1s後	24B
*05Z5.6	東芝	500	82	5.3	5.6	6	5	30	5			0.032	1	2	VZは通電0.1s後	24B
*05Z6.2	東芝	500	76	5.8	6.2	6.6	5	17	5			0.042	1	3	VZは通電0.1s後	24B
*05Z6.8	東芝	500	68	6.4	6.8	7.2	5	15	5			0.048	1	5	VZは通電0.1s後	24B
*05Z7.5	東芝	500	62	7.1	7.5	7.9	5	15	5			0.055	1	6	VZは通電0.1s後	24B
*05Z8.2	東芝	500	56	7.7	8.2	8.7	5	20	5			0.06	1	6.5	VZは通電0.1s後	24B
*05Z9.1	東芝	500	52	8.6	9.1	9.6	5	20	5			0.065	0.5	7	VZは通電0.1s後	24B
*05Z10	東芝	500	46	9.4	10	10.6	5	25	5			0.07	0.5	8	VZは通電0.1s後	24B
*05Z11	東芝	500	42	10.4	11	11.6	5	30	5			0.074	0.5	8.5	VZは通電0.1s後	24B
*05Z12	東芝	500	38	11.4	12	12.6	5	30	5			0.077	0.5	9	VZは通電0.1s後	24B
*05Z13	東芝	500	34	12.4	13	14.1	5	35	5			0.08	0.5	10	VZは通電0.1s後	24B
*05Z15	東芝	500	30	13.9	15	15.6	5	35	5			0.084	0.5	11	VZは通電0.1s後	24B
*05Z16	東芝	500	28	15.4	16	17.1	5	40	5			0.087	0.5	12	VZは通電0.1s後	24B
*05Z18	東芝	500	24	16.9	18	19.1	5	40	5			0.092	0.5	14	VZは通電0.1s後	24B
*05Z20	東芝	500	22	18.8	20	21.2	5	50	5			0.094	0.5	15	VZは通電0.1s後	24B
*05Z22	東芝	500	20	20.8	22	23.3	5	60	5			0.096	0.5	17	VZは通電0.1s後	24B

形　名	社名	最大定格 P (mW)	最大定格 IZ (mA)	ツェナ電圧 VZ(V) min	ツェナ電圧 VZ(V) typ	ツェナ電圧 VZ(V) max	条件 IZ(mA)	動作抵抗 ZZmax (Ω)	条件 IZ(mA)	立上り動作抵抗 ZZKmax (Ω)	条件 IZ(mA)	VZ温度係数 (%/℃)(mV/℃)*	逆方向特性 IRmax (μA)	条件 VR(V)	その他の特性等	外形
*05Z24	東芝	500	18	22.8	24	25.6	5	70	5			0.098	0.5	18	VZは通電0.1s後	24B
*05Z27	東芝	500		25.1	27	28.9	5	80	5			<0.105			VZは通電0.1s後	24B
05Z30	東芝	500		28	30	32	5	80	5			<0.108			VZは通電0.1s後	24B
*05Z33	東芝	500		31	33	35	5	90	5			<0.110			VZは通電0.1s後	24B
*05Z36	東芝	500		34	36	38	5	90	5			<0.115			VZは通電0.1s後	24B
*05Z39	東芝	500		37	39	41	5	95	5			<0.120			VZは通電0.1s後	24B
*05Z43	東芝	500		39	43	47	5	95	5			<0.125			VZは通電0.1s後	24B
*05Z47	東芝	500		43	47	51	5	100	5			<0.128			VZは通電0.1s後	24B
*05Z51	東芝	500		47	51	56	5	110	5			<0.130			VZは通電0.1s後	24B
*05Z56	東芝	500		51	56	62	5	110	5			<0.133			VZは通電0.1s後	24B
05Z62	東芝	500		56	62	68	2	200	2			<0.135			VZは通電0.1s後	24B
*05Z68	東芝	500		62	68	75	2	200	2			<0.138			VZは通電0.1s後	24B
*05Z75	東芝	500		68	75	82	2	300	2			<0.140			VZは通電0.1s後	24B
*05Z82	東芝	500		75	82	91	2	300	2			<0.145			VZは通電0.1s後	24B
*05Z91	東芝	500		82	91	100	2	400	2			<0.150			VZは通電0.1s後	24B
*05Z100	東芝	500		91	100	110	2	400	2			<0.155			VZは通電0.1s後	24B
015AZ2.0	東芝	150		1.85		2.15	5	100	5	1000	0.5		120	0.5	Pはプリント基板実装時 受注	757A
015AZ2.2	東芝	150		2.05		2.38	5	100	5	1000	0.5		120	1	Pはプリント基板実装時 受注	757A
015AZ2.4	東芝	150		2.28		2.6	5	100	5	1000	0.5		120	1	Pはプリント基板実装時 VZ2ランク	757A
015AZ2.7	東芝	150		2.5		2.9	5	110	5	1000	0.5		120	1	Pはプリント基板実装時 VZ2ランク	757A
015AZ3.0	東芝	150		2.8		3.2	5	120	5	1000	0.5		50	1	Pはプリント基板実装時 VZ2ランク	757A
015AZ3.3	東芝	150		3.1		3.5	5	130	5	1000	0.5		20	1	Pはプリント基板実装時 VZ2ランク	757A
015AZ3.6	東芝	150		3.4		3.8	5	130	5	1000	0.5		10	1	Pはプリント基板実装時 VZ2ランク	757A
015AZ3.9	東芝	150		3.7		4.1	5	130	5	1000	0.5		10	1	Pはプリント基板実装時 VZ2ランク	757A
015AZ4.3	東芝	150		4		4.5	5	130	5	1000	0.5		5	1	Pはプリント基板実装時 VZ3ランク	757A
015AZ4.7	東芝	150		4.4		4.9	5	120	5	1000	0.5		5	1	Pはプリント基板実装時 VZ3ランク	757A
015AZ5.1	東芝	150		4.8		5.4	5	70	5	1000	0.5		1	1.5	Pはプリント基板実装時 VZ3ランク	757A
015AZ5.6	東芝	150		5.3		6	5	40	5	900	0.5		1	2.5	Pはプリント基板実装時 VZ3ランク	757A
015AZ6.2	東芝	150		5.8		6.6	5	30	5	500	0.5		1	3	Pはプリント基板実装時 VZ3ランク	757A
015AZ6.8	東芝	150		6.4		7.2	5	25	5	150	0.5		0.5	5	Pはプリント基板実装時 VZ3ランク	757A
015AZ7.5	東芝	150		7		7.9	5	23	5	120	0.5		0.5	6	Pはプリント基板実装時 VZ3ランク	757A
015AZ8.2	東芝	150		7.7		8.7	5	20	5	120	0.5		0.5	6.5	Pはプリント基板実装時 VZ3ランク	757A
015AZ9.1	東芝	150		8.5		9.6	5	18	5	120	0.5		0.5	7	Pはプリント基板実装時 VZ3ランク	757A
015AZ10	東芝	150		9.4		10.6	5	15	5	120	0.5		0.5	8	Pはプリント基板実装時 VZ3ランク	757A
015AZ11	東芝	150		10.4		11.6	5	15	5	120	0.5		0.5	8.5	Pはプリント基板実装時 VZ3ランク	757A
015AZ12	東芝	150		11.4		12.6	5	15	5	110	0.5		0.5	9	Pはプリント基板実装時 VZ3ランク	757A
015AZ13	東芝	150		12.40		14.10	5	15	5	110	0.5		0.5	10	VZは通電30ms後 VZ3ランク	757A
015AZ15	東芝	150		13.80		15.60	5	15	5	110	0.5		0.5	11	VZは通電30ms後 VZ3ランク	757A
015AZ16	東芝	150		15.30		17.10	5	15	5	150	0.5		0.5	12	VZは通電30ms後 VZ3ランク	757A
015AZ18	東芝	150		16.80		19.10	5	20	5	200	0.5		0.5	14	VZは通電30ms後 VZ3ランク	757A
015AZ20	東芝	150		18.80		21.20	5	25	5	200	0.5		0.5	15	VZは通電30ms後 VZ3ランク	757A
015AZ22	東芝	150		20.80		23.30	5	30	5	200	0.5		0.5	17	VZは通電30ms後 VZ3ランク	757A

形名	社名	最大定格 P (mW)	最大定格 IZ (mA)	ツェナ電圧 VZ(V) min	ツェナ電圧 VZ(V) typ	ツェナ電圧 VZ(V) max	条件 IZ(mA)	動作抵抗 ZZmax (Ω)	条件 IZ(mA)	立上り動作抵抗 ZZKmax (Ω)	条件 IZ(mA)	VZ温度係数 (%/℃) (mV/℃)*	逆方向特性 IRmax (μA)	逆方向特性 VR(V)	その他の特性等	外形
015AZ24	東芝	150		22.80		25.60	5	40	5	200	0.5		0.5	19	VZは通電30ms後 VZ3ランク	757A
015Z2.0	東芝	150		1.85		2.15	5	100	5	1000	0.5		120	0.5	Pは基板20×20 ランド4×4 受注	452B
015Z2.2	東芝	150		2.05		2.38	5	100	5	1000	0.5		120	1	Pは基板20×20 ランド4×4 受注	452B
015Z2.4	東芝	150		2.28		2.6	5	100	5	1000	0.5		120	1	VZ2ランク Pは基板20×20 ランド4×4	452B
015Z2.7	東芝	150		2.5		2.9	5	110	5	1000	0.5		120	1	VZ2ランク Pは基板20×20 ランド4×4	452B
015Z3.0	東芝	150		2.8		3.2	5	120	5	1000	0.5		50	1	VZ2ランク Pは基板20×20 ランド4×4	452B
015Z3.3	東芝	150		3.1		3.5	5	130	5	1000	0.5		20	1	VZ2ランク Pは基板20×20 ランド4×4	452B
015Z3.6	東芝	150		3.4		3.8	5	130	5	1000	0.5		10	1	VZ2ランク Pは基板20×20 ランド4×4	452B
015Z3.9	東芝	150		3.7		4.1	5	130	5	1000	0.5		10	1	VZ2ランク Pは基板20×20 ランド4×4	452B
015Z4.3	東芝	150		4		4.5	5	130	5	1000	0.5		5	1	VZ3ランク Pは基板20×20 ランド4×4	452B
015Z4.7	東芝	150		4.4		4.9	5	120	5	1000	0.5		5	1	VZ3ランク Pは基板20×20 ランド4×4	452B
015Z5.1	東芝	150		4.8		5.4	5	70	5	1000	0.5		1	1.5	VZ3ランク Pは基板20×20 ランド4×4	452B
015Z5.6	東芝	150		5.3		6	5	40	5	900	0.5		1	2.5	VZ3ランク Pは基板20×20 ランド4×4	452B
015Z6.2	東芝	150		5.8		6.6	5	30	5	500	0.5		1	3	VZ3ランク Pは基板20×20 ランド4×4	452B
015Z6.8	東芝	150		6.4		7.2	5	25	5	150	0.5		0.5	5	VZ3ランク Pは基板20×20 ランド4×4	452B
015Z7.5	東芝	150		7		7.9	5	23	5	120	0.5		0.5	6	VZ3ランク Pは基板20×20 ランド4×4	452B
015Z8.2	東芝	150		7.7		8.7	5	20	5	120	0.5		0.5	6.5	VZ3ランク Pは基板20×20 ランド4×4	452B
015Z9.1	東芝	150		8.5		9.6	5	18	5	120	0.5		0.5	7	VZ3ランク Pは基板20×20 ランド4×4	452B
015Z10	東芝	150		9.4		10.6	5	15	5	120	0.5		0.5	8	VZ3ランク Pは基板20×20 ランド4×4	452B
015Z11	東芝	150		10.4		11.6	5	15	5	120	0.5		0.5	8.5	VZ3ランク Pは基板20×20 ランド4×4	452B
015Z12	東芝	150		11.4		12.6	5	15	5	110	0.5		0.5	9	VZ3ランク Pは基板20×20 ランド4×4	452B
1AZ6.8	東芝	1W		6.2	6.8	7.4	10	60	10			3*	10	3	VF<1.2V (IF=0.2A)	19G
1AZ7.5	東芝	1W		6.8	7.5	8.3	10	30	10			4*	10	4.5	VF<1.2V (IF=0.2A)	19G
1AZ8.2	東芝	1W		7.4	8.2	9.1	10	30	10			4*	10	4.9	VF<1.2V (IF=0.2A)	19G
1AZ9.1	東芝	1W		8.2	9.1	10.1	10	30	10			5*	10	5.5	VF<1.2V (IF=0.2A)	19G
1AZ10	東芝	1W		9	10	11	10	30	10			6*	10	6	VF<1.2V (IF=0.2A)	19G
1AZ11	東芝	1W		9.9	11	12.1	10	30	10			7*	10	7	VF<1.2V (IF=0.2A)	19G
1AZ12	東芝	1W		10.8	12	13.2	10	30	10			8*	10	8	VF<1.2V (IF=0.2A)	19G
1AZ13	東芝	1W		11.7	13	14.3	10	30	10			9*	10	9	VF<1.2V (IF=0.2A)	19G
1AZ15	東芝	1W		13.5	15	16.5	10	30	10			11*	10	10	VF<1.2V (IF=0.2A)	19G
1AZ16	東芝	1W		14.4	16	17.6	10	30	10			12*	10	11	VF<1.2V (IF=0.2A)	19G
1AZ18	東芝	1W		16.2	18	19.8	10	30	10			14*	10	13	VF<1.2V (IF=0.2A)	19G
1AZ20	東芝	1W		18	20	22	10	30	10			16*	10	14	VF<1.2V (IF=0.2A)	19G
1AZ22	東芝	1W		19.8	22	24.2	10	30	10			18*	10	16	VF<1.2V (IF=0.2A)	19G
1AZ24	東芝	1W		21.6	24	26.4	10	30	10			20*	10	17	VF<1.2V (IF=0.2A)	19G
1AZ27	東芝	1W		24.3	27	29.7	10	30	10			23*	10	19	VF<1.2V (IF=0.2A)	19G
1AZ30	東芝	1W		27	30	33	10	30	10			25*	10	21	VF<1.2V (IF=0.2A)	19G
1AZ33	東芝	1W		29.7	33	36.3	10	30	10			26*	10	26.4	VF<1.2V (IF=0.2A)	19G
1AZ36	東芝	1W		32.4	36	39.6	10	30	10			28*	10	28.8	VF<1.2V (IF=0.2A)	19G
1AZ47	東芝	1W		42.3	47	51.7	10	65	10			38*	10	37.6	VF<1.2V (IF=0.2A)	19G
1AZ51	東芝	1W		45.9	51	56.1	10	65	10			43*	10	40.8	VF<1.2V (IF=0.2A)	19G
1AZ200	東芝	1W		180	200	220	1.5	500	1.5			170*	10	160	受注 VF<1.2V (IF=0.2A)	19G

形　名	社名	最大定格 P (mW)	最大定格 IZ (mA)	ツェナ電圧 VZ(V) min	ツェナ電圧 VZ(V) typ	ツェナ電圧 VZ(V) max	条件 IZ(mA)	動作抵抗 ZZmax (Ω)	条件 IZ(mA)	立上り動作抵抗 ZZKmax (Ω)	条件 IZ(mA)	VZ温度係数 (%/℃)(mV/℃)*	IRmax (μA)	条件 VR(V)	その他の特性等	外形
1AZ220	東芝	1W		198	220	242	0.5	5k	0.5			200*	10	176	受注 VF<1.2V(IF=0.2A)	19G
1AZ220-Y	東芝	1W		210	220	230	0.5	5k	0.5			200*	10	176	受注 VF<1.2V(IF=0.2A)	19G
1AZ220-Z	東芝	1W		220	230	240	0.5	5k	0.5			207*	10	184	受注 VF<1.2V(IF=0.2A)	19G
1AZ240	東芝	1W		216	240	264	0.5	5k	0.5			215*	10	192	受注 VF<1.2V(IF=0.2A)	19G
1AZ240-Y	東芝	1W		230	240	250	0.5	5k	0.5			215*	10	216	受注 VF<1.2V(IF=0.2A)	19G
1AZ240-Z	東芝	1W		240	250	260	0.5	5k	0.5			225*	10	225	受注 VF<1.2V(IF=0.2A)	19G
1AZ270	東芝	1W		243	270	297	0.5	5k	0.5			243*	10	216	受注 VF<1.2V(IF=0.2A)	19G
1AZ270-X	東芝	1W		250	260	270	0.5	5k	0.5			221*	10	234	受注 VF<1.2V(IF=0.2A)	19G
1AZ270-Y	東芝	1W		260	270	280	0.5	5k	0.5			228*	10	243	受注 VF<1.2V(IF=0.2A)	19G
1AZ270-Z	東芝	1W		270	280	290	0.5	5k	0.5			236*	10	252	受注 VF<1.2V(IF=0.2A)	19G
1AZ300	東芝	1W		270	300	330	0.5	5k	0.5			270*	10	240	受注 VF<1.2V(IF=0.2A)	19G
1AZ300-X	東芝	1W		280	290	300	0.5	5k	0.5			244*	10	261	受注 VF<1.2V(IF=0.2A)	19G
1AZ300-Y	東芝	1W		290	300	310	0.5	5k	0.5			253*	10	270	受注 VF<1.2V(IF=0.2A)	19G
1AZ300-Z	東芝	1W		300	310	320	0.5	5k	0.5			261*	10	279	受注 VF<1.2V(IF=0.2A)	19G
1AZ330	東芝	1W		297	330	363	0.5	5k	0.5			296*	10	264	受注 VF<1.2V(IF=0.2A)	19G
1AZ330-X	東芝	1W		310	320	330	0.5	5k	0.5			270*	10	288	受注 VF<1.2V(IF=0.2A)	19G
1AZ330-Y	東芝	1W		320	330	340	0.5	5k	0.5			278*	10	297	受注 VF<1.2V(IF=0.2A)	19G
1AZ330-Z	東芝	1W		330	340	350	0.5	5k	0.5			287*	10	306	受注 VF<1.2V(IF=0.2A)	19G
1N4728A	ルネサス	1W	276		3.3		76	10	76	400	1	-0.065	100	1	IZSM=2800mA VZ幅±5%	25G
1N4729A	ルネサス	1W	252		3.6		69	10	69	400	1	-0.065	100	1	IZSM=2660mA VZ幅±5%	25G
1N4731A	ルネサス	1W	217		4.3		58	9	58	400	1	-0.02	10	1	IZSM=2440mA VZ幅±5%	25G
1N4732A	ルネサス	1W	193		4.7		53	8	53	500	1	0.005	10	1	IZSM=2320mA VZ幅±5%	25G
1N4733A	ルネサス	1W	178		5.1		49	7	49	550	1	0.015	10	1	IZSM=2200mA VZ幅±5%	25G
1N4734A	ルネサス	1W	162		5.6		45	5	45	600	1	0.02	10	2	IZSM=2080mA VZ幅±5%	25G
1N4735	ルネサス	1W	146		6.2		41	2	41	700	1	0.03	10	3	IZSM=1960mA VZ幅±10%	25G
1N4735A	ルネサス	1W	146		6.2		41	2	41	700	1	0.03	10	3	IZSM=1960mA VZ幅±5%	25G
1N4736A	ルネサス	1W	133		6.8		37	3.5	37	700	1	0.04	10	4	IZSM=1800mA VZ幅±5%	25G
1N4737A	ルネサス	1W	121		7.5		34	4	34	700	0.5	0.04	10	5	IZSM=1620mA VZ幅±5%	25G
1N4738A	ルネサス	1W	110		8.2		31	4.5	31	700	0.5	0.05	10	6	IZSM=1520mA VZ幅±5%	25G
1N4739A	ルネサス	1W	100		9.1		28	5	28	700	0.5	0.055	10	7	IZSM=1340mA VZ幅±5%	25G
1N4740A	ルネサス	1W	91		10		25	7	25	700	0.25	0.06	10	7.6	IZSM=1200mA VZ幅±5%	25G
1N4741A	ルネサス	1W	83		11		23	8	23	700	0.25	0.06	5	8.4	IZSM=1100mA VZ幅±5%	25G
1N4742A	ルネサス	1W	76		12		21	9	21	700	0.25	0.065	5	9	IZSM=1000mA VZ幅±5%	25G
1N4743A	ルネサス	1W	69		13		19	10	19	700	0.25	0.07	5	9.9	IZSM=900mA VZ幅±5%	25G
1N4744A	ルネサス	1W	61		15		17	14	17	700	0.25	0.07	5	11.4	IZSM=760mA VZ幅±5%	25G
1N4745A	ルネサス	1W	57		16	15.5	16	15.5	700	0.25	0.07	5	12.2	IZSM=700mA VZ幅±5%	25G
1N4746A	ルネサス	1W	50		18		14	20	14	750	0.25	0.075	5	13.7	IZSM=600mA VZ幅±5%	25G
1N4747A	ルネサス	1W	45		20	12.5	12.5	22	12.5	750	0.25	0.075	5	15.2	IZSM=540mA VZ幅±5%	25G
1N4748A	ルネサス	1W	41		22	11.5	11.5	23	11.5	750	0.25	0.08	5	16.7	IZSM=500mA VZ幅±5%	25G
1N4749A	ルネサス	1W	38		24	10.5	10.5	25	10.5	750	0.25	0.08	5	18.2	IZSM=450mA VZ幅±5%	25G
1N4750A	ルネサス	1W	34		27	9.5	9.5	35	9.5	750	0.25	0.08	5	20.6	IZSM=400mA VZ幅±5%	25G
1N4751A	ルネサス	1W	30		30	8.5	8.5	40	8.5	1000	0.25	0.08	5	22.8	IZSM=380mA VZ幅±5%	25G

形名	社名	最大定格 P (mW)	最大定格 IZ (mA)	ツェナ電圧 VZ(V) min	ツェナ電圧 VZ(V) typ	ツェナ電圧 VZ(V) max	条件 IZ(mA)	動作抵抗 ZZmax (Ω)	条件 IZ(mA)	立上り動作抵抗 ZZKmax (Ω)	条件 IZ(mA)	VZ温度係数 (%/℃)* (mV/℃)*	逆方向特性 IRmax (μA)	条件 VR(V)	その他の特性等	外形
1N4752A	ルネサス	1W	27		33		7.5	45	7.5	1000	0.25	0.08	5	25.1	IZSM=350mA VZ幅±5%	25G
1N4753A	ルネサス	1W	25		36		7	50	7	1000	0.25	0.08	5	27.4	IZSM=320mA VZ幅±5%	25G
1N5223B	ルネサス	500		−5%	2.7	+5%	20	30	20				75	0.95		24C
1N5224B	ルネサス	500		−5%	2.8	+5%	20	30	20				75	0.95		24C
1N5225B	ルネサス	500		−5%	3	+5%	20	29	20				50	0.95		24C
1N5226B	ルネサス	500		−5%	3.3	+5%	20	28	20				25	0.95		24C
1N5227B	ルネサス	500		−5%	3.6	+5%	20	24	20				15	0.95		24C
1N5228B	ルネサス	500		−5%	3.9	+5%	20	23	20				10	1		24C
1N5229B	ルネサス	500		−5%	4.3	+5%	20	22	20				5	1		24C
1N5230B	ルネサス	500		−5%	4.7	+5%	20	19	20				5	2		24C
1N5231B	ルネサス	500		−5%	5.1	+5%	20	17	20				5	2		24C
1N5231B	ローム	500		4.85		5.36	20	17	20	1600	0.25	±0.030	5	2	海外用	24G
1N5232B	ルネサス	500		−5%	5.6	+5%	20	11	20				5	3		24C
1N5232B	ローム	500		5.32		5.88	20	11	20	1600	0.25	0.038	5	3	海外用	24G
1N5233B	ルネサス	500		−5%	6	+5%	20	7	20				5	3.5		24C
1N5233B	ローム	500		5.7		6.3	20	7	20	1600	0.25	0.038	5	3.5	海外用	24G
1N5234B	ルネサス	500		−5%	6.2	+5%	20	7	20				5	4		24C
1N5234B	ローム	500		5.89		6.51	20	7	20	1000	0.25	0.045	5	4	海外用	24G
1N5235B	ルネサス	500		−5%	5.8	+5%	20	5	20				3	5		24C
1N5235B	ローム	500		6.46		7.14	20	5	20	750	0.25	0.05	3	5	海外用	24G
1N5236B	ルネサス	500		−5%	7.5	+5%	20	6	20				3	6		24C
1N5236B	ローム	500		7.13		7.88	20	6	20	500	0.25	0.058	3	6	海外用	24G
1N5237B	ルネサス	500		−5%	8.2	+5%	20	8	20				3	6.5		24C
1N5237B	ローム	500		7.79		8.61	20	8	20	500	0.25	0.062	3	6.5	海外用	24G
1N5238B	ルネサス	500		−5%	8.7	+5%	20	8	20				3	6.5		24C
1N5238B	ローム	500		8.27		9.14	20	8	20	600	0.25	0.065	3	6.5	海外用	24G
1N5239B	ルネサス	500		−5%	9	+5%	20	10	20				3	7.5		24C
1N5239B	ローム	500		8.65		9.56	20	10	20	600	0.25	0.068	3	7	海外用	24G
1N5240B	ルネサス	500		−5%	10	+5%	20	17	20				3	8		24C
1N5240B	ローム	500		9.5		10.5	20	17	20	600	0.25	0.075	3	8	海外用	24G
1N5241B	ルネサス	500		−5%	11	+5%	20	22	20				3	8.4		24C
1N5241B	ローム	500		10.45		11.55	20	22	20	600	0.25	0.076	2	8.4	海外用	24G
1N5242B	ルネサス	500		−5%	12	+5%	20	30	20				1	9.1		24C
1N5242B	ローム	500		11.4		12.6	20	30	20	600	0.25	0.077	1	9.1	海外用	24G
1N5243B	ルネサス	500		−5%	13	+5%	9.5	13	9.5				0.5	9.9		24C
1N5243B	ローム	500		12.35		13.65	9.5	13	9.5	600	0.25	0.079	0.5	9.9	海外用	24G
1N5244B	ルネサス	500		−5%	14	+5%	9	15	9				0.1	10		24C
1N5244B	ローム	500		13.3		14.7	9	15	9	600	0.25	0.082	0.1	10	海外用	24G
1N5245B	ルネサス	500		−5%	15	+5%	8.5	16	8.5				0.1	11		24C
1N5245B	ローム	500		14.25		15.75	8.5	16	8.5	600	0.25	0.082	0.1	11	海外用	24G
1N5246B	ルネサス	500		−5%	16	+5%	7.8	17	7.8				0.1	12		24C
1N5246B	ローム	500		15.2		16.8	7.8	17	7.8	600	0.25	0.083	0.1	12	海外用	24G

形　名	社名	最大定格 P (mW)	最大定格 IZ (mA)	ツェナ電圧 VZ(V) min	ツェナ電圧 VZ(V) typ	ツェナ電圧 VZ(V) max	条件 IZ(mA)	動作抵抗 ZZmax (Ω)	動作抵抗 条件 IZ(mA)	立上り動作抵抗 ZZKmax (Ω)	立上り動作抵抗 条件 IZ(mA)	VZ温度係数 (%/℃) (mV/℃)*	逆方向特性 IRmax (μA)	逆方向特性 条件 VR(V)	その他の特性等	外形
1N5247B	ルネサス	500		−5%	17	+5%	7.4	19	7.4				0.1	13		24C
1N5247B	ローム	500		16.15		17.85	7.4	19	7.4	600	0.25	0.084	0.1	13	海外用	24G
1N5248B	ルネサス	500		−5%	18	+5%	7	21	7				0.1	14		24C
1N5248B	ローム	500		17.1		18.9	7	21	7	600	0.25	0.085	0.1	14	海外用	24G
1N5249B	ルネサス	500		−5%	19	+5%	6.6	23	6.6				0.1	14		24C
1N5249B	ローム	500		18.05		19.95	6.6	23	6.6	600	0.25	0.086	0.1	14	海外用	24G
1N5250B	ルネサス	500		−5%	20	+5%	6.2	25	6.2				0.1	15		24C
1N5250B	ローム	500		19		21	6.2	25	6.2	600	0.25	0.086	0.1	15	海外用	24G
1N5251B	ルネサス	500		−5%	22	+5%	5.6	29	5.6				0.1	17		24C
1N5251B	ローム	500		20.9		23.1	5.6	29	5.6	600	0.25	0.087	0.1	17	海外用	24G
1N5252B	ルネサス	500		−5%	24	+5%	5.2	33	5.2				0.1	18		24C
1N5252B	ローム	500		22.8		25.2	5.2	33	5.2	600	0.25	0.088	0.1	18	海外用	24G
1N5253B	ルネサス	500		−5%	25	+5%	5	35	5				0.1	19		24C
1N5254B	ルネサス	500		−5%	27	+5%	4.6	41	4.6				0.1	21		24C
1N5255B	ルネサス	500		−5%	28	+5%	4.5	44	4.5				0.1	21		24C
1N5256B	ルネサス	500		−5%	30	+5%	4.2	49	4.2				0.1	23		24C
1N5257B	ルネサス	500		−5%	33	+5%	3.8	58	3.8				0.1	25		24C
1N5258B	ルネサス	500		−5%	36	+5%	3.4	70	3.4				0.1	27		24C
1Z6.2	東芝	1W		5.6	6.2	6.8	10	60	10			1.5*	10	2	VF<1.2V (IF=0.2A)	89B
1Z6.8	東芝	1W		6.2	6.8	7.4	10	60	10			3*	10	3	VF<1.2V (IF=0.2A)	89B
1Z6.8A	東芝	1W		6.45	6.8	7.14	10	60	10			3*	10	3	VF<1.2V (IF=0.2A)	89B
1Z7.5	東芝	1W		6.8	7.5	8.3	10	30	10			4*	10	4.5	VF<1.2V (IF=0.2A)	89B
1Z7.5A	東芝	1W		7.13	7.5	7.87	10	30	10			4*	10	4.5	VF<1.2V (IF=0.2A)	89B
1Z8.2	東芝	1W		7.4	8.2	9.1	10	30	10			4*	10	4.9	VF<1.2V (IF=0.2A)	89B
1Z8.2A	東芝	1W		7.79	8.2	8.61	10	30	10			4*	10	4.9	VF<1.2V (IF=0.2A)	89B
1Z9.1	東芝	1W		8.2	9.1	10.1	10	30	10			5*	10	5.5	VF<1.2V (IF=0.2A)	89B
1Z9.1A	東芝	1W		8.65	9.1	9.55	10	30	10			5*	10	5.5	VF<1.2V (IF=0.2A)	89B
1Z10	東芝	1W		9	10	11	10	30	10			6*	10	6	VF<1.2V (IF=0.2A)	89B
1Z10A	東芝	1W		9.5	10	10.5	10	30	10			6*	10	6	VF<1.2V (IF=0.2A)	89B
1Z11	東芝	1W		9.9	11	12.1	10	30	10			7*	10	7	VF<1.2V (IF=0.2A)	89B
1Z11A	東芝	1W		10.5	11	11.5	10	30	10			7*	10	7	VF<1.2V (IF=0.2A)	89B
1Z12	東芝	1W		10.8	12	13.2	10	30	10			8*	10	8	VF<1.2V (IF=0.2A)	89B
1Z12A	東芝	1W		11.4	12	12.6	10	30	10			8*	10	8	VF<1.2V (IF=0.2A)	89B
1Z13	東芝	1W		11.7	13	14.3	10	30	10			9*	10	9	VF<1.2V (IF=0.2A)	89B
1Z13A	東芝	1W		12.4	13	13.6	10	30	10			9*	10	9	VF<1.2V (IF=0.2A)	89B
1Z15	東芝	1W		13.5	15	16.5	10	30	10			11*	10	10	VF<1.2V (IF=0.2A)	89B
1Z15A	東芝	1W		14.3	15	15.8	10	30	10			11*	10	10	VF<1.2V (IF=0.2A)	89B
1Z16	東芝	1W		14.4	16	17.6	10	30	10			12*	10	11	VF<1.2V (IF=0.2A)	89B
1Z16A	東芝	1W		15.2	16	16.8	10	30	10			12*	10	11	VF<1.2V (IF=0.2A)	89B
1Z18	東芝	1W		16.2	18	19.8	10	30	10			14*	10	13	VF<1.2V (IF=0.2A)	89B
1Z18A	東芝	1W		17.1	18	18.9	10	30	10			14*	10	13	VF<1.2V (IF=0.2A)	89B
1Z20	東芝	1W		18	20	22	10	30	10			16*	10	14	VF<1.2V (IF=0.2A)	89B

形 名	社 名	最大定格 P (mW)	最大定格 IZ (mA)	ツェナ電圧 VZ(V) min	ツェナ電圧 VZ(V) typ	ツェナ電圧 VZ(V) max	条件 IZ(mA)	動作抵抗 ZZmax (Ω)	条件 IZ(mA)	立上り動作抵抗 ZZKmax (Ω)	条件 IZ(mA)	VZ温度係数 (%/℃) (mV/℃)*	逆方向特性 IRmax (μA)	条件 VR(V)	その他の特性等	外形
1Z20A	東芝	1W		19	20	21	10	30	10			16*	10	14	VF<1.2V (IF=0.2A)	89B
1Z22	東芝	1W		19.8	22	24.2	10	30	10			18*	10	16	VF<1.2V (IF=0.2A)	89B
1Z22A	東芝	1W		20.9	22	23.1	10	30	10			18*	10	16	VF<1.2V (IF=0.2A)	89B
1Z24	東芝	1W		21.6	24	26.4	10	30	10			20*	10	17	VF<1.2V (IF=0.2A)	89B
1Z24A	東芝	1W		22.8	24	25.8	10	30	10			20*	10	17	VF<1.2V (IF=0.2A)	89B
1Z27	東芝	1W		24.3	27	29.7	10	30	10			23*	10	19	VF<1.2V (IF=0.2A)	89B
1Z27A	東芝	1W		25.7	27	28.3	10	30	10			23*	10	19	VF<1.2V (IF=0.2A)	89B
1Z30	東芝	1W		27	30	33	10	30	10			25*	10	21	VF<1.2V (IF=0.2A)	89B
1Z30A	東芝	1W		28.5	30	31.5	10	30	10			25*	10	21	VF<1.2V (IF=0.2A)	89B
1Z33	東芝	1W		29.7	33	36.3	10	30	10			26*	10	26.4	VF<1.2V (IF=0.2A)	89B
1Z36	東芝	1W		32.4	36	39.6	9	30	9			28*	10	28.8	VF<1.2V (IF=0.2A)	89B
1Z43	東芝	1W		38.7	43	47.3	7	40	7			33*	10	34.4	VF<1.2V (IF=0.2A)	89B
1Z47	東芝	1W		42.3	47	51.7	6	65	6			38*	10	37.6	VF<1.2V (IF=0.2A)	89B
1Z51	東芝	1W		45.9	51	56.1	6	65	6			43*	10	40.8	VF<1.2V (IF=0.2A)	89B
1Z68	東芝	1W		61.2	68	74.8	4	120	4			57*	10	54.4	VF<1.2V (IF=0.2A)	89B
1Z75	東芝	1W		67.5	75	82.5	4	150	4			66*	10	60	VF<1.2V (IF=0.2A)	89B
1Z82	東芝	1W		73.8	82	90.2	3	170	3			71*	10	65.4	VF<1.2V (IF=0.2A)	89B
1Z100	東芝	1W		90	100	110	3	300	3			87*	10	80	VF<1.2V (IF=0.2A)	89B
1Z110	東芝	1W		99	110	121	3	300	3			96*	10	88	VF<1.2V (IF=0.2A)	89B
1Z150	東芝	1W		135	150	165	2	450	2			136*	10	120	VF<1.2V (IF=0.2A)	89B
1Z180	東芝	1W		162	180	198	1.5	500	1.5			161*	10	144	VF<1.2V (IF=0.2A)	89B
1Z330	東芝	1W		297	330	363	1	5k	1			297*	10	264	VF<1.2V (IF=0.2A)	89B
1Z390	東芝	1W		351	390	429	0.5	10k	0.5			350*	10	312	VF<1.2V (IF=0.2A)	89B
1ZB6.8	東芝	1W		6.2	6.8	7.4	10	60	10			3*	10	3		20K
1ZB7.5	東芝	1W		6.8	7.5	8.3	10	30	10			4*	10	4.5		20K
1ZB8.2	東芝	1W		7.4	8.2	9.1	10	30	10			4*	10	4.9		20K
1ZB9.1	東芝	1W		8.2	9.1	10.1	10	30	10			5*	10	5.5		20K
1ZB10	東芝	1W		9	10	11	10	30	10			6*	10	6		20K
1ZB11	東芝	1W		9.9	11	12.1	10	30	10			7*	10	7		20K
1ZB12	東芝	1W		10.8	12	13.2	10	30	10			8*	10	8		20K
1ZB13	東芝	1W		11.7	13	14.3	10	30	10			9*	10	9		20K
1ZB15	東芝	1W		13.5	15	16.5	10	30	10			11*	10	10		20K
1ZB16	東芝	1W		14.4	16	17.6	10	30	10			12*	10	11		20K
1ZB18	東芝	1W		16.2	18	19.8	10	30	10			14*	10	13		20K
1ZB20	東芝	1W		18	20	22	10	30	10			16*	10	14		20K
1ZB22	東芝	1W		19.8	22	24.2	10	30	10			18*	10	16		20K
1ZB24	東芝	1W		21.6	24	26.4	10	30	10			20*	10	17		20K
1ZB27	東芝	1W		24.3	27	29.7	10	30	10			23*	10	19		20K
1ZB30	東芝	1W		27	30	33	10	30	10			25*	10	21		20K
1ZB33	東芝	1W		29.7	33	36.3	10	30	10			26*	10	26.4		20K
1ZB36	東芝	1W		32.4	36	39.6	9	30	9			28*	10	28.8		20K
1ZB43	東芝	1W		38.7	43	47.3	7	40	7			33*	10	34.4		20K

形 名	社 名	最大定格 P (mW)	最大定格 IZ (mA)	ツェナ電圧 Vz(V) min	ツェナ電圧 Vz(V) typ	ツェナ電圧 Vz(V) max	条件 IZ(mA)	動作抵抗 ZZmax (Ω)	条件 IZ(mA)	立上り動作抵抗 ZZKmax (Ω)	条件 IZ(mA)	Vz温度係数 (%/℃) (mV/℃)*	逆方向特性 IRmax (μA)	逆方向特性 条件 VR(V)	その他の特性等	外形
1ZB47	東芝	1W		42.3	47	51.7	6	65	6			38*	10	37.6		20K
1ZB51	東芝	1W		45.9	51	56.1	6	65	6			43*	10	40.8		20K
1ZB68	東芝	1W		61.2	68	74.8	4	120	4			57*	10	54.4		20K
1ZB75	東芝	1W		67.5	75	82.5	4	150	4			66*	10	60		20K
1ZB82	東芝	1W		73.8	82	90.2	3	170	3			71*	10	65.4		20K
1ZB100	東芝	1W		90	100	110	3	300	3			87*	10	80		20K
1ZB110	東芝	1W		99	110	121	3	300	3			96*	10	88		20K
1ZB150	東芝	1W		135	150	165	2	450	2			136*	10	120		20K
1ZB180	東芝	1W		162	180	198	1.5	500	1.5			161*	10	144		20K
1ZB200	東芝	1W		180	200	220	1.5	500	1.5			170*	10	160		20K
1ZB200-Y	東芝	1W		190	200	210	1.5	500	1.5			170*	10	160		20K
1ZB200-Z	東芝	1W		200	210	220	1.5	500	1.5			178*	10	168		20K
1ZB220	東芝	1W		198	220	242	0.5	5k	0.5			200*	10	176		20K
1ZB220-Y	東芝	1W		210	220	230	0.5	5k	0.5			200*	10	176		20K
1ZB220-Z	東芝	1W		220	230	240	0.5	5k	0.5			207*	10	184		20K
1ZB240	東芝	1W		216	240	264	0.5	5k	0.5			215*	10	192		20K
1ZB240-Y	東芝	1W		230	240	250	0.5	5k	0.5			215*	10	216		20K
1ZB240-Z	東芝	1W		240	250	260	0.5	5k	0.5			225*	10	225		20K
1ZB270	東芝	1W		243	270	297	0.5	5k	0.5			243*	10	216		20K
1ZB270-X	東芝	1W		250	260	270	0.5	5k	0.5			221*	10	234		20K
1ZB270-Y	東芝	1W		260	270	280	0.5	5k	0.5			228*	10	243		20K
1ZB270-Z	東芝	1W		270	280	290	0.5	5k	0.5			236*	10	252		20K
1ZB300	東芝	1W		270	300	330	0.5	5k	0.5			270*	10	240		20K
1ZB300-X	東芝	1W		280	290	300	0.5	5k	0.5			244*	10	261		20K
1ZB300-Y	東芝	1W		290	300	310	0.5	5k	0.5			253*	10	270		20K
1ZB300-Z	東芝	1W		300	310	320	0.5	5k	0.5			261*	10	279		20K
1ZB330	東芝	1W		297	330	363	0.5	5k	0.5			296*	10	264		20K
1ZB330-X	東芝	1W		310	320	330	0.5	5k	0.5			270*	10	288		20K
1ZB330-Y	東芝	1W		320	330	340	0.5	5k	0.5			278*	10	297		20K
1ZB330-Z	東芝	1W		330	340	350	0.5	5k	0.5			287*	10	306		20K
1ZB390	東芝	1W		351	390	429	0.5	10k	0.5			350*	10	312		20K
1ZC12	東芝	1W		10.8	12	13.2	10	30	10			8*	10	8	VF<1.2V (IF=0.2A)	20K
1ZC12A	東芝	1W		11.4	12	12.6	10	30	10			8*	10	8	VF<1.2V (IF=0.2A)	20K
1ZC13	東芝	1W		11.7	13	14.3	10	30	10			9*	10	9	VF<1.2V (IF=0.2A)	20K
1ZC13A	東芝	1W		12.4	13	13.6	10	30	10			9*	10	9	VF<1.2V (IF=0.2A)	20K
1ZC15	東芝	1W		13.5	15	16.5	10	30	10			11*	10	10	VF<1.2V (IF=0.2A)	20K
1ZC15A	東芝	1W		14.3	15	15.8	10	30	10			11*	10	10	VF<1.2V (IF=0.2A)	20K
1ZC16	東芝	1W		14.4	16	17.6	10	30	10			12*	10	11	VF<1.2V (IF=0.2A)	20K
1ZC16A	東芝	1W		15.2	16	16.8	10	30	10			12*	10	11	VF<1.2V (IF=0.2A)	20K
1ZC18	東芝	1W		16.2	18	19.8	10	30	10			14*	10	13	VF<1.2V (IF=0.2A)	20K
1ZC18A	東芝	1W		17.1	18	18.9	10	30	10			14*	10	13	VF<1.2V (IF=0.2A)	20K
1ZC20	東芝	1W		18	20	22	10	30	10			16*	10	14	VF<1.2V (IF=0.2A)	20K

形名	社名	最大定格 P (mW)	最大定格 IZ (mA)	ツェナ電圧 VZ(V) min	ツェナ電圧 VZ(V) typ	ツェナ電圧 VZ(V) max	条件 IZ(mA)	動作抵抗 ZZmax (Ω)	条件 IZ(mA)	立上り動作抵抗 ZZKmax (Ω)	条件 IZ(mA)	VZ温度係数 (%/℃) (mV/℃)*	逆方向特性 IRmax (μA)	条件 VR(V)	その他の特性等	外形
1ZC20A	東芝	1W		19	20	21	10	30	10			16*	10	14	VF<1.2V(IF=0.2A)	20K
1ZC22	東芝	1W		19.8	22	24.2	10	30	10			18*	10	16	VF<1.2V(IF=0.2A)	20K
1ZC22A	東芝	1W		20.9	22	23.1	10	30	10			18*	10	16	VF<1.2V(IF=0.2A)	20K
1ZC24	東芝	1W		21.6	24	26.4	10	30	10			20*	10	17	VF<1.2V(IF=0.2A)	20K
1ZC24A	東芝	1W		22.8	24	25.2	10	30	10			20*	10	17	VF<1.2V(IF=0.2A)	20K
1ZC27	東芝	1W		24.3	27	29.7	10	30	10			23*	10	19	VF<1.2V(IF=0.2A)	20K
1ZC27A	東芝	1W		25.7	27	28.3	10	30	10			23*	10	19	VF<1.2V(IF=0.2A)	20K
1ZC30	東芝	1W		27	30	33	10	30	10			25*	10	21	VF<1.2V(IF=0.2A)	20K
1ZC30A	東芝	1W		28.5	30	31.5	10	30	10			25*	10	21	VF<1.2V(IF=0.2A)	20K
1ZC33	東芝	1W		29.7	33	36.3	10	30	10			26*	10	26.4	VF<1.2V(IF=0.2A)	20K
1ZC33A	東芝	1W		31.4	33	34.6	10	30	10			26*	10	26.4	VF<1.2V(IF=0.2A)	20K
1ZC36	東芝	1W		32.4	36	39.6	9	30	9			28*	10	28.8	VF<1.2V(IF=0.2A)	20K
1ZC36A	東芝	1W		34.2	36	37.8	9	30	9			28*	10	28.8	VF<1.2V(IF=0.2A)	20K
1ZC39	東芝	1W		35.1	39	42.9	8	35	8			30*	10	31.2	VF<1.2V(IF=0.2A)	20K
1ZC39A	東芝	1W		37.1	39	40.9	8	35	8			30*	10	31.2	VF<1.2V(IF=0.2A)	20K
1ZC43	東芝	1W		38.7	43	47.3	7	40	7			33*	10	34.4	VF<1.2V(IF=0.2A)	20K
1ZC43A	東芝	1W		40.9	43	45.1	7	40	7			33*	10	34.4	VF<1.2V(IF=0.2A)	20K
1ZC47	東芝	1W		42.3	47	51.7	6	65	6			38*	10	37.6	VF<1.2V(IF=0.2A)	20K
1ZC47A	東芝	1W		44.7	47	49.3	6	65	6			38*	10	37.6	VF<1.2V(IF=0.2A)	20K
1ZC51	東芝	1W		45.9	51	56.1	6	65	6			43*	10	40.8	VF<1.2V(IF=0.2A)	20K
1ZC51A	東芝	1W		48.5	51	53.5	6	65	6			43*	10	40.8	VF<1.2V(IF=0.2A)	20K
1ZC56	東芝	1W		50.4	56	61.6	5	85	5			48*	10	44.8	VF<1.2V(IF=0.2A)	20K
1ZC56A	東芝	1W		53.2	56	58.8	5	85	5			48*	10	44.8	VF<1.2V(IF=0.2A)	20K
1ZC62	東芝	1W		55.8	62	68.2	5	105	5			53*	10	49.6	VF<1.2V(IF=0.2A)	20K
1ZC62A	東芝	1W		58.9	62	65.1	5	105	5			53*	10	49.6	VF<1.2V(IF=0.2A)	20K
1ZC68	東芝	1W		61.2	68	74.8	4	120	4			57*	10	54.4	VF<1.2V(IF=0.2A)	20K
1ZC68A	東芝	1W		64.6	68	71.4	4	120	4			57*	10	54.4	VF<1.2V(IF=0.2A)	20K
1ZC75	東芝	1W		67.5	75	82.5	4	150	4			66*	10	60	VF<1.2V(IF=0.2A)	20K
1ZC75A	東芝	1W		71.3	75	78.7	4	150	4			66*	10	60	VF<1.2V(IF=0.2A)	20K
1ZC82	東芝	1W		73.8	82	90.2	3	170	3			71*	10	65.4	VF<1.2V(IF=0.2A)	20K
1ZC82A	東芝	1W		77.9	82	86.1	3	170	3			71*	10	65.4	VF<1.2V(IF=0.2A)	20K
1ZC91	東芝	1W		81.9	91	100.1	3	240	3			79*	10	72.8	VF<1.2V(IF=0.2A)	20K
1ZC91A	東芝	1W		86.5	91	95.5	3	240	3			79*	10	72.8	VF<1.2V(IF=0.2A)	20K
1ZC100	東芝	1W		90	100	110	3	300	3			87*	10	80	VF<1.2V(IF=0.2A)	20K
1ZC100A	東芝	1W		95	100	105	3	300	3			87*	10	80	VF<1.2V(IF=0.2A)	20K
1ZC110	東芝	1W		99	110	121	3	300	3			96*	10	88	VF<1.2V(IF=0.2A)	20K
1ZC110A	東芝	1W		104.5	110	115.5	3	300	3			96*	10	88	VF<1.2V(IF=0.2A)	20K
1ZC120	東芝	1W		108	120	132	2.5	350	2.5			106*	10	96	VF<1.2V(IF=0.2A)	20K
1ZC120A	東芝	1W		114	120	126	2.5	350	2.5			106*	10	96	VF<1.2V(IF=0.2A)	20K
1ZM27	東芝	1W		21.6	27	32.4	10	30	10			20*	10	18.9	対称形	89B
1ZM30	東芝	1W		24	30	36	10	30	10			25*	10	21	対称形	89B
1ZM47	東芝	1W		37.6	47	56.4	6	65	6			38*	10	32.9	対称形	89B

形　名	社名	最大定格 P (mW)	最大定格 IZ (mA)	ツェナ電圧 VZ(V) min	ツェナ電圧 VZ(V) typ	ツェナ電圧 VZ(V) max	条件 IZ(mA)	動作抵抗 ZZmax (Ω)	条件 IZ(mA)	立上り動作抵抗 ZZKmax (Ω)	条件 IZ(mA)	VZ温度係数 (%/℃) (mV/℃)*	逆方向特性 IRmax (μA)	条件 VR(V)	その他の特性等	外形
1ZM50	東芝	1W		40	50	60	6	65	6			43*	10	35	対称形	89B
1ZM100	東芝	1W		80	100	120	3	330	3			87*	10	70	対称形	89B
1ZM180	東芝	1W		144	180	216	1.5	500	1.5			161*	10	126	対称形	89B
1ZM330	東芝	1W		264	330	396	1	5k	1			297*	10	231	対称形	89B
1ZM390	東芝	1W		312	390	468	0.5	10k	0.5			350*	10	273	対称形	89B
2Z12	東芝	1.5W		10.8	12	13.2	10	30	10			8*	5	10.2	VF<1.2V (IF=0.2A)	19F
2Z13	東芝	1.5W		11.7	13	14.3	10	30	10			9*	5	11.1	VF<1.2V (IF=0.2A)	19F
2Z15	東芝	1.5W		13.5	15	16.5	10	30	10			11*	5	12.8	VF<1.2V (IF=0.2A)	19F
2Z16	東芝	1.5W		14.4	16	17.6	10	30	10			12*	5	13.6	VF<1.2V (IF=0.2A)	19F
2Z16A	東芝	1.5W		15.2	16	16.8	10	30	10			12*	5	13.6	VF<1.2V (IF=0.2A) 受注	19F
2Z18	東芝	1.5W		16.2	18	19.8	10	30	10			14*	5	15.3	VF<1.2V (IF=0.2A)	19F
2Z18A	東芝	1.5W		17.1	18	18.9	10	30	10			14*	5	15.3	VF<1.2V (IF=0.2A) 受注	19F
2Z20	東芝	1.5W		18	20	22	10	30	10			16*	5	17.1	VF<1.2V (IF=0.2A)	19F
2Z22	東芝	1.5W		19.8	22	24.2	10	30	10			18*	5	18.8	VF<1.2V (IF=0.2A)	19F
2Z24	東芝	1.5W		21.6	24	26.4	10	30	10			20*	5	20.5	VF<1.2V (IF=0.2A)	19F
2Z27	東芝	1.5W		24.3	27	29.7	10	30	10			23*	5	23.1	VF<1.2V (IF=0.2A)	19F
2Z27A	東芝	1.5W		25.7	27	28.3	10	30	10			23*	5	23.1	VF<1.2V (IF=0.2A) 受注	19F
2Z30	東芝	1.5W		27	30	33	10	30	10			25*	5	25.6	VF<1.2V (IF=0.2A)	19F
2Z33	東芝	1.5W		29.7	33	36.3	10	30	10			26*	5	28.2	VF<1.2V (IF=0.2A)	19F
2Z36	東芝	1.5W		32.4	36	39.6	9	30	9			28*	5	30.8	VF<1.2V (IF=0.2A)	19F
2Z43	東芝	1.5W		38.7	43	47.3	7	40	7			33*	5	34.4	VF<1.2V (IF=0.2A)	19F
2Z47	東芝	1.5W		42.3	47	51.7	6	65	6				5	40.2	VF<1.2V (IF=0.2A)	19F
2Z51	東芝	1.5W		45.9	51	56.1	6	65	6				5	43.6	VF<1.2V (IF=0.2A)	19F
*3Z12	東芝	3W		10.8	12	13.2	10	30	10			8*	10	8	PZSM=1.5kW (1ms) VF<1.2V (IF=0.2A)	89J
*3Z13	東芝	3W		11.7	13	14.3	10	30	10			9*	10	9	PZSM=1.5kW (1ms) VF<1.2V (IF=0.2A)	89J
*3Z15	東芝	3W		13.5	15	16.5	10	30	10			11*	10	10	PZSM=1.5kW (1ms) VF<1.2V (IF=0.2A)	89J
*3Z16	東芝	3W		14.4	16	17.6	10	30	10			12*	10	11	PZSM=1.5kW (1ms) VF<1.2V (IF=0.2A)	89J
*3Z18	東芝	3W		16.2	18	19.8	10	30	10			14*	10	13	PZSM=1.5kW (1ms) VF<1.2V (IF=0.2A)	89J
*3Z20	東芝	3W		18	20	22	10	30	10			16*	10	14	PZSM=1.5kW (1ms) VF<1.2V (IF=0.2A)	89J
*3Z22	東芝	3W		19.8	22	24.2	10	30	10			18*	10	16	PZSM=1.5kW (1ms) VF<1.2V (IF=0.2A)	89J
*3Z24	東芝	3W		21.6	24	26.4	10	30	10			20*	10	17	PZSM=1.5kW (1ms) VF<1.2V (IF=0.2A)	89J
*3Z27	東芝	3W		24.3	27	29.7	10	30	10			23*	10	19	PZSM=1.5kW (1ms) VF<1.2V (IF=0.2A)	89J
*3Z30	東芝	3W		27	30	33	10	30	10			25*	10	21	PZSM=1.5kW (1ms) VF<1.2V (IF=0.2A)	89J
*3Z33	東芝	3W		29.7	33	36.3	10	30	10			26*	10	26.4	PZSM=1.5kW (1ms) VF<1.2V (IF=0.2A)	89J
*3Z36	東芝	3W		32.4	36	39.6	9	30	9			28*	10	28.8	PZSM=1.5kW (1ms) VF<1.2V (IF=0.2A)	89J
*3Z43	東芝	3W		38.7	43	47.3	7	40	7			33*	10	34.4	PZSM=1.5kW (1ms) VF<1.2V (IF=0.2A)	89J
*3Z47	東芝	3W		42.3	47	51.7	6	65	6			38*	10	37.6	PZSM=1.5kW (1ms) VF<1.2V (IF=0.2A)	89J
*3Z51	東芝	3W		45.9	51	56.1	6	65	6			43*	10	40.8	PZSM=1.5kW (1ms) VF<1.2V (IF=0.2A)	89J
*3Z68	東芝	3W		61.2	68	74.8	4	120	4			57*	10	54.4	PZSM=1.5kW (1ms) VF<1.2V (IF=0.2A)	89J
*3Z75	東芝	3W		67.5	75	82.5	4	150	4			66*	10	60	PZSM=1.5kW (1ms) VF<1.2V (IF=0.2A)	89J
*3Z82	東芝	3W		73.8	82	90.2	3	170	3			71*	10	65.4	PZSM=1.5kW (1ms) VF<1.2V (IF=0.2A)	89J
*3Z100	東芝	3W		90	100	110	3	300	3			87*	10	80	PZSM=1.5kW (1ms) VF<1.2V (IF=0.2A)	89J

- 323 -

形名	社名	最大定格 P (mW)	最大定格 IZ (mA)	ツェナ電圧 VZ(V) min	ツェナ電圧 VZ(V) typ	ツェナ電圧 VZ(V) max	条件 IZ(mA)	動作抵抗 ZZmax (Ω)	条件 IZ(mA)	立上り動作抵抗 ZZKmax (Ω)	条件 IZ(mA)	VZ温度係数 (mV/℃)*	IRmax (μA)	条件 VR(V)	その他の特性等	外形
* 3Z110	東芝	3W		99	110	121	3	300	3			96*	10	88	PZSM=1.5kW(1ms) VF<1.2V(IF=0.2A)	89J
* 3Z150	東芝	3W		135	150	165	2	450	2			136*	10	120	PZSM=1.5kW(1ms) VF<1.2V(IF=0.2A)	89J
* 3Z180	東芝	3W		162	180	198	1.5	500	1.5			161*	10	144	PZSM=1.5kW(1ms) VF<1.2V(IF=0.2A)	89J
* 3Z200	東芝	3W		180	200	220	1.5	500	1.5			170*	10	160	PZSM=1.5kW(1ms) VF<1.2V(IF=0.2A)	89J
* 3Z220	東芝	3W		198	220	242	0.5	5k	0.5			200*	10	176	PZSM=1.5kW(1ms) VF<1.2V(IF=0.2A)	89J
* 3Z240	東芝	3W		216	240	264	0.5	5k	0.5			215*	10	192	PZSM=1.5kW(1ms) VF<1.2V(IF=0.2A)	89J
* 3Z270	東芝	3W		243	270	297	0.5	5k	0.5			243*	10	216	PZSM=1.5kW(1ms) VF<1.2V(IF=0.2A)	89J
* 3Z300	東芝	3W		270	300	330	0.5	5k	0.5			270*	10	240	PZSM=1.5kW(1ms) VF<1.2V(IF=0.2A)	89J
* 3Z330	東芝	3W		297	330	363	0.5	5k	0.5			296*	10	264	PZSM=1.5kW(1ms) VF<1.2V(IF=0.2A)	89J
* 3Z390	東芝	3W		351	390	429	0.5	10k	0.5			350*	10	312	PZSM=1.5kW(1ms) VF<1.2V(IF=0.2A)	89J
5Z27	東芝	5W		24	27	30	10	30	10			23*	10	22	Pはリード温度25℃ VF<2V(6A)	122
5Z27(LC1)	東芝	5W		24	27	30	10	30	10			23*	10	22	Pはリード温度25℃ VF<2V(6A)	76
5Z30	東芝	5W		27	30	33	10	30	10			25*	10	22	Pはリード温度25℃ VF<2V(6A)	122
5Z30(LC1)	東芝	5W		27	30	33	10	50	10			25*	50	18	Pはリード温度25℃ VF<2V(6A)	76
AU01-07	日立パワー	2.5W	335	6.2		7.9	65	7	65			0.035			1SZ56-07相当 PRSM=160W	114C
AU01-08	日立パワー	2.5W	300	7.7		8.7	65	3	65			0.052			1SZ56-08相当 PRSM=160W	114C
AU01-09	日立パワー	2.5W	260	8.5		9.6	65	3	65			0.062			1SZ56-09相当 PRSM=160W	114C
AU01-10	日立パワー	2.5W	235	9.4		10.6	65	5	65			0.067			1SZ56-10相当 PRSM=160W	114C
AU01-11	日立パワー	2.5W	210	10.4		11.6	65	5	65			0.07			1SZ56-11相当 PRSM=160W	114C
AU01-12	日立パワー	2.5W	185	11.4		12.7	65	8	65			0.074			1SZ56-12相当 PRSM=160W	114C
AU01-13	日立パワー	2.5W	175	12.4		14.1	65	8	65			0.076			1SZ56-13相当 PRSM=160W	114C
AU01-15	日立パワー	2.5W	162	13.5		15.6	40	12	40			0.08			1SZ56-15相当 PRSM=160W	114C
AU01-16	日立パワー	2.5W	150	15.3		17.1	40	12	40			0.082			1SZ56-16相当 PRSM=160W	114C
AU01-18	日立パワー	2.5W	130	16.8		19.1	40	15	40			0.084			1SZ56-18相当 PRSM=160W	114C
AU01-20	日立パワー	2.5W	120	18.8		21.2	40	15	40			0.086			1SZ56-20相当 PRSM=160W	114C
AU01-22	日立パワー	2.5W	107	20.8		23.3	40	15	40			0.087			1SZ56-22相当 PRSM=160W	114C
AU01-24	日立パワー	2.5W	100	22.7		25.6	25	15	25			0.089			1SZ56-24相当 PRSM=160W	114C
AU01-27	日立パワー	2.5W	87	25.1		28.9	25	15	25			0.09			1SZ56-27相当 PRSM=160W	114C
AU01-30	日立パワー	2.5W	80	28		32	25	15	25			0.091			1SZ56-30相当 PRSM=160W	114C
AU01-33	日立パワー	2.5W	75	31		35	25	15	25			0.092			1SZ56-33相当 PRSM=160W	114C
AW01-06	日立パワー	1W	160	5.2		6.8	60	9	60			0.025			1S1957相当 PRSM=80W	113C
AW01-07	日立パワー	1W	135	6.2		7.9	25	7	25			0.035			1S1957相当 PRSM=80W	113C
AW01-08	日立パワー	1W	120	7.7		8.7	25	3	25			0.045			1S1958相当 PRSM=80W	113C
AW01-09	日立パワー	1W	105	8.5		9.6	25	3	25			0.053			1S1959相当 PRSM=80W	113C
AW01-10	日立パワー	1W	95	9.4		10.6	25	5	25			0.058			1S1960相当 PRSM=80W	113C
AW01-11	日立パワー	1W	85	10.4		11.6	25	5	25			0.063			1S1961相当 PRSM=80W	113C
AW01-12	日立パワー	1W	75	11.4		12.7	25	8	25			0.065			1S1962相当 PRSM=80W	113C
AW01-13	日立パワー	1W	70	12.4		14.1	25	8	25			0.068			1S1963相当 PRSM=80W	113C
AW01-15	日立パワー	1W	65	13.5		15.6	15	12	15			0.072			1S1964相当 PRSM=80W	113C
AW01-16	日立パワー	1W	60	15.3		17.1	15	12	15			0.074			1S1965相当 PRSM=80W	113C
AW01-18	日立パワー	1W	52	16.8		19.1	15	15	15			0.076			1S1966相当 PRSM=80W	113C
AW01-20	日立パワー	1W	48	18.8		21.2	15	15	15			0.078			1S1967相当 PRSM=80W	113C

形　名	社　名	最大定格 P (mW)	IZ (mA)	ツェナ電圧 VZ(V) min	typ	max	条件 IZ(mA)	動作抵抗 ZZmax (Ω)	条件 IZ(mA)	立上り動作抵抗 ZZKmax (Ω)	条件 IZ(mA)	VZ温度係数 (%/℃) (mV/℃)*	逆方向特性 IRmax (μA)	条件 VR(V)	その他の特性等	外形
AW01-22	日立パワー	1W	43	20.8		23.3	15	15	15			0.08			1S1968相当 PRSM=80W	113C
AW01-24	日立パワー	1W	40	22.7		25.6	10	15	10			0.081			1S1969相当 PRSM=80W	113C
AW01-27	日立パワー	1W	35	25.1		28.9	10	15	10			0.082			1S1970相当 PRSM=80W	113C
AW01-30	日立パワー	1W	32	28		32	10	15	10			0.083			1S1971相当 PRSM=80W	113C
AW01-33	日立パワー	1W	30	31		35	10	15	10			0.084			1S1951相当 PRSM=80W	113C
CDZ3.6B	ローム	100		3.600		3.845	5	100	5	1k	1		10	1		736E
CDZ3.9B	ローム	100		3.890		4.160	5	100	5	1k	1		5	1		736E
CDZ4.3B	ローム	100		4.170		4.430	5	100	5	1k	1		5	1		736E
CDZ4.7B	ローム	100		4.550		4.750	5	100	5	800	0.5		2	1		736E
CDZ5.1B	ローム	100		4.980		5.200	5	80	5	500	0.5		2	1.5		736E
CDZ5.6B	ローム	100		5.490		5.730	5	60	5	200	0.5		1	2.5		736E
CDZ6.2B	ローム	100		6.060		6.330	5	60	5	100	0.5		1	3		736E
CDZ6.8B	ローム	100		6.650		6.930	5	40	5	60	0.5		0.5	3.5		736E
CDZ7.5B	ローム	100		7.280		7.600	5	30	5	60	0.5		0.5	4		736E
CDZ8.2B	ローム	100		8.020		8.360	5	30	5	60	0.5		0.5	5		736E
CDZ9.1B	ローム	100		8.850		9.230	5	30	5	60	0.5		0.5	6		736E
CDZ10B	ローム	100		9.770		10.210	5	30	5	60	0.5		0.1	7		736E
CDZ11B	ローム	100		10.760		11.220	5	30	5	60	0.5		0.1	8		736E
CDZ12B	ローム	100		11.740		12.240	5	30	5	80	0.5		0.1	9		736E
CDZ13B	ローム	100		12.910		13.490	5	37	5	80	0.5		0.1	10		736E
CDZ15B	ローム	100		14.340		14.980	5	42	5	80	0.5		0.1	11		736E
CDZ16B	ローム	100		15.850		16.510	5	50	5	80	0.5		0.1	12		736E
CMZ12	東芝	2W		10.8	12	13.2	10	30	10			8*	10	8	VF<1.2V(IF=0.2A) Pはセラミック基板実装時	104A
CMZ13	東芝	2W		11.7	13	14.3	10	30	10			9*	10	9	VF<1.2V(IF=0.2A) Pはセラミック基板実装時	104A
CMZ15	東芝	2W		13.5	15	16.5	10	30	10			11*	10	10	VF<1.2V(IF=0.2A) Pはセラミック基板実装時	104A
CMZ16	東芝	2W		14.4	16	17.6	10	30	10			12*	10	11	VF<1.2V(IF=0.2A) Pはセラミック基板実装時	104A
CMZ18	東芝	2W		16.2	18	19.8	10	30	10			14*	10	13	VF<1.2V(IF=0.2A) Pはセラミック基板実装時	104A
CMZ20	東芝	2W		18	20	22	10	30	10			16*	10	14	VF<1.2V(IF=0.2A) Pはセラミック基板実装時	104A
CMZ22	東芝	2W		19.8	22	24.2	10	30	10			18*	10	16	VF<1.2V(IF=0.2A) Pはセラミック基板実装時	104A
CMZ24	東芝	2W		21.6	24	26.4	10	30	10			20*	10	17	VF<1.2V(IF=0.2A) Pはセラミック基板実装時	104A
CMZ27	東芝	2W		24.3	27	29.7	10	30	10			23*	10	19	VF<1.2V(IF=0.2A) Pはセラミック基板実装時	104A
CMZ30	東芝	2W		27	30	33	10	30	10			25*	10	21	VF<1.2V(IF=0.2A) Pはセラミック基板実装時	104A
CMZ33	東芝	2W		29.7	33	36.3	10	30	10			26*	10	26.4	VF<1.2V(IF=0.2A) Pはセラミック基板実装時	104A
CMZ36	東芝	2W		32.4	36	39.6	9	35	9			28*	10	28.8	VF<1.2V(IF=0.2A) Pはセラミック基板実装時	104A
CMZ39	東芝	2W		35.1	39	42.9	8	40	8			30*	10	31.2	VF<1.2V(IF=0.2A) Pはセラミック基板実装時	104A
CMZ43	東芝	2W		38.7	43	47.3	7	65	7			33*	10	34.4	VF<1.2V(IF=0.2A) Pはセラミック基板実装時	104A
CMZ47	東芝	2W		42.3	47	51.7	6	65	6			38*	10	37.6	VF<1.2V(IF=0.2A) Pはセラミック基板実装時	104A
CMZ51	東芝	2W		45.9	51	56.1	6	65	6			43*	10	40.8	VF<1.2V(IF=0.2A) Pはセラミック基板実装時	104A
CMZ53	東芝	2W		47.7	53	58.3	5	85	5			49*	10	42.4	VF<1.2V(IF=0.2A) Pはセラミック基板実装時	104A
CMZB12	東芝	1W		10.8	12	13.2	10	30	10			8*	10	8	PはTa=40℃ ガラエポ基板実装時	104A
CMZB13	東芝	1W		11.7	13	14.3	10	30	10			9*	10	9	PはTa=40℃ ガラエポ基板実装時	104A
CMZB15	東芝	1W		13.5	15	15.5	10	30	10			11*	10	10	PはTa=40℃ ガラエポ基板実装時	104A

形　名	社　名	最大定格 P (mW)	最大定格 IZ (mA)	ツェナ電圧 VZ(V) min	ツェナ電圧 VZ(V) typ	ツェナ電圧 VZ(V) max	条件 IZ(mA)	動作抵抗 ZZmax (Ω)	条件 IZ(mA)	立上り動作抵抗 ZZKmax (Ω)	条件 IZ(mA)	VZ温度係数 (%/°C) (mV/°C)*	逆方向特性 IRmax (μA)	逆方向特性 条件 VR(V)	その他の特性等	外形
CMZB16	東芝	1W		14.4	16	17.6	10	30	10			12*	10	11	PはTa=40℃ ガラエポ 基板実装時	104A
CMZB18	東芝	1W		16.2	18	19.8	10	30	10	30	10	14*	10	13	PはTa=40℃ ガラエポ 基板実装時	104A
CMZB20	東芝	1W		18	20	22	10	30	10			16*	10	14	PはTa=40℃ ガラエポ 基板実装時	104A
CMZB22	東芝	1W		19.8	22	24.2	10	30	10			18*	10	16	PはTa=40℃ ガラエポ 基板実装時	104A
CMZB24	東芝	1W		21.6	24	26.4	10	30	10			20*	10	17	PはTa=40℃ ガラエポ 基板実装時	104E
CMZB27	東芝	1W		24.3	27	29.7	10	30	10	30	10	23*	10	19	PはTa=40℃ ガラエポ 基板実装時	104A
CMZB30	東芝	1W		27	30	33	10	30	10			25*	10	21	PはTa=40℃ ガラエポ 基板実装時	104A
CMZB33	東芝	1W		29.7	33	36.3	10	30	10	30	10	26*	10	26.4	PはTa=40℃ ガラエポ 基板実装時	104A
CMZB36	東芝	1W		32.4	36	39.6	9	30	9	30	9	28*	10	28.8	PはTa=40℃ ガラエポ 基板実装時	104A
CMZB39	東芝	1W		35.1	39	42.9	8	35	8	35	8	30*	10	31.2	PはTa=40℃ ガラエポ 基板実装時	104A
CMZB43	東芝	1W		38.7	43	47.3	7	40	7			33*	10	34.4	PはTa=40℃ ガラエポ 基板実装時	104A
CMZB47	東芝	1W		42.3	47	51.7	6	65	6	65	6	38*	10	37.6	PはTa=40℃ ガラエポ 基板実装時	104A
CMZB51	東芝	1W		45.9	51	56.1	6	65	6	65	6	43*	10	40.8	PはTa=40℃ ガラエポ 基板実装時	104A
CMZB53	東芝	1W		47.7	53	58.3	5	85	5			49*	10	42.4	PはTa=40℃ ガラエポ 基板実装時	104A
CMZM16	東芝	1W		14.4	16	17.6	10	30	10			12*	10	11	対称形 Pは基板50×50 ランド 6×6	104A
CRY62	東芝		700	5.6	6.2	6.8	10	60	10			2*	10	3		750A
CRY68	東芝		700	6.2	6.8	7.4	10	60	10			3*	10	3		750A
CRY75	東芝		700	6.8	7.5	8.3	10	30	10			4*	10	4.5		750A
CRY82	東芝		700	7.4	8.2	9	10	30	10			4*	10	4.9		750A
CRY91	東芝		700	8.2	9.1	10	10	30	10			5*	10	5.5		750A
CRZ10	東芝		700	9	10	11	10	30	10			6*	10	6		750A
CRZ11	東芝		700	9.9	11	12.1	10	30	10			7*	10	7		750A
CRZ12	東芝		700	10.8	12	13.2	10	30	10			8*	10	8		750A
CRZ13	東芝		700	11.7	13	14.3	10	30	10			9*	10	9		750A
CRZ15	東芝		700	13.5	15	16.5	10	30	10			11*	10	10		750A
CRZ16	東芝		700	14.4	16	17.6	10	30	10			12*	10	11		750A
CRZ18	東芝		700	16.2	18	19.8	10	30	10			14*	10	13		750A
CRZ20	東芝		700	18	20	22	10	30	10			16*	10	14		750A
CRZ22	東芝		700	19.8	22	24.2	10	30	10			18*	10	16		750A
CRZ24	東芝		700	21.6	24	26.4	10	30	10			20*	10	17		750A
CRZ27	東芝		700	24.3	27	29.7	10	30	10			23*	10	19		750A
CRZ30	東芝		700	27	30	33	10	30	10			25*	10	21		750A
CRZ33	東芝		700	29.7	33	36.3	10	30	10			26*	10	26.4		750A
CRZ36	東芝		700	32.4	36	39.6	9	30	9			28*	10	28.8		750A
CRZ39	東芝		700	35.1	39	42.9	8	35	8			30*	10	31.2		750A
CRZ43	東芝		700	38.7	43	47.3	7	40	7			33*	10	34.4		750A
CRZ47	東芝		700	42.3	47	51.7	6	65	6			38*	10	37.6		750A
DAM2MA22	日立パワー			20.8		23.3	45	15	45				10	16	PRSM=1800W(t=0.1ms Tj=25℃)	486E
DTZ2.0	ローム	200		1.88		2.2	5	100	5	1000	0.5		120	0.5	VZ2ランク VZは通電40ms後	420E
DTZ2.2	ローム	200		2.12		2.41	5	100	5	1000	0.5		120	0.7	VZ2ランク VZは通電40ms後	420E
DTZ2.4	ローム	200		2.33		2.63	5	100	5	1000	0.5		120	1	VZ2ランク VZは通電40ms後	420E
DTZ2.7	ローム	200		2.54		2.91	5	110	5	1000	0.5		100	1	VZ2ランク VZは通電40ms後	420E

形名	社名	最大定格 P (mW)	最大定格 IZ (mA)	ツェナ電圧 VZ(V) min	ツェナ電圧 VZ(V) typ	ツェナ電圧 VZ(V) max	条件 IZ(mA)	動作抵抗 ZZmax (Ω)	条件 IZ(mA)	立上り動作抵抗 ZZKmax (Ω)	条件 IZ(mA)	VZ温度係数 (%/℃) (mV/℃)*	逆方向特性 IRmax (μA)	条件 VR(V)	その他の特性等	外形
DTZ3.0	ローム	200		2.85		3.22	5	120	5	1000	0.5		50	1	VZ2ランク VZは通電40ms後	420E
DTZ3.3	ローム	200		3.16		3.53	5	120	5	1000	0.5		20	1	VZ2ランク VZは通電40ms後	420E
DTZ3.6	ローム	200		3.455		3.845	5	100	5	1000	1		10	1	VZ2ランク VZは通電40ms後	420E
DTZ3.9	ローム	200		3.74		4.16	5	100	5	1000	1		5	1	VZ2ランク VZは通電40ms後	420E
DTZ4.3	ローム	200		4.04		4.57	5	100	5	1000	1		5	1	VZ3ランク VZは通電40ms後	420E
DTZ4.7	ローム	200		4.42		4.9	5	100	5	800	0.5		2	1	VZ3ランク VZは通電40ms後	420E
DTZ5.1	ローム	200		4.84		5.37	5	80	5	500	0.5		2	1.5	VZ3ランク VZは通電40ms後	420E
DTZ5.6	ローム	200		5.31		5.92	5	60	5	200	0.5		1	2.5	VZ3ランク VZは通電40ms後	420E
DTZ6.2	ローム	200		5.86		6.53	5	60	5	100	0.5		1	3	VZ3ランク VZは通電40ms後	420E
DTZ6.8	ローム	200		6.47		7.14	5	40	5	60	0.5		0.5	3.5	VZ3ランク VZは通電40ms後	420E
DTZ7.5	ローム	200		7.06		7.84	5	30	5	60	0.5		0.5	4	VZ3ランク VZは通電40ms後	420E
DTZ8.2	ローム	200		7.76		8.64	5	30	5	60	0.5		0.5	5	VZ3ランク VZは通電40ms後	420E
DTZ9.1	ローム	200		8.56		9.55	5	30	5	60	0.5		0.5	6	VZ3ランク VZは通電40ms後	420E
DTZ10	ローム	200		9.45		10.55	5	30	5	60	0.5		0.1	7	VZ3ランク VZは通電40ms後	420E
DTZ11	ローム	200		10.44		11.56	5	30	5	60	0.5		0.1	8	VZ3ランク VZは通電40ms後	420E
DTZ12	ローム	200		11.42		12.6	5	30	5	80	0.5		0.1	9	VZ3ランク VZは通電40ms後	420E
DTZ13	ローム	200		12.47		13.96	5	37	5	80	0.5		0.1	10	VZ3ランク VZは通電40ms後	420E
DTZ15	ローム	200		13.84		15.52	5	42	5	80	0.5		0.1	11	VZ3ランク VZは通電40ms後	420E
DTZ16	ローム	200		15.37		17.09	5	50	5	80	0.5		0.1	12	VZ3ランク VZは通電40ms後	420E
DTZ18	ローム	200		16.94		19.03	5	65	5	80	0.5		0.1	13	VZ3ランク VZは通電40ms後	420E
DTZ20	ローム	200		18.86		21.08	5	85	5	100	0.5		0.1	15	VZ3ランク VZは通電40ms後	420E
DTZ22	ローム	200		20.88		23.17	5	100	5	100	0.5		0.1	17	VZ3ランク VZは通電40ms後	420E
DTZ24	ローム	200		22.93		25.57	5	120	5	120	0.5		0.1	19	VZ3ランク VZは通電40ms後	420E
DTZ27	ローム	200		25.2		28.61	5	150	5	150	0.5		0.1	21	VZ3ランク VZは通電40ms後	420E
DTZ30	ローム	200		28.22		31.74	5	200	5	200	0.5		0.1	23	VZ3ランク VZは通電40ms後	420E
DTZ33	ローム	200		31.18		34.83	5	250	5	250	0.5		0.1	25	VZ3ランク VZは通電40ms後	420E
DTZ36	ローム	200		34.12		37.91	5	300	5	300	0.5		0.1	27	VZ3ランク VZは通電40ms後	420E
DZ2J024	パナソニック	200		2.28		2.52	5	100	5			−1.7*	120	1	Pはプリント基板実装時	239
DZ2J027	パナソニック	200		2.57		2.84	5	110	5			−1.9*	120	1	Pはプリント基板実装時	239
DZ2J030	パナソニック	200		2.85		3.15	5	120	5			−2.0*	50	1	Pはプリント基板実装時	239
DZ2J033	パナソニック	200		3.14		3.47	5	130	5			−2.1*	20	1	Pはプリント基板実装時	239
DZ2J036	パナソニック	200		3.42		3.78	5	130	5			−1.7*	10	1	Pはプリント基板実装時	239
DZ2J039	パナソニック	200		3.71		4.1	5	130	5			−1.3*	10	1	Pはプリント基板実装時	239
DZ2J043	パナソニック	200		4.09		4.52	5	130	5			−0.9*	10	1	Pはプリント基板実装時	239
DZ2J047	パナソニック	200		4.47		4.94	5	80	5			0.5*	2	1	Pはプリント基板実装時	239
DZ2J051	パナソニック	200		4.85		5.36	5	60	5	500	1	0.7*	1	2	Pはプリント基板実装時	239
DZ2J056	パナソニック	200		5.32		5.88	5	40	5	200	0.5	1.6*	0.5	2.5	Pはプリント基板実装時	239
DZ2J062	パナソニック	200		5.89		6.51	5	30	5	100	0.5	2.4*	0.2	4	Pはプリント基板実装時	239
DZ2J068	パナソニック	200		6.46		7.14	5	20	5	60	0.5	3.2*	0.1	4	Pはプリント基板実装時	239
DZ2J075	パナソニック	200		7.13		7.88	5	20	5	60	0.5	3.9*	0.1	5	Pはプリント基板実装時	239
DZ2J082	パナソニック	200		7.79		8.61	5	20	5	60	0.5	4.7*	0.1	5	Pはプリント基板実装時	239
DZ2J091	パナソニック	200		8.65		9.56	5	20	5	60	0.5	5.8*	0.1	6	Pはプリント基板実装時	239

形 名	社 名	最大定格 P (mW)	最大定格 IZ (mA)	ツェナ電圧 VZ(V) min	ツェナ電圧 VZ(V) typ	ツェナ電圧 VZ(V) max	条件 IZ(mA)	動作抵抗 ZZmax (Ω)	条件 IZ(mA)	立上り動作抵抗 ZZKmax (Ω)	条件 IZ(mA)	VZ温度係数 (mV/℃)*	逆方向特性 IRmax (μA)	条件 VR(V)	その他の特性等	外形
DZ2J100	パナソニック	200		9.5		10.5	5	30	5	60	0.5	7.2*	0.05	7	Pはプリント基板実装時	239
DZ2J110	パナソニック	200		10.45		11.55	5	30	5	60	0.5	8.3*	0.05	8	Pはプリント基板実装時	239
DZ2J120	パナソニック	200		11.4		12.6	5	30	5	80	0.5	9.3*	0.05	9	Pはプリント基板実装時	239
DZ2J130	パナソニック	200		12.4		13.65	5	35	5	80	0.5	10.9*	0.05	10	Pはプリント基板実装時	239
DZ2J140	パナソニック	200		13.3		14.7	5	40	5	80	0.5	11.6*	0.05	10	Pはプリント基板実装時	239
DZ2J150	パナソニック	200		14.25		15.6	5	40	5	80	0.5	13.4*	0.05	11	Pはプリント基板実装時	239
DZ2J160	パナソニック	200		15.3		16.8	5	50	5	80	0.5	14.2*	0.05	12	Pはプリント基板実装時	239
DZ2J180	パナソニック	200		17.1		18.9	5	60	5	80	0.5	17.2*	0.05	13	Pはプリント基板実装時	239
DZ2J200	パナソニック	200		19		21	5	80	5	100	0.5	18.4*	0.05	15	Pはプリント基板実装時	239
DZ2J220	パナソニック	200		20.9		23.1	5	80	5	100	0.5	22.2*	0.05	17	Pはプリント基板実装時	239
DZ2J240	パナソニック	200		22.8		25.2	5	100	5	120	0.5	24.0*	0.05	19	Pはプリント基板実装時	239
DZ2J270	パナソニック	200		25.65		28.35	2	120	2	120	0.5	26.3*	0.05	21	Pはプリント基板実装時	239
DZ2J300	パナソニック	200		28.5		31.5	2	160	2	160	0.5	28.7*	0.05	23	Pはプリント基板実装時	239
DZ2J330	パナソニック	200		31.35		34.65	2	200	2	200	0.5	32.0*	0.05	25	Pはプリント基板実装時	239
DZ2J360	パナソニック	200		34.2		37.8	2	250	2	250	0.5	35.4*	0.05	27	Pはプリント基板実装時	239
DZ2J390	パナソニック	200		37.05		40.95	2	300	2	300	0.5	37.2*	0.05	30	Pはプリント基板実装時	239
DZ2S024	パナソニック	150		2.28		2.52	5	100	5			−1.7*	120	1	Pはプリント基板実装時	757D
DZ2S027	パナソニック	150		2.57		2.84	5	110	5			−1.9*	120	1	Pはプリント基板実装時	757D
DZ2S030	パナソニック	150		2.85		3.15	5	120	5			−2.0*	50	1	Pはプリント基板実装時	757D
DZ2S033	パナソニック	150		3.14		3.47	5	130	5			−2.1*	20	1	Pはプリント基板実装時	757D
DZ2S036	パナソニック	150		3.42		3.78	5	130	5			−1.7*	10	1	Pはプリント基板実装時	757D
DZ2S039	パナソニック	150		3.71		4.1	5	130	5			−1.3*	10	1	Pはプリント基板実装時	757D
DZ2S043	パナソニック	150		4.09		4.52	5	130	5			−0.9*	10	1	Pはプリント基板実装時	757D
DZ2S047	パナソニック	150		4.47		4.94	5	80	5	800	1	0.5*	2	1	Pはプリント基板実装時	757D
DZ2S051	パナソニック	150		4.85		5.36	5	60	5	500	1	0.7*	1	2	Pはプリント基板実装時	757D
DZ2S056	パナソニック	150		5.32		5.88	5	40	5	200	0.5	1.6*	0.5	2.5	Pはプリント基板実装時	757D
DZ2S062	パナソニック	150		5.89		6.51	5	30	5	100	0.5	2.4*	0.2	4	Pはプリント基板実装時	757D
DZ2S068	パナソニック	150		6.46		7.14	5	20	5	60	0.5	3.2*	0.1	4	Pはプリント基板実装時	757D
DZ2S075	パナソニック	150		7.13		7.88	5	20	5	60	0.5	3.9*	0.1	5	Pはプリント基板実装時	757D
DZ2S082	パナソニック	150		7.79		8.61	5	20	5	60	0.5	4.7*	0.1	5	Pはプリント基板実装時	757D
DZ2S091	パナソニック	150		8.65		9.56	5	30	5	60	0.5	5.8*	0.1	6	Pはプリント基板実装時	757D
DZ2S100	パナソニック	150		9.5		10.5	5	30	5	60	0.5	7.2*	0.1	7	Pはプリント基板実装時	757D
DZ2S110	パナソニック	150		10.45		11.55	5	30	5	60	0.5	8.3*	0.1	8	Pはプリント基板実装時	757D
DZ2S120	パナソニック	150		11.4		12.6	5	30	5	80	0.5	9.3*	0.1	9	Pはプリント基板実装時	757D
DZ2S130	パナソニック	150		12.4		13.65	5	35	5	80	0.5	10.9*	0.1	10	Pはプリント基板実装時	757D
DZ2S150	パナソニック	150		14.25		15.6	5	40	5	80	0.5	13.4*	0.05	11	Pはプリント基板実装時	757D
DZ2S160	パナソニック	150		15.3		16.8	5	50	5	80	0.5	14.2*	0.05	12	Pはプリント基板実装時	757D
DZ2S180	パナソニック	150		17.1		18.9	5	60	5	80	0.5	17.2*	0.05	13	Pはプリント基板実装時	757D
DZ2S200	パナソニック	150		19		21	5	80	5	100	0.5	18.4*	0.05	15	Pはプリント基板実装時	757D
DZ2S220	パナソニック	150		20.9		23.1	5	80	5	100	0.5	22.2*	0.05	17	Pはプリント基板実装時	757D
DZ2S240	パナソニック	150		22.8		25.2	5	100	5	120	0.5	24.0*	0.05	19	Pはプリント基板実装時	757D
DZ2S270	パナソニック	150		25.65		28.35	2	120	2	120	0.5	26.3*	0.05	21	Pはプリント基板実装時	757D

形　名	社名	最大定格 P (mW)	IZ (mA)	ツェナ電圧 VZ(V) min	typ	max	条件 IZ(mA)	動作抵抗 ZZmax (Ω)	条件 IZ(mA)	立上り動作抵抗 ZZKmax (Ω)	条件 IZ(mA)	VZ温度係数 (%/℃) (mV/℃)*	逆方向特性 IRmax (μA)	条件 VR(V)	その他の特性等	外形
DZ2S300	パナソニック	150		28.5		31.5	2	160	2	160	0.5	28.7*	0.05	23	Pはプリント基板実装時	757D
DZ2S330	パナソニック	150		31.35		34.65	2	200	2	200	0.5	32.0*	0.05	25	Pはプリント基板実装時	757D
DZ2S360	パナソニック	150		34.2		37.8	2	250	2	250	0.5	35.4*	0.05	27	Pはプリント基板実装時	757D
DZ2S390	パナソニック	150		37.05		40.95	2	300	2	300	0.5	37.2*	0.05	30	Pはプリント基板実装時	757D
DZ2U062	パナソニック	120		5.89		6.51	5	30	5			2.4*	0.2	4	Pはプリント基板実装時	736D
DZ2U068	パナソニック	120		6.46		7.14	5	30	5			3.2*	0.1	4	Pはプリント基板実装時	736D
DZ2U200	パナソニック	120		19		21	5	30	5			18.4*	0.05	15	Pはプリント基板実装時	736D
DZ2U300	パナソニック	120		28.5		31.5	2	160	2			28.7*	0.05	23	Pはプリント基板実装時	736D
DZ2W024	パナソニック	1W		2.28	2.4	2.52	20	150	20			−1.4*	200	1	Pはセラミック基板実装時	750H
DZ2W027	パナソニック	1W		2.57	2.7	2.84	20	120	20			−2.0*	200	1	Pはセラミック基板実装時	750H
DZ2W030	パナソニック	1W		2.85	3	3.15	20	120	20			−1.7*	150	1	Pはセラミック基板実装時	750H
DZ2W033	パナソニック	1W		3.14	3.3	3.47	20	100	20			−1.2*	100	1	Pはセラミック基板実装時	750H
DZ2W036	パナソニック	1W		3.42	3.6	3.78	20	100	20			−2.1*	60	1	Pはセラミック基板実装時	750H
DZ2W039	パナソニック	1W		3.71	3.9	4.1	20	80	20			−1.7*	60	1	Pはセラミック基板実装時	750H
DZ2W043	パナソニック	1W		4.09	4.3	4.52	20	80	20			−1.4*	50	1	Pはセラミック基板実装時	750H
DZ2W047	パナソニック	1W		4.47	4.7	4.94	20	60	20			−0.8*	40	1	Pはセラミック基板実装時	750H
DZ2W051	パナソニック	1W		4.85	5.1	5.36	20	50	20			0.8*	20	1	Pはセラミック基板実装時	750H
DZ2W056	パナソニック	1W		5.32	5.6	5.88	20	40	20			1.3*	20	2	Pはセラミック基板実装時	750H
DZ2W062	パナソニック	1W		5.89	6.2	6.51	10	30	10			2.2*	20	3	Pはセラミック基板実装時	750H
DZ2W068	パナソニック	1W		6.46	6.8	7.14	10	30	10			3.2*	10	3	Pはセラミック基板実装時	750H
DZ2W075	パナソニック	1W		7.13	7.5	7.88	10	30	10			4.0*	10	3	Pはセラミック基板実装時	750H
DZ2W082	パナソニック	1W		7.79	8.2	8.61	10	30	10			4.7*	10	4	Pはセラミック基板実装時	750H
DZ2W091	パナソニック	1W		8.65	9.1	9.56	10	30	10			5.7*	10	5	Pはセラミック基板実装時	750H
DZ2W100	パナソニック	1W		9.5	10	10.5	10	30	10			6.8*	10	7	Pはセラミック基板実装時	750H
DZ2W110	パナソニック	1W		10.45	11	11.55	10	30	10			7.8*	10	7	Pはセラミック基板実装時	750H
DZ2W120	パナソニック	1W		11.4	12	12.6	10	30	10			8.8*	10	8	Pはセラミック基板実装時	750H
DZ2W130	パナソニック	1W		12.35	13	13.65	10	30	10			10.5*	10	9	Pはセラミック基板実装時	750H
DZ2W150	パナソニック	1W		14.25	15	15.75	10	30	10			12.4*	10	10	Pはセラミック基板実装時	750H
DZ2W160	パナソニック	1W		15.2	16	16.8	10	30	10			14.1*	10	11	Pはセラミック基板実装時	750H
DZ2W180	パナソニック	1W		17.1	18	18.9	10	30	10			15.8*	10	13	Pはセラミック基板実装時	750H
DZ2W200	パナソニック	1W		19	20	21	10	30	10			19.5*	10	14	Pはセラミック基板実装時	750H
DZ2W220	パナソニック	1W		20.9	22	23.1	10	30	10			21.8*	10	16	Pはセラミック基板実装時	750H
DZ2W240	パナソニック	1W		22.8	24	25.2	10	30	10			24.0*	10	17	Pはセラミック基板実装時	750H
DZ2W270	パナソニック	1W		25.65	27	28.35	10	30	10			27.0*	10	19	Pはセラミック基板実装時	750H
DZ2W300	パナソニック	1W		28.5	30	31.5	10	30	10			32.5*	10	21	Pはセラミック基板実装時	750H
DZ2W330	パナソニック	1W		31.35	33	34.65	10	30	10			34.0*	10	26.4	Pはセラミック基板実装時	750H
DZ2W360	パナソニック	1W		34.2	36	37.8	5	30	5			41.3*	10	28.8	Pはセラミック基板実装時	750H
DZ2W390	パナソニック	1W		37.05	39	40.95	5	65	5			43.0*	10	31.8	Pはセラミック基板実装時	750H
DZ2W430	パナソニック	1W		40.85	43	45.15	5	65	5			49.0*	10	35.8	Pはセラミック基板実装時	750H
DZ2W470	パナソニック	1W		44.65	47	49.35	5	65	5			55.0*	10	37.6	Pはセラミック基板実装時	750H
DZ2W510	パナソニック	1W		48.45	51	53.55	5	65	5			58.0*	10	40.8	Pはセラミック基板実装時	750H
DZ4J024K	パナソニック	200		2.28		2.52	5	100	5			−1.7*	120	1	Pはプリント基板実装時 2素子複合	494

形名	社名	最大定格 P (mW)	最大定格 IZ (mA)	ツェナ電圧 VZ(V) min	ツェナ電圧 VZ(V) typ	ツェナ電圧 VZ(V) max	条件 IZ(mA)	動作抵抗 ZZmax (Ω)	条件 IZ(mA)	立上り動作抵抗 ZZKmax (Ω)	条件 IZ(mA)	VZ温度係数 (%/°C)* (mV/°C)*	逆方向特性 IRmax (μA)	条件 VR(V)	その他の特性等	外形
DZ4J027K	パナソニック	200		2.57		2.84	5	110	5			-1.9*	120	1	Pはプリント基板実装時 2素子複合	494
DZ4J030K	パナソニック	200		2.85		3.15	5	120	5			-2.0*	50	1	Pはプリント基板実装時 2素子複合	494
DZ4J033K	パナソニック	200		3.14		3.47	5	130	5			-2.1*	20	1	Pはプリント基板実装時 2素子複合	494
DZ4J036K	パナソニック	200		3.42		3.78	5	130	5			-1.7*	10	1	Pはプリント基板実装時 2素子複合	494
DZ4J039K	パナソニック	200		3.71		4.1	5	130	5			-1.3*	10	1	Pはプリント基板実装時 2素子複合	494
DZ4J043K	パナソニック	200		4.09		4.52	5	130	5			-0.9*	10	1	Pはプリント基板実装時 2素子複合	494
DZ4J047K	パナソニック	200		4.47		4.94	5	80	5	800	1	0.5*	2	1	Pはプリント基板実装時 2素子複合	494
DZ4J051K	パナソニック	200		4.85		5.36	5	60	5	500	1	0.7*	1	2	Pはプリント基板実装時 2素子複合	494
DZ4J056K	パナソニック	200		5.32		5.88	5	40	5	200	0.5	1.6*	0.5	2.5	Pはプリント基板実装時 2素子複合	494
DZ4J062K	パナソニック	200		5.89		6.51	5	30	5	100	0.5	2.4*	0.2	4	Pはプリント基板実装時 2素子複合	494
DZ4J068K	パナソニック	200		6.46		7.14	5	20	5	60	0.5	3.2*	0.1	4	Pはプリント基板実装時 2素子複合	494
DZ4J075K	パナソニック	200		7.13		7.88	5	20	5	60	0.5	3.9*	0.1	5	Pはプリント基板実装時 2素子複合	494
DZ4J082K	パナソニック	200		7.79		8.61	5	20	5	60	0.5	4.7*	0.1	5	Pはプリント基板実装時 2素子複合	494
DZ4J091K	パナソニック	200		8.65		9.56	5	20	5	60	0.5	5.8*	0.1	6	Pはプリント基板実装時 2素子複合	494
DZ4J100K	パナソニック	200		9.5		10.5	5	30	5	60	0.5	7.2*	0.05	7	Pはプリント基板実装時 2素子複合	494
DZ4J110K	パナソニック	200		10.45		11.55	5	30	5	60	0.5	8.3*	0.05	8	Pはプリント基板実装時 2素子複合	494
DZ4J120K	パナソニック	200		11.4		12.6	5	30	5	80	0.5	9.3*	0.05	9	Pはプリント基板実装時 2素子複合	494
DZ4J130K	パナソニック	200		12.4		13.65	5	35	5	80	0.5	10.9*	0.05	10	Pはプリント基板実装時 2素子複合	494
DZ4J150K	パナソニック	200		14.25		15.6	5	40	5	80	0.5	13.4*	0.05	11	Pはプリント基板実装時 2素子複合	494
DZ4J160K	パナソニック	200		15.3		16.8	5	50	5	80	0.5	14.2*	0.05	12	Pはプリント基板実装時 2素子複合	494
DZ4J180K	パナソニック	200		17.1		18.9	5	60	5	80	0.5	17.2*	0.05	13	Pはプリント基板実装時 2素子複合	494
DZ4J200K	パナソニック	200		19		21	5	80	5	100	0.5	18.4*	0.05	15	Pはプリント基板実装時 2素子複合	494
DZ4J220K	パナソニック	200		20.9		23.1	5	80	5	100	0.5	22.2*	0.05	17	Pはプリント基板実装時 2素子複合	494
DZ4J240K	パナソニック	200		22.8		25.2	5	100	5	120	0.5	24.0*	0.05	19	Pはプリント基板実装時 2素子複合	494
DZ4J270K	パナソニック	200		25.65		28.35	2	120	2	120	0.5	26.3*	0.05	21	Pはプリント基板実装時 2素子複合	494
DZ4J300K	パナソニック	200		28.5		31.5	2	160	2	160	0.5	28.7*	0.05	23	Pはプリント基板実装時 2素子複合	494
DZ4J330K	パナソニック	200		31.35		34.65	2	200	2	200	0.5	32.0*	0.05	25	Pはプリント基板実装時 2素子複合	494
DZ4J360K	パナソニック	200		34.2		37.8	2	250	2	250	0.5	35.4*	0.05	27	Pはプリント基板実装時 2素子複合	494
DZ4J390K	パナソニック	200		37.05		40.95	2	300	2	300	0.5	37.2*	0.05	30	Pはプリント基板実装時 2素子複合	494
DZ24047	パナソニック	2W		4.47	4.7	4.94	20	60	20			-0.8*	40	1	Pはセラミック基板実装時 PZSM=100W	578
DZ24051	パナソニック	2W		4.85	5.1	5.36	20	50	20			0.2*	20	1	Pはセラミック基板実装時 PZSM=100W	578
DZ24056	パナソニック	2W		5.32	5.6	5.88	20	40	20			1.3*	20	2	Pはセラミック基板実装時 PZSM=100W	578
DZ24062	パナソニック	2W		5.89	6.2	6.51	10	30	10			2.2*	20	3	Pはセラミック基板実装時 PZSM=100W	578
DZ24068	パナソニック	2W		6.46	6.8	7.14	10	30	10			3.2*	10	3	Pはセラミック基板実装時 PZSM=100W	578
DZ24075	パナソニック	2W		7.13	7.5	7.88	10	30	10			4.0*	10	3	Pはセラミック基板実装時 PZSM=100W	578
DZ24082	パナソニック	2W		7.79	8.2	8.61	10	30	10			4.7*	10	4	Pはセラミック基板実装時 PZSM=100W	578
DZ24091	パナソニック	2W		8.65	9.1	9.56	10	30	10			5.7*	10	5	Pはセラミック基板実装時 PZSM=100W	578
DZ24100	パナソニック	2W		9.5	10	10.5	10	30	10			6.8*	10	7	Pはセラミック基板実装時 PZSM=100W	578
DZ24110	パナソニック	2W		10.45	11	11.55	10	30	10			7.8*	10	7	Pはセラミック基板実装時 PZSM=100W	578
DZ24120	パナソニック	2W		11.4	12	12.6	10	30	10			8.8*	10	8	Pはセラミック基板実装時 PZSM=100W	578
DZ24130	パナソニック	2W		12.35	13	13.65	10	30	10			10.5*	10	9	Pはセラミック基板実装時 PZSM=100W	578
DZ24150	パナソニック	2W		14.25	15	15.75	10	30	10			12.4*	10	10	Pはセラミック基板実装時 PZSM=100W	578

形 名	社 名	最大定格 P (mW)	最大定格 IZ (mA)	ツェナ電圧 VZ(V) min	ツェナ電圧 VZ(V) typ	ツェナ電圧 VZ(V) max	条件 IZ(mA)	動作抵抗 ZZmax (Ω)	動作抵抗 条件 IZ(mA)	立上り動作抵抗 ZZKmax (Ω)	立上り動作抵抗 条件 IZ(mA)	VZ温度係数 (%/℃)*	逆方向特性 IRmax (μA)	逆方向特性 条件 VR(V)	その他の特性等	外形
DZ24160	パナソニック	2W		15.2	16	16.8	10	30	10			14.1*	10	11	Pはセラミック基板実装時 PZSM=100W	578
DZ24180	パナソニック	2W		17.1	18	18.9	10	30	10			15.8*	10	13	Pはセラミック基板実装時 PZSM=100W	578
DZ24200	パナソニック	2W		19	20	21	10	30	10			19.5*	10	14	Pはセラミック基板実装時 PZSM=100W	578
DZ24220	パナソニック	2W		20.9	22	23.1	10	30	10			21.8*	10	16	Pはセラミック基板実装時 PZSM=100W	578
DZ24240	パナソニック	2W		22.8	24	25.2	10	30	10			24.0*	10	17	Pはセラミック基板実装時 PZSM=100W	578
DZ24270	パナソニック	2W		25.65	27	28.35	10	30	10			27.0*	10	19	Pはセラミック基板実装時 PZSM=100W	578
DZ24300	パナソニック	2W		28.5	30	31.5	10	30	10			32.5*	10	21	Pはセラミック基板実装時 PZSM=100W	578
DZ24330	パナソニック	2W		31.35	33	34.65	10	30	10			34.0*	10	26.4	Pはセラミック基板実装時 PZSM=100W	578
DZ24360	パナソニック	2W		34.2	36	37.8	5	30	5			41.3*	10	28.8	Pはセラミック基板実装時 PZSM=100W	578
DZ24390	パナソニック	2W		37.05	39	40.95	5	65	5			43.0*	10	31.8	Pはセラミック基板実装時 PZSM=100W	578
DZ24430	パナソニック	2W		40.85	43	45.15	5	65	5			49.0*	10	35.8	Pはセラミック基板実装時 PZSM=100W	578
DZ24470	パナソニック	2W		44.65	47	49.35	5	65	5			55.0*	10	37.6	Pはセラミック基板実装時 PZSM=100W	578
DZ24510	パナソニック	2W		48.45	51	53.55	5	65	5			58.0*	10	40.8	Pはセラミック基板実装時 PZSM=100W	578
DZ26056	パナソニック	100		5.32		5.88	5	40	5	200	0.5	1.6*	0.5	2.5	Pはプリント基板実装時	58B
DZ26068	パナソニック	100		6.46		7.14	5	20	5	60	0.5	3.2*	0.1	4	Pはプリント基板実装時	58B
DZ27024	パナソニック	120		2.28		2.52	5	100	5			-1.7*	120	1	Pはプリント基板実装時	738A
DZ27027	パナソニック	120		2.57		2.84	5	110	5			-1.9*	120	1	Pはプリント基板実装時	738A
DZ27030	パナソニック	120		2.85		3.15	5	120	5			-2.0*	50	1	Pはプリント基板実装時	738A
DZ27033	パナソニック	120		3.14		3.47	5	130	5			-2.1*	20	1	Pはプリント基板実装時	738A
DZ27036	パナソニック	120		3.42		3.78	5	130	5			-1.7*	10	1	Pはプリント基板実装時	738A
DZ27039	パナソニック	120		3.71		4.1	5	130	5			-1.3*	10	1	Pはプリント基板実装時	738A
DZ27043	パナソニック	120		4.09		4.52	5	130	5			-0.9*	10	1	Pはプリント基板実装時	738A
DZ27047	パナソニック	120		4.47		4.94	5	80	5	800	1	0.5*	2	1	Pはプリント基板実装時	738A
DZ27051	パナソニック	120		4.85		5.36	5	60	5	500	1	0.7*	1	2	Pはプリント基板実装時	738A
DZ27056	パナソニック	120		5.32		5.88	5	40	5	200	0.5	1.6*	0.5	2.5	Pはプリント基板実装時	738A
DZ27062	パナソニック	120		5.89		6.51	5	30	5	100	0.5	2.4*	0.2	4	Pはプリント基板実装時	738A
DZ27068	パナソニック	120		6.46		7.14	5	20	5	60	0.5	3.2*	0.1	4	Pはプリント基板実装時	738A
DZ27075	パナソニック	120		7.13		7.88	5	20	5	60	0.5	3.9*	0.1	5	Pはプリント基板実装時	738A
DZ27082	パナソニック	120		7.79		8.61	5	20	5	60	0.5	4.7*	0.1	5	Pはプリント基板実装時	738A
DZ27091	パナソニック	120		8.65		9.56	5	20	5	60	0.5	5.8*	0.1	6	Pはプリント基板実装時	738A
DZ27100	パナソニック	120		9.5		10.5	5	30	5	60	0.5	7.2*	0.05	7	Pはプリント基板実装時	738A
DZ27110	パナソニック	120		10.45		11.55	5	30	5	60	0.5	8.3*	0.05	8	Pはプリント基板実装時	738A
DZ27120	パナソニック	120		11.4		12.6	5	30	5	80	0.5	9.3*	0.05	9	Pはプリント基板実装時	738A
DZ27130	パナソニック	120		12.4		13.65	5	35	5	80	0.5	10.9*	0.05	10	Pはプリント基板実装時	738A
DZ27150	パナソニック	120		14.25		15.6	5	40	5	80	0.5	13.4*	0.05	11	Pはプリント基板実装時	738A
DZ27160	パナソニック	120		13.3		16.8	5	50	5	80	0.5	14.2*	0.05	12	Pはプリント基板実装時	738A
DZ27180	パナソニック	120		17.1		18.9	5	60	5	80	0.5	17.2*	0.05	13	Pはプリント基板実装時	738A
DZ27200	パナソニック	120		19		21	5	80	5	100	0.5	18.4*	0.05	15	Pはプリント基板実装時	738A
DZ27220	パナソニック	120		20.9		23.1	5	80	5	100	0.5	22.2*	0.05	17	Pはプリント基板実装時	738A
DZ27240	パナソニック	120		22.8		25.2	5	100	5	120	0.5	24.0*	0.05	19	Pはプリント基板実装時	738A
DZ27270	パナソニック	120		25.65		28.35	2	120	2	120	0.5	26.3*	0.05	21	Pはプリント基板実装時	738A
DZ27300	パナソニック	120		28.5		31.5	2	160	2	160	0.5	28.7*	0.05	23	Pはプリント基板実装時	738A

形 名	社 名	最大定格 P (mW)	最大定格 IZ (mA)	ツェナ電圧 VZ(V) min	ツェナ電圧 VZ(V) typ	ツェナ電圧 VZ(V) max	条件 IZ(mA)	動作抵抗 ZZmax (Ω)	条件 IZ(mA)	立上り動作抵抗 ZZKmax (Ω)	条件 IZ(mA)	VZ温度係数 (%/℃) (mV/℃)*	逆方向特性 IRmax (μA)	条件 VR(V)	その他の特性等	外形
DZ27330	パナソニック	120		31.35		34.65	2	200	2	200	0.5	32.0*	0.05	25	Pはプリント基板実装時	738A
DZ27360	パナソニック	120		34.2		37.8	2	250	2	250	0.5	35.4*	0.05	27	Pはプリント基板実装時	738A
DZ27390	パナソニック	120		37.05		40.95	2	300	2	300	0.5	37.2*	0.05	30	Pはプリント基板実装時	738A
*DZB6.2U	三洋	1W		5.6	6.2	6.8	10	60	10				10	2		19D
*DZB6.8C	三洋	1W	135	6.45	6.8	7.14	10	60	10			3*	10	3	VF<2V (IF=0.2A)	19D
*DZB7.5C	三洋	1W	120	7.13	7.5	7.81	10	30	10			4*	10	4.5	VF<2V (IF=0.2A)	19D
*DZB8.2C	三洋	1W	115	7.79	8.2	8.61	10	30	10			4*	10	4.9	VF<2V (IF=0.2A)	19D
*DZB9.1C	三洋	1W	105	8.65	9.1	9.55	10	30	10			5*	10	5.5	VF<2V (IF=0.2A)	19D
*DZB10C	三洋	1W	95	9.5	10	10.5	10	30	10			6*	10	6	VF<2V (IF=0.2A)	19D
*DZB11C	三洋	1W	85	10.5	11	11.5	10	30	10			7*	10	7	VF<2V (IF=0.2A)	19D
*DZB12C	三洋	1W	80	11.4	12	12.6	10	30	10			8*	10	8	VF<2V (IF=0.2A)	19D
*DZB13C	三洋	1W	70	12.4	13	13.6	10	30	10			9*	10	9	VF<2V (IF=0.2A)	19D
*DZB15C	三洋	1W	63	14.3	15	15.8	10	30	10			11*	10	10	VF<2V (IF=0.2A)	19D
*DZB16C	三洋	1W	58	15.2	16	16.8	10	30	10			12*	10	11	VF<2V (IF=0.2A)	19D
*DZB18C	三洋	1W	52	17.1	18	18.9	10	30	10			14*	10	13	VF<2V (IF=0.2A)	19D
*DZB20C	三洋	1W	47	19	20	21	10	30	10			16*	10	14	VF<2V (IF=0.2A)	19D
*DZB22C	三洋	1W	43	20.9	22	23.1	10	30	10			18*	10	16	VF<2V (IF=0.2A)	19D
*DZB24C	三洋	1W	38	22.8	24	25.2	10	30	10			20*	10	17	VF<2V (IF=0.2A)	19D
*DZB27C	三洋	1W	34	25.7	27	28.3	10	30	10			23*	10	19	VF<2V (IF=0.2A)	19D
*DZB30C	三洋	1W	31	28.5	30	31.5	10	30	10			25*	10	21	VF<2V (IF=0.2A)	19D
*DZC30	三洋	1W	35	24	30	36	10	30	10				10	17	双方向形 (カソード側表示なし)	19D
*DZC50	三洋	1W	20	40	50	60	6	65	6				10	35	双方向形 (カソード側表示なし)	19D
DZD2.0	三洋	200	970	1.85		2.15	5	100	5			-0.083	120	1	VZは通電30ms後 VZ2ランク	610A
DZD2.2	三洋	200	940	2.05		2.38	5	100	5			-0.083	120	1	VZは通電30ms後 VZ2ランク	610A
DZD2.4	三洋	200	900	2.28		2.6	5	100	5			-0.082	120	1	VZは通電30ms後 VZ2ランク	610A
DZD2.7	三洋	200	870	2.5		2.9	5	110	5			-0.082	120	1	VZは通電30ms後 VZ2ランク	610A
DZD3.0	三洋	200	840	2.8		3.2	5	120	5			-0.082	50	1	VZは通電30ms後 VZ2ランク	610A
DZD3.3	三洋	200	820	3.1		3.5	5	130	5			-0.079	20	1	VZは通電30ms後 VZ2ランク	610A
DZD3.6	三洋	200	790	3.4		3.8	5	130	5			-0.072	10	1	VZは通電30ms後 VZ2ランク	610A
DZD3.9	三洋	200	760	3.7		4.1	5	130	5			-0.064	10	1	VZは通電30ms後 VZ2ランク	610A
DZD4.3	三洋	200	730	4		4.5	5	130	5			-0.053	5	1	VZは通電30ms後 VZ3ランク	610A
DZD4.7	三洋	200	700	4.4		4.9	5	120	5			-0.039	5	1	VZは通電30ms後 VZ3ランク	610A
DZD5.1	三洋	200	680	4.8		5.4	5	70	5			-0.015	1	1.5	VZは通電30ms後 VZ2ランク	610A
DZD5.6	三洋	200	650	5.3		6	5	40	5			0.015	1	2.5	VZは通電30ms後 VZ2ランク	610A
DZD6.2	三洋	200	600	5.8		6.6	5	30	5			0.034	1	3	VZは通電30ms後 VZ2ランク	610A
DZD6.8	三洋	200	530	6.4		7.2	5	25	5			0.044	0.5	5	VZは通電30ms後 VZ2ランク	610A
DZD7.5	三洋	200	480	7		7.9	5	23	5			0.05	0.5	6	VZは通電30ms後 VZ2ランク	610A
DZD8.2	三洋	200	430	7.7		8.7	5	20	5			0.055	0.5	6.5	VZは通電30ms後 VZ2ランク	610A
DZD9.1	三洋	200	380	8.5		9.6	5	18	5			0.059	0.5	7	VZは通電30ms後 VZ3ランク	610A
DZD10	三洋	200	350	9.4		10.6	5	15	5			0.064	0.5	8	VZは通電30ms後 VZ3ランク	610A
DZD11	三洋	200	310	10.4		11.6	5	15	5			0.066	0.5	8.5	VZは通電30ms後 VZ3ランク	610A
DZD12	三洋	200	280	11.4		12.6	5	15	5			0.068	0.5	9	VZは通電30ms後 VZ3ランク	610A

形名	社名	最大定格 P (mW)	最大定格 IZ (mA)	ツェナ電圧 VZ(V) min	ツェナ電圧 VZ(V) typ	ツェナ電圧 VZ(V) max	条件 IZ(mA)	動作抵抗 ZZmax (Ω)	条件 IZ(mA)	立上り動作抵抗 ZZKmax (Ω)	条件 IZ(mA)	VZ温度係数 (%/℃) (mV/℃)*	逆方向特性 IRmax (μA)	条件 VR(V)	その他の特性等	外形
DZD13	三洋	200	260	12.4		14.1	5	15	5			0.07	0.5	10	VZは通電30ms後 VZ3ランク	610A
DZD15	三洋	200	240	13.8		15.6	5	15	5			0.072	0.5	11	VZは通電30ms後 VZ3ランク	610A
DZD16	三洋	200	220	15.3		17.1	5	18	5			0.074	0.5	12	VZは通電30ms後 VZ3ランク	610A
DZD18	三洋	200	200	16.8		19.1	5	20	5			0.076	0.5	14	VZは通電30ms後 VZ3ランク	610A
DZD20	三洋	200	185	18.8		21.2	5	25	5			0.078	0.5	15	VZは通電30ms後 VZ3ランク	610A
DZD22	三洋	200	165	20.8		23.3	5	30	5			0.08	0.5	17	VZは通電30ms後 VZ3ランク	610A
DZD24	三洋	200	145	22.8		25.6	5	40	5			0.082	0.5	19	VZは通電30ms後 VZ3ランク	610A
DZD27	三洋	200		25.1		28.9	2	70	2				0.5	21	VZは通電30ms後	610A
DZD30	三洋	200		28		32	2	80	2				0.5	23	VZは通電30ms後	610A
DZD33	三洋	200		31		35	2	80	2				0.5	25	VZは通電30ms後	610A
DZD36	三洋	200		34		38	2	90	2				0.5	27	VZは通電30ms後	610A
DZD39	三洋	200		37		41	2	100	2				0.5	30	VZは通電30ms後	610A
DZD43	三洋	200		40		45	2	130	2				0.5	33	VZは通電30ms後	610A
DZD47	三洋	200		44		49	2	150	2				0.5	36	VZは通電30ms後	610A
DZF6.8	三洋	1W		6.2	6.8	7.4	10	60	10			3*	10	3	VF<1.2V (IF=0.2A)	19A
DZF7.5	三洋	1W		6.8	7.5	8.3	10	30	10			4*	10	4.5	VF<1.2V (IF=0.2A)	19A
DZF8.2	三洋	1W		7.4	8.2	9.1	10	30	10			4*	10	4.9	VF<1.2V (IF=0.2A)	19A
DZF9.1	三洋	1W		8.2	9.1	10.1	10	30	10			5*	10	5.5	VF<1.2V (IF=0.2A)	19A
DZF10	三洋	1W		9	10	11	10	30	10			6*	10	6	VF<1.2V (IF=0.2A)	19A
DZF11	三洋	1W		9.9	11	12.1	10	30	10			7*	10	7	VF<1.2V (IF=0.2A)	19A
DZF12	三洋	1W		10.8	12	13.2	10	30	10			8*	10	8	VF<1.2V (IF=0.2A)	19A
DZF13	三洋	1W		11.7	13	14.3	10	30	10			9*	10	9	VF<1.2V (IF=0.2A)	19A
DZF15	三洋	1W		13.5	15	16.5	10	30	10			11*	10	10	VF<1.2V (IF=0.2A)	19A
DZF16	三洋	1W		14.4	16	17.6	10	30	10			12*	10	11	VF<1.2V (IF=0.2A)	19A
DZF18	三洋	1W		16.2	18	19.8	10	30	10			14*	10	13	VF<1.2V (IF=0.2A)	19A
DZF20	三洋	1W		18	20	22	10	30	10			16*	10	14	VF<1.2V (IF=0.2A)	19A
DZF22	三洋	1W		19.8	22	24.2	10	30	10			18*	10	16	VF<1.2V (IF=0.2A)	19A
DZF24	三洋	1W		21.6	24	26.4	10	30	10			20*	10	17	VF<1.2V (IF=0.2A)	19A
DZF27	三洋	1W		24.3	27	29.7	10	30	10			23*	10	19	VF<1.2V (IF=0.2A)	19A
DZF30	三洋	1W		27	30	33	10	30	10			25*	10	21	VF<1.2V (IF=0.2A)	19A
DZF33	三洋	1W		29.7	33	36.3	10	30	10			26*	10	26.4	VF<1.2V (IF=0.2A)	19A
DZF36	三洋	1W		32.4	36	39.6	9	30	9			28*	10	28.8	VF<1.2V (IF=0.2A)	19A
EDZ3.6B	ローム	150		3.600		3.845	5	100	5	1k	1		10	1	VZは通電40ms後	757E
EDZ3.9B	ローム	150		3.890		4.160	5	100	5	1k	1		5	1	VZは通電40ms後	757E
EDZ4.3B	ローム	150		4.170		4.430	5	100	5	1k	1		5	1	VZは通電40ms後	757E
EDZ4.7B	ローム	150		4.550		4.750	5	100	5	800	0.5		2	1	VZは通電40ms後	757E
EDZ5.1B	ローム	150		4.980		5.200	5	80	5	500	0.5		2	1.5	VZは通電40ms後	757E
EDZ5.6B	ローム	150		5.490		5.730	5	60	5	200	0.5		1	2.5	VZは通電40ms後	757E
EDZ6.2B	ローム	150		6.060		6.330	5	60	5	100	0.5		1	3	VZは通電40ms後	757E
EDZ6.8B	ローム	150		6.650		6.930	5	40	5	60	0.5		0.5	3.5	VZは通電40ms後	757E
EDZ6.8B	ローム	150		6.65		6.93	5						0.5	3.5	Ct=3.0pF	757E
EDZ7.5B	ローム	150		7.280		7.600	5	30	5	60	0.5		0.5	4	VZは通電40ms後	757E

形 名	社 名	最大定格 P (mW)	最大定格 IZ (mA)	ツェナ電圧 VZ(V) min	ツェナ電圧 VZ(V) typ	ツェナ電圧 VZ(V) max	条件 IZ(mA)	動作抵抗 ZZmax (Ω)	条件 IZ(mA)	立上り動作抵抗 ZZKmax (Ω)	条件 IZ(mA)	VZ温度係数 (%/℃)*	逆方向特性 IRmax (μA)	条件 VR(V)	その他の特性等	外形
EDZ8.2B	ローム	150		8.020		8.360	5	30	5	60	0.5		0.5	5	VZは通電40ms後	757E
EDZ9.1B	ローム	150		8.850		9.230	5	30	5	60	0.5		0.5	6	VZは通電40ms後	757E
EDZ10B	ローム	150		9.770		10.210	5	30	5	60	0.5		0.1	7	VZは通電40ms後	757E
EDZ11B	ローム	150		10.760		11.220	5	30	5	60	0.5		0.1	8	VZは通電40ms後	757E
EDZ12B	ローム	150		11.740		12.240	5	30	5	80	0.5		0.1	9	VZは通電40ms後	757E
EDZ13B	ローム	150		12.910		13.490	5	37	5	80	0.5		0.1	10	VZは通電40ms後	757E
EDZ15B	ローム	150		14.340		14.980	5	42	5	80	0.5		0.1	11	VZは通電40ms後	757E
EDZ16B	ローム	150		15.850		16.510	5	50	5	80	0.5		0.1	12	VZは通電40ms後	757E
EDZ18B	ローム	150		17.560		18.350	5	65	5	80	0.5		0.1	13	VZは通電40ms後	757E
EDZ20B	ローム	150		19.520		20.390	5	85	5	100	0.5		0.1	15	VZは通電40ms後	757E
EDZ22B	ローム	150		21.540		22.470	5	100	5	100	0.5		0.1	17	VZは通電40ms後	757E
EDZ24B	ローム	150		23.720		24.780	5	120	5	120	0.5		0.1	19	VZは通電40ms後	757E
EDZ27B	ローム	150		26.190		27.530	2	150	2	150	0.5		0.1	21	VZは通電40ms後	757E
EDZ30B	ローム	150		29.190		30.690	2	200	2	200	0.5		0.1	23	VZは通電40ms後	757E
EDZ33B	ローム	150		32.150		33.790	2	250	2	250	0.5		0.1	25	VZは通電40ms後	757E
EDZ36B	ローム	150		35.070		36.870	2	300	2	300	0.5		0.1	27	VZは通電40ms後	757E
EMZ6.8E	ローム	150		6.47		7.14	5						0.5	3.5	Ct=9pF 4素子複合 (アノードコモン)	348
EMZ6.8JA	ローム	150		6.47		7.14	5						0.5	3.5	4素子複合 (アノードコモン)	159
EMZ6.8N	ローム	150		6.47	6.8	7.14	5	40	5				0.5	3.5	Ct=9pF 2素子センタータップ (アノードコモン)	344C
* EQA01-05	富士電機	500		4.5	5	5.6	15	25	15	1.3k	0.5	0.01	5	1		20D
* EQA01-06	富士電機	500		5.3	6	6.6	15	8	15	1.1k	0.5	0.03	3	2		20D
* EQA01-07	富士電機	500		6.3	6.9	7.5	15	8	15	500	0.25	0.04	3	3.5		20D
* EQA01-08	富士電機	500		7.1	7.8	8.4	15	8	15	400	0.25	0.05	1	4		20D
* EQA01-09	富士電機	500		8	8.8	9.5	15	8	15	400	0.25	0.055	1	5		20D
* EQA01-10	富士電機	500		9	9.8	10.5	15	8	15	500	0.25	0.06	1	7		20D
* EQA01-11	富士電機	500		10.1	11	11.8	15	12	15	500	0.25	0.065	1	8		20D
* EQA01-12	富士電機	500		11.2	12.2	13.1	15	12	15	500	0.25	0.065	1	10		20D
* EQA01-13	富士電機	500		12.5	13.2	13.9	15	15	15	500	0.25	0.068	1	11		20D
* EQA01-14	富士電機	500		13.3	14	14.7	10	15	10	500	0.25	0.07	1	11		20D
* EQA01-15	富士電機	500		14.2	15	15.8	10	15	10	500	0.25	0.07	1	12		20D
* EQA01-16	富士電機	500		15.2	16	16.8	10	15	10	500	0.25	0.07	1	12.5		20D
* EQA01-17	富士電機	500		16.1	17	17.9	10	15	10	500	0.25	0.075	1	13		20D
* EQA01-18	富士電機	500		17.1	18	18.9	10	15	10	500	0.25	0.075	1	14		20D
* EQA01-19	富士電機	500		18.1	19	20	10	15	10	500	0.25	0.075	1	15		20D
* EQA01-20	富士電機	500		19	20	21	10	15	10	500	0.25	0.075	1	16		20D
* EQA01-21	富士電機	500		20.1	21.2	22.3	10	20	10	500	0.25	0.08	1	17		20D
* EQA01-22	富士電機	500		21.3	22.4	23.5	5	30	5	500	0.25	0.08	1	18		20D
* EQA01-24	富士電機	500		22.4	23.6	24.8	5	30	5	500	0.25	0.08	1	19		20D
* EQA01-25	富士電機	500		23.7	25	26.3	5	30	5	500	0.25	0.08	1	20		20D
* EQA01-26	富士電機	500		25.2	26.5	27.8	5	40	5	500	0.25	0.08	1	22		20D
* EQA01-28	富士電機	500		26.6	28	29.4	5	40	5	500	0.25	0.08	1	23		20D
* EQA01-30	富士電機	500		28.5	30	31.5	5	50	5	500	0.25	0.085	1	24		20D

	形　名	社名	最大定格 P (mW)	最大定格 IZ (mA)	ツェナ電圧 VZ(V) min	ツェナ電圧 VZ(V) typ	ツェナ電圧 VZ(V) max	条件 IZ(mA)	動作抵抗 ZZmax (Ω)	条件 IZ(mA)	立上り動作抵抗 ZZKmax (Ω)	条件 IZ(mA)	VZ温度係数 (%/℃) (mV/℃)*	逆方向特性 IRmax (μA)	条件 VR(V)	その他の特性等	外形
*	EQA01-32	富士電機	500		29.9	31.5	33.1	5	60	5	500	0.25	0.085	1	25		20D
	EQA01-33	富士電機	500		31.8	33.5	35.2	5	70	5	500	0.25	0.085	1	27		20D
*	EQA01-35	富士電機	500		33.8	35.5	37.3	5	80	5	500	0.25	0.085	1	28		20D
	EQA02-05	富士電機	500		4.55		5.55										87E
	EQA02-06	富士電機	500		5.45		6.63										87E
*	EQA02-07	富士電機	500		6.49		7.45										87E
	EQA02-08	富士電機	500		7.29		8.45										87E
	EQA02-09	富士電機	500		8.29		9.59										87E
*	EQA02-10	富士電機	500		9.41		11.05										87E
	EQA02-11	富士電機	500		10.82		12.35										87E
	EQA02-12	富士電機	500		12.11		13.21										87E
	EQA02-13	富士電機	500		12.99		14.13										87E
	EQA02-14	富士電機	500		13.89		15.09										87E
	EQA02-15	富士電機	500		14.8		16.04										87E
	EQA02-16	富士電機	500		15.69		17.06										87E
	EQA02-17	富士電機	500		16.82		18.33										87E
	EQA02-18	富士電機	500		18.02		19.59										87E
*	EQA02-20	富士電機	500		19.23		21.2										87E
	EQA02-21	富士電機	500		20.64		22.17										87E
	EQA02-22	富士電機	500		21.52		23.18										87E
	EQA02-23	富士電機	500		22.61		24.85										87E
	EQA02-25	富士電機	500		24.26		26.95										87E
*	EQA02-28	富士電機	500		26.29		29.13										87E
	EQA02-30	富士電機	500		28.36		31.22										87E
	EQA02-32	富士電機	500		30.32		33.11										87E
	EQA02-33	富士電機	500		32.14		35.13										87E
	EQA02-35	富士電機	500		34.01		37.19										87E
*	EQA03-05	富士電機	400		4.55		5.55	5	100	5	1500	0.5	0.01	5	1		79C
	EQA03-06	富士電機	400		5.45		6.63	5	40	5	1500	0.5	0.03	3	2		79C
	EQA03-07	富士電機	400		6.49		7.45	5	25	5	600	0.25	0.04	2	3.5		79C
*	EQA03-08	富士電機	400		7.29		8.45	5	20	5	500	0.25	0.05	1	4		79C
	EQA03-09	富士電機	400		8.29		9.59	5	20	5	500	0.25	0.055	1	5		79C
	EQA03-10	富士電機	400		9.41		11.05	5	20	5	500	0.25	0.06	1	7		79C
	EQA03-11	富士電機	400		10.82		12.35	5	25	5	500	0.25	0.065	1	8		79C
*	EQA03-12	富士電機	400		12.11		13.21	5	25	5	500	0.25	0.065	1	10		79C
	EQA03-13	富士電機	400		12.99		14.13	5	30	5	500	0.25	0.068	1	11		79C
	EQA03-14	富士電機	400		13.89		15.09	5	35	5	500	0.25	0.07	1	11		79C
	EQA03-15	富士電機	400		14.8		16.04	5	40	5	500	0.25	0.07	1	12		79C
*	EQA03-16	富士電機	400		15.69		17.06	5	40	5	500	0.25	0.07	1	12.5		79C
	EQA03-17	富士電機	400		16.82		18.33	5	40	5	500	0.25	0.075	1	13		79C
	EQA03-18	富士電機	400		18.02		19.59	5	40	5	500	0.25	0.075	1	14		79C
*	EQA03-20	富士電機	400		19.23		21.2	5	40	5	500	0.25	0.075	1	16		79C

	形 名	社 名	最大定格 P (mW)	最大定格 IZ (mA)	ツェナ電圧 VZ(V) min	ツェナ電圧 VZ(V) typ	ツェナ電圧 VZ(V) max	条件 IZ(mA)	動作抵抗 ZZmax (Ω)	条件 IZ(mA)	立上り動作抵抗 ZZKmax (Ω)	条件 IZ(mA)	VZ温度係数 (%/℃)(mV/℃)*	逆方向特性 IRmax (μA)	逆方向特性 条件 VR(V)	その他の特性等	外形
*	EQA03-21	富士電機	400		20.64		22.17	5	40	5	500	0.25	0.08	1	17		79C
*	EQA03-22	富士電機	400		21.52		23.18	5	40	5	500	0.25	0.08	1	18		79C
*	EQA03-23	富士電機	400		22.61		24.85	5	45	5	500	0.25	0.08	1	19		79C
*	EQA03-25	富士電機	400		24.26		26.95	5	45	5	500	0.25	0.08	1	20		79C
*	EQA03-28	富士電機	400		26.29		29.13	5	60	5	500	0.25	0.08	1	23		79C
*	EQA03-30	富士電機	400		28.36		31.22	5	70	5	500	0.25	0.085	1	24		79C
*	EQA03-32	富士電機	400		30.32		33.11	5	80	5	500	0.25	0.085	1	27		79C
*	EQA03-33	富士電機	400		32.14		35.13	5	90	5	500	0.25	0.085	1	27		79C
*	EQA03-35	富士電機	400		34.01		37.19	5	90	5	500	0.25	0.085	1	28		79C
*	EQB01-1R50	富士電機	1W		1.4	1.5	1.6										261A
*	EQB01-2R25	富士電機	1W		2.15	2.25	2.35										261A
*	EQB01-3R00	富士電機	1W		2.85	3	3.15										261A
*	EQB01-3R75	富士電機	1W		3.55	3.75	3.95										261A
*	EQB01-4R50	富士電機	1W		4.25	4.5	4.75										261A
*	EQB01-05	富士電機	1W		4.5	5	5.6	30	23	30			0.01	5	1		261A
*	EQB01-06	富士電機	1W		5.3	6	6.6	30	18	30			0.03	5	2		261A
*	EQB01-07	富士電機	1W		6.3	6.9	7.5	30	14	30			0.04	5	3.5		261A
*	EQB01-08	富士電機	1W		7.1	7.8	8.4	30	12	30			0.05	5	4		261A
*	EQB01-09	富士電機	1W		8	8.8	9.5	30	14	30			0.055	3	5		261A
*	EQB01-10	富士電機	1W		9	9.8	10.5	30	14	30			0.06	3	7		261A
*	EQB01-11	富士電機	1W		10.1	11.1	11.8	30	16	30			0.065	3	8		261A
*	EQB01-12	富士電機	1W		11.2	12.2	13.1	30	16	30			0.065	1	10		261A
*	EQB01-13	富士電機	1W		12.5	13.2	13.9	30	18	30			0.068	1	11		261A
*	EQB01-14	富士電機	1W		13.3	14	14.7	20	18	20			0.07	1	11		261A
*	EQB01-15	富士電機	1W		14.2	15	15.8	20	18	20			0.07	1	12		261A
*	EQB01-16	富士電機	1W		15.2	16	16.8	20	18	20			0.07	1	12.5		261A
*	EQB01-17	富士電機	1W		16.2	17	17.9	20	22	20			0.075	1	13		261A
*	EQB01-18	富士電機	1W		17.1	18	18.9	20	25	20			0.075	1	14		261A
*	EQB01-19	富士電機	1W		18.1	19	20	20	25	20			0.075	1	15		261A
*	EQB01-20	富士電機	1W		19	20	21	20	30	20			0.075	1	16		261A
*	EQB01-21	富士電機	1W		20.1	21.2	22.3	10	30	10			0.08	1	17		261A
*	EQB01-22	富士電機	1W		21.3	22.4	23.5	10	30	10			0.08	1	18		261A
*	EQB01-24	富士電機	1W		22.4	23.6	24.8	10	35	10			0.08	1	19		261A
*	EQB01-25	富士電機	1W		23.7	25	26.3	10	35	10			0.08	1	20		261A
*	EQB01-26	富士電機	1W		25.2	26.5	27.8	10	45	10			0.08	1	22		261A
*	EQB01-28	富士電機	1W		26.6	28	29.4	10	45	10			0.08	1	23		261A
*	EQB01-30	富士電機	1W		28.5	30	31.5	10	60	10			0.085	1	24		261A
*	EQB01-32	富士電機	1W		29.9	31.5	33.1	10	60	10			0.085	1	25		261A
*	EQB01-33	富士電機	1W		31.8	33.5	35.2	10	80	10			0.085	1	27		261A
*	EQB01-35	富士電機	1W		33.8	35.5	37.3	10	80	10			0.085	1	28		261A
*	EQB01-50	富士電機	1W		45	50	55										90C
*	EQB01-100	富士電機	1W		90	100	110										90C

形 名	社名	最大定格 P (mW)	最大定格 IZ (mA)	ツェナ電圧 VZ(V) min	ツェナ電圧 VZ(V) typ	ツェナ電圧 VZ(V) max	条件 IZ(mA)	動作抵抗 ZZmax (Ω)	動作抵抗 条件 IZ(mA)	立上り動作抵抗 ZZKmax (Ω)	立上り動作抵抗 条件 IZ(mA)	VZ温度係数 (%/℃) (mV/℃)*	逆方向特性 IRmax (μA)	逆方向特性 条件 VR(V)	その他の特性等	外形
* EQB01-150	富士電機	1W		135	150	165						0.09	20	35	双方向性	90C
* EQB11-50	富士電機	500		45		55	1						20	0.2		261A
* ESBB01-1R50	富士電機	1W		1.4		1.6	50	8	50			-0.2	20	0.2		261A
* ESBB01-2R25	富士電機	1W		2.15		2.35	50	10	50			-0.2	20	0.3		261A
* ESBB01-3R00	富士電機	1W		2.85		3.15	50	12	50			-0.2	20	0.3		261A
* ESBB01-3R75	富士電機	1W		3.55		3.95	50	15	50			-0.2	20	0.5		261A
* ESBB01-4R50	富士電機	1W		4.25		4.75	50	15	50			-0.2	20	0.6		261A
FTZ4.3E	ローム	200		4.04		4.57	5	100	5				5	1	4素子複合(アノードコモン)	346A
FTZ5.6E	ローム	200		5.31	5.6	5.92	5	60	5	200	0.5		1	2.5	4素子複合(アノードコモン)	346A
FTZ6.8E	ローム	200		6.47	6.8	7.14	5	40	5	60	0.5		0.5	3.5	4素子複合(アノードコモン)	346A
FTZU6.2E	ローム	200		5.90		6.50	5	60	5	100	0.5			3	4素子複合(アノードコモン) Ct=8pF	346A
FZ0270	オリジン	200		260		280	0.05		0.05			189*	0.01	215	Zz=10kΩ Pはガラエポ基板 Ta=80℃	757A
FZ0280	オリジン	200		270		290	0.05		0.05			198*	0.01	215	Zz=10kΩ Pはガラエポ基板 Ta=80℃	757A
FZ0290	オリジン	200		280		300	0.05		0.05			203*	0.01	240	Zz=10kΩ Pはガラエポ基板 Ta=80℃	757A
FZ0300	オリジン	200		290		310	0.05		0.05			210*	0.01	240	Zz=10kΩ Pはガラエポ基板 Ta=80℃	757A
FZ0310	オリジン	200		300		320	0.05		0.05			217*	0.01	240	Zz=10kΩ Pはガラエポ基板 Ta=80℃	757A
FZ0320	オリジン	200		310		330	0.05		0.05			224*	0.01	265	Zz=10kΩ Pはガラエポ基板 Ta=80℃	757A
FZ0330	オリジン	200		320		340	0.05		0.05			231*	0.01	265	Zz=10kΩ Pはガラエポ基板 Ta=80℃	757A
FZ0340	オリジン	200		330		350	0.05		0.05			238*	0.01	265	Zz=10kΩ Pはガラエポ基板 Ta=80℃	757A
GDZ3.9	ローム	100		3.740		4.160	5						5	1		440
GDZ4.7	ローム	100		4.420		4.900	5						2	1		440
GDZ5.1	ローム	100		4.840		5.370	5						2	1.5		440
GDZ5.6	ローム	100		5.310		5.920	5						1	2.5		440
GDZ6.2	ローム	100		5.860		6.530	5						1	3		440
GDZ6.8	ローム	100		6.470		7.140	5						0.5	3.5		440
GDZ7.5	ローム	100		7.060		7.840	5						0.5	4		440
GDZ8.2	ローム	100		7.760		8.640	5						0.5	5		440
* GZA2.0	三洋	500	150	1.88	2	2.24	10	210	10			<-0.100	120	0.5	VZは通電100ms後 VZ2ランク	78F
* GZA2.2	三洋	500	140	2.08	2.2	2.45	10	180	10			<-0.100	120	0.7	VZは通電100ms後 VZ2ランク	78F
* GZA2.4	三洋	500	130	2.28	2.4	2.7	10	150	10			<-0.100	120	1	VZは通電100ms後 VZ2ランク	78F
* GZA2.7	三洋	500	130	2.5	2.7	3.1	10	150	10			<-0.100	100	1	VZは通電100ms後 VZ3ランク	78F
* GZA3.0	三洋	500	120	2.8	3	3.4	10	150	10			<-0.095	100	1	VZは通電100ms後 VZ3ランク	78F
* GZA3.3	三洋	500	120	3.1	3.3	3.7	10	120	10			<-0.090	50	1	VZは通電100ms後 VZ3ランク	78F
* GZA3.6	三洋	500	110	3.4	3.6	4	10	100	10			<-0.085	20	1	VZは通電100ms後 VZ3ランク	78F
* GZA3.9	三洋	500	100	3.7	3.9	4.4	10	90	10			<-0.080	10	1	VZは通電100ms後 VZ3ランク	78F
* GZA4.3	三洋	500	95	4	4.3	4.8	10	80	10			<-0.075	10	1	VZは通電100ms後 VZ3ランク	78F
* GZA4.7	三洋	500	90	4.4	4.7	5.2	10	70	10			<-0.070	10	1	VZは通電100ms後 VZ3ランク	78F
* GZA5.1	三洋	500	86	4.8	5.1	5.4	5	50	5			0.03	1	1	VZは通電100ms後 VZ3ランク	78F
* GZA5.6	三洋	500	82	5.3	5.6	6	5	30	5			0.032	1	2	VZは通電100ms後 VZ3ランク	78F
* GZA6.2	三洋	500	76	5.8	6.2	6.6	5	17	5			0.042	1	3	VZは通電100ms後 VZ3ランク	78F
* GZA6.8	三洋	500	68	6.4	6.8	7.2	5	15	5			0.048	1	5	VZは通電100ms後 VZ3ランク	78F
* GZA7.5	三洋	500	62	7.1	7.5	7.9	5	15	5			0.055	1	6	VZは通電100ms後 VZ3ランク	78F

形名	社名	最大定格 P (mW)	最大定格 IZ (mA)	VZ(V) min	VZ(V) typ	VZ(V) max	条件 IZ(mA)	ZZmax (Ω)	条件 IZ(mA)	ZZKmax (Ω)	条件 IZ(mA)	VZ温度係数 (%/°C) (mV/°C)*	IRmax (μA)	条件 VR(V)	その他の特性等	外形
*GZA8.2	三洋	500	56	7.7	8.2	8.7	5	20	5			0.06	1	6.5	VZは通電100ms後 VZ3ランク	78F
*GZA9.1	三洋	500	52	8.6	9.1	9.6	5	20	5			0.065	0.5	7	VZは通電100ms後 VZ3ランク	78F
*GZA10	三洋	500	46	9.4	10	10.6	5	25	5			0.07	0.5	8	VZは通電100ms後 VZ3ランク	78F
*GZA11	三洋	500	42	10.4	11	11.6	5	30	5			0.074	0.5	8.5	VZは通電100ms後 VZ3ランク	78F
*GZA12	三洋	500	38	11.4	12	12.6	5	30	5			0.077	0.5	9	VZは通電100ms後 VZ3ランク	78F
*GZA13	三洋	500	34	12.4	13	14.1	5	35	5			0.08	0.5	10	VZは通電100ms後 VZ3ランク	78F
*GZA15	三洋	500	30	13.9	15	15.6	5	35	5			0.084	0.5	11	VZは通電100ms後 VZ3ランク	78F
*GZA16	三洋	500	28	15.4	16	17.1	5	40	5			0.087	0.5	12	VZは通電100ms後 VZ3ランク	78F
*GZA18	三洋	500	24	16.9	18	19.1	5	40	5			0.092	0.5	14	VZは通電100ms後 VZ3ランク	78F
*GZA20	三洋	500	22	18.8	20	21.2	5	50	5			0.094	0.5	15	VZは通電100ms後 VZ3ランク	78F
*GZA22	三洋	500	20	20.8	22	23.3	5	60	5			0.096	0.5	17	VZは通電100ms後 VZ3ランク	78F
*GZA24	三洋	500	18	22.8	24	25.6	5	70	5			0.098	0.5	18	VZは通電100ms後 VZ3ランク	78F
*GZA27	三洋	500	16	25.1	27	28.9	5	80	5			0.098	0.5	21	VZは通電100ms後 VZ3ランク	78F
*GZA30	三洋	500	15	28	30	32	5	80	5			0.1	0.5	23	VZは通電100ms後 VZ3ランク	78F
*GZA33	三洋	500	13	31	33	35	5	90	5			0.102	0.5	25	VZは通電100ms後 VZ3ランク	78F
*GZA36	三洋	500	12	34	36	38	5	90	5			0.105	0.5	27	VZは通電100ms後 VZ3ランク	78F
*GZA39	三洋	500	11	37	39	41	5	95	5			0.107	0.5	30	VZは通電100ms後 VZ3ランク	78F
*GZA43	三洋	500	10	39	43	47	5	95	5			0.11	0.5	33	VZは通電100ms後 VZ3ランク	78F
*GZA47	三洋	500	9	43	47	51	5	100	5			0.112	0.5	36	VZは通電100ms後 VZ3ランク	78F
*GZA51	三洋	500	8	47	51	56	5	110	5			0.115	0.5	39	VZは通電100ms後 VZ3ランク	78F
GZB2.0	三洋	1W	446	1.88	2	2.24	40	25	40			-0.15	200	0.5	VZ2ランク	25F
GZB2.2	三洋	1W	408	2.08	2.2	2.45	40	20	40			-0.12	200	0.7	VZ2ランク	25F
GZB2.4	三洋	1W	370	2.28	2.4	2.7	40	20	40			-0.1	200	1	VZ2ランク	25F
GZB2.7	三洋	1W	322	2.5	2.7	3.1	40	15	40			-0.09	200	1	VZ2ランク	25F
GZB3.0	三洋	1W	294	2.8	3	3.4	40	15	40			-0.08	100	1	VZ2ランク	25F
GZB3.3	三洋	1W	270	3.1	3.3	3.7	40	15	40			-0.07	80	1	VZ2ランク	25F
GZB3.6	三洋	1W	250	3.4	3.6	4	40	15	40			-0.06	60	1	VZ2ランク	25F
GZB3.9	三洋	1W	227	3.7	3.9	4.4	40	15	40			-0.06	40	1	VZ2ランク	25F
GZB4.3	三洋	1W	208	4	4.3	4.8	40	15	40			-0.05	20	1	VZ2ランク	25F
GZB4.7	三洋	1W	192	4.4	4.7	5.2	40	10	40			-0.05	20	1	VZ2ランク	25F
GZB5.1	三洋	1W	175	4.8	5.1	5.7	40	8	40			-0.03	20	1	VZ2ランク	25F
GZB5.6	三洋	1W	158	5.3	5.6	6.3	40	8	40			0.02	20	1.5	VZ2ランク	25F
GZB6.2	三洋	1W	142	5.8	6.2	7	40	6	40			0.03	20	3	VZ2ランク	25F
GZB6.8	三洋	1W	129	6.4	6.8	7.7	40	6	40			0.04	20	3.5	VZ2ランク	25F
GZB7.5	三洋	1W	119	7	7.5	8.4	40	6	40			0.04	20	4	VZ2ランク	25F
GZB8.2	三洋	1W	107	7.7	8.2	9.3	40	4	40			0.05	20	5	VZ2ランク	25F
GZB9.1	三洋	1W	98	8.5	9.1	10.2	40	6	40			0.05	20	6	VZ2ランク	25F
GZB10	三洋	1W	89	9.4	10	11.2	40	6	40			0.05	10	7	VZ2ランク	25F
GZB11	三洋	1W	81	10.4	11	12.3	20	8	20			0.06	10	8	VZ2ランク	25F
GZB12	三洋	1W	74	11.4	12	13.5	20	8	20			0.06	10	9	VZ2ランク	25F
GZB13	三洋	1W	66	12.4	13	15	20	10	20			0.06	10	10	VZ2ランク	25F
GZB15	三洋	1W	60	13.8	15	16.5	20	10	20			0.07	10	11	VZ2ランク	25F

形　名	社名	最大定格 P (mW)	最大定格 IZ (mA)	ツェナ電圧 VZ(V) min	ツェナ電圧 VZ(V) typ	ツェナ電圧 VZ(V) max	条件 IZ(mA)	動作抵抗 ZZmax (Ω)	条件 IZ(mA)	立上り動作抵抗 ZZKmax (Ω)	条件 IZ(mA)	VZ温度係数 (%/℃) (mV/℃)*	逆方向特性 IRmax (μA)	条件 VR(V)	その他の特性等	外形
GZB16	三洋	1W	54	15.3	16	18.3	20	12	20			0.07	10	12	VZ2ランク	25F
GZB18	三洋	1W	49	16.8	18	20.3	20	12	20			0.07	10	13	VZ2ランク	25F
GZB20	三洋	1W	44	18.8	20	22.4	20	14	20			0.07	10	15	VZ2ランク	25F
GZB22	三洋	1W	40	20.8	22	24.5	10	14	10			0.08	10	17	VZ2ランク	25F
GZB24	三洋	1W	36	22.8	24	27.6	10	16	10			0.08	10	19	VZ2ランク	25F
GZB27	三洋	1W	32	25.1	27	30.8	10	16	10			0.08	10	21	VZ2ランク	25F
GZB30	三洋	1W	29	28	30	34	10	18	10			0.08	10	23	VZ2ランク	25F
GZB33	三洋	1W	27	31	33	37	10	18	10			0.09	10	25	VZ2ランク	25F
GZB36	三洋	1W	25	34	36	40	10	20	10			0.09	10	27	VZ2ランク	25F
* GZE2.0	三洋	400		1.88		2.22	5	100	5				120	0.5	VZ2ランク	78E
* GZE2.2	三洋	400		2.12		2.41	5	100	5				120	0.7	VZ2ランク	78E
GZE2.4	三洋	400		2.33		2.63	5	100	5				120	1	VZ2ランク	78E
GZE2.7	三洋	400		2.54		2.91	5	110	5				100	1	VZ2ランク	78E
GZE3.0	三洋	400		2.85		3.22	5	120	5				50	1	VZ2ランク	78E
GZE3.3	三洋	400		3.16		3.53	5	120	5				20	1	VZ2ランク	78E
GZE3.6	三洋	400		3.47		3.83	5	120	5				10	1	VZ2ランク	78E
GZE3.9	三洋	400		3.77		4.14	5	120	5				5	1	VZ2ランク	78E
* GZE4.3	三洋	400		4.05		4.53	5	120	5				5	1	VZ3ランク	78E
* GZE4.7	三洋	400		4.47		4.91	5	100	5				5	1	VZ3ランク	78E
GZE5.1	三洋	400		4.85		5.35	5	70	5				5	1.5	VZ3ランク	78E
GZE5.6	三洋	400		5.29		5.88	5	40	5				5	2.5	VZ3ランク	78E
* GZE6.2	三洋	400		5.81		6.4	5	30	5				5	3	VZ3ランク	78E
GZE6.8	三洋	400		6.32		6.97	5	25	5				2	3.5	VZ3ランク	78E
GZE7.5	三洋	400		6.88		7.64	5	25	5				0.5	4	VZ3ランク	78E
* GZE8.2	三洋	400		7.56		8.41	5	20	5				0.5	5	VZ3ランク	78E
* GZE9.1	三洋	400		8.33		9.29	5	20	5				0.5	6	VZ3ランク	78E
GZE10	三洋	400		9.19		10.3	5	20	5				0.2	7	VZ3ランク	78E
GZE11	三洋	400		10.18		11.26	5	20	5				0.2	8	VZ3ランク	78E
* GZE12	三洋	400		11.13		12.3	5	25	5				0.9	9	VZ3ランク	78E
* GZE13	三洋	400		12.18		13.62	5	25	5				0.2	10	VZ3ランク	78E
GZE15	三洋	400		13.48		15.02	5	25	5				0.2	11	VZ3ランク	78E
GZE16	三洋	400		14.87		16.5	5	25	5				0.2	12	VZ3ランク	78E
* GZE18	三洋	400		16.34		18.3	5	30	5				0.2	13	VZ3ランク	78E
* GZE20	三洋	400		18.14		20.45	5	30	5				0.2	15	VZ3ランク	78E
* GZE22	三洋	400		20.23		22.61	5	30	5				0.2	17	VZ4ランク	78E
GZE24	三洋	400		22.26		24.81	5	35	5				0.2	19	VZ4ランク	78E
GZE27	三洋	400		24.26		27.64	5	45	5				0.2	21	VZ4ランク	78E
* GZE30	三洋	400		26.99		30.51	5	55	5				0.2	23	VZ4ランク	78E
* GZE33	三洋	400		29.68		33.11	5	65	5				0.2	25	VZ4ランク	78E
GZE36	三洋	400		32.14		35.77	5	75	5				0.2	27	VZ4ランク	78E
GZE39	三洋	400		34.68		38.52	5	85	5				0.2	30	VZ4ランク	78E
* GZS2.0	三洋	400	125	1.88		2.24	5	100	5			−0.068	120	0.5	VZは通電30ms後 VZ2ランク	78E

形 名	社 名	最大定格 P (mW)	最大定格 IZ (mA)	ツェナ電圧 VZ(V) min	ツェナ電圧 VZ(V) typ	ツェナ電圧 VZ(V) max	条件 IZ(mA)	動作抵抗 ZZmax (Ω)	動作抵抗 条件 IZ(mA)	立上り動作抵抗 ZZKmax (Ω)	立上り動作抵抗 条件 IZ(mA)	VZ温度係数 (%/℃) (mV/℃)*	逆方向特性 IRmax (μA)	逆方向特性 条件 VR(V)	その他の特性等	外形
*GZS2.2	三洋	400	120	2.11		2.44	5	100	5			−0.068	120	0.7	VZは通電30ms後 VZ2ランク	78E
*GZS2.4	三洋	400	110	2.32		2.65	5	100	5			−0.068	120	1	VZは通電30ms後 VZ2ランク	78E
*GZS2.7	三洋	400	110	2.52		2.93	5	100	5			−0.067	100	1	VZは通電30ms後 VZ2ランク	78E
*GZS3.0	三洋	400	100	2.84		3.24	5	100	5			−0.066	50	1	VZは通電30ms後 VZ2ランク	78E
*GZS3.3	三洋	400	100	3.15		3.54	5	100	5			−0.065	20	1	VZは通電30ms後 VZ2ランク	78E
*GZS3.6	三洋	400	90	3.46		3.84	5	100	5			−0.061	10	1	VZは通電30ms後 VZ2ランク	78E
*GZS3.9	三洋	400	90	3.74		4.16	5	100	5			−0.056	5	1	VZは通電30ms後 VZ2ランク	78E
*GZS4.3	三洋	400	80	4.04		4.57	5	100	5			−0.046	5	1	VZは通電30ms後 VZ3ランク	78E
*GZS4.7	三洋	400	75	4.44		4.93	5	80	5			−0.022	5	1	VZは通電30ms後 VZ3ランク	78E
*GZS5.1	三洋	400	70	4.81		5.37	5	60	5			0	5	1.5	VZは通電30ms後 VZ3ランク	78E
*GZS5.6	三洋	400	65	5.28		5.91	5	40	5			0.02	5	2.5	VZは通電30ms後 VZ3ランク	78E
*GZS6.2	三洋	400	60	5.78		6.44	5	30	5			0.032	5	3	VZは通電30ms後 VZ3ランク	78E
*GZS6.8	三洋	400	55	6.29		7.01	5	25	5			0.041	2	3.5	VZは通電30ms後 VZ3ランク	78E
*GZS7.5	三洋	400	50	6.85		7.67	5	25	5			0.048	0.5	4	VZは通電30ms後 VZ3ランク	78E
*GZS8.2	三洋	400	45	7.53		8.45	5	20	5			0.053	0.5	5	VZは通電30ms後 VZ3ランク	78E
*GZS9.1	三洋	400	42	8.29		9.3	5	20	5			0.059	0.5	6	VZは通電30ms後 VZ3ランク	78E
*GZS10	三洋	400	38	9.12		10.39	5	20	5			0.064	0.2	7	VZは通電30ms後 VZ3ランク	78E
*GZS11	三洋	400	35	10.18		11.38	5	25	5			0.067	0.2	8	VZは通電30ms後 VZ3ランク	78E
*GZS12	三洋	400	32	11.13		12.35	5	25	5			0.071	0.2	9	VZは通電30ms後 VZ3ランク	78E
*GZS13	三洋	400	28	12.11		13.66	5	25	5			0.073	0.2	10	VZは通電30ms後 VZ3ランク	78E
*GZS15	三洋	400	25	13.44		15.09	5	25	5			0.018	0.2	11	VZは通電30ms後 VZ3ランク	78E
*GZS16	三洋	400	23	14.8		16.51	5	25	5			0.08	0.2	12	VZは通電30ms後 VZ3ランク	78E
*GZS18	三洋	400	20	16.22		18.38	5	30	5			0.083	0.2	13	VZは通電30ms後 VZ3ランク	78E
*GZS20	三洋	400	18	18.14		20.45	5	30	5			0.085	0.2	15	VZは通電30ms後 VZ3ランク	78E
*GZS22	三洋	400	16	20.15		22.63	5	30	5			0.087	0.2	17	VZは通電30ms後 VZ4ランク	78E
*GZS24	三洋	400	15	22.05		24.85	5	35	5			0.089	0.2	19	VZは通電30ms後 VZ4ランク	78E
*GZS27	三洋	400	14	24.26		27.64	5	45	5			0.091	0.2	21	VZは通電30ms後 VZ4ランク	78E
*GZS30	三洋	400	13	26.99		30.51	5	55	5			0.093	0.2	23	VZは通電30ms後 VZ4ランク	78E
*GZS33	三洋	400	12	29.68		33.11	5	65	5			0.094	0.2	25	VZは通電30ms後 VZ4ランク	78E
*GZS36	三洋	400	11	32.14		35.77	5	75	5			0.096	0.2	27	VZは通電30ms後 VZ4ランク	78E
*GZS39	三洋	400	10	34.68		38.52	5	85	5			0.097	0.2	30	VZは通電30ms後 VZ4ランク	78E
HZ1	ルネサス	500		1.5		1.7	5	100	5			−1.5*	25	0.5		24C
HZ2	ルネサス	500		1.6		2.6	5	100	5			−1.5*	25	0.5	VZ9ランク	24C
HZ2.0BP	ルネサス	800		1.88		2.12	40	25	40				200	0.5		25G
HZ2.0CP	ルネサス	800		2		2.24	40	25	40				200	0.5		25G
HZ2(H)	ルネサス	500		1.6		2.6	5	100	5			−1.5*	25	0.5	VZ9ランク	24C
HZ2LL	ルネサス	250		1.6		2.6	0.5	350	0.5	1.2k*	0.05		0.1	0.5	低雑音用 *は参考値 VZ3ランク	24C
HZ2.0P	ルネサス	800		1.88		2.24	40	25	40				200	0.5	VZ2ランク	25G
HZ2.2BP	ルネサス	800		2.08		2.33	40	20	40				200	0.7		25G
HZ2.2CP	ルネサス	800		2.2		2.45	40	20	40				200	0.7		25G
HZ2.2P	ルネサス	800		2.08		2.45	40	20	40				200	0.7	VZ2ランク	25G
HZ2.4BP	ルネサス	800		2.28		2.56	40	15	40				200	1		25G

— 339 —

形名	社名	最大定格 P (mW)	最大定格 IZ (mA)	ツェナ電圧 VZ(V) min	ツェナ電圧 VZ(V) typ	ツェナ電圧 VZ(V) max	条件 IZ(mA)	動作抵抗 ZZmax (Ω)	条件 IZ(mA)	立上り動作抵抗 ZZKmax (Ω)	条件 IZ(mA)	VZ温度係数 (%/℃) (mV/℃)*	逆方向特性 IRmax (μA)	条件 VR(V)	その他の特性等	外形
HZ2.4CP	ルネサス	800		2.4		2.7	40	15	40				200	1		25G
HZ2.4P	ルネサス	800		2.28		2.7	40	15	40				200	1	VZ2ランク	25G
HZ2.7BP	ルネサス	800		2.5		2.9	40	15	40				200	1		25G
HZ2.7CP	ルネサス	800		2.7		3.1	40	15	40				200	1		25G
* HZ2.7E	ルネサス	500		2.54		2.91	20	100	20	1k	1		2	0.5	VZは通電40ms後 VZ2ランク	24C
HZ2.7P	ルネサス	800		2.5		3.1	40	15	40				200	1	VZ2ランク	25G
HZ3	ルネサス	500		2.5		3.5	5	100	5			−2.0*	5	0.5	VZ9ランク	24C
HZ3.0BP	ルネサス	800		2.8		3.2	40	15	40				100	1		25G
HZ3.0CP	ルネサス	800		3		3.4	40	15	40				100	1		25G
* HZ3.0E	ルネサス	500		2.85		3.22	20	80	20	1k	1		1	0.5	VZは通電40ms後 VZ2ランク	24C
HZ3(H)	ルネサス	500		2.5		3.5	5	100	5			−2.0*	5	0.5	VZ9ランク	24C
HZ3LL	ルネサス	250		2.5		3.5	0.5	360	0.5	1.2k*	0.05		0.1	1	低雑音用 *は参考値 VZ3ランク	24C
HZ3.0P	ルネサス	800		2.8		3.4	40	15	40				100	1	VZ2ランク	25G
HZ3.3BP	ルネサス	800		3.1		3.5	40	15	40				80	1		25G
HZ3.3CP	ルネサス	800		3.3		3.7	40	15	40				80	1		25G
* HZ3.3E	ルネサス	500		3.16		3.53	20	70	20	1k	1		1	0.5	VZは通電40ms後 VZ2ランク	24C
HZ3.3P	ルネサス	800		3.1		3.7	40	15	40				80	1	VZ2ランク	25G
HZ3.6BP	ルネサス	800		3.4		3.8	40	15	40				60	1		25G
HZ3.6CP	ルネサス	800		3.6		4	40	15	40				60	1		25G
* HZ3.6E	ルネサス	500		3.47		3.83	20	60	20	1k	1		1	0.5	VZは通電40ms後 VZ2ランク	24C
HZ3.6P	ルネサス	800		3.4		4	40	15	40				60	1	VZ2ランク	25G
HZ3.9BP	ルネサス	800		3.7		4.1	40	15	40				40	1		25G
HZ3.9CP	ルネサス	800		3.9		4.4	40	15	40				40	1		25G
* HZ3.9E	ルネサス	500		3.77		4.14	20	50	20	1k	1		1	1	VZは通電40ms後 VZ2ランク	24C
HZ3.9P	ルネサス	800		3.7		4.4	40	15	40				40	1	VZ2ランク	25G
HZ4	ルネサス	500		3.4		4.4	5	100	5			−2.0*	5	1	VZ9ランク	24C
HZ4(H)	ルネサス	500		3.4		4.4	5	100	5			−2.0*	5	1	VZ9ランク	24C
HZ4LL	ルネサス	250		3.4		4.4	0.5	370	0.5	1.5k*	0.05		0.1	2	低雑音用 *は参考値 VZ3ランク	24C
HZ4.3BP	ルネサス	800		4		4.5	40	15	40				20	1		25G
HZ4.3CP	ルネサス	800		4.3		4.8	40	15	40				20	1		25G
* HZ4.3E	ルネサス	500		4.05		4.53	20	40	20	1k	1		5	1	VZは通電40ms後 VZ3ランク	24C
HZ4.3P	ルネサス	800		4		4.8	40	15	40				20	1	VZ2ランク	25G
HZ4.7BP	ルネサス	800		4.4		4.9	40	10	40				20	1		25G
HZ4.7CP	ルネサス	800		4.7		5.2	40	10	40				20	1		25G
* HZ4.7E	ルネサス	500		4.47		4.91	20	25	20	900	1		5	1	VZは通電40ms後 VZ3ランク	24C
HZ4.7P	ルネサス	800		4.4		5.2	40	10	40				20	1	VZ2ランク	25G
HZ5	ルネサス	500		4.3		5.3	5	100	5			−1.0*	5	1.5	VZ9ランク	24C
HZ5(H)	ルネサス	500		4.3		5.3	5	100	5			−1.0*	5	1.5	VZ9ランク	24C
HZ5LL	ルネサス	250		4.3		5.3	0.5	380	0.5	1.5k*	0.05		0.1	3	低雑音用 *は参考値 VZ3ランク	24C
HZ5.1BP	ルネサス	800		4.8		5.4	40	8	40				20	1		25G
HZ5.1CP	ルネサス	800		5.1		5.7	40	8	40				20	1		25G
* HZ5.1E	ルネサス	500		4.85		5.35	20	20	20	800	1		5	1.5	VZは通電40ms後 VZ3ランク	24C

形 名	社 名	最大定格 P (mW)	IZ (mA)	ツェナ電圧 VZ(V) min	typ	max	条件 IZ (mA)	動作抵抗 ZZmax (Ω)	条件 IZ (mA)	立上り動作抵抗 ZZKmax (Ω)	条件 IZ (mA)	VZ温度係数 (％/℃) (mV/℃)*	逆方向特性 IRmax (μA)	条件 VR(V)	その他の特性等	外形
HZ5.1P	ルネサス	800		4.8		5.7	40	8	40				20	1	VZ2ランク	25G
HZ5.6BP	ルネサス	800		5.3		6	40	8	40				20	1.5		25G
HZ5.6CP	ルネサス	800		5.6		6.3	40	8	40				20	1.5		25G
*HZ5.6E	ルネサス	500		5.29		5.88	20	13	20	500	1		5	2.5	VZは通電40ms後 VZ3ランク	24C
HZ5.6P	ルネサス	800		5.3		6.3	40	8	40				20	1.5		25G
HZ6	ルネサス	500		5.2		6.4	5	40	5			−0.4*	5	2	VZ2ランク	24C
HZ6(H)	ルネサス	500		5.2		6.4	5	40	5			−0.4*	5	2	VZ9ランク	24C
*HZ6(H)L	ルネサス	400		5.2		6.4	0.5	150	0.5				1	2	VZ9ランク	24C
HZ6L	ルネサス	400		5.2		6.4	0.5	150	0.5				1	2	低雑音用 VZ9ランク	24C
HZ6.2BP	ルネサス	800		5.8		6.6	40	6	40				20	3		25G
HZ6.2CP	ルネサス	800		6.2		7	40	6	40				20	3		25G
*HZ6.2E	ルネサス	500		5.81		6.4	20	10	20	300	1		5	3	VZは通電40ms後 VZ3ランク	24C
HZ6.2P	ルネサス	800		5.8		7	40	6	40				20	3	VZ2ランク	25G
HZ6.8BP	ルネサス	800		6.4		7.2	40	6	40				20	3.5		25G
HZ6.8CP	ルネサス	800		6.8		7.7	40	6	40				20	3.5		25G
*HZ6.8E	ルネサス	500		6.32		6.97	20	6	Z	20	150	0.5	1	3.5	VZは通電40ms後 VZ3ランク	24C
HZ6.8P	ルネサス	800		6.4		7.7	40	6	40				20	3.5		25G
HZ7	ルネサス	500		6.3		7.9	5	15	5			2.2*	1	3.5	VZ9ランク	24C
HZ7(H)	ルネサス	500		6.3		7.9	5	15	5			2.2*	1	3.5	VZ9ランク	24C
*HZ7(H)L	ルネサス	400		6.3		7.9	0.5	60	0.5				1	3.5	VZ9ランク	24C
HZ7L	ルネサス	400		6.3		7.9	0.5	60	0.5				1	3.5	低雑音用 VZ9ランク	24C
HZ7.5BP	ルネサス	800		7		7.9	40	4	40				20	4		25G
HZ7.5CP	ルネサス	800		7.5		8.4	40	4	40				20	4		25G
*HZ7.5E	ルネサス	500		6.88		7.64	20	6	20	120	0.5		0.5	4	VZは通電40ms後 VZ3ランク	24C
HZ7.5P	ルネサス	800		7		8.4	40	4	40				20	4	VZ2ランク	25G
HZ8.2BP	ルネサス	800		7.7		8.7	40	4	40				20	5		25G
HZ8.2CP	ルネサス	800		8.2		9.3	40	4	40				20	5		25G
*HZ8.2E	ルネサス	500		7.56		8.41	20	6	20	120	0.5		0.5	5	VZは通電40ms後 VZ3ランク	24C
HZ8.2P	ルネサス	800		7.7		9.3	40	4	40				20	5	VZ2ランク	25G
HZ9	ルネサス	500		7.7		9.7	5	20	5			4.2*	1	5	VZ9ランク	24C
HZ9(H)	ルネサス	500		7.7		9.7	5	20	5			4.2*	1	5	VZ9ランク	24C
*HZ9(H)L	ルネサス	400		7.7		9.7	0.5	60	0.5				1	6	VZ9ランク	24C
HZ9L	ルネサス	400		7.7		9.7	0.5	60	0.5				1	6	低雑音用 VZ9ランク	24C
HZ9.1BP	ルネサス	800		8.5		9.6	40	6	40				20	6		25G
HZ9.1CP	ルネサス	800		9.1		10.2	40	6	40				20	6		25G
*HZ9.1E	ルネサス	500		8.33		9.29	20	6	20	120	0.5		0.2	6	VZは通電40ms後 VZ3ランク	24C
HZ9.1P	ルネサス	800		8.5		10.2	40	6	40				20	6		25G
HZ10BP	ルネサス	800		9.4		10.6	40	6	40				10	7		25G
HZ10CP	ルネサス	800		10		11.2	40	6	40				10	7		25G
*HZ10E	ルネサス	500		9.19		10.44	20	6	20	120	0.5		0.2	7	VZは通電40ms後 VZ4ランク	24C
HZ10P	ルネサス	800		9.4		11.2	40	6	40				10	7	VZ2ランク	25G
HZ11	ルネサス	500		9.5		11.9	5	25	5			6.0*	1	7.5	VZ9ランク	24C

形　名	社名	最大定格 P (mW)	最大定格 IZ (mA)	ツェナ電圧 VZ(V) min	ツェナ電圧 VZ(V) typ	ツェナ電圧 VZ(V) max	条件 IZ(mA)	動作抵抗 ZZmax (Ω)	条件 IZ(mA)	立上り動作抵抗 ZZKmax (Ω)	条件 IZ(mA)	VZ温度係数 (%/℃) (mV/℃)*	逆方向特性 IRmax (μA)	条件 VR(V)	その他の特性等	外形
HZ11BP	ルネサス	800		10.4		11.6	20	8	20				10	8		25G
HZ11CP	ルネサス	800		11		12.3	20	8	20				10	8		25G
*HZ11E	ルネサス	500		10.18		11.26	10	10	10	120	0.5		0.2	8	VZは通電40ms後 VZ3ランク	24C
HZ11(H)	ルネサス	500		9.5		11.9	5	25	5			6.0*	1	7.5	VZ9ランク	24C
*HZ11(H)L	ルネサス	400		9.5		11.9	0.5	80	0.5				1	8	VZ9ランク	24C
HZ11L	ルネサス	400		9.5		11.9	0.5	80	0.5				1	8	低雑音用 VZ9ランク	24C
HZ11P	ルネサス	800		10.4		12.6	20	8	20				10	8	VZ2ランク	25G
HZ12	ルネサス	500		11.6		14.3	5	35	5			8.2*	1	9.5	VZ9ランク	24C
HZ12BP	ルネサス	800		11.4		12.6	20	8	20				10	9		25G
HZ12CP	ルネサス	800		12		13.5	20	8	20				10	9		25G
*HZ12E	ルネサス	500		11.13		12.3	10	12	10	110	0.5		0.2	9	VZは通電40ms後 VZ3ランク	24C
HZ12(H)	ルネサス	500		11.6		14.3	5	35	5			8.2*	1	9.5	VZ9ランク	24C
*HZ12(H)L	ルネサス	400		11.6		14.3	0.5	80	0.5				1	10.5	VZ9ランク	24C
HZ12L	ルネサス	400		11.6		14.3	0.5	80	0.5				1	10.5	低雑音用 VZ9ランク	24C
HZ12P	ルネサス	800		11.4		13.5	20	8	20				10	9	VZ2ランク	25G
HZ13BP	ルネサス	800		12.4		14.1	20	10	20				10	10		25G
HZ13CP	ルネサス	800		13.3		15	20	10	20				10	10		25G
*HZ13E	ルネサス	500		12.18		13.62	10	14	10	110	0.5		0.2	10	VZは通電40ms後 VZ3ランク	24C
HZ13P	ルネサス	800		12.4		15	20	10	20				10	10	VZ2ランク	25G
HZ15	ルネサス	500		14.1		15.5	5	40	5			10.7*	1	11	VZ3ランク	24C
HZ15BP	ルネサス	800		13.8		15.6	20	10	20				10	11		25G
HZ15CP	ルネサス	800		14.7		16.5	20	10	20				10	11		25G
*HZ15E	ルネサス	500		13.48		15.02	10	16	10	110	0.5		0.2	11	VZは通電40ms後 VZ3ランク	24C
HZ15(H)	ルネサス	500		14.1		15.5	5	40	5			10.7*	1	11	VZ3ランク	24C
*HZ15(H)L	ルネサス	400		14.1		15.5	0.5	80	0.5				1	13	VZ3ランク	24C
HZ15L	ルネサス	400		14.1		15.5	0.5	80	0.5				1	13	低雑音用 VZ3ランク	24C
HZ15P	ルネサス	800		13.8		16.5	20	10	20				10	11	VZ2ランク	25G
HZ16	ルネサス	500		15.3		17.1	5	45	5			11.9*	1	12	VZ3ランク	24C
HZ16BP	ルネサス	800		15.3		17.1	20	12	20				10	12		25G
HZ16CP	ルネサス	800		16.2		18.3	20	12	20				10	12		25G
*HZ16E	ルネサス	500		14.87		16.5	10	18	10	150	0.5		0.2	12	VZは通電40ms後 VZ3ランク	24C
HZ16(H)	ルネサス	500		15.3		17.1	5	45	5			11.9*	1	12	VZ3ランク	24C
*HZ16(H)L	ルネサス	400		15.3		17.1	0.5	80	0.5				1	14	VZ3ランク	24C
HZ16L	ルネサス	400		15.3		17.1	0.5	80	0.5				1	14	低雑音用 VZ3ランク	24C
HZ16P	ルネサス	800		15.3		18.3	20	12	20				10	12	VZ2ランク	25G
HZ18	ルネサス	500		16.9		19	5	55	5			15.0*	1	13	VZ3ランク	24C
HZ18BP	ルネサス	800		16.8		19.1	20	12	20				10	13		25G
HZ18CP	ルネサス	800		18		20.3	20	12	20				10	13		25G
*HZ18E	ルネサス	500		16.34		18.3	10	23	10	150	0.5		0.2	13	VZは通電40ms後 VZ3ランク	24C
HZ18(H)	ルネサス	500		16.9		19	5	55	5			15.0*	1	13	VZ3ランク	24C
*HZ18(H)L	ルネサス	400		16.9		19	0.5	80	0.5				1	16	VZ3ランク	24C
HZ18L	ルネサス	400		16.9		19	0.5	80	0.5				1	15	低雑音用 VZ3ランク	24C

形名	社名	最大定格 P (mW)	最大定格 IZ (mA)	ツェナ電圧 VZ(V) min	ツェナ電圧 VZ(V) typ	ツェナ電圧 VZ(V) max	条件 IZ(mA)	動作抵抗 ZZmax (Ω)	条件 IZ(mA)	立上り動作抵抗 ZZKmax (Ω)	条件 IZ(mA)	VZ温度係数 (%/℃)* (mV/℃)*	逆方向特性 Irmax (μA)	条件 VR(V)	その他の特性等	外形
HZ18P	ルネサス	800		16.8		20.3	20	12	20				10	13	VZ2ランク	25G
HZ20	ルネサス	500		18.8		21.1	2	60	2			16.3*	1	15	VZ3ランク	24C
HZ20BP	ルネサス	800		18.8		21.2	20	14	20				10	15		25G
HZ20CP	ルネサス	800		20		22.4	20	14	20				10	15		25G
*HZ20E	ルネサス	500		18.11		20.72	10	28	10	200	0.5		0.2	15	VZは通電40ms後 VZ4ランク	24C
HZ20(H)	ルネサス	500		18.8		21.1	2	60	2			16.3*	1	15	VZ3ランク	24C
*HZ20(H)L	ルネサス	400		18.8		21.1	0.5	100	0.5				1	18	VZ3ランク	24C
HZ20L	ルネサス	400		18.8		21.1	0.5	100	0.5				1	18	低雑音用 VZ3ランク	24C
HZ20P	ルネサス	800		18.8		22.4	20	14	20				10	15	VZ2ランク	25G
HZ22	ルネサス	500		20.9		23.3	2	65	2			18.6*	1	17	VZ3ランク	24C
HZ22BP	ルネサス	800		20.8		23.3	10	14	10				10	17		25G
HZ22CP	ルネサス	800		22		24.5	10	14	10				10	17		25G
*HZ22E	ルネサス	500		20.23		22.63	5	30	5	200	0.5		0.2	17	VZは通電40ms後 VZ4ランク	24C
HZ22(H)	ルネサス	500		20.9		23.3	2	65	2			18.6*	1	17	VZ3ランク	24C
*HZ22(H)L	ルネサス	400		20.9		23.3	0.5	100	0.5				1	20	VZ3ランク	24C
HZ22L	ルネサス	400		20.9		23.3	0.5	100	0.5				1	20	低雑音用 VZ3ランク	24C
HZ22P	ルネサス	800		20.8		24.5	10	14	10				10	17	VZ2ランク	25G
HZ24	ルネサス	500		22.9		25.5	2	70	2			20.3*	1	19	VZ3ランク	24C
HZ24BP	ルネサス	800		22.8		25.6	10	16	10				10	19		25G
HZ24CP	ルネサス	800		24		27.6	10	16	10				10	19		25G
*HZ24E	ルネサス	500		22.26		24.81	5	35	5	200	0.5		0.2	10	VZは通電40ms後 VZ4ランク	24C
HZ24(H)	ルネサス	500		22.9		25.5	2	70	2			20.3*	1	19	VZ3ランク	24C
*HZ24(H)L	ルネサス	400		22.9		25.5	0.5	120	0.5				1	22	低雑音用 VZ3ランク	24C
HZ24L	ルネサス	400		22.9		25.5	0.5	120	0.5				1	22	低雑音用 VZ3ランク	24C
HZ24P	ルネサス	800		22.8		27.6	10	16	10				10	19	VZ2ランク	25G
HZ27	ルネサス	500		25.2		28.6	2	80	2			24.0*	1	21	VZ3ランク	24C
HZ27BP	ルネサス	800		25.1		28.9	10	16	10				10	21		25G
HZ27CP	ルネサス	800		27		30.8	10	16	10				10	21		25G
*HZ27E	ルネサス	500		24.26		27.64	5	45	5	250	0.5		0.2	21	VZは通電40ms後 VZ4ランク	24C
HZ27(H)	ルネサス	500		25.2		28.6	2	80	2			24.0*	1	21	VZ3ランク	24C
*HZ27(H)L	ルネサス	400		25.2		28.6	0.5	150	0.5				1	24	低雑音用 VZ3ランク	24C
HZ27L	ルネサス	400		25.2		28.6	0.5	150	0.5				1	24	低雑音用 VZ3ランク	24C
HZ27P	ルネサス	800		25.1		30.8	10	16	10				10	21	VZ2ランク	25G
HZ30	ルネサス	500		28.2		31.6	2	100	2			28.3*	1	23	VZ3ランク	24C
HZ30BP	ルネサス	800		28		32	10	18	10				10	23		25G
HZ30CP	ルネサス	800		30		34	10	18	10				10	23		25G
*HZ30E	ルネサス	500		26.99		30.51	5	55	5	250	0.5		0.2	23	VZは通電40ms後 VZ4ランク	24C
HZ30(H)	ルネサス	500		28.2		31.6	2	100	2			28.3*	1	23	VZ3ランク	24C
*HZ30(H)L	ルネサス	400		28.2		31.6	0.5	200	0.5				1	27	低雑音用 VZ3ランク	24C
HZ30L	ルネサス	400		28.2		31.6	0.5	200	0.5				1	27	VZ3ランク	24C
HZ30P	ルネサス	800		28		34	10	18	10				10	23	VZ2ランク	25G
HZ33	ルネサス	500		31.2		34.6	2	120	2			30.4*	1	25	VZ3ランク	24C

形　名	社　名	最大定格 P (mW)	最大定格 IZ (mA)	ツェナ電圧 VZ(V) min	ツェナ電圧 VZ(V) typ	ツェナ電圧 VZ(V) max	条件 IZ(mA)	動作抵抗 ZZmax (Ω)	条件 IZ(mA)	立上り動作抵抗 ZZKmax (Ω)	条件 IZ(mA)	VZ温度係数 (%/℃)* (mV/℃)*	逆方向特性 IRmax (μA)	条件 VR(V)	その他の特性等	外形
HZ33BP	ルネサス	800		31		35	10	18	10				10	25		25G
HZ33CP	ルネサス	800		33		37	10	18	10				10	25		25G
*HZ33E	ルネサス	500		29.68		33.11	5	65	5	250	0.5		0.2	25	VZは通電40ms後 VZ4ランク	24C
HZ33(H)	ルネサス	500		31.2		34.6	2	120	2			30.4*	1	25	VZ3ランク	24C
*HZ33(H)L	ルネサス	400		31.2		34.6	0.5	250	0.5				1	30	低雑音用 VZ3ランク	24C
HZ33L	ルネサス	400		31.2		34.6	0.5	250	0.5				1	30	低雑音用 VZ3ランク	24C
HZ33P	ルネサス	800		31		37	10	18	10				10	25	VZ3ランク	25G
HZ36	ルネサス	500		34.2		38	2	140	2			32.6*	1	27	VZ3ランク	24C
HZ36BP	ルネサス	800		34		38	10	20	10				10	27		25G
HZ36CP	ルネサス	800		36		40	10	20	10				10	27		25G
*HZ36E	ルネサス	500		32.14		35.77	5	75	5	250	0.5		0.2	27	VZは通電40ms後 VZ4ランク	24C
HZ36(H)	ルネサス	500		34.2		38	2	140	2			32.6*	1	27	VZ3ランク	24C
*HZ36(H)L	ルネサス	400		34.2		38	0.5	300	0.5				1	33	低雑音用 VZ3ランク	24C
HZ36L	ルネサス	400		34.2		38	0.5	300	0.5				1	33	低雑音用 VZ3ランク	24C
HZ36P	ルネサス	800		34		40	10	20	10				10	27	VZ2ランク	25G
*HZ39E	ルネサス	500		34.68		38.52	5	85	5	250	0.5		0.2	30	VZは通電40ms後 VZ4ランク	24C
HZC2.0	ルネサス	150		1.9		2.2	5	100	5				120	0.5	ESD>30kV	757A
HZC2.2	ルネサス	150		2.1		2.4	5	100	5				120	0.7	ESD>30kV	757A
HZC2.4	ルネサス	150		2.3		2.6	5	100	5				120	1	ESD>30kV	757A
HZC2.7	ルネサス	150		2.5		2.9	5	110	5				120	1	ESD>30kV	757A
HZC3.0	ルネサス	150		2.8		3.2	5	120	5				50	1	ESD>30kV	757A
HZC3.3	ルネサス	150		3.1		3.5	5	130	5				20	1	ESD>30kV	757A
HZC3.6	ルネサス	150		3.4		3.8	5	130	5				10	1	ESD>30kV	757A
HZC3.9	ルネサス	150		3.7		4.1	5	130	5				10	1	ESD>30kV	757A
HZC4.3	ルネサス	150		4.01		4.48	5	130	5				10	1	ESD>30kV	757A
HZC4.7	ルネサス	150		4.42		4.9	5	130	5				10	1	ESD>30kV	757A
HZC5.1	ルネサス	150		4.84		5.37	5	130	5				5	1.5	ESD>30kV	757A
HZC5.6	ルネサス	150		5.31		5.92	5	80	5				5	2.5	ESD>30kV	757A
HZC6.2	ルネサス	150		5.86		6.53	5	50	5				2	3	ESD>30kV	757A
HZC6.8	ルネサス	150		6.47		7.14	5	30	5				1	3.5	ESD>30kV	757A
HZC7.5	ルネサス	150		7.06		7.84	5	30	5				1	4	ESD>30kV	757A
HZC8.2	ルネサス	150		7.76		8.64	5	30	5				0.5	5	ESD>30kV	757A
HZC9.1	ルネサス	150		8.56		9.55	5	30	5				0.5	6	ESD>30kV	757A
HZC10	ルネサス	150		9.45		10.55	5	30	5				0.5	7	ESD>30kV	757A
HZC11	ルネサス	150		10.44		11.56	5	30	5				0.5	8	ESD>30kV	757A
HZC12	ルネサス	150		11.42		12.6	5	35	5				0.5	9	ESD>30kV	757A
HZC13	ルネサス	150		12.47		13.96	5	35	5				0.5	10	ESD>30kV	757A
HZC15	ルネサス	150		13.84		15.52	5	40	5				0.5	11	ESD>30kV	757A
HZC16	ルネサス	150		15.37		17.09	5	40	5				0.5	12	ESD>30kV	757A
HZC18	ルネサス	150		16.94		19.03	5	45	5				0.5	13	ESD>30kV	757A
HZC20	ルネサス	150		18.86		21.08	5	50	5				0.5	15	ESD>30kV	757A
HZC22	ルネサス	150		20.88		23.17	5	55	5				0.5	17	ESD>30kV	757A

形名	社名	最大定格 P (mW)	最大定格 IZ (mA)	ツェナ電圧 VZ(V) min	ツェナ電圧 VZ(V) typ	ツェナ電圧 VZ(V) max	条件 IZ(mA)	動作抵抗 ZZmax (Ω)	条件 IZ(mA)	立上り動作抵抗 ZZKmax (Ω)	条件 IZ(mA)	VZ温度係数 (%/℃) (mV/℃)*	逆方向特性 IRmax (μA)	条件 VR(V)	その他の特性等	外形
HZC24	ルネサス	150		22.93		25.57	5	60	5				0.5	19	ESD>30kV	757A
HZC27	ルネサス	150		25.1		28.9	5	70	5				0.5	21	ESD>30kV	757A
HZC30	ルネサス	150		28		32	5	80	5				0.5	23	ESD>30kV	757A
HZC33	ルネサス	150		31		35	5	80	5				0.5	25	ESD>25kV	757A
HZC36	ルネサス	150		34		38	5	90	5				0.5	27	ESD>20kV	757A
HZF2.0	ルネサス	900		1.88		2.24	40	Z25	40				200	0.5	Pはプリント基板実装時 VZ2ランク	485C
HZF2.2	ルネサス	900		2.08		2.45	40	20	40				200	0.7	Pはプリント基板実装時 VZ2ランク	485C
HZF2.4	ルネサス	900		2.28		2.7	40	15	40				200	1	Pはプリント基板実装時 VZ2ランク	485C
HZF2.7	ルネサス	900		2.5		3.1	40	15	40				200	1	Pはプリント基板実装時 VZ2ランク	485C
HZF3.0	ルネサス	900		2.8		3.4	40	15	40				100	1	Pはプリント基板実装時 VZ2ランク	485C
HZF3.3	ルネサス	900		3.1		3.7	40	15	40				80	1	Pはプリント基板実装時 VZ2ランク	485C
HZF3.6	ルネサス	900		3.4		4	40	15	40				60	1	Pはプリント基板実装時 VZ2ランク	485C
HZF3.9	ルネサス	900		3.7		4.4	40	15	40				40	1	Pはプリント基板実装時 VZ2ランク	485C
HZF4.3	ルネサス	900		4		4.8	40	15	40				20	1	Pはプリント基板実装時 VZ2ランク	485C
HZF4.7	ルネサス	900		4.4		5.2	40	10	40				20	1	Pはプリント基板実装時 VZ2ランク	485C
HZF5.1	ルネサス	900		4.8		5.7	40	8	40				20	1	Pはプリント基板実装時 VZ2ランク	485C
HZF5.6	ルネサス	900		5.3		6.3	40	6	40				20	1.5	Pはプリント基板実装時 VZ2ランク	485C
HZF6.2	ルネサス	900		5.8		7	40	6	40				20	3	Pはプリント基板実装時 VZ2ランク	485C
HZF6.8	ルネサス	900		6.4		7.7	40	6	40				20	3.5	Pはプリント基板実装時 VZ2ランク	485C
HZF7.5	ルネサス	900		7		8.4	40	4	40				20	4	Pはプリント基板実装時 VZ2ランク	485C
HZF8.2	ルネサス	900		7.7		9.3	40	4	40				20	5	Pはプリント基板実装時 VZ2ランク	485C
HZF9.1	ルネサス	900		8.5		10.2	40	6	40				20	6	Pはプリント基板実装時 VZ2ランク	485C
HZF10	ルネサス	900		9.4		11.2	40	6	40				10	7	Pはプリント基板実装時 VZ2ランク	485C
HZF11	ルネサス	900		10.4		12.3	20	8	20				10	8	Pはプリント基板実装時 VZ2ランク	485C
HZF12	ルネサス	900		11.4		13.5	20	8	20				10	9	Pはプリント基板実装時 VZ2ランク	485C
HZF13	ルネサス	900		12.4		15	20	10	20				10	10	Pはプリント基板実装時 VZ2ランク	485C
HZF15	ルネサス	900		13.8		16.5	20	10	20				10	11	Pはプリント基板実装時 VZ2ランク	485C
HZF16	ルネサス	900		15.3		18.3	20	12	20				10	12	Pはプリント基板実装時 VZ2ランク	485C
HZF18	ルネサス	900		16.8		20.3	20	12	20				10	13	Pはプリント基板実装時 VZ2ランク	485C
HZF20	ルネサス	900		18.8		22.4	20	14	20				10	15	Pはプリント基板実装時 VZ2ランク	485C
HZF22	ルネサス	900		20.8		24.5	10	14	10				10	17	Pはプリント基板実装時 VZ2ランク	485C
HZF24	ルネサス	900		22.8		27.6	10	16	10				10	19	Pはプリント基板実装時 VZ2ランク	485C
HZF27	ルネサス	900		25.1		30.8	10	16	10				10	21	Pはプリント基板実装時 VZ2ランク	485C
HZF30	ルネサス	900		28		34	10	18	10				10	23	Pはプリント基板実装時 VZ2ランク	485C
HZF33	ルネサス	900		31		37	10	18	10				10	25	Pはプリント基板実装時 VZ2ランク	485C
HZF36	ルネサス	900		34		40	10	20	10				10	27	Pはプリント基板実装時 VZ2ランク	485C
HZK2	ルネサス	500		1.9		2.6	5	Z100	5			-1.5*	5	0.5	VZ2ランク Pは基板実装時	357A
HZK2LL	ルネサス	250		1.6		2.6	0.5	350	0.5	1200	0.05		0.1	0.5	Pは基板実装時 低雑音用 VZ3ランク	357A
HZK3	ルネサス	500		2.5		3.5	5	100	5			-2.0*	5	0.5	VZ3ランク Pは基板実装時	357A
HZK3LL	ルネサス	250		2.5		3.5	0.5	360	0.5	1200	0.05		0.1	1	Pは基板実装時 低雑音用 VZ3ランク	357A
HZK4	ルネサス	500		3.4		4.4	5	100	5			-2.0*	5	1	VZ3ランク Pは基板実装時	357A
HZK4LL	ルネサス	250		3.4		4.4	0.5	370	0.5	1500	0.05		0.1	2	Pは基板実装時 低雑音用 VZ3ランク	357A

形　名	社名	最大定格 P (mW)	最大定格 IZ (mA)	ツェナ電圧 VZ(V) min	ツェナ電圧 VZ(V) typ	ツェナ電圧 VZ(V) max	条件 IZ(mA)	動作抵抗 ZZmax (Ω)	条件 IZ(mA)	立上り動作抵抗 ZZKmax (Ω)	条件 IZ(mA)	VZ温度係数 (%/℃)(mV/℃)*	逆方向特性 IRmax (μA)	条件 VR(V)	その他の特性等	外形
HZK5	ルネサス	500		4.3		5.3	5	100	5			-0.3*	5	1.5	VZ3ランク Pは基板実装時	357A
HZK5LL	ルネサス	250		4.3		5.3	0.5	380	0.5	1500	0.05		0.1	3	Pは基板実装時 低雑音用 VZ3ランク	357A
HZK6	ルネサス	500		5.2		6.4	5	40	5			0.4*	5	2	VZ3ランク Pは基板実装時	357A
HZK6L	ルネサス	400		5.2		6.4	0.5	150	0.5			1.0*	1	2	VZ3ランク Pは基板実装時 低雑音用	357A
HZK7	ルネサス	500		6.3		7.9	5	15	5			3.0*	1	3.5	VZ3ランク Pは基板実装時	357A
HZK7L	ルネサス	400		6.3		7.9	0.5	60	0.5			2.0*	1	3.5	VZ3ランク Pは基板実装時 低雑音用	357A
HZK9	ルネサス	500		7.7		9.7	5	20	5			5.0*	1	5	VZ3ランク Pは基板実装時	357A
HZK9L	ルネサス	400		7.7		9.7	0.5	60	0.5			3.0*	1	6	VZ3ランク Pは基板実装時 低雑音用	357A
HZK11	ルネサス	500		9.5		11.9	5	25	5			7.5*	1	7.5	VZ3ランク Pは基板実装時	357A
HZK11L	ルネサス	400		9.5		11.9	0.5	80	0.5			5.0*	1	8	VZ3ランク Pは基板実装時 低雑音用	357A
HZK12	ルネサス	500		11.6		14.3	5	35	5			8.2*	1	9.5	VZ3ランク Pは基板実装時	357A
HZK12L	ルネサス	400		11.6		14.3	0.5	80	0.5			7.0*	1	10.5	VZ3ランク Pは基板実装時 低雑音用	357A
HZK15	ルネサス	500		14.1		15.5	5	40	5			11.0*	1	11	Pは基板実装時	357A
HZK15L	ルネサス	400		14.1		15.5	0.5	80	0.5			9.0*	1	13	Pは基板実装時 低雑音用	357A
HZK16	ルネサス	500		15.3		17.1	5	45	5			12.0*	1	12	Pは基板実装時	357A
HZK16L	ルネサス	400		15.3		17.1	0.5	80	0.5			10.0*	1	14	Pは基板実装時 低雑音用	357A
HZK18	ルネサス	500		16.9		19	5	55	5			15.0*	1	13	Pは基板実装時	357A
HZK18L	ルネサス	400		16.9		19	0.5	80	0.5			12.0*	1	16	Pは基板実装時 低雑音用	357A
HZK20	ルネサス	500		18.8		21.1	2	60	2			16.3*	1	15	Pは基板実装時	357A
HZK20L	ルネサス	400		18.8		21.1	0.5	100	0.5			14.0*	1	18	Pは基板実装時 低雑音用	357A
HZK22	ルネサス	500		20.9		23.3	2	65	2			18.6*	1	17	Pは基板実装時	357A
HZK22L	ルネサス	400		20.9		23.3	0.5	100	0.5			16.0*	1	20	Pは基板実装時 低雑音用	357A
HZK24	ルネサス	500		22.9		25.5	2	70	2			20.3*	1	19	Pは基板実装時	357A
HZK24L	ルネサス	400		22.9		25.5	0.5	120	0.5			18.0*	1	22	Pは基板実装時 低雑音用	357A
HZK27	ルネサス	500		25.2		28.6	2	80	2			24.0*	1	21	Pは基板実装時	357A
HZK27L	ルネサス	400		25.2		28.6	0.5	150	0.5			20.0*	1	24	Pは基板実装時 低雑音用	357A
HZK30	ルネサス	500		28.2		31.6	2	100	2			26.0*	1	23	Pは基板実装時	357A
HZK30L	ルネサス	400		28.2		31.6	0.5	200	0.5			23.0*	1	27	Pは基板実装時 低雑音用	357A
HZK33	ルネサス	500		31.2		34.6	2	120	2			28.0*	1	25	Pは基板実装時	357A
HZK33L	ルネサス	400		31.2		35.6	0.5	250	0.5			26.0*	1	30	Pは基板実装時 低雑音用	357A
HZK36	ルネサス	500		34.2		38	2	140	2			31.0*	1	27	Pは基板実装時	357A
HZK36L	ルネサス	400		34.2		38	0.5	300	0.5			30.0*	1	33	Pは基板実装時 低雑音用	357A
HZM2.0N	ルネサス	200		1.9		2.2	5	100	5				120	0.5	VZは通電40ms後	610A
HZM2.2N	ルネサス	200		2.1		2.4	5	100	5				120	0.7	VZは通電40ms後	610A
HZM2.4N	ルネサス	200		2.3		2.6	5	100	5				120	1	VZは通電40ms後	610A
HZM2.7N	ルネサス	200		2.5		2.9	5	110	5				120	1	VZは通電40ms後 VZ2ランク	610A
HZM3.0N	ルネサス	200		2.8		3.2	5	120	5				50	1	VZは通電40ms後 VZ2ランク	610A
HZM3.3N	ルネサス	200		3.1		3.5	5	130	5				20	1	VZは通電40ms後 VZ2ランク	610A
HZM3.6N	ルネサス	200		3.4		3.8	5	130	5				10	1	VZは通電40ms後 VZ2ランク	610A
HZM3.9N	ルネサス	200		3.7		4.1	5	130	5				10	1	VZは通電40ms後 VZ3ランク	610A
HZM4.3N	ルネサス	200		4.01		4.48	5	130	5				10	1	VZは通電40ms後 VZ3ランク	610A
HZM4.7N	ルネサス	200		4.42		4.9	5	130	5				10	1	VZは通電40ms後 VZ3ランク	610A

形名	社名	最大定格 P (mW)	最大定格 IZ (mA)	ツェナ電圧 VZ(V) min	ツェナ電圧 VZ(V) typ	ツェナ電圧 VZ(V) max	条件 IZ(mA)	動作抵抗 ZZmax (Ω)	条件 IZ(mA)	立上り動作抵抗 ZZKmax (Ω)	条件 IZ(mA)	VZ温度係数 (%/℃) (mV/℃)*	逆方向特性 IRmax (μA)	条件 VR(V)	その他の特性等	外形
HZM5.1N	ルネサス	200		4.84		5.37	5	130	5				5	1.5	VZは通電40ms後 VZ3ランク	610A
HZM5.6N	ルネサス	200		5.31		5.92	5	80	5				5	2.5	VZは通電40ms後 VZ3ランク	610A
HZM6.2N	ルネサス	200		5.86		6.53	5	50	5				2	3	VZは通電40ms後 VZ3ランク	610A
HZM6.8N	ルネサス	200		6.47		7.14	5	30	5				2	3.5	VZは通電40ms後 VZ3ランク	610A
HZM7.5N	ルネサス	200		7.06		7.84	5	30	5				2	4	VZは通電40ms後 VZ3ランク	610A
HZM8.2N	ルネサス	200		7.76		8.64	5	30	5				2	5	VZは通電40ms後 VZ3ランク	610A
HZM9.1N	ルネサス	200		8.56		9.55	5	30	5				2	6	VZは通電40ms後 VZ3ランク	610A
HZM10N	ルネサス	200		9.45		10.55	5	30	5				2	7	VZは通電40ms後 VZ3ランク	610A
HZM11N	ルネサス	200		10.44		11.56	5	30	5				2	8	VZは通電40ms後 VZ3ランク	610A
HZM12N	ルネサス	200		11.42		12.6	5	35	5				2	9	VZは通電40ms後 VZ3ランク	610A
HZM13N	ルネサス	200		12.47		13.96	5	35	5				2	10	VZは通電40ms後 VZ3ランク	610A
HZM15N	ルネサス	200		13.84		15.52	5	40	5				2	11	VZは通電40ms後 VZ3ランク	610A
HZM16N	ルネサス	200		15.37		17.09	5	40	5				2	12	VZは通電40ms後 VZ3ランク	610A
HZM18N	ルネサス	200		16.94		19.03	5	45	5				2	13	VZは通電40ms後 VZ3ランク	610A
HZM20N	ルネサス	200		18.86		21.08	5	50	5				2	15	VZは通電40ms後 VZ3ランク	610A
HZM22N	ルネサス	200		20.88		23.17	5	55	5				2	17	VZは通電40ms後 VZ3ランク	610A
HZM24N	ルネサス	200		22.93		25.57	5	60	5				2	19	VZは通電40ms後 VZ3ランク	610A
HZM27N	ルネサス	200		25.1		28.9	2	70	2				2	21	VZは通電40ms後	610A
HZM30N	ルネサス	200		28		32	2	80	2				2	23	VZは通電40ms後	610A
HZM33N	ルネサス	200		31		35	2	80	2				2	25	VZは通電40ms後	610A
HZM36N	ルネサス	200		34		38	2	90	2				2	27	VZは通電40ms後	610A
* HZS1	ルネサス	400		1.5		1.7	5	100	5			-1.5*	25	0.5		79F
HZS2	ルネサス	400		1.6		2.6	5	100	5			-1.5*	25	0.5	VZ9ランク	79F
HZS2LL	ルネサス	250		1.6		2.6	0.5	350	0.5	1200	0.05		0.1	0.5	低雑音用 VZ3ランク	79F
HZS2.0N	ルネサス	400		1.88		2.2	5	100	5	1k	0.5		120	0.5	VZは通電40ms後 VZ2ランク	79F
HZS2.2N	ルネサス	400		2.12		2.41	5	100	5	1k	0.5		120	0.7	VZは通電40ms後 VZ2ランク	79F
HZS2.4N	ルネサス	400		2.33		2.63	5	100	5	1k	0.5		120	1	VZは通電40ms後 VZ2ランク	79F
* HZS2.7E	ルネサス	400		2.52		2.93	20	100	20	1k	1		5	0.5	VZは通電40ms後 VZ2ランク	79F
HZS2.7N	ルネサス	400		2.54		2.91	5	110	5	1k	0.5		100	1	VZは通電40ms後 VZ2ランク	79F
HZS3	ルネサス	400		2.5		3.5	5	100	5			-2*	5	0.5	VZ9ランク	79F
* HZS3.0E	ルネサス	400		2.84		3.24	20	80	20	1k	1		1	0.5	VZは通電40ms後 VZ2ランク	79F
HZS3LL	ルネサス	250		2.5		3.5	0.5	360	0.5	1200	0.05		0.1	1	低雑音用 VZ3ランク	79F
HZS3.0N	ルネサス	400		2.85		3.22	5	120	5	1k	0.5		50	1	VZは通電40ms後 VZ2ランク	79F
* HZS3.3E	ルネサス	400		3.15		3.54	20	70	20	1k	1		1	0.5	VZは通電40ms後 VZ2ランク	79F
HZS3.3N	ルネサス	400		3.16		3.53	5	120	5	1k	0.5		20	1	VZは通電40ms後 VZ2ランク	79F
* HZS3.6E	ルネサス	400		3.455		3.845	20	60	20	1k	1		1	0.5	VZは通電40ms後 VZ2ランク	79F
HZS3.6N	ルネサス	400		3.47		3.83	5	120	5	1.1k	0.5		10	1	VZは通電40ms後 VZ2ランク	79F
* HZS3.9E	ルネサス	400		3.74		4.16	20	50	20	1k	1		5	1	VZは通電40ms後 VZ2ランク	79F
HZS3.9N	ルネサス	400		3.77		4.14	5	120	5	1.2k	0.5		5	1	VZは通電40ms後 VZ2ランク	79F
HZS4	ルネサス	400		3.4		4.4	5	100	5			-2*	5	1	VZ9ランク	79F
HZS4LL	ルネサス	250		3.4		4.4	0.5	370	0.5	1500	0.05		0.1	2	低雑音用 VZ3ランク	79F
* HZS4.3E	ルネサス	400		4.04		4.57	20	40	20	1k	1		1	1	VZは通電40ms後 VZ3ランク	79F

- 347 -

	形 名	社 名	最大定格 P (mW)	最大定格 IZ (mA)	ツェナ電圧 VZ(V) min	ツェナ電圧 VZ(V) typ	ツェナ電圧 VZ(V) max	条件 IZ(mA)	動作抵抗 ZZmax (Ω)	条件 IZ(mA)	立上り動作抵抗 ZZKmax (Ω)	条件 IZ(mA)	VZ温度係数 (%/℃)	逆方向特性 IRmax (μA)	条件 VR(V)	その他の特性等	外形
	HZS4.3N	ルネサス	400		4.05		4.53	5	120	5	1.2k	0.5		5	1	VZは通電40ms後 VZ3ランク	79F
*	HZS4.7E	ルネサス	400		4.44		4.93	20	25	20	900	1		5	1	VZは通電40ms後 VZ3ランク	79F
	HZS4.7N	ルネサス	400		4.47		4.91	5	100	5	1.2k	0.5		5	1	VZは通電40ms後 VZ3ランク	79F
	HZS5	ルネサス	400		4.3		5.3	5	100	5			-0.3*	5	1.5	VZ3ランク	79F
	HZS5LL	ルネサス	250		4.3		5.3	0.5	380	0.5	1500	0.05		0.1	3	低雑音用 VZ3ランク	79F
*	HZS5.1E	ルネサス	400		4.81		5.37	20	20	20	800	1		5	1	VZは通電40ms後 VZ3ランク	79F
	HZS5.1N	ルネサス	400		4.85		5.35	5	70	5	1.2k	0.5		5	1.5	VZは通電40ms後 VZ3ランク	79F
*	HZS5.6E	ルネサス	400		5.28		5.91	20	13	20	500	1		5	2.5	VZは通電40ms後 VZ3ランク	79F
*	HZS5.6J	ルネサス	400		5.3		5.96	5	60	5	150	0.5		1	2.5	VZは通電40ms後 VZ3ランク	79F
	HZS5.6N	ルネサス	400		5.29		5.88	5	40	5	900	0.5		5	2.5	VZは通電40ms後 VZ3ランク	79F
*	HZS5.6S	ルネサス	400		5.31		5.92	5	60	5				1	2.5	VZは通電40ms後 VZ3ランク	79F
	HZS6	ルネサス	400		5.2		6.4	5	40	5			0.4*	5	2	VZ9ランク	79F
	HZS6L	ルネサス	400		5.2		6.4	0.5	150	0.5			2*	1	2	低雑音用 VZ9ランク	79F
*	HZS6.2E	ルネサス	400		5.78		6.44	20	10	20	300	1		5	3	VZは通電40ms後 VZ3ランク	79F
*	HZS6.2J	ルネサス	400		5.85		6.56	5	60	5	80	0.5		1	3	VZは通電40ms後 VZ3ランク	79F
	HZS6.2N	ルネサス	400		5.81		6.4	5	30	5	500	0.5		5	3	VZは通電40ms後 VZ3ランク	79F
*	HZS6.2S	ルネサス	400		5.86		6.53	5	60	5				1	3	VZは通電40ms後 VZ3ランク	79F
*	HZS6.8E	ルネサス	400		6.29		7.01	20	6	20	150	0.5		2	3.5	VZは通電40ms後 VZ3ランク	79F
*	HZS6.8J	ルネサス	400		6.44		7.18	5	40	5	60	0.5		0.5	3.5	VZは通電40ms後 VZ3ランク	79F
	HZS6.8N	ルネサス	400		6.32		6.97	5	25	5	150	0.5		2	3.5	VZは通電40ms後 VZ3ランク	79F
*	HZS6.8S	ルネサス	400		6.47		7.14	5	40	5				0.5	3.5	VZは通電40ms後 VZ3ランク	79F
	HZS7	ルネサス	400		6.3		7.9	5	15	5			3*	1	3.5	VZ9ランク	79F
	HZS7L	ルネサス	400		6.3		7.9	0.5	60	0.5			3*	1	3.5	低雑音用 VZ9ランク	79F
*	HZS7.5E	ルネサス	400		6.85		7.67	20	6	20	120	0.5		0.5	4	VZは通電40ms後 VZ3ランク	79F
*	HZS7.5J	ルネサス	400		7.03		7.87	5	30	5	50	0.5		0.5	4	VZは通電40ms後 VZ3ランク	79F
	HZS7.5N	ルネサス	400		6.88		7.64	5	25	5	120	0.5		0.5	4	VZは通電40ms後 VZ3ランク	79F
*	HZS7.5S	ルネサス	400		7.06		7.84	5	30	5				0.5	4	VZは通電40ms後 VZ3ランク	79F
*	HZS8.2E	ルネサス	400		7.53		8.45	20	6	20	120	0.5		0.5	5	VZは通電40ms後 VZ3ランク	79F
*	HZS8.2J	ルネサス	400		7.73		8.67	5	30	5	40	0.5		0.5	5	VZは通電40ms後 VZ3ランク	79F
	HZS8.2N	ルネサス	400		7.56		8.41	5	20	5	120	0.5		0.5	5	VZは通電40ms後 VZ3ランク	79F
*	HZS8.2S	ルネサス	400		7.76		8.64	5	30	5				0.5	5	VZは通電40ms後 VZ3ランク	79F
	HZS9	ルネサス	400		7.7		9.7	5	20	5			5*	1	5	VZ9ランク	79F
	HZS9L	ルネサス	400		7.7		9.7	0.5	60	0.5			5*	1	6	低雑音用 VZ9ランク	79F
*	HZS9.1E	ルネサス	400		8.29		9.3	20	6	20	120	0.5		0.2	6	VZは通電40ms後 VZ3ランク	79F
*	HZS9.1J	ルネサス	400		8.53		9.57	5	30	5	50	0.5		0.5	6	VZは通電40ms後 VZ3ランク	79F
	HZS9.1N	ルネサス	400		8.33		9.29	5	20	5	120	0.5		0.5	6	VZは通電40ms後 VZ3ランク	79F
*	HZS9.1S	ルネサス	400		8.56		9.55	5	30	5				0.5	6	VZは通電40ms後 VZ3ランク	79F
*	HZS10E	ルネサス	400		9.12		10.44	20	6	20	120	0.5		0.2	7	VZは通電40ms後 VZ3ランク	79F
*	HZS10J	ルネサス	400		9.42		10.59	5	30	5	60	0.5		0.1	7	VZは通電40ms後 VZ3ランク	79F
	HZS10N	ルネサス	400		9.19		10.3	5	20	5	120	0.5		0.2	7	VZは通電40ms後 VZ3ランク	79F
*	HZS10S	ルネサス	400		9.45		10.55	5	30	5				0.5	7	VZは通電40ms後 VZ3ランク	79F
	HZS11	ルネサス	400		9.5		11.9	5	25	5			7.5*	1	7.5	VZ9ランク	79F

形名	社名	最大定格 P (mW)	最大定格 IZ (mA)	ツェナ電圧 VZ(V) min	ツェナ電圧 VZ(V) typ	ツェナ電圧 VZ(V) max	条件 IZ(mA)	動作抵抗 ZZmax (Ω)	条件 IZ(mA)	立上り動作抵抗 ZZKmax (Ω)	条件 IZ(mA)	VZ温度係数 (%/℃)(mV/℃)*	逆方向特性 IRmax (μA)	条件 VR(V)	その他の特性等	外形
*HZS11E	ルネサス	400		10.18		11.38	10	10	10	120	0.5		0.2	8	VZは通電40ms後 VZ3ランク	79F
*HZS11J	ルネサス	400		10.4		11.6	5	30	5	60	0.5		0.1	8	VZは通電40ms後 VZ3ランク	79F
HZS11L	ルネサス	400		9.5		11.9	0.5	80	0.5			7*	1	8	低雑音用 VZ9ランク	79F
HZS11N	ルネサス	400		10.18		11.26	5	20	5	120	0.5		0.2	8	VZは通電40ms後 VZ3ランク	79F
*HZS11S	ルネサス	400		10.44		11.56	5	30	5				0.1	8	VZは通電40ms後 VZ3ランク	79F
HZS12	ルネサス	400		11.6		14.3	5	35	5			8.2*	1	9.5	VZ9ランク	79F
*HZS12E	ルネサス	400		11.13		12.35	10	12	10	110	0.5		0.2	9	VZは通電40ms後 VZ3ランク	79F
*HZS12J	ルネサス	400		11.4		12.6	5	30	5	80	0.5		0.1	9	VZは通電40ms後 VZ3ランク	79F
HZS12L	ルネサス	400		11.6		14.3	0.5	80	0.5			10*	1	10.5	低雑音用 VZ9ランク	79F
HZS12N	ルネサス	400		11.13		12.3	5	25	5	110	0.5		0.2	9	VZは通電40ms後 VZ3ランク	79F
*HZS12S	ルネサス	400		11.42		12.6	5	30	5				0.1	9	VZは通電40ms後 VZ3ランク	79F
*HZS13E	ルネサス	400		12.11		13.66	10	14	10	110	0.5		0.2	10	VZは通電40ms後 VZ3ランク	79F
*HZS13J	ルネサス	400		12.41		14.04	5	37	5	80	0.5		0.1	10	VZは通電40ms後 VZ3ランク	79F
HZS13N	ルネサス	400		12.18		13.62	5	25	5	110	0.5		0.2	10	VZは通電40ms後 VZ3ランク	79F
*HZS13S	ルネサス	400		12.47		13.96	5	37	5				0.1	10	VZは通電40ms後 VZ3ランク	79F
HZS15	ルネサス	400		14.1		15.5	5	40	5			11*	1	11	VZ3ランク	79F
*HZS15E	ルネサス	400		13.44		15.09	10	16	10	110	0.5		0.2	11	VZは通電40ms後 VZ3ランク	79F
*HZS15J	ルネサス	400		13.84		15.57	5	42	5	80	0.5		0.1	11	VZは通電40ms後 VZ3ランク	79F
HZS15L	ルネサス	400		14.1		15.5	0.5	80	0.5			12*	1	13	低雑音用 VZ3ランク	79F
HZS15N	ルネサス	400		13.48		15.02	5	25	5	110	0.5		0.2	11	VZは通電40ms後 VZ3ランク	79F
*HZS15S	ルネサス	400		13.84		15.52	5	42	5				0.1	11	VZは通電40ms後 VZ3ランク	79F
HZS16	ルネサス	400		15.3		17.1	5	45	5			12*	1	12	VZ3ランク	79F
*HZS16E	ルネサス	400		14.8		16.51	10	18	10	150	0.5		0.2	12	VZは通電40ms後 VZ3ランク	79F
*HZS16J	ルネサス	400		15.3		17.11	5	50	5	80	0.5		0.1	12	VZは通電40ms後 VZ3ランク	79F
HZS16L	ルネサス	400		15.3		17.1	0.5	80	0.5			13*	1	14	低雑音用 VZ3ランク	79F
HZS16N	ルネサス	400		14.87		16.5	5	25	5	150	0.5		0.2	12	VZは通電40ms後 VZ3ランク	79F
*HZS16S	ルネサス	400		15.37		17.09	5	50	5				0.1	12	VZは通電40ms後 VZ3ランク	79F
HZS18	ルネサス	400		16.9		19	5	55	5			15*	1	13	VZ3ランク	79F
*HZS18E	ルネサス	400		16.22		18.33	10	23	10	150	0.5		0.2	13	VZは通電40ms後 VZ3ランク	79F
*HZS18J	ルネサス	400		16.84		19.07	5	65	5	80	0.5		0.1	13	VZは通電40ms後 VZ3ランク	79F
HZS18L	ルネサス	400		16.9		19	0.5	80	0.5			16*	1	15	低雑音用 VZ3ランク	79F
HZS18N	ルネサス	400		16.34		18.3	5	30	5	150	0.5		0.2	13	VZは通電40ms後 VZ3ランク	79F
*HZS18S	ルネサス	400		16.94		19.03	5	65	5				0.1	13	VZは通電40ms後 VZ3ランク	79F
HZS20	ルネサス	400		18.8		21.1	2	60	2			16.3*	1	15	VZ3ランク	79F
*HZS20E	ルネサス	400		18.02		20.72	10	28	10	200	0.5		0.2	15	VZは通電40ms後 VZ4ランク	79F
*HZS20J	ルネサス	400		18.8		21.17	5	85	5	100	0.5		0.1	15	VZは通電40ms後 VZ3ランク	79F
HZS20L	ルネサス	400		18.8		21.1	0.5	100	0.5			18*	1	18	低雑音用 VZ3ランク	79F
HZS20N	ルネサス	400		18.14		20.45	5	30	5	200	0.5		0.2	15	VZは通電40ms後 VZ3ランク	79F
*HZS20S	ルネサス	400		18.86		21.08	5	85	5				0.1	15	VZは通電40ms後 VZ3ランク	79F
HZS22	ルネサス	400		20.9		23.3	2	65	2			18.6*	1	17	VZ3ランク	79F
*HZS22E	ルネサス	400		20.15		22.63	5	30	5	200	0.5		0.2	17	VZは通電40ms後 VZ4ランク	79F
*HZS22J	ルネサス	400		20.8		23.27	5	100	5	100	0.5		0.1	17	VZは通電40ms後 VZ3ランク	79F

形　名	社名	最大定格 P (mW)	最大定格 IZ (mA)	ツェナ電圧 VZ(V) min	ツェナ電圧 VZ(V) typ	ツェナ電圧 VZ(V) max	条件 IZ(mA)	動作抵抗 ZZmax (Ω)	条件 IZ(mA)	立上り動作抵抗 ZZKmax (Ω)	条件 IZ(mA)	VZ温度係数 (%/℃) (mV/℃)*	IRmax (μA)	条件 VR(V)	その他の特性等	外形
HZS22L	ルネサス	400		20.9		23.3	0.5	100	0.5			20*	1	20	低雑音用 VZ3ランク	79F
HZS22N	ルネサス	400		20.23		22.61	5	30	5	200	0.5		0.2	17	VZは通電40ms後 VZ4ランク	79F
* HZS22S	ルネサス	400		20.88		23.17	5	100	5				0.1	17	VZは通電40ms後 VZ3ランク	79F
HZS24	ルネサス	400		22.9		25.5	2	70	2			20.3*	1	19	VZ3ランク	79F
* HZS24E	ルネサス	400		22.05		24.85	5	35	5	200	0.5		0.2	19	VZは通電40ms後 VZ4ランク	79F
HZS24J	ルネサス	400		22.83		25.57	5	120	5	120	0.5		0.1	19	VZは通電40ms後 VZ3ランク	79F
HZS24L	ルネサス	400		22.9		25.5	0.5	120	0.5			23*	1	22	低雑音用 VZ3ランク	79F
HZS24N	ルネサス	400		22.26		24.81	5	35	5	200	0.5		0.2	19	VZは通電40ms後 VZ4ランク	79F
* HZS24S	ルネサス	400		22.93		25.57	5	120	5				0.1	19	VZは通電40ms後 VZ3ランク	79F
HZS27	ルネサス	400		25.2		28.6	2	80	2			24*	1	21	VZ3ランク	79F
* HZS27E	ルネサス	400		24.26		27.64	5	45	5	250	0.5		0.2	21	VZは通電40ms後 VZ4ランク	79F
HZS27J	ルネサス	400		25.2		28.61	5	150	5				0.1	21	VZは通電40ms後 VZ3ランク	79F
HZS27L	ルネサス	400		25.2		28.6	0.5	150	0.5			26*	1	24	低雑音用 VZ3ランク	79F
HZS27N	ルネサス	400		24.26		27.64	5	45	5	250	0.5		0.2	21	VZは通電40ms後 VZ4ランク	79F
* HZS27S	ルネサス	400		25.2		28.61	5	150	5				0.1	21	VZは通電40ms後 VZ3ランク	79F
HZS30	ルネサス	400		28.2		31.6	2	100	2			26*	1	23	VZ3ランク	79F
* HZS30E	ルネサス	400		26.99		30.51	5	55	5	250	0.5		0.2	23	VZは通電40ms後 VZ4ランク	79F
* HZS30J	ルネサス	400		28.22		31.74	5	200	5				0.1	24	VZは通電40ms後 VZ3ランク	79F
HZS30L	ルネサス	400		28.2		31.6	0.5	200	0.5			29*	1	27	低雑音用 VZ3ランク	79F
HZS30N	ルネサス	400		26.99		30.51	5	55	5	250	0.5		0.2	23	VZは通電40ms後 VZ4ランク	79F
* HZS30S	ルネサス	400		28.22		31.74	5	200	5				0.1	23	VZは通電40ms後 VZ3ランク	79F
HZS33	ルネサス	400		31.2		34.6	2	120	2			28*	1	25	VZ3ランク	79F
* HZS33E	ルネサス	400		29.68		33.11	5	65	5	250	0.5		0.2	26	VZは通電40ms後 VZ4ランク	79F
HZS33J	ルネサス	400		31.18		34.83	5	250	5				0.1	26	VZは通電40ms後 VZ3ランク	79F
HZS33L	ルネサス	400		31.2		34.6	0.5	250	0.5			32*	1	30	低雑音用 VZ3ランク	79F
HZS33N	ルネサス	400		29.68		33.11	5	65	5	250	0.5		0.2	25	VZは通電40ms後 VZ4ランク	79F
* HZS33S	ルネサス	400		31.18		34.83	5	250	5				0.1	25	VZは通電40ms後 VZ3ランク	79F
HZS36	ルネサス	400		34.2		38	2	140	2			31*	1	27	VZ3ランク	79F
HZS36E	ルネサス	400		32.14		35.77	5	75	5	250	0.5		0.2	27	VZは通電40ms後 VZ4ランク	79F
* HZS36J	ルネサス	400		34.12		37.91	5	300	5				0.1	29	VZは通電40ms後 VZ3ランク	79F
HZS36L	ルネサス	400		34.2		38	0.5	300	0.5			36*	1	33	低雑音用 VZ3ランク	79F
HZS36N	ルネサス	400		32.14		35.77	5	75	5	250	0.5		0.2	27	VZは通電40ms後 VZ4ランク	79F
* HZS36S	ルネサス	400		34.12		37.91	5	300	5				0.1	27	VZは通電40ms後 VZ3ランク	79F
* HZS39E	ルネサス	400		34.68		38.52	5	85	5	250	0.5		0.2	30	VZは通電40ms後 VZ3ランク	79F
HZS39N	ルネサス	400		34.68		38.52	5	85	5	250	0.5		0.2	30	VZは通電40ms後 VZ4ランク	79F
HZU2.0	ルネサス	200		1.9		2.2	5	100	5				120	0.5	VZは通電40ms後 Pは基板実装時	420C
HZU2LL	ルネサス	200		1.6		2.6	0.5	350	0.5	1.2k	0.05		0.1	0.5	低雑音用 VZ3ランク	420C
HZU2.2	ルネサス	200		2.1		2.4	5	100	5				120	0.7	VZは通電40ms後 Pは基板実装時	420C
HZU2.4	ルネサス	200		2.3		2.6	5	100	5				120	1	VZは通電40ms後 Pは基板実装時	420C
HZU2.7	ルネサス	200		2.5		2.9	5	110	5				120	1	VZは通電40ms後 VZ2ランク	420C
HZU3.0	ルネサス	200		2.8		3.2	5	120	5				50	1	VZは通電40ms後 VZ2ランク	420C
HZU3LL	ルネサス	200		2.5		3.5	0.5	360	0.5	1.2k	0.05		0.1	0.5	低雑音用 VZ3ランク	420C

形名	社名	最大定格 P (mW)	最大定格 IZ (mA)	ツェナ電圧 VZ(V) min	ツェナ電圧 VZ(V) typ	ツェナ電圧 VZ(V) max	条件 IZ (mA)	動作抵抗 ZZmax (Ω)	条件 IZ (mA)	立上り動作抵抗 ZZKmax (Ω)	条件 IZ (mA)	VZ温度係数 (mV/℃)*	逆方向特性 IRmax (μA)	条件 VR(V)	その他の特性等	外形
HZU3.3	ルネサス	200		3.1		3.5	5	130	5				20	1	VZは通電40ms後 VZ2ランク	420C
HZU3.6	ルネサス	200		3.4		3.8	5	130	5				10	1	VZは通電40ms後 VZ2ランク	420C
HZU3.9	ルネサス	200		3.7		4.1	5	130	5				10	1	VZは通電40ms後 VZ2ランク	420C
HZU4LL	ルネサス	200		3.4		4.4	0.5	370	0.5	1.5k	0.05		0.1	0.5	低雑音用 VZ3ランク	420C
HZU4.3	ルネサス	200		4.01		4.48	5	130	5				10	1	VZは通電40ms後 VZ3ランク	420C
HZU4.7	ルネサス	200		4.42		4.9	5	130	5				10	1	VZは通電40ms後 VZ3ランク	420C
HZU5LL	ルネサス			4.3		5.3	0.5	380	0.5	1.5k	0.05		0.1	0.5	低雑音用 VZ3ランク	420C
HZU5.1	ルネサス	200		4.84		5.37	5	130	5				5	1.5	VZは通電40ms後 VZ3ランク	420C
HZU5.6	ルネサス	200		5.31		5.92	5	80	5				5	2.5	VZは通電40ms後 VZ3ランク	420C
HZU6.2	ルネサス	200		5.86		6.53	5	50	5				2	3	VZは通電40ms後 VZ3ランク	420C
HZU6.2L	ルネサス	150		5.8		6.6	5	30	5				0.1	5		420C
HZU6.8	ルネサス	200		6.47		7.14	5	30	5				2	3.5	VZは通電40ms後 VZ3ランク	420C
HZU6.8L	ルネサス	150		6.47		7.14	5	30	5				0.02	5		420C
HZU7.5	ルネサス	200		7.06		7.84	5	30	5				2	4	VZは通電40ms後 VZ3ランク	420C
HZU8.2	ルネサス	200		7.76		8.64	5	30	5				2	5	VZは通電40ms後 VZ3ランク	420C
HZU9.1	ルネサス	200		8.56		9.55	5	30	5				2	6	VZは通電40ms後 VZ3ランク	420C
HZU10	ルネサス	200		9.45		10.55	5	30	5				2	7	VZは通電40ms後 VZ3ランク	420C
HZU11	ルネサス	200		10.44		11.56	5	30	5				2	8	VZは通電40ms後 VZ3ランク	420C
HZU12	ルネサス	200		11.42		12.6	5	35	5				2	9	VZは通電40ms後 VZ3ランク	420C
HZU13	ルネサス	200		12.47		13.96	5	35	5				2	10	VZは通電40ms後 VZ3ランク	420C
HZU15	ルネサス	200		13.84		15.52	5	40	5				2	11	VZは通電40ms後 VZ3ランク	420C
HZU16	ルネサス	200		15.37		17.09	5	40	5				2	12	VZは通電40ms後 VZ3ランク	420C
HZU18	ルネサス	200		16.94		19.03	5	45	5				2	13	VZは通電40ms後 VZ3ランク	420C
HZU20	ルネサス	200		18.86		21.08	5	50	5				2	15	VZは通電40ms後 VZ3ランク	420C
HZU22	ルネサス	200		20.88		23.17	5	55	5				2	17	VZは通電40ms後 VZ3ランク	420C
HZU24	ルネサス	200		22.93		25.57	5	60	5				2	19	VZは通電40ms後 VZ3ランク	420C
HZU27	ルネサス	200		25.1		28.9	2	70	2				2	21	VZは通電40ms後 VZ3ランク	420C
HZU30	ルネサス	200		28		32	2	80	2				2	23	VZは通電40ms後	420C
HZU33	ルネサス	200		31		35	2	80	2				2	25	VZは通電40ms後	420C
HZU36	ルネサス	200		34		38	2	90	2				2	27	VZは通電40ms後	420C
ITZ5.6H	ローム	400		5.28	5.6	5.91	20	13	20	500			5	2.5	8素子複合(カソードコモン)	644C
KDZ3.6B	ローム	1W		3.600	3.813	4.000	40						60	1	VZは通電40ms後	750E
KDZ3.9B	ローム	1W		3.900	4.136	4.400	40						40	1	VZは通電40ms後	750E
KDZ4.3B	ローム	1W		4.300	4.572	4.800	40						20	1	VZは通電40ms後	750E
KDZ4.7B	ローム	1W		4.700	4.924	5.200	40						20	1	VZは通電40ms後	750E
KDZ5.1B	ローム	1W		5.100	5.368	5.700	40						20	1.5	VZは通電40ms後	750E
KDZ5.6B	ローム	1W		5.600	5.856	6.300	40						20	2.5	VZは通電40ms後	750E
KDZ6.2B	ローム	1W		6.200	6.509	7.000	40						20	3	VZは通電40ms後	750E
KDZ6.8B	ローム	1W		6.800	7.280	7.700	40						20	3.5	VZは通電40ms後	750E
KDZ7.5B	ローム	1W		7.500	7.889	8.400	40						20	4	VZは通電40ms後	750E
KDZ8.2B	ローム	1W		8.200	8.655	9.300	40						20	5	VZは通電40ms後	750E
KDZ9.1B	ローム	1W		9.100	9.747	10.200	40						20	6	VZは通電40ms後	750E

形　名	社　名	最大定格 P (mW)	最大定格 IZ (mA)	ツェナ電圧 VZ(V) min	ツェナ電圧 VZ(V) typ	ツェナ電圧 VZ(V) max	条件 IZ(mA)	動作抵抗 ZZmax (Ω)	条件 IZ(mA)	立上り動作抵抗 ZZKmax (Ω)	条件 IZ(mA)	VZ温度係数 (%/℃) (mV/℃)*	逆方向特性 IRmax (μA)	条件 VR(V)	その他の特性等	外形
KDZ10B	ローム	1W		10.000	10.310	11.200	40						10	7	VZは通電40ms後	750E
KDZ11B	ローム	1W		11.000	11.510	12.300	20						10	8	VZは通電40ms後	750E
KDZ12B	ローム	1W		12.000	12.500	13.500	20						10	9	VZは通電40ms後	750E
KDZ13B	ローム	1W		13.300	13.820	15.000	20						10	10	VZは通電40ms後	750E
KDZ15B	ローム	1W		14.700	15.350	16.500	20						10	11	VZは通電40ms後	750E
KDZ16B	ローム	1W		16.200	16.860	18.300	20						10	12	VZは通電40ms後	750E
KDZ18B	ローム	1W		18.000	19.000	20.300	20						10	13	VZは通電40ms後	750E
KDZ20B	ローム	1W		20.000	20.820	22.400	20						10	15	VZは通電40ms後	750E
KDZ22B	ローム	1W		22.000	23.850	24.500	10						10	17	VZは通電40ms後	750E
KDZ24B	ローム	1W		24.000	25.310	27.600	10						10	19	VZは通電40ms後	750E
KDZ27B	ローム	1W		27.000	28.700	30.800	10						10	21	VZは通電40ms後	750E
KDZ30B	ローム	1W		30.000	31.570	34.000	10						10	23	VZは通電40ms後	750E
KDZ33B	ローム	1W		33.000	34.950	37.000	10						10	25	VZは通電40ms後	750E
KDZ36B	ローム	1W		36.000	39.240	40.500	10						10	27	VZは通電40ms後	750E
*MA1Z047	パナソニック	1W		4.4	4.7	5	20	60	20			0	40	1	Pはプリント基板実装時　新形名MAZY047	485E
*MA1Z051	パナソニック	1W		4.8	5.1	5.4	20	50	20			0	20	1	Pはプリント基板実装時　新形名MAZY051	485E
*MA1Z056	パナソニック	1W		5.2	5.6	6	20	40	20			1.5*	20	2	Pはプリント基板実装時　新形名MAZY056	485E
*MA1Z062	パナソニック	1W		5.6	6.2	6.8	10	30	10			2.4*	20	3	Pはプリント基板実装時　新形名MAZY062	485E
*MA1Z068	パナソニック	1W		6.2	6.8	7.4	10	30	10			3.1*	10	3	Pはプリント基板実装時　新形名MAZY068	485E
*MA1Z075	パナソニック	1W		6.8	7.5	8.3	10	30	10			3.8*	10	3	Pはプリント基板実装時　新形名MAZY075	485E
*MA1Z082	パナソニック	1W		7.4	8.2	9.1	10	30	10			4.5*	10	4	Pはプリント基板実装時　新形名MAZY082	485E
*MA1Z091	パナソニック	1W		8.2	9.1	10.1	10	30	10			5.4*	10	5	Pはプリント基板実装時　新形名MAZY091	485E
*MA1Z100	パナソニック	1W		9	10	11	10	30	10			6.3*	10	7	Pはプリント基板実装時　新形名MAZY100	485E
*MA1Z110	パナソニック	1W		9.9	11	12.1	10	30	10			7.4*	10	7	Pはプリント基板実装時　新形名MAZY110	485E
*MA1Z120	パナソニック	1W		10.8	12	13.2	10	30	10			8.4*	10	8	Pはプリント基板実装時　新形名MAZY120	485E
*MA1Z130	パナソニック	1W		11.7	13	14.3	10	30	10			9.4*	10	9	Pはプリント基板実装時　新形名MAZY130	485E
*MA1Z150	パナソニック	1W		13.5	15	16.5	10	30	10			11.4*	10	10	Pはプリント基板実装時　新形名MAZY150	485E
*MA1Z160	パナソニック	1W		14.4	16	17.6	10	30	10			12.5*	10	11	Pはプリント基板実装時　新形名MAZY160	485E
*MA1Z180	パナソニック	1W		16.2	18	18.8	10	30	10			14.5*	10	13	Pはプリント基板実装時　新形名MAZY180	485E
*MA1Z200	パナソニック	1W		18	20	22	10	30	10			16.6*	10	14	Pはプリント基板実装時　新形名MAZY200	485E
*MA1Z220	パナソニック	1W		19.8	22	24.2	10	30	10			18.6*	10	16	Pはプリント基板実装時　新形名MAZY220	485E
*MA1Z240	パナソニック	1W		21.6	24	26.4	10	30	10			20.7*	10	17	Pはプリント基板実装時　新形名MAZY240	485E
*MA1Z270	パナソニック	1W		24.3	27	29.7	10	30	10			23.8*	10	19	Pはプリント基板実装時　新形名MAZY270	485E
*MA1Z300	パナソニック	1W		27	30	33	10	30	10			26.9*	10	21	Pはプリント基板実装時　新形名MAZY300	485E
*MA1Z330	パナソニック	1W		29.7	33	36.3	10	30	10			30.0*	10	26.4	Pはプリント基板実装時　新形名MAZY330	485E
*MA1Z360	パナソニック	1W		32.4	36	39.6	5	30	5			33.4*	10	28.8	Pはプリント基板実装時　新形名MAZY360	485E
*MA1Z390	パナソニック	1W		37	39	41	5	65	5			36.3*	10	31.8	Pはプリント基板実装時　新形名MAZY390	485E
*MA1Z430	パナソニック	1W		40	43	46	5	65	5			41.1*	10	35.8	Pはプリント基板実装時　新形名MAZY430	485E
*MA1Z470	パナソニック	1W		42.3	47	51.7	5	65	5			44.9*	10	37.6	Pはプリント基板実装時　新形名MAZY470	485E
*MA1Z510	パナソニック	1W		45.9	51	56.1	5	65	5			48.6*	10	40.8	Pはプリント基板実装時　新形名MAZY510	485E
*MA2S075-10	パナソニック	150		7		10.6	5	30	5				0.1	5	VZは通電20ms後	757D
*MA2Z200	パナソニック	1W		180	200	220	1.5	600	1.5			170*	10	160	VZは通電20ms後　新形名MAZX200	485E

形名	社名	最大定格 P (mW)	最大定格 IZ (mA)	ツェナ電圧 VZ(V) min	ツェナ電圧 VZ(V) typ	ツェナ電圧 VZ(V) max	条件 IZ(mA)	動作抵抗 ZZmax (Ω)	条件 IZ(mA)	立上り動作抵抗 ZZKmax (Ω)	条件 IZ(mA)	VZ温度係数 (%/℃) (mV/℃)*	逆方向特性 IRmax (μA)	条件 VR(V)	その他の特性等	外形
*MA2Z220	パナソニック	1W		198	220	242	0.5	10k	0.5			200*	10	176	VZは通電20ms後 新形名MAZX220	485E
*MA2Z240	パナソニック	1W		216	240	264	0.5	10k	0.5			215*	10	192	VZは通電20ms後 新形名MAZX240	485E
*MA2Z270	パナソニック	1W		243	270	297	0.5	5k	0.5			243*	10	216	VZは通電20ms後 新形名MAZX270	485E
*MA2Z300	パナソニック	1W		270	300	330	0.5	5k	0.5			270*	10	240	VZは通電20ms後 新形名MAZX300	485E
*MA2Z330	パナソニック	1W		297	330	363	0.5	5k	0.5			296*	10	264	VZは通電20ms後 新形名MAZX330	485E
*MA3A100	パナソニック	200		9.4	10	10.6	5	20	5	130	0.5	6.4*	0.2	7	3素子複合	270A
MA3Z200	パナソニック	500		190	200	220	1.5	600	1.5			220*	10	160	VZは通電20ms後	560
*MA3Z240	パナソニック	500		230	240	250	0.5	5k	0.5			270*	1	192	PZSM=30W(0.1ms)	560
*MA4Z082WA	パナソニック	150		7.7		8.7	5	20	5	120	0.5	4.6*	0.1	5	2素子センタータップ(アノードコモン)	119C
*MA5Z190	パナソニック	150		180	190	200	0.1					0.22V*	1	160	Pはプリント基板実装時	239
*MA5Z200	パナソニック	150		190	200	220	0.1					0.31V*	1	160	Pはプリント基板 VZ2ランク 新形名MAZU200	239
*MA5Z220	パナソニック	150		210	220	240	0.1					0.31V*	1	176	Pはプリント基板 VZ2ランク 新形名MAZU220	239
*MA5Z240	パナソニック	150		230	240	270	0.1					0.31V*	1	192	Pはプリント基板 VZ2ランク 新形名MAZU240	239
*MA5Z270	パナソニック	150		260	270	300	0.1					0.31V*	1	216	Pはプリント基板 VZ2ランク 新形名MAZU270	239
*MA5Z300	パナソニック	150		290	300	330	0.1					0.31V*	1	240	Pはプリント基板 VZ3ランク 新形名MAZU300	239
*MA5Z330	パナソニック	150		320	330	360	0.1					0.31V*	1	264	Pはプリント基板 VZ3ランク 新形名MAZU330	239
*MA950	パナソニック	150		7.29	7.5	7.67	5	20	5	60	0.5	4.0*	0.1	5	ピン1-6間 MA8075-M相当	270A
				40		46	2	130	2	250	0.5	36.0*	0.05	34	ピン2-5間 MA8430相当	
				270	280	290	0.1					0.31V*		216	ピン3-4間 MA5Z270-M相当	
*MA1020	パナソニック		500	1.88		2.24	5	100	5	2k	1	-1.5*	120	0.5	Ct=375pF PZSM=30W(0.1ms)	25E
*MA1022	パナソニック		500	2.08		2.45	5	100	5	2k	1	-1.5*	120	0.7	Ct=375pF PZSM=30W(0.1ms)	25E
*MA1024	パナソニック		500	2.28	2.4	2.6	5	100	5	1k	1	-1.6*	120	1	Ct=375pF PZSM=30W(0.1ms)	25E
*MA1027	パナソニック		500	2.5	2.7	2.9	5	100	5	1k	1	-2*	100	1	Ct=350pF PZSM=30W(0.1ms)	25E
*MA1030	パナソニック		500	2.8	3	3.2	5	100	5	1k	1	-2.1*	50	1	Ct=350pF PZSM=30W(0.1ms)	25E
*MA1033	パナソニック		500	3.1	3.3	3.5	5	100	5	1k	1	-2.4*	20	1	Ct=325pF PZSM=30W(0.1ms)	25E
*MA1036	パナソニック		500	3.4	3.6	3.8	5	100	5	1k	1	-2.4*	10	1	Ct=300pF PZSM=30W(0.1ms)	25E
MA1039	パナソニック		500	3.7	3.9	4.1	5	100	5	1k	1	-2.5*	10	1	Ct=300pF PZSM=30W(0.1ms)	25E
*MA1043	パナソニック		500	4	4.3	4.6	5	100	5	1k	1	-2.5*	10	1	Ct=275pF PZSM=30W(0.1ms)	25E
*MA1047	パナソニック		500	4.4	4.7	5	5	80	5	900	1	-1.4*	3	1	Ct=130pF PZSM=30W(0.1ms)	25E
*MA1051	パナソニック		500	4.8	5.1	5.4	5	60	5	800	1	-0.8*	2	2	Ct=110pF PZSM=30W(0.1ms)	25E
*MA1056	パナソニック		500	5.2	5.6	6	5	40	5	500	1	1.2*	1	2	Ct=95pF PZSM=30W(0.1ms)	25E
*MA1062	パナソニック		500	5.8	6.2	6.6	5	10	5	300	0.5	2.3*	3	4	Ct=90pF PZSM=30W(0.1ms)	25E
*MA1068	パナソニック		500	6.4	6.8	7.2	5	15	5	140	0.5	3.0*	2	4	Ct=85pF PZSM=30W(0.1ms)	25E
*MA1075	パナソニック		500	7	7.5	7.9	5	15	5	120	0.5	4.0*	1	5	Ct=80pF PZSM=30W(0.1ms)	25E
*MA1082	パナソニック		500	7.7	8.2	8.7	5	15	5	120	0.5	4.8*	0.7	5	Ct=75pF PZSM=30W(0.1ms)	25E
*MA1091	パナソニック		500	8.5	9.1	9.6	5	15	5	130	0.5	5.5*	0.5	6	Ct=70pF PZSM=30W(0.1ms)	25E
*MA1100	パナソニック		500	9.4	10	10.6	5	20	5	130	0.5	6.4*	0.2	7	Ct=70pF PZSM=30W(0.1ms)	25E
*MA1110	パナソニック		500	10.4	11	11.6	5	20	5	170	0.5	7.4*	0.1	7	Ct=65pF PZSM=30W(0.1ms)	25E
*MA1120	パナソニック		500	11.4	12	12.7	5	25	5	170	0.5	8.4*	0.1	8	Ct=65pF PZSM=30W(0.1ms)	25E
*MA1130	パナソニック		500	12.4	13	14.1	5	30	5	170	0.5	9.4*	0.1	9	Ct=60pF PZSM=30W(0.1ms)	25E
*MA1140-M	パナソニック		500	13.65	14	13.35	5	30	5	170	0.5	10*	0.1	9	Ct=60pF PZSM=30W(0.1ms)	25E
*MA1150	パナソニック		500	13.9	15	15.6	5	30	5	170	0.5	11.4*	0.05	10	Ct=55pF PZSM=30W(0.1ms)	25E

形名	社名	最大定格 P (mW)	最大定格 IZ (mA)	ツェナ電圧 VZ(V) min	ツェナ電圧 VZ(V) typ	ツェナ電圧 VZ(V) max	条件 IZ(mA)	動作抵抗 ZZmax (Ω)	条件 IZ(mA)	立上り動作抵抗 ZZKmax (Ω)	条件 IZ(mA)	VZ温度係数 (%/℃)	逆方向特性 IRmax (μA)	条件 VR(V)	その他の特性等	外形
*MA1160	パナソニック	500		15.3	16	17.1	5	40	5	170	0.5	12.4*	0.05	11	Ct=52pF PZSM=30W (0.1ms)	25E
*MA1180	パナソニック	500		16.8	18	19.1	5	45	5	170	0.5	14.4*	0.05	13	Ct=47pF PZSM=30W (0.1ms)	25E
*MA1200	パナソニック	500		18.8	20	21.2	5	55	5	180	0.5	16.4*	0.05	14	Ct=36pF PZSM=30W (0.1ms)	25E
*MA1220	パナソニック	500		20.8	22	23.3	5	55	5	180	0.5	18.4*	0.05	15	Ct=34pF PZSM=30W (0.1ms)	25E
*MA1240	パナソニック	500		22.8	24	25.6	5	70	5	180	0.5	20.4*	0.05	17	Ct=33pF PZSM=30W (0.1ms)	25E
*MA1270	パナソニック	500		25.1	27	28.9	5	80	2	200	0.5	23.4*	0.05	19	Ct=30pF PZSM=30W (0.1ms)	25E
*MA1300	パナソニック	500		28	30	32	2	80	2	200	0.5	26.6*	0.05	21	Ct=27pF PZSM=30W (0.1ms)	25E
*MA1330	パナソニック	500		31	33	35	2	80	2	200	0.5	29.7*	0.05	23	Ct=25pF PZSM=30W (0.1ms)	25E
*MA1360	パナソニック	500		34	36	38	2	90	2	200	0.5	33.0*	0.05	25	Ct=23pF PZSM=30W (0.1ms)	25E
*MA1390	パナソニック	500		37		41	2	130	2	250	0.5	36.4*	0.05	27	Ct=21pF PZSM=30W (0.1ms)	25E
MA2051	パナソニック	1W		4.8	5.1	5.4	40	10	40			±0	20	1	Ct=200pF PZSM=75W (0.1ms)	23D
MA2056	パナソニック	1W		5.2	5.6	6	40	8	40			1.5*	20	2	Ct=180pF PZSM=75W (0.1ms)	23D
MA2062	パナソニック	1W		5.8	6.2	6.6	40	6	40			2.4*	20	3	Ct=330pF PZSM=75W (0.1ms)	23D
MA2068	パナソニック	1W		6.4	6.8	7.2	40	5	40			3.1*	10	3	Ct=280pF PZSM=75W (0.1ms)	23D
MA2075	パナソニック	1W		7	7.5	7.9	40	5	40			3.8*	10	3	Ct=250pF PZSM=75W (0.1ms)	23D
MA2082	パナソニック	1W		7.7	8.2	8.7	40	5	40			4.5*	10	4	Ct=230pF PZSM=75W (0.1ms)	23D
MA2091	パナソニック	1W		8.5	9.1	9.6	40	6	40			5.4*	10	5	Ct=220pF PZSM=75W (0.1ms)	23D
MA2100	パナソニック	1W		9.4	10	10.6	40	6	40			6.3*	10	7	Ct=200pF PZSM=75W (0.1ms)	23D
MA2110	パナソニック	1W		10.4	11	11.6	20	8	20			7.4*	5	7	Ct=160pF PZSM=75W (0.1ms)	23D
MA2120	パナソニック	1W		11.4	12	12.7	20	8	20			8.4*	5	8	Ct=160pF PZSM=75W (0.1ms)	23D
MA2130	パナソニック	1W		12.4	13	14.1	20	10	20			9.4*	5	9	Ct=155pF PZSM=75W (0.1ms)	23D
MA2150	パナソニック	1W		13.8	15	15.6	20	12	20			11.4*	5	10	Ct=150pF PZSM=75W (0.1ms)	23D
MA2160	パナソニック	1W		15.3	16	17.1	20	12	20			12.5*	5	11	Ct=135pF PZSM=75W (0.1ms)	23D
MA2180	パナソニック	1W		16.8	18	19.1	20	15	20			14.5*	5	12	Ct=110pF PZSM=75W (0.1ms)	23D
MA2200	パナソニック	1W		18.8	20	21.2	20	15	20			16.6*	5	14	Ct=100pF PZSM=75W (0.1ms)	23D
MA2220	パナソニック	1W		20.8	22	23.3	10	20	10			18.6*	5	15	Ct=95pF PZSM=75W (0.1ms)	23D
MA2240	パナソニック	1W		22.8	24	25.6	10	20	10			20.7*	5	16	Ct=90pF PZSM=75W (0.1ms)	23D
MA2270	パナソニック	1W		25.1	27	28.9	10	25	10			23.8*	2	18	PZSM=75W (0.1ms) Ct=85pF	23D
MA2300	パナソニック	1W		28	30	32	10	25	10			26.9*	2	20	PZSM=75W (0.1ms) Ct=80pF	23D
MA2330	パナソニック	1W		31	33	35	10	30	10			30.0*	2	22	PZSM=75W (0.1ms) Ct=75pF	23D
MA2360	パナソニック	1W		34	36	38	10	40	10			33.4*	2	24	PZSM=75W (0.1ms) Ct=70pF	23D
MA2390	パナソニック	1W		37	39	41	10	50	10			36.3*	5	26	Ct=65pF PZSM=75W (0.1ms)	23D
MA2430	パナソニック	1W		40	43	46	10	50	10			41.1*	5	29	Ct=60pF PZSM=75W (0.1ms)	23D
MA2470	パナソニック	1W		44	47	50	10	50	10			44.9*	5	31	Ct=55pF PZSM=75W (0.1ms)	23D
MA2510	パナソニック	1W		48	51	54	10	50	10			48.6*	5	33	Ct=50pF PZSM=75W (0.1ms)	23D
MA2560	パナソニック	1W		52	56	60	10	50	10			54.9*	5	35	Ct=45pF PZSM=75W (0.1ms)	23D
MA3020	パナソニック	200		1.88		2.12	5	100	5			-1.5*	120	0.5		610A
MA3022	パナソニック	200		2.08		2.32	5	100	5			-1.5*	120	0.7		610A
MA3024	パナソニック	200		2.28	2.4	2.6	5	100	5			-1.6*	120	1	新形名MAZ3024	610A
MA3027	パナソニック	200		2.5	2.7	2.9	5	110	5			-2.0*	120	1	新形名MAZ3027	610A
MA3030	パナソニック	200		2.8	3	3.2	5	120	5			-2.1*	50	1	新形名MAZ3030	610A
MA3033	パナソニック	200		3.1	3.3	3.5	5	130	5			-2.4*	20	1	新形名MAZ3033	610A

形名	社名	最大定格 P (mW)	最大定格 IZ (mA)	ツェナ電圧 min	ツェナ電圧 typ	ツェナ電圧 max	条件 IZ (mA)	動作抵抗 ZZmax (Ω)	条件 IZ (mA)	立上り動作抵抗 ZZKmax (Ω)	条件 IZ (mA)	VZ温度係数 (%/°C) (mV/°C)*	逆方向特性 IRmax (μA)	条件 VR (V)	その他の特性等	外形
MA3036	パナソニック	200		3.4	3.6	3.8	5	130	5			-2.4*	10	1	新形名MAZ3036	610A
MA3039	パナソニック	200		3.7	3.9	4.1	5	130	5			-2.5*	10	1	新形名MAZ3039	610A
MA3043	パナソニック	200		4	4.3	4.6	5	130	5			-2.5*	10	1	新形名MAZ3043	610A
MA3047	パナソニック	200		4.4	4.7	5	5	85	5			-1.4*	3	1.5	Ct=130pF 新形名MAZ3047	610A
MA3047W	パナソニック	200		4.4	4.7	5	5	80	5			-1.4*	3	1	2素子複合	439A
MA3051	パナソニック	200		4.8	5.1	5.4	5	60	5	800	1	-0.8*	2	2	Ct=110pF 新形名MAZ3051	610A
MA3056	パナソニック	200		5.2	5.6	6	5	40	5	500	1	1.2*	1	2	Ct=95pF 新形名MAZ3056	610A
MA3056W	パナソニック	200		5.3	5.6	6	5	40	5			1.2*	1	2	2素子複合	439A
MA3062	パナソニック	200		5.8	6.2	6.6	5	20	5	300	0.5	2.3*	3	4	Ct=90pF 新形名MA3062	610A
MA3062W	パナソニック	200		5.8	6.2	6.6	5	20	5			2.3*	3	4	2素子複合	439A
MA3062WA	パナソニック	100		5.8	6.2	6.6	5	20	5			2.3*	3	4	2素子センタータップ (アノードコモン)	610C
MA3068	パナソニック	200		6.4	6.8	7.2	5	15	5	140	0.5	3.0*	2	4	Ct=85pF 新形名MAZ3068	610A
MA3075	パナソニック	200		7	7.5	7.9	5	15	5	120	0.5	4.0*	1	5	Ct=80pF 新形名MAZ3075	610A
MA3075T	パナソニック	200		7	7.5	7.9	5	15	5			4.0*	1	5	3素子複合 (アノードコモン)	439D
MA3075WA	パナソニック	100		7	7.5	7.9	5	15	5			4.0*	1	5	2素子センタータップ (アノードコモン)	610C
MA3075WK	パナソニック	100		7	7.5	7.9	5	15	5			4.0*	1	5	2素子センタータップ (カソードコモン)	610D
MA3082	パナソニック	200		7.7	8.2	8.7	5	15	5	120	0.5	4.6*	0.7	5	Ct=75pF 新形名MAZ3082	610A
MA3082WA	パナソニック	100		7.7		8.7	5	15	5	120	0.5	4.6*	0.5	5	2素子センタータップ (アノードコモン)	610C
MA3091	パナソニック	200		8.5	9.1	9.6	5	15	5			5.5*	0.5	6	Ct=70pF 新形名MAZ3091	610A
MA3091WK	パナソニック	100		8.5	9.1	9.6	5	15	5			5.5*	0.2	6	2素子センタータップ (カソードコモン)	610D
MA3100	パナソニック	200		9.4	10	10.6	5	20	5	130	0.5	6.4*	0.2	7	Ct=70pF 新形名MAZ3100	610A
MA3100W	パナソニック	150		9.4	10	10.6	5	20	5	130	0.5	6.4*	0.2	7	2素子複合	439A
MA3100WA	パナソニック	100		9.4		10.6	5	20	5	130	0.5	6.4*	0.2	7	2素子センタータップ (アノードコモン)	610C
MA3100WK	パナソニック	100		9.4		10.6	5	20	5	130	0.5	6.4*	0.2	7	2素子センタータップ (カソードコモン)	610D
MA3110	パナソニック	200		10.4	11	11.6	5	20	5	170	0.5	7.4*	0.1	7	Ct=65pF 新形名MAZ3110	610A
MA3120	パナソニック	200		11.4	12	12.7	5	25	5	170	0.5	8.4*	0.1	8	Ct=65pF 新形名MAZ3120	610A
MA3120WA	パナソニック	100		11.4	12	12.7	5	25	5	170	0.5	8.4*	0.1	8	2素子センタータップ (アノードコモン)	610C
MA3130	パナソニック	200		12.4	13	14.1	5	30	5	170	0.5	9.4*	0.1	9	Ct=60pF 新形名MAZ3130	610A
MA3130WA	パナソニック	100		12.4		14.1	5	30	5	170	0.5	9.4*	0.1	9	2素子センタータップ (アノードコモン)	610C
MA3140-M	パナソニック	200		13.65	14	14.35	5	30	5	170	0.5	10*	0.1	9	Ct=60pF 新形名MAZ3140	610A
MA3150	パナソニック	200		13.8	15	15.6	5	30	5	170	0.5	11.4*	0.05	10	Ct=55pF 新形名MAZ3150	610A
MA3160	パナソニック	200		15.3	16	17.1	5	40	5	170	0.5	12.4*	0.05	11	Ct=52pF 新形名MAZ3160	610A
MA3180	パナソニック	200		16.8	18	19.1	5	45	5	170	0.5	14.4*	0.05	13	Ct=47pF 新形名MAZ3180	610A
MA3200	パナソニック	200		18.8	20	21.2	5	55	5	180	0.5	16.4*	0.05	14	Ct=36pF 新形名MAZ3200	610A
MA3200W	パナソニック	150		17	20	22	5	55	5			16.4*	50	13	2素子複合	439A
MA3200WA	パナソニック	100		18.8	20	21.2	5	55	5	180	0.5	16.4*	0.05	14	2素子センタータップ (アノードコモン)	610C
MA3220	パナソニック	200		20.8	22	23.3	5	55	5	180	0.5	18.4*	0.05	15	Ct=34pF 新形名MAZ3220	610A
MA3240	パナソニック	200		22.8	24	25.6	5	70	5	180	0.5	20.4*	0.05	17	Ct=33pF 新形名MAZ3240	610A
MA3270	パナソニック	200		25.1	27	28.9	5	80	5	200	0.5	23.4*	0.05	19	Ct=30pF 新形名MAZ3270	610A
MA3300	パナソニック	200		28	30	32	5	80	5	200	0.5	26.6*	0.05	21	Ct=27pF 新形名MAZ3300	610A
MA3330	パナソニック	200		31	33	35	5	80	5	200	0.5	29.7*	0.05	23	Ct=25pF 新形名MAZ3330	610A
MA3360	パナソニック	200		34	36	38	5	90	5	200	0.5	33*	0.05	25	Ct=23pF 新形名MAZ3360	610A

形名	社名	最大定格 P (mW)	最大定格 IZ (mA)	ツェナ電圧 VZ(V) min	ツェナ電圧 VZ(V) typ	ツェナ電圧 VZ(V) max	条件 IZ(mA)	動作抵抗 ZZmax (Ω)	条件 IZ(mA)	立上り動作抵抗 ZZKmax (Ω)	条件 IZ(mA)	VZ温度係数 (%/°C) (mV/°C)*	逆方向特性 IRmax (μA)	条件 VR(V)	その他の特性等	外形
* MA4020	パナソニック	370		1.88		2.24	5	100	5			-1.5*	120	0.5	Ct=375pF PZSM=30W (0.1ms)	78D
* MA4022	パナソニック	370		2.08		2.45	5	100	5			-1.5*	120	0.7	Ct=375pF PZSM=30W (0.1ms)	78D
* MA4024	パナソニック	370		2.28	2.4	2.6	5	100	5	2k	1	-1.6*	120	1	Ct=375pF PZSM=30W (0.1ms)	78D
* MA4027	パナソニック	370		2.5	2.7	2.9	5	100	5	1k	1	-2.0*	100	1	Ct=350pF PZSM=30W (0.1ms)	78D
MA4030	パナソニック	370		2.8	3	3.2	5	100	5	1k	1	-2.1*	50	1	Ct=350pF PZSM=30W (0.1ms)	78D
* MA4033	パナソニック	370		3.1	3.3	3.5	5	100	5	1k	1	-2.4*	20	1	Ct=325pF PZSM=30W (0.1ms)	78D
* MA4036	パナソニック	370		3.4	3.6	3.8	5	100	5	1k	1	-2.4*	10	1	Ct=300pF PZSM=30W (0.1ms)	78D
* MA4039	パナソニック	370		3.7	3.9	4.1	5	100	5	1k	1	-2.5*	10	1	Ct=300pF PZSM=30W (0.1ms)	78D
* MA4043	パナソニック	370		4	4.3	4.6	5	100	5	1k	1	-2.5*	10	1	Ct=275pF PZSM=30W (0.1ms)	78D
* MA4047	パナソニック	370		4.4	4.7	5	5	80	5	900	1	-1.4*	3	1	Ct=130pF PZSM=30W (0.1ms)	78D
* MA4047 (N)	パナソニック	400		4.42	4.66	4.9	5	80	5	800	0.5	-1.4*	2	1	VZ3ランク Pはプリント基板実装時	78D
* MA4051	パナソニック	370		4.8	5.1	5.4	5	60	5	800	1	0.8*	2	2	Ct=110pF PZSM=30W (0.1ms)	78D
* MA4051 (N)	パナソニック	400		4.84	5.11	5.38	5	60	5	500	0.5	-0.8*	1	2	VZ3ランク Pはプリント基板実装時	78D
* MA4056	パナソニック	370		5.3	5.6	6	5	40	5	500	1	1.2*	1	2	Ct=95pF PZSM=30W (0.1ms)	78D
* MA4056 (N)	パナソニック	400		5.32	5.62	5.92	5	40	5	200	0.5	1.2*	0.5	2.5	VZ3ランク Pはプリント基板実装時	78D
* MA4062	パナソニック	370		5.8	6.2	6.6	5	20	5	300	1	2.3*	3	4	Ct=90pF PZSM=30W (0.1ms)	78D
* MA4062 (N)	パナソニック	400		5.86	6.2	6.53	5	30	5	100	0.5	2.3*	0.2	4	VZ3ランク Pはプリント基板実装時	78D
* MA4068	パナソニック	370		6.4	6.8	7.2	5	15	5	140	1	3*	2	4	Ct=85pF PZSM=30W (0.1ms)	78D
* MA4068 (N)	パナソニック	400		6.47	6.81	7.14	5	20	5	60	0.5	3*	0.1	4	VZ3ランク Pはプリント基板実装時	78D
* MA4075	パナソニック	370		7	7.5	7.9	5	15	5	120	1	4*	1	5	Ct=80pF PZSM=30W (0.1ms)	78D
* MA4075 (N)	パナソニック	400		7.07	7.45	7.83	5	20	5	60	0.5	4*	0.1	5	VZ3ランク Pはプリント基板実装時	78D
* MA4082	パナソニック	370		7.7	8.2	8.7	5	15	5	120	0.5	4.6*	0.5	5	Ct=75pF PZSM=30W (0.1ms)	78D
* MA4082 (N)	パナソニック	400		7.77	8.2	8.63	5	20	5	60	0.5	4.6*	0.1	5	VZ3ランク Pはプリント基板実装時	78D
* MA4091	パナソニック	370		8.5	9.1	9.6	5	15	5	130	0.5	5.5*	0.2	6	Ct=70pF PZSM=30W (0.1ms)	78D
* MA4091 (N)	パナソニック	400		8.57	9.05	9.53	5	20	5	60	0.5	5.5*	0.1	6	VZ3ランク Pはプリント基板実装時	78D
* MA4100	パナソニック	370		9.4	10	10.6	5	20	5	170	0.5	6.4*	0.2	7	Ct=70pF PZSM=30W (0.1ms)	78D
* MA4100 (N)	パナソニック	400		9.47	10.1	10.54	5	30	5	60	0.5	6.4*	0.05	7	VZ3ランク VZは通電20ms後	78D
* MA4110	パナソニック	370		10.4	11	11.6	5	20	5	170	0.5	7.4*	0.1	7	Ct=65pF PZSM=30W (0.1ms)	78D
* MA4110 (N)	パナソニック	400		10.45	11.01	11.56	5	30	5	60	0.5	7.4*	0.05	8	VZ3ランク VZは通電20ms後	78D
* MA4120	パナソニック	370		11.4	12	12.7	5	25	5	170	0.5	8.4*	0.1	8	Ct=65pF PZSM=30W (0.1ms)	78D
* MA4120 (N)	パナソニック	400		11.43	12.01	12.58	5	30	5	80	0.5	8.4*	0.05	9	VZ3ランク VZは通電20ms後	78D
* MA4130	パナソニック	370		12.4	13	14.1	5	30	5	170	0.5	9.4*	0.1	9	Ct=60pF PZSM=30W (0.1ms)	78D
* MA4130 (N)	パナソニック	400		12.46	13.21	13.96	5	35	5	80	0.5	9.4*	0.05	10	VZ3ランク VZは通電20ms後	78D
* MA4140-M	パナソニック	370		13.65	14	14.35	5	30	5	170	0.5	10*	0.1	9	Ct=60pF PZSM=30W (0.1ms)	78D
* MA4150	パナソニック	370		13.9	15	15.6	5	30	5	170	0.5	11.4*	0.05	10	Ct=55pF PZSM=30W (0.1ms)	78D
* MA4150 (N)	パナソニック	400		13.84	14.68	15.51	5	40	5	80	0.5	11.4*	0.05	11	VZ3ランク VZは通電20ms後	78D
* MA4160	パナソニック	370		15.3	16	17.1	5	40	5	170	0.5	12.4*	0.05	11	Ct=52pF PZSM=30W (0.1ms)	78D
* MA4160 (N)	パナソニック	400		15.38	16.23	17.08	5	50	5	80	0.5	12.4*	0.05	12	VZ3ランク VZは通電20ms後	78D
* MA4180	パナソニック	370		16.9	18	19.1	5	45	5	170	0.5	14.4*	0.05	13	Ct=47pF PZSM=30W (0.1ms)	78D
* MA4180 (N)	パナソニック	400		16.94	17.98	19.02	5	60	5	80	0.5	14.4*	0.05	13	VZ3ランク VZは通電20ms後	78D
* MA4200	パナソニック	370		18.8	20	21.2	5	55	5	180	0.5	16.4*	0.05	14	Ct=36pF PZSM=30W (0.1ms)	78D
* MA4200 (N)	パナソニック	400		18.88	19.98	21.08	5	80	5	100	0.5	16.4*	0.05	15	VZ3ランク VZは通電20ms後	78D

形 名	社 名	最大定格 P (mW)	最大定格 IZ (mA)	ツェナ電圧 VZ(V) min	ツェナ電圧 VZ(V) typ	ツェナ電圧 VZ(V) max	条件 IZ (mA)	動作抵抗 ZZmax (Ω)	条件 IZ (mA)	立上り動作抵抗 ZZKmax (Ω)	条件 IZ (mA)	VZ温度係数 (%/℃) (mV/℃)*	逆方向特性 IRmax (μA)	条件 VR (V)	その他の特性等	外形
*MA4220	パナソニック	370		20.8	22	23.3	5	55	5	180	0.5	18.4*	0.05	15	Ct=34pF PZSM=30W(0.1ms)	78D
*MA4220(N)	パナソニック	400		20.89	22.02	23.15	5	80	5	100	0.5	18.4*	0.05	17	VZ3ランク VZは通電20ms後	78D
*MA4240	パナソニック	370		22.8	24	25.6	5	70	5	180	0.5	20.4*	0.05	17	Ct=33pF PZSM=30W(0.1ms)	78D
*MA4240(N)	パナソニック	400		22.93	24.25	25.57	5	100	5	120	0.5	20.4*	0.05	19	VZ3ランク VZは通電20ms後	78D
*MA4270	パナソニック	370		25.1	27	28.9	2	80	2	200	0.5	23.4*	0.05	19	Ct=30pF PZSM=30W(0.1ms)	78D
*MA4270(N)	パナソニック	400		25.2	26.91	28.61	5	120	5	120	0.5	23.4*	0.05	21	VZ3ランク VZは通電20ms後	78D
*MA4300	パナソニック	370		28	30	32	2	80	2	200	0.5	26.6*	0.05	21	Ct=27pF PZSM=30W(0.1ms)	78D
*MA4300(N)	パナソニック	400		28.22	29.98	31.74	5	160	5	160	0.5	26.6*	0.05	23	VZ3ランク VZは通電20ms後	78D
*MA4330	パナソニック	370		31	33	35	2	80	2	200	0.5	29.7*	0.05	23	Ct=25pF PZSM=30W(0.1ms)	78D
*MA4330(N)	パナソニック	400		31.18	33.01	34.83	5	200	5	200	0.5	29.7*	0.05	25	VZ3ランク VZは通電20ms後	78D
*MA4360	パナソニック	370		34	36	38	2	90	2	200	0.5	33*	0.05	25	Ct=23pF PZSM=30W(0.1ms)	78D
*MA4360(N)	パナソニック	400		34.12	36.02	37.91	5	250	5	250	0.5	33.0*	0.05	27	VZ3ランク VZは通電20ms後	78D
*MA4390	パナソニック	370		37		41	2	130	2	250	0.5	36.4*	0.05	27	Ct=21pF PZSM=30W(0.1ms)	78D
*MA4390(N)	パナソニック	400		37.04	39.02	40.99	5	300	5	300	0.5	35.8*	0.05	30	VZ3ランク VZは通電20ms後	78D
*MA5047	パナソニック	500		4.4	4.7	5	5	80	5	900	1	-1.4*	3	1.5	Ct=130pF 新形名MAZ5047	560
*MA5051	パナソニック	500		4.8	5.1	5.4	5	60	5	800	1	-0.8*	2	2	Ct=110pF 新形名MAZ5051	560
*MA5056	パナソニック	500		5.2	5.6	6	5	40	5	500	1	1.2*	1	2	Ct=95pF 新形名MAZ5056	560
*MA5062	パナソニック	500		5.8	6.2	6.6	5	20	5	300	0.5	2.3*	3	4	Ct=90pF 新形名MAZ5062	560
*MA5068	パナソニック	560		6.4	6.8	7.2	5	15	5	140	0.5	3*	2	4	Ct=85pF 新形名MAZ5068	560
*MA5075	パナソニック	560		7	7.5	7.9	5	15	5	120	0.5	4*	1	5	Ct=80pF 新形名MAZ5075	560
*MA5082	パナソニック	500		7.7	8.2	8.7	5	15	5	120	0.5	4.6*	0.5	5	Ct=75pF 新形名MAZ5082	560
*MA5091	パナソニック	500		8.5	9.1	9.6	5	15	5	130	0.5	5.5*	0.2	6	Ct=70pF 新形名MAZ5091	560
*MA5100	パナソニック	500		9.4	10	10.6	5	20	5	130	0.5	6.4*	0.2	7	Ct=70pF 新形名MAZ5100	560
*MA5110	パナソニック	500		10.4	11	11.6	5	20	5	170	0.5	7.4*	0.1	7	Ct=65pF 新形名MAZ5110	560
*MA5120	パナソニック	500		11.4	12	12.7	5	25	5	170	0.5	8.4*	0.1	8	Ct=65pF 新形名MAZ5120	560
*MA5130	パナソニック	500		12.4	13	14.1	5	30	5	170	0.5	9.4*	0.1	9	Ct=60pF 新形名MAZ5130	560
*MA5150	パナソニック	500		13.8	15	15.6	5	30	5	170	0.5	11.4*	0.05	10	Ct=55pF 新形名MAZ5150	560
*MA5160	パナソニック	500		15.3	16	17.1	5	40	5	170	0.5	12.4*	0.05	11	Ct=52pF 新形名MAZ5160	560
*MA5180	パナソニック	500		16.8	18	19.1	5	45	5	170	0.5	14.4*	0.05	13	Ct=47pF 新形名MAZ5180	560
*MA5200	パナソニック	500		18.8	20	21.2	5	45	5	180	0.5	16.4*	0.05	14	Ct=36pF 新形名MAZ5200	560
*MA5220	パナソニック	500		20.8	22	23.3	5	55	5	180	0.5	18.4*	0.05	15	Ct=33pF 新形名MAZ5220	560
*MA5240	パナソニック	500		22.8	24	25.6	5	70	5	180	0.5	20.4*	0.05	17	Ct=33pF 新形名MAZ5240	560
MA6000シリーズ	パナソニック	400													顧客の指定規格による	357D
MA7051	パナソニック	800		4.8		5.4	40	10	40			0	20	1	VZ2ランク VZは通電20ms後	25C
MA7056	パナソニック	800		5.2		6	40	8	40			1.5*	20	2	VZ2ランク VZは通電20ms後	25C
MA7062	パナソニック	800		5.8		6.6	40	6	40			2.4*	20	3	VZ2ランク VZは通電20ms後	25C
MA7068	パナソニック	800		6.4		7.2	40	6	40			3.1*	10	3	VZ2ランク VZは通電20ms後	25C
MA7075	パナソニック	800		7		7.9	40	5	40			3.8*	10	3	VZ2ランク VZは通電20ms後	25C
MA7082	パナソニック	800		7.7		8.7	40	6	40			4.5*	10	4	VZ2ランク VZは通電20ms後	25C
MA7091	パナソニック	800		8.5		9.6	40	6	40			5.4*	10	5	VZ2ランク VZは通電20ms後	25C
MA7100	パナソニック	800		9.4		10.6	20	6	20			6.3*	10	7	VZ2ランク VZは通電20ms後	25C
MA7110	パナソニック	800		10.4		11.6	20	8	20			7.4*	5	7	VZ2ランク VZは通電20ms後	25C

形 名	社名	最大定格 P (mW)	最大定格 IZ (mA)	ツェナ電圧 VZ(V) min	ツェナ電圧 VZ(V) typ	ツェナ電圧 VZ(V) max	条件 IZ(mA)	動作抵抗 ZZmax (Ω)	条件 IZ(mA)	立上り動作抵抗 ZZKmax (Ω)	条件 IZ(mA)	VZ温度係数 (%/℃) (mV/℃)*	逆方向特性 IRmax (μA)	条件 VR(V)	その他の特性等	外形
MA7120	パナソニック	800		11.4		12.7	20	8	20			8.4*	5	8	VZ2ランク VZは通電20ms後	25C
MA7130	パナソニック	800		12.4		14.1	20	10	20			9.4*	5	9	VZ2ランク Pはプリント基板実装時	25C
MA7150	パナソニック	800		13.8		15.6	20	12	20			11.4*	5	10	VZ2ランク Pはプリント基板実装時	25C
MA7160	パナソニック	800		15.3		17.1	20	12	20			12.5*	5	11	VZ2ランク Pはプリント基板実装時	25C
MA7180	パナソニック	800		16.8		19.1	20	15	20			14.5*	5	12	VZ2ランク Pはプリント基板実装時	25C
MA7200	パナソニック	800		18.8		21.2	20	15	20			16.6*	5	14	VZ2ランク Pはプリント基板実装時	25C
MA7220	パナソニック	800		20.8		23.3	10	20	10			18.6*	5	15	VZ2ランク Pはプリント基板実装時	25C
MA7240	パナソニック	800		22.8		25.6	10	20	10			20.7*	5	16	VZ2ランク Pはプリント基板実装時	25C
MA7270	パナソニック	800		25.1		28.9	10	25	10			23.8*	2	18	VZ2ランク Pはプリント基板実装時	25C
MA7300	パナソニック	800		28		32	10	25	10			26.9*	2	20	VZ2ランク Pはプリント基板実装時	25C
MA7330	パナソニック	800		31		35	10	30	10			30.0*	2	22	VZ2ランク Pはプリント基板実装時	25C
MA7360	パナソニック	800		34		38	10	30	10			33.4*	2	24	VZ2ランク Pはプリント基板実装時	25C
MA7390	パナソニック	800		37		41	10	50	10			36.3*	5	26	Pはプリント基板実装時	25C
MA7430	パナソニック	800		40		46	10	50	10			41.1*	5	29	Pはプリント基板実装時	25C
MA7470	パナソニック	800		44		50	10	50	10			44.9*	5	31	Pはプリント基板実装時	25C
MA7510	パナソニック	800		48		54	10	50	10			48.6*	5	33	Pはプリント基板実装時	25C
MA7560	パナソニック	800		52		60	10	50	10			54.9*	5	35	Pはプリント基板実装時	25C
MA8024	パナソニック	150		2.28	2.4	2.6	5	100	5			-1.6*	120	1	Pはプリント基板実装時 新形名MAZ8024	239
MA8027	パナソニック	150		2.5	2.7	2.9	5	110	5			-2.0*	120	1	VZ2ランク Pはプリント基板 新形名MAZ8027	239
MA8030	パナソニック	150		2.8	3	3.2	5	120	5			-2.1*	50	1	VZ2ランク Pはプリント基板 新形名MAZ8030	239
MA8033	パナソニック	150		3.1	3.3	3.5	5	130	5			-2.4*	20	1	VZ2ランク Pはプリント基板 新形名MAZ8033	239
MA8036	パナソニック	150		3.4	3.6	3.8	5	130	5			-2.4*	10	1	VZ2ランク Pはプリント基板 新形名MAZ8036	239
MA8039	パナソニック	150		3.7	3.9	4.1	5	130	5			-2.5*	10	1	VZ2ランク Pはプリント基板 新形名MAZ8039	239
MA8043	パナソニック	150		4	4.3	4.6	5	130	5	800	1	-2.5*	10	1	VZ2ランク Pはプリント基板 新形名MAZ8043	239
MA8047	パナソニック	150		4.4	4.7	5	5	80	5	500	1	-1.4*	2	1	VZ3ランク Pはプリント基板 新形名MAZ8047	239
MA8051	パナソニック	150		4.8	5.1	5.4	5	60	5	200	0.5	-0.8*	1	2	VZ2ランク Pはプリント基板 新形名MAZ8051	239
MA8056	パナソニック	150		5.3	5.6	6	5	40	5	200	0.5	1.2*	0.5	2.5	VZ3ランク Pはプリント基板 新形名MAZ8056	239
MA8062	パナソニック	150		5.8	6.2	6.6	5	30	5	100	0.5	2.3*	0.2	4	VZ3ランク Pはプリント基板 新形名MAZ8062	239
MA8068	パナソニック	150		6.4	6.8	7.2	5	20	5	60	0.5	3.0*	0.1	4	VZ3ランク Pはプリント基板 新形名MAZ8068	239
MA8075	パナソニック	150		7	7.5	7.9	5	20	5	60	0.5	4.0*	0.1	5	VZ3ランク Pはプリント基板 新形名MAZ8075	239
MA8082	パナソニック	150		7.7	8.2	8.7	5	20	5	60	0.5	4.6*	0.1	6	VZ3ランク Pはプリント基板 新形名MAZ8082	239
MA8091	パナソニック	150		8.5	9.1	9.6	5	20	5	60	0.5	5.5*	0.1	6	VZ3ランク Pはプリント基板 新形名MAZ8091	239
MA8100	パナソニック	150		9.4	10	10.6	5	30	5	60	0.5	6.4*	0.05	7	VZ3ランク Pはプリント基板 新形名MAZ8100	239
MA8110	パナソニック	150		10.4	11	11.6	5	30	5	60	0.5	7.4*	0.05	8	VZ3ランク Pはプリント基板 新形名MAZ8110	239
MA8120	パナソニック	150		11.4	12	12.7	5	30	5	80	0.5	8.4*	0.05	9	VZ3ランク Pはプリント基板 新形名MAZ8120	239
MA8130	パナソニック	150		12.4	13	14.1	5	35	5	80	0.5	9.4*	0.05	10	VZ3ランク Pはプリント基板 新形名MAZ8130	239
MA8140-M	パナソニック	150		13.65	14	14.35	5	40	5	80	0.5	10.0*	0.05	10	Pはプリント基板実装時 新形名MAZ8140	239
MA8150	パナソニック	150		13.9	15	15.6	5	40	5	80	0.5	11.4*	0.05	11	VZ3ランク Pはプリント基板 新形名MAZ8150	239
MA8160	パナソニック	150		15.3	16	17.1	5	50	5	80	0.5	12.4*	0.05	12	VZ3ランク Pはプリント基板 新形名MAZ8160	239
MA8180	パナソニック	150		16.9	18	19.1	5	60	5	80	0.5	14.4*	0.05	13	VZ3ランク Pはプリント基板 新形名MAZ8180	239
MA8200	パナソニック	150		18.8	20	21.2	5	80	5	100	0.5	16.4*	0.05	15	VZ3ランク Pはプリント基板 新形名MAZ8200	239
MA8220	パナソニック	150		20.8	22	23.3	5	80	5	100	0.5	18.4*	0.05	17	VZ3ランク Pはプリント基板 新形名MAZ8220	239

形 名	社 名	最大定格 P (mW)	最大定格 IZ (mA)	ツェナ電圧 VZ(V) min	ツェナ電圧 VZ(V) typ	ツェナ電圧 VZ(V) max	条件 IZ(mA)	動作抵抗 ZZmax (Ω)	条件 IZ(mA)	立上り動作抵抗 ZZKmax (Ω)	条件 IZ(mA)	VZ温度係数 (%/℃) (mV/℃)*	逆方向特性 IRmax (μA)	条件 VR(V)	その他の特性等	外形
MA8240	パナソニック	150		22.8	24	25.6	5	100	5	120	0.5	20.4*	0.05	19	VZ3ランク Pはプリント基板 新形名MAZ8240	239
MA8270	パナソニック	150		25.1	27	28.9	2	120	2	120	0.5	23.4*	0.05	21	VZ3ランク Pはプリント基板 新形名MAZ8270	239
MA8300	パナソニック	150		28	30	32	2	160	2	160	0.5	26.6*	0.05	23	VZ3ランク Pはプリント基板 新形名MAZ8300	239
MA8330	パナソニック	150		31	33	35	2	200	2	200	0.5	29.7*	0.05	25	VZ3ランク Pはプリント基板 新形名MAZ8330	239
MA8360	パナソニック	150		34	36	38	2	250	2	250	0.5	33.0*	0.05	27	VZ3ランク Pはプリント基板 新形名MAZ8360	239
MA8390	パナソニック	150		37	39	41	2	300	2	300	0.5	35.6*	0.05	30	VZ3ランク Pはプリント基板 新形名MAZ8390	239
* MALS062	パナソニック	150		5.8	6.2	6.6	1						1	4	Ct=55pF Pはプリント基板実装時	757D
* MALS068	パナソニック	150		6.4	6.8	7.2	5						0.5	4	Ct=50pF Pはプリント基板実装時	757D
* MALS068X	パナソニック	150		6.5	7.0	7.5	5	20	5				0.05	4	Ct=15pF 2素子逆直列 Pはプリント基板	757D
* MALT062H	パナソニック	150		5.8	6.2	6.6	1						1	4	Ct=55pF 2素子センタータップ (アノードコモン)	119C
MAYK062D	パナソニック	200		5.9		6.5	5	30	5	100	0.5		3	5.5	Ct=8pF 4素子複合 (アノードコモン)	269A
* MAYS062	パナソニック	150		5.9		6.5	5	30	5	100	0.5		3	5	Ct=8pF	757D
* MAYS0750Y	パナソニック	150		6.0	7.5		1						2	5	Ct=0.8pF Pはプリント基板実装時	757D
* MAYS0750Z	パナソニック	150		6.0	7.5		1						2	5	Ct=1.5pF Pはプリント基板実装時	757D
* MAZ1020	パナソニック	500		1.88		2.24	5	100	5	2k	1	-1.5*	120	0.5	VZは通電20ms後 VZ2ランク	24K
* MAZ1022	パナソニック	500		2.08		2.45	5	100	5	2k	1	-1.5*	120	0.5	VZは通電20ms後 VZ2ランク	24K
* MAZ1024	パナソニック	500		2.28		2.7	5	100	5	2k	1	-1.6*	120	1	VZは通電20ms後 VZ2ランク	24K
* MAZ1027	パナソニック	500		2.5		2.9	5	100	5	1k	1	-2*	100	1	VZは通電20ms後 VZ2ランク	24K
* MAZ1030	パナソニック	500		2.8		3.2	5	100	5	1k	1	-2.1*	50	1	VZは通電20ms後 VZ3ランク	24K
* MAZ1033	パナソニック	500		3.1		3.5	5	100	5	1k	1	-2.4*	20	1	VZは通電20ms後 VZ3ランク	24K
* MAZ1036	パナソニック	500		3.4		3.8	5	100	5	1k	1	-2.4*	10	1	VZは通電20ms後 VZ3ランク	24K
* MAZ1039	パナソニック	500		3.7		4.1	5	100	5	1k	1	-2.5*	10	1	VZは通電20ms後 VZ3ランク	24K
* MAZ1043	パナソニック	500		4		4.6	5	100	5	1k	1	-2.5*	10	1	VZは通電20ms後 VZ3ランク	24K
* MAZ1047	パナソニック	500		4.4		5	5	80	5	900	1	-1.4*	3	1	VZは通電20ms後 VZ3ランク	24K
* MAZ1051	パナソニック	500		4.8		5.4	5	60	5	800	1	-0.8*	2	2	VZは通電20ms後 VZ3ランク	24K
* MAZ1056	パナソニック	500		5.3		6	5	40	5	500	1	1.2*	1	2	VZは通電20ms後 VZ3ランク	24K
* MAZ1062	パナソニック	500		5.8		6.6	5	20	5	300	0.5	2.3*	3	4	VZは通電20ms後 VZ3ランク	24K
* MAZ1068	パナソニック	500		6.4		7.2	5	15	5	140	0.5	3.0*	2	4	VZは通電20ms後 VZ3ランク	24K
* MAZ1075	パナソニック	500		7		7.9	5	15	5	120	0.5	4.0*	1	5	VZは通電20ms後 VZ3ランク	24K
* MAZ1082	パナソニック	500		7.7		8.7	5	15	5	120	0.5	4.6*	0.5	5	VZは通電20ms後 VZ3ランク	24K
* MAZ1091	パナソニック	500		8.5		9.6	5	15	5	130	0.5	5.5*	0.2	6	VZは通電20ms後 VZ3ランク	24K
* MAZ1100	パナソニック	500		9.4		10.6	5	20	5	130	0.5	6.4*	0.2	7	VZは通電20ms後 VZ3ランク	24K
* MAZ1110	パナソニック	500		10.4		11.6	5	20	5	170	0.5	7.4*	0.1	7	VZは通電20ms後 VZ3ランク	24K
* MAZ1120	パナソニック	500		11.4		12.7	5	25	5	170	0.5	8.4*	0.1	8	VZは通電20ms後 VZ3ランク	24K
* MAZ1130	パナソニック	500		12.4		14.1	5	30	5	170	0.5	9.4*	0.1	9	VZは通電20ms後 VZ3ランク	24K
* MAZ1140M	パナソニック	500		13.65		14.35	5	30	5	170	0.5	10*	0.1	9	VZは通電20ms後	24K
* MAZ1150	パナソニック	500		13.9		15.6	5	30	5	170	0.5	11.4*	0.05	10	VZは通電20ms後 VZ3ランク	24K
* MAZ1160	パナソニック	500		15.3		17.1	5	40	5	170	0.5	12.4*	0.05	11	VZは通電20ms後 VZ3ランク	24K
* MAZ1180	パナソニック	500		16.9		19.1	5	45	5	170	0.5	14.4*	0.05	13	VZは通電20ms後 VZ3ランク	24K
* MAZ1200	パナソニック	500		18.8		21.2	5	55	5	180	0.5	16.4*	0.05	14	VZは通電20ms後 VZ3ランク	24K
* MAZ1220	パナソニック	500		20.8		23.3	5	55	5	180	0.5	18.4*	0.05	15	VZは通電20ms後 VZ3ランク	24K
* MAZ1240	パナソニック	500		22.8		25.6	5	70	5	180	0.5	20.4*	0.05	17	VZは通電20ms後 VZ3ランク	24K

形 名	社名	最大定格 P (mW)	最大定格 IZ (mA)	ツェナ電圧 VZ(V) min	ツェナ電圧 VZ(V) typ	ツェナ電圧 VZ(V) max	条件 IZ(mA)	動作抵抗 ZZmax (Ω)	条件 IZ(mA)	立上り動作抵抗 ZZKmax (Ω)	条件 IZ(mA)	VZ温度係数 (%/°C) (mV/°C)*	逆方向特性 IRmax (μA)	条件 VR(V)	その他の特性等	外形
* MAZ1270	パナソニック	500		25.1		28.9	5	80	5	200	0.5	23.4*	0.05	19	VZは通電20ms後 VZ3ランク	24K
* MAZ1300	パナソニック	500		28		32	5	80	5	200	0.5	26.6*	0.05	21	VZは通電20ms後 VZ3ランク	24K
* MAZ1330	パナソニック	500		31		35	5	80	5	200	0.5	29.7*	0.05	23	VZは通電20ms後 VZ3ランク	24K
* MAZ1360	パナソニック	500		34		38	5	90	5	200	0.5	33.0*	0.05	25	VZは通電20ms後 VZ3ランク	24K
* MAZ1390	パナソニック	500		37		41	5	130	5	250	0.5	36.4*	0.05	27	VZは通電20ms後 VZ3ランク	24K
* MAZ2051	パナソニック	1W		4.8		5.4	40	10	40			0	20	1	VZは通電20ms後 VZ2ランク	24E
* MAZ2056	パナソニック	1W		5.2		6	40	8	40			1.5*	20	2	VZは通電20ms後 VZ2ランク	24E
* MAZ2062	パナソニック	1W		5.8		6.6	40	6	40			2.4*	20	3	VZは通電20ms後 VZ2ランク	24E
* MAZ2068	パナソニック	1W		6.4		7.2	40	6	40			3.1*	10	3	VZは通電20ms後 VZ2ランク	24E
* MAZ2075	パナソニック	1W		7		7.9	40	5	40			3.8*	10	3	VZは通電20ms後 VZ2ランク	24E
* MAZ2082	パナソニック	1W		7.7		8.7	40	5	40			4.5*	10	4	VZは通電20ms後 VZ2ランク	24E
* MAZ2091	パナソニック	1W		8.5		9.6	40	6	40			5.4*	10	5	VZは通電20ms後 VZ2ランク	24E
* MAZ2100	パナソニック	1W		9.4		10.6	40	6	40			6.3*	10	7	VZは通電20ms後 VZ2ランク	24E
* MAZ2110	パナソニック	1W		10.4		11.6	20	8	20			7.4*	5	7	VZは通電20ms後 VZ2ランク	24E
* MAZ2120	パナソニック	1W		11.4		12.7	20	8	20			8.4*	5	8	VZは通電20ms後 VZ2ランク	24E
* MAZ2130	パナソニック	1W		12.4		14.1	20	10	20			9.4*	5	9	VZは通電20ms後 VZ2ランク	24E
* MAZ2150	パナソニック	1W		13.8		15.6	20	12	20			11.4*	5	10	VZは通電20ms後 VZ2ランク	24E
* MAZ2160	パナソニック	1W		15.3		17.1	20	12	20			12.5*	5	11	VZは通電20ms後 VZ2ランク	24E
* MAZ2180	パナソニック	1W		16.8		19.1	20	15	20			14.5*	5	12	VZは通電20ms後 VZ2ランク	24E
* MAZ2200	パナソニック	1W		18.8		21.2	20	15	20			16.6*	5	14	VZは通電20ms後 VZ2ランク	24E
* MAZ2220	パナソニック	1W		20.8		23.3	10	20	10			18.6*	5	15	VZは通電20ms後 VZ2ランク	24E
* MAZ2240	パナソニック	1W		22.8		25.6	10	20	10			20.7*	5	16	VZは通電20ms後 VZ2ランク	24E
* MAZ2270	パナソニック	1W		25.1		28.9	10	25	10			23.8*	2	18	VZは通電20ms後 VZ2ランク	24E
* MAZ2300	パナソニック	1W		28		32	10	25	10			26.9*	2	20	VZは通電20ms後 VZ2ランク	24E
* MAZ2330	パナソニック	1W		31		35	10	30	10			30.0*	2	22	VZは通電20ms後 VZ2ランク	24E
* MAZ2360	パナソニック	1W		34		38	10	30	10			33.4*	2	24	VZは通電20ms後 VZ2ランク	24E
* MAZ2390	パナソニック	1W		37		41	10	50	10			36.3*	5	26	VZは通電20ms後	24E
* MAZ2430	パナソニック	1W		40		46	10	50	10			41.1*	5	29	VZは通電20ms後	24E
* MAZ2470	パナソニック	1W		44		50	10	50	10			44.9*	5	31	VZは通電20ms後	24E
* MAZ2510	パナソニック	1W		48		54	10	50	10			48.6*	5	33	VZは通電20ms後	24E
* MAZ2560	パナソニック	1W		52		60	10	50	10			54.9*	5	35	VZは通電20ms後	24E
* MAZ3024	パナソニック	200		2.28	2.4	2.6	5	100	5			-1.6*	120	1		610A
* MAZ3027	パナソニック	200		2.5	2.7	2.9	5	110	5			-2.0*	120	1	VZ2ランク	610A
* MAZ3030	パナソニック	200		2.8	3	3.2	5	120	5			-2.1*	50	1	VZ2ランク	610A
* MAZ3033	パナソニック	200		3.1	3.3	3.5	5	130	5			-2.4*	20	1	VZ2ランク	610A
* MAZ3036	パナソニック	200		3.4	3.6	3.8	5	130	5			-2.4*	10	1	VZ2ランク	610A
* MAZ3039	パナソニック	200		3.7	3.9	4.1	5	130	5			-2.5*	10	1	VZ2ランク	610A
* MAZ3043	パナソニック	200		4	4.3	4.6	5	130	5			-2.5*	10	1	VZ3ランク	610A
* MAZ3047	パナソニック	200		4.4	4.7	5	5	80	5	900	1	-1.4*	3	1	VZ3ランク	610A
* MAZ3051	パナソニック	200		4.8	5.1	5.4	5	60	5	800	1	-0.8*	2	2	VZ3ランク	610A
* MAZ3056	パナソニック	200		5.3	5.6	6	5	40	5	500	1	1.2*	1	2	VZ3ランク	610A
* MAZ3062	パナソニック	200		5.8	6.2	6.6	5	20	5	300	0.5	2.3*	3	4	VZ3ランク	610A

形 名	社 名	最大定格 P (mW)	最大定格 IZ (mA)	ツェナ電圧 VZ(V) min	ツェナ電圧 VZ(V) typ	ツェナ電圧 VZ(V) max	条件 IZ(mA)	動作抵抗 ZZmax (Ω)	条件 IZ(mA)	立上り動作抵抗 ZZKmax (Ω)	条件 IZ(mA)	VZ温度係数 (%/℃) (mV/℃)*	逆方向特性 IRmax (μA)	条件 VR(V)	その他の特性等	外形
*MAZ3068	パナソニック	200		6.4	6.8	7.2	5	15	5	140	0.5	3*	2	4	VZ3ランク	610A
*MAZ3075	パナソニック	200		7	7.5	7.9	5	15	5	120	0.5	4*	1	5	VZ3ランク	610A
*MAZ3082	パナソニック	200		7.7	8.2	8.7	5	15	5	120	0.5	4.6*	0.5	5	VZ3ランク	610A
*MAZ3091	パナソニック	200		8.5	9.1	9.6	5	15	5	130	0.5	5.5*	0.2	6	VZ3ランク	610A
*MAZ3100	パナソニック	200		9.4	10	10.6	5	20	5	130	0.5	6.4*	0.2	7	VZ3ランク	610A
*MAZ3110	パナソニック	200		10.4	11	11.6	5	20	5	170	0.5	7.4*	0.1	7	VZ3ランク	610A
*MAZ3120	パナソニック	200		11.4	12	12.7	5	25	5	170	0.5	8.4*	0.1	8	VZ3ランク	610A
*MAZ3130	パナソニック	200		12.4	13	14.1	5	30	5	170	0.5	9.4*	0.1	9	VZ3ランク	610A
*MAZ3140-M	パナソニック	200		13.65	14	14.35	5	30	5	170	0.5	10*	0.1	9		610A
*MAZ3150	パナソニック	200		13.9	15	15.6	5	30	5	170	0.5	11.4*	0.05	10	VZ3ランク	610A
*MAZ3160	パナソニック	200		15.3	16	17.1	5	40	5	170	0.5	12.4*	0.05	11	VZ3ランク	610A
*MAZ3180	パナソニック	200		16.9	18	19.1	5	45	5	170	0.5	14.4*	0.05	13	VZ3ランク	610A
*MAZ3200	パナソニック	200		18.8	20	21.2	5	55	5	180	0.5	16.4*	0.05	14	VZ3ランク	610A
*MAZ3220	パナソニック	200		20.8	22	23.3	5	55	5	180	0.5	18.4*	0.05	15	VZ3ランク	610A
*MAZ3240	パナソニック	200		22.8	24	25.6	5	70	5	180	0.5	20.4*	0.05	17	VZ3ランク	610A
*MAZ3270	パナソニック	200		25.1	27	28.9	5	80	5	200	0.5	23.4*	0.05	19	VZ3ランク	610A
*MAZ3300	パナソニック	200		28	30	32	5	80	5	200	0.5	26.6*	0.05	21	VZ3ランク	610A
*MAZ3330	パナソニック	200		31	33	35	5	80	5	200	0.5	29.7*	0.05	23	VZ3ランク	610A
*MAZ3360	パナソニック	200		34	36	38	5	90	5	200	0.5	33*	0.05	25	VZ3ランク	610A
*MAZ3390	パナソニック	200		37		41	5	130	5	250	0.5	36.4*	0.05	27	VZ3ランク	610A
*MAZ4020	パナソニック	370		1.88		2.24	5	100	5	2k	1	-1.5*	120	0.5	VZは通電20ms後 VZ2ランク	78B
*MAZ4022	パナソニック	370		2.08		2.45	5	100	5	2k	1	-1.5*	120	0.7	VZは通電20ms後 VZ2ランク	78B
*MAZ4024	パナソニック	370		2.28		2.7	5	100	5	2k	1	-1.6*	120	1	VZは通電20ms後 VZ2ランク	78B
*MAZ4027	パナソニック	370		2.5		2.9	5	100	5	1k	1	-2*	100	1	VZは通電20ms後 VZ3ランク	78B
*MAZ4030	パナソニック	370		2.8		3.2	5	100	5	1k	1	-2.1*	50	1	VZは通電20ms後 VZ3ランク	78B
*MAZ4033	パナソニック	370		3.1		3.5	5	100	5	1k	1	-2.4*	20	1	VZは通電20ms後 VZ3ランク	78B
*MAZ4036	パナソニック	370		3.4		3.8	5	100	5	1k	1	-2.4*	10	1	VZは通電20ms後 VZ3ランク	78B
*MAZ4039	パナソニック	370		3.7		4.1	5	100	5	1k	1	-2.5*	10	1	VZは通電20ms後 VZ3ランク	78B
*MAZ4043	パナソニック	370		4		4.6	5	100	5	1k	1	-2.5*	10	1	VZは通電20ms後 VZ3ランク	78B
*MAZ4047	パナソニック	370		4.4		5	5	80	5	900	1	-1.4*	3	1	VZは通電20ms後 VZ3ランク	78B
*MAZ4047N	パナソニック	400		4.42		4.9	5	80	5	800	0.5	-1.4*	2	1	VZは通電20ms後 VZ3ランク	78B
*MAZ4051	パナソニック	370		4.8		5.4	5	60	5	800	1	0.8*	2	2	VZは通電20ms後 VZ3ランク	78B
*MAZ4051N	パナソニック	400		4.84		5.38	5	60	5	500	0.5	-0.8*	1	2	VZは通電20ms後 VZ3ランク	78B
*MAZ4056	パナソニック	370		5.3		6	5	40	5	500	1	1.2*	1	2	VZは通電20ms後 VZ3ランク	78B
*MAZ4056N	パナソニック	400		5.32		5.92	5	40	5	200	0.5	1.2*	0.5	2.5	VZは通電20ms後 VZ3ランク	78B
*MAZ4062	パナソニック	370		5.8		6.6	5	20	5	300	0.5	2.3*	3	4	VZは通電20ms後 VZ3ランク	78B
*MAZ4062N	パナソニック	400		5.86		6.53	5	30	5	100	0.5	2.3*	0.2	4	VZは通電20ms後 VZ3ランク	78B
*MAZ4068	パナソニック	370		6.4		7.2	5	15	5	140	0.5	3.0*	2	4	VZは通電20ms後 VZ3ランク	78B
*MAZ4068N	パナソニック	400		6.47		7.14	5	20	5	60	0.5	3.0*	0.1	4	VZは通電20ms後 VZ3ランク	78B
*MAZ4075	パナソニック	370		7		7.9	5	15	5	120	0.5	4.0*	1	5	VZは通電20ms後 VZ3ランク	78B
*MAZ4075N	パナソニック	400		7.07		7.83	5	20	5	60	0.5	4.0*	0.1	5	VZは通電20ms後 VZ3ランク	78B
*MAZ4082	パナソニック	370		7.7		8.7	5	15	5	120	0.5	4.6*	0.5	5	VZは通電20ms後 VZ3ランク	78B

形　名	社名	最大定格 P (mW)	最大定格 IZ (mA)	ツェナ電圧 VZ(V) min	ツェナ電圧 VZ(V) typ	ツェナ電圧 VZ(V) max	条件 IZ(mA)	動作抵抗 ZZmax (Ω)	条件 IZ(mA)	立上り動作抵抗 ZZKmax (Ω)	条件 IZ(mA)	VZ温度係数 (%/℃) (mV/℃)*	IRmax (μA)	条件 VR(V)	その他の特性等	外形
* MAZ4082N	パナソニック	400		7.77		8.63	5	20	5	60	0.5	4.6*	0.1	5	VZは通電20ms後 VZ3ランク	78B
* MAZ4091	パナソニック	370		8.5		9.6	5	15	5	130	0.5	5.5*	0.2	6	VZは通電20ms後 VZ3ランク	78B
* MAZ4091N	パナソニック	400		8.57		9.53	5	20	5	60	0.5	5.5*	0.1	6	VZは通電20ms後 VZ3ランク	78B
MAZ4100	パナソニック	370		9.4		10.6	5	20	5	130	0.5	6.4*	0.2	7	VZは通電20ms後 VZ3ランク	78B
* MAZ4100N	パナソニック	400		9.47		10.54	5	30	5	60	0.5	6.4*	0.05	7	VZは通電20ms後 VZ3ランク	78B
* MAZ4110	パナソニック	370		10.4		11.6	5	20	5	170	0.5	7.4*	0.1	7	VZは通電20ms後 VZ3ランク	78B
* MAZ4110N	パナソニック	400		10.45		11.56	5	30	5	60	0.5	7.4*	0.05	8	VZは通電20ms後 VZ3ランク	78B
* MAZ4120	パナソニック	370		11.4		12.7	5	25	5	170	0.5	8.4*	0.1	8	VZは通電20ms後 VZ3ランク	78B
* MAZ4120N	パナソニック	400		11.43		12.58	5	30	5	80	0.5	8.4*	0.05	9		78B
* MAZ4130	パナソニック	370		12.4		14.1	5	30	5	170	0.5	9.4*	0.1	9		78B
* MAZ4130N	パナソニック	400		12.46		13.96	5	35	5	80	0.5	9.4*	0.05	10	VZは通電20ms後 VZ3ランク	78B
* MAZ4140-M	パナソニック	370		13.65		14.35	5	30	5	170	0.5	10*	0.1	9	VZは通電20ms後	78B
* MAZ4150	パナソニック	370		13.9		15.6	5	30	5	170	0.5	11.4*	0.05	10	VZは通電20ms後 VZ3ランク	78B
* MAZ4150N	パナソニック	400		13.84		15.51	5	40	5	80	0.5	11.4*	0.05	11	VZは通電20ms後 VZ3ランク	78B
* MAZ4160	パナソニック	370		15.3		17.1	5	40	5	170	0.5	12.4*	0.05	11	VZは通電20ms後 VZ3ランク	78B
* MAZ4160N	パナソニック	400		15.38		17.08	5	50	5	80	0.5	12.4*	0.05	12	VZは通電20ms後 VZ3ランク	78B
* MAZ4180	パナソニック	370		16.9		19.1	5	45	5	170	0.5	14.4*	0.05	13	VZは通電20ms後 VZ3ランク	78B
* MAZ4180N	パナソニック	400		16.94		19.02	5	60	5	80	0.5	14.4*	0.05	13	VZは通電20ms後 VZ3ランク	78B
* MAZ4200	パナソニック	370		18.8		21.2	5	55	5	180	0.5	16.4*	0.05	14	VZは通電20ms後 VZ3ランク	78B
* MAZ4200N	パナソニック	400		18.88		21.08	5	80	5	100	0.5	16.4*	0.05	15	VZは通電20ms後 VZ3ランク	78B
* MAZ4220	パナソニック	370		20.8		23.3	5	55	5	180	0.5	18.4*	0.05	15	VZは通電20ms後 VZ3ランク	78B
* MAZ4220N	パナソニック	400		20.89		23.15	5	80	5	100	0.5	18.4*	0.05	17	VZは通電20ms後 VZ3ランク	78B
* MAZ4240	パナソニック	370		22.8		25.6	5	70	5	180	0.5	20.4*	0.05	17	VZは通電20ms後 VZ3ランク	78B
* MAZ4240N	パナソニック	400		22.93		25.57	5	100	5	120	0.5	20.4*	0.05	19	VZは通電20ms後 VZ3ランク	78B
* MAZ4270	パナソニック	370		25.1		28.9	2	80	2	200	0.5	23.4*	0.05	19	VZは通電20ms後 VZ3ランク	78B
* MAZ4270N	パナソニック	400		25.2		28.61	5	120	5	120	0.5	23.4*	0.05	21	VZは通電20ms後 VZ3ランク	78B
* MAZ4300	パナソニック	370		28		32	2	80	2	200	0.5	26.6*	0.05	21	VZは通電20ms後 VZ3ランク	78B
* MAZ4300N	パナソニック	400		28.22		31.74	5	160	5	160	0.5	26.6*	0.05	23	VZは通電20ms後 VZ3ランク	78B
* MAZ4330	パナソニック	370		31		35	2	80	2	200	0.5	29.7*	0.05	23	VZは通電20ms後 VZ3ランク	78B
* MAZ4330N	パナソニック	400		31.18		34.83	5	200	5	200	0.5	29.7*	0.05	25	VZは通電20ms後 VZ3ランク	78B
* MAZ4360	パナソニック	370		34		38	2	90	2	200	0.5	33.0*	0.05	25	VZは通電20ms後 VZ3ランク	78B
* MAZ4360N	パナソニック	400		34.12		37.91	5	250	5	250	0.5	33.0*	0.05	27	VZは通電20ms後 VZ3ランク	78B
* MAZ4390	パナソニック	370		37		41	2	130	2	250	0.5	36.4*	0.05	27	VZは通電20ms後 VZ3ランク	78B
* MAZ4390N	パナソニック	400		37.04		40.99	5	300	5	300	0.5	35.6*	0.05	30	VZは通電20ms後 VZ3ランク	78B
* MAZ5047	パナソニック	500		4.4	4.7	5	5	80	5	900	1	-1.4*	3	1	Ct=130pF PZSM=30W(0.1ms)	560
* MAZ5051	パナソニック	500		4.8	5.1	5.4	5	80	5	800	1	-0.8*	2	2	Ct=110pF PZSM=30W(0.1ms)	560
* MAZ5056	パナソニック	500		5.3	5.6	6	5	40	5	500	1	1.2*	1	2	Ct=95pF PZSM=30W(0.1ms)	560
* MAZ5062	パナソニック	500		5.8	6.2	6.6	5	20	5	300	0.5	2.3*	3	4	Ct=90pF PZSM=30W(0.1ms)	560
* MAZ5068	パナソニック	500		6.4	6.8	7.2	5	15	5	140	0.5	3.0*	2	4	Ct=85pF PZSM=30W(0.1ms)	560
* MAZ5075	パナソニック	500		7	7.5	7.9	5	15	5	120	0.5	4.0*	1	5	Ct=75pF PZSM=30W(0.1ms)	560
* MAZ5082	パナソニック	500		7.7	8.2	8.7	5	15	5	120	0.5	4.6*	0.5	6	Ct=75pF PZSM=30W(0.1ms)	560
* MAZ5091	パナソニック	500		8.5	9.1	9.6	5	15	5	130	0.5	5.5*	0.2	6	Ct=70pF PZSM=30W(0.1ms)	560

形名	社名	最大定格 P (mW)	最大定格 IZ (mA)	ツェナ電圧 VZ(V) min	ツェナ電圧 VZ(V) typ	ツェナ電圧 VZ(V) max	条件 IZ(mA)	動作抵抗 ZZmax (Ω)	条件 IZ(mA)	立上り動作抵抗 ZZKmax (Ω)	条件 IZ(mA)	VZ温度係数 (%/°C)* (mV/°C)*	逆方向特性 IRmax (μA)	条件 VR(V)	その他の特性等	外形
*MAZ5100	パナソニック	500		9.4	10	10.6	5	20	5	130	0.5	6.4*	0.2	7	Ct=70pF PZSM=30W (0.1ms)	560
*MAZ5110	パナソニック	500		10.4	11	11.6	5	20	5	170	0.5	7.4*	0.1	7	Ct=65pF PZSM=30W (0.1ms)	560
*MAZ5120	パナソニック	500		11.4	12	12.7	5	25	5	170	0.5	8.4*	0.1	8	Ct=65pF PZSM=30W (0.1ms)	560
*MAZ5130	パナソニック	500		12.4	13	14.1	5	30	5	170	0.5	9.4*	0.1	9	Ct=60pF PZSM=30W (0.1ms)	560
*MAZ5150	パナソニック	500		13.9	15	15.6	5	30	5	170	0.5	11.4*	0.05	10	Ct=55pF PZSM=30W (0.1ms)	560
*MAZ5160	パナソニック	500		15.3	16	17.1	5	40	5	170	0.5	12.4*	0.05	11	Ct=52pF PZSM=30W (0.1ms)	560
*MAZ5180	パナソニック	500		16.9	18	19.1	5	45	5	170	0.5	14.4*	0.05	13	Ct=47pF PZSM=30W (0.1ms)	560
*MAZ5200	パナソニック	500		18.8	20	21.2	5	55	5	180	0.5	16.4*	0.05	14	Ct=36pF PZSM=30W (0.1ms)	560
*MAZ5220	パナソニック	500		20.8	22	23.3	5	55	5	180	0.5	18.4*	0.05	15	Ct=34pF PZSM=30W (0.1ms)	560
*MAZ5240	パナソニック	500		22.8	24	25.6	5	70	5	180	0.5	20.4*	0.05	17	Ct=33pF PZSM=30W (0.1ms)	560
*MAZ7051	パナソニック	800		4.8		5.4	40	10	40			0	20	1	VZは通電20ms後 VZ2ランク	24E
*MAZ7056	パナソニック	800		5.2		6	40	8	40			1.5*	20	2	VZは通電20ms後 VZ2ランク	24E
*MAZ7062	パナソニック	800		5.8		6.6	40	6	40			2.4*	20	3	VZは通電20ms後 VZ2ランク	24E
*MAZ7068	パナソニック	800		6.4		7.2	40	6	40			3.1*	10	3	VZは通電20ms後 VZ2ランク	24E
*MAZ7075	パナソニック	800		7		7.9	40	5	40			3.8*	10	3	VZは通電20ms後 VZ2ランク	24E
*MAZ7082	パナソニック	800		7.7		8.7	40	5	40			4.5*	10	4	VZは通電20ms後 VZ2ランク	24E
*MAZ7091	パナソニック	800		8.5		9.6	40	6	40			5.4*	10	5	VZは通電20ms後 VZ2ランク	24E
*MAZ7100	パナソニック	800		9.4		10.6	40	6	40			6.3*	10	7	VZは通電20ms後 VZ2ランク	24E
*MAZ7110	パナソニック	800		10.4		11.6	20	8	20			7.4*	5	7	VZは通電20ms後 VZ2ランク	24E
*MAZ7120	パナソニック	800		11.4		12.7	20	8	20			8.4*	5	8	VZは通電20ms後 VZ2ランク	24E
*MAZ7130	パナソニック	800		12.4		14.1	20	10	20			9.4*	5	9	VZは通電20ms後 VZ2ランク	24E
*MAZ7150	パナソニック	800		13.8		15.6	20	12	20			11.4*	5	10	VZは通電20ms後 VZ2ランク	24E
*MAZ7160	パナソニック	800		15.3		17.1	20	12	20			12.5*	5	11	VZは通電20ms後 VZ2ランク	24E
*MAZ7180	パナソニック	800		16.8		19.1	20	15	20			14.5*	5	12	VZは通電20ms後 VZ2ランク	24E
*MAZ7200	パナソニック	800		18.8		21.2	20	15	20			16.6*	5	14	VZは通電20ms後 VZ2ランク	24E
*MAZ7220	パナソニック	800		20.8		23.3	10	20	10			18.6*	5	15	VZは通電20ms後 VZ2ランク	24E
*MAZ7240	パナソニック	800		22.8		25.6	10	20	10			20.7*	5	16	VZは通電20ms後 VZ2ランク	24E
*MAZ7270	パナソニック	800		25.1		28.9	10	25	10			23.8*	2	18	VZは通電20ms後 VZ2ランク	24E
*MAZ7300	パナソニック	800		28		32	10	25	10			26.9*	2	20	VZは通電20ms後 VZ2ランク	24E
*MAZ7330	パナソニック	800		31		35	10	30	10			30.0*	2	22	VZは通電20ms後 VZ2ランク	24E
*MAZ7360	パナソニック	800		34		38	10	30	10			33.4*	2	24	VZは通電20ms後 VZ2ランク	24E
*MAZ7390	パナソニック	800		37		41	10	50	10			36.3*	5	26	VZは通電20ms後	24E
*MAZ7430	パナソニック	800		40		46	10	50	10			41.1*	5	29	VZは通電20ms後	24E
*MAZ7470	パナソニック	800		44		50	10	50	10			44.9*	5	31	VZは通電20ms後	24E
*MAZ7510	パナソニック	800		48		54	10	50	10			48.6*	5	33	VZは通電20ms後	24E
*MAZ7560	パナソニック	800		52		60	10	50	10			54.9*	5	35	VZは通電20ms後	24E
*MAZ8024	パナソニック	150		2.28	2.4	2.6	5	100	5			-1.6*	120	1	VZ2ランク	239
*MAZ8027	パナソニック	150		2.5	2.7	2.9	5	110	5			-2.0*	120	1	VZ2ランク	239
*MAZ8030	パナソニック	150		2.8	3	3.2	5	120	5			-2.1*	50	1	VZ2ランク	239
*MAZ8033	パナソニック	150		3.1	3.3	3.5	5	130	5			-2.4*	20	1	VZ2ランク	239
*MAZ8036	パナソニック	150		3.4	3.6	3.8	5	130	5			-2.4*	10	1	VZ2ランク	239
*MAZ8039	パナソニック	150		3.7	3.9	4.1	5	130	5			-2.5*	10	1	VZ2ランク	239

	形　名	社名	最大定格 P (mW)	最大定格 IZ (mA)	ツェナ電圧 min	ツェナ電圧 VZ(V) typ	ツェナ電圧 max	条件 IZ(mA)	動作抵抗 ZZmax (Ω)	条件 IZ(mA)	立上り動作抵抗 ZZKmax (Ω)	条件 IZ(mA)	VZ温度係数 (%/°C) (mV/°C)*	逆方向特性 IRmax (μA)	条件 VR(V)	その他の特性等	外形
*	MAZ8043	パナソニック	150		4	4.3	4.6	5	130	5			-2.5*	10	1	VZ3ランク	239
*	MAZ8047	パナソニック	150		4.4	4.7	5	5	80	5	800	1	-1.4*	2	1	VZ3ランク	239
*	MAZ8051	パナソニック	150		4.8	5.1	5.4	5	60	5	500	1	-0.8*	1	2	VZ3ランク	239
*	MAZ8056	パナソニック	150		5.3	5.6	6	5	40	5	200	0.5	1.2*	0.5	2	VZ3ランク	239
*	MAZ8062	パナソニック	150		5.8	6.2	6.6	5	30	5	100	0.5	2.3*	0.2	4	VZ3ランク	239
*	MAZ8068	パナソニック	150		6.44	6.8	7.2	5	20	5	60	0.5	3.0*	0.1	4	VZ3ランク	239
*	MAZ8075	パナソニック	150		7	7.5	7.9	5	20	5	60	0.5	4.0*	0.1	5	VZ3ランク	239
*	MAZ8082	パナソニック	150		7.7	8.2	8.7	5	20	5	60	0.5	4.6*	0.1	6	VZ3ランク	239
*	MAZ8091	パナソニック	150		8.5	9.1	9.6	5	20	5	60	0.5	5.5*	0.1	6	VZ3ランク	239
*	MAZ8100	パナソニック	150		9.4	10	10.6	5	30	5	60	0.5	6.4*	0.05	7	VZ3ランク	239
*	MAZ8110	パナソニック	150		10.4	11	11.6	5	30	5	60	0.5	7.4*	0.05	8	VZ3ランク	239
*	MAZ8120	パナソニック	150		11.4	12	12.7	5	30	5	60	0.5	8.4*	0.05	9	VZ3ランク	239
*	MAZ8130	パナソニック	150		12.4	13	14.1	5	35	5	80	0.5	9.4*	0.05	10	VZ3ランク	239
*	MAZ8140-M	パナソニック	150		13.65	14	14.35	5	40	5	80	0.5	10.0*	0.05	10		239
*	MAZ8150	パナソニック	150		13.9	15	15.6	5	40	5	80	0.5	11.4*	0.05	11	VZ3ランク	239
*	MAZ8160	パナソニック	150		15.3	16	17.1	5	50	5	80	0.5	12.4*	0.05	12	VZ3ランク	239
*	MAZ8180	パナソニック	150		16.9	18	19.1	5	60	5	80	0.5	14.4*	0.05	13	VZ3ランク	239
*	MAZ8200	パナソニック	150		18.8	20	21.2	5	80	5	100	0.5	16.4*	0.05	15	VZ3ランク	239
*	MAZ8220	パナソニック	150		20.8	22	23.3	5	80	5	100	0.5	18.4*	0.05	17	VZ3ランク	239
*	MAZ8240	パナソニック	150		22.8	24	25.6	5	100	5	120	0.5	20.4*	0.05	19	VZ3ランク	239
*	MAZ8270	パナソニック	150		25.1	27	28.9	2	120	2	120	0.5	23.4*	0.05	21	VZ3ランク	239
*	MAZ8300	パナソニック	150		28	30	32	2	160	2	160	0.5	26.6*	0.05	23	VZ3ランク	239
*	MAZ8330	パナソニック	150		31	33	35	2	200	2	200	0.5	29.7*	0.05	25	VZ3ランク	239
*	MAZ8360	パナソニック	150		34	36	38	2	250	2	250	0.5	33.0*	0.05	27	VZ3ランク	239
*	MAZ8390	パナソニック	150		37	39	41	2	300	2	300	0.5	35.6*	0.05	30	VZ3ランク	239
*	MAZ9062H	パナソニック	200		5.8	6.2	6.6	5	50	5	100	0.5		0.2	4	2素子センタータップ (アノードコモン)	610C
*	MAZ9068H	パナソニック	200		6.4	6.8	7.2	5	30	5	60	0.5		0.1	4	2素子センタータップ (アノードコモン)	610C
*	MAZ9082H	パナソニック	200		7.7	8.2	8.7	5	30	5	60	0.5		0.1	5	2素子センタータップ (アノードコモン)	610C
*	MAZ9100H	パナソニック	200		9.4	10	10.6	5	30	5	60	0.5		0.05	7	2素子センタータップ (アノードコモン)	610C
*	MAZ9120H	パナソニック	200		11.4	12	12.7	5	30	5	80	0.5		0.05	9	2素子センタータップ (アノードコモン)	610C
*	MAZA024	パナソニック	100		2.28	2.40	2.60	5	100	5			-1.6*	120	1		58B
*	MAZA027	パナソニック	100		2.50	2.70	2.90	5	110	5			-2.0*	120	1		58B
*	MAZA030	パナソニック	100		2.80	3.00	3.20	5	120	5			-2.1*	50	1		58B
*	MAZA033	パナソニック	100		3.10	3.30	3.50	5	130	5			-2.4*	20	1		58B
*	MAZA036	パナソニック	100		3.40	3.60	3.80	5	130	5			-2.4*	10	1		58B
*	MAZA039	パナソニック	100		3.70	3.90	4.10	5	130	5			-2.5*	10	1		58B
*	MAZA043	パナソニック	100		4.00	4.30	4.60	5	130	5			-2.5*	10	1		58B
*	MAZA047	パナソニック	100		4.40	4.70	5.00	5	80	5	800	1	-1.4*	2	1		58B
*	MAZA051	パナソニック	100		4.80	5.10	5.40	5	60	5	500	1	-0.8*	1	2		58B
*	MAZA056	パナソニック	100		5.30	5.60	6.00	5	40	5	200	0.5	1.2*	0.5	2.5		58B
*	MAZA062	パナソニック	100		5.80	6.20	6.60	5	30	5	100	0.5	2.3*	0.2	4		58B
*	MAZA068	パナソニック	100		6.40	6.80	7.20	5	20	5	60	0.5	3.0*	0.1	4		58B

形 名	社 名	最大定格 P (mW)	最大定格 IZ (mA)	ツェナ電圧 VZ(V) min	ツェナ電圧 VZ(V) typ	ツェナ電圧 VZ(V) max	条件 IZ(mA)	動作抵抗 ZZmax (Ω)	条件 IZ(mA)	立上り動作抵抗 ZZKmax (Ω)	条件 IZ(mA)	VZ温度係数 (%/℃) (mV/℃)*	逆方向特性 IRmax (μA)	条件 VR(V)	その他の特性等	外形
*MAZA075	パナソニック	100		7.00	7.50	7.90	5	20	5			60	0.5	4.0*	0.1	5		58B
*MAZA082	パナソニック	100		7.70	8.20	8.70	5	20	5			60	0.5	4.6*	0.1	5		58B
*MAZA091	パナソニック	100		8.50	9.10	9.60	5	20	5			60	0.5	5.5*	0.1	6		58B
*MAZA100	パナソニック	100		9.40	10.00	10.60	5	30	5			60	0.5	6.4*	0.05	7		58B
*MAZA110	パナソニック	100		10.40	11.00	11.60	5	30	5			60	0.5	7.4*	0.05	8		58B
*MAZA120	パナソニック	100		11.40	12.00	12.70	5	30	5			80	0.5	8.4*	0.05	9		58B
*MAZA130	パナソニック	100		12.40	13.00	14.10	5	35	5			80	0.5	9.4*	0.05	10		58B
*MAZA150	パナソニック	100		13.90	15.00	15.60	5	40	5			80	0.5	11.4*	0.05	11		58B
*MAZA160	パナソニック	100		15.30	16.00	17.10	5	50	5			80	0.5	12.4*	0.05	12		58B
*MAZA180	パナソニック	100		16.90	18.00	19.10	5	60	5			80	0.5	14.4*	0.05	13		58B
*MAZA200	パナソニック	100		18.80	20.00	21.20	5	80	5			100	0.5	16.4*	0.05	15		58B
*MAZA220	パナソニック	100		20.80	22.00	23.30	5	80	5			100	0.5	18.4*	0.05	17		58B
*MAZA240	パナソニック	100		22.80	24.00	25.60	5	100	5			120	0.5	20.4*	0.05	19		58B
*MAZA270	パナソニック	100		25.10	27.00	28.90	2	120	2			120	0.5	23.4*	0.05	21		58B
*MAZA300	パナソニック	100		28.00	30.00	32.00	2	160	2			160	0.5	26.6*	0.05	23		58B
*MAZA330	パナソニック	100		31.00	33.00	35.00	2	200	2			200	0.5	29.7*	0.05	25		58B
*MAZA360	パナソニック	100		34.00	36.00	38.00	2	250	2			250	0.5	33.0*	0.05	27		58B
*MAZA390	パナソニック	100		37.00	39.00	41.00	2	300	2			300	0.5	35.6*	0.05	30		58B
*MAZC062D	パナソニック	200			5.9	6.5	5	30	5			100	0.5			3	5.5 2素子センタータップ (アノードコモン) Ct=8pF	610C
*MAZC062D-M5	パナソニック	200			5.9	6.5	5	30	5			100	0.5			3	5.5 4素子複合 (アノードコモン) Ct=8pF	269A
*MAZD024	パナソニック	120		2.28	2.40	2.60	5	100	5						120	1	Pはプリント基板実装時	738A
*MAZD027	パナソニック	120		2.50	2.70	2.90	5	110	5						120	1	Pはプリント基板実装時	738A
*MAZD030	パナソニック	120		2.80	3.00	3.20	5	120	5						50	1	Pはプリント基板実装時	738A
*MAZD033	パナソニック	120		3.10	3.30	3.50	5	130	5						20	1	Pはプリント基板実装時	738A
*MAZD036	パナソニック	120		3.40	3.60	3.80	5	130	5						10	1	Pはプリント基板実装時	738A
*MAZD039	パナソニック	120		3.70	3.90	4.10	5	130	5						10	1	Pはプリント基板実装時	738A
*MAZD043	パナソニック	120		4.00	4.30	4.60	5	130	5						10	1	Pはプリント基板実装時	738A
*MAZD047	パナソニック	120		4.40	4.70	5.00	5	80	5						2	1	Pはプリント基板実装時	738A
*MAZD051	パナソニック	120		4.80	5.10	5.40	5	60	5						1	2	Pはプリント基板実装時	738A
*MAZD056	パナソニック	120		5.30	5.60	6.00	5	40	5						0.5	2.5	Pはプリント基板実装時	738A
*MAZD062	パナソニック	120		5.80	6.20	6.60	5	30	5						0.2	4	Pはプリント基板実装時	738A
*MAZD068	パナソニック	120		6.40	6.80	7.20	5	20	5						0.1	4	Pはプリント基板実装時	738A
*MAZD075	パナソニック	120		7.00	7.50	7.90	5	20	5						0.1	5	Pはプリント基板実装時	738A
*MAZD082	パナソニック	120		7.70	8.20	8.70	5	20	5						0.1	5	Pはプリント基板実装時	738A
*MAZD091	パナソニック	120		8.50	9.10	9.60	5	20	5						0.1	6	Pはプリント基板実装時	738A
*MAZD100	パナソニック	120		9.40	10.00	10.60	5	30	5						0.1	7	Pはプリント基板実装時	738A
*MAZD110	パナソニック	120		10.40	11.00	11.60	5	30	5						0.05	8	Pはプリント基板実装時	738A
*MAZD120	パナソニック	120		11.40	12.00	12.70	5	30	5						0.05	9	Pはプリント基板実装時	738A
*MAZD130	パナソニック	120		12.40	13.00	14.10	5	35	5						0.05	10	Pはプリント基板実装時	738A
*MAZD150	パナソニック	120		13.90	15.00	15.60	5	40	5						0.05	11	Pはプリント基板実装時	738A
*MAZD160	パナソニック	120		15.30	16.00	17.10	5	50	5						0.05	12	Pはプリント基板実装時	738A
*MAZD180	パナソニック	120		16.90	18.00	19.10	5	60	5						0.05	13	Pはプリント基板実装時	738A

形　名	社名	最大定格 P (mW)	最大定格 IZ (mA)	ツェナ電圧 VZ(V) min	ツェナ電圧 VZ(V) typ	ツェナ電圧 VZ(V) max	条件 IZ(mA)	動作抵抗 ZZmax (Ω)	条件 IZ(mA)	立上り動作抵抗 ZZKmax (Ω)	条件 IZ(mA)	VZ温度係数 (%/℃) (mV/℃)*	逆方向特性 IRmax (μA)	条件 VR(V)	その他の特性等	外形
* MAZD200	ﾊﾟﾅｿﾆｯｸ	120		18.80	20.00	21.20	5	80	5				0.05	15	Pはプリント基板実装時	738A
* MAZD220	ﾊﾟﾅｿﾆｯｸ	120		20.80	22.00	23.30	5	80	5				0.05	17	Pはプリント基板実装時	738A
* MAZD240	ﾊﾟﾅｿﾆｯｸ	120		22.80	24.00	25.60	5	100	5				0.05	19	Pはプリント基板実装時	738A
* MAZD270	ﾊﾟﾅｿﾆｯｸ	120		25.10	27.00	28.90	2	120	2				0.05	21	Pはプリント基板実装時	738A
* MAZD300	ﾊﾟﾅｿﾆｯｸ	120		28.00	30.00	32.00	2	160	2				0.05	23	Pはプリント基板実装時	738A
* MAZD330	ﾊﾟﾅｿﾆｯｸ	120		31.00	33.00	35.00	2	200	2				0.05	25	Pはプリント基板実装時	738A
* MAZD360	ﾊﾟﾅｿﾆｯｸ	120		34.00	36.00	38.00	2	250	2				0.05	27	Pはプリント基板実装時	738A
* MAZD390	ﾊﾟﾅｿﾆｯｸ	120		37.00	39.00	41.00	2	300	2				0.05	30	Pはプリント基板実装時	738A
* MAZE062D	ﾊﾟﾅｿﾆｯｸ	150		5.9		6.5	5	30	5	100	0.5		3	5.5	2素子ｾﾝﾀｰﾀｯﾌﾟ(ｱﾉｰﾄﾞｺﾓﾝ) Ct=8pF	165C
* MAZF033	ﾊﾟﾅｿﾆｯｸ	150		3.1	3.3	3.5	5	130	5				20	1	Pはプリント基板実装時 VZは通電20ms後	239
* MAZF036	ﾊﾟﾅｿﾆｯｸ	150		3.4	3.6	3.8	5	130	5				10	1	Pはプリント基板実装時 VZは通電20ms後	239
* MAZF039	ﾊﾟﾅｿﾆｯｸ	150		3.7	3.9	4.1	5	130	5				10	1	Pはプリント基板実装時 VZは通電20ms後	239
* MAZF043	ﾊﾟﾅｿﾆｯｸ	150		4	4.3	4.6	5	130	5				10	1	Pはプリント基板実装時 VZは通電20ms後	239
* MAZF047	ﾊﾟﾅｿﾆｯｸ	150		4.4	4.7	5	5	80	5				2	1	Pはプリント基板実装時 VZは通電20ms後	239
* MAZF051	ﾊﾟﾅｿﾆｯｸ	150		4.8	5.1	5.4	5	60	5				1	2	Pはプリント基板実装時 VZは通電20ms後	239
* MAZF056	ﾊﾟﾅｿﾆｯｸ	150		5.3	5.6	6	5	40	5				0.5	2.5	Pはプリント基板実装時 VZは通電20ms後	239
* MAZF062	ﾊﾟﾅｿﾆｯｸ	150		5.8	6.2	6.6	5	30	5				0.2	4	Pはプリント基板実装時 VZは通電20ms後	239
* MAZF068	ﾊﾟﾅｿﾆｯｸ	150		6.4	6.8	7.2	5	20	5				0.1	4	Pはプリント基板実装時 VZは通電20ms後	239
* MAZF075	ﾊﾟﾅｿﾆｯｸ	150		7	7.5	7.9	5	20	5				0.1	5	Pはプリント基板実装時 VZは通電20ms後	239
* MAZF082	ﾊﾟﾅｿﾆｯｸ	150		7.7	8.2	8.7	5	20	5				0.1	5	Pはプリント基板実装時 VZは通電20ms後	239
* MAZF091	ﾊﾟﾅｿﾆｯｸ	150		8.5	9.1	9.6	5	20	5				0.1	6	Pはプリント基板実装時 VZは通電20ms後	239
* MAZF100	ﾊﾟﾅｿﾆｯｸ	150		9.4	10	10.6	5	30	5				0.05	7	Pはプリント基板実装時 VZは通電20ms後	239
* MAZF110	ﾊﾟﾅｿﾆｯｸ	150		10.4	11	11.6	5	30	5				0.05	8	Pはプリント基板実装時 VZは通電20ms後	239
* MAZF120	ﾊﾟﾅｿﾆｯｸ	150		11.4	12	12.7	5	30	5				0.05	9	Pはプリント基板実装時 VZは通電20ms後	239
* MAZG033	ﾊﾟﾅｿﾆｯｸ	370		3.1	3.3	3.5	5	130	5				20	1	Pはプリント基板実装時 VZは通電20ms後	78B
* MAZG036	ﾊﾟﾅｿﾆｯｸ	370		3.4	3.6	3.8	5	130	5				10	1	Pはプリント基板実装時 VZは通電20ms後	78B
* MAZG039	ﾊﾟﾅｿﾆｯｸ	370		3.7	3.9	4.1	5	130	5				10	1	Pはプリント基板実装時 VZは通電20ms後	78B
* MAZG043	ﾊﾟﾅｿﾆｯｸ	370		4	4.3	4.6	5	130	5				10	1	Pはプリント基板実装時 VZは通電20ms後	78B
* MAZG047	ﾊﾟﾅｿﾆｯｸ	370		4.4	4.7	5	5	80	5				3	1	Pはプリント基板実装時 VZは通電20ms後	78B
* MAZG051	ﾊﾟﾅｿﾆｯｸ	370		4.8	5.1	5.4	5	60	5				2	2	Pはプリント基板実装時 VZは通電20ms後	78B
* MAZG056	ﾊﾟﾅｿﾆｯｸ	370		5.3	5.6	6	5	40	5				1	2	Pはプリント基板実装時 VZは通電20ms後	78B
* MAZG062	ﾊﾟﾅｿﾆｯｸ	370		5.8	6.2	6.6	5	20	5				3	4	Pはプリント基板実装時 VZは通電20ms後	78B
* MAZG068	ﾊﾟﾅｿﾆｯｸ	370		6.4	6.8	7.2	5	15	5				2	4	Pはプリント基板実装時 VZは通電20ms後	78B
* MAZG075	ﾊﾟﾅｿﾆｯｸ	370		7	7.5	7.9	5	15	5				1	5	Pはプリント基板実装時 VZは通電20ms後	78B
* MAZG082	ﾊﾟﾅｿﾆｯｸ	370		7.7	8.2	8.7	5	15	5				0.5	5	Pはプリント基板実装時 VZは通電20ms後	78B
* MAZG091	ﾊﾟﾅｿﾆｯｸ	370		8.5	9.1	9.6	5	20	5				0.2	6	Pはプリント基板実装時 VZは通電20ms後	78B
* MAZG100	ﾊﾟﾅｿﾆｯｸ	370		9.4	10	10.6	5	30	5				0.2	7	Pはプリント基板実装時 VZは通電20ms後	78B
* MAZG110	ﾊﾟﾅｿﾆｯｸ	370		10.4	11	11.6	5	30	5				0.1	7	Pはプリント基板実装時 VZは通電20ms後	78B
* MAZG120	ﾊﾟﾅｿﾆｯｸ	370		11.4	12	12.7	5	30	5				0.1	8	Pはプリント基板実装時 VZは通電20ms後	78B
* MAZH047	ﾊﾟﾅｿﾆｯｸ	500		4.4	4.7	5	20	60	20			0*	40	1	PZSM=30W(0.1ms)	636B
* MAZH051	ﾊﾟﾅｿﾆｯｸ	500		4.8	5.1	5.4	20	50	20			0*	20	1	PZSM=30W(0.1ms)	636B
* MAZH056	ﾊﾟﾅｿﾆｯｸ	500		5.2	5.6	6	20	40	20			1.5*	20	2	PZSM=30W(0.1ms)	636B

形名	社名	最大定格 P (mW)	最大定格 IZ (mA)	ツェナ電圧 VZ(V) min	ツェナ電圧 VZ(V) typ	ツェナ電圧 VZ(V) max	条件 IZ(mA)	動作抵抗 ZZmax (Ω)	条件 IZ(mA)	立上り動作抵抗 ZZKmax (Ω)	条件 IZ(mA)	VZ温度係数 (mV/°C)*	逆方向特性 IRmax (μA)	条件 VR(V)	その他の特性等	外形
*MAZH062	パナソニック	500		5.6	6.2	6.8	10	30	10			2.4*	20	3	PZSM=30W(0.1ms)	636B
*MAZH068	パナソニック	500		6.2	6.8	7.4	10	30	10			3.1*	10	3	PZSM=30W(0.1ms)	636B
*MAZH075	パナソニック	500		6.8	7.5	8.3	10	30	10			3.8*	10	3	PZSM=30W(0.1ms)	636B
*MAZH082	パナソニック	500		7.4	8.2	9.1	10	30	10			4.5*	10	4	PZSM=30W(0.1ms)	636B
*MAZH091	パナソニック	500		8.2	9.1	10.1	10	30	10			5.4*	10	5	PZSM=30W(0.1ms)	636B
*MAZH100	パナソニック	500		9	10	11	10	30	10			6.3*	10	7	PZSM=30W(0.1ms)	636B
*MAZH110	パナソニック	500		9.9	11	12.1	10	30	10			7.4*	10	7	PZSM=30W(0.1ms)	636B
*MAZH120	パナソニック	500		10.8	12	13.2	10	30	10			8.4*	10	8	PZSM=30W(0.1ms)	636B
*MAZH130	パナソニック	500		11.7	13	14.3	10	30	10			9.4*	10	9	PZSM=30W(0.1ms)	636B
*MAZH150	パナソニック	500		13.5	15	16.5	10	30	10			11.4*	10	10	PZSM=30W(0.1ms)	636B
*MAZH160	パナソニック	500		14.4	16	17.6	10	30	10			12.5*	10	11	PZSM=30W(0.1ms)	636B
*MAZH180	パナソニック	500		16.2	18	19.8	10	30	10			14.5*	10	13	PZSM=30W(0.1ms)	636B
MAZH200	パナソニック	500		18	20	22	10	30	10			16.6*	10	14	PZSM=30W(0.1ms)	636B
MAZH220	パナソニック	500		19.8	22	24.2	10	30	10			18.6*	10	16	PZSM=30W(0.1ms)	636B
MAZH240	パナソニック	500		21.6	24	26.4	10	30	10			20.7*	10	17	PZSM=30W(0.1ms)	636B
MAZH270	パナソニック	500		24.3	27	29.7	10	30	10			23.8*	10	19	PZSM=30W(0.1ms)	636B
MAZH300	パナソニック	500		27	30	33	10	30	10			26.9*	10	21	PZSM=30W(0.1ms)	636B
MAZH330	パナソニック	500		29.7	33	36.3	10	30	10			30.0*	10	26.4	PZSM=30W(0.1ms)	636B
MAZH360	パナソニック	500		32.4	36	39.6	5	30	5			33.4	5	28.8	PZSM=30W(0.1ms)	636B
MAZH390	パナソニック	500		35.1	39	42.9	5	65	5			36.3*	5	31.8	PZSM=30W(0.1ms)	636B
MAZH430	パナソニック	500		38.7	43	47.3	5	65	5			41.1*	5	35.8	PZSM=30W(0.1ms)	636B
MAZH470	パナソニック	500		42.3	47	51.7	5	65	5			44.9*	5	37.6	PZSM=30W(0.1ms)	636B
MAZH510	パナソニック	500		45.9	51	56.1	5	65	5			48.6*	5	40.8	PZSM=30W(0.1ms)	636B
MAZK062D	パナソニック	200		5.8	6.2	6.6	5	20	5	300	0.5	2.3*	3	4	4素子複合(アノードコモン)	269A
*MAZK068D	パナソニック	200		6.4	6.8	7.2	5	15	5	140	0.5	3.0*	2	4	4素子複合(アノードコモン)	269A
*MAZK120D	パナソニック	200		11.4	12	12.7	5	25	5	170	0.5	8.4*	0.1	8	4素子複合(アノードコモン)	269A
*MAZK270D	パナソニック	200		25.1	27	28.9	2	80	2	200	0.5	23.4*	0.05	19	4素子複合(アノードコモン)	269A
MAZL062D	パナソニック	200		5.8	6.2	6.6	5	30	5	100	0.5	2.3*	0.2	4	4素子複合(アノードコモン)	269A
*MAZL068D	パナソニック	200		6.4	6.8	7.2	5	20	5	60	0.5	3.0*	0.1	4	4素子複合(アノードコモン)	269A
*MAZL120D	パナソニック	200		11.4	12	12.7	5	30	5	80	0.5	8.4*	0.05	9	4素子複合(アノードコモン)	269A
*MAZN033	パナソニック	150		3.1	3.3	3.5	5	130	5				20	1	Pはプリント基板実装時 VZは通電20ms後	757D
*MAZN036	パナソニック	150		3.4	3.6	3.8	5	130	5				10	1	Pはプリント基板実装時 VZは通電20ms後	757D
*MAZN039	パナソニック	150		3.7	3.9	4.1	5	130	5				10	1	Pはプリント基板実装時 VZは通電20ms後	757D
*MAZN043	パナソニック	150		4	4.3	4.6	5	130	5				10	1	Pはプリント基板実装時 VZは通電20ms後	757D
*MAZN047	パナソニック	150		4.4	4.7	5	5	80	5				2	1	Pはプリント基板実装時 VZは通電20ms後	757D
*MAZN051	パナソニック	150		4.8	5.1	5.4	5	60	5				1	2	Pはプリント基板実装時 VZは通電20ms後	757D
*MAZN056	パナソニック	150		5.3	5.6	6	5	40	5				0.5	2.5	Pはプリント基板実装時 VZは通電20ms後	757D
*MAZN062	パナソニック	150		5.8	6.2	6.6	5	30	5				0.2	4	Pはプリント基板実装時 VZは通電20ms後	757D
*MAZN068	パナソニック	150		6.4	6.8	7.2	5	20	5				0.1	4	Pはプリント基板実装時 VZは通電20ms後	757D
*MAZN075	パナソニック	150		7	7.5	7.9	5	20	5				0.1	5	Pはプリント基板実装時 VZは通電20ms後	757D
*MAZN082	パナソニック	150		7.7	8.2	8.7	5	20	5				0.1	5	Pはプリント基板実装時 VZは通電20ms後	757D
*MAZN091	パナソニック	150		8.5	9.1	9.6	5	20	5				0.1	6	Pはプリント基板実装時 VZは通電20ms後	757D

形 名	社 名	最大定格 P (mW)	最大定格 IZ (mA)	ツェナ電圧 VZ(V) min	ツェナ電圧 VZ(V) typ	ツェナ電圧 VZ(V) max	条件 IZ (mA)	動作抵抗 ZZmax (Ω)	条件 IZ (mA)	立上り動作抵抗 ZZKmax (Ω)	条件 IZ (mA)	VZ温度係数 (%/℃) (mV/℃)*	逆方向特性 IRmax (μA)	逆方向特性 VR(V)	その他の特性等	外形
* MAZN100	パナソニック	150		9.4	10	10.6	5	30	5				0.05	7	Pはプリント基板実装時 VZは通電20ms後	757D
* MAZN110	パナソニック	150		10.4	11	11.6	5	30	5				0.05	8	Pはプリント基板実装時 VZは通電20ms後	757D
* MAZN120	パナソニック	150		11.4	12	12.7	5	30	5				0.05	9	Pはプリント基板実装時 VZは通電20ms後	757D
MAZQ062	パナソニック	120		5.8	6.2	6.6	5	30	5				0.2	4	Pはプリント基板実装時	736D
MAZQ068	パナソニック	120		6.4	6.8	7.2	5	20	5				0.1	4	Pはプリント基板実装時	736D
* MAZS024	パナソニック	150		2.28	2.4	2.6	5	100	5				120	1	Pはプリント基板実装時	757D
MAZS027	パナソニック	150		2.5	2.7	2.9	5	110	5				120	1	Pはプリント基板実装時 VZ2ランク	757D
MAZS030	パナソニック	150		2.8	3	3.2	5	120	5				50	1	Pはプリント基板実装時 VZ2ランク	757D
MAZS033	パナソニック	150		3.1	3.3	3.5	5	130	5				20	1	Pはプリント基板実装時 VZ2ランク	757D
MAZS036	パナソニック	150		3.4	3.6	3.8	5	130	5				10	1	Pはプリント基板実装時 VZ2ランク	757D
MAZS039	パナソニック	150		3.7	3.9	4.1	5	130	5				10	1	Pはプリント基板実装時 VZ2ランク	757D
MAZS043	パナソニック	150		4	4.3	4.6	5	130	5				10	1	Pはプリント基板実装時 VZ2ランク	757D
MAZS047	パナソニック	150		4.4	4.7	5	5	80	5	800	1		2	1	Pはプリント基板実装時 VZ2ランク	757D
* MAZS051	パナソニック	150		4.8	5.1	5.4	5	60	5	500	1		1	2	Pはプリント基板実装時 VZ3ランク	757D
MAZS056	パナソニック	150		5.3	5.6	6	5	60	5	200	0.5		1	2	Pはプリント基板実装時 VZ3ランク	757D
MAZS062	パナソニック	150		5.8	6.2	6.6	5	30	5	100	0.5		0.2	4	Pはプリント基板実装時 VZ3ランク	757D
MAZS068	パナソニック	150		6.4	6.8	7.2	5	20	5	60	0.5		0.1	4	Pはプリント基板実装時 VZ3ランク	757D
MAZS075	パナソニック	150		7	7.5	7.9	5	20	5	60	0.5		0.1	5	Pはプリント基板実装時 VZ3ランク	757D
MAZS082	パナソニック	150		7.7	8.2	8.7	5	20	5	60	0.5		0.1	5	Pはプリント基板実装時 VZ3ランク	757D
MAZS091	パナソニック	150		8.5	9.1	9.6	5	20	5	60	0.5		0.1	6	Pはプリント基板実装時 VZ3ランク	757D
MAZS100	パナソニック	150		9.4	10	10.6	5	30	5	60	0.5		0.05	7	Pはプリント基板実装時 VZ3ランク	757D
MAZS110	パナソニック	150		10.4	11	11.6	5	30	5	60	0.5		0.05	8	Pはプリント基板実装時 VZ3ランク	757D
MAZS120	パナソニック	150		11.4	12	12.7	5	30	5	80	0.5		0.05	9	Pはプリント基板実装時 VZ3ランク	757D
MAZS130	パナソニック	150		12.4	13	14.1	5	35	5	80	0.5		0.05	10	Pはプリント基板実装時 VZ3ランク	757D
MAZS150	パナソニック	150		13.9	15	15.6	5	40	5	80	0.5		0.05	11	Pはプリント基板実装時 VZ3ランク	757D
MAZS160	パナソニック	150		15.3	16	17.1	5	50	5	80	0.5		0.05	12	Pはプリント基板実装時 VZ3ランク	757D
MAZS180	パナソニック	150		17.55	18	18.45	5	60	5	80	0.5		0.05	13	Pはプリント基板実装時 VZ3ランク	757D
MAZS200	パナソニック	150		18.8	20	21.2	5	80	5	100	0.5		0.05	15	Pはプリント基板実装時 VZ3ランク	757D
MAZS220	パナソニック	150		20.8	22	23.3	5	80	5	100	0.5		0.05	17	Pはプリント基板実装時 VZ3ランク	757D
MAZS240	パナソニック	150		22.8	24	25.6	5	100	5	120	0.5		0.05	19	Pはプリント基板実装時 VZ3ランク	757D
MAZS270	パナソニック	150		25.1	27	28.9	5	120	5	120	0.5		0.05	21	Pはプリント基板実装時 VZ3ランク	757D
MAZS300	パナソニック	150		28	30	32	5	160	5	160	0.5		0.05	23	Pはプリント基板実装時 VZ3ランク	757D
MAZS330	パナソニック	150		31	33	35	5	200	5	200	0.5		0.05	25	Pはプリント基板実装時 VZ3ランク	757D
MAZS360	パナソニック	150		34	36	38	5	250	5	250	0.5		0.05	27	Pはプリント基板実装時 VZ3ランク	757D
MAZS390	パナソニック	150		37	39	41	5	300	5	300	0.5		0.05	30	Pはプリント基板実装時 VZ3ランク	757D
MAZS0470G	パナソニック	150		4.45		4.83	5	80	5	800	1		2	1	Pはプリント基板実装時 VZは通電20ms後	757D
* MAZU200	パナソニック	150		190	200	210	0.1					0.31V*	1	160		239
MAZU220	パナソニック	150		210	220	240	0.1					0.31V*	1	176	VZ2ランク	239
MAZU240	パナソニック	150		230	240	270	0.1					0.31V*	1	192	VZ3ランク	239
MAZU270	パナソニック	150		260	270	300	0.1					0.31V*	1	216	VZ3ランク	239
MAZU300	パナソニック	150		290	300	330	0.1					0.31V*	1	240	VZ3ランク	239
* MAZU330	パナソニック	150		320	330	360	0.1					0.31V*	1	264	VZ3ランク	239

形　名	社　名	最大定格 P (mW)	最大定格 IZ (mA)	ツェナ電圧 VZ(V) min	ツェナ電圧 VZ(V) typ	ツェナ電圧 VZ(V) max	条件 IZ(mA)	動作抵抗 ZZmax (Ω)	条件 IZ(mA)	立上り動作抵抗 ZZKmax (Ω)	条件 IZ(mA)	VZ温度係数 (%/℃) (mV/℃)	逆方向特性 IRmax (μA)	条件 VR(V)	その他の特性等	外形
*MAZV082D	パナソニック	250		7.7		8.7	5	20	5	120	0.5	4.6*	0.1	5	2素子センタータップ(アノードコモン)	165C
*MAZX200	パナソニック	1W		180	200	220	1.5	600	1.5			170*	10	160	PZSM=100W(0.1ms)	485E
*MAZX220	パナソニック	1W		198	220	242	0.5	10k	0.5			200*	10	176	PZSM=100W(0.1ms)	485E
*MAZX240	パナソニック	1W		216	240	264	0.5	10k	0.5			215*	10	192	PZSM=100W(0.1ms)	485E
*MAZX270	パナソニック	1W		243	270	297	0.5	5k	0.5			243*	10	216	PZSM=100W(0.1ms)	485E
*MAZX300	パナソニック	1W		270	300	330	0.5	5k	0.5			270*	10	240	PZSM=100W(0.1ms)	485E
*MAZX330	パナソニック	1W		297	330	363	0.5	5k	0.5			296*	10	264	PZSM=100W(0.1ms)	485E
*MAZY047	パナソニック	1W		4.4	4.7	5	20	60	20			0*	40	1	PZSM=100W(0.1ms)	485E
*MAZY051	パナソニック	1W		4.8	5.1	5.4	20	50	20			0*	20	1	PZSM=100W(0.1ms)	485E
*MAZY056	パナソニック	1W		5.2	5.6	6	20	40	20			1.5*	20	2	PZSM=100W(0.1ms)	485E
*MAZY062	パナソニック	1W		5.6	6.2	6.8	20	30	20			2.4*	20	3	PZSM=100W(0.1ms)	485E
*MAZY068	パナソニック	1W		6.2	6.8	7.4	10	30	10			3.1*	10	3	PZSM=100W(0.1ms)	485E
*MAZY075	パナソニック	1W		6.8	7.5	8.3	10	30	10			3.8*	10	3	PZSM=100W(0.1ms)	485E
*MAZY082	パナソニック	1W		7.4	8.2	9.1	10	30	10			4.5*	10	4	PZSM=100W(0.1ms)	485E
*MAZY091	パナソニック	1W		8.2	9.1	10.1	10	30	10			5.4*	10	5	PZSM=100W(0.1ms)	485E
*MAZY100	パナソニック	1W		9	10	11	10	30	10			6.3*	10	7	PZSM=100W(0.1ms)	485E
*MAZY110	パナソニック	1W		9.9	11	12.1	10	30	10			7.4*	10	7	PZSM=100W(0.1ms)	485E
*MAZY120	パナソニック	1W		10.8	12	13.2	10	30	10			8.4*	10	8	PZSM=100W(0.1ms)	485E
*MAZY130	パナソニック	1W		11.7	13	14.3	10	30	10			9.4*	10	9	PZSM=100W(0.1ms)	485E
*MAZY150	パナソニック	1W		13.5	15	16.5	10	30	10			11.4*	10	10	PZSM=100W(0.1ms)	485E
*MAZY160	パナソニック	1W		14.4	16	17.6	10	30	10			12.5*	10	11	PZSM=100W(0.1ms)	485E
*MAZY180	パナソニック	1W		16.2	18	19.9	10	30	10			14.5*	10	13	PZSM=100W(0.1ms)	485E
*MAZY200	パナソニック	1W		18	20	22	10	30	10			16.6*	10	14	PZSM=100W(0.1ms)	485E
*MAZY220	パナソニック	1W		19.8	22	24.2	10	30	10			18.6*	10	16	PZSM=100W(0.1ms)	485E
*MAZY240	パナソニック	1W		21.6	24	26.4	10	30	10			20.7*	10	17	PZSM=100W(0.1ms)	485E
*MAZY270	パナソニック	1W		24.3	27	29.7	10	30	10			23.8*	10	19	PZSM=100W(0.1ms)	485E
*MAZY300	パナソニック	1W		27	30	33	10	30	10			26.9*	10	21	PZSM=100W(0.1ms)	485E
*MAZY330	パナソニック	1W		29.7	33	36.3	10	30	10			30.0*	10	26.4	PZSM=100W(0.1ms)	485E
*MAZY360	パナソニック	1W		32.4	36	39.6	5	30	5			33.4*	10	28.8	PZSM=100W(0.1ms)	485E
*MAZY390	パナソニック	1W		35.1	39	42.9	5	65	5			36.3*	10	31.8	PZSM=100W(0.1ms)	485E
*MAZY430	パナソニック	1W		38.7	43	47.3	5	65	5			41.1*	10	35.8	PZSM=100W(0.1ms)	485E
*MAZY470	パナソニック	1W		42.3	47	51.7	5	65	5			44.9*	10	37.6	PZSM=100W(0.1ms)	485E
*MAZY510	パナソニック	1W		45.9	51	56.1	5	65	5			48.6*	10	40.8	PZSM=100W(0.1ms)	485E
*MTZ2.0	ローム	500		1.88		2.2	20	140	20	2k	1		120	0.5	VZは通電40ms後 VZ2ランク	78E
*MTZ2.2	ローム	500		2.12		2.41	20	120	20	2k	1		120	0.7	VZは通電40ms後 VZ2ランク	78E
*MTZ2.4	ローム	500		2.33		2.63	20	100	20	2k	1		120	1	VZは通電40ms後 VZ2ランク	78E
*MTZ2.7	ローム	500		2.54		2.91	20	100	20	1k	1		100	1	VZは通電40ms後 VZ2ランク	78E
*MTZ3.0	ローム	500		2.85		3.22	20	80	20	1k	1		50	1	VZは通電40ms後 VZ2ランク	78E
*MTZ3.3	ローム	500		3.16		3.53	20	70	20	1k	1		20	1	VZは通電40ms後 VZ2ランク	78E
*MTZ3.6	ローム	500		3.455		3.845	20	60	20	1000	1		10	1	VZは通電40ms後 VZ2ランク	78E
*MTZ3.9	ローム	500		3.74		4.16	20	50	20	1000	1		5	1	VZは通電40ms後 VZ2ランク	78E
*MTZ4.3	ローム	500		4.04		4.57	20	40	20	1000	1		5	1	VZは通電40ms後 VZ3ランク	78E

形名	社名	最大定格 P (mW)	最大定格 IZ (mA)	ツェナ電圧 VZ(V) min	ツェナ電圧 VZ(V) typ	ツェナ電圧 VZ(V) max	条件 IZ(mA)	動作抵抗 ZZmax (Ω)	条件 IZ(mA)	立上り動作抵抗 ZZKmax (Ω)	条件 IZ(mA)	VZ温度係数 (%/℃) (mV/℃)*	逆方向特性 IRmax (μA)	条件 VR(V)	その他の特性等	外形
* MTZ4.7	ローム	500		4.44		4.93	20	25	20	900	1		5	1	VZは通電40ms後 VZ3ランク	78E
* MTZ5.1	ローム	500		4.81		5.37	20	20	20	800	1		5	1.5	VZは通電40ms後 VZ3ランク	78E
* MTZ5.6	ローム	500		5.28		5.91	20	13	20	500	1		5	2.5	VZは通電40ms後 VZ3ランク	78E
* MTZ6.2	ローム	500		5.78		6.44	20	10	20	300	1		5	3	VZは通電40ms後 VZ3ランク	78E
* MTZ6.8	ローム	500		6.29		7.01	20	8	20	150	0.5		0.5	3.5	VZは通電40ms後 VZ3ランク	78E
* MTZ7.5	ローム	500		6.85		7.67	20	8	20	120	0.5		0.5	4	VZは通電40ms後 VZ3ランク	78E
* MTZ8.2	ローム	500		7.53		8.45	20	8	20	120	0.5		0.5	5	VZは通電40ms後 VZ3ランク	78E
* MTZ9.1	ローム	500		8.29		9.3	20	8	20	120	0.5		0.2	6	VZは通電40ms後 VZ3ランク	78E
* MTZ10	ローム	500		9.12		10.44	20	8	20	120	0.5		0.2	7	VZは通電40ms後 VZ4ランク	78E
* MTZ11	ローム	500		10.18		11.38	10	10	10	120	0.5		0.2	8	VZは通電40ms後 VZ3ランク	78E
* MTZ12	ローム	500		11.13		12.35	10	12	10	110	0.5		0.2	9	VZは通電40ms後 VZ3ランク	78E
* MTZ13	ローム	500		12.11		13.66	10	14	10	110	0.5		0.2	10	VZは通電40ms後 VZ3ランク	78E
* MTZ15	ローム	500		13.44		15.09	10	16	10	110	0.5		0.2	11	VZは通電40ms後 VZ3ランク	78E
* MTZ16	ローム	500		14.8		16.51	10	18	10	150	0.5		0.2	12	VZは通電40ms後 VZ3ランク	78E
* MTZ18	ローム	500		16.22		18.33	10	23	10	150	0.5		0.2	13	VZは通電40ms後 VZ3ランク	78E
* MTZ20	ローム	500		18.02		20.72	10	28	10	200	0.5		0.2	15	VZは通電40ms後 VZ4ランク	78E
MTZJ2.0	ローム	500		1.88		2.2	5	100	5	1k	0.5		120	0.5	低電流用 VZは通電40ms後 VZ2ランク	78E
MTZJ2.2	ローム	500		2.12		2.41	5	100	5	1k	0.5		120	0.7	低電流用 VZは通電40ms後 VZ2ランク	78E
MTZJ2.4	ローム	500		2.33		2.63	5	100	5	1k	0.5		120	1	低電流用 VZは通電40ms後 VZ2ランク	78E
MTZJ2.7	ローム	500		2.54		2.91	5	110	5	1k	0.5		100	1	低電流用 VZは通電40ms後 VZ2ランク	78E
MTZJ3.0	ローム	500		2.85		3.22	5	120	5	1k	0.5		50	1	低電流用 VZは通電40ms後 VZ2ランク	78E
MTZJ3.3	ローム	500		3.16		3.53	5	120	5	1k	0.5		20	1	低電流用 VZは通電40ms後 VZ2ランク	78E
MTZJ3.6	ローム	500		3.455		3.845	5	100	5	1000	1		10	1	低電流用 VZは通電40ms後 VZ2ランク	78E
MTZJ3.6B	ローム	500		3.6		3.845	5	100	5	1000	1		10	1	VZは通電40ms後	78E
MTZJ3.9	ローム	500		3.74		4.16	5	100	5	1000	1		5	1	低電流用 VZは通電40ms後 VZ2ランク	78E
MTZJ3.9B	ローム	500		3.89		4.16	5	100	5	1000	1		5	1	VZは通電40ms後	78E
MTZJ4.3	ローム	500		4.04		4.57	5	100	5	1000	1		5	1	低電流用 VZは通電40ms後 VZ3ランク	78E
MTZJ4.3B	ローム	500		4.17		4.43	5	100	5	1000	1		5	1	VZは通電40ms後	78E
MTZJ4.7	ローム	500		4.44		4.93	5	80	5	900	1		5	1	低電流用 VZは通電40ms後 VZ3ランク	78E
MTZJ4.7B	ローム	500		4.55		4.8	5	80	5	900	0.5		5	1	VZは通電40ms後	78E
MTZJ5.1	ローム	500		4.81		5.37	5	70	5	800	1		5	1.5	低電流用 VZは通電40ms後 VZ3ランク	78E
MTZJ5.1B	ローム	500		4.94		5.2	5	70	5	1200	1		5	1.5	VZは通電40ms後	78E
MTZJ5.6	ローム	500		5.28		5.91	5	60	5	500	1		5	2.5	低電流用 VZは通電40ms後 VZ3ランク	78E
MTZJ5.6B	ローム	500		5.45		5.73	5	40	5	900	1		5	2.5	VZは通電40ms後	78E
MTZJ6.2	ローム	500		5.78		6.44	5	60	5	300	1		5	3	低電流用 VZは通電40ms後 VZ3ランク	78E
MTZJ6.2B	ローム	500		5.96		6.27	5	30	5	500	1		5	3	VZは通電40ms後	78E
MTZJ6.8	ローム	500		6.29		7.01	5	20	5	150	0.5		2	3.5	低電流用 VZは通電40ms後 VZ3ランク	78E
MTZJ6.8B	ローム	500		6.49		6.83	5	20	5	150	0.5		2	3.5	VZは通電40ms後	78E
MTZJ7.5	ローム	500		6.85		7.67	5	20	5	120	0.5		0.5	4	低電流用 VZは通電40ms後 VZ3ランク	78E
MTZJ7.5B	ローム	500		7.07		7.45	5	20	5	120	0.5		0.5	4	VZは通電40ms後	78E
MTZJ8.2	ローム	500		7.53		8.45	5	20	5	120	0.5		0.5	5	低電流用 VZは通電40ms後 VZ3ランク	78E
MTZJ8.2B	ローム	500		7.78		8.19	5	20	5	120	0.5		0.5	5	VZは通電40ms後	78E

形 名	社 名	最大定格 P (mW)	最大定格 IZ (mA)	ツェナ電圧 VZ(V) min	ツェナ電圧 VZ(V) typ	ツェナ電圧 VZ(V) max	条件 IZ(mA)	動作抵抗 ZZmax (Ω)	条件 IZ(mA)	立上り動作抵抗 ZZKmax (Ω)	条件 IZ(mA)	VZ温度係数 (%/℃) (mV/℃)*	逆方向特性 IRmax (μA)	条件 VR(V)	その他の特性等	外形
MTZJ9.1	ローム	500		8.29		9.3	5	25	5	120	0.5		0.5	6	低電流用 VZは通電40ms後 VZ3ランク	78E
MTZJ9.1B	ローム	500		8.57		9.01	5	20	5	120	0.5		0.5	6	VZは通電40ms後	78E
MTZJ10	ローム	500		9.12		10.44	5	30	5	120	0.5		0.2	7	低電流用 VZは通電40ms後 VZ4ランク	78E
MTZJ10B	ローム	500		9.41		9.9	5	20	5	120	0.5		0.2	7	VZは通電40ms後	78E
MTZJ11	ローム	500		10.18		11.38	5	30	5	120	0.5		0.2	8	低電流用 VZは通電40ms後 VZ3ランク	78E
MTZJ11B	ローム	500		10.5		11.05	5	20	5	120	0.5		0.2	8	VZは通電40ms後	78E
MTZJ12	ローム	500		11.13		12.35	5	30	5	110	0.5		0.2	9	低電流用 VZは通電40ms後 VZ3ランク	78E
MTZJ12B	ローム	500		11.4		12.03	5	25	5	110	0.5		0.2	9	VZは通電40ms後	78E
MTZJ13	ローム	500		12.11		13.66	5	35	5	110	0.5		0.2	10	低電流用 VZは通電40ms後 VZ3ランク	78E
MTZJ13B	ローム	500		12.55		13.21	5	25	5	110	0.5		0.2	10	VZは通電40ms後	78E
MTZJ15	ローム	500		13.44		15.09	5	40	5	110	0.5		0.2	11	低電流用 VZは通電40ms後 VZ3ランク	78E
MTZJ15B	ローム	500		13.89		14.62	5	25	5	110	0.5		0.2	11	VZは通電40ms後	78E
MTZJ16	ローム	500		14.8		16.51	5	40	5	150	0.5		0.2	12	低電流用 VZは通電40ms後 VZ3ランク	78E
MTZJ16B	ローム	500		15.25		16.04	5	25	5	150	0.5		0.2	12	VZは通電40ms後	78E
MTZJ18	ローム	500		16.22		18.33	5	45	5	150	0.5		0.2	13	低電流用 VZは通電40ms後 VZ3ランク	78E
MTZJ18B	ローム	500		16.82		17.7	5	30	5	150	0.5		0.2	13	VZは通電40ms後	78E
MTZJ20	ローム	500		18.02		20.72	5	55	5	200	0.5		0.2	15	低電流用 VZは通電40ms後 VZ4ランク	78E
MTZJ20B	ローム	500		18.63		19.59	5	30	5	200	0.5		0.2	15	VZは通電40ms後	78E
MTZJ22	ローム	500		20.15		22.63	5	30	5	200	0.5		0.2	17	低電流用 VZは通電40ms後 VZ4ランク	78E
MTZJ22B	ローム	500		20.64		21.71	5	30	5	200	0.5		0.2	17	VZは通電40ms後	78E
MTZJ24	ローム	500		22.05		24.85	5	35	5	200	0.5		0.2	19	低電流用 VZは通電40ms後 VZ4ランク	78E
MTZJ24B	ローム	500		22.61		23.77	5	35	5	200	0.5		0.2	19	VZは通電40ms後	78E
MTZJ27	ローム	500		24.26		27.64	5	45	5	250	0.5		0.2	21	低電流用 VZは通電40ms後 VZ4ランク	78E
MTZJ27B	ローム	500		24.97		26.26	5	45	5	250	0.5		0.2	21	VZは通電40ms後	78E
MTZJ30	ローム	500		26.99		30.51	5	55	5	250	0.5		0.2	23	低電流用 VZは通電40ms後 VZ4ランク	78E
MTZJ30B	ローム	500		27.7		29.13	5	55	5	250	0.5		0.2	23	VZは通電40ms後	78E
MTZJ33	ローム	500		29.68		33.11	5	65	5	250	0.5		0.2	25	低電流用 VZは通電40ms後 VZ4ランク	78E
MTZJ33B	ローム	500		30.32		31.88	5	65	5	250	0.5		0.2	25	VZは通電40ms後	78E
MTZJ36	ローム	500		32.14		35.77	5	75	5	250	0.5		0.2	27	低電流用 VZは通電40ms後 VZ4ランク	78E
MTZJ36B	ローム	500		32.79		34.49	5	75	5	250	0.5		0.2	27	VZは通電40ms後	78E
MTZJ39	ローム	500		34.68		38.52	5	85	5	250	0.5		0.2	30	低電流用 VZは通電40ms後 VZ4ランク	78E
MTZJ39B	ローム	500		35.36		37.19	5	85	5	250	0.5		0.2	30	VZは通電40ms後	78E
MTZJ39E	ローム	500		37.36		39.29	5	85	5	250	0.5		0.2	30	低電流用 VZは通電40ms後	78E
MTZJ39F	ローム	500		38.14		40.11	5	85	5	250	0.5		0.2	30	低電流用 VZは通電40ms後	78E
MTZJ39G	ローム	500		38.94		40.8	5	85	5	250	0.5		0.2	30	低電流用 VZは通電40ms後	78E
MTZJ43	ローム	500		40	43	45	5	90	5				0.2	33	低電流用 VZは通電40ms後	78E
MTZJ47	ローム	500		44	47	49	5	90	5				0.2	36	低電流用 VZは通電40ms後	78E
MTZJ51	ローム	500		48	51	54	5	110	5				0.2	39	低電流用 VZは通電40ms後	78E
MTZJ56	ローム	500		53	56	60	5	110	5				0.2	43	低電流用 VZは通電40ms後	78E
MZ-4HV	オリジン		0.13		4000		0.13					0.15			VZの範囲は±3% ±5%の2種	101
MZ-6HV	オリジン		0.13		6000		0.13					0.15			VZの範囲は±3% ±5%の2種	101
MZ-8HV	オリジン		0.13		8000		0.13					0.15			VZの範囲は±3% ±5%の2種	101

形 名	社 名	最大定格 P (mW)	IZ (mA)	ツェナ電圧 VZ(V) min	typ	max	条件 IZ(mA)	動作抵抗 ZZmax (Ω)	条件 IZ(mA)	立上り動作抵抗 ZZKmax (Ω)	条件 IZ(mA)	VZ温度係数 (%/℃) (mV/℃)*	逆方向特性 IRmax (μA)	条件 VR(V)	その他の特性等	外形
MZ-10HTE1	オリジン		0.1	10k			0.1					0.15				101
MZ-10HV	オリジン		0.13		10000		0.1					0.15			VZの範囲は±3% ±5%の2種	101
MZ-13HTE1	オリジン		0.1		12400		0.1					0.15			VZの範囲は±5%	101
PTZ2.0	ローム	1W		1.88		2.24	40	25	40				200	0.5	VZ2ランク VZは通電40ms後	485F
PTZ2.2	ローム	1W		2.08		2.45	40	20	40				200	0.7	VZ2ランク VZは通電40ms後	485F
PTZ2.4	ローム	1W		2.28		2.7	40	15	40				200	1	VZ2ランク VZは通電40ms後	485F
PTZ2.7	ローム	1W		2.5		3.1	40	15	40				200	1	VZ2ランク VZは通電40ms後	485F
PTZ3.0	ローム	1W		2.8		3.4	40	15	40				100	1	VZ2ランク VZは通電40ms後	485F
PTZ3.3	ローム	1W		3.1		3.7	40	15	40				80	1	VZ2ランク VZは通電40ms後	485F
PTZ3.6	ローム	1W		3.4		4	40	15	40				60	1	VZ2ランク VZは通電40ms後	485F
PTZ3.6B	ローム	1W		3.6		4	40	15	40				20	1	VZは通電40ms後	485F
PTZ3.9	ローム	1W		3.7		4.4	40	15	40				40	1	VZ2ランク VZは通電40ms後	485F
PTZ3.9B	ローム	1W		3.9		4.4	40	15	40				20	1	VZは通電40ms後	485F
PTZ4.3	ローム	1W		4		4.8	40	15	40				20	1	VZ2ランク VZは通電40ms後	485F
PTZ4.3B	ローム	1W		4.3		4.8	40	15	40				20	1	VZは通電40ms後	485F
PTZ4.7	ローム	1W		4.4		5.2	40	10	40				20	1	VZ2ランク VZは通電40ms後	485F
PTZ4.7B	ローム	1W		4.7		5.2	40	10	40				20	1	VZは通電40ms後	485F
PTZ5.1	ローム	1W		4.8		5.7	40	8	40				20	1	VZ2ランク VZは通電後40ms	485F
PTZ5.1B	ローム	1W		5.1		5.7	40	8	40				20	1	VZは通電40ms後	485F
PTZ5.6	ローム	1W		5.3		6.3	40	8	40				20	1.5	VZ2ランク VZは通電後40ms	485F
PTZ5.6B	ローム	1W		5.6		6.3	40	8	40				20	1.5	VZは通電40ms後	485F
PTZ6.2	ローム	1W		5.8		7	40	6	40				20	3	VZ2ランク VZは通電後40ms	485F
PTZ6.2B	ローム	1W		6.2		7	40	6	40				20	3	VZは通電40ms後	485F
PTZ6.8	ローム	1W		6.4		7.7	40	6	40				20	3.5	VZ2ランク VZは通電後40ms	485F
PTZ6.8B	ローム	1W		6.8		7.7	40	6	40				20	3.5	VZは通電40ms後	485F
PTZ7.5	ローム	1W		7		8.4	40	4	40				20	4	VZ2ランク VZは通電後40ms	485F
PTZ7.5B	ローム	1W		7.5		8.4	40	4	40				20	4	VZは通電40ms後	485F
PTZ8.2	ローム	1W		7.7		9.3	40	4	40				20	5	VZ2ランク VZは通電後40ms	485F
PTZ8.2B	ローム	1W		8.2		9.3	40	4	40				20	5	VZは通電40ms後	485F
PTZ9.1	ローム	1W		8.5		10.2	40	6	40				20	6	VZ2ランク VZは通電後40ms	485F
PTZ9.1B	ローム	1W		9.1		10.2	40	6	40				20	6	VZは通電40ms後	485F
PTZ10	ローム	1W		9.4		11.2	40	6	40				10	7	VZ2ランク VZは通電40ms後	485F
PTZ10B	ローム	1W		10		11.2	40	6	40				10	7	VZは通電40ms後	485F
PTZ11	ローム	1W		10.4		12.3	20	8	20				10	8	VZ2ランク VZは通電40ms後	485F
PTZ11B	ローム	1W		11		12.3	20	8	20				10	8	VZは通電40ms後	485F
PTZ12	ローム	1W		11.4		13.5	20	8	20				10	9	VZ2ランク VZは通電40ms後	485F
PTZ12B	ローム	1W		12		13.5	20	8	20				10	9	VZは通電40ms後	485F
PTZ13	ローム	1W		12.4		15	20	10	20				10	10	VZ2ランク VZは通電40ms後	485F
PTZ13B	ローム	1W		13.3		15	20	10	20				10	10	VZは通電40ms後	485F
PTZ15	ローム	1W		13.8		16.5	20	10	20				10	11	VZ2ランク VZは通電40ms後	485F
PTZ15B	ローム	1W		14.7		16.5	20	10	20				10	11	VZは通電40ms後	485F
PTZ16	ローム	1W		15.3		18.3	20	12	20				10	12	VZ2ランク VZは通電40ms後	485F

	形 名	社 名	最大定格 P (mW)	最大定格 IZ (mA)	ツェナ電圧 VZ(V) min	ツェナ電圧 VZ(V) typ	ツェナ電圧 VZ(V) max	条件 IZ (mA)	動作抵抗 ZZmax (Ω)	条件 IZ (mA)	立上り動作抵抗 ZZKmax (Ω)	条件 IZ (mA)	VZ温度係数 (%/℃)	逆方向特性 Irmax (μA)	逆方向特性 VR(V)	その他の特性等	外形
	PTZ16B	ローム	1W		16.2		18.3	20	12	20				10	12	VZは通電40ms後	485F
	PTZ18	ローム	1W		16.8		20.3	20	12	20				10	13	VZ2ランク VZは通電40ms後	485F
	PTZ18B	ローム	1W		18		20.3	20	12	20				10	13	VZは通電40ms後	485F
	PTZ20	ローム	1W		18.8		22.4	20	14	20				10	15	VZ2ランク VZは通電40ms後	485F
	PTZ20B	ローム	1W		20		22.4	20	14	20				10	15	VZは通電40ms後	485F
	PTZ22	ローム	1W		20.8		24.5	10	14	10				10	17	VZ2ランク VZは通電40ms後	485F
	PTZ22B	ローム	1W		22		24.5	10	14	10				10	17	VZは通電40ms後	485F
	PTZ24	ローム	1W		22.8		27.6	10	16	10				10	19	VZ2ランク VZは通電40ms後	485F
	PTZ24B	ローム	1W		24		27.6	10	16	10				10	19	VZは通電40ms後	485F
	PTZ27	ローム	1W		25.1		30.8	10	16	10				10	21	VZ2ランク VZは通電40ms後	485F
	PTZ27B	ローム	1W		27		30.8	10	16	10				10	21	VZは通電40ms後	485F
	PTZ30	ローム	1W		28		34	10	18	10				10	23	VZ2ランク VZは通電40ms後	485F
	PTZ30B	ローム	1W		30		34	10	18	10				10	23	VZは通電40ms後	485F
	PTZ33	ローム	1W		31		37	10	18	10				10	25	VZ2ランク VZは通電40ms後	485F
	PTZ33B	ローム	1W		33		37	10	18	10				10	25	VZは通電40ms後	485F
	PTZ36	ローム	1W		34		40	10	20	10				10	27	VZ2ランク VZは通電40ms後	485F
	PTZ36B	ローム	1W		36		40	10	20	10				10	27	VZは通電40ms後	485F
	PTZ39	ローム	1W		37		41	10	50	10				10	30	VZは通電40ms後	485F
	PTZ43	ローム	1W		40		46	10	50	10				5	33	VZは通電40ms後	485F
*	PZ127	サンケン			22	27	32	1					0.02V*	500	20	Ppeak=150W(5ms) Zz=0.08Ω (1～10A)	67F
	PZ227	サンケン			22	27	32	1					0.02V*	500	20	Ppeak=300W(5ms) Zz=0.07Ω (1～10A)	67G
*	PZ427	サンケン			22	27	32	1					0.02V*	500	20	Ppeak=450W(5ms) Zz=0.05Ω (1～10A)	67H
	PZ627	サンケン			22	27	32	1					0.02V*	500	20	Ppeak=1500W(5ms) Zz=0.03Ω (1～10A)	67J
	PZ628	サンケン			25	28	33	1					0.02V*	500	20	Ppeak=1500W(5ms) Zz=0.03Ω (1～10A)	261G
*	RD2.0E	ルネサス	500		1.88		2.2	20	140	20	2k	1	-1.0*	120	0.5	VZは通電40ms後 VZ2ランク	24C
*	RD2.0ES	ルネサス	400		1.88		2.2	5	100	5	1k	0.5	-1.0*	120	0.5	VZは通電40ms後 VZ2ランク	79F
*	RD2.0F	ルネサス	1W		1.88		2.25	40	25	40			-1.5*	200	0.5	VZは通電40ms後 VZ2ランク	25A
	RD2.0FM	ルネサス	1W		1.9		2.2	5	140	5				200	0.5		485D
	RD2.0FS	ルネサス	1W		1.9		2.2	5	140	5				200	0.5	Pはガラエポ基板実装時	750A
*	RD2.0HS	ルネサス	250		1.6		2	0.5	350	0.5	1200	0.05	-0.7*	0.1	0.5	シャープVZ特性 VZは通電40ms後	79F
	RD2.0M	ルネサス	200		1.9		2.2	5	100	5			-1.0*	120	0.5	VZは通電40ms後	610A
	RD2.0MW	ルネサス	200		1.9		2.2	5	100	5				120	0.5	2素子センタータップ(アノードコモン) ΔVZ<0.15V	610C
	RD2.0P	ルネサス	1W		1.9		2.2	5	140	5			-1.5*	200	0.5	VZは通電40ms後	237
	RD2.0S	ルネサス	200		1.9		2.2	5	100	5			-1.0*	120	0.5	VZは通電40ms後	420B
*	RD2.0UH	ルネサス	150		1.6		2	0.5	350	0.5	1200	0.05	-0.7*	0.1	0.5	VZは通電40ms後 シャープVZ特性	452A
	RD2.0UM	ルネサス	150		1.9		2.2	5	100	5			-1.0*	120	0.5	VZは通電40ms後	452A
*	RD2.2E	ルネサス	500		2.12		2.41	20	120	20	2k	1	-1.5*	120	0.7	VZは通電40ms後 VZ2ランク	24C
*	RD2.2ES	ルネサス	400		2.12		2.41	5	100	5	1k	0.5	-1.5*	120	0.7	VZは通電40ms後 VZ2ランク	79F
*	RD2.2F	ルネサス	1W		2.11		2.45	40	20	40			-2.0*	200	0.7	VZは通電40ms後 VZ2ランク	25A
	RD2.2FM	ルネサス	1W		2.1		2.4	5	140	5				200	0.7		485D
	RD2.2FS	ルネサス	1W		2.1		2.4	5	140	5				200	0.7	Pはガラエポ基板実装時	750A
*	RD2.2HS	ルネサス	250		1.9		2.3	0.5	350	0.5	1200	0.05	-0.75*	0.1	0.5	シャープVZ特性 VZは通電40ms後	79F

形 名	社名	最大定格 P (mW)	最大定格 IZ (mA)	ツェナ電圧 VZ(V) min	ツェナ電圧 VZ(V) typ	ツェナ電圧 VZ(V) max	条件 IZ(mA)	動作抵抗 ZZmax (Ω)	動作抵抗 条件 IZ(mA)	立上り動作抵抗 ZZKmax (Ω)	立上り動作抵抗 条件 IZ(mA)	VZ温度係数 (%/℃) (mV/℃)	逆方向特性 IRmax (μA)	逆方向特性 条件 VR(V)	その他の特性等	外形
RD2.2M	ルネサス	200		2.1		2.4	5	100	5			-1.5*	120	0.7	VZは通電40ms後	610A
RD2.2MW	ルネサス	200		2.1		2.4	5	100	5				120	0.7	2素子センタータップ(アノードコモン) ΔVZ<0.15V	610C
RD2.2P	ルネサス	1W		2.1		2.4	5	120	5			-2.0*	200	0.7	VZは通電40ms後	237
RD2.2S	ルネサス	200		2.1		2.4	5	100	5			-1.5*	120	0.7	VZは通電40ms後	420B
*RD2.2UH	ルネサス	150		1.9		2.3	0.5	350	0.5	1200	0.05	-0.75*	0.1	0.5	VZは通電40ms後 シャープVZ特性	452A
RD2.2UM	ルネサス	150		2.1		2.4	5	100	5			-1.5*	120	0.7	VZは通電40ms後	452A
*RD2.4E	ルネサス	500		2.33		2.63	20	100	20	2k	1	-1.5*	120	1	VZは通電40ms後 VZ2ランク	24C
*RD2.4ES	ルネサス	400		2.33		2.63	5	100	5	1k	0.5	-1.5*	120	1	VZは通電40ms後 VZ2ランク	79F
*RD2.4F	ルネサス	1W		2.31		2.65	40	15	40			-2.0*	200	1	VZは通電40ms後 VZ2ランク	25A
RD2.4FM	ルネサス	1W		2.3		2.6	5	140	5				200	1		485D
RD2.4FS	ルネサス	1W		2.3		2.6	5	140	5				200	1	Pはガラエポ基板実装時	750A
*RD2.4HS	ルネサス	250		2.2		2.6	0.5	350	0.5	1200	0.05	-0.8*	0.1	0.5	シャープVZ特性 VZは通電40ms後	79F
RD2.4M	ルネサス	200		2.3		2.6	5	100	5			-1.5*	120	1	VZは通電40ms後 PZSM=20W	610A
RD2.4MW	ルネサス	200		2.3		2.6	5	100	5				120	1	2素子センタータップ(アノードコモン) ΔVZ<0.15V	610C
RD2.4P	ルネサス	1W		2.3		2.6	5	100	5			-2.0*	200	1	VZは通電40ms後	237
RD2.4S	ルネサス	200		2.3		2.6	5	100	5			-1.5*	120	1	VZは通電40ms後	420B
*RD2.4UH	ルネサス	150		2.2		2.6	0.5	350	0.5	1200	0.05	-0.8*	0.1	0.5	VZは通電40ms後 シャープVZ特性	452A
RD2.4UM	ルネサス	150		2.3		2.6	5	100	5			-1.5*	120	1	VZは通電40ms後	452A
*RD2.7E	ルネサス	500		2.54		2.91	20	100	20	1k	1	-1.5*	100	1	VZは通電40ms後 VZ2ランク	24C
*RD2.7ES	ルネサス	400		2.54		2.91	5	110	5	1k	0.5	-1.5*	100	1	VZは通電40ms後 VZ2ランク	79F
*RD2.7F	ルネサス	1W		2.52		2.93	40	15	40			-2.0*	150	1	VZは通電40ms後 VZ2ランク	25A
RD2.7FM	ルネサス	1W		2.5		2.9	5	140	5				150	1		485D
RD2.7FS	ルネサス	1W		2.5		2.9	5	140	5				150	1	Pはガラエポ基板実装時	750A
*RD2.7HS	ルネサス	250		2.5		2.9	0.5	360	0.5	1200	0.05	-0.8*	0.1	1	シャープVZ特性 VZは通電40ms後	79F
RD2.7M	ルネサス	200		2.5		2.9	5	110	5			-1.5*	120	1	VZは通電40ms後 VZ2ランク	610A
RD2.7MW	ルネサス	200		2.5		2.9	5	110	5				120	1	2素子センタータップ(アノードコモン) ΔVZ<0.15V	610C
RD2.7P	ルネサス	1W		2.5		2.9	5	100	5			-2.0*	150	1	VZは通電40ms後	237
RD2.7S	ルネサス	200		2.5		2.9	5	110	5			-1.5*	120	1	VZは通電40ms後	420B
*RD2.7UH	ルネサス	150		2.5		2.9	0.5	360	0.5	1200	0.05	-0.8*	0.1	1	VZは通電40ms後 シャープVZ特性	452A
RD2.7UM	ルネサス	150		2.5		2.9	5	110	5			-1.5*	120	1	VZは通電40ms後 VZ2ランク	452A
*RD3.0E	ルネサス	500		2.85		3.22	20	80	20	1k	1	-2.0*	50	1	VZは通電40ms後 VZ2ランク	24C
*RD3.0ES	ルネサス	400		2.85		3.22	5	120	5	1k	0.5	-2.0*	50	1	VZは通電40ms後 VZ2ランク	79F
*RD3.0F	ルネサス	1W		2.83		3.22	40	15	40			-2.0*	100	1	VZは通電40ms後 VZ2ランク	25A
RD3.0FM	ルネサス	1W		2.8		3.2	5	140	5				100	1		485D
RD3.0FS	ルネサス	1W		2.8		3.2	5	140	5				100	1	Pはガラエポ基板実装時	750A
*RD3.0HS	ルネサス	250		2.8		3.2	0.5	360	0.5	1200	0.05	-0.85*	0.1	1	シャープVZ特性 VZは通電40ms後	79F
RD3.0M	ルネサス	200		2.8		3.2	5	120	5			-2.0*	50	1	VZは通電40ms後 VZ2ランク	610A
RD3.0MW	ルネサス	200		2.8		3.2	5	120	5				50	1	2素子センタータップ(アノードコモン) ΔVZ<0.15V	610C
RD3.0P	ルネサス	1W		2.8		3.2	5	95	5			-2.0*	100	1	VZは通電40ms後	237
RD3.0S	ルネサス	200		2.8		3.2	5	120	5			-2.0*	50	1	VZは通電40ms後	420B
*RD3.0UH	ルネサス	150		2.8		3.2	0.5	360	0.5	1200	0.05	-0.85*	0.1	1	VZは通電40ms後 シャープVZ特性	452A
RD3.0UM	ルネサス	150		2.8		3.2	5	120	5			-2.0*	50	1	VZは通電40ms後 VZ2ランク	452A

形　名	社　名	最大定格 P(mW)	最大定格 IZ(mA)	ツェナ電圧 VZ(V) min	ツェナ電圧 VZ(V) typ	ツェナ電圧 VZ(V) max	条件 IZ(mA)	動作抵抗 ZZmax(Ω)	条件 IZ(mA)	立上り動作抵抗 ZZKmax(Ω)	条件 IZ(mA)	VZ温度係数 (%/°C) (mV/°C)*	逆方向特性 IRmax (μA)	条件 VR(V)	その他の特性等	外形
*RD3.3E	ルネサス	500		3.16		3.53	20	70	20	1k	1	-2.0*	20	1	VZは通電40ms後 VZ2ランク	24C
*RD3.3ES	ルネサス	400		3.16		3.53	5	120	5	1k	0.5	-2.0*	20	1	VZは通電40ms後 VZ2ランク	79F
RD3.3F	ルネサス	1W		3.13		3.51	40	15	40			-2.5*	80	1	VZは通電40ms後 VZ2ランク	25A
RD3.3FM	ルネサス	1W		3.1		3.5	5	140	5				80	1		485D
RD3.3FS	ルネサス	1W		3.1		3.5	5	140	5				80	1	Pはガラエポ基板実装時	750A
*RD3.3HS	ルネサス	250		3.1		3.5	0.5	360	0.5	1200	0.05	-0.9*	0.1	1	シャープVZ特性 VZは通電40ms後	79F
RD3.3M	ルネサス	200		3.1		3.5	5	130	5			-2.0*	20	1	VZは通電40ms後 VZ2ランク	610A
RD3.3MW	ルネサス	200		3.1		3.5	5	130	5				20	1	2素子センタータップ (アノードコモン) ΔVZ<0.15V	610C
RD3.3P	ルネサス	1W		3.1		3.5	5	95	5			-2.5*	80	1	VZは通電40ms後	237
RD3.3S	ルネサス	200		3.1		3.5	5	130	5			-2.0*	20	1	VZは通電40ms後 VZ2ランク	420B
*RD3.3UH	ルネサス	150		3.1		3.5	0.5	360	0.5	1200	0.05	-0.9*	0.1	1	VZは通電40ms後 シャープVZ特性	452A
RD3.3UM	ルネサス	150		3.1		3.5	5	130	5			-2.0*	20	1	VZは通電40ms後 VZ2ランク	452A
*RD3.6E	ルネサス	500		3.47		3.83	20	60	20	1k	1	-2.0*	10	1	VZは通電40ms後 VZ2ランク	24C
*RD3.6ES	ルネサス	400		3.47		3.83	5	120	5	1.1k	0.5	-2.0*	10	1	VZは通電40ms後 VZ2ランク	79F
*RD3.6F	ルネサス	1W		3.43		3.83	40	15	40			-2.5*	60	1	VZは通電40ms後 VZ2ランク	25A
RD3.6FM	ルネサス	1W		3.4		3.8	5	140	5				60	1		485D
RD3.6FS	ルネサス	1W		3.4		3.8	5	140	5				60	1	Pはガラエポ基板実装時	750A
*RD3.6HS	ルネサス	250		3.4		3.8	0.5	370	0.5	1500	0.05	-0.9*	0.1	2	シャープVZ特性 VZは通電40ms後	79F
RD3.6M	ルネサス	200		3.4		3.8	5	130	5			-2.0*	10	1	VZは通電40ms後 VZ2ランク	610A
RD3.6MW	ルネサス	200		3.4		3.8	5	130	5				10	1	2素子センタータップ (アノードコモン) ΔVZ<0.15V	610C
RD3.6P	ルネサス	1W		3.4		3.8	5	90	5			-2.5*	60	1	VZは通電40ms後	237
RD3.6S	ルネサス	200		3.4		3.8	5	130	5			-2.0*	10	1	VZは通電40ms後 VZ2ランク	420B
*RD3.6UH	ルネサス	150		3.4		3.8	0.5	370	0.5	1200	0.05	-0.9*	0.1	2	VZは通電40ms後 シャープVZ特性	452A
RD3.6UM	ルネサス	150		3.4		3.8	5	130	5			-2.0*	10	1	VZは通電40ms後 VZ2ランク	452A
*RD3.9E	ルネサス	500		3.77		4.14	20	50	20	1k	1	-2.0*	5	1	VZは通電40ms後 VZ2ランク	24C
*RD3.9ES	ルネサス	400		3.77		4.14	5	120	5	1.2k	0.5	-2.0*	5	1	VZは通電40ms後 VZ2ランク	79F
*RD3.9F	ルネサス	1W		3.73		4.15	40	15	40			-2.5*	40	1	VZは通電40ms後 VZ2ランク	25A
RD3.9FM	ルネサス	1W		3.7		4.1	5	120	5				40	1		485D
RD3.9FS	ルネサス	1W		3.7		4.1	5	120	5				40	1	Pはガラエポ基板実装時	750A
*RD3.9HS	ルネサス	250		3.7		4.1	0.5	370	0.5	1500	0.05	-0.95*	0.1	2	シャープVZ特性 VZは通電40ms後	79F
RD3.9M	ルネサス	200		3.7		4.1	5	130	5			-2.0*	5	1	VZは通電40ms後 VZ2ランク	610A
RD3.9MW	ルネサス	200		3.7		4.1	5	130	5				10	1	2素子センタータップ (アノードコモン) ΔVZ<0.15V	610C
RD3.9P	ルネサス	1W		3.7		4.1	5	90	5			-2.5*	40	1	VZは通電40ms後	237
RD3.9S	ルネサス	200		3.7		4.1	5	130	5			-2.0*	10	1	VZは通電40ms後 VZ2ランク	420B
*RD3.9UH	ルネサス	150		3.7		4.1	0.5	370	0.5			-0.95*	0.1	2	VZは通電40ms後 シャープVZ特性	452A
RD3.9UM	ルネサス	150		3.7		4.1	5	130	5			-2.0*	10	1	VZは通電40ms後 VZ2ランク	452A
*RD4A	ルネサス	250		3.4		4.5	10	60	10	1k	1	-0.04	5	1	VZは通電後1秒で測定	24C
*RD4.3E	ルネサス	500		4.05		4.53	20	40	20	1k	1	1.5*	5	1	VZは通電40ms後 VZ3ランク	24C
*RD4.3ES	ルネサス	400		4.05		4.53	5	120	5	1.2k	0.5	1.5*	5	1	VZは通電40ms後 VZ3ランク	79F
*RD4.3F	ルネサス	1W		4.03		4.55	40	15	40			-2.0*	20	1	VZは通電40ms後 VZ3ランク	25A
RD4.3FM	ルネサス	1W		4		4.5	5	120	5				20	1		485D
RD4.3FS	ルネサス	1W		4		4.5	5	120	5				20	1	Pはガラエポ基板実装時	750A

- 375 -

	形　名	社名	最大定格 P (mW)	最大定格 IZ (mA)	ツェナ電圧 VZ(V) min	ツェナ電圧 VZ(V) typ	ツェナ電圧 VZ(V) max	条件 IZ(mA)	動作抵抗 ZZmax (Ω)	条件 IZ(mA)	立上り動作抵抗 ZZKmax (Ω)	条件 IZ(mA)	VZ温度係数 (%/℃) (mV/℃)*	逆方向特性 IRmax (μA)	条件 VR(V)	その他の特性等	外形
*	RD4.3HS	ルネサス	250		4		4.4	0.5	380	0.5	1500	0.05	-1.00*	0.1	2	シャープVZ特性 VZは通電40ms後	79F
	RD4.3M	ルネサス	200		4.01		4.48	5	130	5			-1.5*	10	1	VZは通電40ms後 VZ3ランク	610A
	RD4.3MW	ルネサス	200		4.01		4.48	5	130	5				10	1	2素子センタータップ(アノードコモン) ΔVZ<0.15V	610C
	RD4.3P	ルネサス	1W		4		4.5	5	90	5			-2.0*	20	1	VZは通電40ms後	237
	RD4.3S	ルネサス	200		4		4.49	5	130	5			-1.5*	10	1	VZは通電40ms後 VZ3ランク	420B
*	RD4.3UH	ルネサス	150		4		4.4	0.5	380	0.5			-1.0*	0.1	2	VZは通電40ms後 シャープVZ特性	452A
	RD4.3UM	ルネサス	150		4		4.49	5	130	5			-1.5*	10	1	VZは通電40ms後	452A
*	RD4.7E	ルネサス	500		4.47		4.91	20	25	20	900	1	-1.0*	5	1	VZは通電40ms後 VZ3ランク	24C
*	RD4.7ES	ルネサス	400		4.47		4.91	5	100	5	1.2k	0.5	-1.0*	5	1	VZは通電40ms後 VZ3ランク	79F
*	RD4.7F	ルネサス	1W		4.41		4.91	40	10	40			-1.5*	20	1	VZは通電40ms後 VZ3ランク	25A
	RD4.7FM	ルネサス	400		4.4		4.9	5	100	5				20	1	VZは通電40ms後	485D
	RD4.7FS	ルネサス	1W		4.4		4.9	5	100	5				20	1	Plはガラエポ基板実装時	750A
*	RD4.7HS	ルネサス	250		4.3		4.7	0.5	380	0.5	1500	0.05	-1.05*	0.1	3	シャープVZ特性 VZは通電40ms後	79F
*	RD4.7J	ルネサス	400		4.4		4.9	5	100	5	800	0.5		2	1	低雑音用	24C
*	RD4.7JS	ルネサス	400		4.42	4.7	4.9	5	100	5	800	0.5	0.5*	2	1	低雑音用 VZ3ランク	79F
	RD4.7M	ルネサス	200		4.42		4.9	5	130	5			-1.0*	10	1	VZは通電40ms後 VZ3ランク	610A
	RD4.7MW	ルネサス	200		4.42		4.9	5	130	5				10	1	2素子センタータップ(アノードコモン) ΔVZ<0.15V	610C
	RD4.7P	ルネサス	1W		4.4		4.9	5	80	5			-1.5*	20	1	VZは通電40ms後	237
	RD4.7S	ルネサス	200		4.4		4.92	5	130	5			-1.0*	10	1	VZは通電40ms後 VZ3ランク	420B
	RD4.7SL	ルネサス	200		4.39		4.91	0.5	800	0.5			-0.5*	2	1	VZは通電40ms後 低ノイズ品 VZ3ランク	420B
*	RD4.7UH	ルネサス	150		4.3		4.7	0.5	380	0.5			-1.05*	0.1	3	VZは通電40ms後 シャープVZ特性	452A
	RD4.7UJ	ルネサス	150		4.39		4.91	0.5	800	0.5			-0.5*	2	1	VZは通電40ms後 VZ3ランク	452A
	RD4.7UM	ルネサス	150		4.4		4.92	5	130	5			-1.0*	10	1	VZは通電40ms後 VZ3ランク	452A
*	RD5A	ルネサス	250		4.3		5.4	10	40	10	600	1	0.01	5	1.5	VZは通電後1秒で測定	24C
*	RD5.1E	ルネサス	500		4.85		5.35	20	20	20	800	1	0.5*	5	1.5	VZは通電40ms後 VZ3ランク	24C
*	RD5.1ES	ルネサス	400		4.85		5.35	5	70	5	1.2k	0.5	0	5	1.5	VZは通電40ms後 VZ3ランク	79F
*	RD5.1F	ルネサス	1W		4.79		5.38	40	8	40			-0.5*	20	1	VZは通電40ms後	25A
	RD5.1FM	ルネサス	400		4.8		5.4	5	100	5				20	1	VZは通電40ms後	485D
	RD5.1FS	ルネサス	1W		4.8		5.4	5	100	5				20	1	Plはガラエポ基板実装時	750A
*	RD5.1J	ルネサス	400		4.8		5.4	5	80	5	500	0.5		2	1.5	低雑音用	24C
*	RD5.1JS	ルネサス	400		4.84		5.37	5	80	5	500	0.5	1.0*	2	1.5	低雑音用 VZ3ランク	79F
	RD5.1M	ルネサス	200		4.84		5.37	5	130	5				5	1.5	VZは通電40ms後 VZ3ランク	610A
	RD5.1MW	ルネサス	200		4.84		5.37	5	130	5				5	1.5	2素子センタータップ(アノードコモン) ΔVZ<0.15V	610C
	RD5.1P	ルネサス	1W		4.8		5.4	5	60	5			-1.0*	20	1	VZは通電40ms後	237
	RD5.1S	ルネサス	200		4.82		5.39	5	130	5			0	5	1.5	VZは通電40ms後 VZ3ランク	420B
	RD5.1SL	ルネサス	200		4.81		5.36	0.5	500	0.5			1.0*	2	1.5	VZは通電40ms後 低ノイズ品 VZ3ランク	420B
	RD5.1UJ	ルネサス	150		4.81		5.36	0.5	500	0.5			1.0*	2	1.5	VZは通電40ms後 VZ3ランク	452A
	RD5.1UM	ルネサス	150		4.82		5.39	5	130	5			±0	5	1.5	VZは通電40ms後 VZ3ランク	452A
*	RD5.6E	ルネサス	500		5.29		5.88	20	13	20	500	1	1.5*	5	2.5	VZは通電40ms後 VZ3ランク	24C
*	RD5.6ES	ルネサス	400		5.29		5.88	5	40	5	900	0.5	1.0*	5	2.5	VZは通電40ms後 VZ3ランク	79F
*	RD5.6F	ルネサス	1W		5.28		5.95	40	8	40			0.5*	20	1.5	VZは通電40ms後	25A
	RD5.6FM	ルネサス	400		5.3		6	5	70	5				20	1.5	VZは通電40ms後	485D

形名	社名	最大定格 P (mW)	最大定格 IZ (mA)	ツェナ電圧 VZ(V) min	ツェナ電圧 VZ(V) typ	ツェナ電圧 VZ(V) max	条件 IZ(mA)	動作抵抗 ZZmax (Ω)	条件 IZ(mA)	立上り動作抵抗 ZZKmax (Ω)	条件 IZ(mA)	VZ温度係数 (%/°C) (mV/°C)*	逆方向特性 IRmax (μA)	条件 VR(V)	その他の特性等	外形
RD5.6FS	ルネサス	1W		5.3		6	5	70	5				20	1.5	Pはガラエポ基板実装時	750A
*RD5.6J	ルネサス	400		5.3		6	5	60	5	200	0.5		1	2.5	低雑音用	24C
*RD5.6JS	ルネサス	400		5.31	5.92		5	60	5	200	0.5	1.5*	1	2.5	低雑音用 VZ3ランク	79F
RD5.6M	ルネサス	200		5.31	5.92		5	80	5			1.0*	5	2.5	VZは通電40ms後 VZ3ランク	610A
RD5.6MW	ルネサス	200		5.31	5.92		5	80	5				5	2.5	2素子センタータップ(アノードコモン) △VZ<0.15V	610C
RD5.6P	ルネサス	1W		5.3		6	5	40	5			0.5*	20	1.5	VZは通電40ms後	237
RD5.6S	ルネサス	200		5.29	5.94		5	80	5			1.0*	1	2.5	VZは通電40ms後 VZ3ランク	420B
RD5.6SL	ルネサス	200		5.26	5.91		0.5	200	0.5			1.5*	1	2.5	VZは通電40ms後 低ノイズ品 VZ3ランク	420B
RD5.6UJ	ルネサス	150		5.26	5.91		0.5	200	0.5			1.5*	1	2.5	VZは通電40ms後 VZ3ランク	452A
RD5.6UM	ルネサス	150		5.29	5.94		5	80	5			1.0*	2	2.5	VZは通電40ms後 VZ3ランク	452A
*RD6A	ルネサス	250		5.2		6.4	10	30	10	300	1	0.03	5	2.5	VZは通電1秒で測定	24C
RD6.2E	ルネサス	500		5.81		6.4	20	10	20	300	1	2.0*	5	3	VZは通電40ms後 VZ3ランク	24C
*RD6.2ES	ルネサス	400		5.81		6.4	5	30	5	500	0.5	2.0*	5	3	VZは通電40ms後 VZ3ランク	79F
*RD6.2F	ルネサス	1W		5.76		6.52	40	6	40			2.0*	20	3	VZは通電40ms後 VZ3ランク	25A
RD6.2FM	ルネサス	400		5.8		6.6	5	40	5				20	3	VZは通電40ms後	485D
RD6.2FS	ルネサス	1W		5.8		6.6	5	40	5				20	3	Pはガラエポ基板実装時	750A
*RD6.2J	ルネサス	400		5.8		6.6	5	60	5	100	0.5		1	3	低雑音用	24C
*RD6.2JS	ルネサス	400		5.86		6.53	5	60	5	100	0.5	2.0*	1	3	低雑音用 VZ3ランク	79F
RD6.2M	ルネサス	200		5.86		6.53	5	50	5			2.5*	2	3	VZは通電40ms後 VZ3ランク	610A
RD6.2MW	ルネサス	200		5.86		6.53	5	50	5				2	3	2素子センタータップ(アノードコモン) △VZ<0.15V	610C
RD6.2P	ルネサス	1W		5.8		6.6	5	10	5			2.5*	20	3	VZは通電40ms後	237
RD6.2S	ルネサス	200		5.84		6.55	5	50	5			2.5*	2	3	VZは通電40ms後 VZ3ランク	420B
RD6.2SL	ルネサス	200		5.81		6.53	0.5	100	0.5			2.0*	1	3	VZは通電40ms後 低ノイズ品 VZ3ランク	420B
RD6.2UJ	ルネサス	150		5.81		6.53	0.5	100	0.5			2.0*	1	3	VZは通電40ms後 VZ3ランク	452A
RD6.2UM	ルネサス	150		5.84		6.55	5	50	5			2.5*	2	3	VZは通電40ms後 VZ3ランク	452A
RD6.2Z	ルネサス	200		5.9		6.5	5	60	5	100	0.5		3	5.5	Ct=8pF 2素子センタータップ(アノードコモン)	610C
RD6.8E	ルネサス	500		6.32		6.97	20	8	20	150	1	2.5*	2	3.5	VZは通電40ms後 VZ3ランク	24C
*RD6.8ES	ルネサス	400		6.32		6.97	5	25	5	150	0.5	2.5*	2	3.5	VZは通電40ms後 VZ3ランク	79F
*RD6.8F	ルネサス	1W		6.35		7.1	40	6	40			3.0*	20	3.5	VZは通電40ms後 VZ3ランク	25A
RD6.8FM	ルネサス	400		6.4		7.2	5	25	5				20	3.5	VZは通電40ms後	485D
RD6.8FS	ルネサス	1W		6.4		7.2	5	25	5				20	3.5	Pはガラエポ基板実装時	750A
*RD6.8J	ルネサス	400		6.4		7.2	5	40	5	60	0.5		0.5	3.5	低雑音用	24C
*RD6.8JS	ルネサス	400		6.47		7.14	5	40	5	60	0.5	3.0*	0.5	3.5	低雑音用 VZ3ランク	79F
RD6.8M	ルネサス	200		6.47		7.14	5	30	5			3.0*	2	3.5	VZは通電40ms後 VZ3ランク	610A
RD6.8MW	ルネサス	200		6.47		7.14	5	30	5				2	3.5	2素子センタータップ(アノードコモン) △VZ<0.15V	610C
RD6.8P	ルネサス	1W		6.4		7.2	5	15	5			3.5*	20	3.5	VZは通電40ms後	237
RD6.8S	ルネサス	200		6.44		7.17	5	30	5			3.0*	2	3.5	VZは通電40ms後 VZ3ランク	420B
RD6.8SL	ルネサス	200		6.41		7.14	0.5	60	0.5			3.0*	0.5	3.5	VZは通電40ms後 低ノイズ品 VZ3ランク	420B
RD6.8UJ	ルネサス	150		6.41		7.14	0.5	60	0.5			3.0*	0.5	3.5	VZは通電40ms後 VZ3ランク	452A
RD6.8UM	ルネサス	150		6.44		7.17	5	30	5			3.0*	2	3.5	VZは通電40ms後 VZ3ランク	452A
*RD7A	ルネサス	250		6.2		8	10	12	10	150	0.5	0.04	1	4	VZは通電1秒で測定	24C
*RD7.5E	ルネサス	500		6.88		7.64	20	8	20	120	1	3.0*	0.5	3.5	VZは通電40ms後 VZ3ランク	24C

形名	社名	最大定格 P (mW)	最大定格 IZ (mA)	ツェナ電圧 VZ(V) min	ツェナ電圧 VZ(V) typ	ツェナ電圧 VZ(V) max	条件 IZ (mA)	動作抵抗 ZZmax (Ω)	条件 IZ (mA)	立上り動作抵抗 ZZKmax (Ω)	条件 IZ (mA)	VZ温度係数 (%/℃) (mV/℃)	逆方向特性 IRmax (μA)	条件 VR (V)	その他の特性等	外形
*RD7.5ES	ルネサス	400		6.88		7.64	5	25	5	120	0.5	3.5*	0.5	4	VZは通電40ms後 VZ3ランク	79F
*RD7.5F	ルネサス	1W		6.93		7.8	40	4	40			4.0*	20	4	VZは通電40ms後 VZ3ランク	25A
RD7.5FM	ルネサス	400		7		7.9	5	25	5				20	4	VZは通電40ms後	485D
RD7.5FS	ルネサス	1W		7		7.9	5	25	5				20	4	Pはガラエポ基板実装時	750A
*RD7.5J	ルネサス	400		7		7.9	5	30	5	60	0.5		0.5	4	低雑音用	24C
*RD7.5JS	ルネサス	400		7.06		7.84	5	30	5	60	0.5	3.5*	0.5	4	低雑音用 VZ3ランク	79F
RD7.5M	ルネサス	200		7.06		7.84	5	30	5			3.5*	2	4	VZは通電40ms後 VZ3ランク	610A
RD7.5MW	ルネサス	200		7.06		7.84	5	30	5				2	4	2素子センタータップ(アノードコモン) △VZ<0.15V	610C
RD7.5P	ルネサス	1W		7		7.9	5	15	5			4.0*	20	4	VZは通電40ms後	237
RD7.5S	ルネサス	200		7.03		7.87	5	30	5			3.5*	2	4	VZは通電40ms後 VZ3ランク	420B
RD7.5SL	ルネサス	200		7		7.83	0.5	60	0.5			3.5*	0.5	4	VZは通電40ms後 低ノイズ品 VZ3ランク	420B
RD7.5UJ	ルネサス	150		7		7.83	0.5	60	0.5			3.5*	0.5	4	VZは通電40ms後 VZ3ランク	452A
RD7.5UM	ルネサス	150		7.03		7.87	5	30	5			3.5*	2	4	VZは通電40ms後 VZ3ランク	452A
RD8.2E	ルネサス	500		7.56		8.41	20	8	20	120	0.5	4.0*	0.5	5	VZは通電40ms後 VZ3ランク	24C
*RD8.2ES	ルネサス	400		7.56		8.41	5	20	5	120	0.5	4.0*	0.5	5	VZは通電40ms後 VZ3ランク	79F
RD8.2EW	ルネサス	400		7.4		9	20	8	20	300	0.5		10	5	対称形(カソード側表示なし)	79F
*RD8.2F	ルネサス	1W		7.58		8.54	40	4	40			4.5*	20	5	VZは通電40ms後 VZ3ランク	25A
RD8.2FM	ルネサス	400		7.7		8.7	5	25	5				20	5	VZは通電40ms後	485D
RD8.2FS	ルネサス	1W		7.7		8.7	5	25	5				20	5	Pはガラエポ基板実装時	750A
*RD8.2J	ルネサス	400		7.7		8.7	5	30	5	60	0.5		0.5	5	低雑音用	24C
*RD8.2JS	ルネサス	400		7.76		8.64	5	30	5	60	0.5	4.5*	0.5	5	低雑音用 VZ3ランク	79F
RD8.2M	ルネサス	200		7.76		8.64	5	30	5			4.0*	2	5	VZは通電40ms後 VZ3ランク	610A
RD8.2MW	ルネサス	200		7.76		8.64	5	30	5				2	5	2素子センタータップ(アノードコモン) △VZ<0.15V	610C
RD8.2P	ルネサス	1W		7.7		8.7	5	15	5			5.0*	20	5	VZは通電40ms後	237
RD8.2S	ルネサス	200		7.73		8.67	5	30	5			4.0*	2	5	VZは通電40ms後 VZ3ランク	420B
RD8.2SL	ルネサス	200		7.69		8.61	0.5	60	0.5			4.0*	0.5	5	VZは通電40ms後 低ノイズ品 VZ3ランク	420B
RD8.2UJ	ルネサス	150		7.69		8.61	0.5	60	0.5			4.0*	0.5	5	VZは通電40ms後 VZ3ランク	452A
RD8.2UM	ルネサス	150		7.73		8.67	5	30	5			4.0*	2	5	VZは通電40ms後 VZ3ランク	452A
*RD9A	ルネサス	250		7.5		10	10	10	10	150	0.5	0.055	0.5	6	VZは通電後1秒で測定	24C
*RD9.1E	ルネサス	500		8.33		9.29	20	8	20	120	0.5	4.5*	0.5	6	VZは通電40ms後 VZ3ランク	24C
*RD9.1ES	ルネサス	400		8.33		9.29	5	20	5	120	0.5	5.0*	0.5	6	VZは通電40ms後 VZ3ランク	79F
RD9.1EW	ルネサス	400		8.2		10	20	8	20	150	0.5		1	6	対称形(カソード側表示なし)	79F
*RD9.1F	ルネサス	1W		8.34		9.38	40	6	40			5.5*	20	6	VZは通電40ms後 VZ3ランク	25A
RD9.1FM	ルネサス	400		8.5		9.6	5	25	5				20	6	VZは通電40ms後	485D
RD9.1FS	ルネサス	1W		8.5		9.6	5	25	5				20	6	Pはガラエポ基板実装時	750A
*RD9.1J	ルネサス	400		8.5		9.6	5	30	5	60	0.5		0.5	6	低雑音用	24C
*RD9.1JS	ルネサス	400		8.56		9.55	5	30	5	60	0.5	5.0*	0.5	6	低雑音用 VZ3ランク	79F
RD9.1M	ルネサス	200		8.56		9.55	5	30	5			5.0*	2	6	VZは通電40ms後 VZ3ランク	610A
RD9.1MW	ルネサス	200		8.56		9.55	5	30	5				2	6	2素子センタータップ(アノードコモン) △VZ<0.15V	610C
RD9.1P	ルネサス	1W		8.5		9.6	5	15	5			6.0*	20	6	VZは通電40ms後	237
RD9.1S	ルネサス	200		8.53		9.58	5	30	5			5.0*	2	6	VZは通電40ms後 VZ3ランク	420B
RD9.1SL	ルネサス	200		8.47		9.51	0.5	60	0.5			5.0*	0.5	6	VZは通電40ms後 低ノイズ品 VZ3ランク	420B

形名	社名	最大定格 P (mW)	最大定格 IZ (mA)	ツェナ電圧 VZ(V) min	ツェナ電圧 VZ(V) typ	ツェナ電圧 VZ(V) max	条件 IZ(mA)	動作抵抗 ZZmax (Ω)	条件 IZ(mA)	立上り動作抵抗 ZZKmax (Ω)	条件 IZ(mA)	VZ温度係数 (%/℃) (mV/℃)*	逆方向特性 IRmax (μA)	条件 VR(V)	その他の特性等	外形
RD9.1UJ	ルネサス	150		8.47		9.51	0.5	60	0.5			5.0*	0.5	6	VZは通電40ms後 VZ3ランク	452A
RD9.1UM	ルネサス	150		8.53		9.58	5	30	5			5.0*	2	6	VZは通電40ms後 VZ3ランク	452A
*RD10E	ルネサス	500		9.19		10.3	20	8	20	120	0.5	5.5*	0.2	7	VZは通電40ms後 VZ3ランク	24C
*RD10ES	ルネサス	400		9.19		10.3	5	20	5	120	0.5	6.0*	0.2	7	VZは通電40ms後 VZ3ランク	79F
RD10F	ルネサス	1W		9.16		10.4	40	6	40			6.5*	20	7	VZは通電40ms後 VZ3ランク	25A
RD10FM	ルネサス	400		9.4		10.6	5	20	5				10	7	VZは通電40ms後	485D
RD10FS	ルネサス	1W		9.4		10.6	5	20	5				10	7	Pはガラエポ基板実装時	750A
*RD10J	ルネサス	400		9.4		10.6	5	30	5	60	0.5		0.1	7	低雑音用	24C
*RD10JS	ルネサス	400		9.45		10.55	5	30	5	60	0.5	6.0*	0.1	7	低雑音用 VZ3ランク	79F
RD10M	ルネサス	200		9.45		10.55	5	30	5			6.0*	2	7	VZは通電40ms後 VZ3ランク	610A
RD10MW	ルネサス	200		9.45		10.55	5	30	5				2	7	2素子センタータップ（アノードコモン）ΔVZ<0.5V	610C
RD10P	ルネサス	1W		9.4		10.6	5	20	5			7.0*	10	7	VZは通電40ms後	237
RD10S	ルネサス	200		9.42		10.58	5	30	5			6.0*	2	7	VZは通電40ms後 VZ3ランク	420B
RD10SL	ルネサス	200		9.35		10.51	0.5	60	0.5			6.0*	0.1	7	VZは通電40ms後 低ノイズ品 VZ3ランク	420B
RD10UJ	ルネサス	150		9.35		10.51	0.5	60	0.5			6.0*	0.1	7	VZは通電40ms後 VZ3ランク	452A
RD10UM	ルネサス	150		9.42		10.58	5	30	5			6.0*	2	7	VZは通電40ms後 VZ3ランク	452A
*RD11A	ルネサス	250		9		12	5	20	5	150	0.5	0.062	0.1	8	VZは通電後1秒で測定	24C
*RD11E	ルネサス	500		10.18		11.26	10	10	10	120	0.5	6.5*	0.2	8	VZは通電40ms後 VZ3ランク	24C
*RD11ES	ルネサス	400		10.18		11.26	5	20	5	120	0.5	6.5*	0.2	8	VZは通電40ms後 VZ3ランク	79F
*RD11F	ルネサス	1W		10.22		11.43	20	8	20			7.5*	10	8	VZは通電40ms後 VZ3ランク	25A
RD11FM	ルネサス	400		10.4		11.6	5	20	5				10	8	VZは通電40ms後	485D
RD11FS	ルネサス	1W		10.4		11.6	5	20	5				10	8	Pはガラエポ基板実装時	750A
*RD11J	ルネサス	400		10.4		11.6	5	30	5	60	0.5		0.1	8	低雑音用	24C
*RD11JS	ルネサス	400		10.44		11.56	5	30	5	60	0.5	7.0*	0.1	8	低雑音用 VZ3ランク	79F
RD11M	ルネサス	200		10.44		11.56	5	30	5			7.0*	2	8	VZは通電40ms後 VZ3ランク	610A
RD11MW	ルネサス	200		10.44		11.56	5	30	5				2	8	2素子センタータップ（アノードコモン）ΔVZ<0.5V	610C
RD11P	ルネサス	1W		10.4		11.6	5	20	5			7.5*	10	8	VZは通電40ms後	237
RD11S	ルネサス	200		10.4		11.6	5	30	5			7.0*	2	8	VZは通電40ms後 VZ3ランク	420B
RD11SL	ルネサス	200		10.32		11.5	0.5	60	0.5			7.0*	0.1	8	VZは通電40ms後 低ノイズ品 VZ3ランク	420B
RD11UJ	ルネサス	150		10.32		11.5	0.5	60	0.5			7.0*	0.1	8	VZは通電40ms後 VZ3ランク	452A
RD11UM	ルネサス	150		10.4		11.6	5	30	5			7.0*	2	8	VZは通電40ms後 VZ3ランク	452A
*RD12E	ルネサス	500		11.4		12.6	10	12	10	110	0.5	7.5*	0.2	9	VZは通電40ms後 VZ3ランク	24C
*RD12ES	ルネサス	400		11.13		12.3	5	25	5	110	0.5	7.5*	0.2	9	VZは通電40ms後 VZ3ランク	79F
*RD12F	ルネサス	1W		11.19		12.41	20	8	20			8.5*	10	9	VZは通電40ms後 VZ3ランク	25A
RD12FM	ルネサス	400		11.4		12.6	5	25	5				10	9	VZは通電40ms後	485D
RD12FS	ルネサス	1W		11.4		12.6	5	25	5				10	9	Pはガラエポ基板実装時	750A
*RD12J	ルネサス	400		11.4		12.6	5	30	5	80	0.5		0.1	9	低雑音用	24C
*RD12JS	ルネサス	400		11.42		12.6	5	30	5	80	0.5	8.0*	0.1	9	低雑音用 VZ3ランク	79F
RD12M	ルネサス	200		11.42		12.6	5	35	5			8.0*	2	9	VZは通電40ms後 VZ3ランク	610A
RD12MW	ルネサス	200		11.42		12.6	5	35	5				2	9	2素子センタータップ（アノードコモン）ΔVZ<0.5V	610C
RD12P	ルネサス	1W		11.4		12.6	5	25	5			8.5*	10	9	VZは通電40ms後	237
RD12S	ルネサス	200		11.38		12.64	5	35	5			8.0*	2	9	VZは通電40ms後 VZ3ランク	420B

形名	社名	最大定格 P (mW)	最大定格 IZ (mA)	ツェナ電圧 VZ(V) min	ツェナ電圧 VZ(V) typ	ツェナ電圧 VZ(V) max	条件 IZ(mA)	動作抵抗 ZZmax (Ω)	条件 IZ(mA)	立上り動作抵抗 ZZKmax (Ω)	条件 IZ(mA)	VZ温度係数 (mV/℃)*	IRmax (μA)	条件 VR(V)	その他の特性等	外形
RD12SL	ルネサス	200		11.28		12.52	0.5	80	0.5			8.0*	0.1	9	VZは通電40ms後 低ノイズ品 VZ3ランク	420B
RD12UJ	ルネサス	150		11.28		12.52	0.5	80	0.5			8.0*	0.1	9	VZは通電40ms後 VZ3ランク	452A
RD12UM	ルネサス	150		11.38		12.64	5	35	5			8.0*	2	9	VZは通電40ms後 VZ3ランク	452A
*RD13A	ルネサス	250		11		14.5	5	25	5	150	0.5	0.064	0.1	10	VZは通電後1秒で測定	24C
*RD13E	ルネサス	500		12.18		13.62	10	14	10	110	0.5	8.5*	0.2	10	VZは通電40ms後 VZ3ランク	24C
*RD13ES	ルネサス	400		12.18		13.62	5	25	5	110	0.5	8.5*	0.2	10	VZは通電40ms後 VZ3ランク	79F
*RD13F	ルネサス	1W		12.19		13.83	20	10	20			10*		10	VZは通電40ms後	25A
RD13FM	ルネサス	400		12.4		14.1	5	30	5				10	10	VZは通電40ms後	485D
RD13FS	ルネサス	1W		12.4		14.1	5	30	5				10	10	Pはガラエポ基板実装時	750A
*RD13J	ルネサス	400		12.4		14.1	5	37	5	80	0.5		0.1	10	低雑音用	24C
*RD13JS	ルネサス	400		12.47		13.96	5	37	5	80	0.5	9.5*	0.1	10	低雑音用 VZ3ランク	79F
RD13M	ルネサス	200		12.47		13.96	5	35	5			9.0*	2	10	VZは通電40ms後 VZ3ランク	610A
RD13MW	ルネサス	200		12.47		13.96	5	35	5				2	10	2素子センタータップ (アノードコモン) △VZ<0.7V	610C
RD13P	ルネサス	1W		12.4		14.1	5	30	5			10*	10	10	VZは通電40ms後	237
RD13S	ルネサス	200		12.43		14	5	35	5			9*		10		420B
RD13SL	ルネサス	200		12.29		13.86	0.5	80	0.5			9.0*	0.1	10	VZは通電40ms後 低ノイズ品	420B
RD13UJ	ルネサス	150		12.29		13.86	0.5	80	0.5			9.0*	0.1	10	VZは通電40ms後 VZ3ランク	452A
RD13UM	ルネサス	150		12.43		14	5	35	5			9.0*	2	10	VZは通電40ms後 VZ3ランク	452A
*RD15E	ルネサス	500		13.48		15.02	10	16	10	110	0.5	10*	0.2	11	VZは通電40ms後 VZ3ランク	24C
RD15ES	ルネサス	400		13.48		15.02	5	25	5	110	0.5	10*	0.2	11	VZは通電40ms後 VZ3ランク	79F
*RD15F	ルネサス	1W		13.55		15.26	20	10	20			11*		10	11 VZは通電40ms後 VZ3ランク	25A
RD15FM	ルネサス	400		13.8		15.6	5	30	5				10	11	VZは通電40ms後	485D
RD15FS	ルネサス	1W		13.8		15.6	5	30	5				10	11	Pはガラエポ基板実装時	750A
RD15J	ルネサス	300		13.8		15.6	5	42	5	80	0.5		0.1	11	低雑音用	24C
*RD15JS	ルネサス	400		13.84		15.52	5	42	5	80	0.5	11*	0.1	11	低雑音用 VZ3ランク	79F
RD15M	ルネサス	200		13.84		15.52	5	40	5			10*	2	11	VZは通電40ms後 VZ3ランク	610A
RD15MW	ルネサス	200		13.84		15.52	5	40	5				2	11	2素子センタータップ (アノードコモン) △VZ<0.7V	610C
RD15P	ルネサス	1W		13.8		15.6	5	30	5			11*		11	VZは通電40ms後	237
RD15S	ルネサス	200		13.8		15.56	5	40	5			10*	2	11	VZは通電40ms後	420B
RD15SL	ルネサス	200		13.63		15.38	0.5	80	0.5			11*	0.1	11	VZは通電40ms後 低ノイズ品	420B
RD15UJ	ルネサス	150		13.63		15.38	0.5	80	0.5			11*	0.1	11	VZは通電40ms後 VZ3ランク	452A
RD15UM	ルネサス	150		13.8		15.56	5	40	5			11*		11	VZは通電40ms後 VZ3ランク	452A
*RD16A	ルネサス	250		13.5		18	5	30	5	150	0.5	0.067	0.1	12	VZは通電後1秒で測定	24C
*RD16E	ルネサス	500		14.87		16.5	10	18	10	150	0.5	11*	0.2	12	VZは通電40ms後 VZ3ランク	24C
*RD16ES	ルネサス	400		14.87		16.5	5	25	5	150	0.5	11*	0.2	12	VZは通電40ms後 VZ3ランク	79F
*RD16F	ルネサス	1W		14.98		16.71	20	12	20			13*	10	12	VZは通電40ms後	25A
RD16FM	ルネサス	400		15.3		17.1	5	40	5				10	12	VZは通電40ms後	485D
RD16FS	ルネサス	1W		15.3		17.1	5	40	5				10	12	Pはガラエポ基板実装時	750A
*RD16J	ルネサス	400		15.3		17.1	5	50	5	80	0.5		0.1	12	低雑音用	24C
*RD16JS	ルネサス	400		15.37		17.09	5	50	5	80	0.5	12*	0.1	12	低雑音用 VZ3ランク	79F
RD16M	ルネサス	200		15.37		17.09	5	40	5			12*	2	12	VZは通電40ms後 VZ3ランク	610A
RD16MW	ルネサス	200		15.37		17.09	5	40	5				2	12	2素子センタータップ (アノードコモン) △VZ<0.7V	610C

形名	社名	最大定格 P (mW)	最大定格 IZ (mA)	ツェナ電圧 VZ(V) min	ツェナ電圧 VZ(V) typ	ツェナ電圧 VZ(V) max	条件 IZ(mA)	動作抵抗 ZZmax (Ω)	条件 IZ(mA)	立上り動作抵抗 ZZKmax (Ω)	条件 IZ(mA)	VZ温度係数 (%/℃) (mV/℃)*	逆方向特性 IRmax (μA)	逆方向特性 条件 VR(V)	その他の特性等	外形
RD16P	ルネサス	1W		15.3		17.1	5	40	5			13*	10	12	VZは通電40ms後	237
RD16S	ルネサス	200		15.31		17.14	5	40	5			12*	2	12	VZは通電40ms後	420B
RD16SL	ルネサス	200		15.13		16.91	0.5	80	0.5			12*	0.1	12	VZは通電40ms後 低ノイズ品	420B
RD16UJ	ルネサス	150		15.13		16.91	0.5	80	0.5			12*	0.1	12	VZは通電40ms後 VZ3ランク	452A
RD16UM	ルネサス	150		15.31		17.14	5	40	5			12*	2	12	VZは通電40ms後 VZ3ランク	452A
* RD18E	ルネサス	500		16.34		18.3	10	23	10	150	0.5	13*	0.2	13	VZは通電40ms後 VZ3ランク	24C
* RD18ES	ルネサス	400		16.34		18.3	5	30	5	150	0.5	13*	0.2	13	VZは通電40ms後 VZ3ランク	79F
RD18F	ルネサス	1W		16.37		18.55	20	12	20			15*	10	13	VZは通電40ms後 VZ3ランク	25A
RD18FM	ルネサス	400		16.8		19.1	5	45	5				10	13	VZは通電40ms後	485D
RD18FS	ルネサス	1W		16.8		19.1	5	45	5				10	13	Pはガラエポ基板実装時	750A
* RD18J	ルネサス	400		16.8		19.1	5	65	5				0.1	13	低雑音用	24C
* RD18JS	ルネサス	400		16.94		19.03	5	65	5	80	0.5	14*	0.1	13	低雑音用 VZ3ランク	79F
RD18M	ルネサス	200		16.94		19.03	5	45	5			13*	2	13	VZは通電40ms後 PZSM=20W	610A
RD18MW	ルネサス	200		16.94		19.03	5	45	5				2	13	2素子センタータップ (アノードコモン) ΔVZ<1V	610C
RD18P	ルネサス	1W		16.8		19.1	5	45	5			15*	10	13	VZは通電40ms後 VZ3ランク	237
RD18S	ルネサス	200		16.89		19.08	5	45	5			13*	2	13	VZは通電40ms後	420B
RD18SL	ルネサス	200		16.63		18.81	0.5	80	0.5			14*	0.1	13	VZは通電40ms後 低ノイズ品	420B
RD18UJ	ルネサス	150		16.63		18.81	0.5	80	0.5			14*	0.1	13	VZは通電40ms後 VZ3ランク	452A
RD18UM	ルネサス	150		16.89		19.08	5	45	5			13*	2	13	VZは通電40ms後 VZ3ランク	452A
* RD19A	ルネサス	250		17		21	5	50	5	200	0.5	0.07	0.1	15	VZは通電後1秒で測定	24C
* RD20E	ルネサス	500		18.11		20.72	10	28	10	200	0.5	15*	0.2	15	VZは通電40ms後 VZ4ランク	24C
* RD20ES	ルネサス	400		18.14		20.45	5	30	5	200	0.5	14*	0.2	15	VZは通電40ms後 VZ3ランク	79F
RD20F	ルネサス	1W		18.26		20.84	20	14	20			17*	10	15	VZは通電40ms後 VZ3ランク	25A
RD20FM	ルネサス	400		18.8		21.2	5	55	5				10	15	VZは通電40ms後	485D
RD20FS	ルネサス	1W		18.8		21.2	5	55	5				10	15	Pはガラエポ基板実装時	750A
* RD20J	ルネサス	400		18.8		21.2	5	85	5	100	0.5		0.1	15	低雑音用	24C
* RD20JS	ルネサス	400		18.86		21.08	5	85	5	100	0.5	16*	0.1	15	低雑音用 VZ3ランク	79F
RD20M	ルネサス	200		18.86		21.08	5	50	5			15*	2	15	VZは通電40ms後	610A
RD20MW	ルネサス	200		18.86		21.08	5	50	5				2	15	2素子センタータップ (アノードコモン) ΔVZ<1V	610C
RD20P	ルネサス	1W		18.8		21.2	5	55	5			17*	10	15	VZは通電40ms後	237
RD20S	ルネサス	200		18.8		21.14	5	50	5			15*	2	15	VZは通電40ms後	420B
RD20SL	ルネサス	200		18.51		20.79	0.5	100	0.5			16*	0.1	15	VZは通電40ms後 低ノイズ品	420B
RD20UJ	ルネサス	150		18.51		20.79	0.5	100	0.5			16*	0.1	15	VZは通電40ms後 VZ3ランク	452A
RD20UM	ルネサス	150		18.8		21.14	5	50	5			15*	2	15	VZは通電40ms後 VZ3ランク	452A
* RD22E	ルネサス	500		20.23		22.61	5	30	5	200	0.5	17*	0.2	17	VZは通電40ms後 VZ4ランク	24C
* RD22ES	ルネサス	400		20.23		22.61	5	30	5	200	0.5	17*	0.2	17	VZは通電40ms後 VZ4ランク	79F
RD22F	ルネサス	1W		20.45		22.86	10	14	10			17*	10	17	VZは通電40ms後	25A
RD22FM	ルネサス	400		20.8		23.3	2	55	2				10	17	VZは通電40ms後	485D
RD22FS	ルネサス	1W		20.8		23.3	5	55	5				10	17	Pはガラエポ基板実装時	750A
* RD22J	ルネサス	400		20.8		23.3	5	100	5				0.1	17	低雑音用 VZ3ランク	24C
* RD22JS	ルネサス	400		20.88		23.17	5	100	5	100	0.5	18*	0.1	17	低雑音用 VZ3ランク	79F
* RD22K	ルネサス	400		20.88		23.17	5	100	5	100	0.5	18*	0.1	17	VZは通電40ms後 低雑音用	357A

	形　名	社名	最大定格 P (mW)	最大定格 IZ (mA)	ツェナ電圧 VZ(V) min	ツェナ電圧 VZ(V) typ	ツェナ電圧 VZ(V) max	条件 IZ(mA)	動作抵抗 ZZmax (Ω)	条件 IZ(mA)	立上り動作抵抗 ZZKmax (Ω)	条件 IZ(mA)	VZ温度係数 (%/℃) (mV/℃)*	逆方向特性 IRmax (μA)	条件 VR(V)	その他の特性等	外形
	RD22MW	ルネサス	200		20.88		23.17	5	55	5				2	17	2素子センタータップ (アノードコモン) ΔVZ<1V	610C
	RD22P	ルネサス	1W		20.8		23.3	5	55	5			19*	10	17	VZは通電40ms後	237
	RD22S	ルネサス	200		20.81		23.25	5	55	5			17*	2	17	VZは通電40ms後	420B
	RD22SL	ルネサス	200		20.46		22.82	0.5	100	0.5			18*	0.1	17	VZは通電40ms後 低ノイズ品	420B
	RD22UJ	ルネサス	150		20.46		22.82	0.5	100	0.5			18*	0.1	17	VZは通電40ms後 VZ3ランク	452A
	RD22UM	ルネサス	150		20.81		23.25	5	55	5			17*	2	17	VZは通電40ms後 VZ3ランク	452A
*	RD24A	ルネサス	250		20		27	5	100	5	300	0.5	0.073	0.1	18	VZは通電後1秒で測定	24C
	RD24E	ルネサス	500		22.26		24.81	5	35	5	200	0.5	19*	0.2	19	VZは通電40ms後 VZ4ランク	24C
*	RD24ES	ルネサス	400		22.26		24.81	5	35	5	200	0.5	19*	0.2	19	VZは通電40ms後 VZ4ランク	79F
*	RD24F	ルネサス	1W		22.44		25.14	10	16	10			21*	10	19	VZは通電40ms後 VZ3ランク	25A
	RD24FM	ルネサス	400		22.8		25.6	2	70	2				10	19	VZは通電40ms後	485D
	RD24FS	ルネサス	1W		22.8		25.6	5	70	5				10	19	Pはガラエポ基板実装時	750A
*	RD24J	ルネサス	400		22.8		25.6	5	120	5	120	0.5		0.1	19	低雑音用	24C
*	RD24JS	ルネサス	400		22.93		25.57	5	120	5	120	0.5	20*	0.1	19	低雑音用 VZ3ランク	79F
	RD24M	ルネサス	200		22.93		25.57	2	60	2			20*		19	VZは通電40ms後	610A
	RD24MW	ルネサス	200		22.93		25.57	5	60	5				2	19	2素子センタータップ (アノードコモン) ΔVZ<1.5V	610C
	RD24P	ルネサス	1W		22.8		25.6	5	70	5			21*	10	19	VZは通電40ms後	237
	RD24S	ルネサス	200		22.86		25.66	5	60	5			20*	2	19	VZは通電40ms後	420B
	RD24SL	ルネサス	200		22.42		25.17	0.5	120	0.5			20*	0.1	19	VZは通電40ms後 低ノイズ品	420B
	RD24UJ	ルネサス	150		22.42		25.17	0.5	120	0.5			20*	0.1	19	VZは通電40ms後 VZ3ランク	452A
	RD24UM	ルネサス	150		22.86		25.66	5	60	5			20*	2	19	VZは通電40ms後 VZ3ランク	452A
*	RD27E	ルネサス	500		24.26		27.64	5	45	5	250	0.5	21*	0.2	21	VZは通電40ms後 VZ4ランク	24C
*	RD27ES	ルネサス	400		24.26		27.64	5	45	5	250	0.5	22*	0.2	21	VZは通電40ms後 VZ4ランク	79F
*	RD27F	ルネサス	1W		24.63		28.43	10	16	10			24*	10	21	VZは通電40ms後 VZ3ランク	25A
	RD27FM	ルネサス	400		25.1		28.9	2	80	2				10	21	VZは通電40ms後	485D
	RD27FS	ルネサス	1W		25.1		28.9	2	80	2				10	21	Pはガラエポ基板実装時	750A
*	RD27J	ルネサス	400		25.1		28.9	5	150	5	150	0.5		0.1	21	低雑音用	24C
*	RD27JS	ルネサス	400		25.2		28.61	5	150	5	150	0.5	23*	0.1	21	低雑音用 VZ3ランク	79F
	RD27M	ルネサス	200		25.1		28.9	2	70	2			22*	2	21	VZは通電40ms後	610A
	RD27MW	ルネサス	200		25.1		28.9	2	70	2				2	21	2素子センタータップ (アノードコモン) ΔVZ<1.5V	610C
	RD27P	ルネサス	1W		25.1		28.9	5	80	5			24*	10	21	VZは通電40ms後	237
	RD27S	ルネサス	200		25.1		28.9	2	70	2			22*	2	21	VZは通電40ms後	420B
	RD27SL	ルネサス	200		24.75		27.95	0.5	150	0.5			23*	0.1	21	VZは通電40ms後 低ノイズ品	420B
	RD27UJ	ルネサス	150		24.75		27.95	0.5	150	0.5			23*	0.1	21	VZは通電40ms後 VZ3ランク	452A
	RD27UM	ルネサス	150		25.1		28.9	2	70	2			22*	2	21	VZは通電40ms後	452A
*	RD29A	ルネサス	250		25		32	2	150	2	400	0.5	0.077	0.1	22	VZは通電後1秒で測定	24C
	RD30E	ルネサス	500		26.99		30.51	5	55	5	250	0.5	24*	0.2	23	VZは通電40ms後 VZ4ランク	24C
*	RD30ES	ルネサス	400		26.99		30.51	5	55	5	250	0.5	25*	0.2	23	VZは通電40ms後 VZ4ランク	79F
*	RD30F	ルネサス	1W		27.43		31.26	10	18	10			26*	10	23	VZは通電40ms後 VZ3ランク	25A
	RD30FM	ルネサス	400		28		32	2	80	2				10	23	VZは通電40ms後	485D
	RD30FS	ルネサス	1W		28		32	2	80	2				10	23	Pはガラエポ基板実装時	750A
*	RD30J	ルネサス	400		28		32	5	200	5	200	0.5		0.1	23	低雑音用	24C

形 名	社 名	最大定格 P (mW)	最大定格 IZ (mA)	ツェナ電圧 VZ(V) min	ツェナ電圧 VZ(V) typ	ツェナ電圧 VZ(V) max	ツェナ電圧 条件 IZ(mA)	動作抵抗 ZZmax (Ω)	動作抵抗 条件 IZ(mA)	立上り動作抵抗 ZZKmax (Ω)	立上り動作抵抗 条件 IZ(mA)	VZ温度係数 (%/℃) (mV/℃)*	逆方向特性 IRmax (μA)	逆方向特性 条件 VR(V)	その他の特性等	外形
* RD30JS	ルネサス	400		28.22		31.74	5	200	5	200	0.5	27*	0.1	23	低雑音用 VZ3ランク	79F
RD30M	ルネサス	200		28		32	2	80	2			26*	2	23	VZは通電40ms後	610A
RD30MW	ルネサス	200		28		32	2	80	2				2	23	2素子センタータップ（アノードコモン）△VZ<1.5V	610C
RD30P	ルネサス	1W		28		32	2	80	2			27*	10	23		237
RD30S	ルネサス	200		28		32	2	80	2			26*	2	23	VZは通電40ms後	420B
RD30SL	ルネサス	200		27.38		31.04	0.5	200	0.5			26*	0.1	23	VZは通電40ms後 低ノイズ品	420B
RD30UJ	ルネサス	150		27.38		31.04	0.5	200	0.5			26*	0.1	23	VZは通電40ms後 VZ3ランク	452A
RD30UM	ルネサス	150		28		32	2	80	2			26*	2	23	VZは通電40ms後	452A
* RD33E	ルネサス	500		29.68		33.11	5	65	5	250	0.5	26*	0.2	25	VZは通電40ms後 VZ4ランク	24C
* RD33ES	ルネサス	400		29.68		33.11	5	65	5	250	0.5	28*	0.1	25	VZは通電40ms後 VZ3ランク	79F
* RD33F	ルネサス	1W		30.35		34.15	10	18	10			29*	10	25	VZは通電40ms後 VZ3ランク	25A
RD33FM	ルネサス	400		31		35	2	80	2				10	25	VZは通電40ms後	485D
RD33FS	ルネサス	1W		31		35	2	80	2				10	25	Pはガラエポ基板実装時	750A
* RD33J	ルネサス	400		31		35	5	250	5	250	0.5		0.1	25	低雑音用	24C
* RD33JS	ルネサス	400		31.18		34.83	5	250	5	250	0.5	30*	0.1	25	VZは通電40ms後 VZ3ランク	79F
RD33M	ルネサス	200		31		35	2	80	2			29*	2	25	VZは通電40ms後	610A
RD33MW	ルネサス	200		31		35	2	80	2				2	25	2素子センタータップ（アノードコモン）△VZ<1.5V	610C
RD33P	ルネサス	1W		31		35	2	80	2			30*	10	25		237
RD33S	ルネサス	200		31		35	2	80	2			29*	2	25	VZは通電40ms後	420B
RD33SL	ルネサス	200		30.3		33.97	0.5	250	0.5			29*	0.1	25	VZは通電40ms後 低ノイズ品	420B
RD33UJ	ルネサス	150		30.3		33.97	0.5	250	0.5			29*	0.1	25	VZは通電40ms後 VZ3ランク	452A
RD33UM	ルネサス	150		31		35	2	80	2			29*	2	25	VZは通電40ms後	452A
* RD35A	ルネサス	250		30		42	2	250	2	500	0.5	0.081	0.1	26	VZは通電後1秒で測定	24C
* RD36E	ルネサス	500		32.14		35.77	5	75	5	250	0.5	29*	0.2	27	VZは通電40ms後 VZ4ランク	24C
* RD36ES	ルネサス	400		32.14		35.77	5	75	5	250	0.5	30*	0.2	27	VZは通電40ms後 VZ4ランク	79F
* RD36F	ルネサス	1W		33.24		37.9	10	20	10			32*	10	27	VZは通電40ms後 VZ3ランク	25A
RD36FM	ルネサス	400		34		38	2	90	2				10	27		485D
RD36FS	ルネサス	1W		34		38	2	90	2				10	27	Pはガラエポ基板実装時	750A
* RD36J	ルネサス	400		34		38	5	300	5	300	0.5		0.1	27	低雑音用	24C
* RD36JS	ルネサス	400		34.12		37.91	5	300	5	300	0.5	33*	0.1	27	低雑音用 VZ3ランク	79F
RD36M	ルネサス	200		34		38	2	90	2			32*	2	27	VZは通電40ms後	610A
RD36MW	ルネサス	200		34		38	2	90	2				2	27	2素子センタータップ（アノードコモン）△VZ<1.5V	610C
RD36P	ルネサス	1W		34		38	2	90	2			33*	10	27		237
RD36S	ルネサス	200		34		38	2	90	2			32*	2	27	VZは通電40ms後	420B
RD36SL	ルネサス	200		33.08		36.83	0.5	300	0.5			32*	0.1	27	VZは通電40ms後 低ノイズ品	420B
RD36UJ	ルネサス	150		33.08		36.83	0.5	300	0.5			32*	0.1	27	VZは通電40ms後 VZ3ランク	452A
RD36UM	ルネサス	150		34		38	2	90	2			32*	2	27	VZは通電40ms後	452A
* RD39E	ルネサス	500		34.68		40.8	5	85	5	250	0.5	32*	0.2	30	VZは通電40ms後 VZ細区分7	24C
* RD39ES	ルネサス	400		34.68		38.52	5	85	5	250	0.5	33*	0.2	30	VZは通電40ms後 VZ4ランク	79F
* RD39F	ルネサス	1W		36.11		40.8	10	20	10			36*	10	30	VZは通電40ms後 VZ3ランク	25A
RD39FM	ルネサス	400		37		41	2	130	2				10	30	VZは通電40ms後	485D
RD39FS	ルネサス	1W		37		41	2	130	2				10	30	Pはガラエポ基板実装時	750A

形　名	社名	最大定格 P (mW)	最大定格 IZ (mA)	ツェナ電圧 VZ(V) min	ツェナ電圧 VZ(V) typ	ツェナ電圧 VZ(V) max	条件 IZ(mA)	動作抵抗 ZZmax (Ω)	条件 IZ(mA)	立上り動作抵抗 ZZKmax (Ω)	条件 IZ(mA)	VZ温度係数 (%/℃) (mV/℃)*	逆方向特性 IRmax (μA)	条件 VR(V)	その他の特性等	外形
* RD39J	ルネサス	400		37		41	5	360	5	360	0.5		0.1	30	低雑音用	24C
* RD39JS	ルネサス	400		37.04		40.99	5	360	5	360	0.5	36*	0.1	30	低雑音用 VZ3ランク	79F
RD39M	ルネサス	200		37		41	2	100	2			36*	2	30	VZは通電40ms後	610A
RD39MW	ルネサス	200		37		41	2	100	2				2	30	2素子センタータップ (アノードコモン) ΔVZ<1.5V	610C
RD39P	ルネサス	1W		37		41	2	130	2			36*	10	30	VZは通電40ms後	237
RD39S	ルネサス	200		37		41	2	100	2			36*	2	30	VZは通電40ms後	420B
RD39SL	ルネサス	200		35.78		39.67	0.5	360	0.5			35*	0.1	30	VZは通電40ms後 低ノイズ品	420B
RD39UJ	ルネサス	150		35.78		39.67	0.5	360	0.5			35*	0.1	30	VZは通電40ms後 VZ3ランク	452A
RD39UM	ルネサス	150		37		41	2	100	2			36*	2	30	VZは通電40ms後	452A
* RD43E	ルネサス	500		40		45	5	90	5			37*	0.2	33	VZは通電40ms後	24C
* RD43F	ルネサス	1W		40		45	10	50	10			40*	5	33	VZは通電40ms後	25A
RD43FM	ルネサス	400		40		45	2	150	2				5	33	VZは通電40ms後	485D
RD43FS	ルネサス	1W		40		45	2	150	2				5	33	Pはガラエポ基板実装時	750A
RD43M	ルネサス	200		40		45	2	130	2			39*	2	33	VZは通電40ms後	610A
RD43P	ルネサス	1W		40		45	2	150	2			40*	5	33	VZは通電40ms後	237
RD43S	ルネサス	200		40		45	2	130	2				2	33	VZ:通電40ms後 Pはプリント基板実装時	420B
* RD47E	ルネサス	500		44		49	5	90	5			41*	0.2	36	VZは通電40ms後	24C
* RD47F	ルネサス	1W		44		49	10	50	10			44*	5	36	VZは通電40ms後	25A
RD47FM	ルネサス	400		44		49	2	170	2				5	36	VZは通電40ms後	485D
RD47FS	ルネサス	1W		44		49	2	170	2				5	36	Pはガラエポ基板実装時	750A
RD47M	ルネサス	200		44		49	2	150	2			44*	2	36	VZは通電40ms後	610A
RD47P	ルネサス	1W		44		49	2	170	2			44*	5	36	VZは通電40ms後	237
RD47S	ルネサス	200		44		49	2	150	2				2	36	VZ:通電40ms後 Pはプリント基板実装時	420B
* RD51E	ルネサス	500		48		54	5	110	5			45*	0.2	39	VZは通電40ms後	24C
* RD51F	ルネサス	1W		48		54	10	50	10			49*	5	39	VZは通電40ms後	25A
RD51FM	ルネサス	400		48		54	2	180	2				5	39	VZは通電40ms後	485D
RD51FS	ルネサス	1W		48		54	2	220	2				5	39	Pはガラエポ基板実装時	750A
RD51P	ルネサス	1W		48		54	2	220	2			49*	5	39	VZは通電40ms後	237
RD51S	ルネサス	200		48		54	2	180	2				1	39	VZ:通電40ms後 Pはプリント基板実装時	420B
* RD56E	ルネサス	500		53		60	5	110	5			51*	0.2	43	VZは通電40ms後	24C
* RD56F	ルネサス	1W		53		60	10	50	10			54*	5	43	VZは通電40ms後	25A
RD56FM	ルネサス	1W		53		60	2	220	2				5	43		485D
RD56FS	ルネサス	1W		53		60	2	220	2				5	43	Pはガラエポ基板実装時	750A
RD56P	ルネサス	1W		53		60	2	200	2			55*	5	43	VZは通電40ms後	237
RD56S	ルネサス	200		53		60	2	180	2				1	43	VZ:通電40ms後 Pはプリント基板実装時	420B
* RD62E	ルネサス	500		58		66	2	200	2			56*	0.2	47	VZは通電40ms後	24C
* RD62F	ルネサス	1W		58		66	10	50	10			60*	5	47	VZは通電40ms後	25A
RD62FM	ルネサス	1W		58		66	2	220	2				5	47		485D
RD62FS	ルネサス	1W		58		66	2	220	2				5	47	Pはガラエポ基板実装時	750A
RD62P	ルネサス	1W		58		66	2	215	2			61*	5	47	VZは通電40ms後	237
RD62S	ルネサス	200		58		66	2	200	2				0.2	47	VZ:通電40ms後 Pはプリント基板実装時	420B
* RD68E	ルネサス	500		64		72	2	200	2			62*	0.2	52	VZは通電40ms後	24C

	形　名	社　名	最大定格 P (mW)	最大定格 IZ (mA)	ツェナ電圧 VZ(V) min	ツェナ電圧 VZ(V) typ	ツェナ電圧 VZ(V) max	条件 IZ(mA)	動作抵抗 ZZmax (Ω)	条件 IZ(mA)	立上り動作抵抗 ZZKmax (Ω)	条件 IZ(mA)	VZ温度係数 (%/℃) (mV/℃)*	逆方向特性 IRmax (μA)	条件 VR(V)	その他の特性等	外形
*	RD68F	ルネサス	1W		64		72	10	70	10			67*	5	52	VZは通電40ms後	25A
	RD68FM	ルネサス	1W		64		72	2	230	2				5	52		485D
	RD68FS	ルネサス	1W		64		72	2	230	2				5	52	Pはガラエポ基板実装時	750A
	RD68P	ルネサス	1W		64		72	2	240	2			67*	5	52	VZは通電40ms後	237
	RD68S	ルネサス	200		64		72	2	250	2				0.2	52	VZ：通電40ms後 Pはプリント基板実装時	420B
*	RD75E	ルネサス	500		70		79	2	300	2			69*	0.2	57	VZは通電40ms後	24C
*	RD75F	ルネサス	1W		70		79	10	90	10			73*	5	57	VZは通電40ms後	25A
	RD75FM	ルネサス	1W		70		79	2	250	2				5	57		485D
	RD75FS	ルネサス	1W		70		79	2	250	2				5	57	Pはガラエポ基板実装時	750A
	RD75P	ルネサス	1W		70		79	2	255	2			74*	5	57	VZは通電40ms後	237
	RD75S	ルネサス	200		70		79	2	300	2				0.2	57	VZ：通電40ms後 Pはプリント基板実装時	420B
*	RD82E	ルネサス	500		77		87	2	300	2			76*	0.2	63	VZは通電40ms後	24C
*	RD82F	ルネサス	1W		77		87	10	90	10			81*	5	63	VZは通電40ms後	25A
	RD82FM	ルネサス	1W		77		87	2	270	2				5	63		485D
	RD82FS	ルネサス	1W		77		87	2	270	2				5	63	Pはガラエポ基板実装時	750A
	RD82P	ルネサス	1W		77		87	2	275	2			82*	5	63	VZは通電40ms後	237
	RD82S	ルネサス	200		77		87	2	300	2				0.2	63	VZ：通電40ms後 Pはプリント基板実装時	420B
*	RD91E	ルネサス	500		85		96	2	400	2			85*	0.9	69	VZは通電40ms後	24C
	RD91FM	ルネサス	1W		85		96	2	340	2				5	69		485D
	RD91FS	ルネサス	1W		85		96	2	340	2				5	69	Pはガラエポ基板実装時	750A
	RD91P	ルネサス	1W		85		96	2	300	2			91*	5	69	VZは通電40ms後	237
	RD91S	ルネサス	200		85		96	1	700	1				0.2	69	VZ：通電40ms後 Pはプリント基板実装時	420B
*	RD100E	ルネサス	500		94		106	2	400	2			95*	0.2	76	VZは通電40ms後	24C
	RD100FM	ルネサス	1W		94		106	2	430	2				5	76		485D
	RD100FS	ルネサス	1W		94		106	2	430	2				5	76	Pはガラエポ基板実装時	750A
	RD100P	ルネサス	1W		94		106	2	400	2			100*	5	76	VZは通電40ms後	237
	RD100S	ルネサス	200		94		106	1	700	1				0.2	76	VZ：通電40ms後 Pはプリント基板実装時	420B
*	RD110E	ルネサス	500		104		116	1	750	1			105*	0.2	84	VZは通電40ms後	24C
	RD110FM	ルネサス	1W		104		116	2	530	2				5	84		485D
	RD110FS	ルネサス	1W		104		116	2	530	2				5	84	Pはガラエポ基板実装時	750A
	RD110P	ルネサス	1W		104		116	2	500	2			110*	5	84	VZは通電40ms後	237
	RD110S	ルネサス	200		104		116	1	800	1				0.2	84	VZ：通電40ms後 Pはプリント基板実装時	420B
*	RD120E	ルネサス	500		114		126	1	900	1			115*	0.2	91	VZは通電40ms後	24C
	RD120FM	ルネサス	1W		114		126	2	620	2				5	91		485D
	RD120FS	ルネサス	1W		114		126	2	620	2				5	91	Pはガラエポ基板実装時	750A
	RD120P	ルネサス	1W		114		126	2	600	2			125*	5	91	VZは通電40ms後	237
	RD120S	ルネサス	200		114		126	1	900	1				0.2	91	VZ：通電40ms後 Pはプリント基板実装時	420B
*	RD130E	ルネサス	500		120		140	1	1100	1				0.2	100	VZは通電40ms後	24C
*	RD140E	ルネサス	500		130		150	1	1300	1				0.2	110	VZは通電40ms後	24C
*	RD150E	ルネサス	500		140		160	1	1500	1				0.2	120	VZは通電40ms後	24C
	RD150S	ルネサス	200		140		160	1	1500	1				0.2	120		420B
*	RD160E	ルネサス	500		150		170	1	1700	1				0.2	130	VZは通電40ms後	24C

形名	社名	最大定格 P (mW)	最大定格 IZ (mA)	ツェナ電圧 VZ(V) min	ツェナ電圧 VZ(V) typ	ツェナ電圧 VZ(V) max	条件 IZ(mA)	動作抵抗 ZZmax (Ω)	条件 IZ(mA)	立上り動作抵抗 ZZKmax (Ω)	条件 IZ(mA)	VZ温度係数 (%/℃) (mV/℃)*	逆方向特性 IRmax (μA)	条件 VR(V)	その他の特性等	外形
*RD170E	ルネサス	500		160		180	1	1900	1				0.2	140	VZは通電40ms後	24C
*RD180E	ルネサス	500		170		190	1	2200	1				0.2	140	VZは通電40ms後	24C
*RD190E	ルネサス	500		180		200	1	2400	1				0.2	150	VZは通電40ms後	24C
*RD200E	ルネサス	500		190		210	1	2500	1				0.2	160	VZは通電40ms後	24C
RKZ2.0BKG	ルネサス	200		1.90		2.20	5	100	5				120	0.5	VZはパルス40msの値	420C
RKZ2.0BKJ	ルネサス	150		1.9		2.2	5	100	5				120	0.5	Pは基板実装時 ESD>30kV	757A
RKZ2.0BKK	ルネサス	150		1.90		2.20	5	100	5				120	0.5	VZはパルス40msの値	738B
RKZ2.0BKL	ルネサス	100		1.90		2.20	5	100	5				120	0.5	VZはパルス40msの値	736A
RKZ2.2BKG	ルネサス	200		2.10		2.40	5	100	5				120	0.7	VZはパルス40msの値	420C
RKZ2.2BKJ	ルネサス	150		2.1		2.4	5	100	5				120	0.7	Pは基板実装時 ESD>30kV	757A
RKZ2.2BKK	ルネサス	150		2.10		2.40	5	100	5				120	0.7	VZはパルス40msの値	738B
RKZ2.2BKL	ルネサス	100		2.10		2.40	5	100	5				120	0.7	VZはパルス40msの値	736A
RKZ2.4AKU	ルネサス	500		2.33		2.52	20	100	20				120	1	Pは基板実装時 ESD>30kV	756F
RKZ2.4BKG	ルネサス	200		2.30		2.60	5	100	5				120	1	VZはパルス40msの値	420C
RKZ2.4BKJ	ルネサス	150		2.3		2.6	5	100	5				120	1	Pは基板実装時 ESD>30kV	757A
RKZ2.4BKK	ルネサス	150		2.30		2.60	5	100	5				120	1	VZはパルス40msの値	738B
RKZ2.4BKL	ルネサス	100		2.30		2.60	5	100	5				120	1	VZはパルス40msの値	736A
RKZ2.4BKU	ルネサス	500		2.43		2.63	20	100	20				120	1	Pは基板実装時 ESD>30kV	756F
RKZ2.7AKU	ルネサス	500		2.54		2.75	20	110	20				120	1	Pは基板実装時 ESD>30kV	756F
RKZ2.7B2KG	ルネサス	200		2.65		2.90	5	110	5				120	1	VZはパルス40msの値	420C
RKZ2.7B2KJ	ルネサス	150		2.65		2.9	5	110	5				120	1	Pは基板実装時 ESD>30kV	757A
RKZ2.7B2KK	ルネサス	150		2.65		2.90	5	110	5				120	1	VZはパルス40msの値	738B
RKZ2.7B2KL	ルネサス	100		2.65		2.90	5	110	5				120	1	VZはパルス40msの値	736A
RKZ2.7BKU	ルネサス	500		2.69		2.91	20	110	20				120	1	Pは基板実装時 ESD>30kV	756F
RKZ3.0AKU	ルネサス	500		2.85		3.07	20	120	20				50	1	Pは基板実装時 ESD>30kV	756F
RKZ3.0B2KG	ルネサス	200		2.95		3.20	5	120	5				50	1	VZはパルス40msの値	420C
RKZ3.0B2KJ	ルネサス	150		2.95		3.2	5	120	5				50	1	Pは基板実装時 ESD>30kV	757A
RKZ3.0B2KK	ルネサス	150		2.95		3.20	5	120	5				50	1	VZはパルス40msの値	738B
RKZ3.0B2KL	ルネサス	100		2.95		3.20	5	120	5				50	1	VZはパルス40msの値	736A
RKZ3.0BKU	ルネサス	500		3.01		3.22	20	120	20				50	1	Pは基板実装時 ESD>30kV	756F
RKZ3.3AKU	ルネサス	500		3.16		3.38	20	130	20				20	1	Pは基板実装時 ESD>30kV	756F
RKZ3.3B2KG	ルネサス	200		3.25		3.50	5	130	5				20	1	VZはパルス40msの値	420C
RKZ3.3B2KJ	ルネサス	150		3.25		3.5	5	130	5				20	1	Pは基板実装時 ESD>30kV	757A
RKZ3.3B2KK	ルネサス	150		3.25		3.50	5	130	5				20	1	VZはパルス40msの値	738B
RKZ3.3B2KL	ルネサス	100		3.25		3.50	5	130	5				20	1	VZはパルス40msの値	736A
RKZ3.3BKU	ルネサス	500		3.32		3.53	20	130	20				20	1	Pは基板実装時 ESD>30kV	756F
RKZ3.6AKU	ルネサス	500		3.45		3.69	20	130	20				10	1	Pは基板実装時 ESD>30kV	756F
RKZ3.6B2KG	ルネサス	200		3.55		3.80	5	130	5				10	1	VZはパルス40msの値	420C
RKZ3.6B2KJ	ルネサス	150		3.55		3.8	5	130	5				10	1	Pは基板実装時 ESD>30kV	757A
RKZ3.6B2KK	ルネサス	150		3.55		3.80	5	130	5				10	1	VZはパルス40msの値	738B
RKZ3.6B2KL	ルネサス	100		3.55		3.80	5	130	5				10	1	VZはパルス40msの値	736A
RKZ3.6BKU	ルネサス	500		3.6		3.84	20	130	20				10	1	Pは基板実装時 ESD>30kV	756F

形名	社名	最大定格 P (mW)	最大定格 IZ (mA)	ツェナ電圧 VZ(V) min	ツェナ電圧 VZ(V) typ	ツェナ電圧 VZ(V) max	条件 IZ(mA)	動作抵抗 ZZmax (Ω)	条件 IZ(mA)	立上り動作抵抗 ZZKmax (Ω)	条件 IZ(mA)	VZ温度係数 (%/℃) (mV/℃)*	逆方向特性 IRmax (μA)	条件 VR(V)	その他の特性等	外形
RKZ3.6BKV	ルネサス	700		3.4		3.8	10	130	10				10	1	Pは基板実装時 ESD>30kV	750F
RKZ3.9AKU	ルネサス	500		3.74		4.01	20	130	20				10	1	Pは基板実装時 ESD>30kV	756F
RKZ3.9B2KG	ルネサス	200		3.87		4.10	5	130	5				10	1	VZはパルス40msの値	420C
RKZ3.9B2KJ	ルネサス	150		3.87		4.1	5	130	5				10	1	Pは基板実装時 ESD>30kV	757A
RKZ3.9B2KK	ルネサス	150		3.87		4.10	5	130	5				10	1	VZはパルス40msの値	738B
RKZ3.9B2KL	ルネサス	100		3.87		4.10	5	130	5				10	1	VZはパルス40msの値	736A
RKZ3.9BKU	ルネサス	500		3.89		4.16	20	130	20				10	1	Pは基板実装時 ESD>30kV	756F
RKZ3.9BKV	ルネサス	700		3.7		4.1	10	130	10				10	1	Pは基板実装時 ESD>30kV	750F
RKZ4.3AKU	ルネサス	500		4.04		4.29	20	130	20				10	1	Pは基板実装時 ESD>30kV	756F
RKZ4.3B2KG	ルネサス	200		4.15		4.34	5	130	5				10	1	VZはパルス40msの値	420C
RKZ4.3B2KJ	ルネサス	150		4.15		4.34	5	130	5				10	1	Pは基板実装時 ESD>30kV	757A
RKZ4.3B2KK	ルネサス	150		4.15		4.34	5	130	5				10	1	VZはパルス40msの値	738B
RKZ4.3B2KL	ルネサス	100		4.15		4.34	5	130	5				10	1	VZはパルス40msの値	736A
RKZ4.3BKU	ルネサス	500		4.17		4.43	20	130	20				10	1	Pは基板実装時 ESD>30kV	756F
RKZ4.3BKV	ルネサス	700		4.01		4.48	10	130	10				10	1	Pは基板実装時 ESD>30kV	750F
RKZ4.3CKU	ルネサス	500		4.3		4.57	20	130	20				10	1	Pは基板実装時 ESD>30kV	756F
RKZ4.7AKU	ルネサス	500		4.44		4.68	20	130	20				10	1	Pは基板実装時 ESD>30kV	756F
RKZ4.7B2KG	ルネサス	200		4.55		4.75	5	130	5				10	1	VZはパルス40msの値	420C
RKZ4.7B2KJ	ルネサス	150		4.55		4.75	5	130	5				10	1	Pは基板実装時 ESD>30kV	757A
RKZ4.7B2KK	ルネサス	150		4.55		4.75	5	130	5				10	1	VZはパルス40msの値	738B
RKZ4.7B2KL	ルネサス	100		4.55		4.75	5	130	5				10	1	VZはパルス40msの値	736A
RKZ4.7BKU	ルネサス	500		4.55		4.8	20	130	20				10	1	Pは基板実装時 ESD>30kV	756F
RKZ4.7BKV	ルネサス	700		4.42		4.9	10	130	10				10	1	Pは基板実装時 ESD>30kV	750F
RKZ4.7CKU	ルネサス	500		4.68		4.93	20	130	20				10	1	Pは基板実装時 ESD>30kV	756F
RKZ5.1AKU	ルネサス	500		4.81		5.07	20	130	20				7.5	2	Pは基板実装時 ESD>30kV	756F
RKZ5.1B2KG	ルネサス	200		4.98		5.20	5	130	5				5	1.5	VZはパルス40msの値	420C
RKZ5.1B2KJ	ルネサス	150		4.98		5.2	5	80	5				5	1.5	Pは基板実装時 ESD>30kV	757A
RKZ5.1B2KK	ルネサス	150		4.98		5.20	5	130	5				5	1.5	VZはパルス40msの値	738B
RKZ5.1B2KL	ルネサス	100		4.98		5.20	5	130	5				5	1.5	VZはパルス40msの値	736A
RKZ5.1BKU	ルネサス	500		4.94		5.2	20	130	20				7.5	2	Pは基板実装時 ESD>30kV	756F
RKZ5.1BKV	ルネサス	700		4.84		5.37	10	130	10				5	1.5	Pは基板実装時 ESD>30kV	750F
RKZ5.1CKU	ルネサス	500		5.09		5.37	20	130	20				7.5	2	Pは基板実装時 ESD>30kV	756F
RKZ5.6AKU	ルネサス	500		5.28		5.55	20	80	20				7.5	2	Pは基板実装時 ESD>30kV	756F
RKZ5.6B2KG	ルネサス	200		5.49		5.73	5	80	5				5	2.5	VZはパルス40msの値	420C
RKZ5.6B2KJ	ルネサス	150		5.49		5.73	5	50	5				5	2.5	Pは基板実装時 ESD>30kV	757A
RKZ5.6B2KK	ルネサス	150		5.49		5.73	5	80	5				5	2.5	VZはパルス40msの値	738B
RKZ5.6B2KL	ルネサス	100		5.49		5.73	5	80	5				5	2.5	VZはパルス40msの値	736A
RKZ5.6BKU	ルネサス	500		5.45		5.73	20	80	20				7.5	2	Pは基板実装時 ESD>30kV	756F
RKZ5.6BKV	ルネサス	700		5.31		5.92	10	80	10				5	2.5	Pは基板実装時 ESD>30kV	750F
RKZ5.6CKU	ルネサス	500		5.61		5.91	20	80	20				7.5	2	Pは基板実装時 ESD>30kV	756F
RKZ6.2AKU	ルネサス	500		6.78		6.09	20	50	20				7.5	3	Pは基板実装時 ESD>30kV	756F
RKZ6.2B2KG	ルネサス	200		6.06		6.33	5	50	5				2	3	VZはパルス40msの値	420C

形　名	社名	最大定格 P (mW)	最大定格 IZ (mA)	ツェナ電圧 VZ(V) min	ツェナ電圧 VZ(V) typ	ツェナ電圧 VZ(V) max	動作抵抗 条件 IZ(mA)	動作抵抗 ZZmax (Ω)	立上り動作抵抗 条件 IZ(mA)	立上り動作抵抗 ZZKmax (Ω)	VZ温度係数 条件 IZ(mA)	VZ温度係数 (%/℃) (mV/℃)*	逆方向特性 IRmax (μA)	逆方向特性 条件 VR(V)	その他の特性等	外形
RKZ6.2B2KJ	ルネサス	150		6.06		6.33	5	30	5				2	3	Pは基板実装時 ESD>30kV	757A
RKZ6.2B2KK	ルネサス	150		6.06		6.33	5	50	5				2	3	VZはパルス40msの値	738B
RKZ6.2B2KL	ルネサス	100		6.06		6.33	5	50	5				2	3	VZはパルス40msの値	736A
RKZ6.2BKU	ルネサス	500		5.96		6.27	20	50	20				7.5	3	Pは基板実装時 ESD>30kV	756F
RKZ6.2BKV	ルネサス	700		5.86		6.53	10	50	10				2	3	Pは基板実装時 ESD>30kV	750F
RKZ6.2CKU	ルネサス	500		6.12		6.44	20	50	20				7.5	3	Pは基板実装時 ESD>30kV	756F
RKZ6.8AKU	ルネサス	500		6.29		6.63	20	30	20				7.5	4	Pは基板実装時 ESD>30kV	756F
RKZ6.8B2KG	ルネサス	200		6.65		6.93	5	30	5				2	3.5	VZはパルス40msの値	420C
RKZ6.8B2KJ	ルネサス	150		6.65		6.93	5	30	5				2	3.5	Pは基板実装時 ESD>30kV	757A
RKZ6.8B2KK	ルネサス	150		6.65		6.93	5	30	5				2	3.5	VZはパルス40msの値	738B
RKZ6.8B2KL	ルネサス	100		6.65		6.93	5	30	5				2	3.5	VZはパルス40msの値	736A
RKZ6.8BKU	ルネサス	500		6.49		6.83	20	30	20				7.5	4	Pは基板実装時 ESD>30kV	756F
RKZ6.8BKV	ルネサス	700		6.47		7.14	10	30	10				2	3.5	Pは基板実装時 ESD>30kV	750F
RKZ6.8CKU	ルネサス	500		6.66		7.01	20	30	20				7.5	4	Pは基板実装時 ESD>30kV	756F
RKZ7.5AKU	ルネサス	500		6.85		7.22	20	30	20				7.5	4	Pは基板実装時 ESD>30kV	756F
RKZ7.5B2KG	ルネサス	200		7.28		7.60	5	30	5				2	4	VZはパルス40msの値	420C
RKZ7.5B2KJ	ルネサス	150		7.28		7.6	5	30	5				2	4	Pは基板実装時 ESD>30kV	757A
RKZ7.5B2KK	ルネサス	150		7.28		7.60	5	30	5				2	4	VZはパルス40msの値	738B
RKZ7.5B2KL	ルネサス	100		7.28		7.60	5	30	5				2	4	VZはパルス40msの値	736A
RKZ7.5BKU	ルネサス	500		7.07		7.45	20	30	20				7.5	4	Pは基板実装時 ESD>30kV	756F
RKZ7.5BKV	ルネサス	700		7.06		7.84	10	30	10				2	4	Pは基板実装時 ESD>30kV	750F
RKZ7.5CKU	ルネサス	500		7.29		7.57	20	30	20				7.5	4	Pは基板実装時 ESD>30kV	756F
RKZ8.2AKU	ルネサス	500		7.53		7.92	20	30	20				7.5	7.15	Pは基板実装時 ESD>30kV	756F
RKZ8.2B2KG	ルネサス	200		8.02		8.36	5	30	5				2	5	VZはパルス40msの値	420C
RKZ8.2B2KJ	ルネサス	150		8.02		8.36	5	30	5				2	5	Pは基板実装時 ESD>30kV	757A
RKZ8.2B2KK	ルネサス	150		8.02		8.36	5	30	5				2	5	VZはパルス40msの値	738B
RKZ8.2B2KL	ルネサス	100		8.02		8.36	5	30	5				2	5	VZはパルス40msの値	736A
RKZ8.2BKU	ルネサス	500		7.78		8.19	20	30	20				7.5	7.39	Pは基板実装時 ESD>30kV	756F
RKZ8.2BKV	ルネサス	700		7.76		8.64	10	30	10				2	5	Pは基板実装時 ESD>30kV	750F
RKZ8.2CKU	ルネサス	500		8.03		8.45	20	30	20				7.5	7.63	Pは基板実装時 ESD>30kV	756F
RKZ9.1AKU	ルネサス	500		8.29		8.73	20	30	20				7.5	7.88	Pは基板実装時 ESD>30kV	756F
RKZ9.1B2KG	ルネサス	200		8.85		9.23	5	30	5				2	6	VZはパルス40msの値	420C
RKZ9.1B2KJ	ルネサス	150		8.85		9.23	5	30	5				2	6	Pは基板実装時 ESD>30kV	757A
RKZ9.1B2KK	ルネサス	150		8.85		9.23	5	30	5				2	6	VZはパルス40msの値	738B
RKZ9.1B2KL	ルネサス	100		8.85		9.23	5	30	5				2	6	VZはパルス40msの値	736A
RKZ9.1BKU	ルネサス	500		8.57		9.01	20	30	20				7.5	8.14	Pは基板実装時 ESD>30kV	756F
RKZ9.1BKV	ルネサス	700		8.56		9.55	10	30	10				2	6	Pは基板実装時 ESD>30kV	750F
RKZ9.1CKU	ルネサス	500		8.83		9.3	20	30	20				7.5	8.39	Pは基板実装時 ESD>30kV	756F
RKZ10AKU	ルネサス	500		9.12		9.59	20	30	20				7.5	8.66	Pは基板実装時 ESD>30kV	756F
RKZ10B2KG	ルネサス	200		9.77		10.21	5	30	5				2	7	VZはパルス40msの値	420C
RKZ10B2KJ	ルネサス	150		9.77		10.21	5	30	5				2	7	Pは基板実装時 ESD>30kV	757A
RKZ10B2KK	ルネサス	150		9.77		10.21	5	30	5				2	7	VZはパルス40msの値	738B

形 名	社 名	最大定格 P (mW)	最大定格 IZ (mA)	ツェナ電圧 VZ(V) min	ツェナ電圧 VZ(V) typ	ツェナ電圧 VZ(V) max	ツェナ電圧 条件 IZ(mA)	動作抵抗 ZZmax (Ω)	動作抵抗 条件 IZ(mA)	立上り動作抵抗 ZZKmax (Ω)	立上り動作抵抗 条件 IZ(mA)	VZ温度係数 (%/℃) (mV/℃)*	逆方向特性 IRmax (μA)	逆方向特性 条件 VR(V)	その他の特性等	外形
RKZ10B2KL	ルネサス	100		9.77		10.21	5	30	5				2	7	VZはパルス40msの値	736A
RKZ10BKU	ルネサス	500		9.41	9.9		20	30	20				7.5	8.94	Pは基板実装時 ESD>30kV	756F
RKZ10BKV	ルネサス	700		9.45		10.55	10	30	10				2	7	Pは基板実装時 ESD>30kV	750F
RKZ10CKU	ルネサス	500		9.7		10.2	20	30	20				7.5	9.22	Pは基板実装時 ESD>30kV	756F
RKZ10DKU	ルネサス	500		9.94		10.44	20	30	20				7.5	9.44	Pは基板実装時 ESD>30kV	756F
RKZ11AKU	ルネサス	500		10.18		10.71	10	30	10				0.07	9.67	Pは基板実装時 ESD>30kV	756F
RKZ11B2KG	ルネサス	200		10.76		11.22	5	30	5				2	8	VZはパルス40msの値	420C
RKZ11B2KJ	ルネサス	150		10.76		11.22	5	30	5				2	8	Pは基板実装時 ESD>30kV	757A
RKZ11B2KK	ルネサス	150		10.76		11.22	5	30	5				2	8	VZはパルス40msの値	738B
RKZ11B2KL	ルネサス	100		10.76		11.22	5	30	5				2	8	VZはパルス40msの値	736A
RKZ11BKU	ルネサス	500		10.5		11.05	10	30	10				0.07	9.98	Pは基板実装時 ESD>30kV	756F
RKZ11BKV	ルネサス	700		10.44		11.56	10	30	10				2	8	Pは基板実装時 ESD>30kV	750F
RKZ11CKU	ルネサス	500		10.82		11.38	10	30	10				0.07	10.28	Pは基板実装時 ESD>30kV	756F
RKZ12AKU	ルネサス	500		11.13		11.71	10	35	10				0.07	10.6	Pは基板実装時 ESD>30kV	756F
RKZ12B2KG	ルネサス	200		11.74		12.24	5	35	5				2	9	VZはパルス40msの値	420C
RKZ12B2KJ	ルネサス	150		11.74		12.24	5	35	5				2	9	Pは基板実装時 ESD>30kV	757A
RKZ12B2KK	ルネサス	150		11.74		12.24	5	35	5				2	9	VZはパルス40msの値	738B
RKZ12B2KL	ルネサス	100		11.74		12.24	5	35	5				2	9	VZはパルス40msの値	736A
RKZ12BKU	ルネサス	500		11.44		12.03	10	35	10				0.07	10.9	Pは基板実装時 ESD>30kV	756F
RKZ12BKV	ルネサス	700		11.42		12.6	10	35	10				2	9	Pは基板実装時 ESD>30kV	750F
RKZ12CKU	ルネサス	500		11.74		12.35	10	35	10				0.07	11.2	Pは基板実装時 ESD>30kV	756F
RKZ13AKU	ルネサス	500		12.11		12.75	10	35	10				0.07	11.5	Pは基板実装時 ESD>30kV	756F
RKZ13B2KG	ルネサス	200		12.91		13.49	5	35	5				2	10	VZはパルス40msの値	420C
RKZ13B2KJ	ルネサス	150		12.91		13.49	5	35	5				2	10	Pは基板実装時 ESD>30kV	757A
RKZ13B2KK	ルネサス	150		12.91		13.49	5	35	5				2	10	VZはパルス40msの値	738B
RKZ13B2KL	ルネサス	100		12.91		13.49	5	35	5				2	10	VZはパルス40msの値	736A
RKZ13BKU	ルネサス	500		12.55		13.21	10	35	10				0.07	11.9	Pは基板実装時 ESD>30kV	756F
RKZ13BKV	ルネサス	700		12.47		13.96	10	35	10				2	10	Pは基板実装時 ESD>30kV	750F
RKZ13CKU	ルネサス	500		12.99		13.66	10	35	10				0.07	12.3	Pは基板実装時 ESD>30kV	756F
RKZ15AKU	ルネサス	500		13.44		14.13	10	40	10				0.07	12.8	Pは基板実装時 ESD>30kV	756F
RKZ15B2KG	ルネサス	200		14.34		14.98	5	40	5				2	11	VZはパルス40msの値	420C
RKZ15B2KJ	ルネサス	150		14.34		14.98	5	40	5				2	11	Pは基板実装時 ESD>25kV	757A
RKZ15B2KK	ルネサス	150		14.34		14.98	5	40	5				2	11	VZはパルス40msの値	738B
RKZ15B2KL	ルネサス	100		14.34		14.98	5	40	5				2	11	VZはパルス40msの値	736A
RKZ15BKU	ルネサス	500		13.89		14.62	10	40	10				0.07	13.2	Pは基板実装時 ESD>30kV	756F
RKZ15BKV	ルネサス	700		13.84		15.52	5	40	5				2	11	Pは基板実装時 ESD>30kV	750F
RKZ15CKU	ルネサス	500		14.35		15.09	10	40	10				0.07	13.6	Pは基板実装時 ESD>30kV	756F
RKZ16AKU	ルネサス	500		14.8		15.57	10	40	10				0.07	14.1	Pは基板実装時 ESD>30kV	756F
RKZ16B2KG	ルネサス	200		15.85		16.51	5	40	5				2	12	VZはパルス40msの値	420C
RKZ16B2KJ	ルネサス	150		15.65		16.51	5	40	5				2	12	Pは基板実装時 ESD>25kV	757A
RKZ16B2KK	ルネサス	150		15.85		16.51	5	40	5				2	12	VZはパルス40msの値	738B
RKZ16B2KL	ルネサス	100		15.85		16.51	5	40	5				2	12	VZはパルス40msの値	736A

形名	社名	最大定格 P (mW)	最大定格 IZ (mA)	ツェナ電圧 VZ(V) min	ツェナ電圧 VZ(V) typ	ツェナ電圧 VZ(V) max	条件 IZ(mA)	動作抵抗 ZZmax (Ω)	条件 IZ(mA)	立上り動作抵抗 ZZKmax (Ω)	条件 IZ(mA)	VZ温度係数 (mV/℃)*	逆方向特性 IRmax (μA)	条件 VR (V)	その他の特性等	外形
RKZ16BKU	ルネサス	500		15.25		16.04	10	40	10				0.07	14.5	Pは基板実装時 ESD>30kV	756F
RKZ16BKV	ルネサス	700		15.37		17.09	5	40	5				2	12	Pは基板実装時 ESD>30kV	750F
RKZ16CKU	ルネサス	500		15.69		16.51	10	40	10				0.07	14.9	Pは基板実装時 ESD>30kV	756F
RKZ18AKU	ルネサス	500		16.22		17.06	10	45	10				0.07	15.4	Pは基板実装時 ESD>30kV	756F
RKZ18B2KG	ルネサス	200		17.56		18.35	5	45	5				2	13	VZはパルス40msの値	420C
RKZ18B2KJ	ルネサス	150		17.56		18.35	5	45	5				2	13	Pは基板実装時 ESD>25kV	757A
RKZ18B2KK	ルネサス	150		17.56		18.35	5	45	5				2	13	VZはパルス40msの値	738B
RKZ18B2KL	ルネサス	100		17.56		18.35	2	45	2				2	13	VZはパルス40msの値	736A
RKZ18BKU	ルネサス	500		16.82		17.7	10	45	10				0.07	16	Pは基板実装時 ESD>30kV	756F
RKZ18BKV	ルネサス	700		16.94		19.03	5	45	5				2	15	Pは基板実装時 ESD>30kV	750F
RKZ18CKU	ルネサス	500		17.42		18.33	10	45	10				0.07	16.5	Pは基板実装時 ESD>30kV	756F
RKZ20AKU	ルネサス	500		18.05		18.96	10	50	10				0.07	17.1	Pは基板実装時 ESD>30kV	756F
RKZ20B2KG	ルネサス	200		19.52		20.39	5	50	5				2	15	VZはパルス40msの値	420C
RKZ20B2KJ	ルネサス	150		19.52		20.39	5	50	5				2	15	Pは基板実装時 ESD>20kV	757A
RKZ20B2KK	ルネサス	150		19.52		20.39	5	50	5				2	15	VZはパルス40msの値	738B
RKZ20B2KL	ルネサス	100		19.52		20.39	2	50	2				2	15	VZはパルス40msの値	736A
RKZ20BKU	ルネサス	500		18.63		19.59	10	50	10				0.07	17.7	Pは基板実装時 ESD>30kV	756F
RKZ20BKV	ルネサス	700		18.86		21.08	5	50	5				2	15	Pは基板実装時 ESD>30kV	750F
RKZ20CKU	ルネサス	500		19.23		20.22	10	50	10				0.07	18.3	Pは基板実装時 ESD>30kV	756F
RKZ20DKU	ルネサス	500		19.72		20.72	10	50	10				0.07	18.7	Pは基板実装時 ESD>30kV	756F
RKZ22AKU	ルネサス	500		20.15		21.2	5	55	5				0.07	19.1	Pは基板実装時 ESD>30kV	756F
RKZ22B2KG	ルネサス	200		21.54		22.47	5	55	5				2	17	VZはパルス40msの値	420C
RKZ22B2KJ	ルネサス	150		21.54		22.47	5	55	5				2	17	Pは基板実装時 ESD>20kV	757A
RKZ22B2KK	ルネサス	150		21.54		22.47	5	55	5				2	17	VZはパルス40msの値	738B
RKZ22B2KL	ルネサス	100		21.54		22.47	2	55	2				2	17	VZはパルス40msの値	736A
RKZ22BKU	ルネサス	500		20.64		21.71	5	55	5				0.07	19.6	Pは基板実装時 ESD>30kV	756F
RKZ22BKV	ルネサス	700		20.88		23.17	5	55	5				2	17	Pは基板実装時 ESD>30kV	750F
RKZ22CKU	ルネサス	500		21.08		22.17	5	55	5				0.07	20	Pは基板実装時 ESD>30kV	756F
RKZ22DKU	ルネサス	500		21.52		22.63	5	55	5				0.07	20.4	Pは基板実装時 ESD>30kV	756F
RKZ24AKU	ルネサス	500		22.05		23.18	5	60	5				0.07	20.9	Pは基板実装時 ESD>30kV	756F
RKZ24B2KG	ルネサス	200		23.72		24.78	5	60	5				2	19	VZはパルス40msの値	420C
RKZ24B2KJ	ルネサス	150		23.72		24.78	5	60	5				2	19	Pは基板実装時 ESD>15kV	757A
RKZ24B2KK	ルネサス	150		23.72		24.78	5	60	5				2	19	VZはパルス40msの値	738B
RKZ24B2KL	ルネサス	100		23.72		24.78	2	60	2				2	19	VZはパルス40msの値	736A
RKZ24BKU	ルネサス	500		22.61		23.77	5	60	5				0.07	21.5	Pは基板実装時 ESD>30kV	756F
RKZ24BKV	ルネサス	700		22.93		25.57	5	60	5				2	19	Pは基板実装時 ESD>30kV	750F
RKZ24CKU	ルネサス	500		23.12		24.31	5	60	5				0.07	22	Pは基板実装時 ESD>30kV	756F
RKZ24DKU	ルネサス	500		23.63		24.85	5	60	5				0.07	22.4	Pは基板実装時 ESD>30kV	756F
RKZ27AKU	ルネサス	500		24.26		25.52	5	70	5				0.07	23	Pは基板実装時 ESD>30kV	756F
RKZ27BKG	ルネサス	200		25.10		28.90	2	70	2				2	21	VZはパルス40msの値	420C
RKZ27BKJ	ルネサス	150		25.1		28.9	2	70	2				2	21	Pは基板実装時 ESD>15kV	757A
RKZ27BKK	ルネサス	150		25.10		28.90	2	70	2				2	21	VZはパルス40msの値	738B

形名	社名	最大定格 P (mW)	最大定格 IZ (mA)	ツェナ電圧 VZ(V) min	ツェナ電圧 VZ(V) typ	ツェナ電圧 VZ(V) max	条件 IZ(mA)	動作抵抗 ZZmax (Ω)	条件 IZ(mA)	立上り動作抵抗 ZZKmax (Ω)	条件 IZ(mA)	VZ温度係数 (%/℃)(mV/℃)*	逆方向特性 IRmax (μA)	逆方向特性 条件 VR(V)	その他の特性等	外形
RKZ27BKL	ルネサス	100		25.10		28.90	2	70	2				2	21	VZはパルス40msの値	736A
RKZ27BKU	ルネサス	500		24.97		26.26	5	70	5				0.07	23.7	Pは基板実装時 ESD>30kV	756F
RKZ27BKV	ルネサス	700		25.1		28.9	2	70	2				2	21	Pは基板実装時 ESD>30kV	750F
RKZ27CKU	ルネサス	500		25.63		26.95	5	70	5				0.07	24.3	Pは基板実装時 ESD>30kV	756F
RKZ27DKU	ルネサス	500		26.29		27.64	5	70	5				0.07	25	Pは基板実装時 ESD>30kV	756F
RKZ30AKU	ルネサス	500		26.99		28.39	5	80	5				0.07	25.6	Pは基板実装時 ESD>30kV	756F
RKZ30BKG	ルネサス	200		28.00		32.00	2	80	2				2	23	VZはパルス40msの値	420C
RKZ30BKJ	ルネサス	150		28		32	2	80	2				2	23	Pは基板実装時 ESD>13kV	757A
RKZ30BKK	ルネサス	150		28.00		32.00	2	80	2				2	23	VZはパルス40msの値	738B
RKZ30BKL	ルネサス	100		28.00		32.00	2	80	2				2	23	VZはパルス40msの値	736A
RKZ30BKU	ルネサス	500		27.7		29.13	5	80	5				0.07	26	Pは基板実装時 ESD>30kV	756F
RKZ30BKV	ルネサス	700		28		32	2	80	2				2	23	Pは基板実装時 ESD>30kV	750F
RKZ30CKU	ルネサス	500		28.36		29.82	5	80	5				0.07	26.9	Pは基板実装時 ESD>30kV	756F
RKZ30DKU	ルネサス	500		29.02		30.51	5	80	5				0.07	27.6	Pは基板実装時 ESD>30kV	756F
RKZ33AKU	ルネサス	500		29.68		31.22	5	80	5				0.07	28.2	Pは基板実装時 ESD>25kV	756F
RKZ33BKG	ルネサス	200		31.00		35.00	2	80	2				2	25	VZはパルス40msの値	420C
RKZ33BKJ	ルネサス	150		31		35	2	80	2				2	25	Pは基板実装時 ESD>8kV	757A
RKZ33BKK	ルネサス	150		31.00		35.00	2	80	2				2	25	VZはパルス40msの値	738B
RKZ33BKL	ルネサス	100		31.00		35.00	2	80	2				2	25	VZはパルス40msの値	736A
RKZ33BKU	ルネサス	500		30.32		31.88	5	80	5				0.07	28.8	Pは基板実装時 ESD>25kV	756F
RKZ33BKV	ルネサス	700		31		35	2	80	2				2	25	Pは基板実装時 ESD>30kV	750F
RKZ33CKU	ルネサス	500		30.9		32.5	5	80	5				0.07	29.4	Pは基板実装時 ESD>25kV	756F
RKZ33DKU	ルネサス	500		31.49		33.11	5	80	5				0.07	29.9	Pは基板実装時 ESD>25kV	756F
RKZ36AKU	ルネサス	500		32.14		33.79	5	90	5				0.07	30.5	Pは基板実装時 ESD>20kV	756F
RKZ36BKG	ルネサス	200		34.00		38.00	2	90	2				2	27	VZはパルス40msの値	420C
RKZ36BKJ	ルネサス	150		34		38	2	90	2				2	27	Pは基板実装時 ESD>8kV	757A
RKZ36BKK	ルネサス	150		34.00		38.00	2	90	2				2	27	VZはパルス40msの値	738B
RKZ36BKL	ルネサス	100		34.00		38.00	2	90	2				2	27	VZはパルス40msの値	736A
RKZ36BKU	ルネサス	500		32.79		34.49	5	90	5				0.07	31.2	Pは基板実装時 ESD>20kV	756F
RKZ36BKV	ルネサス	700		34		38	2	90	2				2	27	Pは基板実装時 ESD>30kV	750F
RKZ36CKU	ルネサス	500		33.4		35.13	5	90	5				0.07	31.7	Pは基板実装時 ESD>20kV	756F
RKZ36DKU	ルネサス	500		34.01		35.77	5	90	5				0.07	32.3	Pは基板実装時 ESD>20kV	756F
RLZ2.0	ローム	400		1.88		2.2	20	140	20	2k	1		120	0.5	VZは通電40ms後 VZ2ランク	357B
RLZ2.2	ローム	400		2.12		2.41	20	120	20	2k	1		120	0.7	VZは通電40ms後 VZ2ランク	357B
RLZ2.4	ローム	400		2.33		2.63	20	100	20	2k	1		120	1	VZは通電40ms後 VZ2ランク	357B
RLZ2.7	ローム	400		2.54		2.91	20	100	20	1k	1		100	1	VZは通電40ms後 VZ2ランク	357B
RLZ3.0	ローム	400		2.85		3.22	20	80	20	1k	1		50	1	VZは通電40ms後 VZ2ランク	357B
RLZ3.3	ローム	400		3.16		3.53	20	70	20	1k	1		20	1	VZは通電40ms後 VZ2ランク	357B
RLZ3.6	ローム	400		3.455		3.845	20	60	20	1k	1		10	1	VZは通電40ms後 VZ2ランク	357B
RLZ3.6B	ローム	500		3.6		3.845	20	60	20	1000	1		10	1	VZは通電40ms後	357B
RLZ3.9	ローム	400		3.74		4.16	20	50	20	1k	1		5	1	VZは通電40ms後 VZ2ランク	357B
RLZ3.9B	ローム	500		3.89		4.16	20	50	20	1000	1		5	1	VZは通電40ms後	357B

形　名	社名	最大定格 P (mW)	最大定格 IZ (mA)	ツェナ電圧 VZ(V) min	ツェナ電圧 VZ(V) typ	ツェナ電圧 VZ(V) max	条件 IZ(mA)	動作抵抗 ZZmax (Ω)	条件 IZ(mA)	立上り動作抵抗 ZZKmax (Ω)	条件 IZ(mA)	VZ温度係数 (%/℃) (mV/℃)*	逆方向特性 IRmax (μA)	条件 VR(V)	その他の特性等	外形
RLZ4.3	ローム	400		4.04		4.57	20	40	20	1k	1		5	1	VZは通電40ms後 VZ3ランク	357B
RLZ4.3B	ローム	500		4.17		4.43	20	40	20	1000	1		5	1	VZは通電40ms後	357B
RLZ4.7	ローム	400		4.44		4.93	20	25	20	900	1		5	1	VZは通電40ms後 VZ3ランク	357B
RLZ4.7B	ローム	500		4.55		4.8	20	25	20	900	1		5	1	VZは通電40ms後	357B
RLZ5.1	ローム	400		4.81		5.37	20	20	20	800	1		5	1.5	VZは通電後40ms測定 VZ3ランク	357B
RLZ5.1B	ローム	500		4.94		5.2	20	20	20	800	1		5	1.5	VZは通電40ms後	357B
RLZ5.6	ローム	400		5.28		5.91	20	13	20	500	1		5	2.5	VZは通電後40ms測定 VZ3ランク	357B
RLZ5.6B	ローム	500		5.45		5.73	20	13	20	500	1		5	2.5	VZは通電40ms後	357B
RLZ6.2	ローム	400		5.78		6.44	20	10	20	300	1		5	3	VZは通電後40ms測定 VZ3ランク	357B
RLZ6.2B	ローム	500		5.96		6.27	20	10	20	300	1		5	3	VZは通電40ms後	357B
RLZ6.8	ローム	400		6.29		7.01	20	8	20	150	0.5		2	3.5	VZは通電後40ms測定 VZ3ランク	357B
RLZ6.8B	ローム	500		6.49		6.83	20	8	20	150	0.5		2	3.5	VZは通電40ms後	357B
RLZ7.5	ローム	400		6.85		7.67	20	8	20	120	0.5		0.5	4	VZは通電後40ms測定 VZ3ランク	357B
RLZ7.5B	ローム	500		7.07		7.45	20	8	20	120	0.5		0.5	4	VZは通電40ms後	357B
RLZ8.2	ローム	400		7.53		8.45	20	8	20	120	0.5		0.5	5	VZは通電後40ms測定 VZ3ランク	357B
RLZ8.2B	ローム	500		7.78		8.19	20	8	20	120	0.5		0.5	5	VZは通電40ms後	357B
RLZ9.1	ローム	400		8.29		9.3	20	8	20	120	0.5		0.5	6	VZは通電後40ms測定 VZ3ランク	357B
RLZ9.1B	ローム	500		8.57		9.01	20	8	20	120	0.5		0.5	6	VZは通電40ms後	357B
RLZ10	ローム	400		9.12		10.44	20	8	20	120	0.5		0.2	7	VZは通電40ms後 VZ4ランク	357B
RLZ10B	ローム	500		9.41		9.9	20	8	20	120	0.5		0.2	7	VZは通電40ms後	357B
RLZ11	ローム	400		10.18		11.38	10	10	10	120	0.5		0.2	8	VZは通電40ms後 VZ3ランク	357B
RLZ11B	ローム	500		10.5		11.05	10	10	10	120	0.5		0.2	8	VZは通電40ms後	357B
RLZ12	ローム	400		11.13		12.35	10	12	10	110	0.5		0.2	9	VZは通電40ms後 VZ3ランク	357B
RLZ12B	ローム	500		11.44		12.03	10	12	10	110	0.5		0.2	9	VZは通電40ms後	357B
RLZ13	ローム	400		12.11		13.66	10	14	10	110	0.5		0.2	10	VZは通電40ms後 VZ3ランク	357B
RLZ13B	ローム	500		12.55		13.21	10	14	10	110	0.5		0.2	10	VZは通電40ms後	357B
RLZ15	ローム	400		13.44		15.09	10	16	10	110	0.5		0.2	11	VZは通電40ms後 VZ3ランク	357B
RLZ15B	ローム	500		13.89		14.62	10	16	10	110	0.5		0.2	11	VZは通電40ms後	357B
RLZ16	ローム	400		14.8		16.51	10	18	10	150	0.5		0.2	12	VZは通電40ms後 VZ3ランク	357B
RLZ16B	ローム	500		15.25		16.04	10	18	10	150	0.5		0.2	12	VZは通電40ms後	357B
RLZ18	ローム	400		16.22		18.33	10	23	10	150	0.5		0.2	13	VZは通電40ms後 VZ3ランク	357B
RLZ18B	ローム	500		16.82		17.7	10	23	10	150	0.5		0.2	13	VZは通電40ms後	357B
RLZ20	ローム	400		18.02		20.72	10	28	10	200	0.5		0.2	15	VZは通電40ms後 VZ4ランク	357B
RLZ20B	ローム	500		18.63		19.59	10	28	10	200	0.5		0.2	15	VZは通電40ms後	357B
RLZ22	ローム	400		20.15		22.63	5	30	5	200	0.5		0.2	17	VZは通電40ms後 VZ4ランク	357B
RLZ22B	ローム	500		20.64		21.71	5	30	5	200	0.5		0.2	17	VZは通電40ms後	357B
RLZ24	ローム	400		22.05		24.85	5	35	5	200	0.5		0.2	19	VZは通電40ms後 VZ4ランク	357B
RLZ24B	ローム	500		22.61		23.77	5	35	5	200	0.5		0.2	19	VZは通電40ms後	357B
RLZ27	ローム	400		24.26		27.64	5	45	5	250	0.5		0.2	21	VZは通電40ms後 VZ4ランク	357B
RLZ27B	ローム	500		24.97		26.26	5	45	5	250	0.5		0.2	21	VZは通電40ms後	357B
RLZ30	ローム	400		26.99		30.51	5	55	5	250	0.5		0.2	23	VZは通電40ms後 VZ4ランク	357B
RLZ30B	ローム	500		27.7		29.13	5	55	5	250	0.5		0.2	23	VZは通電40ms後	357B

形名	社名	最大定格 P (mW)	最大定格 IZ (mA)	ツェナ電圧 VZ(V) min	ツェナ電圧 VZ(V) typ	ツェナ電圧 VZ(V) max	条件 IZ (mA)	動作抵抗 ZZmax (Ω)	条件 IZ (mA)	立上り動作抵抗 ZZKmax (Ω)	条件 IZ (mA)	VZ温度係数 (%/℃) (mV/℃)*	逆方向特性 IRmax (μA)	条件 VR(V)	その他の特性等	外形
RLZ33	ローム	400		29.68		33.11	5	65	5	250	0.5		0.2	25	VZは通電40ms後 VZ4ランク	357B
RLZ33B	ローム	500		30.32		31.88	5	65	5	250	0.5		0.2	25	VZは通電40ms後	357B
RLZ36	ローム	400		32.14		35.77	5	75	5	250	0.5		0.2	27	VZは通電40ms後 VZ4ランク	357B
RLZ36B	ローム	500		32.79		34.49	5	75	5	250	0.5		0.2	27	VZは通電40ms後	357B
RLZ39	ローム	400		34.68		38.52	5	85	5	250	0.5		0.2	30	VZは通電40ms後 VZ4ランク	357B
RLZ39B	ローム	500		35.36		37.19	5	85	5	250	0.5		0.2	30	VZは通電40ms後	357B
RLZ43	ローム	400		40		45	5	90	5				0.2	33	VZは通電40ms後	357B
RLZ47	ローム	400		44		49	5	95	5				0.2	36	VZは通電40ms後	357B
RLZ51	ローム	400		48		54	5	110	5				0.2	39	VZは通電40ms後	357B
RLZ56	ローム	400		53		60	5	110	5				0.2	43	VZは通電40ms後	357B
RLZ5231B	ローム	500		4.85		5.36	20	17	20	1600	0.25	±0.030	5	2	海外用	357B
RLZ5232B	ローム	500		5.32		5.88	20	11	20	1600	0.25	0.038	5	3	海外用	357B
RLZ5233B	ローム	500		5.7		6.3	20	7	20	1600	0.25	0.038	5	3.5	海外用	357B
RLZ5234B	ローム	500		5.89		6.51	20	7	20	1600	0.25	0.045	5	4	海外用	357B
RLZ5235B	ローム	500		6.46		7.14	20	5	20	750	0.25	0.05	3	5	海外用	357B
RLZ5236B	ローム	500		7.13		7.88	20	6	20	500	0.25	0.058	3	6	海外用	357B
RLZ5237B	ローム	500		7.79		8.61	20	8	20	500	0.25	0.062	3	6.5	海外用	357B
RLZ5238B	ローム	500		8.27		9.14	20	8	20	600	0.25	0.065	3	6.5	海外用	357B
RLZ5239B	ローム	500		8.65		9.56	20	10	20	600	0.25	0.068	3	7	海外用	357B
RLZ5240B	ローム	500		9.5		10.5	20	17	20	600	0.25	0.075	3	7.5	海外用	357B
RLZ5241B	ローム	500		10.45		11.55	20	22	20	600	0.25	0.076	2	8.4	海外用	357B
RLZ5242B	ローム	500		11.4		12.6	20	30	20	600	0.25	0.077	1	9.1	海外用	357B
RLZ5243B	ローム	500		12.35		13.65	9.5	13	9.5	600	0.25	0.079	0.5	9.9	海外用	357B
RLZ5244B	ローム	500		13.3		14.7	9	15	9	600	0.25	0.082	0.1	10	海外用	357B
RLZ5245B	ローム	500		14.25		15.75	8.5	16	8.5	600	0.25	0.082	0.1	11	海外用	357B
RLZ5246B	ローム	500		15.2		16.8	7.8	17	7.8	600	0.25	0.083	0.1	12	海外用	357B
RLZ5247B	ローム	500		16.15		17.85	7.4	19	7.4	600	0.25	0.084	0.1	13	海外用	357B
RLZ5248B	ローム	500		17.1		18.9	7	21	7	600	0.25	0.085	0.1	14	海外用	357B
RLZ5249B	ローム	500		18.05		19.95	6.6	23	6.6	600	0.25	0.086	0.1	14	海外用	357B
RLZ5250B	ローム	500		19		21	6.2	25	6.2	600	0.25	0.086	0.1	15	海外用	357B
RLZ5251B	ローム	500		20.9		23.1	5.6	29	5.6	600	0.25	0.087	0.1	17	海外用	357B
RLZ5252B	ローム	500		22.8		25.2	5.2	33	5.2	600	0.25	0.088	0.1	18	海外用	357B
* RLZJ3.6	ローム	400		3.4		3.8	5	130	5				10	1	低電流用 VZ2ランク VZは通電40ms後	357B
* RLZJ3.9	ローム	400		3.7		4.1	5	130	5				10	1	低電流用 VZ2ランク VZは通電40ms後	357B
* RLZJ4.3	ローム	400		4		4.5	5	130	5				10	1	低電流用 VZ3ランク VZは通電40ms後	357B
* RLZJ4.7	ローム	400		4.4		4.9	5	130	5				10	1	低電流用 VZ3ランク VZは通電40ms後	357B
* RLZJ5.1	ローム	400		4.8		5.4	5	130	5				5	1.5	低電流用 VZ3ランク VZは通電40ms後	357B
* RLZJ5.6	ローム	400		5.3		6	5	80	5				5	2.5	低電流用 VZ3ランク VZは通電40ms後	357B
* RLZJ6.2	ローム	400		5.8		6.6	5	50	5				2	3	低電流用 VZ3ランク VZは通電40ms後	357B
* RLZJ6.8	ローム	400		6.4		7.2	5	30	5				2	3.5	低電流用 VZ3ランク VZは通電40ms後	357B
* RLZJ7.5	ローム	400		7		7.9	5	30	5				2	4	低電流用 VZ3ランク VZは通電40ms後	357B
* RLZJ8.2	ローム	400		7.7		8.7	5	30	5				2	5	低電流用 VZ3ランク VZは通電40ms後	357B

形 名	社 名	最大定格 P (mW)	最大定格 IZ (mA)	ツェナ電圧 VZ(V) min	ツェナ電圧 VZ(V) typ	ツェナ電圧 VZ(V) max	条件 IZ(mA)	動作抵抗 ZZmax (Ω)	条件 IZ(mA)	立上り動作抵抗 ZZKmax (Ω)	条件 IZ(mA)	VZ温度係数 (%/℃) (mV/℃)*	逆方向特性 IRmax (μA)	逆方向特性 VR(V)	その他の特性等	外形
*RLZJ9.1	ローム	400		8.5		9.6	5	30	5				2	6	低電流用 VZ3ランク VZは通電40ms後	357B
*RLZJ10	ローム	400		9.4		10.6	5	30	5				2	7	低電流用 VZ3ランク VZは通電40ms後	357B
*RLZJ11	ローム	400		10.4		11.6	5	30	5				2	8	低電流用 VZ3ランク VZは通電40ms後	357B
*RLZJ12	ローム	400		11.4		12.6	5	35	5				2	9	低電流用 VZ3ランク VZは通電40ms後	357B
*RLZJ13	ローム	400		12.4		14.1	5	35	5				2	10	低電流用 VZ3ランク VZは通電40ms後	357B
*RLZJ15	ローム	400		13.8		15.6	5	40	5				2	11	低電流用 VZ3ランク VZは通電40ms後	357B
*RLZJ16	ローム	400		15.3		17.1	5	40	5				2	12	低電流用 VZ3ランク VZは通電40ms後	357B
*RLZJ18	ローム	400		16.8		19.1	5	45	5				2	13	低電流用 VZ3ランク VZは通電40ms後	357B
*RLZJ20	ローム	400		18.8		21.2	5	50	5				2	15	低電流用 VZ3ランク VZは通電40ms後	357B
*RLZJ22	ローム	400		20.8		23.3	5	55	5				2	17	低電流用 VZ3ランク VZは通電40ms後	357B
*RLZJ24	ローム	400		22.8		25.6	5	60	5				2	19	低電流用 VZ3ランク VZは通電40ms後	357B
*RLZJ27	ローム	400		25.1		28.9	2	70	2				2	21	低電流用 VZは通電40ms後	357B
*RLZJ30	ローム	400		28		32	2	80	2				2	23	低電流用 VZは通電40ms後	357B
*RLZJ33	ローム	400		31		35	2	80	2				2	25	低電流用 VZは通電40ms後	357B
*RLZJ36	ローム	400		34		38	2	90	2				2	27	低電流用 VZは通電40ms後	357B
*RLZJ39	ローム	400		37		41	2	100	2				2	30	低電流用 VZは通電40ms後	357B
*RLZJ43	ローム	400		40		45	2	130	2				2	33	低電流用 VZは通電40ms後	357B
*RLZJ47	ローム	400		44		49	2	150	2				2	36	低電流用 VZは通電40ms後	357B
RM25	サンケン		50		61.5		1	5	1.5A			0.09	5	40	Izmaxは方形波単発(10ms)で3A	67F
RM26	サンケン		60		70		1	5	1.5A			0.09	5	50	Izmaxは方形波単発(10ms)で3A	67F
RSA6.1EN	ローム			6.1		7.2	1						1	3	Ct=90pF VF<1.25V 4素子複合(アノードコモン)	727
RSB5.6S	ローム	150		4.760		6.440	1						1	2.5	2素子逆直列 双方向性	757E
RSB6.8CS	ローム	100		5.78		7.82	1						0.5	3.5	2素子逆直列 双方向性 Ct=15pF	736E
RSB6.8F2	ローム	150		5.780		7.820	1						0.5	3.5	2素子センタータップ(逆直列)双方向) *205C/D	205*
RSB6.8G	ローム	100		5.78		7.82	1						0.5	3.5	2素子逆直列 双方向性 Ct=15pF	738F
RSB6.8S	ローム	150		6.12		7.48	1						0.5	3.5	Ct=30pF 双方向対称形	757E
RSB12JS2	ローム	150		9.6		14.4	5						0.1	9	2素子センタータップ(カソードコモン)×2	160D
RSB16F2	ローム	150		14.4		17.6	1						0.1	12	2素子センタータップ(逆直列 双方向) *205C/D	205*
RSB16V	ローム	200		14.4		17.6	1						0.1	12	2素子逆直列 双方向性 Ct<30pF	756B
RSB16VA	ローム	500		14.4		17.6	1						0.1	12	2素子逆直列 双方向性	756B
RSB18F2	ローム	200		16.2		19.8	1						0.1	13	2素子センタータップ(逆直列 双方向) *205C/D	205*
RSB18V	ローム	200		16.2		19.8	1						0.1	13	2素子逆直列 双方向性 Ct<30pF	756B
RSB27F2	ローム	200		26.2		32.0	1						0.1	24	2素子センタータップ(逆直列 双方向) *205C/D	205*
RSB27V	ローム	200		26.2		32.0	1						0.1	24	2素子逆直列 双方向性 Ct<30pF	756B
RSZ5222B	ローム	225		2.38		2.63	20	30	20	1250	0.25	-0.085	100	1	海外用	103A
RSZ5223B	ローム	225		2.57		2.84	20	30	20	1300	0.25	-0.08	75	1	海外用	103A
RSZ5224B	ローム	225		2.66		2.94	20	30	20	1400	0.25	-0.08	75	1	海外用	103A
RSZ5225B	ローム	225		2.85		3.15	20	29	20	1600	0.25	-0.075	50	1	海外用	103A
RSZ5226B	ローム	225		3.14		3.47	20	28	20	1600	0.25	-0.07	25	1	海外用	103A
RSZ5227B	ローム	225		3.42		3.78	20	24	20	1700	0.25	-0.065	15	1	海外用	103A
RSZ5228B	ローム	225		3.71		4.1	20	23	20	1900	0.25	-0.06	10	1	海外用	103A
RSZ5229B	ローム	225		4.09		4.52	20	22	20	2000	0.25	±0.055	5	1	海外用	103A

形名	社名	最大定格 P (mW)	最大定格 IZ (mA)	ツェナ電圧 VZ(V) min	ツェナ電圧 VZ(V) typ	ツェナ電圧 VZ(V) max	条件 IZ(mA)	動作抵抗 ZZmax (Ω)	条件 IZ(mA)	立上り動作抵抗 ZZKmax (Ω)	条件 IZ(mA)	VZ温度係数 (%/°C) (mV/°C)*	逆方向特性 IRmax (μA)	条件 VR(V)	その他の特性等	外形
RSZ5230B	ローム	225		4.47		4.94	20	19	20	1900	0.25	±0.030	5	2	海外用	103A
RSZ5231	ローム	225		4.85		5.36	20	17	20	1600	0.25		5	2	VZは通電40ms後 海外用	103A
RSZ5231B	ローム	225		4.85		5.36	20	17	20	1600	0.25	±0.030	5	2	海外用	103A
RSZ5232	ローム	225		5.32		5.88	20	11	20	1600	0.25		5	3	VZは通電40ms後 海外用	103A
RSZ5232B	ローム	225		5.32		5.88	20	11	20	1600	0.25	0.038	5	3	海外用	103A
RSZ5233	ローム	225		5.7		6.3	20	7	20	1600	0.25		5	3.5	VZは通電40ms後 海外用	103A
RSZ5233B	ローム	225		5.7		6.3	20	7	20	1600	0.25	0.038	5	3.5	海外用	103A
RSZ5234	ローム	225		5.89		6.51	20	7	20	1000	0.25		5	4	VZは通電40ms後 海外用	103A
RSZ5234B	ローム	225		5.89		6.51	20	7	20	1000	0.25	0.045	5	4	海外用	103A
RSZ5235	ローム	225		6.46		7.14	20	5	20	750	0.25		3	5	VZは通電40ms後 海外用	103A
RSZ5235B	ローム	225		6.46		7.14	20	5	20	750	0.25	0.05	3	5	海外用	103A
RSZ5236	ローム	225		7.13		7.88	20	6	20	500	0.25		3	6	VZは通電40ms後 海外用	103A
RSZ5236B	ローム	225		7.13		7.88	20	6	20	500	0.25	0.058	3	6	海外用	103A
RSZ5237	ローム	225		7.79		8.61	20	8	20	500	0.25		3	6.5	VZは通電40ms後 海外用	103A
RSZ5237B	ローム	225		7.79		8.61	20	8	20	500	0.25	0.062	3	6.5	海外用	103A
RSZ5238	ローム	225		8.27		9.14	20	8	20	600	0.25		3	6.5	VZは通電40ms後 海外用	103A
RSZ5238B	ローム	225		8.27		9.14	20	8	20	600	0.25	0.065	3	6.5	海外用	103A
RSZ5239	ローム	225		8.65		9.56	20	10	20	600	0.25		3	7	VZは通電40ms後 海外用	103A
RSZ5239B	ローム	225		8.65		9.56	20	10	20	600	0.25	0.068	3	7	海外用	103A
RSZ5240B	ローム	225		9.5		10.5	20	17	20	600	0.25	0.075	3	8	海外用	103A
RSZ5241B	ローム	225		10.45		11.55	20	22	20	600	0.25	0.076	2	8.4	海外用	103A
RSZ5242B	ローム	225		11.4		12.6	20	30	20	600	0.25	0.077	1	9.1	海外用	103A
RSZ5243B	ローム	225		12.35		13.65	9.5	13	9.5	600	0.25	0.079	0.5	9.9	海外用	103A
RSZ5244B	ローム	225		13.3		14.7	9	15	9	600	0.7	0.082	0.1	10	海外用	103A
RSZ5245B	ローム	225		14.25		15.75	8.5	16	8.5	600	0.25	0.082	0.1	11	海外用	103A
RSZ5246B	ローム	225		15.2		16.8	7.8	17	7.8	600	0.25	0.083	0.1	12	海外用	103A
RSZ5247B	ローム	225		16.15		17.85	7.4	19	7.4	600	0.25	0.084	0.1	13	海外用	103A
RSZ5248B	ローム	225		17.1		18.9	7	21	7	600	0.25	0.085	0.1	14	海外用	103A
RSZ5249B	ローム	225		18.05		19.95	6.6	23	6.6	600	0.25	0.086	0.1	14	海外用	103A
RSZ5250B	ローム	225		19		21	6.2	25	6.2	600	0.25	0.086	0.1	15	海外用	103A
RSZ5251B	ローム	225		20.9		23.1	5.6	29	5.6	600	0.25	0.087	0.1	17	海外用	103A
RSZ5252B	ローム	225		22.8		25.2	5.2	33	5.2	600	0.25	0.088	0.1	18	海外用	103A
RY23	サンケン	250				400	1					0.15V*	10	200	Izmaxは方形波単発(0.1ms)で0.1A	67F
RY24	サンケン	400				450	1					0.15V*	10	400	Izmaxは方形波単発(0.1ms)で0.1A	67F
SFPZ-68	サンケン			25	28	31	1					20*	10	50	Ppeak=50W(5ms) Zz=0.03Ω (1〜10A)	485H
SPZ-G36	サンケン			32.4	36	39.6	1					30*	5	450	Ppeak=450W(5ms) Zz=0.24Ω (1〜10A)	520
STZ5.6N	ローム	200		5.31		5.92	5	60	5	200	0.5		1	2.5	Ct=12pF 2素子センタータップ (アノードコモン)	610C
STZ6.2N	ローム	200		5.81		6.4	5	60	5	100	0.5		1	3	2素子センタータップ (アノードコモン)	610C
STZ6.8N	ローム	200		6.47	6.8	7.14	5	40	5	60	0.5		0.5	3.5	2素子センタータップ (アノードコモン)	610C
STZ6.8T	ローム	200		6.47		7.14	5	40	5	60	0.5		0.5	3.5	2素子センタータップ (カソードコモン)	610D
STZC6.8N	ローム	200		6.47		7.14	5						0.5	3.5	2素子センタータップ (アノードコモン) Ct=3pF	610C
TDZ5.1	ローム	500		4.60		5.60	10						10	1.5		756E

形 名	社 名	最大定格 P (mW)	最大定格 IZ (mA)	ツェナ電圧 VZ(V) min	ツェナ電圧 VZ(V) typ	ツェナ電圧 VZ(V) max	条件 IZ(mA)	動作抵抗 ZZmax (Ω)	動作抵抗 IZ(mA)	立上り動作抵抗 ZZKmax (Ω)	立上り動作抵抗 IZ(mA)	VZ温度係数 (%/℃)* (mV/℃)*	逆方向特性 IRmax (μA)	逆方向特性 条件 VR(V)	その他の特性等	外形
TDZ5.6	ローム	500		5.10		6.10	10						10	2.5		756E
TDZ6.2	ローム	500		5.60		6.80	10						10	3		756E
TDZ6.8	ローム	500		6.20		7.40	10						10	3.5		756E
TDZ7.5	ローム	500		6.80		8.30	10						10	4.5		756E
TDZ8.2	ローム	500		7.40		9.00	10						10	4.9		756E
TDZ9.1	ローム	500		8.20		10.00	10						10	5.5		756E
TDZ10	ローム	500		9.00		11.00	10						10	6		756E
TDZ11	ローム	500		9.90		12.10	10						10	7		756E
TDZ12	ローム	500		10.80		13.20	10						10	8		756E
TDZ13	ローム	500		11.70		14.30	10						10	9		756E
TDZ15	ローム	500		13.50		16.50	10						10	10		756E
TDZ16	ローム	500		14.40		17.60	10						10	11		756E
TDZ18	ローム	500		16.20		19.80	10						10	12		756E
TDZ20	ローム	500		18.00		22.00	10						10	14		756E
TDZ22	ローム	500		19.80		24.20	10						10	15		756E
TDZ24	ローム	500		21.60		26.40	10						10	16		756E
TDZ27	ローム	500		24.30		29.70	10						10	19		756E
TDZ30	ローム	500		27.00		33.00	10						10	21		756E
U1ZB6.8	東芝	1W		6.2	6.8	7.4	10	60	10			3*	10	3		405B
U1ZB7.5	東芝	1W		6.8	7.5	8.3	10	30	10			4*	10	4.5		405B
U1ZB8.2	東芝	1W		7.4	8.2	9.1	10	30	10			4*	10	4.9		405B
U1ZB9.1	東芝	1W		8.2	9.1	10.1	10	30	10			5*	10	5.5		405B
U1ZB10	東芝	1W		9	10	11	10	30	10			6*	10	6		405B
U1ZB11	東芝	1W		9.9	11	12.1	10	30	10			7*	10	7		405B
U1ZB12	東芝	1W		10.8	12	13.2	10	30	10			8*	10	8		405B
U1ZB13	東芝	1W		11.7	13	14.3	10	30	10			9*	10	9		405B
U1ZB15	東芝	1W		13.5	15	16.5	10	30	10			11*	10	10		405B
U1ZB16	東芝	1W		14.4	16	17.6	10	30	10			12*	10	11		405B
U1ZB18	東芝	1W		16.2	18	19.8	10	30	10			14*	10	13		405B
U1ZB20	東芝	1W		18	20	22	10	30	10			16*	10	14		405B
U1ZB22	東芝	1W		19.8	22	24.2	10	30	10			18*	10	16		405B
U1ZB24	東芝	1W		21.6	24	26.4	10	30	10			20*	10	17		405B
U1ZB27	東芝	1W		24.3	27	29.7	10	30	10			23*	10	19		405B
U1ZB30	東芝	1W		27	30	33	10	30	10			25*	10	21		405B
U1ZB33	東芝	1W		29.7	33	36.3	10	30	10			26*	10	26.4		405B
U1ZB36	東芝	1W		32.4	36	39.6	9	30	9			28*	10	28.8		405B
U1ZB43	東芝	1W		38.7	43	47.3	7	40	7			33*	10	34.4		405B
U1ZB47	東芝	1W		42.3	47	51.7	6	65	6			38*	10	37.6		405B
U1ZB51	東芝	1W		45.9	51	56.1	6	65	6			43*	10	40.8		405B
U1ZB68	東芝	1W		61.2	68	74.8	4	120	4			57*	10	54.4		405B
U1ZB75	東芝	1W		67.5	75	82.5	4	150	4			66*	10	60		405B
U1ZB82	東芝	1W		73.8	82	90.2	3	170	3			71*	10	65.4		405B

形 名	社 名	最大定格 P (mW)	最大定格 IZ (mA)	ツェナ電圧 VZ(V) min	ツェナ電圧 VZ(V) typ	ツェナ電圧 VZ(V) max	動作抵抗 条件 IZ(mA)	動作抵抗 ZZmax (Ω)	動作抵抗 条件 IZ(mA)	立上り動作抵抗 ZZKmax (Ω)	立上り動作抵抗 条件 IZ(mA)	VZ温度係数 (%/℃)* (mV/℃)*	逆方向特性 IRmax (μA)	逆方向特性 条件 VR(V)	その他の特性等	外形
U1ZB100	東芝	1W		90	100	110	3	300	3			87*	10	80		405B
U1ZB110	東芝	1W		99	110	121	3	300	3			96*	10	88		405B
U1ZB150	東芝	1W		135	150	165	2	450	2			136*	10	120		405B
U1ZB180	東芝	1W		162	180	198	1.5	500	1.5			161*	10	144		405B
U1ZB200	東芝	1W		180	200	220	1.5	500	1.5			170*	10	160		405B
U1ZB200-Y	東芝	1W		190	200	210	1.5	500	1.5			170*	10	160		405B
U1ZB200-Z	東芝	1W		200	210	220	1.5	500	1.5			178*	10	168		405B
U1ZB220	東芝	1W		198	220	242	0.5	5k	0.5			200*	10	176		405B
U1ZB220-Y	東芝	1W		210	220	230	0.5	5k	0.5			200*	10	176		405B
U1ZB220-Z	東芝	1W		220	230	240	0.5	5k	0.5			207*	10	184		405B
U1ZB240	東芝	1W		216	240	264	0.5	5k	0.5			215*	10	192		405B
U1ZB240-Y	東芝	1W		230	240	250	0.5	5k	0.5			215*	10	216		405B
U1ZB240-Z	東芝	1W		240	250	260	0.5	5k	0.5			225*	10	225		405B
U1ZB270	東芝	1W		243	270	297	0.5	5k	0.5			243*	10	216		405B
U1ZB270-X	東芝	1W		250	260	270	0.5	5k	0.5			221*	10	234		405B
U1ZB270-Y	東芝	1W		260	270	280	0.5	5k	0.5			228*	10	243		405B
U1ZB270-Z	東芝	1W		270	280	290	0.5	5k	0.5			236*	10	252		405B
U1ZB300	東芝	1W		270	300	330	0.5	5k	0.5			270*	10	240		405B
U1ZB300-X	東芝	1W		280	290	300	0.5	5k	0.5			244*	10	261		405B
U1ZB300-Y	東芝	1W		290	300	310	0.5	5k	0.5			253*	10	270		405B
U1ZB300-Z	東芝	1W		300	310	320	0.5	5k	0.5			261*	10	279		405B
U1ZB330	東芝	1W		297	330	363	0.5	5k	0.5			296*	10	264		405B
U1ZB330-X	東芝	1W		310	320	330	0.5	5k	0.5			270*	10	288		405B
U1ZB330-Y	東芝	1W		320	330	340	0.5	5k	0.5			278*	10	297		405B
U1ZB330-Z	東芝	1W		330	340	350	0.5	5k	0.5			287*	10	306		405B
U1ZB390	東芝	1W		351	390	429	0.5	10k	0.5			350*	10	312		405B
U2Z12	東芝	2W		10.8	12	13.2	10	30	10			8*	10	8		636D
U2Z13	東芝	2W		11.7	13	14.3	10	30	10			9*	10	9		636D
U2Z15	東芝	2W		13.5	15	16.5	10	30	10			11*	10	10		636D
U2Z16	東芝	2W		14.4	16	17.6	10	30	10			12*	10	11		636D
U2Z18	東芝	2W		16.2	18	19.8	10	30	10			14*	10	13		636D
U2Z20	東芝	2W		18	20	22	10	30	10			16*	10	14		636D
U2Z22	東芝	2W		19.8	22	24.2	10	30	10			18*	10	16		636D
U2Z24	東芝	2W		21.6	24	26.4	10	30	10			20*	10	17		636D
U2Z27	東芝	2W		24.3	27	29.7	10	30	10			23*	10	19		636D
U2Z30	東芝	2W		27	30	33	10	30	10			25*	10	21		636D
U2Z33	東芝	2W		29.7	33	36.3	10	30	10			26*	10	26.4		636D
U2Z36	東芝	2W		32.4	36	39.6	9	30	9			28*	10	28.8		636D
U2Z43	東芝	2W		38.7	43	47.3	7	40	7			33*	10	34.4		636D
U2Z47	東芝	2W		42.3	47	51.7	6	65	6			38*	10	37.6		636D
U2Z51	東芝	2W		45.9	51	56.1	6	65	6			43*	10	40.8		636D
U2Z68	東芝	2W		61.2	68	74.8	4	120	4			57*	10	54.4		636D

形 名	社 名	最大定格 P (mW)	最大定格 IZ (mA)	ツェナ電圧 VZ(V) min	ツェナ電圧 VZ(V) typ	ツェナ電圧 VZ(V) max	条件 IZ(mA)	動作抵抗 ZZmax (Ω)	条件 IZ(mA)	立上り動作抵抗 ZZKmax (Ω)	条件 IZ(mA)	VZ温度係数 (%/℃) (mV/℃)*	逆方向特性 IRmax (μA)	逆方向特性 条件 VR(V)	その他の特性等	外形
U2Z75	東芝	2W		67.5	75	82.5	4	150	4			66*	10	60		636D
U2Z82	東芝	2W		73.8	82	90.2	3	170	3			71*	10	65.4		636D
U2Z100	東芝	2W		90	100	110	3	300	3			87*	10	80		636D
U02Z300	東芝	200		270	300	330	10					240*	1	240	VF<1.2V (IF=10mA) Zz=10kΩ (Iz=1mA)	420D
U02Z300N	東芝	200		270	300	330	10					240*	1	240	VF<1.2V (10mA) Pはガラエポ基板実装時	420D
U02Z300N-H	東芝	200		310	320	330	10					260*	1	240	VF<1.2V (10mA) Pはガラエポ基板実装時	420D
U02Z300N-L	東芝	200		270	280	290	10					220*	1	240	VF<1.2V (10mA) Pはガラエポ基板実装時	420D
U02Z300N-X	東芝	200		280	290	300	10					230*	1	240	VF<1.2V (10mA) Pはガラエポ基板実装時	420D
U02Z300N-Y	東芝	200		290	300	310	10					240*	1	240	VF<1.2V (10mA) Pはガラエポ基板実装時	420D
U02Z300N-Z	東芝	200		300	310	320	10					250*	1	240	VF<1.2V (10mA) Pはガラエポ基板実装時	420D
U02Z300-X	東芝	200		280	290	300	10					230*	1	240	VF<1.2V (IF=10mA) Zz=10kΩ (Iz=1mA)	420D
U02Z300-Y	東芝	200		290	300	310	10					240*	1	240	VF<1.2V (IF=10mA) Zz=10kΩ (Iz=1mA)	420D
U02Z300-Z	東芝	200		300	310	320	10					250*	1	240	VF<1.2V (IF=10mA) Zz=10kΩ (Iz=1mA)	420D
*U5ZA27	東芝	5W		24	27	30	10	30	10			23*	10	22	PはTL=25℃ PRSM=62A	148
U5ZA27C	東芝	5W		24	27	30	10	30	10			23*	10	22	VF<1.2V (IF=6A)	148
U5ZA27(Z)	東芝	5W		24	27	30	10	30	10			23*	10	22	VF<1.2V (IF=6A)	148
U5ZA40C	東芝	5W		36	40	44	10	30	10			31*	10	32	PはTL=25℃ IFSM=700A IRSM=62A	148
U5ZA48C	東芝	5W		43.2	48	52.8	10	65	10			39*	10	38.4	PはTL=25℃ IFSM=700A IRSM=62A	148
U5ZA53C	東芝	5W		47.7	53	58.3	10	65	10			45*	10	42.4	PはTL=25℃ IFSM=700A IRSM=45A	148
UDZ2.0B	ローム	200		2.02		2.2	5	100	5	1000	0.5		120	0.5	VZは通電40ms後	756B
UDZ2.2B	ローム	200		2.22		2.41	5	100	5	1000	0.5		120	0.7	VZは通電40ms後	756B
UDZ2.4B	ローム	200		2.43		2.63	5	100	5	1000	0.5		120	1	VZは通電40ms後	756B
UDZ2.7B	ローム	200		2.69		2.91	5	110	5	1000	0.5		100	1	VZは通電40ms後	756B
UDZ3.0B	ローム	200		3.01		3.22	5	120	5	1000	0.5		50	1	VZは通電40ms後	756B
UDZ3.3B	ローム	200		3.32		3.53	5	120	5	1000	0.5		20	1	VZは通電40ms後	756B
UDZ3.6B	ローム	200		3.6		3.845	5	100	5	1000	0.5		10	1	VZは通電40ms後	756B
UDZ3.9B	ローム	200		3.89		4.16	5	100	5	1000	0.5		5	1	VZは通電40ms後	756B
UDZ4.3B	ローム	200		4.17		4.43	5	100	5	1000	0.5		5	1	VZは通電40ms後	756B
UDZ4.7B	ローム	200		4.55		4.75	5	100	5	800	0.5		2	1	VZは通電40ms後	756B
UDZ5.1B	ローム	200		4.98		5.2	5	80	5	500	0.5		2	1.5	VZは通電40ms後	756B
UDZ5.6B	ローム	200		5.49		5.73	5	80	5	200	0.5		1	2.5	VZは通電40ms後	756B
UDZ6.2B	ローム	200		6.06		6.33	5	60	5	100	0.5		1	3	VZは通電40ms後	756B
UDZ6.8B	ローム	200		6.65		6.93	5	40	5	60	0.5		0.5	3.5	VZは通電40ms後	756B
UDZ7.5B	ローム	200		7.28		7.6	5	30	5	60	0.5		0.5	4	VZは通電40ms後	756B
UDZ8.2B	ローム	200		8.02		8.36	5	30	5	60	0.5		0.5	5	VZは通電40ms後	756B
UDZ9.1B	ローム	200		8.85		9.23	5	30	5	60	0.5		0.5	6	VZは通電40ms後	756B
UDZ10B	ローム	200		9.77		10.21	5	30	5	60	0.5		0.1	7	VZは通電40ms後	756B
UDZ11B	ローム	200		10.76		11.22	5	30	5	60	0.5		0.1	8	VZは通電40ms後	756B
UDZ12B	ローム	200		11.74		12.24	5	30	5	80	0.5		0.1	9	VZは通電40ms後	756B
UDZ13B	ローム	200		12.91		13.49	5	37	5	80	0.5		0.1	10	VZは通電40ms後	756B
UDZ15B	ローム	200		14.34		14.98	5	42	5	80	0.5		0.1	11	VZは通電40ms後	756B
UDZ16B	ローム	200		15.85		16.51	5	50	5	80	0.5		0.1	12	VZは通電40ms後	756B

形名	社名	最大定格 P (mW)	最大定格 IZ (mA)	ツェナ電圧 VZ(V) min	ツェナ電圧 VZ(V) typ	ツェナ電圧 VZ(V) max	条件 IZ(mA)	動作抵抗 ZZmax (Ω)	条件 IZ(mA)	立上り動作抵抗 ZZKmax (Ω)	条件 IZ(mA)	VZ温度係数 (%/℃) (mV/℃)*	逆方向特性 IRmax (μA)	逆方向特性 VR(V)	その他の特性等	外形
UDZ18B	ローム	200		17.56		18.35	5	65	5	80	0.5		0.1	13	VZは通電40ms後	756B
UDZ20B	ローム	200		19.52		20.39	5	85	5	100	0.5		0.1	15	VZは通電40ms後	756B
UDZ22B	ローム	200		21.54		22.47	5	100	5	100	0.5		0.1	17	VZは通電40ms後	756B
UDZ24B	ローム	200		23.72		24.78	5	120	5	120	0.5		0.1	19	VZは通電40ms後	756B
UDZ27B	ローム	200		26.19		27.53	5	150	5	150	0.5		0.1	21	VZは通電40ms後	756B
UDZ30B	ローム	200		29.19		30.69	5	200	5	200	0.5		0.1	23	VZは通電40ms後	756B
UDZ33B	ローム	200		32.15		33.79	5	250	5	250	0.5		0.1	25	VZは通電40ms後	756B
UDZ36B	ローム	200		35.07		36.87	5	300	5	300	0.5		0.1	27	VZは通電40ms後	756B
UDZS3.6B	ローム	200		3.6		3.845	5	100	5	1000	1		10	1	VZは通電40ms後	756B
UDZS3.9B	ローム	200		3.89		4.16	5	100	5	1000	1		5	1	VZは通電40ms後	756B
UDZS4.3B	ローム	200		4.17		4.43	5	100	5	1000	1		5	1	VZは通電40ms後	756B
UDZS4.7B	ローム	200		4.55		4.75	5	100	5	800	1		2	1	VZは通電40ms後	756B
UDZS5.1B	ローム	200		4.98		5.2	5	80	5	500	0.5		2	1.5	VZは通電40ms後	756B
UDZS5.6B	ローム	200		5.49		5.73	5	60	5	200	0.5		1	2.5	VZは通電40ms後	756B
UDZS6.2B	ローム	200		6.06		6.33	5	60	5	100	0.5		1	3	VZは通電40ms後	756B
UDZS6.8B	ローム	200		6.65		6.93	5	40	5	60	0.5		0.5	3.5	VZは通電40ms後	756B
UDZS7.5B	ローム	200		7.28		7.6	5	30	5	60	0.5		0.5	4	VZは通電40ms後	756B
UDZS8.2B	ローム	200		8.02		8.36	5	30	5	60	0.5		0.5	5	VZは通電40ms後	756B
UDZS9.1B	ローム	200		8.85		9.23	5	30	5	60	0.5		0.5	6	VZは通電40ms後	756B
UDZS10B	ローム	200		9.77		10.21	5	30	5	60	0.5		0.1	7	VZは通電40ms後	756B
UDZS11B	ローム	200		10.76		11.22	5	30	5	60	0.5		0.1	8	VZは通電40ms後	756B
UDZS12B	ローム	200		11.74		12.24	5	30	5	80	0.5		0.1	9	VZは通電40ms後	756B
UDZS13B	ローム	200		12.91		13.49	5	37	5	80	0.5		0.1	10	VZは通電40ms後	756B
UDZS15B	ローム	200		14.34		14.98	5	42	5	80	0.5		0.1	11	VZは通電40ms後	756B
UDZS16B	ローム	200		15.85		16.51	5	50	5	80	0.5		0.1	12	VZは通電40ms後	756B
UDZS18B	ローム	200		17.56		18.35	5	65	5	80	0.5		0.1	13	VZは通電40ms後	756B
UDZS20B	ローム	200		19.52		20.39	5	85	5	100	0.5		0.1	15	VZは通電40ms後	756B
UDZS22B	ローム	200		21.54		22.47	5	100	5	100	0.5		0.1	17	VZは通電40ms後	756B
UDZS24B	ローム	200		23.72		24.78	5	120	5	120	0.5		0.1	19	VZは通電40ms後	756B
UDZS27B	ローム	200		26.19		27.53	5	150	5	150	0.5		0.1	21	VZは通電40ms後	756B
UDZS30B	ローム	200		29.19		30.69	5	200	5	200	0.5		0.1	23	VZは通電40ms後	756B
UDZS33B	ローム	200		32.15		33.79	5	250	5	250	0.5		0.1	25	VZは通電40ms後	756B
UDZS36B	ローム	200		35.07		36.87	5	300	5	300	0.5		0.1	27	VZは通電40ms後	756B
UMZ5.1N	ローム	200		4.84		5.37	5						2	1.5	2素子センタータップ (アノードコモン)	205C
UMZ6.8EN	ローム	200		6.47		7.14	5	40	5				0.5	3.5	Ct=9pF 4素子複合 (アノードコモン)	727
UMZ6.8N	ローム	200		6.47		7.14	5	40	5				0.5	3.5	Ct=9pF 2素子センタータップ (アノードコモン)	205C
UMZ6.8T	ローム	200		7.76		8.64	5	30	5	60	0.5		0.5	5	2素子センタータップ (カソードコモン)	205D
UMZ8.2N	ローム	200		7.76		8.64	5	30	5	60	0.5		0.5	5	2素子センタータップ (アノードコモン)	205C
UMZ8.2T	ローム	200		7.76		8.64	5	30	5	60	0.5		0.5	5	2素子センタータップ (カソードコモン)	205D
UMZ12N	ローム	200		11		13	5	30	5	80	0.5		0.1	9	2素子センタータップ (アノードコモン)	205C
UMZC6.8N	ローム	200		6.47		7.14	5						0.5	3.5	2素子センタータップ (アノードコモン) Ct=3pF	205C
UMZU6.2N	ローム	200		5.9		6.50	5	30	5	100	0.5		3	5.5	2素子センタータップ (アノードコモン) Ct=8pF	205C

形　名	社　名	最大定格 P (mW)	最大定格 IZ (mA)	ツェナ電圧 VZ(V) min	ツェナ電圧 VZ(V) typ	ツェナ電圧 VZ(V) max	条件 IZ(mA)	動作抵抗 ZZmax (Ω)	条件 IZ(mA)	立上り動作抵抗 ZZKmax (Ω)	条件 IZ(mA)	VZ温度係数 (%/℃) (mV/℃)*	逆方向特性 IRmax (μA)	条件 VR(V)	その他の特性等	外形
VDZ3.6B	ローム	100		3.6		3.845	5	100	5	1000	1		10	1	VZは通電40ms後	738F
VDZ3.9B	ローム	100		3.89		4.16	5	100	5	1000	1		5	1	VZは通電40ms後	738F
VDZ4.3B	ローム	100		4.17		4.43	5	100	5	1000	1		5	1	VZは通電40ms後	738F
VDZ4.7B	ローム	100		4.55		4.75	5	100	5	800	0.5		2	1	VZは通電40ms後	738F
VDZ5.1B	ローム	100		4.98		5.2	5	80	5	500	0.5		2	1.5	VZは通電40ms後	738F
VDZ5.6B	ローム	100		5.49		5.73	5	60	5	200	0.5		1	2.5	VZは通電40ms後	738F
VDZ6.2B	ローム	100		6.06		6.33	5	60	5	100	0.5		1	3	VZは通電40ms後	738F
VDZ6.8B	ローム	100		6.65		6.93	5	40	5	60	0.5		0.5	3.5	VZは通電40ms後	738F
VDZ7.5B	ローム	100		7.28		7.6	5	30	5	60	0.5		0.5	4	VZは通電40ms後	738F
VDZ8.2B	ローム	100		8.02		8.36	5	30	5	60	0.5		0.5	5	VZは通電40ms後	738F
VDZ9.1B	ローム	100		8.85		9.23	5	30	5	60	0.5		0.5	6	VZは通電40ms後	738F
VDZ10B	ローム	100		9.77		10.21	5	30	5	60	0.5		0.1	7	VZは通電40ms後	738F
VDZ11B	ローム	100		10.76		11.22	5	30	5	60	0.5		0.1	8	VZは通電40ms後	738F
VDZ12B	ローム	100		11.74		12.24	5	30	5	80	0.5		0.1	9	VZは通電40ms後	738F
VDZ13B	ローム	100		12.91		13.49	5	37	5	80	0.5		0.1	10	VZは通電40ms後	738F
VDZ15B	ローム	100		14.34		14.98	5	42	5	80	0.5		0.1	11	VZは通電40ms後	738F
VDZ16B	ローム	100		15.85		16.51	5	50	5	80	0.5		0.1	12	VZは通電40ms後	738F
VDZ18B	ローム	100		17.56		18.35	5	65	5	80	0.5		0.1	13	VZは通電40ms後	738F
VDZ20B	ローム	100		19.52		20.39	5	85	5	100	0.5		0.1	15	VZは通電40ms後	738F
VDZ22B	ローム	100		21.54		22.47	5	100	5	100	0.5		0.1	17	VZは通電40ms後	738F
VDZ24B	ローム	100		23.72		24.78	5	120	5	120	0.5		0.1	19	VZは通電40ms後	738F
VDZ27B	ローム	100		26.19		27.53	2	150	2	150	0.5		0.1	21	VZは通電40ms後	738F
VDZ30B	ローム	100		29.19		30.69	2	200	2	200	0.5		0.1	23	VZは通電40ms後	738F
VDZ33B	ローム	100		32.15		33.79	2	250	2	250	0.5		0.1	25	VZは通電40ms後	738F
VDZ36B	ローム	100		35.07		36.87	2	300	2	300	0.5		0.1	27	VZは通電40ms後	738F
VMZ6.8N	ローム	150		6.47		7.14	5						0.5	3.5	2素子センタータップ (アノード コモン)	240C
Z1015	SEMITEC	500		135	15	16.5	1					<0.075	5	12.1	対称形(カソード側表示なし)	19H
Z1018	SEMITEC	500		16.2	18	19.8	1					<0.079	5	14.5	対称形(カソード側表示なし)	19H
Z1022	SEMITEC	500		19.8	22	24.2	1					<0.082	5	17.8	対称形(カソード側表示なし)	19H
Z1027	SEMITEC	500		24.3	27	29.7	1					<0.085	5	21.8	対称形(カソード側表示なし)	19H
Z1033	SEMITEC	500		29.7	33	36.3	1					<0.087	5	26.8	対称形(カソード側表示なし)	19H
Z1039	SEMITEC	500		35.1	39	42.9	1					<0.090	5	31.6	対称形(カソード側表示なし)	19H
Z1047	SEMITEC	500		42.3	47	51.7	1					<0.092	5	38.1	対称形(カソード側表示なし)	19H
Z1056	SEMITEC	500		50.4	56	61.6	1					<0.094	5	45.4	対称形(カソード側表示なし)	19H
Z1068	SEMITEC	500		61.2	68	74.8	1					<0.096	5	55.1	対称形(カソード側表示なし)	19H
Z1082	SEMITEC	500		73.8	82	90.2	1					<0.099	5	66.4	対称形(カソード側表示なし)	19H
Z1100	SEMITEC	500		90	100	110	1					<0.101	5	81	対称形(カソード側表示なし)	19H
Z1120	SEMITEC	500		108	120	132	1					<0.103	5	97.2	対称形(カソード側表示なし)	19H
Z1150	SEMITEC	500		135	150	165	1					<0.105	5	121	対称形(カソード側表示なし)	19H
Z2008	SEMITEC	1W		7.38	8.2	9.02	10					<0.045	500	6.63	対称形(カソード側表示なし)	19H
Z2008U	SEMITEC	1W		7.38	8.2	9.02	10					<0.063	500	6.97		19H
Z2010	SEMITEC	1W		9	10	11	1					<0.055	100	8.1	対称形(カソード側表示なし)	19H

形名	社名	最大定格 P(mW)	最大定格 IZ(mA)	ツェナ電圧 VZ(V) min	ツェナ電圧 VZ(V) typ	ツェナ電圧 VZ(V) max	条件 IZ(mA)	動作抵抗 ZZmax (Ω)	条件 IZ(mA)	立上り動作抵抗 ZZKmax (Ω)	条件 IZ(mA)	VZ温度係数 (%/℃) (mV/℃)*	逆方向特性 IRmax (μA)	条件 VR(V)	その他の特性等	外形
Z2010U	SEMITEC	1W		9	10	11	1					<0.071	20	8.1		19H
Z2012	SEMITEC	1W		10.8	12	13.2	1					<0.066	5	9.72	対称形(カソード側表示なし)	19H
Z2012U	SEMITEC	1W		10.8	12	13.2	1					<0.074	5	9.72		19H
Z2015	SEMITEC	1W		13.5	15	16.5	1					<0.075	5	12.1	対称形(カソード側表示なし)	19H
Z2015U	SEMITEC	1W		13.5	15	16.5	1					<0.079	5	12.1		19H
Z2018	SEMITEC	1W		16.2	18	19.8	1					<0.079	5	14.5	対称形(カソード側表示なし)	19H
Z2018U	SEMITEC	1W		16.2	18	19.8	1					<0.083	5	14.5		19H
*Z2020	SEMITEC	1W		19.8	22	24.2	1					<0.082	5	18.7	対称形(カソード側表示なし)	19H
Z2022	SEMITEC	1W		19.8	22	24.2	1					<0.082	5	17.8	対称形(カソード側表示なし)	19H
Z2022U	SEMITEC	1W		19.8	22	24.2	1					<0.086	5	17.8		19H
Z2027	SEMITEC	1W		24.3	27	29.7	1					<0.085	5	21.8	対称形(カソード側表示なし)	19H
Z2027U	SEMITEC	1W		24.3	27	29.7	1					<0.089	5	21.8		19H
Z2033	SEMITEC	1W		29.7	33	36.3	1					<0.087	5	26.7	対称形(カソード側表示なし)	19H
Z2033U	SEMITEC	1W		29.7	33	36.3	1					<0.092	5	26.85		19H
Z2039	SEMITEC	1W		35.1	39	42.9	1					<0.090	5	31.6	対称形(カソード側表示なし)	19H
Z2039U	SEMITEC	1W		35.1	39	42.9	1					<0.095	5	31.6		19H
Z2047	SEMITEC	1W		42.3	47	51.7	1					<0.092	5	38.1	対称形(カソード側表示なし)	19H
Z2047U	SEMITEC	1W		42.3	47	51.7	1					<0.097	5	38.15		19H
Z2056	SEMITEC	1W		50.4	56	61.6	1					<0.094	5	45.4	対称形(カソード側表示なし)	19H
Z2056U	SEMITEC	1W		50.4	56	61.6	1					<0.099	5	45.4		19H
Z2068	SEMITEC	1W		61.2	68	74.8	1					<0.096	5	55.1	対称形(カソード側表示なし)	19H
Z2068U	SEMITEC	1W		61.2	68	74.8	1					<0.100	5	55.1		19H
Z2082	SEMITEC	1W		73.8	82	90.2	1					<0.099	5	66.4	対称形(カソード側表示なし)	19H
Z2082U	SEMITEC	1W		73.8	82	90.2	1					<0.102	5	66.4		19H
Z2100	SEMITEC	1W		90	100	110	1					<0.101	5	81	対称形(カソード側表示なし)	19H
Z2100U	SEMITEC	1W		90	100	110	1					<0.104	5	81		19H
Z2120	SEMITEC	1W		108	120	132	1					<0.103	5	97.2	対称形(カソード側表示なし)	19H
Z2120U	SEMITEC	1W		108	120	132	1					<0.106	5	97.2		19H
Z2150	SEMITEC	1W		135	150	165	1					<0.105	5	121	対称形(カソード側表示なし)	19H
Z2150U	SEMITEC	1W		135	150	165	1					<0.107	5	121		19H
Z2180	SEMITEC	1W		162	180	198	1					<0.106	5	146	対称形(カソード側表示なし)	19H
Z2180U	SEMITEC	1W		162	180	198	1					<0.108	5	146		19H
Z6008U	SEMITEC	2W		7.38	8.2	9.02	10					<0.063	500	6.63		91B
Z6010	SEMITEC	2W		9	10	11	1					<0.055	200	8.1	対称形(カソード側表示なし)	91B
Z6010U	SEMITEC	2W		9	10	11	1					<0.071	50	8.1		91B
Z6012	SEMITEC	2W		10.8	12	13.2	1					<0.066	10	9.72	対称形(カソード側表示なし)	91B
Z6012U	SEMITEC	2W		10.8	12	13.2	1					<0.074	5	9.72		91B
Z6015	SEMITEC	2W		13.5	15	16.5	1					<0.075	5	12.1	対称形(カソード側表示なし)	91B
Z6015U	SEMITEC	2W		13.5	15	16.5	1					<0.079	5	12.1		91B
Z6018	SEMITEC	2W		16.2	18	19.8	1					<0.079	5	14.5	対称形(カソード側表示なし)	91B
Z6018U	SEMITEC	2W		16.2	18	19.8	1					<0.083	5	14.5		91B
Z6022	SEMITEC	2W		19.8	22	24.2	1					<0.082	5	17.8	対称形(カソード側表示なし)	91B

形　名	社　名	最大定格 P (mW)	最大定格 IZ (mA)	ツェナ電圧 VZ(V) min	ツェナ電圧 VZ(V) typ	ツェナ電圧 VZ(V) max	条件 IZ(mA)	動作抵抗 ZZmax (Ω)	条件 IZ(mA)	立上り動作抵抗 ZZKmax (Ω)	条件 IZ(mA)	VZ温度係数 (%/℃) (mV/℃)*	逆方向特性 IRmax (μA)	条件 VR(V)	その他の特性等	外形
Z6022U	SEMITEC	2W		19.8	22	24.2	1					<0.086	5	17.8		91B
Z6027	SEMITEC	2W		24.3	27	29.7	1					<0.085	5	21.8	対称形(カソード側表示なし)	91B
Z6027U	SEMITEC	2W		24.3	27	29.7	1					<0.089	5	21.8		91B
Z6033	SEMITEC	2W		29.7	33	36.3	1					<0.087	5	26.8	対称形(カソード側表示なし)	91B
Z6033U	SEMITEC	2W		29.7	33	36.3	1					<0.092	5	26.8		91B
Z6039	SEMITEC	2W		35.1	39	42.9	1					<0.090	5	31.6	対称形(カソード側表示なし)	91B
Z6039U	SEMITEC	2W		35.1	39	42.9	1					<0.095	5	38.1		91B
Z6047	SEMITEC	2W		42.3	47	51.7	1					<0.092	5	38.1	対称形(カソード側表示なし)	91B
Z6047U	SEMITEC	2W		42.3	47	51.7	1					<0.097	5	38.1		91B
Z6056	SEMITEC	2W		50.4	56	61.6	1					<0.094	5	45.4	対称形(カソード側表示なし)	91B
Z6056U	SEMITEC	2W		50.4	56	61.6	1					<0.099	5	45.4		91B
Z6068	SEMITEC	2W		61.2	68	74.8	1					<0.096	5	55.1	対称形(カソード側表示なし)	91B
Z6068U	SEMITEC	2W		61.2	68	74.8	1					<0.100	5	55.1		91B
Z6082	SEMITEC	2W		73.8	82	90.2	1					<0.099	5	66.4	対称形(カソード側表示なし)	91B
Z6082U	SEMITEC	2W		73.8	82	90.2	1					<0.102	5	66.4		91B
Z6100	SEMITEC	2W		90	100	110	1					<0.101	5	81	対称形(カソード側表示なし)	91B
Z6100U	SEMITEC	2W		90	100	110	1					<0.104	5	81		91B
Z6120	SEMITEC	2W		108	120	132	1					<0.103	5	97.2	対称形(カソード側表示なし)	91B
Z6120U	SEMITEC	2W		108	120	132	1					<0.106	5	97.2		91B
Z6150U	SEMITEC	2W		135	150	165	1					<0.107	5	121		91B
ZD012	SEMITEC	500		10.2	12	13.8	1					<0.066	50	10.2	逆阻止形	19H
ZD015	SEMITEC	500		12.8	15	17.2	1					<0.075	10	11.4	逆阻止形	19H
ZD018	SEMITEC	500		15.3	18	20.7	1					<0.079	10	13.7	逆阻止形	19H
ZD022	SEMITEC	500		18.7	22	25.3	1					<0.082	5	16.8	逆阻止形	19H
ZD027	SEMITEC	500		23	27	31	1					<0.085	5	20.6	逆阻止形	19H
ZD033	SEMITEC	500		28.1	33	37.9	1					<0.087	5	25.2	逆阻止形	19H
ZD039	SEMITEC	500		33.2	39	44.8	1					<0.090	5	29.8	逆阻止形	19H
ZD047	SEMITEC	500		40	47	54	1					<0.092	5	35.9	逆阻止形	19H
ZD056	SEMITEC	500		47.6	56	64.4	1					<0.094	5	42.8	逆阻止形	19H
ZD068	SEMITEC	500		57.8	68	78.2	1					<0.096	5	52	逆阻止形	19H
ZS1012	SEMITEC	1W		10.8	12	13.2	1					<0.066	10	9.72	対称形サージアブソーバ	485J
ZS1012D	SEMITEC	1W		10.8	12	13.2	1					0.066	10	9.72	逆阻止形サージアブソーバ	485J
ZS1012U	SEMITEC	1W		10.8	12	13.2	1					0.066	10	9.72	単方向形サージアブソーバ	485J
ZS1015	SEMITEC	1W		13.5	15	16.5	1					<0.075	5	12.1	対称形サージアブソーバ	485J
ZS1015D	SEMITEC	1W		13.5	15	16.5	1					0.075	5	12.1	逆阻止形サージアブソーバ	485J
ZS1015U	SEMITEC	1W		13.5	15	16.5	1					0.075	5	12.1	単方向形サージアブソーバ	485J
ZS1018	SEMITEC	1W		16.2	18	19.8	1					<0.079	5	14.5	対称形サージアブソーバ	485J
ZS1018D	SEMITEC	1W		16.2	18	19.8	1					0.079	5	14.5	逆阻止形サージアブソーバ	485J
ZS1018U	SEMITEC	1W		16.2	18	19.8	1					0.079	5	14.5	単方向形サージアブソーバ	485J
ZS1022	SEMITEC	1W		19.8	22	24.2	1					<0.082	5	17.8	対称形サージアブソーバ	485J
ZS1022D	SEMITEC	1W		19.8	22	24.2	1					0.082	5	17.8	逆阻止形サージアブソーバ	485J
ZS1022U	SEMITEC	1W		19.8	22	24.2	1					0.082	5	17.8	単方向形サージアブソーバ	485J

形 名	社 名	最大定格 P (mW)	最大定格 IZ (mA)	ツェナ電圧 VZ(V) min	ツェナ電圧 VZ(V) typ	ツェナ電圧 VZ(V) max	条件 IZ(mA)	動作抵抗 ZZmax (Ω)	条件 IZ(mA)	立上り動作抵抗 ZZKmax (Ω)	条件 IZ(mA)	VZ温度係数 (%/℃) (mV/℃)*	逆方向特性 IRmax (μA)	条件 VR(V)	その他の特性等	外形
ZS1027	SEMITEC	1W		24.3	27	29.7	1					<0.085	5	21.8	対称形サージアブソーバ	485J
ZS1027D	SEMITEC	1W		24.3	27	29.7	1					0.085	5	21.8	逆阻止形サージアブソーバ	485J
ZS1027U	SEMITEC	1W		24.3	27	29.7	1					0.085	5	21.8	単方向形サージアブソーバ	485J
ZS1033	SEMITEC	1W		29.7	33	36.3	1					<0.087	5	26.8	対称形サージアブソーバ	485J
ZS1033D	SEMITEC	1W		29.7	33	36.3	1					0.087	5	26.8	逆阻止形サージアブソーバ	485J
ZS1033U	SEMITEC	1W		29.7	33	36.3	1					0.087	5	26.8	単方向形サージアブソーバ	485J
ZS1039	SEMITEC	1W		35.1	39	42.9	1					<0.090	5	31.6	対称形サージアブソーバ	485J
ZS1039D	SEMITEC	1W		35.1	39	42.9	1					0.09	5	31.6	逆阻止形サージアブソーバ	485J
ZS1039U	SEMITEC	1W		35.1	39	42.9	1					0.09	5	31.6	単方向形サージアブソーバ	485J
ZS1047	SEMITEC	1W		42.3	47	51.7	1					<0.092	5	38.1	対称形サージアブソーバ	485J
ZS1047D	SEMITEC	1W		42.3	47	51.7	1					0.092	5	38.1	逆阻止形サージアブソーバ	485J
ZS1047U	SEMITEC	1W		42.3	47	51.7	1					0.092	5	38.1	単方向形サージアブソーバ	485J

⑬ 温度補償型定電圧ダイオード

形 名	社 名	最大定格 P (mW)	最大定格 IZ (mA)	ツェナ電圧 VZ(V) min	ツェナ電圧 VZ(V) typ	ツェナ電圧 VZ(V) max	条件 IZ(mA)	動作抵抗 ZZmax (Ω)	条件 IZ(mA)	VZ温度係数 (%/°C) (mV/°C)*	逆方向特性 IRmax (μA)	条件 VR(V)	周囲温度範囲 (°C)	その他の特性等	外形
* 1SZ45A	ルネサス	250		6.1		6.7	1	100	1	<±0.01	0.3	2.5	-40~+100		24C
1SZ46A	ルネサス	250		6.1		6.7	1	100	1	<±0.005	0.3	2.5	-40~+100		24C
* 1SZ47A	ルネサス	250		6.1		6.7	1	100	1	<±0.002	0.3	2.5	-40~+100		24C
1SZ47	ルネサス	250		6.1		6.7	1	100	1	<±0.002	0.3	2.5	-10~+60		24C
* 1SZ48A	ルネサス	250		6.1		6.7	1	100	1	<±0.001	0.3	2.5	-40~+100		24C
1SZ48	ルネサス	250		6.1		6.7	1	100	1	<±0.001	0.3	2.5	-10~+60		24C
1SZ50	ルネサス	250		5.9		6.5	7.5	15	7.5	<±0.01	0.3	2.5	-25~+75		24C
1SZ51	ルネサス	250		5.9		6.5	7.5	15	7.5	<±0.005	0.3	2.5	-25~+75		24C
1SZ52	ルネサス	250		5.9		6.5	7.5	15	7.5	<±0.002	0.3	2.5	-25~+75		24C
1SZ53	ルネサス	250		5.9		6.5	7.5	15	7.5	<±0.001	0.3	2.5	0~+75		24C
1SZ57	東芝	250		6	6.5	7	10	15	10	<±0.01	1	3	-25~+75	rd<15Ω (IZ=10mA)	24B
1SZ58	東芝	250		6	6.5	7	10	15	10	<±0.005	1	3	-25~+75	rd<15Ω (IZ=10mA)	24B
* 1SZ59	東芝	250		6	6.5	7	10	15	10	<±0.002	1	3	-25~+75	rd<15Ω (IZ=10mA)	24B
1SZ74	東芝	250		6.1		6.7	1	100	1	<±0.01	1	3	-40~+100		24B
1SZ75	東芝	250		6.1		6.7	1	100	1	<±0.005	1	3	-40~+100		24B
1SZ76	東芝	250		6.1		6.7	1	100	1	<±0.002	1	3	-40~+100		24B
1SZ77	東芝	250		6.1		6.7	1	100	1	<±0.002	1	3	-10~+60		24B
1SZ78	東芝	250		6.1		6.7	1	100	1	<±0.001	1	3	-10~+60		24B
1SZ79	東芝	250		5.9		6.5	7.5	15	7.5	<±0.01	1	3	-25~+75		24B
1SZ80	東芝	250		5.9		6.5	7.5	15	7.5	<±0.005	1	3	-25~+75		24B
1SZ81	東芝	250		5.9		6.5	7.5	15	7.5	<±0.002	1	3	-25~+75		24B
1SZ82	東芝	250		5.9		6.5	7.5	15	7.5	<±0.001	1	3	0~+75		24B
HZT7A1	ルネサス	200		6.5		7	10	20	10	<±0.01			-40~+85	内部はIC構造	24C
HZT7A2	ルネサス	200		6.5		7	10	20	10	<±0.005			-40~+85	内部はIC構造	24C
HZT7A3	ルネサス	200		6.5		7	10	20	10	<±0.002			-40~+85	内部はIC構造	24C
HZT7B1	ルネサス	200		6.5		7	5	25	5	<±0.01			-40~+85	内部はIC構造	24C
HZT7B2	ルネサス	200		6.5		7	5	25	5	<±0.005			-40~+85	内部はIC構造	24C
HZT7B3	ルネサス	200		6.5		7	5	25	5	<±0.002			-40~+85	内部はIC構造	24C
HZT7C1	ルネサス	200		6.5		7	1	100	1	<±0.01			-40~+85	内部はIC構造	24C
HZT7C2	ルネサス	200		6.5		7	1	100	1	<±0.005			-40~+85	内部はIC構造	24C
* HZT9	ルネサス	200		9		10	5	25	5	<±0.01			-20~+75	内部はIC構造	24C
* HZT22	ルネサス	200		21.5		23	5	25	5	<±1*			-20~+75	内部はIC構造	24C
* HZT31	ルネサス	200		30		32	5	25	5	<±1.5*			-20~+75	内部はIC構造	24C
HZT33	ルネサス	400		31		35	5	25	5	<±1*			-20~+75	内部はIC構造	24C
L5630	三洋	200	10	31		35	5	25	5	<±1*			-25~+75	内部はIC構造 1ピン+ 2ピンGND	225
* MA997	パナソニック	200		5.98		6.62	1	100	1	<±0.005	0.5	2.5	25~150	2素子センタータップ (カソードコモン)	610D

⑭ 定電流ダイオード

形名	社名	最大定格 V(V)	最大定格 P(mW)	ピンチオフ電流 IP(mA) min	ピンチオフ電流 IP(mA) typ	ピンチオフ電流 IP(mA) max	条件 V(V)	動作抵抗 rdmin (MΩ)	条件 V(V)	IP温度係数 (%/℃)	肩特性 IKmin (mA)	条件 VK(V)	その他の特性等	外形
E-101	SEMITEC	100	300	0.05	0.1	0.21	10	6	25	+2.10〜+0.10	0.8IP	0.5	逆方向導通形(IRmax=50mA)	87C
E-101L	SEMITEC	100	300	0.01		0.06	10	8	25	+2.10〜+0.10	0.8IP	0.4	逆方向導通形(IRmax=50mA)	87C
E-102	SEMITEC	100	300	0.88	1	1.32	10	0.65	25	-0.10〜-0.37	0.8IP	1.7	逆方向導通形(IRmax=50mA)	87C
E-103	SEMITEC	30	300	8		12	10	0.17	25	-0.25〜-0.45	0.8IP	3.5	逆方向導通形(IRmax=50mA)	87C
E-123	SEMITEC	30	300	9.6		14.4	10	0.08	25	-0.25〜-0.45	0.8IP	3.8	逆方向導通形(IRmax=50mA)	87C
E-152	SEMITEC	100	300	1.28	1.5	1.72	10	0.4	25	-0.13〜-0.40	0.8IP	2	逆方向導通形(IRmax=50mA)	87C
E-153	SEMITEC	25	300	12		18	10	0.03	25	-0.25〜-0.45	0.8IP	4.3	逆方向導通形(IRmax=50mA)	87C
E-183	SEMITEC	25	300	16	18	20	10			-0.25〜-0.45	0.8IP	4.6	逆方向導通形(IRmax=50mA)	87C
E-202	SEMITEC	100	300	1.68	2	2.32	10	0.25	25	-0.15〜-0.42	0.8IP	2.3	逆方向導通形(IRmax=50mA)	87C
E-272	SEMITEC	100	300	2.28	2.7	3.1	10	0.15	25	-0.18〜-0.45	0.8IP	2.7	逆方向導通形(IRmax=50mA)	87C
E-301	SEMITEC	100	300	0.2	0.3	0.42	10	4	25	+0.40〜-0.20	0.8IP	0.8	逆方向導通形(IRmax=50mA)	87C
E-352	SEMITEC	100	300	3	3.5	4.1	10	0.1	25	-0.20〜-0.47	0.8IP	3.2	逆方向導通形(IRmax=50mA)	87C
E-452	SEMITEC	100	300	3.9	4.5	5.1	10	0.07	25	-0.22〜-0.50	0.8IP	3.7	逆方向導通形(IRmax=50mA)	87C
E-501	SEMITEC	100	300	0.4	0.5	0.63	10	2	25	+0.15〜-0.25	0.8IP	1.1	逆方向導通形(IRmax=50mA)	87C
E-562	SEMITEC	100	300	5	5.6	6.5	10	0.04	25	-0.25〜-0.53	0.8IP	4.5	逆方向導通形(IRmax=50mA)	87C
E-701	SEMITEC	100	300	0.6	0.7	0.92	10	1	25	0.00〜-0.32	0.8IP	1.4	逆方向導通形(IRmax=50mA)	87C
E-822	SEMITEC	30	300	6.56		9.84	10	0.32	25	-0.25〜-0.45	0.8IP	3.1	逆方向導通形(IRmax=50mA)	87C
F-101	SEMITEC	100	400	0.05		0.21	10	6	25	+2.10〜+0.10	0.8IP	0.5	逆方向導通形(IRmax=50mA)	357G
F-101L	SEMITEC	100	400	0.01		0.06	10	8	25	+2.10〜+0.10	0.8IP	0.4	逆方向導通形(IRmax=50mA)	357G
F-102	SEMITEC	100	400	0.88		1.32	10	0.65	25	-0.10〜-0.37	0.8IP	1.7	逆方向導通形(IRmax=50mA)	357G
F-103	SEMITEC	42	400	8		12	10	0.17	25	-0.25〜-0.45	0.8IP	3.5	逆方向導通形(IRmax=50mA)	357G
F-123	SEMITEC	34	400	9.6		14.4	10	0.08	25	-0.25〜-0.45	0.8IP	3.8	逆方向導通形(IRmax=50mA)	357G
F-152	SEMITEC	100	400	1.28		1.72	10	0.4	25	-0.13〜-0.40	0.8IP	2	逆方向導通形(IRmax=50mA)	357G
F-153	SEMITEC	28	400	12		18	10	0.03	25	-0.25〜-0.45	0.8IP	4.3	逆方向導通形(IRmax=50mA)	357G
F-202	SEMITEC	100	400	1.68		2.32	10	0.25	25	-0.15〜-0.42	0.8IP	2.3	逆方向導通形(IRmax=50mA)	357G
F-272	SEMITEC	100	400	2.28		3.1	10	0.15	25	-0.18〜-0.45	0.8IP	2.7	逆方向導通形(IRmax=50mA)	357G
F-301	SEMITEC	100	400	0.2		0.42	10	4	25	+0.40〜-0.20	0.8IP	0.8	逆方向導通形(IRmax=50mA)	357G
F-352	SEMITEC	100	400	3		4.1	10	0.1	25	-0.27〜-0.47	0.8IP	3.2	逆方向導通形(IRmax=50mA)	357G
F-452	SEMITEC	100	400	3.9		5.1	10	0.07	25	-0.22〜-0.50	0.8IP	3.7	逆方向導通形(IRmax=50mA)	357G
F-501	SEMITEC	100	400	0.4		0.63	10	2	25	+0.15〜-0.25	0.8IP	1.1	逆方向導通形(IRmax=50mA)	357G
F-562	SEMITEC	100	400	5		6.5	10	0.04	25	-0.25〜-0.53	0.8IP	4.5	逆方向導通形(IRmax=50mA)	357G
F-701	SEMITEC	100	400	0.6		0.92	10	1	25	0.00〜-0.32	0.8IP	1.4	逆方向導通形(IRmax=50mA)	357G
F-822	SEMITEC	50	400	6.56		9.84	10	0.32	25	-0.25〜-0.45	0.8IP	3.1	逆方向導通形(IRmax=50mA)	357G
S-101T	SEMITEC	100	500	0.05	0.1	0.2	10			+2.10〜+0.10	0.8IP	0.5	逆方向導通形(IRmax=50mA)	750G
S-102T	SEMITEC	100	500	0.88	1	1.3	10			-0.10〜-0.37	0.8IP	1.7	逆方向導通形(IRmax=50mA)	750G
S-103T	SEMITEC	50	500	8	10	12.4	10			-0.25〜-0.45	0.8IP	3.5	逆方向導通形(IRmax=50mA)	750G
S-123T	SEMITEC	50	500	9.6	12	14.4	10			-0.25〜-0.45	0.8IP	3.8	逆方向導通形(IRmax=50mA)	750G
S-152T	SEMITEC	100	500	1.28	1.5	2	10			-0.13〜-0.40	0.8IP	2	逆方向導通形(IRmax=50mA)	750G
S-153T	SEMITEC	50	500	12	15	18	10			-0.25〜-0.45	0.8IP	4.3	逆方向導通形(IRmax=50mA)	750G
S-183T	SEMITEC	40	500	16	18	20	10			-0.25〜-0.45	0.8IP	4.6	逆方向導通形(IRmax=50mA)	750G
S-202T	SEMITEC	100	500	1.68	2	2.3	10			-0.15〜-0.42	0.8IP	2.3	逆方向導通形(IRmax=50mA)	750G
S-272T	SEMITEC	100	500	2.28	2.7	3.1	10			-0.18〜-0.45	0.8IP	2.7	逆方向導通形(IRmax=50mA)	750G

形 名	社 名	最大定格 V(V)	最大定格 P(mW)	ピンチオフ電流 I_P(mA) min	ピンチオフ電流 I_P(mA) typ	ピンチオフ電流 I_P(mA) max	条件 V(V)	動作抵抗 r_{d}min (MΩ)	条件 V(V)	I_P温度係数 (%/℃)	肩特性 I_Kmin (mA)	肩特性 条件 V_K(V)	その他の特性等	外形
S-301T	SEMITEC	100	500	0.2	0.3	0.4	10			+0.40〜-0.20	0.8I_P	0.8	逆方向導通形(IRmax=50mA)	750G
S-352T	SEMITEC	100	500	3	3.5	4.1	10			-0.20〜-0.47	0.8I_P	3.2	逆方向導通形(IRmax=50mA)	750G
S-452T	SEMITEC	100	500	3.9	4.5	5.1	10			-0.22〜-0.50	0.8I_P	3.7	逆方向導通形(IRmax=50mA)	750G
S-501T	SEMITEC	100	500	0.4	0.5	0.6	10			+0.15〜-0.25	0.8I_P	1.1	逆方向導通形(IRmax=50mA)	750G
S-562T	SEMITEC	100	500	5	5.6	6.5	10			-0.25〜-0.53	0.8I_P	4.5	逆方向導通形(IRmax=50mA)	750G
S-701T	SEMITEC	100	500	0.6	0.7	0.9	10			0.00〜-0.32	0.8I_P	1.4	逆方向導通形(IRmax=50mA)	750G
S-822T	SEMITEC	50	500	6.56	8.2	9.8	10			-0.25〜-0.45	0.8I_P	3.1	逆方向導通形(IRmax=50mA)	750G

⑮ 双方向トリガ・ダイオード

形　名	社　名	最大定格 I_P (A)	V_{BO} (V) min	V_{BO} (V) max	ΔV_{BO}max (V)	I_{BO}max (μA)	γV_{BO} (%/℃)	V_{OM} (V) min	V_{OM} (V) typ	測定条件 V_I(V)	測定条件 f(Hz)	測定条件 R_L(Ω)	測定条件 T(℃)	その他の特性等	外形
1S1236	東芝	2	18	32	3.2	200	0.1	4.5		100	50	20	25j		24B
*1S1719	東芝	2	18	42	4.2	200	0.1	4.5		100	50	20	25j		24B
1S2093	東芝	2	26	36	3.6	50	0.1	4.5		100	50	20			24B
*1S2305	ルネサス	2	28	38	2	200		3		100	50	20			24F
BTD4	三洋	2	26	40	3	50	0.1	5		100	50	20			23E
BTD4M	三洋	2	29	37	3	50	0.1	5		100	50	20			23E
*MA2B001	パナニック	2	28	36	3.5	50	0.1	4	7	100		20			24J
*MA2R064	パナニック	2	28	36		100	0.1	4	7	100		20			357D
*MA62	パナニック	2	28	36		100	0.1	4		100	50	20			24J
*MA64	パナニック	2	28	36	3.5	50	0.1	4	7	100	60	20	25		24J
*N413	ルネサス	2	26	40	3	50	0.1	5		100	50	20		VBOによって3ランクに細区分	78G

ガン・ダイオード

形名	社名	最大定格 V_{DC} (V)	最大定格 T_a, T_c* (°C)	R_0 (Ω)	V_{th} (V)	I_P (A) typ	I_P (A) max	V_{op} (V)	I_{op} (A)	P_{oscmin} (mW)	η (%)	f_{osc} (GHz)	その他の特性等	外形
S3020	東芝	14	70*	2.5	3.5			10	0.5	100	3	10.5〜12		443
S3020A	東芝	14	70*	2.5	3.5			10	0.5	150	3	10.5〜12		443
S8201	東芝	14	70*	3	4.2			10	0.4	80	3	8.2〜10.5		443
S8202	東芝	14	70*	10	3.5			10	0.15	10	2	9.3〜10.5		50C

インパット・ダイオード

形名	社名	最大定格 ΔVR (V)	最大定格 Tj (°C)	f (GHz)	Vop (V)	Iop (mA)	η (%) min	η (%) typ	toscmin (W)	Ct (pF)	逆方向特性 BVR (V)	逆方向特性 条件 IR (mA)	その他の特性等	外形
S3019	東芝	15.5	205	8.5〜12	70〜90	100	4.5	5.5	0.35	<2	58〜78	1	Xバンド発振用	443
S3019A	東芝	16.5	225	8.5〜12	73〜93	130	5	6	0.55	<2	58〜78	1	Xバンド発振用	443
S3019B	東芝	16.5	225	8.5〜12	73〜93	135	5.5	6.5	0.7	<2	58〜78	1	Xバンド発振用	443
S8250	東芝	25	235	5.9〜8.2	110〜130	225	5.5	6.5	1.5	4.3	86〜106	1	Jバンド発振用	441
S8250A	東芝	25	235	5.9〜8.2	110〜130	225	5.5	6.5	1.7	4.3	86〜106	1	Jバンド発振用	441
S8250B	東芝	25	235	5.9〜8.2	110〜130	225	5.5	6.5	2	4.3	86〜106	1	Jバンド発振用	441

シリコン・バリスタ・ダイオード

形 名	社 名	最大定格					順電圧				VFの温度係数		逆方向特性						その他の特性等	外形
		P_{SM} (W)	P (mW)	V_{RRM} (V)	V_R (V)	I_{SM} (A)	$I_F, I_{FM}*$ (mA)	$V_F(V)$ min	typ	max	条件 I_F(mA)	γF (mV/℃)	条件 I_F(mA)	V_C (V)	条件 I_R(A)	BVR (V)	条件 I_R(A)	I_{Rmax} (μA)	条件 V_R(V)		
DL04-18F1	新電元	400		13										26	15	16.8	5	5	13		485C
*DV-2	新電元					18	200	1 1.25	1.2 1.5	1.4 1.75	1 70							10	100	色表示赤	507D
*DV-3	新電元					15	150	1.6 2.05	1.8 2.3	2 2.55	1 70							10	100	色表示銀	507D
*DV-4	新電元					15	100	2.1 2.7	2.35 3	2.6 33	1 70							10	100	色表示橙	507D
*DV-5	新電元					13	80	2.7 3.4	3 3.8	3.3 4.2	1 70							10	100	色表示青	507D
F1C57	オリジン			6		40								10.5	40	7.5	1	100	6	サージクランパ Ct=3500pF	405A
F1C217HB	オリジン			1360		0.01								2270	0.01	1700	1	10	1360	Cj=2pF	405A
F1C510	オリジン			8		35								14	35	10	1	10	8	サージクランパ Ct=3000pF	405A
F1C512	オリジン			9.6		30								16.8	30	12	1	5	9.6	サージクランパ Ct=2500pF	405A
F1C516	オリジン			12.5		22								22.5	22	16	1	5	12.5	サージクランパ Ct=1800pF	405A
F1C518	オリジン			14.5		20								25	20	18	1	5	14.5	サージクランパ Ct=1500pF	405A
F1C527	オリジン			21.6		13								38	13	27	1	5	21.6	サージクランパ Ct=1000pF	405A
F1C540	オリジン			32		9								56	9	40	1	5	32	サージクランパ Ct=700pF	405A
F1C540B	オリジン	500		32		9								56	9	40	1	10	32	サージクランパ Ct=770pF	405A
F1C550	オリジン			40		7								70	7	50	1	5	40	サージクランパ Ct=560pF	405A
F1C550B	オリジン	500		40		7								70	7	50	1	10	40	サージクランパ Ct=580pF	405A
F1C560	オリジン			48		6								84	6	60	1	5	48	サージクランパ Ct=550pF	405A
F1C560B	オリジン	500		48		6								84	6	60	1	10	48	サージクランパ Ct=450pF	405A
F1C575	オリジン			60		5								105	5	75	1	5	60	サージクランパ Ct=500pF	405A
F1C2200	オリジン			160		1								280	1	200	0.2	5	160	サージクランパ Ct=55pF	405A
F1C2250	オリジン			200		0.6								350	0.6	250	0.2	5	200	サージクランパ Ct=55pF	405A
F1C2260	オリジン			208		0.6								364	0.6	260	0.2	5	208	サージクランパ Ct=55pF	405A
F1C2270	オリジン			216		0.5								378	0.5	270	0.2	5	216	サージクランパ Ct=55pF	405A
F1C2280	オリジン			224		0.5								392	0.5	280	0.2	5	224	サージクランパ Ct=55pF	405A
F1C2290	オリジン			232		0.5								406	0.5	290	0.2	5	232	サージクランパ Ct=50pF	405A
F1C2300	オリジン			240		0.5								420	0.5	300	0.2	5	240	サージクランパ Ct=50pF	405A
F1C2310	オリジン			248		0.5								434	0.5	310	0.2	5	248	サージクランパ Ct=50pF	405A
F1C2320	オリジン			256		0.5								450	0.5	320	0.2	5	256	サージクランパ Ct=50pF	405A
F1C2340	オリジン			272		0.5								476	0.5	340	0.2	5	272	サージクランパ Ct=50pF	405A
F1C5120	オリジン			96		3								168	3	120	1	5	96	サージクランパ Ct=300pF	405A
F1V61B	オリジン					30	150	2.05 2.5 2.85		2.55 3 3.35	1 10 70									VFは両方向 対称形	405A
F1V62B	オリジン						150	1 1.2 1.35		1.4 1.6 1.85	1 10 70									VFは両方向 対称形	405A
FC0270L	オリジン		200							1.1	10							0.1	10	215	BVR=250〜270V	460B
FC0270M	オリジン		200							1.1	10							0.1	10	215	BVR=260〜280V	460B

形名	社名	最大定格					順電圧			V_Fの温度係数			逆方向特性					その他の特性等	外形
		P_{SM} (W)	P (mW)	V_{RRM} (V)	V_R (V)	I_{SM} (A)	$I_F, I_{FM}*$ (mA)	V_F(V) min	typ	max	条件 I_F(mA)	γ_F (mV/°C)	条件 I_F(mA)	V_C (V)	条件 I_R(A)	BVR (V)	条件 I_R(A)	I_{Rmax} (μA)	条件 V_R(V)		
FC0270U	オリジン		200							1.1	10						0.1	10	215	BVR=270〜290V	460B
FC0300L	オリジン		200							1.1	10						0.1	10	240	BVR=280〜300V	460B
FC0300M	オリジン		200							1.1	10						0.1	10	240	BVR=290〜310V	460B
FC0300U	オリジン		200							1.1	10						0.1	10	240	BVR=300〜320V	460B
FC0330L	オリジン		200							1.1	10						0.1	10	265	BVR=310〜330V	460B
FC0330M	オリジン		200							1.1	10						0.1	10	265	BVR=320〜340V	460B
FC0330U	オリジン		200							1.1	10						0.1	10	265	BVR=330〜350V	460B
*HSK23	ルネサス			3		10		0.58		0.65	3	-2	3								357A
*HV23G	ルネサス			3		10		0.58		0.69	3	-2	3							VFで3ランクに区分	24C
*HV123G	ルネサス			3		10		0.58		0.69	3	-2	3							VFで3ランクに区分	79F
KA3Z07	新電元	5			30									5.5	1			10	5	サージアブソーバ Cj<100pF	507B
KA3Z18	新電元	15			30									15.5	1			10	5	サージアブソーバ Cj<100pF	507B
KA10R25	新電元	190			100									290		220		10	190	サージアブソーバ Cj<90pF	89G
KL3L07	新電元	58			30									80		65		10	58	サージアブソーバ Cj<90pF	485C
KL3N14	新電元	120			30									195		130		10	120	サージアブソーバ Cj<50pF	485C
KL3R20	新電元	175			30									250		180		10	175	サージアブソーバ Cj<30pF	485C
KL3Z07	新電元	5			30									5.5	1			10	5	サージアブソーバ Cj<100pF	485C
KL3Z18	新電元	15			30									15.5	1			10	15	サージアブソーバ Cj<100pF	485C
KP4L07	新電元	58			40									80		65		10	58	サージアブソーバ Cj<90pF	486A
KP4N12	新電元	100			40									135		110		10	100	サージアブソーバ Cj<50pF	486A
KP10L06	新電元	48			100									70		55		10	48	サージアブソーバ Cj<180pF	486A
KP10L07	新電元	58			100									80		65		10	58	サージアブソーバ Cj<180pF	486A
KP10L08	新電元	63			100									100		75		10	63	サージアブソーバ Cj<180pF	486A
KP10LU07	新電元	60			100									100		62		10	60	サージアブソーバ	486A
KP10N14	新電元	120			100									195		125		5	120	サージアブソーバ Cj<140pF	486A
KP10R25	新電元	190			100									290		220		10	190	サージアブソーバ Cj<90pF	486A
KP15L08	新電元	63			150									100		70		10	63	サージアブソーバ Cj<180pF	486A
KP15N	新電元	120			150													10	120	Vbo=125〜160V 対称形	486A
KP15N14	新電元	120			150									195		130		10	120	サージアブソーバ Cj<200pF	486A
KP15R25	新電元	190			150									290		220		10	190	サージアブソーバ Cj<150pF	486A
KT10L07	新電元	58			100									80		65		10	58	サージアブソーバ 2素子複合	693
KT10L08	新電元	63			100									100		70		10	63	サージアブソーバ 2素子複合	693
KT10N14	新電元	120			100									195		130		10	120	サージアブソーバ 2素子複合	693
KT10R25	新電元	190			100									290		220		10	190	サージアブソーバ 2素子複合	693
KT15N14	新電元	120			150									195		130		10	120	サージアブソーバ 2素子複合	693
KT15R25	新電元	190			150									290		220		10	190	サージアブソーバ 2素子複合	693
KT40N14	新電元	120			400									195		130		10	120	サージアブソーバ 2素子複合	693
KU5N12	新電元	100			50									135		110		5	100	サージアブソーバ Cj<50pF	485I
KU5R29N	新電元	250			50									400		275		5	250	サージアブソーバ Cj<70pF	485I
KU10L08	新電元	63			100									100		70		10	63	サージアブソーバ Cj<180pF	485I
KU10LU07	新電元	58			100									100		62		10	58	サージアブソーバ	485I
KU10N14	新電元	120			100									195		125		5	120	サージアブソーバ Cj<140pF	485I

| 形　名 | 社名 | 最大定格 ||||| 順電圧 ||| V_Fの温度係数 || 逆方向特性 |||| その他の特性等 | 外形 |
		P_{SM}(W)	P(mW)	V_{RRM}(V)	V_R(V)	I_{SM}(A)	$I_F, I_{FM}*$(mA)	$V_F(V)$ min	typ	max	条件 I_F(mA)	γF (mV/°C)	条件 I_F(mA)	V_C(V)	条件 I_R(A)	BV_R(V)	条件 I_R(A)	I_{Rmax} (μA)	条件 V_R(V)		
KU10N16	新電元			140	100										200	145	5	140	サージアブソーバ Cj<120pF	485I
KU10R29N	新電元			250	100										400	275	5	250	サージアブソーバ Cj<90pF	485I
KU10S35N	新電元			275	100										450	310	5	275	サージアブソーバ Cj<90pF	485I
KU10S40N	新電元			300	100										500	350	5	300	サージアブソーバ Cj<60pF	485I
KU15N14	新電元			120	150										195	125	5	120	サージアブソーバ Cj<200pF	485I
MA2B027QA	松下		150		6		50*	2.2	2.4		3	-8.8	3					1	6	VF>1.60V (IF=10μA)	25E
MA2B027QB	松下		150		6		50*	2.34	2.54		3	-8.8	3					1	6	VF>1.60V (IF=10μA)	25E
MA2B027TA	松下		150		6		70*	1.76	1.92		3	-6.5	3					1	6	VF>1.15V (IF=10μA)	25E
MA2B027TB	松下		150		6		70*	1.88	2.04		3	-6.5	3					1	6	VF>1.15V (IF=10μA)	25E
MA2B027WA	松下		150		6		100*	1.18	1.28		3	-4.6	3					1	6	VF>0.77V (IF=10μA)	25E
MA2B027WB	松下		150		6		100*	1.26	1.36		3	-4.6	3					1	6	VF>0.77V (IF=10μA)	25E
MA2B0270A	松下		150		6		150*	0.56	0.61	1.5	3	-2	1.5					10	6	VF<1.1V (IF=50mA)	25E
MA2B0270B	松下		150		6		150*	0.59	0.64	1.5	3	-2	1.5					10	6	VF<1.1V (IF=50mA)	25E
MA2C029	松下		150		6		50	0.56	0.64	1.5		2.0	1.5					10	6	VF<1.1V (IF=50mA)	79M
MA2C029QA	松下		150		6		50*	2.2	2.4		3	-8.8	3					1	6	VF>1.60V (IF=10μA)	23F
MA2C029QB	松下		150		6		50*	2.34	2.54		3	-8.8	3					1	6	VF>1.60V (IF=10μA)	23F
MA2C029TA	松下		150		6		70*	1.76	1.92		3	-6.5	3					1	6	VF>1.15V (IF=10μA)	23F
MA2C029TB	松下		150		6		70*	1.88	2.04		3	-6.5	3					1	6	VF>1.15V (IF=10μA)	23F
MA2C029WA	松下		150		6		100*	1.18	1.28		3	-4.6	3					1	6	VF>0.77V (IF=10μA)	23F
MA2C029WB	松下		150		6		100*	1.26	1.36		3	-4.6	3					1	6	VF>0.77V (IF=10μA)	23F
MA2C0290A	松下		150		6		50	0.56	0.61	1.5		2.0	1.5					10	6	VF<1.1V (IF=50mA)	79M
MA2C0290A1	松下		150		6		50	0.56	0.59	1.5		2.0	1.5					10	6	VF<1.1V (IF=50mA)	79M
MA2C0290A2	松下		150		6		50	0.58	0.61	1.5		2.0	1.5					10	6	VF<1.1V (IF=50mA)	79M
MA2C0290B	松下		150		6		50	0.59	0.64	1.5		2.0	1.5					10	6	VF<1.1V (IF=50mA)	79M
MA2C0290B1	松下		150		6		50	0.59	0.62	1.5		2.0	1.5					10	6	VF<1.1V (IF=50mA)	79M
MA2C0290B2	松下		150		6		50	0.61	0.64	1.5		2.0	1.5					10	6	VF<1.1V (IF=50mA)	79M
MA2Z030WA	松下		100		6		100*	1.18	1.28		3	4.6	3					1	6	VF>0.77V (10μA)	239
MA2Z030WB	松下		100		6		100*	1.26	1.36		3	4.6	3					1	6	VF>0.77V (10μA)	239
MA2Z0300A	松下		100		6		150*	0.56	0.61	1.5		2	1.5					1	6		239
MA2Z0300B	松下		100		6		150*	0.59	0.64	1.5		2	1.5					1	6		239
MA3X028-A	松下		150		6		150*	0.56	0.61	1.5		-2	3					1	6		610A
MA3X028-B	松下		150		6		150*	0.59	0.64	1.5		-2	3					1	6		610A
MA3X028TA	松下		150		6		70*	1.76	1.92		3	-6.5	3					1	6		610A
MA3X028T-A	松下		150		6		70*	1.76	1.92		3	-6.5	3					1	6		610A
MA3X028TB	松下		150		6		70*	1.88	2.04		3	-6.5	3					1	6		610A
MA3X028T-B	松下		150		6		70*	1.88	2.04		3	-6.5	3					1	6		610A
MA3X028WA	松下		150		6		100*	1.18	1.28		3	-4.6	3					1	6		610A
MA3X028W-A	松下		150		6		100*	1.18	1.28		3	-4.6	3					1	6		610A
MA3X028WB	松下		150		6		100*	1.26	1.36		3	-4.6	3					1	6		610A
MA3X028W-B	松下		150		6		100*	1.26	1.36		3	-4.6	3					1	6		610A
MA3X030-A	松下		100		6		150*	0.56	0.61	1.5		-2	1.5					1	6		239
MA3X030-B	松下		100		6		150*	0.59	0.64	1.5		-2	1.5					1	6		239

形 名	社 名	最大定格					順電圧			V_Fの温度係数		逆方向特性						その他の特性等	外形
		P_{SM} (W)	P (mW)	V_{RRM} (V)	V_R (V)	I_{SM} (A)	I_F, I_{FM}* (mA)	V_F(V) min	typ	max	条件 I_F(mA)	γF (mV/℃)	条件 I_F(mA)	V_C (V)	条件 I_R(A)	BV_R (V)	条件 I_R(A)	I_{Rmax} (μA)	条件 V_R(V)		
MA3X030W-A	松下		100		6		100*	1.18		1.28	3	-4.6	3					1	6		239
MA3X030W-B	松下		100		6		100*	1.26		1.36	3	-4.6	3					1	6		239
MA3X0280A	松下		150		6		150*	0.56		0.61	1.5	-2	1.5								610A
MA3X0280B	松下		150		6		150*	0.59		0.64	1.5	-2	1.5								610A
MA27-A	松下		150		6		50	0.56		0.61	1.5	-2	1.5					10	6	V_F<1.1V(I_F=50mA)	25E
MA27-B	松下		150		6		50	0.59		0.64	1.5	-2	1.5					10	6	V_F<1.1V(I_F=50mA)	25E
*MA27-C	松下		150		6		50	0.62		0.67	1.5	-2	1.5								25E
MA27Q-A	松下		150		6		50	2.2		2.4	3	-8.8	3					1	6	V_F>1.60V(I_F=0.01mA)	25E
MA27Q-B	松下		150		6		50	2.34		2.54	3	-8.8	3					1	6	V_F>1.60V(I_F=0.01mA)	25E
MA27T-A	松下		150		6		70*	1.76		1.92	3	-6.5	3					1	6		25E
MA27T-B	松下		150		6		70*	1.88		2.04	3	-6.5	3					1	6		25E
MA27W-A	松下		150		6		100*	1.18		1.28	3	-4.6	3					1	6		25E
MA27W-B	松下		150		6		100*	1.26		1.36	3	-4.6	3					1	6		25E
MA28-A	松下		150		6		150*	0.56		0.61	1.5	-2	1.5					1	6	新形名MA3X028-A	610A
MA28-B	松下		150		6		150*	0.59		0.64	1.5	-2	1.5					1	6	新形名MA3X028-B	610A
MA28T-A	松下		150		6		70*	1.76		1.92	3	-6.5	3					1	6	新形名MA3X028T-A	610A
MA28T-B	松下		150		6		70*	1.88		2.04	3	-6.5	3					1	6	新形名MA3X028T-B	610A
MA28W-A	松下		150		6		100*	1.18		1.28	3	-4.6	3					1	6	新形名MA3X028W-A	610A
MA28W-B	松下		150		6		100*	1.26		1.36	3	-4.6	3					1	6	新形名MA3X028W-B	610A
MA29-A	松下		150		6		150*	0.56		0.61	1.5	-2						10	6	V_F<1.1V(I_F=50mA)	23F
MA29-B	松下		150		6		150*	0.59		0.64	1.5	-2						10	6	V_F<1.1V(I_F=50mA)	23F
MA29Q-A	松下				6		50	2.2		2.4	3	-8.8	3					1	6	V_F<1.60V(I_F=0.01mA)	23F
MA29Q-B	松下				6		50	2.34		2.54	3	-8.8	3					1	6	V_F<1.60V(I_F=0.01mA)	23F
MA29T-A	松下		150		6		70*	1.76		1.92	3	-6.5						1	6	V_F<1.15V(I_F=0.01mA)	23F
MA29T-B	松下		150		6		70*	1.88		2.04	3	-6.5						1	6	V_F<1.15V(I_F=0.01mA)	23F
MA29W-A	松下		150		6		100*	1.18		1.28	3	-4.6						1	6	V_F<0.77V(I_F=0.01mA)	23F
MA29W-B	松下		150		6		100*	1.26		1.36	3	-4.6						1	6	V_F<0.77V(I_F=0.01mA)	23F
MA30-A	松下		100		6		150*	0.56		0.61	1.5	-2	1.5					1	6	新形名MA3X030-A	239
MA30-B	松下		100		6		150*	0.59		0.64	1.5	-2	1.5					1	6	新形名MA3X030-B	239
MA30W-A	松下		100		6		100*	1.18		1.28	3	-4.6	3					1	6	新形名MA3X030W-A	239
MA30W-B	松下		100		6		100*	1.26		1.36	3	-4.6	3					1	6	新形名MA3X030W-B	239
SC1.5K100B	オリジン	1500		77		11								140	11	100	1	10	77	サージクランパ Ct=160pF	90H
SC1.5K100F	オリジン	1500		80												100	1	50	80	サージクランパ	547C
SC1.5K150B	オリジン	1500		120		7								210	7	150	1	10	120	サージクランパ Ct=100pF	90H
SC1.5K200B	オリジン	1500		160		5								280	5	200	1	10	160	サージクランパ Ct=100pF	90H
SC1.5K250B	オリジン	1500		200		5								350	5	250	1	10	200	サージクランパ	90H
SC1.5K33B	オリジン	1500		26		32								46	32	33	1	10	26	サージクランパ Ct=580pF	90H
SC1.5K50	オリジン	1500		40		22								70	22	50	1	10	40		90H
SC1.5K68B	オリジン	1500		54		16								95	16	68	1	10	54	サージクランパ Ct=400pF	90H
SC1.5K7	オリジン	1500		6		140								11	140	7.5	1	500	6	サージクランパ Ct=6000pF	90H
SC1.5K70	オリジン	1500		56		14								108	14	70	1	10	56	サージクランパ Ct=300pF	90H
SC1K110	オリジン	1000		88		10								140	10	110	1	10	88	サージクランパ Ct=90pF	20C

形 名	社 名	最大定格					順電圧				VFの温度係数			逆方向特性							その他の特性等	外形
		P_{SM} (W)	P (mW)	V_{RRM} (V)	V_R (V)	I_{SM} (A)	$I_F, I_{FM}*$ (mA)	$V_F(V)$			条件 I_F(mA)	γ_F (mV/°C)	条件 I_F(mA)	V_C (V)	条件 I_R(A)	BVR (V)	条件 I_R(A)	I_{Rmax} (μA)	条件 V_R(V)		
								min	typ	max											
SC1K200	オリジン	1000		160		3.5								280	3.5	200	1	10	160		20C
SC2.5K200B	オリジン	2500		160		9								280	9	200	1	10	160	サージクランパ Ct=200pF	90H
SC3.5K240B	オリジン	3500		200		11								320	11	250	1	5	200	サージクランパ Ct=250pF	90H
SC3.5K240BCL	オリジン	3500		200		11								320	11	250	1	5	200	ツインタイプ サージクランパ	457
SC3K200FD	オリジン	3000		160												200		50	160	サージクランパ	547C
SC3K400	オリジン	3k		320		5								560	5	400	1	50	320		506F
SC4K38FD	オリジン	4000		28		70								55	70	38	1	50	28	サージクランパ Ct=2500pF	547C
SC7M6B	オリジン	700		5.5		1								7.5	1	6	0.2	25	5.5	サージクランパ Ct=50pF	20C
SC57B	オリジン	500		6		40								11	40	7.5	1	100	6	サージクランパ Ct=1800pF	20C
SC57	オリジン	500		6		40								10.5	40	7.5	1	200	6	サージクランパ Ct=3500pF	20C
SC215	オリジン	200		12		9								21	9	15	0.2	10	12	サージクランパ Ct=1000pF	20G
SC220	オリジン	200		16		7								28	7	20	0.2	10	16	サージクランパ Ct=850pF	20G
SC510BCL	オリジン	500		6		50								15	50	10	1	100	6	ツインタイプ サージクランパ	456
SC510	オリジン	500		8		35								14	35	10	1	50	8	サージクランパ Ct=3000pF	20C
SC512B	オリジン	500		9.6		30								17	30	12	1	10	9.6	サージクランパ Ct=1300pF	20C
SC512	オリジン	500		9.6		30								16.8	30	12	1	10	9.6	サージクランパ Ct=2500pF	20C
SC516	オリジン	500		12.5		22								22.5	22	16	1	10	12.5	サージクランパ Ct=1800pF	20C
SC518B	オリジン	500		14.5		20								25	20	18	1	10	14.5	サージクランパ Ct=800pF	20C
SC518	オリジン	500		14.5		20								25	20	18	1	10	14.5	サージクランパ Ct=1500pF	20C
SC520	オリジン	500		16		17.8								28	17.8	20	1	5	16	サージクランパ Ct=1450pF	20C
SC522B	オリジン	500		17.6		16								31	16	22	1	10	17.6	サージクランパ Ct=750pF	20C
SC527B	オリジン	500		21.5		13								38	13	27	1	10	21.5	サージクランパ Ct=50pF	20C
SC527	オリジン	500		21.6		13								38	13	27	1	10	21.6	サージクランパ Ct=1000pF	20C
SC533B	オリジン	500		26		11								46	11	23	1	10	26	サージクランパ Ct=500pF	20C
SC540B	オリジン	500		32		8.5								56	8.5	40	1	10	32	サージクランパ Ct=350pF	20C
SC540	オリジン	500		32		9								56	9	40	1	10	32	サージクランパ Ct=700pF	20C
SC550B	オリジン	500		40		7								70	7	50	1	10	40	サージクランパ Ct=55pF	20C
SC550	オリジン	500		40		7								70	7	50	1	10	40	サージクランパ Ct=560pF	20C
SC560	オリジン	500		48		6								84	6	60	1	10	48	サージクランパ Ct=550pF	20C
SC568B	オリジン	500		54		5.3								95	5.3	68	1	10	54	サージクランパ Ct=270pF	20C
SC570A	オリジン	500		60		5								105	5	75	1	10	60	サージクランパ Ct=500pF	20C
SC2190	オリジン	200		152		1								266	1	190	0.2	5	152	サージクランパ Ct=55pF	20G
SC2200	オリジン	200		160		1								280	1	200	0.2	10	160	サージクランパ Ct=55pF	20G
SC2210	オリジン	200		168		1								295	1	210	0.2	10	168	サージクランパ Ct=55pF	20G
SC2230	オリジン	200		184		0.6								322	0.6	230	0.2	10	184	サージクランパ Ct=55pF	20G
SC2240	オリジン	200		192		0.6								336	0.6	240	0.2	10	192	サージクランパ Ct=55pF	20G
SC2260	オリジン	200		208		0.6								364	0.6	260	0.2	10	208	サージクランパ Ct=55pF	20G
SC2270	オリジン	200		216		0.5								378	0.5	270	0.2	10	216	サージクランパ Ct=55pF	20G
SC2280	オリジン	200		224		0.5								392	0.5	280	0.2	10	224	サージクランパ Ct=55pF	20G
SC2300	オリジン	200		240		0.5								420	0.5	300	0.2	10	240	サージクランパ Ct=50pF	20G
SC2310	オリジン	200		248		0.5								370	0.5	310	0.2	10	248	サージクランパ Ct=50pF	20G
SC2320	オリジン	200		256		0.5								380	0.5	320	0.2	10	256	サージクランパ Ct=50pF	20G

形 名	社 名	P_{SM} (W)	P (mW)	V_{RRM} (V)	V_R (V)	I_{SM} (A)	I_F, I_{FM} (mA)	V_F(V) min	V_F(V) typ	V_F(V) max	条件 I_F(mA)	γ_F (mV/℃)	条件 I_F(mA)	V_C (V)	条件 I_R(A)	BV_R (V)	条件 I_R(A)	I_{Rmax} (μA)	条件 V_R(V)	その他の特性等	外形
SC2330	オリジン	200		264		0.5								462	0.5	330	0.2	10	264	サージクランパ Ct=50pF	20G
SC2340	オリジン	200		272		0.5								476	0.5	340	0.2	10	272	サージクランパ Ct=50pF	20G
SC2350	オリジン	200		280		0.5								490	0.5	350	0.2	10	280	サージクランパ Ct=50pF	20G
SC5120	オリジン	500		97		2								168	2	120	1	10	97	サージクランパ Ct=300pF	20C
SCL218	オリジン	200		14.4		9								25.2	9	18	0.2	10	14.4	Ct=10pF	20G
SCL510	オリジン	500		5		50								15	50	10	1	10	5	Ct=30pF	20C
ST02D-82	新電元	200		67		1.7								118	1.7	74	1	5	67		87D
ST02D-170	新電元	200		145		0.75								280	0.75	155	1	5	145		87D
ST02D-170F2	新電元	200		145		0.75								280	0.75	155	1	5	145	VRM=600VのDiを逆直列	486A
ST02D-200	新電元	200		170		0.7								300	0.75	185	1	5	170		87D
ST03-58F1	新電元	300		45		4								80	4	52	1	5	45		485C
ST03D-170	新電元	300		145		1.1								280	1.1	155	1	5	145		89G
ST03D-200	新電元	300		170		1								300	1	185	1	5	170		89G
ST04-16	新電元			13.6		15								23	15	14.4	1	5	13.6		507D
ST04-16F1	新電元			13.6		15								23	15	14.4	1	5	13.6		485C
ST04-27	新電元			23		10								37	10	24.3	1	5	23		507D
ST04-27F1	新電元			23		10								37	10	24	1	5	23		485C
ST05-27	新電元	500		23		10								37	14	24	1	5	23		507D
ST50V-27F	新電元	5k		23		130								40	130	24.3	1	5	23		627
ST70-27F	新電元	7k		23		180								40	180	24.3	1	5	23		627
SV02YS	サンケン					30	200	1	1.2	1.4	1							10	100	VF=1.5±0.25V (70mA)	67B
SV03YS	サンケン					16	150	1.6	1.8	2	1							10	100	VF=2.3±0.25V (70mA)	67B
SV04YS	サンケン					12	100	2.15	2.35	2.55	1							10	100	VF=3.0±0.3V (70mA)	67B
SV05YS	サンケン					10	80	2.7	3	3.3	1							10	100	VF=3.8±0.4V (70mA)	67B
SV06YS	サンケン					8	70	3.1	3.5	3.9	1							10	100	VF=4.5±0.45V (70mA)	67B
SV-2SS	サンケン					25	150			4	100							50	1.2	VF, IRは両方向 対称形	67B
SV-3SS	サンケン					30	250			2	100							50	0.6	VF, IRは両方向 対称形	67B
SV-4SS	サンケン						150	1.6 1.95 2.15		2 2.35 2.65	1 12 70							50	0.9	VF, IRは両方向 対称形	67B
VR-51B	新電元					7.5	150	1.55 1.85 2.15		2.05 2.35 2.65	1 10 70									VFは両方向 対称形	507D
VR-51B(A)	新電元					7.5	150	1.55 1.85 2.15		2.05 2.35 2.65	1 10 70									VFは両方向 対称形	507B
VR-60B	オリジン						400	0.52		0.62 1.5	1 1A							20	0.2	VF, IRは両方向 対称形	20C
VR-60B	新電元					16	500			1.5	1A							20	0.2	VF, IRは両方向 対称形	507D
VR-60B(A)	新電元					16	500			1.5	1A										507B
VR-60BP	新電元					16	500	0.55		0.61 1.5	1 1A							20	0.2	VF, IRは両方向 対称形	507D

形 名	社 名	最大定格						順電圧				V_Fの温度係数				逆方向特性							その他の特性等	外形
		P_{SM} (W)	P (mW)	V_{RRM} (V)	V_R (V)	I_{SM} (A)	$I_F, I_{FM}*$ (mA)	V_F(V)			条件 I_F(mA)	γF (mV/°C)	条件 I_F(mA)	V_C (V)	条件 I_R(A)	BV_R (V)	条件 I_R(A)	I_{Rmax} (μA)	条件 V_R(V)		
							min	typ	max											
VR-60BP(A)	新電元					16	500	0.55		0.61 1.5	1 1A									VFは両方向 対称形	507B
* VR-60S	サンケン						400			1.5	1A								20	0.2	VF, IRは両方向 対称形	67F
VR-60SS	サンケン						400			1.5	1A								20	0.2	VF, IRは両方向 対称形	67B
* VR-60T	サンケン						400			1.5	1A								20	0.2	VF, IRは両方向 対称形	67F
* VR-60	サンケン		300				400			1.5	1A								20	0.2	VF, IRは両方向 対称形	21E
* VR-60	新電元		300				400			1.5	1A								20	0.2	VF, IRは両方向 対称形	507D
VR-61B	オリジン						150	2.05 2.5 2.85		2.55 3 3.35	1 10 70									VFは両方向 対称形	20C
VR-61B	新電元					7.5	150	2.05 2.5 2.85		2.55 3 3.35	1 10 70									VFは両方向 対称形	507B
VR-61B(A)	新電元					7.5	150	2.05 2.5 2.85		2.55 3 3.35	1 10 70									VFは両方向 対称形	507B
VR-61F1	新電元					7.5	370	2.05 2.5 2.85		2.55 3 3.35	1 10 70									Cj=15pF VFは両方向 対称形	485C
* VR-61S	サンケン						150													VFは両方向 対称形	67F
VR-61SS	サンケン						150	2.05 2.5 2.85		2.55 3 3.35	1 10 70									VFは両方向 対称形	67B
* VR-61T	サンケン						150	2.05 2.5 2.85		2.55 3 3.35	1 10 70									VFは両方向 対称形	67F
* VR-61	サンケン		300				150	2.05 2.5 2.85		2.55 3 3.35	1 10 70									VFは両方向 対称形	21E
* VR-61	新電元		300				150	2.05 2.5 2.85		2.55 3 3.35	1 10 70									VFは両方向 対称形	507D
VR-62B	オリジン						150	1 1.2 1.35		1.4 1.6 1.85	1 10 70									VFは両方向 対称形	20C
VR-63B	オリジン						150	1.6 1.95 2.15		2.05 2.35 2.65	1 10 70									VFは両方向 対称形	20C
VRYA6	新電元					8	310	2.05 2.5 2.85		2.55 3 3.35	1 10 70									VFは両方向 対称形 2素子複合	535

形 名	社 名	最大定格					順電圧			V_Fの温度係数		逆方向特性						その他の特性等	外形
		P_{SM} (W)	P (mW)	V_{RRM} (V)	V_R (V)	I_{SM} (A)	$IF, IFM*$ (mA)	$V_F(V)$ ||| 条件 IF(mA)	γF (mV/°C)	条件 IF(mA)	V_C (V)	条件 I_R(A)	BV_R (V)	条件 I_R(A)	I_{Rmax} (μA)	条件 V_R(V)		
								min	typ	max										
VRYA15	新電元					6.5	140	5.13 6.25 7.13		6.37 7.5 8.37	1 10 70								V_Fは両方向 対称形 2素子複合	535

ESD保護ダイオード

	形 名	社 名	最大定格 P (mW)	最大定格 P_RSM (W)	ツェナ電圧 V_Z(V) min	ツェナ電圧 V_Z(V) typ	ツェナ電圧 V_Z(V) max	条件 IZ(mA)	動作抵抗(*はtyp) Z_Zmax (Ω)	条件 IZ(mA)	端子間容量 C_t(pF) typ	端子間容量 C_t(pF) max	逆方向特性 I_Rmax (μA)	条件 V_R(V)	ESD耐量 (kV)	その他の特性等	外形
*	DAM1A10	日立パワー		600	9.4		10.6	25	15	25			50	7			19G
*	DAM1A11	日立パワー		600	10.4		11.6	25	15	25			50	8			19G
	DAM1A12	日立パワー		600	11.4		12.7	25	15	25			50	9			19G
	DAM1A13	日立パワー		600	12.4		14.1	25	15	25			50	10			19G
	DAM1A15	日立パワー		600	13.5		15.6	25	15	25			50	11			19G
	DAM1A16	日立パワー		600	15.3		17.1	15	15	15			50	12			19G
	DAM1A18	日立パワー		600	16.8		19.1	15	15	15			50	13			19G
	DAM1A20	日立パワー		600	18.8		21.2	15	15	15			50	14			19G
	DAM1A22	日立パワー		600	20.8		23.3	15	15	15			50	16			19G
	DAM1A24	日立パワー		600	22.7		25.6	10	15	10			50	18			19G
	DAM1A27	日立パワー		600	25.1		28.9	10	15	10			50	20			19G
	DAM1A30	日立パワー		600	28		32	10	15	10			50	22			19G
	DAM1A33	日立パワー		600	31		35	10	15	10			50	24			19G
	DAM1A36	日立パワー		600	33.4		38.6	10	15	10			50	26			19G
	DAM1A39	日立パワー		600	36.1		41.9	10	30	10			50	28			19G
	DAM1A43	日立パワー		600	39.8		46.2	6	30	6			50	31			19G
	DAM1A47	日立パワー		600	43.3		50.7	6	30	6			50	34			19G
	DAM1A51	日立パワー		600	46.9		55.1	6	30	6			50	37			19G
*	DAM1MA10	日立パワー		600	9.4		10.6	25	15	25			10	7			405C
*	DAM1MA11	日立パワー		600	10.4		11.6	25	15	25			10	8			405C
	DAM1MA12	日立パワー		600	11.4		12.7	25	15	25			10	9			405C
	DAM1MA13	日立パワー		600	12.4		14.1	25	15	25			10	10			405C
	DAM1MA15	日立パワー		600	13.5		15.6	25	15	25			10	11			405C
	DAM1MA16	日立パワー		600	15.3		17.1	15	15	15			10	12			405C
	DAM1MA18	日立パワー		600	16.8		19.1	15	15	15			10	13			405C
	DAM1MA20	日立パワー		600	18.8		21.2	15	15	15			10	14			405C
	DAM1MA22	日立パワー		600	20.8		23.3	15	15	15			10	16			405C
	DAM1MA24	日立パワー		600	22.7		25.6	10	15	10			10	18			405C
	DAM1MA27	日立パワー		600	25.1		28.9	10	15	10			10	20			405C
	DAM1MA30	日立パワー		600	28		32	10	15	10			10	22			405C
	DAM1MA33	日立パワー		600	31		35	10	15	10			10	24			405C
	DAM1MA36	日立パワー		600	33.4		38.6	10	15	10			10	26			405C
	DAM1MA39	日立パワー		600	36.1		41.9	10	30	10			10	28			405C
	DAM1MA43	日立パワー		600	39.8		46.2	6	30	6			10	31			405C
	DAM1MA47	日立パワー		600	43.3		50.7	6	30	6			10	34			405C
	DAM1MA51	日立パワー		600	46.9		55.1	6	30	6			10	37			405C
	DAM1MA68	日立パワー		600	61.2		74.8	4	60	4			5	55			405C
	DAM1MA75	日立パワー		600	67.5		82.5	4	60	4			5	61			405C
	DAM1MA82	日立パワー		600	73.8		90.2	3	60	3			5	66			405C
	DAM1SA10	日立パワー		600	9.4		10.6	25	15	25			50	7			19E
	DAM1SA11	日立パワー		600	10.4		11.6	25	15	25			50	8			19E
	DAM1SA12	日立パワー		600	11.4		12.7	25	15	25			50	9			19E

形　名	社　名	最大定格 P (mW)	最大定格 P_RSM (W)	ツェナ電圧 V_Z(V) min	ツェナ電圧 V_Z(V) typ	ツェナ電圧 V_Z(V) max	条件 IZ(mA)	動作抵抗(*はtyp) Z_Zmax (Ω)	条件 IZ(mA)	端子間容量 C_t(pF) typ	端子間容量 C_t(pF) max	逆方向特性 I_Rmax (μA)	逆方向特性 条件 V_R(V)	ESD耐量 (kV)	その他の特性等	外形
DAM1SA13	日立パワー	600		12.4		14.1	25	15	25			50	10			19E
DAM1SA15	日立パワー	600		13.5		15.6	25	15	25			50	11			19E
DAM1SA16	日立パワー	600		15.3		17.1	15	15	15			50	12			19E
DAM1SA18	日立パワー	600		16.8		19.1	15	15	15			50	13			19E
DAM1SA20	日立パワー	600		18.8		21.2	15	15	15			50	14			19E
DAM1SA22	日立パワー	600		20.8		23.3	15	15	15			50	16			19E
DAM1SA24	日立パワー	600		22.7		25.6	10	15	10			50	18			19E
DAM1SA27	日立パワー	600		25.1		28.9	10	15	10			50	20			19E
DAM1SA30	日立パワー	600		28		32	10	15	10			50	22			19E
DAM1SA33	日立パワー	600		31		35	10	15	10			50	24			19E
DAM1SA36	日立パワー	600		33.4		38.6	10	15	10			50	26			19E
DAM1SA39	日立パワー	600		36.1		41.9	10	30	10			50	28			19E
DAM1SA43	日立パワー	600		39.8		46.2	6	30	6			50	31			19E
DAM1SA47	日立パワー	600		43.3		50.7	6	30	6			50	34			19E
DAM1SA51	日立パワー	600		46.9		55.1	6	30	6			50	37			19E
DAM3A10	日立パワー		1.8k	9.4		10.6	75	15	75			50	7			90B
DAM3A11	日立パワー		1.8k	10.4		11.6	75	15	75			50	8			90B
DAM3A12	日立パワー		1.8k	11.4		12.7	75	15	75			50	9			90B
DAM3A13	日立パワー		1.8k	12.4		14.1	75	15	75			50	10			90B
DAM3A15	日立パワー		1.8k	13.5		15.6	75	15	75			50	11			90B
DAM3A16	日立パワー		1.8k	15.3		17.1	75	15	75			50	12			90B
DAM3A18	日立パワー		1.8k	16.8		19.1	45	15	45			50	13			90B
DAM3A20	日立パワー		1.8k	18.8		21.2	45	15	45			50	14			90B
DAM3A22	日立パワー		1.8k	20.8		23.3	45	15	45			50	16			90B
DAM3A24	日立パワー		1.8k	22.7		25.6	30	15	30			50	18			90B
DAM3A27	日立パワー		1.8k	25.1		28.9	30	15	30			50	20			90B
DAM3A30	日立パワー		1.8k	28		32	30	15	30			50	22			90B
DAM3A33	日立パワー		1.8k	31		35	30	15	30			50	24			90B
DAM3A36	日立パワー		1.8k	33.4		38.6	30	15	30			50	26			90B
DAM3A39	日立パワー		1.8k	36.1		41.9	30	15	30			50	28			90B
DAM3A43	日立パワー		1.8k	39.8		46.2	20	30	20			50	31			90B
DAM3A47	日立パワー		1.8k	43.3		50.7	20	30	20			50	37			90B
DAM3A51	日立パワー		1.8k	46.9		55.1	20	30	20			50	37			90B
DAM3B10	日立パワー		1.8k	9.4		10.6	75	15	75			50	7			19H
DAM3B11	日立パワー		1.8k	10.4		11.6	75	15	75			50	8			19H
DAM3B12	日立パワー		1.8k	11.4		12.7	75	15	75			50	9			19H
DAM3B13	日立パワー		1.8k	12.4		14.1	75	15	75			50	10			19H
DAM3B15	日立パワー		1.8k	13.5		15.6	75	15	75			50	11			19H
DAM3B16	日立パワー		1.8k	15.3		17.1	75	15	75			50	12			19H
DAM3B18	日立パワー		1.8k	16.8		19.1	45	15	45			50	13			19H
DAM3B20	日立パワー		1.8k	18.8		21.2	45	15	45			50	14			19H
DAM3B22	日立パワー		1.8k	20.8		23.3	45	15	45			50	16			19H

形　名	社名	最大定格 P (mW)	最大定格 PRSM (W)	ツェナ電圧 Vz(V) min	ツェナ電圧 Vz(V) typ	ツェナ電圧 Vz(V) max	条件 IZ(mA)	動作抵抗(*はtyp) Zzmax (Ω)	条件 IZ(mA)	端子間容量 Ct(pF) typ	端子間容量 Ct(pF) max	逆方向特性 IRmax (μA)	条件 VR(V)	ESD耐量 (kV)	その他の特性等	外形
DAM3B24	日立パワー		1.8k	22.7		25.6	30	15	30			50	18			19H
DAM3B27	日立パワー		1.8k	25.1		28.9	30	15	30			50	20			19H
DAM3B30	日立パワー		1.8k	28		32	30	15	30			50	22			19H
DAM3B33	日立パワー		1.8k	31		35	30	15	30			50	24			19H
DAM3B36	日立パワー		1.8k	33.4		38.6	30	15	30			50	26			19H
DAM3B39	日立パワー		1.8k	36.1		41.9	30	15	30			50	28			19H
DAM3B43	日立パワー		1.8k	39.8		46.2	20	30	20			50	31			19H
DAM3B47	日立パワー		1.8k	43.3		50.7	20	30	20			50	34			19H
DAM3B51	日立パワー		1.8k	46.9		55.1	20	30	20			50	37			19H
* DAM3MA10	日立パワー		1.8k	9.4		10.6	75	15	75			10	7			486E
* DAM3MA11	日立パワー		1.8k	10.4		11.6	75	15	75			10	8			486E
DAM3MA12	日立パワー		1.8k	11.4		12.7	75	15	75			10	9			486E
DAM3MA13	日立パワー		1.8k	12.4		14.1	75	15	75			10	10			486E
DAM3MA15	日立パワー		1.8k	13.5		15.6	75	15	75			10	11			486E
DAM3MA16	日立パワー		1.8k	15.3		17.1	75	15	75			10	12			486E
DAM3MA18	日立パワー		1.8k	16.8		19.1	45	15	45			10	13			486E
DAM3MA20	日立パワー		1.8k	18.8		21.2	45	15	45			10	14			486E
DAM3MA22	日立パワー		1.8k	20.8		23.3	45	15	45			10	16			486E
DAM3MA24	日立パワー		1.8k	22.7		25.6	30	15	30			10	18			486E
DAM3MA27	日立パワー		1.8k	25.1		28.9	30	15	30			10	20			486E
DAM3MA30	日立パワー		1.8k	28		32	30	15	30			10	22			486E
DAM3MA33	日立パワー		1.8k	31		35	30	15	30			10	24			486E
DAM3MA36	日立パワー		1.8k	33.4		38.6	30	15	30			10	26			486E
DAM3MA39	日立パワー		1.8k	36.1		41.9	20	30	20			10	28			486E
DAM3MA43	日立パワー		1.8k	39.8		46.2	20	30	20			10	31			486E
DAM3MA47	日立パワー		1.8k	43.3		50.7	20	30	20			10	34			486E
DAM3MA51	日立パワー		1.8k	46.9		55.1	20	30	20			10	37			486E
DAM3MA68	日立パワー		1.8k	61.2		74.8	10	60	10			5	55			486E
DAM3MA75	日立パワー		1.8k	67.5		82.5	10	60	10			5	61			486E
DAM3MA82	日立パワー		1.8k	73.8		90.2	10	60	10			5	66			486E
DD3X062J	パナソニック	200		5.9		6.5	5	30	5	10		3	5.5	15	2素子センタータップ（アノードコモン）	610C
DE2S062	パナソニック	150		5.89		6.51	1			55		1	4	30		757D
DE2S068	パナソニック	150		6.46		7.14	1			50		0.5	4	30		757D
DE3S062D	パナソニック	150		5.89		6.51	1			55		1	4	30	2素子センタータップ（アノードコモン）	590C
DE5S062D	パナソニック	150		5.89		6.51	1			55		1	4	30	4素子複合（アノードコモン）	438
DE37120D	パナソニック	150		11.4		12.6	5	30	5			0.05	9	15	2素子センタータップ（アノードコモン）	244D
DF2B6.8CT	東芝	150	5	5.8	6.8	7.8	1			15		0.5	5	8	2素子逆並列	96
DF2B6.8E	東芝	150	5	5.8	6.8	7.8	1			15		0.5	5	8	2素子逆並列	757A
DF2B6.8FS	東芝	150	5	5.8	6.8	7.8	1			15		0.5	5	8	2素子逆並列	736C
DF2S5.1SC	東芝	150		4.85		5.36	1	8	5	25		1	1.5	8	Pはガラエポ基板実装時	95
DF2S5.6CT	東芝	150		5.3	5.6	6	5	30	5	40		1	3.5	30	Pはガラエポ基板実装時	96
DF2S5.6FS	東芝	150		5.3	5.6	6	5	30	5	40		1	3.5	30	Pはガラエポ基板実装時	736C

形 名	社 名	最大定格 P (mW)	最大定格 PRSM (W)	ツェナ電圧 VZ(V) min	ツェナ電圧 VZ(V) typ	ツェナ電圧 VZ(V) max	条件 IZ (mA)	動作抵抗(*はtyp) Zzmax (Ω)	条件 IZ (mA)	端子間容量 Ct (pF) typ	端子間容量 Ct (pF) max	逆方向特性 IRmax (μA)	逆方向特性 条件 VR (V)	ESD耐量 (kV)	その他の特性等	外形
DF2S5.6S	東芝	150		5.3	5.6	6	5	30	5	40		1	3.5			738C
DF2S6.2CT	東芝	150		5.8	6.2	6.6	5	30	5	32		2.5	5		30 Pはガラエポ基板実装時	96
DF2S6.2FS	東芝	150		5.8	6.2	6.6	5	30	5	32		2.5	5		30 Pはガラエポ基板実装時	736C
DF2S6.2S	東芝	150		5.8	6.2	6.6	5	30	5	32		2.5	5			738C
DF2S6.2SC	東芝	150		5.8		6.6	5	10	5	16		1	3		8 Pはガラエポ基板実装時	95
DF2S6.8CT	東芝	150		6.4	6.8	7.2	5	30	5	25		0.5	5		30 Pはガラエポ基板実装時	96
DF2S6.8FS	東芝	150		6.4	6.8	7.2	5	30	5	25		0.5	5		30 Pはガラエポ基板実装時	736C
DF2S6.8MFS	東芝				6		5			0.5	0.9	0.5	5		8 VRWM<5V VBR>6.0V	736C
DF2S6.8S	東芝	150		6.4	6.8	7.2	5	30	5	25		0.5	5			738C
DF2S6.8SC	東芝	150		6.4		7.2	5	10	5	15		0.5	5		8 Pはガラエポ基板実装時	95
DF2S6.8UCT	東芝	150		5.3	6.8		1			1.6		0.5	5		8 Pはガラエポ基板実装時	96
DF2S6.8UFS	東芝	150		5.3	6.8		1				2	0.5	5		8 Pはガラエポ基板実装時	736C
DF2S8.2CT	東芝	150		7.7	8.2	8.7	5	30	5	20		0.5	6.5		30 Pはガラエポ基板実装時	96
DF2S8.2FS	東芝	150		7.7	8.2	8.7	5	30	5	20		0.5	6.5		30 Pはガラエポ基板実装時	736C
DF2S8.2S	東芝	150		7.7	8.2	8.7	5	30	5	20		0.5	6.5			738C
DF2S8.2SC	東芝	150		7.7		8.7	5	18	5	10		0.5	6.5		8 Pはガラエポ基板実装時	95
DF2S10FS	東芝	150		9.4	10	10.6	5	30	5	16		0.5	8		30 Pはガラエポ基板実装時	736C
DF2S12FS	東芝	150		11.4	12	12.6	5	25	5	15		0.05	9		20 Pはガラエポ基板実装時	736C
DF2S12FU	東芝	150		11.4	12	12.6	5	10*	5	15		0.05	9		20 Pはガラエポ基板実装時	420D
DF2S12S	東芝	150		11.4	12	12.6	5	25	5	15		0.05	9			738C
DF2S16CT	東芝	150		15.3		17.1	5	35	5	10		0.5	12		12 Pはガラエポ基板実装時	96
DF2S16FS	東芝	150		15.3	16	17.1	5	35	5	10		0.5	12		12 Pはガラエポ基板実装時	736C
DF2S16S	東芝	150		15.3	16	17.1	5	35	5	10		0.5	12			738C
DF2S18CT	東芝	150		17.84		18.17	5	40	5	10		0.5	14		12 Pはガラエポ基板実装時	96
DF2S20CT	東芝	150		18.8		21.2	5	55	5	9		0.5	15		12 Pはガラエポ基板実装時	96
DF2S20FS	東芝	150		18.8	20	21.2	5	55	5	9		0.5	15		12 Pはガラエポ基板実装時	736C
DF2S24FS	東芝	150		22.8	24	25.6	5	70	5	8.5		0.5	19		10 Pはガラエポ基板実装時	736C
DF2S24S	東芝	150		22.8	24	25.6	5	70	5	8.5		0.5	19			738C
DF2S24UCT	東芝	150		2.2			1			1.6		0.5	19		8 Pはガラエポ基板実装時	96
DF2S30CT	東芝	150		28.21		31.19	5	75	5	7.2		0.5	23		8 Pはガラエポ基板実装時	96
DF2S30FS	東芝	150		28	30	32	5	150	5	7		0.5	23		8 Pはガラエポ基板実装時	736C
DF3A3.3CT	東芝	150		3.1	3.3	3.5	5	130	5	115		20	1		30 2素子センタータップ (アノードコモン)	96B
DF3A3.3FE	東芝	100		3.1	3.3	3.5	5	130	5	115		20	1		2素子センタータップ (アノードコモン)	82C
DF3A3.3FU	東芝	100		3.1	3.3	3.5	5	130	5	115		20	1		2素子センタータップ (アノードコモン)	205C
DF3A3.3FV	東芝	150		3.1	3.3	3.5	5	130	5	115		100	1.5		30 2素子センタータップ (アノードコモン)	116C
DF3A3.6CT	東芝	150		3.4	3.6	3.8	5	130	5	110		10	1		30 2素子センタータップ (アノードコモン)	96B
DF3A3.6FE	東芝	100		3.4	3.6	3.8	5	130	5	110		10	1		2素子センタータップ (アノードコモン)	82C
DF3A3.6FU	東芝	100		3.4	3.6	3.8	5	130	5	110		10	1		2素子センタータップ (アノードコモン)	205C
DF3A3.6FV	東芝	150		3.4	3.6	3.8	5	130	5	110		100	1.8		30 2素子センタータップ (アノードコモン)	116C
DF3A4.3FU	東芝	100		4	4.3	4.5	5	120	5	100		10	1.8		2素子センタータップ (アノードコモン)	205C
DF3A5.6CT	東芝	150		5.3	5.6	6	5	40	5	65		1	2.5		30 2素子センタータップ (アノードコモン)	96B
DF3A5.6F	東芝	150		5.3	5.6	6	5	40	5	65		1	2.5		30 2素子センタータップ (アノードコモン)	610C

- 421 -

形　名	社名	最大定格 P (mW)	P RSM (W)	ツェナ電圧 V_Z (V) min	typ	max	条件 IZ (mA)	動作抵抗 Z_z max (Ω)	条件 IZ (mA)	端子間容量 C_t (pF) typ	max	逆方向特性 I_R max (μA)	条件 V_R (V)	ESD耐量 (kV)	その他の特性等	外形
DF3A5.6FE	東芝	100		5.3	5.6	6	5	40	5	65		1	2.5		2素子センタータップ (アノードコモン)	82C
DF3A5.6FU	東芝	100		5.3	5.6	6	5	40	5	65		1	2.5	30	2素子センタータップ (アノードコモン)	205C
DF3A5.6FV	東芝	150		5.3	5.6	6	5	40	5	65		1	2.5	30	2素子センタータップ (アノードコモン)	116C
DF3A5.6LFE	東芝	100		5.3	5.6	6	5	50	5	8		1	3.5		2素子センタータップ (アノードコモン)	82C
DF3A5.6LFU	東芝	100		5.3	5.6	6	5	50	5	8		1	3.5	8	2素子センタータップ (アノードコモン)	205C
DF3A5.6LFV	東芝	150		5.3	5.6	6	5	3*	5	8		1	3.5	8	2素子センタータップ (アノードコモン)	116C
DF3A6.2CT	東芝	150		5.8	6.2	6.6	5	30	5	55		1	3	30	2素子センタータップ (アノードコモン)	96B
DF3A6.2F	東芝	150		5.8	6.2	6.6	5	30	5	55		1	3	30	2素子センタータップ (アノードコモン)	610C
DF3A6.2FE	東芝	100		5.8	6.2	6.6	5	30	5	55		1	3		2素子センタータップ (アノードコモン)	82C
DF3A6.2FU	東芝	100		5.8	6.2	6.6	5	30	5	55		1	3	30	2素子センタータップ (アノードコモン)	205C
DF3A6.2FV	東芝	150		5.8	6.2	6.6	5	30	5	55		1	3		2素子センタータップ (アノードコモン)	116C
DF3A6.2LFE	東芝	100		5.9	6.2	6.5	5	50	5	6.5		2.5	5		2素子センタータップ (アノードコモン)	82C
DF3A6.2LFU	東芝	100		5.9	6.2	6.5	5	50	5	6.5		2.5	5	8	2素子センタータップ (アノードコモン)	205C
DF3A6.2LFV	東芝	150		5.9	6.2	6.5	5	50	5	6.5		2.5	5	8	2素子センタータップ (アノードコモン)	116C
DF3A6.8CT	東芝	150		6.4	6.8	7.2	5	25	5	45		0.5	5	30	2素子センタータップ (アノードコモン)	96B
DF3A6.8F	東芝	150		6.4	6.8	7.2	5	25	5	45		0.5	5	30	2素子センタータップ (アノードコモン)	610C
DF3A6.8FE	東芝	100		6.4	6.8	7.2	5	25	5	45		0.5	5		2素子センタータップ (アノードコモン)	82C
DF3A6.8FU	東芝	100		6.4	6.8	7.2	5	25	5	45		0.5	5	30	2素子センタータップ (アノードコモン)	205C
DF3A6.8FV	東芝	150		6.4	6.8	7.2	5	25	5	45		0.5	5		2素子センタータップ (アノードコモン)	116C
DF3A6.8LCT	東芝	150		6.5	6.8	7.1	5	50	5	5.5		0.5	5	8	2素子センタータップ (アノードコモン)	96B
DF3A6.8LFE	東芝	100		6.5	6.8	7.1	5	50	5	6		0.5	5		2素子センタータップ (アノードコモン)	82C
DF3A6.8LFU	東芝	100		6.5	6.8	7.1	5	50	5	6		0.5	5	8	2素子センタータップ (アノードコモン)	205C
DF3A6.8LFV	東芝	150		6.5	6.8	7.1	5	50	5	6		0.5	5		2素子センタータップ (アノードコモン)	116C
DF3A6.8UFU	東芝	150		5.3	6.8		1				2.5	0.5	5	8	2素子センタータップ (アノードコモン)	205C
DF3A8.2FE	東芝	100		7.7	8.2	8.7	5	20	5	38		0.5	6.5		2素子センタータップ (アノードコモン)	82C
DF3A8.2FU	東芝	100		7.7	8.2	8.7	5	20	5	38		0.5	6.5		2素子センタータップ (アノードコモン)	205C
DF3A8.2FV	東芝	150		7.7	8.2	8.7	5	20	5	38		0.5	6.5		2素子センタータップ (アノードコモン)	116C
DF3A8.2LFE	東芝	100		7.8	8.2	8.6	5	60	5	5		0.5	5		2素子センタータップ (アノードコモン)	82C
DF3A8.2LFU	東芝	100		7.8	8.2	8.6	5	60	5	5		0.5	5	8	2素子センタータップ (アノードコモン)	205C
DF5A3.3F	東芝	200		3.1	3.3	3.5	5	130	5	115		20	1	30	4素子複合 (アノードコモン)	269A
DF5A3.3FU	東芝	200		3.1	3.3	3.5	5	130	5	115		20	1	30	4素子複合 (アノードコモン)	83
DF5A3.3JE	東芝	100		3.1	3.3	3.5	5	130	5	115		20	1	30	4素子複合 (アノードコモン)	195
DF5A3.6CFU	東芝	200		3.4	3.6	3.8	5	130	5	52		100	1.8	15	4素子複合 (アノードコモン)	83
DF5A3.6CJE	東芝	100		3.4	3.6	3.8	5	130	5	52		100	1.8	15	4素子複合 (アノードコモン)	195
DF5A3.6F	東芝	200		3.4	3.6	3.8	5	130	5	110		10	1	30	4素子複合 (アノードコモン)	269A
DF5A3.6FU	東芝	200		3.4	3.6	3.8	5	130	5	110		10	1	30	4素子複合 (アノードコモン)	83
DF5A3.6JE	東芝	100		3.4	3.6	3.8	5	130	5	110		10	1	30	4素子複合 (アノードコモン)	195
DF5A5.6CFU	東芝	200		5.3	5.6	6	5	40	5	29		1	3.5	30	4素子複合 (アノードコモン)	83
DF5A5.6CJE	東芝	100		5.3	5.6	6	5	40	5	29		1	3.5	30	4素子複合 (アノードコモン)	195
DF5A5.6F	東芝	200		5.3	5.6	6	5	40	5	65		1	2.5	30	4素子複合 (アノードコモン)	269A
DF5A5.6FU	東芝	200		5.3	5.6	6	5	40	5	65		1	2.5	30	4素子複合 (アノードコモン)	83
DF5A5.6JE	東芝	100		5.3	5.6	6	5	40	5	65		1	2.5	30	4素子複合 (アノードコモン)	195

形名	社名	最大定格 P (mW)	最大定格 P_{RSM} (W)	ツェナ電圧 V_Z(V) min	ツェナ電圧 V_Z(V) typ	ツェナ電圧 V_Z(V) max	条件 IZ(mA)	動作抵抗 $Z_Z$max (Ω) (*はtyp)	条件 IZ(mA)	端子間容量 C_t(pF) typ	端子間容量 C_t(pF) max	逆方向特性 I_Rmax (μA)	条件 V_R(V)	ESD耐量 (kV)	その他の特性等	外形
DF5A5.6LFU	東芝	200		5.3	5.6	6	5	50	5	8		1	3.5	8	4素子複合(アノードコモン)	83
DF5A5.6LJE	東芝	100		5.3	5.6	6	5	50	5	8		1	3.5	8	4素子複合(アノードコモン)	195
DF5A6.2CFU	東芝	200		5.8	6.2	6.6	5	30	5	25		2.5	5	30	4素子複合(アノードコモン)	83
DF5A6.2CJE	東芝	100		5.8	6.2	6.6	5	30	5	25		2.5	5	30	4素子複合(アノードコモン)	195
DF5A6.2F	東芝	200		5.8	6.2	6.6	5	30	5	55		1	3	30	4素子複合(アノードコモン)	269A
DF5A6.2FU	東芝	200		5.8	6.2	6.6	5	30	5	55		1	3	30	4素子複合(アノードコモン)	83
DF5A6.2JE	東芝	100		5.8	6.2	6.6	5	30	5	55		1	3	30	4素子複合(アノードコモン)	195
DF5A6.2LFU	東芝	200		5.9	6.2	6.5	5	50	5	6.5		2.5	5	8	4素子複合(アノードコモン)	83
DF5A6.2LJE	東芝	100		5.9	6.2	6.5	5	50	5	6.5		2.5	5	8	4素子複合(アノードコモン)	195
DF5A6.8CFU	東芝	200		6.4	6.8	7.2	5	25	5	23		0.5	5	25	4素子複合(アノードコモン)	83
DF5A6.8CJE	東芝	100		6.4	6.8	7.2	5	25	5	23		0.5	5	25	4素子複合(アノードコモン)	195
DF5A6.8F	東芝	200		6.4	6.8	7.2	5	25	5	45		0.5	5	30	4素子複合(アノードコモン)	269A
DF5A6.8FU	東芝	200		6.4	6.8	7.2	5	20	5	45		0.5	5	30	4素子複合(アノードコモン)	83
DF5A6.8JE	東芝	100		6.4	6.8	7.2	5	25	5	45		0.5	5	30	4素子複合(アノードコモン)	195
DF5A6.8LF	東芝	200		6.5	6.8	7.1	5	50	5	6		0.5	5	8	4素子複合(アノードコモン)	269A
DF5A6.8LFU	東芝	200		6.5	6.8	7.1	5	50	5	6		0.5	5	8	4素子複合(アノードコモン)	83
DF5A6.8LJE	東芝	100		6.5	6.8	7.1	5	50	5	6		0.5	5	8	4素子複合(アノードコモン)	195
DF5A8.2CFU	東芝	200		7.8	8.2	8.6	5	20	5	19		0.5	6.5		4素子複合(アノードコモン)	83
DF5A8.2CJE	東芝	100		7.8	8.2	8.6	5	20	5	19		0.5	6.5		4素子複合(アノードコモン)	195
DF5A8.2F	東芝	200		7.7	8.2	8.7	5	20	5	38		0.5	6.5	30	4素子複合(アノードコモン)	269A
DF5A8.2FU	東芝	200		7.7	8.2	8.7	5	20	5	38		0.5	6.5	30	4素子複合(アノードコモン)	83
DF5A8.2LF	東芝	200		7.8	8.2	8.6	5	60	5	5		0.5	5	8	4素子複合(アノードコモン)	269A
DF5A8.2LFU	東芝	200		7.8	8.2	8.6	5	60	5	5		0.5	5	8	4素子複合(アノードコモン)	83
DF5A12FU	東芝	200		11.4	12	12.7	5	30	5	26		0.05	9	30	4素子複合(アノードコモン)	83
DF6A6.8FU	東芝	200		6.4	6.8	7.2	5	25	5	45		0.5	5	30	2素子センタータップ(アノードコモン)×2	628B
*DF7A5.6CFU	東芝	200		5.3	5.6	6	5	40	5	34		1	2.5	30	5素子複合(アノードコモン)	83
*DF7A6.2CFU	東芝	200		5.8	6.2	6.6	5	30	5	28		1	3	30	5素子複合(アノードコモン)	83
DF7A6.2CTF	東芝	200		5.8	6.2	6.6	5	30	5	28		1	3	30	5素子複合(アノードコモン)	167
*DF7A6.8CFU	東芝	200		6.4	6.8	7.2	5	25	5	26		1	5	30	5素子複合(アノードコモン)	83
DF8A5.6FK	東芝	200		5.3	5.6	6	5	40	5	65		1	2.5	30	7素子複合(アノードコモン)	194
DF8A6.2FK	東芝	200		5.8	6.2	6.6	5	30	5	55		1	3	30	7素子複合(アノードコモン)	194
DF8A6.8FK	東芝	200		6.4	6.8	7.2	5	25	5	45		0.5	5	30	7素子複合(アノードコモン)	194
DZ2S068C	パナソニック	150		6.5		7.5	5	20	5	15		0.05	4	15	2素子逆直列 双方向	757D
DZ2S180C	パナソニック	150		17.5		20	5	60	5	5		15n	13	15	2素子逆直列 双方向	757D
DZ3S062D	パナソニック	150		5.89		6.51	5	50	5			0.2	4	10	2素子センタータップ(アノードコモン)	590C
DZ3S068D	パナソニック	150		6.46		7.14	5	30	5			0.1	5	10	2素子センタータップ(アノードコモン)	590C
DZ3S082D	パナソニック	150		7.79		8.61	5	30	5			0.1	5	10	2素子センタータップ(アノードコモン)	590C
DZ3S100D	パナソニック	150		9.5		10.5	5	30	5			0.05	7	10	2素子センタータップ(アノードコモン)	590C
DZ3S120D	パナソニック	150		11.4		12.6	5	30	5			0.05	9	10	2素子センタータップ(アノードコモン)	590C
DZ3X062D	パナソニック	200		5.89		6.51	5	50	5			0.2	4	10	2素子センタータップ(アノードコモン)	610C
DZ3X068D	パナソニック	200		6.46		7.14	5	30	5			0.1	5	10	2素子センタータップ(アノードコモン)	610C
DZ3X120D	パナソニック	200		11.4		12.6	5	30	5			0.05	9	10	2素子センタータップ(アノードコモン)	610C

形　名	社名	最大定格 P (mW)	P_RSM (W)	ツェナ電圧 V_Z(V) min	typ	max	条件 IZ(mA)	動作抵抗(*はtyp) Z_zmax (Ω)	条件 IZ(mA)	端子間容量 C_t(pF) typ	max	逆方向特性 I_Rmax (μA)	条件 V_R(V)	ESD耐量 (kV)	その他の特性等	外形
DZ5J062D	パナソニック	200		5.89		6.51	5	50	5			0.2	4	10	4素子複合(アノードコモン)	227
DZ5J068D	パナソニック	200		6.46		7.14	5	30	5			0.1	4	10	4素子複合(アノードコモン)	227
DZ5J082D	パナソニック	200		7.79		8.61	5	30	5			0.1	5	10	4素子複合(アノードコモン)	227
DZ5J100D	パナソニック	200		9.5		10.5	5	30	5			0.05	7	10	4素子複合(アノードコモン)	227
DZ5J120D	パナソニック	200		11.4		12.6	5	30	5			0.05	9	10	4素子複合(アノードコモン)	227
DZ5S062D	パナソニック	150		5.89		6.51	5	50	5			0.2	4	10	4素子複合(アノードコモン)	438
DZ5S068D	パナソニック	150		6.46		7.14	5	30	5			0.1	4	10	4素子複合(アノードコモン)	438
DZ5S082D	パナソニック	150		7.79		8.61	5	30	5			0.1	5	10	4素子複合(アノードコモン)	438
DZ5S100D	パナソニック	150		9.5		10.5	5	30	5			0.1	7	10	4素子複合(アノードコモン)	438
DZ5S120D	パナソニック	150		11.4		12.6	5	30	5			0.05	9	10	4素子複合(アノードコモン)	438
DZ5X068D	パナソニック	200		6.46		7.14	5	30	5			0.1	4	10	4素子複合(アノードコモン)	269A
DZ5X082D	パナソニック	200		7.79		8.61	5	30	5			0.1	5	10	4素子複合(アノードコモン)	269A
DZ5X120D	パナソニック	200		11.4		12.6	5	30	5			0.05	9	10	4素子複合(アノードコモン)	269A
DZ6J068S	パナソニック	150		6.46		7.14	5	30	5			0.1	4	10	2素子センタータップ(アノードコモン)×2	591
DZ36068D	パナソニック	200		6.46		7.14	5	30	5			0.1	4	10	2素子センタータップ(アノードコモン)	58A
DZ37062D	パナソニック	150		5.89		6.51	5	50	5			0.2	4	10	2素子センタータップ(アノードコモン)	244C
DZ37068D	パナソニック	150		6.46		7.14	5	30	5			0.1	4	10	2素子センタータップ(アノードコモン)	244C
DZ37082D	パナソニック	150		7.79		8.61	5	30	5			0.1	5	10	2素子センタータップ(アノードコモン)	244C
DZ37100D	パナソニック	150		9.5		10.5	5	30	5			0.05	7	10	2素子センタータップ(アノードコモン)	244C
DZ37120D	パナソニック	150		11.4		12.6	5	30	5			0.05	9	10	2素子センタータップ(アノードコモン)	244C
HZB5.6MFA	ルネサス	200		5.31		5.92	5			110		5	2.5	30	4素子複合(アノードコモン)	718
HZB6.8MFA	ルネサス	200		6.47		7	5	30	5		25	2	3.5	25	4素子複合(アノードコモン)	718
HZB6.8MWA	ルネサス	200		6.47		7	5	30	5		130	2	3.5	30	2素子センタータップ(アノードコモン)	205G
HZC6.2Z4	ルネサス	150		5.9		6.5	5	60	5			4	3	5.5	8		757A
HZD6.2Z4	ルネサス	150		5.9		6.5	5	60	5			4	3	5.5	8		738B
HZD6.8Z4	ルネサス	150		6.47		7	5	30	5			4	2	3.5	8		738B
HZL6.2Z4	ルネサス	100		5.9		6.5	5	60	5			4	3	5.5	8		736A
HZL6.8Z4	ルネサス	100		6.47		7	5	30	5			4	2	3.5	8		736A
HZM3.3WA	ルネサス	200		3.1		3.5	5	130	5			20		1	30	2素子センタータップ(アノードコモン)	610C
*HZM4.3FA	ルネサス	200		4.01		4.48	5	130	5		150	10		1	30	4素子複合(アノードコモン)	269A
HZM5.6MWA	ルネサス	200		5.31		5.92	5	80	5	110		5	2.5	30	2素子センタータップ(アノードコモン)	610C
*HZM5.6ZFA	ルネサス	200		5.31		5.92	5	80	5	8	8.5	0.5	2.5	8	4素子複合(アノードコモン)	269A
HZM6.2Z4MFA	ルネサス	200		5.9		6.5	5	60	5	4	4.5	3	5.5	8	4素子複合(アノードコモン)	269A
HZM6.2Z4MWA	ルネサス	200		5.9		6.5	5	60	5	4	4.5	3	5.5	8	2素子センタータップ(アノードコモン)	610C
HZM6.2ZFA	ルネサス	200		5.9		6.5	5	60	5		8.5	3	5.5	8	4素子複合(アノードコモン)	269A
HZM6.2ZMFA	ルネサス	200		5.9		6.5	5	60	5		8.5	3	5.5	13	4素子複合(アノードコモン)	269A
HZM6.2ZMWA	ルネサス	200		5.9		6.5	5	60	5		8.5	3	5.5	13	2素子センタータップ(アノードコモン)	610C
HZM6.2ZWA	ルネサス	200		5.9		6.5	5	60	5		8.5	3	5.5		2素子センタータップ(アノードコモン)	610C
HZM6.8MFA	ルネサス	200		6.47		7	5	30	5		130	2	3.5	30	4素子複合(アノードコモン)	269A
HZM6.8MWA	ルネサス	200		6.47		7	5	30	5		130	2	3.5	30	2素子センタータップ(アノードコモン)	610C
HZM6.8WA	ルネサス	200		6.47		7	5	30	5			2	3.5		2素子センタータップ(アノードコモン)	610C
HZM6.8Z4MFA	ルネサス	200		6.47		7	5	30	5	4	4.5	2	3.5	8	4素子複合(アノードコモン)	269A

形 名	社 名	最大定格 P (mW)	最大定格 P_RSM (W)	ツェナ電圧 V_Z(V) min	ツェナ電圧 V_Z(V) typ	ツェナ電圧 V_Z(V) max	条件 I_Z(mA)	動作抵抗(*はtyp) Z_Zmax (Ω)	条件 I_Z(mA)	端子間容量 C_t(pF) typ	端子間容量 C_t(pF) max	逆方向特性 I_Rmax (μA)	条件 V_R(V)	ESD耐量 (kV)	その他の特性等	外形
HZM6.8Z4MWA	ルネサス	200		6.47		7	5	30	5	4	4.5	2	3.5	8	2素子センタータップ (アノードコモン)	610C
HZM6.8ZMFA	ルネサス	200		6.47		7	5	30	5		25	2	3.5	25	4素子複合 (アノードコモン)	269A
HZM6.8ZMWA	ルネサス	200		6.47		7	5	30	5		25	2	3.5	20	2素子センタータップ (アノードコモン)	610C
HZM6.8ZWA	ルネサス	200		6.47		7	5	30	5		130	2	3.5		2素子センタータップ (アノードコモン)	610C
* HZM7.5FA	ルネサス	200		7.06		7.84	5	30	5		125	2	4	30	4素子複合 (アノードコモン)	269A
HZM27FA	ルネサス	200		25.1		28.9	2	70	2	27		2	21	30	4素子複合 (アノードコモン)	269A
HZM27WA	ルネサス	200		25.1		28.9	2	70	2	27		2	21	30	2素子センタータップ (アノードコモン)	610C
* HZN6.2Z4MFA	ルネサス	150		5.9		6.5	5	60	5	4	4.5	3	5.5	8	4素子複合 (アノードコモン)	424
* HZN6.8Z4MFA	ルネサス	150		6.47		7	5	30	5	4	4.5	2	3.5	8	4素子複合 (アノードコモン)	424
* HZN6.8ZMFA	ルネサス	150		6.47		7	5	30	5		25	0.5	3.5	25	4素子複合 (アノードコモン)	424
HZU5.1G	ルネサス	200		4.84		5.37	5	130	5			5	1.5	30	Pはポリイミド基板実装時	420C
HZU5.6G	ルネサス	200		5.31		5.92	5	80	5			5	2.5	30	Pはポリイミド基板実装時	420C
HZU5.6Z	ルネサス	200		5.31		5.92	5	80	5	8	8.5	0.5	2.5	8	Pはポリイミド基板実装時	420C
HZU6.2G	ルネサス	200		5.86		6.53	5	50	5			4	3	30	Pはポリイミド基板実装時	420C
HZU6.2Z	ルネサス	200		5.9		6.5	5	60	5	8	8.5	3	5.5		Pはポリイミド基板実装時	420C
HZU6.8G	ルネサス	200		6.47		7.14	5	30	5			4	3.5	30	Pはポリイミド基板実装時	420C
HZU6.8Z	ルネサス	200		6.47		7	5	30	5		25	2	3.5	20	Pはポリイミド基板実装時	420C
HZU7.5G	ルネサス	200		7.06		7.84	5	30	5			4	4	30	Pはポリイミド基板実装時	420C
HZU8.2G	ルネサス	200		7.76		8.64	5	30	5			4	5	30	Pはポリイミド基板実装時	420C
HZU9.1G	ルネサス	200		8.56		9.55	5	30	5			4	6	30	Pはポリイミド基板実装時	420C
HZU10G	ルネサス	200		9.45		10.55	5	30	5			4	7	30	Pはポリイミド基板実装時	420C
HZU12G	ルネサス	200		11.42		12.6	5	35	5			4	9	30	Pはポリイミド基板実装時	420C
HZU13G	ルネサス	200		12.47		13.96	5	35	5			4	10	30	Pはポリイミド基板実装時	420C
* MALM062G	パナソニック	150		5.8	6.2	6.6	1			55		1	4	30	Pはプリント基板 4素子複合 (アノードコモン)	438
* MALM062H	パナソニック	150		5.8	6.2	6.6	1			55		1	4	30	Pはプリント基板 4素子複合 (アノードコモン)	438
* MALS068XG	パナソニック	150		6.5	7	7.5	5	20	5	15		0.5	4	15	Pはプリント基板 4素子複合 (アノードコモン)	757D
* MAZL062H	パナソニック	200		5.8	6.2	6.6	5	50	5			0.2	4	10	Pはプリント基板 4素子複合 (アノードコモン)	269A
* MAZL068H	パナソニック	200		6.4	6.8	7.2	5	30	5			0.1	4	10	Pはプリント基板 4素子複合 (アノードコモン)	269A
* MAZL068HG	パナソニック	200		6.4	6.8	7.2	5	30	5			0.1	4	10	Pはプリント基板 4素子複合 (アノードコモン)	269A
* MAZL082H	パナソニック	200		7.7	8.2	8.7	5	30	5			0.1	5	10	Pはプリント基板 4素子複合 (アノードコモン)	269A
* MAZL082HG	パナソニック	200		7.7	8.2	8.7	5	30	5			0.1	5	10	Pはプリント基板 4素子複合 (アノードコモン)	269A
MAZL100H	パナソニック	200		9.4	10	10.6	5	30	5			0.05	7	10	Pはプリント基板 4素子複合 (アノードコモン)	269A
* MAZL120H	パナソニック	200		11.4	12	12.7	5	30	5			0.05	9	10	Pはプリント基板 4素子複合 (アノードコモン)	269A
* MAZL120HG	パナソニック	200		11.4	12	12.7	5	30	5			0.05	9	10	Pはプリント基板 4素子複合 (アノードコモン)	269A
* MAZM062H	パナソニック	150		5.8	6.2	6.6	5	50	5			0.2	4	10	Pはプリント基板 4素子複合 (アノードコモン)	438
* MAZM062HG	パナソニック	150		5.8	6.2	6.6	5	50	5			0.2	4	10	Pはプリント基板 4素子複合 (アノードコモン)	438
* MAZM068H	パナソニック	150		6.4	6.8	7.2	5	30	5			0.1	4	10	Pはプリント基板 4素子複合 (アノードコモン)	438
* MAZM068HG	パナソニック	150		6.4	6.8	7.2	5	30	5			0.1	4	10	Pはプリント基板 4素子複合 (アノードコモン)	438
* MAZM082H	パナソニック	150		7.7	8.2	8.7	5	30	5			0.1	5	10	Pはプリント基板 4素子複合 (アノードコモン)	438
* MAZM082HG	パナソニック	150		7.7	8.2	8.7	5	30	5			0.1	5	10	Pはプリント基板 4素子複合 (アノードコモン)	438
* MAZM100H	パナソニック	150		9.4	10	10.6	5	30	5			0.05	7	10	Pはプリント基板 4素子複合 (アノードコモン)	438
* MAZM100HG	パナソニック	150		9.4	10	10.6	5	30	5			0.05	7	10	Pはプリント基板 4素子複合 (アノードコモン)	438

	形　名	社　名	最大定格		ツェナ電圧			動作抵抗(*はtyp)			端子間容量		逆方向特性		ESD耐量	その他の特性等	外形
			P (mW)	P_{RSM} (W)	V_Z(V) min	typ	max	条件 I_Z(mA)	$Z_z$max (Ω)	条件 I_Z(mA)	C_t(pF) typ	max	$I_R$max (μA)	条件 V_R(V)	(kV)		
*	MAZM120H	パナソニック	150		11.4	12	12.7	5	30	5			0.05	9	10	Pはプリント基板 4素子複合 (アノードコモン)	438
*	MAZM120HG	パナソニック	150		11.4	12	12.7	5	30	5			0.05	9	10	Pはプリント基板 4素子複合 (アノードコモン)	438
*	MAZP068H	パナソニック	200		6.4	6.8	7.2	5	30	5			0.1	4	10	Pはプリント基板 2素子センタータップ (アノードコモン)	58A
*	MAZP082H	パナソニック	200		7.7	8.2	8.7	5	30	5			0.1	5	10	Pはプリント基板 2素子センタータップ (アノードコモン)	58A
*	MAZT062H	パナソニック	150		5.8	6.2	6.6	5	50	5			0.2	4	10	Pはプリント基板 2素子センタータップ (アノードコモン)	119C
*	MAZT062HG	パナソニック	150		5.8	6.2	6.6	5	50	5			0.2	4	10	Pはプリント基板 2素子センタータップ (アノードコモン)	119C
*	MAZT068H	パナソニック	150		6.4	6.8	7.2	5	30	5			0.1	4	10	Pはプリント基板 2素子センタータップ (アノードコモン)	119C
*	MAZT068HG	パナソニック	150		6.4	6.8	7.2	5	30	5			0.1	4	10	Pはプリント基板 2素子センタータップ (アノードコモン)	119C
*	MAZT082H	パナソニック	150		7.7	8.2	8.7	5	30	5			0.1	5	10	Pはプリント基板 2素子センタータップ (アノードコモン)	119C
*	MAZT082HG	パナソニック	150		7.7	8.2	8.7	5	30	5			0.1	5	10	Pはプリント基板 2素子センタータップ (アノードコモン)	119C
*	MAZT100H	パナソニック	150		9.4	10	10.6	5	30	5			0.05	7	10	Pはプリント基板 2素子センタータップ (アノードコモン)	119C
*	MAZT100HG	パナソニック	150		9.4	10	10.6	5	30	5			0.05	7	10	Pはプリント基板 2素子センタータップ (アノードコモン)	119C
*	MAZT120H	パナソニック	150		11.4	12	12.7	5	30	5			0.05	9	10	Pはプリント基板 2素子センタータップ (アノードコモン)	119C
*	MAZT120HG	パナソニック	150		11.4	12	12.7	5	30	5			0.05	9	10	Pはプリント基板 2素子センタータップ (アノードコモン)	119C
*	MAZW062H	パナソニック	150		5.8	6.2	6.6	5	50	5			0.2	4	10	Pはプリント基板 2素子センタータップ (アノードコモン)	244C
*	MAZW062HG	パナソニック	150		5.8	6.2	6.6	5	50	5			0.2	4	10	Pはプリント基板 2素子センタータップ (アノードコモン)	244C
*	MAZW068H	パナソニック	150		6.4	6.8	7.2	5	30	5			0.1	4	10	Pはプリント基板 2素子センタータップ (アノードコモン)	244C
*	MAZW068HG	パナソニック	150		6.4	6.8	7.2	5	30	5			0.1	4	10	Pはプリント基板 2素子センタータップ (アノードコモン)	244C
*	MAZW082H	パナソニック	150		7.7	8.2	8.7	5	30	5			0.1	5	10	Pはプリント基板 2素子センタータップ (アノードコモン)	244C
*	MAZW082HG	パナソニック	150		7.7	8.2	8.7	5	30	5			0.1	5	10	Pはプリント基板 2素子センタータップ (アノードコモン)	244C
*	MAZW100H	パナソニック	150		9.4	10	10.6	5	30	5			0.05	7	10	Pはプリント基板 2素子センタータップ (アノードコモン)	244C
*	MAZW100HG	パナソニック	150		9.4	10	10.6	5	30	5			0.05	7	10	Pはプリント基板 2素子センタータップ (アノードコモン)	244C
*	MAZW120H	パナソニック	150		11.4	12	12.7	5	30	5			0.05	9	10	Pはプリント基板 2素子センタータップ (アノードコモン)	244C
*	MAZW120HG	パナソニック	150		11.4	12	12.7	5	30	5			0.05	9	10	Pはプリント基板 2素子センタータップ (アノードコモン)	244C
*	MAZZ062H	パナソニック	200		5.8	6.2	6.6	5	50	5			0.2	4	10	Pはプリント基板 4素子複合 (アノードコモン)	227
*	MAZZ068H	パナソニック	200		6.4	6.8	7.2	5	30	5			0.1	4	10	Pはプリント基板 4素子複合 (アノードコモン)	227
*	MAZZ082H	パナソニック	200		7.7	8.2	8.7	5	30	5			0.1	5	10	Pはプリント基板 4素子複合 (アノードコモン)	227
*	MAZZ100H	パナソニック	200		9.4	10	10.6	5	30	5			0.05	7	10	Pはプリント基板 4素子複合 (アノードコモン)	227
*	MAZZ120H	パナソニック	200		11.4	12	12.7	5	30	5			0.05	9	10	Pはプリント基板 4素子複合 (アノードコモン)	227
	NNCD2.0DA	ルネサス	200	85	1.9		2.2	5	100	5	260		120	0.5	30	Pはガラエポ基板実装時	420B
	NNCD2.2DA	ルネサス	200	85	2.1		2.4	5	100	5	250		120	0.7	30	Pはガラエポ基板実装時	420B
	NNCD2.4DA	ルネサス	200	85	2.3		2.6	5	100	5	240		120	1	30	Pはガラエポ基板実装時	420B
	NNCD2.7DA	ルネサス	200	85	2.5		2.9	5	110	5	235		120	1	30	Pはガラエポ基板実装時	420B
	NNCD3.0DA	ルネサス	200	85	2.8		3.2	5	120	5	225		50	1	30	Pはガラエポ基板実装時	420B
*	NNCD3.3A	ルネサス	400	100	3.16		3.53	5	120	5	220		20	1	30		79F
*	NNCD3.3B	ルネサス	500	100	3.16		3.53	20	70	20	240		20	1	30		24C
	NNCD3.3C	ルネサス	150	85	3.1		3.5	5	130	5	220		20	1	30	Pは基板実装時	452A
	NNCD3.3D	ルネサス	200	85	3.1		3.5	5	130	5	220		20	1	30	Pはガラエポ基板実装時	420B
	NNCD3.3DA	ルネサス	200	85	3.1		3.5	5	130	5	220		20	1	30	Pはガラエポ基板実装時	420B
	NNCD3.3E	ルネサス	200	100	3.1		3.5	5	130	5	220		20	1	30		610A
	NNCD3.3F	ルネサス	200	100	3.1		3.5	5	130	5	220		20	1	30	2素子センタータップ (アノードコモン)	610C
	NNCD3.3G	ルネサス	200	85	3.1		3.5	5	130	5	220		20	1	30	4素子複合 (アノードコモン)	518

	形 名	社 名	最大定格 P (mW)	最大定格 P RSM (W)	ツェナ電圧 VZ(V) min	ツェナ電圧 VZ(V) typ	ツェナ電圧 VZ(V) max	条件 IZ(mA)	動作抵抗(*はtyp) Zzmax (Ω)	条件 IZ(mA)	端子間容量 Ct(pF) typ	端子間容量 Ct(pF) max	逆方向特性 IRmax (μA)	逆方向特性 条件 VR(V)	ESD耐量 (kV)	その他の特性等	外形
*	NNCD3.6A	ルネサス	400	100	3.47		3.83	5	120	5	210		10	1	30		79F
*	NNCD3.6B	ルネサス	500	100	3.47		3.83	20	60	20	230		10	1	30		24C
	NNCD3.6C	ルネサス	150	85	3.4		3.8	5	130	5	210		10	1	30	Pは基板実装時	452A
	NNCD3.6D	ルネサス	200	85	3.4		3.8	5	130	5	210		10	1	30	Pはガラエポ基板実装時	420B
	NNCD3.6DA	ルネサス	200	85	3.4		3.8	5	130	5	210		10	1	30	Pはガラエポ基板実装時	420B
	NNCD3.6E	ルネサス	200	100	3.4		3.8	5	130	5	210		10	1	30		610A
	NNCD3.6F	ルネサス	200	100	3.4		3.8	5	130	5	210		10	1	30	2素子センタータップ(アノードコモン)	610C
	NNCD3.6G	ルネサス	200	85	3.4		3.8	5	130	5	210		10	1	30	4素子複合(アノードコモン)	518
*	NNCD3.9A	ルネサス	400	100	3.77		4.14	5	120	5	200		5	1	30		79F
*	NNCD3.9B	ルネサス	500	100	3.77		4.14	20	50	20	220		5	1	30		24C
	NNCD3.9C	ルネサス	150	85	3.7		4.1	5	130	5	200		10	1	30	Pは基板実装時	452A
	NNCD3.9D	ルネサス	200	85	3.7		4.1	5	130	5	200		10	1	30	Pはガラエポ基板実装時	420B
	NNCD3.9DA	ルネサス	200	85	3.7		4.1	5	130	5	200		10	1	30	Pはガラエポ基板実装時	420B
	NNCD3.9E	ルネサス	200	100	3.7		4.1	5	130	5	200		10	1	30		610A
	NNCD3.9F	ルネサス	200	100	3.7		4.1	5	130	5	200		10	1	30	2素子センタータップ(アノードコモン)	610C
	NNCD3.9G	ルネサス	200	85	3.7		4.1	5	130	5	200		10	1	30	4素子複合(アノードコモン)	518
*	NNCD4.3A	ルネサス	400	100	4.05		4.53	5	120	5	180		5	1	30		79F
*	NNCD4.3B	ルネサス	500	100	4.05		4.53	20	40	20	210		5	1	30		24C
	NNCD4.3C	ルネサス	150	85	4		4.49	5	130	5	180		10	1	30	Pは基板実装時	452A
	NNCD4.3D	ルネサス	200	85	4		4.49	5	130	5	180		10	1	30	Pはガラエポ基板実装時	420B
	NNCD4.3DA	ルネサス	200	85	4		4.49	5	130	5	180		10	1	30	Pはガラエポ基板実装時	420B
	NNCD4.3E	ルネサス	200	100	4.01		4.48	5	130	5	180		10	1	30		610A
	NNCD4.3F	ルネサス	200	100	4.01		4.48	5	130	5	180		10	1	30	2素子センタータップ(アノードコモン)	610C
	NNCD4.3G	ルネサス	200	85	4.01		4.48	5	130	5	180		10	1	30	4素子複合(アノードコモン)	518
*	NNCD4.7A	ルネサス	400	100	4.47		4.91	5	120	5	170		5	1	30		79F
*	NNCD4.7B	ルネサス	500	100	4.47		4.91	20	25	20	190		5	1	30		24C
	NNCD4.7C	ルネサス	150	85	4.4		4.92	5	130	5	170		10	1	30	Pは基板実装時	452A
	NNCD4.7D	ルネサス	200	85	4.4		4.92	5	130	5	170		10	1	30	Pはガラエポ基板実装時	420B
	NNCD4.7DA	ルネサス	200	85	4.4		4.92	5	130	5	170		10	1	30	Pはガラエポ基板実装時	420B
	NNCD4.7E	ルネサス	200	100	4.42		4.9	5	130	5	170		10	1	30		610A
	NNCD4.7F	ルネサス	200	100	4.42		4.9	5	130	5	170		10	1	30	2素子センタータップ(アノードコモン)	610C
	NNCD4.7G	ルネサス	200	85	4.42		4.9	5	130	5	170		10	1	30	4素子複合(アノードコモン)	518
*	NNCD5.1A	ルネサス	400	100	4.85		5.35	5	100	5	160		5	1.5	30		79F
*	NNCD5.1B	ルネサス	500	100	4.85		5.35	20	20	20	160		5	1.5	30		24C
	NNCD5.1C	ルネサス	150	85	4.82		5.39	5	130	5	160		5	1.5	30	Pは基板実装時	452A
	NNCD5.1D	ルネサス	200	85	4.82		5.39	5	130	5	160		5	1.5	30	Pはガラエポ基板実装時	420B
	NNCD5.1DA	ルネサス	200	85	4.82		5.39	5	130	5	160		5	1.5	30	Pはガラエポ基板実装時	420B
	NNCD5.1E	ルネサス	200	100	4.84		5.37	5	130	5	160		5	1.5	30		610A
	NNCD5.1F	ルネサス	200	100	4.84		5.37	5	130	5	160		5	1.5	30	2素子センタータップ(アノードコモン)	610C
	NNCD5.1G	ルネサス	200	85	4.84		5.37	5	130	5	160		5	1.5	30	4素子複合(アノードコモン)	518
*	NNCD5.6A	ルネサス	400	100	5.29		5.88	5	70	5	140		5	2.5	30		79F
*	NNCD5.6B	ルネサス	500	100	5.29		5.88	20	13	20	140		5	2.5	30		24C

形　名	社名	最大定格 P (mW)	最大定格 PRSM (W)	ツェナ電圧 VZ(V) min	ツェナ電圧 VZ(V) typ	ツェナ電圧 VZ(V) max	条件 IZ(mA)	動作抵抗(*はtyp) ZZmax (Ω)	条件 IZ(mA)	端子間容量 Ct(pF) typ	端子間容量 Ct(pF) max	逆方向特性 IRmax (μA)	逆方向特性 VR(V)	ESD耐量 (kV)	その他の特性等	外形
NNCD5.6C	ルネサス	150	85	5.29		5.94	5	80	5	140		5	2.5	30	Pは基板実装時	452A
NNCD5.6D	ルネサス	200	85	5.29		5.94	5	80	5	140		5	2.5	30	Pはガラエポ基板実装時	420B
NNCD5.6DA	ルネサス	200	85	5.29		5.94	5	80	5	140		5	2.5	30	Pはガラエポ基板実装時	420B
NNCD5.6E	ルネサス	200	100	5.31		5.92	5	80	5	140		5	2.5	30		610A
NNCD5.6F	ルネサス	200	100	5.31		5.92	5	80	5	140		5	2.5	30	2素子センタータップ(アノードコモン)	610C
NNCD5.6G	ルネサス	200	85	5.31		5.92	5	80	5	140		5	2.5	30	4素子複合(アノードコモン)	518
NNCD5.6H	ルネサス	200	85	5.3		6.3	5	80	5	110		5	2.5	30	4素子複合(アノードコモン)	518
NNCD5.6J	ルネサス	150	85	5.3		6.3	5			110		5	2.5	30		738E
NNCD5.6LG	ルネサス	200	2	5.3		6.3	5	80	5	10		5	2.5	8	4素子複合(アノードコモン)	518
NNCD5.6LH	ルネサス	200	2	5.3		6.3	5	80	5	10		5	2.5	8	4素子複合(アノードコモン)	161
NNCD5.6MG	ルネサス	200	2.2	5.3		6.3	5	80	5	26		5	2.5	30	4素子複合(アノードコモン)	518
*NNCD6.2A	ルネサス	400	100	5.81		6.4	5	40	5	120		5	3	30		79F
*NNCD6.2B	ルネサス	500	100	5.81		6.4	20	10	20	120		5	3	30		24C
NNCD6.2C	ルネサス	150	85	5.84		6.55	5	50	5	120		2	3	30	Pは基板実装時	452A
NNCD6.2D	ルネサス	200	85	5.84		6.55	5	50	5	120		5	3	30	Pはガラエポ基板実装時	420B
NNCD6.2DA	ルネサス	200	85	5.84		6.55	5	50	5	120		5	3	30	Pはガラエポ基板実装時	420B
NNCD6.2E	ルネサス	200	100	5.86		6.53	5	50	5	120		5	3	30		610A
NNCD6.2F	ルネサス	200	100	5.86		6.53	5	50	5	120		5	3	30	2素子センタータップ(アノードコモン)	610C
NNCD6.2G	ルネサス	200	85	5.86		6.53	5	50	5	120		2	3	30	4素子複合(アノードコモン)	518
NNCD6.2LG	ルネサス	200	2	5.7		6.7	5	50	5	8		2	3	8	4素子複合(アノードコモン)	518
NNCD6.2LH	ルネサス	200	2	5.7		6.7	5	50	5	8		2	3	8	4素子複合(アノードコモン)	161
NNCD6.2MF	ルネサス	200	2.2	5.7		6.7	5	50	5	20		2	3	30	2素子センタータップ(アノードコモン)	610C
NNCD6.2MG	ルネサス	200	2.2	5.7		6.7	5	50	5	20		2	3	30	4素子複合(アノードコモン)	518
*NNCD6.8A	ルネサス	400	100	6.32		6.97	5	30	5	110		2	3.5	30		79F
*NNCD6.8B	ルネサス	500	100	6.32		6.97	20	8	20	110		2	3.5	30		24C
NNCD6.8C	ルネサス	150	85	6.44		7.17	5	30	5	110		2	3.5	30	Pは基板実装時	452A
NNCD6.8D	ルネサス	200	85	6.44		7.17	5	30	5	110		2	3.5	30	Pはガラエポ基板実装時	420B
NNCD6.8DA	ルネサス	200	85	6.44		7.17	5	30	5	110		2	3.5	30	Pはガラエポ基板実装時	420B
NNCD6.8E	ルネサス	200	100	6.47		7.14	5	30	5	110		2	3.5	30		610A
NNCD6.8F	ルネサス	200	100	6.47		7.14	5	30	5	110		2	3.5	30	2素子センタータップ(アノードコモン)	610C
NNCD6.8G	ルネサス	200	85	6.47		7.14	5	30	5	110		2	3.5	30	4素子複合(アノードコモン)	518
NNCD6.8H	ルネサス	200	85	6.2		7.1	5	30	5	90		2	3.5	30	4素子複合(アノードコモン)	518
NNCD6.8J	ルネサス	150	85	6.2		7.1	5			90		2	3.5	30		738E
NNCD6.8LG	ルネサス	200	2	6.2		7.1	5	30	5	7		2	3.5	8	4素子複合(アノードコモン)	518
NNCD6.8LH	ルネサス	200	2	6.2		7.1	5	30	5	7		2	3.5	8	4素子複合(アノードコモン)	161
NNCD6.8MG	ルネサス	200	2.2	6.2		7.1	5	30	5	20		2	3.5	30	4素子複合(アノードコモン)	518
NNCD6.8PG	ルネサス	200	85	6.2		7.1	5	40	5	90		2	3.5	30	4素子複合(アノードコモン)	518
NNCD6.8PH	ルネサス	200	85	6.2		7.1	5	40	5	90		2	3.5	30	4素子複合(アノードコモン)	161
NNCD6.8PL	ルネサス	200	85	6.2		7.1	5			90		2	3.5	30	4素子複合(アノードコモン)	428
NNCD6.8RG	ルネサス	200	2	6.2		7.1	5	40	5	10		2	3.5	8	4素子複合(アノードコモン)	518
NNCD6.8RH	ルネサス	200	2	6.2		7.1	5	40	5	10		2	3.5	8	4素子複合(アノードコモン)	161
NNCD6.8RL	ルネサス	200	2	6.2		7.1	5			10		2	3.5	8	4素子複合(アノードコモン)	428

	形　名	社名	最大定格 P (mW)	最大定格 P_{RSM} (W)	ツェナ電圧 V_Z(V) min	ツェナ電圧 V_Z(V) typ	ツェナ電圧 V_Z(V) max	条件 I_Z(mA)	動作抵抗(*はtyp) $Z_z$max (Ω)	条件 I_Z(mA)	端子間容量 C_t(pF) typ	端子間容量 C_t(pF) max	逆方向特性 $I_R$max (μA)	条件 V_R(V)	ESD耐量 (kV)	その他の特性等	外形
	NNCD6.8ST	ルネサス	200	85	6		8	5			50		0.5	3.5	30	2素子逆直列 双方向 *205C/D	205*
*	NNCD7.5A	ルネサス	400	100	6.88		7.64	5	25	5	90		0.5	4	30		79F
*	NNCD7.5B	ルネサス	500	100	6.88		7.64	20	8	20	90		0.5	4	30		24C
	NNCD7.5C	ルネサス	150	85	7.03		7.87	5	30	5	90		2	4	30	Pは基板実装時	452A
	NNCD7.5D	ルネサス	200	85	7.03		7.87	5	30	5	90		2	4	30	Pはガラエポ基板実装時	420B
	NNCD7.5DA	ルネサス	200	85	7.03		7.87	5	30	5	90		2	4	30	Pはガラエポ基板実装時	420B
	NNCD7.5E	ルネサス	200	100	7.06		7.84	5	30	5	90		2	4	30		610A
	NNCD7.5F	ルネサス	200	85	7.06		7.84	5	30	5	90		2	4	30	2素子センタータップ(アノードコモン)	610C
	NNCD7.5G	ルネサス	200	85	7.06		7.84	5	30	5	90		2	4	30	4素子複合(アノードコモン)	518
	NNCD7.5MDT	ルネサス	200	2.2	6.5		8.5	5			10		0.5	3.5	30	2素子逆直列 双方向	420B
*	NNCD8.2A	ルネサス	400	100	7.56		8.41	5	20	5	90		0.5	5	30		79F
*	NNCD8.2B	ルネサス	500	100	7.56		8.41	20	8	20	90		0.5	5	30		24C
	NNCD8.2C	ルネサス	150	85	7.73		8.67	5	30	5	90		2	5	30	Pは基板実装時	452A
	NNCD8.2D	ルネサス	200	85	7.73		8.67	5	30	5	90		2	5	30	Pはガラエポ基板実装時	420B
	NNCD8.2DA	ルネサス	200	85	7.73		8.67	5	30	5	90		2	5	30	Pはガラエポ基板実装時	420B
	NNCD8.2E	ルネサス	200	100	7.76		8.64	5	30	5	90		2	5	30		610A
	NNCD8.2F	ルネサス	200	100	7.76		8.64	5	30	5	90		2	5	30	2素子センタータップ(アノードコモン)	610C
	NNCD8.2J	ルネサス	150	85	7.7		8.7	5			70		2	5	30		738E
*	NNCD9.1A	ルネサス	400	100	8.33		9.29	5	20	5	90		0.5	6	30		79F
*	NNCD9.1B	ルネサス	500	100	8.33		9.29	20	8	20	90		0.5	6	30		24C
	NNCD9.1C	ルネサス	150	85	8.53		9.58	5	30	5	90		2	6	30	Pは基板実装時	452A
	NNCD9.1D	ルネサス	200	85	8.53		9.58	5	30	5	90		2	6	30	Pはガラエポ基板実装時	420B
	NNCD9.1DA	ルネサス	200	85	8.53		9.58	5	30	5	85		2	6	30	Pはガラエポ基板実装時	420B
	NNCD9.1E	ルネサス	200	100	8.56		9.55	5	30	5	90		2	6	30		610A
	NNCD9.1F	ルネサス	200	100	8.56		9.55	5	30	5	90		2	6	30	2素子センタータップ(アノードコモン)	610C
*	NNCD10A	ルネサス	400	100	9.19		10.3	5	20	5	80		0.2	7	30		79F
*	NNCD10B	ルネサス	500	100	9.19		10.3	20	8	20	80		0.2	7	30		24C
	NNCD10C	ルネサス	150	85	9.42		10.58	5	30	5	80		2	7	30	Pは基板実装時	452A
	NNCD10D	ルネサス	200	85	9.42		10.58	5	30	5	80		2	7	30	Pはガラエポ基板実装時	420B
	NNCD10DA	ルネサス	200	85	9.42		10.58	5	30	5	80		2	7	30	Pはガラエポ基板実装時	420B
	NNCD10E	ルネサス	200	100	9.45		10.55	5	30	5	80		2	7	30		610A
	NNCD10F	ルネサス	200	100	9.45		10.55	5	30	5	80		2	7	30	2素子センタータップ(アノードコモン)	610C
	NNCD10J	ルネサス	150	85	9		11	5			55		2	7	30		738E
*	NNCD11A	ルネサス	400	100	10.18		11.26	5	20	5	70		0.2	8	30		79F
*	NNCD11B	ルネサス	500	100	10.18		11.26	10	10	10	70		0.2	8	30		24C
	NNCD11C	ルネサス	150	85	10.4		11.6	5	30	5	80		2	8	30	Pは基板実装時	452A
	NNCD11D	ルネサス	200	85	10.4		11.6	5	30	5	70		2	8	30	Pはガラエポ基板実装時	420B
	NNCD11DA	ルネサス	200	85	10.4		11.6	5	30	5	70		2	8	30	Pはガラエポ基板実装時	420B
	NNCD11E	ルネサス	200	100	10.44		11.56	5	30	5	70		2	8	30		610A
	NNCD11F	ルネサス	200	100	10.44		11.56	5	30	5	70		2	8	30	2素子センタータップ(アノードコモン)	610C
*	NNCD12A	ルネサス	400	100	11.13		12.3	5	25	5	70		0.2	9	30		79F
*	NNCD12B	ルネサス	500	100	11.13		12.3	10	10	10	70		0.2	9	30		24C

形名	社名	最大定格 P (mW)	最大定格 PRSM (W)	ツェナ電圧 VZ(V) min	ツェナ電圧 VZ(V) typ	ツェナ電圧 VZ(V) max	条件 IZ(mA)	動作抵抗(*はtyp) Zzmax (Ω)	条件 IZ(mA)	端子間容量 Ct(pF) typ	端子間容量 Ct(pF) max	逆方向特性 IRmax (μA)	条件 VR(V)	ESD耐量 (kV)	その他の特性等	外形
NNCD12C	ルネサス	150	85	11.38		12.64	5	35	5	70		2	9	30	Pは基板実装時	452A
NNCD12D	ルネサス	200	85	11.38		12.64	5	35	5	70		2	9	30	Pはガラエポ基板実装時	420B
NNCD12DA	ルネサス	200	85	11.38		12.64	5	35	5	70		2	9	30	Pはガラエポ基板実装時	420B
NNCD12E	ルネサス	200	100	11.42		12.6	5	35	5	70		2	9	30		610A
NNCD12F	ルネサス	200	100	11.42		12.6	5	35	5	70		2	9	30	2素子センタータップ（アノードコモン）	610C
NNCD13DA	ルネサス	200	85	12.43		14	5	35	5	55		2	10	30	Pはガラエポ基板実装時	420B
NNCD15DA	ルネサス	200	85	13.8		15.56	5	40	5	48		2	11	30	Pはガラエポ基板実装時	420B
NNCD16DA	ルネサス	200	85	15.31		17.14	5	40	5	43		2	12	30	Pはガラエポ基板実装時	420B
NNCD16J	ルネサス	150	85	15		17	5			30		2	12	30		738E
NNCD18DA	ルネサス	200	85	16.89		19.08	5	45	5	38		2	13	30	Pはガラエポ基板実装時	420B
NNCD18DT	ルネサス	200	85	16		20	5			15		0.1	12	30	Pはガラエポ基板実装時	420C
NNCD18J	ルネサス	150	85	16.2		19.8	5			25		2	13	23		738E
NNCD18ST	ルネサス	200	85	16		20	5			15		0.1	12	30	2素子逆直列 双方向 *205C/D	205*
NNCD20DA	ルネサス	200	85	18.8		21.14	5	50	5	34		2	15	30	Pはガラエポ基板実装時	420B
NNCD20DT	ルネサス	200	85	18		22	5			14		0.1	13	30	Pはガラエポ基板実装時	420C
NNCD22DA	ルネサス	200	85	10.81		23.25	5	55	5	30		2	17	30	Pはガラエポ基板実装時	420B
NNCD24DA	ルネサス	200	85	22.86		25.66	5	60	5	29		2	19	30	Pはガラエポ基板実装時	420B
NNCD24J	ルネサス	150	85	22		26	5			20		2	19	15		738E
NNCD27DA	ルネサス	200	85	25.1		28.9	2	70	2	25		2	21	30	Pはガラエポ基板実装時	420B
NNCD27DT	ルネサス	200	85	25		31	5			11		0.1	21	20	Pはガラエポ基板実装時	420B
NNCD27G	ルネサス	200	85	25.1		28.9	2	70	2	25		2	21	30	4素子複合（アノードコモン）	518
NNCD27ST	ルネサス	200	85	25		31	2			11		0.1	21	20	2素子逆直列 双方向 *205C/D	205*
NNCD30DA	ルネサス	200	85	28		32	2	80	2	24		2	23	30	Pはガラエポ基板実装時	420B
NNCD33DA	ルネサス	200	85	31		35	2	80	2	23		2	25	25	Pはガラエポ基板実装時	420B
NNCD36DA	ルネサス	200	85	34		38	2	90	2	22		2	27	20	Pはガラエポ基板実装時	420B
NNCD36DT	ルネサス	200	85	33		39	5			9		0.1	27	15	Pはガラエポ基板実装時	420B
NNCD36J	ルネサス	150	85	34		38	2			15		2	27	12		738E
NNCD36ST	ルネサス	200	85	33		39	2			9		0.1	27	15	2素子逆直列 双方向 *205C/D	205*
NNCD39DA	ルネサス	200	85	37		41	2	100	2	21		2	30	20	Pはガラエポ基板実装時	420B
NSAD500F	ルネサス	200	2	5.3	8					3.5		0.1	3	8	2素子センタータップ（アノードコモン）	610C
NSAD500H	ルネサス	200	2	5.3	8					3.5		0.1	3	8	4素子複合（アノードコモン）	161
NSAD500S	ルネサス	150	2	5.3	8					3.5		0.1	3	8	2素子センタータップ（アノードコモン）	205C
RKZ6.2BKP	ルネサス	100		5.86		6.53	5	50	5			2	3	30	Pは基板実装時	140
*RKZ6.2KL	ルネサス	100		5.86		6.53	5	50	5			2	3	30	Pはポリミド基板実装時	736A
RKZ6.2Z4MFAKT	ルネサス	150		5.9		6.5	5	60	5	4	4.5	3	5.5	8	4素子複合（アノードコモン）	171
RKZ6.8BKP	ルネサス	100		6.47		7.14	5	30	5			2	3.5	30	Pは基板実装時	140
RKZ6.8TKG	ルネサス	150		5.8		7.8	5					0.5	3.5	25	2素子逆直列 双方向	757A
RKZ6.8TKK	ルネサス	150		5.8		7.8	5					0.5	3.5	25	2素子逆直列 双方向	736A
RKZ6.8Z4KT	ルネサス	150		6.47		7	5	50	5	4	4.5	2	3.5	8	4素子複合（アノードコモン）	171
RKZ6.8Z4MFAKT	ルネサス	150		6.47		7	5	30	5	4	4.5	2	3.5	8	4素子複合（アノードコモン）	171
RKZ6.8ZMFAKT	ルネサス	150		6.47		7	5	30	5		25	0.5	3.5	25	4素子複合（アノードコモン）	171
RKZ7.5TKL	ルネサス	100		6		9	1				12	0.2	4	8	2素子逆直列 双方向	736A

形 名	社 名	最大定格 P (mW)	最大定格 P_RSM (W)	ツェナ電圧 V_Z(V) min	ツェナ電圧 V_Z(V) typ	ツェナ電圧 V_Z(V) max	条件 IZ(mA)	動作抵抗(*はtyp) Z_Zmax (Ω)	条件 IZ(mA)	端子間容量 C_t(pF) typ	端子間容量 C_t(pF) max	逆方向特性 I_Rmax (μA)	条件 V_R(V)	ESD耐量 (kV)	その他の特性等	外形
RKZ7.5TKP	ルネサス	100		6		9	1				8	0.2	4	8	2素子逆直列 双方向	140
RKZ7.5Z4MFAKT	ルネサス	150		7		7.8	5	30	5	4	4.5	2	4	8	4素子複合 (アノードコモン)	171
RKZ8.2BKP	ルネサス	100		7.76		8.64	5	30	5			2	5	30	Pは基板実装時	140
RKZ9.0TKP	ルネサス	100		7.5		13.5	1				8	0.2	4	15	2素子逆直列 双方向	140
RKZ16TKG	ルネサス	200		14.5		17.5	1				30	0.1	12	30	2素子逆直列 双方向	420C
RKZ16TWAQE	ルネサス	200		14.5		17.5	1				30	0.1	12	30	2素子逆直列 双方向 *205C/D	205*
RKZ18TKG	ルネサス	200		16.2		19.5	1				30	0.1	13	30	2素子逆直列 双方向	420C
RKZ18TWAQE	ルネサス	200		16.2		19.5	1				30	0.1	13	30	2素子逆直列 双方向 *205C/D	205*
RKZ27TKG	ルネサス	200		26.2		31.5	1				30	0.1	24	30	2素子逆直列 双方向	420C
RKZ27TWAQE	ルネサス	200		26.2		31.5	1				30	0.1	24	30	2素子逆直列 双方向 *205C/D	205*
RSA5L	ローム		600	6.45		7.14	10					800	5.8			485F
SJPZ-E20	サンケン	1W		18.8		21.2	1	4*	10〜20			10	15			485H
SJPZ-E33	サンケン	1W	95	31		35	1	10*	10〜20			10	25			485H
SJPZ-K28	サンケン	1W	50	25		31	1	26*	1〜10			10	20		IRSM>2A (PW=5ms)	485H
SJPZ-N18	サンケン	2W	500	16.8		19.2	1	2*	10〜20			10	13			485H
SJPZ-N27	サンケン	2W	500	25.1		28.9	1	3*	10〜20			10	20			485H
SJPZ-N33	サンケン	2W	500	31		35	1	5*	10〜20			10	25			485H
SJPZ-N40	サンケン	2W	500	37.8		42.2	1	7*	10〜20			10	25			485H
SZ-10N27	サンケン	5W		24		30	10	0.08*	1〜10A			10	22		IRSM>70A	795
SZ-10N40	サンケン	5W		36		44	10	0.2*	1〜10A			10	32		IRSM>45A	795
SZ-10NN27	サンケン	6W		24		30	10	0.08*	1〜10A			10	22		IRSM>90A	795
SZ-10NN40	サンケン	6W		36		44	10	0.2*	1〜10A			10	32		IRSM>70A	795
XBP06V1E4MR-G	トレックス	250	200	6.1	6.65	7.2	1			170		2.5	5.25	30	VF<1.25V(200mA) 4素子(アノードコモン)	31
XBP06V4E2R-G	トレックス	120	70	6.4	6.8	7.2	5			40		1	5	30	VF<1.25V(10mA) 2素子(アノードコモン)	47
XBP06V4E4R-G	トレックス	120	70	6.4	6.8	7.2	5			40		1	5	30	VF<1.25V(10mA) 4素子(アノードコモン)	48
XBP1002	トレックス		150	6			1				1	3	5	8	Vc<15V(IP=1A) 9素子複合	32
XBP1004	トレックス		350	6.2			1				1.2	1	5	8	Vc<9V(IP=1A) 5素子複合	36
XBP1006	トレックス		400	6			1				1	1.2	5	8	Vc<9.5V(IP=1A) 2素子複合 逆直列	38
XBP1007	トレックス		350	27.27		30.14	1				3	1	24	8	Vc<43V 2素子複合 片側は逆直列	754E
XBP1008	トレックス		400	6			1				1	20	5	8	Vc<9.8V(IP=1A) 2素子複合 逆直列	38
XBP1009	トレックス		200	6	7.4		1			0.28	0.35	1	5	25	Vc<11V(IP=5A) 2素子逆直列	70
XBP1010	トレックス		40	6.2			1				35	5	5	8	Vc<12V(IP=1A)	754A
XBP1011	トレックス		120	6			1				110	1	5	25	Vc<9V(IP=5A)	754D
XBP1012	トレックス		350	13.3		14.7	1				100	10	12	8	Vc<19V(IP=5A) 2素子逆直列	754E
XBP1013	トレックス		350	6		7.2	1			300			5	25	Vc<9.8V(IP=1A)	754E
ZSA5A27	日立パワー		1.8k	24	27	30	10	50	10			50	10			106
ZSA5MA27	日立パワー		3k	24	27	30	10	50	10			50	10			699
ZSH5MA27	日立パワー		3k	24	27	30	10	50	10			50	10			721A
ZSH5MAZ27	日立パワー		3.4k	24	27	30	10	50	10			10	22			721A
ZSH5MB27	日立パワー		3k	24	27	30	10	50	10			50	10			721A
ZSH5MT27C	日立パワー		3.4k	24	27	30	10	50	10			10	22			720
ZSH5MT27(D)	日立パワー		4.3k	24	27	30	10	50	10			10	22			720

形 名	社 名	最大定格 P (mW)	最大定格 P_{RSM} (W)	ツェナ電圧 V_Z(V) min	ツェナ電圧 V_Z(V) typ	ツェナ電圧 V_Z(V) max	条件 I_Z(mA)	動作抵抗 (*はtyp) Z_Zmax (Ω)	条件 I_Z(mA)	端子間容量 C_t(pF) typ	端子間容量 C_t(pF) max	逆方向特性 I_Rmax (μA)	条件 V_R(V)	ESD耐量 (kV)	その他の特性等	外形
ZSH5MT40C	日立パワー		4.3k	36	40	44	10	50	10			10	25			720
ZSH5MT48C	日立パワー		4.3k	43.2	48	52.8	10	50	10			10	39			720
ZSH5MT53C	日立パワー		4.3k	47.7	53	58.9	10	50	10			10	43			720
ZSH8MD27	日立パワー		5.7k	24	27	30	10	50	10			10	22			721B

— 433 —

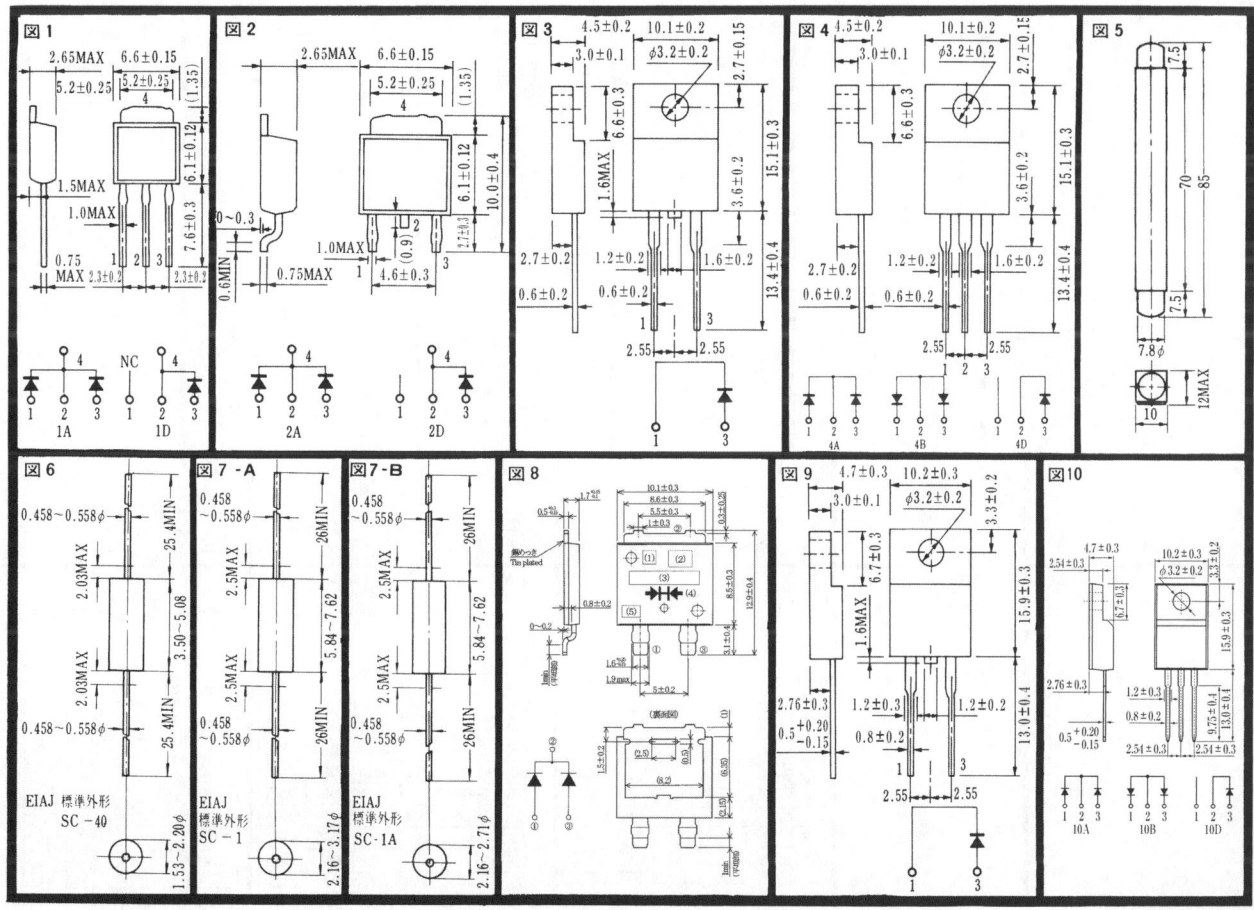

外形寸法図

《寸法図単位：mm》

— 434 —

図19

外形番号	A	φD	φb	l_1 (カソード)	l_2 (アノード)
19A	3.0	2.5	0.6	29.0	29.0
19B	5.0	2.65	0.75	28.5	28.5
19C	7.5	4	0.78	27MIN	27MIN
19D	6.0	3.4	0.8	28.5	28.5
19E	3.0±0.2	2.5±0.2	0.6±0.1	29±1	29±1
19F	7.2	3.9	0.8	26MIN	26MIN
19G	5.0	2.65	0.6	27MIN	27MIN
19H	6	3.6	0.8	25MIN	25MIN
19J	8	3	0.6	27MIN	27MIN
19K	8	4	0.6	27MIN	27MIN
19L	10	3	0.6	27MIN	27MIN

図20

外形番号	A	φD	φb	l_1 (カソード)	l_2 (アノード)
20A	5	2.7	0.6	24	24
20B	5	2.7	0.79	29	29
20C	5±0.2	2.8±0.2	0.6	20MIN	20MIN
20D	5	3	0.6	25MIN	25MIN
20E	5±0.2	3±0.2	0.8±0.05	25MIN	25MIN
20F	5.2MAX	2.5±0.2	0.8±0.1	27MIN	27MIN
20G	2.8±0.1	2.3±0.1	0.6	20MIN	20MIN
20H	7.8MAX	3.6MAX	0.6	25MIN	25MIN
20J	5	2.5	0.5	27MIN	27MIN
20K	3±0.2	2.5	0.6	26MIN	26MIN
20L	3	2	0.5	27MIN	27MIN

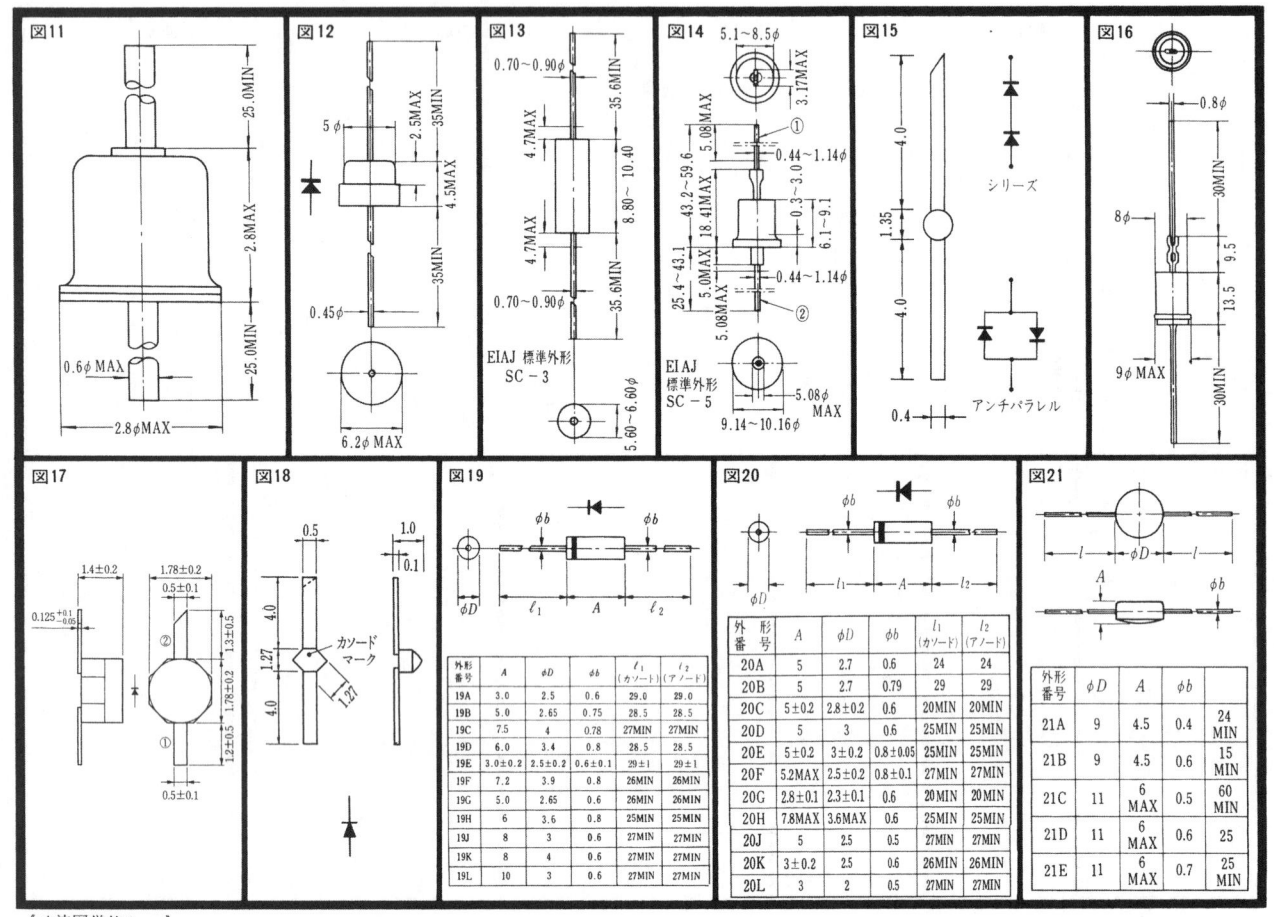

図21

外形番号	φD	A	φb	l
21A	9	4.5	0.4	24 MIN
21B	9	4.5	0.6	15 MIN
21C	11	6 MAX	0.5	60 MIN
21D	11	6 MAX	0.6	25
21E	11	6 MAX	0.7	25 MIN

《寸法図単位：mm》

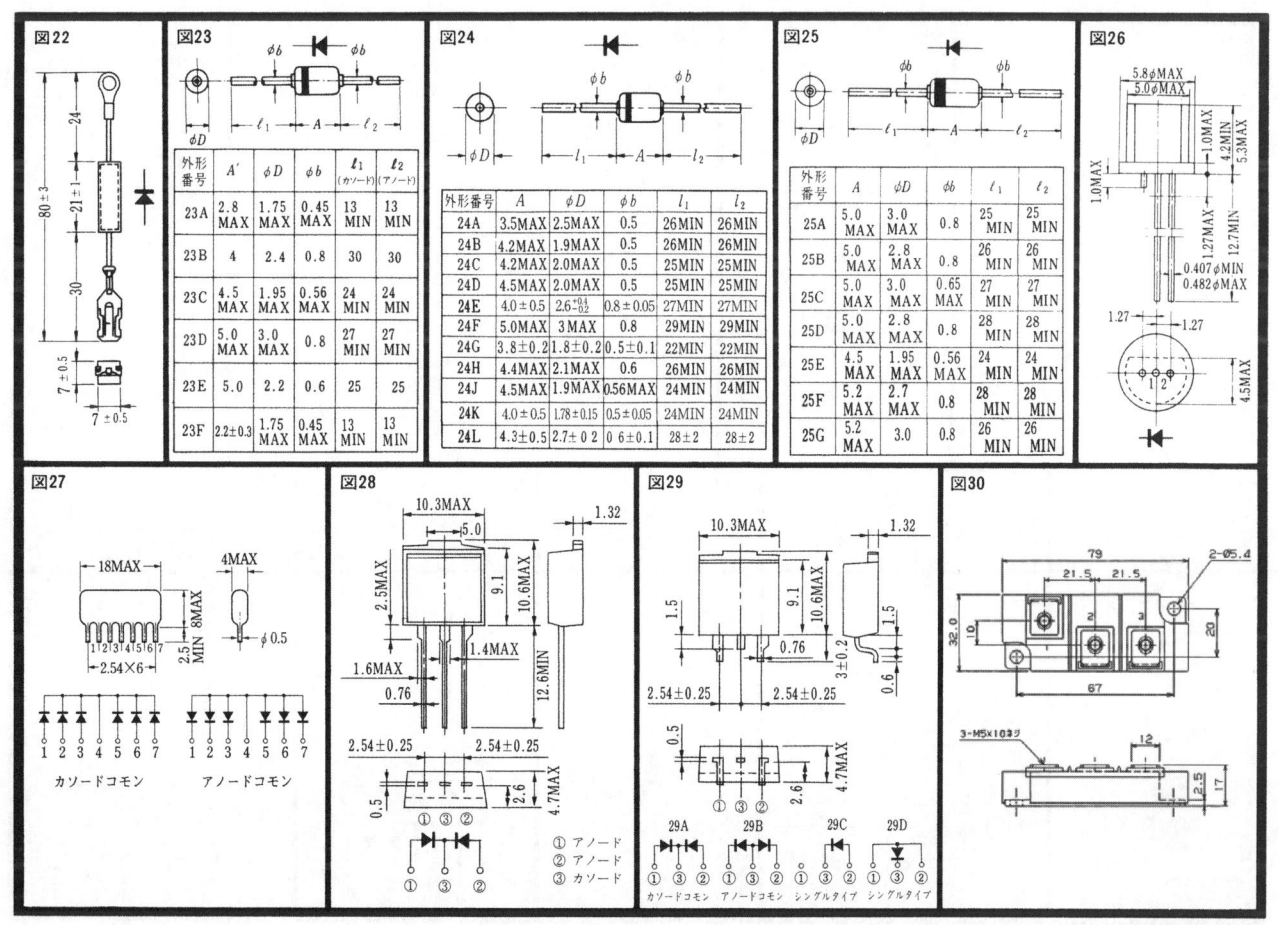

《寸法図単位：mm》

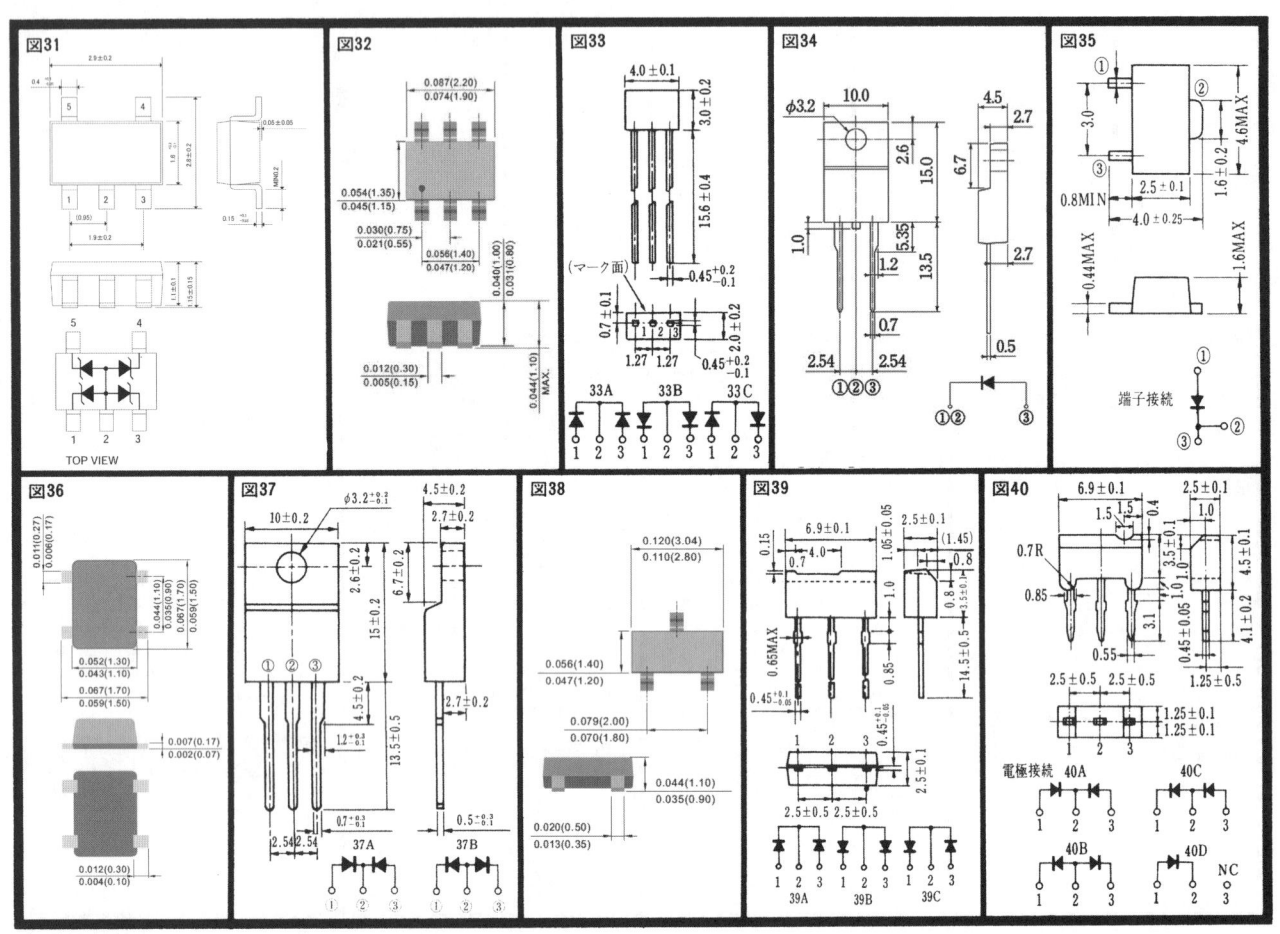

《寸法図単位：mm》

— 437 —

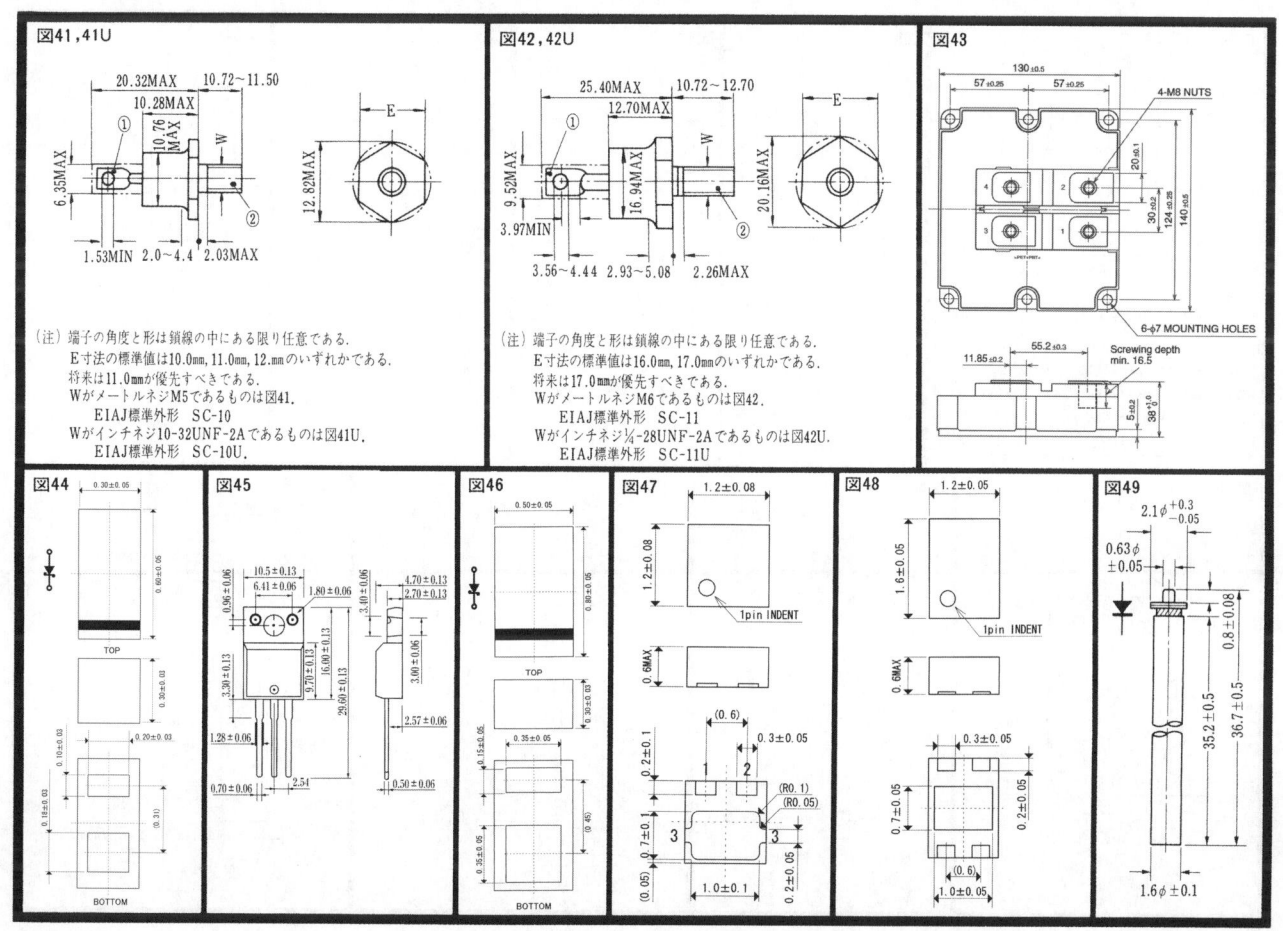

図50

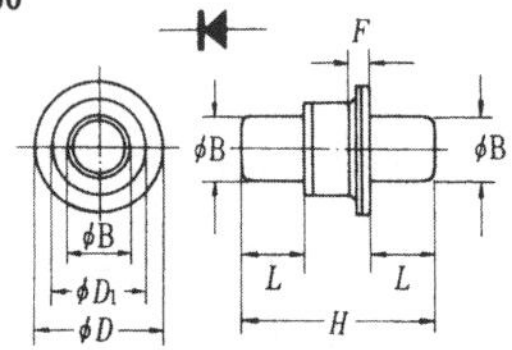

外形番号	H	φD	φD1	L	φB	F
50A	4.8±0.3	3.3MAX	2.3MAX	1.6	1.6±0.05	
50B		3.3	2.0	1.6	1.6	
50C	5.46±0.3	3.2MAX	2.3MAX	1.57±0.1	1.57±0.1	1MAX
50D	5.46±0.3	3.2MAX	2.1	1.6	1.6	
50E	5.5±0.3	3.3MAX	2.3MAX	1.6	1.6±0.05	
50F	5.5±0.3	3.3MAX	2.3MAX	1.6	1.6±0.03	
50G	5.3±0.3	3.3MAX	2.1MAX	1.6±0.1	1.6±0.1	
50H	5.6		2.0	1.6	1.6	0.4

図51

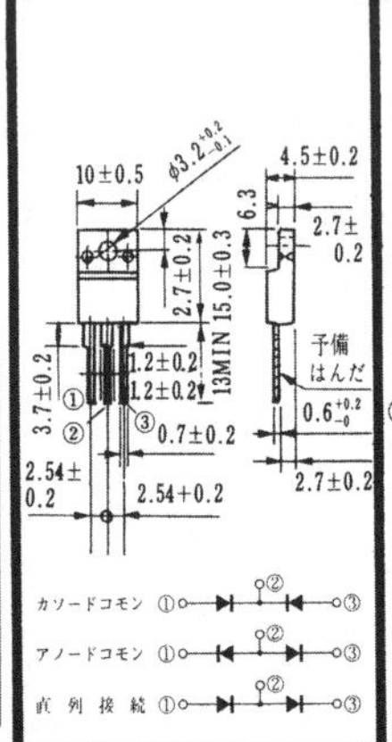

図52

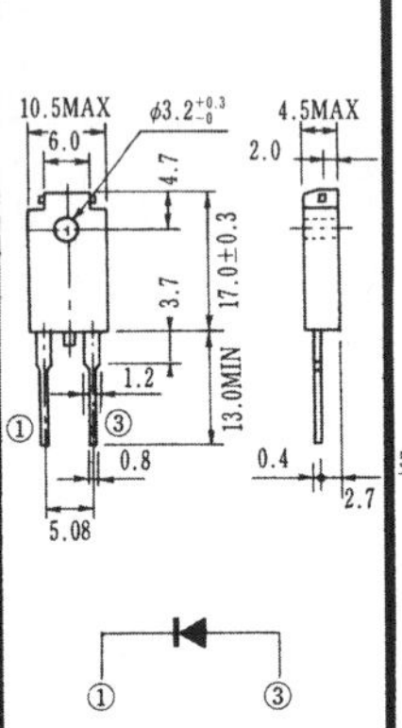

図53

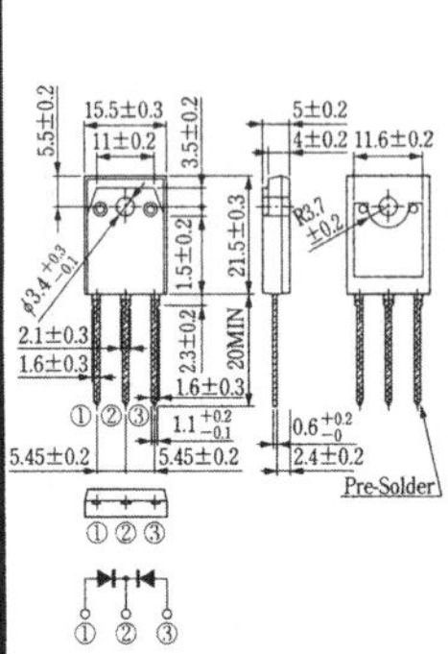

図54

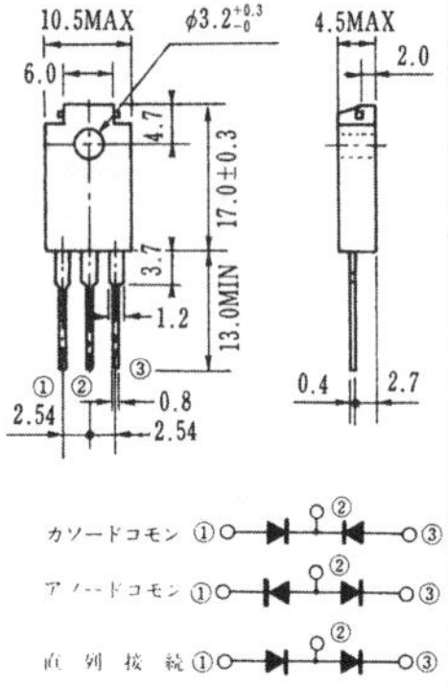

図55

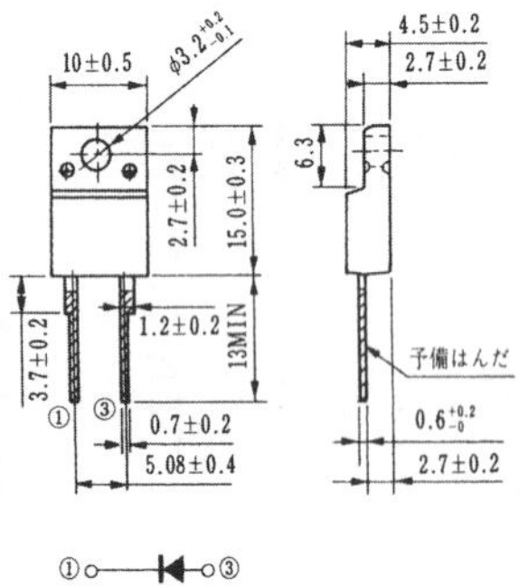

図56

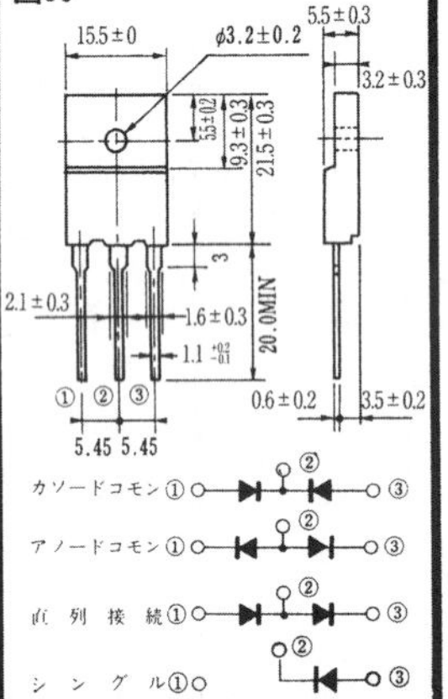

図57-A

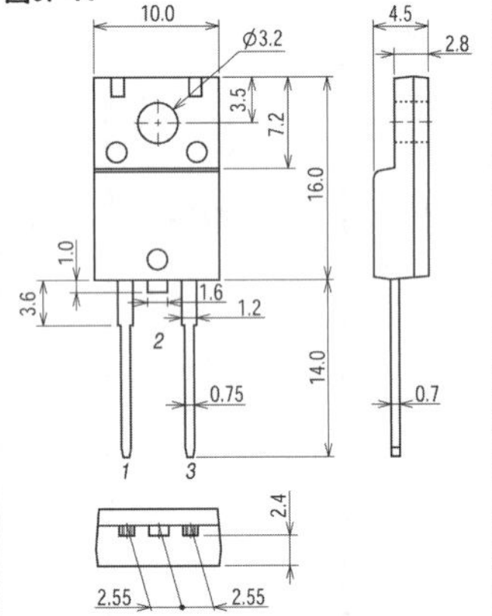

図57-B

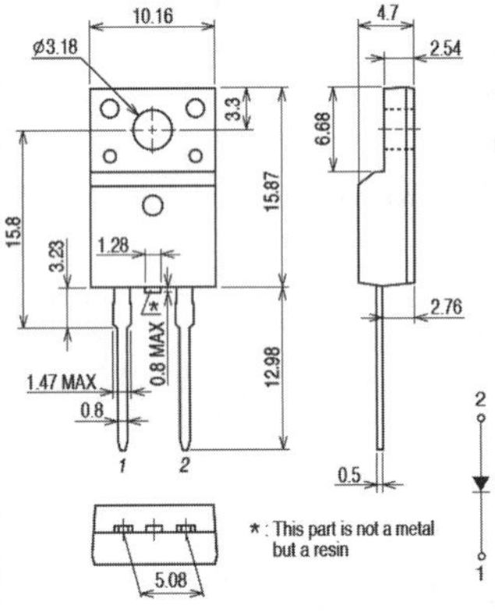

《寸法図単位：mm》

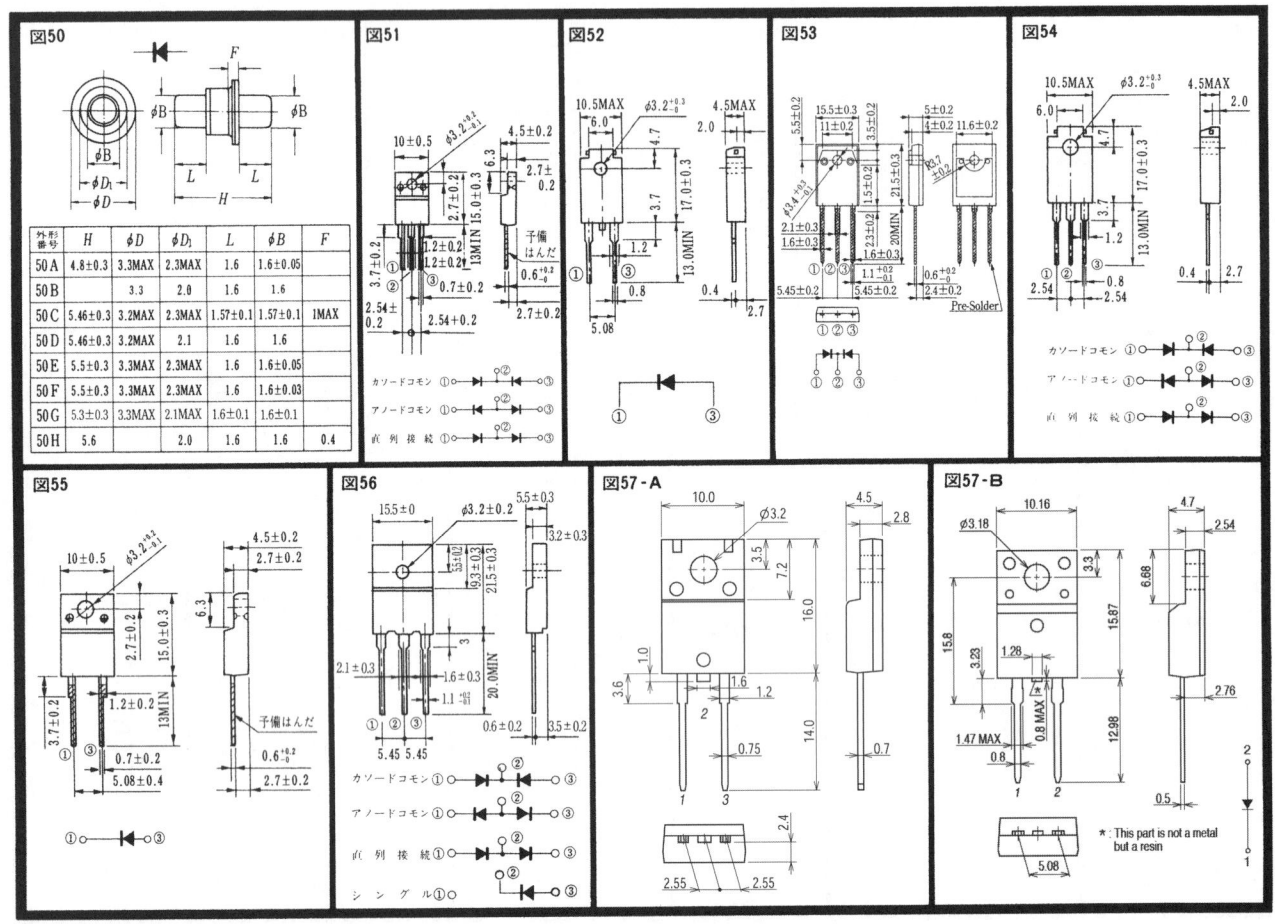

— 439 —

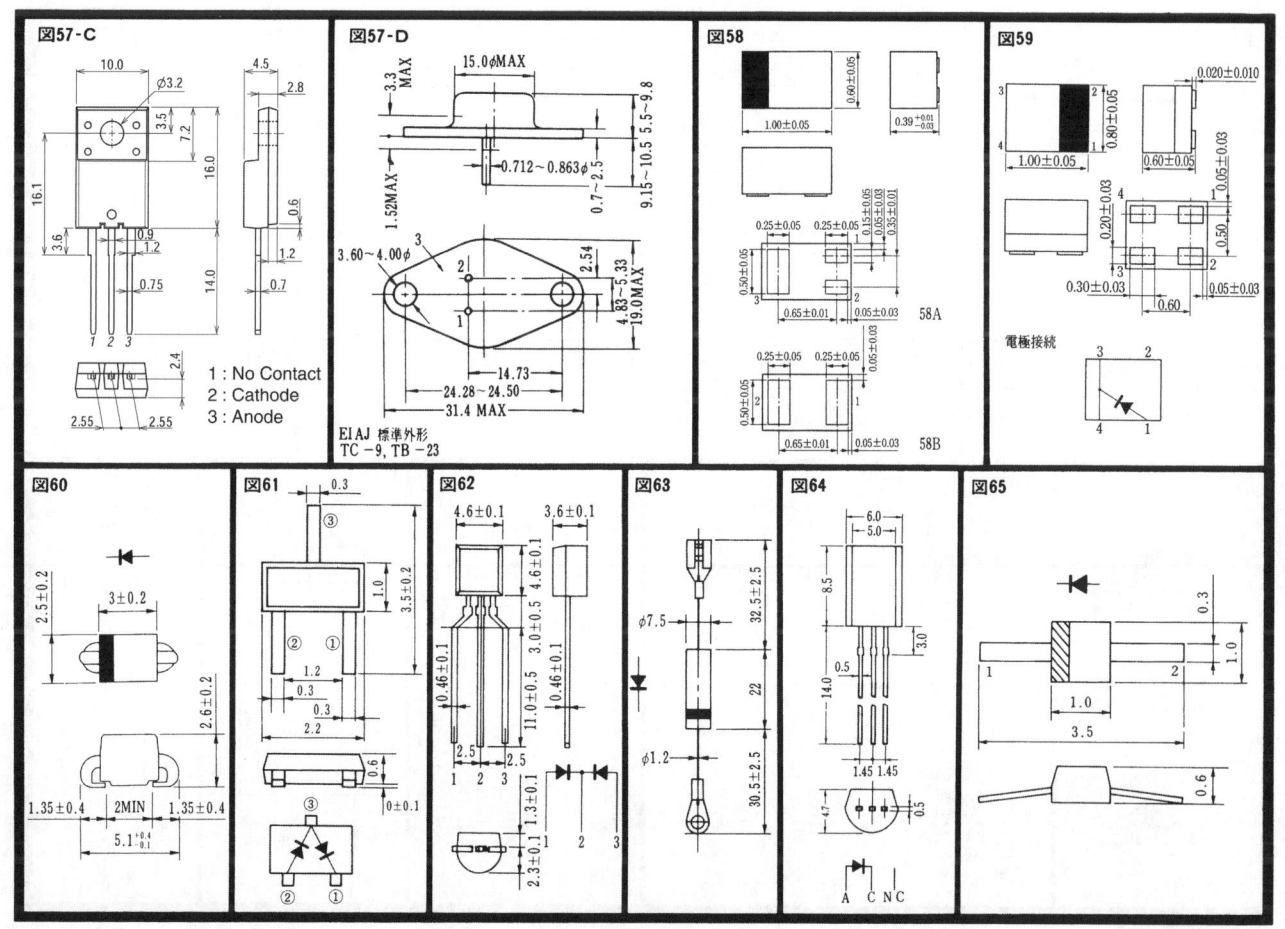

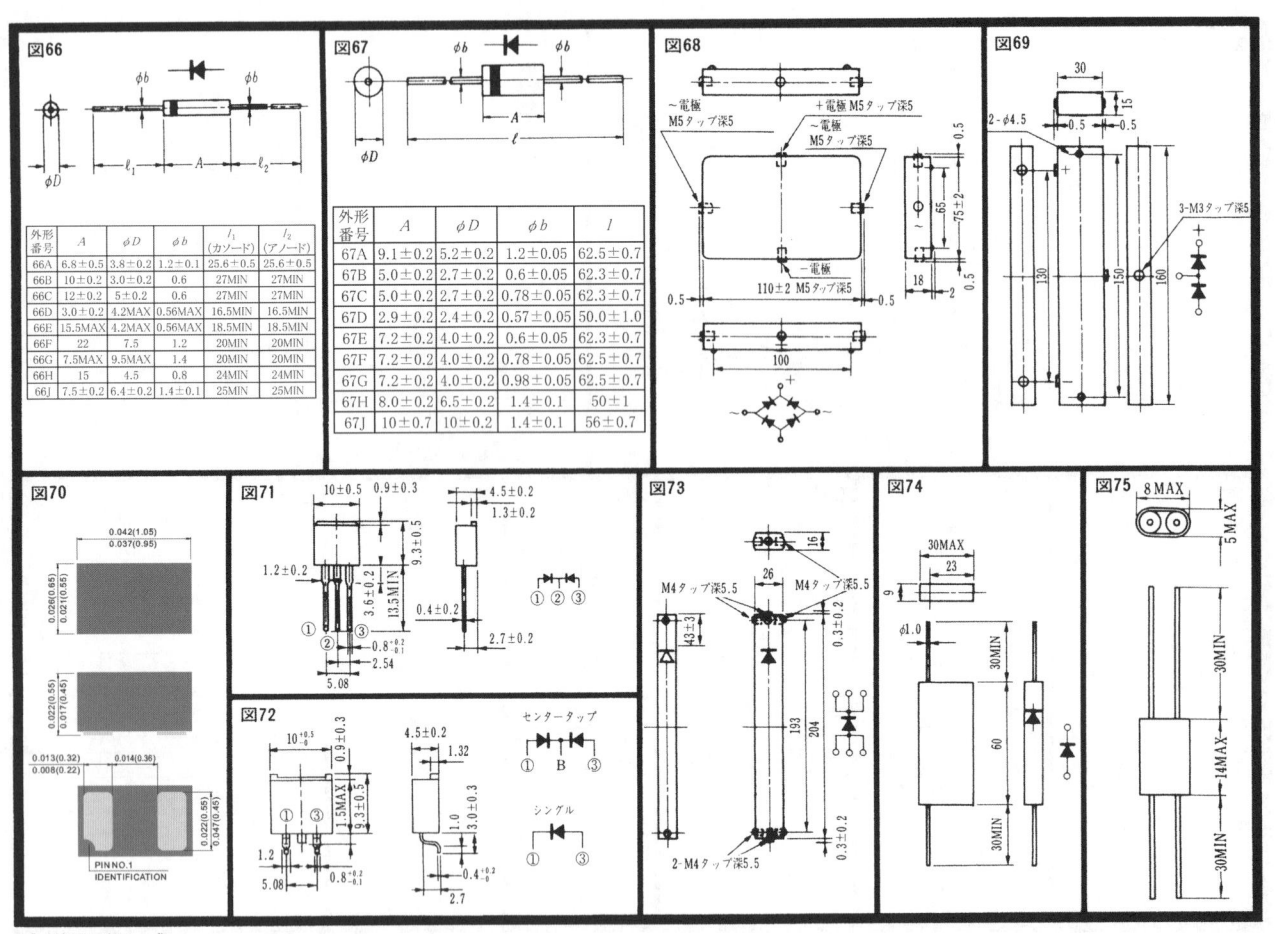

《寸法図単位：mm》

— 441 —

図76 / 図77 / 図78 / 図79 / 図80 / 図81 / 図82 / 図83 / 図84 / 図85

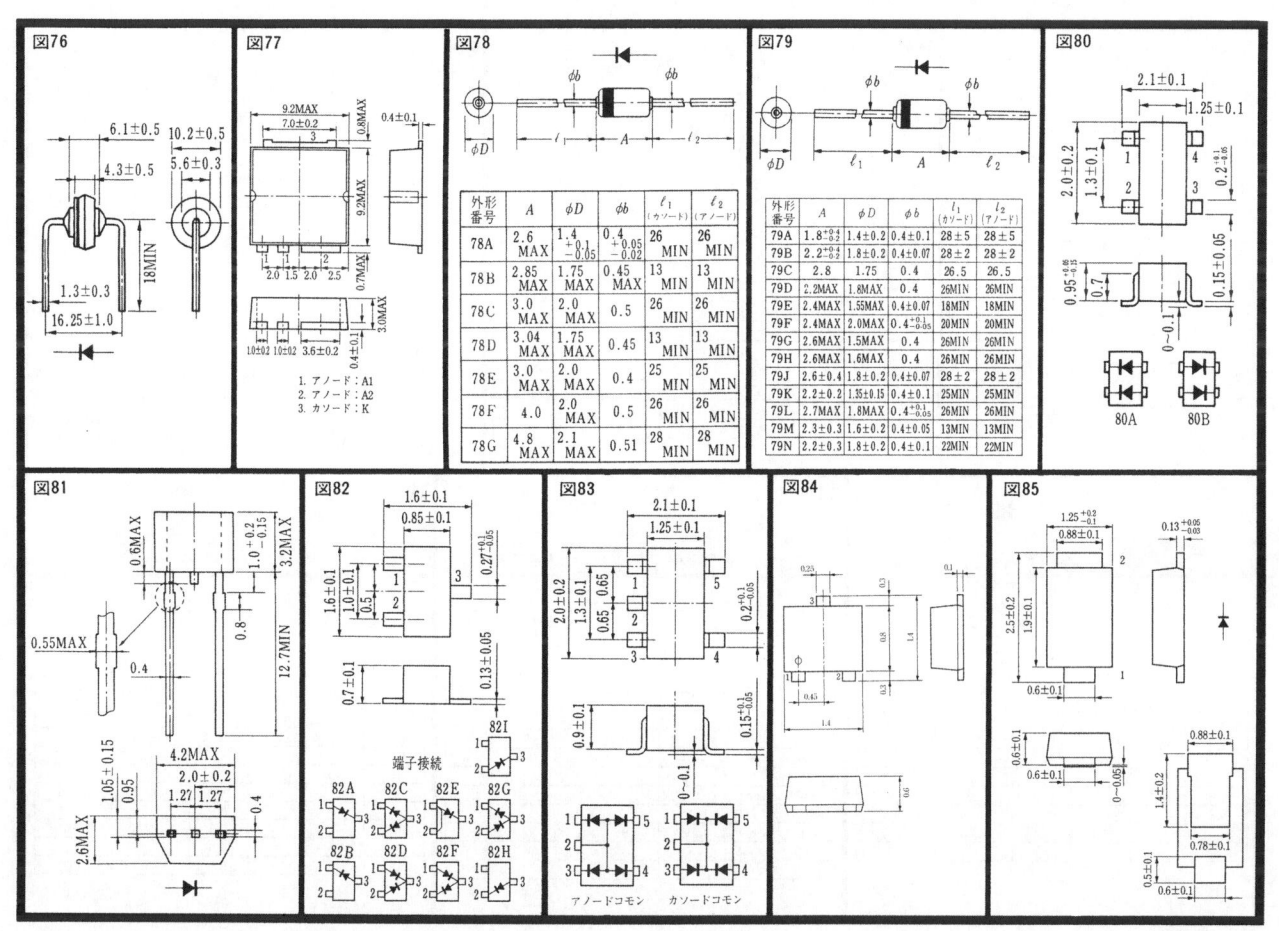

図78

外形番号	A	φD	φb	ℓ_1 (カソード)	ℓ_2 (アノード)
78A	2.6 MAX	1.4 ±0.1 −0.05	0.4 +0.05 −0.02	26 MIN	26 MIN
78B	2.85 MAX	1.75 MAX	0.45 MAX	13 MIN	13 MIN
78C	3.0 MAX	2.0 MAX	0.5	26 MIN	26 MIN
78D	3.04 MAX	1.75 MAX	0.45	13 MIN	13 MIN
78E	3.0 MAX	2.0 MAX	0.4	25 MIN	25 MIN
78F	4.0	2.0 MAX	0.5	26 MIN	26 MIN
78G	4.8 MAX	2.1 MAX	0.51	28 MIN	28 MIN

図79

外形番号	A	φD	φb	ℓ_1 (カソード)	ℓ_2 (アノード)
79A	1.8 +0.1 −0.1	1.4±0.2	0.4±0.1	28±5	28±5
79B	2.2 +0.2 −0.2	1.8±0.2	0.4±0.07	28±2	28±2
79C	2.8	1.75	0.4	26.5	26.5
79D	2.2 MAX	1.8 MAX	0.4	26 MIN	26 MIN
79E	2.4 MAX	1.55 MAX	0.4±0.07	18 MIN	18 MIN
79F	2.4 MAX	2.0 MAX	0.4 +0.1 −0.05	20 MIN	20 MIN
79G	2.6 MAX	1.5 MAX	0.4	26 MIN	26 MIN
79H	2.6 MAX	1.6 MAX	0.4	26 MIN	26 MIN
79J	2.6±0.4	1.8±0.2	0.4±0.07	28±2	28±2
79K	2.6±0.2	1.35±0.15	0.4±0.1	25 MIN	25 MIN
79L	2.7 MAX	1.8 MAX	0.4 +0.1 −0.1	26 MIN	26 MIN
79M	2.3±0.3	1.6±0.2	0.4±0.05	13 MIN	13 MIN
79N	2.2±0.3	1.8±0.2	0.4±0.1	22 MIN	22 MIN

図77
1. アノード：A1
2. アノード：A2
3. カソード：K

図80: 80A, 80B

図82 端子接続: 82A, 82B, 82C, 82D, 82E, 82F, 82G, 82H, 82I

図83 アノードコモン / カソードコモン

《寸法図単位：mm》

図86

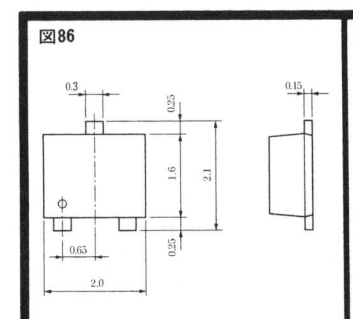

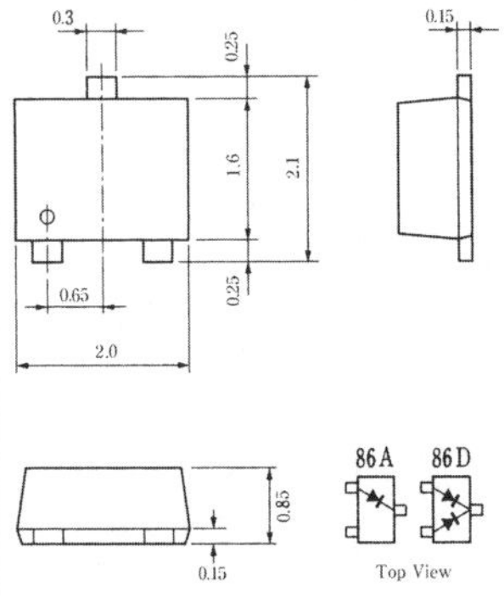

図87

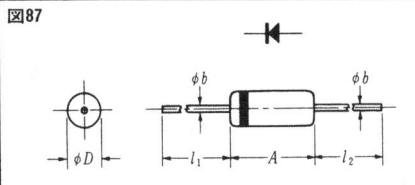

外形番号	A	φD	φb	l_1 (カソード)	l_2 (アノード)
87A	3.0±0.2	2.5MAX	0.56	25MIN	25MIN
87B	3.0	2.6	2.57	27MIN	27MIN
87C	3.8±0.2	1.8±0.2	0.5±0.1	28±1	28±1
87D	5.0	4.0	0.78	27.5	27.5
87E	4.2MAX	2.0	0.5	26MIN	26MIN
87F	5.2	2.5	0.6	27.0	27.0
87G	5.2	2.5	0.8	27.0	27.0
87H	7.6MAX	2.9MAX	0.5	25.4MIN	25.4MIN
87J	3MAX	2.7MAX	0.57±0.03	27MIN	27MIN
87K	5.2MAX	2.7MAX	0.6±0.1	27MIN	27MIN

図88

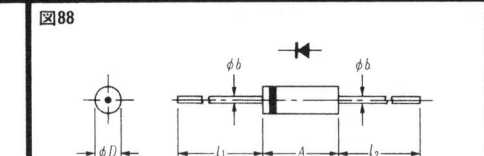

外形番号	A	φD	φb	l_1 (カソード)	l_2 (アノード)
88A	3.0	2.5	0.6	20.0	20.0
88B	5.0±0.2	3.0±0.2	0.56	25MIN	25MIN
88C	3±0.1	2.6±0.1	0.6	20MIN	20MIN
88D	8.0MAX	3.2MAX	0.5	26MIN	31MIN
88E	3.2MAX	2.5	0.6	27MIN	27MIN
88F	3.2MAX	2.5	0.6	20MIN	20MIN
88G	5	2.65	0.8	27MIN	27MIN
88H	10	6.0	1.2	24MIN	24MIN
88J	6.5	2.5	0.5	27MIN	27MIN
88K	9.5MAX	5.3MAX	1.32	25.4MIN	25.4MIN

図89

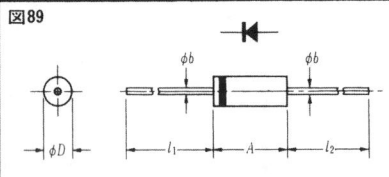

外形番号	A	φD	φb	l_1 (カソード)	l_2 (アノード)
89A	6MAX	3.5±0.2	0.75	30MIN	30MIN
89B	6.1MAX	3.5MAX	0.7〜0.9	26MIN	26MIN
89C	6.5MAX	3.5MAX	0.8	25±1	25±1
89D	5.2MAX	2.8MAX	0.8	25MIN	25MIN
89E	10	2.5	0.5	26MIN	26MIN
89F	7	4	0.79	28	28
89G	7	4.4	1.0	26.5	26.5
89H	7	4.4	1.4	26.5	26.5
89J	8	6	1.3	27	27

図90

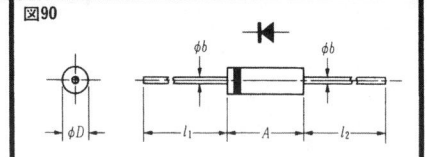

外形番号	A	φD	φb	l_1 (カソード)	l_2 (アノード)
90A	7	4	1.2	28	28
90B	7.5	6.4	1.2	26MIN	26MIN
90C	7.5	4	0.8	28MIN	28MIN
90D	7.5±0.2	4±0.2	1±0.05	28MIN	28MIN
90E	7.5MAX	4.8MAX	1	24MIN	24MIN
90F	7.5MAX	4.8MAX	1.4	24MIN	24MIN
90G	7.8MAX	3.6MAX	0.65	25MIN	25MIN
90H	7.8MAX	4.6MAX	1.4	20MIN	20MIN
90J	7.5	8.0	1.4	26.5	26.5
90K	10MAX	5.8MAX	1.4	21MIN	21MIN

図91

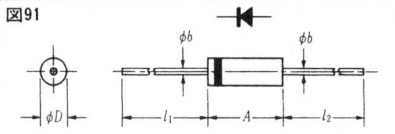

外形番号	A	φD	φb	l_1 (カソード)	l_2 (アノード)
91A	9MAX	6.3MAX	0.8	26MIN	26MIN
91B	9.5±0.5	5.3±0.5	1.0±0.1	24MIN	24MN
91C	10MAX	5.8MAX	1.4±0.1	21MIN	21MIN
91D	10	7.5	1.8	18.5MIN	18.5MIN
91E	10	7.5	1.8	24MIN	24MIN
91F	11MAX	7.2MAX	1.5	18±1	18±1
91G	12	3	0.6	27MIN	27MIN
91H	15	3	0.6	27MIN	27MIN
91J	15	4	0.6	27MIN	27MIN
91K	25	7.5	0.6	19MIN	19MIN

《寸法図単位：mm》

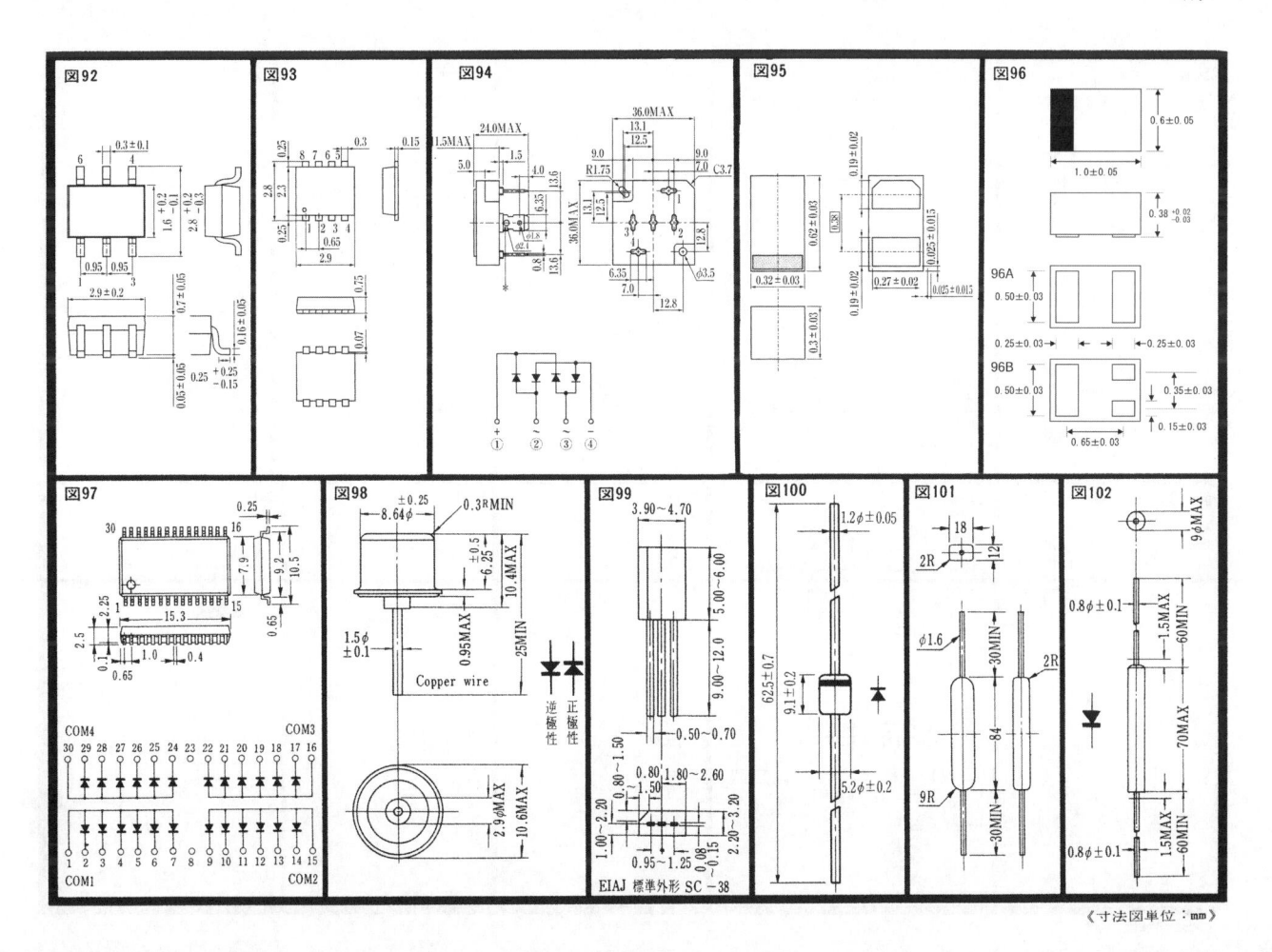

《寸法図単位：mm》

— 444 —

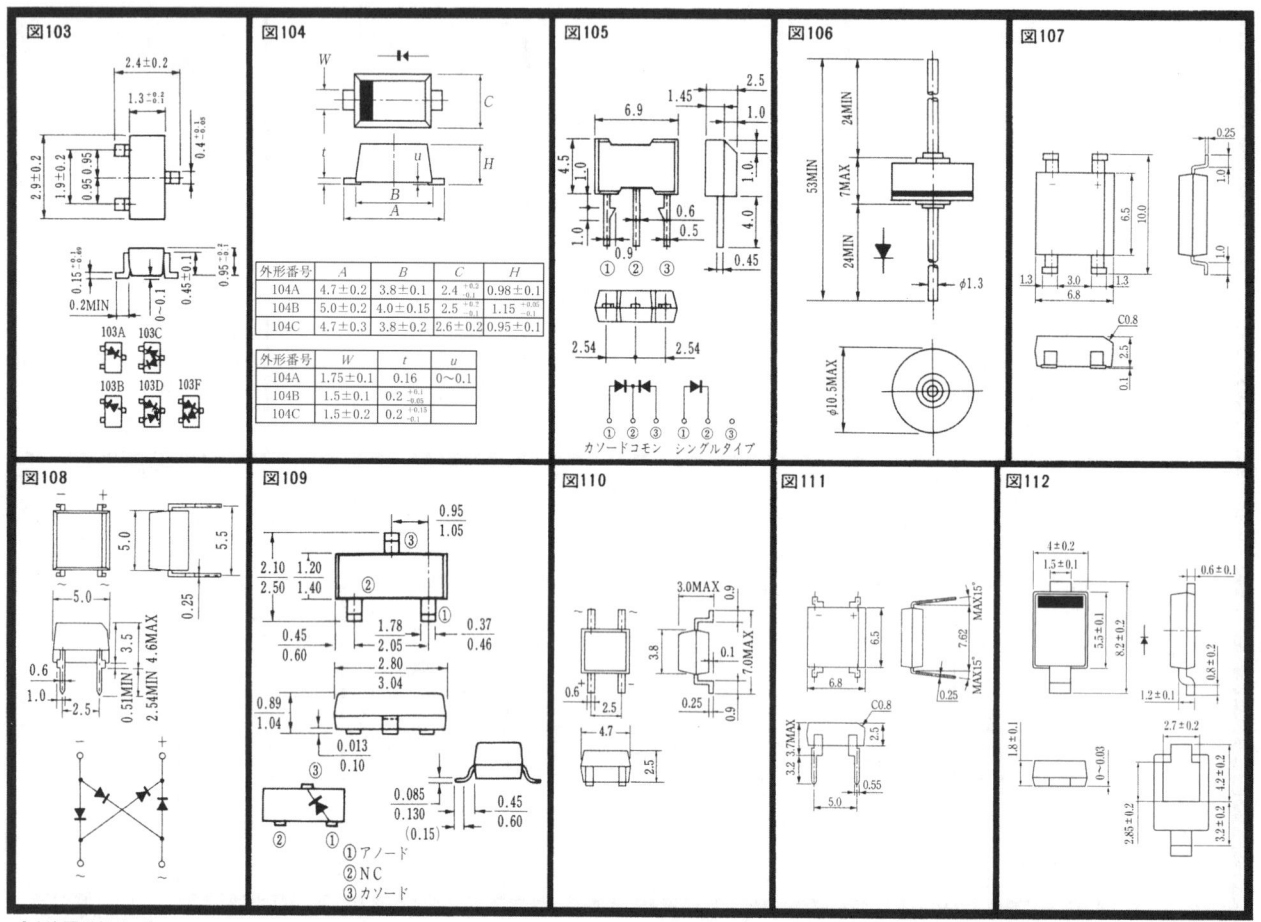

図113

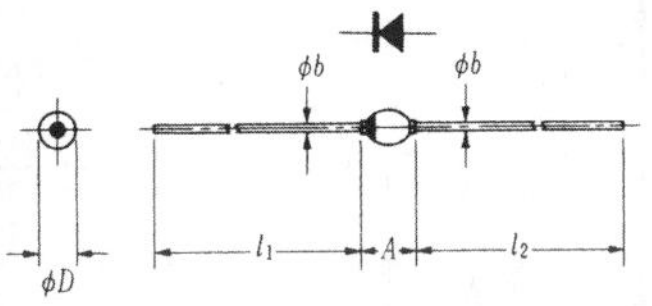

外形番号	A	φD	φb	l_1 (カソード)	l_2 (アノード)
113A	6.1MAX	4.5MAX	0.75	26MIN	26MIN
113B	5MAX	3.5MAX	0.8	28MIN	28MIN
113C	5MAX	3.5MAX	0.8	29MIN	29MIN
113D	6MAX	4.5MAX	0.8	28MIN	28MIN
113E	6MAX	4.5MAX	1.2	28MIN	28MIN
113F	7.6MAX	6.5MAX	1.25	26MIN	26MIN
113G	7MAX	5MAX	1.2	28MIN	28MIN
113H	4.8MAX	4.8MAX	0.75	26MIN	26MIN

図114

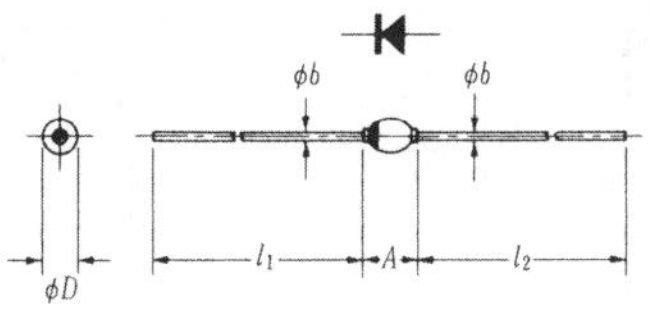

外形番号	A	φD	φb	l_1 (カソード)	l_2 (アノード)
114A	6MAX	4.5MAX	1.2	28MIN	28MIN
114B	6.5MAX	6.5MAX	1.4MAX	25MIN	25MIN
114C	7MAX	5MAX	1.2	28MIN	28MIN
114D	6MAX	5MAX	1.2	28MIN	28MIN
114E	7MAX	6.5MAX	1.2～1.4	25MIN	25MIN
114F	7.6MAX	6.5MAX	1.25	26MIN	26MIN

図115

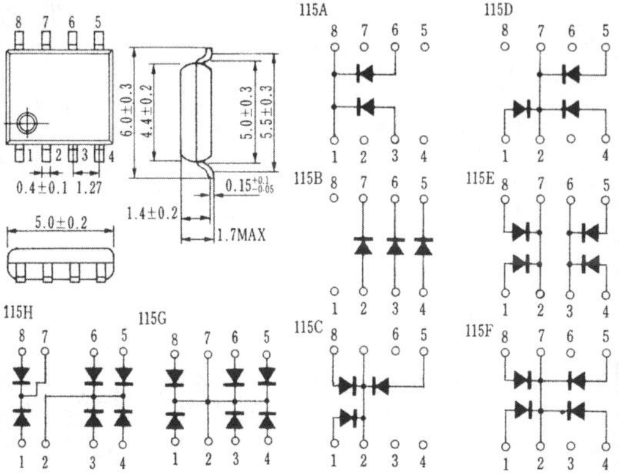

図116

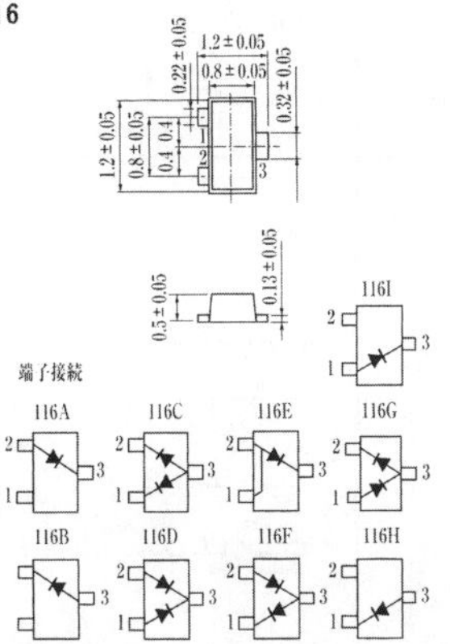

図117

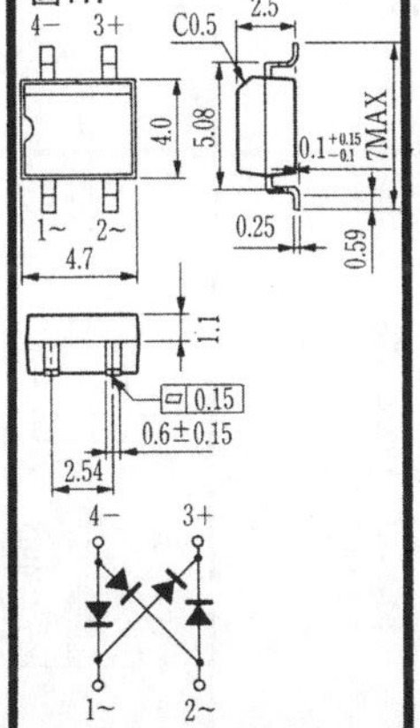

図118

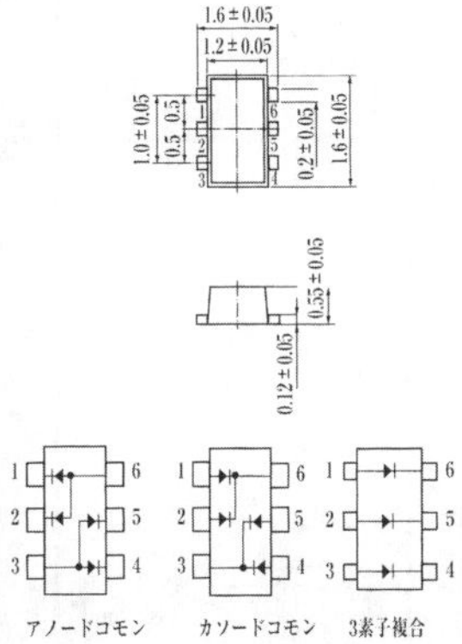

図119

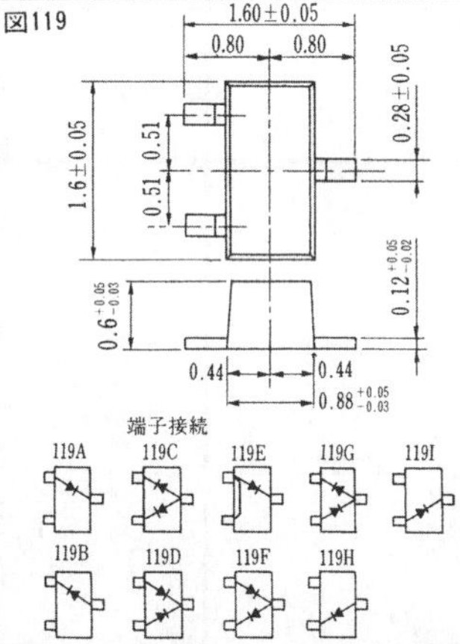

《寸法図単位：mm》

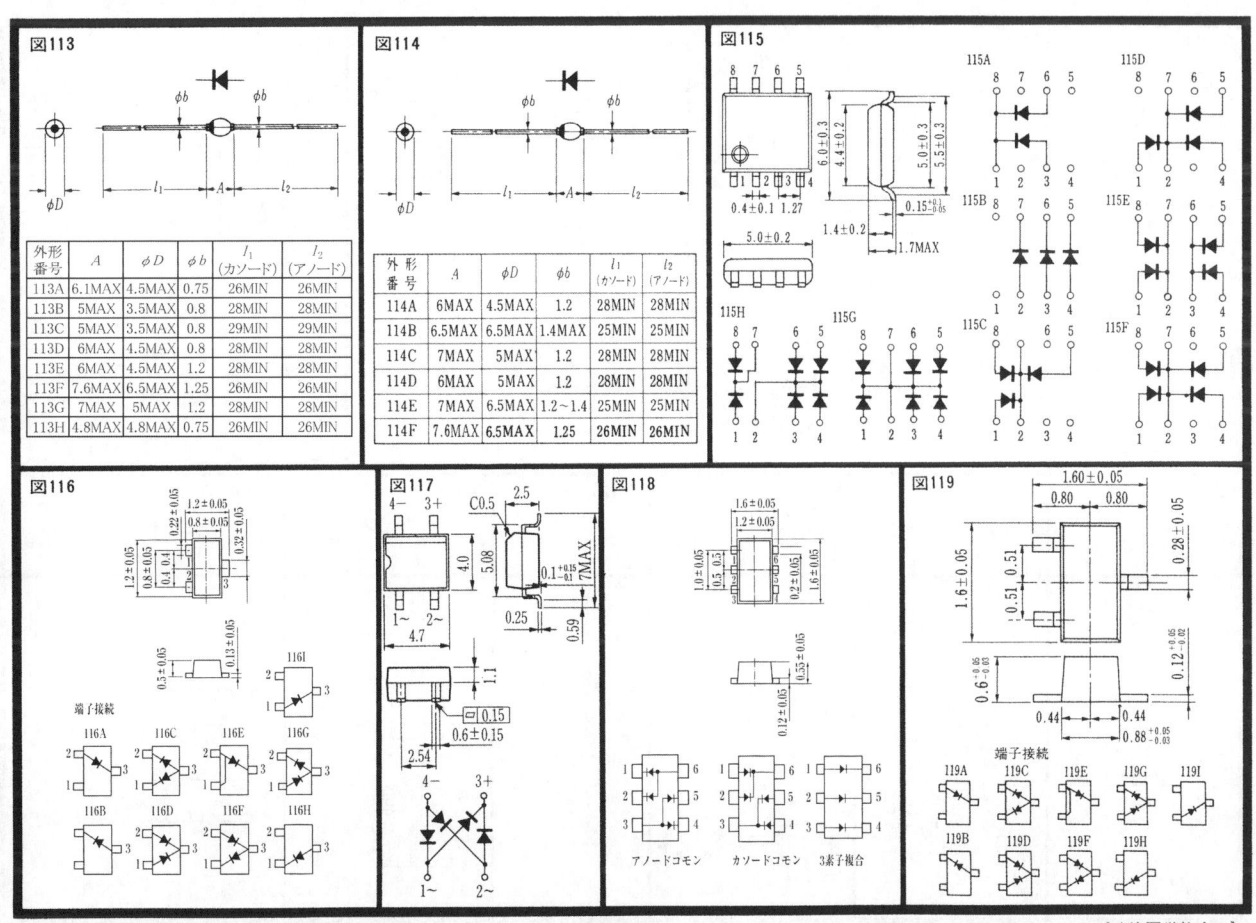

— 446 —

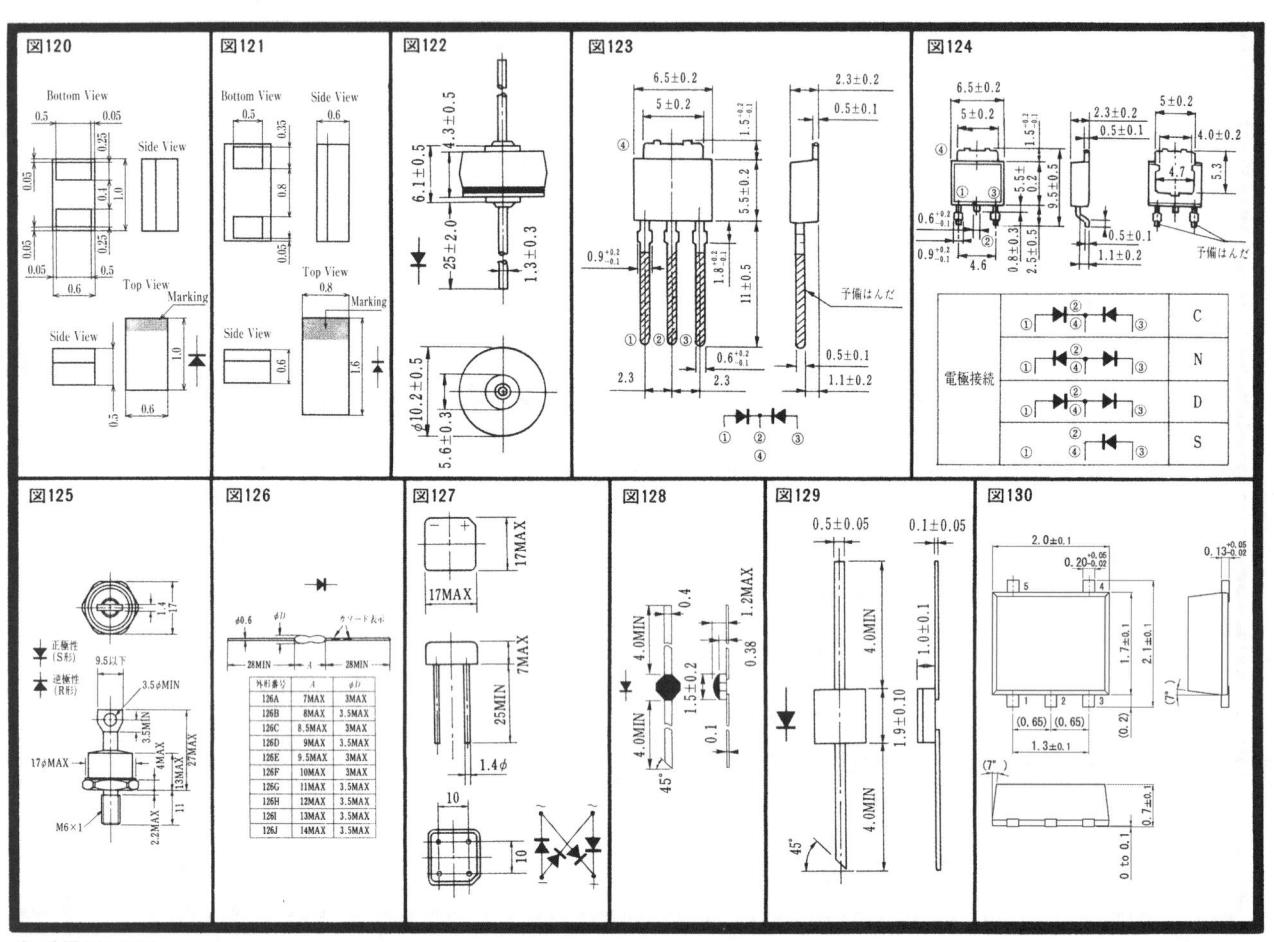

— 447 —

図131

図131A, 図131B

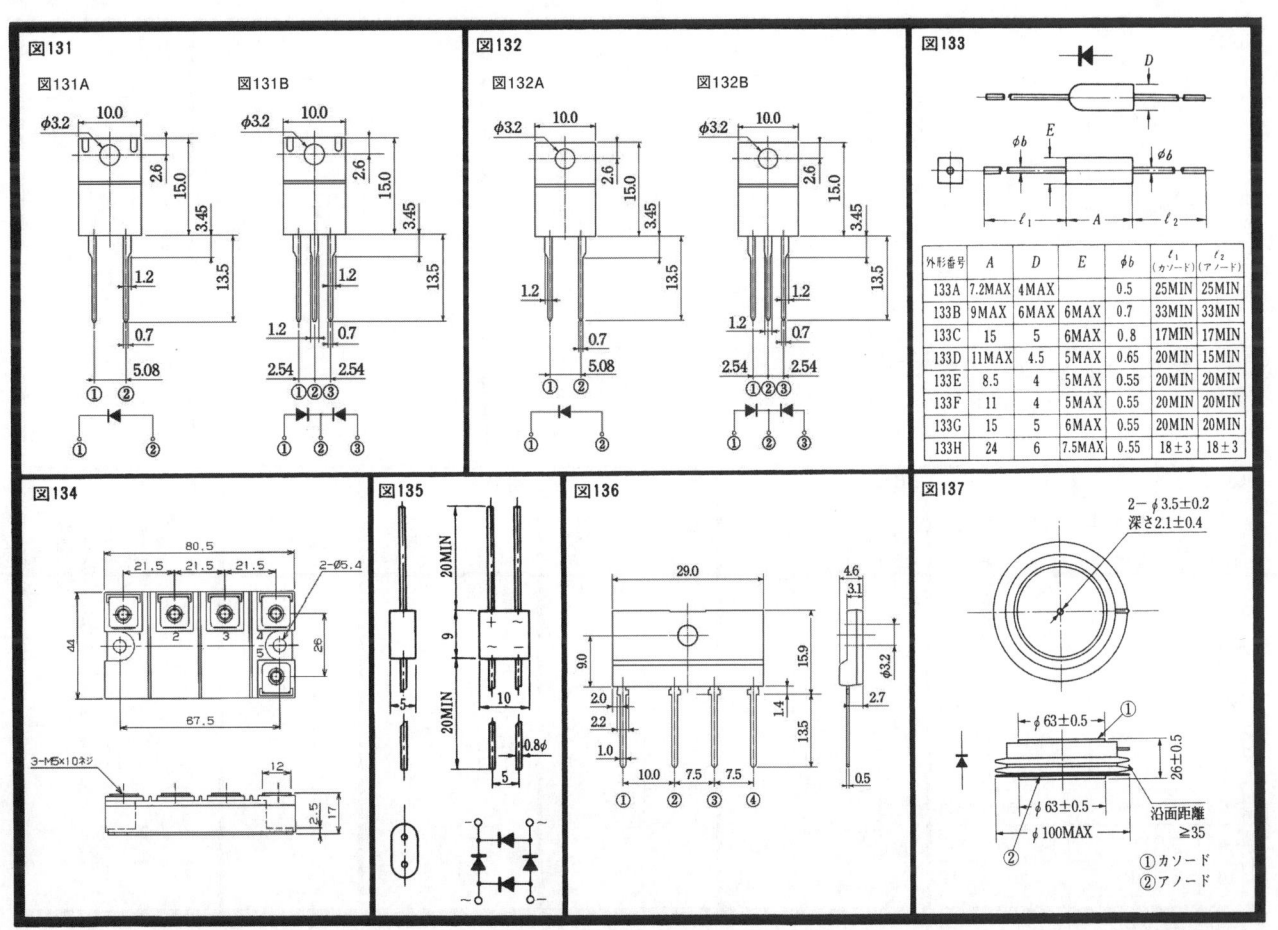

図132

図132A, 図132B

図133

外形番号	A	D	E	ϕb	ℓ_1 (カソード)	ℓ_2 (アノード)
133A	7.2MAX	4MAX		0.5	25MIN	25MIN
133B	9MAX	6MAX	6MAX	0.7	33MIN	33MIN
133C	15	5	6MAX	0.8	17MIN	17MIN
133D	11MAX	4.5	5MAX	0.65	20MIN	15MIN
133E	8.5	4	5MAX	0.55	20MIN	20MIN
133F	11	4	5MAX	0.55	20MIN	20MIN
133G	15	5	6MAX	0.55	20MIN	20MIN
133H	24	6	7.5MAX	0.55	18±3	18±3

図134

図135

図136

図137

① カソード
② アノード

《寸法図単位：mm》

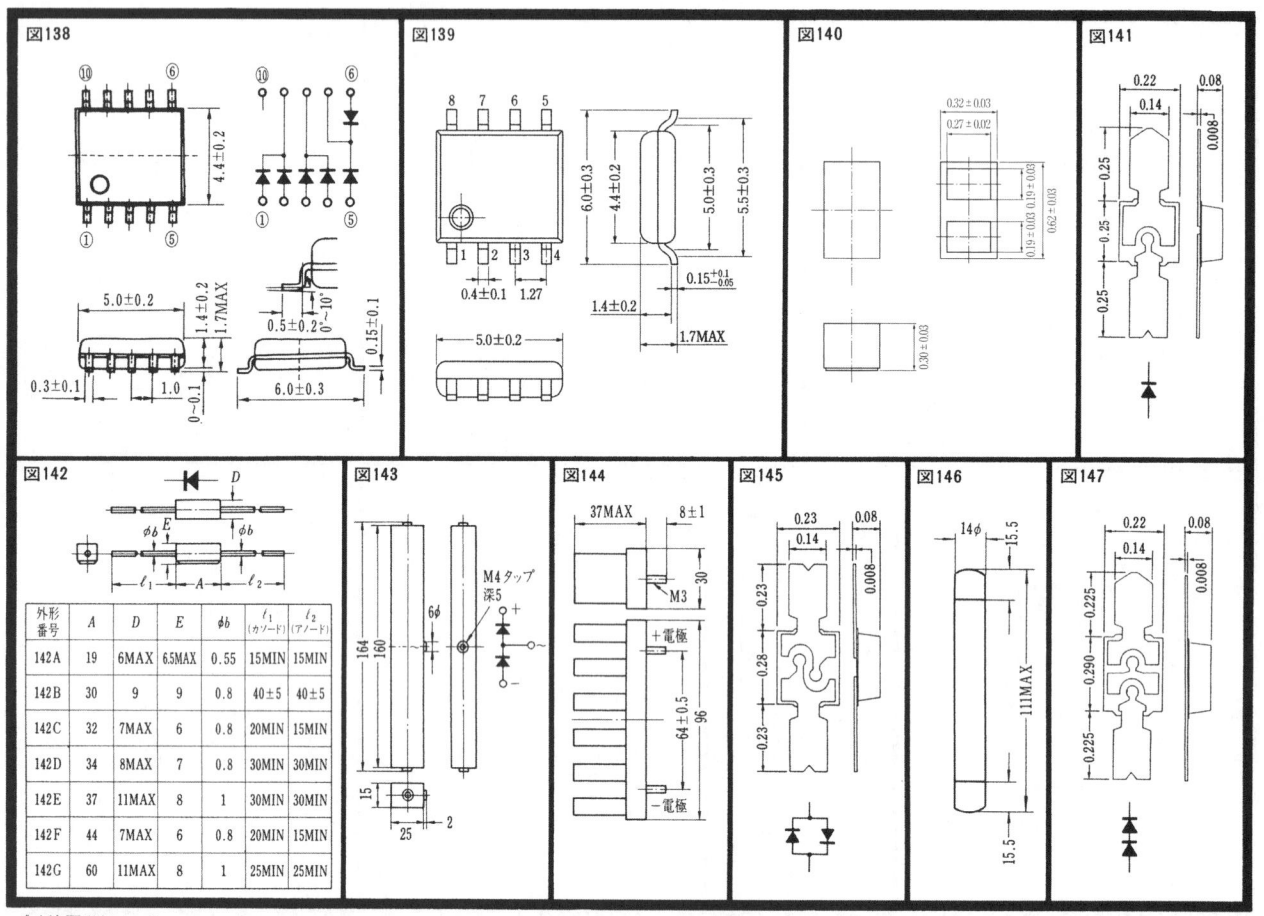

《寸法図単位：mm》

図148

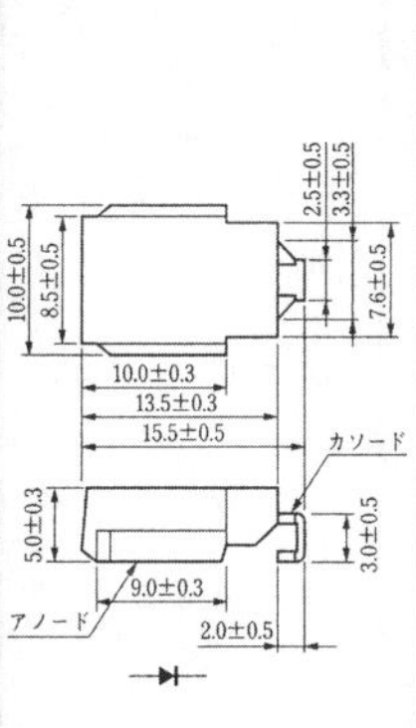

図149

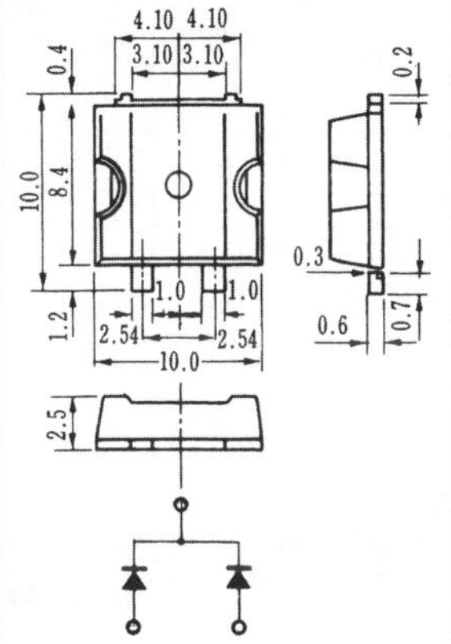

図150

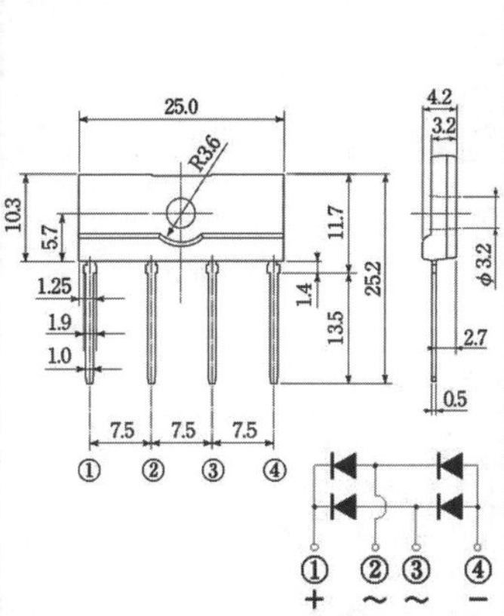

図151

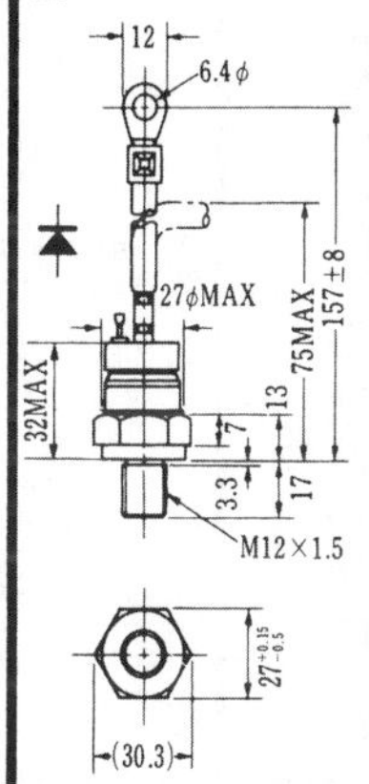

図152

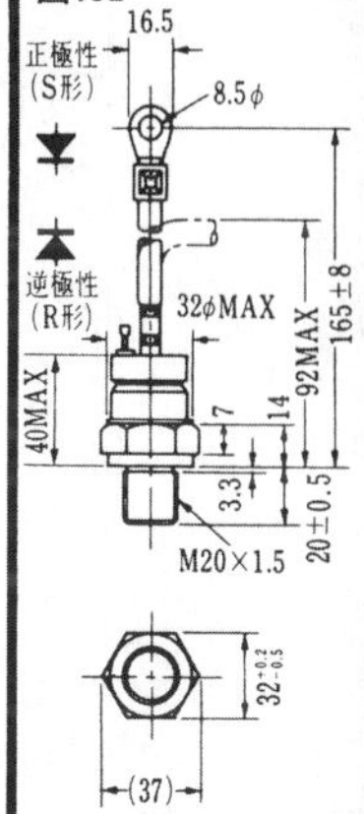

図153

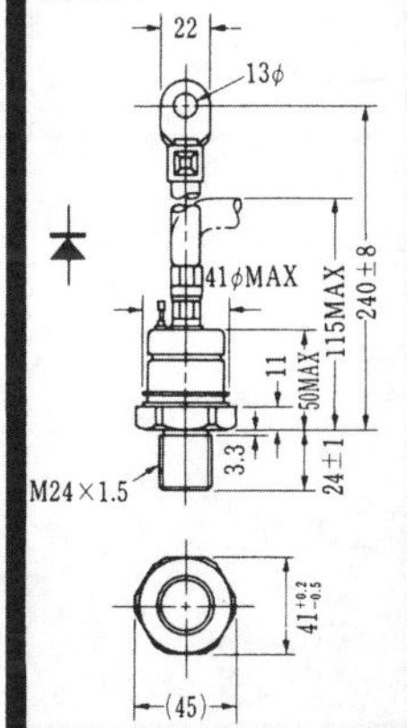

図154

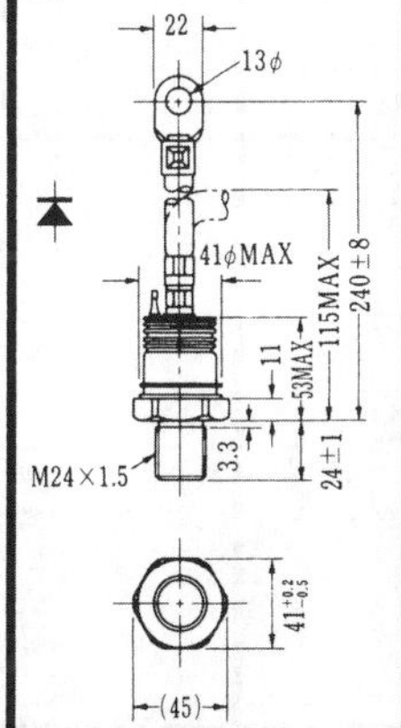

図155

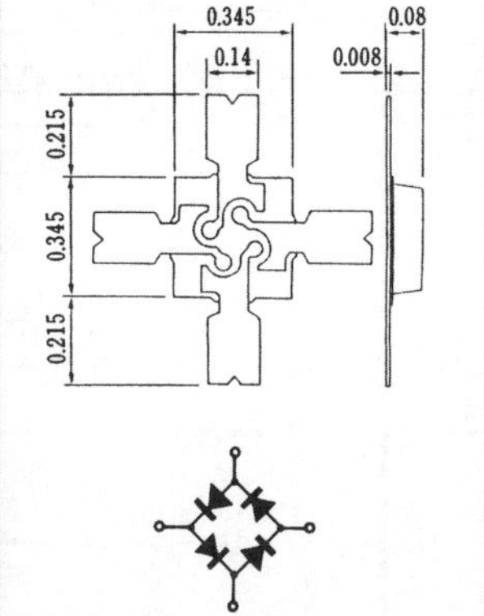

図156

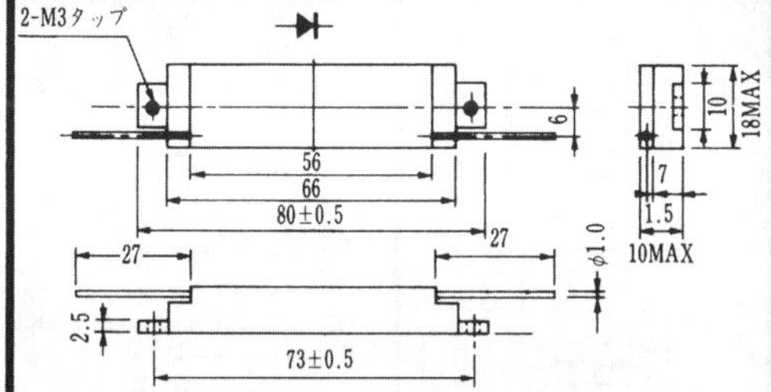

《寸法図単位：mm》

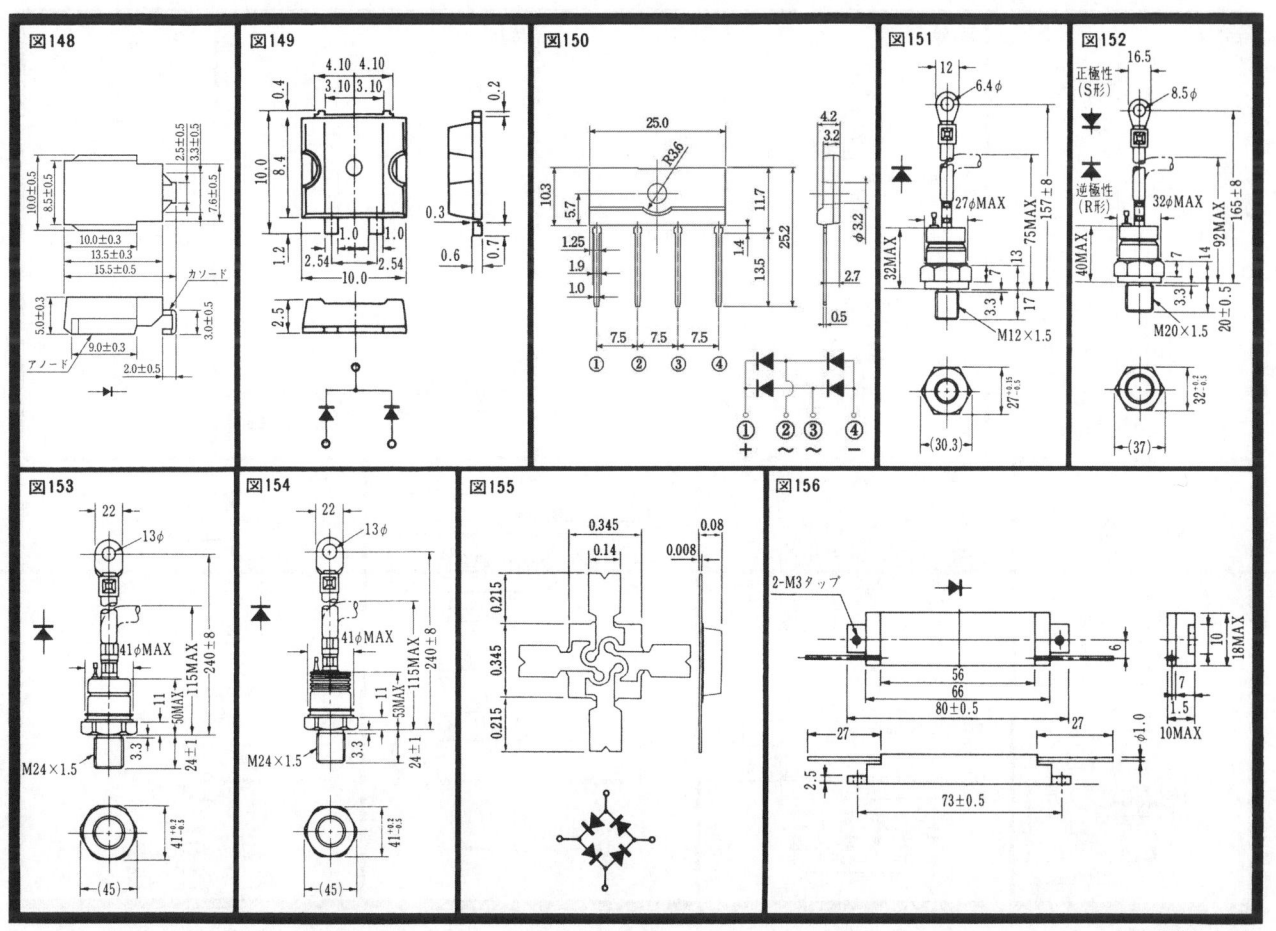

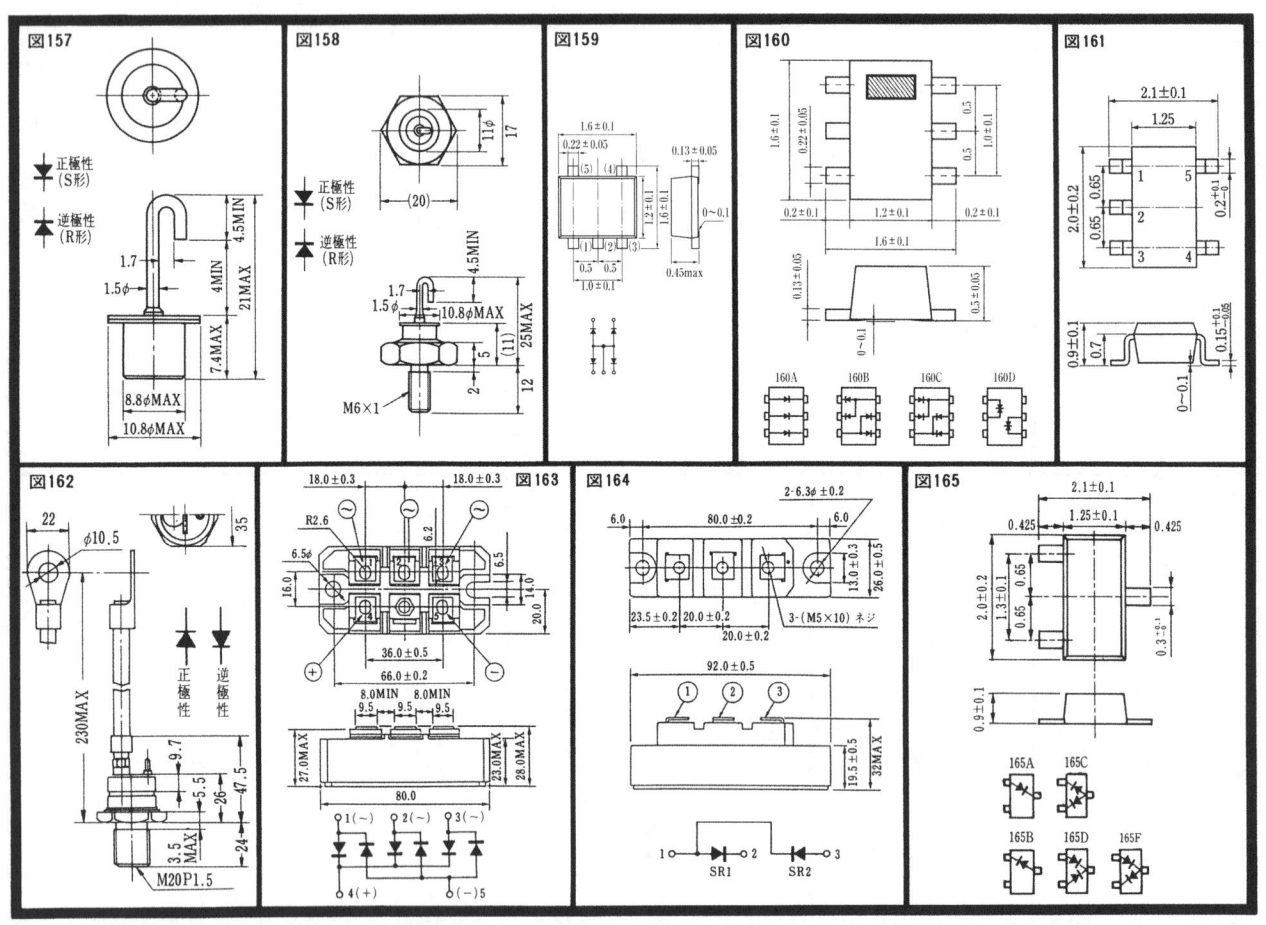

《寸法図単位：mm》

《寸法図単位：mm》

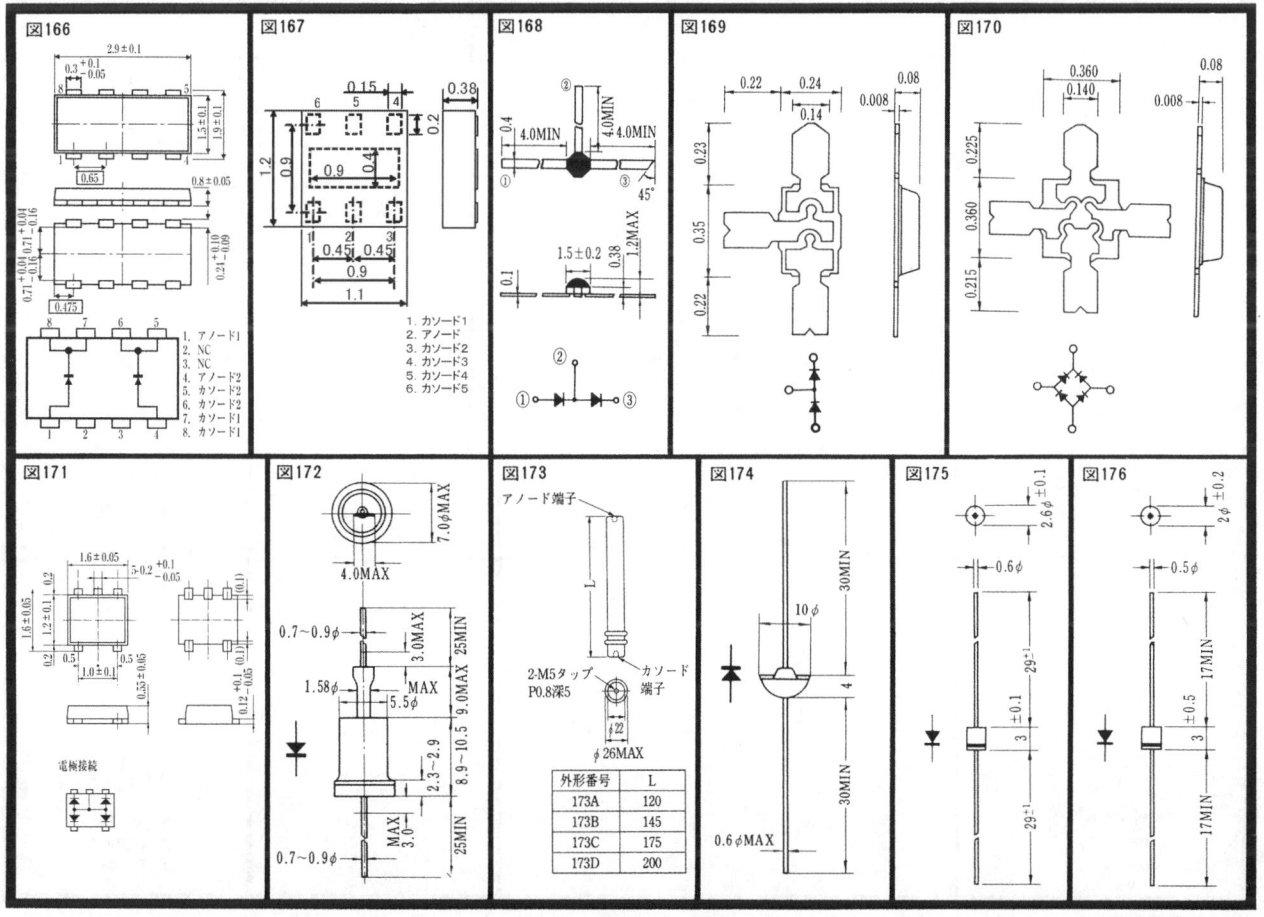

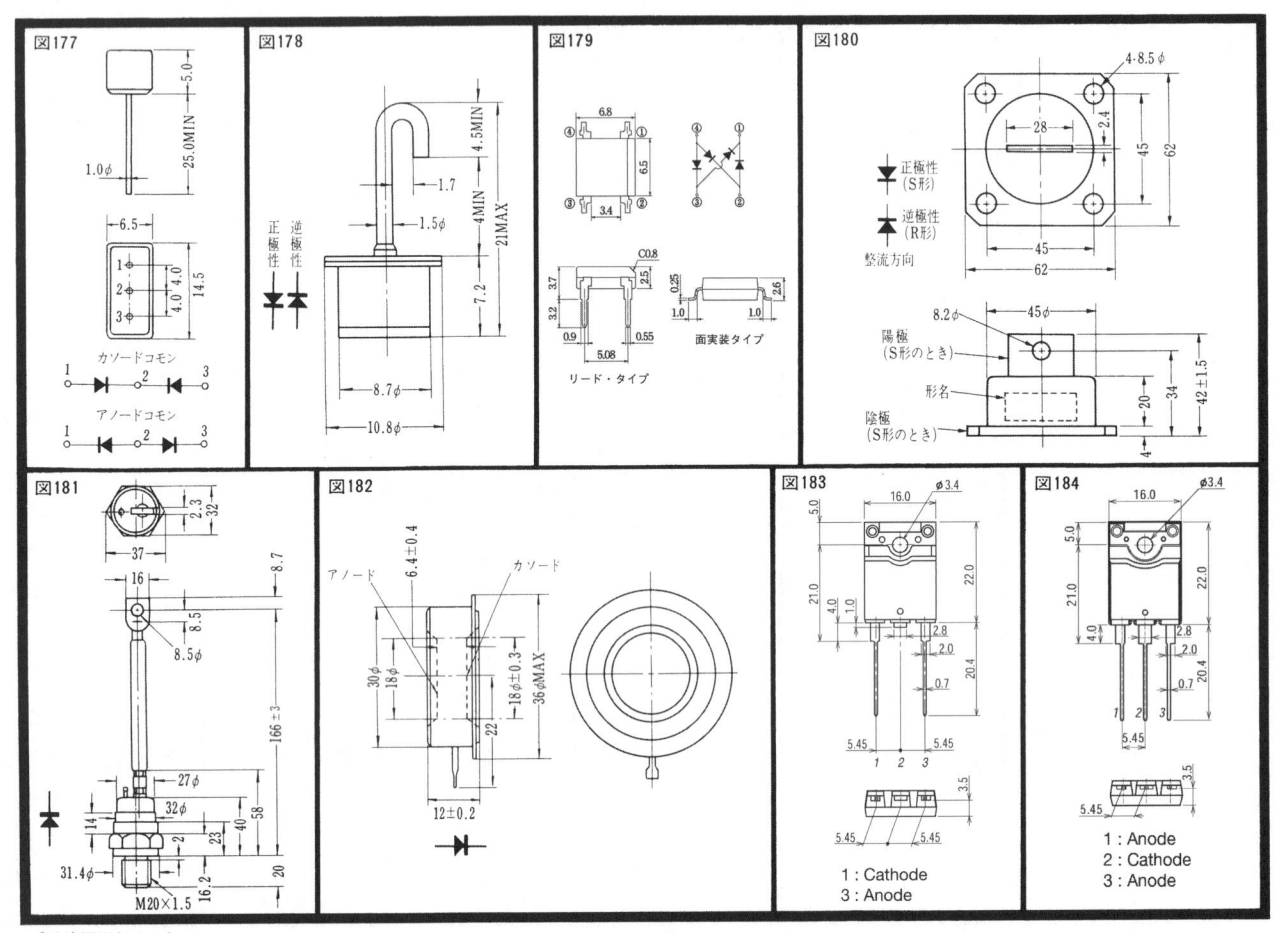

《寸法図単位：mm》

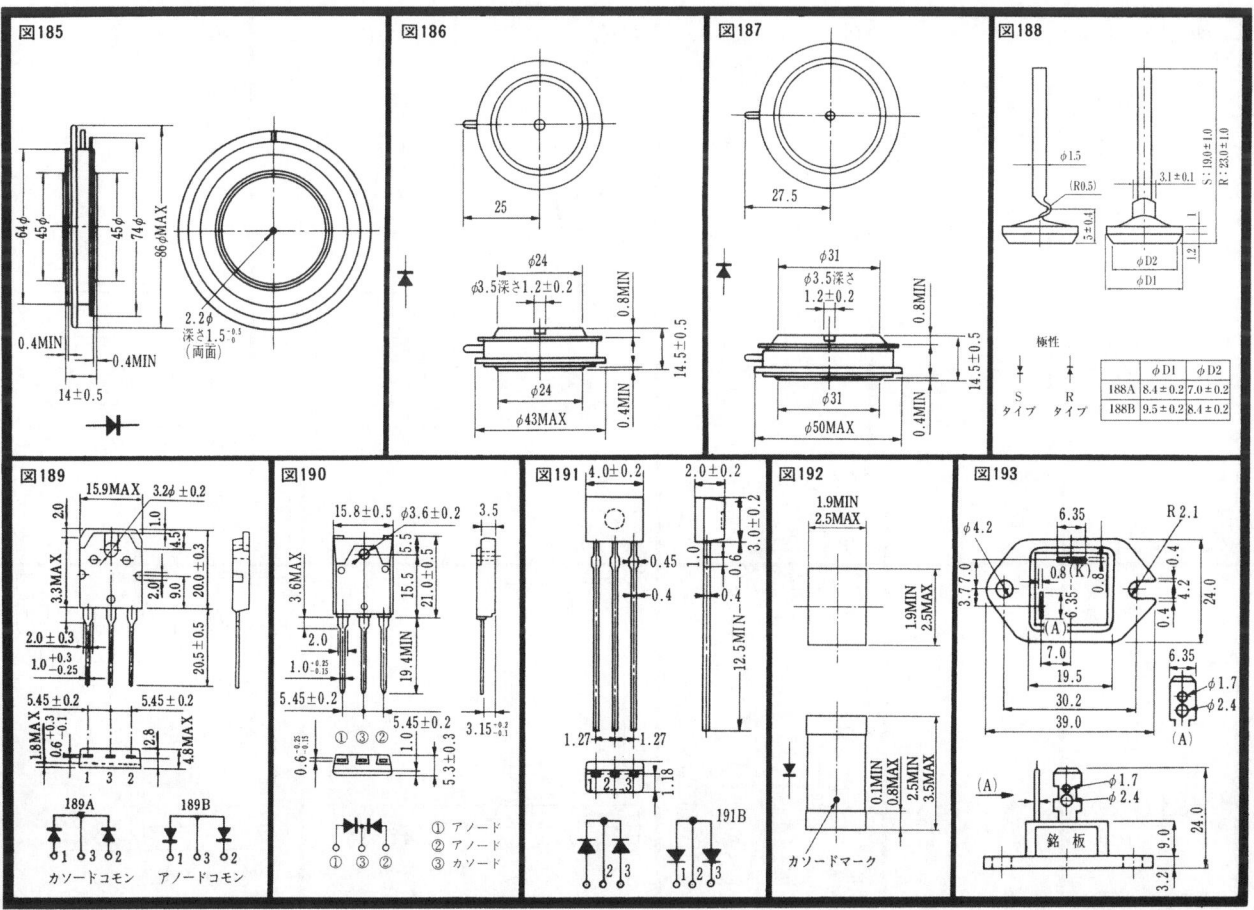

《寸法図単位：mm》

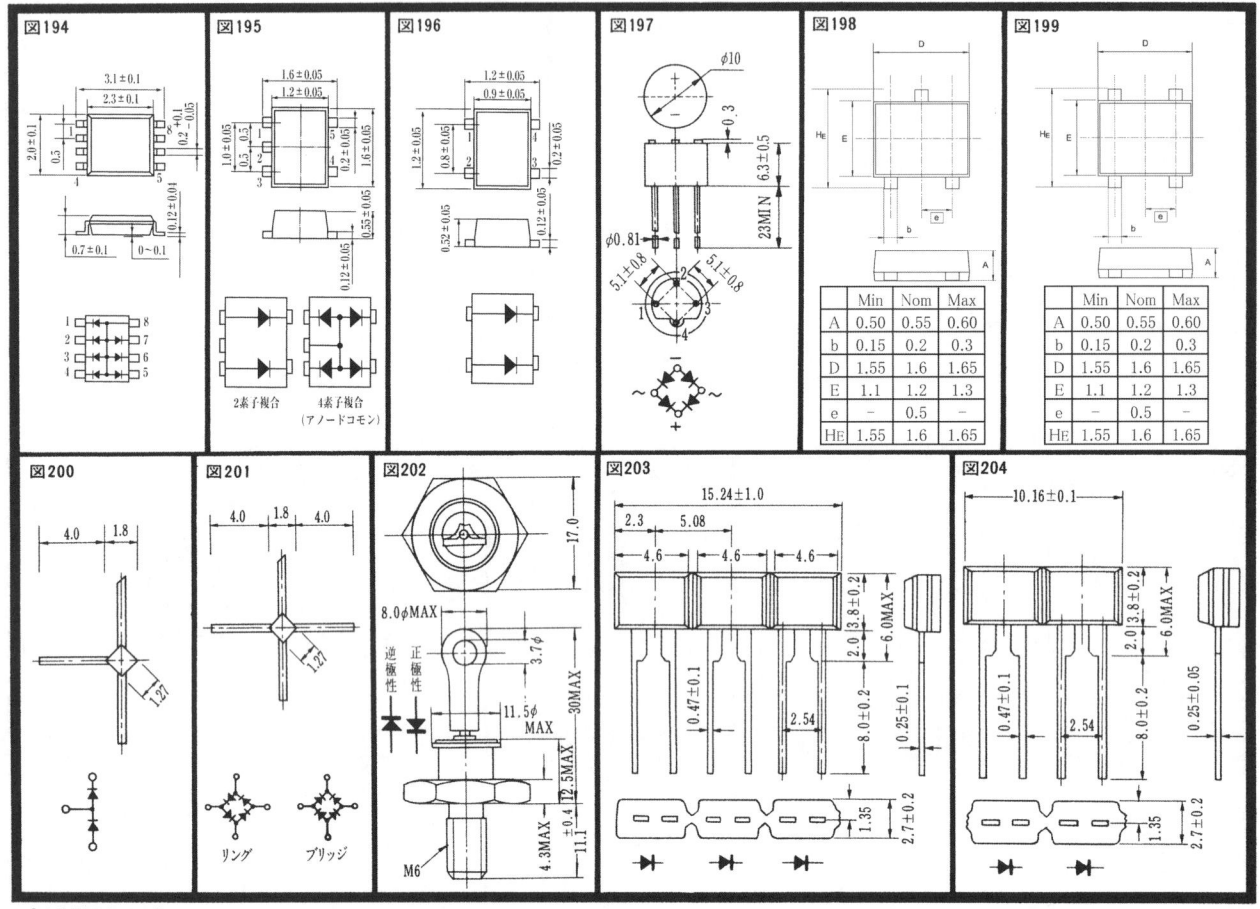

《寸法図単位：mm》

― 455 ―

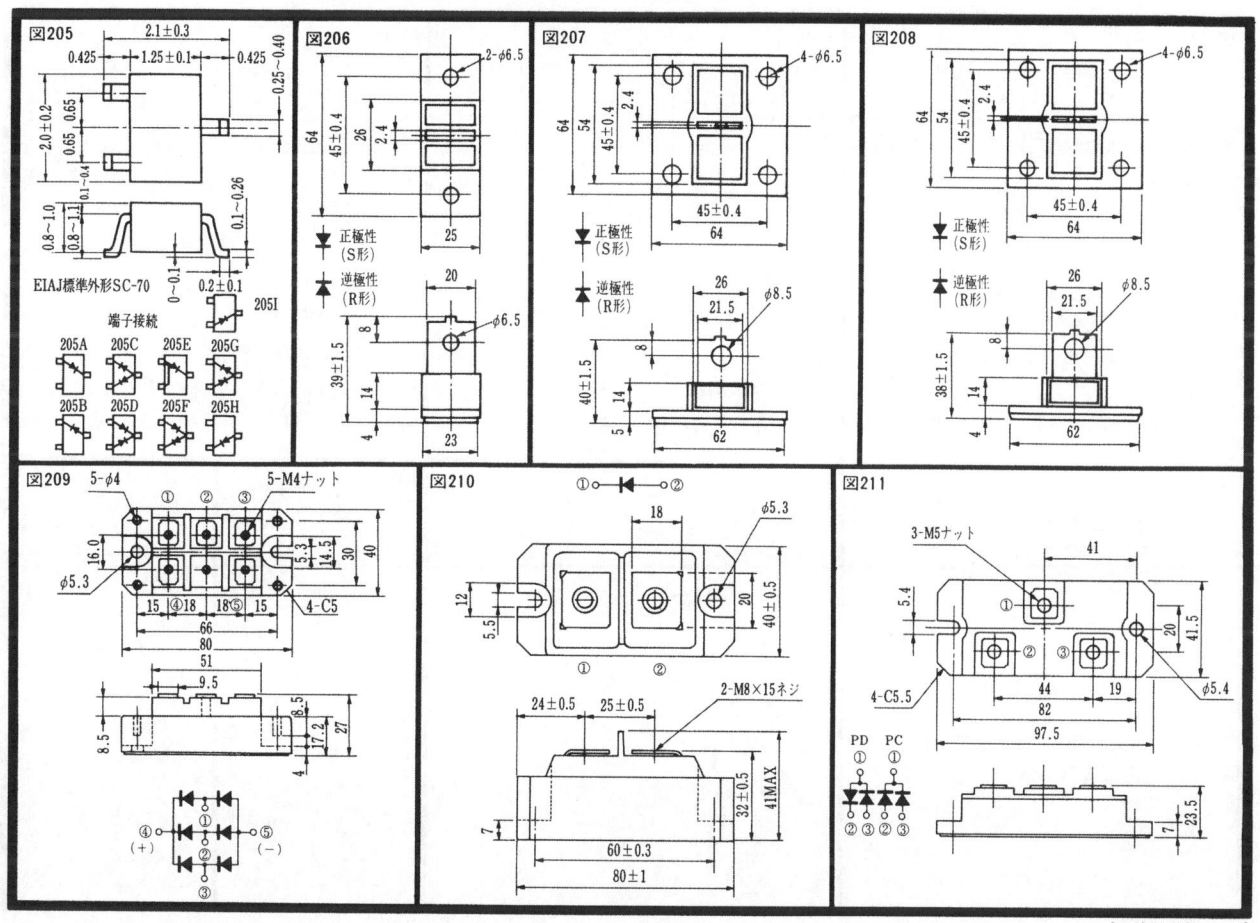

《寸法図単位：mm》

図212

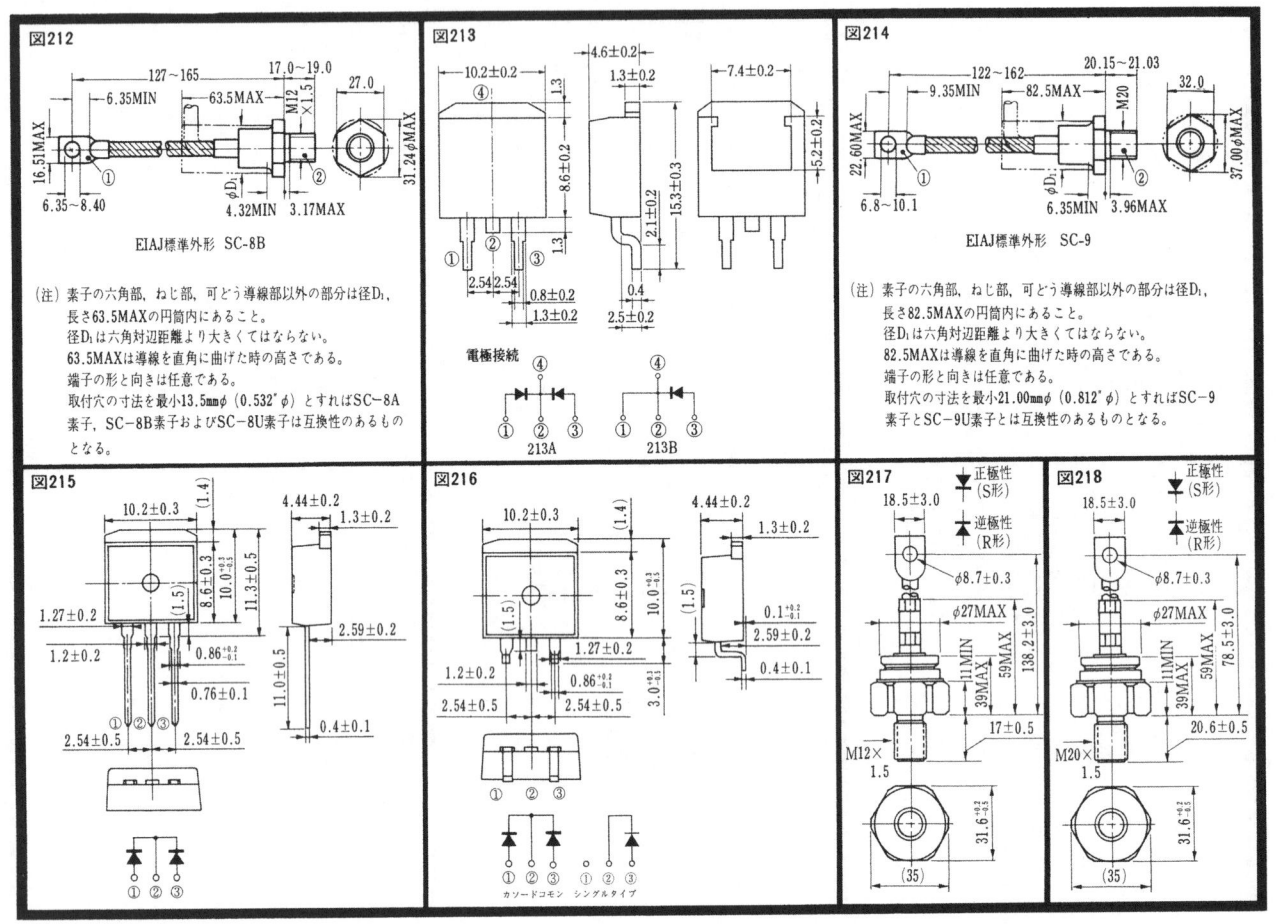

EIAJ標準外形 SC-8B

（注）素子の六角部，ねじ部，可とう導線部以外の部分は径D_1，長さ63.5MAXの円筒内にあること。
径D_1は六角対辺距離より大きくてはならない。
63.5MAXは導線を直角に曲げた時の高さである。
端子の形と向きは任意である。
取付穴の寸法を最小13.5mmϕ（0.532″ϕ）とすればSC-8A素子，SC-8B素子およびSC-8U素子は互換性のあるものとなる。

図213

電極接続

213A　213B

図214

EIAJ標準外形 SC-9

（注）素子の六角部，ねじ部，可とう導線部以外の部分は径D_1，長さ82.5MAXの円筒内にあること。
径D_1は六角対辺距離より大きくてはならない。
82.5MAXは導線を直角に曲げた時の高さである。
端子の形と向きは任意である。
取付穴の寸法を最小21.00mmϕ（0.812″ϕ）とすればSC-9素子とSC-9U素子とは互換性のあるものとなる。

図215

図216

カソードコモン　シングルタイプ

図217

正極性（S形）
逆極性（R形）

図218

正極性（S形）
逆極性（R形）

《寸法図単位：mm》

— 457 —

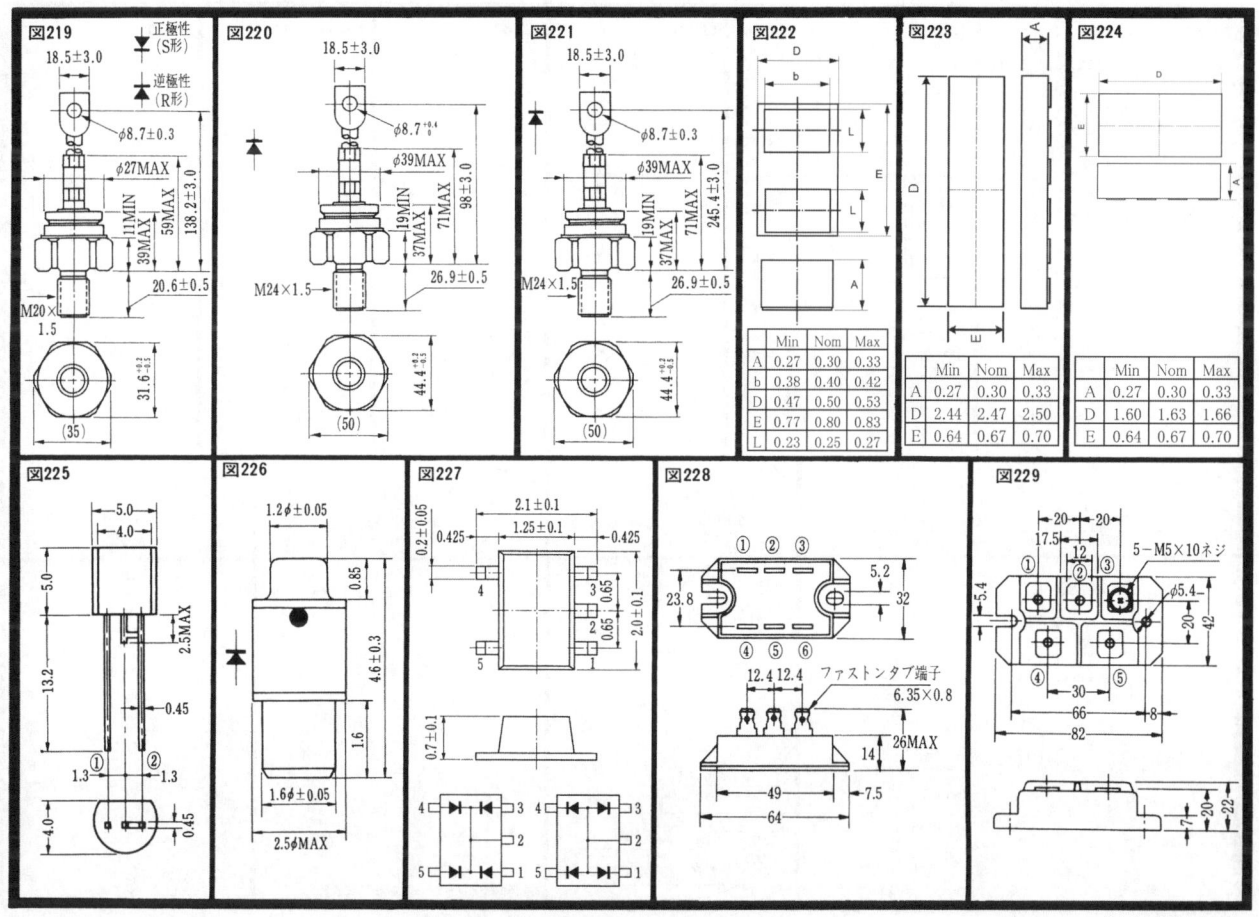

《寸法図単位：mm》

— 458 —

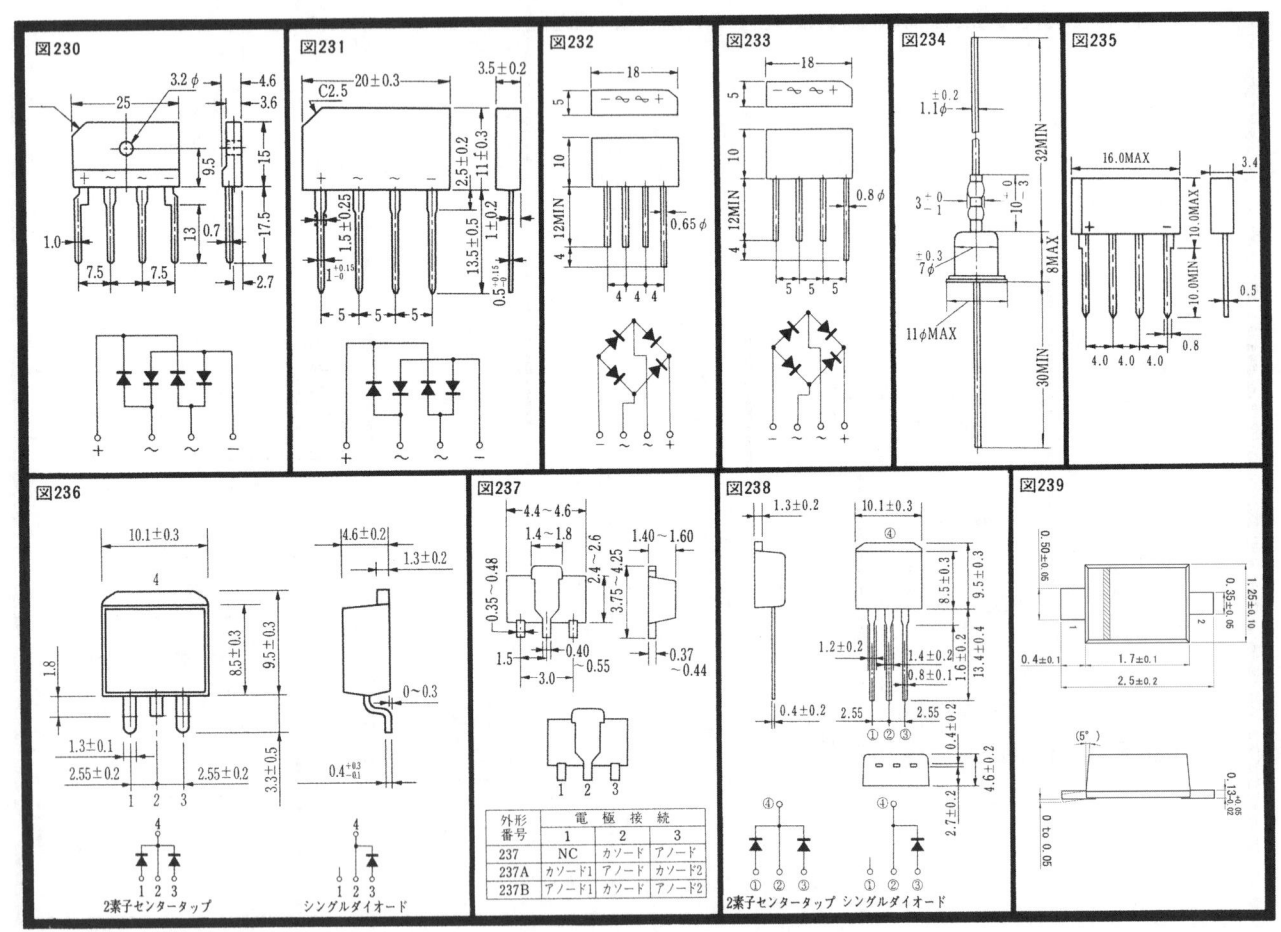

《寸法図単位：mm》

— 459 —

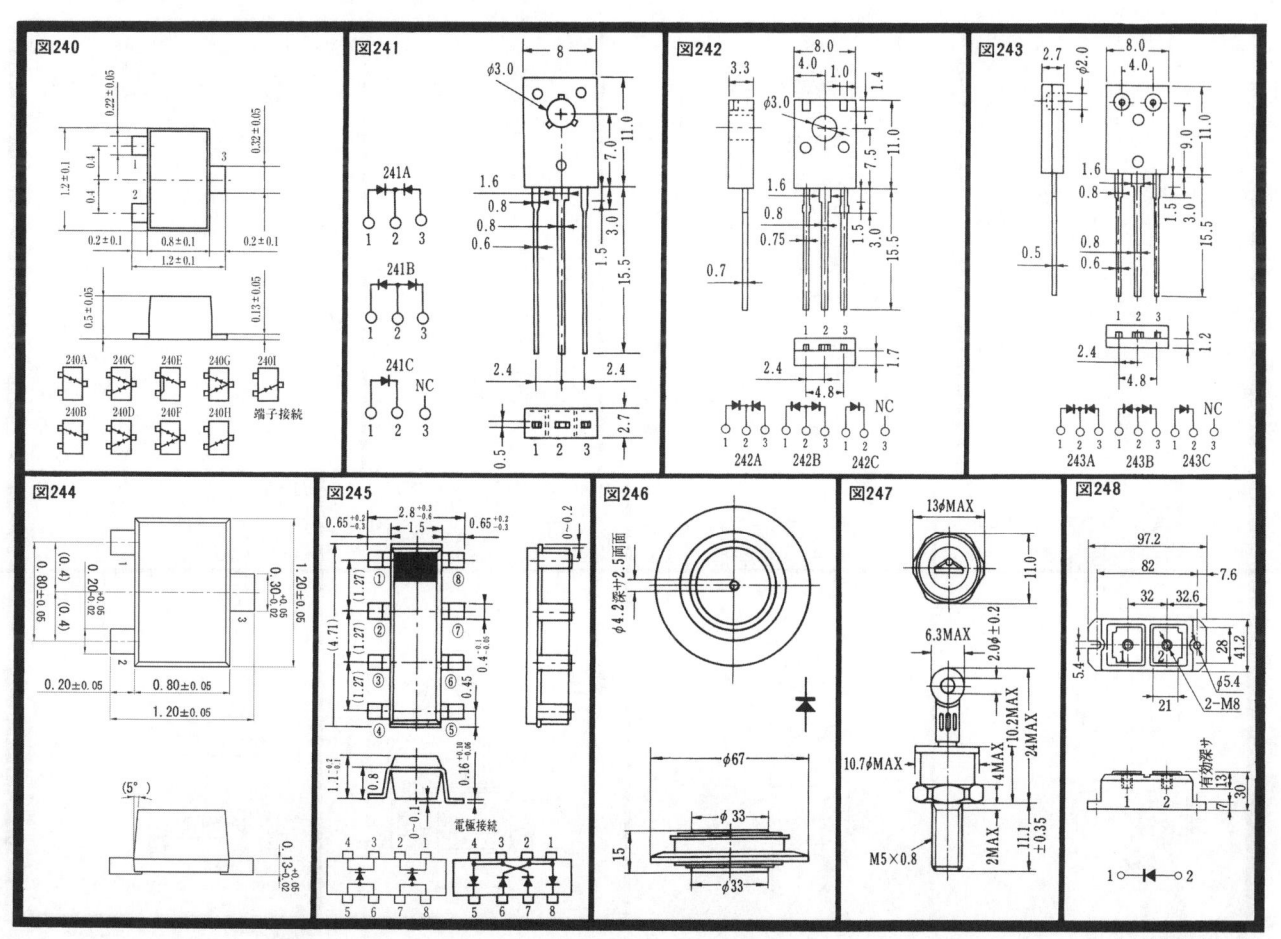

《寸法図単位：mm》

— 460 —

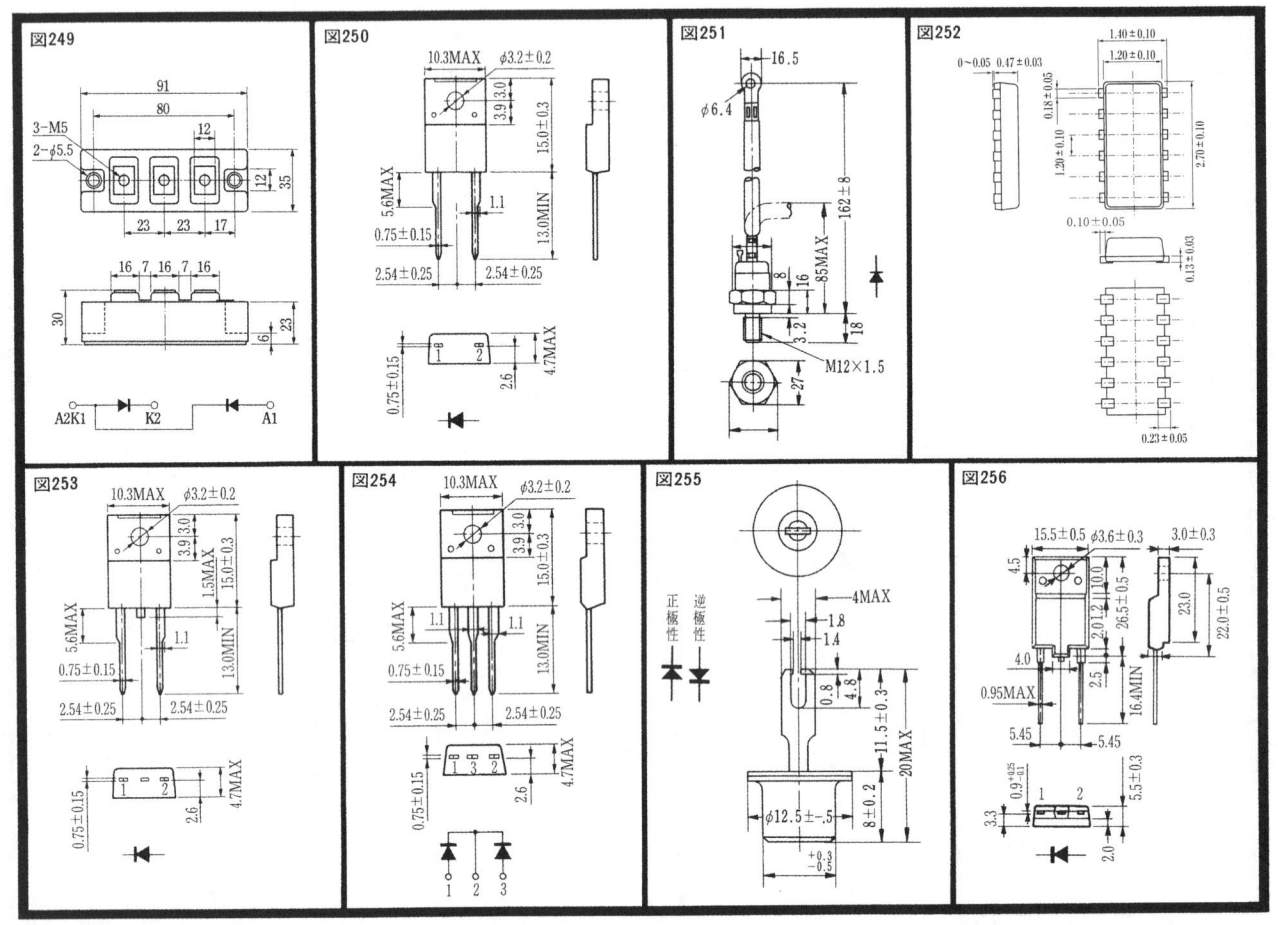

《寸法図単位：mm》

— 461 —

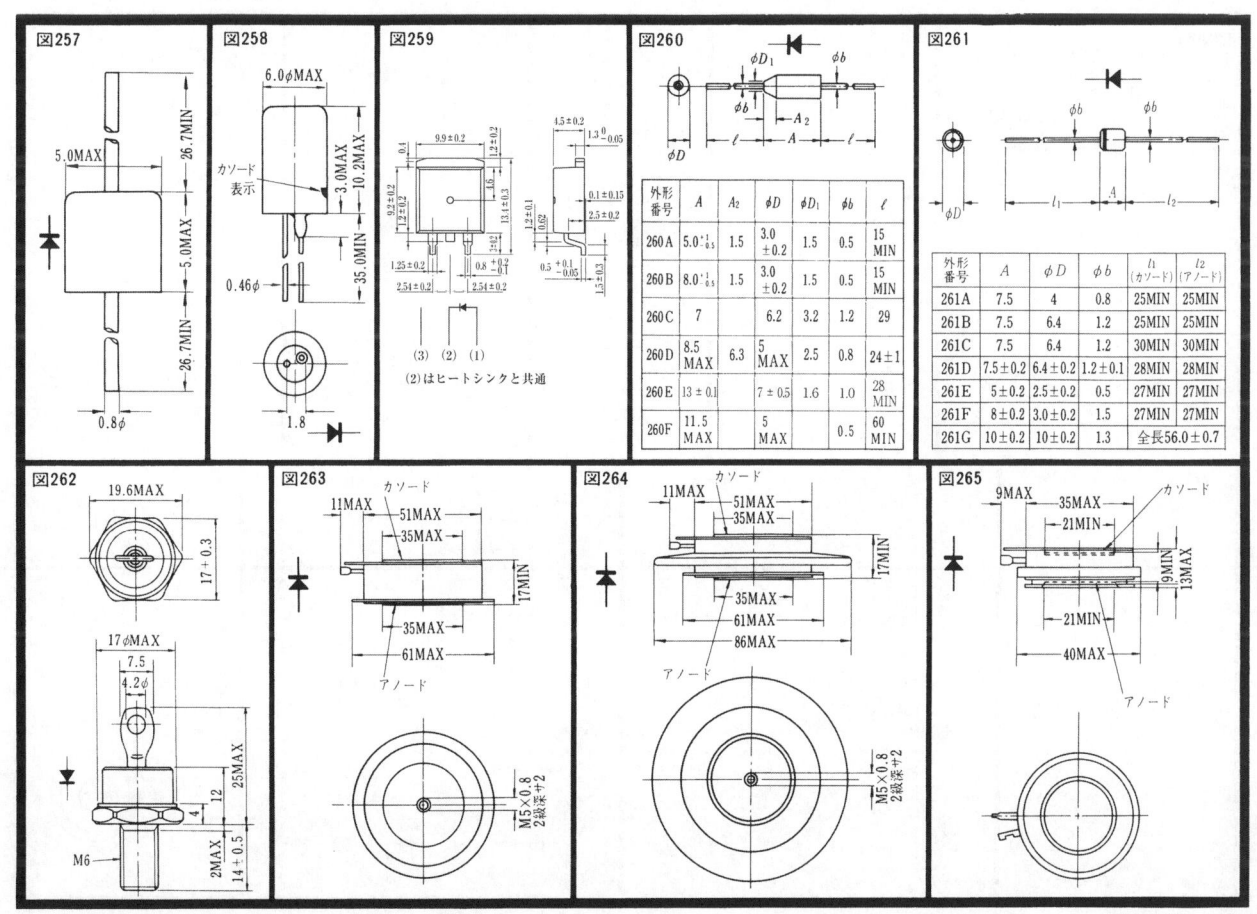

図257, 図258, 図259

図260

外形番号	A	A_2	ϕD	ϕD_1	ϕb	ℓ
260A	$5.0^{+0.1}_{-0.5}$	1.5	3.0 ± 0.2	1.5	0.5	15 MIN
260B	$8.0^{+0.1}_{-0.5}$	1.5	3.0 ± 0.2	1.5	0.5	15 MIN
260C	7		6.2	3.2	1.2	29
260D	8.5 MAX	6.3	5 MAX	2.5	0.8	24 ± 1
260E	13 ± 0.1		7 ± 0.5	1.6	1.0	28 MIN
260F	11.5 MAX		5 MAX		0.5	60 MIN

図261

外形番号	A	ϕD	ϕb	l_1 (カソード)	l_2 (アノード)
261A	7.5	4	0.8	25MIN	25MIN
261B	7.5	6.4	1.2	25MIN	25MIN
261C	7.5	6.4	1.2	30MIN	30MIN
261D	7.5 ± 0.2	6.4 ± 0.2	1.2 ± 0.1	28MIN	28MIN
261E	5 ± 0.2	2.5 ± 0.2	0.5	27MIN	27MIN
261F	8 ± 0.2	3.0 ± 0.2	1.5	27MIN	27MIN
261G	10 ± 0.2	10 ± 0.2	1.3	全長56.0 ± 0.7	

図262, 図263, 図264, 図265

《寸法図単位：mm》

《寸法図単位：mm》

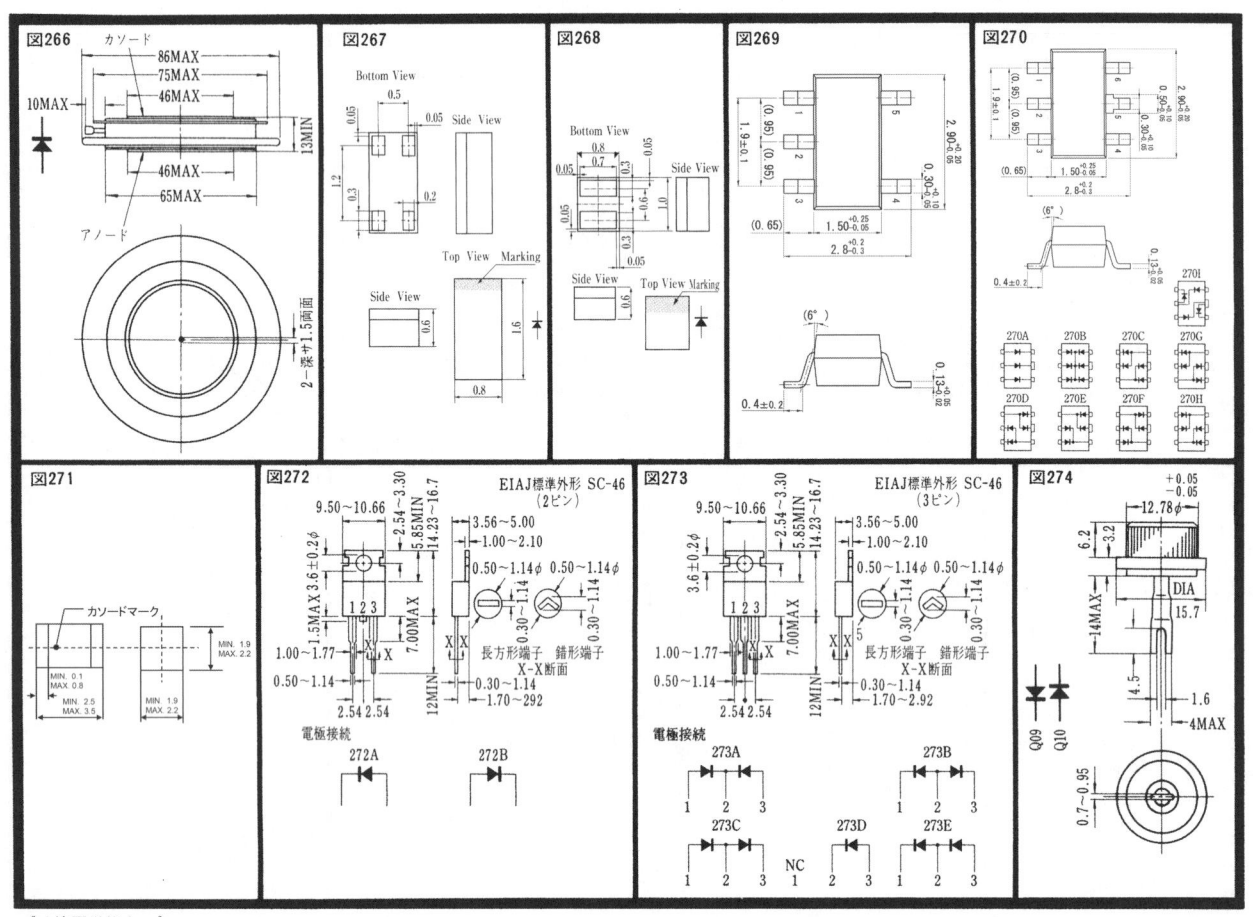

— 463 —

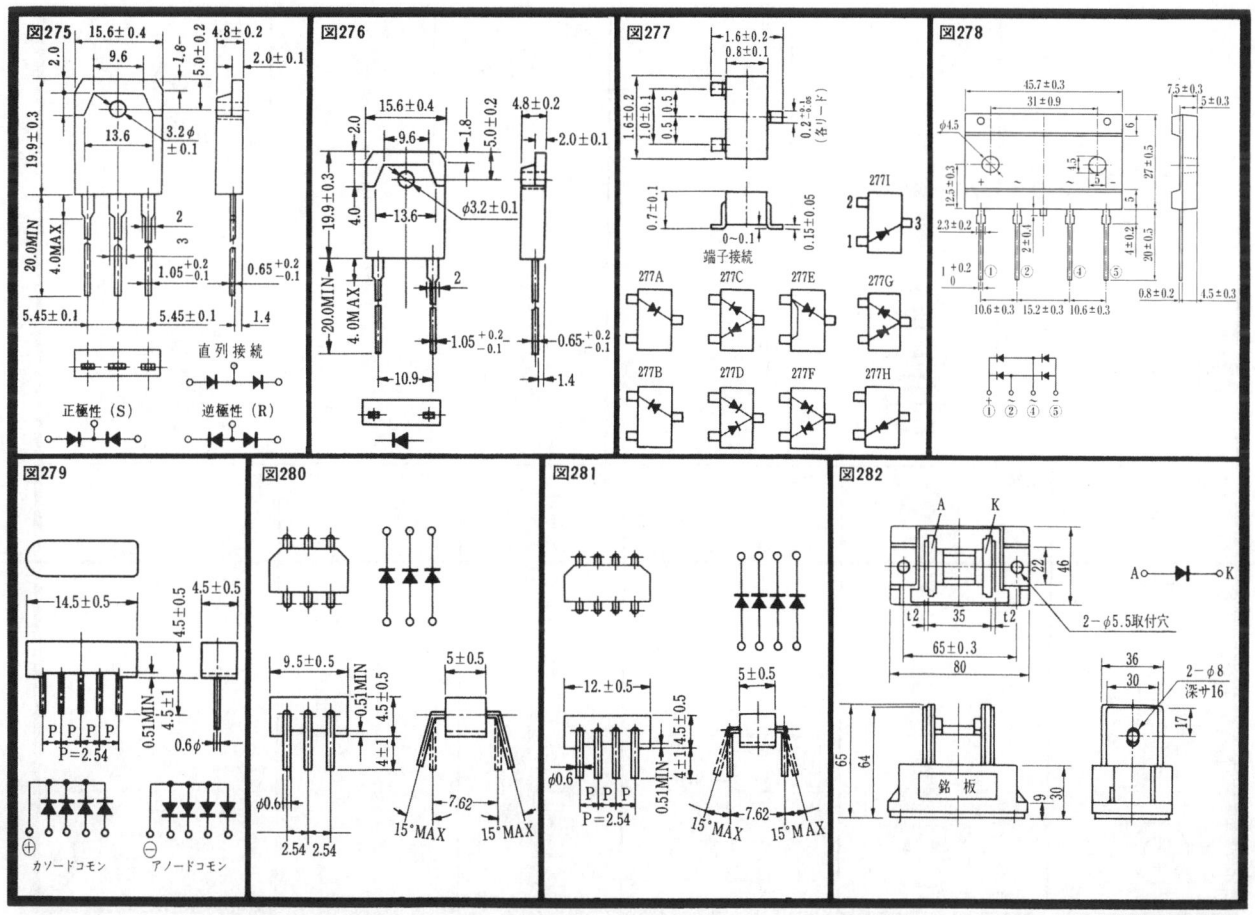

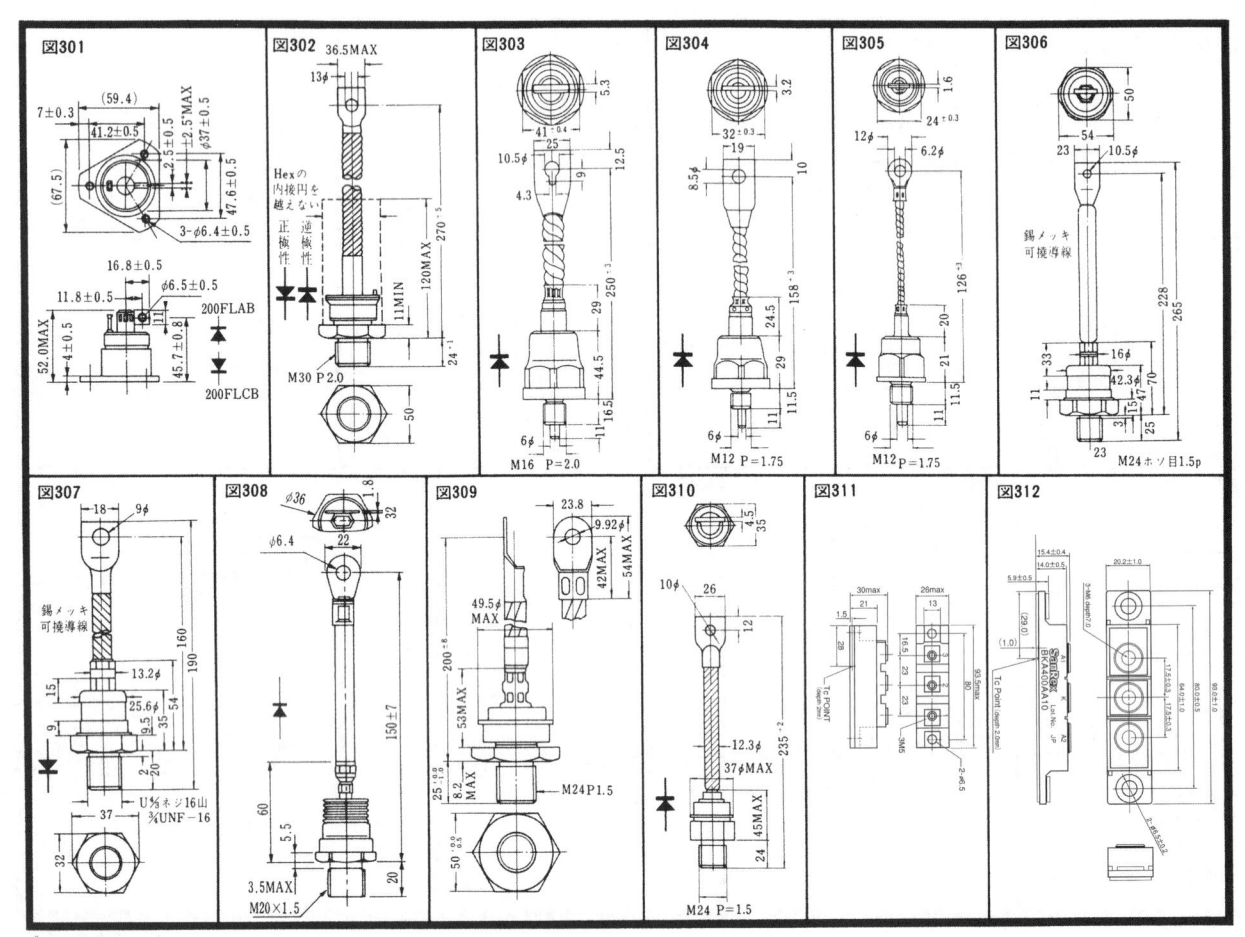

《寸法図単位：mm》

図313

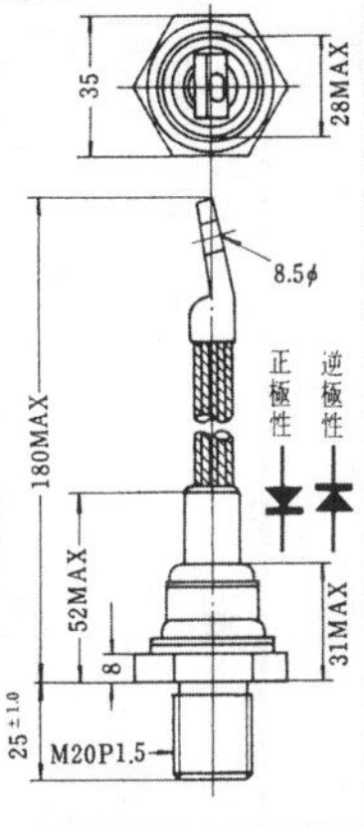

図314

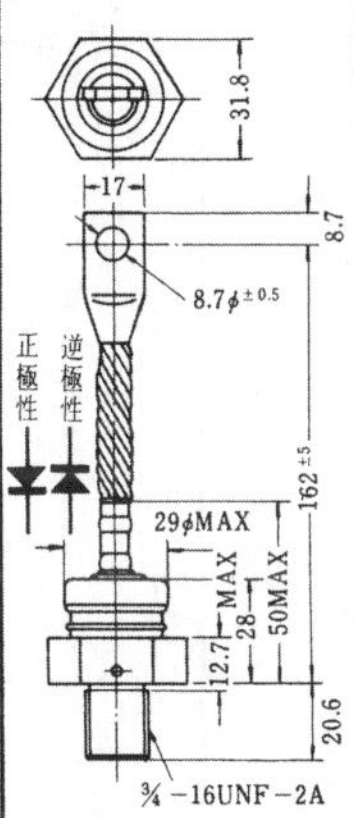

図315

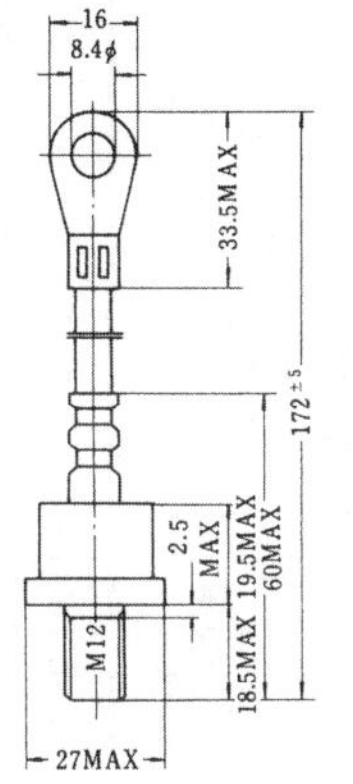

図316

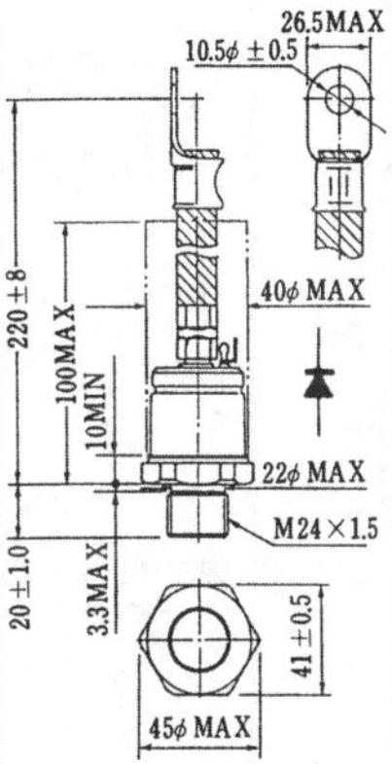

図317

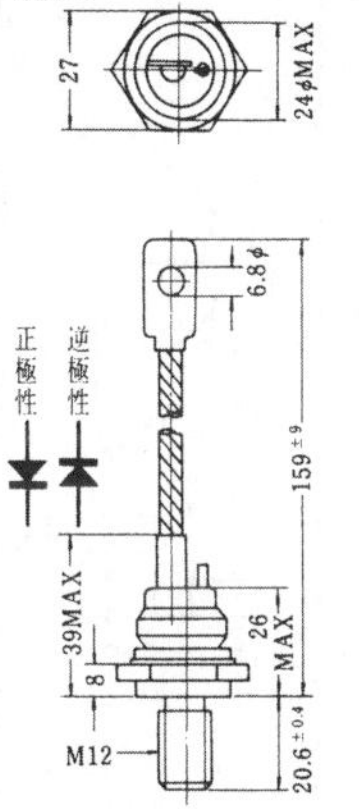

図318

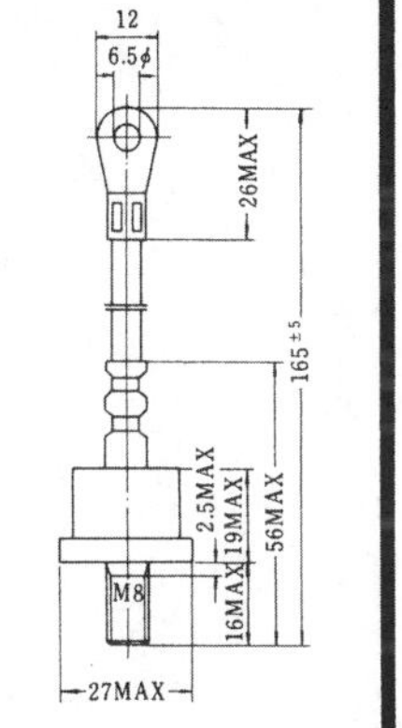

図319

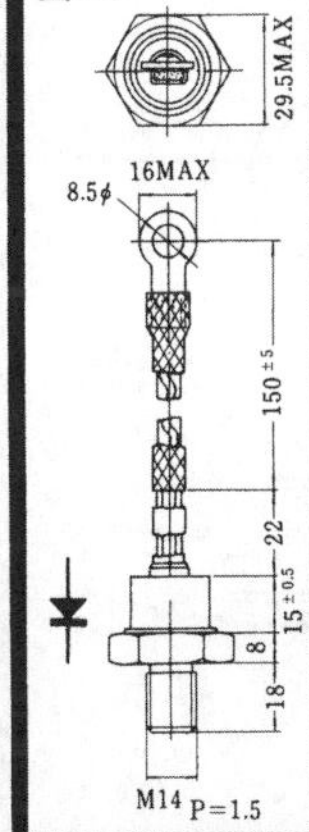

図320

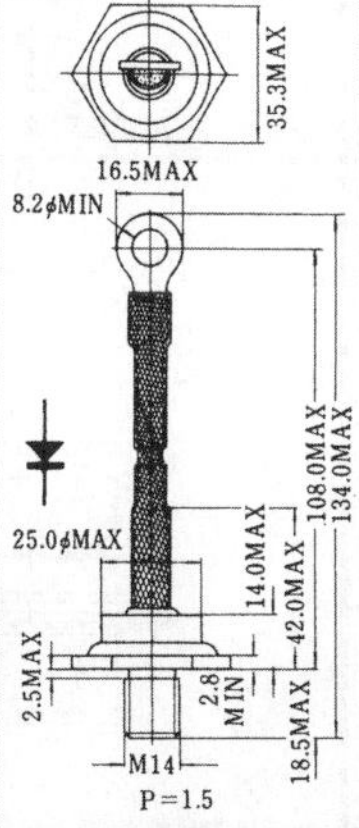

図321

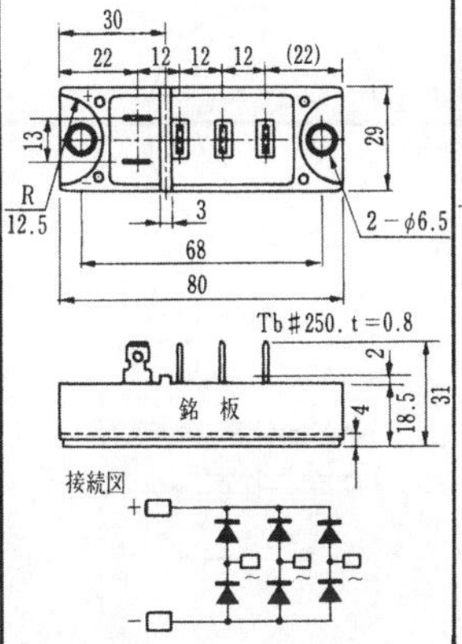

図322

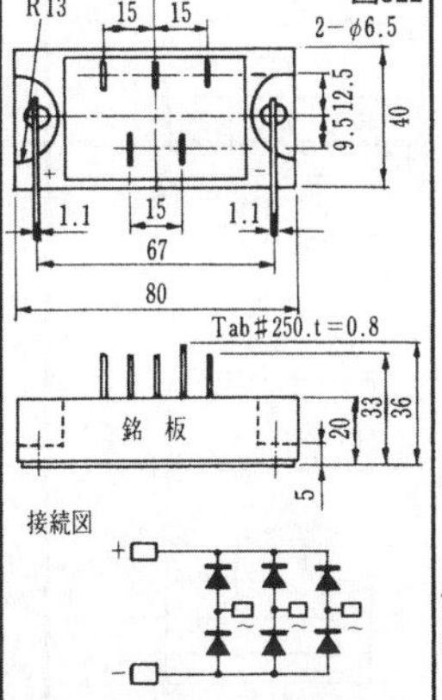

図323

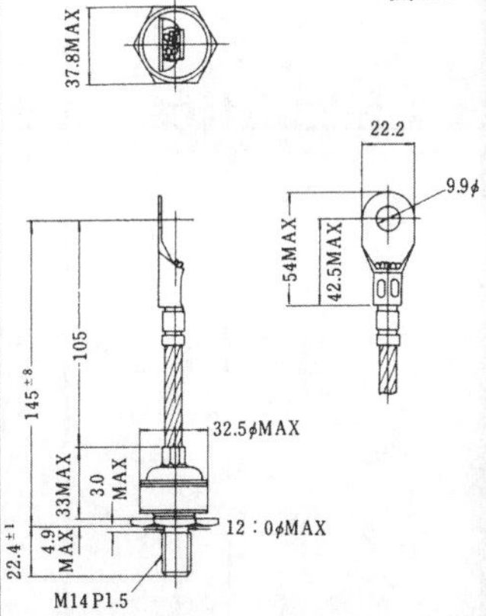

《寸法図単位：mm》

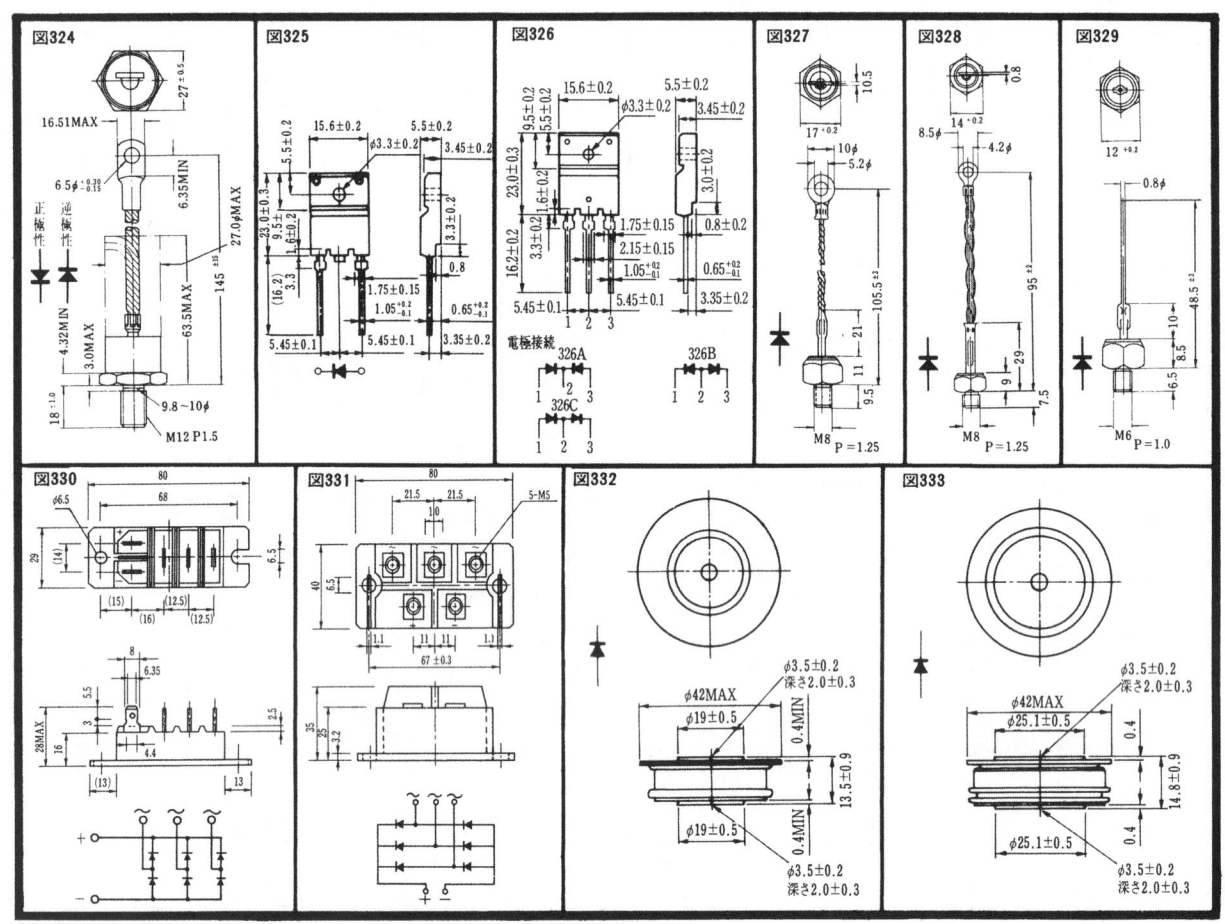

〈寸法図単位：mm〉

— 467 —

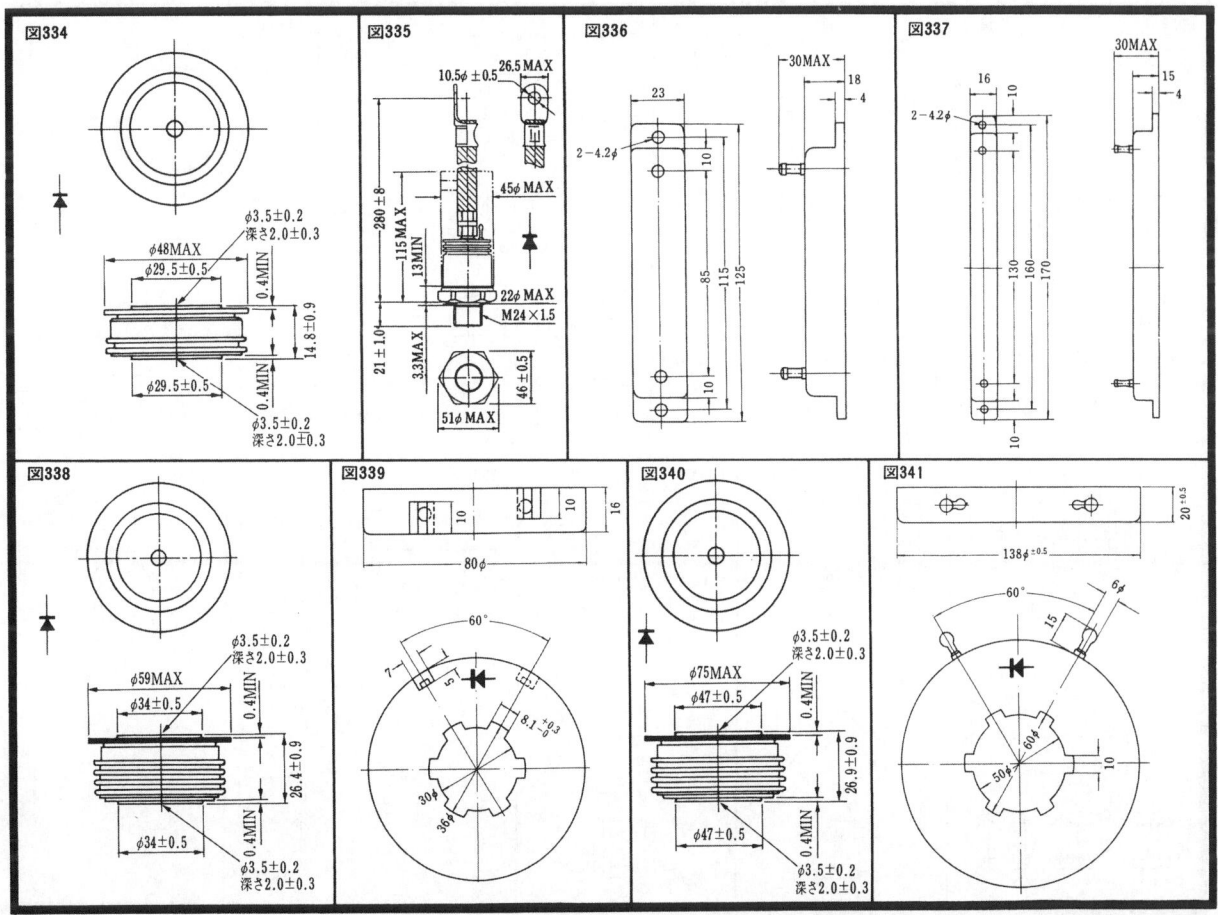

《寸法図単位：mm》

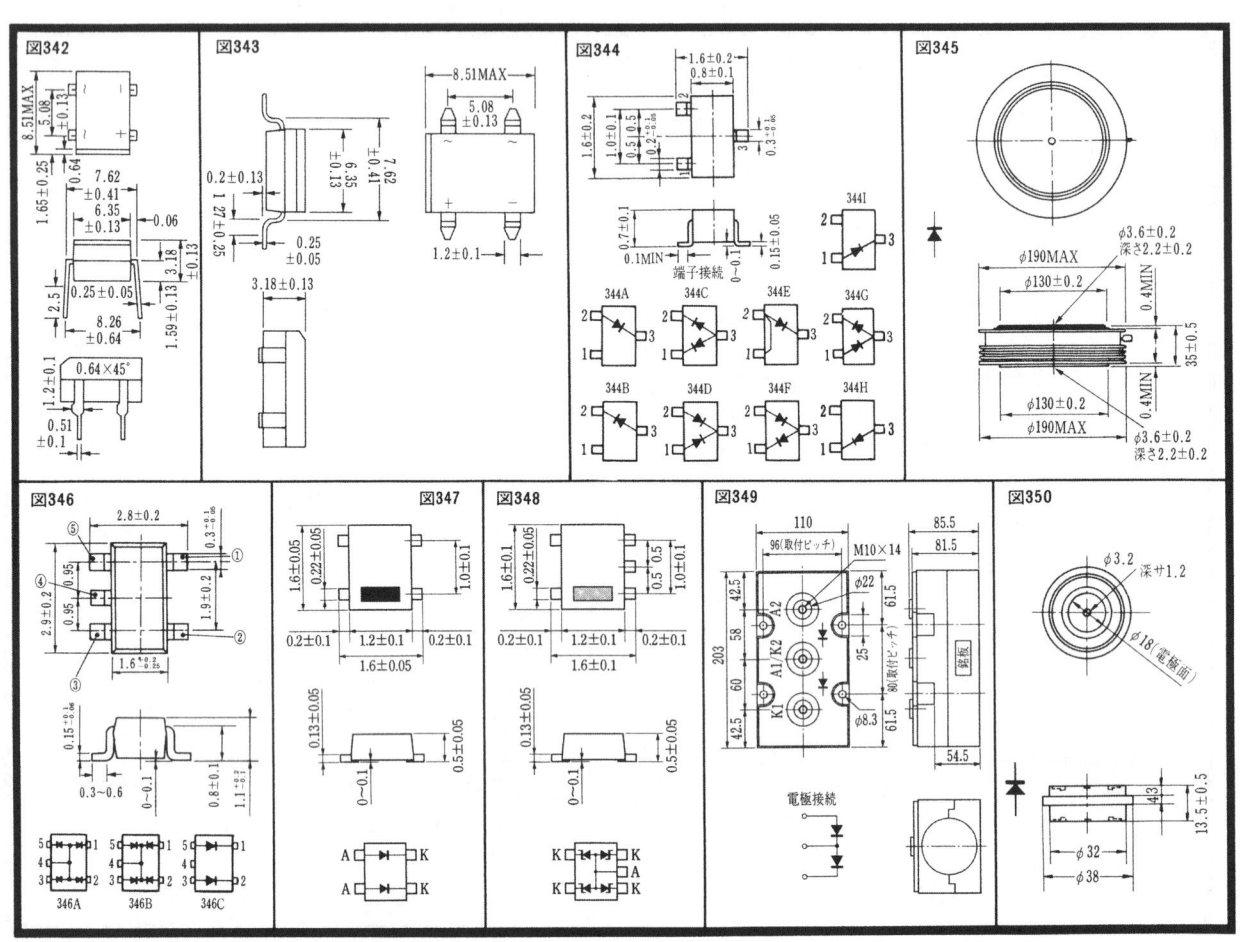

《寸法図単位：mm》

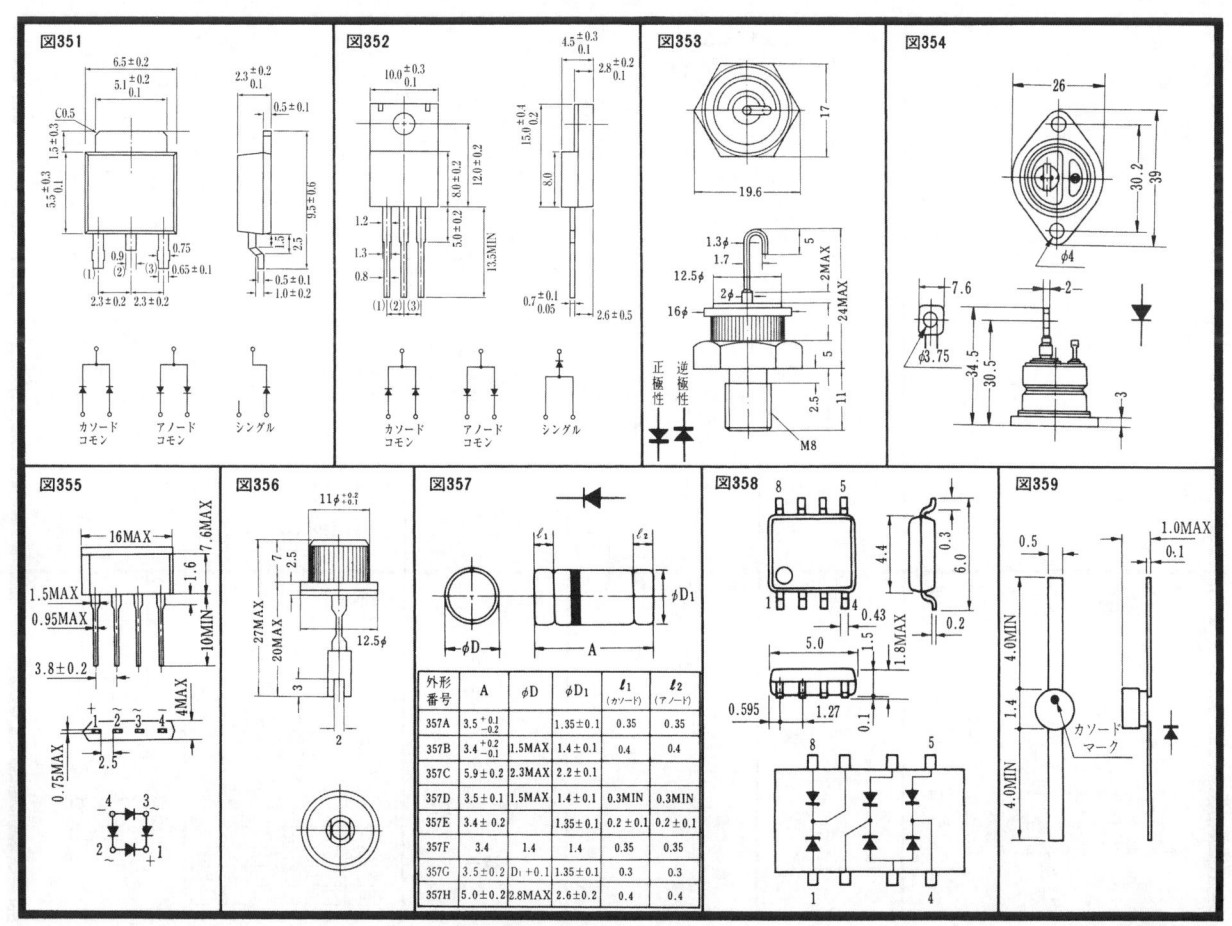

外形番号	A	ϕD	ϕD_1	ℓ_1 (カソード)	ℓ_2 (アノード)
357A	3.5 +0.1/-0.2		1.35±0.1	0.35	0.35
357B	3.4 +0.2/-0.1	1.5MAX	1.4±0.1	0.4	0.4
357C	5.9±0.2	2.3MAX	2.2±0.1		
357D	3.5±0.1	1.5MAX	1.4±0.1	0.3MIN	0.3MIN
357E	3.4±0.2		1.35±0.1	0.2±0.1	0.2±0.1
357F	3.4	1.4	1.4	0.35	0.35
357G	3.5±0.2	D₁+0.1	1.35±0.1	0.3	0.3
357H	5.0±0.2	2.8MAX	2.6±0.2	0.4	0.4

《寸法図単位：mm》

図360

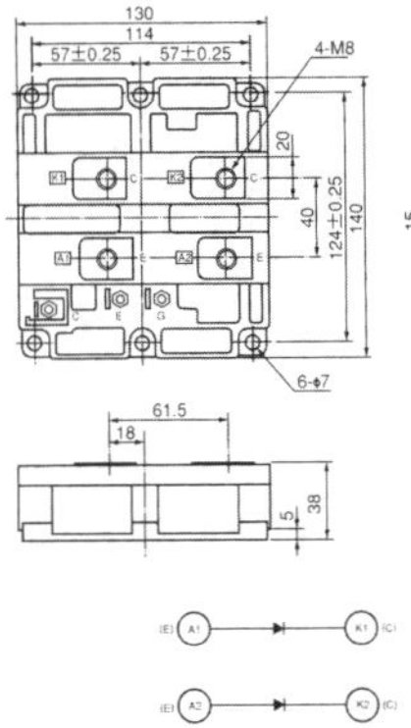

図361

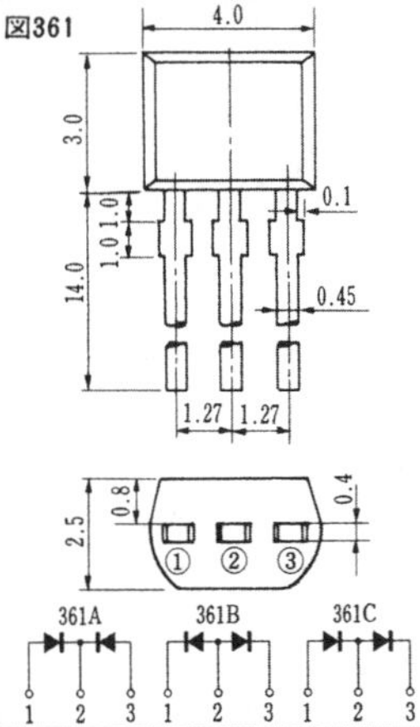

図362

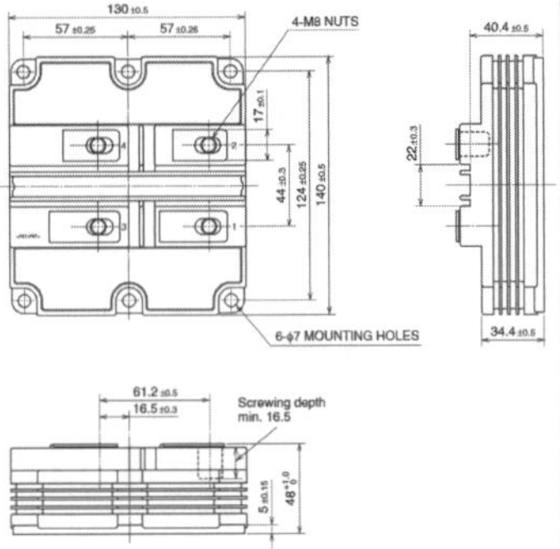

図363

EIAJ標準外形TC-3リード径が1.5φである他はTB-3

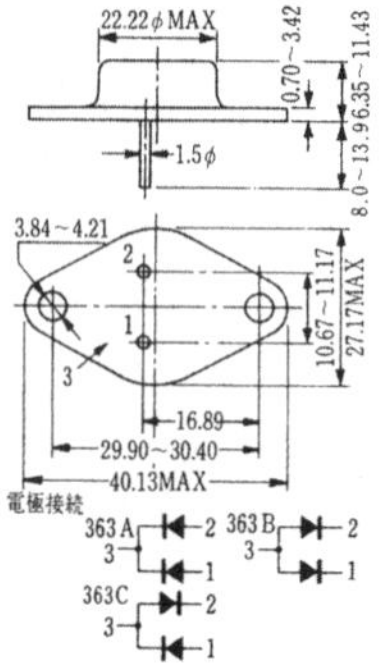

図364

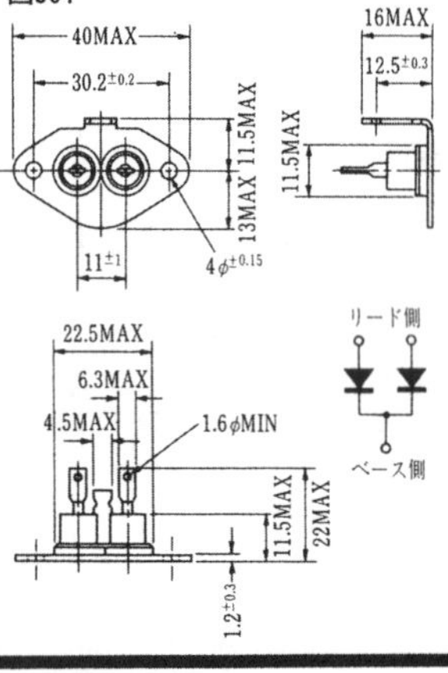

図365

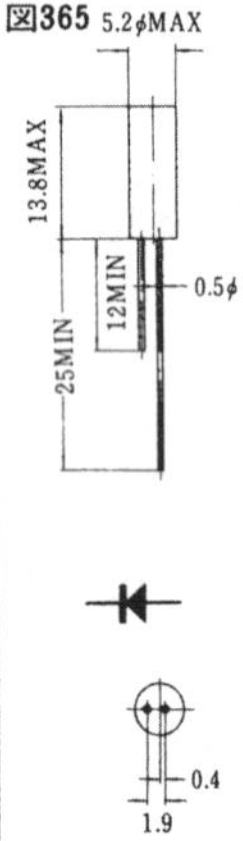

図366

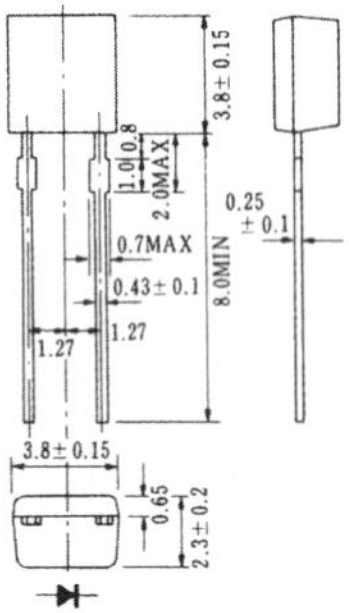

図367

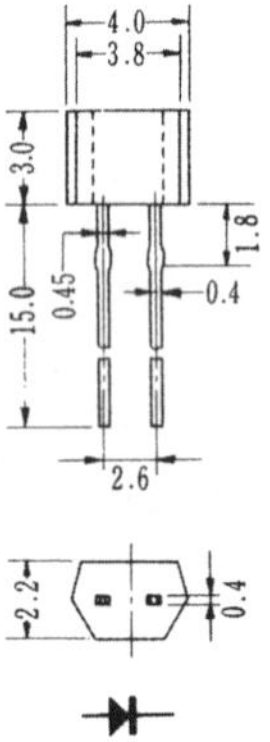

図368

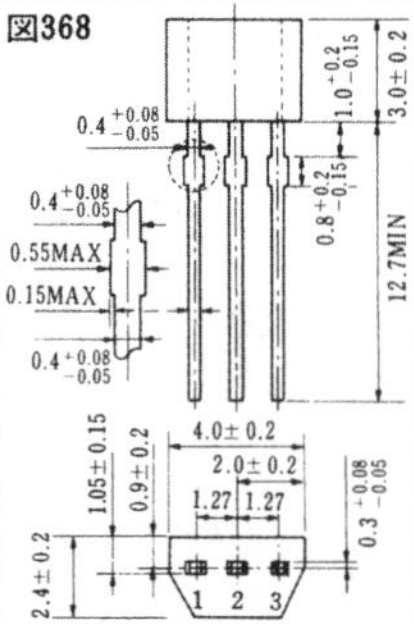

外形番号	電極接続		
	1	2	3
368A	アノード	カソード	アノード
368B	カソード	アノード	カソード
368C	アノード1	カソード1 アノード2	カソード2
368D	アノード	カソード	NC

図369

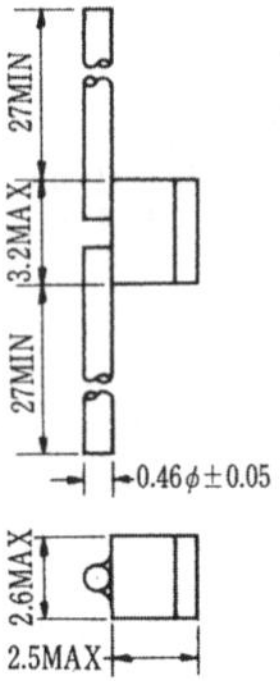

《寸法図単位：mm》

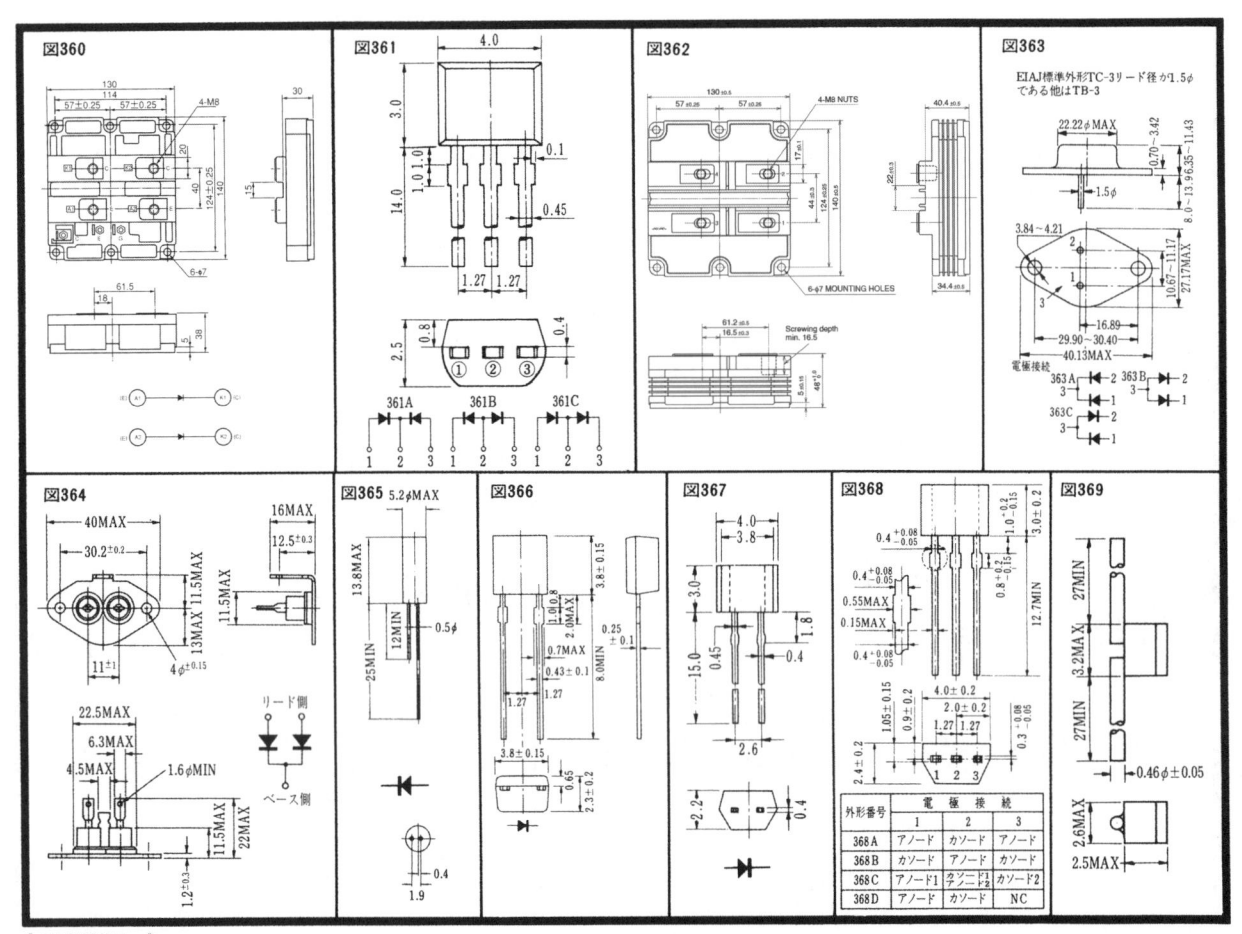

— 471 —

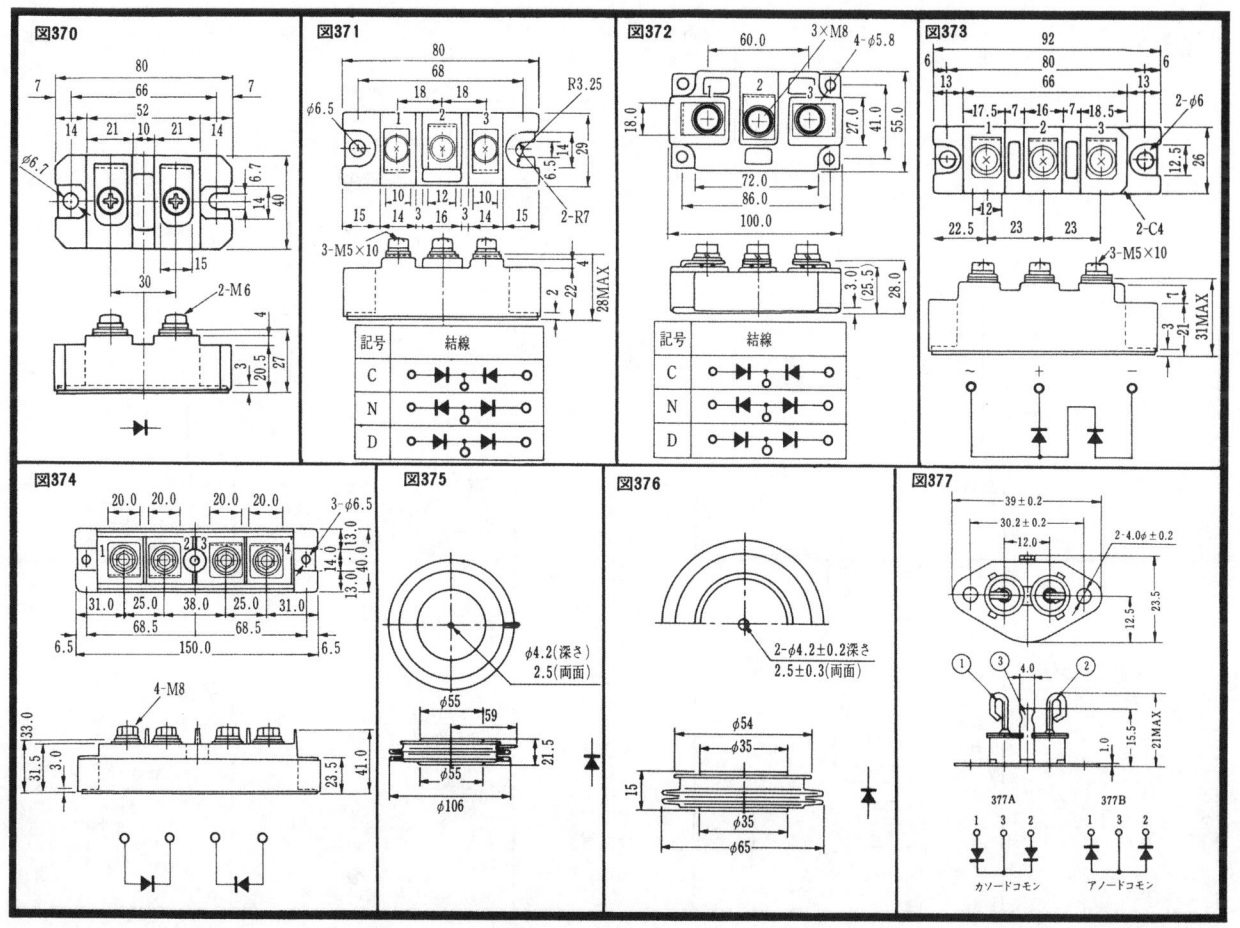

— 472 —

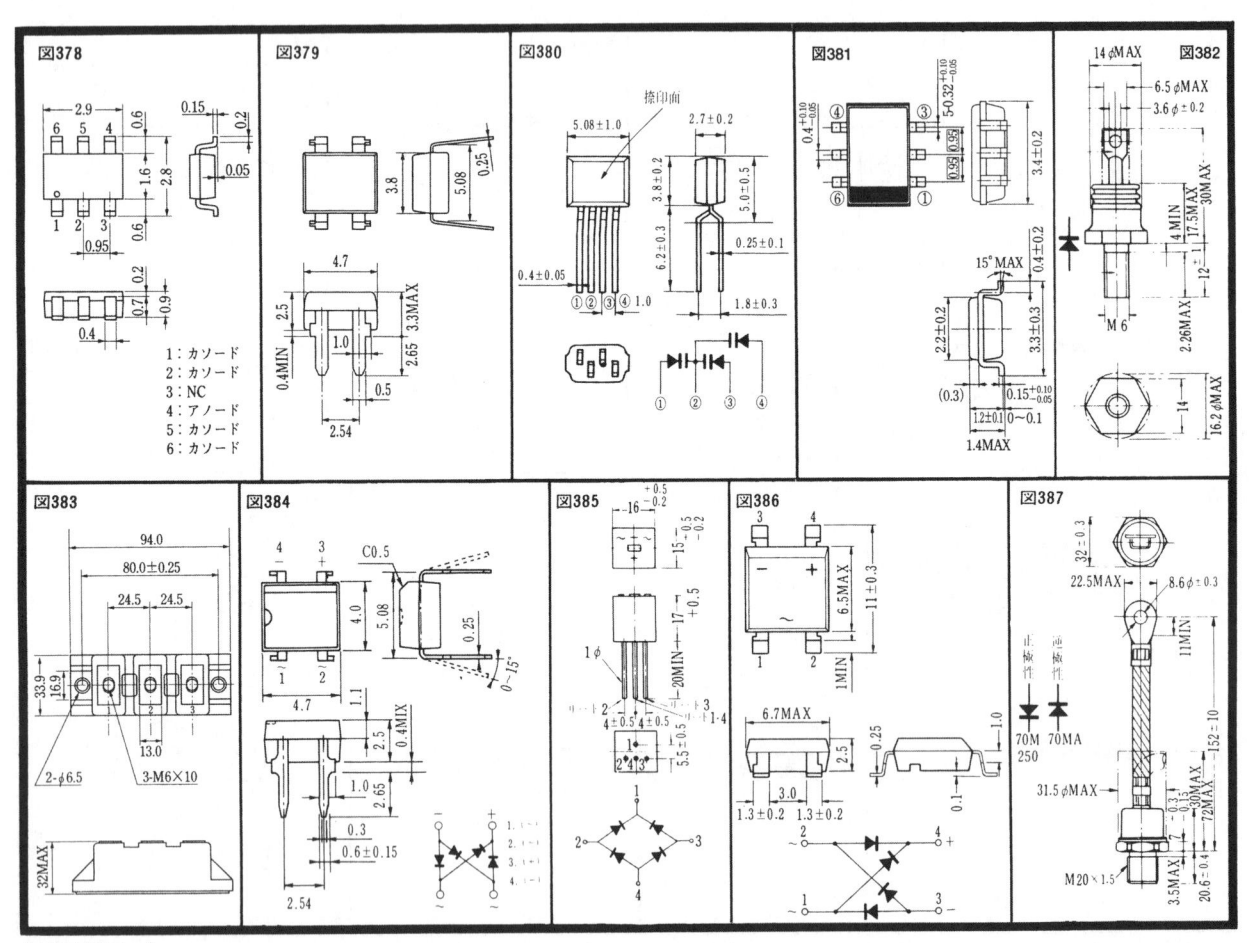

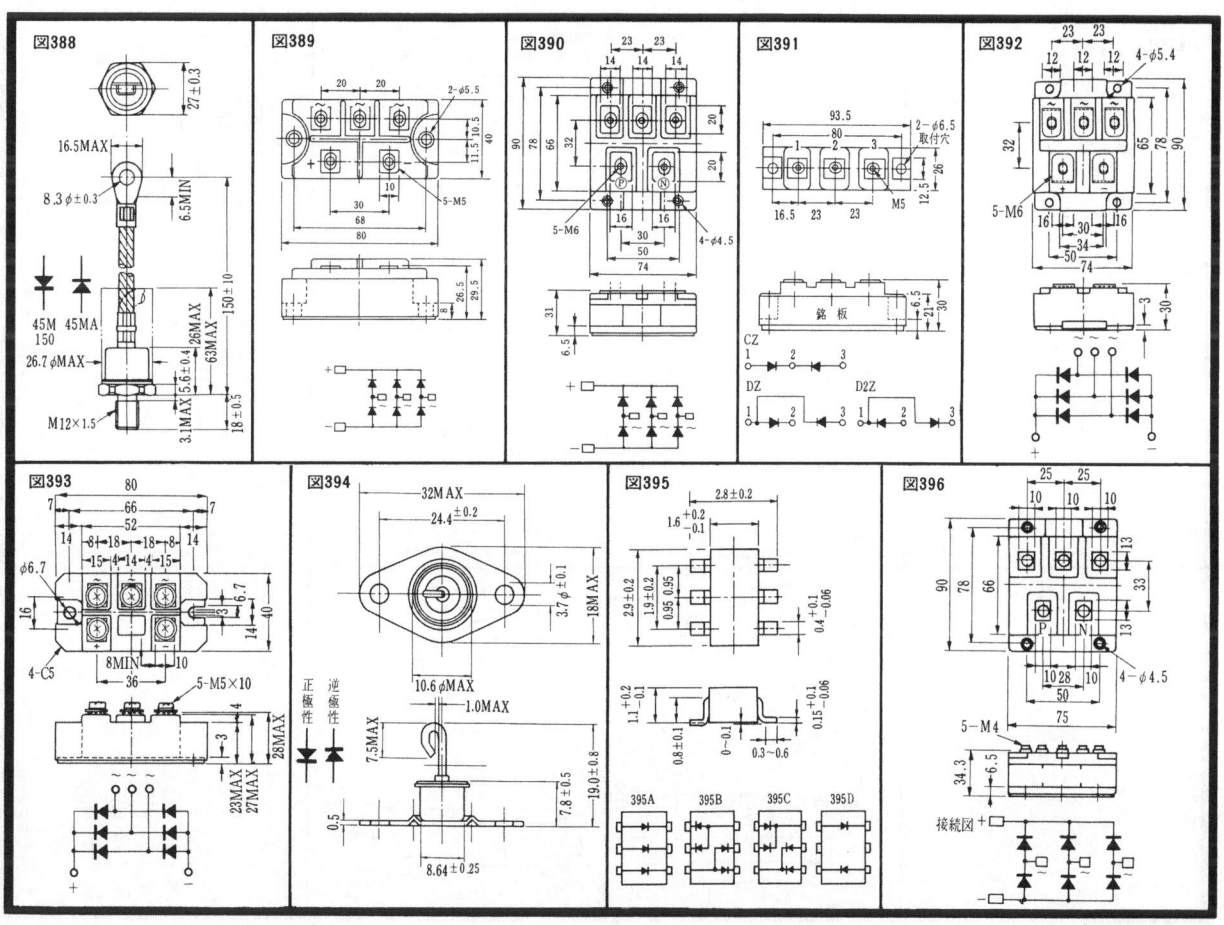

《寸法図単位：mm》

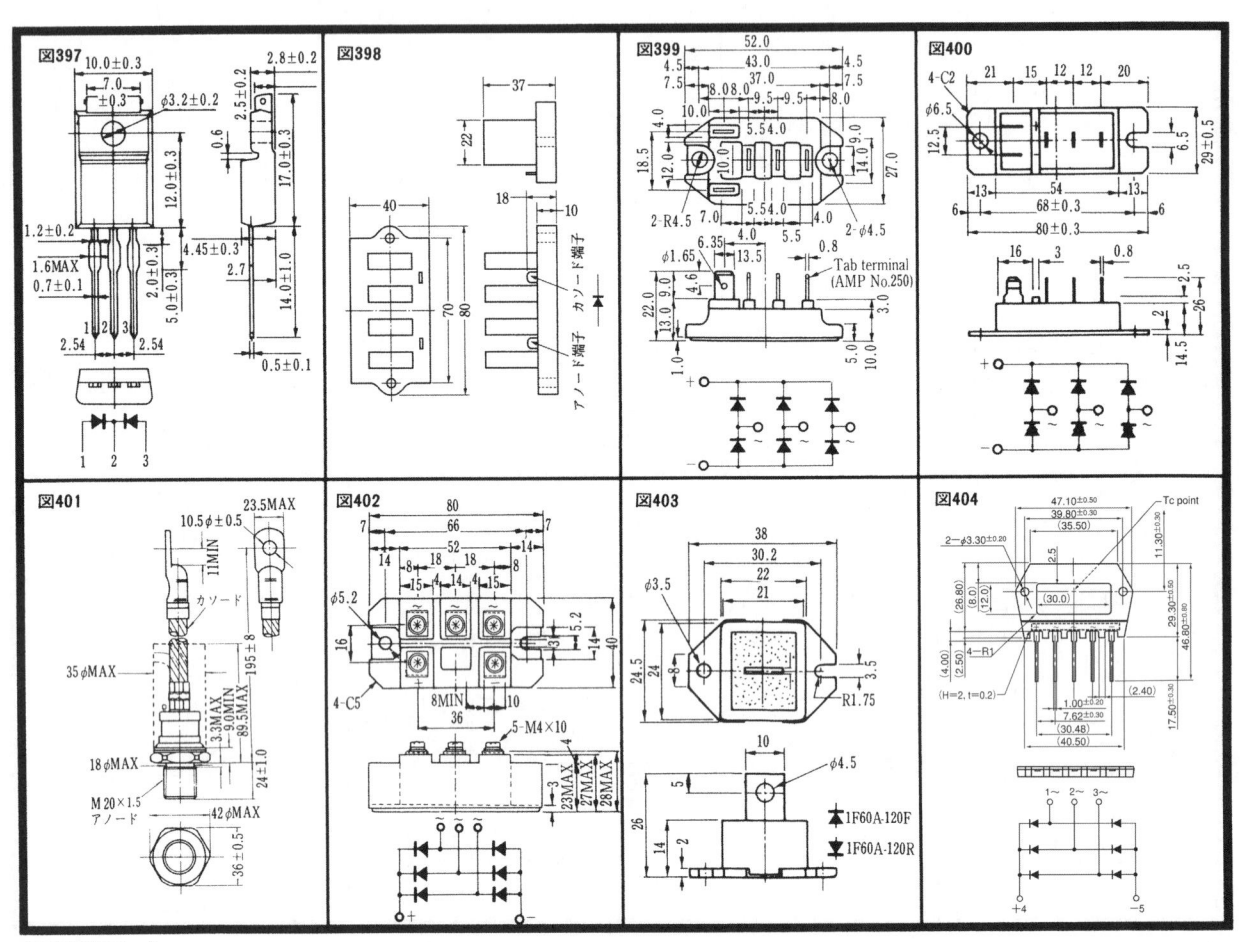

《寸法図単位：mm》

— 475 —

図405

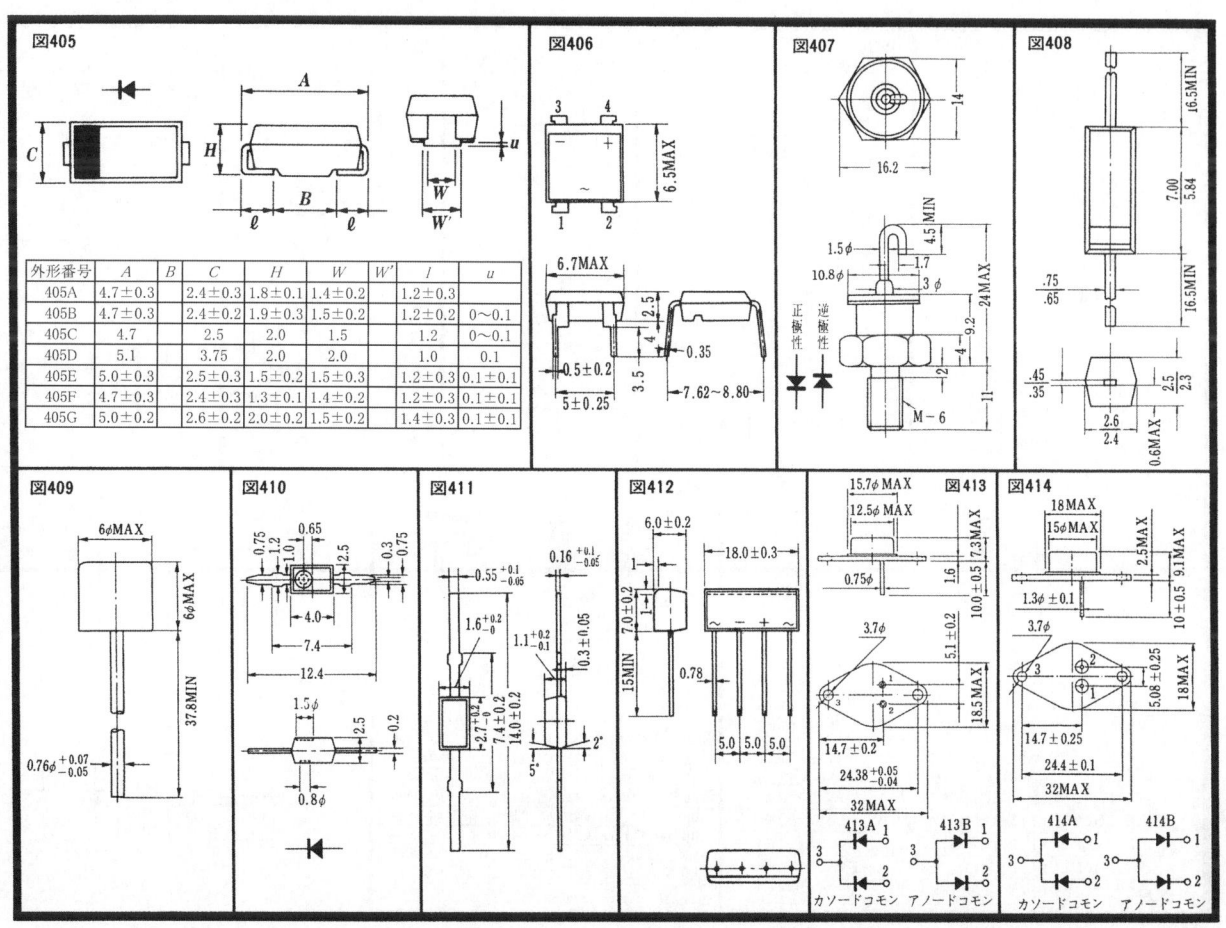

外形番号	A	B	C	H	W	W'	l	u
405A	4.7±0.3	2.4±0.3	1.8±0.1	1.4±0.2		1.2±0.3		
405B	4.7±0.3	2.4±0.2	1.9±0.3	1.5±0.2		1.2±0.2		0〜0.1
405C	4.7	2.5	2.0	1.5		1.2		0〜0.1
405D	5.1	3.75	2.0	2.0		1.0		0.1
405E	5.0±0.3	2.5±0.3	1.5±0.2	1.5±0.3		1.2±0.3		0.1±0.1
405F	4.7±0.3	2.4±0.3	1.3±0.1	1.4±0.2		1.2±0.3		0.1±0.1
405G	5.0±0.2	2.6±0.2	2.0±0.2	1.5±0.2		1.4±0.3		0.1±0.1

図406

図407

図408

図409

図410

図411

図412

図413

413A カソードコモン　413B アノードコモン

図414

414A カソードコモン　414B アノードコモン

《寸法図単位：mm》

— 476 —

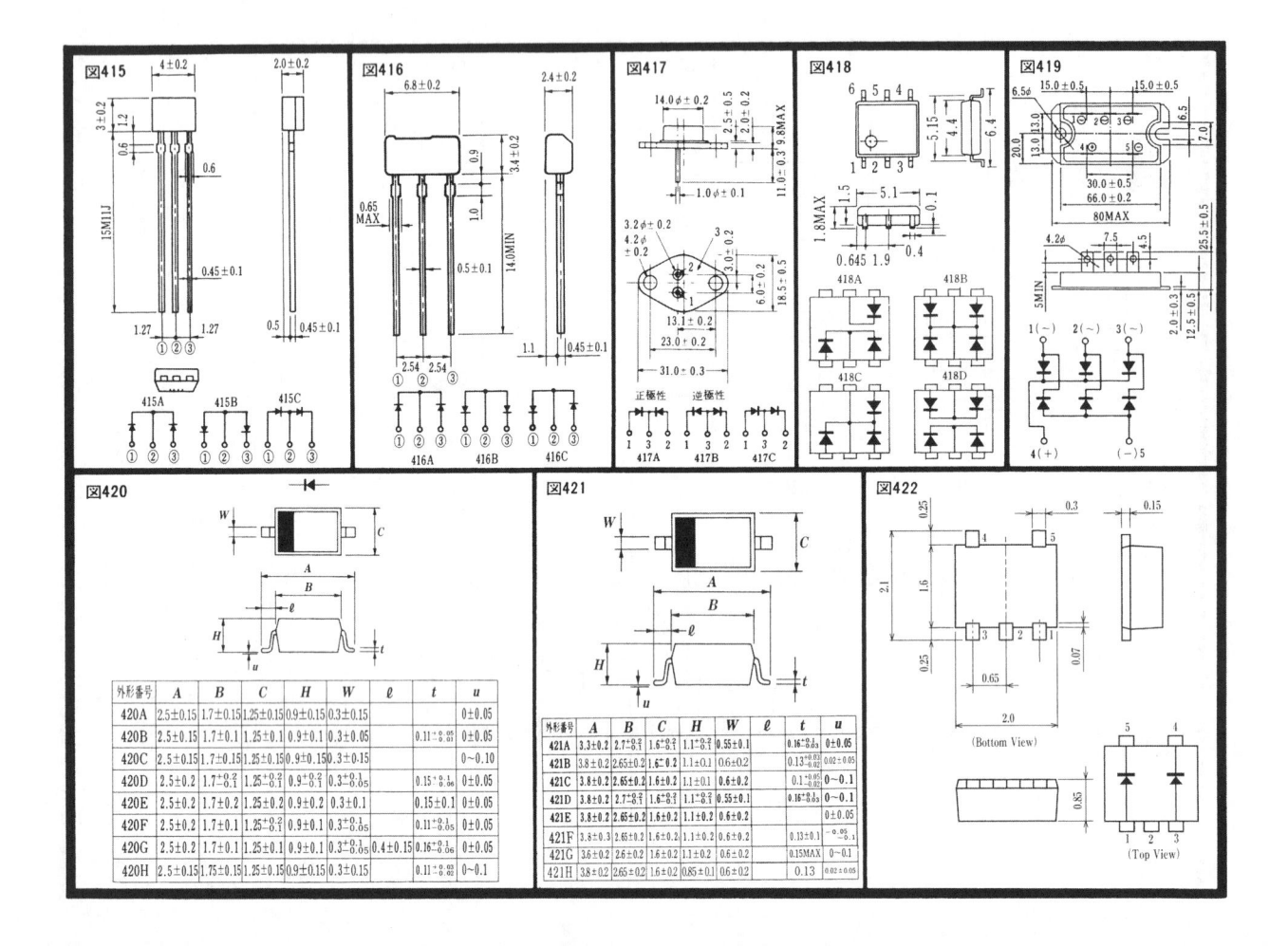

図415

図416

図417

図418

図419

図420

外形番号	A	B	C	H	W	ℓ	t	u
420A	2.5±0.15	1.7±0.15	1.25±0.15	0.9±0.15	0.3±0.15			0±0.05
420B	2.5±0.15	1.7±0.1	1.25±0.1	0.9±0.1	0.3±0.05		$0.11^{+0.05}_{-0.01}$	0±0.05
420C	2.5±0.15	1.7±0.1	1.25±0.15	0.9±0.150	0.3±0.05			0~0.10
420D	2.5±0.2	$1.7^{+0.2}_{-0.1}$	$1.25^{+0.2}_{-0.1}$	$0.9^{+0.2}_{-0.1}$	$0.3^{+0.1}_{-0.1}$		$0.15^{+0.1}_{-0.06}$	0±0.05
420E	2.5±0.2	1.7±0.2	1.25±0.2	0.9±0.2	0.3±0.1		0.15±0.1	0±0.05
420F	2.5±0.2	1.7±0.1	$1.25^{+0.2}_{-0.1}$	0.9±0.2	$0.3^{+0.1}_{-0.05}$		$0.11^{+0.1}_{-0.05}$	0±0.05
420G	2.5±0.2	1.7±0.2	1.25±0.2	0.9±0.2	0.3±0.1	0.4±0.15	$0.16^{+0.1}_{-0.04}$	0±0.05
420H	2.5±0.15	1.75±0.2	1.25±0.15	0.9±0.15	0.3±0.15		$0.11^{+0.03}_{-0.02}$	0~0.1

図421

外形番号	A	B	C	H	W	ℓ	t	u
421A	3.3±0.2	$2.7^{+0.2}_{-0.1}$	$2.1^{+0.2}_{-0.1}$	$1.1^{+0.05}_{-0.1}$	0.55±0.1		$0.16^{+0.05}_{-0.03}$	0±0.05
421B	3.8±0.2	2.65±0.2	$1.6^{+0.2}_{-0.1}$	1.1±0.1	0.6±0.2		$0.13^{+0.03}_{-0.00}$	0.02±0.05
421C	3.8±0.2	2.65±0.2	1.6±0.2	1.1±0.1	0.6±0.2		$0.1^{+0.05}_{-0.02}$	0~0.1
421D	3.8±0.2	$2.7^{+0.2}_{-0.1}$	1.6±0.2	1.1±0.1	0.55±0.1		$0.16^{+0.1}_{-0.1}$	0~0.1
421E	3.8±0.2	2.65±0.2	1.6±0.2	1.1±0.2	0.6±0.2			0±0.05
421F	3.8±0.2	2.65±0.2	1.6±0.2	1.1±0.2	0.6±0.2		0.13±0.1	$-0.05_{-0.1}$
421G	3.6±0.2	2.6±0.2	1.6±0.2	1.1±0.2	0.6±0.2		0.15MAX	0~0.1
421H	3.8±0.2	2.65±0.2	1.6±0.2	0.85±0.1	0.6±0.2		0.13	0.02±0.05

図422

《寸法図単位：mm》

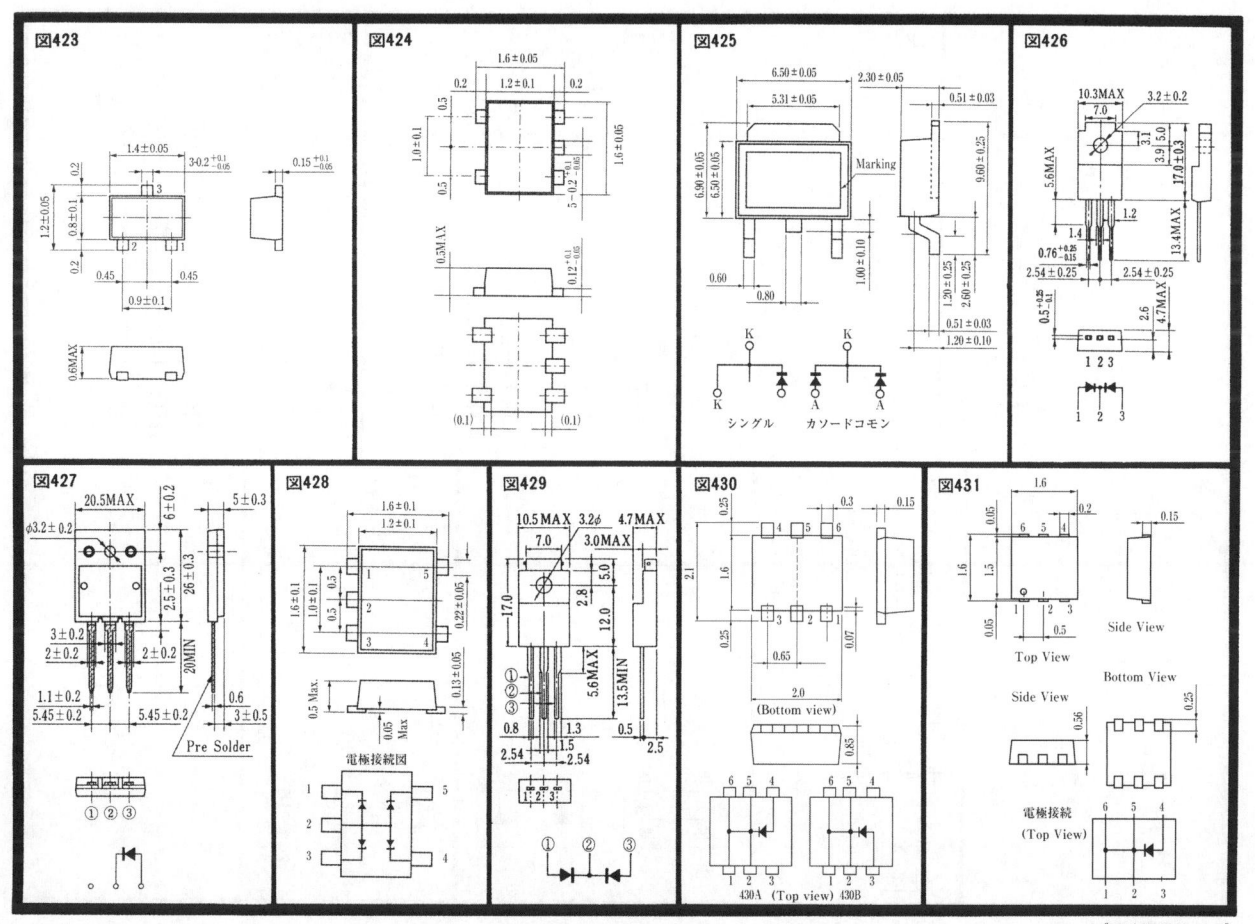

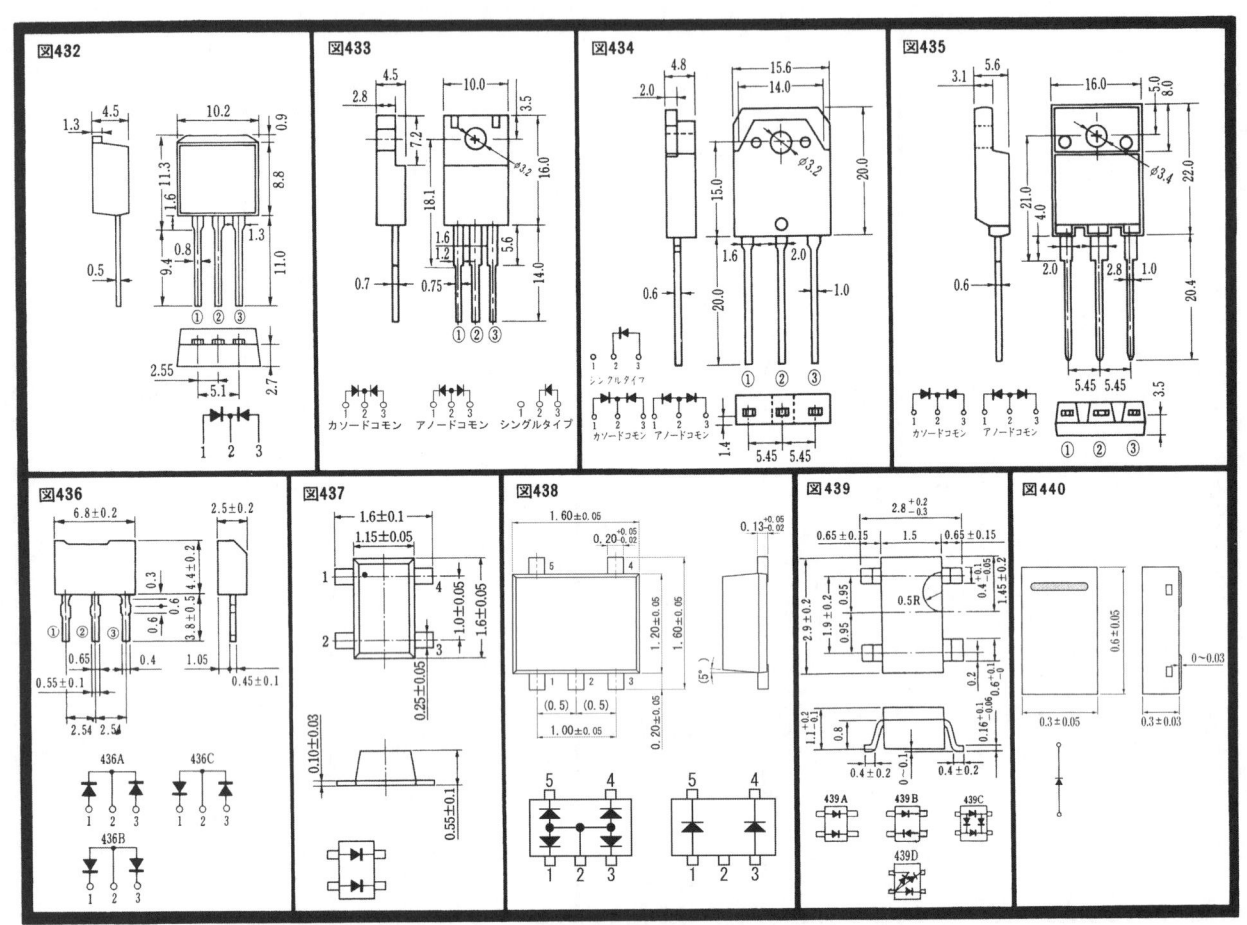

《寸法図単位：mm》

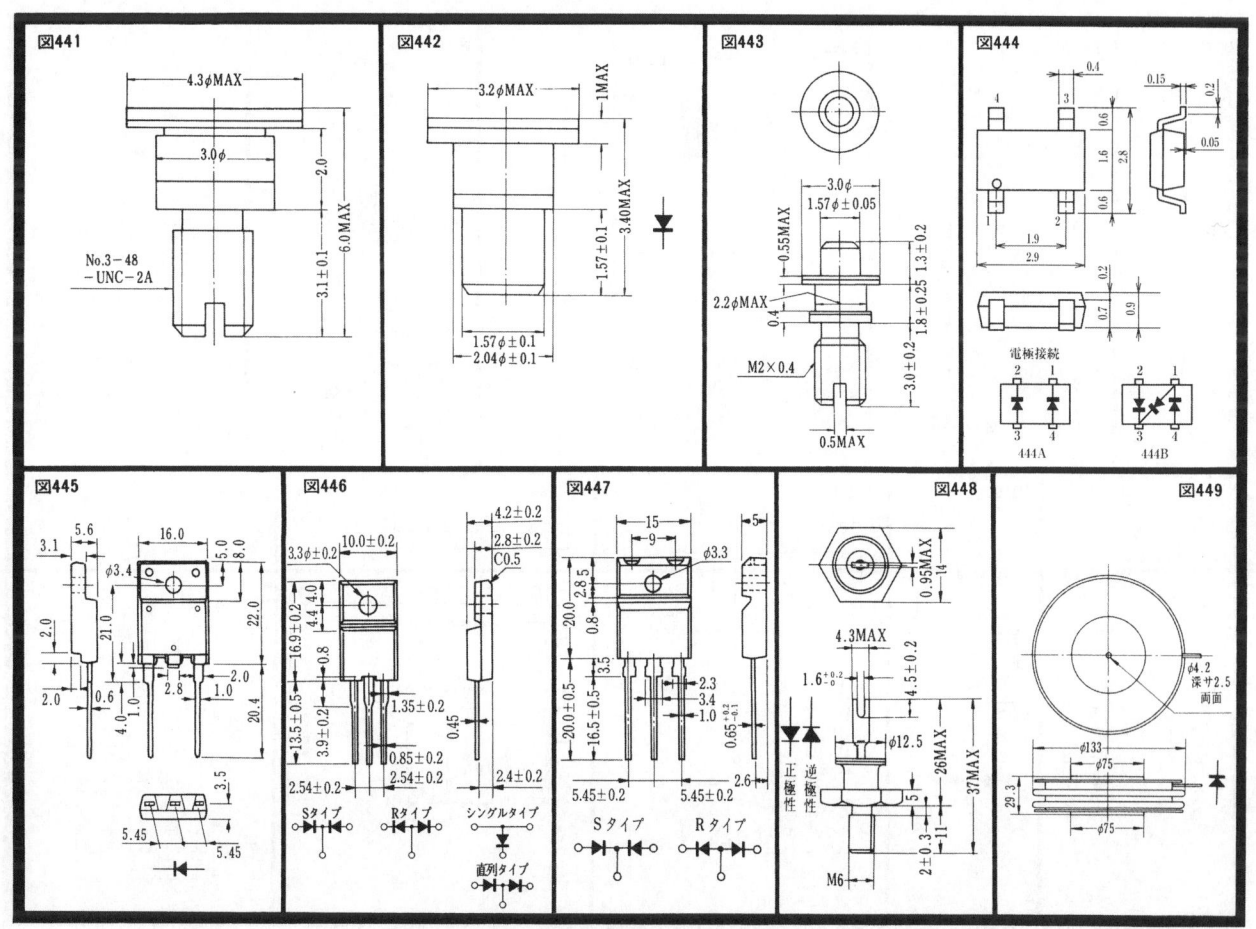

《寸法図単位：mm》

— 480 —

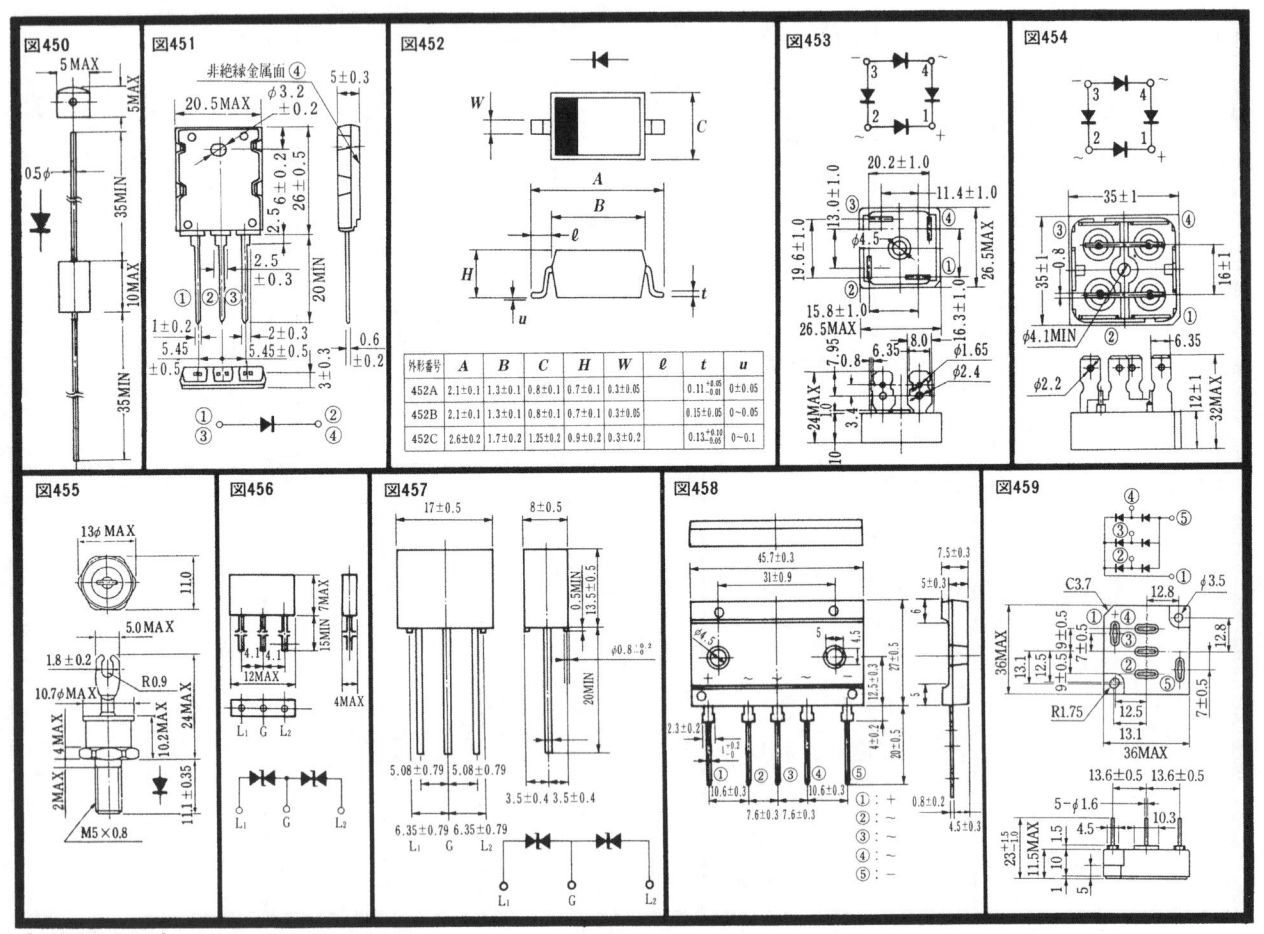

— 481 —

図460

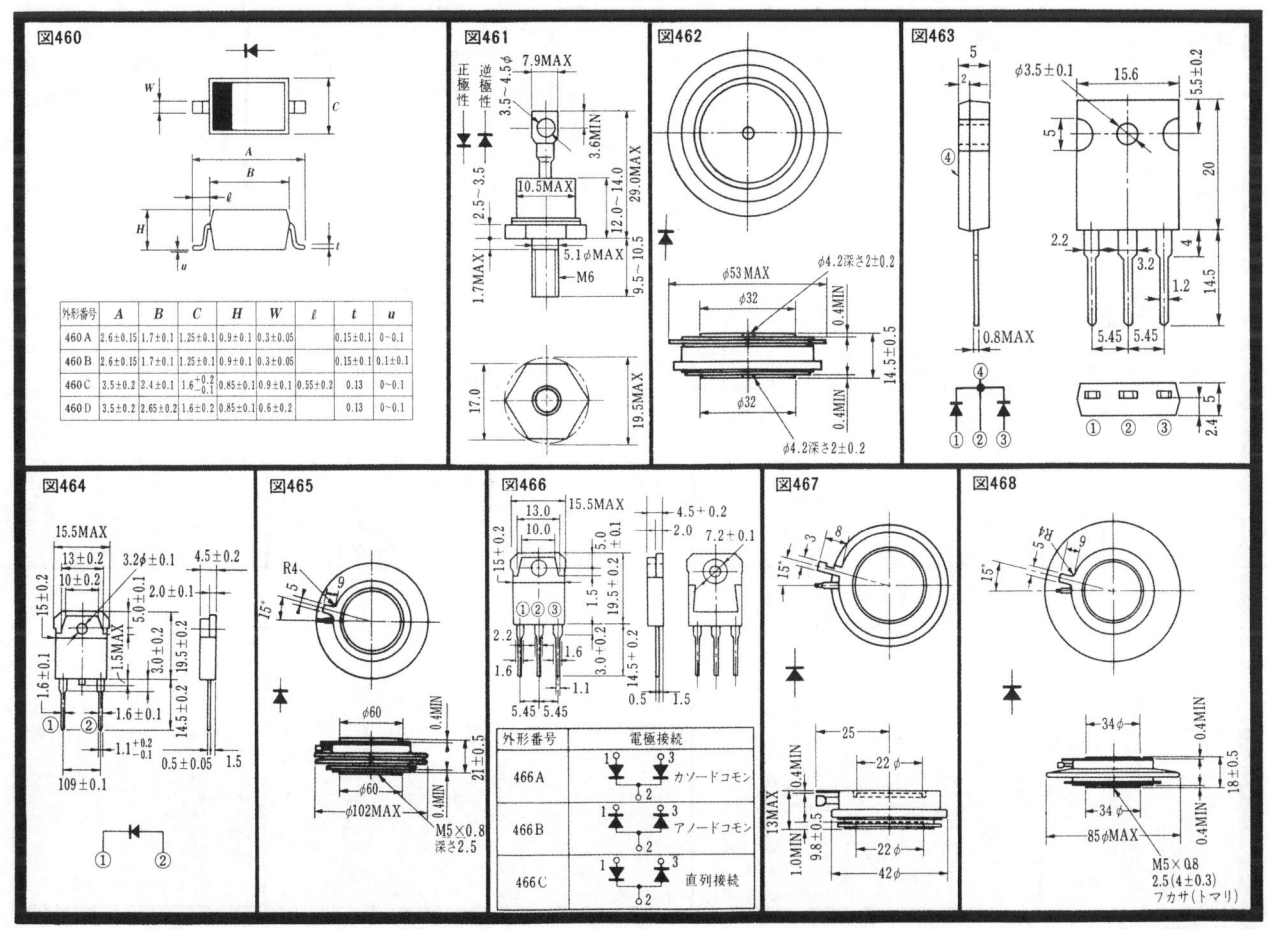

外形番号	A	B	C	H	W	ℓ	t	u
460 A	2.6±0.15	1.7±0.1	1.25±0.1	0.9±0.1	0.3±0.05		0.15±0.1	0～0.1
460 B	2.6±0.15	1.7±0.1	1.25±0.1	0.9±0.1	0.3±0.05		0.15±0.1	0.1±0.1
460 C	3.5±0.2	2.4±0.1	$1.6^{+0.2}_{-0.1}$	0.85±0.1	0.9±0.1	0.55±0.2	0.13	0～0.1
460 D	3.5±0.2	2.65±0.2	1.6±0.2	0.85±0.1	0.6±0.2		0.13	0～0.1

図461

図462

図463

図464

図465

図466

外形番号	電極接続
466 A	カソードコモン
466 B	アノードコモン
466 C	直列接続

図467

図468

《寸法図単位：mm》

— 482 —

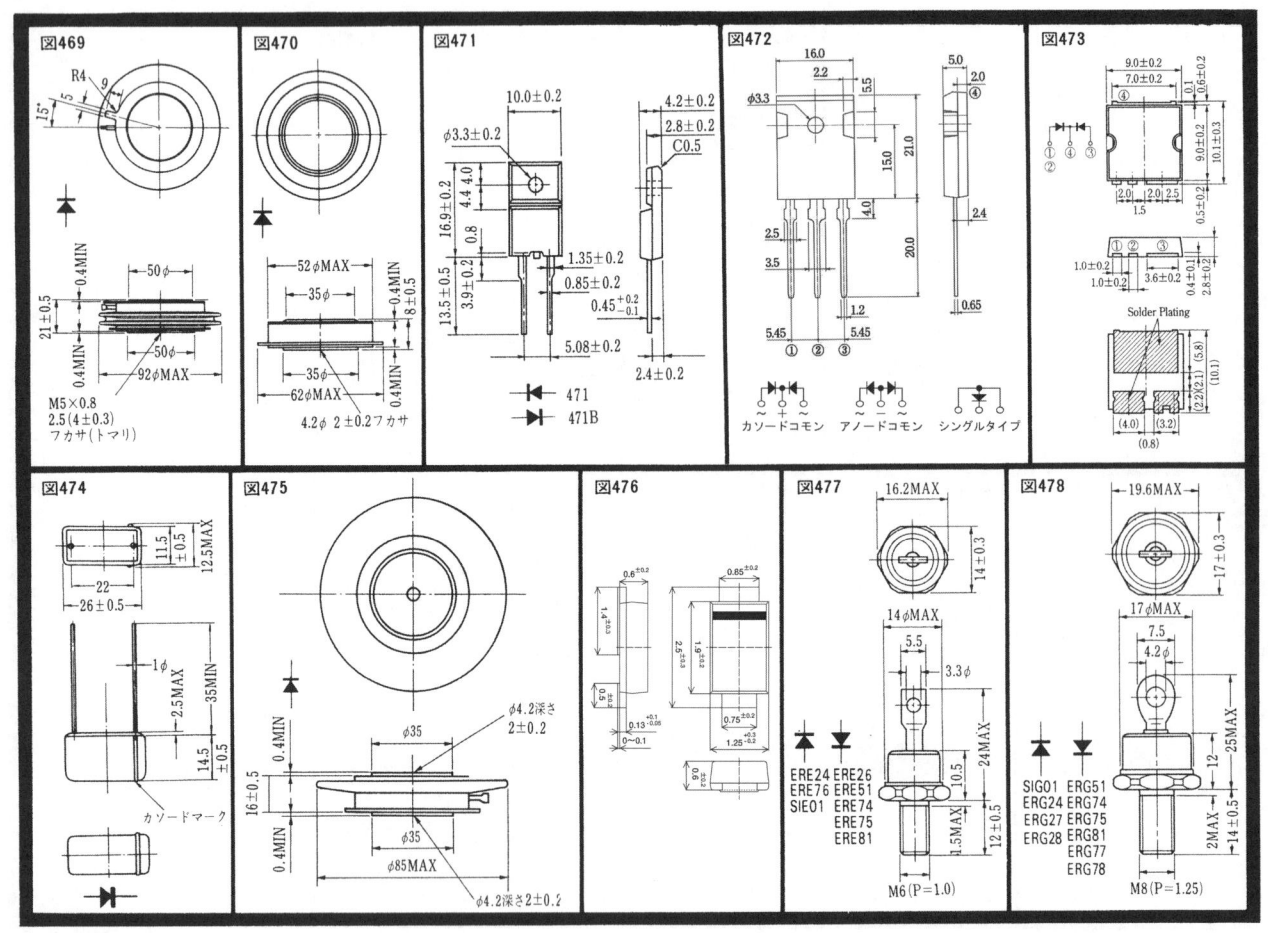

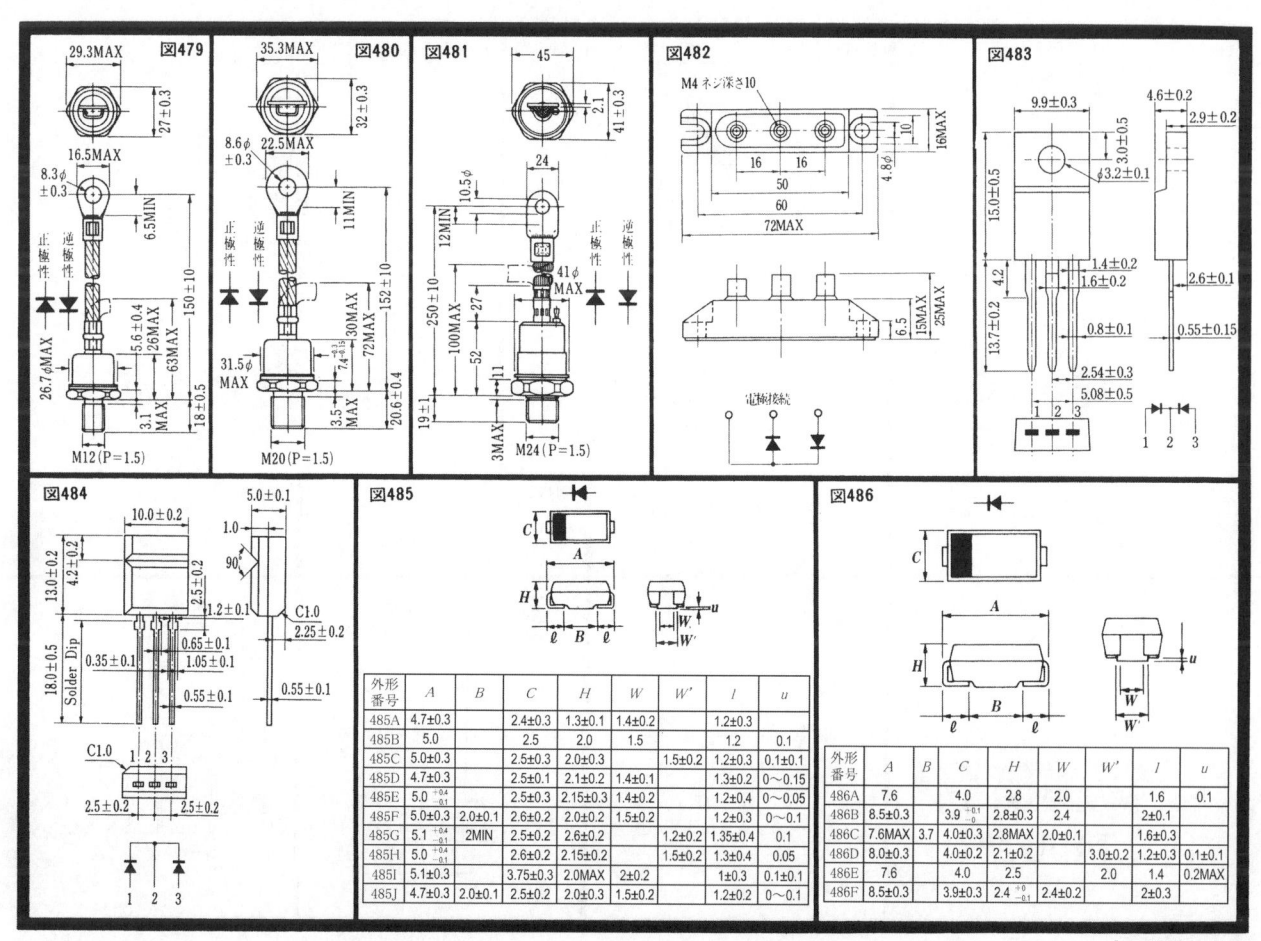

外形番号	A	B	C	H	W	W'	l	u
485A	4.7±0.3		2.4±0.3	1.3±0.1	1.4±0.2		1.2±0.3	
485B	5.0		2.5	2.0	1.5		1.2	0.1
485C	5.0±0.3		2.5±0.3	2.0±0.3		1.5±0.2	1.2±0.3	0.1±0.1
485D	4.7±0.3		2.5±0.3	2.1±0.2	1.4±0.1		1.2±0.3	0~0.15
485E	5.0 +0.4/-0.1		2.5±0.3	2.15±0.3	1.4±0.2		1.2±0.3	0~0.05
485F	5.0±0.3	2.0±0.1	2.6±0.2	2.0±0.2	1.5±0.2		1.2±0.3	0~0.1
485G	5.1 +0.4/-0.1	2MIN	2.6±0.2	2.6±0.2		1.2±0.2	1.35±0.4	0.1
485H	5.0 +0.4/-0.1		2.6±0.2	2.15±0.2		1.5±0.2	1.3±0.4	0.05
485I	5.1±0.3		3.75±0.3	2.0MAX	2±0.2		1±0.3	0.1±0.1
485J	4.7±0.3	2.0±0.1	2.5±0.2	2.0±0.2	1.5±0.2		1.2±0.2	0~0.1

外形番号	A	B	C	H	W	W'	l	u
486A	7.6		4.0	2.8	2.0		1.6	0.1
486B	8.5±0.3		3.9 +0.1/-0	2.8±0.3	2.4		2±0.1	
486C	7.6MAX	3.7	4.0±0.3	2.8MAX	2.0±0.1		1.6±0.3	
486D	8.0±0.3		4.0±0.2	2.1±0.2		3.0±0.2	1.2±0.3	0.1±0.1
486E	7.6		4.0	2.5		2.0	1.4	0.2MAX
486F	8.5±0.3		3.9±0.2	2.4 +0/-0.1	2.4±0.2		2±0.3	

《寸法図単位：mm》

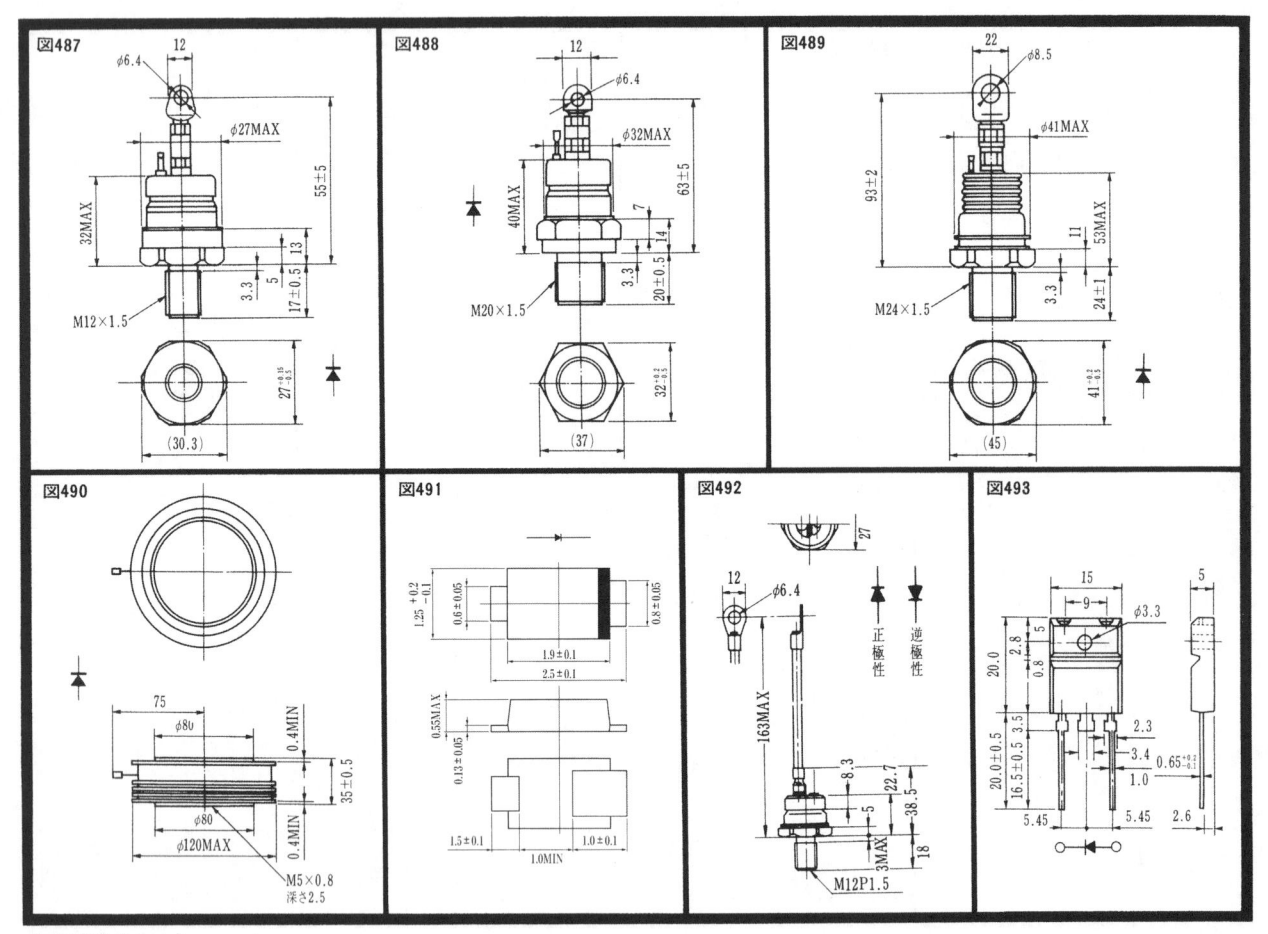

《寸法図単位：mm》

— 485 —

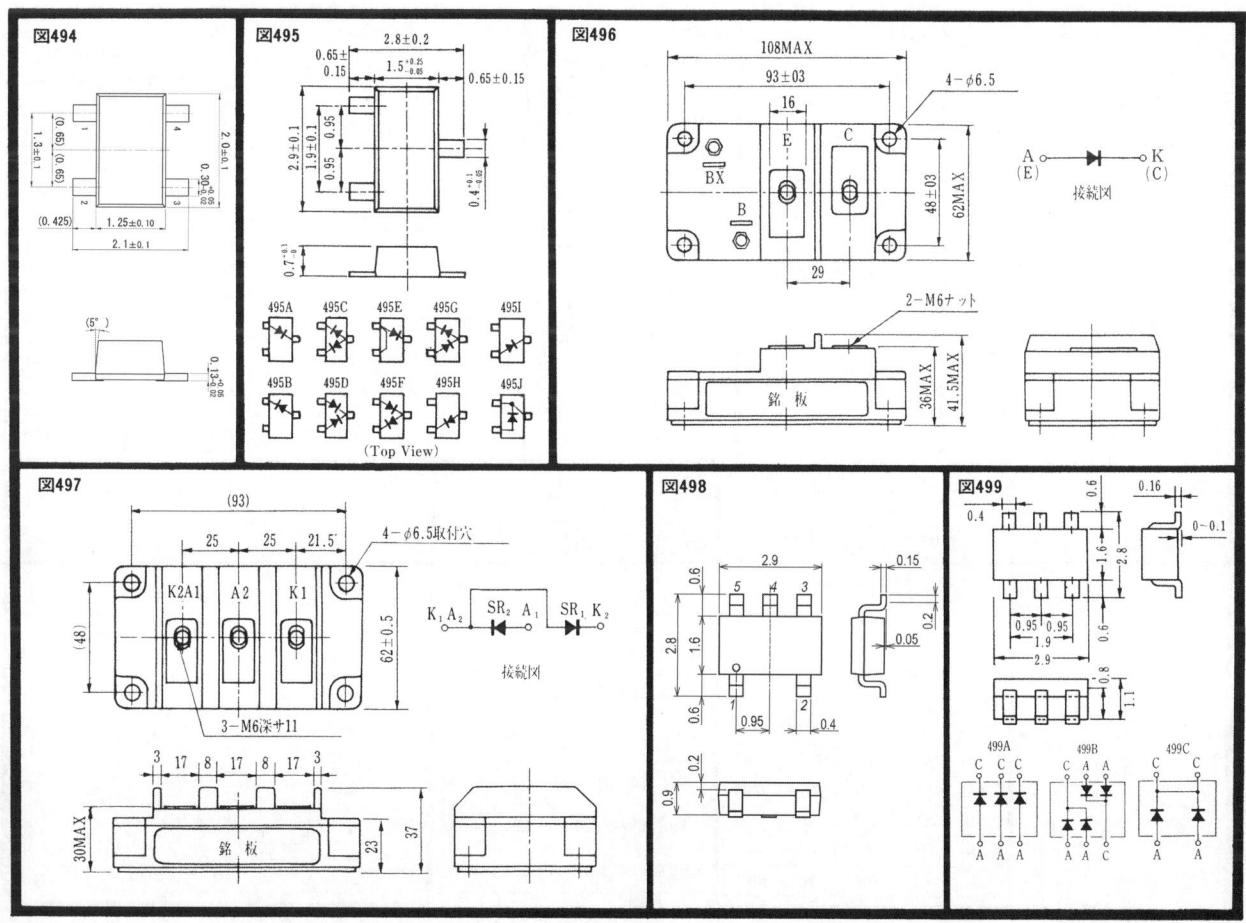

図500 / 図501 / 図502 / 図503 / 図504 / 図505 / 図506 / 図507 / 図508

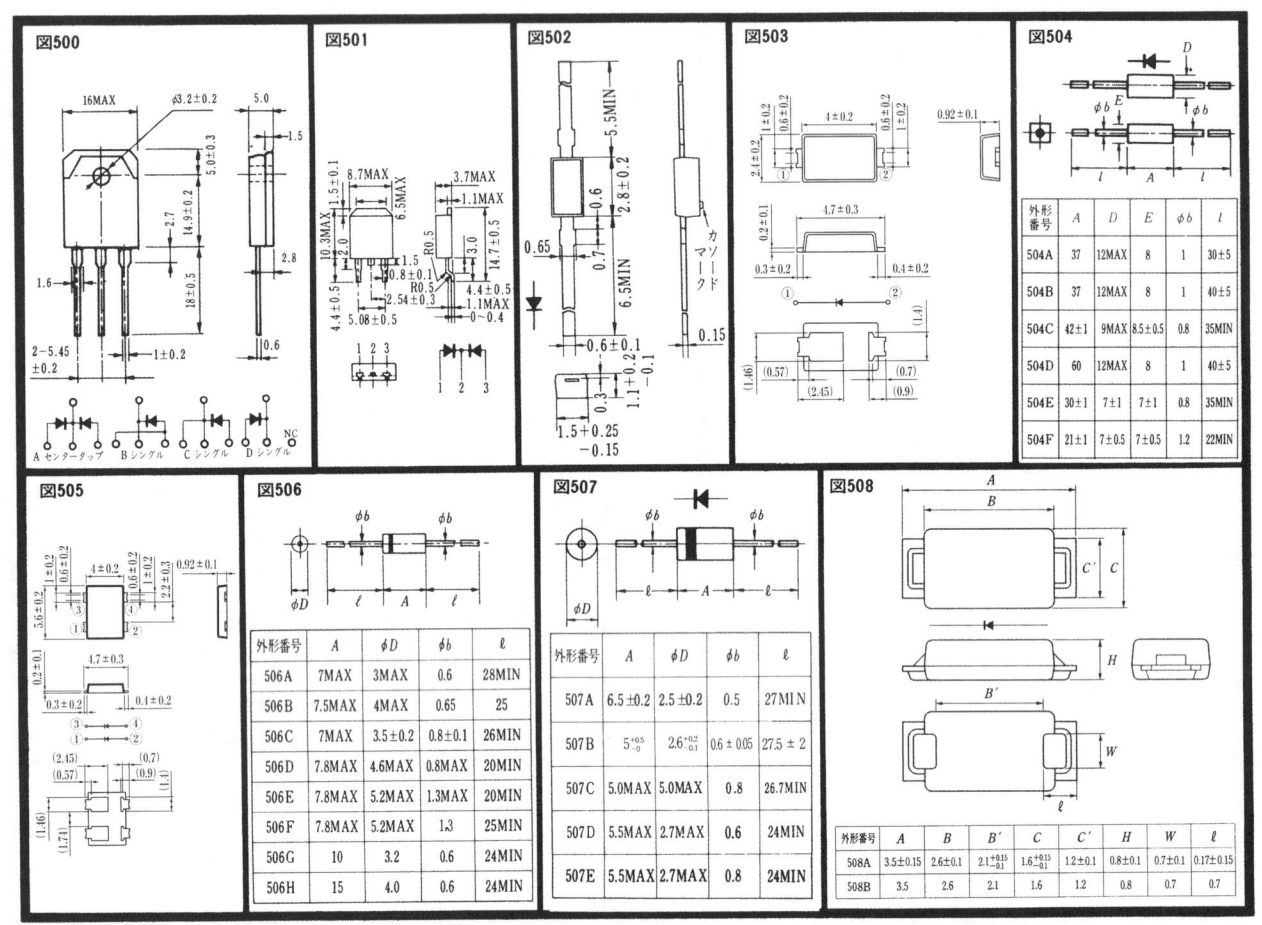

外形番号	A	D	E	φb	l
504A	37	12MAX	8	1	30±5
504B	37	12MAX	8	1	40±5
504C	42±1	9MAX	8.5±0.5	0.8	35MIN
504D	60	12MAX	8	1	40±5
504E	30±1	7±1	7±1	0.8	35MIN
504F	21±1	7±0.5	7±0.5	1.2	22MIN

外形番号	A	φD	φb	l
506A	7MAX	3MAX	0.6	28MIN
506B	7.5MAX	4MAX	0.65	25
506C	7MAX	3.5±0.2	0.8±0.1	26MIN
506D	7.8MAX	4.6MAX	0.8MAX	20MIN
506E	7.8MAX	5.2MAX	1.3MAX	20MIN
506F	7.8MAX	5.2MAX	1.3	25MIN
506G	10	3.2	0.6	24MIN
506H	15	4.0	0.6	24MIN

外形番号	A	φD	φb	l
507A	6.5±0.2	2.5±0.2	0.5	27MIN
507B	$5^{+0.5}_{0}$	$2.6^{+0.2}_{-0.1}$	0.6±0.05	27.5±2
507C	5.0MAX	5.0MAX	0.8	26.7MIN
507D	5.5MAX	2.7MAX	0.6	24MIN
507E	5.5MAX	2.7MAX	0.8	24MIN

外形番号	A	B	B'	C	C'	H	W	l
508A	3.5±0.15	2.6±0.1	$2.1^{+0.15}_{-0.1}$	$1.6^{+0.15}_{-0.1}$	1.2±0.1	0.8±0.1	0.7±0.1	0.17±0.15
508B	3.5	2.6	2.1	1.6	1.2	0.8	0.7	0.7

《寸法図単位：mm》

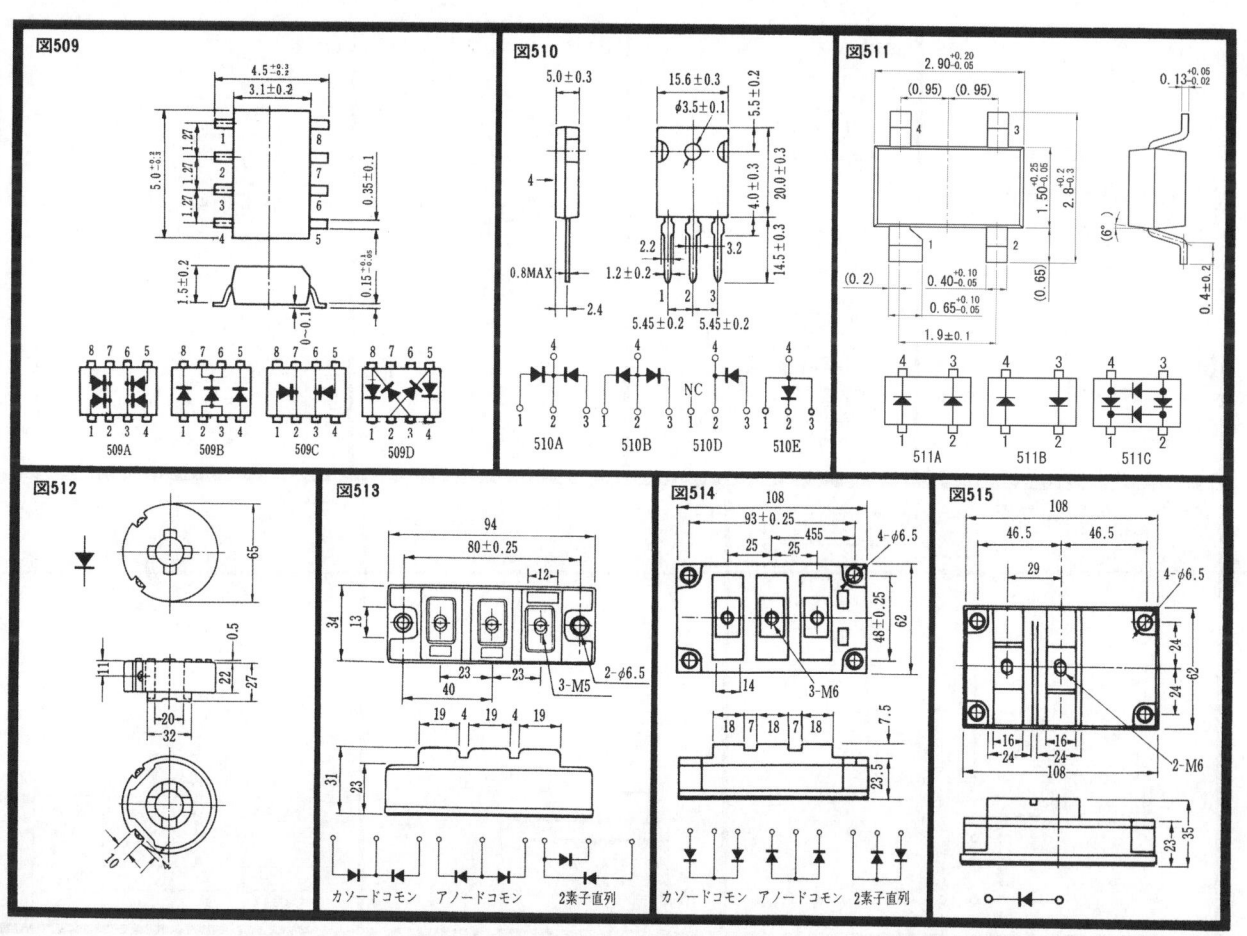

《寸法図単位：mm》

図516, 図517, 図518, 図519, 図520, 図521, 図522

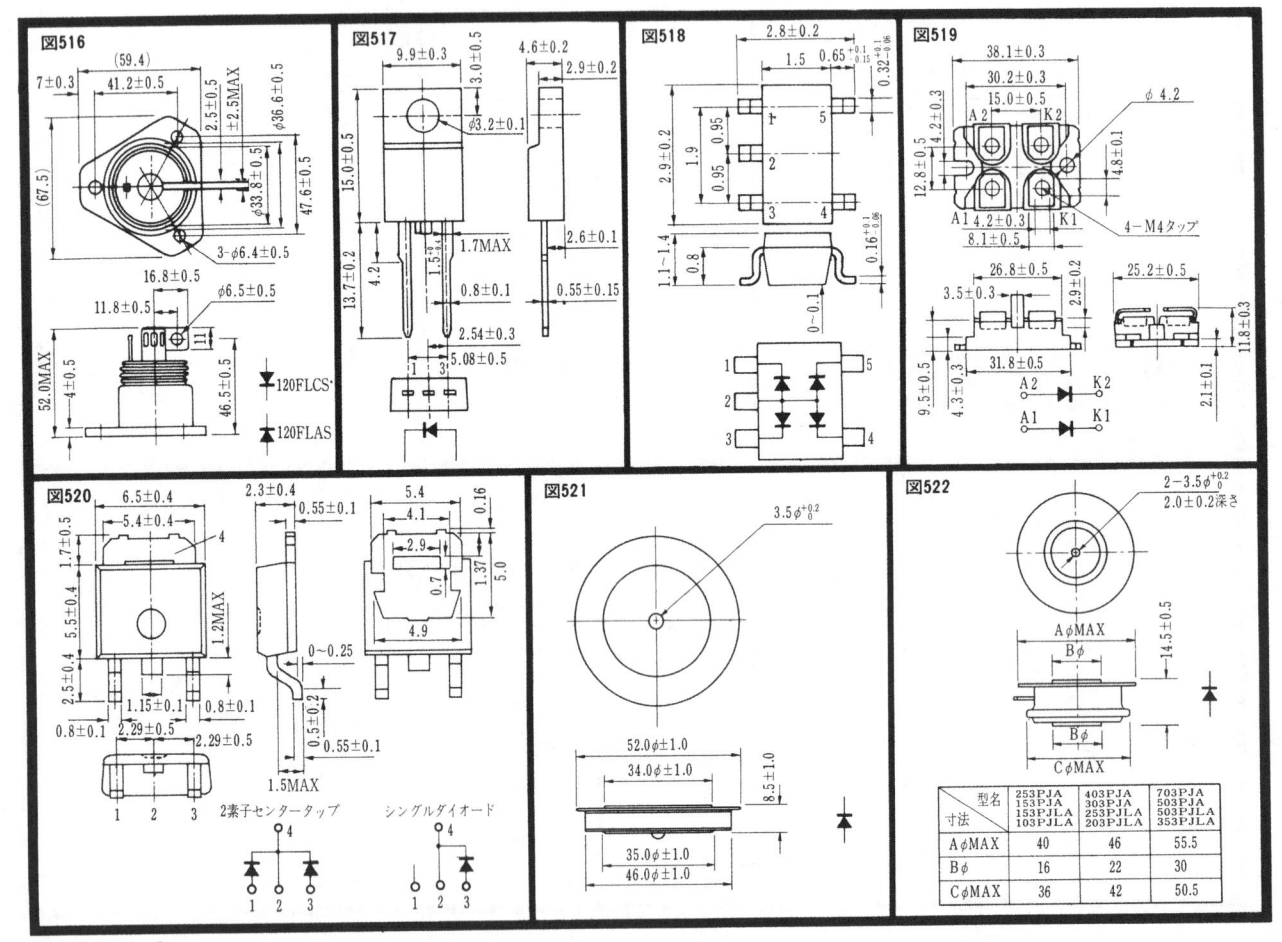

型名 寸法	253PJA 153PJA 153PJLA 103PJLA	403PJA 303PJA 253PJLA 203PJLA	703PJA 503PJA 503PJLA 353PJLA
AϕMAX	40	46	55.5
Bϕ	16	22	30
CϕMAX	36	42	50.5

《寸法図単位：mm》

― 489 ―

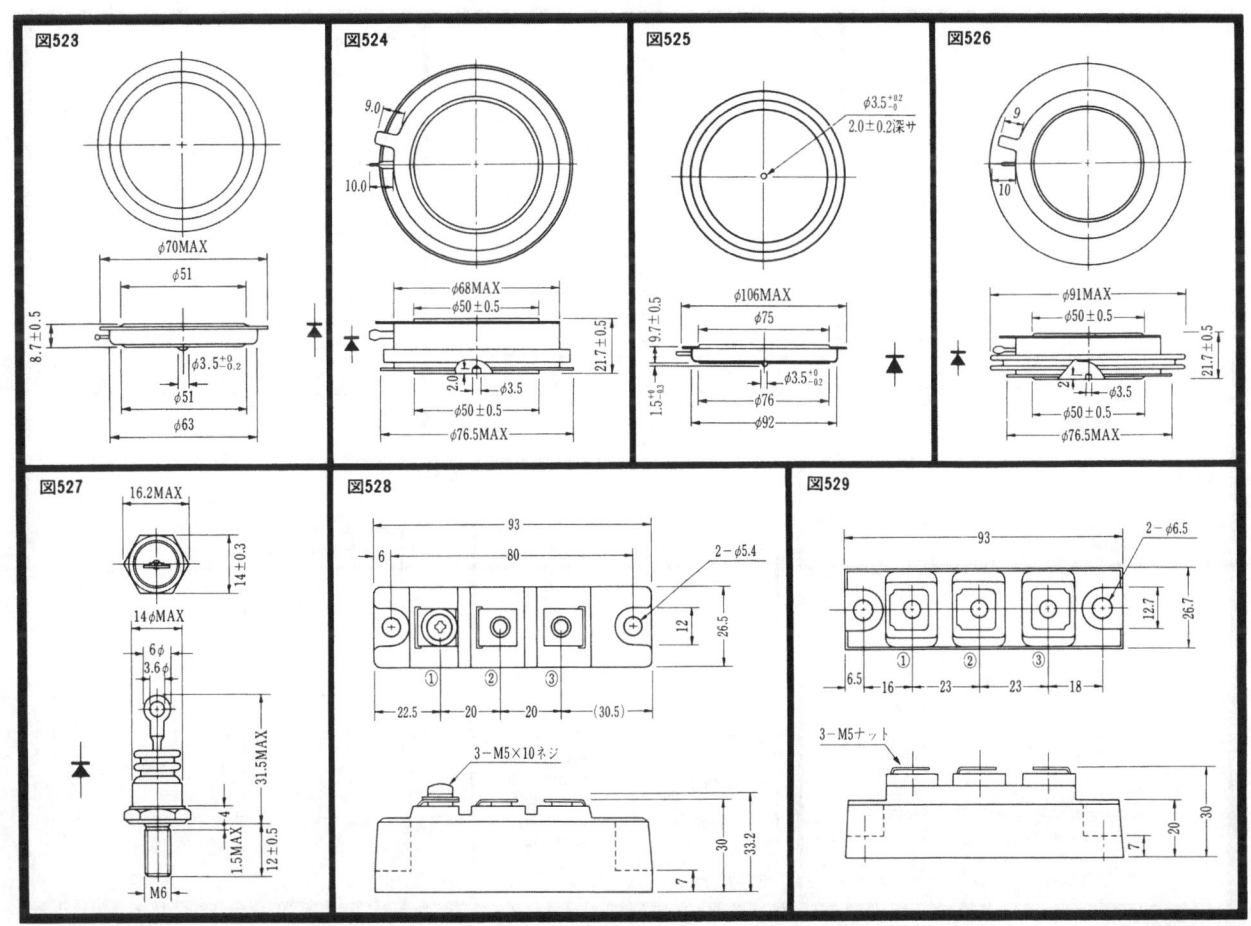

《寸法図単位；mm》

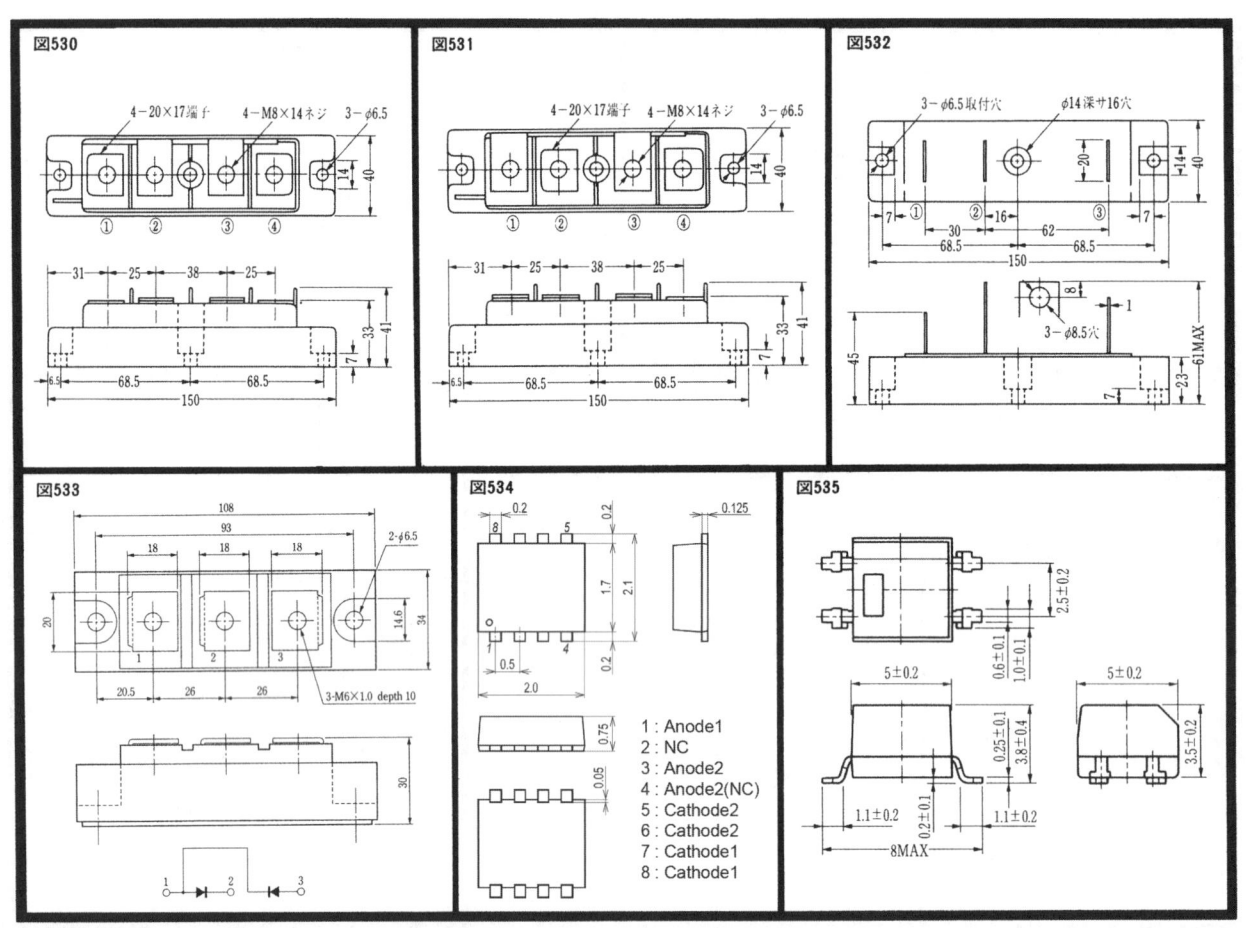

《寸法図単位：mm》

― 491 ―

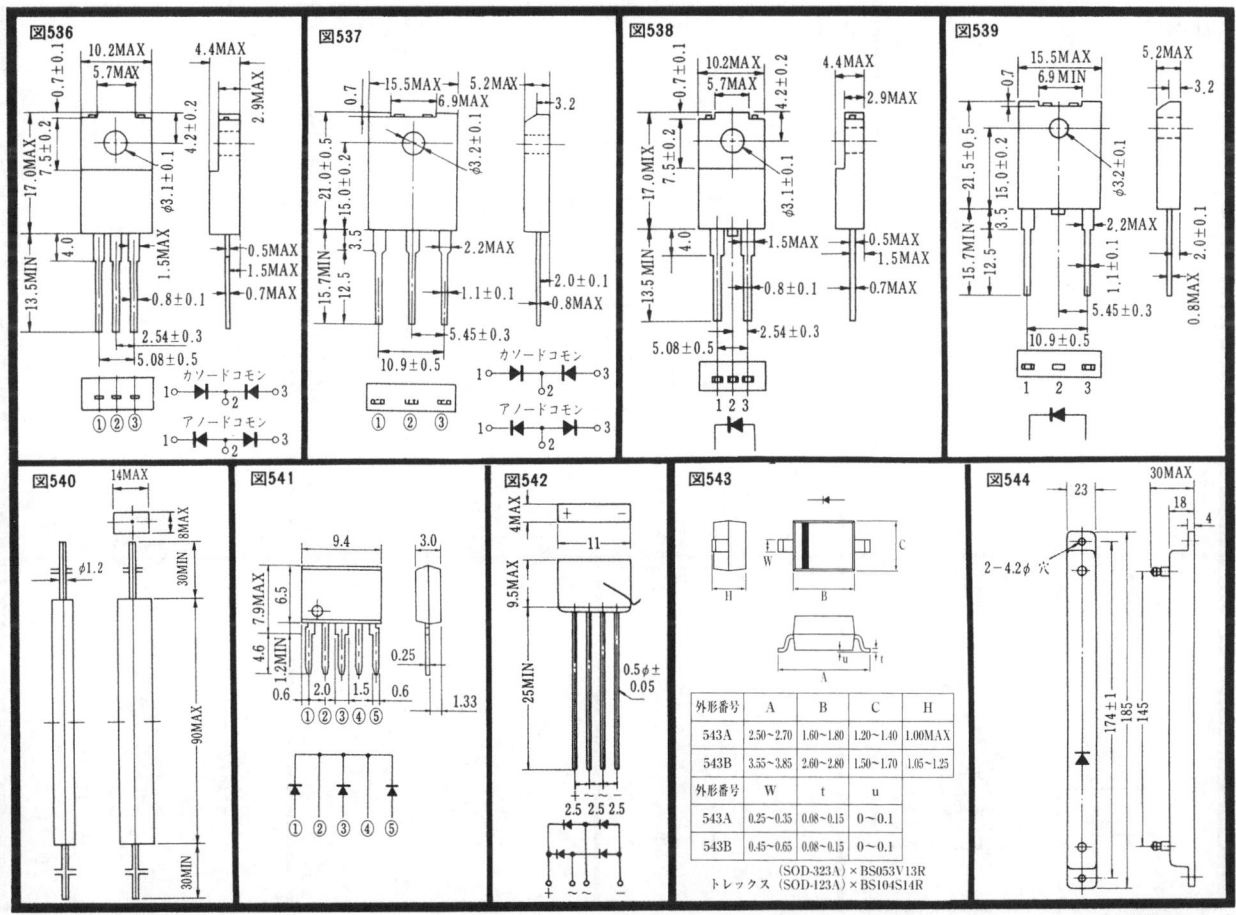

〈寸法図単位：mm〉

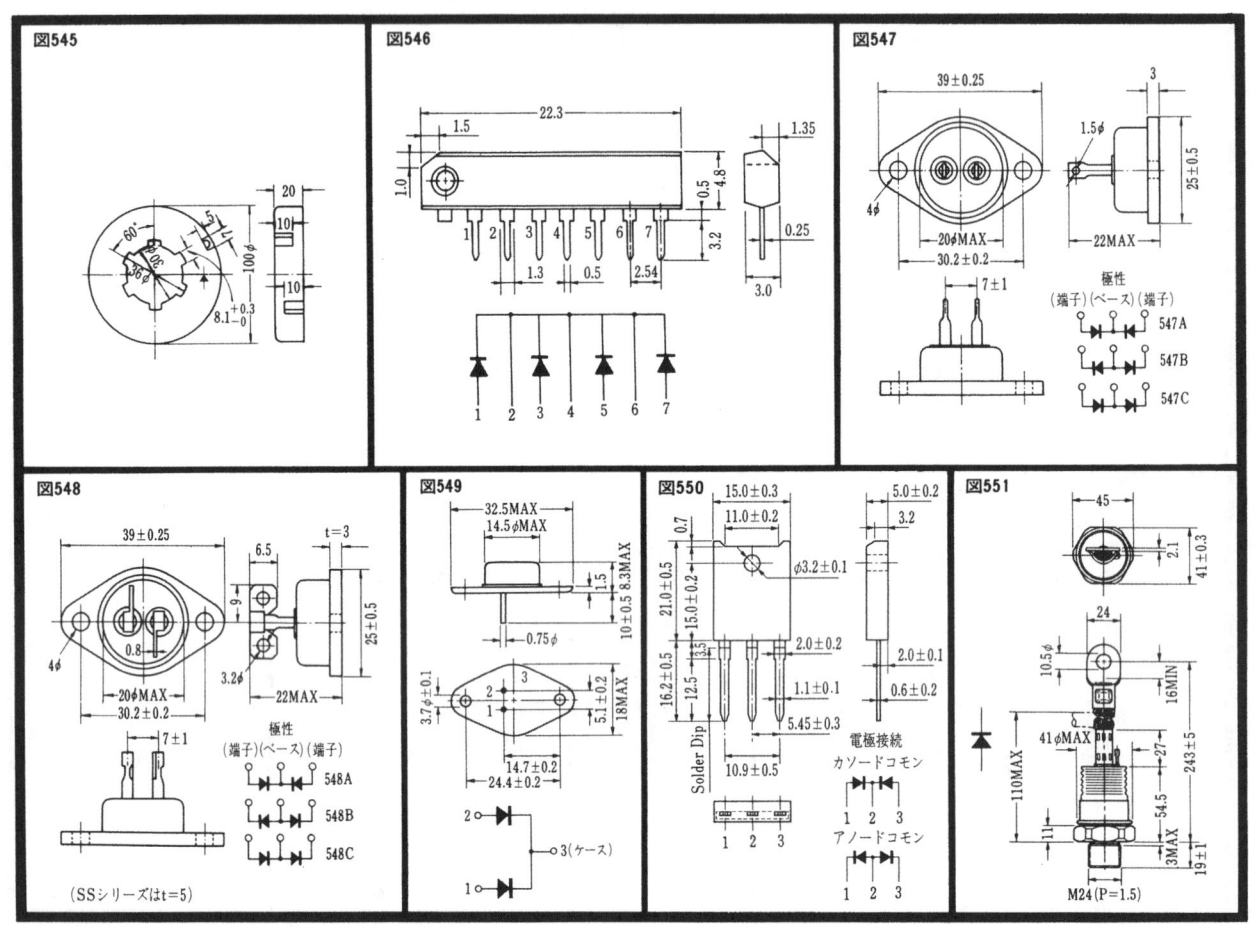

〈寸法図単位：mm〉

― 493 ―

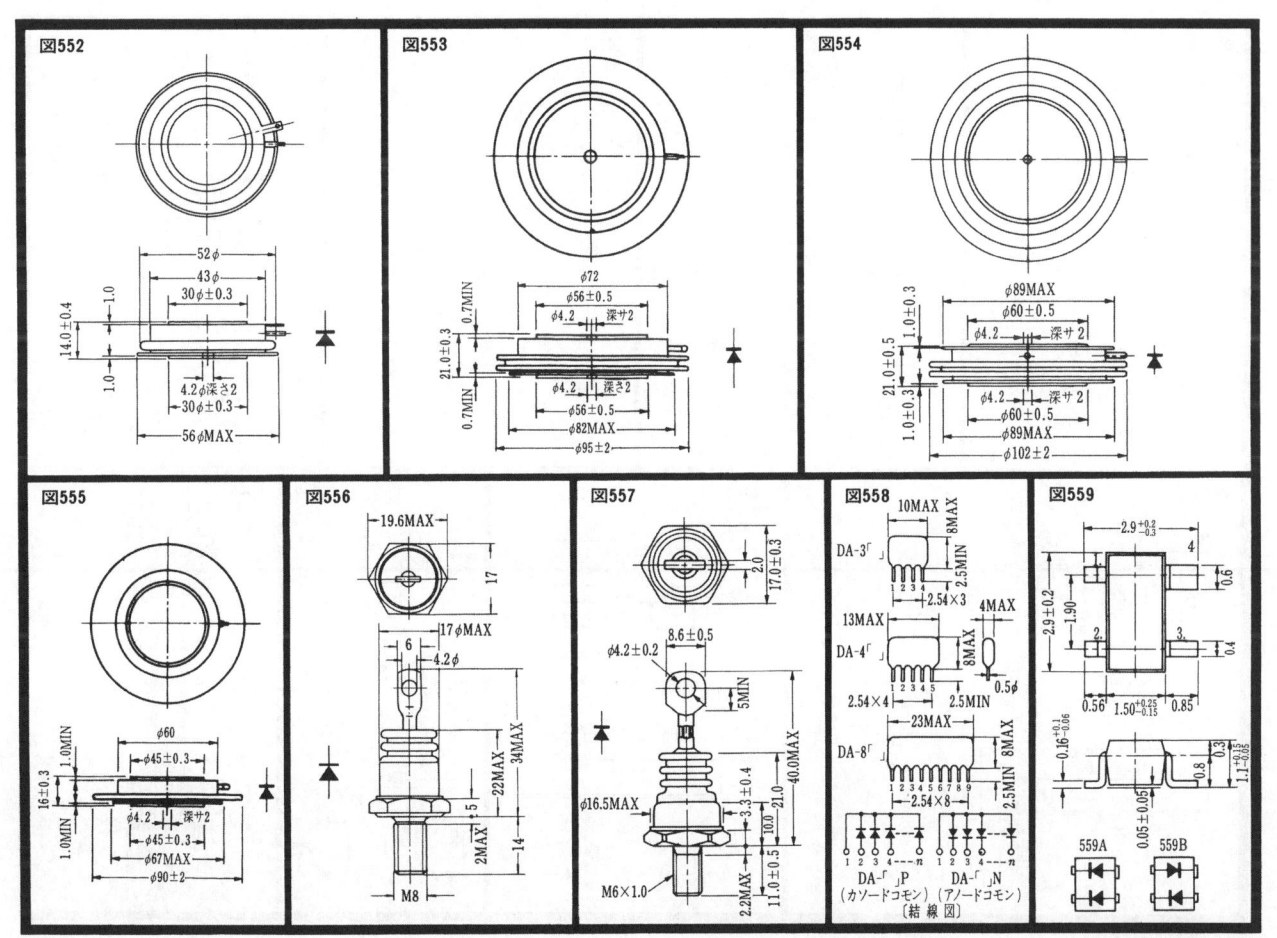

《寸法図単位：mm》

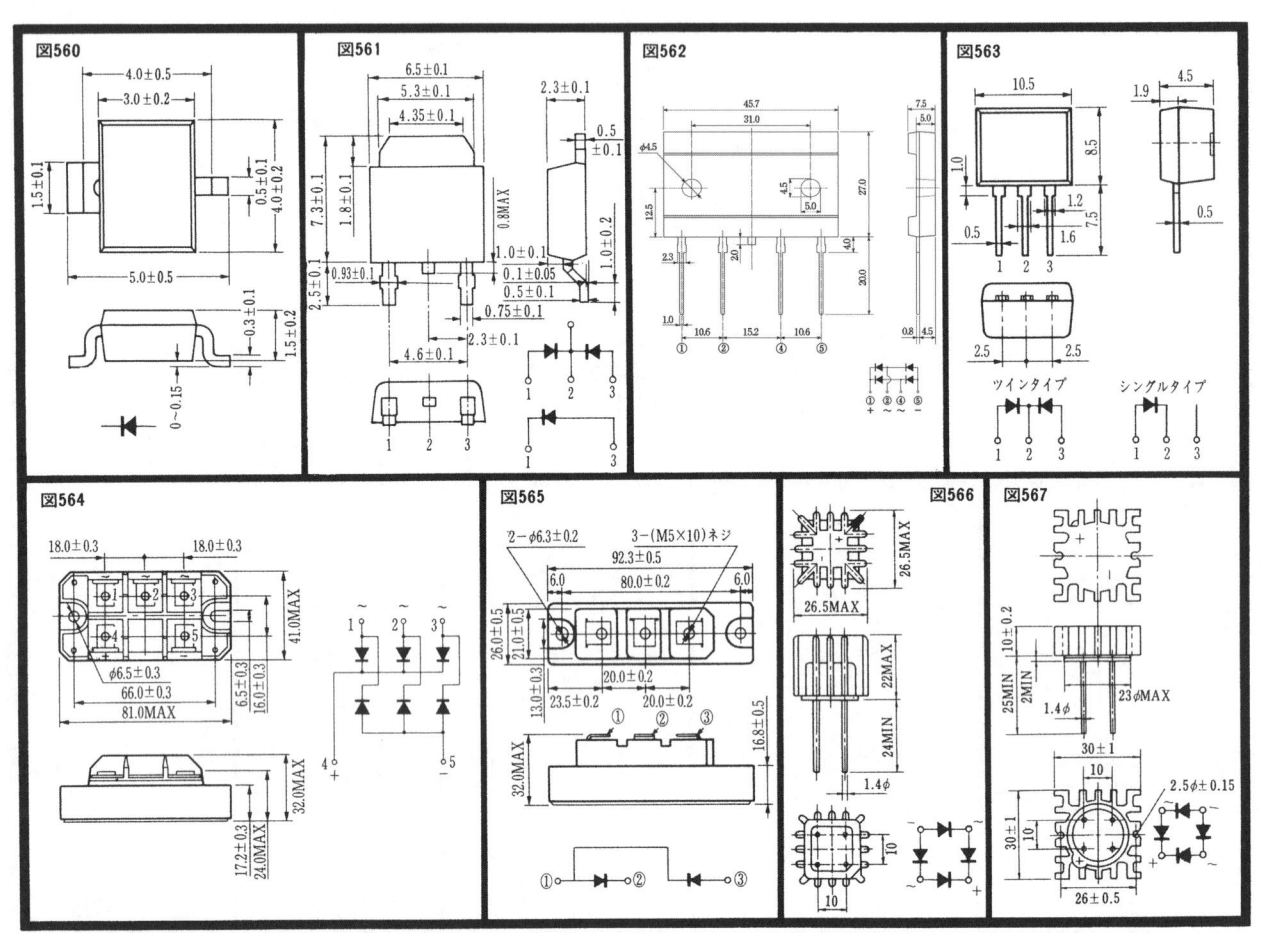

《寸法図単位：mm》

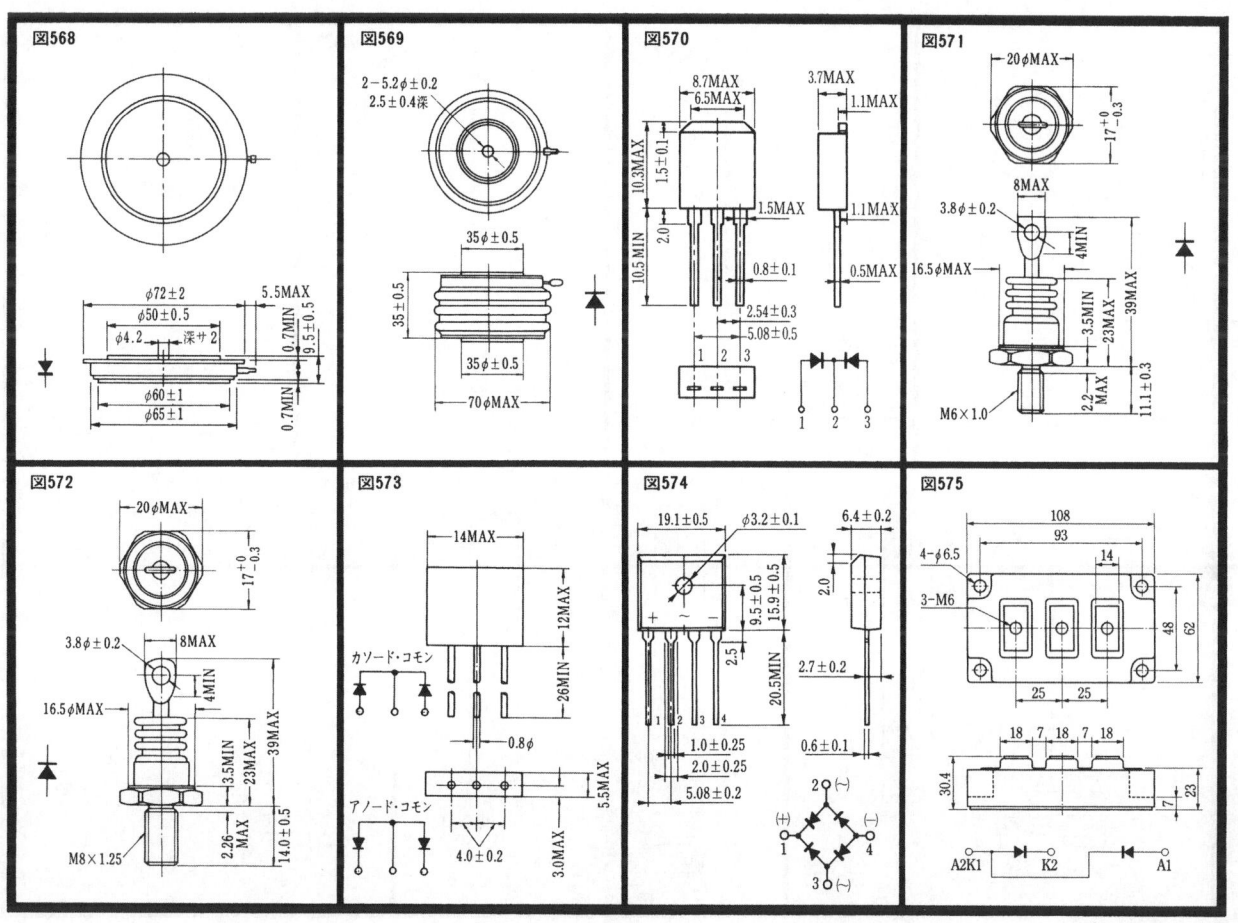

《寸法図単位：mm》

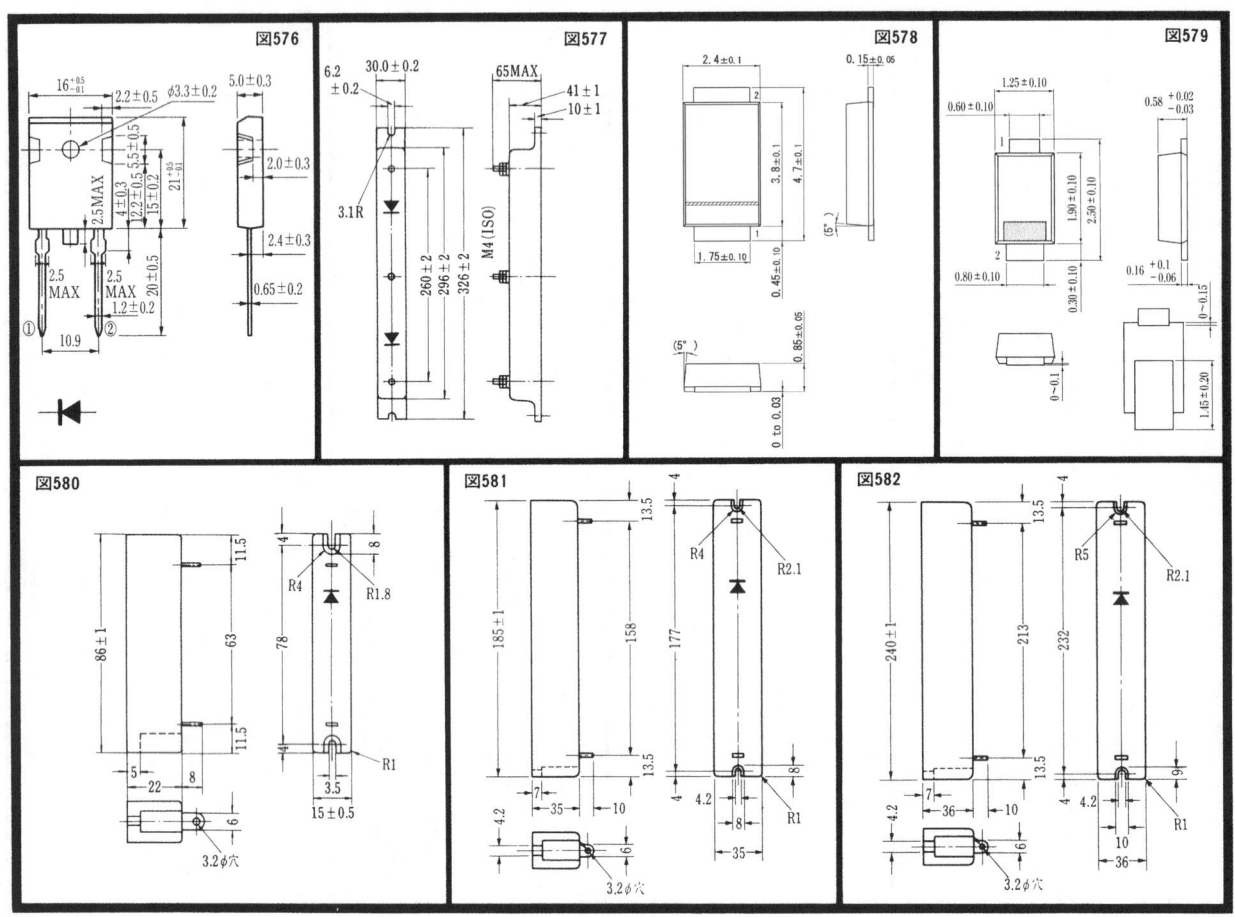

《寸法図単位：mm》

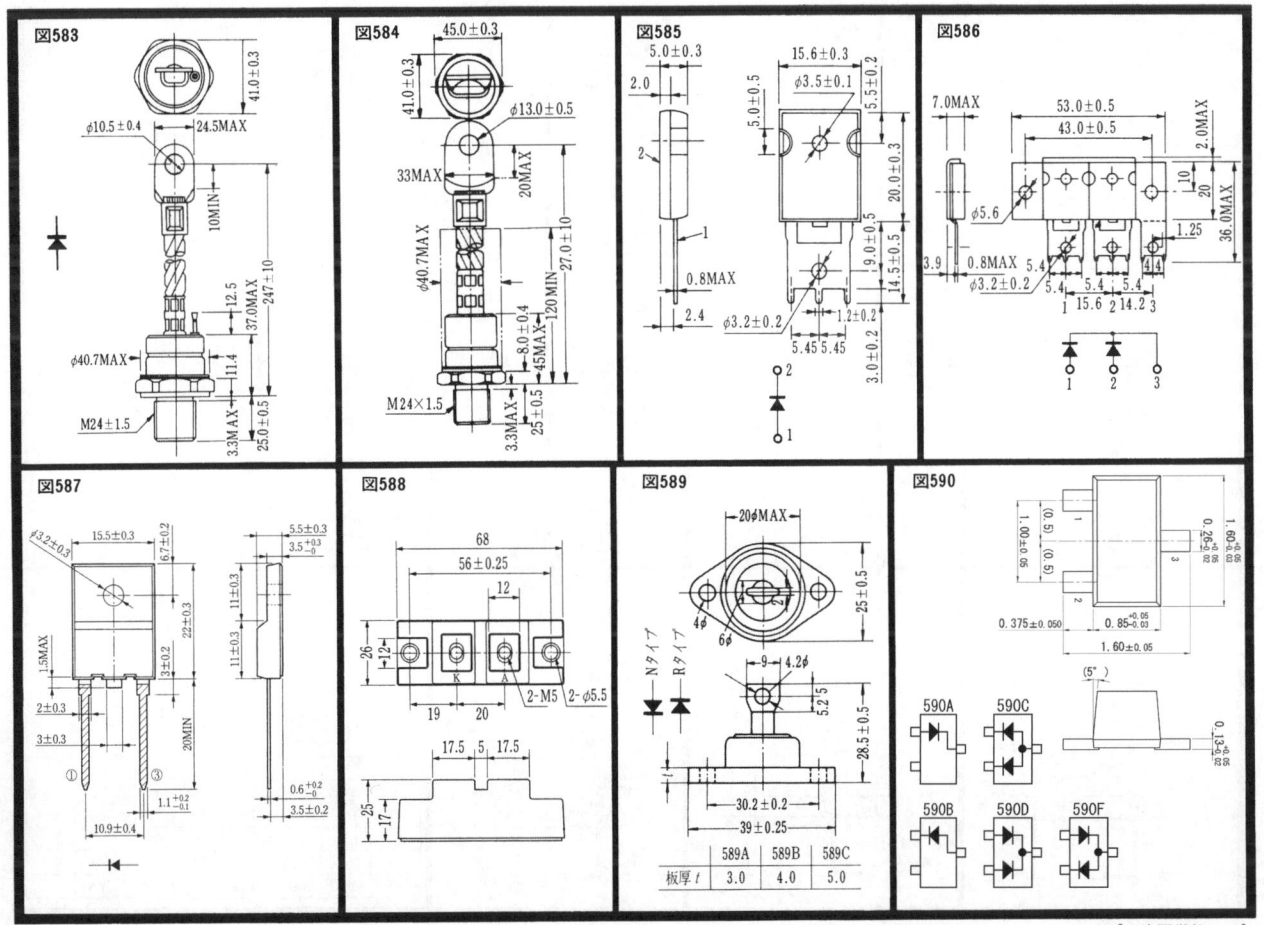

《寸法図単位：mm》

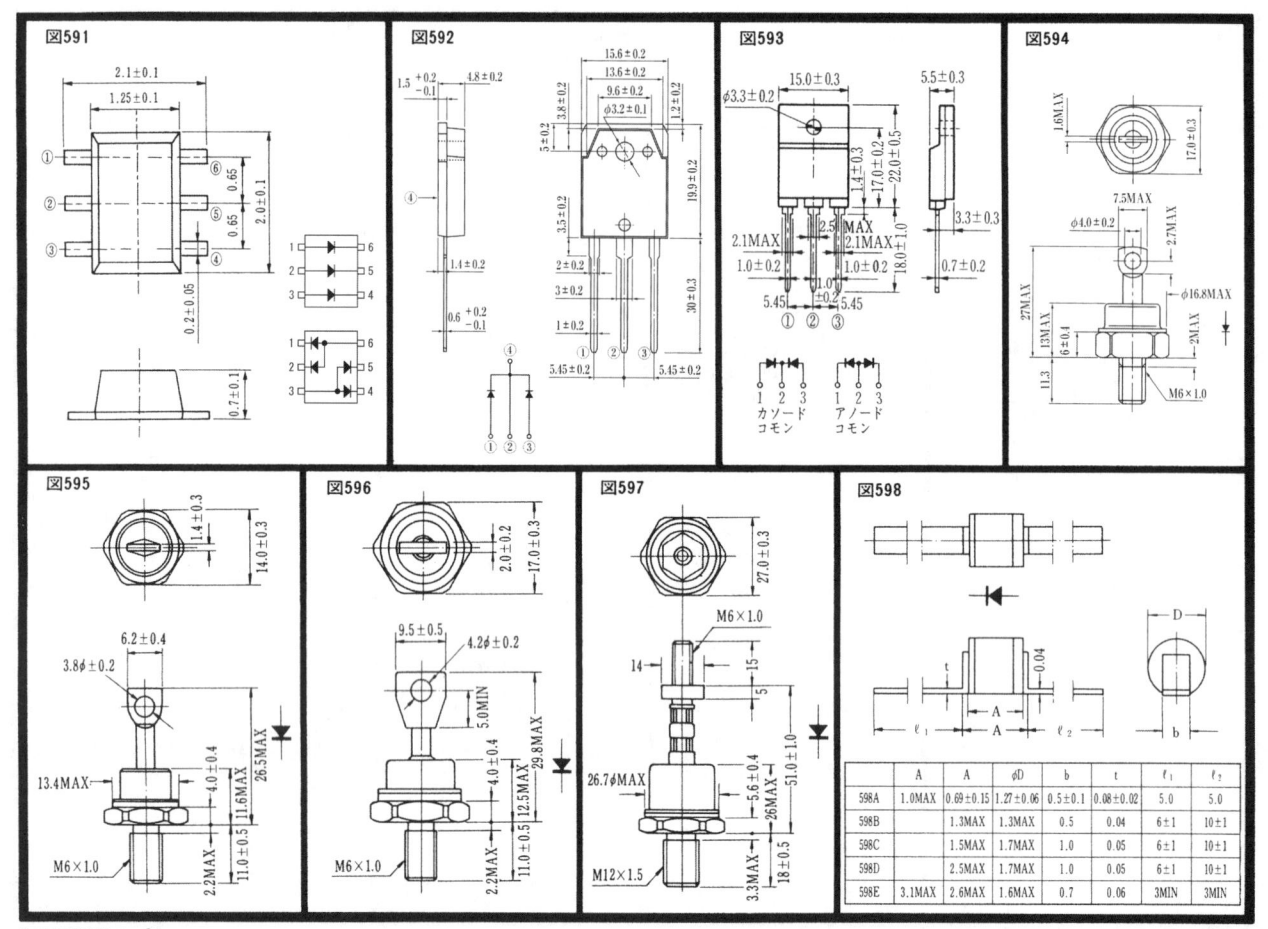

	A	A	φD	b	t	ℓ_1	ℓ_2
598A	1.0MAX	0.69±0.15	1.27±0.06	0.5±0.1	0.08±0.02	5.0	5.0
598B		1.3MAX	1.3MAX	0.5	0.04	6±1	10±1
598C		1.5MAX	1.7MAX	1.0	0.05	6±1	10±1
598D		2.5MAX	1.7MAX	1.0	0.05	6±1	10±1
598E	3.1MAX	2.6MAX	1.6MAX	0.7	0.06	3MIN	3MIN

《寸法図単位：mm》

《寸法図単位：mm》

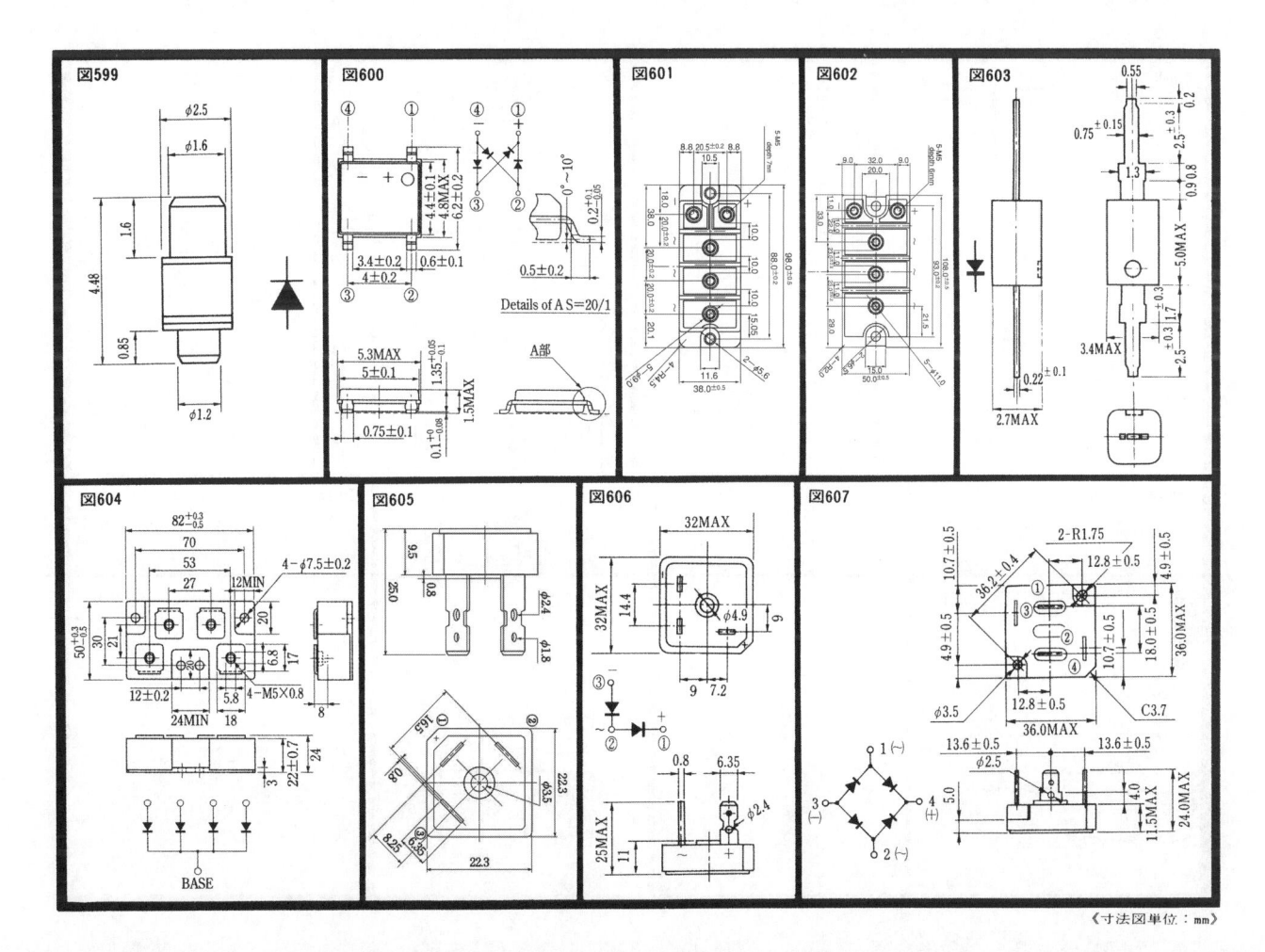

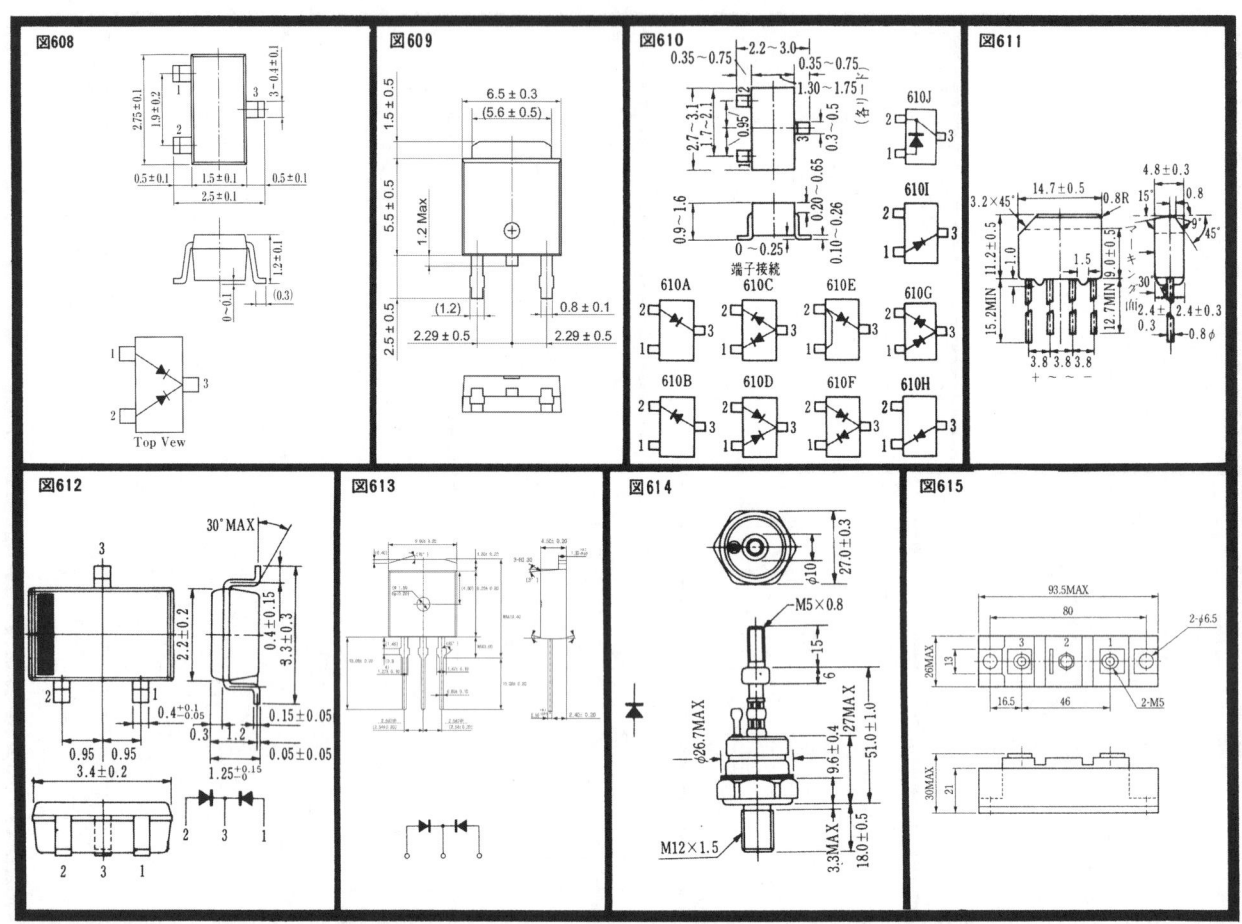

〈寸法図単位：mm〉

― 501 ―

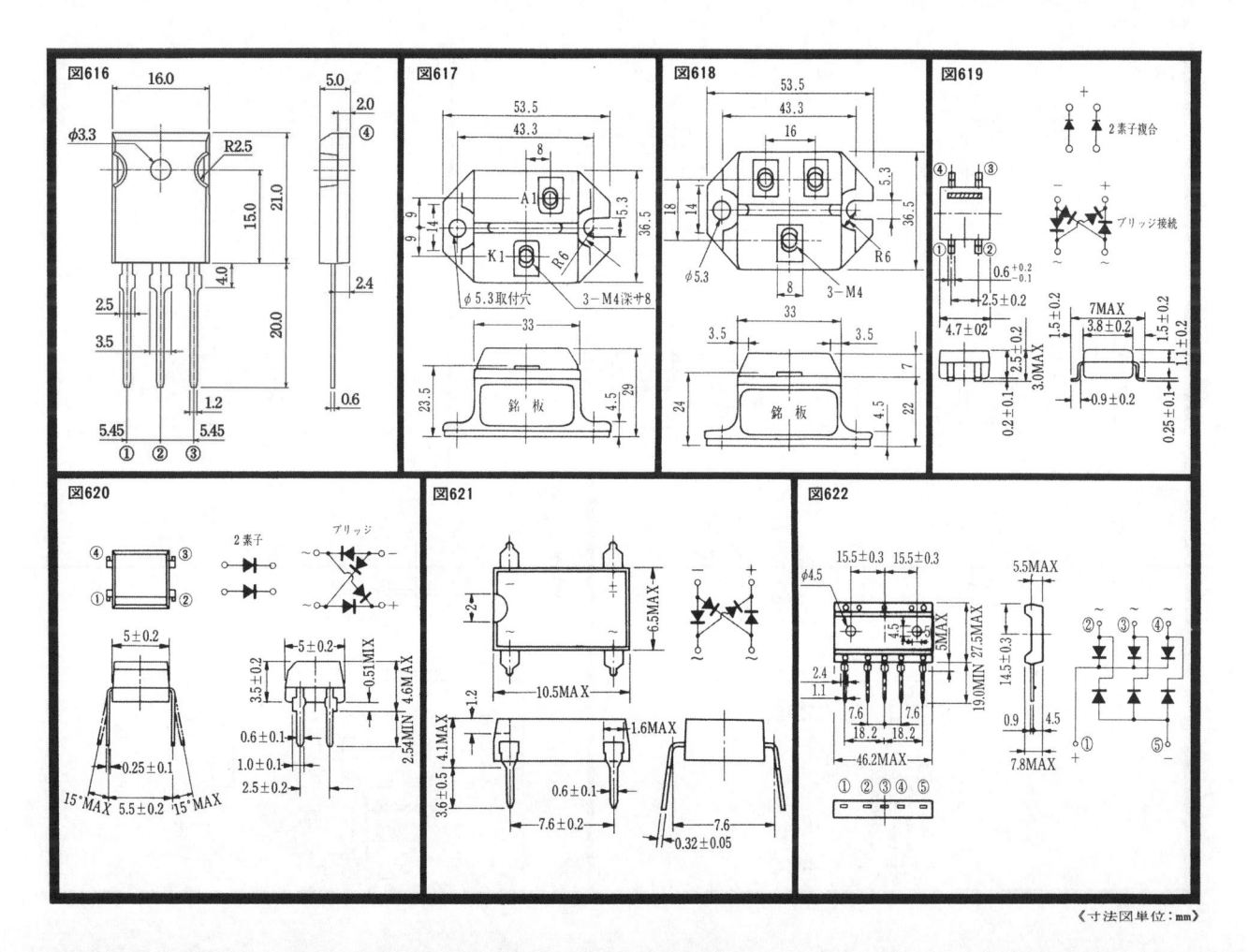

《寸法図単位：mm》

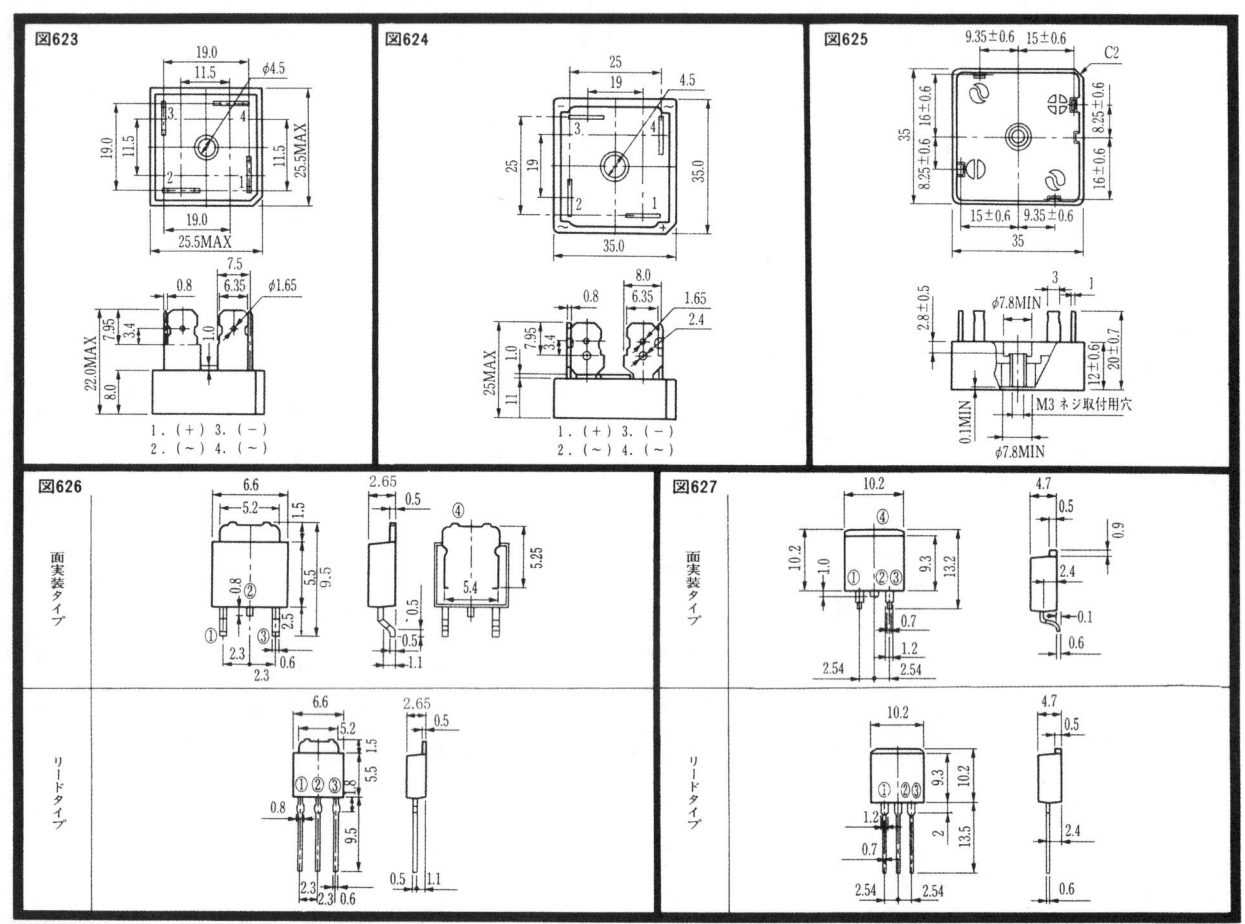

《寸法図単位：mm》

— 503 —

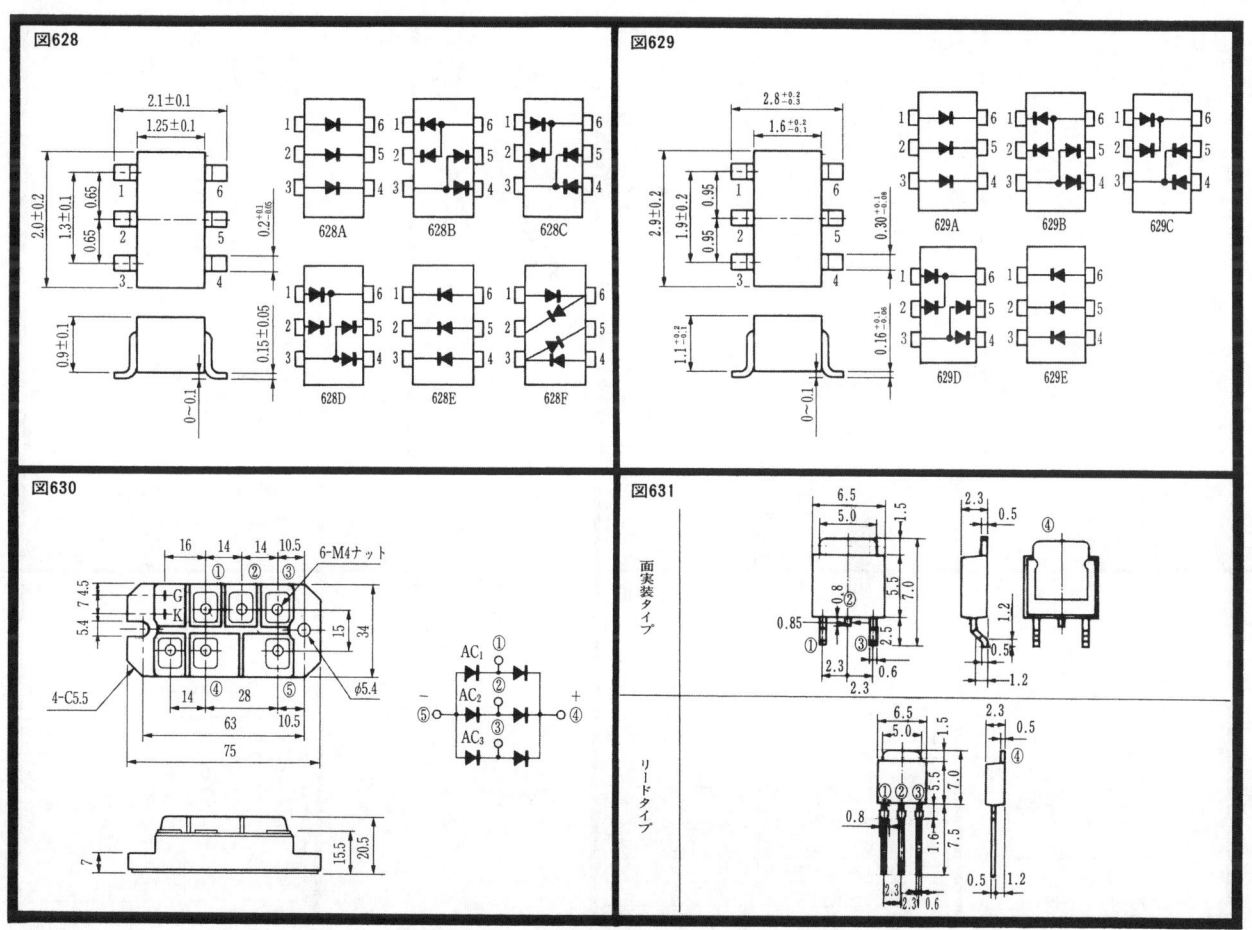

図632

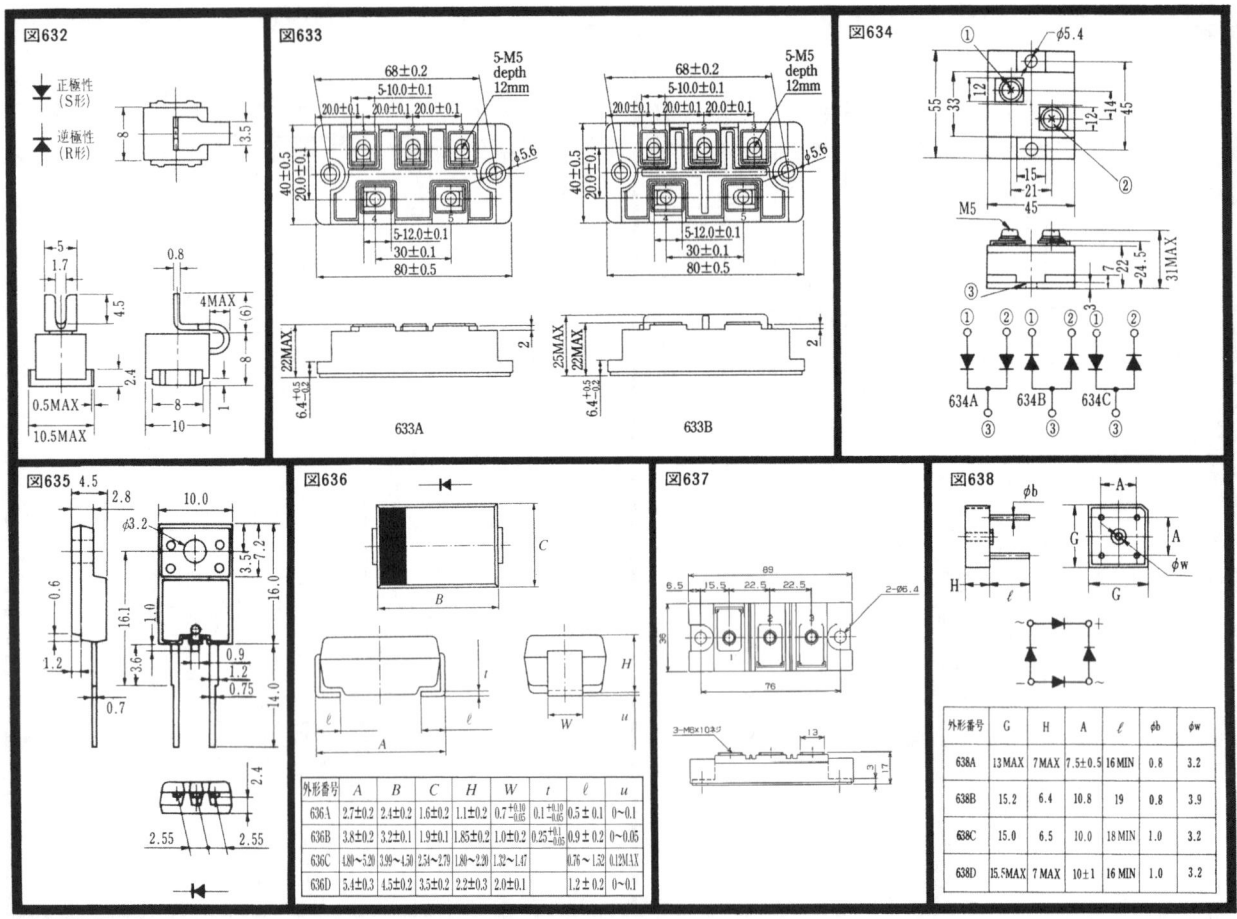

正極性(S形)
逆極性(R形)

図633

633A

633B

図634

634A 634B 634C

図635

図636

外形番号	A	B	C	H	W	t	ℓ	u
636A	2.7±0.2	2.4±0.2	1.6±0.2	1.1±0.2	0.7$^{+0.10}_{-0.05}$	1.1$^{+0.10}_{-0.05}$	0.5±0.2	0〜0.1
636B	3.8±0.2	3.2±0.1	1.9±0.2	1.85±0.2	1.0±0.2	0.25$^{+0.1}_{-0.05}$	0.9±0.2	0〜0.05
636C	4.80〜5.20	3.99〜4.50	2.54〜2.79	1.80〜2.20	1.32〜1.47		0.76〜1.52	0.12MAX
636D	5.4±0.3	4.5±0.2	3.5±0.2	2.2±0.2	2.0±0.1		1.2±0.2	0〜0.1

図637

図638

外形番号	G	H	A	ℓ	φb	φw
638A	13MAX	7MAX	7.5±0.5	16MIN	0.8	3.2
638B	15.2	6.4	10.8	19	0.8	3.9
638C	15.0	6.5	10.0	18MIN	1.0	3.2
638D	15.5MAX	7MAX	10±1	16MIN	1.0	3.2

《寸法図単位:mm》

図639

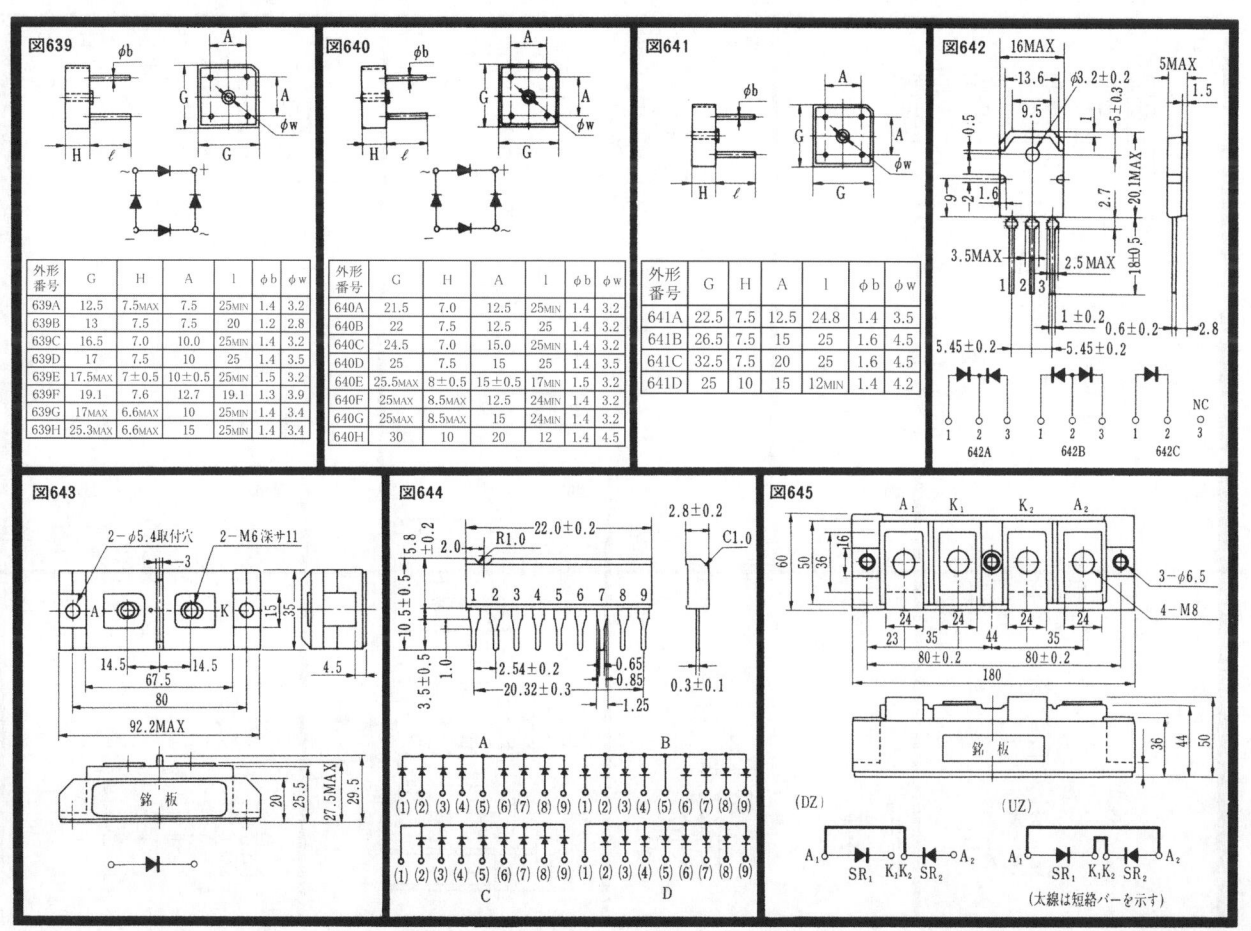

外形番号	G	H	A	l	φb	φw
639A	12.5	7.5MAX	7.5	25MIN	1.4	3.2
639B	13	7.5	7.5	20	1.2	2.8
639C	16.5	7.0	10.0	25MIN	1.4	3.2
639D	17	7.5	10	25	1.4	3.5
639E	17.5MAX	7±0.5	10±0.5	25MIN	1.5	3.2
639F	19.1	7.6	12.7	19.1	1.3	3.9
639G	17MAX	6.6MAX	10	25MIN	1.4	3.4
639H	25.3MAX	6.6MAX	15	25MIN	1.4	3.4

図640

外形番号	G	H	A	l	φb	φw
640A	21.5	7.0	12.5	25MIN	1.4	3.2
640B	22	7.5	12.5	25	1.4	3.2
640C	24.5	7.0	15.0	25MIN	1.4	3.2
640D	25	7.5	15	25	1.4	3.5
640E	25.5MAX	8±0.5	15±0.5	17MIN	1.5	3.2
640F	25MAX	8.5MAX	12.5	24MIN	1.4	3.2
640G	25MAX	8.5MAX	15	24MIN	1.4	3.2
640H	30	10	20	12	1.4	4.5

図641

外形番号	G	H	A	l	φb	φw
641A	22.5	7.5	12.5	24.8	1.4	3.5
641B	26.5	7.5	15	25	1.6	4.5
641C	32.5	7.5	20	25	1.6	4.5
641D	25	10	15	12MIN	1.4	4.2

図642

642A 642B 642C

図643

図644

A B C D

図645

(DZ) (UZ)

(太線は短絡バーを示す)

《寸法図単位：mm》

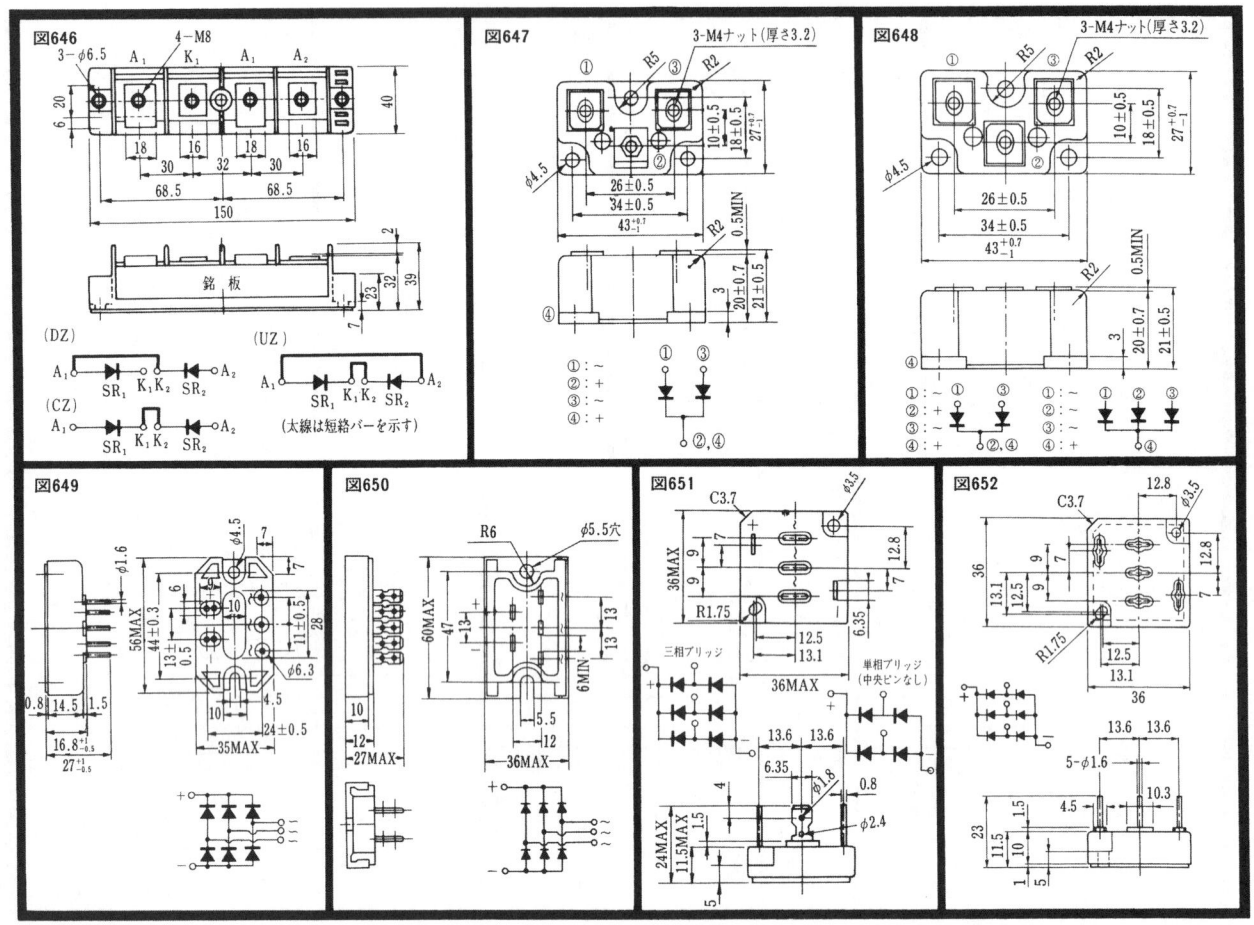

《寸法図単位：mm》

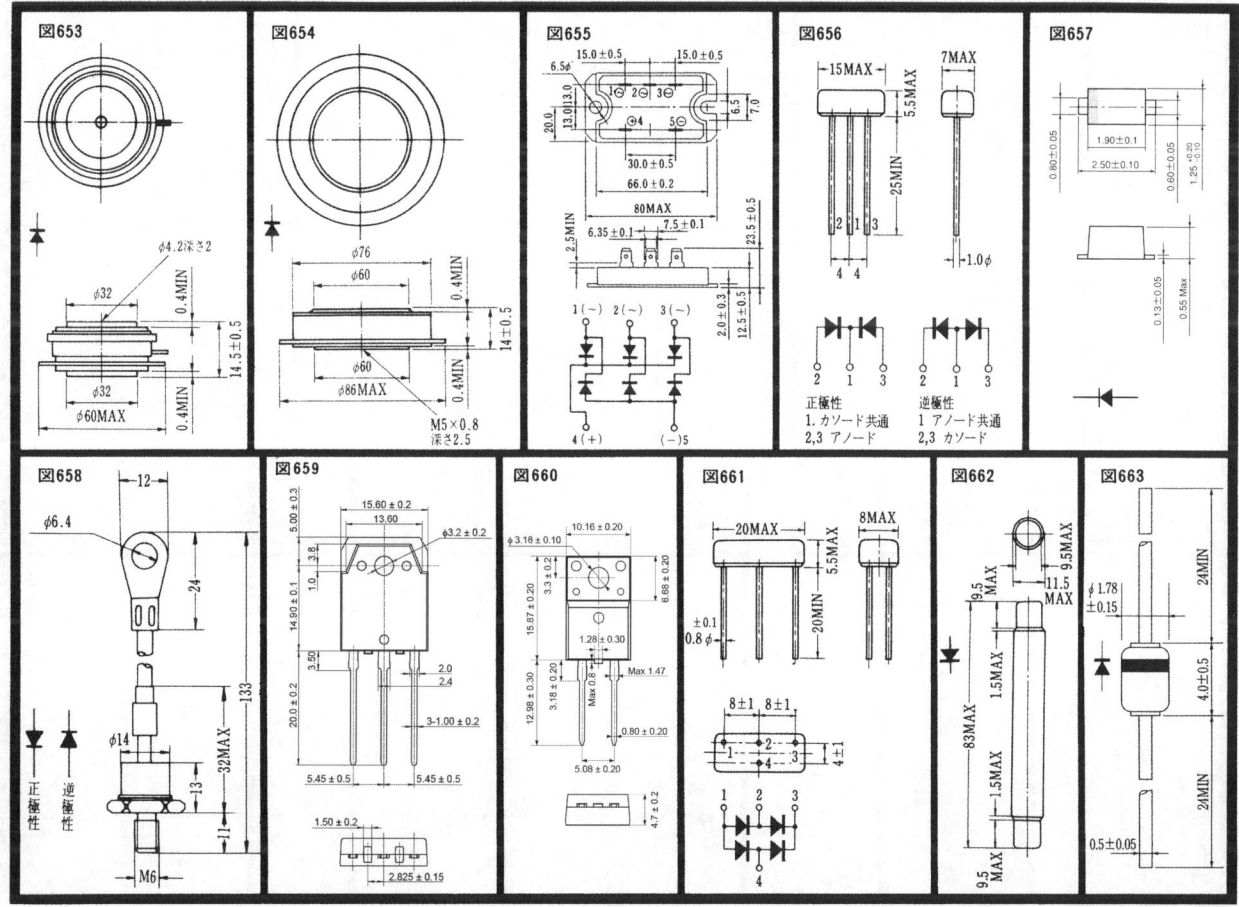

〈寸法図単位：mm〉

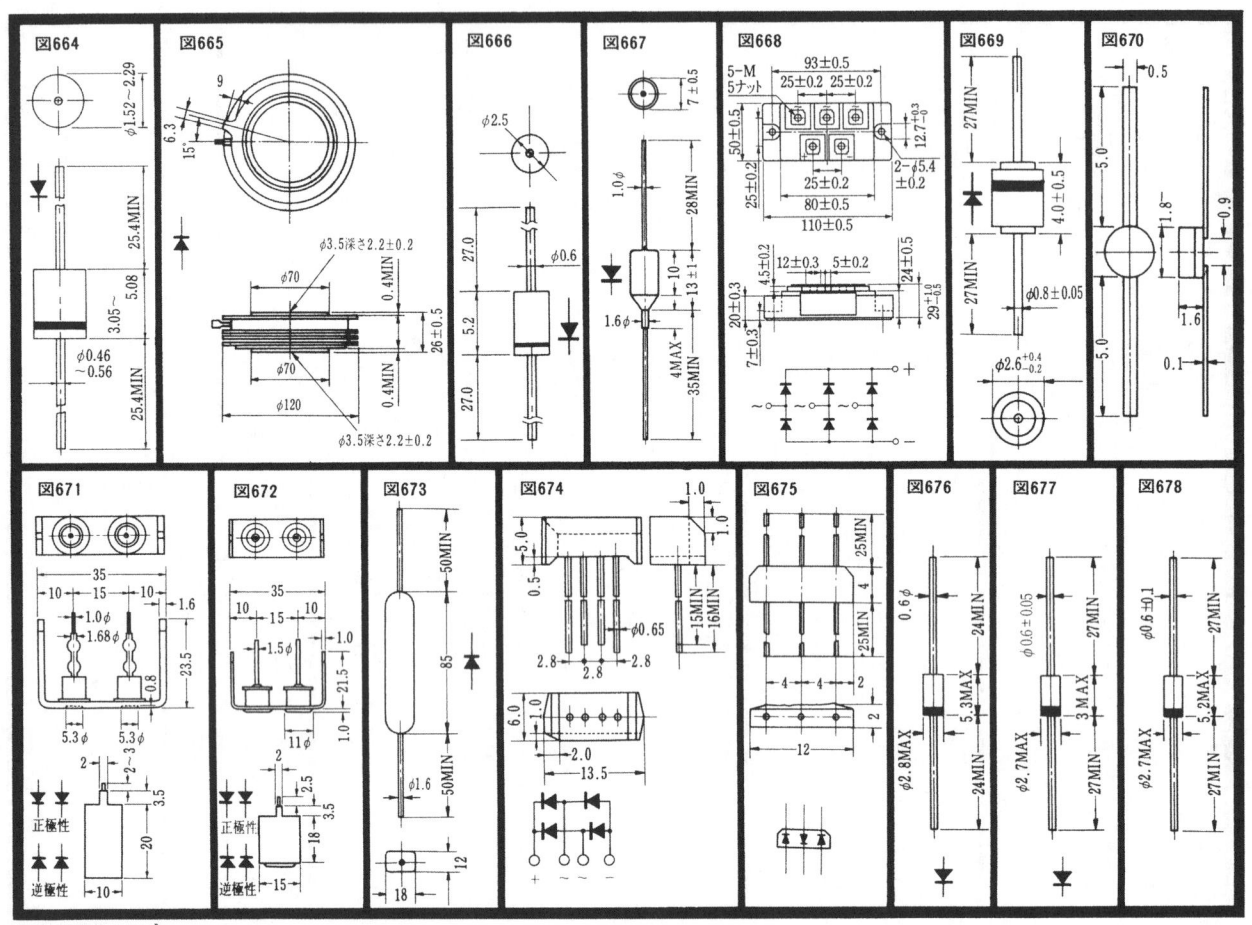

〈寸法図単位：mm〉

— 509 —

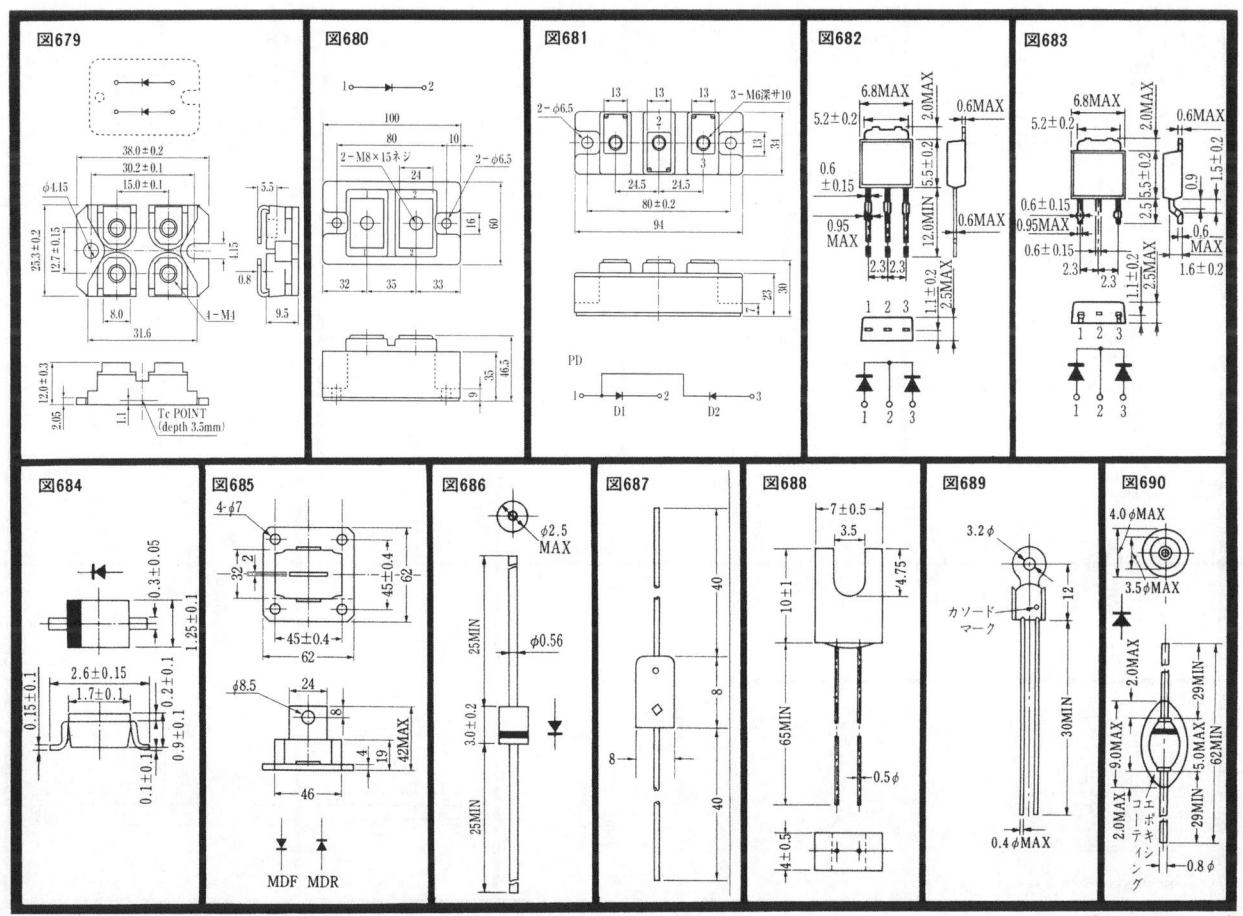

— 510 —

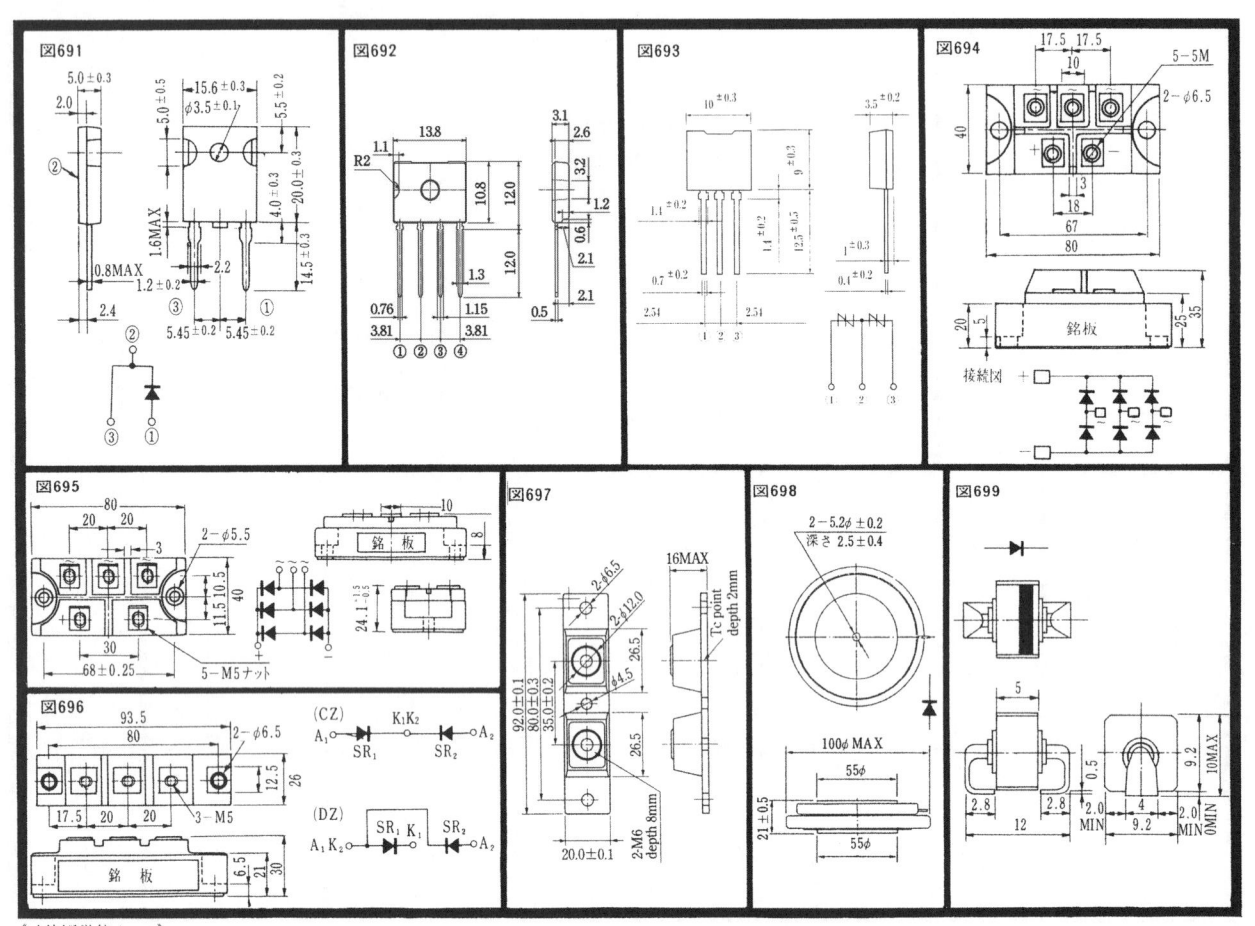

— 511 —

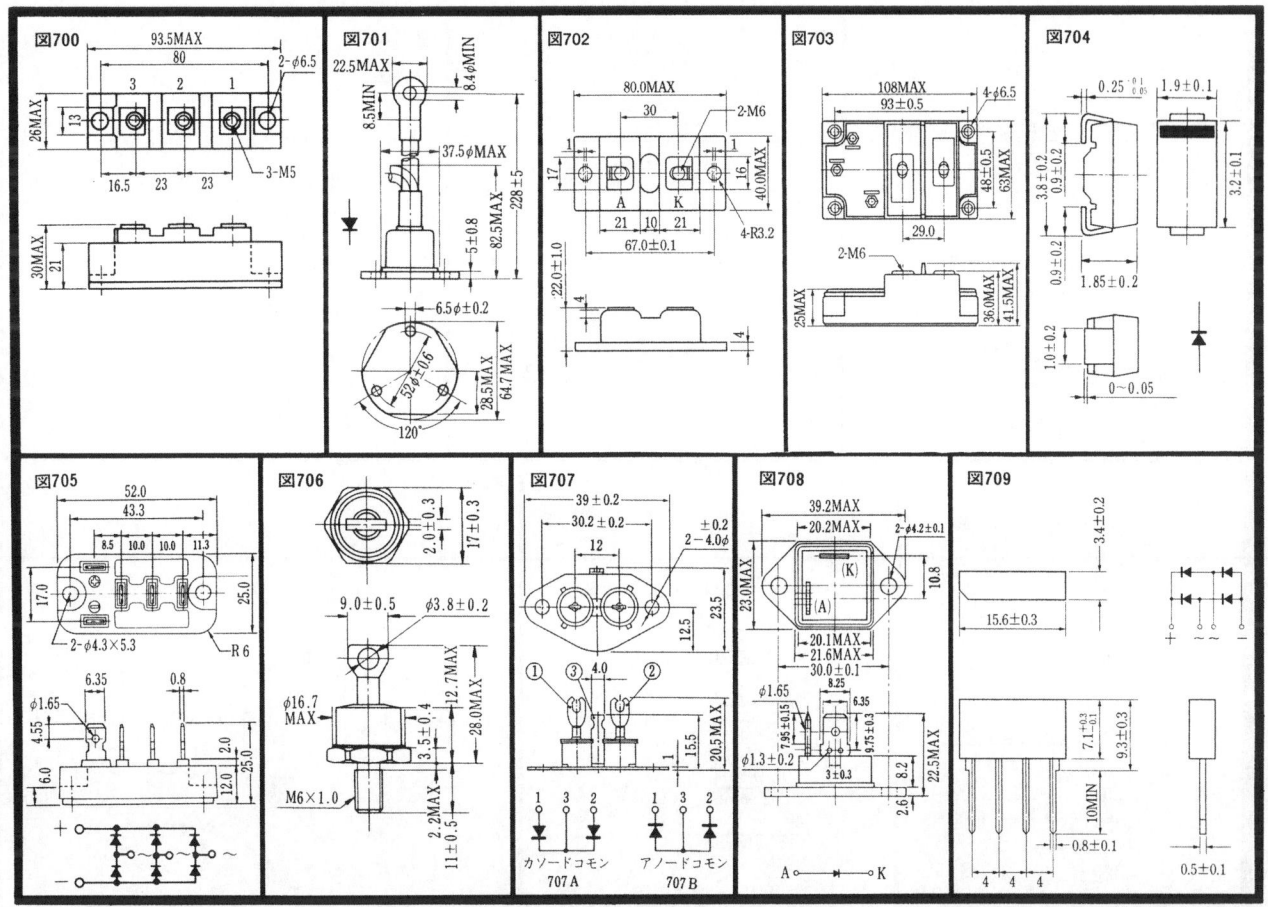

〈寸法図単位：mm〉

図710 図711 図712
図713 図714 図715

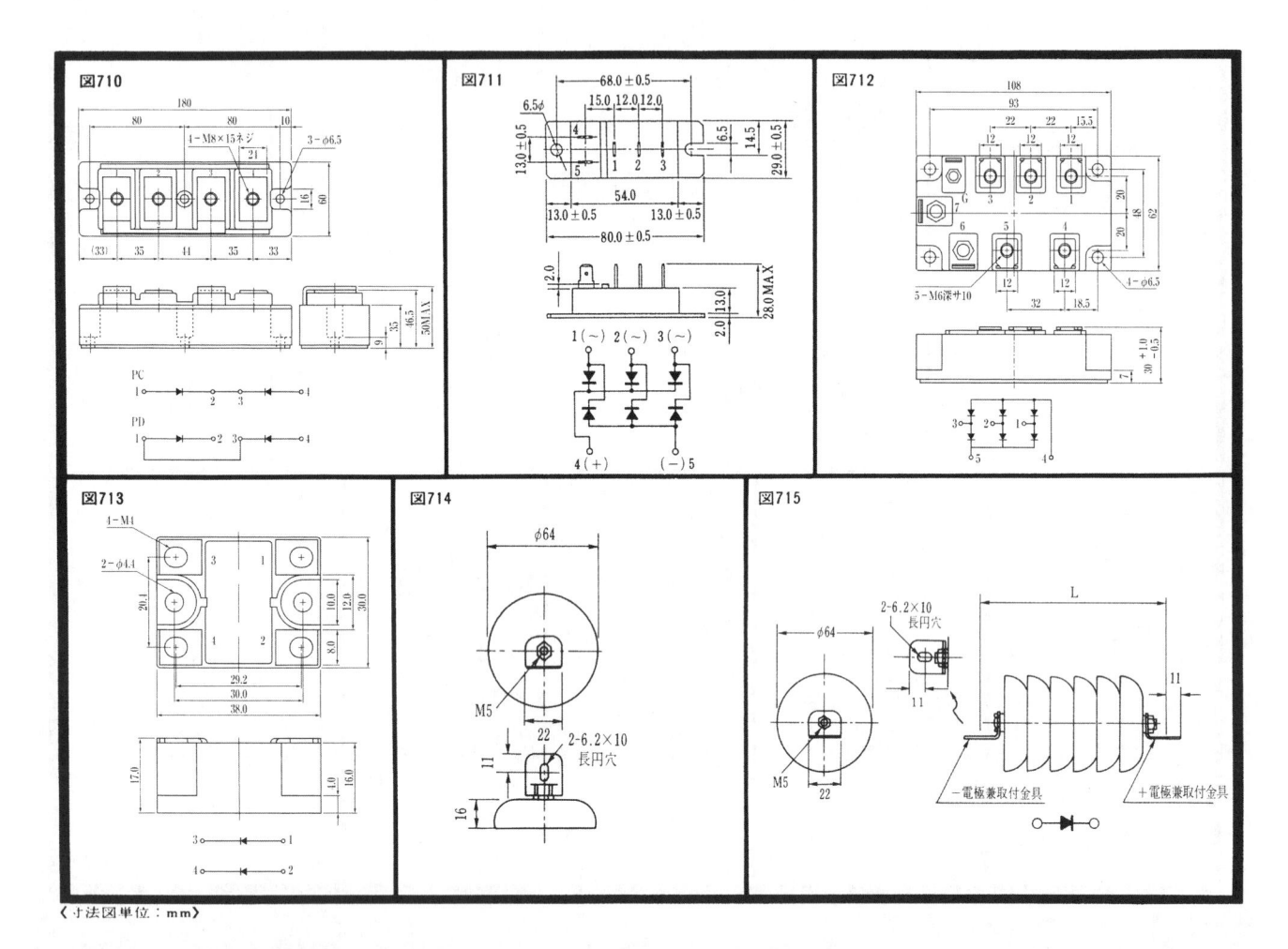

〈寸法図単位：mm〉

― 513 ―

図716

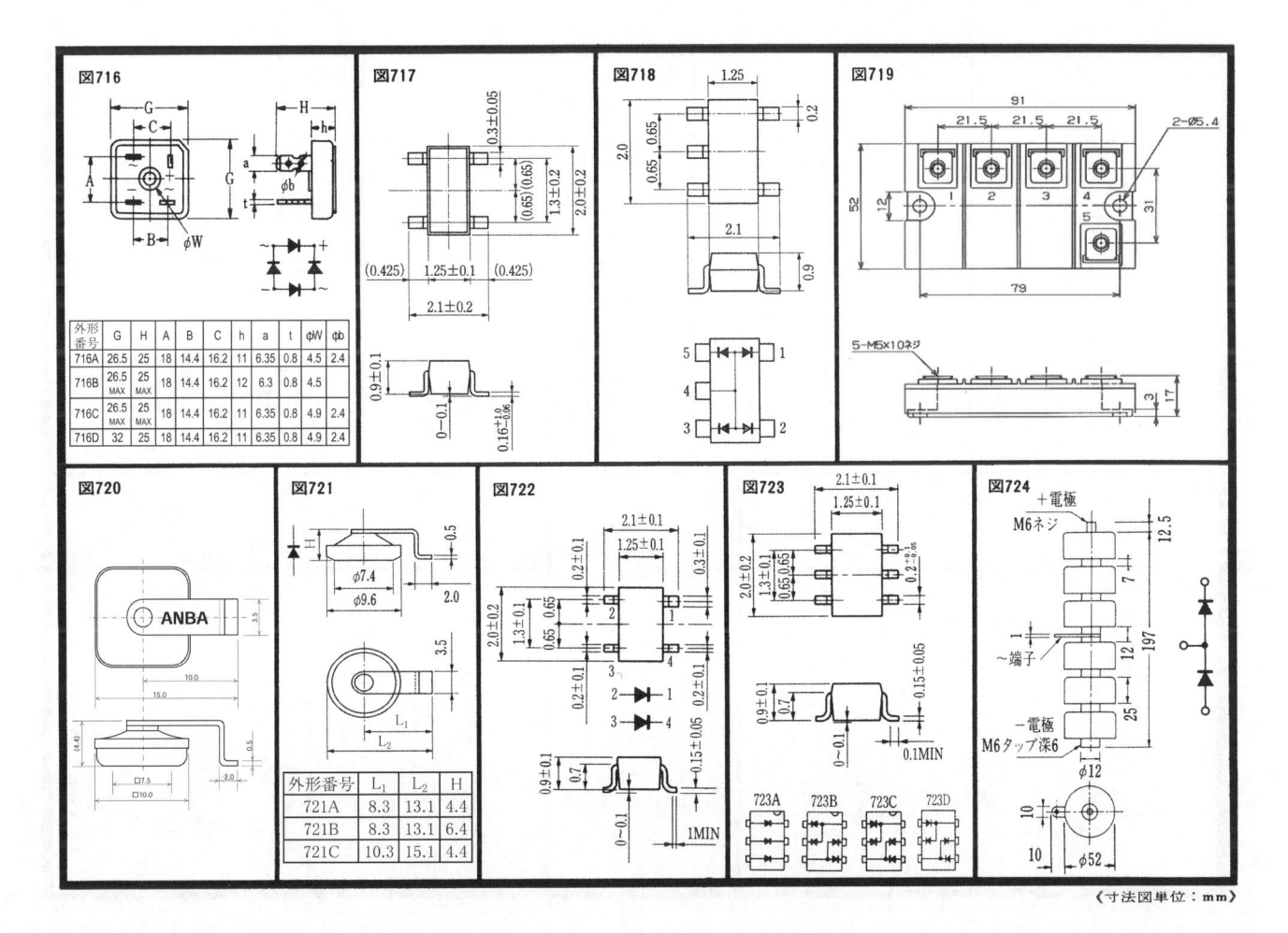

外形番号	G	H	A	B	C	h	a	t	φW	φb
716A	26.5	25	18	14.4	16.2	11	6.35	0.8	4.5	2.4
716B	26.5 MAX	25 MAX	18	14.4	16.2	12	6.3	0.8	4.5	
716C	26.5 MAX	25 MAX	18	14.4	16.2	11	6.35	0.8	4.9	2.4
716D	32	25	18	14.4	16.2	11	6.35	0.8	4.9	2.4

図717
図718
図719
図720
図721

外形番号	L_1	L_2	H
721A	8.3	13.1	4.4
721B	8.3	13.1	6.4
721C	10.3	15.1	4.4

図722
図723
図724

《寸法図単位：mm》

— 514 —

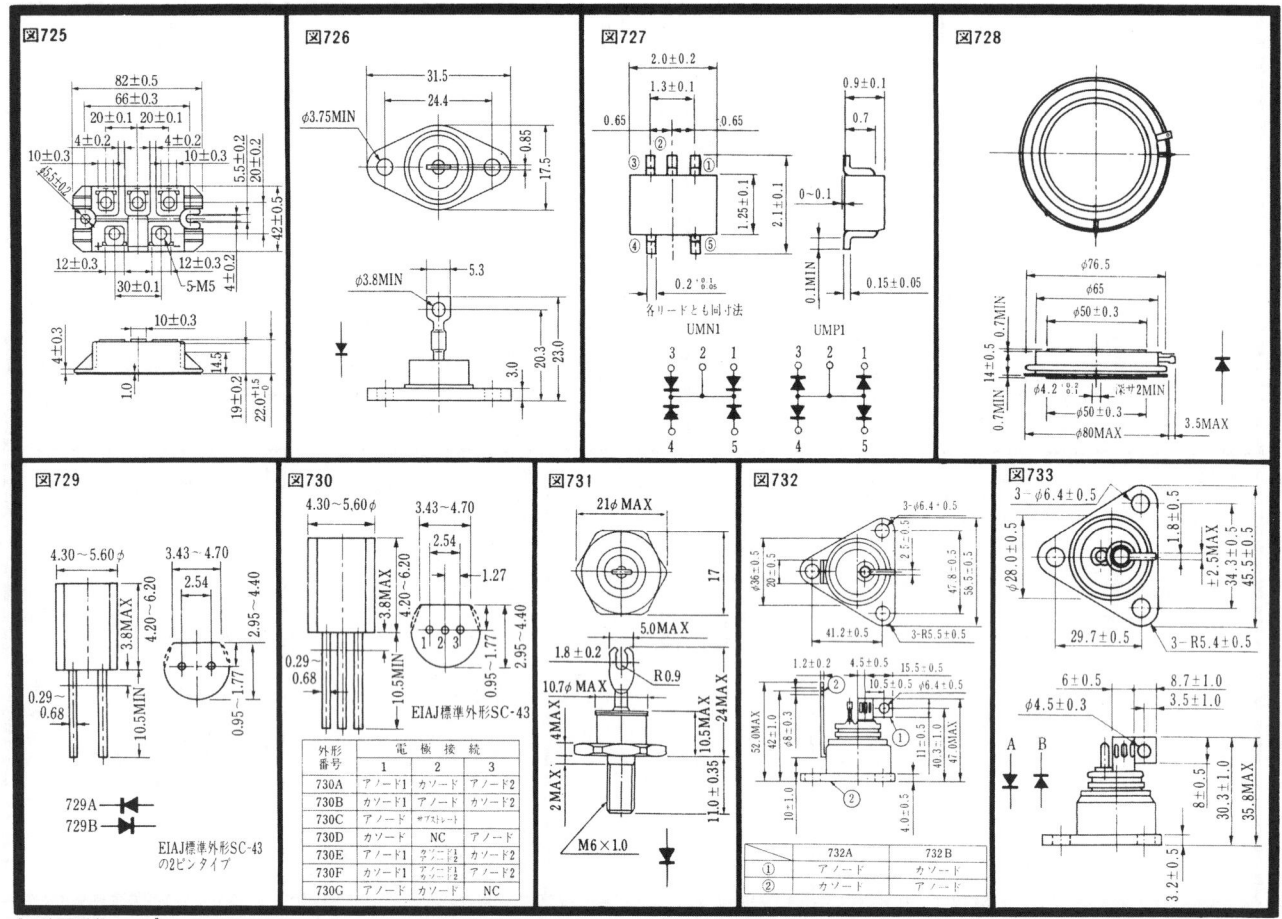

— 515 —

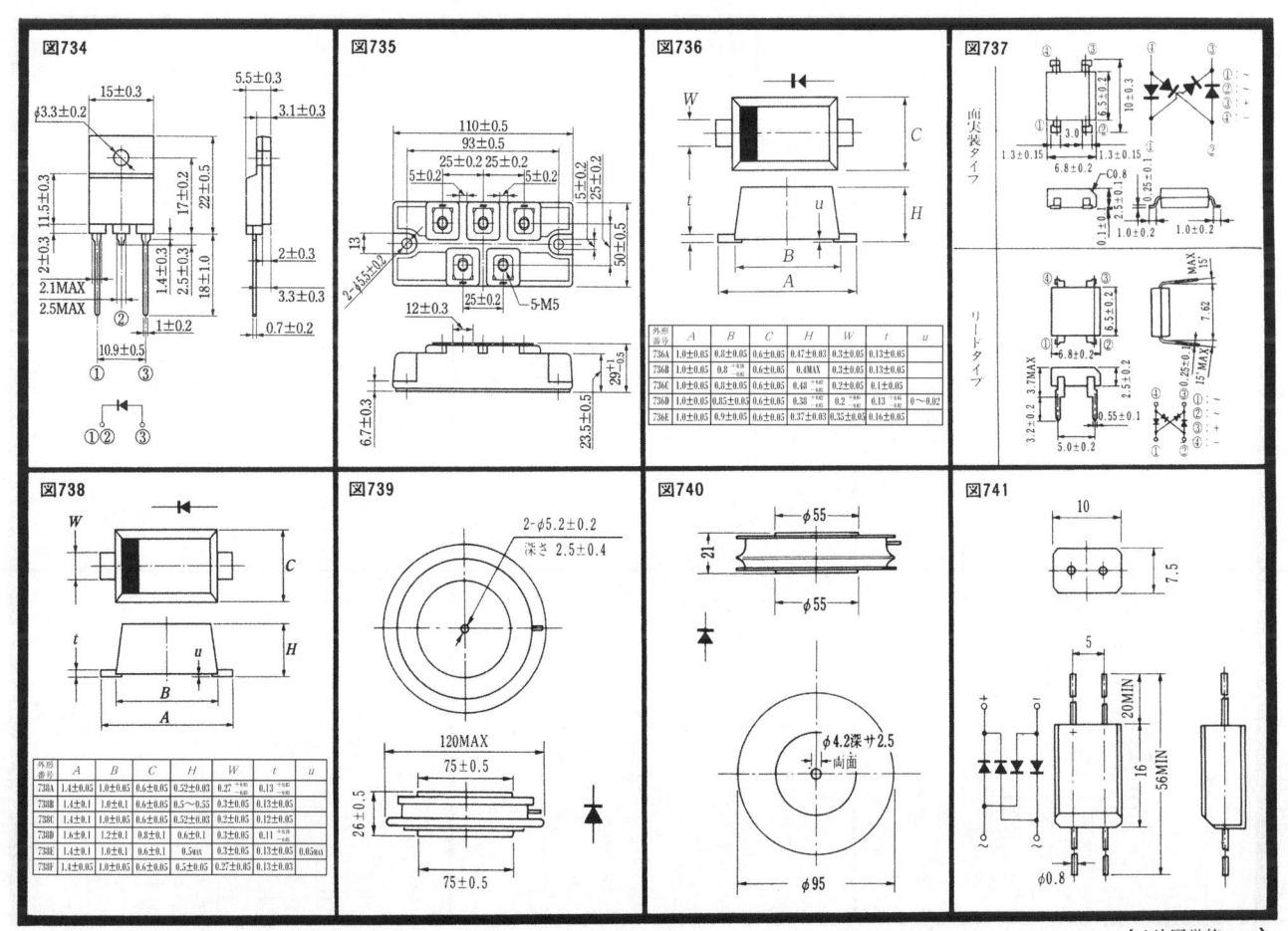

— 516 —

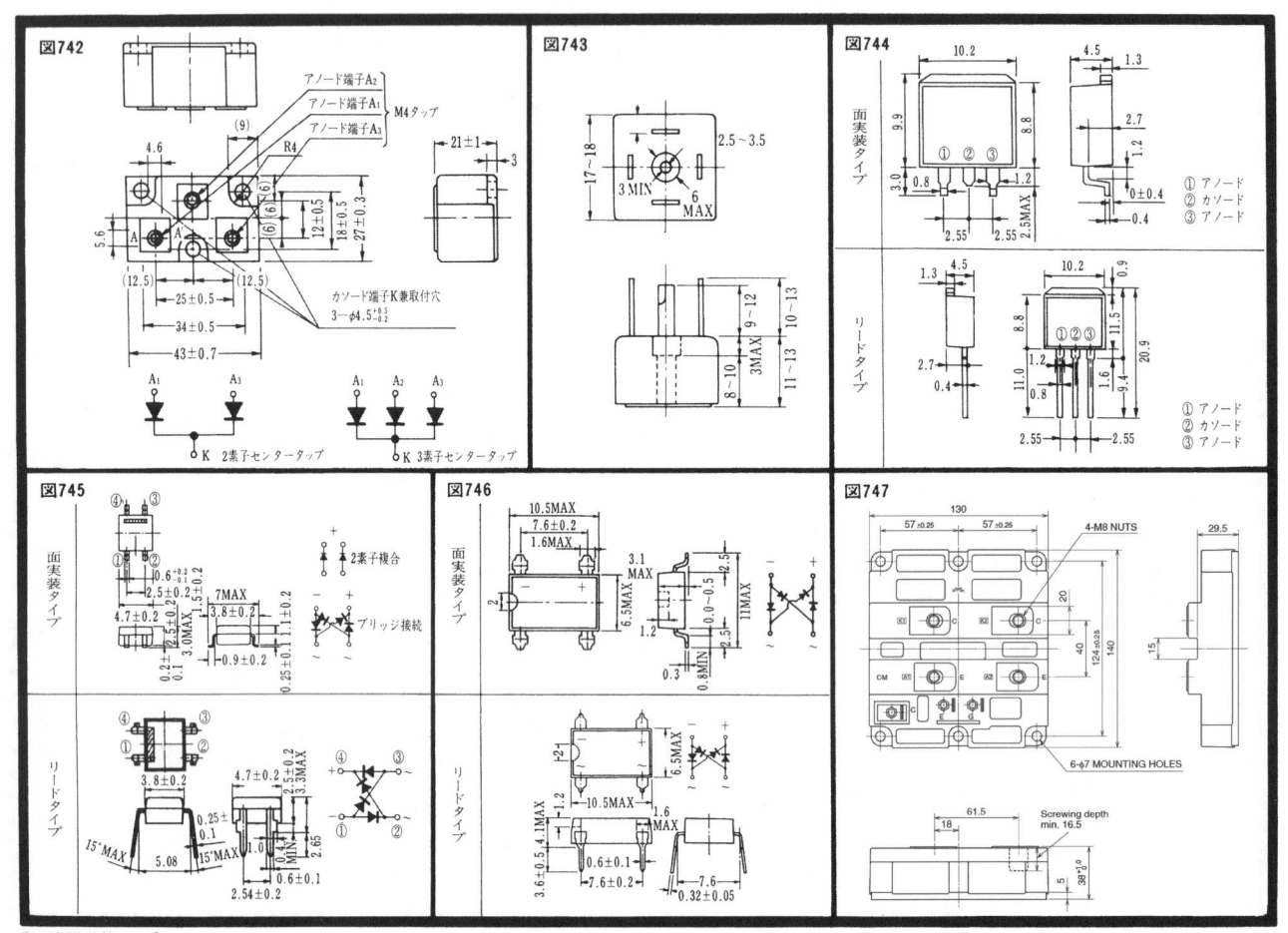

〈寸法図単位：mm〉

— 517 —

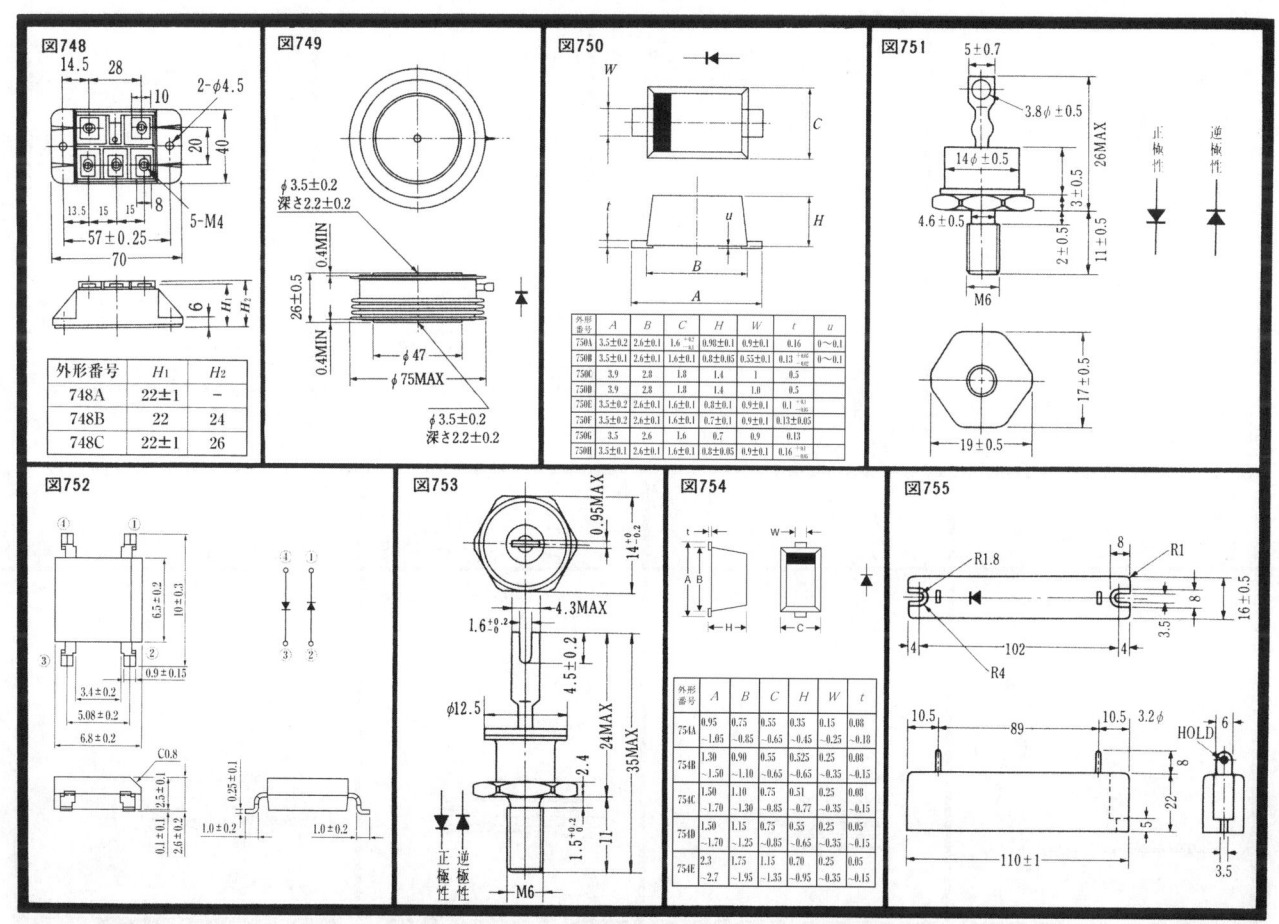

図756

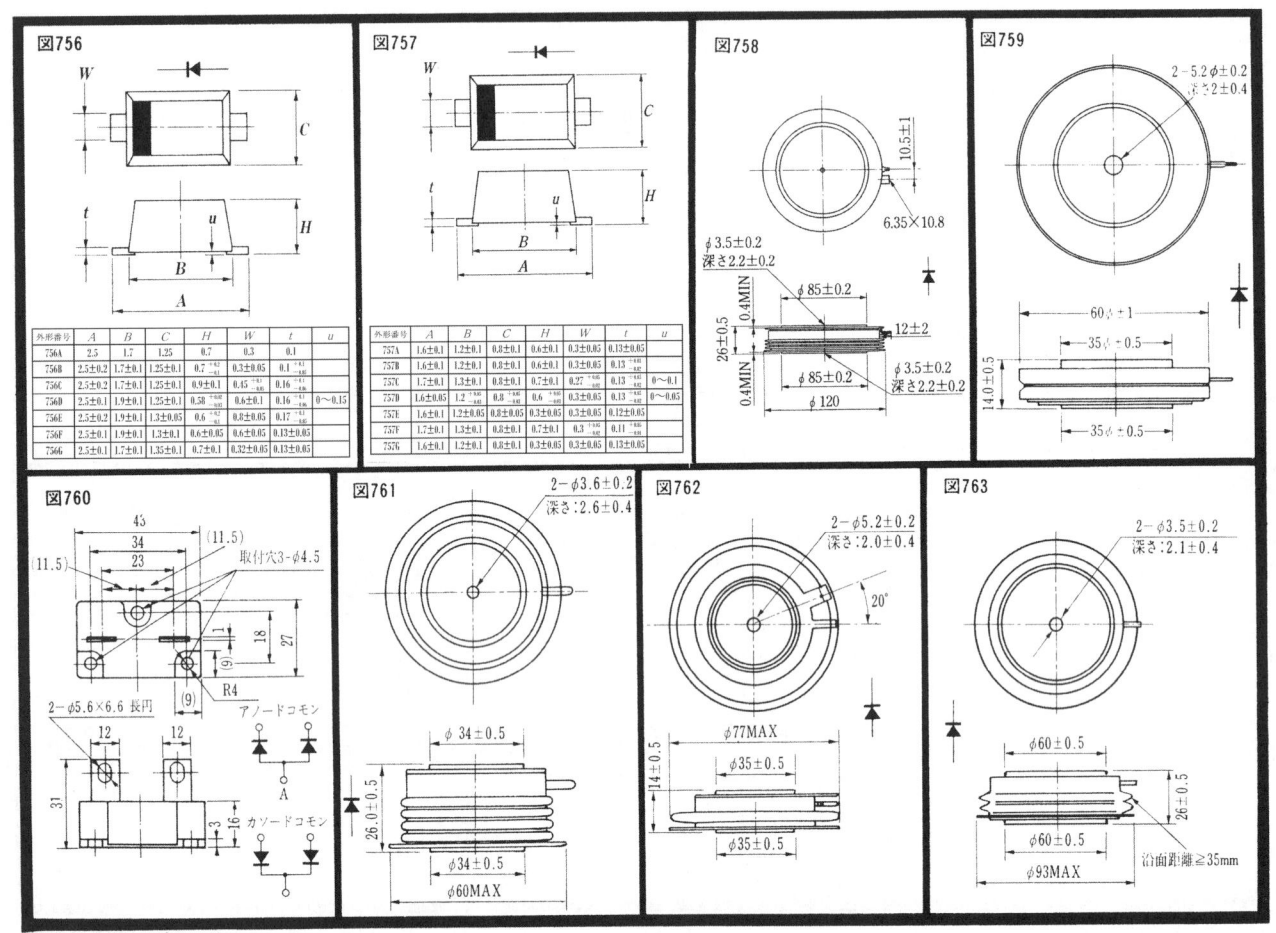

外形番号	A	B	C	H	W	t	u
756A	2.5	1.7	1.25	0.7	0.3	0.1	
756B	2.5±0.2	1.7±0.1	1.25±0.1	0.7 +0.05/-0.05	0.3±0.05	0.1 +0.1/-0.05	
756C	2.5±0.2	1.7±0.1	1.25±0.1	0.9±0.1	0.45 +0.1/-0.05	0.16 +0.1/-0.05	
756D	2.5±0.1	1.9±0.1	1.25±0.1	0.58 +0.05/-0.05	0.6	0.16 +0.1/-0.05	0〜0.15
756E	2.5±0.1	1.9±0.1	1.3±0.05	0.6	0.8±0.05	0.17 +0.1/-0.05	
756F	2.5±0.1	1.9±0.1	1.3±0.1	0.65±0.05	0.6±0.05	0.13±0.05	
756G	2.5±0.1	1.7±0.1	1.35±0.1	0.7±0.05	0.32±0.05	0.13±0.05	

図757

外形番号	A	B	C	H	W	t	u
757A	1.6±0.1	1.2±0.1	0.8±0.1	0.6±0.1	0.3±0.05	0.13±0.05	
757B	1.6±0.1	1.2±0.1	0.8±0.1	0.6±0.1	0.3±0.05	0.13±0.05	
757C	1.7±0.1	1.3±0.1	0.8±0.1	0.6±0.1	0.27 +0.05/-0.05	0.13 +0.05/-0.05	0〜0.1
757D	1.6±0.05	1.2 +0.05/-0.05	0.8 +0.05/-0.05	0.6	0.3±0.05	0.13 +0.05/-0.05	0〜0.1
757E	1.6±0.1	1.2±0.05	0.8±0.05	0.3±0.05	0.3±0.05	0.12±0.05	
757F	1.6±0.1	1.2±0.1	0.8±0.1	0.6±0.1	0.3 +0.05/-0.05	0.11 +0.05/-0.05	
757G	1.6±0.1	1.2±0.1	0.8±0.1	0.3±0.05	0.3±0.05	0.13±0.05	

図758

図759

図760

図761

図762

図763

〈寸法図単位：mm〉

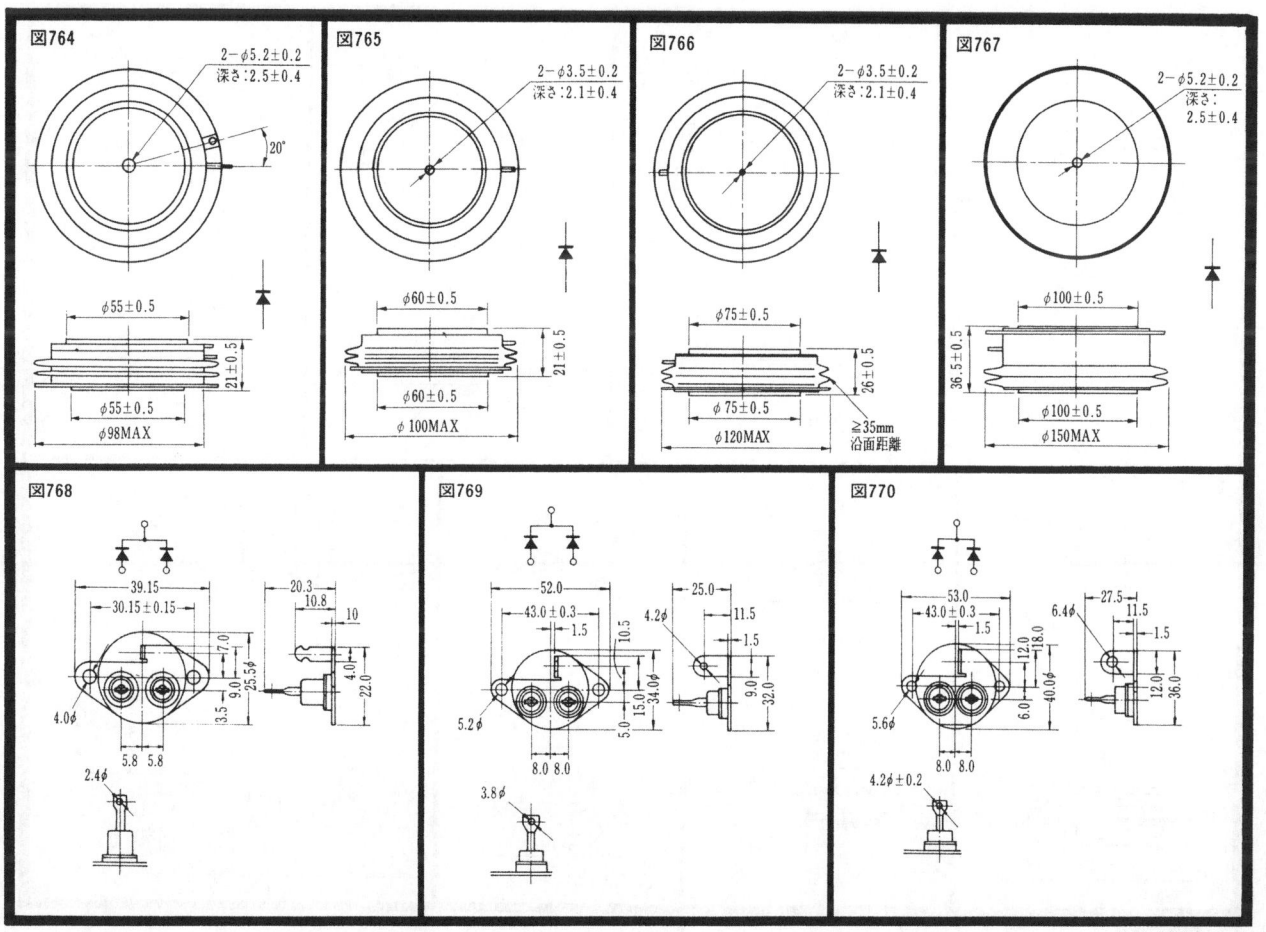

《寸法図単位：mm》

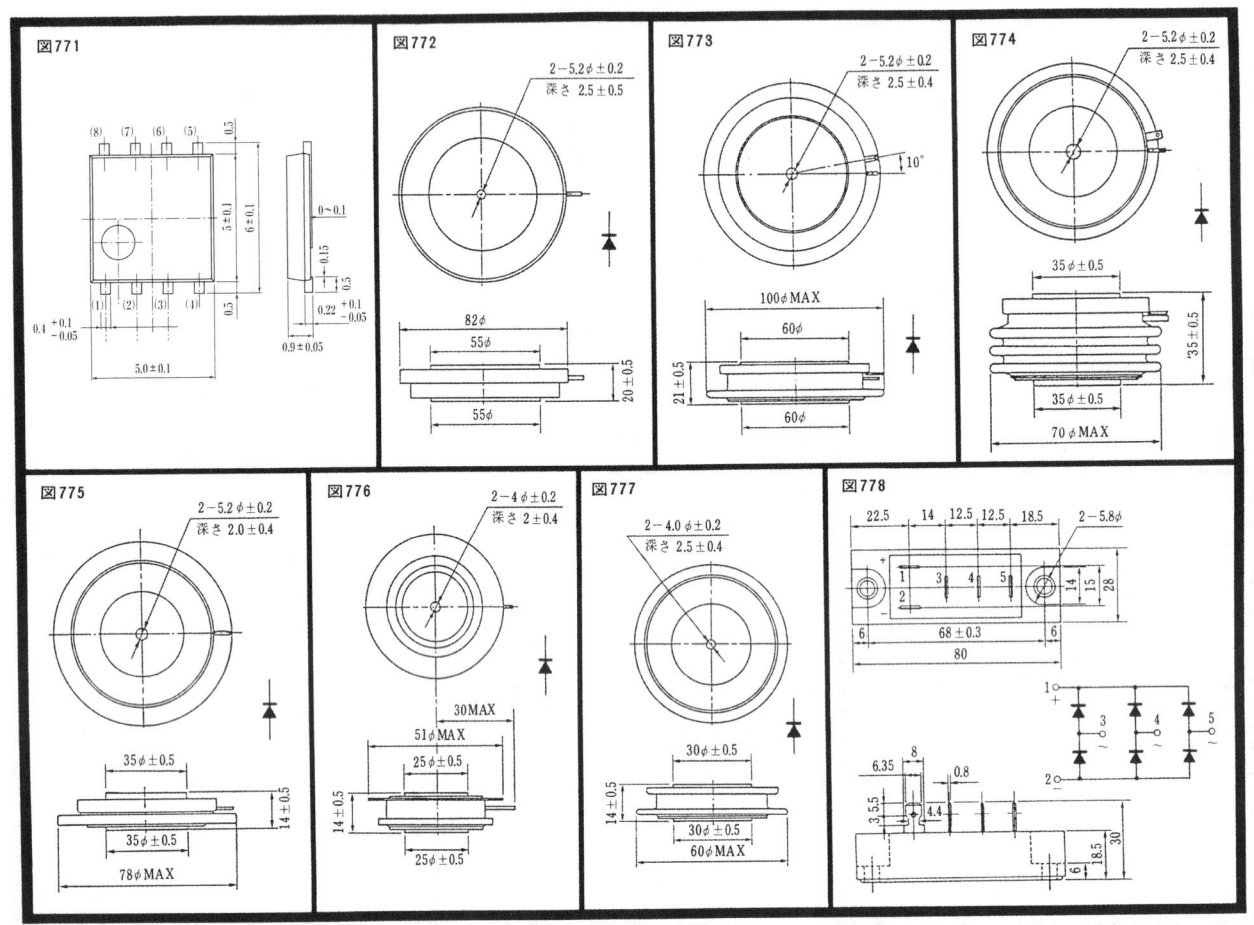

《寸法図単位：mm》

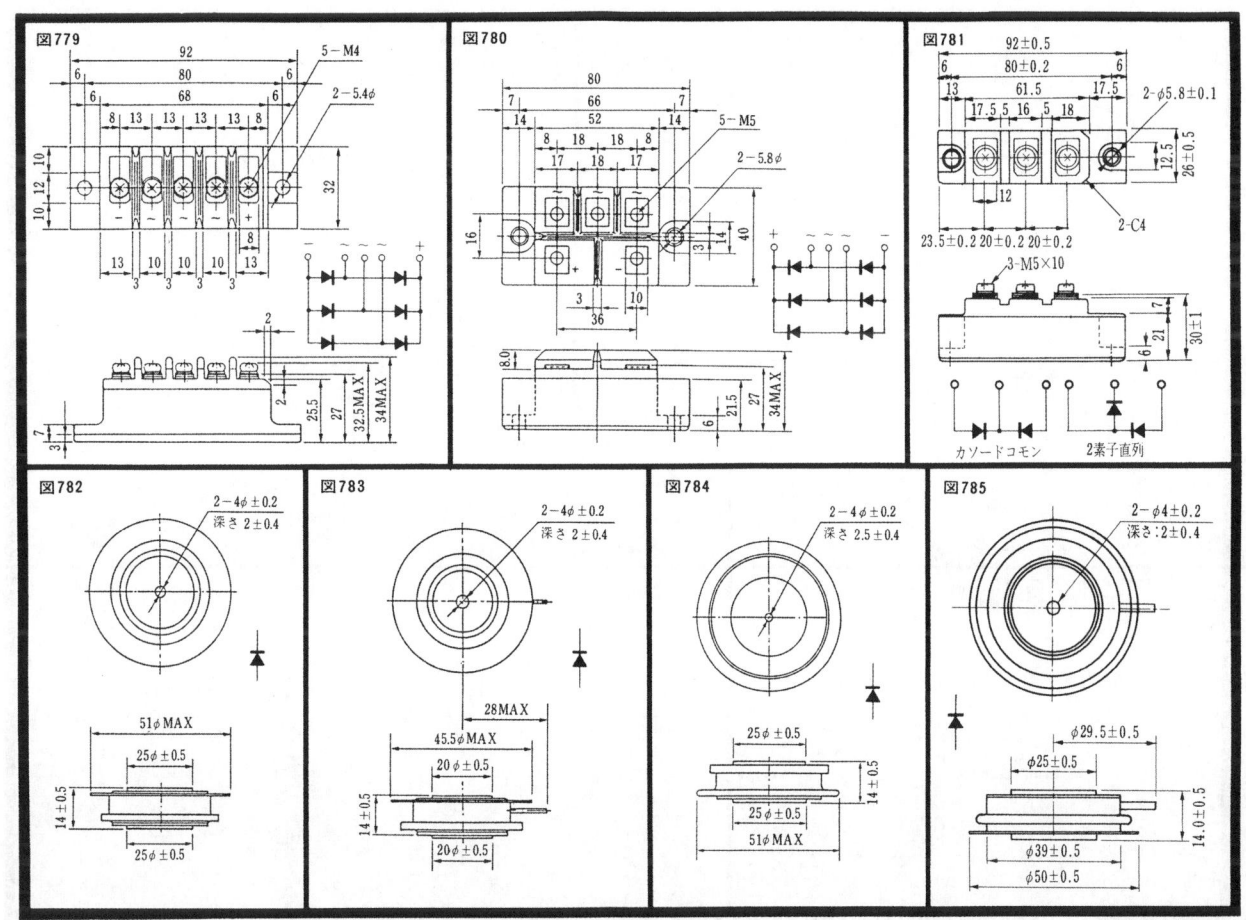

《寸法図単位：mm》

図786　図787　図788

図789　図790
790A　790B

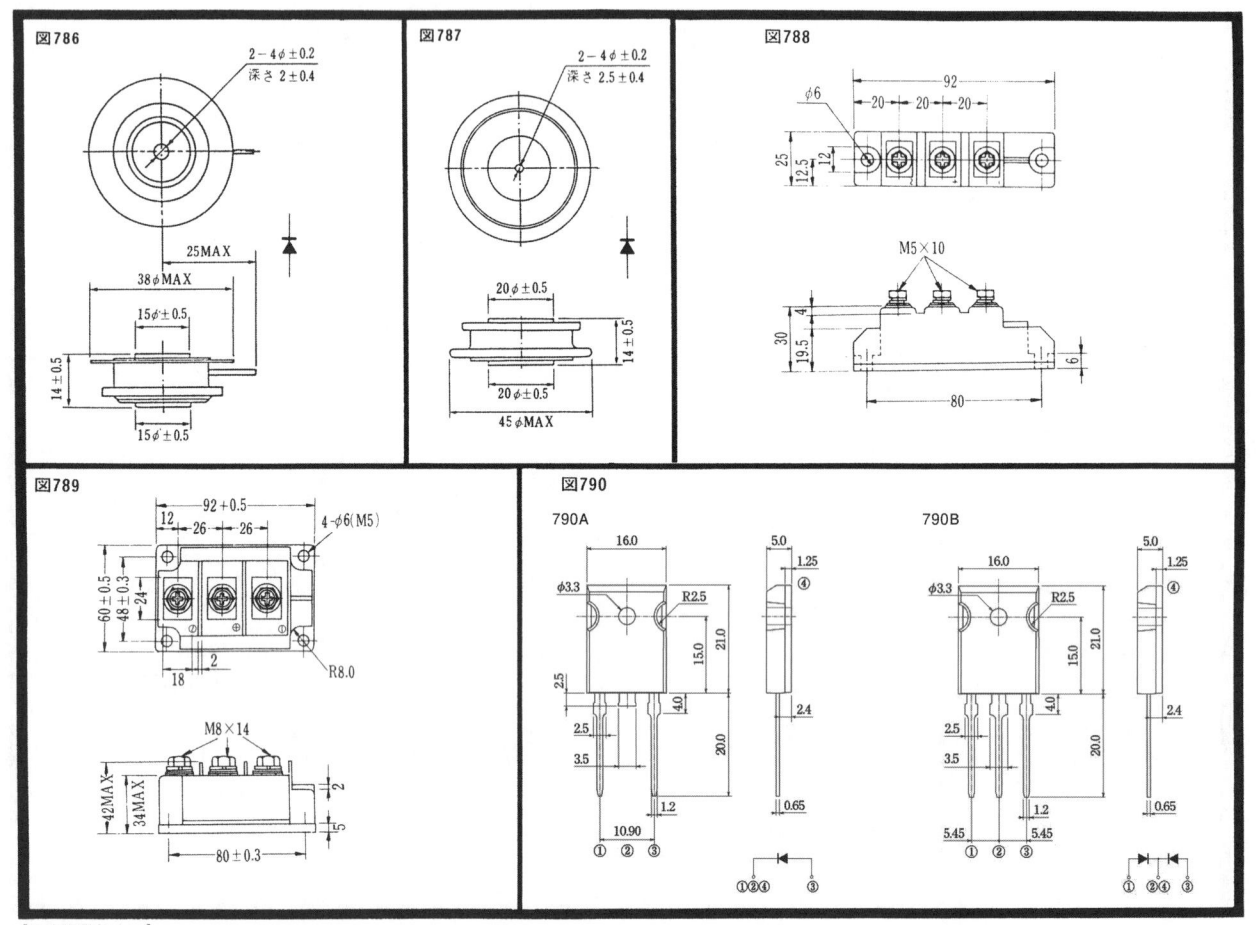

《寸法図単位：mm》

— 523 —

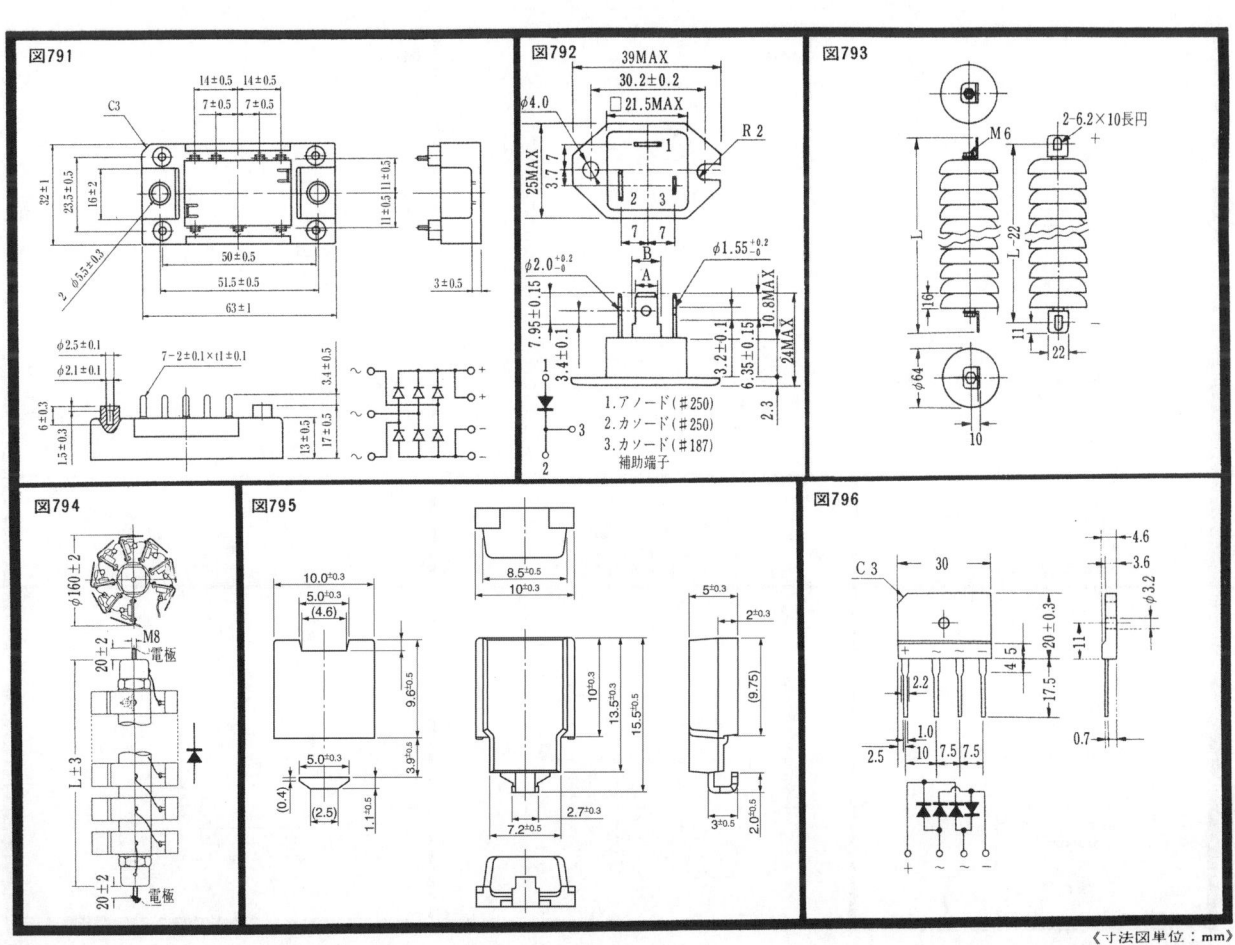

図791

図792

図793

1. アノード (#250)
2. カソード (#250)
3. カソード (#187) 補助端子

図794

図795

図796

《寸法図単位：mm》

— 524 —

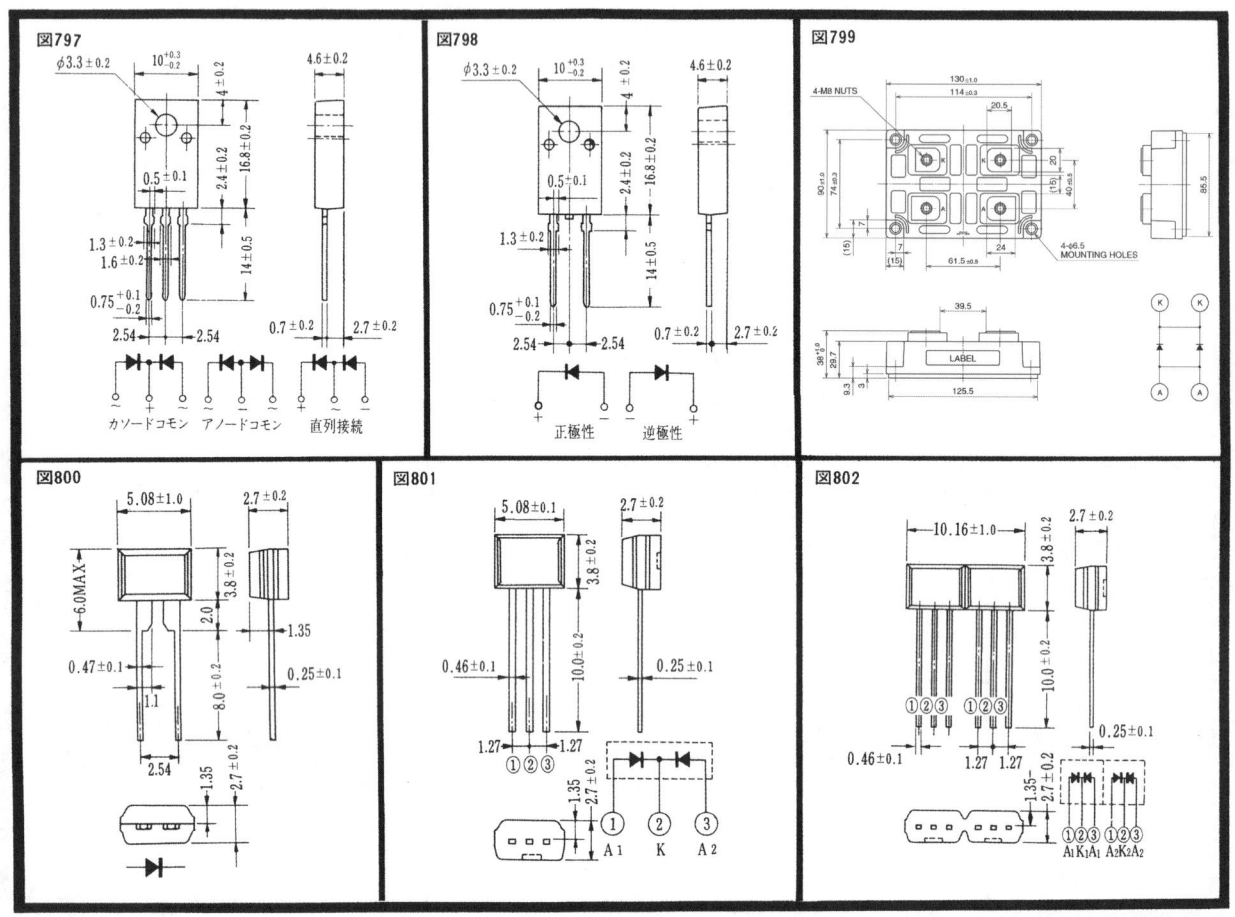

図797

図798

図799

図800

図801

図802

《寸法図単位：mm》

— 525 —

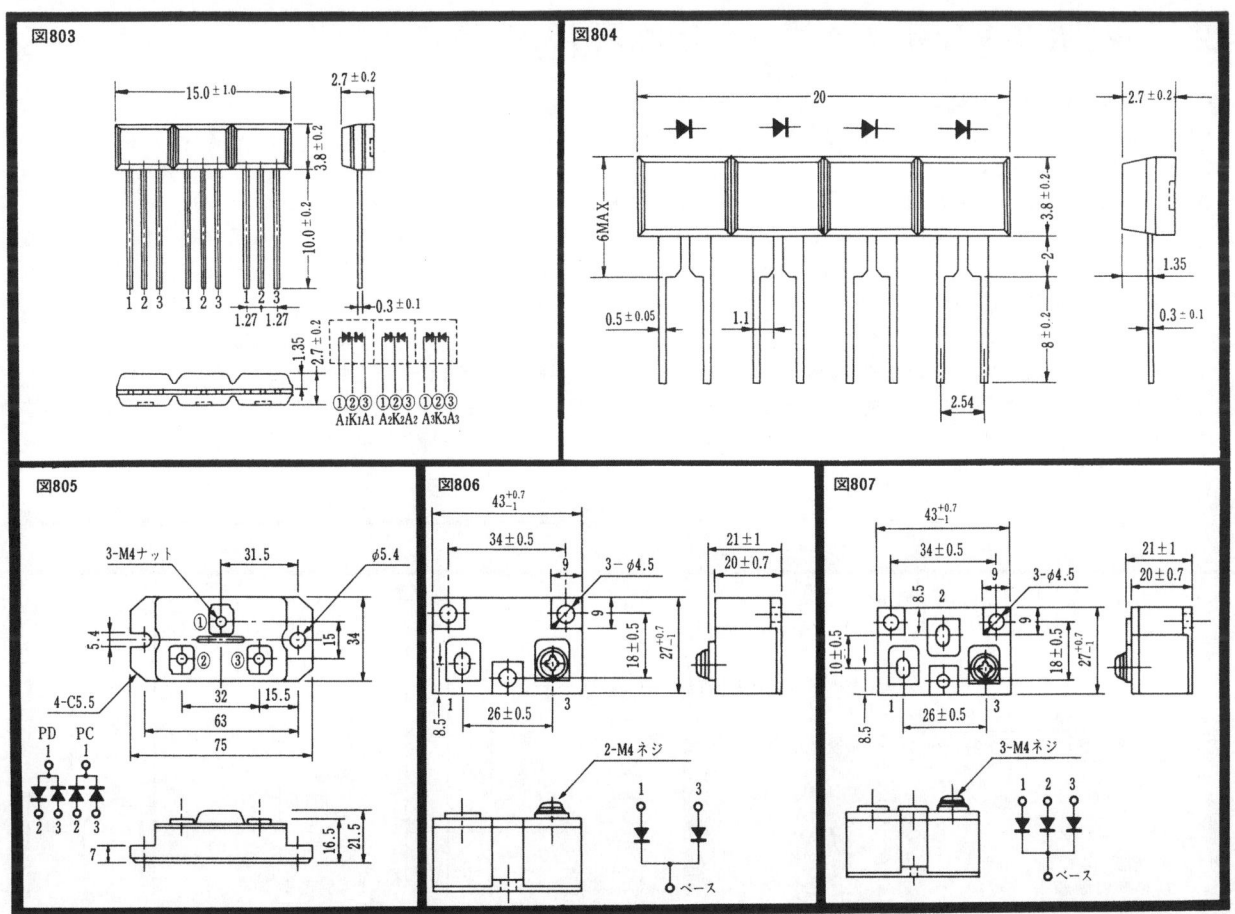

《寸法図単位：mm》

■「復刻版'84最新ダイオード規格表」の使い方

●しおりを利用して簡単検索

CD-ROMのルート・ディレクトリに収録されているPDFファイル「Diode84a.pdf」を表示してください．

PDFファイルを利用するためにはAdobe ReaderなどのPDF閲覧用のソフトウェアが必要です．Adobe Readerの最新版はアドビ社のWebサイトからダウンロードできます．アドビ社のWebサイト，

http://www.adobe.com/jp/

本PDFは，1984年発行の「'84最新ダイオード規格表」をスキャンした画像データです．したがって，文字の検索やコピー＆ペーストはできません．「しおり」タブを使えば目的のデバイスを簡単に見つけることができます．「しおり」には，各ページの先頭に記載されているデバイスの型名が表示されます．

●ご注意

復刻版につき，保守・廃品種が含まれています．また，メーカによっては予告なく規格や外形を変更している場合があります．

本CD-ROMに収録してあるプログラム，データ，記事，ドキュメントには著作権があり，また工業所有権が確立されている場合があります．したがって，個人で利用される場合以外は，所有者の承諾が必要です．また，収録された回路，技術，プログラム，データを利用して生じたトラブルに関しては，CQ出版株式会社ならびに著作権者は責任を負いかねますので，ご了承ください．

本CD-ROMは，特別な場合を除き，貸与，改変はできません．個人での使用を除き，複写複製（コピー）はできません．

図A 復刻版'84最新ダイオード規格表の画面

形名	章	頁	外形	形名	章	頁	外形	形名	章	頁	外形	形名	章	頁	外形	形名	章	頁	外形
015AZ10	⑫	314	757A	02BZ2.2	⑫	310	24B	02DZ2.7	⑫	311	420D	05AZ10	⑫	312	24B	05NU41	①	23	19G
015AZ11	⑫	314	757A	02BZ2.7	⑫	310	24B	02DZ20	⑫	311	420D	05AZ100	⑫	313	24B	05NU42	①	23	20K
015AZ12	⑫	314	757A	02BZ3.3	⑫	310	24B	02DZ22	⑫	311	420D	05AZ11	⑫	312	24B	05Z10	⑫	313	24B
015AZ13	⑫	314	757A	02BZ3.9	⑫	310	24B	02DZ24	⑫	311	420D	05AZ12	⑫	312	24B	05Z100	⑫	314	24B
015AZ15	⑫	314	757A	02BZ4.7	⑫	310	24B	02DZ3.0	⑫	311	420D	05AZ13	⑫	312	24B	05Z11	⑫	313	24B
015AZ16	⑫	314	757A	02CZ10	⑫	310	610A	02DZ3.3	⑫	311	420D	05AZ15	⑫	312	24B	05Z12	⑫	313	24B
015AZ18	⑫	314	757A	02CZ11	⑫	310	610A	02DZ3.6	⑫	311	420D	05AZ16	⑫	312	24B	05Z13	⑫	313	24B
015AZ2.0	⑫	314	757A	02CZ12	⑫	310	610A	02DZ3.9	⑫	311	420D	05AZ18	⑫	312	24B	05Z15	⑫	313	24B
015AZ2.2	⑫	314	757A	02CZ13	⑫	310	610A	02DZ4.3	⑫	311	420D	05AZ2.0	⑫	312	24B	05Z16	⑫	313	24B
015AZ2.4	⑫	314	757A	02CZ15	⑫	310	610A	02DZ4.7	⑫	311	420D	05AZ2.2	⑫	312	24B	05Z18	⑫	313	24B
015AZ2.7	⑫	314	757A	02CZ16	⑫	310	610A	02DZ5.1	⑫	311	420D	05AZ2.4	⑫	312	24B	05Z2.0	⑫	313	24B
015AZ20	⑫	314	757A	02CZ18	⑫	310	610A	02DZ5.6	⑫	311	420D	05AZ2.7	⑫	312	24B	05Z2.2	⑫	313	24B
015AZ22	⑫	314	757A	02CZ2.0	⑫	310	610A	02DZ6.2	⑫	311	420D	05AZ20	⑫	312	24B	05Z2.4	⑫	313	24B
015AZ24	⑫	315	757A	02CZ2.2	⑫	310	610A	02DZ6.8	⑫	311	420D	05AZ22	⑫	312	24B	05Z2.7	⑫	313	24B
015AZ3.0	⑫	314	757A	02CZ2.4	⑫	310	610A	02DZ7.5	⑫	311	420D	05AZ24	⑫	313	24B	05Z20	⑫	313	24B
015AZ3.3	⑫	314	757A	02CZ2.7	⑫	310	610A	02DZ8.2	⑫	311	420D	05AZ27	⑫	313	24B	05Z22	⑫	313	24B
015AZ3.6	⑫	314	757A	02CZ20	⑫	310	610A	02DZ9.1	⑫	311	420D	05AZ3.0	⑫	312	24B	05Z24	⑫	314	24B
015AZ3.9	⑫	314	757A	02CZ22	⑫	310	610A	04AZ10	⑫	312	78E	05AZ3.3	⑫	312	24B	05Z27	⑫	314	24B
015AZ4.3	⑫	314	757A	02CZ24	⑫	310	610A	04AZ11	⑫	312	78E	05AZ3.6	⑫	312	24B	05Z3.0	⑫	313	24B
015AZ4.7	⑫	314	757A	02CZ27	⑫	310	610A	04AZ12	⑫	312	78E	05AZ3.9	⑫	312	24B	05Z3.3	⑫	313	24B
015AZ5.1	⑫	314	757A	02CZ3.0	⑫	310	610A	04AZ13	⑫	312	78E	05AZ30	⑫	313	24B	05Z3.6	⑫	313	24B
015AZ5.6	⑫	314	757A	02CZ3.3	⑫	310	610A	04AZ15	⑫	312	78E	05AZ33	⑫	313	24B	05Z3.9	⑫	313	24B
015AZ6.2	⑫	314	757A	02CZ3.6	⑫	310	610A	04AZ16	⑫	312	78E	05AZ36	⑫	313	24B	05Z30	⑫	314	24B
015AZ6.8	⑫	314	757A	02CZ3.9	⑫	310	610A	04AZ18	⑫	312	78E	05AZ39	⑫	313	24B	05Z33	⑫	314	24B
015AZ7.5	⑫	314	757A	02CZ30	⑫	310	610A	04AZ2.0	⑫	311	78E	05AZ4.3	⑫	312	24B	05Z36	⑫	314	24B
015AZ8.2	⑫	314	757A	02CZ33	⑫	310	610A	04AZ2.2	⑫	311	78E	05AZ4.7	⑫	312	24B	05Z39	⑫	314	24B
015AZ9.1	⑫	314	757A	02CZ36	⑫	310	610A	04AZ2.4	⑫	311	78E	05AZ43	⑫	313	24B	05Z4.3	⑫	313	24B
015Z10	⑫	315	452B	02CZ39	⑫	310	610A	04AZ2.7	⑫	311	78E	05AZ47	⑫	313	24B	05Z4.7	⑫	313	24B
015Z11	⑫	315	452B	02CZ4.3	⑫	310	610A	04AZ20	⑫	312	78E	05AZ5.1	⑫	312	24B	05Z43	⑫	314	24B
015Z12	⑫	315	452B	02CZ4.7	⑫	310	610A	04AZ22	⑫	312	78E	05AZ5.6	⑫	312	24B	05Z47	⑫	314	24B
015Z2.0	⑫	315	452B	02CZ43	⑫	310	610A	04AZ24	⑫	312	78E	05AZ51	⑫	313	24B	05Z5.1	⑫	313	24B
015Z2.2	⑫	315	452B	02CZ47	⑫	310	610A	04AZ27	⑫	312	78E	05AZ56	⑫	313	24B	05Z5.6	⑫	313	24B
015Z2.4	⑫	315	452B	02CZ5.1	⑫	310	610A	04AZ3.0	⑫	311	78E	05AZ6.2	⑫	312	24B	05Z51	⑫	314	24B
015Z2.7	⑫	315	452B	02CZ5.6	⑫	310	610A	04AZ3.3	⑫	311	78E	05AZ6.8	⑫	312	24B	05Z56	⑫	314	24B
015Z3.0	⑫	315	452B	02CZ6.2	⑫	310	610A	04AZ3.6	⑫	311	78E	05AZ62	⑫	313	24B	05Z6.2	⑫	313	24B
015Z3.3	⑫	315	452B	02CZ6.8	⑫	310	610A	04AZ3.9	⑫	311	78E	05AZ68	⑫	313	24B	05Z6.8	⑫	313	24B
015Z3.6	⑫	315	452B	02CZ7.5	⑫	310	610A	04AZ30	⑫	312	78E	05AZ7.5	⑫	312	24B	05Z62	⑫	314	24B
015Z3.9	⑫	315	452B	02CZ8.2	⑫	310	610A	04AZ33	⑫	312	78E	05AZ75	⑫	313	24B	05Z68	⑫	314	24B
015Z4.3	⑫	315	452B	02CZ9.1	⑫	310	610A	04AZ36	⑫	312	78E	05AZ8.2	⑫	312	24B	05Z7.5	⑫	313	24B
015Z4.7	⑫	315	452B	02DZ10	⑫	311	420D	04AZ39	⑫	312	78E	05AZ82	⑫	313	24B	05Z75	⑫	314	24B
015Z5.1	⑫	315	452B	02DZ11	⑫	311	420D	04AZ4.3	⑫	311	78E	05AZ9.1	⑫	312	24B	05Z8.2	⑫	313	24B
015Z5.6	⑫	315	452B	02DZ12	⑫	311	420D	04AZ4.7	⑫	311	78E	05AZ91	⑫	313	24B	05Z82	⑫	314	24B
015Z6.2	⑫	315	452B	02DZ13	⑫	311	420D	04AZ5.1	⑫	311	78E	05B4B48	④	132	384	05Z9.1	⑫	313	24B
015Z6.8	⑫	315	452B	02DZ15	⑫	311	420D	04AZ5.6	⑫	311	78E	05D4B48	④	132	384	05Z91	⑫	314	24B
015Z7.5	⑫	315	452B	02DZ16	⑫	311	420D	04AZ6.2	⑫	311	78E	05G4B48	④	132	384	0R5G4B42	④	132	406
015Z8.2	⑫	315	452B	02DZ18	⑫	311	420D	04AZ6.8	⑫	311	78E	05GU4B48	④	132	384	0R8DU41	①	23	19B
015Z9.1	⑫	315	452B	02DZ2.0	⑫	311	420D	04AZ7.5	⑫	311	78E	05J4B48	④	132	384	0R8GU41	①	23	19B
01BZA8.2	⑫	310	205C	02DZ2.2	⑫	311	420D	04AZ8.2	⑫	311	78E	05NH45	①	23	19G	1000EXD22	①	31	569
01ZA8.2	⑫	310	82C	02DZ2.4	⑫	311	420D	04AZ9.1	⑫	312	78E	05NH46	①	23	20K	1000FXD22	①	31	569

形名	章	頁	外形	形名	章	頁	外形	形名	章	頁	外形	形名	章	頁	外形	形名	章	頁	外形
1000GXHH22	①	31	763	10D4B41	④	132	640E	10FL2CZ41A	④	133	426	10KQ90	③	105	272A	11EQ09	③	105	87K
1000GXHH23	①	31	765	10D6	①	29	20F	10FL2CZ47A	④	133	254	10KQ90B	③	105	273D	11EQ10	③	105	87K
1000YKD22	①	31	569	10D8	①	29	20F	10FWJ2C11	④	133	414A	10L6P44	④	133	652	11EQS03	③	105	87J
1003PJA250	①	31	524	10DDA10	①	29	20F	10FWJ2C41	④	133	273A	10M10	①	30	42	11EQS03L	③	105	87J
1003PJA300	①	32	524	10DDA20	①	29	20F	10FWJ2C42	④	133	273A	10M100	①	30	42	11EQS04	③	105	87J
100EXD21	①	31	787	10DDA40M	①	29	20F	10FWJ2C48M	④	133	28	10M15	①	30	42	11EQS05	③	105	87J
100FXFG13	①	31	732A	10DDA60	①	29	20F	10FWJ2CZ42	④	133	426	10M20	①	31	42	11EQS06	③	106	87J
100FXFH13	①	31	732B	10DF1	①	29	20F	10FWJ2CZ47M	④	133	254	10M30	①	31	42	11EQS09	③	106	87J
100FXG13	①	31	733A	10DF2	①	29	20F	10G4B41	④	133	640E	10M40	①	31	42	11EQS10	③	106	87J
100FXH13	①	31	733B	10DF4	①	29	20F	10G6P44	④	133	652	10M50	①	31	42	11ES1	①	32	87J
100G6P41	④	133	163	10DF6	①	29	20F	10GG2C11	④	133	413A	10M60	①	31	42	11ES2	①	32	87J
100G6P43	④	133	564	10DF8	①	29	20F	10GG2Z11	④	133	413B	10M80	①	31	42	11ES4	①	32	87J
100GXHH22	①	31	761	10DG2C11	④	133	413A	10GL2CZ47A	④	133	254	10MA10	①	31	706	1200GXHH22	①	33	766
100J6P41	④	133	163	10DG2Z11	④	133	413B	10GWJ2C11	④	133	414A	10MA100	①	31	706	1200JXH23	①	33	766
100JD12	①	31	323	10DL2C41	④	133	273A	10GWJ2C41	④	133	273A	10MA140	①	31	706	120FLAS300	①	33	516
100JH21	①	31	787	10DL2C41A	④	133	273A	10GWJ2C42	④	133	273A	10MA160	①	31	706	120FLAS400	①	33	516
100L6P41	④	133	163	10DL2C48A	④	133	28	10GWJ2C48C	④	133	28	10MA20	①	31	706	120FLAS450	①	33	516
100L6P43	④	133	564	10DL2CZ41A	④	133	426	10GWJ2CZ42	④	133	426	10MA200	①	31	706	120FLCS300	①	33	516
100MAB180	①	31	212	10DL2CZ47A	④	133	254	10GWJ2CZ47	④	133	254	10MA30	①	31	706	120FLCS400	①	33	516
100MAB200	①	31	212	10DRA10	①	29	20F	10GWJ2CZ47C	④	133	254	10MA40	①	31	706	120FLCS450	①	33	516
100MAB250	①	31	212	10DRA20	①	30	20F	10J4B41	④	133	640E	10MA60	①	31	706	120MLA100	①	33	584
100MLAB160	①	31	212	10DRA40	①	30	20F	10JDA10	①	30	87K	10MA80	①	31	706	120MLA120	①	33	584
100MLAB180	①	31	212	10DRA60	①	30	20F	10JDA20	①	30	87K	10MWJ2CZ47	④	133	254	120MLA60	①	33	584
100MLAB200	①	31	212	10E1	①	30	89D	10JDA40	①	30	87K	110G2G43	④	134	565	120MLA80	①	33	584
100MLS160	①	31	614	10E2	①	30	89D	10JDA60	①	30	87K	110L2G43	④	134	565	12BG11	①	32	202
100MLS200	①	31	614	10E4	①	30	89D	10JG2C11	④	133	413A	110Q2G43	④	134	565	12BH11	①	32	202
100MLS250	①	31	614	10E6	①	30	89D	10JG2Z11	④	133	413B	110U2G43	④	134	565	12BL2C41	④	134	189A
100Q6P41	④	134	163	10E8	①	30	89D	10JL2C48A	④	133	28	11DF1	①	32	20F	12CC12	①	32	202
100Q6P43	④	134	564	10EDA10	①	30	87J	10JL2CZ47	④	133	254	11DF2	①	32	20F	12CD12	①	32	202
100QD21	①	31	787	10EDA20	①	30	87J	10JL2CZ47A	④	133	254	11DF3	①	32	20F	12CL2C41	④	134	189A
100QH21	①	31	786	10EDA40	①	30	87J	10JWJ2CZ47	④	133	254	11DF4	①	32	20F	12DG11	①	32	202
100U6P41	④	134	163	10EDA60	①	30	87J	10KF10	①	30	272A	11DQ03	③	105	20F	12DH11	①	32	202
100U6P43	④	134	564	10EDB10	①	30	87J	10KF10B	①	30	273D	11DQ03L	③	105	20F	12DL2C41	④	134	189A
100YD21	①	31	787	10EDB20	①	30	87J	10KF20	①	30	272A	11DQ04	③	105	20F	12FC12	①	32	202
103PJLA160	①	32	522	10EDB40	①	30	87J	10KF20B	①	30	273D	11DQ05	③	105	20F	12FD12	①	32	202
103PJLA180	①	32	522	10EDB60	①	30	87J	10KF30	①	30	272A	11DQ06	③	105	20F	12FG11	①	32	202
103PJLA200	①	32	522	10EF1	①	30	506C	10KF30B	①	30	273D	11DQ09	③	105	20F	12FH11	①	32	202
103PJLA250	①	32	522	10EF2	①	30	506C	10KF40	①	30	272A	11DQ10	③	105	20F	12FXF11	②	102	571
10B4B41	④	132	640E	10EHA20	③	105	87J	10KF40B	①	30	273D	11E1	①	32	87K	12FXF12	②	102	571
10BG2C11	④	132	413A	10ELS1	①	30	87J	10KQ100	③	105	272A	11E2	①	32	87K	12GC11	①	32	42
10BG2Z11	④	132	413B	10ELS2	①	30	87J	10KQ100B	③	105	273D	11E4	①	32	87K	12GG11	①	32	202
10BL2C41	④	132	273A	10ELS4	①	30	87J	10KQ30	③	105	272A	11EFS1	①	32	87J	12GH11	①	32	202
10CL2C41	④	132	273A	10ELS6	①	30	87J	10KQ30B	③	105	273D	11EFS2	①	32	87J	12JC11	①	32	42
10CL2C41A	④	132	273A	10ERA60	①	30	87J	10KQ40	③	105	272A	11EFS3	①	32	87J	12JG11	①	32	202
10CL2CZ41A	④	132	426	10ERB10	①	30	87J	10KQ40B	③	105	273D	11EFS4	①	32	87J	12JH11	①	32	202
10D1	①	29	20F	10ERB20	①	30	87J	10KQ50	③	105	272A	11EQ03	③	105	87K	12LC1	①	32	42
10D10	①	29	20F	10ERB40	①	30	87J	10KQ50B	③	105	273D	11EQ04	③	105	87K	12LF11	②	102	42
10D2	①	29	20F	10ERB60	①	30	87J	10KQ60	③	105	272A	11EQ05	③	105	87K	12MF10	①	32	41
10D4	①	29	20F	10FL2C48A	④	133	28	10KQ60B	③	105	273D	11EQ06	③	105	87K	12MF15	①	32	41

形名	章	頁	外形	形名	章	頁	外形	形名	章	頁	外形	形名	章	頁	外形	形名	章	頁	外形
12MF20	①	32	41	15BG15	①	33	455	160U2G41	④	134	164	1AZ270-X	⑫	316	19G	1FWJ43M	③	105	20K
12MF30	①	32	41	15BL11	①	33	455	160U2G43	④	134	565	1AZ270-Y	⑫	316	19G	1FWJ43N	③	105	20K
12MF30R	①	32	41	15CC11	①	33	98	16CL2C41A	④	134	189A	1AZ270-Z	⑫	316	19G	1FWJ44	③	105	20K
12MF40	①	33	41	15CD11	①	33	98	16CL2CZ41A	④	134	426	1AZ30	⑫	315	19G	1G2C1	④	132	573
12MF40R	①	33	41	15CG11	①	33	455	16DL2C41A	④	134	189A	1AZ300	⑫	316	19G	1G2Z1	④	132	573
12MF5	①	33	41	15CL11	①	33	455	16DL2CZ41A	④	134	426	1AZ300-X	⑫	316	19G	1G4	①	23	20F
12NC11	①	33	42	15D4B41	④	134	453	16DL2CZ47A	④	134	254	1AZ300-Y	⑫	316	19G	1G4B1	④	132	197
12NF11	②	102	42	15D4B42	④	134	623	16FL2C41A	④	134	189A	1AZ300-Z	⑫	316	19G	1G4B41	④	132	355
120F11	②	102	42	15DF4	①	33	506C	16FL2CZ41A	④	134	426	1AZ33	⑫	315	19G	1G4B42	④	132	406
1500JXH22	①	34	767	15DF6	①	33	506C	16FL2CZ47A	④	134	254	1AZ330	⑫	316	19G	1G6	①	23	20F
1500PJA10	①	34	521	15DF8	①	33	506C	16FWJ2C42	④	134	189A	1AZ330-X	⑫	316	19G	1G8	①	23	20F
1500PJA20	①	34	521	15DG15	①	33	455	16GWJ2C42	④	134	189A	1AZ330-Y	⑫	316	19G	1GH45	①	23	19G
1500PJA30	①	34	521	15DL11	①	33	455	16GWJ2CZ42	④	134	426	1AZ330-Z	⑫	316	19G	1GH46	①	23	20K
1500PJA40	①	34	521	15FC11	①	33	98	16GWJ2CZ47	④	134	254	1AZ36	⑫	315	19G	1GH62	①	23	113A
1500PJLA10	①	34	521	15FD11	①	33	98	16KQ100	③	106	691	1AZ47	⑫	315	19G	1GU42	①	23	20F
1500PJLA20	①	34	521	15FWJ11	③	106	455	16KQ100B	③	106	510D	1AZ51	⑫	315	19G	1GWJ42	③	105	19G
1500PJLA30	①	34	521	15G4B41	④	134	453	16KQ30	③	106	691	1AZ6.8	⑫	315	19G	1GWJ43	③	105	20K
1500PJLA40	①	34	521	15G4B42	④	134	623	16KQ30B	③	106	510D	1AZ7.5	⑫	315	19G	1GZ61	①	23	113A
150BC15	①	34	388	15GWJ11	③	106	455	16KQ40	③	106	691	1AZ8.2	⑫	315	19G	1J2C1	④	132	573
150DC15	①	34	388	15J4B41	④	134	453	16KQ40B	③	106	510D	1AZ9.1	⑫	315	19G	1J2Z1	④	132	573
150FC15	①	34	388	15J4B42	④	134	623	16KQ50	③	106	691	1B2C1	④	132	573	1J4B1	④	132	197
150GC15	①	34	388	15KRA10	①	33	506C	16KQ50B	③	106	510D	1B2Z1	④	132	573	1J4B41	④	132	355
150JC15	①	34	388	15KRA20	①	33	506C	16KQ60	③	106	691	1B4B1	④	132	197	1J4B42	④	132	406
150LC15	①	34	388	15KRA40	①	33	506C	16KQ60B	③	106	510D	1B4B41	④	132	355	1JH45	①	23	19G
150LD11	①	34	401	15KRA60	①	33	506C	16KQ90	③	106	691	1B4B42	④	132	406	1JH46	①	23	20K
150LD13	①	34	401	15MA300	①	33	557	16KQ90B	③	106	510D	1BH62	①	23	113A	1JH62	①	23	113A
150MLAB160	①	34	214	15MA400	①	33	557	16MQ30	③	106	41	1BL41	①	23	19G	1JU41	①	23	19G
150MLAB180	①	34	214	15MLA160	①	33	557	16MQ40	③	106	41	1BL42	①	23	20K	1JU42	①	23	20K
150MLAB200	①	34	214	15MLA180	①	33	557	16MQ50	③	106	41	1BZ61	①	23	113A	1JZ61	①	23	113A
150MLAB250	①	34	214	15MLA200	①	33	557	16MQ60	③	106	41	1CL41	①	23	19G	1LE11	②	102	14
150NC15	①	34	388	15MLS160	①	33	557	1AZ10	⑫	315	19G	1CL42	①	23	20K	1LH62	①	23	113A
150ND13	①	34	401	15MLS200	①	33	557	1AZ11	⑫	315	19G	1D2C1	④	132	573	1LZ61	①	23	113A
150QC15	①	34	388	15MLS250	①	33	557	1AZ12	⑫	315	19G	1D2Z1	④	132	573	1N4001A	①	23	24L
150QD13	①	34	401	1600EXD24	①	34	698	1AZ13	⑫	315	19G	1D4B1	④	132	197	1N4002A	①	23	24L
150TD13	①	34	401	1600EXD25	①	34	764	1AZ15	⑫	315	19G	1D4B41	④	132	355	1N4003A	①	23	24L
150YD13	①	34	401	1600FD26	①	34	759	1AZ16	⑫	315	19G	1D4B42	④	132	406	1N4004A	①	23	24L
151MQ30	③	106	597	1600FXD24	①	34	698	1AZ18	⑫	315	19G	1DH62	①	23	113A	1N4148	⑤	215	24C
151MQ40	③	106	597	1600FXD25	①	34	764	1AZ20	⑫	315	19G	1DL41	①	23	19G	1N4148	⑤	215	24B
153PJA180	①	34	522	1600GXD21	①	34	773	1AZ200	⑫	315	19G	1DL41A	①	23	19G	1N4149	⑤	215	24C
153PJA200	①	34	522	1600GXD22	①	34	764	1AZ22	⑫	315	19G	1DL42	①	23	20K	1N4149	⑤	215	24B
153PJA250	①	34	522	1603PJA250	①	34	524	1AZ220	⑫	316	19G	1DL42A	①	23	20K	1N4150	⑤	215	24C
153PJLA100	①	34	522	1603PJA300	①	35	524	1AZ220-Y	⑫	316	19G	1DZ61	①	23	113A	1N4150	⑤	215	24B
153PJLA120	①	34	522	160G2G41	④	134	164	1AZ220-Z	⑫	316	19G	1F60A-120F	①	23	403	1N4150	⑤	215	24G
153PJLA60	①	34	522	160G2G43	④	134	565	1AZ24	⑫	315	19G	1F60A-120R	①	23	403	1N4150	⑤	215	24C
153PJLA80	①	34	522	160J2G41	④	134	164	1AZ240	⑫	316	19G	1Fl150B-060	①	23	370	1N4151	⑤	215	24B
15B4B41	④	134	453	160L2G41	④	134	164	1AZ240-Y	⑫	316	19G	1Fl250B-060	①	23	370	1N4151	⑤	215	24B
15B4B42	④	134	623	160L2G43	④	134	565	1AZ240-Z	⑫	316	19G	1FWJ42	③	105	19G	1N4152	⑤	215	24C
15BC11	①	33	98	160Q2G41	④	134	164	1AZ27	⑫	315	19G	1FWJ43	③	105	20K	1N4152	⑤	215	24B
15BD11	①	33	98	160Q2G43	④	134	565	1AZ270	⑫	316	19G	1FWJ43L	③	105	20K	1N4153	⑤	215	24C

形　名	章	頁	外形	形　名	章	頁	外形	形　名	章	頁	外形	形　名	章	頁	外形	形　名	章	頁	外形
1N4153	⑤	215	24B	1N5225B	⑫	317	24C	1N5252B	⑫	318	24G	1S1236	⑮	407	24B	1S1626	②	102	41
1N4154	⑤	215	24B	1N5226B	⑫	317	24C	1N5253B	⑫	318	24C	1S1260	①	24	41	1S1627	②	102	41
1N4154	⑤	215	24C	1N5227B	⑫	317	24C	1N5254B	⑫	318	24G	1S1260R	①	24	41	1S1628	②	102	41
1N4446	⑤	215	24B	1N5228B	⑫	317	24C	1N5255B	⑫	318	24C	1S1261	①	24	41	1S1629	②	102	41
1N4446	⑤	215	24C	1N5229B	⑫	317	24G	1N5256B	⑫	318	24G	1S1261R	①	24	41	1S1630	②	102	41
1N4447	⑤	215	24B	1N5230B	⑫	317	24C	1N5257B	⑫	318	24C	1S1262	①	24	41	1S1631	②	102	41
1N4447	⑤	215	24C	1N5231B	⑫	317	24C	1N5258B	⑫	318	24C	1S1262R	①	24	41	1S1632	①	25	323
1N4448	⑤	215	24B	1N5231B	⑫	317	24G	1N52A1	④	132	577	1S1263	①	24	41	1S1642	①	25	42
1N4448	⑤	215	24C	1N5232B	⑫	317	24C	1N61A1	④	132	577	1S1263R	①	24	41	1S1642R	①	25	42
1N4448	⑤	215	24G	1N5232B	⑫	317	24G	1N914	⑤	215	24B	1S1264	①	24	41	1S1643	①	25	324
1N4449	⑤	215	24B	1N5233B	⑫	317	24C	1N914A	⑤	215	24B	1S1264R	①	24	41	1S1643R	①	25	324
1N4449	⑤	215	24C	1N5233B	⑫	317	24G	1N914B	⑤	215	24B	1S1265	①	24	41	1S1644	①	25	324
1N4450	⑤	215	24B	1N5234B	⑫	317	24C	1N916	⑤	215	24B	1S1265R	①	24	41	1S1644R	①	25	324
1N4454	⑤	215	24C	1N5234B	⑫	317	24G	1N916A	⑤	215	24B	1S1266	①	25	41	1S1650	⑪	265	24B
1N44A1	④	132	577	1N5235B	⑫	317	24C	1N916B	⑤	215	24B	1S1266R	①	24	41	1S1651	⑪	265	24B
1N4532	⑤	215	24C	1N5235B	⑫	317	24G	1NE11	②	102	14	1S1267	①	25	41	1S1719	⑮	407	24B
1N4536	⑤	215	24C	1N5236B	⑫	317	24C	1NH41	①	24	19G	1S1267R	①	25	41	1S1720	①	25	394
1N4606	⑤	215	24B	1N5236B	⑫	317	24G	1NH42	①	24	19G	1S1268	①	25	41	1S1720R	①	25	394
1N4606	⑤	215	24C	1N5237B	⑫	317	24C	1NH61	①	24	113A	1S1268R	①	25	41	1S1798	①	25	41
1N4607	⑤	215	24B	1N5237B	⑫	317	24G	1NU41	①	24	89B	1S1269	①	25	41	1S1798R	①	25	41
1N4608	⑤	215	24C	1N5238B	⑫	317	24C	1NZ61	①	24	113A	1S1269R	①	25	41	1S1799	①	25	41
1N4728A	⑫	316	25G	1N5238B	⑫	317	24G	1Q4B42	④	132	406	1S1270	①	25	41	1S1799R	①	25	41
1N4729A	⑫	316	25G	1N5239B	⑫	317	24C	1QE11	②	102	14	1S1270R	①	25	41	1S1800	①	25	41
1N4731A	⑫	316	25G	1N5239B	⑫	317	24G	1QZ61	①	24	113A	1S1271	①	25	41	1S1800R	①	25	41
1N4732A	⑫	316	25G	1N5240B	⑫	317	24C	1R5BL41	①	24	19F	1S1271R	①	25	41	1S1801	①	25	41
1N4733A	⑫	316	25G	1N5240B	⑫	317	24G	1R5BZ41	①	24	19F	1S1272	①	25	41	1S1801R	①	25	41
1N4734A	⑫	316	25G	1N5241B	⑫	317	24C	1R5BZ61	①	24	113A	1S1272R	①	25	41	1S1802	①	25	41
1N4735	⑫	316	25G	1N5241B	⑫	317	24G	1R5CL41	①	24	19F	1S1417	②	102	42	1S1802R	①	25	41
1N4735A	⑫	316	25G	1N5242B	⑫	317	24C	1R5DL41	①	24	19F	1S1418	②	102	42	1S1803	①	25	41
1N4736A	⑫	316	25G	1N5242B	⑫	317	24G	1R5DL41A	①	24	19F	1S1419	②	102	42	1S1803R	①	25	41
1N4737A	⑫	316	25G	1N5243B	⑫	317	24C	1R5DU41	①	24	19F	1S1461	②	102	41	1S1804	①	25	41
1N4738A	⑫	316	25G	1N5243B	⑫	317	24G	1R5DZ41	①	24	19F	1S1462	②	102	41	1S1804R	①	25	41
1N4739A	⑫	316	25G	1N5244B	⑫	317	24C	1R5DZ61	①	24	113A	1S1463	②	102	41	1S1829	①	26	89B
1N4740A	⑫	316	25G	1N5244B	⑫	317	24G	1R5GH45	①	24	19F	1S1553	⑤	215	24B	1S1830	①	26	89B
1N4741A	⑫	316	25G	1N5245B	⑫	317	24C	1R5GU41	①	24	19F	1S1554	⑤	216	24B	1S1832	①	26	89B
1N4742A	⑫	316	25G	1N5245B	⑫	317	24G	1R5GZ41	①	24	19F	1S1555	⑤	216	24B	1S1834	①	26	89B
1N4743A	⑫	316	25G	1N5246B	⑫	317	24C	1R5GZ61	①	24	113A	1S1560	①	25	394	1S1835	①	26	89B
1N4744A	⑫	316	25G	1N5246B	⑫	317	24G	1R5JH45	①	24	19F	1S1560R	①	25	394	1S1841	①	26	42
1N4745A	⑫	316	25G	1N5247B	⑫	318	24C	1R5JU41	①	24	19F	1S1585	⑤	216	24B	1S1842	①	26	42
1N4746A	⑫	316	25G	1N5247B	⑫	318	24G	1R5JZ41	①	24	19F	1S1586	⑤	216	24B	1S1885	①	26	89B
1N4747A	⑫	316	25G	1N5248B	⑫	318	24C	1R5JZ61	①	24	113A	1S1587	⑤	216	24B	1S1885A	①	26	89B
1N4748A	⑫	316	25G	1N5248B	⑫	318	24G	1R5LZ41	①	24	19F	1S1588	⑤	216	24B	1S1886	①	26	89B
1N4749A	⑫	316	25G	1N5249B	⑫	318	24C	1R5NH41	①	24	19F	1S1614	②	102	212	1S1886A	①	26	89B
1N4750A	⑫	316	25G	1N5249B	⑫	318	24G	1R5NH45	①	24	19F	1S1615	②	102	212	1S1887	①	26	89B
1N4751A	⑫	316	25G	1N5250B	⑫	318	24C	1R5NU41	①	24	19F	1S1616	②	102	212	1S1887A	①	26	89B
1N4752A	⑫	317	25G	1N5250B	⑫	318	24G	1R5SH61	①	24	113A	1S1622	①	25	89A	1S1888	①	26	89B
1N4753A	⑫	317	25G	1N5251B	⑫	318	24C	1R5TH61	①	24	113A	1S1623	①	25	89A	1S1888A	①	26	89B
1N5223B	⑫	317	24C	1N5251B	⑫	318	24G	1S1146	⑤	215	24C	1S1624	①	25	89A	1S1890	①	26	14
1N5224B	⑫	317	24C	1N5252B	⑫	318	24C	1S1147	⑤	215	24C	1S1625	①	25	89A	1S1891	①	26	14

形名	章	頁	外形	形名	章	頁	外形	形名	章	頁	外形	形名	章	頁	外形	形名	章	頁	外形
1S1892	①	26	14	1S2264	①	27	266	1S666	①	27	329	1SR67-200	④	132	743	1SS143	⑤	217	24G
1S1934	①	26	42	1S2265	①	27	266	1S667	①	27	329	1SR80-100	①	28	41	1SS144	⑤	217	24G
1S1934R	①	26	42	1S2266	①	27	266	1S668	①	27	329	1SR80-200	①	28	41	1SS145	⑤	217	78E
1S1935	①	26	42	1S2305	⑮	407	24F	1S821	①	28	329	1SR80-400	①	29	41	1SS146	⑤	217	78E
1S1935R	①	26	42	1S2348 (H)	⑤	216	24C	1S822	①	28	329	1SR80-600	①	29	41	1SS147	⑤	217	78E
1S1936	①	26	42	1S2401	①	27	89C	1S823	①	28	329	1SR80R-100	①	29	41	1SS149 (H)	⑤	217	24C
1S1936R	①	26	42	1S2402	①	27	89C	1S824	①	28	329	1SR80R-200	①	29	41	1SS151	⑥	239	24C
1S1937	①	26	42	1S2403	①	27	89C	1S825	①	28	329	1SR80R-400	①	29	41	1SS152	⑤	217	79F
1S1937R	①	26	42	1S2404	①	27	89C	1S953	⑤	216	24D	1SR80R-600	①	29	41	1SS154	⑥	239	610I
1S1938	①	26	42	1S2405	①	27	89C	1S954	⑤	216	24D	1SR81-1000	①	29	41	1SS155	⑨	258	79F
1S1938R	①	26	42	1S2406	①	27	89C	1S955	⑤	216	24D	1SR81-800	①	29	41	1SS164	⑤	217	79B
1S1939	①	26	42	1S2407	①	27	89C	1SR124-100A	①	28	24L	1SR81R-1000	①	29	41	1SS165	⑥	239	79F
1S1939R	①	26	42	1S2408	①	27	91F	1SR124-200A	①	28	24L	1SR81R-800	①	29	41	1SS166	⑥	239	79H
1S1972	⑤	216	24B	1S2409	①	27	91F	1SR124-400A	①	28	24L	1SR82-100	①	29	42	1SS168	⑤	217	79H
1S1972-M	⑤	216	24B	1S2410	①	27	91F	1SR133-200	①	28	589B	1SR82-1000	①	29	42	1SS173	⑤	217	79F
1S1973	⑤	216	24B	1S2411	①	27	91F	1SR133-200R	①	28	589B	1SR82-200	①	29	42	1SS173A	⑥	239	79F
1S1973-M	⑤	216	24B	1S2412	①	27	91F	1SR133-400	①	28	589B	1SR82-400	①	29	42	1SS174	⑥	239	79F
1S2074 (H)	⑤	216	24C	1S2413	①	27	91F	1SR133-400R	①	28	589B	1SR82-600	①	29	42	1SS175	⑤	217	24C
1S2075 (K)	⑤	216	24C	1S2414	①	27	91F	1SR133-600	①	28	589B	1SR82-800	①	29	42	1SS175A	⑤	217	24C
1S2076	⑤	216	24C	1S2415	①	27	91F	1SR133-600R	①	28	589B	1SR82R-100	①	29	42	1SS176	⑤	217	78E
1S2076A	⑤	216	24C	1S2416	①	27	91F	1SR139-100	①	28	19E	1SR82R-200	①	29	42	1SS177	⑤	217	78E
1S2091	⑤	216	24C	1S2417	①	27	91F	1SR139-200	①	28	19E	1SR82R-400	①	29	42	1SS178	⑤	217	78E
1S2092	⑤	216	24C	1S2418	①	27	91F	1SR139-400	①	28	19E	1SR82R-600	①	29	42	1SS181	⑤	217	610C
1S2093	⑮	407	24B	1S2419	①	27	91F	1SR139-600	①	28	19E	1SR84-100	①	29	212	1SS184	⑤	217	610D
1S2094	⑪	265	24B	1S2420	①	27	91F	1SR149	①	28	113G	1SR84-200	①	29	212	1SS187	⑤	217	610E
1S2095A	⑤	216	24B	1S2421	①	27	91F	1SR150	①	28	113G	1SR84-400	①	29	212	1SS190	⑤	217	610H
1S2134	⑤	216	24D	1S2460	⑤	216	24B	1SR151	①	28	113G	1SS104	⑤	216	24B	1SS193	⑤	217	610A
1S2134	⑤	216	24C	1S2461	⑤	216	24B	1SR152	①	28	42	1SS106	⑥	239	24C	1SS196	⑤	217	610I
1S2135	⑤	216	24D	1S2462	⑤	216	24B	1SR153-100	①	28	19E	1SS108	⑥	239	24C	1SS197	⑤	217	79H
1S2135	⑤	216	24C	1S2463	⑤	216	24B	1SR153-200	①	28	19E	1SS110	⑤	216	79F	1SS198	⑥	239	79F
1S2186	⑨	258	24B	1S2471	⑤	216	24G	1SR153-400	①	28	19E	1SS114	⑤	216	24C	1SS199	⑥	239	79F
1S2236	⑪	265	24B	1S2472	⑤	216	24G	1SR154-100	①	28	485F	1SS115	⑤	216	24C	1SS200	⑤	217	368B
1S2247	①	26	263	1S2473	⑤	216	24G	1SR154-200	①	28	485F	1SS116	⑤	216	24C	1SS201	⑤	217	368A
1S2248	①	26	263	1S2756	①	27	89B	1SR154-400	①	28	485F	1SS118	⑤	216	24C	1SS202	⑤	217	79F
1S2249	①	26	263	1S2757	①	27	89B	1SR154-600	①	28	485F	1SS119	⑤	217	79F	1SS205	⑤	217	79F
1S2250	①	26	263	1S2775	①	27	89B	1SR156-400	①	28	485F	1SS120	⑤	217	79F	1SS206	⑤	218	79F
1S2251	①	26	263	1S2776	①	27	89B	1SR159-200	①	28	485F	1SS121	⑤	217	24C	1SS207	⑤	218	79F
1S2252	①	26	264	1S2777	①	27	89B	1SR159-400	①	28	485F	1SS123	⑤	217	610F	1SS220	⑤	218	610A
1S2253	①	26	264	1S2790	⑪	265	24C	1SR29-1000	①	28	701	1SS131	⑤	217	78E	1SS221	⑤	218	610A
1S2254	①	26	264	1S2827A	①	27	90H	1SR29-200	①	28	701	1SS132	⑤	217	78E	1SS222	⑤	218	610B
1S2255	①	26	264	1S2828A	①	27	90H	1SR29-400	①	28	701	1SS133	⑤	217	78E	1SS223	⑤	218	610B
1S2256	①	26	265	1S2830A	①	27	90H	1SR29-600	①	28	701	1SS135	⑤	217	78E	1SS226	⑤	218	610F
1S2257	①	26	265	1S2831A	①	27	90H	1SR29-800	①	28	701	1SS136	⑤	217	78E	1SS227	⑤	218	368C
1S2258	①	26	265	1S2835	⑤	216	610C	1SR35-100A	①	28	24L	1SS137	⑤	217	78E	1SS228	⑥	239	79H
1S2259	①	27	265	1S2836	⑤	216	610C	1SR35-200A	①	28	24L	1SS138	⑤	217	78E	1SS229	⑤	218	730A
1S2260	①	27	265	1S2837	⑤	216	610D	1SR35-400A	①	28	24L	1SS139	⑤	217	24G	1SS230	⑤	218	730A
1S2261	①	27	266	1S2838	⑤	216	610D	1SR64-200	④	132	741	1SS140	⑤	217	24G	1SS231	⑤	218	730B
1S2262	①	27	266	1S553T-HP	⑪	265	20A	1SR64-400	④	132	741	1SS141	⑤	217	24G	1SS232	⑤	218	730B
1S2263	①	27	266	1S665	①	27	329	1SR64-600	④	132	741	1SS142	⑤	217	24G	1SS233	⑤	218	191A

形名	章	頁	外形	形名	章	頁	外形	形名	章	頁	外形	形名	章	頁	外形	形名	章	頁	外形
1SS234	⑤	218	191A	1SS309	⑧	255	269B	1SS381	⑨	258	757A	1SS85	⑤	220	24C	1SV228	⑪	267	610D
1SS235	⑤	218	191B	1SS311	⑤	219	610A	1SS382	⑥	219	80B	1SS86	⑥	240	24C	1SV229	⑪	267	420D
1SS236	⑤	218	191B	1SS312	⑨	258	205D	1SS383	⑥	239	80B	1SS87	⑥	240	24C	1SV230	⑪	267	420D
1SS238	⑨	258	79L	1SS313	⑨	258	205C	1SS384	⑥	239	80B	1SS88	⑥	240	24C	1SV231	⑪	267	420D
1SS239	⑥	239	502	1SS314	⑨	258	420D	1SS385	⑥	240	277D	1SS90	⑥	240	88D	1SV232	⑪	267	420D
1SS240	⑤	218	24B	1SS315	⑥	239	420D	1SS385F	⑥	239	82D	1SS92	⑤	220	24G	1SV233	⑨	258	610A
1SS241	⑨	258	502	1SS319	⑤	239	559A	1SS385FV	⑥	240	116D	1SS93	⑤	220	24G	1SV234	⑨	258	610F
1SS242	⑥	239	502	1SS321	⑥	239	610D	1SS387	⑤	219	757A	1SS94	⑤	220	24G	1SV237	⑨	258	559A
1SS244	⑤	218	78E	1SS322	⑤	239	205A	1SS388	⑥	240	757A	1SV100	⑪	265	81	1SV238	⑪	267	420D
1SS245	⑤	218	24G	1SS336	⑤	219	610C	1SS389	⑤	219	757A	1SV101	⑪	265	81	1SV239	⑪	267	420D
1SS246	⑥	239	610A	1SS337	⑤	219	610D	1SS390	⑤	219	757E	1SV102	⑪	265	81	1SV241	⑨	258	498A
1SS247	⑤	218	24B	1SS344	③	105	610A	1SS391	⑥	240	559A	1SV103	⑪	265	368A	1SV242	⑪	267	610D
1SS248	⑤	218	24B	1SS345	⑥	239	610A	1SS392	⑥	240	610D	1SV110	⑪	265	79F	1SV245	⑪	267	420D
1SS249	⑤	218	78E	1SS348	⑤	239	610A	1SS393	⑥	240	205A	1SV111	⑪	265	79F	1SV246	⑨	258	205F
1SS250	⑤	218	610A	1SS349	③	105	610A	1SS394	⑥	240	610A	1SV113	⑪	265	79F	1SV247	⑨	258	205A
1SS251	⑤	218	24B	1SS350	⑥	239	610A	1SS395	⑥	240	205A	1SV114	⑪	265	6	1SV248	⑨	258	205A
1SS252	⑤	218	79N	1SS351	⑥	239	610F	1SS396	⑥	240	610F	1SV121	⑨	258	79F	1SV249	⑨	258	205F
1SS253	⑤	218	79N	1SS352	⑤	219	420D	1SS397	⑤	219	205C	1SV123	⑪	265	603	1SV25	⑩	264	50D
1SS254	⑤	218	79N	1SS353	⑤	219	756B	1SS398	⑤	219	610F	1SV124	⑪	266	79F	1SV250	⑨	258	610A
1SS265	⑤	218	79N	1SS354	⑤	219	756B	1SS399	⑤	219	559A	1SV125	⑪	266	79F	1SV251	⑨	258	610F
1SS267	①	29	24B	1SS355	⑤	219	756B	1SS400	⑤	219	757E	1SV128	⑤	258	610A	1SV252	⑤	258	205F
1SS268	⑤	258	610D	1SS356	⑤	219	756B	1SS400G	⑤	219	738F	1SV136	⑪	266	79H	1SV254	⑪	267	452B
1SS269	⑨	258	610C	1SS357	⑥	239	420D	1SS401	③	105	205A	1SV145	⑪	266	79F	1SV255	⑪	267	452B
1SS270	⑤	218	79F	1SS358	⑤	239	610F	1SS402	⑤	240	80B	1SV146	⑪	266	79F	1SV256	⑪	267	452B
1SS270A	⑤	218	79F	1SS360	⑤	219	277C	1SS403	⑤	219	420D	1SV147	⑪	266	368A	1SV257	⑪	267	452B
1SS271	⑥	239	610F	1SS360F	⑤	219	277C	1SS404	③	105	420D	1SV149	⑪	266	81	1SV258	⑪	267	452B
1SS272	⑤	218	559A	1SS360FV	⑤	219	116C	1SS405	⑥	240	757A	1SV153	⑪	266	502	1SV259	⑪	267	452B
1SS273	⑤	218	559B	1SS361	⑤	219	277D	1SS406	⑥	240	420D	1SV153A	⑪	266	502	1SV260	⑪	267	452B
1SS276	⑥	239	79H	1SS361F	⑤	219	277D	1SS412	⑤	219	205F	1SV154	⑨	258	79F	1SV261	⑪	268	452B
1SS277	⑤	218	79H	1SS361FV	⑤	219	116D	1SS413	⑥	240	736C	1SV160	⑥	240	736C	1SV262	⑪	267	420D
1SS286	⑥	239	79F	1SS362	⑤	219	277F	1SS416	⑥	240	736C	1SV161	⑪	266	6101	1SV263	⑨	258	205A
1SS287	⑤	218	79F	1SS362FV	⑤	219	116F	1SS417	⑥	240	736C	1SV172	⑪	266	502	1SV264	⑨	258	205F
1SS288	⑤	218	79F	1SS364	⑤	258	277D	1SS418	⑥	240	738C	1SV178	⑨	258	610F	1SV265	⑨	258	498A
1SS289	⑤	218	79F	1SS365	⑤	219	610A	1SS419	⑥	240	738C	1SV186	⑨	258	24C	1SV266	⑨	258	610A
1SS290	⑤	218	78E	1SS366	⑤	239	610F	1SS420	⑥	240	757A	1SV187	⑪	266	502	1SV267	⑨	258	610F
1SS291	⑤	218	78E	1SS367	⑥	239	420D	1SS422	⑥	240	277F	1SV188	⑨	258	79H	1SV268	⑨	258	237
1SS292	⑤	218	78E	1SS368	⑤	219	452B	1SS424	⑥	240	277F	1SV200	⑪	266	421E	1SV269	⑪	268	420D
1SS293	⑥	239	368D	1SS369	⑤	239	452B	1SS426	⑥	240	757A	1SV202	⑪	266	421E	1SV270	⑪	268	420D
1SS294	⑥	239	610A	1SS370	⑤	219	205A	1SS426	⑤	219	738C	1SV204	⑪	266	502	1SV271	⑨	258	420D
1SS295	⑥	239	610B	1SS371	⑤	258	452B	1SS427	⑤	219	738C	1SV211	⑪	266	502	1SV272	⑤	258	610A
1SS300	⑤	218	205C	1SS372	⑥	239	205F	1SS427	⑥	240	736C	1SV212	⑪	266	502	1SV273	⑪	268	452B
1SS301	⑤	218	205D	1SS373	⑥	239	452B	1SS427	⑤	219	736C	1SV214	⑪	266	420D	1SV274	⑪	268	452B
1SS302	⑤	218	205F	1SS374	⑤	239	610F	1SS53	⑤	219	24D	1SV215	⑪	266	420D	1SV275	⑪	268	452B
1SS303	⑤	219	205C	1SS375	⑥	239	205F	1SS54	⑤	219	24D	1SV216	⑪	266	420D	1SV276	⑪	268	420D
1SS304	⑤	219	205D	1SS376	⑤	219	756B	1SS55	⑤	220	24D	1SV217	⑪	267	420D	1SV277	⑪	268	420D
1SS305	⑤	219	205A	1SS377	⑥	239	610D	1SS81	⑤	220	24C	1SV224	⑪	267	502	1SV278B	⑪	268	757A
1SS306	⑤	219	559A	1SS378	⑤	219	205D	1SS82	⑤	220	24C	1SV225	⑪	267	610D	1SV279	⑪	268	757A
1SS307	⑤	219	610A	1SS379	⑤	219	610F	1SS83	⑤	220	24C	1SV226	⑪	267	502	1SV279	⑪	268	757A
1SS308	⑧	255	269A	1SS380	⑤	219	756B	1SS84	⑤	220	24C	1SV227	⑪	267	502	1SV280	⑪	268	757A

- 533 -

形 名	章	頁	外形	形 名	章	頁	外形	形 名	章	頁	外形	形 名	章	頁	外形	形 名	章	頁	外形
1SV281	⑪	268	757A	1SZ48	⑬	404	24C	1Z330	⑫	319	89B	1ZB300-Y	⑫	320	20K	1ZC39	⑫	321	20K
1SV282	⑪	268	757A	1SZ48A	⑬	404	24C	1Z36	⑫	319	89B	1ZB300-Z	⑫	320	20K	1ZC39A	⑫	321	20K
1SV283	⑪	268	757A	1SZ50	⑬	404	24C	1Z390	⑫	319	89B	1ZB33	⑫	319	20K	1ZC43	⑫	321	20K
1SV283B	⑪	268	757A	1SZ51	⑬	404	24C	1Z43	⑫	319	89B	1ZB330	⑫	320	20K	1ZC43A	⑫	321	20K
1SV284	⑪	268	757A	1SZ52	⑬	404	24C	1Z47	⑫	319	89B	1ZB330-X	⑫	320	20K	1ZC47	⑫	321	20K
1SV285	⑪	268	757A	1SZ53	⑬	404	24C	1Z51	⑫	319	89B	1ZB330-Y	⑫	320	20K	1ZC47A	⑫	321	20K
1SV286	⑪	268	757A	1SZ57	⑬	404	24B	1Z6.2	⑫	318	89B	1ZB330-Z	⑫	320	20K	1ZC51	⑫	321	20K
1SV287	⑪	268	420D	1SZ58	⑬	404	24B	1Z6.8	⑫	318	89B	1ZB36	⑫	319	20K	1ZC51A	⑫	321	20K
1SV288	⑪	269	420D	1SZ59	⑬	404	24B	1Z6.8A	⑫	318	89B	1ZB390	⑫	320	20K	1ZC56	⑫	321	20K
1SV290	⑪	269	757A	1SZ74	⑬	404	24B	1Z68	⑫	318	89B	1ZB43	⑫	319	20K	1ZC56A	⑫	321	20K
1SV290B	⑪	269	757A	1SZ75	⑬	404	24B	1Z7.5	⑫	318	89B	1ZB47	⑫	320	20K	1ZC62	⑫	321	20K
1SV291	⑪	269	757A	1SZ76	⑬	404	24B	1Z7.5A	⑫	318	89B	1ZB51	⑫	319	20K	1ZC62A	⑫	321	20K
1SV293	⑪	269	420D	1SZ77	⑬	404	24B	1Z75	⑫	318	89B	1ZB6.8	⑫	319	20K	1ZC68	⑫	321	20K
1SV294	⑨	258	610A	1SZ78	⑬	404	24B	1Z8.2	⑫	318	89B	1ZB68	⑫	320	20K	1ZC68A	⑫	321	20K
1SV298	⑨	258	444B	1SZ79	⑬	404	24B	1Z8.2A	⑫	318	89B	1ZB7.5	⑫	319	20K	1ZC75	⑫	321	20K
1SV298H	⑨	258	444B	1SZ80	⑬	404	24B	1Z82	⑫	318	89B	1ZB75	⑫	320	20K	1ZC75A	⑫	321	20K
1SV302	⑪	269	420D	1SZ81	⑬	404	24B	1Z9.1	⑫	318	89B	1ZB8.2	⑫	319	20K	1ZC82	⑫	321	20K
1SV303	⑪	269	757A	1SZ82	⑬	404	24B	1Z9.1A	⑫	318	89B	1ZB82	⑫	320	20K	1ZC82A	⑫	321	20K
1SV304	⑪	269	420D	1TH61	①	29	113A	1Z10	⑫	319	20K	1ZB9.1	⑫	319	20K	1ZC91	⑫	321	20K
1SV305	⑪	269	757A	1TZ61	①	29	113A	1ZB100	⑫	320	20K	1ZC100	⑫	321	20K	1ZC91A	⑫	321	20K
1SV306	⑪	269	80B	1Z10	⑫	318	89B	1ZB11	⑫	319	20K	1ZC100A	⑫	321	20K	1ZM100	⑫	322	89B
1SV307	⑨	258	420D	1Z100	⑫	319	89B	1ZB110	⑫	320	20K	1ZC110	⑫	321	20K	1ZM180	⑫	322	89B
1SV308	⑨	258	757A	1Z10A	⑫	318	89B	1ZB12	⑫	319	20K	1ZC110A	⑫	321	20K	1ZM27	⑫	321	89B
1SV309	⑪	269	757A	1Z11	⑫	318	89B	1ZB13	⑫	319	20K	1ZC12	⑫	321	20K	1ZM30	⑫	321	89B
1SV310	⑪	269	420D	1Z110	⑫	319	89B	1ZB15	⑫	319	20K	1ZC120	⑫	321	20K	1ZM330	⑫	322	89B
1SV311	⑪	269	757A	1Z11A	⑫	318	89B	1ZB150	⑫	320	20K	1ZC120A	⑫	321	20K	1ZM390	⑫	322	89B
1SV312	⑨	259	80B	1Z12	⑫	318	89B	1ZB16	⑫	319	20K	1ZC12A	⑫	321	20K	1ZM47	⑫	321	89B
1SV313	⑪	269	420D	1Z12A	⑫	318	89B	1ZB18	⑫	319	20K	1ZC13	⑫	320	20K	1ZM50	⑫	322	89B
1SV314	⑪	269	757A	1Z13	⑫	318	89B	1ZB180	⑫	320	20K	1ZC13A	⑫	320	20K	200EXD21	①	36	784
1SV315	⑨	259	205F	1Z13A	⑫	318	89B	1ZB20	⑫	319	20K	1ZC15	⑫	320	20K	200EXG11	①	36	732A
1SV316	⑨	259	610F	1Z15	⑫	318	89B	1ZB200	⑫	320	20K	1ZC15A	⑫	320	20K	200EXH11	①	36	732B
1SV322	⑪	269	420D	1Z150	⑫	319	89B	1ZB200-Y	⑫	320	20K	1ZC16	⑫	320	20K	200FLAB200	①	36	301
1SV323	⑪	269	757A	1Z15A	⑫	318	89B	1ZB200-Z	⑫	320	20K	1ZC16A	⑫	320	20K	200FLAB250	①	36	301
1SV324	⑪	269	420D	1Z16	⑫	318	89B	1ZB22	⑫	319	20K	1ZC18	⑫	320	20K	200FLAB300	①	36	301
1SV325	⑪	269	757A	1Z16A	⑫	318	89B	1ZB220	⑫	320	20K	1ZC18A	⑫	320	20K	200FLCB200	①	36	301
1SV328	⑪	269	420D	1Z18	⑫	318	89B	1ZB220-Y	⑫	320	20K	1ZC20	⑫	320	20K	200FLCB250	①	36	301
1SV329	⑪	269	757A	1Z180	⑫	319	89B	1ZB220-Z	⑫	320	20K	1ZC20A	⑫	321	20K	200FLCB300	①	36	301
1SV331	⑪	270	757A	1Z18A	⑫	318	89B	1ZB24	⑫	319	20K	1ZC22	⑫	321	20K	200FXG13	①	36	732A
1SV55	⑪	265	730A	1Z20	⑫	318	89B	1ZB240	⑫	320	20K	1ZC22A	⑫	321	20K	200FXH13	①	36	732B
1SV68	⑪	265	24C	1Z20A	⑫	319	89B	1ZB240-Y	⑫	320	20K	1ZC24	⑫	321	20K	200JH21	①	36	787
1SV69	⑪	265	24C	1Z22	⑫	319	89B	1ZB240-Z	⑫	320	20K	1ZC24A	⑫	321	20K	200MAB180	①	36	214
1SV70	⑪	265	24C	1Z22A	⑫	319	89B	1ZB27	⑫	319	20K	1ZC27	⑫	321	20K	200MAB200	①	36	214
1SV89	⑪	265	24C	1Z24	⑫	319	89B	1ZB270	⑫	320	20K	1ZC27A	⑫	321	20K	200MAB250	①	36	214
1SV97	⑪	265	24C	1Z24A	⑫	319	89B	1ZB270-X	⑫	320	20K	1ZC30	⑫	321	20K	200MCB180	①	36	214
1SV99	⑨	259	729B	1Z27	⑫	319	89B	1ZB270-Y	⑫	320	20K	1ZC30A	⑫	321	20K	200MCB200	①	36	214
1SZ45A	⑬	404	24C	1Z27A	⑫	319	89B	1ZB270-Z	⑫	320	20K	1ZC33	⑫	321	20K	200MCB250	①	36	214
1SZ46A	⑬	404	24C	1Z30	⑫	319	89B	1ZB30	⑫	319	20K	1ZC33A	⑫	321	20K	200QD21	①	36	784
1SZ47	⑬	404	24C	1Z30A	⑫	319	89B	1ZB300	⑫	320	20K	1ZC36	⑫	321	20K	200QH21	①	36	783
1SZ47A	⑬	404	24C	1Z33	⑫	319	89B	1ZB300-X	⑫	320	20K	1ZC36A	⑫	321	20K	200YD21	①	36	784

形名	章	頁	外形	形名	章	頁	外形	形名	章	頁	外形	形名	章	頁	外形	形名	章	頁	外形
203PJLA160	①	36	522	20M20	①	35	42	250MA140	①	37	584	2DL18A	⑤	220	506C	2RI100E-080	④	136	373
203PJLA180	①	36	522	20M30	①	35	42	250MA160	①	37	584	2FI100A-030C	④	135	781	2RI100G-120	④	136	373
203PJLA200	①	36	522	20M40	①	35	42	250MA180	①	37	584	2FI100A-030N	④	135	781	2RI100G-160	④	136	373
203PJLA250	①	36	522	20M50	①	35	42	250MA60	①	37	584	2FI100A-060C	④	135	781	2RI150E-060	④	136	374
20BG2C11	④	136	363A	20M60	①	35	42	250MA80	①	37	584	2FI100A-060N	④	135	781	2RI150E-080	④	136	374
20BG2Z11	④	136	363B	20M80	①	35	42	250MLAB160	①	37	583	2FI100F-030C	④	135	371	2RI250E-060	④	136	374
20BL2C41	④	136	189A	20MA10	①	35	706	250MLAB180	①	37	583	2FI100F-030D	④	135	371	2RI250E-080	④	136	374
20CL2C41	④	136	189A	20MA100	①	35	706	250MLAB200	①	37	583	2FI100F-030N	④	135	371	2RI60E-060	④	136	373
20CL2CZ41A	④	136	426	20MA120	①	35	706	250MLAB250	①	37	583	2FI100F-060C	④	135	371	2RI60E-080	④	136	373
20DG2C11	④	136	363A	20MA140	①	35	706	250NC15	①	37	387	2FI100F-060D	④	135	371	2RI60G-120	④	136	373
20DG2Z11	④	136	363B	20MA160	①	35	706	253PJA100	①	37	522	2FI100F-060N	④	135	371	2RI60G-160	④	136	373
20DL2C41	④	136	189A	20MA20	①	35	706	253PJA120	①	37	522	2FI100G-100C	④	135	781	2Z12	⑫	322	19F
20DL2C41A	④	136	189A	20MA30	①	35	706	253PJA140	①	37	522	2FI100G-100D	④	135	781	2Z13	⑫	322	19F
20DL2C48A	④	136	28	20MA40	①	35	706	253PJA160	①	37	522	2FI100G-100D	④	135	781	2Z15	⑫	322	19F
20DL2CZ41A	④	136	426	20MA60	①	35	706	253PJA80	①	37	522	2FI100G-100D	④	135	781	2Z16	⑫	322	19F
20DL2CZ47A	④	136	254	20MA80	①	35	706	253PJLA100	①	37	522	2FI200A-060C	④	135	372	2Z16A	⑫	322	19F
20DL2CZ51A	④	136	190	20MH100	①	35	42	253PJLA120	①	37	522	2FI200A-060D	④	135	372	2Z18	⑫	322	19F
20E1	①	35	506C	20MH120	①	35	42	253PJLA140	①	37	522	2FI200A-060N	④	135	372	2Z18A	⑫	322	19F
20E10	①	35	506C	20MH80	①	35	42	253PJLA80	①	37	522	2FI150A-030C	④	135	781	2Z20	⑫	322	19F
20E2	①	35	506C	20MLA100	①	35	42	25B4B41	④	137	454	2FI150A-030D	④	135	781	2Z22	⑫	322	19F
20E4	①	35	506C	20MLA120	①	35	42	25B4B42	④	137	624	2FI150A-030N	④	135	781	2Z24	⑫	322	19F
20E6	①	35	506C	20MLA60	①	35	42	25CC13	①	36	202	2FI150A-060C	④	135	781	2Z27	⑫	322	19F
20E8	①	35	506C	20MLA80	①	35	42	25CD13	①	36	202	2FI150A-060D	④	135	781	2Z27A	⑫	322	19F
20FL2C41A	④	136	426	20NFA40	①	35	66A	25D4B41	④	137	454	2FI150A-060N	④	135	781	2Z30	⑫	322	19F
20FL2C48A	④	136	28	20NFA60	①	35	66A	25D4B42	④	137	624	2FI150F-030C	④	135	371	2Z33	⑫	322	19F
20FL2CZ41A	④	136	426	20NFB60	①	35	66A	25EXH11	①	36	572	2FI150F-030D	④	135	371	2Z36	⑫	322	19F
20FL2CZ47A	④	136	254	20U6P45	④	137	622	25FC13	①	36	202	2FI150F-030N	④	135	371	2Z43	⑫	322	19F
20FL2CZ51A	④	136	190	2100GXHH22	①	36	137	25FD13	①	36	202	2FI150F-060C	④	135	371	2Z47	⑫	322	19F
20FWJ2C48M	④	136	28	21DQ03	③	106	506C	25FXF12	②	102	572	2FI150F-060D	④	135	371	2Z51	⑫	322	19F
20FWJ2CZ47M	④	136	254	21DQ03L	③	106	506C	25G4B41	④	137	454	2FI150F-060N	④	135	371	3000BD21	①	40	772
20G6P44	④	136	652	21DQ04	③	106	506C	25G4B42	④	137	624	2FI150G-100C	④	135	781	3000EXD21	①	40	739
20GG2C11	④	136	363A	21DQ05	③	106	506C	25GC12	①	36	42	2FI150G-100D	④	135	781	3000EXD22	①	40	766
20GG2Z11	④	136	363B	21DQ06	③	106	506C	25J4B41	④	137	454	2FI150G-100N	④	135	781	3000HXD22	①	40	766
20GL2C41A	④	136	189A	21DQ09	③	106	506C	25J4B42	④	137	624	2FWJ42	③	106	19F	3000PJA10	①	40	523
20JG2C11	④	136	363A	21DQ10	③	106	506C	25JC12	①	36	42	2FWJ42M	③	106	19F	3000PJLA10	①	40	523
20JG2Z11	④	136	363B	22BC11	①	36	98	25LC12	①	36	42	2G4B41	④	135	638A	3000PJLA20	①	40	523
20JL2C41	④	136	189A	22BD11	①	36	98	25LF11	②	102	42	2GG2C41	④	135	573	3000PJLA30	①	40	523
20JL2C41A	④	137	189A	22CC11	①	36	98	25NC12	①	36	42	2GG2Z41	④	135	573	3000PJLA40	①	40	523
20KDA10	①	35	506C	22CD11	①	36	98	25NF11	②	102	42	2GWJ2C42	④	135	682	3000YKD23	①	40	766
20KDA20	①	35	506C	22FC11	①	36	98	25QF11	②	102	42	2GWJ42	③	106	19F	300EXH21	①	40	782
20KDA40	①	35	506C	22FD11	①	36	98	2B4B41	④	134	638A	2GWJ42M	③	106	19F	300EXH22	①	40	785
20KDA60	①	35	506C	250BC15	①	36	387	2BG2C41	④	134	573	2GWJ2C42	④	135	682	300FXD13	①	40	335
20KHA20	③	106	506C	250FC15	①	37	387	2BG2Z41	④	135	573	2J4B41	④	135	638A	300JH21	①	40	777
20L6P44	④	137	652	250GC15	①	37	387	2D4B41	④	135	638A	2JG2C41	④	136	573	300LD13	①	40	316
20L6P45	④	137	622	250JC15	①	37	387	2DF12	⑤	220	506C	2JG2Z41	④	136	573	300MCB180	①	40	583
20M10	①	35	42	250LC15	①	37	387	2DG2C41	④	135	573	2NH45	①	35	89J	300MCB200	①	40	583
20M100	①	35	42	250MA100	①	37	584	2DG2Z41	④	135	573	2NU41	①	35	89J	300MCB250	①	40	583
20M15	①	35	42	250MA120	①	37	584	2DL15A	⑤	220	506C	2RI100E-060	④	136	373	300ND13	①	40	316

形名	章	頁	外形	形名	章	頁	外形	形名	章	頁	外形	形名	章	頁	外形	形名	章	頁	外形
300QD13	①	40	316	30G6P41	④	137	655	30MF15	①	39	706	353PJLA180	①	40	522	3LH61	①	38	113F
300QH21	①	40	776	30G6P42	④	137	711	30MF20	①	39	706	353PJLA200	①	40	522	3LZ41	①	38	89J
300TD13	①	40	316	30G6P44	④	137	652	30MF30	①	39	706	353PJLA250	①	40	522	3LZ61	①	38	113F
300WD13	①	40	316	30GDZ41	①	39	792	30MF30R	①	39	706	35G4B44	④	138	607	3NC12	①	38	41
300YD13	①	40	316	30GG11	①	39	42	30MF40	①	39	706	35J4B44	④	138	607	3NF11	②	102	41
303PJA180	①	40	522	30GG2C11	④	137	377A	30MF40R	①	39	706	35L4B44	④	138	607	3NH41	①	38	89J
303PJA200	①	40	522	30GG2Z11	④	138	377B	30MF5	①	39	706	3B4B41	④	137	638D	3NZ41	①	38	89J
303PJA250	①	40	522	30GWJ11	③	107	731	30MFG50	①	39	706	3BH41	①	37	89J	3NZ61	①	38	113F
30B2C11	④	137	377A	30GWJ2C11	④	138	707A	30MFG50R	①	39	706	3BH61	①	37	113F	3QF11	②	102	41
30B2Z11	④	137	377B	30GWJ2C12	④	138	363A	30NWK2C48	④	138	28	3BL41	①	37	89J	3TH41	①	38	89J
30BG11	①	38	42	30GWJ2C42	④	138	189A	30NWK2CZ47	④	138	254	3BZ41	①	37	89J	3TH41A	①	38	89J
30BG15	①	38	42	30GWJ2C42C	④	138	189A	30PDA10	①	39	91C	3BZ61	①	37	113F	3TH62	①	38	113F
30BG2C11	④	137	377A	30GWJ2C48C	④	138	28	30PDA20	①	39	91C	3CC13	①	37	247	3Z100	⑫	322	89J
30BG2C15	④	137	707A	30GWJ2CZ47C	④	138	254	30PDA40	①	39	91C	3CD13	①	37	247	3Z110	⑫	323	89J
30BG2Z11	④	137	377B	30J2C11	④	138	377A	30PDA60	①	39	91C	3CL41	①	37	89J	3Z12	⑫	322	89J
30BL11	①	38	731	30J2Z11	④	138	377B	30PFB60	①	39	91C	3D4B41	④	137	638D	3Z13	⑫	322	89J
30BL2C11	④	137	707A	30J6P41	④	138	655	30PFD60	①	39	91C	3DH41	①	37	89J	3Z15	⑫	322	89J
30CG15	①	38	42	30J6P42	④	138	711	30PHA20	③	107	91C	3DH61	①	37	113F	3Z150	⑫	323	89J
30CG2C15	④	137	707A	30JG11	①	39	42	30PRA10	①	39	91C	3DL41	①	37	89J	3Z16	⑫	322	89J
30CL11	①	38	731	30JG2C11	④	138	377A	30PRA20	①	39	91C	3DL41A	①	37	89J	3Z18	⑫	322	89J
30CL2C11	④	137	707A	30JG2Z11	④	138	377B	30PRA40	①	39	91C	3DU41	①	37	89J	3Z180	⑫	323	89J
30D1	①	38	91C	30JL2C41	④	138	189A	30PRA60	①	39	91C	3DZ41	①	37	89J	3Z20	⑫	322	89J
30D2	①	38	91C	30WJ2C48	④	138	28	30PUA60	①	39	91C	3DZ61	①	37	113F	3Z200	⑫	323	89J
30D2C11	④	137	377A	30KF10B	①	39	510E	30PUB60	①	39	91C	3FC13	①	38	247	3Z22	⑫	322	89J
30D2Z11	④	137	377B	30KF10E	①	39	585	30Q6P42	④	138	711	3FD21	①	38	247	3Z220	⑫	323	89J
30D4	①	38	91C	30KF20B	①	39	510E	30Q6P45	④	138	622	3FWJ42	③	106	89J	3Z24	⑫	322	89J
30DF1	①	38	91C	30KF20E	①	39	585	30QWK2C48	④	138	28	3FWJ42N	③	106	89J	3Z240	⑫	323	89J
30DF2	①	38	91C	30KF30B	①	39	510E	30QWK2CZ47	④	138	254	3FWJ43	③	106	89J	3Z27	⑫	322	89J
30DF4	①	38	91C	30KF30E	①	39	585	30U6P42	④	138	711	3G4B41	④	137	638D	3Z270	⑫	323	89J
30DF6	①	38	91C	30KF40B	①	39	510E	30U6P45	④	138	622	3GC12	①	38	41	3Z30	⑫	322	89J
30DG11	①	38	42	30KF40E	①	39	585	31DF1	①	40	91C	3GH41	①	38	89J	3Z300	⑫	323	89J
30DG15	①	38	42	30KF50B	①	39	510E	31DF2	①	40	91C	3GH45	①	38	89J	3Z33	⑫	322	89J
30DG2C11	④	137	377A	30KF50E	①	39	585	31DF3	①	40	91C	3GH61	①	38	113F	3Z330	⑫	323	89J
30DG2C15	④	137	707A	30KF60B	①	39	510E	31DF4	①	40	91C	3GJ41	①	38	89J	3Z36	⑫	322	89J
30DG2Z11	④	137	377B	30KF60E	①	39	585	31DF6	①	40	91C	3GWJ2C42	④	137	682	3Z390	⑫	323	89J
30DL1	①	38	91C	30KQ30	③	107	691	31DQ03	③	107	91C	3GWJ42	③	106	89J	3Z43	⑫	322	89J
30DL11	①	39	731	30KQ30B	③	107	510D	31DQ03L	③	107	91C	3GWJ42C	③	106	89J	3Z47	⑫	322	89J
30DL2	①	38	91C	30KQ40	③	107	691	31DQ04	③	107	91C	3GZ41	①	38	89J	3Z51	⑫	322	89J
30DL2C11	④	137	707A	30KQ40B	③	107	510D	31DQ05	③	107	91C	3GZ61	①	38	113F	3Z68	⑫	322	89J
30DL4	①	39	91C	30KQ50	③	107	691	31DQ08	③	107	91C	3J4B41	④	137	638D	3Z75	⑫	322	89J
30FG11	①	39	42	30KQ50B	③	107	510D	31DQ09	③	107	91C	3JC12	①	38	41	3Z82	⑫	322	89J
30FWJ11	③	106	731	30KQ60	③	107	691	31DQ10	③	107	91C	3JH41	①	38	89J	400EXD21	①	40	777
30FWJ2C11	④	137	707A	30KQ60B	③	107	510D	31MQ30	③	107	595	3JH45	①	38	89J	400MAB180	①	41	583
30FWJ2C12	④	137	363A	30L6P41	④	138	655	31MQ40	③	107	595	3JH61	①	38	113F	400MAB200	①	41	583
30FWJ2C42	④	137	189A	30L6P42	④	138	711	3500PJA10	①	40	523	3JU41	①	38	89J	400MAB250	①	41	583
30FWJ2C48M	④	137	28	30L6P44	④	138	652	3500PJA20	①	40	523	3JZ41	①	38	89J	400QD21	①	41	777
30FWJ2CZ47M	④	137	254	30L6P45	④	138	622	3500PJA30	①	40	523	3JZ61	①	38	113F	400YD21	①	41	777
30G2C11	④	137	377A	30LDZ41	①	39	792	3500PJA40	①	40	523	3LC12	①	38	41	403PJA100	①	41	522
30G2Z11	④	137	377B	30MF10	①	39	706	353PJLA160	①	40	522	3LF11	②	102	41	403PJA120	①	41	522

形名	章	頁	外形	形名	章	頁	外形	形名	章	頁	外形	形名	章	頁	外形	形名	章	頁	外形
403PJA140	①	41	522	5000PJA40	①	42	525	5DLZ47A	①	41	250	5THZ47	①	42	250	61M80	①	44	594
403PJA160	①	41	522	500EXH21	①	42	775	5FL2C48A	④	139	28	5THZ52	①	42	256	61MA10	①	44	594
403PJA60	①	41	522	500EXH22	①	42	762	5FL2CZ41A	④	139	426	5TUZ47	①	42	250	61MA100	①	44	594
403PJA80	①	41	522	500HXD25	①	42	774	5FL2CZ47A	④	139	254	5TUZ47C	①	42	250	61MA140	①	44	594
41MQ30	③	107	595	500HXD28	①	42	774	5FWJ2C41	④	139	273A	5TUZ52	①	42	256	61MA160	①	44	594
41MQ40	③	107	595	500YKH22	①	42	762	5FWJ2C42	④	139	273A	5TUZ52C	①	42	256	61MA20	①	44	594
41MQ50	③	107	595	503PJA180	①	42	522	5FWJ2C48M	④	139	28	5VHZ52	①	42	256	61MA40	①	44	594
41MQ60	③	107	595	503PJA200	①	42	522	5FWJ2CZ42	④	139	426	5VUZ47	①	42	250	61MA60	①	44	594
45M10	①	41	388	503PJA250	①	42	522	5FWJ2CZ47M	④	139	254	5VUZ52	①	42	256	61MA80	①	44	594
45M100	①	41	388	503PJLA100	①	42	522	5GG2C41	④	139	273A	5Z27	⑫	323	122	61MQ30	③	108	596
45M15	①	41	388	503PJLA120	①	42	522	5GG2Z41	④	139	273B	5Z27 (LC1)	⑫	323	76	61MQ40	③	108	596
45M20	①	41	388	503PJLA60	①	42	522	5GL2CZ47A	④	139	254	5Z30	⑫	323	122	61MQ50	③	108	596
45M30	①	41	388	503PJLA80	①	42	522	5GLZ47A	①	41	250	5Z30 (LC1)	⑫	323	76	61MQ60	③	108	596
45M40	①	41	388	50FXFG13	①	42	733A	5GUZ47	①	42	250	603PJA250	①	43	525	6B4B41	④	140	640E
45M50	①	41	388	50FXFH13	①	42	733B	5GWJ2C41	④	139	273A	603PJA300	①	43	525	6BG11	①	42	41
45M60	①	41	388	50G6P41	④	139	419	5GWJ2C48C	④	139	28	603PJA400	①	43	525	6CC13	①	42	247
45M80	①	41	388	50G6P43	④	139	564	5GWJ2CZ42	④	139	426	60BC15	①	43	42	6CD13	①	42	247
45MA10	①	41	388	50J6P41	④	139	419	5GWJ2CZ47	④	139	254	60DC15	①	43	42	6D4B41	④	140	640E
45MA100	①	41	388	50L6P41	④	139	419	5GWJ2CZ47C	④	139	254	60FC15	①	43	42	6DG11	①	43	41
45MA120	①	41	388	50L6P43	④	139	564	5GWJZ47	③	107	253	60FWJ11	③	107	42	6FC13	①	43	247
45MA140	①	41	388	50LF11	②	102	212	5JG2C41	④	139	273A	60FWJ2C11	④	140	707A	6FD13	①	43	247
45MA160	①	41	388	50NF11	②	102	212	5JG2Z41	④	139	273B	60GWJ11	③	107	42	6FG11	①	43	41
45MA20	①	41	388	50PHSA08	③	107	91C	5JL2CZ47	④	139	254	60GWJ2C11	④	140	707A	6FXF12	②	102	571
45MA30	①	41	388	50PHSA12	③	107	91C	5JLZ47	①	42	250	60KQ10B	③	108	510E	6G4B41	④	140	640E
45MA40	①	41	388	50PQSA045	③	107	91C	5JLZ47A	①	42	250	60KQ20LB	③	108	510E	6GC12	①	43	41
45MA60	①	41	388	50PQSA065	③	107	91C	5JUZ47	①	42	250	60KQ20LB	③	108	510E	6GG11	①	43	41
45MA80	①	41	388	50Q6P41	④	139	419	5WJ2CZ47	④	139	254	60KQ20LB	③	108	585	6J4B41	④	140	640E
45MH100	①	41	388	50Q6P42	④	139	419	5KF10	①	42	272A	60KQ30B	③	108	510E	6JC12	①	43	41
45MH120	①	41	388	50Q6P43	④	140	564	5KF10B	①	42	273D	60KQ30E	③	108	585	6JG11	①	43	41
45MH80	①	41	388	50QF11	②	102	212	5KF20	①	42	272A	60KQ30LB	③	108	510E	6LC12	①	43	41
45MLA100	①	41	388	50U6P41	④	140	419	5KF20B	①	42	273D	60KQ30LE	③	108	585	6LF11	②	102	41
45MLA120	①	41	388	50U6P42	④	140	419	5KF30	①	42	272A	60KQ40B	③	108	510E	6M10	①	43	41
45MLA60	①	41	388	50U6P43	④	140	564	5KF30B	①	42	273D	60KQ40E	③	108	585	6M100	①	43	41
45MLA80	①	41	388	5BG2C41	④	139	273A	5KF30B	①	42	272A	60KQ50B	③	108	510E	6M20	①	43	41
4B4B41	④	138	639E	5BG2Z41	④	139	273A	5KF40	①	42	272A	60KQ50E	③	108	585	6M30	①	43	41
4B4B41A	④	138	639D	5BL2C41	④	139	273A	5KF40B	①	42	273D	60KQ60B	③	108	510E	6M40	①	43	41
4B4B44	④	138	574	5BL41	①	41	272A	5KQ100	③	107	273D	60KQ60E	③	108	585	6M60	①	43	41
4D4B41	④	138	639E	5CL2C41	④	139	273A	5KQ100B	③	107	273D	60LC15	①	43	42	6M80	①	43	41
4D4B41A	④	138	639D	5CL2C41A	④	139	426	5K30	③	107	272A	60NC15	①	43	42	6MA10	①	43	41
4D4B44	④	138	574	5CL2CZ41A	④	139	426	5K30B	③	107	272A	60QC15	①	43	42	6MA100	①	43	41
4G4B41	④	138	639E	5CL41	①	41	272A	5KQ40	③	107	272A	61M10	①	43	594	6MA20	①	43	41
4G4B41A	④	138	639D	5DG2C41	④	139	273A	5KQ40B	③	107	273D	61M100	①	43	594	6MA60	①	43	41
4G4B44	④	138	574	5DG2Z41	④	139	273B	5KQ50	③	107	272A	61M120	①	43	594	6MA80	①	43	41
4J4B41	④	138	639E	5DL2C41	④	139	273A	5KQ60	③	107	272A	61M140	①	43	594	6NC12	①	43	41
4J4B41A	④	138	639D	5DL2C41A	④	139	273A	5KQ60B	③	107	273D	61M160	①	43	594	6NF11	②	102	41
4J4B44	④	138	574	5DL2C48A	④	139	28	5KQ90	③	107	272A	61M20	①	43	594	6QF11	②	102	41
5000PJA10	①	42	525	5DL2CZ41	④	139	426	5KQ90B	③	107	273D	61M40	①	43	594	6RI100E-060	④	140	393
5000PJA20	①	42	525	5DL2CZ47A	④	139	254	5MWJ2CZ47	④	139	254	61M60	①	43	594				
5000PJA30	①	42	525	5DL41	①	41	272A												

形　名	章	頁	外形	形　名	章	頁	外形	形　名	章	頁	外形	形　名	章	頁	外形	形　名	章	頁	外形
6RI100E-080	④	140	393	70MLAB160	①	44	212	AL01	①	45	67D	AW04	③	108	67D	C10T09Q	④	141	236
6RI100G-120	④	140	393	70MLAB180	①	44	212	AL01Y	①	45	67D	BA201-2	①	46	87A	C10T09Q-11A	④	141	238
6RI100G-160	④	140	393	70MLAB200	①	44	212	AL01Z	①	45	67D	BA201-4	①	46	87A	C10T0F	④	141	236
6RI100P-160	④	140	791	70MLAB250	①	44	212	AM01	①	46	67D	BA201-6	①	46	87A	C10T10Q	④	141	236
6RI150E-060	④	140	392	75G6P41	④	140	163	AM01A	①	45	67D	BAS16	⑤	220	103A	C10T10Q-11A	④	141	238
6RI150E-080	④	140	392	75G6P43	④	140	564	AM01Z	①	45	67D	BAV70	⑤	220	103D	C10T20F	④	141	236
6RI130E-060	④	140	399	75J6P41	④	140	163	AP01C	⑤	220	67D	BAV99	⑤	220	103F	C10T20F-11A	④	141	238
6RI130E-080	④	140	399	75L6P41	④	140	163	AS01	①	46	67D	BAV99U	⑤	220	205F	C10T30F	④	141	236
6RI130G-120	④	140	400	75L6P43	④	140	564	AS01A	①	46	67D	BAW56	⑤	220	103C	C10T40F	④	141	236
6RI130G-160	④	140	400	75Q6P43	④	140	564	AS01Z	①	46	67D	BD10CA-04S	④	140	273A	C10T40F-11A	④	141	238
6RI150E-060	④	140	402	75U6P43	④	140	564	AU01	①	46	67D	BD10CA-06S	④	140	273A	C10T60F	④	141	236
6RI150E-080	④	140	402	800EXD25	①	45	774	AU01-07	⑫	323	114C	BD16CA-04S	④	140	463	C10T60F-11A	④	142	238
6RI175E-060	④	140	393	800EXD26	①	45	775	AU01-08	⑫	323	114C	BD16CA-06S	④	140	463	C11CA	①	46	246
6RI175E-080	④	140	393	800EXD28	①	45	774	AU01-09	⑫	323	114C	BD8CA-04S	④	140	273A	C11CF	①	46	246
6RI175G-120	④	140	393	800EXD29	①	45	762	AU01-10	⑫	323	114C	BD8CA-06S	④	140	273A	C11CJ	①	46	246
6RI175G-160	④	140	393	800EXH22	①	45	764	AU01-11	⑫	323	114C	BKA400AA10	④	140	312	C11DA	①	46	246
6RI175P-160	④	140	791	800FXD25	①	45	774	AU01-12	⑫	323	114C	BKR400ABZ50	④	141	697	C120H03Q	④	142	770
703PJA100	①	44	522	800FXD26	①	45	775	AU01-13	⑫	323	114C	BTD4	⑮	407	23E	C120H04Q	④	142	770
703PJA120	①	44	522	800FXD28	①	45	774	AU01-15	⑫	323	114C	BTD4M	⑮	407	23E	C120H05Q	④	142	770
703PJA140	①	45	522	800FXD29	①	45	762	AU01-16	⑫	323	114C	C10P03Q	④	141	273A	C120H06Q	④	142	770
703PJA160	①	45	522	800JXH23	①	45	763	AU01-18	⑫	323	114C	C10P04Q	④	141	273A	C120P03QE	④	142	586
703PJA60	①	45	522	800UD25	①	45	774	AU01-20	⑫	323	114C	C10P05Q	④	141	273A	C120P03QLE	④	142	586
703PJA80	①	45	522	800UD26	①	45	775	AU01-22	⑫	323	114C	C10P06Q	④	141	273A	C120P04QE	④	142	586
70M10	①	44	387	800YD25	①	45	774	AU01-24	⑫	323	114C	C10P09Q	④	141	273A	C120P05QE	④	142	586
70M100	①	44	387	800YD26	①	45	775	AU01-27	⑫	323	114C	C10P10F	④	141	273A	C120P06QE	④	142	586
70M15	①	44	387	800YKD25	①	45	774	AU01-30	⑫	323	114C	C10P10FR	④	141	273B	C16P03Q	④	142	510A
70M20	①	44	387	800YKD26	①	45	775	AU01-33	⑫	323	114C	C10P10Q	④	141	273A	C16P04Q	④	142	510A
70M30	①	44	387	801PJA250	①	45	526	AU01A	①	46	67D	C10P20F	④	141	273A	C16P06Q	④	142	510A
70M40	①	44	387	801PJA300	①	45	526	AU01Z	①	46	67D	C10P20FR	④	141	273B	C16P09Q	④	142	510A
70M50	①	44	387	801PJA400	①	45	526	AU02	①	46	67D	C10P30F	④	141	273A	C16P10F	④	142	510A
70M60	①	44	387	803PJLA200	①	45	524	AU02A	①	46	67D	C10P30FR	④	141	273B	C16P10FR	④	142	510B
70M80	①	44	387	803PJLA250	①	45	524	AU02Z	①	46	67D	C10P40F	④	141	273A	C16P10Q	④	142	510A
70MA10	①	44	387	803PJLA300	①	45	524	AW01-06	⑫	323	113C	C10P40FR	④	141	273B	C16P20F	④	142	510A
70MA100	①	44	387	80MCB180	①	45	212	AW01-07	⑫	323	113C	C10T02QL	④	141	236	C16P20FR	④	142	510B
70MA120	①	44	387	80MCB200	①	45	212	AW01-08	⑫	323	113C	C10T02QL-11A	④	141	238	C16P30F	④	142	510A
70MA140	①	44	387	80MCB250	①	45	212	AW01-09	⑫	323	113C	C10T03Q	④	141	236	C16P30FR	④	142	510B
70MA160	①	44	387	A11CA	①	45	740	AW01-10	⑫	323	113C	C10T03QL	④	141	236	C16P40F	④	142	510A
70MA20	①	44	387	A11CF	①	45	740	AW01-11	⑫	323	113C	C10T03QL-11A	④	141	238	C16P40FR	④	142	510B
70MA30	①	44	387	A11DA	①	45	740	AW01-12	⑫	323	113C	C10T03QLH	④	141	236	C16T03Q	④	142	236
70MA40	①	44	387	AB01B	①	45	67D	AW01-13	⑫	323	113C	C10T03QLH-11A	④	141	238	C16T04Q	④	142	236
70MA60	①	44	387	AE04	③	108	67D	AW01-15	⑫	323	113C	C10T04Q	④	141	236	C16T05Q	④	142	236
70MA80	①	44	387	AG01	①	45	67D	AW01-16	⑫	323	113C	C10T04Q-11A	④	141	238	C16T06Q	④	142	236
70MH100	①	44	387	AG01A	①	45	67D	AW01-18	⑫	323	113C	C10T04QH	④	141	236	C16T09Q	④	142	236
70MH120	①	44	387	AG01Y	①	45	67D	AW01-20	⑫	323	113C	C10T04QH-11A	④	141	238	C16T10Q	④	142	236
70MH80	①	44	387	AG01Z	①	45	67D	AW01-22	⑫	324	113C	C10T05Q	④	141	236	C16T1Q	④	142	236
70MLA100	①	44	387	AK03	③	108	67D	AW01-24	⑫	324	113C	C10T06Q	④	141	236	C16T20F	④	142	236
70MLA120	①	44	387	AK04	③	108	67D	AW01-27	⑫	324	113C	C10T06Q-11A	④	141	238	C16T20F-11A	④	142	238
70MLA60	①	44	387	AK06	③	108	67D	AW01-30	⑫	324	113C	C10T06QH	④	141	236	C16T30F	④	142	236
70MLA80	①	44	387	AK09	③	108	67D	AW01-33	⑫	324	113C	C10T06QH-11A	④	141	238	C16T30F	④	142	236

形 名	章	頁	外形	形 名	章	頁	外形	形 名	章	頁	外形	形 名	章	頁	外形	形 名	章	頁	外形
C16T40F	④	142	236	C25T05Q	④	143	236	C80H03Q	④	145	769	CMF04	①	46	104A	CMZB15	⑫	324	104A
C16T40F-11A	④	142	238	C25T06Q	④	144	236	C80H04Q	④	145	769	CMF05	①	46	104A	CMZB16	⑫	325	104A
C16T50F	④	142	236	C25T09Q	④	144	236	C80H06Q	④	145	769	CMG02	①	46	104A	CMZB18	⑫	325	104A
C16T50F-11A	④	142	238	C25T10Q	④	144	236	C8P03Q	④	145	273A	CMG03	①	46	104A	CMZB20	⑫	325	104A
C16T60F	④	142	236	C30H03Q	④	144	768	C8P03Q	④	145	273A	CMG05	①	46	104A	CMZB22	⑫	325	104A
C16T60F-11A	④	142	238	C30H04Q	④	144	768	C8P04Q	④	145	273A	CMG06	①	46	104A	CMZB24	⑫	325	104A
C200LC40B	④	143	648	C30H05Q	④	144	768	C8P05Q	④	145	273A	CMH01	①	46	104A	CMZB27	⑫	325	104A
C20T03QL	④	142	236	C30H06Q	④	144	768	C8P06Q	④	145	273A	CMH02	①	46	104A	CMZB30	⑫	325	104A
C20T03QL-11A	④	142	238	C30P03Q	④	144	510A	CA201-2	①	46	88B	CMH02A	①	46	104A	CMZB33	⑫	325	104A
C20T03QLH	④	143	238	C30P04Q	④	144	510A	CA201-4	①	46	88B	CMH04	①	46	104A	CMZB36	⑫	325	104A
C20T03QLH-11A	④	143	238	C30P05Q	④	144	510A	CA201-6	①	46	88B	CMH05	①	47	104A	CMZB39	⑫	325	104A
C20T04Q	④	143	236	C30P06Q	④	144	510A	CB112-13	①	46	20E	CMH05A	①	47	104A	CMZB43	⑫	325	104A
C20T04Q-11A	④	143	238	C30P09Q	④	144	510A	CB803-02	③	108	20E	CMH07	①	47	104A	CMZB47	⑫	325	104A
C20T04QH	④	143	236	C30P10Q	④	144	510A	CB803-03	③	108	20E	CMH08	①	47	104A	CMZB51	⑫	325	104A
C20T04QH-11A	④	143	238	C30T02QL	④	144	236	CB863-12	③	108	20E	CMH09	①	47	104A	CMZB53	⑫	325	104A
C20T06Q	④	143	236	C30T02QL-11A	④	144	238	CB863-20	③	108	20E	CMS01	③	108	104A	CMZM16	⑫	325	104A
C20T06Q-11A	④	143	238	C30T03QL	④	144	236	CB903-4	①	46	20E	CMS02	③	108	104A	CPH5512	⑨	259	498A
C20T06QH	④	143	236	C30T03QL-11A	④	144	238	CB903-4S	①	46	20E	CMS03	③	108	104A	CPH5513	⑨	259	498A
C20T06QH-11A	④	143	238	C30T03QLH	④	144	2A	CDZ10B	⑫	324	736E	CMS04	③	108	104A	CRF02	①	47	750A
C20T09Q	④	143	236	C30T03QLH-11A	④	144	1A	CDZ11B	⑫	324	736E	CMS05	③	108	104A	CRF03	①	47	750A
C20T09Q-11A	④	143	238	C30T04Q	④	144	236	CDZ12B	⑫	324	736E	CMS06	③	108	104A	CRG01	①	47	750A
C20T10Q	④	143	236	C30T04Q-11A	④	144	238	CDZ13B	⑫	324	736E	CMS07	③	108	104A	CRG02	①	47	750A
C20T10Q-11A	④	143	238	C30T04QH	④	144	2A	CDZ15B	⑫	324	736E	CMS08	③	108	104A	CRG03	①	47	750A
C24H10F	④	143	768	C30T04QH-11A	④	144	1A	CDZ16B	⑫	324	736E	CMS09	③	108	104A	CRG04	①	47	750A
C24H15F	④	143	768	C30T06Q	④	144	236	CDZ3.6B	⑫	324	736E	CMS10	③	108	104A	CRG05	①	47	750A
C24H20F	④	143	768	C30T06Q-11A	④	144	238	CDZ3.9B	⑫	324	736E	CMS11	③	108	104A	CRH01	①	47	750A
C24H30F	④	143	768	C30T06QH	④	144	2A	CDZ4.3B	⑫	324	736E	CMS14	③	108	104A	CRS01	③	109	750A
C24H40F	④	143	768	C30T06QH-11A	④	144	1A	CDZ4.7B	⑫	324	736E	CMS15	③	109	104A	CRS02	③	109	750A
C24H5F	④	143	768	C30T09Q	④	144	236	CDZ5.1B	⑫	324	736E	CMS16	③	109	104A	CRS03	③	109	750A
C25P02QL	④	143	510A	C30T09Q-11A	④	144	238	CDZ5.6B	⑫	324	736E	CMS17	③	109	104A	CRS04	③	109	750A
C25P03Q	④	143	510A	C30T10Q	④	144	236	CDZ6.2B	⑫	324	736E	CMZ12	⑫	324	104A	CRS04	③	109	750A
C25P03QL	④	143	510A	C30T10Q-11A	④	144	238	CDZ6.8B	⑫	324	736E	CMZ13	⑫	324	104A	CRS05	③	109	750A
C25P04Q	④	143	510A	C60H03Q	④	144	769	CDZ7.5B	⑫	324	736E	CMZ15	⑫	324	104A	CRS06	③	109	750A
C25P05Q	④	143	510A	C60H04Q	④	144	769	CDZ8.2B	⑫	324	736E	CMZ16	⑫	324	104A	CRS08	③	109	750A
C25P06Q	④	143	510A	C60H05Q	④	144	769	CDZ9.1B	⑫	324	736E	CMZ18	⑫	324	104A	CRS09	③	109	750A
C25P09Q	④	143	510A	C60H06Q	④	144	769	CFC4/500	②	102	474	CMZ20	⑫	324	104A	CRS11	③	109	750A
C25P10F	④	143	510A	C60P03Q	④	144	510A	CFC8/400	②	102	474	CMZ22	⑫	324	104A	CRS12	③	109	750A
C25P10FR	④	143	510A	C60P04Q	④	144	510A	CLH01	①	46	112	CMZ24	⑫	324	104A	CRY62	⑫	325	750A
C25P10Q	④	143	510A	C60P05Q	④	144	510A	CLH02	①	46	112	CMZ27	⑫	324	104A	CRY68	⑫	325	750A
C25P20F	④	143	510A	C60P06Q	④	145	510A	CLH05	①	46	112	CMZ30	⑫	324	104A	CRY75	⑫	325	750A
C25P20FR	④	143	510B	C60P10FE	④	145	586	CLH07	①	46	112	CMZ33	⑫	324	104A	CRY82	⑫	325	750A
C25P30F	④	143	510A	C60P20FE	④	145	586	CLS01	③	108	112	CMZ36	⑫	324	104A	CRY91	⑫	325	750A
C25P30FR	④	143	510B	C60P30FE	④	145	586	CLS02	③	108	112	CMZ40	⑫	324	104A	CRZ10	⑫	325	750A
C25P40F	④	143	510A	C60P40FE	④	145	586	CLS03	③	108	112	CMZ43	⑫	324	104A	CRZ11	⑫	325	750A
C25P40FR	④	143	510B	C60P60FE	④	145	586	CMC01	①	46	104A	CMZ47	⑫	324	104A	CRZ12	⑫	325	750A
C25T02QL	④	143	236	C6P10F	④	144	273A	CMC02	①	46	104A	CMZ51	⑫	324	104A	CRZ13	⑫	325	750A
C25T03Q	④	143	236	C6P20F	④	144	273A	CMF01	①	46	104A	CMZ53	⑫	324	104A	CRZ15	⑫	325	750A
C25T03QL	④	143	236	C6P30F	④	144	273A	CMF02	①	46	104A	CMZB12	⑫	324	104A	CRZ16	⑫	325	750A
C25T04Q	④	143	236	C6P40F	④	144	273A	CMF03	①	46	104A	CMZB13	⑫	324	104A	CRZ18	⑫	325	750A

形　名	章	頁	外形	形　名	章	頁	外形	形　名	章	頁	外形	形　名	章	頁	外形	形　名	章	頁	外形
CRZ20	⑫	325	750A	CTL-32S	④	146	275	CTU-G3DR	①	47	276	D15XB60H	④	148	796	D1JS20	④	147	280
CRZ22	⑫	325	750A	CTM-20R	④	146	273B	CUS01	③	109	85	D15XB80	④	148	796	D1K20	①	47	507D
CRZ24	⑫	325	750A	CTM-20S	④	146	273A	CUS02	③	109	85	D15XBN20	④	148	796	D1K20H	①	47	507D
CRZ27	⑫	325	750A	CTM-21R	④	146	273B	CUS03	③	109	85	D15XBN20	④	148	796	D1K40	①	47	507D
CRZ30	⑫	325	750A	CTM-21S	④	146	273A	CUS04	③	109	85	D15XBS6	④	148	230	D1N20	①	47	88C
CRZ33	⑫	325	750A	CTM-22R	④	146	273B	CUS05	③	109	85	D180SC3M	④	148	648	D1N60	①	47	88C
CRZ36	⑫	325	750A	CTM-22S	④	146	273A	CUS06	③	109	85	D180SC4M	④	148	648	D1N80	①	47	87B
CRZ39	⑫	325	750A	CTM-24R	④	146	273B	D10AD100VDE	①	48	90J	D180SC6M	④	148	648	D1NF60	①	47	88C
CRZ43	⑫	325	750A	CTM-24S	④	146	273A	D10JBB60V	④	147	150	D180SC7M	④	148	648	D1NJ10	③	109	87B
CRZ47	⑫	325	750A	CTM-26R	④	146	273B	D10JBB80V	④	147	150	D1CA20	④	147	279	D1NK100	①	47	87B
CSD10V10	①	47	500D	CTM-26S	④	146	273A	D10L20U	①	48	798	D1CA20R	④	147	279	D1NK20	①	47	88C
CSD2V10	①	47	90H	CTM-30R	④	146	275	D10LC20U	①	48	798	D1CA40	④	147	279	D1NK20H	①	47	88C
CTB-23	④	145	273A	CTM-30S	④	146	275	D10LC20U	④	147	797	D1CA40R	④	147	279	D1NK40	①	47	88C
CTB-23L	④	145	273A	CTM-31R	④	146	275	D10LC20UR	④	147	797	D1CA60	④	147	279	D1NK40H	①	47	88C
CTB-24	④	145	273A	CTM-31S	④	146	275	D10LC40	④	147	797	D1CA60	④	147	279	D1NK60	①	47	87B
CTB-24L	④	145	273A	CTM-32R	④	146	275	D10LCA20	④	147	797	D1CAK20	④	147	279	D1NL20	①	47	88C
CTB-33	④	145	275	CTM-32S	④	146	275	D10P3	③	109	626	D1CAK20R	④	147	279	D1NL20U	①	48	88C
CTB-33M	④	145	275	CTM-34R	④	146	275	D10SBS4	④	147	230	D1CS20	④	147	278	D1NL40	①	48	88C
CTB-33S	④	145	275	CTM-34S	④	146	275	D10SC4M	④	147	797	D1CS20R	④	147	278	D1NL40U	①	48	87B
CTB-34	④	145	275	CTU-11R	④	146	273B	D10SC4MR	④	148	797	D1CS60	④	147	279	D1NS4	③	109	88C
CTB-34M	④	145	275	CTU-11S	④	146	273A	D10SC6M	④	148	797	D1CS60R	④	147	279	D1NS6	③	109	88C
CTB-34S	④	145	275	CTU-12R	④	146	273B	D10SC6MR	④	148	797	D1CSK20	④	147	278	D1R100	①	48	507D
CTG-11R	④	145	273B	CTU-12S	④	146	273A	D10SC9M	④	148	797	D1F20	①	47	485C	D1R150	①	48	507D
CTG-11S	④	145	273A	CTU-14R	④	146	273B	D10SD6M	④	148	797	D1F60	①	47	485C	D1R20	①	48	507D
CTG-12R	④	145	273B	CTU-14S	④	146	273A	D10VD60Z	④	148	482	D1F60A	①	47	485C	D1R20Z	②	102	507D
CTG-12S	④	145	273A	CTU-16R	④	146	273B	D10XB20	④	148	230	D1FH3	③	109	485C	D1R40Z	②	102	507D
CTG-14R	④	145	273B	CTU-16S	④	146	273A	D10XB20H	④	148	230	D1FJ10	③	109	485C	D1R60	①	48	507D
CTG-14S	④	145	273A	CTU-20R	④	146	273B	D10XB40H	④	148	230	D1FJ4	③	109	485C	D1R80	①	48	507D
CTG-21R	④	145	273B	CTU-20S	④	146	273A	D10XB60	④	148	230	D1FJ8	③	109	485B	D1UB80	④	147	600
CTG-21S	④	145	273A	CTU-21R	④	146	273B	D10XB60H	④	148	230	D1FJ8A	③	109	485B	D1UBA80	④	147	600
CTG-22R	④	145	273B	CTU-21S	④	146	273A	D1FK20	④	148	230	D1FK20	①	47	485C	D1V20	①	48	507D
CTG-22S	④	145	273A	CTU-22R	④	146	273B	D120LC40	④	148	648	D1FK40	①	47	485C	D1V60	①	48	507D
CTG-23R	④	145	273B	CTU-22S	④	146	273A	D120LC40B	④	148	648	D1FK60	①	47	485C	D200LC40B	④	149	648
CTG-23S	④	145	273A	CTU-22U	④	147	273C	D120SC4M	④	148	648	D1FK70	①	47	485C	D20LC20U	④	149	593
CTG-24R	④	145	273B	CTU-24R	④	147	273B	D120SC4M	④	148	648	D1FL20	①	47	485C	D20LC40	④	149	593
CTG-24S	④	145	273A	CTU-24S	④	147	273A	D120SC6M	④	148	648	D1FL20U	①	47	485C	D20SC9M	④	149	593
CTG-31R	④	145	275	CTU-26R	④	147	273B	D1FL40	④	148	648	D1FL40	①	47	485C	D20VT60	④	149	650
CTG-31S	④	145	275	CTU-26S	④	147	273A	D15AD4SJE	③	109	90J	D1FL40U	①	47	485C	D20XB20	④	149	796
CTG-32R	④	145	275	CTU-30R	④	147	275	D15JAB60V	④	148	136	D1FM3	③	109	485C	D20XB60	④	149	796
CTG-32S	④	145	275	CTU-30S	④	147	275	D15JAB80V	④	148	136	D1FP3	③	109	485C	D20XB80	④	149	796
CTG-33R	④	146	275	CTU-31R	④	147	275	D15LC20U	④	148	797	D1FP3	③	109	485C	D20XBS6	④	149	796
CTG-33S	④	146	275	CTU-31S	④	147	275	D15LCA20	④	148	797	D1FS4	③	109	485C	D20XBS6	④	149	796
CTG-34R	④	146	275	CTU-32R	④	147	275	D15SCA4A	④	148	797	D1FS4A	③	109	485C	D240LC40	④	149	648
CTG-34S	④	146	275	CTU-32S	④	147	275	D15VD40	④	148	606	D1FS6	③	109	485C	D240SC3M	④	149	648
CTL-11S	④	146	273A	CTU-34R	④	147	275	D15XB100	④	148	796	D1FS6A	③	109	485B	D240SC3MH	④	149	648
CTL-12S	④	146	273A	CTU-34S	④	147	275	D15XB20	④	148	796	D1FT10A	③	109	485D	D240SC4M	④	149	648
CTL-21S	④	146	273A	CTU-36R	④	147	275	D15XB20H	④	148	796	D1JA20	④	147	281	D240SC4MH	④	149	648
CTL-22S	④	146	273A	CTU-36S	④	147	275	D15XB40H	④	148	796	D1JA60	④	147	281	D240SC6M	④	149	648
CTL-31S	④	146	275	CTU-G2DR	①	47	272A	D15XB60	④	148	796	D1JAK20	④	147	281	D240SC6MH	④	149	648

- 539 -

形　名	章	頁	外形	形　名	章	頁	外形	形　名	章	頁	外形	形　名	章	頁	外形	形　名	章	頁	外形
D240SC7M	④	149	648	D3FS4A	③	110	486A	D5LD20U	④	150	797	DA203	⑤	221	436C	DA3J101F	⑤	221	165F
D25JAB60V	④	149	136	D3FS6	③	110	486A	D5S4M	③	110	798	DA204K	⑤	221	610F	DA3J101F	⑤	221	165F
D25JAB80V	④	149	136	D3L20U	①	48	798	D5S6M	③	110	798	DA204U	⑤	221	205F	DA3J101K	⑤	221	165A
D25SC6M	④	149	593	D3L60	①	48	798	D5S9M	③	110	798	DA210S	⑤	221	416C	DA3J101K	⑤	221	165A
D25SC6MR	④	149	593	D3S4M	③	110	89H	D5SB20	④	150	796	DA216	⑤	221	416C	DA3J102D	⑤	221	165C
D25XB100	④	149	796	D3S6M	③	110	89H	D5SB60	④	150	796	DA218S	⑤	221	415C	DA3J102D	⑤	221	165C
D25XB20	④	149	796	D3SB20	④	149	230	D5SB80	④	150	796	DA221	⑤	221	344F	DA3J103E	⑤	221	165D
D25XB60	④	149	796	D3SB60	④	149	230	D5SBA20	④	150	796	DA221M	⑤	221	240F	DA3J103E	⑤	221	165D
D25XB80	④	149	796	D3SB60Z	④	149	230	D5SBA60	④	150	796	DA223	⑤	221	344F	DA3J104F	⑤	221	165F
D2F20	①	48	486A	D3SB80	④	149	230	D5SC4M	④	151	797	DA223K	⑤	221	610F	DA3J104F	⑤	221	165F
D2F60	①	48	486A	D3SB80Z	④	149	230	D5SC4MR	④	151	797	DA226U	⑤	221	205F	DA3J107K	⑤	221	165A
D2FK20	①	48	486A	D3SBA20	④	149	230	D6FEC10ST	④	151	626	DA227	⑤	221	722	DA3J107K	⑤	221	165A
D2FK40	①	48	486A	D3SBA60	④	149	230	D6FEC12ST	④	151	626	DA227Y	⑤	221	347	DA-3N	⑧	255	558
D2FK60	①	48	486A	D45XT80	④	150	458	D6FEC15ST	④	151	626	DA228K	⑤	221	610F	DA-3P	⑧	255	558
D2FL20	①	48	486A	D4BB20	④	150	566	D6JBB60V	④	151	150	DA228U	⑤	221	205F	DA3S101A	⑤	221	590B
D2FL20U	①	48	486A	D4BB40	④	150	566	D6JBB80V	④	151	150	DA22F21	①	49	750B	DA3S101A	⑤	222	590B
D2FL40	①	48	486A	D4F60	①	48	486A	D6K20	①	48	798	DA24F41	①	49	578	DA3S101F	⑤	221	590F
D2FS4	③	109	486A	D4L20U	①	48	798	D6K20H	①	48	798	DA26101	⑤	221	58B	DA3S101F	⑤	222	590F
D2FS6	③	109	486A	D4L40	①	48	798	D6K20R	①	48	798	DA26101	⑤	221	58B	DA3S101K	⑤	221	590A
D2L20U	①	48	87D	D4LA20	①	48	798	D6K20RH	①	48	798	DA27101	⑤	221	738B	DA3S101K	⑤	222	590A
D2L40	①	48	87D	D4SB60L	④	150	230	D6K40	①	48	798	DA27101	⑤	221	738B	DA3S102D	⑤	221	590C
D2L40U	①	48	87D	D4SB80	④	150	230	D6K40R	①	48	798	DA2J101	⑤	220	239	DA3S102D	⑤	222	590C
D2S4M	③	109	87D	D4SB80Z	④	150	230	D6L20U	①	48	798	DA2J101	⑤	220	239	DA3S103F	⑤	222	590D
D2S6M	③	109	87D	D4SBL20U	④	150	230	D6SB60L	④	151	796	DA2J104	⑤	220	239	DA3S103F	⑤	222	590D
D2SB20	④	148	231	D4SBL40	④	150	230	D6SB80	④	151	796	DA2J104	⑤	220	239	DA3X101A	⑤	222	610B
D2SB60	④	148	231	D4SBN20	④	150	230	D6SBN20	④	151	796	DA2J107	⑤	220	239	DA3X101A	⑤	222	610B
D2SB60A	④	148	231	D4SBN20	④	150	230	D6SBN20	④	151	796	DA2J107	⑤	220	239	DA3X101F	⑤	222	610F
D2SB60L	④	148	231	D4SBS4	④	150	230	D8JBB60V	④	151	150	DA2J108	⑤	220	239	DA3X101F	⑤	222	610F
D2SB80	④	149	231	D4SBS6	④	150	230	D8JBB80V	④	151	150	DA2J108	⑤	220	239	DA3X101K	⑤	222	610A
D2SB80A	④	149	231	D4SC6M	④	150	797	D8L60	①	48	798	DA2JF23	①	49	239	DA3X101K	⑤	222	610A
D2SBA20	④	149	231	D50XB80	④	151	278	D8LC20U	④	151	797	DA2JF81	⑤	220	239	DA3X102D	⑤	222	610C
D2SBA60	④	149	231	D50XB80	④	151	562	D8LC20UR	④	151	797	DA2JF81	⑤	220	239	DA3X102D	⑤	222	610C
D30L60	①	48	734	D5FB20	④	150	567	D8LC40	④	151	797	DA2S001	⑤	220	757D	DA3X103E	⑤	222	610D
D30SC4M	④	149	593	D5FB40Z	④	150	567	D8LCA20	④	151	797	DA2S001	⑤	221	757D	DA3X103E	⑤	222	610D
D30VC60	④	149	605	D5FB60	④	150	567	D8LCA20R	④	151	797	DA2S101	⑤	220	757D	DA3X105D	⑤	222	610C
D30VT60	④	149	650	D5KC20	④	150	797	D8LD20U	④	151	797	DA2S101	⑤	221	757D	DA3X105D	⑤	222	610C
D30VTA160	④	149	649	D5KC20H	④	150	797	D8LD40	④	151	797	DA2S104	⑤	220	757D	DA3X107K	⑤	222	610A
D30XBN20	④	149	796	D5KC20R	④	150	797	D8LDA20	④	151	797	DA2S104	⑤	221	757D	DA3X107K	⑤	222	610A
D30XBN20	④	150	796	D5KC20RH	④	150	797	DA112	⑤	220	205B	DA2U101	⑤	221	736D	DA3X108K	⑤	222	610A
D30XT80	④	150	458	D5KC40	④	150	797	DA113	⑤	220	205H	DA2U101	⑤	221	736D	DA3X108K	⑤	222	610A
D360SC3M	④	150	648	D5KC40R	④	150	797	DA114	⑤	220	205A	DA36103E	⑤	222	58A	DA4J101K	⑤	222	494
D360SC4M	④	150	648	D5KD20	④	150	797	DA115	⑤	220	205I	DA36103E	⑤	222	58A	DA4J101K	⑤	222	494
D360SC5M	④	150	648	D5KD20H	④	150	797	DA116	⑤	220	610B	DA37102D	⑤	222	244C	DA4J104K	⑤	222	494
D360SC6M	④	150	648	D5KD40	④	150	797	DA118	⑤	220	610H	DA37102D	⑤	222	244C	DA4J104K	⑤	222	494
D360SC7M	④	150	648	D5L60	①	48	798	DA119	⑤	220	610I	DA37103E	⑤	222	244D	DA-4N	⑧	255	558
D3F60	①	48	486A	D5LC20U	④	150	797	DA120	⑤	220	344B	DA37103E	⑤	222	244D	DA-4P	⑧	255	558
D3FJ10	③	110	486A	D5LC20UR	④	150	797	DA121	⑤	220	344A	DA3DF30A	①	49	483	DA4X101F	⑤	222	511B
D3FK60	①	48	486A	D5LC40	④	150	797	DA122	⑤	220	344I	DA3J101A	⑤	221	165B	DA4X101F	⑤	222	511B
D3FP3	③	110	486A	D5LCA20	④	150	797	DA123	⑤	220	344H	DA3J101A	⑤	221	165B	DA4X101K	⑤	222	511A

形名	章	頁	外形	形名	章	頁	外形	形名	章	頁	外形	形名	章	頁	外形	形名	章	頁	外形
DA4X101K	⑤	222	511A	DAM1MA30	⑲	418	405C	DAM3B12	⑲	419	19H	DAN235U	⑤	223	205D	DB2S316	⑥	240	757D
DA4X106U	⑧	255	511C	DAM1MA33	⑲	418	405C	DAM3B13	⑲	419	19H	DAP202C	⑤	223	103C	DB2S406	⑥	240	757D
DA4X108K	⑤	222	511A	DAM1MA36	⑲	418	405C	DAM3B15	⑲	419	19H	DAP202K	⑤	223	610C	DB2U308	⑥	240	736D
DA4X108K	⑤	255	511A	DAM1MA39	⑲	418	405C	DAM3B16	⑲	419	19H	DAP202U	⑤	223	205C	DB2U309	⑥	241	736D
DA5J109W	⑧	255	227	DAM1MA43	⑲	418	405C	DAM3B18	⑲	419	19H	DAP222	⑤	223	344C	DB2U314	⑥	241	736D
DA5J110V	⑧	255	227	DAM1MA47	⑲	418	405C	DAM3B20	⑲	419	19H	DAP222M	⑤	223	240C	DB2W318	③	110	750H
DA5S101K	⑤	222	438	DAM1MA51	⑲	418	405C	DAM3B22	⑲	419	19H	DAP236K	⑤	223	610C	DB2W319	③	110	750H
DA5S101K	⑤	222	438	DAM1MA68	⑲	418	405C	DAM3B24	⑲	420	19H	DAP236U	⑤	223	205C	DB2W409	③	110	750H
DA6J101K	⑧	255	591	DAM1MA75	⑲	418	405C	DAM3B27	⑲	420	19H	DB1025BAD	①	49	349	DW604	③	110	750H
DA-6NC	⑧	255	27	DAM1MA82	⑲	418	405C	DAM3B30	⑲	420	19H	DB21302	③	110	579	DB2X201	③	110	750B
DA-6PC	⑧	255	27	DAM1SA10	⑲	418	19E	DAM3B33	⑲	420	19H	DB21303	③	110	579	DB2X206	③	110	750B
DA6X101K	⑧	255	270A	DAM1SA11	⑲	418	19E	DAM3B36	⑲	420	19H	DB21320	③	110	579	DB2X207	③	110	750B
DA6X102P	⑧	255	270D	DAM1SA12	⑲	418	19E	DAM3B39	⑲	420	19H	DB21412	③	110	579	DB2X411	③	110	750B
DA6X102S	⑧	255	270G	DAM1SA13	⑲	419	19E	DAM3B43	⑲	420	19H	DB21413	③	110	579	DB2X414	③	110	750B
DA6X103Q	⑧	255	270E	DAM1SA15	⑲	419	19E	DAM3B47	⑲	420	19H	DB22304	③	110	750B	DB2X415	③	110	750B
DA6X103T	⑧	255	270H	DAM1SA16	⑲	419	19E	DAM3B51	⑲	420	19H	DB22306	③	110	750B	DB2X603	③	110	750B
DA6X106U	⑧	255	270C	DAM1SA18	⑲	419	19E	DAM3MA10	⑲	420	486E	DB22320	③	110	750B	DB37315E	⑥	241	244D
DA6X108K	⑧	255	270A	DAM1SA20	⑲	419	19E	DAM3MA11	⑲	420	486E	DB24307	③	110	578	DB3J201K	③	110	165A
DA-8N	⑧	255	558	DAM1SA22	⑲	419	19E	DAM3MA12	⑲	420	486E	DB24404	③	110	578	DB3J208K	⑥	111	165A
DA-8P	⑧	255	558	DAM1SA24	⑲	419	19E	DAM3MA13	⑲	420	486E	DB24416	③	110	578	DB3J313K	⑥	241	165A
DAM1A10	⑲	418	19G	DAM1SA27	⑲	419	19E	DAM3MA15	⑲	420	486E	DB24417	③	110	578	DB3J314F	⑥	241	165F
DAM1A11	⑲	418	19G	DAM1SA30	⑲	419	19E	DAM3MA16	⑲	420	486E	DB24601	③	110	578	DB3J314J	⑥	241	165C
DAM1A12	⑲	418	19G	DAM1SA33	⑲	419	19E	DAM3MA18	⑲	420	486E	DB24602	③	110	578	DB3J314K	⑥	241	165A
DAM1A13	⑲	418	19G	DAM1SA36	⑲	419	19E	DAM3MA20	⑲	420	486E	DB26311	⑥	241	58B	DB3J315E	⑥	241	165D
DAM1A15	⑲	418	19G	DAM1SA39	⑲	419	19E	DAM3MA22	⑲	420	486E	DB26314	⑥	241	58B	DB3J316F	⑥	241	165F
DAM1A16	⑲	418	19G	DAM1SA43	⑲	419	19E	DAM3MA24	⑲	420	486E	DB27308	⑥	241	738A	DB3J316J	⑥	241	165C
DAM1A18	⑲	418	19G	DAM1SA47	⑲	419	19E	DAM3MA27	⑲	420	486E	DB27309	⑥	241	738A	DB3J316K	⑥	241	165A
DAM1A20	⑲	418	19G	DAM1SA51	⑲	419	19E	DAM3MA30	⑲	420	486E	DB27314	⑥	241	738A	DB3J316N	⑥	241	165D
DAM1A22	⑲	418	19G	DAM2MA22	⑫	325	486E	DAM3MA33	⑲	420	486E	DB27316	⑥	241	738A	DB3J407K	⑥	111	165A
DAM1A24	⑲	418	19G	DAM3A10	⑲	419	90B	DAM3MA36	⑲	420	486E	DB2J201	③	110	239	DB3S308F	⑥	241	590F
DAM1A27	⑲	418	19G	DAM3A11	⑲	419	90B	DAM3MA39	⑲	420	486E	DB2J208	③	110	239	DB3S314F	⑥	241	590F
DAM1A30	⑲	418	19G	DAM3A12	⑲	419	90B	DAM3MA43	⑲	420	486E	DB2J209	③	110	239	DB3S314J	⑥	241	590C
DAM1A33	⑲	418	19G	DAM3A13	⑲	419	90B	DAM3MA47	⑲	420	486E	DB2J309	⑥	240	239	DB3S314K	⑥	241	590A
DAM1A36	⑲	418	19G	DAM3A15	⑲	419	90B	DAM3MA51	⑲	420	486E	DB2J310	⑥	240	239	DB3S315E	⑥	241	590D
DAM1A39	⑲	418	19G	DAM3A16	⑲	419	90B	DAM3MA68	⑲	420	486E	DB2J313	⑥	240	239	DB3S406F	⑥	241	590F
DAM1A43	⑲	418	19G	DAM3A18	⑲	419	90B	DAM3MA75	⑲	420	486E	DB2J314	⑥	240	239	DB3X201K	③	111	650A
DAM1A47	⑲	418	19G	DAM3A20	⑲	419	90B	DAM3MA82	⑲	420	486E	DB2J316	⑥	240	239	DB3X206K	③	111	610A
DAM1A51	⑲	418	19G	DAM3A22	⑲	419	90B	DAN202C	⑤	222	103D	DB2J317	③	110	239	DB3X207K	③	111	610A
DAM1MA10	⑲	418	405C	DAM3A24	⑲	419	90B	DAN202K	⑤	222	610D	DB2J406	⑥	240	239	DB3X209K	③	111	610A
DAM1MA11	⑲	418	405C	DAM3A27	⑲	419	90B	DAN202U	⑤	223	205D	DB2J407	⑥	240	239	DB3X313F	⑥	241	610F
DAM1MA12	⑲	418	405C	DAM3A30	⑲	419	90B	DAN212K	⑤	223	610A	DB2J411	③	110	239	DB3X313J	⑥	241	610C
DAM1MA13	⑲	418	405C	DAM3A33	⑲	419	90B	DAN217	⑤	223	610F	DB2J501	⑥	240	239	DB3X313K	⑥	241	610A
DAM1MA15	⑲	418	405C	DAM3A36	⑲	419	90B	DAN217C	⑤	223	103F	DB2S205	⑥	240	757D	DB3X313N	⑥	241	610D
DAM1MA18	⑲	418	405C	DAM3A39	⑲	419	90B	DAN217U	⑤	223	205F	DB2S209	③	110	757D	DB3X314F	⑥	241	610F
DAM1MA18	⑲	418	405C	DAM3A43	⑲	419	90B	DAN222	⑤	223	344D	DB2S308	⑥	240	757D	DB3X314J	⑥	241	610C
DAM1MA20	⑲	418	405C	DAM3A47	⑲	419	90B	DAN222M	⑤	223	240C	DB2S309	⑥	240	757D	DB3X314K	⑥	241	610A
DAM1MA22	⑲	418	405C	DAM3A51	⑲	419	90B	DAN222P	⑤	223	240C	DB2S310	⑥	240	757D	DB3X315E	⑥	241	610D
DAM1MA24	⑲	418	405C	DAM3B10	⑲	419	19H	DAN235E	⑤	223	344D	DB2S311	⑥	240	757D	DB3X316F	⑥	241	610F
DAM1MA27	⑲	418	405C	DAM3B11	⑲	419	19H	DAN235K	⑤	223	610D	DB2S314	⑥	240	757D	DB3X316J	⑥	241	610C

— 541 —

形　名	章	頁	外形	形　名	章	頁	外形	形　名	章	頁	外形	形　名	章	頁	外形	形　名	章	頁	外形
DB3X316K	⑥	241	610A	DBA40B	④	152	639C	DBF20G	④	153	231	DCG10	④	154	237B	DD240KB40	④	155	383
DB3X316N	⑥	241	610D	DBA40C	④	152	639C	DBF20TC	④	153	231	DCH010	⑤	223	205F	DD240KB80	④	155	383
DB3X317K	③	111	610A	DBA40E	④	152	639C	DBF20TE	④	153	231	DCH10	④	154	237A	DD250GB40	④	155	789
DB3X407K	③	111	610A	DBA40G	④	152	639C	DBF20TG	④	153	231	DCJ010	⑤	223	205F	DD250GB80	④	155	789
DB3X501K	⑥	241	610A	DBA500G	④	152	94	DBF250C	④	153	796	DD100GB40	④	154	700	DD250HB120	④	155	789
DB3X603K	③	111	610A	DBA60B	④	152	640C	DBF250E	④	153	796	DD100GB80	④	154	700	DD250HB160	④	155	789
DB4J310K	⑥	241	494	DBA60C	④	152	640C	DBF250G	④	153	796	DD100HB120	④	154	700	DD25F100	④	155	788
DB4J314K	⑥	241	494	DBA60E	④	152	640C	DBF40B	④	153	230	DD100HB160	④	154	700	DD25F120	④	155	788
DB4J406K	⑥	241	494	DBA60G	④	152	640C	DBF40C	④	153	230	DD100KB160	④	154	700	DD25F140	④	155	788
DB4X313F	⑥	241	439	DBB04B	④	152	108	DBF40E	④	153	230	DD100KB80	④	154	700	DD25F160	④	155	788
DB4X313K	⑥	241	439	DBB04C	④	152	108	DBF40G	④	153	230	DD110F100	④	154	788	DD25F20	④	155	788
DB4X314F	⑥	242	439	DBB04E	④	152	108	DBF40TC	④	153	230	DD110F120	④	154	788	DD25F40	④	155	788
DB4X314K	⑥	242	439	DBB04G	④	152	108	DBF40TE	④	153	230	DD110F140	④	154	788	DD25F60	④	155	788
DB4X501K	⑥	242	439	DBB08B-LT	④	152	379	DBF40TG	④	153	230	DD110F160	④	154	788	DD25F80	④	155	788
DB5H206K	④	151	130	DBB08B-TM	④	152	110	DBF60B	④	153	796	DD110F20	④	154	788	DD300KB120	④	155	789
DB5H411K	④	151	130	DBB08C-LT	④	152	379	DBF60C	④	153	796	DD110F40	④	154	788	DD300KB160	④	155	789
DB5S308K	⑥	242	438	DBB08C-TM	④	152	110	DBF60E	④	153	796	DD110F60	④	154	788	DD300KB40	④	155	789
DB5S309K	⑥	242	438	DBB08E-LT	④	152	379	DBF60G	④	153	796	DD110F80	④	154	788	DD300KB80	④	155	789
DB5S310K	⑥	242	438	DBB08E-TM	④	152	110	DBF60TC	④	153	796	DD130F100	④	154	789	DD30GB40	④	155	700
DB5S406K	⑥	242	438	DBB08G-LT	④	152	379	DBF60TE	④	153	796	DD130F120	④	154	789	DD30GB80	④	155	700
DB6J314K	⑧	255	591	DBB08G-TM	④	152	110	DBF60TG	④	153	796	DD130F140	④	154	789	DD30HB120	④	155	700
DB6J316K	⑧	255	591	DBB10B	④	152	111	DBG150G	④	153	796	DD130F160	④	154	789	DD30HB160	④	155	700
DB6X314K	⑧	255	270A	DBB10C	④	152	111	DBG250G	④	153	796	DD130F20	④	154	789	DD3X062J	⑲	420	610C
DBA100B	④	151	640A	DBB10E	④	152	111	DCA010	⑤	223	610C	DD130F40	④	154	789	DD40F100	④	155	788
DBA100C	④	151	640A	DBB10G	④	152	111	DCA015	⑤	223	610C	DD130F60	④	154	789	DD40F120	④	155	788
DBA100E	④	151	640A	DBB10G-LT	④	152	111	DCA100AA50	④	153	700	DD130F80	④	154	789	DD40F140	④	155	788
DBA100G	④	151	640A	DBB250C	④	152	716D	DCA100AA60	④	153	700	DD160F100	④	154	789	DD40F160	④	156	788
DBA100UA40	④	151	679	DBB250G	④	152	716D	DCA100BA60	④	153	311	DD160F120	④	154	789	DD40F20	④	155	788
DBA100UA60	④	151	679	DBC10C	④	152	621	DCA150AA50	④	154	700	DD160F140	④	154	789	DD40F40	④	155	788
DBA150B	④	151	716C	DBC10E	④	152	621	DCA150AA60	④	154	700	DD160F160	④	154	789	DD40F60	④	155	788
DBA150C	④	151	716C	DBC10G	④	152	621	DCA150BA65	④	154	311	DD160F20	④	154	789	DD40F80	④	155	788
DBA150E	④	151	716C	DBD10C-TM	④	152	107	DCA25B	④	154	177	DD160F40	④	154	789	DD50GB40L	④	156	700
DBA150G	④	151	716C	DBD10G-TM	④	152	107	DCA25C	④	154	177	DD160F60	④	154	789	DD50GB40M	④	156	700
DBA200UA40	④	151	679	DBF100C	④	153	230	DCA25E	④	154	177	DD160F80	④	154	789	DD50GB60L	④	156	700
DBA200UA60	④	151	679	DBF100E	④	153	230	DCB010	⑤	223	610D	DD160KB120	④	155	700	DD50GB60M	④	156	700
DBA200WA40	④	151	679	DBF100G	④	153	230	DCB015	⑤	223	610D	DD160KB160	④	155	700	DD50R	①	49	434
DBA200WA60	④	152	679	DBF10B	④	153	235	DCB25B	④	154	177	DD160KB40	④	154	700	DD52RC	①	49	445
DBA20B	④	151	639B	DBF10C	④	153	235	DCB25C	④	154	177	DD160KB80	④	155	700	DD54RC	①	49	635
DBA20C	④	151	639B	DBF10E	④	153	235	DCB25E	④	154	177	DD200GB40	④	155	789	DD54RCLS	①	49	635
DBA20E	④	151	639B	DBF10G	④	153	235	DCC010	⑤	223	610F	DD200GB80	④	155	789	DD54SC	①	49	635
DBA20G	④	151	639B	DBF150C	④	153	796	DCD010	⑤	223	610F	DD200HB120	④	155	789	DD54SCLS	①	49	635
DBA250B	④	152	716D	DBF150E	④	153	796	DCD015	⑤	223	368B	DD200HB160	④	155	789	DD55F100	④	156	788
DBA250C	④	152	716D	DBF150G	④	153	796	DCE015	⑤	223	368A	DD200KB120	④	155	383	DD55F120	④	156	788
DBA250E	④	152	716D	DBF200C	④	153	796	DCF010	⑤	223	205C	DD200KB160	④	155	383	DD55F140	④	156	788
DBA250G	④	152	716D	DBF200E	④	153	796	DCF015	⑤	223	205C	DD200KB40	④	155	383	DD55F160	④	156	788
DBA30B	④	152	638C	DBF200G	④	153	796	DCG010	⑤	223	205D	DD200KB80	④	155	383	DD55F20	④	156	788
DBA30C	④	152	638C	DBF20B	④	153	231	DCG010	⑤	223	205D	DD20R	①	49	273D	DD55F40	④	156	788
DBA30E	④	152	638C	DBF20C	④	153	231	DCG010	⑤	223	205D	DD240KB120	④	155	383	DD55F60	④	156	788
DBA30G	④	152	638C	DBF20E	④	153	231	DCG015	⑤	223	205D	DD240KB160	④	155	383	DD55F80	④	156	788

形名	章	頁	外形	形名	章	頁	外形	形名	章	頁	外形	形名	章	頁	外形	形名	章	頁	外形
DD60GB40	④	156	700	DE5PC3	④	156	626	DF20BA40	④	157	330	DF2S6.8CT	⑲	421	96	DF3A6.2F	⑲	422	610C
DD60GB80	④	156	700	DE5PC3M	④	156	626	DF20BA60	④	157	330	DF2S6.8FS	⑲	421	736C	DF3A6.2FE	⑲	422	82C
DD60HB120	④	156	700	DE5S062D	⑲	420	438	DF20BA80	④	157	330	DF2S6.8MFS	⑲	421	736C	DF3A6.2FU	⑲	422	205C
DD60HB160	④	156	700	DE5S4M	③	111	626	DF20CA120	④	157	330	DF2S6.8S	⑲	421	738C	DF3A6.2FV	⑲	422	116C
DD60KB160	④	156	700	DE5S6M	③	111	626	DF20CA160	④	157	330	DF2S6.8SC	⑲	421	95	DF3A6.2LFE	⑲	422	82C
DD60KB80	④	156	700	DE5SC3ML	④	157	626	DF20CA80	④	157	330	DF2S6.8UCT	⑲	421	96	DF3A6.2LFU	⑲	422	205C
DD70F100	④	156	788	DE5SC4M	④	157	626	DF20DB40	④	157	705	DF2S6.8UFS	⑲	421	736C	DF3A6.2LFV	⑲	422	116C
DD70F120	④	156	788	DE5SC6M	④	157	626	DF20DB80	④	158	705	DF2S8.2CT	⑲	421	96	DF3A6.8CT	⑲	422	96B
DD70F140	④	156	788	DE5VE40	①	49	626	DF20JC10	④	158	627	DF2S8.2FS	⑲	421	736C	DF3A6.8F	⑲	422	610C
DD70F160	④	156	788	DF100AA120	④	157	725	DF20L60	①	49	627	DF2S8.2S	⑲	421	738C	DF3A6.8FE	⑲	422	82C
DD70F20	④	156	788	DF100AA160	④	157	725	DF20L60U	①	49	627	DF2S8.2SC	⑲	421	95	DF3A6.8FU	⑲	422	205C
DD70F40	④	156	788	DF100AC160	④	157	601	DF20LC20U	④	158	627	DF30AA120	④	158	330	DF3A6.8LCT	⑲	422	96B
DD70F60	④	156	788	DF100AC80	④	157	601	DF20LC30	④	158	627	DF30AA140	④	158	330	DF3A6.8LFE	⑲	422	82C
DD70F80	④	156	788	DF100BA40	④	157	725	DF20NA160	④	158	404	DF30AA160	④	158	330	DF3A6.8LFU	⑲	422	205C
DD82RC	①	49	445	DF100BA80	④	157	725	DF20NA80	④	158	404	DF30BA40	④	158	330	DF3A6.8LFV	⑲	422	116C
DD82SC	①	49	445	DF100LA160	④	157	633A	DF20NC15	④	158	627	DF30BA60	④	158	330	DF3A6.8UFU	⑲	422	205C
DD84RC	①	49	635	DF100LA80	④	157	633A	DF20PC3M	④	158	627	DF30BA80	④	158	330	DF3A8.2FE	⑲	422	82C
DD84RCLS	①	49	635	DF100LB160	④	157	633B	DF20SC3ML	④	158	627	DF30CA120	④	158	330	DF3A8.2FU	⑲	422	205C
DD84SC	①	49	635	DF100LB80	④	157	633B	DF20SC4M	④	158	627	DF30CA160	④	158	330	DF3A8.2FV	⑲	422	116C
DD84SCLS	①	49	635	DF10L60	①	49	627	DF20SC9M	④	158	627	DF30CA80	④	158	330	DF3A8.2LFU	⑲	422	205C
DD90F100	④	156	788	DF10LC20U	④	157	627	DF25SC6M	④	158	705	DF30DB40	④	158	705	DF3A8.2LFU	⑲	422	205C
DD90F120	④	156	788	DF10LC30	④	157	627	DF25SC6MR	④	158	705	DF30DB80	④	158	705	DF40AA120	④	158	331
DD90F140	④	156	788	DF10NC15	④	157	627	DF25V60	①	49	627	DF30JC10	④	158	627	DF40AA140	④	158	331
DD90F160	④	156	788	DF10PC3M	④	157	627	DF2B6.8CT	⑲	420	96	DF30JC6	④	158	627	DF40AA160	④	158	331
DD90F20	④	156	788	DF10SC3ML	④	157	627	DF2B6.8E	⑲	420	757A	DF30NA160	④	158	404	DF40BA40	④	159	331
DD90F40	④	156	788	DF10SC4M	④	157	627	DF2B6.8FS	⑲	420	736C	DF30NA80	④	158	404	DF40BA60	④	159	331
DD90F60	④	156	788	DF10SC6	④	157	627	DF2S10FS	⑲	421	736C	DF30NC15	④	158	627	DF40BA80	④	159	331
DD90F80	④	156	788	DF10SC9	④	157	627	DF2S12FS	⑲	421	736C	DF30PC3M	④	158	627	DF40PC3	④	159	627
DDG1C10	①	49	113G	DF150AA120	④	157	735	DF2S12FU	⑲	421	420D	DF30SC3ML	④	158	627	DF40SC3L	④	159	627
DDG1C13	①	49	113G	DF150AA160	④	157	735	DF2S12S	⑲	421	738C	DF30SC4M	④	158	627	DF40SC4	④	159	627
DE10P3	③	111	626	DF150AC160	④	157	602	DF2S16CT	⑲	421	96	DF3A3.3CT	⑲	421	96B	DF50AA120	④	159	725
DE10PC3	④	156	626	DF150AC80	④	157	602	DF2S16FS	⑲	421	736C	DF3A3.3FE	⑲	421	82C	DF50AA160	④	159	725
DE10S3L	③	111	626	DF150BA40	④	157	735	DF2S16S	⑲	421	738C	DF3A3.3FU	⑲	421	205C	DF50BA40	④	159	725
DE10SC3L	④	156	626	DF150BA80	④	157	735	DF2S18CT	⑲	421	96	DF3A3.3FV	⑲	421	116C	DF50BA80	④	159	725
DE10SC4	④	156	626	DF15JC10	④	157	627	DF2S20CT	⑲	421	96	DF3A3.6CT	⑲	421	96B	DF5A12FU	⑲	423	83
DE2S062	⑲	420	757C	DF15NC15	④	157	627	DF2S20FS	⑲	421	736C	DF3A3.6FE	⑲	421	82C	DF5A3.3F	⑲	422	269A
DE2S068	⑲	420	757D	DF15SC4M	④	157	627	DF2S24FS	⑲	421	736C	DF3A3.6FU	⑲	421	205C	DF5A3.3FU	⑲	422	83
DE37120D	⑲	420	244C	DF15VD60	④	157	627	DF2S24S	⑲	421	738C	DF3A3.6FV	⑲	421	116C	DF5A3.3JE	⑲	422	195
DE3L20U	①	49	626	DF16VC60R	④	157	627	DF2S24UCT	⑲	421	96	DF3A4.3FU	⑲	421	205C	DF5A3.6CJE	⑲	422	83
DE3L20UA	①	49	626	DF200AA120	④	158	735	DF2S30CT	⑲	421	96	DF3A5.6CT	⑲	421	96B	DF5A3.6CJE	⑲	422	195
DE3L40	①	49	626	DF200AA160	④	158	735	DF2S30FS	⑲	421	736C	DF3A5.6F	⑲	421	610C	DF5A3.6F	⑲	422	269A
DE3L40UA	①	49	626	DF200AC160	④	158	602	DF2S5.1SC	⑲	420	95	DF3A5.6FE	⑲	421	82C	DF5A3.6JE	⑲	422	83
DE3S062D	⑲	420	590C	DF200AC80	④	158	602	DF2S5.6FS	⑲	420	736C	DF3A5.6FU	⑲	421	205C	DF5A5.6CFU	⑲	422	195
DE3S4M	③	111	626	DF200BA40	④	158	735	DF2S5.6S	⑲	421	738C	DF3A5.6FV	⑲	421	116C	DF5A5.6CFU	⑲	422	83
DE3S6M	③	111	626	DF200BA80	④	158	735	DF2S6.2CT	⑲	421	96	DF3A5.6LFU	⑲	421	82C	DF5A5.6CJE	⑲	422	195
DE5L60	①	49	626	DF20AA120	④	157	330	DF2S6.2FS	⑲	421	736C	DF3A5.6LFU	⑲	421	205C	DF5A5.6F	⑲	422	269A
DE5L60U	①	49	626	DF20AA140	④	157	330	DF2S6.2S	⑲	421	738C	DF3A5.6LFV	⑲	422	116C	DF5A5.6FU	⑲	422	83
DE5LC20U	④	156	626	DF20AA160	④	157	330	DF2S6.2SC	⑲	421	95	DF3A6.2CT	⑲	422	96B	DF5A5.6JE	⑲	422	195
DE5LC40	④	156	626																

形名	章	頁	外形	形名	章	頁	外形	形名	章	頁	外形	形名	章	頁	外形	形名	章	頁	外形
DF5A5.6LFU	⑲	423	83	DF8A5.6FK	⑲	423	194	DFD30TJ	①	50	89J	DFM1F2	①	52	19G	DFP500EG32	①	53	376
DF5A5.6LJE	⑲	423	195	DF8A6.8FK	⑲	423	194	DFD30TL	①	50	89J	DFM1F4	①	52	19G	DFP500GG45	①	53	376
DF5A6.2CFU	⑲	423	83	DF8A6.8FK	⑲	423	194	DFE30C	①	50	89J	DFM1F6	①	52	19G	DFS100EG30	①	53	308
DF5A6.2CJE	⑲	423	195	DF8L60US	①	49	627	DFE30E	①	50	89J	DFM1G1	①	52	88G	DFS250A10	①	53	162
DF5A6.2F	⑲	423	269A	DFA05B	①	49	19D	DFE30G	①	50	89J	DFM1G2	①	52	88G	DFS250A13	①	53	162
DF5A6.2JE	⑲	423	195	DFA05C	①	49	19D	DFF20B10	①	50	726	DFM1G4	①	52	88G	DFS250A15	①	53	162
DF5A6.2JE	⑲	423	195	DFA05E	①	49	19D	DFF20B12	①	51	726	DFM1MA1	①	52	405C	DFS250A8	①	53	162
DF5A6.2LFU	⑲	423	83	DFA05G	①	49	19D	DFF50B10	①	51	354	DFM1MA2	①	52	405C	DFS250AR10	①	53	162
DF5A6.2LJE	⑲	423	195	DFA08C	①	49	485B	DFF50B12	①	51	354	DFM1MA4	①	52	405C	DFS250AR13	①	53	162
DF5A6.8CFU	⑲	423	83	DFA08E	①	49	485B	DFG1A8	①	51	113C	DFM1MA6	①	52	405C	DFS250AR15	①	53	162
DF5A6.8CJE	⑲	423	195	DFA12C	①	49	486A	DFG1C1	①	51	113C	DFM1MF2	①	52	405C	DFS250AR8	①	53	162
DF5A6.8F	⑲	423	269A	DFA12E	①	49	486A	DFG1C2	①	51	113C	DFM1SA1	①	52	19E	DFS80A10	①	53	492
DF5A6.8FU	⑲	423	83	DFB05B	①	49	19B	DFG1C4	①	51	113C	DFM1SA2	①	52	19E	DFS80A10R	①	53	492
DF5A6.8JE	⑲	423	195	DFB05C	①	50	19B	DFG1C6	①	51	113C	DFM1SA4	①	52	19E	DFS80A13	①	53	492
DF5A6.8LF	⑲	423	269A	DFB05E	①	50	19B	DFG1C8	①	51	113C	DFM1SD1	①	52	19E	DFS80A13R	①	53	492
DF5A6.8LFU	⑲	423	83	DFB05G	①	50	19B	DFG1D1	①	51	113C	DFM1SD2	①	52	19E	DFS80A15	①	53	492
DF5A6.8LJE	⑲	423	195	DFB20TB	①	50	89J	DFG1D2	①	51	113C	DFM1SD4	①	52	19E	DFS80A15R	①	53	492
DF5A8.2CFU	⑲	423	83	DFB20TC	①	50	89J	DFG1D4	①	51	113C	DFM1SD6	①	52	19E	DFS80A8	①	53	492
DF5A8.2CJE	⑲	423	195	DFB20TE	①	50	89J	DFG1E10	①	51	113C	DFM1SF1	①	52	19E	DFS80A8R	①	53	492
DF5A8.2F	⑲	423	269A	DFB20TG	①	50	89J	DFG1E6	①	51	113C	DFM1SF2	①	52	19E	DFS80BG17	①	53	212
DF5A8.2FU	⑲	423	83	DFB20TJ	①	50	89J	DFG1E8	①	51	113C	DFM1SF4	①	52	19E	DG0R7E40	①	53	508A
DF5A8.2LF	⑲	423	269A	DFB20TL	①	50	89J	DFG2A6	①	51	113G	DFM1SF6	①	52	19E	DG0R7V60	①	53	508A
DF5A8.2LFU	⑲	423	83	DFC05J	①	50	19B	DFG2A8	①	51	113G	DFM2D1	①	52	19H	DG1H3	③	111	508A
DF5VD60	④	159	627	DFC05L	①	50	19B	DFG3A1	①	51	113G	DFM2D2	①	52	19H	DG1H3A	③	111	508A
DF60AA120	④	159	331	DFC05N	①	50	19B	DFG3A2	①	51	113G	DFM2D4	①	52	19H	DG1J10A	③	111	508A
DF60AA140	④	159	331	DFC05R	①	50	19B	DFG3A4	①	51	113G	DFM2D6	①	52	19H	DG1J2A	③	111	508A
DF60AA160	④	159	331	DFC10E	①	50	19D	DFH10TB	①	51	19D	DFM2F1	①	52	19H	DG1M3	③	111	508A
DF60BA40	④	159	331	DFC10G	①	50	19D	DFH10TC	①	51	19D	DFM2F2	①	52	19H	DG1M3A	③	111	508A
DF60BA60	④	159	331	DFC15TB	①	50	19F	DFH10TE	①	51	19D	DFM2F4	①	52	19H	DG1N15A	③	111	508A
DF60BA80	④	159	331	DFC15TC	①	50	19F	DFH10TG	①	51	19D	DFM2F6	①	52	19H	DG1S4	③	111	508A
DF60LA160	④	159	633A	DFC15TE	①	50	19F	DFH10TJ	①	51	19D	DFM30A6	①	53	642C	DG1S6	③	111	508A
DF60LA80	④	159	633A	DFC15TG	①	50	19F	DFH10TL	①	51	19D	DFM30F12	①	53	642C	DG20AA120	①	53	708
DF60LB160	④	159	633B	DFC15TJ	①	50	19F	DFH10TN	①	51	19D	DFM3A1	①	52	90B	DG20AA160	①	53	708
DF60LB80	④	159	633B	DFC15TL	①	50	19F	DFH10TR	①	51	19D	DFM3A2	①	52	90B	DG20AA40	①	53	708
DF6A6.8FU	⑲	423	628B	DFC15TN	①	50	19F	DFJ10C	①	51	88A	DFM3A4	①	52	90B	DG20AA80	①	53	708
DF75AA120	④	159	725	DFC15TR	①	50	19F	DFJ10E	①	51	88A	DFM3A6	①	52	90B	DHA20	⑤	223	506H
DF75AA160	④	159	725	DFD05TB	①	50	19G	DFJ10G	①	51	88A	DFM3F1	①	52	90B	DHB08	⑤	223	506G
DF75AC160	④	159	601	DFD05TC	①	50	19G	DFM1A1	①	51	19G	DFM3F2	①	52	90B	DHB10	⑤	223	506G
DF75AC80	④	159	601	DFD05TE	①	50	19G	DFM1A2	①	51	19G	DFM3F4	①	52	90B	DHB12	⑤	223	506G
DF75BA40	④	159	725	DFD05TG	①	50	19G	DFM1A4	①	51	19G	DFM3F6	①	52	90B	DHB14	⑤	223	506G
DF75BA80	④	159	725	DFD05TJ	①	50	19G	DFM1D1	①	51	19G	DFM3MA1	①	52	486E	DHB16	⑤	223	506G
DF75LA160	④	159	633A	DFD05TL	①	50	19G	DFM1D2	①	51	19G	DFM3MA2	①	52	486E	DHB18	⑤	223	506G
DF75LA80	④	159	633A	DFD05TN	①	50	19G	DFM1D4	①	51	19G	DFM3MA4	①	52	486E	DHG10D40	⑤	223	506A
DF75LB160	④	159	633B	DFD05TR	①	50	19G	DFM1D6	①	51	19G	DFM3MA6	①	53	486E	DHM3B80	⑤	224	19J
DF75LB80	④	159	633B	DFD05TT	①	50	19G	DFM1E1	①	51	88G	DFM3MF2	①	53	486E	DHM3C140	⑤	224	19L
DF7A5.6CFU	⑲	423	83	DFD30TB	①	50	89J	DFM1E2	①	51	88G	DFP1000GG45	①	53	375	DHM3D100	⑤	224	19L
DF7A6.2CFU	⑲	423	83	DFD30TC	①	50	89J	DFM1E4	①	51	88G	DFP500AG25	①	53	246	DHM3E30	⑤	224	19G
DF7A6.2CTF	⑲	423	167	DFD30TE	①	50	89J	DFM1E6	①	51	88G	DFP500BG20	①	53	246	DHM3FA100	⑤	224	89E
DF7A6.8CFU	⑲	423	83	DFD30TG	①	50	89J	DFM1F1	①	52	19G	DFP500DG40	①	53	376	DHM3FB120	⑤	224	89E

形名	章	頁	外形	形名	章	頁	外形	形名	章	頁	外形	形名	章	頁	外形	形名	章	頁	外形
DHM3FG80	⑤	224	88J	DPA05	⑨	259	610F	DSA14C	①	55	486A	DSE010	⑤	225	756A	DSM3D6	①	57	90B
DHM3FJ60	⑤	224	88J	DS130TA	①	54	89F	DSA14E	①	55	486A	DSE015	⑤	225	205B	DSM3D8	①	57	90B
DHM3FL80	⑤	224	19J	DS130TB	①	54	89F	DSA14G	①	55	486A	DSF10B	①	55	20A	DSM3MA1	①	57	486E
DHM3FX80	⑤	224	88J	DS130TC	①	54	89F	DSA17B	①	55	89G	DSF10C	①	56	20A	DSM3MA2	①	57	486E
DHM3G80	⑤	224	88J	DS130TD	①	54	89F	DSA17C	①	55	89G	DSF10E	①	56	20A	DSM3MA4	①	57	486E
DHM3HA80	⑤	224	88J	DS130TE	①	54	89F	DSA17G	①	55	89G	DSF10G	①	56	20A	DSM3MA6	①	57	486E
DHM3HB120	⑤	224	89E	DS135AC	①	54	87G	DSA17J	①	55	89G	DSF10TB	①	56	20A	DSP10G	①	57	750D
DHM3HC80	⑤	224	19J	DS135AD	①	54	87G	DSA20B	①	55	90A	DSF10TC	①	56	20A	DSP1600AG30	①	57	375
DHM3HE120	⑤	224	19L	DS135AE	①	54	87G	DSA20C	①	55	90A	DSF10TE	①	56	20A	DSP1600AG40	①	57	375
DHM3HX120	⑤	224	19L	DS135C	①	54	20B	DSA20E	①	55	90A	DSF10TG	①	56	20A	DSP2500AG20	①	57	449
DHM3J120	⑤	224	89E	DS135D	①	54	20B	DSA20G	①	55	90A	DSF10TJ	①	56	20A	DSP2500AG30	①	57	449
DHM3K20	⑤	224	19G	DS135E	①	54	20B	DSA20J	①	55	90A	DSF10TL	①	56	20A	DSP2500AG30	①	57	449
DHM3P40	⑤	224	19G	DS19C	①	54	751	DSA20TB	①	55	89J	DSH015	⑤	225	205A	DSR200BA50	①	57	700
DHM3S20	⑤	224	19G	DS19E	①	54	751	DSA20TC	①	55	89J	DSH05	①	56	421G	DSR200BA60	①	57	700
DHM3T30	⑤	224	19G	DS19H	①	54	751	DSA20TE	①	55	89J	DSK10B	①	56	20K	DSR300BA50	①	57	700
DHM3UA80	⑤	224	88J	DS19J	①	54	751	DSA20TG	①	55	89J	DSK10C	①	56	20K	DSR300BA60	①	57	700
DHM3UB120	⑤	224	89E	DS19L	①	54	751	DSA20TJ	①	55	89J	DSK10E	①	56	20K	DSS100A10	①	57	492
DHM3UE80	⑤	224	19G	DS20C	①	54	751	DSA26B	①	55	89H	DSK10G	①	56	20K	DSS100A10R	①	57	492
DHM3UF80	⑤	224	88J	DS20E	①	54	751	DSA26C	①	55	89H	DSK10J	①	56	20K	DSS100A13	①	57	492
DHM3UG120	⑤	224	89E	DS20G	①	54	751	DSA26E	①	55	89H	DSK10L	①	56	20K	DSS100A13R	①	57	492
DHM3UM80	⑤	224	88J	DS20J	①	54	751	DSA26G	①	55	89H	DSM10C	①	56	485B	DSS100A15	①	57	492
DHM3V20	⑤	224	19G	DS20L	①	54	751	DSA26J	①	55	89H	DSM10E	①	56	485B	DSS100A15R	①	57	492
DHM3W30	⑤	224	19G	DS30VT80	④	159	458	DSA3A1	①	55	113G	DSM10G	①	56	485B	DSS100A8	①	57	492
DHM3X40	⑤	224	19G	DS441	⑤	224	78F	DSA3A2	①	55	113G	DSM1D1	①	56	19J	DSS100A8R	①	57	492
DKA200AA50	④	159	700	DS442	⑤	224	78F	DSA3A4	①	55	113G	DSM1D2	①	56	19J	DSS300A10	①	57	162
DKA200AA60	④	159	700	DS442X	⑤	224	78F	DSA-40SN110	④	159	794	DSM1D4	①	56	19J	DSS300A10R	①	57	162
DKA300AA50	④	159	700	DS446	⑤	224	78F	DSA-64SN110	④	159	794	DSM1D6	①	56	19J	DSS300A13	①	57	162
DKA300AA60	④	159	700	DS448	⑤	224	78E	DSB010	⑤	225	610A	DSM1D8	①	56	19J	DSS300A13R	①	57	162
DKR200AB60	④	159	697	DS452	⑤	224	78F	DSB015	⑤	225	610A	DSM1E1	①	56	88G	DSS300A15	①	57	162
DKR300AB60	④	159	697	DS454	⑤	224	78F	DSB15B	①	55	90A	DSM1E2	①	56	88G	DSS300A15R	①	57	162
DKR400AB60	④	159	697	DS462	⑤	224	78F	DSB15C	①	55	90A	DSM1E4	①	56	88G	DSS300A8	①	57	162
DL04-18F1	⑱	410	485C	DS464	⑤	224	78F	DSB15E	①	55	90A	DSM1E6	①	56	88G	DSS300A8R	①	57	162
DLA11C	①	53	485B	DSA010	⑤	224	610B	DSB15G	①	55	90A	DSM1MA1	①	56	405C	DTZ10	⑫	326	420E
DLA15C	①	53	486A	DSA015	⑤	225	610B	DSB15TB	①	55	19F	DSM1MA2	①	56	405C	DTZ11	⑫	326	420E
DLC20C	①	53	89G	DSA10G	①	54	20B	DSB15TC	①	55	19F	DSM1MA4	①	56	405C	DTZ12	⑫	326	420E
DLC20E	①	53	89G	DSA10J	①	54	20B	DSB15TE	①	55	19F	DSM1MA6	①	56	405C	DTZ13	⑫	326	420E
DLE30B	①	53	90K	DSA10L	①	54	20B	DSB15TG	①	55	19F	DSM1SD2	①	56	19E	DTZ15	⑫	326	420E
DLE30C	①	53	90K	DSA12B	①	54	89F	DSB15TJ	①	55	19F	DSM1SD4	①	56	19E	DTZ16	⑫	326	420E
DLE30E	①	53	90K	DSA12C	①	54	89F	DSB15TL	①	55	19F	DSM1SD6	①	56	19E	DTZ18	⑫	326	420E
DLF30C	①	53	89H	DSA12E	①	54	89F	DSC010	⑤	225	610H	DSM1SD8	①	56	19E	DTZ2.0	⑫	325	420E
DLF30E	①	54	89H	DSA12G	①	54	89F	DSC015	⑤	225	610A	DSM2D1	①	56	19H	DTZ2.2	⑫	325	420E
DLM10B	①	54	87G	DSA12J	①	54	89F	DSC30TB	①	55	89J	DSM2D2	①	56	19H	DTZ2.4	⑫	325	420E
DLM10C	①	54	87G	DSA12L	①	54	89F	DSC30TC	①	55	89J	DSM2D4	①	56	19H	DTZ2.7	⑫	325	420E
DLM10E	①	54	87G	DSA12TB	①	54	19D	DSC30TE	①	55	89J	DSM2D6	①	56	19H	DTZ20	⑫	326	420E
DLN10C	①	54	88F	DSA12TC	①	54	19D	DSC30TG	①	55	89J	DSM2D8	①	56	19H	DTZ22	⑫	326	420E
DLN10E	①	54	88F	DSA12TE	①	54	19D	DSC30TJ	①	55	89J	DSM3D1	①	57	90B	DTZ24	⑫	326	420E
DLP238	⑨	259	357E	DSA12TG	①	54	19D	DSC30TL	①	55	89J	DSM3D2	①	57	90B	DTZ27	⑫	326	420E
DLS1585	⑤	224	357E	DSA12TJ	①	54	19D	DSD010	⑤	225	610I	DSM3D4	①	57	90B	DTZ3.0	⑫	326	420E
DLS1586	⑤	224	357E	DSA12TL	①	54	19D	DSD015	⑤	225	610A								

形　名	章	頁	外形	形　名	章	頁	外形	形　名	章	頁	外形	形　名	章	頁	外形	形　名	章	頁	外形
DTZ3.3	⑫	326	420E	DZ24100	⑫	329	578	DZ27390	⑫	331	738A	DZ2S110	⑫	327	757D	DZ2W430	⑫	328	750H
DTZ3.6	⑫	326	420E	DZ24110	⑫	329	578	DZ2J024	⑫	326	239	DZ2S120	⑫	327	757D	DZ2W470	⑫	328	750H
DTZ3.9	⑫	326	420E	DZ24120	⑫	329	578	DZ2J027	⑫	326	239	DZ2S130	⑫	327	757D	DZ2W510	⑫	328	750H
DTZ30	⑫	326	420E	DZ24130	⑫	329	578	DZ2J030	⑫	326	239	DZ2S150	⑫	327	757D	DZ36068D	⑲	424	58A
DTZ33	⑫	326	420E	DZ24150	⑫	329	578	DZ2J033	⑫	326	239	DZ2S160	⑫	327	757D	DZ37062D	⑲	424	244C
DTZ36	⑫	326	420E	DZ24160	⑫	330	578	DZ2J036	⑫	326	239	DZ2S168	⑫	327	757D	DZ37068D	⑲	424	244C
DTZ4.3	⑫	326	420E	DZ24180	⑫	330	578	DZ2J039	⑫	326	239	DZ2S180C	⑲	423	757D	DZ37082D	⑲	424	244C
DTZ4.7	⑫	326	420E	DZ24200	⑫	330	578	DZ2J043	⑫	326	239	DZ2S200	⑫	327	757D	DZ37100D	⑲	424	244C
DTZ5.1	⑫	326	420E	DZ24220	⑫	330	578	DZ2J047	⑫	326	239	DZ2S220	⑫	327	757D	DZ37120D	⑲	424	244C
DTZ5.6	⑫	326	420E	DZ24240	⑫	330	578	DZ2J051	⑫	326	239	DZ2S240	⑫	327	757D	DZ3S062D	⑲	423	590C
DTZ6.2	⑫	326	420E	DZ24270	⑫	330	578	DZ2J056	⑫	326	239	DZ2S270	⑫	327	757D	DZ3S068D	⑲	423	590C
DTZ6.8	⑫	326	420E	DZ24300	⑫	330	578	DZ2J062	⑫	326	239	DZ2S330	⑫	328	757D	DZ3S082D	⑲	423	590C
DTZ7.5	⑫	326	420E	DZ24330	⑫	330	578	DZ2J068	⑫	326	239	DZ2S360	⑫	328	757D	DZ3S100D	⑲	423	590C
DTZ8.2	⑫	326	420E	DZ24360	⑫	330	578	DZ2J075	⑫	326	239	DZ2U062	⑫	328	736D	DZ3S120D	⑲	423	590C
DTZ9.1	⑫	326	420E	DZ24390	⑫	330	578	DZ2J082	⑫	326	239	DZ2U068	⑫	328	736D	DZ3X062D	⑲	423	610C
DV-2	⑱	410	507D	DZ24430	⑫	330	578	DZ2J091	⑫	326	239	DZ2U200	⑫	328	736D	DZ3X068D	⑲	423	610C
DV-3	⑱	410	507D	DZ24470	⑫	330	578	DZ2J100	⑫	327	239	DZ2U300	⑫	328	736D	DZ3X120D	⑲	423	610C
DV-4	⑱	410	507D	DZ24510	⑫	330	578	DZ2J110	⑫	327	239	DZ2W024	⑫	328	750H	DZ4J024K	⑫	328	494
DV-5	⑱	410	507D	DZ26056	⑫	330	58B	DZ2J120	⑫	327	239	DZ2W027	⑫	328	750H	DZ4J027K	⑫	328	494
DWA010	⑤	225	444A	DZ26068	⑫	330	58B	DZ2J130	⑫	327	239	DZ2W030	⑫	328	750H	DZ4J030K	⑫	329	494
DWC010	⑤	225	444A	DZ27024	⑫	330	738A	DZ2J150	⑫	327	239	DZ2W033	⑫	328	750H	DZ4J033K	⑫	329	494
DWF100A30	④	159	788	DZ27027	⑫	330	738A	DZ2J160	⑫	327	239	DZ2W036	⑫	328	750H	DZ4J036K	⑫	329	494
DWF100A40	④	160	788	DZ27030	⑫	330	738A	DZ2J180	⑫	327	239	DZ2W039	⑫	328	750H	DZ4J039K	⑫	329	494
DWF40A30	④	160	788	DZ27033	⑫	330	738A	DZ2J200	⑫	327	239	DZ2W043	⑫	328	750H	DZ4J043K	⑫	329	494
DWF40A40	④	160	788	DZ27036	⑫	330	738A	DZ2J220	⑫	327	239	DZ2W047	⑫	328	750H	DZ4J047K	⑫	329	494
DWF50A30	④	160	788	DZ27039	⑫	330	738A	DZ2J240	⑫	327	239	DZ2W051	⑫	328	750H	DZ4J051K	⑫	329	494
DWF50A40	④	160	788	DZ27043	⑫	330	738A	DZ2J270	⑫	327	239	DZ2W056	⑫	328	750H	DZ4J056K	⑫	329	494
DWF70A30	④	160	788	DZ27047	⑫	330	738A	DZ2J300	⑫	327	239	DZ2W062	⑫	328	750H	DZ4J062K	⑫	329	494
DWF70A40	④	160	788	DZ27051	⑫	330	738A	DZ2J330	⑫	327	239	DZ2W068	⑫	328	750H	DZ4J068K	⑫	329	494
DWF70BB30	④	160	331	DZ27056	⑫	330	738A	DZ2J360	⑫	327	239	DZ2W075	⑫	328	750H	DZ4J075K	⑫	329	494
DWF70BB40	④	160	331	DZ27062	⑫	330	738A	DZ2J390	⑫	327	239	DZ2W082	⑫	328	750H	DZ4J082K	⑫	329	494
DWR100A30	④	160	788	DZ27068	⑫	330	738A	DZ2S024	⑫	327	757D	DZ2W082	⑫	328	750H	DZ4J091K	⑫	329	494
DWR100A40	④	160	788	DZ27075	⑫	330	738A	DZ2S027	⑫	327	757D	DZ2W091	⑫	328	750H	DZ4J100K	⑫	329	494
DWR40A30	④	160	788	DZ27082	⑫	330	738A	DZ2S030	⑫	327	757D	DZ2W100	⑫	328	750H	DZ4J110K	⑫	329	494
DWR40A40	④	160	788	DZ27091	⑫	330	738A	DZ2S033	⑫	327	757D	DZ2W110	⑫	328	750H	DZ4J120K	⑫	329	494
DWR50A30	④	160	788	DZ27100	⑫	330	738A	DZ2S036	⑫	327	757D	DZ2W130	⑫	328	750H	DZ4J130K	⑫	329	494
DWR50A40	④	160	788	DZ27110	⑫	330	738A	DZ2S039	⑫	327	757D	DZ2W150	⑫	328	750H	DZ4J150K	⑫	329	494
DWR70A30	④	160	788	DZ27120	⑫	330	738A	DZ2S043	⑫	327	757D	DZ2W150	⑫	328	750H	DZ4J160K	⑫	329	494
DWR70A40	④	160	788	DZ27130	⑫	330	738A	DZ2S047	⑫	327	757D	DZ2W160	⑫	328	750H	DZ4J180K	⑫	329	494
DWR70BB30	④	160	331	DZ27150	⑫	330	738A	DZ2S051	⑫	327	757D	DZ2W180	⑫	328	750H	DZ4J200K	⑫	329	494
DWR70BB40	④	160	331	DZ27160	⑫	330	738A	DZ2S056	⑫	327	757D	DZ2W200	⑫	328	750H	DZ4J220K	⑫	329	494
DZ24047	⑫	329	578	DZ27180	⑫	330	738A	DZ2S062	⑫	327	757D	DZ2W220	⑫	328	750H	DZ4J240K	⑫	329	494
DZ24051	⑫	329	578	DZ27200	⑫	330	738A	DZ2S068	⑫	327	757D	DZ2W240	⑫	328	750H	DZ4J270K	⑫	329	494
DZ24056	⑫	329	578	DZ27220	⑫	330	738A	DZ2S068C	⑲	423	757D	DZ2W270	⑫	328	750H	DZ4J300K	⑫	329	494
DZ24062	⑫	329	578	DZ27240	⑫	330	738A	DZ2S075	⑫	327	757D	DZ2W300	⑫	328	750H	DZ4J330K	⑫	329	494
DZ24068	⑫	329	578	DZ27270	⑫	331	738A	DZ2S082	⑫	327	757D	DZ2W330	⑫	328	750H	DZ4J360K	⑫	329	494
DZ24075	⑫	329	578	DZ27300	⑫	331	738A	DZ2S091	⑫	327	757D	DZ2W360	⑫	328	750H	DZ4J390K	⑫	329	494
DZ24082	⑫	329	578	DZ27330	⑫	331	738A	DZ2S091	⑫	327	757D	DZ2W360	⑫	328	750H	DZ5J062D	⑲	424	227
DZ24091	⑫	329	578	DZ27360	⑫	331	738A	DZ2S100	⑫	327	757D	DZ2W390	⑫	328	750H	DZ5J068D	⑲	424	227

形　名	章	頁	外形	形　名	章	頁	外形	形　名	章	頁	外形	形　名	章	頁	外形	形　名	章	頁	外形
DZ5J082D	⑲	424	227	DZD3.9	⑫	331	610A	E11FS1	①	57	35	EA21FC4-F	④	160	2A	EA60QC10	④	161	1A
DZ5J100D	⑲	424	227	DZD30	⑫	332	610A	E11FS2	①	57	35	EA30QS03	③	112	1D	EA60QC10-F	④	161	2A
DZ5J120D	⑲	424	227	DZD33	⑫	332	610A	E11FS3	①	57	35	EA30QS03-F	③	112	2D	EA61FC1	④	161	1A
DZ5S062D	⑲	424	438	DZD36	⑫	332	610A	E11FS4	①	58	35	EA30QS03L	③	112	1D	EA61FC1-F	④	161	2A
DZ5S068D	⑲	424	438	DZD39	⑫	332	610A	E-123	⑭	405	87C	EA30QS03L-F	③	112	2D	EA61FC2	④	161	1A
DZ5S082D	⑲	424	438	DZD4.3	⑫	331	610A	E-152	⑭	405	87C	EA30QS04	③	112	1D	EA61FC2-F	④	161	2A
DZ5S100D	⑲	424	438	DZD4.7	⑫	331	610A	E-153	⑭	405	87C	EA30QS04-F	③	112	2D	EA61FC3	④	161	1A
DZ5S120D	⑲	424	438	DZD43	⑫	332	610A	E-183	⑭	405	87C	EA30QS05	③	112	1D	EA61FC3-F	④	161	2A
DZ5X068D	⑲	424	269A	DZD47	⑫	332	610A	E-202	⑭	405	87C	EA30QS05-F	③	112	2D	EA61FC4	④	161	1A
DZ5X082D	⑲	424	269A	DZD5.1	⑫	331	610A	E-272	⑭	405	87C	EA30QS06	③	112	1D	EA61FC4-F	④	161	2A
DZ5X120D	⑲	424	269A	DZD5.6	⑫	331	610A	E-301	⑭	405	87C	EA30QS06-F	③	112	2D	EA61FC6	④	161	1A
DZ6J068S	⑲	424	591	DZD6.2	⑫	331	610A	E-352	⑭	405	87C	EA30QS09	③	112	1D	EA61FC6-F	④	161	2A
DZB10C	⑫	331	19D	DZD6.8	⑫	331	610A	E-452	⑭	405	87C	EA30QS09-F	③	112	2D	EC0203C	⑪	270	268
DZB11C	⑫	331	19D	DZD7.5	⑫	331	610A	E-501	⑭	405	87C	EA30QS10	③	112	1D	EC10DA40	①	58	485C
DZB12C	⑫	331	19D	DZD8.2	⑫	331	610A	E-562	⑭	405	87C	EA30QS10-F	③	112	2D	EC10DS1	①	58	485C
DZB13C	⑫	331	19D	DZD9.1	⑫	331	610A	E-701	⑭	405	87C	EA31FS1	①	58	1D	EC10DS2	①	58	485C
DZB15C	⑫	331	19D	DZF10	⑫	332	19A	E-822	⑭	405	87C	EA31FS1-F	①	58	2D	EC10DS4	①	58	485C
DZB16C	⑫	331	19D	DZF11	⑫	332	19A	EA03	③	111	67B	EA31FS2	①	58	1D	EC10LA03	③	112	485C
DZB18C	⑫	331	19D	DZF12	⑫	332	19A	EA20QC03	④	160	1A	EA31FS2-F	①	58	2D	EC10QS02L	③	112	485C
DZB20C	⑫	331	19D	DZF13	⑫	332	19A	EA20QC03-F	④	160	2A	EA31FS3	①	58	1D	EC10QS03	③	112	485C
DZB22C	⑫	331	19D	DZF15	⑫	332	19A	EA20QC04	④	160	1A	EA31FS3-F	①	58	2D	EC10QS03L	③	112	485C
DZB24C	⑫	331	19D	DZF16	⑫	332	19A	EA20QC04-F	④	160	2A	EA31FS4	①	58	1D	EC10QS04	③	112	485C
DZB27C	⑫	331	19D	DZF18	⑫	332	19A	EA20QC05	④	160	1A	EA31FS4-F	①	58	2D	EC10QS05	③	112	485C
DZB30C	⑫	331	19D	DZF20	⑫	332	19A	EA20QC05-F	④	160	2A	EA31FS6	①	58	1D	EC10QS06	③	112	485C
DZB6.2U	⑫	331	19D	DZF22	⑫	332	19A	EA20QC06	④	160	1A	EA31FS6-F	①	58	2D	EC10QS09	③	112	485C
DZB6.8C	⑫	331	19D	DZF24	⑫	332	19A	EA20QC06-F	④	160	2A	EA40QC03	④	160	1A	EC10QS10	③	112	485C
DZB7.5C	⑫	331	19D	DZF27	⑫	332	19A	EA20QC09	④	160	1A	EA40QC03-F	④	161	2A	EC10UA20	①	58	485C
DZB8.2C	⑫	331	19D	DZF30	⑫	332	19A	EA20QC09-F	④	160	2A	EA40QC04	④	161	1A	EC10UA40	①	58	485C
DZB9.1C	⑫	331	19D	DZF33	⑫	332	19A	EA20QC10	④	160	1A	EA40QC04-F	④	161	2A	EC11FS1	①	58	485C
DZC30	⑫	331	19D	DZF36	⑫	332	19A	EA20QC10-F	④	160	2A	EA40QC05	④	161	1A	EC11FS2	①	58	485C
DZC50	⑫	331	19D	DZF6.8	⑫	332	19A	EA20QS03	③	111	1D	EA40QC05-F	④	161	2A	EC11FS3	①	58	485C
DZD10	⑫	331	610A	DZF7.5	⑫	332	19A	EA20QS03-F	③	111	2D	EA40QC06	④	161	1A	EC11FS4	①	58	485C
DZD11	⑫	331	610A	DZF8.2	⑫	332	19A	EA20QS04	③	111	1D	EA40QC06-F	④	161	2A	EC15QS02L	③	112	485C
DZD12	⑫	331	610A	DZF9.1	⑫	332	19A	EA20QS04-F	③	111	2D	EA40QC09	④	161	1A	EC15QS03	③	112	485C
DZD13	⑫	332	610A	E-101	⑭	405	87C	EA20QS05	③	111	1D	EA40QC09-F	④	161	2A	EC15QS03L	③	112	485C
DZD15	⑫	332	610A	E-101L	⑭	405	87C	EA20QS05-F	③	111	2D	EA40QC10	④	161	1A	EC15QS04	③	112	485C
DZD16	⑫	332	610A	E-102	⑭	405	87C	EA20QS06	③	111	1D	EA40QC10-F	④	161	2A	EC15QS06	③	112	485C
DZD18	⑫	332	610A	E-103	⑭	405	87C	EA20QS06-F	③	111	2D	EA60QC03	④	161	1A	EC15QS09	③	112	485C
DZD2.0	⑫	331	610A	E10DS1	①	57	35	EA20QS09	③	111	1D	EA60QC03-F	④	161	2A	EC15QS10	③	112	485C
DZD2.2	⑫	331	610A	E10DS2	①	57	35	EA20QS09-F	③	111	2D	EA60QC03L	④	161	1A	EC20QS02L	③	112	485C
DZD2.4	⑫	331	610A	E10DS4	①	57	35	EA20QS10	③	111	1D	EA60QC03L-F	④	161	2A	EC20QS03L	③	112	485C
DZD2.7	⑫	331	610A	E10QC03	④	160	237B	EA20QS10-F	③	112	2D	EA60QC04	④	161	1A	EC20QS04	③	112	485C
DZD20	⑫	332	610A	E10QC04	④	160	237B	EA21FC1	④	160	1A	EA60QC04-F	④	161	2A	EC20QS06	③	112	485C
DZD22	⑫	332	610A	E10QS03	③	111	35	EA21FC1-F	④	160	2A	EA60QC05	④	161	1A	EC20QS09	③	112	485C
DZD24	⑫	332	610A	E10QS04	③	111	35	EA21FC2	④	160	1A	EA60QC05-F	④	161	2A	EC20QS10	③	112	485C
DZD27	⑫	332	610A	E10QS05	③	111	35	EA21FC2-F	④	160	2A	EA60QC06	④	161	1A	EC20QSA035	③	112	485C
DZD3.0	⑫	331	610A	E10QS06	③	111	35	EA21FC3	④	160	1A	EA60QC06-F	④	161	2A	EC20QSA045	③	112	485C
DZD3.3	⑫	331	610A	E10QS09	③	111	35	EA21FC3-F	④	160	2A	EA60QC09	④	161	1A	EC20QSA065	③	112	485C
DZD3.6	⑫	331	610A	E10QS10	③	111	35	EA21FC4	④	160	1A	EA60QC09-F	④	161	2A	EC21QS03L	③	112	485C

- 547 -

形　名	章	頁	外形	形　名	章	頁	外形	形　名	章	頁	外形	形　名	章	頁	外形	形　名	章	頁	外形
EC21QS04	③	112	485C	ED-16H1	⑤	225	504B	EG1Y	①	58	67B	EP10QY04	③	114	421G	EQA02-33	⑫	334	87E
EC21QS06	③	113	485C	ED-16N1	⑤	225	504B	EG1Z	①	58	67B	EQA01-05	⑫	333	20D	EQA02-35	⑫	334	87E
EC21QS09	③	113	485C	ED21QA03L	③	113	405E	EH1	①	58	67C	EQA01-06	⑫	333	20D	EQA03-05	⑫	334	79C
EC21QS10	③	113	485C	ED21QA04	③	113	405E	EH1A	①	58	67C	EQA01-07	⑫	333	20D	EQA03-06	⑫	334	79C
EC2C01C	⑪	270	268	ED21QA06	③	113	405E	EH1Z	①	58	67C	EQA01-08	⑫	333	20D	EQA03-07	⑫	334	79C
EC2D01B	⑥	242	120	ED-24H1	⑤	225	504D	EK02	③	113	67B	EQA01-09	⑫	333	20D	EQA03-08	⑫	334	79C
EC2D02B	⑥	242	120	ED30LA02	③	113	405E	EK03	③	113	67B	EQA01-10	⑫	333	20D	EQA03-09	⑫	334	79C
EC30HA03L	③	113	485C	ED-3TV1	⑤	225	133E	EK04	③	113	67B	EQA01-11	⑫	333	20D	EQA03-10	⑫	334	79C
EC30HA04	③	113	485C	ED-75X1	⑤	225	173A	EK06	③	113	67B	EQA01-12	⑫	333	20D	EQA03-11	⑫	334	79C
EC30LA02	③	113	485C	ED-7TV1	⑤	225	133E	EK09	③	113	67B	EQA01-13	⑫	333	20D	EQA03-12	⑫	334	79C
EC30LB02	③	113	485C	ED-8H1	⑤	225	504A	EK12	③	113	67C	EQA01-14	⑫	333	20D	EQA03-13	⑫	334	79C
EC30QSA035	③	113	485C	ED-8N1	⑤	225	504A	EK13	③	113	67C	EQA01-15	⑫	333	20D	EQA03-14	⑫	334	79C
EC30QSA045	③	113	485C	EDH36-1	⑤	225	146	EK14	③	113	67C	EQA01-16	⑫	333	20D	EQA03-15	⑫	334	79C
EC30QSA065	③	113	485C	EDH36-2	①	58	146	EK16	③	113	67C	EQA01-17	⑫	333	20D	EQA03-16	⑫	334	79C
EC31QS03L	③	113	485C	EDH36-3	①	58	146	EK19	③	113	67C	EQA01-18	⑫	333	20D	EQA03-17	⑫	334	79C
EC31QS04	③	113	485C	EDZ10B	⑫	333	757E	EL02Z	①	58	67F	EQA01-19	⑫	333	20D	EQA03-18	⑫	334	79C
EC31QS06	③	113	485C	EDZ11B	⑫	333	757E	EL1	①	58	67C	EQA01-20	⑫	333	20D	EQA03-20	⑫	334	79C
EC31QS09	③	113	485C	EDZ12B	⑫	333	757E	EL1Z	①	58	67C	EQA01-21	⑫	333	20D	EQA03-21	⑫	335	79C
EC31QS10	③	113	485C	EDZ13B	⑫	333	757E	EM01	①	58	67B	EQA01-22	⑫	333	20D	EQA03-22	⑫	335	79C
EC8FS6	①	58	485C	EDZ15B	⑫	333	757E	EM01A	①	58	67B	EQA01-24	⑫	333	20D	EQA03-23	⑫	335	79C
ECF06B60	④	161	1A	EDZ16B	⑫	333	757E	EM01Z	①	58	67B	EQA01-26	⑫	333	20D	EQA03-25	⑫	335	79C
ECF06B60-F	④	161	2A	EDZ18B	⑫	333	757E	EM1	①	59	67C	EQA01-28	⑫	333	20D	EQA03-28	⑫	335	79C
ECH06A20	④	161	1A	EDZ20B	⑫	333	757E	EM1A	①	59	67C	EQA01-30	⑫	333	20D	EQA03-30	⑫	335	79C
ECH06A20-F	④	161	2A	EDZ22B	⑫	333	757E	EM1B	①	59	67C	EQA01-32	⑫	333	20D	EQA03-32	⑫	335	79C
ECL06B025	④	161	1A	EDZ24B	⑫	333	757E	EM1C	①	59	67C	EQA01-33	⑫	334	20D	EQA03-33	⑫	335	79C
ECL06B025-F	④	162	2A	EDZ27B	⑫	333	757E	EM1Y	①	59	67C	EQA01-35	⑫	334	20D	EQA03-35	⑫	335	79C
ECL06B03	④	161	1A	EDZ3.6B	⑫	332	757E	EM1Z	①	59	67C	EQA02-05	⑫	334	87E	EQB01-05	⑫	335	261A
ECL06B03-F	④	161	2A	EDZ3.9B	⑫	332	757E	EM2	①	59	67C	EQA02-06	⑫	334	87E	EQB01-06	⑫	335	261A
ECL30LA02	③	113	485C	EDZ30B	⑫	333	757E	EM2A	①	59	67C	EQA02-07	⑫	334	87E	EQB01-07	⑫	335	261A
ECQ10A03L	④	162	1A	EDZ33B	⑫	333	757E	EM2B	①	59	67C	EQA02-08	⑫	334	87E	EQB01-08	⑫	335	261A
ECQ10A03L-F	④	162	2A	EDZ36B	⑫	333	757E	EMN11	⑧	255	160C	EQA02-09	⑫	334	87E	EQB01-09	⑫	335	261A
ECQ10A04	④	162	1A	EDZ4.3B	⑫	332	757E	EMP11	⑧	255	160B	EQA02-09	⑫	334	87E	EQB01-10	⑫	335	261A
ECQ10A04-F	④	162	2A	EDZ4.7B	⑫	332	757E	EMRL01-06	④	162	781	EQA02-10	⑫	334	87E	EQB01-100	⑫	335	90C
ECU06A20	④	162	1A	EDZ5.1B	⑫	332	757E	EMRL01-08	④	162	781	EQA02-11	⑫	334	87E	EQB01-11	⑫	335	261A
ECU06A20-F	④	162	2A	EDZ5.6B	⑫	332	757E	EMZ6.8E	⑫	333	348	EQA02-12	⑫	334	87E	EQB01-12	⑫	335	261A
ECU06A40	④	162	1A	EDZ6.2B	⑫	332	757E	EMZ6.8JA	⑫	333	159	EQA02-13	⑫	334	87E	EQB01-13	⑫	335	261A
ECU06A40-F	④	162	2A	EDZ6.8B	⑫	332	757E	EMZ6.8N	⑫	333	344C	EQA02-14	⑫	334	87E	EQB01-14	⑫	335	261A
ECU06B60	④	162	1A	EDZ6.8B	⑫	332	757E	EN01Z	①	59	67B	EQA02-15	⑫	334	87E	EQB01-15	⑫	335	261A
ECU06B60-F	④	162	2A	EDZ7.5B	⑫	332	757E	EP01C	⑤	225	67B	EQA02-16	⑫	334	87E	EQB01-150	⑫	336	90C
ED-100X1	⑤	225	173C	EDZ8.2B	⑫	333	757E	EP04RA60	①	59	421G	EQA02-17	⑫	334	87E	EQB01-16	⑫	335	261A
ED10LA03	③	113	405E	EDZ9.1B	⑫	333	757E	EP05DA40	①	59	421G	EQA02-18	⑫	334	87E	EQB01-17	⑫	335	261A
ED10QA03L	③	113	405E	EE04	③	113	67B	EP05FA20	①	59	421G	EQA02-20	⑫	334	87E	EQB01-18	⑫	335	261A
ED10QA04	③	113	405E	EG01	①	58	67B	EP05H10	③	113	421G	EQA02-21	⑫	334	87E	EQB01-19	⑫	335	261A
ED10QA06	③	113	405E	EG01A	①	58	67B	EP05Q03L	③	113	421G	EQA02-22	⑫	334	87E	EQB01-1R50	⑫	335	261A
ED10QA10	③	113	405E	EG01C	①	58	67B	EP05Q04	③	113	421G	EQA02-23	⑫	334	87E	EQB01-20	⑫	335	261A
ED-125X1	⑤	225	173C	EG01Y	①	58	67B	EP05Q06	③	113	421G	EQA02-25	⑫	334	87E	EQB01-21	⑫	335	261A
ED-13TV1	⑤	225	133D	EG01Z	①	58	67B	EP10HY03	③	113	421G	EQA02-28	⑫	334	87E	EQB01-22	⑫	335	261A
ED-150X1	⑤	225	173D	EG1	①	58	67B	EP10LA03	③	113	421G	EQA02-30	⑫	334	87E	EQB01-24	⑫	335	261A
ED-15TV3	⑤	225	142B	EG1A	①	58	67B	EP10QY03	③	114	421G	EQA02-32	⑫	334	87E	EQB01-25	⑫	335	261A

- 549 -

形名	章	頁	外形	形名	章	頁	外形	形名	章	頁	外形	形名	章	頁	外形	形名	章	頁	外形
EQB01-26	⑫	335	261A	ERB06-13	①	60	20E	ERC01-02F	①	61	261C	ERC38-06	①	62	90D	ERD37-08	①	63	261C
EQB01-28	⑫	335	261A	ERB06-15	①	60	20E	ERC01-04	①	61	261C	ERC46-02	①	62	113E	ERD37-10	①	63	261C
EQB01-2R25	⑫	335	261A	ERB12-01	①	60	20E	ERC01-04F	①	61	261C	ERC46-04	①	62	113E	ERD38-04	①	63	261C
EQB01-30	⑫	335	261A	ERB12-02	①	60	20E	ERC01-06	①	61	261C	ERC47-02	①	62	90D	ERD38-05	①	63	261C
EQB01-32	⑫	335	261A	ERB12-04	①	60	20E	ERC01-10	①	61	261C	ERC47-04	①	62	90D	ERD38-06	①	63	261C
EQB01-33	⑫	335	261A	ERB12-06	①	60	20E	ERC04-02	①	61	90D	ERC62-004	③	114	272A	ERD51-01	①	63	41
EQB01-35	⑫	335	261A	ERB12-10	①	60	20E	ERC04-02F	①	61	90D	ERC62M-004	③	114	52	ERD51-03	①	63	41
EQB01-3R00	⑫	335	261A	ERB16-08	①	60	113B	ERC04-04	①	61	90D	ERC80-004	③	114	272A	ERD51-06	①	63	41
EQB01-3R75	⑫	335	261A	ERB16-12	①	60	113B	ERC04-04F	①	61	90D	ERC80-004R	③	114	272A	ERD51-09	①	63	41
EQB01-4R50	⑫	335	261A	ERB24-04C	①	60	90C	ERC04-06	①	61	90D	ERC80M-004	③	114	52	ERD51-12	①	63	41
EQB01-50	⑫	335	90C	ERB24-04D	①	60	90C	ERC04-10	①	61	90D	ERC80M-006	③	114	52	ERD60-090	①	63	272A
EQB11-50	⑫	336	261A	ERB24-06C	①	60	90C	ERC05-06	①	61	90C	ERC81-004	③	114	261C	ERD60-100	①	63	272A
ERA15-01	①	59	20K	ERB24-06D	①	60	90C	ERC05-08	①	61	90C	ERC81-006	③	114	261C	ERD65-090	①	63	56
ERA15-02	①	59	20K	ERB26-20	⑤	225	113B	ERC06-13	①	61	261C	ERC81S-004	③	114	261C	ERD74-005	①	63	41
ERA15-04	①	59	20K	ERB28-04	①	60	90C	ERC06-15	①	61	261C	ERC84-009	③	114	261C	ERD74-01	①	63	41
ERA15-06	①	59	20K	ERB28-04D	①	60	90C	ERC12-06	①	61	20E	ERC88-009	③	114	272A	ERD74-02	①	63	41
ERA15-08	①	59	20K	ERB28-06	①	60	90C	ERC12-08	①	61	20E	ERC88M-009	③	114	52	ERD74-04	①	63	41
ERA15-10	①	59	20K	ERB28-06D	①	60	90C	ERC13-06	①	61	20D	ERC90-02	①	62	272A	ERD74-06	①	63	41
ERA17-02	①	59	20K	ERB29-02	①	60	90C	ERC13-08	①	61	20D	ERC90G-02	①	62	52	ERD75-005	①	63	41
ERA17-04	①	59	20K	ERB29-04	①	60	90C	ERC16-06	①	61	113E	ERC90M-02	①	62	52	ERD75-01	①	63	41
ERA18-02	①	59	20K	ERB30-13	①	60	113B	ERC16-10	①	61	113E	ERC90M-03	①	62	52	ERD75-02	①	63	41
ERA18-04	①	59	20K	ERB30-15	①	60	113B	ERC16-12	①	61	113E	ERC91-02	①	62	261C	ERD77-10	①	63	41
ERA21-02	①	59	20D	ERB32-01	①	60	90C	ERC18-02	①	61	90D	ERD03-02	①	62	91E	ERD80-004	③	114	464
ERA21-04	①	59	20D	ERB32-02	①	60	90C	ERC18-04	①	61	90D	ERD03-04	①	62	91E	ERD81-004	③	114	41
ERA21-06	①	59	20D	ERB33-02	①	60	261A	ERC20-02	①	61	272A	ERD07-13	①	62	261C	ERE24-005	①	63	477
ERA22-02	①	59	20K	ERB35-02	①	60	261A	ERC20-04	①	61	272A	ERD07-15	①	62	261C	ERE24-01	①	63	477
ERA22-04	①	59	20K	ERB37-08	①	60	20E	ERC20-06	①	61	272A	ERD08M-13	①	62	587	ERE24-02	①	63	477
ERA22-06	①	59	20K	ERB37-10	①	60	20E	ERC20-08	①	61	272A	ERD08M-15	①	62	587	ERE24-04	①	63	477
ERA22-08	①	59	20K	ERB38-04	①	60	20E	ERC20M-02	①	61	52	ERD09-13	①	62	91E	ERE24-06	①	63	477
ERA22-10	①	59	20K	ERB38-05	①	60	20E	ERC20M-04	①	61	52	ERD09-15	①	62	91E	ERE26-005	①	63	477
ERA32-01	①	59	20E	ERB38-06	①	60	20E	ERC20M-06	①	61	52	ERD24-005	①	62	41	ERE26-01	①	63	477
ERA32-02	①	59	20E	ERB43-02	①	60	20E	ERC20M-08	①	61	52	ERD24-01	①	62	41	ERE26-02	①	63	477
ERA34-10	⑤	225	20K	ERB43-04	①	60	20E	ERC24-04	①	61	90C	ERD24-02	①	62	41	ERE26-04	①	63	477
ERA37-08	①	59	87A	ERB43-06	①	60	20E	ERC24-06	①	61	90C	ERD24-04	①	62	41	ERE41-15	①	63	91E
ERA37-10	①	59	87A	ERB43-08	①	60	20E	ERC25-04	①	61	90D	ERD24-06	①	62	41	ERE42M-15	①	63	587
ERA38-04	①	59	20K	ERB44-02	①	60	20E	ERC25-06	①	61	90D	ERD27-10	①	62	41	ERE51-01	①	63	477
ERA38-05	①	59	20K	ERB44-04	①	60	20E	ERC25-08	①	61	90D	ERD28-06	①	62	261C	ERE51-03	①	63	477
ERA38-06	①	59	20K	ERB44-06	①	60	20E	ERC26-13	①	61	113E	ERD28-06	①	62	261C	ERE51-06	①	63	477
ERA48-02	①	59	20K	ERB44-08	①	60	20E	ERC26-15	①	61	113E	ERD28-08	①	62	261C	ERE51-09	①	63	477
ERA48-04	①	59	20K	ERB44-10	①	60	20E	ERC27-13	①	62	113D	ERD29-02	①	62	91E	ERE51-12	①	63	477
ERA81-004	③	114	20D	ERB81-004	③	114	261A	ERC27-15	①	62	113D	ERD29-04	①	62	91E	ERE74-005	①	64	477
ERA82-004	③	114	20K	ERB83-004	③	114	20E	ERC30-01	①	62	90D	ERD29-06	①	62	91E	ERE74-01	①	64	477
ERA83-004	③	114	20K	ERB83-006	③	114	20E	ERC30-02	①	62	90D	ERD29-08	①	62	91E	ERE74-02	①	64	477
ERA83-006	③	114	20K	ERB84-009	③	114	261A	ERC33-02	①	62	90C	ERD31-02	①	62	261C	ERE74-04	①	64	477
ERA84-009	③	114	20K	ERB87-08	①	60	20E	ERC35-02	①	62	261B	ERD31-04	①	62	261C	ERE74-06	①	64	477
ERA85-009	③	114	20K	ERB87-10	①	60	20E	ERC37-10	①	62	90D	ERD32-01	①	63	261C	ERE75-005	①	64	477
ERA91-02	①	59	20K	ERB91-02	①	61	20E	ERC371-10A	①	62	52	ERD32-02	①	63	261C	ERE75-01	①	64	477
ERA92-02	①	59	20K	ERB93-02	①	61	90D	ERC38-04	①	62	90D	ERD33-02	①	63	91E	ERE75-02	①	64	477
ERB01-10	①	60	90C	ERC01-02	①	61	261C	ERC38-05	①	62	90D	ERD36M-10	①	63	52	ERE76-005	①	64	477

形名	章	頁	外形	形名	章	頁	外形	形名	章	頁	外形	形名	章	頁	外形	形名	章	頁	外形
ERE76-01	①	64	477	ES01	①	65	67B	ESAC34M-02C	④	163	54	ESAC93M-03	④	164	56	ESAD85M-009RR	④	165	56
ERE76-02	①	64	477	ES01A	①	65	67B	ESAC39-04C	④	163	273A	ESAC93M-03R	④	164	56	ESAD89-009	④	165	363A
ERE76-04	①	64	477	ES01F	①	65	67B	ESAC39-04D	④	163	716B	ESAD16-06	④	164	716B	ESAD92-02	④	165	466A
ERE81-004	③	114	477	ES01Z	①	65	67B	ESAC39-04N	④	163	273B	ESAD25-02C	④	164	466A	ESAD92-03	④	165	466A
ERG24-005	①	64	478	ES1	①	65	67C	ESAC39-06C	④	163	273A	ESAD25-02D	④	164	466C	ESAD92M-02	④	165	56
ERG24-01	①	64	478	ES1A	①	65	67C	ESAC39-06D	④	163	273A	ESAD25-04C	④	164	466B	ESAD92M-02R	④	165	56
ERG24-02	①	64	478	ES1F	①	65	67C	ESAC39-06N	④	163	273B	ESAD25-04D	④	164	466C	ESAD92M-03	④	165	56
ERG24-04	①	64	478	ES1Z	①	65	67C	ESAC39M-04C	④	163	54	ESAD25M-02N	④	164	466B	ESAD92M-03R	④	165	56
ERG27-10	①	64	478	ESAB03-01	④	162	135	ESAC39M-04D	④	163	54	ESAD95-04	④	164	466A				
ERG28-12	①	64	478	ESAB03-02	④	162	135	ESAC39M-04N	④	163	54	ESAD25M-02C	④	164	56	ESAE31-06T	④	165	778
ERG51-01	①	64	478	ESAB03-04	④	162	135	ESAC39M-06C	④	163	54	ESAD25M-02D	④	164	56	ESAE31-08T	④	165	778
ERG51-03	①	64	478	ESAB33-02CS	④	162	273A	ESAC39M-06D	④	163	54	ESAD25M-02N	④	164	56	ESAE83-004	④	165	466A
ERG51-06	①	64	478	ESAB34M-02C	④	162	54	ESAC39M-06N	④	163	54	ESAD25M-04C	④	164	56	ESAE83-006	④	165	466A
ERG51-09	①	64	478	ESAB82-004	④	162	273A	ESAC61-004	④	163	466A	ESAD25M-04D	④	164	56	ESAG31-06T	④	165	779
ERG51-12	①	64	478	ESAB82-004R	④	162	273A	ESAC63-004	④	163	273A	ESAD25M-04N	④	164	56	ESAG31-08T	④	165	779
ERG74-005	①	64	478	ESAB82M-004	④	162	54	ESAC63-004R	④	163	273A	ESAD33-02C	④	164	466A	ESAG32-06T	④	165	780
ERG74-01	①	64	478	ESAB82M-006	④	162	54	ESAC63-006	④	163	273A	ESAD33-02CS	④	164	466A	ESAG32-08T	④	166	780
ERG74-02	①	64	478	ESAB85-009	④	162	273A	ESAC63-006R	④	163	273A	ESAD33-02D	④	164	466C	ESAG73-03C	④	166	634A
ERG74-04	①	64	478	ESAB85M-009	④	162	54	ESAC63M-004	④	163	54	ESAD33-02N	④	164	466B	ESAG73-03D	④	166	634C
ERG75-005	①	64	478	ESAB92-02	④	162	273A	ESAC75-005	④	163	549	ESAD39-04C	④	164	466A	ESAG73-03N	④	166	634B
ERG75-01	①	64	478	ESAB92M-02	④	162	54	ESAC75-01	④	163	549	ESAD39-04D	④	164	466B	ESAG73-06C	④	166	634A
ERG75-02	①	64	478	ESAB92M-03	④	162	54	ESAC75-02	④	163	549	ESAD39-04N	④	164	466B	ESAG73-06D	④	166	634C
ERG77-10	①	64	478	ESAC06-06	④	162	640G	ESAC81-004	④	163	549	ESAD39-06C	④	164	466A	ESAG73-06N	④	166	634B
ERG78-12	①	64	478	ESAC25-02C	④	162	273A	ESAC82-004	④	163	273A	ESAD39-06D	④	165	466C	ESAH73-03C	④	166	634A
ERG81-004	③	114	478	ESAC25-02D	④	162	273C	ESAC82-004R	④	163	466B	ESAD39-06N	④	165	466B	ESAH73-03D	④	166	634C
ERG81A-004	③	114	262	ESAC25-02N	④	162	273B	ESAC82-006	④	163	273A	ESAD39M-04C	④	165	56	ESAH73-03N	④	166	634B
ERN04-20	①	64	481	ESAC25-04C	④	162	273A	ESAC82M-004	④	163	54	ESAD39M-04D	④	165	56	ESAH73-06C	④	166	634A
ERN26-08	①	64	552	ESAC25-04D	④	162	273C	ESAC82M-006	④	163	54	ESAD39M-04N	④	165	56	ESAH73-06D	④	166	634C
ERP04-25	①	64	555	ESAC25-04N	④	162	273B	ESAC83-004	④	163	466A	ESAD39M-06C	④	165	56	ESAH73-06N	④	166	634B
ERP04-30	①	64	555	ESAC25M-02C	④	162	54	ESAC83-004R	④	163	466A	ESAD39M-06D	④	165	56	ESBB01-1R50	⑫	336	261A
ERP15-16	①	64	552	ESAC25M-02D	④	162	54	ESAC83M-004	④	164	56	ESAD39M-06N	④	165	56	ESBB01-2R25	⑫	336	261A
ERR03-25	①	64	553	ESAC25M-02N	④	162	54	ESAC83M-004R	④	164	56	ESAD75-005	④	165	363A	ESBB01-3R00	⑫	336	261A
ERR03-30	①	64	553	ESAC25M-04C	④	162	54	ESAC83M-006	④	164	56	ESAD75-01	④	165	363A	ESBB01-3R75	⑫	336	261A
ERR15-16	①	64	728	ESAC25M-04D	④	162	54	ESAC83M-006R	④	164	56	ESAD75-02	④	165	363A	ESBB01-4R50	⑫	336	261A
ERR81-004	③	114	568	ESAC25M-04N	④	162	54	ESAC83M-006RR	④	164	56	ESAD81-004	④	165	363A	ESC011M-15	④	166	56
ERS03-40	①	64	554	ESAC31-01C	④	162	273A	ESAC85-009	④	164	273A	ESAD83-004	④	165	466A	ESC021M-15	④	166	56
ERW01-060	①	65	272A	ESAC31-01D	④	162	273C	ESAC85-009R	④	164	273A	ESAD83-004R	④	165	466A	ESC023M-15	④	166	56
ERW02-060	①	65	272A	ESAC31-01N	④	163	273B	ESAC85M-009	④	164	54	ESAD83-006	④	165	466A	ESF03B60	①	65	1D
ERW03-060	①	65	272A	ESAC31-02C	④	163	273A	ESAC87-009	④	164	466A	ESAD83-006R	④	165	466A	ESF03B60-F	①	65	2D
ERW04-060	①	65	272A	ESAC31-02D	④	163	273C	ESAC87-009R	④	164	56	ESAD83M-004	④	165	56	ESGD100	⑦	253	120
ERW05-060	①	65	272A	ESAC31-02N	④	163	273B	ESAC87M-009R	④	164	56	ESAD83M-004R	④	165	56	ESH05A15	③	114	1D
ERW06-060	①	65	464	ESAC33-02C	④	163	273A	ESAC92-02	④	164	273A	ESAD83M-004RR	④	165	56	ESH05A15-F	③	114	2D
ERW07-120	①	65	272A	ESAC33-02CS	④	163	273A	ESAC92-03	④	164	273A	ESAD83M-006	④	165	56	ESJA04-02	⑤	225	20L
ERW08-120	①	65	272A	ESAC33-02D	④	163	273C	ESAC92M-02	④	164	54	ESAD83M-006R	④	165	56	ESJA04-02A	⑤	225	20L
ERW09-120	①	65	272A	ESAC33-02N	④	163	273B	ESAC92M-03	④	164	54	ESAD83M-006RR	④	165	56	ESJA04-03	⑤	225	20L
ERW10-120	①	65	272A	ESAC33M-02C	④	163	54	ESAC93-02	④	164	466A	ESAD85-009	④	165	466A	ESJA04-03A	⑤	225	20L
ERW11-120	①	65	464	ESAC33M-02D	④	163	54	ESAC93-03	④	164	466A	ESAD85-009R	④	165	466A	ESJA08-08	⑤	225	507A
ERW12-120	①	65	464	ESAC33M-02N	④	163	54	ESAC93M-02	④	164	54	ESAD85M-009	④	165	56	ESJA08-08A	⑤	225	507A
ERW13-060	①	65	427	ESAC34M-02	④	163	54	ESAC93M-02R	④	164	56	ESAD85M-009R	④	165	56	ESJA09-10	⑤	225	89E

形名	章	頁	外形	形名	章	頁	外形	形名	章	頁	外形	形名	章	頁	外形	形名	章	頁	外形
ESJA09-10A	⑤	225	89E	ESJA83-20	⑤	226	66C	ESVD301	⑪	270	121	F10KQ100B	③	115	4D	F1C2320	⑱	410	405A
ESJA09-12	⑤	225	89E	ESJA83-20A	⑤	227	91G	EU01	⑤	227	67B	F10KQ30	③	115	3	F1C2340	⑱	410	405A
ESJA09-12A	⑤	225	507A	ESJA86-24	⑤	227	91H	EU01Z	⑤	227	67B	F10KQ30B	③	115	4D	F1C510	⑱	410	405A
ESJA18-08	⑤	225	88J	ESJA88-06	⑤	227	507A	EU02	⑤	227	67B	F10KQ40	③	115	3	F1C512	⑱	410	405A
ESJA23-04	⑤	225	19J	ESJA88-08	⑤	227	507A	EU02	①	65	67B	F10KQ40B	③	115	4D	F1C5120	⑱	410	405A
ESJA23-04A	⑤	225	19J	ESJA88-08A	⑤	227	507A	EU02	①	65	67B	F10KQ50	③	115	3	F1C516	⑱	410	405A
ESJA28-02S	②	102	88J	ESJA89-10	⑤	227	89E	EU02Z	①	65	67B	F10KQ50B	③	115	4D	F1C518	⑱	410	405A
ESJA28-03	②	103	88J	ESJA89-10A	⑤	227	89E	EU1	⑤	227	67C	F10KQ60	③	115	3	F1C527	⑱	410	405A
ESJA52-10	⑤	226	19L	ESJA89-12	⑤	227	89E	EU1A	⑤	227	67C	F10KQ60B	③	115	4D	F1C540	⑱	410	405A
ESJA52-10A	⑤	226	19L	ESJA89-12A	⑤	227	89E	EU1Z	⑤	227	67C	F10KQ90	③	115	3	F1C540B	⑱	410	405A
ESJA52-12	⑤	226	19L	ESJA89-14	⑤	227	89E	EU2	①	66	67C	F10KQ90B	③	115	4D	F1C550	⑱	410	405A
ESJA52-12A	⑤	226	19L	ESJA89-14A	⑤	227	89E	EU2A	①	65	67C	F10P03Q	④	166	4A	F1C550B	⑱	410	405A
ESJA52-14	⑤	226	19L	ESJA92-10	⑤	227	19L	EU2YX	①	65	67C	F10P04Q	④	166	4A	F1C560	⑱	410	405A
ESJA52-14A	⑤	226	19L	ESJA92-12	⑤	227	19L	EU2Z	①	66	67C	F10P05Q	④	166	4A	F1C560B	⑱	410	405A
ESJA53-16	⑤	226	91G	ESJA98-06	⑤	227	88J	F01J2E	⑥	242	460B	F10P06Q	④	166	4A	F1C57	⑱	410	405A
ESJA53-16A	⑤	226	91G	ESJA98-08	⑤	227	88J	F01J3	⑥	242	405A	F10P09Q	④	166	4A	F1C575	⑱	410	405A
ESJA53-18	⑤	226	91G	ESJC01-09B	②	103	63	F01J4L	⑥	242	460B	F10P10F	④	166	4A	F1F16	①	66	405A
ESJA53-18A	⑤	226	91G	ESJC01-12B	②	103	63	F01J9	⑥	242	460B	F10P10FR	④	166	4B	F1F20	①	66	405A
ESJA53-20	⑤	226	91G	ESJC03-09	⑤	227	66H	F01JD2E	⑥	242	610F	F10P10Q	④	166	4A	F1H16	①	66	405A
ESJA53-20A	⑤	226	91G	ESJC04-05	①	65	88H	F01JD4L	⑥	242	610F	F10P20F	④	166	4A	F1H2	①	66	405A
ESJA54-06	⑤	226	19J	ESJC07-09B	②	103	66H	F01JD6	⑥	242	610F	F10P20FR	④	166	4B	F1H4	①	66	405A
ESJA54-08	⑤	226	19J	ESJC07-12B	②	103	66H	F01UD40	⑤	227	610F	F10P30F	④	166	4A	F1H6	①	66	405A
ESJA54-08A	⑤	226	19J	ESJC11-09	②	103	63	F02J2E	⑥	242	460B	F10P30FR	④	166	4B	F1H8	①	66	405A
ESJA56-20	⑤	226	91H	ESJC11-12	②	103	63	F02J3	⑥	242	405A	F10P40F	④	166	4A	F1J10C	③	115	405A
ESJA56-24	⑤	226	91H	ESJC12-09	②	103	66H	F02J4L	⑥	242	460B	F10P40FR	④	166	4B	F1J2	③	115	405A
ESJA56-24A	⑤	226	91H	ESJC12-12	②	103	66H	F02J9	⑥	242	460B	F-123	⑭	405	357G	F1J25	③	115	405A
ESJA57-03	⑤	226	20J	ESJC13-09	①	65	63	F02JA2E	⑥	242	610C	F-152	⑭	405	357G	F1J2A	③	115	405A
ESJA57-03A	⑤	226	20J	ESJC13-09B	②	103	63	F02JA4L	⑥	242	610C	F-153	⑭	405	357G	F1J2C	③	115	405A
ESJA57-04	⑤	226	20J	ESJC13-12	①	65	63	F02JD6	⑥	242	610A	F16P03QS	④	166	4A	F1J2E	③	115	405A
ESJA57-04A	⑤	226	20J	ESJC13-12B	②	103	63	F02JK2E	⑥	242	610D	F16P04QS	④	166	4A	F1J2F	③	115	405A
ESJA58-06	⑤	226	507A	ESJC30-05	②	103	66F	F02JK4L	⑥	242	610D	F16P05QS	④	166	4A	F1J2G	③	115	405A
ESJA58-06A	⑤	226	507A	ESJC30-08	②	103	66F	F02JK6	⑥	242	610A	F16P06QS	④	166	4A	F1J2H	③	115	405A
ESJA58-08	⑤	226	507A	ESJC32-08X	①	65	66F	F05J2E	③	114	610A	F16P09QS	④	166	4A	F1J3A	③	115	405A
ESJA58-08A	⑤	226	507A	ESJC33-06	①	65	66F	F05J4	③	114	610A	F16P10FS	④	166	4A	F1J3C	③	115	405A
ESJA59-10	⑤	226	89E	ESJC34-08	①	65	66F	F05J4L	③	114	610A	F16P10QS	④	166	4A	F1J3E	③	115	405A
ESJA59-10A	⑤	226	89E	ESJC35-08	①	65	19C	F-101	⑭	405	357G	F16P20FS	④	166	4A	F1J3F	③	115	405A
ESJA59-12	⑤	226	89E	ESJC37-05	①	65	20J	F-101L	⑭	405	357G	F16P30FS	④	166	4A	F1J3G	③	115	405A
ESJA59-12A	⑤	226	89E	ESJC37-08	①	65	20J	F-102	⑭	405	357G	F16P40FS	④	166	4A	F1J3U	③	115	405A
ESJA59-14	⑤	226	89E	ESJC37-10	①	65	20J	F-103	⑭	405	357G	F1AJ3	③	114	405A	F1J4	③	115	405A
ESJA59-14A	⑤	226	89E	ESL03B025	③	114	1D	F10J2E	③	115	610A	F1AJ4	③	115	405A	F1J4A	③	115	405A
ESJA82-10	⑤	226	66B	ESL03B025-F	③	114	2D	F10KF10	①	66	3	F1C217HB	⑱	410	405A	F1J4C	③	115	405A
ESJA82-10A	⑤	226	19L	ESL03B03	③	114	1D	F10KF10B	①	66	4D	F1C2200	⑱	410	405A	F1J6	③	115	405A
ESJA82-12	⑤	226	66B	ESL03B03-F	③	114	2D	F10KF20	①	66	3	F1C2250	⑱	410	405A	F1J6A	③	115	405A
ESJA82-12A	⑤	226	19L	ESL03B04	③	114	1D	F10KF20B	①	66	4D	F1C2260	⑱	410	405A	F1J6C	③	115	405A
ESJA82-14	⑤	226	66B	ESL03B04-F	③	114	2D	F10KF30	①	66	3	F1C2270	⑱	410	405A	F1J6S	③	115	405A
ESJA82-14A	⑤	226	19L	ESU03A20	①	65	1D	F10KF30B	①	66	4D	F1C2280	⑱	410	405A	F1J9	③	115	405A
ESJA83-16	⑤	226	66C	ESU03A20-F	①	65	2D	F10KF40	①	66	3	F1C2290	⑱	410	405A	F1N2	①	66	405A
ESJA83-16A	⑤	226	91G	ESU03A40	①	65	1D	F10KF40B	①	66	4D	F1C2300	⑱	410	405A	F1N4	①	66	405A
ESJA83-18	⑤	226	66C	ESU03A40-F	①	65	2D	F10KQ100	③	115	3	F1C2310	⑱	410	405A	F1N4B	①	66	405A

- 551 -

形名	章	頁	外形	形名	章	頁	外形	形名	章	頁	外形	形名	章	頁	外形	形名	章	頁	外形
F1N4C	①	66	405A	F5KF30	①	66	3	FC810	④	167	498A	FCH20B06	④	168	4A	FCQ20A04	④	169	4A
F1N6	①	66	405A	F5KF30B	①	66	4D	FC903	⑧	255	499A	FCH20B10	④	168	4A	FCQ20A06	④	169	4A
F1P10	⑤	227	405A	F5KF40	①	66	3	FCF06A20	④	167	4A	FCH20U10	④	168	10A	FCQ20B04	④	169	4A
F1P2	①	66	405A	F5KF40B	①	67	4D	FCF06A40	④	167	4A	FCH20U15	④	168	10A	FCQ20B06	④	169	4A
F1P2S	①	66	405A	F5KQ100	③	116	3	FCF06A60	④	167	4A	FCH20U20	④	168	10A	FCQ20C03	④	169	4A
F1P6	①	66	405A	F5KQ100B	③	116	4D	FCF06D60	④	167	4A	FCH20UB10	④	168	10A	FCQ20U06	④	169	10A
F1P8	①	66	405A	F5KQ30	③	116	3	FCF10A20	④	167	4A	FCH30A03L	④	168	4A	FCQ20UB06	④	169	10A
F1Q10	①	66	405A	F5KQ30B	③	116	4D	FCF10A40	④	167	4A	FCH30A03L	④	168	4A	FCQ30A03L	④	169	4A
F1SG8	①	66	405A	F5KQ40	③	116	3	FCF10A60	④	167	4A	FCH30A09	④	168	4A	FCQ30A04	④	169	4A
F1SN4	①	66	405A	F5KQ40B	③	116	4D	FCF10B60	④	167	4A	FCH30A10	④	168	4A	FCQ30A06	④	169	4A
F1SN4A	①	66	405A	F5KQ50	③	116	3	FCF10D60	④	167	4A	FCH30A15	④	168	4A	FCQ30B06	④	169	4A
F1SN6	①	66	405A	F5KQ50B	③	116	4D	FCF10U40	④	167	10A	FCH30B03L	④	168	4A	FCQ30U04	④	169	10A
F1SN8	①	66	405A	F5KQ60	③	116	3	FCF16A20	④	167	4A	FCH30B10	④	168	4A	FCQ30U06	④	169	10A
F1V61B	⑱	410	405A	F5KQ60B	③	116	4D	FCF16A40	④	167	4A	FCH30U06	④	168	10A	FCQS08A035	④	169	4A
F1V62B	⑱	410	405A	F5KQ90	③	116	3	FCF16A50	④	167	4A	FCH30U10	④	168	10A	FCQS08A045	④	170	4A
F-202	⑭	405	357G	F5KQ90B	③	116	4D	FCF16A60	④	167	4A	FCH30U15	④	168	10A	FCQS08A065	④	170	4A
F25P03QS	④	166	4A	F6P10F	④	167	4A	FCF20B60	④	167	4A	FCHS08A045	④	168	4A	FCQS10A035	④	170	4A
F25P04QS	④	166	4A	F6P20F	④	167	4A	FCF20D60	④	167	4A	FCHS08A065	④	168	4A	FCQS10A065	④	170	4A
F25P05QS	④	167	4A	F6P30F	④	167	4A	FCH05A10	④	167	4A	FCHS08A08	④	168	4A	FCQS10A065	④	170	4A
F25P06QS	④	167	4A	F6P40F	④	167	4A	FCH06A09	④	167	4A	FCHS08A12	④	168	4A	FCQS20A045	④	170	4A
F25P09QS	④	167	4A	F-701	⑭	405	357G	FCH06A10	④	167	4A	FCHS10A045	④	168	4A	FCQS20A065	④	170	4A
F25P10QS	④	167	4A	F-822	⑭	405	357G	FCH08A03L	④	167	4A	FCHS10A065	④	169	4A	FCQS20B045	④	170	4A
F-272	⑭	405	357G	F8P03Q	④	167	4A	FCH08A04	④	167	4A	FCHS10A08	④	169	4A	FCQS20B065	④	170	4A
F2J3F	③	115	486F	F8P04Q	④	167	4A	FCH08A06	④	167	4A	FCHS10A12	④	169	4A	FCQS30A065	④	170	4A
F2J3F(A)	③	115	486F	F8P05Q	④	167	4A	FCH08A10	④	167	4A	FCHS20A045	④	169	4A	FCQS30A065	④	170	4A
F2J3U	③	115	486B	F8P06Q	④	167	4A	FCH08A15	③	116	405G	FCHS20A065	④	169	4A	FCQS30B065	④	170	4A
F2J3U(A)	③	115	486F	FA3J4	③	116	405G	FCH08U10	④	167	10A	FCHS20A12	④	169	4A	FCQS30U065	④	170	10A
F2J4	③	115	486F	FA3J4E	③	116	405G	FCH10A03L	③	116	405A	FCHS20U08	④	169	10A	FCU06B60	④	170	4A
F2J4(A)	③	116	486F	FA3J6	③	116	405A	FCH10A04	④	167	4A	FCHS30A045	④	169	4A	FCU10A20	④	170	4A
F2J4S	③	116	486B	FACH10U06	④	167	10A	FCH10A06	④	168	4A	FCHS30A08	④	169	4A	FCU10A30	④	170	4A
F2J4S(A)	③	116	486F	FAJ4	③	116	405G	FCH10A09	④	168	4A	FCHS30A08	④	169	4A	FCU10A40	④	170	4A
F2J6	③	116	486F	FC0270L	⑱	410	460B	FCH10A10	④	168	4A	FCHS30A12	④	169	4A	FCU10A60	④	170	4A
F2J6(A)	③	116	486F	FC0270M	⑱	410	460B	FCH10A15	④	168	4A	FCL10A05	④	168	4A	FCU10B60	④	170	4A
F2J6S	③	116	486B	FC0270U	⑱	411	460B	FCH10A18	④	168	4A	FCL20A015	④	169	4A	FCU10UC16	④	170	10A
F2J6S(A)	③	116	486F	FC0300L	⑱	411	460B	FCH10A20	④	168	4A	FCL30A015	④	169	4A	FCU10UC20	④	170	10A
F2J9	③	116	486B	FC0300M	⑱	411	460B	FCH10U10	④	168	10A	FCQ06A04	④	169	4A	FCU10UC30	④	170	10A
F2J9(A)	③	116	486F	FC0300U	⑱	411	460B	FCH10U15	④	168	10A	FCQ06A06	④	169	4A	FCU10UC40	④	170	10A
F2P2	①	66	486B	FC0330L	⑱	411	460B	FCH10U20	④	168	10A	FCQ06U06	④	169	10A	FCU20A20	④	170	4A
F2V10	①	66	486F	FC0330M	⑱	411	460B	FCH20A03L	④	168	4A	FCQ08A03L	④	169	4A	FCU20A30	④	170	4A
F2V2	①	66	486F	FC0330U	⑱	411	460B	FCH20A04	④	168	4A	FCQ08A04	④	169	4A	FCU20A40	④	170	4A
F-301	⑭	405	357G	FC801	⑧	255	499B	FCH20A06	④	168	4A	FCQ08A06	④	169	4A	FCU20A60	④	170	4A
F-352	⑭	405	357G	FC802	⑧	255	499B	FCH20A09	④	168	4A	FCQ08B06	④	169	4A	FCU20B60	④	170	4A
F-452	⑭	405	357G	FC803	⑧	255	499B	FCH20A12	④	168	4A	FCQ10A03L	④	169	4A	FCU20U40	④	170	10A
F-501	⑭	405	357G	FC804	④	242	498A	FCH20A15	④	168	4A	FCQ10A04	④	169	4A	FCU20UC16	④	170	10A
F-562	⑭	405	357G	FC805	④	167	498A	FCH20A15	④	168	4A	FCQ10A06	④	169	4A	FCU20UC20	④	170	10A
F5KF10	①	66	3	FC806	⑥	242	498A	FCH20A18	④	168	4A	FCQ10A06	④	169	4A	FCU20UC30	④	170	10A
F5KF10B	①	66	4D	FC807	⑧	255	498B	FCH20B03	④	168	4A	FCQ10U04	④	169	10A	FCU20UC30	④	170	10A
F5KF20	①	66	3	FC808	⑧	255	498C	FCH20B03	④	168	4A	FCQ10U06	④	169	10A	FD1000A-16	①	67	185
F5KF20B	①	66	4D	FC809	⑥	242	498A	FCH20B04	④	168	4A	FCQ20A03L	④	169	4A	FD1000A-20	①	67	185

形名	章	頁	外形	形名	章	頁	外形	形名	章	頁	外形	形名	章	頁	外形	形名	章	頁	外形
FD1000A-24	①	67	185	FD1600CP-6	①	68	470	FD3500BP-6	①	69	654	FD6JK10	④	170	425	FM2-2202	④	171	446
FD1000A-28	①	67	185	FD1600CP-8	①	68	470	FD3500BP-8	①	69	654	FD6JK3	④	170	425	FMB-2204	④	171	446
FD1000A-32	①	67	185	FD1600CV-70	①	68	465	FD400DL-10	①	69	187	FD6JK4	④	170	425	FMB-2206	④	171	446
FD1000A-36	①	67	185	FD1600CV-80	①	68	465	FD400DL-12	①	69	187	FD6JK6	④	170	425	FMB-22H	④	171	446
FD1000A-40	①	67	185	FD2000DU-120	①	68	345	FD400DL-16	①	69	187	FD807-02	③	116	261C	FMB-22L	④	171	446
FD1000A-50	①	67	185	FD200AV-70	①	68	475	FD400DL-20	①	69	187	FD807-03	③	116	261C	FMB-23	④	171	446
FD1000A-56	①	67	185	FD200AV-80	①	68	475	FD400DL-24	①	69	187	FD867-12	③	116	261D	FMB-2304	④	171	446
FD1000D-16	①	67	475	FD200AV-90	①	68	475	FD400DL-32	①	69	187	FD867-15	③	116	261D	FMB-2304	④	171	446
FD1000D-20	①	67	475	FD200B-12	①	68	182	FD402AL-12	①	69	332	FD867-20	③	116	261D	FMB-2306	④	171	446
FD1000D-24	①	67	475	FD200B-16	①	68	182	FD402AM-32	①	69	333	FD868-12	③	116	261D	FMB-23L	④	171	446
FD1000D-28	①	67	475	FD200B-2	①	68	182	FD452AH-50	①	69	334	FD868-15	③	116	261D	FMB-24	④	171	446
FD1000D-32	①	67	475	FD200B-4	①	68	182	FD5000AV-100DA	①	70	758	FD868-20	③	116	261D	FMB-24H	④	171	446
FD1000D-36	①	67	475	FD200B-8	①	68	182	FD500C-40	①	69	185	FD8JS10	③	116	425	FMB-24L	④	171	446
FD1000D-40	①	67	475	FD200E-16	①	68	350	FD500C-50	①	69	185	FD8JS3	③	116	425	FMB-24M	④	171	446
FD1000D-50	①	67	475	FD200E-2	①	68	350	FD500C-56	①	69	185	FD8JS4	③	116	425	FMB-26	④	171	446
FD1000D-56	①	67	475	FD200E-4	①	68	350	FD500C-60	①	69	185	FD8JS6	③	116	425	FMB-26L	④	171	446
FD1000FH-50	①	67	469	FD200E-8	①	68	350	FD500DH-28	①	69	462	FDF25CA100	④	170	331	FMB-29	④	171	446
FD1000FH-56	①	67	469	FD250A-20	①	68	467	FD500DH-32	①	69	462	FDF25CA120	④	170	331	FMB-29L	④	171	446
FD1000FV-70	①	67	465	FD250A-24	①	68	467	FD500DH-36	①	69	462	FDF60BA60	④	171	331	FMB-32	④	171	447
FD1000FV-80	①	67	465	FD250A-28	①	68	467	FD500DH-40	①	69	462	FDS100BA60	④	171	700	FMB-32M	④	171	447
FD1000FV-90	①	67	465	FD250A-32	①	68	467	FD500DH-50	①	69	462	FDS100CA100	④	171	700	FMB-33	④	171	447
FD1000FX-90	①	67	465	FD250A-36	①	68	467	FD500DH-60	①	69	462	FDS100CA120	④	171	700	FMB-33M	④	171	447
FD10JK10	④	170	425	FD250A-40	①	68	467	FD500DV-70	①	69	462	FE15JT3	④	171	245	FMB-33S	④	171	447
FD10JK3	④	170	425	FD250B-12	①	68	467	FD500DV-80	①	69	462	FE201-6	①	70	66J	FMB-34	④	171	447
FD10JK4	④	170	425	FD250B-16	①	68	467	FD500E-16	①	69	468	FE301-1	①	70	66J	FMB-34M	④	171	447
FD10JK6	④	170	425	FD250B-20	①	68	467	FD500E-20	①	69	468	FF03J3L	⑥	242	757A	FMB-34S	④	171	447
FD1500AU-120DA	①	67	758	FD250CH-40	①	68	186	FD500E-24	①	69	468	FF03J3M	⑥	242	757A	FMB-36	④	172	447
FD1500AV-70	①	67	665	FD250CH-50	①	68	186	FD500E-36	①	69	468	FF1J2E	⑥	242	757A	FMB-36M	④	172	447
FD1500AV-80	①	67	665	FD250CM-16	①	68	186	FD500E-32	①	69	468	FF1J3	⑥	242	757A	FMB-39	④	172	447
FD1500AV-90	①	67	665	FD250CM-20	①	68	186	FD500E-36	①	69	468	FF1J4L	⑥	242	757A	FMB-39M	④	172	447
FD1500BV90DA	①	67	758	FD250CM-24	①	68	186	FD500E-40	①	70	468	FF1J9	⑥	242	757A	FMB-G12L	③	117	471
FD1500CV90DA	①	67	758	FD250CM-32	①	68	186	FD500E-50	①	70	468	FHS04A06B	③	116	4D	FMB-G14	③	117	471
FD1600A-16	①	67	469	FD250DM-20	①	68	186	FD500E-60	①	70	468	FHS04A10B	③	117	4D	FMB-G14L	③	117	471
FD1600A-20	①	67	469	FD250DM-24	①	68	186	FD500EV-70	①	70	468	FL10JK10S	④	171	213A	FMB-G16L	③	117	471
FD1600A-24	①	67	469	FD250DM-28	①	68	186	FD500EV-80	①	70	468	FL10JK15M	④	171	213A	FMB-G19L	③	117	471
FD1600A-28	①	67	469	FD250DM-32	①	68	186	FD500FP-5	①	70	653	FL10JK20M	④	171	213A	FMB-G22H	③	117	471
FD1600A-32	①	67	469	FD250DM-36	①	69	186	FD500GH-50	①	70	475	FL20JK10S	④	171	213A	FMB-G24H	③	117	471
FD1600A-36	①	67	469	FD250DM-40	①	69	186	FD500GH-56	①	70	475	FL20JK12M	④	171	213A	FMC-26U	④	172	446
FD1600A-40	①	67	469	FD252AM-40	①	69	332	FD500GV-70	①	70	469	FL20JK15M	④	171	213A	FMC-26UA	①	70	471B
FD1600A-50	①	67	469	FD252AV-90	①	69	338	FD500GV-80	①	70	469	FL20JK20M	④	171	213A	FMC-28U	④	172	446
FD1600A-60	①	67	469	FD3000AU-120DA	①	69	345	FD500GV-90	①	70	469	FL30JK10M	④	171	213A	FMC-28UA	①	70	471B
FD1600BP-10	①	68	470	FD3500AH-36	①	69	490	FD500JV-90DA	①	70	749	FL30JK10S	④	171	213A	FMC-G28S	①	70	471
FD1600BP-2	①	68	470	FD3500AH-40	①	69	490	FD5JS10	③	116	425	FL30JK15M	④	171	213A	FMC-G28SL	①	70	471
FD1600BP-4	①	68	470	FD3500AH-50	①	69	490	FD5JS3	③	116	425	FL30JK20M	④	171	213A	FMD-1056S	①	70	471
FD1600BP-6	①	68	470	FD3500AH-56	①	69	490	FD5JS4	③	116	425	FM01JA2E	⑥	242	205C	FMD-1106S	①	70	471
FD1600BP-8	①	68	470	FD3500BP-10	①	69	654	FD5JS6	③	116	425	FM01JA4L	⑥	242	205C	FMD-4204S	④	172	326
FD1600CP-10	①	68	470	FD3500BP-12	①	69	654	FD602AH-60	①	70	334	FM01JD6	⑥	242	205D	FMD-4206S	④	172	326
FD1600CP-2	①	68	470	FD3500BP-2	①	69	654	FD602AV-88	①	70	338	FM01JK2E	⑥	242	205D	FMD-G26S	①	70	471
FD1600CP-4	①	68	470	FD3500BP-4	①	69	654	FD602BV-90	①	70	340	FM01JK4L	⑥	242	205D	FME-2104	④	172	446

- 553 -

形　名	章	頁	外形
FME-2106	④	172	446
FME-210B	④	172	446
FME-220A	④	172	446
FME-220B	④	172	446
FME-230A	④	172	446
FME-24H	④	172	273A
FME-24L	④	172	273A
FMEN-210A	④	172	446
FMEN-210B	④	172	446
FMEN-215A	④	172	446
FMEN-220A	④	172	446
FMEN-220B	④	172	446
FMEN-230A	④	172	446
FMEN-230B	④	172	446
FMEN-420A	④	172	326
FMEN-420B	④	172	326
FMEN-430A	④	172	326
FMG-11R	④	172	446
FMG-11S	④	172	446
FMG-12R	④	172	446
FMG-12S	④	172	446
FMG-13R	④	172	446
FMG-13S	④	172	446
FMG-14R	④	172	446
FMG-14S	④	172	446
FMG-21R	④	172	446
FMG-21S	④	172	446
FMG-22R	④	172	446
FMG-22S	④	172	446
FMG-23R	④	172	446
FMG-23S	④	172	446
FMG-24R	④	172	446
FMG-24S	④	172	446
FMG-26R	④	173	446
FMG-26S	④	173	446
FMG-31R	④	173	447
FMG-31S	④	173	447
FMG-32R	④	173	447
FMG-32S	④	173	447
FMG-33R	④	173	447
FMG-33S	④	173	447
FMG-34R	④	173	447
FMG-34S	④	173	447
FMG-36R	④	173	447
FMG-36S	④	173	447
FMG-G26S	①	70	471
FMG-G2CS	①	70	471
FMG-G36S	①	70	493
FMG-G3CS	①	70	493

形　名	章	頁	外形
FMJ-2203	④	173	446
FMJ-2303	④	173	446
FMJ-23L	④	173	446
FML-11S	④	173	446
FML-12S	④	173	446
FML-13S	④	173	446
FML-14S	④	173	446
FML-21R	④	173	446
FML-21S	④	173	446
FML-22R	④	173	446
FML-22S	④	173	446
FML-23S	④	173	446
FML-24S	④	173	446
FML-31S	④	173	447
FML-32S	④	173	447
FML-33S	④	173	447
FML-34S	④	173	447
FML-36S	④	173	447
FML-4202S	④	173	326
FML-4204S	④	173	326
FML-G12S	①	70	471
FML-G13S	①	70	471
FML-G14S	①	70	471
FML-G16S	①	70	471
FML-G22S	①	70	471
FML-G26S	①	70	471
FMM-22R	④	173	446
FMM-22S	④	173	446
FMM-24R	④	173	446
FMM-24S	④	173	446
FMM-26R	④	173	446
FMM-26S	④	173	446
FMM-31R	④	173	447
FMM-31S	④	173	447
FMM-32R	④	173	447
FMM-32S	④	173	447
FMM-34R	④	174	447
FMM-34S	④	174	447
FMM-36R	④	174	447
FMM-36S	④	174	447
FMN1	⑧	255	346B
FMN-1056S	①	70	471
FMN-1106S	①	70	471
FMN-2206S	④	174	446
FMN-4206S	④	174	326
FMN-G12S	①	70	471
FMN-G14S	①	70	471
FMN-G16S	①	70	471
FMNS-1106S	①	70	471

形　名	章	頁	外形
FMP1	⑧	255	346A
FMP-2FUR	①	70	273E
FMP-3FU	④	174	326C
FMP-G12S	①	71	471
FMP-G15FS	①	71	325
FMP-G2FS	①	71	471
FMP-G3FS	①	71	325
FMP-G5FS	①	71	325
FMP-G5HS	①	71	325
FMQ-2FUR	①	71	446
FMQ-3GU	④	174	326C
FMQ-G1FS	①	71	471
FMQ-G2FLS	①	71	272A
FMQ-G2FMS	①	71	471
FMQ-G2FS	①	71	471
FMQ-G5FMS	①	71	325
FMQ-G5GS	①	71	325
FMR-G5HS	①	71	325
FMS-3FU	④	174	326C
FMT-2FUR	①	71	446
FMU-11R	④	174	446
FMU-11S	④	174	446
FMU-12R	④	174	446
FMU-12S	④	174	446
FMU-14R	④	174	446
FMU-14S	④	174	446
FMU-16R	④	174	446
FMU-16S	④	174	446
FMU-21R	④	174	446
FMU-21S	④	174	446
FMU-22R	④	174	446
FMU-22S	④	174	446
FMU-24R	④	174	446
FMU-24S	④	174	446
FMU-26R	④	174	446
FMU-26S	④	174	446
FMU-31R	④	174	447
FMU-31S	④	174	447
FMU-32R	④	174	447
FMU-32S	④	174	447
FMU-34R	④	174	447
FMU-34S	④	174	447
FMU-36R	④	174	447
FMU-36S	④	174	447
FMU-G16S	①	71	471
FMU-G26S	①	71	471
FMU-G2FS	①	71	471
FMU-G2YXS	①	71	471
FMUP1056	①	71	471

形　名	章	頁	外形
FMUP1106	①	71	471
FMUP-2056	④	174	446
FMV-3FU	④	174	326C
FMV-3GU	④	174	326C
FMV-G2GS	①	71	471
FMV-G5FS	①	71	325
FMW-2106	④	174	446
FMW-2156	④	174	446
FMW-2204	④	174	446
FMW-2206	④	174	446
FMW-24H	④	174	446
FMW-24L	④	174	446
FMW-4304	④	175	326
FMW-4306	④	175	326
FMX-1086S	①	71	471
FMX-12S	④	175	446
FMX-2203	④	175	446
FMX-22S	④	175	446
FMX-22SL	④	175	446
FMX-23S	④	175	446
FMX-32S	④	175	447
FMX-33S	④	175	447
FMX-4202S	④	175	326
FMX-4203S	④	175	326
FMX-4206S	④	175	326
FMXA-1054S	①	71	471
FMXA-1104S	①	71	471
FMXA-1106S	①	71	471
FMXA-2102ST	④	175	446
FMXA-2153S	④	175	446
FMXA-2202S	④	175	446
FMXA-2203S	④	175	446
FMXA-4202S	④	175	326
FMXA-4203S	④	175	326A
FMXA-4204S	④	175	326
FMXA-4206S	④	175	326
FMX-G12S	①	71	471
FMX-G12S	①	71	471
FMX-G14S	①	71	471
FMX-G16S	①	71	471
FMX-G22S	①	71	471
FMX-G26S	①	71	471
FMXJ-2164S	④	175	446
FMXK-1106S	①	71	471
FMXK-2206S	④	175	446
FMXS-2206S	④	175	446
FMXS-4202S	④	175	326
FMY-1036S	①	71	471
FMY-1106S	①	71	471

形　名	章	頁	外形
FMY-2206S	④	175	446
FPP8	①	71	460C
FPSN4	①	71	460C
FQ1JP10L	⑥	243	717
FQ1JP2E	⑥	242	717
FQ1JP3	⑥	242	717
FQ1JP4L	⑥	243	717
FQ2JP6L	⑥	243	717
FQ4JP2E	⑥	243	717
FQ4JP3	⑥	243	717
FRD100BA60	④	175	700
FRD100CA100	④	175	700
FRD100CA120	④	175	700
FRF10A20	④	175	4A
FRF10A40	④	175	4B
FRG25BA60	①	71	708
FRG25CA120	①	71	708
FRH08A15	④	175	4B
FRH10A04	④	175	4B
FRH10A10	④	175	4B
FRH10A15	④	175	4B
FRH10A18	④	175	4B
FRH10A20	④	175	4B
FRH20A15	④	175	4B
FRH20A18	④	175	4B
FRH20A20	④	175	4B
FRQ10A03L	④	175	4B
FRQ10A06	④	175	4B
FRQ20U06	④	175	10B
FRS150BA50	①	71	702
FRS200BA50	①	71	615
FRS200BA60	①	72	615
FRS200CA100	①	72	700
FRS200CA120	①	72	700
FRS300BA50	①	72	702
FRS300CA50	①	72	702
FRS400BA50	①	72	703
FRS400BA60	①	72	703
FRS400CA120	①	72	703
FRS400DA100	①	72	703
FRS400DA120	①	72	703
FRS400EA200	①	72	703
FRU20UC30	④	176	10A
FS01N60	⑤	227	421B
FS01U60	⑤	227	421B
FS02U60	⑤	227	421B
FS05J10	③	117	421B
FS1J2E	③	117	421B
FS1J3	③	117	421B

形名	章	頁	外形	形名	章	頁	外形	形名	章	頁	外形	形名	章	頁	外形	形名	章	頁	外形
FS1J4	③	117	421B	FSH10A10	③	117	3	FSU05B60	①	72	3	FV10J3	③	119	491	GSC315	④	176	275
FS1J6	③	117	421B	FSH10A10B	③	117	4D	FSU08C60	①	72	3	FV10J4	③	119	491	GSC318	④	176	275
FSD20A90	①	72	3	FSH10A15	③	117	3	FSU10A20	①	72	3	FZ0270	⑫	336	757A	GSF05A20	①	73	272A
FSF03B60	①	72	3	FSH10A20B	③	118	4D	FSU10A30	①	72	3	FZ0280	⑫	336	757A	GSF05A20B	①	73	273D
FSF03D60	①	72	3	FSH10U04	③	118	9	FSU10A40	①	72	3	FZ0290	⑫	336	757A	GSF05A40	①	73	272A
FSF03UB60	①	72	9	FSH10U10	③	118	9	FSU10A60	①	73	3	FZ0300	⑫	336	757A	GSF05A40B	①	73	273D
FSF05A20	①	72	3	FSHS04A045	③	118	3	FSU10B60	①	73	3	FZ0310	⑫	336	757A	GSF05A60	①	73	272A
FSF05A20B	①	72	4D	FSHS04A065	③	118	3	FSU10U60	①	73	9	FZ0320	⑫	336	757A	GSF05A60B	①	73	273D
FSF05A40	①	72	3	FSHS04A08	③	118	3	FSU10UB60	①	73	3	FZ0330	⑫	336	757A	GSF05B60	①	73	272A
FSF05A40B	①	72	4D	FSHS04A12	③	118	3	FSU10UC30B	①	73	10D	FZ0340	⑫	336	757A	GSF10A20	①	73	272A
FSF05A60	①	72	3	FSHS05A065	③	118	3	FSU15A20	①	73	3	GCF06A20	④	176	273A	GSF10A20B	①	73	273D
FSF05A60B	①	72	4D	FSHS05A08	③	118	3	FSU15A30	①	73	3	GCF06A40	④	176	273A	GSF10A40	①	73	272A
FSF05B60	①	72	3	FSHS05A12	③	118	3	FSU15A40	①	73	3	GCF06A60	④	176	273A	GSF10A40B	①	73	273D
FSF05D60	①	72	3	FSHS10A045	③	118	3	FSU20A60	④	176	4A	GCF06B60	④	176	273A	GSF10A60	①	73	272A
FSF10A20	①	72	3	FSHS10A065	③	118	3	FSU20B60	④	176	4A	GCF10A20	④	176	273A	GSF10A60B	①	73	273D
FSF10A20B	①	72	4D	FSHS10A08	③	118	3	FT02P80	⑤	227	460D	GCF10A40	④	176	273A	GSF18R	③	119	446
FSF10A40	①	72	3	FSHS10A12	③	118	3	FT05J10	③	118	421H	GCF10A60	④	176	273A	GSH05A09	③	119	272A
FSF10A40B	①	72	4D	FSHS15A045	③	118	3	FT1J2E	③	119	421H	GCH10A09	④	176	273A	GSH05A09B	③	119	273D
FSF10A60	①	72	3	FSHS15A08	③	118	3	FT1J3	③	119	421H	GCH10A10	④	176	273A	GSH05A10	③	119	272A
FSF10A60B	①	72	4D	FSHS15A12	③	118	3	FT1J4	③	119	421H	GCH20A09	④	176	273A	GSH05A10B	③	119	273D
FSF10B60	①	72	3	FSL05A015	③	118	3	FT1J6	③	119	421H	GCH20A10	④	176	273A	GSH10A09	③	119	272A
FSF10B60B	①	72	4D	FSQ04A035	③	118	3	FTZ4.3E	⑫	336	346A	GCH30A09	④	176	273A	GSH10A09B	③	119	273D
FSF10D60	①	72	3	FSQ04A045	③	118	3	FTZ5.6E	⑫	336	346A	GCH30A10	④	176	273A	GSH10A10	③	119	272A
FSH04A03L	③	117	3	FSQ05A03L	③	118	3	FTZ6.8E	⑫	336	346A	GCHS20A08	④	176	273A	GSH10A10B	③	119	273D
FSH04A03LB	③	117	4D	FSQ05A03LB	③	118	4D	FTZU6.2E	⑫	336	346A	GCHS30A08	④	176	273A	GSQ05A03L	③	119	272A
FSH04A04	③	117	3	FSQ05A04	③	118	3	FUAJ4	③	119	485A	GCQ10A04	④	176	273A	GSQ05A03LB	③	119	273D
FSH04A04B	③	117	4D	FSQ05A04B	③	118	4D	FUJ10C	③	119	485A	GCQ10A06	④	176	273A	GSQ05A04	③	119	272A
FSH04A06	③	117	3	FSQ05A06	③	118	3	FUJ2A	③	119	485A	GCQ20A03L	④	176	273A	GSQ05A04B	③	119	273D
FSH04A10	③	117	3	FSQ05A06B	③	118	4D	FUJ2C	③	119	485A	GCQ20A06	④	176	273A	GSQ05A06	③	119	272A
FSH05A03L	③	117	3	FSQ05U06	③	118	9	FUJ2E	③	119	485A	GCQ30A03L	④	176	273A	GSQ05A06B	③	120	273D
FSH05A03LB	③	117	4D	FSQ10A04	③	118	3	FUJ2F	③	119	485A	GCQ30A04	④	176	273A	GSQ10A04	③	120	272A
FSH05A04	③	117	3	FSQ10A04B	③	118	4D	FUJ2H	③	119	485A	GCQ30A06	④	176	273A	GSQ10A04B	③	120	273D
FSH05A04B	③	117	4D	FSQ10A06	③	118	3	FUJ3A	③	119	485A	GDZ3.9	⑫	336	440	GSQ10A06	③	120	272A
FSH05A06	③	117	3	FSQ10A06B	③	118	4D	FUJ3C	③	119	485A	GDZ4.7	⑫	336	440	GSQ10A06B	③	120	273D
FSH05A06B	③	117	4D	FSQ10U04	③	118	9	FUJ3E	③	119	485A	GDZ5.1	⑫	336	440	GSQ10A06B	③	120	273D
FSH05A09	③	117	3	FSQ10U06	③	118	9	FUJ3F	③	119	485A	GDZ5.6	⑫	336	440	GZA10	⑫	337	78F
FSH05A09B	③	117	4D	FSQS04A065	③	118	3	FUJ4	③	119	485A	GDZ6.2	⑫	336	440	GZA11	⑫	337	78F
FSH05A10	③	117	3	FSQS05A035	③	118	3	FUJ4A	③	119	485A	GDZ6.8	⑫	336	440	GZA12	⑫	337	78F
FSH05A10B	③	117	4D	FSQS05A045	③	118	3	FUJ4C	③	119	485A	GDZ7.5	⑫	336	440	GZA13	⑫	337	78F
FSH05A15	③	117	3	FSQS05A065	③	118	3	FUJ4S	③	119	485A	GDZ8.2	⑫	336	440	GZA15	⑫	337	78F
FSH05A20B	③	117	4D	FSQS10A045	③	118	3	FUJ6	③	119	485A	GMA01	⑤	227	78E	GZA16	⑫	337	78F
FSH10A03L	③	117	3	FSQS10A065	③	118	3	FUJ6A	③	119	485A	GMA01U	⑤	227	78E	GZA18	⑫	337	78F
FSH10A03LB	③	117	4D	FSQS15A065	③	118	3	FUJ6C	③	119	485A	GMA02	⑤	227	78E	GZA2.0	⑫	336	78F
FSH10A04	③	117	3	FSR8P12	①	72	213B	FUJ6S	③	119	485A	GMB01	⑤	227	79D	GZA2.2	⑫	336	78F
FSH10A04B	③	117	4D	FSU05A20	①	72	3	FUJ9	③	119	485A	GMB01U	⑤	227	79D	GZA2.4	⑫	336	78F
FSH10A06	③	117	3	FSU05A30	①	72	3	FUSN4	①	73	405F	GSC215	④	176	273A	GZA2.7	⑫	336	78F
FSH10A06B	③	117	4D	FSU05A40	①	72	3	FV02R80	⑤	227	491	GSC218	④	176	273A	GZA20	⑫	337	78F
FSH10A09	③	117	3	FSU05A60	①	72	3	FV10J2E	③	119	491	GSC235	④	176	273A	GZA22	⑫	337	78F

形　名	章	頁	外形	形　名	章	頁	外形	形　名	章	頁	外形	形　名	章	頁	外形	形　名	章	頁	外形
GZA24	⑫	337	78F	GZB6.8	⑫	337	25F	GZS24	⑫	339	78E	HAU140C031	⑤	228	610D	HRA92M	④	176	342
GZA27	⑫	337	78F	GZB7.5	⑫	337	25F	GZS27	⑫	339	78E	HAU140C032	⑤	228	610D	HRA92S	④	176	343
GZA3.0	⑫	336	78F	GZB8.2	⑫	337	25F	GZS3.0	⑫	339	78E	HAU140C033	⑤	228	610D	HRA93	④	177	611
GZA3.3	⑫	336	78F	GZB9.1	⑫	337	25F	GZS3.3	⑫	339	78E	HAU140C034	⑤	228	610D	HRB0103A	⑥	243	205A
GZA3.6	⑫	336	78F	GZE10	⑫	338	78E	GZS3.6	⑫	339	78E	HAU160C026	⑤	228	610D	HRB0103B	⑥	243	205F
GZA3.9	⑫	336	78F	GZE11	⑫	338	78E	GZS3.9	⑫	339	78E	HAU160C027	⑤	228	610D	HRB0502A	③	120	205A
GZA30	⑫	337	78F	GZE12	⑫	338	78E	GZS30	⑫	339	78E	HAU160C028	⑤	228	610D	HRC0103A	⑥	243	757A
GZA33	⑫	337	78F	GZE13	⑫	338	78E	GZS33	⑫	339	78E	HAU160C029	⑤	228	610D	HRC0103C	⑥	243	757A
GZA36	⑫	337	78F	GZE15	⑫	338	78E	GZS36	⑫	339	78E	HAU160C030	⑤	228	610D	HRC0201A	⑥	243	757A
GZA39	⑫	337	78F	GZE16	⑫	338	78E	GZS39	⑫	339	78E	HAU160C031	⑤	228	610D	HRC0202A	⑥	243	205D
GZA4.3	⑫	336	78F	GZE18	⑫	338	78E	GZS4.3	⑫	339	78E	HAU160C032	⑤	228	610D	HRC0203B	⑥	243	757A
GZA4.7	⑫	336	78F	GZE2.0	⑫	338	78E	GZS4.7	⑫	339	78E	HAU160C033	⑤	228	610D	HRC0203C	⑥	243	757A
GZA43	⑫	337	78F	GZE2.2	⑫	338	78E	GZS5.1	⑫	339	78E	HAU160C034	⑤	228	610D	HRD0103C	⑥	243	738B
GZA47	⑫	337	78F	GZE2.4	⑫	338	78E	GZS5.6	⑫	339	78E	HN1D01F	⑧	255	629B	HRD0203C	⑥	243	738B
GZA5.1	⑫	336	78F	GZE2.7	⑫	338	78E	GZS6.2	⑫	339	78E	HN1D01FE	⑧	255	118	HRF22	③	120	485C
GZA5.6	⑫	336	78F	GZE20	⑫	338	78E	GZS6.8	⑫	339	78E	HN1D01FU	⑧	255	629B	HRF302A	③	120	486B
GZA51	⑫	337	78F	GZE22	⑫	338	78E	GZS7.5	⑫	339	78E	HN1D02F	⑧	255	629C	HRF32	③	120	485C
GZA6.2	⑫	336	78F	GZE24	⑫	338	78E	GZS8.2	⑫	339	78E	HN1D02FE	⑧	255	118	HRF502A	③	120	486B
GZA6.8	⑫	336	78F	GZE27	⑫	338	78E	GZS9.1	⑫	339	78E	HN1D02FU	⑧	255	628C	HRF503A	③	120	486B
GZA7.5	⑫	336	78F	GZE3.0	⑫	338	78E	H114B	①	73	113C	HN1D03F	⑧	255	629D	HRL0103C	⑥	243	736A
GZA8.2	⑫	337	78F	GZE3.3	⑫	338	78E	H114D	①	73	113C	HN1D04FU	⑧	255	628D	HRP100	③	120	24A
GZA9.1	⑫	337	78F	GZE3.6	⑫	338	78E	H114F	①	73	113C	HN1D04FU	⑧	256	628F	HRP22	③	120	25G
GZB10	⑫	337	25F	GZE3.9	⑫	338	78E	H114F	①	73	113C	HN1V01H	⑪	270	509A	HRP24	③	120	88K
GZB11	⑫	337	25F	GZE30	⑫	338	78E	H14A	①	73	113C	HN1V02H	⑪	270	509C	HRP32	③	120	25G
GZB12	⑫	337	25F	GZE33	⑫	338	78E	H14B	①	73	113C	HN2D01F	⑧	256	629E	HRP34	③	120	88K
GZB13	⑫	337	25F	GZE36	⑫	338	78E	H14C	①	73	113C	HN2D01FU	⑧	256	628E	HRU0103A	⑥	243	420C
GZB15	⑫	337	25F	GZE39	⑫	338	78E	H14D	①	73	113C	HN2D02FU	⑧	256	628A	HRU0103C	⑥	243	420C
GZB16	⑫	338	25F	GZE4.3	⑫	338	78E	H14E	①	73	113C	HN2D02FU	⑧	256	629B	HRU0203A	⑥	243	420C
GZB18	⑫	338	25F	GZE4.7	⑫	338	78E	H14F	①	73	113C	HN2D01JE	⑤	228	195	HRU0302A	⑥	120	420C
GZB2.0	⑫	337	25F	GZE5.1	⑫	338	78E	H14H	①	73	113C	HN2S01F	⑧	256	629E	HRV103A	③	120	657
GZB2.2	⑫	337	25F	GZE5.6	⑫	338	78E	H14J	①	73	113C	HN2S01FU	⑧	256	628E	HRV103B	③	120	657
GZB2.4	⑫	337	25F	GZE6.2	⑫	338	78E	H24F	②	103	113C	HN2S02FU	⑧	256	628E	HRW0202A	⑥	243	610A
GZB2.7	⑫	337	25F	GZE6.8	⑫	338	78E	H24H	②	103	113C	HN2S02JE	⑥	243	195	HRW0202B	⑥	243	610D
GZB20	⑫	338	25F	GZE7.5	⑫	338	78E	H24J	②	103	113C	HN2S03FU	⑧	256	118	HRW0203A	⑥	243	610A
GZB22	⑫	338	25F	GZE8.2	⑫	338	78E	HAP180C026	⑤	227	608	HN2S03FU	⑧	256	628E	HRW0203B	⑥	243	6101
GZB24	⑫	338	25F	GZE9.1	⑫	338	78E	HAP180C027	⑤	227	608	HN2S03T	⑥	243	196	HRW0302A	③	120	610A
GZB27	⑫	338	25F	GZS10	⑫	339	78E	HAP180C028	⑤	227	608	HN2S05FU	⑧	256	628E	HRW0302A	③	120	610A
GZB3.0	⑫	337	25F	GZS11	⑫	339	78E	HAP180C029	⑤	227	608	HN2V02H	⑪	270	509B	HRW0503A	③	120	610A
GZB3.3	⑫	337	25F	GZS12	⑫	339	78E	HAP180C030	⑤	227	608	HN4D01JU	⑧	256	83	HRW0702A	③	120	610A
GZB3.6	⑫	337	25F	GZS13	⑫	339	78E	HAP180C031	⑤	227	608	HN4D02JU	⑧	256	83	HRW0703A	③	120	610A
GZB3.9	⑫	337	25F	GZS15	⑫	339	78E	HAP180C32	⑤	227	608	HRA62M	④	176	342	HRW1002A(L)	④	177	215
GZB30	⑫	338	25F	GZS16	⑫	339	78E	HAP180C33	⑤	227	608	HRA62S	④	176	343	HRW1002A(S)	④	177	216
GZB33	⑫	338	25F	GZS18	⑫	339	78E	HAP180C34	⑤	228	608	HRA63	④	176	611	HRW1002B	④	177	397
GZB36	⑫	338	25F	GZS2.0	⑫	338	78E	HAP180N140D	⑤	228	608	HRA72M	④	176	342	HRW2502A(L)	④	177	215
GZB4.3	⑫	337	25F	GZS2.2	⑫	339	78E	HAU140C026	⑤	228	610D	HRA72S	④	176	343	HRW2502A(S)	④	177	216
GZB4.7	⑫	337	25F	GZS2.4	⑫	339	78E	HAU140C027	⑤	228	610D	HRA73	④	176	611	HRW2502B	④	177	397
GZB5.1	⑫	337	25F	GZS2.7	⑫	339	78E	HAU140C028	⑤	228	610D	HRA82M	④	176	342	HRW26	④	177	273A
GZB5.6	⑫	337	25F	GZS20	⑫	339	78E	HAU140C029	⑤	228	610D	HRA82S	④	176	343	HRW26F	④	177	397
GZB6.2	⑫	337	25F	GZS22	⑫	339	78E	HAU140C030	⑤	228	610D	HRA83	④	176	611	HRW34	④	177	273A

形名	章	頁	外形	形名	章	頁	外形	形名	章	頁	外形	形名	章	頁	外形	形名	章	頁	外形
HRW34F	④	177	297	HSK83	⑤	228	357A	HSS82	⑤	229	79F	HVC326C	⑪	271	757A	HVD147	⑨	260	738B
HRW36	④	177	273A	HSL226	⑥	244	736A	HSS83	⑤	229	79F	HVC327C	⑪	271	757A	HVD148	⑨	260	738B
HRW36F	④	177	397	HSL276A	⑥	244	736A	HSU119	⑤	229	420C	HVC328C	⑪	271	757A	HVD191	⑨	260	738B
HRW37F	④	177	297	HSL278	⑥	244	736A	HSU226	⑥	244	420C	HVC350B	⑪	271	757A	HVD316	⑪	273	738B
HSB0104YP	⑥	243	717	HSL285	⑥	244	736A	HSU227	⑥	244	420C	HVC351	⑪	271	757A	HVD326C	⑪	273	738B
HSB104YP	⑥	243	717	HSM107S	⑤	244	610F	HSU276	⑥	244	420C	HVC355B	⑪	271	757A	HVD327C	⑪	273	738B
HSB123	⑤	228	205F	HSM109WK	⑤	228	610D	HSU276A	⑥	244	420C	HVC357	⑪	271	757A	HVD328C	⑪	273	738B
HSB124S	⑤	228	205F	HSM112WK	⑤	228	610F	HSU277	⑤	229	420C	HVC358B	⑪	271	757A	HVD350B	⑪	273	738B
HSB124S-J	⑤	228	205F	HSM113WK	⑤	228	610D	HSU285	⑥	244	420C	HVC359	⑪	271	757A	HVD355B	⑪	273	738B
HSB226S	⑥	243	205F	HSM122	⑤	228	610A	HSU402J	⑤	229	420C	HVC362	⑪	271	757A	HVD358B	⑪	273	738B
HSB226WK	⑥	243	205D	HSM123	⑤	228	610F	HSU83	⑤	229	420C	HVC363A	⑪	271	757A	HVD359	⑪	273	738B
HSB226YP	⑥	243	717	HSM124S	⑤	229	610F	HSU88	⑥	244	420C	HVC363B	⑪	271	757A	HVD362	⑪	273	738B
HSB276AS	⑥	243	205F	HSM125WK	④	177	610F	HV123G	⑱	411	79F	HVC365	⑪	271	757A	HVD365	⑪	273	738B
HSB276AYP	⑥	243	717	HSM126S	⑥	244	610F	HV23G	⑱	411	24C	HVC366	⑪	271	757A	HVD368B	⑪	273	738B
HSB276S	⑥	243	205F	HSM198S	⑥	244	610F	HVB131SR	⑨	259	610G	HVC368B	⑪	271	757A	HVD368B	⑪	273	738B
HSB278S	⑥	243	205F	HSM221S	⑤	229	610A	HVB14S	⑨	259	205F	HVC369B	⑪	272	757A	HVD372B	⑪	273	738B
HSB2836	⑤	228	205C	HSM223S	⑤	229	610B	HVB187YP	⑨	259	717	HVC372B	⑪	272	757A	HVD374B	⑪	273	738B
HSB2838	⑤	228	205C	HSM226S	⑥	244	610F	HVB190S	⑨	259	205F	HVC373B	⑪	272	757A	HVD376B	⑪	273	738B
HSB285S	⑥	243	205F	HSM2692	⑤	229	610A	HVB27WK	⑪	270	205D	HVC374B	⑪	272	757A	HVD380B	⑪	273	738B
HSB83	⑤	228	205A	HSM2693A	⑤	229	610D	HVB350BYP	⑪	270	717	HVC375B	⑪	272	757A	HVD381B	⑪	273	738B
HSB83J	⑤	228	205A	HSM2694	⑤	229	610C	HVB387BWK	⑪	270	205D	HVC376B	⑪	272	757A	HVD385B	⑪	273	738B
HSB83YP	⑤	228	717	HSM276AS	⑥	244	610F	HVC131	⑨	259	757A	HVC379B	⑪	272	757A	HVD388C	⑪	273	738B
HSB88AS	⑥	243	205F	HSM276ASR	⑥	244	610G	HVC132	⑨	259	757A	HVC380B	⑪	272	757A	HVD396C	⑪	274	738B
HSB88WA	⑥	243	205C	HSM276S	⑥	244	610F	HVC133	⑨	259	757A	HVC381B	⑪	272	757A	HVD397C	⑪	274	738B
HSB88WK	⑥	243	205D	HSM276SR	⑥	244	610G	HVC133A	⑨	259	757A	HVC382B	⑪	272	757A	HVD399C	⑪	274	738B
HSB88WS	⑧	256	245	HSM2836C	⑤	229	610C	HVC134	⑨	259	757A	HVC383B	⑪	272	757A	HVD400C	⑪	274	738B
HSB88YP	⑥	243	717	HSM2838C	⑤	229	610D	HVC135	⑨	259	757A	HVC384B	⑪	272	757A	HVE200A	⑪	274	452A
HSC119	⑤	228	757A	HSM402S	⑤	229	610F	HVC136	⑨	259	757A	HVC385B	⑪	272	757A	HVE202A	⑪	274	452A
HSC226	⑥	243	757A	HSM402WK	⑤	229	610D	HVC138	⑨	259	757A	HVC386B	⑪	272	757A	HVE300A	⑪	274	452A
HSC276	⑥	243	757A	HSM83	⑤	229	610A	HVC139	⑨	259	757A	HVC388C	⑪	272	757A	HVE306A	⑪	274	452A
HSC276A	⑥	243	757A	HSM88AS	⑥	244	610F	HVC140	⑨	259	757A	HVC396C	⑪	272	757A	HVE310	⑪	274	65
HSC277	⑤	228	757A	HSM88ASR	⑥	244	610G	HVC142	⑨	259	757A	HVC397C	⑪	272	757A	HVE350	⑪	274	452A
HSC278	⑥	244	757A	HSM88S	⑥	244	610F	HVC142A	⑨	259	757A	HVC417C	⑪	272	757A	HVE351	⑪	274	452A
HSC285	⑥	244	145	HSM88SR	⑥	244	610G	HVC145	⑨	259	757A	HVD131	⑨	259	738B	HVE355	⑪	274	452A
HSC88	⑥	244	757A	HSM88WA	⑥	244	610C	HVC190	⑨	259	757A	HVD132	⑨	259	738B	HVE358	⑪	274	452A
HSD119	⑤	228	738B	HSM88WK	⑥	244	610D	HVC200B	⑪	270	757A	HVD133	⑨	259	738B	HVK89	⑪	274	357A
HSD226	⑥	244	738B	HSN278WK	⑥	244	423	HVC202A	⑪	270	757A	HVD133A	⑨	259	738B	HVL133A	⑨	260	736B
HSD276A	⑥	244	738B	HSR101	⑥	244	421E	HVC202B	⑪	270	757A	HVD135	⑨	259	738B	HVL138A	⑨	260	736B
HSD278	⑥	244	738B	HSR276	⑥	244	421E	HVC300A	⑪	270	757A	HVD136	⑨	259	738B	HVL142	⑨	260	736B
HSD88	⑥	244	738B	HSR277	⑥	244	421E	HVC300B	⑪	270	757A	HVD138	⑨	259	738B	HVL142A	⑨	260	736B
HSE11	⑦	253	65	HSS100	⑥	244	79F	HVC300C	⑪	270	757A	HVD138A	⑨	259	738B	HVL142AM	⑨	260	736B
HSE11S	⑦	253	61	HSS101	⑥	244	79F	HVC306A	⑪	270	757A	HVD139	⑨	259	738B	HVL144A	⑨	260	736B
HSE50	⑦	253	50	HSS102	⑥	244	79F	HVC306C	⑪	270	757A	HVD140	⑨	259	738B	HVL144AM	⑨	260	736B
HSK110	⑤	228	357A	HSS104	⑤	229	79F	HVC307	⑪	271	757A	HVD141	⑨	259	738B	HVL145	⑨	260	736B
HSK120	⑤	228	357A	HSS271	⑤	229	79F	HVC316	⑪	271	757A	HVD142	⑨	259	738B	HVL147	⑨	260	736B
HSK122	⑤	228	357A	HSS400J	⑤	229	79F	HVC317B	⑪	271	757A	HVD142A	⑨	259	738B	HVL147M	⑨	260	736B
HSK151	⑥	244	357A	HSS401J	⑤	229	79F	HVC321B	⑪	271	757A	HVD144	⑨	259	738B	HVL148	⑨	260	736B
HSK23	⑱	411	357A	HSS402J	⑤	229	79F	HVC321B	⑪	271	757A	HVD144A	⑨	259	738B	HVL192	⑨	260	736B
HSK277	⑤	228	357A	HSS81	⑤	229	79F	HVC321B	⑪	271	757A	HVD145	⑨	259	738B	HVL355B	⑪	274	736A

- 557 -

形名	章	頁	外形	形名	章	頁	外形	形名	章	頁	外形	形名	章	頁	外形	形名	章	頁	外形
HVL355C	⑪	274	736A	HVR17	⑪	276	421E	HVU363B	⑪	279	420C	HZ18BP	⑫	342	25G	HZ27E	⑫	343	24C
HVL355CM	⑪	274	736B	HVR187	⑪	276	421E	HVU365	⑪	279	420C	HZ18CP	⑫	342	25G	HZ27L	⑫	343	24C
HVL358B	⑪	274	736A	HVR-1X-01A	①	73	22	HVU383B	⑪	279	420C	HZ18E	⑫	342	24C	HZ27P	⑫	343	25G
HVL358C	⑪	274	736A	HVR-1X-40B	①	73	504F	HVU417C	⑪	279	420C	HZ18L	⑫	342	24C	HZ2LL	⑫	339	24C
HVL358CM	⑪	274	736B	HVR300	⑪	277	421E	HVU89	⑪	277	420C	HZ18P	⑫	343	25G	HZ3	⑫	340	24C
HVL368C	⑪	275	736A	HVS303	⑪	277	79F	HZ1	⑫	339	24C	HZ2	⑫	339	24C	HZ3 (H)	⑫	340	24C
HVL368CM	⑪	275	736B	HVU12	⑪	277	420C	HZ10BP	⑫	341	25G	HZ2 (H)	⑫	339	25G	HZ3. 0BP	⑫	340	25G
HVL375B	⑪	275	736A	HVU131	⑨	260	420C	HZ10CP	⑫	341	25G	HZ2. 0BP	⑫	339	25G	HZ3. 0CP	⑫	340	25G
HVL375C	⑪	275	736A	HVU132	⑨	260	420C	HZ10E	⑫	341	24C	HZ2. 0CP	⑫	339	25G	HZ3. 0E	⑫	340	24C
HVL375CM	⑪	275	736B	HVU133	⑨	260	420C	HZ10P	⑫	341	25G	HZ2. 0P	⑫	339	25G	HZ3. 0P	⑫	340	25G
HVL381C	⑪	275	736A	HVU134	⑨	260	420C	HZ11	⑫	341	24C	HZ2. 2BP	⑫	339	25G	HZ3. 3BP	⑫	340	25G
HVL381CM	⑪	275	736B	HVU145	⑨	260	420C	HZ11 (H)	⑫	342	24C	HZ2. 2CP	⑫	339	25G	HZ3. 3CP	⑫	340	25G
HVL385B	⑪	275	736A	HVU17	⑪	277	420C	HZ11 (H) L	⑫	342	24C	HZ2. 2P	⑫	339	25G	HZ3. 3E	⑫	340	24C
HVL385C	⑪	275	736A	HVU187	⑨	260	420C	HZ11BP	⑫	342	25G	HZ2. 4BP	⑫	339	25G	HZ3. 3P	⑫	340	25G
HVL385CM	⑪	275	736B	HVU200	⑪	277	420C	HZ11CP	⑫	342	25G	HZ2. 4CP	⑫	340	25G	HZ3. 6BP	⑫	340	25G
HVL388C	⑪	275	736A	HVU200A	⑪	277	420C	HZ11E	⑫	342	24C	HZ2. 4P	⑫	340	25G	HZ3. 6CP	⑫	340	25G
HVL388CM	⑪	275	736B	HVU202	⑪	277	420C	HZ11L	⑫	342	24C	HZ2. 7BP	⑫	340	25G	HZ3. 6E	⑫	340	24C
HVL396C	⑪	275	736A	HVU202A	⑪	277	420C	HZ11P	⑫	342	25G	HZ2. 7CP	⑫	340	25G	HZ3. 6P	⑫	340	25G
HVL396CM	⑪	275	736B	HVU202B	⑪	277	420C	HZ12	⑫	342	24C	HZ2. 7E	⑫	340	24C	HZ3. 9BP	⑫	340	25G
HVL397C	⑪	275	736A	HVU300	⑪	277	420C	HZ12 (H)	⑫	342	24C	HZ2. 7P	⑫	340	25G	HZ3. 9CP	⑫	340	25G
HVL397CM	⑪	275	736B	HVU300A	⑪	277	420C	HZ12 (H) L	⑫	342	24C	HZ20	⑫	343	24C	HZ3. 9E	⑫	340	24C
HVL399C	⑪	275	736A	HVU300B	⑪	277	420C	HZ12BP	⑫	342	25G	HZ20 (H)	⑫	343	24C	HZ3. 9P	⑫	340	25G
HVL399CM	⑪	276	736B	HVU300C	⑪	277	420C	HZ12CP	⑫	342	25G	HZ20 (H) L	⑫	343	24C	HZ30	⑫	343	24C
HVL400C	⑪	276	736A	HVU306	⑪	277	421C	HZ12E	⑫	342	24C	HZ20BP	⑫	343	25G	HZ30 (H)	⑫	343	24C
HVL400CM	⑪	276	736B	HVU306A	⑪	277	420C	HZ12L	⑫	342	24C	HZ20CP	⑫	343	25G	HZ30 (H) L	⑫	343	24C
HVM100	⑪	276	610I	HVU306B	⑪	277	420C	HZ12P	⑫	342	25G	HZ20E	⑫	343	24C	HZ30BP	⑫	343	25G
HVM11	⑪	276	610A	HVU306C	⑪	277	420C	HZ13BP	⑫	342	25G	HZ20L	⑫	343	24C	HZ30CP	⑫	343	25G
HVM121WK	⑨	260	610D	HVU307	⑪	277	420C	HZ13CP	⑫	342	25G	HZ20P	⑫	343	25G	HZ30E	⑫	343	24C
HVM13	⑪	276	610A	HVU308	⑪	277	420C	HZ13E	⑫	342	24C	HZ22	⑫	343	24C	HZ30L	⑫	343	24C
HVM131S	⑨	260	610F	HVU308A	⑪	278	420C	HZ13P	⑫	342	25G	HZ22 (H)	⑫	343	24C	HZ30P	⑫	343	25G
HVM131SR	⑨	260	610G	HVU314	⑪	278	420C	HZ15	⑫	342	24C	HZ22 (H) L	⑫	343	24C	HZ33	⑫	344	24C
HVM132	⑨	260	610A	HVU315	⑪	278	420C	HZ15 (H)	⑫	342	24C	HZ22BP	⑫	343	25G	HZ33 (H)	⑫	344	24C
HVM132WK	⑨	260	610D	HVU316	⑪	278	420C	HZ15 (H) L	⑫	342	24C	HZ22CP	⑫	343	25G	HZ33 (H) L	⑫	344	24C
HVM14	⑪	276	610A	HVU326C	⑪	278	420C	HZ15BP	⑫	342	25G	HZ22E	⑫	343	24C	HZ33BP	⑫	344	25G
HVM14S	⑨	260	610F	HVU327C	⑪	278	420C	HZ15CP	⑫	342	25G	HZ22L	⑫	343	24C	HZ33CP	⑫	344	25G
HVM14SR	⑨	260	610G	HVU328C	⑪	278	420C	HZ15E	⑫	342	24C	HZ22P	⑫	343	25G	HZ33E	⑫	344	24C
HVM15	⑪	276	610D	HVU350	⑪	278	420C	HZ15L	⑫	342	24C	HZ24	⑫	343	24C	HZ33L	⑫	344	24C
HVM16	⑪	276	610D	HVU350B	⑪	278	420C	HZ15P	⑫	342	25G	HZ24 (H)	⑫	343	24C	HZ33P	⑫	344	25G
HVM17	⑪	276	610D	HVU351	⑪	278	420C	HZ16	⑫	342	24C	HZ24 (H) L	⑫	343	24C	HZ36	⑫	344	24C
HVM17WA	⑪	276	610F	HVU352	⑪	278	420C	HZ16 (H)	⑫	342	24C	HZ24BP	⑫	343	25G	HZ36 (H)	⑫	344	24C
HVM187S	⑨	260	610F	HVU354	⑪	278	420C	HZ16 (H) L	⑫	342	24C	HZ24CP	⑫	343	25G	HZ36 (H) L	⑫	344	24C
HVM187WK	⑨	260	610D	HVU355	⑪	278	420C	HZ16BP	⑫	342	25G	HZ24E	⑫	343	24C	HZ36BP	⑫	344	25G
HVM189S	⑨	260	610F	HVU355B	⑪	278	420C	HZ16CP	⑫	342	25G	HZ24L	⑫	343	24C	HZ36CP	⑫	344	25G
HVM25	⑪	276	610D	HVU356	⑪	278	420C	HZ16E	⑫	342	24C	HZ24P	⑫	343	25G	HZ36E	⑫	344	24C
HVM27WK	⑪	276	610D	HVU357	⑪	278	420C	HZ16L	⑫	342	24C	HZ27	⑫	343	24C	HZ36L	⑫	344	24C
HVM28BWK	⑪	276	610D	HVU358	⑪	278	420C	HZ16P	⑫	342	25G	HZ27 (H)	⑫	343	24C	HZ39E	⑫	344	24C
HVM306	⑪	276	610D	HVU359	⑪	278	420C	HZ18	⑫	342	24C	HZ27BP	⑫	343	25G	HZ3LL	⑫	340	24C
HVR100	⑪	276	421E	HVU362	⑪	278	420C	HZ18 (H)	⑫	342	24C	HZ27CP	⑫	343	25G	HZ4	⑫	340	24C
HVR12	⑪	276	421E	HVU363A	⑪	278	420C	HZ18 (H) L	⑫	342	24C								

形名	章	頁	外形	形名	章	頁	外形	形名	章	頁	外形	形名	章	頁	外形	形名	章	頁	外形
HZ4(H)	⑫	340	24C	HZ9.1CP	⑫	341	25G	HZF2.2	⑫	345	485C	HZK36L	⑫	346	357A	HZM6.2ZFA	⑲	424	269A
HZ4.3BP	⑫	340	25G	HZ9.1E	⑫	341	24C	HZF2.4	⑫	345	485C	HZK3LL	⑫	345	357A	HZM6.2ZMFA	⑲	424	269A
HZ4.3CP	⑫	340	25G	HZ9.1P	⑫	341	25G	HZF2.7	⑫	345	485C	HZK4	⑫	345	357A	HZM6.2ZMWA	⑲	424	610C
HZ4.3E	⑫	340	24C	HZ9L	⑫	341	24C	HZF20	⑫	345	485C	HZK4LL	⑫	345	357A	HZM6.2ZWA	⑲	424	610C
HZ4.3P	⑫	340	25G	HZB5.6MFA	⑲	424	718	HZF22	⑫	345	485C	HZK5	⑫	346	357A	HZM6.8MFA	⑲	424	269A
HZ4.7BP	⑫	340	25G	HZB6.8MFA	⑲	424	718	HZF24	⑫	345	485C	HZK5LL	⑫	346	357A	HZM6.8MN	⑲	424	610C
HZ4.7CP	⑫	340	25G	HZB6.8MWA	⑲	424	205C	HZF27	⑫	345	485C	HZK6	⑫	346	357A	HZM6.8N	⑫	347	610A
HZ4.7E	⑫	340	24C	HZC10	⑫	344	757A	HZF3.0	⑫	345	485C	HZK6L	⑫	346	357A	HZM6.8WA	⑲	424	610C
HZ4.7P	⑫	340	25G	HZC11	⑫	344	757A	HZF3.3	⑫	345	485C	HZK7	⑫	346	357A	HZM6.8Z4MFA	⑲	424	269A
HZ4LL	⑫	340	24C	HZC12	⑫	344	757A	HZF3.6	⑫	345	485C	HZK7L	⑫	346	357A	HZM6.8Z4MWA	⑲	425	610C
HZ5	⑫	340	24C	HZC13	⑫	344	757A	HZF3.9	⑫	345	485C	HZK9	⑫	346	357A	HZM6.8ZMFA	⑲	425	269A
HZ5(H)	⑫	340	24C	HZC15	⑫	344	757A	HZF30	⑫	345	485C	HZK9L	⑫	346	357A	HZM6.8ZMWA	⑲	425	610C
HZ5.1BP	⑫	340	25G	HZC16	⑫	344	757A	HZF33	⑫	345	485C	HZL6.2Z4	⑲	424	736A	HZM6.8ZWA	⑲	425	610C
HZ5.1CP	⑫	340	25G	HZC18	⑫	344	757A	HZF36	⑫	345	485C	HZL6.8Z4	⑲	424	736A	HZM7.5FA	⑲	425	269A
HZ5.1E	⑫	340	24C	HZC2.0	⑫	344	757A	HZF4.3	⑫	345	485C	HZM10N	⑫	347	610A	HZM7.5N	⑫	347	610A
HZ5.1P	⑫	341	25G	HZC2.2	⑫	344	757A	HZF4.7	⑫	345	485C	HZM11N	⑫	347	610A	HZM8.2N	⑫	347	610A
HZ5.6BP	⑫	341	25G	HZC2.4	⑫	344	757A	HZF5.1	⑫	345	485C	HZM12N	⑫	347	610A	HZM9.1N	⑫	347	610A
HZ5.6CP	⑫	341	25G	HZC2.7	⑫	344	757A	HZF5.6	⑫	345	485C	HZM13N	⑫	347	610A	HZN6.2Z4MFA	⑲	425	424
HZ5.6E	⑫	341	24C	HZC20	⑫	344	757A	HZF6.2	⑫	345	485C	HZM15N	⑫	347	610A	HZN6.8Z4MFA	⑲	425	424
HZ5.6P	⑫	341	25G	HZC22	⑫	344	757A	HZF6.8	⑫	345	485C	HZM16N	⑫	347	610A	HZN6.8ZMFA	⑲	425	424
HZ5LL	⑫	340	24C	HZC24	⑫	345	757A	HZF7.5	⑫	345	485C	HZM18N	⑫	347	610A	HZS1	⑫	347	79F
HZ6	⑫	341	24C	HZC27	⑫	345	757A	HZF8.2	⑫	345	485C	HZM2.0N	⑫	346	610A	HZS10E	⑫	348	79F
HZ6(H)	⑫	341	24C	HZC3.0	⑫	344	757A	HZF9.1	⑫	345	485C	HZM2.2N	⑫	346	610A	HZS10J	⑫	348	79F
HZ6(H)L	⑫	341	24C	HZC3.3	⑫	344	757A	HZK11	⑫	346	357A	HZM2.4N	⑫	346	610A	HZS10N	⑫	348	79F
HZ6.2BP	⑫	341	25G	HZC3.6	⑫	344	757A	HZK11L	⑫	346	357A	HZM2.7N	⑫	346	610A	HZS10S	⑫	348	79F
HZ6.2CP	⑫	341	25G	HZC3.9	⑫	344	757A	HZK12	⑫	346	357A	HZM20N	⑫	347	610A	HZS11	⑫	348	79F
HZ6.2E	⑫	341	24C	HZC30	⑫	345	757A	HZK12L	⑫	346	357A	HZM22N	⑫	347	610A	HZS11E	⑫	349	79F
HZ6.2P	⑫	341	25G	HZC33	⑫	345	757A	HZK15	⑫	346	357A	HZM24N	⑫	347	610A	HZS11J	⑫	349	79F
HZ6.8BP	⑫	341	25G	HZC36	⑫	345	757A	HZK15L	⑫	346	357A	HZM27FA	⑲	425	269A	HZS11L	⑫	349	79F
HZ6.8CP	⑫	341	25G	HZC4.3	⑫	344	757A	HZK16	⑫	346	357A	HZM27N	⑫	347	610A	HZS11N	⑫	349	79F
HZ6.8E	⑫	341	24C	HZC4.7	⑫	344	757A	HZK16L	⑫	346	357A	HZM27WA	⑲	425	610C	HZS11S	⑫	349	79F
HZ6.8P	⑫	341	25G	HZC5.1	⑫	344	757A	HZK18	⑫	346	357A	HZM3.0N	⑫	346	610A	HZS12	⑫	349	79F
HZ6L	⑫	341	24C	HZC5.6	⑫	344	757A	HZK18L	⑫	346	357A	HZM3.3N	⑫	346	610A	HZS12E	⑫	349	79F
HZ7	⑫	341	24C	HZC6.2	⑫	344	757A	HZK2	⑫	345	357A	HZM3.3WA	⑲	424	610C	HZS12J	⑫	349	79F
HZ7(H)	⑫	341	24C	HZC6.2Z4	⑲	424	757A	HZK20	⑫	346	357A	HZM3.6N	⑫	346	610A	HZS12L	⑫	349	79F
HZ7(H)L	⑫	341	24C	HZC6.8	⑫	344	757A	HZK20L	⑫	346	357A	HZM3.9N	⑫	346	610A	HZS12N	⑫	349	79F
HZ7.5BP	⑫	341	25G	HZC7.5	⑫	344	757A	HZK22	⑫	346	357A	HZM30N	⑫	347	610A	HZS12S	⑫	349	79F
HZ7.5CP	⑫	341	25G	HZC8.2	⑫	344	757A	HZK22L	⑫	346	357A	HZM33N	⑫	347	610A	HZS13E	⑫	349	79F
HZ7.5E	⑫	341	24C	HZC9.1	⑫	344	757A	HZK24	⑫	346	357A	HZM36N	⑫	347	610A	HZS13J	⑫	349	79F
HZ7.5P	⑫	341	25G	HZD6.2Z4	⑲	424	738B	HZK24L	⑫	346	357A	HZM4.3FA	⑲	424	269A	HZS13S	⑫	349	79F
HZ7L	⑫	341	24C	HZD6.8Z4	⑲	424	738B	HZK27	⑫	346	357A	HZM4.3N	⑫	346	610A	HZS15	⑫	349	79F
HZ8.2BP	⑫	341	25G	HZF10	⑫	345	485C	HZK27L	⑫	346	357A	HZM4.7N	⑫	346	610A	HZS15E	⑫	349	79F
HZ8.2CP	⑫	341	25G	HZF11	⑫	345	485C	HZK2LL	⑫	345	357A	HZM5.1N	⑫	347	610A	HZS15J	⑫	349	79F
HZ8.2E	⑫	341	24C	HZF12	⑫	345	485C	HZK3	⑫	345	357A	HZM5.6MWA	⑲	424	610C	HZS15L	⑫	349	79F
HZ8.2P	⑫	341	25G	HZF13	⑫	345	485C	HZK30	⑫	346	357A	HZM5.6N	⑫	347	610A	HZS15N	⑫	349	79F
HZ9	⑫	341	24C	HZF15	⑫	345	485C	HZK30L	⑫	346	357A	HZM5.6ZFA	⑲	424	269A	HZS15S	⑫	349	79F
HZ9(H)	⑫	341	24C	HZF16	⑫	345	485C	HZK33	⑫	346	357A	HZM6.2N	⑫	347	610A	HZS16	⑫	349	79F
HZ9(H)L	⑫	341	24C	HZF18	⑫	345	485C	HZK33L	⑫	346	357A	HZM6.2Z4MFA	⑲	424	269A	HZS16E	⑫	349	79F
HZ9.1BP	⑫	341	25G	HZF2.0	⑫	345	485C	HZK36	⑫	346	357A	HZM6.2Z4MWA	⑲	424	610C				

- 559 -

形名	章	頁	外形	形名	章	頁	外形	形名	章	頁	外形	形名	章	頁	外形	形名	章	頁	外形
HZS16J	⑫	349	79F	HZS3.9N	⑫	347	79F	HZS7.5N	⑫	348	79F	HZU33	⑫	351	420C	JDP2S05FS	⑨	261	736C
HZS16L	⑫	349	79F	HZS30	⑫	350	79F	HZS7.5S	⑫	348	79F	HZU36	⑫	351	420C	JDP2S08SC	⑨	261	95
HZS16N	⑫	349	79F	HZS30E	⑫	350	79F	HZS7L	⑫	348	79F	HZU3LL	⑫	350	420C	JDP2S12CR	⑨	261	750A
HZS16S	⑫	349	79F	HZS30J	⑫	350	79F	HZS8.2E	⑫	348	79F	HZU4.3	⑫	351	420C	JDP3C02AU	⑨	261	205D
HZS18	⑫	349	79F	HZS30L	⑫	350	79F	HZS8.2J	⑫	348	79F	HZU4.7	⑫	351	420C	JDP3C13U	⑨	261	205D
HZS18E	⑫	349	79F	HZS30N	⑫	350	79F	HZS8.2N	⑫	348	79F	HZU4LL	⑫	351	420C	JDP4P02AT	⑨	261	196
HZS18J	⑫	349	79F	HZS30S	⑫	350	79F	HZS8.2S	⑫	348	79F	HZU5.1	⑫	351	420C	JDP4P02U	⑨	261	80B
HZS18L	⑫	349	79F	HZS33	⑫	350	79F	HZS9	⑫	348	79F	HZU5.1G	⑲	425	420C	JDS2S03S	⑤	229	738C
HZS18N	⑫	349	79F	HZS33E	⑫	350	79F	HZS9.1E	⑫	348	79F	HZU5.6	⑫	351	420C	JDV2S01E	⑪	279	757A
HZS18S	⑫	349	79F	HZS33J	⑫	350	79F	HZS9.1J	⑫	348	79F	HZU5.6G	⑲	425	420C	JDV2S01S	⑪	279	738C
HZS2	⑫	347	79F	HZS33L	⑫	350	79F	HZS9.1N	⑫	348	79F	HZU5.6Z	⑲	425	420C	JDV2S02E	⑪	279	757A
HZS2.0N	⑫	347	79F	HZS33N	⑫	350	79F	HZS9.1S	⑫	348	79F	HZU5LL	⑫	351	420C	JDV2S02FS	⑪	279	736C
HZS2.2N	⑫	347	79F	HZS33S	⑫	350	79F	HZS9L	⑫	348	79F	HZU6.2	⑫	351	420C	JDV2S02S	⑪	279	738C
HZS2.4N	⑫	347	79F	HZS36	⑫	350	79F	HZT22	⑬	404	24C	HZU6.2G	⑲	425	420C	JDV2S05E	⑪	279	757A
HZS2.7E	⑫	347	79F	HZS36E	⑫	350	79F	HZT31	⑬	404	24C	HZU6.2S	⑫	351	420C	JDV2S05S	⑪	279	738C
HZS2.7N	⑫	347	79F	HZS36J	⑫	350	79F	HZT33	⑬	404	24C	HZU6.2Z	⑲	425	420C	JDV2S06FS	⑪	280	736C
HZS20	⑫	349	79F	HZS36L	⑫	350	79F	HZT7A1	⑬	404	24C	HZU6.8	⑫	351	420C	JDV2S06S	⑪	279	738C
HZS20E	⑫	349	79F	HZS36N	⑫	350	79F	HZT7A2	⑬	404	24C	HZU6.8G	⑲	425	420C	JDV2S07FS	⑪	280	736C
HZS20J	⑫	349	79F	HZS36S	⑫	350	79F	HZT7A3	⑬	404	24C	HZU6.8L	⑫	351	420C	JDV2S07S	⑪	279	738C
HZS20L	⑫	349	79F	HZS39E	⑫	350	79F	HZT7B1	⑬	404	24C	HZU6.8Z	⑲	425	420C	JDV2S08FS	⑪	280	736C
HZS20N	⑫	349	79F	HZS39N	⑫	350	79F	HZT7B2	⑬	404	24C	HZU7.5	⑫	351	420C	JDV2S08S	⑪	279	738C
HZS20S	⑫	349	79F	HZS3LL	⑫	347	79F	HZT7B3	⑬	404	24C	HZU7.5G	⑲	425	420C	JDV2S09FS	⑪	280	736C
HZS22	⑫	349	79F	HZS4	⑫	347	79F	HZT7C1	⑬	404	24C	HZU8.2	⑫	351	420C	JDV2S09S	⑪	279	738C
HZS22E	⑫	349	79F	HZS4.3E	⑫	347	79F	HZT7C2	⑬	404	24C	HZU8.2G	⑲	425	420C	JDV2S10FS	⑪	279	736C
HZS22J	⑫	349	79F	HZS4.3N	⑫	348	79F	HZT9	⑬	404	24C	HZU9.1	⑫	351	420C	JDV2S10S	⑪	279	738C
HZS22L	⑫	350	79F	HZS4.7E	⑫	348	79F	HZU10	⑫	351	420C	HZU9.1G	⑲	425	420C	JDV2S10T	⑪	280	757G
HZS22N	⑫	350	79F	HZS4.7N	⑫	348	79F	HZU10G	⑲	425	420C	IDV2S29SC	⑪	279	95	JDV2S13S	⑪	280	738C
HZS22S	⑫	350	79F	HZS4LL	⑫	347	79F	HZU11	⑫	351	420C	IDV2S31SC	⑪	279	95	JDV2S14E	⑪	280	757A
HZS24	⑫	350	79F	HZS5	⑫	348	79F	HZU12	⑫	351	420C	IMN10	⑧	256	395A	JDV2S16FS	⑪	280	736C
HZS24E	⑫	350	79F	HZS5.1E	⑫	348	79F	HZU12G	⑲	425	420C	IMN11	⑧	256	395A	JDV2S17S	⑪	280	738C
HZS24J	⑫	350	79F	HZS5.1N	⑫	348	79F	HZU13	⑫	351	420C	IMP11	⑧	256	395B	JDV2S19S	⑪	280	738C
HZS24L	⑫	350	79F	HZS5.6E	⑫	348	79F	HZU13G	⑲	425	420C	ITZ5.6H	⑫	351	644C	JDV2S22FS	⑪	280	736C
HZS24N	⑫	350	79F	HZS5.6J	⑫	348	79F	HZU15	⑫	351	420C	JDH2S01FS	⑥	244	736C	JDV2S25FS	⑪	280	736C
HZS24S	⑫	350	79F	HZS5.6N	⑫	348	79F	HZU16	⑫	351	420C	JDH2S01S	⑥	244	757G	JDV2S25SC	⑪	280	95
HZS27	⑫	350	79F	HZS5.6S	⑫	348	79F	HZU18	⑫	351	420C	JDH2S02FS	⑥	244	736C	JDV2S26FS	⑪	280	736C
HZS27E	⑫	350	79F	HZS5LL	⑫	348	79F	HZU2.0	⑫	350	420C	JDH2S02SC	⑥	245	95	JDV2S26SC	⑪	280	95
HZS27J	⑫	350	79F	HZS6	⑫	348	79F	HZU2.2	⑫	350	420C	JDH2S03S	⑥	245	738C	JDV2S27FS	⑪	280	736C
HZS27L	⑫	350	79F	HZS6.2E	⑫	348	79F	HZU2.4	⑫	350	420C	JDH3D01FV	⑥	245	116F	JDV2S27SC	⑪	280	95
HZS27N	⑫	350	79F	HZS6.2J	⑫	348	79F	HZU2.7	⑫	350	420C	JDH3D01S	⑥	245	277F	JDV2S28FS	⑪	280	736C
HZS27S	⑫	350	79F	HZS6.2N	⑫	348	79F	HZU20	⑫	351	420C	JDP2S01S	⑨	260	757A	JDV2S28FS	⑪	280	95
HZS2LL	⑫	347	79F	HZS6.2S	⑫	348	79F	HZU22	⑫	351	420C	JDP2S01S	⑨	260	738C	JDV2S29FS	⑪	280	736C
HZS3	⑫	347	79F	HZS6.8E	⑫	348	79F	HZU24	⑫	351	420C	JDP2S01T	⑨	260	757G	JDV2S36E	⑪	280	757A
HZS3.0E	⑫	347	79F	HZS6.8J	⑫	348	79F	HZU27	⑫	351	420C	JDP2S01U	⑨	260	420C	JDV2S41FS	⑪	281	736C
HZS3.0N	⑫	347	79F	HZS6.8N	⑫	348	79F	HZU2LL	⑫	350	420C	JDP2S02ACT	⑨	260	96	JDV2S71E	⑪	281	757A
HZS3.3E	⑫	347	79F	HZS6.8S	⑫	348	79F	HZU3.0	⑫	350	420C	JDP2S02AFS	⑨	260	736C	JDV3C11	⑪	281	610D
HZS3.3N	⑫	347	79F	HZS6L	⑫	348	79F	HZU3.3	⑫	350	420C	JDP2S02S	⑨	260	738C	JDV3C34	⑪	281	610D
HZS3.6E	⑫	347	79F	HZS7	⑫	348	79F	HZU3.6	⑫	351	420C	JDP2S02T	⑨	260	757G	JDV4P08U	⑪	281	80B
HZS3.6N	⑫	347	79F	HZS7.5E	⑫	348	79F	HZU3.9	⑫	351	420C	JDP2S04E	⑨	261	757A	KA10R25	⑱	411	89G
HZS3.9E	⑫	347	79F	HZS7.5J	⑫	348	79F	HZU30	⑫	351	420C	JDP2S05CT	⑨	261	96	KA3Z07	⑱	411	507B

形名	章	頁	外形	形名	章	頁	外形	形名	章	頁	外形	形名	章	頁	外形	形名	章	頁	外形
KA3Z18	⑱	411	507B	KD110F40	④	178	788	KDZ5.6B	⑫	351	750E	KSF30A20E	①	73	585	KV1230Z	⑪	281	800
KCF16A20	④	177	510A	KD110F80	④	178	788	KDZ6.2B	⑫	351	750E	KSF30A40B	①	74	510E	KV1234Z	⑪	281	804
KCF16A40	④	177	510A	KD25F120	④	178	788	KDZ6.8B	⑫	351	750E	KSF30A40E	①	74	585	KV1235	⑪	281	203
KCF16A50	④	177	510A	KD25F160	④	178	788	KDZ7.5B	⑫	351	750E	KSF30A60B	①	74	510E	KV1235Z	⑪	281	203
KCF16A60	④	177	510A	KD25F40	④	178	788	KDZ8.2B	⑫	351	750E	KSF30A60E	①	74	585	KV1236	⑪	281	204
KCF20B60	④	177	510A	KD25F80	④	178	788	KDZ9.1B	⑫	351	750E	KSF60A60B	①	74	510E	KV1236Z	⑪	281	204
KCF25A20	④	177	510A	KD30GB40	④	178	700	KH15A09	③	120	691	KSH15A09	③	120	691	KV1250	⑪	281	801
KCF25A40	④	177	510A	KD30GB80	④	178	700	KH15A09B	③	120	510D	KSH15A09B	③	120	510D	KV1250M	⑪	281	115A
KCF60A20E	④	177	586	KD30HB120	④	178	700	KH15A10	③	120	691	KSH15A10	③	120	691	KV1260	⑪	281	801
KCF60A40E	④	177	586	KD30HB160	④	178	700	KH15A10B	③	120	510D	KSH15A10B	③	120	510D	KV1260-2	⑪	281	802
KCF60A60E	④	177	586	KD40F120	④	178	788	KL3L07	⑱	411	485C	KSH30A20	③	120	691	KV1260M	⑪	281	115A
KCH20A09	④	177	510A	KD40F160	④	178	788	KL3N14	⑱	411	485C	KSH30A20B	③	120	510D	KV1270NT	⑪	281	62
KCH20A10	④	177	510A	KD40F40	④	178	788	KL3R20	⑱	411	485C	KSL60A01B	③	120	510E	KV1276M	⑪	281	115H
KCH20A18	④	177	510A	KD40F80	④	178	788	KL3Z07	⑱	411	485C	KSQ15A04	③	120	691	KV1280-1	⑪	282	801
KCH20A20	④	177	510A	KD55F120	④	178	788	KL3Z18	⑱	411	485C	KSQ15A04B	③	120	510D	KV1280-2	⑪	282	802
KCH30A04	④	177	510A	KD55F160	④	178	788	KP10L06	⑱	411	486A	KSQ15A06	③	120	691	KV1281-1	⑪	282	800
KCH30A06	④	177	510A	KD55F40	④	178	788	KP10L07	⑱	411	486A	KSQ15A06B	③	120	510D	KV1281-2	⑪	282	204
KCH30A09	④	177	510A	KD55F80	④	178	788	KP10L08	⑱	411	486A	KSQ30A03L	③	121	691	KV1281-3	⑪	282	203
KCH30A10	④	177	510A	KD60GB40	④	178	700	KP10LU07	⑱	411	486A	KSQ30A03LB	③	121	510D	KV1290A-3	⑪	282	803
KCH30A15	④	177	510A	KD60GB80	④	178	700	KP10N14	⑱	411	486A	KSQ30A04	③	121	691	KV1294BM	⑪	282	139
KCH30A18	④	177	510A	KD60HB120	④	178	700	KP10R25	⑱	411	486A	KSQ30A04B	③	121	510D	KV1296M	⑪	282	115G
KCH30A20	④	177	510A	KD60HB160	④	179	700	KP15L08	⑱	411	486A	KSQ30A06	③	121	691	KV1298BM	⑪	282	138
KCH60A03L	④	177	510A	KD70F120	④	179	788	KP15N	⑱	411	486A	KSQ30A06B	③	121	510D	KV1298M	⑪	282	115H
KCH60A04	④	177	510A	KD70F160	④	179	788	KP15N14	⑱	411	486A	KSQ60A03LB	③	121	510E	KV1300NT	⑪	282	62
KCL40B015	④	177	510A	KD70F40	④	179	788	KP15R25	⑱	411	486A	KSQ60A03LE	③	121	585	KV1301A-1	⑪	282	800
KCQ20A03L	④	177	510A	KD70F80	④	179	788	KP2215S	⑨	261	610F	KSQ60A04B	③	121	510E	KV1301A-2	⑪	282	204
KCQ20A04	④	177	510A	KD90F120	④	179	788	KP2310R	⑨	261	205D	KSQ60A04E	③	121	585	KV1301A-3	⑪	282	203
KCQ20A06	④	177	510A	KD90F160	④	179	788	KP2310S	⑨	261	610F	KSQ60A06B	③	121	510E	KV1310	⑪	282	730A
KCQ30A03L	④	178	510A	KD90F40	④	179	788	KP2311E	⑨	261	452C	KSQ60A06E	③	121	585	KV1310A-1	⑪	283	801
KCQ30A04	④	178	510A	KD90F80	④	179	788	KP4L07	⑱	411	486A	KSU30A30B	①	74	510E	KV1310A-2	⑪	283	802
KCQ30A06	④	178	510A	KDZ10B	⑫	352	750E	KP4N12	⑱	411	486A	KT10L07	⑱	411	693	KV1310A-3	⑪	283	803
KCQ60A03L	④	178	510A	KDZ11B	⑫	352	750E	KP823C03	④	179	123	KT10L08	⑱	411	693	KV1310NT	⑪	283	62
KCQ60A04	④	178	510A	KDZ12B	⑫	352	750E	KP823C04	④	179	123	KT10N14	⑱	411	693	KV1311NT	⑪	283	62
KCQ60A06	④	178	510A	KDZ13B	⑫	352	750E	KP823C09	④	179	123	KT10R25	⑱	411	693	KV1320	⑪	283	730A
KCU20A20	④	178	510A	KDZ15B	⑫	352	750E	KP883C02	④	179	123	KT15N14	⑱	411	693	KV1320N	⑪	283	730A
KCU20A30	④	178	510A	KDZ16B	⑫	352	750E	KP923C2	④	179	123	KT15R25	⑱	411	693	KV1330A-1	⑪	283	801
KCU20A40	④	178	510A	KDZ18B	⑫	352	750E	KRH30A15	④	179	510B	KT40N14	⑱	411	693	KV1330A-2	⑪	283	802
KCU20A60	④	178	510A	KDZ20B	⑫	352	750E	KS823C03	④	179	124	KU10L08	⑱	411	485I	KV1330A-3	⑪	283	803
KCU20B60	④	178	510A	KDZ22B	⑫	352	750E	KS823C04	④	179	124	KU10LU07	⑱	411	485I	KV1330NT	⑪	283	62
KCU20C40	④	178	510A	KDZ24B	⑫	352	750E	KS823C06	④	179	124	KU10N14	⑱	411	485I	KV1340A-1	⑪	284	801
KCU30A20	④	178	510A	KDZ27B	⑫	352	750E	KS823C09	④	179	124	KU10N16	⑱	412	485I	KV1340A-2	⑪	284	802
KCU30A30	④	178	510A	KDZ3.6B	⑫	351	750E	KS826S04	③	120	124	KU10R29N	⑱	412	485I	KV1340A-3	⑪	284	803
KCU30A40	④	178	510A	KDZ3.9B	⑫	351	750E	KS883C02	④	179	124	KU10S35N	⑱	412	485I	KV1350A-1	⑪	284	801
KD100GB40	④	178	700	KDZ30B	⑫	352	750E	KS923C2	④	179	124	KU10S40N	⑱	412	485I	KV1350A-2	⑪	284	802
KD100GB80	④	178	700	KDZ33B	⑫	352	750E	KS926S2	①	73	124	KU15N14	⑱	412	485I	KV1350A-3	⑪	284	803
KD100HB120	④	178	700	KDZ36B	⑫	352	750E	KS986S3	①	73	124	KU5N12	⑱	411	485I	KV1350NT	⑪	284	62
KD100HB160	④	178	700	KDZ4.3B	⑫	351	750E	KS986S4	①	73	124	KU5R29N	⑱	411	485I	KV1360NT	⑪	284	62
KD110F120	④	178	788	KDZ4.7B	⑫	351	750E	KSF25A120B	①	73	510E	KV1225	⑪	281	203	KV1362A-1	⑪	284	800
KD110F160	④	178	788	KDZ5.1B	⑫	351	750E	KSF30A20B	①	73	510E	KV1226	⑪	281	204	KV1370NT	⑪	284	62

- 561 -

形名	章	頁	外形	形名	章	頁	外形	形名	章	頁	外形	形名	章	頁	外形	形名	章	頁	外形
KV1371NT	⑪	284	62	KV1563MTL	⑪	288	115C	KV1812K	⑪	292	738D	L709CE	⑨	261	271	M3FE40	①	74	405D
KV1372A-1	⑪	285	800	KV1563MTR	⑪	288	115C	KV1812TL00	⑪	292	610J	L7101N	⑨	261	271	M3FL20U	①	74	405D
KV1382A-1	⑪	285	800	KV1564M	⑪	288	115F	KV1812TR00	⑪	292	610J	L8102F	⑨	261	271	M4C-1	④	179	741
KV1400	⑪	285	610D	KV1566C	⑪	289	421F	KV1813E	⑪	292	452C	LB1105M	⑧	256	97	M4E-1	④	179	741
KV1405	⑪	285	610D	KV1566J	⑪	289	636A	KV1814	⑪	292	610J	LB-156	④	179	412	M4G-1	④	180	741
KV1410	⑪	285	610D	KV1580	⑪	289	612	KV1821	⑪	292	610J	LBA-02	④	179	674	MA10100	⑤	229	165A
KV1410TR00#	⑪	285	610D	KV1580A-1	⑪	289	801	KV1821E	⑪	292	452C	LBA-04	④	179	674	MA10152A	⑤	229	495B
KV1420	⑪	285	610D	KV1580NT	⑪	289	62	KV1821TL00	⑪	292	610J	LBA-04Z1	④	179	674	MA10152D	⑤	229	495C
KV1430	⑪	285	610D	KV1580TL00	⑪	289	612	KV1823	⑪	292	610J	LBA-06	④	179	674	MA10152E	⑤	229	495D
KV1435	⑪	285	610D	KV1580TR00	⑪	289	612	KV1823E	⑪	292	452C	LBA-08	④	179	674	MA10152F	⑤	229	495F
KV1440	⑪	285	610D	KV1581	⑪	289	610J	KV1824	⑪	293	610J	LBA-10	④	179	674	MA10152K	⑤	230	495A
KV1450	⑪	285	610D	KV1581A-2	⑪	289	204	KV1832	⑪	293	610J	LCU60U20	④	179	592	MA1020	⑫	353	25E
KV1460	⑪	286	610D	KV1581A-3	⑪	289	203	KV1832C	⑪	293	421F	LCU60UC30	④	179	592	MA1022	⑫	353	25E
KV1465S	⑪	286	610D	KV1582M	⑪	289	115E	KV1832E	⑪	293	452C	LFB01	⑤	229	357F	MA1024	⑫	353	25E
KV1470	⑪	286	610D	KV1583A	⑪	289	380	KV1832K	⑪	293	738D	LFB01L	⑤	229	357F	MA1027	⑫	353	25E
KV1471	⑪	286	610I	KV1583BM	⑪	289	115B	KV1835E	⑪	293	452C	LL15XB60	④	179	796	MA1030	⑫	353	25E
KV1471E	⑪	286	452C	KV1590	⑪	289	612	KV1835K	⑪	293	738D	LL25XB60	④	179	796	MA10301	⑪	303	420G
KV1471K	⑪	286	738D	KV1590A-1	⑪	289	801	KV1837K	⑪	293	738D	LN15XB60	④	179	796	MA1033	⑫	353	25E
KV1472	⑪	286	610A	KV1590NT	⑪	290	62	KV1841	⑪	293	610J	LN15XB60H	④	179	796	MA1036	⑫	353	25E
KV1480	⑪	286	610D	KV1591A-2	⑪	290	204	KV1841E	⑪	293	452C	LN1F60	①	74	485B	MA1039	⑫	353	25E
KV1488	⑪	286	610D	KV1591A-3	⑪	290	203	KV1841K	⑪	293	738D	LN1VB60	④	179	709	MA104	①	74	485E
KV1490	⑪	286	610D	KV1591C	⑪	290	421F	KV1842E	⑪	293	452C	LN1WBA60	④	179	746	MA1043	⑫	353	25E
KV1520	⑪	287	612	KV1592M	⑪	290	115E	KV1842K	⑪	293	738D	LN25XB60	④	179	796	MA1047	⑫	353	25E
KV1520NT	⑪	287	62	KV1593BM	⑪	290	115B	KV1843E	⑪	293	452C	LN2SB60	④	179	231	MA1051	⑫	353	25E
KV1523BM	⑪	287	115B	KV1610S	⑪	290	610D	KV1843K	⑪	293	738D	LN4SB60	④	179	230	MA1056	⑫	353	25E
KV1523M	⑪	287	115D	KV1613L	⑪	290	381	KV1845K	⑪	293	738D	LN6SB60	④	179	796	MA1062	⑫	353	25E
KV1530	⑪	287	610J	KV1620S	⑪	290	610D	KV1846E	⑪	294	452C	LS53	⑤	229	357A	MA1068	⑫	353	25E
KV1550	⑪	287	612	KV1660S	⑪	290	610D	KV1846K	⑪	294	738D	LS54	⑤	229	357A	MA10700	③	121	165A
KV1550A-1	⑪	287	801	KV1700R	⑪	290	205D	KV1848K	⑪	294	738D	LS55	⑤	229	357A	MA10701	③	121	610A
KV1550NT	⑪	287	62	KV1700S	⑪	290	610D	KV1851	⑪	294	610I	LS953	⑤	229	357A	MA10702	③	121	165A
KV1551	⑪	287	610J	KV1705R	⑪	290	205D	KV1851A-1	⑪	294	800	LS954	⑤	229	357A	MA10703	③	121	610A
KV1551A-1	⑪	287	800	KV1705S	⑪	290	610D	KV1851E	⑪	294	452C	LS955	⑤	229	357A	MA10704	⑥	245	239
KV1551A-2	⑪	287	204	KV1720R	⑪	290	205D	KV1851K	⑪	294	738D	M1F60	①	74	750C	MA10705	③	121	485E
KV1551A-3	⑪	287	203	KV1720S	⑪	290	610D	KV1861E	⑪	294	452C	M1F80	①	74	750C	MA1075	⑫	353	25E
KV1555	⑪	287	612	KV1735R	⑪	291	205D	KV1862E	⑪	294	452C	M1FE40	①	74	750C	MA10798	④	180	483
KV1555A-1	⑪	288	801	KV1735S	⑪	291	610D	KV1862K	⑪	294	738D	M1FH3	③	121	750C	MA10799	④	180	483
KV1555NT	⑪	288	62	KV1740R	⑪	291	205D	KV1870R	⑪	294	205D	M1FJ4	③	121	750C	MA1082	⑫	353	25E
KV1556A-1	⑪	288	800	KV1740S	⑪	291	610D	KV1870S	⑪	294	612	M1FL20U	①	74	750C	MA1091	⑫	353	25E
KV1556C	⑪	288	421F	KV1745R	⑪	291	205D	L105AA	⑨	261	79C	M1FL40	①	74	750C	MA110	⑤	230	239
KV1560	⑪	288	612	KV1745S	⑪	291	610D	L204BB	⑨	261	24B	M1FL40U	①	74	750C	MA1100	⑫	353	25E
KV1560NT	⑪	288	62	KV1770R	⑪	291	205D	L209NE	⑨	261	271	M1FM3	③	121	750C	MA111	⑤	230	239
KV1561	⑪	288	610J	KV1770S	⑪	291	610D	L301DB	⑨	261	24B	M1FP3	③	121	750C	MA1110	⑫	353	25E
KV1561A-1	⑪	288	800	KV1780R	⑪	291	205D	L303EC	⑨	261	24H	M1FS4	③	121	750C	MA112	⑤	230	239
KV1561A-2	⑪	288	204	KV1780S	⑪	291	610D	L303EE	⑨	261	271	M1FS6	③	121	750C	MA1120	⑫	353	25E
KV1561A-3	⑪	288	203	KV1811	⑪	291	610J	L308CC	⑨	261	24H	M2F60	①	74	405D	MA113	⑤	230	239
KV1562M	⑪	288	115E	KV1811E	⑪	291	452C	L402FD	⑨	261	25B	M2FL20U	①	74	405D	MA1130	⑫	353	25E
KV1563A	⑪	288	380	KV1811K	⑪	291	738D	L402FE	⑨	261	271	M2FL20U	①	74	405D	MA114	⑤	230	239
KV1563BM	⑪	288	115B	KV1812	⑪	291	610J	L407CD	⑨	261	25C	M2FM3	③	121	405D	MA1140-M	⑫	353	25E
KV1563M	⑪	288	115C	KV1812E	⑪	291	452C	L5630	⑬	404	225	M3F60	①	74	405D	MA115	⑤	230	239

形名	章	頁	外形	形名	章	頁	外形	形名	章	頁	外形	形名	章	頁	外形	形名	章	頁	外形	形名	章	頁	外形
MA1150	⑫	353	25E	MA154WK	⑤	230	40A	MA1Z068	⑫	352	485E	MA2200	⑫	354	23D	MA26V15	⑪	299	58A
MA116	⑤	230	239	MA155WA	⑤	230	40B	MA1Z075	⑫	352	485E	MA221	⑤	232	357D	MA26V16	⑪	299	58A
MA1160	⑫	354	25E	MA155WK	⑤	230	40A	MA1Z082	⑫	352	485E	MA222	⑤	232	357D	MA26V17	⑪	299	58A
MA1180	⑫	354	25E	MA156	⑤	230	40C	MA1Z091	⑫	352	485E	MA2220	⑫	354	23D	MA26V19	⑪	299	58A
MA1200	⑫	354	25E	MA157	⑤	230	610F	MA1Z100	⑫	352	485E	MA223	⑤	232	357D	MA26V20	⑪	299	58A
MA121	⑧	256	270A	MA157A	⑤	230	610F	MA1Z110	⑫	352	485E	MA2240	⑫	354	23D	MA26V22	⑪	299	58A
MA122	⑧	256	270D	MA158	⑤	231	610A	MA1Z120	⑫	352	485E	MA2270	⑫	354	23D	MA27077	⑤	232	738A
MA1220	⑫	354	25E	MA159	⑤	231	439A	MA1Z130	⑫	352	485E	MA22D15	③	122	750B	MA27111	⑤	233	738A
MA123	⑧	256	270E	MA159A	⑤	231	439A	MA1Z150	⑫	352	485E	MA22D17	③	122	750B	MA27331	⑫	303	738A
MA124	⑧	256	270B	MA160	⑤	231	439B	MA1Z160	⑫	352	485E	MA22D21	③	122	750B	MA27336	⑪	303	757C
MA1240	⑫	354	25E	MA160A	⑤	231	439B	MA1Z180	⑫	352	485E	MA22D23	③	122	750B	MA27376	⑪	303	738A
MA125	⑧	256	270F	MA161	⑤	231	25E	MA1Z200	⑫	352	485E	MA22D26	③	122	750B	MA27728	⑥	245	738A
MA126	⑧	256	270C	MA162	⑤	231	25E	MA1Z220	⑫	352	485E	MA22D28	③	122	750B	MA27784	⑥	245	738A
MA127	⑧	256	270G	MA162A	⑤	231	25E	MA1Z240	⑫	352	485E	MA22D39	③	122	750B	MA27-A	⑱	413	25E
MA1270	⑫	354	25E	MA164	⑤	231	610G	MA1Z270	⑫	352	485E	MA22D40	③	122	750B	MA27-B	⑱	413	25E
MA128	⑧	256	270H	MA165	⑤	231	23E	MA1Z300	⑫	352	485E	MA2300	⑫	354	23D	MA27-C	⑱	413	25E
MA129	⑧	256	270A	MA166	⑤	231	23F	MA1Z330	⑫	352	485E	MA2330	⑫	354	23D	MA27D27	⑥	245	738A
MA1300	⑫	354	25E	MA167	⑤	231	23F	MA1Z360	⑫	352	485E	MA2360	⑫	354	23D	MA27D29	⑥	245	738A
MA132A	⑤	230	119B	MA167A	⑤	231	23F	MA1Z390	⑫	352	485E	MA2390	⑫	354	23D	MA27D30	⑥	245	738A
MA132K	⑤	230	119A	MA170	⑤	231	25E	MA1Z430	⑫	352	485E	MA2430	⑫	354	23D	MA27E02	⑥	245	738A
MA132WA	⑤	230	119C	MA171	⑤	231	25E	MA1Z470	⑫	352	485E	MA2470	⑫	354	23D	MA27P01	⑨	261	738A
MA132WK	⑤	230	119D	MA174	⑤	231	439A	MA1Z510	⑫	352	485E	MA24D50	③	122	578	MA27P02	⑨	261	738A
MA133	⑤	230	119F	MA175WA	⑤	231	33B	MA200A	⑤	232	610B	MA24D51	③	122	578	MA27P06	⑨	261	738A
MA1330	⑫	354	25E	MA175WK	⑤	231	33A	MA200K	⑤	232	610A	MA24D52	③	122	578	MA27P07	⑨	261	738A
MA1360	⑫	354	25E	MA176WA	⑤	231	33B	MA200WA	⑤	232	610C	MA24D54	③	122	578	MA27P11	⑨	261	738A
MA1390	⑫	354	25E	MA176WK	⑤	231	33A	MA200WK	⑤	232	610D	MA24D60	③	122	578	MA27Q-A	⑱	413	25E
MA141A	⑤	230	205B	MA177	⑤	231	33C	MA204WA	⑤	232	39B	MA24D62	③	122	578	MA27Q-B	⑱	413	25E
MA141K	⑤	230	205A	MA178	⑤	231	23F	MA204WK	⑤	232	39A	MA24F41	①	74	578	MA27T-A	⑱	413	25E
MA141WA	⑤	230	205C	MA179	⑤	231	23F	MA2051	⑫	354	23D	MA2510	⑫	354	23D	MA27T-B	⑱	413	25E
MA141WK	⑤	230	205D	MA180	⑤	231	23F	MA2056	⑫	354	23D	MA2560	⑫	354	23D	MA27V01	⑪	299	738A
MA142A	⑤	230	205B	MA182	⑤	231	25E	MA205WA	⑤	232	39B	MA26077	⑤	232	58A	MA27V02	⑪	299	738A
MA142K	⑤	230	205A	MA185	⑤	231	25E	MA205WK	⑤	232	39A	MA26111	⑤	232	58B	MA27V03	⑪	299	738A
MA142WA	⑤	230	205C	MA188	⑤	231	23F	MA206	⑤	232	39C	MA26304	⑪	303	58A	MA27V04	⑪	299	738A
MA142WK	⑤	230	205D	MA190	⑤	231	25E	MA2062	⑫	354	23D	MA26376	⑪	303	58A	MA27V05	⑪	299	738A
MA143	⑤	230	205F	MA193	⑧	256	439C	MA2068	⑫	354	23D	MA26728	⑥	245	58A	MA27V07	⑪	299	738A
MA143A	⑤	230	205F	MA194	⑤	231	439A	MA207	⑤	232	39C	MA26P01	⑨	261	58B	MA27V09	⑪	299	738A
MA147	⑤	230	205F	MA195	⑤	231	23F	MA2076	⑫	354	23D	MA26P02	⑨	261	58B	MA27V11	⑪	299	738A
MA150	⑤	230	25E	MA196	⑤	231	23F	MA2082	⑫	354	23D	MA26P07	⑨	261	58B	MA27V13	⑪	299	738A
MA151A	⑤	230	610B	MA198	⑤	231	610F	MA2091	⑫	354	23D	MA26V01	⑪	298	58A	MA27V14	⑪	299	738A
MA151K	⑤	230	610A	MA199	⑤	231	610A	MA2100	⑫	354	23D	MA26V02	⑪	298	58A	MA27V15	⑪	299	738A
MA151WA	⑤	230	610C	MA1U152A	⑤	229	495B	MA2110	⑫	354	23D	MA26V03	⑪	298	58A	MA27V16	⑪	299	738A
MA151WK	⑤	230	610D	MA1U152K	⑤	229	495A	MA2120	⑫	354	23D	MA26V04	⑪	298	58A	MA27V17	⑪	299	738A
MA152A	⑤	230	610B	MA1U152WA	⑤	229	495C	MA2130	⑫	354	23D	MA26V05	⑪	298	58A	MA27V20	⑪	300	738A
MA152K	⑤	230	610A	MA1U152WK	⑤	229	495D	MA2150	⑫	354	23D	MA26V07	⑪	298	58A	MA27V22	⑪	300	738A
MA152WA	⑤	230	610C	MA1U157A	⑤	229	495F	MA2160	⑫	354	23D	MA26V09	⑪	298	58A	MA27V23	⑪	300	738A
MA152WK	⑤	230	610D	MA1Z047	⑫	352	485E	MA2122	⑫	354	23D	MA26V11	⑪	298	58A	MA27W-A	⑱	413	25E
MA153	⑤	230	610F	MA1Z051	⑫	352	485E	MA21D34	③	122	579	MA26V12	⑪	298	58A	MA27W-A	⑱	413	25E
MA153A	⑤	230	610F	MA1Z056	⑫	352	485E	MA21D35	③	122	579	MA26V13	⑪	298	58A	MA27W-B	⑱	413	25E
MA154WA	⑤	230	40B	MA1Z062	⑫	352	485E	MA21D38	③	122	756B	MA26V14	⑪	299	58A				

- 563 -

形 名	章	頁	外形	形 名	章	頁	外形	形 名	章	頁	外形	形 名	章	頁	外形	形 名	章	頁	外形
MA28-A	⑱	413	610A	MA2C179	⑤	232	23F	MA2QA01	①	74	485E	MA2X341	⑪	296	757C	MA2ZV01	⑪	298	420G
MA28-B	⑱	413	610A	MA2C185	⑤	232	23F	MA2QA02	①	74	485E	MA2XD09	③	122	421A	MA2ZV02	⑪	298	420G
MA28T-A	⑱	413	610A	MA2C188	⑤	232	23F	MA2QD01	③	122	485E	MA2XD15	③	122	421A	MA2ZV03	⑪	298	420G
MA28T-B	⑱	413	610A	MA2C195	⑤	232	23F	MA2R064	⑮	407	357D	MA2XD17	③	122	421A	MA2ZV05	⑪	298	420G
MA28W-A	⑱	413	610A	MA2C196	⑤	232	23F	MA2S075-10	⑫	352	757D	MA2YD15	③	122	750B	MA2ZV06	⑪	298	420G
MA28W-B	⑱	413	610A	MA2C700	⑥	245	23F	MA2S077	⑤	232	757C	MA2YD17	③	122	750B	MA3020	⑫	354	610A
MA291	⑤	233	560	MA2C700A	⑥	245	23F	MA2S101	⑤	232	239	MA2YD21	③	122	750B	MA3022	⑫	354	610A
MA29-A	⑱	413	23F	MA2C719	③	121	23F	MA2S111	⑤	232	757D	MA2YD23	③	122	750B	MA3024	⑫	354	610A
MA29-B	⑱	413	23F	MA2C723	⑥	245	23F	MA2S304	⑪	295	757C	MA2YD26	③	122	750B	MA3027	⑫	354	610A
MA29Q-A	⑱	413	23F	MA2C840	⑪	294	23F	MA2S331	⑪	295	757C	MA2YD28	③	122	750B	MA3030	⑫	354	610A
MA29Q-B	⑱	413	23F	MA2C856	⑤	232	23F	MA2S357	⑪	295	757C	MA2YD33	③	122	750B	MA3033	⑫	354	610A
MA29T-A	⑱	413	23F	MA2C858	⑤	232	23F	MA2S367	⑪	295	757C	MA2YF80	⑤	232	750B	MA3036	⑫	355	610A
MA29T-B	⑱	413	23F	MA2C859	⑤	232	23F	MA2S372	⑪	295	757C	MA2Z001	⑤	232	239	MA3039	⑫	355	610A
MA29W-A	⑱	413	23F	MA2D601	①	74	517	MA2S374	⑪	295	757C	MA2Z0300A	⑱	412	239	MA304	⑪	300	420G
MA29W-B	⑱	413	23F	MA2D749	③	121	517	MA2S376	⑪	295	757C	MA2Z0300B	⑱	412	239	MA3043	⑫	355	610A
MA2B001	⑮	407	24J	MA2D749A	③	121	517	MA2S377	⑪	295	757C	MA2Z030WA	⑱	412	239	MA3047	⑫	355	610A
MA2B0270A	⑱	412	25E	MA2D750	③	121	517	MA2S707	⑥	245	757D	MA2Z030WB	⑱	412	239	MA3047W	⑫	355	439A
MA2B0270B	⑱	412	25E	MA2D755	③	121	517	MA2S728	⑥	245	757D	MA2Z077	⑤	232	420G	MA3051	⑫	355	610A
MA2B027QA	⑱	412	25E	MA2D760	③	121	517	MA2S784	⑥	245	757D	MA2Z081	⑤	232	420G	MA3056	⑫	355	610A
MA2B027QB	⑱	412	25E	MA2D760A	③	121	517	MA2SD10	⑥	245	757D	MA2Z200	⑫	352	485E	MA3056W	⑫	355	439A
MA2B027TA	⑱	412	25E	MA2H735	③	121	636B	MA2SD19	⑥	245	757D	MA2Z220	⑫	353	485E	MA3062	⑫	355	610A
MA2B027TB	⑱	412	25E	MA2H736	③	121	636B	MA2SD24	⑥	245	757D	MA2Z240	⑫	353	485E	MA3062W	⑫	355	439A
MA2B027WA	⑱	412	25E	MA2HD07	③	121	636B	MA2SD25	⑥	245	757D	MA2Z270	⑫	353	485E	MA3062WA	⑫	355	610C
MA2B027WB	⑱	412	25E	MA2HD08	③	121	636B	MA2SD29	⑥	245	757D	MA2Z300	⑫	353	485E	MA3068	⑫	355	610A
MA2B150	⑤	231	25E	MA2HD09	③	121	636B	MA2SD30	⑥	245	757D	MA2Z304	⑪	296	420G	MA3075	⑫	355	610A
MA2B161	⑤	231	25E	MA2J111	⑤	232	239	MA2SD31	⑥	245	757D	MA2Z330	⑫	353	485E	MA3075T	⑫	355	439D
MA2B162	⑤	231	25E	MA2J112	⑤	232	239	MA2SD32	⑥	245	757D	MA2Z331	⑪	296	420G	MA3075WK	⑫	355	610C
MA2B162A	⑤	231	25E	MA2J113	⑤	232	239	MA2SE01	⑥	245	757D	MA2Z357	⑪	297	420G	MA3082	⑫	355	610A
MA2B170	⑤	231	25E	MA2J114	⑤	232	239	MA2SP01	⑨	261	757D	MA2Z360	⑪	297	420G	MA3082WA	⑫	355	610C
MA2B171	⑤	231	25E	MA2J115	⑤	232	239	MA2SP03	⑨	261	757D	MA2Z362	⑪	297	420G	MA3091	⑫	355	610A
MA2B182	⑤	231	25E	MA2J116	⑤	232	239	MA2SP05	⑨	261	757D	MA2Z365	⑪	297	420G	MA3091WK	⑫	355	610D
MA2B190	⑤	231	25E	MA2J357	⑪	294	756C	MA2SP06	⑨	261	757D	MA2Z366	⑪	297	420G	MA30-A	⑱	413	239
MA2C029	⑱	412	79M	MA2J360	⑪	294	756C	MA2SV01	⑪	295	757C	MA2Z367	⑪	297	420G	MA30-B	⑱	413	239
MA2C0290A	⑱	412	79M	MA2J372	⑪	294	756C	MA2SV02	⑪	295	757C	MA2Z368	⑪	297	420G	MA30W-A	⑱	413	239
MA2C0290A1	⑱	412	79M	MA2J704	⑥	245	239	MA2SV03	⑪	295	757C	MA2Z371	⑪	297	420G	MA30W-B	⑱	413	239
MA2C0290A2	⑱	412	79M	MA2J727	⑥	245	239	MA2SV04	⑪	295	757C	MA2Z372	⑪	297	420G	MA3100	⑫	355	610A
MA2C0290B	⑱	412	79M	MA2J728	⑥	245	239	MA2SV05	⑪	295	757C	MA2Z374	⑪	297	420G	MA3100W	⑫	355	439A
MA2C0290B1	⑱	412	79M	MA2J729	⑥	245	239	MA2SV07	⑪	295	757C	MA2Z376	⑪	297	420G	MA3100WA	⑫	355	610C
MA2C0290B2	⑱	412	79M	MA2J732	⑥	245	239	MA2SV09	⑪	295	757C	MA2Z377	⑪	297	420G	MA3100WK	⑫	355	610D
MA2C029QA	⑱	412	23F	MA2JP02	⑨	261	239	MA2SV10	⑪	295	757C	MA2Z391	⑪	298	420G	MA3110	⑫	355	610A
MA2C029QB	⑱	412	23F	MA2P291	⑤	232	560	MA2SV15	⑪	296	757C	MA2Z392	⑪	298	420G	MA3120	⑫	355	610A
MA2C029TA	⑱	412	23F	MA2P701	③	121	560	MA2X073	⑤	232	421A	MA2Z393	⑪	298	420G	MA3120WA	⑫	355	610C
MA2C029TB	⑱	412	23F	MA2P701A	③	121	560	MA2X321	⑪	296	421A	MA2Z720	③	122	750B	MA3130	⑫	355	610A
MA2C029WA	⑱	412	23F	MA2Q705	③	121	485E	MA2X329	⑪	296	421A	MA2Z748	③	122	239	MA3130WA	⑫	355	610C
MA2C029WB	⑱	412	23F	MA2Q735	③	121	485E	MA2X333	⑪	296	421A	MA2Z784	⑥	245	239	MA3140-M	⑫	355	610A
MA2C165	⑤	231	23F	MA2Q736	③	121	485E	MA2X334	⑪	296	421A	MA2Z785	⑥	245	239	MA3150	⑫	355	610A
MA2C166	⑤	232	23F	MA2Q737	③	122	485E	MA2X335	⑪	296	421A	MA2ZD02	③	122	239	MA3160	⑫	355	610A
MA2C167	⑤	232	23F	MA2Q738	③	122	485E	MA2X338	⑪	296	421A	MA2ZD14	⑥	245	239	MA3160	⑫	355	610A
MA2C178	⑤	232	23F	MA2Q739	③	122	485E	MA2X339	⑪	296	421A	MA2ZD18	③	122	239	MA3180	⑫	355	610A

形 名	章	頁	外形	形 名	章	頁	外形	形 名	章	頁	外形	形 名	章	頁	外形	形 名	章	頁	外形	形 名	章	頁	外形
MA3200	⑫	355	610A	MA393	⑪	303	420G	MA3S132A	⑤	233	119C	MA3X057	⑤	233	610C	MA3XD15	③	123	610A
MA3200W	⑫	355	439A	MA3A100	⑪	353	270D	MA3S132D	⑤	233	119C	MA3X075D	⑤	233	610C	MA3XD17	③	123	610A
MA3200WA	⑫	355	610C	MA3D649	④	180	483	MA3S132E	⑤	233	119D	MA3X075E	⑤	233	610D	MA3XD21	③	123	610A
MA321	⑪	300	421A	MA3D650	④	180	483	MA3S132K	⑤	233	119A	MA3X100	⑤	233	165A	MA3Z070	⑤	233	205F
MA3220	⑫	355	610A	MA3D652	④	180	483	MA3S133	⑤	233	119F	MA3X101	⑤	233	610A	MA3Z080D	⑤	233	205C
MA3240	⑫	355	610A	MA3D653	④	180	483	MA3S137	⑤	233	119F	MA3X152A	⑤	233	610B	MA3Z080E	⑤	233	205D
MA3270	⑫	355	610A	MA3D654	④	180	550	MA3S721	⑥	246	119A	MA3X152D	⑤	233	610C	MA3Z200	⑫	353	560
MA329	⑪	300	421A	MA3D689	①	74	517	MA3S781	⑥	246	119A	MA3X152E	⑤	233	610D	MA3Z240	⑫	353	560
MA3300	⑫	355	610A	MA3D690	①	74	517	MA3S781D	⑥	246	119C	MA3X152K	⑤	233	610A	MA3Z551	⑨	262	205A
MA331	⑪	300	420G	MA3D691	①	74	517	MA3S781E	⑥	246	119D	MA3X153	⑤	233	610F	MA3Z792	⑥	246	165A
MA333	⑪	300	421A	MA3D693	①	74	517	MA3S781F	⑥	246	119F	MA3X153A	⑤	233	610A	MA3Z792D	⑥	246	165C
MA3330	⑫	355	610A	MA3D694	④	180	483	MA3S795	⑥	246	119A	MA3X157A	⑤	233	610F	MA3Z792E	⑥	246	165D
MA334	⑪	300	421A	MA3D749	④	180	483	MA3S795D	⑥	246	119C	MA3X158	⑤	233	610A	MA3Z793	⑥	246	165F
MA335	⑪	300	421A	MA3D749A	④	180	483	MA3S795E	⑥	246	119D	MA3X164	⑤	233	610G	MA3ZD12	③	123	165A
MA3360	⑫	355	610A	MA3D750	④	180	483	MA3SD05	⑥	246	119F	MA3X198	⑤	233	610F	MA4020	⑫	356	78D
MA337	⑪	300	421D	MA3D750A	④	180	483	MA3SD05F	⑥	246	119F	MA3X199	⑤	233	610A	MA4022	⑫	356	78D
MA338	⑪	300	421A	MA3D752	④	180	483	MA3SD22F	⑥	246	119F	MA3X200F	⑤	233	610A	MA4024	⑫	356	78D
MA339	⑪	301	421A	MA3D752A	④	180	483	MA3SD29F	⑥	246	119F	MA3X551	⑨	261	610A	MA4027	⑫	356	78D
MA341	⑪	301	421D	MA3D755	④	180	483	MA3SE01	⑥	246	119C	MA3X555	⑨	261	610G	MA4030	⑫	356	78D
MA342B	⑪	301	357D	MA3D756	④	180	483	MA3SE02	⑥	246	119F	MA3X557	⑨	262	610F	MA4033	⑫	356	78D
MA342M	⑪	301	357D	MA3D759	④	180	483	MA3U649	④	180	563	MA3X558	⑨	262	610D	MA4036	⑫	356	78D
MA344	⑪	301	270A	MA3D761	④	180	483	MA3U653	④	180	561	MA3X701	③	122	610A	MA4039	⑫	356	78D
MA345	⑪	301	25E	MA3D798	④	180	483	MA3U689	①	74	561	MA3X703	③	122	610A	MA4043	⑫	356	78D
MA345B	⑪	301	25E	MA3D799	④	180	483	MA3U690	①	74	561	MA3X704A	⑥	246	610A	MA4047	⑫	356	78D
MA346	⑪	301	23F	MA3DJ92	④	180	483	MA3U749	④	180	561	MA3X704D	⑥	246	610A	MA4047(N)	⑫	356	78D
MA348	⑪	301	439A	MA3G655	④	180	550	MA3U755	④	180	561	MA3X704E	⑥	246	610C	MA4051	⑫	356	78D
MA351	⑪	301	420G	MA3G695	④	180	550	MA3U760	④	180	561	MA3X715	⑥	246	610D	MA4051(N)	⑫	356	78D
MA353	⑪	301	421D	MA3G751	④	180	550	MA3UD06	④	180	561	MA3X716	⑥	246	610F	MA4056	⑫	356	78D
MA357	⑪	301	420G	MA3G751A	④	180	550	MA3V175D	⑤	233	33B	MA3X717	⑥	246	610A	MA4056(N)	⑫	356	78D
MA357J	⑪	301	756C	MA3J100	⑤	233	165A	MA3V175E	⑤	233	33A	MA3X717D	⑥	246	610A	MA4062	⑫	356	78D
MA360	⑪	301	420G	MA3J142A	⑤	233	165B	MA3V176D	⑤	233	33D	MA3X717E	⑥	246	610C	MA4062(N)	⑫	356	78D
MA360J	⑪	301	756C	MA3J142D	⑤	233	165C	MA3V176E	⑤	233	33A	MA3X720	③	122	610A	MA4068	⑫	356	78D
MA36132E	⑤	233	58A	MA3J142E	⑤	233	165D	MA3V177	⑤	233	33C	MA3X721	⑥	246	610A	MA4068(N)	⑫	356	78D
MA362	⑪	302	420G	MA3J142K	⑤	233	165A	MA3X0280A	⑱	413	610A	MA3X721	⑥	246	610A	MA4075	⑫	356	78D
MA363	⑪	302	420G	MA3J143	⑤	233	165F	MA3X0280B	⑱	413	610A	MA3X721D	⑥	246	610A	MA4075(N)	⑫	356	78D
MA364	⑪	302	420G	MA3J143A	⑤	233	165F	MA3X028-A	⑱	412	610A	MA3X721E	⑥	246	610D	MA4082	⑫	356	78D
MA365	⑪	302	420G	MA3J147	⑤	233	165F	MA3X028-B	⑱	412	610A	MA3X727	⑥	246	610A	MA4082(N)	⑫	356	78D
MA366	⑪	302	420G	MA3J700	③	122	165A	MA3X028TA	⑱	412	610A	MA3X740	⑥	246	610F	MA4091	⑫	356	78D
MA367	⑪	302	420G	MA3J702	③	122	165A	MA3X028T-A	⑱	412	610A	MA3X748	③	122	610A	MA4091(N)	⑫	356	78D
MA368	⑪	302	420G	MA3J741	⑥	245	165A	MA3X028TB	⑱	412	610A	MA3X786	⑥	246	610A	MA4100	⑫	356	78D
MA370	⑪	302	610E	MA3J741D	⑥	245	165C	MA3X028T-B	⑱	412	610A	MA3X786D	⑥	246	610C	MA4100(N)	⑫	356	78D
MA371	⑪	302	420G	MA3J741E	⑥	245	165D	MA3X028WA	⑱	412	610A	MA3X786E	⑥	246	610D	MA4110	⑫	356	78D
MA372	⑪	302	420G	MA3J742	⑥	245	165F	MA3X028W-A	⑱	412	610A	MA3X787	⑥	246	610A	MA4110(N)	⑫	356	78D
MA372J	⑪	302	756C	MA3J744	⑥	245	165A	MA3X028WB	⑱	412	610A	MA3X788	⑥	246	610A	MA4120	⑫	356	78D
MA374	⑪	302	420G	MA3J745	⑥	245	165A	MA3X028W-B	⑱	412	610A	MA3X789	③	122	610A	MA4120(N)	⑫	356	78D
MA376	⑪	303	420G	MA3J745D	⑥	245	165F	MA3X030-A	⑱	412	239	MA3X791	⑥	246	610F	MA4130	⑫	356	78D
MA377	⑪	303	420G	MA3J745E	⑥	246	165D	MA3X030-B	⑱	412	239	MA3XD11	③	123	610A	MA4130(N)	⑫	356	78D
MA391	⑪	303	420G	MA3JP02F	⑨	261	165F	MA3X030W-A	⑱	413	239	MA3XD13	③	123	610A	MA4140-M	⑫	356	78D
MA392	⑪	303	420G	MA3K755	④	180	484	MA3X030W-B	⑱	413	239	MA3XD14E	⑥	246	610D	MA4150	⑫	356	78D

— 565 —

形名	章	頁	外形	形名	章	頁	外形	形名	章	頁	外形	形名	章	頁	外形	形名	章	頁	外形
MA4150(N)	⑫	356	78D	MA5047	⑫	357	560	MA682	④	181	536	MA707	⑥	247	421A	MA738	③	123	485E
MA4160	⑫	356	78D	MA5051	⑫	357	560	MA689	①	74	538	MA7075	⑫	357	25C	MA739	③	123	485E
MA4160(N)	⑫	356	78D	MA5056	⑫	357	560	MA690	①	74	538	MA7082	⑫	357	25C	MA7390	⑫	358	25C
MA4180	⑫	356	78D	MA5062	⑫	357	560	MA691	①	74	539	MA7091	⑫	357	25C	MA740	⑥	248	610F
MA4180(N)	⑫	356	78D	MA5068	⑫	357	560	MA693	④	181	536	MA7100	⑫	357	25C	MA741	⑥	248	165A
MA4200	⑫	356	78D	MA5075	⑫	357	560	MA694	④	181	536	MA711	③	123	40D	MA741WA	⑥	248	165C
MA4200(N)	⑫	356	78D	MA5082	⑫	357	560	MA695	④	181	537	MA7110	③	123	40D	MA741WK	⑥	248	165D
MA4220	⑫	357	78D	MA5091	⑫	357	560	MA6D49	④	180	483	MA711A	③	123	40D	MA742	⑥	248	165F
MA4220(N)	⑫	357	78D	MA5100	⑫	357	560	MA6D50	④	180	483	MA7120	⑫	358	25C	MA743	⑥	248	439A
MA4240	⑫	357	78D	MA5110	⑫	357	560	MA6D52	④	180	483	MA713	⑥	247	439A	MA7430	⑫	358	25C
MA4240(N)	⑫	357	78D	MA5120	⑫	357	560	MA6D53	④	180	483	MA7130	⑫	358	25C	MA744	⑥	248	165A
MA4270	⑫	357	78D	MA5130	⑫	357	560	MA6D54	④	180	483	MA714	⑥	247	439B	MA745	⑥	248	165A
MA4270(N)	⑫	357	78D	MA5150	⑫	357	560	MA6D89	①	74	517	MA715	⑥	247	610F	MA745WA	⑥	248	165C
MA4300	⑫	357	78D	MA5160	⑫	357	560	MA6D90	①	74	517	MA7150	⑫	358	25C	MA745WK	⑥	248	165D
MA4300(N)	⑫	357	78D	MA5180	⑫	357	560	MA6D91	①	74	517	MA716	⑥	247	610F	MA746	⑥	248	439A
MA4330	⑫	357	78D	MA5200	⑫	357	560	MA6D93	④	180	483	MA7160	⑫	358	25C	MA7470	⑫	358	25C
MA4330(N)	⑫	357	78D	MA5220	⑫	357	560	MA6D94	④	180	483	MA717	⑥	247	610A	MA748	③	123	610A
MA4360	⑫	357	78D	MA5240	⑫	357	560	MA6J784	⑧	256	591	MA717WA	⑥	247	610C	MA749	④	181	536
MA4360(N)	⑫	357	78D	MA551	⑨	262	610A	MA6S121	⑧	256	591	MA717WK	⑥	247	610D	MA749A	④	181	536
MA4390	⑫	357	78D	MA553	⑨	262	40D	MA6S718	⑧	256	591	MA718	⑧	257	270A	MA750	④	181	536
MA4390(N)	⑫	357	78D	MA555	⑨	262	610G	MA6X078	⑧	256	270A	MA7180	⑫	358	25C	MA750A	④	181	536
MA4L728	⑥	246	59	MA556	⑨	262	270A	MA6X121	⑧	256	270A	MA719	③	123	23F	MA751	④	181	550
MA4L784	⑥	246	59	MA557	⑨	262	610F	MA6X122	⑧	256	270D	MA72	⑤	234	411	MA7510	⑫	358	25C
MA4S111	⑤	234	437	MA558	⑨	262	610D	MA6X123	⑧	256	270E	MA720	③	123	610A	MA751A	④	181	550
MA4S159	⑤	234	610A	MA57	⑤	234	610A	MA6X124	⑧	256	270B	MA7200	⑫	358	25C	MA752	④	181	536
MA4S713	⑥	247	494	MA5J002D	⑧	256	227	MA6X125	⑧	256	270F	MA721	⑥	247	610A	MA752A	④	181	536
MA4SD01	⑥	247	437	MA5J002E	⑧	256	227	MA6X126	⑧	256	270F	MA721WA	⑥	247	610C	MA753	④	181	570
MA4SD05X	⑥	247	437	MA5Z002E	⑧	256	227	MA6X127	⑧	257	270G	MA721WK	⑥	247	610D	MA753-(DS)	④	181	501
MA4SD10	⑥	247	437	MA5Z190	⑫	353	239	MA6X128	⑧	257	270H	MA722	⑥	247	40D	MA753A	④	181	570
MA4X159A	⑤	234	439A	MA5Z200	⑫	353	239	MA6X129	⑧	257	270A	MA7220	⑫	358	25C	MA753A-(DS)	④	181	501
MA4X160	⑤	234	439B	MA5Z220	⑫	353	239	MA6X344	⑪	298	270A	MA723	⑥	247	23F	MA755	④	181	536
MA4X160A	⑤	234	439B	MA5Z240	⑫	353	239	MA6X556	⑨	262	270A	MA724	⑥	247	439A	MA756	④	181	536
MA4X174	⑤	234	439A	MA5Z270	⑫	353	239	MA6X718	⑧	257	270A	MA7240	⑫	358	25C	MA7560	⑫	358	25C
MA4X193	⑧	256	439C	MA5Z300	⑫	353	239	MA6Z016	⑧	257	2701	MA726	⑥	247	439B	MA75WA	⑤	234	610C
MA4X194	⑤	234	439A	MA5Z330	⑫	353	239	MA6Z121	⑧	257	591	MA727	⑥	247	610A	MA75WK	⑤	234	610D
MA4X348	⑪	298	439A	MA6000シリーズ	⑫	357	357D	MA6Z718	⑧	257	591	MA7270	⑫	358	25C	MA760	④	181	536
MA4X713	⑥	247	439B	MA62	⑮	407	24J	MA70	⑤	234	610F	MA728	⑥	247	239	MA761	④	181	536
MA4X714	⑥	247	439B	MA64	⑮	407	24J	MA700	⑥	247	23F	MA729	⑥	247	239	MA762	④	182	550
MA4X724	⑥	247	439A	MA643	①	74	485E	MA700A	⑥	247	23F	MA73	⑤	234	421A	MA763	⑥	248	357D
MA4X726	⑥	247	439A	MA644	④	180	483	MA701	③	123	560	MA730	⑥	247	610F	MA765	④	182	536
MA4X743	⑥	247	439A	MA649	④	180	536	MA701A	③	123	560	MA7300	⑫	358	25C	MA768	④	182	536
MA4X746	⑥	247	439A	MA650	④	181	536	MA704	⑥	247	610F	MA731	⑥	247	610F	MA769	④	182	536
MA4X796	⑤	234	439A	MA651	④	181	537	MA704A	⑥	247	610A	MA732	⑥	247	239	MA77	⑤	234	420G
MA4X862	⑤	234	439A	MA652	④	181	536	MA704WA	⑥	247	610C	MA733	⑥	247	420G	MA774	⑥	248	23F
MA4Z082WA	⑫	353	119C	MA653	④	181	536	MA704WK	⑥	247	610D	MA7330	⑫	358	25C	MA775	⑥	248	23F
MA4Z159	⑤	234	494	MA654	④	181	536	MA7051	⑫	357	25C	MA735	③	123	485E	MA776	⑥	248	23F
MA4Z713	⑥	247	494	MA655	④	181	537	MA7056	⑫	357	25C	MA736	③	123	485E	MA777	⑥	248	23F
MA4ZD03	⑥	247	494	MA670	④	181	536	MA7062	⑫	357	25C	MA7360	⑫	358	25C	MA778	⑥	248	23F
MA4ZD14	⑥	247	494	MA681	④	181	536	MA7068	⑫	357	25C	MA737	③	123	485E	MA779	③	123	23F

- 566 -

形　名	章	頁	外形	形　名	章	頁	外形	形　名	章	頁	外形	形　名	章	頁	外形	形　名	章	頁	外形
MA78	⑧	257	270A	MA8056	⑫	358	239	MAU2728	⑥	249	736D	MAZ2120	⑫	360	24E	MAZ4022	⑫	361	78B
MA780	⑥	248	357D	MA8062	⑫	358	239	MAU2D29	⑥	249	736D	MAZ2130	⑫	360	24E	MAZ4024	⑫	361	78B
MA781	⑥	248	119A	MA8068	⑫	358	239	MAU2D30	⑥	249	736D	MAZ2150	⑫	360	24E	MAZ4027	⑫	361	78B
MA781WA	⑥	248	119C	MA8075	⑫	358	239	MAYK062D	⑫	359	269A	MAZ2160	⑫	360	24E	MAZ4030	⑫	361	78B
MA781WK	⑥	248	119D	MA8082	⑫	358	239	MAYS062	⑫	359	757D	MAZ2180	⑫	360	24E	MAZ4033	⑫	361	78B
MA782	⑥	248	357D	MA8091	⑫	358	239	MAYS0750Y	⑫	359	757D	MAZ2200	⑫	360	24E	MAZ4036	⑫	361	78B
MA783	⑥	248	357D	MA80WA	⑤	234	205C	MAYS0750Z	⑫	359	757D	MAZ2220	⑫	360	24E	MAZ4039	⑫	361	78B
MA784	⑥	248	239	MA80WK	⑤	234	205D	MAZ1020	⑫	359	24K	MAZ2240	⑫	360	24E	MAZ4043	⑫	361	78B
MA785	⑥	248	239	MA81	⑤	234	420G	MAZ1022	⑫	359	24K	MAZ2270	⑫	360	24E	MAZ4047	⑫	361	78B
MA786	⑥	248	610A	MA8100	⑫	358	239	MAZ1024	⑫	359	24K	MAZ2300	⑫	360	24E	MAZ4047N	⑫	361	78B
MA786WA	⑥	248	610C	MA8110	⑫	358	239	MAZ1027	⑫	359	24K	MAZ2330	⑫	360	24E	MAZ4051	⑫	361	78B
MA786WK	⑥	248	610D	MA8120	⑫	358	239	MAZ1030	⑫	359	24K	MAZ2360	⑫	360	24E	MAZ4051N	⑫	361	78B
MA787	⑥	248	610A	MA8130	⑫	358	239	MAZ1033	⑫	359	24K	MAZ2390	⑫	360	24E	MAZ4056	⑫	361	78B
MA788	⑥	248	610A	MA8140-M	⑫	358	239	MAZ1036	⑫	359	24K	MAZ2430	⑫	360	24E	MAZ4056N	⑫	361	78B
MA789	③	123	610A	MA8150	⑫	358	239	MAZ1039	⑫	359	24K	MAZ2470	⑫	360	24E	MAZ4062	⑫	361	78B
MA79	⑤	234	420G	MA8160	⑫	358	239	MAZ1043	⑫	359	24K	MAZ2510	⑫	360	24E	MAZ4062N	⑫	361	78B
MA790	⑥	248	610F	MA8180	⑫	358	239	MAZ1047	⑫	359	24K	MAZ2560	⑫	360	24E	MAZ4068	⑫	361	78B
MA791	⑥	248	610F	MA8200	⑫	358	239	MAZ1051	⑫	359	24K	MAZ3024	⑫	360	610A	MAZ4068N	⑫	361	78B
MA792	⑥	248	165A	MA8220	⑫	358	239	MAZ1056	⑫	359	24K	MAZ3027	⑫	360	610A	MAZ4075	⑫	361	78B
MA792WA	⑥	248	165C	MA8240	⑫	359	239	MAZ1062	⑫	359	24K	MAZ3030	⑫	360	610A	MAZ4075N	⑫	361	78B
MA792WK	⑥	248	165D	MA8270	⑫	359	239	MAZ1068	⑫	359	24K	MAZ3033	⑫	360	610A	MAZ4082	⑫	361	78B
MA793	⑥	248	165F	MA8300	⑫	359	239	MAZ1075	⑫	359	24K	MAZ3036	⑫	360	610A	MAZ4082N	⑫	362	78B
MA795	⑥	248	119A	MA8330	⑫	359	239	MAZ1082	⑫	359	24K	MAZ3039	⑫	360	610A	MAZ4091	⑫	362	78B
MA795WA	⑥	248	119C	MA8360	⑫	359	239	MAZ1091	⑫	359	24K	MAZ3043	⑫	360	610A	MAZ4091N	⑫	362	78B
MA795WK	⑥	248	119D	MA8390	⑫	359	239	MAZ1100	⑫	359	24K	MAZ3047	⑫	360	610A	MAZ4100	⑫	362	78B
MA796	⑥	248	439A	MA840	⑪	303	23F	MAZ1110	⑫	359	24K	MAZ3051	⑫	360	610A	MAZ4100N	⑫	362	78B
MA7D49	④	181	483	MA856	⑤	234	23F	MAZ1120	⑫	359	24K	MAZ3056	⑫	360	610A	MAZ4110	⑫	362	78B
MA7D49A	④	181	483	MA858	⑤	234	23F	MAZ1130	⑫	359	24K	MAZ3062	⑫	360	610A	MAZ4110N	⑫	362	78B
MA7D50	④	181	483	MA859	⑤	234	23F	MAZ1140M	⑫	359	24K	MAZ3068	⑫	361	610A	MAZ4120	⑫	362	78B
MA7D50A	④	181	483	MA860	⑤	234	357D	MAZ1150	⑫	359	24K	MAZ3075	⑫	361	610A	MAZ4120N	⑫	362	78B
MA7D52	④	181	483	MA862	⑤	234	439A	MAZ1160	⑫	359	24K	MAZ3082	⑫	361	610A	MAZ4130	⑫	362	78B
MA7D52A	④	181	483	MA950	⑫	353	270A	MAZ1180	⑫	359	24K	MAZ3091	⑫	361	610A	MAZ4130N	⑫	362	78B
MA7D55	④	181	483	MA997	⑬	404	610D	MAZ1200	⑫	359	24K	MAZ3100	⑫	361	610A	MAZ4140-M	⑫	362	78B
MA7D56	④	181	483	MA999	⑤	234	439A	MAZ1220	⑫	359	24K	MAZ3110	⑫	361	610A	MAZ4150	⑫	362	78B
MA7D60	④	181	483	MALM062G	⑲	425	438	MAZ1240	⑫	359	24K	MAZ3120	⑫	361	610A	MAZ4150N	⑫	362	78B
MA7D61	④	181	483	MALM062H	⑲	425	438	MAZ1270	⑫	360	24K	MAZ3130	⑫	361	610A	MAZ4160	⑫	362	78B
MA7D68	④	181	483	MALS062	⑫	359	757D	MAZ1300	⑫	360	24K	MAZ3140-M	⑫	361	610A	MAZ4160N	⑫	362	78B
MA7D69	④	181	483	MALS068	⑫	359	757D	MAZ1330	⑫	360	24K	MAZ3150	⑫	361	610A	MAZ4180	⑫	362	78B
MA7U49	④	181	561	MALS068X	⑫	359	757D	MAZ1360	⑫	360	24K	MAZ3160	⑫	361	610A	MAZ4180N	⑫	362	78B
MA7U50	④	181	561	MALS068XG	⑲	425	757D	MAZ1390	⑫	360	24K	MAZ3180	⑫	361	610A	MAZ4200	⑫	362	78B
MA8024	⑫	358	239	MALT062H	⑫	359	119C	MAZ2051	⑫	360	24E	MAZ3200	⑫	361	610A	MAZ4200N	⑫	362	78B
MA8027	⑫	358	239	MAS3132D	⑤	234	244C	MAZ2056	⑫	360	24E	MAZ3220	⑫	361	610A	MAZ4220	⑫	362	78B
MA8030	⑫	358	239	MAS3132E	⑤	234	244D	MAZ2062	⑫	360	24E	MAZ3240	⑫	361	610A	MAZ4220N	⑫	362	78B
MA8033	⑫	358	239	MAS3781	⑥	248	244A	MAZ2068	⑫	360	24E	MAZ3270	⑫	361	610A	MAZ4240	⑫	362	78B
MA8036	⑫	358	239	MAS3781E	⑥	248	244D	MAZ2075	⑫	360	24E	MAZ3300	⑫	361	610A	MAZ4240N	⑫	362	78B
MA8039	⑫	358	239	MAS3784	⑥	249	244A	MAZ2082	⑫	360	24E	MAZ3330	⑫	361	610A	MAZ4270	⑫	362	78B
MA8043	⑫	358	239	MAS3795	⑥	249	244A	MAZ2091	⑫	360	24E	MAZ3360	⑫	361	610A	MAZ4270N	⑫	362	78B
MA8047	⑫	358	239	MAS3795E	⑥	249	244D	MAZ2100	⑫	360	24E	MAZ3390	⑫	361	610A	MAZ4300	⑫	362	78B
MA8051	⑫	358	239	MAU2111	⑤	234	736D	MAZ2110	⑫	360	24E	MAZ4020	⑫	361	78B	MAZ4300N	⑫	362	78B

形名	章	頁	外形	形名	章	頁	外形	形名	章	頁	外形	形名	章	頁	外形	形名	章	頁	外形
MAZ4330	⑫	362	78B	MAZ7560	⑫	363	24E	MAZA075	⑫	365	58B	MAZD390	⑫	366	738A	MAZH240	⑫	367	636B
MAZ4330N	⑫	362	78B	MAZ8024	⑫	363	239	MAZA082	⑫	365	58B	MAZE062D	⑫	366	165C	MAZH270	⑫	367	636B
MAZ4360	⑫	362	78B	MAZ8027	⑫	363	239	MAZA091	⑫	365	58B	MAZF033	⑫	366	239	MAZH300	⑫	367	636B
MAZ4360N	⑫	362	78B	MAZ8030	⑫	363	239	MAZA100	⑫	365	58B	MAZF036	⑫	366	239	MAZH330	⑫	367	636B
MAZ4390	⑫	362	78B	MAZ8033	⑫	363	239	MAZA110	⑫	365	58B	MAZF039	⑫	366	239	MAZH360	⑫	367	636B
MAZ4390N	⑫	362	78B	MAZ8036	⑫	363	239	MAZA120	⑫	365	58B	MAZF043	⑫	366	239	MAZH390	⑫	367	636B
MAZ5047	⑫	362	560	MAZ8039	⑫	363	239	MAZA130	⑫	365	58B	MAZF047	⑫	366	239	MAZH430	⑫	367	636B
MAZ5051	⑫	362	560	MAZ8043	⑫	364	239	MAZA150	⑫	365	58B	MAZF051	⑫	366	239	MAZH470	⑫	367	636B
MAZ5056	⑫	362	560	MAZ8047	⑫	364	239	MAZA160	⑫	365	58B	MAZF056	⑫	366	239	MAZH510	⑫	367	636B
MAZ5062	⑫	362	560	MAZ8051	⑫	364	239	MAZA180	⑫	365	58B	MAZF062	⑫	366	239	MAZK062D	⑫	367	269A
MAZ5068	⑫	362	560	MAZ8056	⑫	364	239	MAZA200	⑫	365	58B	MAZF068	⑫	366	239	MAZK068D	⑫	367	269A
MAZ5075	⑫	362	560	MAZ8062	⑫	364	239	MAZA220	⑫	365	58B	MAZF075	⑫	366	239	MAZK120D	⑫	367	269A
MAZ5082	⑫	362	560	MAZ8068	⑫	364	239	MAZA240	⑫	365	58B	MAZF082	⑫	366	239	MAZK270D	⑫	367	269A
MAZ5091	⑫	362	560	MAZ8075	⑫	364	239	MAZA270	⑫	365	58B	MAZF091	⑫	366	239	MAZL062D	⑫	367	269A
MAZ5100	⑫	363	560	MAZ8082	⑫	364	239	MAZA300	⑫	365	58B	MAZF100	⑫	366	239	MAZL062H	⑲	425	269A
MAZ5110	⑫	363	560	MAZ8091	⑫	364	239	MAZA330	⑫	365	58B	MAZF110	⑫	366	239	MAZL068D	⑫	367	269A
MAZ5120	⑫	363	560	MAZ8100	⑫	364	239	MAZA360	⑫	365	58B	MAZF120	⑫	366	239	MAZL068H	⑲	425	269A
MAZ5130	⑫	363	560	MAZ8110	⑫	364	239	MAZA390	⑫	365	58B	MAZG033	⑫	366	78B	MAZL068HG	⑲	425	269A
MAZ5150	⑫	363	560	MAZ8120	⑫	364	239	MAZC062D	⑫	365	610C	MAZG036	⑫	366	78B	MAZL082H	⑲	425	269A
MAZ5160	⑫	363	560	MAZ8130	⑫	364	239	MAZC062D-M5	⑫	365	269A	MAZG039	⑫	366	78B	MAZL082HG	⑲	425	269A
MAZ5180	⑫	363	560	MAZ8140-M	⑫	364	239	MAZD024	⑫	365	738A	MAZG043	⑫	366	78B	MAZL100H	⑲	425	269A
MAZ5200	⑫	363	560	MAZ8150	⑫	364	239	MAZD027	⑫	365	738A	MAZG047	⑫	366	78B	MAZL120D	⑫	367	269A
MAZ5220	⑫	363	560	MAZ8160	⑫	364	239	MAZD030	⑫	365	738A	MAZG051	⑫	366	78B	MAZL120H	⑲	425	269A
MAZ5240	⑫	363	560	MAZ8180	⑫	364	239	MAZD033	⑫	365	738A	MAZG056	⑫	366	78B	MAZL120HG	⑲	425	269A
MAZ7051	⑫	363	24E	MAZ8200	⑫	364	239	MAZD036	⑫	365	738A	MAZG062	⑫	366	78B	MAZM062H	⑲	425	438
MAZ7056	⑫	363	24E	MAZ8220	⑫	364	239	MAZD039	⑫	365	738A	MAZG068	⑫	366	78B	MAZM068H	⑲	425	438
MAZ7062	⑫	363	24E	MAZ8240	⑫	364	239	MAZD043	⑫	365	738A	MAZG075	⑫	366	78B	MAZM082H	⑲	425	438
MAZ7068	⑫	363	24E	MAZ8270	⑫	364	239	MAZD047	⑫	365	738A	MAZG082	⑫	366	78B	MAZM082HG	⑲	425	438
MAZ7075	⑫	363	24E	MAZ8300	⑫	364	239	MAZD051	⑫	365	738A	MAZG091	⑫	366	78B	MAZM100H	⑲	425	438
MAZ7082	⑫	363	24E	MAZ8330	⑫	364	239	MAZD056	⑫	365	738A	MAZG100	⑫	366	78B	MAZM100HG	⑲	425	438
MAZ7091	⑫	363	24E	MAZ8360	⑫	364	239	MAZD062	⑫	365	738A	MAZG110	⑫	366	78B	MAZM120H	⑲	426	438
MAZ7100	⑫	363	24E	MAZ8390	⑫	364	239	MAZD068	⑫	365	738A	MAZG120	⑫	366	78B	MAZM120HG	⑲	426	438
MAZ7110	⑫	363	24E	MAZ9062H	⑫	364	610C	MAZD075	⑫	365	738A	MAZH047	⑫	366	636B	MAZN033	⑫	367	757D
MAZ7120	⑫	363	24E	MAZ9068H	⑫	364	610C	MAZD082	⑫	365	738A	MAZH051	⑫	366	636B	MAZN036	⑫	367	757D
MAZ7130	⑫	363	24E	MAZ9082H	⑫	364	610C	MAZD091	⑫	365	738A	MAZH056	⑫	366	636B	MAZN039	⑫	367	757D
MAZ7150	⑫	363	24E	MAZ9100H	⑫	364	610C	MAZD100	⑫	365	738A	MAZH062	⑫	366	636B	MAZN043	⑫	367	757D
MAZ7160	⑫	363	24E	MAZ9120H	⑫	364	610C	MAZD110	⑫	365	738A	MAZH068	⑫	366	636B	MAZN047	⑫	367	757D
MAZ7180	⑫	363	24E	MAZA024	⑫	364	58B	MAZD120	⑫	365	738A	MAZH075	⑫	366	636B	MAZN051	⑫	367	757D
MAZ7200	⑫	363	24E	MAZA027	⑫	364	58B	MAZD130	⑫	365	738A	MAZH082	⑫	366	636B	MAZN056	⑫	367	757D
MAZ7220	⑫	363	24E	MAZA030	⑫	364	58B	MAZD150	⑫	365	738A	MAZH091	⑫	366	636B	MAZN062	⑫	367	757D
MAZ7240	⑫	363	24E	MAZA033	⑫	364	58B	MAZD160	⑫	365	738A	MAZH100	⑫	366	636B	MAZN068	⑫	367	757D
MAZ7270	⑫	363	24E	MAZA036	⑫	364	58B	MAZD180	⑫	365	738A	MAZH110	⑫	366	636B	MAZN075	⑫	367	757D
MAZ7300	⑫	363	24E	MAZA039	⑫	364	58B	MAZD200	⑫	366	738A	MAZH120	⑫	366	636B	MAZN082	⑫	367	757D
MAZ7330	⑫	363	24E	MAZA043	⑫	364	58B	MAZD220	⑫	366	738A	MAZH130	⑫	366	636B	MAZN091	⑫	367	757D
MAZ7360	⑫	363	24E	MAZA047	⑫	364	58B	MAZD240	⑫	366	738A	MAZH150	⑫	366	636B	MAZN100	⑫	368	757D
MAZ7390	⑫	363	24E	MAZA051	⑫	364	58B	MAZD270	⑫	366	738A	MAZH160	⑫	366	636B	MAZN110	⑫	368	757D
MAZ7430	⑫	363	24E	MAZA056	⑫	364	58B	MAZD300	⑫	366	738A	MAZH180	⑫	367	636B	MAZN120	⑫	368	757D
MAZ7470	⑫	363	24E	MAZA062	⑫	364	58B	MAZD330	⑫	366	738A	MAZH200	⑫	367	636B				
MAZ7510	⑫	363	24E	MAZA068	⑫	364	58B	MAZD360	⑫	366	738A	MAZH220	⑫	367	636B				

形 名	章	頁	外形	形 名	章	頁	外形	形 名	章	頁	外形	形 名	章	頁	外形	形 名	章	頁	外形
MAZP068H	⑲	426	58A	MAZU300	⑫	368	239	MAZZ120H	⑲	426	227	MD3H1	⑤	235	133E	MDF250A50	①	75	685
MAZP082H	⑲	426	58A	MAZU330	⑫	368	239	MC2831	⑤	234	610B	MD3N1	⑤	235	133E	MDF250A50L	①	75	685
MAZO062	⑫	368	736G	MAZU082D	⑲	426	165C	MC2832	⑤	234	610A	MD-45H01	⑤	235	5	MDF250A50M	①	75	685
MAZO068	⑫	368	736G	MAZW062H	⑲	426	244C	MC2833	⑤	234	610H	MD50SH05K	①	182	793	MDR100A30	①	75	685
MAZS024	⑫	368	757D	MAZW062HG	⑲	426	244C	MC2834	⑤	234	610I	MD-50X1	⑤	235	724	MDR100A40	①	75	685
MAZS027	⑫	368	757D	MAZW068H	⑲	426	244C	MC2835	⑤	234	610G	MD-50X1_3-1-2	⑤	235	724	MDR150A20L	①	75	685
MAZS030	⑫	368	757D	MAZW068HG	⑲	426	244C	MC2836	⑤	234	610C	MD5U1A	①	74	66G	MDR150A20M	①	75	685
MAZS033	⑫	368	757D	MAZW082H	⑲	426	244C	MC2837	⑤	234	610F	MD-60E01	⑤	235	5	MDR150A30	①	75	685
MAZS036	⑫	368	757D	MAZW082HG	⑲	426	244C	MC2838	⑤	234	610D	MD6H1	⑤	235	133E	MDR150A30L	①	75	685
MAZS039	⑫	368	757D	MAZW100H	⑲	426	244C	MC2840	⑤	234	610F	MD6N1	⑤	235	133E	MDR150A30M	①	75	685
MAZS043	⑫	368	757D	MAZW100HG	⑲	426	244C	MC2841	⑤	234	205B	MD6SH1	⑤	235	133C	MDR150A40	①	75	685
MAZS047	⑫	368	757D	MAZW120H	⑲	426	244C	MC2842	⑤	234	205H	MD-8H10	①	74	398	MDR150A40L	①	75	685
MAZS0470G	⑫	368	757D	MAZW120HG	⑲	426	244C	MC2843	⑤	234	205A	MD8H2	⑤	235	90H	MDR150A40M	①	75	685
MAZS051	⑫	368	757D	MAZX200	⑫	369	485E	MC2844	⑤	234	205I	MD-8N10	①	75	398	MDR150A50	①	75	685
MAZS056	⑫	368	757D	MAZX220	⑫	369	485E	MC2845	⑤	235	205G	MD8U1	⑤	235	90H	MDR150A50L	①	75	685
MAZS062	⑫	368	757D	MAZX240	⑫	369	485E	MC2846	⑤	235	205C	MD-90X1C	④	182	69	MDR150A50M	①	75	685
MAZS068	⑫	368	757D	MAZX270	⑫	369	485E	MC2848	⑤	235	205D	MDA3U3	⑧	257	675	MDR200A30	①	76	685
MAZS075	⑫	368	757D	MAZX300	⑫	369	485E	MC2850	⑤	235	205F	MDA65SN1K	④	182	793	MDR200A40	①	76	685
MAZS082	⑫	368	757D	MAZX330	⑫	369	485E	MC2852	⑤	235	277A	MDC12FA2	④	182	642A	MDR200A50	①	76	685
MAZS091	⑫	368	757D	MAZY047	⑫	369	485E	MC2854	⑤	235	277I	MDC16FX2	④	182	642A	MDR250A20L	①	76	685
MAZS100	⑫	368	757D	MAZY051	⑫	369	485E	MC2856	⑤	235	277C	MDC20FA2	④	182	642A	MDR250A20M	①	76	685
MAZS110	⑫	368	757D	MAZY056	⑫	369	485E	MC2858	⑤	235	277D	MDC30FX2	④	182	642A	MDR250A30	①	76	685
MAZS120	⑫	368	757D	MAZY062	⑫	369	485E	MC961	⑤	235	361B	MDC5FA2	④	182	273A	MDR250A30L	①	76	685
MAZS130	⑫	368	757D	MAZY068	⑫	369	485E	MC971	⑤	235	361A	MDC8FX2	④	182	273A	MDR250A30M	①	76	685
MAZS150	⑫	368	757D	MAZY075	⑫	369	485E	MC981	⑤	235	361C	MDF100A30	①	75	685	MDR250A40	①	76	685
MAZS160	⑫	368	757D	MAZY082	⑫	369	485E	MC982	⑤	235	361C	MDF100A40	①	75	685	MDR250A40L	①	76	685
MAZS180	⑫	368	757D	MAZY091	⑫	369	485E	MD-075XH2B	④	182	68	MDF100A50	①	75	685	MDR250A40M	①	76	685
MAZS200	⑫	368	757D	MAZY100	⑫	369	485E	MD-100X08C	④	182	143	MDF150A20L	①	75	685	MDR250A50	①	76	685
MAZS220	⑫	368	757D	MAZY110	⑫	369	485E	MD10H1	⑤	235	133C	MDF150A20M	①	75	685	MDR250A50L	①	76	685
MAZS240	⑫	368	757D	MAZY120	⑫	369	485E	MD10N1	⑤	235	133E	MDF150A30	①	75	685	MDR250A50M	①	76	685
MAZS270	⑫	368	757D	MAZY130	⑫	369	485E	MD-125N08C	④	182	143	MDF150A30L	①	75	685	MGD-13N2	⑤	235	156
MAZS300	⑫	368	757D	MAZY150	⑫	369	485E	MD12H1	⑤	235	133F	MDF150A30M	①	75	685	M11A3	③	123	421G
MAZS330	⑫	368	757D	MAZY160	⑫	369	485E	MD-12H10	①	74	144	MDF150A40	①	75	685	M12A3	③	123	421G
MAZS360	⑫	368	757D	MAZY180	⑫	369	485E	MD-12N10	①	74	144	MDF150A40L	①	75	685	M17001	⑤	235	409
MAZS390	⑫	368	757D	MAZY200	⑫	369	485E	MD-150X08	⑤	235	73	MDF150A40M	①	75	685	M17002	⑤	235	409
MAZT062H	⑲	426	119C	MAZY220	⑫	369	485E	MD15H1	⑤	235	133F	MDF150A50	①	75	685	M17022	⑤	235	409
MAZT062HG	⑲	426	119C	MAZY240	⑫	369	485E	MD15N1	⑤	235	133F	MDF150A50L	①	75	685	MP2-202S	①	76	216
MAZT068H	⑲	426	119C	MAZY270	⑫	369	485E	MD20H1	⑤	235	133G	MDF150A50M	①	75	685	MP3-306	①	76	216
MAZT068HG	⑲	426	119C	MAZY300	⑫	369	485E	MD20N1	⑤	235	133G	MDF200A30	①	75	685	MPE-220A	④	182	613
MAZT082H	⑲	426	119C	MAZY330	⑫	369	485E	MD20SH05K	④	182	793	MDF200A40	①	75	685	MPE-24H	④	182	613
MAZT082HG	⑲	426	119C	MAZY360	⑫	369	485E	MD22H1	⑤	235	142A	MDF200A50	①	75	685	MPE-29G	④	182	613
MAZT100H	⑲	426	119C	MAZY390	⑫	369	485E	MD-24SU3	①	74	540	MDF250A20L	①	75	685	MPEN-230A	④	182	613
MAZT100HG	⑲	426	119C	MAZY430	⑫	369	485E	MD-25X1	⑤	235	74	MDF250A20M	①	75	685	MPL-102S	①	76	216
MAZT120H	⑲	426	119C	MAZY470	⑫	369	485E	MD-25X1_4-1-1	⑤	235	715	MDF250A30	①	75	685	MPL-1036S	①	76	259
MAZT120HG	⑲	426	119C	MAZY510	⑫	369	485E	MD-25X1_5-1-1	⑤	235	715	MDF250A30L	①	75	685	MPX-2103	④	182	216
MAZU200	⑫	368	239	MAZZ062H	⑲	426	227	MD-25X1_6-1-1	⑤	235	715	MDF250A30M	①	75	685	MS808C06	④	182	473
MAZU220	⑫	368	239	MAZZ068H	⑲	426	227	MD-32X1.5	①	74	673	MDF250A40	①	75	685	MS838C04	④	182	473
MAZU240	⑫	368	239	MAZZ082H	⑲	426	227	MD-36N4	①	74	673	MDF250A40L	①	75	685	MS838C04	④	182	473
MAZU270	⑫	368	239	MAZZ100H	⑲	426	227	MD36SH05K	④	182	793	MDF250A40M	①	75	685	MS862C08	④	182	473

形名	章	頁	外形	形名	章	頁	外形	形名	章	頁	外形	形名	章	頁	外形	形名	章	頁	外形
MS865C04	④	182	473	MTZJ18	⑫	371	78E	MTZJ8.2	⑫	370	78E	NNCD10B	⑲	429	24C	NNCD3.3F	⑲	426	610C
MS865C08	④	182	473	MTZJ18B	⑫	371	78E	MTZJ8.2B	⑫	370	78E	NNCD10C	⑲	429	452A	NNCD3.3G	⑲	426	518
MS865C10	④	182	473	MTZJ2.0	⑫	370	78E	MTZJ9.1	⑫	371	78E	NNCD10D	⑲	429	420B	NNCD3.6A	⑲	427	79F
MS865C12	④	182	473	MTZJ2.2	⑫	370	78E	MTZJ9.1B	⑫	371	78E	NNCD10DA	⑲	429	420B	NNCD3.6B	⑲	427	24C
MS865C15	④	182	473	MTZJ2.4	⑫	370	78E	MZ-10HTE1	⑫	372	101	NNCD10E	⑲	429	610A	NNCD3.6C	⑲	427	452A
MS868C04	④	182	473	MTZJ2.7	⑫	370	78E	MZ-10HV	⑫	372	101	NNCD10F	⑲	429	610C	NNCD3.6D	⑲	427	420B
MS868C12	④	182	473	MTZJ20	⑫	371	78E	MZ-13HTE1	⑫	372	101	NNCD10J	⑲	429	738E	NNCD3.6DA	⑲	427	420B
MS868C15	④	182	473	MTZJ20B	⑫	371	78E	MZ-4HV	⑫	371	101	NNCD11A	⑲	429	79F	NNCD3.6E	⑲	427	610A
MS906C2	④	182	473	MTZJ22	⑫	371	78E	MZ-6HV	⑫	371	101	NNCD11B	⑲	429	24C	NNCD3.6F	⑲	427	610C
MS906C3	④	182	473	MTZJ22B	⑫	371	78E	MZ-8HV	⑫	371	101	NNCD11C	⑲	429	452A	NNCD3.6G	⑲	427	518
MS985C3	④	182	473	MTZJ24	⑫	371	78E	N19C	①	76	658	NNCD11D	⑲	429	420B	NNCD3.9A	⑲	427	79F
MS985C4	④	182	473	MTZJ24B	⑫	371	78E	N19E	①	76	658	NNCD11DA	⑲	429	420B	NNCD3.9B	⑲	427	24C
MTZ10	⑫	370	78E	MTZJ27	⑫	371	78E	N19J	①	76	658	NNCD11E	⑲	429	610A	NNCD3.9C	⑲	427	452A
MTZ11	⑫	370	78E	MTZJ27B	⑫	371	78E	N19L	①	76	658	NNCD11F	⑲	429	610C	NNCD3.9D	⑲	427	420B
MTZ12	⑫	370	78E	MTZJ3.0	⑫	370	78E	N20C	①	76	658	NNCD12B	⑲	429	79F	NNCD3.9DA	⑲	427	420B
MTZ13	⑫	370	78E	MTZJ3.3	⑫	370	78E	N20E	①	76	658	NNCD12C	⑲	429	24C	NNCD3.9E	⑲	427	610A
MTZ15	⑫	370	78E	MTZJ3.6	⑫	370	78E	N20G	①	76	658	NNCD12D	⑲	430	452A	NNCD3.9F	⑲	427	610C
MTZ16	⑫	370	78E	MTZJ3.6B	⑫	370	78E	N20J	①	76	658	NNCD12DA	⑲	430	420B	NNCD3.9G	⑲	427	518
MTZ18	⑫	370	78E	MTZJ3.9	⑫	370	78E	N20L	①	76	658	NNCD12E	⑲	430	610A	NNCD30DA	⑲	430	420B
MTZ2.0	⑫	369	78E	MTZJ3.9B	⑫	370	78E	N413	⑮	407	78G	NNCD12F	⑲	430	610C	NNCD33DA	⑲	430	420B
MTZ2.2	⑫	369	78E	MTZJ30	⑫	371	78E	NA03HSA08	③	123	503	NNCD13DA	⑲	430	420B	NNCD36DA	⑲	430	420B
MTZ2.4	⑫	369	78E	MTZJ30B	⑫	371	78E	NA03HSA12	③	123	503	NNCD15DA	⑲	430	420B	NNCD36DT	⑲	430	420B
MTZ2.7	⑫	369	78E	MTZJ33	⑫	371	78E	NA03QA035	③	123	503	NNCD16DA	⑲	430	420B	NNCD36J	⑲	430	738E
MTZ20	⑫	370	78E	MTZJ33B	⑫	371	78E	NA03SA045	③	123	503	NNCD16J	⑲	430	738E	NNCD36ST	⑲	430	205*
MTZ3.0	⑫	369	78E	MTZJ36	⑫	371	78E	NA03SA065	③	123	503	NNCD18DA	⑲	430	420B	NNCD39DA	⑲	430	420B
MTZ3.3	⑫	369	78E	MTZJ36B	⑫	371	78E	NA05HSA065	③	123	503	NNCD18DT	⑲	430	420C	NNCD4.3A	⑲	427	79F
MTZ3.6	⑫	369	78E	MTZJ39	⑫	371	78E	NA05HSA08	③	123	503	NNCD18J	⑲	430	738E	NNCD4.3B	⑲	427	24C
MTZ3.9	⑫	369	78E	MTZJ39B	⑫	371	78E	NA05HSA12	③	123	503	NNCD18ST	⑲	430	205*	NNCD4.3C	⑲	427	452A
MTZ4.3	⑫	369	78E	MTZJ39E	⑫	371	78E	NA05SA035	③	123	503	NNCD2.0DA	⑲	426	420B	NNCD4.3D	⑲	427	420B
MTZ4.7	⑫	370	78E	MTZJ39F	⑫	371	78E	NA05SA045	③	123	503	NNCD2.2DA	⑲	426	420B	NNCD4.3DA	⑲	427	420B
MTZ5.1	⑫	370	78E	MTZJ39G	⑫	371	78E	NA05SA065	③	123	503	NNCD2.4DA	⑲	426	420B	NNCD4.3E	⑲	427	610A
MTZ5.6	⑫	370	78E	MTZJ4.3	⑫	370	78E	NB06HSA12	④	182	505	NNCD2.7DA	⑲	426	420B	NNCD4.3F	⑲	427	610C
MTZ6.2	⑫	370	78E	MTZJ4.3B	⑫	370	78E	NB06SA035	④	182	505	NNCD20DA	⑲	430	420B	NNCD4.3G	⑲	427	518
MTZ6.8	⑫	370	78E	MTZJ4.7	⑫	370	78E	NB06SA045	④	182	505	NNCD20DT	⑲	430	420B	NNCD4.7A	⑲	427	79F
MTZ7.5	⑫	370	78E	MTZJ4.7B	⑫	370	78E	NB06SA065	④	182	505	NNCD22DA	⑲	430	420B	NNCD4.7B	⑲	427	24C
MTZ8.2	⑫	370	78E	MTZJ43	⑫	371	78E	NB10HSA12	④	183	505	NNCD24DA	⑲	430	420B	NNCD4.7C	⑲	427	452A
MTZ9	⑫	370	78E	MTZJ47	⑫	371	78E	NB10SA035	④	183	505	NNCD24D	⑲	430	420B	NNCD4.7D	⑲	427	420B
MTZJ10	⑫	371	78E	MTZJ5.1	⑫	370	78E	NB10SA045	④	183	505	NNCD24J	⑲	430	738E	NNCD4.7DA	⑲	427	420B
MTZJ10B	⑫	371	78E	MTZJ5.1B	⑫	370	78E	NB10SA065	④	183	505	NNCD27DA	⑲	430	420B	NNCD4.7E	⑲	427	610A
MTZJ11	⑫	371	78E	MTZJ5.6	⑫	370	78E	NJX1542	⑪	303	17	NNCD27DT	⑲	430	420B	NNCD4.7F	⑲	427	610C
MTZJ11B	⑫	371	78E	MTZJ5.6B	⑫	370	78E	NJX1560	⑪	303	757A	NNCD27G	⑲	430	518	NNCD4.7G	⑲	427	518
MTZJ12	⑫	371	78E	MTZJ51	⑫	371	78E	NJX1561	⑪	303	757A	NNCD27ST	⑲	430	205*	NNCD5.1A	⑲	427	79F
MTZJ12B	⑫	371	78E	MTZJ56	⑫	371	78E	NJX3505	⑦	253	50G	NNCD5.1B	⑲	426	420B	NNCD5.1B	⑲	427	24C
MTZJ13	⑫	371	78E	MTZJ6.2	⑫	370	78E	NJX3505	⑦	253	50G	NNCD3.3A	⑲	426	79F	NNCD5.1C	⑲	427	452A
MTZJ13B	⑫	371	78E	MTZJ6.2B	⑫	370	78E	NJX3543	⑦	253	17	NNCD3.3B	⑲	426	24C	NNCD5.1D	⑲	427	420B
MTZJ15	⑫	371	78E	MTZJ6.8	⑫	370	78E	NJX3545	⑦	253	17	NNCD3.3C	⑲	426	452A	NNCD5.1DA	⑲	427	420B
MTZJ15B	⑫	371	78E	MTZJ6.8B	⑫	370	78E	NJX3560	⑦	253	757A	NNCD3.3D	⑲	426	420B	NNCD5.1E	⑲	427	610A
MTZJ16	⑫	371	78E	MTZJ7.5	⑫	370	78E	NJX3561	⑦	253	420A	NNCD3.3DA	⑲	426	420B	NNCD5.1F	⑲	427	610C
MTZJ16B	⑫	371	78E	MTZJ7.5B	⑫	370	78E	NNCD10A	⑲	429	79F	NNCD3.3E	⑲	426	610A	NNCD5.1G	⑲	427	518

形　名	章	頁	外形	形　名	章	頁	外形	形　名	章	頁	外形	形　名	章	頁	外形	形　名	章	頁	外形
NNCD5.6A	⑲	427	79F	NNCD7.5DA	⑲	429	420B	P19G	①	77	751	PC1008	④	184	528	PD2008	④	185	531
NNCD5.6B	⑲	427	24C	NNCD7.5E	⑲	429	610A	P19J	①	77	751	PC100F2	④	183	211	PD200S16	④	185	681
NNCD5.6C	⑲	428	452A	NNCD7.5F	⑲	429	610C	P20C	①	77	751	PC100F5	④	183	211	PD200S8	④	185	681
NNCD5.6D	⑲	428	420B	NNCD7.5G	⑲	429	518	P20E	①	77	751	PC100F6	④	183	211	PD20116	④	185	533
NNCD5.6DA	⑲	428	420B	NNCD7.5MDT	⑲	429	420B	P20G	①	77	751	PC15012	④	184	530	PD2018	④	185	533
NNCD5.6E	⑲	428	610A	NNCD8.2A	⑲	429	79F	P20J	①	77	751	PC15016	④	184	530	PD230S16	④	185	681
NNCD5.6F	⑲	428	610C	NNCD8.2B	⑲	429	24C	P2H30F2	④	183	713	PC1508	④	184	530	PD230S8	④	185	681
NNCD5.6G	⑲	428	518	NNCD8.2C	⑲	429	452A	P2H30F4	④	183	713	PC20012	④	184	530	PD25012	④	185	531
NNCD5.6H	⑲	428	518	NNCD8.2D	⑲	429	420B	P2H30F6	④	183	713	PC20016	④	184	530	PD25016	④	185	531
NNCD5.6J	⑲	428	738E	NNCD8.2DA	⑲	429	420B	P2H30QH10	④	183	713	PC2008	④	184	530	PD2503	④	185	531
NNCD5.6LG	⑲	428	518	NNCD8.2E	⑲	429	610A	P2H30QH15	④	183	713	PC25012	④	184	530	PD2504	④	185	531
NNCD5.6LH	⑲	428	161	NNCD8.2F	⑲	429	610C	P2H30QH20	④	183	713	PC25016	④	184	530	PD2508	④	185	531
NNCD5.6MG	⑲	428	518	NNCD8.2J	⑲	429	738E	P2H60F2	④	183	713	PC2503	④	184	530	PD300F12	④	185	575
NNCD6.2A	⑲	428	79F	NNCD9.1A	⑲	429	79F	P2H60F4	④	183	713	PC2504	④	184	530	PD3012	④	185	529
NNCD6.2B	⑲	428	24C	NNCD9.1B	⑲	429	24C	P2H60F6	④	183	713	PC2508	④	184	530	PD3016	④	185	529
NNCD6.2C	⑲	428	452A	NNCD9.1C	⑲	429	452A	P2H60QH10	④	183	713	PC3012	④	184	529	PD308	④	185	528
NNCD6.2D	⑲	428	420B	NNCD9.1D	⑲	429	420B	P2H60QH15	④	183	713	PC3016	④	184	529	PD30F8	④	185	805
NNCD6.2DA	⑲	428	420B	NNCD9.1DA	⑲	429	420B	P2H60QH20	④	183	713	PC308	④	184	528	PD40016	④	185	710
NNCD6.2E	⑲	428	610A	NNCD9.1E	⑲	429	610A	P2H80F2	④	183	713	PC30F8	④	184	805	PD4008	④	185	710
NNCD6.2F	⑲	428	610C	NNCD9.1F	⑲	429	610C	P2H80F4	④	183	713	PC40016	④	184	710	PD50F2	④	185	805
NNCD6.2G	⑲	428	518	NSAD500F	⑲	430	610C	P2H80QH10	④	183	713	PC4008	④	184	710	PD50F3	④	185	805
NNCD6.2LG	⑲	428	518	NSAD500H	⑲	430	161	P2H80QH15	④	183	713	PC50F2	④	184	805	PD50F4	④	185	805
NNCD6.2LH	⑲	428	161	NSAD500S	⑲	430	205C	P2H80QH20	④	183	713	PC50F3	④	184	805	PD50F5	④	185	805
NNCD6.2MF	⑲	428	610C	NSD03A10	①	76	486D	P51A	①	77	461	PC50F4	④	184	805	PD50F6	④	185	805
NNCD6.2MG	⑲	428	518	NSD03A20	①	76	486D	P51B	①	77	461	PC50F5	④	184	805	PD6012	④	185	529
NNCD6.8A	⑲	428	79F	NSD03A40	①	76	486D	P51C	①	77	461	PC50F6	④	184	805	PD6016	④	185	529
NNCD6.8B	⑲	428	24C	NSD03B10	①	76	486D	P52A	①	77	461	PC6012	④	184	529	PD608	④	185	528
NNCD6.8C	⑲	428	452A	NSD03B20	①	76	486D	P52B	①	77	461	PC6016	④	184	529	PE10012N	④	185	528
NNCD6.8D	⑲	428	420B	NSD03B40	①	76	486D	P52C	①	77	461	PC608	④	184	528	PE1008N	④	185	528
NNCD6.8DA	⑲	428	420B	NSF03A20	①	76	486D	PA806C03	④	183	466A	PC600QL03N	④	184	806	PE15012N	④	185	532
NNCD6.8E	⑲	428	610A	NSF03A40	①	76	486D	PA837C04	④	183	466A	PC600QL04N	④	184	806	PE1508N	④	185	532
NNCD6.8F	⑲	428	610C	NSF03A60	①	76	486D	PA847C04	④	183	466A	PC80QL03N	④	184	806	PE3012N	④	185	528
NNCD6.8G	⑲	428	518	NSF03B60	①	76	486D	PA886C02	④	183	466A	PC80QL04N	④	184	806	PE308N	④	185	528
NNCD6.8H	⑲	428	161	NSF03E10	①	76	486D	PA886C02R	④	183	466A	PD10012	④	184	529	PE6012N	④	185	528
NNCD6.8J	⑲	428	738E	NSF03E60	①	76	486D	PA905C4	④	183	466A	PD10016	④	184	529	PE608N	④	186	528
NNCD6.8LG	⑲	428	518	NSH03A03L	③	123	486D	PA905C6	④	183	466A	PD1008	④	184	528	PE60QL03N	④	185	807
NNCD6.8LH	⑲	428	161	NSH03A04	③	123	486D	PB101F	④	183	641D	PD100F12	④	184	249	PE60QL04N	④	185	807
NNCD6.8MG	⑲	428	518	NSH03A09	③	123	486D	PB102F	④	183	641D	PD100F2	④	184	211	PE80QL03N	④	186	807
NNCD6.8PG	⑲	428	518	NSH03A10	③	123	486D	PB10S1	④	183	640B	PD100F5	④	184	211	PE80QL04N	④	186	807
NNCD6.8PH	⑲	428	161	NSH03A15	③	123	486D	PB10S2	④	183	640B	PD100F6	④	184	211	PF1008N	④	186	528
NNCD6.8PL	⑲	428	428	NSH05A03	③	123	486D	PB10S4	④	183	640B	PD15012	④	184	531	PF1012N	④	186	528
NNCD6.8RG	⑲	428	518	NS03A02L	③	123	486D	PB10S6	④	183	640B	PD15016	④	185	531	PF15012N	④	186	532
NNCD6.8RH	⑲	428	161	NSQ03A03L	③	123	486D	PB111	④	183	641D	PD1508	④	185	531	PF1508N	④	186	532
NNCD6.8RL	⑲	428	428	NSQ03A04	③	123	486D	PB111F	④	183	641D	PD150S16	④	184	681	PF3012N	④	186	528
NNCD6.8ST	⑲	429	205*	NSQ03A06	③	124	486D	PB112	④	183	641D	PD150S8	④	184	681	PF308N	④	186	528
NNCD7.5A	⑲	429	79F	NSU03A60	①	76	486D	PB112F	④	183	641D	PD15116	④	185	533	PF6012N	④	186	528
NNCD7.5B	⑲	429	24C	NSU03B60	①	77	486D	PB114	④	183	641D	PD1518	④	185	533	PF608N	④	186	528
NNCD7.5C	⑲	429	452A	P19C	①	77	751	PC10012	④	184	529	PD20012	④	185	531	PG124S15	①	77	587
NNCD7.5D	⑲	429	420B	P19E	①	77	751	PC10016	④	184	529	PD20016	④	185	531	PG127S17	①	77	587

形名	章	頁	外形	形名	章	頁	外形	形名	章	頁	外形	形名	章	頁	外形	形名	章	頁	外形
PG151S15	①	77	587	PT50S16	④	187	229	PTZ39	⑫	373	485F	RB060M-30	③	124	750E	RB4410-40	⑥	249	78E
PG865C15R	④	186	56	PT50S8	④	187	229	PTZ4.3	⑫	372	485F	RB063L-30	③	124	485F	RB450F	⑥	249	205A
PG905C4	④	186	56	PT5112	④	187	229	PTZ4.3B	⑫	372	485F	RB070L-40	③	124	485F	RB451F	⑥	249	205A
PG905C6	④	186	56	PT5116	④	187	229	PTZ4.7	⑫	372	485F	RB070M-30	③	124	750E	RB461F	③	124	205A
PG985C3R	④	186	56	PT518	④	187	229	PTZ4.7B	⑫	372	485F	RB081L-20	③	124	485F	RB471E	⑥	249	346C
PG985C4R	④	186	56	PT7612	④	187	229	PTZ43	⑫	373	485F	RB083L-30	③	124	485F	RB480K	⑥	249	722
PG985C6R	④	186	56	PT7616	④	187	229	PTZ5.1	⑫	372	485F	RB085B-30	④	187	351	RB480Y	⑥	249	347
PH1503	①	77	210	PT768	④	187	229	PTZ5.1B	⑫	372	485F	RB085B-90	④	187	351	RB480Y-90	⑥	249	347
PH1504	①	77	210	PT76S12	④	187	229	PTZ5.6	⑫	372	485F	RB085T-40	④	187	352	RB481K	⑥	249	722
PH1508	①	77	210	PT76S16	④	187	229	PTZ5.6B	⑫	372	485F	RB085T-60	④	187	352	RB481Y	⑥	249	347
PH2503	①	77	210	PT76S8	④	187	229	PTZ6.2	⑫	372	485F	RB085T-90	④	187	352	RB481Y-90	⑥	249	347
PH2504	①	77	210	PTZ10	⑫	372	485F	PTZ6.2B	⑫	372	485F	RB095B-30	④	187	351	RB491D	③	124	610A
PH2508	①	77	210	PTZ10B	⑫	372	485F	PTZ6.8	⑫	372	485F	RB095B-60	④	187	351	RB495D	⑥	249	610D
PH270F2	①	77	248	PTZ11	⑫	372	485F	PTZ6.8B	⑫	372	485F	RB095B-90	④	187	351	RB496EA	④	187	346C
PH270F6	①	77	248	PTZ11B	⑫	372	485F	PTZ7.5	⑫	372	485F	RB095T-40	④	187	352	RB500V-40	⑥	249	756B
PH4016	①	77	680	PTZ12	⑫	372	485F	PTZ7.5B	⑫	372	485F	RB095T-60	④	187	352	RB501V-40	⑥	249	756B
PH4008	①	77	680	PTZ12B	⑫	372	485F	PTZ8.2	⑫	372	485F	RB095T-90	④	187	352	RB520CS-30	⑥	249	736E
PH400N16	①	77	680	PTZ13	⑫	372	485F	PTZ8.2B	⑫	372	485F	RB100A	③	124	19E	RB520G-30	⑥	249	738F
PH400N8	①	77	680	PTZ13B	⑫	372	485F	PTZ9.1	⑫	372	485F	RB160A-30	③	124	19E	RB520S-30	⑥	249	757E
PH865C12	④	186	53	PTZ15	⑫	372	485F	PTZ9.1B	⑫	372	485F	RB160A-60	③	124	19E	RB520S-40	⑥	249	757E
PH865C15	④	186	53	PTZ15B	⑫	372	485F	PZ127	⑫	373	67F	RB160L-40	③	124	485F	RB520ZS-30	⑥	249	440
PH868C12	④	186	53	PTZ16	⑫	373	67G	PZ227	⑫	373	67G	RB160L-60	③	124	485F	RB521G-30	⑥	249	738F
PH868C15	④	186	53	PTZ16B	⑫	373	67H	PZ427	⑫	373	67H	RB160L-90	③	124	750E	RB521S-30	⑥	249	757E
PH965C6	④	186	53	PTZ18	⑫	373	485F	PZ627	⑫	373	67J	RB160M-30	③	124	750E	RB521S-40	⑥	249	757E
PH967C6	④	186	53	PTZ18B	⑫	373	485F	PZ628	⑫	373	261G	RB160M-40	③	124	750E	RB521ZS-30	⑥	249	440
PH975C6	④	186	53	PTZ2.0	⑫	372	485F	Q19C	①	77	753	RB160M-60	③	124	750E	RB530XN	⑧	257	723A
PQ160QH04N	④	186	604	PTZ2.2	⑫	372	485F	Q19D	①	77	753	RB160M-90	③	124	750E	RB531XN	⑧	257	723A
PQ160QH06N	④	186	604	PTZ2.4	⑫	372	485F	Q19E	①	77	753	RB160VA-40	③	124	756E	RB548W	⑥	249	277F
PT100S16	④	186	229	PTZ2.7	⑫	372	485F	Q19G	①	77	753	RB161L-40	③	124	485F	RB550A-30	③	124	756E
PT100S8	④	186	229	PTZ20	⑫	373	485F	Q19J	①	77	753	RB161M-20	③	124	750E	RB550EA	③	124	346C
PT10112	④	186	229	PTZ20B	⑫	373	485F	Q19L	①	77	753	RB161VA-20	③	124	756E	RB551V-30	③	125	756B
PT10116	④	186	229	PTZ22	⑫	373	485F	Q20C	①	77	753	RB201A-60	③	124	19E	RB557W	⑥	249	277C
PT1018	④	186	229	PTZ22B	⑫	373	485F	Q20D	①	77	753	RB205T-40	④	187	352	RB558W	⑥	249	277F
PT150S12	④	186	668	PTZ24	⑫	373	485F	Q20E	①	77	753	RB205T-60	④	187	352	RB705D	⑥	249	610D
PT150S16	④	186	668	PTZ24B	⑫	373	485F	Q20G	①	77	753	RB205T-90	④	187	352	RB706D-40	⑥	249	610F
PT150S8	④	186	668	PTZ27	⑫	373	485F	Q20J	①	77	753	RB215T-40	④	187	352	RB706F-40	⑥	249	205F
PT151S8	④	186	229	PTZ27B	⑫	373	485F	Q20L	①	77	753	RB215T-60	④	187	352	RB715F	⑥	249	205F
PT200S12	④	186	668	PTZ3.0	⑫	372	485F	RA13	③	124	67F	RB215T-90	④	187	352	RB715W	⑥	249	344G
PT200S16	④	186	668	PTZ3.3	⑫	372	485F	RB021VA-90	⑥	249	756E	RB225T-100	④	187	352	RB715Z	⑥	249	240F
PT200S8	④	186	668	PTZ3.6	⑫	372	485F	RB050L-40	③	124	485F	RB225T-60	④	187	352	RB717F	⑥	249	205C
PT300S16	④	186	712	PTZ3.6B	⑫	372	485F	RB050LA-30	③	124	104C	RB400D	③	124	610A	RB721Q-40	⑥	250	78E
PT300S8	④	186	712	PTZ3.9	⑫	372	485F	RB050LA-40	③	124	104C	RB400VA-50	③	124	756E	RB731U	⑧	257	395A
PT3010	④	186	228	PTZ3.9B	⑫	372	485F	RB050PS-30	③	124	771	RB401D	③	124	610A	RB731XN	⑧	257	723A
PT308	④	187	228	PTZ30	⑫	373	485F	RB051L-40	③	124	485F	RB-40C	④	187	639G	RB751CS-40	⑥	250	736E
PT308AC	④	187	651	PTZ30B	⑫	373	485F	RB051LA-40	③	124	104C	RB411D	③	124	610A	RB751G-40	⑥	250	738F
PT30S8	④	186	209	PTZ33	⑫	373	485F	RB053L-30	③	124	485F	RB411VA-50	③	124	756E	RB751S-40	⑥	250	757E
PT3610	④	187	630	PTZ33B	⑫	373	485F	RB055L-40	③	124	485F	RB420D	⑥	249	610A	RB751V-40	⑥	250	756B
PT368	④	187	630	PTZ36	⑫	373	485F	RB055LA-40	③	124	104C	RB421D	⑥	249	610A	RB851Y	⑥	250	347
PT508C	④	187	209	PTZ36B	⑫	373	485F	RB060L-40	③	124	485F	RB425D	⑥	249	610C	RB861Y	⑥	250	347

- 573 -

形名	章	頁	外形	形名	章	頁	外形	形名	章	頁	外形	形名	章	頁	外形	形名	章	頁	外形	形名	章	頁	外形
RB876W	⑥	250	277F	RD1006LS-SB5	①	78	635	RD12FS	⑫	379	750A	RD16FS	⑫	380	750A	RD2.2S	⑫	374	420B
RB886CS	⑥	250	736E	RD100E	⑫	385	24C	RD12J	⑫	379	24C	RD16J	⑫	380	24C	RD2.2UH	⑫	374	452A
RB886G	⑥	250	738F	RD100FM	⑫	385	485D	RD12JS	⑫	379	79F	RD16JS	⑫	380	79F	RD2.2UM	⑫	374	452A
RB886Y	⑥	250	347	RD100FS	⑫	385	750A	RD12M	⑫	379	610A	RD16M	⑫	380	610A	RD2.4E	⑫	374	24C
RBA-1004B	④	187	230	RD100P	⑫	385	237	RD12MW	⑫	379	610C	RD16MW	⑫	380	610C	RD2.4ES	⑫	374	79F
RBA-401	④	187	230	RD100S	⑫	385	420B	RD12P	⑫	379	237	RD16P	⑫	381	237	RD2.4F	⑫	374	25A
RBA-402	④	187	230	RD10E	⑫	379	24C	RD12S	⑫	379	420B	RD16S	⑫	381	420B	RD2.4FM	⑫	374	485D
RBA-402L	④	187	230	RD10ES	⑫	379	79F	RD12SL	⑫	380	420B	RD16SL	⑫	381	420B	RD2.4FS	⑫	374	750A
RBA-404B	④	187	230	RD10F	⑫	379	25A	RD12UJ	⑫	379	452A	RD16UJ	⑫	381	452A	RD2.4HS	⑫	374	79F
RBA-406B	④	188	230	RD10FM	⑫	379	485D	RD12UM	⑫	380	452A	RD16UM	⑫	381	452A	RD2.4M	⑫	374	610A
RBS21CS-30	⑥	250	736E	RD10FS	⑫	379	750A	RD130E	⑫	385	24C	RD170E	⑫	386	24C	RD2.4MW	⑫	374	610C
RBV-1306	④	188	796	RD10J	⑫	379	24C	RD13A	⑫	380	24C	RD180E	⑫	386	24C	RD2.4P	⑫	374	237
RBV-1506	④	188	796	RD10JS	⑫	379	79F	RD13E	⑫	380	24C	RD18E	⑫	381	24C	RD2.4S	⑫	374	420B
RBV-1506J	④	188	796	RD10M	⑫	379	610A	RD13ES	⑫	380	79F	RD18ES	⑫	381	79F	RD2.4UH	⑫	374	452A
RBV-1506S	④	188	796	RD10MW	⑫	379	610C	RD13F	⑫	380	25A	RD18F	⑫	381	25A	RD2.4UM	⑫	374	452A
RBV-150C	④	188	796	RD10P	⑫	379	237	RD13FM	⑫	380	485D	RD18FM	⑫	381	485D	RD2.7E	⑫	374	24C
RBV-2506	④	188	796	RD10S	⑫	379	420B	RD13FS	⑫	380	750A	RD18FS	⑫	381	750A	RD2.7ES	⑫	374	79F
RBV-401	④	188	230	RD10SL	⑫	379	420B	RD13J	⑫	380	24C	RD18J	⑫	381	24C	RD2.7F	⑫	374	25A
RBV-402	④	188	230	RD10UJ	⑫	379	452A	RD13JS	⑫	380	79F	RD18JS	⑫	381	79F	RD2.7FM	⑫	374	485D
RBV-402L	④	188	230	RD10UM	⑫	379	452A	RD13M	⑫	380	610A	RD18M	⑫	381	610A	RD2.7FS	⑫	374	750A
RBV-404	④	188	230	RD110E	⑫	385	24C	RD13MW	⑫	380	610C	RD18MW	⑫	381	610C	RD2.7HS	⑫	374	79F
RBV-406	④	188	230	RD110FM	⑫	385	485D	RD13P	⑫	380	237	RD18P	⑫	381	237	RD2.7M	⑫	374	610A
RBV-406B	④	188	230	RD110FS	⑫	385	750A	RD13S	⑫	380	420B	RD18S	⑫	381	420B	RD2.7MW	⑫	374	610C
RBV-406H	④	188	230	RD110P	⑫	385	237	RD13SL	⑫	380	420B	RD18SL	⑫	381	420B	RD2.7P	⑫	374	237
RBV-406M	④	188	230	RD110S	⑫	385	420B	RD13UJ	⑫	380	452A	RD18UJ	⑫	381	452A	RD2.7S	⑫	374	420B
RBV-408	④	188	230	RD11A	⑫	379	24C	RD13UM	⑫	380	452A	RD18UM	⑫	381	452A	RD2.7UH	⑫	374	452A
RBV-4086H	④	188	230	RD11E	⑫	379	24C	RD140E	⑫	385	24C	RD190E	⑫	386	24C	RD2.7UM	⑫	374	452A
RBV-40C	④	188	230	RD11ES	⑫	379	79F	RD150E	⑫	385	24C	RD19A	⑫	381	24C	RD2003JS	①	78	433
RBV-4102	④	188	230	RD11F	⑫	379	25A	RD150S	⑫	385	420B	RD2.0E	⑫	373	24C	RD2003JS-SB	①	78	57A
RBV-4106M	④	188	230	RD11FM	⑫	379	485D	RD15E	⑫	380	24C	RD2.0ES	⑫	373	79F	RD2004JN	①	78	433
RBV-601	④	188	796	RD11FS	⑫	379	750A	RD15ES	⑫	380	79F	RD2.0F	⑫	373	25A	RD2004JS-SB	①	78	57A
RBV-602	④	188	796	RD11J	⑫	379	24C	RD15F	⑫	380	25A	RD2.0FM	⑫	373	485D	RD2004LN	①	78	57C
RBV-602L	④	188	796	RD11JS	⑫	379	79F	RD15FM	⑫	380	485D	RD2.0FS	⑫	373	750A	RD2004LS	①	78	635
RBV-604	④	188	796	RD11M	⑫	379	610A	RD15FS	⑫	380	750A	RD2.0HS	⑫	373	79F	RD2004LS-SB5	①	78	635
RBV-606	④	188	796	RD11MW	⑫	379	610C	RD15J	⑫	380	24C	RD2.0M	⑫	373	610A	RD2006FR	①	78	57B
RBV-606H	④	188	796	RD11P	⑫	379	237	RD15JS	⑫	380	79F	RD2.0MW	⑫	373	610C	RD2006LS-SB	①	78	635
RBV-608	④	188	796	RD11S	⑫	379	420B	RD15M	⑫	380	610A	RD2.0P	⑫	373	237	RD2006LS-SB5	①	78	635
RC2	⑤	235	67F	RD11SL	⑫	379	420B	RD15MW	⑫	380	610C	RD2.0S	⑫	373	420B	RD2006RH-SB	①	78	183
RC3B2	①	78	67A	RD11UJ	⑫	379	452A	RD15P	⑫	380	237	RD2.0UH	⑫	373	452A	RD200E	⑫	386	24C
RD0106T	①	78	631	RD11UM	⑫	379	452A	RD15S	⑫	380	420B	RD2.0UM	⑫	373	452A	RD20E	⑫	381	24C
RD0306LS-SB	①	78	635	RD120E	⑫	385	24C	RD15SL	⑫	380	420B	RD2.2E	⑫	373	24C	RD20ES	⑫	381	79F
RD0306T	①	78	631	RD120FM	⑫	385	485D	RD15UJ	⑫	380	452A	RD2.2ES	⑫	373	79F	RD20F	⑫	381	25A
RD0504T	①	78	631	RD120FS	⑫	385	750A	RD15UM	⑫	380	452A	RD2.2F	⑫	373	25A	RD20FM	⑫	381	485D
RD0506LS-SB	①	78	635	RD120P	⑫	385	237	RD160E	⑫	385	24C	RD2.2FM	⑫	373	485D	RD20FS	⑫	381	750A
RD0506LS-SB5	①	78	635	RD120S	⑫	385	420B	RD16A	⑫	380	24C	RD2.2FS	⑫	373	750A	RD20J	⑫	381	24C
RD0506T	①	78	631	RD12E	⑫	379	24C	RD16E	⑫	380	24C	RD2.2HS	⑫	373	79F	RD20JS	⑫	381	79F
RD1004LS-SB5	①	78	635	RD12ES	⑫	379	79F	RD16ES	⑫	380	79F	RD2.2M	⑫	374	610A	RD20M	⑫	381	610A
RD1006LN	①	78	57C	RD12F	⑫	379	25A	RD16F	⑫	380	25A	RD2.2MW	⑫	374	610C	RD20MW	⑫	381	610C
RD1006LS	①	78	635	RD12FM	⑫	379	485D	RD16FM	⑫	380	485D	RD2.2P	⑫	374	237	RD20P	⑫	381	237

形　名	章	頁	外形	形　名	章	頁	外形	形　名	章	頁	外形	形　名	章	頁	外形	形　名	章	頁	外形
RD20S	⑫	381	420B	RD3.0E	⑫	374	24C	RD30ES	⑫	382	79F	RD39M	⑫	384	610A	RD4A	⑫	375	24C
RD20SL	⑫	381	420B	RD3.0ES	⑫	374	79F	RD30F	⑫	382	25A	RD39MW	⑫	384	610C	RD5.1E	⑫	376	24C
RD20UJ	⑫	381	452A	RD3.0F	⑫	374	25A	RD30FM	⑫	382	485D	RD39P	⑫	384	237	RD5.1ES	⑫	376	79F
RD20UM	⑫	381	452A	RD3.0FM	⑫	374	485D	RD30FS	⑫	382	750A	RD39S	⑫	384	420B	RD5.1F	⑫	376	25A
RD22E	⑫	381	24C	RD3.0FS	⑫	374	750A	RD30J	⑫	382	24C	RD39SL	⑫	384	420B	RD5.1FM	⑫	376	485D
RD22ES	⑫	381	79F	RD3.0HS	⑫	374	79F	RD30JS	⑫	383	79F	RD39UJ	⑫	384	452A	RD5.1FS	⑫	376	750A
RD22F	⑫	381	25A	RD3.0M	⑫	374	610A	RD30M	⑫	383	610A	RD39UM	⑫	384	452A	RD5.1J	⑫	376	24C
RD22FM	⑫	381	485D	RD3.0MW	⑫	374	610C	RD30MW	⑫	383	610C	RD4.3E	⑫	375	24C	RD5.1JS	⑫	376	79F
RD22FS	⑫	381	750A	RD3.0P	⑫	374	237	RD30P	⑫	383	237	RD4.3ES	⑫	375	79F	RD5.1M	⑫	376	610A
RD22J	⑫	381	24C	RD3.0S	⑫	374	420B	RD30S	⑫	383	420B	RD4.3F	⑫	375	25A	RD5.1MW	⑫	376	610C
RD22JS	⑫	381	79F	RD3.0UH	⑫	374	452A	RD30SL	⑫	383	420B	RD4.3FM	⑫	375	485D	RD5.1P	⑫	376	237
RD22K	⑫	381	357A	RD3.0UM	⑫	374	452A	RD30UJ	⑫	383	452A	RD4.3FS	⑫	375	750A	RD5.1SL	⑫	376	420B
RD22MW	⑫	382	610C	RD3.3E	⑫	375	24C	RD30UM	⑫	383	452A	RD4.3HS	⑫	375	79F	RD5.1UJ	⑫	376	452A
RD22P	⑫	382	237	RD3.3ES	⑫	375	79F	RD33E	⑫	383	24C	RD4.3M	⑫	376	610A	RD5.1UM	⑫	376	452A
RD22S	⑫	382	420B	RD3.3F	⑫	375	25A	RD33ES	⑫	383	79F	RD4.3MW	⑫	376	610C	RD5.6E	⑫	376	24C
RD22SL	⑫	382	420B	RD3.3FM	⑫	375	485D	RD33F	⑫	383	25A	RD4.3P	⑫	376	237	RD5.6ES	⑫	376	79F
RD22UJ	⑫	382	452A	RD3.3FS	⑫	375	750A	RD33FM	⑫	383	485D	RD4.3S	⑫	376	420B	RD5.6F	⑫	376	25A
RD22UM	⑫	382	452A	RD3.3HS	⑫	375	79F	RD33FS	⑫	383	750A	RD4.3UH	⑫	376	452A	RD5.6FM	⑫	376	485D
RD24A	⑫	382	24C	RD3.3M	⑫	375	610A	RD33J	⑫	383	24C	RD4.3UM	⑫	376	452A	RD5.6FS	⑫	377	750A
RD24E	⑫	382	24C	RD3.3MW	⑫	375	610C	RD33JS	⑫	383	79F	RD4.7E	⑫	376	24C	RD5.6J	⑫	377	24C
RD24ES	⑫	382	79F	RD3.3P	⑫	375	237	RD33M	⑫	383	610A	RD4.7ES	⑫	376	79F	RD5.6JS	⑫	377	79F
RD24F	⑫	382	25A	RD3.3S	⑫	375	420B	RD33MW	⑫	383	610C	RD4.7F	⑫	376	25A	RD5.6M	⑫	377	610A
RD24FM	⑫	382	485D	RD3.3UH	⑫	375	452A	RD33P	⑫	383	237	RD4.7FM	⑫	376	485D	RD5.6MW	⑫	377	610C
RD24FS	⑫	382	750A	RD3.3UM	⑫	375	452A	RD33S	⑫	383	420B	RD4.7FS	⑫	376	750A	RD5.6S	⑫	377	237
RD24J	⑫	382	24C	RD3.6E	⑫	375	24C	RD33SL	⑫	383	420B	RD4.7HS	⑫	376	79F	RD5.6S	⑫	377	420B
RD24JS	⑫	382	79F	RD3.6ES	⑫	375	79F	RD33UJ	⑫	383	452A	RD4.7J	⑫	376	24C	RD5.6SL	⑫	377	420B
RD24M	⑫	382	610A	RD3.6F	⑫	375	25A	RD33UM	⑫	383	452A	RD4.7JS	⑫	376	79F	RD5.6UJ	⑫	377	452A
RD24MW	⑫	382	610C	RD3.6FM	⑫	375	485D	RD35A	⑫	383	24C	RD4.7M	⑫	376	610A	RD5.6UM	⑫	377	452A
RD24P	⑫	382	237	RD3.6FS	⑫	375	750A	RD36E	⑫	383	24C	RD4.7MW	⑫	376	610C	RD51E	⑫	384	24C
RD24S	⑫	382	420B	RD3.6HS	⑫	375	79F	RD36ES	⑫	383	79F	RD4.7P	⑫	376	237	RD51F	⑫	384	25A
RD24SL	⑫	382	420B	RD3.6M	⑫	375	25A	RD36F	⑫	383	25A	RD4.7S	⑫	376	420B	RD51FM	⑫	384	485D
RD24UJ	⑫	382	452A	RD3.6MW	⑫	375	610C	RD36FM	⑫	383	485D	RD4.7SL	⑫	376	420B	RD51FS	⑫	384	750A
RD24UM	⑫	382	452A	RD3.6P	⑫	375	237	RD36FS	⑫	383	750A	RD4.7UH	⑫	376	452A	RD51P	⑫	384	237
RD27E	⑫	382	24C	RD3.6S	⑫	375	420B	RD36J	⑫	383	24C	RD4.7UJ	⑫	376	452A	RD51S	⑫	384	420B
RD27ES	⑫	382	79F	RD3.6UH	⑫	375	452A	RD36JS	⑫	383	79F	RD4.7UM	⑫	376	452A	RD56E	⑫	384	24C
RD27F	⑫	382	25A	RD3.6UM	⑫	375	452A	RD36M	⑫	383	610A	RD43E	⑫	384	24C	RD56F	⑫	384	25A
RD27FM	⑫	382	485D	RD3.9E	⑫	375	24C	RD36MW	⑫	383	610C	RD43F	⑫	384	25A	RD56FM	⑫	384	485D
RD27FS	⑫	382	750A	RD3.9ES	⑫	375	79F	RD36P	⑫	383	237	RD43FM	⑫	384	485D	RD56FS	⑫	384	750A
RD27J	⑫	382	24C	RD3.9F	⑫	375	25A	RD36S	⑫	383	420B	RD43FS	⑫	384	750A	RD56P	⑫	384	237
RD27JS	⑫	382	79F	RD3.9FM	⑫	375	485D	RD36SL	⑫	383	420B	RD43P	⑫	384	610A	RD56S	⑫	384	237
RD27M	⑫	382	610A	RD3.9FS	⑫	375	750A	RD36UJ	⑫	383	452A	RD43P	⑫	384	237	RD56S	⑫	384	420B
RD27MW	⑫	382	610C	RD3.9HS	⑫	375	79F	RD36UM	⑫	383	452A	RD43S	⑫	384	420B	RD5A	⑫	376	24C
RD27P	⑫	382	237	RD3.9M	⑫	375	610A	RD39E	⑫	383	24C	RD47E	⑫	384	24C	RD6.2ES	⑫	377	24C
RD27S	⑫	382	420B	RD3.9MW	⑫	375	610C	RD39ES	⑫	383	79F	RD47F	⑫	384	25A	RD6.2ES	⑫	377	79F
RD27SL	⑫	382	420B	RD3.9P	⑫	375	237	RD39F	⑫	383	25A	RD47FM	⑫	384	485D	RD6.2F	⑫	377	25A
RD27UJ	⑫	382	452A	RD3.9S	⑫	375	420B	RD39FM	⑫	383	485D	RD47FS	⑫	384	750A	RD6.2FM	⑫	377	485D
RD27UM	⑫	382	452A	RD3.9UM	⑫	375	452A	RD39FS	⑫	383	750A	RD47M	⑫	384	610A	RD6.2FS	⑫	377	750A
RD29A	⑫	382	24C	RD3.9UM	⑫	375	452A	RD39J	⑫	383	24C	RD47P	⑫	384	237	RD6.2J	⑫	377	24C
RD2A	①	78	67G	RD30E	⑫	382	24C	RD39JS	⑫	384	79F	RD47S	⑫	384	420B	RD6.2JS	⑫	377	79F

- 575 -

形 名	章	頁	外形	形 名	章	頁	外形	形 名	章	頁	外形	形 名	章	頁	外形	形 名	章	頁	外形
RD6.2M	⑫	377	610A	RD75E	⑫	385	24C	RF01F	⑤	236	67F	RJU36B2WDPK-M0	④	188	659	RKH0145AKG	⑤	236	420C
RD6.2MW	⑫	377	610C	RD75F	⑫	385	25A	RF051UA1D	④	188	395D	RJU4351TDPP-EJ	①	79	660	RKH0145AKG	⑤	236	420C
RD6.2P	⑫	377	237	RD75FM	⑫	385	485D	RF051VA1S	①	78	756E	RJU4352TDPP-EJ	①	79	660	RKH0145AKU	⑤	236	756F
RD6.2S	⑫	377	420B	RD75FS	⑫	385	750A	RF051VA2S	①	78	756E	RJU6052SDPD	①	79	609	RKH0145AKU	⑤	236	756F
RD6.2SL	⑫	377	420B	RD75P	⑫	385	237	RF071M2S	①	78	750E	RJU6052SDPE	①	79	216	RKH0160AKU	⑤	236	756F
RD6.2UJ	⑫	377	452A	RD75S	⑫	385	420B	RF1	①	78	67F	RJU6052TDPP-EJ	①	79	660	RKH0160AKU	⑤	236	756F
RD6.2UM	⑫	377	452A	RD7A	⑫	377	24C	RF1001T2D	④	188	352	RJU6053SDPE	①	79	216	RKH0160BKJ	⑤	236	757A
RD6.2Z	⑫	377	610C	RD8.2E	⑫	378	24C	RF101A2S	①	78	19E	RJU6053TDPP-EJ	①	79	660	RKH0160BKJ	⑤	236	757A
RD6.8E	⑫	377	24C	RD8.2ES	⑫	378	79F	RF101L2S	①	78	485F	RJU6054SDPE	①	79	216	RKP200KN	⑨	262	222
RD6.8ES	⑫	377	79F	RD8.2EW	⑫	378	79F	RF101L4S	①	78	485F	RJU6054SDPK-M0	①	79	659	RKP200KP	⑨	262	140
RD6.8F	⑫	377	25A	RD8.2F	⑫	378	25A	RF1601T2D	④	188	352	RJU6054TDPP-EJ	①	79	660	RKP201KK	⑨	262	738B
RD6.8FM	⑫	377	485D	RD8.2FM	⑫	378	485D	RF1A	①	78	67F	RJU60C1SDPD	①	79	609	RKP201KL	⑨	262	736A
RD6.8FS	⑫	377	750A	RD8.2FS	⑫	378	750A	RF1B	①	78	67F	RJU60C2SDPD	①	79	609	RKP201KM	⑨	262	736B
RD6.8J	⑫	377	24C	RD8.2J	⑫	378	24C	RF1Z	①	78	67F	RJU60C2TDPP-EJ	①	79	660	RKP201KN	⑨	262	222
RD6.8JS	⑫	377	79F	RD8.2JS	⑫	378	79F	RF2001T3D	④	188	352	RJU60C3SDPD	①	79	609	RKP202KN	⑨	262	222
RD6.8M	⑫	377	610A	RD8.2M	⑫	378	610A	RF2001T4S	①	78	352	RJU60C3TDPP-EJ	①	79	660	RKP203KN	⑨	262	222
RD6.8MW	⑫	377	610C	RD8.2MW	⑫	378	610C	RF201L2S	①	78	485F	RJU60C6SDPE	①	79	216	RKP204KP	⑨	262	140
RD6.8P	⑫	377	237	RD8.2P	⑫	378	237	RF301B2S	①	78	351	RJU60C6SDPK-M0	①	79	659	RKP300KJ	⑨	262	757A
RD6.8S	⑫	377	420B	RD8.2S	⑫	378	420B	RF501B2S	①	78	351	RJU60C6TDPP-EJ	①	79	660	RKP300KL	⑨	262	736A
RD6.8SL	⑫	377	420B	RD8.2SL	⑫	378	420B	RF501PS2S	①	78	771	RK13	③	125	67F	RKP300WKQE	⑨	262	205D
RD6.8UJ	⑫	377	452A	RD8.2UJ	⑫	378	452A	RF601B2D	④	188	351	RK14	③	125	67F	RKP301KJ	⑨	262	757A
RD6.8UM	⑫	377	452A	RD8.2UM	⑫	378	452A	RG10	①	79	67G	RK16	③	125	67F	RKP301KK	⑨	262	738B
RD62E	⑫	384	24C	RD82E	⑫	385	24C	RG10A	①	78	67G	RK19	③	125	67F	RKP301KL	⑨	262	736A
RD62F	⑫	384	25A	RD82F	⑫	385	25A	RG10Y	①	79	67G	RK33	③	125	67G	RKP301WKQE	⑨	262	205D
RD62FM	⑫	384	485D	RD82FM	⑫	385	485D	RG10Z	①	79	67F	RK34	③	125	67G	RKP350KV	⑨	262	750F
RD62FS	⑫	384	750A	RD82FS	⑫	385	750A	RG1C	①	78	67C	RK36	③	125	67G	RKP400KS	⑨	262	252
RD62P	⑫	384	237	RD82P	⑫	385	237	RG2	①	79	67G	RK39	③	125	67G	RKP401KS	⑨	262	252
RD62S	⑫	384	420B	RD82S	⑫	385	420B	RG2A	①	79	67G	RK42	③	125	67H	RKP402KS	⑨	262	252
RD68E	⑫	384	24C	RD9.1E	⑫	378	24C	RG2A2	①	79	67G	RK43	③	125	67H	RKP403KS	⑨	262	252
RD68F	⑫	385	79F	RD9.1ES	⑫	378	79F	RG2Y	①	79	67G	RK44	③	125	67H	RKP404KS	⑨	262	252
RD68FM	⑫	385	485D	RD9.1EW	⑫	378	79F	RG2Z	①	79	67G	RK46	③	125	67H	RKP405KS	⑨	262	252
RD68FS	⑫	385	750A	RD9.1F	⑫	378	25A	RG4	①	79	67H	RK49	③	125	67H	RKP406KS	⑨	262	252
RD68P	⑫	385	237	RD9.1FM	⑫	378	485D	RG4A	①	79	67H	RKD700KJ	⑥	250	757A	RKP407KS	⑨	262	252
RD68S	⑫	385	420B	RD9.1FS	⑫	378	750A	RG4C	①	79	67H	RKD700KK	⑥	250	738B	RKP408KS	⑨	262	252
RD6A	⑫	377	24C	RD9.1J	⑫	378	24C	RG4Y	①	79	67H	RKD700KL	⑥	250	736A	RKP409KS	⑨	262	252
RD7.5E	⑫	377	24C	RD9.1JS	⑫	378	79F	RG4Z	①	79	67H	RKD701KN	⑥	250	222	RKP410KS	⑨	262	252
RD7.5ES	⑫	378	79F	RD9.1M	⑫	378	610A	RH1	①	79	67F	RKD702KL	⑥	250	736A	RKP411KS	⑨	262	252
RD7.5F	⑫	378	25A	RD9.1MW	⑫	378	610C	RH10F	①	79	67F	RKD702KP	⑥	250	140	RKP412KS	⑨	262	252
RD7.5FM	⑫	378	485D	RD9.1P	⑫	378	237	RH1A	①	79	67F	RKD703KJ	⑥	250	757A	RKP413KS	⑨	262	252
RD7.5FS	⑫	378	750A	RD9.1S	⑫	378	420B	RH1B	①	79	67F	RKD703KK	⑥	250	738B	RKP414KS	⑨	262	252
RD7.5J	⑫	378	24C	RD9.1SL	⑫	378	420B	RH1C	①	79	67F	RKD703KL	⑥	250	736A	RKP415KS	⑨	263	252
RD7.5JS	⑫	378	79F	RD9.1UJ	⑫	379	452A	RH1Z	①	79	67F	RKD703KP	⑥	250	140	RKP436KER	⑨	263	223
RD7.5M	⑫	378	610A	RD9.1UM	⑫	379	452A	RH2D	①	79	67G	RKD704KP	⑥	250	140	RKP450KE	⑨	263	224
RD7.5MW	⑫	378	610C	RD91E	⑫	385	24C	RH2F	①	79	67G	RKD706KV	⑥	250	750F	RKP451KE	⑨	263	224
RD7.5P	⑫	378	237	RD91FM	⑫	385	485D	RH3F	①	79	67A	RKD750KN	⑥	250	222	RKP452KE	⑨	263	224
RD7.5S	⑫	378	420B	RD91FS	⑫	385	750A	RH3G	①	79	67A	RKD750KP	⑥	250	140	RKP453KE	⑨	263	224
RD7.5SL	⑫	378	420B	RD91P	⑫	385	237	RH4F	①	79	67A	RKD751KP	⑥	250	140	RKP454KE	⑨	263	224
RD7.5UJ	⑫	378	452A	RD91S	⑫	385	420B	RJ43	③	125	67H	RKH0125AKF	⑤	236	756G	RKR0103ASKR	⑥	250	198
RD7.5UM	⑫	378	452A	RD9A	⑫	378	24C	RJU36B1WDPK-M0	④	188	659	RKH0125AKF	⑤	236	756G	RKR0103AWAKR	⑥	250	198

形名	章	頁	外形	形名	章	頁	外形	形名	章	頁	外形	形名	章	頁	外形	形名	章	頁	外形
RKR0103AYPKR	⑥	250	199	RKV603KL	⑪	304	736A	RKZ13BKU	⑫	389	756F	RKZ2.7B2KL	⑫	386	736A	RKZ3.3B2KK	⑫	386	738B
RKR0103BSKR	⑥	250	198	RKV603KP	⑪	304	140	RKZ13BKV	⑫	389	750F	RKZ2.7BKU	⑫	386	756F	RKZ3.3B2KL	⑫	386	736A
RKR0103BYPKQ	⑥	250	199	RKV604KL	⑪	304	736A	RKZ13CKU	⑫	389	756F	RKZ20AKU	⑫	390	756F	RKZ3.3BKU	⑫	386	756F
RKR0202AQE	⑥	250	205D	RKV604KP	⑪	304	140	RKZ15AKU	⑫	389	756F	RKZ20B2KG	⑫	390	420C	RKZ3.6AKU	⑫	386	756F
RKR0303BKJ	③	125	757A	RKV605KL	⑪	304	736A	RKZ15B2KG	⑫	389	420C	RKZ20B2KJ	⑫	390	757A	RKZ3.6B2KG	⑫	386	420C
RKR0503AKH	③	125	657	RKV605KP	⑪	304	140	RKZ15B2KJ	⑫	389	757A	RKZ20B2KK	⑫	390	738B	RKZ3.6B2KJ	⑫	386	757A
RKR0503AKJ	③	125	757A	RKV606KL	⑪	304	736A	RKZ15B2KK	⑫	389	738B	RKZ20B2KL	⑫	390	736A	RKZ3.6B2KK	⑫	386	738B
RKR0503BKH	③	125	657	RKV606KP	⑪	304	140	RKZ15B2KL	⑫	389	736A	RKZ20BKU	⑫	390	756F	RKZ3.6B2KL	⑫	386	736A
RKR0503BKJ	③	125	657	RKV607KL	⑪	304	736A	RKZ15BKU	⑫	389	756F	RKZ20CKU	⑫	390	750F	RKZ3.6BKU	⑫	386	756F
RKR0505AKH	③	125	657	RKV607KP	⑪	304	140	RKZ15BKV	⑫	389	750F	RKZ20CKU	⑫	390	756F	RKZ3.6BKV	⑫	387	750F
RKR0505BKH	③	125	657	RKV608KL	⑪	304	736A	RKZ15CKU	⑫	389	756F	RKZ20DKU	⑫	390	756F	RKZ3.9AKU	⑫	387	756F
RKR0703BKH	③	125	657	RKV650KL	⑪	304	736A	RKZ16AKU	⑫	389	756F	RKZ22AKU	⑫	390	756F	RKZ3.9B2KG	⑫	387	420C
RKR103AKU	③	125	756F	RKV650KP	⑪	304	140	RKZ16B2KG	⑫	389	420C	RKZ22B2KG	⑫	390	420C	RKZ3.9B2KJ	⑫	387	757A
RKR103BKU	③	125	756F	RKV651KK	⑪	304	738B	RKZ16B2KJ	⑫	389	757A	RKZ22B2KJ	⑫	390	757A	RKZ3.9B2KK	⑫	387	738B
RKR104BKH	③	125	657	RKV651KL	⑪	305	736A	RKZ16B2KK	⑫	389	738B	RKZ22B2KK	⑫	390	738B	RKZ3.9B2KL	⑫	387	736A
RKR104BKU	③	125	756F	RKV652KL	⑪	305	736A	RKZ16B2KL	⑫	389	736A	RKZ22B2KL	⑫	390	736A	RKZ3.9BKU	⑫	387	756F
RKR104BKV	③	125	750F	RKV652KP	⑪	305	140	RKZ16BKU	⑫	390	756F	RKZ22BKU	⑫	390	756F	RKZ3.9BKV	⑫	387	750F
RKS0303AKJ	③	125	757A	RKV653KL	⑪	305	736A	RKZ16BKV	⑫	390	750F	RKZ22BKV	⑫	390	750F	RKZ30AKU	⑫	387	756F
RKS100KG	⑤	236	420C	RKV653KP	⑪	305	140	RKZ16CKU	⑫	390	756F	RKZ22CKU	⑫	390	756F	RKZ30BKG	⑫	391	420C
RKS100KG	⑤	236	420C	RKZ10AKU	⑫	388	756F	RKZ16TKG	⑲	431	420C	RKZ22DKU	⑫	390	756F	RKZ30BKJ	⑫	391	757A
RKS101KG	⑤	236	420C	RKZ10B2KG	⑫	388	420C	RKZ16TWAQE	⑲	431	205*	RKZ24AKU	⑫	390	756F	RKZ30BKK	⑫	391	738B
RKS101KG	⑤	236	420C	RKZ10B2KJ	⑫	388	757A	RKZ18AKU	⑫	389	756F	RKZ24B2KG	⑫	390	420C	RKZ30BKL	⑫	391	736A
RKS1500DKK	⑤	236	738B	RKZ10B2KK	⑫	388	738B	RKZ18B2KG	⑫	390	420C	RKZ24B2KJ	⑫	390	757A	RKZ30BKU	⑫	391	756F
RKS150KK	⑤	236	738B	RKZ10B2KL	⑫	389	736A	RKZ18B2KJ	⑫	390	757A	RKZ24B2KK	⑫	390	738B	RKZ30BKV	⑫	391	750F
RKS1510DKJ	⑤	236	757A	RKZ10BKU	⑫	389	756F	RKZ18B2KK	⑫	390	738B	RKZ24B2KL	⑫	390	736A	RKZ30CKU	⑫	391	756F
RKS1510DKJ	⑤	236	757A	RKZ10BKV	⑫	389	750F	RKZ18B2KL	⑫	390	736A	RKZ24BKU	⑫	390	756F	RKZ30DKU	⑫	391	756F
RKS1510DKK	⑤	236	738B	RKZ10CKU	⑫	389	756F	RKZ18BKU	⑫	390	756F	RKZ24BKV	⑫	390	750F	RKZ33AKU	⑫	391	756F
RKS1510DKK	⑤	236	738B	RKZ10DKU	⑫	389	756F	RKZ18BKV	⑫	390	750F	RKZ24CKU	⑫	390	756F	RKZ33BKG	⑫	391	420C
RKS151KJ	⑤	236	757A	RKZ11AKU	⑫	389	756F	RKZ18CKU	⑫	390	756F	RKZ24DKU	⑫	390	756F	RKZ33BKJ	⑫	391	757A
RKS151KK	⑤	236	738B	RKZ11B2KG	⑫	389	420C	RKZ18TKG	⑲	431	420C	RKZ27AKU	⑫	390	756F	RKZ33BKK	⑫	391	738B
RKS152KJ	⑤	236	757A	RKZ11B2KJ	⑫	389	757A	RKZ18TWAQE	⑲	431	205*	RKZ27BKG	⑫	390	420C	RKZ33BKL	⑫	391	736A
RKS152KJ	⑤	236	757A	RKZ11B2KK	⑫	389	738B	RKZ2.0BKG	⑫	386	420C	RKZ27BKJ	⑫	390	757A	RKZ33BKU	⑫	391	756F
RKS152KK	⑤	236	738B	RKZ11B2KL	⑫	389	736A	RKZ2.0BKJ	⑫	386	757A	RKZ27BKK	⑫	390	738B	RKZ33BKV	⑫	391	750F
RKS152KK	⑤	236	738B	RKZ11BKU	⑫	389	756F	RKZ2.0BKK	⑫	386	738B	RKZ27BKL	⑫	391	736A	RKZ33DKU	⑫	391	756F
RKV5000DKK	⑪	305	738B	RKZ11BKV	⑫	389	750F	RKZ2.0BKL	⑫	386	736A	RKZ27BKU	⑫	391	756F	RKZ36AKU	⑫	391	756F
RKV500KG	⑪	303	420C	RKZ11CKU	⑫	389	756F	RKZ2.2BKG	⑫	386	420C	RKZ27BKV	⑫	391	750F	RKZ36BKG	⑫	391	420C
RKV500KJ	⑪	303	757A	RKZ12AKU	⑫	389	756F	RKZ2.2BKJ	⑫	386	757A	RKZ27DKU	⑫	391	756F	RKZ36BKJ	⑫	391	757A
RKV500KK	⑪	303	738B	RKZ12B2KG	⑫	389	420C	RKZ2.2BKK	⑫	386	738B	RKZ27TKU	⑲	431	420C	RKZ36BKK	⑫	391	738B
RKV5010DKK	⑪	305	738B	RKZ12B2KJ	⑫	389	757A	RKZ2.2BKL	⑫	386	736A	RKZ27TWAQE	⑲	431	205*	RKZ36BKL	⑫	391	736A
RKV501KG	⑪	303	420C	RKZ12B2KK	⑫	389	738B	RKZ2.4AKU	⑫	386	756F	RKZ3.0AKU	⑫	386	756F	RKZ36BKU	⑫	391	756F
RKV501KJ	⑪	303	757A	RKZ12B2KL	⑫	389	736A	RKZ2.4BKG	⑫	386	420C	RKZ3.0B2KG	⑫	386	420C	RKZ36BKV	⑫	391	750F
RKV501KK	⑪	304	738B	RKZ12BKU	⑫	389	756F	RKZ2.4BKJ	⑫	386	757A	RKZ3.0B2KJ	⑫	386	757A	RKZ36DKU	⑫	391	756F
RKV5020DKK	⑪	305	738B	RKZ12BKV	⑫	389	750F	RKZ2.4BKK	⑫	386	738B	RKZ3.0B2KK	⑫	386	738B	RKZ4.3AKU	⑫	387	756F
RKV502KG	⑪	304	420C	RKZ12CKU	⑫	389	756F	RKZ2.4BKL	⑫	386	736A	RKZ3.0B2KL	⑫	386	736A	RKZ4.3B2KG	⑫	387	420C
RKV502KJ	⑪	304	757A	RKZ13AKU	⑫	389	756F	RKZ2.4BKU	⑫	386	756F	RKZ3.0BKU	⑫	386	756F	RKZ4.3B2KJ	⑫	387	757A
RKV502KK	⑪	304	420C	RKZ13B2KG	⑫	389	420C	RKZ2.7AKU	⑫	386	756F	RKZ3.3AKU	⑫	386	756F	RKZ4.3B2KK	⑫	387	738B
RKV600KP	⑪	304	140	RKZ13B2KJ	⑫	389	757A	RKZ2.7B2KG	⑫	386	420C	RKZ3.3B2KG	⑫	386	420C	RKZ4.3B2KJ	⑫	387	757A
RKV601KP	⑪	304	140	RKZ13B2KK	⑫	389	738B	RKZ2.7B2KJ	⑫	386	757A	RKZ3.3B2KJ	⑫	386	757A	RKZ4.3B2KK	⑫	387	738B
RKV602KP	⑪	304	140	RKZ13B2KL	⑫	389	736A	RKZ2.7B2KK	⑫	386	738B	RKZ3.3B2KJ	⑫	386	757A	RKZ4.3B2KL	⑫	387	736A

形名	章	頁	外形	形名	章	頁	外形	形名	章	頁	外形	形名	章	頁	外形	形名	章	頁	外形
RKZ4.3BKU	⑫	387	756F	RKZ6.8Z4KT	⑲	430	171	RLS141	⑤	236	357B	RLZ39	⑫	393	357B	RLZJ13	⑫	394	357B
RKZ4.3BKV	⑫	387	750F	RKZ6.8Z4MFAKT	⑲	430	171	RLS245	⑤	236	357B	RLZ39B	⑫	393	357B	RLZJ15	⑫	394	357B
RKZ4.3CKU	⑫	387	756F	RKZ6.8Z MFAKT	⑲	430	171	RLS4148	⑤	236	357B	RLZ4.3	⑫	392	357B	RLZJ16	⑫	394	357B
RKZ4.7AKU	⑫	387	756F	RKZ7.5AKU	⑫	388	756F	RLS4150	⑤	236	357B	RLZ4.3B	⑫	392	357B	RLZJ18	⑫	394	357B
RKZ4.7B2KG	⑫	387	420C	RKZ7.5B2KG	⑫	388	420C	RLS4448	⑤	236	357B	RLZ4.7	⑫	392	357B	RLZJ20	⑫	394	357B
RKZ4.7B2KJ	⑫	387	757A	RKZ7.5B2KJ	⑫	388	757A	RLS-71	⑤	236	357B	RLZ4.7B	⑫	392	357B	RLZJ22	⑫	394	357B
RKZ4.7B2KK	⑫	387	738B	RKZ7.5B2KK	⑫	388	738B	RLS-72	⑤	236	357B	RLZ43	⑫	393	357B	RLZJ24	⑫	394	357B
RKZ4.7B2KL	⑫	387	736A	RKZ7.5B2KL	⑫	388	736A	RLS-73	⑤	236	357B	RLZ47	⑫	393	357B	RLZJ27	⑫	394	357B
RKZ4.7BKU	⑫	387	756F	RKZ7.5BKU	⑫	388	756F	RLS-92	⑤	236	357B	RLZ5.1	⑫	392	357B	RLZJ3.6	⑫	393	357B
RKZ4.7BKV	⑫	387	750F	RKZ7.5BKV	⑫	388	750F	RLS-93	⑤	236	357B	RLZ5.1B	⑫	392	357B	RLZJ3.9	⑫	393	357B
RKZ4.7CKU	⑫	387	756F	RKZ7.5CKU	⑫	388	756F	RLS-94	⑤	236	357B	RLZ5.6	⑫	392	357B	RLZJ30	⑫	394	357B
RKZ5.1AKU	⑫	387	756F	RKZ7.5TKL	⑲	430	736A	RLZ10	⑫	392	357B	RLZ5.6B	⑫	392	357B	RLZJ33	⑫	394	357B
RKZ5.1B2KG	⑫	387	420C	RKZ7.5TKP	⑲	431	140	RLZ10B	⑫	392	357B	RLZ51	⑫	393	357B	RLZJ36	⑫	394	357B
RKZ5.1B2KJ	⑫	387	757A	RKZ7.5Z4MFAKT	⑲	431	171	RLZ11	⑫	392	357B	RLZ5231B	⑫	393	357B	RLZJ39	⑫	394	357B
RKZ5.1B2KK	⑫	387	738B	RKZ8.2AKU	⑫	388	756F	RLZ11B	⑫	392	357B	RLZ5232B	⑫	393	357B	RLZJ4.3	⑫	393	357B
RKZ5.1B2KL	⑫	387	736A	RKZ8.2B2KG	⑫	388	420C	RLZ12	⑫	392	357B	RLZ5233B	⑫	393	357B	RLZJ4.7	⑫	393	357B
RKZ5.1BKU	⑫	387	756F	RKZ8.2B2KJ	⑫	388	757A	RLZ12B	⑫	392	357B	RLZ5234B	⑫	393	357B	RLZJ43	⑫	394	357B
RKZ5.1BKV	⑫	387	750F	RKZ8.2B2KK	⑫	388	738B	RLZ13	⑫	392	357B	RLZ5235B	⑫	393	357B	RLZJ47	⑫	394	357B
RKZ5.1CKU	⑫	387	756F	RKZ8.2B2KL	⑫	388	736A	RLZ13B	⑫	392	357B	RLZ5236B	⑫	393	357B	RLZJ5.1	⑫	393	357B
RKZ5.6AKU	⑫	387	756F	RKZ8.2BKP	⑲	431	140	RLZ15	⑫	392	357B	RLZ5237B	⑫	393	357B	RLZJ5.6	⑫	393	357B
RKZ5.6B2KG	⑫	387	420C	RKZ8.2BKU	⑫	388	756F	RLZ15B	⑫	392	357B	RLZ5238B	⑫	393	357B	RLZJ6.2	⑫	393	357B
RKZ5.6B2KJ	⑫	387	757A	RKZ8.2BKV	⑫	388	750F	RLZ16	⑫	392	357B	RLZ5239B	⑫	393	357B	RLZJ6.8	⑫	393	357B
RKZ5.6B2KK	⑫	387	738B	RKZ8.2CKU	⑫	388	756F	RLZ16B	⑫	392	357B	RLZ5240B	⑫	393	357B	RLZJ7.5	⑫	393	357B
RKZ5.6B2KL	⑫	387	736A	RKZ9.0TKP	⑲	431	140	RLZ18	⑫	392	357B	RLZ5241B	⑫	393	357B	RLZJ8.2	⑫	393	357B
RKZ5.6BKU	⑫	387	756F	RKZ9.1AKU	⑫	388	756F	RLZ18B	⑫	392	357B	RLZ5242B	⑫	393	357B	RLZJ9.1	⑫	393	357B
RKZ5.6BKV	⑫	387	750F	RKZ9.1B2KG	⑫	388	420C	RLZ2.0	⑫	391	357B	RLZ5243B	⑫	393	357B	RM1	①	80	67F
RKZ5.6CKU	⑫	387	756F	RKZ9.1B2KJ	⑫	388	757A	RLZ2.2	⑫	391	357B	RLZ5244B	⑫	393	357B	RM10	①	80	67F
RKZ6.2AKU	⑫	387	756F	RKZ9.1B2KK	⑫	388	738B	RLZ2.4	⑫	391	357B	RLZ5245B	⑫	393	357B	RM100C1A-12F	④	188	618
RKZ6.2B2KG	⑫	387	420C	RKZ9.1B2KL	⑫	388	736A	RLZ2.7	⑫	391	357B	RLZ5246B	⑫	393	357B	RM100C1A-16F	④	188	618
RKZ6.2B2KJ	⑫	388	757A	RKZ9.1BKU	⑫	388	756F	RLZ20	⑫	392	357B	RLZ5247B	⑫	393	357B	RM100C1A-20F	④	188	618
RKZ6.2B2KK	⑫	388	738B	RKZ9.1BKV	⑫	388	750F	RLZ20B	⑫	392	357B	RLZ5248B	⑫	393	357B	RM100C1A-24F	④	188	618
RKZ6.2B2KL	⑫	388	736A	RKZ9.1CKU	⑫	388	756F	RLZ22	⑫	392	357B	RLZ5249B	⑫	393	357B	RM100CA-12F	④	189	618
RKZ6.2BKP	⑲	430	140	RL10Z	①	79	67F	RLZ22B	⑫	392	357B	RLZ5250B	⑫	393	357B	RM100CA-16F	④	189	618
RKZ6.2BKU	⑫	388	756F	RL2	①	80	67G	RLZ24	⑫	392	357B	RLZ5251B	⑫	393	357B	RM100CA-20F	④	189	618
RKZ6.2BKV	⑫	388	750F	RL2A	①	80	67G	RLZ24B	⑫	392	357B	RLZ5252B	⑫	393	357B	RM100CA-24F	④	189	618
RKZ6.2CKU	⑫	388	756F	RL2Z	①	80	67G	RLZ27	⑫	392	357B	RLZ56	⑫	393	357B	RM100CZ-24	④	189	391
RKZ6.2KL	⑫	388	736A	RL3	①	80	67A	RLZ27B	⑫	392	357B	RLZ6.2	⑫	392	357B	RM100CZ-H	④	189	391
RKZ6.2Z4MFAKT	⑲	430	171	RL31	①	80	67A	RLZ3.0	⑫	391	357B	RLZ6.2B	⑫	392	357B	RM100CZ-H	④	189	696
RKZ6.8AKU	⑫	388	756F	RL3A	①	80	67A	RLZ3.3	⑫	391	357B	RLZ6.8	⑫	392	357B	RM100CZ-M	④	189	696
RKZ6.8B2KG	⑫	388	420C	RL3Z	①	80	67A	RLZ3.6	⑫	391	357B	RLZ6.8B	⑫	392	357B	RM100DZ-40	④	189	391
RKZ6.8B2KJ	⑫	388	757A	RL4A	①	80	67H	RLZ3.6B	⑫	391	357B	RLZ7.5	⑫	392	357B	RM100DZ-24	④	189	391
RKZ6.8B2KK	⑫	388	738B	RL4Z	①	80	67H	RLZ3.9	⑫	391	357B	RLZ7.5B	⑫	392	357B	RM100DZ-2H	④	189	391
RKZ6.8B2KL	⑫	388	736A	RLR4001	①	80	357H	RLZ3.9B	⑫	391	357B	RLZ8.2	⑫	392	357B	RM100DZ-H	④	189	696
RKZ6.8BKP	⑲	430	140	RLR4002	①	80	357H	RLZ30	⑫	392	357B	RLZ8.2B	⑫	392	357B	RM100DZ-M	④	189	696
RKZ6.8BKU	⑫	388	756F	RLR4003	①	80	357H	RLZ30B	⑫	392	357B	RLZ9.1	⑫	392	357B	RM100HA-12F	①	80	617
RKZ6.8BKV	⑫	388	750F	RLR4004	①	80	357H	RLZ33	⑫	393	357B	RLZ9.1B	⑫	392	357B	RM100HA-20F	①	80	617
RKZ6.8CKU	⑫	388	756F	RLS135	⑤	236	357B	RLZ33B	⑫	393	357B	RLZJ10	⑫	394	357B	RM100HA-24F	①	80	617
RKZ6.8TKG	⑲	430	757A	RLS139	⑤	236	357B	RLZ36	⑫	393	357B	RLZJ11	⑫	394	357B	RM10A	①	80	67F
RKZ6.8TKK	⑲	430	736A	RLS140	⑤	236	357B	RLZ36B	⑫	393	357B	RLZJ12	⑫	394	357B	RM10B	①	80	67F

形名	章	頁	外形	形名	章	頁	外形	形名	章	頁	外形	形名	章	頁	外形	形名	章	頁	外形
RM10TA-24	④	188	321	RM20CA-20F	④	190	618	RM30TB-M	④	190	694	RM50DA-16F	④	191	618	RN731V	⑨	263	756B
RM10TA-2H	④	188	321	RM20CA-24F	④	190	618	RM30TB-H	④	191	748	RM50DA-20F	④	191	618	RN739D	⑨	263	610F
RM10TA-H	④	188	321	RM20CA-6S	④	189	618	RM30TB-M	④	191	748	RM50DA-6S	④	191	618	RN739F	⑨	263	205F
RM10TA-M	④	188	321	RM20DA-12F	④	190	618	RM30TC-24	④	191	389	RM50HA-12F	①	81	617	RN741V	⑨	263	756B
RM10Z	①	80	67F	RM20DA-12S	④	190	618	RM30TC-2H	④	191	389	RM50HA-20F	①	81	617	RN771V	⑨	263	756B
RM11A	①	80	67F	RM20DA-16F	④	190	618	RM30TC-40	④	191	396	RM50HA-24F	①	81	617	RN779D	⑨	263	610F
RM11B	①	80	67F	RM20DA-20F	④	190	618	RM30TPM-H	④	191	748B	RM50HG-12S	①	81	451	RN779F	⑨	263	205F
RM11C	①	80	67F	RM20DA-24F	④	190	618	RM30TPM-M	④	191	748B	RM50TC-24	④	191	389	RO2	①	81	67G
RM1200DB-34S	④	189	43	RM20DA-6S	④	190	618	RM3A	①	80	67A	RM50TC-2H	④	191	389	RO2A	①	81	67G
RM1200DB-66S	④	189	360	RM20HA12F	①	80	193	RM3B	①	80	67A	RM50TC-H	④	191	389	RO2B	①	81	67G
RM1200DG-66S	④	189	362	RM20HA20F	①	80	193	RM3C	①	80	67A	RM50TC-M	④	191	389	RO2C	①	81	67G
RM1200HE-66S	④	189	799	RM20HA24F	①	80	193	RM4	①	81	389	RO2Z	①	81	67G
RM150CZ-24	④	189	646	RM20TA-24	④	190	322	RM400DG-66S	④	191	362	RM600DG-130S	④	192	362	RP1H	⑤	236	67F
RM150CZ-2H	④	189	646	RM20TA-2H	④	190	322	RM400DY-66S	④	191	360	RM600DY-66S	④	192	360	RP3F	①	81	67A
RM150CZ-H	④	189	646	RM20TPM-24	④	190	748C	RM400HA-20S	①	81	496	RM600HE-66S	④	192	363	RR255M-400	①	81	750E
RM150CZ-M	④	189	646	RM20TPM-2H	④	190	748C	RM400HA-24S	①	81	496	RM600HE-90S	④	192	799	RR264M-400	①	81	750E
RM150DZ-24	④	189	646	RM20TPM-H	④	190	748A	RM4A	①	81	67H	RM60CZ-24	④	192	391	RR274EA-400	④	192	346C
RM150DZ-2H	④	189	646	RM20TPM-M	④	190	748A	RM4AM	①	81	67H	RM60CZ-2H	④	191	391	RS1A	①	81	67F
RM150DZ-H	④	189	646	RM25	⑫	394	67F	RM4B	①	81	67H	RM60CZ-H	④	192	696	RS1B	①	81	67F
RM150DZ-M	④	189	646	RM250CZ-24	④	190	646	RM4C	①	81	67H	RM60CZ-M	④	192	696	RS3FS	①	81	67A
RM150UZ-24	④	189	646	RM250CZ-2H	④	190	646	RM4Y	①	81	67H	RM60DZ-24	④	192	391	RS4FS	①	81	67H
RM150UZ-2H	④	189	646	RM250CZ-H	④	190	646	RM4Z	①	81	67H	RM60DZ-2H	④	192	391	RSA5L	⑲	431	485F
RM150UZ-H	④	189	646	RM250CZ-M	④	190	646	RM500DZ-24	④	191	645	RM60DZ-H	④	192	696	RSA6.1EN	⑫	394	727
RM150UZ-M	④	189	646	RM250DZ-24	④	190	646	RM500DZ-2H	④	191	645	RM60DZ-M	④	192	696	RSB12JS2	⑫	394	160D
RM15TA-24	④	189	321	RM250DZ-2H	④	190	646	RM500DZ-M	④	191	645	RM75TC-24	④	192	390	RSB16F2	⑫	394	205*
RM15TA-2H	④	189	321	RM250DZ-H	④	190	646	RM500HA-24	①	81	282	RM75TC-2H	④	192	390	RSB16V	⑫	394	756B
RM15TA-H	④	189	321	RM250DZ-M	④	190	646	RM500HA-2H	①	81	282	RM75TC-H	④	192	390	RSB16VA	⑫	394	756E
RM15TA-M	④	189	321	RM250UZ-24	④	190	646	RM500HA-H	①	81	282	RM75TC-M	④	192	390	RSB18F2	⑫	394	205*
RM15TC-40	④	189	396	RM250UZ-2H	④	190	646	RM500HA-M	①	81	282	RM75TPM-24	④	192	695	RSB18V	⑫	394	756B
RM1800HE-34S	④	189	799	RM250UZ-H	④	190	646	RM500UZ-24	④	191	645	RM75TPM-2H	④	192	695	RSB27F2	⑫	394	205*
RM1A	①	80	67F	RM250UZ-M	④	190	646	RM500UZ-2H	④	191	645	RM75TPM-H	④	192	695	RSB27V	⑫	394	756B
RM1B	①	80	67F	RM25HG-24S	①	80	451	RM500UZ-H	④	191	645	RM75TPM-M	④	192	695	RSB5.6S	⑫	394	757C
RM1C	①	80	67F	RM26	⑫	394	67F	RM500UZ-M	④	191	645	RM900DB-90S	④	192	747	RSB6.8CS	⑫	394	736E
RM1Z	①	80	67F	RM2A	①	80	67G	RM500UZ-H	④	191	645	RM900HC-90S	④	192	747	RSB6.8F2	⑫	394	205*
RM2	①	80	67G	RM2B	①	80	67G	RM50C1A-12F	④	191	618	RN141V	⑨	263	738F	RSB6.8G	⑫	394	738F
RM200DA-20F	④	190	497	RM2C	①	80	67G	RM50C1A-12S	④	191	618	RN141S	⑨	263	757E	RSB6.8S	⑫	394	757C
RM200DA-24F	④	190	497	RM2Z	①	80	67G	RM50C1A-16F	④	191	618	RN142G	⑨	263	738F	RSX051VA-30	③	125	756E
RM200DG-130S	④	190	362	RM3	①	81	67A	RM50C1A-20F	④	191	618	RN142S	⑨	263	757E	RSX071VA-30	③	125	756E
RM200HA-20F	①	80	618	RM300DG-90S	④	191	362	RM50C1A-24F	④	191	618	RN142V	⑨	263	756B	RSX1001T3	④	192	352
RM200HA-24F	①	80	618	RM300HA-24F	①	81	643	RM50C1A-6S	①	81	618	RN142ZS	⑨	263	440	RSX101M-30	③	125	750E
RM20C1A-12F	①	189	618	RM30CZ-24	④	190	391	RM50CA-12F	④	191	618	RN152G	⑨	263	738F	RSX101VA-30	③	125	756E
RM20C1A-12S	④	189	618	RM30CZ-2H	④	190	391	RM50CA-12S	④	191	618	RN1Z	①	81	67F	RSX201L-30	③	125	485F
RM20C1A-16F	④	189	618	RM30CZ-H	④	190	696	RM50CA-16F	④	191	618	RN242CS	⑨	263	736E	RSX301L-30	③	125	485F
RM20C1A-20F	④	189	618	RM30CZ-M	④	190	696	RM50CA-20F	④	191	618	RN262CS	⑨	263	736E	RSX301LA-30	③	125	104C
RM20C1A-24F	④	189	618	RM30DZ-24	④	190	391	RM50CA-24F	④	191	618	RN262G	⑨	263	738F	RSX501L-20	③	125	485F
RM20C1A-6S	④	189	618	RM30DZ-2H	④	190	391	RM50CA-6S	①	81	618	RN2Z	①	81	67A	RSX501L-30	③	125	485F
RM20CA-12F	④	190	618	RM30DZ-H	④	190	696	RM50D2Z-40	④	191	391	RN3Z	①	81	67A	RSZ5222B	⑫	394	103A
RM20CA-12S	④	190	618	RM30DZ-M	④	190	696	RM50D2Z-12F	④	191	618	RN4A	①	81	67H	RSZ5223B	⑫	394	103A
RM20CA-16F	④	190	618	RM30TA-H	④	190	694	RM50DA-12S	④	191	618	RN4Z	①	81	67H	RSZ5224B	⑫	394	103A

- 579 -

形 名	章	頁	外形	形 名	章	頁	外形	形 名	章	頁	外形	形 名	章	頁	外形	形 名	章	頁	外形
RSZ5225B	⑫	394	103A	RU2Z	①	82	67F	S10FHD06	④	193	547C	S15VB60	④	194	716A	S1WB10	④	193	746
RSZ5226B	⑫	394	103A	RU3	①	82	67G	S10FHD08	④	193	547C	S15VD40	④	194	606	S1WB40	④	193	746
RSZ5227B	⑫	394	103A	RU30	①	82	67A	S10FND01	④	193	547C	S15VD60	④	194	606	S1WB60	④	193	746
RSZ5228B	⑫	394	103A	RU30A	①	82	67A	S10FND02	④	193	547C	S15VT60	④	194	651	S1YA20	④	193	620
RSZ5229B	⑫	394	103A	RU30Y	①	82	67A	S10FND04	④	193	547C	S15VT80	④	194	651	S1YA60	④	193	620
RSZ5230B	⑫	395	103A	RU30Z	①	82	67A	S10FND06	④	193	547C	S15VTA60	④	194	652	S1YAK20	④	193	620
RSZ5231	⑫	395	103A	RU31	①	82	67A	S10FND08	④	193	547C	S15VTA80	④	194	652	S1YAL20	④	193	620
RSZ5231B	⑫	395	103A	RU31A	①	82	67A	S10FND10	④	194	547C	S15WB20	④	194	641B	S1YB20	④	193	620
RSZ5232	⑫	395	103A	RU3A	①	82	67G	S10FND12	④	194	547C	S15WB60	④	194	641B	S1YB60	④	193	620
RSZ5232B	⑫	395	103A	RU3AM	①	82	67G	S10FUD01	④	194	547C	S160MND12	④	195	513	S1ZA20	④	193	745
RSZ5233	⑫	395	103A	RU3B	①	82	67G	S10FUD02	④	194	547C	S16L60	①	82	576	S1ZA60	④	193	745
RSZ5233B	⑫	395	103A	RU3C	①	82	67G	S10FUD04	④	194	547C	S-183T	⑭	405	750G	S1ZAK20	④	193	745
RSZ5234	⑫	395	103A	RU3M	①	82	67G	S10SC4M	④	194	273A	S19C	①	82	753	S1ZAK40	④	193	745
RSZ5234B	⑫	395	103A	RU3YX	①	82	67G	S10SC4MR	④	194	273B	S19D	①	82	753	S1ZAL20	④	193	745
RSZ5235	⑫	395	103A	RU4	①	82	67H	S10VB20	④	194	640B	S19E	①	82	753	S1ZAS4	④	193	745
RSZ5235B	⑫	395	103A	RU4A	①	82	67H	S10VB60	④	194	640B	S19G	①	82	753	S1ZB20	④	193	745
RSZ5236	⑫	395	103A	RU4AM	①	82	67H	S10VT60	④	194	651	S19J	①	82	753	S1ZB60	④	193	745
RSZ5236B	⑫	395	103A	RU4B	①	82	67H	S10VT80	④	194	651	S19L	①	82	753	S1ZB80	④	193	745
RSZ5237	⑫	395	103A	RU4C	①	82	67H	S10VTA60	④	194	652	S1K20	①	82	507E	S-20-01	①	85	42
RSZ5237B	⑫	395	103A	RU4D	①	82	67H	S10VTA80	④	194	652	S1K20H	①	82	507E	S-20-01FR	①	85	42
RSZ5238	⑫	395	103A	RU4DS	①	82	67H	S10WB20	④	194	641A	S1K40	①	82	507E	S-20-02	①	85	42
RSZ5238B	⑫	395	103A	RU4M	①	82	67H	S10WB60	④	194	641A	S1NAD80	④	192	752	S-20-02FR	①	85	42
RSZ5239	⑫	395	103A	RU4Y	①	82	67H	S11B	②	103	255	S1NB20	④	192	737	S-20-04	①	85	42
RSZ5239B	⑫	395	103A	RU4YX	①	82	67H	S11C	②	103	255	S1NB60	④	192	737	S-20-04FR	①	85	42
RSZ5240B	⑫	395	103A	RU4Z	①	82	67H	S11D	②	103	255	S1NB80	④	192	737	S-20-06	①	86	42
RSZ5241B	⑫	395	103A	RW54	③	125	67H	S120MQ12	①	82	588	S1BB80	④	192	179	S-20-06FR	①	86	42
RSZ5242B	⑫	395	103A	RX10Z	①	82	67F	S120MQA4	④	194	742	S1NBC60	④	192	179	S-20-08	①	86	42
RSZ5243B	⑫	395	103A	RX3Z	①	82	67A	S120MQD12	④	194	513	S1NBC80	④	192	179	S-20-08FR	①	86	42
RSZ5244B	⑫	395	103A	RY23	⑫	395	67F	S120MQD6	④	194	513	S1RBA10	④	192	661	S200MND16	④	197	514
RSZ5245B	⑫	395	103A	RY24	⑫	395	67F	S120MQK4	④	194	742	S1RBA20	④	192	661	S200MND18	④	197	513
RSZ5246B	⑫	395	103A	RY2A	①	82	67G	S-123T	⑭	405	750G	S1RBA20Z	④	192	661	S200MND8	④	197	513
RSZ5247B	⑫	395	103A	S100MND16	④	194	513	S12B	②	103	255	S1RBA40	④	192	661	S200MQ12	①	83	515
RSZ5248B	⑫	395	103A	S100MND8	④	194	513	S12C	②	103	255	S1RBA40Z	④	192	661	S200MQ6	①	83	588
RSZ5249B	⑫	395	103A	S100MQ6	①	82	588	S12D	②	103	255	S1RBA60	④	192	661	S200MQD12	④	197	514
RSZ5250B	⑫	395	103A	S100MQD12	④	194	513	S12KC20	④	194	472	S1RBA80	④	192	661	S200MQD2	④	197	513
RSZ5251B	⑫	395	103A	S100MQD16	④	194	513	S12KC20H	④	194	472	S1S4M	③	125	507E	S200MQK12	④	197	513
RSZ5252B	⑫	395	103A	S-101T	⑭	405	750G	S12KC40	④	194	472	S1S6M	③	125	507E	S200MQK2	④	197	513
RU1	⑤	237	67F	S-102T	⑭	405	750G	S150MND16	④	194	513	S1VB20	④	192	709	S200MQK6	④	197	513
RU1A	⑤	237	67F	S-103T	⑭	405	750G	S150MND8	④	194	513	S1VB20Z	④	192	709	S-20-10	①	86	42
RU1B	⑤	237	67F	S10FFD01	④	193	547C	S150MQD6	④	194	513	S1VB60	④	192	709	S-20-10FR	①	86	42
RU1C	⑤	237	67F	S10FFD02	④	193	547C	S150MUA4	④	194	760	S1VB60Z	④	192	709	S201MN2B-02	④	197	640H
RU1P	①	81	67F	S10FFD04	④	193	547C	S150MUK4	④	195	760	S1VB80	④	192	709	S201MN2B-04	④	197	640H
RU2	①	82	67F	S10FFD06	④	193	547C	S-152T	⑭	405	750G	S1VBA20	④	193	709	S201MN2B-06	④	197	640H
RU20A	①	82	67F	S10FFD08	④	193	547C	S-153T	⑭	405	750G	S1VBA60	④	193	709	S201MN2B-08	④	197	640H
RU2AM	①	81	67F	S10FFD10	④	193	547C	S15S4	③	125	41	S1WB(A)20	④	193	746	S201MN2B-10	④	197	640H
RU2B	①	81	67F	S10FFD12	④	193	547C	S15S6	③	126	41	S1WB(A)40	④	193	746	S-202T	⑭	405	750G
RU2C	①	81	67F	S10FHD01	④	193	547C	S15SC4M	④	194	472	S1WB(A)60B	④	193	746	S20C	①	83	753
RU2M	①	81	67F	S10FHD02	④	193	547C	S15SCA4M	④	194	273C	S1WB(A)80	④	193	746	S20D	①	83	753
RU2YX	①	81	67F	S10FHD04	④	193	547C	S15VB20	④	194	716A	S1WB(A)80Z	④	193	746	S20E	①	83	753

形名	章	頁	外形	形名	章	頁	外形	形名	章	頁	外形	形名	章	頁	外形	形名	章	頁	外形
S20FFA01	④	195	547B	S20FND12	④	196	548C	S20WB20	④	197	641C	S3053	⑩	264	24B	S400MQK6	④	199	514
S20FFA02	④	195	547B	S20FNK01	④	196	547A	S20WB60	④	197	641C	S3060D	⑦	253	598A	S40FFA02	④	198	548B
S20FFA04	④	195	547B	S20FNK02	④	196	547A	S20WB80	④	197	641C	S3060E	⑦	253	598A	S40FFA04	④	198	548B
S20FFA06	④	195	547B	S20FNK04	④	196	547A	S24LCA20	④	197	472	S3060S	⑦	253	598A	S40FFA06	④	198	548B
S20FFA08	④	195	547B	S20FNK06	④	196	547A	S25SC6M	④	197	472	S3066	⑨	263	598A	S40FFA08	④	198	548B
S20FFA10	④	195	547B	S20FNK08	④	196	547A	S25SC6MR	④	197	593	S30K60T	①	83	790A	S40FFA12	④	198	548B
S20FFA12	④	195	547B	S20FNK10	④	196	547A	S25VB20	④	197	716D	S30L40	①	83	42	S40FFK01	④	198	548A
S20FFD01	④	195	548C	S20FNK12	④	196	547A	S25VB60	④	197	716D	S30L60	①	83	576	S40FFK02	④	198	548A
S20FFD02	④	195	548C	S20FUA01	④	196	547B	S25VB80	④	197	716D	S30S4A	③	126	42	S40FFK04	④	198	548A
S20FFD04	④	195	548C	S20FUA02	④	196	547B	S-272T	⑭	405	750G	S30S6	③	126	42	S40FFK06	④	198	548A
S20FFD06	④	195	548C	S20FUA04	④	196	547B	S2K100	①	83	89G	S30SC4	④	197	363A	S40FFK08	④	198	548A
S20FFD08	④	195	548C	S20FUD01	④	196	548C	S2K20	①	83	90E	S30SC4F	④	197	364	S40FFK10	④	198	548A
S20FFD10	④	195	548C	S20FUD02	④	196	548C	S2K20H	①	83	90E	S30SC4M	④	197	472	S40FFK12	④	198	548A
S20FFD12	④	195	548C	S20FUD04	④	196	548C	S2K40	①	83	90E	S30SC4MT	④	197	790B	S40FHA01	④	198	548B
S20FFK01	④	195	547A	S20FUK01	④	196	547A	S2L20U	①	83	89G	S30SC6MT	④	197	790B	S40FHA02	④	198	548B
S20FFK02	④	195	547A	S20FUK02	④	196	547A	S2L40	①	83	89G	S30TC15T	①	83	790A	S40FHA04	④	198	548B
S20FFK04	④	195	547A	S20FUK04	④	196	547A	S2L40U	①	83	89G	S30V60T	①	83	790A	S40FHA06	④	198	548B
S20FFK06	④	195	547A	S20G	①	83	753	S2L60	①	83	89G	S30VT60	④	197	651	S40FHA08	④	198	548B
S20FFK08	④	195	547A	S20J	①	83	753	S2LA20	①	83	90E	S30VT80	④	197	651	S40FHK01	④	198	548A
S20FFK10	④	195	547A	S20K60T	①	83	790A	S2S6M	③	126	89G	S30VTA160	④	197	459	S40FHK02	④	198	548A
S20FFK12	④	195	547A	S20L	①	83	753	S2V20	①	83	90E	S30VTA60	④	197	652	S40FHK04	④	198	548A
S20FHA01	④	195	547B	S20L60	①	83	576	S2V60	①	83	90E	S30VTA80	④	197	652	S40FHK06	④	198	548A
S20FHA02	④	195	547B	S20LC20U	④	196	472	S2V80	①	83	89G	S3275	⑥	250	509D	S40FHK08	④	198	548A
S20FHA04	④	195	547B	S20LC20UST	④	196	790B	S2VB20	④	195	639B	S-352T	⑭	406	750G	S40FNA01	④	198	548B
S20FHA06	④	195	547B	S20LC30T	④	196	790B	S2VB60	④	195	639B	S3K40	①	83	90F	S40FNA02	④	198	548B
S20FHA08	④	195	547B	S20LC40	④	196	472	S3005	⑨	263	441	S3K60	①	83	89H	S40FNA04	④	198	548B
S20FHD01	④	195	548C	S20LC40UT	④	196	790B	S3006C	⑦	253	50C	S3L20U	①	83	89H	S40FNA06	④	198	548B
S20FHD02	④	195	548C	S20LC60UST	④	196	790B	S3006D	⑦	253	50C	S3L40	①	83	89H	S40FNA08	④	198	548B
S20FHD04	④	195	548C	S20LC60USV	④	196	616	S3006E	⑦	253	50C	S3L40U	①	83	89H	S40FNA10	④	198	548B
S20FHD06	④	195	548C	S20LCA20	④	196	472	S3006S	⑦	253	50C	S3L60	①	83	90F	S40FNA12	④	198	548B
S20FHD08	④	195	548C	S-20R-01	①	86	42	S300MND16	④	198	514	S3LA20	①	83	90F	S40FNK01	④	198	548A
S20FHK01	④	195	547A	S-20R-01FR	①	86	42	S300MND18	④	198	514	S3S4M	③	126	89G	S40FNK02	④	198	548A
S20FHK02	④	195	547A	S-20R-02	①	86	42	S300MND8	④	197	514	S3S6M	③	126	89H	S40FNK04	④	198	548A
S20FHK04	④	195	547A	S-20R-02FR	①	86	42	S300MQ12	①	83	515	S3V100D	①	83	89H	S40FNK06	④	198	548A
S20FHK06	④	195	547A	S-20R-04	①	86	42	S300MQ6	①	83	515	S3V20	①	83	90F	S40FNK08	④	198	548A
S20FHK08	④	195	547A	S-20R-04FR	①	86	42	S300MQK12	④	198	514	S3V60	①	83	90F	S40FNK10	④	199	548A
S20FNA01	④	195	547B	S-20R-06	①	86	42	S300MQK2	④	198	513	S3V60Z	②	103	90F	S40FNK12	④	199	548A
S20FNA02	④	195	547B	S-20R-06FR	①	86	42	S300MQK6	④	198	513	S3V80	①	83	89H	S40FUA01	④	199	548B
S20FNA04	④	196	547B	S-20R-08	①	86	42	S300MU14	①	83	515	S3VC20	④	197	656	S40FUA02	④	199	548B
S20FNA06	④	196	547B	S-20R-08FR	①	86	42	S3015A	⑩	264	50C	S3VC20R	④	197	656	S40FUA04	④	199	548B
S20FNA08	④	196	547B	S-20R-10	①	86	42	S3015B	⑩	264	442	S3VC40	④	197	656	S40FUA06	④	199	548B
S20FNA10	④	196	547B	S-20R-10FR	①	86	42	S3019	⑰	409	443	S3VC40R	④	197	656	S40FUK02	④	199	548A
S20FNA12	④	196	547B	S20SC4M	④	196	472	S3019A	⑰	409	443	S3WB20	④	197	127	S40FUK04	④	199	548A
S20FND01	④	196	548C	S20SC9M	④	196	472	S3019B	⑰	409	443	S3WB60	④	197	127	S40HC1R5	④	199	472
S20FND02	④	196	548C	S20SC9MT	④	196	790B	S-301T	⑭	406	750G	S3WB60Z	④	197	127	S40HC1R5T	④	199	790B
S20FND04	④	196	548C	S20VT60	④	196	651	S3020	⑯	408	443	S400MQ12	①	83	515	S40HC3	④	199	472
S20FND06	④	196	548C	S20VT80	④	196	651	S3020A	⑯	408	443	S400MQ6	①	83	515	S40HC3	④	199	472
S20FND08	④	196	548C	S20VTA60	④	196	652	S3023	⑨	263	50C	S400MQK12	④	199	514	S-452T	⑭	406	750G
S20FND10	④	196	548C	S20VTA80	④	197	652	S3046	⑩	264	441	S400MQK2	④	199	513	S4VB20	④	198	639D

- 581 -

形 名	章	頁	外形	形 名	章	頁	外形	形 名	章	頁	外形	形 名	章	頁	外形	形 名	章	頁	外形
S4VB60	④	198	639D	S60FFN04	①	84	589A	S70FNN-02	①	85	589D	SB0030-01A	⑥	250	79D	SB07W03P	④	200	237B
S-501T	⑭	406	750G	S60FFN06	①	84	589A	S70FNN-04	①	85	589D	SB0030-04A	⑥	250	78E	SB07W03V	④	200	105
S50VB60	④	199	651	S60FFN08	①	84	589A	S70FNN-06	①	85	589D	SB005-09CP	⑥	250	610A	SB100-05H	④	200	273A
S50VB80	④	199	651	S60FFN10	①	84	589A	S70FNN-08	①	85	589D	SB005-09SPA	⑥	250	368D	SB100-05J	④	200	433
S51A	①	84	448	S60FFN12	①	84	589A	S70FNN-10	①	85	589D	SB005W03	⑥	250	277D	SB100-09	④	200	273A
S51B	①	84	448	S60FFR01	①	84	589A	S70FNN-12	①	85	589D	SB007-03C	⑥	251	610A	SB100-09J	④	200	433
S51C	①	84	448	S60FFR02	①	85	589A	S70FNR-02	①	85	589D	SB007-03Q	⑥	251	205A	SB100-09K	④	200	432
S5277B	①	84	19B	S60FFR04	①	85	589A	S70FNR-04	①	85	589D	SB007-03SPA	⑥	251	368D	SB10-015C	③	126	610A
S5277D	①	84	19B	S60FFR06	①	85	589A	S70FNR-06	①	85	589D	SB007T03C	⑥	251	610F	SB10015M	③	127	86A
S5277G	①	84	19B	S60FFR08	①	85	589A	S70FNR-08	①	85	589D	SB007T03Q	⑥	251	205F	SB10-015P	③	126	237
S5277J	①	84	19B	S60FFR10	①	85	589A	S70FNR-10	①	85	589D	SB007W03C	⑥	251	610D	SB100-18	④	200	434
S5277L	①	84	19B	S60FFR12	①	85	589A	S70FNR-12	①	85	589D	SB007W03Q	⑥	251	205D	SB10-03A2	③	126	87F
S5277N	①	84	19B	S60FHN01	①	85	589A	S-8-01	①	86	41	SB007W03S	⑥	251	368A	SB10-03A3	③	126	88E
S5295B	①	84	89B	S60FHN02	①	85	589A	S-8-01FR	①	86	41	SB01-05CP	⑥	251	610A	SB1003EJ	③	127	267
S5295D	①	84	89B	S60FHN04	①	85	589A	S-8-02	①	86	41	SB01-05Q	⑥	251	205A	SB1003M	③	127	430A
S5295G	①	84	89B	S60FHN06	①	85	589A	S-8-02FR	①	86	41	SB01-05SPA	⑥	251	368D	SB1003M3	③	127	86A
S5295J	①	84	89B	S60FHN08	①	85	589A	S-8-04	①	86	41	SB01-15CP	⑥	251	610A	SB10-04A3	③	126	88F
S52A	①	84	448	S60FHR01	①	85	589A	S-8-04FR	①	86	41	SB01-15NP	⑥	251	730G	SB10-05	③	126	64
S52B	①	84	448	S60FHR02	①	85	589A	S-8-06	①	86	41	SB01W05C	⑥	251	610D	SB10-05A2	③	126	87F
S52C	①	84	448	S60FHR04	①	85	589A	S-8-06FR	①	86	41	SB01W05S	⑥	251	368A	SB10-05A3	③	126	88E
S5500B	①	84	19B	S60FHR06	①	85	589A	S-8-08	①	86	41	SB02-03C	⑥	251	610A	SB10-05PCP	③	126	237
S5500D	①	84	19B	S60FHR08	①	85	589A	S-8-08FR	①	86	41	SB0203EJ	⑥	251	267	SB10-05PCP	③	126	237
S5500G	①	84	19B	S60FUN01	①	85	589A	S-8-10	①	86	41	SB02-03Q	⑥	251	205A	SB10-09F	③	126	243C
S5566G	①	84	19G	S60FUN02	①	85	589A	S-8-10FR	①	86	41	SB02-03S	⑥	251	368D	SB10-09P	③	126	237
S5566G	①	84	19G	S60FUN04	①	85	589A	S8201	⑯	408	443	SB02-09CP	⑥	251	610A	SB10-09T	③	126	631
S5566J	①	84	19G	S60FUR01	①	85	589A	S8202	⑯	408	50C	SB02-09NP	⑥	251	730G	SB10-18	④	200	273A
S5566N	①	84	19G	S60FUR02	①	85	589A	S-822T	⑭	406	750G	SB02-15	⑥	251	64	SB10-18K	④	200	432
S-562T	⑭	406	750G	S60FUR04	①	85	589A	S8250	⑰	409	441	SB02W03C	⑥	251	610D	SB10W05P	④	200	237B
S5688B	①	84	20K	S60HC1R5	④	199	472	S8250A	⑰	409	441	SB02W03CH	⑥	251	610D	SB10W05T	④	200	631
S5688G	①	84	20K	S60HC1R5T	④	199	790B	S8250B	⑰	409	441	SB02W03S	⑥	251	368A	SB10W05V	④	200	105
S5688J	①	84	20K	S60HC3	④	199	472	S-8R-01	①	86	41	SB05-03C	③	126	610A	SB10W05Z	④	200	563
S5688N	①	84	20K	S60HC3T	④	199	790B	S-8R-01FR	①	86	41	SB0503EC	③	126	268	SB11-04HP	③	127	485B
S5J14M	①	84	29C	S60JC10V	④	199	616	S-8R-02	①	86	41	SB0503EJ	③	126	267	SB120-05H	④	200	434
S5J17(SM)	①	84	29C	S60L120D	①	85	472	S-8R-02FR	①	86	41	SB05-03Q	③	126	205A	SB120-05R	④	200	435
S5KC20	④	199	273A	S60L40	①	85	42	S-8R-04	①	86	41	SB0503SH	③	126	431	SB120-18	④	200	434
S5KC20H	④	199	273A	S60S4	③	126	42	S-8R-04FR	①	86	41	SB05-05CP	③	126	610A	SB160-05H	④	200	434
S5KC20R	④	199	273A	S60S6	③	126	42	S-8R-06	①	86	41	SB05-05NP	③	126	730G	SB160-05R	④	200	435
S5KC20RH	④	199	273A	S60SC3LT	④	199	790B	S-8R-06FR	①	86	41	SB05-05P	③	126	237	SB160-09	④	200	434
S5KC40	④	199	273A	S60SC3ML	④	199	472	S-8R-08	①	86	41	SB05-09	③	126	64	SB160-09R	④	200	435
S5KC40R	④	199	273A	S60SC4M	④	199	472	S-8R-08FR	①	86	41	SB0509V	④	199	93	SB160-18	④	200	434
S5KD20	④	199	273C	S60SC4MT	④	199	790B	S-8R-10	①	86	41	SB05-18M	③	126	64	SB16-04LHP	③	127	486A
S5KD20H	④	199	273C	S60SC6M	④	199	472	S-8R-10FR	①	86	41	SB05-18V	③	126	105	SB200-05H	④	200	434
S5KD40	④	199	273C	S60SC6MT	④	199	790B	SA10LA03	③	126	476	SB05W05N	④	199	610D	SB200-05R	④	200	435
S5S4	③	126	14	S6K20	①	84	272A	SA10QA03	③	126	476	SB05W05P	④	199	237B	SB200-09	④	200	434
S5S4M	③	126	272A	S6K20H	①	84	272A	SA10QA04	③	126	476	SB05W05V	④	199	105	SB200-09R	④	200	435
S5VB20	④	199	620D	S6K20R	①	84	272B	SA10QA06	③	126	476	SB07-03	③	126	610A	SB20015M	③	127	86A
S5VB60	④	199	640D	S6K40	①	84	272A	SB0015-03A	⑥	250	79D	SB07-03C	③	126	610A	SB20-03B	③	127	241C
S60FFN01	①	84	589A	S6K40R	①	84	272B	SB002-15CP	⑥	250	610A	SB07-03N	③	126	730G	SB20-03E	③	127	242C
S60FFN02	①	84	589A	S-701T	⑭	406	750G	SB002-15SPA	⑥	250	368D	SB07-03P	③	126	237	SB2003M	③	127	430B

形名	章	頁	外形	形名	章	頁	外形	形名	章	頁	外形	形名	章	頁	外形	形名	章	頁	外形
SB20-03P	③	127	237	SB80-05H	④	201	273A	SBL-121	⑦	254	141	SBS804	③	128	498A	SBT80-10J	④	203	433
SB20-04A	③	127	19F	SB80-05J	④	201	433	SBL-122	⑦	254	141	SBS805	③	128	498A	SBT80-10JS	④	203	433
SB20-05F	③	127	243C	SB80-09	④	201	273A	SBL-221	⑦	253	141	SBS806M	④	202	422	SBT80-10LS	④	203	433
SB20-05H	④	200	273A	SB80-09J	④	201	433	SBL-801	⑦	253	141	SBS808M	④	202	422	SBT80-10Y	④	203	744
SB20-05J	④	200	433	SB80-18	④	201	434	SBL-801A	⑦	253	145	SBS811	④	202	93	SBX201C	⑥	251	610G
SB20-05P	③	127	237	SB803-04	③	127	486C	SBL-801B	⑦	253	170	SBS813	④	202	93	SC015-2	①	87	485G
SB20-05T	③	127	631	SB803-06	③	127	486C	SBL-801Q	⑦	253	155	SBS814	④	202	93	SC015-4	①	87	485G
SB20-05Z	③	127	563	SB803-09	③	127	486C	SBL-801S	⑦	253	147	SBS817	④	202	534	SC015-6	①	87	485G
SB20-18	④	200	273A	SB80W06T	④	201	631	SBL-801T	⑦	253	169	SBS818	④	202	534	SC016-2	①	87	60
SB20W03P	④	200	237B	SB80W10T	④	201	631	SBL-802	⑦	253	141	SBS822	④	202	422	SC016-4	①	87	60
SB20W03T	④	200	631	SB903-2	①	87	486C	SBL-802A	⑦	253	145	SBT100-10G	④	202	273A	SC016-6	①	87	60
SB20W03V	④	200	105	SBA100-04J	④	201	433	SBL-802B	⑦	253	170	SBT100-16JS	④	202	433	SC016-8	①	87	60
SB20W03Z	⑥	251	563	SBA100-04Y	④	201	744	SBL-802Q	⑦	253	155	SBT100-16LS	④	202	433	SC017-2	①	87	60
SB20W05P	④	200	237B	SBA100-04ZP	④	201	149	SBL-802S	⑦	253	147	SBT150-04J	④	202	433	SC017-4	①	87	60
SB20W05T	④	200	631	SBA100-09J	④	201	433	SBL-802T	⑦	253	169	SBT150-04Y	④	202	744	SC1.5K100B	⑱	413	90H
SB20W05V	④	200	105	SBA100-09Y	④	201	744	SBL-803	⑦	253	141	SBT150-06J	④	202	433	SC1.5K100F	⑱	413	547H
SB20W05Z	④	200	563	SBA120-18J	④	201	433	SBL-803A	⑦	253	145	SBT150-06JS	④	202	433	SC1.5K150B	⑱	413	90H
SB250-05H	④	200	434	SBA160-04R	④	201	435	SBL-803B	⑦	253	170	SBT150-10J	④	202	433	SC1.5K200B	⑱	413	90H
SB250-05R	④	200	435	SBA160-04Y	④	201	744	SBL-803Q	⑦	253	155	SBT150-10JS	④	202	433	SC1.5K250B	⑱	413	90H
SB250-09	④	200	434	SBA160-04ZP	④	201	149	SBL-803S	⑦	253	147	SBT150-10LS	④	202	433	SC1.5K33B	⑱	413	90H
SB250-09R	④	200	435	SBA160-09R	④	201	435	SBL-803T	⑦	253	169	SBT150-10Y	④	202	744	SC1.5K50	⑱	413	90H
SB25W05T	④	200	631	SBA250-04R	④	201	435	SBL-804	⑦	253	141	SBT250-04J	④	202	433	SC1.5K68B	⑱	413	90H
SB300-05H	④	201	434	SBA250-09R	④	201	435	SBL-804A	⑦	253	145	SBT250-04JS	④	203	433	SC1.5K7	⑱	413	90H
SB300-05R	④	201	435	SBA50-04J	④	201	433	SBL-804B	⑦	253	170	SBT250-04L	④	204	434	SC1.5K70	⑱	413	90H
SB300-09	④	201	434	SBA50-04Y	④	201	744	SBL-804Q	⑦	253	155	SBT250-04R	④	201	435	SC1K110	⑱	413	20C
SB300-09R	④	201	435	SBA50-09J	④	201	433	SBL-804S	⑦	253	147	SBT250-04Y	④	203	744	SC1K200	⑱	414	20C
SB3003CH	③	127	378	SBA50-09Y	④	201	744	SBL-804T	⑦	253	169	SBT250-06JS	④	203	433	SC2.5K200B	⑱	414	90H
SB30-03F	③	127	243C	SBE001	③	127	378	SBM1503S	③	127	508B	SBT250-06L	④	203	433	SC201-2	①	87	60
SB30-03P	③	127	237	SBE002	③	127	378	SBM30-03	③	127	750D	SBT250-06S	④	203	434	SC201-4	①	87	60
SB30-03T	③	127	631	SBE601	④	202	499C	SBR100-10J	④	202	433	SBT250-10J	④	203	433	SC201-6	①	87	60
SB30-03Z	③	127	563	SBE602	⑥	251	86D	SBR100-10JS	④	202	433	SBT250-10L	④	203	434	SC201-8	①	87	60
SB30-04A	③	127	89J	SBE802	④	202	498B	SBR100-16JS	④	202	433	SBT250-10R	④	203	435	SC211-2	①	87	60
SB30-09	④	200	273A	SBE803	⑥	251	498A	SBR160-10J	④	202	433	SBT350-04J	④	203	433	SC211-4	①	87	60
SB30-09J	④	201	433	SBE804	④	202	498A	SBR200-10G	④	202	273A	SBT350-04L	④	203	434	SC215	⑱	414	20G
SB30-18	④	201	273A	SBE805	④	202	498A	SBR200-10JS	④	202	433	SBT350-04R	④	203	435	SC2190	⑱	414	20G
SB30W03T	④	201	631	SBE806	⑥	251	498A	SBR200-16JS	④	202	433	SBT350-06J	④	203	433	SC220	⑱	414	20G
SB30W03V	④	201	105	SBE807	④	202	498A	SBR250-10J	④	202	433	SBT350-06L	④	203	434	SC2200	⑱	414	20G
SB30W03Z	④	201	563	SBE808	④	202	422	SBS001C	③	127	610A	SBT350-10L	④	203	434	SC2210	⑱	414	20G
SB40-03T	④	201	631	SBE809	⑥	251	498A	SBS002C	⑥	251	610A	SBT350-10R	④	203	435	SC2230	⑱	414	20G
SB40-04	④	201	273A	SBE811	④	202	93	SBS004	③	127	610A	SBT700-06RH	④	203	184	SC2240	⑱	414	20G
SB40-05J	④	201	433	SBE812	④	202	93	SBS004M	③	127	86A	SBT80-04GS	④	203	273A	SC2260	⑱	414	20G
SB40W03T	④	201	631	SBE813	④	202	93	SBS005	③	127	610A	SBT80-04J	④	203	433	SC2270	⑱	414	20G
SB50-09	④	201	273A	SBE818	④	202	534	SBS005M	③	127	86A	SBT80-04Y	④	203	744	SC2280	⑱	414	20G
SB50-09J	④	201	433	SBH15-03	③	127	750D	SBS006	③	127	205A	SBT80-06GS	④	203	273A	SC2300	⑱	414	20G
SB50-18	④	201	273A	SBH1503S	③	127	508B	SBS006M	③	127	86A	SBT80-06J	④	203	433	SC2310	⑱	414	20G
SB50-18K	④	201	432	SBJ100-04J	④	202	433	SBS007M	③	127	86A	SBT80-06LS	④	203	433	SC2320	⑱	415	20G
SB60-05H	④	201	273A	SBJ100-06J	④	202	433	SBS008M	③	127	430A	SBT80-06Y	④	203	433	SC2330	⑱	415	20G
SB60-05J	④	201	433	SBJ200-04J	④	202	433	SBS010M	③	127	86A	SBT80-10GS	④	203	273A	SC2340	⑱	415	20G
SB60-05K	④	201	432	SBJ200-06J	④	202	433	SBS011	⑥	251	84	SBT80-10J	④	203	433	SC2350	⑱	415	20G

形　名	章	頁	外形	形　名	章	頁	外形	形　名	章	頁	外形	形　名	章	頁	外形	形　名	章	頁	外形
SC3.5K240B	⑱	414	90H	SD833-09	③	128	104B	SF30H1R5	③	128	34	SFPM-52	①	87	485H	SGD-100	⑦	254	610I
SC3.5K240BCL	⑱	414	457	SD834-03-TE12R	③	128	104B	SF30JC10	④	204	37A	SFPM-54	①	87	485H	SGD-100T	⑦	254	610G
SC311-4	①	87	60	SD834-04-TE12R	③	128	104B	SF30JC4	④	204	37A	SFPM-62	①	87	485H	SGD102	⑦	254	610I
SC311-6	①	87	60	SD862-04	③	128	104B	SF30JC6	④	204	37A	SFPM-64	①	87	485H	SHV-02	⑤	237	20L
SC321-2	①	87	60	SD863-04	③	128	104B	SF30NC15M	④	204	37A	SFPM-74	①	88	485H	SHV-03	⑤	237	261E
SC3K200FD	⑱	414	547C	SD863-06	③	128	104B	SF30SC3L	④	204	37A	SFPW-56	③	129	485H	SHV-03S	⑤	237	20L
SC3K400	⑱	414	506F	SD863-10	③	128	104B	SF30SC4	④	204	37A	SFPX-62	①	88	485H	SHV-05J	⑤	237	20J
SC4K38FD	⑱	414	547C	SD882-02-TE12R	③	128	104B	SF30SC6	④	204	37A	SFPX-63	①	88	485H	SHV-05JS	⑤	237	261E
SC510	⑱	414	20C	SD883-02	③	128	104B	SF3K60M	①	87	132A	SFPZ-68	⑫	395	485H	SHV-06	⑤	237	261F
SC510BCL	⑱	414	456	SD883-03	③	128	104B	SF3L60U	①	87	34	SG10L20USM	①	88	131A	SHV-06EN	⑤	237	88J
SC512	⑱	414	20C	SD883-04	③	128	104B	SF5K60M	①	87	132A	SG10LC20USM	④	204	131B	SHV-06JN	⑤	237	88J
SC5120	⑱	415	20C	SE014	③	128	237	SF5L30	①	87	34	SG10SC3LM	④	204	131B	SHV-06NK	⑤	237	507A
SC512B	⑱	414	20C	SE024	③	128	237	SF5L40UM	①	87	132A	SG10SC4M	④	204	131B	SHV-06UNK	⑤	237	507A
SC516	⑱	414	20C	SE036	③	128	237	SF5L60	①	87	34	SG10SC6M	④	204	131B	SHV-08	⑤	237	261F
SC518	⑱	414	20C	SE046	③	128	237	SF5L60U	①	87	34	SG10SC9M	④	204	131B	SHV-08DN	⑤	237	507A
SC518B	⑱	414	20C	SE059	③	128	237	SF5LC20U	④	204	37A	SG10TC15M	④	204	131B	SHV-08EN	⑤	237	88J
SC520	⑱	414	20C	SE069	③	128	237	SF5LC30	④	204	37A	SG15SC4M	④	204	131B	SHV-08J	⑤	237	19J
SC522B	⑱	414	20C	SF10JC6	④	203	37A	SF5LC40	④	204	37A	SG15SC6M	④	204	131B	SHV-08NK	⑤	237	507A
SC527	⑱	414	20C	SF10K60M	①	87	132A	SF5LC40UM	④	204	132B	SG20JC6M	④	204	131B	SHV-08UNK	⑤	237	507A
SC527B	⑱	414	20C	SF10KC60M	④	203	132B	SF5S4	③	128	34	SG20LC20USM	④	204	131B	SHV-08XN	⑤	237	507A
SC533B	⑱	414	20C	SF10L60U	①	87	34	SF5S6	③	128	34	SG20SC10M	④	205	131B	SHV-10	⑤	237	19L
SC540	⑱	414	20C	SF10LC20U	④	203	37A	SF5SC3L	④	204	37A	SG20SC12M	④	205	131B	SHV-10DN	⑤	237	89E
SC540B	⑱	414	20C	SF10LC40	④	203	37A	SF5SC4	④	204	37A	SG20SC15M	④	205	131B	SHV-10EN	⑤	237	89E
SC550	⑱	414	20C	SF10LC40UM	④	203	132B	SF6L20U	①	87	34	SG20SC3LM	④	204	131B	SHV-10K	⑤	237	19L
SC550B	⑱	414	20C	SF10NC16M	④	203	37A	SF8K60M	①	87	132A	SG20SC4M	④	204	131B	SHV-10UK	⑤	237	19L
SC560	⑱	414	20C	SF10SC3L	④	203	37A	SF8K60USM	①	87	132A	SG20SC6M	④	204	131B	SHV-12	⑤	237	19L
SC568B	⑱	414	20C	SF10SC4	④	203	37A	SF8L60	①	87	34	SG20SC9M	④	204	131B	SHV-12DN	⑤	237	89E
SC57	⑱	414	20C	SF10SC4R	④	203	37B	SFPA-53	③	128	485H	SG30JC6M	④	205	131B	SHV-12EN	⑤	237	89E
SC570A	⑱	414	20C	SF10SC6	④	203	37A	SFPA-63	③	128	485H	SG30SC3LM	④	205	131B	SHV-14	⑤	237	19L
SC57B	⑱	414	20C	SF10SC9	④	203	37A	SFPA-73	③	128	485H	SG30SC4M	④	205	131B	SHV-16	⑤	237	91G
SC7M6B	⑱	414	20C	SF15JC10	④	204	37A	SFPB-52	③	128	485H	SG30SC6M	④	205	131B	SHV-20	⑤	237	91G
SC802-02	③	128	60	SF15JC6	④	203	37A	SFPB-54	③	128	485H	SG30TC10M	④	205	131B	SHV-24	⑤	237	91G
SC802-04	③	128	60	SF15LC20U	④	204	797	SFPB-56	③	128	485H	SG30TC12M	④	205	131B	SHV-30J	⑤	237	89E
SC802-06	③	128	60	SF15NC15M	④	204	37A	SFPB-59	③	128	485H	SG30TC15M	④	205	131B	SIB01-01	①	88	90C
SC802-09	③	128	60	SF15SC4	④	204	37A	SFPB-62	③	128	485H	SG40TC10U	④	205	131B	SIB01-04	①	88	90C
SC902-2	①	87	60	SF15SC6	④	204	37A	SFPB-64	③	128	485H	SG40TC12M	④	205	131B	SIB01-06	①	88	90C
SCL218	⑱	415	20G	SF20H1R5	③	128	34	SFPB-66	③	128	485H	SG5L20USM	①	88	131A	SID01-01	①	88	41
SCL510	⑱	415	20C	SF20JC10	④	204	37A	SFPB-69	③	129	485H	SG5LC20USM	①	88	131A	SID01-03	①	88	41
SD113	⑪	305	24C	SF20JC6	④	204	37A	SFPB-72	③	129	485H	SG5S4M	③	129	131A	SID01-06	①	88	41
SD115	⑪	305	24C	SF20K60M	①	87	132A	SFPB-74	③	129	485H	SG5S6M	③	129	131A	SID01-09	①	88	41
SD116	⑪	305	24C	SF20KC60M	④	204	132B	SFPB-76	③	129	485H	SG5S9M	③	129	131A	SID01-12	①	88	41
SD117	⑪	305	24C	SF20L60U	①	87	34	SFPE-63	③	129	485H	SG8SC4M	④	205	131B	SIE01-01	①	88	477
SD-60P	②	103	20	SF20LC30	④	204	37A	SFPE-64	③	129	485H	SG-9CNR	①	88	188A	SIE01-03	①	88	477
SD-61P	②	103	20C	SF20LC30M	④	204	132A	SFPJ-53	③	129	485H	SG-9CNS	①	88	188A	SIE01-06	①	88	477
SD832-03	③	128	104B	SF20NC15M	④	204	37A	SFPJ-63	③	129	485H	SG-9LCNR	①	88	188B	SIE01-09	①	88	477
SD832-04	③	128	104B	SF20SC3L	④	204	37A	SFPJ-73	③	129	485H	SG-9LCNS	①	88	188B	SIE01-12	①	88	477
SD833-03	③	128	104B	SF20SC4	④	204	37A	SFPL-52	①	87	485H	SG-9LLCNR	①	88	188B	SIE03-30	②	103	527
SD833-04	③	128	104B	SF20SC6	④	204	37A	SFPL-62	①	87	485H	SG-9LLCNS	①	88	188B	SIG01-01	①	88	478
SD833-06	③	128	104B	SF20SC9	④	204	37A	SFPL-64	①	87	485H								

形 名	章	頁	外形	形 名	章	頁	外形	形 名	章	頁	外形	形 名	章	頁	外形	形 名	章	頁	外形
SIG01-03	①	88	478	SJPL-H6	①	89	485H	SM-1XP2	①	90	20G	SPD-221B	⑦	254	201	SR10N-6S	①	91	178
SIG01-06	①	88	478	SJPL-L2	①	89	485H	SM-1XP4	①	90	20G	SPD-221Q	⑦	254	201	SR10N-8R	①	91	178
SIG01-09	①	88	478	SJPL-L4	①	89	485H	SM-1XP6	①	90	20G	SPD-221S	⑦	254	15	SR10N-8S	①	91	178
SIG01-12	①	88	478	SJPM-H4	①	89	485H	SM-1XSN4	①	90	20G	SPD-221T	⑦	254	200	SR130L-10R	①	92	207
SIG03-30	②	103	556	SJPW-F6	③	129	485H	SM-1XSN4A	①	90	20G	SPJ-63S	④	205	520	SR130L-10S	①	92	207
SIH31-01	①	88	479	SJPX-F2	①	89	485H	SM-1XSN6	①	90	20G	SPJ-G53S	③	129	520	SR130L-2R	①	92	207
SIH31-01R	①	88	479	SJPX-H3	①	89	485H	SM-1XZ02	②	103	20G	SPX-62S	①	90	520	SR130L-2S	①	92	207
SIH31-03	①	88	479	SJPX-H6	①	89	485H	SM-1XZ04	②	103	20G	SPX-G32S	①	90	520	SR130L-4R	①	92	207
SIH31-03R	①	88	479	SJPZ-E20	⑲	431	485H	SM-3-02	①	90	506F	SPZ-G36	⑫	395	520	SR130L-4S	①	92	207
SIH31-06	①	88	479	SJPZ-E33	⑲	431	485H	SM-3-02FR	①	90	506F	SR100AM-10	①	91	151	SR130L-6R	①	92	207
SIH31-06R	①	88	479	SJPZ-K28	⑲	431	485H	SM-3-04	①	90	506F	SR100AM-12	①	91	151	SR130L-6S	①	92	207
SIH31-10	①	88	479	SJPZ-N18	⑲	431	485H	SM-3-04FR	①	90	506F	SR100AM-16	①	91	151	SR130L-8R	①	92	207
SIH31-10R	①	88	479	SJPZ-N27	⑲	431	485H	SM-3-06	①	90	506F	SR100AM-20	①	91	151	SR130L-8S	①	92	207
SIH31-12	①	88	479	SJPZ-N33	⑲	431	485H	SM-3-06FR	①	90	506F	SR100AM-24	①	91	151	SR150L-10R	①	92	207
SIH31-12R	①	88	479	SJPZ-N40	⑲	431	485H	SM-3-08	①	90	506F	SR100AM-28	①	91	151	SR150L-10S	①	92	207
SIL31-01	①	88	480	SL012	⑤	89	237	SM-3-08FR	①	90	506F	SR100AM-32	①	91	151	SR16DM-2R	①	92	632
SIL31-01R	①	89	480	SM-05-16FR	①	89	90C	SM-3-10FR	①	90	506F	SR100AM-36	①	91	151	SR16DM-2S	①	92	632
SIL31-03	①	89	480	SM-05-20FRZ	①	89	20H	SM-3-15FR	①	90	506F	SR100AM-40	①	91	151	SR16DM-4R	①	92	632
SIL31-03R	①	89	480	SM-1.5-02	①	89	90H	SM-3AP4	①	90	506E	SR100EH-40	①	91	487	SR16DM-4S	①	92	632
SIL31-06	①	89	480	SM-1.5-02FR	①	89	90H	SM-3AP6	①	90	506E	SR100EH-50	①	91	487	SR16DM-6R	①	92	632
SIL31-06R	①	89	480	SM-1.5-04	①	89	90H	SM-3P10	①	90	506E	SR100K-10R	①	92	180	SR16DM-6S	①	92	632
SIL31-10	①	89	480	SM-1.5-04FR	①	89	90H	SM-3P2	①	90	506E	SR100K-10S	①	92	180	SR170L-10R	①	92	207
SIL31-10R	①	89	480	SM-1.5-08	①	89	90H	SM-3P4	①	90	506E	SR100K-12R	①	92	180	SR170L-10S	①	92	207
SIL31-12	①	89	480	SM-1.5-08FR	①	89	90H	SM-3P6	①	90	506E	SR100K-12S	①	92	180	SR170L-2R	①	92	207
SIL31-12R	①	89	481	SM-1.5-10	①	89	90H	SMH-08	⑤	237	337	SR100K-2R	①	91	180	SR170L-2S	①	92	207
SIN01-12	①	89	481	SM-1.5-10FR	①	89	90H	SMH-10	⑤	237	337	SR100K-2S	①	91	180	SR170L-4R	①	92	207
SIN01-12R	①	89	481	SM-1.5P10	①	89	90H	SMH-16	⑤	237	337	SR100K-4R	①	91	180	SR170L-4S	①	92	207
SIN03-30	①	89	551	SM-1.5SN4	①	89	90H	SM-20	⑤	237	337	SR100K-4S	①	92	180	SR170L-6R	①	92	207
SJPA-D3	③	129	485H	SM-1XF08	①	89	20G	SMHD2-08	⑤	237	339	SR100K-6R	①	92	180	SR170L-6S	①	92	207
SJPA-H3	③	129	485H	SM-1XF16	①	89	20G	SMHD2-10	⑤	237	339	SR100K-6S	①	92	180	SR170L-8R	①	92	207
SJPA-L3	③	129	485H	SM-1XF20	①	89	20G	SMHD2-16	⑤	238	339	SR100K-8R	①	92	180	SR170L-8S	①	92	207
SJPB-D4	③	129	485H	SM-1XH02	①	89	20G	SMHD2-20	⑤	238	339	SR100K-8S	①	92	180	SR1FM-12	①	90	89C
SJPB-D6	③	129	485H	SM-1XH04	①	89	20G	SPB-64S	④	205	520	SR100L-10R	①	92	207	SR1FM-16	①	90	89C
SJPB-D9	③	129	485H	SM-1XH06	①	89	20G	SPB-66S	③	129	520	SR100L-10S	①	92	207	SR1FM-2	①	90	89D
SJPB-H4	③	129	485H	SM-1XH08	①	90	20G	SPB-G34S	③	129	520	SR10L-10R	①	91	407	SR1FM-20	①	91	89C
SJPB-H6	③	129	485H	SM-1XH12	①	90	20G	SPB-G54S	③	129	520	SR10L-10S	①	91	407	SR1FM-4	①	90	89D
SJPB-H9	③	129	外形H	SM-1XH16	⑤	237	20G	SPB-G56S	③	129	520	SR10L-12R	①	91	407	SR1FM-8	①	90	89D
SJPB-L4	③	129	485H	SM-1XM02	①	90	20G	SPD-121	⑦	254	15	SR10L-12S	①	91	407	SR1G-12	①	91	113C
SJPB-L6	③	129	485H	SM-1XM04	①	90	20G	SPD-121A	⑦	254	15	SR10L-4R	①	91	407	SR1G-16	①	91	113C
SJPD-D5	①	89	485H	SM-1XM06	①	90	20G	SPD-121B	⑦	254	201	SR10L-4S	①	91	407	SR1G-4	①	91	113C
SJPD-L5	①	89	485H	SM-1XM08	①	90	20G	SPD-121L	⑦	254	18	SR10L-8R	①	91	407	SR1G-8	①	91	113C
SJPE-H3	③	129	485H	SM-1XM10	①	90	20G	SPD-121P	⑦	254	50B	SR10L-8S	①	91	407	SR1HM-12	①	91	89C
SJPE-H4	③	129	485H	SM-1XN02	①	90	20G	SPD-121Q	⑦	254	201	SR10N-10R	①	91	178	SR1HM-2	①	90	89C
SJPJ-D3	③	129	485H	SM-1XN04	①	90	20G	SPD-121S	⑦	254	15	SR10N-10S	①	91	178	SR1HM-4	①	91	89C
SJPJ-H3	③	129	485H	SM-1XN06	①	90	20G	SPD-121T	⑦	254	200	SR10N-2R	①	91	178	SR1HM-8	①	91	89C
SJPJ-L3	③	129	485H	SM-1XN08	①	90	20G	SPD-122	⑦	254	141	SR10N-2S	①	91	178	SR-2	②	103	260F
SJPL-D2	①	89	485H	SM-1XN14	①	90	20G	SPD-122P	⑦	254	309	SR10N-4R	①	91	178	SR200AV-70	①	93	489
SJPL-F4	①	89	485H	SM-1XN16	①	90	20G	SPD-221	⑦	253	15	SR10N-4S	①	91	178	SR200AV-80	①	93	489
SJPL-H2	①	89	485H	SM-1XP10	⑤	237	20G	SPD-221A	⑦	254	15	SR10N-6R	①	91	178				

- 585 -

形名	章	頁	外形	形名	章	頁	外形	形名	章	頁	外形	形名	章	頁	外形	形名	章	頁	外形
SR200AV-90	①	93	489	SR200PL-12S	①	94	152	SR25B-8S	①	94	158	SR40K-2S	①	95	212	SS1003M	③	130	430A
SR200DL-12R	①	93	152	SR200PL-16R	①	94	152	SR302AL-24R	①	95	219	SR40K-4R	①	95	212	SS10FJK10S	④	205	45
SR200DL-12S	①	93	152	SR200PL-16S	①	94	152	SR302AL-24S	①	95	219	SR40K-4S	①	95	212	SS10FJK15M	④	205	45
SR200DL-16R	①	93	152	SR200PL-20R	①	94	152	SR30D-16R	①	95	125	SR40K-6R	①	95	212	SS10FJK20M	④	205	45
SR200DL-16S	①	93	152	SR200PL-20S	①	94	152	SR30D-16S	①	95	125	SR40K-6S	①	95	212	SS10SJ9	③	130	41
SR200DL-20R	①	93	152	SR200PL-24R	①	94	152	SR30D-24R	①	95	125	SR40K-8R	①	95	212	SS120JP4A	④	205	519
SR200DL-20S	①	93	152	SR200PL-24S	①	94	152	SR30D-24S	①	95	125	SR40K-8S	①	95	212	SS120JP7A	④	205	519
SR200DL-24R	①	93	152	SR200T-12R	①	94	152	SR30D-8R	①	95	125	SR50CH-40	①	96	487	SS120JP9A	④	205	519
SR200DL-24S	①	93	152	SR200T-12S	①	94	152	SR30D-8S	①	95	125	SR50CH-50	①	96	487	SS15SJ4	③	130	41
SR200DM-28R	①	93	152	SR200T-16R	①	94	152	SR3AM-1	①	95	91F	SR50CM-16	①	96	487	SS15SJ6	③	130	41
SR200DM-28S	①	93	152	SR200T-16S	①	94	152	SR3AM-10	①	95	91F	SR50CM-20	①	96	487	SS1J2	③	130	20G
SR200DM-32R	①	93	152	SR200T-20R	①	94	152	SR3AM-12	①	95	91F	SR50CM-24	①	96	487	SS1J3U	③	130	20G
SR200DM-32S	①	93	152	SR200T-20S	①	94	152	SR3AM-2	①	95	91F	SR50CM-28	①	96	487	SS1J4	③	130	20G
SR200DM-36R	①	93	152	SR202AH-50R	①	94	218	SR3AM-4	①	95	91F	SR50CM-32	①	96	487	SS1J6	③	130	20G
SR200DM-36S	①	93	152	SR202AH-50S	①	94	218	SR3AM-6	①	95	91F	SR60L-10R	①	97	206	SS1J9	③	130	20G
SR200DM-40R	①	93	152	SR202AM-40R	①	94	217	SR3AM-8	①	95	91F	SR60L-10S	①	97	206	SS20015M	③	130	86A
SR200DM-40S	①	93	152	SR202AM-40S	①	94	217	SR-4	②	103	260F	SR60L-2R	①	96	206	SS2003M	③	130	430B
SR200EH-40	①	93	488	SR202AV-90	①	94	220	SR400DH-28	①	95	154	SR60L-2S	①	96	206	SS20FJK10S	④	205	45
SR200EH-50	①	93	488	SR20N-10R	①	93	157	SR400DH-32	①	96	154	SR60L-4R	①	96	206	SS20FJK12S	④	205	45
SR200EM-16	①	93	488	SR20N-10S	①	93	157	SR400DH-36	①	96	154	SR60L-4S	①	96	206	SS20FJK15M	④	205	45
SR200EM-20	①	93	488	SR20N-2R	①	92	157	SR400DH-40	①	96	154	SR60L-6R	①	96	206	SS20FJK20M	④	205	45
SR200EM-24	①	93	488	SR20N-2S	①	92	157	SR400DH-50	①	96	154	SR60L-6S	①	96	206	SS20JK9	④	205	500A
SR200EM-28	①	93	488	SR20N-4R	①	92	157	SR400DH-60	①	96	154	SR60L-8R	①	96	206	SS20SJ9	③	130	42
SR200EM-32	①	93	488	SR20N-4S	①	93	157	SR400DL-10	①	96	154	SR60L-8S	①	96	206	SS25JK6	④	205	500A
SR200H-12	①	93	307	SR20N-6R	①	93	157	SR400DL-12	①	96	154	SR70K-10R	①	97	212	SS2J9	③	130	506E
SR200H-14	①	93	307	SR20N-6S	①	93	157	SR400DL-16	①	96	154	SR70K-10S	①	97	212	SS3003CH	③	130	378
SR200H-16	①	93	307	SR20N-8R	①	93	157	SR400DL-20	①	96	154	SR70K-12R	①	97	212	SS30FJK10M	④	205	45
SR200H-18	①	93	307	SR20N-8S	①	93	157	SR400DL-24	①	96	154	SR70K-12S	①	97	212	SS30FJK10S	④	205	45
SR200H-20	①	93	307	SR250L-10R	①	95	208	SR400DV-70	①	96	154	SR70K-2R	①	97	212	SS30FJK15M	④	205	45
SR200H-24	①	93	307	SR250L-10S	①	95	208	SR400DV-80	①	96	154	SR70K-2S	①	97	212	SS30FJK20M	④	205	45
SR200L-10R	①	93	207	SR250L-2R	①	95	208	SR400EL-10	①	96	153	SR70K-4R	①	97	212	SS30J3U	③	130	500B
SR200L-10S	①	93	207	SR250L-2S	①	95	208	SR400EL-12	①	96	153	SR70K-4S	①	97	212	SS30JK3U	④	205	500A
SR200P-10	①	93	181	SR250L-4R	①	95	208	SR400EL-16	①	96	153	SR70K-6R	①	97	212	SS30JK4	④	205	500A
SR200P-12	①	94	181	SR250L-4S	①	95	208	SR400EL-20	①	96	153	SR70K-6S	①	97	212	SS30JK6	④	205	500A
SR200P-16	①	94	181	SR250L-6R	①	95	208	SR400EL-24	①	96	153	SR70K-8R	①	97	212	SS30JK9	④	205	500A
SR200P-20	①	94	181	SR250L-6S	①	95	208	SR400FH-28	①	96	154	SR70K-8S	①	97	212	SS30SJ4	③	130	42
SR200P-24	①	94	181	SR250L-8R	①	95	208	SR400FH-32	①	96	154	SRH25C	①	97	512	SS30SJ9	③	130	42
SR200P-30	①	94	181	SR250L-8S	①	95	208	SR400FH-36	①	96	154	SS0203EJ	⑥	251	267	SS310M	③	130	86A
SR200P-36	①	94	181	SR252AM-40R	①	95	219	SR400FH-40	①	96	154	SS05015M	③	129	86A	SS3J3U	③	130	506E
SR200P-40	①	94	181	SR252AM-40S	①	95	219	SR400FH-50	①	96	154	SS05015SH	③	129	431	SS3J4	③	130	506E
SR200PH-28R	①	94	152	SR25B-10R	①	95	158	SR400FH-60	①	96	154	SS05035H	③	129	431	SS3J6	③	130	506E
SR200PH-28S	①	94	152	SR25B-10S	①	95	158	SR400FV-70	①	96	154	SS0503EC	③	129	268	SS40FJ9	③	130	589C
SR200PH-32R	①	94	152	SR25B-2R	①	94	158	SR400FV-80	①	96	154	SS0503EJ	③	129	267	SS40FJK9	④	205	548A
SR200PH-32S	①	94	152	SR25B-2S	①	94	158	SR402AH-60	①	96	221	SS0503SH	③	129	431	SS40SJ9	③	130	42
SR200PH-36R	①	94	152	SR25B-4R	①	94	158	SR40K-10R	①	95	212	SS05J25	③	129	20C	SS60FJ4	③	130	589C
SR200PH-36S	①	94	152	SR25B-4S	①	94	158	SR40K-10S	①	95	212	SS1.5J4	③	130	20C	SS60FJ9	③	130	589C
SR200PH-40R	①	94	152	SR25B-6R	①	94	158	SR40K-12R	①	95	212	SS1.5J5	③	130	20C	SS60FJK4	④	205	548A
SR200PH-40S	①	94	152	SR25B-6S	①	94	158	SR40K-12S	①	95	212	SS10015M	③	130	86A	SS60FJK6	④	205	548A
SR200PL-12R	①	94	152	SR25B-8R	①	94	158	SR40K-2R	①	95	212	SS1003EJ	③	130	267	SS60J4M2P	④	205	742

形名	章	頁	外形	形名	章	頁	外形	形名	章	頁	外形	形名	章	頁	外形	形名	章	頁	外形
SS60J4M3P	④	205	742	SVC222	⑪	306	367	SVD301	⑪	309	359	TCU10A60-11A	④	206	238	TKV1476AS6	⑪	309	738D
SS60J4M6P	④	206	742	SVC224	⑪	306	367	SVD302	⑪	309	359	TCU10B60	④	206	236	TP801C04	④	207	71
SS60J5M6P	④	206	742	SVC226	⑪	306	367	SWH-08	①	97	336	TCU10B60-11A	④	206	238	TP801C06	④	207	71
SS60J6M3P	④	206	742	SVC230	⑪	306	610D	SWH-10	①	97	336	TCU20A20	④	206	236	TP802C04	④	207	71
SS60J7M3P	④	206	742	SVC231	⑪	306	610D	SWH2-16	①	97	544	TCU20A20-11A	④	206	238	TP802C04R	④	207	71
SS60J7M6P	④	206	742	SVC233	⑪	306	610D	SWH2-20	①	97	544	TCU20A30	④	206	236	TP802C06	④	207	71
SS60J9M3P	④	206	742	SVC234	⑪	306	610D	SWH2-25ED	①	97	544	TCU20A30-11A	④	206	238	TP802C09	④	207	71
SS60SJ4	③	130	42	SVC236	⑪	306	610D	SWHD2-16	①	97	341	TCU20A40	④	206	236	TP805C04	④	207	71
SS60SJ6	③	130	42	SVC237	⑪	306	368A	SWHD2-20	①	97	341	TCU20A60	④	206	236	TP858C12R	④	207	71
SSB14	③	130	109	SVC241	⑪	307	610D	SWHD2-25	①	97	341	TCU20A60-11A	④	207	238	TP862C12R	④	207	71
ST02D-170	⑱	415	87D	SVC245	⑪	307	610D	SWHD3-16	①	97	545	TCU20B60	④	207	236	TP862C15R	④	207	71
ST02D-170F2	⑱	415	486A	SVC251SPA	⑪	307	367	SWHD3-20	①	97	545	TCU20B60-11A	④	207	238	TP865C12R	④	207	71
ST02D-200	⑱	415	87D	SVC251Y	⑪	307	225	SZ-10N27	⑲	431	795	TDZ10	⑫	396	756E	TP865C15R	④	207	71
ST02D-82	⑱	415	87D	SVC252	⑪	307	610A	SZ-10N40	⑲	431	795	TDZ11	⑫	396	756E	TP868C10R	④	207	71
ST03-58F1	⑱	415	485C	SVC253	⑪	307	610A	SZ-10NN27	⑲	431	795	TDZ12	⑫	396	756E	TP868C12R	④	207	71
ST03D-170	⑱	415	89G	SVC270	⑪	307	86D	SZ-10NN40	⑲	431	795	TDZ13	⑫	396	756E	TP868C15R	④	207	71
ST03D-200	⑱	415	89G	SVC272	⑪	307	86D	T51A	①	97	448	TDZ15	⑫	396	756E	TP869C04R	④	207	71
ST04-16	⑱	415	507D	SVC276	⑪	307	86D	T51B	①	97	448	TDZ16	⑫	396	756E	TP869C06R	④	207	71
ST04-16F1	⑱	415	485C	SVC303Y	⑪	307	225	T51C	①	97	448	TDZ18	⑫	396	756E	TP869C08R	④	207	71
ST04-27	⑱	415	507D	SVC311	⑪	307	225	T52A	①	97	448	TDZ20	⑫	396	756E	TP869C10R	④	207	71
ST04-27F1	⑱	415	485C	SVC321	⑪	307	225	T52B	①	97	448	TDZ22	⑫	396	756E	TP901C2	④	207	71
ST05-27	⑱	415	507D	SVC321SPA	⑪	307	367	T52C	①	97	448	TDZ24	⑫	396	756E	TP901C3	④	207	71
ST50V-27F	⑱	415	627	SVC323	⑪	307	367	TCF10A40	④	206	236	TDZ27	⑫	396	756E	TP902C2	④	207	71
ST70-27F	⑱	415	627	SVC325	⑪	308	610I	TCF10A40-11A	④	206	238	TDZ30	⑫	396	756E	TP902C3	④	207	71
STZ5.6N	⑫	395	610C	SVC333	⑪	308	367	TCF10B60	④	206	236	TDZ5.1	⑫	395	756E	TPC6K01	④	207	92
STZ6.2N	⑫	395	610C	SVC341	⑪	308	237B	TCF10B60-11A	④	206	238	TDZ5.6	⑫	396	756E	TPCF8E02	③	130	166
STZ6.8N	⑫	395	610C	SVC342	⑪	308	730A	TCF20B60	④	206	236	TDZ6.2	⑫	396	756E	TS802C04R-TE24R	④	207	72
STZ6.8T	⑫	395	610C	SVC343	⑪	308	237B	TCF20B60-11A	④	206	238	TDZ6.8	⑫	396	756E	TS802C06	④	207	72
STZC6.8N	⑫	395	610C	SVC344	⑪	308	730A	TCH10A15	④	206	236	TDZ7.5	⑫	396	756E	TS802C09	④	207	72
SV02YS	⑱	415	67B	SVC345	⑪	308	237B	TCH10A15-11A	④	206	238	TDZ8.2	⑫	396	756E	TS802C09-TE24R	④	207	72
SV03YS	⑱	415	67B	SVC346	⑪	308	730A	TCH20A15	④	206	236	TDZ9.1	⑫	396	756E	TS805C04	④	207	72
SV04YS	⑱	415	67B	SVC347	⑪	308	610D	TCH20A15-11A	④	206	238	TFR1L	①	97	19B	TS805C04R-TE24R	④	207	72
SV05YS	⑱	415	67B	SVC348	⑪	308	368A	TCH20A20	④	206	236	TFR1N	①	97	19B	TS805C06	④	207	72
SV06YS	⑱	415	67B	SVC351	⑪	308	541	TCH30A15	④	206	236	TFR1Q	①	97	19B	TS808C04	④	207	72
SV-2SS	⑱	415	67B	SVC352	⑪	308	541	TCH30A15-11A	④	206	238	TFR1T	①	97	19B	TS808C06	④	207	72
SV-3SS	⑱	415	67B	SVC353	⑪	308	418B	TCH30B10	④	206	236	TFR2L	①	97	19B	TS808C06R-TE24R	④	207	72
SV-4SS	⑱	415	67B	SVC354	⑪	309	418A	TCH30B10-11A	④	206	238	TFR2N	①	97	19B	TS862C04R	④	207	72
SVC102	⑪	305	359	SVC361	⑪	309	546	TCH30C10	④	206	236	TFR2Q	①	97	19B	TS862C06R	④	207	72
SVC201SPA	⑪	305	367	SVC363	⑪	309	418C	TCH30C10-11A	④	206	238	TFR2T	①	97	19B	TS862C10R	④	208	72
SVC201Y	⑪	305	225	SVC364	⑪	309	418D	TCQ10A04	④	206	236	TFR3L	⑤	238	19G	TS862C12R	④	207	72
SVC202	⑪	305	730A	SVC371	⑪	309	358	TCQ10A04-11A	④	206	238	TFR3N	⑤	238	19G	TS862C15R	④	208	72
SVC202SPA	⑪	305	368A	SVC383	⑪	309	610D	TCQ10A06	④	206	236	TFR3Q	⑤	238	19G	TS865C04R	④	208	72
SVC203CP	⑪	305	610D	SVC384	⑪	309	368A	TCQ10A06-11A	④	206	238	TFR3T	⑤	238	19G	TS865C06R	④	208	72
SVC203SPA	⑪	306	368A	SVC388	⑪	309	368A	TCQ30B04	④	206	236	TFR4L	①	97	20K	TS865C08R	④	208	72
SVC208	⑪	306	610D	SVC704	⑪	309	86A	TCU10A20	④	206	236	TFR4N	①	97	20K	TS865C10R	④	208	72
SVC211SPA	⑪	306	368A	SVC710	⑪	309	86A	TCU10A30	④	206	236	TFR4T	①	97	20K	TS865C12R	④	208	72
SVC212	⑪	306	610D	SVD101	⑪	309	359	TCU10A30-11A	④	206	238	TFR7H	⑤	238	20K	TS865C15R	④	208	72
SVC220	⑪	306	610D	SVD201	⑪	309	359	TCU10A40	④	206	236	TKV1476AS5	⑪	309	452C				
SVC221	⑪	306	610A	SVD202	⑪	309	359	TCU10A60	④	206	236								

形名	章	頁	外形	形名	章	頁	外形	形名	章	頁	外形	形名	章	頁	外形	形名	章	頁	外形
TS868C04R	④	208	72	U02Z300N-Z	⑫	398	420D	U1D4B42	④	208	386	U1ZB30	⑫	396	405B	U2Z43	⑫	397	636D
TS868C06R	④	208	72	U02Z300-X	⑫	398	420D	U1DL44A	①	99	405B	U1ZB300	⑫	397	405B	U2Z47	⑫	397	636D
TS868C08R	④	208	72	U02Z300-Y	⑫	398	420D	U1DL49	①	99	237	U1ZB300-X	⑫	397	405B	U2Z51	⑫	397	636D
TS868C10R	④	208	72	U02Z300-Z	⑫	398	420D	U1DZ41	①	99	4851	U1ZB300-Y	⑫	397	405B	U2Z68	⑫	397	636D
TS868C12R	④	208	72	U05B	①	98	113G	U1FWJ44L	③	130	405B	U1ZB300-Z	⑫	397	405B	U2Z75	⑫	398	636D
TS868C15R	④	208	72	U05B4B48	④	208	117	U1FWJ44M	③	130	405B	U1ZB33	⑫	396	405B	U2Z82	⑫	398	636D
TS902C2	④	208	72	U05C	①	98	113G	U1FWJ44N	③	130	405B	U1ZB330	⑫	397	405B	U30FWJ2C48M	④	209	29A
TS902C3	④	208	72	U05D4B48	④	208	117	U1FWJ49	③	130	237	U1ZB330-X	⑫	397	405B	U30FWJ2C53M	④	209	77
TS906C2	④	208	72	U05E	①	98	113G	U1G4B42	④	208	386	U1ZB330-Y	⑫	397	405B	U30GWJ2C48C	④	209	29A
TS906C3R	④	208	72	U05G	①	98	113G	U1GC44	①	99	405B	U1ZB330-Z	⑫	397	405B	U30GWJ2C53C	④	209	77
TS912S6	①	98	72	U05G4B48	④	208	117	U1GC44S	①	99	405B	U1ZB36	⑫	396	405B	U30JWJ2C48	④	209	29A
TS982C3R	④	208	72	U05GH44	①	98	405B	U1GU44	①	99	405B	U1ZB390	⑫	397	405B	U30QWK2C53	④	209	77
TS982C4R	④	208	72	U05GU4B48	④	208	117	U1GWJ2C49	④	208	237B	U1ZB43	⑫	396	405B	U3FWJ4N	③	131	636D
TS982C6R	④	208	72	U05J	①	98	113G	U1GWJ44	③	130	405B	U1ZB47	⑫	396	405B	U3FWK42	③	131	683
TS985C3R	④	208	72	U05J4B48	④	208	117	U1GWJ49	③	130	237	U1ZB51	⑫	396	405B	U3GWJ2C42	④	209	683
TS985C4R	④	208	72	U05JH44	①	98	405B	U1GWJ4N	①	99	4851	U1ZB6.8	⑫	396	405B	U4SB20	④	209	230
TS985C6R	④	208	72	U05NH44	①	98	405B	U1J4B42	④	208	386	U1ZB68	⑫	396	405B	U4SB60	④	209	230
TSF05A20	①	98	236	U05NU44	①	98	405B	U1JC44	①	99	405B	U1ZB7.5	⑫	396	405B	U4SBA20	④	209	230
TSF05A20-11A	①	98	236	U05TH44	①	98	405B	U1JU44	①	99	405B	U1ZB75	⑫	396	405B	U4SBA60	④	209	230
TSF05A40	①	98	238	U06C	①	98	113G	U1JZ41	①	99	4851	U1ZB8.2	⑫	396	405B	U5DL2C48A	④	209	29A
TSF05A40-11A	①	98	238	U06E	①	98	113G	U104B42	④	208	386	U1ZB82	⑫	396	405B	U5FL2C48A	④	209	29A
TSF05A60	①	98	236	U06G	①	98	113G	U1ZB10	⑫	396	405B	U1ZB9.1	⑫	396	405B	U5FWJ2C48M	④	209	29A
TSF05A60-11A	①	98	238	U06J	①	98	113G	U1ZB100	⑫	397	405B	U20DL2C48A	④	208	29A	U5FWK2C42	④	209	683
TSF05B60-11A	①	98	238	U07J	①	98	113G	U1ZB11	⑫	396	405B	U20DL2C53A	④	209	77	U5GWJ2C42C	④	209	683
TSU05A60	①	98	236	U07L	①	99	113G	U1ZB110	⑫	397	405B	U20FL2C48A	④	209	29A	U5GWJ2C48C	④	209	29A
TSU05B60	①	98	236	U07M	①	99	113G	U1ZB12	⑫	396	405B	U20FWJ2C48M	④	209	29A	U5ZA27	⑫	398	148
TSU10A60	①	98	236	U07N	①	99	113G	U1ZB13	⑫	396	405B	U20GL2C48A	④	209	29A	U5ZA27(Z)	⑫	398	148
TSU10B60	①	98	236	U10DL2C48A	④	208	29A	U1ZB15	⑫	396	405B	U20GL2C53A	④	209	77	U5ZA27C	⑫	398	148
TVR1B	①	98	19B	U10FL2C48A	④	208	29A	U1ZB150	⑫	397	405B	U20JL2C48A	④	209	29A	U5ZA40C	⑫	398	148
TVR1D	①	98	19B	U10FWJ2C48M	④	208	29A	U1ZB16	⑫	396	405B	U2BC44	①	99	636D	U5ZA48C	⑫	398	148
TVR1G	①	98	19B	U10GWJ2C48C	④	208	29A	U1ZB18	⑫	396	405B	U2FWJ44M	③	130	405B	U5ZA53C	⑫	398	148
TVR1J	①	98	19B	U10JL2C48A	④	208	29A	U1ZB180	⑫	397	405B	U2FWJ44N	③	130	405B	U6SB20	④	209	796
TVR2B	①	98	19B	U10LC48	①	99	29D	U1ZB20	⑫	396	405B	U2GC44	①	99	636D	U6SB60	④	209	796
TVR2D	①	98	19B	U15B	①	99	113G	U1ZB200	⑫	397	405B	U2GWJ2C42	④	208	683	U6SBA20	④	209	796
TVR2G	①	98	19B	U15C	①	99	113G	U1ZB200-Y	⑫	397	405B	U2GWJ44	③	130	405B	U6SBA60	④	209	796
TVR2J	①	98	19B	U15E	①	99	113G	U1ZB200-Z	⑫	397	405B	U2JC44	①	99	636D	UCQS30A045	④	209	8
TVR4J	①	98	19F	U15G	①	99	113G	U1ZB22	⑫	396	405B	U2Z100	⑫	398	636D	UCU20C16	④	209	8
TVR4L	①	98	19F	U15J	①	99	113G	U1ZB220	⑫	397	405B	U2Z12	⑫	397	636D	UCU20C20	④	209	8
TVR4N	①	98	19F	U17B	②	103	113G	U1ZB220-Y	⑫	397	405B	U2Z13	⑫	397	636D	UCU20C30	④	209	8
TVR5B	①	98	20K	U17C	②	103	113G	U1ZB220-Z	⑫	397	405B	U2Z15	⑫	397	636D	UCU20C40	④	209	8
TVR5D	①	98	20K	U17D	②	103	113G	U1ZB24	⑫	396	405B	U2Z16	⑫	397	636D	UD0506T	①	99	631
TVR5G	①	98	20K	U17E	②	103	113G	U1ZB240	⑫	397	405B	U2Z18	⑫	397	636D	UD1006FR	①	99	57B
TVR5J	①	98	19B	U19B	①	99	113G	U1ZB240-Y	⑫	397	405B	U2Z20	⑫	397	636D	UD1006LS-SB5	①	99	635
U02Z300	⑫	398	420D	U19C	①	99	113G	U1ZB240-Z	⑫	397	405B	U2Z22	⑫	397	636D	UD2006FR	①	99	57B
U02Z300N	⑫	398	420D	U19E	①	99	113G	U1ZB27	⑫	396	405B	U2Z24	⑫	397	636D	UD2006LS-SB	①	99	635
U02Z300N-H	⑫	398	420D	U1B4B42	④	208	386	U1ZB270	⑫	397	405B	U2Z27	⑫	397	636D	UD2KB80	④	209	692
U02Z300N-L	⑫	398	420D	U1BC44	①	99	405B	U1ZB270-X	⑫	397	405B	U2Z30	⑫	397	636D	UD3KB80	④	209	692
U02Z300N-X	⑫	398	420D	U1BZ41	①	99	4851	U1ZB270-Y	⑫	397	405B	U2Z33	⑫	397	636D	UD4KB80	④	209	692
U02Z300N-Y	⑫	398	420D	U1CL49	①	99	237	U1ZB270-Z	⑫	397	405B	U2Z36	⑫	397	636D	UD6KBA80	④	209	692

形名	章	頁	外形	形名	章	頁	外形	形名	章	頁	外形	形名	章	頁	外形	形名	章	頁	外形
UD8KBA80	④	209	692	UDZS4.7B	⑫	399	756B	V06C	①	100	113C	VDZ4.7B	⑫	400	738F	XB15A308	⑨	263	24H
UDZ10B	⑫	398	756B	UDZS5.1B	⑫	399	756B	V06E	①	100	113C	VDZ5.1B	⑫	400	738F	XB15A402	⑨	263	25D
UDZ11B	⑫	398	756B	UDZS5.6B	⑫	399	756B	V06G	①	100	113C	VDZ5.6B	⑫	400	738F	XB15A407	⑨	263	25D
UDZ12B	⑫	398	756B	UDZS6.2B	⑫	399	756B	V06J	①	100	113C	VDZ6.2B	⑫	400	738F	XB15A709	⑨	263	192
UDZ13B	⑫	398	756B	UDZS6.8B	⑫	399	756B	V07E	②	103	113C	VDZ6.8B	⑫	400	738F	XBP06V1E4MR-G	⑲	431	31
UDZ15B	⑫	398	756B	UDZS7.5B	⑫	399	756B	V07G	②	103	113C	VDZ7.5B	⑫	400	738F	XBP06V4E2R-G	⑲	431	47
UDZ16B	⑫	398	756B	UDZS8.2B	⑫	399	756B	V07J	②	103	113C	VDZ8.2B	⑫	400	738F	XBP06V4E4R-G	⑲	431	48
UDZ18B	⑫	398	756B	UDZS9.1B	⑫	399	756B	V08E	②	103	113C	VDZ9.1B	⑫	400	738F	XBP1002	⑲	431	32
UDZ2.0B	⑫	398	756B	UMN10N	⑧	257	723A	V08G	②	103	113C	VMZ6.8N	⑫	400	240C	XBP1004	⑲	431	36
UDZ2.2B	⑫	398	756B	UMN11N	⑧	257	723C	V08J	①	103	113C	VR-51B	⑱	415	507D	XBP1006	⑲	431	38
UDZ2.4B	⑫	398	756B	UMN1N	⑧	257	727	V09C	①	100	113C	VR-51B(A)	⑱	415	507B	XBP1007	⑲	431	754E
UDZ2.7B	⑫	398	756B	UMP11N	⑧	257	723B	V09E	①	100	113C	VR-60	⑱	416	21E	XBP1008	⑲	431	38
UDZ20B	⑫	399	756B	UMP1N	⑧	257	727	V09G	①	100	113C	VR-60S	⑱	416	507D	XBP1009	⑲	431	70
UDZ22B	⑫	399	756B	UMR12N	⑧	257	723D	V11J	①	100	113C	VR-60B	⑱	415	20C	XBP1010	⑲	431	754A
UDZ24B	⑫	399	756B	UMZ12N	⑫	399	205C	V11L	①	100	113C	VR-60B	⑱	415	507D	XBP1011	⑲	431	754D
UDZ27B	⑫	399	756B	UMZ5.1N	⑫	399	205C	V11M	①	100	113C	VR-60B(A)	⑱	415	507B	XBP1012	⑲	431	754E
UDZ3.0B	⑫	398	756B	UMZ6.8EN	⑫	399	727	V11N	①	100	113C	VR-60BP	⑱	415	507B	XBP1013	⑲	431	754E
UDZ3.3B	⑫	398	756B	UMZ6.8N	⑫	399	205C	V17A	②	103	113C	VR-60BP(A)	⑱	416	507B	XBS013R1DR-G	⑥	251	44
UDZ3.6B	⑫	398	756B	UMZ6.8T	⑫	399	205D	V17B	②	104	113C	VR-60S	⑱	416	67B	XBS013S15R	⑥	251	754C
UDZ3.9B	⑫	398	756B	UMZ8.2N	⑫	399	205C	V17C	②	104	113C	VR-60SS	⑱	416	67B	XBS013S15R-G	⑥	251	754C
UDZ30B	⑫	399	756B	UMZ8.2T	⑫	399	205D	V17D	②	104	113C	VR-60T	⑱	416	67F	XBS013S16R	⑥	251	754B
UDZ33B	⑫	399	756B	UMZC6.8N	⑫	399	205C	V17E	②	104	113C	VR-61	⑱	416	21E	XBS013S16R-G	⑥	251	754B
UDZ36B	⑫	399	756B	UMZU6.2N	⑫	399	205C	V19B	①	100	113C	VR-61	⑱	416	507D	XBS013S1CR-G	⑥	251	46
UDZ4.3B	⑫	398	756B	USR100PP12A	④	209	519	V19C	①	100	113C	VR-61B	⑱	416	20C	XBS013V1DR-G	⑥	251	44
UDZ4.7B	⑫	398	756B	USR100PP16	④	209	519	V19E	①	100	113C	VR-61B	⑱	416	507D	XBS024S15R	⑥	252	754C
UDZ5.1B	⑫	398	756B	USR100QP16	④	209	519	V19G	①	100	113C	VR-61B(A)	⑱	416	507B	XBS024S15R-G	⑥	252	754C
UDZ5.6B	⑫	398	756B	USR120EP2	④	209	519	V30J	①	100	113C	VR-61F1	⑱	416	485C	XBS053V13R	③	131	543A
UDZ6.2B	⑫	398	756B	USR120EP3	④	209	519	V30L	①	100	113C	VR-61S	⑱	416	67F	XBS053V15R	③	131	754A
UDZ6.8B	⑫	399	756B	USR120PP12B	④	210	519	V30M	①	100	113C	VR-61SS	⑱	416	67B	XBS104S13R	③	131	543A
UDZ7.5B	⑫	399	756B	USR120PP2A	④	210	519	V30N	①	100	113C	VR-61T	⑱	416	67F	XBS104S13R-G	③	131	543A
UDZ8.2B	⑫	399	756B	USR120PP2C	④	210	519	VBS053V13R-G	③	131	543A	VR-62B	⑱	416	20C	XBS104S14R	③	131	543B
UDZ9.1B	⑫	399	756B	USR120PP3A	④	210	519	VBS053V15R-G	③	131	754C	VR-63B	⑱	416	20C	XBS104S14R-G	③	131	543B
UDZS10B	⑫	399	756B	USR120PP3C	④	210	519	VDZ10B	⑫	400	738F	VRYA15	⑱	417	535	XBS104V14R-G	③	131	543B
UDZS11B	⑫	399	756B	USR120PP6A	④	210	519	VDZ11B	⑫	400	738F	VRYA6	⑱	416	535	XBS204S17R-G	③	131	636C
UDZS12B	⑫	399	756B	USR120PP6C	④	210	519	VDZ12B	⑫	400	738F	W03A	①	100	24F	XBS206S17R	③	131	636C
UDZS13B	⑫	399	756B	USR30P12	①	99	500C	VDZ13B	⑫	400	738F	W03B	①	100	24F	XBS206S17R-G	③	131	636C
UDZS15B	⑫	399	756B	USR30P6	①	99	500C	VDZ15B	⑫	400	738F	W03C	①	100	24F	XBS303V17R-G	③	131	636C
UDZS16B	④	399	756B	USR30PS12	①	99	500B	VDZ16B	⑫	400	738F	W06A	①	100	24F	XBS304S17R	③	131	636C
UDZS18B	⑫	399	756B	USR30PS6	①	99	500B	VDZ18B	⑫	400	738F	W06B	①	100	24F	XBS304S17R-G	③	131	636C
UDZS20B	⑫	399	756B	USR60P12	①	99	500B	VDZ20B	⑫	400	738F	W06C	①	100	24F	XBS306S17R	③	131	636C
UDZS22B	⑫	399	756B	USR60P6	①	99	500B	VDZ22B	⑫	400	738F	W09A	①	100	24F	XBS306S17R-G	③	131	636C
UDZS24B	⑫	399	756B	USR60QP16A	④	210	519	VDZ24B	⑫	400	738F	W09B	①	100	24F	XBX203V17R-G	③	131	636C
UDZS27B	⑫	399	756B	UX-C2B	①	99	504F	VDZ27B	⑫	400	738F	W09C	①	100	24F	YA846C04	④	210	273A
UDZS3.6B	⑫	399	756B	UX-F5B	①	99	504F	VDZ3.6B	⑫	400	738F	XB01SB04A2BR	③	131	421C	YA852C12R	④	210	273A
UDZS3.9B	⑫	399	756B	UX-F0B	①	99	504F	VDZ3.9B	⑫	400	738F	XB0ASB03A1BR	③	131	420H	YA852C15R	④	210	273A
UDZS30B	⑫	399	756B	V03C	①	100	113C	VDZ30B	⑫	400	738F	XB15A105	⑨	263	78A	YA855C12R	④	210	273A
UDZS33B	⑫	399	756B	V03E	①	100	113C	VDZ33B	⑫	400	738F	XB15A204	⑨	263	24B	YA855C15R	④	210	273A
UDZS36B	⑫	399	756B	V03G	①	100	113C	VDZ36B	⑫	400	738F	XB15A301	⑨	263	24B	YA858C15R	④	210	273A
UDZS4.3B	⑫	399	756B	V03J	①	100	113C	VDZ4.3B	⑫	400	738F	XB15A303	⑨	263	24H	YA858C12R	④	210	273A

形　名	章	頁	外形
YA858C15R	④	210	273A
YA862C04R	④	210	273A
YA862C06R	④	210	273A
YA862C08R	④	210	273A
YA862C10R	④	210	273A
YA862C12R	④	210	273A
YA862C15R	④	210	273A
YA865C04R	④	210	273A
YA865C06R	④	210	273A
YA865C08R	④	210	273A
YA865C10R	④	210	273A
YA865C12R	④	210	273A
YA865C15R	④	210	273A
YA868C04R	④	210	273A
YA868C06R	④	210	273A
YA868C08R	④	210	273A
YA868C10R	④	210	273A
YA868C12R	④	210	273A
YA868C15R	④	210	273A
YA869C04R	④	210	273A
YA869C06R	④	210	273A
YA869C08R	④	210	273A
YA869C10R	④	210	273A
YA869C12R	④	210	273A
YA869C15R	④	210	273A
YA875C10R	④	210	273A
YA875C15R	④	210	273A
YA875C20R	④	210	273A
YA878C10R	④	211	273A
YA878C12R	④	211	273A
YA878C15R	④	211	273A
YA878C20R	④	211	273A
YA961S6R	①	100	272A
YA962S6R	①	100	272A
YA963S6R	①	100	272A
YA971S6R	①	100	272A
YA972S6R	①	100	272A
YA975C6R	④	211	273A
YA975C6R	④	211	273A
YA981S6R	①	100	272A
YA982C3R	④	211	273A
YA982C4R	④	211	273A
YA982C6R	④	211	273A
YA982S6R	①	100	272A
YA985C3R	④	211	273A
YA985C4R	④	211	273A
YA985C6R	④	211	273A
YG121S15	①	100	55
YG123S15	①	100	55

形　名	章	頁	外形
YG221C2	④	211	51
YG221D2	④	211	51
YG221N2	④	211	51
YG225C2	④	211	51
YG225C4	④	211	51
YG225C8	④	211	51
YG225D2	④	211	51
YG225D4	④	211	51
YG225D8	④	211	51
YG225N2	④	211	51
YG225N4	④	211	51
YG225N8	④	211	51
YG226S2	①	100	55
YG226S4	①	101	55
YG226S6	①	101	55
YG226S8	①	101	55
YG233C2	④	211	51
YG233D2	④	211	51
YG233N2	④	211	51
YG339C4	④	211	51
YG339C6	④	211	51
YG339D4	④	211	51
YG339D6	④	211	51
YG339N4	④	211	51
YG339N6	④	211	51
YG801C04	④	211	51
YG801C04R	④	211	51
YG801C06	④	211	51
YG801C06R	④	211	51
YG801C09	④	211	51
YG801C09R	④	211	51
YG801C10R	④	211	51
YG802C03R	④	211	51
YG802C04	④	211	51
YG802C04R	④	212	51
YG802C06	④	212	51
YG802C06R	④	212	51
YG802C09	④	212	51
YG802C09R	④	212	51
YG802C10R	④	212	51
YG802N09	④	212	51
YG803C04R	④	212	51
YG803C06	④	212	51
YG803C06R	④	212	51
YG805C04	④	212	51
YG805C04R	④	212	51
YG805C06R	④	212	51
YG805C10R	④	212	51
YG808C10R	④	212	51

形　名	章	頁	外形
YG811S04R	③	131	55
YG811S06R	③	131	55
YG811S09R	③	131	55
YG812S04R	③	131	55
YG831C03R	④	212	51
YG831C04R	④	212	51
YG832C03R	④	212	51
YG832C04R	④	212	51
YG835C03R	④	212	51
YG835C04R	④	212	51
YG838C03R	④	212	51
YG838C04R	④	212	51
YG852C12R	④	212	51
YG852C15R	④	212	51
YG855C12R	④	212	51
YG855C15R	④	212	51
YG858C12R	④	212	51
YG858C15R	④	212	51
YG861S12R	④	212	51
YG861S15R	④	212	51
YG862C04R	④	212	51
YG862C06R	④	212	51
YG862C08R	④	212	51
YG862C10R	④	212	51
YG862C12R	④	212	51
YG862C15R	④	212	51
YG864S06R	③	131	55
YG865C04R	④	212	51
YG865C06R	④	212	51
YG865C08R	④	213	51
YG865C10R	④	212	51
YG865C12R	④	212	51
YG865C15R	④	212	51
YG868C04R	④	213	51
YG868C06R	④	213	51
YG868C08R	④	213	51
YG868C10R	④	213	51
YG868C12R	④	213	51
YG868C15R	④	213	51
YG869C04R	④	213	51
YG869C06R	④	213	51
YG869C08R	④	213	51
YG869C10R	④	213	51
YG869C12R	④	213	51
YG869C15R	④	213	51
YG875C10R	④	213	51
YG875C12R	④	213	51
YG875C15R	④	213	51
YG875C20R	④	213	51

形　名	章	頁	外形
YG878C10R	④	213	51
YG878C12R	④	213	51
YG878C15R	④	213	51
YG878C20R	④	213	51
YG881C02R	④	213	51
YG882C02R	④	213	51
YG885C02R	④	213	51
YG901C2	④	213	51
YG901C2R	④	213	51
YG901C3	④	213	51
YG901C3R	④	213	51
YG902C2	④	213	51
YG902C2R	④	213	51
YG902C3	④	213	51
YG902C3R	④	213	51
YG902N2	④	213	51
YG906C2	④	213	51
YG906C2R	④	213	51
YG906C3R	④	213	51
YG911S2R	①	101	55
YG911S3R	①	101	55
YG912S2R	①	101	55
YG912S6	①	101	55
YG912S6R	①	101	55
YG912S6RR	①	101	55
YG961S6R	①	101	55
YG962S6R	①	101	55
YG963S6R	①	101	55
YG965C6R	④	213	51
YG967C6R	④	213	51
YG971S6R	①	101	55
YG971S8R	①	101	55
YG972S6R	①	101	55
YG975C6R	④	213	51
YG981S6R	①	101	55
YG982C3R	④	213	51
YG982C4R	④	213	51
YG982C6R	④	213	51
YG982S6R	①	101	55
YG985C3R	④	214	51
YG985C4R	④	214	51
YG985C6R	④	214	51
Z1015	⑫	400	19H
Z1018	⑫	400	19H
Z1022	⑫	400	19H
Z1027	⑫	400	19H
Z1033	⑫	400	19H
Z1039	⑫	400	19H
Z1047	⑫	400	19H

形　名	章	頁	外形
Z1056	⑫	400	19H
Z1068	⑫	400	19H
Z1082	⑫	400	19H
Z1100	⑫	400	19H
Z1120	⑫	400	19H
Z1150	⑫	400	19H
Z2008	⑫	400	19H
Z2008U	⑫	400	19H
Z2010	⑫	400	19H
Z2010U	⑫	401	19H
Z2012	⑫	401	19H
Z2012U	⑫	401	19H
Z2015	⑫	401	19H
Z2015U	⑫	401	19H
Z2018	⑫	401	19H
Z2018U	⑫	401	19H
Z2020	⑫	401	19H
Z2022	⑫	401	19H
Z2022U	⑫	401	19H
Z2027	⑫	401	19H
Z2027U	⑫	401	19H
Z2033	⑫	401	19H
Z2033U	⑫	401	19H
Z2039	⑫	401	19H
Z2039U	⑫	401	19H
Z2047	⑫	401	19H
Z2047U	⑫	401	19H
Z2056	⑫	401	19H
Z2056U	⑫	401	19H
Z2068	⑫	401	19H
Z2068U	⑫	401	19H
Z2082	⑫	401	19H
Z2082U	⑫	401	19H
Z2100	⑫	401	19H
Z2100U	⑫	401	19H
Z2120	⑫	401	19H
Z2120U	⑫	401	19H
Z2150	⑫	401	19H
Z2150U	⑫	401	19H
Z2180	⑫	401	19H
Z2180U	⑫	401	19H
Z6008U	⑫	401	91B
Z6010	⑫	401	91B
Z6010U	⑫	401	91B
Z6012	⑫	401	91B
Z6012U	⑫	401	91B
Z6015	⑫	401	91B
Z6015U	⑫	401	91B
Z6018	⑫	401	91B

形　名	章	頁	外形	形　名	章	頁	外形	形　名	章	頁	外形	形　名	章	頁	外形	形　名	章	頁	外形
Z6018U	⑫	401	91B	ZS1033U	⑫	403	485J												
Z6022	⑫	401	91B	ZS1039	⑫	403	485J												
Z6022U	⑫	402	91B	ZS1039D	⑫	403	485J												
Z6027	⑫	402	91B	ZS1039U	⑫	403	485J												
Z6027U	⑫	402	91B	ZS1047	⑫	403	485J												
Z6033	⑫	402	91B	ZS1047D	⑫	403	485J												
Z6033U	⑫	402	91B	ZS1047U	⑫	403	485J												
Z6039	⑫	402	91B	ZSA5A27	⑲	431	106												
Z6039U	⑫	402	91B	ZSA5MA27	⑲	431	699												
Z6047	⑫	402	91B	ZSH5MA27	⑲	431	721A												
Z6047U	⑫	402	91B	ZSH5MAZ27	⑲	431	721A												
Z6056	⑫	402	91B	ZSH5MB27	⑲	431	721A												
Z6056U	⑫	402	91B	ZSH5MT27 (D)	⑲	431	720												
Z6068	⑫	402	91B	ZSH5MT27C	⑲	431	720												
Z6068U	⑫	402	91B	ZSH5MT40C	⑲	432	720												
Z6082	⑫	402	91B	ZSH5MT48C	⑲	432	720												
Z6082U	⑫	402	91B	ZSH5MT53C	⑲	432	720												
Z6100	⑫	402	91B	ZSH8MD27	⑲	432	721B												
Z6100U	⑫	402	91B																
Z6120	⑫	402	91B																
Z6120U	⑫	402	91B																
Z6150U	⑫	402	91B																
ZD012	⑫	402	19H																
ZD015	⑫	402	19H																
ZD018	⑫	402	19H																
ZD022	⑫	402	19H																
ZD027	⑫	402	19H																
ZD033	⑫	402	19H																
ZD039	⑫	402	19H																
ZD047	⑫	402	19H																
ZD056	⑫	402	19H																
ZD068	⑫	402	19H																
ZS1012	⑫	402	485J																
ZS1012D	⑫	402	485J																
ZS1012U	⑫	402	485J																
ZS1015	⑫	402	485J																
ZS1015D	⑫	402	485J																
ZS1015U	⑫	402	485J																
ZS1018	⑫	402	485J																
ZS1018D	⑫	402	485J																
ZS1018U	⑫	402	485J																
ZS1022	⑫	402	485J																
ZS1022D	⑫	402	485J																
ZS1022U	⑫	402	485J																
ZS1027	⑫	403	485J																
ZS1027D	⑫	403	485J																
ZS1027U	⑫	403	485J																
ZS1033	⑫	403	485J																
ZS1033D	⑫	403	485J																

収録メーカ一覧

本規格表に収録したメーカについて，規格表での略称，社名，webサイトのURL，会社所在地，連絡先を一覧表にまとめました．
連絡先はメーカwebサイト記載のものを掲載しました．連絡先の変更，社名や組織の変更の可能性があるので，最新情報はwebサイトなどでご確認ください．

略称	社名	会社所在地／URL	連絡先
旭化成	旭化成エレクトロニクス㈱	〒101-8101 東京都千代田区神田神保町1-105 (神保町三井ビル) http://www.asahi-kasei.co.jp/akm/	マーケティング＆セールスセンター 東京営業部 TEL:03-3296-3970 FAX:03-3296-3932
イサハヤ	イサハヤ電子㈱	〒854-0065 長崎県諫早市津久葉町6-41 http://www.idc-com.co.jp	営業本部(大阪) osaka@idc-com.co.jp TEL:06-4709-7218
オリジン	オリジン電気㈱	〒171-8555 東京都豊島区高田1-18-1 http://www.origin.co.jp	パワーデバイス部 営業課 TEL:03-5954-9117 FAX:03-5954-9123
サンケン	サンケン電気㈱	〒352-8666 埼玉県新座市北野3-6-3 http://www.sanken-ele.co.jp/	東京事務所 device.t@sanken-ele.co.jp TEL:03-3986-6166
三社電機	㈱三社電機製作所	〒533-0031 大阪市東淀川区西淡路3-1-56 http://www.sansha.co.jp/	大阪本社営業 TEL:06-6325-0500
三洋	三洋半導体㈱ オン・セミコンダクター社グループメンバー	〒370-0596 群馬県邑楽郡大泉町坂田1-1-1 http://www.sanyosemi.com/	webサイトの問合せフォーム https://www.sanyosemi.com/jp/inquiry/
新電元	新電元工業㈱	〒100-0004 東京都千代田区大手町2-2-1 (新大手町ビル) http://www.shindengen.co.jp/	電子デバイス事業本部 電子デバイス販売事業部 TEL:03-3279-4687 FAX:03-3279-4529
SEMITEC	SEMITEC㈱	〒130-8512 東京都墨田区錦糸1-7-7 http://www.semitec.co.jp/	webサイトの問合せフォーム https://c15motvf.securesites.net/contact/index.php
東芝	㈱東芝 セミコンダクター＆ストレージ社	〒105-8001 東京都港区芝浦1-1-1 (東芝ビル) http://www.semicon.toshiba.co.jp/	webサイトの問合せフォーム http://www.semicon.toshiba.co.jp/contact/
トレックス	トレックス・セミコンダクター㈱	〒104-0033 東京都中央区新川1-24-1 (秀和第2新川ビル) http://www.torex.co.jp/	営業本部 TEL:03-6222-2861
日本インター	日本インター㈱	〒257-8511 神奈川県秦野市曽屋1204 http://www.niec.co.jp/	webサイトの問合せフォーム http://www.niec.co.jp/products/form.php
パナソニック	パナソニック㈱ セミコンダクタービジネスユニット	〒617-8520 京都府長岡京市神足焼町1 http://industrial.panasonic.com/jp/products/semiconductor/	webサイトの問合せフォーム http://www.semicon.panasonic.co.jp/jp/contactus/
日立パワー	㈱日立製作所 電力システム社	〒101-8608 東京都千代田区外神田1-18-13 (秋葉原ダイビル) http://www.hitachi.co.jp/products/power/ps/	webサイトの問合せフォーム https://www8.hitachi.co.jp/inquiry/pi/ps/jp/form.jsp
富士電機	富士電機㈱	〒141-0032 東京都品川区大崎1-11-2 (ゲートシティ大崎イーストタワー) http://www.fujielectric.co.jp/	本社(営業本部) TEL:03-5435-7156 FAX:03-5435-7164
三菱	三菱電機㈱	〒100-8310 東京都千代田区丸の内2-7-3 (東京ビル) http://www.mitsubishielectric.co.jp/business/device	webサイトの問合せフォーム http://www.mitsubishielectric.co.jp/semiconductors/contact/
ライテック	㈱ライテック	〒600-8177 京都市下京区烏丸通五条下ル大阪町391 (第10長谷ビル) http://www.litec-corp.com/	webサイトの問合せフォーム http://www.litec-corp.com/contact/index.html
ルネサス	ルネサスエレクトロニクス㈱	〒211-8668 神奈川県川崎市中原区下沼部1753 〒100-0004 東京都千代田区大手町2-6-2 (日本ビル) http://japan.renesas.com/	webサイトの問合せフォーム http://japan.renesas.com/contact/index.jsp
ローム	ローム㈱	〒615-8585 京都市右京区西院溝崎町21 http://www.rohm.co.jp/web/japan/	webサイトの問合せフォーム https://www.rohm.co.jp/web/japan/contactus

- ●本書記載の社名，製品名について ── 本書に記載されている社名および製品名は，一般に開発メーカーの登録商標です．なお，本文中では™，®，©の各表示を明記していません．
- ●本書の複製等について ── 本書のコピー，スキャン，デジタル化等の無断複製は著作権法上での例外を除き禁じられています．本書を代行業者等の第三者に依頼してスキャンやデジタル化することは，たとえ個人や家庭内の利用でも認められておりません．
- ●本書付属のCD-ROMについてのご注意 ── 本書付属のCD-ROMに収録したプログラムやデータなどは著作権法により保護されています．したがって，特別の表記がない限り，本書付属のCD-ROMの貸与または改変，個人で使用する場合を除いて複写複製（コピー）はできません．また，本書付属のCD-ROMに収録したプログラムやデータなどを利用することにより発生した損害などに関して，CQ出版社および著作権者は責任を負いかねますのでご了承ください．

®〈日本複製権センター委託出版物〉
本書の全部または一部を無断で複写複製（コピー）することは，著作権法上での例外を除き，禁じられています．本書からの複製を希望される場合は，日本複製権センター（TEL：03-3401-2382）にご連絡ください．

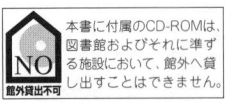

NO 館外貸出不可　本書に付属のCD-ROMは，図書館およびそれに準ずる施設において，館外へ貸し出すことはできません．

ダイオード規格表 [2013/2014最新版＋復刻版CD-ROM]

Ⓒ時田元昭　1968-2013

2013年3月15日　発行
編著者　　時田　元昭
　　　　　　　　　　トランジスタ技術編集部
発行人　　寺前　裕司
発行所　　CQ出版株式会社
〒170-8461　東京都豊島区巣鴨1-14-2
　　　　　電話　編集　03-5395-2123
　　　　　　　　販売　03-5395-2141
　　　　　　　　振替　00100-7-10665

ISBN978-4-7898-4471-0
定価は表四に表示してあります

印刷・製本　クニメディア株式会社

乱丁，落丁本はお取り替えします
Printed in Japan